H. Malle

HANDBUCH MATHEMATIK

H. Malle

HANDBUCH MATHEMATIK

Algebra

Arithmetik

Differential- und Integralrechnung

Geometrie

Statistik

Wahrscheinlichkeitsrechnung

Mit Turbo Pascal- und Mathematica-Anwendungen

Das Standardwerk mit über 1000 Seiten

Nikol

Mathematik erleben
Ein Lehr- und Übungsbuch für Schule und Praxis / H. Malle
Sammelband mit drei Bänden in einem Band.

Sonderausgabe 2006
für Nikol Verlagsgesellschaft mbH & Co. KG, Hamburg

Mit freundlicher Genehmigung des Originalverlags
2. völlig überarbeitete Auflage 1996

Einbandgestaltung: Thomas Jarzina, Köln
Printed in Germany.

ISBN 13: 978-3-937872-34-6
ISBN 10: 3-937872-34-5

www.nikol-verlag.de

Inhalt

Vorwort

Bitte lesen Sie hier,
welche Ziele dieses Buch verfolgt.
Bringt es, was Sie suchen?

Inhaltsverzeichnisse

Hier sind die Kapiteltitel
der drei Teilbände aufgelistet.
Wählen Sie Ihren Band!

Anwendungen

Als Anwender wollen Sie sehen,
wo die Mathematik sich
in praktischen Situationen nützlich macht?

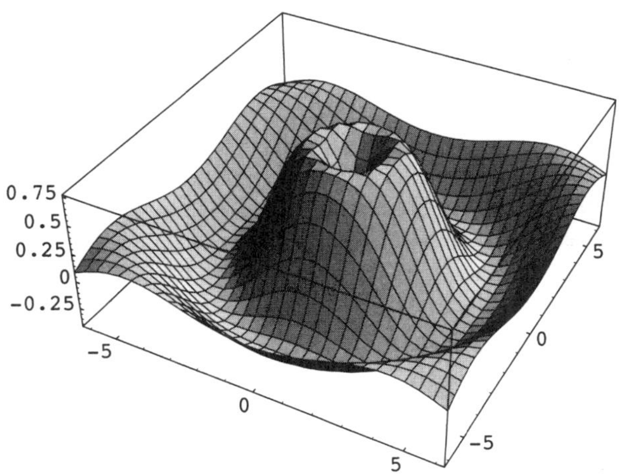

Vorwort

In diesem 3bändigen Werk werden die Begriffe und Methoden heutiger MATHEMATIK an höheren Schulen mit vielen aktuellen *Anwendungen* entwickelt, wobei alle gängigen Teilgebiete vor dem *Abitur* bzw. der *Matura* behandelt werden.

Ganz wie in der 1. Auflage richtet es sich an den vielbeschäftigten Leser, der die Schulbücher mehrerer Jahrgänge nicht allein durcharbeiten kann. Grafisch anschaulich aufbereitet, dennoch exakt sowie stets *praxisorientiert*, will es ihm ein verläßlicher Wegbegleiter von den Anfängen bis zur Hochschule sein. Dabei sind keine fachlichen Vorkenntnisse nötig. Sorgfältige Stoffauswahl und -abstimmung sowie ein reichhaltiger Beispielschatz sollen es wie bisher schon ermöglichen, im *Selbststudium* nicht nur bei der Abiturvorbereitung zu helfen, sondern auch im 2. Bildungsweg von Nutzen zu sein, als jederzeit verfügbarer „Privatlehrer" für versäumte oder unverstandene Teilgebiete oder als Basis/Vorkurs für (Fach-) Hochschullehrgänge zu dienen.

Jeder Band enthält *13 Kapitel*. Der **1**. Band entwickelt die grundlegenden Kenntnisse und Fertigkeiten aus Arithmetik, Geometrie, Algebra und linearer Algebra und verzichtet bewußt auf den Einsatz des Computers, um dem ungeübten Leser den Einstieg zu erleichtern. Dem *Computer* sind dann drei einführende Kapitel gewidmet, doch erst im **2**. Teilband; dort wird er dann rasch unentbehrlich, verwandelt er doch entmutigende Formeln rasch in Zahlen(tabellen) und/oder ansprechende, oft eindrucksvolle Grafiken, vor allem in Band **3**.

Ein wichtiges Hilfsmittel hiefür ist die Programmiersprache *Turbo Pascal*, deren Grundzüge hier – anstelle von BASIC in der 1. Auflage – dargestellt werden. Daneben wird neu die *Tabellenkalkulation* sowie eine spezielle *Mathematiksoftware* in Grundzügen erklärt und verwendet. Der Computer bringt auch erst den *algorithmischen* Aspekt der Mathematik voll zur Geltung und verstärkt damit auch neben der Klärung bisher unlösbarer Fragen ihren *Praxisbezug*, was für die ANWENDUNGEN der Mathematik in der Technik, den Naturwissenschaften inkl. Ökologie sowie der Wirtschaft u. a. äußerst wertvoll ist.

Wir leben ja heute in einer Welt, die wir langsam als vielfach *vernetztes System* begreifen, als Wirkungsgefüge mit komplexen, oft noch unbekannten Einflüssen. Dieses *systemische* Denken ist die vorläufige Krönung des anfangs nur *linear-kausalen* und später noch *stochastischen* Verstehens. Zur Beschreibung solcher *Systeme* kann die MATHEMATIK – neben durchaus klassischen, vertrauten Fragestellungen – viel beitragen.

Für Anregungen und Hinweise danken Verlag und Autor im voraus!

Inhaltsverzeichnis 1

Teil 1 des Buches

Inhaltsverzeichnis 2

Teil 2 des Buches (beginnt hinter Teil 1)

Inhaltsverzeichnis 3

Teil 3 des Buches (beginnt hinter Teil 2)

Anwendungen 1

Inhaltsverzeichnis nach Kapiteln

Anwendungen 2

Inhaltsverzeichnis nach Kapiteln

Anwendungen 3

Inhaltsverzeichnis nach Kapiteln

Teil-Nummer und
Kapitel-Nummer
befinden sich jeweils oben auf den Seiten.

Teil A

1. Kapitel

1

A

Arithmetik

Mengen

Seit fast 30 Jahren sind Mengenbegriffe im Schulunterricht zu Hause. Da und dort mit zu großer Begeisterung betrieben, hat die ***Mengenlehre*** aber auch Verwirrung gestiftet. Heute steckt man die Ziele weniger hoch und ist zufrieden, wenn man mit ihrer Hilfe ein besseres Verständnis für *Zahlen* und *Rechengesetze* in der ARITHMETIK erreicht, für *Funktionen* und *Strukturen* in der ALGEBRA, und wenn man in ihrer Sprache Beziehungen zwischen den Grundbegriffen der GEOMETRIE beschreiben kann.

Ausbau

Wir lernen daher im **1**. Kapitel, uns in der *Mengensprache* auszudrücken, um danach die eben genannten weiterführenden Begriffe zu verstehen, wenngleich sie zur ALGEBRA gehören, die sich in den Anfängen aber mit der ARITHMETIK überschneidet.

Zahlen

In den Kapiteln **2** und **3** wird das Rechnen mit *ganzen Zahlen* und *Brüchen* wiederholt und aus struktureller Sicht vertieft – wofür sich besonders auch die *Restklassen* gut eignen –, aber auch an praktischen Fragestellungen angewandt.

Definition und Satz

Ganz allgemein vereinbaren wir das in der MATHEMATIK übliche Vorgehen: Neue Begriffe werden in einer *Definition* festgelegt. Behaupten wir die Gültigkeit eines Sachverhalts, formulieren wir ihn in einem *Lehrsatz* oder kurz *Satz*, der natürlich zu beweisen ist. Dabei stützen wir uns manchmal auf gewisse *Grundsätze* oder *Axiome*, die unbewiesen an den Anfang gestellt werden; stets veranschaulichen wir uns den Sachverhalt an *Beispielen*. Die Tasten mit den Anfangsbuchstaben sowie die durch Rahmen oder Begleitbalken betonten Absätze sollen diese Gliederung auf den ersten Blick erkennen lassen.

Tasten als optische Hilfe

A	S	D	B
Axiom	*Satz*	*Definition*	*Beispiel*

Mengen und Verknüpfungen

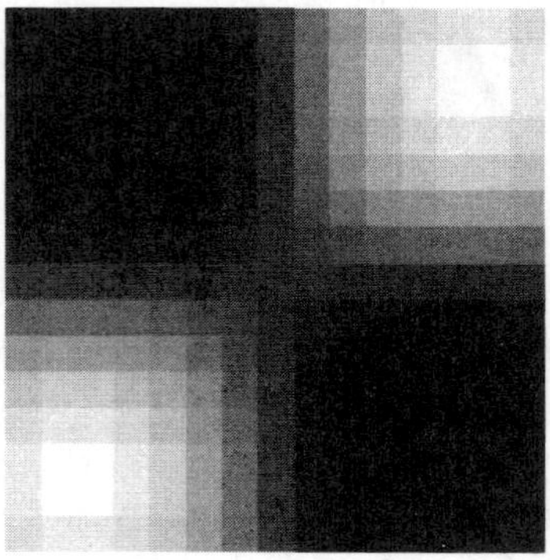

In den einleitenden Bemerkungen zu diesem Teil wurde schon auf die Bedeutung einer einheitlichen *Mengensprache* hingewiesen. Beginnen wir also mit dem Begriff der *Menge!*

Wir vereinbaren:

Definition 1:
Was ist eine Menge?

D

> Faßt man unterscheidbare Objekte mit einem gemeinsamen Merkmal zusammen, so entsteht eine ***Menge;*** die Objekte nennt man *Elemente.*

Nicht alles, was man im täglichen Sprachgebrauch darunter versteht, ist demnach im mathematischen Sinn eine *Menge*. Hat man etwa im Büro eine Menge Ärger gehabt, zuckt der Mathematiker bedauernd die Achsel; er kann keine Objekte erkennen und spricht nicht von einer Menge.

Darstellung von Mengen:
verbal,

❖ Mengen kann man zunächst *verbal* bestimmen: die Menge aller Städte Deutschlands, die 1995 mehr als 500.000 Einwohner haben, ist damit klar umschrieben.

aufzählen,

❖ Man kann Mengen durch *Aufzählen* ihrer Elemente festlegen. Dabei verwendet man geschweifte (= geschlungene) Klammern:

P = {Jupiter, Saturn, Uranus, Neptun}

stellt die Menge der größten vier Planeten unseres Sonnensystems dar.

Gibt es zu viele Elemente, setzt man Pünktchen ... wie in

$H = \{0, 1, 2, 3, 4, \dots, 100\}$ oder $G = \{\dots, -4, -2, 0, 2, 4, \dots\}$

4 ist Element beider Mengen: $4 \in H$, $4 \in G$; -4 aber liegt nicht in H: $-4 \notin H$.

beschreiben

❖ Man kann auch *Bedingungen* anschreiben, die bestimmte Elemente erfüllen müssen:

H = {x | x ist natürliche Zahl und x ist kleiner oder gleich 100}

G = {x | x ist ganze Zahl und x ist gerade}

Dabei steht x | ... für die Elemente x, die die nachfolgenden Eigenschaften ... haben sollen.

Wir können noch stärker formalisieren: mit $\mathbb{N}$ als Symbol (= Zeichen) für die natürlichen Zahlen, $\mathbb{N} = \{0, 1, 2, 3, \dots\}$, und $\leq$ für $<$ (kleiner) oder $=$ (gleich) wird

$H = \{x \mid x \in \mathbb{N} \text{ und } x \leq 100\}$.

und zeichnen

❖ *Graphisch* bedient man sich gerne sog. ***Venn-Diagramme***, die entweder einzelne Elemente in einer beliebigen Schleife umschließen (B in den Bildern 1) oder beliebig viele Elemente umfassen (A, C, D).

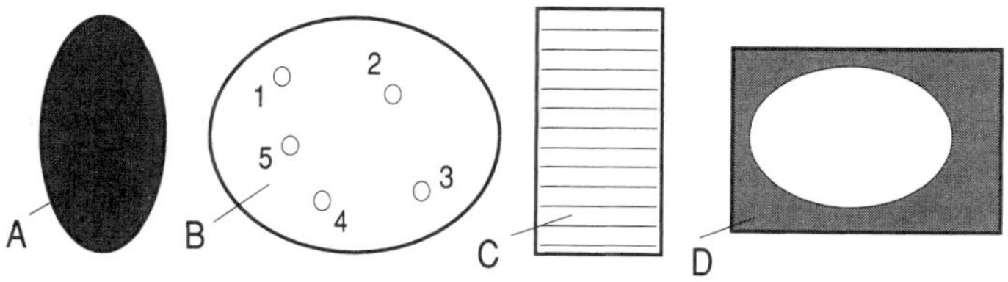

Bilder 1: Mengendiagramme

Teilmengen

Betrachtet man zwei Mengen – meist derselben Bauart –, so kann man sie *verglei-chen*: A = {d, u} mit den Elementen d und u wird man als in B = {u, n, d} enthalten, als *Teil von* B ansehen (Bild 2, unten links), B wieder als Teil von C = {r, u, n, d} oder F = {k, u, n, d, e}. Allgemein sagt man:

> Eine Menge A ist ***Teilmenge*** einer Menge B, in Zeichen $A \subseteq B$, wenn alle Elemente von A auch zu B gehören.

D — **Definition 2:** Teilmenge

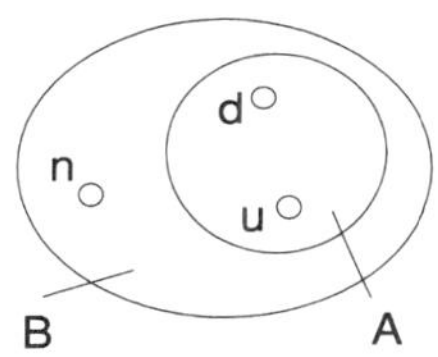

Mit einzelnen Elementen

Mit beliebigen Elementen, die nicht interessieren

Bilder 2: Teilmengen

Bei gewissen Mengen kann man dieselben Elemente finden: A = {r, o, t} und B = {t, o, r} oder C = {o, r, t} sind Beispiele dafür, aber auch

M = {x | x ist eine gerade Zahl und x < 10} und N = {2, 4, 6, 8}.

Solche Mengen nennt man *gleich*. Man sieht leicht ein:

> **Zwei Mengen sind gleich, wenn jede eine Teilmenge der anderen ist.**

S — **Satz 1:** gleiche Mengen

Denn mit $M \subseteq N$ hat N außer den Elementen von M eventuell noch weitere; mit $N \subseteq M$ sind aber alle Elemente von N auch in M, es gibt also keine weiteren!

Gibt es bei $M \subseteq N$ in N weitere Elemente, die nicht in M vorkommen, heißt M *echte Teilmenge* von N, und man schreibt $M \subset N$.

B — **Beispiele 1:** Teilmengen

- ❖ Für M = {2, 4, 6, 8, 10}, N = {x | x = 2n und n ∈ ℕ} – N stellt also die Menge aller geraden natürlichen Zahlen dar –, P = ℕ = {0, 1, 2, 3, ...} gilt offenbar $M \subset N$, dann ebenso $M \subset P$ und auch $N \subset P$.

- ❖ Für R = {x | x = 2n und 0 < n < 6} dagegen ist $M \subseteq R$, aber auch $R \subseteq M$, das heißt M = R: M ist *aufzählend*, R *beschreibend* dargestellt.

Rest- und Differenzmenge

Hat man nun eine Menge G und eine Teilmenge A von G, $A \subseteq G$, so kann man nach den Elementen von G fragen, die nicht in A auftreten; diese *ergänzen* A zu G und liegen im Bild 3 im schraffierten Gebiet.

Seien

$A = \{0, 2, 4, 6, 8, 10\}$ und

$G = \{0, 1, 2, 3, ..., 10\}$,

so fehlen der Menge A offenbar die ungeraden Zahlen (von G) auf G:

Bild 3:

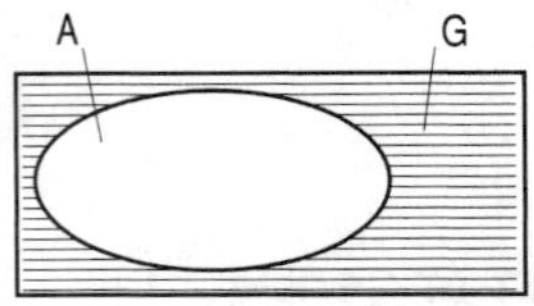

und

Definition 3: Komplement einer Menge

D

> Ist $A \subseteq G$ mit G als Grundmenge, so nennt man die Menge der Elemente von G, die nicht zu A gehören, das ***Komplement*** von A auf G (auch *Rest-* oder *Ergänzungsmenge*) und schreibt sie A'_G. Man liest «A Strich G».
>
> Formal: $A'_G = \{x \mid x \in G \text{ und } x \notin A\}$

Man kann die Voraussetzung $A \subseteq G$ fallen lassen und zu zwei beliebigen Mengen A und B eine neue Menge mit derselben Forderung herstellen:

Definition 4: Differenzmenge

D

> Die Menge der Elemente von B, die nicht zu A gehören, heißt ***Differenz (-menge)*** von B und A. Man schreibt $B \setminus A$ und liest «B ohne A».
>
> Formal: $B \setminus A = \{x \mid x \in B \text{ und } x \notin A\}$

Gibt es keine gemeinsamen Elemente, so ist $B \setminus A$ gleich B, sonst werden eben die Elemente, die auch in A liegen, aus B entfernt (Bilder 4).

Bilder 4: Venn-diagramme von Differenz-mengen

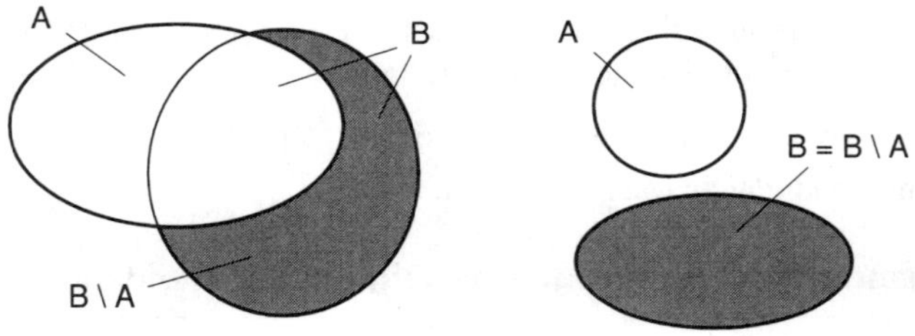

Beispiele 2: Komplement und Differenzmenge

B

- ❖ Für die eben genannten Mengen A und G ist also $A'_G = G \setminus A = \{1, 3, 5, 7, 9\}$, für G und $\mathbb{N}$ wäre $G'_{\mathbb{N}} = \{11, 12, 13, 14, ...\}$.
- ❖ $C = \{a, b, c, d\}$ und $D = \{x, y, z\}$ haben nichts gemeinsam, also gilt $C \setminus D = C$ sowie $D \setminus C = D$.
- ❖ Natürlich ist mit $E = \{c, d, e\}$ weiter $C \setminus E = \{a, b\}$, $E \setminus C = \{e\}$.

leere Menge

Entfernen wir aber aus A die Elemente von G, was ja nicht von vornherein auszuschließen ist, so bleibt kein Element übrig: Wir sprechen von der *leeren Menge*, in Zeichen { } oder Ø ; sie wird uns noch öfter begegnen.

Durchschnitts- und Vereinigungsmenge

Bei zwei Mengen interessieren ihre *gemeinsamen* Elemente. Ist A die Menge aller aus der Bundesrepublik exportierten PKW und B die der nach Österreich verkauften Kraftfahrzeuge, so ist hier die Menge der aus der BRD nach Österreich exportierten PKW gemeint (Bild 5).

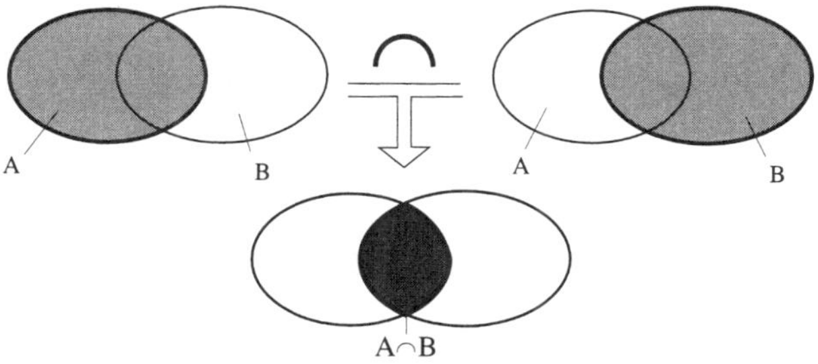

Bild 5: So kommt man grafisch zum Durchschnitt

D

Sind A und B zwei Mengen, so besteht ihr ***Durchschnitt*** $A \cap B$ aus allen gemeinsamen Elementen, denen also, die in A und auch in B liegen. Man liest «A geschnitten mit B».

Formal: $A \cap B = \{x \mid x \in A \text{ und } x \in B\}$

Definition 5: Durchschnitt zweier Mengen

ggT

Auf diese Weise findet man den *größten gemeinsamen Teiler*, ***ggT***, zweier Zahlen:

B

Beispiele 3: Teilermengen, Durchschnitt

❖ Sei a = 12, so ist $T(a) = \{1, 2, 3, 4, 6, 12\}$ Teilermenge von 12, zu b = 18 ist $T(b) = \{1, 2, 3, 6, 9, 18\}$ Teilermenge; die *gemeinsamen* Teiler bilden den Durchschnitt $T(a) \cap T(b) = \{1, 2, 3, 6\}$. Ihr größtes Element ist 6: ggT(12, 18) = 6.

❖ Mit den Mengen C und E von Beispiel 2 ist noch $C \cap E = \{c, d\}$, bei C und D ist der Durchschnitt eben *leer:* $C \cap D = \emptyset$.

❖ Für $A = \{1, 2, 3, ..., 10\}$ und $B = \{2, 4, 6, ..., 20\}$ ist $A \cap B = \{2, 4, 6, 8, 10\}$.

Schließlich ist es auch oft von Interesse, die Menge zu kennen, deren Elemente *wenigstens eine* von zwei Bedingungen A und B erfüllen: Eine Delegation soll aus Leuten bestehen, die sich im Welthandel auskennen bzw. gut Spanisch sprechen. In der Firma hat man nur zwei Personen, die beides können; so fahren auch jene mit, die nur für A (Welthandel) oder nur für B (Spanisch) zuständig sind (Bild 6):

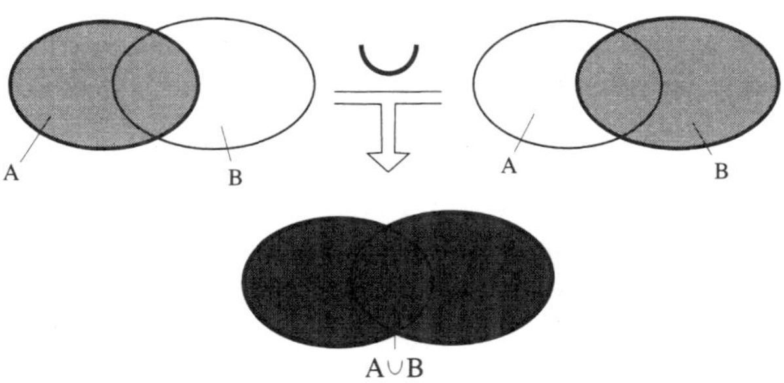

Bild 6: Vereinigungsmenge

Definition 6:
Vereinigung zweier Mengen

D

Sind A und B zwei Mengen, so besteht ihre ***Vereinigung*** $A \cup B$ aus allen Elementen, die wenigstens zu einer der beiden Mengen gehören. Man liest «A vereinigt mit B».

Formal: $A \cup B = \{x \mid x \in A \text{ oder } x \in B \text{ oder beides}\}$

Beispiele 4:
Mengenvereinigung

B

❖ Mit den Mengen $C = \{a, b, c, d\}$ und $E = \{c, d, e\}$ von Beispiel 3 ist $C \cup E = \{a, b, c, d, e\}$.

❖ Mit $A = \{1, 2, 3, ..., 10\}$ und $B = \{2, 4, 6, ..., 20\}$ ist analog $A \cup B = \{1, 2, 3, ..., 10, 12, 14, 16, 18, 20\}$.

❖ Welche ganzen Zahlen sind dem Betrag nach kleiner als 3, $|x| < 3$? [Näheres folgt in Kap. **2**] Die positiven Lösungen und die Null sind in $P = \{0, 1, 2\}$ zusammengefaßt, die negativen in $N = \{-2, -1\}$; *alle* Lösungen erhält man durch Vereinigung: $L = N \cup P = \{-2, -1, 0, 1, 2\}$.

In der folgenden Aufgabe sind Vereinigung, Durchschnitt und Komplement samt ihren *Elementanzahlen* kombiniert (Bild 7):

Beispiel 5:
Mengenverknüpfungen

B

Von den 500 Schülern einer Knabenschule geben 300 an, in der Freizeit regelmäßig **Fußball** zu spielen, 130 spielen **Handball**, während 120 eine andere oder keine Sportart betreiben.

a) Wie viele spielen sowohl Fußball als auch Handball?
b) Wie viele spielen nur Fußball, wie viele nur Handball?
c) Wenn man zufällig einen Schüler auswählt und fragt: Ist es wahrscheinlicher, daß er *nur* Handball oder daß er Fußball *und* Handball spielt?

Bild 7:
Fußballer oder Handballer?

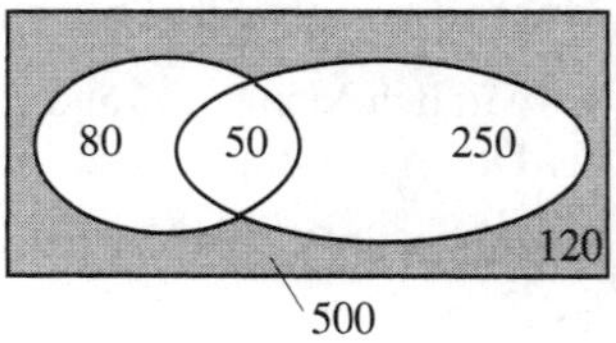

Es gibt $500 - 120 = 380$ Schüler, die Fuß- oder Handball spielen; da 130 Handballer darunter sind, wir schreiben dafür kurz $|H| = 130$, sind es 250, die nur Fußball spielen. Auf die 300 Fußballer fehlen so 50, die beides tun; damit sind auch die 80 Nur-Handballer entdeckt! Dies beantwortet a und b.
Aber auch Frage c ist gelöst: wegen $80 > 50$ ist es wahrscheinlicher, bei zufälliger Auswahl auf einen Nur-Handballer zu treffen.

Diagramme und Beziehungsgraphen

Haben wir bis jetzt zwei oder mehr Mengen betrachtet, so beschränken wir uns nun auf *eine* Menge und fragen nach den *Beziehungen* zwischen ihren Elementen.

Beispiel 6:
Beziehungen im Betrieb

B

In einem Betrieb mit acht Mitarbeitern fragen wir, wer wen als **Vorgesetzten** hat. Zeichnet man von A zu B einen Pfeil, wenn gilt: A hat B als Vorgesetzten, dann könnte ein ***Pfeildiagramm*** so aussehen wie in Bild 8, nächste Seite. Es ist nicht sehr übersichtlich; begnügt man sich mit Strichen zum direkten Chef, den man darüber setzt, und läßt man sowohl Pfeile wie Mengenschleife weg, so könnte sich ein *Hierarchieschema* als *Hasse-Diagramm* ergeben, Bild 9, rechts daneben:

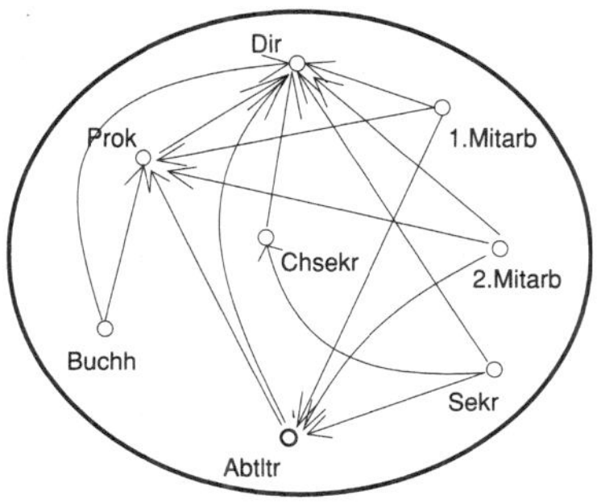

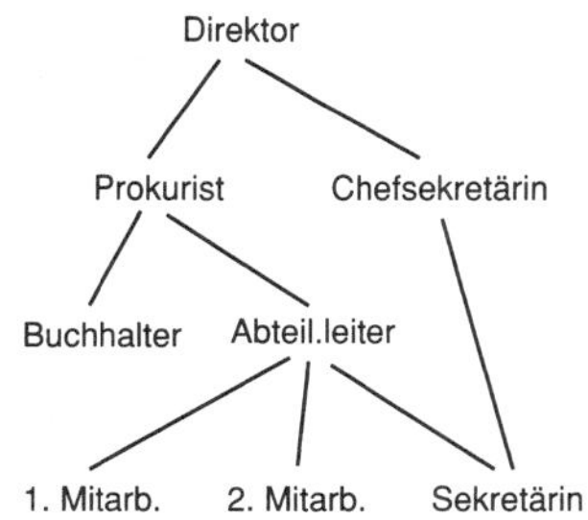

Bilder 8/9: Pfeildiagramm und Hassediagramm

Bleiben wir bei den Zahlen:

B **Beispiel 7: Teilerbeziehung**

Zwischen den Elementen von M = {2, 4, 6, 8,10} soll die *Beziehung* hergestellt werden: „x ist **Teiler** von y", in Zeichen x | y. Im Bild 10, links, treten *Schlaufen* auf, da jede Zahl sich selbst teilt. Läßt man sie weg und verfährt sonst wie eben (Bild 11, Mitte), erhält man ein viel einfacheres Bild dieser Beziehung in M. Das dritte Bild, 12, rechts, wird nach Beispiel 8 erklärt.

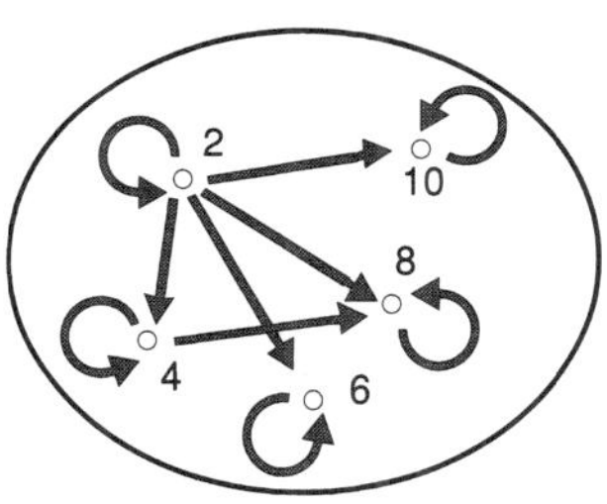

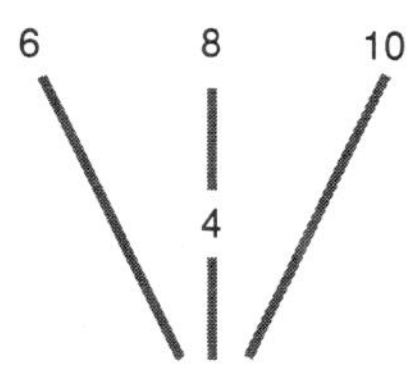

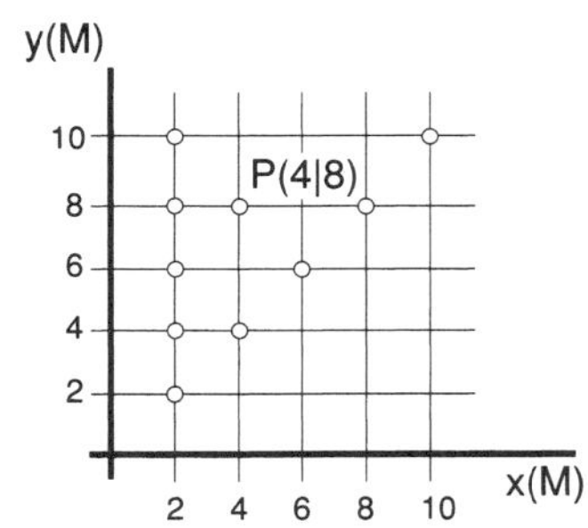

Bilder 10/11/12: Teilergraphen

Relation

Paarmengen

Diesen und weiteren Beispielen ist gemeinsam, daß eine Beziehung zu *Paaren* von Elementen einer Menge führt: Im letzten Fall treten unter anderen die Paare (2, 4) oder (4, 8) wegen 2 | 4 und 4 | 8 auf, auch (6, 6) – nicht aber etwa (8, 2), da ja 8 | 2 falsch wäre! Es kommt hier auf die *Reihenfolge* an.

Für die Menge aller Paare hat man eine neue Bezeichnung eingeführt:

D **Definition 7: Relation**

> Eine Menge von geordneten Paaren, die durch eine Beziehung zwischen den Elementen a, b, c, ... einer Menge M entstehen, heißt ***RELATION*** R in M. Man schreibt
>
> R = {(a, b), (a, c), ...}, aber auch a R b, a R c usw.

B **Beispiel 8: Teilerrelation**

Die Teilerbeziehung von Beispiel 7 führt demnach zur *Relation*
R = {(2, 2), (2, 4), (2, 6), (2, 8), (2, 10), (4, 4), (4, 8), (6, 6), (8, 8), (10, 10)}.

Trägt man die Elemente von M einmal auf der x-Achse eines *Koodinatensystems* auf (Näheres in Kapitel **8**), dann auf der y-Achse, so kann man jedem Paar einen Punkt mit diesen Zahlen als Koordinaten zuordnen, z.B. (4, 8) → P(4 | 8). Der *Graph* der Relation ist auf der vorigen Seite in Bild 12 dargestellt.

Beispiel 9: Gerade als Relation

B Die Beziehung „y ist das um 3 verminderte Doppelte von x", in Zeichen: $y = 2x - 3$, führt in $M = \mathbb{Z}$ (ganze Zahlen) zu einer „Perlenkette", die auf einer **Geraden** aufgefädelt scheint; bitte überzeugen Sie sich! Für $M = \mathbb{R}$ (reelle Zahlen) ist der Graph der Relation diese *Gerade* selbst! [Kap. **8**].

reflexive, symmetrische, transitive Relationen

Unter vielen denkbaren Eigenschaften von Relationen in einer Menge M interessieren häufig die folgenden (Bilder 13):

r) Für jedes Element $x \in M$ gilt x R x. R heißt dann ***reflexiv***.

s) Mit x R y gilt stets auch y R x. R wird dann ***symmetrisch*** genannt.

a) Für verschiedene $x, y \in M$ gilt niemals x R y und y R x zugleich. Dies gibt R den Namen ***antisymmetrisch***.

t) Mit (x R y und y R z) gilt stets x R z. Ein solches Verhalten von R wird durch die Auszeichnung ***transitiv*** belohnt.

Bilder 13:

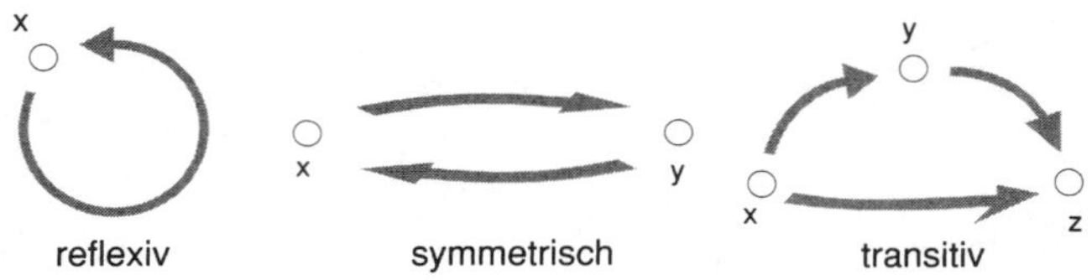

Die Relation in Beispiel 6 ist demnach sicherlich *transitiv* und *antisymmetrisch*, die in Beispiel 7 auch noch *reflexiv*.
[Bei großzügiger Auslegung kann man auch die erste reflexiv nennen.]

Beispiele 10: menschliche Relationen

B ❖ Beispiel für eine *symmetrische* Relation wäre etwa die Menge M der drei Mädchen einer **Familie** mit der Beziehung „x ist Schwester von y": Mit x R y gilt immer auch y R x. Den Bruder müssen wir hier leider ausschließen, er zerstört die Symmetrie!

❖ Werden Schüler einer Klasse beim Schularzt gewogen, so führt die Beziehung „x ist gleich schwer wie y" ebenfalls auf eine symmetrische Relation.

Äquivalenz und Halbordnung

Wichtig sind nun vor allem zwei Typen von Relationen: die mit den Eigenschaften r, s und t sowie jene mit r, a und t. Für sie hat man folgende Bezeichnungen:

Definition 8: Äquivalenz Halbordnung

D Eine reflexive, symmetrische und transitive Relation heißt ***Äquivalenz*** *(-relation)*. Eine reflexive, *anti*symmetrische und transitive Relation heißt ***Halbordnung****(srelation)*.

So führt etwa unser letztes Beispiel – gleich schwer sein – auf eine *Äquivalenz,* das Teilerbeispiel auf eine *Halbordnung!*

Präferenzrelationen

Halbordnung und Kette

Eine für eine Halbordnung typische Beziehung ist auch „$x \leq y$“ in einer Zahlenmenge. In der Menge von oben, $M = \{2, 4, 6, 8, 10\}$, führt $\leq$ auf die Diagramme in Bild 14. Eine solche *Kette* wie im 2. Graph, Bild 15, gibt es nicht zu jeder Halbordnung, weil i. allg. nicht alle Elemente *vergleichbar* sein müssen, vgl. etwa Bild 11!

Bilder 14/15: Kleinerrelation als Halbordnung

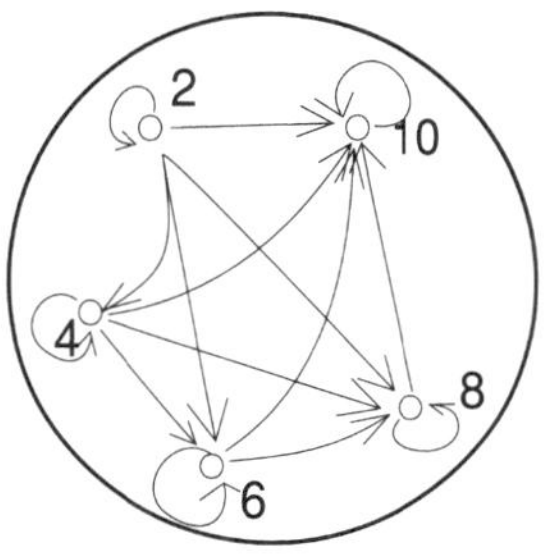

Pfeil-Diagramm

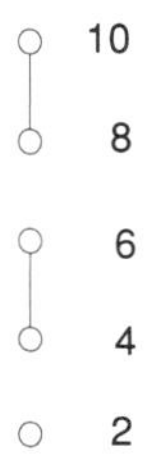

Hasse-Diagramm

Ketten sind wichtig für ***Präferenzrelationen***, das sind Halbordnungen, die sich *monoton* auf Ketten abbilden lassen, so also, daß die Ordnung der Kette sich auf die Halbordnung übertragen läßt. Beispiele sind in Bild 16 für die Ergebnisse eines Sportwettbewerbs, einer Wahl und des Verkaufs von CD´s dargestellt.

Bild 16: Präferenzrelationen

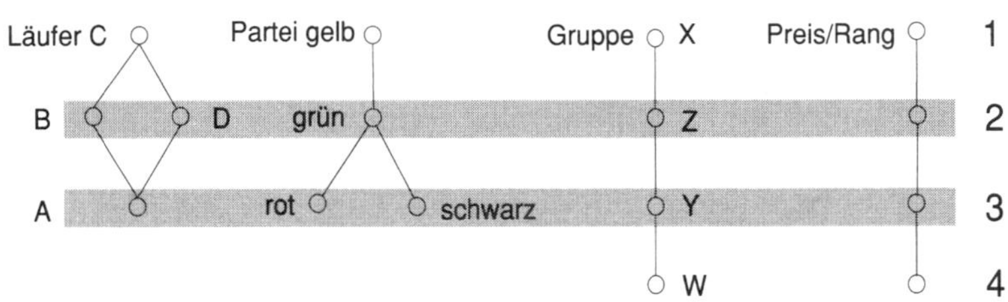

Auswahlregeln

Wie die Rangordnung letztlich aussieht, wird durch *Auswahlregeln* ermittelt. Für die Parteien könnte eine andere Auswahlregel auch zum Resultat von Bild 17 führen! Denken Sie etwa an die Rangordnung von Fußballmannschaften in den Ligen, wo es auf die Punktezahl ankommt, wobei neuerdings 3 Punkte pro Sieg vergeben werden, egal, ob mit 3 : 2 oder mit 5 : 0 gewonnen wurde. Wäre das *Torverhältnis* ausschlaggebend, sähe die Reihung sicherlich anders aus!

Bild 17: neue Rangordnung

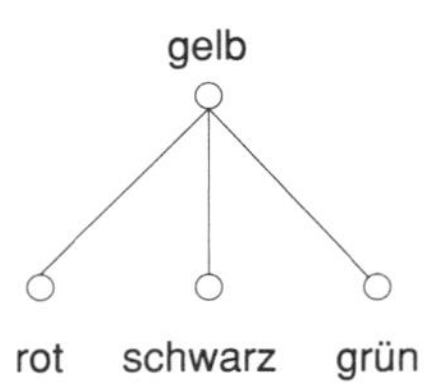

Äquivalenzrelation und Klasseneinteilung

Äquivalenz

Wir kommen jetzt zu den oben eingeführten *Äquivalenz-Relationen* zurück, die eine sehr nützliche Sortierung der Elemente innerhalb einer Menge ermöglichen. Sei eine Menge M von 20 Mathematikarbeiten [Katalog-Nr. 1 bis 20 in Bild 18, links] in einer Klasse zu beurteilen, wobei es dafür fünf Stufen (Noten) geben möge, so führt die Beziehung «x ist gleichwertig mit y [x ~ y]» in M zu einer **Äquivalenz**.

Bilder 18: Äquivalenzklassen

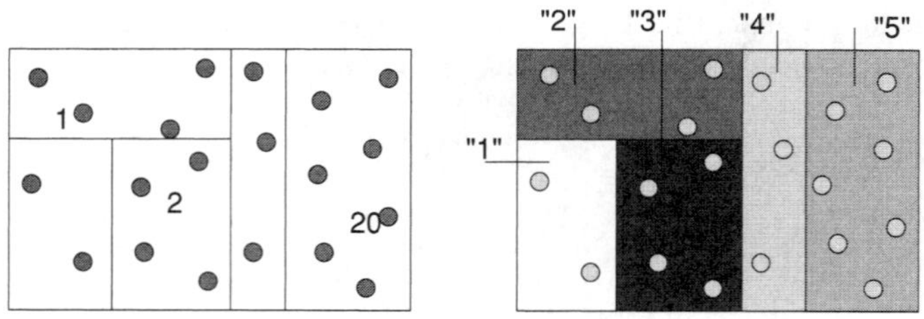

Diejenigen Elemente (Arbeiten), die mit ~ verbunden sind, bekommen dieselbe Note; es entstehen so 5 Teilmengen, die keine gemeinsamen Elemente haben und die zusammen M ausmachen, Bild rechts. Mit der Definition

Definition 9: Klasseneinteilung

D

Eine Aufteilung einer Menge M in Teilmengen, für die gilt:
1. Der Durchschnitt zweier Teilmengen ist stets leer
2. Die Vereinigung aller Teilmengen ist M

heißt ***Klasseneinteilung*** oder *Partition* in M, die Teilmengen sind *Klassen*

können wir unsere Überlegungen so festhalten:

Satz 2:

S

Eine Äquivalenz in der Menge M bewirkt eine Klasseneinteilung in M.

Vertreter einer Klasse

Wichtig sind dann nur mehr die Klassen, nicht ihre einzelnen Mitglieder, von denen jedes die Klasse als *Vertreter* repräsentieren kann. So ist es für Bruchzahlen nicht wesentlich, ob a = 2/3 oder 4/6 oder 6/9 oder .... als Ergebnis erscheint; sie haben denselben Wert und fallen alle in dieselbe Klasse, die etwa durch 2/3 vertreten wird.

Zu Beginn des folgenden Kapitels **2** werden wir übungshalber die um die Null verminderten **natürlichen** Zahlen $\mathbb{N}^* = \{1, 2, 3, ...\}$ mit einer *Äquivalenz* erzeugen!

Relation und Funktion

Ein weiterer Sonderfall einer Relation liegt dann vor, wenn es zu jedem Element x einer Menge A *genau einen* Partner y in A oder einer anderen Menge B gibt.

spezielle Relationen

In Bild 19 auf der nächsten Seite hat $x_1 \in A$ als Bild $y \in B$, aber auch von x_2 geht ein *Pfeil* $\rightarrow$ zu y. Das stört nicht! Ein 2. Pfeil $\rightarrow$ von x_1 aus aber würde dem x_1 zwei Partner zuordnen, was jetzt *verboten* sein soll. Meist geht es um Mengen von Zahlen, die auf zwei Achsen in einem **Koordinatensystem** aufgetragen werden.

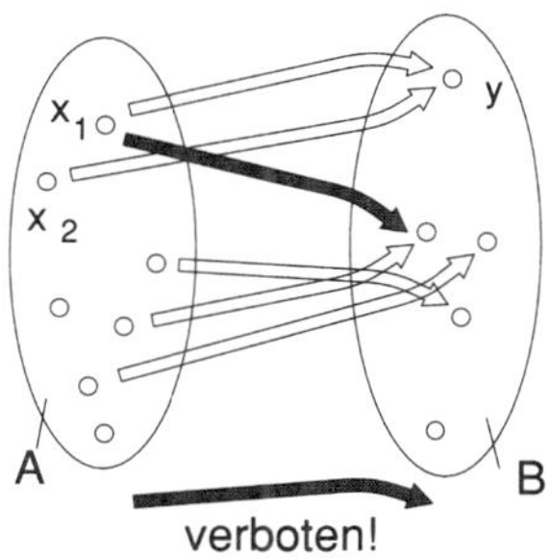

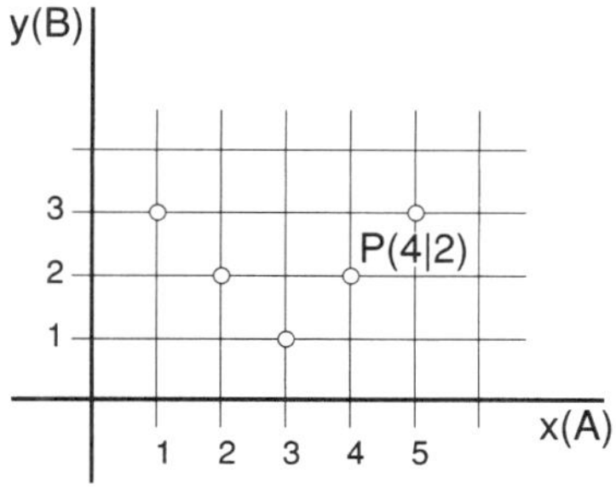

Bilder 19/20: Besondere Relation

Liegt dann *oberhalb* eines x-Wertes nur jeweils ein Bildpunkt, etwa P bei x = 4 und y = 2 in Bild 20, so liegt der genannte Sonderfall vor. Man sagt:

D **Definition 10: Funktion**

> Eine überall auf A erklärte eindeutige Relation heißt ***Funktion*** oder auch ***Abbildung*** von A in B, in Zeichen f: A → B, x → y = f(x).

Dieser neue Begriff ist einer der Schlüsselbegriffe der gesamten Mathematik. In der GEOMETRIE (Teil $\mathbb{B}$) werden wir einige wichtige *Abbildungen* der Ebene in sich besprechen, die ALGEBRA (Teil $\mathbb{C}$) untersucht Typen von *Funktionen*, die je nach Beziehung zwischen x und y, nach *Zuordnungsvorschrift*, entstehen. So erzeugt die Vorschrift «y ist Quadrat von x», $y = x^2$, eine *quadratische* Funktion f: $x \to y = x^2$ von A in B, wobei meist A und B die Mengen der *reellen* oder zumindest *rationalen* Zahlen ($\mathbb{A}$**3**, $\mathbb{C}$**8**) sind.

Funktion und Verknüpfung

Hier verwenden wir die Funktion nur dazu, einen weiteren Grundbegriff moderner Mathematik zu erklären, den der ***Verknüpfung***. Längst bekannt ist Ihnen die Addition von Zahlen. Sei $\mathbb{N}^* = \{1, 2, 3, ...\}$ die Menge der Zahlen des Zählens, so lautet das *Einsundeins*: 1 + 1 = 2, 1 + 2 = 3, ... , 2 + 2 = 4, ..., a + b = c.

Mit der bisher geübten Beschreibung könnten wir doch sagen: Wir bilden zunächst eine neue Menge von Paaren (1, 1), (1, 2), (2, 1), (2, 2), (2, 3), ..., die durch Zusammenstellen aller Elemente von $\mathbb{N}^*$ mit allen entsteht: das *Kreuzprodukt* $\mathbb{N}^* \times \mathbb{N}^* = \{(1, 1), (1, 2), ..., (a, b), ...\}$, Bild 21, links. Dann ordnen wir jedem dieser Paare seine *Summe* in $\mathbb{N}^*$ zu: (2, 3) → 5 = 2 + 3, ..., Bild 22, rechts.

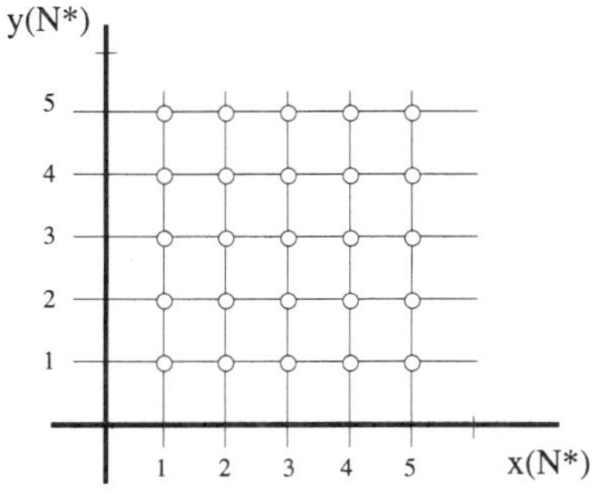

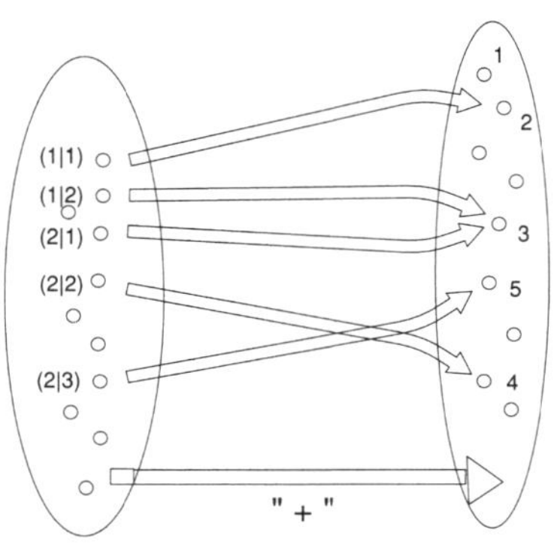

Bilder 21/22: Kreuzprodukt und Summe

Da es stets nur *eine* Zahl c als Summe zweier Zahlen a, b gibt, liegt eine *Funktion* vor, die man *innere Verknüpfung* in $\mathbb{N}^*$ nennt, hier ist es eben die *Addition*. Allgemein verwendet man „$\circ$" als Verknüpfungszeichen.

Mit M statt $\mathbb{N}^*$ sagen wir:

Definition 11: innere Verknüpfung

D

Eine Funktion von $M \times M$ in M heißt ***innere Verknüpfung*** in M, das Bild c eines Paares (a, b) heißt Verknüpfungsprodukt.

In Zeichen $\circ: M \times M \to M, \quad (a, b) \to c = a \circ b$

Rechenarten als Verknüpfungen

Jede Rechenart läßt sich so deuten, allerdings nur in der passenden Menge! So ist die Subtraktion „–" keine innere Verknüpfung in $\mathbb{N}^*$, weil 2 – 3 keine natürliche Zahl ist, wohl aber trifft dies zu in $\mathbb{Z} = \{..., -3, -2, -1, 0, 1, 2, 3, ...\}$, der Menge der *ganzen Zahlen*, denn 2 – 3 = –1 ist Element von $\mathbb{Z}$! Diesen Gesichtspunkten ist im wesentlichen das nächste Kapitel 𝔸**2** gewidmet.

Potenzmenge

Mengen-operationen und Verknüpfungen

Wir begnügen uns vorläufig damit, einfach Mengen zu verknüpfen und untersuchen Eigenschaften solcher Verknüpfungen. Dabei kennen wir schon solche Verknüpfungen, nur haben wir sie anfangs nicht so genannt: Bilden wir zu zwei Mengen A und B den *Durchschnitt*, die *Vereinigung* oder die *Differenz*, so wird doch einem Paar (A, B) genau ein Partner zugeordnet:

$A \cap B = C$, d.h. $(A, B) \to C = A \circ B = A \cap B$
$A \cup B = V$, d.h. $(A, B) \to V = A \circ B = A \cup B$
$A \setminus B = D$, d.h. $(A, B) \to D = A \circ B = A \setminus B$

Teilmengen können Elemente sein

Die Mengen sind also hier die Zahlen von oben und treten als Elemente einer „Menge 2. Stufe" auf, um die wir uns noch kümmern müssen. Am einfachsten ist es, eine Menge M anzunehmen und nach allen Teilmengen $T \subseteq M$ zu fragen; diese Teilmengen sollen Elemente einer neuen Menge P(M) sein, die dann *von 2. Stufe* ist. Dabei vereinbaren wir, die *leere Menge* Ø als Teilmenge einer jeden Menge M anzusehen.

Für $M = \{a, b, c\}$ wird so

$P(M) = \{\emptyset, \ \{a\}, \{b\}, \{c\}, \ \{a, b\}, \{a, c\}, \{b, c\}, \ M\}$, P hat 8 Elemente.

Für $M = \{1, 2, 3, 4\}$ finden wir schon 16 Elemente:

$P(M) = \{\emptyset, \ \{1\}, \{2\}, \{3\}, \{4\}, \ \{1, 2\}, ..., \{3, 4\}, \ \{1, 2, 3\}, ..., \{2, 3, 4\}, \ M\}$

und bei einer 5elementigen Menge M hat P(M) schon 32 Elemente.

Wir werden später sehen, warum dies so ist und leiten hier nur aus $2^3 = 8$, $2^4 = 16$, $2^5 = 32$ den Namen von P(M) ab:

Definition 12: Potenzmenge

D

Die Menge aller Teilmengen T von M heißt ***Potenzmenge*** P(M) von M, in Zeichen: $P(M) = \{T \ / \ T \subseteq M\}$

In dieser *Potenzmenge* P(M) können wir eine *innere Verknüpfung* „∩" erklären! Der besseren Übersicht halber sei M = {1, 2} und damit P(M) = {Ø, {1}, {2}, M}. Jedes Paar von Elementen A, B aus P(M) hat dann seinen Durchschnitt A ∩ B in P(M), was man üblicherweise in einer ***Verknüpfungstafel*** notiert (*Tabelle*):

Verknüpfungstafel

∩	Ø	{1}	{2}	M
Ø	Ø	Ø	Ø	Ø
{1}	Ø	{1}	Ø	{1}
{2}	Ø	Ø	{2}	{2}
M	Ø	{1}	{2}	M

Im Kreuzungspunkt von Zeile und Spalte steht das Verknüpfungsprodukt, hier der Durchschnitt, etwa Ø für {2} und {1}. Tatsächlich liegt jedes Verknüpfungsprodukt als Element in P(M), „∩" ist also eine *innere Verknüpfung*; dies zu erreichen, ist ein weiterer guter Grund, Ø als Teilmenge von M aufzufassen!

Etwas abstrakter betrachtet haben wir hier das *Kreuzprodukt* von P(M) mit sich selbst in P(M) abgebildet, die Zuordnungs-Vorschrift war das *Schneiden*:

$$\cap: P(M) \times P(M) \;\rightarrow\; P(M), \quad (A, B) \;\rightarrow\; C = A \cap B$$

innere Verknüpfung als Funktion

Sehen Sie, daß dies genau der Definition der *inneren Verknüpfung* als ***Funktion*** entspricht? Statt des Funktionssymbols f setzt man hier das Verknüpfungszeichen „∩".

Sollte dies etwas zu abstrakt sein, kehren wir nochmals zu den Zahlen zurück:

B **Beispiel 11: Multiplikation als innere Verknüpfung**

Sei M = $\mathbb{N}_g$ = {2, 4, 6, ...} die Menge der geraden Zahlen, Zuordnungsvorschrift sei die Multiplikation „•". Die Tabelle zeigt, daß als Verknüpfungsprodukte nur *gerade* Zahlen ∈ M auftreten, „•" ist daher eine *innere* Verknüpfung in M:

•	2	4	6	8	...
2	4	8	12	16	...
4	8	16	24	32	...
6	12	24	36	48	...
8	16	32	48	64	...

$$\bullet: \mathbb{N}_g \times \mathbb{N}_g \rightarrow \mathbb{N}_g, \; (a, b) \rightarrow c = a \bullet b$$

Für solche Sachverhalte hat man noch eine Bezeichnung eingeführt:

D **Definition 13: Struktur**

> Eine Menge M, in der eine innere Verknüpfung „∘" erklärt ist, heißt mit dieser eine (*algebraische*) ***Struktur***, in Zeichen (M, ∘).

So ist also (P(M), ∩) eine *Struktur*, und Sie sind eingeladen, sich an Beispielen zu überzeugen, daß (P(M), ∪) sowie (P(M), \) ebenso *Strukturen* sind! [Übungen]

besondere Strukturen

Dieser neue Begriff ist kennzeichnend für die Mathematik der 1. Hälfte dieses Jahrhunderts geworden, die oft als ***Strukturtheorie*** schlechthin bezeichnet wurde. Wir werden besonderen Strukturen – wie es *Gruppen* oder *Körper*, *Verbände* oder *Vektorräume* sind –, noch begegnen.

Assoziative Verknüpfungen

Wir beginnen mit einigen Eigenschaften von Verknüpfungen, die sich am Beispiel der Mengenverknüpfungen $\cap$, $\cup$ und $\setminus$ leicht studieren lassen. Dazu verknüpfen wir drei Mengen und fragen, ob etwa in $(A \cap B) \cap C$ die Klammern entbehrlich sind oder in $A \cup (B \cup C)$. Beispiele bestätigen das! Vereinbaren wir zuvor die Sprechweise:

Definition 14: assoziative Verknüpfung

D

Eine Verknüpfung „$\circ$" mit der Eigenschaft

$$(a \circ b) \circ c = a \circ (b \circ c)$$

für beliebige a, b, c heißt ***assoziativ,***

so können wir formulieren:

Satz 3: $\cap$ und $\cup$ sind assoziativ

S

Die Mengenverknüpfungen „$\cap$" und „$\cup$" sind assoziativ; es gilt also für beliebige Mengen:

$$(A \cap B) \cap C = A \cap (B \cap C) \quad \text{und} \quad (A \cup B) \cup C = A \cup (B \cup C).$$

Die Klammern sind deshalb entbehrlich, man darf schreiben:

$$A \cap B \cap C \qquad \text{bzw.} \quad A \cup B \cup C.$$

Der ***Beweis*** für den Durchschnitt soll anhand des Bilds 23 geführt werden:

Bild 23: Diagrammvergleich für $\cap$

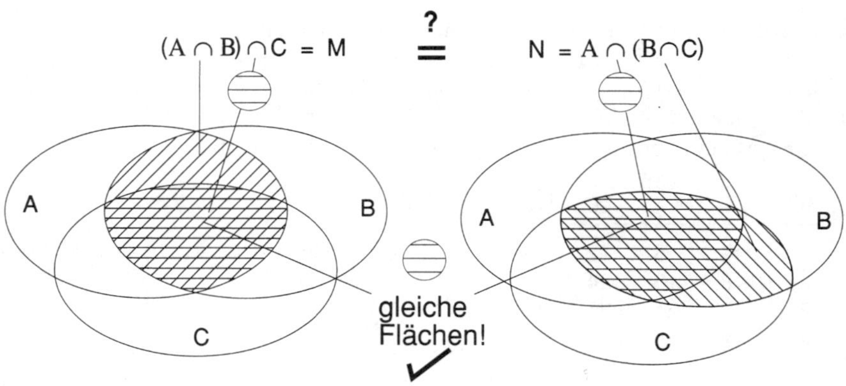

Jedesmal werden also dieselben Elemente erfaßt: die, welche in allen drei Mengen zugleich liegen.

Ein formaler Beweis:

Formal läßt sich ein solcher Beweis mit einer *Zugehörigkeitstafel* führen: Sind M und N die in Bild 23 angegebenen Mengen, so zeigt man, daß ein beliebiges Element a von M, $a \in M$, jedesmal auch eines von N ist, $a \in N$, und umgekehrt. Gehört dann ein Element *nicht* zu der einen Menge, so darf es *auch nicht* in der anderen liegen: *gleichzeitig* muß $a \notin M$ und $a \notin N$ gelten.

Beispielsweise gehört in der 4. Zeile der *Tafel* auf der nächsten Seite a *nicht* zu A, jedoch zu B *und* zu C. Daher ist es *nicht* in $A \cap B$, wohl aber in $B \cap C$ usw., was zu $a \notin M$ und auch zu $a \notin N$ führt! Dies ist eben für alle Kombinationen $a \in A, B, C$ bzw. $a \notin A, B, C$ zu überprüfen.

A	B	C	A ∩ B	M	B ∩ C	N
∉	∉	∉	∉	∉	∉	∉
∉	∉	∈	∉	∉	∉	∉
∉	∈	∉	∉	∉	∉	∉
∉	∈	∈	∉	∉	(∈)	∉
∈	∉	∉	∉	∉	∉	∉
...	...	...	...	...	...	...

(weiter s. Übungen)

die Zugehörigkeitstafel

Kommutative Verknüpfungen

Ein anderer Sachverhalt folgt – ohne extra bewiesen werden zu müssen – unmittelbar aus der Definition von „∩“ und „∪“, und wir sind ihm an einigen Beispielen schon begegnet:

$A \cap B = B \cap A, \qquad A \cup B = B \cup A$

Da es ja in einer Menge auf die Reihenfolge der *Elemente* nicht ankommen soll, dürfen wir die Reihenfolge der *Mengen* vertauschen. Wieder das Fachwort:

D

Definition 15: und

Eine Verknüpfung „∘“ mit der Eigenschaft $a \circ b = b \circ a$ für beliebige a, b heißt ***kommutativ.***

Damit haben wir den Satz:

S

Satz 4: kommutative Verknüpfungen

Die Mengenverknüpfungen „∩“ und „∪“ sind kommutativ, es gilt also für beliebige Mengen A, B:

$A \cap B = B \cap A$ und $A \cup B = B \cup A$.

Distributive Verknüpfungen

zwei Verknüpfungen:

Bei *zwei* Verknüpfungszeichen geht man wie beim Zahlenrechnen vor: Dort gilt etwa

$5 \cdot (10 + 2) = (5 \cdot 10) + (5 \cdot 2)$

Wir werden jetzt analog mittels Diagrammvergleichs beweisen (Bild 24 auf der nächsten Seite):

$A \cap (B \cup C) = (A \cap B) \cup (A \cap C)$

Tatsächlich kann man also die Klammermultiplikation von Zahlen mit den Mengenverknüpfungen „∩“ und „∪“ nachbilden.

B

Beispiel 12: Analogie zum

Versuchen Sie jetzt bitte, die beiden Zeichen zu vertauschen und zu prüfen, ob die erhaltene *Formel* ebenfalls richtig ist!

... Zahlenrechnen

Wenn Sie das auch mit „·“ und mit „+“ tun, kommen Sie von

$2 \cdot (3 + 4) = (2 \cdot 3) + (2 \cdot 4)$ zu $2 + (3 \cdot 4) = (2 + 3) \cdot (2 + 4)$

Das ist aber falsch!

Versuchen Sie es dennoch bei den *Mengen*; dort stimmt es nämlich!

Bild 24: Diagrammbeweis zum Satz 5

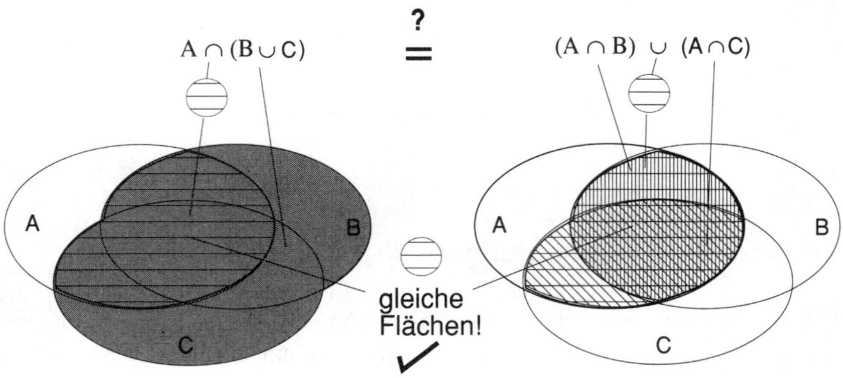

Zu den zwei Fachausdrücken für solche Sachverhalte (assoziativ, kommutativ) gesellt sich nun ein *dritter*:

Definition 16: und

D

> Gibt es in einer Menge M = {a, b, c...} zwei Verknüpfungen „○“ und „∗“ mit der Eigenschaft
>
> $a \circ (b * c) = (a \circ b) * (a \circ c)$,
>
> so heißt „○“ *(links-)**distributiv*** zu „∗“.

Bei den Zahlenoperationen „·“ und „+“ ist etwa „·“ links-distributiv zu „+“, doch nicht umgekehrt! Aber „·“ ist auch rechts-distributiv zu „+“, z.B.

$(30 + 4) \cdot 2 = (30 \cdot 2) + (4 \cdot 2)$,

kurz: „·“ ist *distributiv* zu „+“. Bei den Mengenoperationen „∩“ und „∪“ gilt jedoch, wie soeben für einen Fall bewiesen:

Satz 5: ∪ und ∩ sind distributiv

S

> **Die Verknüpfungen „∩“ und „∪“ sind wechselseitig distributiv, d. h., jede ist zur anderen distributiv.**

Wegen der Austauschbarkeit von „∩“ und „∪“ könnte man von *dualen* Formeln sprechen.

Ende des 1. Kapitels

Übungsaufgaben

1. Zählen Sie die Elemente auf und geben Sie die Bedingungen in Kurzform an:
   a) U sei die Menge aller ungeraden Zahlen bis 20.
   b) T sei die Menge aller Teiler von 36. [Für *teilt* schreibt man I.]
   c) Q sei die Menge aller Quadratzahlen zwischen 10 und 100 (eingeschlossen).

2. a) Geben Sie Teilmengen, echte Teilmengen und gleiche Mengen an:
   $A = \{S, T, O, P\}$, $B = \{P, O, S, T\}$, $C = \{O, S, T\}$, $D = \{S, O\}$
   b) Zählen Sie auf und vergleichen Sie wie in a:
   $V = \{x \mid x$ ist Vielfaches von 5 und $x \leq 50\}$,
   $W = \{x \mid x$ hat 2 und 5 als Teiler und $x < 60\}$

3. Welche Menge ist mit $A \cap B$ gemeint?
   a) A = {LKW mit deutschen Kennzeichen},
   B = {LKW mit europäischen Kennzeichen vor dem Zollamt am Brenner}
   b) A = {Auf dem Bodensee zugelassene Schiffe oder Boote},
   B = {In der BRD, der Schweiz oder Österreich registrierte Motorboote}
   c) A = {Gerade Zahlen bis 40}, B = {Quadratzahlen bis 36}

4. $M = \{1, 2, 3, 4, 5, 6\}$, $N = \{2, 4, 6, 8, 10\}$, $P = \{2, 4, 8, 16\}$; geben Sie an:
   a) $M \cap N$ b) $M \cup N$ c) $M \setminus N$ d) $N \setminus M$
   e) $M \cap P$ f) $N \cap P$ g) $P \setminus N$ h) $M \cup P$

5. Im Beispiel 3 wurde der *ggT* von 12 und 18 zu 6 bestimmt. Gehen Sie ebenso vor, um das *kgV* (das kleinste gemeinsame Vielfache) zu ermitteln.

6. Von den 800 Schülerinnen einer Mädchenschule geben 400 an, Skifahrerin zu sein, 320 sind Eisläuferinnen, während 180 eine andere oder keine Sportart betreiben.
   a) Wie viele können sowohl Ski fahren als auch eislaufen?
   b) Wie viele fahren nur Ski, wie viele laufen nur eis?
   c) Wenn man zufällig eine Schülerin auswählt und fragt: Ist es wahrscheinlicher, daß sie nur Ski fährt oder daß sie eis läuft? Skizze!

7. Geben Sie ein *Pfeildiagramm* der Beziehung „x teilt y", in Zeichen „$x \mid y$", an für $x, y \in T$ und T = {Teilermenge von 12} – d. i. die Menge aller Teiler von 12,
   a) ausführlich, b) vereinfacht als *Hasse*-Diagramm

8. In der Menge $M = \{1, 3, 5, 7, 9\}$ führt die Beziehung „x und y haben höchstens 8 als Summe" zu einer *Relation*. Geben Sie diese als Paarmenge an. Wenn Sie ein optischer Typ sind, zeichnen Sie noch ein Koordinatendiagramm analog Bild 1.12!

9. Zeichnen Sie ein Pfeildiagramm der Beziehung „x ist Bruder von y" in der Menge $F = \{a, b, c; m, n\}$ mit den Knaben a, b, c und den Mädchen m, n, und schreiben Sie die entstehende *Relation* als Paarmenge an! Wie viele Elemente enthält R, $|R| = ?$

10. Welche der vier typischen Relationseigenschaften r, s, a, t liegt vor bei der Beziehung „x liebt y" in einer beliebigen Menge? Antworten Sie: selten, meist, ...! (Sie sehen: Wie man festes mathematisches Gebiet verläßt, wird´s unsicher!)

11. Im Abschnitt über Relationen entdecken Sie in Beispiel 6 als Bild 9 das *Hassediagramm* einer Hierarchiebeziehung im Betrieb. Erfinden Sie bitte ein ähnliches Beispiel aus einem größeren Unternehmen und stellen Sie es analog dar!

12. Sie haben – angenommen – zwei Schwestern, einen Bruder, Cousin und Cousine (als Kinder der Tante), Vater, Onkel, Tante, deren Mutter als Ihre Großmutter u.a.m. Stellen Sie diesen kleinen Stammbaum wie eben graphisch dar.

13. In einer Menge M von 10 Kugeln (5 weiße, 3 rote, 2 schwarze) wird die Beziehung „x ist gleichfarbig mit y", in Zeichen „$x \sim y$", erklärt. Führt sie zu einer *Äquivalenz*? Welche *Klassen* entstehen?

14. Sei $M = \{a, b, c\}$ und P(M) ihre *Potenzmenge* (wie im Text erklärt). Zwischen den Teilmengen T_i von M wird die Beziehung „x hat gleich viele Elemente wie y", in Zeichen „$x \approx y$", erklärt. Was folgt?

15. Geben Sie *Verknüpfungstafeln* für P(M), $M = \{1, 2\}$, mit
a) „$\cup$"   b) „$\setminus$"
an und lesen Sie ab, daß es sich um *Strukturen* handelt.

16. Setzen Sie die im Text begonnene Überlegung fort, um die *Zugehörigkeitstafel* von Seite 15 zu vervollständigen (3 Zeilen).

17. Versuchen Sie, zu erklären, daß man in $A \cap B \setminus C$ die Klammern weglassen kann, d.h. daß gilt: $(A \cap B) \setminus C = A \cap (B \setminus C)$!
(Natürlich können Sie auch zeichnen.)

18. Zeigen Sie mit Hilfe von Diagrammen, daß „$\setminus$" weder *kommutativ* noch *assoziativ* ist. Versuchen Sie zur Abwechslung, im ersten Fall *rechteckige* Mengenschleifen für A, B zu verwenden!

19. Beweisen Sie das *2. Distributivgesetz* $A \cup (B \cap C) = (A \cup B) \cap (A \cup C)$ mittels Venn-Diagrammvergleichs für drei beliebige Mengen A, B, C.

20. Überzeugen Sie sich, daß „$\setminus$" *distributiv* zum *dualen* Zeichen von „$\cap$" ist, d.h., daß $A \setminus (B \cap C) = (A \setminus B) \cup (A \setminus C)$ gilt!

Zu den Lösungen

Lösungen

1. a) $U = \{1, 3, 5, 7, 9, 11, 13, 15, 17, 19\} = \{x \mid x \text{ ist ungerade und } x < 20\} =$
$\{x \mid x = 2n - 1 \text{ mit } n \in \mathbb{N}^* \text{ und } x < 20\}$

   b) $T = \{1, 36, 2, 18, 3, 12, 4, 9, 6\} = \{x \mid x \text{ teilt } 36\} = \{x \mid x | 36\}$

   c) $Q = \{16, 25, 36, 49, 64, 81, 100\} = \{x \mid x \text{ ist Quadratzahl und } 10 \le x \le 100\} =$
$\{x \mid x = n^2 \text{ und } n \in \mathbb{N} \text{ und } 10 \le x \le 100\}$

2. a) $A = B$, auch $A \subseteq B$, $B \subseteq A$; $C \subset A$ (echt), $D \subset C$, $D \subset B$, $D \subset A$

   b) $V = \{5, 10, 15, 20, 25, 30, 35, 40, 45, 50\}$, $W = \{10, 20, 30, 40, 50\}$; $W \subset V$

3. a) $A \cap B =$ {LKW mit deutschen Kennzeichen am Brenner}

   b) $A \cap B =$ {Motorboote auf dem Bodensee}

   c) $A \cap B =$ {Gerade Quadratzahlen bis 36} $= \{4, 16, 36\}$

4. a) $M \cap N = \{2, 4, 6\}$ b) $M \cup N = \{1, 2, 3, 4, 5, 6, 8, 10\}$

   c) $M \setminus N = \{1, 3, 5\}$ d) $N \setminus M = \{8, 10\}$

   e) $M \cap P = \{2, 4\}$ f) $N \cap P = \{2, 4, 8\}$

   g) $P \setminus N = \{16)$ h) $M \cup P = \{1, 2, 3, 4, 5, 6, 8, 16\}$

5. $V_a = V(12) = \{12, 24, 36, 48, 60, 72, 84, ...\}$, $V_b = V(18) = \{18, 36, 54, 72, 90, ...\}$;
$V_a \cap V_b = V_{gemein} = \{36, 72, ...\}$, kleinstes Element $36 \in V_{gemein}$: $\text{kgV}(12, 18) = 36$.

6. a) 100 b) 300 bzw. 220 c) $\frac{300}{800} < \frac{320}{800}$, daher eislaufen!
Bild dazu unten links!

7. $T = \{1, 12, 2, 6, 3, 4\}$; Bilder unten rechts.

8. $R = \{(1, 1), (1, 3), (1, 5), (1, 7);\ (3, 1), (3, 3), (3, 5);\ (5, 1), (5, 3);\ (7, 1)\}$;

Bild L6

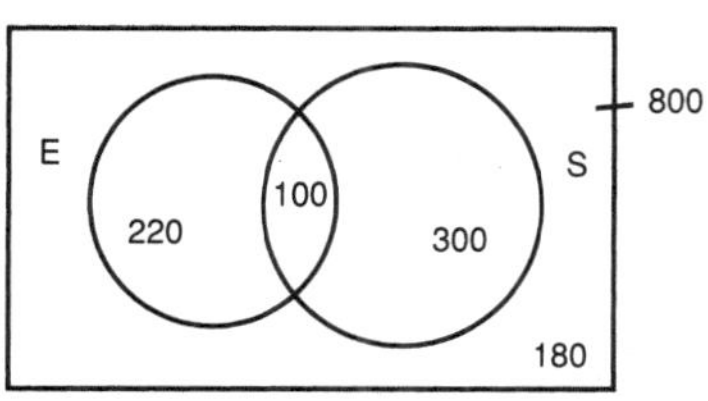

Bilder L7

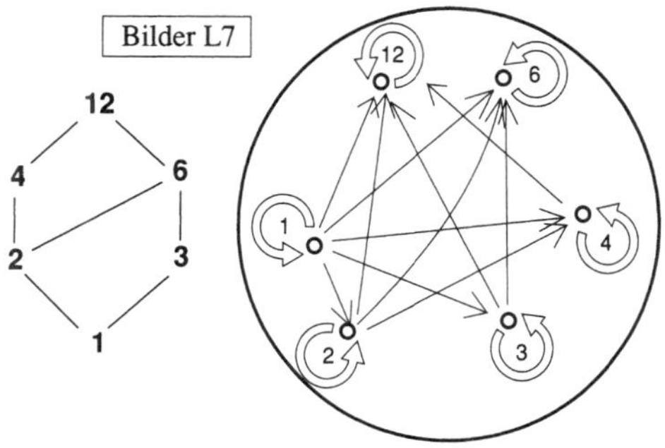

9. R = {(a, b), (a, c), (a, m), (a, n); (b, a), (b, c), (b, m), (b, n); (c, a), (c, b), (c, m), (c, n)}; |R| = 12; Bild dazu:

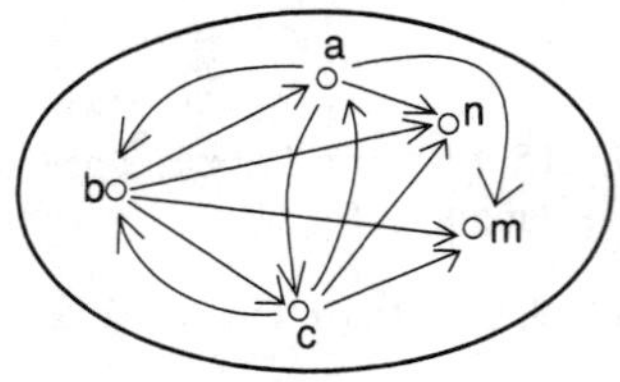

10. r meist ja, s leider nein (oft tragisch!), a kommt vor (gute Ehe / Freundschaft), t selten (logisch nicht nötig!)

11. Könnte etwa so beginnen:

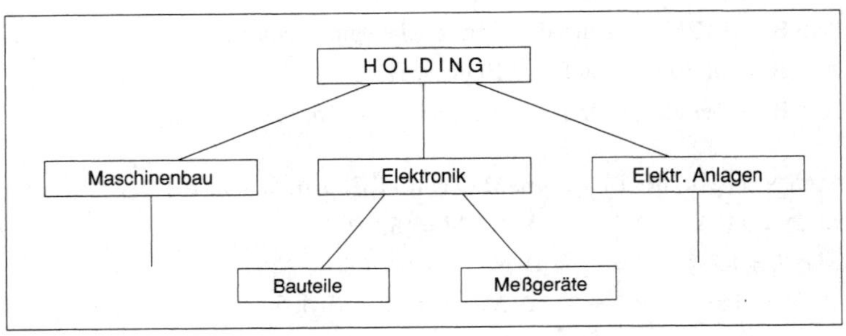

12.

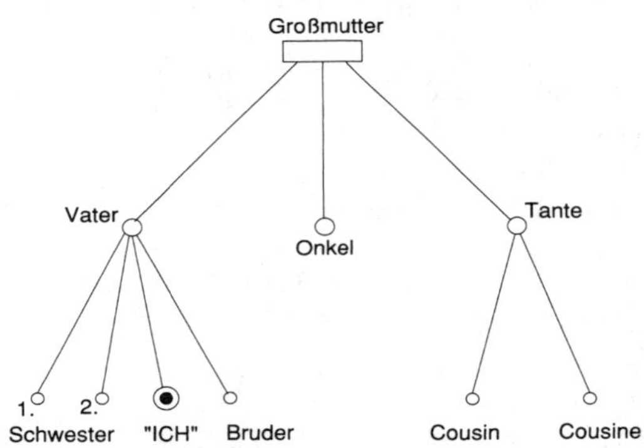

13. Ja, alle drei Eigenschaften sind erfüllt; es entstehen drei Teilmengen, die Klassen T_w, T_r, T_s der jeweils gleichfarbigen Kugeln, vgl. Bild L13 nächste Seite oben.

14. Wie eben liegt eine Äquivalenz vor, die zu Klassen T_0, T_1, T_2, T_3 der Teilmengen von M mit 0, 1, 2, 3 Elementen führt, vgl. Bild L14 rechts neben Bild L13!

Bild L13

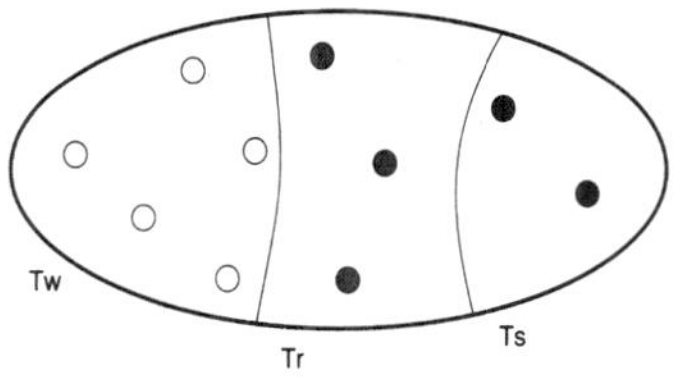

Bild L14

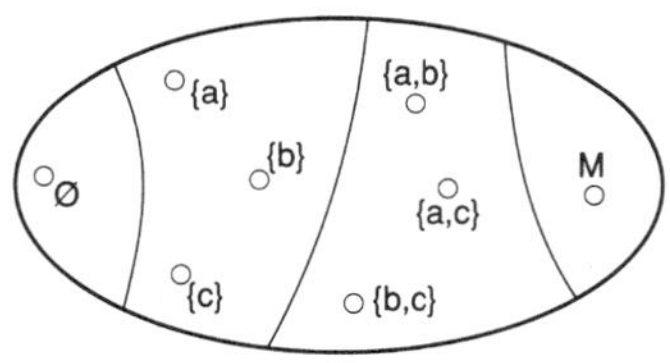

15. a)

∪	Ø	{1}	{2}	M
Ø	Ø	{1}	{2}	M
{1}	{1}	{1}	M	M
{2}	{2}	M	{2}	M
M	M	M	M	M

15. b)

\	Ø	{1}	{2}	M
Ø	Ø	Ø	Ø	Ø
{1}	{1}	Ø	{1}	Ø
{2}	{2}	{2}	Ø	Ø
M	M	{2}	{1}	Ø

16.

∈	∉	∈	∉	∉	∉	∉
∈	∈	∉	∈	∉	∉	∉
∈	∈	∈	∈	∈	∈	∈

gleiche Spalten!

17. Beim Mengenterm auf der linken Seite der Gleichung werden zuerst diejenigen Elemente bestimmt, die in A und auch in B liegen; von denen werden dann alle weggelegt, die auch zu C gehören.

Beim Term rechts werden zuerst aus B jene Elemente entfernt, die in C liegen, bevor gefragt wird, welche von den übrigbleibenden auch noch in A liegen; dies ist offenbar ein gleichwertiges Vorgehen.

18. komm.:

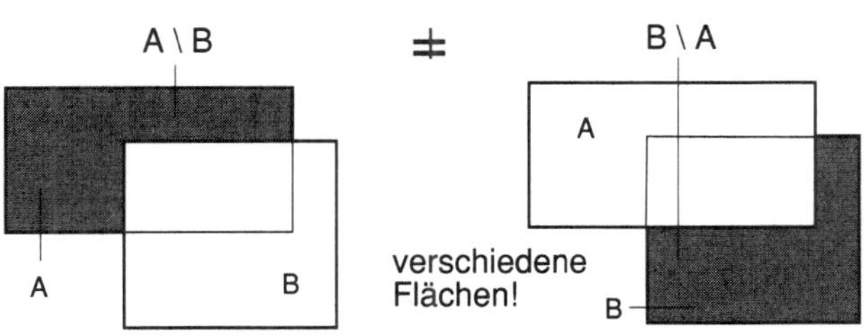

18. ass.:

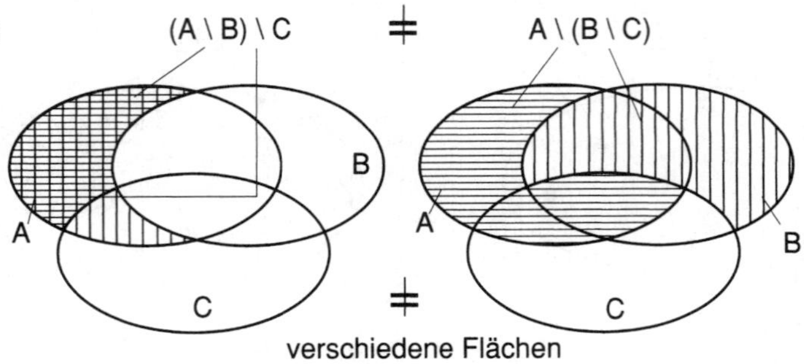

19.

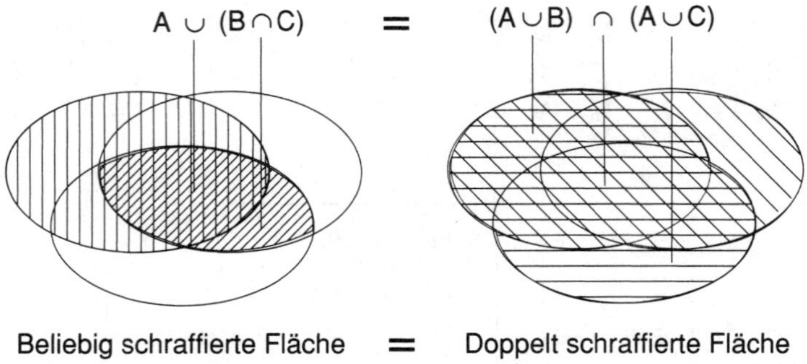

20.

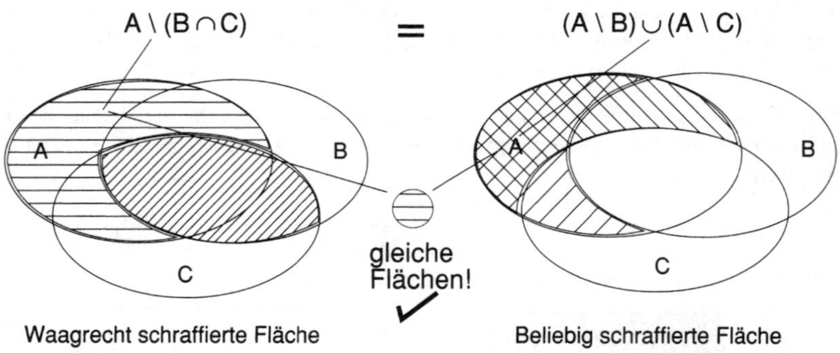

Zum nächsten Kapitel

2. Kapitel

2

Ganze Zahlen und Strukturen

Die einfachsten Zahlen sind die Zahlen des *Zählens*, die *natürlichen* Zahlen 0, 1, 2, 3, ... Man kann sie als „von Gott geschenkt" ansehen und mit ihnen rechnen, wie man es in der Volksschule gelernt hat.

Natürliche Zahlen und gleichmächtige Mengen

Der Mathematiker macht sich aber natürlich Gedanken über die Eigenschaften und Gesetze der Rechenoperationen; manche kann er begründen, andere muß er *grundsätzlich* als wahr annehmen, etwa, daß in

2+1= 1+2	die Zahlen vertauschbar, in
(4+5)+6 = 4+(5+6)	die Klammern verschiebbar sind [es ist 9+6 = 4+11 = 15] (man nennt „+" daher *kommutativ* und *assoziativ*)

Allerdings ist dieser Zugang nicht der einzig denkbare. So haben etwa Dedekind und Peano 1889 fünf Axiome aufgestellt, aus denen sich die genannten Eigenschaften wieder als Sätze beweisen lassen. Dies ist Sache der wissenschaftlichen Mathematik; doch eines dieser Axiome läßt sich so umformulieren, daß es auch in höheren Schulen gern als *Prinzip der vollständigen Induktion* zu Beweiszwecken eingesetzt wird.

Es ist nun ganz interessant, daß ein solcher Beweis auch möglich ist, wenn man die natürlichen Zahlen über **Mengen** einführt! Um diesen Weg zu skizzieren, denken wir uns von einer Menge mit unendlich vielen Elementen {O , •, ~, ■, |, ", ❖, –,...} alle nur möglichen *Teilmengen* Ø, {|}, {•}, ..., {O,•}, {❖,❒}, ..., {O,•,✱,...} gebildet, Bild 1, und zwischen diesen die Beziehung „x hat gleich viele Elemente wie y" erklärt. Sie führt zu einer *Relation,* die man leicht als *Äquivalenz* erkennt.

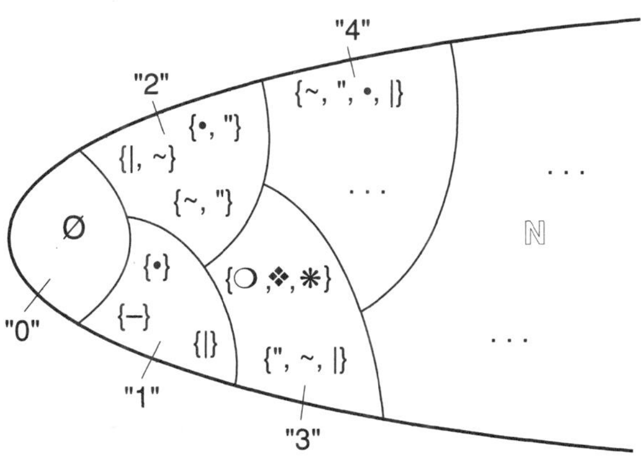

Bild 1: Zahlen als Äquivalenzklassen

Von dieser wissen wir wieder, daß sie die Menge, in der sie erklärt ist, in *Klassen* zerlegt: Jede solche Klasse besteht aus Mengen mit gleich vielen Elementen, aus sog. *gleichmächtigen* Mengen. Dafür sagt man:

Definition 1: Natürliche Zahlen

D

> Die so erklärten Klassen heißen ***natürliche Zahlen,*** in Zeichen
>
> 0 = {Ø},
>
> 1 = { {○}, {–}, {❐},...},
>
> 2 = { {✿,•}, {❖,✱},...},
>
> 3 = { {○,•,❐}, { | ,■,✱},...}, ...
>
> Die Klasse 0 mit Ø als einzigem Element heißt die ***Zahl Null.*** Die ***Menge*** der natürlichen Zahlen wird mit $\mathbb{N}$ = {0, 1, 2, 3, ...} bezeichnet.

Addition und Multiplikation

Warum die Addition ...

Diese Klassen kann man nun *verknüpfen* (addieren, Zeichen „+"). Dazu *vereinigt* man ein Element von 1, etwa {–}, mit einem *elementefremden* von 2, etwa {m, •}, was zu {–, m, •} führt; dies ist ∈ 3, was als *Verknüpfungsprodukt* von 1 und 2 aufgefaßt wird: (1, 2) ⟶ 3 oder

1 + 2 = 3

{–} ∪ {○, •} = {–,○, •}

↑∈ 1 ↑∈ 2 ↑∈ 3

assoziativ und kommutativ ist

Jetzt aber ist klar, daß die so definierte **Addition** „+" in $\mathbb{N}$ oder $\mathbb{N}^*$ die oben angeführten Eigenschaften hat, da sie der Mengenverknüpfung „∪" nachgebildet wurde, von der wir schon bewiesen haben, daß sie *kommutativ* und *assoziativ* ist!

Multiplikation

Für die **Multiplikation** „·" könnte man mit Hilfe des *Kreuzprodukts* A × B analog vorgehen, um diese Eigenschaften nachzuweisen, worauf wir hier aber verzichten. Daß nun „·" *distributiv* zu „+" ist, d.h. zum Beispiel gilt

$$5 \cdot (2 + 4) = (5 \cdot 2) + (5 \cdot 4) \qquad \text{analog}$$
$$A \cap (B \cup C) = (A \cap B) \cup (A \cap C)$$

leuchtet nach einem Blick auf die Mengenverknüpfungen ein. Dennoch ist dies *kein Beweis*, es erscheint nur *plausibel* – wir nehmen es eben *axiomatisch* an. Während dort aber auch „∪" distributiv zu „∩" gilt, ist hier nicht etwa „+" distributiv zu „·":

$5 + (2 \cdot 4) = (5 + 2) \cdot (5 + 4)$ z. B. wäre falsch! (siehe auch Übung 4)

Beispiele 1: Distributivität

B

So ist beispielsweise noch

- ❖ $7 \cdot (1 + 3) = (7 \cdot 1) + (7 \cdot 3)$, denn links steht $7 \cdot 4$, rechts $7 + 21$, beides ist 28 ✓
- ❖ $9 \cdot (8 + 6) = (9 \cdot 8) + (9 \cdot 6)$, links steht $9 \cdot 14$, rechts $72 + 54$, beides ist 126 ✓
- ❖ $(2 + 3) \cdot 11 = (2 \cdot 11) + (3 \cdot 11)$, links steht $5 \cdot 11$, rechts $22 + 33$, beides ist 55 ✓

Probieren wir aber, die Rechenzeichen zu vertauschen,

- ❖ $5 + (2 \cdot 4) = (5 + 2) \cdot (5 + 4)$, so haben wir links $5 + 8$, rechts aber $7 \cdot 9$, also 13 bzw. 63, daher gilt statt = das Gegenzeichen ≠!

Struktur und Halbgruppe

Bleiben wir aber noch bei $\mathbb{N} = \{0, 1, 2, 3, ...\}$ und „+“ bzw. $\mathbb{N}^* = \{1, 2, 3, ...\}$ und „+“! Schon in $\mathbb{A}$**1** haben wir eine *Menge* M mit *innerer Verknüpfung* „∘“ eine ***Struktur*** (M, ∘) genannt. Nun ist klar, daß „+“ aus $\mathbb{N}$ nicht herausführt: Bei der Vereinigung von Klassenvertretern kann man nur zu einer *mächtigeren* Klasse gelangen, die natürlich in $\mathbb{N}$ liegt; also ist „+“ innere Verknüpfung in $\mathbb{N}$, und wir dürfen sagen:

Die natürlichen Zahlen (ob mit oder ohne Null) **bilden mit der Addition eine *Struktur*** **($\mathbb{N}$, +)** bzw. **($\mathbb{N}^*$, +).** S

Satz 1: Struktur

Ist eine Verknüpfung ***assoziativ***, zeichnet man die Struktur durch einen besonderen Namen aus; ist sie auch *kommutativ*, wird das nur schmückend angefügt:

Eine Struktur mit assoziativer Verknüpfung heißt ***Halbgruppe***. D

Definition 2: Halbgruppe

Somit können wir schon als bewiesen ansehen:

Die Struktur ($\mathbb{N}$, +) ist eine kommutative Halbgruppe. S

Satz 2: dazu

Solche Halbgruppen werden uns noch öfter begegnen und uns helfen, Gemeinsamkeiten in verschiedenen Gebilden zu sehen. Hier eine überraschende Anwendung:

❖ Sei A = {a, b, c, d, ...} eine Menge von Buchstaben, ein **Alphabet**, so heißt jede Zusammenstellung damit wie „aber“ oder „algebra“, aber auch „woodoo“ u. a. ein *Wort* ∈ W. Zeigt „∗“ das Aneinanderfügen von Wörtern, etwa „eben“ ∗ „so“ = „ebenso“ zu einem neuen Wort ∈ W an, so entsteht in (W, ∗) eine *Worthalbgruppe*; denn „∗“ ist *assoziativ* wegen B

ebensogut = (eben ∗ so) ∗ gut = eben ∗ (so ∗ gut)

Beispiel 2: Worthalbgruppe

Dies ist nicht nur Wortspiel; auch linguistische und genetische Probleme lassen sich auf solche Weise formulieren!

Neutrales Element

Welche weiteren Besonderheiten können wir in der Halbgruppe ($\mathbb{N}$, +) erkennen? Hier hilft die Rolle der *Zahl Null;* Sie wissen natürlich, daß gilt

Die Zahl Null

$1 + 0 = 0 + 1 = 1$ oder $6 + 0 = 0 + 6 = 6$ usw.;

die Null läßt den Partner bei der **Addition** unverändert, die *Summe* (als Verknüpfungsprodukt) ist gleich dem Partner. Als Klasse betrachtet war $0 = \{\emptyset\}$, das einzige Element in ihm war die leere Menge ∅; vereinigt man sie mit einer beliebigen Menge M, wird stets

$$M \cup \emptyset = \emptyset \cup M = M$$

was die eben genannte Eigenschaft wieder *erklärt*!

Ganz allgemein sagt man dafür:

Definition 3: neutrales Element

D Gibt es in einer Struktur (M, ∘) ein Element e ∈ M, für das mit beliebigem a ∈ M gilt: $e \circ a = a \circ e = a$, so heißt es ***neutrales Element*** von „∘“ in M.

So ist also Ø neutrales Element von „∪“ in jeder passenden Menge, und 0 ist neutrales Element von „+“ in ℕ!

Rechenregeln

Verknüpfungseigenschaften in ℕ

Sie erinnern sich sicherlich an die übrigen Rechenarten, es sind dies

- die ***Subtraktion***, Verknüpfungszeichen „–“, als Gegenoperation zu „+“,
- die ***Multiplikation***, Verknüpfungszeichen „·“,
- die ***Division***, Verknüpfungszeichen „:“, als Gegenoperation zu „·“

Sie kennen die *üblichen Rechenregeln*; bitte prüfen Sie nur an einigen Beispielen nach, daß weder „–“ noch „:“ *assoziativ* oder *kommutativ* sind, also

$a - b = b - a$ oder $(a - b) - c = a - (b - c)$ sowie

$a : b = b : a$ oder $(a : b) : c = a : (b : c)$ ***falsch*** sind!

Beispiele 3: dazu

B Hier einige Vorschläge:

- $12 - 2 \neq 2 - 12$ wegen $10 \neq -10$,
- $12 : 2 \neq 2 : 12$ wegen $6 \neq 1/6$,
- $(20 - 15) - 5 \neq 20 - (15 - 5)$ wegen $5 - 5 \neq 20 - 10$ bzw. $0 \neq 10$
- $(32 : 8) : 2 \neq 32 : (8 : 2)$ wegen $4 : 2 \neq 32 : 4$ bzw. $2 \neq 8$ usw.

Da etwa 1 – 2 keine natürliche Zahl ist, ebenso 2 : 3 *nicht* ∈ ℕ ist, sind (ℕ, –) bzw. (ℕ, :) *keine Strukturen*!

Dagegen gilt für die **Multiplikation** „·“ wie bei „+“ der Satz:

Satz 3: Struktur (ℕ, ·)

S **Die Struktur (ℕ, ·) ist eine kommutative Halbgruppe; sie enthält 1 als neutrales Element von „·“.**

Daß „·“ (wie „+“) sowohl *assoziativ* als auch *kommutativ* ist, hat zur Folge, daß man in *Mehrfachprodukten* beliebig zusammenfassen und vertauschen kann: so ist [wir lassen jetzt das Zeichen „·“ wie üblich manchmal weg und schreiben a b statt a · b]:

$$4 \cdot a \cdot 2 \cdot b \cdot 3 \cdot a = 4 \cdot 2 \cdot 3 \cdot a \cdot a \cdot b = 24\,a^2 b$$

$$3 \cdot c \cdot d \cdot e \cdot 8 \cdot d \cdot e \cdot 2 \cdot e = 3 \cdot 8 \cdot 2 \cdot c \cdot d \cdot d \cdot e \cdot e \cdot e = 48\,c\,d^2 e^3 \quad \text{usw.}$$

Wann man beliebig vertauschen und zusammenfassen darf

Um dies einzusehen, verwenden wir Schritt für Schritt nur die Eigenschaften [A]ssoziativ und [K]ommutativ:

$$(a \cdot b) \cdot c =[\mathbf{A}]= a \cdot (b \cdot c) =[\mathbf{K}]= a \cdot (c \cdot b) =[\mathbf{A}]= (a \cdot c) \cdot b =[\mathbf{K}]= (c \cdot a) \cdot b =[\mathbf{A}]= c \cdot (a \cdot b) =[\mathbf{K}]= c \cdot (b \cdot a);$$

hier wurde die ursprüngliche Reihenfolge a · b · c umgedreht zu c · b · a! So kann man vorgehen, um auch bei 4-, 5-, ... gliedrigen Produkten jede beliebige Reihenfolge herzustellen.

Dies gilt statt „·“ für *jede* Verknüpfung „∘“ mit den Eigenschaften **A** und **K**:

Ist eine Verknüpfung „$\circ$" assoziativ und kommutativ, so dürfen in einem n-gliedrigen Verknüpfungsprodukt a $\circ$ b $\circ$ c $\circ$ ... $\circ$ n die Glieder beliebig zusammengestellt werden.

S

Satz 4: dazu

Kombiniert man die Verknüpfungen untereinander, so zeigt sich, daß nur die Multiplikation *distributiv* zu „+" und zu „–" ist; alle anderen Kombinationen wie z.B.

$2 - (6 : 3) = (2 - 6) : (2 - 3)$ oder

$10 : (7 + 5) = (10 : 7) + (10 : 5)$ u.a. sind *falsch*!

So sind in diesen Beispielen sogar Teilergebnisse wie 2 – 6 oder 10 : 7 gar nicht Zahlen $\in \mathbb{N}$! Auf diese Probleme kommen wir gleich zu sprechen.

Halten wir aber noch fest, daß natürlich auch hier eine Erweiterung von zwei auf *drei und mehr* Glieder möglich ist:

Distributivität

$a \cdot (b+c+d) =[\mathbf{A}]= a \cdot [(b+c)+d] =[\mathbf{D}]= a{\cdot}e + a{\cdot}d = a{\cdot}(b+c) + a{\cdot}d = a{\cdot}b + a{\cdot}c + a{\cdot}d;$

man wird nur für b + c zunächst abkürzend e setzen – weil „+" *assoziativ* ist, darf man so zusammenfassen – und zweimal die Eigenschaft [**D**]istributiv verwenden. So ist also etwa

B

Beispiele 4: dazu

- ❖ $x \cdot (1 - x + x^2) = x \cdot 1 - x \cdot x + x \cdot x^2 = x - x^2 + x^3$
- ❖ $4m^2 \cdot (m^2 - 2m + 1) = 4m^4 - 8m^3 + 4m^2$
- ❖ $(a^2 - 12ab + 4b^2) \cdot 3ab^2 = 3a^3b^2 - 36a^2b^3 + 12ab^4$ usw.

sowie umgekehrt laut Definition der Division (aus $a \cdot b = c$ folgt $c : a = b$!)

- ❖ $(4m^4 - 8m^3 + 4m^2) : 4m^2 = m^2 - 2m + 1$ usw.

Ganze Zahlen

Wenden wir uns jetzt dem Problem zu, daß viele Rechnungen aus dem Zahlenbereich $\mathbb{N}$ herausführen: 2 – 3 ist in $\mathbb{N}$ nicht erklärt, 2 : 3 ebensowenig. Hier soll der erste Fall besprochen werden, um den zweiten kümmern wir uns im nächsten Kapitel!

Erweiterung des Zahlenbereichs

Sie kennen die Lösung natürlich längst: Man nimmt zu den bekannten Zahlen aus $\mathbb{N}$ neue dazu, erweitert damit den Zahlenbereich von den *natürlichen* zu den ***ganzen*** Zahlen und muß dort die Rechenoperationen +, –, ·, : passend definieren.

Zahlenstrahl und Zahlengerade

Sehr anschaulich ist die Verlängerung des *Zahlenstrahls* zur **Zahlengeraden**: Jeder Punkt bekommt einen *Spiegelpunkt* auf der anderen Seite von 0 gleich weit entfernt zugeordnet: zu 1 entsteht –1, zu 2 eben –2, usw. Durchläuft man „nach rechts" 1, 2, 3, ... alle natürlichen Zahlen, entstehen „links" die ***negativen*** Zahlen –1, –2, –3, ...; zusammen heißen sie mit 0 ***ganze*** Zahlen $\mathbb{Z} = \{..., -3, -2, -1, 0, 1, 2, 3, ...\}$, vgl. dazu das Bild 2 auf der nächsten Seite!

Die Ordnungsbeziehung «x ist kleiner als y» bzw. «x < y» wird so erklärt, daß alles, was auf der Zahlengeraden weiter links liegt, kleiner ist:

$... < -3 < -2 < -1 < 0 < 1 < 2 < 3 < ...$

Bild 2:
Zahlengerade

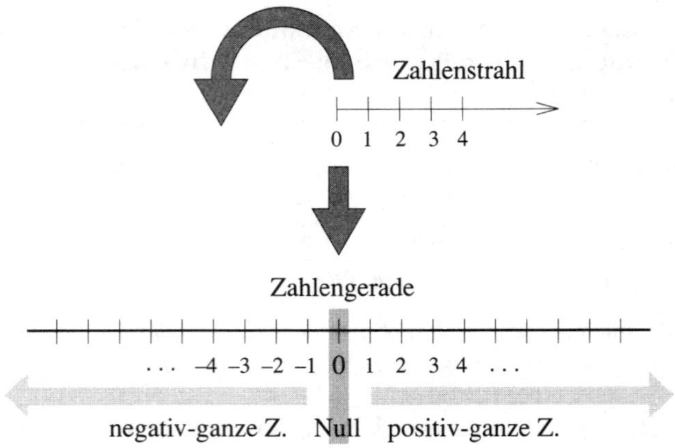

Beim Übergang von 2 < 3 zu den „Gegenzahlen" –2 > –3 wird also das Ordnungszeichen umgedreht, aus *kleiner* wird *größer* und umgekehrt!

Formal kann man diese Erweiterung so fassen:

Axiom 1:
Gegenzahlen

A

Zu jeder Zahl n ∈ $\mathbb{N}^*$ gibt es eine „Gegenzahl" –n (*gelesen* «minus n») so, daß ihre Summe 0 ist:

$$n + (-n) = (-n) + n = 0$$

ganze Zahlen

Die Menge der neuen **negativen** Zahlen wird mit $\mathbb{Z}^- = \{-1, -2, -3, ...\}$ bezeichnet; für $\mathbb{N}^*$ schreibt man auch $\mathbb{Z}^+ = \{+1, +2, +3, ...\}$ und hat in $\mathbb{Z} = \mathbb{Z}^- \cup \{0\} \cup \mathbb{Z}^+$ als Menge der **ganzen** Zahlen eine neue Obermenge der *natürlichen* Zahlen gewonnen.

Rechnen mit ganzen Zahlen

Addition ganzer Zahlen

Nun muß man die **Addition** in $\mathbb{Z}$ passend erklären! Analog zu 2 + 6 = 8 setzt man bekanntlich

$$\left.\begin{aligned}(+2) + (+6) &= +(2+6) = +8\\ (-2) + (-6) &= -(2+6) = -8\end{aligned}\right\} \text{ gemeinsames Vorzeichen vorn und addieren}$$

$$\left.\begin{aligned}(-2) + (+6) &= +(6-2) = +4\\ (+2) + (-6) &= -(6-2) = -4\end{aligned}\right\} \text{ Vorzeichen der Zahl mit größerem „Betrag" vorn und subtrahieren,}$$

wobei der ***(Absolut-) Betrag*** einer Zahl das Minuszeichen unterdrückt:

$|+2| = +2 = 2, \quad |-2| = +2 = 2$

Bedenkt man, daß man zur Gegenzahl kommt, indem man ein „–" davorsetzt, so ist nicht nur –2 Gegenzahl von 2, sondern auch –(–2) Gegenzahl von –2: *die* aber ist schon 2, womit –(–2) = 2 sein muß; d.h. $|-2| = 2 = -(-2)$ oder allgemein:

D Definition 4: Betrag

Unter dem *Betrag* $|x|$ einer ganzen Zahl $x \in \mathbb{Z}$ versteht man
$|0| = 0,$
$|x| = x,$ falls $x \in \mathbb{Z}^+$, oder
$|x| = -x,$ falls $x \in \mathbb{Z}^-$.

Damit können wir jetzt auch die **Subtraktion** „–" wie in $\mathbb{N}$ als *Gegenoperation* zu „+" einführen: Eine Zahl b wird von a *subtrahiert*, indem man ihre Gegenzahl –b zu a *addiert*, $a - b = a + (-b)$:

$$2 - 3 = 2 + (-3) = \text{(wie eben definiert)}\ -(3 - 2) = -1$$

und unsere Eingangsfrage ist beantwortet: 2 – 3 ist nunmehr –1, und dies gilt allgemein:

S Satz 5: zur Subtraktion

Die Subtraktion „–" ist in Z eine innere Verknüpfung, d. h., ($\mathbb{Z}$, –) ist eine Struktur.

B Beispiele 5: dazu

- ❖ $4 - 8 = 4 + (-8) = -(8 - 4) = -4 \in \mathbb{Z}$
- ❖ $-1 - 8 = -1 + (-8) = -(1 + 8) = -9 \in \mathbb{Z}$
- ❖ $-5 - (-8) = -5 + (+8) = +(8 - 5) = +3 \in \mathbb{Z}$ usw.

Halbgruppe und

Mehr läßt sich von ($\mathbb{Z}$, –) leider nicht sagen,wohl aber von ($\mathbb{Z}$, +): „+" war schon in $\mathbb{N}$ *assoziativ* und *kommutativ* und bleibt es auch in $\mathbb{Z}$ [ohne Beweis]! Weiter war 0 ein *neutrales Element* von „+" in $\mathbb{N}$ und bleibt dies nach Erklärung der Addition auch in $\mathbb{Z}$; jetzt gibt es aber auch – wie im Axiom verlangt – die *Gegenzahlen*, die man allgemein *inverse* Elemente n* von n bezüglich „∘" nennt.

Damit wird ($\mathbb{Z}$, +) eine *kommutative Halbgruppe* mit neutralem Element. Diese beiden Eigenschaften erheben die Halbgruppe nun zur *Gruppe*:

D Definition 5: Gruppe

Eine Halbgruppe (M, ∘) mit neutralem Element e von „∘" und inversen Elementen n* zu $n \in M$ heißt *Gruppe*. In ihr gilt:
(n) $n \circ e = e \circ n = n$ für alle $n \in M$
(i) $n \circ n^* = n^* \circ n = e$ –"–
Ist „∘" auch noch **kommutativ**, heißt (M, ∘) ***abelsche*** Gruppe.

Damit dürfen wir sagen:

S Satz 6: dazu

Die Struktur ($\mathbb{Z}$, +) ist eine abelsche Gruppe.

Wir werden bald allgemein zeigen, daß in einer solchen *Gruppe* (M, ∘) die Gleichung $a \circ x = b$ stets lösbar ist. Hier überzeugen wir uns für „+" an Beispielen

$x + 5 = 2$, (–5) addieren: $x + 5 + (-5) = x + 0 = x = 2 + (-5) = -3$, $\underline{x = -3}$;
$x + (-3) = -9$, 3 addieren: $x + (-3) + 3 = x + 0 = x = -9 + 3 = -6$, $\underline{x = -6}$ usw.

Klammerregeln

In praktischen Aufgaben treten längere Terme auf, für die die **Klammerregeln** gelten. Darin bedeutet – ein *Vorzeichen*, die *Subtraktion* mit „–" ist hier durch die Addition der Gegenzahl und Weglassen des „+" ersetzt, d.h. –2 steht anstelle von + (–2):

$a + (b - c + d) = a + b - c + d$ (Klammern einfach weglassen, wenn + davor)
$a - (b - c + d) = a - b + c - d$ (Klammern weglassen und alle Vorzeichen darin umkehren, wenn – davor)

Beispiele 6: **Klammerregeln**

B
- Denken Sie zum besseren Verständnis an Ihr Bankguthaben G, das durch die Abhebungen A und B vermindert wird: Ihr Kontostand ist danach

  $G - A - B$ oder auch $G - (A + B)$

- Es gibt längere Terme, die eine Hierarchie von Klammern [(...)] benötigen:

  $2 + m - [3p + q - (1 - 2p + 4q) + 3m] = ? = 2 + m - [3p + q - 1 + 2p - 4q + 3m] = 2 + m - 3p - q + 1 - 2p + 4q - 3m = 3 - 2m - 5p + 3q$

  Sie lösen also von innen nach außen auf; ebenso bei einer Dreifachschachtelung:

- $x + \{y + z - [u - 2z - (2y + 2x)] + 2u\} = ? = x + \{y + z - [u - 2z - 2y - 2x] + 2u\} = x + \{y + z - u + 2z + 2y + 2x + 2u\} = x + \{3y + 3z + u + 2x\} = 3x + 3y + 3z + u$

Multiplizieren in ℤ

Nun will man in ℤ auch **multiplizieren** können und dies möglichst so, daß alle bekannten Eigenschaften erhalten bleiben: „·" soll assoziativ und kommutativ sein und noch distributiv zu „+" und „–". Dies gelingt, wenn man setzt:

$(+a) \cdot (+b) = +(a \cdot b) = a\,b$
$(-a) \cdot (-b) = +(a \cdot b) = a\,b$ } Produkt der Beträge bei *gleichen* Vorzeichen

$(+a) \cdot (-b) = -(a \cdot b) = -a\,b$
$(-a) \cdot (+b) = -(a \cdot b) = -a\,b$ } Negatives Produkt der Beträge bei *verschiedenen* Vorzeichen

Damit sind auch **Potenzen** erklärt:

Beispiele 7: **Potenzen in ℤ**

B
- $(+2)^3 = (+2) \cdot (+2) \cdot (+2) = 8$ oder ebenso
- $(-1)^4 = (-1) \cdot (-1) \cdot (-1) \cdot (-1) = +1 = 1$ und damit
- $(-5)^2 \cdot (-4) + (-1)^4 \cdot (+6) - (+2)^3 \cdot (-3) = 25 \cdot (-4) + 1 \cdot 6 - 8 \cdot (-3) = -100 + 6 + 24 = -70$

Wenden wir noch das Distributivgesetz an und die Klammerregeln:

Beispiel 8: **Kombination**

B
- $3a^2(-3 + 2a) - 4a\,[-2a^2 + 5a\,(-1 + 3a)] = ? = -9a^2 + 6a^3 - 4a\,[-2a^2 - 5a + 15a^2] = -9a^2 + 6a^3 - 52a^3 + 20a^2 = -46a^3 + 11a^2$

Damit bleibt sicherlich jedes Produkt ∈ ℤ und „·" ist *innere* Verknüpfung in ℤ, d. h. (ℤ, ·) ist eine *Struktur.* Da „·" assoziativ und kommutativ bleibt, ist (ℤ, ·) sogar kommutative *Halbgruppe*.

Strukturfragen

Gibt es auch ein *neutrales Element* von „·"? Natürlich, 1 leistet das Verlangte:

$$(+a) \cdot 1 = 1 \cdot (+a) = +a, \quad (-b) \cdot 1 = 1 \cdot (-b) = -b$$

Die *inversen Elemente* allerdings gibt es in ℤ nicht: Es müßte doch gelten: $2 \cdot 2^* = 1$ oder $(-3) \cdot (-3)^* = 1$, und die Lösungen 1/2 bzw. –1/3 sind *keine ganzen* Zahlen (nächstes Kapitel!). So bleibt:

Satz 7: dazu

S **Die Struktur (ℤ, ·) ist eine kommutative Halbgruppe mit dem neutralen Element 1.**

Polynome

Auch das Rechnen mit **Binomen** $a + b$, $x - 2y$ usw. oder *Trinomen* $1 - u + v$ sowie allgemein *Polynomen* verlangt keine neuen Regeln. Wie bisher gilt auch in $\mathbb{Z}$

$$(a + b)(c + d) = ac + ad + bc + bd,$$

natürlich auch, wenn Minuszeichen auftreten:

$$(x - 3y)(u - 2v) = xu - 2xv - 3yu + 6yv.$$

In Sonderfällen wie $a = c$ und $b = d$ kommt man so zu den **binomischen Formeln**:

$$\boxed{(a \pm b)^2 = a^2 \pm 2ab + b^2, \qquad (a + b)(a - b) = a^2 - b^2}$$

Rechnen mit Binomen

binomische Formeln

So ist etwa

B

Beispiele 9: dazu

- $(a + 5)^2 = a^2 + 10a + 25$, $\quad (5m + 3n)^2 = 25m^2 + 30mn + 9n^2$
- $(2p - 1)^2 = 4p^2 - 4p + 1$, $\quad (x - 4y)^2 = x^2 - 8xy + 16y^2$
- $(3 + x)(3 - x) = 9 - x^2$, $\quad (7r + 6s)(7r - 6s) = 49r^2 - 36s^2$

Vereinfachen wir zur Übung so weit wie möglich:

- $(5x - y)^2 - 3(3x - 2y)(3x + 2y) + (-1)(4x + y)^2 = ? = 25x^2 - 10xy + y^2 -$
  $- 3(9x^2 - 4y^2) + (-1)(16x^2 + 8xy + y^2) = \ldots = -18x^2 - 18xy + 12y^2$

Beim **Dividieren von Polynomen** ist es oft von Vorteil, wenn man kürzen kann. Dazu *faktorisiert* man, indem man das Distributivgesetz umkehrt und ausklammert bzw. heraushebt, wodurch in ein *Produkt* zerlegt wird:

$$30a^2 - 10ab = 10a \cdot (3a - b),$$

womit schon gilt

$$(30a^2 - 10ab) : (3a - b) = 10a$$

Zerlegen in Faktoren

oder man erkennt Polynome als Ergebnisse der binomischen Formeln:

$$a^4 + 10a^3 + 25a^2 = a^2(a^2 + 10a + 25) = a^2(a + 5)^2,$$

womit bei Division durch $a^3 + 5a^2 = a^2(a + 5)$ der Quotient sofort zu erkennen ist:

$$(a^4 + 10a^3 + 25a^2) : (a^3 + 5a^2) = a + 5$$

Mehr davon im nächsten Kapitel $\mathbb{A}$**3**, das den *Brüchen* gewidmet ist. Hier schließen wir noch einige Beispiele zum *Faktorisieren* an, in denen auch die binomischen Formeln auftreten:

B

Beispiele 10: dazu

- $p^2 - 9q^2 = (p + 3q)(p - 3q)$
- $25a^2 - 4b^2 = (5a + 2b)(5a - 2b)$
- $3x^2 - 18xy + 27y^2 = 3(x^2 - 6xy + 9y^2) = 3(x - 3y)^2$
- $4m^4n + 16m^2n^2 + 16n^3 = \ldots = 4n(m^2 + 2n)^2$
- $a^4b^4 - 36b^2c^2 = \ldots = b^2(a^2b + 6c)(a^2b - 6c)$,

daher folgt wie oben erklärt

- $(a^4b^4 - 36b^2c^2) : (a^2b^3 + 6b^2c) = a^2b - 6c$

Polynom-division

Die *allgemeine* Polynomdivision verläuft ähnlich der Division von mehrziffrigen Zahlen; wir sehen uns nur ein Beispiel an, in dem Polynome in x auftreten:

$$
\begin{array}{l}
(x^3 + x^2 - 1) : (x - 1) = x^2 + 2x + 2 \\
\underline{-(x^3 - x^2)} \\
\quad 2x^2 - 1 \\
\quad \underline{-(2x^2 - 2x)} \\
\qquad 2x - 1 \\
\qquad \underline{-(2x - 2)} \\
\qquad\quad 1 \text{ Rest,}
\end{array}
$$

d.h., es ist (Dividend – 1) : Divisor = Quotient, der um 1 verminderte Dividend hätte bei der Division durch x – 1 den berechneten Quotienten *ohne Rest* geliefert. Eine moderne Anwendung folgt noch in diesem Kapitel!

Restklassen

Restklassen von natürlichen und ganzen Zahlen

Zuvor soll uns die Division noch zu den ***Restklassen*** führen, an denen wir unsere vertrauten Strukturmerkmale feststellen werden. Dazu dividieren wir einfach *alle* Zahlen von $\mathbb{N} = \{0, 1, 2, 3, \dots\}$ fortlaufend durch eine feste Zahl, etwa durch 4, und erklären in $\mathbb{N}$ eine Beziehung «x hat denselben Rest nach Division wie y», in Zeichen „$x \equiv y$":

0 : 4 = 0, Rest 0	1 : 4 = 0, Rest 1	2 : 4 = 0, Rest 2	3 : 4 = 0, Rest 3
4 : 4 = 1, Rest 0	5 : 4 = 1, Rest 1	6 : 4 = 1, Rest 2	7 : 4 = 1, Rest 3
8 : 4 = 2, Rest 0	9 : 4 = 2, Rest 1	10 ...	11 ...

Diese Beziehung führt, wie man sieht, auf eine Äquivalenzrelation, die wiederum eine Klasseneinteilung in $\mathbb{N}$ zur Folge hat (Bild 3). Die Klassen benennen wir nach den kleinsten Vertretern mit $\bar{0}, \bar{1}, \bar{2}, \bar{3}$:

$\bar{0} = \{0, 4, 8, 12, \dots\}$; $\bar{1} = \{1, 5, 9, 13, \dots\}$;

$\bar{2} = \{2, 6, 10, 14, \dots\}$; $\bar{3} = \{3, 7, 11, 15, \dots\}$;

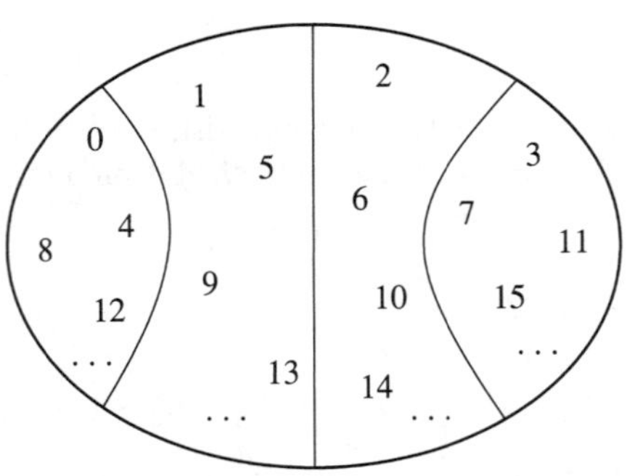

Bild 3: Äquivalenzrelation und Restklassen

sie hängen natürlich vom gewählten Divisor ab, der hier 4 war. Bei 2 statt 4 käme man nur zu den beiden Klassen

$\bar{0} = \{0, 2, 4, 6, \dots\}$ und $\bar{1} = \{1, 3, 5, 7, \dots\}$, also den geraden und ungeraden Zahlen. Man sieht sofort, daß statt $\mathbb{N}$ auch $\mathbb{Z}$ gewählt werden kann, man hat nur „nach links auf der Zahlengeraden“ fortzusetzen:

$\bar{0} = \{..., 6, 4, 2, 0, -2, -4, -6, ...\}$ $\bar{1} = \{7, 5, 3, 1, -1, -3, -5, ...\}$

Allgemein nennt man diese Klassen so:

D **Definition 6:** **Modul und Kongruenz**

> Je zwei Elemente derselben ***Restklasse*** sind „kongruent modulo m“, geschrieben
> $a \equiv b \mod m$
> m heißt ***Modul,*** die ≡-Beziehung heißt ***Kongruenz.***

So ist in unserem Beispiel $9 \equiv 1 \mod 4$, $15 \equiv 3 \mod 4$, $11 \equiv 1 \mod 2$, $20 \equiv 0 \mod 2$ usw. Man sieht, daß sich zwei kongruente Zahlen a und b modulo m nur um ein Vielfaches V des Moduls unterscheiden: mit $a - b = V \cdot m$ hat man schon eine gleichwertige Beziehung formuliert.

Als Anwendung beweisen wir nun:

S **Satz 8:** **Ziffernsumme**

> **Jede natürliche Zahl ist kongruent zu ihrer Ziffernsumme modulo 9.**

Dabei begnügen wir uns mit einer 3ziffrigen Zahl wie etwa 672; für sie gilt

$672 = 6 \cdot 100 + 7 \cdot 10 + 2 \cdot 1$

und ebenso ist allgemein

„abc“ $= a \cdot 100 + b \cdot 10 + c \cdot 1$,

während die Ziffernsumme bzw. *Quersumme* $= a + b + c$ ist entsprechend $6 + 7 + 2 = 15$. Prüfen wir, ob die Differenz ein Vielfaches von 9 ist:

$(100a + 10b + c) - (a + b + c) = 99a + 9b = 9(11a + b) = 9 \cdot V$ mit $V = 11a + b$,

also JA, was zu beweisen war, w.z.b.w.

Neunerprobe

Dieser Satz hat früher bei der *Neunerprobe* gute Dienste geleistet, als man noch ohne Rechengeräte multiplizierte; die Restklassen r, s der Faktoren a, b und des Produkts $a \cdot b$ waren über die Quersummen leicht zu bestimmen.

Und es nicht schwer, einzusehen:

S **Satz 9:** **Kongruenz bei + und ·**

> **Mit $a \equiv r \mod m$ und $b \equiv s \mod m$** (bei $a > b$) **gilt auch**
> **$a \pm b \equiv r \pm s \mod m$ und $a \cdot b \equiv r \cdot s \mod m$.**

Denn mit $a - r = V_1 \cdot m$ und $b - s = V_2 \cdot m$ folgt schon

$a + b = r + V_1 \cdot m + s + V_2 \cdot m = (r + s) + (V_1 + V_2) \cdot m$, also

$(a + b) - (r + s) = V_3 \cdot m$

und weiter

und sein Beweis

$a \cdot b = (r + V_1 \cdot m) \cdot (s + V_2 \cdot m) = r \cdot s + rV_2 \cdot m + sV_1 \cdot m + V_1V_2m \cdot m =$
$= r \cdot s + (rV_2 + sV_1 + V_1V_2m) \cdot m$, also $a \cdot b - r \cdot s = V_4 \cdot m$ w.z.b.w.

Es mußte also das Produkt $r \cdot s$ der (kleinsten) Reste r, s der Faktoren a, b mod 9 gleich sein dem (kleinsten) Rest des Produkts von a und b modulo 9 (Übung 15).

Verknüpfung von Restklassen

Strukturuntersuchungen

Dies aber nur zur Einleitung! Eigentlich wollten wir diese Restklassen *verknüpfen* und die entstehenden **Strukturen** untersuchen. Dabei machen wir es wie früher bei der Erklärung von $\mathbb{N}^*$ über Mengen: Wir wählen irgend zwei Elemente aus je einer Restklasse mod m und addieren (oder multiplizieren); die Summe (das Produkt) liegt ebenfalls in einer Restklasse, die wir als Summe (Produkt) der Ausgangsklassen ansehen.

Restaddition und Restmultiplikation

So ist zum Beispiel modulo 4

$$1 \in \bar{1},\ 3 \in \bar{3},\ 1 + 3 = 4 \in \bar{0},\quad \text{also ist}\quad (\bar{1}, \bar{3}) \to [\text{plus}]\ \bar{0}\ \text{ oder }\ \bar{1} \oplus \bar{3} = \bar{0};$$

für die Multiplikation wäre analog zu setzen

$$2 \in \bar{2},\ 7 \in \bar{3},\ 2 \cdot 7 = 14 \in \bar{2},\quad \text{also wieder}\quad (\bar{2}, \bar{3}) \to [\text{mal}]\ \bar{2}\ \text{ oder }\ \bar{2} \otimes \bar{3} = \bar{2};$$

Definition 7: dazu

D

Die eben beschriebenen Verknüpfungen zwischen den Restklassen modulo m heißen ***Restaddition*** (⊕) und ***Restmultiplikation*** (⊗).

Beispiel 11: dazu

B

Prüfen wir anhand von Verknüpfungstafeln, ob *innere* Verknüpfungen vorliegen (die Querstriche sind überall dazuzudenken in den folgenden Tabellen):

$\oplus_4$	0	1	2	3
0	0	1	2	3
1	1	2	3	0
2	2	3	0	1
3	3	0	1	2

$\otimes_4$	0	1	2	3
0	0	0	0	0
1	0	1	2	3
2	0	2	0	2
3	0	3	2	1

Da stets nur die alten Restklassen auftreten (können), liegen beidemal innere Verknüpfungen vor; nennen wir $R = \{\bar{0}, \bar{1}, \bar{2}, \bar{3}\}$, so sind (R, ⊕) und (R, ⊗) damit als *Strukturen* erkannt.

Verknüpfungseigenschaften

Natürlich sind „⊕" und „⊗" assoziativ und kommutativ, da sie ja „+" und „·" (bzw. „×" für mal) nachgebildet wurden, und diese Eigenschaften dort gelten. Damit liegen schon kommutative Halbgruppen vor. Aber auch die neutralen Elemente sind vorhanden: Bei „⊕" erzeugt 0 dieselbe Zeile → wie die obere Randzeile, ebenso erzeugt 0 von oben dieselbe Spalte ↓ wie die linke Randspalte, d. h., 0 läßt alle Partner unverändert. Genau dasselbe tut 1 bei „⊗"!

inverse Elemente in der Tabelle

Da aber bei „⊕" in jeder Zeile und Spalte jedes Element genau einmal auftritt, gibt es zu jedem Element a auch ein inverses a* in R: Man läuft von a → zu (neutral), und darüber steht a*! So ist

$$\bar{0} \to \bar{0} \uparrow \bar{0} \qquad \bar{1} \to \bar{0} \uparrow \bar{3} \qquad \bar{2} \to \bar{0} \uparrow \bar{2} \qquad \bar{3} \to \bar{0} \uparrow \bar{1};$$

$\bar{0}$ und $\bar{2}$ sind zu sich selbst invers, $\bar{1}$ und $\bar{3}$ sind es gegenseitig.

Bei „⊗" findet man die Inversen nur, wenn man $\bar{0}$ wegläßt, und falls m Primzahl ist, d.h. die Teiler 1 und m hat; dies ohne Beweis! Halten wir fest:

Satz 10: Gruppe und Halbgruppe

S

Die Struktur ($\mathbb{R}$, ⊕) ist eine abelsche Gruppe bezüglich jeden Moduls m ∈ $\mathbb{N}$. ($\mathbb{R}$, ⊗) ist kommutative Halbgruppe mit neutralem Element 1.

Verschlüsselung mit Polynomen

Datenübertragung und Verschlüsselung

Aber Restklassen sind nicht nur Übungsobjekte für Strukturen, sie finden auch ganz aktuelle Anwendung bei der **Datenübertragung**. Nachrichten sind oft geheim und müssen *verschlüsselt* werden; zur Kontrolle und zur Fehlererkennung und -korrektur werden den einzelnen Nachrichtenwörtern Zusatzzeichen nach bestimmten Regeln zugeordnet. Eine Möglichkeit ist der sog. *Polynomcode*, wobei wir das Verfahren an einem kleinen Beispiel konkret studieren wollen. Dabei wird modulo 2 gerechnet, d.h. es sollen nur $\bar{0}$ und $\bar{1}$, kürzer 0 und 1 [wie in den Tabellen oben] als Zeichen auftreten; zur Erinnerung: –2 ist ≡ 0 mod 2 und –1 ist ≡ 1 mod 2 [*unten].

B

Beispiel 12: Polynomcode und der Algorithmus

Es soll ein 3ziffriges „Wort" übermittelt werden, etwa 110, wobei man 3 weitere Kontrollziffern beifügen will. Um diese zu finden, setzt man Polynome in x mit 0 und 1 als Koeffizienten an: $p = 1 + x + x^3$ sei beliebig, aber fest, gewählt. Zum Nachrichtenwort 110 bildet man das Polynom $q = 1 + 1 \cdot x + 0 \cdot x^2$ – die Koeffizienten hierin sind gerade 1, 1, 0 wie im Nachrichtenwort –, was kürzer gleich $1 + x$ ist, und dann $x^3 \cdot q = x^3 + x^4$. Dieses wird durch p dividiert und der Rest mod 2 liefert die Kontrollziffern. Also:

$$
\begin{array}{l}
(x^4 + x^3) : (x^3 + x + 1) = x + 1 \\
\underline{-(x^4 \qquad + x^2 + x)} \\
\qquad x^3 - x^2 - x \\
\quad \underline{-(x^3 \qquad + x + 1)} \\
\qquad -x^2 - 2x - 1 \qquad \text{Rest}
\end{array}
$$

Das Restpolynom ist [vgl. *oben!] modulo 2 kongruent zu $x^2 + 0x + 1 = 1 + 0x + 1x^2$, woraus wir 1 0 1 als Kontrollziffern ablesen.

Das zu übertragende **Codewort** lautet daher 1 0 1;1 1 0 entsprechend

$R + x^3 \cdot q = 1 + x^2 + x^3 + x^4$ – fehlende x-Potenzen haben doch 0 als Vorzahl!

Vielleicht erinnert Sie diese 0-1-Folge an das Binär- (oder Dual- oder Zweiersystem)? Wir besprechen es gleich bei dieser passenden Gelegenheit!

Dezimal- und Binärsystem

Stellenwertsysteme

Wir sind gewohnt, alle Zahlen im sog. *Dezimal-* oder **Zehnersystem** darzustellen: es heißt so, weil es *zehn* Ziffern = Zahlzeichen kennt: 0, 1, 2, 3, ..., 9. Die Neun ist dabei die größte einziffrige Zahl. Schon für die um eins größere Zahl zehn muß man zwei dieser Zeichen zusammenstellen: zehn = 10 (eins vor null). Ebenso ist auf 100 zu erweitern, wenn man zur größten zweiziffrigen Zahl 99 noch 1 dazuzählt:

hundert = 100 = 10mal 10 = 10 hoch 2 = 10^2.

Dezimal- oder Zehnersystem

Analog hat man

tausend = 1000 = 10mal 100 = 10mal 10mal 10 = 10 hoch 3 = 10^3

Jede Ziffer erhält dadurch je nach Stellung in der Zahl einen anderen Stellenwert: In der Zahl 1231 etwa bedeutet die führende 1 ganz links, daß die Zahl eine Tausender-Einheit enthält, die 1 rechts steht aber nur für eine gewöhnliche Einer-Einheit; daneben gibt es noch 3 Zehner – und 2 Hunderter – Einheiten in unserer Zahl:

$$1231 = 1\text{mal } 1000 + 2\text{mal } 100 + 3\text{mal } 10 + 1 = 1 \cdot 10^3 + 2 \cdot 10^2 + 3 \cdot 10^1 + 1$$

Beispiel 13: Fünfersystem

B Würden wir etwa ein **Fünfersystem** zugrunde legen – entsprechend den fünf Fingern einer Hand – so wäre die Zahl ganz anders zu lesen. Jede Stelle weiter links wäre als Zusammenfassung von 5 Einheiten, dann von 5mal 5 gleich 25, schließlich von 5mal 5mal 5 gleich 125 Einheiten zu verstehen usw. Wir hätten demnach

$$(1231)_5 = 1\text{mal } 125 + 2\text{mal } 25 + 3\text{mal } 5 + 1 = (191)_{\text{dezimal}}$$

Zweier- oder Binärsystem

Ganz ähnlich ist im sog. *Binär- oder* **Zweiersystem** jeweils die Zusammenfassung von je zwei Einheiten gemeint; für die Stellen muß man dann mit zwei Ziffern auskommen, mit `0` und `1` [oder O und L von L(ow) und H(igh) in der Elektronik o.a.]. Die *Basis* ZWEI benötigt schon die zweiziffrige Darstellung 10 – wie die ZEHN im Zehnersystem!

Zählen wir nun weiter! Dabei ist es ganz hilfreich, an einen *Kilometerzähler* zu denken; allerdings nicht an den mit den gewohnten Ziffern 0, 1, 2, ..., 9, sondern an einen mit zwei Ziffern 0 und 1, siehe Tabelle und Bild 4:

Bild 4: Kilometerzählermodell

0	0	0	0
0	0	0	1
0	0	1	0
0	0	1	1
0	1	0	0
...	...	...	...

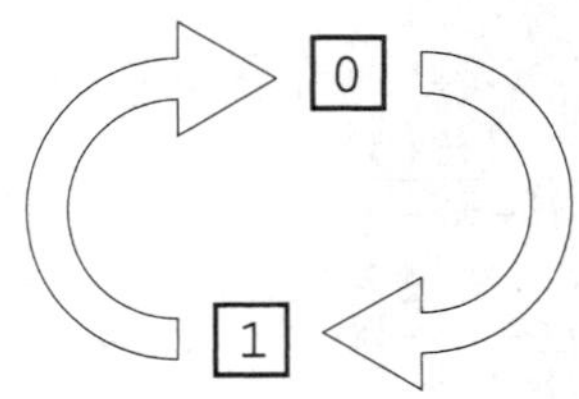

Da nach der 1 im Zweiersystem keine Ziffer mehr existiert, kommt es sofort zum Übertrag („behalte eins"), d.h., genau wie nach 9 eben 10 (= zehn) im Zehnersystem steht, folgt hier auf `1` ebenfalls `10` (= zwei)! Auf `11` = drei folgt in unserem Modell – zweimal Übertrag! – `100` = vier usw. Danach würde eine kleine Tabelle der ersten sechzehn Zahlen im *Zweiersystem* so aussehen:

Binärzahlen - tabelle

dezimal	binär		
0	0000	8	1000
1	0001	9	1001
2	0010	10	1010
3	0011	11	1011
4	0100	12	1100
5	0101	13	1101
6	0110	14	1110
7	0111	15	1111
		16	10000
		....	....

Natürlich wäre diese Vorgangsweise zu mühsam für größere Zahlen. Aber erinnern wir uns an den Stellenwert der Ziffern im Zehnersystem oder auch im Fünfersystem! Jede Ziffer weiter links steht für die nächstgrößere Einheit – zehn, hundert, tausend, ... bzw. fünf, fünfundzwanzig, hundertfünfundzwanzig ... – hier also für zwei, vier =

2mal 2 (dezimal notiert!) = 2^2, acht = 2mal 2mal 2 = 2^3 ... wie im folgenden Bild 5:

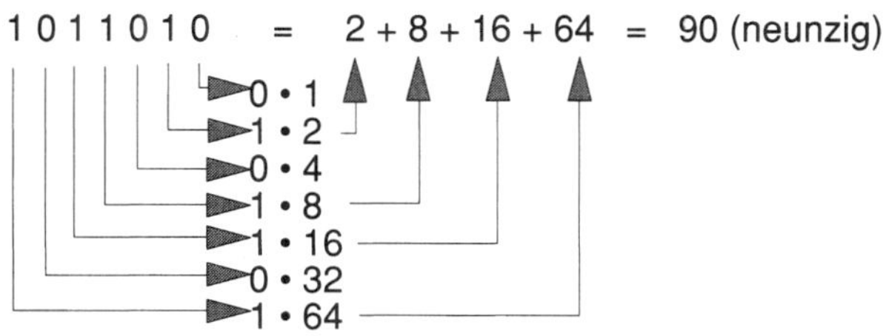

Bild 5: Stellenwerte der Binärzahlen

Man hat also nur die Einheiten zu addieren, die durch eine 1 angezeigt werden, hier eben 1mal 2, 1mal 8 usw.; die 0 besagt, daß keine 1, keine 4 und keine 32 vorkommen.

Nun sieht man, wie die **Binärdarstellung** einer Zahl zu erhalten ist: Man sucht die Zweierpotenzen und schreibt für jede auftretende eine 1.

B

Beispiel 14: Umrechnung größerer Zahlen ins Zweiersystem

Beispiel: 100 enthält 64, Rest 36 enthält 32, Rest 4 enthält *nicht* 16, *nicht* 8, doch 4, Rest 0, enthält *nicht* 2, *nicht* 1, also:

❖ $(100)_{\text{dezimal}}$ = `1100100`

Nach 64 = 2^6 ist 128 = 2^7 die nächste Zweierpotenz, so ist dann

❖ $(127)_{\text{dezimal}} = 1111111 = 1 \cdot 2^6 + 1 \cdot 2^5 + 1 \cdot 2^4 + 1 \cdot 2^3 + \ldots + 1,$

aber schon

❖ $(128)_{\text{dezimal}} = 10000000 = 1 \cdot 2^7 + 0 \cdot 2^6 + 0 \cdot 2^5 + \ldots + 0.$

Rechnen im Binärsystem

Das kleine Einsundeins im Zweiersystem

Beim *Rechnen* muß man sich nur an das **kleine Einsundeins**

$0 + 0 = 0, \qquad 0 + 1 = 1 + 0 = 1, \qquad 1 + 1 = 10\ (!)$

sowie das **kleine Einmaleins**

$0 \cdot 0 = 0, \qquad 0 \cdot 1 = 1 \cdot 0 = 0, \qquad 1 \cdot 1 = 1$

halten – auf Multiplikationen wollen wir aber hier verzichten –, um zu bekommen:

$$\begin{array}{r} 13 \\ +\ 7 \\ \hline =20 \end{array} \qquad\qquad \begin{array}{r} 1101 \\ +\ 111 \\ \hline =10100 \end{array}$$

Addition von Binärzahlen

Erklärung: 1 + 1 = 10, also 0 an, 1 weiter (= *behalte 1* als Übertrag), nochmals dasselbe, dann sogar 1 + 1 + 1 = 11, also 1 an, 1 weiter an die Nachbarstelle links und nochmals 1 + 1 = 10, jetzt komplett anschreiben.

B

Beispiele 15: dazu

Zur Übung ist noch ganz genauso:

❖
❖
$$\begin{array}{r} 60 \\ +\ 68 \\ \hline =128 \end{array} \qquad\qquad \begin{array}{r} 111100 \\ +\ 1000100 \\ \hline =10000000 \end{array}$$
(Erklärung wie eben!)

Dieses Binärsystem hat sich nun als hervorragend geeignet zur Entwicklung einer Sprache erwiesen, in der mit ***Computern*** „gesprochen" werden kann! Darüber wird dann im Abschnitt 𝔽 – INFORMATIK – des **2**. Teilbands näher berichtet!

Binärzahlen und Verschlüsselung

Binärzahlen und geheime Botschaften

Auch hier sind natürlich die Nachrichtendienste am Werk! So gibt es absolut sichere Verfahren, Nachrichtenworte zu übertragen, wenn man etwa die einzelnen Buchstaben durch ihren Platz im Alphabet charakterisiert und diese Stelle jeweils binär schreibt. Dann wird eine Folge von *Zufallsziffern* erzeugt – man könnte beliebig oft eine Münze werfen und den Ausfall mit 001110100100011... notieren (hierin liegt auch die absolute Sicherheit) – und stellenweise modulo 2, d.h. ohne Übertrag, addiert. Der Empfänger addiert diese Ziffernfolge ebenfalls zum Codewort und erhält die Nachricht. Da nur diese beiden die Zufallsziffernfolge kennen (dürfen), ist eine Entschlüsselung unmöglich. So funktioniert das *rote Telefon* zwischen den Supermächten.

B

<u>Beispiel 16:</u> dazu

Es soll auf die beschriebene Art die Botschaft OK (okay) übermittelt werden! O steht an 15., K an 11. Stelle im Alphabet, d.h., wenn 5er-Blöcke verwendet werden:

15 = 01111, 11 = 01011:

Nachrichtenwort	....		0111101011	
Zufallsziffernfolge	....	+	0011101001	(mod 2 addieren!)
Codewort	....	=	0100000010	

Dieses erhält der Empfänger:

Codewort	....		0100000010	
Zufallsziffernfolge	....	+	0011101001	(mod 2 addieren!)
Nachrichtenwort	....	=	0111101011	

Hier werden die 5er – Blöcke einzeln rückübersetzt, was auf 15 bzw. 11 führt, womit schon O und K eruiert (= ermittelt) sind!

Ende des 2. Kapitels

↓ Raum für Ihre Notizen ↓

Übungsaufgaben

1. Im Text wurde in der unendlichen Menge M aller Teilmengen von A = {*, |, ∘, •, ×, ■, ...} die Beziehung «x hat gleich viele Elemente wie y» definiert, wobei die so entstandene Relation R eine *Äquivalenz* sein sollte. Begründen Sie dies im einzelnen.

2. Inwiefern spielt bei der Erklärung der natürlichen Zahlen als Äquivalenzklassen die Zahl 0 als {Ø} eine Ausnahmerolle?

3. Schreiben Sie ein Beispiel an, das die Assoziativität von „+" klar macht, indem Sie wie im Text statt der natürlichen Zahlen n jeweils Elemente der Klasse „n" wählen und vereinigen; gehen Sie dazu etwa aus von

   (2 + 1) + 3 = 2 + (1 + 3) entsprechend {•, ×} ∪ { ....

4. Wir haben „·" als *distributiv* zu „+" erkannt, nicht aber umgekehrt „+" zu „·". Wie erklärt sich das, wo doch bei *Mengen* „∩" wechselseitig distributiv zu „∪" ist?

5. Sei M = {1,2} und P(M) die Potenzmenge von M. Bilden Sie eine Verknüpfungstafel für „∩" (genau wie in Übung 15 von 𝔸**1** für „∪" und „\") und lesen Sie ab, ob es in allen Fällen (∪, \, ∩) ein *neutrales Element* gibt. Folgerung? [Struktur, Halbgruppe?]

6. Sei G = {0, 2, 4, 6, ...} ⊂ ℕ die Menge der geraden Zahlen, U = {1, 3, 5, ...} ⊂ ℕ die der ungeraden Zahlen und „·" die Multiplikation. Was läßt sich von (G, ·) sagen, was von (U, ·)?

7. Gibt es ein neutrales Element in der Worthalbgruppe (W, ∗)?

8. Berechnen Sie, d.h., geben Sie einen gleichwertigen Ausdruck an:
   a) $2a \cdot (a - ab + 1)$
   b) $(3p - 2p^2 + 4pq) \cdot pq$
   c) $(8rs^2 + 4r^2s^3 - 2r^2s^2) : 2rs^2$ Warum dürfen Sie *so* rechnen?

9. Geben Sie die Summe an:
   a) (–3) + (+5) b) (–5) + (+3) c) (–5) + (–3)
   d) Geometrisch können Sie so vorgehen, daß Sie „Vertreterpfeile" für –3 und für +5 ... aneinanderfügen, um zum Summenpfeil zu gelangen. Führen Sie dies für a, b, c aus!

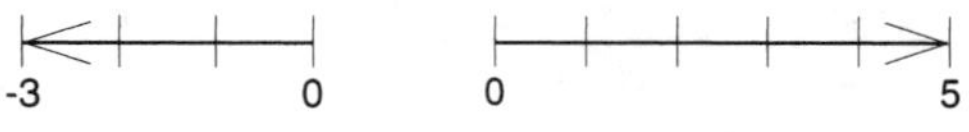

10. Wir haben ℤ als abgeschlossen bezüglich „–" erkannt, d. h., „–" führt nicht aus ℤ heraus. Wie hängt das mit den inversen Elementen und der Lösbarkeit von Gleichungen der Form a + x = b, alle aus ℤ, zusammen? Beispiel: (+2) + x = –6.

11. Vereinfachen Sie so weit wie möglich:
    a) $a - \{b + c - [d - 2a + (2b + 2c)] - 2d\}$
    b) $5a - 4a(1 - 3a) - [2a^2 + (1 - 5a)a]$
    c) $2[x^2 - 3x(-2x + 4)] - 5x(-1 + 2x)$

12. Vereinfachen Sie durch Anwenden der binomischen Formeln:
    a) $(2a + b)^2 - (a - 3b)^2 - 4(a + b)(a - b)$
    b) $(4m - n)^2 - 2(m + 2n)(m - 2n) - (5m + 3n)^2$
    c) $(2x + 3y)^2 - (x - 4y)^2 + (x + y)(x - y) - 20xy$

13. Zerlegen Sie in ein Produkt (Faktorisieren Sie) durch Ausklammern und Umkehren der binomischen Formeln:
    a) $9x^2 - 16y^2$ b) $2a^2 + 8ab + 8b^2$ c) $9u^2 - v^4$
    d) $16x^4y + 16x^2y^2 + 4y^3$ e) $12a^2b^2 - 36abc^2 + 27c^4$ f) $25m^4r^2 - r^4s^2$

14. Welche der folgenden Zahlen 1, 5, 7, 10, 25, 31, 44 sind zueinander kongruent modulo
    a) 3 b) 5 ?

15. Bilden Sie das Produkt von a = 1234 und b = 5678 und machen Sie die *Neunerprobe*, d. h., stellen Sie die kleinsten Reste mod 9 der Faktoren und des Produkts fest (Ziffernsumme!) und prüfen Sie, ob tatsächlich $a \cdot b \equiv r \cdot s \bmod 9$ erfüllt ist, wie in unserem Satz behauptet. Ist damit auch garantiert, daß das Produkt stimmt?

16. Bilden Sie die Restklassen mod 5 und stellen Sie Verknüpfungstafeln bezüglich „⊕" und „⊗" auf. Überzeugen Sie sich, daß beidemal *Halbgruppen mit neutralem Element* auftreten. Weiter können Sie die Nullreihen streichen und dann die *Inversen* ablesen. Jetzt liegen *Gruppen* vor!

17. Es soll das Nachrichtenwort 101 mittels Polynomcode nach dem im Text beschriebenen Verfahren mit $p = 1 + x^2 + x^3$ verschlüsselt werden. Wie lautet das Codewort?

18. Führen Sie zur Übung die Tabelle der Binärzahlen weiter bis 32 (oder 64, ...?).

19. Zur Übersetzung einer Dezimalzahl in eine binäre gibt es folgende Kurzform: Es wird stets halbiert (bis 0) und der Rest (0 oder 1) daneben hochgestellt notiert; dann sind nur noch die Reste in umgekehrter Reihenfolge anzuschreiben:

    $$\begin{array}{ccccccccc} & ^0 & ^1 & ^0 & ^1 & ^0 & ^1 & ^1 & ^1 \\ 234 & 117 & 58 & 29 & 14 & 7 & 3 & 1 & \underline{0}. \end{array}$$

    es folgt: 234 = 11101010

    a) Prüfen Sie dies durch Rückübersetzen
       [Addition der Zweierpotenzen 2 + 8 + ... + 128]
    b) Übersezen Sie analog 408 binär und machen Sie auch hier die Kontrolle!

20. Nach der Codierung über Polynome haben wir noch die Codierung mit Zufallsziffernfolgen kennengelernt (Wort OK). Ver- und entschlüsseln Sie zur Übung noch das Wort JA!

Zu den Lösungen

↓ Raum für Ihre Notizen ↓

Lösungen

1. R hat alle 3 Eigenschaften einer Äquivalenz:
   r ... reflexiv: Jede Teilmenge hat natürlich gleichviele Elemente wie sie selbst
   s ... symmetrisch: Hat T_i gleichviele Elemente wie T_k, so auch T_k wie T_i
   t ... transitiv: Hat T_i gleichviele Elemente wie T_k und T_k wie T_j, so auch T_i wie T_j

2. Zu Ø gibt es keine andere Menge, die gleichviele Elemente wie sie selbst hat, sie ist das einzige Element der Klasse {Ø} – sie ist so gesehen auch keine „natürliche" Zahl im ursprünglichen Sinn, die stets das Gemeinsame an verschiedenen gleichmächtigen Mengen von Objekten in der Natur beschreibt.

   [Laut DIN 5473 und ÖNORM wird 0 seit kurzem *per Definition* als natürliche Zahl angesehen! Danach hat man $\mathbb{N} = \{0, 1, 2, 3, ...\}$ und allenfalls $\mathbb{N}^* = \{1, 2, 3, ...\}$ zu schreiben.]

3. $(2 + 1) + 3 = 2 + (1 + 3)$
   $(\{\bullet, \times\} \cup \{-\}) \cup \{m, l, n\} = \{\bullet, \times\} \cup (\{-\} \cup \{m, l, n\})$
   gilt, weil „∪" assoziativ ist, und die erste Zeile definitionsgemäß nachgebildet wurde.

4. Es wurde zwar die Addition „+" der Vereinigung „∪" nachgebildet, *nicht* aber die Multiplikation „·" dem Durchschnitt „∩". Also darf man nicht von „∩"-Eigenschaften auf solche von „·" schließen!

   [Es würde „·" zum *Kreuzprodukt* „×" gehören, was wir aber nicht näher studieren.]

5.

∩	Ø	{1}	{2}	M
Ø	Ø	Ø	Ø	Ø
{1}	Ø	{1}	Ø	{1}
{2}	Ø	Ø	{2}	{2}
M	Ø	{1}	{2}	M

   Hierin ist M als neutrales Element abzulesen, da es jeden Partner (bei „∩") unverändert läßt. Bei „∪" ist Ø neutrales Element, bei „\" gibt es keines! Da „∪" und „∩" assoziativ (und kommutativ) sind, folgt: (P(M), ∪) und (P(M), ∩) sind komm. Halbgruppen mit neutralem Element, (P(M), \) ist nur eine Struktur.

6. Das Produkt zweier geraden Zahlen ist gerade, das zweier ungeraden ist ungerade. „·" ist assoziativ und kommutativ; also sind (G, ·) und (U, ·) komm. Halbgruppen. Da 1 neutrales Element von „·" ist mit $1 \in U$, ist (U, ·) sogar eine Halbgruppe mit neutralem Element.

7. Nein; das Anfügen jedes Elements des Alphabets verändert ein Wort!

8. a) $2a^2 - 2a^2b + 2a$ b) $3p^2q - 2p^3q + 4p^2q^2$ c) $4 + 2rs - r$
   Weil „·" distributiv ist zu „+" und „–"; „:" ist nur *rechts*distributiv (Umkehrung der Multiplikation).

9. a) $+(5 - 3) = +2$ b) $-(5 - 3) = -2$ c) $-(3 + 5) = -8$

d)

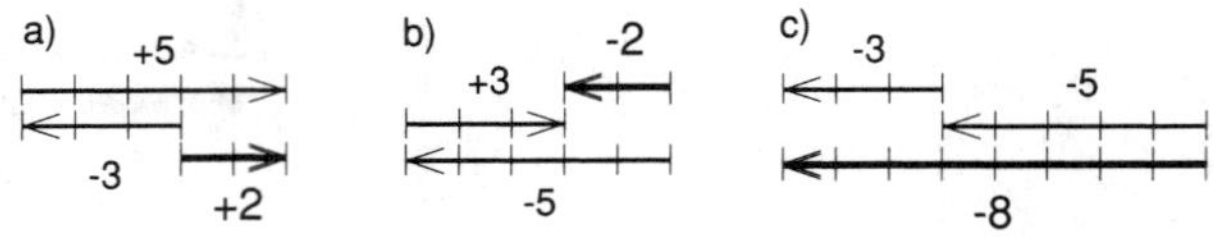

10. $(+2) + x = (-6)$ → [kommut.] $x + (+2) = (-6)$ → [inverses Element addieren]
$x + (+2) + (-2) = x + 0 = (-6) + (-2)$ → $x = -8$;
kürzer: (+2) subtrahieren → $x = (-6) - (+2) = (-6) + (-2) = -8$.

Subtrahieren heißt ja, die Gegenzahl (das inverse Element bei „+“) addieren; die muß es nach dem Axiom geben! Die Addition wird in $\mathbb{Z}$ so erklärt, daß sie immer ausführbar ist, also kann man in $\mathbb{Z}$ stets subtrahieren. $a + x = b$ löst man daher wie gewohnt, indem man a subtrahiert: $b - a \in \mathbb{Z}$!

11. a) $-a + b + c + 3d$ b) $15a^2$ c) $4x^2 - 19x$

12. a) $-a^2 + 10ab - 4b^2$ b) $-11m^2 - 38mn$ c) $4x^2 - 8y^2$

13. a) $(3x + 4y)(3x - 4y)$ b) $2(a + 2b)^2$ c) $(3u + v^2)(3u - v^2)$
d) $4y(2x^2 + y)^2$ e) $3(2ab - 3c^2)^2$ f) $r^2(5m^2 + rs)(5m^2 - rs)$

14. a) $1 \equiv 7 \bmod 3$, $1 \equiv 10 \bmod 3$, $1 \equiv 31 \bmod 3$; ebenso 7 mit 10, 31; 10 mit 31
b) $1 \equiv 31 \bmod 5$, $5 \equiv 10 \bmod 5$, $5 \equiv 25 \bmod 5$; ebenso 10 mit 25

15. $1234 \cdot 5678 = 7006652$;
kleinste Reste mod 9 über Ziffernsumme:
$1 + 2 + 3 + 4 = 10 \equiv 1 \bmod 9$; $5 + 6 + 7 + 8 = 26 \equiv 8 \bmod 9$; Produkt $1 \cdot 8$;
ebenso beim Ergebnis:
$7 + 6 + 6 + 5 + 2 = 26 \equiv 8 \bmod 9$; $1 \cdot 8 = 8$ w.z.b.w.
Das Produkt stimmt damit bis auf Vielfache von 9; ein um 90 größeres Produkt z.B. hätte denselben kleinsten Rest und ließe sich durch die Neunerprobe nicht *falsifizieren*!

16.

$\oplus_5$	0	1	2	3	4
0	0	1	2	3	4
1	1	2	3	4	0
2	2	3	4	0	1
3	3	4	0	1	2
4	4	0	1	2	3

$\otimes_5$	0	1	2	3	4
0	0	0	0	0	0
1	0	1	2	3	4
2	0	2	4	1	3
3	0	3	1	4	2
4	0	4	3	2	1

Läßt man die Nullreihen weg, so läuft man jeweils nach rechts bis zum neutralen Element 1, und darüber liegt das Inverse: zu 1 ist es 1, zu 2 ist es 3, zu 3 umgekehrt 2, zu 4 ist es wieder 4 selbst. 1 und 4 heißen auch *involutorische* – zu sich selbst inverse – Elemente.

17. Nachrichtenwort 101; dazu
$q = 1 + 0 \cdot x + 1 \cdot x^2 = 1 + x^2$;
$x^3 \cdot q = x^3(1 + x^2) = x^3 + x^5$;

Polynomdivision $(x^5 + x^3) : (x^3 + x^2 + 1) = x^2 - x + 2$

$$
\begin{array}{l}
-(x^5 + x^4 + x^2) \\
\quad -x^4 + x^3 - x^2 \\
\quad -(-x^4 - x^3 - x) \\
\qquad 2x^3 - x^2 + x \\
\qquad -(2x^3 + 2x^2 + 2) \\
\qquad\quad -3x^2 + x - 2 \ldots \text{ Rest}
\end{array}
$$

Restpolynom $\equiv (x^2 + x + 0)$ bzw. $(\underline{0} + \underline{1}x + \underline{1}x^2)$ modulo 2 → Kontrollziffern 0, 1, 1 → verschlüss. Polynom $V = R + x^3 \cdot q = 0 + 1x + 1x^2 + 1x^3 + 0x^4 + 1x^5$, also ***Codewort*** 011101.

18.

16	10000
17	10001
18	10010
19	10011
20	10100
...	....
31	11111
32	100000

Die vier niedrigsten Stellen (von rechts) wiederholen sich wie am Anfang von 0 bis 15! Von 32 bis 64 wiederholen sich analog die fünf niedrigsten Stellen usw.

19. a)

1	1	1	0	1	0	1	0
↑	↑	↑	↑	↑	↑	↑	↑
128	64	32	16	8	4	2	1

daher: $2 + 8 + 32 + 64 + 128 = 234$ w.z.b.w.

b)

0	0	0	1	1	0	0	1	1	
408	204	102	51	25	12	6	3	1	<u>0.</u>

→ 408 = 110011000; Kontrolle: $110011000 = 8 + 16 + 128 + 256 = 408$ w.z.b.w.

20. Nachrichtenwort JA, im Alphabet an den Stellen 10 und 1, was in Fünferblöcken binär einfach 01010; 00001 bedeutet. Addition zum selben Zufallswort 00111; 01001 ergibt modulo 2 das Codewort 01101; 01000. Der Empfänger addiert dazu wieder das Zufallswort mod 2 und erhält die Botschaft 01010; 00001, was eben 10 und 1, d.h. schließlich J und A, also JA heißt.

Zum nächsten Kapitel

3. Kapitel

3

Rationale Zahlen und Gleichungen

Im vorigen Kapitel haben wir die Menge $\mathbb{N}$ der natürlichen Zahlen um die negativen Zahlen $\mathbb{Z}^-$ zur Menge $\mathbb{Z}$ der ganzen Zahlen erweitert. Dabei haben wir die Existenz der Gegenzahlen $-a$ zu $a \in \mathbb{N}$ verlangt mit $a + (-a) = 0$ und konnten danach die Subtraktion in der neuen Menge $\mathbb{Z}$ uneingeschränkt ausführen.

Division mit ganzen Zahlen

Jetzt gehen wir ähnlich vor, um auch die **Division** immer ausführen zu können. In $\mathbb{Z}$ gelingt dies nicht: Zwar ist $4 : 2 = 2$, $12 : 4 = 3$ u.a.m., doch schon $1 : 2$ oder $2 : 3$ und viele mehr sind bisher nicht erklärt! Verlangen wir aber einfach die Existenz der *Kehrzahlen* $\frac{1}{q} = 1/q$ zu $q \in \mathbb{Z}$ ohne Null, kürzer $q \in \mathbb{Z} \setminus \{0\}$, also von $\frac{1}{2} = 1/2$ zu 2, von $\frac{1}{-3} = 1/{-3}$ zu -3 usw. mit $2 \cdot 1/2 = 1$, $(-3) \cdot 1/{-3} = 1, \ldots$, allgemein $q \cdot 1/q = 1$, so sind immerhin schon alle Divisionen mit 1 als Dividend möglich; $1 : 2$ ist dann $1/2$, weil $1/2 \cdot 2$ eben 1 ist – genauso wie $12 : 4 = 3$ ist wegen $3 \cdot 4 = 12$.

Um aber alle Divisionen $2 : q$, $3 : q, \ldots$, allgemein $p : q$, ausführen zu können, müssen wir noch *mehr* verlangen! Wir orientieren uns an den bisher erlaubten Divisionen wie $12 : 4 = 3$ usw., für die $p : q = z$ gilt mit $z \cdot q = p$ und sagen:

A **Axiom 1: Bruchzahlen**

Jede Division $p : q$ mit $p \in \mathbb{Z}$, $q \in \mathbb{Z} \setminus \{0\}$, soll ein Ergebnis haben: Wir schreiben es p/q oder $^p/_q$ bzw. $\frac{p}{q}$ (*gelesen* «p durch q») und nennen es eine *Bruchzahl* oder kurz einen *Bruch*:

$$p : q = {}^p/_q = \frac{p}{q}; \quad \text{damit gilt auch} \quad \frac{p}{q} \cdot q = q \cdot \frac{p}{q} = p$$

Jetzt ist nicht nur jede Kehrzahl von $q \in \mathbb{Z} \setminus \{0\}$, in der neuen Zahlenmenge vorhanden, also jede solche Division **1** : q ausführbar, sondern auch jede mit $\mathbf{p} \in \mathbb{Z}$ statt **1**

B **Beispiele 1: dazu**

- $3 : 4 = 3/4$ (und auch $3/4 \cdot 4 = 3$),
- $(-7) : 5 = -7/5$ (und auch $-7/5 \cdot 5 = -7$),
- $2 : (-9) = 2/{-9}$ (und auch $2/{-9} \cdot (-9) = 2$) usw.

Brüche und Gleichungen

Damit haben wir *neue Zahlen* geschaffen, die Sie natürlich längst aus der Schule kennen. Wir graben aber hier ein wenig tiefer, als dies Kindern bei der Ersteinführung zumutbar ist! Schon früher haben wir uns darauf bezogen, daß Gleichungen wie $1 \cdot x = 3$, $2 \cdot x = 6$, $3 \cdot x = 9$, die durch Multiplikation mit 2 bzw. 3 aus der ersten entstehen, als *gleichwertig* anzusehen sind, da ihre Ergebnisse $x = 3 : 1 = 3$, $6 : 2 = 3$, $9 : 3 = 3$ alle *gleich* sind.So halten wir es auch bei $3 \cdot x = 1$, $6 \cdot x = 2$, $9 \cdot x = 3$ u. a., was auf $x = 1/3 = 2/6 = 3/9 = \cdots$ führt.

wertgleiche Brüche

Alle diese Brüche $p/q = \frac{p}{q} = \frac{2 \cdot p}{2 \cdot q} = \frac{3 \cdot p}{3 \cdot q} = \cdots = \frac{k \cdot p}{k \cdot q} = k\,p \,/\, k\,q$ bilden durch diese Beziehung «p/q und kp / kq sind Lösungen gleichwertiger Gleichungen» eine zu diesen Gleichungen gehörige *Äquivalenzklasse*, die man nach dem kleinsten Vertreter, der *Grundform*, auch mit p/q bezeichnet: Der Übergang von p/q zu kp / kq heißt, wie Sie längst wissen, ***erweitern***, der umgekehrte von kp / kq zur Grundform p/q ***kürzen***.

Beispiele 2: kürzen und erweitern

B

- 4/5 ist mit k = 2, 3, 4 zu erweitern: 4/5 = 8/10 = 12/15 = 16/20,
- 2a / 5b ist mit k = 3c zu erweitern: 2a / 5b = 6ac / 15bc;
- 12/28 ist zu kürzen: 12/28 = 3/7 (k ist hier 4, wenn Sie umgekehrt erweitern!)
- 6xy /10yz ist zu kürzen: 6xy /10yz = 3x / 5z (k ist hier 2y!)

Benennen wir jetzt diese neuen Objekte:

Definition 1: rationale Zahlen

D

> Die Klasse aller zu einer Bruchzahl p/q äquivalenten, wertgleichen Brüche k·p / k·q heißt ***rationale Zahl***. Die Menge aller rationalen Zahlen wird mit $\mathbb{Q}$ (von Quotient als Ergebnis einer Division) bezeichnet:
>
> $\mathbb{Q} = \{\, p/q \mid p \in \mathbb{Z} \text{ und } q \in \mathbb{Z} \setminus \{0\} \,\}$

Division durch Null

Wir müssen noch begründen, warum die **Division durch Null** ($q \neq 0$!) ausgeschlossen wurde, übrigens schon früher in $\mathbb{Z}$! Wäre nämlich etwa 2 : 0 = 2/0 sinnvoll, so müßte 2/0 · 0 = 2 sein. Es gibt aber keine Zahl, die, mit 0 multipliziert, 2 ergibt! Also ist 2/0 kein Zeichen für eine Zahl, und dies gilt für jedes $p \neq 0$ statt 2.

0 : 0 andrerseits hätte *jede* Zahl als Ergebnis, da jede Zahl mal 0 eben 0 ergibt. Eine Verknüpfung darf aber (als Abbildung) nur *ein* Ergebnis haben: Wir betrachten daher p : 0 und 0 : 0 als „verbotene" Operationen bzw. p/0 und 0/0 als *sinnlose* Zeichen!

Multiplikation von Brüchen

Multiplikation von Brüchen

Auch die *Multiplikation* dieser neuen Zahlen ist damit im Sonderfall mit erklärt. Allerdings soll sie in einer neuen Zahlenmenge *unbeschränkt* ausführbar sein! Was also ist 3/4 · 4/5, was –7/5 · 3/–2 u.a.m.? Wir sind an sich frei, hier eine Regel aufzustellen, beachten aber immer, daß schon bekannte Sonderfälle und Eigenschaften möglichst übernommen werden; der größeren Klarheit wegen wird dafür aber meist

$$\frac{3}{4} \cdot \frac{4}{5} = ? \quad \text{und} \quad \frac{-7}{5} \cdot \frac{3}{-2} = ? \quad \text{usw.}$$

geschrieben, auch wenn diese Terme nicht mehr so gut in die Zeilen passen.

So soll also „·" weiterhin *kommutativ* und *assoziativ* sein. Dies leistet die bekannte Vorschrift

Definition 2: dazu

D

> Brüche werden multipliziert, indem das Produkt der Zähler durch das der Nenner dividiert wird:
>
> $$\frac{a}{q} \cdot \frac{b}{r} = \frac{a \cdot b}{q \cdot r}$$
>
> *kurz: «Zähler mal Zähler durch Nenner mal Nenner.»*

Beispielsweise ist so:

B

- $\frac{2}{3} \cdot \frac{4}{5} = \frac{2 \cdot 4}{3 \cdot 5} = \frac{8}{15}$,
- $\frac{-3}{4a} \cdot \frac{7ab}{-5} = \frac{(-3) \cdot 7ab}{4a \cdot (-5)} = \frac{-21ab}{-20a} = \frac{21b}{20}$,
- $\frac{3x}{-4y} \cdot \frac{-2y}{7x} = \frac{3x \cdot (-2y)}{(-4y) \cdot 7x} = \frac{-6xy}{-28xy} = \frac{3}{14}$, ...

Beispiele 3: dazu

Denn die Multiplikation in $\mathbb{Z}$ ist kommutativ und assoziativ, und unsere Multiplikationsvorschrift führt sowohl im Zähler als auch im Nenner darauf zurück [Übung 4].

Auch wird dadurch $\frac{3}{4} \cdot 4 = 3$, was im Axiom verlangt wird, *nicht* verletzt! Ist doch $4 = 4 : 1 = \frac{4}{1}$ und $\frac{3}{4} \cdot \frac{4}{1} = \frac{3 \cdot 4}{4 \cdot 1} =$ (kurzen) $\frac{3}{1} = 3$! Wegen $4 = \frac{4}{1}$, allgemein $p = \frac{p}{1}$, sind die *ganzen* Zahlen tatsächlich vollständig in den *rationalen* enthalten, es ist $\mathbb{Z} \subset \mathbb{Q}$.

Struktur-eigenschaften

Betrachten wir wie bisher die Menge $\mathbb{Q}$ mit der **Verknüpfung** „·", so erhalten wir eine *Struktur* $(\mathbb{Q}, \cdot)$, weil ja „·" stets ein Ergebnis in $\mathbb{Q}$ hat. Weiter ist „·", wie eben gezeigt, kommutativ und assoziativ, und ein neutrales Element von „·" gibt es auch:

$$1 \; (= \frac{1}{1} = \frac{2}{2} = \cdots), \text{ ist doch } \frac{2}{3} \cdot 1 = \frac{2 \cdot 1}{3 \cdot 1} = \frac{2}{3}, \ldots$$

Aber es gibt sogar die *inversen* Elemente! So ist nach Axiom 1

$$2 \cdot \frac{1}{2} = 1, \text{ also } \frac{2}{1} \cdot \frac{1}{2} = 1$$

Wir vertauschen daher einfach Zähler und Nenner, um es zu erhalten, und haben

$$\frac{3}{4} \cdot \frac{4}{3} = \frac{3 \cdot 4}{4 \cdot 3} = \frac{3 \cdot 4}{3 \cdot 4} = \frac{1}{1} = 1$$

oder allgemein

$$\frac{p}{q} \cdot \frac{q}{p} = 1 \quad (p, q \neq 0)$$

und dürfen feststellen:

S

Die Struktur $(\mathbb{Q} \setminus \{0\}, \cdot)$ ist eine abelsche Gruppe.

Satz 1: dazu

Division von Brüchen

Fällt Ihnen auf, daß damit nun auch die ***Division*** in ganz $\mathbb{Q}$ (ohne 0) durchführbar ist, d.h. mit *Brüchen* als Partnern, nicht nur mit *ganzen* Zahlen? Dividieren hieß ja immer, die Gegenoperation zu „·" ausführen, also mit der Kehrzahl multiplizieren. Zu einem Bruch p/q $(q \neq 0)$ ist der „Kehrbruch" aber sein *inverses Element* q/p (falls $p \neq 0$). Also ist

B

- $\frac{2}{3} : \frac{5}{4} = \frac{2}{3} \cdot \frac{4}{5} = \frac{2 \cdot 4}{3 \cdot 5} = \frac{8}{15}$,
- $\frac{-1}{7} : \frac{-5}{14} = \frac{-1}{7} \cdot \frac{14}{-5} = \frac{-14}{7 \cdot (-5)} = \frac{2}{5}$, ..., allgemein: $\boxed{\frac{a}{b} : \frac{c}{d} = \frac{a \cdot d}{b \cdot c}}$ $(b, c, d \neq 0)$

Beispiele 4: dazu

Doppelbrüche

Das Ergebnis einer Division kann man auch als **Doppelbruch** schreiben:

$$\frac{2}{3} : \frac{5}{4} = \frac{\frac{2}{3}}{\frac{5}{4}};$$

da wir soeben dafür $\frac{2 \cdot 4}{3 \cdot 5}$ erhielten, lesen wir als Regel für den Wert bzw. die Auflösung eines solchen Doppelbruchs ab:

«Produkt der Außenglieder durch Produkt der Innenglieder.»

Leider ist „:" weder assoziativ noch kommutativ, auch gibt es kein neutrales Element: zwar ist

$$\frac{p}{q} : 1 = \frac{p}{q}, \quad \text{doch eben } \textit{nicht} \quad 1 : \frac{p}{q} = \frac{p}{q}\,!$$

So ist ($\mathbb{Q} \setminus \{0\}$, :) wohl eine *Struktur*, aber ohne besondere Eigenschaften.

Addition von Brüchen

Wie man Brüche addiert

Nun wollen wir unsere neuen rationalen Zahlen $p/q \in \mathbb{Q}$ auch **addieren** können. Auch hier sind wir zunächst frei, wie wir dies vornehmen wollen; doch engen wir uns freiwillig noch mehr ein als bei „·", soll doch neben der Einbettung der Sonderfälle (wenn p/q ganz, also $\in \mathbb{Z}$ ist, wie bei $\frac{4}{2}, \frac{10}{5}, \ldots$, wo $\frac{4}{2} + \frac{10}{5} = 2 + 2 = 4$ sein muß) und der Kommutativität und Assoziativität von „+" in $\mathbb{Q}$ auch noch möglichst „·" *distributiv* zu „+" bleiben!

Man überzeugt sich schnell, daß der erste Versuch

$$\frac{4}{2} + \frac{10}{5} = \frac{4 + 10}{2 + 5}$$

scheitern muß, weil eben $\frac{14}{7} = \frac{7 \cdot 2}{7} = 2$ ist und nicht 4 wie verlangt.

[Allerdings wären die sonstigen Verknüpfungseigenschaften *nicht* gestört (Übung 5)!]

Sie wissen schon, wie es gemacht wird:

Definition 3: dazu

D

Bei *gleichem* Nenner werden Brüche so ***addiert***:

$$\frac{a}{q} + \frac{b}{q} = \frac{a + b}{q} \qquad (q \neq 0)$$

Bei *verschiedenen* Nennern wird zunächst auf gleiche Nenner *erweitert*:

$$\frac{a}{q} + \frac{b}{r} = \frac{a\,r}{q\,r} + \frac{b\,q}{r\,q} = \frac{a\,r + b\,q}{q\,r} \qquad (q, r \neq 0)$$

Damit wird zunächst

Beispiele 5: dazu

B

- $\frac{4}{2} + \frac{10}{5} = \frac{4 \cdot 5}{2 \cdot 5} + \frac{10 \cdot 2}{5 \cdot 2} = \frac{4 \cdot 5 + 10 \cdot 2}{2 \cdot 5} = \frac{40}{10} = 4\,,$
- $\frac{3}{4} + \frac{11}{-9} = \frac{3 \cdot (-9)}{4 \cdot (-9)} + \frac{11 \cdot 4}{(-9) \cdot 4} = \frac{3 \cdot (-9) + 11 \cdot 4}{4 \cdot (-9)} = \frac{17}{-36} = -\frac{17}{36}, \ldots$ wie verlangt!

Auch wird „+" so *innere* Verknüpfung in $\mathbb{Q}$, sie führt ja nicht aus $\mathbb{Q}$ hinaus. Sie ist, wie man sofort sieht, *kommutativ*; daß sie auch *assoziativ* bleibt, zeigt eine kurze Rechnung:

$$\left(\frac{a}{q}+\frac{b}{q}\right)+\frac{c}{q}=\frac{a+b}{q}+\frac{c}{q}=\frac{(a+b)+c}{q}=\text{ da „+" assoziativ in } \mathbb{Z} \text{ ist } =$$

$$=\frac{a+(b+c)}{q}=\frac{a}{q}+\frac{b+c}{q}=\frac{a}{q}+\left(\frac{b}{q}+\frac{c}{q}\right)$$

Bitte überzeugen Sie sich zur Übung selbst davon, daß „·" *distributiv* zur so erklärten Addition „+" ist!

Neutrales Element von „+" war 0 in $\mathbb{Z}$; wegen $0 = 0/1 = 0/2 = \ldots = 0/q$ bleibt sie es in $\mathbb{Q}$, ist doch nur für 0

$$\frac{a}{q}+0=\frac{a}{q}+\frac{0}{q}=\frac{a+0}{q}=\frac{a}{q}$$

Invers zu p war –p in $\mathbb{Z}$; hier ist es zu p/q eben $-p/q \in \mathbb{Q}$:

$$\frac{p}{q}+\frac{-p}{q}=\frac{p+(-p)}{q}=\frac{0}{q}=0$$

Da „+" *kommutativ* ist, gilt damit auch jeweils der zweite Teil der Forderung, nämlich $0 + a/q = a/q$ bzw. $-p/q + p/q = 0$. Wir sind wieder so weit, festzustellen:

Die Struktur ($\mathbb{Q}$, +) ist eine abelsche Gruppe. S

„+" bleibt kommutativ und assoziativ

auf dem Weg zur …

Satz 2: Gruppe ($\mathbb{Q}$, +)

Jetzt bleibt noch die **Subtraktion**, die „wie immer" so erklärt wird: Ein Bruch p/q wird *subtrahiert*, indem man den „Gegenbruch" –p/q *addiert*:

$$\frac{2}{3}-\frac{5}{3}=\frac{2}{3}+\frac{-5}{3}=\frac{2+(-5)}{3}=\frac{-3}{3}=-1 \qquad \text{usw.}$$

Wie „:" ist auch „–" *innere* Verknüpfung, doch weder kommutativ, noch assoziativ, noch gibt es ein neutrales Element! Wieder ist zwar

$$\frac{2}{3}-0=\frac{2}{3}, \text{ doch } \textit{nicht } 0-\frac{2}{3}=\frac{2}{3}!$$

($\mathbb{Q}$, –) ist eine Struktur ohne besondere Eigenschaften wie schon ($\mathbb{Q} \setminus \{0\}$, :).

Subtraktion von Brüchen

Ein Gruppensatz

Abschließend soll jetzt noch allgemein bewiesen werden:

In jeder abelschen Gruppe (M, ∘) ist die Gleichung $a \circ x = b$, $a, b \in M$, *eindeutig* lösbar: Lösung ist $a^* \circ b = b \circ a^*$. S

Satz 3: Lösung der Gleichung $a \circ x = b$

Zum **Beweis** hat man die Ausgangsgleichung nur von links mit dem *inversen* Element a* von a zu verknüpfen, dann in $a^* \circ (a \circ x)$ die Klammer zu verschieben und zu beachten, daß $a^* \circ a = e$ gilt und natürlich $e \circ x = x$, um $x = a^* \circ b$ zu erhalten, w.z.b.w.

und konkrete Anwendungen

Ist „∘“ nicht kommutativ, löst man zusätzlich $y \circ a = b$ zu $y = b \circ a^*$. Wählen wir speziell $(\mathbb{Z}, +)$ oder $(\mathbb{Q}, +)$ statt $(M, \circ)$, so hat, wie eben gezeigt, die Gleichung $a + x = b$ als Lösung $(-a) + b = b - a$; für $(\mathbb{Q} \setminus \{0\}, \cdot)$ statt $(M, \circ)$ hat

$$\frac{a}{q} \cdot x = \frac{b}{r} \quad \text{die Losung} \quad x = \frac{q}{a} \cdot \frac{b}{r} = \frac{q \cdot b}{a \cdot r}$$

Und analog können sie bei Restklassengruppen und vielen weiteren (noch unbekannten) vorgehen! Kennt man eine Struktur also als ***Gruppe***, ist die Frage, ob die *Grundgleichung* $a \circ x = b$ in ihr *lösbar* ist und wie die Lösung aussieht, beantwortet. Und ganz analog gibt es weitere in allen Gruppen gültige Sätze wie etwa die *Kürzungsregeln.* Das zu wissen ist aber in der ARITHMETIK und der ALGEBRA sehr wichtig!

Ordnen von Brüchen

Nicht ganz vergessen wollen wir, die **Ordnungsbeziehung** < (und damit auch ≤, >, ≥) auf $\mathbb{Q}$ zu übertragen! In $\mathbb{Z}$ galt

$\ldots -3 < -2 < -1 < 0 < 1 < 2 < 3 \ldots;$ dies bedeutet auch

$\ldots -3/1 < -2/1 < -1/1 < 0/1 < 1/1 < 2/1 < 3/1 \ldots,$

was wir zum Anlaß nehmen, für jedes $q \in \mathbb{N}$ zu verlangen:

$\ldots -3/q < -2/q < -1/q < 0/q < 1/q < 2/q < 3/q \ldots$

Wollen wir also zwei Brüche *vergleichen*, so machen wir sie *gleichnamig*, d.h. erweitern sie auf denselben Nenner $q \in \mathbb{N}$ und setzen <, falls dies für die Zähler zutrifft:

<u>Beispiel 6:</u> dazu

B

$$\frac{2}{3} ? \frac{8}{11}; \quad \frac{2}{3} = \frac{2 \cdot 11}{3 \cdot 11} = \frac{22}{33}, \quad \frac{8}{11} = \frac{8 \cdot 3}{11 \cdot 3} = \frac{24}{33}; \quad \text{also gilt}$$

$$\frac{2}{3} < \frac{8}{11}, \text{ weil } \frac{22}{33} < \frac{24}{33} \text{ sein muß wegen } 22 < 24!$$

Läßt man etwas schwächer auch = neben < zu, so liegt in $(\mathbb{Q}, \leq)$ eine *Halbordnung* vor.

Etwas Rechendrill

von der Theorie zur Rechenpraxis:

Nach diesen eher theoretischen Betrachtungen müssen wir uns jetzt einem **praktischen Übungsblock** zuwenden. Danach soll dann das Wichtigste über *Gleichungen* und *Ungleichungen* zusammengestellt werden, bevor auch dazu Übungen folgen.

Beginnen wir also den leider unvermeidlichen *Drill* mit der Addition und der Subtraktion von Brüchen und **Bruchtermen**, in denen i. allg. *Variablen* (Platzhalter für Objekte) auftreten, für die dann später bei Bedarf Zahlen eingesetzt werden können. Hier wird meist erst auf gleichen Nenner zu erweitern sein:

<u>Beispiele 7:</u> Brüche addieren

B

❖ $$\frac{2a}{3b} + \frac{1}{6ab} = \frac{2a \cdot 2a + 1}{6ab} = \frac{4a^2 + 1}{6ab}$$

❖ $$\frac{1}{4mn} - \frac{2}{6n^2} = \frac{1 \cdot 3n}{12mn^2} - \frac{2 \cdot 2m}{12mn^2} = \frac{3n - 4m}{12mn^2}$$

Wesentlich sind also die *Nennerterme*; im folgenden Beispiel wollen wir daher nur drei solcher Nenner betrachten und ihr kleinstes gemeinsames Vielfaches als sog. *Hauptnenner* ermitteln – die Zähler lassen wir noch weg:

$N_1 = x - 3, \quad N_2 = 4x - 12, \quad N_3 = (x-3)^2;$

$N_1 = x - 3$ (unzerlegbar), $N_2 = 4 \cdot (x-3)$, $N_3 = (x-3)^2$ ist schon zerlegt!

jeder auftretende Faktor wird in der höchsten Potenz, in der er vorkommt (hier ist es 2 bei x – 3), eingesetzt:

$kgV(N_1, N_2, N_3)$ = HN (*Hauptnenner*) $= 4 \cdot (x-3)^2$

Beispiel 8: kgV von Nennern = Hauptnenner

Neben dem Faktorisieren durch Ausklammern = Herausheben gemeinsamer Faktoren muß man oft noch **binomische Formeln** umkehren:

$N_1 = a^2 + 2a, \quad N_2 = a - 2, \quad N_3 = 2a^2 + 8a + 8;$

$N_1 = a \cdot (a+2)$, $N_2 = a - 2$ (unzerlegbar), $N_3 = 2 \cdot (a^2 + 4a + 4) = 2 \cdot (a+2)^2;$

wieder tritt 2 bei a + 2 als Exponent = Hochzahl auf und bestimmt den *Hauptnenner*:

$kgV(N_1, N_2, N_3) = HN = 2a \cdot (a+2)^2 (a-2)$

Beispiel 9: HN mit binomischer Formel

Jetzt zur Übung dasselbe Vorgehen bei *vier* Nennern:

$N_1 = p^2 + 5pq - 14q^2, \quad N_2 = p^3 + 7p^2q, \quad N_3 = p^2 - 4pq + 4q^2, \quad N_4 = 5p^2 + 35pq;$

$N_1 = (p-2q)(p+7q), \quad N_2 = p^2(p+7q), \quad N_3 = (p-2q)^2, \quad N_4 = 5p(p+7q);$

$kgV(N_1, N_2, N_3, N_4) = HN = 5p^2(p+7q)(p-2q)^2$

Beispiel 10: HN bei 4 Nennern

Wenden wir dies jetzt bei Brüchen an, wobei nach Addition oder Subtraktion noch zu *reduzieren* = zu vereinfachen ist. Gesucht ist also jeweils der einfachste äquivalente Bruchterm:

❖ $\frac{1}{b} + \frac{1}{b-1} = \frac{b-1}{b \cdot (b-1)} + \frac{b}{b \cdot (b-1)} = \frac{b-1+b}{b \cdot (b-1)} = \frac{2b-1}{b(b-1)}$

❖ $\frac{1}{3+3m} - \frac{1}{1+m} = \frac{1}{3(1+m)} - \frac{3}{3(1+m)} = \frac{1-3}{3(1+m)} = \frac{-2}{3(1+m)}$

❖ $\frac{a+1}{a^3-a^2} + \frac{1}{a^2} = \frac{a+1}{a^2(a-1)} + \frac{1 \cdot (a-1)}{a^2(a-1)} = \frac{a+1+(a-1)}{a^2(a-1)} = \frac{2a}{a^2(a-1)} = \frac{2}{a(a-1)}$

❖ $\frac{3x-4}{x^2-8x+16} - \frac{2}{x-4} = \frac{3x-4}{(x-4)^2} - \frac{2 \cdot (x-4)}{(x-4)^2} = \frac{3x-4-2(x-4)}{(x-4)^2} = \frac{x+4}{(x-4)^2}$

Beispiele 11: Bruchterme addieren und subtrahieren

Bei **Multiplikationen** genügt es, zu zerlegen und so weit wie möglich zu *kürzen*. Terme ohne Nenner werden einfach mit dem Zähler des „Partner"-Bruchs multipliziert, sie können ja als z = z/1 verstanden werden:

❖ $(p+q) \cdot \frac{1}{p^2-q^2} = \frac{(p+q) \cdot 1}{(p+q) \cdot (p-q)} = \frac{1}{p-q}$

❖ $(x^2-y^2) \cdot \frac{6x}{3xy-3x^2} = \frac{(x+y)(x-y) \cdot 6x}{3x \cdot (y-x)} = -2 \cdot (x+y)$

❖ $\frac{(2a+2b)^2}{r^2-s^2} \cdot \frac{(r+s)^2}{a^2-b^2} = \frac{2^2(a+b)^2 \cdot (r+s)^2}{(r+s)(r-s) \cdot (a+b)(a-b)} = \frac{4(a+b)(r+s)}{(r-s)(a-b)}$

Beispiele 12: Bruchterme multiplizieren ...

Schließlich verfahren wir analog bei ***Divisionen***, wobei nach Definition mit dem Kehrbruch (= reziproken Bruch) multipliziert wird:

Beispiele 13:
... und dividieren

B

❖ $$\frac{y}{1-y^2} : \frac{y^2}{1-y} = \frac{y \cdot (1-y)}{(1+y) \cdot (1-y) \cdot y^2} = \frac{1}{y\,(1+y)}$$

❖ $$\frac{n-2n^2}{1-4n^2} : \frac{n^3}{4n^2+4n+1} = \frac{n\,(1-2n) \cdot (2n+1)^2}{(1+2n)\,(1-2n) \cdot n^3} = \frac{2n+1}{n^2}$$

❖ $$\frac{3a^2-27}{6a+12} : \frac{a^2-6a+9}{a^2+4a+4} = \frac{3\,(a+3)\,(a-3) \cdot (a+2)^2}{6\,(a+2) \cdot (a-3)^2} = \frac{(a+3)\,(a+2)}{2\,(a-3)}$$

Gleichungen

Grundmenge und Lösungsmenge einer Gleichung

An dieser Stelle nehmen wir aber die *Mengensprache* dazu. Man fragt immer nach den *Lösungen* einer Gleichung, die man zu einer ***Lösungsmenge*** $\mathbb{L}$ zusammenfaßt. So hat $2 \cdot x = 4$ die *eine* Lösung 2, die Lösungsmenge ist $\mathbb{L} = \{2\}$. Bilden wir $x \cdot x = x^2 = 4$, so sind schon –2 und +2 Lösungen, es wird $\mathbb{L} = \{-2, +2\}$. Dagegen hat $x = x + 1$ *keine* Lösung, es ist $\mathbb{L} = \varnothing$, aber $2x = x + x$ hat i. allg. *unendlich viele* Lösungen, nämlich alle Zahlen, die man einsetzen will. Diese wieder bilden die ***Grundmenge*** $\mathbb{G}$, die man zu einer Gleichung angeben muß; von ihr hängt ja die Lösungsmenge ab.

So ist zu $\mathbb{G}_1 = \mathbb{Z}$ bei $x^2 = 4$ die Lösungsmenge $\mathbb{L}_1 = \{-2, +2\}$, zu $\mathbb{G}_2 = \mathbb{N}$ aber ergibt sich $\mathbb{L}_2 = \{2\} \neq \mathbb{L}_1$!

Aussageform

Wann ist aber eine Zahl ***Lösung*** einer Gleichung? Setzen wir 2 in $x^2 = 4$ für x ein, so wird $2^2 = 4$, was „stimmt“. Man nennt heute $2^2 = 4$ eine *wahre Aussage*, während $x^2 = 4$ eine *Aussageform* ist, solange sie einen *Platzhalter*, eine ***Variable*** x, enthält. Alle *Gleichungen* in x oder anderen Variablen sind demnach *Aussageformen.* Ihre *Lösungen* sind jene Elemente der Grundmenge, die beim Einsetzen diese Aussageform in eine *wahre Aussage* überführen.

Praktisch von Interesse sind jene Gleichungen, für die es nur bestimmte Lösungen gibt und die Rechenverfahren, die zu diesen Lösungen führen. Ab und zu stößt man auf solche, die von *jeder* Zahl $\in \mathbb{G}$ gelöst werden wie $2x = x + x$, sie heißen *allgemeingültig*. Gibt es *gar keine* Lösung wie für $x = x + 1$, spricht man von einer *unlösbaren* Gleichung.

Ungleichung

Ersetzt man = durch ≠ oder <, ≤, >, ≥, so entsteht eine ***Ungleichung***; alles bisher Gesagte gilt auch für sie. Wie kann man nun vorgehen, um (Un-)Gleichungen zu lösen? Bei $x + 1 = 2$ „sieht man“, was für x einzusetzen ist: 1, denn $1 + 1 = 2$. Man kann auch 1 von den Termen beider Seiten subtrahieren, was zu $x = 1$ führt, der einfachsten Gleichung mit derselben Lösung.

Äquivalenzumformung

So einfach geht es nicht immer. Man muß daher überlegen, wie man umformen darf, um zu immer einfacheren Gleichungen zu kommen, die, – und das ist wesentlich –, *alle dieselbe* Lösungsmenge haben. Erinnern Sie sich an $9 \cdot x = 3$, $6 \cdot x = 2$, $3 \cdot x = 1$ mit $3/9 = 2/6 = 1/3$ als Lösungen, die eine *Äquivalenzklasse* bildeten? Man nennt solche Umformungen daher *Äquivalenzumformungen* und verlangt:

Das Verknüpfen (+, –, · oder :) beider Seiten einer Gleichung mit derselben Zahl ist eine Äquivalenzumformung.
Bei einer Ungleichung und „·“ bzw. „:“ gilt dies dann, wenn die Zahl positiv ist.

A — Axiom 2: dazu

Damit hat man mehrere **Grundgesetze der Arithmetik** erfaßt. So ist etwa

mit $a = b$ auch $a + c = b + c$, aber auch $a \cdot c = b \cdot c$;
mit $a < b$ auch $a + c < b + c$, aber auch $a \cdot c < b \cdot c$, *falls* $c > 0$, gesichert.

Grundgesetze

Der umgekehrte Übergang von $a \cdot c = b \cdot c$ zu $a = b$ bedeutet *dividieren durch c*:

$-10 \cdot x = 50$ [: (–10)] → $x = -5$;

hier ist die Lösung der Gleichung abzulesen: –5, d.h. $\mathbb{L} = \{-5\}$, falls $-5 \in \mathbb{G}$; oder:

$2 \cdot x < 8$ [: 2] → $x < 4$ mit $\mathbb{L} = \{1, 2, 3\}$, falls $\mathbb{G} = \mathbb{N}^*$.

Außerdem wird oft mit *Variablen* x, y, z, a, b, c, ... oder *Termen* $2 \cdot x$, $3 - y$, $(a + 1)^2$, verknüpft: da man dies mit beiden Seiten (die selbst i. allg. Terme sind), tut und dabei für die Variable(n) dieselbe(n) Zahl(en) eingesetzt denkt, ist auch dies erlaubt. Schließlich benutzt man oft unausgesprochen die *Assoziativ-, Kommutativ- und Distributiv*gesetze und ihre Folgeregeln, die Umstellungen und Zusammenfassungen erlauben, was man *Reduzieren* nennt, man hat Binome oder Trinome zu multiplizieren, muß die *binomischen Formeln* kennen u.a.m.

Anwendung des Axioms

Praktische Übungen

Beginnen wir ganz einfach: sei für $\mathbb{G} = \mathbb{Z}$

B — Beispiel 14: ausmultiplizieren, reduzieren

$4x - 2 = 5\,(5 - x)$ | Distributivgesetz (Dist.), d.h. Ausmultiplizieren
$4x - 2 = 25 - 5x$ | + 5x
$9x - 2 = 25$ | + 2
$9x = 27$ | : 9
$x = 3$ → $\mathbb{L} = \{3\}$ [→ meint: damit wird, es folgt ...]

Analog wird eine *Ungleichung* über $\mathbb{G} = \mathbb{Z}$ gelöst:

B — Beispiel 15: Ungleichung

$20 - 5x < 2\,(x + 3)$ | Dist.
$20 - 5x < 2x + 6$ | – 6
$14 - 5x < 2x$ | + 5x
$14 < 7x$ | : 7
$2 < x$ → $\mathbb{L} = \{3, 4, 5, ...\}$

Im folgenden benötigen wir schon einmal die *Klammerregeln* ($\mathbb{G} = \mathbb{Z}$):

B — Beispiel 16: Klammerregeln

$12x - (2x - 11) = 6x + (4 - 3x)$ | Kl. R.
$12x - 2x + 11 = 6x + 4 - 3x$ | Reduzieren (Red.)
$10x + 11 = 3x + 4$ | – 11 und auch – 3x
$7x = -7$ | : 7
$x = -1$ → $\mathbb{L} = \{-1\}$

Jetzt trauen wir uns gleich die *Binommultiplikation* und ihre Sonderformen zu, die sog. *binomischen Formeln*

$(a \pm b)^2 = a^2 \pm 2ab + b^2$ und $(a + b)(a - b) = a^2 - b^2$

neben $\mathbb{G}_1 = \mathbb{Z}$ sei noch $\mathbb{G}_2 = \mathbb{N}$:

Beispiel 17: Binom-multiplikation

B

$(2x - 1)^2 - (x + 3)(x - 1) = 3x(x + 5) + 46$	$\mid$ Bin., Distr.
$4x^2 - 4x + 1 - (x^2 - x + 3x - 3) = 3x^2 + 15x + 46$	$\mid$ Kl.R.
$4x^2 - 4x + 1 - x^2 + x - 3x + 3 = \quad \sim$	$\mid$ Red.
$3x^2 - 6x + 4 = \quad \sim$	$\mid -3x^2$
$-6x + 4 = 15x + 46$	$\mid -4, -15x$
$-21x = 42$	$\mid : (-21)$
$x = -2 \quad \rightarrow$	$\mathbb{L}_1 = \{-2\}$, doch $\mathbb{L}_2 = \emptyset$!

Treten einfache *Nenner* auf, multipliziert man mit einem gemeinsamen Vielfachen, am besten dem kleinsten, dem *kgV,* und kürzt; wieder sei $\mathbb{G} = \mathbb{N}$:

Beispiel 18: Nenner und kgV

B

$\frac{x}{2} - \frac{x}{3} - \frac{x}{4} - \frac{x}{5} = -\frac{17}{4}$	$\mid \text{kgV}(2, 3, 4, 5) = 3 \cdot 4 \cdot 5 = 60$
	$\mid \cdot 60$, kürzen
$30x - 20x - 15x - 12x = (-17) \cdot 15$	$\mid$ Red.
$-17x = (-17) \cdot 15$	$\mid : (-17)$
$x = 15 \quad \rightarrow$	$\mathbb{L} = \{15\}$

Ganz genau so geht man hier vor ($\mathbb{G} = \mathbb{N}$):

Beispiel 19: analog

B

$\frac{x-1}{2} + \frac{3x+1}{8} - \frac{5x}{10} = \frac{23-x}{12}$	$\mid \cdot 120$
$60(x - 1) + 15(3x + 1) - 12 \cdot 5x = 10(23 - x)$	$\mid$ Kl.R.
$60x - 60 + 45x + 15 - 60x = 230 - 10x$	$\mid$ Red.
$55x = 275$	$\mid : 55$
$x = 5 \quad \rightarrow$	$\mathbb{L} = \{5\}$

Kommt x im Nenner vor, haben wir eine ***Bruchgleichung*** vor uns. Da man nie durch 0 dividieren darf, muß vermieden werden, daß eine Einsetzung einen Nennerwert gleich 0 macht: in $1/(x-5)$ etwa darf nicht 5 für x gesetzt werden. Solche Zahlen schließt man aus der Grundmenge aus, was bleibt, heißt *Definitionsmenge* $\mathbb{D} \subset \mathbb{G}$. Sei mit $\mathbb{G} = \mathbb{Z}$:

Beispiel 20: echte Bruchgleichung

B

$\frac{1}{x} = \frac{2}{x-1}$	$\mid x \neq 0,\ x \neq 1$, d.h. $\mathbb{D} = \mathbb{Z} \setminus \{0, 1\}$
	$\mid \cdot x(x - 1)$, kürzen
$x - 1 = 2 \cdot x$	$\mid -x$
$-1 = x \quad \rightarrow$	$\mathbb{L} = \{-1\}$ [weil $-1 \in \mathbb{D}$]

Mit 1 statt 2 rechts im Zähler wäre $x - 1 = x$, $-1 = 0$, ein sogenannter *Widerspruch*, eine *falsche Aussage*, entstanden: dann ist $\mathbb{L}$ stets *leer*, $\mathbb{L} = \emptyset$.

Jetzt folgen Bruchgleichungen, bei denen die Nenner zu *faktorisieren* sind ($\mathbb{G} = \mathbb{Q}$):

Beispiel 21: analog

B

$\frac{1}{x+1} + \frac{3}{2x} = \frac{13}{4x+4}$	$\mid$ 3. Nenner $= 4(x + 1)$, kgV = HN $= 4x(x + 1)$
	$\mid x \neq 0,\ x \neq -1$, d.h. $\mathbb{D} = \mathbb{Q} \setminus \{0, -1\}$; mal HN

$4x + 3 \cdot 2\,(x + 1) = 13x$	$\mid$ Dist., Red.
$-3x = -6$	$\mid : (-3)$
$x = 2 \quad \rightarrow$	$\mathbb{L} = \{2\}$ wegen $2 \in \mathbb{D}$.

Ganz analog, nur etwas aufwendiger wegen der *Binomzerlegung*:

Beispiel 22: Hauptnenner und binomische Formeln

$$\frac{5}{x^2 - 3x} + \frac{1}{x} = \frac{x}{x^2 - 6x + 9}$$

1. Nenner $= x \cdot (x - 3)$
2. Nenner $= x$
3. Nenner $= (x - 3)^2$

$\rightarrow$ HN $= x \cdot (x - 3)^2$

	$\mid \mathbb{D} = \mathbb{Z} \setminus \{0, 3\}$; ~ mal HN
$5\,(x - 3) + (x - 3)^2 = x \cdot x$	$\mid$ Bin. F., Dist.
$5x - 15 + x^2 - 6x + 9 = x^2$	$\mid -x^2$, Red.
$-x - 6 = 0$	$\mid +x$
$-6 = x \quad \rightarrow$	$\mathbb{L} = \{-6\}$ wegen $-6 \in \mathbb{D}$.

Schwieriger wird es bei **Bruch-Ungleichungen**: Diese durften laut Axiom ja nur „ungestraft" (z.B. mit dem kgV der Nenner) multipliziert werden, wenn es sich um einen *positiven* Faktor handelt. Daher muß eine **Fallunterscheidung** durchgeführt werden:

Sei mit $\mathbb{G} = \mathbb{Q}$:

Beispiel 23: Bruch-Ungleichung und Fallunterscheidung

$$\frac{4}{x - 1} < \frac{2}{3}$$

1. Fall: Faktor positiv $\rightarrow$ Ungleichheitszeichen bleibt,

2. Fall: Faktor negativ $\rightarrow$ Zeichen wird „umgedreht".

kgV $(N_1, N_2) = 3\,(x - 1)$, $\mathbb{D} = \mathbb{Q} \setminus \{1\}$

1. Fall: $3\,(x - 1)$ positiv, d.h. $x - 1 > 0$ bzw. $\underline{x > 1}$;
Ungleichung mal kgV: $4 \cdot 3 < 2 \cdot (x - 1) \quad \mid : 2$
$6 < x - 1 \quad \mid +1$
$\underline{7 < x}$

Bilder 1/2: dazu

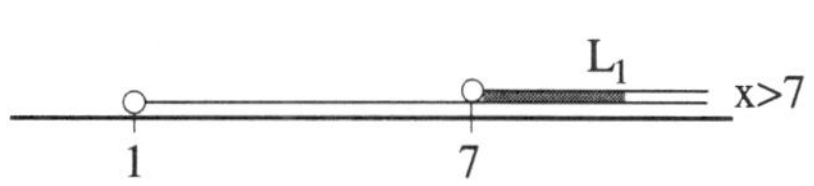

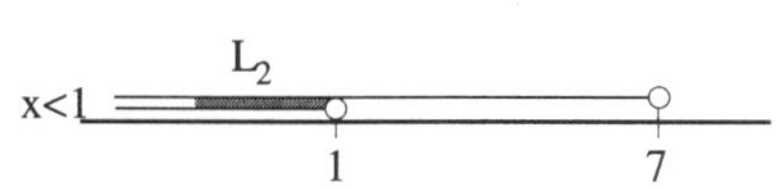

Unter der Voraussetzung $x > 1$ führt die Ungleichung also zur Bedingung $x > 7$; beide zugleich erfüllen Zahlen mit $\underline{x > 7}$, was die *Lösungsmenge* $\mathbb{L}_1$ im 1. Fall darstellt.

2. Fall: $3\,(x - 1)$ negativ, d.h. $x - 1 < 0$ bzw. $\underline{x < 1}$;
Ungleichung mal kgV, *Zeichenwechsel*: > statt <!
$4 \cdot 3 > 2 \cdot (x - 1) \; \ldots$
$\underline{7 > x}$

Für Zahlen $x < 1$ verlangt die Ungleichung $x < 7$, was zugleich für $\underline{x < 1}$ erfüllt wird; dies ist die *Lösungsmenge* $\mathbb{L}_2$ im 2. Fall, vgl. dazu die Bilder 1/2, oben!

Da ein „3. Fall" $x - 1 = 0$ verboten ist, stellt die Vereinigung

$$\mathbb{L} = \mathbb{L}_1 \cup \mathbb{L}_2 = \{x \mid x > 7 \text{ oder } x < 1\}$$

schon die gesuchte Gesamtlösungsmenge dar!

Sachaufgaben

In der **Praxis** muß man Aufgabenstellungen meist erst in die mathematische Symbolsprache übersetzen, was nicht immer so leicht ist wie im folgenden *Beispiel*:

Beispiel 24: Mischung und Warenpreis

B Wie viele Kilogramm (kg) **Äpfel** einer billigeren Sorte (12 GE/kg) muß man mit einer teureren (20 GE/kg) vermengen, um 60 kg Äpfel zu 14 GE/kg anbieten zu können? (GE steht für Geldeinheit, also Mark, Schilling, Franken, Euro, Dollar u.a.m.)

Es ist zumindest anfangs hilfreich, sich die Daten in einer Tafel/Tabelle zurechtzulegen; als Unbekannte x wird man die Anzahl kg der 1. Sorte annehmen:

Sorten	Gewicht (kg)	Preis (GE)	Gesamtpreis
1	x	12	$12 \cdot x$
2	$60 - x$	20	$20 \cdot (60 - x)$
Mischung	60	14	$14 \cdot 60$

Nun braucht man noch eine Bilanz, einen *Ansatz*: Hier wird einfach der Gesamtpreis der Mischung gleich der Summe der Gesamtpreise der beiden Sorten sein:

$12x + 20\,(60 - x) = 14 \cdot 60$ | Lösen wie früher geübt!
$12x - 20x = 840 - 20 \cdot 60$
$-8x = -360$
$x = 45$ → Man mischt 45 kg der 1. Sorte mit 15 kg der 2.

Werfen wir noch einen Blick zum **Juwelier**:

Beispiel 25: Feingehalt von Goldschmuck

B Wieviel **Gold** (x Gramm, g) der Feinheit 760 Millièmes (Tausendstel) ist mit Feingold (reinem Gold) zu legieren, um 630 g Gold der Feinheit 840 Millièmes zu erhalten?

Hier wird man ganz ähnlich vorgehen, nur hat man eben mit Tausendstel, 1/1000 = 1 ‰, zu rechnen:

Sorten	Masse (g)	Feinheit (‰)	Goldanteil (g)
1	x	760	$\frac{760}{1000} \cdot x$
2	$630 - x$	1000	$\frac{1000}{1000} \cdot (630 - x)$
Legierung	630	840	$\frac{840}{1000} \cdot 630$

Nun zählt man einfach die Goldanteile zusammen:

$760x + 1000\,(630 - x) = 630 \cdot 840$
...
$x = 420$ (g): → Man braucht 420 g von der 1. Sorte.

Ganz genauso verläuft die Überlegung für die **stöchiometrische** Aufgabe:

Beispiel 26:

B Wie viele Gramm (g) einer 98 %igen **Schwefelsäure** muß man mit Wasser mischen, wenn man 500 g einer 15 %igen Schwefelsäure herstellen will?

Versuchen wir es mit einer etwas einfacheren Aufstellung:

1. Sorte ...	x	g	| 98 %
2. Sorte ...	(500 – x)	g	| 0 % (Wasser!)
Mischung ...	500	g	| 15 %

Mischung von Säuren

Bilanz: $x \cdot \frac{98}{100} + 0 = 500 \cdot \frac{15}{100}$ | · 100

$98x = 500 \cdot 15 = 7500$ | : 98

$x = 76{,}5$ [g]

Man hat 76,5 g Schwefelsäure in (500 – 76,5 =) 423,5 g Wasser zu gießen!

Eine weitere Gruppe von Aufgaben betreffen die ***Leistung***, d.h. die *Arbeit*, die in einer *Zeiteinheit* bewältigt wird:

Beispiel 27: Leistung von Menschen ...

Ein **Gärtner** (A) würde zur Fertigstellung einer Bepflanzung allein 8 Tage benötigen, ein anderer (B) 12 Tage und ein dritter (C) 20 Tage. Wann ist die Arbeit beendet, wenn alle drei gleichzeitig beginnen, jedoch nach 2 Tagen A und nach weiteren 3 Tagen C zu einer anderen Tätigkeit abgezogen wird, vgl. die Skizze in Bild 3?

Wir setzen für B, der allein beenden muß, x Tage an; wenn A 8 Tage benötigt, hat er in 1 Tag 1/8, in 2 Tagen also 2/8 der Arbeit vollendet. Ebenso überlegen wir für B und C; alle drei Anteile zusammen ergeben die gesamte Arbeit(smenge) 1:

Bild 3: dazu

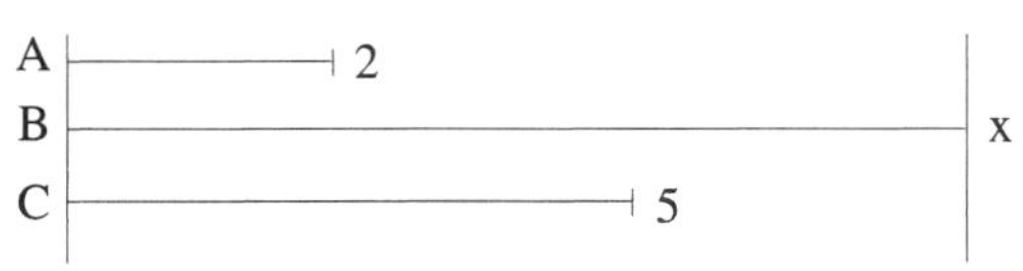

$\frac{2}{8} + \frac{x}{12} + \frac{5}{20} = 1$ | · HN = 120

$2 \cdot 15 + 10 \cdot x + 5 \cdot 6 = 120$ | Red.

$10x = 60$ | :10

$x = 6$ (Tage): → Die Arbeit ist nach 6 Tagen beendet.

Zur Übung hier eine ähnliche **Leistungsaufgabe** mit etwas variierter Fragestellung:

Beispiel 28: und von Maschinen

Eine **Pumpe** A kann ein Schwimmbecken allein in 3 Stunden füllen, eine andere Pumpe B in 4 Stunden. Wie lange braucht eine dritte Pumpe C allein, wenn alle drei zusammen knapp 1 Stunde 25 Min., d.s. etwa 24/17 Stunden benötigen?

Überlegung: Wieviel schafft jede Pumpe in 1 Stunde (dies ist ihre *Leistung*)? A offenbar 1/3, B 1/4, C eben 1/x der Gesamtarbeit. Zusammen ist das 1/t, wenn t die Gesamtzeit ist, hier also 1 : 24/17 = 17/24 (nur wegen des „glatten" Ergebnisses!):

$\frac{1}{3} + \frac{1}{4} + \frac{1}{x} = \frac{17}{24}$ | · HN = 24x

$8x + 6x + 24 = 17x$ | Red., – 14x, : 3

$x = 8$ (Stunden): → Allein würde sie 8 Stunden benötigen.

Wechseln wir zu den Leichtathleten und damit zu einer **Bewegungsaufgabe**:

Beispiel 29:
Bewegung und Überholzeiten

B Zwei **Läufer** starten gleichzeitig auf einer Laufbahn von 400 m Länge. Der eine legt die 10.000 m in 36 Minuten zurück, der andere in 40 Minuten. Wie viele Minuten nach dem Start hat der schnellere den anderen zum erstenmal überrundet?

Ansatz: Nach x Minuten (min); wer in 36 min einen Weg von 10.000 m zurücklegt, schafft in einer Minute eben 10000/36 m – dies ist auch seine *Geschwindigkeit* – in x min sind es x mal soviel; dies ist der 1. Weg. Beim 2. Läufer ist es genauso; sein Weg ist dann aber um 1 Runde = 400 m kürzer, die *Differenz* der Wege ist gerade 400 m.

Zuvor ordnen wir unsere Daten in einer Tabelle, in der wir t für die Zeit, v für die Geschwindigkeit und s für den Weg einsetzen:

Läufer	t (min)	v (m/min)	s (min)
1	x	$\frac{10000}{36}$	$\frac{10000}{36} \cdot x$
2	x	$\frac{10000}{40}$	$\frac{10000}{40} \cdot x$

$\frac{10000}{36} \cdot x - \frac{10000}{40} \cdot x = 400$ | Diesmal versuchen Sie´s allein?

...

$25x = 360$

$x = 14{,}4$ (min): → Nach 14 Min. und 24 Sek. ist dies der Fall.

Dagegen führt ein Ansatz nach Art der ***Dreisatz*** (= *Schluß-)Rechnungen* hier zum Ziel:

Beispiel 30:
Chemischer Prozeß und Dreisatz

B Wie viele Gramm (g) Ethanol C_2H_5OH und Kohlendioxid CO_2 entstehen bei der **alkoholischen Gärung** aus 100 g Glucose $C_6H_{12}O_6$?

Die Reaktionsgleichung muß lauten $C_6H_{12}O_6 \rightarrow 2\,C_2H_5OH + 2\,CO_2$: Auf beiden Seiten sind dieselben Atomanzahlen vorhanden. Die rel. Molekülmassen (H = 1) sind

Glucose: $6 \cdot 12 + 12 \cdot 1 + 6 \cdot 16 = 180$, Ethanol: $2 \cdot (2 \cdot 12 + 6 \cdot 1 + 1 \cdot 16) = 92$,

Kohlendioxid: $2 \cdot (1 \cdot 12 + 2 \cdot 16) = 88$

Nun denken wir uns die 100g Glukose in 180 „Teile“ zerlegt und dann zu 92 bzw. zu 88 neu zusammengemischt zu Ethanol bzw. Kohlendioxid. 1 Teil wiegt 1/180 von 100 g, also 100/180 g; dann wiegen 92 Teile eben 92 mal 100/180 = 51,1 g (Ethanol), 88 Teile wiegen 88 mal 100/180 = 48,9 g (Kohlendioxid)!

Nicht immer kommt in Gleichungen nur die Lösungsvariable x vor. Treten weitere ***Konstanten*** wie a, b, ... auf, rechnet man genauso, muß aber immer voraussetzen, daß es zu keiner *Division durch Null* kommt:

Beispiel 31:
Lösungsvariablen und Konstanten

B $\frac{a}{x} - \frac{1}{x+a} = \frac{(a-1)\,x}{x^2 - a^2}$ | · 3. Nenner = (x + a) (x – a), $x \neq -a$, $x \neq a$

| Definitionsbereich $\mathbb{D} = \mathbb{R} \setminus \{0, -a, a\}$

$a\,(x^2 - a^2) - x\,(x - a) = (a - 1)\,x^2$ | Dist., Red.

...

$ax = a^3$ | : a, dies ab jetzt $\neq 0$!

$x = a^2$ → $\mathbb{L} = \{a^2\}$

Nimmt man es sehr genau, muß man noch weiter forschen: Da a^2 für $a = \pm 1$ gleich 1 wird, wir aber $x \neq \pm a$, also $x \neq \pm 1$ voraussetzen mußten, wäre $\mathbb{L} = \emptyset$ für $a = \pm 1$. Für die Konstante ist also $a \neq 0$ und $a \neq \pm 1$ anzunehmen, soll die Gleichung eine Lösung, eben a^2, haben! Im folgenden verzichten wir darauf, dies im einzelnen aufzuspüren.

Auflösung von Formeln

In Sonderfällen treten in solchen Gleichungen zwei oder mehrere Variablen auf, von denen einmal die *eine* interessiert, d.h. in Abhängigkeit von den anderen *explizit* darzustellen ist, dann die andere: dies gilt für viele Formeln wie

$$A = a \cdot b, \quad u = 2\pi \cdot r, \quad Z = \frac{K \cdot p \cdot t}{100}, \quad U = R \cdot I, \quad l = l_0 \cdot (1 + \alpha t), \quad s = \frac{a}{2} \cdot t^2, \ldots$$

Die einfachsten haben Sie im Anfangsunterricht kennen- und aufzulösen gelernt, wie etwa die Flächeninhaltsformel des Rechtecks nach einer Seite, den Kreisumfang nach dem Radius, das Ohmsche Gesetz nach der Stromstärke usw.

Wählen wir jetzt die **Trapezformel** und nehmen den *Flächeninhalt* A als bekannt an:

$$A = \frac{a + c}{2} \cdot h$$

B **Beispiele 32: geometrische Formeln: Trapezfläche**

Wir können uns dann für die **Höhe** h interessieren, wenn a und c gegeben sind:

❖ $2A = (a + c) \cdot h \qquad | : (a + c)$

$$\frac{2A}{a + c} = h$$

Kennen wir aber neben A noch a und h, fragen wir nach der **2. Parallelseite** c:

❖ $2A = (a + c) \cdot h \qquad | : h$

$$\frac{2A}{h} = a + c \qquad | - a$$

$$\frac{2A}{h} - a = c$$

Kennen Sie das Volumen eines **Kugelsegments**? Hier ist die Formel:

$$V = \pi \cdot \frac{h^2}{3} \cdot (3r - h)$$

B **Beispiel 33: Kugelsegmentvolumen**

Welchen **Radius** r muß die *Kugel* haben, wenn bei geg. Volumen V des Segments eine bestimmte *Höhe* h gewünscht wird? Gleichung mal 3 und durch π und h^2 dividieren:

$$\frac{3V}{\pi \cdot h^2} = 3r - h \qquad | + h, \ : 3$$

$$r = \frac{3V + \pi \cdot h^3}{3\pi \cdot h^2}$$

Wechseln wir zur PHYSIK: So ist für die **kinetische Energie** E bekannt:

$$E = \frac{1}{2} m \cdot v^2$$

B **Beispiel 34: kin. Energie**

Interessiert die **Masse** m, so fassen wir sie als *Lösungsvariable* (wie x) auf, die übrigen als *Konstanten*:

... Masse und Geschwindigkeit

B ❖ $2E = m \cdot v^2$ | : v^2, d.h. $v \neq 0$

$$m = \frac{2E}{v^2}$$

Analog ergibt sich für die **Geschwindigkeit** v:

❖ $2E = m \cdot v^2$ | : m, d.h. $m \neq 0$

$$v^2 = \frac{2E}{m}$$ | Wurzel, $\sqrt{\ }$ [Näheres dazu auf Seite 68!]

$$v = \sqrt{\frac{2E}{m}}$$

Solche Formeln ergeben sich oft aus **physikalischen Aufgabenstellungen:**

Beispiel 35: **Bestimmung der Erdmasse**

B Ein Körper mit der Masse m wird an der Erdoberfläche mit seinem **Gewicht** $F_G = m \cdot g$ (g Fallbeschleunigung, $g = 9{,}81\ m/s^2$) angezogen, aber auch nach Newton mit der Kraft $F = G \cdot M \cdot m / r^2$ (G Gravitationskonstante, $G = 6{,}67 \cdot 10^{-11}\ Nm^2/kg^2$, r Erdradius, r = 6370 km, M Erdmasse). Es folgt

$$m\,g = \frac{G\,M\,m}{r^2}$$ Wie groß ist die **Erdmasse** M?

| $\cdot\, r^2$

$mg\,r^2 = GMm$ | : m, : G

$$M = \frac{g\,r^2}{G}$$

Zahlenwerte: $M = 9{,}81 \cdot (6370 \cdot 10^3)^2 / 6{,}67 \cdot 10^{-11}$ kg $= 5{,}98 \cdot 10^{24}$ kg.

Den Umgang mit solchen ***Potenzen*** üben wir später im Kapitel ℂ**8**!

Oder aus der WÄRMELEHRE:

Beispiel 36: **Schmelzen und Wärmemenge**

B Wie viele kg Eis von 0 °C kann man mit einer **Wärmemenge** Q von 9000 kJ (Kilojoule) in Wasser von 30 °C über führen? Wir suchen also die **Masse** des Eises.

Dafür hat man die Formel

$Q = q_s \cdot m + c \cdot m \cdot \Delta t$ mit m als Masse, Δt als Temperaturdifferenz, c als spezifische Wärmekapazität und q_s als spezifische Schmelzwärme; | m herausheben

$Q = m\,(q_s + c\,\Delta t)$ | : (Klammerterm) ≠ 0

$$m = \frac{Q}{q_s + c\,\Delta t}$$

Zahlenwerte: m = 9000 / (334 + 4,19 · 30) kg = 19,6 kg.

In der GEOMETRISCHEN OPTIK kennt man die **Linsenformel**:

$$\frac{1}{f} = \frac{1}{g} + \frac{1}{b}$$ (f *Brennweite*, g *Gegenstandsweite*, b *Bildweite*)

Beispiel 37: **Linsenformel**

B Multiplizieren Sie mit dem Hauptnenner f g b, subtrahieren Sie f b, klammern Sie dann links b aus und dividieren durch g – f, um die **Bildweite** b zu erhalten:

$$b = \frac{f\,g}{g - f}$$

Dezimalbrüche

Da nun schon Potenzen wie 10^3, 10^{24}, 10^{-11} sowie Dezimalzahlen 4,19; 19,6 u.a. aufgetreten sind, erinnern wir Sie an die Darstellung von **Bruchzahlen** in dieser Form. Anfangs haben wir sie nur in der Form p/q geschrieben; praktisch üblich ist es, sie im **Dezimalsystem** zu notieren (probieren Sie 2 : 5 am Taschenrechner!)

$$\frac{2}{5} = \frac{2 \cdot 2}{5 \cdot 2} = \frac{4}{10} \text{ und mit } \frac{1}{10} = 0{,}1 = 10^{-1} \text{ ist weiter } \frac{2}{5} = 4 \cdot 0{,}1 = 0{,}4 = 4 \cdot 10^{-1}$$

Genauso gehen Sie vor, um auf Hundertstel, Tausendstel usw. im Nenner zu erweitern:

B

Beispiele 38: Dezimalbruch-darstellung

- ❖ $\frac{3}{50} = \frac{3 \cdot 2}{50 \cdot 2} = \frac{6}{100}$; mit $\frac{1}{100} = 0{,}01 = 10^{-2}$ ist weiter $\frac{3}{50} = 6 \cdot 0{,}01 = 0{,}06 = 6 \cdot 10^{-2}$
- ❖ $\frac{1}{125} = \frac{1 \cdot 8}{125 \cdot 8} = \frac{8}{1000}$; mit $\frac{1}{1000} = 0{,}001 = 10^{-3}$ folgt $\frac{1}{125} = \ldots = 0{,}008 = 8 \cdot 10^{-3}$
- ❖ $\frac{103}{200} = \frac{103 \cdot 5}{200 \cdot 5} = \frac{515}{1000} = \frac{500 + 10 + 5}{1000} = 0{,}5 + 0{,}01 + 0{,}005 = 0{,}515 = 515 \cdot 10^{-3}$

Umgekehrt ist einfach

- ❖ $0{,}775 = \frac{775}{1000} = \frac{31 \cdot 25}{40 \cdot 25} = \frac{31}{40}$

usw. (falls man kürzen kann).

Dabei muß der Nenner auf eine Zehnerpotenz erweiterbar sein, wenn es so einfach funktionieren soll! Dies trifft zu, wenn nur 2 oder 5 als Teiler auftreten. Bei anderen Teilern wie 3, 7, 11 o.a. kommt es zu sog. ***periodischen*** Dezimalzahlen, da bei der Division etwa durch 11 höchstens die zehn Reste 1 bis 10 auftreten können; dann wiederholen sich die Ziffern:

B

Beispiele 39: periodische Dezimalbrüche

- ❖ $\frac{2}{11} = 0{,}18181818\ldots = 0{,}\dot{1}\dot{8}$
- ❖ $\frac{5}{12} = 0{,}416666\ldots = 0{,}41\dot{6}$

Für periodische Dezimalbrüche geben wir Ihnen ein „Schnellverfahren" an:

B

Beispiel 40: Umrechnung in einen Bruch

$0{,}5555\ldots = 0{,}\dot{5} = ?$

Wir setzen $x = 0{,}5555\ldots$, multiplizieren mit 10, dann wird

$10x = 5{,}5555\ldots$; die Differenz $(10x - x)$ ist schon

$9x = 5 \quad \rightarrow \quad x = \frac{5}{9}$

Meßwerte und Gleitkomma-Darstellung

Kompliziertere Fälle und solche mit Vorperioden besprechen wir nicht; im praktischen Rechnen wird ohnehin nach einigen Stellen abgebrochen, meist reicht eine auf 3 bis 4 geltende Ziffern gerundete Dezimalzahl völlig:

$1/3 \approx 0{,}333 = 3{,}33 \cdot 10^{-1}$

$1/12 \approx 0{,}0833 = 8{,}33 \cdot 10^{-2}$,

weil oft mit Meßwerten zu rechnen ist, die nicht beliebig genau erfaßt werden können. Die Darstellung in der Form „,... mal 10 hoch ... heißt ***Gleitkomma-Darstellung***.

die Wurzel aus 2 ist kein Bruch!

Es ist daher von rein theoretischem Interesse zu fragen, ob es auch nicht abbrechende oder ***nicht periodische*** „Dezimalzahlen" geben könne und wie mit ihnen zu rechnen wäre.

Dazu gehen wir wieder von einer *Gleichung* aus: Wir fragen nach der Lösung von $x \cdot x = 2$ oder $x^2 = 2$. Es läßt sich leicht einsehen, daß es eine solche Lösung in $\mathbb{Q}$ nicht geben kann. Denn *ganz* kann die Zahl *nicht* sein: $0^2 = 0$, $(\pm 1)^2 = 1$, $(\pm 2)^2 = 4$, ...; ist es ein *Bruch*, so läßt er sich als $x = p/q$ darstellen, wobei p und q schon in der Grundform stehen sollen, d.h. nicht mehr kürzbar sind. Dann müßte $(p/q)^2 = 2$ sein. Wenn aber p/q nicht kürzbar ist, kann es auch

$$\left(\frac{p}{q}\right)^2 = \frac{p}{q} \cdot \frac{p}{q} = \frac{p \cdot p}{q \cdot q}$$

nicht sein, womit es auch nicht *ganz* (und = 2) sein kann!

Genau so kann man für 3, 5, 6, 7, 8, 10, 11, ... argumentieren.

Durch Probieren am **Taschenrechner** (**TR**) gelingt es aber rasch, abbrechende Dezimalzahlen zu finden, deren Quadrat beliebig nahe bei 2 (oder 3, 5, ...) liegt!

Beispiel 41: Vorbereitungen zur Intervallschachtelung

B So ist

$1{,}4^2$	$= 1{,}96$	$< 2 < 2{,}25$	$= 1{,}5^2$
$1{,}41^2$	$= 1{,}9881$	$< 2 < 2{,}0164$	$= 1{,}42^2$
$1{,}414^2$	$= 1{,}999396$	$< 2 < 2{,}002225$	$= 1{,}415^2$
$1{,}4142^2$	$= 1{,}99996164$	$< 2 < 2{,}00024449$	$= 1{,}4143^2$
$1{,}41421^2$	$= 1{,}999989924$	$< 2 < 2{,}000018208$	$= 1{,}41422^2$
...	...	...	...

Näherungen

Man erkennt zwei besondere Eigenschaften:

- Jede folgende Näherung ist um eine Dezimalstelle genauer (1,41...; 1,414...,).
- Je zwei gleichstellige Näherungen unterscheiden sich um eine dezimale Einheit (1,41... und 1,42...; 1,414... und 1,415... usw.).

Praktisch begnügt man sich mit 1,414 oder 1,41421 als Näherung für die gesuchte Lösung der Gleichung, die allgemein $\sqrt{2}$ geschrieben wird:

$\sqrt{2} \approx 1{,}414$ [**TR**: [2] [$\sqrt{x}$] → Anzeige 1,414213562]

Intervallschachtelung

Theoretisch konstruiert man so eine sogenannte ***Intervallschachtelung***

[1,4; 1,5], [1,41; 1,42], [1,414; 1,415], ...

die sich auf die gesuchte Zahl $\sqrt{2}$ *zusammenzieht*, sie definiert [vgl. das *Cantorsche Axiom* in 𝔹**4**]. Genaueres zur Intervallschachtelung folgt in Band **2**!

Kreiszahl π
Eulersche Zahl e

Es gibt aber eine andere Sorte nicht-rationaler Zahlen, die sich nicht über Gleichungen erklären lassen, sondern nur über *Grenzprozesse* ähnlich einer *Intervallschachtelung*, wie die **Kreiszahl Pi**, $\pi = 3{,}141592654...$, oder die Basis der *natürlichen* Logarithmen, die **Eulersche Zahl** $e = 2{,}718281828...$. Wo diese Zahlen auf der Zahlengeraden einzuordnen wären – und wie man insbesondere zur Zahl π kommt –, besprechen wir in der GEOMETRIE im folgenden Teil 𝔹.

Man kann zeigen, daß man mit diesen Zahlen wie gewohnt umgehen darf, und wir halten für den Moment nur fest:

Es gibt nicht-rationale Zahlen, man nennt sie *irrational*. Mit den rationalen bilden sie insgesamt die *reellen* Zahlen $\mathbb{R}$.

A

Axiom 3:
reelle Zahlen

Daß es noch *weitere Zahlen* über die reellen hinaus gibt, besprechen wir im **3**. Band!

Unser Weg von den *natürlichen* Zahlen bis zu den *reellen* Zahlen sieht nunmehr so aus, vgl. die folgenden Bilder 4 und 5:

Bilder 4/5:
von den natürlichen zu den reellen Zahlen

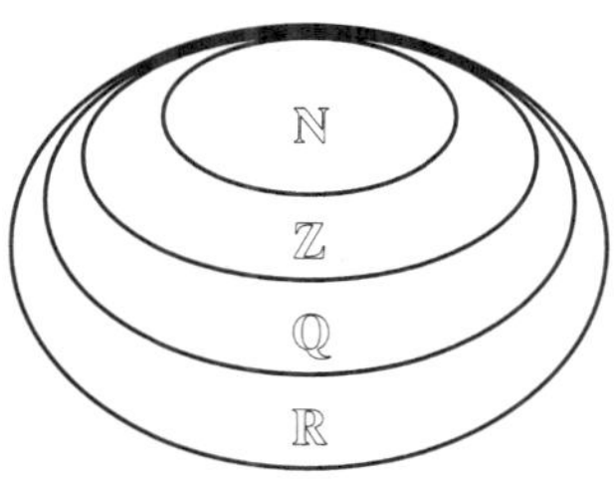

? vgl. **J** 29!

"Schrittweise Einbettung"

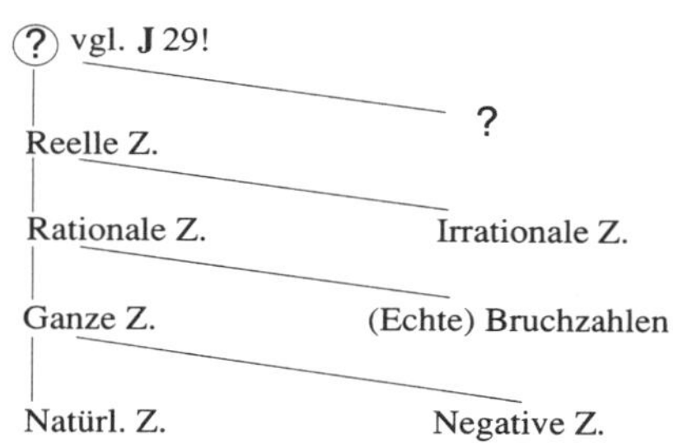

"Zahlenhierarchie"

Ende des 3. Kapitels

Übungsaufgaben

1. Nach jahrelanger Übung haben Sie sich vermutlich abgewöhnt, zwischen 2 : 3 und 2/3 zu unterscheiden. Handelt es sich dabei aber wirklich um *dieselben* Zeichen?

2. Welches Ergebnis haben die Divisionen 3 : 5; (–2) : 7; 4 : (–9); (–6) : (–12) ?

3. Weshalb genügt es nicht, die Existenz der Kehrzahlen (reziproken Zahlen) 1/q zu $q \in \mathbb{Z} \setminus \{0\}$ zu verlangen, um in $\mathbb{Z}$ uneingeschränkt dividieren zu können? Anders gefragt: Hätte man nur dies als Grundsatz verlangt, was wäre im Axiom zusätzlich zu fordern?

4. Sie haben vermutlich in Erinnerung: *Erweitern* heißt, Zähler und Nenner mit derselben Zahl $k \neq 0$ multiplizieren, beim *Kürzen* wird Zähler und Nenner durch dieselbe Zahl dividiert; dabei wird zwischen die Brüche natürlich das =-Zeichen gesetzt. Weshalb darf man dies letztlich tun? (8/14 = 4/7 = 12/21 = …, weil ...)

5. Erweitern Sie auf den Nenner 48: $\frac{1}{2}; \frac{2}{3}; \frac{3}{4}; \frac{5}{6}; \frac{3}{8}; \frac{7}{12}.$

6. Kürzen Sie bis zur Grundform: $\frac{5}{15}; \frac{24}{56}; \frac{27}{45}.$

7. Weshalb ist die Multiplikation in $\mathbb{Q}$ assoziativ? $[(\frac{a}{q} \cdot \frac{b}{r}) \cdot \frac{c}{s} = \dots]$

8. Geben Sie das Produkt an: $\frac{2}{5} \cdot \frac{-3}{4}; \quad \frac{7}{-6} \cdot \frac{5}{9}.$

9. Geben Sie den Quotienten an: $\frac{-3}{4} : \frac{2}{5}; \quad \frac{9}{13} : \frac{2}{-7}.$

10. Nehmen Sie an, die Addition von Brüchen würde analog der Multiplikation erklärt:
$$\frac{a}{q} \oplus \frac{b}{r} = \frac{a+b}{q+r}$$
Zeigen Sie dann, daß „⊕“ assoziativ (vgl. Übung 7) und kommutativ wäre! Auch bliebe „·“ distributiv zu „⊕“. $[(\frac{a}{q} \oplus \frac{b}{r}) \cdot \frac{c}{s} = \dots]$

11. Zeigen Sie, daß „·“ auch zur *normalen* Addition „+“ von Brüchen distributiv ist!

12. Angenommen, „–“ und auch „:“ wären kommutativ in $\mathbb{Q}$ (was nicht zutrifft); hätte dies Auswirkungen auf neutrale Elemente?

13. Sei $P = \{\dots, \frac{1}{8}, \frac{1}{4}, \frac{1}{2}, 1, 2, 4, 8, \dots\}$ und „·“ die übliche Multiplikation in $\mathbb{Q}$. Was läßt sich von (P, ·) sagen?

14. Welchen Wert haben die Doppelbrüche $\frac{\frac{1}{2}}{\frac{3}{4}}$ bzw. $\frac{\frac{a}{3}}{\frac{b}{4}}$?

15. Ordnen Sie die folgenden Brüche steigend an: $\frac{2}{3}, \frac{4}{5}, \frac{3}{4}, \frac{5}{8}.$

16. Bestimmen Sie den Hauptnenner zu

a) $N_1 = 1 - 4a^2$, $N_2 = 4a^2 + 4a + 1$, $N_3 = a - 2a^2$.

b) $N_1 = p^2 - 4pq - 12q^2$, $N_2 = 4p^2q^2 - 24pq^3$,
$N_3 = p^2q + 4pq^2 + 4q^3$, $N_4 = 2p^2q - 12pq^2$.

17. Geben Sie den einfachsten äquivalenten Term an:

a) $\frac{x+1}{x^3 - x^2} + \frac{1}{x^2}$ b) $\frac{1}{1-a^2} - \frac{a+1}{a^2 - a^3}$

c) $(m^2 - n^2) \cdot \frac{14m}{7mn - 7m^2}$ d) $\frac{a - 2a^2}{1 - 4a^2} : \frac{a^3}{4a^2 + 4a + 1}$

18. Lösen Sie die folgenden Gleichungen:

a) $3x + (9x - 2) = 11x - (5 - 4x)$ (Grundmenge $\mathbb{N}$)

b) $\frac{5x+1}{6} - \frac{8x-2}{9} = \frac{43+x}{5} + (4 - 2x)$ (Grundmenge $\mathbb{Z}$)

c) $\frac{1}{3x+4} = \frac{-4}{12x+16} - \frac{4}{x-1}$ (Grundmenge $\mathbb{Q}$)

d) $\frac{x}{b-x} + \frac{b-a+x}{a+x-b} = \frac{a}{b-x}$ (Grundmenge $\mathbb{Q}$)

19. Lösen Sie die Bruch-Ungleichung (Grundmenge $\mathbb{Q}$): $\frac{-1}{x-4} > \frac{-1}{3}$

20. Für eine gewisse Wegstrecke brauche ich für den Hin- und Rückweg zusammen 2 Std. 41 Min. Im Hingehen lege ich 68 m, im Zurückgehen (bergan) 51 m in der Minute zurück. Welche Zeit beansprucht der Hinweg (x Min.), welche der Rückweg?

21. Man möchte einen Restposten von 4 kg Orangen à 12 GE/kg mit einer billigeren Sorte von 8 Ge/kg vermengen und die Mischung um 9 GE/kg verkaufen. Wie viele kg der billigen Sorte hat man dazuzugeben?

22. Wie viele Liter Wasser hat man 30 kg einer 42 %igen Sole (= wässrigen Salzlösung) zu entziehen, damit sie 56 %ig wird?

23. Wie viele Gramm Sauerstoff O_2 entstehen beim Erhitzen von 25 g Kaliumchlorat $KClO_3$, wenn die Reaktion nach $2\ KClO_3 \rightarrow 2\ KCl + 3\ O_2$ verläuft?
(Relative Atommassen: K ... 39, Cl ... 35,5.)

24. Ein Fliesenleger (A) würde zur Fertigstellung einer Terrasse allein 15 Stunden benötigen, ein anderer (B) 9 Stunden und ein dritter (C) 12 Stunden. Wie lange dauert die Arbeit (x Stunden), wenn B beginnt, nach einer Stunde C dazu kommt, und nach zwei weiteren Stunden noch A eingesetzt wird?

25. Ein Auftrag wird von einer Maschine A in 8 Stunden erledigt. In welcher Zeit muß eine zweite Maschine B den Auftrag allein bewältigen können (x Stunden), wenn sie gemeinsam mit A dafür $4\frac{4}{5}$ Stunden benötigen soll?

26. Lösen Sie nach der verlangten Variablen auf:

a) $s = v_0 t + \frac{1}{2} at^2$ (s Weg, v_0 Geschwindigkeit, t Zeit, a Beschleunigung); a = ?

b) $z = \frac{a + mx^2}{mx}$ m = ? c) $t = r\,w\left(1 + \frac{r}{u}\right)$ u = ?

27. Erwärmt man Stahl von der Länge l_0 von 0 °C auf t °C, so nimmt seine Länge zu bis auf $l_t = l_0 \cdot (1 + \alpha\, t)$ mit α als Ausdehnungskoeffizient. Um diesen für eine neue Stahlart zu bestimmen, erwärmt man ein Probestück von $l_0 = 10{,}0000$ m Länge (bei 0 °C) um 50 °C und mißt $l_{50} = 10{,}0045$ m. Wie groß ist dann α?
(Benennung von α: 1/Grad oder 1/Kelvin, kurz 1/K.)

28. Um die Fallbeschleunigung g an einem bestimmten Ort der Erde zu bestimmen, mißt man die Schwingungsdauer T eines mathematischen Pendels der Länge l. Welcher Wert ergibt sich für g (in m/s²) bei l = 2,00 m (Meter), T = 2,84 s (Sekunden) und

$T = 2\pi\sqrt{\frac{l}{g}}$ ($\sqrt{b} = a$ bedeutet $b = a^2$, Genaueres in $\mathbb{C}$**8**.)

29. Stellen Sie im Dezimalsystem dar:
a) 3/8 b) 7/20 c) 1/60

30. Stellen Sie als gewöhnlichen Bruch dar:
a) $0{,}8\dot{3}$ (10x und 100x bilden) b) $0{,}0\dot{4}\dot{5}$ (10x und 1000x bilden)

31. Stellen Sie durch „dezimales Probieren" mit dem Taschenrechner die ersten fünf Glieder einer Intervallschachtelung für $\sqrt{10}$ auf als Lösung von $x^2 = 10$!

Zu den Lösungen

Lösungen

1. Mit 2 : 3 meint man die Verknüpfung zweier Zahlen, konkret ihre Division; 2/3 dagegen ist das Verknüpfungs*ergebnis*, hier der *Quotient*. Wäre 2/3 dasselbe Zeichen wie 2 : 3, müßte für den Quotienten ein neues Symbol erklärt werden! Also: Wird 2 durch 3 dividiert (2 : 3), so kommt 2/3 bzw. $\frac{2}{3}$ dabei heraus.

2. Der Reihe nach $\frac{3}{5}$; $\frac{-2}{7} = -\frac{2}{7}$; $\frac{4}{-9} = -\frac{4}{9}$; $\frac{-6}{-12} = \frac{6}{12}$.

3. Gibt es 1/q zu $q \in \mathbb{Z} \setminus \{0\}$, so bedeutet das $1/q \cdot q = 1$ oder umgekehrt $1 : q = 1/q$. Jede Division, die „mit 1 beginnt“, deren Dividend 1 ist, ist ausführbar. Um auch p : q zu erklären, wäre noch die Multiplikation von p mit 1/q zu definieren: p ist p-faches von 1, was ist p-faches von 1/q?

4. 8/14 ist Lösung der Gleichung $14 \cdot x = 8$ wegen $x = 8 : 14$ und $8 : 14 = 8/14$. Diese Gleichung ist äquivalent mit $7 \cdot x = 4$ (diese mal 2 führt zur ersten), was $x = 4 : 7 = 4/7$ als Lösung hat, und genau so ist es mit $21 \cdot x = 12$ mit $x = 12 : 21 = 12/21$ als Lösung. Äquivalente Gleichungen haben aber dieselbe Lösung: 8/14 = 4/7 = 12/21 = ...

5. Der Reihe nach ist $\frac{24}{48}$; $\frac{32}{48}$; $\frac{36}{48}$; $\frac{40}{48}$; $\frac{18}{48}$; $\frac{28}{48}$.

6. $k = 5$: $\frac{1}{3}$; $k = 8$: $\frac{3}{7}$; $k = 9$: $\frac{3}{5}$.

7. $\left(\frac{a}{q} \cdot \frac{b}{r}\right) \cdot \frac{c}{s} = \text{[Def.]}\ \frac{a \cdot b}{q \cdot r} \cdot \frac{c}{s} = \text{[Def.]}\ \frac{(a \cdot b) \cdot c}{(q \cdot r) \cdot s} = \text{[„·“ ist ass. in Z!]}\ \frac{a \cdot (b \cdot c)}{q \cdot (r \cdot s)} =$

$= \text{[nach Def. Ergebnis von]}\ \frac{a}{q} \cdot \frac{b \cdot c}{r \cdot s} = \text{[ebenso]}\ \frac{a}{q} \cdot \left(\frac{b}{r} \cdot \frac{c}{s}\right)$

8. $\frac{2 \cdot (-3)}{5 \cdot 4} = \frac{-3}{10}$; $\frac{7 \cdot 5}{(-6) \cdot 9} = \frac{-35}{54}$.

9. $\frac{(-3) \cdot 5}{4 \cdot 2} = \frac{-15}{8}$; $\frac{9 \cdot (-7)}{13 \cdot 2} = \frac{-63}{26}$.

10. Ass.: In Lösung 7 wird „·“ durch „+“ ersetzt, dann ist alles völlig gleich!

komm.: $\frac{a}{q} \oplus \frac{b}{r} = \frac{a+b}{q+r} = \text{[„+“ ist komm. in Z]}\ \frac{b+a}{r+q} = \frac{b}{r} \oplus \frac{a}{q}$

distr.: $\left(\frac{a}{q} \oplus \frac{b}{r}\right) \cdot \frac{c}{s} = \frac{a+b}{q+r} \cdot \frac{c}{s} = \frac{(a+b) \cdot c}{(q+r) \cdot s} = \text{[distr. in Z]}\ \frac{a \cdot c + b \cdot c}{q \cdot s + r \cdot s} =$

$\frac{a \cdot c}{q \cdot s} \oplus \frac{b \cdot c}{r \cdot s} = \frac{a}{q} \cdot \frac{c}{s} \oplus \frac{b}{r} \cdot \frac{c}{s}$

11. $\left(\frac{a}{q} + \frac{b}{r}\right) \cdot \frac{c}{s} = \frac{a\,r + b\,q}{q\,r} \cdot \frac{c}{s} = \frac{(a\,r + b\,q) \cdot c}{q\,r \cdot s} = \text{[distr. in Z]}\ \frac{a\,r \cdot c + b\,q \cdot c}{q\,r\,s} =$

$= \frac{a\,r\,c}{q\,r\,s} + \frac{b\,q\,c}{q\,r\,s} = \text{[kurzen]}\ \frac{a\,c}{q\,s} + \frac{b\,c}{r\,s} = \frac{a}{q} \cdot \frac{c}{s} + \frac{b}{r} \cdot \frac{c}{s}$

12. Ja, beidemal wäre eines vorhanden! Es ist doch $p/q - 0 = p/q$, und bei kommutativer Subtraktion wäre damit auch $0 - p/q = p/q - 0 = p/q$, also 0 neutrales Element von „–“. Ebenso folgte aus $p/q : 1 = p/q$ analog $1 : p/q = p/q : 1 = p/q$, also 1 neutrales Element von „:“. Tatsächlich gilt aber $0 - p/q = -p/q \neq p/q$ und $1 : p/q = q/p \neq p/q$!

13. P besteht aus allen Zweierpotenzen sowie deren Kehrwerten $1/2^n$ zu 2^n; jedes Produkt ist wieder eine Zahl dieser Bauart $\in$ P; neutral ist 1, invers zu 2^n ist $1/2^n$ wegen $2^n \cdot 1/2^n = 1$ und umgekehrt: (P, ·) ist eine abelsche Gruppe!

14. Da nach Lösung 1 der Bruch 2/3 Ergebnis von 2 : 3 ist, ist der Doppelbruch $\frac{\frac{1}{2}}{\frac{3}{4}}$ Ergebnis von $\frac{1}{2} : \frac{3}{4}$; dies aber ist erklärt als $\frac{1}{2} \cdot \frac{4}{3} = \frac{1 \cdot 4}{2 \cdot 3}$. Ebenso ist $\frac{\frac{a}{3}}{\frac{b}{4}}$ Quotient von $\frac{a}{3}$ und $\frac{b}{4}$, also gleich $\frac{a}{3} \cdot \frac{4}{b} = \frac{4 \cdot a}{3 \cdot b}$, vgl. Seite 54: «Doppelbruch = Produkt der Außenglieder ...»

15. 3, 5, 4 und 8 haben das kgV 120, also wird auf 120 im Nenner erweitert:

$$\frac{2}{3} = \frac{2 \cdot 40}{3 \cdot 40} = \frac{80}{120}, \quad \frac{4}{5} = \frac{4 \cdot 24}{5 \cdot 24} = \frac{96}{120}, \quad \frac{3}{4} = \frac{3 \cdot 30}{4 \cdot 30} = \frac{90}{120}, \quad \frac{5}{8} = \frac{5 \cdot 15}{8 \cdot 15} = \frac{75}{120}$$

Es ist $75 < 80 < 90 < 96$, also $\frac{75}{120} < \frac{80}{120} < \frac{90}{120} < \frac{96}{120}$ d.h. $\frac{5}{8} < \frac{2}{3} < \frac{3}{4} < \frac{4}{5}$.

16. a) $N_1 = (1 + 2a)(1 - 2a)$, $N_2 = (1 + 2a)^2$, $N_3 = a(1 - 2a)$; $HN = a(1 - 2a)(1 + 2a)^2$

b) $N_1 = (p + 2q)(p - 6q)$, $N_2 = 4pq^2(p - 6q)$, $N_3 = q(p + 2q)^2$,
$N_4 = 2pq(p - 6q)$; gemeins. N. = $HN = 4pq^2(p + 2q)^2(p - 6q)$

17. a) $\frac{x + 1 + (x - 1)}{x^2(x - 1)} = \frac{2x}{x^2(x - 1)} = \frac{2}{x(x - 1)}$ b) $\frac{1 \cdot a^2 - (a + 1)^2}{a^2(1 - a)(1 + a)} = \frac{-2a - 1}{a^2(1 - a^2)}$

c) $\frac{(m + n) \cdot (m - n) \cdot 14m}{7m \cdot (n - m)} = -2(m + n)$ d) $\frac{a(1 - a) \cdot (2a + 1)^2}{(1 + 2a)(1 - 2a) \cdot a^3} = \frac{2a + 1}{a^2}$

18. a)

$3x + 9x - 2 = 11x - 5 + 4x$	I Red.
$12x - 2 = 15x - 5$	I Red.
$-3x = -3$	I : (–3)
$x = 1$ →	$\mathbb{L} = \{1\}$

b)

Gleichung ~	I · 90
$15(5x + 1) - 10(8x - 2) = 18(43 + x) + 90(4 - 2x)$	I Dist.
$75x + 15 - 80x + 20 = 774 + 18x + 360 - 180x$	I Red.
$-5x + 35 = -162x + 1134$	I Red.
$157x = 1099$	I : 157
$x = 7$ →	$\mathbb{L} = \{7\}$

c)

	$\mathbb{D} = \mathbb{Q} \setminus \{-\frac{4}{3}, 1\}$
Gleichung ~	I · 4 (3x + 4) (x – 1)
$4(x - 1) = -4(x - 1) - 4 \cdot 4(3x + 4)$	I Red.
$56x = -56$	I : 56
$x = -1$ →	$\mathbb{L} = \{-1\}$

d) Gleichung ~ $\quad | \cdot (b-x)(a+x-b)$

$x(a+x-b)+(b-a+x)(b-x)=a(a+x-b)$ $\quad$ | Dist.

$ax+x^2-bx+b^2-bx-ab+ax+bx-x^2=a^2+ax-ab$ $\quad$ | Red.

$b^2-a^2+ax-bx=0$ $\quad$ | Trennen, Faktoris.

$x(a-b)=a^2-b^2=(a-b)(a+b)$

1. Fall: $a-b\neq 0 \quad |:(a-b) \quad \rightarrow \quad x=a+b$

2. Fall: $a-b=0 \quad \rightarrow \quad 0\cdot x=0 \quad$ allgemeingültig!

19. 1. Fall: $x-4>0 \rightarrow x>4$
$-3>-1(x-4)=-x+4$
$x>7$

2. Fall: $x-4<0 \rightarrow x<4$
...
$x<7$

$\mathbb{L}=\mathbb{L}_a\cup\mathbb{L}_b=\{x \mid x>7 \text{ oder } x<4\}$

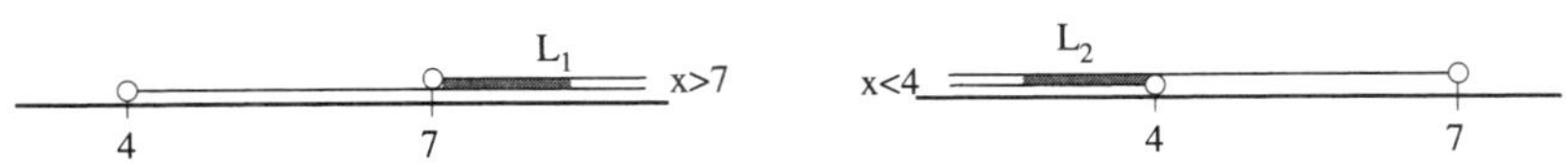

20. Hinweg $s_1=v_1\cdot t_1=68$ m/min · x min = 68x (m); Gesamtzeit 161 min;
Rückweg $s_2=v_2\cdot t_2=51$ m/min · (161 – x) min = 51 (161 – x) (m) = s_1 $\rightarrow$
$68x=51(161-x)$ bzw. (: 17) $\rightarrow$ $4x=3(161-x)$
... ...
$x=69$ (Min.); $161-x=161-69=92$ (Min.)

21.

1. Sorte ...	x kg Orangen	8 GE/kg
2. Sorte ...	4 kg - " -	12 GE/kg
Mischung ...	(x + 4) kg Or.	9 GE/kg

Bilanz: $x\cdot 8+4\cdot 12=(x+4)\cdot 9$
$8x+48=9x+36$
$x=9$ (kg)

22.

1. Sorte ...	x kg Wasser	0 %
2. Sorte ...	(30 – x) kg Sole	56 %
Mischung ...	30 kg Sole	42 %

Bilanz: $0+\frac{(30-x)\cdot 56}{100}=\frac{30\cdot 42}{100}$ $\quad | \cdot 100$
$(30-x)\cdot 56=30\cdot 42$ $\quad | : 14$
$120-4x=90$ ... $x=7{,}5$ (Liter)

23. Sauerstoff $3O_2$ ... $3\cdot 2\cdot 16=96$
Kaliumchlorat $2\,KClO_3$ ... $2\cdot(39+35{,}5+3\cdot 16)=245$ $\rightarrow$

1 Teil $\frac{25}{245}$ g, 96 Teile 96 mal soviel, das sind 9,8 g.

24. $\frac{3}{9}+\frac{2}{12}+\left(\frac{1}{15}+\frac{1}{9}+\frac{1}{12}\right)\cdot x = 1$

$90+47x=180 \quad \rightarrow \quad x=\frac{90}{47}=1{,}915 \quad (+3 \rightarrow) \quad 4{,}915$ (Stunden)

25. $\frac{1}{8}+\frac{1}{x}=\frac{5}{24} \quad \rightarrow \quad x=12$ (Stunden)

26. a) $2(s-v_0t)=at^2, \quad a=\frac{2(s-v_0t)}{t^2}$

b) $zmx = a + mx^2, \quad m\,(z\,x - x^2) = a, \quad m = \dfrac{a}{z\,x - x^2}$

c) $\dfrac{t}{r\,w} = 1 + \dfrac{r}{u}, \quad \dfrac{t}{r\,w} - 1 = \dfrac{r}{u}, \quad \dfrac{t - r\,w}{r^2\,w} = \dfrac{1}{u}, \quad u = \dfrac{r^2\,w}{t - r\,w}$

27. $\dfrac{l_t}{l_0} = 1 + \alpha\,t, \quad \dfrac{1}{l_0} \cdot (l_t - l_0) = \alpha\,t, \quad \alpha = \dfrac{1}{t\,l_0} \cdot (l_t - l_0) = \cdots = 0{,}000009 \dfrac{1}{\text{Grad}}$

28. $T = 2\,\pi\sqrt{\dfrac{l}{g}}, \quad \sqrt{\dfrac{l}{g}} = \dfrac{T}{2\,\pi}, \quad \dfrac{l}{g} = \dfrac{T^2}{4\,\pi^2}, \cdots, \quad g = \dfrac{4\,\pi^2\,l}{T^2} = \cdots = 9{,}79\,\dfrac{m}{s^2}$

29. a) $\dfrac{3}{8} = \dfrac{3 \cdot 125}{8 \cdot 125} = \dfrac{375}{1000} = 0{,}375$ b) $\dfrac{7}{20} = \dfrac{7 \cdot 5}{20 \cdot 5} = \dfrac{35}{100} = 0{,}35$

c) $\dfrac{1}{60} = 0{,}016666.... = 0{,}01\dot{6}$

30. a)

$$\begin{aligned} x &= 0{,}83333....\\ 10x &= 8{,}33333....\\ 100x &= 83{,}33333....\end{aligned} \quad \Delta \rightarrow \quad 90x = 83 - 8 = 75 \quad \rightarrow \quad x = \frac{75}{90} = \frac{5 \cdot 15}{6 \cdot 15} = \frac{5}{6}$$

b)

$$\begin{aligned} x &= 0{,}0454545....\\ 10x &= 0{,}454545....\\ 1000x &= 45{,}454545....\end{aligned} \quad \Delta \rightarrow \quad 990x = 45 \quad \rightarrow \quad x = \frac{45}{990} = \frac{45 \cdot 1}{45 \cdot 22} = \frac{1}{22}$$

31.

3^2	$= 9$	$< 10 <$	16	$= 4^2$
$3{,}1^2$	$= 9{,}61$	$< 10 <$	10,24	$= 3{,}2^2$
$3{,}16^2$	$= 9{,}9856$	$< 10 <$	10,0489	$= 3{,}17^2$
$3{,}162^2$	$= 9{,}998244$	$< 10 <$	10,004569	$= 3{,}163^2$
$3{,}1622^2$	$= 9{,}99950884$	$< 10 <$	10,00014129	$= 3{,}1623^2$

IS: [3; 4], [3,1; 3,2], [3,16; 3,17], [3,162; 3,163], [3,1622; 3,1623], ... $\rightarrow \sqrt{10}$

Zum nächsten Kapitel

Teil B

4. Kapitel

4

B

Geometrie I

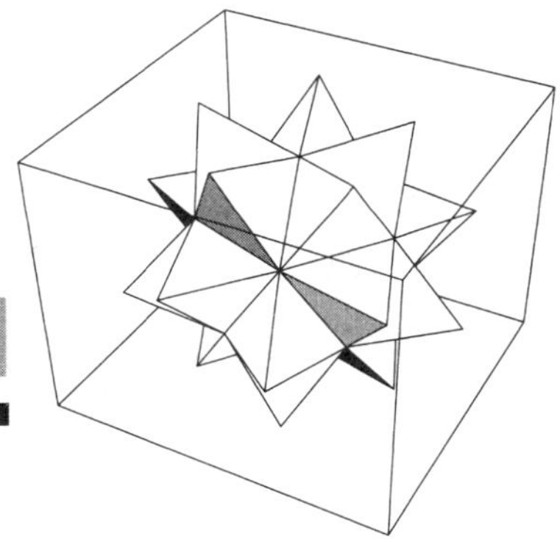

Geometrie als Handwerk und Wissenschaft

GEOMETRIE ist als ältestes mathematisches Teilgebiet schon seit Jahrtausenden bekannt. In ihren Anfängen versteht sie sich als *Landvermessung*, als Sammlung *praktischer* Fertigkeiten. Erst die griechischen Mathematiker haben sie zu einer *Wissenschaft* gemacht, indem sie die Frage nach dem logischen Zusammenhang ihrer Ergebnisse stellten.

Pythagoras

Schon die alten Ägypter wußten, daß eine Bauschnur mit 12 Knoten in beliebigem, aber gleichen Abstand passend gelegt, einen *rechten Winkel* erzeugte. Erst ***Pythagoras*** *bewies* um 500 v. Chr., daß dies so sein mußte, und seine Formel zeigte, mit welchen anderen Zahlen dies noch geschehen würde.

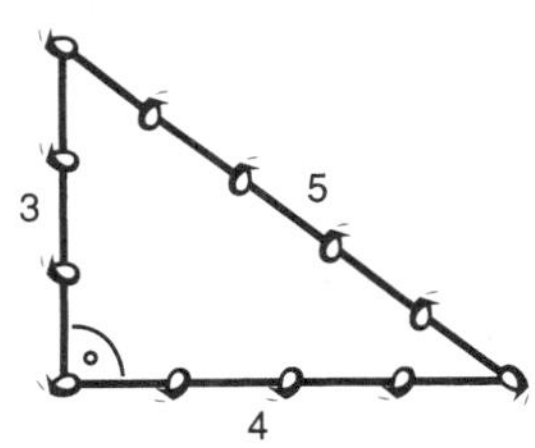

Das Erbe des Euklid

Euklid entwickelte 300 v. Chr. die Methode, von einigen Grundsätzen oder *Axiomen*, die er als einsichtig ansah und daher nicht weiter bewies, und von passenden *Begriffsdefinitionen* auszugehen und Folgerungen als *Lehrsätze* herzuleiten. Bis ins vorige Jahrhundert wurde die GEOMETRIE des großen Lehrmeisters im wesentlichen unverändert an den Gymnasien unterrichtet.

neuere Fragestellungen

Im wissenschaftlichen Bereich sorgt seit einigen Jahren die *fraktale* Geometrie für fruchtbare Unruhe: Wolken sind keine Kugeln, Berge sind keine Kegel, ...; wie beschreibt man Küstenlinien, wie Bäume und Sträucher? Wir befassen uns in Band **3** ein wenig mit den Grundfragen.

Inhalt der nächsten Kapitel

Im folgenden Kapitel 𝔹**4** bauen wir die GEOMETRIE von den *Abbildungen* her auf; dabei stützen wir uns auf den geometrischen Anfangsunterricht, der die einfachsten Konstruktionen bereitgestellt hat. In Kapitel 𝔹**5** besprechen wir die grundlegenden Eigenschaften von Dreieck, Viereck und Kreis, während Kapitel 𝔹**6** den Anwendungen des Satzes von *Pythagoras* und dem Weg zur *Kreiszahl* π gewidmet ist. Kapitel 𝔹**7** schließlich stellt die Grundtatsachen der *räumlichen* Geometrie zusammen und zeigt praktische Anwendungen.

Ausblick

Später wird dann in der TRIGONOMETRIE (𝔻**11**) und der ANALYTISCHEN GEOMETRIE (Teil 𝔼 im Band **2**) noch einiges ergänzt und vertieft werden.

Kongruenz- und Ähnlichkeits-abbildungen

Beispiel 1:
Welchen Umfang hat die Erdkugel ?

B Ein schönes Beispiel für die Nützlichkeit der Geometrie ist die Bestimmung des **Erdumfangs** durch *Eratosthenes*, den Leiter der Bibliothek von Alexandria, im 3. Jh. v. Chr. Er bemerkte, daß in Syene die Sonnenstrahlen zu Mittag senkrecht in einen Brunnen fielen, während zugleich in Alexandria ein Schatten entstand, der auf einen Strahlenwinkel von 7,2 Grad schließen ließ. Bild 1 zeigt, daß die Strecke s = Al–Sy (knapp 800 km) vom Erdmittelpunkt aus dann auch unter 7,2 Grad erscheinen muß: Der Vollwinkel 360° enthält aber 7,2° gerade 50 mal, also ist der *Erdumfang* ebenso das 50fache von s, d.s. beinahe 40000 km!

Bild 1:
dazu

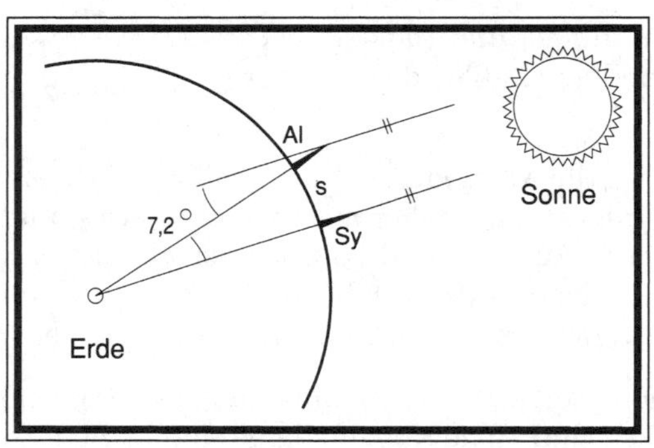

Geometrie und Axiome

Es gibt nicht nur *eine* Geometrie!

Erst seit der Mitte des vorigen Jahrhunderts ist klar, daß es nicht nur *eine* Geometrie gibt, wie sie noch Kant für denknotwendig hielt. Die Untersuchung des *Parallelenaxioms* hatte ergeben, daß es wesentlich für die bisherige Geometrie des Erfahrungsraums war und der Verzicht darauf zu ganz anderen „Geometrien" führte. Heute kennt man viele Spielarten von Geometrie, indem man die zugrunde gelegten Axiome verändert und die Folgerungen studiert.

Wir bleiben natürlich bei der Geometrie des *physikalischen Raums* unserer Erfahrung, in der das Parallelenaxiom gilt, begründen einige ihrer Lehrsätze und Konstruktionen aber nicht streng axiomatisch, wenngleich wir dem Konzept der Nachfolger Euklids, Felix Klein, David Hilbert und anderen, die noch vor 1900 verbesserte geometrische Axiomensysteme fanden, stark vereinfacht folgen. Danach halten wir uns an **Axiome der Verknüpfung** der geometrischen Grundbegriffe Punkt, Gerade, Ebene, solche der **Anordnung** der Punkte auf einer Geraden, der **Abbildung** etwa eines Dreiecks auf sein Spiegelbild bezüglich einer Geraden und der Messung von Längen und Winkeln – ja, und an das berühmte *Parallelenaxiom*, das festlegt, daß es in der Ebene *genau eine* Parallele zu einer Geraden durch einen Punkt gibt.

Axiomen-systeme

Geometrische Elemente

Grundbegriffe

Da schon an der Geometrie der **Ebene** alles Wesentliche deutlich wird, nehmen wir als Grundmenge $\mathbb{E}$ die Punkte einer Ebene an – denken Sie ruhig an Ihr nach allen Seiten vergrößertes Zeichenblatt als Modell dieser Ebene und an die „Punkte", die ihr Bleistift darauf erzeugt – und bilden Teilmengen von $\mathbb{E}$, die **Geraden** g, h, ..., die aus **Punkten** bestehen und deren Modelle die mit einem Lineal erzeugten Linien sind, Bild 2.

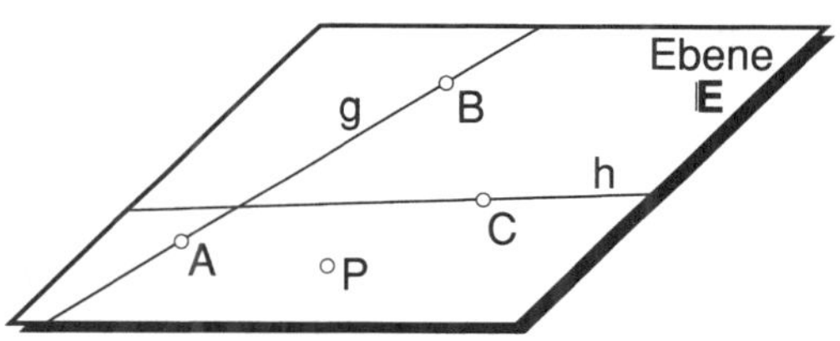

Bild 2: Punkte und Geraden

Diese Grundbegriffe werden eigentlich durch *Verknüpfungsaxiome* wie

- Durch zwei Punkte A ≠ B ist genau eine Gerade g, g = AB, bestimmt;

oder

- es gibt einen Punkt $C \in \mathbb{E}$, der nicht auf g = AB liegt

verbunden und ohne ausdrückliche, *explizite* Erklärung, *was* nun ein Punkt oder eine Gerade sei, *implizit* definiert, d.h., durch die Axiome werden gewisse Eigenschaften festgelegt. Beispiel:

B

Beispiel 2: Schnittpunkt zweier Geraden

Zwei **Geraden** dürfen nicht wie Würstchen aussehen (Bild 3). Durch deren beide Schnittpunkte wäre dann ja nur *eine* Gerade bestimmt nach dem 1. Axiom von oben!

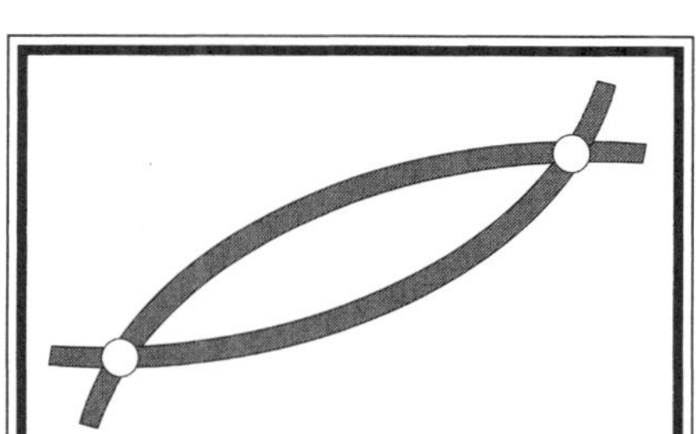

Bild 3: dazu

Ebenso stimmen wir ohne große Diskussion zu, daß es zwischen zwei Punkten A und B immer einen Punkt M gibt (ein *Anordnungsaxiom*!), etwa den Mittelpunkt.

Aber sehen Sie schon, wie schlau die Mathematiker sind?

Beispiel 3: Wie viele Punkte enthält eine Gerade?

B Denn dann gibt es auch zwischen A und M einen Zwischenpunkt N, zwischen A und N liegt P usw. (Bild 4), was jede Gerade „dicht" mit Punkten ausfüllt: Die Forderung nach *einem* weiteren Punkt sorgt für unendlich viele!

Ganz genauso liegen die *rationalen* Zahlen auf einem Zahlenstrahl.

Bild 4: dazu

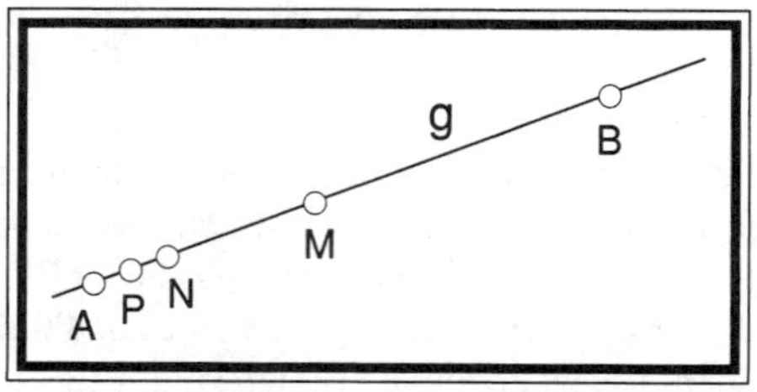

Wir wollen es aber nicht so wissenschaftlich treiben und erlauben uns, die üblichen Modelle zu verwenden, in denen diese Axiome „anschaulich evident", d.h. klar und einsichtig sind.

Viel schwieriger einzusehen ist, das trotz dieser Vorgangsweise immer noch Lücken bleiben, die erst durch Georg **Cantor** (1845 bis 1918) axiomatisch ausgefüllt wurden. Jetzt erst passen alle *reellen* Zahlen auf eine Gerade. Wir werden dieses tiefliegende Problem später diskutieren (bei den *Intervallschachtelungen* in G**22**, Band **2**).

Strecken und Pfeile

Halbgeraden und Winkel

Jetzt definieren wir noch *Halbgeraden* als einseitig unbegrenzte Teilmengen von Geraden, **Strecken** als Teilmengen einer Geraden mit Anfangs- und Endpunkt, ordnen letzteren eine **Länge** zu, indem wir mit einer Normstrecke der Länge 1 vergleichen (Sie vermuten schon richtig, dies muß eigentlich axiomatisch gesichert werden!) und tun ähnliches mit **Winkeln** als Paaren von Halbgeraden mit demselben Randpunkt (Scheitel S etwa in Bild 5 unten).

Um unnötige Komplikationen zu vermeiden, bezeichnen wir (ungenau, aber üblich) Strecken gleich wie ihre Länge, $\overline{AB}$, oder a, b, ..., s, und Winkel gleich wie ihre Winkelmaße, $\angle(g, h)$, oder mit griechischen Buchstaben α, β, γ, ..., φ. *Pfeile* sind orientierte Strecken, Winkel sind mit positivem Umlaufsinn (gegen den Uhrzeiger) versehen, damit $\angle(g, h)$ von $\angle(h, g)$ unterscheidbar wird.

Bild 5: dazu

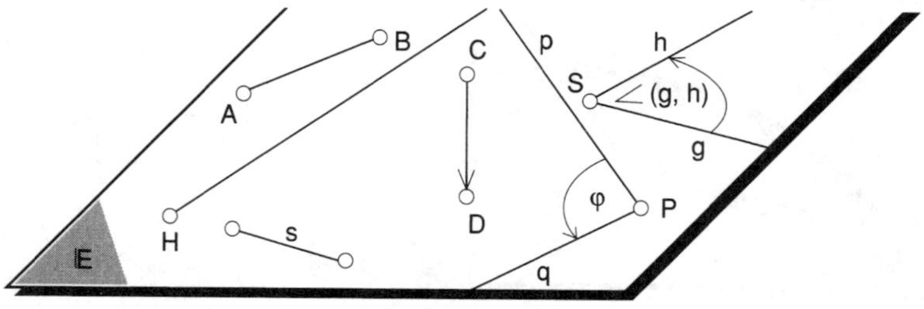

Damit sind wir schon beim **Dreieck** als Menge dreier Punkte A, B, C oder anschaulicher als geschlossenem dreiteiligen Streckenzug ABCA; es ist wohl die bekannteste geometrische Grundfigur, aus der sich Quadrate, Rechtecke, Parallelogramme, allgemeine Vierecke und Vielecke (Polygone) zusammensetzen lassen (Bild 6).

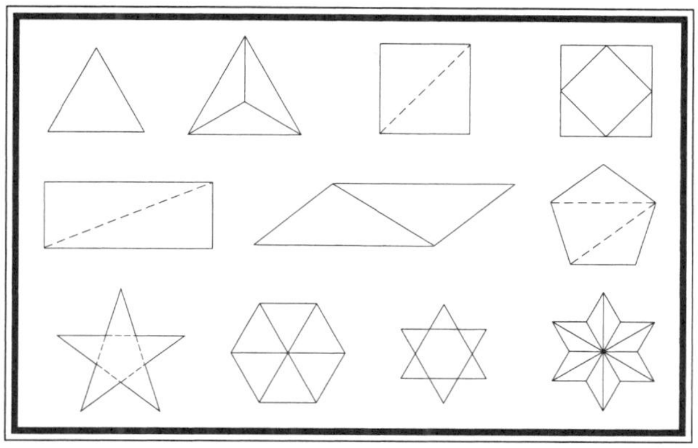

Bild 6: Vieles besteht aus Dreiecken!

Abbildungen

Mengen und Abbildungen

Jetzt aber wie angekündigt zu den *Abbildungen*. Wir müssen zunächst ins 1. Kapitel zurückblättern, was darunter zu verstehen ist; dort knüpften wir an die *Relationen* an, die in der *Mengenlehre* erklärt wurden. Bei einer Relation werden die Elemente einer oder zweier Mengen einander *zugeordnet*, wobei durchaus mehrere Originale und mehrere Bilder auftreten können.

Hatte aber ein Original *nur ein* Bild wie etwa bei der Beziehung „Die Strecke ... hat die Länge ...“, worin nur *eine* bestimmte Zahl (bei vorgegebener Einheit, etwa cm) auftreten kann, so sprechen wir von *Abbildung* oder *Funktion*:

D — Definition 1: Abbildungen

> Eindeutige Relationen heißen *ABBILDUNGEN* (bei Punktmengen) oder *FUNKTIONEN* (bei Zahlenmengen).

Als Grundmenge wählen wir jetzt die (Zeichen-) Ebene $\mathbb{E}$, ihre Punkte A, B, ..., P $\in \mathbb{E}$ werden eindeutig aufeinander abgebildet, d. h. jeder *Punkt* P erhält genau einen *Bildpunkt* P'. Dies gelingt natürlich auf verschiedene Weise, und wir befassen uns zuerst mit **Kongruenzabbildungen**, bei denen alle Längen und Winkelmaße erhalten (= *invariant*) bleiben und dann mit den **Ähnlichkeitsabbildungen**, die nur Winkel invariant lassen.

Welche Arten von Abbildungen gibt es?

Der nächste Schritt wären die *affinen* Abbildungen, die keines von beiden, sondern nur „Teilverhältnisse“ von Strecken als erhaltungswürdig respektieren, und darüber hinaus *kollineare* Abbildungen, die nur mehr „doppelverhältnistreu“ sind; es gibt aber auch Abbildungen, die nicht einmal geradentreu sind (*Inversion*). Uns sollen hier nur die ersten beiden Fälle beschäftigen.

In der Unterstufe haben Sie wohl „Klecksfiguren“ gemalt und durch Falten des Papiers schön *symmetrisch* gemacht; dabei mag so manches Ornament, eine Schneeflocke, ein Schmetterling, Buchstabe o. a. entstanden sein (Bilder 7).

Bilder 7: symmetrische Figuren und Ornamente

Beispiel 4: Kleckfigur

B Malen Sie, wenn Sie das gerne tun, den Buchstaben **A** und ein halbes **H** recht groß und feucht auf ein Blatt Papier und falten Sie rasch: es wird garantiert ein **AHA**-Erlebnis!

Später haben Sie versucht, mit Zirkel und Lineal aus der einen Hälfte die andere zu *konstruieren*; dabei entdeckten Sie einige Eigenschaften dieser Figuren, wie etwa, daß Längen und Winkel auf der Bildseite *gleich groß* blieben – und damit auch die Inhalte der Flächen – oder daß parallele Geraden auch *parallele Bildgeraden* hatten u.a.m.

Aus unserem Blickwinkel sehen wir, daß wir auf diese Weise eine *Abbildung* erhalten. Wenn gilt:

Axiome 1: Eigenschaften der ...

A

1. **Jeder Punkt $P \in E$ hat genau jenen Punkt $P' \in E$ als Bild, für den eine feste Gerade g *Mittelsenkrechte* (= *Streckensymmetrale*) der Strecke $\overline{PP'}$ ist.**
2. **Längen und Winkelmaße sind *invariant*, d. h., sie bleiben in der Bildfigur erhalten).**

so führt man die Sprechweise ein:

Definition 2: Geradenspiegelung

D Eine Abbildung $\mathbb{S}_g: \mathbb{E} \to \mathbb{E}$ mit den im Axiom genannten Eigenschaften heißt ***Geradenspiegelung***, g heißt Spiegelachse. Wegen Axiom 1.2 nennt man $\mathbb{S}_g$ *längen-* und *winkeltreu*.

Aus Axiom 1.1 folgt, daß alle Punkte von g mit ihrem Bild zusammenfallen: Q = Q', R = R', ..., sie heißen *Fixpunkte*. Von P ∉ g kann man eine *Normale* bzw. *Senkrechte* oder auch das *Lot* auf g legen und den Abstand |Pg| übertragen bis P' (Axiom 1.1).

Man kann auch eine „Zweikreisfigur" mit zwei beliebigen Achsenpunkten als Mittelpunkten zeichnen (Axiom 1.2, Längentreue). Damit ist auch das Bild a' einer Geraden a = PR gefunden; am einfachsten verbindet man den Schnittpunkt mit g, R, (als Fixpunkt = R') mit P', vgl. Bild 8, links.

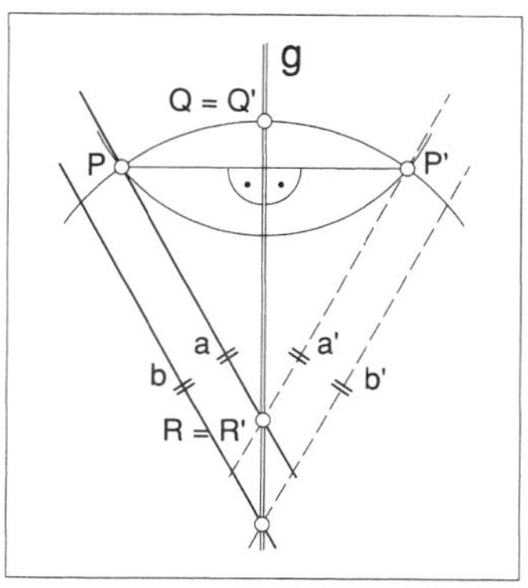

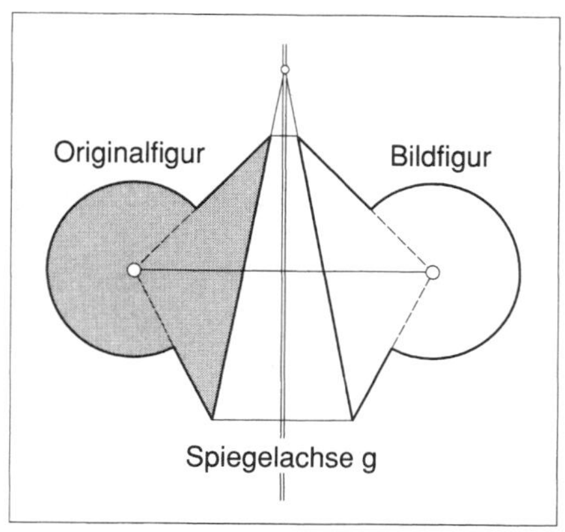

Bilder 8/9: Konstruktion von Bildfiguren

Nehmen Sie nun übungshalber ein Dreieck und an einer Ecke einen Kreisbogen an und spiegeln Sie die Figur an einer Achse g. Das Ergebnis könnte etwa Bild 9, oben rechts, ähneln.

B — **Beispiel 5: dazu**

Dabei fällt noch Folgendes auf, vgl. Bild 8:

S — **Satz 1: parallele (Bild-) Geraden**

Die Bilder paralleler Geraden sind selbst parallel, in Zeichen: Mit a || b – || steht für parallel – gilt auch a' || b'.

Beweis

Das kann man etwa so zeigen: a || b bedeutet, a und b haben keinen Schnittpunkt; sei nun im Gegensatz zur Behauptung *nicht* a' || b' *trotz* a || b, dann gibt es einen Schnittpunkt S' von a' und b'. Sein Original S muß auf a liegen, aber auch auf b; das *widerspricht* nun der Voraussetzung a || b. Um diesen Widerspruch zu vermeiden, darf eben *nicht* a' || b' *nicht* angenommen werden: also muß doch a' || b' gelten, was wir ja beweisen wollten, kurz: w.z.b.w. oder w.z.z.w. (*was zu beweisen/zeigen war*); ganz kurz auch: ✓.

Dies war ein typisches Beispiel für einen *indirekten Beweis*. In der AUSSAGENLOGIK in 𝔾**23**, Band **2**, werden wir näher darauf zu sprechen kommen.

Was geschieht, wenn die Bildfigur P'Q'T'... von PQT... nochmals an g gespiegelt wird? Aus Axiom 1.1 folgt, daß die *ursprüngliche* Figur entsteht: $\mathbb{S}_g(P') = P$ oder (P')' = P gilt für alle Punkte, also für jede Figur!

symmetrische Figuren

Es liegt also mit «... ist Spiegelbild bei $\mathbb{S}_g$ von ...» eine *symmetrische* Relation vor; man spricht daher auch von *symmetrischen* Figuren, speziell von *achsensymmetrischen*, wenn eine Figur mit ihrem Bild zusammenfällt.

Spiegelungen an normalen Achsen

Doppelspiegelungen

Wir wollen jetzt nach $\mathbb{S}_g$ noch eine 2. Spiegelung durchführen, diese aber nicht an g selbst, sondern an einer „Fixgeraden" von $\mathbb{S}_g$, für die h = h ' gilt; aus Axiom 2 folgt dann schon, daß h *normal* zur Achse g steht, in Zeichen $g \perp h$ (winkeltreu, beide Winkel zusammen 180°!). Sei also g beliebig $\in \mathbb{E}$ und h eine Fixgerade von $\mathbb{S}_g$ mit $g \perp h$ und $g \cap h = \{M\}$, Bild 10, unten. Dann spiegeln wir die Strecke $\overline{AB}$ zuerst an g, ihr Bild $\overline{A'B'}$ danach an h und beachten die Längen- und Winkeltreue der Spiegelungen. Dann erkennt man M als *Mittelpunkt* von $\overline{AA''}$ und $\overline{BB''}$. Denn wegen der Längentreue ist $\overline{AM} = \overline{A'M} = \overline{A''M}$; weiter ist wegen $\alpha' + \beta' = 90°$ und der Winkeltreue $\angle AMA'' = \alpha + \alpha' + \beta' + \beta'' = 2\,(\alpha' + \beta') = 180°$.

Also ist $\overline{AA''}$ eine Strecke, die in M halbiert wird, und dasselbe gilt für $\overline{BB''}$.

Bild 10: dazu

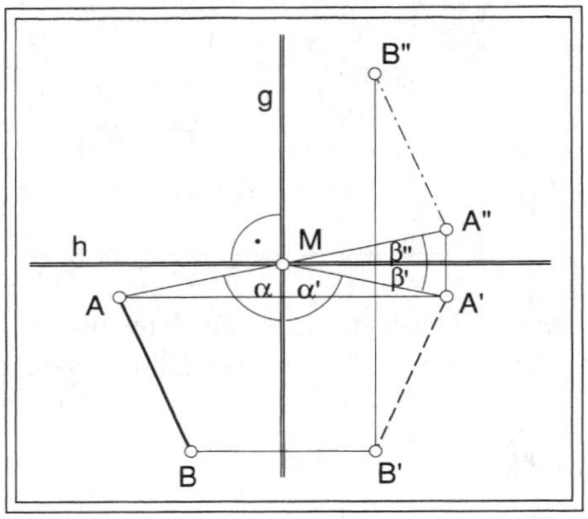

Jetzt benennen wir die „Direktabbildung", die als Verknüpfungsprodukt der beiden Spiegelungen entsteht, naheliegend so:

Definition 3: Punktspiegelung

D Die (umkehrbare) Abbildung $\mathbb{S}_g \circ \mathbb{S}_h: \mathbb{E} \to \mathbb{E}, g \perp h$, heißt ***Punktspiegelung*** $\mathbb{S}_M$, M ist ihr *Zentrum*.

Von $\mathbb{S}_M$ haben wir eben gesehen:

Satz 2: dazu

S **$\mathbb{S}_M$ ist längen- und winkeltreu, M ist Mittelpunkt aller Strecken $\overline{PP'}$.**

Sehr schön ließe sich wie eben *indirekt* beweisen:

> **«Eine Gerade g, die nicht durch das Zentrum läuft, hat eine parallele Bildgerade g' || g.»**

Daraus wieder ließe sich folgern, daß zwei *parallele* Geraden g || h – wir haben sie als *schnittpunktfrei* definiert – (überall) *gleichen Abstand* haben, eben „den" Abstand |gh| = d; dies ist es aber, was Sie seit dem Anfangsunterricht mit der Parallelität verbinden, weshalb wir darauf verzichten.

B **Beispiel 6:** dazu

Erfinden Sie lieber einige Figuren, an denen Sie diese neue Abbildung üben! Als kleine Anregung sehen Sie in Bild 11 ein **H**, ein perspektivisches **F** und eine Kreisfigur:

Bild 11: Punktspiegelbilder

Wir wenden uns einer weiteren wichtigen *Doppelspiegelung* zu und gehen ähnlich vor wie eben; g und h (als 1- und 2- Achse) seien aber nun *parallel* mit dem Abstand 1/2 a. Jeder Punkt, etwa B, erhält über das Zwischenbild B* genau ein Bild B'. An Bild 12 sieht man ohne weiteres, daß $\overline{BB'} = 2 \cdot \overline{PQ} = 2 \cdot 1/2\, a = |\vec{a}|$. Weiter ist $\beta = \beta^* = \beta'$, also $\overline{AB} \parallel \overline{A'B'}$.

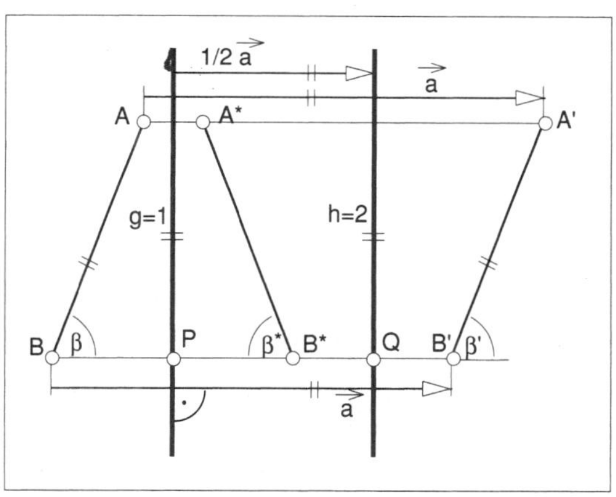

Bild 12: eine neue Doppelspiegelung

Man erkennt: Verschiebt man die Strecke $\overline{AB}$ um den doppelten Achsenabstand, also um $\vec{a}$, senkrecht zu den Achsen, so erhält man $\overline{A'B'}$. Dies führt zur Bezeichnung:

D **Definition 4:** Schiebung

Die (umkehrbare) Abbildung $\mathbb{S}_g \circ \mathbb{S}_h : \mathbb{E} \rightarrow \mathbb{E}$, g || h, heißt ***Schiebung*** (Parallelverschiebung, Translation) $\mathbb{V}_a$ mit $\vec{a}$ als *Schiebungspfeil*. Es ist $\vec{a} \perp g$ und $|\vec{a}| = 2 \cdot |gh|$.

Wieder gilt natürlich:

S **Satz 3:** Eigenschaften

$\mathbb{V}_a$ ist längen- und winkeltreu.

Beispiel 7: Schiebungsfiguren

B Vielleicht sollten Sie wieder Ihre Fantasie spielen lassen und einige einfache Figuren verschieben: in Bild 13 ist es ein Quadrat, das bei Schiebung einen Quader erzeugt, ein Stapel Blätter stellt jedes Zwischenbild bei mehrfacher Verschiebung eines Blatts dar, und auch Gondeln werden am Seil verschoben …

Bilder 13: dazu

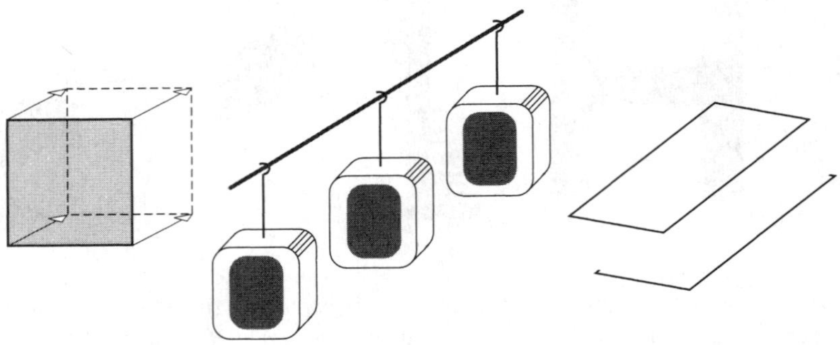

Bei $\mathbb{S}_g$ und bei $\mathbb{S}_M$ hatte das Spiegeln einer Bildfigur F' zum Original F zurückgeführt: (F')' = F; wir sprachen von *symmetrischen* Figuren F und F'.

Bild 14: Gegenschiebung und Identität

Gilt dies auch hier bei $\mathbb{V}_a$? Nein! Wenn nämlich P' nochmals verschoben wird, kommt man zu P" ≠ P, vgl. Bild 14. Erst die *Gegenschiebung* $\mathbb{V}_{-a}$ führt wieder zu P, weshalb man diese Produktabbildung *identische* Abbildung oder ***Identität*** $\mathbb{I}$ nennt. Es ist $\mathbb{V}_a \circ \mathbb{V}_{-a} = \mathbb{I}$.

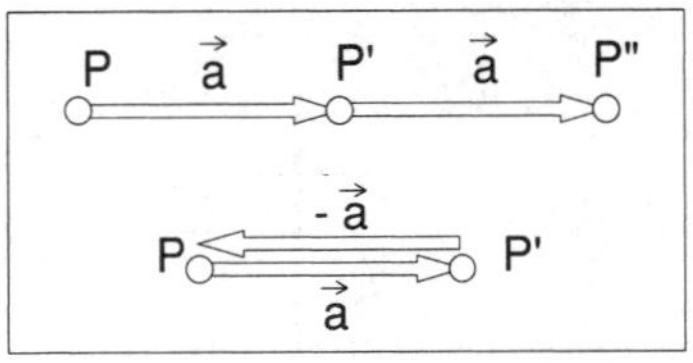

Schließlich sollen jetzt g und h einen beliebigen Winkel φ/2 einschließen. Sicherlich können Sie an Bild 15 erkennen (Beweis als Üb. 9): $\overline{AO} = \overline{A'O}$ und $\angle AOA' = \varphi$.

Bild 15: doppelspiegeln kann auch *drehen* bedeuten!

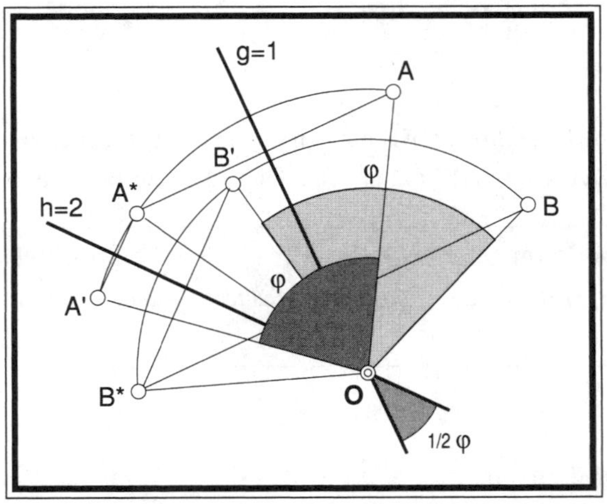

Dies können wir als ***Drehung*** von A um O interpretieren, wobei der Drehwinkel φ beträgt! So ist es auch für B.

Daher sagt man:

Definition 5: die Drehung

D

Die (umkehrbare) Abbildung $\mathbb{S}_g \circ \mathbb{S}_h: \mathbb{E} \to \mathbb{E}$, $g \cap h = \{O\}$, $\angle(g, h) = \varphi/2$, heißt ***Drehung*** $\mathbb{D}_{O,\varphi}$ mit O als *Drehzentrum* und φ als *Drehwinkel.*

Auch hier können wir sagen:

Satz 4: dazu

S

$D_{O,\varphi}$ ist längen- und winkeltreu.

Auf den ersten Blick überraschend ist wohl, daß es unendlich viele Paare (g,h), die zur selben Abbildung $\mathbb{D}_{O,\varphi}$ führen, gibt! Dazu genügt es, Achsen g*, h* mit $g^* \cap h^* = \{O\}$ und Winkel φ/2 zu wählen; damit garantieren sie schon die *Drehung* um φ!

Überlegen Sie sich, daß für die *Schiebung* $\mathbb{V}_a$ ein ganz analoger Satz gilt: solange g ∥ h den Abstand a/2 haben, kann man sie beliebig wählen (Übung 11).

Beispiel 8: Drehfiguren

B

Es gibt viele Figuren, die durch Drehung von Teilen entstehen wie Kreisräder mit Speichen, Rosetten, Blüten, Turbinenschaufeln u.v.m., die Bilder 16 sollen Sie wieder zu eigenen Kreationen anregen:

Bilder 16: und einige Vorschläge dazu

Verkettung von Abbildungen

Zusammensetzung dreier Abbildungen

Wir gehen dazu über, *drei* Abbildungen hintereinander auszuführen, sie zu ***verketten***. Im Bild 17 links seien $\mathbb{S}$, $\mathbb{D}$, $\mathbb{Z}$ drei beliebige umkehrbare Abbildungen. Ein Punkt P wird dann der Reihe nach auf P', P'' und P''' abgebildet. Ebenso gut kann man aber jeweils zwei Schritte als eine *Doppelspiegelung* auffassen; als $\mathbb{S} \circ \mathbb{D}$, worauf $\mathbb{Z}$ folgt oder als $\mathbb{D} \circ \mathbb{Z}$ im Anschluß an $\mathbb{S}$. Die Wirkung ist stets dieselbe!

Bilder 17/18: dazu

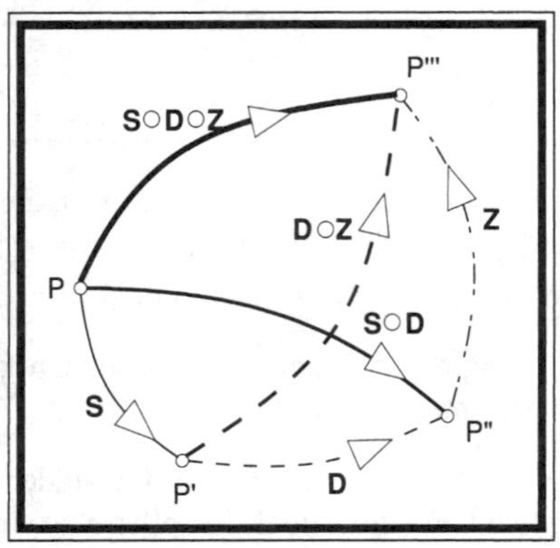

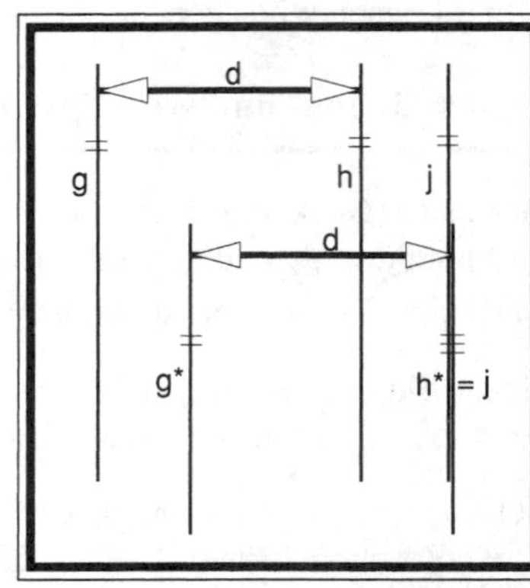

Wir stellen fest:

Axiom 2: assoziative Verkettung

A **Die *Verkettung* = Zusammensetzung von Abbildungen ist assoziativ:**

$$(\mathbb{S} \circ \mathbb{D}) \circ \mathbb{Z} = \mathbb{S} \circ (\mathbb{D} \circ \mathbb{Z}) = \mathbb{S} \circ \mathbb{D} \circ \mathbb{Z}$$

drei Spiegelungen werden durch *eine* ersetzt!

Untersuchen wir als Anwendung, ob sich eine *einfache* Direktabbildung ergibt, wenn wir drei Geradenspiegelungen mit parallelen Achsen g || h || j zusammensetzen, vgl. Bild 18, oben rechts! Zunächst ist $\mathbb{D} = \mathbb{S}_g \circ \mathbb{S}_h \circ \mathbb{S}_j$ als $(\mathbb{S}_g \circ \mathbb{S}_h) \circ \mathbb{S}_j$ auffaßbar; dann verschieben wir g und h – wie eben überlegt – so weit parallel, bis h* mit j zusammenfällt: h* = j; $\mathbb{S}_g \circ \mathbb{S}_h$ wird dann durch $\mathbb{S}_{g*} \circ \mathbb{S}_{h*}$ ersetzbar; jetzt verschieben wir noch die Klammern und erhalten wegen $\mathbb{S}_{h*} \circ \mathbb{S}_j = \mathbb{I}$

$$\mathbb{D} = \mathbb{S}_{g*} \circ (\mathbb{S}_{h*} \circ \mathbb{S}_j) = \mathbb{S}_{g*} \circ \mathbb{I} = \mathbb{S}_{g*}$$

also die erhoffte Einfachspiegelung!

Unser Versuch hat sich gelohnt:

Satz 5: dazu

S **Eine Dreifachspiegelung mit drei parallelen Achsen ist als einfache Geradenspiegelung auffaßbar.**

die Gleitspiegelung

Analoges gilt für drei Achsen, die sich in einem Punkt schneiden (Übung 12)! Wählen wir zwei Achsen parallel und die dritte senkrecht dazu, so entsteht eine *Gleitspiegelung* [Übung 13]. Man kann zeigen, daß jede Dreifachspiegelung entweder auf eine einfache Geradenspiegelung oder eine Gleitspiegelung rückführbar ist: **Satz *von den drei Spiegelungen*** (ohne Beweis).

Kongruente Figuren

Kongruenzabbildung ...

Nun kann man auch mehr als drei Spiegelungen verknüpfen. Figur und Bild sind dabei i. allg. natürlich nicht mehr achsensymmetrisch; dennoch bricht auch dann nicht das Chaos aus: Vielmehr betreten wir das Reich der ***Kongruenzabbildungen***, deren Name davon herrührt, daß Original und Bild wegen der Längen- und Winkeltreue *deckungsgleich* sind. Erstaunlich ist auf den ersten Blick nur, daß diese Beziehung zu einer bekannten Relation führt:

Satz 6: und Äquivalenz

Die Kongruenz von Figuren ist eine Äquivalenzrelation. S

Damit ist dann auch eine *Klasseneinteilung* festgelegt, mit der wir uns jetzt näher befassen müssen (Bild 19). Dabei beschränken wir uns auf *Dreiecke*, aus denen sich beliebige geradlinige Figuren aufbauen lassen; ist ein Dreieck D' Bild eines Dreiecks D bei einer Kongruenzabbildung, so liegt es in derselben Klasse wie D, es hat gleich große Seiten und Winkel. Damit ist es von D nur durch seine *Lage* unterschieden, aber nicht mehr durch seine Größe oder *Gestalt*, also *nicht wesentlich*.

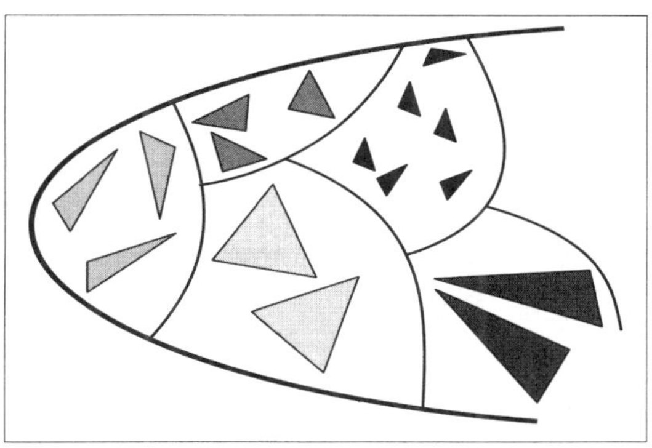

Bild 19: Klassen kongruenter Dreiecke

Auf dem Weg zu den Kongruenzsätzen

Soll man nun für zwei vorgelegte Dreiecke feststellen, ob sie kongruent sind, braucht man einfachere Kriterien = „Prüfsteine" bzw. Bedingungen; schließlich will man nicht so oft spiegeln, bis die Gesamtabbildung gefunden ist. Man wird überlegen, ob die Kenntnis gewisser Seiten oder Winkel ausreicht. Leicht einzusehen ist, daß Winkel allein nicht genügen, da ja D und D' ganz verschieden groß sein könnten; *ein* Paar von Seitenlängen muß also jedenfalls übereinstimmen.

Für ein solches Streckenpaar läßt sich nun zeigen, daß man sie nach ein oder zwei Geradenspiegelungen aufeinander abbilden kann, daß sie also immer kongruent sind (Übung 14).

Weiter weiß man, daß noch zwei weitere Angaben genügen, um von hier aus mit höchstens *einer* zusätzlichen Spiegelung von einem Dreieck ABC zum kongruenten Bilddreieck A' B' C' zu gelangen. Überzeugen wir uns im Fall I, in dem zwei Dreiecke in allen drei Seiten übereinstimmen. Dabei liegen $\overline{AB}$ und $\overline{A'B'}$ bereits (vgl. Übung 14) aufeinander.

Um noch C zu finden, trägt bzw. *schlägt* man zwei Kreisbögen mit den Radien a, b von B und A aus ab (Bild 20); sie treffen sich in C und C', die damit schon als Original und Bild erkannt sind: Drei Seiten führen also nur zu *kongruenten* Dreiecken:

Satz 7:
Wann sind Dreiecke kongruent?

S

Erster Kongruenzsatz

Dreiecke sind schon kongruent, wenn sie

- **in drei Seiten übereinstimmen: sss**

Anders gesagt: Es gibt *im wesentlichen* nur *ein* Dreieck mit drei bestimmten Seiten (alle übrigen liegen in derselben Kongruenzklasse).

Bild 20:
dazu

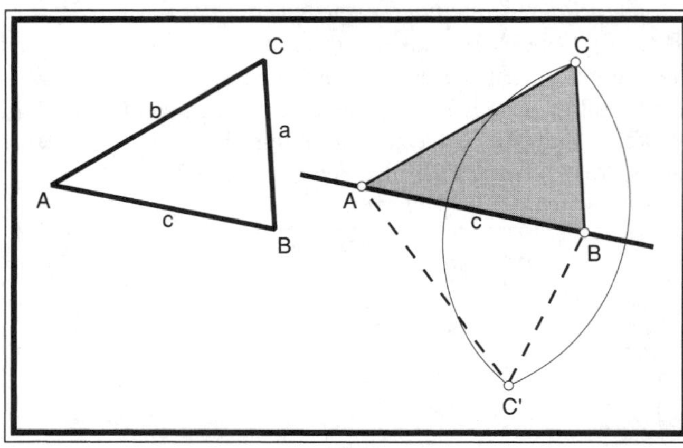

Ganz analog findet man:

Sätze 8:
2. bis 4. Kongruenzsatz

S

Zweiter bis vierter Kongruenzsatz:

Dreiecke sind schon kongruent, wenn sie

- **in zwei Seiten und dem Zwischenwinkel übereinstimmen: sws**
- **in zwei Seiten und dem Gegenwinkel der größeren Seite übereinstimmen: Ssw**
- **in einer Seite und den beiden anliegenden Winkeln übereinstimmen: wsw**

Überall kann man auch wie oben formulieren: Es gibt *im wesentlichen...*

Kongruenzsätze lassen sich vielfach als *Beweishilfe* verwenden. Hier ein Vorschlag:

Beispiel 9:
Beweisübung

B

«Jede Diagonale teilt ein Rechteck in zwei kongruente Teildreiecke.»
Die Sätze 7 oder einer der Teilsätze 8 beweisen die Behauptung schon!

Bild 21:
dazu

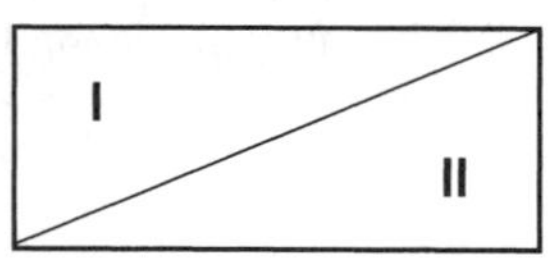

B

Beispiel 10: eine Flußüberquerung

Sie wollen einen **Fluß** schwimmend überqueren, zuvor aber die **Entfernung** wissen: Legen Sie eine *Standlinie* $\overline{AB}$ nach Bild 22 und übertragen Sie die gemeinsamen Winkel α und β auf die eigene Uferseite: In BPP' kennen Sie die Entfernung $\overline{BP}$ (wsw)!

Bild 22: dazu

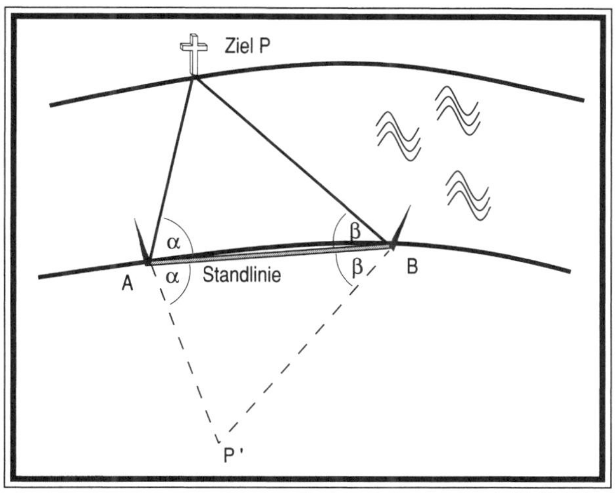

Flächeninhalte

Flächeninhalte:

Bis jetzt haben wir stets nur Längen- und Winkelbeziehungen betrachtet. Um das Bild abzurunden, gehen wir noch auf den **Flächeninhalt** ein. Einige Formeln kennen Sie aus dem Anfangsunterricht, darunter sicherlich die von Rechteck und Quadrat.

Jetzt können wir sehr einfach die *Dreiecksformel* A(Δ) = ½ gh begründen: Die in Bild 23 von einem Rechteck abgeschnittenen und woanders passend angefügten Teildreiecke sind *kongruent* (Punktspiegelungen an den Seitenmitten) und erhalten *gleichen* Flächeninhalt – kongruente *Strecken* werden ja auch als *gleich lang* angesehen.

Bild 23: Dreiecksformel

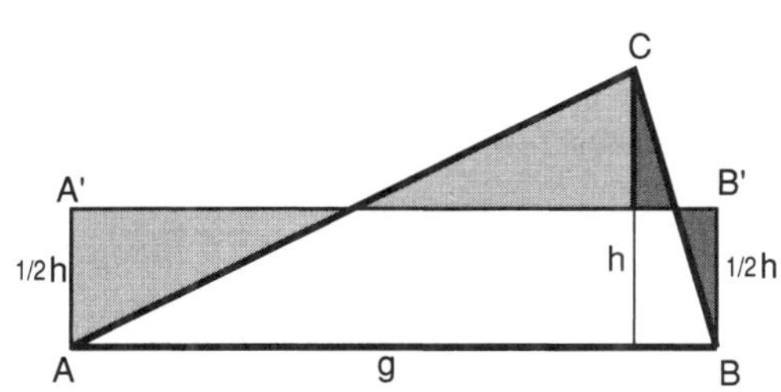

Die aus Längen- und Winkeltreue folgende *Inhaltstreue* ermöglicht hier diese Formel! Für *Vierecke* gilt das genauso, da sie in Teildreiecke zerlegbar sind. Versuchen Sie bitte selbst, die *Trapezformel* als Übung 18 herzuleiten!

Trapezformel

B

Beispiel 11: Grundstück

Wenden wir die Formeln von Rechteck und Dreieck an, um den Flächeninhalt eines *fünfeckigen* Grundstückes ABCDE mit A(30|45), B(0|60), C(–20|10), D(20|–25) und E(65|0) zu berechnen (alle Angaben in Metern).

Wir denken es uns in Bild 24 von einem Rechteck umhüllt, wobei wir Parallelen zu den Achsen ziehen, die wir durch B und E legen. Daraus sind dann 5 Dreiecke und 1 Rechteck wegzuschneiden:

Bild 24: Anwendung bei beliebigen Grundstücksformen

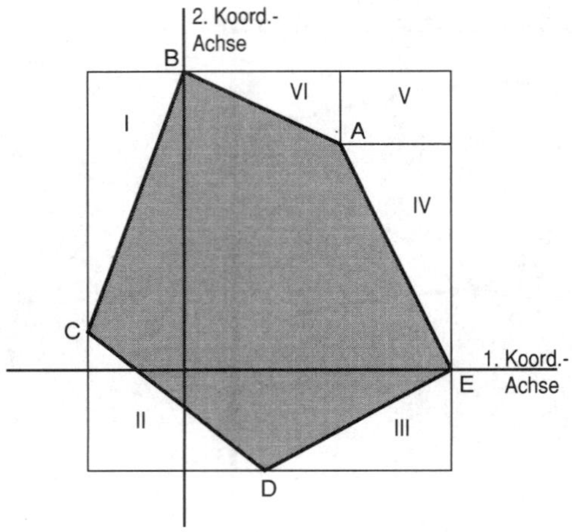

$$A_F = A_{Re} - A_{I-VI} =$$
$$= 85 \cdot 85 - \frac{1}{2} \cdot 20 \cdot 50 - \frac{1}{2} \cdot 40 \cdot 35 - \frac{1}{2} \cdot 45 \cdot 25 - \frac{1}{2} \cdot 35 \cdot 45 - 35 \cdot 15 - \frac{1}{2} \cdot 30 \cdot 15$$
$$= 85 \cdot 85 - \frac{1}{2} \cdot (20 \cdot 50 + 40 \cdot 35 + 45 \cdot 25 + 35 \cdot 45 + 2 \cdot 35 \cdot 15 + 30 \cdot 15) =$$
$$= 7225 - \frac{1}{2} \cdot (1000 + 1400 + 1125 + 1575 + 1050 + 450) = 7225 - 3300 =$$
$$= 3925 \ (m^2)$$

Ähnlichkeitsabbildungen

über die Kongruenz hinaus

Nun zu den angekündigten *Ähnlichkeitsabbildungen*: Wir vergrößern oder verkleinern eine Figur in einem bestimmten Maßstab, wie es bei den Plänen oder bei Fotos üblich ist, vgl. die Bilder 25. Dann legt man zunächst fest:

Bilder 25: ähnliche Figuren

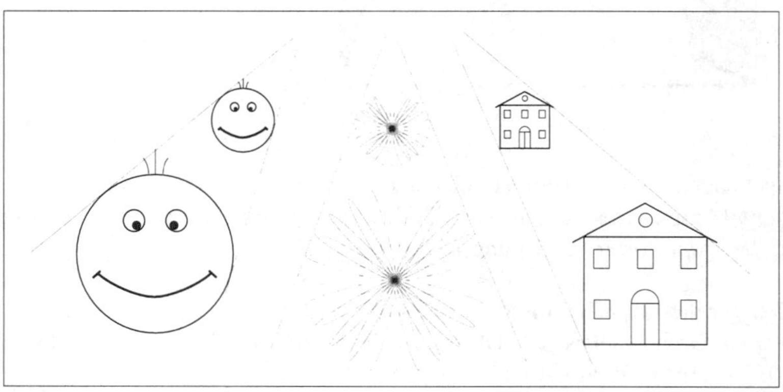

Gewählt seien ein fester Punkt O ∈ E und dazu eine Zahl k ∈ R \ {0}. Ein Punkt P ∈ E hat genau jenen Punkt P' ∈ E als Bild, für den P, P' und O auf einer Geraden liegen mit

$\overline{OP'} = |k| \cdot \overline{OP}$;

für negatives k liegt O zwischen P und P'.

A — **Axiom 3:**

Die Hauptbedingung ist dabei kurz so zu übersetzen: «*Bildstrecke gleich k-fache Originalstrecke*». Für diese (umkehrbare) Abbildung sagt man:

Eine Abbildung $\mathbb{E} \to \mathbb{E}$ mit den im Axiom verlangten Eigenschaften heißt ***zentrische Streckung***, in Zeichen $\mathbb{Z}_{O,k}$; O heißt *Streckzentrum*, k ist der *Streckfaktor.*

D — **Definition 6: zentrische Streckung**

Konstruktiv kann man bei einfachen Zahlen, etwa k = 2 oder 3, die Streckenlängen $\overline{OA}$, $\overline{OB}$, ... einfach mit dem Zirkel verdoppeln/verdreifachen.

B — **Beispiel 12: Konstruktion**

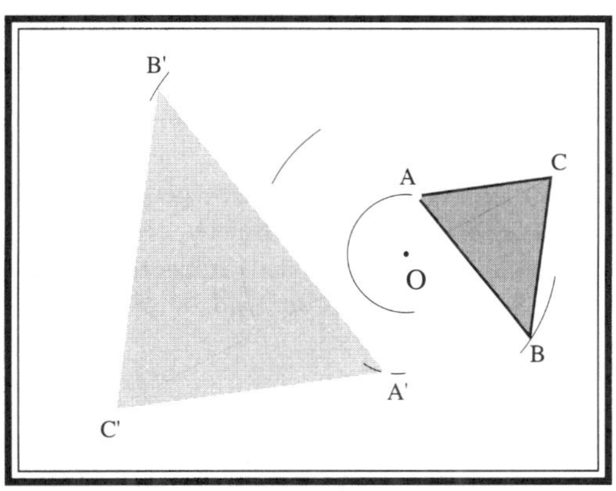

Bild 26: dazu

Oder man legt eine Hilfsgerade h durch O, trägt dort eine Hilfsstrecke mehrfach auf und zieht die Parallelen, wodurch das Bild A' zu A gefunden ist. Letzteres versuchen Sie bitte als Üung 20!

Betrachtet man das Bilddreieck A'B'C' des Dreiecks ABC in Bild 26, so sind *alle* Entfernungen zu O verdoppelt, und es ist naheliegend, auch alle Bildseiten gegenüber ihren Originalen als verdoppelt anzusehen: a' = 2a usw. Man hat damit:

Die Länge einer beliebigen Strecke wird bei $\mathbb{Z}_{O,k}$ im Bild ver-|k|-facht; $\mathbb{Z}_{O,k}$ ist *nicht* längentreu.

A — **Axiom 4: Länge von Bildstrecken**

Aus dieser Tatsache ergibt sich eine neue *Invariante*, das „Streckenverhältnis"; denn ist eine Strecke a etwa 5mal so lang wie eine andere Strecke b, so gilt dasselbe für ihre Bilder a' und b'! Man nennt die zentrische Streckung $\mathbb{Z}_{O,k}$ daher auch *verhältnistreu.*

Für Anwendungen formuliert man diese Erkenntnisse gerne (Bild 27, nächste Seite) als

Sätze 9: Strahlensätze

S

Erster und zweiter Strahlensatz:

Werden zwei von S ausgehende Strahlen von zwei Parallelen geschnitten, so verhalten sich die Abschnitte auf einem Strahl wie

SS1: die auf dem anderen Strahl: a : a' = b : b'

SS2: die Parallelenabschnitte zwischen den Strahlen: a : a' = c : c'

Bilder 27: die beiden Hauptformen

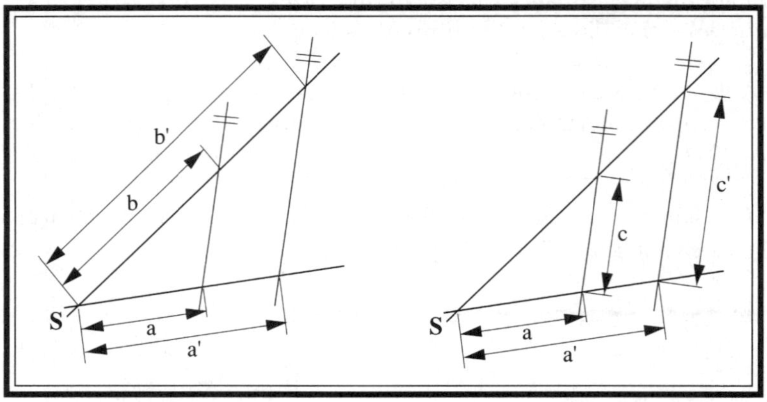

ein Beweis

Die zentrische Streckung bzw. die Strahlensätze sind ein gerne gebrauchtes *Beweishilfsmittel*; genannt sei hier nur der *Schwerpunktsatz* im Dreieck, der besagt, daß die Schwerlinien (Seitenhalbierenden) sich in einem Punkt, dem ***Schwerpunkt*** S, schneiden, wobei sie von S im Verhältnis 2 : 1 geteilt werden. Im Bild 28 ist nach Voraussetzung $\overline{CD} = \frac{1}{2}\overline{AB}$, also besagt der 2. Strahlensatz

$$\overline{AB} : \overline{CD} = \overline{AS} : \overline{SC} = \overline{BS} : \overline{SD} = 2 : 1$$

Dies gilt genauso für jede andere Seite, woraus dann auch $\overline{PS} : \overline{SM} = 2 : 1$ folgt.

Bild 28: Schwerpunkt im Dreieck

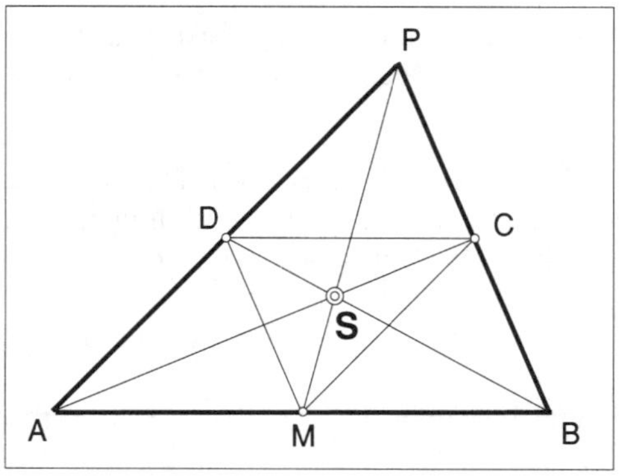

Aus der Tatsache, daß Geraden parallele Bilder haben, folgt sofort, daß die zentrische Streckung *winkeltreu* ist. Versuchen Sie bitte den Beweis als Übung 21.

Auch als *Konstruktionshilfe* sind sie nützlich:

Eine Strecke $\overline{AB}$ soll im Verhältnis 3 : 2 von innen geteilt werden, d.h., der Teilungspunkt T soll zwischen A und B liegen. Wir wenden den SS1 an, Bild 29:

Beispiel 13: **Konstruktion eines Teilungspunkts**

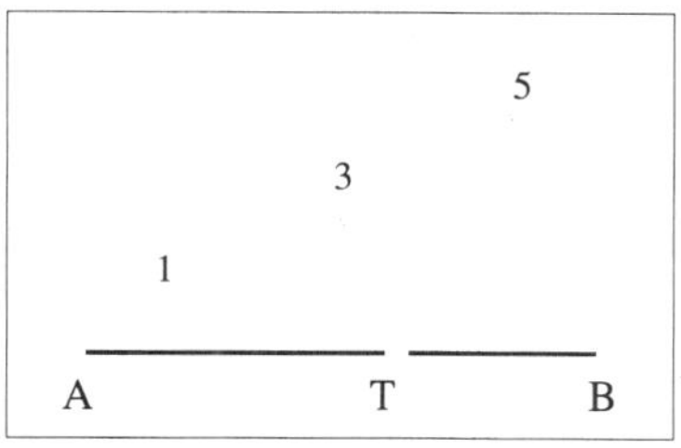

Bild 29: **dazu**

Nun zum nächsten Schritt: Die zentrischen Streckungen können wir untereinander verketten und sie auch mit den Kongruenzabbildungen zusammensetzen. Sie kennen die so entstehenden Abbildungen:

Definition 7: **Ähnlichkeitsabbildung**

Jedes Verknüpfungsprodukt von Kongruenzabbildungen und zentrischen Streckungen heißt ***Ähnlichkeitsabbildung***. Original- und Bildfigur sind *ähnlich*, in Zeichen F ~ F'.

Diese neue Beziehung „~" führt wieder zu einer bekannten Relation:

Satz 10: **dazu**

Die Ähnlichkeit von Figuren ist eine Äquivalenzrelation.

Diese bewirkt wie immer eine *Partition* und sorgt so für eine Klasseneinteilung aller Dreiecke der Zeichenebene. Die Klassenkameraden sind wegen der Winkeltreue und Verhältnistreue form- bzw. gestaltgleich. Rechtwinklige Dreiecke etwa bleiben rechtwinklig, sie sind nur größer oder kleiner. Wann liegen nun zwei vorgelegte Dreiecke in derselben Klasse? Wieder wollen wir nicht so oft strecken und spiegeln, bis die Antwort gefunden ist, sondern es an den Maßen ablesen.

Wann sind zwei Dreiecke ähnlich?

Lockern wir nun die Forderungen, welche wir bei den Kongruenzsätzen gestellt hatten, indem wir statt gleicher Längen hier nur gleiche Längen*verhältnisse* verlangen, so kommen wir zum Satz:

Satz 11: **Antwort**

Erster Ähnlichkeitssatz:

Dreiecke sind schon ähnlich, wenn sie im *Verhältnis* der drei Seitenlängen übereinstimmen.

Es muß also $a' : a = b' : b = c' : c = k$ sein. Ein Dreieck ABC mit a, b, c strecken wir dann zentrisch mit k, was beim Bild A'B'C' schon $a' : a = b' : b = c' : c = k$ garantiert. Damit hat es aber gleiche Seiten wie A'B'C' und ist nach sss zu ihm *kongruent*.

Die Verknüpfung $\mathbb{Z} \circ \mathbb{K}$ ist eine *Ähnlichkeitsabbildung*, und die war zu finden!

Sätze 12: die vier Antworten

So kann man auch vorgehen, um die übrigen drei Sätze nachzuweisen, die wir zur Erinnerung hier notieren:

S

Zweiter bis vierter Ähnlichkeitssatz:

Dreiecke sind schon ähnlich, wenn sie

- **im Verhältnis zweier Seiten und dem Zwischenwinkel übereinstimmen;**
- **im Verhältnis zweier Seiten und dem Gegenwinkel der größeren übereinstimmen;**
- **in zwei Winkeln übereinstimmen.**

Als Anwendung (hier des 4. Satzes) läßt sich etwa die Frage beantworten:

Beispiel 14: Baumhöhenbestimmung

B

Zur selben Zeit, als ein 1,5 m langer, senkrecht gestellter **Stab** einen 2,2 m langen **Schatten** warf, maß man den Schatten einer freistehenden Pappel zu 27,9 m. Wie hoch ist der Baum?

Wir haben nur die Verhältnisse der Dreieckslängen als gleich anzusetzen (Bild 30):

$$2{,}2 : 1{,}5 = 27{,}9 : x\ ,$$

daraus folgt schon $x = 19$ m.

Bild 30: dazu

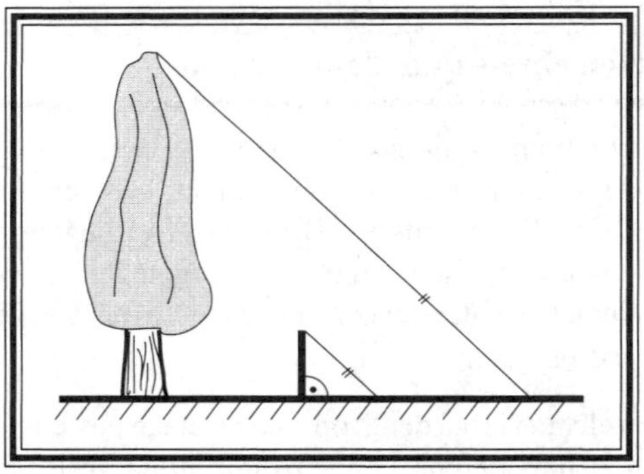

Wir können auch beweisen:

Satz 13: Höhenverhältnis

S

In jedem Dreieck verhalten sich zwei Höhen umgekehrt wie die zugehörigen Seiten; für a und c gilt $h_a : h_c = \frac{1}{a} : \frac{1}{c}$.

Die Dreiecke BDA und BEC in Bild 31, nächste Seite oben, sind ja *ähnlich*, woraus $h_a : h_c = c : a$ folgt und daraus die Behauptung.

Höhen und besondere Linien im Dreieck

Was für Höhen in einem Dreieck gilt, nämlich „Höhe bleibt Höhe" – dies folgt aus der Winkeltreue –, gilt offenbar für die übrigen *besonderen* Linien: Strecken- und Winkelsymmetralen (-halbierenden) und Schwerlinien. Die Verhältnistreue läßt daher eine erweiterte Fassung der Strahlensätze zu:

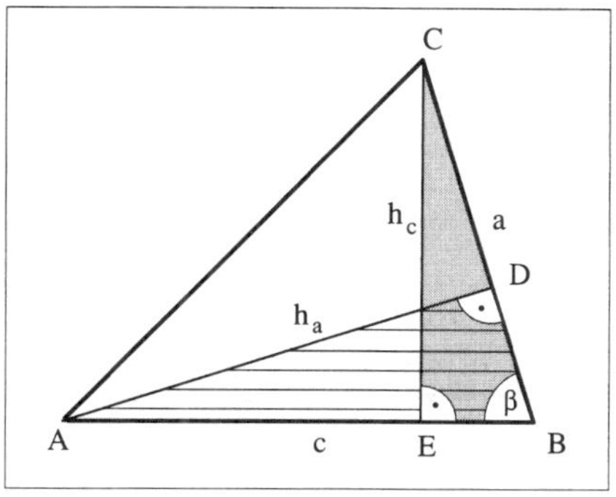

Bild 31: Höhen im Dreieck

Satz 14: Streckenverhältnisse

In ähnlichen Dreiecken (Vielecken) verhalten sich zwei Strecken wie die entsprechenden Seiten.

Wenden wir dies auf den *Flächeninhalt* ähnlicher Dreiecke (Symbol Δ) an:

$$A(\Delta') = \frac{1}{2}\, g'\, h' = \frac{1}{2}\,(k\, g) \cdot (k\, h) = k^2 \cdot \frac{1}{2}\, g\, h = k^2 \cdot A(\Delta)$$

bzw. kurz $A' : A = k^2$. Wir lesen ab:

Satz 15: Flächeninhalte ähnlicher Figuren

In ähnlichen Dreiecken (Vielecken) mit k als Längenverhältnis mißt das Inhaltsverhältnis k^2.

Beispiel 15: dazu

Denken Sie an ein Dreieck und sein **Mittendreieck**, vgl. etwa Bild 28. Was läßt sich über das Inhaltsverhältnis aussagen?

Da das Längenverhältnis 2 : 1 ist, muß das Inhaltsverhältnis 4 : 1 sein, was auch anschaulich aus der Zeichnung klar ist.

Abbildungen und Strukturen

Strukturfragen

Nun sollen noch einige *strukturelle* Gesichtspunkte zur Sprache kommen. Abbildungen lassen sich zusammensetzen, und wir haben die Verkettung „∘" schon als *assoziativ* erkannt. Da sowohl die Menge $\mathbb{K}$ der Kongruenz- als auch die Menge $\ddot{\mathbb{A}}$ der Ähnlichkeitsabbildungen beim Zusammensetzen nicht verlassen wird, können wir sagen:

Satz 16: dazu

Die Strukturen (K, ∘) und (Ä, ∘) sind Halbgruppen.

Drehungen um einen festen Punkt

Sehen wir uns einige Sonderfälle näher an! Sei $\mathbb{D}$ die Menge aller **Drehungen** um den festen Punkt O, wobei wir die Winkel modulo 360° reduzieren, da die Bilder dieselben sind: Drehen um $\varphi_1 = 270°$ und dann um $\varphi_2 = 180°$ bedeutet drehen um 90°:

$$\varphi_3 = 270° + 180° = 450° \equiv 90° \bmod 360°.$$

Dann ist $\mathbb{D}_1 \circ \mathbb{D}_2$ wieder eine Drehung $\mathbb{D}_3 \in \mathbb{D}$ mit $\varphi_3 = \varphi_1 + \varphi_2$ (ev. mod 360°), womit schon $(\mathbb{D}, \circ)$ als *Struktur* erkannt ist. Wegen $\varphi_1 + \varphi_2 = \varphi_2 + \varphi_1$ ist „∘" auch *kommutativ*. Neutrales Element von „+" ist 0, also ist $\mathbb{D}_{0°}$ *neutrales* Element von „∘" („Nulldrehung"

= *Identität*). Ebenso ist φ = 360° ≡ 0° mod 360° zulässig („Volldrehung").

Und es gibt auch zu jedem φ ein φ*: Zwar ist etwa zu $\varphi_1 = 120°$ der Winkel $\varphi_1{}^* = -120°$ *invers*, da die Summe = 0° ist, doch müssen wir nicht unbedingt zurückdrehen; auch $\varphi_1{}^* = 360° - 120° = 240°$ löst unser Problem, ist doch $\varphi_1 + \varphi_1{}^* = 120° + 240° = 360°$ (≡ 0° mod 360°)! Da dies für jedes φ möglich ist, haben wir schon den Satz:

Satz 17: Drehungsgruppe

S **Die Struktur (𝔻, ∘) mit 𝔻 als Menge aller Drehungen in E um den festen Punkt O und „∘" als Verkettung ist eine abelsche Gruppe.**

Oder wählen wir 𝕍 als Menge aller **Schiebungen** mit „∘"; handelt es sich auch bei (𝕍, ∘) um eine *Struktur*? Dazu müßte $\mathbb{S}_a \circ \mathbb{S}_b$ wieder eine *Schiebung* $\mathbb{S}_c$ sein. Da jedesmal alle Parallelen erhalten bleiben, ist dies der Fall! Ein Schiebungspfeil $\vec{c}$ wird durch Ansetzen von b an die Spitze von a erhalten (Bild 32).

Im Bild ist für den Punkt B die Umkehrverknüpfung $\mathbb{S}_b \circ \mathbb{S}_a$ über B* eingezeichnet; da $\vec{c}$ Diagonale im Parallelogramm BB*B'B ist, kommt man also bei Vertauschung der Reihenfolge ebenfalls zu B', „∘" ist hier *kommutativ*.

Neutrales Element ist die *Nullschiebung* mit einem *Schiebungspfeil* der Länge 0, und *invers* zu $\mathbb{V}_a$ ist natürlich die *Gegenschiebung* $\mathbb{V}_{-a}$. Wir finden:

Satz 18: Schiebungsgruppe

S **Die Struktur (𝕍, ∘) mit 𝕍 als Menge aller Schiebungen in E und „∘" als Verkettung ist eine abelsche Gruppe.**

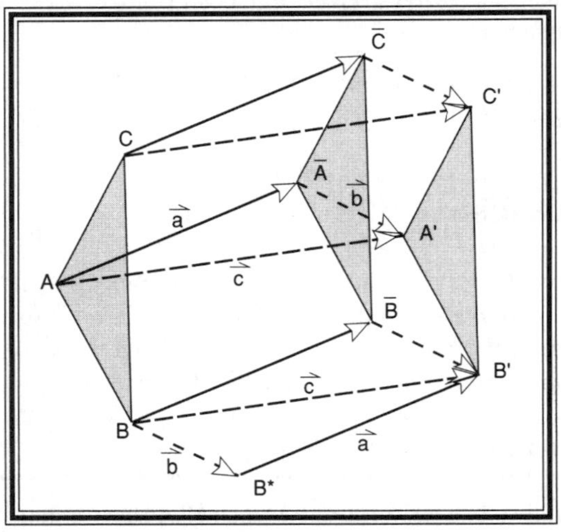

Bild 32
Verkettung von Schiebungen

Nicht mehr so einfach ist es mit der Menge 𝔹 aller Drehungen (mit beliebigen Zentren) *und* aller Schiebungen in 𝔼, der sog. ***Bewegungen***; auch sie erweist sich aber mit „∘" als *Gruppe* (ohne Beweis). Da bei jeder Spiegelung der „Umlaufsinn" in einem Dreieck umgedreht wird, bleibt er bei jeder Doppelspiegelung erhalten: Jede *Bewegung* ist daher „gleichsinnig". Besteht M aus Einfachspiegelungen, wird die Direktabbildung gegensinnig, die neue Menge M wird bei „∘" verlassen, (M, ∘) wäre *keine Struktur*.

Deckabbildungen

Zum Schluß greifen wir noch einen interessanten Fall heraus, der sich durch die Forderung ergibt, eine bestimmte Figur solle bei der betreffenden (Kongruenz-) Abbildung in sich selbst übergehen, also mit ihrer Bildfigur insgesamt (nicht punktweise!) zusammenfallen. Wird zum Beispiel ein Quadrat an einer Diagonale gespiegelt, ein Rechteck an einer Seitensymmetrale, so liegt eine solche ***Deckabbildung*** vor (vgl. Bild 33). Genauso kann man ein regelmäßiges Sechseck um seinen Mittelpunkt um 60° oder um Vielfache drehen, ein gleichseitiges Dreieck um 120° usw.

Deckabbildungen einer Figur

Man kann dann die Frage stellen, welche Deckabbildungen es zu einer vorgelegten Figur gibt und welche Eigenschaften die betreffenden Strukturen ($\mathbb{D}$, $\circ$) haben. Beschränkt man sich auf *Drehungen*, so liegt nach dem oben Erklärten jedesmal eine innere Verknüpfung vor, und es entstehen *abelsche Gruppen* !

B

Beispiel 16: Quadrat

Beispielsweise haben wir für ein **Quadrat** (vgl. Bild 34) vier Deckdrehungen

$$\mathbb{D}_{Q4} = \{\mathbb{D}_0 = \mathbb{D}_{360} = \mathbb{I},\ \mathbb{D}_{90},\ \mathbb{D}_{180},\ \mathbb{D}_{270}\}$$

Eine *Verknüpfungstafel,* Übungen 27/28, gibt die Verknüpfungsprodukte (= Direktdrehungen) an.

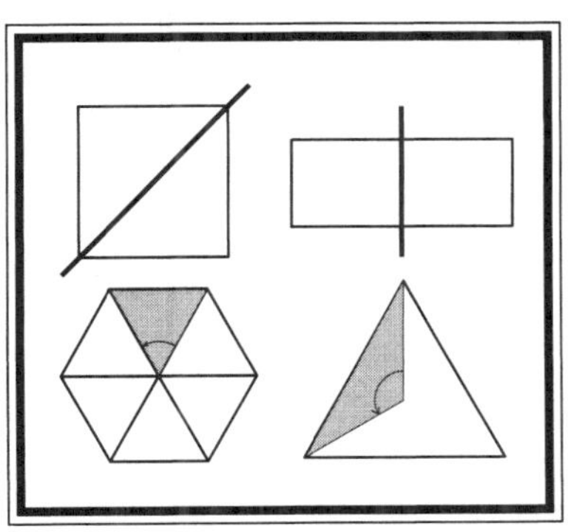

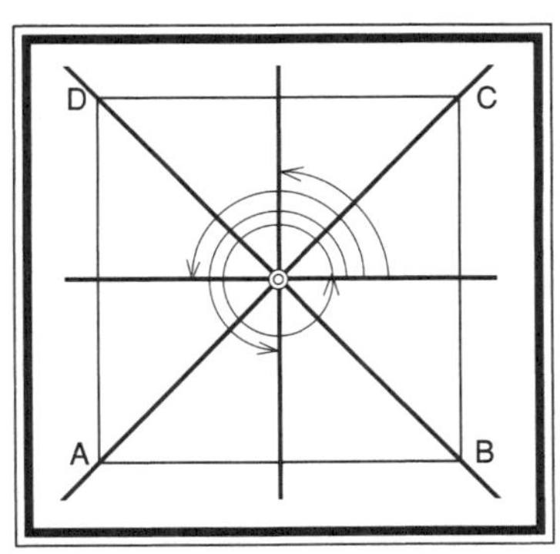

Bilder 33/34: Deckabbildungen und Deckdrehungen

Nun sind aber beim Quadrat auch vier Spiegelachsen vorhanden, so daß es acht Deckabbildungen gibt; die volle Menge $\mathbb{D}_{Q,8}$ ist aber mit 8 · 8 = 64 Verknüpfungsprodukten nicht mehr so rasch zu untersuchen. Sie erweist sich aber ebenfalls mit „$\circ$" als *Gruppe*! Beim Aufstellen der Verknüpfungstafel kann man etwa so vorgehen: was ist z. B. $\mathbb{D}_{90} \circ \mathbb{S}_2$? Sind 1 und 2 Achsen unter 45°, dann folgt nach dem Satz über die Drehung als Doppelspiegelung $\mathbb{D}_{90} = \mathbb{S}_1 \circ \mathbb{S}_2$; dies eingesetzt ergibt

die volle Deckabbildungsgruppe

$$\mathbb{D}_{90} \circ \mathbb{S}_2 = (\mathbb{S}_1 \circ \mathbb{S}_2) \circ \mathbb{S}_2 = \text{(assoz.) } \mathbb{S}_1 \circ (\mathbb{S}_2 \circ \mathbb{S}_2) = \mathbb{S}_1 \circ \mathbb{I} = \mathbb{S}_1.$$

Auch bei anderen Kombinationen funktioniert diese Methode!

Wählt man ein **Rechteck** als Grundfigur, erweist sich die Menge zweier Drehungen und zweier Spiegelungen mit „$\circ$" als Deckabbildungsgruppe (Übung 28).

Beispiel 17:
Sechseck als Zentralfigur und ...

Ein weites Feld bieten auch regelmäßige **Sechsecke**, die man mannigfach auf sich abbilden kann:

B Schränken wir aber dadurch ein, daß wir etwa beim **Benzolring** zwei H-Atom-Ecken substituieren, etwa durch Chlor-(Cl-)Atome oder Methyl-(CH_3-)Radikale, so wird es je nach Lage dieser ausgezeichneten Ecken nur mehr wenige chemisch-physikalisch gleichwertige Grundfiguren geben, die dadurch bestimmt sind, daß sie durch Deckabbildungen ineinander übergehen.

Im Bild 35 ist etwa das Ortho-Xylol (ein Dimethylbenzol) in drei Stellungen gezeichnet; diese und andere ändern das Reaktionsverhalten *nicht*. Das ändert sich, wenn die CH_3-Ecken nicht mehr benachbart sind (Übung 29)!

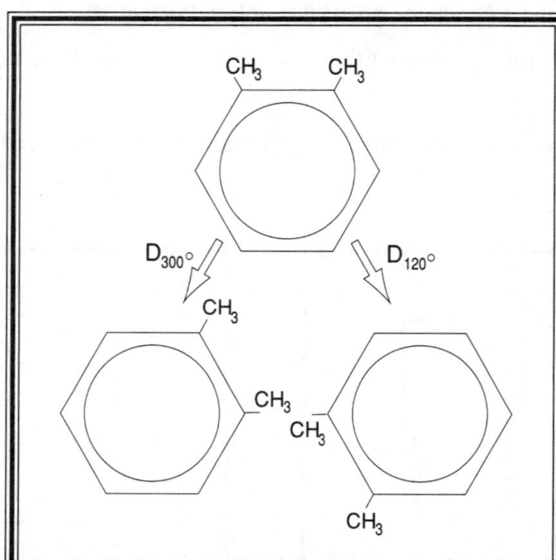

Bild 35:
Isomerie im Benzolring

Ende des 4. Kapitels!

Übungsaufgaben

1. Welche Folgerungen hat das Axiom: «Zu jeder Geraden g = AB gibt es stets einen Punkt $C \in \mathbb{E}$, der nicht auf g liegt» für die Anzahl der Geraden in $\mathbb{E}$?

2. Weshalb kann man trotz fortgesetztem Halbieren einer beliebigen kleinen Strecke nicht jeden Punkt dieser Strecke erreichen?

3. Können Sie etwas genauer angeben, wie man zur Länge einer Strecke (oder zum Winkelmaß eines Winkels) kommt? (Beispiel 3,4 cm; Normstrecke 1cm.) Welche Probleme treten auf? Wie ist es wohl bei der Diagonale eines Quadrats von 1 cm Seitenlänge? ($d = a \cdot \sqrt{2}$).

4. Stellen Sie sich eine schöne, bauchige Vase vor, die vereinfacht aus zwei Kreisbögen besteht; nehmen Sie die linke Hälfte an und spiegeln Sie an einer senkrechten Achse!

5. Überzeugen Sie sich an Hand einer Skizze von der Gültigkeit der Behauptung $g' \parallel g$ bei der Punktspiegelung, indem Sie 2 beliebige Punkte von g an M spiegeln, um g' zu erhalten.
   a) Wie folgt der Satz von den gleichen (Wechsel-) Winkeln an Parallelen?
   b) Wie daraus weiter der Innenwinkelsummensatz ($\alpha + \beta + \gamma = 180°$) im Dreieck?

6. Nehmen Sie ein gleichseitiges Dreieck ABC an und spiegeln Sie es
   a) an der Ecke C
   b) am Mittelpunkt H der Seite $\overline{BC}$.

7. Weshalb darf man die Doppelspiegelung an parallelen Achsen als Schiebung bezeichnen?

8. Zeichnen Sie ein Quadrat ABCD samt Diagonalen, färbeln Sie die Viertelflächen nach Geschmack und verschieben Sie es
   a) längs der Seite $\overrightarrow{AD}$
   b) längs der Diagonale $\overrightarrow{AC}$

9. Siehe Texthinweis! Warum ist $\overline{AO} = \overline{A'O}$ und $\angle AOA' = \varphi$ bei $\angle (g, h) = \frac{1}{2}\varphi$?

10. Wählen Sie ein gleichseitiges Dreieck und drehen Sie es wiederholt um C mit $\varphi = 60°$. Welche Figur entsteht?

11. Für Findige: Überzeugen Sie sich an einer kleinen Konstruktionsskizze, daß es zu einer Schiebung $\mathbb{V}_a$, die A in A' überführt, ($\overline{AA'}$ = a beliebig annehmen!) unendlich viele Achsenpaare (g*, h*) mit $g^* \parallel h^*$ und Abstand 1/2 a gibt!

12. Für Ausdauernde: Seien g, h, j drei Geraden mit $g \cap h \cap j = \{O\}$. Weshalb liegt insgesamt in $\mathbb{S}_g \circ \mathbb{S}_h \circ \mathbb{S}_j$ eine einfache Geradenspiegelung vor (vgl. Text)?

13. Für Unerschrockene: Nehmen Sie g, h, l mit $g \parallel h$ und $h \perp l$ an und spiegeln Sie P gemäß $\mathbb{S}_g \circ \mathbb{S}_h \circ \mathbb{S}_l$; auf welche beiden Arten ist dies zu verstehen? Skizze nächste Seite oben!

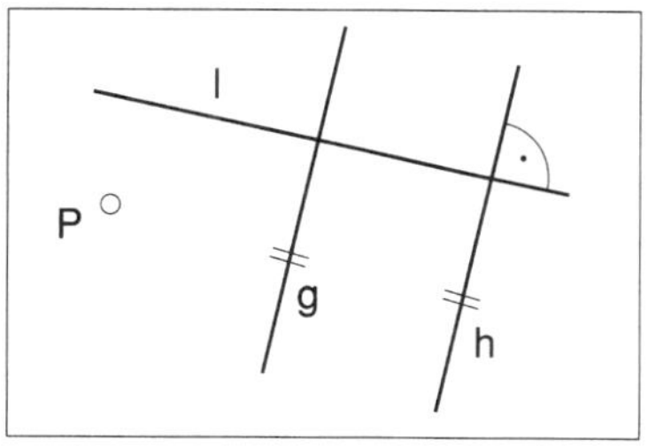

Bild Ü13

14. Für Ungläubige: Nehmen Sie zwei gleich lange Strecken $\overline{AB}$ und $\overline{DE}$ so an, daß A = D. Finden Sie eine Gerade g so, daß $\overline{AB}$ bei $\mathbb{S}_g$ auf $\overline{DE}$ fällt? Wie ist es, wenn $A \neq D$? (Hier erst g so wählen, daß A* = D wird!)

15. Auf dem Weg zum 1. Kongruenzsatz: wehalb sind C und C' bei der angegebenen Konstruktion notwendigerweise Original und Bild?

16. Sicherlich provoziert der 3. Kongruenzsatz zur Frage: weshalb gerade der Gegenwinkel zur *größeren* Seite? Was kann denn im anderen Fall passieren? Nehmen Sie an, es seien a, b mit a < b und a gegeben. Skizze!

17. Beweisen Sie mit Hilfe eines Kongruenzsatzes: Ein Viereck, in dem die Diagonalen einander halbieren, ist ein Parallelogramm.

18. Siehe Text! Leiten Sie bitte die Trapezinhaltsformel $A = \frac{1}{2} \cdot (a + c) \cdot h$ her, indem Sie passend umplazierten kongruenten Teildreiecken den gleichen Flächeninhalt zubilligen!

19. Berechnen Sie den Flächeninhalt des fünfeckigen Grundstückes ABCDE mit A(0|0), B(40|0), C(40|30), D(30|10), E(15|30). Alle Daten in Metern. Skizze!

20. Konstruieren Sie das Bild eines Rechtecks bei einer zentrischen Streckung mit $k = -\frac{2}{5}$, indem Sie das Verhältnis 5 : 2 auf einer Hilfsgeraden h durch O mittels zweier Parallelen auf die Strecken $\overline{OA}$ und $\overline{OA'}$ übertragen!

21. Teilen Sie eine Strecke *harmonisch*, d. h., von außen (2. Strahlensatz) und innen im selben Verhältnis, hier 3 : 1.

22. Wenden Sie den 2. Strahlensatz an, um die Höhe y eines gleichschenkligen Dreiecks durch die Grundlinie c und die Seite s des eingeschriebenen Quadrats auszudrücken. Skizze!

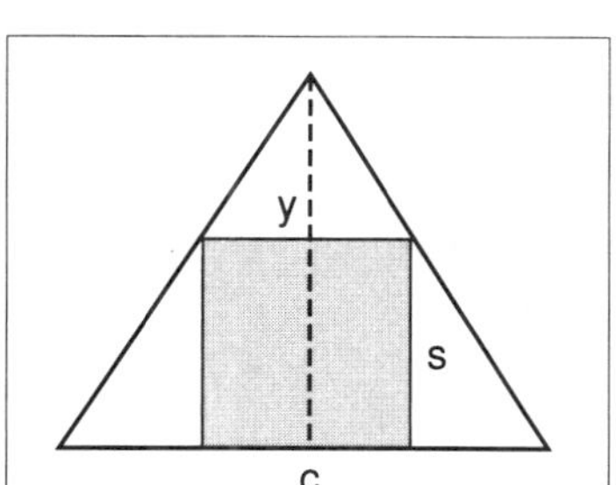

Bild Ü22

23. Beweisen Sie die Behauptung im Text, $\mathbb{Z}_{O,k}$ sei *winkeltreu.*

24. Bei der schiefen (geneigten) Ebene (gegeben l, h, siehe Bild) ist oft die Kraft F gesucht, die die treibende Komponente T des Gewichts G (gegeben) zu kompensieren vermag. Suchen Sie ähnliche Dreiecke und berechnen Sie T!

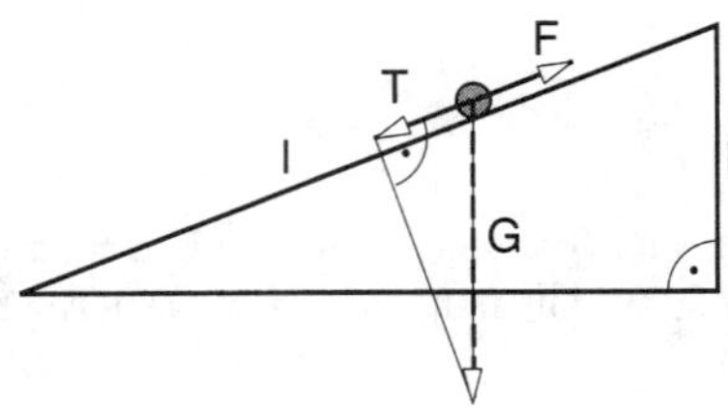

Bild Ü24

25. Wir haben die Strukturen ($\mathbb{K}$, $\circ$) und ($\ddot{\mathbb{A}}$, $\circ$) als Halbgruppen bezeichnet und uns dann Teilstrukturen von $\mathbb{K}$ und $\ddot{\mathbb{A}}$ zugewandt. Nun nochmals zu den vollen Strukturen: sind sie nicht auch abelsche *Gruppen*?

26. Zeigen Sie analog zum Textbeispiel $\mathbb{D}_{90} \circ \mathbb{S}_2 = ... = \mathbb{S}_1$ für die volle Menge der Quadrat-Deckabbildungen, wie sich $\mathbb{D}_{180} \circ \mathbb{S}_3$ kürzer schreiben läßt!

27. Wählen Sie als Teilmenge von $\mathbb{D}_{Q,8}$ die 3 Abbildungen $\mathbb{S}_2$, $\mathbb{S}_4$, $\mathbb{D}_{360}$, und stellen Sie die Verknüpfungstafel im Ausschnitt auf! Handelt es sich um eine *Struktur*?

28. Weisen Sie beim Rechteck $\mathbb{D}_{R4}$ als (abelsche) Gruppe über eine Verknüpfungstafel nach! Dabei gehen Sie für $\mathbb{D}_{180} \circ \mathbb{S}_1$ etwa wie in Übung 26 vor und bedenken Sie $540° \equiv 180°$ mod $360°$, d. h., $\mathbb{D}_{180} = \mathbb{S}_1 \circ \mathbb{S}_2$, aber auch $\mathbb{S}_2 \circ \mathbb{S}_1 = \mathbb{D}_{2 \cdot 270} = \mathbb{D}_{540} = \mathbb{D}_{180}$!

29. Es gibt noch zwei Xylole in sogenannten *isomeren* Formen. Wie sehen sie aus?

30. Wie sehen die isomeren Formen der Trimethylbenzole aus?
(Überlegen Sie, auf wie viele Arten man drei Ecken eines Sechseckes so belegen kann, daß bei Drehung um 60°-Vielfache *keine* Deckung erfolgt.)

Zu den Lösungen

Lösungen

1. Die Folge ist , daß g allein nicht $\mathbb{E}$ ausfüllt; mit einem Punkt C $\notin$ g gibt es auch einen weiteren D $\in \mathbb{E}$, der nicht auf h = AC liegt, einen Punkt F, der nicht auf j = AD liegt usw.: Es gibt also unendliche viele, verschiedene Geraden in $\mathbb{E}$!

2. Halbieren führt – arithmetisch ausgedrückt – zu einer gebrochenen Zahl $\in \mathbb{Q}$, niemals aber zu einer Zahl wie $\sqrt{2}$ oder $\sqrt{3}$ ... mit $(\sqrt{2})^2 = 2$ usw. Diese irrationalen Zahlen werden erst als innerste Punkte von *Intervallschachtelungen* erfaßt.

3. Man zählt, wie oft eine Normstrecke von 1 cm Länge in die gegebene Strecke der Länge l paßt (hier 3mal); dann wird 1/10 der Normstrecke (1 mm Länge) in den Rest eingefügt; das geht 4mal. Also ist l = 3 cm + 4 mm = 3,4 cm.
   1. Problem: schon bei 1 mm wird es ungenau.
   2. Problem: es ist nie sicher, ob die Normstrecke (oder 1/10 davon) wirklich genau hinein paßt. Die Quadratdiagonale etwa würde sich so nie exakt ausmessen lassen, sie wäre zur Seite *inkommensurabel*.

4.

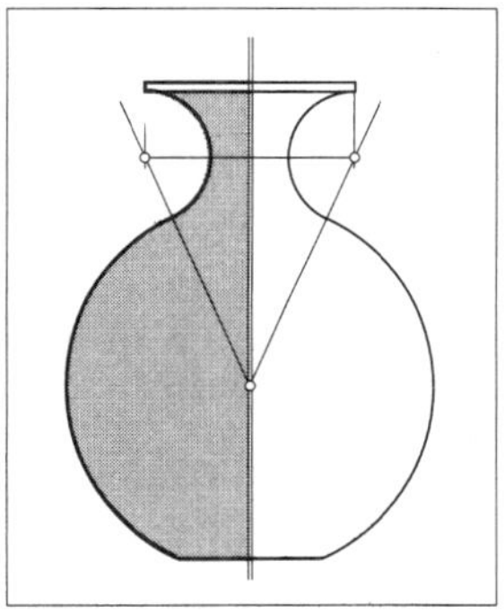

6.

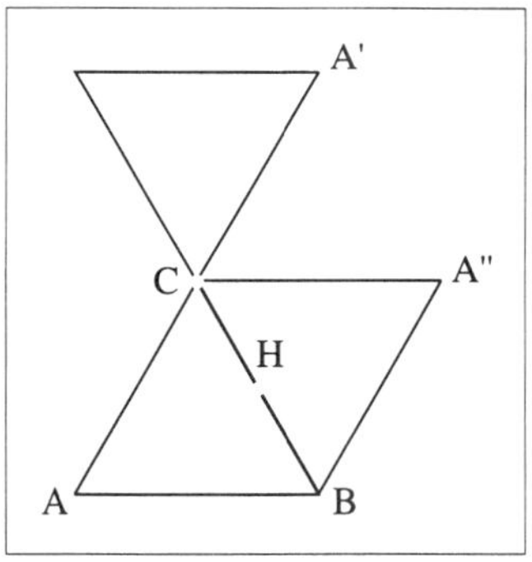

5. a) Wenn Sie von M aus, Bild links, die Strecken(längen) $\overline{MP}$ und $\overline{MQ}$ übertragen bis P' und Q', so entsteht ein Parallelogramm (g' ∥ g); α und α' sind als Winkel und Bildwinkel gleich groß (Winkeltreue).
   b) Bei C im rechten Bild treten 2mal Wechselwinkel auf, dort ist dann $\alpha + \gamma + \beta = 180°$!

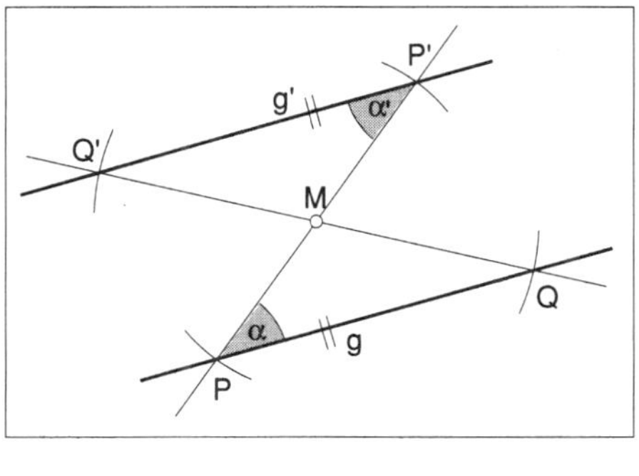

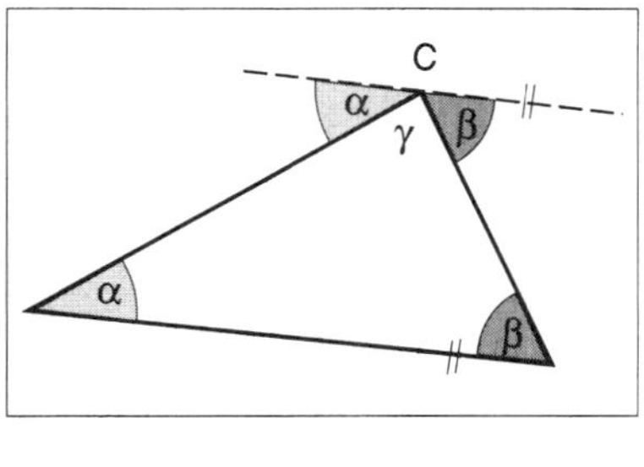

7. Da der Winkel einer Geraden zu einer Fixgeraden (⊥ Achsen), im Text β für g = AB, gleich dem Bildwinkel β' für g' = A'B' ist, also g ∥ g' gilt mit gleicher Länge jeder Strecke $\overline{AB}$ auf g und $\overline{A'B'}$ auf g', erhält man g' durch Parallelverschieben von g.

8.

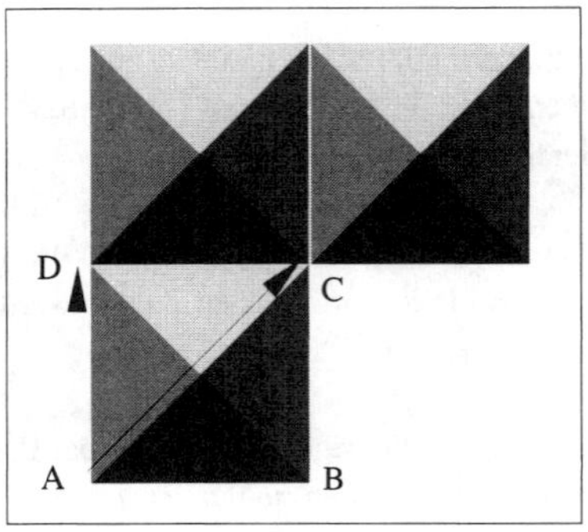

9.

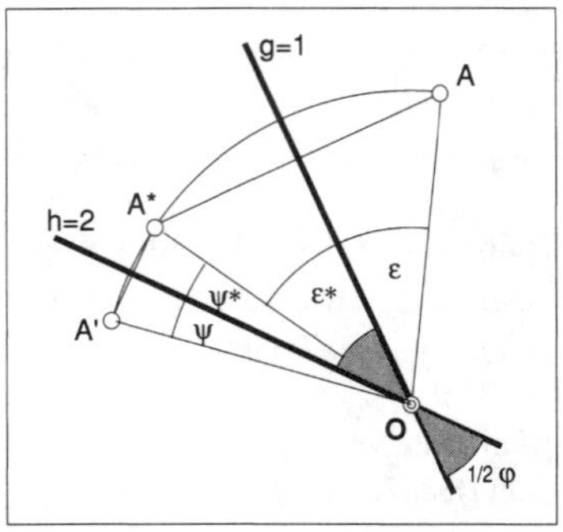

9. Es ist ε = ε* und ψ* = ψ (Bild rechts darüber) wegen der Winkeltreue der Einzelspiegelungen; mit ε* + ψ* = φ/2 wird ∠ AOA' = ε + ε* +ψ* + ψ = 2ε + 2ψ = φ. $\overline{AO}$ ist gleich $\overline{A^*O}$, und dies gleich $\overline{A'O}$ wegen der Längentreue der Spiegelungen!

10. Bild 33 auf Seite 101 enthält das entstehende Sechseck!

11. Wo immer die Achsenpaare (g, h), (g*, h*), ... liegen: die Stücke von A* zu den Achsen müssen wegen der Längentreue „außerhalb" gleich lang sein; „innen" sind sie zusammen gleich $\frac{1}{2}$ a, insgesamt von A bis A' daher 2 · $\frac{1}{2}$ a = a.

12. $\mathbb{S}_g \circ \mathbb{S}_h$ ist eine *Drehung*, und (g, h) kann durch jedes beliebige Paar (g*, h*) durch denselben Punkt ersetzt werden, das denselben Winkel einschließt (Bild unten!).
Wir wählen jetzt h* = j und dazu g*. Dann ist $\mathbb{S}_g \circ \mathbb{S}_h = \mathbb{S}_{g*} \circ \mathbb{S}_{h*} = \mathbb{S}_{g*} \circ \mathbb{S}_j$.
Insgesamt ergibt sich nun $(\mathbb{S}_g \circ \mathbb{S}_h) \circ \mathbb{S}_j = \mathbb{S}_{g*} \circ (\mathbb{S}_j \circ \mathbb{S}_j) = \mathbb{S}_{g*} \circ \mathbb{I} = \mathbb{S}_{g*}$.

13. Die Dreifachspiegelung läßt sich einmal als $(\mathbb{S}_1 \circ \mathbb{S}_2) \circ \mathbb{S}_3$ – Schiebung und Spiegelung – deuten oder zum anderen auffassen als $\mathbb{S}_1 \circ (\mathbb{S}_2 \circ \mathbb{S}_3)$ – Geraden- und Punktspiegelung, vgl. das Bild rechts. Das Ergebnis heißt *Gleitspiegelung*.

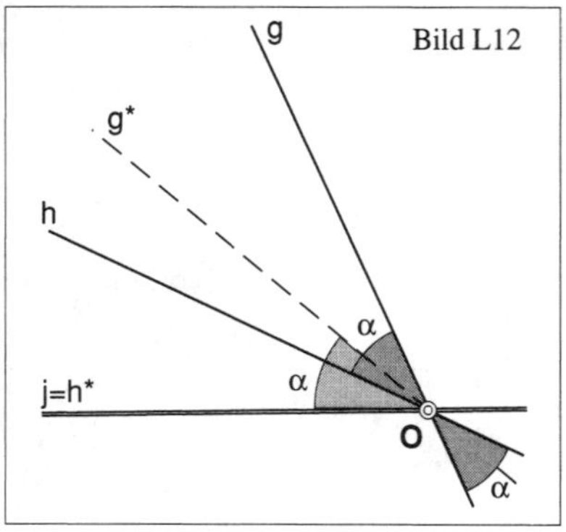

Bild L12

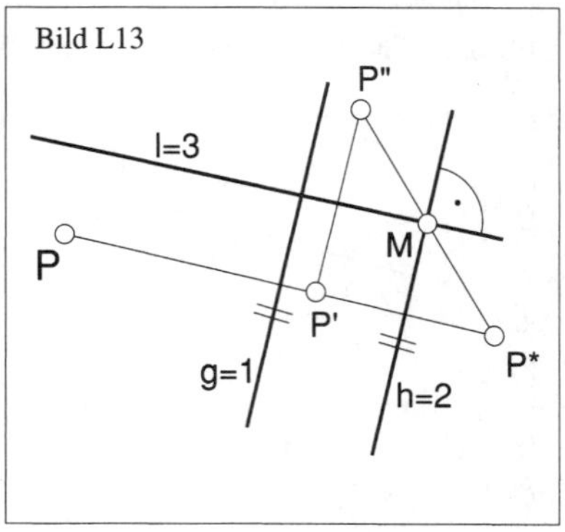

Bild L13

14. a) g ist natürlich Winkelhalbierende von ∠ BAE!
    b) g = 1 ist Mittelsenkrechte (= Streckensymmetrale) von $\overline{AD}$; Bild von B sei B*; dann weiter wie in a: h = 2 ist Winkelhalbierende von ∠ B*DE!

15. Weil diese Konstruktion genau der *Zweikreisfigur* entspricht, die bei der Geradenspiegelung von P zu P' geführt hat.

16. Man wählt α bei A, trägt b ab bis C und schlägt dann von C aus einen Kreis mit Radius a (< b) auf dem 2. Schenkel von α ab, Bild links. Es kann *zwei* Schnittpunkte $B_{1,2}$, also zwei verschiedene Dreiecke geben!

17. In den beiden vom Mittelpunkt ausgehenden Dreiecken mit φ sind wegen des sws auch die 3. Seiten gleich lang; Analoges gilt für die anderen beiden Dreiecke, ✓.

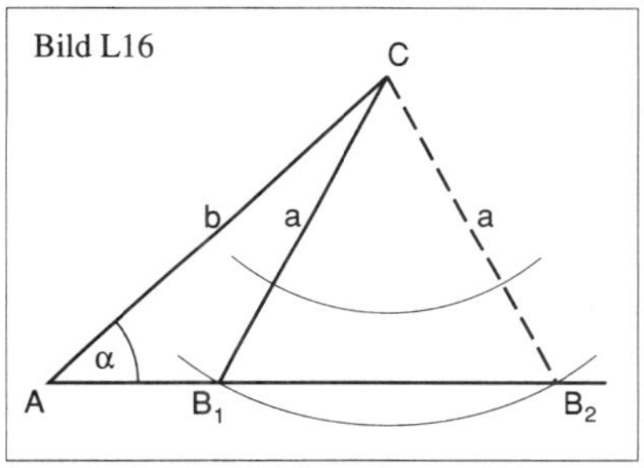

Bild L16

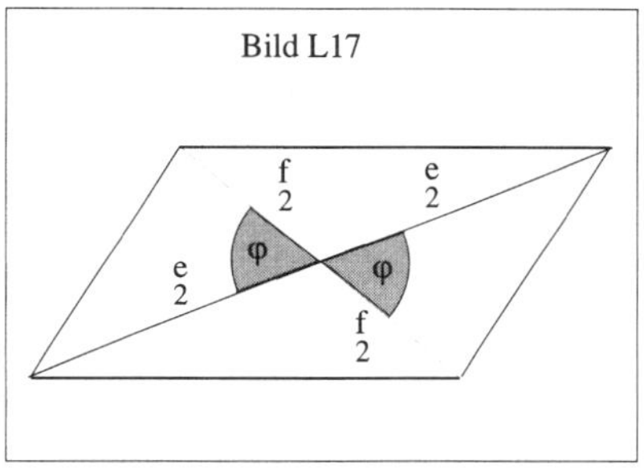

Bild L17

18. Die Seitenmitten H und M im Bild tragen senkrechte Schnitte, (die rechtwinkligen Dreiecke werden an H, M gespiegelt); es entsteht ein Rechteck mit A = m · h, wobei 2m = a + c, Bild links unten ↓

19. $A_F = A_{Re} - A_{I\text{-}III} = 40 \cdot 30 - \frac{1}{2} \cdot 15 \cdot 30 - \frac{1}{2} \cdot 15 \cdot 20 - \frac{1}{2} \cdot 10 \cdot 20 =$
$= 40 \cdot 30 - \frac{1}{2} \cdot (15 \cdot 30 + 15 \cdot 20 + 10 \cdot 20) = 1200 - \frac{1}{2} \cdot 950 = 725\ (m^2)$

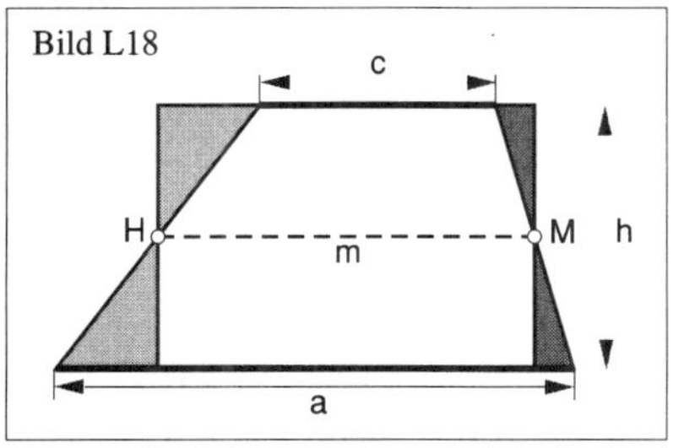

Bild L18

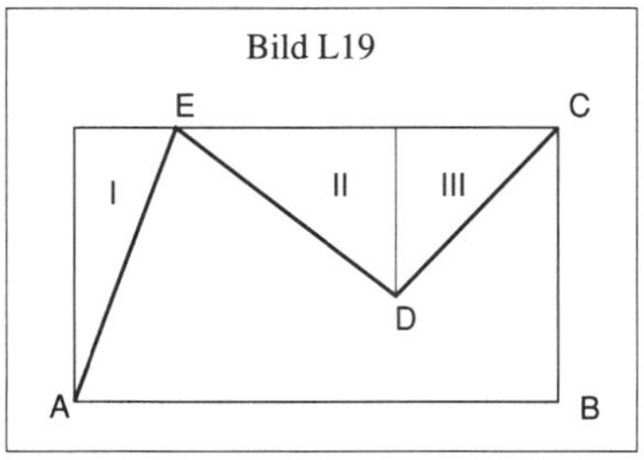

Bild L19

20/21. Bilder siehe nächste Seite!

22. «Lange Bildstrecke y zu Original y – s wie lange *Bildparallele* c/2 zu Original s/2»
$y : (y - s) = \frac{c}{2} : \frac{s}{2}$, Produktsatz der Proportion: ... $y = \frac{c\,s}{c - s}$, Bild nächste Seite!

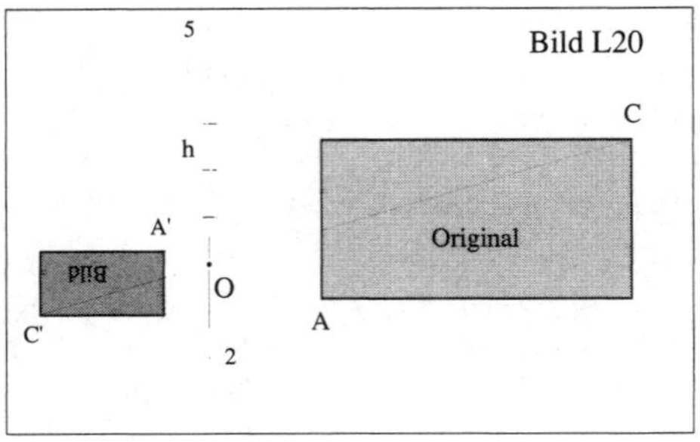

Bild L20

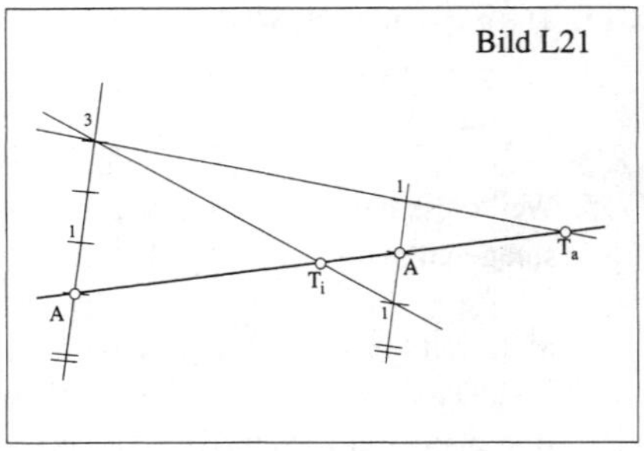

Bild L21

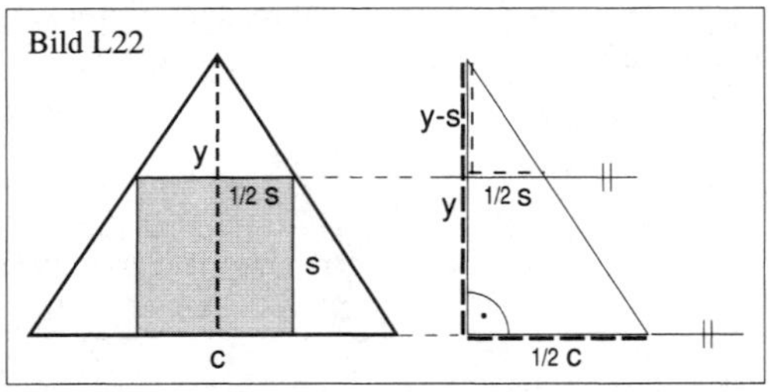

Bild L22

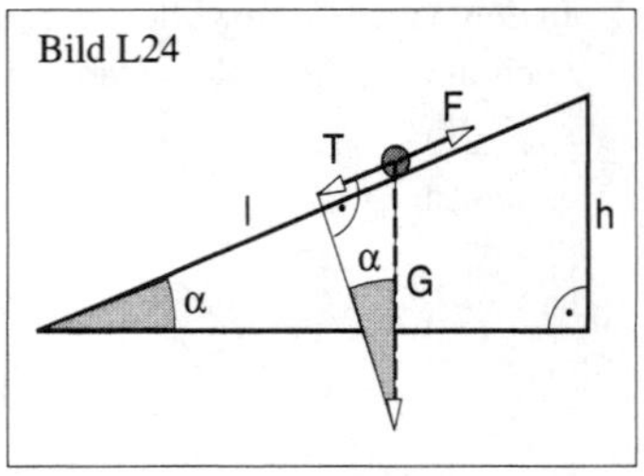

Bild L24

23. Dies folgt sofort aus der Parallelentreue, da das Paar (g, h) dann auch so weit *verschoben* werden kann, daß es auf das Bildpaar (g', h') fällt; die Schiebung aber ist als winkeltreu bekannt.

24. Die beiden Winkel α (Bild rechts darüber) sind als Normalwinkel gleich (vgl. a. $\mathbb{B}$**5**), auch je ein rechter Winkel ist vorhanden. Also sind die Dreiecke ähnlich (4. Satz), und es ist

$$T : G = h : l \quad \text{bzw.} \quad T \cdot l = G \cdot h \quad \text{oder} \quad T = \frac{h}{l} \cdot G = F$$

25. Gruppen ja, abelsch nein! Denn es gibt beidemal die Identität als neutrale Abbildung und zu jeder Abbildung die sie aufhebende Gegenabbildung als inverses Element. Da aber $\mathbb{S}_g \circ \mathbb{S}_h$ durchaus verschieden ist von $\mathbb{S}_h \circ \mathbb{S}_g$ (nur bei $g \perp h$ sind sie gleich!), ist „$\circ$" nicht allgemein kommutativ!

26. $\mathbb{D}_{180} = \mathbb{S}_1 \circ \mathbb{S}_3$ ($1 \perp 3$, 2 mal 90° = 180°);
$\mathbb{D}_{180} \circ \mathbb{S}_3 = (\mathbb{S}_1 \circ \mathbb{S}_3) \circ \mathbb{S}_3 = \mathbb{S}_1 \circ (\mathbb{S}_3 \circ \mathbb{S}_3) = \mathbb{S}_1 \circ \mathbb{I} = \mathbb{S}_1$!

27.

$\circ$	$\mathbb{S}_2$	$\mathbb{S}_4$	$\mathbb{D}_{360} = \mathbb{I}$
$\mathbb{S}_2$	$\mathbb{I}$	$\mathbb{D}_{180}$	$\mathbb{S}_2$
$\mathbb{S}_4$	$\mathbb{D}_{180}$	$\mathbb{I}$	$\mathbb{S}_4$
$\mathbb{I}$	$\mathbb{S}_2$	$\mathbb{S}_4$	$\mathbb{I}$

Da als „Störglied" $\mathbb{D}_{180}$ auftritt, das in $\{\mathbb{S}_2, \mathbb{S}_4, \mathbb{D}_{360}\}$ nicht vorkommt, liegt keine Struktur vor!

28.

$\circ$	$\mathbb{D}_{180}$	$\mathbb{D}_{360}=\mathbb{I}$	$\mathbb{S}_1$	$\mathbb{S}_2$
$\mathbb{D}_{180}$	$\mathbb{I}$	$\mathbb{D}_{180}$	$\mathbb{S}_2$	$\mathbb{S}_1$
$\mathbb{I}$	$\mathbb{D}_{180}$	$\mathbb{I}$	$\mathbb{S}_1$	$\mathbb{S}_2$
$\mathbb{S}_1$	$\mathbb{S}_2$	$\mathbb{S}_1$	$\mathbb{I}$	$\mathbb{D}_{180}$
$\mathbb{S}_2$	$\mathbb{S}_1$	$\mathbb{S}_2$	$\mathbb{D}_{180}$	$\mathbb{I}$

$\mathbb{D}_{180} \circ \mathbb{S}_1 = (\mathbb{S}_2 \circ \mathbb{S}_1) \circ \mathbb{S}_1 = \mathbb{S}_2 \circ (\mathbb{S}_1 \circ \mathbb{S}_1) = \mathbb{S}_2 \circ \mathbb{I} = \mathbb{S}_2$
$\mathbb{D}_{180} \circ \mathbb{S}_2 =$ ganz analog $= \mathbb{S}_1$
$\mathbb{S}_1 \circ \mathbb{D}_{180} =$ wie eben $= \mathbb{S}_2$
$\mathbb{S}_2 \circ \mathbb{D}_{180} =$ ganz ebenso $= \mathbb{S}_1$

29. Meta-Xylol (links) Para-Xylol (rechts)

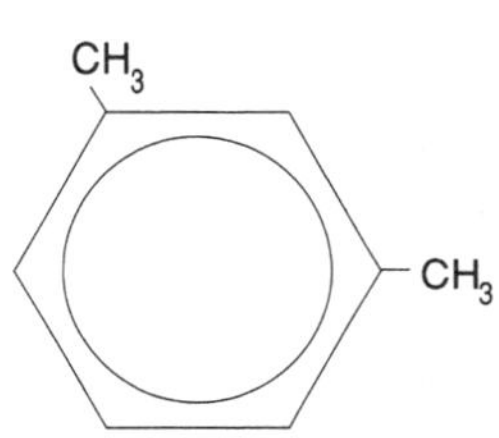

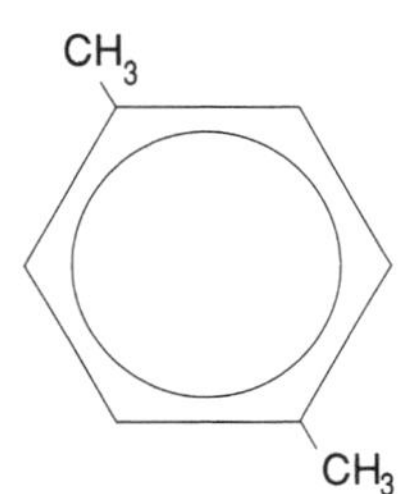

30. Sie haben z. B. geringfügig verschiedene Kochpunkte: 176, 169, 165 °C

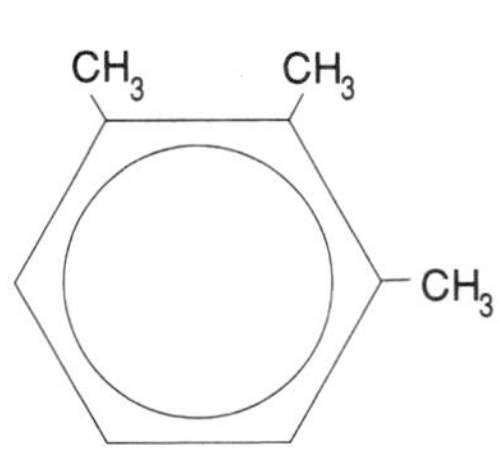

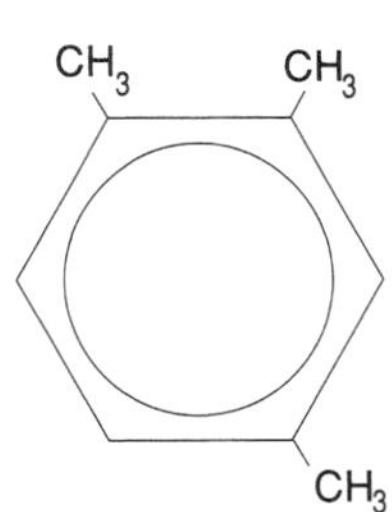

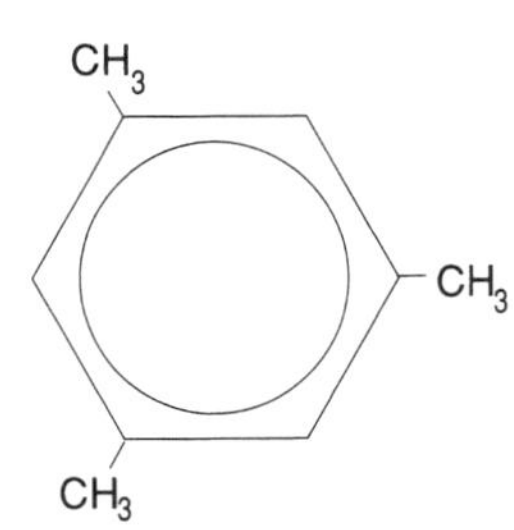

Zum nächsten Kapitel

5. Kapitel

5

Dreieck, Viereck und Kreis

Im folgenden stellen wir die wichtigsten Tatsachen über die geometrischen Grundfiguren zusammen und verwenden Abbildungen exemplarisch, um einiges davon zu *beweisen* – schließlich werden Sie nicht alles einfach hinnehmen? Es dürfte ein Kapitel für *findige* Leser werden.

Kreis und Tangente

Kreis und Tangente

Beginnen wir mit dem ***Kreis*** und einer besonderen Geraden, der ***Tangente***! Man findet sie zu jedem Kreispunkt B, indem man die *Normale* bzw. die *Senkrechte* oder das *Lot* t auf den Berührungsradius vom Mittelpunkt M zu B legt (Bild 1).

Bilder 1/2/3: dazu

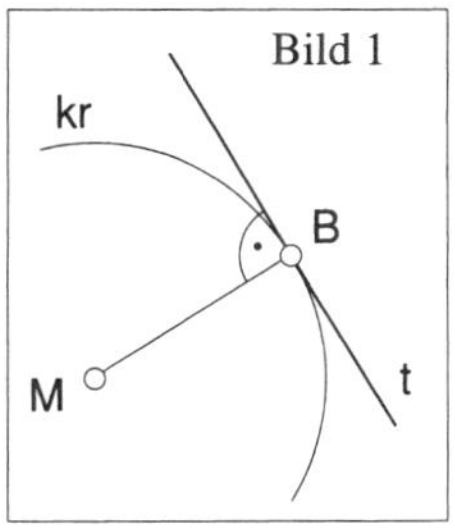

Bild 1

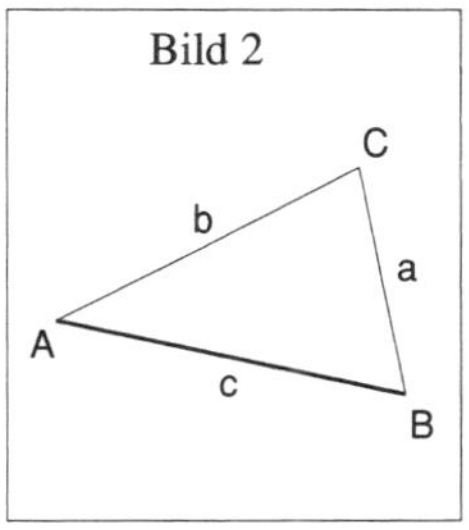

Bild 2

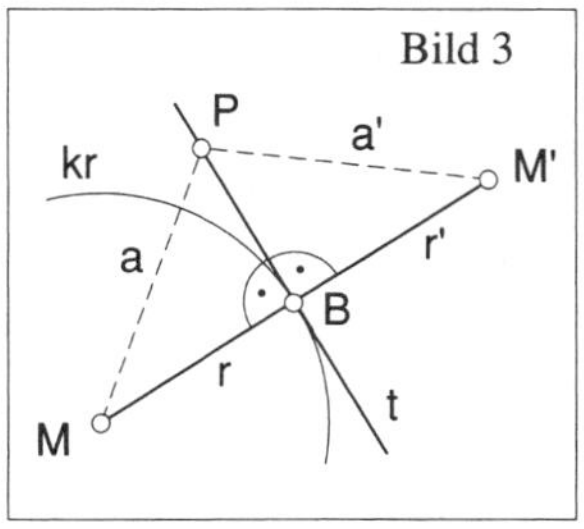

Bild 3

Daß die Normale zu einem Berührungsradius wirklich Tangente ist, also den Kreis nur im *Berührungspunkt* B trifft, läßt sich mit Hilfe der sog. ***Dreiecksungleichung*** (Bild 2) nachweisen.

Diese ist zwar unmittelbar einsichtig, wenn man sie anders, etwa so, formuliert:

«Jeder Umweg ist länger als die direkte Verbindung.»

Wir können sie aber nicht beweisen, sprechen daher als Grundsatz aus:

Axiom 1: Dreiecks-ungleichung

A

In jedem Dreieck ist eine Seite kürzer als die beiden anderen zusammen. So gilt etwa $c < a + b$.

Will man von A nach B, ist jeder andere als der gerade Weg, z. B. der über C, ein *Umweg*, also länger.

Als Anwendung der Dreiecksungleichung kann man etwa nach dem *kürzesten Weg* von A' zum Ufer fragen, wenn es in B brennt (Übung 1), oder, um Ihnen dabei behilflich zu sein, das **Reflexionsgesetz** der OPTIK beweisen:

Beispiel 1: Reflexionsgesetz

B «Ein **Lichtstrahl**, der von einer Lichtquelle L ausgeht und nach Reflexion an einer glatten Oberfläche durch B läuft, trifft sie in einem Punkt X, für den der Eintrittswinkel zum Lot in X gleich dem Austrittswinkel ist.»

Da das Licht den kürzesten Weg nimmt, scheint es vom Spiegelpunkt L' von L zu kommen, vgl. Bild 4: X liegt dann auf der Strecke $\overline{AB}$ – der Lichtweg ist kürzer als über jeden anderen Punkt C der Oberfläche (Dreiecksungleichung!), – und aus Symmetriegründen sind die Winkel $\alpha = \alpha' = \beta$, w.z.b.w.

Bild 4: dazu

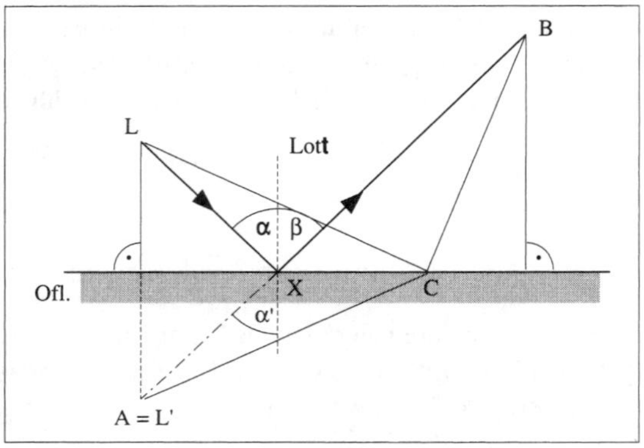

Tangenten und Berührungspunkt

Wir lösen jetzt ganz ähnlich unser *Tangentenproblem*! Die senkrechte Verbindungsstrecke von einem Punkt $M \notin t$ zu t soll sich als kürzeste aller möglichen Verbindungsstrecken erweisen (Bild 3, Seite 113): Sei B der Endpunkt dieser Strecke; $P \in t$ sei beliebig $\neq B$ gewählt. Dann entsteht bei der Spiegelung $\mathbb{S}_t$ das *Dreieck* MM'P, in dem $r + r' < a + a'$ bzw. wegen $r = r'$ schon $2r < 2a$, d. h., $r < a$ gilt. Dies aber war zu zeigen, kurz w.z.b.w. Also muß jeder solche Punkt $P \in t$ weiter von M entfernt sein als B, d. h., t *berührt* den Kreis kr in B.

Will man nun Tangenten von einem Punkt R außerhalb eines Kreises kr exakt an kr legen, muß man den Berührungspunkt B finden. Dazu hilft der **Satz** des ***Thales***, S.117:

«Jeder Winkel im (Halb-)Kreis über einem Durchmesser ist ein *rechter.*»

Hier zur Erinnerung seine Konstruktion als Antwort auf die Frage:

Beispiel 2: Thaleskreis

B Von welchen Punkten (P, Q, ...) aus sieht man eine Strecke $\overline{MR}$ unter einem **rechten Winkel**?

Bild 5 auf der nächsten Seite oben zeigt, wie man vorgeht: Die Mittelsenkrechte = Streckensymmetrale von $\overline{MR}$ trifft $\overline{MR}$ in O. Jeder beliebige Punkt P, Q, ... des (Halb-) Kreises mit O als Mittelpunkt und $\overline{MR}$ als Durchmesser ist Lösung!

Jetzt hat man, um auf die Tangentenfrage zurückzukommen, nur noch den ***Thaleskreis*** über $\overline{MR}$ mit dem gegebenen Kreis zu schneiden, um in den Schnittpunkten die gesuchten Berührpunkte $B_{1,2}$ zu erhalten. Mit etwas Fantasie schaffen Sie jetzt Übung 3! Bild 6 zeigt auch sofort:

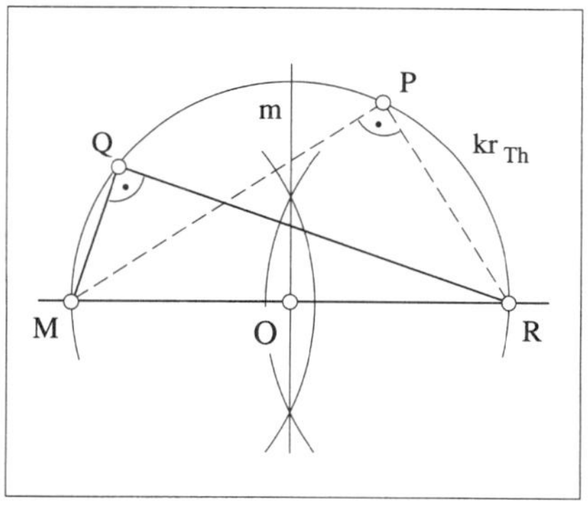

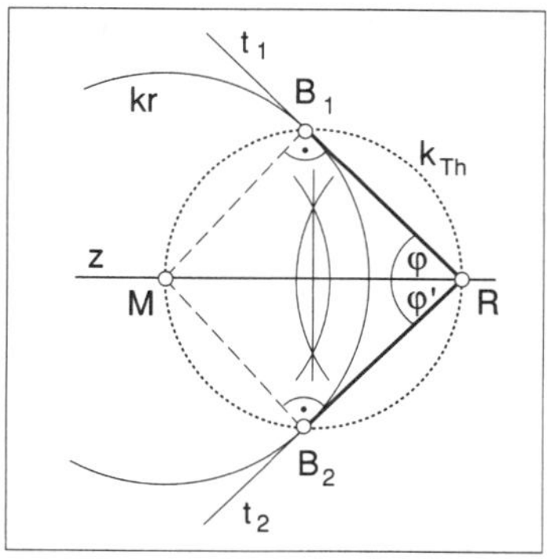

Bilder 5/6: Thaleskreis und Tangenten

Von einem Punkt aus kann man zwei gleich lange Tangentenstücke an einen Kreis legen.

S — Satz 1: Tangentenstücke

Ist doch die ganze Figur *achsensymmetrisch* bezüglich z = MR, woraus wegen der *Längentreue* von $\mathbb{S}_z$ ($\mathbb{B}$**4**) schon die Behauptung folgt!

Zu den früher so beliebten **Ortsaufgaben** mit Kreisen hier nur eine Kostprobe; in der ANALYTISCHEN GEOMETRIE folgen weitere:

B — Beispiel 3: Ortsaufgaben

Welche Punkte haben von einem Punkt P den Abstand r = 3 (cm) und sind außerdem von den Schenkeln g und h eines Winkels gleich weit entfernt?

Wir müssen nur die Winkelhalbierende (= -symmetrale) w von ∠ (g, h) mit dem Kreis um P als Mittelpunkt und r als Radius schneiden, um in X, Y die gesuchten Punkte zu erhalten, vgl. Bild 7.

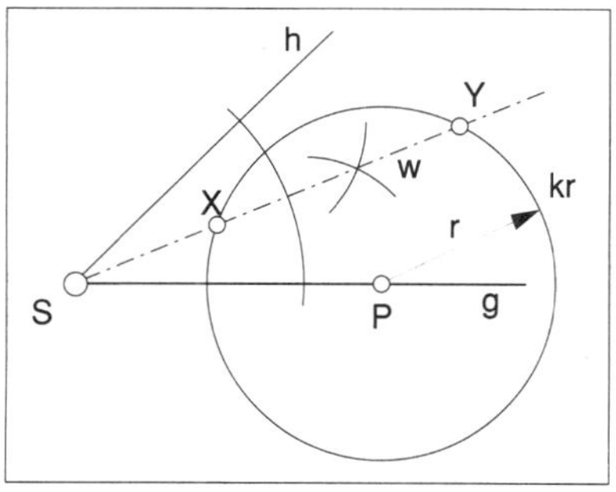

Bild 7: dazu

Besondere Dreiecke

Was man unter einem **Dreieck** versteht, haben wir im vorigen Kapitel definiert, und Sie wissen es ja auch noch aus der Pflichtschule. Wir wiederholen aber die wichtigsten Eigenschaften, da sie später gebraucht werden.

Ein Dreieck mit (mind.) zwei gleich langen Seiten heißt ***gleichschenklig***. Diese Seiten nennt man *Schenkel*, die dritte *Grundlinie* (oder *Basis*).

D — Definition 1: gleichsch. Δ

Von solchen Dreiecken, Bild 8, weiß man etwa, daß sie *achsensymmetrisch* sind: Ist nämlich im Dreieck PP'S $\overline{SP} = \overline{SP'}$, so geht $\overline{SP}$ bei Spiegelung an der Winkelhalbierenden w_γ in $\overline{SP'}$ über. Oder:

Satz 2: gleiche Winkel

S **Ist ein Dreieck *gleichschenklig*, so hat es** (mind.) **zwei gleiche Winkel.**

Wegen der Winkeltreue von $\mathbb{S}_{w\gamma}$ ist ja auch $\angle P = \angle P'$ (PP' ist ja Fixgerade), was schon alles beweist, w.z.b.w. Man kann auch sagen:

«**In jedem Dreieck liegen gleichen Seiten gleiche Winkel gegenüber**.» (Übg. 5)

Auch wenn wir jetzt noch nicht so weit sind, etwas *berechnen* zu können, hier ein Beispiel, in dem gleichschenklige Dreiecke auftreten:

Beispiel 4: Keilkräfte und ...

B Ein ***Keil*** ist im Achsenschnitt ein gleichschenkliges Dreieck, und auch die normal zu den Seitenflächen wirkenden Kräfte $F_{1,2}$ bilden mit der Druck F solche gleichschenkligen Dreiecke, siehe Bild 9.

Bilder 8/9: gleichschenklige Dreiecke

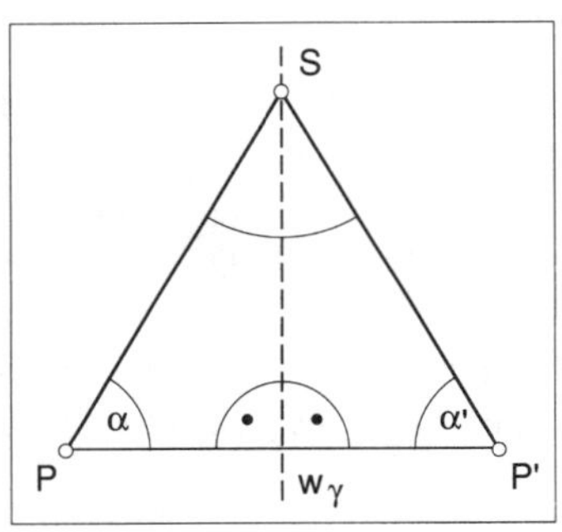

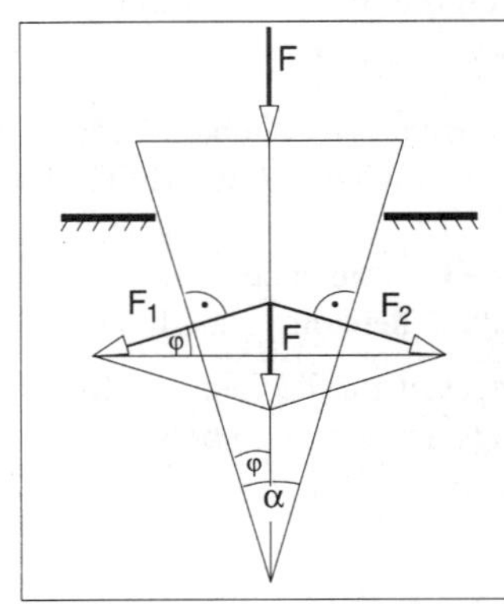

Für größere Seiten bzw. Winkel läßt sich zeigen:

«In einem Dreieck liegt der größeren von zwei Seiten der größere Winkel gegenüber.»

Wir sehen dies als naheliegend an und überlassen Ihnen den Beweis als Übung 6. Damit Sie es dabei leichter haben, hier ein vorbereitendes Beispiel:

Beispiel 5: Außenwinkelsatz

B Gibt es einen Zusammenhang zwischen zwei Innenwinkeln und dem Außenwinkel des 3. Winkels?

Bild 10: dazu

Bild 10 hilft Ihnen bei der Suche:

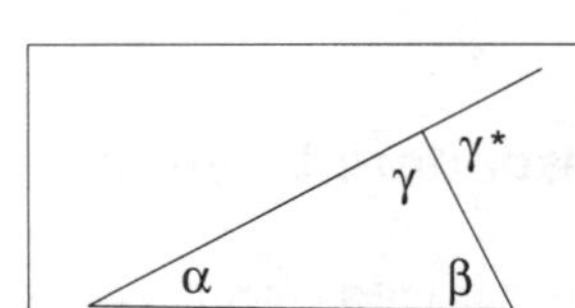

Aus dem Innenwinkel-Summensatz
$\alpha + \beta + \gamma = 180°$ folgt in jedem Dreieck
$\alpha + \beta = 180° - \gamma$; mit $\gamma^* = 180 - \gamma$
wird weiter $\gamma^* = \alpha + \beta$ (*Außenwinkelsatz*)

Hat ein gleichschenkliges Dreieck (glsch Δ) aber statt zwei sogar *drei* gleich lange Seiten, so nennt man es ***gleichseitig*** (gls Δ).

In ihm gilt der eben bewiesene Satz für alle Seitenpaare; daraus folgt:

Jeder Winkel im gleichseitigen Dreieck mißt 60°. S

Satz 3: gleichseitiges Δ

Denn mit $\alpha + \beta + \gamma = 180°$ und $\alpha = \beta = \gamma$ nach Satz 2 und Folgerungen ist natürlich nur $\alpha = \beta = \gamma = 60°$ möglich.

Diese Einsicht erlaubt die **Konstruktion von Winkeln** wie 60°, 30°, 15°, 45° u.a.m. Stellvertretend zeigen wir hier die Konstruktion des 30°-Winkels, Bild 11: B

Beispiel 6: Winkelkonstruktion

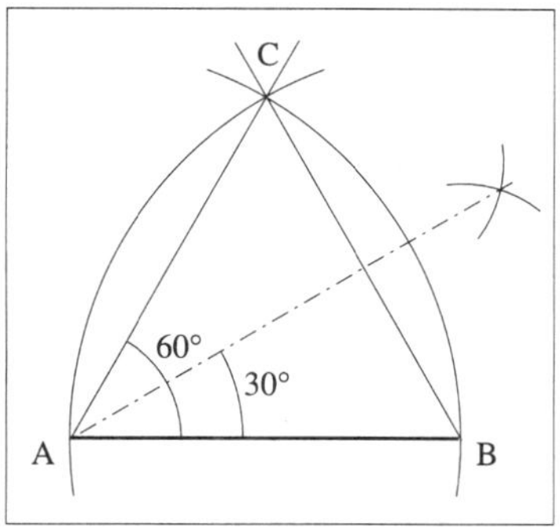

Bild 11: ... von 30°

Nun wählen wir in Bild 12 auf einem (Halb-) Kreis kr über $\overline{AD}$ als Durchmesser mit der Länge 2a einen beliebigen Punkt B ∈ kr und verbinden ihn mit dem Mittelpunkt C. Es entstehen so zwei gleichschenklige Dreiecke mit einem gemeinsamen Schenkel $\overline{BC}$ von der Länge a des Kreisradius. Beidemal ist nach dem Satz über solche Dreiecke $\beta = \alpha$ und $\varphi = \delta$, was über die Winkelsumme im Δ DAB:

Beweis zum ...

$$\delta + \alpha + \beta + \varphi = 2\,(\beta + \varphi) = 180°$$

schon $\beta + \varphi = 90°$ zur Folge hat. Dies ist aber der Winkel bei B, der sich als *rechter* herausstellt! Wir haben bewiesen den

Satz des Thales (von Milet, um 600 v. Chr.):
Jeder Winkel im (Halb-) Kreis über einem Durchmesser ist ein *rechter*. S

Satz 4: des Thales

Auf die Umkehrung kommen wir bei der Besprechung des *Rechteckes* zurück!

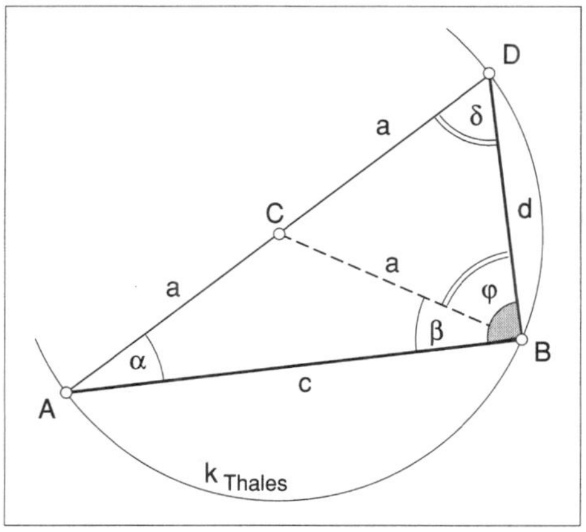

Bild 12: dazu

Beispiel 7: Thaleskreis und gls Δ

B Halbieren wir ein gls Δ dreimal und zeichnen den **Thaleskreis** über einer Seite, so schneidet er die beiden anderen Seiten in deren Halbierungspunkten, von denen die *Höhen* ausgehen, Bild 13. Wir kommen gleich darauf zurück!

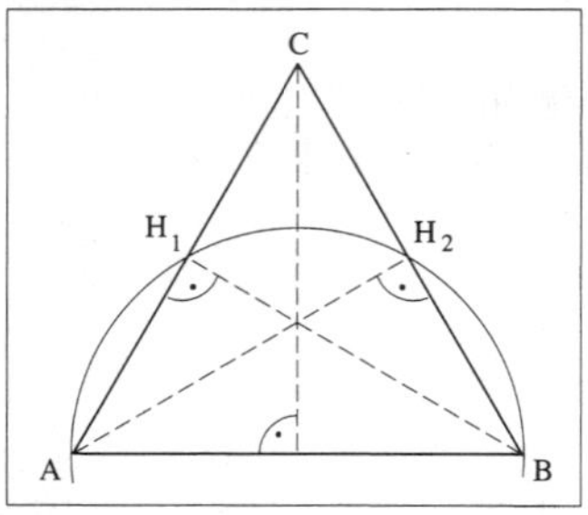

Bild 13: dazu

Sie kennen vermutlich noch die Bezeichnung *Hypotenuse* für die dem rechten Winkel gegenüberliegende Seite und *Katheten* für die Schenkel des rechten Winkels. Bitte zeigen Sie (als Übung 8):

Satz 5: rechtwinkliges Dreieck

S **Im rechtwinkligen Dreieck ist die Hypotenuse die längste Seite.**

Das rechtwinklige Dreieck ist die Grundfigur für den ***Satz von Pythagoras***, dem das nächste Kapitel gilt!

Merkwürdige Dreieckspunkte

Vom allgemeinen oder *schiefwinkligen* Dreieck nennen wir hier nur die vier sog. *merkwürdigen Punkte*; einem sind wir schon in 𝔹**4** begegnet: dem **Schwerpunkt**. Die übrigen drei sind ...?! Zählen wir sie auf:

Sätze 6: merkwürdige Dreieckspunkte

S **In jedem Dreieck gibt es**

- **einen *Schwerpunkt* als Schnittpunkt der Seitenhalbierenden (= *Schwerlinien*)**
- **einen Höhenschnittpunkt**
- **einen Umkreismittelpunkt als Schnittpunkt der Mittelsenkrechten (= Seitensymmetralen)**
- **einen Inkreismittelpunkt als Schnittpunkt der Innenwinkelhalbierenden (-symmetralen)**

Während Satz 6.1 schon bewiesen ist (𝔹**4**) und Satz 6.2 als Übung 10 reserviert wird, suchen wir einen einfachen Beweis für Satz 6.3!

Dazu denken wir an die Eigenschaft einer Mittelsenkrechten m von $\overline{PQ}$, daß jeder Punkt M von m gleich weit von P und Q entfernt sein muß; m läßt sich doch als Achse einer *Geradenspiegelung* auffassen, für die P und Q Original und Bildpunkt sind, während $M \in m$ fix bleibt. Wegen der Längentreue ist dann $\overline{MP} = \overline{MQ}$. Wenden wir diese

Idee dreimal an: In Bild 14 schneiden m_a und m_c einander in U, das also von B und C sowie von A und B gleichen Abstand hat (A, B, C stehen hier konkret für P, Q). U muß demnach auch von C und A gleich weit entfernt sein, also auf m_b liegen! Außerdem ist $\overline{UA} = \overline{UB} = \overline{UC} = r$, was U als Mittelpunkt eines Kreises kr_U ausweist, der die Ecken des Dreiecks enthält: kr_U ist der *Umkreis*, w.z.b.w. (vgl. noch Übung 9!)

Umkreismittelpunkt

B Nun dürfen Sie nicht glauben, daß U immer im Inneren eines Dreiecks liegt! Sehen wir uns dazu ein stumpfwinkliges Dreieck an, Bild 15, rechts:

Beispiel 8: dazu

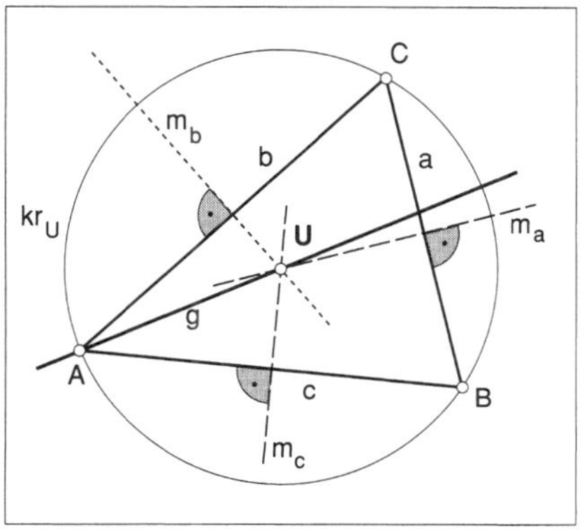

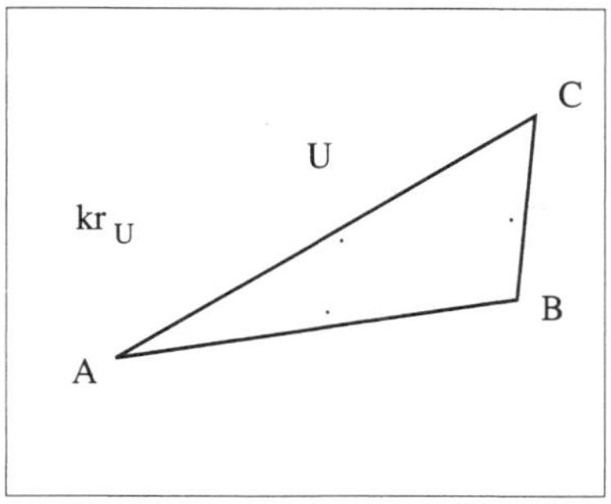

Bilder 14/15: dazu

Die Argumentation verläuft bei Satz 6.4 fast analog, wir verzichten daher darauf.

Daß die drei *Höhen* im Dreieck, die durch die Ecken senkrecht zur Gegenseite laufenden Geraden (bzw. Strecken, wenn man ihre Länge meint) sich auch in *einem Punkt* H treffen, wundert uns schon nicht mehr (Übung 10)!

Es gibt eine berühmte Beziehung zwischen H, S und U (Bild 16): Bei der *zentrischen Streckung* $\mathbb{Z}_{S,-2}$ geht doch M_c in C, M_a in A über, also auch die Mittelsenkrechte m_c in die Höhe h_c und ebenso m_a in h_a. Also hat der Schnittpunkt U der Mittelsenkrechten den der Höhen, H, zum Bild! Das bedeutet:

auf dem Weg zur ...

S **In jedem Dreieck liegen H, S und U auf einer Geraden e, der *Eulerschen Geraden*, und es ist $\overline{SH} = 2 \cdot \overline{SU}$.**

Satz 7: **Eulerschen Geraden**

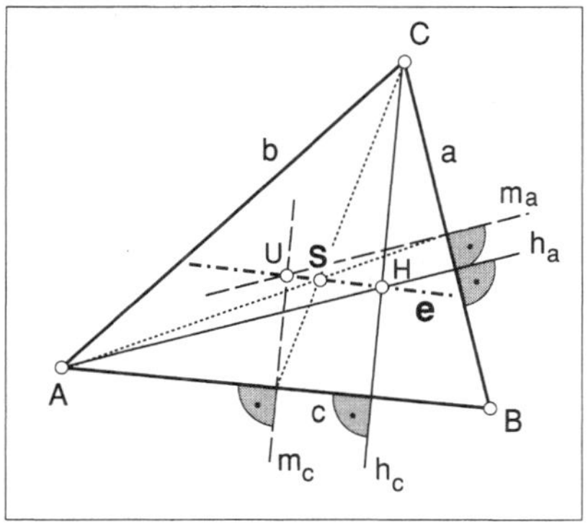

Bild 16: dazu

Winkelsätze am Kreis

Randwinkel am Kreis

Bevor wir zu den *Vierecken* mit ihren Kreisbeziehungen kommen, besprechen wir noch eine Verallgemeinerung des Satzes von Thales, den **Randwinkelsatz**: Wählt man statt eines Durchmessers eine beliebige Sehne AB, so „sieht" man sie von jedem Kreispunkt P, Q, R, ... ∈ kr aus ebenfalls unter *demselben* Winkel φ, nur ist φ i. allg. nicht 90°!

und ein Abbildungs-beweis

Zum Beweis erinnern wir uns an die *Drehung* (um M). Man kann in Bild 17 links den Punkt A bis B um μ drehen; ebenso kann man die Drehung als *Doppelspiegelung* auffassen, wobei die Achsen g und h den halben Drehwinkel μ/2 einschließen; P ist als Spiegelbild A' an g eingezeichnet. Weiter geht´s in Übung 12!

Ergänzen wir den Randwinkelsatz noch für später: Liegt in Bild 18 rechts P mit $\angle P = \varphi = \frac{1}{2}\mu$ auf einem Bogen über $\overline{AB}$, so liegt etwa P* auf dem *Restbogen*, und es ist ebenso $\angle P^* = \psi = \frac{1}{2}(360° - \mu) = 180° - \frac{1}{2}\mu$; daraus folgt $\varphi + \psi = 180°$, d. h., die Randwinkel über Bogen und Restbogen sind *supplementär*.

Bilder 17/18: dazu

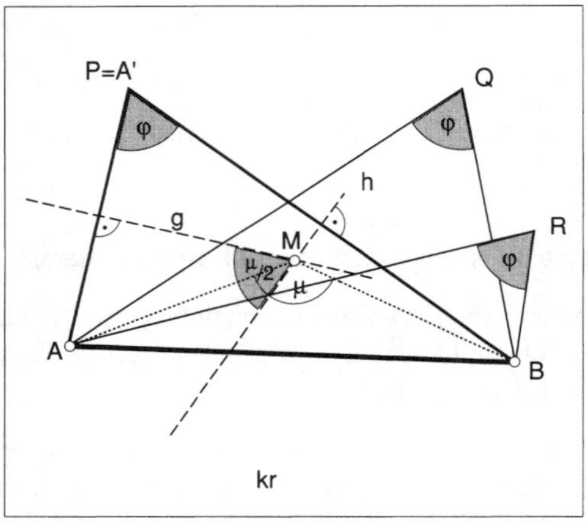

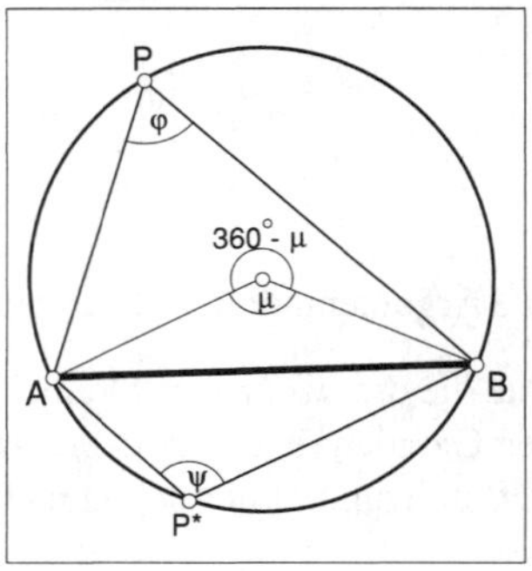

Als *praktische Anwendung* kann man nach dem sog. ***Rückwärtseinschneiden*** seine eigene (unbekannte) Lage P im Gelände feststellen, Bild 19:

Bild 19: Rückwärts-einschneiden

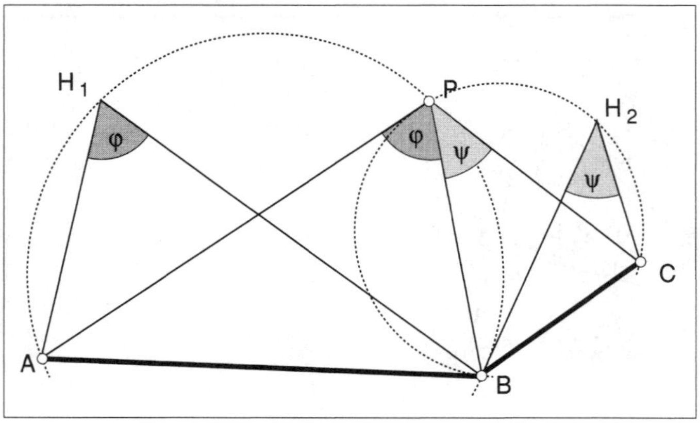

Man mißt die Winkel φ bzw. ψ zu den beiden *Sehnen* $\overline{AB}$ bzw. $\overline{BC}$ in Bild 19, vorige Seite, wobei A, B, C drei markante Punkte sind – Bergspitzen o. a., die sich auf einer Landkarte identifizieren lassen. Die beiden zugehörigen Kreisbögen auf der Karte schneiden sich in P, dem eigenen Standort! Diese Bögen erhält man als Umkreise der Dreiecke ABH_1 und BCH_2 mit $H_{1,2}$ als (beliebigen) Hilfspunkten, von denen aus $\overline{AB}$ unter φ und $\overline{BC}$ unter ψ gesehen wird.

B **Beispiel 9:** **den eigenen Standort bestimmen**

Eine rein geometrische Anwendung ist der Beweis für den

Sekantensatz

Legt man von einem Punkt R beliebige Sekanten durch einen Kreis kr, so ist das Produkt der Sekantenabschnitte konstant.

S **Satz 8:** **Sekantensatz**

In Bild 20 seien g und h diese Sekanten, die kr in A, Q bzw. in B, P schneiden. Behauptet wird: $\overline{RA} \cdot \overline{RQ} = \overline{RB} \cdot \overline{RP}$.

Nun sind die Winkel bei P und Q gleich φ, weil sie *Randwinkel* über der Sehne $\overline{AB}$ sind. Die Dreiecke RPA und RQB stimmen daher in den beiden Winkeln α und φ (und dem dritten) überein, sind daher *ähnlich*. Es folgt:

und sein Beweis

$\overline{RA} : \overline{RP} = \overline{RB} : \overline{RQ}$ oder $\overline{RA} / \overline{RP} = \overline{RB} / \overline{RQ}$ oder

$\overline{RA} \cdot \overline{RQ} = \overline{RB} \cdot \overline{RP}$, w.z.b.w.

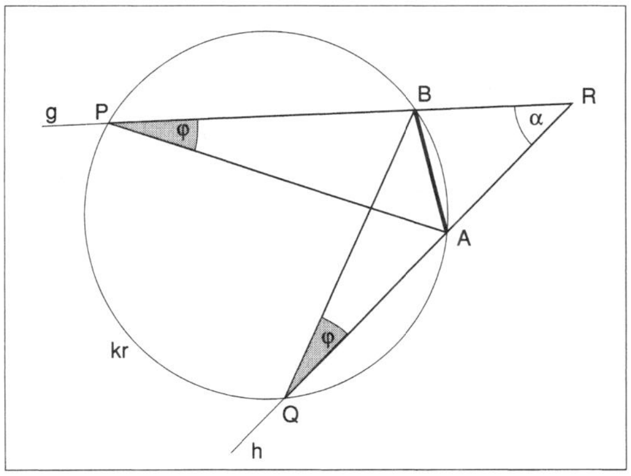

Bild 20: **dazu**

Damit läßt sich etwa ein Rechteck in ein *flächeninhaltsgleiches* anderes verwandeln, von dem eine Seite vorgeschrieben ist; man hat ja nur die Sekantenabschnitte als Rechteckseiten aufzufassen (Übung 14); etwas Ähnliches folgt sogleich!

Nun kann man eine Sekante g so weit nach außen verdrehen, bis sie *Tangente* wird; dann kommen A und Q einander näher und fallen zusammen in S, vgl. Bild 21 auf der nächsten Seite links oben; aus $\overline{RA}$ und $\overline{RQ}$ wird beidemal $\overline{RS}$, und wir erhalten den **Tangentensatz**:

Tangentensatz

«**Das Produkt der Sekantenabschnitte ist gleich dem Quadrat des Tangentenabschnitts**»;

als Formel: $\overline{RS}^2 = \overline{RB} \cdot \overline{RP}$

Sehen- und Potenzsatz

Man kann auch R im *Kreisinneren* annehmen und findet den ***Sehnensatz***, der ganz analog bewiesen und formuliert wird. Da die genannten Produkte die „Potenz" des Punktes R bezüglich des Kreises kr heißen, faßt man alle Teilsätze auch als ***Potenzsatz*** zusammen.

Bilder 21/22: zum Tangentensatz

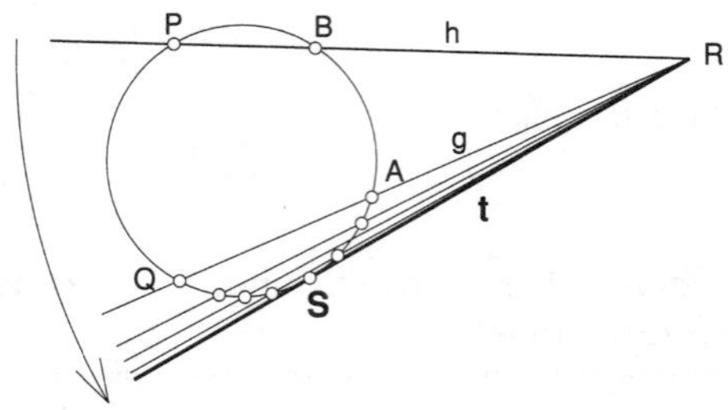

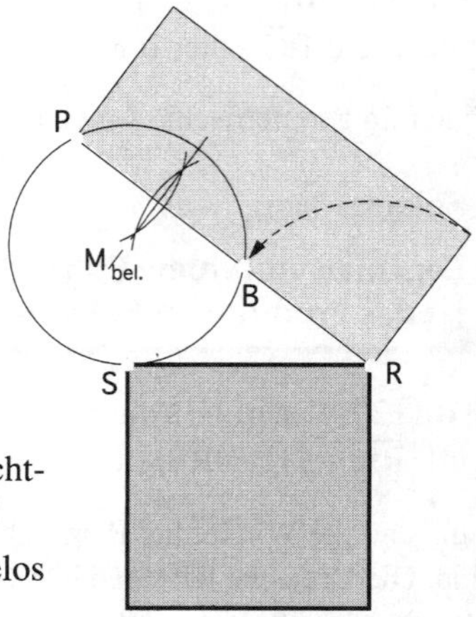

Beispiel 10: Flächenverwandlung

B Wenden wir nun den Tangentensatz an, um ein Rechteck in ein inhaltsgleiches Quadrat zu **verwandeln**!

Die Konstruktion dürfte aus Bild 22 rechts mühelos abzulesen sein?!

Goldener Schnitt

Erwähnen wir noch eine besonders schöne, ja sogar ästhetische Anwendung des Tangentensatzes, die **stetige Teilung** einer Strecke $\overline{SR}$ bzw. den **Goldenen Schnitt**! Dazu zeichnen wir in Bild 23 über dem Endpunkt S der Strecke einen Kreis mit dem Durchmesser $s = \overline{SR}$, der $\overline{SR}$ in S berührt. Wir fragen nach dem Punkt X einer Strecke $\overline{SR}$, der sie so teilt, daß der größere Abschnitt $\overline{XR}$ das geometrische Mittel des kleineren Abschnitts $\overline{SX}$ und der ganzen Strecke $\overline{SR}$ sein soll, d.h.,

$$\overline{XR}^{\,2} = \overline{SX} \cdot \overline{SR} \quad \text{bzw.} \quad \overline{SX} : \overline{XR} = \overline{XR} : \overline{SR} \quad \text{bzw. «klein : groß = groß : ganz»}$$

Bild 23: stetige Teilung

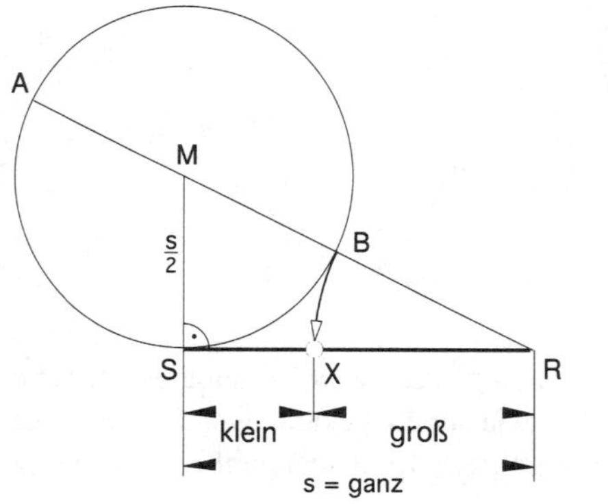

Eine etwas umständliche Rechnung zeigt, daß der so gefundene Punkt X das Verlangte leistet. Rechtecke mit solchen Seitenlängen wurden seit jeher und werden auch heute in grafischen Anwendungen als besonders harmonisch angesehen, vgl. den Rahmen ↑!

Die stetige Teilung wieder erlaubt die *Konstruktion* des *reg. Zehnecks* mit Zirkel und Lineal, weil sich bei stetiger Teilung des Umkreisradius die Zehneckseite als größerer Abschnitt ergibt (vgl. B**6**).

Besondere Vierecke

Gehen wir nun dazu über, die wichtigsten Arten von **Vierecken** aufzuzählen und einige grundlegende Eigenschaften zu beweisen. Vom *allgemeinen* Viereck weiß man nur, daß die Innenwinkelsumme stets 360° sein muß: Jede Diagonale teilt es in zwei *Dreiecke*, vgl. Bild 24, deren Innenwinkelsumme, wie bewiesen, 180° ist.

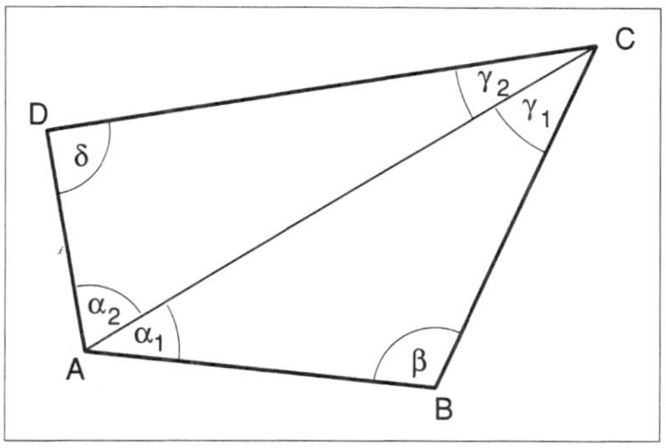

Bild 24: Winkel im Viereck

Verlangen wir, daß ein Viereck *Um-* oder *Inkreis* haben soll (Bild 25), so läßt sich schon etwas mehr aussagen. Vorerst die übliche Bezeichnung:

D — Definition 2: Sehnen- und Tangentenviereck

> Ein Viereck mit Umkreis heißt *Sehnenviereck*, ein Viereck mit Inkreis *Tangentenviereck.*

Die Namen sind einleuchtend: Die Seiten eines Vierecks mit Umkreis sind *Sehnen*, mit Inkreis *Tangenten*stücke. Aus den Bildern 25 lesen wir ohne weiteres ab:

S — Sätze 9: dazu

> **Im Sehnenviereck ist die Gegen*winkel*summe, im Tangentenviereck die Gegen*seiten*summe konstant:**
>
> **SV: $\alpha + \gamma = \beta + \delta = 180°$; TV: $a + c = b + d$**

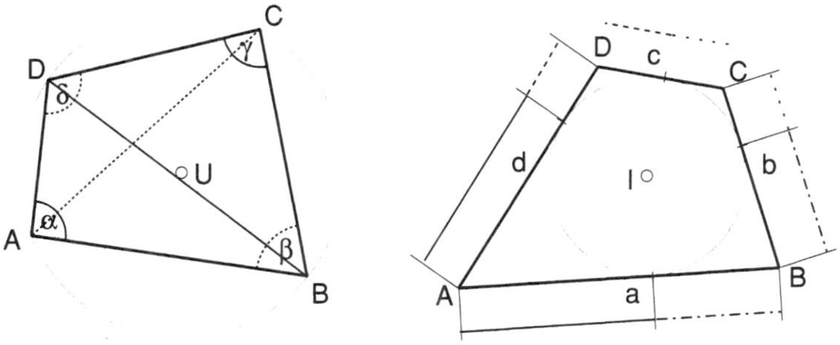

Bilder 25: dazu

Denn betrachten wir in Bild 25 die Diagonale $\overline{AC}$ als Sehne im Umkreis, so sind β und δ als *Randwinkel* über Bogen und Restbogen supplementär (analog α und γ bezüglich $\overline{BD}$); beim Inkreis setzen sich sowohl a + c als b + d aus je vier paarweise gleich langen Tangentenstücken zusammen, w.z.b.w.

Punktsymmetrie und Parallelogramm

Bisher haben wir die *Symmetrie* noch nicht berücksichtigt. Soll ein Viereck etwa punktsymmetrisch sein, so entsteht ein **Parallelogramm**. Man kann es erzeugen, indem man eine Strecke $\overline{AB}$ in Bild 26 an einem Punkt M als Zentrum punktspiegelt nach $\overline{A'B'}$ mit $\overline{A'B'} = \overline{CD}$; diese Bildstrecke ist parallel und gleich lang – und automatisch werden auch $\overline{BC}$ und $\overline{DA}$ Bilder voneinander, sind also auch parallel und gleich lang.

Bild 26: dazu

Aus der Winkeltreue folgt dann auch die Gleichheit der Gegenwinkel $\alpha = \gamma$ und $\beta = \delta$ und daraus mit $\alpha + \beta + \gamma + \delta = 360°$ wieder $\alpha + \beta = \gamma + \delta = 180°$:

«Nachbarwinkel sind supplementär».

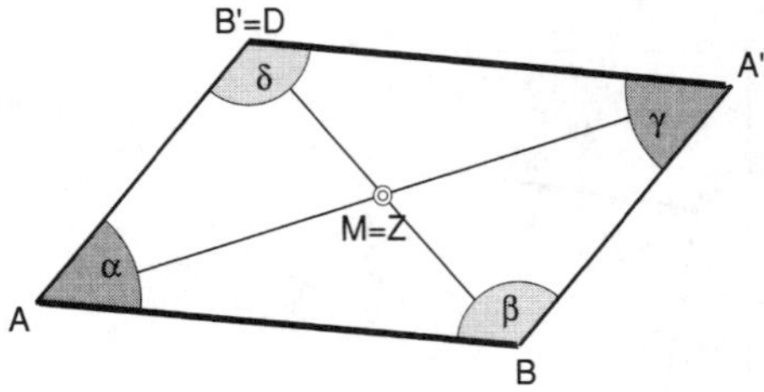

Da $\overline{AM}$ und $\overline{CM}$ Bildstrecken voneinander sind und ebenso $\overline{BM}$ und $\overline{DM}$, folgt auch schon, daß die Diagonalen einander halbieren; vgl. dazu auch Übung 18.

Achsensymmetrie:

Für *einfach-achsensymmetrische* Vierecke können wir so überlegen (Bild 27):

Trapez

❖ *Keine* Ecke des Vierecks liegt auf der Achse. Dann gibt es zwei Paare von Punkten, die Original und Bild bei $\mathbb{S}_g$ sind: (A, B) und (C, D). Die Verbindungsgeraden AB und CD sind Fixgeraden, und es ist AB ∥ CD: ein Paar paralleler Gegenseiten bildet ein (symmetrisches) **Trapez**.

und Deltoid

❖ *Eine* Ecke liegt auf der Achse, die damit Fixpunkt ist, im Bild 27 ist D = D'. Ein zweiter Punkt $A \notin g$ hat C = A' als Bild, dem Viereck fehlt noch ein Punkt B, der also Fixpunkt sein muß, B = B'. Der *symmetrische Drachen* bzw. das **Deltoid** ist geboren; es hat senkrechte Diagonalen, wobei eine von der anderen halbiert wird. Eine 3. Möglichkeit gibt es für Vierecke nicht!

Aus der Symmetrie folgt für das *Trapez* noch, daß es einfach gleichschenkelig ist und einen *Umkreis* hat, Übung19.

Beispiel 11: Deltoid und Inkreis

B Aus der Definition des *Deltoids* folgt, daß es doppelt gleichschenklig ist und einen *Inkreis* hat! Ersteres ist wegen der Längentreue der Geradenspiegelung klar. Der Schnittpunkt I der Winkelhalbierenden von α bei $\bar{A}$ mit ihrem Spiegelbild, der Winkelhalbierenden von γ bei $\bar{C}$, hat von allen vier Seiten gleichen Abstand, ist also *Inkreismittelpunkt!*

Bilder 27/28: dazu

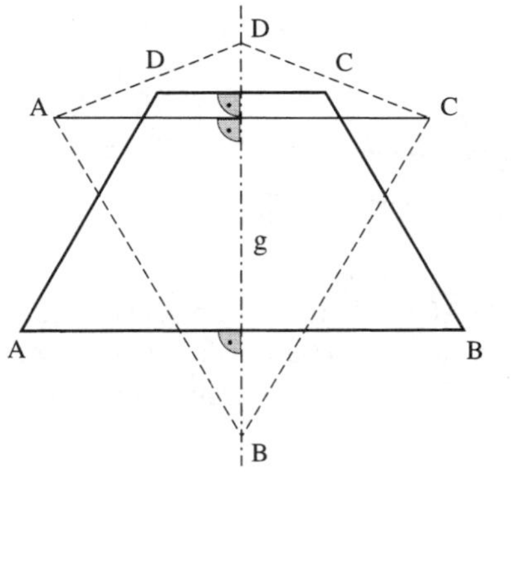

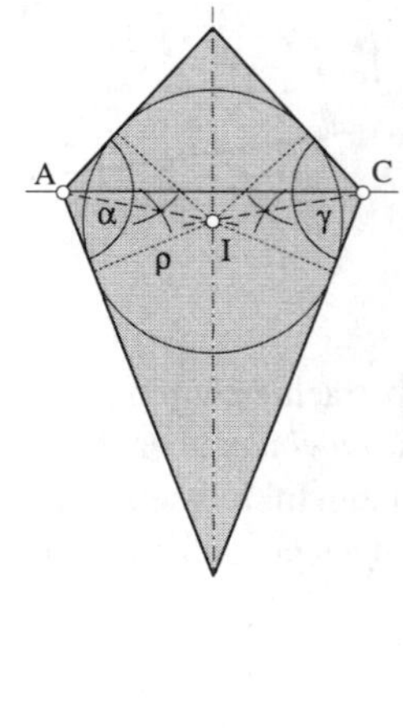

Verzichtet man auf die Symmetrie, behält aber die Forderung nach einem parallelen Seitenpaar a || c bei, entsteht in Bild 29 ein *allgemeines* Trapez; es hat keinen Umkreis mehr. Will man im 2. Fall wenigstens, daß die 1. Diagonale, e, von der anderen, f, halbiert wird, entsteht ein *allgemeiner* Drachen, Bild 30; er hat keinen Inkreis.

Bilder 29/30: Trapez und Drachen

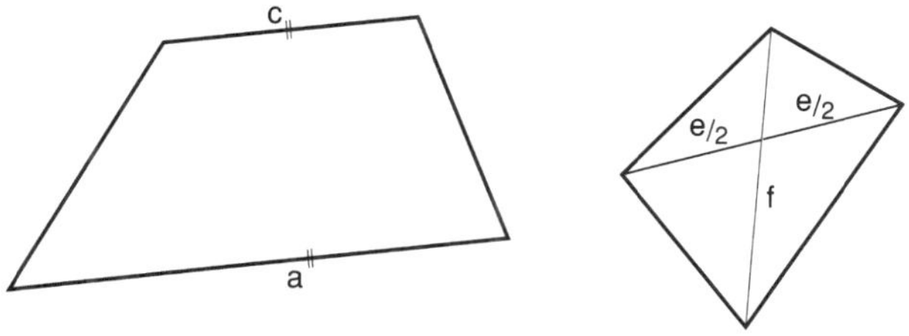

Beispiel 12: Parallelogramm

B

Wird in einem allgemeinen Drachen auch die zweite Diagonale f von der ersten halbiert, entsteht ein *Parallelogramm.* Ein solches entsteht offenbar auch, wenn in einem allgemeinen Trapez a und c gleich lang sind!

doppelte Symmetrie

Fragen wir nun, ob es auch *doppelt*-achsensymmetrische Vierecke gibt!

Man überlegt zunächst, daß jedenfalls diese Achsen normal aufeinander sein müssen, $g \perp h$, da sonst mehr als vier Punkte beim Spiegeln entstehen. Liegt dann ein beliebiger Punkt außerhalb von g und h, so entsteht ein **Rechteck** mit den Achsen als Seitenhalbierende, Bild 31, liegt ein Punkt P auf g, so muß ein anderer, Q, auf h liegen, Bild 32: Es entsteht eine **Raute** = ein *Rhombus* mit den Achsen als Träger der Diagonalen.

Bilder 31/32: Rechteck und Raute

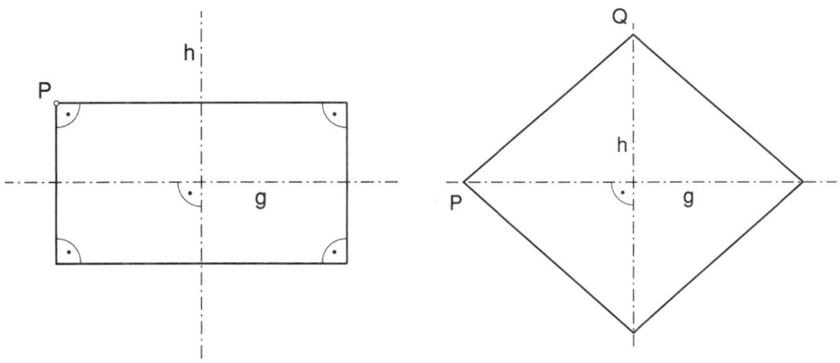

Beispiel 13: Rechteck-eigenschaften

B

Da das Rechteck ein spezielles symmetrisches *Trapez* ist, hat es natürlich auch einen *Umkreis*; seinen Namen erhält es von den *vier rechten Winkeln*, die beim Spiegeln an senkrechten Achsen notwendigerweise auftreten. Man erkennt an Bild 31, daß es auch zwei Paare gleich langer und paralleler Gegenseiten gibt: Das Rechteck ist ein besonderes *Parallelogramm* !

Beispiel 14: Rauten-eigenschaften

B

Die Raute ist ein spezieller symmetrischer *Drachen*, hat also auch einen *Inkreis*; es hat *vier gleich lange Seiten*, weil sie alle als Bilder beim Spiegeln entstehen. Da sie als Punktspiegelbilder auch *parallel* sind, liegt auch hier ein *Parallelogramm* vor!

Sonderfall:

Nun fehlt noch das Viereck mit *allen* bisher genannten Besonderheiten: mit Umkreis und Inkreis, mit zwei Achsen als Seitenhalbierenden, zwei weiteren als Diagonalen, mit vier rechten Winkeln und vier gleich langen, parallelen Seiten: das **Quadrat**. Es läßt sich durch Spezialisierung aus allen anderen Vierecken erhalten, Bild 33.

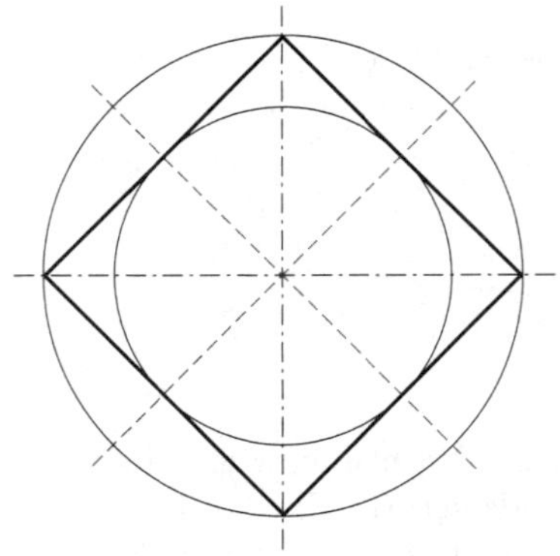

Bild 33: Quadrat

Diese Situation kann man durch ***Mengendiagramme*** verdeutlichen, vgl. Bilder 34:

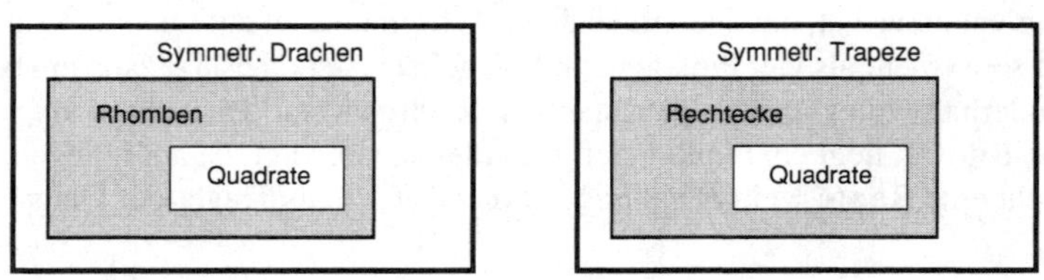

Bilder 34: Mengendiagramme

Beispiel 15: Durchschnitte

Will man andeuten, wie von zwei Vierecksarten durch Spezialisierung eine gemeinsame Sonderform entsteht, kann man *Durchschnitte* zeichnen, Bild 35:

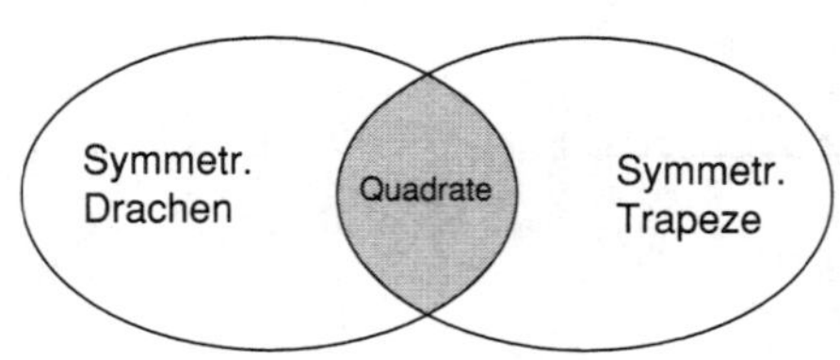

Bild 35: dazu

Ende des 5. Kapitels!

Übungsaufgaben

1. In B brennt es, von A' aus stürzen Helfer mit Eimern zum nahen Fluß, um mit Wasser nach B zu eilen. Welches ist der kürzeste Weg?

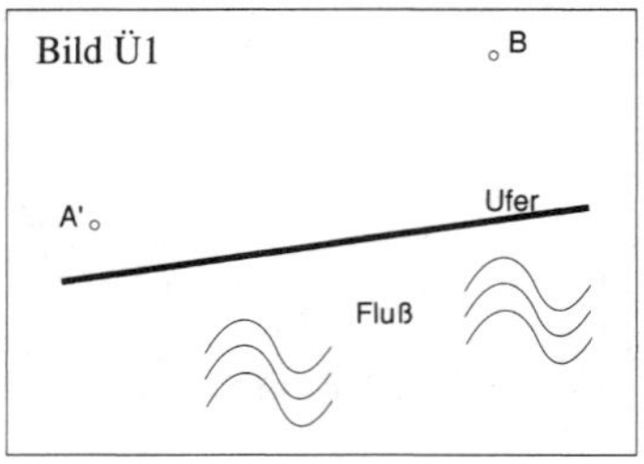

Bild Ü1

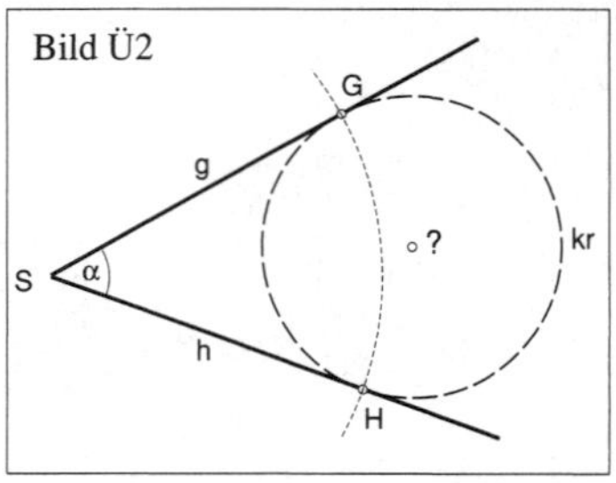

Bild Ü2

2. Wie gehen Sie vor, um einen Kreis zu finden, der die Schenkel g und h des Winkels $\angle GSH$ in zwei gleich weit vom Scheitel S entfernten Punkten G und H berühren soll, Bild oben?

3. Konstruieren Sie die gemeinsamen inneren Tangenten an zwei gegebene Kreise mit Hilfe eines geschickt gelegten Thaleskreises (von M_2 an $kr(M_1; R+r)$)!

4. Welche Punkte liegen so, daß von ihnen aus gesehen die Strecke $\overline{AC}$, vgl. die Skizze li. unten, unter 90° erscheint? Welche (X) haben außerdem von B die Entfernung $\overline{BC}$?

5. Beweisen Sie: «Ein *gleichwinkliges* Dreieck ($\alpha = \beta$) ist gleichschenklig ($a = b$)».

6. Wenn Sie gerne elementargeometrische Überlegungen durchführen, versuchen Sie, anhand der Skizze rechts, in der $a < b$ ist, $\alpha < \beta$ zu folgern, was wir im Text behauptet haben. (Anleitung: Wenden Sie den Außenwinkelsatz auf φ statt γ^* an!)

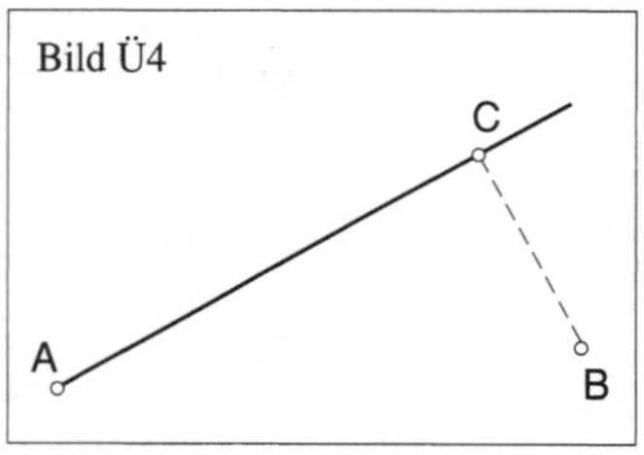

Bild Ü4

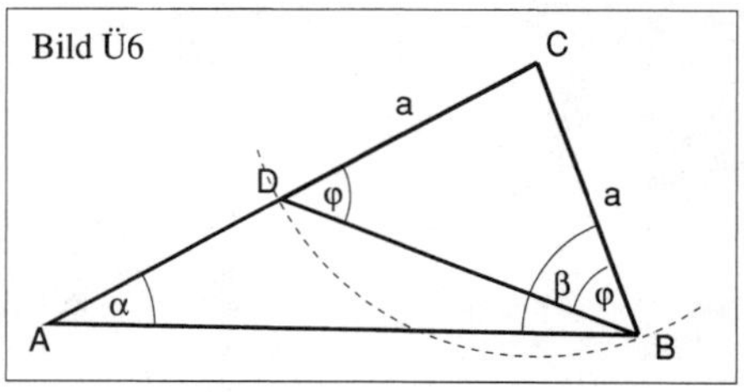

Bild Ü6

7. Wie läßt sich ein Winkel von 45° mit Zirkel und Lineal konstruieren
   a) vom gls. Dreieck, b) vom Quadrat ausgehend?

8. Zeigen Sie, daß die Hypotenuse die längste Seite im rechtwinkligen Dreieck ist!

9. Verwenden Sie den *Satz von den 3 Spiegelungen* ($\mathbb{B}$**4**), um die Existenz des Umkreismittelpunktes im Dreieck nachzuweisen!
   (Anleitung: $\mathbb{S}_{ma} \circ \mathbb{S}_{mc} \circ \mathbb{S}_g$ ist eine *Einfach*spiegelung $\mathbb{S}_h$, wenn die 3 Achsen sich in einem Punkt, hier U, schneiden, $g = UA$. Wie muß h liegen? Verfolgen Sie die Bilder von C bei der *Dreifach*spiegelung!)

10. Zeichnen Sie in einem beliebigen Dreieck ABC die Mittelpunkte H, M, N der Seiten ein und noch die Mittelsenkrechten des „großen“ Dreiecks ABC! Welche Rollen spielen sie im (kleinen) *Mittendreieck* HMN? Folgerung?

11. Nehmen Sie ein *stumpfwinkliges* Dreieck an und zeichnen Sie die Eulersche Gerade ein!

12. Vollenden Sie den Beweis des Randwinkelsatzes, indem Sie den *Normalwinkelsatz* verwenden.

13. Der Randwinkelsatz wird unter anderem bei Dreieckskonstruktionen benötigt. Hier eine praktische Anwendung: Sie spazieren auf einem Parkweg vor einem Schloß vorbei, möchten es fotografieren und sich dabei möglichst nahe so plazieren, daß die Front $\overline{AB}$ gerade noch voll im Bild ist. Sie wissen aus Erfahrung, daß Ihr Objektiv einen maximalen Sehwinkel von 60° erlaubt. Wohin stellen Sie sich? Bitte zu Hause am Plan austüfteln!

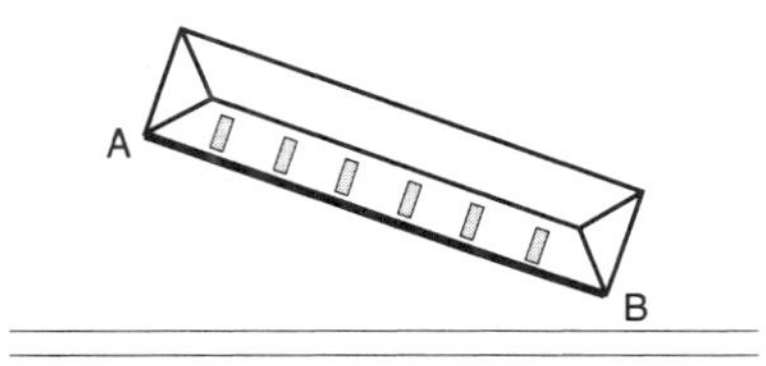

14. Verwandeln Sie ein Rechteck (a = 8, b = 3 cm) in ein flächeninhaltsgleiches (l = 10 cm, Breite x), indem Sie den Sekantensatz verwenden.

15. Liegen bei den DIN A3- bzw. A4-Formaten *Goldene Schnitte* vor? DIN A3: 42,04 × 29,73; DIN A4: 29,73 × 21,02. Es verhält sich 21,02 : 29,73 gleich wie 29,73 : 42,04 $(= 1 : \sqrt{2}\ !)$

16. Ist die Strecke s stetig geteilt? a) s = 8, kleine Teilstrecke hat die Länge 3;
b) $s = \frac{3+\sqrt{5}}{2}$, kleiner Teil 1.

17. Auf welchen Satz stützt sich der Beweis des Satzes von der konstanten Gegenseitensumme im Tangentenviereck?

18. Zeigen Sie, indem Sie Kongruenzsätze verwenden:
«Ein Viereck mit paarweise gleich langen Gegenseiten (a = c, b = d) ist ein Parallelogramm.»

19. Begründen Sie: Ein symmetrisches Trapez ist gleichschenklig und hat einen Umkreis.

20. Begründen Sie: Ein Parallelogramm mit Umkreis ist ein Rechteck!

21. Begründen Sie: Ein Parallelogramm mit Inkreis ist eine Raute = ein Rhombus!

22. Konstruieren Sie ein Parallelogramm mit a = 8, b = 5 und d = 10 cm (längere Diagonale).

23. Stellen Sie bitte die Eigenschaften der Diagonalen im Parallelogramm, Rechteck und der Raute einander gegenüber.

24. Wie muß ein Mengendiagramm aussehen, das Rechtecke, Rauten und Quadrate darstellen bzw. umfassen soll?

↓ Raum für Ihre Notizen ↓

Zu den Lösungen

Lösungen

1. Beim Weg über X ist $\overline{A'X} + \overline{XB} = \overline{AX} + \overline{XB} = \overline{AB}$. Jeder andere Weg, nach C etwa, ist weiter, wie die Dreiecksungleichung für Δ ACB unmittelbar besagt.

2. Man hat einfach die Normale n durch G auf g mit der Normalen m durch H auf h zu schneiden und erhält den Kreismittelpunkt. (Tangente ⊥ Berührungsradius!)

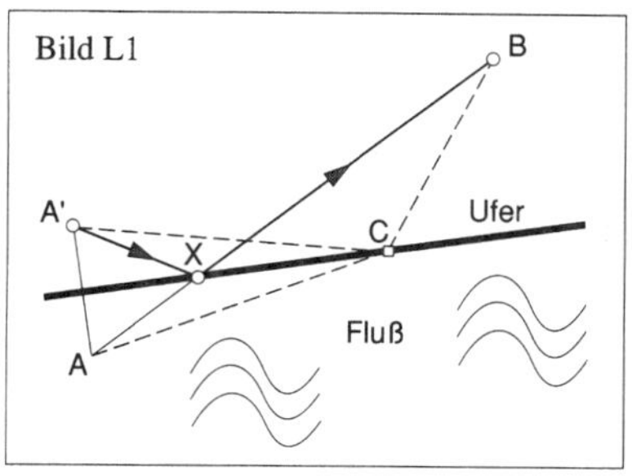

Bild L1

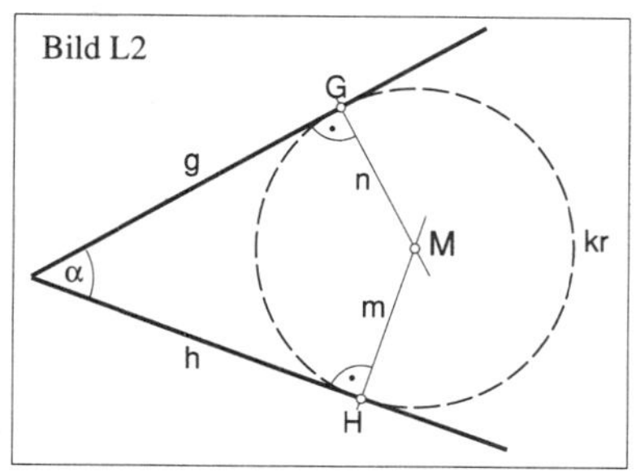

Bild L2

3. Die so konstruierte Tangente ist nur noch um r parallel zu verschieben! Die 2. Lösung findet man durch Spiegelung an der Verbindungsgeraden der Punkte $M_{1,2}$, Bild links unten.

4. Sie liegen auf dem Thaleskreis über $\overline{AC}$; X muß auch noch auf dem Kreis um B mit $\overline{BC}$ als Radius sein, ist also der Schnittpunkt der beiden Kreise, Bild rechts darunter.

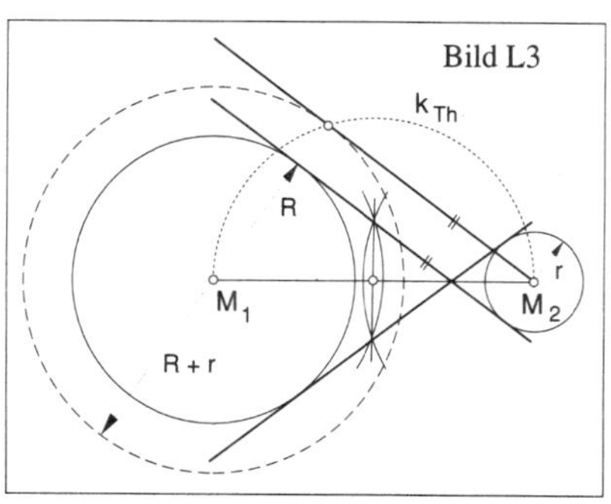

Bild L3

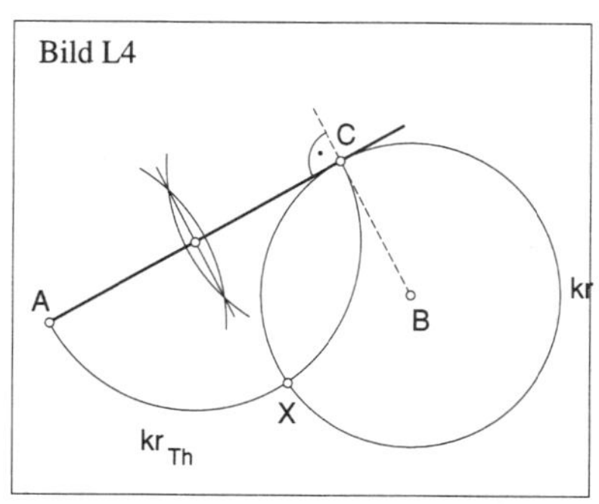

Bild L4

5. Ist $\alpha = \beta$, so müssen a und b Original und Bild bei $\mathbb{S}_m$ sein, wobei m Mittelsenkrechte von $\overline{AB}$ ist. Also schneiden sich a und b in S ∈ m, woraus schon a = $\overline{SB} = \overline{SA}$ = b folgt.

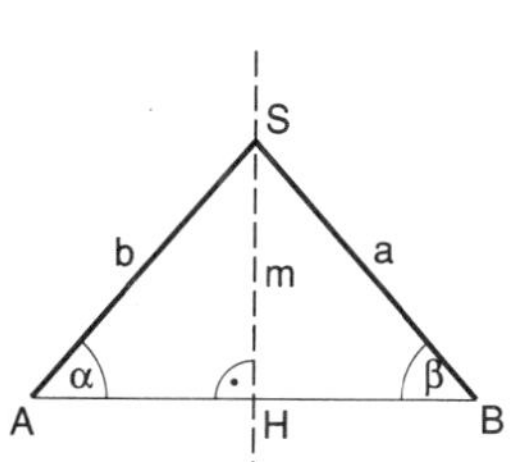

6. Es ist $\varphi < \beta$ mit $a < b$, da bei B ein Restwinkel $\beta - \varphi > 0$ für das Teildreieck ABD „übrigbleibt". φ als Außenwinkel ist gleich $\alpha + (\beta - \varphi)$ bzw. $\alpha = \varphi - (\beta - \varphi) = 2\varphi - \beta$. Mit $\varphi < \beta$ ist $2\varphi < 2\beta$, also $\alpha = 2\varphi - \beta < 2\beta - \beta = \beta$, w.z.b.w.

7. a) 60° über gls. Δ ABC, Winkel halbieren → 30°, wie Beispiel 6, Bild 5.11; nochmals obere 30° halbieren, → 45°

   b) Quadrat konstruieren, Diagonale teilt in zwei kongruente, gleichschenklige Dreiecke, → 45°, da an einer Ecke 90°!

8. Wegen $\alpha + \beta + \gamma = 180°$ und $\gamma = 90°$ ist $\alpha + \beta = 90°$, d. h., $\alpha < 90°$ und $\beta < 90°$; da $\gamma = 90°$ somit der größte Winkel ist, liegt ihm auch die größte Seite gegenüber!

9. Sicherlich geht die gesuchte Achse h durch U. Nun gilt bei der Dreifachspiegelung für den Eckpunkt C: C → B → A → A, also C → A; dies geschieht aber auch bei Spiegelung an m_b, also muß $h = m_b$ sein. h enthält nach unserem Satz aber U, also ist gezeigt, daß auch die 3. Mittelsenkrechte m_b (= h) durch den Schnittpunkt U von m_a und m_c läuft!

10. Die Mittelsenkrechten im großen Dreieck sind *Höhen* im kleinen Dreieck! In ihrer ersten Eigenschaft schneiden sie einander in U, dem Umkreismittelpunkt von Δ ABC, der sich so als Höhenschnittpunkt im Δ HMN entpuppt, vgl. das Bild links darunter!

Bild L10

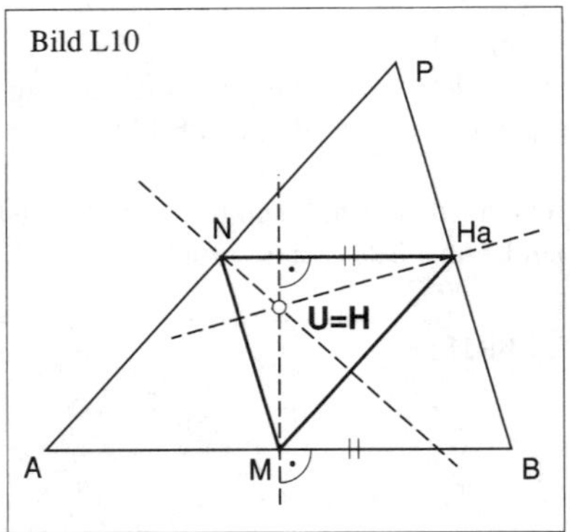

Bild L11

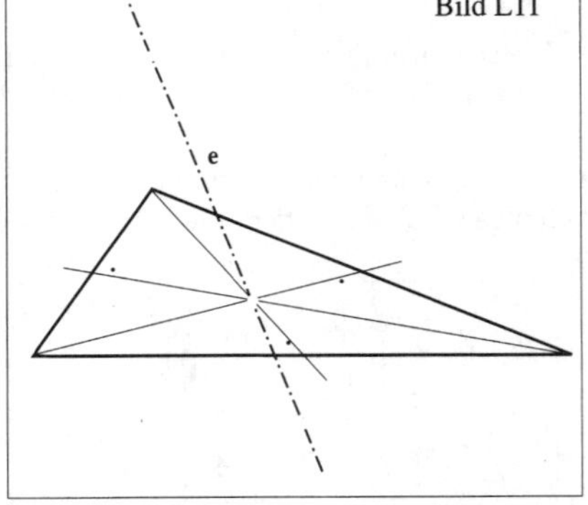

11. Bild rechts oben →→→↑

12. Der Winkel $\varphi = \angle$ BPA muß aber gleich dem Achsenwinkel $\mu/2$ sein und damit konstant, unabhängig von P – da eine Drehung von (g, h) um 90° um M nach (g', h') zu parallelen Winkeln führen würde – (g, h) steht ja senkrecht zu (PA, PB), vgl. das Bild auf der nächsten Seite links oben. Dies ist gerade die Aussage des *Normalwinkelsatzes.*

13. Von allen Punkten des passenden (zum Randwinkel 60° gehörenden) Kreisbogens aus erscheint $\overline{AB}$ unter 60°. Einen Punkt P beliebig suchen, Kreismittelpunkt M bestimmen und Kreis mit Parkweg schneiden, dies ergibt zwei Orte (*), Bild nächste Seite, oben rechts!

14. Auch dieses Bild hat erst auf der folgenden Seite Platz: Rechteck a, b zeichnen mit $\overline{PR} = a$; b von R bis B abtragen. Beliebigen Kreis kr so legen, daß er $\overline{PB}$ als Sehne hat. Von R aus l auf kr abtragen bis Q. $\overline{RQ}$ trifft kr in A, $\overline{RA} = x$ (= 2,4), denn $a \cdot b = l \cdot x$!

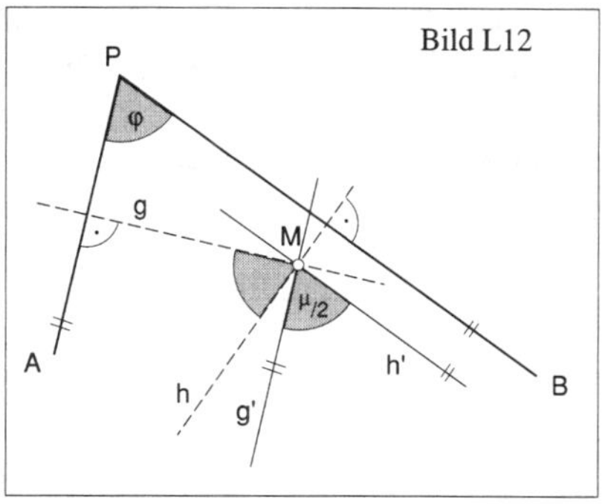

Bild L12

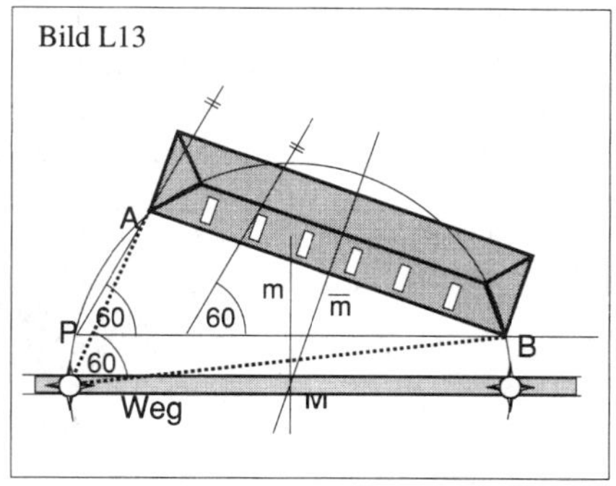

Bild L13

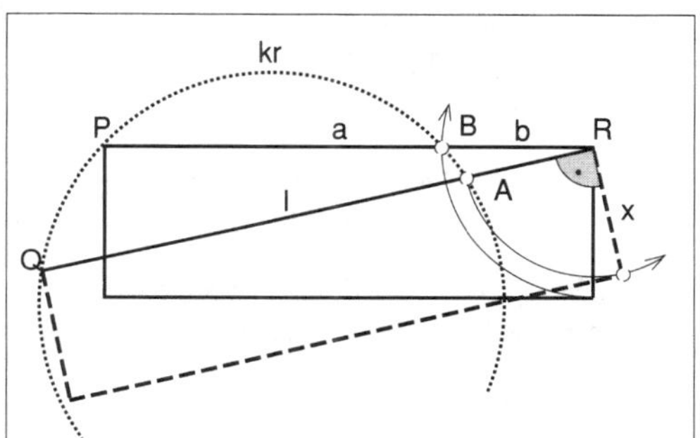

Bild L14

15. Nein! Zwar ist hier die Proportion richtig, doch das vierte Glied zerstört die Bedingung klein : groß = groß : **ganz**, denn **ganz** muß gleich sein (klein + groß)! Hier ist $42{,}04 \neq 21{,}02 + 29{,}73 = 50{,}76$.

16. a) klein = 3, groß = 5, ganz = 8. $3 : 5 = 5 : 8$ bzw. $3 \cdot 8 = 5 \cdot 5$ bzw. $24 = 25$? Nein! Doch mit guter Näherung.

b) klein = 1, groß = $\frac{3+\sqrt{5}}{2} - 1 = \frac{1+\sqrt{5}}{2}$, ganz = $\frac{3+\sqrt{5}}{2}$

$1 : \frac{1+\sqrt{5}}{2} = \frac{1+\sqrt{5}}{2} : \frac{3+\sqrt{5}}{2}$, daraus gemäß Produktsatz

$\frac{3+\sqrt{5}}{2} \cdot 1 = \left(\frac{1+\sqrt{5}}{2}\right)^2 = \ldots = \frac{3+\sqrt{5}}{2}$, also JA! $(1 : 1{,}618 = 1{,}618 : 2{,}618)$

17. In Satz 1 haben wir erkannt, daß von einem Punkt aus gleich lange Tangentenstücke an einen Kreis gezogen werden können. Dies auf alle vier Ecken angewandt, ergibt die Beh.!

18. Es soll a ∥ c, b ∥ d bewiesen werden, wenn a = c und b = d gilt. Wir legen die Diagonale e und stellen fest, daß die Dreiecke ACD und CAB nach sss kongruent sind. Damit sind auch entsprechende Winkel gleich, und weil die φ- und die ψ-Winkelpaare wie Wechselwinkel an derselben Diagonale liegen, folgt tatsächlich a ∥ c, b ∥ d, vgl. das Bild auf der Folgeseite oben links und das vorige Kapitel!

19. Da B Bild von A und C Bild von D ist, sind auch die Seiten $\overline{AD}$ und $\overline{BC}$ Original und Bild bei $\mathbb{S}_g$, also gleich lang. Außerdem müssen ihre Streckenhalbierenden h, h' Bilder voneinander sein, sich daher in U ∈ g schneiden. U hat wegen U ∈ h und U ∈ h' von allen vier Punkten gleichen Abstand, ist also Umkreismittelpunkt, Bild rechts darunter!

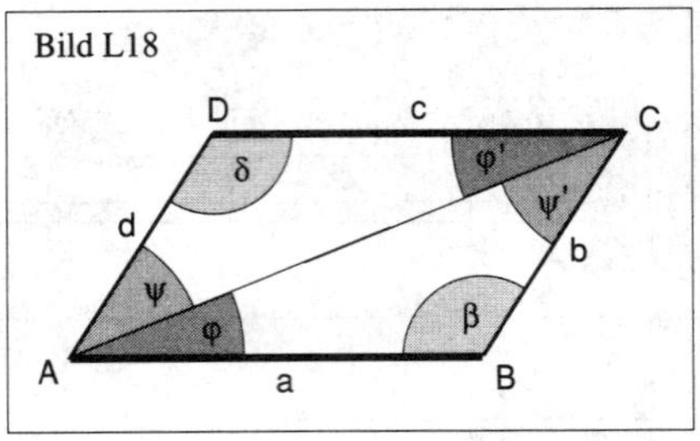

Bild L18

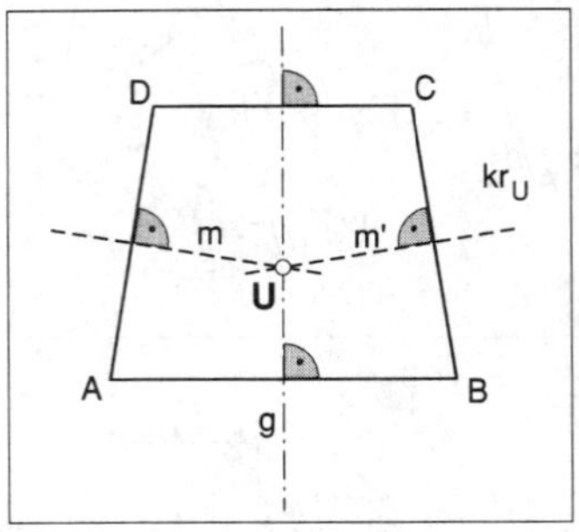

Bild L19 →

20. Im Parallelogramm ist $\alpha = \gamma$, aber auch $\beta = \delta$. Da es einen Umkreis hat, ist es Sehnenviereck, und dort gilt $\alpha + \gamma = 180°$. Daraus folgt aber $\alpha = \gamma = 90°$ und ebenso $\beta = \delta = 90°$.

21. Im Parallelogramm ist weiter a = c, b = d; hat es noch einen Inkreis, ist es ein Tangentenviereck. Dort gilt a + c = b + d; woraus 2a = 2b, d. h. aber schon a = b = c = d, folgt!

22. A, B annehmen, Kreis um A mit d = 10 als Radius mit dem Kreis um B mit b = 5 als Radius schneiden → 3. Eckpunkt C; D kann man durch Parallelverschieben finden, aber auch als Schnittpunkt der Kreise um A und C mit a und b als Radien, Bild links unten.

23. Parallelogramm: Diagonalen halbieren einander, sind nicht gleich lang, nicht senkrecht. Rechteck: Diagonalen halbieren einander, sind gleich lang, aber nicht senkrecht. Raute/Rhombus: Diagonalen halbieren einander, sind nicht gleich lang, aber senkrecht.

24. Etwa wie im Bild rechts darunter oder ähnlich.

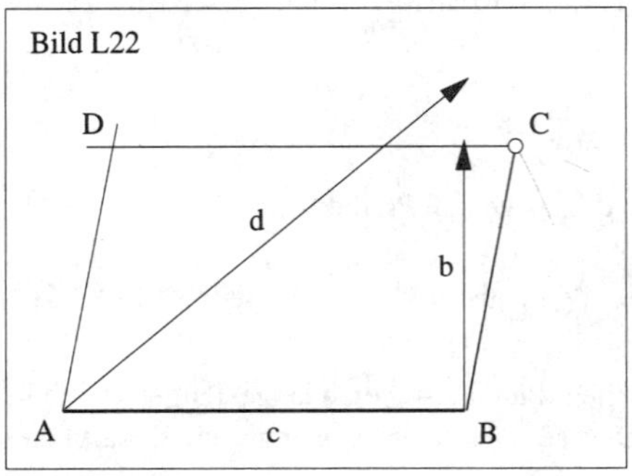

Bild L22

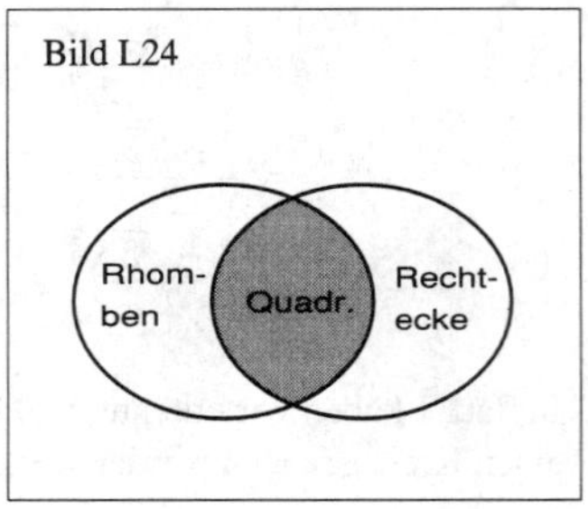

Bild L24

Zum nächsten Kapitel

6. Kapitel

6

Der Satz von Pythagoras und die Zahl π

Auch wenn Sie vieles aus den letzten Kapiteln vergessen haben sollten: „den Pythagoras" kennen sie vermutlich noch! Er stellt eine Beziehung zwischen den Seiten eines rechtwinkligen Dreiecks her und erlaubt es, zu zwei gegebenen die dritte zu *berechnen*!

Vorbereitend ziehen wir in einem rechtwinkeligen Dreieck ABC, Bild 1, mit α und $\beta = 90° - \alpha$ die Höhe h auf die *Hypotenuse* c und erhalten so zwei Teildreiecke, die in allen Winkeln übereinstimmen und also untereinander und zum großen Dreieck *ähnlich* sind; für die Abschnitte p, q der Hypotenuse c und die Höhe folgt so:

wegen Δ CAF ~ Δ BCF: $q : h = h : p$
bzw. $h^2 = p \cdot q$
wegen Δ ABC ~ Δ CBF: $c : a = a : p$
bzw. $a^2 = c \cdot p$
wegen Δ ABC ~ Δ ACF: $c : b = b : q$
bzw. $b^2 = c \cdot q$

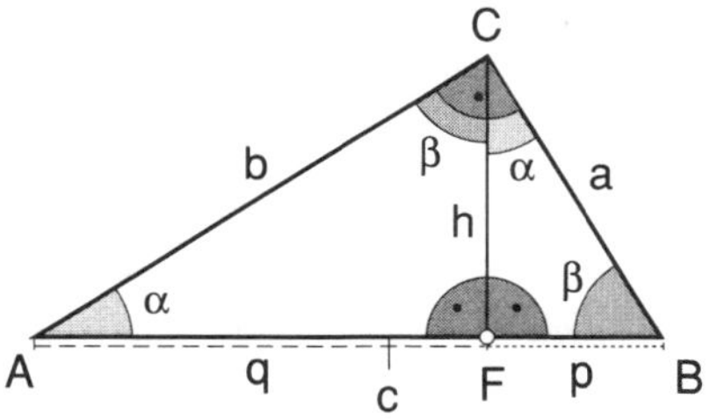

Bild 1: rechtwinklige Dreiecke

Diese Ergebnisse sind bekannt als

S

Sätze 1: Katheten- und Höhensatz

<u>Sätze von Euklid:</u>

- **Im rechtwinkligen Dreieck ist das Quadrat über einer Kathete gleich dem Rechteck aus der Hypotenuse und dem anliegenden Hypotenusenabschnitt:**
  $a^2 = c \cdot p, \quad b^2 = c \cdot q$ *(Kathetensatz)*
- **Im rechtwinkligen Dreieck ist das Quadrat über der Höhe gleich dem Rechteck aus den Hypotenusenabschnitten:**
  $h^2 = p \cdot q$ *(Höhensatz)*

Wie man Satz 1.1 zur konstruktiven **Flächenverwandlung** Rechteck → Quadrat benutzen kann, zeigt das 1. Beispiel; eine Variante überlegen Sie bitte als Übung 1!

B

Beispiel 1: Flächenverwandlung

In Bild 2 auf der Folgeseite links oben wird das c-q-Rechteck angenommen und zu ihm das passende rechtwinklige Dreieck über den Höhenfußpunkt und den Thaleskreis gezeichnet, wobei dann nur mehr über b das Quadrat zu zeichnen ist, das eben wegen $b^2 = c \cdot q$ schon das gesuchte ist!

Bilder 2/3: Kathetensatz und Satz von Pythagoras

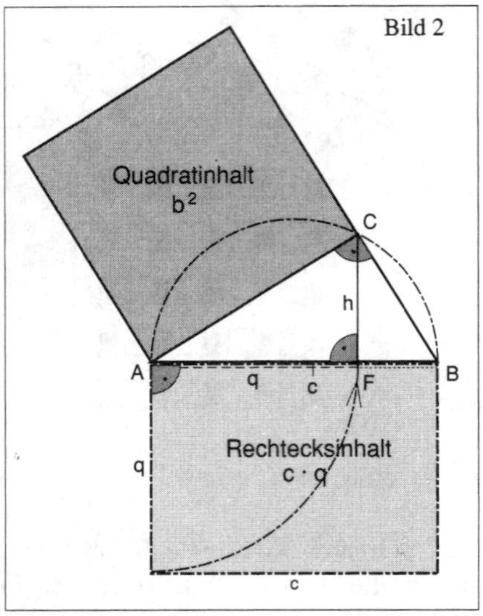

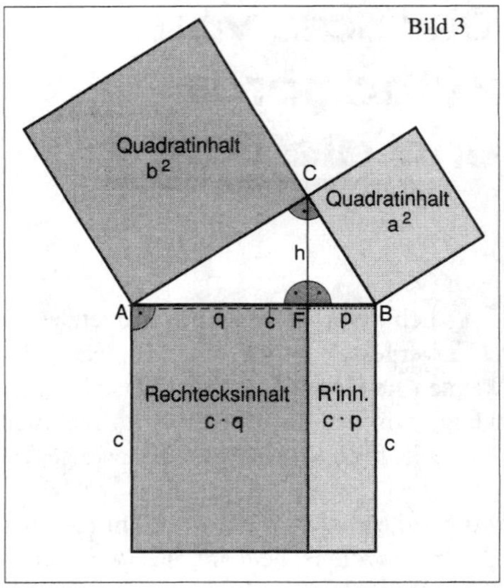

Beweis

Wir wenden nun den Kathetensatz in seinen beiden Formen an, indem wir die Hypotenusenrechtecke wie in Bild 3, oben rechts, aneinander fügen; man sieht, daß sie zusammen das Quadrat über der Hypotenuse bilden! Auch rechnerisch folgt sofort

$$a^2 + b^2 = c \cdot p + c \cdot q = c \cdot (p + q) = c \cdot c = c^2$$

Diese Beziehung zwischen den Seiten eines rechtwinkligen Dreiecks war schon den Babyloniern im 2. Jt. v. Chr. bekannt, wurde aber erstmals streng von ***Pythagoras*** (von Samos) um 500 v. Chr. bewiesen. Allerdings gibt es widersprüchliche Meinungen, nach denen ein allgemeiner Beweis schon *lange vor* Pythagoras gelungen sein soll; dennoch nennt man heute weltweit diese überall bekannte Formel ihm zu Ehren den

Satz 2: von Pythagoras

S

Satz von Pythagoras:

Im rechtwinkligen Dreieck ist die Summe der Quadrate über den Katheten gleich dem Quadrat über der Hypotenuse:

$$\mathbf{a^2 + b^2 = c^2}$$

Nun dürfen wir zwei Seiten eines rechtwinkligen Dreiecks vorgeben:

Beispiele 2: dazu

B

- Mit a = 3, b = 4 folgt die dritte c über $c^2 = a^2 + b^2 = 9 + 16 = 25 = 5^2$, also c = 5;
- ebenso ist mit a = 16 und b = 30 schon c = 34 wegen $16^2 + 30^2 = 34^2$, u.a.m.

Dies zeigt die Bedeutung des *Satzes von Pythagoras* (kurz: *SvP*); ohne ihn müßte man sich mit genauen *Zeichnungen* begnügen, aus denen c maßstäblich abzulesen wäre.

Auch Strecken mit **irrationaler Länge** lassen sich jetzt konstruieren:

Beispiele 3: Strecken-konstruktionen

B

- So ist in einem rechtwinkligen Dreieck mit den Katheten 1 und 1 die Hypotenuse c gleich $\sqrt{2}$ wegen $c^2 = 1^2 + 1^2 = 2$; trägt man sie mit dem Zirkel wie in Bild 4 ab, hat man den Punkt auf der x-Achse gefunden, der zu $\sqrt{2}$ gehört!
- Analog ist es mit $\sqrt{5}$ (und anderen), vgl. Bild 4, nächste Seite!

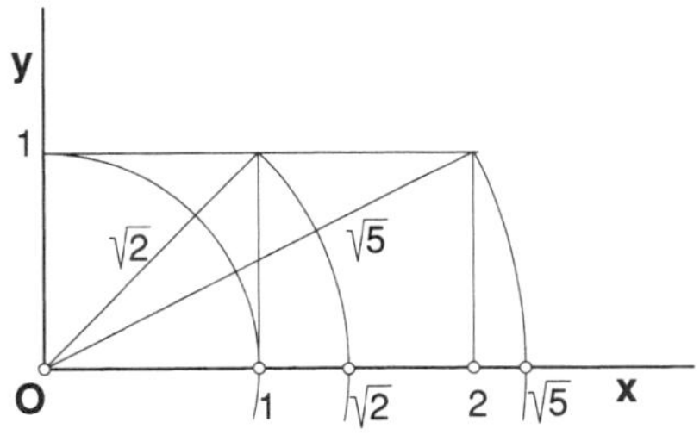

Bild 4: dazu

Vorbereitung: Rechnen mit Wurzeln

Wir machen nun einen kleinen Vorgriff auf ℂ**8**, indem wir einfache *Wurzelrechnungen* ausführen; dies hilft uns dann sogleich bei der Berechnung der Quadratdiagonale.

Sie erinnern sich: Man setzt $b = \sqrt{a}$, wenn $b^2 = a$ ist, liest b als «Quadratwurzel aus a» und nennt a *Radikand*. So ist etwa $2 = \sqrt{4}$, da ja $2^2 = 4$ ist, oder $3 = \sqrt{9}$ wegen $3^2 = 9$ usw. Damit ist schon klar: $(\sqrt{a})^2 = b^2 = a$; ebenso ist

$\sqrt{a^2} = a$ als jene Zahl a, deren Quadrat, a^2, gleich dem Radikanden ist.

Weiter benötigen wir den **Satz:**

«**Die Quadratwurzel aus einem Produkt zweier Zahlen ist gleich dem Produkt der einzelnen Quadratwurzeln**»

als Formel: $\sqrt{a \cdot b} = \sqrt{a} \cdot \sqrt{b}$

partielles Wurzelziehen

Den *Beweis* können Sie nach Studium des Kapitels ℂ**8** sicher selbst führen! Dort üben wir auch eine wichtige Anwendung dieser Formel, das **partielle Wurzelziehen**:

$\sqrt{a^2 \cdot b} = \sqrt{a^2} \cdot \sqrt{b} = a \cdot \sqrt{b}$

B — Beispiele 4: dazu

- Konkret ist so etwa: $\sqrt{50} = \sqrt{5^2 \cdot 2} = 5 \cdot \sqrt{2}$;
- ebenso: $\sqrt{8} = \sqrt{2^2 \cdot 2} = 2 \cdot \sqrt{2}$;
- oder auch: $\sqrt{2a^2} = \sqrt{a^2 \cdot 2} = a \cdot \sqrt{2}$;
- und mit Brüchen: $\sqrt{\frac{3}{4}a^2} = \sqrt{\frac{1}{4} \cdot a^2 \cdot 3} = \frac{1}{2} \cdot a \cdot \sqrt{3}$.

Anwendung auf ebene Figuren

Dies genügt, um die einfachsten Berechnungen an Drei- und Vierecken auszuführen:

B — Beispiele 5: Dreieckhöhe und Quadratdiagonale

- Nach Pythagoras gilt für die **Quadratdiagonale**, vgl. die Bilder 5, nächste Seite: $d^2 = a^2 + a^2 = 2a^2$ bzw. $d = \sqrt{2a^2}$ und wie eben $d = a \cdot \sqrt{2}$.
- Beim **gleichseitigen Dreieck** ist, Bilder 5: $h^2 = a^2 - \left(\frac{a}{2}\right)^2 = \frac{3}{4}a^2$, also $h = \sqrt{\frac{3}{4}a^2}$ und wie eben $h = \frac{a}{2} \cdot \sqrt{3}$.
- Damit ist auch der *Umkreisradius* eines Quadrats bestimmt: $r = \frac{d}{2} = \frac{a \cdot \sqrt{2}}{2} = \frac{a}{\sqrt{2}}$.

Bilder 5:
dazu

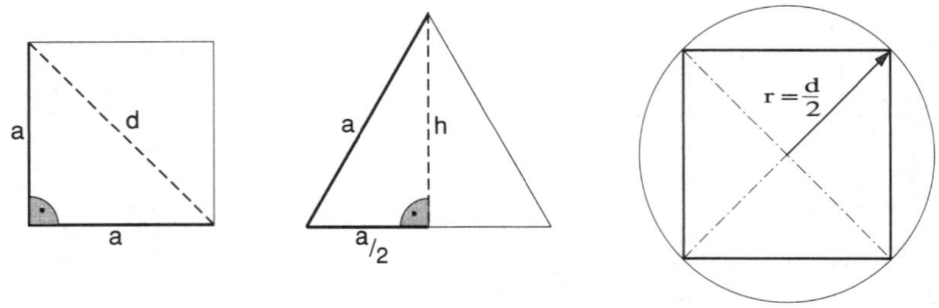

Fassen wir zusammen:

Sätze 3:
zu Beispielen 5

S

- **Im Quadrat mit der Seitenlänge a hat die *Diagonale* die Länge $d = a \cdot \sqrt{2}$**
- **Im gleichseitigen Dreieck mit der Seitenlänge a hat die *Höhe* die Länge $h = \frac{a}{2} \cdot \sqrt{3}$**

Den zweiten Satz können wir zweimal anwenden, um die Aufgabe zu lösen:

Beispiel 6:
Dreieck und Halbkreis

B Einem gleichseitigen Dreieck mit der Seite s wird ein **Halbkreis** einbeschrieben. Gesucht ist dessen Radius r und das Verhältnis r : h, vgl. Bild 6!

Ihm entnimmt man, daß r Höhe im kleinen gls Δ mit s/2 als Seite ist; H ist Höhe im großen gls Δ; beidemal die obige Formel verwenden und h = H – r setzen, ergibt:

$$r = \frac{s}{4} \cdot \sqrt{3};\ \ H = \frac{s}{2} \cdot \sqrt{3};\ \ h = H - r = \frac{s}{4} \cdot \sqrt{3} = r;\ \ r : h = 1 : 1$$

Bilder 6/7:
dazu und zu Beispiel 7

Bild 6

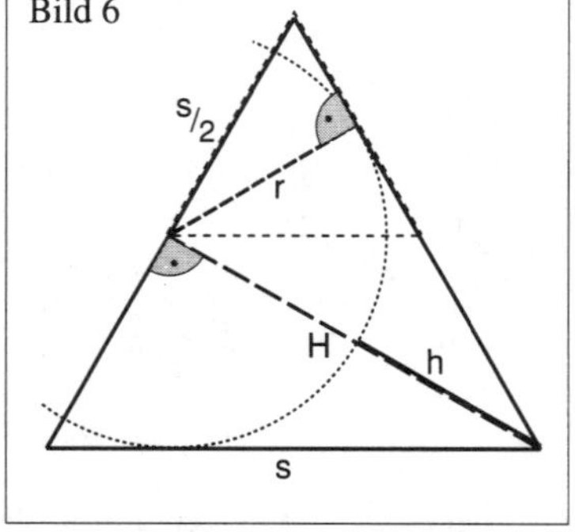

Bild 7

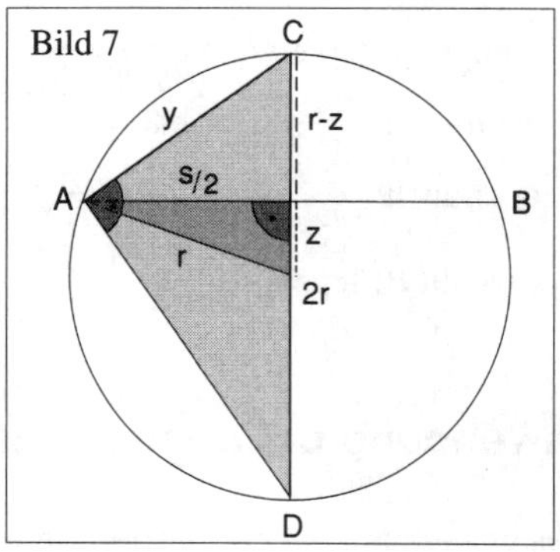

Nach Bild 7, rechts oberhalb, berechnen wir nun **Kreissehnen**:

Beispiel 7:
Kreissehnen

B In einem Kreis mit dem Radius r sind eine Sehne $\overline{AB}$ der Länge s = 4/3 r und der zu ihr senkrechte Durchmesser $\overline{CD}$ gezeichnet; Gesucht ist die Entfernung $y = \overline{AC}$.

Es ist also y durch r auszudrücken! Wir setzen dazu im kleinen rw Δ den *SvP* an und danach im großen rw Δ den Kathetensatz; Einsetzen des z-Terms liefert y:

$$z = \sqrt{r^2 - (\frac{s}{2})^2} = \sqrt{r^2 - \frac{4}{9}r^2} = \frac{r}{3}\sqrt{5}$$

$$y^2 = 2r(r-z) = \ldots = r^2(2 - \frac{2}{3}\sqrt{5}); \quad y = \sqrt{\ldots} = r\sqrt{2 - \frac{2}{3}\sqrt{5}} = 0{,}714\, r$$

Nun zur **Raute** (= zum *Rhombus*), Bild 8, unten links:

B In dieser Figur kann man jetzt aus den Diagonalen e und f die Länge a der Seiten berechnen:

Beispiel 8: Raute

$$a^2 = (\frac{e}{2})^2 + (\frac{f}{2})^2; \qquad \text{konkret mit } e = 24,\ f = 10: \quad a^2 = 12^2 + 5^2 = 169; \quad a = 13$$

Auch das *gleichschenklige* **Trapez**, Bild 9, unten rechts, ist eine gute Übungsfigur:

B Darin kann man die Schenkellänge b berechnen, wenn man die Gegenseiten a, c und die Höhe h kennt:

Beispiel 9: glsch. Trapez

$$b^2 = h^2 + (\frac{a-c}{2})^2; \text{ konkret mit } h = 15,\ a - c = 16: \quad b^2 = 15^2 + 8^2 = 289; \quad b = 17$$

Bilder 8/9: dazu

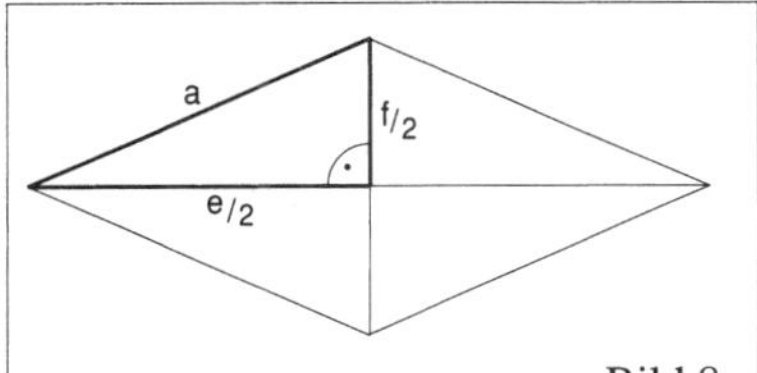

Bild 8

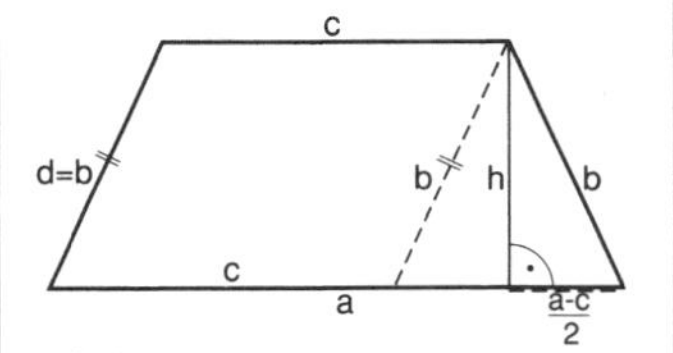

Bild 9

Weitere Beispiele folgen noch in diesem und für Körper im nächsten Kapitel.

In den letzten beiden Beispielen traten auch als Wurzeln nur *natürliche* Zahlen auf! Dies ist natürlich nicht die Regel, denken Sie nur an $\sqrt{2}$, $\sqrt{3}$, ... usw. Daß es aber dennoch (sogar unendlich) viele solcher *pythagoreischer Tripel* a, b, c $\in \mathbb{N}^*$ gibt, werden Sie sicherlich dann über ein Computerprogramm herausfinden können, wenn Sie den Pascal-Kurs in Band **2** nicht überblättern!

pythagoreische Tripel

Vielecke und Kreis

Auf unserem Weg zur **Zahl Pi**, $\pi = 3{,}141592...$, zur *Kreiszahl*, die bekanntlich für jeden Kreis das Verhältnis Umfang : Durchmesser festlegt, lassen wir uns wieder vom Satz des Pythagoras helfen, den wir bei *regelmäßigen* Vielecken anwenden.

auf dem Weg zur Kreiszahl π

Wir denken uns dazu die Eigenschaften des gleichseitigen Dreiecks und des Quadrats, gleiche Seiten sowie **Um-** und **Inkreis** mit gemeinsamem Mittelpunkt M zu haben, fortgesetzt beim *regelmäßigen* Fünfeck, Sechseck, ..., allg. beim **reg. n-Eck**.

Verbindet man eine n-Eckseite mit M, entsteht ein sog. *Bestimmungsdreieck*. Beim *gls. Dreieck* tritt als Spitzenwinkel 120° = 1/3 · 360° bei M auf, beim *Quadrat* mißt man natürlich 90° = 1/4 · 360°. Analog wird man beim *Fünfeck* 1/5 · 360° = 72°, beim

Bilder 10: reg. n-Ecke

Sechseck 1/6 · 360° = 60°, ..., allgemein eben 1/n · 360° beim *n-Eck* finden, vgl. die Bilder 10.

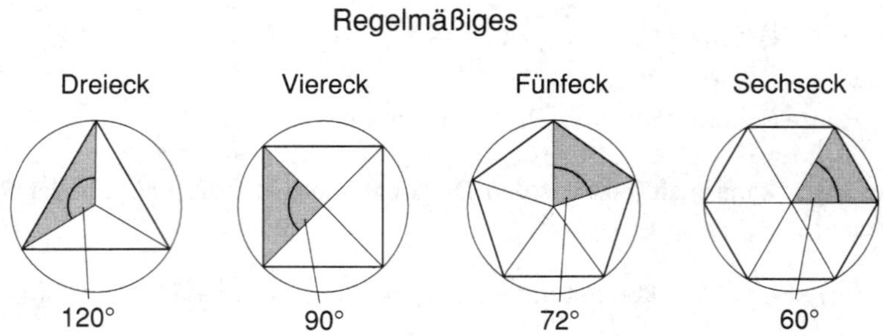

An dieser Stelle können wir überlegen, wie man bei gegebenem Umkreisradius r die **Zehneckseite** *konstruktiv* finden kann!

Beispiel 10: Vorbereitung einer Konstruktion der Zehneckseite

B

In Bild 11 erkennen Sie, daß die Winkelhalbierende an einer Ecke ein kleines Dreieck bestimmt, das wegen der besonderen Winkelgrößen von 36° und zweimal 72° gleichschenklig und außerdem *ähnlich* zum Bestimmungsdreieck ist.

Bild 11: dazu

Aber auch das andere Teildreieck ist gleichschenklig, so daß seine beiden Schenkel gleich der Zehneckseite s_{10} sind! Damit aber können wir wegen der Ähnlichkeit die Proportion

$$(r - s_{10}) : s_{10} = s_{10} : r$$

ansetzen, die sich auf dem rechten Schenkel des Bestimmungsdreiecks deuten läßt als

klein : groß = groß : ganz

was wir aber schon als *stetige Teilung* von r bzw. als goldenen Schnitt kennen. Von da weg ist es nicht mehr weit zu einer Konstruktion von s_{10} (Übung 10)!

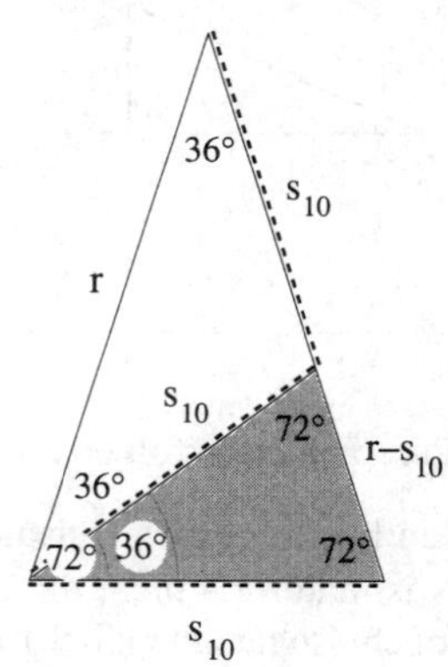

Sehnenvielecke und ihre Umfänge

Zu jedem reg. n-Eck kann man durch Halbieren des Bestimmungsdreiecks sofort ein 2n-Eck mit demselben Umkreis – wir betrachten zunächst lauter ***Sehnen**vielecke* –, konstruieren, Bild 12, nächste Seite, oben links. Ist n = 3, so gelangen wir auf diese Weise zum 6-, 12-, 24-, 48-, ... Eck, n = 4 liefert das 8-, 16-, 32-, 64-Eck, usw.

In diesen und anderen Folgen wachsen die Umfänge innerhalb jeder Folge mit steigendem n: Man erkennt unmittelbar (Dreiecksungleichungen), daß jede Seite s_n durch den „Umweg" $2 \cdot s_{2n}$ ersetzt wird, $u_n = n \cdot s_n$ also durch das größere $u_{2n} = 2n \cdot s_{2n} > u_n$!

Tangentenvielecke

Geht man von einem beliebigen reg. ***Tangenten**vieleck* aus, so führt symmetrisches „Eckenabschneiden" zum 2n-Eck, Bild 13, nächste Seite, oben rechts. Hier laufen die Seiten teilweise aufeinander; die Skizze zeigt aber, daß hier beim n-Eck an jeder Ecke ein „Umweg" gemacht wird, das 2n-Eck also *kleineren* Umfang hat:

Satz 4: Umfänge

In jeder Sehnen-n-Eckfolge werden die Umfänge mit wachsendem n größer, in einer Tangenten-n-Eckfolge kleiner.

Bilder 12/13: dazu

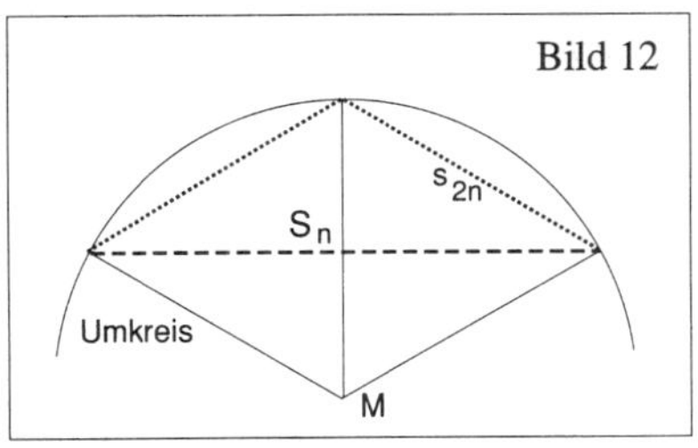

Bild 12

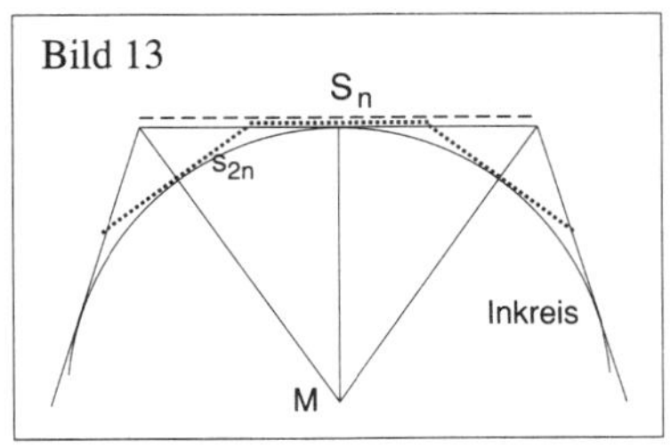

Bild 13

Beispiel 11: 4- und 8-Eck-Umfänge

Wählen wir konkret n = 4, dann hat das umschriebene reg. 4-Eck = **Quadrat** die Seite $s_4 = 2r$, Bild 14, unten links. Sein Umfang ist $u_4 = 4\ s_4 = 8r$. Sie erkennen am glsch. Dreieck im Bild rechts die Gleichheit von $\frac{1}{2}\ s_8$ und $r\sqrt{2} - r$, woraus für die 8-Eck-Seite $s_8 = 2r\,(\sqrt{2} - 1)$ folgt; der Umfang ist dann $u_8 = 8\ s_8 = 16\ r\,(\sqrt{2} - 1)$. Für r = 1 ist somit $u_8 = 16\,(\sqrt{2} - 1) < 8 = u_4$.

Halten wir jetzt einen *Kreis* mit Radius r fest und betrachten dazu das eingeschriebene (*Sehnen-*) und das umschriebene (*Tangenten-*) n-Eck in passender Lage, Bild 15, rechts! Ihre Seiten seien s_n bzw. S_n.

Bild 14: dazu

Bild 15: Sehnen- und Tangentenvieleck

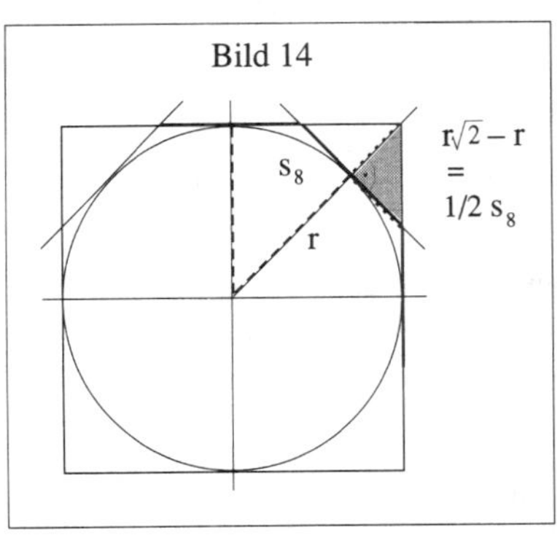

Bild 14

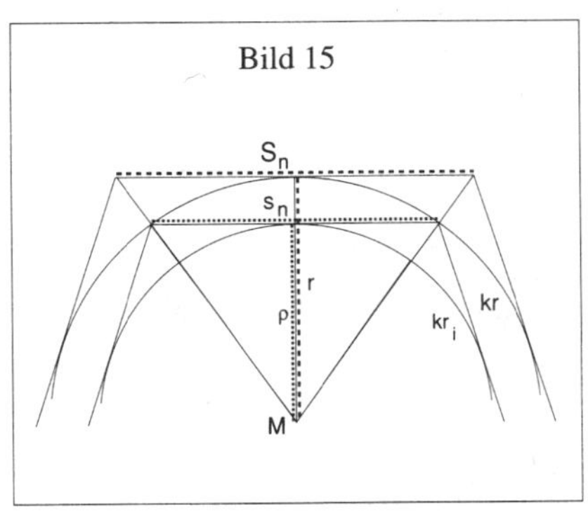

Bild 15

Das Sehnenvieleck hat auch einen *Inkreis* mit Radius $\rho < r$ und geht bei zentrischer Streckung vom Zentrum M aus beim Faktor $k = r/\rho > 1$ in das Tangentenvieleck – der Inkreis in den festen Kreis – über. Jede Seite S_n ist daher als Streckbild von s_n gleich $k \cdot s_n > s_n$, also ist der Umfang $n \cdot S_n$ des *Tangenten*vielecks auch größer als der Umfang $n \cdot s_n$ des *Sehnen*vielecks.

wachsende Eckenzahl n

Lassen wir n wachsen, gehen also z. B. vom 6-Eck zum 12-, 24-, 48-, 96-Eck, … über, so werden die Bestimmungsdreiecke immer spitzer, der Inkreis wächst und nähert sich dem festen Kreis, d. h., ρ unterscheidet sich immer weniger von r, $k = r/\rho$ wird immer kleiner, bis es „fast“ gleich 1 ist.

Nun liegt folgende Situation vor: Die Tangenten-n-Ecke haben für jedes n größeren Umfang als die Sehnen-n-Ecke: $U_n > u_n$. Wir haben uns überzeugt, daß die u_n wachsen, die U_n aber fallen, wenn n größer wird. Dies können wir uns grafisch wie in Bild 16 veranschaulichen: Man erkennt, daß sich bei sehr großem n die Werte von U_n und u_n praktisch nicht mehr unterscheiden, $U_n \approx u_n$; die beiden **n-Ecke** wären mit freiem Auge aber auch bald vom **Kreis** nicht mehr zu unterscheiden!

Bild 16: Kreisumfang

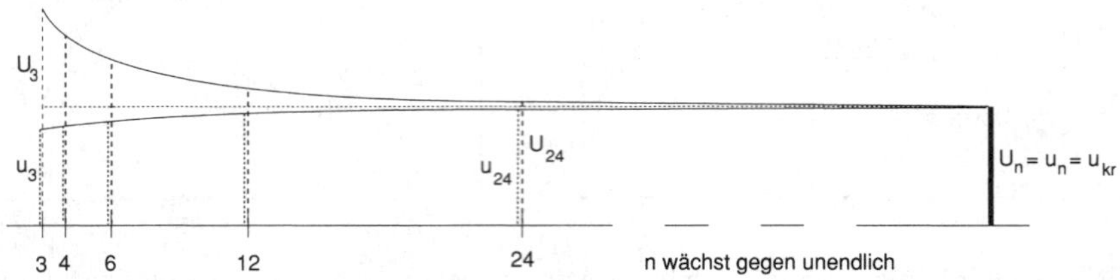

Es ist daher naheliegend, die Werte von $U_n = u_n$ bei großem n als **Kreisumfang** u anzusehen. Wählt man r = 1/2 (bel. Einheit), also den Durchmesser eines Kreises d = 2r = 1, so zeigen (langwierige) Rechnungen, daß sich für u die Zahl 3,14159... ergibt, die man π (*griech.* p, gesprochen «Pi») nennt.

Archimedes und ...

Schon **Archimedes** (287 bis 212 v. Chr.) hat bis zu den 96-Ecken gerechnet und so die Zahl π zwischen 3 + 10/71 und 3 + 10/70 eingegrenzt: 3,1408... < π < 3,1428... Heute hat man es leichter, da man *Computer* einsetzen kann, die schon 1961 über eine Million Dezimalstellen berechnet haben, vor einigen Jahren waren es schon 1 Milliarde Stellen! Dies hat „nur“ theoretischen Wert, der praktische Nutzen hört oft schon bei π = 3,14 auf; in Zwischenrechnungen wird man 3,1416 ansetzen. Dennoch sei hier für Neugierige der Wert von π auf 50 Dezimalstellen (inkl. Einerstelle) notiert:

die Zahl π

$$\pi = 3{,}1415926535897932384626433832795028841971693993751$$

Mit π hat man auch einen Wert für den **Flächeninhalt** eines Kreises gewonnen! Ein Bestimmungsdreieck hat ja $A_\Delta = s \cdot \rho/2$, und n solcher Dreiecke mit $n \cdot A_\Delta$ gleich $n \cdot s \cdot \rho/2 = u \cdot \rho/2$ bilden das Sehnen n-Eck. Wächst n, so wird $\rho \approx r$: $A_{n\text{-Eck}} \approx A_{Kreis} = \frac{1}{2} u \cdot r$. Für $r = \frac{1}{2}$ wie eben wird so $A = \frac{1}{2} \cdot \pi \cdot \frac{1}{2} = \pi/4$.

Streckt man *zentrisch* von $r = \frac{1}{2}$ bis r, also mit k = 2r, so wird $u' = k\pi = 2r\pi$ und $A' = k^2 A = (2r)^2 \cdot \pi/4 = r^2\pi$. Wir haben damit die Ergebnisse:

Satz 5: Kreisumfang und -radius

S

Ein Kreis mit Radius r hat den Umfang 2πr und den Flächeninhalt πr^2: die *Kreiszahl* π ist näherungsweise π = 3,14159...

Vielleicht möchten Sie gerne selbst ein wenig rechnen, um zu sehen, *wie* π angenähert wird, etwa beim Übergang von n = 6 zu 2n = 12?

Beispiel 12: π-Näherung

B

Damit es nicht zu schwierig wird, haben wir vor kurzem eine ähnliche Kreisfigur besprochen (Bild 7). Jetzt ist also mit dem *SvP* im Δ AMH von Bild 17, nächste Seite:

(1) $(\frac{1}{2} s_n)^2 + \rho^2 = r^2 \rightarrow \rho = \sqrt{r^2 - \frac{1}{4} s_n^2} = \frac{1}{2}\sqrt{4r^2 - s_n^2}$

mit dem Kathetensatz im Δ DCA

(2) $\overline{AC}^2 = \overline{CD} \cdot \overline{CH} \rightarrow s_{2n}^2 = 2r \cdot (r - \rho)$

und mit (1)

(3) $s_{2n}^2 = 2r \cdot \left(r - \frac{1}{2}\sqrt{4r^2 - s_n^2}\right) =$

$= 2r^2 - r \cdot \sqrt{4r^2 - s_n^2}$

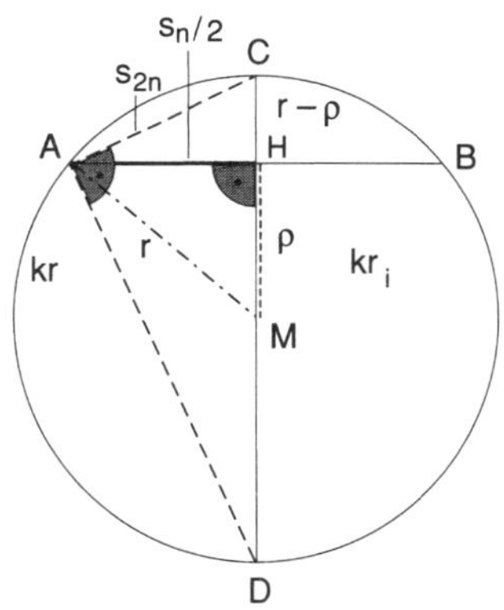

B

Bild 17: Umfang des 6- und des 12-Ecks

Für n = 6 ist $s_6 = r$, da jedes Bestimmungsdreieck gleichseitig ist (60°!) und also $u_6 = 6s_6 = 6r$. Setzen wir dies in die Formel (3) ein, so wird

$s_{12}^2 = 2r^2 - r \cdot \sqrt{4r^2 - r^2} = 2r^2 - r \cdot \sqrt{3r^2} =$

$2r^2 - r^2 \cdot \sqrt{3} = r^2 \cdot (2 - \sqrt{3}) \rightarrow$

$s_{12} = r \cdot \sqrt{2 - \sqrt{3}} \approx 0{,}518\, r$ und damit $u_{12} = 12 \cdot s_{12} \approx 6{,}212 \cdot r > 6 \cdot r = u_6$.

Der Umkreis hat $u = 2\pi r \approx 6{,}28 \cdot r$, was immerhin schon dieselbe erste Dezimale bedeutet. Analog können Sie jetzt weiter rechnen (Übung12)!

Vorschau: Hilfe durch den Computer

In Band **2** werden wir uns das Leben etwas erleichtern und den *Computer* für uns rechnen lassen!

Kreisfiguren

Mit Kreisen und Teilen wie Halb-, Viertelkreisen usw. kann man *Figuren* zusammensetzen, die jetzt (oft mit Hilfe des Satzes von Pythagoras) berechenbar sind. Ein einfaches Beispiel ist etwa das folgende:

B

Beispiel 13: Kreisscheiben

Aus einer **Stahlkreisscheibe** vom Radius R werden 7 Kreisscheiben mit den Radien R/4 ausgestanzt. Die Restfläche wird zu einem Kreis umgeschmolzen. Welchen Radius hat er? Wie verhalten sich die Flächeninhalte der beiden Kreise?

Wir wollen erst allgemein rechnen und dann R = 8 cm einsetzen:

$A_x = \pi R^2 - 7\pi \left(\frac{R}{4}\right)^2 = \pi R^2 - \frac{7}{16}\pi R^2 = \frac{9}{16}\pi R^2 = \pi x^2$ bzw.

$x = \frac{3}{4} R \left(= \frac{3}{4} \cdot 8 = 6\right) \rightarrow A_R : A_x = \pi R^2 : \pi x^2 = 8^2 : 6^2 = 4^2 : 3^2$

Gehen wir zu Teilen von Kreisflächen über:

B

Beispiel 14: Viertelkreise

Welchen Inhalt hat die zwischen den **Viertelkreisen** von Bild 18, nächste Seite, oben links, liegende Fläche? Welchen Prozentwert des Quadratinhalts macht sie aus?

$A = 2 \cdot A_{VKr} - A_{Qu} = 2 \cdot \frac{1}{4} \cdot \pi a^2 - a^2 = \frac{1}{2} a^2 (\pi - 2)$; mit a = 10 wird konkret

$A = 50(\pi - 2) \approx 50 \cdot 1{,}14 = 57$, d. h., $A \approx 57\,\%$ von A_{Qu}.

Bilder 18/19: Viertelkreise und zu Beispiel 15

Bild 18

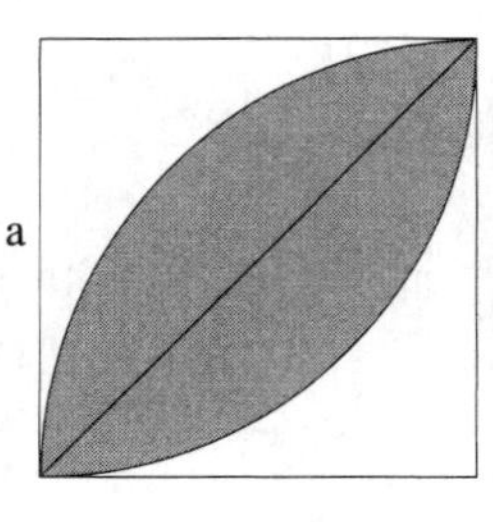

Bild 19

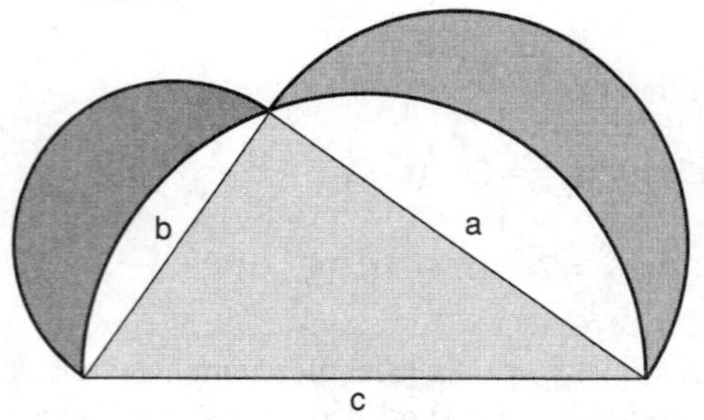

Schon bald nach Pythagoras löste man folgende Aufgabe:

Beispiel 15: Möndchen des Hippokrates

B Die beiden Halbkreise über den Katheten des rechtwinkligen Dreiecks werden vom Halbkreis über der Hypotenuse zu ***Möndchen des Hippokrates*** [440 v. Chr.] verdeckt, Bild 19, oben rechts. Welchen Flächeninhalt A_M haben sie zusammen?

Sicherlich wird A_M von den Seiten a, b, c abhängen, für die gilt $a^2 + b^2 = c^2$. Ist A_Δ Flächeninhalt des rechtwinkligen Dreiecks, so gilt

$$A_M = A_\Delta + A_{Ma} + A_{Mb} - A_{Mc}, \text{ wobei jedesmal}$$

$$A_H = \frac{1}{2}\pi r^2 \text{ ist mit } r = \frac{a}{2} \text{ bzw. } \frac{b}{2} \text{ bzw. } \frac{c}{2}.$$

Setzen wir die *Kreisformel* ein und heben $\frac{1}{2}\pi$ heraus, so wird

$$A_M = A_\Delta + \frac{1}{2}\cdot\pi\left[\left(\frac{a}{2}\right)^2 + \left(\frac{b}{2}\right)^2 - \left(\frac{c}{2}\right)^2\right] = A_\Delta + \frac{1}{2}\cdot\frac{1}{4}\pi\,[a^2 + b^2 - c^2].$$

Da der Term unter [ ] im rechtwinkligen Dreieck nach Pythagoras gleich 0 ist, bleibt

$$A_M = A_\Delta = \frac{1}{2}\,a \cdot b!$$

Jetzt sollen nochmals **Viertelkreise** auftreten, diesmal aber wie eben mit dem *Satz von Pythagoras* als unentbehrlichem Hilfsmittel!

Beispiel 16: Viertelkreise und der Satz des Pythagoras

B Aus einem **Quadrat** mit der Seite 4r werden gemäß Bild 20 zwei Viertelkreise mit den Radien 3r bzw. x ausgeschnitten. Uns interessiert zuerst x und dann der Inhalt A_R der getönten Restfläche. Wieviel Prozent des Inhalts A_Q des Quadrats macht A_R aus?

Nach Skizze setzen wir für die Diagonale an:

(1) Pythagoras: $3r + x = 4r \cdot \sqrt{2} \;\rightarrow\; x = r\,(4\sqrt{2} - 3)$

(2) Kreisfigur: $A_R = (4r)^2 - \frac{\pi}{4}(3r)^2 - \frac{\pi}{4}[r(4\sqrt{2} - 3)]^2 =$

$16r^2 - \frac{9\pi}{4} r^2 - \frac{\pi}{4} r^2 (41 - 24\sqrt{2}) =$

$16r^2 - \frac{\pi}{4} r^2 [50 - 24\sqrt{2}] = r^2 [16 - \frac{\pi}{2}(25 - 12\sqrt{2})] = 3{,}387\, r^2$

$16 \sim 100\,\% \;\rightarrow\; 3{,}387 \sim 100 \cdot 3{,}387 / 16 = 21{,}17\,\%$

Bild 20

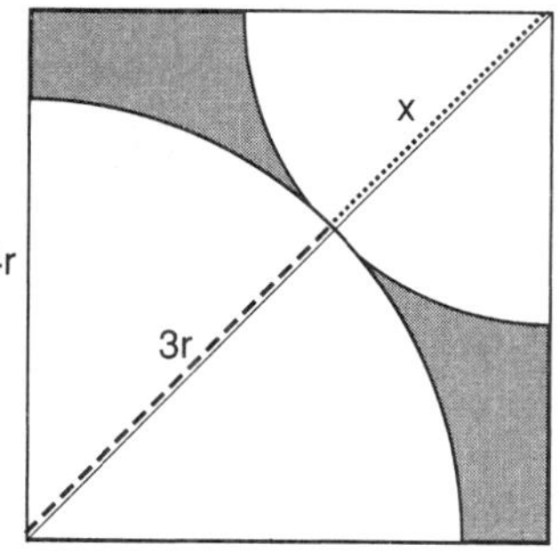

Bild 21

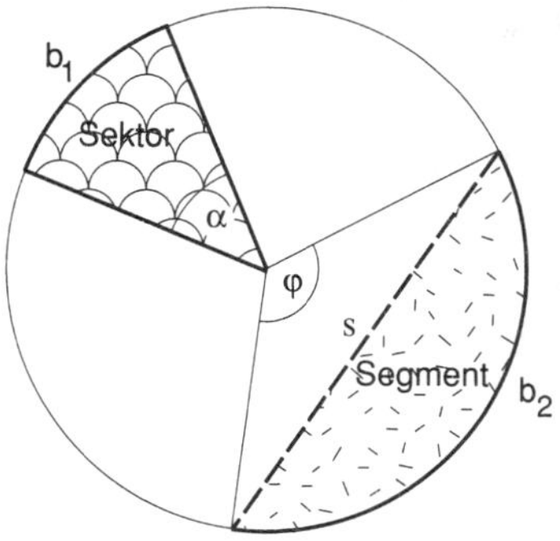

Bilder 20/21: Viertelkreise bzw. Kreissegment und -sektor

Kreissektor und Kreissegment

Bild 21 rechts oberhalb zeigt zwei weitere Kreisfiguren: den **Kreissektor** (oder *Kreisausschnitt*) sowie das **Kreissegment** (bzw. den *Kreisabschnitt*).

Ist etwa $\alpha = 1°$, so lassen sich 360 Sektoren im Vollkreis unterbringen, für einen davon gilt daher $A_{S1} = 1/360 \cdot A_{kr}$ und $b_1 = 1/360 \cdot u_{kr}$; liegen soviele 1°-Sektoren nebeneinander, bis α, etwa $\alpha = 60°$ oder 120°, erreicht wird, so folgt für A_α und b_α das α-fache:

S — **Sätze 6:** dazu

Kreissektor bzw. Kreissegment mit dem Mittelpunktswinkel α haben einen Begrenzungsbogen der Länge $b = \frac{\alpha}{360°} \cdot 2\pi r$

Der Inhalt des Sektors ist $A = \frac{\alpha}{360°} \cdot \pi r^2$

Für das Segment muß noch der Inhalt des Sehnendreiecks von dem des Sektors subtrahiert werden.

B — **Beispiel 17:** dazu

Sehen wir uns konkret den Fall $\alpha = 90°$ an:

$$b = \frac{90°}{360°} \cdot 2\pi r = \frac{1}{4} \cdot 2\pi r = \frac{1}{2}\pi r$$

$$u_{Sek} = b + 2r = \frac{1}{2}\pi r + 2r = \frac{1}{2} r(\pi + 4)$$

$$u_{Seg} = b + s = \frac{1}{2}\pi r + r\sqrt{2} = \frac{1}{2} r(\pi + 2\sqrt{2})$$

$$A_{Sek} = \frac{90°}{360°} \cdot \pi r^2 = \frac{1}{4} \cdot \pi r^2 \quad \text{(Viertelkreisfläche)}$$

$$A_{Seg} = A_{Sek} - A_{Dr} = \frac{1}{4}\pi r^2 - \frac{1}{2} r^2 = \frac{1}{4} r^2(\pi - 2)$$

Ende des 6. Kapitels

Übungsaufgaben

1. Nach Beispiel 1 sind die Euklidischen Sätze ebensogut zur Verwandlung Rechteck → Quadrat geeignet wie der Tangenten- oder Halbsehnensatz; versuchen Sie die 2. Variante!

2. Wie groß ist die Hypotenuse im rechtwinkligen Dreieck mit
   a) $a = 8, b = 6$ b) $a = 5, b = 12$ c) $a = 15, b = 8$ d) $a = 2, b = 3$. Kommentar?

3. Für den Satz von Pythagoras (*SvP*) gibt es viele Beweise; einige davon arbeiten mit Flächenverwandlungen. Können Sie an den beiden Figuren des Bildes ablesen, wie der *SvP* daraus folgt?

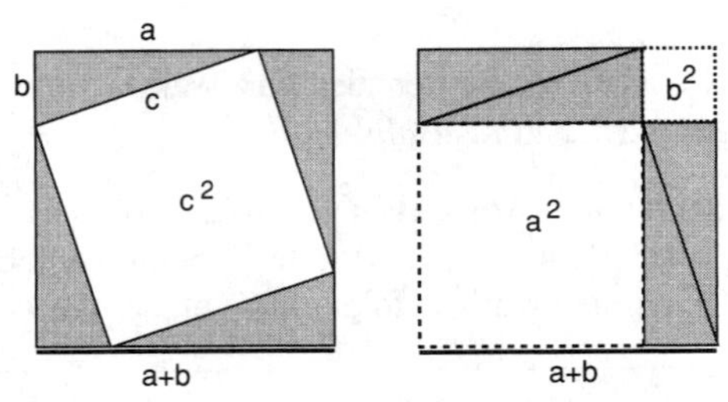

4. Konstruieren Sie mit Hilfe des Pythagoreischen Lehrsatzes (*SvP*) eine Strecke der Länge
   a) $\sqrt{10}$ b) $\sqrt{3}$!

5. Drücken Sie für ein Quadrat den Umkreisradius durch den Inkreisradius aus.
   (D. h., wie groß ist r bei gegebenem ρ?) Welchen Wert hat danach das Verhältnis $r : \rho$?

6. Wie groß ist der Umkreisradius r in einem Rechteck mit den Seiten $a = 21$ und $b = 20$?

7. In der Raute des Beispiels 8 wurde aus $e = 24$ und $f = 10$ die Seite $a = 13$ berechnet. Wie groß ist weiter die Höhe? (Anleitung: Suchen Sie h über den Flächeninhalt!)

8. Zeigen Sie: Berühren sich zwei Kreise von außen, vgl. das Bild, so ist die Länge des gemeinsamen Tangentenabschnitts das geometrische Mittel der beiden Kreisdurchmesser, d. h., $t = \sqrt{D \cdot d}$. (Anleitung: *SvP* ansetzen, binomische Formeln aus A**2**!)

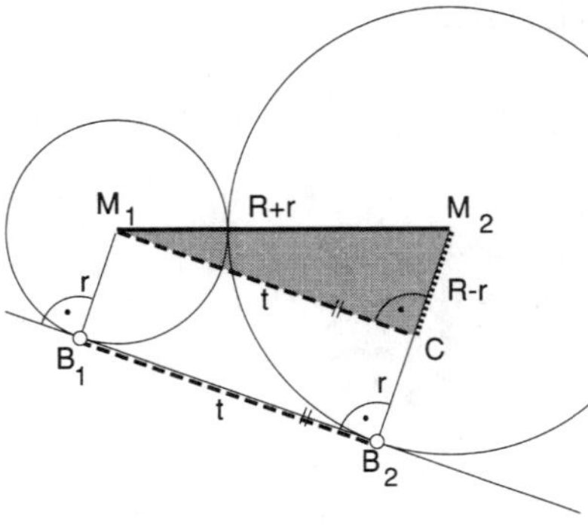

9. Denken Sie an die Spiegelachsen und die Deckabbildungen beim gleichseitigen Dreieck und Quadrat und setzen Sie beim regelmäßigen 5- und 6-Eck fort, um die Lage und Anzahl der Spiegelachsen zu finden (Skizzen).

10. Mit der Einsicht, daß die Zehneckseite der größere Teil des stetig geteilten Umkreisradius ist, können Sie die folgende Konstruktion verstehen. Versuchen Sie eine Begründung?

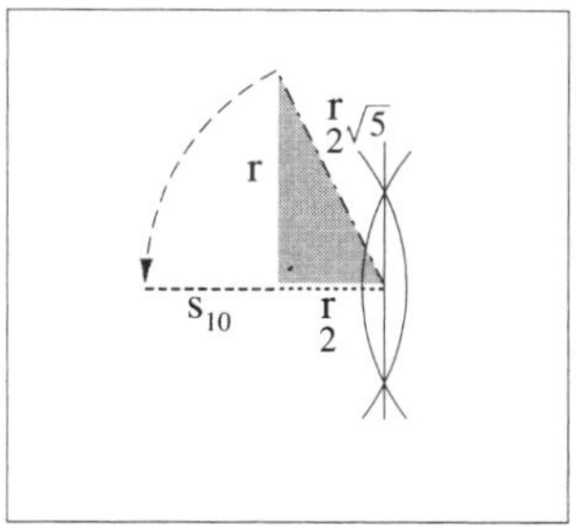

← Bild Ü10

Bild Ü12 →

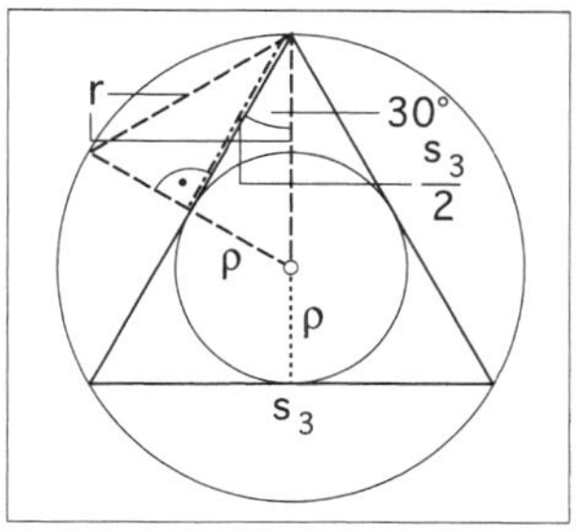

11. Berechnen Sie bitte, wie in Beispiel 12 für n =12 geschehen, den Umfang des Sehnen-24-Ecks. (Anl.: In Formel (3) 12 für n setzen!)

12. Um die Folge $u_3 < u_6 < u_{12} < u_{24} < \dots < u_{kr} = 2\pi$ (für r = 1) zu ermitteln, bestimmen Sie noch mit Hilfe der Formel für die Höhe im gleichseitigen Dreieck die Seite s_3 des dem Kreis (r = 1) eingeschriebenen (Sehnen-) Dreiecks, Skizze oben rechts! Problemlos dürfte s_4 sein, wenn Sie sich auch an die Formel für die Diagonale im Quadrat erinnern!

13. Überlegen Sie anhand der Skizze zu Ü12, was sich für die Tangentenvielecke für n = 3 bzw. n = 6 ergibt (Figur ergänzen)! Was also ist S_3, was S_6, was dann U_3 bzw. U_6?

14. Aus einem Quadrat mit der Seite(nlänge) a wird der Quadratinkreis ausgeschnitten (Bild darunter links);
    a) Berechnen Sie allgemein den Inhalt A_R der Restfläche,
    b) Setzen Sie a = 2 in die Formel für A_R von Aufgabe a ein und geben Sie an, wieviel Prozent des Quadratinhalts A_R ausmacht.

15. Aus einem quadratischen Blech von 10×10 cm² sollen 9×9 kreisförmige Löcher in reg. Muster so ausgestanzt werden, daß die Durchlässigkeit der entstehenden Lochscheibe 50 % beträgt, vgl. die Skizze rechts. Wie groß müssen die Kreisradien gewählt werden?

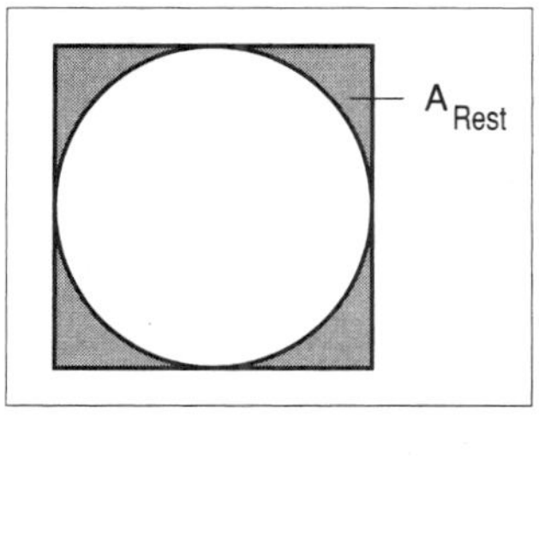

← Bild Ü10

Bild Ü15 →

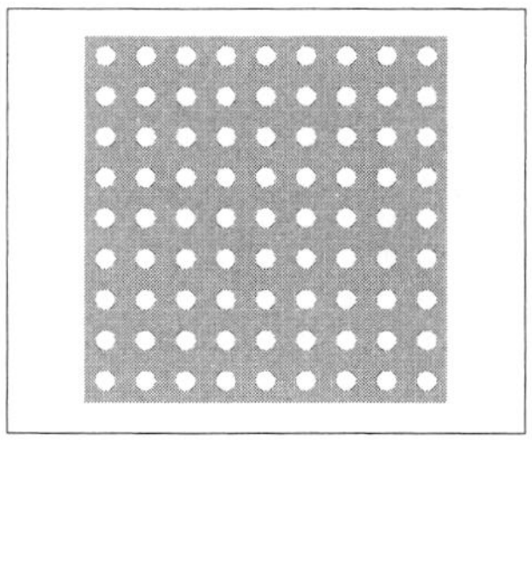

16. Berechnen Sie allgemein Flächeninhalt und Umfang der unten li. skizzierten Kreisfigur.

17. Berechnen Sie den Flächeninhalt der „Sichel des Archimedes", Bild unten rechts, und dazu im Vergleich den des Kreises, der den Durchmesser in einer Sichelecke B berührt! (Anl.: *SvP,* Satz von Pythagoras, im rechtwinkligen Dreieck MPB.)

18. Berechnen Sie konkret für $\mu = 60°$ Bogenlänge, Kreissektor- und Kreissegment-Inhalte!

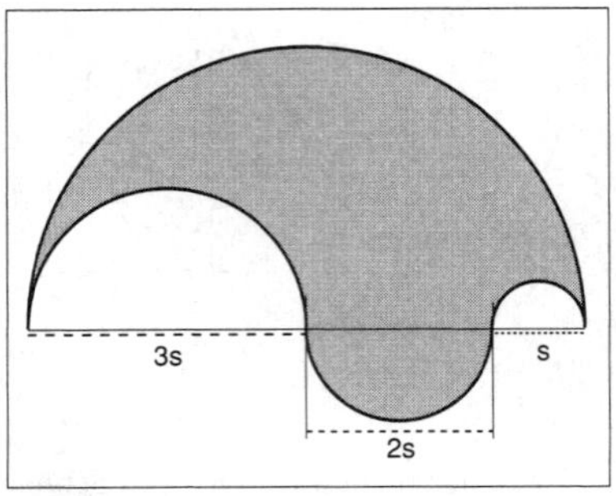

Bild Ü16

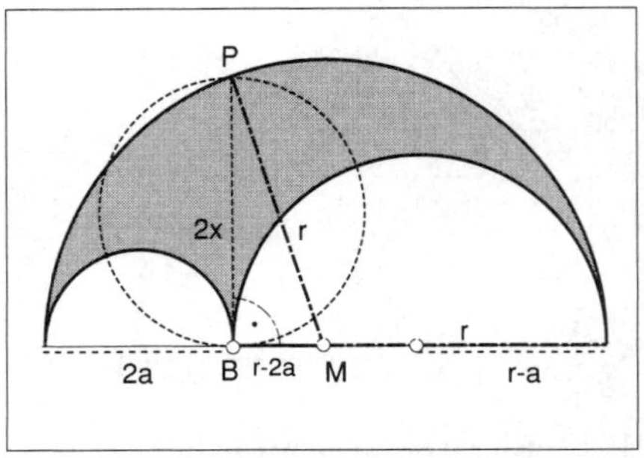

Bild Ü17

Zu den Lösungen

Lösungen

1. Das Bild zeigt, wie aus einem gegebenen Rechteck das inhaltsgleiche Quadrat entsteht: Zweite Rechteckseite neben (Höhensatz) die erste abtragen, vom Höhenfußpunkt F senkrecht zu AB bis zum Thaleskreis laufen: dort liegt C. Damit hat man die Quadratseite.

Bild L1 →

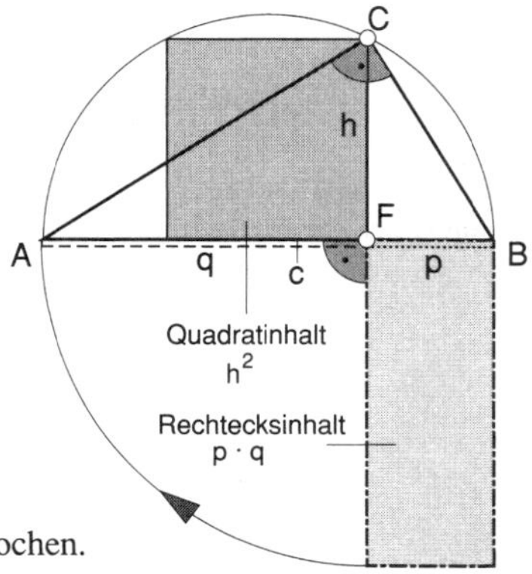

2. a) $c^2 = 8^2 + 6^2 = 64 + 36 = 100 = 10^2$, c = 10
   b) c = 13
   c) c = 17
   d) $c = \sqrt{13} = 3{,}605...$

   Nicht immer gibt es eben zu ganzzahligen Katheten eine ebensolche Hypotenuse! Daß es dennoch unendlich viele solche *pythagoreische Tripel* gibt, wird in Band **2** näher besprochen.

3. In einem Quadrat mit a + b (a, b beliebig) als Seitenlänge kann man u. a. ein Quadrat mit c als Seite und jeweils an den Ecken rechtwinklige Dreiecke mit a und b als Katheten einzeichnen, die alle vier kongruent sind. Schiebt man sie passend zusammen, bleiben vom großen Quadrat noch die beiden kleinen mit a und mit b als Seite übrig.

4. a) siehe das Bild rechts →

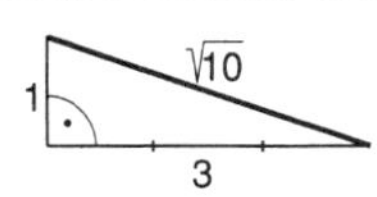

   b) $1^2 + (\sqrt{3})^2 = 2^2$,
   denn 1 + 3 = 4 bzw. 4 – 1 = 3;
   oder $1^2 + (\sqrt{2})^2 = (\sqrt{3})^2$,
   denn 1 + 2 = 3.

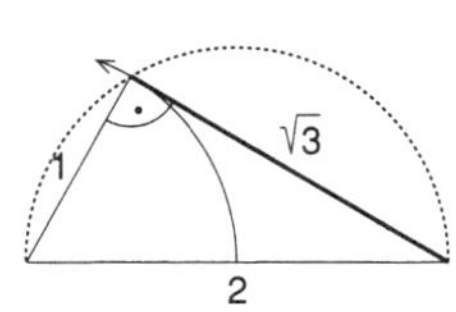

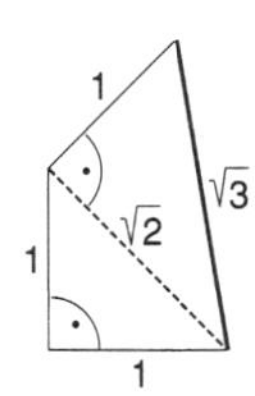

5. $r = d/2 = s\sqrt{2}/2$; $\rho = s/2 \rightarrow r = \rho\sqrt{2}$, $r : \rho = \sqrt{2}$ (: 1), vgl. das Bild links unten.

6. $d^2 = a^2 + b^2 = 21^2 + 20^2 = 841 = 29^2 \rightarrow d = 29$, vgl. das Bild rechts; $r = d/2 = 29/2 = 14{,}5$.

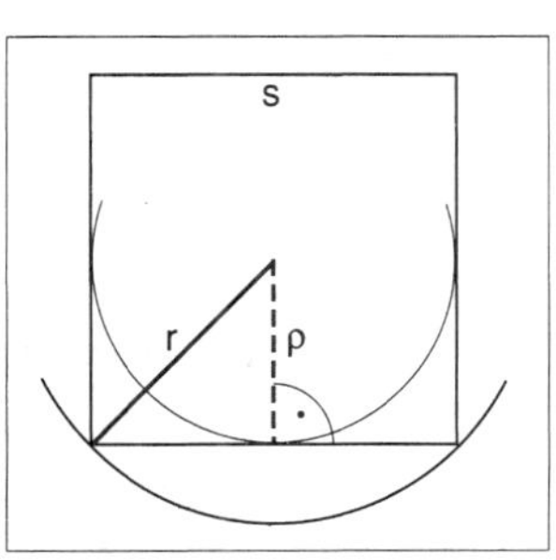

← Bild L5

Bild L6 →

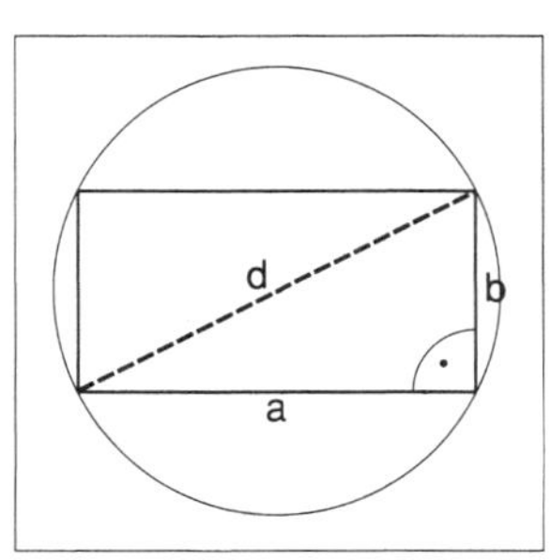

7. Die Raute setzt sich aus vier kongruenten rechtwinkligen Dreiecken zusammen:
$$A = 4 \cdot \frac{1}{2} \cdot \frac{e}{2} \cdot \frac{f}{2} = \frac{1}{2}\, e\, f;$$
andererseits ist natürlich $A = a \cdot h$; es folgt $h = \frac{e\,f}{2\,a} = \frac{24 \cdot 10}{2 \cdot 13} = 9{,}23$

8. Sind die Kreisdurchmesser d bzw. D, die Radien demnach $r = d/2$ bzw. $R = D/2$, so wird für $t = \overline{B_1B_2}$ behauptet: $t^2 = D \cdot d$. Im rechtwinkligen Dreieck M_1M_2A gilt nach dem *SvP* mit den Seiten $R-r$, t und $R+r$:

$(R + r)^2 = (R - r)^2 + t^2$	| binom. Formeln
$R^2 + 2Rr + r^2 = R^2 - 2Rr + r^2 + t^2$	| $- R^2 - r^2$
$4Rr = t^2$ bzw. $(2R) \cdot (2r) = t^2 = D \cdot d$,	w.z.z.w., kurz: ✓

9. Zu jeder Ecke und zu jeder Seite im n-Eck gibt es eine Achse: 2n also insgesamt. Davon fallen aber jeweils zwei zusammen: Ein reg. n-Eck hat genau n Symmetrieachsen.

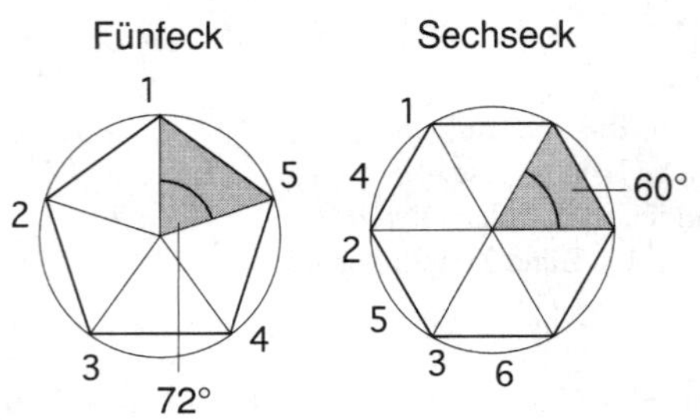

10. Die Hypotenuse im rechten rw Δ ist nach dem *SvP* $\frac{r}{2}\sqrt{5}$; nach Abtragen bleibt links von M die um $\frac{r}{2}$ kürzere Strecke übrig; sie hat die Länge $\frac{r}{2}\sqrt{5} - \frac{r}{2} = \frac{r}{2}(\sqrt{5} - 1) = 0{,}618\ r$. Weiter verhält sich $(1 - 0{,}618)$ zu $0{,}618$ tatsächlich gleich wie $0{,}618$ zu 1, ✔.

11. $s_{24}^2 = 2r^2 - r\sqrt{4r^2 - s_{12}^2} = 2r^2 - r\sqrt{4r^2 - (2r^2 - r^2\sqrt{3})} = 2r^2 - r\sqrt{(2 + \sqrt{3})\,r^2}$
$= r^2\,(2 - \sqrt{2 + \sqrt{3}}) = 0{,}068...\,r^2$
$s_{24} = 0{,}261\ r$; $u_{24} = 24 \cdot s_{24} = 6{,}265\ r$ $(< 6{,}28\ r = 2\pi r)$.

12. a) Es ist $h = \frac{a}{2}\sqrt{3}$, hier also mit $h = \frac{1}{2}\,s_3$, $a = r$: $\frac{1}{2}\,s_3 = \frac{r}{2}\sqrt{3}$, daraus $s_3 = r\sqrt{3}$; also folgt $u_3 = 3 \cdot s_3 = 3\sqrt{3}\ r$ bzw. mit $r = 1$: $u_3 = 3\sqrt{3} = 5{,}196$.

b) $d = 2r = s_4 \cdot \sqrt{2}$ $\rightarrow$ $s_4 = r\sqrt{2}$; damit $u_4 = 4 \cdot s_4 = 4\sqrt{2}\ r$, bzw. mit $r = 1$: $u_4 = 4\sqrt{2} = 5{,}657$.

c) Es wird $u_3 < u_4 < u_6 < u_{12} < u_{24} < \ldots < 2\pi$
konkret $5{,}196 < 5{,}657 < 6{,}000 < 6{,}212 < 6{,}265 < \ldots < 6{,}283$.

13. a) Wegen $\rho = r/2$ kommt man vom ein- zum umgeschriebenen Dreieck durch zentr. Streckung mit $k = 2$, d. h., $S_3 = 2 \cdot s_3$ und damit $U_3 = 2 \cdot u_3 = 10{,}39$.

b) Ähnliche Dreiecke $\rightarrow$ $S_6 : s_6 = r : \rho$

ρ ist die Höhe im gleichseitigen Dreieck mit r, also $\rho = \frac{r}{2}\sqrt{3}$; einsetzen:

$S_6 : s_6 = r : \frac{r}{2}\sqrt{3} = 2 : \sqrt{3}$; daraus $S_6 = \frac{2}{\sqrt{3}} s_6$, $U_6 = \frac{2}{\sqrt{3}} u_6 = \frac{2}{\sqrt{3}} \cdot 6 = 6{,}928$;

$U_3 > U_6 > \ldots > 2\pi \ (r = 1)$; konkret $10{,}39 > 6{,}928 > \ldots > 6{,}283$

14. a) $A_R = a^2 - \pi \left(\frac{a}{2}\right)^2 = \frac{a^2}{4}(4 - \pi)$;

    b) $A_R(2) = 4 - \pi$, d. s. ... 21,46 %.

15. $A_{Kr} = \pi x^2$, $81 A_{Kr} = 81 \pi x^2 = 0{,}50 \cdot 10^2 = 50 \rightarrow x^2 = \frac{50}{81\pi} \rightarrow x = \sqrt{\frac{50}{81\pi}} = 0{,}443$ cm.

16. Man hat nur überall die Flächeninhaltsformel anzusetzen:

$A = A_{h3s} - A_{h3s/2} + A_{hs} - A_{hs/2} =$

$= \frac{1}{2}\pi (3s)^2 - \frac{1}{2}\pi \left(\frac{3s}{2}\right)^2 + \frac{1}{2}\pi s^2 - \frac{1}{2}\pi \left(\frac{s}{2}\right)^2 =$

$= \frac{1}{2}\pi \left(9s^2 - \frac{1}{4} \cdot 9s^2 + s^2 - \frac{1}{4} s^2\right) = \frac{15}{4}\pi s^2$;

$u = \pi \cdot 3s + \pi \cdot \frac{3s}{2} + \pi \cdot s + \pi \cdot \frac{s}{2} = 6\pi s$.

17. Am Bild von Ü17 lesen Sie ab:

$A_s = A_r - (A_a + A_{r-a}) = \frac{1}{2} r^2\pi - \frac{1}{2} a^2\pi - \frac{1}{2}(r - a)^2 \pi$

$= \frac{1}{2}\pi (r^2 - a^2 - r^2 + 2ra - a^2) = \frac{1}{2}\pi (2ra - 2a^2) = \pi a (r - a)$.

Wir setzen den Durchmesser im Kreis k über $\overline{PB}$ mit 2x an; der Inhalt von k ist dann $A_k = x^2\pi$; zwar kennen wir x noch nicht, doch läßt es sich mit dem *SvP* im rechtwinkl. Dreieck MPB finden, d. h. durch r und a ausdrücken:

$(2x)^2 = r^2 - (r - 2a)^2 = r^2 - r^2 + 4ra - 4a^2 = 4a(r - a)$, und damit

$x^2 = a(r - a)$; jetzt folgt endlich der gesuchte Flächeninhalt:

$A(\text{Kreis}) = x^2\pi = \pi a (r - a) = A(\text{Sichel})$!

18. Zunächst ist nach der Formel im Satz: $b = \frac{60°}{360°} \cdot 2r\pi = \frac{1}{3} r\pi$;

In einem gleichseitigen Dreieck (μ ist ja 60°!) ist s = r und $A(\Delta) = \frac{r^2}{4}\sqrt{3}$; damit ist

$u(\text{Sek}) = b + 2r = \frac{1}{3} r\pi + 2r = \frac{1}{3} r(\pi + 6)$, $u(\text{Seg}) = b + s = \frac{1}{3} r\pi + r = \frac{1}{3} r(\pi + 3)$;

$A(\text{Sek}) = \frac{60°}{360°} \cdot r^2\pi = \frac{1}{6} r^2\pi$,

$A(\text{Seg}) = A(\text{Sek}) - A(\Delta) = \frac{1}{6} r^2\pi - \frac{r^2}{4}\sqrt{3} = \frac{r^2}{12}(2\pi - 3\sqrt{3})$.

Zum nächsten Kapitel

7. Kapitel

7

Vom Quader zur Kugel

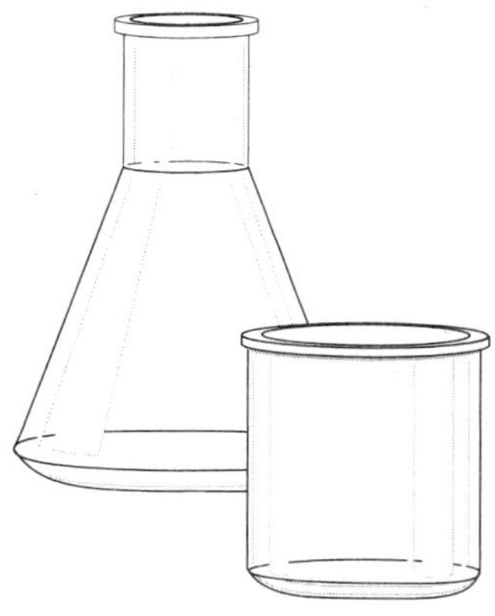

Einfache Körper in der Praxis

In diesem letzten Kapitel der Elementargeometrie sollen die bekanntesten **Körper** vorgestellt und an durchwegs *praktischen* Aufgabenstellungen besprochen werden. Die benötigten Formeln sind oft einfach und ohne weiteres einzusehen. Bei Pyramide und Kegel nehmen wir dabei vorläufig ohne Begründung zur Kenntnis, daß das Volumen jeweils ein Drittel des Volumens von Prisma und Zylinder mit gleicher Grundfläche und Höhe beträgt. Ein Beweis für den Kegel folgt in der INTEGRALRECHNUNG in Band **3.**

Kompliziertere Körper wie *schiefe* Prismen, Pyramiden und -stümpfe sowie diverse Kugelschichten besprechen wir nicht, sie werden auch nur in Spezialanwendungen gebraucht.

Prismen

Sie bilden wohl die Familie der einfachsten Körper. Wir definieren:

Definition 1: Prismen

D

> Grund- und Deckfläche von ***Prismen*** sind regelmäßige *Vielecke* im Abstand der *Höhe* h, die Seitenkanten s sind bei *geraden* Prismen parallel zu h, s || h, und senkrecht zur Grundfläche (Gfl), kurz $s \perp$ Gfl.

Je nach Art der Vielecke unterscheidet man die Sonderfälle (Bilder 1):

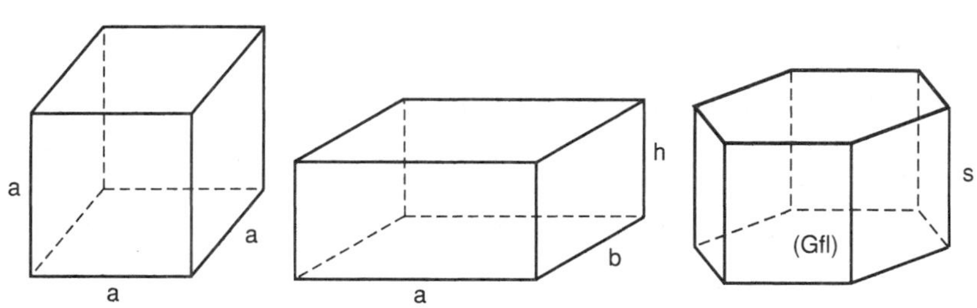

Bilder 1: Würfel, Quader und reg. 6-seitiges Prisma

Würfel

❖ **Würfel**: Alle Seitenflächen sind Quadrate. Für den Rauminhalt bzw. das Volumen gilt bei der Seiten- oder Kantenlänge a: $V = a^3$. Mantel- und Oberfläche bestehen aus 4 bzw. 6 Quadraten, also ist schon $M = 4a^2$, $O = 6a^2$.

Quader und Prismen

❖ **Quader**: Alle Seitenflächen sind Rechtecke, für das Volumen folgt $V = a \cdot b \cdot h$, M und O sind Summen der entsprechenden Rechteckinhalte.

❖ **Regelmäßiges gerades Prisma**: Die Grundfläche ist ein reg. n-Eck mit n = 3, 4, 5, 6, ...; man spricht daher z. B. vom 3-, 4-, 5- oder 6-seitigen reg. geraden Prisma. Mit A_{Gfl} als Inhalt der Grundfläche ist dann $V = A_{Gfl} \cdot h$. M wird man wieder aus Rechtecken zusammensetzen, O aus M und zwei n-Ecken.

Gehen wir gleich zu praktischen Anwendungen über:

Beispiel 1: Korkwürfel

B Wir wollen **Korkwürfel** herstellen, die 1,0 kg Masse haben; wie groß ist die Kantenlänge zu wählen?

Die gesuchte Länge setzen wir mit x dm an. Das Volumen beträgt dann $V = x^3\,dm^3$, und die Dichte ρ, die man für diverse Stoffe aus Tabellen ablesen kann, ist als $\rho = m/V$ = Masse/Volumen definiert; für Kork ist $\rho = 0{,}24\,kg/dm^3$. So folgt

$$V = x^3 = \frac{m}{\rho} = \frac{1\,kg}{0{,}24\,kg/dm^3} = \frac{1}{0{,}24}\,dm^3 \rightarrow x = \sqrt[3]{\frac{1}{0{,}24}}\,dm = 1{,}61\,dm :$$

Man hat Würfel von etwa 1,6 dm Kantenlänge herzustellen.

Recht häufig begegnet man auch **Quadern**:

Beispiel 2: Gewicht von Holzbalken

B Zimmerer interessieren sich für die **Masse** bzw. das **Gewicht** eines quaderförmigen **Holzbalkens** von 10 × 16 × 300 (jeweils cm) und ρ(Fichte) = 650 kg/m³.

Wir berechnen zunächst das Volumen:

$$V = a \cdot b \cdot h = 10 \cdot 16 \cdot 300\,cm^3 = 48000\,cm^3 = 48\,dm^3 = 0{,}048\,m^3.$$

Mit $m = V \cdot \rho$ nach der Formel in Beispiel 1 wird schon

$$m = 0{,}048\,m^3 \cdot 650\,kg/m^3 = 31{,}2\,kg.$$

Damit ist die *Masse* – Techniker sprechen hier auch vom *Gewicht* – gefunden. Für die *Gewichtskraft* übernehmen wir aus der Physik $G = m \cdot g$ mit $g = 9{,}81\,m/s^2$ als Fallbeschleunigung:

$$G = m \cdot g = 31{,}2\,kg \cdot 9{,}81\,m/s^2 = 306\,kg\,m/s^2 = 306\,N.$$

Beispiel 3: Aluminiumquader

B Man will quaderförmige **Vierkantstücke** aus Aluminium ($\rho = 2700\,kg/m^3$) mit quadratischem Querschnitt herstellen, Bild nebenstehend, die 80 cm lang und 50 g schwer sein sollen.

Aus der Definition der Dichte ρ folgt wie in Beispiel 1

$$V = \frac{m}{\rho} = \frac{0{,}050}{2700}\,m^3 = 0{,}0000185\,m^3 = 0{,}0185\,dm^3 = 18{,}5\,cm^3.$$

Die Quadratseite x gewinnen wir aus der Volumsformel $V = x^2 \cdot l$:

$$x^2 = \frac{V}{l} = \frac{18{,}5}{80}\,cm^2 = 0{,}2315\,cm^2 \rightarrow x = \sqrt{0{,}2315}\,cm = 0{,}481\,cm:$$

Man hat zirka 4,8 mm als Grundkanten vorzusehen.

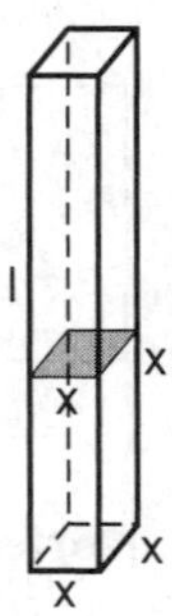

Bild 2: dazu

Auch *Sechskantquader* sind in der Praxis verbreitet:

Beispiel 4: Schraubenmutter

Soll die *Weite* w Abstand zweier paralleler Seiten einer **Schraubenmutter** – noch ohne Bohrung – mit w = 6 mm sein und l = 12 cm, Bild 3, so kann man nach dem Gewicht bzw. der Masse der Messingstücke ($\rho = 8560\ kg/m^3$) fragen.

Da w/2 Höhe in einem gleichseitigen Bestimmungsdreieck ist, gilt

$$\frac{w}{2} = \frac{1}{2} s\sqrt{3} \rightarrow s = \frac{w}{\sqrt{3}} = \frac{6}{\sqrt{3}} = 3{,}46\ \text{mm} .$$

Die Grundfläche setzt sich aus 6 solchen gleichseitigen Dreiecken zusammen:

$$A = 6 \cdot \frac{1}{2} \cdot s \cdot \frac{1}{2} s\sqrt{3} = \frac{6}{4} s^2\sqrt{3} =$$

$$= \frac{6}{4} \left(\frac{6}{\sqrt{3}}\right)^2 \sqrt{3} = \cdots = 18\sqrt{3} = 31{,}2\ \text{mm}^2 .$$

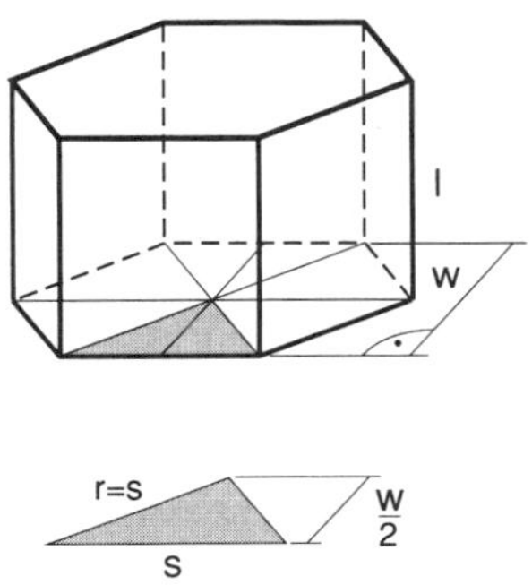

Bild 3: dazu

Damit wird

$$V = A \cdot l = 31{,}2 \cdot 120 = 3741\ \text{mm}^3 = 3{,}74\ \text{cm}^3,$$

und wie oben ist mit $\rho = 8{,}56\ g/cm^3$

$$m = V \cdot \rho = 3{,}74 \cdot 8{,}56\ g = 32{,}0\ g = 0{,}032\ kg:$$

Wir sind am Ziel, die Sechskantquader wiegen m = 0,032 kg.

Aus Quadern lassen sich Quader *ausnehmen*:

Beispiel 5: Hohlziegel

Ein **Hohlziegel** mit der Dichte $\rho = 1070\ kg/m^3$ hat die Länge 36 cm und die in Bild 4 angegebenen Querschnitt-Maße in cm. Wie schwer ist er?

Wir berechnen V, indem wir aus einem Vollziegel 2 Quader herausgebohrt denken:

$$V = V_{voll} - 2\,V_{hohl} = (54 \cdot 30 \cdot 36 - 2 \cdot 18 \cdot 18 \cdot 36)\ \text{cm}^3 = 34992\ \text{cm}^3 = 35{,}0\ \text{dm}^3.$$

Dann ist wieder die eben verwendete Formel anzusetzen:

$$m = V \cdot \rho = 35{,}0\ \text{dm}^3 \cdot 1{,}07\ \text{kg/dm}^3 = 37{,}45\ \text{kg}:$$

Der Ziegel wiegt rund 37,5 kg.

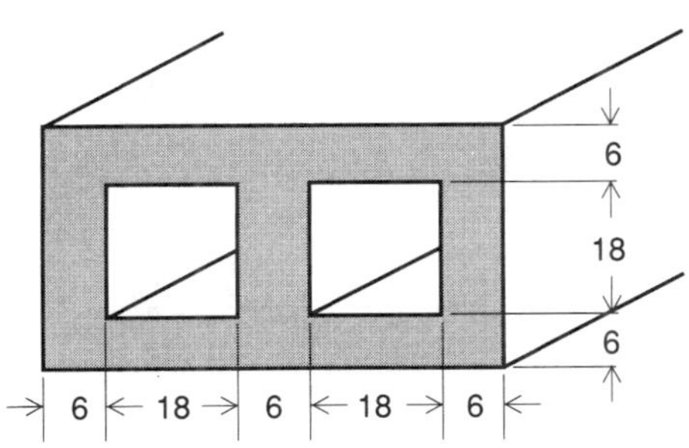

Bild 4: dazu

Da Sie inzwischen den **Satz von Pythagoras** vermissen werden, hier ein kurzer theoretischer Einschub:

Beispiel 6: Diagonalen im Quader

B Es soll die Länge der **Raumdiagonale** eines *Quaders* nach Bild 5 berechnet werden. Da sie auch angibt, wie „sperrig“ etwa ein solcherart gebauter *Ziegel* ist, dürfte dies allerdings nicht nur von theoretischem Interesse sein. Im rechtwinkligen Dreieck ABC erhalten wir mit dem *SvP*:

$$d^2 = a^2 + c^2, \quad d = \sqrt{a^2 + c^2}\ ;$$

Im Δ ACG gilt:

$$D^2 = d^2 + b^2 = a^2 + c^2 + b^2, \text{ also}$$

$$D = \sqrt{a^2 + b^2 + c^2}\ .$$

Für unseren Ziegel mit

$$a = 54,\ b = 30,\ c = 36 \text{ cm}$$

bekommen wir

$$d = \sqrt{54^2 + 36^2} = \sqrt{4212} = 64{,}9 \text{ cm}\ ,$$

$$D = \sqrt{54^2 + 30^2 + 36^2} = \sqrt{5112} = 71{,}5 \text{ cm}\ .$$

Bild 5: dazu

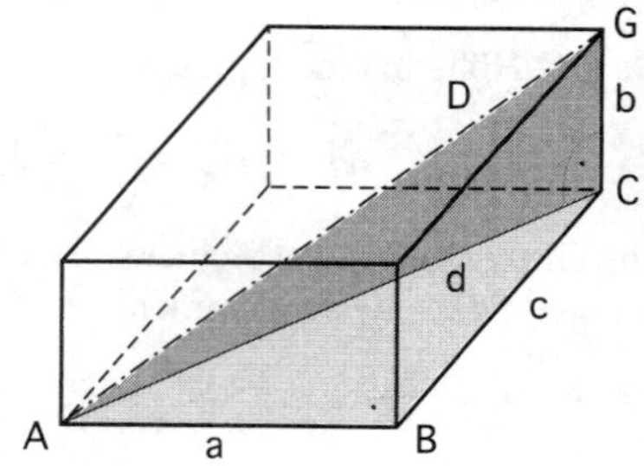

Nun zum allgemeinen, doch geraden **Prisma**:

Beispiel 7: Erdarbeiten

B Ein ansteigendes, rechteckiges Grundstück mit $b \times l = 6{,}5 \times 19{,}5$ (jeweils m), soll auf die untere Seite horizontalisiert werden. Wieviel **Erdreich** ist abzuführen, wenn die Höhe h = 2,0 m beträgt und beim Aushub noch ca. 15 % aufgelockert wird?

In unserem skizzierten Prisma in Bild 6, unten links, fassen wir die Grundfläche als rechtwinkliges Dreieck mit h und t als Katheten auf, b ist dann Höhe des Prismas (es ist auf eine Seitenfläche umgelegt). Wir berechnen zuerst t

$$t^2 = l^2 - h^2, \quad t = \sqrt{l^2 - h^2} = \sqrt{19{,}5^2 - 2{,}0^2} = 19{,}4 \text{ m}\ ,$$

damit ist schon

$$V = A \cdot b = \frac{1}{2} h \cdot t \cdot b = \frac{1}{2} \cdot 2{,}0 \cdot 19{,}4 \cdot 6{,}5 = 126{,}1 \text{ m}^3.$$

Aufgelockert ist dann V_a = 115 % von V, also ca. 145 m³: Es sind 145 m³ abzuführen.

Bild 6: dazu

Bild 7: Dachboden

Bild 6

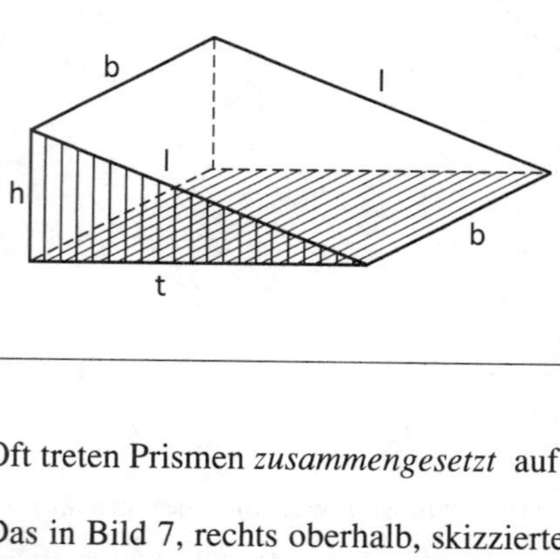

Bild 7

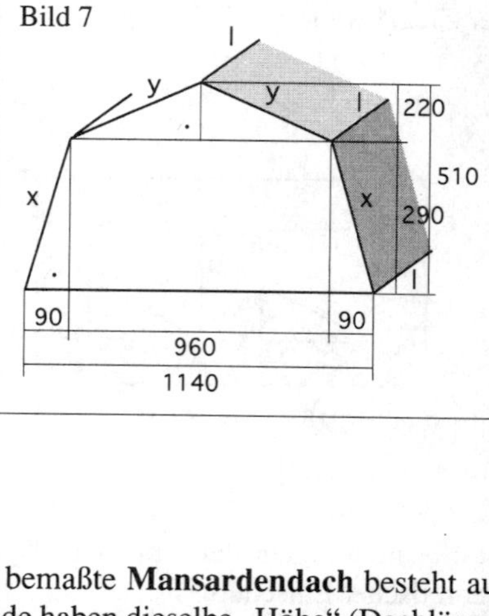

Oft treten Prismen *zusammengesetzt* auf:

Beispiel 8: dazu

B Das in Bild 7, rechts oberhalb, skizzierte und bemaßte **Mansardendach** besteht aus einem drei- und einem vierseitigen Prisma; beide haben dieselbe „Höhe“ (Dachlänge) von l = 12,50 m. Wie lang sind die Dachsparren, und wie groß sind Dachfläche und Dachbodenraum?

B

Häuslbauer bitte aufgepaßt!

Die Dachfläche enthält 4 Rechtecke, weshalb schon gilt:

$$A = 2 \cdot l \cdot x + 2 \cdot l \cdot y = 2\,l \cdot (x + y).$$

Für die Sparrenlängen x und y setzen wir den *SvP* an:

$$x = \sqrt{2{,}90^2 + 0{,}90^2} = 3{,}04 \text{ m}, \quad y = \sqrt{2{,}20^2 + 4{,}80^2} = 5{,}28 \text{ m}.$$

Jetzt ist nur noch einzusetzen:

$$A = 2 \cdot 12{,}50 \cdot (3{,}04 + 5{,}28) = 208 \text{ m}^2.$$

Für das Volumen des Dachbodenraums brauchen wir die Flächenformel des Trapezes $A = \frac{a + c}{2} \cdot h$:

$$V = A_Q \cdot l = \left(\frac{11{,}40 + 9{,}60}{2} \cdot 2{,}90 + \frac{9{,}60}{2} \cdot 2{,}20\right) \cdot 12{,}5 = 513 \text{ m}^3 .$$

Pyramiden

Auch diesen Abschnitt leiten wir mit einer Definition ein:

D

Definition 2: Pyramiden

Verbindet man einen Punkt S, der senkrecht zur Grundfläche oberhalb des Um-/Inkreismittelpunkts eines regelmäßigen n-Ecks liegt, mit diesen Ecken, so entsteht eine regelmäßige gerade ***Pyramide***.

Für n = 4, 5, 6, ... liegen wichtige Sonderfälle vor, vgl. die Bilder 8:

Bilder 8: dazu

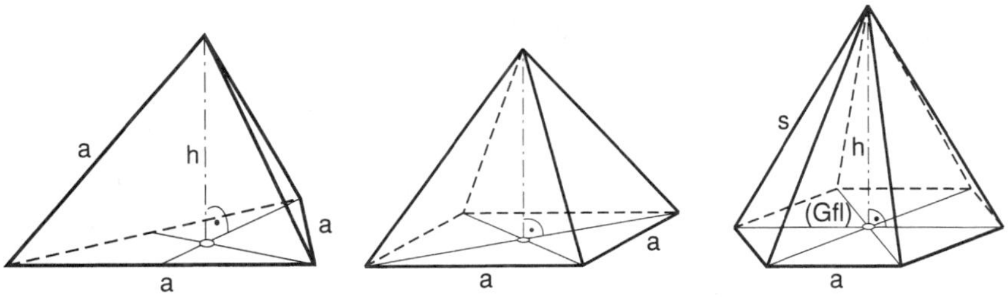

Sonderfälle: Tetraeder und quadratische Pyramide

- **Tetraeder**: Die Seitenflächen sind vier gleichseitige Dreiecke. Setzt man den Satz von Pythagoras an und formt ein wenig um, so erhält man für Höhe und Volumen die Formeln

$$h_T = \frac{a \cdot \sqrt{6}}{3}, \quad V_T = \frac{a^3 \cdot \sqrt{2}}{12} \quad \text{wegen} \quad V_{Pyr} = \frac{A_{Gfl} \cdot h}{3}$$

- **Quadratische Pyramide**: Die Grundfläche ist ein Quadrat, es ist natürlich

$$V_{qu.P} = \frac{A_{Gfl} \cdot h}{3} = \frac{a^2 \cdot h}{3}$$

Bei den übrigen Pyramiden wird man M aus Dreiecken zusammensetzen, O weiter aus dem Mantel M und dem Inhalt eines n-Ecks, im Bild rechts ist es ein ***reg. 6-Eck***.

Beispiel 9: Cheops-pyramide

Die größte ägyptische Pyramide, die **Cheopspyramide**, ist heute noch 137 m hoch und enthält 2,34 Millionen m^3 Kalkstein (Daten aus einem Lexikon). Aus diesen Angaben sollen Grund- und Seitenkanten berechnet werden!

Bild 9: dazu

Mit den Bezeichnungen von Bild 9 setzen wir an

$$V_{qu.P} = \frac{A_{Gfl} \cdot h}{3} = \frac{a^2 \cdot h}{3} \rightarrow a^2 = \frac{3\,V}{h} \rightarrow$$

$$a = \sqrt{\frac{3\,V}{h}} = \sqrt{\frac{3 \cdot 2340\,000}{137}} = 226 \text{ m};$$

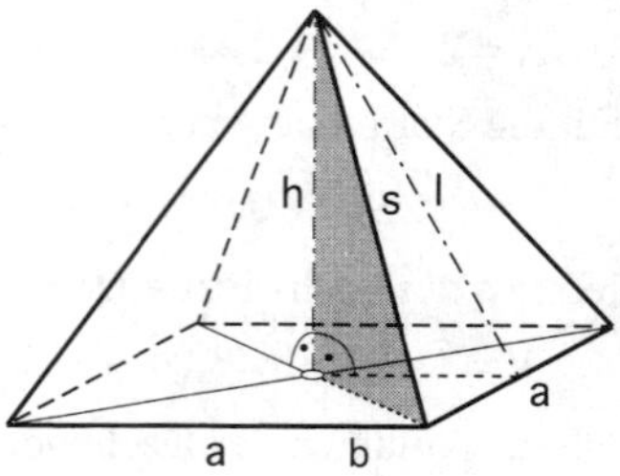

Die halbe Quadratdiagonale ist damit

$$b = \frac{a\sqrt{2}}{2} = 160 \text{ m, und nach Pythagoras wird}$$

$$s^2 = h^2 + b^2 = 137^2 + 160^2 = 44369, \quad s = \sqrt{44369} = 211 \text{ m};$$

Grund- und Seitenkanten messen 226 m und 211 m.

Wollen Sie raufklettern?

Sollten Sie Lust verspüren, auf dem *kürzesten Weg* hinauf zu klettern, brauchen Sie noch die Höhe l eines gleichschenkligen Dreiecks:

$$l^2 = s^2 - \left(\frac{a}{2}\right)^2 \quad \left(\text{oder } h^2 + \left(\frac{a}{2}\right)^2\right) = 211^2 - 113^2 = 31752; \quad l = \sqrt{31752} = 178 \text{ m.}$$

Ganz ähnlich verläuft die folgende Rechnung, wobei wir von oben die Grundfläche eines reg. 6-Ecks übernehmen:

Beispiel 10: 6seitige Pyramide

Eine regelmäßige sechsseitige Pyramide mit einer Grundkante von a = 8,00 cm hat ein Volumen von V = 831,4 cm^3. Gesucht ist die **Seitenkante** s!

Hier besteht die Grundfläche aus sechs gleichseitigen Dreiecken mit der schon bekannten Höhe $\frac{a}{2} \cdot \sqrt{3}$, die daher einzeln den Flächeninhalt $\frac{a^2}{4} \cdot \sqrt{3}$ haben. Dies mal 6 führt zu

$$A_{Gfl} = \frac{6}{4} a^2 \cdot \sqrt{3} = \frac{3}{2} a^2 \cdot \sqrt{3},$$

Bild 10: dazu

und aus der Volumenformel ergibt sich die Höhe zu

$$h = \frac{3\,V}{A_{Gfl}} = \frac{3 \cdot 831{,}4 \cdot 2}{3 \cdot 64 \cdot \sqrt{3}} = 15{,}00;$$

schließlich liefert noch der *SvP* wie eben

$$s = \sqrt{h^2 + a^2} = \sqrt{15^2 + 8^2} = 17{,}00 \text{ (cm)}.$$

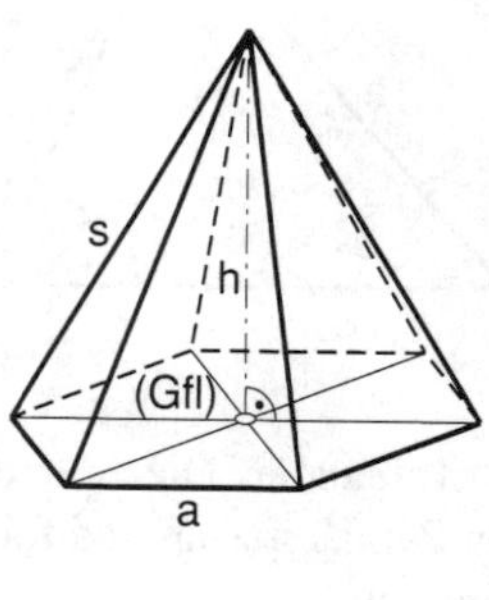

Zylinder und Kegel

Wir gehen nun zu einer weiteren Familie von Körpern über und leiten dies durch eine knappe Definition ein:

D

Aus Prisma und Pyramide entstehen ***Zylinder*** und ***Kegel,*** wenn man die regelmäßigen n-Ecke der Grundflächen durch Kreise ersetzt.

Definition 3: Zylinder und Kegel

Da der Zylinder gleich im nächsten Beispiel vorkommt, skizzieren wir hier an seiner Stelle den **Kegelstumpf**, der durch einen ebenen Schnitt senkrecht zur Achse entsteht:

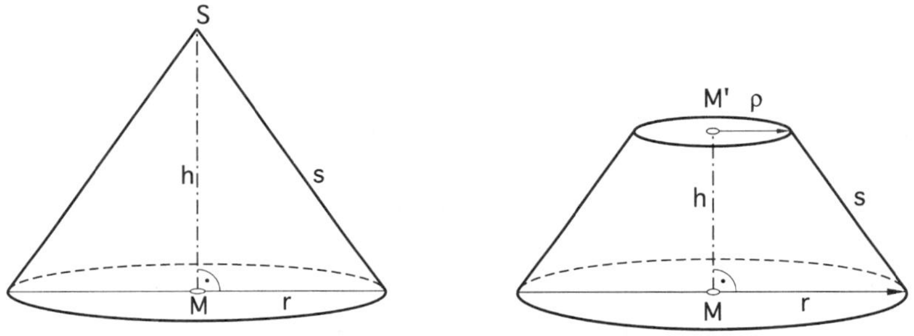

Bilder 11/12: Kegel und Kegelstumpf

Hier wieder die grundlegenden Formeln:

die wichtigsten Formeln

❖ **Gerader Kreiszylinder**: Grundfläche (Gfl) und Deckfläche sind jeweils Kreise mit Radius r, die Höhe sei h, die Mantellinien liegen || h, kurz, h ⊥ Gfl.

Hier folgt aus den Kreisformeln unmittelbar:

$V = \pi r^2 h \qquad M = 2\pi r\, h \qquad O = 2\pi r\,(r + h)$

❖ **Gerader Kreiskegel**: (Bild 11, links oben): Grundfläche Kreis mit Radius r, Höhe h = SM ⊥ Gfl., Seiten- bzw. Mantellinie, auch Erzeugende s;

$V = \frac{1}{3}\pi r^2 h \qquad M = \pi r\, s \qquad O = \pi r\,(r + s)$

❖ **Gerader Kreiskegelstumpf**: (Bild 12, oben rechts): durch ebenen Schnitt ⊥ Achse bzw. Höhe des Kegels entstanden; Stumpfhöhe h, Deckkreisradius ρ:

$V = \frac{\pi h}{3}(r^2 + r\rho + \rho^2)$

Da der Zylinder ein sehr einfacher Körper ist, schneiden wir gleich einen zweiten aus und erhalten einen **Hohlzylinder** im folgenden Beispiel:

B

Wie schwer ist ein Stück **Kupferrohr** mit 2R = 21 mm Außendurchmesser, 1,5 mm Wanddicke und 650 mm Länge (Dichte $\rho_{Ku} = 8900\ kg/m^3 = 8{,}90\ g/cm^3$), Bild 13?

Beispiel 11: Hohlzylinder

Aus der Wanddicke folgt sofort der Radius r des inneren, ausgebohrten Zylinders als r = R – d = 9 mm, womit sich das Volumen des Hohlzylinders als Differenz von Außen- und Innenzylinder-Volumen ergibt:

$$V = \pi R^2 l - \pi r^2 l = \pi l \cdot (R^2 - r^2) =$$
$$= \pi \cdot 650 \cdot (10{,}5^2 - 9^2) =$$
$$= 59730\ mm^3 = 59{,}7\ cm^3.$$

Bild 13: dazu

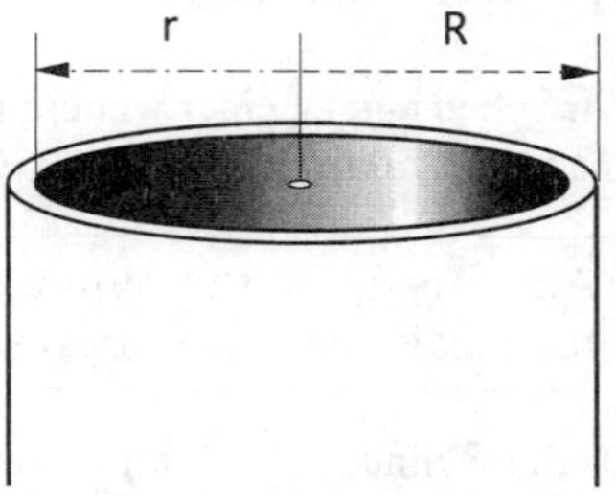

Jetzt erinnern wir uns an die Masse-Dichte-Volumen-Beziehung von früher:

$$m = V \cdot \rho = 59{,}7 \cdot 8{,}9\ g = 531\ g.$$

Damit sind wir schon am Ziel: m = 0,531 kg. Für die *Gewichtskraft* hätten wir noch mit der Fallbeschleunigung g zu multiplizieren:

$$G = m \cdot g = 0{,}531 \cdot 9{,}81\ N = 5{,}2\ N.$$

Wir werden dem Zylinder noch in den Übungen und im Zusammenhang mit Kugelteilen begegnen; hier versuchen wir uns zur Abwechslung an einer theoretischen Übung, nämlich an der Herleitung der genannten Formel:

Satz 1: Kegelstumpfvolumen

S **Der gerade Kreiskegelstumpf mit der Höhe h und den Begrenzungskreisradien r und ρ hat das Volumen:**

$$V = \frac{\pi h}{3} (r^2 + r\rho + \rho^2)$$

Beweis

Dazu betrachten Sie bitte die Skizze in Bild 14, in der wir zunächst das Volumen als Differenz der Volumina von großem Kegel und kleinem, abgeschnittenen Kegel ansetzen und dann den 2. Strahlensatz mit der Kegelspitze als Scheitel anwenden:

$$V = \frac{1}{3} A_G \cdot (h + y) - \frac{1}{3} A_D \cdot y$$
$$= \frac{1}{3} [A_G \cdot h + y \cdot (A_G - A_D)].$$

Bild 14: dazu

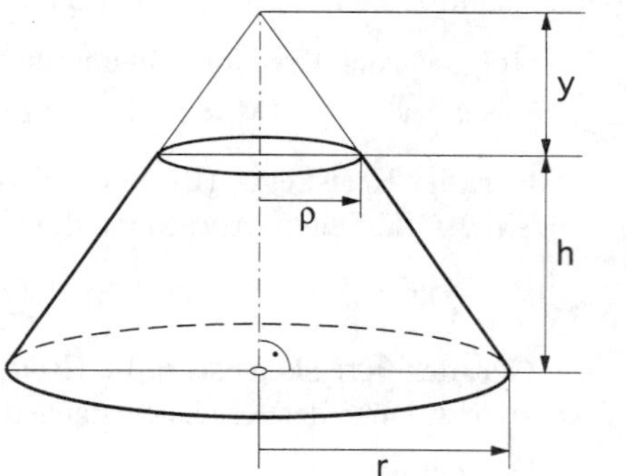

Nun ist natürlich $A_G = \pi r^2$, $A_D = \pi \rho^2$, während wir für y nach dem Strahlensatz einsetzen:

$$y : (y + h) = \rho : r$$
$$y r = y \rho + h \rho$$
$$y = \frac{h\rho}{r - \rho}; \text{ damit wird}$$
$$V = \frac{1}{3} [\pi r^2 h + \pi \frac{h\rho}{r - \rho} (r^2 - \rho^2)] =$$
$$\frac{\pi h}{3} [r^2 + \rho \cdot \frac{r^2 - \rho^2}{r - \rho}] = \frac{\pi h}{3} [r^2 + \rho \cdot (r + \rho)].$$

Nach Ausmultiplizieren der runden Klammer ist die genannte Formel erreicht, ✔.

Als praktische Anwendung nehmen wir uns einen speziellen Trichter vor:

Beispiel 12: Bunkertrichter

B Ein **Bunkertrichter**, Bild 15, hat die Form eines umgedrehten Kegelstumpfs mit zylindrischem Auslauf. Welches Fassungsvermögen hat er, wenn wir 2r = 220 cm, H = 140 cm, h = 30 cm und 2ρ = 50 cm annehmen?

Wir müssen nur die Volumina der beiden Teilkörper addieren:

$$V = V_{KSt} + V_{Zyl} .$$

Da wir die nötigen Formeln für Kegelstumpf und Zylinder schon zur Verfügung haben, sind nur mehr die Zahlen aus der Skizze abzulesen:

$$V = \frac{1}{3}\pi H (r^2 + r\rho + \rho^2) + \pi \rho^2 h =$$

$$= \frac{1}{3}\pi [140 (110^2 + 110 \cdot 25 + 25^2) +$$

$$+ 3 \cdot 25^2 \cdot 30] = ... = 2{,}33 \text{ m}^3.$$

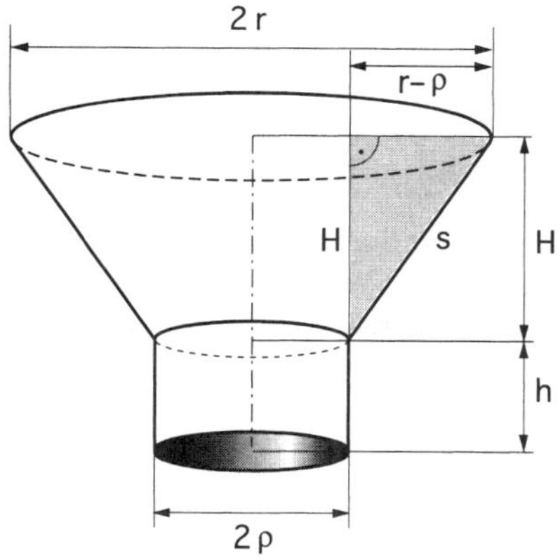

Bild 15: dazu

Sollten Sie sich auch für den Blechbedarf bei der Herstellung interessieren, müssen Sie die Mantelformel

Blechbedarf für den Trichter

$$M_{KSt} = (r + \rho)\, \pi\, s$$

verwenden und s nach dem pythagoreischen Lehrsatz ausrechnen. In der Skizze haben wir dafür das rechtwinklige Dreieck hervorgehoben; konkret erhalten Sie den Wert $O = 7{,}42$ m² für die Oberfläche des Trichters.

Kugel und Kugelteile

Zuletzt besprechen wir die Kugel und zwei ihrer Teilkörper, vgl. die Bilder 16, wobei die Definition ganz analog zu den Kreisteilen verläuft.

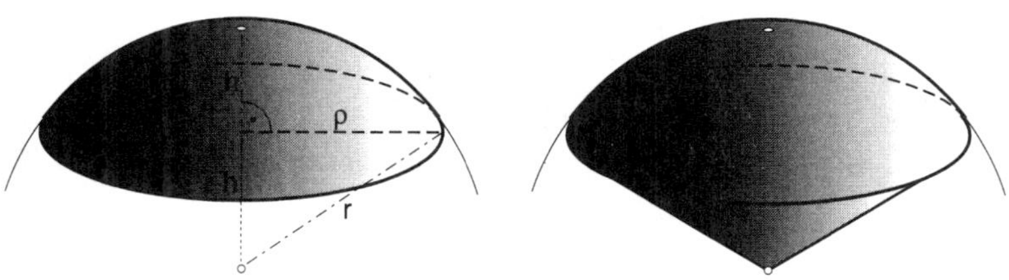

Bilder 16: Kugelteile

❖ **Kugel** (Bild folgt auf der übernächsten Seite!): Radius = Halbmesser r; Die Formeln für V und O werden bald bewiesen; sie lauten

die wichtigsten Formeln

$$V_K = \frac{4}{3}\pi r^3, \qquad O_K = 4\pi r^2$$

❖ **Kugelsegment** (Kugelabschnitt, Bild oben links): Segmenthöhe h, Parallelkreisradius ρ, Kugelradius r, ρ < r:

$$V_{Seg} = \frac{1}{3}\pi h^2 (3r - h);$$

die *Kugelhaube* (-kappe) ist der gekrümmte *Mantel* des Segments mit $M_{Seg} = 2\pi r h$.

❖ **Kugelsektor** (Kugelausschnitt, Bild oben rechts): Bezeichnungen wie eben;

Man kann über Zylinder und Kegel mit Pythagoras das *Volumen* der *Kugel* berechnen, wenn man einen Hilfssatz verwendet, den wir hier mit Bild 17 plausibel machen, aber sonst nicht beweisen, also als *Axiom* vorstellen:

Axiom 1:

A

Satz von CAVALIERI (italien. Mathematiker, 17. Jh.):

«Körper haben gleiches Volumen, wenn sie von jeder Ebene parallel zur Grundfläche in Flächen gleichen Inhalts geschnitten werden.»

Bild 17: zum Satz des Cavalieri

Die beiden Kartenstapel haben offensichtlich gleiches Volumen, auch wenn sie zueinander deutlich verschoben sind, also verschiedene Körper bilden; in jeder Höhe sind die Schnitte aber kongruente Rechtecke mit gleichem Inhalt!

Wir gehen nun von einer *Halbkugel* aus und setzen einen geraden Kreiszylinder mit Radius r und Höhe h = r, aus dem ein gerader Kreiskegel vom Radius r und der Höhe h = r ausgeschnitten wurde, daneben, Bild 18. Diesen Körper bezeichnen wir als „Restkörper". Halbkugel und der Restkörper haben nun gleiches Volumen! Die Inhalte der Grundflächen sind beidemal πr^2, die Höhen gleich r.

Bilder 18: dazu

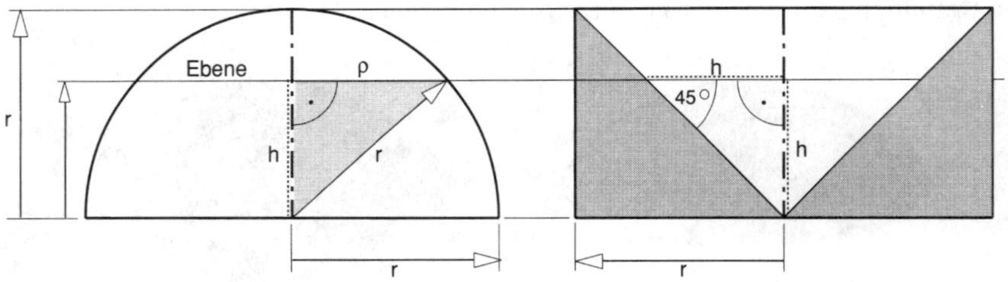

Herleitung des Kugelvolumens

Zu zeigen ist, daß die Ebene E in jeder Höhe h inhaltsgleiche Flächen aus beiden Körpern schneidet.

Bei der Halbkugel entsteht ein Kreis vom Radius $\rho = \sqrt{r^2 - h^2}$, und das bewirkt

$$A_{Schnittkreis} = \pi \cdot \rho^2 = \pi \cdot (r^2 - h^2)$$

Beim Restkörper ist die Schnittfigur ein Kreisring mit den Radien r und h:

$$A_{Schnittkreis} = \pi r^2 - \pi h^2 = \pi \cdot (r^2 - h^2)$$

Also folgt schon nach Cavalieri:

$$V_{Halbkugel} = V_{Restkp} = V_{Zyl} - V_{Kegel} = \pi r^2 \cdot r - \frac{1}{3} \pi r^2 \cdot r = \frac{2}{3} \pi r^3$$

Wir haben nur zu verdoppeln und haben bewiesen:

Das Volumen einer Kugel beträgt $V_K = \frac{4}{3}\pi r^3$ S

Satz 2: Kugelvolumen

Diese Formel wenden wir einfach an, um etwa herauszufinden:

Wie viele **Schrotkörner** von Kugelform mit 6 mm Durchmesser kann man aus 1031 g Blei (ρ_{Bl} = 11,4 g/cm³) herstellen? B

Beispiel 13: Wir gießen Bleikugeln ...

Das Gesamtgewicht, geteilt durch das Gewicht einer einzelnen Kugel, ergibt die Anzahl (wir unterscheiden – wie üblich – nicht zwischen Masse und Gewicht):

$$V_1 = \frac{4}{3}\pi r^3, \quad m_1 = V \cdot \rho,$$

$$x = \frac{m}{m_1} = \frac{3\,m}{4\pi r^3 \rho} = \frac{3 \cdot 1031}{4\pi \cdot 0{,}3^3 \cdot 11{,}4} = 800:$$

Es lassen sich 800 Schrotkörner gießen.

Vom Volumen läßt sich auf die Oberfläche schließen:

Wieviel **Blech** ist für einen *kugel*förmigen *Hochbehälter* erforderlich, der 30 m³ Flüssigkeit fassen soll? B

Beispiel 14: bauen einen Kugelbehälter

Zunächst berechnen wir den Kugelradius aus der V-Formel:

$$V = \frac{4}{3}\pi r^3 \Rightarrow r = \sqrt[3]{\frac{3V}{4\pi}} = 1{,}926\ m^3.$$

Bild 19: Kugel

Die Formel für die Oberfläche können Sie in den Übungen herleiten, hier schreiben wir sie einfach an:

$$O = 4\pi r^2 = 4\pi \cdot 1{,}926^2 = 46{,}7\ m^2:$$

Man benötigt ca. 47 m² Blech.

Wie schon beim Zylinder kann man auch hier den passenden *Hohlkörper* berechnen:

Eine hohle **Kupferglocke** in Halbkugelform (ρ = 8,9 g/cm³) hat den äußeren Durchmesser D = 23,6 cm und die Wanddicke s = 6 mm, Bild 19. Wie schwer ist sie? B

Beispiel 15: bestimmen das Gewicht einer Glocke

Das Volumen ergibt sich als Differenz der beiden Halbkugeln, wobei die Wanddicke indirekt den *Innenradius* bestimmt:

$$R = D/2 = 11{,}8\ cm,\ r = R - s = 11{,}2\ cm,$$

$$V = \frac{2}{3}\pi R^3 - \frac{2}{3}\pi r^3 = \frac{2}{3}\pi (R^3 - r^3) =$$

$$\frac{2}{3}\pi (11{,}8^3 - 11{,}2^3) = 499\ cm^3;$$

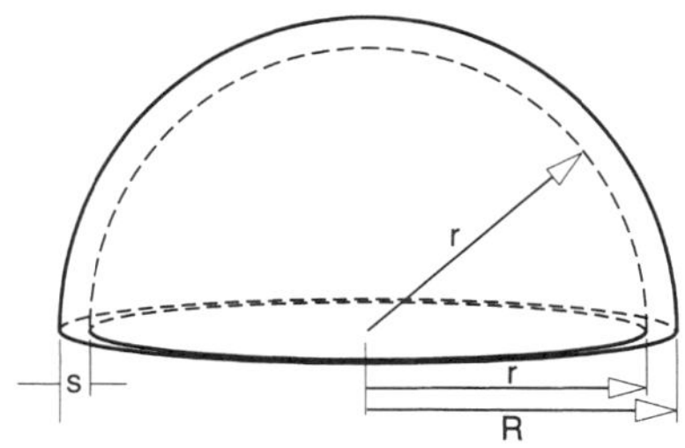

Bild 20: dazu

jetzt folgt die Masse wie gewohnt:

$$m = V \cdot \rho = 499 \cdot 8{,}9\ g = 4{,}438\ kg:$$

Die Kupferglocke wiegt rund 4,4 kg.

Hier eine Kostprobe für ein etwas schwierigeres Problem, dessen Lösung schon einiges Anschauungsvermögen verlangt :

Beispiel 16:
Kugelstapel – Methanmolekül

B Man lagert vier **Kugeln** (r) so dicht wie möglich, vgl. Bild 21. Wir wollen berechnen, wie hoch der höchste Punkt der 4. Kugel liegt, welche Höhe die Anordnung der vier Kugeln beansprucht – hier liegt ein Kugelmodell des CH_4-, also des *Methanmoleküls* vor.

Der Skizze entnehmen Sie, daß der Mittelpunkt der 4. Kugel genau über dem Mittelpunkt des gleichseitigen Dreiecks mit Seite 2r liegt, das aus den Mittelpunken der drei Grundkugeln gebildet wird; die waagrechte Kathete des rechtwinkligen Dreiecks mit der lotrechten Kathete x und der Hypotenuse 2r ist daher 2/3 der Höhe im gls Δ! Damit erhalten wir:

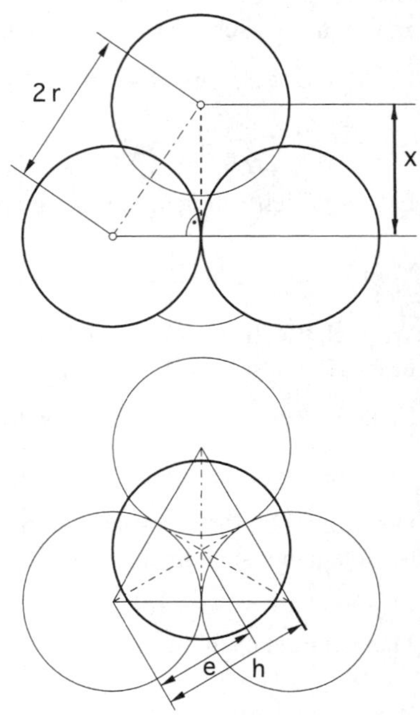

Bild 21:
als Planskizze zur Höhen-berechnung

$$e = \frac{2}{3} h = \frac{2}{3} \cdot \frac{2\,r}{2} \cdot \sqrt{3} = \frac{2\,r}{3} \cdot \sqrt{3}$$

Jetzt zum Pythagoras:

$$e^2 + x^2 = (2\,r)^2 \;\Rightarrow\; x^2 = 4\,r^2 - \frac{4}{3} r^2 = \frac{8}{3} r^2$$

Daraus ziehen wir die Wurzel und addieren noch zweimal den Radius, um die gesuchte Gesamthöhe H zu erhalten:

$$x = \sqrt{\frac{8}{3} r^2} = 2\,r \cdot \sqrt{\frac{2}{3}}$$

$$H = r + x + r = 2\,r \cdot \left(1 + \sqrt{\frac{2}{3}}\right)$$

Konkret wird für den Kugeldurchmesser 2r = 1 m dann H = 1,82 m.

Nun entschweben wir irdischen Regionen, ohne jedoch die Geometrie zu vergessen!

Beispiel 17:
Ballonfahrt

B Wie hoch muß man mit einem **Ballon** aufsteigen, um ein Gebiet von 60000 km^2 überblicken zu können, Bild 21? (Erdradius R = 6370 km)

Hier greifen wir auf die Inhaltsformel einer Kugelhaube zurück, um zuerst die Höhe des Segments zu berechnen, das zur Haube gehört:

$$A_H = M_{Seg} = 2\pi\,R\,h, \text{ daraus}$$

$$h = \frac{A_H}{2\,\pi\,R} = \frac{60000}{2\,\pi \cdot 6370} = 1{,}499 \text{ km} \approx 1{,}50 \text{ km} .$$

Der Kathetensatz im großen rechtw. Dreieck besagt:

$$R^2 = (R - h) \cdot (R + x), \text{ daraus}$$

$$x = \frac{R^2}{R - h} - R = \frac{R^2 - (R^2 - R\,h)}{R - h} = \frac{R\,h}{R - h};$$

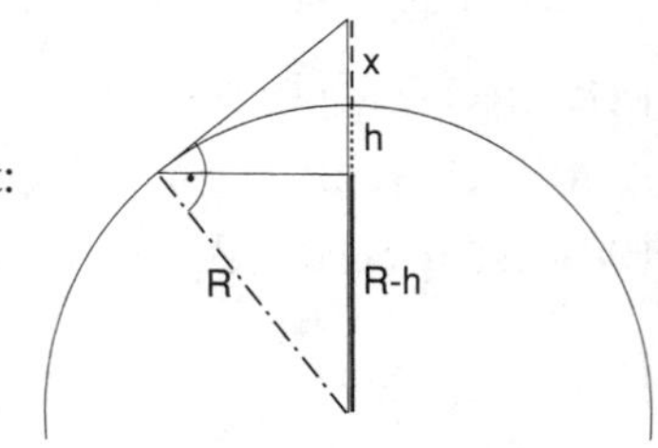

Bild 22:
dazu

Man muß im Ballon 1,50 km aufsteigen. Dabei ist die Feststellung interessant, daß h = x ist!

Gefällt es Ihnen so hoch oben? Dann steigen Sie vielleicht auch in ein Raumschiff, das uns bis zum *Mars* führt, von wo wir folgendes Panorama beobachten (Fernglas nicht vergessen!):

Beispiel 18: Astronomie: der Erdschatten ...

B Die Sonne strahlt ihr Licht unter anderem auf die **Erdkugel**, wodurch dahinter ein **Schattenkegel** entsteht, dessen Höhe h wir berechnen wollen, Bild 23.

Wegen der ungeheuren Entfernung Sonne – Erde (149,6 Millionen km!) machen wir nur einen sehr kleinen Fehler, wenn wir die Randstrahlen als nahezu parallel ansehen (der Kegelwinkel φ ist 1/2°!), wodurch der Schattenkegel beinahe den Erddurchmesser d als Basiskreis bekommt. Es ist D = 1,392 und d = 0,01275 (alles in Mill. km).

Nun besagt der 2. Strahlensatz:

$$x : h = D : d,$$

woraus nach Einsetzen der bekannten Werte und dem Produktsatz für Proportionen folgt:

$$x : (x - 149{,}6) = 1{,}392 : 0{,}01275 \quad \Rightarrow \quad 0{,}01275\, x = 1{,}392\,(x - 149{,}6) \quad \Rightarrow$$
$$x = 150{,}98\,; \qquad h = 150{,}98 - 149{,}6 = 1{,}38 \text{ Mill. km.}$$

und der Monddurchgang

Durch diesen Schattenkegel läuft nun der **Erdmond** mit ziemlich genau 1 km/s Geschwindigkeit. Wie lang er für die Wanderung benötigt, falls er zentral hindurch schwebt, versuchen Sie vielleicht als Abschlußübung (Ü15) herauszufinden?

Bild 23: dazu

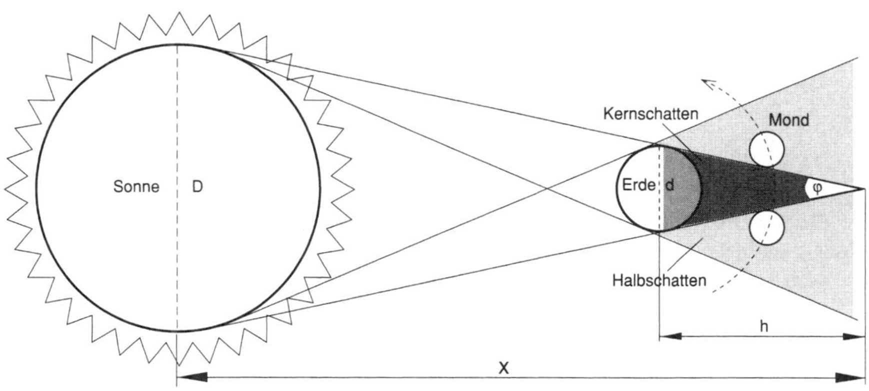

Ende des 7. Kapitels!

Übungsaufgaben

1. Welche Kantenlänge hat ein Stahlwürfel von 10,0 kg Masse bei einer Dichte von $\rho = 7850\ \text{kg/m}^3$?

2. Eis hat die Dichte $\rho = 917\ \text{kg/m}^3$. Welches „Gewicht" (d. h. welche Masse) hat ein Eisquader (für Kühlzwecke) von $16 \times 16 \times 130$ cm?

3. Berechnen Sie den Dachbodenraum eines 4,80 m hohen Satteldachs, wenn die Länge des Hauses 10,60 m und die Breite 9,80 m betragen. Wie lang sind die Dachsparren s, Bild ↲?

4. Ein Quarzkristall besteht aus einem reg. 6seitigen Prisma (a = 2,7 cm, s = 8,2 cm) und zwei aufgesetzten Pyramiden mit derselben Grundfläche und der Höhe h = 2,1 cm. Welche Masse hat der Kristall bei $\rho = 2{,}24\ \text{kg/dm}^3$? (Fläche des Sechsecks siehe Text!)

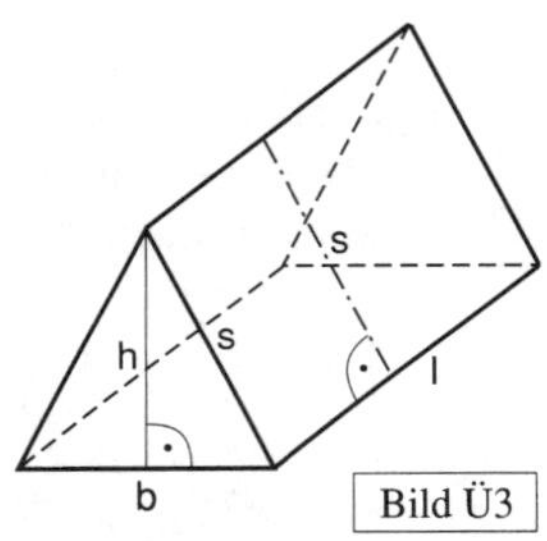

Bild Ü3

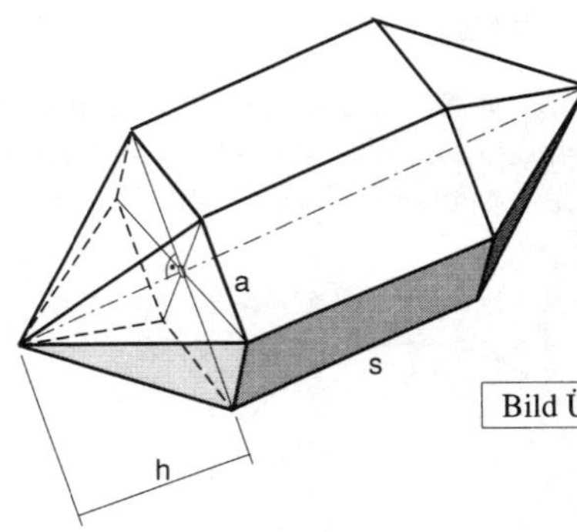

Bild Ü4

5. Ein Schleifstein hat 60 cm Durchmesser, ist 14 cm dick und hat in der Mitte ein quadratisches Loch (→→) von 4 cm Seitenlänge. Wie schwer ist er? ($\rho = 2100\ \text{kg/m}^3$)

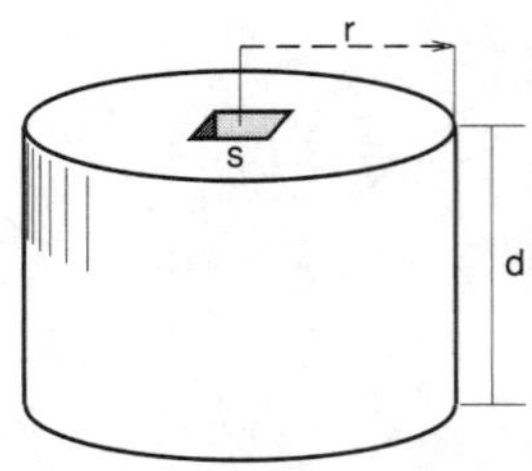

6. Eine Straßenwalze aus Stahl ($\rho = 7850\ \text{kg/m}^3$) ist 2,25 m breit. Der äußere Durchmesser beträgt 1,60 m. Die Wanddicke ist am Mantel und an den Stirnflächen 8 cm. Welche Masse hat die Walze a) leer, b) mit Wasserfüllung?

7. Wenn man einen Kegelmantel längs einer Mantellinie aufschneidet, entsteht ein Kreissektor mit der Bogenlänge $2\pi r$ (= Umfang des Basiskreises). Dieser Sektor sei nun ein Halbkreis und werde zu einem Kegelmantel geformt. Welchen halben Öffnungswinkel φ hat der Kegel?

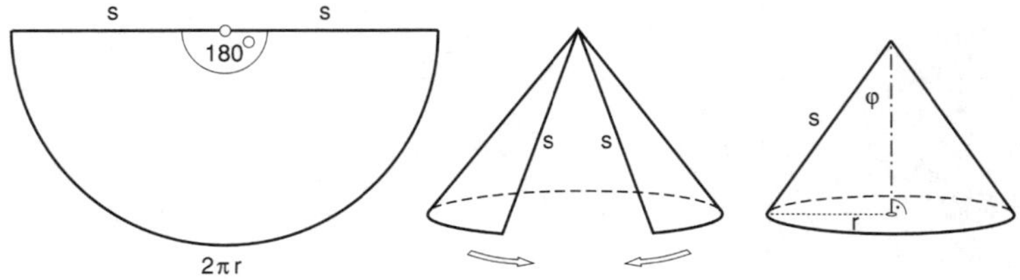

8. Ein zylindrischer Turm mit 10,0 m Durchmesser hat ein kegelförmiges Dach mit 14,0 m langen, 1 m überstehenden Sparren. Welches Volumen hat der Dachraum?

9. Welchen Inhalt hat der in Bild Ü9 unten links skizzierte Zementsilo?

10. Aus dem Kugelvolumen läßt sich rasch die Oberflächenformel herleiten, wenn man sich die Kugel aus vielen, sehr kleinen Beinahe-Kegeln mit dem Kugelmittelpunkt als Spitze (und der Höhe h = ?!) zusammengesetzt denkt; versuchen Sie es?

11. In einen wassergefüllten Zylinder (D = 12,50 cm) soll eine Kugel von 10 cm Durchmesser geworfen werden. Wie hoch steigt das Wasser?

12. Ein Boiler hat die Form eines Zylinders mit zwei aufgesetzten Kugelsegmenten. Durchmesser und Höhe des Zylinders messen 80 cm, die Höhe der Kugelsegmente beträgt 20 cm. Wie viele Quadratmeter Blech wurden insgesamt (mindestens) verarbeitet?

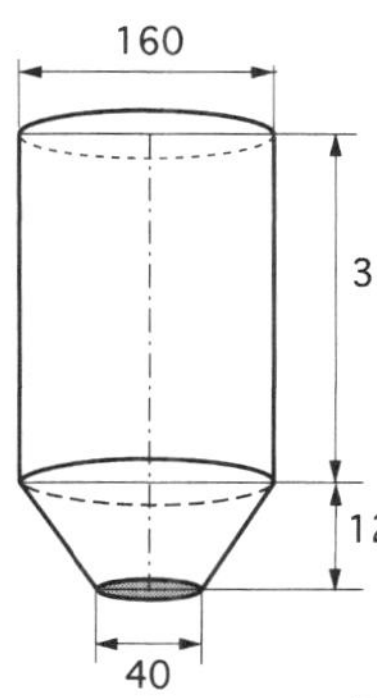

Bild Ü9

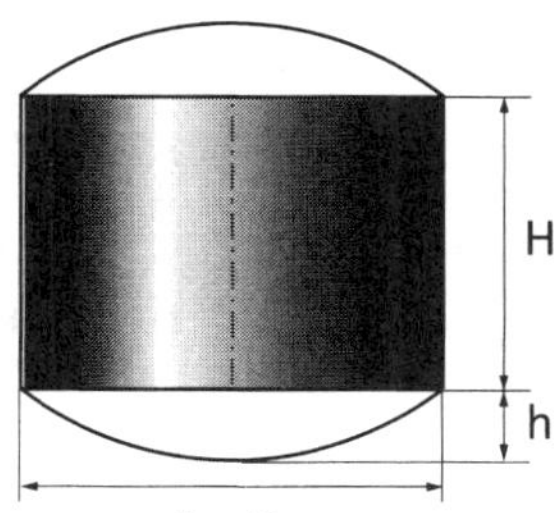

Bild Ü12

13. In der letzten Übungsaufgabe benötigten Sie den Höhensatz, um einen Zusammenhang zwischen dem Grenzkreisradius ρ des Kugelsegments und dem Kugelradius r herzustellen. Damit können Sie jetzt aus dem (allerdings unbewiesenen) Segmentvolumen durch Addition des Kegelinhalts das Sektorvolumen herleiten!

14. Im Text sind wir mit einem Ballon gedanklich 1,50 km hoch gestiegen. Wie weit können wir – klares Wetter und freie Sicht vorausgesetzt – sehen?

15. Wie lange braucht der Erdmond vom Eintritt bis zum vollständigen Austritt aus dem Erdkernschatten? (Nochmals 2. Strahlensatz, Monddurchmesser d = 3476 km!)

Zu den Lösungen

Lösungen

1. Masse $m = V \cdot \rho$, $V = m/\rho = 10{,}0 / 7850\ m^3 = 0{,}001274\ m^3 = 1{,}274\ dm^3$;
$V = x^3 \rightarrow x = \sqrt[3]{1{,}274}\,dm = 1{,}08\ dm = 10{,}8\ cm$.

2. Masse $m = V \cdot \rho$; $V = a^2 h = 0{,}16^2 \cdot 1{,}3\ m^3 = 0{,}0333\ m^3$
$m = 0{,}0333 \cdot 917\ kg = 30{,}5\ kg$.

3. $V = A_G \cdot l = \frac{1}{2} b \cdot h \cdot l = \frac{1}{2} \cdot 9{,}80 \cdot 4{,}80 \cdot 10{,}60\ m^3 = 249\ m^3$;
$s^2 = h^2 + (\frac{1}{2} b)^2 = 4{,}8^2 + 4{,}9^2$; $s = \sqrt{47{,}05}\,m = 6{,}86\ m$.

4. Volumen $V = V_{Pr} + 2V_{Pyr} = Q \cdot s + 2 \cdot \frac{1}{3} Q \cdot h = Q \cdot (s + \frac{2}{3} h)$;
Grundfläche $Q = \frac{6}{4} a^2 \sqrt{3} = \frac{3}{2} \sqrt{3} \cdot 2{,}7^2\ cm^2 = 18{,}94\ cm^2$;
$V = 18{,}94 \cdot (8{,}2 + \frac{2}{3} \cdot 2{,}1) = 18{,}94 \cdot 9{,}6 = 181{,}8\ cm^3$;
Masse $m = V \cdot \rho = 181{,}8 \cdot 0{,}00224\ kg = 0{,}407\ kg$.

5. $V = \pi r^2 h - s^2 h = (\pi \cdot 30^2 \cdot 14 - 4^2 \cdot 14) = 0{,}0394\ m^3$;
$m = V \cdot \rho = 0{,}0394 \cdot 2100\ kg = 82{,}7\ kg$.

6. a) $V = \pi R^2 L - \pi r^2 l = \pi \cdot 0{,}80^2 \cdot 2{,}25 - \pi \cdot 0{,}72^2 \cdot 2{,}09 = 1{,}120\ m^3$,
$m = V \cdot \rho = 1{,}12 \cdot 7850\ kg = 8792\ kg = 8{,}79\ t$.
b) $M = m + (\pi r^2 l \cdot 1000)\ kg = 8792 + 3404 = 12196\ kg = 12{,}2\ t$.

7. Die Bogenlänge ist der halbe Kreisumfang, also $b = 2\pi r = \pi s$, woraus $2r = s$ folgt. Der Achsenschnitt des Kegels ist dann ein gls Δ, also ist $\gamma = 60°$ und $\varphi = 30°$.

8. $s = 14{,}0 - 1 = 13{,}0\ m$; $r = \frac{1}{2} d = 5{,}0\ m \Rightarrow h = 12{,}0\ m$ (Bild 11, Pythagoras!);
$V = \frac{1}{3} \pi r^2 h = \ldots = 100\,\pi\ m^3 = 314\ m^3$.

9. $V = \pi r^2 H + \frac{\pi h}{3} (r^2 + r\rho + \rho^2) = \pi \cdot 0{,}80^2 \cdot 3{,}50 + \frac{1}{3} \pi \cdot 1{,}20 \cdot (0{,}80^2 + 0{,}80 \cdot 0{,}20 + 0{,}20^2)$
$=$ (π ausklammern / herausheben …) $= \pi \cdot 2{,}576\ m^3 = 8{,}09\ m^3$.

10. $V = \Sigma V_{Kegel}$ mit der Kegelhöhe jeweils fast $= r = (G_1 + G_2 + G_3 + \ldots + G_n) \cdot \frac{r}{3} =$
$= Ofl \cdot \frac{r}{3} = \frac{4\pi}{3} \cdot r^3 \Rightarrow Ofl = 4\pi r^2$, ✓.

11. $V_{Kugel} = \frac{4\pi}{3} \cdot r^3 = \frac{4\pi}{3} \cdot 5^3 = 166{,}7\,\pi$; dies muß gleich dem Volumen des Wasserzylinders sein, das verdrängt wird: $V_{Zyl} = \pi R^2 x = \pi \cdot 6{,}25^2 x = 166{,}7\,\pi$; $x = \frac{166{,}7}{6{,}25^2} = 4{,}267$:
Das Wasser steigt um etwa 4,27 cm.

12. Höhensatz: $\rho^2 = h\,(2r - h)$; $\rho^2/h + h = 2r$; $2r = 40^2/20 + 20 = 100$ cm, $r = 50$ cm;
$O = M_{Zyl} + 2A_{Hb} = 2\pi\,\rho \cdot H + 2 \cdot 2\pi\, r\, h = 2\pi \cdot 40 \cdot 80 + 4\pi \cdot 50 \cdot 20 = 10400\pi\ \text{cm}^2 = 3{,}27\ \text{m}^2$

13. $V_{Sek} = V_{Seg} + V_{Keg} = \frac{1}{3}\,\pi\, h^2\,(3r - h) + \frac{\pi\,\rho^2}{3}\,(r - h)$.
Nun war $\rho^2 = h\,(2r - h) = 2r\,h - h^2$; dies eingesetzt:
$V_{Sek} = \frac{\pi}{3}\,[h^2\,(3r - h) + (2r\,h - h^2) \cdot (r - h)] = (\text{ausmult. und reduz. } \ldots) = \frac{\pi}{3} \cdot 2r^2\,h$, ✔.

14. Kathetensatz: $y^2 = (x + h) \cdot (x + R) = (1{,}5 + 1{,}50) \cdot (1{,}5 + 6370) = 19114{,}5$;
$y = \sqrt{19115} = 138$ km

15. $h : (h - 384000) = d_{Erd} : s \;\Rightarrow\; 1{,}38 : 0{,}996 = 12750 : s \;\Rightarrow\; s = \frac{0{,}996 \cdot 12750}{1{,}38} =$ 9200 km. Die Durchlaufzeit t für die Strecke $s + d_{Mond} = 9200 + 3476 = 12676$ km beträgt daher ca. 12700 Sek. = 3 1/2 Std.

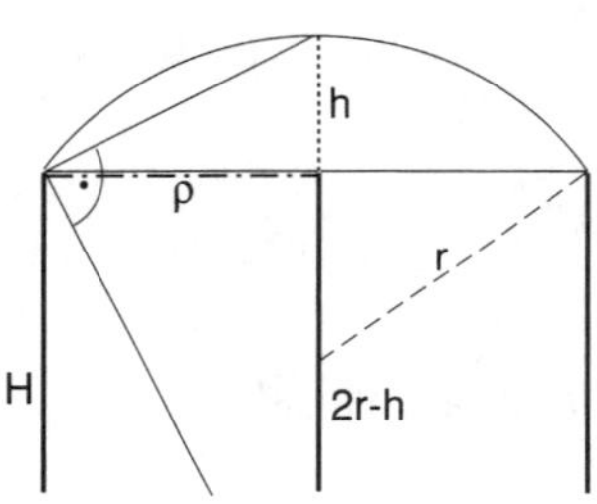

Bild L12

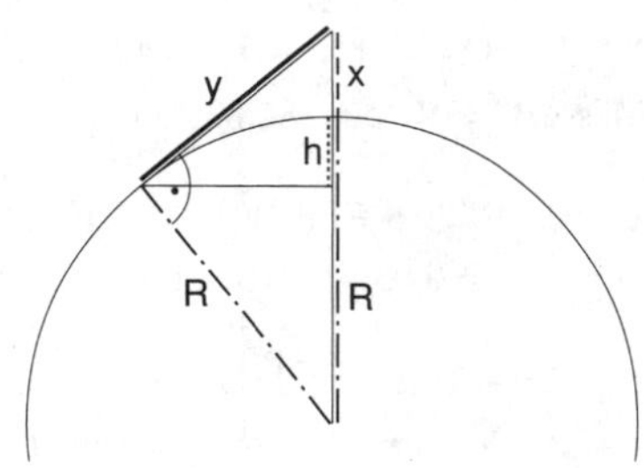

Bild L14

Zum nächsten Kapitel

Teil ©

8. Kapitel

8

C Algebra I

Lineare Gleichungen

Im 3. Kapitel des Teils $\mathbb{A}$ haben wir Gleichungen mit einer Variablen x besprochen; ihre Lösung war nicht immer leicht, weil die Form der Gleichungen nicht auf ax + b = 0 beschränkt war. Jetzt sollen Variablen y (und später z) dazu kommen, dafür wollen wir uns auf die Form ax + by + c = 0 bzw. später ax + by + cz + d = 0 in $\mathbb{D}$**13**, sogenannte ***lineare Gleichungen***, beschränken.

Gleichungssysteme

Man sieht sofort, daß es hier viele Lösungen gibt; daher nimmt man eine oder zwei weitere Gleichungen als Zusatzbedingungen dazu und sucht Verfahren, solche ***Gleichungssysteme*** zu lösen. Sie werden sich für ax + by + c = 0 als Gleichungen von *Geraden* erweisen, und ihre Lösungen sind daher Schnittpunkte. Wir behandeln hier nur die einfachsten Fälle und heben uns eine nähere Erörterung für die LINEARE ALGEBRA (Teil $\mathbb{D}$) auf, wo auch die 3. Variable z dazu stößt; die Deutung von ax + by + cz + d = 0 als *Ebene* im Raum läßt auch die Vielfalt der Lösungen solcher „3-3-Systeme" besser verstehen.

Lineare Funktionen

Besonderes Kennzeichen dieser Gleichungen ist die *Linearität*: Die Variablen x, y, z treten nur mit Vorzahlen a, b, c, aber nicht etwa im *Quadrat* als x^2 oder gemischt als x · y auf. Wir lernen zunächst in Kapitel **8** eine solche Gleichung als Erzeugerin einer ***linearen Funktion*** kennen. Auf Funktionen und Gleichungen komplizierteren Typs stoßen wir dann bei den ***Potenzen*** und ***Wurzeln***.

Ausblick: weitere Funktionen-typen

In den folgenden Kapiteln **9** und **10** werden uns *quadratische Funktionen* begegnen, aber auch *Winkelfunktionen*, die nahtlos zur *Trigonometrie* in $\mathbb{D}$**11** überleiten und auch zur Beschreibung *dynamischer Systeme* (Band **3**) sehr wichtig sind – hier liegt ein weites Feld praktischer Anwendungen!

Lineare Funktionen, Potenzen und Wurzeln

Wir haben ***Funktionen*** als eindeutige *Relationen* im 1. Kapitel des Abschnitts 𝔸 definiert und in **𝔹4** als geometrische Abbildungen studiert. Hier interessieren wir uns für Zahlenmengen und wählen meist ℚ oder ℝ, manchmal auch ℤ oder endliche Teilmengen davon.

die Funktion als Lösungsmenge einer Gleichung

Als Zuordnungsvorschrift dienen nun *lineare* ***Gleichungen*** mit *zwei* Variablen, etwa $2x + y = 5$; für x und $y \in \mathbb{R}$ sollen konkrete Zahlen so eingesetzt werden, daß die Gleichung erfüllt wird. Dies ist hier der Fall für $x = 2$ und $y = 1$, also das Paar (2, 1), ebenso aber für (3, –1), auch für (5/2, 0) und (unendlich) viele andere – überzeugen Sie sich bitte, indem Sie diese Zahlen für x, y in die Gleichung einsetzen! Die Menge all dieser Paare war aber als *Relation* bzw. im Sonderfall *Funktion* erklärt worden.

Halten wir fest:

Satz 1: dazu

S **Jede Relation oder Funktion, die durch eine Gleichung mit 2 Variablen beschrieben wird, ist *Lösungsmenge* der betreffenden Gleichung.**

Aus *dynamischer* Sicht sagt man etwa: Eine Variable (y) hängt von einer anderen (x) so ab, wie die Funktionsgleichung es verlangt: x darf sich verändern und „steuert" über die Gleichung das abhängige y; die Funktion beschreibt diese Abhängigkeit im ganzen Bereich.

Funktionsgraphen im Koordinatensystem

Um sie darzustellen, kann man neben der Aufzählung der Paare wie früher *Pfeildiagramme* zeichnen oder, was fast ausschließlich geschieht, ***Graphen***. Dabei wird jedes (x, y)-Paar als Koordinatenpaar eines Punktes in einem sogenannten *kartesischen* ***Koordinatensystem*** verstanden, und die Menge aller Punkte ist dann der *Graph* der Funktion. Dazu verbindet man ausgewählte Punkte einer *Wertetabelle* und erhält eine *Kurve*, die im Spezialfall auch eine *Gerade* sein kann. Mit solchen *linearen Funktionen* befassen wir uns gleich näher.

Hier zur Einführung aber ein anderes Beispiel:

Beispiel 1: Fahrpreise

B Ein Bus wird für einen Tagesausflug um insgesamt 1800 GE angeboten. Es fahren x Personen mit – wir wissen noch nicht, wie viele, – jeder einzelne bezahlt dann y GE.

Überlegen wir uns den Zusammenhang von y und x in einer *Tabelle* mit den Zahlen 4, 6, 8, 12, 18, 24 und 36 für x:

Kosten-Personenzahl-Zuordnung

x	4	6	8	12	18	24	36
y	450	300	225	150	100	75	50

Dabei haben wir natürlich die Formel

$$P = x \cdot y \quad \rightarrow \quad y = \frac{P}{x} = \frac{1800}{x}$$

verwendet mit P als Zeichen bzw. Variable für den Gesamtpreis. Die so vermittelte Zuordnung von y-Werten zu x-Vorgaben stellen wir jetzt als *Graph* dar, der aus den einzelnen Punkten mit den Zahlenpaaren (x, y) der Tabelle als Koordinaten besteht, siehe Bild 1. Die Verbindungskurve erlaubt, Zwischenwerte abzulesen.

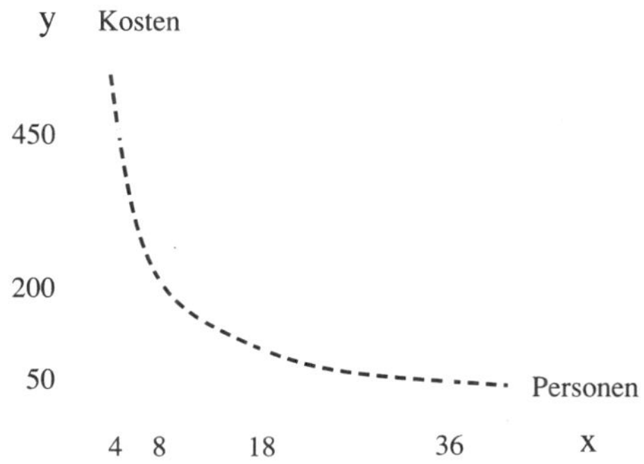

Bild 1: dazu

Weitere Typen von Funktionen in Anwendungen

So lassen sich viele Zusammenhänge beschreiben: ***Linear*** neben den gleich näher zu besprechenden Kosten-, Gebühren- und Weg/Zeit-Funktionen etwa noch der Kapital-Zinsen-Zusammenhang als einfachstes Modell eines *vernetzten Systems* (Band **3**) oder ein Feder/Gewicht-Auslenkungssystem.

Den ***quadratischen*** Funktionen ist im Anschluß ein eigenes Kapitel gewidmet. Alle „Zinseszins"-Modelle des organischen Wachstums – dieses dann in Band **2** – zeigen dagegen ***exponentiellen*** Verlauf, der auch abnehmend sein kann wie beim Licht-Wassertiefe-System oder bei der Radioaktivität. *Sättigung* tritt bei Werbungsaufwand-Verkaufszahlen-Modellen ein oder beim Einschaltstrom, vgl. die Bilder 2. Die Glockenkurve ist in der STATISTIK unentbehrlich. ***Periodisch*** verlaufen Schwingungen eines Motors oder gewisse Hasen-Luchspopulationen.

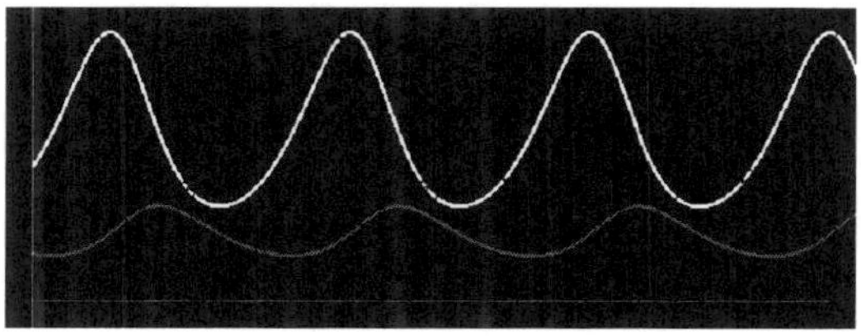

Bilder 2: dazu

Arten von Funktionen

Stelle und Wert einer Funktion

Bei einer Funktion haben zwar *alle Argumente* oder *Stellen* x des *Definitionsbereichs* D ein Bild y, den sog. ***Funktionswert*** an x, im *Wertevorrat* V (so wird D erklärt!), doch wird i. allg. nur eine Teilmenge $W \subset V$, der *Wertebereich*, tatsächlich erfaßt, was von der jeweiligen Funktionsgleichung abhängt. Ist etwa y die Wurzel aus x, so wird y niemals negativ, auch wenn es aus ganz $\mathbb{R}$ sein darf: es ist $V = \mathbb{R}$, doch $W = \mathbb{R}_0^+ \subset V$! Ist jedoch $W = V$, so sagt man

Definition 1: surjektive Funktion

D | Eine Funktion heißt *surjektiv*, wenn *alle* Elemente y des Wertevorrats auftreten.

Schon in $\mathbb{A}$**1** haben wir für eine Funktion f geschrieben:

$$f: D \rightarrow W \text{ und } f: x \rightarrow y \text{ oder } f: x \rightarrow f(x)$$

oder auch nur $y = f(x)$ für die Funktionsgleichung. Für das eingangs genannte Beispiel wäre also zu notieren

$$f: \mathbb{R} \rightarrow \mathbb{R} \text{ mit } f: x \rightarrow y \text{ oder } f: x \rightarrow -2x + 5$$

oder eben nur $y = -2x + 5$.

Umkehrung einer Funktion

Vertauscht man in $x \rightarrow y$ den Pfeil, so wird $y \rightarrow x$ für alle Elemente, es entsteht die *Umkehrrelation* von f. Nun muß diese Umkehrung f* einer Funktion f selber durchaus keine Funktion sein: In Bild 3 tritt 2 als Bild von a *und von* b auf, hat also bei Umkehrung der Zuordnung *zwei* Bilder, was f* zu einer *Relation* degradiert:

Bilder 3: dazu

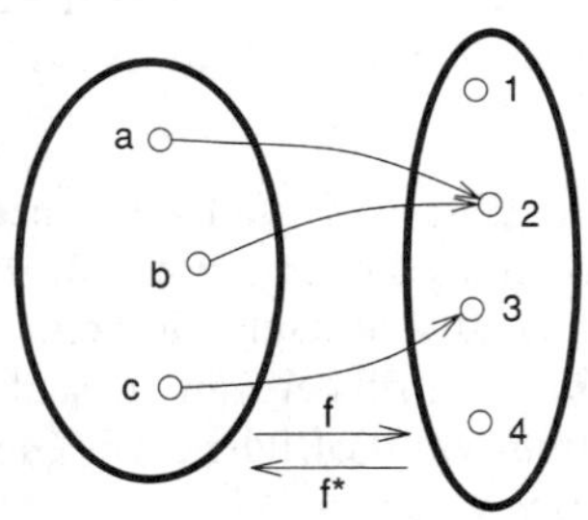

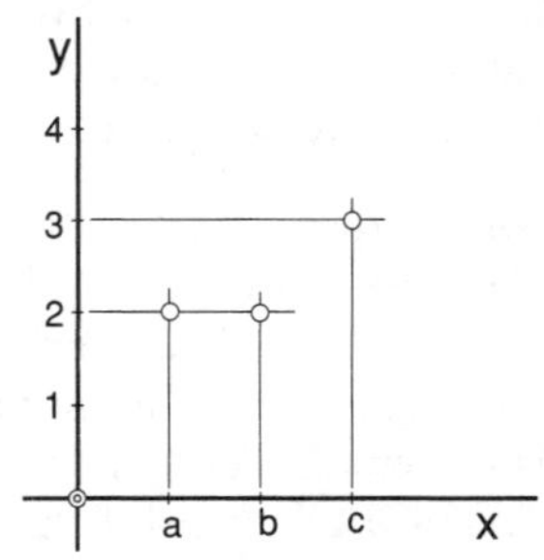

Definition 2: umkehrbare und

D | Eine Funktion f heißt *umkehrbar* oder *injektiv*, wenn ihre Umkehrrelation f* selbst eine *Funktion* ist.

Eine Funktion kann durchaus nur eine dieser beiden Eigenschaften haben; am liebsten sind uns aber jene, die beides zugleich sind:

Definition 3: bijektive Funktion

D | Eine Funktion, die surjektiv und auch injektiv ist, heißt ***bijektiv***.

Lineare Funktionen

Genau von dieser Art sind nun unsere ***linearen*** Funktionen $f: \mathbb{R} \to \mathbb{R}$, die durch lineare Gleichungen der Form $ax + by + c = 0$ mit $a, b \neq 0$ erzeugt werden! Denn lösen wir *explizit* nach x oder y auf, so wird

$$x = -\tfrac{b}{a}y - \tfrac{c}{a}, \qquad y = -\tfrac{a}{b}x - \tfrac{c}{b},$$

woraus wir ablesen: Zu jeder Stelle x gibt es genau einen Funktionswert y (Definition einer *Funktion*), *jedes* y wird erfaßt (*surjektive* Funktion) und hat als Argument genau eine Stelle x (*injektive* Funktion). Schon die *quadratische* Funktion $f: \mathbb{R} \to \mathbb{R}$ mit $x \to y = x^2$ ist weder surjektiv (keine negative Zahl wird als Bild y erfaßt!) noch injektiv (y = 4 etwa hat *zwei* Argumente $x_1 = 2$ und $x_2 = -2$). Näheres dazu folgt im nächsten Kapitel!

lineare Funktionen sind bijektiv

Üblicherweise verwendet man bei linearen Funktionen die *explizite* y-Form

$$y = -\tfrac{a}{b}x - \tfrac{c}{b} =: kx + d,$$

mit der sich leicht zeigen läßt:

S **Satz 2: Geraden als Graphen linearer Funktionen**

Die Graphen von *linearen* Funktionen $f: R \to R$, $x \to y = kx + d$, $k \neq 0$, sind Geraden.

Das Zeichen =: bedeutet: Die Variablen der rechten Seite werden durch die linksstehenden definiert. In Bild 4 lesen Sie ab: Geht man etwa vom Punkt A(0 | d) auf der y-Achse in x-Schritten von je 1 weiter, so wächst y um je k (Einheiten); es entstehen lauter kongruente Dreiecke mit demselben Winkel α, weshalb B, C usw. auf derselben ***geraden Linie*** liegen müssen! Dabei darf offenbar d jeden beliebigen Wert haben, auch 0.

Bilder 4/5: dazu

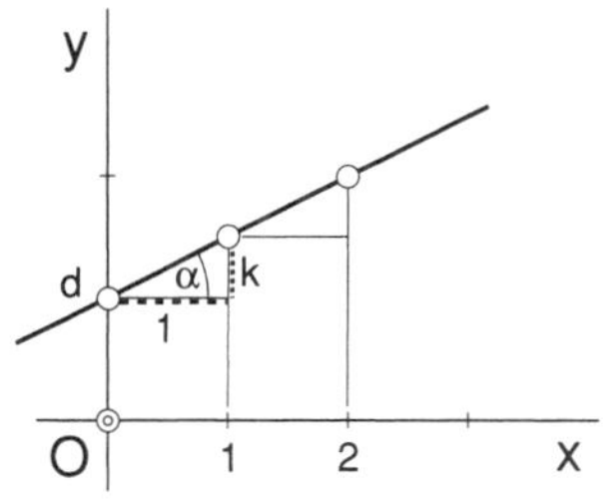

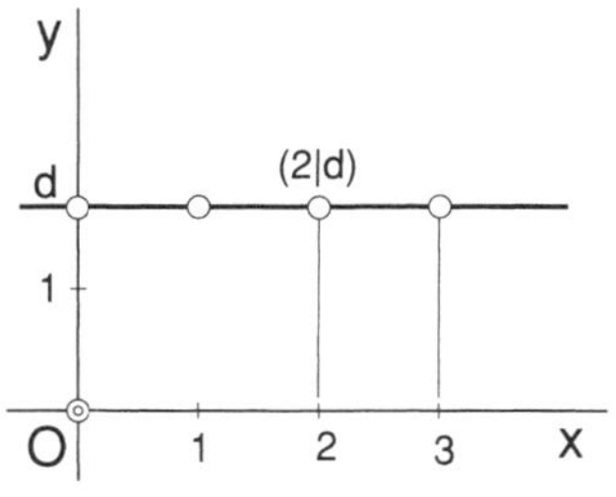

konstante Funktion

Wird aber k = 0, so bleibt nur y = d, gleichgültig, was für x gesetzt wird: Alle Punkte des Graphen haben dieselbe Ordinate d, was nur bei einer *Parallelen* zur x-Achse der Fall sein kann, dies zeigt das Bild 5. Damit bleibt f zwar eine (*konstante*) *Funktion*, aber sie ist natürlich nicht surjektiv und auch nicht injektiv: außer d wird ja kein anderer Wert erfaßt; dieses d hat aber jetzt (unendlich) viele Argumente x!

2 Punkte legen die Gerade fest

Sei also weiterhin $f: x \to y = kx + d$ mit $k \neq 0$ vorausgesetzt. Wie findet man nun den Graphen konkret? Man kann einfach zwei Punkte ermitteln, indem man für x oder y beliebig einsetzt, z.B. x = 0, was zu y_1, also zum Punkt $A(0 \mid y_1)$, führt. Aus y = 0 folgt x_2 und damit $C(x_2 \mid 0)$. Die Verbindung AC ist schon der gesuchte Graph der Funktion f, die *Gerade*, die wir ebenfalls mit f bezeichnen.

Steigung k

So kann man immer vorgehen. Oft aber setzt man neben x = 0 statt y = 0 lieber x = 1 und überlegt: x = 0 in y = kx + d ergibt y = d, also den Punkt A(0|d) auf der y-Achse. x = 1 führt zu y = k + d, also zum Punkt B(1 | k+d). Von A aus erhält man B, indem man um 1 „nach rechts" und dann um k „nach oben" oder bei negativem k „nach unten" läuft. Da sowohl k als auch d direkt gegeben sind, läßt sich jede Rechnung vermeiden! k heißt ***Steigung*** oder *Anstieg* von f.

Beispiele 2: dazu

B Betrachten wir beispielsweise h: y = x – 2 und g: y = –3x + 1. Wir beginnen jeweils mit x = 0, was bei h zum *y-Achsenabschnitt* –2 führt (Punkt A(0|–2)), bei g zu 1 (Punkt A'(0|1)); x = 1 ergibt B(1|–1) für h und B'(1|–2) für g, womit die beiden ***Geraden*** schon gezeichnet werden können, Bild 6, unten links.

Beispiel 3: dazu

B Manchmal ist es günstiger, statt x = 1 jene Zahl zu wählen, die im Nenner von k steht: Für die Funktion l mit

$$l\colon y = \frac{5}{6}x - 1 \quad \text{ist} \quad k = \frac{5}{6}$$

Somit gehen wir von –1 auf der y-Achse, also dem Punkt C(0|–1), um 6 Einheiten nach rechts, was y um 5 Einheiten vergrößert. Genauer gesagt, setzt man x = 6, was zu $y = \frac{5}{6} \cdot 6 - 1 = 5 - 1 = 4$ führt: D(6|4), Bild 7, rechts.

Bilder 6/7: Wie man Geraden als Graphen linearer Funktionen konstruiert

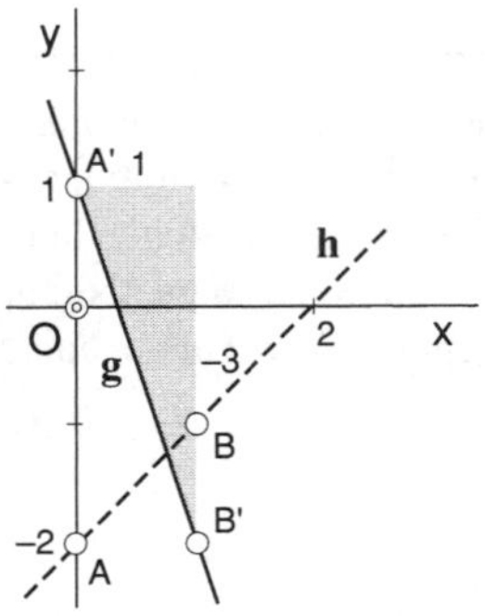

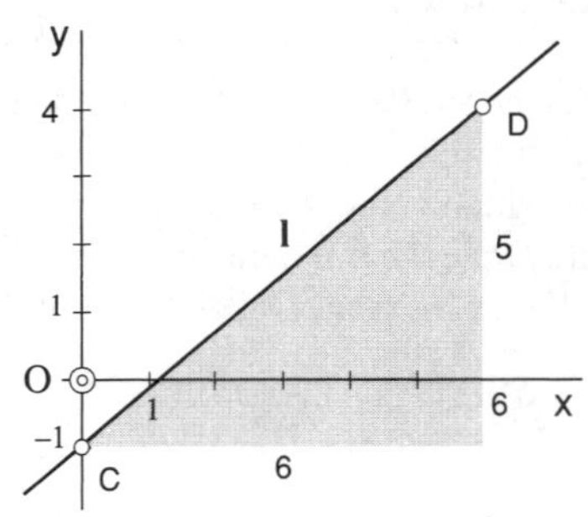

Anwendung linearer Funktionen

Diese **linearen Funktionen** werden auch im täglichen Leben vielfach verwendet. Für d = 0 bleibt y = k · x. Dies läßt sich als Geichung der **direkten Proportion** deuten: Die y-Werte sind den x-Werten *proportional*, sie steigen gleich wie sie.

typische Anwendungen

Typische Beispiele:

❖ *Preis* y und *Warenmenge* x: Kostet 1 Stück (1 kg, ...) k D-Mark/Schilling/Franken/ ..., so kosten x Stück (kg, ...) x mal so viel, eben y = k · x D-Mark/Schilling/Franken/ ..., kurz GE für *Geldeinheiten*: Hier liegt eine **Kostenfunktion** vor. Der *Proportionalitätsfaktor* k steht darin für den Preis der Wareneinheit.

❖ Denken Sie an die *Telefonrechnung*! Sie sind es gewohnt, eine fixe *Grundgebühr* d sowie variable Gebühren je nach Gesprächsdauer zu zahlen (k GE pro Zeiteinheit)! Sie telefonieren x Stunden und haben y = kx + d als Gesamtgebühr zu bezahlen; hier sprechen wir von einer linearen **Gebührenfunktion** (dazu Übung 6).

Ein Wert von $d \neq 0$ bedeutet, wie gesagt, Fixkosten:

B

Beispiel 4: Eine Fabrik erzeugt Ziegel ...

Eine Fabrik erzeugt **Ziegel**. Sie hat Fixkosten von DM 24.000,--. Die Herstellung von je 1000 Ziegelsteinen kostet DM 30.000,--, verkauft werden sie um DM 42.000,--. Aus den Graphen der Kosten- und der Erlösfunktion, Bild 8, soll abgelesen werden, ab welcher **Stückzahl** Gewinne zu erzielen sind. Dann prüfen wir durch Rechnung!

Die Gleichungen der beiden Funktionen sind nach den Vorgaben im Text:

Erlösfunktion ... e: $y_1 = 42x$

Kostenfunktion ... k: $y_2 = 30x + 24000$

Gleichsetzen der y-Terme bringt die „kostenneutrale" Stückzahl x:

$42x = 24000 + 30x$

$12x = 24000 \quad \rightarrow \quad x = 2000$

Ab 2000 Stück liegt der e-Graph oberhalb des k-Graphen, was ***Gewinn*** verspricht!

Bilder 8/9: dazu

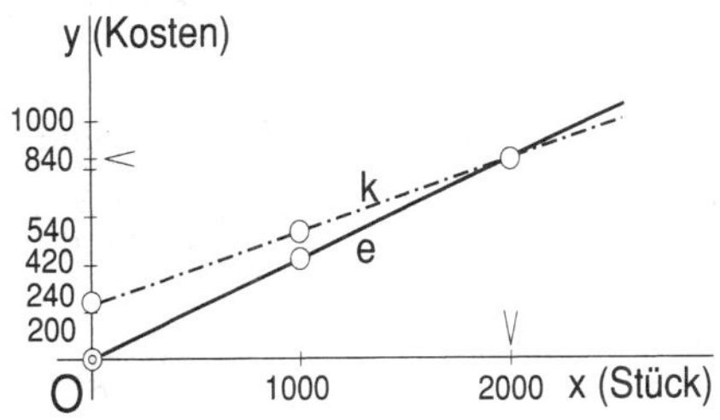

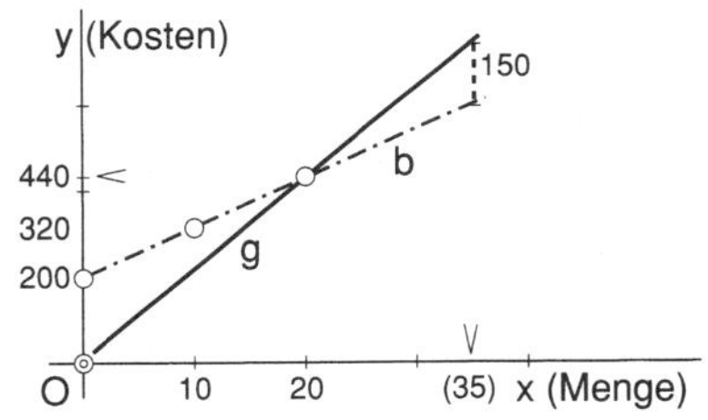

Weil es so wichtig ist, hier dasselbe Vorgehen mit etwas erweiterter Fragestellung:

B

Beispiel 5: Wir kaufen Trauben beim Bauern

Beim Bauern kosten 1 kg **Trauben** 12 GE , es kommen Fahrtkosten von 200 GE dazu. Im Geschäft zahlt man 22 GE pro kg, man spart aber Nebenkosten. Aus den Graphen der **Kostenfunktionen** lesen wir ab, bei welcher Menge (wie vielen kg) gleiche Kosten entstehen. Dem Bild 9 oben rechts läßt sich weiter entnehmen, bei welcher Menge die Fahrt zum Bauern um 150 GE billiger kommt! Beide Ergebnisse sollen noch durch Rechnung überprüft werden.

Ganz wie eben findet man für die beiden Funktionen sofort

Geschäft... g : $y_1 = 22x$

Bauer ... b : $y_2 = 12x + 200$

Auch hier führt Gleichsetzen rasch zum Ziel:

$22x = 12x + 200$

$10x = 200 \rightarrow x = 20$: Ab 20 kg zahlt sich die Fahrt erst aus.

Jetzt soll aber noch eingelagert und dadurch 150 GE gespart werden:

$22x = 12x + 200 + 150$

$10x = 350 \rightarrow x = 35$: Man muß 35 kg kaufen.

Nun soll es um *lineare Abnahme* gehen:

Beispiel 6: Amortisation

B Ein Betrieb schafft eine Maschine zum Anschaffungswert A an, die sich in n Jahren *amortisiert*. Der *Restwert* = **Buchwert** y nach x Jahren ist dann eine lineare Funktion

$$y = A - \frac{A}{n}x$$

Nehmen wir konkret A = 20.000 GE an und sei y = 16.000 GE nach x = 2 Jahren. Auf wie viele Jahre (n = ?) wurde die Amortisationszeit angesetzt?

Bild 10: dazu

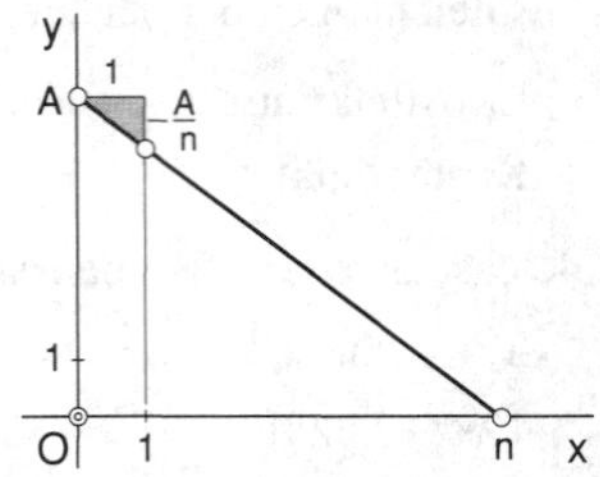

Wir haben nur in die obige Gleichung einzusetzen und nach n aufzulösen:

$$16000 = 20000 - \frac{20000}{n} \cdot 2$$

$$\frac{40000}{n} = 4000 \rightarrow \frac{10}{n} = 1 \rightarrow n = 10:$$

Es wurde mit 10 Jahren kalkuliert.

Bei einer Deutung von x als *Zeit* t und y als *Weg* s erhält die früher erklärte Steigung k die Bedeutung einer *Geschwindigkeit* v bei gleichförmiger Bewegung: $s = v \cdot t$ ist dann die zugehörige Gleichung der **Weg-Zeit-Funktion.** Dazu das folgende Beispiel:

Beispiel 7: Weg, Zeit und Geschwindigkeit

B Ein **Schnellzug** fährt mit v = 120 km/h; wie weit kommt er in 5, 10, 15, 20, ..., 60 Minuten?

Einsetzen bei Umrechnung von Minuten in Stunden liefert die zugehörigen Wege:

$$s = 120 \cdot \frac{5}{60}\text{ km} = 10\text{ km},$$

analog ergibt sich dann 20, 30, 40, ... 120 km. Der Graph – das *Weg-Zeit-Diagramm* – ist natürlich eine *Ursprungsgerade.*

Ist $d \neq 0$, hat man einen Startweg $d = s_0$ bei Beginn der Bewegung vorgegeben, und die Gerade läuft nicht mehr durch den Ursprung:

Beispiel 8: graphische Bahnfahrpläne

B Dies ist etwa der Fall bei den graphisch aufbereiteten **Bahnfahrplänen.** Sie werden in dieser Form auch verwendet, um den Überblick zu behalten.

Betrachten Sie Bild 11 auf der nächsten Seite: Hier sieht man auf einen Blick, daß z.B. Zug 1 gerade in C-bruck durchfährt, während 3 dort hält. Züge 2 und 3 halten gleichzeitig in B-dorf ...

Ist ein solcher Plan sorgfältig gezeichnet, kann man einiges daraus ohne Rechnung ablesen; zur Illustration hier eine vereinfachte Situation:

Beispiel 9: Weg-Zeit-Diagramme

B Ein **Radfahrer** (besser: ein Velofahrer, weil er in der Schweiz unterwegs ist) fährt mit konstant 18 km/h von Luzern nach Zürich (54 km); er startet um 10.00 Uhr. In Zürich fährt um 11.30 Uhr ein Moped-(Mofa-)fahrer Richtung Luzern mit konstant 27 km/h weg. An den Weg-Zeit-Graphen in Bild 12 ist abzulesen, *wann* und *wo* die beiden einander begegnen. Wo ist der Mopedfahrer, wenn der Radfahrer in Zürich eintrifft?

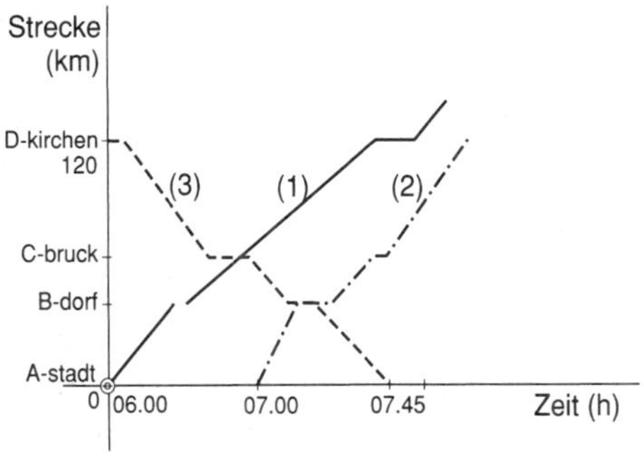

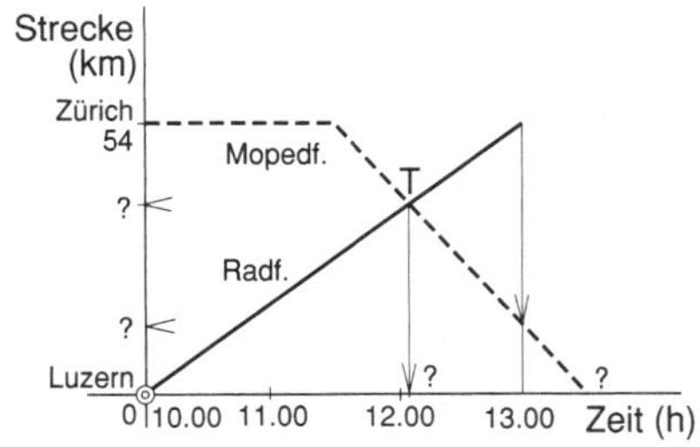

Bilder 11/12: dazu

Man kann auch *rechnerisch* vorgehen, indem man eine *Wegbilanz* aufstellt:

rechnerische Lösung (vgl. 3. Kapitel)

$s_{Rad} + s_{Mop.} = s_{gesamt}$

$18 \cdot t + 27 \cdot (t - 1\frac{1}{2}) = 54 \qquad | : 9$

$2 \cdot t + 3 \cdot (t - 1\frac{1}{2}) = 6$

$5t = 6 + 4\frac{1}{2} = 10\frac{1}{2} \quad \rightarrow \quad t = 2\frac{1}{10}$ h $= 2$ h 6 min $\rightarrow$ T: 12.06 Uhr

$s_{Rad} = 18 \cdot t = 18 \cdot 2{,}1 = 37{,}8$ km: T ist 37,8 km von Luzern entfernt.

Nach $1\,^1\!/_2$ Stunden Fahrzeit legt der Mopedfahrer den Weg zurück:

$s_{Mop} = 27 \cdot 1{,}5 = 40{,}5 \quad \rightarrow$ Seine Entfernung von Luzern: 13,5 km.

In jedem ähnlich gelagerten Fall übersetzt man die praktisch vorkommenden Größen und ihre Beziehung in die Sprache der Mathematik, man ***mathematisiert***, bildet ein mathematisches ***Modell***, in dem die Lösung grafisch gefunden oder errechnet und dann rückübersetzt wird. Diese Anwendbarkeit gewinnt der MATHEMATIK heutzutage viele neue Freunde – was *nicht* ironisch gemeint ist und noch deutlich werden wird!

mathematisieren

Gleichungssysteme

Wir haben weiter oben die Gleichung $y = x - 2$ besprochen. Man kann sie auch so schreiben: $x - y - 2 = 0$. Ebensogut ist statt $y = -3x + 1$ auch $3x + y - 1 = 0$, allgemein statt $y = kx + d$ auch $kx - y + d = 0$ möglich, was meist $ax + by + c = 0$ geschrieben wird. In dieser ***allgemeinen*** (= *impliziten*) ***Form*** oder *Normalform* einer linearen Funktion bzw. Geradengleichung darf dann b nicht 0 sein, damit eben nach y explizit aufgelöst werden kann.

allgemeine Form der Geradengleichung

Für $a \neq 0$ und $b \neq 0$ haben wir f schon als *bijektive* Funktion erkannt, die aus unendlich vielen Lösungspaaren (x, y) besteht. Kommt noch eine zweite solche Funktion g als Bedingung für (x, y) dazu, so wird es i.allg. nur mehr *ein* Paar (x, y) geben, das zu f und zu g gehört. Wir schreiben dafür $f \wedge g$ und sprechen von einem ***Gleichungssystem***.

Gleichungssystem

B

Beispiel 10: dazu

So ist etwa

$f_1: x - y + 3 = 0 \quad \wedge \quad g: 2x - y + 4 = 0$

ein System zweier linearer Gleichungen. Ihre Graphen sind für $\mathbb{R} \rightarrow \mathbb{R}$ *Geraden.*

Mögliche Lage zweier Geraden:

schneidend, identisch, parallel

Die Bedingung $f_1 \wedge g$ bedeutet natürlich, daß nach denjenigen Punkten gefragt wird, die *sowohl* zur einen *als auch* zur anderen Geraden gehören. L wird als *Schnittpunkt* von f_1 und g abzulesen sein! In unserem Beispiel, Bild 13, nächste Seite, ist es der Punkt L(–1|2), also ist $\mathbb{L} = \{(-1,2)\}$ *Lösungsmenge* des Systems, d.h., es ist $x = -1$ und $y = 2$.

Wählen wir statt f_1 neu f_2: $6x - 3y + 12 = 0$, so *fällt* die Gerade f_2 mit g *zusammen*, alle ihre Punkte sind Lösungen des Systems; $\mathbb{L} = f_2 = g$.

Für f_3: $2x - y + 1 = 0$ dagegen erhalten wir *parallele* Geraden, die keinen Schnittpunkt haben, womit die Lösungsmenge des Systems leer ist, $\mathbb{L} = \emptyset$! In diesem Fall liegen einander widersprechende Gleichungen vor; bei $f_2 = g$ war eine der Gleichungen *überzählig*": Da sie keine neue Bedingung stellte, hätte man sie auch weglassen können.

Fassen wir zusammen:

Satz 3: die drei Lösungsfälle

S

Ein System von zwei linearen Gleichungen in zwei Variablen, kurz: ein 2-2-*System*, hat entweder

1. ***eine* Lösung – die Geraden schneiden sich (Hauptfall)**
2. **unendlich viele Lösungen – die Geraden sind identisch**
3. **keine Lösung – die Geraden sind parallel.**

Die allgemeine *algebraische* Behandlung solcher Systeme folgt im 4. Teil, $\mathbb{D}$, dieses 1. Bandes, in Kapitel **13**, wo auch 3-3-Systeme und weitere Anwendungen folgen.

Ungleichungen

Systeme linearer Ungleichungen

Mit linearen Gleichungen sind eng lineare ***Ungleichungen*** verbunden; sie entstehen aus $ax + by + c = 0$, indem statt = eines der Zeichen $\neq, <, \leq, >, \geq$ gesetzt wird. Wie die *Graphen* aussehen, erkennt man am besten aus der expliziten Form: Für < etwa liest man aus $y < kx + d$ ab, daß alle Punkte „unterhalb" der zu $y = kx + d$ gehörenden *Geraden* zum Graphen gehören, da ihre Ordinaten (y-Werte) dann die Ungleichung erfüllen: es entstehen *Halbebenen.*

Dabei dürfen stets nur *zwei* Variablen auftreten: eine dritte Variable z würde uns zwingen, die Ebene zu verlassen, da $ax + by + cz < d$ einen *Halbraum* darstellt, wie im Teil $\mathbb{D}$ näher diskutiert werden wird!

Lösen wir gleich einfache lineare *2-2-Ungleichungs-**Systeme*** über $\mathbb{R} \times \mathbb{R}$:

$$x > 0 \wedge y > 0$$

etwa stellt die rechte obere *Viertelebene* bzw. den *1. Quadranten* eines Koordinatensystems dar.

Beispiel 11: dazu

B

Lauten die Bedingungen

$$x > 2 \wedge y < -1,$$

hätten wir ebenfalls eine Viertelebene als Lösungsmenge; sie ist in Bild 14 eingezeichnet.

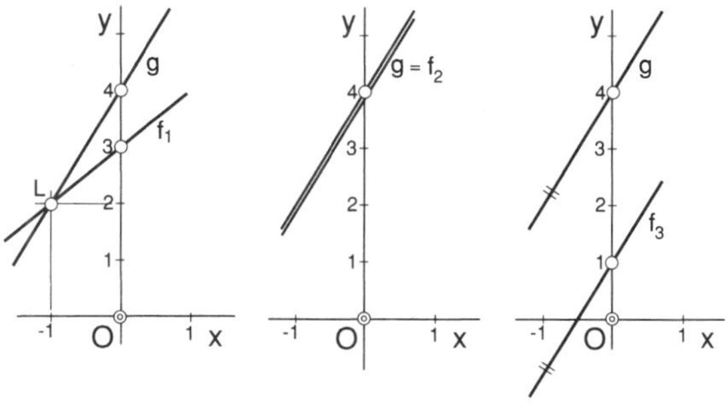

Bilder 13: grafisch: die 3 Lösungsfälle

Allgemein findet man die Lösungsmenge einer linearen Ungleichung $ax + by + c \neq 0$ (gelesen «… ungleich …», mit $\neq$ für $<, \leq, >$ oder $\geq$), indem man den Graphen der zugehörigen Gleichung $ax + by + c = 0$ zeichnet und je nach Ungleichheitszeichen die richtige Halbebene schraffiert.

B **Beispiel 12:** allgemeine Systeme

Dazu wird man zuerst in eine *explizite Form* für y umschreiben:

$$-x + 4y < 8 \ \wedge \ 2x - y < 5 \quad \rightarrow \quad y < \frac{x}{4} + 2 \ \wedge \ y > 2x - 5,$$

und die Ungleichheitszeichen <, > durch = ersetzen; dann wird bei der Geraden g_1 *darunter* (y < ...) und bei g_2 *darüber* (y > ...) schraffiert, Bilder 15, unten rechts. Lösungsmenge des Systems ist die doppelt schraffierte Fläche als Durchschnitt der beiden Halbebenen.

Bei Ungleichungen dürfen wir zusätzlich eine dritte (oder vierte ...) Bedingung stellen, welche i.allg. die Systemlösungsmenge $\mathbb{L}$ weiter einengt. Nehmen wir etwa zu diesem System noch dazu

a) $y > 3$ b) $x > 2$ c) $x + y > 7$,

so entstehen bei a und c (Bild 16, ganz unten) *leere* Mengen, während in b eine Dreiecksfläche bestimmt wird.

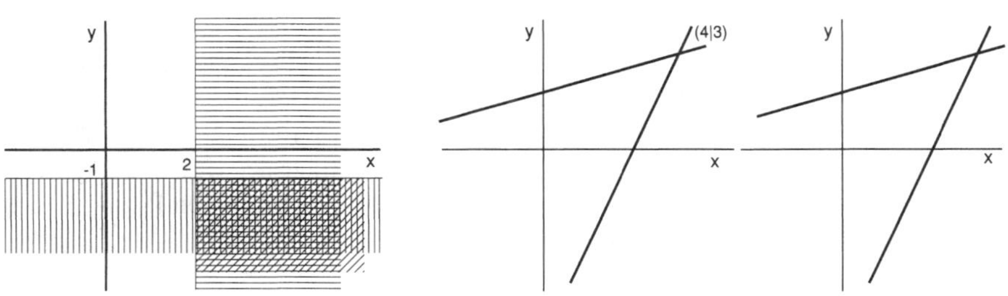

Bilder 14/15: Flächenstücke als Lösungsmengen

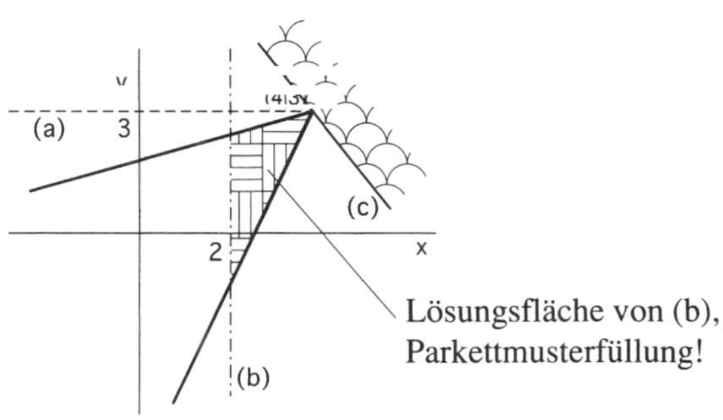

Bild 16: dasselbe, variiert

Lineare Optimierung

Nun kann man zu Ungleichungen auch *Gleichungen* als Zusatzforderungen nehmen:

Beispiel 13: Strecken oder ein Punkt als Lösung

B Betrachten wir dazu eine Kombination zweier oben genannter Systeme:

$$-x + 4y < 8 \quad \wedge \quad 2x - y < 5 \quad \wedge \quad x > 0 \quad \wedge \quad y > 0$$

Als Lösung erhalten wir das in Bild 17 schraffierte Viereck mit einer Ecke (4|3). Legen wir zu einer beliebigen Geraden g: x + y = 6 Parallelen, so haben wir statt 6 eine Variable, etwa z, zu setzen. g: x + y = z kann nun *außerhalb* des Vierecks verlaufen (z > 7 oder z < 0) oder es *schneiden*; z = 7 ist der größte Wert, für den es noch eine Lösung des Ungleichungssystems gibt, die auch auf g liegt. Man sagt, die lineare Funktion g nimmt ihr Maximum in der Ecke des Polygons (hier Vierecks) an.

Bild 17: dazu

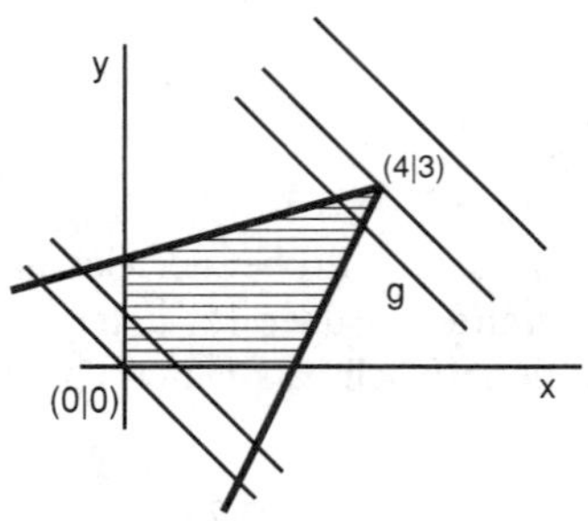

Zielfunktion und

Es gibt viele praktische Fragestellungen, die sich auf diese Weise beschreiben und lösen lassen. Dabei sind x und y zwei Variablen, die so belegt werden sollen, daß unter gewissen Randbedingungen, den Ungleichungen, eine lineare *Zielfunktion* ihren größten oder auch kleinsten Wert annimmt. Probleme dieser Art lösen heißt ***lineare Optimierung*** betreiben. Zur Illustration hier drei Beispiele:

Beispiel 14: lineare Optimierung in der Wirtschaft

B Ein Unternehmer stellt zwei **Produkte** P_1 und P_2 her; für beide benötigt er **Rohstoffe** R_1 und R_2, und zwar verlangt die Herstellung von P_1 2 kg von R_1 und 2 kg von R_2, während für P_2 ebenso 2 kg von R_2, jedoch 4 kg von R_1 nötig sind. Nun hat man nur 120 kg von R_1 und 80 kg von R_2 auf Lager. Bei P_1 beträgt der Gewinn 3 GE (wie früher *Geldeinheiten*), bei P_2 sind es 4 GE. Wie viele Kilogramm von P_1 und P_2 sind herzustellen, wenn der Gewinn *maximal* werden soll?

Bild 18: dazu

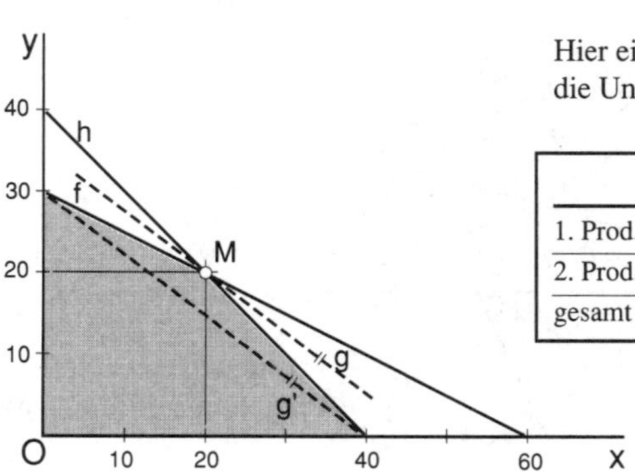

Hier eine mögliche Übersicht, um daraus die Ungleichungen leichter zu gewinnen:

	Menge	1.Rohst.	2.Rohst.	Gewinn
1. Prod.	x	2x	2x	3x
2. Prod.	y	4y	2y	4y
gesamt		120	80	optimal!

Wir setzen x kg P_1 und y kg P_2; natürlich müssen $x \geq 0$ und $y \geq 0$ sein. Die Randbedingungen ergeben sich aus der begrenzten Menge an Rohstoffen (Tabelle):

R_1: $2x + 4y \leq 120 \quad \rightarrow \quad x + 2y \leq 60 \quad \dots \quad f$

R_2: $2x + 2y \leq 80 \quad \rightarrow \quad x + y \leq 40 \quad \dots \quad h$

Die Grenzgeraden f und h zeichnen wir wie üblich ein, Bild 18, vorige Seite, was zum Viereck (0|0), (40|0), (20|20), (0|30) führt. Die Zielfunktion für den Gewinn ist durch g : 3x + 4y = z beschrieben.

$g': \ 3x + 4y = 120 \quad \rightarrow \quad y = -\frac{3}{4}x + 30$

(120 bzw. 30 als y-Achsenabschnittswert ist frei gewählt) ist zu g parallel und kann noch nach oben bis M(20|20) verschoben werden: damit ist $z = 3 \cdot 20 + 4 \cdot 20 = 140$ GE als der unter diesen Einschränkungen *optimale Gewinn* gefunden!

Das nächste Beispiel ist schon etwas komplizierter, es treten 3 Randbedingungen auf:

B **Beispiel 15: ... in der Landwirtschaft**

Ein Landwirt will **Kartoffeln** und **Getreide** auf 10 ha Land anbauen. Er hat dafür 21 Tage Zeit und 480 GE zur Verfügung. Für die Kartoffeln rechnet er pro ha mit Kosten von 40 GE und 1 Tag Arbeit, während er für 1 ha Getreide 3mal so lange braucht und 60 GE Kosten hat. Als Gewinn kann er mit 400 GE pro ha Kartoffeln und 800 GE pro ha Getreide rechnen. Wie viele ha von jeder Sorte wird er anbauen, um maximalen Gewinn zu erzielen?

Wieder stellen wir die Daten tabellarisch zusammen:

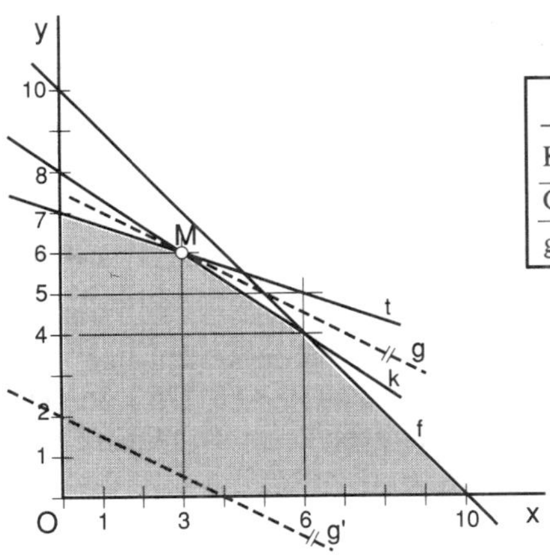

Bild 19: dazu

	Fläche	Zeit	Kosten	Gewinn
Kartoff.	x	x	40x	400x
Getreide	y	3y	60y	800y
gesamt	10	21	480	optimal!

Wir setzen x (ha) Kartoffeln, y (ha) Getreide an. Dann ist zunächst $x > 0 \wedge y > 0$; dazu haben wir eine Flächen-, Zeit- und Kostenbilanz:

1. Fläche: $x + y \leq 10 \quad \rightarrow \quad y \leq -x + 10 \ \dots \ f$
2. Zeit: $x + 3y \leq 21 \quad \rightarrow \quad y \leq -\frac{1}{3}x + 7 \ \dots \ t$
3. Kosten: $40x + 60y \leq 480$ bzw. $2x + 3y \leq 24 \quad \rightarrow \quad y \leq -\frac{2}{3}x + 8 \ \dots \ k$

Die Grenzgeraden f, t, k zeichnen wir wie gewohnt ein – Bild 19 – und erhalten ein Fünfeck mit den Ecken (0|0), (10|0), (6|4), (3|6) und (0|7). Die Ziel- = Gewinnfunktion $g: 400x + 800y = z$ ist ∥ zu $g': x + 2y = 4$; verschiebt man so weit nach oben wie möglich, so geht g durch die Ecke M(3|6), womit das ***Optimum*** an Gewinn bestimmt ist: Der Bauer wird x = 3 ha Kartoffeln und y = 6 ha Getreide anbauen ($x + y \leq 10$, ✓) und

$$z_{max} = 400 \cdot 3 + 800 \cdot 6 = 6000 \text{ GE}$$

Gewinn erzielen. Im Punkt (6|4) etwa wäre z nur $400 \cdot 6 + 800 \cdot 4 = 5600$ GE, in (0|7) ebenso 5600 GE.

Vom gleichen Schwierigkeitsgrad ist die folgende Überlegung, nur handelt es sich nicht um eine *Maximum-*, sondern eine *Minimumaufgabe*.

Beispiel 16: und in der Metallurgie

B

Aus zwei **Legierungen** A und B soll eine dritte Legierung C hergestellt werden, in der bestimmte Mindestmengen an Grundstoffen enthalten sind. Zusammensetzung und Preise von A und B sind bekannt. Wieviel ist von jeder Sorte zu verwenden, um mit *minimalen* Kosten auszukommen?

Die Daten stellen wir gleich in einer Tabelle übersichtlich zusammen:

	Menge	Kupfer	Zink	Alumin.	andere	Kosten
Leg. A	x	30 %	25 %	25 %	20 %	80 GE/kg
Leg. B	y	20 %	50 %	30 %	–	80 GE/kg
Leg. C		80 kg	100 kg	90 kg	–	minimal!

Die Grundstoffbilanz werden Sie ohne Mühe so ansetzen:

Kupfer: $\frac{30}{100}x + \frac{20}{100}y \geq 80 \quad \rightarrow \quad y \geq -\frac{3}{2}x + 400$ ... ku

Zink: $\frac{25}{100}x + \frac{50}{100}y \geq 100 \quad \rightarrow \quad y \geq -\frac{1}{2}x + 200$ ... zi

Alumin.: $\frac{25}{100}x + \frac{30}{100}y \geq 90 \quad \rightarrow \quad y \geq -\frac{5}{6}x + 300$ ... al

Wenn Sie noch die Zielfunktion mit g: $z = 80x + 80y$ anschreiben und etwa setzen

$$(g \parallel) \; g': \; y = -x + 200,$$

so sehen Sie gemäß Bild 20, daß g' so weit nach oben verschoben werden muß, daß sie durch den Eckpunkt M(150|175) läuft; es ist damit $z = 80 \cdot 150 + 80 \cdot 175 = 26000$ GE als minimaler Kostenaufwand gefunden. Eine rechnerische Kontrolle führen Sie bitte in Übung 15 durch!

Bild 20: dazu

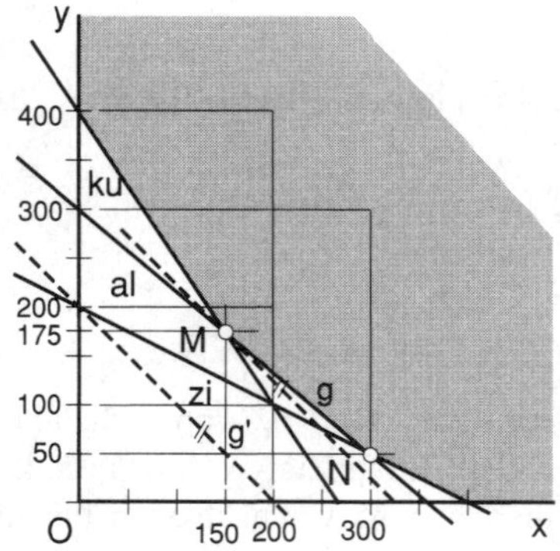

algebraische Lösung

Es gibt für diese Probleme Rechenverfahren wie den *Simplex-Algorithmus*, auf die wir aber verzichten – dabei entstehen nämlich Gleichungs*systeme* mit *vielen* Variablen!

Potenzen

von den linearen zu den Potenzfunktionen

Nach den linearen Funktionen und (Un-)Gleichungen müssen wir jetzt Funktionen studieren, die etwas komplizierter gebaut sind. Dazu gehören die quadratischen Funktionen wie $x \rightarrow y = x^2$ oder $x \rightarrow y = 4x^2 - x + 2$, ..., die Potenzfunktionen, in deren erzeugenden Termen x^3 auftritt oder x^4, aber auch x^{-2}, x^{-3} und sogar $x^{1/2}$, $x^{2/5}$, sowie $\sqrt{x}$ oder etwa $\sqrt[3]{x}$, ..., und noch weitere Typen von Funktionen.

Vorbereitend stellen wir die grundlegenden Regeln über das *Rechnen mit Potenzen* zusammen, wobei auf komplizierte Terme mit verschachtelten Wurzeln bewußt verzichtet wird; in praktisch interessierenden Fragestellungen treten sie kaum auf.

Basis und Exponent

Sie erinnern sich an die Definition der ***Potenz***? So wie 2+2+2+2+2 abkürzend $2 \cdot 5$ geschrieben wird, ist für $2{\cdot}2{\cdot}2{\cdot}2{\cdot}2$ kürzer 2^5 (2 hoch 5) üblich; zunächst braucht man daher mindestens m = 2 Faktoren, damit a^m sinnvoll wird; a darf beliebig reell sein und heißt ***Basis*** oder *Grundzahl*; m ist der ***Exponent*** oder die *Hochzahl*.

Erste Rechnungen zeigen etwa

$$3^2 \cdot 3^4 = (3 \cdot 3) \cdot (3 \cdot 3 \cdot 3 \cdot 3) = [\text{„}\cdot\text{“ ist assoziativ}]\ 3 \cdot 3 \cdot 3 \cdot 3 \cdot 3 \cdot 3 = 3^6 = 3^{2+4}$$

$$4^5 : 4^2 = \frac{4 \cdot 4 \cdot 4 \cdot 4 \cdot 4}{4 \cdot 4} = 4 \cdot 4 \cdot 4 = 4^3 = 4^{5-2} \text{ u.a.m.}$$

Wir erkennen:

erste Potenzregeln

«Potenzen mit derselben Basis kann man *multiplizieren* (dividieren), indem man die Exponenten über dieser Basis *addiert* (subtrahiert).»

Erweiterung: negative Exponenten

Bald zeigt sich, daß es sinnvoll ist, als Hochzahlen auch 1 und 0, dann sogar – zunächst nur im Ergebnis – negative Zahlen –1, –2, –3 usw. zuzulassen: $2^5 \cdot 2 = 2^6$, da 6 Faktoren 2 vorhanden sind; auch ist $2^{5+1} = 2^6$; also ist das Zeichen 2^1 für 2 sinnvoll:

$$2^5 \cdot 2 = 2^5 \cdot 2^1 = 2^{5+1} = 2^6$$

Genauso ist $5^4 : 5 = 5^3$ wegen

$$\frac{5 \cdot 5 \cdot 5 \cdot 5}{5} = 5 \cdot 5 \cdot 5 = 5^3;$$

mit $5 = 5^1$ gilt

$$5^4 : 5^1 = 5^{4-1} = 5^3$$

Die Division legt auch die Erklärung $a^0 = 1$ nahe, ist doch

$$a^3 : a^3 = \frac{a \cdot a \cdot a}{a \cdot a \cdot a} = 1,$$

andrerseits nach Regel (Exponenten subtrahieren) $a^{3-3} = a^0$.

Schließlich überlegt man analog bei $a^3 : a^4$, das formal $a^{3-4} = a^{-1}$ wäre (zunächst sinnlos), andrerseits nach Kürzen 1/a, woraus die Festsetzung

$$a^{-1} := \frac{1}{a}$$ (zu := vgl. Seite 179; hier wird die *linke* Seite durch := erklärt)

entspringt. Folgerichtig ist weiter $a^{-2} := \frac{1}{a^2}$, ...

Damit darf auch

$$a^3 : a^5 = a^{3-5} = a^{-2}$$

geschrieben werden, usf.

Fassen wir dies unter Satz 4.1ab zusammen (Die Teilsätze 2 und 3 sind ebenso einfach zu verstehen, sie werden in den Übungen gefestigt):

Sätze 4: Potenzsätze

S

Mit den Definitionen $a^1 := a$, $a^0 := 1$, $a^{-n} := 1/a^n$, $n \in \mathbb{N}$, gelten die folgenden Gesetze beim Rechnen mit Potenzen:

1. a) $a^m \cdot a^n = a^{m+n}$ **b)** $a^m : a^n = a^{m-n}$

2. a) $a^n \cdot b^n = (a \cdot b)^n$ **b)** $a^n : b^n = (a : b)^n$

3. $(a^m)^n = a^{m \cdot n}$

Stets sind Divisionen durch 0 zu vermeiden, sonst ist a beliebig $\in \mathbb{R}$, $m,n \in \mathbb{N}_0$.

Rechnen mit Potenzen ist durchaus auch in praktischen Fragestellungen oder Aufgaben aus der PHYSIK nützlich:

Beispiel 17: Wassermenge im Fluß

B

In einem **Flußkraftwerk** schätzt man einen Wasserdurchsatz 1200 m^3 pro Sekunde. Wie viele Liter Wasser sind das pro Jahr?

Wir bestimmen zuerst, wie viele Sekunden (s) das Jahr und wie viele Liter der m^3 hat:

$1 \text{ Jahr} = 365 \text{ Tage} = 365 \cdot 24 \cdot 60 \cdot 60 \text{ s} = 3{,}1536 \cdot 10^7 \text{ s}$

$1200 \text{ m}^3 = 1200 \cdot 1000 \text{ l} = 1{,}2 \cdot 10^6 \text{ l}$

Die Wassermenge ist dann einfach das Produkt:

$M = 3{,}1536 \cdot 10^7 \cdot 1{,}2 \cdot 10^6 \approx 3{,}78 \cdot 10^{13} \text{ l} \approx 38 \cdot 10^{12} \text{ l}$: 38 Billionen Liter!

Beispiel 18: Größenvergleich Erde – Sonne

B

Die *Sonne* ist ungefähr kugelförmig und hat $6{,}96 \cdot 10^5$ km Radius. Wie viele *Erdkugeln* von $6{,}37 \cdot 10^3$ km Radius könnte sie fassen?

Beim Ansetzen der Verhältnisse vereinfachen wir, indem wir durch $4\pi/3$ kürzen; dann denken wir an die Potenzsätze 2a, 3 und 1b:

$V_{So} : V_E = \frac{4\pi}{3} R^3 : \frac{4\pi}{3} r^3 = R^3 : r^3 =$

$(6{,}96 \cdot 10^5)^3 : (6{,}37 \cdot 10^3)^3 = 337 \cdot 10^{15} : 258 \cdot 10^9 = 1{,}3 \cdot 10^6$:

über 1 Million Erdkugeln!

Beispiel 19: Atomanzahlen

B

Das ***Wasserstoffatom*** hat einen Radius von ca. $5 \cdot 10^{-11}$ m. Wie viele H-Atome wären für eine H-Kette von 1 m Länge nötig?

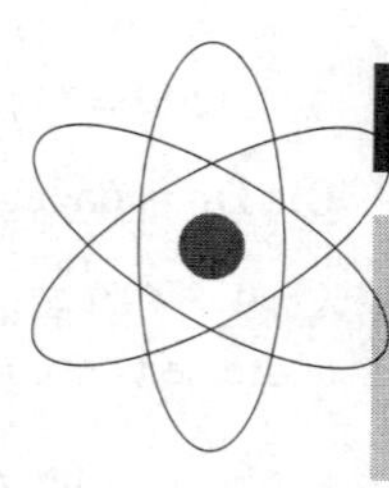

Zunächst ist der Durchmesser

$d = 2r = 2 \cdot 5 \cdot 10^{-11} = 10 / 10^{11} = 1 / 10^{10}$;

x Atome sind nötig, wobei $x \cdot d = 1$ m ausmachen soll:

$x = 1 : d = 1 : (1/10^{10}) = 10^{10} = 10 \cdot 10^9$: 10 Milliarden Atome!

Schon etwas aufwendiger ist es, sich in der ASTRONOMIE umzusehen:

Beispiel 20: Bahndaten eines Planeten

B

Für eine ***Kreisbewegung*** kennt man die zum Mittelpunkt gerichtete Zentripetalbeschleunigung a als $a = \omega^2 r = (2\pi/T)^2 \cdot r = 4\pi^2/T^2 \cdot r$ mit r als Bahnradius und T als Umlaufszeit; für den Planeten ***Saturn*** sind r = 1,427 Mio km, T = 29,46 Jahre; damit wird

$$a = \frac{4\pi^2 \cdot 1427 \cdot 10^9 \text{ m}}{(29{,}46 \cdot 3{,}1536 \cdot 10^7 \text{ s})^2} = \frac{4\pi^2 \cdot 1427}{8631} \cdot \frac{10^9 \text{ m}}{10^{14} \text{ s}^2} = 6{,}53 \cdot 10^{-5} \frac{\text{m}}{\text{s}^2}$$

Verknüpfungstreue Funktionen

Strukturbetrachtungen

Die letzten Ergebnisse kann man auch aus anderem Blickwinkel betrachten:

Potenzen multiplizieren – Exponenten addieren;

Potenzen dividieren – Exponenten subtrahieren.

Wird da nicht in 2 Bereichen ***verknüpft***, wobei die Ergebnisse einander entsprechen?

In der Menge $\mathbb{N}$ ist die Verknüpfung „+" (ausnahmslos) erklärt, und in der Menge $P_a := \{a^0, a^1, a^2, ..., a^n, ...\}$ der Potenzen einer festen reellen Zahl a (z.B. a = 2) mit Exponenten $\in \mathbb{N}$ die Verknüpfung „·". Nach Satz 1a ist nun „·" *innere* Verknüpfung in P_a, weil a^{m+n} als Produkt zweier Elemente $a^m, a^n \in P_a$ selbst stets $\in P_a$ ist.

Bild 21: dazu

Erklärt man jetzt eine (bijektive) Funktion

$f: \mathbb{N} \rightarrow P_a$ mit $n \rightarrow a^n$,

so ist mit

$f: m \rightarrow a^m$, $n \rightarrow a^n$ und also auch

$(m+n) \rightarrow a^{m+n}$

einerseits sowie

$a^m \cdot a^n = a^{m+n}$

andrerseits offenbar dem Verknüpfungsprodukt (m+n) zweier natürlichen Zahlen $m, n \in \mathbb{N}_0$ durch f genau das Verknüpfungsprodukt a^{m+n} der Einzelbilder a^m und a^n zugeordnet, vgl. Bild 21!

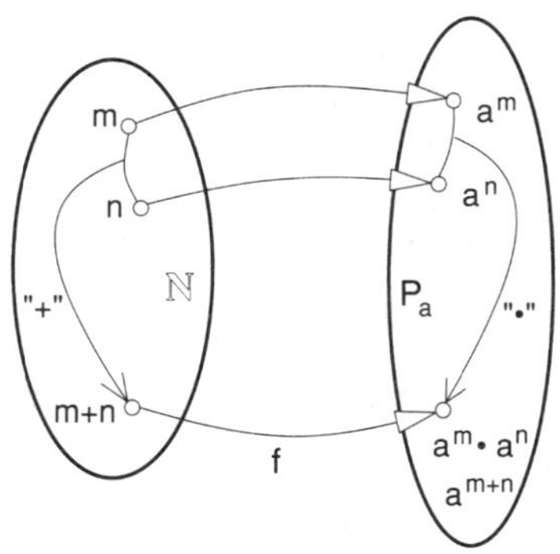

Hierfür ist allgemein folgende Sprechweise üblich:

D — Definition 4: verknüpfungstreue Funktion

> Eine Funktion f: D → W, a → a' heißt ***verknüpfungstreu*** oder *strukturverträglich*, wenn für alle Paare von D und W gilt: Das Verknüpfungsprodukt der Bilder a' ✣ b' ist Bild des Verknüpfungsprodukts a ∘ b unter f:
>
> $(a \circ b) \rightarrow (a' ✣ b')$

Ist nun f auch noch *bijektiv*, so überträgt f sozusagen die innere Beziehung, die Gestalt, den Typ einer *Struktur*, etwa einer *Gruppe*, auf eine andere, und man sagt daher:

D — Definition 5: Isomorphismus

> Eine bijektive verknüpfungstreue Funktion heißt ***Isomorphismus***.

In unserem Beispiel trifft nun genau dies zu, womit f als *verknüpfungstreu* erkannt ist. Daher gilt:

S — Satz 5: dazu

> **Die bijektive Funktion f: $\mathbb{N} \rightarrow P_a$ mit $n \rightarrow a^n$ obigen Beispiels ist ein Isomorphismus für die Strukturen ($\mathbb{N}$, +) und (P_a, ·).**

Nun wissen Sie aus $\mathbb{A}$**2**, daß zwar „+" *innere* Verknüpfung in $\mathbb{N}$ ist, nicht aber „–", ist doch $3 - 2 = 1 \in \mathbb{N}$, *nicht* aber $2 - 3 = -1$! Um dies zu erreichen, haben wir $\mathbb{N}$ zu $\mathbb{Z}$ erweitert; in $\mathbb{Z}$ konnte nach Belieben subtrahiert werden, stets war die Differenz $\in \mathbb{Z}$.

Dürfen Exponenten auch ganzzahlig sein?

Von diesem Gedanken und dem des Isomorphismus gehen wir aus, um eine analoge Erweiterung auch in der Menge der Potenzen zu erreichen; dabei hilft Satz 1b, der die Verknüpfungen „–" und „:" in den Obermengen $\mathbb{Z}$ sowie $P_a' = \{a^z \mid z \in \mathbb{Z}\}$ festlegt: So soll

1b) $a^{-3} : a^{+5} = a^{-3-(+5)} = a^{-8} \in P_a'$ sein wegen $-3 - (+5) = -8$ in $(\mathbb{Z}, -)$!

Lassen sich auch die übrigen Potenzsätze damit vereinbaren? Sehen wir uns einige Beispiele an:

1a) $a^{-3} \cdot a^5 = \frac{1}{a^3} \cdot a^5 = a^5 : a^3 = a^{5-3} = a^2 = a^{-3+5}$: Ja, stimmt, kurz ✔

2a) $(a \cdot b)^{-4} = \frac{1}{(a \cdot b)^4} = \frac{1}{a^4 \cdot b^4} = \frac{1}{a^4} \cdot \frac{1}{b^4} = a^{-4} \cdot b^{-4}$ ✔

3. $(a^{-3})^{-2} = \left(\frac{1}{a^3}\right)^{-2} = \frac{1}{\left(\frac{1}{a^3}\right)^2} = (a^3)^2 = a^{3 \cdot 2} = a^{(-3) \cdot (-2)}$ ✔

Sie sehen, es geht immer, auch mit Variablen statt konkreter Zahlen; Divisionen durch 0 sind natürlich zu vermeiden.

Satz 6: sie dürfen!

S **Die Potenzsätze 1 bis 3 von oben gelten unverändert für ganzzahlige Exponenten.**

Auch negative Exponenten kommen in *Anwendungen* häufig vor:

Beispiel 21: Elektronen im Magnetfeld

B Wie groß ist die **Lorentzkraft**, die auf ein (mit der Geschwindigkeit v) bewegtes *Elektron* (Ladung $e = 1{,}6 \cdot 10^{-19}$ As, Masse $m = 9{,}1 \cdot 10^{-31}$ kg) in einem *Magnetfeld* der Stärke B = 0,10 Tesla wirkt? Das Elektron wurde durch U = 10 Volt aus der Ruhe auf v beschleunigt, und v verläuft senkrecht zu B.

In Bild 22 sind die Verhältnisse skizziert. Die Definitionsformeln für die Spannung U und die Lorentzkraft F übernehmen wir aus der PHYSIK, ebenso die Energiebilanz Arbeit = Bewegungsenergie; hier interessiert nur der beim Berechnen nötige Umgang mit *Potenzen*:

$W = U \cdot e = \frac{1}{2} mv^2$; daraus

$v = \sqrt{\frac{2\,U\,e}{m}} = \sqrt{\frac{2 \cdot 10 \cdot 1{,}6 \cdot 10^{-19}}{9{,}1 \cdot 10^{-31}}} \; \frac{m}{s}$

$= 1{,}875 \cdot 10^6$ m/s (= 1875 km/s);

Bild 22: dazu

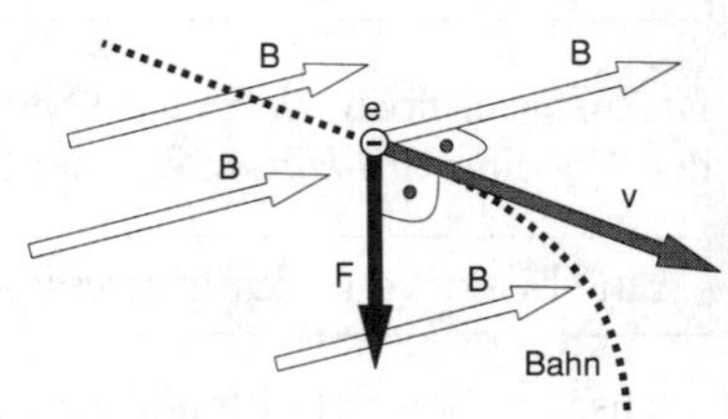

dies wird in die Kraftformel eingesetzt:

$F_L = e \cdot v \cdot B = 1{,}6 \cdot 10^{-19} \cdot 1{,}875 \cdot 10^6 \cdot 0{,}1$ N

$= 3 \cdot 10^{-14}$ N (Newton)

Für den Kreisradius r kann man aus dem Ansatz Zentripetalkraft = Lorentzkraft herleiten: r = mv / eB. Jetzt üben wir wieder das *Potenzrechnen*:

$r = \frac{m \cdot v}{e \cdot B} = \frac{9{,}1 \cdot 10^{-31} \cdot 1{,}875 \cdot 10^6}{1{,}6 \cdot 10^{-19} \cdot 0{,}1}$ m $= 1{,}066 \cdot 10^{-4}$ m ≈ 0,1 mm.

Gebrochene Exponenten

Nun ist es auch nicht mehr weit zur nächsten Frage: Nach $\mathbb{Z}$ sind bei den Zahlen die *Brüche* definiert worden; hat es einen Sinn, auch Brüche als *Hochzahlen* zuzulassen? Lassen sich solche „Potenzen" wie $2^{1/3}$, $3^{2/5}$, ... auf eine Weise definieren, die auch die alten Potenzrechenregeln respektiert? Dies ist tatsächlich möglich, wenngleich die Beweise schon so schwierig werden, daß wir darauf verzichten.

Wie hängen Potenzen und Wurzeln zusammen?

Was könnte also unter $3^{1/2}$ verstanden werden? Nehmen wir Satz 3 zu Hilfe: es müßte doch

$(3^{1/2})^2 = 3^{1/2 \cdot 2} = 3^1 = 3$ sein.

Eine Zahl, deren Quadrat gleich 3 ist, schreibt man so: $\sqrt{3}$ und *liest* «Quadratwurzel aus 3». Ebenso ist $\sqrt[3]{4}$ jene Zahl, deren 3. Potenz gleich 4 ist. Dies müßte auch gelten für $4^{1/3}$ wegen

$(4^{1/3})^3 = 4^{1/3 \cdot 3} = 4^1 = 4.$

Allgemein erkennen wir

$a^{1/q} = \sqrt[q]{a}$ wegen $(\sqrt[q]{a})^q = a$ und $(a^{1/q})^q = a^{1/q \cdot q} = a^1 = a$

Nun gibt es natürlich auch Zahlen wie $\sqrt[4]{5^3}$ oder $\sqrt[5]{2^7}$ usw. Welche Zahl führt zu 5^3, wenn sie in die 4. Potenz erhoben wird? Einerseits die 4. Wurzel daraus, eben $\sqrt[4]{5^3}$, andrerseits $5^{3/4}$ wegen $(5^{3/4})^4 = 5^{3/4 \cdot 4} = 5^3$: es folgt $5^{3/4} = \sqrt[4]{5^3}$.

Allgemein liegt so nahe:

D **Definition 6: dazu**

> Unter der Potenz $a^{p/q}$ verstehen wir die q-te Wurzel aus a^p, also jene Zahl, deren q-te Potenz a^p ergibt: $a^{p/q} = \sqrt[q]{a^p}$ $(a \in \mathbb{R}^+,\ q \in \mathbb{N},\ p \in \mathbb{Z})$.

Wie schon bemerkt, kann man die Gültigkeit der obigen Potenzsätze 1 und 2 für diese neuen Potenzen mit gebrochenen Exponenten (umständlich) nachweisen. Statt dessen absolvieren wir ein kleines **Übungsprogramm**:

B **Beispiele 22: Rechnen mit Potenzen und Wurzeln**

- $243^{2/5} = ? = (3^5)^{2/5} = 3^{5 \cdot 2/5} = 3^2 = 9$
- $16^{-1/2} = ? = \dfrac{1}{16^{1/2}} = \dfrac{1}{(4^2)^{1/2}} = \dfrac{1}{4}$
- $\sqrt[3]{a} \cdot \sqrt[3]{b} = ? = a^{1/3} \cdot b^{1/3} = (a \cdot b)^{1/3} = \sqrt[3]{a \cdot b}$, allgemein: $\boxed{\sqrt[n]{a} \cdot \sqrt[n]{b} = \sqrt[n]{a \cdot b}}$
- $\sqrt[4]{3^5} = ? = \sqrt[4]{3^4 \cdot 3} = \sqrt[4]{3^4} \cdot \sqrt[4]{3} = 3 \cdot \sqrt[4]{3}$ („partielles Wurzelziehen")
- $4\sqrt{8} + 3\sqrt{50} - 6\sqrt{72} = ? = 4\sqrt{2^2 \cdot 2} + 3\sqrt{5^2 \cdot 2} - 6\sqrt{6^2 \cdot 2}$
  $= 4 \cdot 2\sqrt{2} + 3 \cdot 5\sqrt{2} - 6 \cdot 6\sqrt{2} = -13\sqrt{2}$
- $\sqrt[4]{a^6} = ? = (a^6)^{1/4} = a^{6/4} = a^{3/2} = \sqrt[2]{a^3} = \sqrt{a^3}$, allgemein: $\boxed{\sqrt[k \cdot m]{a^{k \cdot n}} = \sqrt[m]{a^n}}$
- $\sqrt[2]{a} \cdot \sqrt[4]{a} = ? = \sqrt[2 \cdot 2]{a^{1 \cdot 2}} \cdot \sqrt[4]{a} = \sqrt[4]{a^2} \cdot \sqrt[4]{a} = \sqrt[4]{a^3}$
- $\sqrt[3]{\sqrt[4]{a}} = ? = \sqrt[3]{a^{1/4}} = (a^{1/4})^{1/3} = a^{1/4 \cdot 1/3} = a^{1/3 \cdot 4} = \sqrt[3 \cdot 4]{a} = \sqrt[12]{a}$, allg.: $\boxed{\sqrt[m]{\sqrt[n]{a}} = \sqrt[m \cdot n]{a}}$

Quadratische Funktionen

Arten von Potenzfunktionen

Jetzt sind wir (mehr als) gerüstet, uns den eingangs erwähnten *Potenzfunktionen* aller Art zuzuwenden. Beginnen werden wir mit $x \rightarrow y = x^2$, dann folgen $y = x^3, x^4, x^5, \ldots$; als *Umkehr*funktionen treten $y = \sqrt{x}, \sqrt[3]{x}, \sqrt[4]{x}, \ldots$ auf, die sich auch als $y = x^{1/2}, x^{1/3}, x^{1/4}, \ldots$ schreiben lassen. Kurz begegnen uns $x \rightarrow y = x^{-1} = 1/x$, $y = x^{-2} = 1/x^2, \ldots$; schließlich betrachten wir als Ausblick $x \rightarrow y = x^{3/2}$ oder $x^{4/3}$, womit dann auch ein Überblick über alle Arten von Funktionen des Typs $x \rightarrow y = x^{p/q}$ gewonnen ist.

quadratische Grundfunktion f

Nun also zur ***quadratischen Grundfunktion*** f: $x \rightarrow y = x^2$. Da man jede reelle Zahl $x \in \mathbb{R}$ quadrieren kann mit $y = x^2 \in \mathbb{R}_0^+$ (das sind die positiv-reellen Zahlen samt der 0), ist der natürliche Definitionsbereich $\mathbb{D}$ von f ganz $\mathbb{R}$. Als *Wertevorrat* V kann man $\mathbb{R}$ wählen, aber nur $\mathbb{R}_0^+$ tritt als tatsächlicher *Wertebereich* auf.

Einige Punkte einer Wertetabelle geben rasch Auskunft über den Verlauf des Graphen, vgl. Bild 23: da $(+2)^2 = (-2)^2 = 4$, $(+3)^2 = (-3)^2 = 9$, ... allg. $f(x) = f(-x)$, ist er achsensymmetrisch bezüglich der y–Achse; f heißt dann ***gerade*** Funktion.

Bild 23: Graph von f

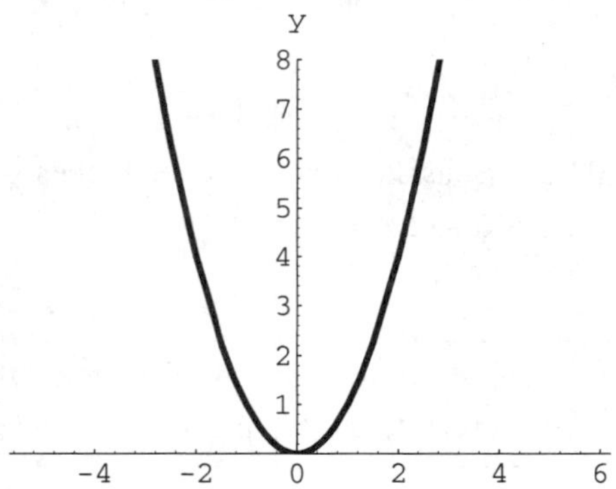

Wird jeder Wert $y \in \mathbb{R}_0^+$ auch an wenigstens *einer* Stelle $x \in \mathbb{R}$ angenommen, tritt *jedes* solche y als Funktionswert auf? Da es zu $y \in \mathbb{R}_0^+$ eine Zahl $\sqrt{y} = y^{1/2}$ mit $(\sqrt{y})^2 = y$, ihre Quadratwurzel, in $\mathbb{R}_0^+$ gibt, weiter auch deren Gegenzahl $-\sqrt{y}$ das Quadrat y hat, gibt es tatsächlich *zwei* Stellen $x_1 = -\sqrt{y}$ und $x_2 = +\sqrt{y} \in \mathbb{R}$, an denen y als Funktionswert auftritt; mit der anfangs eingeführten Sprechweise heißt das:

Satz 7: f ist bijektiv

S

Die Funktion f: $R \rightarrow R_0^+$, $x \rightarrow y = x^2$ ist surjektiv, aber nicht injektiv, also auch *nicht bijektiv*.

Die Injektivität läßt sich durch Aufteilen des Definitionsbereichs aber leicht erreichen.

Es gibt noch eine Eigenschaft einer Funktion, die garantiert, daß f injektiv ist. Sollte nämlich y ständig wachsen (oder fallen), wenn x wächst, dann kann es ja nie vorkommen, daß ein y_1, das zu x_1 gehört, später bei x_2 nochmals auftritt! Denken Sie an die linearen Funktionen mit $k \neq 0$, wo dies durchwegs der Fall war. Man sagt:

Definition 7: monotone Funktion ...

D

Eine Funktion, deren Werte y mit wachsenden Argumenten x ständig zu- oder ständig abnehmen, heißt ***monoton*** (*griech.*: eintönig, gleichförmig).

Genauer nennt man f monoton *wachsend* oder *steigend*, wenn mit $x_1 < x_2$ immer auch $f(x_1) \leq f(x_2)$ gilt, monoton *abnehmend* bzw. *fallend* für $f(x_1) \geq f(x_2)$ mit $x_1 < x_2$. Fehlt das =-Zeichen, spricht man von *strenger* Monotonie. Damit läßt sich dann sagen:

S

Satz 8: und injektive Funktion

Streng monotone Funktionen sind injektiv.
Oder stärker: **Streng monotone und surjektive Funktionen sind bijektiv.**

Nun läßt sich die quadratische Grundfunktion leicht als streng monoton fallend „links von 0" und steigend „rechts von 0" nachweisen (Übung 24); dort muß sie dann auch jeweils *bijektiv* sein!

Potenzfunktionen

Gehen wir zu ***höheren Potenzen*** über und orientieren wir uns an den Graphen der Grundfunktionen „3., 7. bzw. 4. und 8. Grades", $f: x \to x^3$ usw. anhand einiger Punkte der Wertetabelle über ihre Eigenschaften, vgl. die Bilder 24:

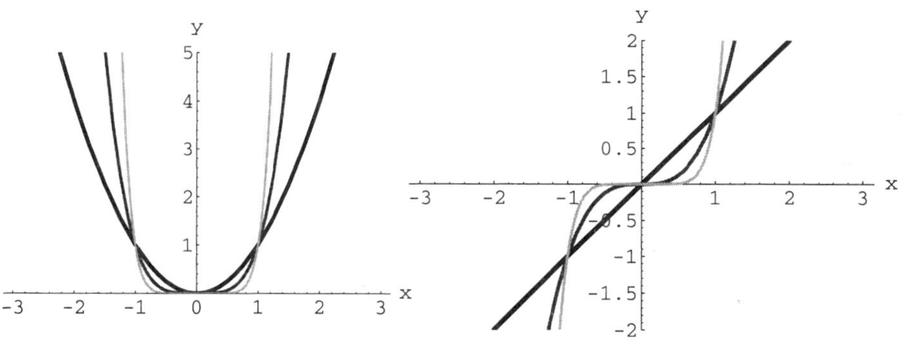

Bilder 24: Potenzfunktionen vom Grad 1 ... 8

Es fällt sofort auf, daß die geraden Potenzen x^2, x^4 und x^8 (Bilder links) zu untereinander ähnlichen Kurven führen und ebenso die ungeraden x, x^3 und x^7 (Bilder rechts). Es ist doch $x^4 = (x^2)^2$, kann also nur positiv oder 0 sein für beliebige, auch negative $x \in \mathbb{R}$.

Dagegen ist $x^3 = x \cdot x^2$, $x^5 = x \cdot x^4$, was für *negative* x auch zu *negativen* Funktionswerten führt! Die Graphen von $y = x^3$ bzw. x^5 „kommen" daher aus dem negativen y-Bereich und gehen bei $x = 0$ – jetzt genau wie $y = x^2$ bzw. x^4 – in den positiven y-Bereich über.

ein Monotoniebeweis

Auch hier läßt sich die *Monotonie* beweisen. Wir zeigen stellvertretend an

$f: x \to y = x^3$

für den Bereich $x \in \mathbb{R}^-$, wie man vorgehen kann: Seien x_1 und x_2 zwei Stellen aus $\mathbb{R}^-$, also negative Zahlen mit $x_1 < x_2 < 0$; wir zeigen, daß dann auch gilt: $x_1^3 < x_2^3$ (< 0)!

Als Zwischenschritt ist für die Quadrate $x_1^2 > x_2^2$, wie als Übung zu zeigen war; jetzt multiplizieren wir diese Ungleichungen mit $x_2 < 0$, was zu

$x_1^2 . x_2 < x_2^3$ ... (2) führt;

ebenso multiplizieren wir $x_1 < x_2$ mit $x_1^2 > 0$, was

$x_1^3 < x_1^2 \cdot x_2$ ... (1) ergibt.

Nun ist < *transitiv*, d. h., aus den letzten Resultaten (1) und (2) folgt schon $x_1^3 < x_2^3$, ✓.

So kann man immer vorgehen und darf behaupten:

Satz 9: Übersicht: Eigenschaften der Potenzfunktionen

S **Die geraden Potenzfunktionen $x \to x^2$, $x \to x^4$, ..., $x \to x^{2n}$ sind für $x \in \mathbb{R}^-$ streng monoton abnehmend und daher bijektiv, für $x \in \mathbb{R}_0^+$ streng monoton wachsend und ebenso bijektiv; die ungeraden $x \to x^3$, ..., $x \to x^{2n+1}$ sind in ganz $\mathbb{R}$ streng monoton wachsend und also durchwegs bijektiv.**

Beachten wir noch, daß zu jedem $x \in \mathbb{R}$ genau ein $y = x^3 \in \mathbb{R}$ in f: $x \to x^3$ gehört, umgekehrt zu jedem $y_1 \in \mathbb{R}^+$ genau ein $x_1 = \sqrt[3]{y_1} \in \mathbb{R}^+$ bzw. zu $y_2 \in \mathbb{R}^-$ ein $-\sqrt[3]{-y_2} \in \mathbb{R}^-$; zu $y = 0$ gehört $x = 0$! Auch bei x^5, ... muß man diese Fallunterscheidung treffen, da unter einer Wurzel nur *positive* Zahlen zulässig sind, was noch begründet werden wird!

Gehen wir noch kurz zu den Potenzfunktionen mit *negativen* Exponenten über, also zu $x \to y = x^{-1} = 1/x$, $y = x^{-2} = 1/x^2$, $y = x^{-3} = 1/x^3$ usw. Aus der Definition erkennt man, wie die Graphen aus denen von $y = x, x^2, x^3$, ... zu gewinnen sind: Jeder Funktionswert ist durch den Kehrwert zu ersetzen, Bilder 25:

Bilder 25: Graphen von Potenzfunktionen mit negativen Exponenten

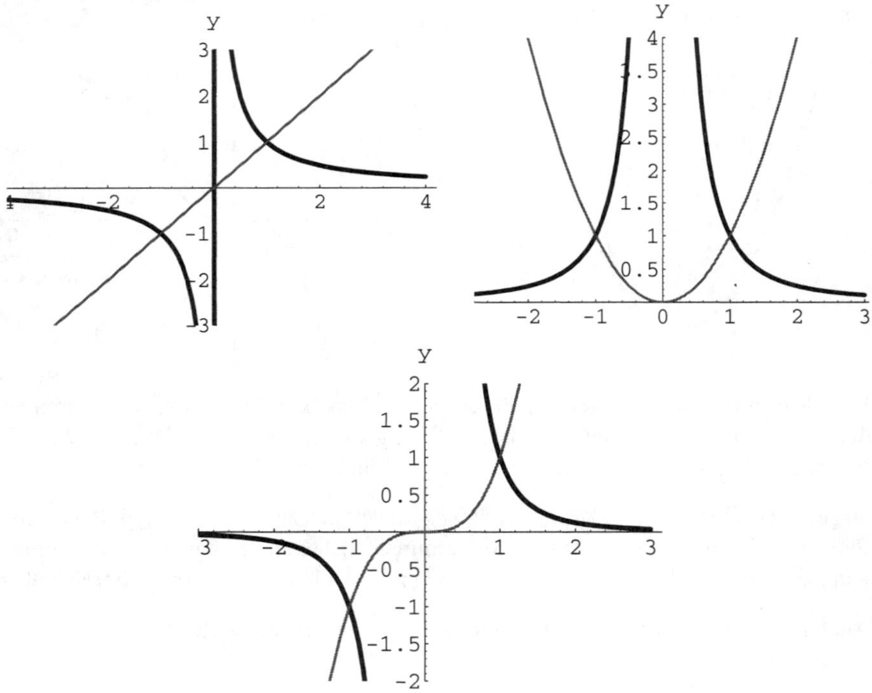

Hier $y = x^{-3}$, das sich kaum von $y = x^{-1}$ unterscheidet

Anwendungen in der Praxis

Praktische Bedeutung hat $y = 1/x$ bei der **Dreisatzrechnung** (Schlußrechnung), regiert sie doch die indirekte = umgekehrte *Proportionalität*: ***Je mehr*** (Menschen sich einen Laib Brot teilen müssen), ***desto weniger*** (fällt auf den einzelnen). Aufgaben dieser Art haben Sie aber schon als Kind geübt, wir müssen uns hier nicht mehr damit befassen.

$y = 1/x^2$ steht in der PHYSIK hoch im Kurs: Im *Gravitationsgesetz* von Newton und im gleichgebauten *elektrostatischen Gesetz* von Coulomb sind die Kräfte umgekehrt proportional zum *Quadrat* der Entfernung! So nimmt etwa auch die Feldstärke der zugehörigen Felder mit $1/x^2$ ab.

Umkehrfunktionen

Nun sind die **Umkehrfunktionen** der Potenzfunktionen an der Reihe! Die Umkehrung des *Quadrierens*, so wissen wir, ist das *Wurzelziehen:* Will man $6 \to 6^2 = 36$ rückgängig machen, so hat man $36 \to \sqrt{36} = \sqrt{6^2}$ zu schreiben. Ist $y^2 = x$, so ist $y = x^{1/2} = \sqrt{x}$ (allerdings auch $-\sqrt{x}$, wenn nicht $y > 0$ vorausgesetzt wird).

Aus einer quadratischen Funktion wird daher beim Umkehren eine **Wurzelfunktion** (eventuell -relation!). Bevor wir uns das näher ansehen, überlegen wir allgemein, wie der *Graph* einer Umkehrfunktion (-relation) f* von f aussieht und wie die *Zuordnungsgleichung* von f*.

Umkehrung der Quadratfunktion: die Wurzelfunktion

Da beim Übergang von f zu f* Original- und Bildmenge vertauscht werden, ist etwa mit $(2{,}5) \in f$ dann $(5{,}2) \in f^*$, aus $(-1{,}9) \in f$ wird $(9,-1) \in f^*$; allgemein: Zu jedem Punkt P(x|y) des f-Graphen gibt es den Punkt P'(y|x) von f*, den man durch *Spiegelung* $\mathbb{S}_{w1}$ des f-Graphen an der 1. Winkelhalbierenden w_1 (der Koordinatenachsen) erhält, Bild 26. Wie sonst könnte aus (2|5) umgekehrt (5|2) werden?

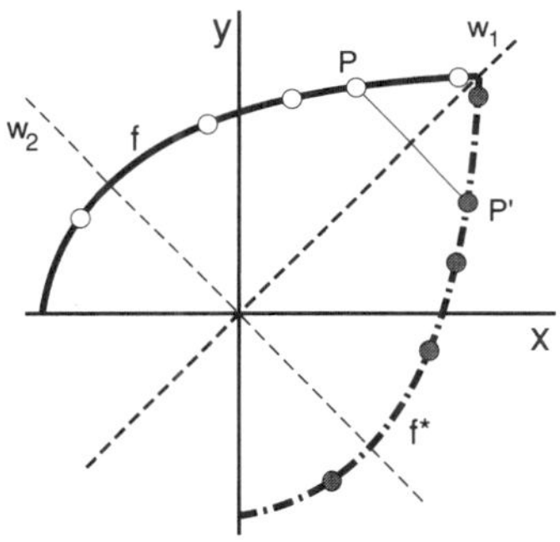

Bild 26: Graphen als Spiegelbilder

Man erhält den Graphen der Umkehrrelation (oder -funktion) f* einer Funktion f, indem man den Graphen von f an der 1. Winkelhalbierenden w_1 der Achsen spiegelt.

S

Satz 10: dazu

Um die Zuordnungsgleichung von f* zu erhalten, hat man zunächst nur statt $x \to y$ $y \to x$ zu schreiben und die f-Gleichung zu übernehmen: War y das Doppelte von x, so bleibt es das ja auch bei der „Pfeilumkehr". So wäre z. B. zu

B

Beispiel 23: die Gleichung der Umkehrung

f: $x \to y$ mit $x + 2y = 12$

die Umkehrung

f*: $y \to x$ mit $x + 2y = 12$

Da man es aber gewohnt ist, in jeder Funktion die Originale = Argumente mit x zu bezeichnen, *vertauscht* man die Buchstaben x und y und schreibt lieber

f*: $x \to y$, $y + 2x = 12$

Diese Umbenennung läßt die Beziehung zwischen den Elementen ungestört. Will man noch *explizit* nach y auflösen,so wird eben

f*: $x \to y$, $y = -2x + 12$

Beispiel 24: Wir üben das Umkehren

Noch ein Beispiel dazu:

B

$f: x \to y, \quad x - 5y = 2$

Umkehrung der Funktion:

$f^*: y \to x, \quad x - 5y = 2$

x und y *umbenennen*:

$f^*: x \to y, \quad y - 5x = 2 \quad \text{bzw.} \quad y = 5x + 2$

Beide Funktionen sind uns als linear schon vertraut; auch ihre Graphen können wir einzeln zeichnen ($k = 1/5$, $d = -2/5$, dies aus expliziter Auflösung nach y in f; direkt aus f*: $k^* = 5$, $d^* = 2$); sie erweisen sich – wie gewohnt – als Spiegelbilder bezüglich w_1.

Für die quadratische Grundfunktion bez. ihre beiden „Hälften" überlegen Sie diese Schritte bitte selbst (Übung 27)!

Im Prinzip genauso geht man für höhere Potenzen $x^3, x^4, x^5, \ldots$ vor. Man hat nur bei ungeraden Hochzahlen 3, 5, ... die oben erwähnte und gleich noch zu diskutierende Fallunterscheidung zu beachten:

Definition 8: Kubikwurzelfunktion

D

> Die Umkehrfunktion von $p: x \to x^3$ heißt ***Kubikwurzelfunktion;*** man schreibt $p^*: x \to \sqrt[3]{x}$ für $x \geq 0$ bzw. $x \to -\sqrt[3]{-x}$ für $x < 0$. Die Graphen von p* als auch von p heißen „Parabeln 3. Ordnung".

Wir orientieren uns an einigen Beispielen über den Verlauf der Graphen (jedesmal nur für positive $x \in \mathbb{R}_0^+$) solcher und weiterer Potenz- und Wurzelfunktionen:

$$x \to x^{1/3} = \sqrt[3]{x} \quad \text{oder} \quad x \to x^{1/5} = \sqrt[5]{x} \quad \text{u.a.m.}$$

und ihre Lage zu bekannten Funktionsgraphen (Bild 27, nächste Seite) wie

$$x \to x^1 \quad \text{oder} \quad x \to x^{-2} = \frac{1}{x^2}$$

Dazu stellen wir kleine Wertetabellen auf (mit dem Taschenrechner geht dies sehr rasch: y^x-Taste verwenden!) Alle Graphen scheinen ihre Funktionen als streng monoton wachsend auszuweisen. Wir erkennen Gebiete für positive Exponenten:

$$(0 < x < 1 \wedge 0 < y < 1) \vee (1 < x \wedge 1 < y)$$

während außerhalb Gebiete für negative Exponenten sind.

Weshalb wir nur positive Basen zulassen

An dieser Stelle muß noch nachgetragen werden, weshalb bei den Potenzen $a^{m/n}$ mit gebrochenen Exponenten die Einschränkung $a \in \mathbb{R}^+$ gemacht worden war. Der Umgang mit Wurzeln ist uns inzwischen ja hinreichend vertraut, und wir wissen, daß sie für negative Radikanden $a \in \mathbb{R}^-$ nicht definiert sind; ist doch $\sqrt{-1}$ (vorläufig) ein sinnloses Zeichen, da es keine solche Zahl $\in \mathbb{R}$ gibt. Nun ist aber $a^{m/n} = \sqrt[n]{a^m}$, und für die Belegungen $m = 3$, $n = 2$, $a = -1$ wäre $a^{m/n}$ gleich $\sqrt{(-1)^3} = \sqrt{-1}$! Dies zu vermeiden ist der Sinn dieser Einschränkung.

Ausblick auf ...

Auf die Monotoniebeweise für solche allgemeinen Potenzen dürfen wir hier verzichten; die Graphen zeigen den Verlauf, und das möge hier genügen. Neben der hier vorliegenden „Monotonie bezüglich der Basis" tritt später noch die „Monotonie bezüglich der Exponenten" bei Wahl einer festen Basis, etwa $a = 2$! Wie verhalten sich bei $x_1 < x_2$

die Funktionswerte 2^{x_1} und 2^{x_2}? Damit lassen sich neue Funktionen erklären:

f: $\mathbb{R} \to \mathbb{R}$, $x \to 2^x$ (allg. a^x)

und die angeschnittene Frage ist die nach der *Monotonie* von f! In Band **2** wird uns dies näher beschäftigen.

...Exponentialfunktionen

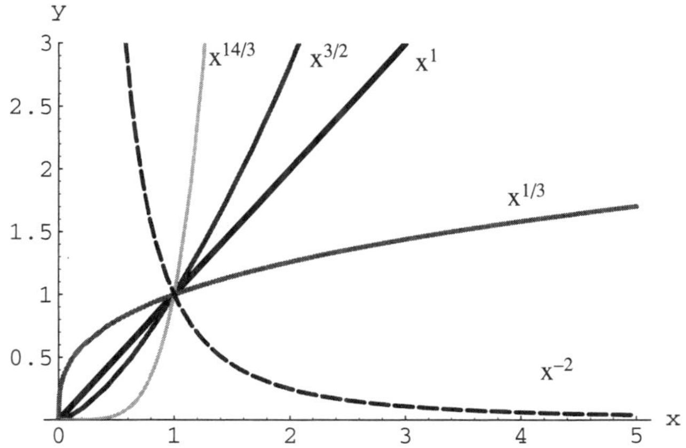

Bild 27: Graphen allgemeiner Potenzfunktionen

Ende des 8. Kapitels

Übungsaufgaben

1. Betrachten Sie die im Bild Ü1 gezeichneten Relationen von A = {a, b, c} nach B = {1, 2, 3, 4} und geben Sie Punktdiagramme dazu an. Entscheiden Sie, ob Funktionen vorliegen und ob die Umkehrrelationen Funktionen sind (f: A → B, f*: A ← B).

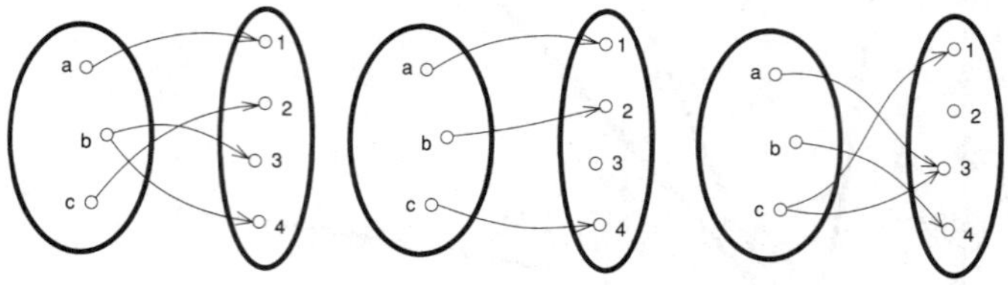

2. Zeichnen Sie den Graphen f von f: x → y = 1/3 x – 1, indem Sie die Achsenschnittpunkte A(~|0) und B(0|~) berechnen und einzeichnen.

3. Legen Sie durch Steigung k und y-Achsenabschnitt d die Graphen fest:
   a) f: y = x + 2   b) g: y = –4x + 2   c) h: y = 2/5 x – 3
   d) l: y = –4/3 x + 1

4. Handelt es sich um eine lineare Funktion f: t → Z, wenn die Zinsen Z für t Tage nach der Formel $Z = \frac{K \cdot p \cdot t}{360 \cdot 100}$, K ... Kapital, p ... Zinssatz, berechnet werden?

5. Die Grundgebühr für Haushaltsstrom beträgt 52 GE je Monat. Der Tarif für 1 kWh (Kilowattstunde) beträgt 0,90 GE. Wie sieht der Graph der Tariffunktion aus? Was ist monatlich bei einem Verbrauch von 50 kWh zu zahlen?

6. Ein Betrieb hat Fixkosten von 38400 GE und laufende (variable, proportionale) Kosten von 9 GE pro Stück. Er stellt 20000 Stück seines Produkts her.
   a) Welche Stückkosten entstehen?
   b) Der Verkaufspreis wird mit 16,20 GE festgelegt; es wird ein Gewinn von 24600 GE angestrebt. Wieviel Stück müssen dazu verkauft werden?

7. Für einen Sonntagsausflug will Herr Adam einen PKW mieten. Autoverleih A hat folgende Bedingungen: Grundpreis 400 GE, die ersten 100 km frei und danach jeweils 5 GE pro km. B bietet 600 GE Grundpreis und dafür nur 1,50 GE pro km. Stellen Sie die Weg-Kosten-Funktionsgleichungen auf, und lesen Sie aus den Graphen ab, welches Angebot für eine 220 km-Fahrt günstiger kommt. Prüfen Sie durch Rechnung.

8. Die Orte A-Dorf und B-Stadt sind 174 km voneinander entfernt. Von A-Dorf fährt um $10.^{00}$ Uhr ein Radfahrer in Richtung B-Stadt ab, im Mittel hält er eine Geschwindigkeit von 24 km/h. Um $09.^{00}$ Uhr ist von B-Stadt ein Mopedfahrer nach A-Dorf abgefahren, er bringt es im Mittel auf 42 km/h. Wann und wo begegnen die beiden einander? Versuchen Sie eine grafische Lösung!

9. Lösen Sie durch Gleichsetzung: $y = 2x + 1 \wedge y = -x + 7$.
   (Daraus x berechnen, dann diesen Wert in einen der y-Terme einsetzen.)

10. Lösen Sie das folgende 2-2-Gleichungssystem graphisch und durch Gleichsetzung der x-Terme oder der y-Terme: $x - y = 7 \;\wedge\; x + 2y = 4$

11. Lösen Sie das lineare 2-2-Ungleichungssystem: $2x + y < 7 \;\wedge\; x - 4y < 8$

12. Geben Sie grafisch die Lösung des folgenden „gemischten" Systems an:

    $y \geq 3x - 1 \;\wedge\; y \leq \frac{x}{2} + 4 \;\wedge\;$ a) $y = -x + 7$

    b) $y = -x + 1$

13. Ein Gastwirt hat 500 kg Äpfel im Keller, aus denen er mit anderen Zutaten 2 Sorten Apfelsaft „Natur" und „Spezial" pressen will. Für Natur braucht er pro Flasche 1 kg, für Spezial 2 kg Äpfel; seine Eigenkosten betragen bei Natur 8 GE/kg, bei Spezial 10 GE/kg Saft; insgesamt will er höchstens 3000 GE ausgeben. Pro Flasche Natur rechnet er mit 24 GE Gewinn, bei Spezial sind es 36 GE. Wie viele Flaschen muß er herstellen, um maximalen Gewinn zu erreichen? Wie hoch ist dieser?

14. Aus den Rohmaterialien R_1, R_2 und R_3 sollen zwei Produkte A und B erzeugt werden. Die Vorräte betragen bei R_1 125 kg, bei R_2 100 kg und bei R_3 240 kg. Für die Herstellung eines Stücks von A benötigt man von R_1, R_2 und R_3 jeweils 1 kg, 2 kg und 4 kg, bei B sind es 2,5 kg, 1 kg und 4 kg. Der Gewinn macht bei A 300 GE pro Stück aus und bei B 200 GE. Wie viele Stück von A und von B sind herzustellen, um maximalen Gewinn zu erzielen?

15. Schneiden Sie die Grenzgeraden ku und al von Beispiel 16, um den Punkt M rechnerisch zu bestätigen. Tun Sie dasselbe für die Ecke N als Schnitt von zi und al und ermitteln Sie die Kosten z für N!

16. In 1/1000 mm^3 Joghurt finden sich 80 Bakterien; wie viele Bakterien sind in einem Liter Joghurt enthalten (Potenzen)?

17. In der Gleichung für die Energie eines Moleküls tritt die Boltzmannkonstante k auf; sie ist erklärt als $k = \frac{p_0}{T_0 n_0}$ mit p_0 als Normaldruck $1 \cdot 10^5$ Pascal (= 1 bar), T_0 als Normaltemperatur 273 Kelvin (= 0 °C) und n_0 als Teilchendichte $2{,}65 \cdot 10^{25}$ (Teilchen) pro m^3. Welchen Wert hat k?

18. Können Sie Strukturen und eine Funktion g angeben, die durch den Potenzsatz 2a zu einem Isomorphismus wird? Diagramm!

19. Der Planet Saturn hat 95,2 fache Erdmasse, und man kann aus seinen Bahndaten (T, r) die Zentripetalbeschleunigung $a = 6{,}53 \cdot 10^{-5}\ m/s^2$ berechnen ($a = \omega^2 \cdot r = (2\pi / T)^2 \cdot r$).

    a) Wie groß ist die Zentripetalkraft $F = m \cdot a$?

    b) Diese Kraft ist die Anziehungskraft durch die Sonne und muß sich auch aus dem Gravitationsgesetz $F = G \cdot M \cdot m / r^2$ ergeben. Prüfen Sie!

    ($G = 6{,}67 \cdot 10^{-11}$~: Gravitationskonstante, $M = 1{,}99 \cdot 10^{30}$ kg: Sonnenmasse, m Saturnmasse wie in Aufgabe a, $r = 1{,}427 \cdot 10^{12}$ m: Bahnradius.)

20. Formen Sie um (Potenz- und Wurzeldefinition!):

    a) $27^{-1/3}$ b) $256^{3/4}$ c) $0{,}001^{-2/3}$ d) $\left(\sqrt[m]{a}\right)^{5m}$ e) $\sqrt{\sqrt[6]{c^4}}$

21. Berechnen Sie mit Hilfe der Potenzregeln und Wurzelsätze (ohne Taschenrechner!):

a) $\left(\frac{1}{3}\cdot\sqrt{3}\right)^2$ b) $\sqrt[3]{\frac{1}{4}}\cdot\sqrt[3]{\frac{1}{2}}$ c) $\sqrt[4]{\frac{3}{a}}\cdot\sqrt[4]{\frac{27}{a^3}}$ d) $3\sqrt{27}+5\sqrt{12}-\sqrt{108}$

22. Beweisen Sie die drittletzte Formel in Beispiel 22:

«Wurzelexponent und Exponent des Radikanden dürfen durch denselben Faktor (k) dividiert oder mit ihm multipliziert werden.»

23. Versuchen Sie, Wurzeln mit verschiedenen Exponenten zu multiplizieren:

$\sqrt[3]{a}\cdot\sqrt[4]{a}=?$ Allgemein: $\sqrt[m]{a}\cdot\sqrt[n]{a}=?$

Es gibt je einen Weg
a) über die Potenzdefinition
b) über Wurzelsätze

24. Wie läßt sich die Injektivität der quadratischen Grundfunktion erreichen?

25. Führen Sie bitte einen Nachweis für die Monotonie der quadratischen Grundfunktion! (Für $0 \le x_1 < x_2$ wäre $x_1^2 < x_2^2$ zu zeigen.)

26. Zeichnen Sie zu den gegebenen Funktionsgraphen die der Umkehrung:

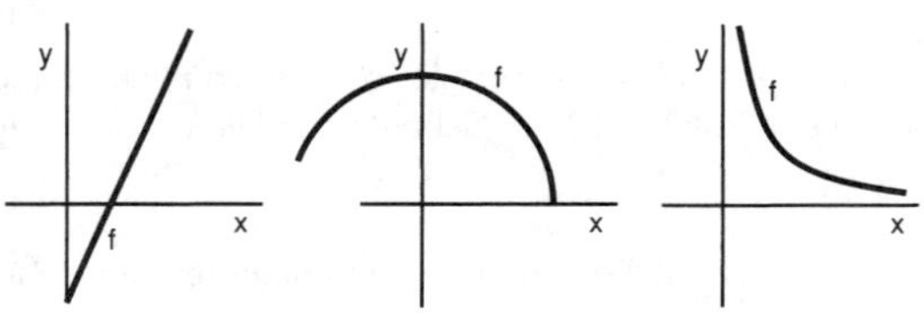

27. Zeichnen Sie die halbierten Grundparabeln $f_1\colon x \to x^2$ (über $\mathbb{R}_0^+$) und f_2 (über $\mathbb{R}^-$), ihre Umkehrgraphen, und ermitteln Sie die Funktionsgleichungen!

28. Wie Sie schon wissen, ist die Beschränkung $a \in \mathbb{R}^+$ für Basen wegen der rationalen Exponenten +1/n, +3/n, +5/n, ..., nötig. Bei *ganzen* Exponenten müssen keine Wurzeln gezogen werden, und a könnte auch $\in \mathbb{R}^-$ sein. Zeichnen Sie einige Punkte des Graphen von $x \to (-2)^x$ für $x \in \mathbb{Z}$, um zu sehen, was für die Monotonie folgte!

Zu den Lösungen

Lösungen

1. a) f keine Funktion! (b hat 2 Bilder) f* Funktion

b) beides Funktionen! (doch f* an 3 nicht definiert)

c) beides keine Funktionen (jeweils 2 Bilder, außerdem f* an 2 nicht definiert)

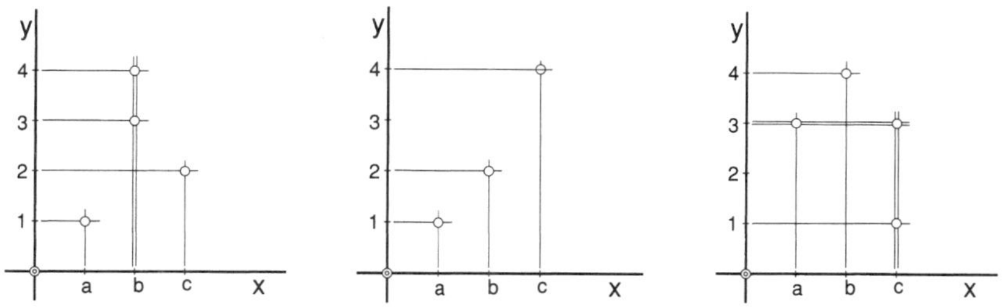

2.

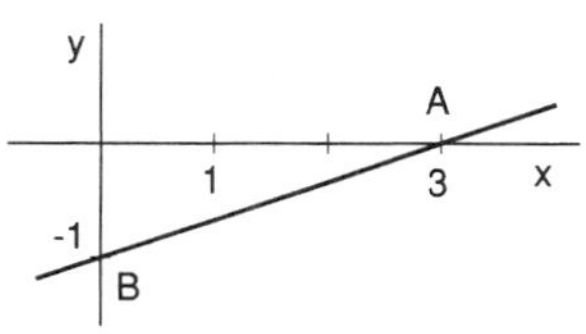

$y = 1/3\,x - 1$; $x = 0$: $y = -1$: B(0|–1)
$y = 0$: $x = 3$: A(3|0)

3.

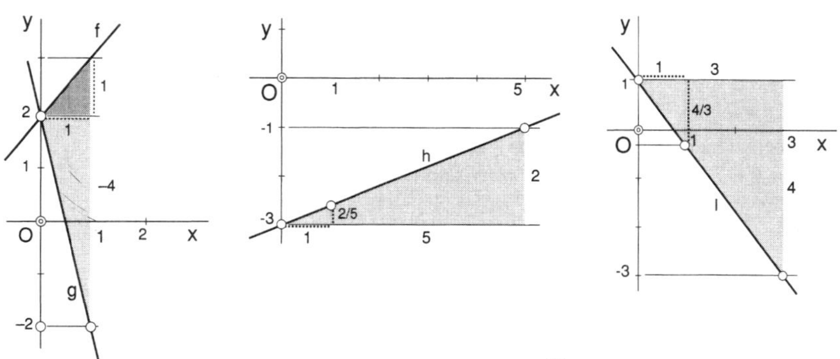

4. → Ja, denn mit der Abkürzung $k := \frac{K \cdot p}{360 \cdot 100}$ hat man $Z = k \cdot t$, was $y = k \cdot x$ entspricht!

5.

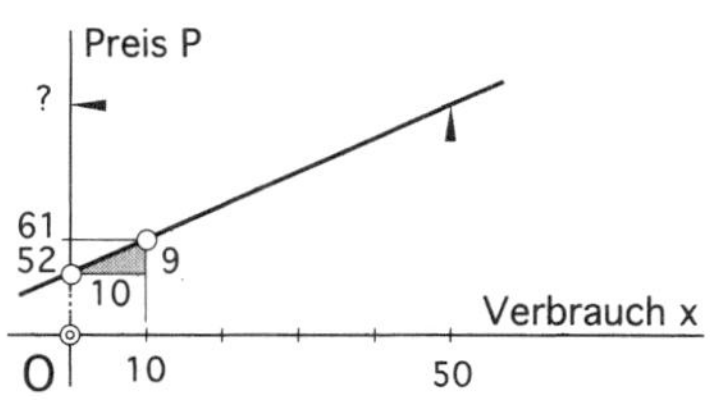

$P = 0{,}9\,x + 52$;
$x = 50$: $P = 0{,}9 \cdot 50 + 52 = 97$ GE

6. a) $K = 9x + 38400$; $x = 20000$ Stück: $K = 9 \cdot 20000 + 38400 = 218400$ GE

$\frac{K}{x} = \frac{218400}{20000} = 10{,}92$ GE / Stk.

6. b) E … Erlös, K … Kosten, G … Gewinn, n … verkaufte Stückzahl, p … Verk.preis
$E = K + G = 218400 + 24600 = \underline{243000\ GE}$

$E = n \cdot p \rightarrow n = \frac{E}{p} = \frac{243000}{16{,}2} = \underline{15000\ Stk.}$

7. A: $y_1 = 400 + (x - 100) \cdot 5$,
$x > 100$ (km): $x = 220$ km;
B: $y_2 = 600 + x \cdot 1{,}50$
Kosten:
$y_1 = 400 + 120 \cdot 5 = 1000$ (GE),
$y_2 = 600 + 220 \cdot 1{,}5 = 930$ (GE);
B ist günstiger!

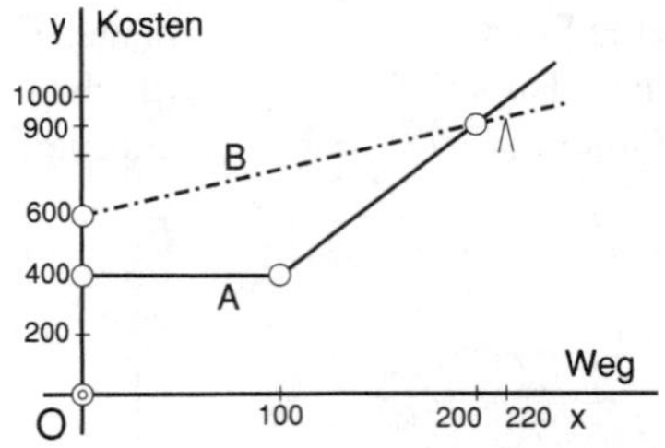

Kontrolle durch Rechnung:
$y_1 = y_2$ führt auf $400 + 5x - 500 = 600 + 1{,}5x$ bzw. $3{,}5x = 700$ bzw. $x = 200$ (km).

8.

	Zeit	Geschwd.	Weg
A	x	24	24x
B	x+1	42	42 (x+1)

$s_A + s_B = AB$
$24x + 42\,(x+1) = 174$
$24x + 42x = 174 - 42$
$66x = 132 \rightarrow x = 2$ (Std.)

Daraus folgt für T … 12.00 Uhr; Wo? $2 \cdot 24 = 48$ km von A. (Graph wie Bild 12!)

9. $y = 2x + 1 = y = -x + 7$; $2x + 1 = -x + 7$ bzw. $3x = 6$ und $x = 2$
$y = 2 \cdot 2 + 1 = 5$ (oder $y = -2 + 7 = 5$)

10. f: $y = x - 7$
g: $y = -\frac{1}{2}x + 2$ } $y = y$ führt auf $x - 7 = -\frac{1}{2}x + 2$ bzw. $x = 6$
Ebenso kann man die x-Terme gleichsetzen:
$x = y + 7 = -2y + 4 \rightarrow 3y = -3$ und damit $y = -1$: $\mathbb{L} = \{(6, -1)\}$

zu 10.

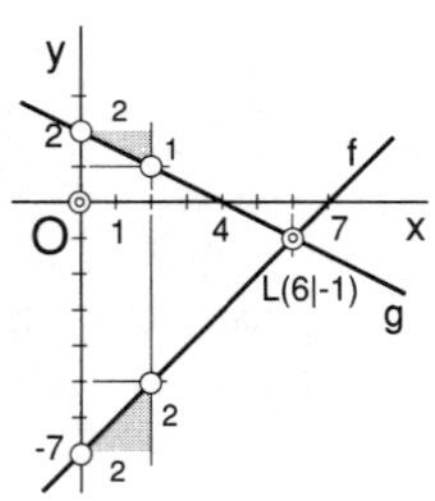

11.

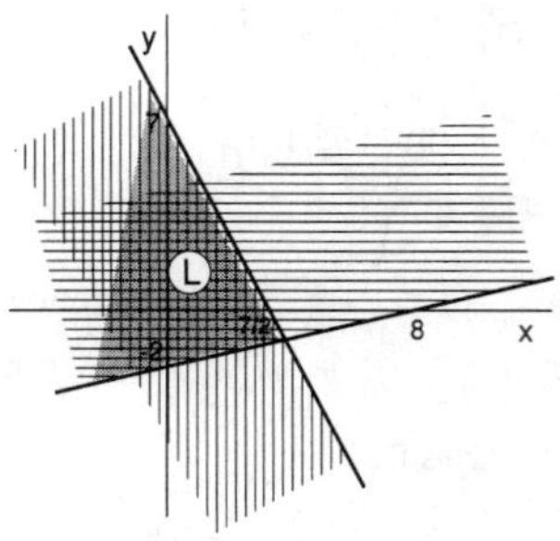

12.

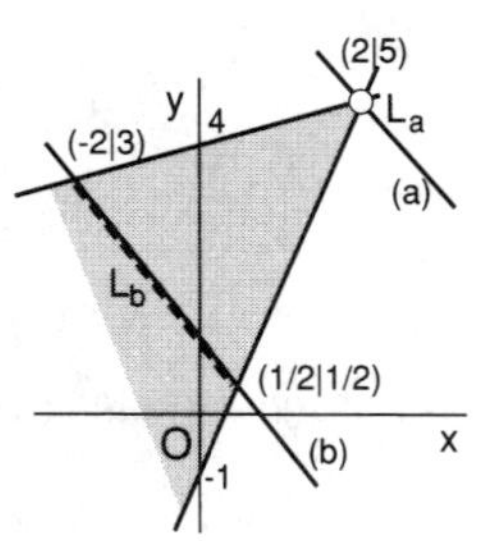

$\mathbb{L}$ für Aufgabe a = {(2, 5)}
$\mathbb{L}$ für b) ist die Strecke im Bild!

13. m: $1x + 2y \leq 500 \;\rightarrow$

$y \leq -\frac{1}{2}x + 250$

k: $8x + 10y \leq 3000 \;\rightarrow$

$y \leq -\frac{4}{5}x + 300$

g: $24x + 36y = z$

g': $2x + 3y = 600$, g ll g' durch M(167 l167): je 167 Flaschen;

$z_{max} = 24 \cdot 166\,2/3 + 36 \cdot 166\,2/3$
$= 60 \cdot 166\,2/3 = 10000$ GE

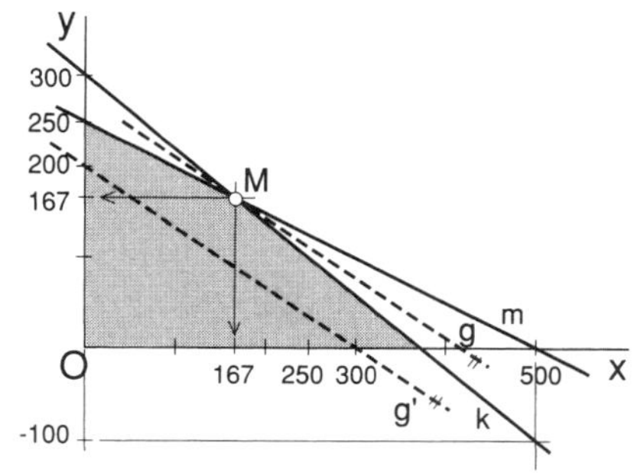

14. x von A, y von B; x, y ≥ 0

$x + 2{,}5y \leq 125 \;\rightarrow\; y \leq -\frac{2}{5}x + 50$

$2x + \quad y \leq 100 \;\rightarrow\; y \leq -2x + 100$

$4x + \; 4y \leq 240 \;\rightarrow\; y \leq -x + 60$

g: $z = 300x + 200y$, g' ll g durch O:

$y = -\frac{3}{2}x$; Parallele durch M(40l20),

$z_{max} = 300 \cdot 40 + 200 \cdot 20 = 16000$

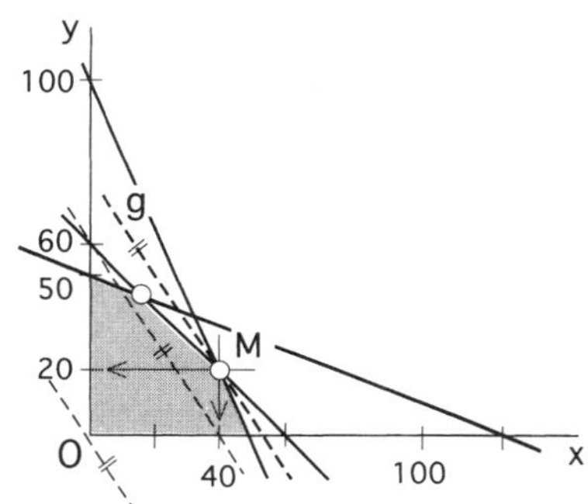

15. (ku:) $y = -3/2x + 400 \;\wedge$ (al:) $y = -5/6x + 300 \;\rightarrow$
$-9x + 2400 = -5x + 1800 \rightarrow x = 150 \rightarrow y = 175$, d. i. M ✓

(zi:) $y = -1/2x + 200 \;\wedge$ (al:) $y = -5/6x + 300 \;\rightarrow$
$-3x + 1200 = -5x + 1800 \rightarrow x = 300 \rightarrow y = 50$: $z = 80x + 80y = ... = 28000$ GE

16. 1 Liter = 1 l = 1 $dm^3 = (100\ mm)^3 = (10^2)^3\ mm^3 = 10^6\ mm^3$;
1 mm^3 enthält nach Text 1000 solcher 80 Bakterien-Volumseinheiten, d. h.,
$1\ l = 1 \cdot 10^3 \cdot 10^6 = 1 \cdot 10^9$. Da jede 80 Bakterien enthält, haben wir insgesamt
$80 \cdot 1 \cdot 10^9 = 80 \cdot 10^9 = 8 \cdot 10^{10}$ (80 Milliarden) Bakterien!

17. $k = \frac{p_0}{T_0 n_0} = \frac{10^5}{273 \cdot 2{,}65 \cdot 10^{25}} \left(\frac{J}{K}\right) = 1{,}38 \cdot 10^{-23} \left(\frac{J}{K}\right)$.

18. Man hat nur g: $\mathbb{R}^+ \rightarrow P_n$ mit $a \rightarrow a^n$, n fest $\in \mathbb{N}$, anzunehmen und beide Verknüpfungen als „·“ festzusetzen; P_n ist als Menge der n-ten Potenzen der positiv-reellen Zahlen einfach $\mathbb{R}^+$ selbst! Also wird $(\mathbb{R}^+, \cdot)$ durch g isomorph auf sich selbst abgebildet.
(g heißt in einem solchen Fall *Automorphismus*.)

19. a) $F = m_s \cdot a = 95{,}2 \cdot 5{,}98 \cdot 10^{24} \cdot 6{,}53 \cdot 10^{-5}\ N = 3{,}72 \cdot 10^{22}\ N$

b) $F = G \cdot \frac{M \cdot m}{r^2} = 6{,}67 \cdot 10^{-11} \cdot \frac{1{,}99 \cdot 10^{30} \cdot 95{,}2 \cdot 5{,}98 \cdot 10^{24}}{(1{,}427 \cdot 10^{12})^2}\ N = 3{,}71 \,.\, 10^{22}\ N$

20. a) $27^{-1/3} = ? = (3^3)^{-1/3} = 3^{-1} = \frac{1}{3}$ b) $256^{3/4} = ? = (4^4)^{3/4} = 4^3 = 64$

c) $0{,}001^{-2/3} = (10^{-3})^{-2/3} = 10^2 = 100$ d) $(\sqrt[m]{a})^{5m} = ((\sqrt[m]{a})^m)^5 = a^5$

e) $\sqrt{\sqrt[6]{c^4}} = \sqrt[12]{c^4} = \sqrt[3]{c}$

21. a) $(\frac{1}{3} \cdot \sqrt{3})^2 = \frac{1}{3^2} \cdot 3 = \frac{1}{3}$ b) $\sqrt[3]{\frac{1}{4}} \cdot \sqrt[3]{\frac{1}{2}} = \sqrt[3]{\frac{1}{2^3}} = \frac{1}{2}$

c) $\sqrt[4]{\frac{3}{a}} \cdot \sqrt[4]{\frac{27}{a^3}} = \sqrt[4]{\frac{3^4}{a^4}} = \frac{3}{a}$

d) $3\sqrt{27} + 5\sqrt{12} - \sqrt{108} = 3 \cdot 3\sqrt{3} + 5 \cdot 2\sqrt{3} - 6\sqrt{3} = 13\sqrt{3}$

22. Man hat nur die Wurzeln als Potenzen mit gebrochenen Exponenten zu schreiben und dort durch den gemeinsamen Faktor k zu kürzen!

23. a) $\sqrt[m]{a} \cdot \sqrt[n]{a} = a^{\frac{1}{m}} \cdot a^{\frac{1}{n}} = a^{\frac{1}{m}+\frac{1}{n}} = a^{\frac{n+m}{mn}} = \sqrt[mn]{a^{m+n}}$, ✔.

b) $\sqrt[m]{a} \cdot \sqrt[n]{a} = \sqrt[mn]{a^n} \cdot \sqrt[mn]{a^m} = \sqrt[mn]{a^{m+n}}$, ✔.

24. Man braucht nur den Definitionsbereich zu „halbieren", also den rechten oder linken Ast der Parabel zu betrachten, um ein 2. Original (Argument) auszuschalten!

f: $\mathbb{R} \rightarrow \mathbb{R}_0^+$, $x \rightarrow x^2$, ist zwar surjektiv, aber nicht injektiv.

Die Teilfunktionen f_1: $\mathbb{R}_0^+ \rightarrow \mathbb{R}_0^+$, $x \rightarrow x^2$, als auch f_2: $\mathbb{R}^- \rightarrow \mathbb{R}^+$, $x \rightarrow x^2$ sind jedoch auch injektiv, daher sogar *bijektiv*.

25. $x_1 < x_2$ und $x_{1,2} \in \mathbb{R}_0^+$, also $0 \leq x_1 < x_2$; dann multiplizieren mit x_1 bzw. x_2: $x_1 < x_2$ bewirkt $x_1 \cdot x_1 < x_2 \cdot x_1$ sowie $x_1 \cdot x_2 < x_2 \cdot x_2$; da < transitiv ist, folgt $x_1^2 = x_1 \cdot x_1 < x_2 \cdot x_2 = x_2^2$, ✓.
Für $x_1 < x_2$ und $x_{1,2} \in \mathbb{R}^-$, also $x_1 < x_2 \leq 0$, folgt ebenso $x_1^2 > x_2^2$ (Zeichenwechsel bei Multiplikation mit negativen Zahlen!) f_1 ist demnach streng monoton wachsend, f_2 streng monoton abnehmend – beide sind also auch bijektiv.

26.

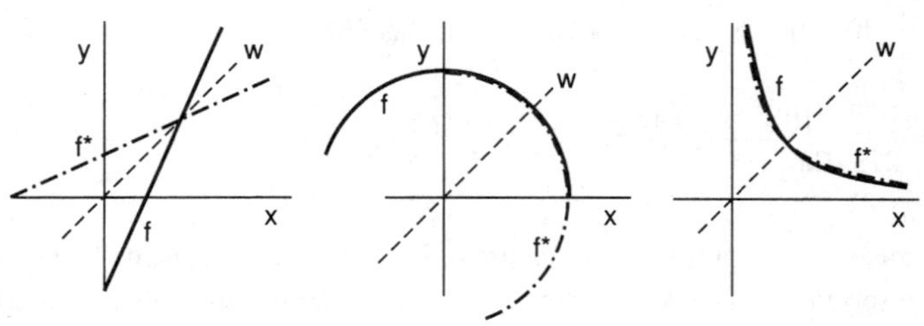

27. f_1: $\mathbb{R}_0^+ \rightarrow \mathbb{R}_0^+$, $x \rightarrow x^2$ oder $x \rightarrow y$ mit $y = x^2$;
also ist f_1^*: $\mathbb{R}_0^+ \rightarrow \mathbb{R}_0^+$, $x \rightarrow y$ mit $x = y^2$. Die *positive* Lösung dieser Gleichung ist $y = \sqrt{x}$, was wegen $y \in \mathbb{R}_0^+$ für f_1^* gilt: f_1^*: $x \rightarrow \sqrt{x}$.
Bei $f_2 : \mathbb{R}^- \rightarrow \mathbb{R}^+$, $x \rightarrow y$ mit $y = x^2$ ist analog $f_2^* : \mathbb{R}^+ \rightarrow \mathbb{R}^-$, $x \rightarrow y$ mit $x = y^2$, was hier die negative Lösung verlangt: $f_2^* : x \rightarrow -\sqrt{x}$.

Graphen siehe nächste Seite!

zu 27.

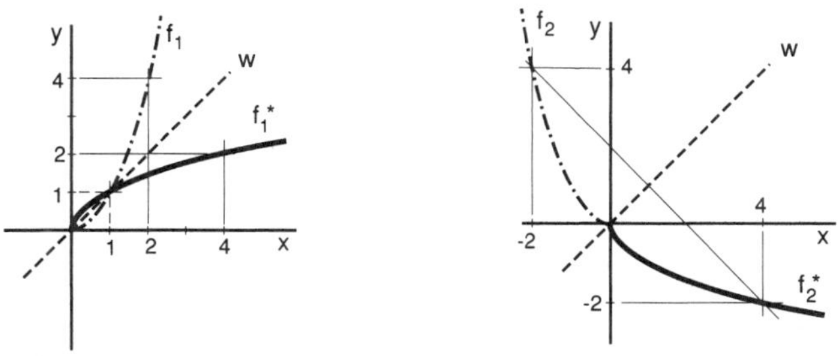

28. Für x setzen wir etwa –3, –2, –1, 0, 1 und 2:

$$(-2)^{-3} := \frac{1}{(-2)^3} = \frac{1}{-8} = -\frac{1}{8}$$

$$(-2)^{-2} = \frac{1}{4}, \quad (-2)^{-1} = -\frac{1}{2}, \quad (-2)^0 = 1, \quad (-2)^1 = -2, \quad (-2)^2 = 4, \ldots$$

Es gibt nur einzelne Punkte, die gedachte Verbindungslinie läuft auf und ab, was natürlich die Monotonie zerstört.

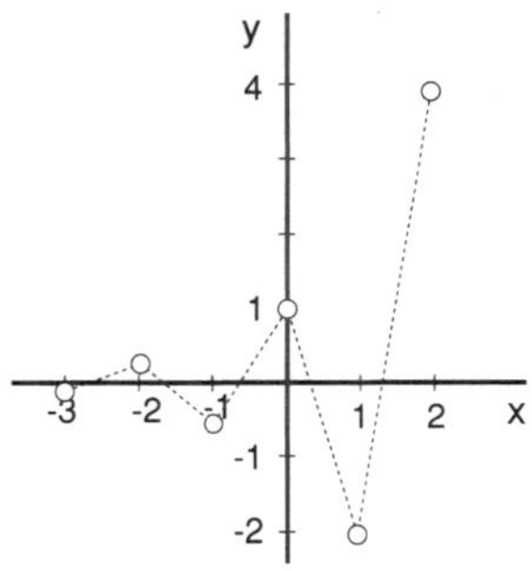

Zum nächsten Kapitel

9. Kapitel

9

Quadratische Funktionen und Gleichungen

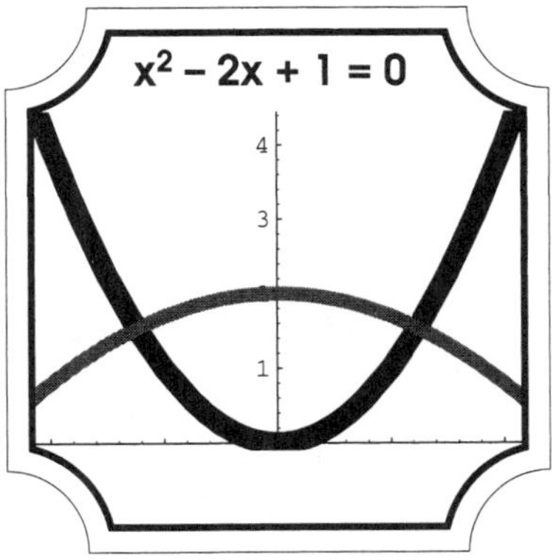

Schon im vorigen Kapitel haben wir die quadratische Grundfunktion f: x $\rightarrow$ $y = x^2$ besprochen. Dort ging der Weg weiter zu den negativen und gebrochenen Hochzahlen. Jetzt bleiben wir bei der *2 als Exponent*, erweitern aber, indem wir Koeffizienten $\neq 1$ zulassen und die Monome dann addieren, etwa zu $y = 2x^2 + 4x - 3$ oder mit Brüchen: $y = -1/8\, x^2 + 5$ u.a.m. Diese ***quadratischen*** *Funktionen* treten in vielen Teilgebieten auf, die zugehörigen *quadratischen Gleichungen* $2x^2 + 4x - 3 = 0$ usw. müssen wir lösen!

Funktionen 2. Grades

Graphen quadratischer Funktionen

Der erste Schritt von der Grundfunktion x $\rightarrow$ $y = x^2$ weg ist die „Ordinatenmultiplikation“ mit einer beliebigen reellen Zahl $\neq 0$. So sind in Bild 1, unten rechts, die Funktionen „2 f“: x $\rightarrow$ $y = 2x^2$, „1/2 f“: x $\rightarrow$ $y = 1/2\, x^2$ und „–f“: x $\rightarrow$ $y = -x^2$ gezeichnet. Man erkennt, daß sich für positive Faktoren vor x^2 nichts an den Eigenschaften von $y = x^2$ ändert, während an –f der Wechsel des Wertebereichs von $\mathbb{R}_0^+$ zu $\mathbb{R}_0^-$ zu sehen ist, was auch die Monotoniebereiche vertauscht.

Terme quadratischer Funktionen

Interessanter und ergiebiger ist aber der Übergang von x zu x + a und dann noch der von y zu y + b! Beispiele sind

B **Beispiele 1:** **dazu**

- $y_1 = (x + 2)^2$ oder $y_2 = (x - 3)^2, \ldots$
- $y_3 = x^2 + 4$, $y_4 = x^2 - 1, \ldots$

und dann die Kombinationen

- $y_5 = (x - 3)^2 - 1$, $y_6 = (x + 2)^2 + 4, \ldots$

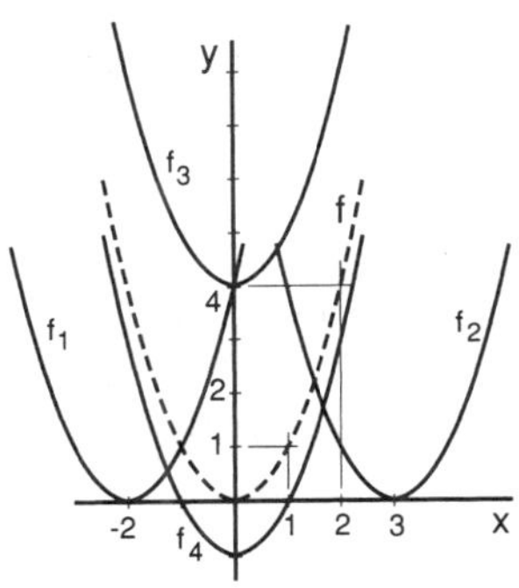

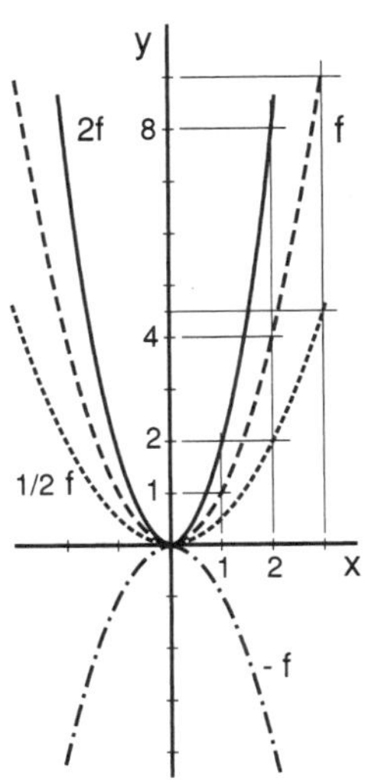

Bilder 1/2: Graphen quadratischer Funktionen

Für y_6 könnte man auch schreiben $y_6 = x^2 + 4x + 8$, für y_5 ebenso $y_5 = x^2 - 6x + 8$, was uns aber nicht weiter hilft. Man überlegt rasch, daß es sich bei f_1, f_2 um längs der x-Achse verschobene Parabeln handelt, vgl. Bild 2, vorige Seite, unten links, bei f_3, f_4 längs der y-Achse, und bei f_5 wird eben beides getan: f wird um 3 nach „rechts" und dann um 1 nach „unten" verschoben, analog ist es bei f_6, vgl. die Bilder 3.

Es genügt, jedesmal die Lage des Scheitels zu finden: Bei $y_1 = (x + 2)^2$ muß er bei $x_3 = -2$ liegen: nur dann ist $y_1 = (-2 + 2)^2 = 0$. Für $y_2 = (x - 3)^2$ muß $x_5 = +3$ sein, damit $y_2 = (3 - 3)^2 = 0$ wird usw.

Bilder 3: weitere Parabeln

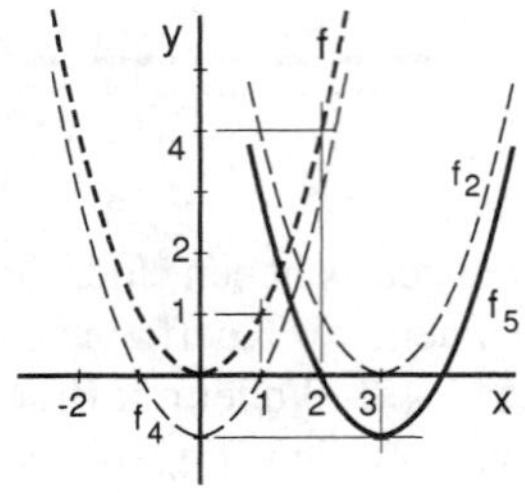

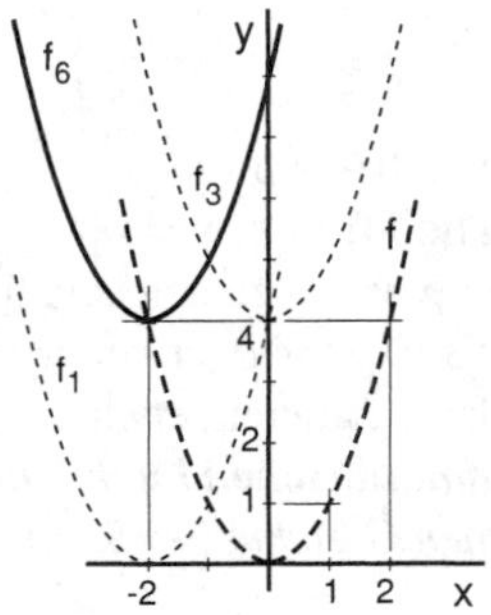

Nullstelle der Funktion gleich

Die verschobenen Parabeln schneiden die x-Achse manchmal nirgends (gilt für f_3, f_6), manchmal in *einem* Punkt, dem *Scheitel* (dies bei f_1, f_2), aber auch schon in 2 Punkten (f_4, f_5); die x-Werte (*Abszissen*) solcher Punkte heißen ***Nullstellen*** der Funktionen. Wir lesen an den Graphen ab: f_3, f_6 haben keine, f_1, f_2 haben je eine Nullstelle, nämlich $x_N = -2$ bzw. $x_N = 3$, f_4 hat die beiden Nullstellen $x_{N1} = -1$, $x_{N2} = 1$, und für f_5 gilt $x_{N1} = 2$ und $x_{N2} = 4$. An diesen Stellen nimmt y jeweils den Wert 0 an.

Quadratische Gleichungen

Lösung der Gleichung!

Man kann das auch so formulieren: Die ***quadratische Gleichung*** $(x - 3)^2 - 1 = 0$ (vgl. f_5) hat die beiden *Lösungen* $x_1 = 2$ und $x_2 = 4$! Setzen wir ein, wird doch $(2 - 3)^2 - 1 = 0$ und auch $(4 - 3)^2 - 1 = 0$; beidemal liegen *wahre Aussagen* vor.

logische Symbole: ⇒ und ⇔

Ebenso hat natürlich $x^2 - 1 = 0$ (vgl. f_4) die beiden Lösungen $x_1 = -1$ und $x_2 = 1$, was man auch durch Umformung $x^2 = 1 \Rightarrow x = \pm\sqrt{1} = \pm 1$ sofort findet. Ab jetzt setzen wir das Folge- oder ***Implikationszeichen*** ⇒ anstelle des *Pfeils* →; es wird im Kapitel **G23** über Aussagenlogik in Band **2** näher erklärt. Gilt die Schlußfolgerung auch umgekehrt, und legen wir Wert darauf, wird künftig das ***Äquivalenzzeichen*** ⇔ verwendet.

Geht man für y_5 gleich vor, wird

$$(x - 3)^2 = 1 \Rightarrow x - 3 = \pm\sqrt{1} = \pm 1 \Rightarrow x_1 = -1 + 3 = 2 \text{ und } x_2 = 1 + 3 = 4!$$

Sehr oft wird nun die Frage gleich so gestellt: Wie findet man die Lösungen einer vorgelegten quadratischen Gleichung? Nicht immer wird sie in einer Form gegeben sein, der man die Lösungen wie eben *grafisch* auf die Spur kommt!

Wählen wir als Beispiel $x^2 - 2x - 35 = 0$. Man sieht dieser Gleichung die Lösungen nicht an; darum versuchen wir eine Darstellung in der Art von y_5 oder y_6.

Es gibt eine *binomische Formel* (A**2**), die hier hilft: $(x-1)^2 = x^2 - 2x \underline{+1}$. So wird

$$x^2 - 2x - 35 = 0 \;\Leftrightarrow\; x^2 - 2x = 35 \;\Leftrightarrow\; x^2 - 2x \underline{+1} = 35 \underline{+1} \;\Leftrightarrow\; (x-1)^2 = 36;$$

hier wurde ***quadratisch ergänzt***, und wie oben folgt

$$x - 1 = \pm\sqrt{36} = \pm 6 \text{ und weiter } x_1 = 1 - 6 = -5 \text{ und } x_2 = 1 + 6 = 7.$$

Beispiel 2: zur quadratischen Ergänzung

Üben wir dieses Vorgehen noch am Beispiel:

$$x^2 + 4x - 5 = 0!$$

Nur das Quadrat von $x + 2$ beginnt mit $x^2 + 4x \ldots$; ist doch $(x+2)^2 = x^2 + 4x \underline{+4}$:

$$x^2 + 4x - 5 = 0 \;\Leftrightarrow\; x^2 + 4x = 5 \;\Leftrightarrow\; x^2 + 4x \underline{+4} = 5 \underline{+4} \;\Leftrightarrow\; (x+2)^2 = 9;$$

$$x + 2 = \pm\sqrt{9} = \pm 3 \;\Rightarrow\; x_1 = -2 - 3 = -5 \text{ und } x_2 = -2 + 3 = 1$$

So kann man allgemein vorgehen, wenn Koeffizienten p, q angenommen werden; Sie müssen nur beachten, daß Sie p darin als $2 \cdot \frac{p}{2}$ ansetzen müssen:

$$x^2 + px + q = 0 \Leftrightarrow x^2 + px = -q \Leftrightarrow x^2 + 2 \cdot \frac{p}{2} x + \frac{p^2}{4} = -q + \frac{p^2}{4} \Leftrightarrow (x + \frac{p}{2})^2 = \frac{p^2}{4} - q$$

Falls nun rechts eine positive Zahl oder 0 steht, kann man die Wurzel ziehen:

$$x + \frac{p}{2} = \pm\sqrt{\frac{p^2}{4} - q} \;\Leftrightarrow\; x_{1,2} = -\frac{p}{2} \pm \sqrt{\frac{p^2}{4} - q}$$

Beispiel 3: Übergang zum allgemeinen Fall

Damit ist schon die gesuchte Formel erreicht; vorausgesetzt war der Koeffizient 1 vor x^2, der eine quadratische Gleichung „normiert“:

Eine normierte quadratische Gleichung $x^2 + px + q = 0$ hat zwei reelle Lösungen, wenn $\Delta := p^2/4 - q > 0$ ist:

$$x_{1,2} = -\frac{p}{2} \pm \sqrt{\frac{p^2}{4} - q}$$

Ist dieser Term Δ, die *Diskriminante*, gleich 0, so gibt es nur eine *Doppellösung* $x_1 = x_2 = -p/2$.

Andernfalls (bei $\Delta < 0$) gibt es keine Lösungen in $\mathbb{R}$.

Satz 1: die „kleine“ Lösungsformel

Alle direkt in normierter Form gegebenen Gleichungen behandelt man ebenso:

- $x^2 + 5x - 24 = 0$

  $$x_{1,2} = -\frac{5}{2} \pm \sqrt{\frac{5^2}{4} + 24} = -\frac{5}{2} \pm \sqrt{\frac{25}{4} + \frac{96}{4}} = -\frac{5}{2} \pm \frac{11}{2} = \begin{cases} -8 \\ 3 \end{cases} \qquad \mathbb{L} = \{-8, 3\};$$

- $x^2 - \frac{1}{4} x - \frac{3}{8} = 0$

  $$x_{1,2} = +\frac{1}{8} \pm \sqrt{\frac{1}{64} + \frac{3}{8}} = \frac{1}{8} \pm \sqrt{\frac{1}{64} + \frac{24}{64}} = \frac{1}{8} \pm \frac{5}{8} = \begin{cases} -1/2 \\ 3/4 \end{cases} \qquad \mathbb{L} = \left\{ -\frac{1}{2}, \frac{3}{4} \right\}.$$

Beispiele 4: arbeiten mit der Formel

Natürlich lassen sich beliebige quadratische Gleichungen rasch normieren:

Beispiel 5: Übungen zur Lösung …

B

$$2x^2 + 3x - 20 = 0 \qquad |:2$$
$$x^2 + \frac{3}{2}x - 10 = 0 \qquad \text{normiert!}$$
$$x_{1,2} = -\frac{3}{4} \pm \sqrt{\frac{9}{16} + 10} = -\frac{3}{4} \pm \sqrt{\frac{169}{16}} = -\frac{3}{4} \pm \frac{13}{4} = \left\langle {-4 \atop 5/2} \right., \qquad \mathbb{L} = \left\{-4, \frac{5}{2}\right\}$$

Ebenso

Beispiel 6: quadratischer Gleichungen

B

$$-\frac{1}{2}x^2 + 3x - \frac{5}{2} = 0 \qquad |\cdot(-2)$$
$$x^2 - 6x + 5 = 0 \qquad \text{normiert!}$$
$$x_{1,2} = 3 \pm \sqrt{9-5} = 3 \pm \sqrt{4} = 3 \pm 2 = \left\langle {1 \atop 5} \right., \qquad \mathbb{L} = \{1, 5\}$$

Kommen noch ***Konstanten*** vor, muß man eventuell *Fälle* unterscheiden:

Beispiel 7: mit Konstanten

B

$$bx^2 + (a-b)\cdot x - a = 0$$

Für $b = 0$ reduziert sich die Gleichung auf $ax - a = 0 \Rightarrow x = 1$, falls $a \neq 0$, dividieren durch a; sonst $(a = 0)$ ist $0 \cdot x = 0$ allgemeingültig.

Ist dagegen $b \neq 0$, kann man durch b dividieren und erhält

$$x^2 + \frac{a-b}{b}x - \frac{a}{b} = 0$$
$$x_{1,2} = -\frac{a-b}{2b} \pm \sqrt{\frac{a^2 - 2ab + b^2}{4b^2} + \frac{a}{b}} = -\frac{a-b}{2b} \pm \sqrt{\frac{a^2 + 2ab + b^2}{4b^2}} =$$
$$= -\frac{a-b}{2b} \pm \frac{a+b}{2b} = \left\langle {1 \atop -a/b} \right.$$

Auch **Bruchgleichungen** können auf *quadratische* Gleichungen führen:

Beispiel 8: und Bruchtermen

B

$$\frac{2x-4}{(x+3)^2} + \frac{1}{x-3} = \frac{2x+1}{x^2-9} \qquad N_3 = (x+3)\cdot(x-3) \Rightarrow$$
$$kgV = (x+3)^2(x-3); \quad \mathbb{D} = \mathbb{R} \setminus \{-3, 3\}$$
$$\sim \qquad |\cdot kgV$$
$$(2x-4)(x-3) + (x+3)^2 = (2x+1)(x+3)$$
$$2x^2 - 10 + 12 + x^2 + 6x + 9 = 2x^2 + 7x + 3$$
$$x^2 - 11x + 18 = 0$$
$$x_{1,2} = \frac{11}{2} \pm \sqrt{\frac{121}{4} - 18} = \frac{11}{2} \pm \sqrt{\frac{49}{4}} = \frac{11}{2} \pm \frac{7}{2} = \left\langle {2 \atop 9} \right. \in \mathbb{D}, \qquad \mathbb{L} = \{2, 9\}$$

Manchmal treten Gleichungen auf, in denen für x^2 substituiert werden muß, sog. ***biquadratische*** Gleichungen $ax^4 + bx^2 + c = 0$. Dann führt $u := x^2$ zu $au^2 + bu + c = 0$, was nach u gelöst wird und dann nach x.

Beispiel 9: biquadratische Gleichungen

B

$$x^4 - 10x^2 + 9 = 0 \quad \text{und} \quad u := x^2 \Rightarrow u^2 - 10u + 9 = 0$$
$$u_{1,2} = 5 \pm \sqrt{25-9} = 5 \pm 4 = \left\langle {9 \atop 1} \right. = x^2$$
$$x_{1,2} = \pm\sqrt{9} = \pm 3 \quad \text{oder} \quad x_{3,4} = \pm\sqrt{1} = \pm 1 \qquad \mathbb{L} = \{-3, -1, 1, 3\}$$

Oft sind erst Texte zu übersetzen:

Von welchem **Quadrat** muß man ausgehen, wenn nach Verlängerung einer Seite und Verkürzung einer anderen um je 5 cm ein **Rechteck** mit 200 cm^2 Inhalt entstehen soll? **B**

Beispiel 10: eine geometrische Textaufgabe

Wir setzen die unbekannte Quadratseite mit x an; das Rechteck hat dann die Länge a = x + 5 und die Breite b = x – 5, Bild 4, rechts, also den Inhalt

$A = (x + 5)(x - 5) = x^2 - 25,$

wofür 200 vorgeschrieben ist;

$x^2 - 25 = 200 \Rightarrow x^2 = 225 \Rightarrow x = 15\,(cm).$

Die mögliche *negative* Lösung –15 ist hier nicht sinnvoll, da Längen eben immer positiv sind.

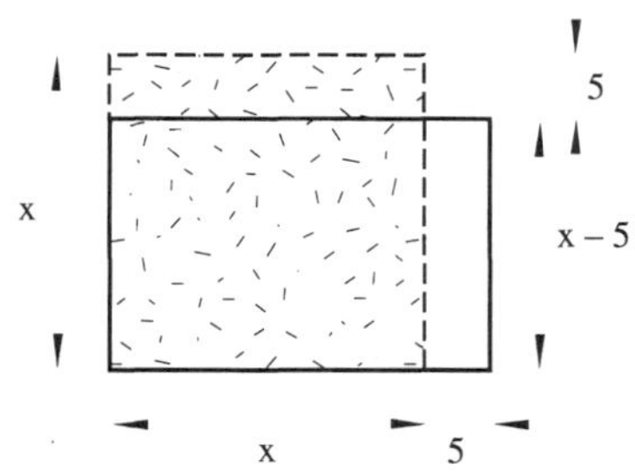

Bild 4: dazu

Oder sehen wir uns das folgende **Zahlenrätsel** an:

Zwei **ganze Zahlen** sollen sich um 4 unterscheiden, wobei ihre *Kehrwerte* (reziproken Werte) die Summe 4/15 haben müssen! **B**

Beispiel 11: und eine arithmetrische

Sind die Zahlen x und x – 4 (ebenso wäre x + 4 möglich), so sind die Kehrzahlen $\frac{1}{x}$ und $\frac{1}{x-4}$; ihre Summe ist vorgeschrieben:

$$\frac{1}{x} + \frac{1}{x-4} = \frac{4}{15} \qquad | \cdot \text{kgV} = 15x\,(x-4)$$

$$15\,(x-4) + 15x = 4x\,(x-4)$$

$$x^2 - \frac{23}{2}x + 15 = 0$$

$$x_{1,2} = \frac{23}{4} \pm \sqrt{\frac{529}{16} - \frac{240}{16}} = \frac{23}{4} \pm \frac{17}{4} = \left\langle \begin{matrix} 10 \\ (-) \end{matrix} \right.$$

Es gibt hier eben keine ganzzahlige 2. Lösung, was durch (–) angedeutet ist. Die Zahlen lauten x = 10 und x – 4 = 10 – 4 = 6.

Probe: 1/10 + 1/6 = ... = 8/30 = 4/15; *richtig* (besser: *wahr*!).

Hier ein Quiz für mäßig Fortgeschrittene:

In einer Gruppe von n Personen hält jeder ein **Referat**, dessen Kurzfassung in 1 Blatt er jedem (anderen) Teilnehmer aushändigt. So werden 90 Blätter ausgeteilt. Aus wie vielen Leuten besteht diese Gruppe? **B**

Beispiel 12: diesmal wird's algebraisch!

Da „ich" allen anderen je ein Blatt austeile, sind es bei 3 Leuten 2 Blätter, bei 4 Personen 3, …, bei n Teilnehmern eben n – 1 Blätter. Das gilt für *jeden der n* Gruppenmitglieder, also sind es *n* · (n – 1) Blätter. Dies gleich 90 gesetzt, führt zu

$$n^2 - n - 90 = 0 \Rightarrow \text{(Trinomzerlegung!)}\ (n-10)(n+9) = 0 \Rightarrow n = 10,$$

womit die Antwort gefunden ist: Es müssen 10 Personen sein.

Die allgemeine Lösungsformel

Bevor wir noch etwas üben, sehen wir uns eine Lösungsformel an, die für jede beliebige – nicht normierte – quadratische Gleichung gilt; sie ist nicht notwendig, da man immer normieren kann, erspart aber oft das Rechnen mit Brüchen unter der Wurzel. Ist also allgemein $ax + bx + c = 0$ mit $a \neq 0$ (und $a \neq 1$) gegeben, so dividieren wir durch a und erhalten $x + \frac{b}{a}x + \frac{c}{a} = 0$; hier setzen wir unsere Lösungsformel an

Vorbereitung der „großen" Lösungsformel

$$x_{1,2} = -\frac{b}{2a} \pm \sqrt{\frac{b^2}{4a^2} - \frac{c}{a}} = -\frac{b}{2a} \pm \sqrt{\frac{b^2 - 4ac}{4a^2}} = -\frac{b}{2a} \pm \frac{1}{2a}\sqrt{b^2 - 4ac}$$

$$x_{1,2} = \frac{1}{2a}\left(-b \pm \sqrt{b^2 - 4ac}\right)$$

Wieder entscheidet die *Diskriminante* $\Delta := b^2 - 4ac$, ob es keine, eine oder zwei Lösungen gibt! Zur Erinnerung: Das Zeichen „:=", gelesen *«wird definiert durch»*, gibt der linksstehenden Variablen die Bedeutung des rechtsstehenden Terms – ganz wie in *Turbo-Pascal* übrigens!

Satz 2: dazu

S

Eine quadratische Gleichung $ax^2 + bx + c = 0$, $a \neq 0$, hat zwei reelle Lösungen, falls $\Delta := b^2 - 4ac > 0$:

$$x_{1,2} = \frac{1}{2a}\left(-b \pm \sqrt{b^2 - 4ac}\right)$$

Ist die Diskriminante $\Delta = 0$, gibt es nur eine reelle Doppellösung $x_1 = x_2 = -b/2a$, für $\Delta < 0$ gibt es keine Lösung in $\mathbb{R}$.

Sehen Sie den Zusammenhang mit den eingangs gezeichneten Graphen? Dem Sonderfall einer Doppellösung entspricht gerade eine in x-Richtung verschobene Parabel, deren Scheitelabszisse $x_1 = x_2$ diese Lösung darstellt; zwar haben wir dies nur für *normierte* Terme ($a = 1$) gezeigt, doch ist es allgemein genauso. Keine Lösung gibt es bei Verschiebung längs der positiven y-Achse ($c > 0$) und $a > 0$, wie dies der Fall ist bei $y = \frac{1}{2}(x - 3)^2 + 1 = 0$, auch bei der Gegenschiebung ($c < 0$) und $a < 0$, wie in $y = -\frac{1}{4}(x + 1)^2 - 2 = 0$, da die Parabeln die x–Achse nicht schneiden, vgl. Bild 5; überzeugen Sie sich durch Rechnung ($\Delta < 0$)!

Bilder 5: grafische Deutung des Satzes 2

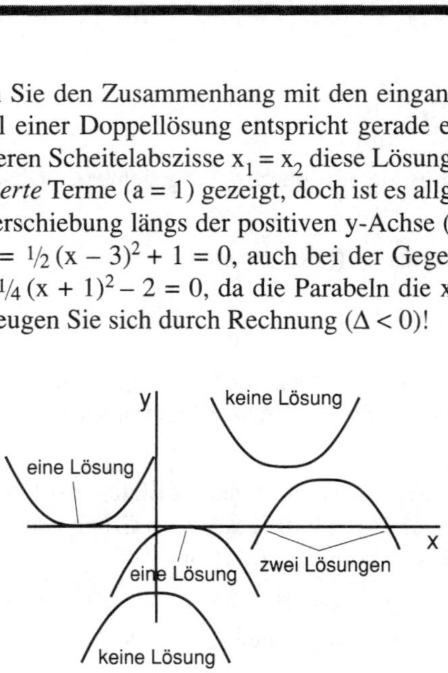

Nun arbeiten wir aber einfach einmal mit der „großen“ Formel:

B Beispiel 13: praktisches Üben ...

$$8x^2 + 2x - 3 = 0$$

$$x_{1,2} = \frac{1}{2 \cdot 8}\left(-2 \pm \sqrt{2^2 - 4 \cdot 8 \cdot (-3)}\right) = \frac{1}{16}\left(-2 \pm \sqrt{100}\right) = \frac{1}{16}(-2 \pm 10) = \left\langle \begin{matrix} \tfrac{1}{2} \\ -\tfrac{3}{4} \end{matrix} \right.$$

man sieht während der Rechnung, ob $\Delta \geq 0$ ist oder nicht!

Ebenso:

B Beispiel 14: mit der Formel

$$6x^2 - 11x + 5 = 0$$

$$x_{1,2} = \frac{1}{2 \cdot 6}\left(+11 \pm \sqrt{(-11)^2 - 4 \cdot 6 \cdot 5}\right) = \frac{1}{12}\left(11 \pm \sqrt{1}\right) = \left\langle \begin{matrix} 1 \\ \tfrac{5}{6} \end{matrix} \right.$$

Wenn *Konstanten* a, b, c, ..., auch *Formvariablen* genannt, auftreten – man kann an ihre Stelle an sich beliebig $\in \mathbb{R}$ einsetzen –, geht man genauso vor:

B Beispiel 15: Formvariablen

$$6x^2 - ax - 2a^2 = 0$$

$$x_{1,2} = \frac{1}{12}\left(a \pm \sqrt{(-a)^2 - 4 \cdot 6 \cdot (-2a^2)}\right) = \frac{1}{12}\left(a \pm \sqrt{49a^2}\right) = \frac{1}{12}(a \pm 7a) = \left\langle \begin{matrix} \tfrac{2a}{3} \\ -\tfrac{a}{2} \end{matrix} \right.$$

Auch vor x^2 darf natürlich eine **Konstante** stehen:

B Beispiel 16: dazu

$$2n^2 x^2 - mn\,x - m^2 = 0 \qquad (n \neq 0)$$

$$x_{1,2} = \frac{1}{4\,n^2}\left(mn \pm \sqrt{m^2n^2 + 8m^2n^2}\right) = \frac{1}{4\,n^2}(mn \pm 3mn) = \left\langle \begin{matrix} \tfrac{m}{n} \\ -\tfrac{m}{2n} \end{matrix} \right.$$

Jetzt scheuen wir auch vor **Bruchtermen** nicht mehr zurück:

B Beispiel 17: und Brüche

$$\frac{cx + d}{cx} - 2 = \frac{2cx}{d} \qquad | \cdot cdx \qquad c, d \neq 0,\ \mathbb{D} = \mathbb{R} \setminus \{0\}$$

$$(c\,x + d)\,d - 2cd\,x = 2c\,x \cdot c\,x \;\Rightarrow\; -cd\,x + d^2 = 2c^2 x^2 \;\Rightarrow\; 2c^2 x^2 + cd\,x - d^2 = 0$$

Sie erkennen schon, wie ähnlich diese Gleichung der letzten ist:

$$x_{1,2} = \frac{1}{4\,c^2}\left(-cd \pm \sqrt{c^2d^2 - 8c^2(-d)^2}\right) = \frac{1}{4\,c^2}(-cd \pm 3cd) = \left\langle \begin{matrix} \tfrac{d}{2c} \\ -\tfrac{d}{c} \end{matrix} \right.$$

Quadratische Gleichungen in der Praxis

Sachaufgaben

Oft führen auch *praktische* Fragestellungen auf quadratische Gleichungen. In $\mathbb{B}$**5** haben wir eine Strecke nach dem „**Goldenen Schnitt**“ bzw. „stetig“ geteilt; es galt für die Abschnitte: «klein : groß = groß : ganz». Auch heute noch wählt man diese Teilung, wo ausgewogene Proportionen gewünscht sind:

B Beispiel 18: Goldener Schnitt

Ein Maler will für sein **Gemälde** einen harmonisch wirkenden rechteckigen **Rahmen** fertigen lassen (*goldener Schnitt*), dessen kürzere Seite 1 m lang sein soll. Wie ist die längere Seite zu bemessen?

Nachdem wir für die gesuchte Seite x wählen, setzen wir die eben erwähnte Proportion an:

$$1 : x = x : (1 + x) \Rightarrow 1 \cdot (1 + x) = x^2 \Rightarrow x^2 - x - 1 = 0$$

$$x_{1,2} = \frac{1}{2} \pm \sqrt{\frac{1}{4} + 1} = \frac{1}{2} \pm \frac{1}{2}\sqrt{5}$$

Der große Abschnitt ist $\frac{1}{2} \cdot (1 + \sqrt{5}) = 1{,}618$. Die ganze Strecke ist dann $1 + x = 2{,}618$, und tatsächlich ist $1 : 1{,}618 = 1{,}618 : 2{,}618$ wegen $2{,}618 = 1{,}618^2$!

In der TECHNIK ist viel von *Kräften* die Rede:

Beispiel 19: Kräfte

B Wie groß sind zwei **Kräfte**, die normal zueinander wirken, zu wählen, wenn sie sich um 35 Newton unterscheiden müssen, und ihre *Resultierende* den Betrag 65 N haben soll (Bild 6, im *rechtwinkligen Dreieck* gilt der Satz von ...?!)?

Nehmen wir eine Kraft mit x (Newton) an, dann ist die zweite $x + 35$ (N); die Resultierende ist als Vektorsumme Diagonale im Kräfteparallelogramm, hier ein Rechteck:

Bild 6: dazu

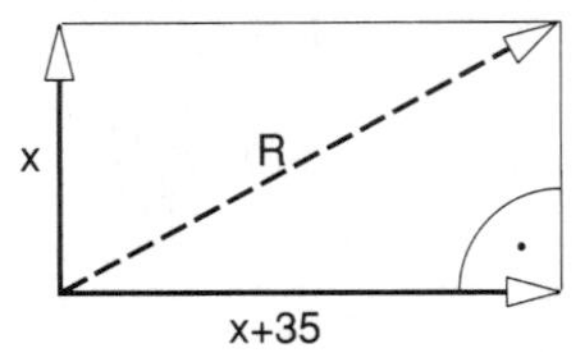

SvP:

$$x^2 + (x + 35)^2 = R^2 = 65^2 \Rightarrow \dots$$
$$2x^2 + 70x - 3000 = 0$$
$$x^2 + 35x - 1500 = 0$$

$$x_{1,2} = -\frac{35}{2} \pm \sqrt{\frac{35^2}{4} + 1500} = -\frac{35}{2} \pm \frac{85}{2} = \langle \begin{matrix} 25 \\ (-) \end{matrix}$$

Da negative Beträge nicht sinnvoll sind, gibt es nur eine (positive) Lösung: $x_1 = 25$. Die eine Kraft beträgt $x = 25$ N, die andere $x + 35 = 60$ N.

Beim **Kaufmann** gibt es heute ein Angebot:

Beispiel 20: Preis, Stückzahl und Erlös

B Er verkauft **Videokassetten** und nimmt 2100 GE ein. Zum – um 10 GE höheren – normalen Stückpreis letzte Woche hatte er für den gleichen Erlös 5 Stück weniger abgeben müssen. Wie hoch ist der Angebotspreis?

Wir setzen den heutigen Stückpreis mit x GE/Stk. an, dann folgt für die Anzahl der verkauften Kassetten $\frac{2100}{x}$, denn nur dann ist das Produkt 2100 GE, wie vorausgesetzt. Der Normalpreis ist $x + 10$, die Verkaufszahl der letzten Woche $\frac{2100}{x} - 5$. Beider Produkt muß wieder gleich dem Erlös 2100 GE sein:

$$(x + 10) \cdot \left(\frac{2100}{x} - 5\right) = 2100 \qquad | \text{ ausmultiplizieren, mal x, dividiert durch } (-5)$$

$$x^2 + 10x - 4200 = 0 \Rightarrow (x + 70)(x - 60) = 0 \Rightarrow x = 60 \text{ (GE/Stk.)}$$

Zur Probe findet man mit der Stückzahl $\frac{2100}{60} = 35$ tatsächlich $60 \cdot 35 = 70 \cdot 30$, ✓.

Viele Bewegungsaufgaben lassen sich jetzt lösen:

Beispiel 21: Autofahrer unterwegs

B Herr Müller fährt 120 km weit mit konstanter **Geschwindigkeit**; um 5 Minuten früher am Ziel zu sein, müßte er im Mittel um 6 km/h schneller fahren. Wie schnell fährt er?

Den gesuchten Wert von v setzen wir mit x (km/h) an; dann erinnern wir uns an die Definition der Geschwindigkeit als $v = \frac{s}{t}$ (Weg / Zeit) und gewinnen daraus t:

$$v = x, \quad t = \frac{s}{v} = \frac{120}{x} \text{ (h)}$$

Die höhere Geschwindigkeit ist dann x + 6, die kürzere Fahrzeit $\frac{120}{x} - \frac{1}{12}$, worin die 5 Min. gleich als $\frac{1}{12}$ Std. umgerechnet sind; der Weg aber bleibt derselbe, s = v · t:

$$120 = (x + 6) \cdot \left(\frac{120}{x} - \frac{1}{12}\right).$$

Fällt Ihnen auf, wie ähnlich dieser Ansatz dem des vorigen Beispiels ist? Nach analoger Behandlung ergibt sich die quadratische Gleichung

$$x^2 + 6x - 8640 = 0$$

$$x_{1,2} = -3 \pm \sqrt{9 + 8640} = -3 \pm 93 \quad \Rightarrow \quad x = 90 \text{ (km/h)}.$$

B **Beispiel 22: Fluggeschwindigkeit**

Ein **Düsenflugzeug** durchfliegt eine 36 km lange Prüfstrecke mit dem Wind und dann gegen den Wind zurück in zusammen 5 Minuten 50 Sekunden. Die Windgeschwindigkeit beträgt 10 m/s. Wie groß ist die Eigengeschwindigkeit (x m/s) des Flugzeugs?

Wir setzen eine Zeitbilanz an:

$$t_{hin} + t_{zur.} = t_{ges.} \quad \Rightarrow \quad s/v_{hin} + s/v_{zur.} = t_{ges.}$$

$$\frac{36000}{x + 10} + \frac{36000}{x - 10} = 350$$

$$36000\,(x - 10) + 36000\,(x + 10) =$$

$$350 \cdot (x + 10)\,(x - 10) = 350\,(x^2 - 100)$$

$$1440\,x = 7\,(x^2 - 100)$$

$$7x^2 - 1440x - 700 = 0 \quad ...$$

Diese quadratische Gleichung lösen Sie schon selbst zu x_1 = 210 (m/s) = 756 km/h!

B **Beispiel 23: Satellitenbahn**

Wie schnell fliegt ein **Satellit** in einer Kreisbahn mit dem Radius R = 6r, r = 6370 km ist der Erdradius, um die Erde? ($g = 9{,}81\ m/s^2$)

Das Gravitationsgesetz kennen wir schon; noch eleganter ist es aber, das Gewicht in seiner Umlaufbahn als 1 durch 6^2 des Gewichts an der Erdoberfläche anzunehmen und der Fliehkraft gleichzusetzen:

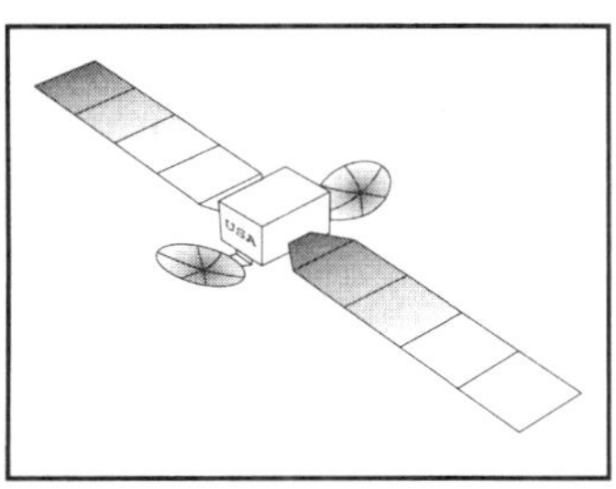

$$\frac{m v^2}{6 r} = \frac{G}{6^2} = \frac{m g}{36} \quad \Rightarrow \quad \text{(kurzen)} \quad \frac{v^2}{6 r} = \frac{g}{36}$$

$$v^2 = \frac{1}{6} \cdot g r \quad \Rightarrow \quad v = \frac{1}{\sqrt{6}} \sqrt{g r} = \ldots = 3227 \left(\tfrac{m}{s}\right):$$

Er ist ca. 3,23 km/s schnell!

Eine nicht ganz so einfach verständliche Anwendung finden quadratische Gleichungen in der WIRTSCHAFT bei Kosten-Preis-Gewinnkalkulationen:

B **Beispiel 24: Wirtschaft ...**

Ein Betrieb erzeugt Tischlampen und hat Selbstkosten, die aus einem Fixanteil von 12500 GE und variablen Stückkosten von 30 GE /Stück bestehen. Aus Erfahrung weiß man, daß zwischen **Nachfrage** (verkaufte Stückzahl x) und **Preis** p der Zusammenhang x + 20p = 3200 besteht. Wie wird man den Preis p am besten ansetzen, d.h., bei welchem Preis p ist der erzielte **Gewinn** *maximal*?

Die lineare Kostenfunktion mit K = 30x + 12500 kennen wir schon aus ℂ**8**! Tatsächlich ist der Zusammenhang i. allg. besser durch eine Funktion 3. Grades (Bild 7, links) beschreibbar; hier nähern wir mit K(x).

Bild 7: dazu

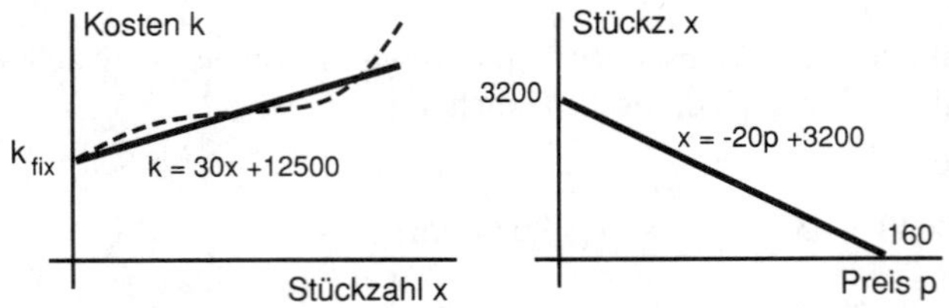

Bei welchem Preis ist

Den Zusammenhang Preis p – Stückzahl x kann man auch durch eine Gerade veranschaulichen (Bild 7, rechts): je höher der Preis, desto weniger Stück werden verkauft! Der *Erlös* E (Umsatz) ist natürlich wie im Händlerbeispiel weiter vorne durch p · x gegeben (*Preis* mal *Stückzahl*).

Als Gewinn G bleibt die Differenz Erlös minus Kosten:

$$G = E - K = p \cdot x - K;$$

p finden wir aus der Nachfragebeziehung zu $20p = -x + 3200 \Rightarrow p = -\frac{x}{20} + 160.$
Das läßt sich in die G-Funktion einsetzen:

$$G = \left(-\frac{x}{20} + 160\right) \cdot x - (30x + 12500) = -\frac{x^2}{20} + 160x - 30x - 12500 = -\frac{x^2}{20} + 130x - 12500.$$

Bild 8: dazu

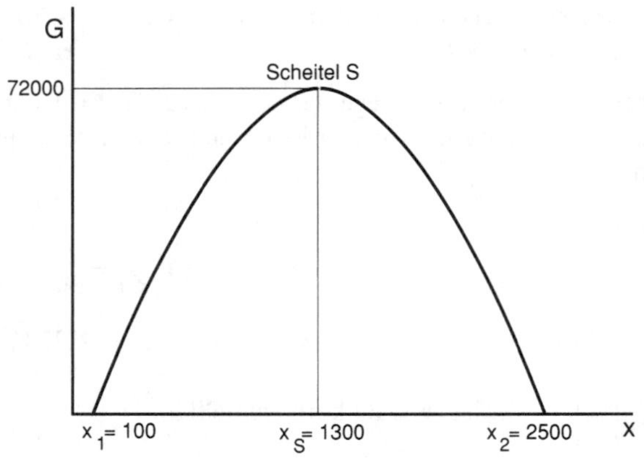

Um den *maximalen* Wert von G zu finden, hat man nur den Scheitelwert der Parabel anzugeben; er liegt in der Mitte der beiden Nullstellen, Bild 8.

Gleichung mal (–20):
$x^2 - 2600x + 250000 = 0.$

... der Gewinn optimal?

Nun wie gewohnt lösen (Trinomzerlegung bietet sich hier an):

$$(x - 100) \cdot (x - 2500) = 0 \Rightarrow x_1 = 100 \wedge x_2 = 2500$$

$$x_S = \frac{1}{2}(x_1 + x_2) = \frac{1}{2}(100 + 2500) = 1300;$$

dies führt nun zum optimalen Preis

$$p_{opt.} = -\frac{x_S}{20} + 160 = -\frac{1300}{20} + 160 = 160 - 65 = 95:$$

Man wird den Preis mit p = 95 GE kalkulieren.

Die Vietàschen Sätze

Lassen wir noch eine theoretische Nachbetrachtung folgen, die auch für Gleichungen von höherem als 2. Grad von Bedeutung ist. Schon in der ARITHMETIK, 𝔸**2**, haben wir ***Trinomzerlegungen*** ausgeführt, um *kürzen* zu können. So war als Umkehrung der binomischen Formeln z. B. direkt klar:

B

Beispiele 25: ein anderer Weg zur Lösung quadratischer Gleichungen:

Trinome in Faktoren zerlegen

- $(x + 2)^2 = x^2 + 4x + 4 \quad\Rightarrow\quad x^2 + 4x + 4 = (x + 2)^2 = (x + 2)(x + 2)$
- $(x - 3)^2 = x^2 - 6x + 9 \quad\Rightarrow\quad x^2 - 6x + 9 = (x - 3)^2 = (x - 3)(x - 3)$

aber auch

- $(x + 2)(x - 3) = x^2 + 2x - 3x - 6 \quad\Rightarrow\quad x^2 - x - 6 = (x + 2)(x - 3)$
- $(x - 1)(x + 5) = x^2 - x + 5x - 5 \quad\Rightarrow\quad x^2 + 4x - 5 = (x - 1)(x + 5)$ usw.

Dabei waren zwei Zahlen so zu bestimmen, daß ihr *Produkt* gleich –6 (vorletztes Beispiel) und ihre *Summe* gleich –1 (Vorzahl von x) sein mußte: +2 und –3 hatten diese Eigenschaft! Ebenso: Welche Zahlen haben –5 als Produkt und +4 als Summe? Probieren ... –1 und 5 (letztes Beispiel)!

Jetzt erkennen wir einen Zusammenhang mit quadratischen Gleichungen: Soll zum Beispiel $x^2 - x - 6 = 0$ gelöst werden, so ist damit die Forderung $(x + 2)(x - 3) = 0$ gleichwertig; daran aber läßt sich sofort ablesen: $x + 2 = 0$ oder $x - 3 = 0$, denn:

der „Produkt-null-Satz“

«Ein Produkt ist 0, wenn wenigstens ein Faktor 0 ist.»

Das führt sofort zu $x_1 = -2$ oder $x_2 = 3$, den Lösungen der quadratischen Gleichung. Allgemein können wir dieses Vorgehen als $x^2 + px + q = (x - x_1)(x - x_2)$ formulieren und mit den Lösungstermen für $x_{1,2}$ bestätigen (Übungen!).

Schreibt man noch $(x - x_1)(x - x_2) = x^2 - (x_1 + x_2) \cdot x + x_1 \cdot x_2$ und vergleicht mit $x^2 + px + q$, so folgt unmittelbar $p = -(x_1 + x_2) \wedge q = x_1 \cdot x_2$.

Diese Aussagen sind bekannt als

S

Sätze 3: von Vietà

Sätze von Vietà (italien. Mathematiker, 1540 bis 1603):

Für eine normierte quadratische Gleichung $x^2 + px + q = 0$, $p, q \in \mathbb{R}$, mit den reellen Lösungen x_1 und x_2 gilt:

1. $x_1 + x_2 = -p$
2. $x_1 \cdot x_2 = q$
3. $(x - x_1) \cdot (x - x_2) = x^2 + px + q$

Von den ersten beiden Teilsätzen haben wir bei der *Trinomzerlegung*, die wir als Zahlenratespiel da und dort durchführten, Gebrauch gemacht. Satz 3 besagt, daß das gegebene Gleichungstrinom $x^2 + px + q$ stets als Produkt der *Linearfaktoren* $(x - x_1)$ und $(x - x_2)$ auftritt, falls es reelle Lösungen $x_{1,2}$ gibt.

Wurzelgleichungen

Mit quadratischen Gleichungen verwandt sind die sog. ***Wurzelgleichungen***. Nun kann «Gleichungen lösen» auch als «Nullstellen der zugehörigen Funktion bestimmen» verstanden werden.

Beispiel 26: **Vorbereitungen zur Lösung von Wurzelgleichungen**

B Überlegen wir das Vorgehen für f: $x \rightarrow x^2 - 6x + 10$, das wir wegen $y = (x - 3)^2 + 1$ am Scheitel S(3|1) „aufspalten" und einzeln umkehren können, was zwei *Funktionen* f_1* und f_2* liefert, Bild 9.

Die Nullstellen lesen wir ab: f_1* hat keine, f_2* hat eine, und zwar $x_N = 10$! Wie läßt sich dies *algebraisch* (= rechnerisch) finden?

f_1: $x \rightarrow y$, $y = (x-3)^2 + 1$ mit $x \geq 3$ und $y \geq 1$! Umkehren und umbenennen:
f_1^*: $x \rightarrow y$, $x = (y-3)^2 + 1$ mit $y \geq 3$ und $x \geq 1$. Explizit nach y auflösen:
f_1^*: $x \rightarrow y$, $(y-3)^2 = x - 1 \Rightarrow y - 3 = \pm\sqrt{x-1} \Rightarrow y = 3 \pm \sqrt{x-1}$;
wegen $y \geq 3$ gilt nur +: $y = 3 + \sqrt{x-1}$.

Bild 9: **dazu**

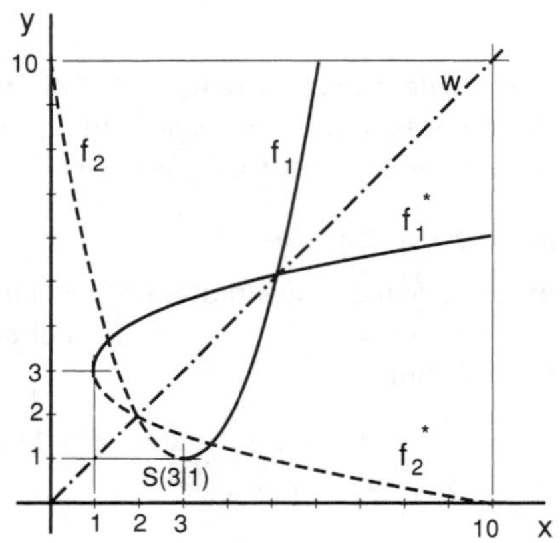

Vorsicht: **Quadratwurzeln sind immer positiv!**

B Genau so geht man für f_2 vor mit $x < 3$ und $y \geq 1$...; hier ist wegen $y < 3$ nur – zulässig:

f_2^*: $x \rightarrow y$, $y = 3 - \sqrt{x-1}$

Wo sind jetzt die *Nullstellen* ?

f_1^*: $y = 0 \Rightarrow 3 + \sqrt{x-1} = 0 \Rightarrow \sqrt{x-1} = -3$;

dies ist unlösbar, weil eine Quadratwurzel stets positiv ist!

f_2^*: $y = 0 \qquad 3 - \sqrt{x-1} = 0 \Rightarrow \sqrt{x-1} = 3$ | quadrieren
$x - 1 = 9$ | +1
$x = 10$.

Wir haben unsere erste einfache Wurzelgleichung gelöst – und gleich auch die Funktionsterme der Umkehrungen einer quadratischen Funktion gefunden. Da diese Gleichungen aber praktisch geringe Bedeutung haben – wer allerdings die Kegelschnittgleichungen über die Ortsdefinition herleiten will/muß, wird anderer Meinung sein –, begnügen wir uns mit kurzen Kostproben:

B

Beispiel 27: nach einigen Schritten entstehen ...

$x - \sqrt{2x+1} = 7$ | Wurzel isolieren

$-\sqrt{2x+1} = 7 - x$ | ^{2} (quadrieren)

$2x + 1 = (7 - x)^2 = 49 - 14x + x^2$ | $- 2x - 1$

$x^2 - 16x + 48 = 0$

$x_{1,2} = 8 \pm \sqrt{64 - 48} = 8 \pm 4 = \left\langle \begin{matrix} 12 \\ 4 \end{matrix} \right.$

Probe: 4: $4 - \sqrt{2 \cdot 4 + 1} = 7$

$4 - 3 \neq 7 \Rightarrow 4 \notin \mathbb{L}$;

12: $12 - \sqrt{2 \cdot 12 + 1} = 7$

$12 - 5 = 7$, ✔: $\mathbb{L} = \{12\}$.

Proben sind i.allg. nötig, weil das Quadrieren keine Äquivalenzumformung ist! In der 2. Zeile hätte auch $+\sqrt{2x+1}$ zur selben Folgerechnung geführt:

(weshalb Proben nötig sind)

$x + \sqrt{2x+1} = 7$

$\sqrt{2x+1} = 7 - x$ | ^{2}

... ↑ (wie oben) $\Rightarrow x_{1,2} = \left\langle \begin{matrix} 12 \\ 4 \end{matrix} \right.$

Probe: 4: $4 + \sqrt{2 \cdot 4 + 1} = 7$

$4 + 3 = 7$ ✔, d.h. stimmt!

12 muß hier versagen: $\mathbb{L} = \{4\}$.

Ohne es im einzelnen auszuführen, ist dieses Verhalten aus den Graphen her verständlich: Der eine Ast der Parabel führt eben zu einem anderen Schnittpunkt (hier mit der Geraden g: $y = 7 - x$) als der andere!

Ohne viel Kommentar ein Beispiel mit 2 Wurzeln:

B

Beispiel 28: quadratische Gleichungen!

$\sqrt{2x-3} + 2 = \sqrt{5x-5}$ | ^{2}

$2x - 3 + 4\sqrt{2x-3} + 4 = 5x - 5$ | red.

$4\sqrt{2x-3} = 3x - 6$ | ^{2}

$16(2x - 3) = 9x^2 - 36x + 36$ | red.

$9x^2 - 68x + 84 = 0$

$x_{1,2} = \frac{1}{18}(68 \pm \sqrt{68^2 - 4 \cdot 9 \cdot 84} = \frac{1}{18}(68 \pm 40) = \left\langle \begin{matrix} 6 \\ 14/9 \end{matrix} \right.$

Bei der Probe fällt 14/9 durch: $\mathbb{L} = \{6\}$.

Ende des 9. Kapitels!

Übungsaufgaben

1. Lösen Sie graphisch $y = (x + 2)^2 - 4 = 0$ durch Verschieben der Grundparabel und Aufsuchen der Nullstellen.

2. Lösen Sie durch *quadratische Ergänzung*
   a) $(y =)\ x^2 - 6x + 8 = 0$ b) $x^2 + 8x - 9 = 0$

3. Lösen Sie die folgenden quadratischen Gleichungen ($\mathbb{G} = \mathbb{R}$):
   a) $x^2 + \frac{1}{4}x - \frac{3}{4} = 0$ b) $x^2 - \sqrt{5}\,x - 10 = 0$
   c) $3x^2 + 7x + 4 = 0$ d) $-x^2 - 2x + 3 = 0$
   e) $\frac{1}{8}x^2 - \frac{1}{4}x - \frac{15}{8} = 0$ f) $ax^2 - (b - a)x - b = 0$
   g) $x^2 - (1 + u)x + 2u\,(1 - u) = 0$ h) $\frac{m}{x - n} + \frac{x - m}{n} = 2$

4. Erinnern Sie sich an den (absoluten) Betrag einer Zahl x, $|x|$? Was ist noch $|x - 1|$? Versuchen Sie, die Gleichung zu lösen:
   $$\frac{4}{|x - 1|} + |x - 1| = 4 \qquad (\mathbb{G} = \mathbb{Z})$$
   Es ist zweckmäßig, zuerst $y = |x - 1|$ zu substituieren und die Gleichung nach y zu lösen; danach „erinnern" Sie sich wieder ans ursprüngliche x!

5. Substituieren Sie $u = x^2$ in der biquadratischen Gleichung $x^4 - 5x^2 - 24 = 0$ und lösen Sie nach Vietà!

6. Beweisen Sie den 3. Vietàschen Satz für quadratische Gleichungen, also
   $(x - x_1) \cdot (x - x_2) = x^2 + px + q$

7. Welche Zahl muß man für k einsetzen, damit $2 + \sqrt{2}$ eine Lösung der Gleichung $x^2 - 4x + k = 0$ wird? (Bestimmen Sie erst die zweite Lösung; Vietà!)

8. Die Differenz zweier natürlicher Zahlen beträgt 5, die Summe ihrer Quadrate ist 157. Wie lauten sie?

9. Eine Hotelfachschule kauft Kochbücher um 2400 GE. Da sie diese Woche im Angebot um 20 GE pro Stück billiger sind, erhält die Schule um 10 Stück mehr als es noch vorige Woche der Fall gewesen wäre. Was kostet ein Buch normalerweise? Probe?

10. Wie groß ist ein Widerstand (R als x ansetzen), wenn bei einer Vergrößerung um 22 Ohm und einer Spannung von U = 220 Volt die Stromstärke um I = 0,5 Ampere abnimmt? (Ohmsches Gesetz: $U = R \cdot I$; ebenso im zweiten Fall ansetzen!)

11. Ein Flugzeug verspätet sich infolge Gegenwinds von 40 km/h auf einer Strecke von 420 km um 3 Minuten. Wie groß ist seine Eigengeschwindigkeit?

12. Für eine Prüfstrecke von 10,0 km Länge braucht ein Sportflugzeug mit dem Wind und zurück gegen den Wind zusammen 3 Min. 45 Sek., die Eigengeschwindigkeit des Flugzeugs bei Windstille ist als 90 m/s bekannt. Wie groß ist die Windgeschwindigkeit (in m/s)?

13. Wie schnell (in km/h) fliegt ein Satellit in einer Kreisbahn mit dem Radius $R = 3r$ um die Erde? (Erdradius $r = 6370$ km; Fallbeschleunigung $g = 9{,}81\ m/s^2$)

14. An welchem Punkt zwischen Erde und Mond (Massenverhältnis $M_E : M_M = 81 : 1$ $[= 9^2 : 1]$) wäre ein Satellit (Masse m) kräftefrei?

15. Zeichnen Sie die Graphen der Kosten- und der Erlösfunktion des Textbeispiels, und ermitteln Sie die Abszissen der Schnittpunkte. Welcher Zusammenhang mit dem Graphen der Gewinnfunktion besteht?

16. Bilden Sie rechnerisch und zeichnerisch die Umkehrung von $f: x \rightarrow y = x^2 - 8x + 15$.

17. Lösen Sie die folgenden Wurzelgleichungen ($\mathbb{G} = \mathbb{Z}$):

a) $7 - \sqrt{\frac{x}{2}} = 2$ b) $x + \sqrt{2x + 1} = 7$ c) $2\sqrt{x + 6} = \sqrt{3} + \sqrt{4x + 3}$

(Jeweils Probe nötig!)

Zu den Lösungen

↓ Raum für Ihre Notizen ↓

Lösungen

1. Nullstellen –4 und 0, Bild ↓

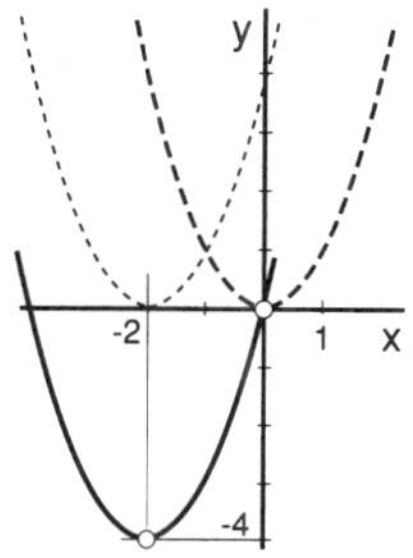

2. a) $x^2 - 6x + 8 = 0 \quad \Rightarrow x^2 - 6x = -8$
$\Rightarrow x^2 - 6x + 9 = -8 + 9 \Rightarrow (x-3)^2 = 1$
$\Rightarrow x - 3 = \pm\sqrt{1} = \pm 1 \quad \Rightarrow x = 3 \pm 1,$
$x_1 = 2,\ x_2 = 4$ (vgl. Text f_5!)

b) $x^2 + 8x - 9 = 0 \quad \Rightarrow x^2 + 8x = 9$
$\Rightarrow x^2 + 8x + 16 = 9 + 16 \Rightarrow (x+4)^2 = 25$
$\Rightarrow x + 4 = \pm\sqrt{25} = \pm 5 \Rightarrow x = -4 \pm 5,$
$x_1 = -9,\ x_2 = 1$

3. a) $x_{1,2} = -\frac{1}{8} \pm \sqrt{\frac{1}{64} + \frac{48}{64}} = -\frac{1}{8} \pm \frac{7}{8} = \begin{cases} 3/4 \\ -1 \end{cases}$

b) $x_{1,2} = -\frac{\sqrt{5}}{2} \pm \sqrt{\frac{5}{4} + \frac{40}{4}} = -\frac{\sqrt{5}}{2} \pm \frac{3\sqrt{5}}{2} = \begin{cases} 2\sqrt{5} \\ -\sqrt{5} \end{cases}$

c) $x_{1,2} = \frac{1}{6}(-7 \pm \sqrt{49 - 48}) = \frac{1}{6}(-7 \pm 1) = \begin{cases} -1 \\ -4/3 \end{cases}$

d) $x_{1,2} = \frac{1}{-2}(2 \pm \sqrt{4 + 12}) = \frac{1}{-2}(2 \pm 4) = \begin{cases} -3 \\ 1 \end{cases}$

e) $x_{1,2} = \frac{1}{1/4}\left(\frac{1}{4} \pm \sqrt{\frac{1}{16} + \frac{15}{16}}\right) = 4\left(\frac{1}{4} \pm 1\right) = \begin{cases} -3 \\ 5 \end{cases}$

f) $x_{1,2} = \frac{1}{2a}\left(b - a \pm \sqrt{b^2 - 2ab + a^2 + 4ab}\right) = \frac{1}{2a}(b - a \pm (a + b)) = \begin{cases} b/a \\ -1 \end{cases}$

g) $x_{1,2} = \frac{1+u}{2} \pm \sqrt{\frac{1 + 2u + u^2 - 8u(1-u)}{4}} = \frac{1+u}{2} \pm \sqrt{\frac{1 - 6u + 9u^2}{4}} =$
$= \frac{1+u}{2} \pm \frac{1-3u}{2} = \begin{cases} 1-u \\ 2u \end{cases}$

h) $mn + (x-m)(x-n) = 2n(x-n) \quad \Rightarrow \quad \ldots \quad x^2 - (m+3n)x + (2mn + 2n^2) = 0$

$x_{1,2} = \frac{m+3n}{2} \pm \sqrt{\frac{m^2 + 6mn + 9n^2 - 8mn - 8n^2}{4}} = \frac{m+3n}{2} \pm \sqrt{\frac{m^2 - 2mn + n^2}{4}} =$
$= \frac{m+3n}{2} \pm \frac{m-n}{2} = \begin{cases} m+n \\ 2n \end{cases}$

4. Mit $y := |x-1|$ sieht die Gleichung nun so aus: $\frac{4}{y} + y = 4$; wegen $y \neq 0$ dürfen wir mit y multiplizieren: $4 + y^2 = 4y \Leftrightarrow y^2 - 4y + 4 = 0 \Leftrightarrow (y-2)^2 = 0 \Leftrightarrow y = 2$; jetzt erinnern wir uns, wofür y stand, und lösen $|x-1| = 2$: Für $x - 1 \geq 0$ ist $|x-1| = x - 1$, für $x - 1 < 0$ ist $|x-1| = -(x-1)$. Es gibt daher zwei Fälle:

a) $x - 1 \geq 0$: $x - 1 = 2 \Leftrightarrow x = 3$; wegen $3 - 1 \geq 0$ ist 3 Lösung

b) $x - 1 < 0$: $-(x - 1) = 2$ bzw. $-x + 1 = 2 \Leftrightarrow x = -1$; wegen $-1 - 1 < 0$ ist auch -1 Lösung: $\mathbb{L} = \{+3, -1\}$

5. Mit $u := x^2$ wird $u^2 - 5u - 24 = 0$ bzw. $(u - 8) \cdot (u + 3) = 0$, also $u_1 = 8$, $u_2 = -3$. Da $\sqrt{-3}$ nicht definiert ist, bleiben $x_1 = \sqrt{8}$ und $x_2 = -\sqrt{8}$. Es ist somit $\mathbb{L} = \{-2\sqrt{2}, 2\sqrt{2}\}$.

6. Es ist $(x - x_1) \cdot (x - x_2) = x^2 - x(x_1 + x_2) + x_1x_2$; in der *Summe* der Lösungen hebt sich $\pm\sqrt{\ldots}$ weg, es bleibt $2 \cdot (-p/2) = -p$. Das *Produkt* hat die Gestalt $(a + b) \cdot (a - b)$, was nach der 3. binomischen Formel gleich $a^2 - b^2$ ist; dies wird $(-p/2)^2 - (\sqrt{\ldots})^2 = p^2/4 - (p^2/4 - q) = q$! Gerade dies war zu beweisen!

7. V_1: $x_1 + x_2 = -p \Leftrightarrow x_2 = -p - x_1 = 4 - 2 - \sqrt{2} = 2 - \sqrt{2}$;
V_2: $x_1 \cdot x_2 = q = k = (2 + \sqrt{2}) \cdot (2 - \sqrt{2}) = 4 - 2 = 2$

8. Die größere Zahl sei x, die kleinere $x - 5$; die Forderung ist damit zu übersetzen als $x^2 + (x - 5)^2 = 157 \Rightarrow \ldots\ x^2 - 5x - 66 = 0$; Trinomzerlegung: $(x + 6) \cdot (x - 11) = 0 \Rightarrow x = 11$ als größere Zahl; kleinere Zahl $11 - 5 = 6$.

9. Stückpreis x GE/Stk., Stückzahl $\frac{2400}{x}$; neuer Stückpreis $x-20$, neue Stückzahl $\frac{2400}{x}+10$.
Erlös gleich $(x - 20) \cdot \left(\frac{2400}{x} + 10\right) = 2400 \Rightarrow \ldots\ x^2 - 20x - 4800 = 0$; Trinomzerlegung: $(x + 60) \cdot (x - 80) = 0 \Rightarrow x = 80$ (GE/Stk.), Stückzahl 30.
Probe: neuer Preis $x - 20 = 60$; neue Stückzahl $30 + 10 = 40$; es ist $80 \cdot 30 = 60 \cdot 40$, ✓.

10. Wir müssen für I nach Ohm U durch R setzen, also $I = 220/R$; das „neue" R ist um 22 Ohm größer, das neue I um 0,5 Ampere kleiner:
$220 = (R+22) \cdot \left(\frac{220}{R} - 0{,}5\right) \Leftrightarrow R^2 + 22R - 9680 = 0 \Rightarrow R_1 = 88$ Ohm ($R_2 = -110$ Ohm).

11. Geschwindigkeit x (km/h), Zeitdauer $\frac{420}{x}$ (h); neue Geschwd. $x - 40$, neue Zeitd. $\frac{420}{x} + \frac{1}{20}$
derselbe Weg: $(x - 40) \cdot \left(\frac{420}{x} + \frac{1}{20}\right) = 420 \Rightarrow \ldots\ x^2 - 40x - 336000 = 0 \Rightarrow$
$x_1 = 600$ (km/h), der 2., neg., Wert ist hier nicht sinnvoll. Dauer: $\frac{420}{600} = 0{,}7\ h = 42$ min.

12. $s = 10000$ m; $t_{gesamt} = 225$ s, $v_E = 90$ m/s, $v_W = x$
Zeitbilanz: $t_{hin} + t_{rück} = t_{gesamt} \Leftrightarrow s/v_{hin} + s/v_{rück} = t_{gesamt}$
$$\frac{10000}{90 + x} + \frac{10000}{90 - x} = 225$$
$10000\,(90 - x) + 10000\,(90 + x) = 225\,(90^2 - x^2) \Rightarrow \ldots\ x^2 = 100 \Rightarrow x = 10$ (m/s).

13. $$\frac{m v^2}{R} = \frac{G}{9} = \frac{m g}{9} \Leftrightarrow \frac{v^2}{3r} = \frac{g}{9} \Leftrightarrow$$
$$v = \frac{1}{\sqrt{3}}\sqrt{g\,r} = \frac{1}{\sqrt{3}}\sqrt{9{,}81 \cdot 6370000} = 4564\ \text{m/s} = 16430\ \text{km/h}$$

14. $$F_E = F_M:\ G \cdot \frac{M_{Erde} \cdot m}{x^2} = G \cdot \frac{M_{Mond} \cdot m}{(R - x)^2} \Leftrightarrow \frac{M_{Erde}}{M_{Mond}} = 81 = 9^2 = \frac{x^2}{(R - x)^2} \Leftrightarrow \pm 9 = \frac{x}{R - x}$$
$$\Leftrightarrow \pm 9\,(R - x) = x \Leftrightarrow 9R = 10x \Leftrightarrow x = \frac{9}{10}R$$ (Bild dazu nächste Seite oben!)

zu 14.

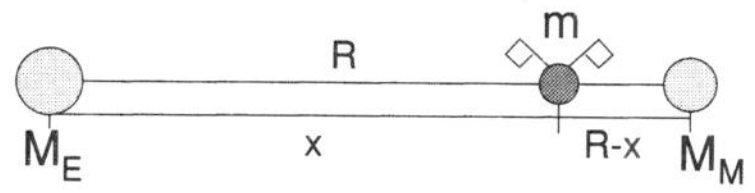

15. K: $y = 30x + 12500$, E: $y = -\frac{1}{20}x^2 + 160x$;

G: $y = E(x) - K(x) = -\frac{1}{20}x^2 + 130x - 12500$ (wie Text)

E': $-20y = x^2 - 3200x = (x - 1600)^2 - 1600^2$

Daraus liest man die Nullstellen 0 und 3200 ab, Scheitel ist (Mitte!) S(1600 | 128000).

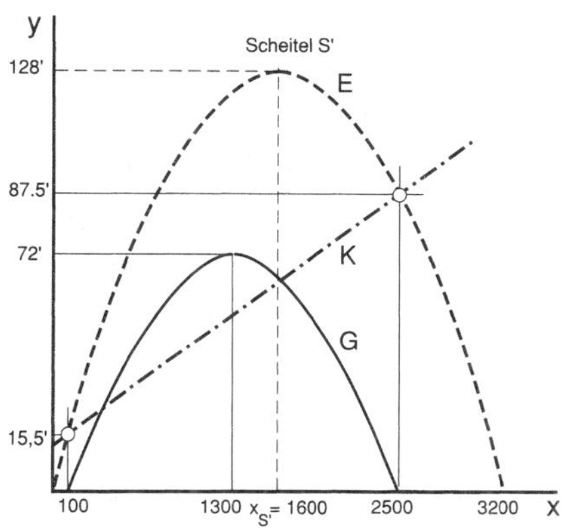

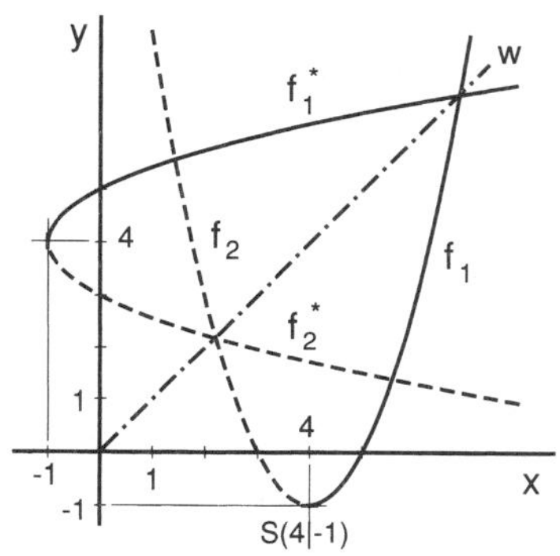

16. f_1: $x \rightarrow y$, $y = x^2 - 8x + 15 = (x-4)^2 - 1$ mit $x \geq 4$, $y \geq -1$

f_1^*: $x \rightarrow y$, $x = (y-4)^2 - 1$ mit $y \geq 4$, $x \geq -1$

explizit nach y: $(y-4)^2 = x + 1 \Rightarrow y - 4 = \pm\sqrt{x+1}$; wegen $y \geq 4$ nur +: $y = 4 + \sqrt{x+1}$

analog f_2^*: $x \rightarrow y$, $y = 4 - \sqrt{x+1}$.

17. a) $\sqrt{\frac{x}{2}} = 5 \Rightarrow \frac{x}{2} = 25 \Rightarrow x = 50.$

b) $\sqrt{2x+1} = 7 - x \Rightarrow 2x + 1 = 49 - 14x + x^2 \Leftrightarrow x^2 - 16x + 48 = 0 \Leftrightarrow$
$(x-4) \cdot (x-12) = 0 \Leftrightarrow x = 4$ oder 12; Probe: $4 + \sqrt{9} = 7$, ✓ $\mathbb{L} = \{4\}$.

c) $4(x+6) = 3 + 2\sqrt{3(4x+3)} + 4x + 3 \Leftrightarrow 4x + 24 = 6 + 2\sqrt{3(4x+3)} + 4x \Leftrightarrow$
$9 = \sqrt{3(4x+3)}$;
weiter wie eben ... $x = 6$; Probe bestätigt: $\mathbb{L} = \{6\}$.

Zum nächsten Kapitel

10. Kapitel

10

Winkelfunktionen und Goniometrie

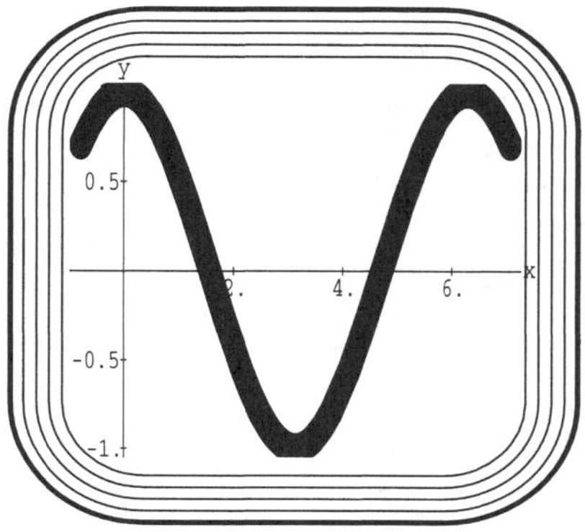

Ziele

Wie der Titel schon verrät, werden jetzt Funktionen besprochen, die bestimmten *Winkeln* bestimmte Zahlen zuordnen. Genauer sind es die Winkel*maße*, denen nach naheliegenden Vorschriften reelle Zahlen als Funktionswerte zugewiesen werden. Danach werden die wichtigsten Eigenschaften dieser Funktionen studiert und einige *goniometrische Gleichungen* gelöst. Damit wird sich dann auch ein weites Feld für Anwendungen öffnen, in denen vor allem *Dreiecks*winkel auftreten; dies dann in der TRIGONOMETRIE im nächstes Kapitel.

Winkelmaße

Winkel und Winkelmaße

Von nun an legen wir immer den ersten Schenkel eines Winkels so auf die positive x-Achse eines kartesischen Koordinatensystems, daß dessen Ursprung O *Scheitel* ist; der 2. Schenkel durch O kann dann durch Drehung im Gegenuhrzeigersinn aus dem 1. erhalten werden – das Winkelmaß ist dann *positiv* –, oder im Uhrzeigersinn, was zu *negativen* Winkeln führt, Bild 1. Wir verwenden α, β, γ, ..., φ, ψ, ε, ... für die Winkelmaße und beschränken uns auf das ***Gradmaß*** mit 360° für den Vollwinkel (Taschenrechner-(**TR**-)Einstellung DEG) und das ***Bogenmaß*** (**TR**-Einstellung RAD) mit 2π rad (*Radiant* wird meist weggelassen), in welchem der Vollwinkel dem Umfang des *Einheitskreises* mit Radius 1 entspricht: $u = 2\pi\, r = 2\pi \cdot 1 = 2\pi$.

In Bild 1 ist $\varphi = 120°$ bzw. $\frac{2\pi}{3}$ rad, $\psi = 210°$ bzw. $\frac{7\pi}{6}$ rad, $\varepsilon = -150°$ bzw. $-\frac{5\pi}{6}$ rad; weitere Beispiele zeigen die Bilder 2, rechts. Zur Umrechnung gibt es die DRG- und die INV- bzw. Mode-Tasten auf den **TR**n; z.B.: 90 [INV] [DRG] → Anzeige 1,57... = $\frac{\pi}{2}$.

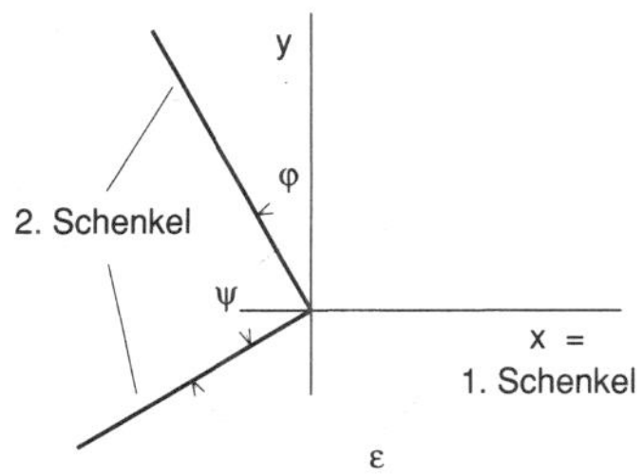

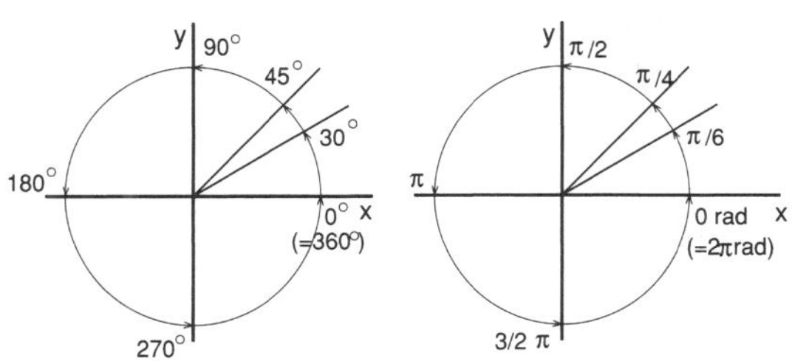

Bilder 1/2: besondere Winkel

Grad- und Bogenmaß

Wenn auch in den Anwendungen meist die Werte zwischen 0 und 360° (2π) ausreichen, definiert man die Winkelfunktionen doch für beliebige Maßzahlen, muß also beliebig viele Drehungen des 2. Schenkels in beiden Richtungen zulassen. In den beiden Winkelmaßen von oben wird so für die vollen Umläufe:

$$\begin{array}{ccccccccccc} \ldots \leftarrow\leftarrow & -720^\circ & \leftarrow\leftarrow & -360^\circ & \leftarrow\leftarrow & \pm 0^\circ & \rightarrow\rightarrow & 360^\circ & \rightarrow\rightarrow & 720^\circ & \rightarrow\rightarrow \ldots \\ & \downarrow & & \downarrow & & \downarrow & & \downarrow & & \downarrow & \\ \ldots \leftarrow\leftarrow & -4\pi \text{ rad} & \leftarrow\leftarrow & -2\pi \text{ rad} & \leftarrow\leftarrow & \pm 0 \text{ rad} & \rightarrow\rightarrow & 2\pi \text{ rad} & \rightarrow\rightarrow & 4\pi \text{ rad} & \rightarrow\rightarrow \ldots, \end{array}$$

Arkusfunktion

was sich als Zuordnungsformel etwa

$k \cdot 360° \rightarrow k \cdot 2\pi$ rad

schreiben und als *Funktion* arc, *gelesen* «Arkus», auffassen läßt; für die Zwischenwerte ist eben $k \in \mathbb{R}$, womit alle reellen Zahlen erfaßt sind.

Winkel im Einheitskreis

Einheitskreis

Nun können wir daran gehen, diejenigen Beziehungen bzw. Vorschriften aufzustellen, durch die diesen (als Winkelmaße verstandenen) reellen Zahlen andere als Funktionswerte zugeordnet werden. Dabei ist es üblich, einen Punkt P auf einem ***Einheitskreis*** (d.i. ein Kreis mit Radius 1) um O umlaufen zu lassen und seine *Koordinaten* x_P und y_P in Abhängigkeit vom jeweiligen ***Winkel*** α zu betrachten, den der „Zeiger" $\overrightarrow{OP}$ mit der positiven x-Achse einschließt, Bild 3:

Definition 1: Sinus- und Cosinusfunktion

D

> Die Ordinate (der y-Wert) von P, y_P, heißt ***sin*** α, «Sinus von α», die Abszisse (der x-Wert) x_P heißt ***cos*** α, «Cosinus von α». Die ***Sinusfunktion*** sin: $\alpha \rightarrow y_P$ und die ***Cosinusfunktion*** cos: $\alpha \rightarrow x_P$ sind *Winkelfunktionen* bzw. *goniometrische* Funktionen.

Oft steht auch sin: $x \rightarrow \sin x$, wenn x für x rad stehen soll, sin x ist aber auch die übliche Schreibweise für Funktionsterme wie x^2, exp x, log x, ..., und so wird es gerne in goniometrischen Gleichungen und in der PHYSIK verwendet; bei einzelnen konkreten Winkeln steht aber sin α, sin β, ..., sin φ usw.

Beispiele 1: Zahlenbeispiele für sin und cos

B

Nehmen wir nun zur Übung an, der Zeiger $\overrightarrow{OP}$ absolviere bei positivem Drehsinn

a) einen Viertelumlauf,
b) eine Halbdrehung,
c) drei Viertel eines Umlaufs,
d) eine Volldrehung.

Welche Funktionswerte von sin und cos gehören dazu?

Nehmen wir weiter an, $\overrightarrow{OP}$ habe zusätzlich zu b

e) 3 Umläufe vollendet.

Welche Werte hat α, welche sin bzw. cos?

Bild 3: dazu

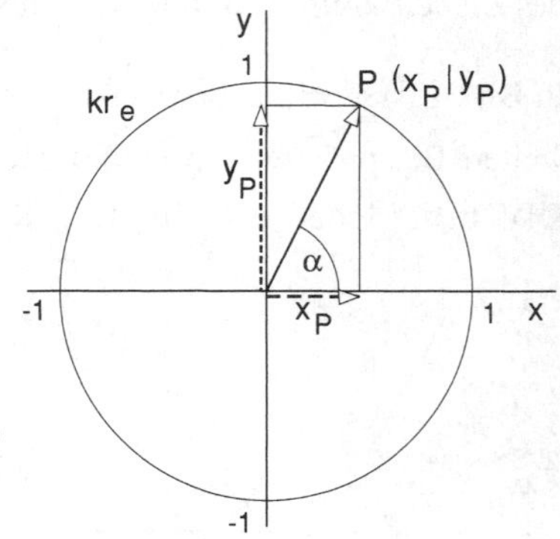

Wir müssen nur einfache Bruchteile des Vollwinkels bilden und die Koordinaten ablesen; Bequeme tippen den Wert in den *Taschenrechner* (**TR**):

Lösungen von Beispiel 1

a) 90° bzw. $\frac{\pi}{2}$ (rad): sin 90° = 1, cos 90° = 0 (oberster Kreispunkt $P_\uparrow(0|1)$), bzw. $\sin\frac{\pi}{2} = 1$, $\cos\frac{\pi}{2} = 0$

b) 180° bzw. π (rad): sin 180° = 0, cos 180° = –1 (Kreispunkt „ganz links“, $P_\leftarrow(-1|0)$), ebenso mit π rad

c) 270° bzw. $3\frac{\pi}{2}$ (rad): sin 270° = –1, cos 270° = 0 (unterster Kreispkt. $P_\downarrow(0|-1)$)

d) 360° bzw. 2π (rad): sin 360° = sin0° = 0, cos 360° = cos 0°= 1 (Kreispunkt ganz rechts, $P_\rightarrow(1|0)$)

e) $180° + 3 \cdot 360° = 1260°$ bzw. $\pi + 3 \cdot 2\pi = 7 \cdot \pi$: sin 1260° = sin 180° = 0, cos 1260° = cos 180° = –1 (denn der Kreispunkt hat am Ende dieselbe Lage wie in b!)

periodische Funktionen

Funktionen mit dieser Eigenschaft, nach bestimmten Intervallen der Länge p jeweils dieselben Werte anzunehmen, heißen allgemein ***periodisch*** mit p als *Periode*. sin und cos sind also *periodisch* mit p = 2π bzw. 360°.

Bei *beliebigen* Winkelwerten konsultierte man früher Tabellen (oft in der Logarithmentafel zusammengestellt) oder Rechenstab; heute greifen wir zum *Taschenrechner* (**TR**):

sin 50° = ? DEG einstellen (DRG-Taste)

50 [sin] → Anzeige 0,766...: sin 50° = 0,766

cos 60° = ? 60 [cos] → Anzeige 0,5: cos 60° = 0,5

spezielle Winkel ...

Wundern Sie sich, daß cos 60° *genau* 1/2 ist? Berechnen wir für einige spezielle Winkel einfach sin α und cos α *elementargeometrisch*!

B **Beispiele 2: im gleichseitigen Dreieck**

❖ Anhand von Bild 4 sollen sin 30° und cos 30° eruiert werden.

Wir lesen ab, daß sin 30° als *halbe Grundseite* im gls Dreieck mit der Seitenlänge 1 und cos 30° als *Höhe* auftritt; damit gilt schon:

$$\sin 30° = \frac{1}{2} = 0{,}5$$

$$\cos 30° = \frac{1}{2}\sqrt{3} = 0{,}866$$

Ganz ähnlich findet man $\cos 60° = \frac{1}{2}$,

$\sin 60° = \frac{1}{2}\sqrt{3}$. Wie ist es mit 45° (Übung 2)?

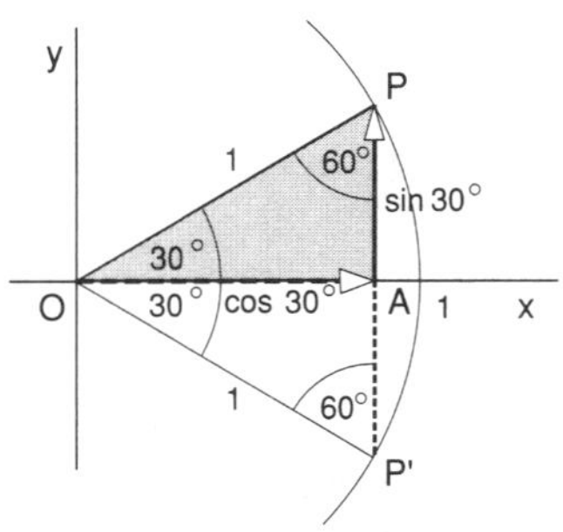

Bild 4: dazu

negative Winkel

❖ Auch *negative* Werte haben wir zugelassen:

sin (–120°) = ? **TR**: 120 [+/–] [sin] → –0,866...:
sin (–120°) = –0,866

$\cos(-\frac{\pi}{4})$ = ? **TR**: RAD einstellen (über DRG-Taste):

[π] [÷] 4 [=] [+/–] [cos] → 0,707...: $\cos(-\frac{\pi}{4}) = 0{,}707$.

Ebensogut kann man auf –45° umrechnen und wie bei sin vorgehen.

Bild 5:
dazu

Man erkennt an Bild 5, daß negative Winkelmaße den cos-Wert unverändert lassen, da die zweiten Schenkel durch Spiegelung an der x-Achse ineinander übergehen, wobei die Abszisse (die x-Stelle) gleich bleibt; aus der Ordinate y_P (dem y-Wert) wird dabei die Gegenzahl $-y_P$:

$$\cos(-\alpha) = \cos\alpha,\quad \sin(-\alpha) = -\sin\alpha.$$

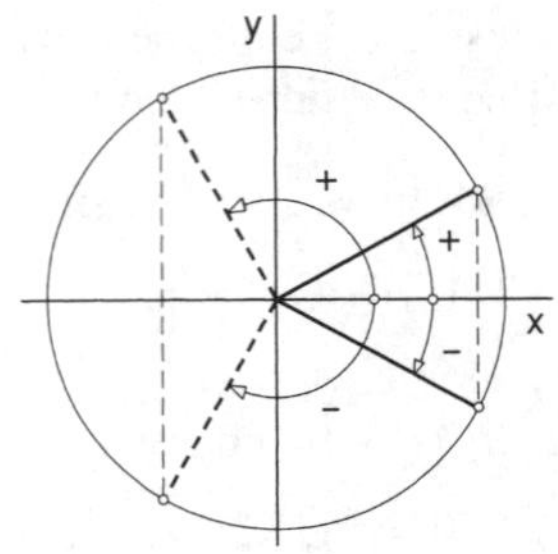

Graphen der Winkelfunktionen

An neuen Funktionen interessieren uns immer die Graphen; um den von sin zu gewinnen, hat man nur die Ordinaten eines umlaufenden Kreispunktes zu übertragen (Bild 6):

Bild 6:
Graph der Sinusfunktion

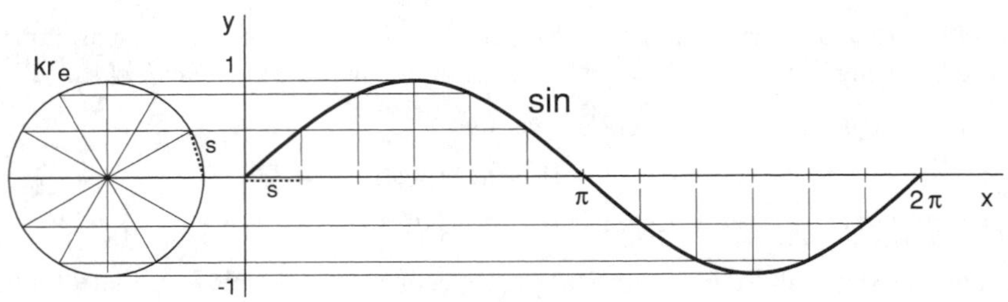

Bild 7:
Vorbereitung
...

Um den cos-Graphen zu erhalten, machen wir von der Beziehung

$$\cos\alpha = \sin(\alpha + 90°)$$

Gebrauch, die neben

$$\sin\alpha = -\cos(\alpha + 90°)$$

für alle $\alpha \in \mathbb{R}$ aus Bild 7 abzulesen ist.

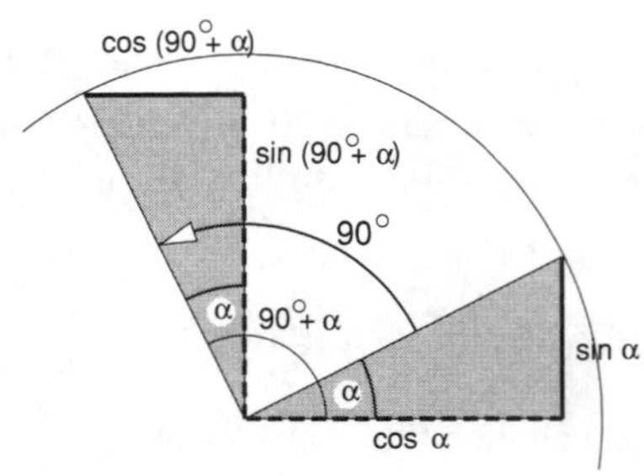

Anders formuliert:

Satz 1:
zu den Graphen von sin und cos

S **Der Graph der Cosinusfunktion geht aus dem der Sinusfunktion durch Schiebung um $\vec{v} = (-\frac{\pi}{2}, 0)$ hervor.**

Ergänzen auf $-2\pi < \alpha \leq 4\pi$ macht den Satz und die *Periodizität* noch deutlicher, wie die Bilder 8 auf der nächsten Seite oben zeigen:

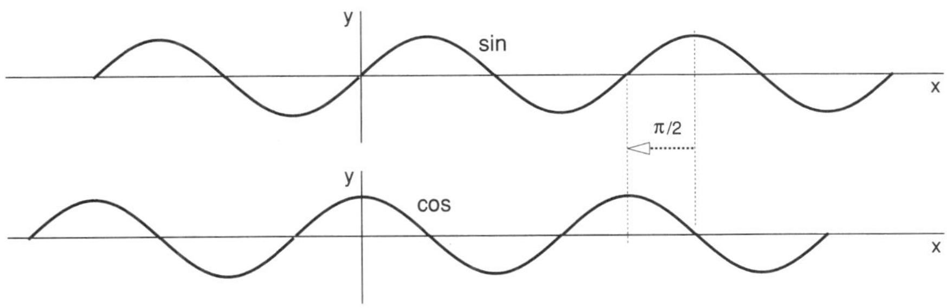

Bilder 8: zum cos-Graph

Eigenschaften der Winkelfunktionen

Bei allen Funktionen ist die Angabe von *Definitions-* und *Wertebereich* nötig. Hier ist $\mathbb{D} = \mathbb{R}$ und W = [–1, 1]. Die Formeln sin (–α) = –sin α bzw. cos (–α) = cos α weisen sin als *ungerade*, cos als *gerade* Funktion aus. Geometrisch ausgedrückt: Die Sinuskurve ist bezüglich des Ursprungs O *punktsymmetrisch*, die Cosinuskurve bezüglich der y-Achse *achsensymmetrisch*.

Nullstellen sind für

sin: $0,\ \pm\pi,\ \pm 2\pi,\ \ldots, \pm k\pi,\ \ldots$

cos: $\pm\frac{\pi}{2},\ \pm 3\frac{\pi}{2},\ \pm 5\frac{\pi}{2},\ \ldots,\ \pm(2n-1)\frac{\pi}{2}, \ldots,$

was aus der Definition und der *Periodizität* folgt.

In geeigneten Intervallen, etwa $\left[-\frac{\pi}{2}, \frac{\pi}{2}\right]$ für sin und [π, 2π] für cos, sind beide Funktionen *streng monoton* (hier wachsend, im Nachbarintervall abnehmend), also auch *injektiv*.

Da sie anschaulich *surjektiv* in W = [–1, 1] sind – jede Parallele zu x schneidet den Kreis um O in mindestens einem Punkt – dürfen wir sin und cos (in den genannten Intervallen) sogar *bijektiv* nennen!

Arkusfunktionen

Dort sind sin und cos also auch *umkehrbar*, und man nennt die entstehenden Funktionen sin* = arcsin und cos* = arccos ***Arkusfunktionen*** (= *zyklometrische* oder *Kreisfunktionen*). Am *Taschenrechner* sind für sie die Tasten INV sin bzw. INV cos oder auch je nach Modell SHIFT sin o.a. vorgesehen.

und Taschenrechner

Ist etwa sin α = 0,123, so kann man mit

.123 [INV] [sin] schon α = arcsin 0,123 = 7,065°

ablesen; ebenso ist bei cos β = 0,456 über

.456 [INV] [cos] schon β = arccos 0,456 = 62,87°.

Ein Tip für *Computeruser* folgt auf Seite 236!

Die wichtigsten Formeln

Von den vielen Beziehungen, die zwischen Winkelfunktionswerten gelten, greifen wir noch zwei heraus. Zunächst folgt aus den *Verschiebungsgleichungen* von oben und den Formeln über negative Winkel:

komplementäre Winkel

$\sin \alpha = -\cos(\alpha + 90°)$; mit

$\beta = \alpha + 90° \Rightarrow \alpha = \beta - 90° = -(90° - \beta)$ wird schon

$\sin(-(90° - \beta)) = -\sin(90° - \beta) = -\cos \beta \Rightarrow$ $\boxed{\cos \beta = \sin(90° - \beta)}$

Ganz analog zeigen Sie bitte (als Übung 6), daß aus

$\cos \alpha = \sin(\alpha + 90°)$ mit $\cos \alpha = \cos(-\alpha)$ folgt $\boxed{\sin \beta = \cos(90° - \beta)}$

Komplement-beziehungen

Beide Formeln, die sogenannten ***Komplementbeziehungen***, lassen sich auch durch Spiegelung an der 1. Winkelhalbierenden (1. *Mediane*) der Koordinatenachsen herleiten (Übung 7 für $\beta < 90°$). Jetzt verstehen wir auch $\sin 60° = \cos 30° = \cos(90° - 60°)$ u.a.m.

und ...

Vielleicht ist Ihnen schon an der Definition aufgefallen, daß etwa $\sin 120° = \sin 60°$ oder $\cos 150° = -\cos 30°$ gilt: Alle Werte, die die P-Koordinaten überhaupt annehmen können, treten ja aus Symmetriegründen schon im 1. Viertelkreis, also bis 90°, auf. Es muß daher Formeln geben, die die Funktionswerte von sin und cos für beliebige $\alpha \in \mathbb{R}$ zurückführen auf die Maße zwischen 0° und 90°! Betrachten wir Bild 9, in dem der Winkel α bzw. das Dreieck OAP mehrfach gespiegelt wurden, so läßt sich ablesen:

Bild 9: Reduktionsformeln

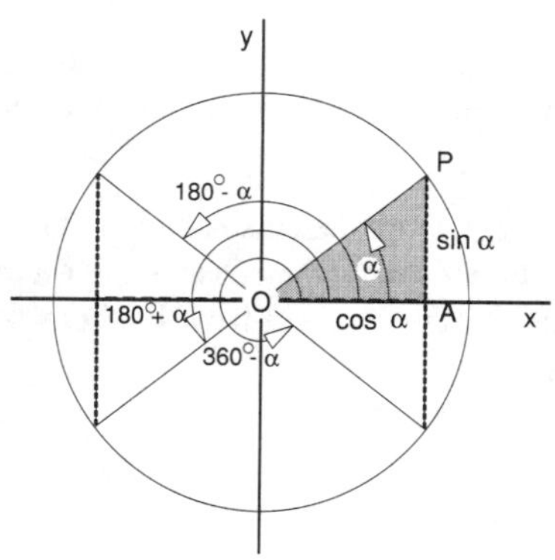

$\sin(180° - \alpha)$	$=$	$\sin \alpha$
$\cos(180° - \alpha)$	$=$	$-\cos \alpha$
$\sin(180° + \alpha)$	$=$	$-\sin \alpha$
$\cos(180° + \alpha)$	$=$	$-\cos \alpha$
$\sin(360° - \alpha)$	$=$	$-\sin \alpha$
$\cos(360° - \alpha)$	$=$	$\cos \alpha$

Diese ***Reduktionsformeln*** (bzw. *Quadrantenbeziehungen*) und andere waren früher besonders wichtig, als man für konkrete Werte auf Tabellen angewiesen war: Es genügte, solche für α mit $0° \leq \alpha \leq 90°$ anzulegen, um damit schon alle Werte bis 360° zu kennen. Heute genügt für jedes beliebige Winkelmaß α ein Druck auf die sin/cos-Taste des Taschenrechners.

Anwendungen

Dennoch benötigt man die Reduktionsformeln wenigstens für *stumpfe* Winkel β mit $90° < \beta \leq 180°$ bei *Dreiecks*berechnungen in der TRIGONOMETRIE, und auch für *überstumpfe* γ mit $180° < \gamma \leq 360°$ bei goniometrischen *Gleichungen*, worauf wir bald zurückkommen!

Weitere Winkelfunktionen

In Anwendungen benötigt man noch eine 3. Winkelfunktion; es ist auch üblich, den Kehrwert ihres Funktionswertes eigens zu benennen:

D — **Definition 2: Tangens- und Cotangensfunktion**

> Unter der ***Tangens***- bzw. der ***Cotangensfunktion*** versteht man die Funktionen
>
> $\tan: x \rightarrow \frac{\sin x}{\cos x}$ bzw. $\cot: x \rightarrow \frac{\cos x}{\sin x} = \frac{1}{\tan x}$
>
> Sie sind überall auf $\mathbb{R}$ mit Ausnahme der Nullstellen der Nennerfunktionen erklärt.

Die Eigenschaften von tan und cot folgen also aus denen von sin und cos! Da ein Bruch immer nur dort verschwindet, wo dies (bei reellem Nenner $\neq 0$) der Zähler tut, haben tan und cot dieselben *Nullstellen* wie ihre Zählerfunktionen sin und cos: tan hat $\pi \cdot k$, $k \in \mathbb{Z}$, cot hat $\frac{\pi}{2} \cdot (2k + 1)$, $k \in \mathbb{Z}$, als Nullstellen.

Beziehungen zwischen tan und cot

Versuchen Sie bitte selbst, die Definitionsbereiche formelmäßig zu notieren, und festzustellen, ob tan oder cot *gerade* bzw. *ungerade* sind (Übung 9).

Natürlich sind tan und cot auch *periodisch*, und es gibt auch hier *Komplement-* und *Quadrantenbeziehungen*! Verwerten wir die bekannten Eigenschaften von sin und cos:

$$\tan(180° - \alpha) = \frac{\sin(180° - \alpha)}{\cos(180° - \alpha)} = \frac{\sin \alpha}{-\cos \alpha} = -\tan \alpha$$

usw., bitte als Übung 10 fortsetzen!

Es entsteht die Vorzeichenverteilung von Bild 10 →

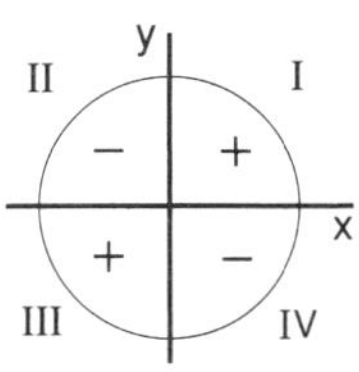

Bild 10: Vorzeichenverteilung

Zur Abwechslung hier eine Beziehung mit dem Cotangens:

$$\cot(90° - \alpha) = \frac{\cos(90° - \alpha)}{\sin(90° - \alpha)} = \frac{\sin \alpha}{\cos \alpha} = \tan \alpha;$$

«tan und cot sind *Kofunktionen* voneinander.»

Kofunktionen

Da ebenso folgt $\tan(180° + \alpha) = \tan \alpha$ (Übung 10), ist die *Periode* hier sogar 180° bzw. π, also die Hälfte der Periode von sin oder cos.

Perioden

Anders ist auch der Wertebereich: Da sin x und cos x beliebig klein werden können und im Nenner auftreten, kann sowohl tan x als auch cot x beliebig groß werden!

B — **Beispiele 3: dazu**

Prüfen Sie am Taschenrechner Werte von tan und cot, die zu Argumenten nahe 90° und nahe 0° gehören, wobei Sie von 45° ausgehen!

$\tan 45° = 1$	$\cot 45° = 1 / \tan 45° = \tan(90° - 45°) = 1$
$\tan 60° = 1{,}732...$ $(= \sqrt{3})$	$\cot 30° = 1 / \tan 30° = \tan 60° = 1{,}732...$
$\tan 80° = 5{,}67...$	$\cot 10° = 1 / \tan 10° = \tan 80° = 5{,}67...$
$\tan 85° = 11{,}43...$	...
$\tan 88° = 28{,}63...$	...
$\tan 89° = 57{,}28...$	...
$\tan 89{,}9° = 572{,}95...$	$\cot 0{,}1° = 1 / \tan 0{,}1° = \tan 89{,}9° = 572{,}95...$

unbeschränkt große Funktionswerte

$$\tan 89{,}99° = 5729{,}57\ldots \qquad \cot 0{,}01° = 1/\tan 0{,}01° = \tan 89{,}99° = 5729{,}57\ldots$$

$$\downarrow \; 90° \quad \downarrow \; \infty \qquad \downarrow \; 0° \quad \downarrow \; \infty$$

Man liest hier auch ohne Beweis ab, daß tan *streng monoton* steigt und cot fällt. Es steigt ja auch sin, es fällt cos, um so mehr steigt sin / cos = tan im I. Quadranten. Da beim 90°-Durchgang cos das Vorzeichen wechselt, springt tan dort von $+\infty$ auf $-\infty$: (tan 90,01° = –5729,57...) und wächst dann bis 0 bei 180°.

Zeichnen Sie bitte (Übung 11) mit diesen Daten die Graphen von tan und cot in $\left[0, \frac{\pi}{2}\right]$.

Monotonie und Umkehrbarkeit

Aus der Monotonie in passenden Intervallen der Länge π (Periode!) folgt auch die Injektivität und mit der Surjektivität (jeder beliebige Wert $\in \mathbb{R}$ wird bei tan und cot erreicht) wie immer die *Umkehrbarkeit*: Wie oben nennt man tan* hier *arctan* (**TR**: INV tan oder SHIFT tan), die ***Arkustangensfunktion***.

arctan und der Computer

Sie ist vor allem für Computer-User von Bedeutung, da dort – anders als beim **TR** – weder für sin noch für cos die Umkehrfunktionen implementiert sind. Will man sich ausgeben lassen, für welchen Winkel x der Sinuswert $y = \sin x = \frac{1}{3}$ ist, muß man den Zusammenhang des *arcsin* mit dem *arctan* kennen! Hier nur die Ergebnisse für sin und cos in ***Turbo-Pascal*** (Band **2**), die Rechnungen dazu folgen:

```
x = arcsin(y) = arctan(y/sqrt(1-sqr(y)))
x = arccos(y) = arctan(sqrt(1-sqr(y))/y)
```

Wir stellen nunmehr die wichtigsten Formeln über die Winkelfunktionen zusammen:

Sätze 2: Übersicht über goniometrische Formeln, die Sie am besten am Einheitskreis prüfen!

S

Für die Winkelfunktionen und $\alpha \in \mathbb{R}$ gelten die Beziehungen:

1. Trigonometrischer Pythagoras und **tan-Definition:**

$$\sin^2 \alpha + \cos^2 \alpha = 1, \qquad \tan \alpha = \frac{\sin \alpha}{\cos \alpha};$$

2. Periodizität:

$$\sin(\alpha + k \cdot 360°) = \sin \alpha, \quad k \in \mathbb{Z}, \quad \text{ebenso } \cos;$$
$$\tan(\alpha + k \cdot 180°) = \tan \alpha, \quad k \in \mathbb{Z};$$

3. Negative Winkel:

$$\sin(-\alpha) = -\sin \alpha, \quad \text{ebenso } \tan, \quad \cos(-\alpha) = +\cos \alpha;$$

4. Verschiebungsgleichungen:

$$\sin(90° + \alpha) = \cos \alpha, \quad \cos(90° + \alpha) = -\sin \alpha;$$

5. Komplementbeziehungen:

$$\sin(90° - \alpha) = \cos \alpha, \quad \cos(90° - \alpha) = \sin \alpha, \quad \text{ebenso } \tan/\cot;$$

6. Quadrantenbeziehungen = Reduktionsformeln:

$$\sin(180° - \alpha) = \sin \alpha, \qquad \sin(180° + \alpha) = -\sin \alpha,$$
$$\cos(180° - \alpha) = -\cos \alpha, \qquad \cos(180° + \alpha) = -\cos \alpha,$$
$$\tan(180° - \alpha) = -\tan \alpha, \qquad \tan(180° + \alpha) = \tan \alpha,$$

$$\sin(360° - \alpha) = -\sin \alpha,$$
$$\cos(360° - \alpha) = \cos \alpha,$$
$$\tan(360° - \alpha) = -\tan \alpha.$$

Goniometrische Gleichungen

Wenden wir uns jetzt den ***goniometrischen*** *Gleichungen* zu. Dabei treten die Unbestimmten als *Argumente* von Winkelfunktionen auf; wegen deren *Periodizität* beschränken wir uns auf Winkel x mit $0° \leq x \leq 360°$ (bei tan / cot genügt $0° \leq x \leq 180°$).

Arten goniometrischer Gleichungen

Als einfachsten Gleichungstyp können wir $\sin x = 0{,}6$ oder $\cos \frac{x}{3} = -\frac{1}{3}$ ansehen sowie $\tan 2x = 4$ und ähnliches. Es tritt nur *eine* Winkelfunktion mit nur *einem* Argument auf, welches man fast unmittelbar am Taschenrechner aufsuchen kann.

Starten wir mit

B **Beispiel 4: der Grundtyp**

$$\sin x = 0{,}6$$

Wir orientieren uns an Bild 11, unten links, und suchen die „richtigen" Quadranten, hier sind es I und II. Der Taschenrechner kann es nicht wissen, deshalb benötigen wir eine gute Skizze! Dann lesen wir am **TR** x_1 als 36,9° ab; x_2 wird damit (*Quadrantenbeziehung*!) $180° - 36{,}9° = 143{,}1°$: Es ist $\mathbb{L} = \{36{,}9°;\ 143{,}1°\}$.

Bilder 11/12: dazu

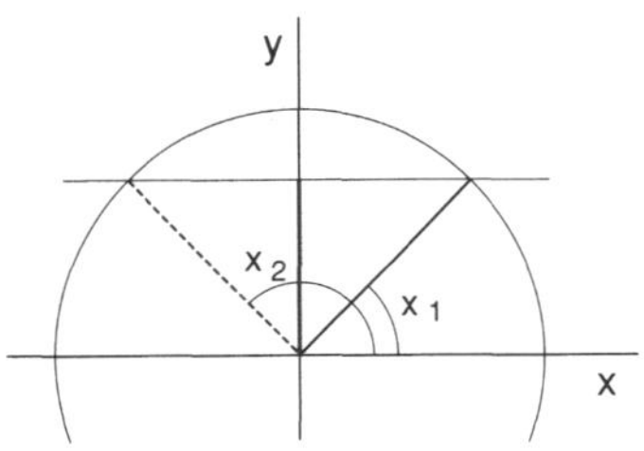

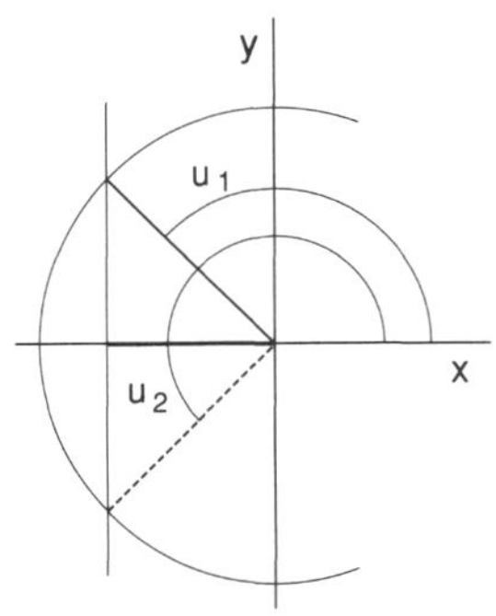

Nicht ganz so einfach ist schon das Beispiel:

B **Beispiel 5: Wir benötigen die Quadrantenbeziehungen**

$$\cos \frac{x}{3} = -\frac{1}{2} \qquad \text{(Bild 12, rechts darüber)}$$

Setzen wir zunächst $\frac{x}{3} = u$, so ist u_1 sicher *stumpf*, da nur dort der Funktionswert von cos *negativ* ist: über den **TR** finden wir $u_1 = 120°$, und u_2 wird, wie die Skizze in Bild 12 verrät, $360° - u_1 = 240°$; jetzt zurück zu $x = 3u$: $x_1 = 360°$ und $x_2 = 720°$: Für Winkel x bis 360° ist $\mathbb{L} = \{360°\}$.

Ist etwa als Forderung gestellt:

B **Beispiel 6: tan ist mit 180° periodisch!**

$$\tan x = -\sqrt{3}\,,$$

so weist das – schon auf den 2. Quadranten; mit φ als spitzem Hilfswinkel ist

$\tan \varphi = +\sqrt{3} \quad \Rightarrow \quad$ (**TR**: 3 [√x] [INV] [tan] → 60) $\varphi = 60°$; mit

$\tan(180° - 60°) = -\tan 60°$ ist $\tan 120° = -\sqrt{3}$, also $x = 120°$.

Sie können auch direkt arctan von $-\sqrt{3}$ am **TR** wie eben eingeben und erhalten $-60°$; Addieren von 180° (Periode!) führt dann auch zu 120° in [0°, 180°].

Beispiel 7: auch quadratische Gleichungen treten auf

In Anwendungen treten oft *quadratische* Gleichungen auf:

B $2\sin^2 x + 5\sin x - 3 = 0$

Man substituiert u := sin x und löst wie in ℂ**9** nach u:

$2u^2 + 5u - 3 = 0$

$u_{1,2} = \frac{1}{4}(-5 \pm \sqrt{25+24}) = \frac{1}{4}(-5 \pm 7) = \langle {}^{-3}_{1/2}$

wegen |sin x| ≤ 1 fällt –3 aus, und $u = \sin x = \frac{1}{2}$ führt auf $x_1 = 30°$ bzw. noch auf $x_2 = 150°$ wegen sin (180° – 30°) = sin 150° = sin 30°: $\mathbb{L} = \{30°, 150°\}$.

Beispiel 8: ... und der trigonometr. Pythagoras

Wir werden auch einer Gleichung der Gestalt

B $\cos\alpha + \cos^2\alpha - \sin^2\alpha = 0$

begegnen. Hier hilft zunächst der *trigonometrische Pythagoras* (Satz 2, Formel 1b und Übung 5): für $\sin^2\alpha$ setzen wir $1 - \cos^2\alpha$:

$\cos\alpha + \cos^2\alpha - (1 - \cos^2\alpha) = 2\cos^2\alpha + \cos\alpha - 1 = 0;$

wieder wird u := cos α substituiert:

$2u^2 + u - 1 = 0;$ wie eben lösen: $u_{1,2} = -1$ und $\frac{1}{2}$;

hier sind beide u_i zulässig: cos α = –1 führt auf $\alpha_1 = 180°$, $\cos\alpha = \frac{1}{2}$ auf $\alpha_2 = 60°$ und $\alpha_3 = 360° - \alpha_2 = 300°$: $\mathbb{L} = \{60°, 180°, 300°\}$.

Beispiel 9: Anwenden der tan-Definition

Sehr oft liegen Gleichungen vor wie

B $3\sin\alpha - 2\cos\alpha = 0$

Natürlich ist auch hier der Einsatz des Pythagoras – etwa $\cos\alpha = \pm\sqrt{1-\sin^2\alpha}$ – und Lösung der Wurzelgleichung $3u \pm 2\sqrt{1-u^2} = 0$ möglich. Einfacher ist es aber, durch cos α zu dividieren (α muß dann ≠ 90°, 270° sein, was ohnehin nicht Lösung sein kann):

$$3\,\frac{\sin\alpha}{\cos\alpha} - 2 = 0 \;\Rightarrow\; 3\tan\alpha - 2 = 0 \;\Rightarrow\; \tan\alpha = \frac{2}{3} \;\Rightarrow$$

$\alpha_1 = 33{,}7°;\ \alpha_2 = 213{,}7°$: $\mathbb{L} = \{33{,}7°; 213{,}7°\}$.

Beispiel 10: ... auch bei 3. Potenzen!

Dieselbe Idee hilft beim Beispiel:

B $4\sin^3\varphi - 3\cos^3\varphi = 0$

Division durch $\cos^3\varphi$ [φ ≠ 90°, 270°]

$$4\,\frac{\sin^3\varphi}{\cos^3\varphi} - 3 = 0 \;\Rightarrow\; 4\tan^3\varphi - 3 = 0 \;\Rightarrow\; \tan\varphi = \sqrt[3]{\frac{3}{4}} \;\Rightarrow$$

$\varphi_1 = 42{,}3°;\ \varphi_2 = 222{,}3°$: $\mathbb{L} = \{42{,}3°; 222{,}3°\}$.

Auf kompliziertere Typen sowie auf Gleichungs*systeme* wie

$x + y = 60° \wedge \sin x - \sin y = 0{,}2$

u.a. verzichten wir, da sie nur mit einiger Gehirnakrobatik lösbar und in einem Grundkurs entbehrlich sind.

Sollte Ihnen eine gemischte Form wie

$$\sin x + \frac{x}{2} = 1$$

begegnen, so können Sie bis Band **3** warten oder es so probieren:

$$\sin x = 1 - \frac{x}{2}$$

Wo schneiden sich die Graphen von sin und

$$l: y = 1 - \frac{x}{2}\,?$$

Man liest an Bild 13 ungefähr x = 0,7 ab.

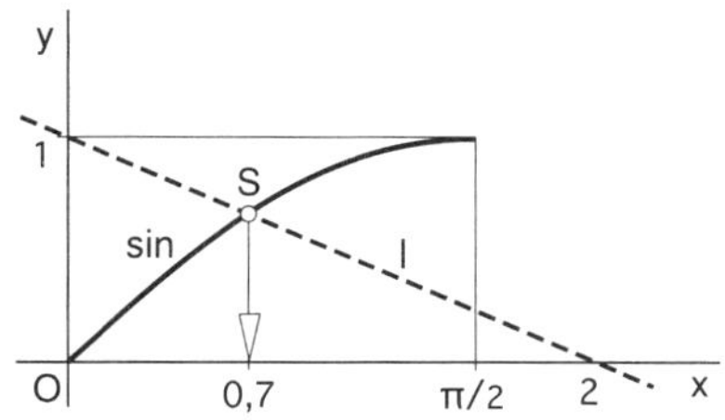

Probieren am Taschenrechner:

$$\sin 0{,}7 + \frac{0{,}7}{2} = 0{,}994 \approx 1$$

Will man es genauer, versucht man Werte nahe 0,7; so erhält mit x = 0,7046 der Gleichungsterm schon den Wert 1,00003!

B **Beispiel 11:** näherungsweise Lösung!

Bild 13: grafisches Hilfsmittel

Schwingungen

Goniometrische Gleichungen treten bei *Extremwertproblemen* (Band **3**) auf oder bei der Frage nach Nullstellen (und Extremstellen) von *verallgemeinerten Winkelfunktionen* sowie in physikalischen Anwendungen. Dabei handelt es sich beispielsweise um ***Schwingungsgleichungen*** der Art $y = r \cdot \sin x$ mit r als *Amplitude*, $y = \sin \omega x$ oder $\sin \omega t$ mit ω als *Kreisfrequenz* (und t als Zeit statt x) oder Kombination beider Formen zu

$$y = r \cdot \sin \omega t$$

Sollen noch *Phasenverschiebungen* dargestellt werden, tritt

$$y = r \cdot \sin(\omega t + \varphi) \text{ auf.}$$

Wo Schwingungen auftreten

Am einfachsten erscheint wohl die Berücksichtigung einer Amplitude; sei etwa r = 2, also $y_1 = 2 \sin x$, so wird jeder Wert von $y = \sin x$ verdoppelt. Ist ω = 2, so wird es bei $y_2 = \sin 2x$ in einer Normalperiode von 360° bzw. 2π nicht nur *eine*, sondern eben *zwei* volle Schwingungen geben. Analog ist in $y_3 = 2 \sin 2x$ die doppelte Schwingungsweite gegenüber y_2 gegeben, Bilder 14:

Begriffe

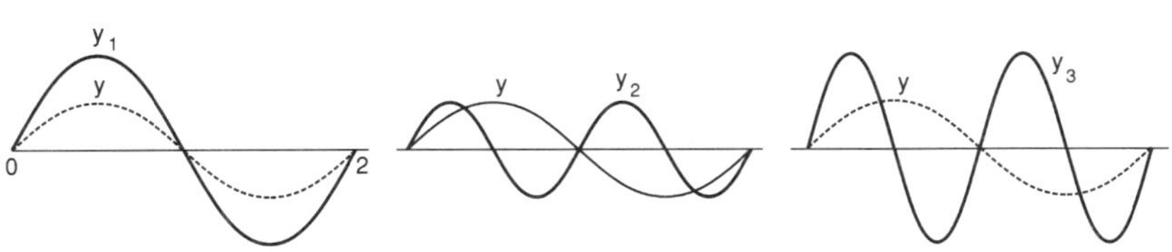

Bilder 14: Musik: Grund- und Obertöne

Musikinstrumente erzeugen nicht nur reine **Grundtöne**, das sind einfache Sinusschwingungen, sondern je nach Instrument noch mehrere **Obertöne** in verschiedener Intensität. Da die Graphen recht kompliziert sind, hier als Beispiel nur die Funktion

$$y = y_1 + y_2 + y_3 \text{ mit } y_1 = \sin x,\; y_2 = \frac{1}{3} \sin 3x \text{ und } y_3 = \frac{1}{5} \sin 5x$$

Bild 15, darunter; wenn Sie neugierig geworden sind, probieren Sie selbst,

$$y_4 = \frac{1}{7} \sin 7x$$

zu addieren: Es wird einer *Rechteck*schwingung noch ähnlicher sehen.

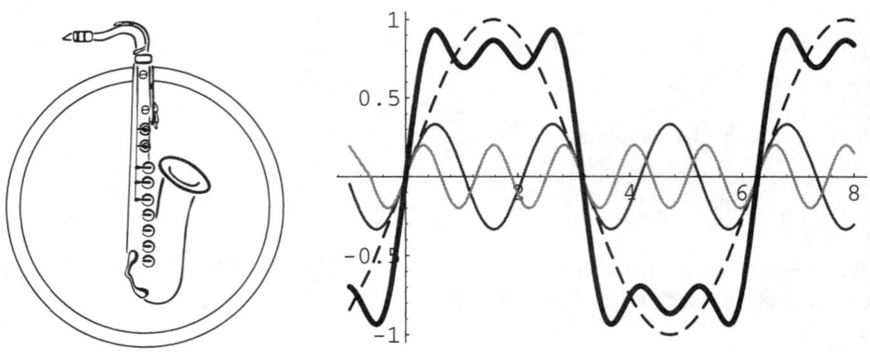

Bild 15: ein typischer Klang als Summe von Grund- und Obertönen

Dämpfung und exponentielle Abnahme

Bei allen Schwingungen, denen nicht regelmäßig Energie zugeführt wird, tritt eine sog. *Dämpfung* auf; die Amplituden nehmen ab. Sehr oft tun sie das *exponentiell*, d. h., es treten Funktionen der Art

$$y = r_0 \cdot e^{-\delta t} \cdot \cos \omega t$$

auf; Näheres dazu folgt in Band **2**! Für Bild 15 sorgte ein starkes *Computerprogramm*, hier war es *Mathematica*™, mit dem wir ab Band **2** konkret arbeiten werden.

Goniometrie

Wir vertiefen nun unsere Kenntnisse über die Zusammenhänge der Winkelfunktionen ein wenig und greifen aus der überreichen Formelfülle die grundlegenden heraus. Dabei interessieren wir uns für eine *Summenformel*, d. h., wir suchen den Funktionswert $w(x_1 + x_2)$ an der Stelle $x_3 = x_1 + x_2$ für eine der Winkelfunktionen w.

Gibt es Summensätze?

Für die einfachste, die *lineare homogene* Funktion, h: $y = k \cdot x$, ist natürlich

$$k \cdot (x_1 + x_2) = k \cdot x_1 + k \cdot x_2$$

in Worten: «Funktionswert der Summe gleich Summe der Funktionswerte».

Doch schon die *quadratische* Funktion, q: $y = x^2$, tanzt aus der Reihe:

$(x_1 + x_2)^2 = x_1^2 + x_2^2$ ist natürlich falsch, da rechts $2x_1x_2$ fehlt!

Wie sieht es damit bei den *Winkelfunktionen*, etwa bei *sin*, aus? Ist hier

$$\sin (x_1 + x_2) = \sin x_1 + \sin x_2\ ?$$

Leider nein, wie man durch Einsetzen spezieller Werte, etwa von jeweils 90°, erkennt: links ist $\sin 180° = 0$, rechts steht $1 + 1 = 2$!

Gibt es dennoch eine Beziehung zu den Funktionswerten der Einzelwinkel? Ja, wir werden sie im 1. Kapitel von Band **2** bei der *Drehung von Ortsvektoren* elegant herleiten. Hier schreiben wir schon einmal die Ergebnisse für sin und cos an als

S

Sätze 3:
1. Summensatz für sin und cos

1. Summensatz:

Für beliebige Argumente α, β gilt:

$$\sin(\alpha+\beta) = \sin\alpha\cdot\cos\beta + \cos\alpha\cdot\sin\beta$$

$$\cos(\alpha+\beta) = \cos\alpha\cdot\cos\beta - \sin\alpha\cdot\sin\beta$$

Überzeugen wir uns durch Einsetzen konkreter Argumentpaare, $\alpha = 30°$, $\beta = 60°$, von der Richtigkeit – dies reichte aber als Beweis nicht aus!

$$\sin(30° + 60°) = \sin 90° = 1$$

$$\sin 30°\cdot\cos 60° + \cos 30°\cdot\sin 60° = \frac{1}{2}\cdot\frac{1}{2}+\frac{1}{2}\cdot\sqrt{3}\cdot\frac{1}{2}\cdot\sqrt{3} = \frac{1}{4}+\frac{3}{4} = 1\,, \quad ✓.$$

Auch für *tan* gibt es einen Summensatz; wir leiten ihn ebenfalls her:

B

Beispiel 12:
Summensatz für tan

Es soll $\tan(\alpha+\beta)$ durch die Einzelwerte $\tan\alpha$ und $\tan\beta$ ausgedrückt werden!

Dazu greifen wir auf die tan-Definition zurück und wenden Satz 3 an:

$$\tan(\alpha+\beta) = \frac{\sin(\alpha+\beta)}{\cos(\alpha+\beta)} = \frac{\sin\alpha\cdot\cos\beta+\cos\alpha\cdot\sin\beta}{\cos\alpha\cdot\cos\beta-\sin\alpha\cdot\sin\beta}$$

dividieren durch $\cos\alpha\cdot\cos\beta$ ($\neq 0$ für $\alpha, \beta \neq 90°$, wo *tan* ohnehin nicht definiert ist!), so wird weiter

$$\tan(\alpha+\beta) = \frac{\frac{\sin\alpha}{\cos\alpha}+\frac{\sin\beta}{\cos\beta}}{1-\frac{\sin\alpha\cdot\sin\beta}{\cos\alpha\cdot\cos\beta}} = \frac{\tan\alpha+\tan\beta}{1-\tan\alpha\cdot\tan\beta}\,,$$

womit unser Ziel doch erreicht ist!

Es gibt auch noch Sätze über die Differenzen $\alpha - \beta$, Sie sind eingeladen, sich in den Übungen darum zu kümmern.

Funktionen doppelter Winkel

Hier setzen wir noch konkret $\beta = \alpha$ in die Terme von Satz 3 ein; es entsteht

$$\sin(\alpha+\alpha) = \sin 2\alpha = \sin\alpha\cdot\cos\alpha+\cos\alpha\cdot\sin\alpha = 2\sin\alpha\cdot\cos\alpha$$

Ebenso einfach ist es für cos:

$$\cos(\alpha+\alpha) = \cos 2\alpha = \cos\alpha\cdot\cos\alpha-\sin\alpha\cdot\sin\alpha = \cos^2\alpha-\sin^2\alpha$$

Die Formel für $\tan 2\alpha$ suchen Sie wieder selbst zur Übung?

Diese und viele aus ihnen mit viel Fantasie und Gespür herleitbaren Formeln waren besonders wichtig, als man noch keine Rechenhilfen außer Logarithmentafeln hatte und daher intensiv nach Vereinfachungen suchte. Dazu hier eine Kostprobe:

B

Beispiel 13:
Aus früheren Zeiten ...

Der Term $\frac{\tan\alpha+\tan\beta}{\cot\alpha+\cot\beta}$ soll möglichst vereinfacht werden!

Wir setzen die Definitionen über sin und cos an, addieren die Brüche und erhalten

$$\frac{\frac{\sin\alpha}{\cos\alpha}+\frac{\sin\beta}{\cos\beta}}{\frac{\cos\alpha}{\sin\alpha}+\frac{\cos\beta}{\sin\beta}} = \frac{\frac{\sin\alpha\cdot\cos\beta+\cos\alpha\cdot\sin\beta}{\cos\alpha\cdot\cos\beta}}{\frac{\cos\alpha\cdot\sin\beta+\sin\alpha\cdot\cos\beta}{\sin\alpha\cdot\sin\beta}} =$$

hier leuchtet der Summensatz heraus (was man nicht unbedingt erkennen muß), wir kürzen und setzen nach Auflösen des Doppelbruchs zum Schluß wieder die tan-Definition an:

Doppelbrüche

$$= \frac{\frac{\sin(\alpha+\beta)}{\cos\alpha\cdot\cos\beta}}{\frac{\sin(\alpha+\beta)}{\sin\alpha\cdot\sin\beta}} = \ldots = \tan\alpha\cdot\tan\beta$$

Auch gewisse Gleichungen lassen sich jetzt erst lösen:

Beispiel 14: doppelte Winkel

B Es sind alle Lösungen bis 360° von $\sin 2x = -\sin x$ gesucht.

Wir verwenden die oben eruierte Formel für den doppelten Winkel 2x und haben

$$2\sin x\cos x = -\sin x \;\Rightarrow\; \sin x\,(2\cos x + 1) \;\Rightarrow$$

$$\sin x = 0 \quad \text{oder} \quad 2\cos x + 1 = 0 \quad [\Rightarrow \cos x = -\tfrac{1}{2}];$$

dies beherrschen wir aber schon, es wird $x_{1,2} = 0°, 180°$ (von $\sin x = 0$), und die 2. Gleichung liefert $x_{3,4} = 120°, 240°$ dazu.

Auf eine quadratische Gleichung werden wir geführt im gleich gebauten Beispiel:

Beispiel 15: trigonometr. Pythagoras

B Statt *sin* soll oben *cos* gesetzt werden:

$$\cos 2x + \cos x = 0$$

Natürlich nehmen wir die cos 2x-Formel zu Hilfe:

$$\cos 2x = \cos^2 x - \sin^2 x$$

und erinnern uns an den *trigonometrischen Pythagoras* (Satz 3), woraus wir sin x ausdrücken und einsetzen

$$\cos^2 x - (1 - \cos^2 x) + \cos x = 0 \;\Rightarrow\; 2\cos^2 x + \cos x - 1 = 0;$$

und wir sind glücklich beim Beispiel 8 gelandet: weiter geht es wie dort!

Sie suchen etwas Anspruchsvolleres?

Beispiel 16: dreifache Winkel

B Gut, entwickeln Sie eine Formel für sin 3x, in der nur sin x auftritt, und lösen Sie:

$$4\sin^3 x = -\sin 3x + 2\sin 2x - \sin x$$

Keine Sorge, es sieht schlimmer aus, als Sie befürchten! Zunächst ist nach dem 1. Summensatz

$$\sin 3x = \sin(2x + x) = \sin 2x\cdot\cos x + \cos 2x\cdot\sin x = (2\sin x\cos x)\cdot\cos x + {}$$
$$+ (\cos^2 x - \sin^2 x)\cdot\sin x = \ldots = 3\sin x\cdot\cos^2 x - \sin^3 x$$

Jetzt ist wieder der *trigonometrische Pythagoras* an der Reihe:

$$\sin 3x = 3\sin x\cdot(1 - \sin^2 x) - \sin^3 x = \ldots = 3\sin x - 4\sin^3 x$$

Dies in unsere goniometrische Gleichung eingesetzt, führt auf

$$4\sin^3 x = -(3\sin x - 4\sin^3 x) + 2\sin 2x - \sin x \;\Rightarrow\; (4\sin^3 x \text{ hebt sich weg})$$
$$0 = 2\sin 2x - 4\sin x \;\Rightarrow\; \sin 2x - 2\sin x = 0$$

Wegen der starken Ähnlichkeit mit Beispiel 14 schaffen Sie es sicherlich alleine bis zum Ende (als Übung 20c)!

Nochmals: Summensätze

Unsere goniometrische Ausgangsfrage war die nach der Gültigkeit von $\sin(\alpha+\beta) = \sin\alpha + \sin\beta$. Die Antwort für den *linken* Term kennen wir: 1. Summensatz! Wie steht es nun mit dem *rechten*, da er doch *nicht gleich* dem linken ist?

Mit ein wenig Rechenarbeit und den (für Sie in Übung 14 reservierten) restlichen beiden Aussagen über die *Differenzen* $\alpha - \beta$ gelingt es auch hier, Antworten zu geben:

Sätze 4: 2. Summensatz

2. Summensatz:

Für beliebige Argumente α, β gilt

$$\sin\alpha + \sin\beta = 2\sin\frac{\alpha+\beta}{2}\cdot\cos\frac{\alpha-\beta}{2}$$

$$\cos\alpha + \cos\beta = 2\cos\frac{\alpha+\beta}{2}\cdot\cos\frac{\alpha-\beta}{2}$$

Den Beweis führen Sie (mit Anleitung) bitte als Übung 17. Sie werden dabei so nebenbei auch entsprechende Formeln für die *Differenzen* erhalten!

Auch hierzu eine hübsche Anwendung aus früheren Tagen (der geplagten Benutzer von Logarithmentafeln):

Beispiel 17: Anwendung zur Termvereinfachung

Für den Term

$$\frac{\sin\alpha + \sin\beta}{\cos\alpha + \cos\beta}$$

ist ein gleichwertiger – möglichst ohne Summen – gesucht!

Setzen wir einfach nach Satz 4 ein; es wird weiter

$$\frac{2\sin\frac{\alpha+\beta}{2}\cos\frac{\alpha-\beta}{2}}{2\cos\frac{\alpha+\beta}{2}\cos\frac{\alpha-\beta}{2}} = \text{(kurzen)}\ \frac{\sin\frac{\alpha+\beta}{2}}{\cos\frac{\alpha+\beta}{2}} = \tan\frac{\alpha+\beta}{2}$$

was natürlich viel leichter zu handhaben war und ist.

Ausblick

Eine weitere Anwendung beider Summensätze folgt im nächsten Kapitel ℂ**11** bei der Berechnung von Dreiecken nach dem sog. *Sinussatz*.

Schließen wollen wir mit der Anmerkung, daß die Summensätze in der ANALYSIS (Band **3**) zu Beweiszwecken gern eingesetzt werden, und daß wir ihnen in ganz ähnlicher Form auch noch bei den sog. *Hyperbelfunktionen* begegnen werden.

Beispiel 18: Computerformeln für arcsin und arccos

Halt, fast hätten wir die Computerfreaks vergessen, die die Formeln von Seite 236 für arcsin und arccos vielleicht nicht restlos verstanden haben! Zunächst war ja

$$y = \sin x \;\Rightarrow\; x = \arcsin y, \quad (\text{ebenso } y = \cos x \;\Rightarrow\; x = \arccos y)$$

und natürlich

$$z = \tan x \;\Rightarrow\; x = \arctan z; \text{ verfolgen Sie diese Zeile:}$$

$$\tan x = \frac{\sin x}{\cos x} = \frac{\sin x}{\sqrt{1-\sin^2 x}} = \frac{y}{\sqrt{1-y^2}} = z \;\Rightarrow\; x = \arctan z\ ,$$

und ganz analog ist es beim *cos*! Ersetzen Sie z und schreiben Sie, wie in *Turbo-Pascal* üblich, `sqrt` für die Wurzel und `sqr` für das Quadrat, so sind die genannten Formeln erreicht!

Übungsaufgaben

1. Geben Sie die (ungefähren) Winkelmaße in Grad und in Radiant an:

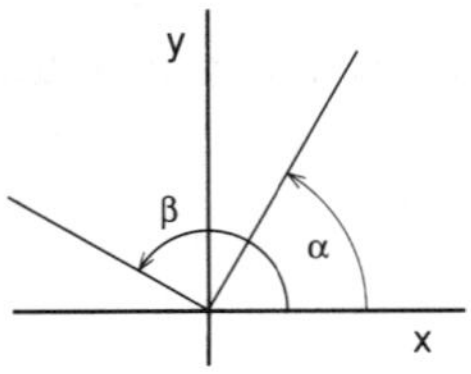

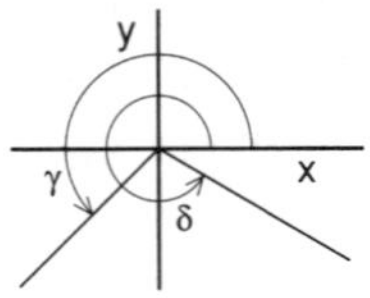

2. Verwenden Sie die Periodizität, um auf Winkel im Grundintervall $0° \leq \alpha \leq 360°$ (bzw. $0 \text{ rad} \leq \alpha \leq 2\pi \text{ rad}$ in Aufgabe c) zurückzuführen!
   a) $\sin 450°$ b) $\cos 770°$ c) $\sin 11\pi$

   Die Formeln über negative Winkel erlauben dies auch bei
   d) $\sin(-1440°)$ e) $\cos(-500°)$ f) $\cos(-\frac{15}{2}\pi)$

3. a) Zeichen Sie ein Quadrat samt Diagonale, und berechnen Sie sin 45° und cos 45°!
   b) Geben Sie danach die sin-/cos-Werte für 0°, 30°, 45°, 60° und 90° an!

4. Zeichnen Sie den Graph der Cosinusfunktion in $0 \leq \alpha \leq 360°$ (2π) mit Hilfe von $\cos\alpha = \sin(\alpha + 90°)$.

5. Beweisen sie am Einheitskreis mit Hilfe des Satzes von Pythagoras, daß im Intervall $\left[0, \frac{\pi}{2}\right]$ die Funktion *cos* streng monoton fällt, wenn *sin* streng monoton steigt!

6. Weisen Sie mit Hilfe der Formel in Übung 4 $\sin\beta = \cos(90° - \beta)$ nach!

7. Zeigen Sie $\sin\beta = \cos(90° - \beta)$ anhand einer Skizze!

8. Wenden Sie die Quadrantenbeziehungen an, um auf spitze Winkel zurückzuführen:
   a) $\sin 120°$ b) $\cos 150°$ c) $\sin 225°$ d) $\cos 240°$ e) $\sin 300°$ f) $\cos 330°$.

9. Geben Sie
   a) Definitions- und Wertebereiche von *tan* und *cot* an;
   b) an, ob tan bzw. cot gerade oder ungerade sind!

10. Notieren Sie die fehlenden Quadranten- und Komplementbeziehungen für tan und cot!

11. Zeichnen Sie die Graphen von tan und cot in $\left[0, \frac{\pi}{2}\right]$.

12. Stellen Sie wie im Text grafisch dar:
    $y = \sin x$, $y_1 = 3\sin x$, $y_2 = \sin\frac{1}{2}x$, $y_3 = 3\sin\frac{1}{2}x$.

13. Gilt der „ideale Summensatz" «Funktionswert der Summe = Summe der Funktionswerte» für
   a) die inhomogene lineare Funktion l: $y = k \cdot x + d,\ d \neq 0$
   b) die Bogenmaßfunktion arc: $y = \text{arc } x = \frac{b}{r}$, die einem Winkel x als Bogenmaß den Quotienten «Bogenlänge – die zu x gehört –, dividiert durch Radius» zuordnet?

14. Setzen Sie $-\beta$ statt β in die 1. Summensätze für *sin* und *cos* ein, und verwenden Sie Ihre Kenntnisse über sin/cos-Werte negativer Winkel, um die restlichen Formeln von $(\alpha - \beta)$ herzuleiten.

15. Setzen Sie in den 1. Summensatz für *tan* konkret $\beta = \alpha$, um eine Aussage für tan 2α zu gewinnen; welche Belegung für α ist auszuschließen?

16. Leiten Sie eine Beziehung für cos 3α her, in der nur cos α-Terme auftreten.

17. Auf dem Weg zu den „2. Summensätzen": Greifen Sie auf die 1. Summensätze zurück (inkl. Aussagen über Differenzen) und bilden Sie die Terme
   $\sin(\alpha + \beta) \pm \sin(\alpha - \beta)$ sowie $\cos(\alpha + \beta) \pm \cos(\alpha - \beta)$
   d.s. 4 Formeln; überall substituieren Sie dann „links" $x := \alpha + \beta$ und $y := \alpha - \beta$. Drücken Sie daraus α und β (als Terme von x, y) aus und setzen Sie diese „rechts" ein. Welche Ergebnisse dürfen Sie stolz präsentieren?

18. Lösen Sie anhand von Skizzen die goniometrische Gleichung in [0°, 360°]
   a) $\cos x = 0{,}15$ b) $\sin x = -\frac{1}{2}$

19. Lösen Sie durch passende Substitution in [0°, 360°]
   a) $\sin^2 x + 2 \sin x + 1 = 0$ b) $\cos x - \frac{3}{\cos x} - 2 = 0$

20. Denken Sie an den trigonometrischen Pythagoras bzw. an die Definition von tan, um zu lösen:
   a) $4 \sin x + 3 \cos x = 2$ b) $\cos^2 x - \sin^2 x = 0$ c) $\sin 2x - 2 \sin x = 0$

Zu den Lösungen

Lösungen

1. $\alpha = 60° = \frac{\pi}{2}$ rad, $\beta = 150° = \frac{5\pi}{6}$ rad, $\gamma = 225° = \frac{5\pi}{4}$ rad, $\delta = 330° = \frac{11\pi}{6}$ rad

2. a) $\sin 450° = \sin(90° + 1 \cdot 360°) = \sin 90°$,
   b) $\cos 770° = \cos(50° + 2 \cdot 360°) = \cos 50°$,
   c) $\sin 11\pi$ (rad) $= \sin(\pi + 5 \cdot 2\pi) = \sin \pi$ (rad)
   d) $\sin(-1440°) = -\sin 1440° = -\sin(0° + 4 \cdot 360°) = -\sin 0° = 0$
   e) $\cos(-500°) = \cos 500° = \cos(140° + 1 \cdot 360°) = \cos 140°$
   f) $\cos(-\frac{15\pi}{2}) = \cos\frac{15\pi}{2} = \cos(\frac{3\pi}{2} + 3 \cdot 2\pi) = \cos\frac{3\pi}{2}$

3. a) Die Hypotenuse $\overline{OP}$ läßt sich als Diagonale im Quadrat (Bild rechts) auffassen, also folgt
   $\overline{OA} = \cos 45° = \sin 45° = AP = \frac{1}{\sqrt{2}} = \frac{\sqrt{2}}{2}$.
   b) $\sin 0° = \cos 90° = 0$, $\sin 30° = \cos 60° = \frac{1}{2}$,
   $\sin 45° = \cos 45° = \frac{\sqrt{2}}{2}$, $\sin 60° = \cos 30° = \frac{\sqrt{3}}{2}$,
   $\sin 90° = \cos 0° = 1$.

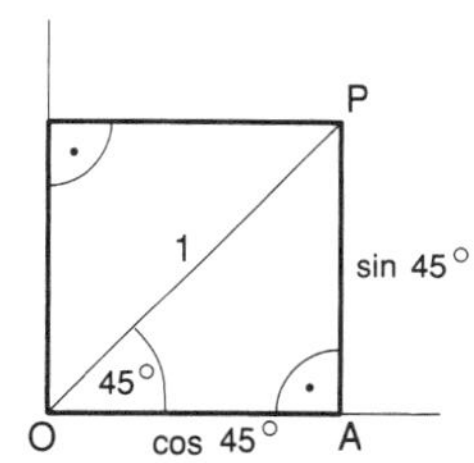

4.

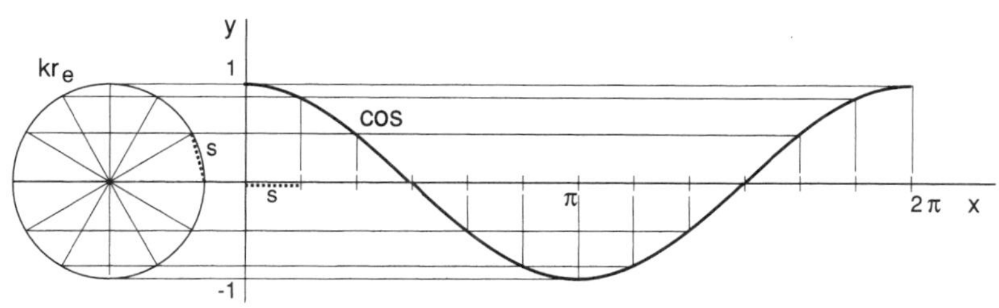

5. Mit $\alpha < \beta$ gilt nach der Skizze →→ $\sin\alpha < \sin\beta$ und $\cos\alpha > \cos\beta$. Weiter ist nach dem *SvP* in den rechtw. Dreiecken $(\cos\alpha)^2 + (\sin\alpha)^2 = 1^2$ und $(\cos\beta)^2 + (\sin\beta)^2 = 1^2$. Mit $\sin\alpha$ *wächst* auch $\sin^2\alpha := (\sin\alpha)^2$, also muß wegen der festen Summe 1 der 2. Summand $\cos^2\alpha := (\cos\alpha)^2$ *fallen*, w.z.z.w. (nochmals: d.h. was zu zeigen war; auch w.z.b.w. (… beweisen …); kurz ✔).

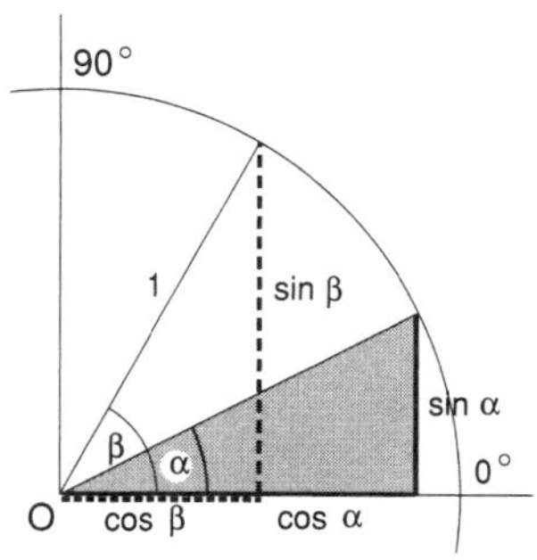

6. $\cos\alpha = \sin(\alpha + 90°)$; $\beta = \alpha + 90°$ ⇒ $\alpha = \beta - 90°$ ⇒ $\cos(\beta - 90°) = \sin\beta$; wegen $\cos(\beta - 90°) = \cos(-(\beta - 90°)) = \cos(90° - \beta)$ ist nun $\sin\beta = \cos(90° - \beta)$, w.z.z.w.

7. Spiegeln an w_1 führt die senkrechte Strecke von P im Bild →→ bis zur x-Achse in die gleich lange Waagrechte von P' bis zur y-Achse über; ihre Länge ist einerseits sin β, andrerseits als Abszisse von P' nach Definition cos (90° – β), w.z.z.w.

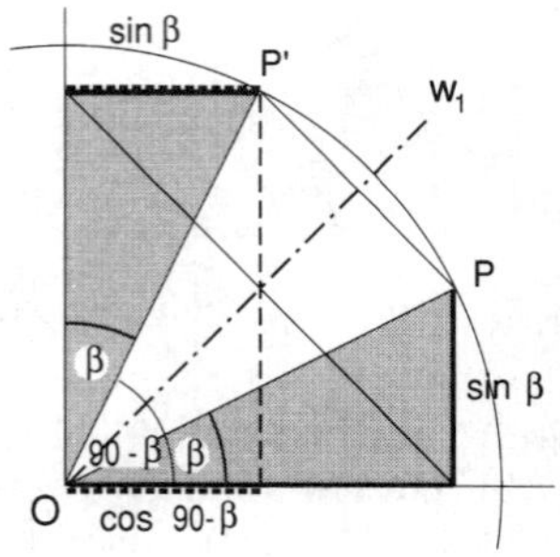

8. a) sin 120° = sin (180° – 60°) = sin 60°;
   b) cos 150° = ... = –cos 30°
   c) sin 225° = ... = –sin 45°
   d) cos 240° = –cos 60°
   e) sin 300° = –sin 60°
   f) cos 330° = cos 30°

9. a) Der Definitionsbereich von tan ist $\mathbb{R} \setminus \{\text{Nullstellen von cos}\}$, der von cot analog $\mathbb{R} \setminus \{\text{Nullstellen von sin}\}$; beide Wertebereiche sind $\mathbb{R}$.

   b) Wegen $\tan x := \frac{\sin x}{\cos x}$ ist $\tan(-x) = \frac{\sin(-x)}{\cos(-x)}$ und weiter mit $\sin(-x) = -\sin x$ und $\cos(-x) = \cos x$ gleich $-\frac{\sin x}{\cos x}$; dies ist aber gleich –tan x, und tan (–x) = –tan x weist schon *tan* als ungerade aus, ✔.

   Ebenso ist *cot* ungerade wegen $\cot(-x) = \frac{\cos(-x)}{\sin(-x)} = \frac{\cos x}{-\sin x} = -\cot x$.

10. $\cot(180° - \alpha) = \frac{\cos(180° - \alpha)}{\sin(180° - \alpha)} = \frac{-\cos\alpha}{\sin\alpha} = -\cot\alpha$; ebenso

    $\cot(360° - \alpha) = ... = -\cot\alpha$; $\tan(90° - \alpha) = ... = \cot\alpha$; $\tan(180° + \alpha) = ... = \tan\alpha$; $\cot(180° + \alpha) = ... = \cot\alpha$;

11. tan zeichnen wir aus einigen Werten [Tabelle im Text],
    cot ebenso oder aus $\cot = \frac{1}{\tan\alpha}$
    oder aus Komplementbeziehung
    $\cot\alpha = \tan(90° - \alpha)$.

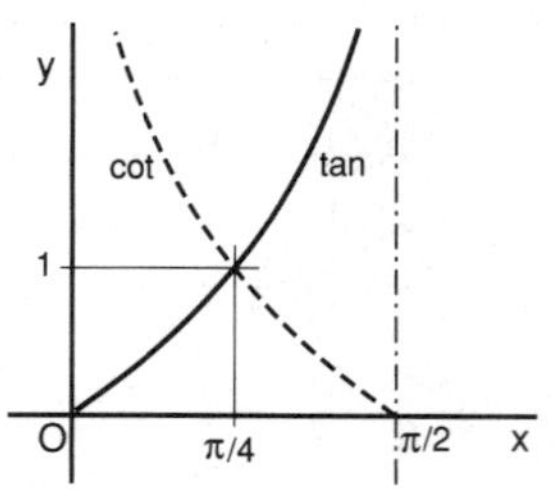

12.

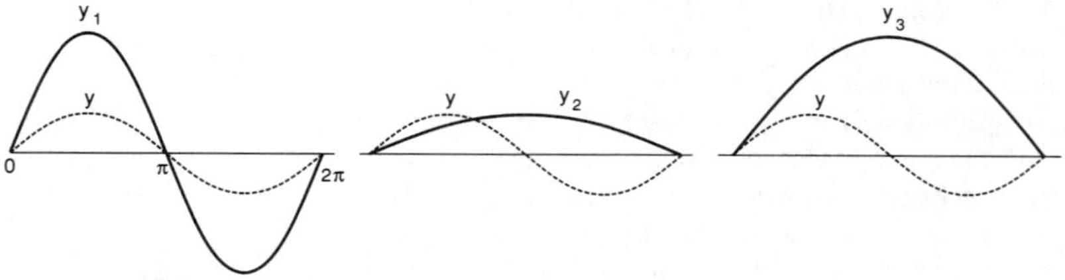

13. a) $k(x_1 + x_2) + d = (?)\ (kx_1 + d) + (kx_2 + d)$ ... nein, da $d \neq 2d$!

    b) $\text{arc}(x_1 + x_2) = \frac{b_1 + b_2}{r} = (?)\ \text{arc}\,x_1 + \text{arc}\,x_2 = \frac{b_1}{r} + \frac{b_2}{r}$ ... ja, ✓

14. $\sin(\alpha - \beta) = \sin\alpha\cos(-\beta) + \cos\alpha\sin(-\beta) = \sin\alpha\cos\beta - \cos\alpha\sin\beta$
    $\cos(\alpha - \beta) = \cos\alpha\cos(-\beta) - \sin\alpha\sin(-\beta) = \cos\alpha\cos\beta + \sin\alpha\sin\beta$

15. $\tan(\alpha + \alpha) = \tan 2\alpha = \dfrac{\tan\alpha + \tan\alpha}{1 - \tan\alpha \cdot \tan\alpha} = \dfrac{2\tan\alpha}{1 - \tan^2\alpha}$

Es muß $1 \neq \tan^2\alpha \Rightarrow \tan\alpha \neq \pm 1$ sein; dies ist für $\alpha = \pm 45° + k \cdot 180°$ der Fall!

16. $\cos 3\alpha = \cos(2\alpha + \alpha) = \cos 2\alpha \cos\alpha - \sin 2\alpha \sin\alpha =$
$= (\cos^2\alpha - \sin^2\alpha)\cos\alpha - 2\sin\alpha\cos\alpha\sin\alpha =$
$= \cos^3\alpha - 3\sin^2\alpha\cos\alpha = \ldots = 4\cos^3\alpha - 3\cos\alpha$

17. $\sin(\alpha + \beta) + \sin(\alpha - \beta) = \ldots = 2\sin\alpha\cos\beta$ (die anderen heben sich auf!)
$\sin(\alpha + \beta) - \sin(\alpha - \beta) = \ldots = 2\cos\alpha\sin\beta$
$\cos(\alpha + \beta) + \cos(\alpha - \beta) = \ldots = 2\cos\alpha\cos\beta$
$\cos(\alpha + \beta) - \cos(\alpha - \beta) = \ldots = -2\sin\alpha\sin\beta$

Nun folgt durch Addition der Gleichungen $x = \alpha + \beta$ und $y = \alpha - \beta$ schon $x + y = 2\alpha$, d. h., $\alpha = \frac{1}{2}(x + y)$; Subtraktion liefert ebenso $b = \frac{1}{2}(x - y)$. Dies alles in die vier Formeln eingesetzt, ergibt die 2. Summensätze:

$\sin x + \sin y = 2\sin\frac{x+y}{2}\cos\frac{x-y}{2}$ usw.

18. a) $\cos x = 0{,}15 \rightarrow$ **TR**: $x_1 = 81{,}4°$, nach Skizze aber auch $x_2 = 360° - 81{,}4° = 278{,}6°$.
b) $\sin x = -\frac{1}{2}$; mit φ als pos. spitzem Hilfswinkel und $\sin\varphi = \frac{1}{2} = 0{,}5$ wissen wir $\varphi = 30°$; die Skizze rechts führt damit auf $x_1 = 180° + \varphi = 210°$ und $x_2 = 360° - \varphi = 330°$.

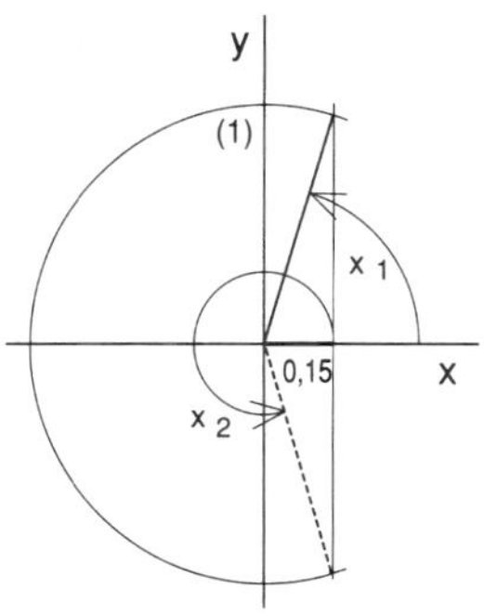

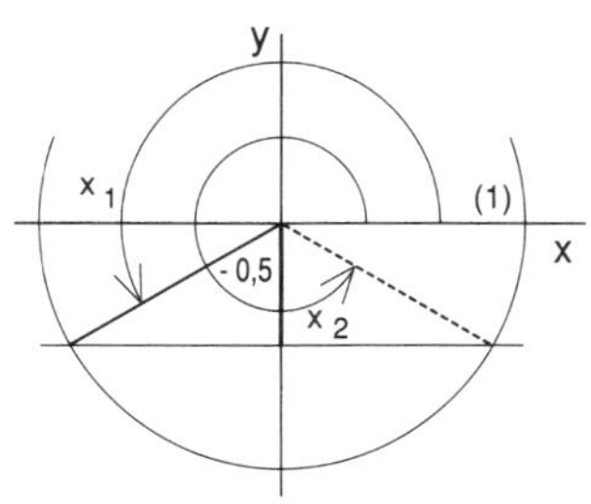

19. a) $u := \sin x$; $u^2 + 2u + 1 = 0 \Rightarrow (u + 1)^2 = 0 \Rightarrow u + 1 = 0 \Rightarrow u = -1$;
$\sin x = -1 \Rightarrow x = 270°$ bzw. $\mathbb{L} = \{270°\}$.

b) $v := \cos x$; $v - \frac{3}{v} - 2 = 0 \Rightarrow v^2 - 2v - 3 = 0 \Rightarrow (v + 1)(v - 3) = 0$;
1. Faktor gleich null $\rightarrow v = -1 \Rightarrow \cos x = -1 \Rightarrow x = 180°$
($\cos x = 3$ entsprechend 2. Faktor gleich Null ist unmöglich).

20. a) $\cos x = \pm\sqrt{1 - \sin^2 x}$: $4\sin x - 2 = -3(\pm\sqrt{1 - \sin^2 x})$ $|^2$ [→ Probe!]
$(4\sin x - 2)^2 = 9(1 - \sin^2 x)$
$25\sin^2 x - 16\sin x - 5 = 0$ $|\ u := \sin x$
$25u^2 - 16u - 5 = 0$
$u_{1,2} = \frac{1}{50}(16 \pm \sqrt{16^2 + 20 \cdot 25}) = \begin{cases} -0{,}230 \\ +0{,}870 \end{cases}$

$$x_{1,2} = \arcsin \left\langle \begin{matrix} -0{,}230 \\ +0{,}870 \end{matrix} \right. = \left\langle \begin{matrix} -13{,}30° \\ 60{,}45° \end{matrix} \right.$$

Probe: 60,45° fällt durch; $\underline{x = -13{,}3°}$

b) $\cos^2 x = \sin^2 x \qquad | \sqrt{}$

$\pm\cos x = \sin x \qquad | : \cos x$

$\pm 1 = \tan x \quad \Rightarrow \quad x = 45°, 225°$ für $+1$; $\quad x = 135°, 315°$ für -1.

c) $\sin 2x - 2 \sin x = 0$

$2 \sin x \cos x - 2 \sin x = 0$

$2 \sin x (\cos x - 1) = 0 \quad \Rightarrow \quad \sin x = 0$ oder $\cos x = 1$:

$x_i = 0°, 180°; \ (0°); \ + k \cdot 360°.$

Zum nächsten Kapitel

Teil D

11. Kapitel

11

D

Geometrie II und lineare Algebra

Trigonometrie

Dieser vierte und letzte Teil von Band **1**, $\mathbb{D}$, ist zwei mathematischen Bereichen gewidmet, die eng miteinander verflochten sind. Zunächst aber wenden wir die Ergebnisse des letzten Kapitels praktisch an: Davon handelt die TRIGONOMETRIE im folgenden Kapitel **11**, die wir wegen ihrer Zentralfigur, dem *Dreieck*, zu den *geometrischen* Disziplinen zählen.

Vektor und Vektorraum

Dann geht es zurück zur ebenen und räumlichen GEOMETRIE, Teil $\mathbb{B}$, und dort wieder zu den *Schiebungen*, besonderen Abbildungen der Ebene bzw. des Raums auf sich. Sie lassen sich durch **Vektoren** beschreiben, womit der zentrale Begriff des **12**. Kapitels genannt ist.

Determinante

Aus dem Zusammenhang mit dem geometrischen Ursprung heraus lernen wir, mit diesen neuen Größen umzugehen, entwickeln also die Gesetze des *Vektorraums*. Danach werden wir die *Vektorprodukte* und noch den Begriff der *Determinante* einführen.

Gleichungssysteme

Matrix

Dann geht es im **13**. Kapitel darum, etwas zunächst scheinbar ganz anderes zu tun, nämlich **lineare Gleichungssysteme** zu lösen, was wir in $\mathbb{C}$**8** bei den linearen Funktionen schon zart begonnen hatten. Es zeigt sich, daß der Vektorbegriff hier zur Formulierung der Problemstellung und zur Lösung solcher Systeme sehr hilfreich ist. Dabei wird es auch nützlich sein, vom Vektor aus zu einer Verallgemeinerung, der **Matrix**, weiter zu gehen: Damit wird eine klare Übersicht über alle Lösungsfälle möglich. Dies ist wesentlicher Inhalt der LINEAREN ALGEBRA. Über den theoretischen Erörterungen wird aber der Anwender nicht vergessen!

Ausblick

Daß sich Gleichungen mit 2 und 3 Variablen dann wieder geometrisch deuten und als Geraden und Ebenen im Raum veranschaulichen lassen, ist Inhalt von Teil $\mathbb{E}$, VEKTORIELLE ANALYTISCHE GEOMETRIE, in Band **2**.

Trigonometrie

Winkelfunktionen im rechtwinkligen Dreieck

mit der Hypotenuse c

Nun sollen die Winkelfunktionen zur *Dreiecksberechnung* – auch und vor allem in praktischen Anwendungen – verwendet werden, wir werfen damit einen Blick in die sog. ***Trigonometrie***. Dazu gehen wir zunächst zur Definition am *Einheitskreis* zurück und strecken mit dem Faktor c, was alle auftretenden Streckenlängen ver-c-facht. Am extra herausgezeichneten *rechtwinkligen Dreieck* in Bild 1 liest man ab:

Von β aus gesehen ist b „Gegenkathete", a „An(liegende)kathete": sin β ist demnach im rechtwinkligen Dreieck der *Quotient* aus Gegenkathete und Hypotenuse, cos β ist der Quotient aus Ankathete und Hypotenuse. Genauso ist es für α:

$$\sin\alpha = \sin(90° - \beta) = \cos\beta = \tfrac{a}{c}; \qquad \cos\alpha = \cos(90° - \beta) = \sin\beta = \tfrac{b}{c}$$

Für tan β folgt wegen $\tan\beta := \dfrac{\sin\beta}{\cos\beta}$

$$\tan\beta = \frac{b/c}{a/c} = \frac{b}{a} \quad \text{(Doppelbruch und kürzen; der Kehrwert } \frac{a}{b} = \frac{1}{\tan\beta} \text{ heißt } \cot\beta.\text{)}$$

Ebenso überlegt man für α und tan α.

Bilder 1: dazu

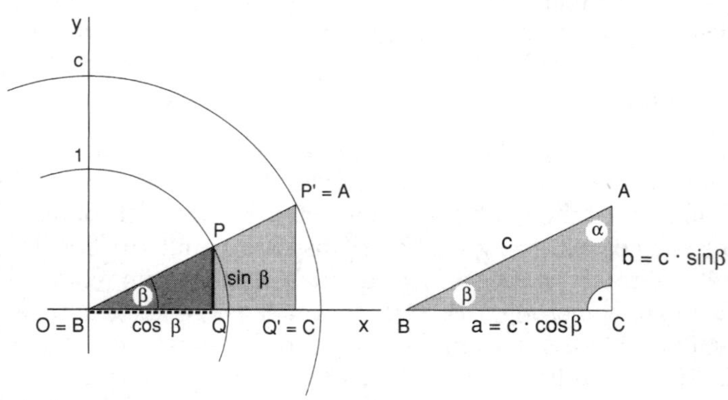

Halten wir fest:

Satz 1: sin, cos und tan als Seitenverhältnisse

S

Im rechtwinkligen Dreieck ist stets (φ steht für α und β):

sin φ = Gegenkathete / Hypotenuse,
cos φ = Ankathete / Hypotenuse,
tan φ = Gegenkathete / Ankathete, cot φ = 1 / tan φ.

Da nun der rechte Winkel (meist $\gamma = 90°$) fest vorgegeben ist, können wir ein rechtwinkliges Dreieck aus zwei weiteren Stücken berechnen; diese können sein:

1. Zwei Seiten, d. h.,
   a) zwei Katheten (a, b),
   b) Kathete und Hypotenuse (a, c oder b, c);
2. Seite und Winkel, d. h.,
   a) Kathete und Winkel (a, α oder β bzw. b, α oder β),
   b) Hypotenuse und Winkel (c, α oder c, β).

Übersicht

Lösungsfälle

Wir gehen nun diese *vier* Möglichkeiten einzeln durch und verwenden natürlich den Taschenrechner (**TR**). Dabei vereinbaren wir eine Genauigkeit von 3 bis 4 Stellen, wir runden also. 7,00 bedeutet, daß die Zahl durch Runden aus 7,004... oder 6,995... entstanden ist:

B **Beispiel 1: Gegeben zwei Katheten**

Sind im **Fall 1a** die beiden Katheten mit a = 4,50 und b = 7,00 (Einheiten) gegeben, Bild 2, unten links, so führt tan α = a/b = 4,50 / 7,00 schon auf α:

TR: 4.5 [÷] 7 [=] [INV] [tan] → $\alpha = 32{,}7°$.

Mit $\sin\alpha = \frac{a}{c}$ folgt $c = \frac{a}{\sin\alpha} = \frac{4{,}50}{\sin 32{,}7°}$:

TR: α in der Anzeige, nicht gerundet; [sin] [1/x] [×] 4.5 → c = 8,32.

Natürlich ist $\beta = 90° - \alpha = 57{,}3°$; nützlich ist auch eine Kontrolle mittels *Pythagoras*: $a^2 + b^2 = c^2$!

Versuchen Sie jetzt bitte selber, ein Beispiel für **Fall 1b** zu lösen (Übung 1)!

B **Beispiel 2: Kathete und ein Winkel**

Sei jetzt – **Fall 2a** – die Kathete b = 13,8 und ein Winkel $\alpha = 42{,}1°$ gegeben, Bild 3, rechts. Hier soll neben β, a und c noch die Höhe h_c berechnet werden.

Bilder 2/3: dazu

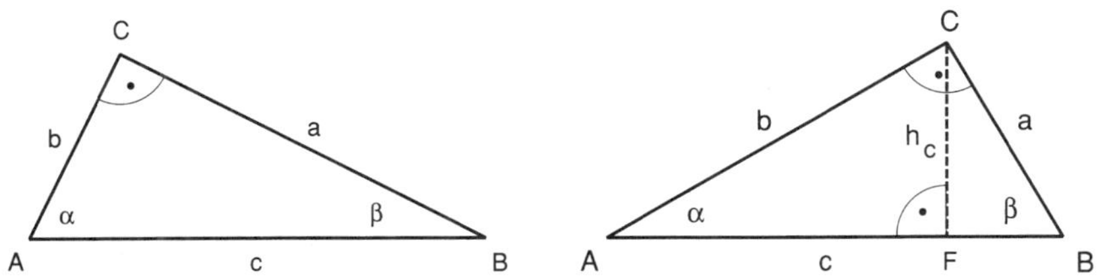

Wieder ist sogleich $\beta = 90° - \alpha = 47{,}9°$; b ist *An*kathete von α, also wird man cos α = b/c oder tan α = a/b ansetzen, wogegen etwa sin α hier nicht sinnvoll wäre!

$$\cos\alpha = \frac{b}{c} \quad\Rightarrow\quad c = \frac{b}{\cos\alpha} = \frac{13{,}8}{\cos 42{,}1°} = 18{,}6$$

(Nochmals die **TR**-Bedienung: 13.8 [÷] 42.1 [cos] [=] → (c =) 18,6)

$$\tan\alpha = \frac{a}{b} \quad\Rightarrow\quad a = b\tan\alpha = 13{,}8 \cdot \tan 42{,}1° = 12{,}5$$

Die Höhe h_c folgt aus

$$\sin\alpha = \frac{h_c}{b} \quad \text{im rw}\Delta\ \text{CAF} \quad \text{(kurz für: im rechtwinkligen Dreieck CAF)}$$

oder über

$$\sin\beta = \frac{h_c}{a} \quad \text{im rw}\Delta\ \text{BCF zu}$$

$$h_c = b \cdot \sin\alpha = 13{,}8 \cdot \sin 42{,}1° \ (= a \cdot \sin\beta = 12{,}5 \cdot \sin 47{,}9°) = 9{,}25.$$

Hypotenuse und ein Winkel

Als Beispiel für **Fall 2b** sei nun c = 25,6 und β = 72,4°. Berechnen Sie zur Übung (2) bitte α, a, b und h_c!

Rechtwinklige Dreiecke findet man nun als Teildreiecke in gleichseitigen und gleichschenkligen Dreiecken, in Rechtecken, Rauten = Rhomben, Kreissektoren u.a.m.:

Beispiel 3: sin, cos und tan im gleichschenkligen Dreieck

B Von einem **gleichschenkligen Dreieck**, Bild 4, kennt man die Grundlinie c und die Höhe h_a auf einen Schenkel. Gesucht sind die Schenkellänge a, dann α und h_c für die Werte c = 8,50 cm und h_a = 7,24 cm.

Bild 4: dazu

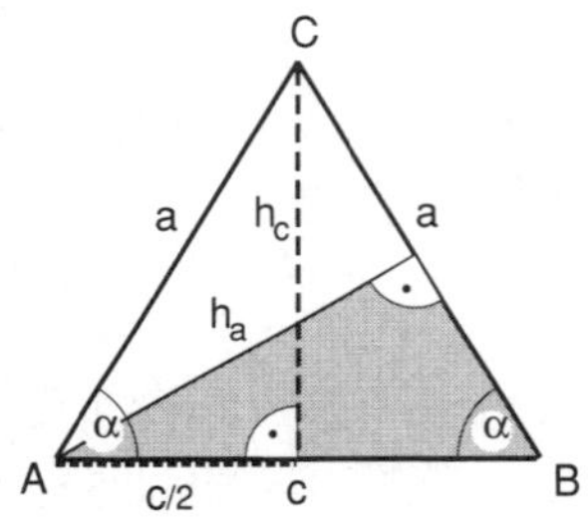

$$\sin\alpha = \frac{h_a}{c} = \frac{7{,}24}{8{,}50}; \quad \rightarrow \quad \alpha = 58{,}4°$$

$$\tan\alpha = \frac{h_c}{c/2} \quad \Rightarrow \quad h_c = \frac{c}{2}\tan\alpha = \ldots = 6{,}91$$

$$\cos\alpha = \frac{c}{2a} \quad \Rightarrow \quad a = \frac{c}{2\cos\alpha} = \ldots = 8{,}11$$

Beispiel 4: und in der Raute (im Rhombus)

B Eine **Raute**, Bild 5, ist durch die Seite a = 7,27 cm und die von A ausgehende Diagonale e = 12,04 cm bestimmt. Gefragt sind α (bei A) und die Diagonale f sowie die Höhe h.

Bild 5: dazu

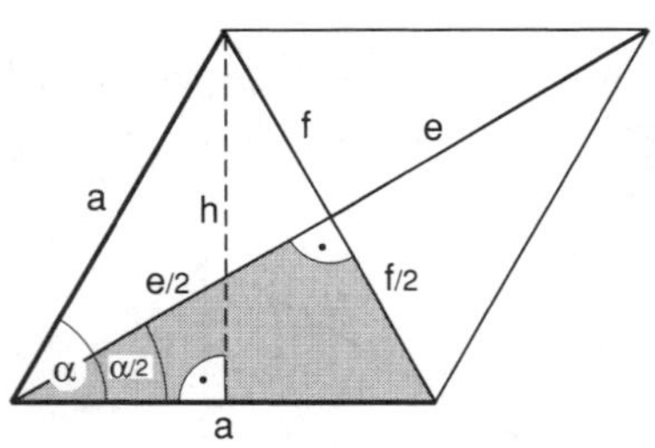

$$\cos\frac{\alpha}{2} = \frac{e}{2a} = \frac{12{,}04}{2 \cdot 7{,}27}; \quad \rightarrow \quad \frac{\alpha}{2} = 34{,}1°$$

$$\alpha = 68{,}2°$$

$$\sin\frac{\alpha}{2} = \frac{f}{2a} \quad \Rightarrow \quad f = 2a\sin\frac{\alpha}{2} = \ldots = 8{,}15$$

$$\sin\alpha = \frac{h}{a} \quad \Rightarrow \quad h = a\sin\alpha = \ldots = 6{,}75$$

Rechteck und **Parallelogramm** bearbeiten Sie bitte wieder als Übungsaufgaben 3/4.

Anwendungen des rechtwinkligen Dreiecks

GEOMETRIE ist nicht nur Selbstzweck, wenngleich sie vor 2000 Jahren als wichtige *Schule des Geistes* angesehen wurde! Stellen wir ein paar *praktische* Fragen:

Beispiel 5: Höhe eines Turms

B

Ein **Turm** wirft bei einer Sonnenhöhe von $\alpha = 26{,}3°$ einen **Schatten** von 72,5 m Länge auf eine horizontale Ebene, Bild 6. Wie hoch ist der Turm? Einige Zeit später ist der Schatten 120 m lang. Wie hoch steht nun die Sonne?

$$\tan \alpha = \frac{x}{s_1} \quad \Rightarrow \quad x = s_1 \cdot \tan \alpha = 72{,}5 \cdot \tan 26{,}3° = 35{,}8 \text{ (m)}$$

$$\tan \varphi = \frac{x}{s_2} = \frac{35{,}8}{120}; \quad \rightarrow \quad \varphi = 16{,}6°$$

Dabei kann man α erhalten, indem man einen Stab bekannter Länge, etwa 1,000 m, senkrecht aufstellt und die Schattenlänge l mißt: bei l = 2,023 m würde sich gerade $\alpha = 26{,}3°$ ergeben $(\tan \alpha = h / l = 1{,}000 / 2{,}023)$!

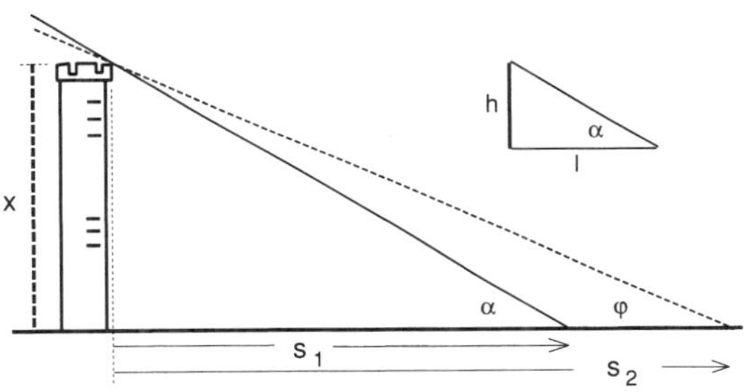

Bilder 6: dazu

Im STRASSENBAU versteht man unter ***Steigung*** den Quotienten aus Höhenunterschied h und horizontaler Weglänge b, also $h/b = \tan \varphi$; h/b wird üblicherweise in *Prozent* angegeben, etwa 8% bei h = 8 m auf b = 100 m.

Beispiel 6: Steigung einer Straße

B

Die St. Gotthard-**Autobahn steigt** in einem Gebiet mit ca. 3%. Welche Neigungswinkel treten auf? Welche Höhendifferenz wird nach 4,000 km Fahrstrecke überwunden? Was ergibt sich für die alte Paßstraße mit 10%?

Autobahn: $\tan \alpha = \frac{h}{b} = 0{,}03 \quad \rightarrow \quad \alpha = 1{,}72°$

$$\sin \alpha = \frac{h}{l} \quad \Rightarrow \quad h = l \cdot \sin \alpha = 4000 \cdot \sin 1{,}72° = 120 \text{ m}$$

Paßstraße: $\tan \beta = \frac{H}{b} = 0{,}10 \quad \Rightarrow \quad \beta = 5{,}71°$

$$\sin \beta = \frac{H}{l} \quad \Rightarrow \quad H = l \cdot \sin \beta = 4000 \cdot \sin 5{,}71° = 398 \text{ m}$$

Beispiel 7: Flughöhe eines Ballons

B

Ein **Ballonfahrer** B befindet sich genau über einem Teich T, Bild 7, nächste Seite; er sieht (d. h., mißt) die Spitze S eines Kirchturms K unter dem ***Tiefenwinkel*** $\delta = 40{,}5°$. Aus Karten entnimmt er die Entfernung $|KT| = d = 850$ m und die Kirchturmhöhe k = 55 m; wie hoch fliegt B gerade?

Im rechtwinkligen Dreieck BSF ist δ als Wechselwinkel gleich dem Tiefenwinkel bei B; damit folgt

$\tan \delta = \frac{h}{d} \quad \Rightarrow \quad h = d \cdot \tan \delta = 850 \cdot \tan 40{,}5° = 726$ m

und mit k ist schon $H = h + k = (726 + 55)$ m $= 781$ m.

Bild 7: dazu

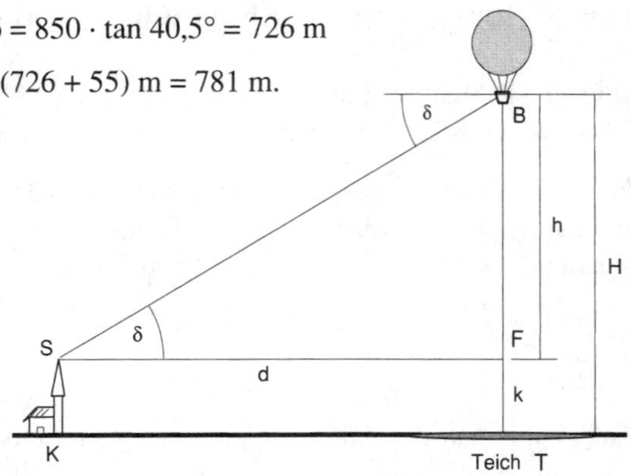

Im TIEFBAU steht man oft vor folgender Frage:

Beispiel 8: Ausheben eines Kanals

B Wieviel **Erdreich** ist beim Ausheben eines l = 1500 m langen **Kanals** (a = 12,80 m, b = 4,20 m, ε = 145°) auszuschachten, Bild 8?

$\varphi = \varepsilon - 90° = 55°; \quad \sin \varphi = \frac{e}{b} \quad \Rightarrow \quad e = b \sin \varphi = 4{,}20 \cdot \sin 55° = 3{,}44$

$\cos \varphi = \frac{h}{b} \quad \Rightarrow \quad h = b \cos \varphi = 4{,}20 \cdot \cos 55° = 2{,}41$

$c = a - 2e = 12{,}80 - 2 \cdot 3{,}44 = 5{,}92$

$V = \frac{a + c}{2} \cdot h \cdot l = \frac{12{,}80 + 5{,}92}{2} \cdot 2{,}41 \cdot 1500 = 33836 \approx 33800 \text{ m}^3$

Bild 8: dazu

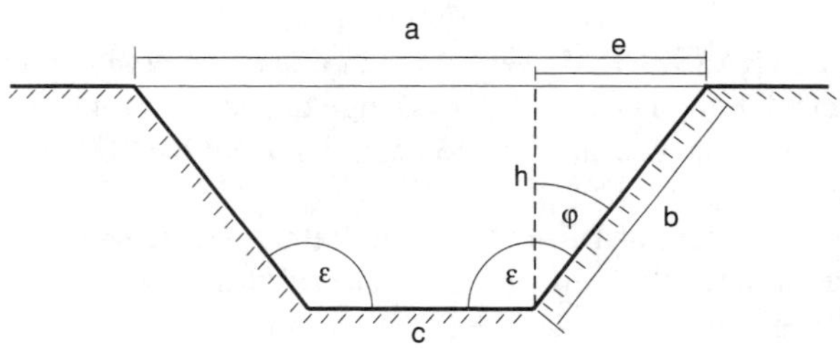

Bei Werkstücken muß man den Materialbedarf kennen:

Beispiel 9: Volumen eines Werkstücks

B Welches Volumen hat das (in den Bildern 9 skizzierte) **Werkstück** für a = 64,5 mm, b = 23,5 mm, c = 28,0 mm, α = 35,0°?

Bilder 9: dazu

Zunächst entnehmen wir der Aufrißskizze, daß wir die *Tiefe* h des Einschnitts über den Tangens berechnen können.

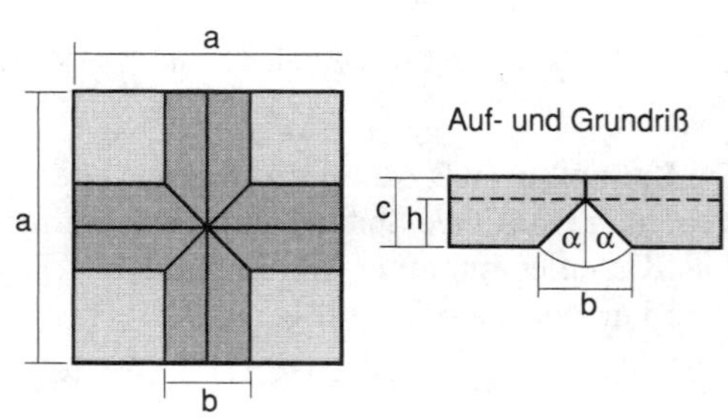

Dann überlegen wir, daß das Volumen aus dem des Grundquaders folgt, wenn man 2 dreiseitige *Prismen* ausschneidet, die dabei doppelt genommene *Pyramide* aber wieder anfügt:

$$\tan\alpha = \frac{b/2}{h} \quad\Rightarrow\quad h = \frac{b/2}{\tan\alpha} = \frac{23{,}5}{\tan 35{,}0°} = 16{,}78\text{ mm}$$

$$V_{\text{Werkstück}} = V_{\text{Quader}} - 2V_{\text{dreis. Prismen}} + V_{\text{Pyramide}}$$

$$V = a^2c - 2\cdot\frac{b}{2}\cdot h\cdot a + \frac{1}{3}\cdot b^2\cdot h = 64{,}5^2\cdot 28{,}0 - 23{,}5\cdot 16{,}78\cdot 64{,}5 + \frac{1}{3}\cdot 23{,}5^2\cdot 16{,}78$$

$$= 94142\text{ mm}^3 \approx 94{,}1\text{ cm}^3$$

Für *sehr kleine* Winkel, etwa unter 1°, unterscheiden sich sin α und tan α kaum:

sin 1° = 0,0174524,   tan 1° = 0,0174551

Dazwischen liegt der Wert im **Bogenmaß**, auch arc α genannt:

arc 1° = 0,0174533   (**TR**: 1 [INV] [DRG] → Anzeige …)

Hier darf man demnach eines durch das andere ersetzen.

sin, tan und arc für kleine Winkel

Wir tun dies in einer *astronomischen* Frage:

B Vom Mondmittelpunkt aus würde der Erd(äquator)halbmesser r = 6378 km unter der ***Parallaxe*** δ = 57' 53" erscheinen (Bild 10); wie weit ist der **Mond** dann vom Erdmittelpunkt entfernt?

Beispiel 10: Entfernung des Mondes

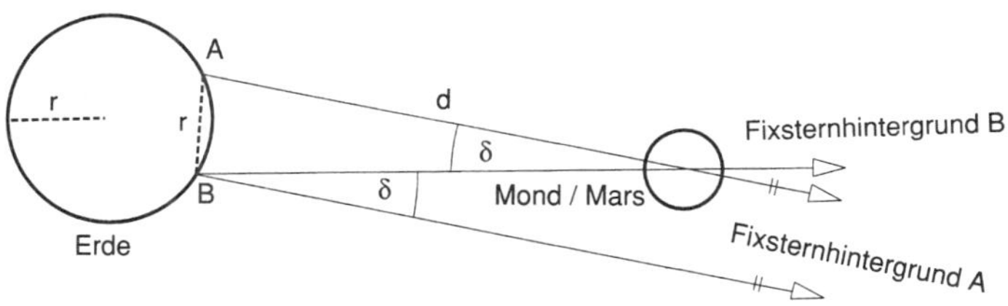

Bild 10: dazu

Es ist mit 57' 53" = 0,9647°

$$\text{arc }\delta \approx \sin\delta \approx \tan\delta = \frac{r}{d} \quad\Rightarrow\quad d = \frac{r}{\text{arc }\delta} = \frac{6378}{\text{arc }0{,}9647°}\text{ km} = 378800\text{ km}$$

dazu noch ca. 5500 km (Höhe im gleichseitigen Dreieck) ergibt R = 384300 km.

Solche *Entfernungsbestimmungen* sind im **Sonnensystem** durchaus üblich:

Soll etwa die Entfernung des **Mars** gemessen werden, wenn er der Erde am nächsten ist, so kann man ihn von einem Ort A am Erdäquator aus anpeilen und seine Lage in einem Fixsternhintergrund fotografisch festhalten; im Ort B, der von A die Entfernung r = Erdradius hat, wird genau diese Position eingestellt und dann das Teleskop bis zum Mars gedreht; der überstrichene Winkel δ sei δ = 23,14". Wie groß ist damit die gesuchte Entfernung zum Erdmittelpunkt (Übung 12)?

beim Mars geht es ebenso

Gehen wir nun zur *Mechanik* über und befassen uns mit **Kräften**:

B Ein **Keil** mit dem Spitzenwinkel α = 14,5° wird mit der Kraft F = 84 N in die Unterlage gedrückt. Wie groß sind die **Normalkräfte** gegen die Keilwände, Bild 11, nächste Seite links?

Beispiel 11: Kräfte am Keil

Hier müssen wir auf die *vektorielle Addition* vorgreifen, sie besagt

$$\vec{F}_1 + \vec{F}_2 = \vec{F}\,,$$

woraus mit $F_1 = F_2$ (Symmetrie!) und φ = α/2 (Normalwinkel) folgt

$$\sin\varphi = \frac{F/2}{F_1} \quad\Rightarrow\quad F_1 = \frac{F}{2\sin\varphi},$$

mit den gegebenen Zahlenwerten wird somit

$$F_1 = \frac{84}{2\sin 7{,}25^\circ} = 333\ (\mathrm{N}) = F_2$$

Auch im folgenden Beispiel soll überlegt werden, wie man *Kraft sparen* kann:

Beispiel 12: Kräfte an der schiefen = geneigten Ebene

B Um ein **Faß** von 100 kg Masse nicht auf eine Rampe heben zu müssen, rollt man es auf einem Brett, das unter $\alpha = 20^\circ$ geneigt ist, hinauf. Welche **Kraft** ist dazu nötig?

Die Skizze in Bild 12 zeigt, wie das Gewicht in zwei Komponenten zerlegt werden kann: eine, $F_{\parallel}$, *parallel* zur *schiefen* oder *geneigten Ebene* des Bretts, die andere, $F_{\perp}$, *normal* dazu. Die *treibende Kraft* $F_{\parallel}$ muß überwunden werden!

Man erkennt ohne weiteres:

$$\sin\alpha = F_{\parallel}/G \;\Rightarrow\; F_{\parallel} = G\cdot\sin\alpha = mg\sin\alpha = 100\cdot 9{,}81\cdot\sin 20^\circ = 336\ \mathrm{N}$$
$$\cos\alpha = F_{\perp}/G \;\Rightarrow\; F_{\perp} = G\cdot\cos\alpha = mg\cos\alpha = 100\cdot 9{,}81\cdot\cos 20^\circ = 922\ \mathrm{N}$$

Wird *Reibung* mit $\mu = 0{,}05$ angenommen, tritt die **Reibungskraft**

$$F_R = \mu F_{\perp} = 0{,}05\cdot 922\ \mathrm{N} = 46\ \mathrm{N}$$

zusätzlich auf: statt 336 N ist dann mit 382 N zu rechnen; auch dies ist aber weniger als 40 % des Gewichts von 981 N.

Eine ähnliche, doch etwas schwierigere Aufgabe folgt noch als Übung 13!

Bilder 11/12: dazu

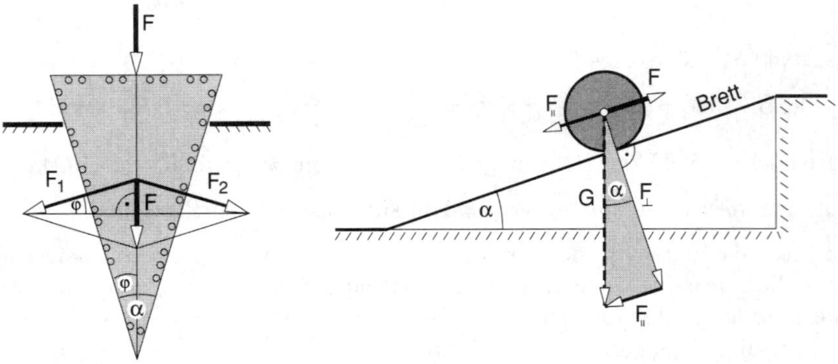

Interessieren Sie sich für Kräfte, die beim Betrieb eines *Benzin-* oder *Dieselmotors* auftreten, sehen Sie bitte im Band 1 der Reihe «Mathematik für Techniker» nach, der im selben Verlag erschienen ist!

In der WELLENOPTIK bestimmt man experimentell die **Wellenlänge** λ sichtbaren Lichts durch Beugung und Interferenz am **Doppelspalt**:

Beispiel 13: Beugung von Licht

B Vom *zentralen Beugungsmaximum* B_0 bis zum *1. Nebenmaximum* B_1 mißt man den Abstand s, z. B. 150 mm; der Bildschirm ist D (= 3000 mm) vom Beugungsspalt entfernt, die Spalte liegen d (= 0.01 mm) auseinander. Wie groß ist die **Wellenlänge** des verwendeten Lichts?

Bei *kleinem* φ ist gemäß Skizze, Bild 13,

$\frac{\lambda}{d} \approx \tan\varphi = \frac{s}{D} \quad \Rightarrow \quad \lambda = \frac{s}{D} \cdot d$;

In diese Formel ist nur mehr einzusetzen:

$\lambda = \frac{150}{3000} \cdot 0{,}01 = 0{,}0005\ \text{mm} = 0{,}5\ \mu\text{m} =$
500 nm (grünes Licht).

Sie wissen vielleicht noch: Die von den beiden Spalten ausgehenden **Elementarwellen** des Lichts *interferieren* (überlagern einander und treten in Wechselwirkung), wobei an bestimmten Stellen zu maximaler *Verstärkung* kommt (Beugungsstreifen B_0, B_1 und weitere), dazwischen aber sogar zur *Auslöschung*!

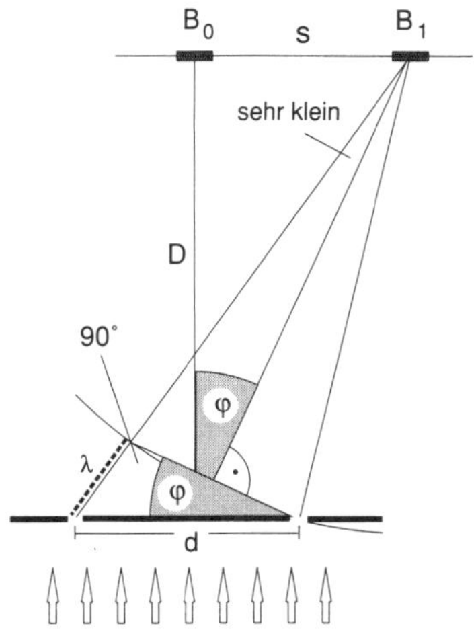

Bild 13: dazu

Elementarwellen

Das schiefwinklige Dreieck

Trotz vielfältiger Anwendungen ist manchmal mehr nötig, als wir bisher zur Verfügung haben. So könnten wir die simple Frage nach den Winkeln α, β, γ in einem beliebigen Dreieck, von dem die Seiten a, b, c bekannt sind, noch nicht beantworten!

das allgemeine Dreieck

Wir sind aber in der Lage, Beziehungen herzuleiten, die dieses und weitere Probleme lösen helfen. Dazu zeichnen wir z. B. die Höhe h_c im ***schiefwinkligen Dreieck*** ABC (Bild 14) und drücken sie durch α bzw. β aus, was in den *rechtwinkligen* Teildreiecken (kurz: rwΔ) gelingt:

$$\left.\begin{array}{ll} \text{rw}\Delta\ \text{CAF: } \sin\alpha = \frac{h_c}{b} & \Rightarrow\ h_c = b\sin\alpha \\ \text{rw}\Delta\ \text{BCF: } \sin\beta = \frac{h_c}{a} & \Rightarrow\ h_c = a\sin\beta \end{array}\right\}$$

$$\Rightarrow\ h_c = a \cdot \sin\beta = b \cdot \sin\alpha$$

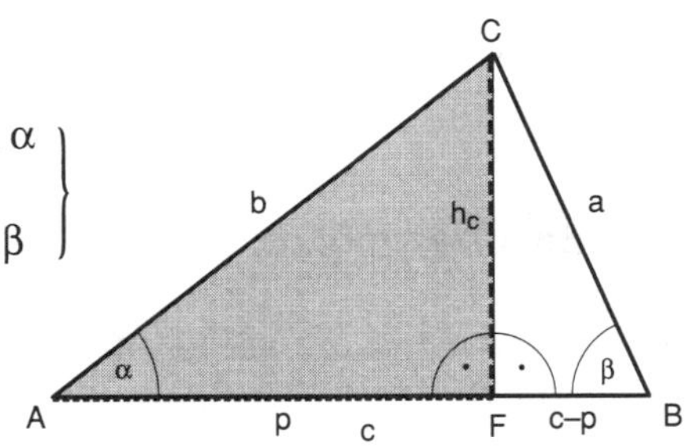

Bild 14: dazu

Dies fassen wir als *Produktsatz* a · d = b · c einer *Proportion* a : b = c : d (bzw. $\frac{a}{b} = \frac{c}{d}$) auf, hier a : b = sin α : sin β. Hätten wir andere Höhen (h_b, h_c) gezogen, wären wir auf a : c = sin α : sin γ sowie b : c = sin β : sin γ gestoßen. Wegen sin (180° – φ) = sin φ gilt all dies auch für stumpfe Winkel:

S

Satz 2: Sinussatz

Sinussatz

In jedem (schiefwinkligen) Dreieck verhalten sich die Seiten wie die Sinuswerte der Gegenwinkel:

a : b = sin α : sin β

b : c = sin β : sin γ

c : a = sin γ : sin α

Vorbereitungen zum ...

Man kann diesen Satz auch anders beweisen: Versuchen Sie, den *Randwinkelsatz* aus **B5** anzuwenden (Übung 14). Wir gehen einen Schritt weiter und drücken noch den *Hypotenusenabschnitt* p im rwΔ CAF durch α aus:

$$\cos\alpha = \frac{p}{b} \quad \Rightarrow \quad p = b\cos\alpha,$$

womit der andere Hypotenusenabschnitt $c - p = c - b\cos\alpha$ wird.

Jetzt gilt nach *Pythagoras* im rwΔ BCF:

$$a^2 = h_c^2 + (c-p)^2 = (b\sin\alpha)^2 + (c - b\cos\alpha)^2,$$

hierin wird nach dem Quadrieren der *trigonometrische Pythagoras* (siehe voriges Kapitel) verwendet:

$$a^2 = b^2\sin^2\alpha + c^2 - 2bc\cos\alpha + b^2\cos^2\alpha =$$
$$b^2(\sin^2\alpha + \cos^2\alpha) + c^2 - 2bc\cos\alpha = b^2 + c^2 - 2bc\cos\alpha.$$

Diese Beziehung ergibt sich entsprechend für jedes der beiden anderen Kathetenquadrate, b^2 und c^2; am einfachsten erhält man sie durch *zyklische Vertauschung* aus der eben gefundenen:

Satz 3: Cosinussatz

S

Cosinussatz

In jedem schiefwinkl. Dreieck gelten die verallgemeinerten Pythagoras-Formeln:

$$\mathbf{a^2 = b^2 + c^2 - 2bc \cdot \cos\alpha}$$
$$\mathbf{b^2 = c^2 + a^2 - 2ca \cdot \cos\beta}$$
$$\mathbf{c^2 = a^2 + b^2 - 2ab \cdot \cos\gamma}$$

Auch hier gilt alles unverändert, falls ein Winkel stumpf ist: Überzeugen Sie sich für stumpfes α in Übung 15!

Die Kongruenzsätze: eine Übersicht

Diskussion der 4 Fälle

Nun sind wir in der Lage, alle vier ***Kongruenzfälle*** eines Dreiecks zu behandeln. Den **1. Kongruenzsatz (sss)** besprechen wir ausführlich:

Beispiel 14: Vorgehen im 1. Fall

B

Gegeben sind a, b, c, z. B. $a = 8$, $b = 12$, $c = 7$, gesucht sind α, β, γ (eventuell noch Höhen und Flächeninhalt).

Am besten setzen wir den*Cosinussatz* mit der *größten* Seite (hier b) an und berechnen daraus deren Gegenwinkel (β, vergleichen Sie ev. Bild 14, vorige Seite): ist $\cos\beta < 0$, wird β *stumpf*; für α und γ als Gegenwinkel der *kleineren* Seiten wäre dies nicht möglich, sie *müssen spitz* sein:

$$b^2 = c^2 + a^2 - 2ca\cos\beta \quad \Rightarrow \quad \cos\beta = \frac{c^2 + a^2 - b^2}{2\,c\,a}; \quad \text{in Zahlen:}$$

$$\cos\beta = \frac{7^2 + 8^2 - 12^2}{2\cdot 7\cdot 8} = -\frac{31}{112} \quad \rightarrow \quad \beta = 106°.$$

Dann verwenden wir den *Sinussatz*, um einen 2. Winkel zu erhalten:

$$a : b = \sin\alpha : \sin\beta \quad \Rightarrow \quad \sin\alpha = \frac{a\sin\beta}{b} = \frac{8\cdot\sin 106°}{12} \quad \rightarrow \quad \alpha = 39{,}8°$$

(Produkt der Außenglieder durch 2. Innenglied).

Der *Innenwinkelsatz* liefert den 3. Winkel:

$\alpha + \beta + \gamma = 180° \Rightarrow \gamma = 180° - \alpha - \beta = 180° - 39{,}8° - 106° = 34{,}2°$.

Beispiel 15:
2. Fall

B Liegt der **2. Kongruenzsatz sws** vor, also gegeben etwa a, b, γ, so ist dies der klassische Fall für den *Cosinussatz*, da er unmittelbar die 3. Seite liefert (wie eben kurz durch → angedeutet):

$c^2 = a^2 + b^2 - 2ab \cos \gamma \quad \rightarrow \quad c!$

Jetzt weiter wie oben: nochmals *Cosinussatz* mit der *größten* Seite ansetzen oder *Sinussatz* mit der *kleinsten*; ihr Gegenwinkel ist sicher *spitz*. Sie schütteln den Kopf? Erinnern Sie sich: Was ist φ bei sin φ = 0,94? **TR:** .94 [INV] [sin] → φ = 70°.

Aber auch 110° als 180° – 70° wäre erlaubt – und welches gilt, können Sie nur feststellen, wenn Sie beachten, daß der größeren Seite auch der größere Winkel gegenüber liegt und der kleinsten Seite eben der kleinste, sicher *spitze* Winkel!

3. und 4. Fall: Tips und weise Ratschläge

Im 3. und 4. Fall, **Ssw** bzw. **sww**, müssen Sie den Sinussatz heranziehen, um den 2. Winkel bzw. im 4. Fall die 2. Seite zu erhalten. Dann den Innenwinkelsatz und nochmals den Sinussatz für die 3. Seite. Fassen wir zusammen:

Übersicht

1. Kongruenzsatz, **sss**:	Cosinussatz und Sinussatz (oder 2mal Cosinussatz)
2. Kongruenzsatz, **sws**:	Cosinussatz und Sinussatz (oder 2mal Cosinussatz)
3. Kongruenzsatz, **Ssw**:	2mal Sinussatz
4. Kongruenzsatz, **wsw**:	2mal Sinussatz

Beginnen wir die Diskussion einiger *Anwendungssituationen*, in denen diese Fälle auftreten und geübt werden!

Situationen in der Praxis

Wir beginnen systematisch mit Fall 1 und einer **Flußüberquerung**:

Beispiel 16: Steuerkurs in der Schiffahrt

B Will man vom Ort A in Bild 15 nach B gelangen, so muß man C ansteuern, da die Strömung für Abdrift sorgt. Aus Erfahrung kennt man an der gewählten Donaustelle $\overline{AB} = c = 320$ m, $\overline{BC} = a = 70$ m, $\overline{CA} = b = 340$ m. Welchen **Steuerkurs** muß man einschlagen?

Es liegt Fall 1 vor mit sss; also setzen wir den Cosinussatz an:

$a^2 = b^2 + c^2 - 2bc \cos \varphi \Rightarrow$

$\cos \varphi = \dfrac{b^2 + c^2 - a^2}{2\,b\,c}$.

Setzt man die bekannten Zahlen ein, wird

$\cos \varphi = ... = 0{,}9793.. \rightarrow \varphi = 11{,}67°$.

Gegenüber der Zielrichtung $\overline{AB}$ hat man um ca 11,7° gegen die Strömung zu steuern.

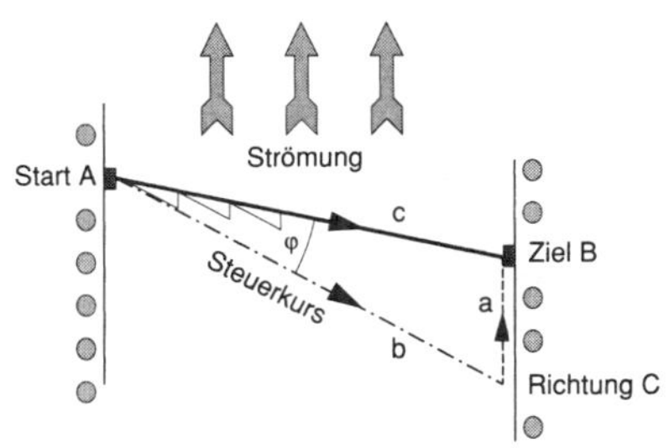

Bild 15: dazu

Bleiben wir für Fall 2, sws, gleich am Wasser:

Beispiel 17:
Entfernung zweier Schiffe

B Zwei **Schiffe** laufen aus einem Hafen aus, das eine mit 15 kn (Knoten = Seemeilen/h = 1,852 km/h) nach Westen, das andere mit 12 kn in Richtung N 22° W. Wie weit sind sie nach $1\,^1\!/_2$ Stunden voneinander **entfernt**?

Wir entnehmen der Skizze in Bild 16, unten:

$$\varphi = 90° - \varepsilon = 90° - 22° = 68°.$$

a ist der Weg von Schiff 1 mit

$$a = v_1 \cdot t = 15 \cdot 1{,}852 \cdot 1{,}5 \text{ km} = 41{,}67 \text{ km},$$

b entsprechend die Strecke, die in derselben Zeit von Schiff 2 zurückgelegt wurde:

$$b = v_2 \cdot t = 12 \cdot 1{,}852\,.\,1{,}5 \text{ km} = 33{,}336 \text{ km}.$$

Dies wird in den Cosinussatz eingesetzt:

$$x^2 = a^2 + b^2 - 2ab\cos\varphi = 41{,}67^2 + 33{,}336^2 - 2 \cdot 41{,}67 \cdot 33{,}336 \cdot \cos 68° = 1806{,}9374$$

$$\Rightarrow \quad x = \sqrt{1806{,}9} = 42{,}508.$$

Die Schiffe sind ca. 42,5 km voneinander entfernt.

Bild 16:
dazu

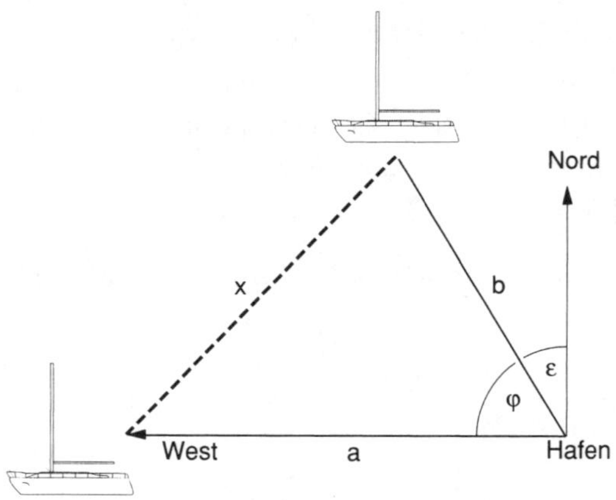

Ebenso sind zwei **Kräfte** (mit den Beträgen) F_1 und F_2, die α einschließen und die Frage nach ihrer Resultierenden provozieren, ein Fall für Fall 2:

Beispiel 18:
Resultierende von Kräften

B Im **Kräftedreieck** ABC des Bildes 17, rechts, sind zwei Seiten F_1, F_2 neben ihrem Zwischenwinkel 180° – α bekannt; somit ist mit dem *Cosinussatz* schon

$$F^2 = F_1^{\,2} + F_2^{\,2} - 2\,F_1\,F_2\cos(180° - \alpha);$$

beachten wir eine der *Reduktionsformeln*, wird einfacher

$$F^2 = F_1^{\,2} + F_2^{\,2} + 2\,F_1\,F_2\cos\alpha$$

Da alle drei Größen gegeben sind, ist auch die Resultierende F bekannt; auf konkrete Zahlen dürfen wir hier einmal verzichten.

Bild 17:
dazu

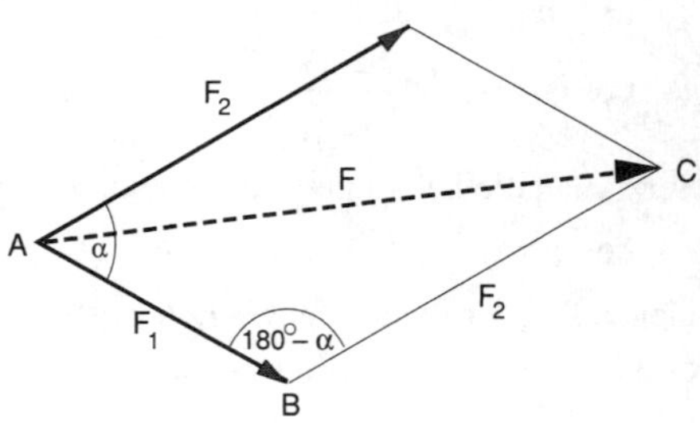

Um Fall 3 zu studieren, gehen wir in die Luft:

Ein **Flugzeug** soll von A aus nach B fliegen, bei Windstille in Richtung S 39,7° O. Nun mißt man Sturm aus West mit 70 km/h. Der Pilot wird etwas gegenhalten (Abdrift e): Welchen **Steuerkurs** muß er wählen, wenn die Eigengeschwindigkeit des Flugzeugs 840 km/h beträgt?

Beispiel 19: Steuerkurs eines Flugzeugs bei Wind

Bild 18 zeigt: Wir kennen die Seite w = 70 km, dann s = 840 km und deren Gegenwinkel $90° - \varphi = 50{,}3°$. Wie in der Übersicht festgehalten, klammern wir uns (an die Sitze und) an den *Sinussatz*:

$$s : w = \sin(90° - \varphi) : \sin\varepsilon \quad \Rightarrow \quad \sin\varepsilon = \frac{w \cdot \sin(90° - \varphi)}{s} = ... = 0.0641..;$$

daraus mit dem **TR** $\varepsilon = 3{,}676° \approx 3{,}7°$; somit wird

$$\psi = \varphi - \varepsilon = 39{,}7° - 3{,}7° = 36°:$$

Der Flugkapitän muß Kurs S 36° O steuern.

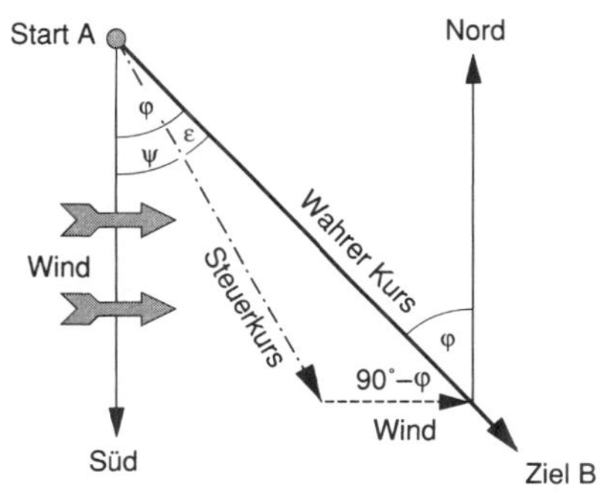

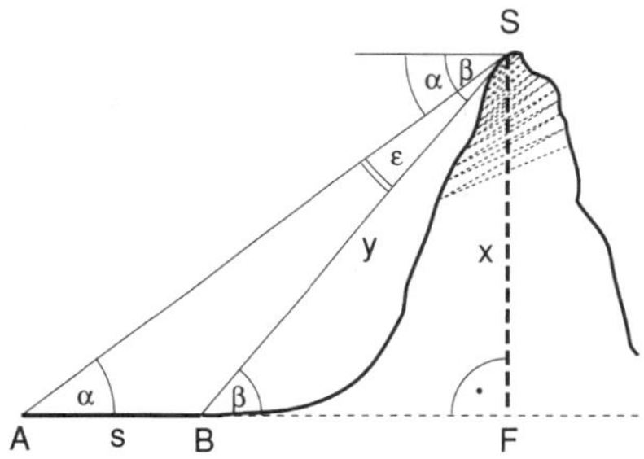

Bilder 18/19: Steuerkurs und Berghöhe

Fall 4 (sww) tritt etwa bei der Vermessung von Bergen auf:

Um die **Höhe eines Berges** zu bestimmen, kann man im horizontalen Tal eine Standlinie der Länge s auf die Bergspitze zu legen sowie von dort die Höhenwinkel α, β nach Bild 19, oben rechts, messen:

Beispiel 20: ein Weg zur Bestimmung der Höhe eines Berges

Mit α und β kennt man auch den Gegenwinkel von s, ε, als $\varepsilon = \beta - \alpha$; im Δ ABS sind dann eine Seite (s) und zwei Winkel, α und ε, gegeben.

Über den *Sinussatz* erhält man y, das zusammen mit β im rwΔ SBF die gesuchte Höhe x liefert, ist doch $x = y \sin\beta$.

Rechnen Sie zur Kontrolle bitte selbst:

$s = 500$ m, $\alpha = 28{,}5°$, $\beta = 34{,}8°$ (Übung 16).

Eine 1. Variante zur Lösung dieser *Höhenbestimmung* sieht so aus:

Man legt die **Standlinie** $\overline{AB}$ mit Länge s im Tal *beliebig* und peilt von A aus B und dann die Bergspitze S an, was *horizontal* α ablesen läßt (Bild 20); von B aus wird ebenso β gemessen. Schließlich wird noch ein **Höhenwinkel**, etwa ε bei A, bestimmt.

Beispiel 21: 1. Weg: über Standlinien

Skizze des Lösungsweges: Wieder läßt sich aus s, α und β (wsw) im Horizontaldreieck ABF über $\gamma = 180° - \alpha - \beta$ und den *Sinussatz* $b : s = \sin\beta : \sin\gamma$ sofort b berechnen.

Im rw∆ SAF ist dann schon

$$\tan \varepsilon = \frac{x}{b} \quad \Rightarrow \quad x = b \cdot \tan \varepsilon.$$

Eine 2. *Variante* könnte die folgende sein (auch hier möge der Lösungsweg genügen):

Beispiel 22: ... über ein Gipfelkreuz

B Auf einem Berg steht ein h m hohes **Gipfelkreuz**. Von einem Punkt im Tal sieht man die Spitze des Kreuzes unter dem Höhenwinkel α, den Fußpunkt unter β. Wie hoch ist der Berg, Bild 21?

Es ist α – β Gegenwinkel von h und ebenso 90° – α Gegenwinkel von y; vertrauensvoll wenden wir uns wieder an den *Sinussatz*:

$$y : h = \frac{\sin(90° - \alpha)}{\sin(\alpha - \beta)}$$

daraus erhalten wir y; das rw∆ zum Fußpunkt des Berges enthält schon x:

$$\sin \beta = \frac{x}{y} \quad \Rightarrow \quad x = y \sin \beta.$$

Bilder 20/21: Berghöhen

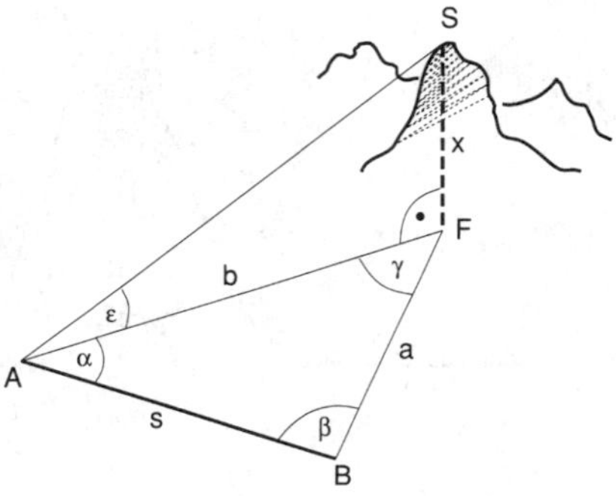

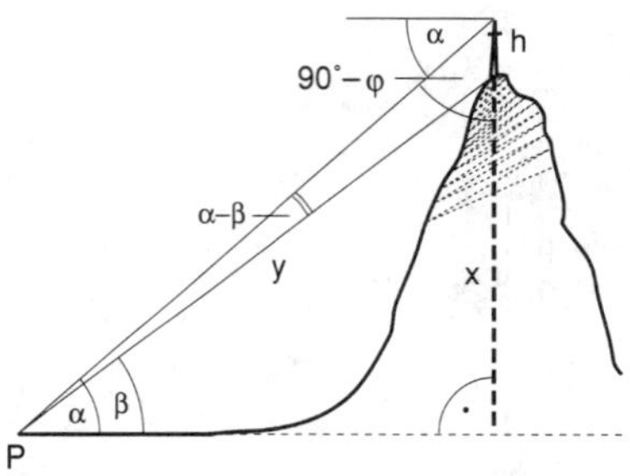

Bei einer Wanderung kommen wir an einen *Fluß*; diesmal wollen wir aber nur seine **Breite** wissen, ohne mit einem (überlangen!) Maßband zwischen den Zähnen hinüberschwimmen zu müssen:

Beispiel 23: Breite eines Flusses

B Am geradlinigen Ufer eines **Flusses** steckt man eine Standlinie $\overline{AB}$ = c = 400 m ab und mißt in ihren Endpunkten die Winkel ∠ BAC = α = 64° 24' und ∠ ABC = β = 53° 48', die die Visierlinien von A und B zu bzw. nach einer am anderen Ufer stehenden Stange C bilden. Wie **breit** ist dort der Fluß, Bild 22?

Bild 22: dazu

Offenbar liegt auch hier Fall 4 vor mit wsw; beginnen wir mit dem Innenwinkelsatz und dem 3. Winkel:

$$\alpha, \beta \;\rightarrow\; \gamma = 180° - (\alpha + \beta) = ... = 61{,}8°$$

jetzt wird der Sinussatz strapaziert:

$$a : c = \sin \alpha : \sin \gamma \quad \Rightarrow$$

$$a = \frac{c \cdot \sin \alpha}{\sin \gamma} = ... = 409{,}3 \text{ (m)}$$

Wieder ist die Flußbreite x aus einem rw∆ (Teildreieck) zu eruieren:

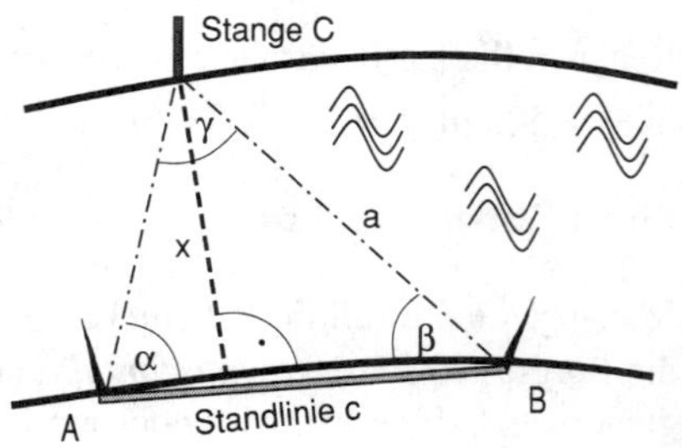

$\sin\beta = \frac{x}{a} \quad \Rightarrow \quad x = a \cdot \sin\beta = 409{,}3 \cdot \sin 53{,}8° = 330$ m.

Der Fluß ist dort (mindestens) 330 m breit.

Es gibt natürlich Probleme, die *mehr als ein* Dreieck ansprechen:

Beispiel 24: Entfernung eines unzugänglichen Punktes

B

Man kennt drei Punkte eines horizontalen Geländes: $\overline{BC} = a = 289$ m, $\overline{CA} = b = 601$ m, $\angle BCA = \gamma = 100°\ 18'$. Ein unzugänglicher Punkt D liegt auf der Verlängerung der Strecke $\overline{BC}$ über B hinaus. Um die **Entfernung** $\overline{CD}$ zu bestimmen, wird in A der Winkel $\angle DAB = \varphi = 26°\ 24'$ gemessen. Wie groß ist $\overline{CD}$?

Wir legen uns einen *Lösungsweg* anhand der Skizze in Bild 23, unten links, zurecht:

1. Δ ABC (sws): aus a, b und γ $\rightarrow$ c mit dem Cosinussatz,
2. Δ ABC (Ssw): aus b, c und γ $\rightarrow$ β mit dem Sinussatz,
3. Δ ADB: aus φ und $180° - \beta$ $\rightarrow$ ψ mit dem Innenwinkel-Summensatz,
4. Δ ADB (sww): aus c, φ und ψ $\rightarrow$ x mit dem Sinussatz,
5. a und x ergeben schließlich die gewünschte Strecke.

Nun zur *Durchführung*:

1. $c^2 = a^2 + b^2 - 2ab\cos\gamma = 289^2 + 601^2 - 2 \cdot 289 \cdot 601 \cdot \cos 100{,}3° = 506834$
   $\Rightarrow c = 711{,}9$ (m)
2. $c : \sin\gamma = b : \sin\beta \quad \Rightarrow \quad \sin\beta = \frac{b \sin\gamma}{c} \quad \Rightarrow \quad \beta = 56{,}2°$
3. $\psi = 180° - [\varphi + (180° - \beta)] = \beta - \gamma = \ldots = 29{,}8°$
   (Auch direkt über den Außenwinkelsatz möglich!)
4. $c : \sin\psi = x : \sin\varphi \quad \Rightarrow \quad x = \frac{c \sin\varphi}{\sin\psi} = \ldots = 638 \text{ (m)} = \overline{BD}$;
5. $\overline{CD} = \overline{CB} + \overline{BD} = a + x = 289 + 638 = 927$ (m):

Der Punkt D ist somit von C 927 m entfernt.

Bilder 23/24: dazu und zum ...

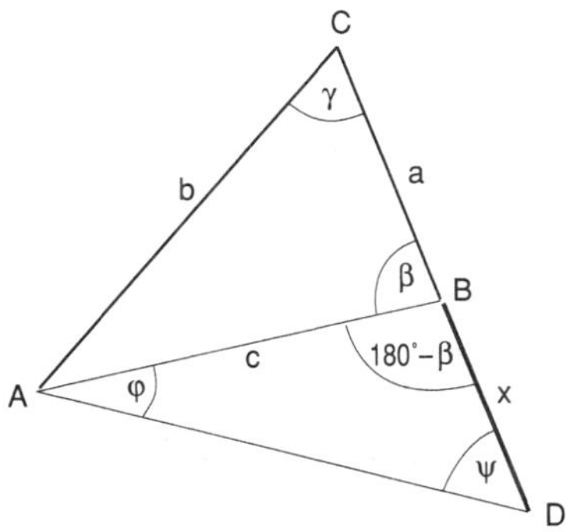

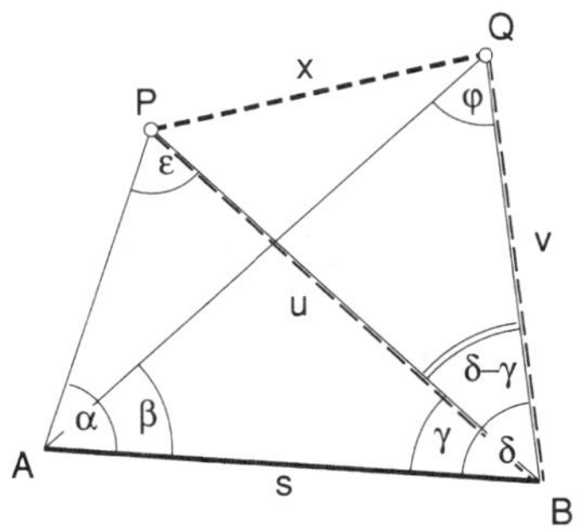

In diesem Zusammenhang soll noch eine klassische Methode vorgestellt werden, das ***Vorwärtseinschneiden*** nach 2 Punkten:

Beispiel 25: Vorwärts-einschneiden

B

Um die **Entfernung** zweier unzugänglicher Punkte P und Q in einem horizontalen Gelände zu bestimmen, legt man eine Standlinie $\overline{AB}$ mit Länge s und mißt die eingezeichneten Winkel α, β, γ und δ.

Vorschlag zur Lösung

Dann kann man, Bild 24, vorige Seite, rechts unten, mit $\varepsilon = 180° - \alpha - \gamma$ und dem Sinussatz z. B. u im Δ ABP berechnen, analog mit $\varphi = 180° - \beta - \delta$ und dem Sinussatz v im Δ ABQ bestimmen, um schließlich mit dem Cosinussatz im Δ QPB aus u, v und dem Zwischenwinkel $\delta - \gamma$ direkt $x = \overline{PQ}$ zu ermitteln! (Es liegt hier eine Kombination von zweimal wsw mit sws, also zweimal 4. und einmal 2. Kongruenzfall, vor.)

Eine Situation, in der ein viereckiges Grundstück mit seinen Teildreiecken auftritt, liegt dann in Übung 20 vor. Wir schließen nun unseren „TRIGO-Kurs" mit einer Vermessungsaufgabe, in der neben drei rechtwinkligen noch zwei allgemeine Dreiecke auszuwerten sind – dafür aber nur jeweils nach dem 4. Kongruenzsatz, wsw:

Beispiel 26: nochmals Berghöhen, diesmal aber mit etwas Schweiß zu erklimmen!

B

Um die **Höhe zweier Berggipfel** und ihre Lage in eine Wanderkarte M 1 : 50000 eintragen zu können, sucht man im Tal (429 m über dem Meer) einen Punkt A, von dem aus die beiden Spitzen in derselben Linie unter dem Höhenwinkel $\alpha = 21{,}4°$ erscheinen. Dann legt man eine s = 2000 m lange horizontale Standlinie von A bis B von den Bergen weg und mißt in B die Höhenwinkel $\beta = 12{,}5°$ und $\gamma = 16{,}2°$ in derselben Vertikalebene zu den Berggipfeln.

Anhand einer Skizze in Bild 25 überlegen wir uns wie immer den *Lösungsweg*:

Die beiden Dreiecke Δ BAS und Δ BAT liefern die Hilfsstrecken v und u, wenn man zuvor die Winkel φ und ψ aus den gegebenen α, β und γ bestimmt; dies verläuft jeweils über den Sinussatz. Danach sind die Höhen x und y aus den rwΔen BF_SS und BF_TT zu ermitteln, während die Horizontaldistanz der Gipfel aus dem rwΔ SHT folgt. Dann sind nur noch die relativen Höhen ü.M. und der Maßstab zu berücksichtigen!

Bild 25: dazu

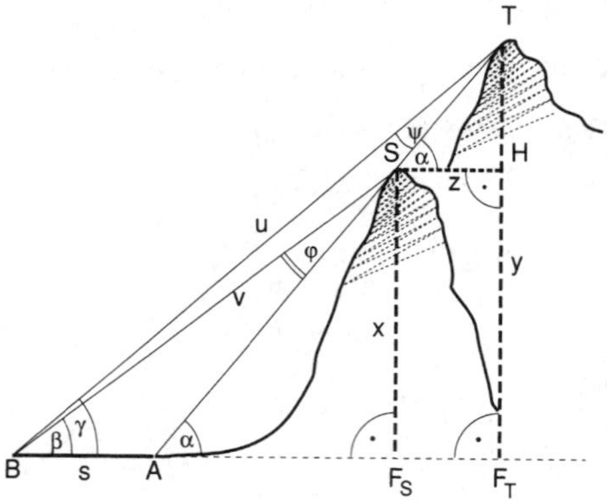

Jetzt ziehen wir (fast) alle Register unseres Könnens

Hier nun die *Durchführung* in Stichworten:

$\varphi = \alpha - \beta = ... = 8{,}9°$; $\psi = \alpha - \gamma = ... = 5{,}2°$;

Δ BAS: $v : s = \sin\alpha' : \sin\varphi \Rightarrow v = ... = 4717$ (m);

Δ BAT: $u : s = \sin\alpha' : \sin\psi \Rightarrow u = ... = 8052$ (m);

rwΔ BF_SS: $\sin\beta = \frac{x}{v} \Rightarrow x = ... = 1021$ (m);

rwΔ BF_TT: $\sin\gamma = \frac{y}{u} \Rightarrow y = ... = 2246$ (m);

rw Δ SHT: $\tan\alpha = \frac{y-x}{z} \Rightarrow z = ... = 3126$ (m);

$x_{abs} = 1021 + 429 = 1450$ (m); $y_{abs} = 2246 + 429 = 2675$ (m);

$z_M = \frac{z}{50000}\text{ m} = \frac{z}{500}\text{ cm} = \frac{3126}{500}\text{ cm} = 6{,}25\text{ cm}.$

Die Höhen ü.M. sind mit 1450 m bzw. 2675 m im Abstand von 6,25 cm einzutragen.

Sie haben nun einige Höhen mittleren Schwierigkeitsgrades erklommen und könnten nun auch weitere Gipfel (mathematischer Problemstellungen) meistern; die Aussicht auf das Erreichte möge an dieser Stelle aber genügen.

Jetzt sollten Sie sich stärken!

Ende des 11. Kapitels!

Übungsaufgaben

1. In einem rw Δ kennt man b = 50,8 und c = 76,5; gesucht sind a, α, b.

2. Wie 1: rw Δ , c = 25,6; b = 72,4°; α, a, b, h_c = ?

3. In einem Rechteck kennt man die Länge a = 20,0 und den Winkel φ = 20,0° zwischen Länge und Diagonale d. Berechnen Sie d und die Breite b.

4. Von einem Parallelogramm sind eine Seite a = 54,6, ein Winkel α = 65,2° und die Höhe h = 18,2 gegeben, Bild rechts →. Gesucht sind b und H.

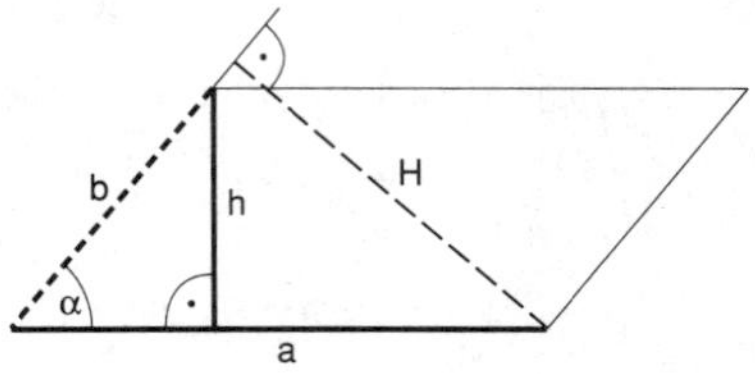

5. Von einem Baum geht man eine horizontale Strecke s = 43,4 m weit weg bis A und mißt von dort in der Instrumentenhöhe von 1,50 m den Höhenwinkel α = 32,2° zur Baumspitze. Wie hoch ist der Baum?

6. Zwei Straßenstücke sind jeweils genau 2,000 km lang, ihre Anfangspunkte liegen auf gleicher Seehöhe. Sie steigen unter 20 Grad bzw. 20 Prozent an. Wie groß ist der Höhenunterschied ihrer Endpunkte?

7. Ein Geländewagen bewältigt Steigungen bis zu 60 %; kann er dann auch Hänge mit 60° Neigung hinaufklettern? Wie ist es bei 100 % statt 60 % ?!

8. Ein Schiff visiert einen 110 m hohen Leuchtturm (Angabe aus dem Nautischen Jahrbuch) unter einem Höhenwinkel ε = 2,08° an; wie weit ist es von ihm entfernt? Der Beobachter befindet sich gleich hoch über Wasser wie der Fußpunkt des Leuchtturms.

9. Cheopspyramide (vgl. Text und Skizze, Bild links unten): Berechnen Sie die Höhe h, die Neigung φ der Seitenkante und die der Seitenfläche e, wenn Sie a = 226 m, s = 211 m und l = 178 m kennen .

10. Welches Volumen hat der (unten rechts im Bild) skizzierte Walmdachraum? a = 10,35 m, b = 18,10 m, α = 57,5°, β = 46,2°

Bild-Ü9

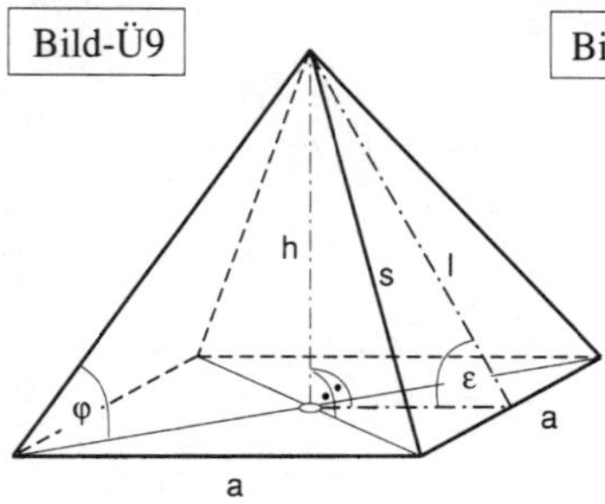

Bild-Ü10

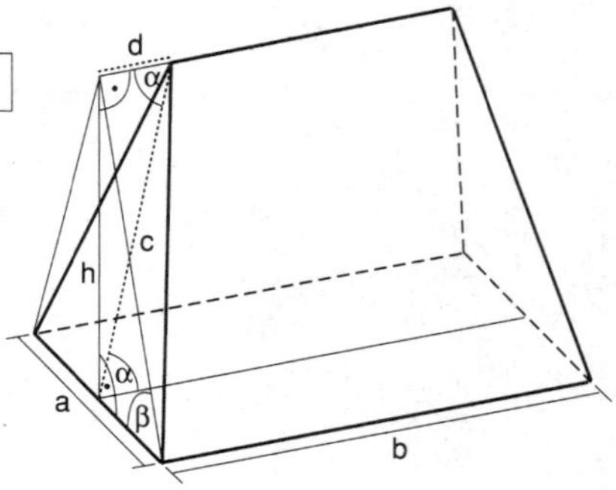

11. Vom Sonnenmittelpunkt aus würde der Erdradius r = 6378 km unter der Parallaxe $\delta = 8{,}8''$ erscheinen. Wie weit ist die Sonne von der Erde entfernt?

12. Dieselbe Aufgabe für den Mars mit $\delta = 23{,}14''$; spielen die – beim Mond wichtigen – 5500 km bis zum Erdmittelpunkt eine große Rolle?

13. Eine Kiste (Gewicht G) wird auf horizontaler Unterlage gegen Reibung so verschoben, daß die Zugkraft F unter β zur Unterlage geneigt ist. Wie groß ist F?
(Rechnen Sie bitte erst anhand einer selbst erstellten Skizze allgemein, dann setzen Sie konkret $\mu = 0{,}15$, $\beta = 25°$, $G = 800$ N ein!)

14. Beweisen Sie den Sinussatz mit elementargeometrischen Mitteln (Randwinkelsatz B**5**)!

15. In der Skizze rechts →→ ist α als stumpfer Winkel eingezeichnet. Führen Sie eine analoge Rechnung wie im Text durch, um den Cosinussatz zu erhalten!

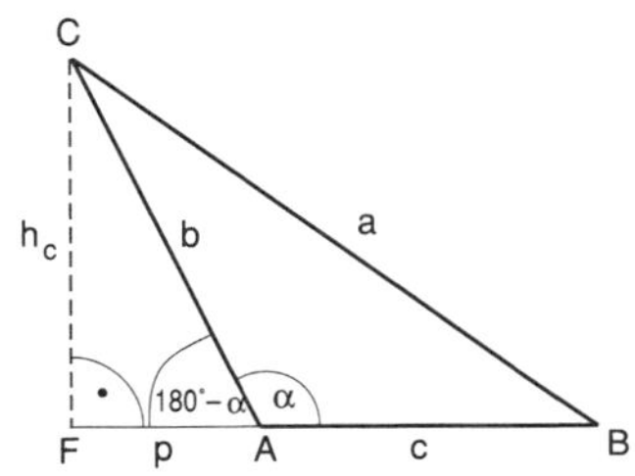

16. In einem schiefwinkligen Höhendreieck zu einer Bergspitze (Skizze wie Bild 19) mit s = 500 m, $\alpha = 28{,}5°$ und $\beta = 34{,}8°$ ist zunächst y und dann damit die Berghöhe x zu berechnen.

17. Ein Schiff fährt von A aus mit Kurs N 43° O, ändert nach 3650 m bei B seinen Kurs genau nach Osten und erreicht nach weiteren 2370 m den Endpunkt C seiner Fahrt. Wie weit sind A und C voneinander entfernt? (Zeichnen Sie bitte eine Skizze!)

18. Von der Spitze eines Berges wurden die Tiefenwinkel $\alpha = 32{,}2°$ und $\beta = 39{,}8°$ nach der Spitze und dem Fußpunkt eines Turmes der Höhe h = 30,0 m im Tal gemessen. Berechnen Sie die Höhe des Berges (natürlich wieder an Hand einer Skizze)!

19. Auf einem Hügel, dessen Abhang geradlinig unter $\varepsilon = 5°\ 30'$ ansteigt, steht ein Turm. Auf dem Abhang wird eine $s = 20{,}0$ m lange Standlinie abgesteckt, deren Verlängerung durch den Fußpunkt des Turms geht. In den Endpunkten A bzw. B dieser Strecke werden zur Turmspitze die Höhenwinkel $\alpha = 29°\ 18'$ und $\beta = 18°\ 24'$ gemessen. Wie hoch ist der Turm? Diesmal wird hier die Skizze wieder angegeben:

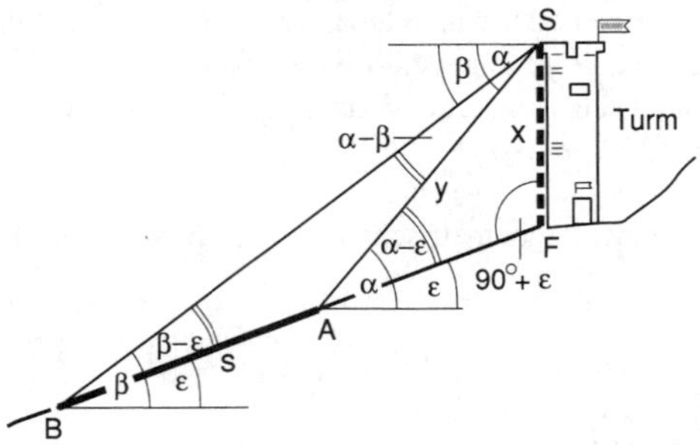

20. Ein Bauer bietet seinem Nachbarn ein für ihn ungünstig gelegenes Grundstück um eine halbe Million GE zum Verkauf an. Das Grundstück ist ein ebenes Viereck und hat die Abmessungen (Skizze unten):

$\overline{AB} = a = 35{,}0$ m; $\overline{BC} = b = 34{,}4$ m; $\overline{CD} = c = 56{,}8$ m; $\overline{DA} = d = 40{,}7$ m; $\angle DAB = \alpha = 102{,}4°$. Der ortsübliche Preis beträgt GE 250,-- pro m^2. Prüfen Sie durch Rechnung, ob es sich um ein faires Angebot handelt!

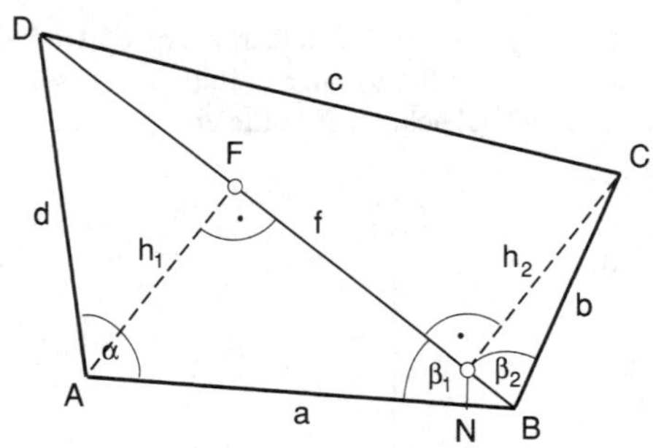

Zu den Lösungen

Lösungen

1. $b = 50{,}8$; $c = 76{,}5$; $\cos\alpha = \frac{b}{c} = \frac{50{,}8}{76{,}5}$ $\rightarrow$ $\alpha = 48{,}4°$; $\beta = 90° - \alpha = 41{,}6°$
   $\tan\alpha = \frac{a}{b}$ $\Rightarrow$ $a = b \cdot \tan\alpha = 50{,}8 \cdot \tan 48{,}4° = 57{,}2°$

2. $c = 25{,}6$; $\beta = 72{,}4°$; $\alpha = 90° - \beta = 17{,}6°$
   $\sin\beta = \frac{b}{c}$ $\Rightarrow$ $b = c \cdot \sin\beta = 25{,}6 \cdot \sin 72{,}4° = 24{,}4$
   $\cos\beta = \frac{a}{c}$ $\Rightarrow$ $a = c \cdot \cos\beta = 25{,}6 \cdot \cos 72{,}4° = 7{,}74$
   $\sin\beta = \frac{h_c}{a}$ $\Rightarrow$ $h_c = a \cdot \sin\beta = 7{,}74 \cdot \sin 72{,}4° = 7{,}38$

3. $\cos\varphi = \frac{a}{d}$ $\Rightarrow$ $d = \frac{a}{\cos\varphi} = \ldots = 21{,}3$;
   $\tan\varphi = \frac{b}{a}$ $\Rightarrow$ $b = a \cdot \tan\varphi = \ldots = 7{,}28$

4. $\sin\alpha = \frac{H}{a}$ $\Rightarrow$ $H = a \cdot \sin\alpha = \ldots = 49{,}6$
   $\sin\alpha = \frac{h}{b}$ $\Rightarrow$ $b = \frac{h}{\sin\alpha} = \ldots = 20{,}0$

5. $\tan\alpha = \frac{h}{s}$ $\Rightarrow$ $h = s \cdot \tan\alpha = \ldots = 27{,}3$ (m) $\rightarrow$ (+1,5) $H = 28{,}8$ m

6. $\alpha = 20°$; $\beta = ?$; $\tan\beta = 0{,}20$ $\Rightarrow$ $\beta = 11{,}31°$
   $\sin\alpha = \frac{x}{2000}$ $\Rightarrow$ $x = 2000 \sin\alpha = \ldots = 684$ (m)
   $\sin\beta = \frac{y}{2000}$ $\Rightarrow$ $y = 2000 \sin\beta = \ldots = 392$ (m) ; $\Delta = 292$ (m)

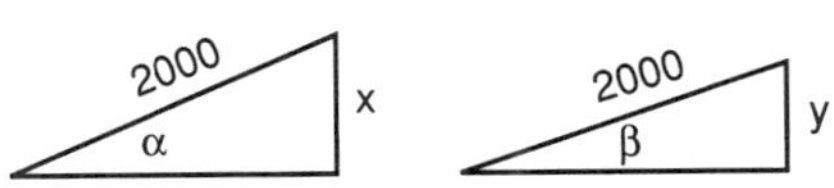

7. $\frac{h}{s} = \tan\alpha = 60\,\% = 0{,}6$; $\alpha = 30{,}96..° \approx 31°$: nein, nicht annähernd!
   $\frac{h}{s} = \tan\beta = 100\,\% = 1$; $\alpha = 45°$ (Hätten Sie mehr geschätzt?!)

8. $\tan\varepsilon = \frac{l}{e}$ $\Rightarrow$ $e = \frac{l}{\tan\varepsilon} = \frac{110}{\tan 2{,}08°} = 3029$ (m)

   (Skizze rechts →→)

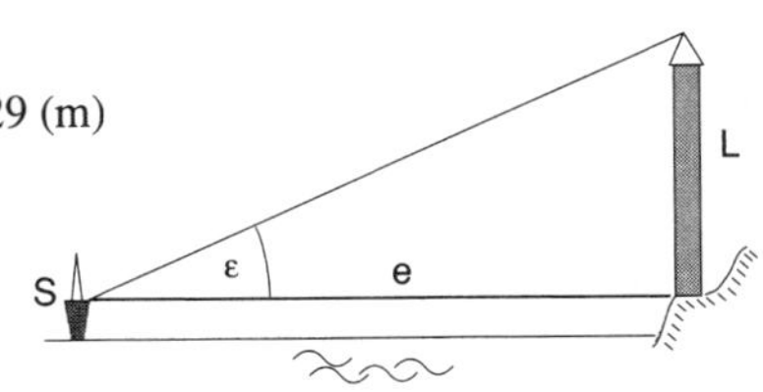

9. $a = 226$ m, $s = 211$ m, $l = 178$ m;
   $\cos\varphi = \frac{a\sqrt{2}}{2\,s} = \ldots$; $\rightarrow$ $\varphi = 40{,}8°$
   $\cos\varepsilon = \frac{a}{2\,l} = \ldots$; $\rightarrow$ $\varepsilon = 50{,}6°$
   $\tan\varepsilon = \frac{h}{a/2}$ $\Rightarrow$ $h = a/2 \tan\varepsilon = \ldots = 137{,}5$ m

10. $\tan\beta = \frac{h}{a/2} \Rightarrow h = \frac{a}{2}\tan\beta = ... = 5{,}40$

$\tan\alpha = \frac{h}{d} \Rightarrow d = \frac{h}{\tan\alpha} = ... = 3{,}44$

$V = a\,\frac{h}{2}\,b - 2\,a\,\frac{h}{2}\,\frac{d}{3} = ... = 442\ (m^3)$

Der Mittelschifter c als Höhe im Walm ist genauso zu finden:

$\sin\alpha = \frac{h}{c} \Rightarrow c = \frac{h}{\sin\alpha} = ... = 6{,}40\ (m)$

11. $d = \frac{r}{\sin\delta_{Sonne}} = \frac{6378}{\sin 0{,}0024444°} = 1{,}495 \cdot 10^8\ (km)$

12. $\text{arc}\,\delta = \frac{r}{d} \Rightarrow d = \frac{r}{\text{arc}\,\delta} = \frac{6378}{\text{arc}\,0{,}0064278°} = 56\,852000\ km \quad \rightarrow (+\,5500\ km)$

$D = 56\,857500\ km \approx 56{,}86$ Mio km

13. $F_p = F\cos\beta;\ F_n = F\sin\beta$ (Skizze unten links)

Ansatz: die Parallelkomponente F_p muß gleich der Reibungskraft F_R, die das μ-fache der Normalkraft auf die Unterlage ist, sein:

$F_p = \mu\,(G - F_n) \Rightarrow F\cos\beta = \mu\,(G - F\sin\beta) \Rightarrow$

$F\cos\beta + \mu F\sin\beta = \mu G \Rightarrow F = \frac{\mu G}{\cos\beta + \mu\sin\beta} = ... = 124\ N$

14. Nach dem Randwinkelsatz ist der halbe Zentriwinkel beim Mittelpunkt U gleich dem Randwinkel bei C (Bild darunter, rechts), also γ; im rwΔ UAH ist

$\sin\gamma = \frac{c/2}{r} = \frac{c}{2r} \Rightarrow 2r = \frac{c}{\sin\gamma}$; ebenso ergibt sich $2r = \frac{a}{\sin\alpha} = \frac{b}{\sin\beta}$,

woraus $a : b = \sin\alpha : \sin\beta$ usw. folgt.

Bild L13

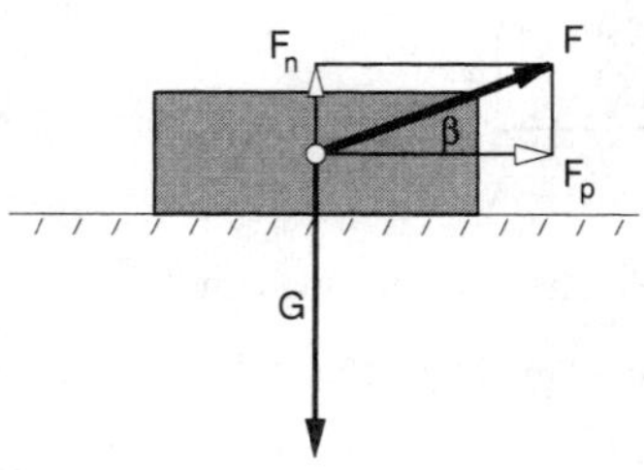

Bild L14 →

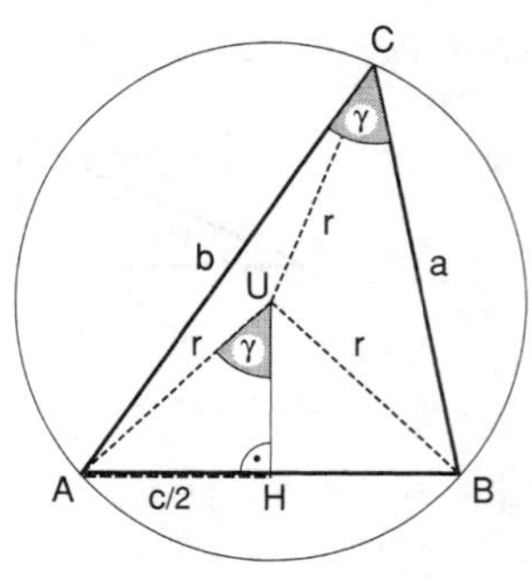

15. $a^2 = h_c^2 + (c + p)^2 =$

$[b \cdot \sin(180° - \alpha)]^2 + [c + b \cdot \cos(180° - \alpha)]^2 = (b \cdot \sin\alpha)^2 + (c - b \cdot \cos\alpha)^2 =$

$b^2 \cdot (\sin^2\alpha + \cos^2\alpha) + c^2 - 2\,bc \cdot \cos\alpha = b^2 + c^2 - 2\,bc \cdot \cos\alpha$, w.z.z.w.

16. $\alpha = 28{,}5°;\ \beta = 34{,}8°;\quad \varepsilon = \beta - \alpha = 6{,}3°$

$y : s = \sin\alpha : \sin\varepsilon \Rightarrow y = \frac{s\sin\alpha}{\sin\varepsilon} = ... = 2174\ m,$

$x = y \cdot \sin\beta = 1241\ m$

17. Skizzenvorschlag links unten!
$\alpha = \varphi + 90° = 133°$; $a = 3650$ m, $b = 2370$ m; a, b, α führt auf Fall 2:
$x^2 = a^2 + b^2 - 2\,ab \cdot \cos\alpha = ... = 30738654 \quad\Rightarrow\quad x = 5544$ m

18. Skizzenvorschlag rechts darunter!
$y : h = \sin(90° + \alpha) : \sin(\beta - \alpha) \quad\Rightarrow\quad y = \dfrac{h \cdot \sin(90° + \alpha)}{\sin(\beta - \alpha)} = ... = 192$ (m)
$x = y \sin\beta = ... = 123$ (m)

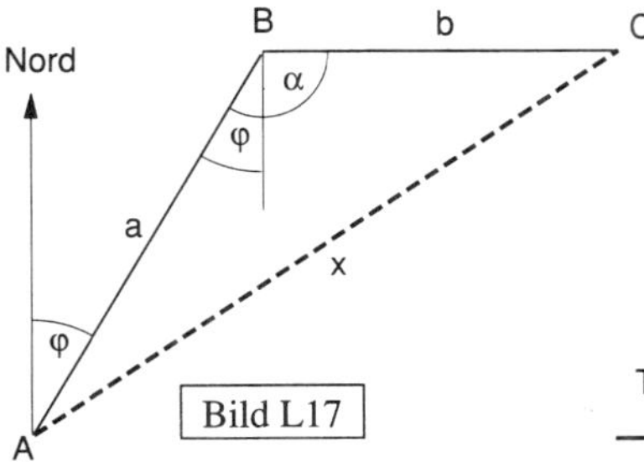

Bild L17

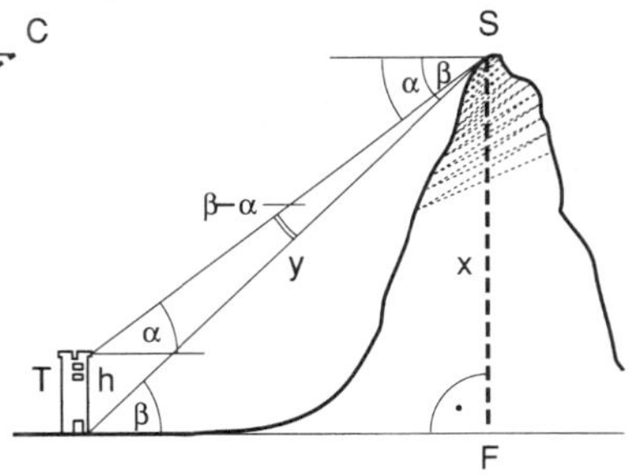

19. *Lösungsweg*: Man kann zwei schiefwinklige Dreiecke betrachten (Skizze):
1. Δ BAS (wws): s, β – ε, α – β → Sinussatz liefert y
2 Δ AFS (wws): y, α – ε, 90° + ε → Sinussatz bringt x

Durchführung :

1. $y : s = \sin(\beta - \varepsilon) : \sin(\alpha - \beta) \quad\Rightarrow\quad y = \dfrac{s \cdot \sin(\beta - \varepsilon)}{\sin(\alpha - \beta)} = ... = 23{,}6$ (m)

2. $x : y = \sin(\alpha - \varepsilon) : \sin(90° + \varepsilon) \quad\Rightarrow\quad x = \dfrac{y \cdot \sin(\alpha - \varepsilon)}{\sin(90° + \varepsilon)} = ... = 9{,}57$ (m)

Der Turm ist x = 9,57 m hoch.

20. *Lösungsweg*: Die Diagonale f trennt in zwei Teildreiecke (Skizze, Bild Ü20):
1. Δ ABD (sws): a, d, α → Cosinussatz liefert f
2. Δ ABD (Ssw): f, α, δ → Sinussatz bringt Gegenwinkel von d, β_1
3. Δ DBC (sss): f, b, c → Cosinussatz ergibt β_2
4. rw Δ ABF: a, β_1 → Definition des sin enthüllt h_1
5. rw Δ BCN: b, β_2 → wie eben h_2
6. Flächeninhalt A über Einzeldreiecke ($\frac{1}{2}$ · Grundlinie · Höhe)
7. Preis P als Inhalt mal Kosten pro m^2.

Bitte umblättern!

Durchführung:

1. $f^2 = a^2 + d^2 - 2\,ad \cdot \cos\alpha = 35{,}0^2 + 40{,}7^2 - 2 \cdot 35{,}0 \cdot 40{,}7 \cdot \cos 102{,}4° =$ $3493\ (m^2) \quad \Rightarrow \quad f = \sqrt{3493} = 59{,}1\ m$
2. $d : f = \sin\beta_1 : \sin\alpha \quad \Rightarrow \quad \sin\beta_1 = \frac{d \sin\alpha}{f} = ...; \quad \rightarrow \beta_1 = 42{,}3°$
3. $c^2 = b^2 + f^2 - 2\,bf \cdot \cos\beta_2 \quad \Rightarrow \quad \cos\beta_2 = \frac{b^2 + f^2 - c^2}{2\,b\,f} = ...; \quad \rightarrow \beta_2 = 69{,}1°$
4. $\sin\beta_1 = \frac{h_1}{a} \quad \Rightarrow \quad h_1 = a \cdot \sin\beta_1 = 35{,}0 \cdot \sin 42{,}3° = 23{,}6\ m$
5. $\sin\beta_2 = \frac{h_2}{b} \quad \Rightarrow \quad h_2 = b \cdot \sin\beta_2 = 34{,}4 \cdot \sin 69{,}1° = 32{,}1\ (m)$
6. $A = 1/2\ f \cdot h_1 + 1/2\ f \cdot h_2 = 1/2\ f \cdot (h_1 + h_2) = 1/2 \cdot 59{,}1 \cdot (23{,}6 + 32{,}1) = 1646\ (m^2)$
7. $P = A \cdot k = 1646 \cdot 250$ GE = 411.500,-- GE < 500.000,-- GE $\Rightarrow$

Das Angebot ist demnach *nicht fair*.

Zum nächsten Kapitel

12. Kapitel

12

Vektoren und Vektorprodukte

Koordinatensystem

Als Schlüsselbegriff für die in der Einleitung skizzierten Vorhaben und Anliegen erweist sich der des ***Vektors***. Wir denken uns zu seiner Geburt ein (ebenes oder räumliches) *Koordinatensystem* mit zueinander senkrechten Achsen x, y, z und gleichen Einheiten (Skalen), ein sog. *kartesisches* Koordinatensystem (nach Réné Descartes, 17. Jh., lat. *Cartesius*, dem Schöpfer der analytischen Geometrie). Dort kann man jeden Punkt durch seine *Koordinaten* festlegen.

Punkte im Koordinatensystem

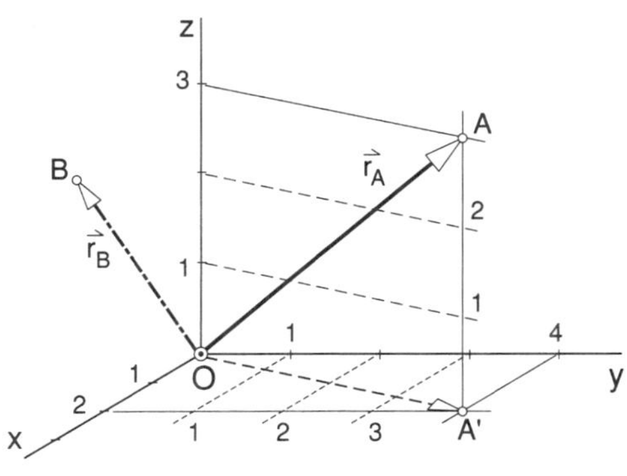

Bild 1: dazu

In Bild 1 sind es für A: x = 2, y = 4 und z = 3, was man kurz A(2|4|3) schreibt; sein lotrechter *Schatten* A' in der x-y-Koordinatenebene, die *erste Projektion*, ist A'(2|4). Man geht vom Anfangspunkt O zwei Schritte in Richtung der x-Achse (im Bild nach links vorne), von dort vier Einheiten weit in Richtung der y-Achse (hier ist das nach rechts) und dann drei Schritte in z-Achsenrichtung nach oben: dort ist A.

Pfeil und Ortsvektor

Nun gibt es zu A genau eine gerichtete Strecke, einen **Pfeil** $\overline{OA}$, der vom Ursprung O zu A führt. Diesen nennt man *Ortsvektor* von A; neben $\overline{OA}$ sind die Schreibweisen $\vec{r}_A$ oder $\vec{a}$ (Erklärung folgt) gebräuchlich. Für einen Punkt B wäre dann $\overline{OB} = \vec{r}_B$ oder $\vec{b}$ zu schreiben usw. Ein anderer Ortsvektor $\vec{p}$ legt natürlich umgekehrt genau einen Punkt P fest, eben den Endpunkt, die *Spitze* P des von O als *Anfangspunkt* abgetragenen Pfeils. Es ist daher naheliegend, solch einem Ortsvektor die Koordinaten seiner Spitze zuzuordnen, ihn geradezu so festzulegen: $\vec{p}$ *ist* dann das Zahlentripel (2, 4, 3) oder allgemein:

D Definition 1: dazu

> Zu einem Punkt $A(a_x \mid a_y \mid a_z)$ gibt es genau *einen* ***Ortsvektor*** $\overline{OA} = \vec{r}_A = \vec{a}$. Er besteht aus den Koordinaten von A; er kann als *Zeilenvektor* oder als *Spaltenvektor* geschrieben werden: $\vec{a} = (a_x, a_y, a_z) = \begin{pmatrix} a_x \\ a_y \\ a_z \end{pmatrix}$.

Nun ist es für die Beschreibung geometrischer Figuren nützlich, diesen Begriff zu verallgemeinern. So gibt es im Parallelogramm zwei Paare paralleler und gleich langer Seiten, im Quader, der aus 6 solchen Figuren besteht, gibt es sogar 3 mal 4 parallelgleiche Seitenkanten. Man erhält sie alle durch eine *Schiebung*.

Vektor und Schiebung

So entsteht in Bild 2 $\overline{CE}$ aus $\overline{OA}$ durch Schiebung mit $\vec{r_C}$, während $\vec{r_B}$ zu $\overline{BD}$ führt; $\overline{GF}$ schließlich als Vierten im Bunde bekommt man durch Hintereinanderausführen beider Schiebungen. Diese vier Pfeile unterscheiden sich also „nur" durch ihre Lage, nicht aber durch ihre *Länge* oder ihre Richtung, genauer *Orientierung*! Daher kann man sie als „im wesentlichen gleich" betrachten und sie zusammen mit allen übrigen (unendlich vielen) „parallelgleichen" Pfeilen als „freien" Vektor $\vec{a}$ bezeichnen. $\vec{a}$ steht dabei als Zeichen für die Menge aller zu $\vec{r_A}$ parallelen und gleich langen sowie gleich orientierten Pfeile ($\vec{r_A}$ =) $\overline{OA}$ ↑↑ $\overline{BD}$ ↑↑ $\overline{CE}$ ↑↑ $\overline{GF}$ ↑↑ ... Die Beziehung ↑↑ zwischen allen denkbaren Pfeilen führt natürlich zu einer *Äquivalenzrelation* und diese zu *Klassen* (vgl. A**1**); jede solche Klasse nennen wir (einen *freien*) *Vektor*:

Definition 2: Ortsvektor und Vektor

D

> Zum Ortsvektor $\vec{r_A} = (a_x, a_y, a_z)$ gehört ein ***(freier) Vektor*** $\vec{a} = (a_x, a_y, a_z)$ als Klasse aller zu $\vec{r_A}$ mittels ↑↑ äquivalenten Pfeile.

Bild 2: dazu

Vektor als Klasse von Pfeilen

Praktisch bedeutet dies, daß wir alle parallelen (gerichteten) Kanten eines Quaders mit $\vec{a}$ bezeichnen dürfen (Bilder 3): *Jede* ist *Vertreter* der Klasse $\vec{a}$ und erhält dieselben Koordinaten (a_x, a_y, a_z) als Ausweis; kann sie doch durch eine passende Schiebung mit $\vec{r_A}$, dem erzeugenden Ortsvektor, zur Deckung gebracht werden. Auch für $\vec{r_A}$ dürfen wir nun kurz $\vec{a}$ schreiben! Ganz ähnlich haben wir auch bei den *kongruenten* Dreiecken argumentiert!

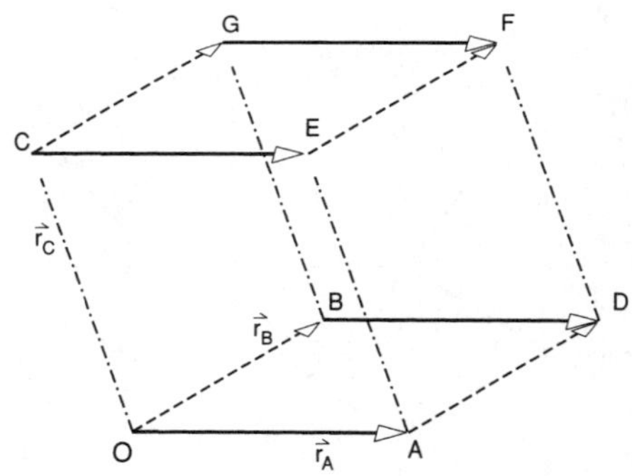

Dies alles gilt natürlich auch, wenn wir nur *ebene* analytische Geometrie betreiben: Alle Vektoren $\vec{a}$ haben dann eben nur *zwei* Koordinaten, a_x und a_y, wie die Spitzen $A(a_x \mid a_y)$ ihrer Ortsvektoren $\overline{OA}$.

Bilder 3: dazu

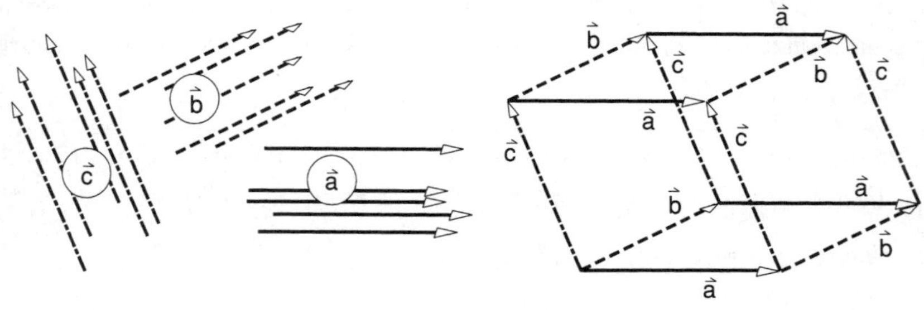

Verknüpfung von Vektoren

Rechnen mit Vektoren:

Nun kann mit den Koordinaten als *Zahlen* a_x, a_y, $a_z \in \mathbb{R}$ wie üblich *gerechnet* werden, insbesondere kann man sie *addieren*. Ebenso soll dies mit den neuen Objekten, den *Ortsvektoren* $\vec{r_A}$ und den *Vektoren* $\vec{a}$ möglich sein. *Algebraisch* ist dabei naheliegend, einen *Summen*vektor so zu erklären, daß er die Summen der Koordinaten enthält:

B **Beispiel 1:** **Vektorsumme**

Mit A(5 | 2) und B(1 | 3) ist $\overline{OA} = \vec{a} = (5, 2)$, $\overline{OB} = \vec{b} = (1, 3)$ und

$$\overline{OD} = \vec{a} + \vec{b} = \begin{pmatrix} 5 \\ 2 \end{pmatrix} + \begin{pmatrix} 1 \\ 3 \end{pmatrix} = \begin{pmatrix} 5+1 \\ 2+3 \end{pmatrix} = \begin{pmatrix} 6 \\ 5 \end{pmatrix}$$

Addition und Schiebung

Genau so ist es im Raum mit 3 Koordinaten: es kommt jeweils der z-Wert dazu. Eine Skizze (für ebene Vektoren, Bild 4) zeigt, daß dies mit der *geometrischen* Idee übereinstimmt, den Summenvektor $\vec{a} + \vec{b}$ der Produktschiebung $\mathbb{V}_a \circ \mathbb{V}_b$ entsprechen zu lassen, bei der eine Figur erst längs $\vec{a}$, dann längs $\vec{b}$ verschoben wird: Der Punkt O hätte dort erst A, dann D als Bild. Die Diagonale $\overline{OD}$ im Parallelogramm mit den Seiten $\overline{OA} = \vec{a}$ und $\overline{OB} = \vec{b}$ gibt dann an, wie jede Figur bei $\mathbb{V}_a \circ \mathbb{V}_b$ zu schieben ist und stellt somit den idealen Summenvektor $\vec{a} + \vec{b}$ dar. Tatsächlich hat nun $\overline{OD} = \vec{a} + \vec{b}$ die Koordinaten $a_x + b_x$ und $a_y + b_y$!

Bilder 4/5: **dazu**

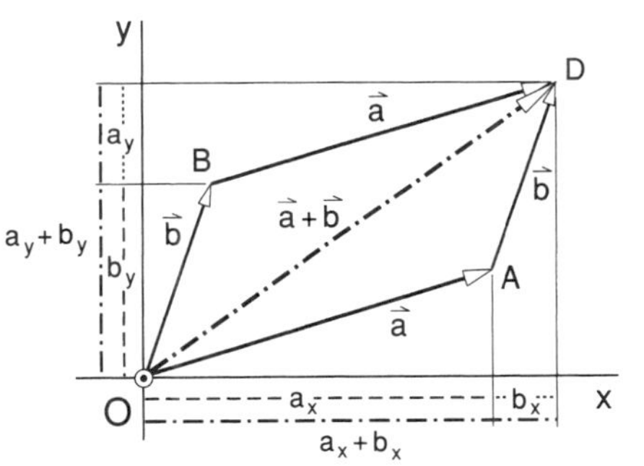

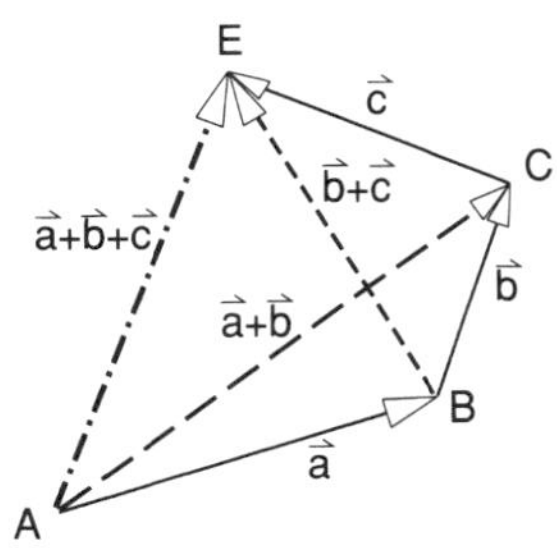

Die Addition ist assoziativ und kommutativ

Bezeichnet $\mathbb{V}$ die Menge aller (ebenen oder) räumlichen Vektoren, $\mathbb{V} = \{\vec{a}, \vec{b}, \vec{c}, \dots\}$, so ist ($\mathbb{V}$, +) durch diese Erklärung der Verknüpfung „+" eine *algebraische Struktur* geworden, für deren Eigenschaften wir uns wie schon in $\mathbb{A}$**1** interessieren; allerdings sollen hier nur zwei aufgezeigt werden, in Kapitel **31** in Band **3** graben wir dann etwas tiefer.

Die erste zeigt schon Bild 4: Die Vektoraddition ist *kommutativ*, gilt doch:

$$\overline{OD} = \overline{OA} + \overline{AD} = \vec{a} + \vec{b} = \overline{OB} + \overline{BD} = \vec{b} + \vec{a}$$

Dann ist „+" *assoziativ*: Man kommt von A über B nach E in Bild 5, oben rechts, mit

$$\overline{AE} = \vec{a} + (\vec{b} + \vec{c}) \quad \text{oder uber C mit} \quad \overline{AE} = (\vec{a} + \vec{b}) + \vec{c}!$$

Vektoren als Kräfte

Praktisch wichtig sind die Deutungen der Vektoren als Kräfte, Wege oder Geschwindigkeiten. Wirken auf einen Körper die Kräfte $\vec{a}$ und $\vec{b}$, so kann man sie ersetzen durch die eine Kraft $\vec{a} + \vec{b}$ in Bild 4, die Summenkraft oder *Resultierende*; sie hat genau dieselbe Wirkung. Vergleichen Sie dazu noch Übung 1!

Zur *Addition* führt man stets als Gegenoperation die ***Subtraktion*** ein: $5 - 2$ war erklärt als $5 + (-2)$; auch einen Vektor $\vec{a}$ wollen wir von $\vec{b}$ subtrahieren, indem wir seinen *Gegenvektor* $-\vec{a}$ zu $\vec{b}$ addieren: $\vec{b} - \vec{a} = \vec{b} + (-\vec{a})$.

Beispiele 2: zur Subtraktion

B

- Zu $\vec{a} = (6, -8)$ ist $-\vec{a} = (-6, 8)$ und mit $\vec{b} = (1, 4)$ ist weiter

$$\vec{b} - \vec{a} = \begin{pmatrix} 1 \\ 4 \end{pmatrix} - \begin{pmatrix} 6 \\ -8 \end{pmatrix} = \begin{pmatrix} 1 \\ 4 \end{pmatrix} + \begin{pmatrix} -6 \\ 8 \end{pmatrix} = \begin{pmatrix} 1-6 \\ 4+8 \end{pmatrix} = \begin{pmatrix} -5 \\ 12 \end{pmatrix}$$

- Ebenso ist mit $\vec{c} = (1, -2, 3)$ und $\vec{d} = (5, 0, -4)$

$$\vec{c} - \vec{d} = \begin{pmatrix} 1 \\ -2 \\ 3 \end{pmatrix} - \begin{pmatrix} 5 \\ 0 \\ -4 \end{pmatrix} = \ldots \begin{pmatrix} 1-5 \\ -2-0 \\ 3+4 \end{pmatrix} = \begin{pmatrix} -4 \\ -2 \\ 7 \end{pmatrix}$$

geometrisch subtrahieren

In Bild 6, unten rechts, ist

$$\overline{PR} = \overline{PQ} + \overline{QR} = \vec{b} + (-\vec{a}),$$

weiter ist aber auch $\overline{SQ} = \overline{PR}$, d. h., wir haben in der Verbindung der Spitzen von $\vec{a}$ und $\vec{b}$ schon den Differenzvektor $\vec{b} - \vec{a}$ gefunden.

Dabei setzen wir natürlich mit $\vec{a} = (a_x, a_y, a_z)$ auch $-\vec{a} = (-a_x, -a_y, -a_z)$. Denn nur so entsteht als Summe der Nullvektor: $3 + (-3) = 0$; ebenso ist dann

$$\vec{a} + (-\vec{a}) = (a_x - a_x, a_y - a_y, a_z - a_z) = (0, 0, 0) = \vec{0}$$

Klammerregeln

Diese Nachbildung von + und – in $\mathbb{V}$ (Vektoren) zu + und – in $\mathbb{R}$ (Koordinaten) erlaubt auch die Übernahme derselben Termdarstellungen und Vereinbarungen, die im Teil $\mathbb{A}$ u.a. zu den *Klammerregeln* geführt haben:

$$\vec{a} + (\vec{b} - \vec{c}) = \vec{a} + \vec{b} - \vec{c}, \quad \vec{a} - (\vec{b} + \vec{c}) = \vec{a} - \vec{b} - \vec{c}, \quad \vec{a} - (\vec{b} - \vec{c}) = \vec{a} - \vec{b} + \vec{c}$$

In der mittleren Gleichung ist also $-(\vec{b} + \vec{c}) = -\vec{b} - \vec{c}$ angenommen; wir überzeugen uns davon an einer Skizze, da sich ein Bild (7, links) viel besser einprägt. Nötig wäre es nicht!

Bilder 7/6: dazu

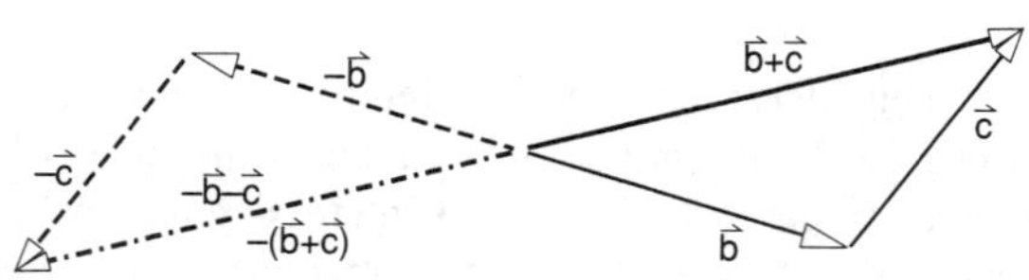

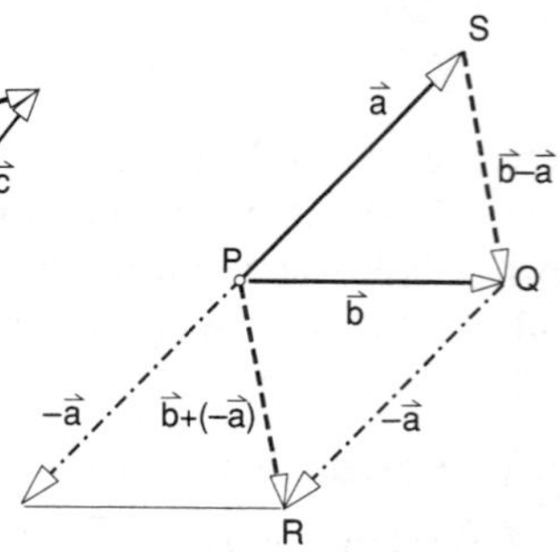

Die skalare Multiplikation

Multiplikation eines Vektors …

Neben der Addition „+“ in $\mathbb{V}$ benötigt man in der Praxis noch eine *Verknüpfung* von *Zahlen* mit Vektoren: So soll doch für $\vec{a} + \vec{a}$ kürzer $2\vec{a}$, für $\vec{a} + \vec{a} + \vec{a}$ ebenso $3\vec{a}$ usw. geschrieben werden dürfen. Aber auch jede andere Zahl $k \in \mathbb{R}$ soll mit einem Vektor $\vec{a} \in \mathbb{V}$ zu einem neuen Vektor $k\vec{a} \in \mathbb{V}$ verknüpft werden dürfen (Bilder 8, nächste Seite).

Mit der Nachbildung der zentrischen Streckung mit dem Streckfaktor k wird auch die Abkürzung $2\vec{a}$, $3\vec{a}$, ... als Sonderfall erfaßt. Die *Strahlensätze* zeigen, daß der so definierte Vektor $k\vec{a}$ mit den k-fachen Koordinaten von $\vec{a}$ gerade dem *geometrisch* erklärten Vektor entspricht (Übung 4).

Bilder 8: dazu

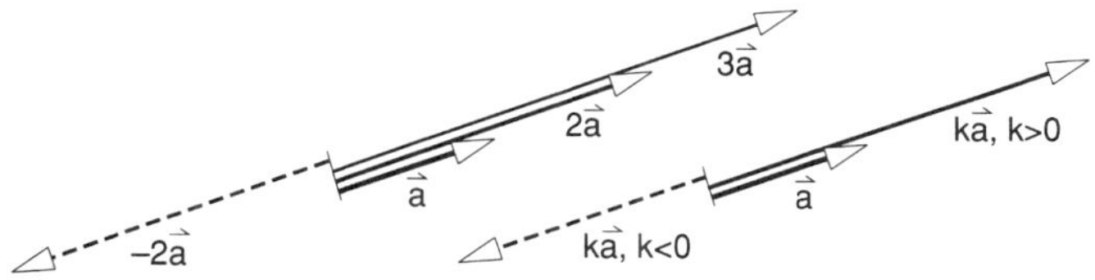

Algebraisch heißt das:

D **Definition 3:** skalare Multiplikation

> Mit einer Zahl (einem *Skalar*) $k \in \mathbb{R}$ und einem *Vektor* $\vec{a} = (a_x, a_y, a_z) \in \mathbb{V}$ wird durch sog. ***skalare Multiplikation*** ein Vektor $k \cdot \vec{a} = k\vec{a} \in \mathbb{V}$ gebildet als $k\vec{a} = (ka_x, ka_y, ka_z)$.

B **Beispiele 3:** dazu

- Mit $\vec{a} = \begin{pmatrix} 1 \\ -6 \\ 8 \end{pmatrix}$ ist $2\,\vec{a} = 2 \cdot \begin{pmatrix} 1 \\ -6 \\ 8 \end{pmatrix} = \begin{pmatrix} 2 \cdot 1 \\ 2 \cdot (-6) \\ 2 \cdot 8 \end{pmatrix} = \begin{pmatrix} 2 \\ -12 \\ 16 \end{pmatrix}$,
- ebenso ist $-3\,\vec{a} = (-3) \cdot \begin{pmatrix} 1 \\ -6 \\ 8 \end{pmatrix} = \begin{pmatrix} -3 \\ 18 \\ -24 \end{pmatrix}$, $\frac{1}{4}\,\vec{a} = \frac{1}{4} \cdot \begin{pmatrix} 1 \\ -6 \\ 8 \end{pmatrix} = \begin{pmatrix} 1/4 \\ -6/4 \\ 2 \end{pmatrix}$.

Die Rechengesetze stellen wir in Kapitel **31** von Band **3** ausführlich zusammen; hier greifen wir nur eine Form der *Distributivität* heraus:

$$k \cdot (\vec{a}_1 + \vec{a}_2) = k \cdot \vec{a}_1 + k \cdot \vec{a}_2$$

Dies überlegen wir anschaulich für k = 2, Bild 9, darunter; den allgemeinen Beweis führen Sie bitte algebraisch als Übung 5!

Bild 9: Distributivität

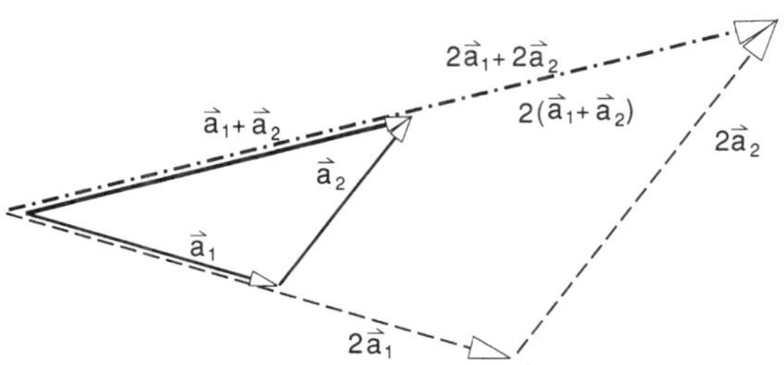

Damit kann man nun *verallgemeinerte Summen* von Vektoren bilden:

B **Beispiel 4:** Vektoren in geom. Figuren

Ein Parallelogramm ABCD in beliebiger Lage, Bild 10, nächste Seite, ist durch seine Seiten $\overline{AB}$ und $\overline{AD}$ bestimmt, es wird durch die Seitenvektoren $\vec{a}$ und $\vec{b}$ *aufgespannt*. Man kann fragen, wie sich die Diagonalen $\overrightarrow{AC}$ und $\overrightarrow{BD}$ durch $\vec{a}$ und $\vec{b}$ ausdrücken lassen, wie die Vektoren $\overrightarrow{AM}$ zum Mittelpunkt und $\overrightarrow{AH}$ zur Seitenmitte H von $\overline{BC}$.

Bild 10: dazu

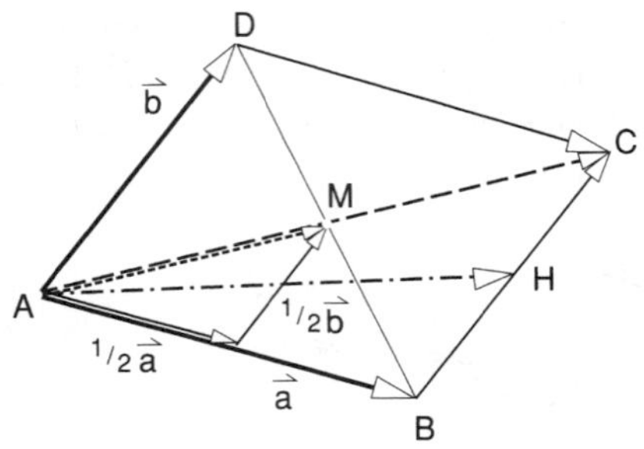

Wir wissen: $\overrightarrow{AC} = 2\,\overrightarrow{AM}$ bzw. $\overrightarrow{AM} = \frac{1}{2}\,\overrightarrow{AC}$ und $\overrightarrow{AC} = \overrightarrow{AB} + \overrightarrow{BC} = \vec{a} + \vec{b}$; dies eingesetzt, ergibt $\overrightarrow{AM} = \frac{1}{2}(\vec{a} + \vec{b})$. Ebenso könnte man über $\overrightarrow{AM} = \frac{1}{2}\,\vec{a} + \frac{1}{2}\,\vec{b}$ zu M kommen, was sich nach den Strahlensätzen an der Skizze oben ablesen läßt.

Dann ist weiter $\overrightarrow{BD} = \overrightarrow{BC} + \overrightarrow{CD} = \vec{b} + (-\vec{a}) = \vec{b} - \vec{a}$ (auch: direkter Differenzvektor von Spitze zu Spitze!). Für $\overrightarrow{AH}$ finden wir ebenso $\overrightarrow{AH} = \overrightarrow{AB} + \frac{1}{2}\,\overrightarrow{BC} = \vec{a} + \frac{1}{2}\,\vec{b}$.

Linearkombinationen

Für Terme wie $\vec{a} + \vec{b}$, $\vec{a} - \vec{b}$, aber auch $\vec{a} + \frac{1}{2}\,\vec{b}$, $\vec{a} - \frac{1}{2}\,\vec{b}$ oder $2\vec{a} + 3\vec{b}$ usw. hat sich folgende Sprechweise eingebürgert:

Definition 4: Linearkombination

D Ein Vektor $\vec{d} = \lambda\vec{a} + \mu\vec{b}$ mit $\lambda, \mu \in \mathbb{R}$ heißt ***Linearkombination*** von $\vec{a}$ und $\vec{b}$.

Ebenso ist natürlich $\vec{e} = \lambda\vec{a} + \mu\vec{b} + \nu\vec{c}$ *Linearkombination* von $\vec{a}$, $\vec{b}$ und $\vec{c}$, und so kann man auch längere Terme bilden. In unserem Beispiel ließen sich alle gewünschten Vektoren als Linearkombination von $\vec{a}$ und $\vec{b}$ darstellen. Ganz genauso ist es für einen *Spat* bzw. *schiefen Quader* im Raum, der durch 3 Seitenvektoren $\vec{a}$, $\vec{b}$ und $\vec{c}$ aufgespannt wird (Übung 6).

Beispiel 5: dazu

Bild 11: dazu

B Zur Übung wollen wir hier für drei konkret vorgelegte Vektoren $\vec{a}$, $\vec{b}$ und $\vec{c}$ drei Linearkombinationen zeichnen (und als Übung 8 auch berechnen), nämlich die Vektoren

$$\vec{u} = \vec{a} + \vec{b} + \vec{c}, \quad \vec{v} = \vec{a} - \vec{b} - \tfrac{1}{2}\,\vec{c},$$

$$\vec{w} = -\tfrac{1}{3}\,\vec{a} + \tfrac{1}{2}\,\vec{b} - \tfrac{1}{4}\,\vec{c}$$

Als Zusatzfrage fügen wir die nach einem Vektor $\vec{z}$ an, der zum Term rechts in $\vec{u}$ addiert, den *Nullvektor* erzeugt. Bild 11 rechts zeigt, wie´s geht! Ja: $\vec{z}$ ist natürlich gleich $-\vec{u}$!

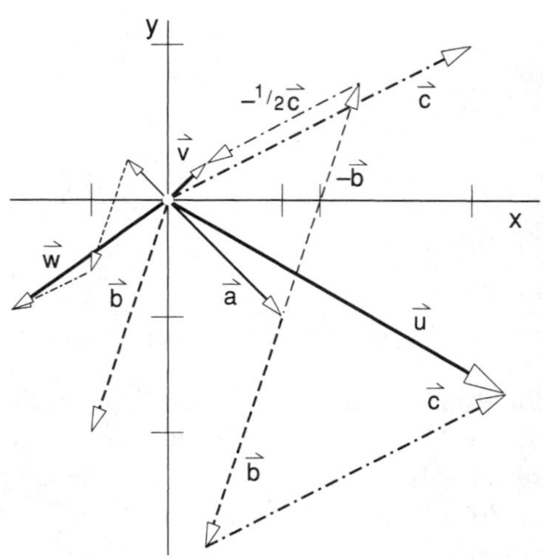

Sind $\vec{F}_1$, $\vec{F}_2$, $\vec{F}_3$, Kräfte, die auf einen Punkt – etwa ein Bauwerk mit Gewichts-, Wind- und Schneelasten – wirken, fragt man in der STATIK nach der Resultierenden; ihre Gegenkraft $-\vec{F}_R$ müßte man als Stützkraft anbringen, um den 3 gegebenen Kräften das Gleichgewicht zu halten, d. h., die Summenkraft Null, $\vec{0}$, zu bekommen. In einem sog. *Lageplan* sind Richtungen und Längen eingezeichnet, im *Krafteck* wird geometrisch addiert:

B **Beispiel 6:** Lageplan und Krafteck

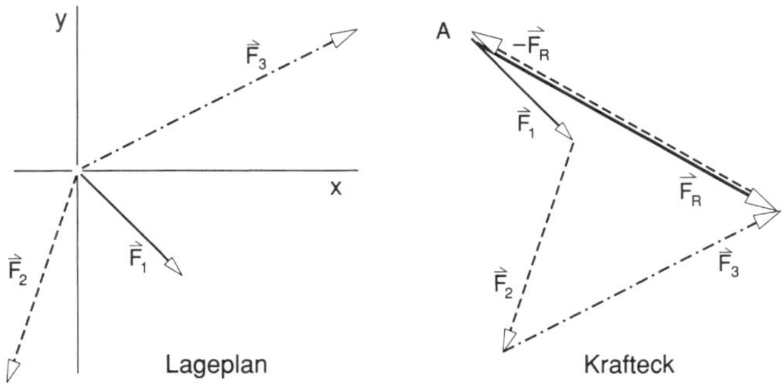

Bilder 12: dazu

Eine kleine Variation dieser Ausdrucksweise führt zu Termen, die rechts den *Nullvektor* ergeben: Ist nämlich ein Vektor $\vec{c}$ als $\lambda\vec{a} + \mu\vec{b}$ darstellbar, so ist weiter $\lambda\vec{a} + \mu\vec{b} - 1\vec{c} = \vec{0}$, und selbst für $\lambda = \mu = 0$ ist *einer* der drei Koeffizienten, hier der von $\vec{c}$, als $= 1$ von 0 verschieden. Allgemein sagt man

D **Definition 5:** linear abhängige und linear unabhängige Vektoren

> Gibt es für drei Vektoren (des Raums) $\vec{a}, \vec{b}, \vec{c}$ eine Beziehung
>
> $$x\vec{a} + y\vec{b} + z\vec{c} = \vec{0},$$
>
> in der wenigstens einer der Koeffizienten x, y oder z ≠ 0 ist, so heißen die Vektoren ***linear abhängig***.
>
> Ist eine solche Gleichung nur erfüllt für x = y = z = 0, so sind die Vektoren ***linear unabhängig***.

In der *Ebene* ist es einfacher, hier fällt der 3. Summand weg. So sind beispielsweise die Basisvektoren $\vec{i}$ und $\vec{j}$ sicher linear *un*abhängig:

$$x\vec{i} + y\vec{j} = \vec{0} \;\Rightarrow\; x\begin{pmatrix}1\\0\end{pmatrix} + y\begin{pmatrix}0\\1\end{pmatrix} = \begin{pmatrix}0\\0\end{pmatrix} \;\Rightarrow\; \begin{pmatrix}1x+0y\\0x+1y\end{pmatrix} = \begin{pmatrix}0\\0\end{pmatrix} \;\Rightarrow\; \begin{pmatrix}x\\y\end{pmatrix} = \begin{pmatrix}0\\0\end{pmatrix}$$

$$\Rightarrow\; x = 0 \wedge y = 0$$

Ebenso ist es für spezielle Vektoren des *Raums* (Übung 9).

B **Beispiel 7:** lin. abhängige ebene Vektoren

Dagegen sind in der Ebene etwa $\vec{a} = (2, -5)$ und $\vec{b} = (-4, 10)$ linear *ab*hängig:

$$x\vec{a} + y\vec{b} = \vec{0} \;\Rightarrow\; x\begin{pmatrix}2\\-6\end{pmatrix} + y\begin{pmatrix}-4\\12\end{pmatrix} = \begin{pmatrix}0\\0\end{pmatrix} \;\Rightarrow$$

$$\left.\begin{array}{l}2x - 4y = 0\\ \wedge\; -6x + 12y = 0\end{array}\right| \;\; |:(-3) \;\Rightarrow\; \left.\begin{array}{l}2x - 4y = 0\\ \wedge\; 2x - 4y = 0\end{array}\right| \;\Rightarrow\; \text{(vgl. D13!)}\;\; 2x - 4y = 0;$$

hier gibt es unendlich viele Möglichkeiten, x und y mit Zahlen ≠ 0 zu belegen, etwa kollineare Vektoren

lineare Unabhängigkeit

und lineare Gleichungssysteme

komplanare Vektoren

$(x, y) = (2, 1)$ wegen $2 \cdot 2 - 4 \cdot 1 = 0$ oder $(-6, -3)$ u.a.m., lauter Paare, die als Punkte gedeutet, auf der Geraden $2x - 4y = 0$ bzw. $y = \frac{1}{2} x$ liegen!

Da also z.B. $2\vec{a} + 1\vec{b} = \vec{0}$ gilt, sind $\vec{a}$ und $\vec{b}$ linear abhängig. Zeichnet man $\vec{a}$ und $\vec{b}$ ein, so erkennt man, daß sie Vielfache voneinander sind, $\vec{b} = -2\vec{a}$, also in *einer Linie* liegen: Man nennt sie daher auch ***kollinear***.

Nehmen wir einen 3. Vektor dazu, erweisen sich alle drei *stets* als linear *abhängig*! Allerdings ist die Rechnung dazu typisch für die Sonderfälle des nächsten Kapitels und an dieser Stelle wohl noch zu schwierig; vielleicht holen Sie es später nach?

Stellen wir diese Frage für 3 beliebige Vektoren des *Raums*, so führen sie nach Definition eben auf ein ***lineares 3-3-System*** (nächstes Kapitel!):

$$x\vec{a} + y\vec{b} + z\vec{c} = \vec{0} \quad \Rightarrow \quad x\begin{pmatrix} a_x \\ a_y \\ a_z \end{pmatrix} + y\begin{pmatrix} b_x \\ b_y \\ b_z \end{pmatrix} + z\begin{pmatrix} c_x \\ c_y \\ c_z \end{pmatrix} = \begin{pmatrix} 0 \\ 0 \\ 0 \end{pmatrix}$$

$$\Rightarrow \quad \begin{array}{rl} & a_x x + b_x y + c_x z = 0 \\ \wedge & a_y x + b_y y + c_y z = 0 \\ \wedge & a_z x + b_z y + c_z z = 0 \end{array}$$

Gibt es Lösungen mit $(x, y, z) \neq (0, 0, 0)$, so sind $\vec{a}, \vec{b}, \vec{c}$ linear *ab*hängig. Wie oben kann man leicht sehen, daß dann alle in *einer Ebene* liegen, was ihnen den Namen ***komplanar*** einträgt. Beispielsweise ist (Bild 13) bei

$$2\vec{a} + 3\vec{b} - \vec{c} = 0 \quad \Rightarrow \quad \vec{c} = 2\vec{a} + 3\vec{b}$$

Erhalten wir wie oben für $\vec{i}$ und $\vec{j}$ nur die „triviale" Lösung $x = y\ (= z) = 0$ – die gibt es immer für ein solches sogenanntes *homogenes* System, in dem rechts 0 steht! –, so sind die Vektoren linear *un*abhängig.

Bild 13: dazu

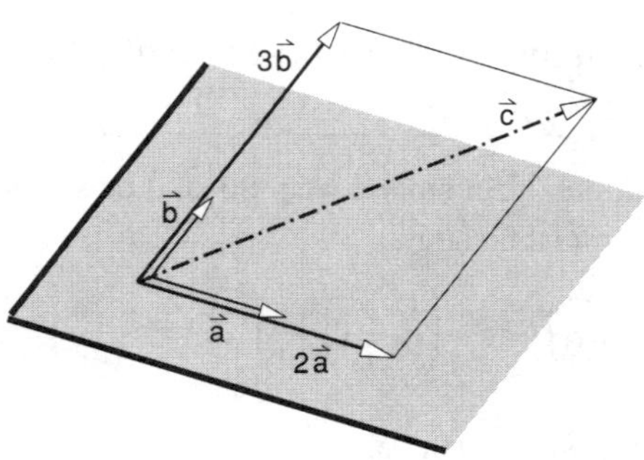

Darstellung von Vektoren ...

Besondere linear unabhängige Vektoren verwenden wir jetzt zur Darstellung beliebiger Vektoren: Wählen wir konkret die sog. *Standardbasis* $\{\vec{i} = (1, 0), \vec{j} = (0, 1)\}$ in der Ebene bzw. $\{\vec{i} = (1, 0, 0), \vec{j} = (0, 1, 0), \vec{k} = (0, 0, 1)\}$ im Raum, Bilder 14, folgende Seite, so läßt sich *jeder* Vektor $\vec{a}$ über den *Ortsvektor* $\overline{OA}$ als Linearkombination von $\vec{i}, \vec{j}$ (und $\vec{k}$) darstellen.

Im folgenden Beispiel ist

B **Beispiele 8: ... durch Basisvektoren**

für A(4 | 2)

❖ $\vec{a} = 4\vec{i} + 2\vec{j}$ wegen $\vec{a} = \binom{4}{2} = \binom{4}{0} + \binom{0}{2} = 4 \cdot \binom{1}{0} + 2 \cdot \binom{0}{1}$

und ebenso für B(1 | 4 | 2)

❖ $\vec{b} = 1\vec{i} + 4\vec{j} + 2\vec{k}$ wegen $\vec{b} = \begin{pmatrix}1\\4\\2\end{pmatrix} = 1 \cdot \begin{pmatrix}1\\0\\0\end{pmatrix} + 4 \cdot \begin{pmatrix}0\\1\\0\end{pmatrix} + 2 \cdot \begin{pmatrix}0\\0\\1\end{pmatrix}$

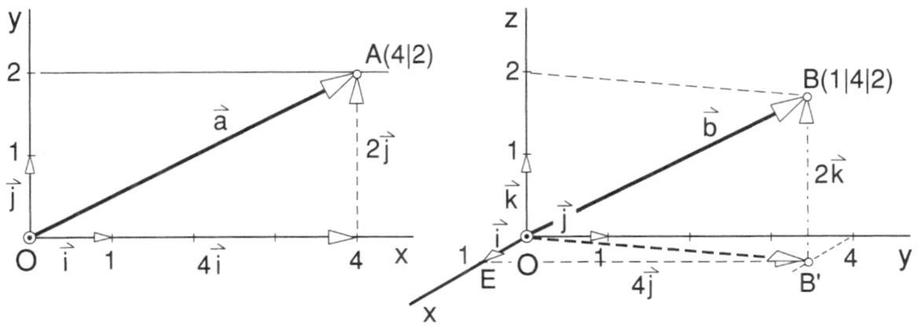

Bilder 14: ... in der Ebene und im Raum

Ganz allgemein (im Raum) gilt für den Ortsvektor $\vec{r}$

$$\vec{r} = \begin{pmatrix}x\\y\\z\end{pmatrix} = x \cdot \begin{pmatrix}1\\0\\0\end{pmatrix} + y \cdot \begin{pmatrix}0\\1\\0\end{pmatrix} + z \cdot \begin{pmatrix}0\\0\\1\end{pmatrix} = x\vec{i} + y\vec{j} + z\vec{k} \ ,$$

wobei x, y, z *Koordinaten* und $x\vec{i}$, $y\vec{j}$ und $z\vec{k}$ *Komponenten* von $\vec{r}$ heißen.

Standardbasis

Es gibt auch andere Möglichkeiten: Würde man statt der Standardbasis die linear unabhängigen Vektoren $\vec{e_1} = \vec{i}$, $\vec{e_2} = 4\vec{j}$ und $\vec{e_3} = 2\vec{k}$ als *Basis* wählen, so erhielte man $\vec{b} = (1, 1, 1)$ bzw. B(1 | 1 | 1) wegen $\vec{b} = 1\vec{e_1} + 1\vec{e_2} + 1\vec{e_3}$! Immer aber ist es möglich, einen Vektor in einer Basis *eindeutig* darzustellen:

S **Satz 1: dazu**

Jeder Vektor des Anschauungsraums $\mathbb{R}^3$ läßt sich als Linearkombination von Basisvektoren eines Koordinatensystems *eindeutig* darstellen, z.B.:

$$\vec{r} = \begin{pmatrix}x\\y\\z\end{pmatrix} = x\vec{i} + y\vec{j} + z\vec{k}$$

Wir bleiben jetzt bei dieser Standardbasis. Will man etwa die Koordinaten eines Punktes A in einem solchen Koordinatensystem berechnen, der sich etwa als 4. Eckpunkt eines Parallelogramms ergibt, so muß man den *Ortsvektor* $\vec{r_A} = \overrightarrow{OA}$ verwenden; nur er legt ja seine Spitze fest:

B **Beispiel 9: Punkte im Koordinatensystem**

Von einem Parallelogramm der [x, y]-Ebene mögen die Ecken B(7|–1), C(11|7) und D(0|9) gegeben sein. Welche Koordinaten hat der 4. Eckpunkt A, welche der Mittelpunkt M (Bild 15, nächste Seite)?

Schon weiter oben haben wir unabhängig von der Lage in einem Koordinatensystem einige Vektoren als *Linearkombination* anderer ausgedrückt. Jetzt ist ebenso

Bild 15: Punkte im Parallelogramm

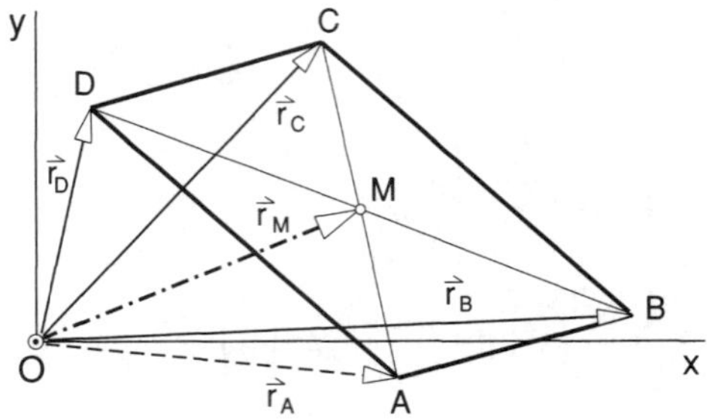

$$\vec{r}_A = \vec{r}_B + \overline{BA} = \vec{r}_B + \overline{CD} = \vec{r}_B + (\vec{r}_D - \vec{r}_C)$$

$$= \begin{pmatrix} 7 \\ -1 \end{pmatrix} + \begin{pmatrix} 0 \\ 9 \end{pmatrix} - \begin{pmatrix} 11 \\ 7 \end{pmatrix} = \begin{pmatrix} 7+0-1 \\ -1+9-7 \end{pmatrix} = \begin{pmatrix} -4 \\ 1 \end{pmatrix} \quad \Rightarrow \quad A(-4 \mid 1);$$

$$\vec{r}_M = \vec{r}_B + \overline{BM} = \vec{r}_B + \tfrac{1}{2}\,\overline{BD} = \vec{r}_B + \tfrac{1}{2}\,(\vec{r}_D - \vec{r}_B) = \ldots = \tfrac{1}{2}\,(\vec{r}_B + \vec{r}_D)$$

$$= \frac{1}{2}\left[\begin{pmatrix} 7 \\ -1 \end{pmatrix} + \begin{pmatrix} 0 \\ 9 \end{pmatrix}\right] = \frac{1}{2}\begin{pmatrix} 7 \\ 8 \end{pmatrix} = \begin{pmatrix} 3\tfrac{1}{2} \\ 4 \end{pmatrix} \quad \Rightarrow \quad M(3\tfrac{1}{2} \mid 4).$$

Verbindungsvektor und Mittelpunktsvektor

Dabei haben wir zwei ständig vorkommende Zwischenergebnisse nochmals gezeigt, Bilder 16:

- $\vec{s} = \overline{CD} = \vec{r}_D - \vec{r}_C$ — Der Streckenvektor $\vec{s} = \overline{CD}$ ist die *Differenz* der beiden Ortsvektoren von D und C
- $\vec{r}_M = \tfrac{1}{2}\,(\vec{r}_B + \vec{r}_D)$ — Der Ortsvektor $\vec{r}_M$ des Mittelpunkts einer Strecke $\overline{BD}$ ist die *halbe Summe* der Ortsvektoren von B und D.

Bilder 16: dazu

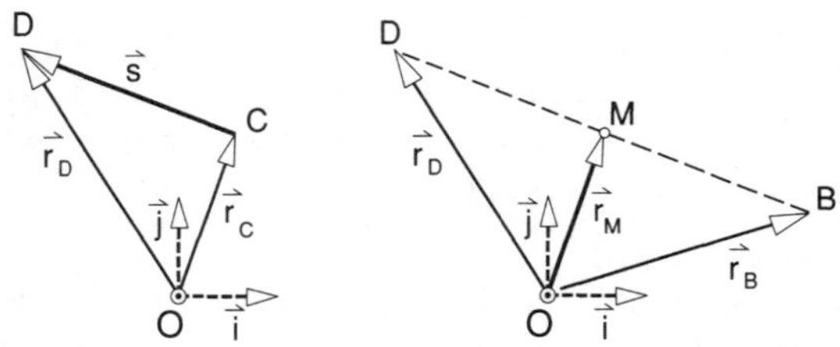

Anwendung: Schwerpunkt im Dreieck

Wenden wir dies alles nochmals an, um den **Schwerpunkt** S eines beliebigen (auch räumlichen) Dreiecks ABC *vektoriell-analytisch* zu bestimmen (Bild 17):

Dabei verwenden wir die Tatsache, daß die Entfernung von S zu jeder Ecke 2/3 der Schwerlinienlänge beträgt:

$$\vec{r}_S = \vec{r}_A + \overline{AS} = \vec{r}_A + \tfrac{2}{3}\overline{AM}\,,$$

nach dem 1. Ergebnis von oben ist nun

$$\overline{AM} = \vec{r}_M - \vec{r}_A;$$

nach 2. weiter

$$\vec{r}_M = \tfrac{1}{2}\,(\vec{r}_B + \vec{r}_D)\,;$$

dies eingesetzt:

$$\overline{AM} = \tfrac{1}{2}\vec{r}_B + \tfrac{1}{2}\vec{r}_C - \vec{r}_A$$

Bild 17: dazu

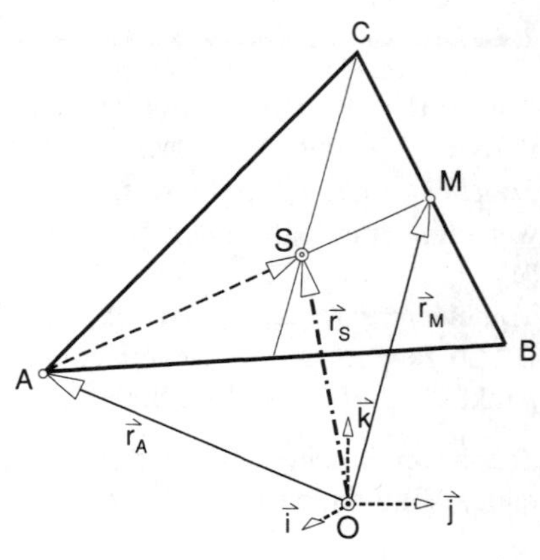

und jetzt in $\vec{r_S}$:

$$\vec{r_S} = \vec{r_A} + 2/3\,(1/2\vec{r_B} + 1/2\vec{r_C} - \vec{r_A}) = \vec{r_A} + 1/3\vec{r_B} + 1/3\vec{r_C} - 2/3\vec{r_A} = 1/3\,(\vec{r_A} + \vec{r_B} + \vec{r_C})$$

Konkret mit Zahlenwerten ist so:

... allgemein und

B Beispiel 10: mit konkreten Zahlenwerten

Gegeben seien A(0|1|2), B(–3|–4|–5), C(6|6|6), gesucht ist der *Schwerpunkt* S:

$$\vec{r_S} = \frac{1}{3}\left[\begin{pmatrix}0\\1\\2\end{pmatrix} + \begin{pmatrix}-3\\-4\\-5\end{pmatrix} + \begin{pmatrix}6\\6\\6\end{pmatrix}\right] = \frac{1}{3}\left[\begin{pmatrix}0-3+6\\1-4+6\\2-5+6\end{pmatrix}\right] = \frac{1}{3}\begin{pmatrix}3\\3\\3\end{pmatrix} = \begin{pmatrix}1\\1\\1\end{pmatrix} \Rightarrow S(1|1|1)$$

Länge oder Betrag eines Vektors

Manchmal ist es nötig zu wissen, *wie lang* ein Vektor $\vec{a}$, d. h., ein beliebiger seiner Vertreter-Pfeile, ist. Denkt man an die Darstellung als $\vec{a} = a_x\vec{i} + a_y\vec{j} + a_z\vec{k}$, so folgt wegen $\vec{i} \perp \vec{j}$ und $\vec{k} \perp [\vec{i}, \vec{j}]$ aus zweimaliger Anwendung des Satzes von *Pythagoras* (Raumdiagonale im Quader)

$$a = |\vec{a}| = \sqrt{a_x^2 + a_y^2 + a_z^2}$$

So ist bei $\vec{a} = (2, -1, 2)$ schon $a = \sqrt{2^2 + (-1)^2 + 2^2} = \sqrt{9} = 3$, bei $\vec{b} = (2, -6, 3)$ eben $b = \sqrt{2^2 + (-6)^2 + 3^2} = \sqrt{49} = 7$! Man spricht auch vom *Betrag* des Vektors.

Verbindet $\vec{a}$ etwa zwei Punkte P, Q, so hat man in a die Entfernung von P und Q gewonnen. Damit kann man nun auch den *Umfang* u eines Dreiecks berechnen:

B Beispiel 11: Umfang eines Dreiecks

Im Dreieck von Beispiel 10 sind die Seitenvektoren

$\vec{a} = \overrightarrow{BC} = (9, 10, 11)$; $\vec{b} = \overrightarrow{CA} = (-6, -5, -4)$; $\vec{c} = \overrightarrow{AB} = (-3, -5, -7)$;

ihre Beträge bzw. Längen ergeben sich nach dem eben Gesagten zu

$a = \sqrt{9^2 + 10^2 + 11^2} = 17{,}38$; $b = \sqrt{6^2 + 5^2 + 4^2} = 8{,}77$; $c = \sqrt{3^2 + 5^2 + 7^2} = 9{,}11$

damit hat man ihre Summe u als $u = a + b + c = 35{,}26$ (Längeneinheiten).

Normalvektoren und skalares Produkt

normale Vektoren

Wir haben gesehen, daß der *rechte Winkel* für diese Entfernungsbestimmung eine bestimmte Rolle spielt. Es wäre nun wünschenswert, an zwei gegebenen Vektoren entscheiden zu können, ob sie bzw. ihre Ortsvektoren einen rechten Winkel einschließen, d. h., aufeinander *senkrecht* stehen (= ***normal*** oder *orthogonal* sind) oder nicht.

Projektion eines Vektors auf einen zweiten

Sehen wir uns dazu zwei Vektoren $\vec{a}$ und $\vec{b}$ bzw. zwei von S ausgehende Vertreter an und die Projektion, also das „Schattenbild" $\vec{b}'$ von $\vec{b}$ auf $\vec{a}$ (Bilder 18, nächste Seite): $\vec{b}'$ ist ein Vektor, der für *spitze* Winkel φ gleich orientiert ist wie $\vec{a}$, für *stumpfe* gegenorientiert, für φ = 90°, also *rechte* Winkel, jedoch der *Nullvektor* $\vec{0}$!

Wenn es daher gelingt, zu zwei gegebenen Vektoren den Projektionsvektor $\vec{b}'$ zu berechnen, dann ist unsere Frage beantwortet: Nur für $\vec{b}' = \vec{0}$ sind $\vec{a}$ und $\vec{b}$ Normal(en)vektoren!

Tatsächlich ist dieser Weg gangbar, über einen kleinen Umweg sozusagen.

Bilder 18:
Winkel zwischen Vektoren

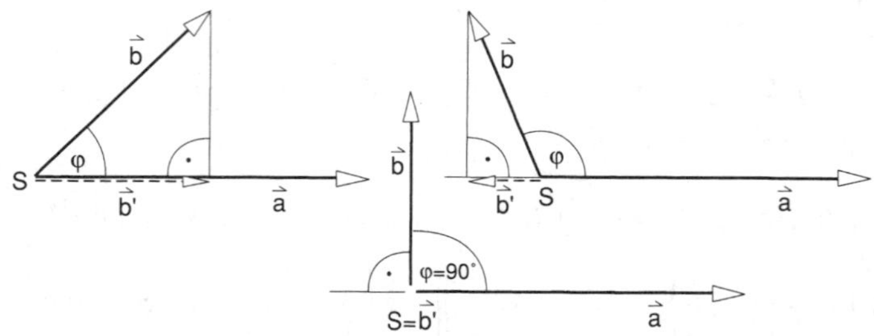

Man erklärt:

Definition 6:
eine neue Zuordnung

D Zwei Vektoren $\vec{a}, \vec{b}$ mit $\varphi = \angle(\vec{a}, \vec{b})$ wird eine Zahl p so zugeordnet, daß $|p| = b' \cdot a$, wobei b' die Länge des Projektionsvektors $\vec{b}'$ auf $\vec{a}$, a die Länge von $\vec{a}$ ist, und p negatives Vorzeichen für stumpfes φ erhält.

Beispiel 12:
dazu

B Das klingt etwas schwierig, daher ein kleines Beispiel: Ist etwa $\vec{a}$ ein Vektor der Länge a = 5, $\vec{b}_1$ einer mit b = 4 und $\varphi_1 = 60°$, so hat $\vec{b}'_1$ die Länge $b'_1 = b/2 = 4/2 = 2$ (halbes gls Δ!), und für die eben erklärte Zahl p_1 ergibt sich $p_1 = +2 \cdot 5 = 10$. Ist dagegen $\varphi_2 = 120°$, also *stumpf*, so wird $\vec{b}'_2$ *Gegenvektor* von $\vec{b}'_1$, $\vec{b}'_2 = -\vec{b}'_1$, aber $b'_2 = b'_1 = 2$; das verlangte Minuszeichen „gehört“ aber zu einem Gegenvektor! Daher ist $p_2 = -2 \cdot 5 = -10$.

Man sieht auch, daß p_1 als *Flächeninhalt* eines Rechtecks aus a und b' gedeutet werden kann; p_2 ist der negative Inhalt, Bilder 19, darunter.

Bilder 19:
dazu

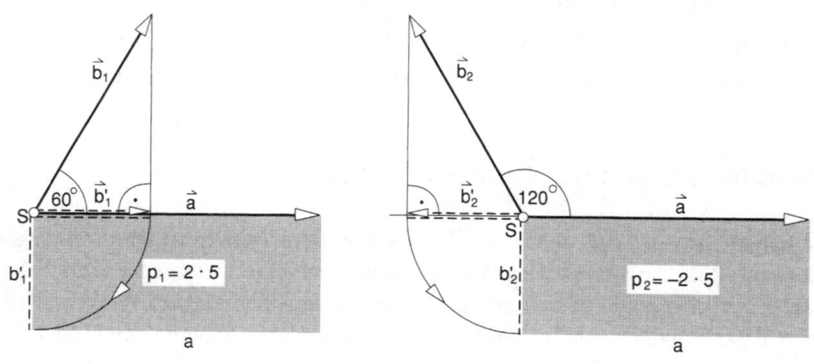

Dieses p wird nur *null* für b' = 0 (a ≠ 0 ist vorausgesetzt) und zeichnet damit $\vec{b}$ als *normal* zu $\vec{a}$ aus! Im Moment können wir es aber noch nicht allgemein bestimmen. Es gelingt, wenn wir uns zuvor ganz bestimmte Eigenschaften der Zuordnung $(\vec{a}, \vec{b}) \to p$ klarmachen.

Definition 7:
skalares Produkt

D Das oben erklärte Verknüpfungsprodukt p von $\vec{a}$ und $\vec{b}$ nennt man deren ***skalares Produkt***; man schreibt

$$p = \vec{a} \bullet \vec{b} \quad (\textit{gelesen} \text{ «a Punkt b»}).$$

Um die *Rechenregeln*, die für dieses neue Produkt gelten – das Sie bitte nicht mit der einige Seiten früher definierten *skalaren Multiplikation* verwechseln! – kümmern wir uns in Kapitel 31 im Detail. Hier überzeugen wir uns wieder nur grafisch mit Hilfe der Deutung als Flächeninhalt (für spitze Winkel φ) von der *Distributivität*, da diese fürs praktische Rechnen so wichtig ist, vgl. Bild 20:

$$\vec{a} \cdot (\vec{b} + \vec{c}) = \vec{a} \cdot \vec{b} + \vec{a} \cdot \vec{c}$$

Für die Projektionen lesen wir ab:

$$(\vec{b} + \vec{c})' = \vec{b}' + \vec{c}'$$

(Projektion des Summenvektors gleich Summe der einzeln projizierten Vektoren.)

Da diese *kollinear* sind (ganz in $\vec{a}$ liegen), addieren sich ihre Beträge = Längen:

$$a \cdot (b' + c') = a \cdot b' + a \cdot c',$$

was für *Zahlen* bekanntlich gilt und sich als Aussage über Flächeninhalte von Rechtecken, die nebeneinander liegen, deuten läßt, Bild 20, →

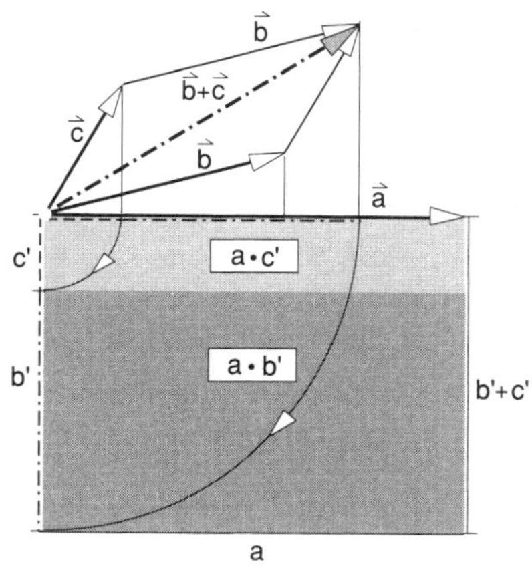

Bild 20: Distributivität des skalaren Produkts

... und eine Folge:

Dies reicht aus, um *Binome* multiplizieren zu können wie gewohnt:

$$(\vec{a} + \vec{b}) \cdot (\vec{c} + \vec{d}) = \vec{a} \cdot \vec{c} + \vec{a} \cdot \vec{d} + \vec{b} \cdot \vec{c} + \vec{b} \cdot \vec{d}$$

oder mit Vielfachen der Basisvektoren $\vec{i}$ und $\vec{j}$:

$$(a_x\vec{i} + a_y\vec{j}) \cdot (b_x\vec{i} + b_y\vec{j}) = a_xb_x\, \vec{i} \cdot \vec{i} + a_xb_y\, \vec{i} \cdot \vec{j} + a_yb_x\, \vec{j} \cdot \vec{i} + a_yb_y\, \vec{j} \cdot \vec{j}$$

Binom-multiplikation bei Vektoren

Nun ist ja nach Definition das *skalare Produkt* für senkrechte Vektoren *Null*, da die Projektion Null wird und damit auch der Flächeninhalt! Also gilt für die Basisvektoren $\vec{i} \perp \vec{j}$ schon $\vec{i} \cdot \vec{j} = \vec{j} \cdot \vec{i} = 0$.

Für $\varphi = 0°$ ist natürlich $\vec{a}' = \vec{a}$, also $a' = a$, und

$$\vec{a} \cdot \vec{a} =: \vec{a}^2 = a^2$$

Konkret für $\vec{i}$ und $\vec{j}$ folgt somit $\vec{i}^2 = 1$ und $\vec{j}^2 = 1$. Setzen wir dies ein, so gilt für zwei beliebige Vektoren (hier der Ebene)

$$\vec{a} \cdot \vec{b} = (a_x\vec{i} + a_y\vec{j}) \cdot (b_x\vec{i} + b_y\vec{j}) = a_xb_x \cdot 1 + 0 + 0 + a_yb_y \cdot 1 = a_xb_x + a_yb_y$$

Ganz analog kommt für *räumliche* Vektoren das Glied a_zb_z dazu, und wir haben gefunden:

S

Satz 2: Wie man das skalare Produkt berechnet

Koordinatendarstellung des skalaren Produkts

Das skalare Produkt zweier Vektoren erhält man als Summe der Produkte der gleichstelligen Koordinaten:

$$\vec{a} \cdot \vec{b} = \begin{pmatrix} a_x \\ a_y \\ [a_z] \end{pmatrix} \cdot \begin{pmatrix} b_x \\ b_y \\ [b_z] \end{pmatrix} = a_xb_x + a_yb_y\ [+\, a_zb_z]$$

Damit sind wir nun am Ziel: $\vec{a}$ und $\vec{b}$ sind genau dann senkrecht aufeinander, $\vec{a} \perp \vec{b}$, wenn der Koordinatenterm $a_x b_x + a_y b_y$ [$+ a_z b_z$] *gleich Null* wird!

Beispiele 13: ebene und räumliche Vektoren

B Hier einige Fallbeispiele mit konkret gegebenen Vektoren:

$$\vec{a} = \begin{pmatrix} 2 \\ -5 \end{pmatrix},\ \vec{b} = \begin{pmatrix} 10 \\ 4 \end{pmatrix},\ \vec{c} = \begin{pmatrix} 7 \\ 1 \end{pmatrix},\ \vec{e} = \begin{pmatrix} 2 \\ -3 \\ 8 \end{pmatrix},\ \vec{f} = \begin{pmatrix} 0 \\ 10 \\ 4 \end{pmatrix},\ \vec{g} = \begin{pmatrix} 5 \\ 6 \\ 1 \end{pmatrix}$$

- ❖ $\vec{a} \cdot \vec{b} = ? = 2 \cdot 10 + (-5) \cdot 4 = 0 \quad \Rightarrow \quad \vec{a} \perp \vec{b}$
- ❖ $\vec{a} \cdot \vec{c} = ? = 2 \cdot 7 + (-5) \cdot 1 = 9 \neq 0 \quad \Rightarrow$ $\vec{a}$ *nicht* senkrecht zu $\vec{c}$
- ❖ $\vec{e} \cdot \vec{f} = ? = 2 \cdot 0 + (-3) \cdot 10 + 8 \cdot 4 = 2 \neq 0 \quad \Rightarrow$ $\vec{e}$ *nicht* senkrecht zu $\vec{f}$
- ❖ $\vec{e} \cdot \vec{g} = ? = 2 \cdot 5 + (-3) \cdot 6 + 8 \cdot 1 = 0 \quad \Rightarrow \quad \vec{e} \perp \vec{g}$

Länge eines Vektors

Aber wir haben (mindestens) *zwei* Fliegen auf einen Schlag getroffen: Es ist uns schon $\vec{a} \cdot \vec{a} = \vec{a}^2 = a^2$ aufgefallen, was uns sofort die **Länge** a eines Vektors $\vec{a}$ bringt:

$$a = \sqrt{\vec{a}^2} = \sqrt{a_x^2 + a_y^2\ [+ a_z^2]}$$

So ist bei $\vec{a} = (3, 4)$ schon $a = \sqrt{3^2 + 4^2} = 5$, bei $\vec{b} = (-7, 2)$ eben $b = \sqrt{7^2 + 2^2} = \sqrt{53} = 7{,}28$; weiter wird für $\vec{c} = (-6, 2, -3)$ einfach $c = \sqrt{6^2 + 2^2 + 3^2} = \sqrt{49} = 7$ usw.

Beispiele 14: ... und Abstand zweier Punkte

B Welche *Entfernung* haben also die Punkte P(1|9) und Q(6|–3) voneinander, welche im Raum A(5|4|3) und B(3|3|5)? (Wir verwenden $\overline{PQ}$ für Strecke *und* Länge.)

- ❖ $\overline{PQ} = \vec{r}_Q - \vec{r}_P = \begin{pmatrix} 6 \\ -3 \end{pmatrix} - \begin{pmatrix} 1 \\ 9 \end{pmatrix} = \begin{pmatrix} 5 \\ -12 \end{pmatrix} = \vec{a} \quad \Rightarrow \quad a = \sqrt{5^2 + 12^2} = 13 = \overline{PQ}$
- ❖ $\overline{AB} = \vec{r}_B - \vec{r}_A = \begin{pmatrix} 3 \\ 3 \\ 5 \end{pmatrix} - \begin{pmatrix} 5 \\ 4 \\ 3 \end{pmatrix} = \begin{pmatrix} -2 \\ -1 \\ 2 \end{pmatrix} = \vec{b} \quad \Rightarrow \quad b = \sqrt{2^2 + 1^2 + 2^2} = 3 = \overline{AB}$

Vektoren und Winkel

Winkelfunktionen und skalares Produkt

Aber nun zur *dritten Fliege*! Auch wenn Sie bisher die TRIGONOMETRIE übersehen haben, konnten Sie ohne Schaden bis hierher folgen. Jetzt aber verwenden wir die *Winkelfunktionen*, v. a. den *Cosinus* eines Winkels, cos φ, und wenden seine Definition im rechtwinkligen Dreieck an, Bilder 21:

Bilder 21: dazu

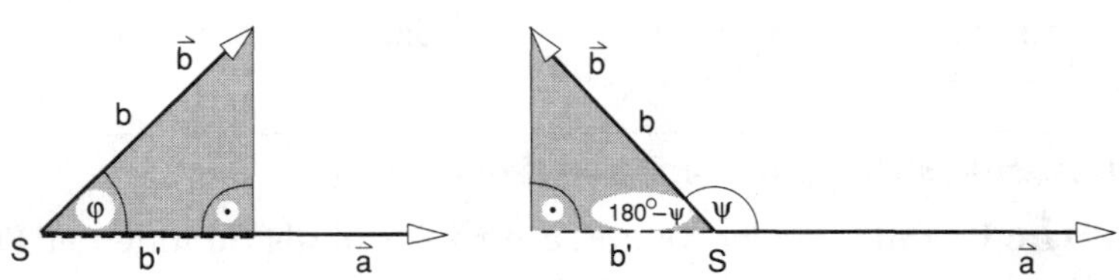

Dann ist doch

$$\cos\varphi = \frac{b'}{b} \quad \Rightarrow \quad b' = b\cos\varphi, \quad (\varphi \text{ spitz})$$

$$\cos\psi = -\cos(180° - \psi) = -\frac{b'}{b} \quad \Rightarrow \quad b' = -b\cos\psi, \quad (\psi \text{ stumpf})$$

Dies in die Definition des *skalaren Produkts* eingesetzt, führt zu

$p = b' \cdot a = b \cos \varphi \cdot a = a b \cos \varphi$

bzw. bei stumpfem Winkel ψ

$p = -b' \cdot a = -(-b \cos \psi) \cdot a = a b \cos \psi$

Es würde daher völlig genügen, für beliebige Winkel $0 \leq \varphi \leq 180°$ zu sagen:

S

Satz 3: ... und der Zusammenhang

Für das skalare Produkt zweier beliebiger Vektoren mit $\angle(\vec a, \vec b) = \varphi$ gilt:

$$\vec a \bullet \vec b = a b \cos \varphi$$

Dieser Zusammenhang erlaubt uns jetzt, den *Zwischenwinkel* φ zweier Vektoren zu berechnen:

B

Beispiele 15: Berechnung des Winkels zweier Vektoren

Welchen Winkel schließen $\vec a = (6, 0)$ und $\vec b = (1, \sqrt{3})$ ein, dann $\vec a$ und $\vec c = (-4, -4)$, welchen $\vec a$ und $\vec d = (2, 5)$? Wie ist es bei $\vec e = (-1, 2, 3)$ und $\vec f = (5, 0, 4)$?

- $\cos \varphi = \frac{\vec a \bullet \vec c}{a \cdot c} = \frac{\binom{6}{0} \bullet \binom{-4}{-4}}{\sqrt{6^2 + 0^2} \cdot \sqrt{4^2 + 4^2}} = \ldots = \frac{-24}{6 \cdot 4 \cdot \sqrt{2}} = -\frac{1}{\sqrt{2}} \quad \Rightarrow$

  $\varphi = \arccos {}^1\!/_2 = 60°$ (**TR:** INV cos $\cdot\, 5 \rightarrow$ Anzeige 60)
- $\cos \alpha = \frac{\vec a \bullet \vec c}{a \cdot c} = \frac{\binom{6}{0} \bullet \binom{-4}{-4}}{\sqrt{6^2 + 0^2} \cdot \sqrt{4^2 + 4^2}} = \ldots = \frac{-24}{6 \cdot 4 \cdot \sqrt{2}} = -\frac{1}{\sqrt{2}} \quad \Rightarrow \quad \alpha = 135°$
- $\cos \beta = \frac{\vec a \bullet \vec d}{a \cdot d} = \ldots = \frac{2}{\sqrt{29}} = 0{,}371 \quad \Rightarrow \quad \beta = 68{,}2°$;
- analog wird für $\vec e$, $\vec f$ ... $\varepsilon = 73°$, was Sie bitte selber nachprüfen!

Ausblick

Da man durch Vektoren *Geraden* festlegen kann und auch *Ebenen* (Band **2**), ist man in der Lage zu berechnen, welchen *Winkel* zwei Geraden einschließen (etwa als Dreieckseiten) oder zwei Ebenen (etwa als Pyramidenflächen). Aber auch den Schnittwinkel zweier *Kurven* (etwa von Ellipse und Hyperbel, ebenfalls in Band **2**) bekommen wir über die *Tangenten* im Schnittpunkt. Dies hier nur als Vorwarnung!

Mit Hilfe des skalaren Produkts lassen sich elementargeometrische Sätze *beweisen.*

B

Beispiel 16: Beweisübung: der Satz des Thales

Wir versuchen es nach Bild 22 am berühmten:

Satz des Thales: «Jeder Winkel im Halbkreis ist ein rechter.»

Dazu nehmen wir r als gegeben an und drücken $\vec a$ und $\vec b$ durch Radiusvektoren aus:

$\vec a = \overrightarrow{BC} = \vec r - {}^1\!/_2\vec c$; $\vec b = \overrightarrow{AC} = \vec r - (-{}^1\!/_2\vec c) = \vec r + {}^1\!/_2\vec c$; dann ist

$\vec a \bullet \vec b = (\vec r - {}^1\!/_2\, \vec c) \bullet (\vec r + {}^1\!/_2\, \vec c) = \vec r^{\,2} - {}^1\!/_4\, \vec c^{\,2} = r^2 - {}^1\!/_4\, c^2.$

Im Halbkreis sind aber alle Radien gleich lang: $r = {}^1\!/_2\, c \Rightarrow r^2 = {}^1\!/_4\, c^2$, was, eingesetzt, zu $\vec a \bullet \vec b = 0$ führt, d. h., $\vec a \perp \vec b$, w.z.z.w.

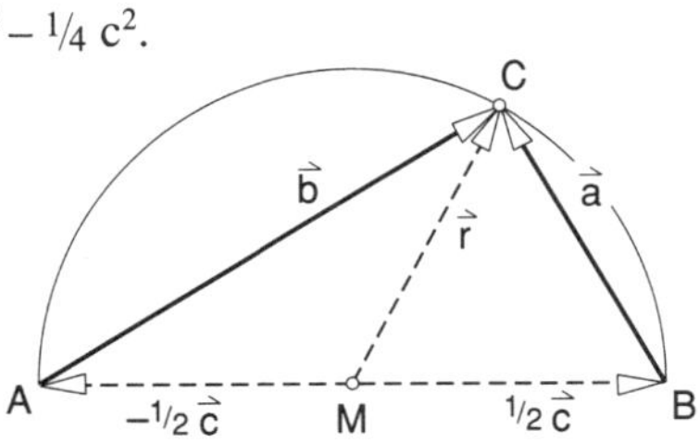

Bild 22: dazu

Man kann auch Orte suchen, von denen aus eine Strecke unter einem rechten Winkel erscheint:

Beispiel 17: rechter Winkel als Sehwinkel

B Von welchem Punkt P(2 | v = ?) im IV. Quadranten sieht man die Strecke $\overline{RS}$, R(4|–3), S(–4 | 1), unter einem *rechten* Winkel, Bild 23, unten rechts?

$$\vec{a} = \overrightarrow{PS} = \begin{pmatrix} -4-2 \\ 1-v \end{pmatrix} = \begin{pmatrix} -6 \\ 1-v \end{pmatrix}, \quad \vec{b} = \overrightarrow{PR} = \begin{pmatrix} 4-2 \\ -3-v \end{pmatrix} = \begin{pmatrix} 2 \\ -3-v \end{pmatrix};$$

Bild 23: dazu

Es muß eben $\vec{a} \cdot \vec{b} = 0$ sein:

$$\vec{a} \cdot \vec{b} = -12 - (1-v)(3+v) = 0$$
$$\Rightarrow \quad v^2 + 2v - 15 = 0 \quad \Rightarrow$$
$$(v+5)(v-3) = 0 \quad \Rightarrow$$
$$v = -5: \quad P(2 \mid -5).$$

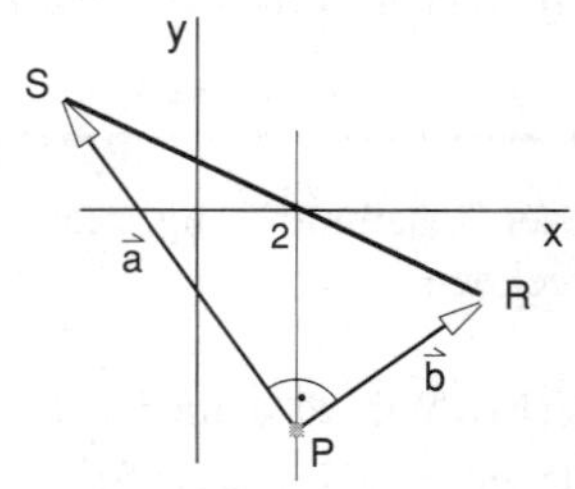

Normalvektoren und skalares Produkt

Man kann noch *Normal(en)vektoren* suchen, Vektoren also, die auf einen gegebenen Vektor $\vec{a}$ *senkrecht* stehen, zu ihm **normal** (oder *orthogonal*) sind, Bild 24, nebenstehend: Ist

Bild 24: dazu

$$\vec{n} = (n_x, n_y) \perp \vec{a} = (a_x, a_y), \text{ so muß } \vec{n} \cdot \vec{a} = 0 \text{ sein:}$$
$$\vec{n} \cdot \vec{a} = n_x a_x + n_y a_y = 0$$

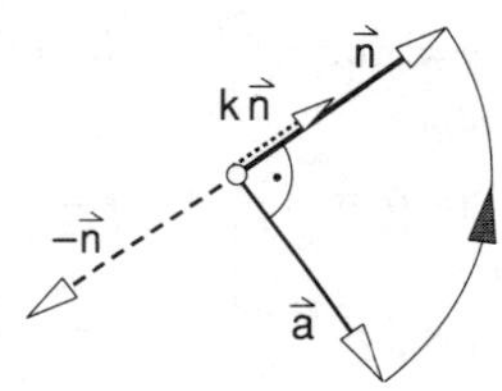

Man sieht, daß *eine* Lösung (von unendlich vielen) schon $(n_x, n_y) = (-a_y, a_x)$ ist wegen $(-a_y) \cdot a_x + a_x \cdot a_y = 0$;
aber auch jedes Vielfache $k\,\vec{n}$, insbesondere $-\vec{n}$, ist normal zu $\vec{a}$!

Wir zeigen im nächsten Kapitel, daß $\vec{n} = (-a_y, a_x)$ aus $\vec{a} = (a_x, a_y)$ durch *Drehung* um 90° im *positiven* Sinn entsteht und somit auch gleich lang ist, n = a!

Satz 4: Vektor und Normalvektor

S **Zu einem Vektor $\vec{a} = (a_x, a_y)$ gibt es einen *ausgezeichneten* Normal(en)-vektor $\vec{n} \perp \vec{a}$: $\vec{n} = (-a_y, a_x)$.**

Damit lassen sich zum Beispiel *Quadratecken* ermitteln, da ja die Diagonalen normal zueinander sind:

Beispiel 18: Quadratecken und Seitenlänge

B Von einem **Quadrat** ABCD kennt man B(–2|4) und den Mittelpunkt M(3|6), Bild 25. Welche Koordinaten haben die übrigen Eckpunkte? Wie lang ist eine Quadratseite?

Bild 25: dazu

$$\vec{e} = \overrightarrow{BM} = \vec{r}_M - \vec{r}_B = \begin{pmatrix} 3 \\ 6 \end{pmatrix} - \begin{pmatrix} -2 \\ 4 \end{pmatrix} = \begin{pmatrix} 5 \\ 2 \end{pmatrix} \quad \Rightarrow \quad \vec{n} = \begin{pmatrix} -2 \\ 5 \end{pmatrix};$$

$$\vec{r}_D = \vec{r}_M + \vec{e} = \begin{pmatrix} 3 \\ 6 \end{pmatrix} + \begin{pmatrix} 5 \\ 2 \end{pmatrix} = \begin{pmatrix} 8 \\ 8 \end{pmatrix} \quad \Rightarrow \quad D(8|8)$$

$$\vec{r}_A = \vec{r}_M + \vec{n} = \begin{pmatrix} 3 \\ 6 \end{pmatrix} + \begin{pmatrix} -2 \\ 5 \end{pmatrix} = \begin{pmatrix} 1 \\ 11 \end{pmatrix} \quad \Rightarrow \quad A(1|11)$$

$$\vec{r}_C = \vec{r}_M - \vec{n} = \begin{pmatrix} 3 \\ 6 \end{pmatrix} - \begin{pmatrix} -2 \\ 5 \end{pmatrix} = \begin{pmatrix} 5 \\ 1 \end{pmatrix} \quad \Rightarrow \quad C(5|1)$$

$$\vec{a} = \overrightarrow{AB} = \begin{pmatrix} -3 \\ -7 \end{pmatrix}; \quad a = \sqrt{3^2 + 7^2} = \sqrt{58} \approx 7{,}6$$

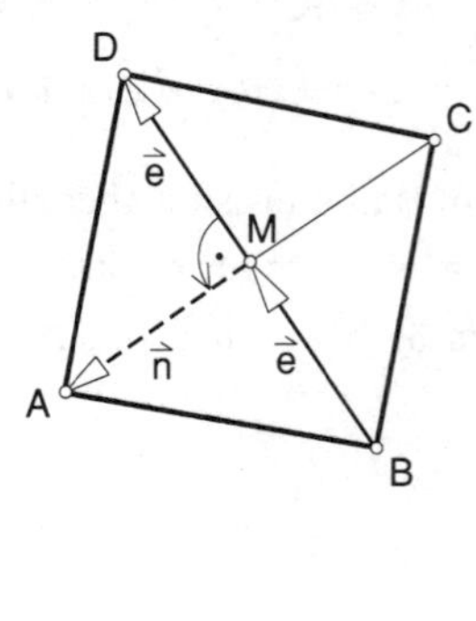

Vektoren in der Wirtschaft

Als *Anwender* sind Sie vielleicht schon etwas ungeduldig. Bisher sind die Vektoren *rein innermathematisch* motiviert und benutzt worden. Tatsächlich sind sie die Lieblingskinder der heutigen *analytischen* GEOMETRIE. Vektoren sind aber auch unentbehrlich in der *linearen* ALGEBRA, die sich v.a. mit der Lösung linearer *Gleichungssysteme* befaßt. Diese aber treten in vielen Anwendungssituationen auf (nächstes Kapitel, 𝔻**13**)!

Dennoch kann man auch an dieser Stelle schon zeigen, wofür Vektoren auch *praktisch* gut sind: Wollen Sie heute Bananen, Äpfel, Orangen einkaufen und für den Nachbarn Milch, Brot, Zucker mitbringen, so können Sie dies übersichtlich notieren:

$\vec{a}$ = (Bananen, Äpfel, Orangen), $\vec{b}$ = (Milch, Brot, Zucker)

womit Sie **Gütervektoren** gebildet haben – diese können natürlich mehr als drei *Koordinaten* haben!

Gütervektoren

Kaufen Sie 2 kg Bananen, 3 kg Äpfel und 1 kg Orangen, bilden Sie einen **Mengenvektor** (die Benennung kg schreiben wir nicht an):

Mengenvektoren

$\vec{m} = (2, 3, 1)$

Da Sie nichts geschenkt bekommen, sind leider auch **Preisvektoren** vonnöten: bei 1 GE (Geldeinheit: DM, öS, sFR, Euro, $, ...) für 1 kg Bananen, 4 GE für 1 kg Äpfel und 2 GE für 1 kg Orangen ergibt sich (mit Benennung GE/kg)

Preisvektor

$\vec{p} = (1, 4, 2)$

und

B

Was kostet Ihr kleiner Einkauf insgesamt? 2 kg Bananen à 1 GE plus 3 kg Äpfel à 4 GE plus 1 kg Orangen à 2 GE führen zur Rechnungssumme

Beispiel 19: ... skalares Produkt

$S = (2 \cdot 1 + 3 \cdot 4 + 1 \cdot 2)\ \text{GE} = 16\ \text{GE}$

Sehen Sie, daß S gerade das *skalare Produkt* des Mengen- und des Preisvektors ist?!

$S = \vec{m} \bullet \vec{p} = (2, 3, 1) \bullet (1, 4, 2) = 2 \cdot 1 + 3 \cdot 4 + 1 \cdot 2 = 16$

Wenn Sie als Unternehmer 4 Artikel produzieren, für deren Herstellung Sie eine bestimmte Anzahl von Stunden benötigen (z.B. 2, 3, 1, 4), und Sie erzeugen von jedem Artikel eine bestimmte Stückzahl (pro Woche etwa 30, 25, 60, 20), so bilden Sie einen **Stückzahlvektor** $\vec{s}$, einen **Arbeitszeitvektor** $\vec{z}$ und erhalten im *skalaren Produkt* der beiden die gesamte Zeit t, die für die Produktion aufzuwenden war:

Vektoren von Stückzahlen und Arbeitszeiten

$t = \vec{s} \bullet \vec{z} = (30, 25, 60, 20) \bullet (2, 3, 1, 4) = 30 \cdot 2 + 25 \cdot 3 + 60 \cdot 1 + 20 \cdot 4 = 275$ (Stunden)

Tatsächlich wird diese Darstellung heute vielfach verwendet und man kann, davon ausgehend, das ***skalare Produkt*** geradezu so *definieren*! Daraus lassen sich auch die Eigenschaften rechnerisch leicht beweisen (Distributivität als Übung). Aber dann muß man für geometrische Anwendungen die „alte“ cos-Definition als Satz *beweisen*, womit die scheinbare Erleichterung wieder aufgehoben ist!

Skalares Produkt und Arbeit

die mechanische Arbeit

Physiker kennen den Begriff der ***Arbeit***. Nur in einfachsten Fällen kann man mit der Formel «Arbeit gleich Kraft mal Weg» auskommen, dann nämlich, wenn die Kraft konstant ist und längs des Weges wirkt, auf dem sie einen Körper verschiebt.

Ändert sie ihren Betrag, wie dies etwa bei der Schwerkraft der Fall ist, die beim „Heben" einer Rakete im Erdschwerefeld zu überwinden ist, wird man immerhin in kleine Wegstücke mit annähernd konstanter Kraft aufteilen können (Band **3**, Integralrechnung).

am Beispiel eines ...

Was aber, wenn sie nicht in Wegrichtung wirkt? Bild 26 skizziert diesen Fall: dort könnte ein Schlitten an einem schräg nach oben unter φ gespannten Seil gezogen werden.

Bild 26: gezogenen Schlittens

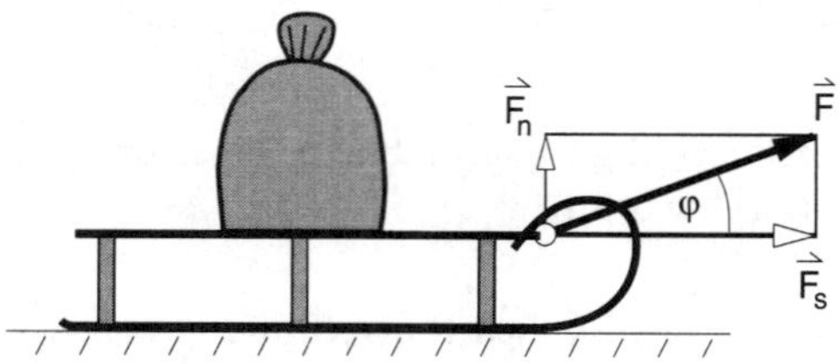

Eine Komponente der Kraft wirkt nach oben (und vermindert die Reibung), die andere wirkt als Zugkraft in Wegrichtung, es ist $W = F_s \cdot s$. Wegen $F_s = F \cdot \cos \varphi$ ist weiter $W = F \cdot s \cdot \cos \varphi$, und dies ist doch gerade das skalare Produkt von $\vec{F}$ und $\vec{s}$,

$$W = \vec{F} \bullet \vec{s}$$

Beispiel 20: oder der zu schiebenden Kiste

B Um eine Holzkiste (Masse m = 40 kg) auf horizontaler Unterlage mit der Reibungszahl 0,4 zu verschieben, muß man auf einem unter $\varphi = 30°$ nach oben gespannten Seil eine Kraft von F = 150 N(ewton) aufwenden. (Dies läßt sich aus der Bilanz wie in Aufgabe 11.13 / Bild 11-L13 extra berechnen!) Welche Arbeit wird dabei auf einer s = 5 m langen Strecke verrichtet?

Wir haben nur mehr in die letzte Formel über das skalare Produkt einzusetzen:

$$W = \vec{F} \bullet \vec{s} = F \cdot s \cdot \cos \varphi = 150\ \text{N} \cdot 5\ \text{m} \cdot \cos 30° = 650\ \text{N}$$

Drehmoment und vektorielles Produkt

Ein weiterer mechanischer Grundbegriff ist der des ***Drehmoments*** einer Kraft bzw. einer Last. Er ergibt sich aus dem

Hebelgesetz : «Kraft mal Kraftarm gleich Last mal Lastarm»

und ist nur in dem Sonderfall, daß die Kraft senkrecht zum Hebelarm bekannter Länge wirkt, einfach so als Produkt zu berechnen.

Hebelgesetz

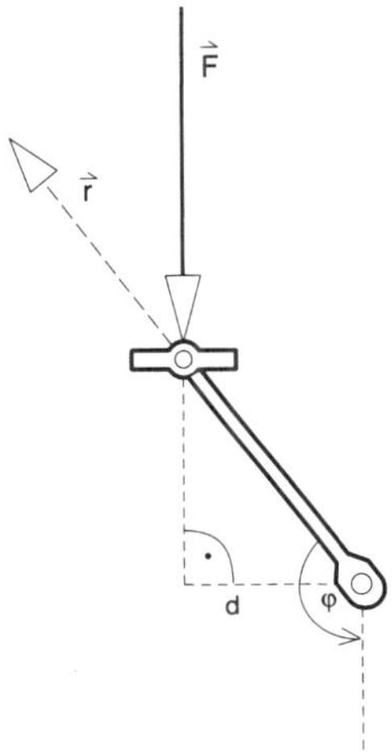

Bild 27: Drehmoment

Schließen die beiden einen Winkel $\varphi \neq 90°$ ein – wie beim Fahrradpedal in Bild 27 –, so findet man das Drehmoment $M = F \cdot d$ über $d = r \cdot \sin\varphi$ als

$$M = F \cdot r \cdot \sin\varphi$$

Liegt es nicht nahe, hier ein weiteres Vektorprodukt zu definieren? Eines, das $\vec{F}$ und $\vec{r}$ zu $\vec{M}$ verbindet, wobei hier durch die Richtung von $\vec{M}$ zusätzlich die Achse der Drehung festgelegt wird?

und eine neue Vektorverknüpfung

Tatsächlich gelingt dies mit der Definition:

D **Definition 8: Erklärung des vektoriellen Produkts**

> Zwei Vektoren $\vec{a}$ und $\vec{b}$ des Raums $\mathbb{R}^3$ mit φ als Zwischenwinkel wird ein ***vektorielles Produkt*** (*gelesen* «a Kreuz b») so zugeordnet, daß mit a, b, c als Beträgen gilt:
>
> 1. $c = a \cdot b \cdot \sin\varphi$
> 2. Wird $\vec{a}$ auf dem kürzeren Weg nach $\vec{b}$ gedreht, so weist $\vec{c}$ in die Richtung, in die sich eine *Rechts*schraube bei dieser Drehung bewegt.
> 3. $\vec{c}$ steht senkrecht zu der Ebene, in der $\vec{a}$ und $\vec{b}$ liegen, $\vec{c} \perp [\vec{a}, \vec{b}]$.

Damit ist das Drehmoment einfach zu schreiben als

$$\vec{M} = \vec{r} \times \vec{F}$$

und Drehmoment

Der Betrag des neuen Vektors läßt sich rein geometrisch als Flächeninhalt des von $\vec{a}$ und $\vec{b}$ aufgespannten Parallelogramms deuten, ist doch $A = b \cdot d = b \cdot a \cdot \sin\varphi$, Bild 28. Beachten Sie, daß bei Wahl von $-\vec{a}$ statt $\vec{a}$ der Produktvektor in die Gegenrichtung, hier also nach unten, weisen müßte!

Dasselbe passiert bei Vertauschung der Reihenfolge zu $\vec{b} \times \vec{a}$!

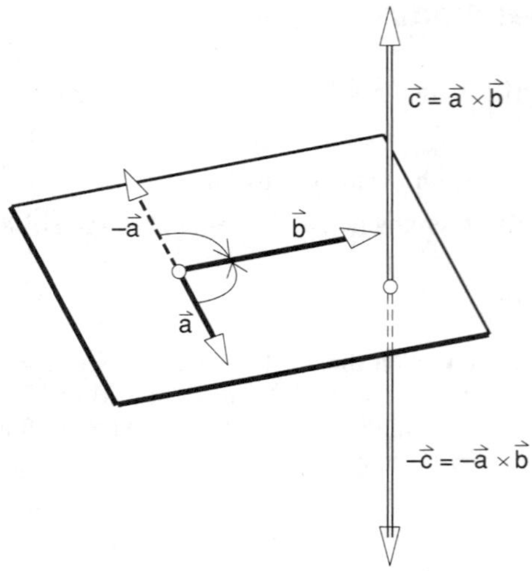

Bild 28: vektorielles Produkt und Rechtsschraube

Orientieren wir uns an einem einfachen Beispiel:

Beispiel 21: dazu

B Was ist a) $\vec{i} \times \vec{j}$, was b) $(\vec{i} + \vec{j}) \times \vec{j}$, was schließlich c) $(-\vec{i} - \vec{j}) \times \vec{j}$?

Bild 29 soll helfen, rasch die Antworten zu finden: $\vec{i}$ und $\vec{j}$ bilden ein Quadrat mit Inhalt 1, also ist schon $|\vec{i} \times \vec{j}| = 1$; dreht man eine Rechtsschraube so, daß $\vec{i}$ auf $\vec{j}$ fällt, bewegt sie sich in Richtung $\vec{k}$. $\vec{k}$ ist senkrecht auf der $[\vec{i}, \vec{j}]$ -Ebene und hat die Länge 1, also ist $\vec{i} \times \vec{j}$ schon als gleich $\vec{k}$ identifiziert!

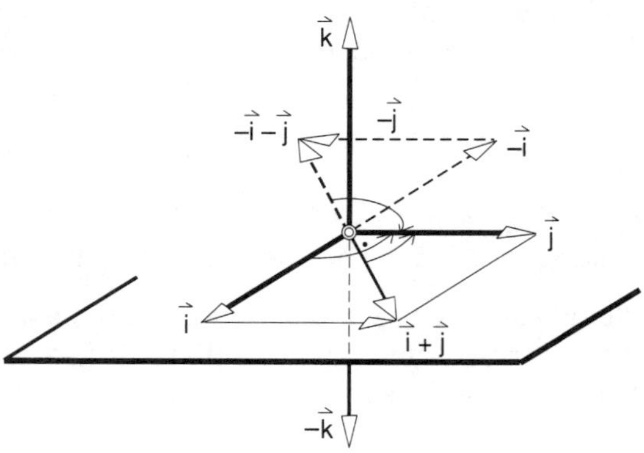

Bild 29: zum Mitschauen und Mitdrehen!

Analog ist in Frage b vorzugehen. Wieder ist $\vec{k}$ das vektorielle Produkt, während in Aufgabe c das Ergebnis $-\vec{k}$ lautet! In beiden Fällen bilden die Vektoren jeweils Parallelogramme mit der Länge 1 und der Höhe 1, also dem Inhalt 1.

Struktureigenschaften

Interessiert Sie, wie man mit diesem neuen Vektorprodukt arbeiten kann? Auch diesmal verschieben wir ein näheres Studium der Strukturgesetze von ($\mathbb{R}$, ×) auf Kapitel **31** in Band **3**. Erkannt haben wir schon, daß „ד *antikommutativ* ist:

$$\vec{a} \times \vec{b} = -(\vec{b} \times \vec{a})$$

Wie bei „•" ist auch hier bei „×" die Distributivität zur Addition „+" gegeben. Der Beweis ist nicht einfach, wir verzichten daher darauf und überzeugen uns später in einem Sonderfall davon.

Nun gibt es einen sehr schönen Zusammenhang zwischen $\vec{a} \cdot \vec{b}$ und $\vec{a} \times \vec{b}$, der hier noch hergeleitet werden soll. Wir drücken dazu aus den Definitionsgleichungen einmal cos φ und einmal sin φ mit $\varphi = \angle(\vec{a}, \vec{b})$ aus und wenden den *trigonometrischen Pythagoras* an. Schauen Sie zu:

Vorbereitungen für eine wirklich schöne Formel …

$$\left.\begin{array}{lll} \vec{a} \cdot \vec{b} = a \cdot b \cdot \cos\varphi & \Rightarrow & \cos\varphi = \dfrac{\vec{a} \cdot \vec{b}}{a \cdot b} \\ |\vec{a} \times \vec{b}| = a \cdot b \cdot \sin\varphi & \Rightarrow & \sin\varphi = \dfrac{|\vec{a} \times \vec{b}|}{a \cdot b} \end{array}\right\} \quad \begin{array}{ll} \sin^2\varphi + \cos^2\varphi = 1 & \Rightarrow \\ \ldots & \Rightarrow \end{array}$$

$$|\vec{a} \times \vec{b}|^2 + (\vec{a} \cdot \vec{b})^2 = a^2 \cdot b^2$$

Wenn wir jetzt noch an $\vec{v}^2 = |\vec{v}^2| = v^2$ denken, sind wir schon am Ziel:

Satz 5: hier ist sie!

S

Skalares und vektorielles Produkt zweier Vektoren hängen über die Beträge so zusammen:

$$(\vec{a} \cdot \vec{b})^2 + (\vec{a} \times \vec{b})^2 = a^2 \cdot b^2$$

Da wir den Betrag des vektoriellen Produkts als Inhalt A des Parallelogramms erklärt hatten, das die beiden Vektoren aufspannen, können wir A jetzt mit Hilfe dieser Formel berechnen, ist doch (nochmals: auch wegen $\vec{v}^2 = |\vec{v}^2| = v^2$)

und ihre Anwendung …

$$A^2 = |\vec{a} \times \vec{b}|^2 = a^2 \cdot b^2 - (\vec{a} \cdot \vec{b})^2$$

Dazu mit konkreten Zahlen das Beispiel

Beispiel 22: Inhalt eines Parallelogramms

B

Die Punkte A(2|1), B(8|4) und D(–4|9) legen ein Parallelogramm in der Ebene fest. Welchen Inhalt hat es?

Wir bestimmen die Seitenvektoren

$$\vec{a} = \overrightarrow{AB} = \begin{pmatrix} 8 \\ 4 \end{pmatrix} - \begin{pmatrix} 2 \\ 1 \end{pmatrix} = \begin{pmatrix} 6 \\ 3 \end{pmatrix}$$

$$\vec{b} = \overrightarrow{AD} = \begin{pmatrix} -4 \\ 9 \end{pmatrix} - \begin{pmatrix} 2 \\ 1 \end{pmatrix} = \begin{pmatrix} -6 \\ 8 \end{pmatrix}$$

und mit ihnen Beträge und skalares Produkt:

$$a^2 = \vec{a}^2 = 6 \cdot 6 + 3 \cdot 3 = 36 + 9 = 45$$

$$b^2 = \vec{b}^2 = (-6) \cdot (-6) + 8 \cdot 8 = 36 + 64 = 100$$

$$\vec{a} \cdot \vec{b} = 6 \cdot (-6) + 3 \cdot 8 = -36 + 24 = -12$$

$$A^2 = 45 \cdot 100 - (-12)^2 = 4500 - 144 = 4356 = 66^2 \quad \Rightarrow \quad A = 66$$

auf dem Weg zur …

Es wird Sie stören, daß wir trotz aller Einsichten bis jetzt noch keine dem Satz 2 entsprechende Formel haben, mit der wir das vektorielle Produkt zweier Vektoren tatsächlich berechnen, d. h., die Koordinaten dieses Vektors bestimmen können. Wir benötigen also die Darstellung bezüglich der Standardbasis $\vec{i}, \vec{j}, \vec{k}$.

Dazu setzen wir an mit bekannten Koordinaten a_i und b_i

$$\vec{a} = a_x\vec{i} + a_y\vec{j} + a_z\vec{k} = \begin{pmatrix} a_x \\ a_y \\ a_z \end{pmatrix}, \qquad \vec{b} = b_x\vec{i} + b_y\vec{j} + b_z\vec{k} = \begin{pmatrix} b_x \\ b_y \\ b_z \end{pmatrix}$$

Koordinatendarstellung des vektoriellen Produkts

und bilden, wobei wir mit den bisherigen Regeln (fast!) auskommen und die speziellen, schon eingangs eruierten, *Kreuzprodukte* der Basisvektoren

$$\vec{i} \times \vec{i} = \vec{j} \times \vec{j} = \vec{k} \times \vec{k} = \vec{0}\,, \qquad \vec{i} \times \vec{j} = \vec{k},\ \vec{i} \times \vec{k} = -\vec{j},\ \vec{j} \times \vec{k} = \vec{i}$$

zur Vereinfachung der Polynome einsetzen,

$$\vec{a} \times \vec{b} = (a_x\vec{i} + a_y\vec{j} + a_z\vec{k}) \times (b_x\vec{i} + b_y\vec{j} + b_z\vec{k}) = \text{[... jetzt gleich } \uparrow \text{ beachten ...]}$$

$$(a_xb_y\vec{k} - a_xb_z\vec{j}) + (-a_yb_x\vec{k} + a_yb_z\vec{i}) + (a_zb_x\vec{j} - a_zb_y\vec{i}) =$$

$$\underbrace{(a_yb_z - a_zb_y)}_{c_x}\,\vec{i} - \underbrace{(a_xb_z - a_zb_x)}_{c_y}\,\vec{j} + \underbrace{(a_xb_y - a_yb_x)}_{c_z}\,\vec{k}$$

womit die Koordinaten des Produktvektors gefunden sind. Um sie sich zu merken, hat man für die jeweils gleich gebauten Terme eine Abkürzung eingeführt:

Definition 9:
Determinante ...

D

Ein Binom der Form $u \cdot y - v \cdot x$ heißt *2reihige* ***Determinante*** und wird so geschrieben

$$\begin{vmatrix} u & x \\ v & y \end{vmatrix} \qquad \searrow \text{HD minus ND} \nearrow$$

und *gelesen* «Produkt der Hauptdiagonal- minus Produkt der Nebendiagonalglieder».

2reihig und ...

Damit sind die Koordinaten c_i:

$$c_x = \begin{vmatrix} a_y & b_y \\ a_z & b_z \end{vmatrix} \qquad -c_y = \begin{vmatrix} a_x & b_x \\ a_z & b_z \end{vmatrix} \qquad c_z = \begin{vmatrix} a_x & b_x \\ a_y & b_y \end{vmatrix}$$

Sie empfinden das eher als Komplikation? Ja, wir müssen eben noch einen Schritt weiter gehen zur Definition:

Definition 10:
3reihig

D

Ein Polynom der Form $i\begin{vmatrix} v & y \\ w & z \end{vmatrix} - j\begin{vmatrix} u & x \\ w & z \end{vmatrix} + k\begin{vmatrix} u & x \\ v & y \end{vmatrix}$

heißt *3reihige* ***Determinante*** und wird so geschrieben

$$\begin{vmatrix} i & u & x \\ j & v & y \\ k & w & z \end{vmatrix}$$

Dabei denkt man sie sich „nach der 1. Spalte entwickelt", was durch Streichen der jeweiligen Zeile und Spalte und Multiplikation mit der verbleibenden 2reihigen Unterdeterminante geschieht. So entstehen 3 Summanden, die des Ausgangsterms.

Wenn das noch etwas geübt ist, wird der Lohn der Mühe deutlich, wir nehmen ihn gleich vorweg:

S

Das vektorielle Produkt zweier Vektoren $\vec{a}$ und $\vec{b}$ läßt sich als 3reihige Determinante mit den Basisvektoren als 1. Spalte und den Koordinaten der Vektoren in der 2. und 3. Spalte darstellen:

$$\vec{a} \times \vec{b} = \begin{vmatrix} \vec{i} & a_x & b_x \\ \vec{j} & a_y & b_y \\ \vec{k} & a_z & b_z \end{vmatrix}$$

Satz 6: vektorielles Produkt als Determinante

Das aber ist wirklich leicht zu merken! Nur müssen wir noch lernen, damit umzugehen; dies soll Zweck der folgenden Zahlenbeispiele sein:

B

Beispiele 23: ... und Übungen dazu

Es ist das vektorielle Produkt zu bilden von

a) $\vec{a} = \vec{j} = \begin{pmatrix} 0 \\ 1 \\ 0 \end{pmatrix}$ und $\vec{b} = \vec{k} + \vec{i} = \begin{pmatrix} 1 \\ 0 \\ 1 \end{pmatrix}$ b) $\vec{a} = \begin{pmatrix} 2 \\ 5 \\ -7 \end{pmatrix}$ und $\vec{b} = \begin{pmatrix} 2 \\ -1 \\ 4 \end{pmatrix}$

Wir verwenden die Formel von Satz 6; beim Entwickeln müssen wir jeweils $\vec{i}$, dann $\vec{j}$ und schließlich $\vec{k}$ mit der zugehörigen Unterdeterminante multiplizieren:

$$\text{a)}\quad \vec{a} \times \vec{b} = \begin{vmatrix} \vec{i} & 0 & 1 \\ \vec{j} & 1 & 0 \\ \vec{k} & 0 & 1 \end{vmatrix} = \vec{i}\begin{vmatrix} 1 & 0 \\ 0 & 1 \end{vmatrix} - \vec{j}\begin{vmatrix} 0 & 1 \\ 0 & 1 \end{vmatrix} + \vec{k}\begin{vmatrix} 0 & 1 \\ 1 & 0 \end{vmatrix} = \vec{i} - \vec{k}$$

$$\text{b)}\quad \vec{a} \times \vec{b} = \begin{vmatrix} \vec{i} & 2 & 2 \\ \vec{j} & 5 & -1 \\ \vec{k} & -7 & 4 \end{vmatrix} = \vec{i}\begin{vmatrix} 5 & -1 \\ -7 & 4 \end{vmatrix} - \vec{j}\begin{vmatrix} 2 & 2 \\ -7 & 4 \end{vmatrix} + \vec{k}\begin{vmatrix} 2 & 2 \\ 5 & -1 \end{vmatrix} = \ldots$$

$$13\vec{i} - 22\vec{j} - 12\vec{k} = \begin{pmatrix} 13 \\ -22 \\ -12 \end{pmatrix}$$

Wir beenden dieses Kapitel mit dem sog. „gemischten“ Produkt, nämlich dem Term $\vec{a} \cdot (\vec{b} \times \vec{c})$, zum einen, weil es dafür eine besonders schöne Koordinatendarstellung gibt, zum anderen, weil es – siehe Bild 30 – offenbar gerade das *Volumen eines Spats* bzw. schiefen Quaders angibt, falls φ spitz ist: $\vec{b} \times \vec{c}$ hat als Länge den Inhalt der Grundfläche, die Höhe ist die Projektion der Kante $\vec{a}$ auf $\vec{b} \times \vec{c}$! So aber ist gerade das skalare Produkt der beiden erklärt.

gemischtes Produkt von Vektoren und ...

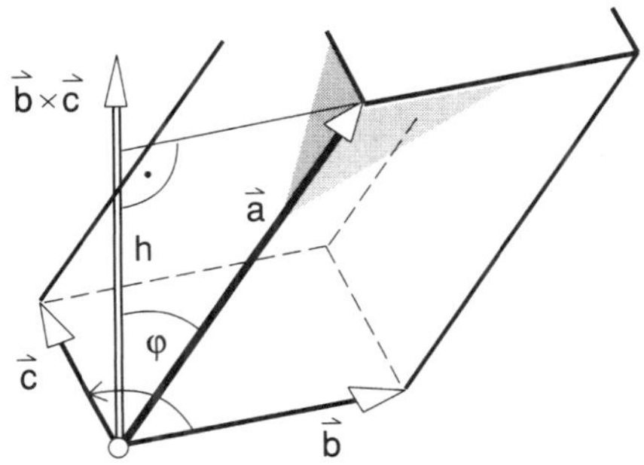

Bild 30: Volumen eines Spats

Nun zur Formel: $\vec{a}$ hat die Koordinaten a_x, a_y und a_z, $\vec{b} \times \vec{c}$ hat die 2reihigen Determinanten, die sich durch Entwickeln der entsprechenden 3reihigen Determinante nach Satz 7 ergeben, also

$$\begin{vmatrix} b_y & c_y \\ b_z & c_z \end{vmatrix}, \quad -\begin{vmatrix} b_x & c_x \\ b_z & c_z \end{vmatrix} \quad \text{und} \quad \begin{vmatrix} b_x & c_x \\ b_y & c_y \end{vmatrix}$$

Für das skalare Produkt der beiden Faktoren ist nach Satz 2 die Summe der gleichstelligen Koordinaten anzusetzen, was aber gerade die Entwicklung der 3reihigen Determinante mit den Spalten von $\vec{a}$, $\vec{b}$ und $\vec{c}$ nach der 1. Spalte darstellt:

Satz 7: hier der Zusammenhang

S

Das gemischte Produkt $\vec{a} \cdot (\vec{b} \times \vec{c})$ läßt sich als 3reihige Determinante darstellen:

$$\vec{a} \cdot (\vec{b} \times \vec{c}) = \begin{vmatrix} a_x & b_x & c_x \\ a_y & b_y & c_y \\ a_z & b_z & c_z \end{vmatrix}$$

Nun bleibt nur die Hoffnung, daß Sie dieses Resultat auch schön genug finden, um zu sagen: es hat sich gelohnt! Dazu noch eine kurze Rechnung zum Abschluß:

Beispiel 24: und eine Anwendung

B

Welches Volumen hat der schiefe Quader mit den erzeugenden Kantenvektoren $\vec{a} = (12, 0, -13)$, $\vec{b} = (2, 5, -7)$ und $\vec{c} = (2, -1, 4)$?
(Alle Längen seien in dm gemessen.)

Wir haben nur die 3reihige Determinante von Satz 7 zu entwickeln und finden

$$V = \vec{a} \cdot (\vec{b} \times \vec{c}) = \begin{vmatrix} 12 & 2 & 2 \\ 0 & 5 & -1 \\ -13 & -7 & 4 \end{vmatrix} = 12 \begin{vmatrix} 5 & -1 \\ -7 & 4 \end{vmatrix} - 0 \ldots + (-13) \begin{vmatrix} 2 & 2 \\ 5 & -1 \end{vmatrix}$$

$$= 12 \cdot 13 - 13 \cdot (-12) = 312 \text{ (Einheiten, hier dm}^3\text{).}$$

Ende des 12. Kapitels!

↓ Raum für Ihre Notizen ↓

Übungsaufgaben

1. Im Text haben wir die Vektoraddition als nützlich für die Deutung der Vektoren als Wege oder Geschwindigkeiten bezeichnet.Wird also ein Tennisball mit 40 m/s aus 1,8 m Höhe waagrecht weggeschlagen, so fällt er gleichzeitig nach $s = 5 \cdot t^2$ zu Boden. Dort trifft er nach t = … Sekunden auf, ist also … Meter weit geflogen. Ergänzen und erklären Sie?

2. a) Geben Sie zu den Vektoren $\vec{a} = (7, -1, 5)$ und $\vec{b} = (2, 3, -4)$ den Summenvektor $\vec{a} + \vec{b}$ und den Differenzvektor $\vec{a} - \vec{b}$ an.

   b) Schreiben Sie die Additions- und Subtraktionsformeln allgemein für räumliche Vektoren $\vec{a}$ und $\vec{b}$ an.

3. Zeigen Sie mit Hilfe der Definition der Vektoraddition „+“ über die Koordinaten, daß „+“ assoziativ ist; nehmen Sie $\vec{a}, \vec{b}, \vec{c}$ als ebene Vektoren an.

4. Wählen Sie einen ebenen Vektor $\vec{a} \approx (3, 2)$ und eine Zahl $k \approx 3/2$. Zeigen Sie mit Hilfe der Strahlensätze, daß der Vektor $k\vec{a}$ mit den k-fachen Koordinaten von $\vec{a}$ gerade dem Streckbild $k\vec{a}$ von O = S aus entspricht!

5. Zeigen Sie algebraisch $k \cdot (\vec{a} + \vec{b}) = k \cdot \vec{a} + k \cdot \vec{b}$ für ebene Vektoren!

6. Ein Parallelogramm (beliebig annehmen!) sei gegeben durch die Seitenvektoren $\overrightarrow{AB} = \vec{a}$ und $\overrightarrow{BC} = \vec{b}$. Weiter sei E Mittelpunkt von $\overline{BC}$, F von $\overline{CD}$. Drücken Sie die Vektoren $\vec{c} = \overrightarrow{AC}$, $\vec{d} = \overrightarrow{DB}$, $\vec{e} = \overrightarrow{AF}$ und $\vec{f} = \overrightarrow{DE}$ als Linearkombinationen von $\vec{a}$ und $\vec{b}$ aus.

7. In einem schiefen Quader ABCDEFGH seien $\vec{a} = \overrightarrow{AB}$, $\vec{b} = \overrightarrow{AD}$ und $\vec{c} = \overrightarrow{AE}$. Zeichnen Sie die Mittelpunkte M der Bodenfläche ABCD und N der Seitenfläche BCGF ein und drücken Sie die Vektoren $\vec{u} = \overrightarrow{EN}$, $\vec{v} = \overrightarrow{HM}$ und $\vec{w} = \overrightarrow{ND}$ als Linearkombinationen von $\vec{a}, \vec{b}$ und $\vec{c}$ anhand einer Skizze aus.

8. In Beispiel 5, Seite 284, haben wir die Vektoren $\vec{u}, \vec{v}$ und $\vec{w}$ als Linearkombination der gegebenen $\vec{a}, \vec{b}$ und $\vec{c}$ erklärt und konstruiert. Bitte berechnen Sie jetzt die Koordinaten von $\vec{u}, \vec{v}$ und $\vec{w}$ für $\vec{a} = (3, -3)$, $\vec{b} = (-2, -6)$ und $\vec{c} = (8, 4)$.

9. Drei Kräfte $F_{1,2,3}$ sind im *Lageplan* gegeben durch ihre Längen und die Winkel, die sie mit der x-Achse einschließen, siehe Skizze. Zeichnen *(Krafteck)* und berechnen Sie die Kraft $-F_R$, die diesen drei Kräften das Gleichgewicht hält (Trigo)!

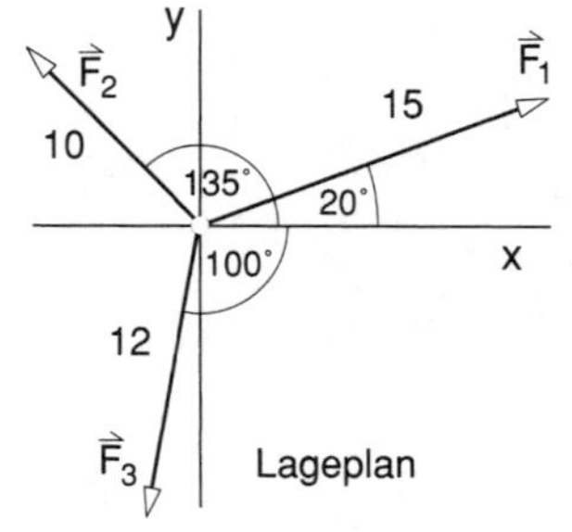

10. a) Zeigen Sie, daß die 3 Basisvektoren des Anschauungsraums, $\vec{i} = (1, 0, 0)$, $\vec{j} = (0, 1, 0)$ und $\vec{k} = (0, 0, 1)$ linear unabhängig sind.

    b) Sind $\vec{a} = (2, -1)$ und $\vec{b} = (-8, 4)$ linear abhängig? Versuchen Sie, ohne Rechnung zu entscheiden!

11. Gegeben sind drei Eckpunkte A(–3|2), C(6|1) und D(4|4) eines Parallelogramms ABCD.

    a) Bestimmen Sie vektoriell B, indem Sie zuerst den Mittelpunkt M berechnen. Dies zur Übung! Es geht schneller – wie?

    b) Verlängern Sie dann die Seite $\overline{BC}$ über C hinaus gleich weit bis E (C ist dann Mitte von $\overline{BE}$), und ermitteln Sie E sowie den Vektor $\overrightarrow{AE}$!

12. Nehmen Sie 3 Punkte P(1|0|–2), Q(7|–2|–3) und R(–5|8|–1) als gegeben an. Suchen Sie den Mittelpunkt H von $\overline{QR}$ und geben Sie den Punkt X an, für den H Mittelpunkt von $\overline{PX}$ ist! Welche Koordinaten hat der Vektor $\vec{v} = \overrightarrow{HX}$, welche der Schwerpunkt S des Dreiecks PQR? (Ebene Skizze genügt.)

13. Wie lang sind (welchen Betrag haben) die Vektoren

    a) $\vec{a} = \overrightarrow{AB}$ mit A(4|–1), B(–8|4),

    b) $\vec{v} = \overrightarrow{PQ}$ mit P(10|2|0) und Q(6|–10|6).

    Was weiß man damit von den Punkten A, B bzw. P, Q?

14. Ein Dreieck ABC ist gegeben durch A(4|–2), B(5|3) und C(0|4). Untersuchen Sie vektoriell, ob das Dreieck gleichschenklig ist, und berechnen Sie noch den Umfang.

15. Verwenden Sie das skalare Produkt, um

    a) festzustellen, ob das Dreieck ABC rechtwinklig ist: A(–4|1), B(4|–3), C(2|3);

    b) den kleinsten Winkel in diesem Dreieck zu berechnen!

16. Welchen Winkel schließen die Vektoren $\vec{u}$ und $\vec{v}$ ein für $\vec{u} = \overrightarrow{PQ}$ und $\vec{v} = \overrightarrow{PR}$ mit P, Q, R von Aufgabe 6?

17. Von welchem Punkt P(3|z) im I. Quadranten sieht man die Strecke $\overline{AB}$, A(5|–3), B(–3|1), unter einem rechten Winkel?

18. Von einem Quadrat ABCD kennt man A(–2|–1) und B(5|–2). Welche Koordinaten haben C und D?

19. Von einer Raute (einem Rhombus) ABCD, in dem die Diagonale $\overline{AC}$ doppelt so lang ist wie die andere Diagonale $\overline{BD}$, kennt man D(2|7) und M(4|3), den Mittelpunkt. Berechnen Sie vektoriell die Koordinaten der Eckpunkte B, A und C.

20. Sie kaufen 3 l Milch, 2 kg Brot und 1 kg Zucker und bezahlen je l bzw. kg der Reihe nach 1, 4 und 3 GE (Geldeinheiten) dafür. Stellen Sie die Rechnungssumme als skalares Produkt des Mengen- und des Preisvektors dar!

21. Für die Produktion von Tennisbällen der Klasse I, II und III benötigt man 4, 3 bzw. 2 ZE (Zeiteinheiten) je Stück. In einem Paket werden davon jeweils 100, 150 bzw. 200 Stück an einen Händler versandt. Geben Sie die aufzuwendende Produktionszeit über passende Vektoren an.

22. Ein Satellit läuft in einer Kreisbahn um die Erde. Welche Arbeit verrichtet die Schwerkraft an ihm?

23. Die vektorielle Multiplikation „×“ ist nicht allgemein assoziativ, in Sonderfällen kann dies aber zutreffen. Prüfen Sie durch Zeichnung für die drei Vektoren

    a) $\vec{i}, \vec{j}, \vec{k}$ b) $\vec{i} + \vec{j}, \vec{j}, \vec{k}$

24. Bilden Sie das vektorielle Produkt von

    a) $\vec{k}$ und $\vec{k} + \vec{i}$ b) $\vec{a} = \begin{pmatrix} -3 \\ 2 \\ -5 \end{pmatrix}$ und $\vec{b} = \begin{pmatrix} 1 \\ 2 \\ 2 \end{pmatrix}$

25. Wir haben das Drehmoment als vektorielles Produkt formuliert. Es gibt aber weitere physikalisch-technische Größen, die auf diese Art gut beschrieben werden können. Wie könnten wohl die Vektorformeln aussehen für

    a) den Drehimpuls l mit $l = r \cdot m \cdot v$

    b) die Lorentzkraft F mit $F = q \cdot v \cdot B$?

26. Das Volumen eines Spats haben wir zuletzt als 3reihige Determinante mit den Kantenvektoren als Spalten notiert, falls φ zwischen $\vec{a}$ und $\vec{b} \times \vec{c}$ in Bild 30 spitz war.

    a) Falls φ stumpf ist, muß ψ als Zwischenwinkel von $\vec{a}$ und $\vec{c} \times \vec{b}$ spitz sein (Gegenvektor). Was läßt sich daraus für eine 3reihige Determinante folgern? «Vertauscht man in ihr 2 Spalten, so ...»?

    b) Wie groß wird das Spatvolumen für $\vec{b} = \vec{c}$ oder $\vec{b} = \lambda\vec{c}$? Was folgt daraus für die Determinante? «Enthält eine Determinante zwei gleiche Spalten, ...»

Zu den Lösungen

1. In der PHYSIK spricht man vom Unabhängigkeitsprinzip der Bewegungen und meint, ein

Lösungen

1. Körper, der gleichzeitig zwei Bewegungen ausführt, gelangt an denselben Ort, an der er bei Nacheinanderausführen der Einzelbewegungen gelangen würde (Vektorsumme bei Wegen!). Also lassen wir ihn fallen: $1{,}8 = 5t^2 \Rightarrow t = \sqrt{0{,}36} = 0{,}6$ s. In dieser Zeit fliegt er waagrecht $s = v \cdot t = 0{,}6 \cdot 40 = 24$ m weit. Dort muß der Ball am Boden auftreffen!

2. a) $\vec{a}+\vec{b} = \begin{pmatrix} 7+2 \\ -1+3 \\ 5+(-4) \end{pmatrix} = \begin{pmatrix} 9 \\ 2 \\ 1 \end{pmatrix}, \quad \vec{a}-\vec{b} = \begin{pmatrix} 7-2 \\ -1-3 \\ 5-(-4) \end{pmatrix} = \begin{pmatrix} 5 \\ -4 \\ 9 \end{pmatrix}$

   b) $\vec{a}+\vec{b} = \begin{pmatrix} a_x \\ a_y \\ a_z \end{pmatrix} + \begin{pmatrix} b_x \\ b_y \\ b_z \end{pmatrix} = \begin{pmatrix} a_x+b_x \\ a_y+b_y \\ a_z+b_z \end{pmatrix} \quad \vec{a}-\vec{b} = \begin{pmatrix} a_x \\ a_y \\ a_z \end{pmatrix} - \begin{pmatrix} b_x \\ b_y \\ b_z \end{pmatrix} = \begin{pmatrix} a_x-b_x \\ a_y-b_y \\ a_z-b_z \end{pmatrix}$

3. $(\vec{a}+\vec{b})+\vec{c} = \begin{pmatrix} a_x+b_x \\ a_y+b_y \end{pmatrix} + \begin{pmatrix} c_x \\ c_y \end{pmatrix} = \begin{pmatrix} (a_x+b_x)+c_x \\ (a_y+b_y)+c_y \end{pmatrix} =$ ["+" ist assoz. in R] =

   $\begin{pmatrix} a_x+(b_x+c_x) \\ a_y+(b_y+c_y) \end{pmatrix} = \begin{pmatrix} a_x \\ a_y \end{pmatrix} + \begin{pmatrix} b_x+c_x \\ b_y+c_y \end{pmatrix} = \ldots = \vec{a}+(\vec{b}+\vec{c})$

4. SS1: $|k\vec{a}| : |\vec{a}| = ka_x : a_x$ ✔
   $|k\vec{a}| : |\vec{a}| = ka_y : a_y$ ✔
   (oder auch weiter SS2:
   $ka_x : a_x = ka_y : a_y$,
   o.ä., vgl. Bild L4 rechts, →)

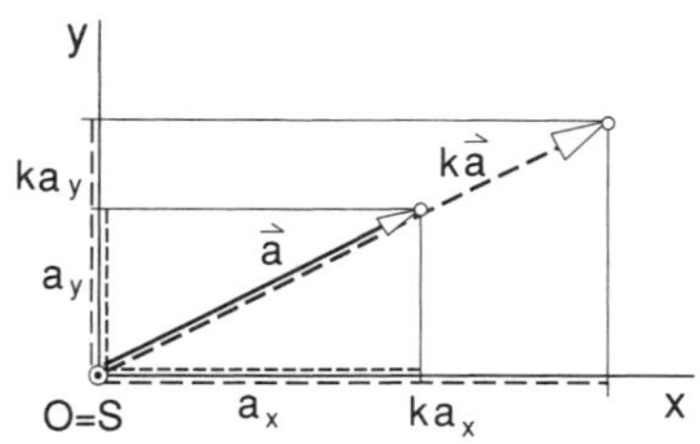

5. $k \cdot (\vec{a}+\vec{b}) = k \cdot \begin{pmatrix} a_x+b_x \\ a_y+b_y \end{pmatrix} = \begin{pmatrix} k\cdot(a_x+b_x) \\ k\cdot(a_y+b_y) \end{pmatrix} =$ ["·" ist distrib. zu "+" in R]

   $\begin{pmatrix} k\cdot a_x + k\cdot b_x) \\ k\cdot a_y + k\cdot b_y) \end{pmatrix} = k \cdot \begin{pmatrix} a_x \\ a_y \end{pmatrix} + k \cdot \begin{pmatrix} b_x \\ b_y \end{pmatrix} = k\cdot\vec{a} + k\cdot\vec{b}$, w.z.z.w

6. Die Skizzen zu den Nummern 6 und 7 sind auf der nächsten Seite!
   $\vec{c} = \vec{a}+\vec{b}$; $\vec{d} = \vec{a}+(-\vec{b}) = \vec{a}-\vec{b}$; $\vec{e} = \vec{b}+{}^1\!/_2\vec{a} = {}^1\!/_2\vec{a}+\vec{b}$; $\vec{f} = \vec{a}+{}^1\!/_2(-\vec{b}) = \vec{a}-{}^1\!/_2\vec{b}$;

7. $\vec{v} = \overrightarrow{HM} = \overrightarrow{HD}+\overrightarrow{DM} = \overrightarrow{HD}+{}^1\!/_2\overrightarrow{DB} = -\vec{c}+{}^1\!/_2(\vec{a}-\vec{b}) = {}^1\!/_2\vec{a}-{}^1\!/_2\vec{b}-\vec{c}$

   $\vec{u} = \overrightarrow{EN} = \overrightarrow{EF}+\overrightarrow{FN} = \overrightarrow{EF}+{}^1\!/_2\overrightarrow{FC} = \vec{a}+{}^1\!/_2(\vec{b}-\vec{c}) = \vec{a}+{}^1\!/_2\vec{b}-{}^1\!/_2\vec{c}$

   $\vec{w} = \overrightarrow{ND} = \overrightarrow{NC}+\overrightarrow{CD} = {}^1\!/_2\overrightarrow{FC}+\overrightarrow{CD} = {}^1\!/_2(\vec{b}-\vec{c})+(-\vec{a}) = -\vec{a}+{}^1\!/_2\vec{b}-{}^1\!/_2\vec{c}$

8. $\vec{u} = \vec{a}+\vec{b}+\vec{c} = \begin{pmatrix} 3 \\ -3 \end{pmatrix} + \begin{pmatrix} -2 \\ -6 \end{pmatrix} + \begin{pmatrix} 8 \\ 4 \end{pmatrix} = \begin{pmatrix} 9 \\ -5 \end{pmatrix} \qquad \vec{v} = \vec{a}-\vec{b}-{}^1\!/_2\vec{c} = \ldots = \begin{pmatrix} 3+2-4 \\ -3+6-2 \end{pmatrix} = \begin{pmatrix} 1 \\ 1 \end{pmatrix}$

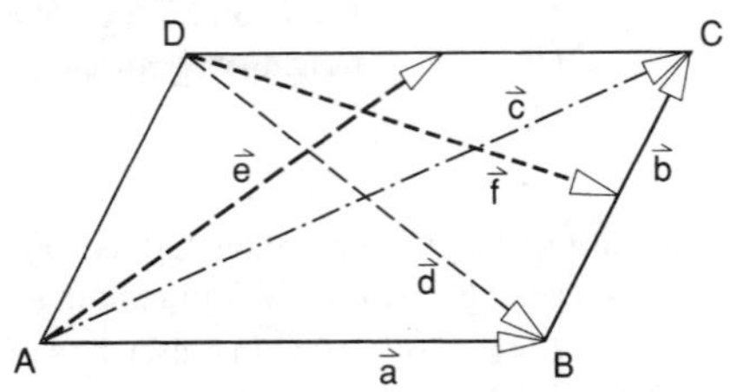

Bild L6

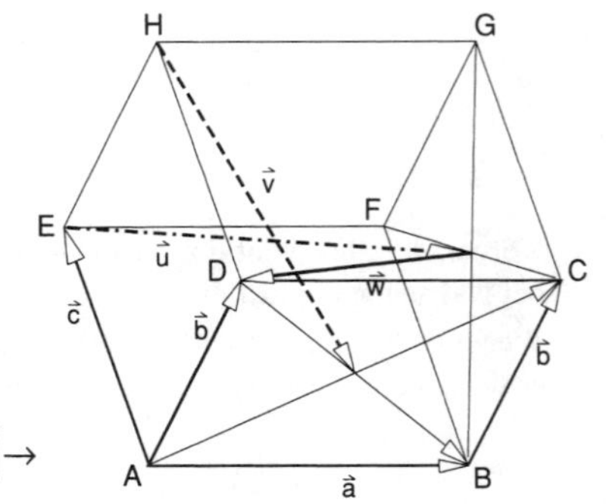

Bild L7 →

$\vec{w} = -\tfrac{1}{3}\vec{a} + \tfrac{1}{2}\vec{b} - \tfrac{1}{4}\vec{c} = \ldots = \begin{pmatrix} -1-1-2 \\ 1-3-1 \end{pmatrix} = \begin{pmatrix} -4 \\ -3 \end{pmatrix}$

9. $x_1 = 15 \cos 20° = 14{,}10$
   $x_2 = 10 \cos 135° = -7{,}07$
   $x_3 = 12 \cos 100° = -2{,}08;$
   $y_1 = 15 \sin 20° = 5{,}13$
   $y_2 = 10 \sin 135° = 7{,}07$
   $y_3 = -12 \sin 100° = -11{,}8;$
   $x = \Sigma x_i = 4{,}95;\ y = \Sigma y_i = 0{,}40$
   $l = \sqrt{x^2 + y^2} = 4{,}97;$
   $\tan \varphi = \frac{y}{x} \Rightarrow \varphi = 4{,}62°.$

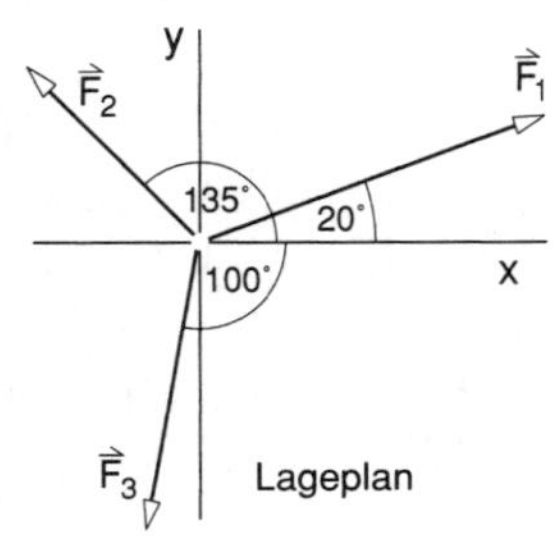

Lageplan

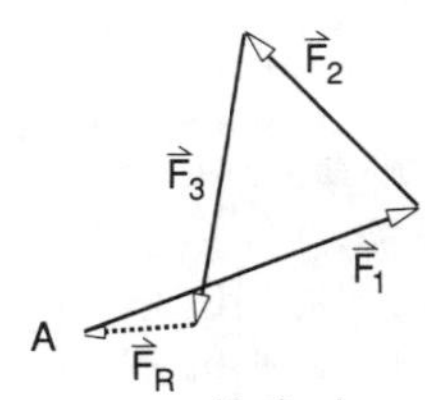

Krafteck

10. a) $x\vec{i} + y\vec{j} + z\vec{k} = \vec{0}$ mit $x = y = z = 0$ ist zu zeigen:

$$x\begin{pmatrix}1\\0\\0\end{pmatrix} + y\begin{pmatrix}0\\1\\0\end{pmatrix} + z\begin{pmatrix}0\\0\\1\end{pmatrix} = \begin{pmatrix}0\\0\\0\end{pmatrix} \Rightarrow \begin{pmatrix}1x+0y+0z\\0x+1y+0z\\0x+0y+1z\end{pmatrix} = \begin{pmatrix}0\\0\\0\end{pmatrix} = \begin{pmatrix}x\\y\\z\end{pmatrix}$$

$\Rightarrow\ x = 0 \wedge y = 0 \wedge z = 0$, w.z.z.w.

b) Es ist $\vec{b} = -4\vec{a}$ oder $4\vec{a} + \vec{b} = \vec{0}$, also ist $x = 4$, $y = 1$: JA! ✔.

11. Bild L11 siehe nächste Seite oben links!

a) $\overline{OB} = \overline{OM} + \overline{MB} = \overline{OM} + \overline{DM}$; die beiden Summanden ermitteln wir:

$\overline{OM} = \vec{r}_M = \tfrac{1}{2}(\vec{r}_A + \vec{r}_C) = \ldots = \begin{pmatrix}1\tfrac{1}{2}\\1\tfrac{1}{2}\end{pmatrix}$, $\overline{DM} = \vec{r}_M - \vec{r}_D = \ldots = \begin{pmatrix}-2\tfrac{1}{2}\\-2\tfrac{1}{2}\end{pmatrix}$;

damit ist schon $\overline{OB}$ als Summe der beiden Vektoren $= \begin{pmatrix}-1\tfrac{1}{2}\\-1\tfrac{1}{2}\end{pmatrix} \Rightarrow$ B(–1|–1).

Schneller geht es so: $\overline{OB} = \overline{OA} + \overline{AB} = \overline{OA} + \overline{DC} = \vec{r}_A + (\vec{r}_C - \vec{r}_D)$.

b) $\overline{OE} = \overline{OC} + \overline{CE} = \overline{OC} + \overline{BC} = \ldots = \begin{pmatrix}13\\3\end{pmatrix}$: E(13|3); $\overline{AE} = \vec{r}_E - \vec{r}_A = \ldots = \begin{pmatrix}16\\1\end{pmatrix}$.

12. $\vec{r}_H = \tfrac{1}{2}(\vec{r}_Q + \vec{r}_R) = \ldots = \begin{pmatrix}1\\3\\-2\end{pmatrix}$: H(1|3|–2), $\vec{r}_X = 2\vec{r}_H - \vec{r}_P = \ldots = \begin{pmatrix}1\\6\\-2\end{pmatrix}$: X(1|6|–2).

$\vec{v} = \vec{r}_X - \vec{r}_H = \ldots = \begin{pmatrix} 0 \\ 3 \\ 0 \end{pmatrix}, \quad \vec{r}_S = 1/3\,(\vec{r}_P + \vec{r}_Q + \vec{r}_R) = \ldots = \begin{pmatrix} 1 \\ 2 \\ -2 \end{pmatrix}$: S(1|2|–2) .

Bild L11

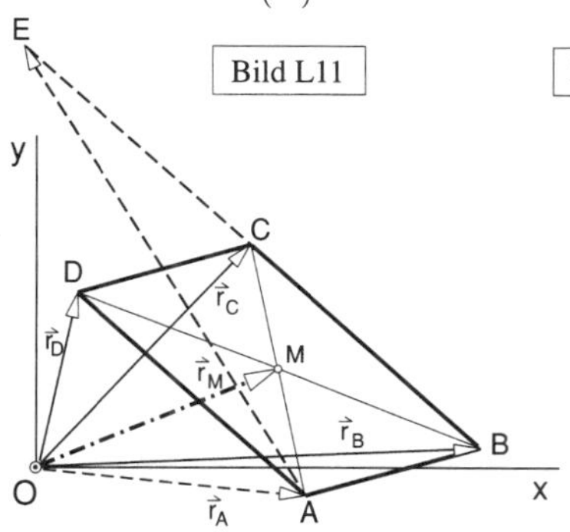

Bild L12

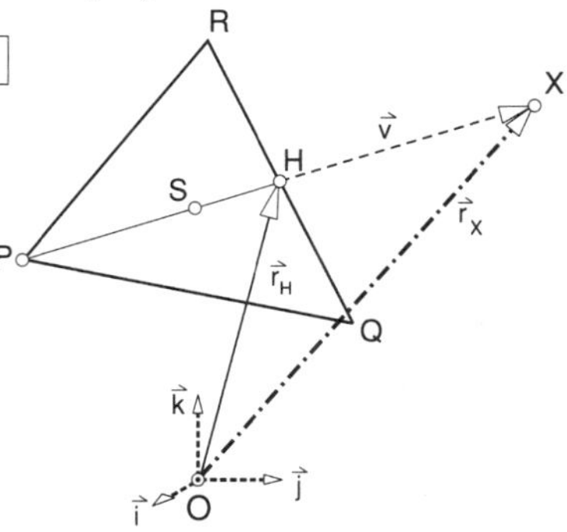

13. a) $\vec{a} = \vec{r}_B - \vec{r}_A = \ldots = \begin{pmatrix} -12 \\ 5 \end{pmatrix} \Rightarrow a = \sqrt{12^2 + 5^2} = 13$: $|\vec{a}| = a = 13$

b) $\vec{v} = \vec{r}_Q - \vec{r}_P = \ldots = \begin{pmatrix} -4 \\ -12 \\ 6 \end{pmatrix} \Rightarrow v = \sqrt{(-4)^2 + (-12)^2 + 6^2} = 14$: $|\vec{v}| = v = 14$.

Man kennt ihre Entfernung: 13 bzw. 14 (Einheiten)!

14. $\vec{c} = \overline{AB} = \vec{r}_B - \vec{r}_A = \begin{pmatrix} 5 \\ 3 \end{pmatrix} - \begin{pmatrix} 4 \\ -2 \end{pmatrix} = \begin{pmatrix} 1 \\ 5 \end{pmatrix}$; ebenso $\vec{a} = \overline{BC} = \ldots = \begin{pmatrix} -5 \\ 1 \end{pmatrix}$, $\vec{b} = \overline{CA} = \ldots = \begin{pmatrix} 4 \\ -6 \end{pmatrix}$

$c = \sqrt{1^2 + 5^2} = \sqrt{26} = a$, daher JA! $\quad b = \sqrt{4^2 + 6^2} = \sqrt{52}$; $\quad u = a + b + c = 17{,}4$.

15. $\vec{a} = \overline{CB} = \begin{pmatrix} 4 \\ -3 \end{pmatrix} - \begin{pmatrix} 2 \\ 3 \end{pmatrix} = \begin{pmatrix} 2 \\ -6 \end{pmatrix}$, $\vec{b} = \overline{CA} = \ldots = \begin{pmatrix} -6 \\ -2 \end{pmatrix}$, $\vec{c} = \overline{AB} = \ldots = \begin{pmatrix} 8 \\ -4 \end{pmatrix}$

a) $\vec{a} \bullet \vec{b} = 2 \cdot (-6) + (-6) \cdot (-2) = 0 \Rightarrow \gamma = 90°$: JA, rw bei C.

b) $\vec{a} \bullet \vec{c} = 2 \cdot 8 + (-6) \cdot (-4) = 16 + 24 = 40$;

$a = \sqrt{4 + 36} = \sqrt{40}, \quad c = \sqrt{64 + 16} = \sqrt{80}$;

$\cos\beta = \frac{\vec{a} \bullet \vec{c}}{a \cdot c} = \frac{40}{\sqrt{40} \cdot \sqrt{80}} = \frac{1}{\sqrt{2}} \Rightarrow \beta = 45° = \alpha$.

16. $\vec{u} = \overline{PQ} = \ldots = \begin{pmatrix} 6 \\ -2 \\ -1 \end{pmatrix}$, $\vec{v} = \overline{PR} = \ldots = \begin{pmatrix} -6 \\ 8 \\ 1 \end{pmatrix}$; $\quad u = \sqrt{6^2 + 2^2 + 1^2} = \sqrt{41}$; $\quad v = \ldots = \sqrt{101}$

$\cos\varphi = \frac{\vec{u} \bullet \vec{v}}{u \cdot v} = \frac{-53}{\sqrt{41} \cdot \sqrt{101}} = -0{,}8236 \Rightarrow \varphi \approx 145°$.

17. $\vec{a} = \overline{PA} = \begin{pmatrix} 2 \\ -3-z \end{pmatrix}$, $\vec{b} = \overline{PB} = \begin{pmatrix} -6 \\ 1-z \end{pmatrix}$; $\vec{a} \perp \vec{b} \Rightarrow \vec{a} \bullet \vec{b} = 0 \Rightarrow$

$2 \cdot (-6) + (-3 - z) \cdot (1 - z) = 0 \Rightarrow z^2 + 2z - 15 = 0 \Rightarrow (z + 5)(z - 3) = 0 \Rightarrow z = 3$: P(3|3)

18. Man hat nur an A bzw. an B den Normalvektor $\vec{n} \perp \vec{a}$ anzusetzen:

$\vec a = \overrightarrow{AB} = \ldots = \begin{pmatrix}7\\-1\end{pmatrix} \Rightarrow \vec n = \begin{pmatrix}1\\7\end{pmatrix}$; $\vec r_D = \vec r_A + \vec n = \ldots = \begin{pmatrix}-1\\6\end{pmatrix}$: D(–1|6) ;

$\vec r_C = \vec r_B + \vec n = \ldots = \begin{pmatrix}6\\5\end{pmatrix}$: C(6|5) .

19. $\overrightarrow{MB} = \overrightarrow{DM} = \vec r_M - \vec r_D = \ldots = \begin{pmatrix}2\\-4\end{pmatrix}$; damit $\vec r_B = \vec r_M + \overrightarrow{MB} = \ldots = \begin{pmatrix}6\\-1\end{pmatrix} \Rightarrow$ B(6|–1)

$\vec f = \overrightarrow{MD} = -\overrightarrow{DM} = \begin{pmatrix}-2\\4\end{pmatrix} \Rightarrow \vec n \perp \vec f$: $\vec n = \begin{pmatrix}-4\\-2\end{pmatrix}$

$\overrightarrow{MA} = 2\vec n = \begin{pmatrix}-8\\-4\end{pmatrix} \Rightarrow \vec r_A = \vec r_M + \overrightarrow{MA} = \ldots = \begin{pmatrix}-4\\-1\end{pmatrix} \Rightarrow$ A(–4|–1)

$\overrightarrow{MC} = \overrightarrow{AM} = -\overrightarrow{MA} = \begin{pmatrix}8\\4\end{pmatrix} \Rightarrow \vec r_C = \vec r_M + \overrightarrow{MC} = \ldots = \begin{pmatrix}12\\7\end{pmatrix} \Rightarrow$ C(12|7) .

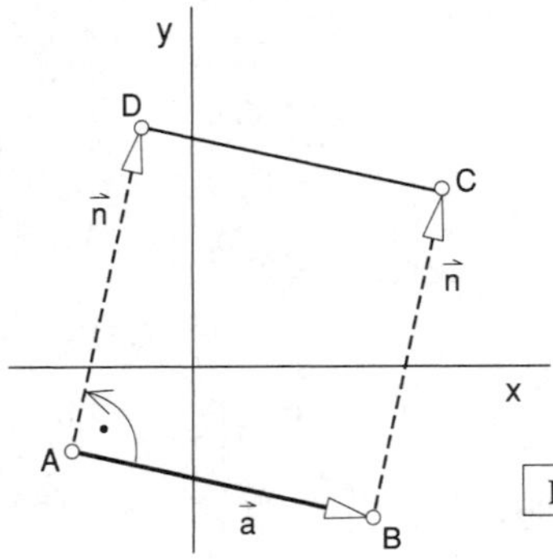

Bild L18

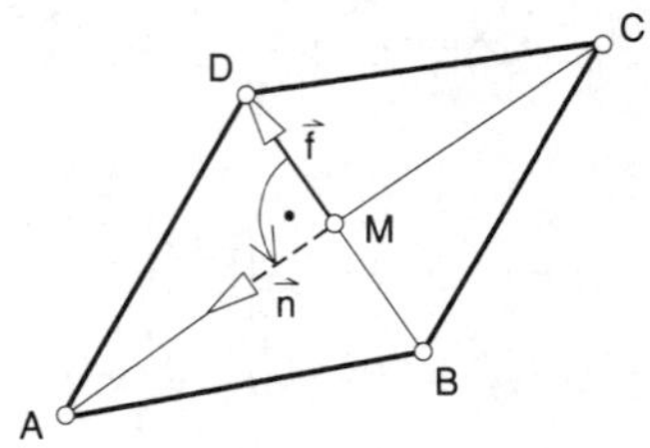

Bild L19

20. $S = \vec m \cdot \vec p = \begin{pmatrix}3\\2\\1\end{pmatrix} \cdot \begin{pmatrix}1\\4\\3\end{pmatrix} = (3 \cdot 1 + 2 \cdot 4 + 1 \cdot 3)$ GE = 14 GE

21. $t = \vec s \cdot \vec z = \begin{pmatrix}100\\150\\200\end{pmatrix} \cdot \begin{pmatrix}4\\3\\2\end{pmatrix} = (100 \cdot 4 + 150 \cdot 3 + 200 \cdot 2)$ ZE = 1250 ZE

22. Keine, da Kraft und Weg senkrecht aufeinander stehen, was das skalare Produkt gleich Null werden läßt!

23. a) $\left.\begin{array}{l}(\vec i \times \vec j) \times \vec k = \vec k \times \vec k = \vec 0\\ \vec i \times (\vec j \times \vec k) = \vec i \times \vec i = \vec 0\end{array}\right\} = ✓$

b) $\left.\begin{array}{l}[(\vec i + \vec j) \times \vec j] \times \vec k = \vec k \times \vec k = \vec 0 \quad \text{(vgl. Beispiel 21!)}\\ (\vec i + \vec j) \times (\vec j \times \vec k) = (\vec i + \vec j) \times \vec i = -\vec k \quad (\uparrow)\end{array}\right\} \neq !$

24. a) $\vec k \times (\vec k + \vec i) = \begin{vmatrix}\vec i & 0 & 1\\ \vec j & 0 & 0\\ \vec k & 1 & 1\end{vmatrix} = \vec i \begin{vmatrix}0 & 0\\ 1 & 1\end{vmatrix} - \vec j \begin{vmatrix}0 & 1\\ 1 & 1\end{vmatrix} + \vec k \begin{vmatrix}0 & 1\\ 0 & 0\end{vmatrix} = \vec j$

b) $\vec a \times \vec b = \begin{vmatrix}\vec i & -3 & 1\\ \vec j & 2 & 2\\ \vec k & -5 & 2\end{vmatrix} = \vec i \begin{vmatrix}2 & 2\\ -5 & 2\end{vmatrix} - \vec j \begin{vmatrix}-3 & 1\\ -5 & 2\end{vmatrix} + \vec k \begin{vmatrix}-3 & 1\\ 2 & 2\end{vmatrix} = \ldots = \begin{pmatrix}14\\1\\-8\end{pmatrix}$

25. Zwischen die Vektoren kommt das „x“-Zeichen, die skalaren Größen schreibt man vorne an:

a) $\vec{l} = \vec{r} \times (m \cdot \vec{v}) = m \cdot (\vec{r} \times \vec{v})$

b) $\vec{F} = q \cdot (\vec{v} \times \vec{B})$

26. a) Vertauscht man in ihr 2 Spalten, so wird das Vorzeichen umgedreht. Würde man nämlich die Spaltenvektoren belassen, so wäre das skalare Produkt bei stumpfem Winkel negativ, am Betrag des Volumens kann sich aber nichts ändern.

b) Enthält eine Determinante zwei gleiche Spalten, so ist ihr Wert gleich Null. Denn das Volumen eines solchen „Spats“ mit zwei kollinearen oder gar gleichen Kanten kann eben nur Null sein.

Zum nächsten Kapitel

13. Kapitel

13

Lineare Gleichungssysteme

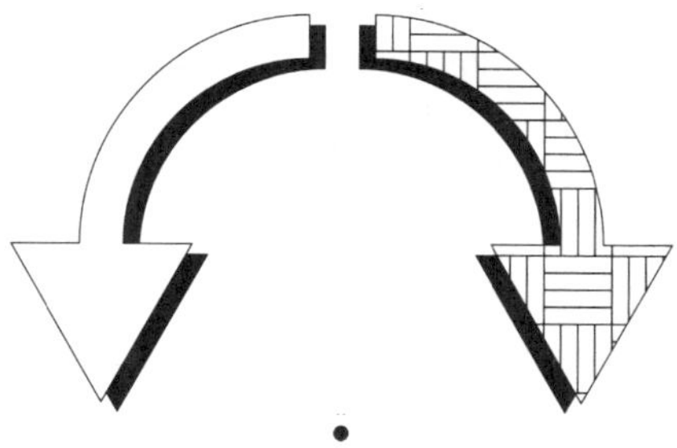

Kapitelziele

Schon in Kapitel ℂ**8** haben wir lineare Gleichungen als Graphen linearer Funktionen, etwa von *Kostenfunktionen*, kennengelernt und auch anschaulich-grafisch die Frage nach der Lösung eines Systems zweier linearer Gleichungen in zwei Variablen, kurz eines 2-2-Systems, beantwortet. Auch im vorigen Kapitel sind Gleichungssysteme bei der linearen (Un)Abhängigkeit von Vektoren aufgetaucht.

Hier sollen diese Fragen nun rechnerisch-algebraisch behandelt werden, wobei auf lineare 3-3-Systeme erweitert wird und allgemeine Rechenverfahren zur Lösung, also ***Algorithmen***, zu entwickeln sind.

Erste Gleichungssysteme

Beginnen wir mit einem praktischen Beispiel:

B

Beispiel 1: Mengenvektoren

Sie haben zwei Maschinen, eine neue A und eine alte B, die jeweils zwei Artikel a, b produzieren, und zwar 4 bzw. 3 von a und 7 bzw. 5 Stück von b pro Tag, d. h., ihre *Mengen-(= Stückzahl-)vektoren* sind

$$\vec{s_A} = \begin{pmatrix} 4 \\ 7 \end{pmatrix} \begin{matrix} \leftarrow \text{Artikel a} \\ \leftarrow \text{Artikel b} \end{matrix}, \quad \vec{s_B} = \begin{pmatrix} 3 \\ 5 \end{pmatrix} \begin{matrix} \leftarrow \text{Art. a} \\ \leftarrow \text{Art. b} \end{matrix}$$

Wie viele Tage müssen Sie die Maschinen laufen lassen (x für A, y für B), wenn Sie insgesamt 76 bzw. 130 Stück von a bzw. b benötigen?

eine Hilfstabelle,

Vielleicht ist es wieder nützlich, eine *Tabelle* zu erstellen:

	Artikel a	Artikel b	Tage
A	4	7	x
B	3	5	y
	76	130	

und das Gleichungssystem

Daraus ist leicht abzulesen, daß vom Artikel a durch die Maschine A in x Tagen 4x Stück, durch B in y Tagen eben 3y Stück produziert werden, was zusammen 76 ausmachen soll; analog überlegen Sie für Artikel b und erhalten

$$4x + 3y = 76 \quad \wedge \quad 7x + 5y = 130,$$

und damit liegt ein ***lineares 2-2-System*** vor. Mit (Zeilen)vektoren können Sie eine Vektorgleichung aufstellen, die zu $\vec{m}$ = (76, 130) als Gesamtmengenvektor führt:

$$x \cdot \vec{s_A} + y \cdot \vec{s_B} = \vec{m} \quad \Rightarrow \quad x \cdot \begin{pmatrix} 4 \\ 7 \end{pmatrix} + y \cdot \begin{pmatrix} 3 \\ 5 \end{pmatrix} = \begin{pmatrix} 76 \\ 130 \end{pmatrix};$$ sie stellt dasselbe System dar!

Auch ohne solche inhaltliche Deutung kann eine Vektorgleichung auf ein lineares Gleichungssystem führen! Dazu erinnern wir uns an einen Begriff aus dem letzten Kapitel: Ein Vektor $\vec{d}$ war als ***Linearkombination*** von $\vec{a}$ und $\vec{b}$ dargestellt, wenn man Zahlen $\lambda, \mu \in \mathbb{R}$ mit $\vec{d} = \lambda\vec{a} + \mu\vec{b}$ kannte. Oft kennt man sie anfangs nicht:

Beispiel 2: Linearkombination von Vektoren

B Seien $\vec{d} = (5, 7)$, $\vec{a} = (4, -1)$, $\vec{b} = (-1, 3)$ vorgelegt. Wie läßt sich damit $\vec{d}$ als Linearkombination von $\vec{a}$ und $\vec{b}$ darstellen?

Schreiben wir x, y statt λ, μ, so wird

$$x\,\vec{a} + y\,\vec{b} = \vec{d} \quad \Rightarrow \quad x \cdot \begin{pmatrix} 4 \\ -1 \end{pmatrix} + y \cdot \begin{pmatrix} -1 \\ 3 \end{pmatrix} = \begin{pmatrix} 5 \\ 7 \end{pmatrix}$$

$$\Rightarrow \quad 4x - y = 5 \ \wedge \ -x + 3y = 7,$$

also ein *lineares 2-2-System*! Vergleichen Sie auch Beispiel 12.7!

ein erstes Verfahren zur Lösung

Wir wollen jetzt einfache **Verfahren** zur Lösung solcher Systeme kennenlernen! Gehen wir von einem einfachen *Beispiel* aus:

$$x + y = 5 \ \wedge \ x - y = 1$$

Wir *addieren* die Terme links und auch die Zahlen rechts; dann entsteht

$$(x + y) + (x - y) = 5 + 1 \quad \Rightarrow \quad 2x = 6 \quad \Rightarrow \quad x = 3;$$

subtrahieren wir wie eben, wird

$$(x + y) - (x - y) = 5 - 1 \quad \Rightarrow \quad 2y = 4 \quad \Rightarrow \quad y = 2;$$

setzen wir (x, y) = (3, 2) als vermutliche Lösung ins Ausgangssystem ein, ist

$3 + 2 = 5 \ \wedge \ 3 - 2 = 1$, wie erwartet.

Ganz analog geht man vor, wenn man die folgende Zeitungsmeldung auswerten will:

Beispiel 3: Stimmenzählung

B An einer **Abstimmung** beteiligen sich 54 Personen, keiner enthält sich der Stimme. Ein Antrag wird mit 22 Stimmen Mehrheit angenommen.

Wie viele Ja-Stimmen bzw. Nein-Stimmen gibt es?

Für die gesuchte Zahl der Ja-Stimmen setzen wir x an, für die Gegenstimmen y. Dann erhalten wir

$$x + y = 54 \ \wedge \ x - y = 22$$

Vorgehen wie eben führt auf $x = 38$ und $y = 16$ (Stimmen).

Natürlich ist es nur selten so einfach. Manchmal muß man erst ein Vielfaches einer Gleichung bilden und addieren; so etwa im folgenden Fall:

Beispiel 4: Erweiterung des Verfahrens

B In einem gleichschenkligen Dreieck ist ein Basiswinkel um 13° größer als der 3fache Spitzenwinkel. Wie groß sind die **Winkel**?

Wir setzen x für den gesuchten Basiswinkel, y für den an der Spitze. Die Summe dreier Innenwinkel im Dreieck ist 180°, d. h.,

$$2x + y = 180 \ \wedge \ x - 3y = 13$$

Nur wenn wir das 3fache der 1. Gleichung zur 2. addieren, heben sich die y-Terme weg, und es bleibt eine Gleichung in x:

$7x = 553 \quad \Rightarrow \quad x = 79;$ damit $y = 180 - 2 \cdot 79 = 22$ (beidemal Grad, °).

Im allgemeinen benötigt man auch noch ein Vielfaches der 2. Gleichung vor dem Addieren, wobei man wie bei den Vektoren von einer *Linearkombination* spricht, wenn die λ-fache 1. Gleichung (I) zur μ-fachen zweiten (II) addiert wird, wenn also aus $I \wedge II$ dann $(\lambda I + \mu II) \wedge II$ (oder $\wedge$ I) entsteht.

Es gilt:

S

Satz 1: und allgemeine Methode

Durch Übergang von Gleichungen I, II eines linearen Systems $I \wedge II$ zu Linearkombinationen $(\lambda I + \mu II) \wedge I$ (oder $\wedge$ II) wird die Lösungsmenge des Ausgangssystems nicht verändert.

Linearkombination von Gleichungen

Zum Beweis zeigt man, daß jede Lösung (x_1, y_1) des Systems $I \wedge II$ auch das neue System $\lambda I + \mu II \wedge II$ (oder $\wedge$ I) löst und umgekehrt, was nicht schwer ist.

Wir üben aber statt dessen lieber das Verfahren selber:

$$\begin{array}{rl|l} -4x + 3y = & 10 & \ldots \quad (I) \\ \wedge \quad x - 2y = & -5 & \ldots \quad (\wedge II) \end{array}$$

Nun wählen wir λ, μ so, daß in $\lambda I + \mu II$ *eine* Variable wegfällt, etwa *y*: $\lambda = 2$, $\mu = 3$ leisten das schon wegen

$$2 \cdot (\ldots 3y \ldots) + 3 \cdot (\ldots - 2y \ldots) = \ldots 6y \ldots + \ldots - 6y \ldots = \ldots 0 \ldots$$
$$\Rightarrow -8x + 3x = 20 - 15 \quad \Rightarrow \quad -5x = 5 \ \ldots (2I + 3II) \quad \Rightarrow \quad [:(-5)] \quad x = -1$$

und Elimination von Variablen

Mit analoger Absicht, jetzt in $\lambda^* I + \mu^* II$ die *andere* Variable, *x*, zu eliminieren, wählen wir nun $\lambda^* = 1$, $\mu^* = 4$:

$$\ldots \Rightarrow 3y - 8y = 10 - 20 \quad \Rightarrow \quad -5y = -10 \ \ldots (1I + 4II) \quad \Rightarrow \quad [:(-5)] \quad y = 2$$

Damit ist die **Lösung** des Ausgangssystems gewonnen: $x = -1$, $y = 2$: $\mathbb{L} = \{(-1, 2)\}$.

Hier wurde also erst $\lambda I + \mu II$ gebildet und statt $\wedge$ I oder $\wedge$ II nochmals $\lambda^* I + \mu^* II$, was allgemein üblich ist.

Nun das Ganze in etwas kürzerer Darstellung ohne Erklärung nochmal (die *Marken* ✳ und ✪ sollen noch ein wenig helfen):

$$\begin{array}{rr|l} -4x + 3y = & 10 & \cdot 2 \\ x - 2y = & -5 & \cdot 3 + \rightarrow -5x = 5 \ (✳) \end{array} \qquad \begin{array}{rr|l} -4x + 3y = & 10 & \cdot 1 \\ x - 2y = & -5 & \cdot 4 \ + \rightarrow -5y = -10 \ (✪) \end{array}$$

$$\begin{array}{lrr|l} ✳ & -5x = & 5 & :(-5) \\ ✪ & -5y = & -10 & :(-5) \end{array}$$

$$\begin{array}{lrr|l} ✳ & x = & -1 & \\ ✪ & y = & 2 & \rightarrow \quad \mathbb{L} = \{(-1, 2)\} \end{array}$$

Ergebnis: das Additionsverfahren

Dieses Vorgehen heißt ***Additionsverfahren*** und gründet sich auf den Satz von den Linearkombinationen.

Üben wir dies (nochmals sparsamer notiert) noch am Beispiel:

B

Beispiel 5: dazu

$$\begin{array}{rr|l} 5x + 2y = & -1 & \cdot 2 \\ -3x - 4y = & 9 & \cdot 1 + \rightarrow ✳; \end{array} \qquad \begin{array}{rr|l} 5x + 2y = & -1 & \cdot 3 \\ -3x - 4y = & 9 & \cdot 5 + \rightarrow ✪ \end{array}$$

$$\begin{array}{lrr|l} ✳ & 7x = & 7 & :7 \\ ✪ & -14y = & 42 & :(-14) \end{array}$$

✻ $x = 1$
✪ $y = -3$ → $\mathbb{L} = \{(1, -3)\}$

Jetzt können wir auch unsere „Motivationssysteme“ lösen! So hatten wir für $\vec{c}$ als *Linearkombination* von $\vec{a}$ und $\vec{b}$ gefunden, vgl. Bild 1:

Beispiel 6: Linearkombination von Vektoren

Bild 1: dazu

B

$4x - y = 5$ | ·3 | ·1
$-x + 3y = 7$ | ·1 +→✻; | ·4 +→✪

✻ $11x = 22$ | : 11
✪ $11y = 33$ | : 11

$x = 2$
✪ $y = 3$ → $\mathbb{L} = \{(2, 3)\}$
→ $\vec{c} = 2\vec{a} + 3\vec{b}$

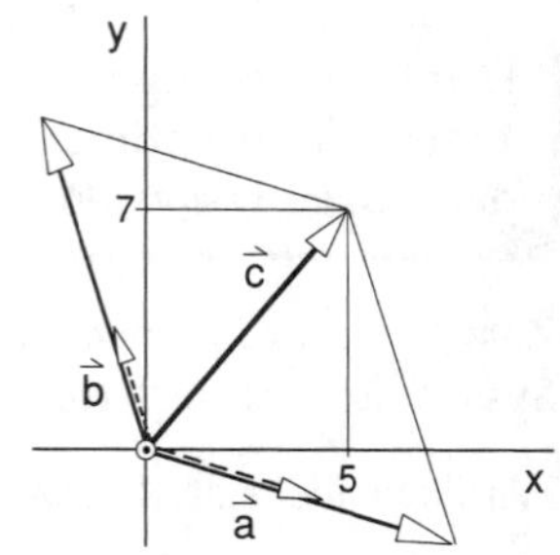

Das „wirtschaftliche“ System in Beispiel 1 lösen Sie bitte als Übung 7 selbst!

Hier noch eine kleine alltagspraktische Überlegung:

Beispiel 7: Hebelgesetz

B Hans will zwei Kübel Sand von 120 N bzw. 200 N Gewicht an die Enden einer Stange von 120 cm Länge hängen und auf der Schulter zur Baustelle tragen. Wo muß er die Stange aufsetzen, um die Kübeln im **Gleichgewicht** zu halten?

Hier benötigen wir schon das Hebelgesetz: sind x und y die Abstände der Endpunkte und damit der Kübel von der Schulter, so müssen die einzelnen Drehmomente gleich sein. Wir erhalten das System

$$x + y = 120 \quad \wedge \quad 200x = 120y$$

ein zweites Verfahren:

Substitution oder Einsetzung

Hierin ist eine der Variablen leicht durch die andere ausdrückbar, z. B. $y = 120 - x$; dieser Term wird dann einfach in die andere Gleichung für y eingesetzt, ***substituiert***, was es erlaubt, diese nach der verbleibenden Variablen aufzulösen: ***Substitutions-*** bzw. *„Einsetzungs-“****verfahren***:

$$200x = 120 \cdot (120 - x) = 14400 - 120x, \text{ daraus}$$
$$320x = 14400 \text{ bzw. } x = 45;$$

dies setzt man in den y-Term

$$y = 120 - 45 = 75$$

Der schwerere Kübel hängt 45 cm, der leichtere 75 cm von der Schulter entfernt.

Genau so läuft das Verfahren für den Obsthändler:

Beispiel 8: Preiskalkulation

B Eine **Apfelsorte** kostet um 20% mehr als eine andere. Verkauft der Händler 12 kg von der teureren und 15 kg von der billigeren, hat er Einnahmen von insgesamt 588 GE. Was kostet jede Sorte?

Die Preise sind unsere Unbekannten, wir setzen x (GE/kg) für die teurere, y für die günstigere Sorte. Damit übersetzen wir unsere Angaben so (20% sind 0,2, 20% *mehr* also 1 + 0,2 = 1,2):

$$12x + 15y = 588 \quad \wedge \quad x = 1{,}2\,y$$

Jetzt wird eben dieser x-Term in die 1. Gleichung eingesetzt, was

$$12 \cdot 1{,}2\,y + 15y = 29{,}4\,y = 588$$

und damit y = 20 (GE) liefert. x wird dann 1,2 · 20 = 24 (GE).

Lösen wir noch ein lineares 2-2-System

a) nach dem Additionsverfahren sowie

b) nach dem Einsetzungsverfahren,

wobei die meist vergessene *Grundmenge* hier angegeben werden soll: $\mathbb{G} = \mathbb{Q} \times \mathbb{Q}$:

Beispiel 9: Vergleich beider Methoden

$$x - 4y = 8 \quad \wedge \quad 2x + y = 7$$

a)
$$\begin{array}{lrcl|ll} & x - 4y & = & 8 & \cdot 1 & \cdot (-2) \\ \wedge & 2x + y & = & 7 & \cdot 4 \ + \rightarrow ✻; & \cdot 1 \ + \rightarrow ✪ \end{array}$$

$$\begin{array}{lrcl|l} ✻ & 9x & = & 36 & :9 \\ ✪ & 9y & = & -9 & :9 \end{array}$$

$$\begin{array}{lrcl|l} ✻ & x & = & 4 & \\ ✪ & y & = & -1 & \rightarrow \quad \mathbb{L} = \{(4, -1)\} \end{array}$$

b) y = −2x + 7 aus der Gleichung II in I einsetzen:

$$x - 4(-2x + 7) = 8 \quad \Rightarrow \quad 9x - 28 = 8 \quad \Rightarrow \quad x = 4;$$

dies in den y-Term einsetzen, ergibt y = −1 und damit die Lösungsmenge wie in a.

Manchmal treten Brüche auf, etwa bei Bewegungs- oder Mischungsaufgaben, aber auch im wirtschaftlichen Bereich:

Beispiel 10: Kapital und Zinsen

Zwei **Kapitalien** machen zusammen 100000 GE aus. Das größere wird zu 7%, das kleinere zu 6% aufs Sparbuch gelegt. Am Jahresende ist die Zinsdifferenz 3100 GE. Wie groß sind die angelegten Beträge?

Wir haben für die Summe nur x + y und für die Zinsen die Differenz von $^{7}/_{100}$ von x und $^{6}/_{100}$ von y anzusetzen:

$$x + y = 100000 \quad \wedge \quad \frac{7x}{100} - \frac{6x}{100} = 3100$$

Die 2. Gleichung wird mit dem Nenner 100 multipliziert – wie schon im 3. Kapitel geübt –, dann gehen Sie bitte nach einer der eben beschriebenen Methoden weiter vor, welche liegt Ihnen eher? Es ergibt sich 70000 GE für x und 30000 GE für y.

Hier noch eine *Bewegungsaufgabe* als

Beispiel 11: Bewegungsaufgaben: wie schnell fährt die Bahn?

Zwei Orte A und B sind s = 490 km voneinander entfernt. Fährt um 8.00 Uhr ein **Schnellzug** von A aus in Richtung B ab und um 10.00 Uhr ein (1.) Güterzug von B aus nach A, so begegnen sie einander um 13.00 Uhr. Den 2. Güterzug, der in B um 6.00 Uhr in Gegenrichtung abfährt – und der im Mittel gleich schnell fährt wie der erste –, holt der Schnellzug erst um 19.00 Uhr ein. Wie schnell fahren die Züge?

Eine Skizze wie in Bild 2 auf der Folgeseite und die altvertraute Formel Weg gleich Zeit mal Geschwindigkeit, s = v · t, helfen beim Ansatz. Der Schnellzug fährt mit x km/h, die Güterzüge mit y km/h:

$$\begin{array}{rcccl|l} 5x + 3y & = & s & = & 490 & \cdot 13 \\ 11x - 13y & = & s & = & 490 & \cdot 3 \quad + \rightarrow \quad 65x + 33x = 13 \cdot 490 + 3 \cdot 490 \quad \Rightarrow \end{array}$$

... x = 80; y = ... 30: Die Züge fahren mit 80 km/h und 30 km/h.

Bild 2: **Weg-Zeit-diagramm dazu**

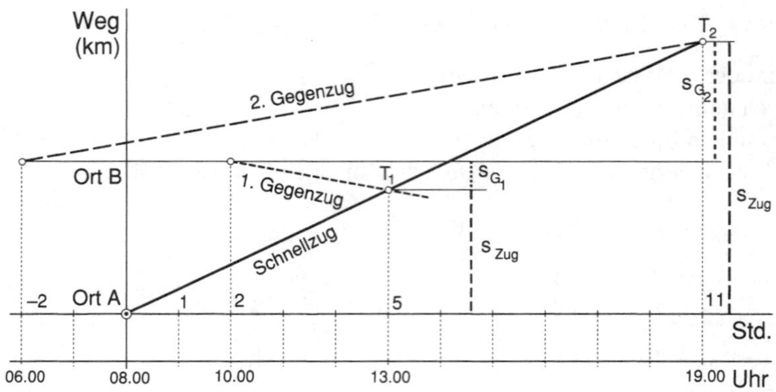

Analog gehen Sie in den Übungen bei weiteren *Bewegungs- und Mischungsaufgaben* u.ä. vor!

Erweiterung auf 3-3-Systeme

drei lineare Gleichungen mit drei Variablen: 3-3-Systeme

Nehmen wir nun eine 3. Variable z dazu, betrachten wir also ein 3-3-System! Dabei wenden wir wieder die Additionsmethode in einer erweiterten Form an, d. h., wir ersetzen $I \wedge II \wedge III$ etwa durch $(\lambda I + \mu II + \nu III) \wedge II \wedge (\lambda I + \nu III)$ o.ä., was sich wie oben angegeben beweisen läßt.

Wieder kürzen wir so ab, daß alle Gleichungen nicht immer wieder unverändert mitgeschrieben werden; λ, μ, ν usw. werden passend so gewählt, daß jeweils eine der Variablen wegfällt; auch auf die Verbindungsoperatoren $\wedge$ verzichten wir. Als Ziel streben wir ein System S: $x = u \wedge y = v \wedge z = w$ mit $\mathbb{L} = \{(u, v, w)\}$ an; Grundmenge ist stets $\mathbb{R} \times \mathbb{R} \times \mathbb{R}$, wenngleich $\mathbb{Q} \times \mathbb{Q} \times \mathbb{Q}$ meist völlig ausreicht.

Dazu nun das Beispiel:

Beispiel 12: **eine davon eliminieren, das 2-2-System lösen!**

B

$$\begin{array}{ll} x + y - 2z = 3 & | \cdot 1 \\ 3x + 2y - z = 2 & \qquad\qquad | \cdot 1 \\ 3x - y + z = -6 & | \cdot 2 + \rightarrow ✻ \qquad | \cdot 1 + \rightarrow ✪ \end{array}$$

$$\begin{array}{lll} ✻ & 7x - y = -9 & | \cdot 1 \\ ✪ & 6x + y = -4 & | \cdot 1 + \rightarrow \quad 13x = -13 \quad \Rightarrow \quad x = -1; \end{array}$$

dies eingesetzt für x in eine der Gleichungen des 2-2-Systems:

$$6(-1) + y = -4 \quad \Rightarrow \quad y = -4 + 6 = 2$$

und jetzt beides in eine der Ausgangsgleichungen, etwa die letzte:

$$3 \cdot (-1) - 2 + z = -6 \quad \Rightarrow \quad -5 + z = -6 \quad \Rightarrow \quad z = -1: \qquad \mathbb{L} = \{(-1, 2, -1)\}.$$

Zur Übung sollten Sie versuchen, dieses 3-3-System auf andere Weise zu lösen, etwa indem Sie aus I und II statt III z eliminieren und auch im entstandenen 2-2-System zuerst nach y auflösen; es muß natürlich dasselbe $\mathbb{L}$ entstehen.

Jetzt noch ein anderes 3-3-System, in dem wir zur Abwechslung das y eliminieren:

B

Beispiel 13: zur Übung noch ein Vorschlag

$$\begin{array}{rl} x + y + z = -4 & | \cdot (-2) \quad | \cdot (-6) \\ x + 2y - 2z = -3 & | \cdot 1 + \rightarrow ✻ \\ 2x + 6y - 3z = -18 & \quad | \cdot 1 + \rightarrow ✪ \end{array}$$

$$\begin{array}{rl} ✻ \quad -x - 4z = 5 & | \cdot (-4) \\ ✪ \quad -4x - 9z = 6 & | \cdot 1 + \rightarrow \quad 7z = -14 \Rightarrow z = -2 \end{array}$$

aus der 1. Gleichung des x-z-Systems folgt so für x:

$$-x - 4 \cdot (-2) = 5 \Rightarrow -x = -3 \Rightarrow x = 3$$

die erste der Ausgangsgleichungen des 3-3-Systems liefert dann y:

$$3 + y + (-2) = -4 \Rightarrow y = -4 - 1 = -5 : \mathbb{L} = \{(3, -5, -2)\}.$$

Dabei kommt es natürlich vor, daß solche Systeme erst durch Umformungen verschiedener Art erreicht werden, also nicht von Anfang an in dieser Form gegeben sind. Auch können durchaus auch *Textaufgaben* auf 3-3-Systeme führen:

B

Beispiel 14: und hier ein Quiz für Hausfrauen (-männer)

Was kosten Äpfel, Birnen und Bananen pro kg, wenn die Hausfrau A für 3 kg Äpfel, 2 kg Birnen und 4 kg Bananen 16 GE bezahlt, die Nachbarin B für jeweils 4, 1, 2 kg 13 GE, Nachbar C für 2, 3, 1 kg aber 14 GE?

Wir setzen die Preise mit x, y, z (GE) an und lösen das 3-3-System

$$\begin{array}{l} 3x + 2y + 4z = 16 \\ 4x + y + 2z = 13 \\ 2x + 3y + z = 14 \end{array}$$

Tun Sie dies bitte zur Übung (17); Sie erhalten $\mathbb{L} = \{(2, 3, 1)\}$; d. h., Äpfel kosten 2, Birnen 3, Bananen 1 GE/kg.

Wir könnten auch unser Eingangsbeispiel mit den beiden Maschinen und Artikeln auf je 3 erweitern; doch variieren wir lieber die Problemstellung:

B

Beispiel 15: Bedarfsvektoren für Rohstoffe

Aus 3 Rohstoffen a, b, c werden 3 Produkte A, B, C hergestellt, wobei die folgenden „Bedarfsvektoren" bekannt sind:

$$\vec{p_A} = (2, 5, 1), \quad \vec{p_B} = (3, 2, 4), \quad \vec{p_C} = (6, 1, 3)$$

d. h., für A benötigt man 2 bzw. 5 bzw. 1 Einheit(en) der **Rohstoffe** a, b, c usw. Nun stehen pro Lieferung Rohstoffmengen gemäß dem Mengenvektor $\vec{m} = (34, 35, 27)$ zur Verfügung. Wie viele Einheiten der Produkte A, B, C muß man in der Zeitspanne bis zur nächsten Lieferung erzeugen, wenn $\vec{m}$ gerade verbraucht werden sollte?

Wir setzen wieder x, y und z für die gesuchten Stückzahlen und schreiben

$$x\vec{p_A} + y\vec{p_B} + z\vec{p_C} = \vec{m} \Rightarrow x\begin{pmatrix}2\\5\\1\end{pmatrix} + y\begin{pmatrix}3\\2\\4\end{pmatrix} + z\begin{pmatrix}6\\1\\3\end{pmatrix} = \begin{pmatrix}34\\35\\27\end{pmatrix} \Rightarrow$$

$$\begin{array}{rl} 2x + 3y + 6z = 34 & | \cdot 1 \\ 5x + 2y + 1z = 35 & | \cdot (-6) + \rightarrow ✻ \quad | \cdot (-3) \\ 1x + 4y + 3z = 27 & \quad | \cdot 1 + \rightarrow ✪ \end{array}$$

$$\begin{array}{rl} ✻ \quad -28x - 9y = -176 & | \cdot 1 \\ ✪ \quad -14x - 2y = -78 & | \cdot (-2) + \rightarrow \quad -5y = -20 \Rightarrow y = 4 \end{array}$$

Dies setzen wir in die 2. x-y-Gleichung ein und erhalten $-14x - 2 \cdot 4 = -78 \Rightarrow x = 5$; beides in die 3. Ausgangsgleichung eingesetzt, führt zu $1 \cdot 5 + 4 \cdot 4 + 3z = 27 \Rightarrow z = 2$: Man wird demnach 5 Einheiten von A, 4 von B und 2 von C produzieren.

Wie Lösungsmengen aussehen können

Wir überlegen jetzt, welche Arten von Lösungen bei linearen Gleichungssystemen auftreten können; immer wird es ja nicht so reibungslos funktionieren ...?!

Orientieren wir uns anhand von konkreten 2-2-Systemen:

Beispiel 16: **Einführung eines Parameters**

B

$$3x - 5y = 0 \quad \wedge \quad -6x + 10y = 0$$

Multiplikation der 1. Gleichung mit –2 führt auf die 2. Gleichung, was sie *überzählig* macht – stellt sie doch *keine neue* Bedingung dar –, und das System nichttrivial lösbar!

Setzen wir mit einem sogenannten ***Parameter*** λ (einer Hilfsvariablen) $y = 3\lambda$, so wird

$$3x = 5y = 15\lambda \quad \text{bzw. } x = 5\lambda.$$

Wir erhalten für jede Belegung von λ mit einer Zahl aus $\mathbb{G} = \mathbb{R}$ ein Lösungspaar unserer Gleichung bzw. unseres Systems:

$$\lambda = 1 \Rightarrow x = 5 \wedge y = 3; \quad \lambda = -2 \Rightarrow x = -10 \wedge y = -6; \ldots$$

Somit schreiben wir als Lösungsmenge

$$\mathbb{L} = \{(x, y) \mid x = 5\lambda \wedge y = 3\lambda, \lambda \in \mathbb{R}\} \quad \text{oder kürzer} \quad \mathbb{L} = \{(5\lambda, 3\lambda) \mid \lambda \in \mathbb{R}\}$$

Sehen wir uns noch bei einem *in*homogenen System um!

Beispiel 17: **unlösbares System**

B

$$3x - 5y = 2 \quad \wedge \quad -6x + 10y = 3$$

Hier sind auf den rechten Seiten *Konstanten* 2 und 3 dazugekommen. Versuchen wir, das System wie oben zu lösen, indem wir die 1. Gleichung mit –2 multiplizieren, entsteht

$$-6x + 10y = -4,$$

was einen *Widerspruch* zur 2. Gleichung darstellt und das System *unlösbar* macht!

Aber wählen wir statt 3 einmal 4 als zweite Konstante:

Beispiel 18: **unendlich viele Lösungen**

B

$$3x - 5y = -2 \quad \wedge \quad -6x + 10y = 4$$

Fällt Ihnen auf, daß hier 4 ebenso das (–2)fache von –2 ist wie (–6, 10) von (3, –5)? Vorgehen wie oben führt jetzt zur 2. Gleichung, was diese überzählig und das Gesamtsystem wieder mit einem Parameter lösbar macht!

Wann wird dann wohl ein solches inhomogenes System *eindeutig* ohne Parameter lösbar sein? Offenbar darf es ein solches Vielfaches nicht geben, welches den linken Gleichungsterm der einen in den der anderen Gleichung überführt!

Beispiel 19: **der Hauptfall**

B

$$2x - 3y = 1 \quad -x + 4y = 7$$

Die 2fache zweite Gleichung zur ersten addiert, ergibt

$$5y = 15 \Rightarrow y = 3 \Rightarrow x = 4y - 7 = 5;$$

Wir haben ein einziges Lösungspaar (5, 3), das zugehörige *homogene* System wäre nur trivial lösbar mit (0, 0).

Etwas abstrakter und mit „höheren Mitteln“ werden wir in Band **3**, Kapitel **30**, argumentieren, dann aber gleich auch für 3-3-Systeme und allgemein n-n-Systeme.

Weiterführung in Band 3!

3-3-Systeme und ein Algorithmus

Wir gehen jetzt zwar auch zu 3-3-Systemen über, verzichten aber auf die Darstellung aller möglichen Lösungsfälle – dies wird im nächsten Kapitel (**14** in Band **2**) mit geometrischen Überlegungen viel anschaulicher möglich werden.

Band 2 versucht es geometrisch!

Vielmehr versuchen wir, findig zu sein und solche Linearkombinationen der vorgelegten Gleichungen aufzuspüren, die das System schrittweise vereinfachen!

B

Beispiel 20: 3-3-Systeme

$$\begin{aligned} x + y + z &= -4 \\ -2x - 6y + 3z &= 18 \\ x + 2y - 2z &= -3 \end{aligned}$$

Wir addieren nun die 2fache Gleichung I zu II, wodurch dort das x-Glied verschwindet und dann das (–1)fache von I zu III, was dort dasselbe bewirkt:

ein erster Algorithmus:

I → I (bleibt so)	$x + y + z = -4$
II → II + 2I	$-4y + 5z = 10$
III → III – I	$y - 3z = 1$

Die x-Koeffizientenspalte hat die Form $\begin{pmatrix}1\\0\\0\end{pmatrix}$. Nun sollte auch die 2. Spalte, also die der y-Koeffizienten, auf die Form $\begin{pmatrix}0\\1\\0\end{pmatrix}$ gebracht werden; wieder notieren wir kurz, wie das erreicht wird:

Erzeugen einer Dreiecksform

I → I	$x + y + z = -4$
II → – 1/4 II	$y - \frac{5}{4}z = -\frac{5}{2}$
III → III + 1/4 II	$-\frac{7}{4}z = \frac{7}{2}$

jetzt fehlt noch die Eins in der 3. Spalte an 3. Stelle, alles übrige kann man so lassen:

I → I	$x + y + z = -4$
II → II	$y - \frac{5}{4}z = -\frac{5}{2}$
III → – 4/7 III	$z = -2$

aus der sich die Lösungen eruieren lassen

Hier läßt sich die Lösung für z schon ablesen: z = –2; setzt man in II ein, wird y = –5; beides in I eingesetzt, liefert x = 3, womit die Lösung vorliegt: $\mathbb{L} = \{(3, -5, -2)\}$.

Man kann allerdings die erzeugte „Dreiecksform“ der Koeffizienten, in der unterhalb der von Einsen besetzten *Hauptdiagonale* lauter Nullen stehen, noch weiter umformen, bis auch oberhalb nur Nullen auftreten:

Fortsetzung des Verfahrens

I → I – III	$x + y = -2$
II → II + 5/4 III	$y = -5$
III → III	$z = -2$

Diagonalform:

Jetzt noch ein Schritt mit Hilfe von II

$$\begin{array}{llll} I \to I - II & x & & = 3 \\ II \to II & & y & = -5 \\ III \to III & & z & = -2 \end{array}$$

Gaußscher Algorithmus im Hauptfall

Diese *Diagonalform* ist nicht mehr zu vereinfachen; ist sie erreicht, stehen die Lösungen in der Spalte der Konstanten, also rechts von „="! Dieser sogenannte ***Gaußsche* Algorithmus** funktioniert (im *Hauptfall*) immer; allerdings kann es passieren, daß man zwei Spalten vertauschen (und die Variablen umbenennen) muß, um 0 in der Hauptdiagonale zu vermeiden.

Es wird aber auch *Sonderfälle* geben; wie könnten sie eintreten? Es wäre denkbar, daß beim Umformen wie eben etwa in der 3. Zeile $0 \cdot z = 0$ entsteht – wir bezeichnen dies kurz als Sonderfall **S1** –, oder gar $0 \cdot z = p \neq 0$, kurz **S2**.

Diskussion der Sonderfälle

Im Fall **S1** mit lauter Nullen in der 3. Zeile „entfällt" die 3. Bedingung; man kann dann für z *jede* Zahl $\lambda \in \mathbb{R}$ einsetzen, denn $0 \cdot \lambda = 0$ für jedes λ; Sie erkennen λ als ***Parameter*** von oben! Bleibt dann in den ersten beiden Zeilen etwa

$$x + uz = m, \quad y + vz = n,$$

so wird mit λ für z:

$$x = m - u\lambda, \quad y = n - v\lambda,$$

und wir können schreiben: $\mathbb{L} = \{(m - u\lambda, n - v\lambda, \lambda), \ \lambda \in \mathbb{R}\}$.

einfach und zweifach-unendlich viele Lösungen

Da jede Einsetzung für λ zu einem Lösungstripel (x, y, z) führt, gibt es *unendlich viele* Lösungen.

Fall **S2** ist rascher gelöst: Die 3. Zeile verlangt $0 \cdot x + 0 \cdot y + 0 \cdot z = p \neq 0$, also $0 \neq 0$, was *unmöglich* ist. Da der Mathematiker keinen *Widerspruch* dulden muß, erklärt er das System für *unlösbar*!

Schließlich ist es noch denkbar, daß sich schon in der 2. Zeile links alles weghebt und $0 = 0$ (**S3**) oder aber $0 = n \neq 0$ (**S4**) entsteht.

1 und 2 Parameter

unlösbare Systeme

Fall **S4** ist wie Fall **S2** sehr einfach, nämlich wegen Widerspruchs *unlösbar*, im Fall **S3** „entfallen" zwei Bedingungen, was erlaubt, für y *und auch* z Parameter zu setzen! Mit $y = \lambda$ und $z = \mu$ wird bei angenommener 1. Zeile $x + uy + vz = m$ nach dem Einsetzen der Parameter

$$x = m - u\lambda - v\mu, \quad y = \lambda, \quad z = \mu,$$

womit die Lösungsmenge $\mathbb{L} = \{(m - u\lambda - v\mu, \lambda, \mu), \ \lambda, \mu \in \mathbb{R}\}$ entsteht.

Hier spricht man von „zweifach-unendlich vielen" Lösungen. Damit haben wir schon *alle* Möglichkeiten erfaßt, wenngleich uns noch nicht klar ist, *wann* diese Fälle eintreten bzw. wie man einer Gleichung ansieht, zu welchem Typ sie gehört. Dies, wie gesagt, im nächsten Kapitel **14** und dann in **30** in Band **3**!

Cramersche Regel

Es gibt übrigens eine *fertige Lösungsformel* für lineare Gleichungssysteme. Leider ist sie nur für 2-2-Systeme auch handlich genug, schon bei 3 Variablen wird es etwas umständlich, mit ihr zu arbeiten, und bei $n > 3$ ist sie praktisch zu langwierig. Wir verzichten daher darauf, diese sogenannte *Cramersche Regel* samt den dazu nötigen *Determinanten* – die wir schon vom letzten Kapitel her kennen –, hier zu behandeln.

Dafür lernen wir gleich noch eine Methode der *Numerischen Mathematik* kennen, die bei größeren Systemen mit vier und mehr Variablen – in der Forschungspraxis treten auch *hunderte* auf! – von Nutzen ist.

Zuvor üben wir noch ein wenig das praktische Rechnen, den Algorithmus; bei allen Systemen sei die Grundmenge $\mathbb{R} \times \mathbb{R}$.

Wir beginnen mit einem „normalen" 3-3-System:

B **Beispiel 21:** der Gauß-Algorithmus Schritt für Schritt an einem 3-3-System (im Hauptfall)

$$\begin{array}{rl} 3x + 5y - 2z &= -9 \\ -2x + 3y + 6z &= 23 \\ -4x + y + 3z &= 6 \end{array}$$

$I \to \frac{1}{3} I$ $\qquad x + \frac{5}{3} y - \frac{2}{3} z = -3;\ \ldots;\ \ldots;$

d. h., die 1. Gleichung wird durch 3 dividiert, die übrigen bleiben unverändert.

$II \to II + 2I$ $\qquad \ldots;\ \frac{19}{3} y + \frac{14}{3} z = 17;$

$III \to III + 4I$ $\qquad \frac{23}{3} y + \frac{1}{3} z = -6;$

diesmal blieb I erhalten, mit ihrer Hilfe wurden II und III geändert, und zwar so, daß jeweils der x-Term wegfiel! Jetzt soll in der neuen Gleichung II die Vorzahl 1 bei y erreicht werden:

$II \to \frac{3}{19} II$ $\qquad \ldots;\ y + \frac{14}{19} z = \frac{51}{19};\ \ldots;$

Schließlich wollen wir auch die Gleichung III y-frei machen:

$III \to III - \frac{23}{3} II$ $\qquad \ldots;\ \ldots;\ -\frac{101}{19} z = -\frac{505}{19};$

jetzt haben wir z, indem wir III durch $-\frac{101}{19}$ dividieren:

$III \to -\frac{19}{101} III$ $\qquad \ldots;\ \ldots;\ z = 5;$

an sich sind wir fertig, es ist nur in II einzusetzen, um y, und dann in I, um auch x zu erhalten; doch wir kämpfen unermüdlich weiter:

$I \to I + \frac{2}{3} III$ $\qquad x + \frac{5}{3} y = \frac{1}{3};$

$II \to II - \frac{14}{19} III$ $\qquad y = -1;\ \ldots;$

noch ein Schritt, und die Diagonalform ist endlich gefunden:

$I \to I - \frac{5}{3} II$ $\qquad x = 2;\ (y = -1;\ z = 5$ hatten wir schon)

Hier lag also der *Hauptfall* vor, Lösungstripel ist $(x, y, z) = (2, -1, 5)$. Kommentar: Schönheit (hier: *Gauß-Algorithmus*) muß leiden! Empfehlung daher: Solche Systeme „gewöhnlich" (sprich: nach dem *Additionsverfahren*) lösen, also z. B. zuerst z eliminieren – aus (I und II) sowie aus (II und III) – und dann das verbleibende 2-2-System in x und y wie früher (nochmals Additionsverfahren) lösen:

Empfehlung: Additionsverfahren vorziehen!

B **Beispiel 22:** zeigt dies zum Vergeich

$$\begin{array}{rl|l|l} 3x + 5y - 2z &= -9 & \cdot 3 & \\ -2x + 3y + 6z &= 23 & \cdot 1 + \to ✻ & \cdot 1 \\ -4x + y + 3z &= 6 & & \cdot (-2) + \to ✪ \end{array}$$

$$\begin{array}{lrl|l} ✻ & 7x + 18y &= -4 & \cdot 1 \\ ✪ & 6x + y &= 11 & \cdot (-18) + \to \quad -101x = -202 \quad \Rightarrow \quad x = 2; \end{array}$$

einsetzen wie gewohnt in ✪ führt zu $y = 11 - 6 \cdot 2 = -1$ und noch $z = 5$, wie oben, ✔.

Beispiel 23: das Additionsverfahren für einen Sonderfall

Für Unerschütterliche noch ein (lösbarer) Sonderfall:

B

$$\begin{array}{rl|ll} +x - 2y + 5z = -10 & | \cdot (-3) & | \cdot (-2) \\ 3x - y + 2z = -6 & | \cdot 1 + \rightarrow ✻ & \\ 2x + y - 3z = 4 & & | \cdot 1 + \rightarrow ✪ \end{array}$$

$$\begin{array}{lrl} ✻ & 5y - 13z = 24 & | \cdot 1 \\ ✪ & 5y - 13z = 24 & | \text{ überzählig, da identisch, keine neue Bedingung!} \end{array}$$

Wir drücken y durch z aus, setzen gleichzeitig für z, wie es üblich ist, den *Parameter* λ, und erhalten so $y = \frac{24}{5} + \frac{13}{5}\lambda$.

Aus I und III bekommen wir analog (I mal 1 plus III mal 2 →)

$$5x - z = -2$$

und über λ die andere Variable x als $x = -\frac{2}{5} + \frac{1}{5}\lambda$. Für die Lösungsmenge können wir damit notieren: $\mathbb{L} = \{(-\frac{2}{5} + \frac{1}{5}\lambda, \frac{24}{5} + \frac{13}{5}\lambda, \lambda) \mid \lambda \in \mathbb{R}\}$.

Wenn Sie in der 3. Gleichung statt 4 eine andere beliebige Zahl wählen, kommen Sie zum Fall **S2**, da dann ein $p \neq 0$ entsteht; Lösung ist $\mathbb{L} = \emptyset$! Jedesmal, wenn ein 2-2-System, das durch Zwischenrechnung entsteht, widersprüchlich wird, ist das 3-3-System insgesamt unlösbar. Im nächsten Kapitel **14** in Band **2** werden wir uns den Sachverhalt anhand von *Ebenenschnitten* verdeutlichen!

Iterationsverfahren am ...

Nun gibt es natürlich auch Gleichungssysteme mit ***mehr als drei*** Variablen bzw. Unbestimmten oder Unbekannten. Es ist meist mühsam, sie traditionell zu lösen, und die numerische MATHEMATIK hat schon seit langem alternative Verfahren ersonnen. So kennt man seit 150 Jahren das ***Iterationsverfahren*** von K.G. Jacobi, einem Zeitgenossen von C.F. Gauß, das jüngst mit der Entwicklung des Computers wieder zu Ehren gekommen ist. Es geht hier eben nicht um eine von vornherein exakte Lösung – womöglich als fertige Formel, wie sie mit *Determinanten* formulierbar, aber kaum ausführbar wäre –, sondern um Startwerte, die schrittweise verbessert werden.

Wir orientieren uns an einem 4-4-System, Sie dürfen dann, wenn Sie Lust verspüren, noch weitere Schritte durchführen!

Beispiel 24: eines 4-4-Systems

B

$$\begin{array}{rcl} 5x - 2y \quad\quad + u &=& 12 \\ -x + 4y + 2z \quad\quad &=& -9 \\ 2x + y + 6z - u &=& -3 \\ 3x \quad\quad - z + 5u &=& 18 \end{array}$$

Der *Algorithmus* verläuft nun so: Zuerst werden in jeder Gleichung der Reihe nach die Variablen, hier x, y, z und u, explizit durch alles Übrige ausgedrückt:

$$x = \frac{12}{5} + \frac{2}{5}y - \frac{1}{5}u \qquad y = -\frac{9}{4} + \frac{1}{4}x - \frac{2}{4}z$$

$$z = -\frac{3}{6} - \frac{2}{6}x - \frac{1}{6}y + \frac{1}{6}u \qquad u = \frac{18}{5} - \frac{3}{5}x + \frac{1}{5}z$$

Dann werden beliebige Startwerte, am einfachsten $x_0 = y_0 = z_0 = u_0 = 0$, angenommen und eingesetzt, was zu 1. Näherungswerten führt:

$$x_1 = \frac{12}{5} = 2{,}4; \quad y_1 = -\frac{9}{4} = -2{,}25; \quad z_1 = -\frac{3}{6} = -0{,}5; \quad u_1 = \frac{18}{5} = 3{,}6;$$

Diese werden, wie nicht anders zu erwarten, wieder ins explizite System eingesetzt, was dann 2. Näherungswerte liefert:

$x_2 = 2{,}4 + 0{,}4 \cdot (-2{,}25) - 0{,}2 \cdot 3{,}6 = 0{,}78$
$y_2 = -2{,}25 + 0{,}25 \cdot 2{,}4 - 0{,}5 \cdot (-0{,}5) = -1{,}4$
$z_2 = -0{,}5 - 0{,}33 \cdot 2{,}4 - 0{,}167 \cdot (-2{,}25) + 0{,}167 \cdot 3{,}6 = -0{,}315$
$u_2 = 3{,}6 - 0{,}6 \cdot 2{,}4 + 0{,}2 \cdot (-0{,}5) = 2{,}06$

So geht es nun in *iterativen Schleifen* weiter (Übung 20).

Fortsetzung des Jacobi-Verfahrens

Nicht immer *konvergiert* das Verfahren, d. h., nicht immer kommt man so zu Näherungswerten für die Lösungen; doch die Mathematiker wissen genau, *wann* es der Fall ist. Wir nehmen hier nur zur Kenntnis, daß es jedenfalls keinen Grund gibt, bei größeren Systemen zu kapitulieren – man muß eben andere Verfahren und das neue Werkzeug *Computer* einsetzen!

... mit dem Computer!

Ende des 13. Kapitels

DANKE für Ihre Mitarbeit!

Übungsaufgaben

1. Lösen Sie nach dem Additionsverfahren:
   a) $3x + 5y = -31 \wedge -6x - y = -10$
   b) $13x - 2y = 30 \wedge -3x + 4y = -14$

2. Lösen Sie nach dem Einsetzungs- (= Substitutions-)Verfahren:
   a) $2x + 3y = 2 \wedge y = -3x + 10$
   b) $x = 4y + 8 \wedge 2x + y = 7$

3. Lösen Sie das 2-2-System von Übung 2b
   a) nach dem Gleichsetzungsverfahren (beidemal nach y explizit auflösen und die rechtsstehenden Terme gleichsetzen),
   b) grafisch!

4. Lösen Sie auf alle vier Arten $x + 3y = 9 \wedge 2x - y = 4$

5. Manchmal muß man ein System erst in die Normalform umwandeln:
   a) $3 \cdot (2x - 3y) - 4 \cdot (x + 5y) = 31 \wedge 2 \cdot (-x + 2y) + 5 \cdot (3x + 4y) = -11$
   b) $\frac{x}{3} - \frac{3y}{4} = 8 \wedge -\frac{5x}{6} + \frac{y}{2} = -9$

6. Lösen Sie (nach beliebiger Methode)
   a) $3x - y = 5 \wedge -6x + 2y = -10$
   b) $3x - y = 4 \wedge -6x + 2y = 5$

7. Lösen Sie bitte das in Beispiel 1 entwickelte Gleichungssystem für die Maschinen A, B.

8. Entscheiden Sie, ob die folgenden Vektoren linear abhängig sind oder nicht:
   a) $\vec{a} = (2, 3),\ \vec{b} = (-3, 2)$
   b) $\vec{a} = (2, 3),\ \vec{c} = (-6, -9)$
   c) $\vec{a} = 2\vec{i},\ \vec{b} = 4\vec{j},\ \vec{c} = \vec{i} + \vec{j} - \vec{k}$
   d) $\vec{u} = (3, -1, 5),\ \vec{v} = (8, -2, 4),\ \vec{w} = (-2, 5, -1)$

9. In einem rechtwinkligen Dreieck (Winkel bei C gleich 90°) unterscheiden sich die Winkel bei A und B um 20°. Wie groß sind sie?

10. Ein Flußdampfer legt auf der Talfahrt (also in Strömungsrichtung) in einer Stunde 32 km zurück, auf der Bergfahrt nur 12 km, wobei er jedesmal mit „Volldampf" fährt. Wie schnell würde er auf einem ruhigen See vorankommen? Welche Strömungsgeschwindigkeit hat der Fluß?

11. Mischt man 3 kg einer Salzlösung (Sole) mit 4 kg einer zweiten, erhält man 19 %ige Sole. Die Mischung von 4 kg der ersten und 3 kg der zweiten Lösung hat 18 % Salzgehalt. Berechnen Sie den Salzgehalt der beiden Sorten.
    (Vorschlag zur Darstellung: 1. Sorte ... 3 kg | x % ...)

12. Ein Händler mischt zwei Teesorten „Golden top“ und „Only one“ im Verhältnis 1 : 4 und verkauft die Mischung I um 124 GE/kg. Mischung II entsteht nach dem Verhältnis 2 : 1 und wird um 110 GE/kg angeboten. Was kosten die Grundsorten?

13. Zwei ohmsche Widerstände liegen parallel, ihr Gesamtwiderstand beträgt 60 Ohm. Wie groß sind sie, wenn R_2 um 50% größer ist als R_1?

14. Auf einer Kreisbahn von s =120 m Länge laufen zwei Männer A, B gleichmäßig schnell ihre Runden. Wenn sie in derselben Richtung laufen, überholt A den B alle 60 Sekunden; laufen sie gegeneinander, begegnen sie einander alle 12 Sekunden. Wie schnell laufen sie?

15. Zwei Wanderer gehen einander von zwei Orten A und B (24 km entfernt) entgegen. Bei gleichzeitigem Abmarsch um 7 Uhr treffen sie einander um 10 Uhr. Bricht der zweite Wanderer von B aus erst um 9 Uhr 40 auf, so begegnet er dem ersten um 11 Uhr. Wie schnell gehen die beiden? Wann trifft der aus A kommende Wanderer in B ein? (Ein Weg-Zeit-Diagramm hilft, die Gleichungen aufzustellen!)

16. Lösen Sie das im Text nach Beispiel 12 genannte 3-3-System in der dort vorgeschlagenen Weise!

17. Lösen Sie das in Beispiel 14 aufgestellte „Obst-System“ durch Elimination von y!

18. Lösen Sie das 3-3-System durch Elimination von z:
$3x + 2y - 5z = -6 \quad \wedge \quad -4x - 3y + z = 1 \quad \wedge \quad -2x + 5y + 4z = 30$

19. Aus den Zutaten a, b, c werden durch Mischen gemäß den Bedarfsvektoren $\overrightarrow{p_A} = (3, 4, 2)$, $\overrightarrow{p_B} = (2, 1, 3)$ und $\overrightarrow{p_C} = (4, 2, 1)$ die Longdrinks A, B, C gemixt. Wie viele Gläser kann man davon herstellen, wenn von den Zutaten gerade soviel vorhanden ist, wie der Mengenvektor $\vec{m} = (160, 130, 140)$ angibt?
[Lösen des 3-3-Systems wäre nicht nötig, vgl. Übung 17, doch tun Sie es bitte zur Übung nach dem Gauß-Algorithmus bis zur Dreiecksform; wählen Sie dazu $\vec{m} = (16, 13, 14)$!]

20. Führen Sie die Iteration im Jacobi-Verfahren in Beispiel 24 weiter fort (2 oder 3 Schritte).

Zu den Lösungen

↓ Raum für Ihre Notizen ↓

Lösungen

1. a) $\left.\begin{array}{r} 3x + 5y = -31 \\ -6x - y = -10 \end{array}\right|$ $\begin{array}{l} \cdot 1 \\ \cdot 5 + \rightarrow\ -27x = -81 \Rightarrow x = 3; \dots\ y = -8:\ \mathbb{L} = \{(3, -8)\} \end{array}$

   b) $\left.\begin{array}{r} 13x - 2y = 30 \\ -3x + 4y = -14 \end{array}\right|$ $\begin{array}{l} \cdot (+2) \\ \cdot 1 + \rightarrow\ 23x = 46 \Rightarrow x = 2; \dots\ y = -2:\ \mathbb{L} = \{(2, -2)\} \end{array}$

2. a) $2x + 3(-3x + 10) = 2 \Rightarrow 2x - 9x + 30 = 2 \Rightarrow -7x = -28 \Rightarrow x = 4;$
   $y = -3 \cdot 4 + 10 = -2:\ \mathbb{L} = \{(4, -2)\}$

   b) $2(4y + 8) + y = 7 \Rightarrow 8y + 16 + y = 7 \Rightarrow 9y = -9 \Rightarrow y = -1;$
   $x = 4 \cdot (-1) + 8 = 4:\ \mathbb{L} = \{(4, -1)\}$

3. a) $\left.\begin{array}{r} x - 4y = 8 \\ 2x + y = 7 \end{array}\right|$ $\begin{array}{l} \Rightarrow\ y = \frac{1}{4}x - 2 \\ \Rightarrow\ y = -2x + 7 \end{array}$ gleichsetzen: $\frac{1}{4}x - 2 = -2x + 7$
   $\Rightarrow x - 8 = -8x + 28 \Rightarrow 9x = 36 \Rightarrow x = 4;\ y = \dots = -1:\ \mathbb{L} = \{(4, -1)\}$

   b) Bild L3b ↓: L = (4 | –1)

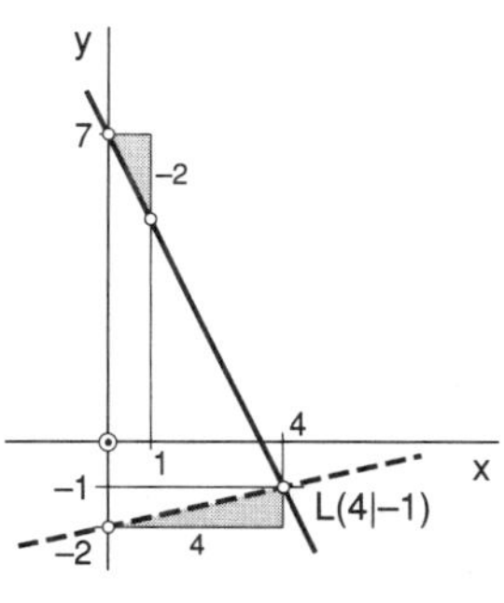

Bild L4d →

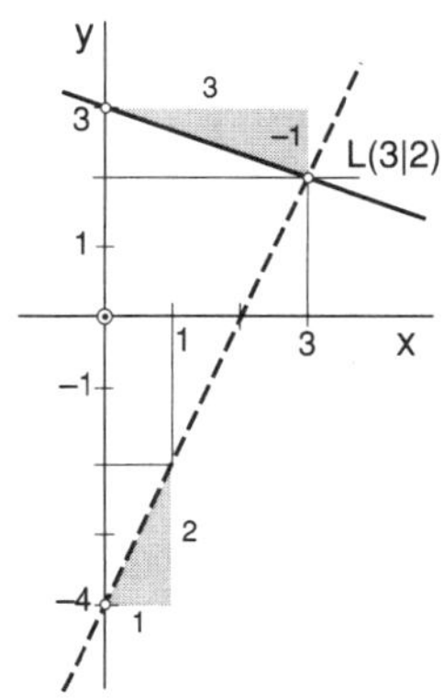

4. a) $\left.\begin{array}{r} x + 3y = 9 \\ 2x - y = 4 \end{array}\right|$ $\begin{array}{l} \cdot 1 \\ \cdot 3 + \rightarrow\ 7x = 21 \Rightarrow x = 3; \dots\ y = 2:\ \mathbb{L} = \{(3, 2)\} \end{array}$

   b) $y = 2x - 4$ aus 2. Gleichung in 1. Gl. einsetzen: $x + 3(2x - 4) = 9$ … w.o.: $x = 3$ …

   c) $y = -\frac{1}{3}x + 3 = 2x - 4 \Rightarrow -\frac{7}{3}x = 7 \Rightarrow x = 3$ … wie eben in a und b.

   d) Graph siehe Bild rechts darüber!

5. a) Ausmult. und reduz.: $\left.\begin{array}{r} 2x - 29y = 31 \\ 13x + 24y = -11 \end{array}\right|$ $\begin{array}{l} \cdot 13 \\ \cdot (-2) + \rightarrow \dots\ y = -1 \dots\ x = 1:\ \mathbb{L} = \{(1, -1)\} \end{array}$
   –"–

   b) ~ $|\cdot 12$ $\qquad \left.\begin{array}{r} 4x - 9y = 96 \\ -5x + 3y = -54 \end{array}\right|$ $\begin{array}{l} \cdot 1 \\ \cdot 3 + \rightarrow \dots\ x = 6 \dots\ y = -8:\ \mathbb{L} = \{(6, -8)\} \end{array}$
   ~ $|\cdot 6 + \rightarrow \dots$

7. $\begin{array}{rcl|ll} 4x + 3y &=& 76 & \cdot 5 & \cdot 7 \\ 7x + 5y &=& 130 & \cdot (-3) + \to ✻ & \cdot (-4) + \to ✪ \end{array}$

$\begin{array}{lrcl|l} ✻ & -x &=& -10 & :(-1) \to ✻ \\ ✪ & y &=& 12 & \end{array}$

$\begin{array}{lrcl|l} ✻ & x &=& 10 & \\ & y &=& 12 & \to \mathbb{L} = \{(10, 12)\}\text{: Maschine A läuft 10 Tage, B 12 Tage!} \end{array}$

8. a) $x\vec{a} + y\vec{b} = \vec{0} \Rightarrow x\begin{pmatrix}2\\3\end{pmatrix} + y\begin{pmatrix}-3\\2\end{pmatrix} = \begin{pmatrix}0\\0\end{pmatrix} \Rightarrow \begin{pmatrix}2x-3y\\3x+2y\end{pmatrix} = \begin{pmatrix}0\\0\end{pmatrix} \Rightarrow$

$\begin{array}{rcl|l} 2x - 3y &=& 0 & \cdot 2 \\ \wedge\ 3x + 2y &=& 0 & \cdot 3 + \to 13x = 0 \Rightarrow x = 0\text{; daraus } y = 0\text{: linear } \textit{un}\text{abhängig!} \end{array}$

b) $x\begin{pmatrix}2\\3\end{pmatrix} + y\begin{pmatrix}-6\\-9\end{pmatrix} = \begin{pmatrix}0\\0\end{pmatrix} \Rightarrow \begin{pmatrix}2x-6y\\3x-9y\end{pmatrix} = \begin{pmatrix}0\\0\end{pmatrix} \Rightarrow$

$\begin{array}{rcl|l} 2x - 6y &=& 0 & \cdot \tfrac{3}{2} \to 3x - 9y = 0 \\ \wedge\ 3x - 9y &=& 0 & \cdot 1 \to \wedge\ 3x - 9y = 0 \Rightarrow 3x = 9y \Rightarrow x = 3y: \end{array}$

Etwa $y = 1$ wählen, dann ist $x = 3$: $(3, 1) \neq (0, 0)$: linear *ab*hängig!

c) $x\begin{pmatrix}2\\0\\0\end{pmatrix} + y\begin{pmatrix}0\\-4\\0\end{pmatrix} + z\begin{pmatrix}1\\1\\-1\end{pmatrix} = \begin{pmatrix}0\\0\\0\end{pmatrix} \Rightarrow \begin{pmatrix}2x+z\\-4x+z\\-z\end{pmatrix} = \begin{pmatrix}0\\0\\0\end{pmatrix} \Rightarrow$

$2x + z = 0 \wedge -4y + z = 0 \wedge -z = 0 \Rightarrow$

$z = 0 \wedge$ (einsetzen:) $y = 0 \wedge x = 0$: linear *un*abhängig!

d) $x\begin{pmatrix}3\\-1\\5\end{pmatrix} + y\begin{pmatrix}8\\-2\\4\end{pmatrix} + z\begin{pmatrix}-2\\5\\-1\end{pmatrix} = \begin{pmatrix}0\\0\\0\end{pmatrix} \Rightarrow \ldots \begin{array}{rcl|ll} 3x + 8y - 2z &=& 0 & \cdot 1 & \\ \wedge\ -x - 2y + 5z &=& 0 & \cdot 4 + & \cdot 2 \\ \wedge\ 5x + 4y - z &=& 0 & & \cdot 1 + \end{array}$

$\Rightarrow -x + 18z = 0 \wedge 3x + 9z = 0 \Rightarrow \ldots x = 0$; eins. $\to z = 0, y = 0$: lin. *un*abh.!

9. $\begin{array}{lrcl|l} \text{I} \ldots & x + y &=& 90° & \\ \text{II} \ldots & x - y &=& 20° & + \to \end{array}$ (denn alle 3 Winkel zusammen sind 180°) $2x = 110°$, $x = 55°$; $y = 35°$

10. x km/h Geschwindigkeit des Dampfers, y km/h Geschwindigkeit der Strömung

$\begin{array}{lrcl|l} \text{I} \ldots & x + y &=& 32 & \cdot 1 \\ \text{II} \ldots & x - y &=& 12 & \cdot 1 + \to 2x = 44 \Rightarrow x = 22;\ y = 32 - 22 = 10: \end{array}$

Der Dampfer fährt mit 22 km/h, der Fluß strömt mit 10 km/h.

11.

1. Sorte	... 3 kg I x %	1. Sorte	... 4 kg I x %
2. Sorte	... 4 kg I y %	2. Sorte	... 3 kg I y %
Mischung	... 7 kg I 19 %	Mischung	... 7 kg I 18 %

$\downarrow\ 3 \cdot \frac{x}{100} + 4 \cdot \frac{y}{100} = 7 \cdot \frac{19}{100} \quad \downarrow\ 4 \cdot \frac{x}{100} + 3 \cdot \frac{y}{100} = 7 \cdot \frac{18}{100} \quad | \cdot 100 \to$

$\begin{array}{rcl|l} 3x + 4y &=& 133 & \cdot 4 \\ 4x + 3y &=& 126 & \cdot (-3) + \to 7y = 154 \Rightarrow y = 22;\ x = \tfrac{1}{3}(133 - 4 \cdot 22) = 15\ (\%) \end{array}$

12. $\left.\begin{array}{l} x + 4y = 5 \cdot 124 \\ 2x + y = 3 \cdot 110 \end{array}\right|$ $\begin{array}{l} | \cdot (-1) \\ | \cdot 1 \;\; + \rightarrow \;\; -7y = -910 \;\Rightarrow\; y = 130; \ldots\; x = 100 \text{ (GE/kg)} \end{array}$

13. $(\frac{1}{R} =)\ \frac{1}{R_1} + \frac{1}{R_2} = \frac{1}{60} \quad \wedge \quad R_2 = 1{,}5\, R_1$

$\frac{1}{R_1} + \frac{2}{3R_1} = \frac{1}{60} \quad \Rightarrow \quad 60 + 2 \cdot 220 = R_1 = 100$ Ohm; $R_2 = 150$ Ohm

14. A läuft x m/s, B y m/s;
beim Überholen ist A gerade um *eine Runde* mehr gelaufen, die Wegdifferenz ist s =120m:

$\begin{array}{ll} \text{I} \ldots & 60x - 60y = 120 \\ \text{II} \ldots & 12x + 12y = 120 \end{array} \Big| \;\Rightarrow\; \begin{array}{l} x - y = 2 \\ x + y = 10 \end{array} \Big| \;\; \begin{array}{l} | \cdot 1 \\ | \cdot 1 + \rightarrow \;\; 2x = 12, \;\; x = 6; \;\; y = 4 \text{ (m/s)}: \end{array}$

Sie laufen mit 6 m/s bzw. 4 m/s Geschwindigkeit.

15. A geht mit x km/h, B mit y km/h

$\begin{array}{l} 3x + 3y = 24 \\ 4x + 1\tfrac{1}{3} y = 24 \end{array} \Big| \;\Rightarrow\; \begin{array}{l} x + y = 8 \\ 12x + 4y = 72 \end{array} \Big| \;\; \begin{array}{l} | \cdot (-4) \\ | \cdot 1 + \rightarrow \;\; 8x = 40, \;\; x = 5 \text{ km/h}; \;\; y = 3 \text{ km/h}. \end{array}$

Geht man 24 km mit 5 km/h, braucht man $t = 24/5 = 4\tfrac{4}{5}$ Stunden: es wird 11 Uhr 48.

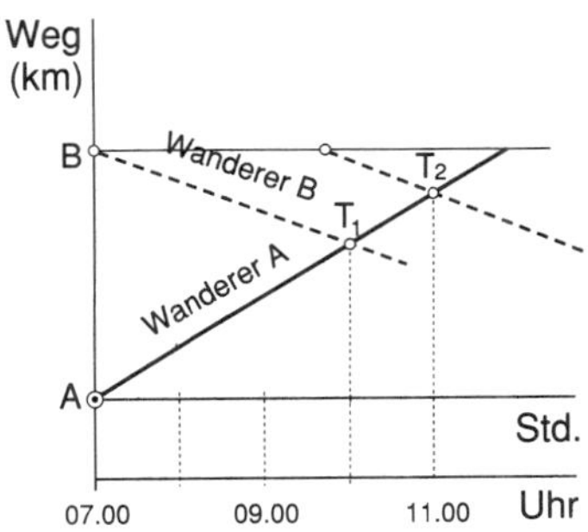

16. $\left.\begin{array}{l} x + y - 2z = 3 \\ 3x + 2y - z = 2 \\ 3x - y + z = -6 \end{array}\right|$ $\begin{array}{l} | \cdot 1 \\ | \cdot (-2) + \rightarrow ✻ \\ \text{(wie Text ✪)} \end{array}$ $\begin{array}{l} ✻ \;\; -5x - 3y = -1 \\ ✪ \;\; 6x + y = -4 \end{array} \Big|$ $\begin{array}{l} | \cdot 1 \\ | \cdot 3 + \rightarrow \;\; 13x = -13 \\ \qquad x = -1 \text{ usw.} \end{array}$

17. $\left.\begin{array}{l} 3x + 2y + 4z = 16 \\ 4x + y + 2z = 13 \\ 2x + 3y + z = 14 \end{array}\right|$ $\begin{array}{l} | \cdot 1 \\ | \cdot (-2) + \rightarrow ✻ \\ \; \end{array}$ $\begin{array}{l} \; \\ | \cdot (-3) \\ | \cdot 1 + \rightarrow ✪ \end{array}$

$\begin{array}{l} ✻ \;\; -5x = -10 \\ ✪ \;\; -10x - 5z = -25 \end{array} \Big| \;\Rightarrow\; \begin{array}{l} x = 2 \\ 2x + z = 5 \end{array} \Big|$

x in 2. Gleichung eins.: $z = 5 - 2 \cdot 2 = 1$; beides in mittlere Ausgangsgleichung: $y = \ldots = 3$

18. $\left.\begin{array}{l} 3x + 2y - 5z = -6 \\ -4x - 3y + z = 1 \\ -2x + 5y + 4z = 30 \end{array}\right|$ $\begin{array}{l} | \cdot 1 \\ | \cdot 5 + \rightarrow ✻ \\ \; \end{array}$ $\begin{array}{l} \; \\ | \cdot (-4) \\ | \cdot 1 + \rightarrow ✪ \end{array}$

$\begin{array}{l} ✻ \;\; -17x - 13y = -1 \\ ✪ \;\; 14x + 17y = 26 \end{array} \Big| \;\; \begin{array}{l} | \cdot 17 \\ | \cdot 13 + \rightarrow -107x = 321 \;\Rightarrow\; x = -3; \; y = \ldots = 4; \; z = 1: \;\; \mathbb{L} = \{(-3, 4, 1)\} \end{array}$

19. Wenn man x Gläser von A herstellt, y Gläser von B und z von der Sorte C, so ist

$$x\vec{p_A} + y\vec{p_B} + z\vec{p_C} = \vec{m} \Rightarrow x\begin{pmatrix}3\\4\\2\end{pmatrix} + y\begin{pmatrix}2\\1\\3\end{pmatrix} + z\begin{pmatrix}4\\2\\1\end{pmatrix} = \begin{pmatrix}160\\130\\140\end{pmatrix} \Rightarrow$$

$$\begin{aligned} 3x + 2y + 4z &= 160 \\ 4x + y + 2z &= 130 \\ 2x + 3y + z &= 140 \end{aligned}$$

Dies ist das (mit 10 multiplizierte) System von 17; seine Lösung ist daher wie dort 20, 30, 10: so viele Gläser kann man jeweils mixen!

Gauß-Algorithmus: I $\rightarrow \frac{1}{3}$ I ... $x + \frac{2}{3}y + \frac{4}{3}z = \frac{16}{3}$; ~; ~ (übrige noch gleich); dann

$$\begin{aligned} &\text{I} \rightarrow \text{I} \ldots & x + \tfrac{2}{3}y + \tfrac{4}{3}z &= \tfrac{16}{3} \\ &\text{II} \rightarrow \text{II} - 4\text{I} \ldots & -\tfrac{5}{3}y - \tfrac{10}{3}z &= -\tfrac{25}{3} \\ &\text{III} \rightarrow \text{III} - 2\text{I} \ldots & \tfrac{5}{3}y - \tfrac{5}{3}z &= \tfrac{10}{3} \end{aligned}$$

III $\rightarrow$ III + II ... ~; ~; $-\frac{15}{3}z = -\frac{15}{3} \Rightarrow z = 1$; III ... $y = z + 2 = 3$; I ... $x = 2$

20. Man findet (gerundet):

$$\begin{aligned} &x_3 = 1{,}43; & x_4 &= 1{,}03; & x_5 &= 1{,}14; & \rightarrow\quad & x_n \approx x = 1 \\ &y_3 = -1{,}90; & y_4 &= -1{,}80; & y_5 &= -1{,}92; & \rightarrow\quad & y_n \approx y = -2 \\ &z_3 = -0{,}18; & z_4 &= -0{,}14; & z_5 &= -0{,}09; & \rightarrow\quad & z_n \approx z = 0 \\ &u_3 = 3{,}07; & u_4 &= 2{,}71; & u_5 &= 2{,}95; & \rightarrow\quad & u_n \approx u = 3 \end{aligned}$$

Zum nächsten Kapitel (siehe Band 2!)

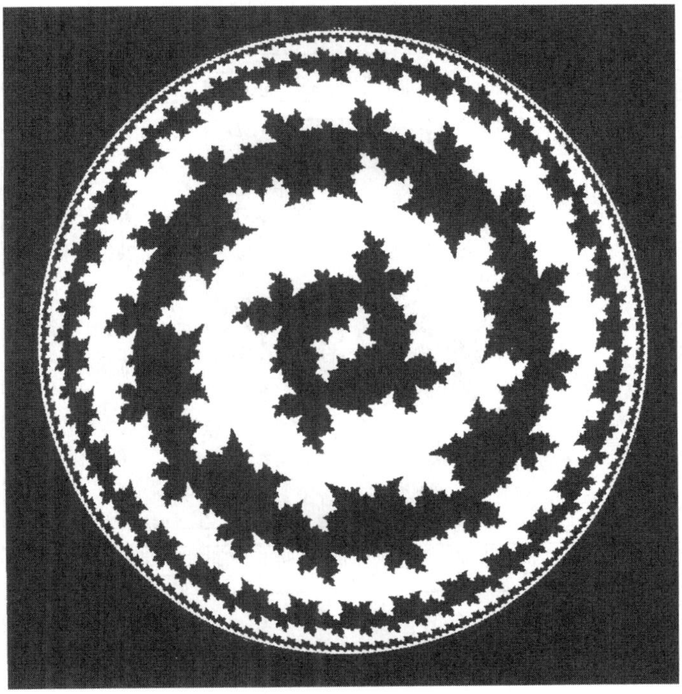

Teil E

14. Kapitel

14

E

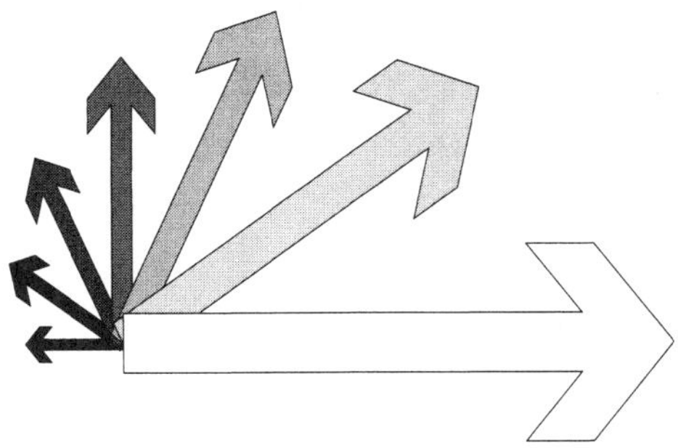

Vektorielle analytische Geometrie

Lineare Algebra und analytische Geometrie

Schon in der Einführung zum Teil 𝔻 im **1. Band** wurde auf die Querbeziehungen hingewiesen, die zwischen linearen Gleichungssystemen und geometrischen Elementen wie Geraden und Ebenen bestehen. Dem soll im folgenden **14**. Kapitel nachgegangen werden. In den Kapiteln **15** und **16** kommen dann noch quadratische Gleichungen für Kreis, Kugel und Kegelschnitte dazu.

Algebra kontra Geometrie

Darüber hinaus liegt einer der Gründe dafür, GEOMETRIE ***analytisch***, d. h. rechnerisch bzw. *algebraisch*, zu behandeln, darin, daß Lage und Entfernungen von Punkten in geometrischen Figuren durch Zeichnung nicht immer genau genug gefunden werden können; dies gilt besonders für Winkel. Bei Flächeninhalten und Volumina oder Oberflächen von Körpern im Raum ist man ohnehin auf algebraische Methoden angewiesen. Die einstige Königsdisziplin GEOMETRIE wurde in jüngerer Zeit jedenfalls durch die neuen Denkweisen und Methoden innermathematisch von der ALGEBRA entthront.

warum Geometrie analytisch betreiben?

Denn auch so mancher Beweis – etwa über rechte Winkel im Halbkreis oder den Schnittpunkt dreier Geraden – ist *analytisch* überzeugender zu erbringen. Umgekehrt lassen sich aber rein algebraische Aussagen und Ergebnisse oft *geometrisch-anschaulich* deuten und so besser verstehen: dies gilt etwa für die Lösungen von Gleichungssystemen (𝔻**13**, 𝔼**14**). Auch die *ikonisch-grafische* Methode der Darstellung von Zusammenhängen in vernetzten Systemen zeigt die „Rückkehr" der GEOMETRIE in neuerer Zeit.

optische Hilfen

Als Erinnerung an die auf Seite 1 in Band **1** vorgestellte Gliederung hier nochmals die Begleittasten und -balken:

A	S	D	B
Axiom	*Satz*	*Definition*	*Beispiel*

Geraden und Ebenen

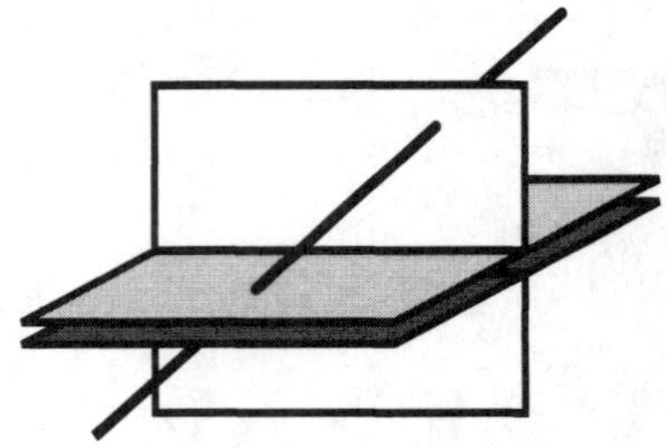

Kapitelziele

Wir haben die Vektoren schon im **12**. Kapitel des **1**. Bandes dafür verwendet, *Ecken* in einfachen ebenen Figuren, aber auch *Körperdiagonalen* festzulegen. Auch ist uns der Umgang mit den Rechengesetzen von Zahlen und Vektoren soweit vertraut, daß wir daran gehen können, *Geraden* und später auch *Ebenen* vektoriell zu beschreiben. Dabei geht es zunächst um *Schnittpunkte*, konkret etwa um die „merkwürdigen" Dreieckspunkte S, U, H, I (𝔹**5**), dann um Entfernungen und Winkel.

Dann sollen noch *Vektoren* dabei helfen, einige Kongruenzabbildungen festzulegen.

Geradengleichung

Vektoren und Geraden

Eine **Gerade** g = AB entsteht, so wissen wir (𝔹**4**, **5**), durch unbegrenzte Verlängerung einer *Strecke* $\overline{AB}$ nach beiden Richtungen. Mit den Ortsvektoren der Punkte A und B, $\vec{a}$ und $\vec{b}$, ist der Differenzvektor $\overrightarrow{AB} = \vec{v} = \vec{b} - \vec{a}$ gegeben. Bildet man nun Vektoren $2\vec{v}$, $3\vec{v}$, $7\frac{1}{2}\vec{v}$, ..., $-\vec{v}$, $-4\frac{1}{3}\vec{v}$, ..., allgemein $\lambda\vec{v}$, λ beliebig reell, kurz: $\lambda \in \mathbb{R}$, und trägt sie alle von A aus ab, so liegen die Spitzen X auf g, ja sie bilden in ihrer Gesamtheit geradezu g, siehe Bild 1!

Bild 1: dazu

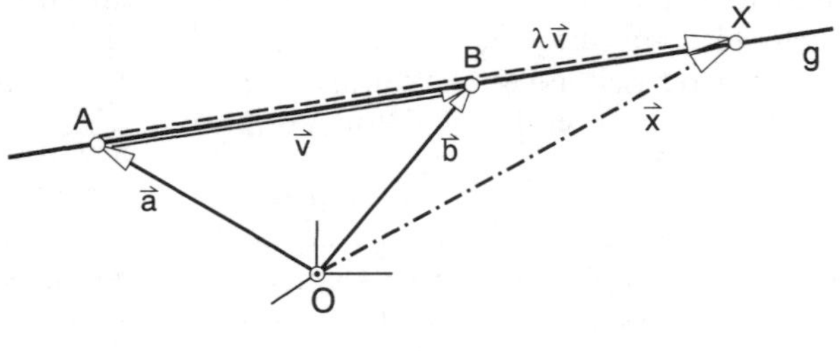

Man kann also den „laufenden" Vektor $\vec{x} = (x, y, z)$ eines beliebigen Punkts $X \in g$ einfach als Summe von $\vec{a}$ und $\lambda\vec{v}$ erhalten. Setzt man (in Gedanken) *alle* reellen Zahlen für λ ein, entstehen genau *alle* Punkte der Geraden g = AB:

Satz 1: Geradengleichung

S

Zwei feste Punkte A($\vec{a}$) und B($\vec{b}$) legen eine Gerade g = AB fest; sie hat die Gleichung

$$\vec{x} = \vec{a} + \lambda\vec{v} = \vec{a} + \lambda(\vec{b} - \vec{a}), \quad \lambda \in \mathbb{R}$$

mit λ als *Parameter*, $\vec{a}$ heißt *Stütz-* oder *Antragsvektor* von g, $\vec{v}$ ist ihr *Richtungsvektor*.

Seien A(2|9|1), B(–5|0|4) gegeben; dann ist der Richtungsvektor bekannt:

$$\vec{v} = \vec{b} - \vec{a} = \begin{pmatrix} -5 \\ 0 \\ 4 \end{pmatrix} - \begin{pmatrix} 2 \\ 9 \\ 1 \end{pmatrix} = \begin{pmatrix} -7 \\ -9 \\ 3 \end{pmatrix},$$

also auch schon die Geradengleichung:

$$g = AB\colon\ \vec{x} = \vec{a} + \lambda\vec{v} = \begin{pmatrix} 2 \\ 9 \\ 1 \end{pmatrix} + \lambda \begin{pmatrix} -7 \\ -9 \\ 3 \end{pmatrix}.$$

Trägt man von A aus den Vektor $\lambda\vec{v} = 1\vec{v}$ ab, kommt man natürlich zu B:

$$\vec{b} = \vec{a} + 1\vec{v} = \begin{pmatrix} 2 \\ 9 \\ 1 \end{pmatrix} + \begin{pmatrix} -7 \\ -9 \\ 3 \end{pmatrix} = \begin{pmatrix} 5 \\ 0 \\ 4 \end{pmatrix} \Rightarrow \text{B}(-5|0|4) \quad \text{«Kontrolle».}$$

Für $\lambda = 2$ oder $\lambda = -1$, ... , erhält man einen 3., 4., ... Punkt von g:

$$\vec{c} = \vec{a} + 2\vec{v} = \begin{pmatrix} 2 \\ 9 \\ 1 \end{pmatrix} + 2\begin{pmatrix} -7 \\ -9 \\ 3 \end{pmatrix} = \begin{pmatrix} -2 \\ -9 \\ 7 \end{pmatrix} \Rightarrow \text{C}(-2|-9|7),$$

$$\vec{d} = \vec{a} + (-1)\,\vec{v} = \begin{pmatrix} 2 \\ 9 \\ 1 \end{pmatrix} - 1\begin{pmatrix} -7 \\ -9 \\ 3 \end{pmatrix} = \begin{pmatrix} 9 \\ 18 \\ -2 \end{pmatrix} \Rightarrow \text{D}(9|18|-2) \quad \text{usw.}$$

B — **Beispiel 1: konkrete Punkte auf g**

Liegt ein Punkt auf g?

Wie stellen wir umgekehrt fest, ob ein Punkt R auf g liegt? Nun, da doch *jeder* Punkt von g durch Einsetzen einer bestimmten Zahl für λ erreicht wird, muß es zu $R \in g$ ein solches λ geben, das durch Einsetzen seines Ortsvektors $\vec{r}$ statt $\vec{x}$ berechnet wird; sollte es ein solches λ *nicht* geben, kann R *nicht* Punkt von g sein: es ist dann $R \notin g$.

B — **Beispiel 2: ... ja!**

Sei etwa R(16|27|–5);

$$\vec{r} = \vec{a} + \lambda\vec{v},\ \text{konkret} \begin{pmatrix} 16 \\ 27 \\ -5 \end{pmatrix} = (?) \begin{pmatrix} 2 \\ 9 \\ 1 \end{pmatrix} + \lambda \begin{pmatrix} -7 \\ -9 \\ 3 \end{pmatrix} \Rightarrow \lambda \begin{pmatrix} -7 \\ -9 \\ 3 \end{pmatrix} = (?) \begin{pmatrix} 16-2 \\ 27-9 \\ -5-1 \end{pmatrix} \Rightarrow$$

$$-7\lambda = 14 \Rightarrow \lambda = -2 \text{ sowie } -9\lambda = -9\cdot(-2) = 18 \text{ und } 3\lambda = 3\cdot(-2) = -6\text{: Ja, } R \in g.$$

... bzw. nein!

Hätten wir statt R den Punkt Q(16|0|–5) gewählt, läge zwar mit $\lambda = -2$ die erste und dritte Koordinate „richtig", doch die zweite fiele aus dem Rahmen: $Q \notin g$. In Übung 1 prüfen Sie bitte analog.

parallele Gerade zu g: gleicher Richtungsvektor

Eine einfache Aufgabe ist auch die, zu einer Geraden g = AB eine **Parallele** h, h || g, durch einen Punkt $C \notin g$ zu legen, Bild 2: Da der (freie) Vektor $\vec{v}$ aus allen parallelen, gleich langen und gleich orientierten Pfeilen besteht, muß auch auf h ein Vertreter liegen, der gerade von C ausgeht! Kurz, h hat *denselben* Richtungsvektor $\vec{v}$ wie g, also ist schon

$$h\colon\ \vec{x} = \vec{c} + \lambda\vec{v},\quad h \parallel g.$$

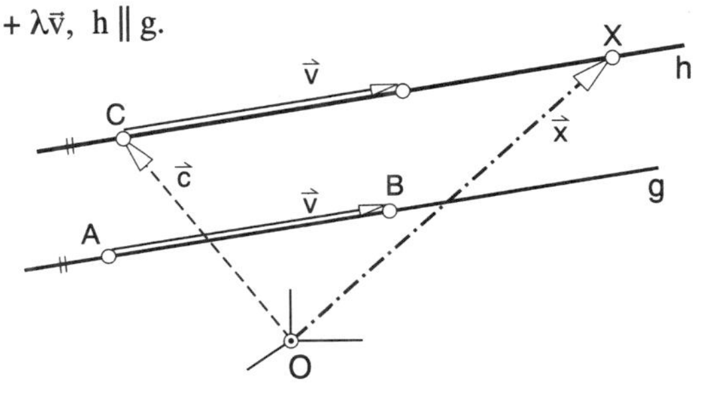

Bild 2: dazu

Beispiel 3: parallele Gerade

B Seien A(1|–2|3), B(5|0|–6), C(9|2|1), g = AB, h ∥ g mit C∈h ist gesucht. Wie eben erklärt, wird

$$\vec{v} = \overrightarrow{AB} = \vec{b} - \vec{a} = \begin{pmatrix} 5 \\ 0 \\ -6 \end{pmatrix} - \begin{pmatrix} 1 \\ -2 \\ 3 \end{pmatrix} = \begin{pmatrix} 4 \\ 2 \\ -9 \end{pmatrix},$$

$$g: \ \vec{x} = \vec{a} + \lambda\vec{v} = \begin{pmatrix} 1 \\ -2 \\ 3 \end{pmatrix} + \lambda \begin{pmatrix} 4 \\ 2 \\ -9 \end{pmatrix}.$$

Nun ist C∉g (Es scheitert an der 3. Koordinate, bitte überzeugen Sie sich!);

$$h: \ \vec{x} = \vec{c} + \lambda\vec{v} = \begin{pmatrix} 9 \\ 2 \\ 1 \end{pmatrix} + \lambda \begin{pmatrix} 4 \\ 2 \\ -9 \end{pmatrix}, \quad h \parallel g, \ C \in h.$$

Lage zweier Geraden

identische (zusammenfallende) Geraden

Zwei Geraden müssen nicht *parallel* sein; mit C∈g etwa wäre h = g geworden, also mit g *zusammengefallen* (dafür schreibt man auch: h ≡ g, h *identisch* mit g). Ob einer dieser Fälle eintritt, sieht man sofort an den Richtungsvektoren $\vec{v}_{1,2}$: Sie müssen zwar nicht gleich (lang) sein, doch *kollinear* (D **12**), also richtungsgleich, was sich durch $\vec{v}_2 = k \cdot \vec{v}_1$, $k \in \mathbb{R}$, ausdrückt.

So sind etwa g vom letzten Beispiel und p sicher parallel wegen $\vec{v}_p = -3\,\vec{v}$ (vielleicht sogar identisch), aber g und q sind es nicht! $\vec{v}_q$ und $2\,\vec{v}$ unterscheiden sich nämlich in der 3. Koordinate:

$$p: \ \vec{x} = \vec{d} + \lambda \begin{pmatrix} -12 \\ -6 \\ 27 \end{pmatrix} \ \text{(neben } \lambda \text{ steht } \vec{v}\text{)}, \qquad q: \ \vec{x} = \vec{q} + \lambda \begin{pmatrix} 8 \\ 4 \\ 5 \end{pmatrix}.$$

schneidende Geraden ...

Nun können zwei Geraden *derselben Ebene* (wir wählen dann stets die [x, y]-Koordinatenebene), die nicht identisch und parallel sind, sich nur **schneiden**. Natürlich wird dann sofort nach ihrem *Schnittpunkt* gefragt! Die Skizze in Bild 3 – sie gilt übrigens genauso für *räumliche* Vektoren! – zeigt, wie man vorgehen kann: S muß von A aus durch ein bestimmtes $\lambda_S\vec{v}$ erreichbar sein und ebenso von B aus durch ein bestimmtes $\mu_S\vec{w}$! Der Ortsvektor von S ist also sowohl Summe von $\vec{a}$ und $\lambda_S\vec{v}$ als auch von $\vec{b}$ und $\mu_S\vec{w}$:

$$\vec{s} = \vec{a} + \lambda_S\vec{v} = (!)\ \vec{b} + \mu_S\vec{w}$$

Bild 3: dazu

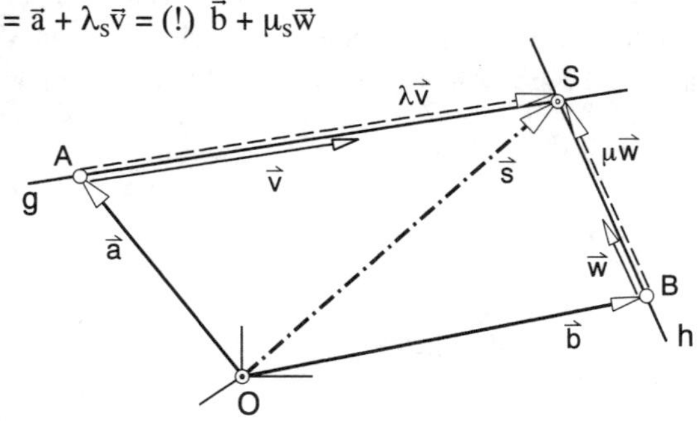

... und 2-2-System!

Dies stellt in der Ebene eine Forderung dar, die sich als 2-2-System für λ_S und μ_S als Variable (statt x, y) entpuppt!

Im *Raum* entsteht ein 3-2-System, das natürlich nicht lösbar sein *muß*; dort können zwei Geraden auch aneinander vorbei laufen: sie *kreuzen sich* dann, wie man sagt, bzw. sind ***windschief***.

... und des Raums:

Zur Übung dazu je ein Beispiel:

B

Beispiel 4: Vektoren und ...

$$g: \vec{x} = \begin{pmatrix} 1 \\ -3 \end{pmatrix} + \lambda \begin{pmatrix} 1 \\ 2 \end{pmatrix}, \quad h: \vec{x} = \begin{pmatrix} 11 \\ 2 \end{pmatrix} + \mu \begin{pmatrix} -3 \\ -1 \end{pmatrix};$$

$$\vec{s} = \begin{pmatrix} 1 \\ -3 \end{pmatrix} + \lambda \begin{pmatrix} 1 \\ 2 \end{pmatrix} = \begin{pmatrix} 11 \\ 2 \end{pmatrix} + \mu \begin{pmatrix} -3 \\ -1 \end{pmatrix} \quad \Leftrightarrow \quad \begin{array}{rcl} 1 + \lambda_s &=& 11 - 3\mu_s \\ -3 + 2\lambda_s &=& 2 - \mu_s \end{array} \quad \Leftrightarrow$$

$$\Leftrightarrow \begin{array}{rcl|l} \lambda_s + 3\mu_s &=& 10 & \cdot (-2) \\ 2\lambda_s + \mu_s &=& 5 & \cdot 1 + \rightarrow \end{array} \quad -5\mu_s = -15 \Rightarrow \mu_s = 3 \Rightarrow \lambda_s = \ldots = 1:$$

$$\vec{s} = \begin{pmatrix} 1 \\ -3 \end{pmatrix} + 1 \begin{pmatrix} 1 \\ 2 \end{pmatrix} = \text{(Kontrolle!)} \begin{pmatrix} 11 \\ 2 \end{pmatrix} + 3 \begin{pmatrix} -3 \\ -1 \end{pmatrix} = \begin{pmatrix} 2 \\ -1 \end{pmatrix}: \quad S(2\,|\,-1).$$

Genauso ist es zunächst im *Raum*, da die Richtungsvektoren *nicht kollinear* sind:

B

Beispiel 5: ... Gleichungs-systeme

$$g: \vec{x} = \begin{pmatrix} 2 \\ 3 \\ 4 \end{pmatrix} + \lambda \begin{pmatrix} 1 \\ -2 \\ -1 \end{pmatrix}, \quad h: \vec{x} = \begin{pmatrix} -5 \\ 5 \\ -4 \end{pmatrix} + \mu \begin{pmatrix} 6 \\ -4 \\ 4 \end{pmatrix};$$

$$\vec{s} = \begin{pmatrix} 2 \\ 3 \\ 4 \end{pmatrix} + \lambda_S \begin{pmatrix} 1 \\ -2 \\ -1 \end{pmatrix} = \begin{pmatrix} -5 \\ 5 \\ -4 \end{pmatrix} + \mu_S \begin{pmatrix} 6 \\ -4 \\ 4 \end{pmatrix} \quad \Rightarrow \quad \begin{array}{rcl|l} \lambda - 6\mu &=& -7 & \\ -2\lambda + 4\mu &=& 2 & \cdot 1 \\ -\lambda - 4\mu &=& -8 & \cdot 1 + \rightarrow \end{array}$$

$-3\lambda = -6 \Rightarrow \lambda = 2$; einsetzen: $4\mu = 2 + 2\lambda = 2 \cdot 4 = 6 \Rightarrow \mu = 3/2$;

Kontrolle: in die 1. Gleichung einsetzen: ... $2 - 6 \cdot 3/2 = 2 - 9 = -7$, ✔

Mit diesen Parameterwerten hat man schon den Schnittpunktvektor

$$\vec{s} = \begin{pmatrix} 2 \\ 3 \\ 4 \end{pmatrix} + 2 \begin{pmatrix} 1 \\ -2 \\ -1 \end{pmatrix} = \begin{pmatrix} -5 \\ 5 \\ -4 \end{pmatrix} + \frac{3}{2} \begin{pmatrix} 6 \\ -4 \\ 4 \end{pmatrix} = \begin{pmatrix} 4 \\ -1 \\ 2 \end{pmatrix}: \quad S(4\,|\,-1\,|\,2).$$

Einen Fall mit *windschiefen* Geraden rechnen Sie bitte zur Übung selbst; er tritt dann ein, wenn die zunächst weggelassene Gleichung nicht erfüllt wird (Übung 2c)!

windschiefe Geraden

Es ist oft bequemer, in der Ebene mit *Koordinatenformen* zu arbeiten (z. B. der *Punkt-Richtungsform*). Anleitungen bringt Übung 3!

Merkwürdige Dreieckspunkte

Wir bleiben in der [x, y]-Ebene und berechnen nun einige ***merkwürdige Dreieckspunkte***, wie den Höhenschnittpunkt H und Schwerpunkt S, sowie Umkreis- und Inkreismittelpunkt U bzw. I. Für H und U brauchen wir dazu noch die *Normal(en)-*vektoren vom 12. Kapitel, für I die *Einheits*vektoren!

Dreieck und besondere Punkte

Im folgenden sollen H, U und S bestimmt werden. S kann man schon direkt nach der Formel von 𝔻**12** berechnen; als Übung 5 gehen Sie bitte so vor, wie es im folgenden Beispiel für H und U geschieht, vgl. Bild 4, nächste Seite:

Beispiel 6:
merkwürdige Dreieckspunkte

Bild 4:
dazu

B

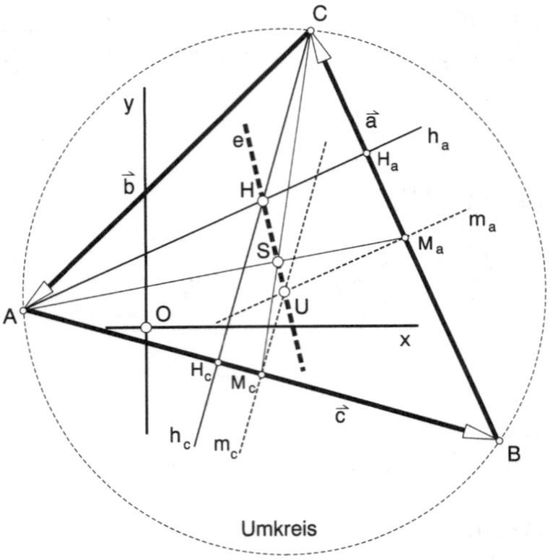

Wir betrachten das Dreieck ABC, A(–8|–1), B(8|–9), C(2|9).

Bemerkung:

Da wir die Dreieckseiten wie üblich mit a, b, c bezeichnen – und damit auch die Seitenvektoren mit $\vec{a}$, $\vec{b}$, $\vec{c}$ –, müssen wir daher hier für die Ortsvektoren der Ecken $\vec{r}_A, \vec{r}_B \ldots$ schreiben, so wie wir das am Anfang des **12**. Kapitels in Band **1** getan haben!

Höhenschnittpunkt,

zu H: $\vec{a} = \overrightarrow{BC} = \vec{r}_C - \vec{r}_B = \begin{pmatrix}2\\9\end{pmatrix} - \begin{pmatrix}8\\-9\end{pmatrix} = \begin{pmatrix}-6\\18\end{pmatrix} = 6\begin{pmatrix}-1\\3\end{pmatrix} \Rightarrow \vec{n}_a = \begin{pmatrix}-3\\-1\end{pmatrix},$

$\vec{c} = \overrightarrow{AB} = \vec{r}_B - \vec{r}_A = \begin{pmatrix}8\\-9\end{pmatrix} - \begin{pmatrix}-8\\-1\end{pmatrix} = \begin{pmatrix}16\\-8\end{pmatrix} = 8\begin{pmatrix}2\\-1\end{pmatrix} \Rightarrow \vec{n}_c = \begin{pmatrix}1\\2\end{pmatrix};$

$h_a\colon\ \vec{x} = \vec{r}_A + t\,\vec{n}_a = \begin{pmatrix}-8\\-1\end{pmatrix} + t\begin{pmatrix}-3\\-1\end{pmatrix},$

$h_c\colon\ \vec{x} = \vec{r}_C + s\,\vec{n}_c = \begin{pmatrix}2\\9\end{pmatrix} + s\begin{pmatrix}1\\2\end{pmatrix};$

$h_a \cap h_c = \{H\}$: $-8 - 3t = 2 + 1s \Leftrightarrow s + 3t = -10$
$-1 - 1t = 9 + 2s \Leftrightarrow 2s + t = -10$
$-5t = 10 \Leftrightarrow t = -2,\ s = -4$: H(–2 | 1).

Umkreismittelpunkt

zu U: $M_c(0|{-5})$, $M_a(5|0)$

$m_c\colon\ \vec{x} = \vec{r}_{M_c} + u\,\vec{n}_c = \begin{pmatrix}0\\-5\end{pmatrix} + u\begin{pmatrix}1\\2\end{pmatrix},$

$m_a\colon\ \vec{x} = \vec{r}_{M_a} + v\,\vec{n}_a = \begin{pmatrix}5\\0\end{pmatrix} + v\begin{pmatrix}-3\\-1\end{pmatrix};$

$m_c \cap m_a = \{U\}$: $0 + 1u = 5 - 3v \Leftrightarrow u + 3v = 5$
$-5 + 2u = 0 - 1v \Leftrightarrow 2u + v = 5$
$-5v = -5 \Leftrightarrow v = 1,\ u = 2$: U(2 | –1).

... und Inkreismittelpunkt

Etwas mühsam ist leider die Berechnung des *Inkreis*mittelpunkts I. Hier daher eine Vorüberlegung: Ist ein Winkel $\angle$ APB = φ durch A, B, P bestimmt, so kann man die *Einheits*vektoren von $\vec{a} = \overrightarrow{PA}$ und $\vec{b} = \overrightarrow{PB}$ als $\vec{a}_0 = {}^1\!/_a\, \vec{a}$ bzw. $\vec{b}_0 = {}^1\!/_b\, \vec{b}$ bestimmen und ihre Summe $\vec{d} = \vec{a}_0 + \vec{b}_0$ bilden; es entsteht nämlich so eine *Raute* (ein *Rhombus*), in dem $\vec{d}$ als Diagonalvektor den Winkel φ halbiert, also einen Richtungsvektor der *Winkelsymmetrale* (Winkelhalbierenden) darstellt!

Seien konkret P(–6|5), A(8|5), B(–1|–7), vgl. Bild 5:

$\overrightarrow{PA} = \vec{a} = \begin{pmatrix} 14 \\ 0 \end{pmatrix} \parallel \begin{pmatrix} 1 \\ 0 \end{pmatrix} = \vec{a}_0,$

$\overrightarrow{PB} = \vec{b} = \begin{pmatrix} 5 \\ -12 \end{pmatrix};\ b = \sqrt{5^2 + 12^2} = 13;$

$\vec{b}_0 = \frac{1}{13}\begin{pmatrix} 5 \\ -12 \end{pmatrix};\ \vec{d} = \vec{a}_0 + \vec{b}_0 =$

$= \begin{pmatrix} 1 \\ 0 \end{pmatrix} + \frac{1}{13}\begin{pmatrix} 5 \\ -12 \end{pmatrix} = \frac{1}{13}\begin{pmatrix} 18 \\ -12 \end{pmatrix} \parallel \begin{pmatrix} 3 \\ -2 \end{pmatrix};$

$w_\varphi\!: \vec{x} = \begin{pmatrix} -6 \\ 5 \end{pmatrix} + \lambda\begin{pmatrix} 3 \\ -2 \end{pmatrix} \Rightarrow$

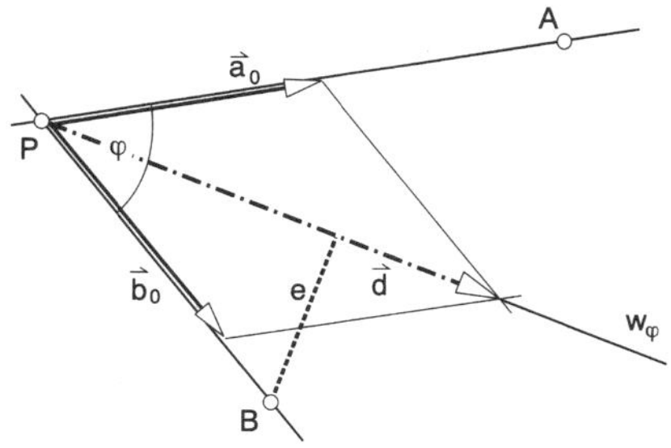

$x = -6 + 3\lambda \wedge y = 5 - 2\lambda \Rightarrow (\lambda \text{ eliminieren:})\ w_\varphi\!:\ 2x + 3y = -12 + 15 = 3$

Tun Sie dies in einem Dreieck nochmals für eine 2. Ecke, so erhalten Sie w_ψ und schließlich I bei $w_\varphi \cap w_\psi$! Wenn Sie gerne rechnen, finden Sie ein konkretes Zahlenbeispiel als Übung 7!

B **Beispiel 7:** wie man zum Inkreismittelpunkt eines Dreiecks kommt

Bild 5: dazu

Ebenengleichung

Nun aber zu den **Ebenen** im Raum! Eine *Ebene* **e** entsteht, anschaulich gesagt, wenn eine Gerade g längs einer anderen, h, gleitet: alle Punkte von **e** werden dabei „überstrichen", vgl. Bild 6, links. Oder anders: g und h schneiden sich und bleiben fest. *Alle* Verbindungsgeraden PQ mit $P \in g \wedge Q \in h$ erzeugen dann **e** – *mehrfach* sogar. Es genügt, von $P \notin h$ aus alle Verbindungsgeraden zu h zu legen und noch die *Parallele*!

Wie man Ebenen erzeugen kann:

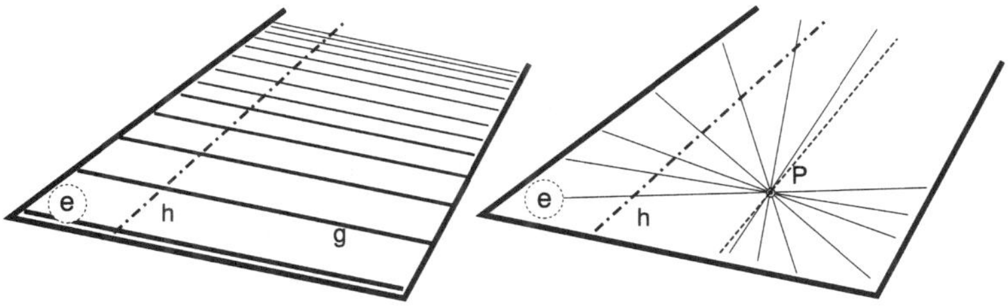

Bilder 6: Geradenscharen

und

Zur Festlegung mit *Vektoren* eignet sich am besten diese Vorstellung: g und h gehen von S aus und sind durch ihre Richtungsvektoren $\vec{u}$ und $\vec{v}$ bzw. deren Endpunkte A und B bestimmt. Trägt man von S aus alle Vektoren $\vec{w}$ ab, die sich als *Linearkombination* von $\vec{u}$ und $\vec{v}$ ergeben, $\vec{w} = \lambda\vec{u} + \mu\vec{v}$, ($\vec{u}$, $\vec{v}$ und $\vec{w}$ sind dann *komplanar*, $\mathbb{D}$**12**), vgl. Bild 7, kommt man gerade zu *allen* Punkten P der Ebene **e**:

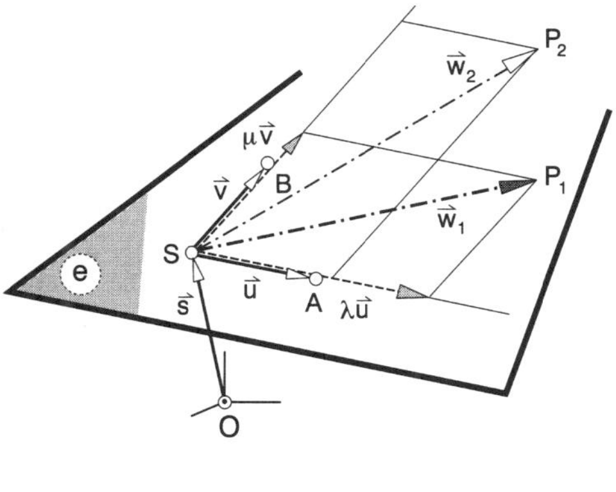

Bild 7: Vektoren

Satz 2: Ebenengleichung

S **Drei feste Punkte S, A, B legen eine Ebene e = [SA, SB] fest; sie hat die Gleichung**

$$\vec{x} = \vec{s} + \lambda\vec{u} + \mu\vec{v} = \vec{s} + \lambda(\vec{a} - \vec{s}) + \mu(\vec{b} - \vec{s}), \quad \lambda, \mu \in \mathbb{R};$$

λ und μ sind Parameter.

Beispiel 8: konkrete Punkte einer Ebene

B Sind etwa S(1|5|–2), A(3|4|10), B(–1|0|–8) drei beliebige Punkte des Raums, so folgt:

$$\vec{u} = \overrightarrow{SA} = \vec{a} - \vec{s} = \begin{pmatrix} 3 \\ 4 \\ 10 \end{pmatrix} - \begin{pmatrix} 1 \\ 5 \\ -2 \end{pmatrix} = \begin{pmatrix} 2 \\ -1 \\ 12 \end{pmatrix}, \qquad \vec{b} = \overrightarrow{SB} = \vec{b} - \vec{s} = \ldots = \begin{pmatrix} -2 \\ -5 \\ -6 \end{pmatrix},$$

$$\mathbf{e}\colon\ \vec{x} = \vec{s} + \lambda\vec{u} + \mu\vec{v} = \begin{pmatrix} 1 \\ 5 \\ -2 \end{pmatrix} + \lambda \begin{pmatrix} 2 \\ -1 \\ 12 \end{pmatrix} + \mu \begin{pmatrix} -2 \\ -5 \\ -6 \end{pmatrix}.$$

Durch Wahl verschiedener Werte für die Parameter erzeugt man Punkte der Ebene **e**:

$$\lambda = 2 \wedge \mu = -1\colon\ \vec{c} = \begin{pmatrix} 1 \\ 5 \\ -2 \end{pmatrix} + 2 \begin{pmatrix} 2 \\ -1 \\ 12 \end{pmatrix} - 1 \begin{pmatrix} -2 \\ -5 \\ -6 \end{pmatrix} = \begin{pmatrix} 7 \\ 8 \\ 28 \end{pmatrix} \quad \Rightarrow \quad C(7\,|\,8\,|\,28);$$

$$\lambda = -1 \wedge \mu = 0\colon\ \vec{d} = \begin{pmatrix} 1 \\ 5 \\ -2 \end{pmatrix} - 1 \begin{pmatrix} 2 \\ -1 \\ 12 \end{pmatrix} + 0 \begin{pmatrix} -2 \\ -5 \\ -6 \end{pmatrix} = \begin{pmatrix} -1 \\ 6 \\ -14 \end{pmatrix} \quad \Rightarrow \quad D(-1\,|\,6\,|\,-14).$$

Ist umgekehrt ein Punkt R gegeben, stellt man wie früher für g fest, ob er in **e** liegt. Es muß dann eben *genau ein* Parameterpaar λ_R, μ_R geben!

Beispiel 9: Liegt ein Punkt in e?

B Prüfen wir für R(5 | 15 | 10):

$$\vec{r} = \begin{pmatrix} 5 \\ 15 \\ 10 \end{pmatrix} = (?) \begin{pmatrix} 1 \\ 5 \\ -2 \end{pmatrix} + \lambda_R \begin{pmatrix} 2 \\ -1 \\ 12 \end{pmatrix} + \mu_R \begin{pmatrix} -2 \\ -5 \\ -6 \end{pmatrix} \Rightarrow \begin{pmatrix} 5-1 \\ 15-5 \\ 10+2 \end{pmatrix} = (?) \begin{pmatrix} 2\lambda_R - 2\mu_R \\ -\lambda_R - 5\mu_R \\ 12\lambda_R - 6\mu_R \end{pmatrix} \Rightarrow$$

$$\begin{array}{rl|l} 2\lambda - 2\mu &= 4 & \cdot 1 \\ -\lambda - 5\mu &= 10 & \cdot 2 + \rightarrow \quad -12\mu = 24 \ \Rightarrow\ \mu = -2,\ \lambda = -5\mu - 10 = 0; \end{array}$$

Probe in der 3. Koordinatengleichung: $12 \cdot 0 - 6 \cdot (-2) = 12$, ✔: ja, $R \in \mathbf{e}$!

parallele Ebene

Geht die Probe schief, liegt der Punkt *nicht* in **e**. Prüfen Sie dies bei T(3|10|–4)! Zum Trost legen wir durch T eine *parallele* Ebene **f** ∥ **e**: dazu haben wir nur die Linearkombinationsvektoren $\vec{w}$ = von T aus statt von S aus abzutragen, Bild 8:

$$\mathbf{f}\colon\ \vec{x} = \vec{t} + \lambda\vec{u} + \mu\vec{v} = \begin{pmatrix} 3 \\ 10 \\ -4 \end{pmatrix} + \lambda \begin{pmatrix} 2 \\ -1 \\ 12 \end{pmatrix} + \mu \begin{pmatrix} -2 \\ -5 \\ -6 \end{pmatrix}.$$

Beispiel 10: Ebene durch Punkt und Gerade

B Vielleicht sollten wir noch die Gleichung von **e** aufstellen, wenn **e** durch h und $P \notin h$ bestimmt wird, Bild 9, ebenfalls auf der Folgeseite.

$$P(7|{-3}|{-2}),\ \ h\colon\ \vec{x} = \vec{s} + \lambda\vec{u} \ \text{ mit } \ h\colon\ \vec{x} = \begin{pmatrix} 4 \\ -1 \\ 2 \end{pmatrix} + \lambda \begin{pmatrix} -3 \\ -2 \\ 0 \end{pmatrix};$$

Dann scheint es am einfachsten, neben $\vec{u}$ auf h noch $\vec{v} = \overrightarrow{SP}$ als 2. Richtungsvektor zu wählen, womit **e** schon bestimmt ist:

$$\vec{v} = \begin{pmatrix} 7 \\ -3 \\ -2 \end{pmatrix} - \begin{pmatrix} 4 \\ -1 \\ 2 \end{pmatrix} = \begin{pmatrix} 3 \\ -2 \\ -4 \end{pmatrix}; \qquad \mathbf{e}:\ \vec{x} = \vec{s} + \lambda\vec{u} + \mu\vec{v} = \begin{pmatrix} 4 \\ -1 \\ 2 \end{pmatrix} + \lambda \begin{pmatrix} -3 \\ -2 \\ 0 \end{pmatrix} + \mu \begin{pmatrix} 3 \\ -2 \\ 4 \end{pmatrix};$$

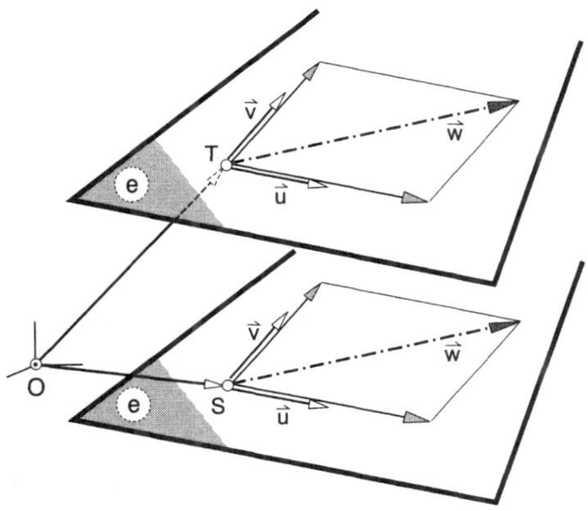

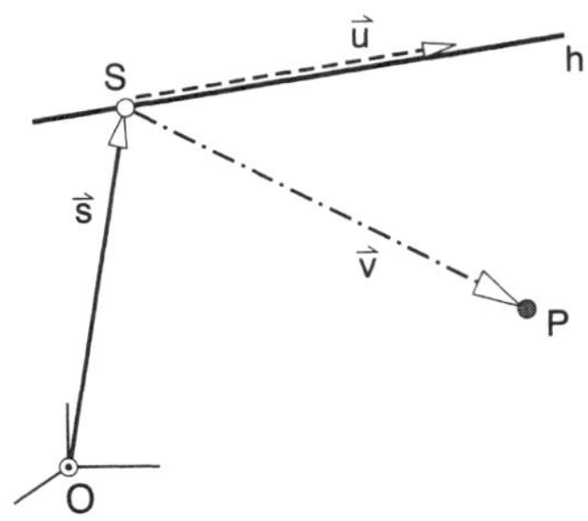

Bilder 8/9: dazu

Gerade und Ebene

Betrachtet man nun eine Gerade g und eine Ebene **e**, so kann g in **e** liegen, parallel zu **e** sein, oder **e** in einem Punkt D ***durchstoßen***, Bilder 10:

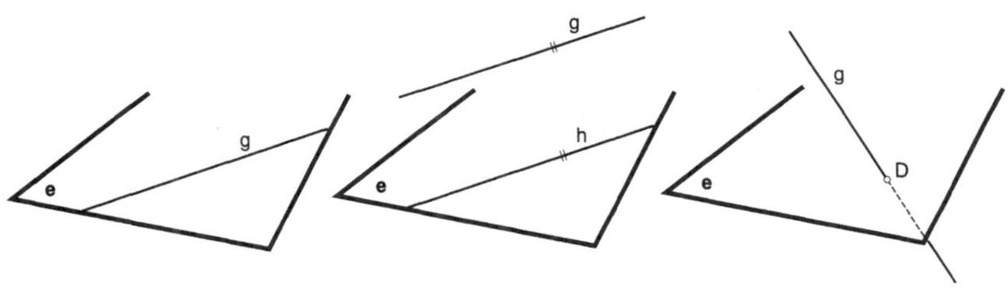

Bilder 10: Lage einer Geraden zu einer Ebene

Um dies festzustellen, geht man am besten gleich auf D los: Wie bei g ∩ h muß es einen *gemeinsamen* Ortsvektor $\vec{d}$ geben, der von g aus und auch von **e** aus über passende Parameter λ_D, μ_D, ν_D erreichbar ist. Gibt es solche Werte *nicht*, ist g parallel zu **e** oder liegt in **e**. Letzteres trifft dann zu, falls auch *nur ein* Punkt von g auch zu **e** gehört. Hier gleich ein konkretes Beispiel:

B

Beispiel 11: der Durchstoßpunkt

$$g:\ \vec{x} = \begin{pmatrix} 0 \\ 0 \\ 5 \end{pmatrix} + \lambda \begin{pmatrix} 1 \\ 3 \\ 3 \end{pmatrix}, \qquad \mathbf{e}:\ \vec{x} = \begin{pmatrix} 3 \\ 2 \\ -1 \end{pmatrix} + \mu \begin{pmatrix} -1 \\ -2 \\ 1 \end{pmatrix} + \nu \begin{pmatrix} 2 \\ 1 \\ -1 \end{pmatrix};$$

$$\vec{d} = \begin{pmatrix} 0 \\ 0 \\ 5 \end{pmatrix} + \lambda_D \begin{pmatrix} 1 \\ 3 \\ 3 \end{pmatrix} = \begin{pmatrix} 3 \\ 2 \\ -1 \end{pmatrix} + \mu_D \begin{pmatrix} -1 \\ -2 \\ 1 \end{pmatrix} + \nu_D \begin{pmatrix} 2 \\ 1 \\ -1 \end{pmatrix}.$$

Ein Vergleich der Vektor-Koordinaten führt auf ein 3-3-System (λ, ... statt λ_D, ...) $\Rightarrow$

$$\begin{array}{l|l|l}
\lambda + \mu - 2\nu = 3 & \cdot 1 & \\
3\lambda + 2\mu - \nu = 2 & & \cdot 1 \\
\underline{3\lambda - \mu + \nu = -6} & \cdot 2 + \rightarrow ✳ & \cdot 1 + \rightarrow ✪
\end{array}
\qquad
\begin{array}{l|l}
✳\ 7\lambda - \mu = -9 & \cdot 1 \\
✪\ \underline{6\lambda + \mu = -4} & \cdot 1 + \rightarrow 13\lambda = -13 \\
 & \lambda = -1
\end{array}$$

Wie immer wird dieser Wert eingesetzt: $\mu = -4 - 6 \cdot (-1) = 2$;
jetzt noch beide: $\nu = -6 - 3 \cdot (-1) + 2 = -1$;
der Durchstoßpunkt ist gefunden: D (–1 | –3 | 2).

Hätten wir statt g die Gerade h betrachtet

$$h: \vec{x} = \vec{r}_O + \lambda\vec{w}, \qquad h: \vec{x} = \begin{pmatrix} 0 \\ 0 \\ 0 \end{pmatrix} + \lambda \begin{pmatrix} 1 \\ -1 \\ 0 \end{pmatrix},$$

Sonderfälle:

parallele Gerade

wäre es zu *keinem* Durchstoßpunkt gekommen! Man sieht das (nachträglich) auch daran, daß der Richtungsvektor $\vec{w}$ von h einfach durch Linearkombination aus den beiden erzeugenden Vektoren $\vec{u}$ und $\vec{v}$ von **e** zu erhalten ist: er ist die *Summe* $\vec{w} = \vec{u} + \vec{v}$! Nun ist O (0|0|0) $\notin$ **e** (prüfen, Übung 10a!), also ist h || **e**. Die Gerade l

$$l: \vec{x} = \begin{pmatrix} 0 \\ 2 \\ 0 \end{pmatrix} + \lambda \begin{pmatrix} 1 \\ -1 \\ 0 \end{pmatrix}$$

Gerade in e

liegt dagegen ganz in **e**; sie ist || h, und außerdem ist P (0|2|0) $\in$ **e** (bitte wieder nachrechnen, Übung 10b).

Lage dreier Ebenen

Nun lassen sich manche Fragen leichter beantworten, wenn man die Vektorformen mit den Parametern in *parameterfreie* Gleichungen umwandelt.
Nehmen wir die Ebene **e** v.o. als

Beispiel 12: **parameterfreie Form als Gleichung in 3 Variablen**

B

$$\mathbf{e}: \vec{x} = \begin{pmatrix} 4 \\ -1 \\ 2 \end{pmatrix} + \lambda \begin{pmatrix} -3 \\ -2 \\ 0 \end{pmatrix} + \mu \begin{pmatrix} 3 \\ -2 \\ -4 \end{pmatrix} = \begin{pmatrix} x \\ y \\ z \end{pmatrix} \quad \Rightarrow \quad \text{(3-3-System)}$$

Wir eliminieren aus dem äquivalenten 3-3-System λ und μ:

$$\begin{array}{l|ll|l} x = 4 - 3\lambda + 3\mu & \cdot(-2) & & \\ y = -1 - 2\lambda - 2\mu & \cdot 3 + \rightarrow & -2x + 3y = -11 - 12\mu & \cdot 1 \\ z = 2 \qquad\;\; - 4\mu & \rightarrow & z = \;\; 2 - 4\mu & \cdot(-3) + \rightarrow \end{array}$$

$$-2x + 3y - 3z = -17$$

Damit ist übrigens die Behauptung von früher bewiesen, daß eine lineare Gleichung mit 3 Variablen eine **Ebene** darstellt bzw. beschreibt! Ein 3-3-System „fragt“ somit nach denjenigen Punkten P(x|y|z), die in 3 *Ebenen* zugleich liegen. Hat man also 3 Ebenen vektoriell gegeben, wird man das zugehörige 3-3-System ihrer parameterfreien Gleichungen lösen! Genau dies haben wir aber im letzten Kapitel vorgeübt!

was Ebenen mit Gleichungssystemen zu tun haben

Nur die *Deutung* des Hauptfalles und der Sonderfälle **S1** bis **S4** ist an dieser Stelle noch ausständig: Wir skizzieren die möglichen Lagen, wobei es für Fall **H** (1 Lösung) und Fall **S3** (2fach unendlich viele Lösungen) im Prinzip nur je eine Anordnung gibt, vgl. Bilder 11 auf der nächsten Seite.

Im lösbaren Fall **S1** mit einfach unendlich vielen Lösungen gibt es im wesentlichen zwei Anordnungen: Alle Punkte der gemeinsamen Schnittgeraden g aller 3 Ebenen sind Lösung.

H:

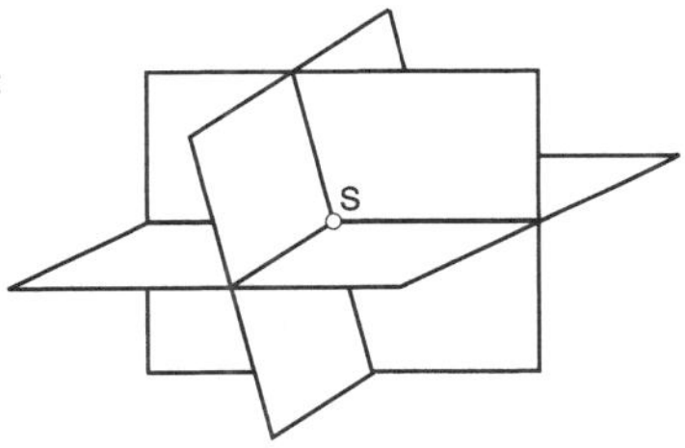

S3:

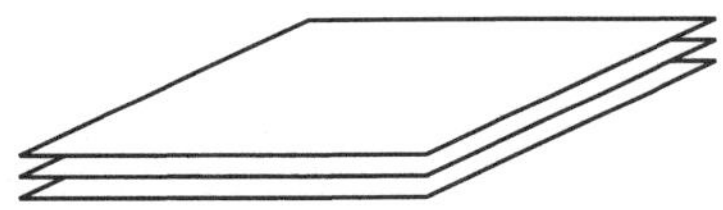

S 3: alle drei Ebenen sind identisch, jeder Punkt darin ist Lösung.

Bilder 11: Man erkennt es an der Lage der drei Ebenen

S1a:

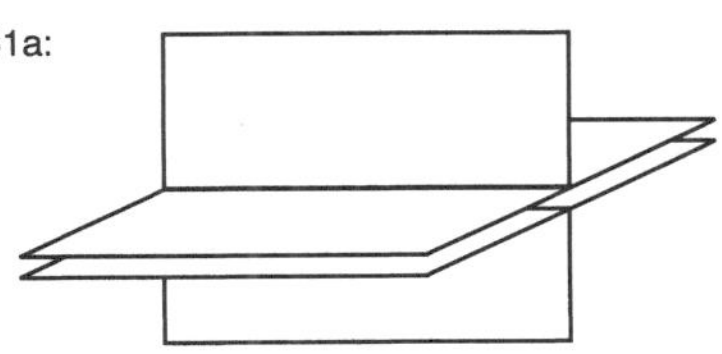

S1b:

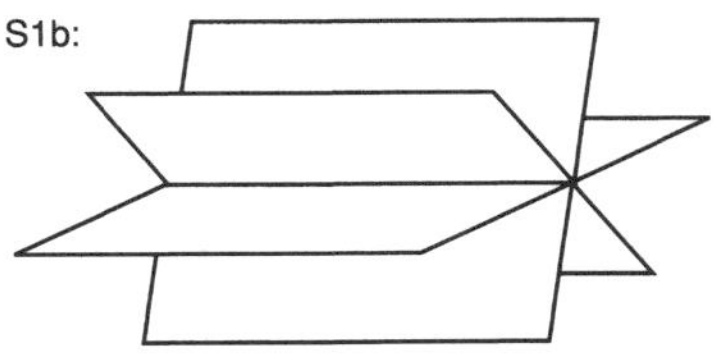

Die unlösbaren Fälle **S2** und **S4** treten auf, wenn es keinen einzigen gemeinsamen Punkt in allen 3 Ebenen gibt. Versuchen Sie zur Übung (11) bitte selber, die (jeweils im wesentlichen zwei) Anordnungen zu finden?

Jetzt wieder zur Behauptung, mit *parameterfreien* Gleichungen könne manchmal einfacher gerechnet werden.

B — **Beispiel 13:** Rechnen mit parameterfreien Formen

Prüfen wir dazu beispielsweise, ob der Punkt R(4|1|2) in der Ebene
e: $-2x + 3y - 3z = -17$ liegt!

Hier ist wirklich nur einzusetzen:

$(-2) \cdot 4 + 3 \cdot 1 - 3 \cdot 2 = (?) -17 \Rightarrow -11 \neq -17 \Rightarrow$ nein, R∉**e**.

Dagegen sieht man nun sofort, daß T(4|–1|2) sehr wohl in **e** liegt:

$(-2) \cdot 4 + 3 \cdot (-1) - 3 \cdot 2 = (?) -17 \Rightarrow -17 = -17 \Rightarrow$ ja, T∈**e**.

Ganz offensichtlich ist es so rascher erledigt als mit Parameterformen!

besondere Ebenen: eine oder zwei Variablen fehlen!

Nun dürfen Sie nicht glauben, in jeder Ebenengleichung müssen immer *alle drei* Variablen x, y und z vertreten sein! Fehlt eine, etwa z, wie in $\mathbf{e}_1$: $x + 2y = 4$, so muß die Ebene $\mathbf{e}_1$ parallel zur z-Achse liegen (sie ist *erstprojizierend*), da eben z beliebig sein darf: die Gleichung stellt ja keine Bedingung für z dar. In [x, y] beschreibt sie die *1. Spur* von $\mathbf{e}_1$. Sogar y und z dürfen fehlen: $\mathbf{e}_2$: $x = 3$ ist dann parallel zur [y, z]-Koordinatenebene, eine *Hauptebene*. Genauso ist $\mathbf{e}_3$: $y = -1$ eine Hauptebene || [x, z], Bilder 12:

Bilder 12: dazu

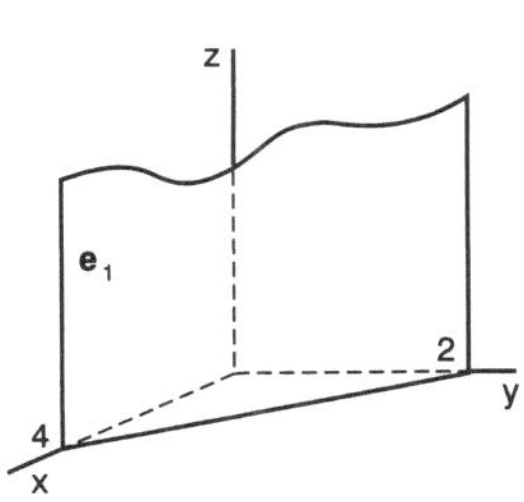

$\mathbf{e}_1$: $x + 2y = 4$ (z fehlt!)

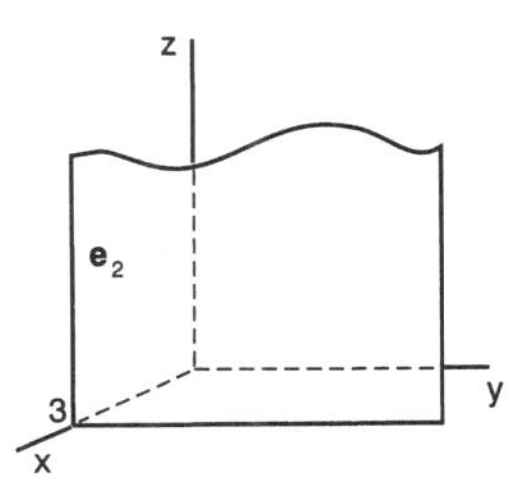

$\mathbf{e}_2$: $x = 3$

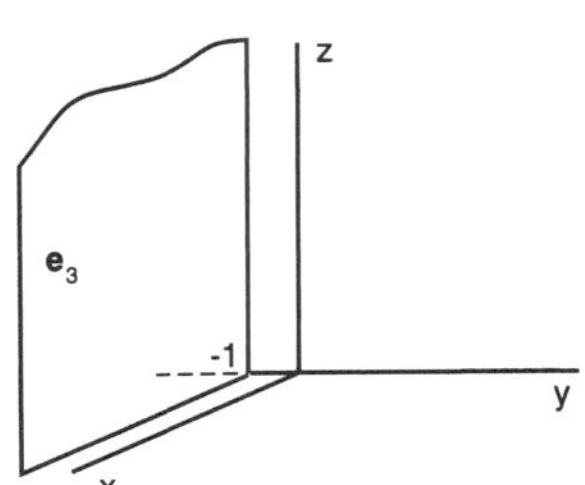

$\mathbf{e}_3$: $y = -1$

eine neue Geraden-gleichung:

Normalform einer Geradengleichung

Dafür erarbeiten wir uns jetzt noch eine Einsicht, die uns bisher verschlossen blieb: In den parameterfreien Gleichungen einer Geraden in [x, y] und einer Ebene haben nämlich die *Koeffizienten* eine ganz besondere Bedeutung! Das *skalare Produkt* vom **12**. Kapitel im **1**. Band hilft, sie zu erkennen: Wir erinnern uns an den *Normal(en)vektor* $\vec{n} = (-v_y, v_x)$ zu $\vec{v} = (v_x, v_y)$ mit

$$\vec{n} \cdot \vec{v} = -v_y \cdot v_x + v_x \cdot v_y = 0$$

und wenden diese Eigenschaft bei g an (das λ davor spielt keine Rolle!):

die Normalform

$$g:\ \vec{x} = \vec{a} + \lambda\vec{v} \ \Rightarrow\ \vec{x} - \vec{a} = \lambda\vec{v} \ \Rightarrow\ (\cdot\,\vec{n})$$

$$\boxed{\vec{n} \cdot (\vec{x} - \vec{a}) = 0} \qquad \textit{Normal(en)form von g}$$

Dies erkennt man auch direkt an einer Skizze, Bild 13: $\vec{x} - \vec{a}$ ist *kollinear* zu $\vec{v}$, also *senkrecht* zu $\vec{n}$, daher muß das skalare Produkt beider verschwinden! Dies gilt genau für alle laufenden Vektoren $\vec{x}$ von g und stellt die ***Normal(en)form*** von g dar.

Bild 13: dazu

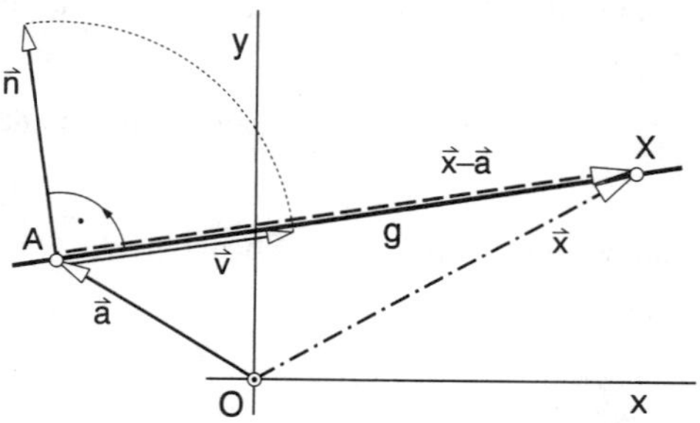

Bedeutung der Koeffizienten in den parameter-freien Gleichungen:

Doch wir wollten etwas über die *Koeffizienten* sagen: setzen wir sie ein in die neue Form:

$$g:\ \begin{pmatrix} -v_y \\ v_x \end{pmatrix} \cdot \left[\begin{pmatrix} x \\ y \end{pmatrix} - \begin{pmatrix} x_1 \\ y_1 \end{pmatrix}\right] = \begin{pmatrix} -v_y \\ v_x \end{pmatrix} \cdot \begin{pmatrix} x - x_1 \\ y - y_1 \end{pmatrix} =$$

$$= -v_y\,(x - x_1) + v_x\,(y - y_1) = -v_y x + v_x y + v_y x_1 - v_x y_1 =: Ax + By + D = 0.$$

Dies ist eine schon lange bekannte *allgemeine* oder *implizite* (parameterfreie) Form einer Geradengleichung. Aber wir sehen, welche Koeffizienten auftreten: A vor x ist $-v_y$, B vor y ist v_x, kürzer

$$\begin{pmatrix} A \\ B \end{pmatrix} = \begin{pmatrix} -v_y \\ v_x \end{pmatrix} = \vec{n} \quad \text{mit} \quad \vec{n} \perp \vec{v}.$$

Jede Geradengleichung in dieser Form verrät also sofort einen *Normalvektor*, weil ja $\vec{v}$ in g liegt!

Beispiel 14: bei Geraden

B Für g und h sind Normalvektoren anzugeben:

g: $2x - 3y + 9 = 0$; dazu $\vec{n} = (2, -3)$ normal zu g,
h: $-x + 5y - 2 = 0$; hier ist eben $\vec{n} = (-1, 5)$ usw.

Ganz genauso überlegen wir bei einer *Ebene* **e**: Ax + By + Cz + D = 0, Bild 14: Zwar können wir zu $\vec{u}$ und $\vec{v}$ einen *gemeinsamen* Normal(en)vektor $\vec{n}$ direkt über $\vec{u} \times \vec{v}$ berechnen (D**12**), und er ist dann auch zu *allen* Vektoren $\vec{x} - \vec{s}$ der Ebene senkrecht. Wieder gilt dann wie eben

die entsprechende Ebenengleichung

$\boxed{\vec{n} \cdot (\vec{x} - \vec{s}) = 0}$ ***Normal(en)form*** von **e**

Es geht aber auch anders: Setzen wir mit (*unbekannten!*) A, B, C

$\vec{n} = (A, B, C)$,

so folgt genau wie bei g

e: Ax + By + Cz + D = 0

Wie man *diese* Gleichung gewinnt, wissen wir aber schon! Also lesen wir auch jetzt bei **e** aus der allgemeinen (parameterfreien) Gleichung einen *Normal(en)vektor* $\vec{n}$ ab!

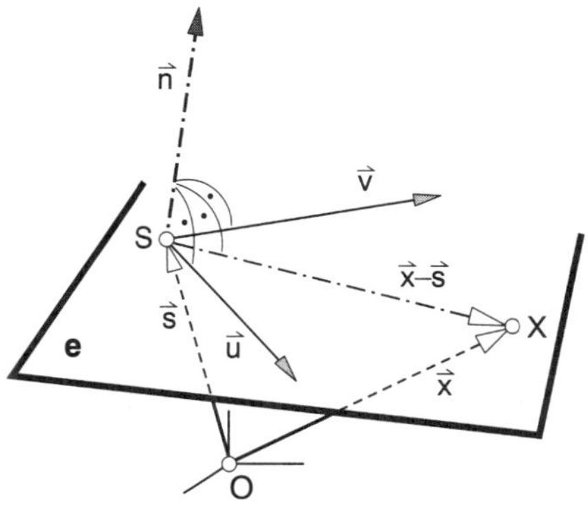

Bild 14: dazu

B **Beispiel 15: Normalvektor ablesen**

Für **e**: –2x + 3y – 3z + 17 = 0 von oben wird demnach $\vec{n}$ = (–2, 3, –3), für **f**: 4x – 5y + z – 12 = 0 wird $\vec{n}$ = (4, –5, 1) usw.

Spiegelpunkt

Damit kann man jetzt z.B. einen Punkt an einer Geraden in [x, y] *spiegeln* oder auch an einer *Ebene*! Denn es läßt sich ja, wie gezeigt, aus der parameterfreien Ebenengleichung sofort ein *Normalvektor* $\vec{n}$ ablesen, und die Gerade g durch P mit $\vec{n}$ als Richtungsvektor läuft dann senkrecht von P auf **e** zu, durchstößt in D und bringt den Spiegelpunkt P*, indem der Vektor $\overline{PD}$ von D aus an $\vec{d}$ angesetzt wird, Bild 15!

Anwendung: einen Punkt an einer Ebene spiegeln

B **Beispiel 16: dazu**

Wählen wir gleich **e** von oben,

e: –2x + 3y – 3z + 17 = 0,

lesen $\vec{n}$ = (–2, 3, –3) ab und spiegeln den Punkt P(–3|8|1) an **e**, so haben wir für die senkrechte Gerade g

$$g:\ \vec{x} = \vec{p} + \lambda\vec{n} = \begin{pmatrix} -3 \\ 8 \\ 1 \end{pmatrix} + \lambda \begin{pmatrix} -2 \\ 3 \\ -3 \end{pmatrix} \Rightarrow$$

$$\begin{pmatrix} x \\ y \\ z \end{pmatrix} = \begin{pmatrix} -3-2\lambda \\ 8+3\lambda \\ 1-3\lambda \end{pmatrix}.$$

Jetzt gilt es, **e** mit g zu schneiden, **e** ∩ g; dazu setzen wir die λ-Terme von x, y, z in **e** ein:

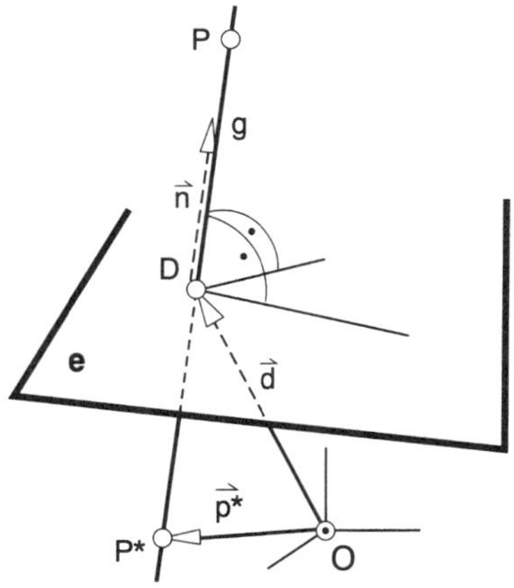

Bild 15: dazu

$$-2\,(-3-2\lambda) + 3\,(8+3\lambda) - 3\,(1-3\lambda) + 17 = 0 \;\Rightarrow$$
$$+6 + 4\lambda + 24 + 9\lambda - 3 + 9\lambda + 17 = 0 \;\Rightarrow\; 22\lambda + 44 = 0 \;\Rightarrow\; \lambda = -2 \;\Rightarrow$$

$$\vec{d} = \begin{pmatrix} -3-2(-2) \\ 8+3(-2) \\ 1-3(-2) \end{pmatrix} = \begin{pmatrix} 1 \\ 2 \\ 7 \end{pmatrix} \;\Rightarrow\; D(1|2|7);$$

$$\overrightarrow{PD} = \vec{d} - \vec{p} = \ldots \begin{pmatrix} 4 \\ -6 \\ 6 \end{pmatrix} \;\Rightarrow\; \vec{p}^* = \vec{d} + \overrightarrow{DP^*} = \vec{d} + \overrightarrow{PD} = \ldots \begin{pmatrix} 5 \\ -4 \\ 13 \end{pmatrix} \;\Rightarrow\; P^*(5|-4|13).$$

Abstand eines Punktes von g oder e

ein neuer Weg, um den Abstand eines Punktes

von einer Geraden

oder

einer Ebene zu ermitteln

Mit unseren Mitteln können wir noch folgenden Problemkreis bearbeiten: Man hat eine Gerade g und einen Punkt $R \notin g$ oder eine Ebene **e** und $R \notin$ **e**: Welchen **Abstand** hat R von g bzw. **e**? Natürlich kann man eine *Normale* wie eben legen, schneiden (→ D) und die Entfernung $\overline{RD}$ berechnen.

Es gibt aber einen einfacheren Weg! Gehen wir ihn, können wir auch die Gleichungen der zu g *parallelen Geraden* $p_{1,2} \parallel g$ in einem verlangten *Abstand* d sofort anschreiben (das *Parallelenpaar*) und ebenso das *Parallelebenenpaar* $\mathbf{f}_{1,2} \parallel \mathbf{e}$. Auch bei den *Kreistangenten* im nächsten Kapitel D**15** werden wir die neue Methode zu schätzen wissen.

Schreiben wir zunächst nochmals die **Normalform** der Geradengleichung an:

$$\text{NF}(g):\; \vec{n} \cdot (\vec{x} - \vec{a}) = 0$$

Wir verstehen sie unmittelbar als Ausdruck dafür, daß $\vec{n}$ und $\vec{x} - \vec{a}$ für jeden laufenden Vektor $\vec{x}$ mit der Spitze $P \in g$ *normal* zueinander sind:

$$\vec{n} \perp \vec{x} - \vec{a}$$

Normalen-Einheitsvektor und Skalarprodukt

Nun kann man statt $\vec{n}$ jeden *kollinearen* Vektor $k\vec{n}$ wählen, ohne etwas an dieser Beziehung zu ändern, z.B. den Normalen-**Einheits**vektor mit der Länge 1: auch hier ist

$$\vec{n}_0 \perp \vec{x} - \vec{a}\,, \quad \text{also auch stets} \quad \vec{n}_0 \cdot (\vec{x} - \vec{a}) = 0$$

Bilder 16:
dazu

Was geschieht aber, wenn statt $\vec{x}$ von X der Ortsvektor $\vec{r}$ von $R \notin g$ eingesetzt wird? Natürlich ergibt sich nicht mehr 0, da eben R kein Punkt von g ist.

Aber Sie sehen, daß $\vec{n}_0 \cdot (\vec{r} - \vec{a})$ einen besonderen Wert hat, Bild 16, rechts!

Das Skalarprodukt war definiert als Länge des einen mal Länge der Projektion des anderen auf den ersten Vektor (mal −1, falls φ stumpf war).

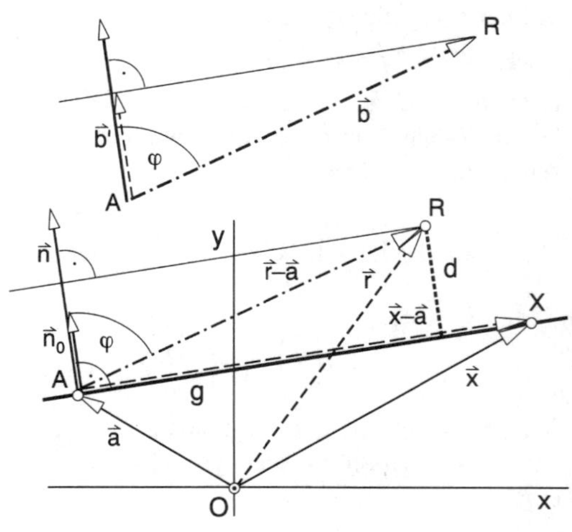

Bei $\vec{n}_0 \cdot \vec{b}$ (mit $\vec{b}$ für $\vec{r} - \vec{a}$) also

$$|\vec{n}_0| \cdot |\vec{b}'| = 1 \cdot b' = 1 \cdot d = d,$$

wobei d gerade den Abstand von R zu g darstellt, vgl. oberes Bild 16! Das aber war die eingangs gestellte Frage! Wir dürfen sagen:

S

Satz 3: Hessesche Normalform und Abstand

Um den Abstand d eines Punktes $R \notin g$ von einer Geraden g zu erhalten, setzt man in der sog. *Hesseschen Normalform* von g, $\vec{n}_0 \cdot (\vec{x} - \vec{a}) = 0$, die den Normalen*einheits*vektor enthält, statt des laufenden Vektors $\vec{x}$ den Ortsvektor $\vec{r}$ von R:

$$\vec{n}_0 \cdot (\vec{r} - \vec{a}) = \pm d \quad \text{mit} \quad |d| = \overline{Rg}$$

Vorzeichen

Sollte R auf der anderen Seite von g liegen, also nicht in der Halbebene, in die $\vec{n}_0$ zeigt, wird φ stumpf und d wird *negativ*, z.B. d = –2 ($\vec{n}_0 \cdot \vec{b} = 1 \cdot b' \cdot \cos\varphi$ ist dann ja negativ): für den immer als *positiv* erklärten *Abstand* $\overline{Rg}$ ist dann eben –d zu setzen (–(–2) = +2!).

Übungen sollen das näher erläutern:

B

Beispiele 17: konkrete Übungen dazu

Sei g durch A(1|5) und $\vec{v} = (4, -3)$ bestimmt. Wir kennen dann schon $\vec{n} = (3, 4)$ mit $\vec{n} \perp \vec{v}$ und haben die Normalform

$$\text{NF(g):} \quad \begin{pmatrix}3\\4\end{pmatrix} \cdot \left[\begin{pmatrix}x\\y\end{pmatrix} - \begin{pmatrix}1\\5\end{pmatrix}\right] = 0 \quad \Rightarrow \quad \begin{pmatrix}3\\4\end{pmatrix} \cdot \begin{pmatrix}x\\y\end{pmatrix} - \begin{pmatrix}3\\4\end{pmatrix} \cdot \begin{pmatrix}1\\5\end{pmatrix} = 0 \quad \Rightarrow$$

$$\text{g:} \quad 3x + 4y - 23 = 0.$$

erst die Normalform aufstellen,

Wegen $\vec{n}^2 = n^2$ ist

$$n^2 = \begin{pmatrix}3\\4\end{pmatrix} \cdot \begin{pmatrix}3\\4\end{pmatrix} = 9 + 16 = 25 \quad \Rightarrow \quad n = 5,$$

also der Einheitsvektor $\vec{n}_0 = \frac{1}{5}\vec{n} = \frac{1}{5}(3, 4) = (\frac{3}{5}, \frac{4}{5})$. Die Hessesche Normalform lautet daher

$$\text{HNF(g):} \quad \frac{1}{5}\begin{pmatrix}3\\4\end{pmatrix} \cdot \left[\begin{pmatrix}x\\y\end{pmatrix} - \begin{pmatrix}1\\5\end{pmatrix}\right] = 0 \quad \Rightarrow \quad \frac{1}{5}(3x + 4y - 23) = 0 \quad \Rightarrow \quad \frac{3x + 4y - 23}{5} = 0.$$

dann den Satz anwenden

Welchen *Abstand* hat R(8|1) von g? Wir setzen statt (x, y) eben (8,1) ein:

$$\overline{Rg}: \quad \frac{3 \cdot 8 + 4 \cdot 1 - 23}{5} = \pm d = \frac{5}{5} = 1 \quad \Rightarrow \quad d = \overline{Rg} = 1;$$

was ergibt sich für Q(3|1)? Es wird genauso mit (3, 1) statt (x, y):

$$\overline{Qg}: \quad \frac{3 \cdot 3 + 4 \cdot 1 - 23}{5} = \pm d = \frac{-10}{5} = -2 \quad \Rightarrow \quad d = \overline{Qg} = 2.$$

Q liegt in der anderen Halbebene, verglichen mit R.

der Satz gilt auch für die Ebene!

Betrachten Sie in der letzten Skizze g als Bild einer *projizierenden* Ebene **e**, so gilt alles übrige fast wörtlich gleich, so daß auch der Abstand eines Punktes R von einer Ebene **e** analog zu bestimmen ist. Der Satz von oben gilt demnach in gleicher Formulierung für eine *Ebene* statt einer *Geraden!*

Auch dazu gleich ein konkretes Beispiel:

Beispiele 18: Vorgehen wie eben

Geben wir **e** gleich in der (parameterfreien) Normalform an, ist z.B.

NF(**e**): $2x - 4y + 4z - 8 = 0$;

daraus lesen wir $\vec{n}$ als $\vec{n} = (2, -4, 4)$ ab und gewinnen $\vec{n}_0$ über

$n = \sqrt{\vec{n}^2} = \sqrt{2^2 + 4^2 + 4^2} = 6$ als $1/6\ \vec{n}$:

HNF(**e**): $\frac{1}{6}(2x - 4y + 4z - 8) = 0 \Leftrightarrow \frac{2x - 4y + 4z - 8}{6} = 0.$

Nun seien S(5|–1|3) und T(2|6|1) gegeben und $\overline{Se}$ und $\overline{Te}$ gesucht:

$\overline{Se}$: $\frac{2 \cdot 5 - 4 \cdot (-1) + 4 \cdot 3 - 8}{6} = \pm d = \frac{18}{6} = 3 \Rightarrow d = 3 = \overline{Se}$;

$\overline{Te}$: $\frac{2 \cdot 2 - 4 \cdot 6 + 4 \cdot 1 - 8}{6} = \pm d = \frac{-24}{6} = -4 \Rightarrow d = 4 = \overline{Te}$.

(anderer Halbraum als S)

Jetzt noch zum *Parallelenpaar* $p_{1,2} \parallel g$ im verlangten Abstand d! Wir wählen g vom letzten Beispiel und auch $d = \pm 1$, Bild 17. Da alle Parallelen denselben Normalen(einheits)vektor haben, beginnt also die HNF($p_{1,2}$) auch mit $1/5\,(3x + 4y$ ...; nur das *absolute Glied* ist noch unbekannt.

Bild 17: das Parallelenpaar

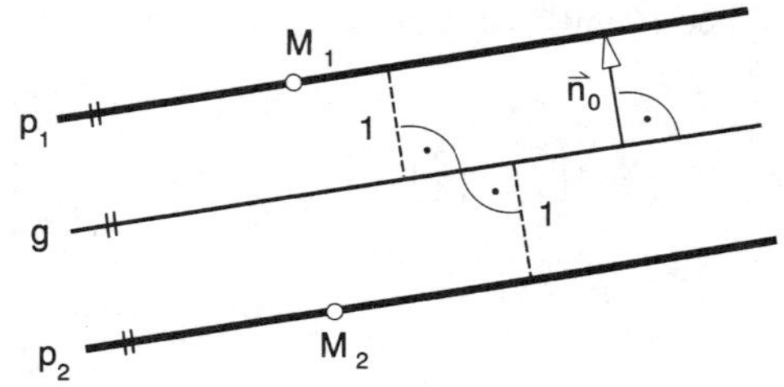

und die Herleitung seiner Gleichungen

Ist etwa $M_1(m, n) \in p_1$ mit $M_1g = d = 1$, so ist nach dem Satz

$$\frac{3 \cdot m + 4 \cdot n - 23}{5} = d = 1 \Rightarrow \frac{3 \cdot m + 4 \cdot n - 23}{5} - 1 = 0$$

Diese Gleichung entsteht aber auch, wenn (m, n) statt (x, y) in die Geradengleichung von p_1 eingesetzt wird, weil ja $M_1 \in p_1$ ist; die Bedingung

$$\frac{3 \cdot x + 4 \cdot y - 23}{5} - 1 = 0$$

muß demnach schon p_1 beschreiben! Genauso überlegt man für $M_2 \in p_2$ und gewinnt $\sim +1 = 0$; allgemein:

Satz 4: das Ergebnis

Das Parallelenpaar $p_{1,2} \parallel g$ im Abstand d zu einer Geraden g wird durch die Gleichungen beschrieben:

HNF ($p_{1,2}$): $\vec{n}_0 \cdot (\vec{x} - \vec{a}) \pm d = 0$

Das Ergebnis formt man noch um, konkret fürs letzte Beispiel:

$$p_{1,2}: \frac{3x + 4y - 23 \pm 5}{5} = 0 \Rightarrow \text{NF}(p_{1,2}): 3x + 4y \begin{cases} -28 \\ -18 \end{cases} = 0$$

Wie eben argumentiert man für Parallel*ebenen* und erhält dieselbe Formel. Daß man Abstandsfragen ebensogut mit dem vektoriellen Produkt lösen kann, überlegen Sie bitte als Übung 16. Schon in Band **1**, Kapitel **12**, haben wir damit Flächen- und Rauminhalte berechnet!

Vektoren und Abbildungen

mit Vektoren lassen sich auch Abbildungen beschreiben

Werfen wir abschließend einen Blick in die vektorielle analytische **ABBILDUNGS-GEOMETRIE**! Wir haben *Kongruenzabbildungen* in $\mathbb{B}$**4** besprochen und auch ihre *Verkettungen* diskutiert.

So wissen wir etwa, daß zwei Schiebungen sich wieder zu einer *Schiebung* und zwei Drehungen um O sich durch eine *Drehung* um O verketten (zusammensetzen) lassen. Eine Doppelspiegelung an *parallelen* Achsen p || g war eine Schiebung: $\mathbb{S}_p \circ \mathbb{S}_g = \mathbb{V}_v$, eine solche an *senkrechten* Achsen eine Punktspiegelung und sonst eine Drehung um den Achsenschnittpunkt u.a.m.

Hier stellen wir die Frage, wie sich solche Abbildungen und ihre Verkettungen *analytisch* – also mit algebraischen Hilfsmitteln wie **Vektoren** – in einem Koordinatensystem beschreiben lassen.

Schiebung,

Am einfachsten gelingt dies bei der **Schiebung**: An jeden Punkt $X(\vec{x})$ einer Figur, etwa einer Geraden g als Teilmenge einer solchen, linkes Bild 18, wird der Schiebungsvektor $\vec{v}$ angesetzt, woraus man den Bildpunkt P' von P über die Summe $\vec{x}' = \vec{x} + \vec{v}$ erhält.

Bilder 18:
...
Spiegelung

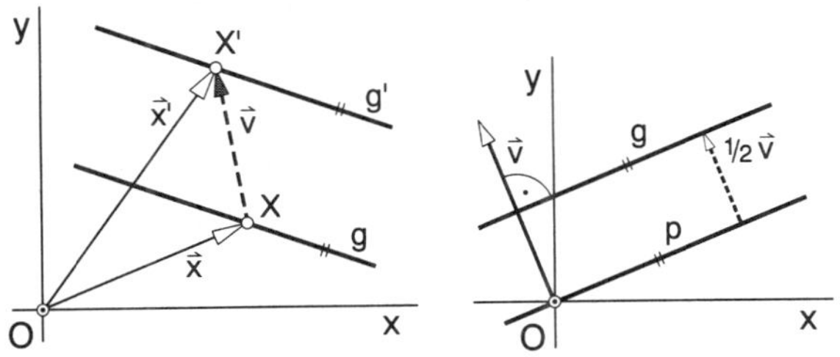

Für die *Bildgerade* g' ist dann ebenso:

$$g:\ \vec{x} = \vec{a} + \lambda\vec{u} \quad \Rightarrow \quad g':\ \vec{x}' = \vec{x} + \vec{v} = \vec{a} + \lambda\vec{u} + \vec{v}$$

Etwas schwieriger ist schon die **Spiegelung** an einer Geraden g zu behandeln. Wir führen sie zurück auf eine Spiegelung an der zu g parallelen Ursprungsgeraden p || g mit O ∈ p: Es ist doch – wie oben wiederholt – mit $\mathbb{I}$ als *identischer* Abbildung und $\mathbb{S}_p \circ \mathbb{S}_p = \mathbb{I}$:

identische Abbildung

$$\mathbb{S}_g = \mathbb{I} \circ \mathbb{S}_g = (\mathbb{S}_p \circ \mathbb{S}_p) \circ \mathbb{S}_g = \mathbb{S}_p \circ (\mathbb{S}_p \circ \mathbb{S}_g) = \mathbb{S}_p \circ \mathbb{V}_v$$

wobei $\vec{v} \perp p$ und $v = 2\overline{pg}$, rechtes Bild 18. An $\mathbb{S}_p$ ist also noch eine – nun schon bekannte – Schiebung anzufügen, um $\mathbb{S}_g$ zu erhalten.

Um nun $\mathbb{S}_p$ zu finden, denken wir an die (eindeutige) Darstellbarkeit eines jeden Ortsvektors $\vec{x}$ als $\vec{x} = x\vec{i} + y\vec{j}$ über die kartesischen Basiseinheitsvektoren $\vec{i}$ und $\vec{j}$ mit $\vec{i} \perp \vec{j}$ und $i = j = 1$ ($\mathbb{D}$**12**).

zu den Spiegelungsgleichungen

Werden dann mit den Vektoren $\vec{i}$ und $\vec{j}$ auch die Koordinatenachsen mitgespiegelt, vgl. Bild 19, so hat jeder Bildpunkt X' ($\vec{x}'$) im Spiegelsystem dieselben Koordinaten (x|y) wie X ($\vec{x}$) im ursprünglichen System – alle Längen und Winkel bleiben ja dabei erhalten! Kennt man also $\vec{i}'$ und $\vec{j}'$, so ist in $\vec{x}' = x\vec{i}' + y\vec{j}'$ schon der *Bildvektor* von $\vec{x}$ gefunden. Diese Argumentation gilt unverändert auch für eine *Drehung* um O, wovon wir gleich Gebrauch machen werden!

Bilder 19/20: dazu

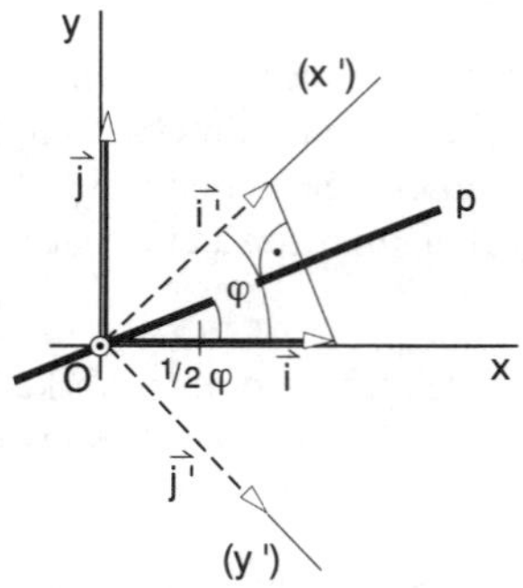

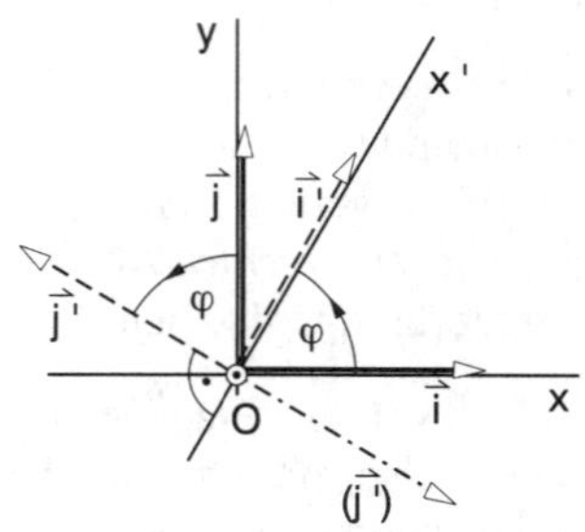

Schließt nun p mit der x-Achse den Winkel φ/2 ein, so tut dies auch $\vec{i}$ mit p, und sein Bild $\vec{i}'$ muß den doppelten Wert, also φ mit der x-Achse einschließen: $\vec{i}'$ erscheint also um φ gegenüber $\vec{i}$ *verdreht*. Als Einheitsvektor hat er daher Koordinaten, die wir seit der Definition der Winkelfunktionen kennen: es sind einfach cos φ und sin φ! Damit ist auch der Normalenvektor $\vec{j}'$ gefunden, der von $\vec{i}'$ aus als im *negativen* Sinn um 90° verdreht erscheint:

in Vektorform

$$\vec{i}' = \begin{pmatrix} \cos\varphi \\ \sin\varphi \end{pmatrix} \Rightarrow \vec{j}' = \begin{pmatrix} \sin\varphi \\ -\cos\varphi \end{pmatrix} \Rightarrow \vec{x}' = x\vec{i}' + y\vec{j}' = x\begin{pmatrix} \cos\varphi \\ \sin\varphi \end{pmatrix} + y\begin{pmatrix} \sin\varphi \\ -\cos\varphi \end{pmatrix} \Rightarrow$$

$$\mathbb{S}_p: \begin{cases} x' = \cos\varphi \cdot x + \sin\varphi \cdot y \\ y' = \sin\varphi \cdot x + (-\cos\varphi) \cdot y \end{cases}$$

Schiebung

Übrigens läßt sich sogar die *Schiebung* auf diese Art schreiben

$$\mathbb{V}_v: \begin{cases} x' = x + v_x = 1x + 0y + v_x \\ y' = y + v_y = 0x + 1y + v_y \end{cases}$$

Beides zusammen beschreibt die allgemeine Spiegelung an g || p!

... und den Drehungsgleichungen

Zur **Drehung** $\mathbb{D}_{O,\varphi}$ ist es nur mehr ein kleiner Schritt: $\vec{i}'$ ist schon bekannt, und nur $\vec{j}'$ ist jetzt eben im *positiven* Sinn verdreht, vgl. Bild 20, oben, also der übliche Normalvektor von $\vec{i}'$ und der Gegenvektor des oben durch Spiegelung erhaltenen ($\vec{j}'$)

$$\vec{i}' = \begin{pmatrix} \cos\varphi \\ \sin\varphi \end{pmatrix} \Rightarrow \vec{j}' = \begin{pmatrix} -\sin\varphi \\ \cos\varphi \end{pmatrix} \Rightarrow \vec{x}' = x\vec{i}' + y\vec{j}' = x\begin{pmatrix} \cos\varphi \\ \sin\varphi \end{pmatrix} + y\begin{pmatrix} -\sin\varphi \\ \cos\varphi \end{pmatrix}$$

Verkettung

Allgemeine Kongruenzabbildungen $\mathbb{K}$ erhält man durch *Verkettung* von Spiegelungen (aus denen sich auch Schiebungen und Drehungen ergeben); davon mehr in Kap. $\mathbb{J}$**30**!

Ende des
14. Kapitels!

Übungsaufgaben

1. Prüfen Sie, ob die Punkte S(2|–6|4) und T(8|–6|5) auf der Geraden

$$g:\ \vec{x} = \begin{pmatrix} 6 \\ -6 \\ 6 \end{pmatrix} + \lambda \begin{pmatrix} 2 \\ 0 \\ -1 \end{pmatrix}$$

liegen. Wie ist es mit dem Ursprung O(0|0|0)?

2. Untersuchen Sie die gegenseitige Lage der Geraden anhand der Richtungsvektoren:

a) $g:\ \vec{x} = \begin{pmatrix} -3 \\ 1 \\ 10 \end{pmatrix} + \lambda \begin{pmatrix} -5 \\ 0 \\ 6 \end{pmatrix}$ $\quad h:\ \vec{x} = \begin{pmatrix} -7 \\ 9 \\ -2 \end{pmatrix} + \mu \begin{pmatrix} 1 \\ -2 \\ 3 \end{pmatrix}$

b) $m:\ \vec{x} = \begin{pmatrix} -1 \\ 3 \\ 8 \end{pmatrix} + \lambda \begin{pmatrix} 1 \\ -1 \\ -3 \end{pmatrix}$ $\quad n:\ \vec{x} = \begin{pmatrix} 6 \\ -4 \\ -7 \end{pmatrix} + \mu \begin{pmatrix} -2 \\ 2 \\ 6 \end{pmatrix}$

c) $p:\ \vec{x} = \begin{pmatrix} 3 \\ 1 \\ 3 \end{pmatrix} + \lambda \begin{pmatrix} -1 \\ 2 \\ 1 \end{pmatrix}$ $\quad q:\ \vec{x} = \begin{pmatrix} 2 \\ 1 \\ 0 \end{pmatrix} + \mu \begin{pmatrix} 3 \\ -2 \\ 2 \end{pmatrix}$

3. In ℂ**8** haben wir eine Gerade in der Form y = kx + d beschrieben mit k als *Steigung*. Ist statt d nun ein Punkt $P_1(x_1|y_1) \in g$ bekannt neben k, so läßt sich für g die *Punkt-Richtungs-Form*

$$g:\ y - y_1 = k \cdot (x - x_1)$$

herleiten. Versuchen Sie dies mit der Idee, daß der Steigungsvektor $\vec{s} = (1, k)$ kollinear zum Richtungsvektor $\vec{v} = (v_x, v_y)$ ist und stellen Sie als Beispiel die Gleichung von g für $k = -1/4$ und $P_1(-9|5)$ auf!

4. Von einer Geraden können auch 2 Punkte $P_1(x_1|y_1)$ und $P_2(x_2|y_2)$ gegeben sein. Versuchen Sie, aus der vektoriellen Form eine Koordinatenform von g herzuleiten, indem Sie wie in Übung 3 vorgehen (vektorfreie *Zweipunktform*).
Beispiel: $P_1(-1|2)$, $P_2(3|-4)$!

5. Im Dreieck ABC, A(–8|–1), B(8|–9), C(2|9) [vgl. Bild 4 im Text] haben wir H und U bestimmt. Ermitteln Sie jetzt noch den Schwerpunkt S
   a) direkt
   b) als Schnittpunkt der Seitenhalbierenden (Schwerlinien).

6. Berechnen Sie vektoriell den Umkreismittelpunkt U des Dreiecks RST sowie den Umkreisradius: R(–6|6), S(10|–2), T(8|4).

7. Im Dreieck MNP, M(–6|1), N(2|1), P(2|7) hat auch der etwas schwieriger zu bestimmende Inkreismittelpunkt I „schöne" Koordinaten. Finden Sie sie?

8. Liegt der Punkt T(3|10|–4) in der Ebene **e** ?

$$\mathbf{e}:\ \vec{x} = \vec{s} + \lambda\vec{u} + \mu\vec{v} = \begin{pmatrix} 1 \\ 5 \\ -2 \end{pmatrix} + \lambda \begin{pmatrix} 2 \\ -1 \\ 12 \end{pmatrix} + \mu \begin{pmatrix} -2 \\ -5 \\ -6 \end{pmatrix}$$

14 Geraden und Ebenen

9. Stellen Sie die Gleichung der Ebene **e** auf, die durch den Punkt A(2|0|–9) und die Gerade g = BC mit B(–4|–2|0) und C(0|5|6) festgelegt wird.

10. Überzeugen Sie sich davon, daß
    a) der Nullpunkt O(0|0|0) nicht in der Ebene **e**: $\vec{x} = \begin{pmatrix} 3 \\ 2 \\ -1 \end{pmatrix} + \mu \begin{pmatrix} -1 \\ -2 \\ 1 \end{pmatrix} + \nu \begin{pmatrix} 2 \\ 1 \\ -1 \end{pmatrix}$ liegt,
    b) die Gerade l: $\vec{x} = \begin{pmatrix} 0 \\ 2 \\ 0 \end{pmatrix} + \lambda \begin{pmatrix} 1 \\ -1 \\ 0 \end{pmatrix}$ vollständig in **e** liegt.

11. Nehmen Sie bitte 3 Ebenen so an, daß es keinen Punkt gibt, der in allen drei Ebenen zugleich liegt. Es gibt 4 Fälle! Versuchen Sie passende Skizzen?

12. Bestimmen Sie die parameterfreie Form der Ebene **e** von Übung 10 und überzeugen Sie sich damit von $O \notin \mathbf{e}$ und $P \in \mathbf{e}$!

13. Spiegeln Sie den Punkt P(–2|6|2) an der Ebene **e**: $x + 2y - 2z = -3$.

14. Welchen Normalabstand (welche kürzeste Entfernung) haben die Punkte A(1|3) und B(7|0) von der Geraden g: $-5x + 12y + 8 = 0$? Welches Parallelenpaar $h_{1,2} \parallel g$ verläuft im Abstand $\overline{Ag}$?

15. Berechnen Sie den Normalabstand des Punktes P(4|–4|7) von der Ebene **e**: $3x - 2y + 6z - 13 = 0$ und geben Sie das Parallelebenenpaar $\mathbf{f}_{1,2} \parallel \mathbf{e}$ im Abstand $\overline{P\mathbf{e}}$ an.

16. Überlegen Sie (ev. anhand von Skizzen), daß gilt:
    a) Der Punkt P hat von g (A, $\vec{v}$) den Abstand $d = |\overrightarrow{PA} \times \vec{v}_0|$.
    b) Die windschiefen Geraden g (A, $\vec{v}$) und h (B, $\vec{w}$) haben den Abstand $d = |\overrightarrow{AB} \cdot (\vec{v} \times \vec{w})_0|$.

17. Stellen Sie die Abbildungsgleichung der Geradenspiegelung auf für die Gerade
    a) p: $y = \frac{1}{\sqrt{3}}x$ b) g: $y = \frac{1}{\sqrt{3}}x + \frac{2}{\sqrt{3}}$
    als Achse! Kontrollieren Sie für den Punkt $P(\sqrt{3} \mid 1)$!

18. Eine Figur F soll erst um 60° nach F', diese Bildfigur dann um 30° nach F'' um den Ursprung O gedreht werden. Wie lauten die Abbildungsgleichungen der Einzeldrehungen, wie die der Produktdrehung?

Zu den Lösungen

↓ Raum für Ihre Notizen ↓

Lösungen

1. $\vec{s} = \vec{a} + \lambda\vec{v}$ bzw. $\begin{pmatrix}2\\-6\\4\end{pmatrix} = \begin{pmatrix}6\\-6\\6\end{pmatrix} + \lambda\begin{pmatrix}2\\0\\-1\end{pmatrix} \Rightarrow \begin{pmatrix}2\lambda\\0\\-\lambda\end{pmatrix} = \begin{pmatrix}-4\\0\\-2\end{pmatrix}$ bzw.

   $2\lambda = -4 \Rightarrow \lambda = -2$; 3. Gleichung: $\lambda = 2 \neq -2$. Nein, $S \notin g$.

   $\vec{t} = \vec{a} + \lambda\vec{v}$ bzw. $\begin{pmatrix}8\\-6\\5\end{pmatrix} = \begin{pmatrix}6\\-6\\6\end{pmatrix} + \lambda\begin{pmatrix}2\\0\\-1\end{pmatrix} \Rightarrow \begin{pmatrix}2\lambda\\0\\-\lambda\end{pmatrix} = \begin{pmatrix}2\\0\\-1\end{pmatrix} \Rightarrow$

   $\lambda = 1$: ja, $T \in g$.

   $O = (0|0|0)$: $\begin{pmatrix}0\\0\\0\end{pmatrix} = \begin{pmatrix}6\\-6\\6\end{pmatrix} + \lambda\begin{pmatrix}2\\0\\-1\end{pmatrix} \Rightarrow \begin{pmatrix}2\lambda\\0\\-\lambda\end{pmatrix} = \begin{pmatrix}-6\\6\\-6\end{pmatrix} \Rightarrow$

   $0 = 6$ unmöglich: nein, $O \notin g$.

2. a) Richtungsvektoren nicht kollinear: g und h schneiden sich oder sind windschief:

   $\vec{s} = \begin{pmatrix}-3\\1\\10\end{pmatrix} + \lambda_s\begin{pmatrix}-5\\0\\6\end{pmatrix} = \begin{pmatrix}-7\\9\\-2\end{pmatrix} + \mu_s\begin{pmatrix}1\\-2\\3\end{pmatrix} \Rightarrow \begin{array}{r|l} -5\lambda_s - \mu_s = -4 & \\ 2\mu_s = 8 & \Rightarrow \mu_s = 4 \\ 6\lambda_s - 3\mu_s = -12 & \end{array}$

   I ... $\lambda_s = 1/5\,(4 - 4) = 0$; III ... $\lambda_s = 1/6\,(3 \cdot 4 - 12) = 0$; $0 = 0$, ✔

   $\vec{s} = \begin{pmatrix}-3\\1\\10\end{pmatrix} = \begin{pmatrix}-7\\9\\-2\end{pmatrix} + 4\begin{pmatrix}1\\-2\\3\end{pmatrix} = \begin{pmatrix}-3\\1\\10\end{pmatrix}$ ✔ S(−3|1|10), sie schneiden sich!

   b) Die Richtungsvektoren sind kollinear: m und n sind parallel oder identisch; liegt ein Punkt, $M(-1|3|8) \in m$, auch auf n? Wenn ja, fallen sie zusammen!

   $\begin{pmatrix}-1\\3\\8\end{pmatrix} = \begin{pmatrix}6\\-4\\-7\end{pmatrix} + \mu_M\begin{pmatrix}-2\\2\\6\end{pmatrix} \Rightarrow \begin{pmatrix}-2\mu\\2\mu\\6\mu\end{pmatrix} = \begin{pmatrix}-7\\7\\15\end{pmatrix} \Rightarrow$

   $\mu_I = \mu_{II} = 7/2$, doch $\mu_{III} = 5/2 \neq 7/2$; nein m und n sind parallel!

   c) zunächst wie a;

   $\vec{s} = \begin{pmatrix}3\\1\\3\end{pmatrix} + \lambda_s\begin{pmatrix}-1\\2\\1\end{pmatrix} = \begin{pmatrix}2\\1\\0\end{pmatrix} + \mu_s\begin{pmatrix}3\\-2\\2\end{pmatrix} \Rightarrow \begin{array}{r|l} -\lambda_s - 3\mu_s = -1 & \text{... (I)} \\ 2\lambda_s + 2\mu_s = 0 & \\ \lambda_s - 2\mu_s = -3 & + \end{array}$

   $3\lambda_s = -3 \Rightarrow \lambda_s = -1$; $\mu_s = 1$
   Kontrolle in I: $-(-1) - 3 \cdot 1 = -1$ bzw. $-2 = -1$
   falsch: kein Schnittpunkt, windschiefe Geraden.

3. $\vec{v} = \lambda\vec{s}$ bzw. $\begin{pmatrix}v_x\\v_y\end{pmatrix} = \lambda\begin{pmatrix}1\\k\end{pmatrix}$ und $\vec{x} - \vec{x}_1 = \vec{v}$,

   also $\begin{pmatrix}x-x_1\\y-y_1\end{pmatrix} = \lambda\begin{pmatrix}1\\k\end{pmatrix} \Rightarrow y - y_1 = \lambda k \;\wedge\; x - x_1$
   $= \lambda \Rightarrow y - y_1 = (x - x_1)\,k = k\,(x - x_1)$ w.z.z.w.
   z.B.: g: $y - 5 = -1/4\,(x + 9) \Rightarrow -1/4\,x - y + 11/4 = 0$

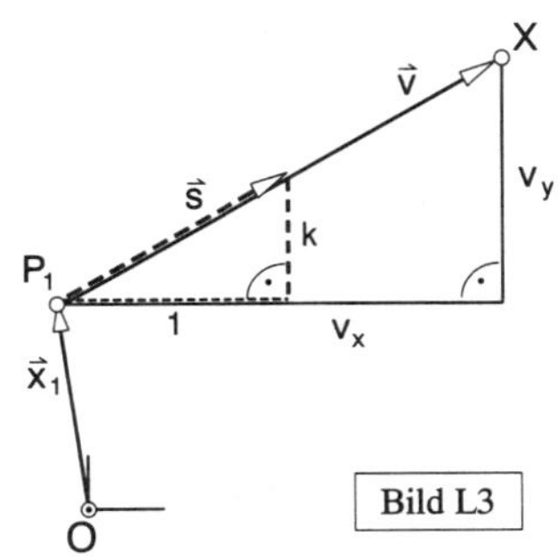

Bild L3

4. g: $\vec{x} = \vec{x}_1 + \lambda(\vec{x}_2 - \vec{x}_1) \Rightarrow \vec{x} - \vec{x}_1 = \lambda(\vec{x}_2 - \vec{x}_1) \Rightarrow \begin{pmatrix} x-x_1 \\ y-y_1 \end{pmatrix} = \lambda \begin{pmatrix} x_2-x_1 \\ y_2-y_1 \end{pmatrix}$ ⇉

I $\Rightarrow x - x_1 = \lambda(x_2 - x_1)$, daraus $\lambda = \dfrac{x-x_1}{x_2-x_1}$;

II $\Rightarrow y - y_1 = \lambda(y_2 - y_1)$,

λ einsetzen: $y - y_1 = \dfrac{x-x_1}{x_2-x_1}(y_2 - y_1)$; es folgt: g: $y - y_1 = \dfrac{y_2-y_1}{x_2-x_1}(x - x_1)$.

Beispiel: $y - 2 = \dfrac{-4-2}{3+1}(x+1) = \dfrac{-3}{2}(x+1) \Rightarrow 3x + 2y - 1 = 0$.

5. $s_a \cap s_c = \{S\}$; $s_a = AM_a$: $\vec{x} = \vec{r_A} + \lambda\,\overline{AM_a} = \begin{pmatrix} -8 \\ -1 \end{pmatrix} + \lambda \begin{pmatrix} 13 \\ 1 \end{pmatrix}$;

$s_c = CM_c$: $\vec{x} = \vec{r_C} + \nu\,\overline{CM_c} = \begin{pmatrix} 2 \\ 9 \end{pmatrix} + \nu \begin{pmatrix} -2 \\ -14 \end{pmatrix}$;

$\begin{array}{l|} -8 + 13\lambda = 2 - 2\nu \\ -1 + \lambda = 9 - 14\nu \end{array} \Leftrightarrow \begin{array}{|l|} 13\lambda + 2\nu = 10 \\ \lambda + 14\nu = 10 \end{array} \Rightarrow -180\nu = -120;\ \nu = 2/3 = \lambda$:

$S(2/3\,|-1/3) \Leftarrow$ direkt nach 12. Kapitel: $1/3\,(\vec{r_A} + \vec{r_B} + \vec{r_C})$, ✔

6. $\vec{s} = \overrightarrow{RT} = \vec{r}_T - \vec{r}_S = \begin{pmatrix} 8 \\ 4 \end{pmatrix} - \begin{pmatrix} -6 \\ 6 \end{pmatrix} = \begin{pmatrix} 14 \\ -2 \end{pmatrix} \parallel \begin{pmatrix} 7 \\ -1 \end{pmatrix} \Rightarrow \vec{n}_1 = \begin{pmatrix} 1 \\ 7 \end{pmatrix}$

$\vec{t} = \overrightarrow{RS} = \vec{r}_S - \vec{r}_R = \begin{pmatrix} 10 \\ -2 \end{pmatrix} - \begin{pmatrix} -6 \\ 6 \end{pmatrix} = \begin{pmatrix} 16 \\ -8 \end{pmatrix} \parallel \begin{pmatrix} 2 \\ -1 \end{pmatrix} \Rightarrow \vec{n}_2 = \begin{pmatrix} 1 \\ 2 \end{pmatrix}$

$\overrightarrow{r_{M_1}} = \frac{1}{2}(\vec{r}_R + \vec{r}_T) = \begin{pmatrix} 1 \\ 5 \end{pmatrix} \Rightarrow M_1(1|5)$; $\overrightarrow{r_{M_2}} = \frac{1}{2}(\vec{r}_R + \vec{r}_S) = \begin{pmatrix} 2 \\ 2 \end{pmatrix} \Rightarrow M_2(2|2)$

$\left.\begin{array}{l} m_1:\ \vec{r} = \overrightarrow{r_{M_1}} + \lambda\vec{n}_1 = \begin{pmatrix} 1 \\ 5 \end{pmatrix} + \lambda\begin{pmatrix} 1 \\ 7 \end{pmatrix} \\ m_2:\ \vec{r} = \overrightarrow{r_{M_2}} + \lambda\vec{n}_2 = \begin{pmatrix} 2 \\ 2 \end{pmatrix} + \mu\begin{pmatrix} 1 \\ 2 \end{pmatrix} \end{array}\right\} \cap:\ \begin{pmatrix} 1 \\ 5 \end{pmatrix} + \lambda\begin{pmatrix} 1 \\ 7 \end{pmatrix} = \begin{pmatrix} 2 \\ 2 \end{pmatrix} + \mu\begin{pmatrix} 1 \\ 2 \end{pmatrix} \Rightarrow$

$\lambda - \mu = 0 \wedge 7\lambda - 2\mu = -3 \Rightarrow 5\lambda = 5 \Rightarrow \lambda = 1;\ \mu = -2 \Rightarrow U(0|-2)$

$\vec{\rho} = \overrightarrow{US} = \begin{pmatrix} 10 \\ -2 \end{pmatrix} - \begin{pmatrix} 0 \\ -2 \end{pmatrix} = \begin{pmatrix} 10 \\ 0 \end{pmatrix} \Rightarrow \rho = \sqrt{\vec{\rho}^{\,2}} = \sqrt{100} = 10$

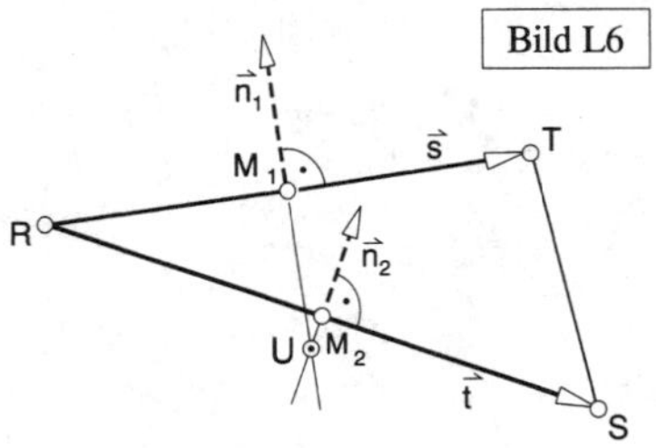

Bild L6

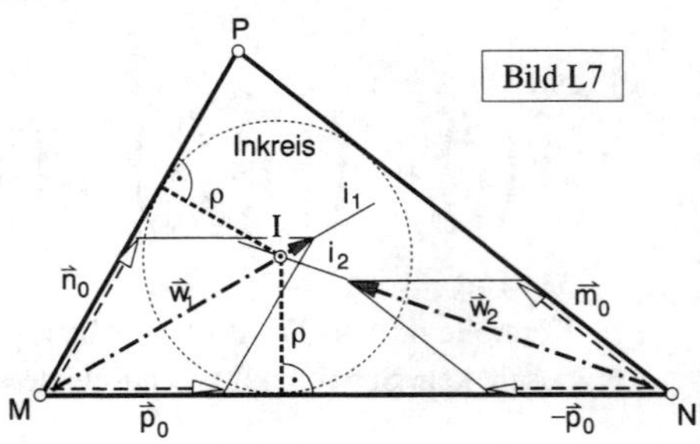

Bild L7

7. $\vec{p} = \overrightarrow{MN} = \begin{pmatrix} 8 \\ 0 \end{pmatrix}$; $\vec{p}_0 = \frac{1}{8}\begin{pmatrix} 8 \\ 0 \end{pmatrix} = \begin{pmatrix} 1 \\ 0 \end{pmatrix}$; $\vec{m} = \overrightarrow{NP} = \begin{pmatrix} 0 \\ 6 \end{pmatrix}$; $\vec{m}_0 = \frac{1}{6}\begin{pmatrix} 0 \\ 6 \end{pmatrix} = \begin{pmatrix} 0 \\ 1 \end{pmatrix}$

$\vec{n} = \overrightarrow{MP} = \begin{pmatrix} 8 \\ 6 \end{pmatrix}$; $|\vec{n}| = n = \sqrt{8^2 + 6^2} = 10$, $\vec{n}_0 = \frac{1}{10}\begin{pmatrix} 8 \\ 6 \end{pmatrix} = \begin{pmatrix} \frac{4}{5} \\ \frac{3}{5} \end{pmatrix}$

$$\overrightarrow{w_1} = \vec{p}_0 + \vec{n}_0 = \begin{pmatrix}1\\0\end{pmatrix} + \begin{pmatrix}4/5\\3/5\end{pmatrix} = \begin{pmatrix}9/5\\3/5\end{pmatrix} = \frac{3}{5}\begin{pmatrix}3\\1\end{pmatrix} \parallel \begin{pmatrix}3\\1\end{pmatrix}$$

$$\overrightarrow{w_2} = -\vec{p}_0 + \overrightarrow{m}_0 = \begin{pmatrix}-1\\0\end{pmatrix} + \begin{pmatrix}0\\1\end{pmatrix} = \begin{pmatrix}-1\\1\end{pmatrix}$$

$$i_1\text{: } \vec{r} = \overrightarrow{r_M} + \lambda\overrightarrow{w_1} = \begin{pmatrix}-6\\1\end{pmatrix} + \lambda\begin{pmatrix}3\\1\end{pmatrix}; \quad i_2\text{: } \vec{r} = \overrightarrow{r_N} + \mu\overrightarrow{w_2} = \begin{pmatrix}2\\1\end{pmatrix} + \mu\begin{pmatrix}-1\\1\end{pmatrix};$$

$$i_1 \cap i_2\text{: } \overrightarrow{r_I} = \begin{pmatrix}-6\\1\end{pmatrix} + \lambda_I\begin{pmatrix}3\\1\end{pmatrix} = \begin{pmatrix}2\\1\end{pmatrix} + \mu_I\begin{pmatrix}-1\\1\end{pmatrix} \Rightarrow \begin{array}{r|l} 3\lambda + \mu = 8 & \\ \lambda - \mu = 0 & + \rightarrow \end{array}$$

$$4\lambda = 8 \Rightarrow \lambda = 2 = \mu\text{: } I(0|3)$$

8. $$\begin{pmatrix}3\\10\\-4\end{pmatrix} = \begin{pmatrix}1\\5\\-2\end{pmatrix} + \lambda_T\begin{pmatrix}2\\-1\\12\end{pmatrix} + \mu_T\begin{pmatrix}-2\\-5\\-6\end{pmatrix} \Rightarrow \begin{pmatrix}2\\5\\-2\end{pmatrix} = \begin{pmatrix}2\lambda_T - 2\mu_T\\-\lambda_T - 5\mu_T\\12\lambda_T - 6\mu_T\end{pmatrix} \Rightarrow$$

$\lambda - \mu = 1$ (wieder kurz ohne Indizes)
$-\lambda - 5\mu = 5$ $\Rightarrow -6\mu = 6 \Rightarrow \mu = -1,\ \lambda = 0;$

Probe in Gleichung III: $12 \cdot 0 - 6 \cdot (-1) = -2,\ 6 = -2$: falsch, $T \notin \mathbf{e}$.

9. $\overline{BC} = \vec{v} = \begin{pmatrix}4\\7\\6\end{pmatrix}$, $\overline{BA} = \vec{u} = \begin{pmatrix}6\\2\\-9\end{pmatrix}$

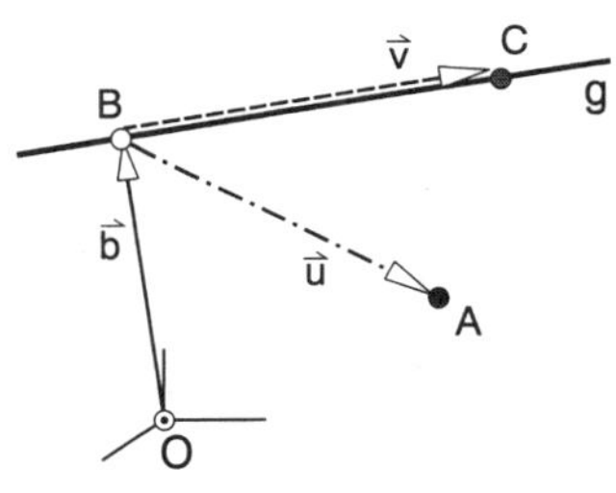

e: $\vec{x} = \vec{b} + \lambda\vec{u} + \mu\vec{v} = \begin{pmatrix}-4\\-2\\0\end{pmatrix} + \lambda\begin{pmatrix}6\\2\\-9\end{pmatrix} + \mu\begin{pmatrix}4\\7\\6\end{pmatrix}$

Genau so gut ist es, zwei Richtungsvektoren etwa von C ausgehen zu lassen oder von A.

10. a) $O \in \mathbf{e}$? $\begin{pmatrix}0\\0\\0\end{pmatrix} = \begin{pmatrix}3\\2\\-1\end{pmatrix} + \mu_O\begin{pmatrix}-1\\-2\\1\end{pmatrix} + \nu_O\begin{pmatrix}2\\1\\-1\end{pmatrix} \Rightarrow \begin{pmatrix}-3\\-2\\1\end{pmatrix} = \begin{pmatrix}-\mu_O + 2\nu_O\\-2\mu_O + \nu_O\\\mu_O - \nu_O\end{pmatrix}$

$-\mu + 2\nu = -3$ (wieder kurz ohne Indizes)
$\mu - \nu = 1$ $\Rightarrow \nu = -2,\ \mu = -1$; Kontr. II: $-2 \cdot (-1) + (-2) = -2,\ 0 \neq -2$: $O \notin \mathbf{e}$.

b) wie Text: der Richtungsvektor von l, $(1, -1, 0)$, ist Summe derer von **e**; also ist sicher $l \parallel \mathbf{e}$ oder $l \subset \mathbf{e}$. Ist $P(0|2|0) \in l$ auch $\in \mathbf{e}$? Ansatz wie a; es entsteht die Gleichung II' ... $-2\mu + \nu = 0$, für die nun aber $-2(-1) + (-2) = 0$ *wahr* ist: $P \in \mathbf{e}$: l liegt ganz in **e**, w.z.z.w.

11.

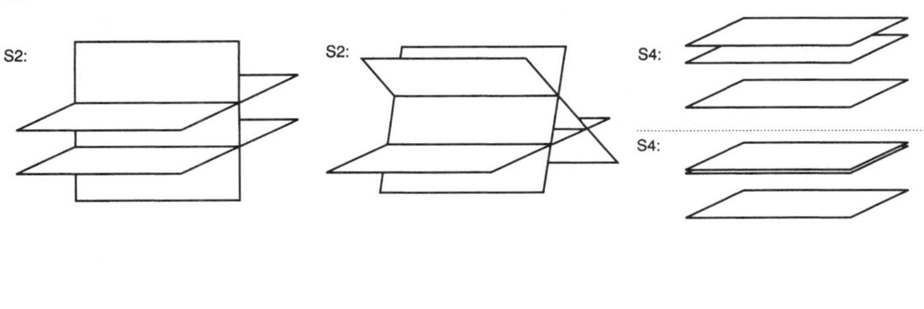

12. $\begin{pmatrix} x \\ y \\ z \end{pmatrix} = \begin{pmatrix} 3 \\ 2 \\ -1 \end{pmatrix} + \mu \begin{pmatrix} -1 \\ -2 \\ 1 \end{pmatrix} + \nu \begin{pmatrix} 2 \\ 1 \\ -1 \end{pmatrix} \Rightarrow \begin{array}{l|} x = 3 - \mu + 2\nu \\ y = 2 - 2\mu + \nu \\ z = -1 + \mu - \nu \end{array}$

Eliminieren, z.B. 1. und 3. Gleichung addieren, 2. und 2-fache 3. addieren) führt auf
$x + y + 3z = 2$;
$O(0|0|0) \in \mathbf{e}$? $0 + 0 + 3 \cdot 0 = 2$, $0 \neq 2$: $O \notin \mathbf{e}$ ✓
$P(0|2|0) \in \mathbf{e}$? $0 + 2 + 3 \cdot 0 = 2$, $2 = 2$: $P \in \mathbf{e}$ ✓

13. **e**: $x + 2y - 2z = -3$, $P(-2|6|2)$, Normalvektor auf **e**, $\vec{n} \perp \mathbf{e}$ $\vec{n} = \begin{pmatrix} 1 \\ 2 \\ -2 \end{pmatrix}$

$g \perp \mathbf{e}$ durch P: g: $\vec{x} = \begin{pmatrix} x \\ y \\ z \end{pmatrix} = \begin{pmatrix} -2 \\ 6 \\ 2 \end{pmatrix} + \lambda \begin{pmatrix} 1 \\ 2 \\ -2 \end{pmatrix} = \begin{pmatrix} -2+\lambda \\ 6+2\lambda \\ 2-2\lambda \end{pmatrix}$

$\{D\} = g \cap \mathbf{e}$: $(-2 + \lambda) + 2(6 + 2\lambda) - (2 - 2\lambda) = -3 \Rightarrow 9\lambda = -9$, $\lambda = -1$

$\vec{d} = \begin{pmatrix} -2 \\ 6 \\ 2 \end{pmatrix} - 1 \begin{pmatrix} 1 \\ 2 \\ -2 \end{pmatrix} = \begin{pmatrix} -3 \\ 4 \\ 4 \end{pmatrix}$: $D(-3|4|4)$; $\overrightarrow{PD} = \begin{pmatrix} -3 \\ 4 \\ 4 \end{pmatrix} - \begin{pmatrix} -2 \\ 6 \\ 2 \end{pmatrix} = \begin{pmatrix} -1 \\ -2 \\ 2 \end{pmatrix}$

$\vec{p^*} = \vec{p} + \overrightarrow{PD} = \begin{pmatrix} -3 \\ 4 \\ 4 \end{pmatrix} + \begin{pmatrix} -1 \\ -2 \\ 2 \end{pmatrix} = \begin{pmatrix} -4 \\ 6 \\ 6 \end{pmatrix}$: $P^*(-4|2|6)$.

14. $\vec{n} = \begin{pmatrix} -5 \\ 12 \end{pmatrix}$, $n = \sqrt{5^2 + 12^2} = 13$, $\vec{n}_0 = \frac{1}{n}\vec{n} = \frac{1}{13}\begin{pmatrix} -5 \\ 12 \end{pmatrix}$

HNF(g): $\frac{-5x + 12y + 8}{13} = 0 \Rightarrow \overline{Ag}$: $\frac{-5.1 + 12.3 + 8}{13} = 3 = d$;

$\overline{Bg}$: $\frac{-5.7 + 12.0 + 8}{13} = \frac{-27}{13} = -2\frac{1}{13} = -d \Rightarrow d = \overline{Bg} = 2\frac{1}{13}$ (andere Halbebene!)

Parallelen: HNF($f_{1,2}$): $\frac{-5x + 12y + 8}{13} \pm 3 = 0 \Rightarrow \frac{-5x + 12y + 8 \pm 39}{13} = 0$

h_1: $-5x + 12y + 47 = 0$, h_2: $-5x + 12y - 31 = 0$ $(A \in h_2)$

15. $\vec{n} = (3, -2, 6)$, $n = \sqrt{3^2 + 2^2 + 6^2} = 7$, $\vec{n}_0 = \frac{1}{7}\vec{n} = \frac{1}{7}(3, -2, 6)$;

HNF(**e**): $\frac{3x - 2y + 6z - 13}{7} = 0 \Rightarrow \overline{Pe}$: $\frac{3.4 - 2.(-4) + 6.7 - 13}{7} = 7 = d$

HNF($\mathbf{f}_{1,2}$): $\frac{3x - 2y + 6z - 13}{7} \pm 7 = 0 \Rightarrow \frac{3x - 2y + 6z - 13 \pm 49}{7} = 0$:

$\mathbf{f}_1$: $3x - 2y + 6z + 36 = 0$, $\mathbf{f}_2$: $3x - 2y + 6z - 62 = 0$ $(P \in \mathbf{f}_2!)$

16. a) Der Betrag des vektoriellen Produkts von $\overline{PA}$ und $\vec{v}_0$ ist auch der Flächeninhalt des Parallelogramms, das die beiden Vektoren aufspannen. Nun hat eine Seite die Länge 1 (= v_0), also muß der Flächeninhalt numerisch gleich der Höhe auf dieser Seite sein: das ist aber gerade der Abstand d von P zu g!

b) Der Vektor $\vec{v} \times \vec{w}$ gibt den gemeinsamen Normalvektor $\vec{n}$ beider Geraden an, er enthält die kürzeste Verbindungsstrecke, deren Länge eben der gesuchte Abstand d ist. Projiziert man daher einen beliebigen Verbindungsvektor $\overline{AB}$ auf den Einheitsvektor $\vec{n}_0$ von $\vec{n}$, so erhält man genau d: dies aber leistet das skalare Produkt von $\overline{AB}$ und $\vec{n}_0$!

17. Es folgt aus der Steigung zunächst $\varphi/2 = 30° \;\Rightarrow\; \varphi = 60°$

a) $\mathbb{S}_p$: $\vec{x}' = x\begin{pmatrix}\cos 60°\\ \sin 60°\end{pmatrix} + y\begin{pmatrix}\sin 60°\\ -\cos 60°\end{pmatrix} = x\begin{pmatrix}\frac{1}{2}\\ \frac{1}{2}\sqrt{3}\end{pmatrix} + y\begin{pmatrix}\frac{1}{2}\sqrt{3}\\ -\frac{1}{2}\end{pmatrix}$

Einsetzen der Koordinaten von P führt auf P′ = P:

$\sqrt{3}\begin{pmatrix}\frac{1}{2}\\ \frac{1}{2}\sqrt{3}\end{pmatrix} + 1\begin{pmatrix}\frac{1}{2}\sqrt{3}\\ -\frac{1}{2}\end{pmatrix} = \begin{pmatrix}\sqrt{3}\\ 1\end{pmatrix} = \vec{p}$; stimmt, da $P \in p$, ✔

b) $\mathbb{S}_g$: $\vec{x}'$ = wie a plus $\vec{v}$; $\vec{v}$ ist Normalvektor zu p mit $v = 2\,\overline{pg} = \overline{Og} = 2$ (HNF!);

konkret für P einsetzen führt auf $\vec{x}' = \begin{pmatrix}\sqrt{3}-1\\ 1+\sqrt{3}\end{pmatrix}$, d.h. $P'(\sqrt{3}-1 \,|\, 1+\sqrt{3})$.

18. $F \rightarrow F' \rightarrow F''$;

$\mathbb{D}_{30}$: $\vec{x}' = x\begin{pmatrix}\frac{1}{2}\sqrt{3}\\ \frac{1}{2}\end{pmatrix} + y\begin{pmatrix}-\frac{1}{2}\\ \frac{1}{2}\sqrt{3}\end{pmatrix}$ $\mathbb{D}_{60}$: $\vec{x}'' = x'\begin{pmatrix}\frac{1}{2}\\ \frac{1}{2}\sqrt{3}\end{pmatrix} + y'\begin{pmatrix}-\frac{1}{2}\sqrt{3}\\ \frac{1}{2}\end{pmatrix}$

$\mathbb{D}_{90} = \mathbb{D}_{30} \circ \mathbb{D}_{60}$: $\ldots = \begin{pmatrix}-y\\ x\end{pmatrix} \ldots$: $\mathbb{D}_{90}$, ✔.

Zum nächsten Kapitel

Teil E

15. Kapitel

15

Kreise und Kugeln

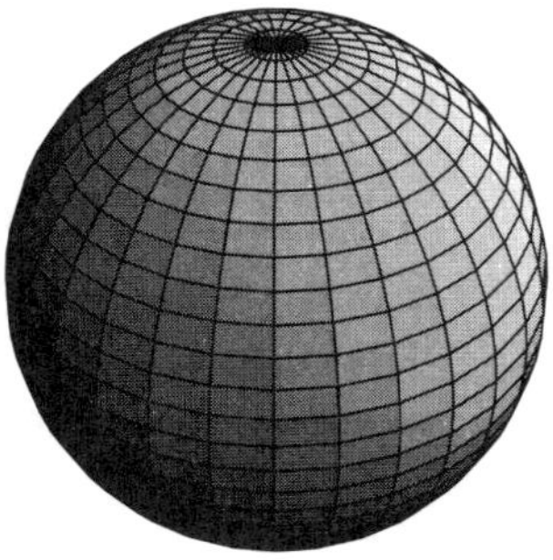

Wir haben im letzten Kapitel *Geraden* und *Ebenen* mit *linearen* Gleichungen beschrieben. Sie werden vermuten, daß für *Kreise* und *Kugeln* etwas schwierigere Gleichungen nötig sind; tatsächlich genügt es, *quadratische* Gleichungen zu verwenden. Im Schnitt mit Geraden und Ebenen treten dann wieder (gemischte) Gleichungs*systeme* auf.

Kapitelziele

In der Praxis sind Kreise und Kugeln vielfach anzutreffen: in Getrieben und Bremsen der Kraftfahrzeuge, in Achsenlagern, Rollen und Walzen von Maschinen, in optischen Geräten, als konstruktive Hilfsfiguren überall dort, wo rechtwinklige Dreiecke enthalten sind (Thaleskreis, Pythagoras). Was wäre der Mensch ohne die Schlüsselerfindung RAD? Welche Gestalt haben ERDE und SONNE?

Kreis- und Kugelgleichung

Wie kommt man zur Kreis-/Kugelgleichung?

Nun aber zur Herleitung der Kreis- und Kugelgleichung: Soll X auf einem Kreis mit Radius r um M = O liegen, vgl. linkes Bild 1, so hat der zugehörige Ortsvektor $\vec{x} = \overline{OX}$ stets dieselbe Länge $|\vec{x}| = x = r$. Für diese Länge haben wir aber mit Hilfe des Skalarprodukts $\vec{x}^2 = x^2$ gefunden; darin müssen wir nur r für x setzen: $\vec{x}^2 = r^2$ beschreibt dann schon den *Ursprungskreis* mit Radius r!

Skalarprodukt und Länge des Radius

Ist M ≠ O, rechtes Bild 1, so hat $\vec{x} - \vec{m}$ die feste Länge r, wo immer $X(\vec{x})$ auf dem Kreis liegt, so daß $\vec{x} - \vec{m}$ statt $\vec{x}$ oben einzusetzen ist! Darf X die Ebene verlassen, wird statt eines Kreises eine *Kugel* festgelegt.

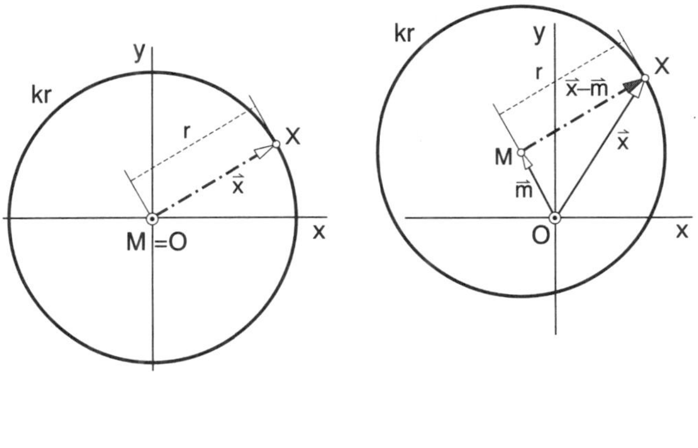

Bilder 1: dazu

Satz 1:
Ergebnisse

S **Ein Ursprungskreis / eine Ursprungskugel mit M = O und Radius r hat die Gleichung:**

$$\vec{x}^2 = r^2 \Leftrightarrow x^2 + y^2 [+ z^2] = r^2 \qquad \textit{(Mittelpunktsform)}$$

Für einen Mittelpunkt M ≠ O ist $\vec{x} - \vec{m}$ statt $\vec{x}$ zu setzen:

$$(\vec{x} - \vec{m})^2 = r^2 \Leftrightarrow (x - x_M)^2 + (y - y_M)^2 \ [+ (z - z_M)^2] = r^2$$

Beispiele 1:
Koordinaten-Formen
...

B Ist z.B. für M = O(0|0) noch r = 3, so ist der *Ursprungskreis* beschrieben durch:

$$\text{kr: } \vec{x}^2 = 3^2 \Leftrightarrow x^2 + y^2 = 3^2$$

dagegen meint M = O(0|0|0), r = 3, den *räumlichen* Fall, also die *Kugel*

$$\text{ku: } \vec{x}^2 = 3^2 \Leftrightarrow x^2 + y^2 + z^2 = 3^2$$

Für M(3|–5), r = 6, wird

$$\text{kr: } \left[\vec{x} - \begin{pmatrix} 3 \\ -5 \end{pmatrix}\right]^2 = 6^2 \Leftrightarrow (x-3)^2 + (y+5)^2 = 6^2.$$

Durch Ausquadrieren und Reduzieren entsteht

$$\text{kr: } x^2 - 6x + 9 + y^2 + 10y + 25 - 6^2 = 0 \Leftrightarrow x^2 + y^2 - 6x + 10y - 2 = 0,$$

die ***allgemeine*** Form der Kreisgleichung: immer lassen sich die Koeffizienten 1 bei x^2 und y^2 erreichen!

Ist umgekehrt die Gleichung in der allgemeinen Form gegeben, so formt man durch ***quadratische Ergänzung*** so um, daß die Mittelpunktsform entsteht:

Beispiele 2:
und quadratische Ergänzung

B

$$\text{kr: } x^2 + y^2 + 8x - 2y - 8 = 0$$

$$\text{kr: } x^2 + 8x + 4^2 + y^2 - 2y + 1^2 = 8 + 4^2 + 1^2 \Rightarrow (x+4)^2 + (y-1)^2 = 25 = 5^2 \Rightarrow$$

$$\begin{pmatrix} x+4 \\ y-1 \end{pmatrix}^2 = 5^2 \Rightarrow \left[\begin{pmatrix} x \\ y \end{pmatrix} - \begin{pmatrix} -4 \\ 1 \end{pmatrix}\right]^2 = 5^2 \Rightarrow \left[\vec{x} - \begin{pmatrix} -4 \\ 1 \end{pmatrix}\right]^2 = 5^2,$$

woraus man M(–4|+1) und r = 5 abliest.

Ortsaufgaben mit Kreisen

Man kann nun *analytisch*, also durch Verwendung dieser *Gleichungen*, Aufgaben lösen, die *synthetisch*, also *konstruktiv*, nicht immer leicht sind. Wie immer beschränken wir uns auf einfachere Fälle:

Beispiel 3:
konstruktive Aufgaben –

analytisch gelöst!

B Welche Punkte $S_{1,2}$ der Geraden g: –x + 7y = 6 haben vom Punkt P(–2|–3) den (gleichen) Abstand e = 5, Bild 2, rechts?

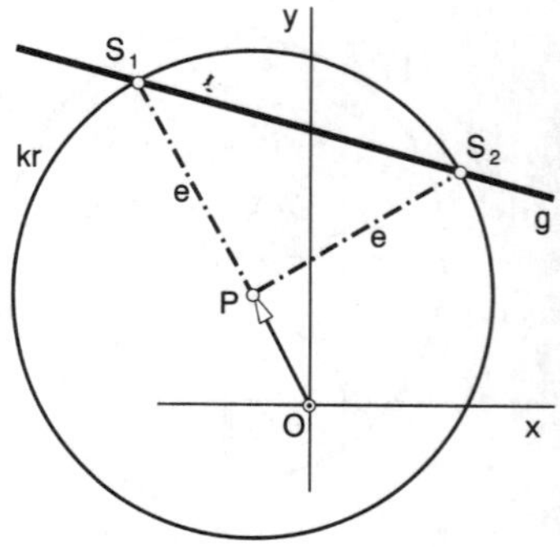

Hier ist es auch konstruktiv sehr einfach, wir folgen analytisch dem

Plan: Kreis kr [P, e] ∩ g → $S_{1,2}$!

$$\text{kr: } (x+2)^2 + (y+3)^2 = 25, \ \text{g: } x = 7y - 6;$$

$$\cap\text{: } (7y - 6 + 2)^2 + (y+3)^2 = 25 \Rightarrow$$

$49y^2 - 56y + 16 + y^2 + 6y + 9 = 25 \Rightarrow$
$50y^2 - 50y = 0 \Rightarrow 50y(y-1) = 0 \Rightarrow y_1 = 0 \wedge y_2 = 1;$
einsetzen in g(x) $\rightarrow x_1 = -6 \wedge x_2 = 1 \rightarrow S_1(-6|0),\ S_2(1|1)$

B **Beispiel 4:** **Abstands- und Berührungsfragen**

Welche Kreise mit r = 5 berühren die x–Achse und enthalten den Punkt P (7|2), vgl. Bild 3?

Bild 3: **dazu**

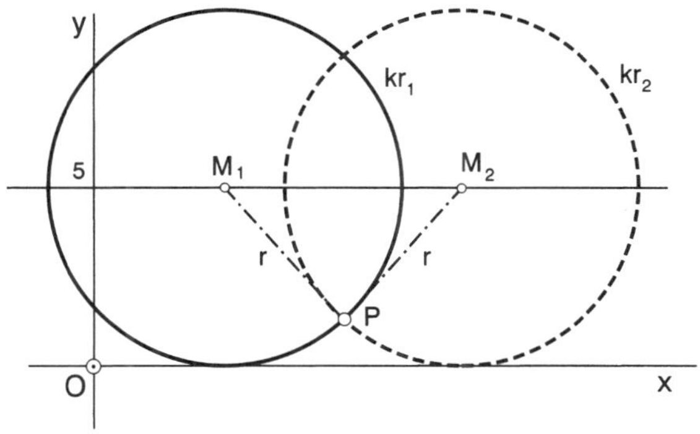

Plan: 1. Die kr_i müssen die x-Achse wegen 2 > 0 *von oben* berühren →
x_M ist unbekannt, $y_M = r = 5$: Ansatz daher
kr: $(x - x_M)^2 + (y-5)^2 = 5^2$

2. P∈kr: Die P-Koordinaten müssen die kr-Gleichung befriedigen:
$(7 - x_M)^2 + (2-5)^2 = 5^2 \Rightarrow (7 - x_M)^2 = \ldots 4^2 \Rightarrow 7 - x_M = \pm 4 \Rightarrow$
$x_M = 7 \pm 4 = 3$ bzw. 11; Erg.: kr_1: $[M_1(3|5);\ r = 5]$, kr_2: $[M_2(11|5);\ r = 5]$

B **Beispiel 5:** **geometrischer Ort:** **Parallelenpaar und HNF!**

Welche Kreise mit r = 2 berühren die Gerade g: $y = \frac{3}{4}x - 1$ und haben ihren Mittelpunkt auf der Geraden h: $y = -\frac{1}{4}x + 4$, Bild 4?

Bild 4: **dazu**

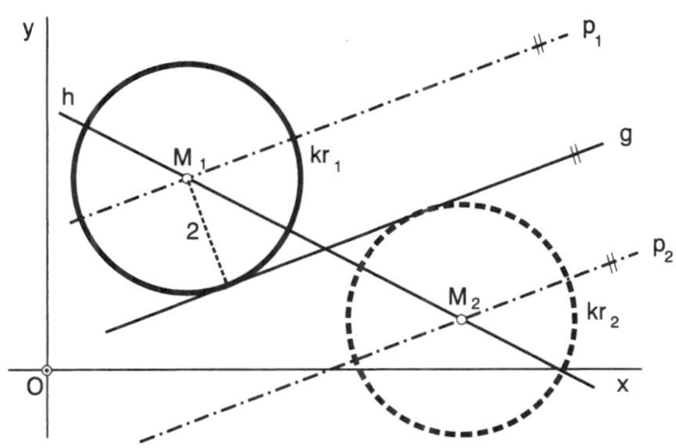

Plan: 1. Die Mittelpunkte liegen auf dem Parallelenpaar $p_{1,2} \parallel g$ im Abstand ±2:

HNF(g): $\frac{3x - 4y - 4}{5} = 0 \Rightarrow$ HNF($p_{1,2}$): $\frac{3x - 4y - 4}{5} \pm 2 = 0$:

NF(p_1): $3x - 4y + 6 = 0$, NF(p_2): $3x - 4y - 14 = 0$

2. $p_{1,2} \cap h \rightarrow S_{1,2}$! Zunächst Schnitt mit p_1:

$$\begin{array}{rl} 3x - 4y &= -6 \\ +x + 4y &= 16 \end{array} \Big| + \rightarrow \quad 4x = 10 \Rightarrow x = 5/2;\ y = \ldots 27/8: \ M_1(5/2 \,|\, 27/8) \rightarrow$$

kr_1: $(M_1; 2)$; analog führt p_2 auf ... $M_2(15/2 \,|\, 17/8) \rightarrow kr_2$: $(M_2; 2)$.

In der folgenden Aufgabe verwenden wir die Tatsache, daß eine *Tangente senkrecht* zum Berührradius steht:

Beispiel 6: vorgeschriebene Tangente an einen Kreis

B Welcher **Kreis** hat $M(6|-5)$ als Mittelpunkt und berührt die Gerade g: $-5x + 12y - 79 = 0$, vgl. Bild 5?

Bild 5: dazu

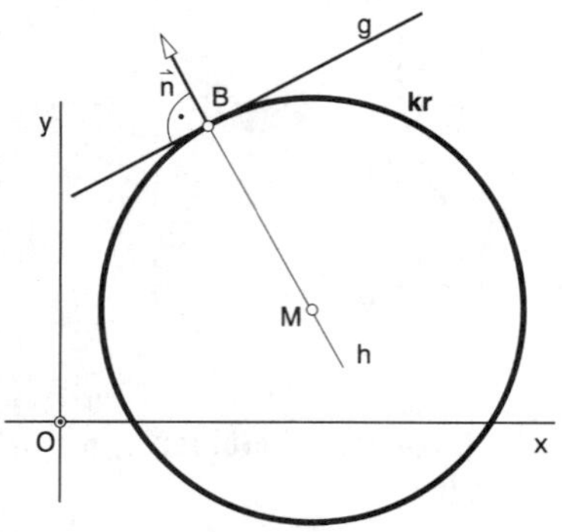

Solange man am *Berührpunkt* B nicht interessiert ist, genügt der Weg über die Hessesche Normalform, kurz die HNF von g:

$$\frac{-5x + 12y - 79}{13} = 0 \Rightarrow \overline{Mg}: \frac{(-5)\cdot 6 + 12 \cdot (-5) - 79}{13} = \pm d = -13 \Rightarrow r = |d| = 13$$

$$kr: \left[\vec{x} - \begin{pmatrix} 6 \\ -5 \end{pmatrix}\right]^2 = 13^2 \Rightarrow (x-6)^2 + (y+5)^2 = 13^2.$$

... und Berührpunkt

Will man auch B berechnen, kann man gleich anders vorgehen: Man wird die *Normale* $h \perp g$ durch M legen und mit g schneiden:

$$\vec{n}_g = \begin{pmatrix} -5 \\ 12 \end{pmatrix} = \vec{v}_h \Rightarrow h: \vec{x} = \vec{m} + \lambda \vec{v} = \begin{pmatrix} 6 \\ -5 \end{pmatrix} + \lambda \begin{pmatrix} -5 \\ 12 \end{pmatrix} \Rightarrow \begin{pmatrix} x \\ y \end{pmatrix} = \begin{pmatrix} 6 - 5\lambda \\ -5 + 12\lambda \end{pmatrix};$$

dieser Vektor mit dem Parameter λ wird für einen bestimmten Wert λ^* gerade $\vec{b}$ werden, und zwar dort, wo eben die $\vec{x}$ -Spitze auch in g liegt:

$$h \cap g: -5(6 - 5\lambda^*) + 12(-5 + 12\lambda^*) - 79 = 0 \Rightarrow 169\lambda^* - 169 = 0 \Rightarrow \lambda^* = 1;$$

$$\vec{b} = \begin{pmatrix} 6 \\ -5 \end{pmatrix} + 1 \begin{pmatrix} -5 \\ 12 \end{pmatrix} = \begin{pmatrix} 1 \\ 7 \end{pmatrix} \Rightarrow B(1|7); \quad \overrightarrow{MB} = \begin{pmatrix} 1 \\ 7 \end{pmatrix} - \begin{pmatrix} 6 \\ -5 \end{pmatrix} = \begin{pmatrix} -5 \\ 12 \end{pmatrix}; \quad r = \overline{MB} \text{ w.o.}$$

Ortsaufgaben mit Kugeln

Im *räumlichen* Fall kann man genau so vorgehen, falls die *Tangentialebene* **e** einer **Kugel** schon in Normalenform bekannt ist:

Beispiel 7: Tangentialebene und Kugel

Sei dazu der Ursprung O(0|0|0) = M, also Mittelpunkt, und **e**: $3x - 2y + 6z - 49 = 0$, Bild 6.

Bild 6: dazu

$\vec{n} = (3, -2, 6), \quad n = |\vec{n}| = \sqrt{3^2 + 2^2 + 6^2} = 7;$

HNF(**e**): $\dfrac{3x - 2y + 6z - 49}{7} = 0 \Rightarrow$

$\overline{Me}$: $\dfrac{0 - 49}{7} = \pm d = -7 \Rightarrow r = |d| = 7;$

ku: $\vec{x}^2 = 7^2 \Leftrightarrow x^2 + y^2 + z^2 = 7^2.$

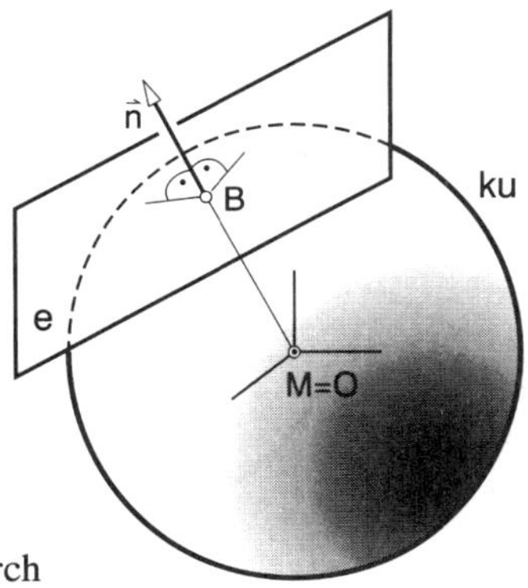

Ist die Ebene jedoch wie meist durch 3 Punkte A, B, C gegeben, so ist zuerst der *Normalenvektor* zu bestimmen; dies kann wie im letzten Kapitel durch Elimination der Parameter geschehen (Übung 6!). Wir überlegen aber übungshalber einen anderen Weg, $\vec{n}$ zu finden:

Beispiel 8: wie findet man einen Normalvektor?

Es seien A(7|–2|4), B(9|–5|2), C(3|–8|4); dann liegen auch $\overrightarrow{AB} = (2, -3, -2)$ und $\overrightarrow{AC} = (-4, -6, 0)$ in **e**, so daß jeder Normalvektor $\vec{n} = (u, v, w)$ von **e** zu beiden senkrecht sein muß. Dies leistet entweder das vektorielle Produkt oder mit etwas Raffinesse auch das skalare:

... über Skalarprodukte

$$\left.\begin{array}{l} \vec{n} \perp \overrightarrow{AB} \Rightarrow \overrightarrow{AB} \cdot \vec{n} = 0 \Leftrightarrow \ldots\ 2u - 3v - 2w = 0 \\ \vec{n} \perp \overrightarrow{AC} \Rightarrow \overrightarrow{AC} \cdot \vec{n} = 0 \Leftrightarrow \ldots\ -4u - 6v = 0 \Leftrightarrow -2u - 3v = 0 \end{array}\right\} + \rightarrow$$

$$-6v - 2w = 0 \Rightarrow -1w = 3v \Rightarrow \frac{w}{v} = \frac{3}{-1};$$

Eine mögliche Lösung ist $w = 3 \wedge v = -1$, aber auch jedes Vielfache, weil die Länge von $\vec{n}$ frei wählbar ist! Es folgt

$$2u = -3v \Rightarrow u = 3/2 \Rightarrow \vec{n} = (3/2, -1, 3) \parallel (3, -2, 6);$$

mit diesem $\vec{n}$ finden wir **e**:

Normalform der Ebene

$$\text{NF}(\mathbf{e}): \vec{n} \cdot (\vec{x} - \vec{a}) = 0 \Rightarrow \begin{pmatrix} 3 \\ -2 \\ 6 \end{pmatrix} \cdot \left[\begin{pmatrix} x \\ y \\ z \end{pmatrix} - \begin{pmatrix} 7 \\ -2 \\ 4 \end{pmatrix}\right] = 0 \Rightarrow$$

$$3(x - 7) - 2(y + 2) + 6(z - 4) = 0 \Rightarrow 3x - 2y + 6z - 49 = 0 \quad \text{wie oben } \uparrow!$$

Berührpunkt

Will man auch hier den *Berührpunkt* B wissen, wird man wieder die Gerade h, h ⊥ **e**, durch M mit **e** durchstoßen:

Beispiel 9: ... und Durchstoßpunkt

$$\text{h: } \vec{x} = \vec{b} + \mu\vec{n} = \vec{0} + \lambda\vec{n} = \lambda\begin{pmatrix} 3 \\ -2 \\ 6 \end{pmatrix} \Rightarrow \begin{pmatrix} x \\ y \\ z \end{pmatrix} = \begin{pmatrix} 3\lambda \\ -2\lambda \\ 6\lambda \end{pmatrix} \cap \mathbf{e} \Rightarrow$$

$$3 \cdot 3\lambda - 2(-2\lambda) + 6 \cdot 6\lambda - 49 = 0 \Rightarrow 49\lambda - 49 = 0 \Rightarrow \lambda = 1 \Rightarrow B(3|-2|6).$$

Ist statt **e** als Tangentenebene eine *Gerade* g als *Tangente* einer Kugel mit gegebenem Mittelpunkt M vorgeschrieben, wird man eine Normalebene **f** $\perp$ g durch M „legen", d. h., ihre Gleichung eruieren, und der Durchstoßpunkt von beiden ist ein Kugelpunkt B$\in$ku:

Beispiel 10: Tangente an eine Kugel: Normalebene

Seien konkret M(–2|6|2) als Mittelpunkt und g: $\vec{x} = (5, 3, 9) + \lambda(1, 2, -1) = \vec{a} + \lambda\vec{v}$ als Tangente einer Kugel vorgelegt; dann lösen wir wie eben skizziert, Bild 7:

Bild 7: dazu

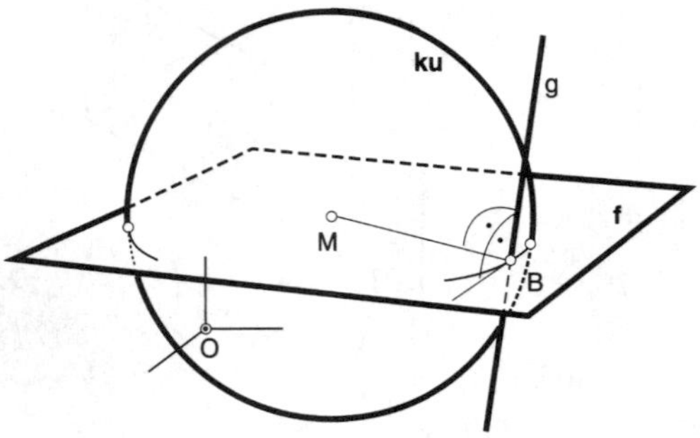

Vektoren und Gleichungen: Lösung wie geübt!

Zunächst ist der Richtungsvektor $\vec{v}$ von g Normalvektor von **f**:

$$NF(\mathbf{f}):\ \vec{v}\cdot(\vec{x}-\vec{m}) = 0 \ \Rightarrow\ \begin{pmatrix}1\\2\\-1\end{pmatrix}\cdot\left[\begin{pmatrix}x\\y\\z\end{pmatrix}-\begin{pmatrix}-2\\6\\2\end{pmatrix}\right] = 0 \ \Rightarrow$$

$x + 2y - z - (-2 + 12 - 2) = 0;$ **f**: $x + 2y - z - 8 = 0;$

$\mathbf{f} \cap g = \{B\}$:

g: $(x, y, z) = (5 + \lambda, 3 + 2\lambda, 9 - \lambda) \Rightarrow (5 + \lambda) + 2(3 + 2\lambda) - (9 - \lambda) - 8 = 0 \Rightarrow$

$6\lambda = 6 \ \Rightarrow\ \lambda = 1 \ \Rightarrow$ (diesen Wert in g einsetzen ...) B(6|5|8)

$$\overrightarrow{MB} = \begin{pmatrix}6\\5\\8\end{pmatrix}-\begin{pmatrix}-2\\6\\2\end{pmatrix}=\begin{pmatrix}8\\-1\\6\end{pmatrix} \ \Rightarrow\ r = \sqrt{8^2 + (-1)^2 + 6^2} = \sqrt{101};$$

ku: $(\vec{x} - \vec{m})^2 = r^2 \ \Rightarrow\ (x + 2)^2 + (y - 6)^2 + (z - 2)^2 = 101.$

Schnittpunkte Kreis – Gerade

Neben Berührpunkten von Tangent(ialeben)en sind immer wieder die *Schnittpunkte* eines Kreises mit einer Geraden zu bestimmen; analytisch läuft das auf die Lösung eines 2-2-*Gleichungssystems* hinaus:

kr: $x^2 + y^2 + ax + by + c = 0 \ \wedge\ $ g: $Ax + By + C = 0$ (oder g: $\vec{x} = \vec{a} + \lambda\vec{v}$).

Dabei entnimmt man der linearen Gleichung eine Variable und substituiert ihren Term in die quadratische Gleichung; diese hat i. allg. zwei reelle Lösungen für x (y), denen jeweils ein Partnerwert auf der Geraden entspricht.

Falls g in Parameterform gegeben ist, setzt man die x-/ y-Terme (in λ) wie eben bei den Schnitten mit einer Ebene in die Kreisgleichung ein.

Beispiel 11: ... quadratische Gleichung!

kr: $(x - 2)^2 + (y + 2)^2 = 17$, g: $3x - 5y + 1 = 0 \ \Rightarrow\ x = \frac{5}{3}y - \frac{1}{3}$; dies in den kr-Term einsetzen ($kr \cap g$): $\Rightarrow\ (\frac{5}{3}y - \frac{1}{3} - 2)^2 + (y + 2)^2 = 17$

$\Rightarrow\ ...\ 34y^2 - 34y - 68 = 0 \ \Rightarrow\ y^2 - y - 2 = 0,\quad y_{1,2} = ... = \frac{1}{2} \pm \frac{3}{2} = \left\langle{2 \atop -1}\right.;$

$x_{1,2} = 3$ bzw. $-2 \ \rightarrow\ S_1(3|2),\ S_2(-2|-1).$

Bei *Kugeln* geht man analog vor:

B Beispiel 12: Durchstoßpunkte Kugel – Gerade: Lösung wie eben!

Gegeben ist die Kugel ku mit dem Mittelpunkt M(2|–2|1) und dem Radius $r = \sqrt{17}$. Die Gerade g ist durch die Punkte A(–8|1|5) und B(–1|0|3) festgelegt. Bestimmen Sie die Durchstoßpunkte S_1 und S_2!

$$ku:\ (x-2)^2 + (y+2)^2 + (z-1)^2 = 17,$$

$$\overrightarrow{AB} = \begin{pmatrix} 7 \\ -1 \\ -2 \end{pmatrix} \Rightarrow g: \vec{r} = \begin{pmatrix} -8 \\ 1 \\ 5 \end{pmatrix} + \lambda \begin{pmatrix} 7 \\ -1 \\ -2 \end{pmatrix} \Rightarrow \begin{pmatrix} x \\ y \\ z \end{pmatrix} = \begin{pmatrix} -8+7\lambda \\ 1-\lambda \\ 5-2\lambda \end{pmatrix};$$

dies für x, y, z von ku einsetzen:

$$(-8+7\lambda-2)^2 + (1-\lambda+2)^2 + (5-2\lambda-1)^2 = 17 \Rightarrow \text{... (bitte nachzurechnen!)}$$

$$54\lambda^2 - 162\lambda + 108 = 0 \Rightarrow \lambda^2 - 3\lambda + 2 = 0 \Rightarrow \lambda_{1,2} = \text{... } 1 \text{ bzw. } 2$$

$$\vec{s_1} = \begin{pmatrix} -8 \\ 1 \\ 5 \end{pmatrix} + 1 \begin{pmatrix} 7 \\ -1 \\ -2 \end{pmatrix} = \begin{pmatrix} -1 \\ 0 \\ 3 \end{pmatrix} \Rightarrow S_1(-1|0|3);$$

$$\vec{s_2} = \begin{pmatrix} -8 \\ 1 \\ 5 \end{pmatrix} + 2 \begin{pmatrix} 7 \\ -1 \\ -2 \end{pmatrix} = \begin{pmatrix} 6 \\ -1 \\ 1 \end{pmatrix} \Rightarrow S_2(6|-1|1).$$

Kreis und Tangente

Wie erkennt man eine Tangente?

Nun kann eine Gerade einen Kreis oder eine Kugel genau in *einem* Punkt B schneiden oder **berühren**, wie man dazu sagt; sie ist dann Tangente. Kann man dies schon an den Parametern der beiden Gleichungen erkennen?

Wir beschränken uns auf den einfachsten Fall eines Ursprungskreises kr: $x^2 + y^2 = r^2$ und einer Geraden in expliziter Form g: $y = kx + d$. Dann darf die quadratische Gleichung nur *eine* Lösung haben, d. h., die *Diskriminante* Δ muß gleich Null sein:

$$kr \cap g:\ x^2 + (kx+d)^2 = r^2 \Rightarrow (k^2+1)x^2 + 2kdx + d^2 - r^2 = 0$$

$$x_{1,2} = \frac{1}{2(k^2+1)}\left(-2kd \pm \sqrt{4k^2d^2 - 4(k^2+1)(d^2-r^2)}\right)$$

Im Term unter der Wurzel werden die Binome ausmultipliziert und 4 ausgeklammert:

$$\Delta = 4(k^2d^2 - k^2d^2 - d^2 + k^2r^2 + r^2) = 0 \Rightarrow d^2 = k^2r^2 + r^2 = r^2(k^2+1)$$

Dies ist schon die gesuchte Beziehung:

S Satz 2: Berührbedingung

Eine Gerade g: $y = kx + d$ ist Tangente an den Ursprungskreis kr: $x^2 + y^2 = r^2$, falls gilt

$d^2 = r^2 \cdot (k^2 + 1)$ (***Berührbedingung***)

Damit läßt sich jetzt die Aufgabe lösen:

B Beispiel 13: Anwendung

An den Ursprungskreis kr: M = O, r = 10, sollen parallel zu der Geraden g: $y = \frac{3}{4}x + 8$ die **Tangenten** $t_{1,2}$ gelegt werden.

Es ist hier also d zu berechnen; r und k sind gegeben bzw. aus g(x) zu entnehmen:

$$\left.\begin{array}{l} r = 10 \;\Rightarrow\; r^2 = 100 \\ k = 3/4 \;\Rightarrow\; k^2 = \end{array}\right\} \;\Rightarrow\; d^2 = r^2\,(k^2 + 1) = 100\,(9/16 + 1) = 100 \cdot 25/16 \;\Rightarrow$$

$$d_{1,2} = \pm 10 \cdot 5/4 = \pm 25/2\,;$$

$$t_1\!: \; y = kx + d_1 = 3/4\,x + 25/2\,, \qquad t_2\!: \; y = kx + d_2 = 3/4\,x - 25/2\,.$$

Sollen die Tangenten $t_{1,2}$ *normal* zu g liegen, ist erst ihre Steigung aus der von g zu ermitteln, was über den Normalenvektor zum Steigungsvektor $\overline{s} = (1, x)$ geschieht:

Beispiel 14: Normal- und Steigungsvektor

B

$$k_g = \frac{3}{4} \;\Rightarrow\; \overline{s} = \begin{pmatrix} 1 \\ k \end{pmatrix} = \begin{pmatrix} 1 \\ 3/4 \end{pmatrix}; \quad \overline{n} \perp \overline{s}\!: \; \overline{n} = \begin{pmatrix} -3/4 \\ 1 \end{pmatrix} \Big\| \begin{pmatrix} 1 \\ -4/3 \end{pmatrix} \;\Rightarrow\; k_\perp = -\frac{4}{3};$$

allg. ist $\overline{s} = (1, k)$ und $\overline{n} = (1, k_\perp)$ mit $\overline{s} \cdot \overline{n} = 0 \;\Rightarrow\; 1 + k \cdot k_\perp = 0 \;\Rightarrow\; \boxed{k_\perp = -\frac{1}{k}}$

Somit: $d^2 = r^2\,(k_\perp{}^2 + 1) = 100(16/9 + 1) = 100 \cdot 25/9 \;\Rightarrow\; d_{1,2} = \pm 10 \cdot 5/3 = \pm 50/3\,;$

$t_{1\perp}\!: \; y = -4/3\,x + 50/3\,, \qquad t_{2\perp}\!: \; y = -4/3\,x - 50/3\,.$

Liegt M *beliebig*, M ≠ O, kann eine eigene Berührbedingung entwickelt werden, in der die Koordinaten von M auftreten. Wir tun dies nicht und erinnern uns statt dessen an das Parallelenpaar zu einer Geraden p ∥ g, M∈p, im Abstand d = ±r:

Beispiel 15: parallele Tangenten:

Hessesche Normalform und Parallelenpaar als Tangenten

B

An den Kreis kr [M (7|4), r = 6] in allgemeiner Lage sind die zu g: $\begin{pmatrix} 3 \\ -4 \end{pmatrix} \cdot \overline{x} = 15$ *parallelen* Tangenten $t_{1,2}$ zu legen.

Bild 8: dazu

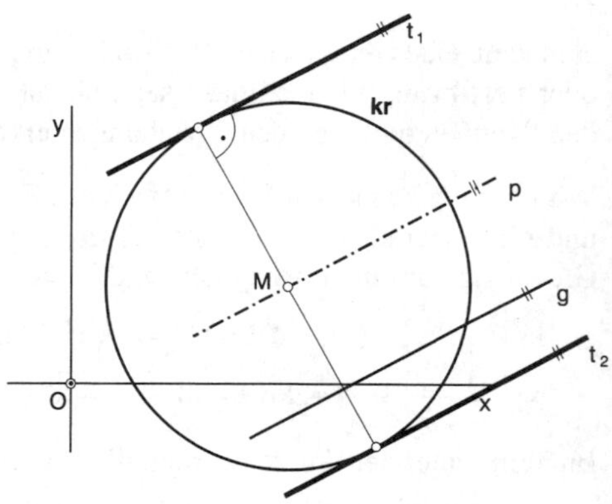

Ist p die zu g parallele Gerade durch M, Bild 8, so haben die gesuchten Tangenten von p den Abstand ±r. Ein solches Parallelenpaar läßt sich aber mit der *Hesseschen Normalform* (HNF) leicht finden! Zuvor schreibt man p sofort in der gewöhnlichen Normalform (NF) an, da wegen p ∥ g der Normalvektor $\overline{n}$ von p aus der NF von g ablesbar ist:

$$p\!: \; \overline{n} \cdot (\overline{x} - \overline{m}) = 0 \quad \text{mit}$$

$$\overline{n} = \overline{n_g} = \begin{pmatrix} 3 \\ -4 \end{pmatrix} \quad \text{und} \quad n = 15,$$

$$p\!: \; \begin{pmatrix} 3 \\ -4 \end{pmatrix} \cdot \left[\begin{pmatrix} x \\ y \end{pmatrix} - \begin{pmatrix} 7 \\ 4 \end{pmatrix} \right] = 0 \;\Rightarrow\; 3x - 4y - 5 = 0;$$

$$\text{HNF}(p)\!: \; \frac{3x - 4y - 5}{5} = 0 \;\Rightarrow\; \text{HNF}(t_{1,2})\!: \; \frac{3x - 4y - 5}{5} \pm 6 = 0,$$

$$t_{1,2}\!: \; 3x - 4y - 5 \pm 30 = 0 \;\text{ bzw. }\; t_1\!: \; 3x - 4y + 25 = 0, \quad t_2\!: \; 3x - 4y - 35 = 0.$$

Analog gehen wir vor im nächsten Beispiel:

Beispiel 16: dasselbe Vorgehen ...

B

An den Kreis kr: $\left[\overline{x} - \begin{pmatrix} 2 \\ -5 \end{pmatrix} \right]^2 = 4$ sind die zu g: $5x - 12y + 10 = 0$ *normalen* Tangenten zu legen!

Das Vorgehen entspricht fast völlig dem eben gezeigten, Bild 9:

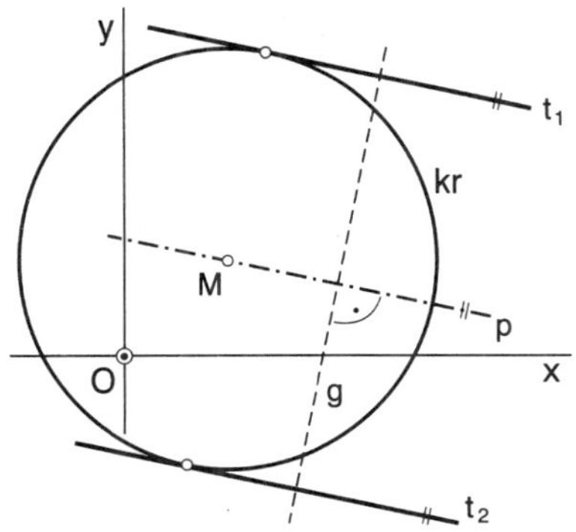

Bild 9: dazu

$\vec{n_g} = \begin{pmatrix}5\\-12\end{pmatrix} \Rightarrow \vec{n} = \begin{pmatrix}12\\5\end{pmatrix}$: NF(p): $\begin{pmatrix}12\\5\end{pmatrix} \bullet \left[\vec{x} - \begin{pmatrix}2\\-5\end{pmatrix}\right] = 0$ mit n = 13 $\Rightarrow$

HNF(p): $\frac{12x + 5y + 1}{13} = 0 \Rightarrow$ HNF($t_{1,2}$): $\frac{12x + 5y + 1}{13} \pm 2 = 0,$

$t_{1,2}$: $12x + 5y + 1 \pm 26 = 0$ bzw. t_1: $12x + 5y + 27 = 0$, t_2: $12x + 5y - 25 = 0$.

... bei normalen Tangenten

Die Hessesche Normalform ist auch von Nutzen, wenn von einem Punkt R *außerhalb* eines Kreises kr Tangenten $t_{1,2}$ an kr gelegt werden sollen. Zunächst hat man k und d als Unbekannte in t; R∈t liefert sofort *eine* Bedingung, die *andere* folgt daraus, daß M von den Tangenten den Abstand r hat, was über die HNF formuliert werden kann:

B **Beispiel 17:** Tangenten von einem Punkt außerhalb an den Kreis

Vom Punkt R(5|–4) aus sollen die Tangenten an den Kreis kr[M(–3|0), r = 4] gelegt werden.

Wir gehen wie besprochen vor, vgl. Bild 10:

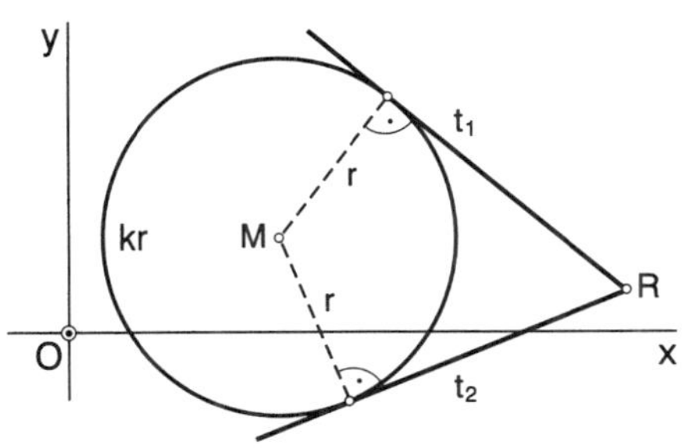

Bild 10: dazu

t: $y = kx + d$, R∈t: $-4 = 5k + d$, $d = -5k - 4$, einsetzen $\rightarrow$ $y = kx - 5k - 4$

HNF($t_{1,2}$): $\frac{kx - y - 5k - 4}{\sqrt{k^2 + 1}} = 0$: $\overline{Mt} = \pm r$: $\frac{-3k - 5k - 4}{\sqrt{k^2 + 1}} = \pm 4 \Rightarrow$

HNF ...

$(-8k - 4)^2 = 4^2(k^2 + 1) \Rightarrow (2k + 1)^2 = k^2 + 1 \Rightarrow \ldots k(3k + 4) = 0 \Rightarrow$

$k_1 = 0$, $k_2 = -4/3 \Rightarrow d_1 = -4$, $d_2 = 8/3$; t_1: $y = -4$, t_2: $y = -4/3\,x + 8/3$.

Man kann die HNF aber auch in einer Variante so anwenden, daß man die *Normaleneinheitsvektoren* auf $t_{1,2}$ als Unbekannte mit $\vec{n}_0 = (u, v)$ ansetzt und zwei Bedingungen für sie sucht.

... in zwei Variationen

Bild 11: dazu

Wegen $|\vec{n}_0| = n_0 = 1$ ist schon eine gefunden, die andere folgt aus der Größe des Skalarprodukts von $\vec{n}_0$ und $\overrightarrow{MR}$, das r sein muß (Projektion von $\overrightarrow{MR}$ auf $\vec{n}$, (Bild 11, rechts), $\vec{n}$ muß von M *weg* orientiert sein! Dies ist (für den Ursprungskreis mit M = O) äquivalent mit $R \in t$ und $t: \vec{n}_0 \cdot \vec{x} - r = 0$.

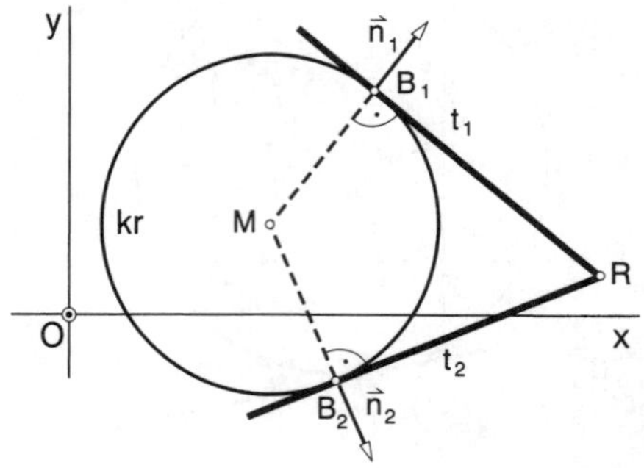

Tangentialebene und Kugel

Wir studieren diese Methode für eine (Ursprungs-)**Kugel**, an die zwei **Tangentialebenen** $\tau_{1,2}$ durch zwei Punkte $R_{1,2}$ außerhalb ku gelegt werden sollen:

Beispiel 18: der räumliche Fall: Kugel und Tangentialebenen

B Gesucht sind die Tangentialebenen an die Kugel ku [M = O(0|0|0), r = 9], welche die Punkte $R_1(36|-{}^{63}\!/_2|-27)$ und $R_2({}^{45}\!/_2\,|\,{}^{9}\!/_4\,|\,0)$ enthalten.

Wir setzen $\vec{n}_0 = (u, v, w)$, Bild 12, und wissen $u^2 + v^2 + w^2 = n_0^2 = 1$ ... I;

Bild 12: dazu

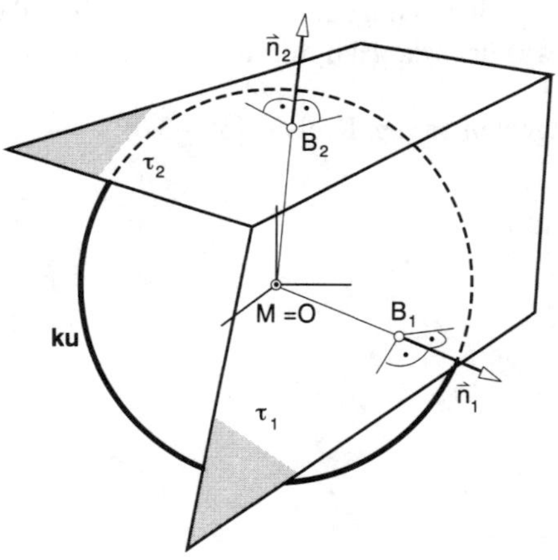

Die Tangentenebenen $\tau_{1,2}$ haben wie oben die Tangenten $t_{1,2}$ die Gleichungen:

$$\text{HNF}(\tau_{1,2}):\ \vec{n}_0 \cdot \vec{x} - r = 0 \ \Rightarrow\ ux + vy + zw - 9 = 0$$

Aufsuchen der Normalvektoren

R_1 und R_2 müssen in $\tau_{1,2}$ liegen:

$$R_1:\ 36u - {}^{63}\!/_2\,v - 27w = 9 \ \Rightarrow\ 4u - {}^{7}\!/_2\,v - 3w = 1 \ \Rightarrow\ w = {}^{1}\!/_6\,(8u - 7v - 2),$$

$$R_2:\ {}^{45}\!/_2\,u + {}^{9}\!/_4\,v = 9 \ \Rightarrow\ {}^{5}\!/_2\,u + {}^{1}\!/_4\,v = 1 \ \Rightarrow\ v = 4 - 10u;$$

dies in den w-Term eingesetzt, führt zu $w = \ldots 13u - 5$;

beides setzen wir in die n-Bedingung I ein:

$$u^2 + (4 - 10u)^2 + (13u - 5)^2 = 1 \ \Rightarrow\ 27u^2 - 21u + 4 = 0 \ \Rightarrow$$

$$u_{1,2} = \left\langle \begin{matrix} 4/9 \\ 1/3 \end{matrix} \right. \Rightarrow v_{1,2} = \left\langle \begin{matrix} -4/9 \\ 2/3 \end{matrix} \right. \Rightarrow w_{1,2} = \left\langle \begin{matrix} 7/9 \\ -2/3 \end{matrix} \right.;$$

$$\tau_1: \frac{4x - 4y + 7z - 81}{9} = 0 \Rightarrow 4x - 4y + 7z - 81 = 0,$$

$$\tau_2: \frac{x + 2y - 2z - 27}{3} = 0 \Rightarrow x + 2y - 2z - 27 = 0.$$

Der Vorteil ist, daß mit den $\vec{n}_{1,2}$ die *Berührpunkte* rasch gefunden sind:

und Berührpunkte!

$$B_1:\ \vec{b}_1 = r\,\vec{n}_1 = 9\begin{pmatrix} 4/9 \\ -4/9 \\ 7/9 \end{pmatrix} = \begin{pmatrix} 4 \\ -4 \\ 7 \end{pmatrix} \Rightarrow B_1(4|-4|7),$$

$$B_2:\ \vec{b}_2 = r\,\vec{n}_2 = 9\begin{pmatrix} 1/3 \\ 2/3 \\ -2/3 \end{pmatrix} = \begin{pmatrix} 3 \\ 6 \\ -6 \end{pmatrix} \Rightarrow B_2(3|6|-6).$$

Tangent(ialeben)e in einem Punkt

Tangente in einem Kreispunkt und Tangentialebene in einem Kugelpunkt:

Nun fragen wir abschließend noch nach der Gleichung einer Tangente an einen Kreis *in einem* vorgegebenen *Kreispunkt* $B(\vec{x}_1) \in kr$ bzw. einer Tangentialebene im *Kugelpunkt* $B \in ku$ an eine Kugel.

Beidemal sieht man (M sei zunächst = O), Bilder 13,

Bilder 13: dazu

$$\vec{x}_1 \cdot \vec{v} = \vec{x}_1 \cdot (\vec{x} - \vec{x}_1) = 0 \Rightarrow \vec{x}_1 \cdot \vec{x} = \vec{x}_1^{\,2} = r^2$$

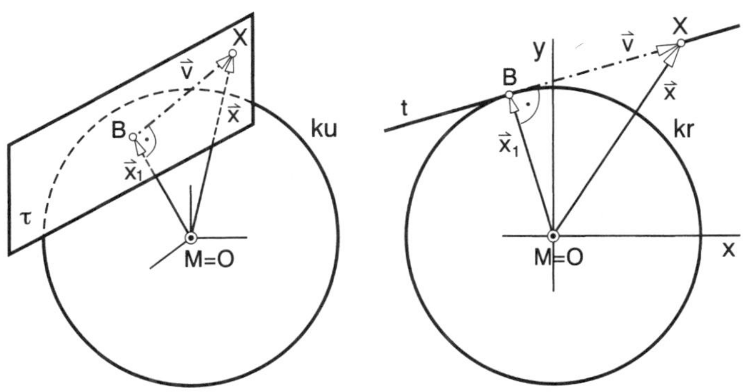

was sich auch direkt deuten läßt: die Projektion von $\vec{x}$ auf $\vec{x}_1$ ist $\vec{x}_1$ selbst, also ist das Skalarprodukt gleich $x_1 \cdot x_1 = r^2$:

Skalarprodukte ...

S

Satz 3: und die Gleichungen

> **Die Tangente t (die Tangentialebene τ) im Punkt B ($\vec{x}_1$) eines Ursprungskreises (einer Ursprungskugel) $\vec{x}^{\,2} = r^2$ hat die Gleichung:**
>
> **$t(\tau)$: $\vec{x}_1 \cdot \vec{x} = r^2$ bzw. t: $x_1x + y_1y = r^2$** (*Spaltgleichung*)
>
> **τ: $x_1x + y_1y + z_1z = r^2$**

Man hat also nur einmal $\vec{x}$ durch $\vec{x}_1$ in der Kreis- (Kugel-)gleichung zu ersetzen!

Beispiel 19: zur Spaltgleichung

B So ist für einen Kreis kr mit M = O und r = 5 sowie B(–4|3) ∈ kr schon

$$\text{kr: } \vec{x}^2 = 5^2, \quad \text{t: } \vec{x}_1 \cdot \vec{x} = 5^2 \quad \text{bzw.} \quad \begin{pmatrix}-4\\3\end{pmatrix} \cdot \vec{x} = 5^2 \quad \Rightarrow \quad -4x + 3y - 25 = 0.$$

Ebenso ist für die Kugel ku mit M = O und r = 7 sowie B(6|–2|3):

$$\text{ku: } \vec{x}^2 = 7^2, \quad \tau\text{: } \vec{x}_1 \cdot \vec{x} = 7^2 \quad \text{bzw.} \quad \begin{pmatrix}6\\-2\\3\end{pmatrix} \cdot \vec{x} = 7^2 \quad \Rightarrow \quad 6x - 2y + 3z - 49 = 0.$$

Auch damit kann man die Aufgabe lösen, von R Tangenten an kr zu legen. Man kann ja bei noch unbekanntem B für t die *Spaltgleichung* ansetzen und hat zwei Bedingungen: 1. R∈t, 2. B∈kr! Versuchen Sie dies zur Übung, wenn Sie einen Vergleich mit den besprochenen Wegen ziehen möchten!

Liegt der Kreis / die Kugel verschoben, M ≠ O, so tritt anstelle von $\vec{x}$ der Differenzvektor $\vec{x} - \vec{m}$, der dann einmal durch $\vec{x}_1 - \vec{m}$ zu ersetzen ist.

Beispiel 20: …, wenn es keine Ursprungskugel ist

B So ist für die Kugel von oben mit M(2|–2|1), $r = \sqrt{17}$ und S_1 = B(–1|0|3)

$$\text{ku: } (\vec{x} - \vec{m})^2 = r^2 \qquad \text{(Spaltgleichung)}$$

$$\tau\text{: } (\vec{x}_1 - \vec{m}) \cdot (\vec{x} - \vec{m}) = r^2 \quad \Rightarrow \quad \left[\begin{pmatrix}-1\\0\\3\end{pmatrix} - \begin{pmatrix}2\\-2\\1\end{pmatrix}\right] \cdot \left[\begin{pmatrix}x\\y\\z\end{pmatrix} - \begin{pmatrix}2\\-2\\1\end{pmatrix}\right] = 17 \quad \Rightarrow$$

$$\begin{pmatrix}-3\\2\\2\end{pmatrix} \cdot \begin{pmatrix}x-2\\y+2\\z-1\end{pmatrix} = -3x + 2y + 2z + 8 = 17 \quad \Rightarrow \quad -3x + 2y + 2z = 9.$$

noch ein Weg zur Tangente / Tangentialebene!

Allerdings ist es ebenso einfach, $\vec{x}_1 - \vec{m}$ als *Normalvektor* $\vec{n}$ von τ zu betrachten und

NF(τ): $\vec{n} \cdot (\vec{x} - \vec{b}) = 0$ anzusetzen:

$$\vec{n} \cdot \left[\begin{pmatrix}x\\y\\z\end{pmatrix} - \begin{pmatrix}-1\\0\\3\end{pmatrix}\right] = 0 \quad \Rightarrow \quad \ldots \; -3x + 2y + 2z - 9 = 0 \quad \text{wie eben.}$$

Ende des 15. Kapitels

Und damit sollten wir uns bei Kreisen und Kugeln ein wenig auskennen!

Übungsaufgaben

1. Geben Sie die Mittelpunkts- und die allgemeine Form an
   a) der Kreisgleichung für M (5|–1) und r = 2
   b) der Kugelgleichung für M (4|–1|–2) und r = 3

2. Lesen Sie aus der Mittelpunktsform der Kreisgleichung Mittelpunkt und Radius ab:
   kr: $x^2 + y^2 - 6x + 4y - 3 = 0$

3. Der Kreis kr_1 mit M_1 (–7|4) als Mittelpunkt geht durch den Mittelpunkt M_2 des Kreises kr_2: $x^2 + y^2 - 10x + 2y + 17 = 0$. Bestimmen Sie die Gleichung von kr_1.

4. Welcher Kreis mit dem Mittelpunkt auf g: $\begin{pmatrix}1\\1\end{pmatrix} \cdot \left[\begin{pmatrix}x\\y\end{pmatrix} - \begin{pmatrix}-1\\0\end{pmatrix}\right] = 0$ enthält die Punkte P (0|1) und Q (6|–5)?

5. Welche Gleichung hat der Umkreis des Dreiecks ABC? [A (–5|0), B (7|4), C (–1|8)]
   Rechnen Sie mit Normal(en)formen!

6. In jedem Dreieck gibt es einen Um- und einen Inkreis; deren Mittelpunkte U bzw. I haben wir schon berechnet. Nun gibt es (neben den Ankreisen) noch den *Feuerbachkreis* kr_F als Streckbild des Umkreises bei $\mathbb{Z}_{S,-1/2}$, wobei S der Schwerpunkt ist. Wenn Sie gerne mit Vektoren rechnen, wäre dies eine gute Gelegenheit! A (9|–7), B (1|9), C (–5|–9).

   Anleitung: Aus einem Dreieck ABC wird bei $\mathbb{Z}_{S,-1/2}$ das Mittendreieck $H_aH_bH_c$, dessen Umkreis kr_F ist!

7. Im Text ist eine Ebene **e** durch 3 Punkte A, B, C gegeben, und es wird ein Normalvektor $\vec{n}$ als (3, –2, 6) bestimmt. Kontrollieren Sie dies bitte über Elimination der Parameter.

8. Welcher Kreis mit Mittelpunkt M (2|–3) berührt die Gerade g = AB, A (1|8), B (7|3)?

9. Eine Kugel, deren Mittelpunkt in der Ebene $\mathbf{e}_1$ = [A (–1|0|–1), B (3|1|4), C (–1|–2|1)] liegt, berührt die Ebene $\mathbf{e}_2$: x + 5z – 34 = 0 im Punkt T $(4|4|z_1)$. Wie lautet die Gleichung von ku? (Skizze rechts →)

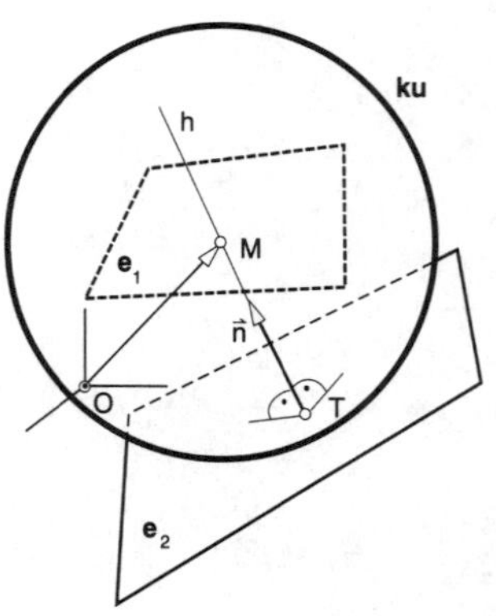

10. Eine Kugel ku hat den Mittelpunkt M (5|4|–1).
    a) Welchen Radius r und welche Gleichung hat sie, wenn sie die Gerade
       g: $\vec{x} = (10, -1, 2) + \lambda\,(3, 1, 0)$
       berühren soll?
    b) In welchen Punkten wird die Kugel von a) von der Geraden h = AB, A(9|4|1), B(5|10|9), durchstoßen?

11. Entscheiden Sie mit Hilfe der Berührbedingung, ob die Gerade g bzw. h den Kreis kr: $\overline{x}^2 = 100$ berührt:
    a) g: $3x - 4y - 50 = 0$ b) h: $x + y = 14$

12. Legen Sie mit Hilfe der Berührbedingung die Tangenten an den Kreis kr: $\overline{x}^2 = 29$ senkrecht zur Geraden g: $2x - 5y + 1 = 0$.

13. An den Kreis kr [M (3|1), $r = \sqrt{5}$] sind die Tangenten parallel zur Geraden h: $\begin{pmatrix} 1 \\ -2 \end{pmatrix} \cdot \overline{x} = -5$ zu legen. [Kein Ursprungskreis, Hessesche Normalform!]

14. Welche Gleichungen haben diejenigen Tangenten, die sich vom Punkt R (–6|3) aus an den Kreis kr [M (0|–1), r = 4] legen lassen? [Ohne Berührpunkte; verwenden Sie zur Übung für t die *Punkt-Richtungsform* aus dem letzten Kapitel!]

15. Vom Punkt R (5|–10) aus sollen an den Kreis kr [M = O (0|0|0), r = 5] die Tangenten gelegt werden. Welche Berührpunkte ergeben sich?

16. Geben Sie mit Hilfe der Spaltgleichung
    a) die Tangente in B (–3|–4) an kr [M = O, r = 5]
    b) die Tangentialebene in B (6|–1|1) an ku [M (2|–2|1), $r = \sqrt{17}$] an! Kontrolle?

Zu den Lösungen

↓ Raum für Ihre Notizen ↓

Lösungen

1. a) kr: $(\vec{x}-\vec{m})^2 = r^2$, $\left[\vec{x} - \begin{pmatrix}5\\-1\end{pmatrix}\right]^2 = 2^2 \;\Rightarrow\; \begin{pmatrix}x-5\\y+1\end{pmatrix}^2 = 4 \;\Rightarrow\; (x-5)^2+(y+1)^2=4$

$\Rightarrow\; x^2-10x+y^2+2y-22=0;$

b) ku: $(\vec{x}-\vec{m})^2 = r^2$, $\left[\vec{x} - \begin{pmatrix}4\\-1\\-2\end{pmatrix}\right]^2 = 3^2 \;\Rightarrow\; \dots\; (x-4)^2+(y+1)^2+(z+2)^2=9$

$\Rightarrow\; x^2-8x+y^2+2y+z^2+4z+12=0.$

2. kr: $x^2-6x+3^2+y^2+4y+2^2 = 3+3^2+2^2=16=4^2 \;\Rightarrow\; (x-3)^2+(y+2)^2=4^2$

$\left[\vec{x} - \begin{pmatrix}3\\-2\end{pmatrix}\right]^2 = 4^2 \;\Rightarrow\; M(3|-2);\ r=4.$

3. kr_2: $x^2-10x+y^2+2y=-17 \;\Rightarrow\; (x-5)^2-25+(y+1)^2-1=-17 \;\Rightarrow$
$(x-5)^2+(y+1)^2=9=3^2 \;\Rightarrow\; M_2(5|-1)$; Bild links darunter!

$\vec{r}_1 = \overrightarrow{M_1M_2} = \begin{pmatrix}12\\-5\end{pmatrix}$, $r_1 = \sqrt{\vec{r}_1^{\,2}} = \sqrt{12^2+(-5)^2} = 13$; kr_1: $(x+7)^2+(y-4)^2=13^2.$

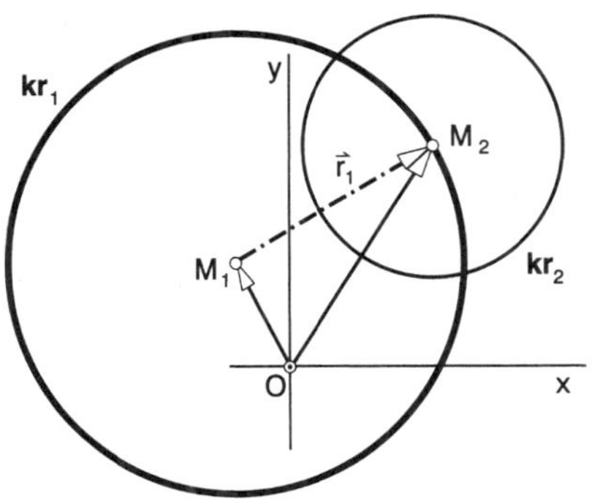

Bild L3

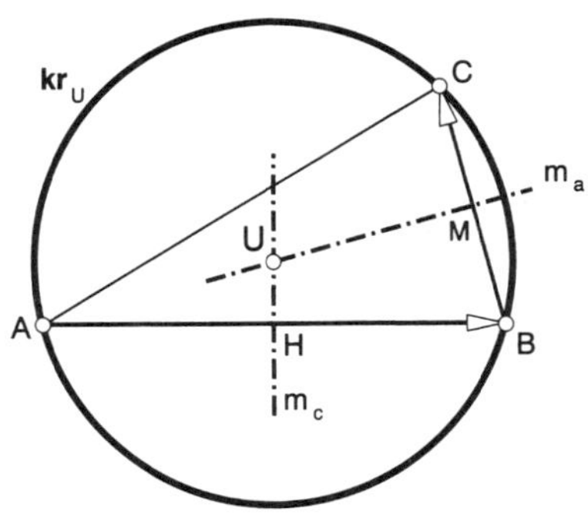

Bild L5

4. Man wird die Mittelsenkrechte m von $\overline{PQ}$ mit g schneiden, um M zu erhalten:

$\overrightarrow{PQ} = \begin{pmatrix}6\\-6\end{pmatrix} \parallel \begin{pmatrix}1\\-1\end{pmatrix} = \vec{n}_{m}$; Halbierungspunkt von $\overline{PQ}$: H(3|–2)

m: $\vec{n}\cdot(\vec{x}-\vec{h})=0 \;\Rightarrow\; \begin{pmatrix}1\\-1\end{pmatrix}\cdot\left[\begin{pmatrix}x\\y\end{pmatrix}-\begin{pmatrix}3\\-2\end{pmatrix}\right]=0 \;\Rightarrow\; x-y-5=0$

g: $\begin{pmatrix}1\\1\end{pmatrix}\cdot\left[\begin{pmatrix}x\\y\end{pmatrix}-\begin{pmatrix}-1\\0\end{pmatrix}\right]=0 \;\Rightarrow\; x+y+1=0$ $\quad + \rightarrow$

$m \cap g$: (1. plus 2. Gl.:) $2x-4=0$, $x=2$, $y=2-5=-3$: M(2|–3);

$\overrightarrow{MP} = \begin{pmatrix}-2\\4\end{pmatrix}$, $r = |\overrightarrow{MP}| = \sqrt{(-2)^2+4^2} = \sqrt{20}$; kr: $(x-2)^2+(y+3)^2=20.$

5. M(3|6), H(1|2); $\overrightarrow{BC} = \begin{pmatrix}-8\\4\end{pmatrix} \parallel \begin{pmatrix}-2\\1\end{pmatrix}$, $\overrightarrow{AB} = \begin{pmatrix}12\\4\end{pmatrix} \parallel \begin{pmatrix}3\\1\end{pmatrix}$

m_a: $\begin{pmatrix}-2\\1\end{pmatrix} \bullet \vec{x} = \begin{pmatrix}-2\\1\end{pmatrix} \bullet \begin{pmatrix}3\\6\end{pmatrix} \Rightarrow -2x + y = 0$

m_c: $\begin{pmatrix}3\\1\end{pmatrix} \bullet \vec{x} = \begin{pmatrix}3\\1\end{pmatrix} \bullet \begin{pmatrix}1\\2\end{pmatrix} \Rightarrow 3x + y = 5$ $\quad - \rightarrow$

$\Rightarrow$ (1. minus 2. Gl.:) $-5x = -5$, $x = 1$; $y = 2$:

$U(1|2)$; $r^2 = \vec{r}^2 = 36 + 4 = 40$; $\quad kr_U$: $(x-1)^2 + (y-2)^2 = 40$.

6. Die Ergebnisse in Kurzform: $H_c(5|1)$, $H_a(-2|0)$, $H_b(2|-8)$; Umkreismittelpunkt F des Umkreises dieses Dreiecks $H_aH_bH_c$ (wie E **14**!): F(2|–3); Radius r als Länge von $\overline{FH_c}$: $r = 5$, kr_F: $(x-2)^2 + (y+3)^2 = 25$.

7. $\overrightarrow{AB}$ und $\overrightarrow{AC}$ wie im Text!

e: $\vec{x} = \vec{a} + \lambda\overrightarrow{AB} + \mu\overrightarrow{AC} = \begin{pmatrix}7\\-2\\4\end{pmatrix} + \lambda\begin{pmatrix}2\\-3\\-2\end{pmatrix} + \mu\begin{pmatrix}-4\\-6\\0\end{pmatrix} \Rightarrow$ $\begin{array}{ll} x - 7 = 2\lambda - 4\mu & |\cdot 3 \\ y + 2 = -3\lambda - 6\mu & |\cdot(-2) \\ z - 4 = -2\lambda & \end{array}$

$\begin{array}{ll} 3x - 2y - 25 = 12\lambda & |\cdot 1 \\ z - 4 = -2\lambda & |\cdot 6 + \rightarrow \end{array}$ $3x - 2y + 6z - 49 = 0 \Rightarrow \vec{n} = (3, -2, 6)$, w.z.z.w

8. $\overrightarrow{AB} = \begin{pmatrix}7-1\\3-8\end{pmatrix} = \begin{pmatrix}6\\-5\end{pmatrix}$, $\vec{n} = \begin{pmatrix}5\\6\end{pmatrix}$

$\vec{n} \bullet \vec{x} = \vec{n} \bullet \vec{a}$ bzw. $\begin{pmatrix}5\\6\end{pmatrix} \bullet \begin{pmatrix}x\\y\end{pmatrix} = \begin{pmatrix}5\\6\end{pmatrix} \bullet \begin{pmatrix}1\\8\end{pmatrix} \Rightarrow 5x + 6y = 53$

HNF(g): $\dfrac{5x + 6y - 53}{\sqrt{61}} = 0 \Rightarrow \overline{Mg}$: $\dfrac{5.2 + 6.(-3) - 53}{\sqrt{61}} = \pm d = -\sqrt{61}$; $r^2 = 61$:

kr: $\left[\vec{x} - \begin{pmatrix}2\\-3\end{pmatrix}\right]^2 = 61$ bzw. $(x-2)^2 + (y+3)^2 = 61$

9. Um die Ebenengleichung von $\mathbf{e}_1$ aufzustellen, benötigen wir einen Normalvektor $\vec{n}$, für den wir wie im Text ansetzen $\vec{n} \perp \overrightarrow{AB} \wedge \vec{n} \perp \overrightarrow{AC}$ mit $\vec{n} = (u, v, w)$:

$\overrightarrow{AB} = (4, 1, 5) \Rightarrow (4, 1, 5) \bullet \vec{n} = 0 \Rightarrow 4u + v + 5w = 0 \quad |\cdot 2$

$\overrightarrow{AC} = (0, -2, 2) \Rightarrow (0, -2, 2) \bullet \vec{n} = 0 \Rightarrow -2v + 2w = 0 \quad |\cdot 1 + \rightarrow$

$8u + 12w = 0 \Rightarrow 2u = -3w$; z.B. $u = -3 \wedge w = 2 \Rightarrow v = w = 2$:

$\vec{n} = \begin{pmatrix}-3\\2\\2\end{pmatrix} \Rightarrow \mathbf{e}_1$: $\vec{n} \bullet (\vec{x} - \vec{a}) = 0$ bzw. $\begin{pmatrix}-3\\2\\2\end{pmatrix} \bullet \left[\begin{pmatrix}x\\y\\z\end{pmatrix} - \begin{pmatrix}-1\\0\\-1\end{pmatrix}\right] = 0$,

$\mathbf{e}_1$: $-3x + 2y + 2z - 1 = 0$.

Da $T \in \mathbf{e}_2$, muß sein: $4 + 5 \cdot z - 34 = 0 \Rightarrow 5z = 30$, $z = 6$: T(4|4|6); durch T läuft eine Normale $h \perp \mathbf{e}_2$ bis zum Kugelmittelpunkt $M \in \mathbf{e}_1$:

$\vec{n}_2 = \begin{pmatrix}1\\0\\5\end{pmatrix}$; $\quad h: \vec{x} = \vec{t} + \lambda\,\vec{n}_2 \Rightarrow \begin{pmatrix}x\\y\\z\end{pmatrix} = \begin{pmatrix}4+\lambda\\4\\6+5\lambda\end{pmatrix}$;

$h \cap e_1$: $-3(4+\lambda) + 2 \cdot 4 + 2(6 + 5\lambda) - 1 = 0 \Rightarrow \ldots \lambda = -1$:

$\vec{m} = \vec{t} - 1\vec{n}_2 = \begin{pmatrix}4\\4\\6\end{pmatrix} - \begin{pmatrix}1\\0\\5\end{pmatrix} = \begin{pmatrix}3\\4\\1\end{pmatrix}$: M(3|4|1);

Radius hat Länge r von $|\overrightarrow{MT}|$: $\overrightarrow{MT} = \begin{pmatrix}4-3\\4-4\\6-1\end{pmatrix} = \begin{pmatrix}1\\0\\5\end{pmatrix} \Rightarrow |\overrightarrow{MT}| = \sqrt{1^2+5^2} = \sqrt{26}$

Kugel ku: $(\vec{x} - \vec{m})^2 = r^2$ bzw. $(x-3)^2 + (y-4)^2 + (z-1)^2 = 26$.

10. M(5|4|–1), g: $\vec{x} = \begin{pmatrix}10\\-1\\2\end{pmatrix} + \lambda\begin{pmatrix}3\\1\\0\end{pmatrix} = \vec{a} + \lambda\vec{v}$

a) Normalebene f ⊥ g durch M:

NF(f): $\vec{v} \cdot (\vec{x} - \vec{m}) = 0 \Rightarrow \begin{pmatrix}3\\1\\0\end{pmatrix} \cdot \left[\begin{pmatrix}x\\y\\z\end{pmatrix} - \begin{pmatrix}5\\4\\-1\end{pmatrix}\right] = 0 \Rightarrow 3x + y - (15+4) = 0;$

f: $3x + y - 19 = 0$; $f \cap g = \{B\}$: den „λ-Vektor“ von g einsetzen:
$3(10 + 3\lambda) + (-1 + \lambda) - 19 = 0 \Rightarrow \ldots\ 10\lambda + 10 = 0,\ \lambda = -1;$

$\vec{b} = \begin{pmatrix}10\\-1\\2\end{pmatrix} - 1\begin{pmatrix}3\\1\\0\end{pmatrix} = \begin{pmatrix}7\\-2\\2\end{pmatrix} \Rightarrow$ B(7|–2|2),

$\overrightarrow{MB} = \begin{pmatrix}7\\-2\\2\end{pmatrix} - \begin{pmatrix}5\\4\\-1\end{pmatrix} = \begin{pmatrix}2\\-6\\3\end{pmatrix} \Rightarrow r = |\overrightarrow{MB}| = \sqrt{2^2+(-6)^2+3^2} = 7$:

Kugel ku: $(\vec{x} - \vec{m})^2 = r^2$ bzw. $(x-5)^2 + (y-4)^2 + (z+1)^2 = 49$.

b) $\overrightarrow{AB} = \begin{pmatrix}5\\10\\9\end{pmatrix} - \begin{pmatrix}9\\4\\1\end{pmatrix} = \begin{pmatrix}-4\\6\\8\end{pmatrix} = 2\begin{pmatrix}-2\\3\\4\end{pmatrix} \Rightarrow h = AB$: $\vec{x} = \begin{pmatrix}9\\4\\1\end{pmatrix} + \lambda\begin{pmatrix}-2\\3\\4\end{pmatrix} = \begin{pmatrix}9-2\lambda\\4+3\lambda\\1+4\lambda\end{pmatrix}$

ku ∩ h: $(9 - 2\lambda - 5)^2 + (4 + 3\lambda - 4)^2 + (1 + 4\lambda + 1)^2 = 49 \Rightarrow \ldots\ \lambda^2 = 1 \Rightarrow \lambda = \pm 1$:

$\vec{s}_1 = \begin{pmatrix}9\\4\\1\end{pmatrix} + \begin{pmatrix}-2\\3\\4\end{pmatrix} = \begin{pmatrix}7\\7\\5\end{pmatrix}$: $S_1(7|7|5)$,

$\vec{s}_2 = \begin{pmatrix}9\\4\\1\end{pmatrix} - \begin{pmatrix}-2\\3\\4\end{pmatrix} = \begin{pmatrix}11\\1\\-3\end{pmatrix}$: $S_2(11|1|-3)$.

11. Berührbedingung: $d^2 = r^2(k^2 + 1)$

a) g: $y = 3/4\,x - 25/2 \Rightarrow d = -25/2,\ k = 3/4$; kr: $r = 10$
$(-25/2)^2 = (?)\ 10^2 \cdot [(3/4)^2 + 1]$ bzw. $625/4 = (?)\ 100 \cdot (9/16 + 1) = 100 \cdot 25/16$ ... ja, ✓

b) h: $y = -x + 14 \Rightarrow d = 14,\ k = -1$
$14^2 = (?)\ 10^2 \cdot [(-1)^2 + 1]$ bzw. $196 = (?)\ 100 \cdot (1 + 1) = 200$: nein (knapp daneben!)

12. Der Normalvektor $\vec{n}$ von g liegt parallel zu $t_{1,2}$!
$\vec{n} = \begin{pmatrix}2\\-5\end{pmatrix} = 2\begin{pmatrix}1\\-5/2\end{pmatrix} = 2\vec{s}$ mit $\vec{s} = \begin{pmatrix}1\\k\end{pmatrix} \Rightarrow k = -5/2$

$d^2 = r^2(k^2 + 1) = 29 \cdot (25/4 + 1) = 29 \cdot 29/4 \Rightarrow d_{1,2} = \pm 29/2$

t_1: $y = -5/2\,x + 29/2$ bzw. $5x + 2y - 29 = 0$,

t_2: $y = -5/2\,x - 29/2$ bzw. $5x + 2y + 29 = 0$.

13. Die Parallele p ∥ h durch M hat denselben Normalvektor wie h!

p: $\vec{n}\cdot(\vec{x}-\vec{m})=0$ konkret $\begin{pmatrix}1\\-2\end{pmatrix}\cdot\left[\begin{pmatrix}x\\y\end{pmatrix}-\begin{pmatrix}3\\1\end{pmatrix}\right]=0 \Rightarrow \begin{pmatrix}1\\-2\end{pmatrix}\cdot\begin{pmatrix}x-3\\y-1\end{pmatrix} \Rightarrow$

$x-3-2(y-1)=0$, p: $x-2y-1=0$;

HNF(p): $\dfrac{x-2y-1}{\sqrt{5}}=0 \Rightarrow$ HNF($t_{1,2}$): $\dfrac{x-2y-1}{\sqrt{5}}\pm\sqrt{5}=0 \Rightarrow$

NF($t_{1,2}$): $x-2y-1\pm 5=0$; t_1: $x-2y-6=0$, t_2: $x-2y+4=0$

14. $y-y_1=k(x-x_1)$, konkret $y-3=k(x+6)=kx+6k \Rightarrow kx-y+6k+3=0$

HNF($t_{1,2}$): $\dfrac{kx-y+6k+3}{\sqrt{k^2+1}}=0 \Rightarrow \overline{Mt}$: $\dfrac{1+6k+3}{\sqrt{k^2+1}}=\pm r=\pm 4$:

$(6k+4)^2=16(k^2+1) \Rightarrow (3k+2)^2=4(k^2+1) \Rightarrow \ldots\ 5k^2+12k=0 \Rightarrow$

$k_1=0$, $k_2=-12/5$; t_1: $y=3$; t_2: $y=-12/5\,x-72/5+3=-12/5\,x-57/5$

15. $t_{1,2}$: $\vec{n}_0\cdot\vec{x}-r=0 \ \wedge\ R\in t$; $\vec{n}_0=\begin{pmatrix}u\\v\end{pmatrix} \Rightarrow t_{1,2}$: $ux+vy-5=0$,

$R\in t_{1,2}$: $5u-10v-5=0 \Rightarrow u-2v-1=0$, $u=2v+1$

$n_0=1$: $u^2+v^2=1$ bzw. $(2v+1)^2+v^2=1 \Rightarrow \ldots\ v(5v+4)=0 \Rightarrow$

$v_{1,2}=0$ bzw. $-4/5 \Rightarrow u_{1,2}=1$ bzw. $-3/5$

t_1: $1x+0y-5=0 \Rightarrow x=5$, t_2: $-3/5\,x-4/5\,y-5=0 \Rightarrow -3x-4y=25$

B_1: $\vec{b}_1=r\,\vec{n}_1=5\begin{pmatrix}1\\0\end{pmatrix}=\begin{pmatrix}5\\0\end{pmatrix} \Rightarrow B_1(5|0)$,

B_2: $\vec{b}_2=r\,\vec{n}_2=5\begin{pmatrix}-3/5\\-4/5\end{pmatrix}=\begin{pmatrix}-3\\-4\end{pmatrix} \Rightarrow B_2(-3|-4)$.

16. a) t: $x_1x+y_1y=r^2$ bzw. $-3x-4y=25$ (wie Lösung 15!)

b) τ: $(\vec{x}_2-\vec{m})\cdot(\vec{x}-\vec{m})=r^2$ bzw. $\left[\begin{pmatrix}6\\-1\\1\end{pmatrix}-\begin{pmatrix}2\\-2\\1\end{pmatrix}\right]\cdot\left[\begin{pmatrix}x\\y\\z\end{pmatrix}-\begin{pmatrix}2\\-2\\1\end{pmatrix}\right]=17 \Rightarrow$

$\ldots\ 4(x-2)+y+2=17 \Rightarrow 4x+y-23=0$;

Kontrolle: $\vec{x}_2-\vec{m}=\vec{n}\cdot\begin{pmatrix}4\\1\\0\end{pmatrix}$ ist Normalvektor von τ: $\vec{n}\cdot\left[\begin{pmatrix}x\\y\\z\end{pmatrix}-\begin{pmatrix}6\\-1\\1\end{pmatrix}\right]=0 \Rightarrow$

$\Rightarrow \ldots\ 4x+y-23=0$ ✓.

Zum nächsten Kapitel

Teil E

16. Kapitel

16

Kegelschnitte

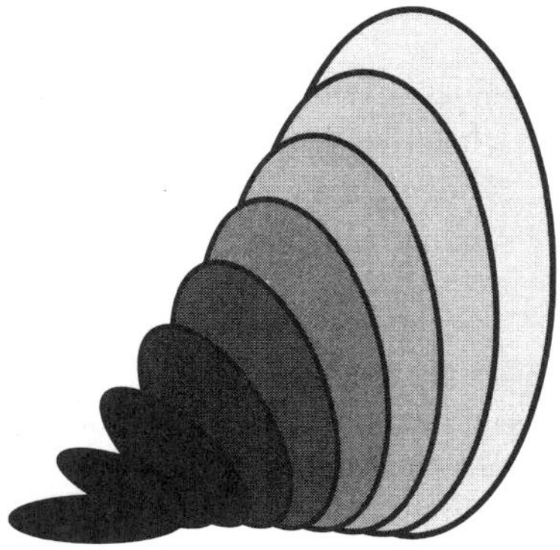

Es gibt noch einige Figuren, die als *verallgemeinerte* Kreise aufgefaßt werden können und deren Entstehung durch ihren Namen verraten wird. Es sind die Schnittlinien eines Kegels mit einer Ebene.

Schnittlinien von Ebenen mit Kegeln:

Im Weltmaßstab treten sie als Satelliten- und Planetenbahnen auf, in der Technik sind sie unentbehrlich beim Bau von Geräten und Maschinen.

Wird ein **Kegel** von einer *Ebene* **e** *senkrecht* zur Kegelachse a geschnitten, **e** ⊥ a, entsteht ein **Kreis**; er ist uns als Basiskreis kr des Kegels vertraut, linkes Bild 1. Wählt man aber eine Ebene **e** so, daß sie parallel zu einer Mantellinie l des Kegels liegt, **e** || l, so heißt die Schnittfigur ***Parabel*** (rechtes Bild 1). Für andere Lagen von Ebenen ergeben sich noch ***Ellipsen*** und ***Hyperbeln*** (Übung 1).

Bilder 1: **Kreise und Parabeln ...**

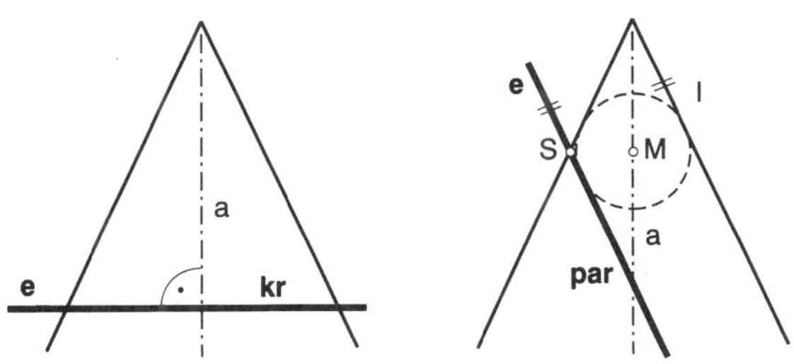

Die Parabelgleichung

Bild 2: **auf dem Weg zur Gleichung der Parabel:**

Es ist nicht ganz einfach – schult aber das räumliche Vorstellungsvermögen –, die *Gleichung* einer so gefundenen *Parabel* in einem passend in **e** gewählten Koordinatensystem aufzustellen; versuchen wir dennoch, diese anspruchsvolle Aufgabe zu lösen! Betrachten Sie dazu das Bild 2!

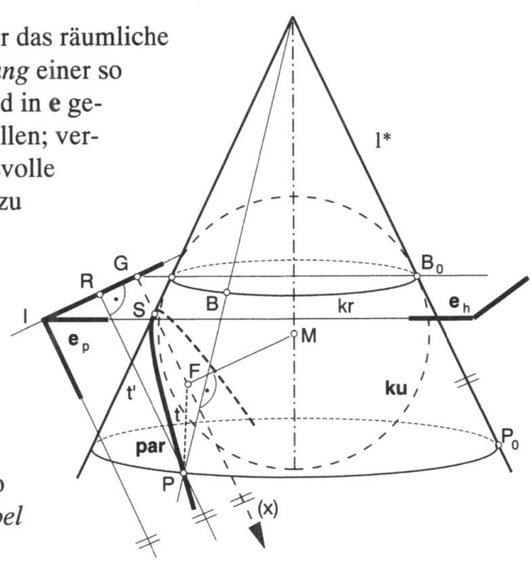

Dandelinsche Kugel

Zur *Ebene* $\mathbf{e}_p$ gibt es eine sog. „Dandelinsche" *Kugel* ku, die den *Kegel* von innen längs eines Kreises kr berührt und für die $\mathbf{e}_p$ Tangentialebene mit F als Berührpunkt ist. P sei ein beliebiger Punkt von $\mathbf{e}_p$ auf dem Kegel, also auch auf der Schnittkurve, der *Parabel* par. Von ihm aus lassen sich (gleich lange!) Tangentenstücke an ku legen; zwei davon sind t = $\overline{PF}$ und $\overline{PB}$; letzteres ist gleich lang wie das auf dem Kegelmantel herausgedrehte $\overline{P_0B_0}$ auf l*; ihre Länge finden wir auch bei $\overline{PR}$ = t', dem Normalabstand von P zur Schnittlinie l von $\mathbf{e}_p$ und der horizontalen Ebene $\mathbf{e}_h$, die den Berührkreis kr von ku mit dem Kegel enthält.

Bild 2:
Konstruktion von Parabelpunkten in der Ebene

Und damit sind wir soweit: durch den Punkt F legen wir in $\mathbf{e}_p$ eine „x-Achse" und senkrecht dazu durch den Mittelpunkt S von F und G ∈ l eine y-Achse; F bekommt die Abszisse p/2 mit p als *Parameter*, p = $\overline{Fl}$ = $\overline{FG}$, Bild 3.

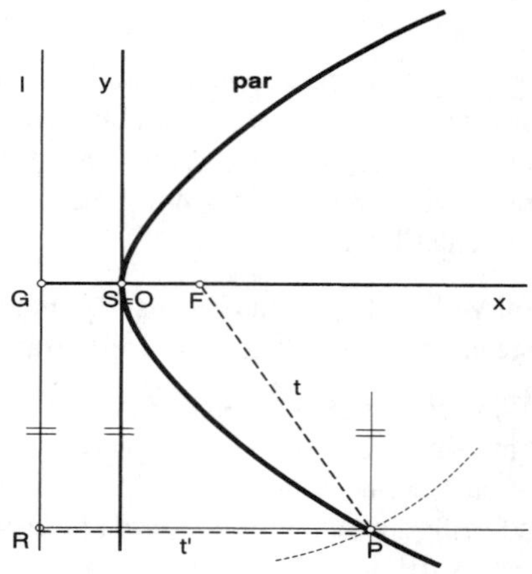

Für den beliebigen Parabelpunkt P(x|y) muß t' = t gelten, also als Formel im Koordinatensystem:

$$\frac{p}{2} + x = \sqrt{\left(x-\frac{p}{2}\right)^2 + y^2}$$

Zwei kleine Rechenschritte (Übung 2) führen auf $y^2 = 2px$; dies aber ist schon die gewünschte Gleichung. Erklären wir verkürzt für $\mathbf{e}_p$

Definition 1:
Parabel

D

Die Menge *par* aller Punkte, die von einem festen Punkt F(p/2 | 0) und einer festen Geraden l: x = –p/2 gleichen Abstand haben, heißt *Parabel*. F nennt man Brennpunkt, l Leitlinie;

so können wir als bewiesen ansehen:

Satz 1:
Parabelgleichung

S

Die Gleichung einer Parabel lautet par: $y^2 = 2px$.

Für *Ellipse* und *Hyperbel* (vgl. Übung 1) gibt es jeweils zwei Dandelinsche Kugeln, die zwei Brennpunkte $F_{1,2}$ mit der Ebene $\mathbf{e}_{ell}$ bzw. $\mathbf{e}_{hyp}$ gemeinsam haben. Ein Punkt P ∈ ell (hyp) hat von $F_{1,2}$ dann eine feste Abstands*summe* 2a (ell) bzw. Abstands*differenz* 2a (hyp, dies die *Ortsdefinition* dieser Kurven!).

Ellipsengleichung

Die Gleichung einer *Ellipse* können wir wesentlich einfacher erhalten, wenn wir sie als *affines Bild* des Kreises ansehen; dazu hat man nur jedem Kreispunkt P (x|y) ein Bild P' (x'|y') so zuzuordnen, daß der y-Wert mit einem bestimmten Verhältnis, etwa 1 : 2 = 1/2, 2 : 3 = 2/3, ..., allgemein b/a, verkürzt wird, der x-Wert aber gleich bleibt, Bild 4, nächste Seite:

Aff: $x' = x \ \wedge \ y' = \frac{b}{a} \cdot y$.

Für den Ursprungskreis gilt

kr: $x^2 + y^2 = a^2$

für sein Bild daher durch Substitution

$kr' = ell: \quad x'^2 + (a/b \cdot y')^2 = a^2 \quad \Leftrightarrow \quad b^2x'^2 + a^2y'^2 = a^2b^2$

Dies ist schon die gesuchte Ellipsengleichung; man wird die Striche weglassen, wenn ihre Erzeugung nicht betont werden soll:

affines Kreisbild und ...

S

Satz 2: Ellipsengleichung

Eine Ellipse mit der Hauptachse(nlänge) 2a in x-Richtung und Nebenachse(nlänge) 2b in y-Richtung hat (für M = O, Achsen wie oben) die Gleichung

$$ell: \ b^2x^2 + a^2y^2 = a^2b^2 \quad \Leftrightarrow \quad \frac{x^2}{a^2} + \frac{y^2}{b^2} = 1$$

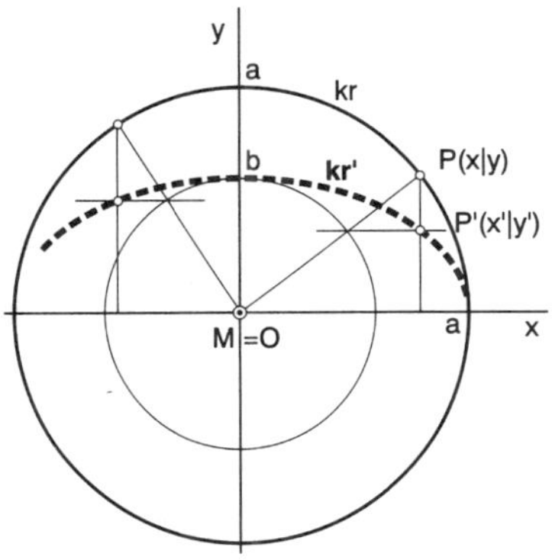

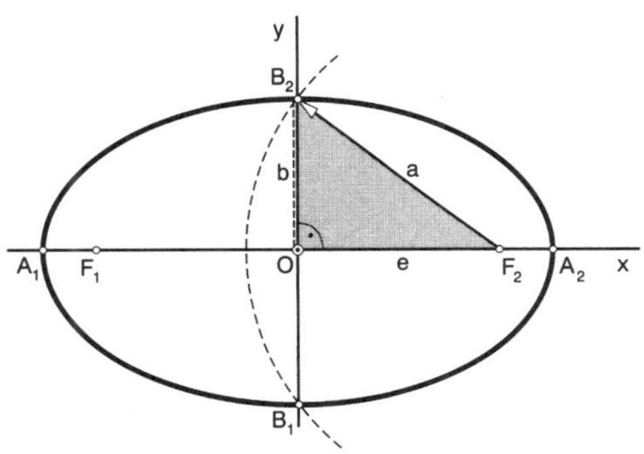

Bilder 4/5: zur Konstruktion der Ellipse

B

Beispiele 1: Achsenlängen

Ist also eine Gleichung $4x^2 + 9y^2 = 36 = 9 \cdot 4$ gegeben, erkennt man sie unmittelbar als *Ellipsen*gleichung und liest für die Länge der halben Achsen ab:

$b^2 = 4 \Rightarrow b = 2 \quad \wedge \quad a^2 = 9 \Rightarrow a = 3$

Ist dagegen $4x^2 + 9y^2 = 72 = 2 \cdot 36$, so kann entweder zuerst mit 2 multipliziert und dann gleich vorgegangen werden ($8x^2 + 18y^2 = 144 = 18 \cdot 8 \Rightarrow ...$) oder man verwendet die 2. Form:

$$\frac{4x^2}{72} + \frac{9y^2}{72} = 1 \quad \Leftrightarrow \quad \frac{x^2}{18} + \frac{y^2}{8} = 1 \quad \Rightarrow \quad a^2 = 18 \wedge b^2 = 8.$$

Brennpunkte

In vielen Aufgaben kommen die ***Brennpunkte*** $F_{1,2}$ vor; dies sind die Berührpunkte der erzeugenden Ebene mit den Dandelinschen Kugeln (vgl. Parabel!).

In dieser Ebene legen wir ein passendes Koordinatensystem, so daß $F_1(-e|0)$, $F_2(e|0)$ wird [e heißt *Brennweite* oder *lineare Exzentrizität*, ist also Abszisse von F_2 in Bild 5 oben] und $A_{1,2}(\pm a|0)$ und erkennen aus dem rechtwinkligen Dreieck OF_2B_2

$e^2 = a^2 - b^2$. (So wird b eigentlich definiert!)

B

Beispiele 2: dazu

In den Ellipsen von oben haben die Brennpunkte also die Koordinaten:

$e^2 = 9 - 4 = 5, \quad e = \pm\sqrt{5} \quad F_{1,2}(\pm\sqrt{5}\,|0)$ bzw. im 2. Fall

$e^2 = 18 - 8 = 10, \quad e = \pm\sqrt{10} \quad F_{1,2}(\pm\sqrt{10}\,|0).$

Die Hyperbelgleichung

Asymptoten und Hyperbelkurve

Für die *Hyperbel* schließlich sind die sogenannten ***Asymptoten*** typisch: Die punktweise Konstruktion analog einer Ellipse [Übung 3!] zeigt, daß die Kurve aus zwei *Ästen* besteht, die sich den Diagonalen im *Scheitelrechteck* durch A_iB_i, eben den *Asymptoten*, anschmiegen: sie nähern sich ihnen immer mehr, ohne sie im Endlichen zu treffen.

Das erleichtert eine saubere Hyperbel-Planskizze, vgl. Bild 6:

→ Die Differenz $\overline{PF_1} - \overline{PF_2}$ muß immer $\pm 2a = \pm\overline{A_1A_2}$ sein, wobei jetzt $e > a$ gilt, also die Hauptscheitel A_i näher bei O = M liegen als die Brennpunkte F_i !

→ Die halbe Nebenachse b wird wieder über a und e definiert:
$b^2 = e^2 - a^2$, rwΔ A_2B_2O: $e^2 = a^2 + b^2$ (Satz von *Pythagoras*)

Bild 6: Hyperbel: Punktkonstruktion, Brennpunkte und Asymptoten

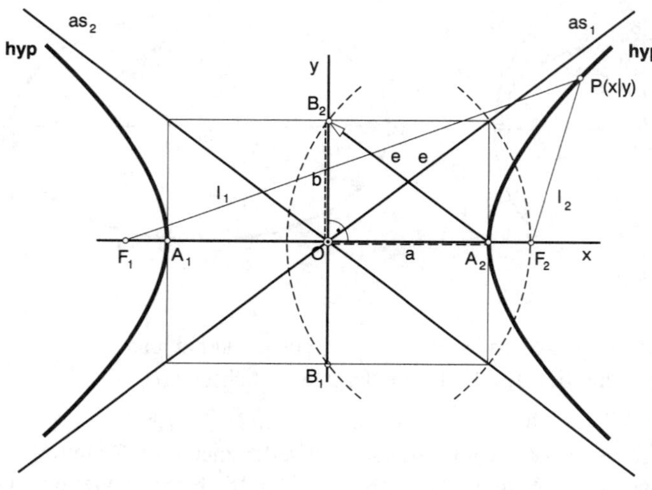

Um zur Gleichung zu kommen, übersetzt man die *Ortsdefinition* von oben, $l_1 - l_2 = \pm 2a$ bzw.

$\sqrt{(x+e)^2 + y^2} - \sqrt{(x-e)^2 + y^2} = \pm 2a$ [$\sqrt{(\ldots} + \sqrt{(\ldots}$ führt zur ell!]
isoliert jetzt eine Wurzel, quadriert, reduziert, quadriert nochmals und erhält mit der Abkürzung $b^2 := e^2 - a^2$ als Ergebnis

Satz 3: Hyperbelgleichung

S

Eine Hyperbel mit den halben Achsen(längen) a, b und der Brennweite e (mit $e^2 = a^2 + b^2$) als Abszisse eines Brennpunkts hat die Gleichung:
(in der speziellen Lage wie oben auch als *1. Hauptlage* bezeichnet):

$$\text{hyp: } b^2x^2 - a^2y^2 = a^2b^2 \quad \Leftrightarrow \quad \frac{x^2}{a^2} - \frac{y^2}{b^2} = 1$$

Asymptotengleichungen

Die Gleichungen der Asymptoten sind nach deren Definition leicht anzuschreiben: die Steigungen k_i dieser Ursprungsgeraden sind doch $\pm b/a$:

as_1: $y = k_1x = b/a \cdot x$ as_2: $y = k_2x = -b/a \cdot x$

Vergleichen wir die Ordinate eines Hyperbelpunkts im 1. Quadranten $P(x \mid y > 0)$ mit der des „darüberliegenden" Asymptotenpunkts, so finden wir die obige Behauptung bestätigt, daß sie sich immer weniger unterscheiden, je größer x wird, d. h., je weiter wir uns vom Mittelpunkt entfernen:

$b^2x^2 - a^2y^2 = a^2b^2 \Rightarrow a^2y^2 = b^2(x^2 - a^2) \Rightarrow y = \frac{b}{a}\sqrt{x^2 - a^2}$

Wird x groß gegen a, z.B. x = 100, a = 5, so ist $\sqrt{x^2 - a^2}$ fast gleich x;

konkret $\sqrt{100^2 - 5^2} = 99{,}875 \approx 100$, d. h., $y \approx b/a \cdot x = y_{as}$!

die Kurve schmiegt sich an

Kurvengleichungen

Bei einfachen analytischen Grundaufgaben wird man nach den *Kurvengleichungen* fragen, wenn *ein* Punkt (par) oder *zwei* Punkte gegeben sind (ell, hyp) oder auch ein Punkt und ein Brennpunkt bzw. die Asymptote.

Grund-aufgaben:

Welche Gleichung hat eine **Parabel**, die den Punkt P(8|4) enthält? Welches ist ihr Brennpunkt, und wie lautet die Gleichung der Leitlinie? **B**

par: $y^2 = 2px$; $P \in$ par einsetzen: $4^2 = 2p \cdot 8 \Rightarrow 2p = 2 \Rightarrow y^2 = 2x$;
Brennpunkt $F(p/2 \mid 0) = (1/2 \mid 0)$; Leitlinie l: $x = -p/2 = -1/2$.

Beispiel 3: ein Punkt legt eine Parabel fest,

Welche Gleichung hat eine **Ellipse**, die durch die Punkte $P(4 \mid 3/2)$ und $Q(-3 \mid -2)$ läuft? **B**

ell: $b^2x^2 + a^2y^2 = a^2b^2$; 2mal einsetzen, $P \in$ ell und $Q \in$ ell:

$$\left.\begin{array}{l} \text{I} \ldots\ b^2 \cdot 16 + a^2 \cdot 9/4 = a^2b^2 \\ \text{II} \ldots\ b^2 \cdot 9 + a^2 \cdot 4 = a^2b^2 \end{array}\right\} \quad \text{I} - \text{II} \Rightarrow 7b^2 - 7/4\, a^2 = 0 \Leftrightarrow b^2 = \frac{a^2}{4}$$

Diesen b^2-Term substituieren:

$9\frac{a^2}{4} + 4a^2 = a^2 \cdot \frac{a^2}{4} \Rightarrow 25/4 = \frac{a^2}{4} \Rightarrow a^2 = 25; \quad b^2 = 25/4$:

ell: $25/4\, x^2 + 25y^2 = 625/4 \Rightarrow x^2 + 4y^2 = 25$.

Beispiel 4: zwei Punkte bestimmen eine Ellipse,

Welche Gleichung hat eine **Hyperbel** mit der Asymptote as_1: $y = 4/\sqrt{7}\, x$, wenn sie auch noch P(4|5) enthalten soll? **B**

hyp: $b^2x^2 - a^2y^2 = a^2b^2$.

Nun ist $P \in$ hyp, also P-Koordinaten einsetzen:

$b^2 \cdot 16 - a^2 \cdot 25 = a^2b^2$;

as_1: $y = b/a\, x \Rightarrow b/a = 4/\sqrt{7} \Rightarrow b^2 = 16/7\, a^2$;

diesen b^2-Term wieder – wie im letzten Beispiel – substituieren:

$16/7\, a^2 \cdot 16 - 25a^2 = 16/7\, a^2 \cdot a^2 \Rightarrow 16 - 25 \cdot 7/16 = a^2 = 81/16$; $b^2 = \ldots 81/7$;

hyp: $81/7\, x^2 - 81/16\, y^2 = 81^2/16 \cdot 7 \Rightarrow 16x^2 - 7y^2 = 81$.

Beispiel 5: ein Punkt und eine Asymptote fixieren eine Hyperbel

Etwas raffinierter ist die folgende Frage:

Beispiel 6: Brennstrecke und Thaleskreis

B Von welchen Punkten der Hyperbel hyp: $4x^2 - y^2 = 4$ sieht man die Brennstrecke $\overline{F_1F_2}$ unter rechten Winkeln?

Sofort ist hier ablesbar: $a^2 = 1, b^2 = 4$; damit $e^2 = 1 + 4 = 5$; $F_{1,2}\,(\pm\sqrt{5}\,|\,0)$.
Die Strecke $\overline{F_1F_2}$ wird von allen Punkten des *Thaleskreises* über ihr unter einem Winkel von 90° gesehen:

kr_{Th}: $x^2 + y^2 = r^2 = e^2 = 5$;

die Schnittpunkte kr ∩ hyp sind die gesuchten:

$4x^2 - (5 - x^2) = 4 \Rightarrow 5x^2 = 9 \Rightarrow x = \pm 3/\sqrt{5}$;

dazu $y^2 = 5 - 9/5 = 16/5 \Rightarrow y = \pm 4/\sqrt{5}$: $P_{1,2,3,4}\,(\pm 3/\sqrt{5}\,|\,\pm 4/\sqrt{5})$.

Kegelschnitt und Tangenten

Tangenten:

Beim Ursprungskreis kr haben wir gefragt, wann eine Gerade (in expliziter Form) **Tangente** ist, also kr berührt. Dieselbe Frage wird auch bei den Kegelschnitten ell, hyp, par zu *Berührbedingungen* führen; die Rechnungen sind allerdings etwas umständlicher. Versuchen Sie selbst, die Leerzeilen auszufüllen!

Herleitung von Berührbedingungen …

Beginnen wir mit der ***Parabel***!

par: $y^2 = 2px$, g: $y = kx + d$;

y aus g(x) in den par-Term substituieren:

$(kx + d)^2 = 2px$

... (Sie sollten hier Ihre algebraischen Fähigkeiten testen!)

$$x^2 + \frac{2(kd-p)}{k^2}x + \frac{d^2}{k^2} = 0;$$

diese quadratische Gleichung hat *eine* Lösung, wenn der Term unter der Wurzel, die *Diskriminante* Δ, Null wird: $(p/2)^2 - q = 0$, d. h.

$$\left(\frac{kd-p}{k^2}\right)^2 - \frac{d^2}{k^2} =(!)\; 0 \qquad \dots \quad \dots$$

$-2kdp + p^2 = 0 \Rightarrow p - 2kd = 0$,

oder explizit nach d:

für die Parabel

$\boxed{d = \frac{p}{2k}}$ **Berührbedingung** für **par** in 1. Hauptlage

Dieselbe Idee ist bei der **Ellipse** viel mühsamer zu realisieren:

ell: $b^2x^2 + a^2y^2 = a^2b^2$, g: $y = kx + d$;

y von g(x) wird wieder substituiert, diesmal in den ell-Term:

$b^2x^2 + a^2(kx + d)^2 = a^2b^2$; ... (Sie rechnen wieder mit?!)

$$x^2 + \frac{2a^2kd}{b^2 + a^2k^2}x + \frac{a^2d^2 - a^2b^2}{b^2 + a^2k^2} = 0$$

wieder setzen wir $(p/2)^2 - q = 0$:

$$\left(\frac{a^2kd}{b^2+a^2k^2}\right)^2 - \frac{a^2d^2-a^2b^2}{b^2+a^2k^2} = 0 \qquad \ldots \qquad \ldots$$

$$a^2\left[a^2k^2d^2 - (d^2-b^2)(b^2+a^2k^2)\right] \overset{(!)}{=} 0 \qquad \ldots \qquad \ldots \qquad \text{(das Ziel ist nah!)}$$

$\boxed{d^2 = a^2k^2 + b^2}$ **Berührbedingung** für **ell** in 1. Hauptlage

und die Ellipse

Für die *Hyperbel* verläuft die Rechnung bis auf das Minus in der Gleichung analog; es ergibt sich daher auch, wie zu erwarten:

$\boxed{d^2 = a^2k^2 - b^2}$ **Berührbedingung** für **hyp** in 1. Hauptlage

sowie die Hyperbel

Dazu nun wieder einige *Grundaufgaben:*

B **Beispiel 7: Anwendung:**

An die *Ellipse* ell: $3x^2 + 4y^2 = 16$ sind die **Tangenten** *parallel* zur Sehne $\overline{AB}$ (A ist linker Haupt-, B oberer Nebenscheitel) zu legen.

Nach Bild 7 entnehmen wir die *Steigung* k_t der Tangenten aus der der Sehne:

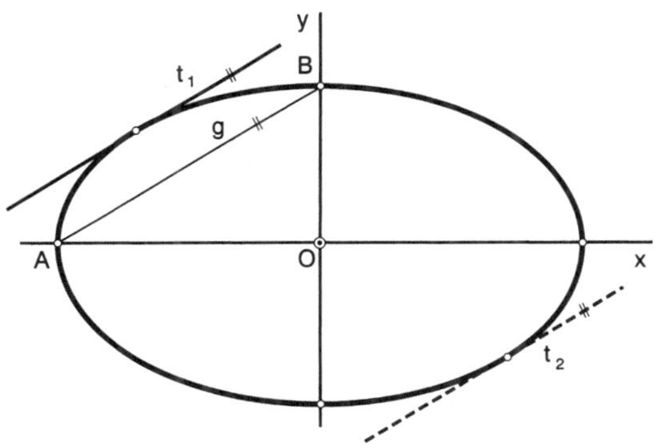

Bild 7: Tangenten parallel zu einer Sehne

ell: $3x^2 + 4y^2 = 16 \;\Rightarrow\; \frac{3}{16}x^2 + \frac{4}{16}y^2 = 1 \;\Rightarrow\; a = \frac{4}{\sqrt{3}},\; b = 2:\; k_t = k_g = \frac{b}{a} = \frac{\sqrt{3}}{2};$

... ihre Gleichungen

Berührbed.: $d^2 = a^2k^2 + b^2 = \frac{16}{3}\left(\frac{\sqrt{3}}{2}\right)^2 + 4 = \frac{16}{3}\cdot\frac{3}{4} + 4 = 8 \;\Rightarrow\; d = \pm 2\sqrt{2} \;\Rightarrow$

t_1: $y = \frac{\sqrt{3}}{2}x + 2\sqrt{2}$, $\quad t_2$: $y = \frac{\sqrt{3}}{2}x - 2\sqrt{2}$.

Grundkenntnisse aus der TRIGONOMETRIE verlangt die folgende Aufgabenstellung:

B **Beispiel 8: Ellipse und ...**

Der *Ellipse* ell: $0{,}5x^2 + 8y^2 = 8$ ist ein gleichseitiges Dreieck mit der Spitze auf der positiven y-Achse *umzuschreiben*, d. h., es sind die Gleichungen der Dreiecksseiten (als *Geraden* aufgefaßt) gesucht. Welchen Abstand hat der Nebenscheitel $B_2(0|b)$ von der Seite, die im I. Quadranten liegt?

Bild 8: umbeschriebenes gleichseitiges Dreieck

Auch hier hilft eine Skizze gemäß Bild 8:

ell: $x^2 + 16y^2 = 16 \quad \Rightarrow$

$b^2 = 1,\ b = 1 \ \wedge\ a^2 = 16,\ a = 4;$

Nebenscheitel sind damit $B_1(0|-1)$, $B_2(0|1)$.

Wegen $B_1 \in s \ \wedge\ s \parallel$ x-Achse ist sofort

s: $y = -1$.

q steigt unter 60° an: $k = \tan 60° = \sqrt{3}$;

ebenso ist k von p: $k = -\sqrt{3}$.

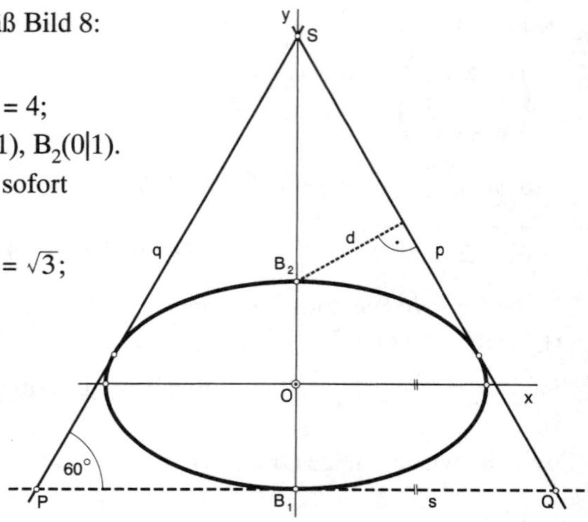

und die Seitengleichungen

Berührbedingung:

$d^2 = a^2k^2 + b^2 = 16 \cdot (\sqrt{3})^2 +$

$+ 1 = 49 \ \Rightarrow\ d = 7;$

q: $y = \sqrt{3}\,x + 7$,

p: $y = -\sqrt{3}\,x + 7$;

Hessesche Normalform HNF(p): $\frac{\sqrt{3}x + y - 7}{2} = 0 \ \Rightarrow\ \overline{B_2P}:\ \frac{\sqrt{3} \cdot 0 + 1 - 7}{2} = -3.$

Damit ist der Abstand als d = 3 eruiert.

In der nächsten Frage müssen wir uns an die Asymptotengleichungen erinnern:

Beispiel 9: Hyperbel: Tangente mit doppelter Asymptotensteigung

B An den rechten Ast der *Hyperbel*, die durch $P(5\sqrt{2}\,|\,2)$ läuft und a = 5 hat, ist diejenige *Tangente* zu legen, die die doppelte Asymptotensteigung hat!

hyp: $b^2x^2 - 25y^2 = 25b^2$;

P-Koordinaten einsetzen:

$b^2 \cdot 50 - 25 \cdot 4 = 25b^2 \ \Rightarrow\ b^2 = 4;$ hyp: $4x^2 - 25\,y^2 = 100$

as_1: $y = \frac{b}{a}x = \frac{2}{5}x \ \Rightarrow\ k_{as} = \frac{2}{5} \ \Rightarrow\ k_t = 2 \cdot 2/5 = 4/5$

Berührbedingung:

$d^2 = a^2k^2 - b^2 = 25 \cdot (4/5)^2 - 4 = 12 \ \Rightarrow\ d = -\sqrt{12} = -2\sqrt{3}$:

t: $y = 4/5\,x - 2\sqrt{3}$.

Schließlich erinnern wir uns an die Bedeutung der Koeffizienten in einer Geradengleichung, um das Problem erfolgreich zu bearbeiten:

Beispiel 10: Parabel: Tangente parallel zu einer Geraden

B An die *Parabel* mit F(1|0) als Brennpunkt sollen die Tangente t *parallel* zur Geraden g: $\begin{pmatrix} 2 \\ -5 \end{pmatrix} \cdot \vec{x} + 12 = 0$ gelegt und der *Berührpunkt* von t ermittelt werden!

Zunächst lesen wir den Parameter p aus der gegebenen Brennweite ab:

par: $y^2 = 2px \ \wedge\ F(p/2\,|0) = (1|0) \ \Rightarrow$

$p/2 = 1$, also $2p = 4$, d. h., par: $y^2 = 4x$;

$\vec{n} = \begin{pmatrix} 2 \\ -5 \end{pmatrix}$ ist *Normalvektor* von g, der zu ihm senkrechte Vektor $\vec{v} = \begin{pmatrix} 5 \\ 2 \end{pmatrix} = 5 \cdot \begin{pmatrix} 1 \\ 2/5 \end{pmatrix}$ daher *Richtungsvektor* von t; daraus ergibt sich $k_t = 2/5$;

Berührbed.: $d = \frac{p}{2 \cdot 2/5} = \frac{2}{2 \cdot 2/5} = \frac{5}{2}$;

t: $y = kx + d = 2/5\, x + 5/2$;

$t \cap par$: $(2/5\, x + 5/2)^2 = 4x \quad \Rightarrow \quad ... \quad x = 25/4,\ y = 5$: $B(25/4 \mid 5)$.

Tangente in einem Punkt

Steigung der Tangente in P

Man kann nach der Gleichung der Tangente an ell / hyp / par in einem vorgegebenen Punkt $P_1(x_1|y_1)$ einer dieser Kurven fragen. Dabei ist es günstig, die **Steigung** k_t von t in P_1 zu berechnen und sie in die Parameterform von t einzusetzen. Dieses k_t übernehmen wir aus der ANALYSIS (Band **3**) und führen hier nur den 2. Schritt aus:

ell: $k_t = -\frac{b^2 x_1}{a^2 y_1}$ (hyp ohne „–"); **Tangentensteigung** in $P_1(x_1|y_1)$

Gleichung der Tangente in einem Punkt

t: $\vec{x} = \vec{x}_1 + \lambda \vec{s} = \vec{x}_1 + \lambda \begin{pmatrix} 1 \\ k_t \end{pmatrix} \quad \Rightarrow \quad x - x_1 = \lambda \quad \wedge \quad y - y_1 = \lambda k_t$;

λ von 1. Gleichung einsetzen:

t: $y - y_1 = k_t\,(x - x_1) \quad \Rightarrow \quad y - y_1 = -\frac{b^2 x_1}{a^2 y_1}(x - x_1) \quad \Leftrightarrow$

$b^2 x_1 x + a^2 y_1 y \;=\; b^2 x_1^2 + a^2 y_1^2 =$ (wegen $P \in ell$) $a^2 b^2$,

was schon die Tangentengleichung darstellt. Für die Hyperbel verläuft die Rechnung bis auf Vorzeichen analog.

S — Satz 4: Ergebnis als Spaltform

Die Gleichung der Tangente in einem Punkt $P_1(x_1 \mid y_1)$ einer Ellipse bzw. Hyperbel ell (hyp): $b^2x^2 \pm a^2y^2 = a^2b^2$ lautet

t: $b^2 x_1 x \pm a^2 y_1 y = a^2 b^2$

Man hat nur in x^2 als $x \cdot x$ einmal x durch x_1 und ebenso y einmal in $y^2 = y \cdot y$ durch y_1 zu ersetzen, daher der Name *Spaltform*!

B — Beispiel 11: Anwendung

Für ell: $4x^2 + 25y^2 = 100$ und $P_1(x_1 < 0 \mid 6/5)$ ist zunächst

$4x_1^2 + 25 \cdot (6/5)^2 = 100 \quad \Leftrightarrow \quad x_1^2 = 16 \quad \Rightarrow \quad x_1 = -4$.

Dies in die Tangentengleichung eingesetzt, ergibt

t: $4\,(-4)\,x + 25 \cdot 6/5\, y = 100 \quad \Leftrightarrow \quad -8x + 15y = 50$.

dasselbe für die Parabel

Für die **Parabel** werden wir in der ANALYSIS finden

par: $k_t = \frac{p}{y_1}$ **Tangentensteigung** in $P_1(x_1|y_1)$

Dies eingesetzt – wie oben bei ell / hyp – führt zu

t: $y - y_1 = p/y_1\,(x - x_1) \quad \Rightarrow \quad y_1 y - y_1^2 = px - px_1 \quad \Rightarrow \quad y_1 y = p\,(x + x_1)$,

was sich auch als *Spaltform* (entstanden aus $y \cdot y = 2px = p\,(x + x)$) deuten läßt!

Damit lassen sich wieder einige typische Fragen beantworten:

Beispiel 12:
Tangente in einem Parabelpunkt

B Wie lautet die Gleichung der zu g: $x - 4y - 24 = 0$ parallelen Tangente an die Parabel par: $y^2 = 2x$? Welchen Berührpunkt hat sie?

k_g liest man aus g: $y = 1/4\,x - 6$ als $k_g = k_t = 1/4$ ab;

$k_t = \frac{p}{y_1} \Rightarrow y_1 = \frac{p}{k_t} = \frac{1}{1/4} = 4; \quad x_1 = 4^2/2 = 8$: $B_1(8|4)$.

t: $4y = 1 \cdot (x + 8) \Rightarrow y = 1/4\,x + 2$ (oder erst d aus Berührbedingung!)

Über die letzte (Tangenten)Gleichung lassen sich etwa auch Tangenten von einem Punkt außerhalb ell / hyp an die Kurve legen. Ein 2. Weg wäre der über die Punkt-Richtungsform (oder explizite Form) und die Berührbedingung.

Beispiel 13:
Tangente an die Ellipse aus einem Punkt

B An die Ellipse ell: $3x^2 + 4y^2 = 336$ sollen von $P(-8|8)$ aus die Tangenten gelegt werden!

Während Sie eingeladen sind, den 1. Weg als Übung 11 zu beschreiten, gehen wir hier den 2. Weg:

Aus der 2. Form der Ellipsengleichung entnehmen wir $a^2 = 112$ und $b^2 = 84$;

t: $y = kx + d$, $P \in t$: $8 = k(-8) + d \Rightarrow d = 8k + 8$;

Berührbedingung:

$d^2 = a^2k^2 + b^2 \Rightarrow [8(k + 1)]^2 = 112k^2 + 84$,

...

$k^2 - 32/12\,k + 5/12 = 0 \Rightarrow \ldots\; k_{1,2} = \langle {1/6 \atop 5/2} \Rightarrow d_{1,2} = \langle {28/3 \atop 28} \Rightarrow \ldots$

t_1: $-x + 6y = 56$, t_2: $-5x + 2y = 56$.

Der 1. Weg ist etwas länger, wie Sie in der Übung feststellen werden, dafür hat man auch die Berührpunkte; hier müßten sie erst durch Schnitt $t_i \cap$ ell errechnet werden. Ganz ähnlich geht man bei *Hyperbeln* vor.

Einfacher verlaufen wie gewohnt diese Rechnungen für eine *Parabel*:

Beispiel 14:
Parabel und Tangente

B Vom Punkt $P(-3|-5)$ aus sind die Tangenten an die Parabel par: $y^2 = 8x$ zu legen. Welche Berührpunkte ergeben sich?

Wir setzen an

t: $y = kx + d$, $P \in t$; dies führt zu ... $d = 3k - 5$;

Berührbedingung:

$d = p/2k \Rightarrow \ldots\; k^2 - 5/3\,k - 2/3 = 0 \Rightarrow \ldots\; k_{1,2} = \langle {2 \atop -1/3} \Rightarrow d_{1,2} = \langle {1 \atop -6} \Rightarrow$

t_1: $y = 2x + 1$, t_2: $y = -1/3\,x - 6$.

Die Berührpunkte finden wir hier schnell über

$k_t = p/y_1 \Rightarrow y_1 = p/k_t = 4/k_t = \langle {2 \atop -12} \Rightarrow x_1 = \frac{y_1^2}{8} = \langle {1/2 \atop 18} \Rightarrow$

$B_1 \in t_1$: $(1/2\,|\,2)$, $B_2 \in t_2$: $(18\,|\,-12)$.

Schnittwinkel von Kurven

Es gibt eine Reihe von Aufgaben, die sich auf zwei Kurven zugleich beziehen, etwa die Frage nach ihren *Schnittwinkeln*. Hier eine Kostprobe:

B

Beispiel 15: **Schnittwinkel von Ellipse und Hyperbel**

Eine Hyperbel hat die halbe Nebenachse b = 3 und dieselben Brennpunkte wie die Ellipse ell: $36x^2 + 100y^2 = 900$, vgl. Bild 9.

a) Wir interessieren uns für den Schnittpunkt S der beiden Kurven im zweiten Quadranten und die Gleichungen der Tangenten an hyp und ell in S.

b) Welchen Schnittwinkel schließen hyp und ell in S ein?

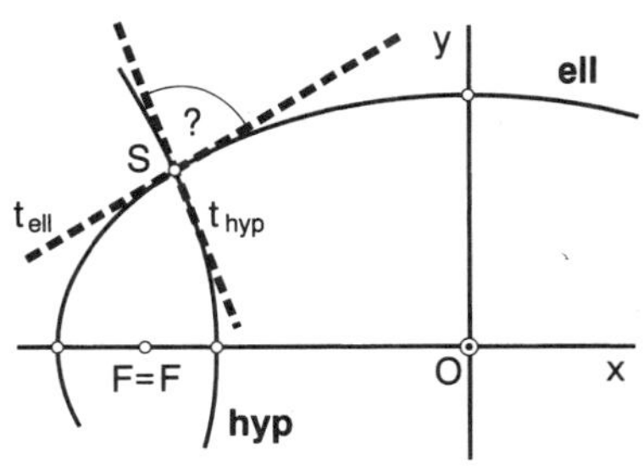

Bild 9: **dazu**

Vorbereitend stellen wir die Hyperbelgleichung über die gemeinsamen Brennpunkte auf. Wir finden rasch a, b und e beider Kurven:

Brennweiten

$$\text{ell: } 36x^2 + 100y^2 = 900 \iff 9x^2 + 25y^2 = 225 \implies a = 5 \wedge b = 3$$
$$e^2 = a^2 - b^2 = 5^2 - 3^2 = 4^2 \implies e = 4$$
$$\text{hyp: } b = 3: \quad 9x^2 - a^2y^2 = 9a^2;$$
$$e^2 = a^2 + b^2 \implies a^2 = e^2 - b^2 = 16 - 9 = 7 \implies \text{hyp: } 9x^2 - 7y^2 = 63$$

a) $\text{hyp} \cap \text{ell}: 9x^2 = 225 - 25y^2 = 63 + 7y^2 \implies 32y^2 = 162 \implies y^2 = 81/16$
$$y = \pm 9/4 \implies 9x^2 - 7 \cdot 81/16 = 63 \implies x^2 = 7(1 + 9/16) = 7 \cdot 25/16 \implies$$
$$x = \pm 5/4\sqrt{7}: \quad S(-5/4\sqrt{7} \mid 9/4).$$

Aus den Tangentengleichungen (Spaltformen!) lesen wir die Normalvektoren ab, die wir für die Aufgabe b benötigen:

Spaltformen!

$$t_{ell}: \; b^2x_1x + a^2y_1y = a^2b^2 \implies 9 \cdot (-5/4\sqrt{7})\,x + 25 \cdot 9/4\,y = 225 \implies$$
$$-\sqrt{7}\,x + 5y = 20 \implies \vec{n}_{ell} = \begin{pmatrix} -\sqrt{7} \\ 5 \end{pmatrix},$$
$$t_{hyp}: \; b^2x_1x - a^2y_1y = a^2b^2 \implies 9 \cdot (-5/4\sqrt{7})\,x - 7 \cdot 9/4\,y = 63 \implies$$
$$-5\sqrt{7}\,x - 7y = 28 \implies \vec{n}_{hyp} = \begin{pmatrix} -5\sqrt{7} \\ -7 \end{pmatrix}.$$

b) $\vec{n}_{ell} \cdot \vec{n}_{hyp} = \begin{pmatrix} -\sqrt{7} \\ 5 \end{pmatrix} \cdot \begin{pmatrix} -5\sqrt{7} \\ -7 \end{pmatrix} = 5 \cdot 7 + 5 \cdot (-7) = 0 \implies \vec{n}_{ell} \perp \vec{n}_{hyp} \implies t_{ell} \perp t_{hyp}!$

konfokale Kegelschnitte

Allgemein gilt: Haben eine Ellipse und eine Hyperbel gemeinsame Brennpunkte (sind sie ***konfokal***), so schneiden sie einander *rechtwinkelig*. Wir haben diese Behauptung immerhin an unserem konkreten Beispiel bestätigt!

Im allgemeinen ist der Winkel natürlich kein rechter; dazu blättern Sie bitte zu Kapitel D**12** zurück (Band **1**) und suchen die Formel für den Schnittwinkel zweier Vektoren, cos φ = ... Wir verzichten darauf, dies hier nochmals zu üben; vgl. aber Übung 12!

Wie ortet man eine Schallquelle?

Hier zu einer praktischen Anwendung:

Man will eine unbekannte Schallquelle S orten und postiert drei Beobachter mit synchronen Uhren in den Punkten A, B und C gemäß Bild 10, Maße in km. Wie kann man grafisch S bestimmen?

Man macht von der eingangs genannten Ortsdefinition Gebrauch und weiß, daß alle Punkte, die von A und B bzw. A und C gleiche Wegdifferenzen haben, auf einer *Hyperbel* mit den Meßpunkten als Brennpunkten liegen. Mißt man also das Signal in B um 6 Sekunden (6 s) früher als in A und C um 3 s früher als in A, so entspricht diese Laufzeitdifferenz gemäß $\Delta s = v\,\Delta t$ und $v \approx 1/3$ km/s schon den Hauptachsen

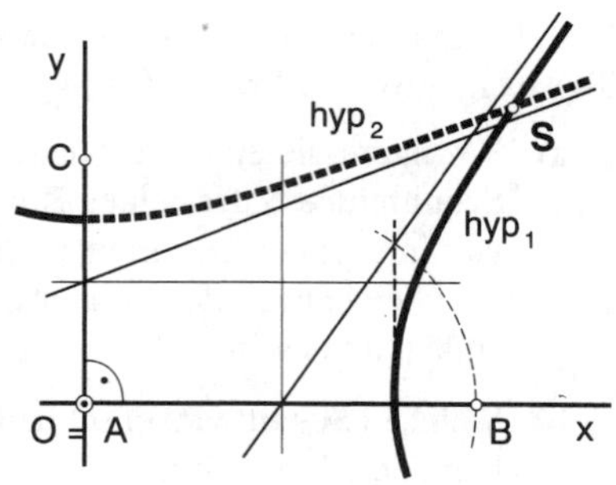

Bild 10: ... mit Hilfe von Hyperbeln!

$$(2a)_1 = \overline{SA} - \overline{SB} = \frac{1}{3}\cdot 6 = 2\ (\text{km}), \qquad a_1 = 1\ \text{km}$$

$$(2a)_2 = \overline{SA} - \overline{SC} = \frac{1}{3}\cdot 3 = 1\ (\text{km}), \qquad a_2 = \frac{1}{2}\ \text{km}$$

Wegen $2e_1 = 6$, $e_1 = 3$ und $2e_2 = 4$, $e_2 = 2$ wird weiter

$$b_1 = \sqrt{e_1^2 - a_1^2} = \sqrt{9-1} = \sqrt{8} = 2{,}83\ (\text{km})$$

$$b_2 = \sqrt{e_2^2 - a_2^2} = \sqrt{4-1/4} = \sqrt{3{,}75} = 1{,}94\ (\text{km}),$$

was auch *konstruktiv* aus e und a zu bestimmen wäre. Mit der Asymptote hat man den Hyperbelhalbast, der in die Zielrichtung führt, und im Schnitt mit dem anderen ist S gefunden.

Gemeinsame Kegelschnitt-Gleichung

Gibt es eine gemeinsame Gleichung für die Kegelschnitte?

Runden wir unseren Überblick über die Kegelschnitte mit dem Versuch ab, eine *gemeinsame Gleichung* zu finden! Man kann Ellipse, Kreis und Hyperbel so verschieben, daß wie bei der Parabel je ein Hauptscheitel in den Ursprung fällt (der linke bei ell und kr, der rechte bei hyp). Dann wird, wie wir gleich nachrechnen werden:

$$\text{ell}'\!: \ y^2 = 2\frac{b^2}{a}x - \frac{b^2}{a^2}x^2 \qquad \text{hyp}'\!: \ y^2 = 2\frac{b^2}{a}x + \frac{b^2}{a^2}x^2 \qquad \text{kr}'\!: \ y^2 = 2rx - x^2$$

Im verschobenen Koordinatensystem durch O' gilt doch für P(x|y), Bilder 11 und 12, nächste Seite:

$$y' = y \ \wedge \ x' = x + a \quad \Leftrightarrow \quad x = x' - a$$

Dies in ell eingesetzt, führt auf

$$b^2(x' - a)^2 + a^2y^2 = a^2b^2,$$

woraus $b^2x'^2 - 2b^2ax' + a^2y^2 = 0$ und daraus (nach Weglassen der Striche ') obige Gleichung folgt. Ebenso geht es bei hyp / kr! Führt man jetzt geschickt Abkürzungen ein:

$p := \frac{b^2}{a}$, $\varepsilon^2 = \frac{a^2 - b^2}{a^2}$ bei ell′, $\varepsilon^2 = \frac{a^2 + b^2}{a^2}$ bei hyp′,

$\varepsilon^2 = 1$ bei par (und $\varepsilon^2 = 0$ bei kr')

geht jede einzelne Gleichung über in:

$$\boxed{y^2 = 2px - (1 - \varepsilon^2)\,x^2}$$ *Gemeinsame **Scheitelgleichung*** der Kegelschnitte

Ja: die Scheitelgleichung

Damit hat ε bei ell / hyp offenbar den Wert e/a und heißt *numerische Exzentrizität.* Wächst ε bei festem p von 0 bis ∞, so entstehen aus dem *Kreis* mit Radius r – der übrigens *Scheitelkrümmungskreis* von ell, par und hyp ist – zunächst *Ellipsen*, beim Durchgang von ε durch 1 die *Parabel* und für größere Werte *Hyperbeln.*

Daß diese Figuren in Bild 12 auch entstehen, wenn man **Erdsatelliten** auf die Reise schickt, wird uns der Computer in Band **3**, 𝕃**39**, vorrechnen und -zeichnen!

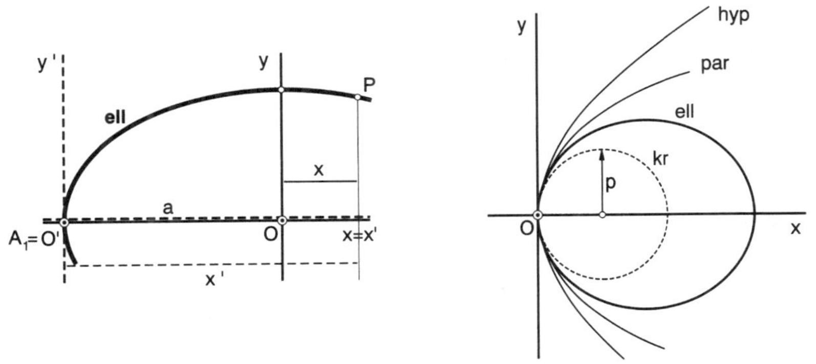

Bilder 11/12: dazu; Satellitenbahnen

Anschaulicher ist es, die Verwandtschaft der genannten vier Kurven aus ihrer Erzeugung am *Kegel* her zu beschreiben: man hat nur von der Kegelspitze aus einen Kreis – erinnern Sie sich an den Berührkreis einer Dandelinschen Kugel?! – abzubilden auf die Ebenen, die nun aus der normalen Lage zur Kegelachse „geneigt“ werden. Je nach dem Winkel sind es Ellipsen, die Parabel sowie Hyperbeln.

gemeinsame Erzeugung: Kollineation

Alle Kegelschnitte lassen sich somit aus dem Kreis als Originalfigur bei einer sog. ***Zentralkollineation*** erzeugen. Damit „schließt sich aber der Kreis“: Eben bei der geometrischen Erzeugung von **kr / ell / par / hyp** als **Kegelschnitte** haben wir dieses Kapitel ja begonnen!

Ende des 16. Kapitels

Übungsaufgaben

1. Verdrehen Sie die im Text und in Bild 1 bezeichnete Ebene so, daß als Schnittfigur mit dem Kegel eine Ellipse bzw. eine Hyperbel entsteht [Skizzen!]; bei der Hyperbel brauchen Sie einen Doppelkegel! Wie kann man ihre Lage kennzeichnen?

2. Führen Sie die kleine Zwischenrechnung vor der Parabelgleichung durch!

3. Versuchen Sie, einige Punkte einer Ellipse aus ihrer *Ortsdefinition* in der Ebene $\mathbf{e}_{ell}$ zu konstruieren (Zirkel aktivieren): für jeden Punkt P ∈ell muß gelten: $\overline{PF_1} + \overline{PF_2} = 2a$ mit $2a = \overline{A_1A_2}$ als Hauptachse; dabei nehmen Sie $\overline{A_iF_i}$ wie in Bild 5 an und gewinnen im symmetrischen Sonderfall auch die Nebenscheitel B_i!

   (Anleitung: Legen Sie eine Hilfsstrecke $\overline{A_1A_2} = 2a$ neben der eigentlichen Zeichnung an und wählen Sie beliebige Längen $\overline{A_10}, \overline{A_11}, \overline{A_12}$, ..., die Sie „in den Zirkel nehmen"; damit tragen Sie Kreise mit F_1 als Mittelpunkt ab. Mit den Reststrecken $\overline{0A_2}, \overline{1A_2}, \overline{2A_2}$, ..)

4. Eine Hyperbel enthält den Punkt P (–5|–2) und hat die Brennweite e = 6. Gleichung?

5. Eine Parabel geht durch P $(3|\sqrt{3})$. Eine Ellipse mit a = 6 geht ebenfalls durch P. Stellen Sie die Gleichungen von par und ell auf und berechnen Sie die Brennpunkte.

6. Eine Ellipse ell berührt die Gerade t: x + 4y + 8 = 0 im Punkt S (–4|–1) ∈t. Bestimmen Sie die Gleichung von ell, Skizze rechts.

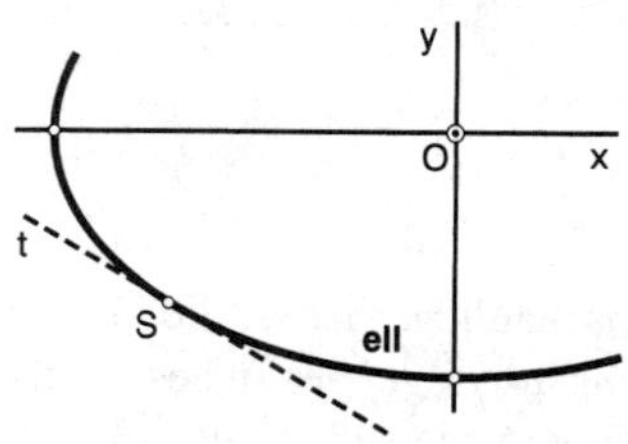

7. An die Hyperbel mit a = 4, b = 2 sind die Tangenten parallel zu g: y = 2x + 3 zu legen!

8. An die Ellipse ell: $3x^2 + 4y^2 = 16$ sind die Tangenten parallel zur Geraden g: 3x + 2y + 5 = 0 zu legen. Welchen Berührpunkt hat t_1 mit d > 0?

9. An die Parabel par: $y^2 = 8x$ sind die Tangenten vom Punkt R (–3|–5) aus zu legen. Berührpunkte?

10. Vom Punkt R (8|4) aus kann man Tangenten an die Hyperbel hyp: $4x^2 - 5y^2 = 220$ legen. Geben Sie die Gleichung der steileren Tangente an.

11. Verwenden Sie die Spaltform der Tangentengleichung, um von P (8|–8) aus die Tangenten an die Ellipse ell: $3x^2 + 4y^2 = 336$ zu legen.

12. Parabel und Ellipse von Übung 5 schneiden sich in P. Welchen Schnittwinkel schließen sie (d. h., ihre Tangenten) dort ein?

Zu den Lösungen

Lösungen

1. Für die Ellipse liegt die erzeugende Ebene so, daß $\alpha < \beta < 90°$ gilt mit α als halbem Öffnungswinkel des Kegels; für $\beta < \alpha$ entsteht eine Hyperbel (mit 2 „Ästen"):

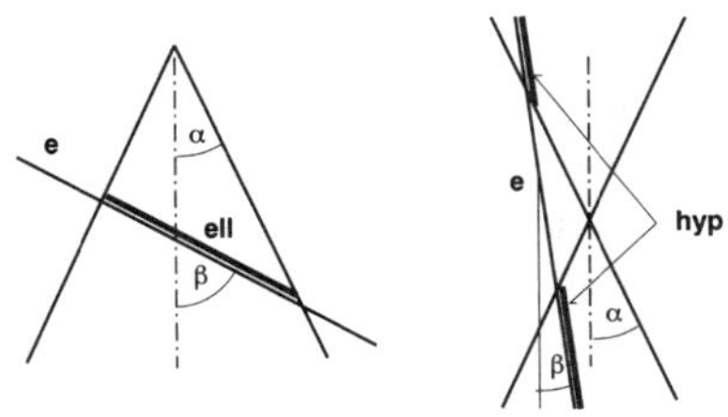

2. $(p/2 + x)^2 = (x - p/2)^2 + y^2 \Rightarrow p^2/4 + px + x^2 = x^2 - px + p^2/4 + y^2 \Rightarrow$
$px = -px + y^2 \Rightarrow y^2 = 2px$, ✔

3. Nach Skizze werden Kreise mit F_2 als Mittelpunkt mit den Reststrecken als Radien gezeichnet und mit den F_1-Kreisen geschnitten: Die entstehenden Punkte P_i haben dann von $F_{1,2}$ die Abstandssumme 2a, wie verlangt! Beginnt man mit F_2 als Mittelpunkt, ergeben sich die Punkte links von der Mitte.

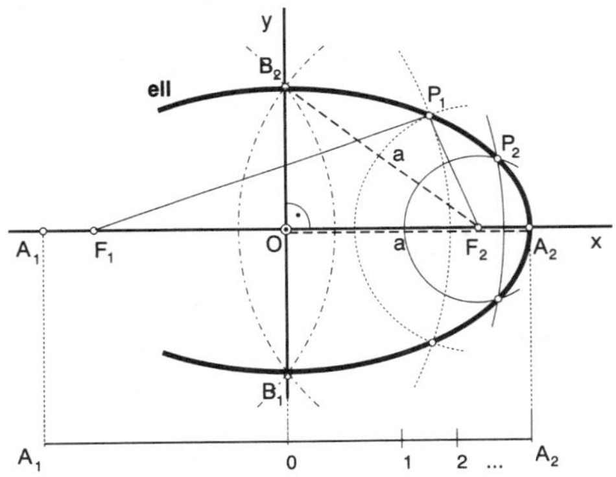

4. hyp: $b^2x^2 - a^2y^2 = a^2b^2$; einsetzen ($P \in hyp \wedge e = 6$)
$b^2 \cdot 25 - a^2 \cdot 4 = a^2b^2$; dazu $e^2 = a^2 + b^2 = 36 \Rightarrow a^2 = 36 - b^2$;
$25\,b^2 - 4\,(36 - b^2) = (36 - b^2)\,b^2 \Rightarrow b^4 - 7b^2 - 144 = 0 \Rightarrow$
$(b^2 - 16) \cdot (b^2 + 9) = 0 \Rightarrow b = 4;\ a = \dots \sqrt{20}$
hyp: $16x^2 - 20y^2 = 320 \Rightarrow 4x^2 - 5y^2 = 80$.

5. par: $y^2 = 2px$, $P \in par$: $(2\sqrt{3})^2 = 2p \cdot 3 \Rightarrow 12 = 6p$, $p = 2$: par: $y^2 = 4x$
ell: $b^2x^2 + a^2y^2 = a^2b^2$; $F_{par}(p/2\,|0) = (1|0)$;
$P \in ell$: $3^2b^2 + (2\sqrt{3})^2a^2 = a^2b^2 \wedge a = 6 \Rightarrow 9b^2 + 12 \cdot 36 = 36b^2 \Rightarrow b = 4$
ell: $16x^2 + 36\,y^2 = 16 \cdot 36$ bzw. gekürzt: $4x^2 + 9y^2 = 144$
ell: $e^2 = a^2 - b^2 = 6^2 - 4^2 = 20$, $e = \sqrt{20}$: $F_{1,2}(\pm 2\sqrt{5}\,|0)$.

6. ell: $b^2x^2 + a^2y^2 = a^2b^2$;
I ... $S \in ell$: $16b^2 + a^2 = a^2b^2$
II ... t ist Tangente: $y = -1/4\,x - 2$, d. h., $k = -1/4$; $d = -2$; eingesetzt in die
Berührbed.: $d^2 = a^2k^2 + b^2$ folgt $(-2)^2 = 1/16\,a^2 + b^2 \Rightarrow a^2 = 16\,(4 - b^2)$
$I \wedge II$: $16b^2 + 16\,(4 - b^2) = 16\,(4 - b^2)\,b^2 \Rightarrow \dots b^4 - 4b^2 + 4 = 0 \Rightarrow (b^2 - 2)^2 = 0$
$b^2 = 2$, $a^2 = 32$: ell: $2x^2 + 32y^2 = 64$, gekürzt: $x^2 + 16y^2 = 32$.

7. $k_g = 2 \Rightarrow k_t = k_g = 2$;
Berührbed.: $d^2 = a^2k^2 - b^2 = 16 \cdot 2^2 - 4 = 60 \Rightarrow d = \pm\sqrt{60} = \pm 2\sqrt{15}$
t_1: $y = 2x + 2\sqrt{15}$, t_2: $y = 2x - 2\sqrt{15}$.

8. ell: $3x^2 + 4y^2 = 16 \Rightarrow a^2 = 16/3,\ b^2 = 4$;
g: $3x + 2y - 4 = 0$ ... $y = -3/2\, x$ ... $\Rightarrow k = -3/2$;
Berührbed.: $d^2 = a^2k^2 + b^2 = 16/3 \cdot 9/4 + 4 = 16 \Rightarrow d = \pm 4$; t: $y = -3/2\, x + 4$;
Berührpunkt:
t∩ell: $3x^2 + 4(-3/2\, x + 4)^2 = 16 \Rightarrow \ldots\ x^2 - 4x + 4 = 0 \Rightarrow x = 2, y = 1$: $B(2|1)$
Kontrolle mittels Punkt-Richtungsform:
$y - y_1 = k(x - x_1)$; $y - 1 = -3/2\,(x - 2) \Rightarrow y = -3/2\, x + 4$, ✓.

9. $t_{1,2}$: $y - y_1 = k(x - x_1)$; $y + 5 = k(x + 3) = kx + 3x$
$\Rightarrow d = 3k - 5$. In die Berührbed.: (Skizze →)

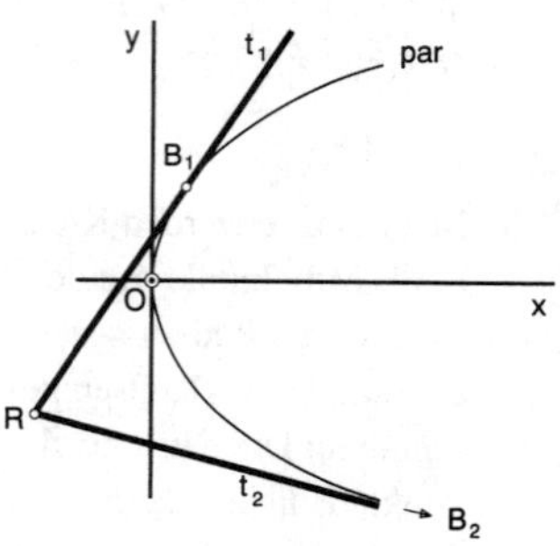

$d = \frac{p}{2k}$ einsetzen: $3k - 5 = \frac{4}{2k} \Rightarrow$
$6k^2 - 10k - 4 = 0$ bzw. $3k^2 - 5k - 2 = 0$ ...;
quadr. Gleichung lösen „wie immer“:
$k_{1,2} = \begin{cases} 2 \\ -1/3 \end{cases} \Rightarrow d_{1,2} = \begin{cases} 1 \\ -6 \end{cases} \Rightarrow$
t_1: $y = 2x + 1$, t_2: $y = -1/3\, x - 6$
Berührpunkte: B_1: $y_1 = p/k_1 = 4/2 = 2$; x_1 aus der t_1-Gleichung ... $B_1(1/2\,|2)$
B_2: $y_2 = p/k_2 = 4/(-1/3) = -12$; x_2 ebenso (t_2): ... $B_2(18|-12)$.

10. Skizze ähnlich wie eben in Lösung 9!
$\frac{4}{220}x^2 - \frac{5}{220}y^2 = 1 \Rightarrow a^2 = 55,\ b^2 = 44$;
$t_{1,2}$: $y - y_1 = k(x - x_1)$; $y - 4 = k(x - 8) = kx - 8k$, $y = kx - 8k + 4$ mit $d = -8k + 4$;
Berührbed.: $d^2 = a^2k^2 - b^2 = 55k^2 - 44 = (4 - 8k)^2 \Rightarrow \ldots\ 9k^2 - 64k + 60 = 0$ ...
Der kleine k-Wert entfällt, der andere ist $k = 6$; ... $d = -44$ ... t: $y = 6x - 44$.

11. t: $b^2x_1x + a^2y_1y = a^2b^2$ mit P_1 als unbekannter Berührpunkt;
aus der ell-Gleichung folgen analog zur Lösung 10 ... $b^2 = 84$ und $a^2 = 112$;
nun ist P ∈t; seine Koordinaten in t einsetzen:
$84 \cdot (-8)x_1 + 112 \cdot 8y_1 = 112 \cdot 84 \Rightarrow \ldots\ -3x_1 + 4y_1 = 42$ ... I
P_1∈ell: $b^2x_1^2 + a^2y_1^2 = a^2b^2$; konkret $84x_1^2 + 112y_1^2 = 112 \cdot 84$
$\Rightarrow \ldots\ 3x_1^2 + 4y_1^2 = 336$ ... II;
nun wird etwa x_1 aus I explizit ausgedrückt und in II substituiert:
II': $3\left(-\frac{42 - 4y_1}{3}\right)^2 + 4y_1^2 = 336 \Rightarrow$ quadrieren, reduzieren, ... $\Rightarrow$
$y_1^2 - 12y_1 + 27 = 0$, $(y_1)_{1,2} = \begin{cases} 9 \\ 3 \end{cases} \Rightarrow (x_1)_{1,2} = \begin{cases} -2 \\ -10 \end{cases}$: $P_1(-2|9)$, $P_2(-10|3)$;
t_1: $84 \cdot (-2)x + 112 \cdot 9y = 112 \cdot 84$ bzw. $-x + 6y = 56$,
t_2: $84 \cdot (-10)x + 112 \cdot 3y = 112 \cdot 84$ bzw. $-5x + 2y = 56$.

12. Wir haben nur in die Steigungsformeln einzusetzen, um die Tangentensteigungen zu bekommen und über sie die Richtungsvektoren der Tangenten, die wir in die cos-Formel einsetzen:

$$k_{ell} = -\frac{b^2 x_1}{a^2 y_1} = \dots -\frac{2}{3\sqrt{3}}; \quad k_{par} = \frac{p}{y_1} = \dots \frac{1}{\sqrt{3}} \Rightarrow$$

$$\vec{a} = \begin{pmatrix} 1 \\ -\frac{2}{3\sqrt{3}} \end{pmatrix} \parallel \begin{pmatrix} 3\sqrt{3} \\ -2 \end{pmatrix}, \quad \vec{b} = \begin{pmatrix} 1 \\ \frac{1}{\sqrt{3}} \end{pmatrix} \parallel \begin{pmatrix} \sqrt{3} \\ 1 \end{pmatrix} \Rightarrow$$

$$\cos\varphi = \frac{\vec{a} \cdot \vec{b}}{a . b} = \frac{3\sqrt{3} . \sqrt{3} + (-2) . 1}{\sqrt{(3\sqrt{3})^2 + (-2)^2} . \sqrt{(\sqrt{3})^2 + 1^2}} = \dots \frac{7}{\sqrt{31} . \sqrt{4}} \Rightarrow \varphi = 51°$$

Zum nächsten Kapitel

Teil F

17. Kapitel

17

F

Informatik

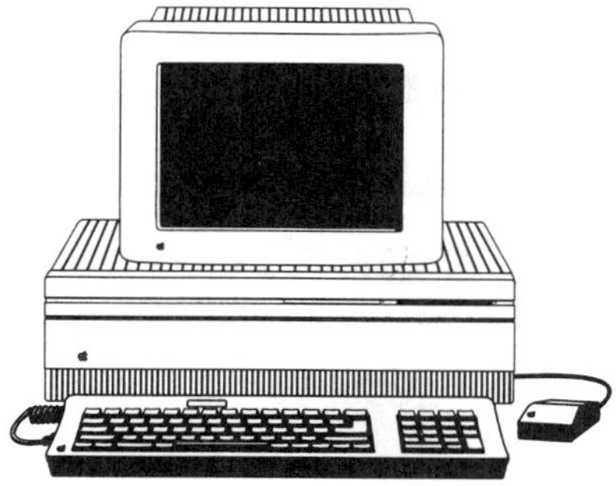

Wo uns Computer heute begegnen

Es gibt heute vielfältige Gründe, COMPUTER näher kennenzulernen: Denken Sie an Bankomat und Video- bzw. Fotorecorder, an die Wetterprognose, die nur mit den schnellsten Computern erstellt werden kann, oder an die rasche Buchung von Flug und Hotelzimmer. In der Medizin stecken Computer als treue Helfer in Diagnosegeräten, in der Forschung simulieren sie komplexe Prozesse, in der Produktion steuern sie Automaten u.v.a.

wie Computer arbeiten

In diesem Buch sollen uns Computer aber nur als nützliche Werkzeuge der MATHEMATIK begegnen. Dieses **17**. Kapitel ist daher den Grundlagen der Computerei gewidmet und soll ein gewisses Verständnis für ihre Arbeitsweise ermöglichen; *Schaltungen* studieren wir aber erst in Kapitel G**22** nach der *Schaltalgebra*! Wer zunächst nur Verwendung und Einsatz sehen will, kann sich die Lektüre dieser Einführung auch für später aufheben.

Kalkulation und Mathesoftware

Im **18**. Kapitel soll ein moderenes Tabellenkalkulationsprogramm Aufgaben der Grund- und Mittelstufe bearbeiten. Dann lassen wir noch eine spezielle Mathematiksoftware für uns rechnen und zeichnen!

programmieren

Schließlich absolvieren wir in Kapitel F**19** einen Grundkurs in einer weitverbreiteten Programmiersprache, um Problemstellungen heutiger Mathematik darin formulieren und lösen zu können. Sie werden staunen, um wieviel reichhaltiger und spannender Ihnen „Mathe" auf einmal erscheinen wird!

Da die INFORMATIK aber nicht zum mathematischen Pflichtstoff fürs Abitur/die Matura gehört, und die Kapitel **18** und **19** ohnehin als Beispielsammlung mit rotem Faden gestaltet sind, entfällt der gesonderte ÜBUNGSTEIL.

Aufbau und Funktionsweise des Computers

Was Computer können

Computer haben ihren Namen aus dem Englischen (to compute = rechnen); sie können aber nicht nur *rechnen*, sie können auch mit Buchstaben und Wörtern umgehen, d. h., *Briefe* aller Art *erstellen*. Doch sie können auch Bildpunkte, *pixel* (von picture elements), ansprechen, also *Grafiken erzeugen*.

Daten

Sowohl Zahlen als auch Wörter sind ***Daten***, die man dem Computer *eingibt* und die dort nach bestimmten Regeln verarbeitet werden. Die Ergebnisse können wir nicht nur am Bildschirm ablesen, sondern auch am Drucker schwarz auf weiß oder farbig entgegennehmen. Bevor Daten verarbeitet werden können, müssen sie so aufbereitet werden, daß der Computer damit etwas anfangen kann. Schon bei der Verständigung von Menschen untereinander wird es schwierig, wenn der eine deutsch und der andere schwedisch spricht; vielleicht helfen da ein paar *gemeinsame* Brocken englisch?

Information

Will sich ein Mensch mit einem Computer verständigen, muß ganz genauso eine gemeinsame *Sprache* gefunden werden, damit Kommunikation möglich ist. Jede ***Information***, die man weitergeben, verarbeiten, übertragen will, muß dabei aus einem genau vereinbarten Zeichenvorrat zusammengesetzt sein, einem ***Alphabet***. Da wir sowohl *schreiben* als auch *rechnen* wollen, nehmen wir unsere gewohnten Klein- und Großbuchstaben, d.s. ca. 2mal 26, einige Sonderzeichen wie ! ? oder " & § : , ; + – und andere, vielleicht 30, – und unsere Ziffern von 0 bis 9, insgesamt also knapp 100 Zeichen oder Symbole.

Bild 1: Alphabet

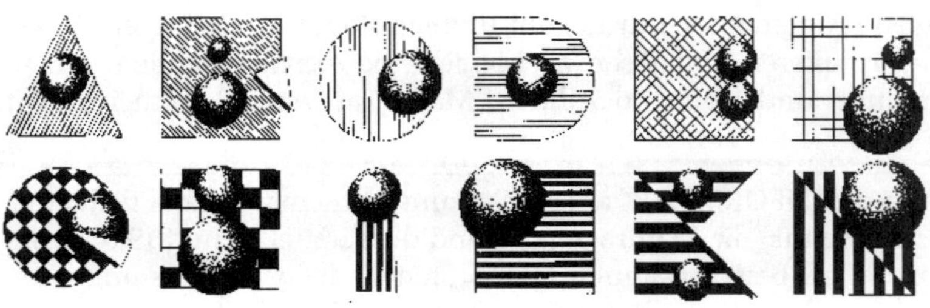

Codierung

Wie aber sage ich es meinem stummen Gehilfen? Er versteht doch die menschliche Sprache – noch! – nicht und kann seine Schrift – noch! – nicht lesen. So unglaublich es auf den ersten Blick klingen mag: Man ist auf die Idee gekommen, alle Ziffern, Sonderzeichen und Buchstaben als *Null-Eins-Folgen* darzustellen, zu ***codieren***, d. h. zu *verschlüsseln*:

Zuordnungen

A ← 0100 0001
B ← 0100 0010
...
1 ← 0011 0001
...
? ← 0011 1111

wobei diese Festlegungen an sich frei vereinbart werden können; dieses *Ja-Nein-Prinzip* kann die Maschine als *«Schalter geschlossen oder offen»*, als *«Strom ein oder aus»* interpretieren, damit kann sie arbeiten!

Binärsystem

Auch für den Aufbau und die Funktionsweise von logischen Schaltungen, von denen wir einige in Kapitel G**22** besprechen werden, ist das *binäre Denken* ganz wesentlich. Da wir das ***Binärsystem*** = *Zweiersystem* schon in Band **1**, Kapitel A**2**, besprochen haben, können Sie sich unter den Ziffern 0 und 1 schon etwas vorstellen!

wie viele Binärziffern brauchen wir?

Schätzen wir zunächst ab, wie viele Binärziffern (engl. binary digits, kurz ***bits***) wir für unser Alphabet benötigen: mit 0/1-Folgen der Länge zwei, also mit *zwei* solcher bits, können wir offenbar *vier* Zeichen verschlüsseln:

00	01	10	11
↑	↑	↑	↑
1.	2.	3.	4. Zeichen,

als Baumdiagramm zeigt dies Bild 1, links, mit *drei* bit schon acht, eben die ersten acht Dezimalziffern von 0 bis 7, Bild 1, rechts:

000	001	010	011	100	101	110	111
↑	↑	↑	↑	↑	↑	↑	↑
1.	2.	3.	4.	5.	6.	7.	8. Zeichen

Bilder 2: dazu

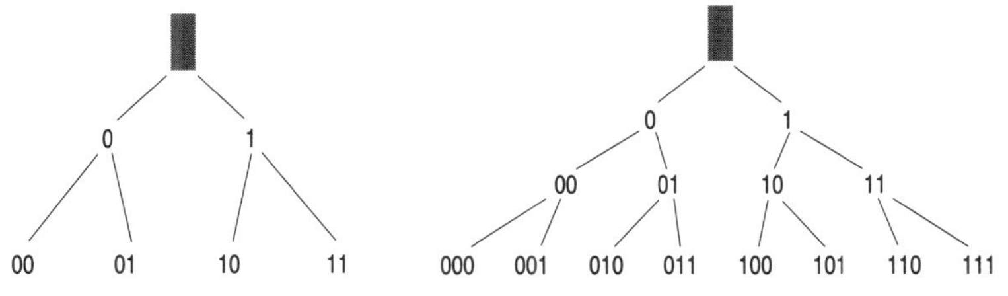

Vier bit reichen für sechzehn und *fünf* bit für doppelt soviel, nämlich 32. Mit 6 bit kommen wir schon auf 64, mit 7 bit sind es gar 128 Zeichen. Sie erkennen sicherlich die Formel: 2 hoch 7 gleich 128. Es fällt auf, daß man vier Binärziffern braucht, um alle zehn Dezimalziffern von 0 bis 9 zu *übersetzen*, allerdings genügen die vier bit sogar für 16 Zeichen. Da wir ca. 100 haben, benötigen wir mindestes 7 bit, die dann wieder für $2^7 = 128$ Zeichen ausreichen.

der ASCII

Ein häufiger Zeichensatz bzw. ***Code*** zur Verschlüsselung, der ***ASCII*** (American Standard Code for Information Interchange), verwendet 7 bit – ein 8. dient in der erweiterten Fassung unter anderem zur Darstellung der Umlaute –, und legt z. B. fest, daß die Ziffer 0 an 48. Stelle beginnt, d. h.,

0 ← 011 0000 (= 32 + 16 = 48); natürlich folgen

1 ← `011 0001` (= 48 + 1 = 49),
… … bis
9 ← `011 1001` (= 48 + 9 = 57),

ASCII und Binärziffern

so daß die rechten (niedrigen) bits gerade die Binärzahlen von 0 bis 9 sind! Im übrigen ist man, wie gesagt, völlig frei in der Zuordnung: Man wählt `100 0001` (= dezimal 65), um den Buchstaben A zu *verschlüsseln*, für a wird `110 0001` (= 97 = 65 + 32 dezimal) festgesetzt usw.; ein ASCII-Tabellenausschnitt folgt im nächsten Kapitel, wenn wir gelernt haben werden, Computerprogramme zu schreiben!

bit und byte

Nun verstehen wir schon, daß zum Transport einzelner Zeichen im Computer ganze Blöcke von i. allg. 8 bit verschickt werden müssen; meist sind es 16 oder 32 in heutigen Mikroprozessoren. Einen 8er-Block, z. B. `1001 0010`, nennt man 1 ***byte***, 1 B, sozusagen ein großes bit, zwei byte sind ein *Wort*.

Ein typischer ***Homecomputer*** hatte vor 20 Jahren 65536 byte Speicherkapazität, d. h., er konnte ebenso viele Zeichen speichern, vgl. Bilder 3.

Bilder 3: Homecomputer und Speicherplätze

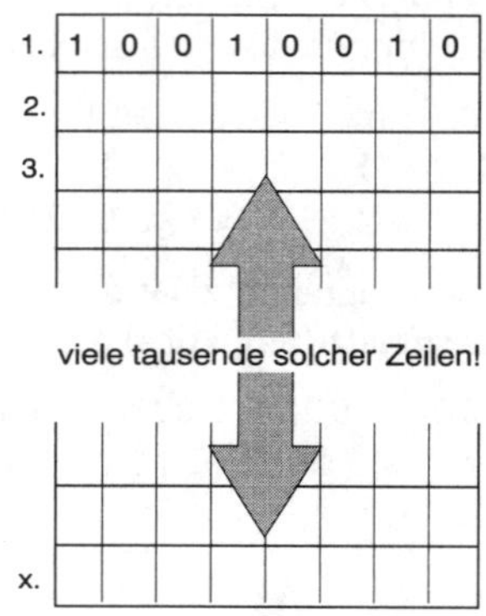

er merkt sich 20 Seiten

Diese Zahl entspricht $64 = 2^6$ Einheiten von je $2^{10} = 1024$ byte (64 mal 1024 = 65536); jede solche Einheit wird mit 1 KB oder oft auch 1 K abgekürzt und 1 *Kilobyte* gelesen. Eine typische Schreibmaschinenseite mit 3000 Anschlägen (= Zeichen) entspricht also knapp 3 K; unser Homecomputer mit seinem 64 K „großen" Arbeitsspeicher konnte demnach über 20 Seiten speichern.

Um 1985 hatten ***Personalcomputer*** (***PC***), Bilder 4, in der Regel den 16fachen Speicherraum, also 1024 KB = 1 MB (1 *Megabyte*), oft auch das Doppelte davon, also 2 MB. Seit einigen Jahren werden PC nur mehr mit 4 bis 8 MB ausgeliefert, da heutige Software mit kleinerem Speicher nicht lauffähig ist.

Bilder 4: Personalcomputer

Bei Spezialgeräten sind es noch mehr, so sind für ***Grafik****- oder CAD*-Anwendungen (Computer Aided Design = techn. Konstruktionen) 16 bis 32 MB üblich: Hier spricht man von ***Workstations***; sie sind optimal schnell und haben große (21-Zoll-) Monitore und teure Grafikkarten (vgl. spätere Abschnitte).

Workstation

Ein kleiner historischer Exkurs

Bevor wir uns Bau- und Funktionsweise eines Computers etwas näher ansehen, hier ein paar geschichtliche Daten der letzten hundert Jahre: 1886 baute der amerikanische Erfinder deutscher Abstammung Hermann Hollerith für die amer. Volkszählung eine lochkartengesteuerte Registriermaschine, die die Arbeit von 500 Leuten, die 10 Jahre zuvor noch 7 Jahre zur Zählung benötigt hatten, so drastisch reduzierte, daß 40 Mitarbeiter es in 4 Wochen schafften!

Lochkarten-maschine

In unserem Jahrhundert begann man nach 1935, elektromechanische Rechner zu entwickeln. Konrad Zuse konnte 1941 nach zwei Vormodellen die erste programmgesteuerte Rechenmaschine der Welt, die ***Z3***, präsentieren; sie enthielt 2600 ***Relais*** als Schalter, wurde durch gelochte Filmstreifen programmiert und führte 20 Additionen pro Sekunde aus. Obwohl Zuse es nicht wußte, hatte er damit eine Idee realisiert, die Charles Babbage und seine Mitarbeiterin Ada Augusta Byron, Countess of Lovelace, in England schon 100 Jahre zuvor hatten!

Zuses Z3

3 Jahre später baute Howard Aiken an der Harvarduniversität mit IBM-Unterstützung einen großen Relaisrechner (750000 Einzelteile, 800 km Verdrahtung, 16 m Länge ...), den ***Mark 1***. Er diente zur Berechnung von mathematischen Tabellen. Geld von der amerikanischen Armee gab es dann für die Univ. of Pennsylvania für einen Computer, in dem die Relais größtenteils durch elektronische ***Vakuumröhren*** ersetzt werden sollten; durch deren 1000fach höhere Schaltgeschwindigkeit wollte man rascher zu ballistischen Tabellen für die großen Kanonen gelangen. Dieser von John Mauchly und Jay P. Eckert gebaute ***ENIAC*** enthielt 18000 Röhren, 1500 Relais, wog 30 Tonnen und mußte in einer großen Halle aufgestellt werden. Er konnte schon 5000 Additionen in der Sekunde ausführen, wurde aber erst nach Kriegsende 1946 fertig.

vom Relaisrechner zum Röhrengerät

Sein Nachfolger, der sog. ***UNIVAC*** (1951), konnte *programmgesteuert* arbeiten, mußte also nicht für jede neue Aufgabe tagelang neu verdrahtet werden. 1952 griff dann der Büromaschinengigant IBM in den Kampf um die Computer ein und eroberte bald wegen seines gut ausgebauten Vertriebsnetzes – trotz der zwar veralteten, aber eben vielen Anwendern vertrauten *Lochkartensteuerung* des Modells ***650*** – den Markt.

IBM-Start

Nach 1950 wurde daran gearbeitet, den kurz zuvor, um 1948, erfundenen ***Transistor*** als Schalter in die Computer einzubauen, um die lauten und relativ langsamen Relais und die großen, stromschluckenden Elektronenröhren zu ersetzen. Dem Ingenieur an der Wiener Techn. Hochschule, Heinz Zemanek, gelang es 1956, den ersten volltransistorisierten Computer zu bauen, den er scherzhaft ***Mailüfterl*** nannte. 1957 konnte Siemens das Transistormodell ***2000*** anbieten.

Transistor-rechner

Tausende Bauelemente mußten in diesen Jahren noch von Hand nach Schaltplänen eingesetzt und verlötet werden, was die Computer sehr teuer machte. Bald lernte man aber, auf einzelnen Siliziumplättchen viele tausend Transistoren, Kondensatoren u.a.m.

Integrierte Schaltkreise: Chips

durch kombinierte Belichtungs-, Ätz- und Oxidationstechniken sowie Ionenimplantationen (= Dotierungen mit Fremdatomen wie Bor und Phosphor) *in einem* herzustellen. Diese ***integrierten Schaltkreise*** (***IC***s, integrated circuits) auf einem ***Chip*** waren wesentlich billiger und konnten bei Störungen als ganzes ersetzt werden.

Bild 5: dazu

Mikroprozessor

Obwohl die Technik schon 1959 erfunden war, dauerte es noch über 10 Jahre, bis es – getrieben durch das ehrgeizige amerikanische Mondlandungsprojekt – 1971 gelang, durch wiederholte Miniaturisierung alle Schaltkreise, die das „Herz" eines Computers ausmachen, auf einem einzigen Chip unterzubringen: Der erste ***Mikroprozessor*** war geschaffen. Ebenso konnte man bald die für die interne *Speicherung* nötigen Schaltkreise sowie die Ein- und Ausgabesteuerungen auf Chips unterbringen.

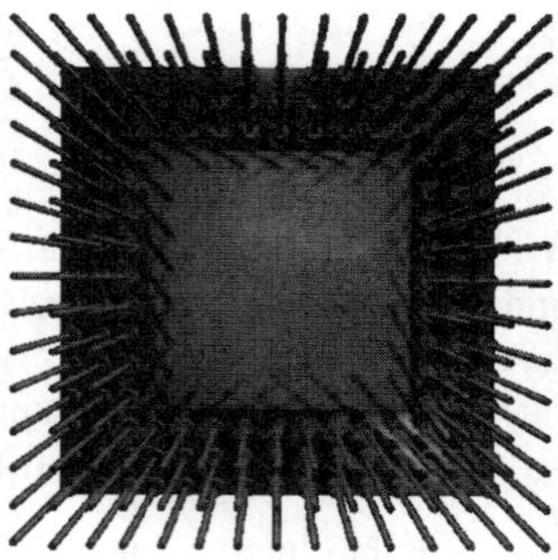

heutiger Stand: 5. Generation

Derzeit werden Jahr für Jahr größere Integrationsdichten für Speicher erreicht – auf einen Quadratzentimeter fallen schon viele Millionen Schaltelemente; der 64-Megabit-Chip ist schon technisch realisiert! Man steht heute am Anfang der sog. *5. Generation* der Computerentwicklung, die durch mehrere *parallel* arbeitende Prozessoren, welche die Verarbeitungsgeschwindigkeit deutlich erhöhen sollen, charakterisiert ist. Weltweit bemüht man sich, die Computersprachen zu verbessern und den Verkehr zwischen Mensch und Computer einfacher zu gestalten: So arbeitet man daran, dem Computer menschliche Handschriften oder gesprochene Worte verständlich zu machen; Teillösungen sind hier schon geglückt. Dies und vieles weitere wie *Robotik* und vor allem *Expertensysteme* gehört zur ***Artificial intelligence***, AI, (*künstliche Intelligenz*), einer Forschungsrichtung der INFORMATIK, die schon vor 40 Jahren in den USA entstanden ist und die untersucht, wie intelligentes Verhalten von Computern nachvollzogen werden kann bzw. wie man mit Computern Probleme löst, die gewisse Intelligenzleistungen voraussetzen.

künstliche Intelligenz und ...

Bilder 6: Robotik

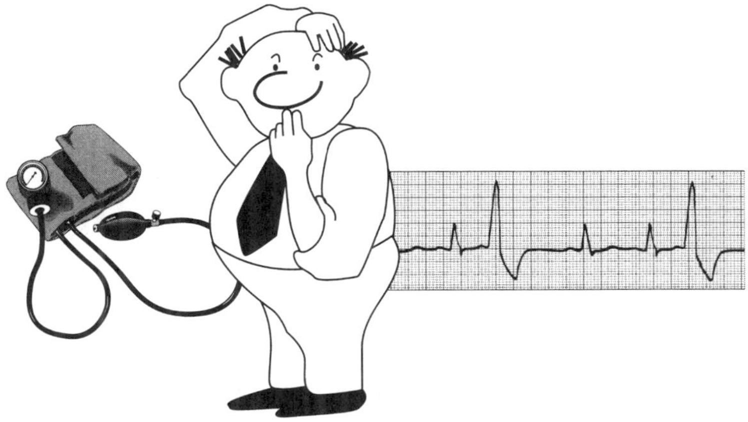

Bilder 7:
Prozessoren in der Medizin

Wissen und Sprachen

Dabei muß man sich neu damit beschäftigen, was *Wissen* ist, wie es sich darstellen läßt und wie man neues Wissen daraus herleiten kann. Zu jeder Form von Wissen gibt es heute passende Programmiersprachen, z. B. das regelorientierte ***Pascal*** mit den Sprachelementen IF (Bedingung erfüllt) THEN (Aktion).

neuronale Netze und virtual Reality

Bisher kann nur der Mensch eine Theorie erkennen, die hinter den vielen Wissensfakten liegt. Es entstehen aber – begünstigt durch die immer leistungsfähigere Hardware – ständig neue Zweige der AI, so daß immer mehr menschliche Fähigkeiten nachgeahmt werden. Neueste Entwicklungen sind *neuronale Netze,* die in Teilgebieten schon die Intelligenz von Lebewesen aufweisen, und *virtual Reality*, in der man per Datenhandschuh aktiv das Geschehen steuert und mit der man Reisen im Sichthelm erlebt, die nur durch die eigene Fantasie und die dafür noch immer zu langsame (!) Computerhardware (sowie viel zu teure Software) begrenzt sind.

Bild 8:
Reisen in den Cyberspace
nach eigener Fantasie!

Wie funktioniert ein Computer?

Programm

Nun zur *Arbeitsweise* eines Computers! Von Daten und ihrer Verschlüsselung etwa durch den ASCII (amerikanischer Standardcode für Datenaustausch) haben wir schon gehört, auch davon, daß jede Aufgabe in kleinste Elemente zerlegt werden muß. Die Gesamtheit der Anweisungen an den Computer in einer genormten Sprache wie z. B. Turbo Pascal, die ihm diese Schritte genau vorschreiben, heißt ein ***Programm***.

Bild 9: Diskette

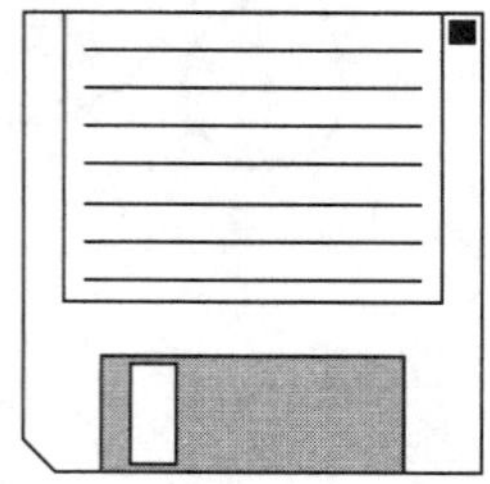

Daten und Programme werden im einfachsten Fall von Hand per Tastatur eingetippt (*Eingabe*), oft werden sie fertig von der Diskette oder Festplatte eingelesen. Dann erfolgt im geheimnisvollen Inneren der Maschine die *Verarbeitung*. Schließlich zeigt der Computer seine Lösung am Bildschirm oder er gibt sie auf Wunsch auf einem Drucker schriftlich aus: *Ausgabe*. Laufend müssen Zwischenergebnisse gespeichert werden, damit man mit ihnen weiter arbeiten kann: Meist zählt man die *Speicherung* zur Verarbeitung.

das EVA-Prinzip

Als stark vereinfachtes ***Funktionsprinzip*** eines Computers hat man damit gewonnen:

Eingabe + Verarbeitung + Ausgabe, kurz «**EVA**»

Wo und wie erfolgen nun diese Teilfunktionen? Sehen wir uns dazu die Bilder 3 und 4 an, die Aufbau und Gliederung eines Computers bzw. seiner ***Hardware***, d. s. seine „greifbaren" elektromechanischen Bauteile, verdeutlichen sollen:

Bild 10a: woraus Hardware besteht

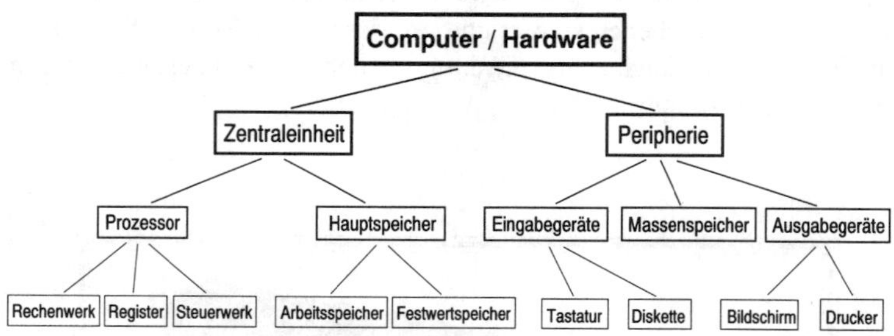

Zentraleinheit und Peripherie

Der ***Zentraleinheit*** stellt man die ***Peripherie*** gegenüber: also alle Ein- und Ausgabegeräte sowie die externen Speicher (Massenspeicher), die wir nicht näher besprechen. Die Zentraleinheit selbst läßt sich weiter grob unterteilen in den (Mikro-)*Prozessor* und den *Hauptspeicher*. Oder finden Sie die folgende Darstellung anschaulicher?

Bild 10b: dazu

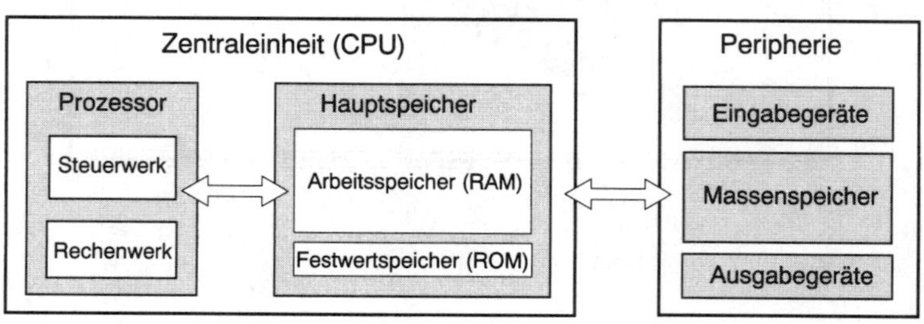

Der ***Prozessor*** besteht im wesentlichen aus *Rechenwerk* und *Steuerwerk*. Im *Steuerwerk* werden alle Abläufe im Computer organisiert und kontrolliert, im *Rechenwerk* wird, wie der Name schon sagt, gerechnet, was aber allgemeiner zu verstehen ist: So können auch Buchstaben zu Wörtern und Sätzen verbunden, also *Texte* gebildet werden. Für Zwischenergebnisse stehen dem Prozessor *Register* (cache memories), das sind Speicher, auf die sehr schnell zugegriffen werden kann, zur Verfügung.

Prozessor

Beim ***Hauptspeicher*** unterscheidet man einen Teil, der dem Benutzer i. allg. nicht zugänglich ist, den sog. *Festwert*speicher oder kurz ***ROM*** (Read only memory), vom *Arbeits*speicher oder ***RAM*** (Random access memory), der dem Benutzer für seine Daten und die Programme offen steht. Natürlich greift auch der Prozessor auf den Arbeitsspeicher zu; er muß ja dort Daten zur Verarbeitung ablegen, wieder herausholen und sich auch die Befehle besorgen, *wie* er mit diesen Daten umzugehen hat. Der ROM sagt dem Computer, wie er sich anzuschalten, d. h., die Startprozedur zu vollziehen hat – man nennt dies auch *booten* –, und wie er Dateien auf die *Disketten* schreiben und sie von dort in den RAM einlesen soll.

Hauptspeicher

Bild 11: Zusammenarbeit in der Zentraleinheit

Damit die Daten geordnet abgelegt und wieder gefunden werden können, hat jeder Speicherplatz seine *Adresse*. Um sie anzusprechen, gibt es ein Leitungsbündel vom Prozessor zum RAM, den sog. *Adressbus*. Über ein ähnliches Leitungsbündel, den *Datenbus*, werden dann die Daten auf bestimmte Adressen, also Speicherplätze, gelegt, man sagt: *hineingeschrieben* und bei Bedarf wieder geholt, man sagt: *herausgelesen*. Schließlich gibt es noch den aus nur wenigen Leitungen bestehenden *Steuerbus*, über den dem Speicher z. B. mitgeteilt wird, ob jetzt gerade Daten zu schreiben oder zu lesen sind.

Busse als Leitungsbündel

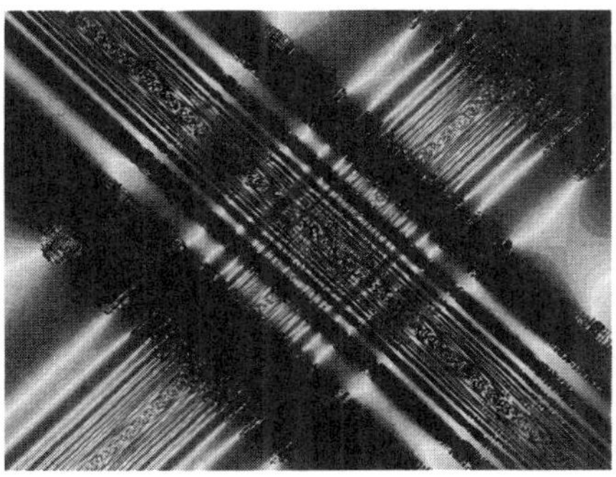

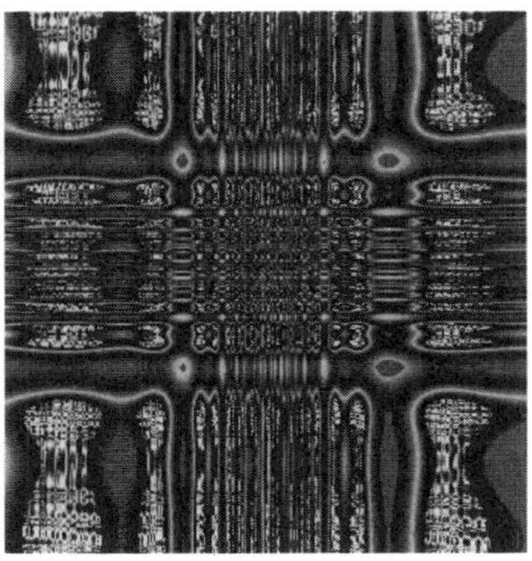

Bilder 12: feinste Strukturen im Mikrobereich

Spitzenprodukte

Im wesentlichen ist es die *Breite* des internen Datenbusses, d. h., wie viele (0-/1-) Impulse = bit gleichzeitig übertragen werden können, welche die Schnelligkeit des Mikroprozessors und damit seine Qualität bestimmt. Hatte man anfangs, also knapp nach 1970, nur 4 bit, ist man inzwischen in der Regel bei 32 bit und bei Spitzenprodukten, wie dem *Alpha-Prozessor* von DEC, sogar 64 bit gelandet!

die Intel-Prozessoren

Der erste Mikroprozessor, der schon mit einem 16-bit-Adressbus arbeitete und daher in einem Schritt auf eine beliebige von 65536 (= 64 K = 2^{16}) Adressen zugreifen konnte, war der *INTEL-8080* von 1974. Sein *Datenbus* war 8 bit breit, ebenso wie der vier Jahre später erschienene *8088*, der im ersten IBM-Personalcomputer werkte. Man mußte dann einige Zeit auf den 16-biter *Intel-80286* warten (AT-Klasse), aber bald darauf gab es den *80386*; dieser war schon ein echter *32-bit-Prozessor*, d. h., sein *Datenbus* war 32 bit breit; er verfügte auch über einen 32 bit breiten Adressbus und konnte damit theoretisch 2^{32}, das sind über 4 Milliarden (!), Bytes direkt ansprechen. Heute ist der *Intel-80486 Industriestandard*, darunter wird gar nichts mehr angeboten.

Pentium

Seit Ende 1993 gibt es den *Pentium* von Intel als *80586er*; er läßt zwei *486er parallel* mit anfangs 60 MHz, heute, 2 Jahre nach seiner Einführung, bereits 133 MHz arbeiten und ist damit ein schneller Vorbote der 5. Computergeneration.

Motorola und die Apple-Computer

Der große Konkurrent von *Intel* ist *Motorola* mit den Prozessoren *68000, 68030 und 68040* in den *Apple-Quadras* – mit einer von anfangs 16 auf 25, dann 33 Megahertz gesteigerten Taktrate. Sie wurden von Apple im *Macintosh* ab 1983 eingesetzt und damit bekannt gemacht. Wegen der besonders anschaulichen Bedienerführung durch Symbole am Monitor, die mit einer *Maus* gefunden und angeklickt werden, wurden die Computer dieser Systemfamilie schnell beliebt. So galt und gilt Apple weltweit als führend im Grafik- und im Desktop-Publishing-Bereich (*DTP*) für Mikrocomputer. Seit aber *Microsoft* mit dem Betriebssystemaufsatz *Windows 3.0 und .1* einen ähnlichen Bedienungskomfort ermöglicht, hat man auch hier die Qual der Wahl.

Power-PC

Seit März 1994 gibt es einen Kampf der Prozessorgiganten, da Motorola zusammen mit Apple und IBM (!) einen Gegenspieler zum Intel-Pentium, den *Power-PC*, PC hier für Performance Chip, entwickelt hat; auch er läuft heute mit über 100 MHz und ist in seiner neuen „Busarchitektur" etwa fünfmal so schnell wie der beste 68040er. Beide treten jetzt zumindest gegen den *Alpha-Prozessor*, vor allem aber einmal gegeneinander, an!

Bild 13: IBM kontra Apple

Schnittstellen zur Peripherie

Zur Kommunikation mit der *Peripherie* benötigt die Zentraleinheit noch sog. ***Schnittstellen*** (= *Interfaces* oder *Ports).* So muß etwa der Bildschirm angesprochen werden können (oft sogar ein zweiter als Ganzseitenschirm für Textverarbeitung oder DTP) oder der Drucker; dazu sind Steckbuchsen mit verschieden vielen Pins gedacht. Natürlich benötigen auch Tastatur, Maus und externe Festplatte ihre Ports. Zusätzlich gibt es freie *Slots*, in die *Steckkarten* eingeschoben werden können: Da man meist eine etwas höhere Auflösung am Bildschirm mit mehr als nur 256 Farben wünscht, benötigt man *Videoadapter*, die dies vorbereiten. Standard ist seit 1987 die VGA (Video Graphics Array)-Karte mit 640 mal 480 Punkten und Weiterentwicklungen wie Super-VGA und andere mit 800 mal 600 pixels und darüber. Immer beliebter wird es, den PC mit Hilfe von Sound-Karten in ein *Tonstudio* zu verwandeln.

VGA und SVGA

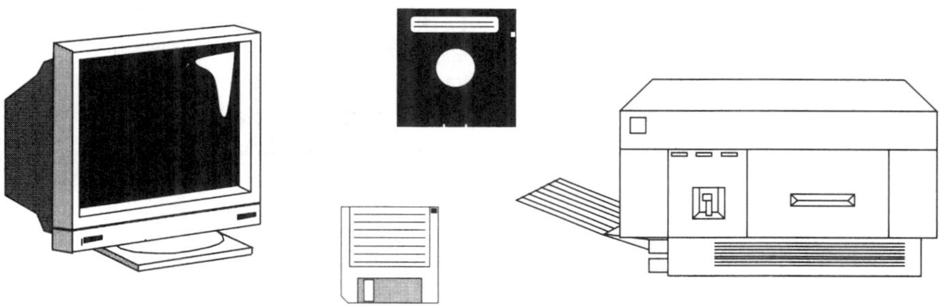

Bilder 14: Peripheriegeräte

Netzwerk

Besonders bei Office-Anwendungen sind heute ***Netzwerke*** nicht mehr wegzudenken. Dabei ist jeder Personalcomputer Teil eines Systems, in dem der PC als sog. Arbeitsstation über Datenleitungen (Kabel, bei großräumigen Netzen auch Radiowellen und sogar Satelliten als Sender) auf einen *File-Server* zugreifen können, einen Spezialrechner mit großer Festplatte, auf dem Daten und Programme gespeichert sind, die von allen Teilnehmern gemeinsam genutzt werden können. Auch mindestens ein Netzwerkdrucker steht allen zur Verfügung.

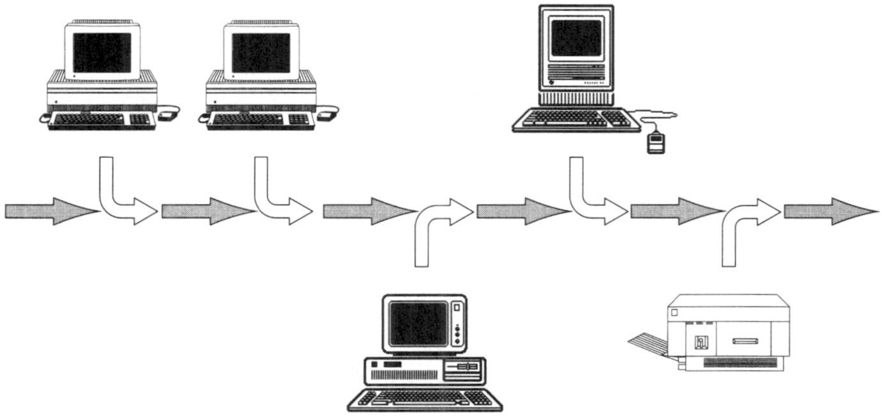

Bild 15: dazu

Software

Nach diesem kurzen Blick auf die ***Hardware*** eines Computers ist wenigstens ein kleiner Exkurs in die ***Software*** nötig. Wir wissen schon, daß ein Computer nur für uns arbeiten kann, wenn wir ihm Anweisungen in Form eines *Programms* erteilen. Als Arbeitsvoraussetzung müssen andere Programme vorhanden sein, die den Ablauf des inneren Betriebs regeln: die etwa festlegen, wie Daten vom Speicher zu holen sind, wohin sie zu transportieren sind und was dort mit ihnen zu geschehen hat. Die Gesamtheit aller für diese und weitere Funktionen erforderlichen Programme nennt man die ***System-Software*** oder das ***Betriebssystem***. Davon wird die ***Anwender***- bzw. ***Standard***-*Software* unterschieden: Programmiersprachen oder Programme zur Textverarbeitung, Kalkulation (**18**. Kapitel!), Verwaltung von Datenbeständen aller Art, Grafik u.v.m.

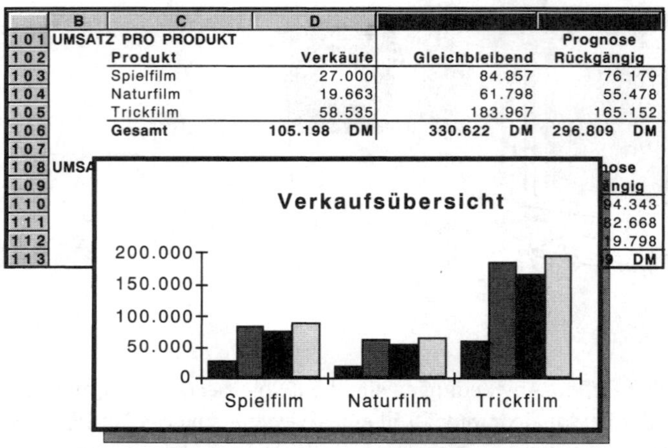

Bilder 16: Kalkulation und Businessgrafik

Betriebssystem

MS-DOS

Aufgaben

Die *Systemsoftware* wird beim Kauf eines Computers mitgeliefert. Im Bereich der Personalcomputer, der PC, die zur Mikrowelt gehören, ist heute (noch) ***MS-DOS*** am weitesten verbreitet und zum *Industriestandard* geworden. Die Abkürzung steht für Microsoft – dies ist der Name des Softwarehauses, in dem das Betriebssystem weiterentwickelt wurde – Disk Operating System. Es besteht aus mehreren Teilprogrammen, die entweder gleich beim Start in den RAM geladen werden – etwa die häufig gebrauchten Befehle zum Auflisten der Dateien und zum Kopieren – oder die erst bei Bedarf (etwa zum Formatieren) von der Festplatte nachgefragt werden müssen. Insgesamt hat es für die reibungslose ***Organisation*** aller internen Abläufe zu sorgen.

Windows kontra Apple-Welt

Es sind vor allem die PC von *IBM* und *Compaq* (1,5 Mio. verkaufte Computer pro Jahr gegenüber je 1 Mio. bei IBM und *Apple*) sowie anderen *kompatiblen* Rechnern, solchen also, deren Programme der andere PC verarbeiten kann, die mit MS-DOS arbeiten. Seit einigen Jahren gibt es den Systemaufsatz ***Windows 3.1***, der mit Symbolen arbeitet und dem Benutzer die Kenntnis vieler DOS-Befehle erspart. Man arbeitet dort, wie schon in der ***Apple-Welt*** seit 1983, mit einer grafischen Bedienerführung bzw. -oberfläche, die dem User die Detailarbeit abnimmt. Fast alles, was man tun möchte, wird hier mit der *Maus* bestimmt: einen Ordner und dann eine Datei öffnen, Textstellen markieren und Schriftart ändern, Absätze kopieren und vieles mehr. Soll etwa eine Datei auf eine Diskette gespeichert werden, schiebt man ihr Symbol mit gedrückter Maustaste auf das Diskettensymbol und läßt die Taste los; den Rest erledigt das Betriebssystem!

Die besonderen Vorteile des 16-bit-Betriebssystems ***Windows*** gegenüber dem heute schon stark veralteten 8-bit-System *MS-DOS* sind neben der schon genannten

- *ereignisgesteuerten* Architektur (*events* wie Mausklicks lösen Handlungen aus)
- die Fähigkeit, mehrere Aufträge, *tasks*, hintereinander selbständig auszuführen (noch kein echtes Multitasking wie bei *OS/2*, siehe unten),
- eine *dynamische Speicherverwaltung*, bei der Windows die optimale Verteilung selbst sucht und festlegt,
- eine *Zwischenablage*, d. i. ein Speicher, der von mehreren Programmen benutzt werden kann.

Fähigkeiten von Windows

Obwohl es schon seit Jahren ein von IBM selbst entwickeltes, ständig verbessertes, auf die Prozessoren ab 80386 abgestimmtes 32-bit-Betriebssystem gibt, ***OS/2-2.x,*** heute ***Warp***, das allgemein gelobt und als sehr stabil – gegen Systemabstürze abgesichert – gepriesen wird, kann es sich nicht so gut am PC-Markt behaupten, wie es Windows gelungen ist, ein Schicksal, das es mit dem Apple-System ***Mac OS 7.x*** teilt. Allerdings wird es bei Office-Anwendungen gut angenommen. Seit August 1995 gibt es das neue MS ***Windows 95***, das zwar nicht so gut sein soll wie die genannten Konkurrenten – Apple vergleicht es mit seiner letzten Generation –, diese aber wegen der Marktdominanz von Microsoft (80 % der weltweit 100 Mio. Computer laufen mit MS-Software!) wohl noch stärker bedrängen wird; vor allem auch, weil es eine *Netzwerkkomponente* zum MS-Online-Dienst enthält. Da darf die Konkurrenz nicht schlafen: auch *OS/2 Warp* kommt mit der NetWare *Connect*!

OS/2 und Mac OS-7.x

Windows 95

In den Anfängen der Datenverarbeitung (DV), etwa bis 1955, hatten Betriebssysteme nichts anderes zu tun, als Ein- und Ausgabeprozeduren vorzunehmen, alles andere mußte vom Programmierer in *Maschinensprache*, also mit Bitmustern wie `00111010`, `01011110` und noch längeren dem jeweiligen Prozessor Schritt für Schritt vorgeschrieben werden; diese mühsame und äußerst fehleranfällige Arbeit änderte sich erst durch die Entwicklung der sog. *Assemblersprachen*, in denen leichter erkennbare Wortkürzel für wiederholt durchzuführende Aktionen auftraten, und kurz darauf durch problemorientierte, also maschinenunabhängige, sog. *höhere* Sprachen (vgl. dazu das **19**. Kapitel!).

die Anfänge

Programmiersprachen

Die Gesamtheit der Betriebssystemaktivitäten läßt sich grob in zwei Ebenen aufgliedern, auf denen weitere Funktionen unterscheidbar sind:

Funktionen eines Betriebssystems

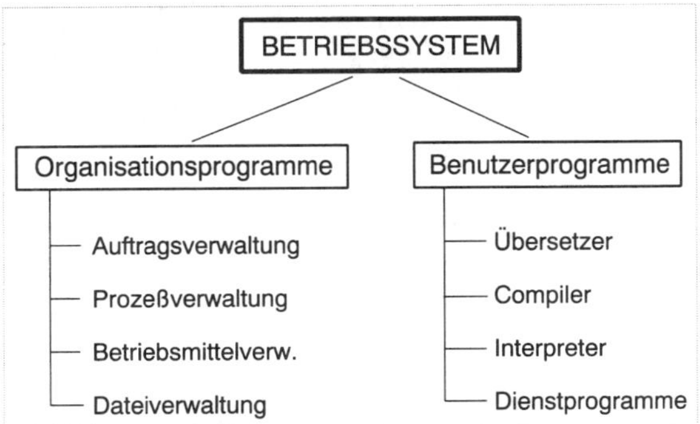

Organisations-programme

Die genannten Aufgaben der Organisationsprogramme werden nur von Betriebssystemen bewältigt, die in Groß-EDV-Anlagen eingesetzt sind, wie etwa vom BS 2000, einem weit verbreiteten Betriebssystem von Siemens. Für mittlere Anlagen gibt es etwa UNIX und Varianten, die in der Lage sind, Mehrplatzsysteme zu verwalten.

Benutzer-programme

Benutzerprogramme gibt es für jeden DOS-PC: Er muß einen Übersetzer für die DOS-Befehle haben, während Anwenderprogramme wie dBase oder Pascal ihre eigenen mitbringen: So wird beim Installieren der Pascal-*Compiler* mitgeladen, der das Programm vor der Ausführung dann als Ganzes übersetzt (wie bei einem Buch). *Dienstprogramme* sortieren oder mischen Datensätze, „Editoren“ helfen beim Erstellen und Ändern von Texten, „Binder“ und „Lader“ schließlich sind dafür zuständig, daß Programmteile zusammengefügt und an einer bestimmten Adresse abgespeichert werden.

Dokumenten-verwaltung

Um die in den Büros so wichtige Organisation der *Dokumentenverwaltung* – wo und unter welchem Namen wurden bestimmte Dateien gespeichert, mit welcher Software wurden sie produziert, wie findet man sie? – zu verbessern, ist in den letzten Jahren eine eigene ***WorkFlow***-Management-Software entwickelt worden. Auch sie soll künftig in Betriebssysteme wie Windows 97 (?) und andere integriert werden.

NetWare

Für ***Netzwerke***, etwa die Online-Dienste wie *CompuServe* oder das weltweit benutzte *Internet*, gibt es eigene *NetWare-Betriebssysteme*, welche die Kommunikation ermöglichen. Aber auch kleinere, *lokale* Netze, sog. LANs (Local Area Networks), benötigen eine eigene Systemsoftware; mit *e-Mail* (electronic Mail) kann man dann Mitteilungen und Daten an andere versenden. Nach vielen Jahren der Vorbereitung wird jetzt auch das ***ISDN*** (Integrated Services Digital Network) realisiert, ein „Sprach-Daten-Text-Bild-Telefon“: *Telekommunikation total*: Telefonieren Sie, genießen Sie das Lächeln Ihres Partners am Monitor und senden oder empfangen Sie gleichzeitig ein *Fax* (und auch noch schneller als sonst, eine Seite in knapp 10 Sekunden)!

Tele-kommunikation

Multimedia

Oder ist für Sie *Multimedia* unentbehrlich? Das HiFi-Studio mittels CD-ROM-Laufwerk im PC, vielleicht mit TV-Karte: Fernsehen am PC, es gibt inzwischen Filme, die man *interaktiv* steuert ... Für all das haben Sie *derzeit* wohl 15.000 Mark/Franken bzw. über 100.000 Schilling ausgegeben; wenn Sie Geduld haben, wird es sicher billiger!

Bild 17: alles ist vernetzt

Ein Abschnitt über ***logische Schaltungen***, der unsere Einsicht in die Arbeitsweise eines Computers vertiefen soll, folgt nach der SCHALTALGEBRA im Kapitel G**22**!

Ende des 17. Kapitels

Teil F

18. Kapitel

18

Tabellenkalkulation und Mathematiksoftware

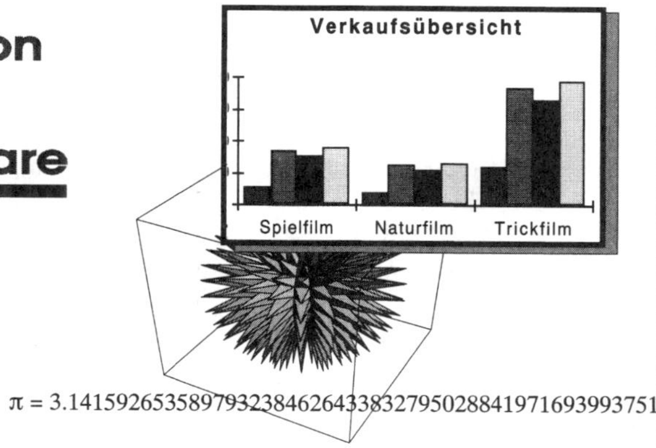

Tabellenkalkulation als spezielle Anwendersoftware:

Was unter *Anwendersoftware* zu verstehen ist, haben wir schon im vorigen Kapitel aufgelistet: Neben Textverarbeitung und Datenbanksystemen gehört vor allem die **Tabellenkalkulation** samt Grafik hierher. Es gibt eine Reihe von durchaus sinnvollen Fragestellungen schon in der gymnasialen Mittelstufe, der Sekundarstufe I, die mit dieser speziellen Software sehr ökonomisch und übersichtlich bearbeitet werden können, insbesondere, da die berechneten Tabellen vom Programm mühelos in ***Grafiken*** verwandelt werden, deren Aussehen vom Benutzer weitgehend zu beeinflussen ist!

Excel von Microsoft

Im folgenden sehen wir uns eine kleine Zusammenstellung solcher Aufgaben an, die zeigen sollen, was der Computer für dieses mathematische Teilgebiet tun kann; jeder Leser würde hier natürlich eine andere Auswahl treffen. Gleichfalls willkürlich ist die Entscheidung für ***Excel*** von *Microsoft*; es ist dies ein zwar sehr beliebtes, dennoch aber natürlich nicht das einzige Kalkulationsprogramm.

Mathesystem:

Mathematica von Wolfram Research

Der 2. Abschnitt dieses Kapitels befaßt sich mit einem Mathematiksystem, das anfangs an den Taschenrechner erinnert, aber doch viel mehr kann als er. Auch auf diesem Gebiet gibt es heute mehr als nur ein Softwarepaket. Wir wählen ***Mathematica*** von Wolfram Research, das vor allem an Hochschulen und in der Forschung zur Behandlung komplexer Probleme eingesetzt wird. Wie es unsere bescheidenen Ansprüche erfüllt, soll an typischen schulmathematischen Aufgaben deutlich werden.

eine 1. Tabelle: Haushaltsplan

Beginnen wir mit einer Übersicht über ***Haushaltskosten*** für einige typische Posten bzw. in der Fachsprache *Rubriken*, die wir im Juni und dann zum Vergleich im Juli und August auflisten.

Zuerst sehen Sie in Bild 1, wie die Tabelle im Rechenblatt bzw. *spreadsheet* von Excel aussieht; es ist ganz einfach, die Texte und die Zahlen einzutragen; deren Format, hier mit 2 Nachkommastellen, läßt sich über den Menüpunkt Format/Zahlenformat festlegen; auch Währungsbezeichnungen DM oder Fr/öS/$ ... sind möglich. Die *Summe* der Beträge in den Monatsspalten wird vom Programm berechnet, wenn man ihm diesen Wunsch über das Summenzeichen Σ in der Symbolleiste kundtut: Dabei wird sogar der Zellenbereich vorgeschlagen!

Bild 1: dazu

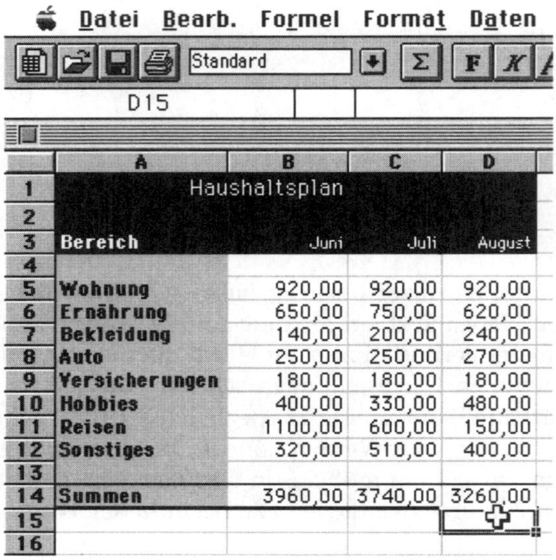

	A	B	C	D
1	Haushaltsplan			
2				
3	Bereich	Juni	Juli	August
4				
5	Wohnung	920,00	920,00	920,00
6	Ernährung	650,00	750,00	620,00
7	Bekleidung	140,00	200,00	240,00
8	Auto	250,00	250,00	270,00
9	Versicherungen	180,00	180,00	180,00
10	Hobbies	400,00	330,00	480,00
11	Reisen	1100,00	600,00	150,00
12	Sonstiges	320,00	510,00	400,00
13				
14	Summen	3960,00	3740,00	3260,00
15				
16				

Übersetzung in eine Grafik:

Das Schönste kommt aber erst mit der Erstellung der zugehörigen Grafik, wobei wir hier die Diagrammart *Balken* wählen; die 3 Monate liegen dabei knapp aneinander, womit man die Ausgaben gut vergleichen kann, Bild 2:

Bild 2: dazu

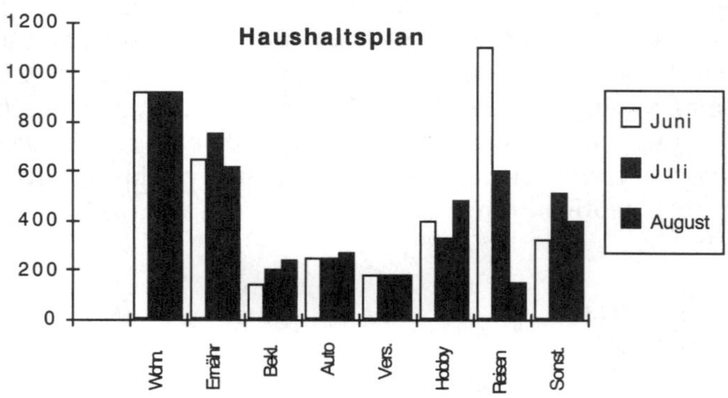

Diagramm-assistent

Dabei ist es am bequemsten, den *Diagrammassistenten* zu benutzen, der in der Symbolleiste ganz rechts angeordnet ist: Er führt in 5 Schritten zum Ziel, wobei dem Benutzer mannigfache Auswahlmöglichkeiten angeboten werden.

Summe und Mittelwert

Neben der Summenfunktion ist auch der arithmetische *Mittelwert* (Durchschnitt) verfügbar. Im folgenden Beispiel sollen die ***Stundenlöhne*** und die *Lohnnebenkosten* in einigen wichtigen Ländern der Welt verglichen und dann die jeweiligen Durchschnittswerte gebildet werden (1991, Index D = 100%), Bilder 3 und 4.

	A	B	C	D
1	Löhne und Nebenkosten			
2				
3	Land	Kennz.	Löhne	Nebenkosten
4				
5	Belgien	B	82	86
6	Dänemark	DK	123	19
7	Deutschland	D	100	75
8	Frankreich	F	66	83
9	Großbrit.	GB	77	36
10	Italien	I	69	97
11	Japan	J	65	72
12	Österreich	A	73	103
13	Schweden	S	100	72
14	Schweiz	CH	112	52
15	USA	USA	88	36
16				
17	Mittelwerte		86,82	66,45
18				
19				

Bild 3: dazu

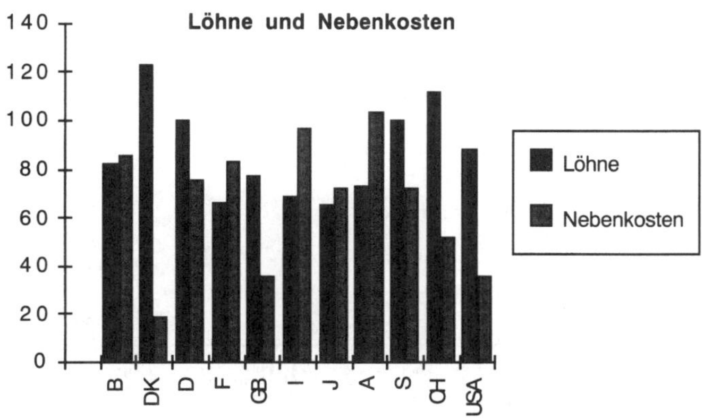

Bild 4: und wieder die zugehörige Grafik

Zeilen, Spalten und Felder

Dabei werden die Texte wie in Beispiel 1 eingetragen: mit der Maus die gewünschte Stelle anklicken, tippen, und mit Betätigen der Return- oder Eingabetaste rückt auch der Feldcursor gleich an den passenden Platz darunter, also z.B. von Feld A5 nach A6; A, B, C, ... sind dabei die Namen der *Spalten*, 1, 2, 3, ... die der *Zeilen* im Rechenblatt. A5 ist dann die *Zelle* oder das Feld im Kreuzungsbereich von Spalte A und Zeile 5. Den Mittelwert finden Sie übrigens unter der Kategorie Statistik im Menüpunkt Formel/Funktion einfügen; er ist bei allen *Meßreihen* unentbehrlich.

Bevölkerungsdichte:

Oder versuchen Sie nun selbst, eine *Formel* einzugeben! Falls Sie sich gerade für die ***Bevölkerungsdichte*** einiger Länder interessieren, werden Sie deren Einwohnerzahlen in einer Spalte C eintragen – etwa 77,7 [Millionen Ew.] für D, 55,3 für F usw. –, daneben in Spalte D die Fläche des betreffenden Landes – also 357 [mal 1000 km^2] für D, 547 für F usw. –, und in einer neuen Spalte E rechts davon erhalten Sie die gewünschte Dichte [in Ew. pro km^2], indem Sie im ersten Feld, sagen wir in Zeile 5, die Formel (stets mit = beginnen!)

geben Sie selbst Formeln ein!

=C5 * 1000 / D5

nach unten kopieren

eintippen und dann einfach *nach unten kopieren*: dazu die Zelle mit der Formel markieren, d. h., mit der Maus anklicken, das dicke weiße Markierungskreuz per Maus zum kleinen Ausfüllkästchen an den unteren Rand dieser Zelle schieben und nun die Maustaste drücken und, soweit die Spalte reicht, nach unten ziehen. Danach steht überall die *relativ* angepaßte Formel! Mit jeder im Bedarfsfall veränderten Zahl wird dann automatisch die ganze Tabelle neu berechnet!

relative Adresse

Aktualisierung

Hier liegen zwei herausragende Fähigkeiten solcher Programme: *Relative* Adressen denken quasi mit, an welcher Stelle man sich gerade auf dem Blatt befindet, sie verändern die Feldnummer der Ausgangsformel so, daß immer die Zahlenwerte der jeweiligen Zeile verwendet werden, also z.B. =C6 * 1000 / D6 nach dem 1. Kopiervorgang, dann =C7 * 1000 / D7 usw. Dies ermöglicht dann auch die blitzartige Neuberechnung nach Aktualisierung einer beliebigen Stelle!

Anwendung beim Möbelkauf

Wenden wir uns nun einem typischen Anwendungsfall einer Kalkulation zu, einer *Rechnung* über einen ***Möbeleinkauf!*** Dabei geben wir verschiedene Stückzahlen vor und haben daher für den Gesamtpreis eines Artikels diese Zahl mit dem Einzelpreis zu multiplizieren. Um die Tabelle in Bild 5 etwas praxisnäher zu gestalten, räumen wir uns noch verschiedene Rabattwerte ein; sie sind frei gewählt und in der passenden Spalte eingetragen.

Wie sehen die Formeln dazu aus? Für den Einzelpreis netto in Zelle E5 nach Rabattabzug etwa

=C5 – C5 * D5/100

und für den Gesamtpreis in Zelle F5 natürlich

=B5 * E5

Die *Summen* darunter sind nun kein Problem mehr für Sie!

Bild 5: dazu

	A	B	C	D	E	F
1			Rechnung			
2						
3	Artikel	Stückz.	Einzelpr. brt	Rabatt (%)	Einzelpr. net	Gesamtpreis
4						
5	Polstersessel	9	1200	15	1020	9180
6	Sofa	3	2100	5	1995	5985
7	Tisch	2	600	0	600	1200
8	Leuchte	5	150	6	141	705
9	Stehlampe	4	500	10	450	1800
10	Vitrine 1tlg	3	1600	5	1520	4560
11	Vitrine 2tlg	1	2800	0	2800	2800
12	Teppich	6	900	8	828	4968
13						
14	Summen	33				31198
15						

Diesmal haben wir zur Veranschaulichung in Bild 6 ein 3D-*Kreisdiagramm* gewählt, das anhand der Größe der Segmente sehr schön zeigt, wie sich die Gesamtausgaben auf die einzelnen Artikel aufschlüsseln; zusätzlich haben wir uns auch die Prozentwerte dazu angeben lassen! Bei der Beschriftung muß man ein wenig tüfteln, damit die Legenden sich nicht überlagern.

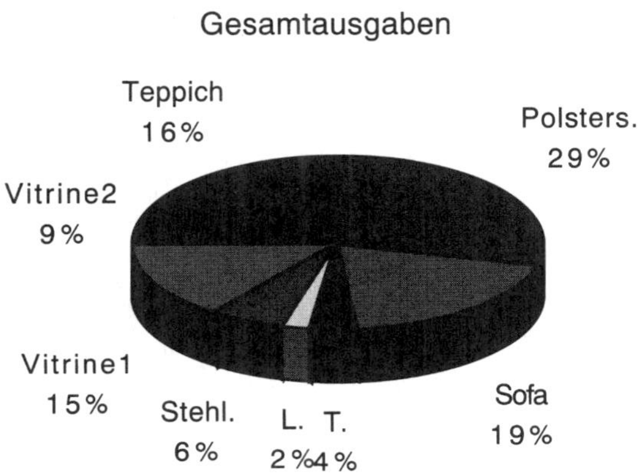

Bild 6: Kreisdiagramm dazu

Umsätze und Zimmerauslastung

Ähnliche kleine Formeln braucht beispielsweise der **Hotelier**, der für eine bestimmte Woche eine *Belegungs-* und *Umsatzübersicht* erstellen will. Für jeden Wochentag (Spalte A) notiert er die Anzahl der Gäste in Spalte B, den Gesamtumsatz in Spalte C und kann sich in Spalte D die Einnahmen pro Gast durch

=C5 / B5

für die erste Zeile 5 und wie eben durch Kopieren für alle Tage berechnen lassen. Er kann sofort den *Mittelwert* dieser Spaltenbeträge errechnen und so die durchschnittlichen Einnahmen pro Gast bekommen; ebenso den durchschnittlichen Umsatz in der Nebenspalte links. Die relative mittlere Auslastung erhält er, wenn er die Gästezahl über die Woche *mittelt* und durch die Bettenzahl dividiert; dieser Wert führt zur *prozentuellen Auslastung*, wenn man ihn mit 100 multipliziert. Probieren Sie es selbst?

Geschwindigkeiten und Bremswege

Wenden wir uns aber dem *Straßenverkehr* zu und setzen wir unser neues Hilfsmittel ein, um uns die **Bremswege** eines Autos bei verschiedenen Geschwindigkeiten ausgeben zu lassen! Genauer spricht man vom *Anhalteweg*, der sich aus dem Reaktionsweg und dem Bremsweg zusammensetzt. Es gibt dafür die Faustformeln

$$RW = 3 \cdot \frac{v}{10} \quad \text{und} \quad BW = \left(\frac{v}{10}\right)^2, \quad \text{RW und BW in m,} \; v \text{ in km/h,}$$

die wir in der folgenden Tabelle, Bild 7 auf der nächsten Seite, verwenden. Die Geschwindigkeiten stufen wir in 10er-Schritten ab, was in Excel recht elegant realisierbar ist: die ersten beiden Felder ausfüllen, also mit 10 und 20, dann beide markieren und das Ausfüllkästchen bis zum Spaltenende ziehen, fertig!

Die 3 entstehenden Wegespalten übersetzt das Programm wieder in ein Diagramm; diesmal wählen wir einen dem *Liniendiagramm* verwandten Typ, da er in Mathematik und Physik am häufigsten eingesetzt wird, Bild 8, darunter.

Bild 7: Tabellen ...

	A	B	C	D
1	Anhalteweg			
2				
3	Geschwindigkeit	Reaktionsweg	Bremsweg	**Anhalteweg**
4	in km/h	in m	in m	**in m**
5				
6	10	3	1	4
7	20	6	4	10
8	30	9	9	18
9	40	12	16	28
10	50	15	25	40
11	60	18	36	54
12	70	21	49	70
13	80	24	64	88
14	90	27	81	108
15	100	30	100	130
16	110	33	121	154
17	120	36	144	180
18	130	39	169	208
19	140	42	196	238
20	150	45	225	270
21	160	48	256	304
22				

und

Bild 8: Diagramme dazu

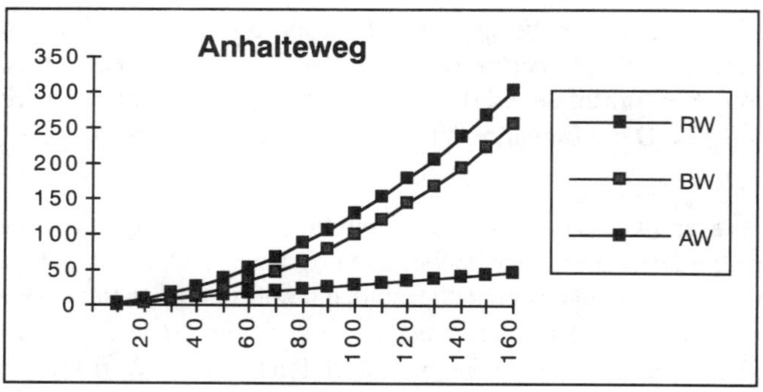

Verkehrszählung: relative, absolute und prozentuelle Häufigkeiten

Wir knüpfen an die relativen Anteile des letzten Diagramms an und stellen eine kleine ***Verkehrszählung*** dar, Bild 9, wobei zunächst die *absoluten* Zahlen von Fahrzeugen, die am 6. 6. 1994 zwischen 10 und 11 Uhr durch den A-Platz in B-Stadt fuhren, erhoben und in Spalte B eingetragen werden. Daneben in C sollen die *relativen Häufigkeiten* berechnet werden. Dabei stellt sich das Problem, daß dazu die Spaltensumme in B benötigt wird; wenn diese in Zelle B12 steht, muß jedes Feld der Spalte C durch diesen Wert von B12 dividiert werden. Dazu muß die 12. Zeile auch beim Kopieren der Formel längs der C-Spalte fixiert bleiben; dafür steht das Dollarzeichen $ vor 12 in der Formel von Zelle C5:

=B5 / B$12

Es ist klar, daß die *prozentuellen* Häufigkeiten in Spalte D einfach durch Multiplikation der C-Werte mit 100 erreicht werden.

Diesmal wählen wir ein *Kreisdiagramm* in „Explosionsform" in Bild 10; die PKW als häufigster Typ erscheinen dabei besonders hervorgehoben.

	A	B	C	D
1			Verkehrszählung	
2				
3	Fahrzeugart	Absol. Häuf.	Relat. Häuf.	Proz. Häuf.
4				
5	Fahrrad	82	0,187	18,7
6	Moped/Motorrad	40	0,091	9,1
7	PKW	208	0,474	47,4
8	LKW	52	0,118	11,8
9	Reisebus	21	0,048	4,8
10	Straßenbahn/Bus	36	0,082	8,2
11				
12	Summe	439	1,000	100,0
13				

Bild 9: Tabelle zur Verkehrszählung

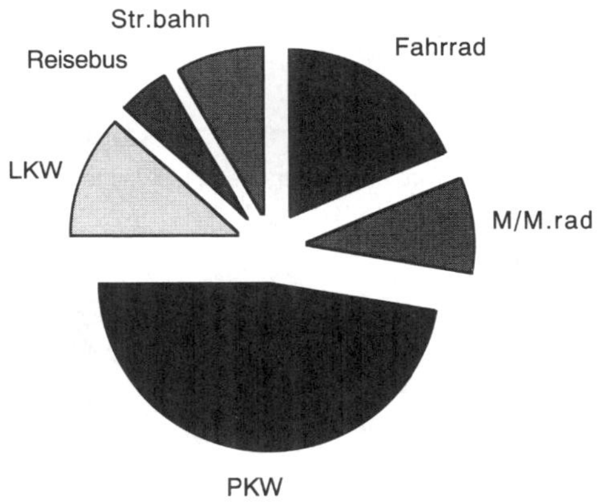

Bild 10: Kreisdiagramm dazu

Zinseszinstabellen

In der Arithmetik zählen Aufgaben zur Zinsrechnung überall zum Pflichtstoff; auch **Zinseszins-Tabellen** können in der Sekundarstufe I verstanden werden, wenn man sie Schritt für Schritt anlegt und auf fertige Exponentialformeln verzichtet.

Stellen wir uns der Einfachheit halber vor, wir könnten heute ein Startkapital von 100.000,-- GE auf ein Bankkonto legen und es zu üppigen 12% verzinsen – nur damit das Wachstum im (Staffel-) Bild 12 deutlicher wird. Den Zinsertrag am Jahresende heben wir nicht ab, wir erhöhen damit das jeweils vorhandene Kapital, womit wir im nächsten Jahr mit diesem neuen Betrag als Anfangskapital starten, der dann zu einem höheren Zins führt, welcher wiederum ... s.o. Ja, wer Geduld aufbringt, darf sich mit Hilfe des *Zinseszinses* auf eine schöne Stange Geld freuen!

Wir lassen die Tabelle hier 10 Zeilen lang werden; Profis setzen natürlich eine Abbruchbedingung – Ende bei Kapitalverdopplung o. ä. – an, was auch wir später im *Pascal-Programm* tun werden!

Bild 11:
Tabelle zum Zinseszins

	A	B	C	D
1		Zinseszinstabelle		
2				
3	Jahre	*Anfangskapital*	*Zins*	***Endkapital***
4				
5	1	100000,00	12000,00	112000,00
6	2	112000,00	13440,00	125440,00
7	3	125440,00	15052,80	140492,80
8	4	140492,80	16859,14	157351,94
9	5	157351,94	18882,23	176234,17
10	6	176234,17	21148,10	197382,27
11	7	197382,27	23685,87	221068,14
12	8	221068,14	26528,18	247596,32
13	9	247596,32	29711,56	277307,88
14	10	277307,88	33276,95	310584,82
15				

Bild 12:
und das Diagramm

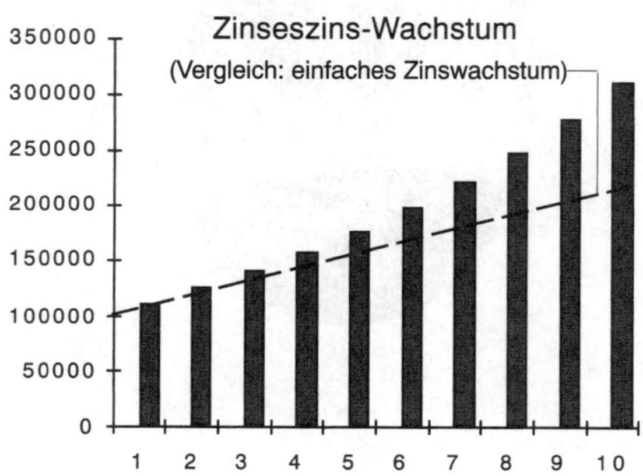

Tilgungsplan:

Zinsen und Tiglungsrate –

einfach berechnet!

Wir bleiben bei Zinsfragen und benutzen unser Tabellenkalkulationsprogramm, um einen **Tilgungsplan** erstellen zu lassen. Dabei soll ein Darlehen, hier 220.000,-- GE, über gleichbleibende Jahresraten, sog. *Annuitäten* – wir wählen 30.000,-- GE –, zurückgezahlt werden; dies eben während so vieler Jahre, wie nötig sind, um beim vereinbarten Zinssatz, hier 10 %, sowohl die anfallenden Zinsen zu bezahlen als auch das Darlehen zu tilgen.

Wieder müssen wir nur die 1. Zeile formelmäßig vorschreiben: die 1. Spalte A listet die Jahre auf, die 2. Spalte B enthält die *Anfangsschuld*, d. i. das Darlehen plus evtl. Bearbeitungsgebühren, davon sollen in C die (einfachen!) Zinsen berechnet werden, der besseren Übersicht halber enthalte D die konstante Annuität, während in E die Tilgungsrate als Differenz Annuität minus Zins aufscheint. Spalte F schließlich zeigt die *Endschuld* nach 1 Jahr, also die um die Tilgungsrate verminderte Anfangsschuld; diese übernehmen wir als *Anfangsschuld* in die Spalte B fürs 2. Jahr!

Die Formeln sind bis hierher alle einfach; das Problem bildet die Schlußabfrage: Wann endet unser Tilgungsplan? Um die Sache nicht zu komplizieren, ziehen wir hier nur die Spalten soweit nach unten, bis die Endschuld klein genug ist, um im Folgejahr samt Zins unter der Annuität zu bleiben. Fachleute rümpfen hier die Nase und rücken dem Problem mit verschachtelten Wenn-dann-Abfragen zu Leibe; wir werden dies später nachholen, wenn wir die Programmiersprache *Turbo Pascal* gelernt haben!

wann sind wir schuldenfrei?

Als Starthilfe hier nun die Formeln. Wir beginnen die erste Zeile in Nr. 9 des Arbeitsblatts, vgl. Bild 13, unten; in B9 geben wir =B3 ein, in C9 für die Zinsen

=B9 * B5 / 100

in D9 natürlich analog B4, wo wir die Annuität notiert haben, dann folgen zwei Differenzen, in E9 und in F9 respektive

die Formeln ...

=D9 – C9 bzw. =B9 – E9,

und schließlich ist B10 =F9! Die erste Spalte ziehen wir mit der Ausfülloption ohne weiteres nach unten.

wie üblich kopiert!

Im Diagramm, Bild 14, vergleichen wir diesmal das anfangs langsame, dann immer raschere Fallen der Zinsen mit den zuerst langsam und dann immer schneller wachsenden Tilgungsraten!

	A	B	C	D	E	F
1			Tilgungsplan			
2						
3	Darlehen	220.000	GE	*Vereinb.: Annuität am Jahresende zahlb.*		
4	Annuität	30.000	GE			
5	Zinssatz	10	%			
6						
7	Jahre	Anf.schuld	Zinsen	Annuität	Tilg.rate	Endschuld
8						
9	1	220.000,00	22.000,00	30.000	8.000,00	212.000,00
10	2	212.000,00	21.200,00	30.000	8.800,00	203.200,00
11	3	203.200,00	20.320,00	30.000	9.680,00	193.520,00
12	4	193.520,00	19.352,00	30.000	10.648,00	182.872,00
13	5	182.872,00	18.287,20	30.000	11.712,80	171.159,20
14	6	171.159,20	17.115,92	30.000	12.884,08	158.275,12
15	7	158.275,12	15.827,51	30.000	14.172,49	144.102,63
16	8	144.102,63	14.410,26	30.000	15.589,74	128.512,90
17	9	128.512,90	12.851,29	30.000	17.148,71	111.364,18
18	10	111.364,18	11.136,42	30.000	18.863,58	92.500,60
19	11	92.500,60	9.250,06	30.000	20.749,94	71.750,66
20	12	71.750,66	7.175,07	30.000	22.824,93	48.925,73
21	13	48.925,73	4.892,57	30.000	25.107,43	23.818,30
22	14	23.818,30	2.381,83	26.200	23.818,30	0,00

Bild 13: **Tabellen dazu**

Und damit Sie sich auch unter *3D-Liniendiagrammen* etwas vorstellen können, soll hier einmal dieser Excel-Typ ausgewählt werden! Zum Vergleich stellen wir ihm ein *3D-Balkendiagramm* in Bild 15 gegenüber.

Bild 14:
Zinsen- und Tilgungsverlauf als Linien/Flächen

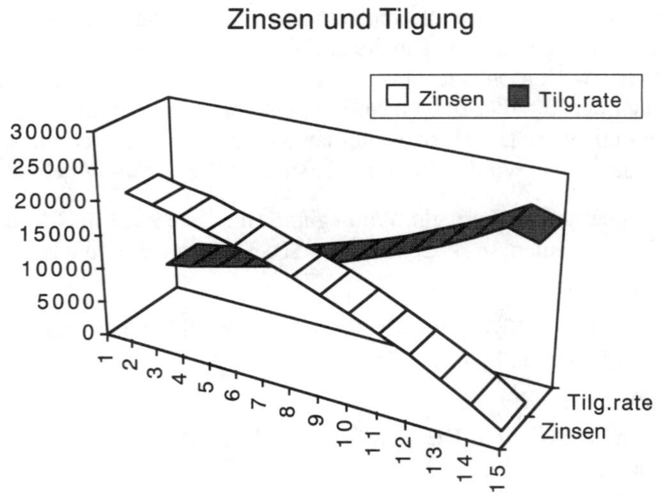

Bild 15:
dasselbe als Stabdiagramm

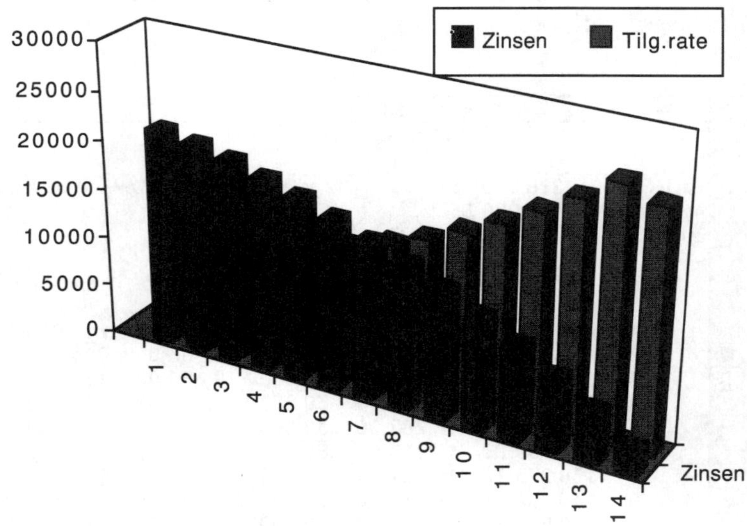

der Heronsche Algorithmus zum Wurzelziehen

Schließen wir diesen kleinen Kurs mit einer altehrwürdigen arithmetischen Methode, die **Quadratwurzel** aus einer Zahl zu ziehen, einem Algorithmus, der auf ***Heron*** *von Alexandria* zurückgeht und sich hervorragend für die Berechnung mit Computern eignet; dies deshalb, da immer dieselben Rechenschritte auszuführen sind, und zwar so oft, bis eine vorgegebene Genauigkeit erreicht ist!

Im Pascalkurs, Kapitel **19**, kommen wir darauf zurück, hier nur soviel: Um die Wurzel aus, sagen wir 1000, zu ziehen, geht man von einem beliebigen Startwert als 1. Näherung der gesuchten Wurzel aus, etwa von 2 (in der Tabelle vergeben wir dafür den Variablennamen „Seite a", weshalb, wird beim Pascalprogramm erklärt!), bildet den Quotienten aus 1000 und 2, was hier („Seite b" =) 500 ergibt, und sucht das *arithmetische Mittel* von 2 und 500, also die halbe Summe: 251. Diese Zahl ersetzt als

2. Näherung den Startwert – ist die verbesserte Seite a – und eröffnet so eine neue Runde: Mittel aus 251 und 1000 / 251 = 3,984 suchen, 127,5; dies als nochmals verbesserten 3. Näherungswert für die gesuchte Wurzel ansehen usw., vergleichen Sie die Tabelle in Bild 16.

wie der Algorithmus funktioniert

Natürlich verwenden wir wieder die absolute Adresse B3 des Radikanden 1000 und ziehen die Spalten wie gehabt so weit nach unten, bis die Differenz nahe genug bei Null ist. Die letzte Zahl in Spalte B – 31,622777 – ist dann die gesuchte Wurzel.

Wer das Ende automatisieren will, könnte sein Werk mit der Endabfrage krönen:

WENN(Bedingung; Dann 1. Anweisung; Sonst 2. Anweisung)

wobei die Bedingung einfach die ist, daß die beiden „Seiten“ a und b einander nahe genug sind, d. h., ihre Differenz muß < 0.001 oder < 0,000001 ... sein, um die Berechnung abzubrechen (= 1. Anweisung), sonst wird eben noch eine Schleife ausgeführt (= 2. Anweisung). Die genaue Syntax ist unter der Kategorie Logik im Excel-Menüpunkt Formel/Funktion einfügen nachzusehen.

	A	B	C	D
1		Heronsches Wurzelziehen		
2				
3	Radikand	1.000	*Gesucht: Wurzel aus Radikand*	
4	Startwert	2		
5				
6	**Anzahl Wh.**	**Seite a**	**Seite b**	**Differenz a-b**
7				
8	1	2,000000	500,000000	-498,000000
9	2	251,000000	3,984064	247,015936
10	3	127,492032	7,843627	119,648404
11	4	67,667830	14,778071	52,889759
12	5	41,222950	24,258332	16,964619
13	6	32,740641	30,543079	2,197562
14	7	31,641860	31,603704	0,038156
15	8	31,622782	31,622771	0,000012
16	9	**31,622777**	31,622777	0,000000
17				
18				

Bild 16: das Ergebnis

Sie haben sicherlich genügend Fantasie, um sich nun anhand Ihrer eigenen Probleme vorzustellen, wie Sie ein Tabellenkalkulationsprogramm vorteilhaft einsetzen.

Als Ausblick soll hier nur noch darauf hingewiesen werden, daß im letzten Kapitel des **3**. Bandes, L**39**, im Abschnitt über die **Chaosmathematik** nochmals auf diese Tabellen zurückgegriffen werden wird, um das *logistische Wachstum* unter bestimmten Bedingungen zu modellieren. Dort wird sich dann aus den *Liniendiagrammen* Überraschendes ablesen lassen!

Fortsetzung folgt!

Themenwechsel

Bruchrechnen mit Mathematica

Und nun zu ***Mathematica!*** Da es nicht tabellenorientiert ist wie *Excel*, muß man sich zunächst an seine neuartige Sprache und Handhabung gewöhnen.

Beginnen wir mit ARITHMETIK: Wer hätte nicht gern seine **Brüche** ohne eigenes Kopfzerbrechen gekürzt oder addiert, also auf denselben Nenner erweitert und vereinfacht? Wie sieht der Wert des Bruchs als Dezimalzahl aus? *Mathematica* kann all das und viel mehr schnell und so genau wie gewünscht liefern!

wie Eingaben und Ausgaben aussehen

Probieren wir es einfach aus: Wir tippen 8 durch 20 ein, d. h., 8 / 20, und drücken die Entertaste (Mac) bzw. Umschalt + Return (Windows). Dann harren wir gespannt der Dinge, die da kommen. *Mathematica* startet seinen *Kernel,* und nach wenigen Sekunden erscheint am Bildschirm:

In[1]:=

8/20

Out[1]=

$\frac{2}{5}$

Die Angaben *In[1]:=* und *Out[1]=* fügt *Mathematica* selbst hinzu, auch die Auszeichnung **fett** für die Eingabe **8/20**; unser Bruch wurde *gekürzt*, doch sein dezimaler Wert *nicht* verraten!

Dezimalform

Wollen wir diese Dezimalform, müssen wir sie durch ein angehängtes // N verlangen:

In[2]:=

8/20 //N

Out[2]=

0.4

dasselbe etwas schwieriger

Versuchen wir es nochmals mit etwas größeren Zahlen, wobei ab jetzt die *In/Out*-Nummern aus Platzgründen entfallen sollen:

36/480

$\frac{3}{40}$

36/480 //N

0.075

Bisher brechen die Dezimalzahlen ab; nicht so bei

10/14

$\frac{5}{7}$

exakte und genäherte Resultate

10/14 //N

0.714286

Hier wird deutlich, warum *Mathematica* zunächst bei der gekürzten Bruchform bleibt: Es will *exakte* Resultate angeben, wo es nicht ausdrücklich anders, also *numerisch genähert*, gewünscht wird. Die Anzahl der Stellen kann natürlich verlangt werden:

```
N[10/14, 20]
0.71428571428571428571
```

Doch wir wollten mehr, sprich Brüche mit verschiedenen Nennern addieren:

Brüche addieren

```
2/3 + 1/4
11
--
12
```

und ganz ebenso, allerdings dann auch numerisch:

Ergebnis als Bruch oder numerisch = dezimal

```
23/17 + 17/23
818
---
391
```

```
23/17 + 17/23 //N
2.09207
```

In der ARITHMETIK treten oft ***Wurzeln*** auf, am Anfang die Quadratwurzel aus 2. Kennt auch *Mathematica* ihren Wert? Versuchen wir´s in passender Notation:

```
Sqrt[2]
Sqrt[2]
```

Sie denken vermutlich: ??? Doch halt, *exakt* geht es eben nicht anders! Versuchen wir es *numerisch*:

Rechnen mit Wurzeln

```
Sqrt[2] //N
1.41421
```

```
N[Sqrt[2], 30]
1.41421356237309504880168872421
```

Ja, das ist schon recht hübsch! Spätestens hier dürften wohl auch alle Taschenrechnerfans anerkennend nicken.

warum nicht auf 30 Stellen?

Daß mit solchen Wurzeln auch problemlos gerechnet wird, dürfte nicht verwundern:

```
N[Sqrt[2] * Sqrt[7], 20]
3.7416573867739413856
```

Zur Kontrolle wollen wir einmal quadrieren; da das Produkt die Wurzel aus 2 mal 7 gleich 14 ist, muß das Quadrat 14 sein:

quadrieren als Kontrolle

```
3.7416573867739413856 ^2
14.
```

Man muß übrigens diese lange Zahl nicht mühsam nochmals eintippen, es gibt Hilfen der *Mathematica-Oberfläche,* des sog. *Front End,* dies durch das Programm ausführen zu lassen.

Sie haben vermutlich schon von den ***Fakultäten*** gehört, das sind Zahlenprodukte von einer natürlichen Zahl herunter bis zu 1:

Fakultäten

$5! = 5 \cdot 4 \cdot 3 \cdot 2 \cdot 1 = 120$

$6! = 6 \cdot 5 \cdot 4 \cdot 3 \cdot 2 \cdot 1 = 720$

50-Fakultät hat 64 Ziffern nach der führenden 3, ...

Da sie jeder Taschenrechner bis 69! hinauf beherrscht, kann dies auch für *Mathematica* kein Problem darstellen. Tatsächlich braucht man nur eine Zahl samt Ausrufezeichen einzugeben und erhält sofort das erwartete Ergebnis. Bei größeren Zahlen jedoch ist man mehr als erstaunt, gibt *Mathematica* doch stets *exakte* Ergebnisse zurück! Sehen wir uns etwa 50-Fakultät an:

```
50!
30414093201713378043612608166064768844\
377641568960512000000000000
```

Der Backslash \ deutet an, daß wegen des Zeilenendes hier unterbrochen wird und der Rest in der nächsten Zeile folgt. Sollten Sie diese Zahl doch lieber in der vertrauten Gleitkommadarstellung sehen wollen, geben Sie ein:

```
% //N
                64
3.04141 10
```

Das Prozentzeichen `%` ersetzt dabei das letzte Ergebnis. Aber jetzt wollen wir es wirklich wissen: was ist 200! ?

200-Fakultät jedoch schon 374 !

```
200!
788657867364790503552363213932185062295\
135977687173263294742533244359449\
963403342920304284011984623904177212\
138919638830257642790242637105061926\
624952829931113462857270763317237\
396988943922445621451664240254033291\
864131227428294853277524242407573903\
240321257405579568660226031904170\
324062351700858796178922222789623703\
897374720000000000000000000000000000000\
00000000000000000000000
```

... und Mathematica kennt sie alle!

Damit sind wohl alle Zweifel an der ungeheuren Kapazität dieses Programms beseitigt! Diese Zahl dürfte aber kaum jemand lesen können; deshalb ist es sicherlich besser, einzugeben:

```
N[200!, 20]
                          374
7.8865786736479050355 10
```

Anwendung bei Binomialkoeffizienten

Sie halten den Nutzen solch großer Zahlen für gering? In der Praxis der STATISTIK benötigt man sie durchaus, genauer: die sie enthaltenden *Binomialkoeffizienten*; die kennt *Mathematica* natürlich genau so gut, vgl. Kapitel H**25**!

An dieser Stelle sehen wir aber lieber nach, wie *Mathematica* mit Variablentermen umgeht, also *symbolisch* rechnet. Lassen wir uns einfache Bruchterme addieren:

Rechnen mit Variablen

```
Together[1/a + 1/b]
a + b
-----
 a b
```

Addition von Bruchtermen

```
Together[2/(a-b) - a/(a+b)^2]
 2              2
a  + 5 a b + 2 b
-----------------
                2
(a - b) (a + b)
```

Mit dem Befehl **Together** werden die Brüche auf denselben gemeinsamen Nenner erweitert, addiert, und das Ergebnis wird noch vereinfacht! Sollten Sie den Verdacht haben, ein Bruchterm sei zu kompliziert, also *kürzbar*, schreiben Sie **Cancel**:

und Kürzen des Ergebnisses

```
Cancel[(1-3a+3a^2-a^3) / (1-a^2)]
         2
(-1 + a)
---------
  1 + a
```

Haben Sie in der Schule immer die richtigen Formeln für Binompotenzen gewußt? Sie hätten nur **Expand** schreiben müssen:

Potenzieren von Binomen

```
Expand[(1-y)^4]
            2      3    4
1 - 4 y + 6 y  - 4 y  + y
```

Natürlich funktioniert das auch bei Potenzprodukten:

```
Expand[(z+2)^2 (z-1)^3]
            2      3    4    5
-4 + 8 z - z  - 5 z  + z  + z
```

Vielleicht sind Sie mißtrauisch und wollen zur Kontrolle eine Faktorzerlegung durchführen? Bitte sehr:

und das Gegenteil:

Faktorisieren

```
Simplify[-4+8*z-z^2-5*z^3+z^4+z^5]
        3        2
(-1 + z)  (2 + z)
```

In diesem Bereich kann man sich also mit *Mathematica* sehr viel Rechenarbeit und Fehler ersparen! Wir wollen uns aber noch auf einem anderen Feld der ALGEBRA umsehen, nämlich bei den ***Gleichungen***. Sie erinnern sich vielleicht noch an die Lösungsformeln für *quadratische* Gleichungen? Alles nicht mehr nötig, das Zauberwort heißt **Solve**:

Lösung einer quadratischen Gleichung

```
Solve[x^2+x-6 == 0, x]
{{x -> -3}, {x -> 2}}
```

mit Wurzeltermen

```
Solve[3x^2-5x-16 == 0, x]
       5 - Sqrt[217]        5 + Sqrt[217]
{{x->-------------}, {x->-------------}}
            6                    6
```

Gibt es keine einfachen Lösungen wie im 2. Beispiel, kann man die Dezimalform durch ein vorgestelltes **N** verlangen; jedesmal sind aber die doppelten **==** Zeichen nötig!

oder numerisch

```
NSolve[3x^2-5x-16 == 0, x]
{{x -> -1.62182}, {x -> 3.28849}}
```

Sie haben es öfter mit einem Grad > 2 zu tun? Etwa mit einer Polynomfunktion 3. Grades, deren *Nullstellen* Sie benötigen, vgl. Kapitel **G20**?

Gleichungen 3. oder 4. Grades

```
Solve[x^3-2x^2-x+2 == 0, x]
{{x -> -1}, {x -> 1}, {x -> 2}}
```

Oder darf es eine vom Grad 4 sein? Zur Abwechslung geben wir ihr zuvor einen Namen und rufen ihn mit Solve wieder auf:

Benennung von Funktionen

```
In[1]:=
     f[x_] := x^4 /5 - 7x^3 /5 + 2x^2
In[2]:=
     Solve[f[x]==0, x]
Out[2]=
     {{x -> 0}, {x -> 0}, {x -> 2}, {x -> 5}}
```

Wenn Sie, wie hier geschehen, mit **:=** definieren, wird nichts zurückgegeben, es gibt keinen *Out[1]=* -Term. Erst bei einem Aufruf, hier mit **Solve** (dann aber ohne den Unterstrich _ nach x) erfolgt die Auswertung, hier die Berechnung der Nullstellen.

Natürlich sind solche algebraischen Gleichungen höheren Grades nicht immer reell lösbar; *komplexe* Lösungen zeigt *Mathematica* durch imaginäre Einheiten **I** an:

komplexe Lösungen

```
Solve[x^3-3x^2+4x-12 == 0, x]
{{x -> -2 I}, {x -> 2 I}, {x -> 3}}
```

Sollten Sie einmal von vornherein vermuten, daß nicht alles so glatt ausgehen wird, setzen Sie gleich **N** voran:

... auch in Dezimalform

```
NSolve[x^5-x^3+x == 0, x]
{{x -> -0.866025 - 0.5 I},
{x -> -0.866025 + 0.5 I}, {x -> 0.},
{x -> 0.866025 - 0.5 I},
{x -> 0.866025 + 0.5 I}}
```

Es gibt hier für den Fall, daß Sie nur *eine* bestimmte Lösung interessiert, noch das Kommando **FindRoot**, bei dem Sie aber den vermuteten Näherungswert angeben müssen, mit dem das Programm die Suche startet, hier ist es 1:

```
FindRoot[x^5+3x^4-2x^3+9x-3 == 0, {x,1}]
{x -> 0.337057}
```

lineare Gleichungssysteme ...

Schließen wir diesen Ausblick mit linearen *Gleichungssystemen* ab! Sie notieren einfach die Gleichungen nebeneinander:

```
Solve[{x+2y == -1, -3x+4y == -7}, {x,y}]
{{x -> 1, y -> -1}}
```

Sie können aber auch zuerst einen *Namen* für das System vergeben – wie eben für eine Funktion –, und dann **Solve** aufrufen, was einmal übersichtlicher ist, zum anderen auch ökonomisch, da er auch später verwendbar ist:

```
gleich = {     x+ y+ z == -4,
             -2x- y+3z ==  1,
              4x+2y-2z == -3  };
```

elegant gelöst!

```
Solve[gleich, {x,y,z}]
                 23             1
{{x -> 2, y -> -(--), z -> -(-)}}
                 4              4
```

Auch nachträglich ist die Dezimalform der Lösungen leicht erreichbar, Sie kennen den Befehl schon:

Dezimalform kein Problem

```
% //N
{{x -> 2., y -> -5.75, z -> -0.25}}
```

Richtig erfreulich wird es aber, wenn es sich um vier oder mehr Gleichungen handelt, denn da wird die Arbeit mühsam und fehleranfällig. Wir sehen uns nur ein Beispiel an und setzen gleich zur Vorsicht **NSolve**:

hier ein 4-4-System

```
glsys = {    5x-2y    + u == 12,
             -x+4y+2z     == -9,
             2x+ y+6z- u  == -3,
             3x    -z+5u  == 18  };

NSolve[glsys, {x,y,z,u}]
{{y -> -2., z -> 0., u -> 3., x -> 1.}}
```

Die Vorsicht war jedoch unbegründet, es gibt runde Lösungen; das Semikolon **;** nach dem Namen unterdrückt übrigens Meldungen des Programms, die man des öfteren als sinnlos empfindet. Wenn Sie jetzt im **1**. Band auf Seite 324 nachsehen, werden Sie vielleicht ein wenig Mitleid mit allen haben, die sich das Leben ohne *Mathematica* oder eine andere Computerhilfe schwer machen müssen! Immerhin haben wir damals richtig gerechnet!

Themenwechsel

jetzt aber zu den Graphen!

Nun wollen wir uns die Zeichenfähigkeiten von *Mathematica* ansehen! Dazu wählen wir die *Polynomfunktion* 4. Grades f von Seite 100, deren Nullstellen wir schon kennen; jetzt interessiert uns ihr **Graph** in einem vernünftigen Intervall. Es war

```
f[x_] := x^4 /5 - 7x^3 /5 + 2x^2
```

mit den Nullstellen

```
{{x -> 0}, {x -> 0}, {x -> 2}, {x -> 5}}
```

Dazu müssen wir nun nicht erst mühsam eine Wertetabelle aufstellen und dann einzelne Punkte einzeichnen und verbinden! Der Befehl, die f-Kurve zu zeichnen, lautet **Plot** und muß das x-Intervall enthalten; mit der *Option* – und derer gibt es viele –, **AspectRatio** kann man man das Verhältnis Höhe : Breite vorschreiben, hier soll es 1 sein, womit der Graph eine quadratische Fläche ausfüllt:

```
Plot[ f[x], {x,-0.6,5.1}, AspectRatio->1]
```

Bild 17: ganz-rationale Funktion 4. Grades

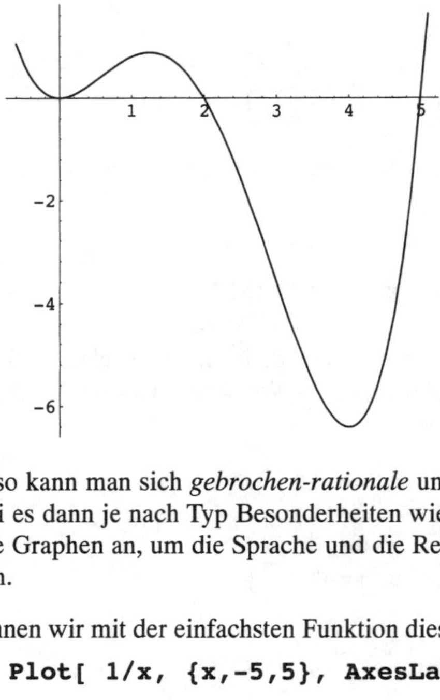

Ebenso kann man sich *gebrochen-rationale* und andere Funktionen zeichnen lassen, wobei es dann je nach Typ Besonderheiten wie Asymptoten u.a. gibt. Wir sehen uns einige Graphen an, um die Sprache und die Reaktionen von *Mathematica* kennenzulernen.

Beginnen wir mit der einfachsten Funktion dieser Familie, nämlich $y = \frac{1}{x} = x^{-1}$.

```
Plot[ 1/x, {x,-5,5}, AxesLabel->{"x", "y  "}]
```

Bild 18: gebrochen-rationale Funktion

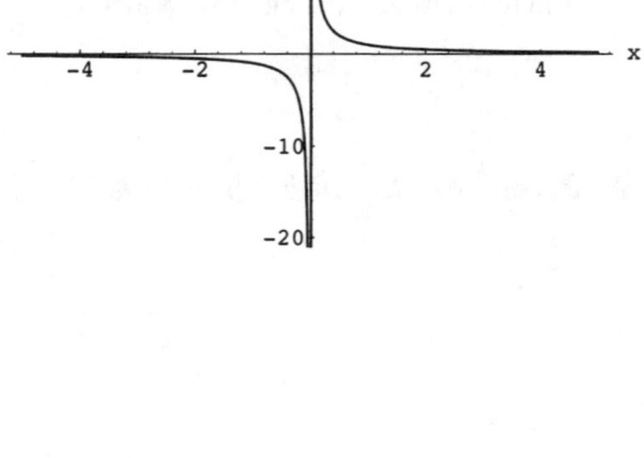

Hier haben wir Mathematica das Verhältnis selbst bestimmen lassen, dafür aber die Option **AxesLabel** verwendet, mit der man die Achsen beschriften kann. Im folgenden wählen wir mit **PlotStyle** Strichdicke und Strichlierung; absichtlich sind die Klammern [und] sowie { und } zweimal untereinander gesetzt, damit Sie erkennen, welche zusammengehören:

```
Plot[ 1/x, {x,-5,5}, AxesLabel->{"x", "y  "},
    PlotStyle->{{Thickness[0.008],
                Dashing[{.03,.02}]}
               }
    ]
```

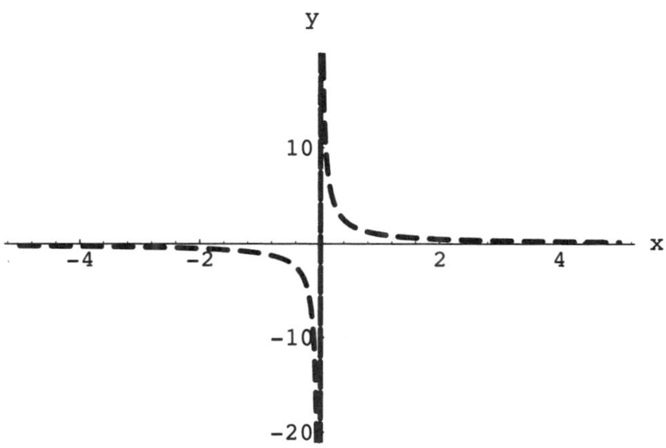

Bild 19: dasselbe mit anderen Optionen

Sogar die *vertikale Asymptote* wird dazugezeichnet! Sollte Ihnen die Kurve zu nahe bei der y-Achse liegen, können Sie dies mit der Option **PlotRange** ändern, die *Mathematica* vorschreibt, in welchem Intervall die y-Werte liegen sollen:

vertikale Asymptote

```
Plot[1/x, {x,-5,5}, AxesLabel->{"x", "y  "},
    PlotStyle->{Thickness[0.005]},
    PlotRange->{-4,4}
    ]
```

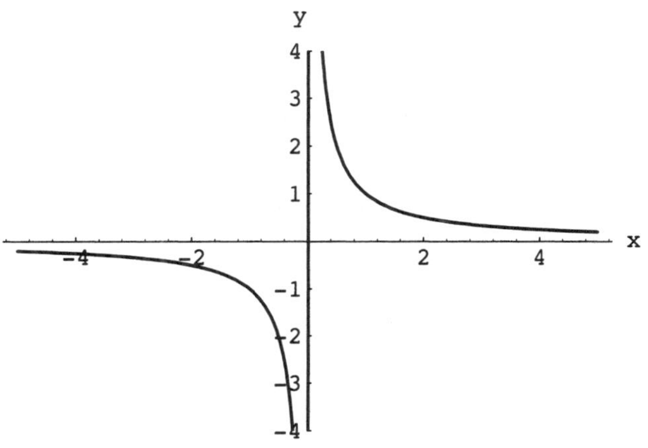

Bild 20: dasselbe bei Vorgabe des y-Bereichs

Gehen wir zu Exponenten < –1 über: $y = x^{-2} = 1/x^2$. Den Befehl kennen Sie schon:

```
Plot[1/x^2, {x,-3,3}, AxesLabel->{"x", "y  "},
    PlotStyle->{Thickness[0.01]},
    PlotRange->{.01,10}]
```

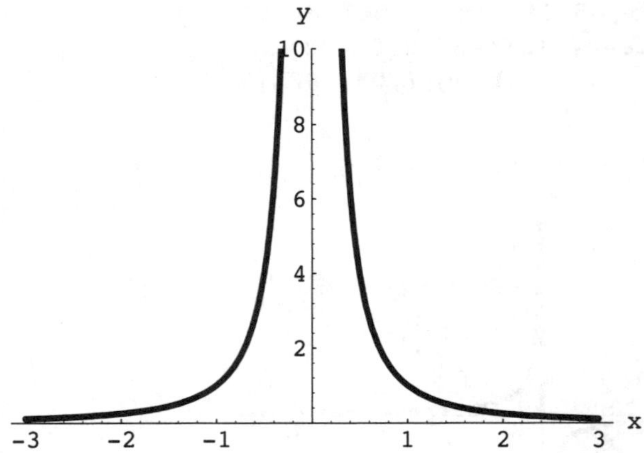

Bild 21:
Exponent gleich –2

Verzichten Sie darauf, die y-Werte vorzuschreiben, sieht der Graph so aus:

```
Plot[ 1/x^2, {x,-3,3}, AxesLabel->{"x", "y  "},
PlotStyle->{Thickness[0.01]} ]
```

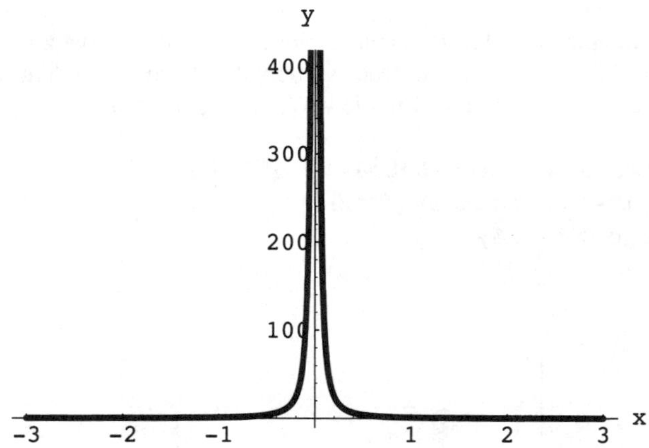

Bild 22:
dasselbe ohne Vorgabe des y-Bereichs

Jetzt wollen wir die Graphen für die negativen Exponenten 3 und 4 sehen, und zwar gleich in einem Koordinatensystem! Dazu muß man die Funktionsterme, durch ein Komma , getrennt, in {}-Klammern setzen, als *Liste*, wie Mathematica dies nennt; wir unterscheiden sie, indem für $y = x^{-4} = 1/x^4$ eine dickere Linie gewählt wird.

```
Plot[{1/x^3, 1/x^4}, {x,-2,2},
    AxesLabel->{"x", "y  "},
    PlotStyle->{ , {Thickness[0.01]}},
    PlotRange->{-10,10} ]
```

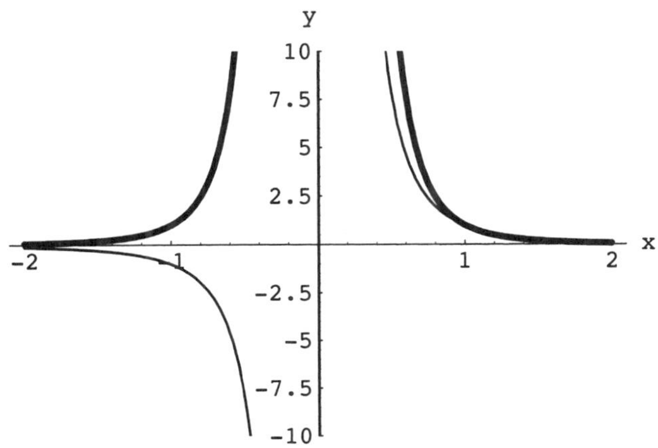

Bild 23: Exponenten −3 und −4

Es müssen nicht immer so einfache Potenzfunktionen sein! Wie wäre es mit

$$y = \frac{x}{1 + 3\,(x - x^2)}$$

für Praktiker: die Spannungsteilerfunktion

Diese Funktion spielt in der ELEKTRIK eine Rolle, vgl. dazu 𝕂**33**.

```
Plot[ x/(1+3(x-x^2)), {x,.01,1},
    AxesLabel->{"x", "y "} ]
```

Aber fügen wir zur Übung gleich vier weitere Terme in einer *Liste* an, die statt des Parameters 3 noch andere interessante Werte vorschreiben! Dabei wird die erstgezeichnete Kurve im Bild unten links dann stärker hervorgehoben, Bild rechts, ist aber jetzt gut vergleichbar. Beachten Sie wieder die Listennotation {~, ~, ~, ~, ~}!

Listen

```
Plot[ {  x,
         x / (1+.5(x-x^2)),
         x / (1+1(x-x^2)),
         x / (1+3(x-x^2)),
         x / (1+10(x-x^2))
      },    {x,0,1},
    AxesLabel->{"x", "y  "},
    PlotStyle->{ , , ,Thickness[0.012], }
    ]
```

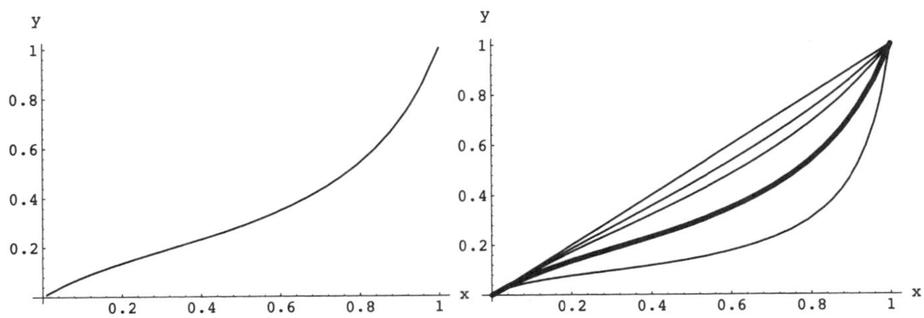

Bilder 24/25: ihre Graphen bei div. Parameterwerten

Auch ***Wurzelfunktionen*** sollen hier exemplarisch vorgestellt werden. Zunächst die quadratische Grundfunktion y = $\sqrt{x}$ = **Sqrt[x]**, dann um –1 bzw. 2 verschobene Graphen, $\sqrt{x+1}$ bzw. $\sqrt{x-2}$, und schließlich das Produkt aus (2 – x) und einem solchen Wurzelterm:

```
Plot[ Sqrt[x], {x, 0, 10}, AxesLabel->{"x", "y  "} ]
```

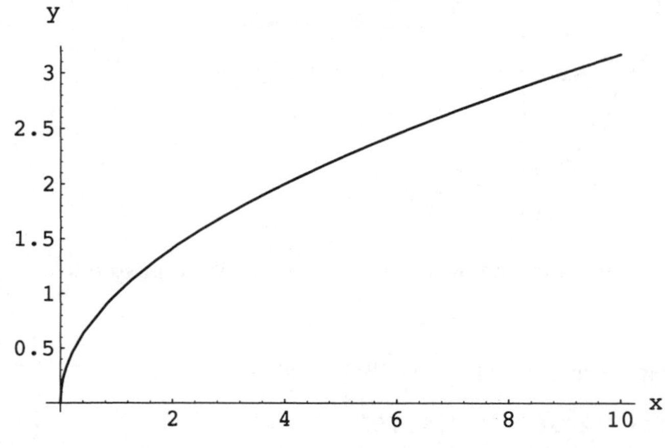

Bild 26: die Quadratwurzelfunktion

```
Plot[ {Sqrt[x], Sqrt[x+1], Sqrt[x-2],
      }, {x, -2, 10}, AxesLabel->{"x", "y  "},
    PlotStyle -> { ,Dashing[{.03}], Thickness[0.01]}
    ]
```

schon ein Komma hat Bedeutung!

Vorsicht: Der erste Beistrich im **PlotStyle**-Kommando ist kein Irrtum, sondern bewirkt, daß die erste Kurve, also die normale Wurzelfunktion $\sqrt{x}$ = Sqrt[x], mit den voreingestellten *Default-Werten* gezeichnet werden soll.

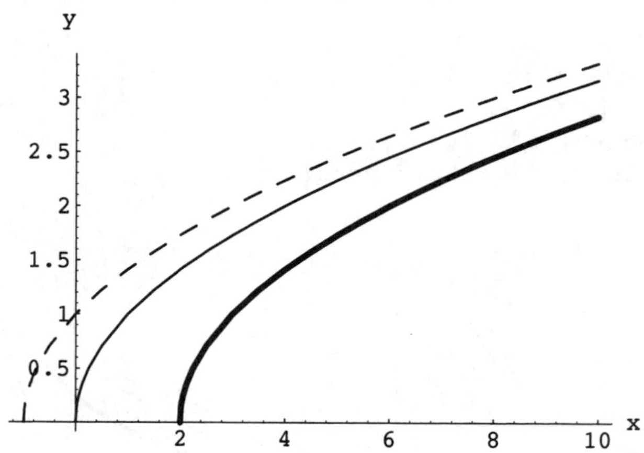

Bild 27: dieselbe mit waagrechten Verschiebungen

```
Plot[ (2-x) Sqrt[x+1], {x, -4, 2},
    AxesLabel -> {"x", "y  "},
    PlotStyle -> {Thickness[0.01]}
    ]
```

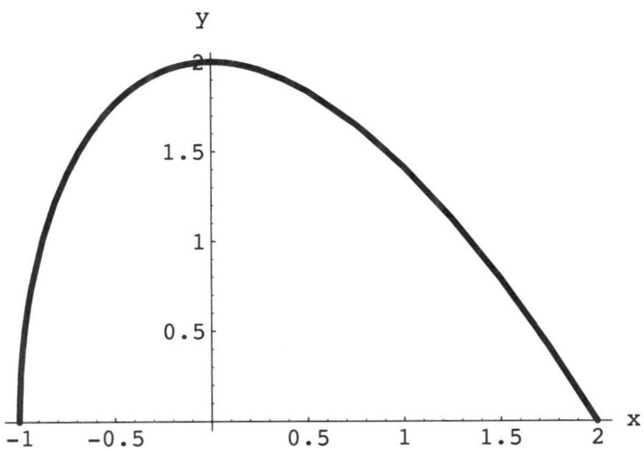

Bild 28: Produktfunktionen

Bei den *Kurvendiskussionen* in K33 werden wir darauf zurückkommen und noch auf eine einparametrige Schar erweitern!

In der PHYSIK hat man es oft mit *Schwingungen* zu tun, z.B. beim ***Wechselstrom***, wo zwei phasenverschobene sinusförmige Teilspannungen interferieren. Wir möchten von *Mathematica* die Graphen der Grundfunktionen **sin** und **cos** sehen und dann gleich ihre Summe. Jetzt kommen Ihnen die Befehle nicht mehr so spanisch vor?

```
Plot[{Sin[x], Cos[x], Sin[x]+Cos[x]}, {x,-Pi,4 Pi},
    AxesLabel -> {"x", "y  "},
    PlotStyle -> { ,Dashing[{.02}], Thickness[0.01]}
    ]
```

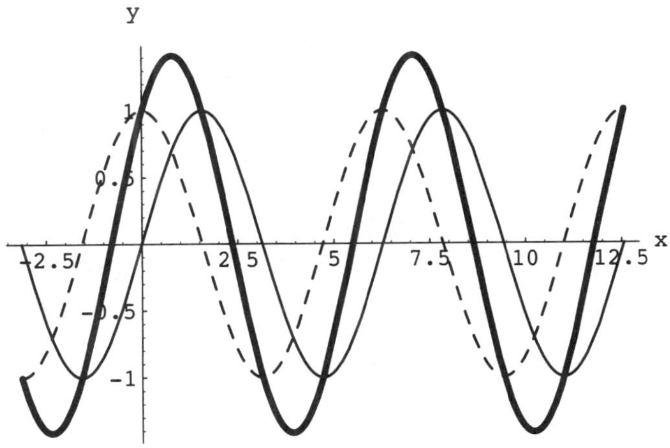

Bild 29: Winkelfunktionen

Es ist auch kein Problem, mehr als zwei Schwingungen zu addieren. Darauf und auf ***gedämpfte*** *Schwingungen*, für die man die exponentielle Trägerkurve der Dämpfungsmaxima benötigt, kommen wir später zu sprechen.

Bei *Grenzwertbetrachtungen* in der ANALYSIS stößt man bald einmal auf den Term Sinus x durch x, sin x/x, wobei x gegen null geht, oder auch auf x mal Sinus von 1/x für x gegen unendlich. Um sich zunächst Bilder vom Verlauf zu machen, kann man sich die Graphen zeichnen lassen. Wählen wir den 2. Fall:

$$y = x \cdot \sin \frac{1}{x}$$

```
Plot[ x Sin[1/x], {x, 0.01, 1.2},
    AxesLabel -> {„x“, „y“},
    PlotRange -> {-0.3, 0.6},
    PlotStyle -> {Thickness[0.004]}
    ]
```

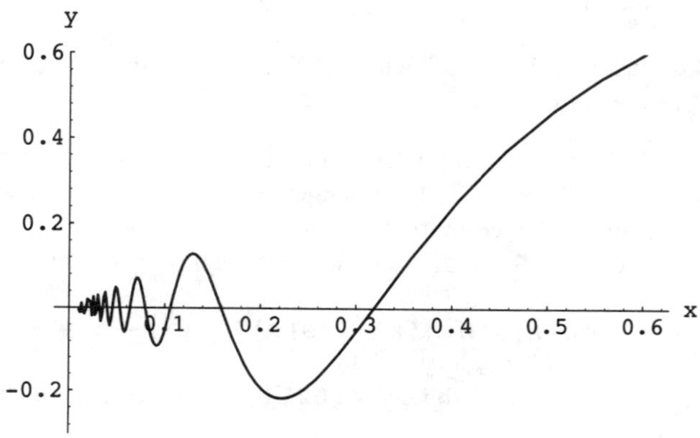

Bild 30:
oszillierende Sinusvariante

Aus der Fülle interessanter Funktionen greifen wir noch zwei Typen heraus, und zwar die in *Parameterform* definierten und die *impliziten* Funktionen.

Spezialkurven:

Parameterform und implizite Definition

Zu den ersteren gehören etwa die *Rollkurven*, darunter als bekannteste Vertreter die ***Zykloiden***. Sowohl x als auch y sind einfache Funktionen des Wälzwinkels t beim Abrollen eines Kreises auf einer Geraden:

$x = r \cdot t - a \sin t, \quad y = r - a \cos t, \quad t$ beliebig

Je nachdem, wie groß nun der Abstand a eines Punktes der Kreisfläche vom Mittelpunkt im Vergleich zum Radius r = 1 ist, entstehen verschiedene Zykloiden; wir haben hier die beiden Werte 0.8 und 1.2 gewählt. Da jede der beiden Kurven zwei t-Terme für x und y benötigt, sind auch 2 ineinander geschachtelte Listen nötig:

```
ParametricPlot[{ {t - 0.8 Sin[t], 1 - 0.8 Cos[t]},
                 {t - 1.2 Sin[t], 1 - 1.2 Cos[t]}
               }, {t, 0, 3 Pi},
        PlotPoints -> 30,
        PlotStyle  -> {{Thickness[0.01]},
                       {Thickness[0.006]}
                      }
        ]
```

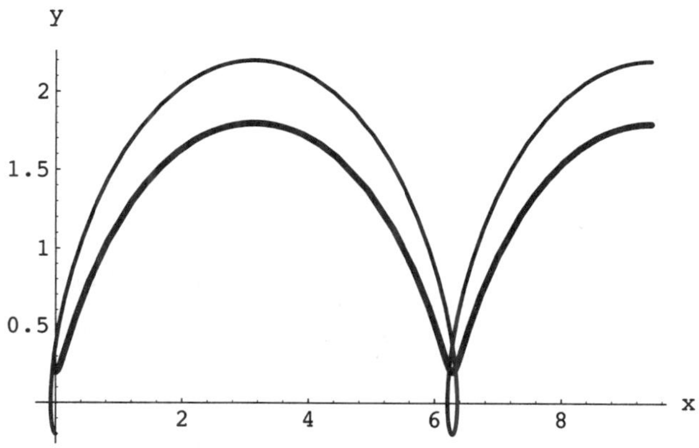

Bild 31: zwei Zykloiden

Haben Sie schon vom *Cartesischen Blatt* gehört? Es ist ein typischer Vertreter derjenigen Kurven, die gerne *implizit* erklärt werden, weil es eben so am einfachsten ist. Der zum Zeichnen benötigte Befehl **ImplicitPlot** gehört zu dem gleichnamigen sog. *Package*, das zuvor zu laden ist, was mit << eingeleitet wird (einen zweiten Ladebefehl lernen wir auf Seite 150 kennen):

manchmal muß ein Package geladen werden

```
<< Graphics`ImplicitPlot`
ImplicitPlot[ x^3 + y^3 - 3 x y == 0, {x, -2, 1.8},
        PlotPoints -> 30,
        PlotStyle -> {Thickness[0.01]}
           ]
```

Vielleicht sollte hier noch erwähnt werden, daß es die Option **PlotPoints** ermöglicht, mehr als die üblichen 15 Punkte zu zeichnen; dies erhöht natürlich die Genauigkeit der Kurve. Zum Abschluß dieses Kapitels hier also das Bild:

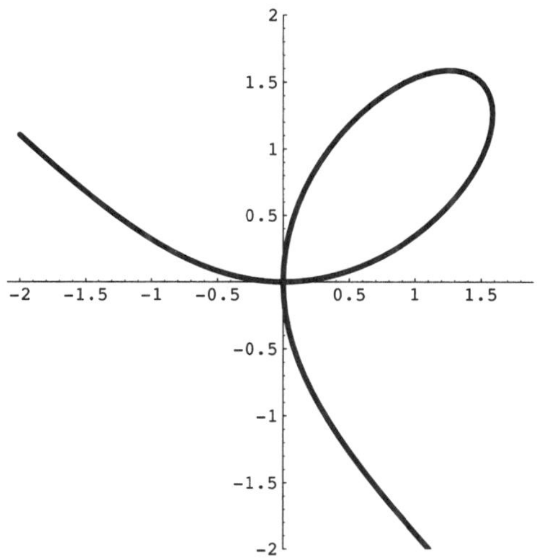

Bild 32: Cartesisches Blatt

Ende des 18. Kapitels

Auch dazu folgt ein wenig mehr in den Kapiteln G20 und K33!

Teil F

19. Kapitel

19

Elemente der Programmiersprache Turbo Pascal

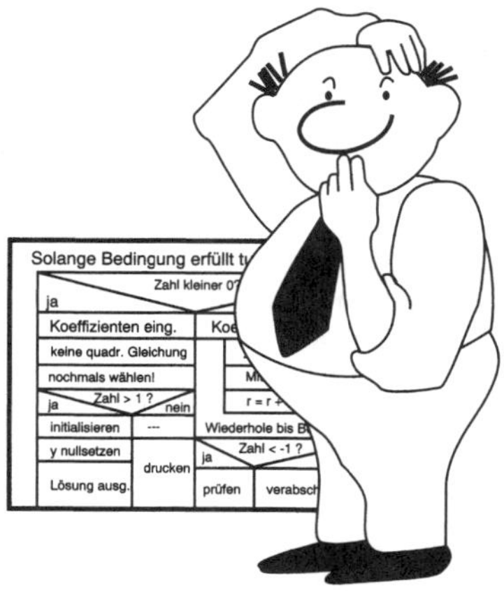

Als Anwender braucht man sich, wie wir schon wissen, um die Systemsoftware nicht zu kümmern, – auch Standardsoftware wie etwa *Word, Excel* oder *Access* usw. kann man fertig abgestimmt auf das Betriebssystem seines Computers kaufen.

die 3 Arten von Software

Es gibt aber individuelle Probleme, die zu speziell für Software dieser Art sind; um ein solches zu lösen, wird man eine geeignete ***Programmiersprache*** suchen müssen, in der man es maßgeschneidert formulieren, *codieren,* kann. Die drei sog. *klassischen höheren* Programmiersprachen sind

höhere Programmiersprachen: von Fortran bis Pascal

FORTRAN (Formular translator),

- ab 1955, ständig verbessert und 1977 genormt, spielt in der mathematisch-technischen Anwendung eine große Rolle,

ALGOL (Algorithmic language),

- ab 1960, eine Weiterentwicklung von Fortran, auch 1968 genormt, heute noch im technisch-naturwissenschaftlichen und universitären Bereich beliebt,

COBOL (Common business oriented language),

- ab 1960, für kaufmännische Anwendungen gedacht, die in erster Linie mit Texten arbeiten. COBOL ist noch nicht vollständig genormt.

Weltweit durchgesetzt hat sich dann die 1965 am Dartmouth College in Hanover, USA, entwickelte Sprache

BASIC (Beginners´ all purpose symbolic instruction code).

- Sie gilt als leicht zu erlernen, existiert aber in sehr vielen *Dialekten* und wurde anfangs von einem Interpreter unterstützt. Für uns am wichtigsten ist

PASCAL (nach Blaise Pascal, französischer Mathematiker, 1623 bis 1662);

- 1970 in Zürich entwickelt, wird es wie seine Nachfolger Modula, Ada, C, Prolog und andere, compiliert. Wir studieren jetzt die Variante ***Turbo Pascal*** von *Borland,* die sich wegen des schnellen Compilers durchgesetzt hat.

Turbo Pascal

Kursziele

Es kann hier nicht darum gehen, alle Möglichkeiten von **Turbo Pascal** aufzuzeigen: So werden wir nur die einfachsten Datentypen und Strukturen kennernlernen und fortgeschrittene Optionen ganz der Fachinformatik überlassen. Auf die für Pascalprogramme so typische Gliederung in Unterprogramme, *Procedures* und *Functions*, kommen wir am Ende dieses **19**. Kapitels zu sprechen. *Grafik* folgt in Band **3**.

Eigenschaften von Turbo Pascal

Drei wesentliche Eigenschaften von *Turbo Pascal* sollten wir hier nennen: Es handelt sich erstens, wie schon erwähnt, um eine

- **Compilersprache**:
Das Quellprogramm des Benutzers wird vor dem Ablauf als Ganzes übersetzt und dabei auf *syntaktische* (= grammatische) Fehler überprüft; weiter um eine

- **strukturierte Sprache**:
Teile eines Programms können unabhängig voneinander von Teams entwickelt und als Unterprogramme zusammengefügt werden, was Wartung und Verstehen erleichtert. Perfekte Modulkonzepte stellt allerdings erst *Modula* zur Verfügung.

- **Es gibt viele Datenstrukturen**:
Nicht nur die *Datentypen* Zahl und Wort wie in BASIC sind vorhanden, sondern vielfältige, sogar frei definierbare Typen sind möglich; dies ist genau so wichtig wie die Entwicklung guter *Algorithmen* (Rechenverfahren).

können Sie starten?

Wir nehmen an, Sie haben das *Pascal* in Ihrem Rechner zur Verfügung, können es durch <Turbo> starten und wissen, wie man eine Datei laden, speichern und dann das Programm ausführen (laufen lassen) kann; es gibt ja das *Tutorprogramm* Tour.exe, das diesen Umgang vorstellt.

Syntax

Bevor wir daran gehen, erste Programme einzutippen, müssen wir uns das Wichtigste aus der Sprachgrammatik, der ***Syntax***, einprägen, die ersten *Datentypen* zur Kenntnis nehmen und auch, daß jedes Programm in drei Teile gegliedert ist: In eine ***Kopfzeile*** mit dem Namen des Programmes, einen ***Vereinbarungsteil*** mit den Variablennamen und ihrem jeweiligen Datentyp und den ***Anweisungsteil***, der die Befehle enthält.

reservierte Wörter und Standardnamen

Überall treten sogenannte *reservierte Wörter* auf wie PROGRAM (in der Kopfzeile), USES, TYPE, VAR, ... (im Vereinbarungsteil), BEGIN, END, FOR, TO, DO, IF, THEN, ELSE, WHILE, REPEAT, UNTIL u.a.m. (im Anweisungsteil), die nicht mehr frei als Variablennamen verwendet werden dürfen. Daneben gibt es, ebenfalls im Anweisungsteil, *Standardnamen* wie Write, Writeln, Read, Readln, Abs, Int, Trunc, u.a., die fertig vorgegebene Routinen (Hilfsprogramme) ablaufen lassen. Ob Großbuchstaben dabei verwendet werden oder nicht, ist gleichgültig, der Compiler macht keinen Unterschied: ReadLn = readln ...

Variablennamen

Die vom Benutzer frei zu wählenden *Variablennamen* (Identifier, Bezeichner) müssen mit einem Buchstaben beginnen und dürfen keine Leer-, Sonderzeichen oder Umlaute enthalten; sie brauchen aber nicht nur mit a, b, x, y, usw. wie in der MATHEMATIK abgekürzt zu werden, nein, Namen wie Zahl1, Zahl2, Summe, Ergebnis, Kuerzen, Umwandeln, ja sogar Ein_und_Ausgabe (Unterstrich_ erlaubt!) sind durchaus erwünscht! Sie können so lang wie eine Bildschirmzeile sein (!), nur beim Programmnamen wird man sich mit 8 Zeichen begnügen, weil er zum Speichern auf Diskette benutzt wird und das Betriebssystem (oft MS-DOS) nicht mehr Stellen unterscheidet, also nur die ersten 8 Zeichen als signifikant ansieht und den Rest ignoriert.

Beachten wir noch, daß jeder Befehl mit einem Semikolon ; enden muß, daß zwei oder mehr Befehle durch BEGIN und END zu klammern sind und die Wertzuweisung durch := geschieht, so können wir uns schon ein erstes Programm ansehen ..., doch halt, die ***Datentypen*** fehlen noch! Begnügen wir uns mit *Integer* für ganze Zahlen, die zwischen –32768 (= -2^{15}) und +32767 (= $2^{15} - 1$) liegen sowie *Real* für Dezimalzahlen zwischen $2{,}9 \cdot 10^{-39}$ und $1{,}7 \cdot 10^{38}$ sowie *Char* für ein Zeichen, also eine Ziffer, ein Sonderzeichen oder einen Buchstaben, schließlich *String [n]* für Wörter mit bis zu n Buchstaben, so kann es nun endlich losgehen!

Datentypen

Erste Programme

Lassen wir uns vom Computer Umfang und Inhalt eines **Kreises** berechnen, wenn wir ihm den Radius verraten! Natürlich genügte dazu der Taschenrechner, doch geht es uns jetzt um die Sprache bzw. ihre Regeln, nicht ums Problem. Hier ein Programmvorschlag, lesen Sie bitte mit:

Programm 1: Kreisberechnung

```
PROGRAM Kreis;
(* Berechnet Kreisumfang und -inhalt *)
VAR  Radius, Umfang, Inhalt: Real;

BEGIN
   Write(´Radius eingeben:´);
   Readln(Radius);
   Umfang := 2*Radius*Pi;
   Inhalt := Pi*Radius*Radius;
   Writeln(´Umfang = ´, Umfang, ´Inhalt = ´, Inhalt);
   Readln
END.
```

Sie bemerken noch die mit (* und *) versehenen Kommentare für den Benutzer, die zum Zwecke besserer Lesbarkeit häufig eingesetzt werden sollten; der Compiler bleibt dabei arbeitslos. Als Variablennamen sind `Radius`, `Umfang` und `Inhalt` gewählt, alle sind vom Typ `Real`, was nach einem Doppelpunkt : angegeben ist. Mit `Write(´Text ...´)` wird ein beliebiger Text auf dem Bildschirm ausgegeben, mit `Readln(Radius)` wird bei der Ausführung [Menüpunkt Run/Run oder *Hotkey* Strg+F9] ein Zahlenwert für die betreffende Variable verlangt; er wird vom Programm in eine *Speicherstelle* (sozusagen eine Schublade) mit dem Namen `Radius` gelegt.

Ausführung über RUN

In den Zeilen `Umfang:=` ... und `Inhalt:=` ... werden diese Größen nach den Formeln $2 \cdot r \cdot \pi$ und $\pi \cdot r \cdot r$ berechnet und dann ebenfalls in die Schubläden `Umfang` und `Inhalt` gelegt, wo sie dann bei der Bildschirmausgabe in der Folgezeile wieder abgerufen = herausgelesen werden. π ist dabei als Kreiszahl Pi schon fertig berechnet und dem Programm bekannt. Beachten Sie den Unterschied zwischen `´Umfang =´` und `Umfang` in der `Write`-Zeile: Was unter Hochkommata steht, erscheint genau so am Bildschirm, fehlen die ´ ´-Klammern, wird angezeigt, was in der Schublade `Umfang` gerade konkret liegt, also hier der Zahlenwert! Das `Readln` vor dem `END.` (mit Punkt!) bewirkt, daß die Anzeige am Monitor nach dem Programmlauf stehen bleibt, bis eine beliebige Taste gedrückt wird; ohne diesen Befehl wäre der Schirm gleich wieder leer.

Wirkung der Hochkommata

Struktogramm

Das bei solchen einfachen Aufgaben ohne Verzweigungen und Schleifen, *linearen Programmen*, kein *Planentwurf* nötig ist, scheint klar; im sog. ***Struktogramm*** wären einfach Zeile für Zeile Anweisungen in sprachlicher Kurzform zu notieren:

Struktogramm:

Radius eingeben
Umfang berechnen, $U = 2 \cdot r \cdot \pi$
Inhalt berechnen, $A = \pi \cdot r \cdot r$
Umfang und Inhalt ausgeben

formatierte Ausgabe

Wird nichts weiter verlangt, erfolgt die Ausgabe linksbündig im Standardformat, also mit genau den Stellen, die das Ergebnis hat. Will man bestimmte Abstände erzwingen, so läßt sich die Ausgabe *formatieren*, was z.B. durch `:10` nach dem Namen geschieht (gilt auch für Wörter!) oder durch `:10:2`, was rechtsbündige Ausgabe mit 2 Nachkommastellen (von insgesamt 10) bewirkt. So könnte die Ausgabeanweisung auch lauten

```
Writeln(´Umfang =´, Umfang:10:2, ´Inhalt =´, Inhalt:12:2);
```

Bei mehrspaltigen Tabellen ist diese Option unentbehrlich.

ähnliche Aufgaben

Mit diesen Kenntnissen können nun schon viele einfache Aufgaben gelöst werden wie die Berechnung von Summe, Produkt usw. von einzugebenden Zahlen, von Prozenten und Zinsen eines Kapitals, von Quadratumfang und -inhalt, aber auch von Rauminhalten von Körpern, deren Formeln nur zu übersetzen sind: statt mal, ·, wird * gewählt, dividiert wird mit dem Slash / oberhalb von 7, +, – bleiben wie gewohnt. Potenzen kennt Pascal nicht, statt r^3 wird r * r * r geschrieben.

Hier soll zur Übung ein ***Zinsenprogramm*** vorgestellt werden:

Zu einem vorgegebenen Kapital und bei bekanntem Zinssatz sollen die (einfachen) Zinsen für eine Anzahl von Tagen berechnet werden.

Programm 2: Zinsenberechnung

```
PROGRAM Zinsen;
VAR  Kapital, Zinssatz, Zins: Real;
     Tage: Integer;
BEGIN
   Write(´Kapital eingeben:´); Readln(Kapital);
   Write(´Zinssatz eingeben:´); Readln(Zinssatz);
   Write(´Anzahl der Tage eingeben:´); Readln(Tage);
   Zins := Kapital*Zinssatz/100*Tage/360;
   Writeln(´Zinsen = ´, Zins:6:2);
   Readln
END.
```

Fällt Ihnen auf, daß der Programmname `Zinsen` lautet, die Variable dann aber `Zins` heißt? *Turbo Pascal* verlangt eben verschiedene Namen für verschiedene Dinge!

Verzweigungen

Oft ist es nötig, im Ablauf eines Programms eine *Auswahl* aus zwei oder mehreren Anweisungen zu treffen. Immer geht ihr eine *Bedingung* voraus: Ist eine eben berechnete Zahl kleiner als eine andere, ist sie größer als null? Steht ein Wort im Alphabet vor einem anderen? Wenn ja, soll *der eine* Weg, sonst ein anderer gewählt werden.

Programm-struktur Verzweigung

Für diese Programmstruktur *Verzweigung* kennt Pascal die reservierten Wörter

`IF ... THEN ...`

und oft noch `ELSE` ... für eine Alternative. Hier wieder ein erstes Beispiel:

Es soll nach Eingabe des Alters ausgegeben werden, ob der Betreffende schon ein Auto lenken darf oder nicht; dabei sollen 18 Jahre als Berechtigungsschwelle angenommen werden. Sehen wir uns zunächst das Struktogramm dazu an:

Struktogramm dazu

Struktogramm

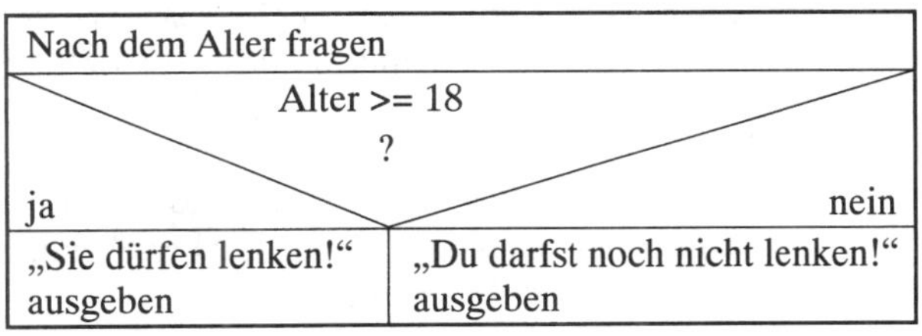

Das Programm ist sicherlich leicht zu verstehen; beachten Sie, daß vor `ELSE` kein `;` stehen darf, da `IF` ... `THEN` ... `ELSE` ... als *eine* Anweisung betrachtet wird:

Programm 3: Sind Sie älter als 18?

```
PROGRAM Lenker;
VAR  Alter: Integer;

BEGIN
  Write(´Geben Sie Ihr Alter ein: ´); Readln(Alter);
  IF Alter >= 18 THEN
    Writeln(´Sie dürfen lenken!´)
  ELSE
    Writeln(´Du darfst noch nicht allein lenken!´);
  Readln
END.
```

Ebenso einfach kann die folgende Aufgabe gelöst werden, nur kommt hier der schon anfangs genannte Datentyp `String[n]` vor, der für Wörter/Texte gedacht ist:

Für zwei einzugebende Wörter soll entschieden werden, welches im Telefonbuch vor dem anderen steht.

Ein Struktogramm würde völlig gleich aussehen wie das obige, wir ersparen es uns.

Programm 4: alphabetische Ordnung

```
PROGRAM Alphabet;
VAR  Name1, Name2: String[25];
     reihung: String[4];
```

```
BEGIN
   Write(´Geben Sie den 1. Namen ein: ´); Readln(Name1);
   Write(´Geben Sie den 2. Namen ein: ´); Readln(Name2);
   IF Name1 < Name2 THEN
      reihung := ´vor ´
   ELSE
      reihung := ´nach ´;
   Writeln(Name1,´ steht im Telefonbuch ´,reihung,Name2);
   Readln
END.
```

Verzweigungen verschachteln

Solche *Verzweigungen* können auch ineinander *geschachtelt* werden: Wenn du erst Brötchen kaufen willst, dann gehe jetzt nach rechts (dort ist der Bäcker), sonst gehe noch geradeaus weiter (falls du noch Obst brauchst) oder nach links, um den Brief aufzugeben.

Zufallszahlen

Sehen wir uns eine mathematisch sehr einfache Situation an: Zur Entspannung treiben wir ein *Ratespiel*. Der Computer *würfelt* für uns – allerdings mit einem 100seitigen Würfel! –, und wir wollen diese Zahl erraten; als Ausgabe soll am Bildschirm stehen, ob die von uns eingegebene Zahl kleiner, gleich oder größer als die ***Zufallszahl*** ist, die einige Augenblicke zuvor erzeugt wurde. Der Befehl dafür lautet `Random(100)` für ganze Zahlen zwischen 0 und 99; damit nicht jedesmal dieselbe Zahl erscheint, wird mit der Anweisung `Randomize` eine neue Startzahl erzwungen.

Programm 5: Zahlenraten

```
PROGRAM Zahlenraten;
VAR  Zufall, Zahl: Integer;

BEGIN
   Randomize;
   Zufall := Random(100);
   Write(´Geben Sie eine ganze Zahl < 100 ein: ´);
   Readln(Zahl);
   IF Zahl < Zufall THEN
      Write(Zahl:3, ´ist kleiner als ´)
   ELSE
      IF Zahl = Zufall THEN
         Write(Zahl:3, ´ist gleich ´)
      ELSE
         Write(Zahl:3, ´ist größer als ´)
      Writeln(Zufall:3);
   Readln
END.
```

Eine unverzichtbarer Aufgabentypus in allen Mathematikkursen, die ***quadratische Gleichung***, ist mit ähnlich hierarchischen IF-THEN-Befehlen zu lösen. Sie müssen natürlich zur Codierung die Lösungsformel kennen – oder aber Mathesoftware wie *Derive, Theorist, Mathematica* ... einsetzen; dann geht´s am einfachsten, wie Sie auf Seite 99 sehen konnten!

die quadratische Gleichung

Hier sollen wirklich alle Fälle berücksichtigt werden, die es bei reellen Lösungen geben kann; falls es solche nicht gibt, wollen wir auch eine entsprechende Meldung sehen. Vergleichen Sie das folgende

Struktogramm

Struktogramm dazu

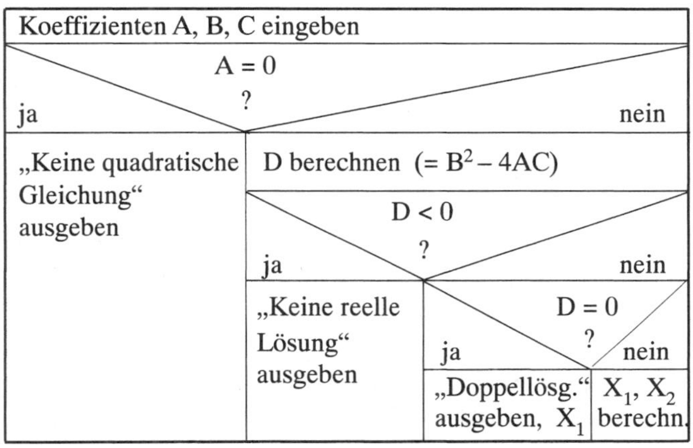

In der Codierung beachten wir neben den Rechentermen noch die BEGIN ... END-Klammerungen, die bei zwei oder mehreren Anweisungen nötig sind, sowie natürlich die formatierte Ausgabe der Lösungen:

Programm 6: dazu

```
PROGRAM Quadglei;
VAR  A, B, C, X1, X2, D: Real;
BEGIN
  Write(´A ->´); Readln(A);
  Write(´B ->´); Readln(B);
  Write(´C ->´); Readln(C); Writeln;
  IF A = 0  THEN
     Writeln(´Keine quadratische Gleich.´)
  ELSE
     Begin
       D := Sqr(B)-4*A*C;
       IF D < 0  THEN
          Writeln(´Keine reelle Lösung!´)
       ELSE
          IF D = 0 THEN
```

Unlösbarkeit wird angezeigt!

hier sind alle Lösungsmöglichkeiten erfaßt!

```
            Begin
               X1 := -B/(2*A);
               Writeln(´Doppellösung: X1 = X2 = ´, X1:10:2);
            End
         ELSE
            Begin
               X1 := (-B+Sqrt(D))/(2*A);
               X2 := (-B-Sqrt(D))/(2*A);
               Writeln(´Lösungen:     X1 =´, X1:10:2,
                                     ´X2 =´, X2:10:2);
            End
      End;
   Readln
END.
```

Mehrfachverzweigungen

Für mehr als zwei Äste einer Verzweigung sind die bisherigen IF ... THEN ... Anweisungen nicht sehr übersichtlich. Ist daher für eine Größe eine Auswahl aus mehreren Bereichen zu treffen, wählt man den Befehl

der CASE-Befehl

CASE ... OF ... END;

Nach CASE steht der Name der Variablen, der sog. *Fallselektor*; seine Belegung mit konkreten Werten entscheidet, was jeweils zu geschehen hat. Für Eingaben, die außerhalb der aufgezählten Fälle liegen, sei es irrtümlich oder etwas neugierig, wie das Programm wohl darauf reagieren würde, dient die ELSE-Anweisung.

Teilbereichstyp

Eine typische Pascal-Eigenart lernen wir bei dieser Gelegenheit noch kennen: den *Teilbereichstyp*. Soll etwa der Fall, daß für ein Zeichen eine der Ziffern von 0 bis 9 eingegeben wird, unterschieden werden von dem Fall, daß ein Kleinbuchstabe getippt wird, kann man, um Übersicht zu gewinnen, schreiben:

```
CASE Zeichen OF
   ´0´..´9´: Write(´Ziffer´);
   ´a´..´z´: Write(´Kleinbuchstabe´);
```

schreiben mit genau zwei Punkten .. zwischen Anfangs- und Endzeichen.

Als einfaches Beispiel dazu sollen die Wochentage je nach eingegebener Tagnummer als Arbeitstag (von 1 bis 5), als Samstag bei 6 und Sonntag bei 7 ausgegeben werden.

Programm 7: Wochentagsabfrage

```
PROGRAM Wochtag;
USES Crt;
VAR  Tagnummer: Integer;

BEGIN
   Clrscr;
   Write(´Zahl zwischen 1 und 7 inkl. eingeben:´);
   Readln(Tagnummer);
```

```
  CASE Tagnummer OF
     1..5: Write('Arbeitstag');
        6: Write('Samstag');
        7: Write('Sonntag');
     ELSE
        Writeln('Unzulässige Eingabe!');
  END  (* of Case *);
  Readln
END.
```

Bildschirm löschen

Da hier nichts Neues passiert – außer daß `ELSE` in `CASE` ein `;` vorgesetzt erhält –, lernen wir eine nützliche Möglichkeit kennen, den vollgeschriebenen Bildschirm zu löschen (was nach Testläufen immer nötig ist): `Clrscr` (engl. clear screen) lautet der Befehl, er steht in der *Unit* (Programmsammlung) Crt (engl. Cathode ray tube, Bildröhre), die mit **`USES`** `Crt` aufgerufen wird.

Schleifen

Häufig muß eine Anweisung oder ein Anweisungblock mehrfach ausgeführt werden; ist die Anzahl der Wiederholungen von vornherein bekannt, spricht man von einer *zählergesteuerten Schleife* und setzt den Befehl

Schleifentypen: For ... to ... do ...

`FOR` Laufvariable `:=` Startwert `TO` Endwert `DO`

vor den Block. Dabei wird der jeweilige Wert der Laufvariablen stets um 1 (bei Zahlen, nur *Ganzzahltypen* sind daher im Gegensatz zu BASIC erlaubt!) verändert bzw., es wird der jeweilige Nachfolger gesetzt (bei Aufzähltypen oder Zeichen, der Typ *Char* ist also zulässig: ´b´ folgt ´a´ usw.).

Werden Anweisungen nur ausgeführt, solange eine *Eintrittsbedingung* erfüllt ist, weiß man also im voraus nicht, wie oft oder ob überhaupt eine Schleife zu durchlaufen ist, verwendet man statt dessen

While ... do...

`WHILE` Eintrittsbedingung (erfüllt) `DO` Anweisungsblock

Hier kann man auch zwanglos in Schritten von 0,1; 0,5 oder anderen weitergehen (Beispiele folgen).
Schließlich kennt *Pascal* noch die Schleife mit *Austrittsbedingung*: Der Anweisungsblock wird wiederholt ausgeführt, bis eine Bedingung erfüllt wird:

Repeat ... until ...

`REPEAT` Anweisungen `UNTIL` Austrittsbedingung (erfüllt)

Diese Schleife wird mindestens einmal durchlaufen, weil ja erst am Ende überprüft wird; hier ist die `BEGIN` ... `END`-Klammer nicht nötig, an dieser Stelle stehen ja `Repeat` und `Until`.

Die ***Struktogramme*** sehen in den ersten beiden Fällen beinahe gleich aus (Skizze in Bild 1 links), Fall 3 ist spiegelverkehrt (rechtes Bild):

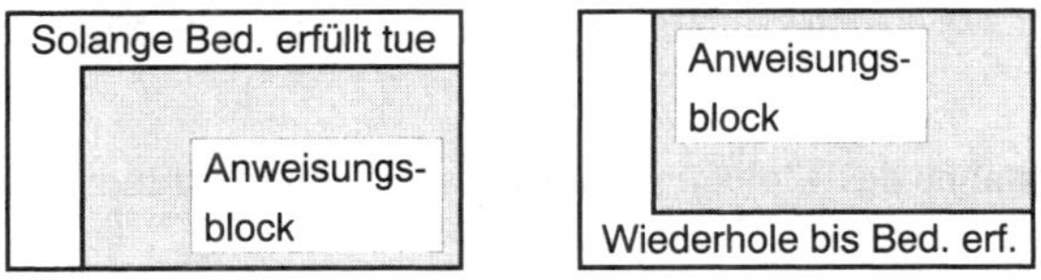

Bilder 1: dazu

Zur Übung und Festigung folgen wieder kleinere Probleme meist mathematischen Ursprungs – schließlich ist es das Ziel unserer Wünsche, mit Hilfe von Pascal und Computer noch besser MATHEMATIK betreiben zu können! Was neu an Sprachelementen dazukommt, wird jeweils erklärt.

Lassen wir uns eine Tabelle der ersten 20 natürlichen Zahlen mit ihren Quadraten und 3. Potenzen ausgeben:

Programm 8: Quadratzahlen von 1 an

```
PROGRAM  Tabelle;
VAR  Zahl: Integer;

BEGIN
  FOR Zahl := 1 TO 20 DO
     Writeln(Zahl:5, Zahl*Zahl:6, Zahl*Zahl*Zahl:7);
  Readln
END.
```

```
   Ausgabe:      1    1      1
                 2    4      8
                 3    9     27
                 4   16     64
                ...  ...    ...
                20  400   8000
```

Schon etwas Denkarbeit verlangt es, nach den ***Quadratzahlen*** zwischen $100 = 10^2$ und $500 > 22^2$ zu suchen, also nach $121 = 11^2$, $144 = 12^2$ ... bis $484 = 22^2$. Wie erkennen wir sie? Nun, die Quadratwurzel aus einer solchen Zahl muß eine ganze Zahl ohne Kommastellen sein: $\sqrt{121} = 11$; für alle anderen Zahlen ist die Wurzel eine Dezimalzahl. Nun gibt es in *Pascal* die Routine `INT(Zahl)`, die die Nachkommastellen abschneidet:

`INT`(2.05) = 2.0, `INT`(9.9) = 9.0, `INT`(10.0) = 10.0,

das Ergebnis ist vom Typ *Real*! Sehen Sie, wie unser Problem damit gelöst wird?

Programm 9: Quadratzahlen in einem Bereich

```
PROGRAM  Quadzahl;
VAR  Zahl: Integer;

BEGIN
  FOR Zahl := 100 TO 500 DO
     IF Sqrt(Zahl) = Int(Sqrt(Zahl)) THEN
     Write(Zahl:5);
  Writeln;
  Readln
END.
```

```
  Ausgabe: 100  121  144   ...  441  484
```

Wie erwähnt, kann die Laufvariable auch vom Typ *Char* sein; dies zeigt folgendes Beispiel:

Es sollten die Großbuchstaben das Alphabets zusammen mit ihren Ordnungsnummern im ASCII-Code angegeben werden.

Der Pascal-Befehl, der diese Zuordnung leistet, ist `ORD(Zeichen)`:

```
PROGRAM  ASCII_1;
VAR  Zeichen: Char;

BEGIN
   FOR Zeichen := ´A´ TO ´Z´ DO
      Writeln(Zeichen:2, ORD(Zeichen):4);
   Readln
END.
```

Programm 10: ASCII-Platznummern

Wollen Sie alle ausdruckbaren Zahlen gemäß ASCII der Reihe nach, d. h., wie sie dort eben den Nummern 32 bis 127 (erweitert 255) zugeordnet sind, anzeigen lassen, benötigen Sie den Befehl `CHR(Lauf)`:

```
PROGRAM  ASCII_2;
VAR  Lauf: Integer;

BEGIN
   FOR Lauf:= 32 TO 127 DO
      Write(Lauf:7, CHR(Lauf):3);  Writeln;
   Readln
END.
```

Programm 11: ASCII-Zeichen

```
   Ausgabe:  32    33  !  34  "   35  #  ...
```

Legen wir uns, d.h. unserem Computer, die berühmt gewordene Rechenaufgabe des kleinen ***Carl F. Gauß*** (1777 bis 1855) vor, die Zahlen von 1 bis 60 (oder 100) zu addieren!

Zahlen aufsummieren

Hier lernen wir einen typischen *Computeralgorithmus* kennen: Wir setzen eine Variable namens `Summe` an, die anfangs mit null belegt und die nach jeder Addition (mit dem jeweiligen Wert der Variablen `Lauf`) verändert wird!

0; 0 + 1 = 1; 1 + 2 = 3; 3 + 3 = 6; 6 + 4 = 10 ...

usw., bis der letzte Summand 60 – im Programm nennen wir ihn `Ende` –, erreicht ist. Der Befehl lautet

`Summe := Summe + Lauf`

und steht für «neue Summe gleich alte Summe + (jeweiliger) Summand `Lauf`». Nun aber das Programm (Gauß, der spätere *Fürst der Mathematiker*, hatte allerdings eine andere Idee!):

```
PROGRAM Summen;
VAR  Lauf, Ende: Integer;
     Summe: Real;

BEGIN
   Write(´Bis zu welcher Zahl soll addiert werden?´);
   Readln(Ende);
   Summe := 0;
```

Programm 12: dazu

Vorsicht: in der Mathematik ist das unmöglich!

```
   FOR Lauf := 1 TO Ende DO
      BEGIN
         Summe := Summe + Lauf;
         Writeln(Lauf:5, Summe:10:0)
      END;
   Readln
END.
```

```
     Ausgabe (Ausschnitt):
             1        1
             2        3
             3        6
             ...      ...
            60     1830
```

Eine v.a. in der STATISTIK grundlegende Aufgabe ist folgende:

Es soll der ***Mittelwert*** von n beliebigen Zahlen (der Durchschnitt) berechnet werden. Wieder tritt der eben studierte Algorithmus des Aufsummierens von Zahlen auf, nur sind sie jeweils einzeln einzugeben.

Programm 13: Mittelwert

```
PROGRAM Mittel;
USES Crt;
VAR  n, k: Integer;
   s, x: Real;

BEGIN
   Clrscr;
   Write(´Wie viele Zahlen werden eingegeben?´);
   Readln(n);
   s := 0;
   FOR k := 1 TO n DO
      BEGIN
         Write(k, ´. Zahl:´); Readln(x);
         s := s+x
      END;
   Writeln(´Mittelwert =´, s/n:10:3);
   Readln
END.
```

Aus der ARITHMETIK ist auch die folgende Aufgabe nicht wegzudenken:

INT(...) und TRUNC(...)

Es sollen die ***Teiler*** einer Zahl n festgestellt werden. Dazu hilft uns die `MOD`-Funktion, die den Rest nach Division aufspürt. Neu verwenden wir `TRUNC`(Zahl), was wie `INT`(Zahl) wirkt, aber vom Typ *Integer* ist: `INT`(3.42) = 3.0, doch `TRUNC`(3.42) = 3. Sie erinnern sich, daß eine FOR-Schleife nur solche Laufvariablen zuläßt. Nun verstehen Sie wohl das Programm:

```
PROGRAM Teiler;
USES Crt;
VAR  Zahl, Zaehler, Rest: Integer;

BEGIN
   Clrscr;
   Write(´Bitte Zahl eingeben:´);  Readln(Zahl);
   FOR Zaehler := 1 TO Trunc(Zahl/2) DO
       BEGIN
          Rest := Zahl MOD Zaehler;
          IF Rest = 0 THEN Write(Zaehler:5)
       END;
   Writeln(Zahl:6);
   Readln
END.
```

Programm 14: Teiler einer Zahl

```
     Ausgabe: Bitte Zahl eingeben: 1280
                 1   2   4   5   8   10   ...   640  1280
```

Jetzt zum nächsten Schleifentypus `WHILE ... DO` bzw. dem damit verwandten `REPEAT ... UNTIL`!

Will man im Definitionsbereich einer *Funktion* nicht nur in ganzen, sondern auch in Zehntelschritten weitergehen, um eine ***Wertetabelle*** zu erstellen, ist die FOR-Schleife in *Pascal* nicht einsetzbar. Wir kennen aber aus dem letzten Kapitel zwei andere Arten, die das leisten.

Sei konkret f: $y = \frac{1}{5}x^3 - \frac{1}{4}x^2 + 1$; die Funktionswerte y sollen im x-Bereich [–4, 4] mit 0.5 als Schrittweite aufgelistet werden.

```
PROGRAM Wertetab;
VAR  x, y: Real;

BEGIN
   Writeln(´x´:9, ´y´:9); Writeln;
   x := -4;
   WHILE x <= 4 DO
      BEGIN
         y := x*x*x/5 - x*x/4 + 1;
         Writeln(x:10:1, y:10:2);
         x := x+0.5
      END;
   Readln
END.
```

Programm 15: Wertetabelle einer Funktion

Hier aus Platzgründen nur ein kurzer Auszug:

```
     Ausgabe:     x        y
                -4.0    -15.80
                -3.5    -10.64
                 ...      ...
                 4.0      9.80
```

der Euklidische Algorithmus ...

Wir wissen aber aus dem 3. Kapitel, wie schnell *Mathematica* Graphen einer Funktion zeichnet, ohne explizit Wertetabellen zu benötigen, und so lassen wir es damit gut sein!

Da wir vorhin von Teilern gesprochen hatten, folgt hier der klassische ***Euklidische Algorithmus*** zur Bestimmung des *größten gemeinsamen Teilers*, ggT, zweier Zahlen a und b:

Seien a = 360, b = 84 gewählt. Dann bestimmt man nach Euklid den Rest r der Division von a und b, ersetzt jeweils a durch b, b durch r und tut dasselbe nochmal usw., bis die Division aufgeht, d. h. der Rest r = 0 wird; der letzte Divisor b ist dann der ggT (auf die Quotienten kommt es hier überhaupt nicht an!). Konkret

360 : 84 = (4)	84 : 24 = (3)	24 : 12 = (2)
24 R	12 R	0 R → 12 ist ggT

Wir benötigen in der Codierung nur die MOD-Funktion von oben: mit r = 0 im letzten Durchlauf wird der b-Wert in den Speicherplatz a geschrieben, also muß auch dort der ggT ausgelesen werden!

Programm 16: ... zur Berechnung des ggT zweier Zahlen

```
PROGRAM ggT;
VAR  a, b, r: Integer;

BEGIN
  Write('Zwei Zahlen (a > b) eingeben!'); Readln(a, b);
  REPEAT
    r := a MOD b;  a := b;  b := r
  UNTIL  r = 0;
  Write('ggT =', a);
  Readln
END.
```

Kennen Sie den Wettlauf des **Achilles** mit der *Schildkröte*? Zenon von Elea erdachte ihn im 5. Jh. v. Chr. als Paradoxie, um das logische Denken seiner Zeitgenossen zu schärfen. Die Kröte erhält dabei einen Vorsprung; behauptet wird, daß Achilles sie *nie* einholen könne, da sie immer dann, wenn er gerade den Ort erreicht, an dem sie vorhin war, ein Stück weiter gekrochen sei, und dies ad infinitum. Überzeugte Verehrer des Zenon sollen daraufhin freudig einem Pfeil davongelaufen sein ...! Wir kennen natürlich den Ausgang! Dennoch ist die Idee einer unendlichen, doch konvergenten Zeitreihe durchaus nicht trivial. Wollen Sie eine kleine Tabelle, die den dramatisch schrumpfenden Vorsprung der Schildkröte auflistet, sehen? Bitte sehr:

Programm 17: Achilles und die Schildkröte

```
PROGRAM Achill;
VAR i: Integer;
    ach, kr, vorsp: Real;

BEGIN
  ach:=0; kr:=100; vorsp:=kr-ach; i:=0;
  Writeln('Schritte   Achilles   Kröte   Vorsprung');
  Writeln;
  Repeat
    Write(i:4, ach:12:3, kr:10:5, vorsp:12:7); Writeln;
```

```
        ach := kr;
        kr := kr + vorsp/12;
        vorsp := kr - ach;
        i := i+1
    Until vorsp < 0.0000001;
    Readln
END.
```

Schritte	Achilles	Kröte	Vorsprung
0	0.000	100.00000	100.0000000
1	100.000	108.33333	8.3333333
2	108.333	109.02778	0.6944444
.	...	...	...
8	109.091	109.09091	0.0000002

nach wenigen Schritten ist der Vorsprung dahin ...

Diese Problemlösung zeigt schon, daß alle Rechenverfahren, bei denen bestimmte Schritte wiederholt werden, bis eine vorgegebene Genauigkeit erreicht ist, jetzt passend beschrieben werden können. Sehen wir uns dazu als weiteres klassisches Exempel den ***Heronschen Algorithmus*** des Wurzelziehens an (nach Heron von Alexandria, um 100 n. Chr.), den wir übrigens schon im vorigen Kapitel mit Hilfe der Tabellenkalkulation bearbeitet hatten:

der Heronsche Algorithmus

zum Quadratwurzelziehen

Anschaulich gesagt, kennt man den Inhalt z (> 0) eines *Quadrats* und sucht die zugehörige *Seite* $\sqrt{z}$ mit einer bestimmten Genauigkeit. Dazu kann man einen beliebigen Startwert s_1 als 1. Näherungswert, etwa z/2 oder z/5 ... vorgeben und einen 1. Hilfswert h_1 so berechnen, daß der Inhalt des Rechtecks aus s_1 und h_1 gleich dem Quadratinhalt z ist, d. h., $s_1 \cdot h_1 = z$ bzw. $h_1 = z/s_1$.

Das arithmetische Mittel aus den beiden, $s_2 = (s_1 + h_1)/2$, ist schon viel näher am Zielwert und ersetzt jetzt als 2. Näherung die erste, in Zeichen $s_2 \leftarrow (s_1 + h_1)/2$ bzw. in *Pascal* s := (s + h) /2. Mit diesem Wert wird wie eben der 2. Hilfswert $h_2 = z/s_2$ bestimmt und mit ihm die 3. Näherung als Mittel! Dies wiederholt sich, bis die jeweiligen Werte für s und h nur mehr um etwa 1/10000 unterscheiden – dann stellen sie ja fast die gesuchte Quadratseite $\sqrt{z}$ dar.

Eine neue Hilfsfunktion ist dazu ABS(s – h), die den Absolutbetrag der Differenz von s und h angibt:

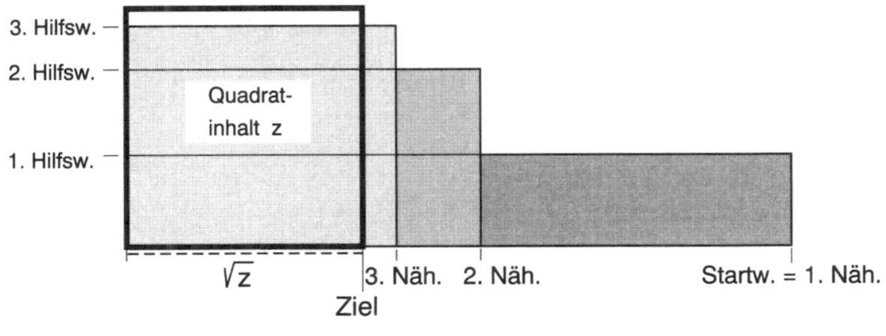

Bild 2: Erklärung dazu

Programm 18: dazu

```
PROGRAM Heron;
VAR  z, s, h: Real;

BEGIN
   Write(´Aus welcher Zahl wollen Sie die Wurzel
          ziehen?´); Readln(z);
   s := z/5;  h := z/s;
   REPEAT
      s := (s+h)/2;
      h := z/s;
      Writeln(s:10:6)
   UNTIL Abs(s-h) < 0.0001;
   Readln
END.
```

so rasch konvergiert das Verfahren!

Schon nach dem 5. Durchgang (!) ist für 2 der Zielwert $\sqrt{2}$ erreicht:

```
Ausgabe: 2.700000    1.720370     1.441455
         1.414471    1.414214 ✓
```

Sicherlich sehen Sie, wie man hier die WHILE-Schleife anzusetzen hätte:

```
...
WHILE Abs(s–h) >= 0.0001 DO
   s := ...
```

wie Archimedes die Zahl Pi berechnete

Wir schauen jetzt **Archimedes** über die Schulter, der die berühmte **Zahl** π (Pi) schon im 3. Jh. v. Chr. als Grenzwert der Umfänge von ein- und umgeschriebenen regelmäßigen *Vielecken* aufgefaßt und eingegrenzt hat; er ist dabei durch Verdopplung der Seitenanzahl vom 6-Eck zum 12-, 24-, 48- und gar 96-Eck vorgestoßen, was bei den Rechenmethoden seiner Zeit durchaus bewundernswert war.

Die mit Hilfe des Satzes von *Pythagoras* (5. Jh. v. Chr.) ableitbare Formel für die Seite des 2n-Ecks lautet

$$s_{2n} = \sqrt{2 - \sqrt{4 - s_n^2}}$$

wobei schon r = 1 eingesetzt ist, da es ja auf die Größe des *Kreisradius* nicht ankommt. Da unser Computer aber den enormen Vorteil der Rechengeschwindigkeit hat, lassen wir ihn im *Pascal-Programm* so lange rechnen, bis der Unterschied zum vorhergehenden Näherungswert unter 1 Millionstel sinkt:

Programm 19: dazu

```
PROGRAM Pi_Archi;
VAR  n: Integer;
     s_n, s_2n, Pi, speich: Real;

BEGIN
   n := 6; s_n := 1; Pi := 3;
   (* Startwert für Pi : 3*s_6 = 3 *)
   REPEAT
      Writeln(n:5, Pi:15:10);
      speich := Pi;
```

```
      s_2n := Sqrt(2-Sqrt(4-Sqr(s_n)));
      Pi := n*s_2n; n := 2*n; s_n := s_2n
   UNTIL  (Pi - speich) < 0.000001;
   Readln
END.
```

Die Variable `speich` mußte den eben berechneten Näherungswert für den Vergleich mit dem neuen Wert erhalten. Sicherlich möchten Sie wissen, wie rasch hier das gesuchte π gefunden wird?

hier der Lohn unsrer Mühe:

6	3.0000000000	192	3.1414524712
12	3.1058285412	384	3.1415575977
24	3.1326286132	768	3.1415838514
48	3.1393502029	1536	3.1415904255
96	3.1410319508	3072	3.1415916208

Ein neuer Datentyp

Jetzt ist es an der Zeit, einen sog. *strukturierten* Datentyp von *Turbo Pascal* dazuzunehmen, mit dem sich oft viel Schreibarbeit sparen läßt: das (eindimensionale) ***Feld***. Will man etwa 10, 20 oder mehr Zahlen eingeben und wissen, wie viele kleiner als ihr *Mittel* sind, wäre es sehr mühsam, mit so vielen Variablen wie Zahlen hantieren zu müssen. Der elegante Ausweg: Man richtet in einer Schublade Unterabteilungen ein; dies geschieht mittels

das eindimensionale Feld

```
   VAR   Zahl: ARRAY[1..30] of Real;
```

wobei `[1..30]` genau 30 Plätze für Elemente desselben Typs, hier *Real*, reserviert. Das Einlesen dieser 30 Zahlen und ihre Verarbeitung geschehen einfach in einer `FOR`-Schleife mit I als ihrer Laufvariablen:

Verwendung

```
   FOR I := 1 TO 30 DO
      ...
      Readln(Zahl[I]);
      Summe := Summe + Zahl[I];
      ...
```

Führen wir das gleich konkret durch:

Es sollen 30 Zahlen eigegeben und dann Mittel *und Anzahl* der unter dem Mittel liegenden Zahlen berechnet werden.

Natürlich kann man die Anzahl n der zu verarbeitenden Zahlen variabel halten und durch `Readln(n)` vom Benutzer wählen lassen; allerdings muß man dennoch eine fixe Feldlänge vorgeben, etwa `ARRAY [1..60] of Real` und mit n <= 60 bleiben!

Um die Übersicht zu behalten, legen wir uns diesmal wieder ein *Struktogramm* zurecht.

Struktogramm zur Mittelsuche

Struktogramm

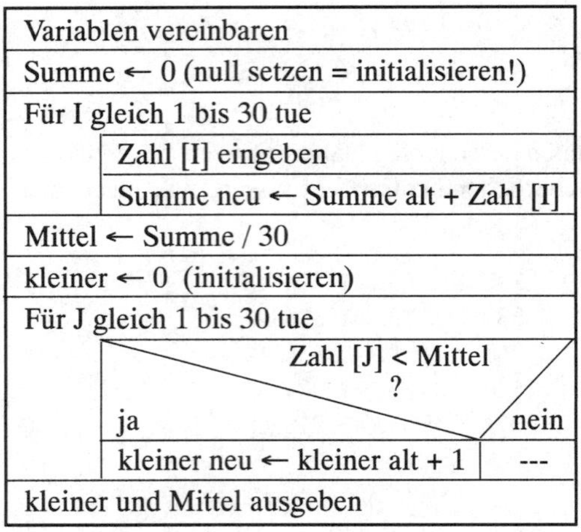

Programm 20: Mittel und Anzahl der kleineren Werte

```
PROGRAM Mittel2;
VAR  Zahl: ARRAY[1..30] of Real;
     Summe, Mittel: Real;
     I, J, kleiner: Integer;

BEGIN
  Writeln(´Mittelwert von 30 Zahlen´);
  Summe := 0;
  FOR I := 1 TO 30 DO
     BEGIN
       Write(I, ´. Zahl :´); Readln(Zahl[I]);
       Summe := Summe + Zahl[I]
     END;
  Mittel := Summe/30;
  kleiner := 0;
  FOR J := 1 TO 30 DO
     IF Zahl[J] < Mittel THEN
       kleiner := kleiner + 1;
  Write(kleiner, ´Zahlen liegen unter dem arithmet.
        Mittel ´, Mittel:6:2);
  Readln
END.
```

ein Tip zum Tipprogramm

Vermutlich spielen Sie auch ab und zu beim ***Lotto 6 aus 49*** (oder 45 in Österreich, 40 in der Schweiz) mit? Sie können sich die nächsten Tips jetzt auch vom Computer vorschlagen und mit

```
VAR  Zahl: ARRAY[1..6] of Integer;
...
```

```
FOR I:=1 TO 6 DO ...
Zahl[I] := Random(49)+1;
```

zum Ausdruck einspeichern lassen. Das vollständige Programm ist aber nicht einfach und paßt auch vom Thema her nicht ganz in unseren *Mathe*-Grundkurs; daher soll dieser Hinweis genügen.

Wir werden diesen Feldtyp später beim *Würfeln* verwenden, wo ganz, wie eben angedeutet, die zufällig erzeugten Zahlen in Array-Speicherplätze eingelesen und von dort analog wieder herausgeschrieben werden.

Fortsetzung beim Würfeln!

Unterprogramme

In *Turbo Pascal* ist, wie eingangs erwähnt, die Gliederung eines Programms in selbständige Teilschritte, sog. *Unterprogramme*, sehr beliebt. Wir schließen daher dieses Einführungskapitel mit kurzen Erläuterungen der beiden Typen

Procedure und **Function**

anhand einfacher Aufgabenstellungen.

Unterprogramm: die Procedure

Eine ***Procedure*** ist ein eigenständiger Programmblock, der in der *Kopfzeile* einen Namen trägt, der wie jedes Programm einen *Vereinbarungsteil* enthält mit den nur hier, also *lokal*, verwendeten Variablen samt ihrem Datentyp und in dem natürlich *Anweisungen* stehen. Die Procedure wird vom Hauptprogramm *aufgerufen* – oft sogar mehrmals –, wobei im einfachsten Fall stets dasselbe passiert.

Dazu denken wir uns beispielsweise eine **Kopfrechenübung** aus, bei der wir zwei Zahlen unter 100 je nach Lust und Laune entweder *addieren* oder *subtrahieren* wollen. Für beides schreiben wir eine eigene *Procedure*; aber auch die *Auswahl* sowie den *Kommentar* über unser Können verpacken wir als Teilaufgabe!

Programm 21: Kopfrechnen nach Wahl: + oder –

```
PROGRAM Rechnen;
USES crt;
VAR  Wahl, Zahl_1, Zahl_2, Ergebnis,
     Meine_Vermutung: Integer;
     taste: Char;

PROCEDURE Auswahl;
Begin
    Clrscr;
    Writeln('Rechentraining'); writeln;
    Writeln('1 -> Addieren'); writeln;
    Writeln('2 -> Subtrahieren'); writeln;
    Readln(Wahl)
End;

PROCEDURE Addieren;
Begin
    Write(Zahl_1, ' + ', Zahl_2, ' = ');
    Ergebnis := Zahl_1 + Zahl_2
End;
```

Teilaufgaben als Prodecures

```
PROCEDURE Subtrahieren;
Begin
   Write(Zahl_1, ´ - ´, Zahl_2, ´ = ´);
   Ergebnis := Zahl_1 - Zahl_2
End;

PROCEDURE Kommentar;
Begin
   IF Ergebnis = Meine_Vermutung THEN
      Writeln(´Sie haben richtig gerechnet!´)
   ELSE
      Writeln(´Ihr Ergebnis ist leider falsch!´);
      Writeln(´Versuchen Sie es nochmals (j/n)?´);
   Readln(taste);
End;

BEGIN  (* des Hauptprogramms *)
   Repeat
      Auswahl;  Randomize;
      Zahl_1 := Random(100);
      Zahl_2 := Random(100);
      CASE Wahl OF
           1: Addieren;
           2: Subtrahieren;
      End (* of CASE *);
      Readln(Meine_Vermutung);
      Kommentar;
   Until taste in [´n´, ´N´]; Readln
END.
```

Zufallszahlen ermitteln

Das Programm ist allerdings nicht narrensicher codiert: Wenn Sie zum Spaß statt 1 oder 2 eine andere Taste drücken – wofür eben keine Reaktion vorgesehen ist –, geschieht ... nichts! Also seien Sie brav und belohnen Sie die Kürze dieses Programmvorschlags durch Wohlverhalten; dann macht´s vielleicht sogar Spaß!

Erweiterung:

Parameterübergabe

Nicht immer genügt diese Möglichkeit, Procedures ablaufen zu lassen; man kann sie durchaus intelligenter verwenden, nämlich so, daß man ihnen beim Aufruf den Wert einer Variablen mitteilt, mit dem sie jetzt arbeiten sollen. Dieser Wunsch wird dadurch kundgetan, daß dem Procedure-Namen in runden Klammern sog. *Parameter* beigefügt werden, also Variablennamen mit ihrem Typ.

Das Hauptprogramm ruft dann das Unterprogramm mit den anfangs definierten, also *globalen* Variablen auf, deren Werte vom Benutzer mit dem Befehl `Readln(...)` konkret vorgeschrieben werden und teilt ihm diese Werte dabei mit. Man spricht daher von ***Parameterübergabe***.

Wir studieren dies anhand des schon besprochenen Addierens natürlicher Zahlen von 1 bis zu einer bestimmten Endzahl, die aber erst vom Benutzer bei der Ausführung des Programms spontan festgelegt wird:

```
PROGRAM Summen2;
USES Crt;
VAR  Ende: Integer; Summe: Longint;
     Taste: Char;

PROCEDURE Addiere_bis(n: Integer);
VAR  Lauf: Integer;
BEGIN
  Summe := 0;
  FOR Lauf := 1 TO n DO
    Summe := Summe + Lauf;
END;

BEGIN   (* des Hauptprogramms *)
  Repeat
    Clrscr;
    Write(´Bis zu welcher Zahl soll addiert werden?´);
    Readln(Ende);
    Addiere_bis(Ende);
    Writeln(´Summe:´, Summe:10); Writeln;
    Writeln(´Wiederholen (j/n)?´);
    Taste := Readkey
  Until Taste in [´N´, ´n´]
END.
```

Programm 22: Addieren bis zu einer frei wählbaren Endzahl

Die Wahl des Datentyps `Longint` (eine Abkürzung für Long-Integer-Zahl) soll vermeiden, daß bei Summen über $2^{15} = 32768$ falsche, nämlich negative Resultate erscheinen; *Longint*-Variablen dürfen Werte bis 2^{31}, über 2 Milliarden, aufnehmen.

Longint-Daten

Aber Procedures können noch mehr als *Eingaben* registrieren, sie *geben* auch berechnete Variablenwerte an das aufrufende Hauptprogramm *zurück*! Dazu müssen diese *Ausgabeparameter* mit VAR im Procedurenamen erklärt sein.

Im folgenden Beispiel lassen wir eine beliebige Anzahl von **Sekunden** in Stunden, Minuten und Sekunden **umwandeln** und ausgeben; neben `MOD` verwenden wir dabei die Ganzzahldivision `DIV`, die z. B. 7 `DIV` 3 als 2 liefert statt 7 / 3 = 2,333333.

```
PROGRAM Sekumwandlung;
USES Crt;
VAR  Stun, Min, Sek: Integer;
     Zahl: Longint;
     Taste: Char;

PROCEDURE Umwandeln(Sekunden:Longint; VAR h,m,s: Integer);
BEGIN
  h := Sekunden DIV 3600;
  Sekunden := Sekunden MOD 3600;
  m := Sekunden DIV 60;
  s := Sekunden MOD 60
END;
```

Programm 23: Umwandlung von Sekunden in Minuten und Stunden

Rückgabe von Werten ans Hauptprogramm

```
BEGIN   (* des Hauptprogramms *)
  Repeat
    Clrscr;
    Write(´Anzahl der Sekunden? ´);    Readln(Zahl);
    Umwandeln(Zahl, Stun, Min, Sek);
    Writeln(´Stunden:´, Stun:6, ´Minuten:´:12, Min:4,
           ´Sekunden:´:12, Sek:4);  Writeln;
    Writeln(´Wiederholen(j/n)?´);
    Taste := Readkey
  Until  Taste in [´N´, ´n´]
END.
```

Und nun zur 2. Art eines Pascal-Unterprogramms, zur ***Function***. Der Unterschied zur *Procedure* liegt darin, daß dem *Namen* der Function am Ende der symbolischen Berechnung mit den lokalen Variablen immer ein *Wert* zugewiesen werden muß.

die Function als 2. Typ eines Unterprogramms

Das Hauptprogramm übergibt dann der Function wie üblich einen oder mehrere vom Benutzer über `Readln(Variable)` gewünschte oder auch schon berechnete Werte; sie werden in die Function-Vorschriften eingesetzt und führen zu einem Ergebnis, welches im *Functionnamen* – im folgenden Beispiel `ggT` – gespeichert wird. Da das Hauptprogramm diesen aufruft, zunächst mit

```
T12 := ggT(Zahl1, Zahl2);
```

bekommt es dieses Ergebnis mitgeteilt, das sofort in der Variablen `T12` (T eins zwei) gespeichert wird. Beim 2. Aufruf wird es als einer der beiden Startwerte an die Function zur nächsten Runde weitergereicht!

Sehen wir uns dazu an, wie man den *Euklidischen Algorithmus* (Programm Seite 124) zur ggT-Bestimmung zweimal einer *Function* anvertrauen kann, um den **ggT *dreier* Zahlen** zu ermitteln:

Programm 24:

ggT dreier Zahlen

```
PROGRAM Euklid3;
USES Crt;
VAR  Zahl1, Zahl2, Zahl3, T12, T: Longint;
     Taste: Char;

Function ggT(a, b: Longint): Longint;
VAR  r: Longint;
Begin
  Repeat
    r := a MOD b;  a := b;  b := r
  UNTIL  r = 0;
  ggT := a
End;

BEGIN   (* des Hauptprogramms *)
  Repeat
    Clrscr;
    Write(´1. Zahl eingeben: ´); Readln(Zahl1);
    Write(´2. Zahl eingeben: ´); Readln(Zahl2);
    Write(´3. Zahl eingeben: ´); Readln(Zahl3);
```

```
      T12 := ggT(Zahl1, Zahl2);
      T := ggT(T12, Zahl3);
      Writeln(´Der ggT der drei Zahlen ist´, T:8);
      Writeln;
      Writeln(´Wiederholen(j/n)?´);
      Taste := Readkey
   Until Taste in [´N´, ´n´]
END.
```

und wie schon des öfteren:

Wiederholung bis zum Nein!

Wir wechseln noch einmal das Thema und wenden uns der bisher übergangenen TRIGONOMETRIE mit wenigstens einem Beispiel zu, um zu zeigen, wie man die in *Pascal* vordefinierten Hilfsfunktionen *Sinus* und *Cosinus* aufruft; da sie Winkel im Bogenmaß voraussetzen, schreiben wir eine eigene *Function* bog, in der die Umrechnung vom Gradmaß vorgenommen wird. Beim ***Vorwärtseinschneiden*** nach zwei unzugänglichen Punkten P und Q benötigen wir zweimal den *Sinussatz* und dann einmal den *Cosinussatz*, die in eine *Procedure* Berechnung verpackt werden; der Ordnung halber wird sie durch zwei weitere *Procedures* namens Eingabe und Ausgabe umrahmt. Anhand der folgenden Skizze können Sie wohl die Codierung nachvollziehen:

Trigo: Vorwärts-einschneiden

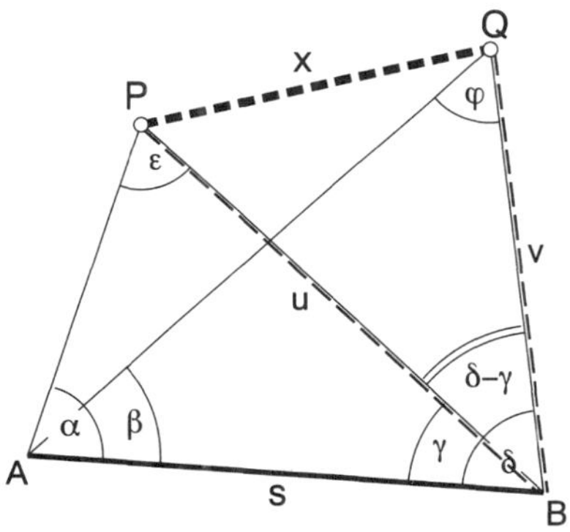

Bild 3: dazu

Programm 25: dazu

```
PROGRAM Trigo;
USES crt;
VAR s, alpha, al, beta, be, gamma, ga,
    delta, de, eps, phi, u, v, x: Real;

Function bog(wi: Real): Real;
Begin  bog := wi*pi/180  End;

Procedure Eingabe;
Begin
   Gotoxy(5,4);
   write(´Länge der Standlinie: ´);
   readln(s);
   Gotoxy(5,6);
   write(´Winkel Alpha: ´); readln(alpha);
   Gotoxy(5,8);
   write(´Winkel Beta: ´); readln(beta);
```

kennen Sie noch den Sinussatz und den Cosinussatz?

Gotoxy und die Bildschirm-ausgabe

```
   Gotoxy(5,10);
   write(´Winkel Gamma: ´); readln(gamma);
   Gotoxy(5,12);
   write(´Winkel Delta: ´); readln(delta);
End;

Procedure Berechnung;
Begin
   al := bog(alpha); ga := bog(gamma); eps := pi-al-ga;
   u := s * sin(al) / sin(eps);
   be := bog(beta); de := bog(delta); phi := pi-be-de;
   v := s * sin(be) / sin(phi);
   x := Sqrt(u*u + v*v - 2*u*v*cos(de-ga))
End;

Procedure Ausgabe;
Begin
   clrscr;
   Gotoxy(5,14);
   Write(´Die gesuchte Länge beträgt ´, x:8:3, ´ Einheiten´)
End;

BEGIN  (*des Hauptprogramms  *)
   clrscr;
   Eingabe;
   Berechnung;
   Ausgabe;
   Readln
END.
```

Jetzt müssen Sie nur noch Zahlenwerte eingeben, um sofort die gesuchte Entfernung der Punkte P und Q zu erhalten.

Soweit unser Grundkurs in Turbo Pascal! Weitere Beispiele und Anwendungen sowie Erweiterungen, besonders auf *Grafikprogrammierung*, folgen an passenden Stellen.

Ende des 19. Kapitels

Teil Ⓖ

20. Kapitel

20

𝔾 Algebra II

Potenz- und Polynomfunktionen

In Kapitel ℂ**8** haben wir uns zunächst mit linearen Funktionen l: $y = ax + b$ befaßt und sind dann zu Potenzfunktionen p: $y = c\,x^n$ übergegangen. Anschließend durfte die Hochzahl n statt *positiv ganz* auch negativ und sogar gebrochen sein. Hier sollen nun zwei Erweiterungen vorgenommen werden: In 𝔾**20** bleiben wir bei *ganzzahligen* Exponenten, setzen aber Potenzfunktionen zusammen zu **Polynomfunktionen** vom Grad 3 und 4, f: $y = (a x^4 +)\, b x^3 + \ldots$ Wir studieren ihre Eigenschaften und kümmern uns insbesondere um die Nullstellen, d. h., wir lösen **Gleichungen** *höheren* (als 2.) *Grades*.

Exponentialfunktionen

Der zweite Weg ist, irrationale Exponenten zuzulassen und als Variable x zu betrachten. Funktionen wie f: $y = 2^x$, e^x, allg. a^x, also **Exponentialfunktionen**, sind samt Anwendungen das Thema des Kapitels 𝔾**21**. Dort werden wir uns auch mit der Umkehrung, den *Logarithmusfunktionen*, beschäftigen.

Strukturfragen und Anwendungen

In 𝔾**22** schließen wir zunächst an die Strukturfragen der *Mengenlehre* von 𝔸**1** an und vertiefen sie soweit, daß wir sowohl Grundfragen der **Aussagenlogik** als auch der **Schaltalgebra** formulieren und anwenden können. Mit geeigneten, einfachen Schaltungen der Digitalelektronik runden wir auch das Einführungskapitel 𝔽**17** der INFORMATIK ab.

graphische Methoden

Den Schluß macht in 𝔾**23** eine Zusammenstellung neuerer Methoden, die alle **graphische** Darstellungen benutzen: *vernetzte Systeme* gehören genauso hieher wie *Netzpläne*, zu denen erste Beispiele vorgestellt werden.

Funktionen und Gleichungen höheren Grades

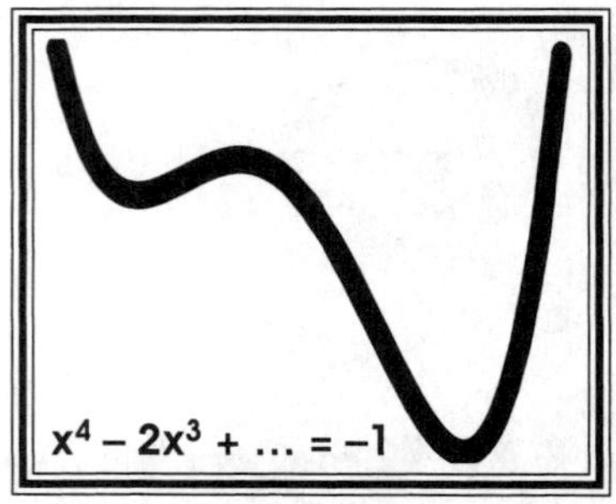

Beispiele für eine ...

Wenden wir uns den **Polynomfunktionen** zu, die dann zwanglos zu *Gleichungen höheren Grades* führen. Wir werden uns mit 3 bzw. 4 als höchsten Exponenten begnügen und besprechen daher Funktionen der Art

$$x \to y = x^3 - x^2 + x - 5 \quad \text{oder} \quad x \to y = -\tfrac{1}{64}x^4 + \tfrac{1}{16}x^2 - \tfrac{1}{4}$$

u.a.m. Allgemein schreibt man für den Grad 4

$$x \to y = a_4x^4 + a_3x^3 + a_2x^2 + a_1x + a_0 \quad \text{(beim Grad 3 fehlt nur } a_4x^4\text{)},$$

wobei die Numerierung der Indizes mit den Exponenten von x übereinstimmt. Da man diese Terme ***Polynome*** in einer Variablen (= Unbestimmten) nennt, gilt:

Definition 1: Polynomfunktion

D

Funktionen der Art $p: x \to y = a_nx^n + \ldots + a_1x + a_0,\ a_i \in \mathbb{R}$, heißen ***Polynom-*** *oder* ***ganzrationale Funktionen*** mit n als *Grad* der Funktion bei $a_n \neq 0$.

Alle Funktionen dieses Typs sind auf $\mathbb{R}$ erklärt; als Wertevorrat lassen wir natürlich auch $\mathbb{R}$ zu. Doch wir wissen schon von Sonderfällen, daß Monotonie und Bijektivität nur in Teilbereichen gegeben sind: $y = x^2$ war nicht injektiv, da jeder Funktionswert an zwei Stellen $x_{1,2} = \pm\sqrt{y}$ angenommen wird: 9 etwa an –3 und an +3.

Auch läßt sich nicht immer zu einem vorgegebenen $y^* \in \mathbb{R}$ die zugehörige Stelle $x^* \in \mathbb{R}$ finden: bei $x \to y = x^2 + 4$ etwa gibt es gar kein x^* zu $y^* = 0$ wegen $x^{*2} + 4 > 4$ für alle $x^* \in \mathbb{R}$, also kann dieser Term nie null werden. Das heißt:

Satz 1: Eigenschaften

S

Jede Polynomfunktion

$p: \mathbb{R} \to \mathbb{R},\ x \to a_nx^n + a_{n-1}x^{n-1} + \ldots + a_1x + a_0,\ a_i \in \mathbb{R},\ n \in \mathbb{N}_0$, ist ausnahmslos auf $\mathbb{R}$ definiert, aber i. allg. weder surjektiv noch injektiv.

Sei jetzt aber eine Polynomfunktion vom Grad n = 3 gegeben. Um einige Punkte des Graphen zu finden, muß man nun auch 3. Potenzen berechnen. Als dies (ohne Rechengeräte!) noch sehr mühsam war, suchte und fand man ein Verfahren, das einfacher funktionierte; man hatte nur geschickt umzuformen:

wie findet man y?

$$y = a_3x^3 + a_2x^2 + a_1x + a_0 = [a_3x^2 + a_2x + a_1] \cdot x + a_0 =$$
$$[a_3 \cdot x + a_2) \cdot x + a_1] \cdot x + a_0$$

p_3

p_2

p_1

p_0

setzt man nämlich $p_3 := a_3$, wird weiter

$p_2 := a_3 \cdot x + a_2 = p_3 \cdot x + a_2$

und ebenso

$p_1 := p_2 \cdot x + a_1$ sowie $p_0 := p_1 \cdot x + a_0 = y$!

Natürlich ist dies ein sehr schöner *Algorithmus*, der aus heutiger Sicht wie auf den *Computer* zugeschnitten erscheint! Im ***Turbo Pascal-Programm*** hat man also nur eine Schleife mit

P(J–1) = P(J) · x + A(J–1)

zu durchlaufen. Variiert man je nach Funktionswert y das Argument x ein wenig, kann man sich so auch mühelos an ***Nullstellen*** herantasten:

Berechnung von Funktionswerten

Beispiel 1: das "Horner-schema" im Pascal-Programm

```
PROGRAM Horner;
VAR   P, Koeff: ARRAY[0..10] of Real;
      X: Real;
      I, J, K, Grad: Integer;
      Taste: Char;

BEGIN
   Write(´Grad des Polynoms (bis 10)?´); Readln(Grad);
   FOR I := 0 TO Grad DO
     BEGIN
       Write(I, ´. Koeffizient:´); Readln(Koeff[I]);
     END;
   P[Grad] := Koeff[Grad];
   Repeat
     Write(´An welcher Stelle (X)...?´); Readln(X);
     FOR K := 0 TO Grad–1 DO
       BEGIN
         J := Grad – K;
         P[J–1] := P[J] * X + Koeff[J–1]
       END;
     Writeln(´p(´, X:4:2, ´) = ´, P[0]:5:2);
   Until Taste in[´e´, ´E´];
     (* Bedeutung: e oder E für Ende drücken *)
   Readln
END.
```

Sie haben doch F19 studiert?!

Bevor wir das Programm laufen lassen, müssen wir uns für ein konkretes Polynom entscheiden: sei $p(x) = 1x^5 - 2x^4 + 3x^3 - 4x^2 + 5x - 6$, also $a_0 = -6$, $a_1 = 5$ usw.

Was sagt der Computer?

```
Ausgabe: Grad des Polynoms (bis 10)? 5
         0. Koeffizient:–6
         1. Koeffizient: 5
            ... (-4, 3, -2)
         5. Koeffizient: 1
An welcher Stelle (X)...? 0
p(0.00) = –6.00 ... p(2.00) = 12.00 ... p(1.00) = –3.00
p(1.50) = 0.09  ... p(1.49) = –0.02 ...
```

Beispiel 1-Forts.: Wertetabelle mit Hilfe von Mathematica

Wir haben aber erst kürzlich **Mathematica** kennengelernt: Sollte es uns nicht viel rascher die begehrten Funktionswerte liefern, d. h., eine *Wertetabelle* erstellen?

```
p[x_] := 1 x^5 - 2 x^4 + 3 x^3 - 4 x^2 + 5 x - 6;
Table[{x, p[x]}, {x, -2, 3}] //N //TableForm
```

–2.	–120.
–1.	–21.
0	–6.
1.	–3.
2.	12.
3.	135.

Wir definieren also das Polynom in der von früher bekannten Form (Seite 102) und erreichen mit `Table` samt zwei Optionen zur klareren Ausgabe die erhoffte Tabelle! Da die Werte sehr bald groß werden, wollen wir das x-Intervall einengen, dafür aber die Schrittweite von 1 auf 0.5 verkleinern:

dasselbe mit kleinerer Schrittweite

```
Table[{x, p[x]}, {x, -1, 2.5, 0.5}] //N //TableForm
```

–1.	–21.
–0.5	–10.0312
0.	–6.
0.5	–4.21875
1.	–3.
1.5	0.09375
2.	12.
2.5	47.9062

(Obwohl es sich um Dezimalzahlen handelt, formatiert sie *Mathematica* linksbündig!)

Hier sieht man auch, daß unser *Pascalprogramm* für x = 1,5 eben diesen Wert 0,09 (gerundet, so war es eingestellt) gefunden hatte! Und die vermutete Fast-Nullstelle?

Beispiel 1-Forts.: einzelne y-Werte

```
p[1.49]
```

–0.0202634

Ja, wie früher, aber natürlich mit mehr Dezimalstellen! Aber jetzt fast exakt:

```
Solve[p[x] == 0, x] //N
```

{ {x -> –0.551685 – 1.25335 I}, {x -> –0.551685 + 1.25335 I},
{x -> 0.805786 – 1.2229 I}, {x -> 0.805786 + 1.2229 I},
{x -> 1.4918} }

und die Nullstellen!

Offenbar hat die Gleichung 5. Grades zwei Paare komplexer Lösungen, was durch die imaginäre Einheit I klar wird, vgl. dazu Band **3**, Kapitel J**29**! Da wir uns hier nur für die *reelle* Lösung interessieren, verwenden wir ein anderes Kommando:

```
FindRoot[p[x] == 0, {x, 1.5}]
```

{x -> 1.4918}

Natürlich ist es ein Leichtes, mit `Plot` auch noch den *Graphen* von *Mathematica* ausgeben zu lassen, aber das wissen wir ja schon lange. Tun Sie es selbst und vergleichen dann evtl. mit Bild 5 auf Seite 142)?

Hat man keinen *Computer*, sondern nur den **Taschenrechner** zur Verfügung, kann man nach folgender Anordnung vorgehen, um die y-Werte zu finden (***Hornerschema***):

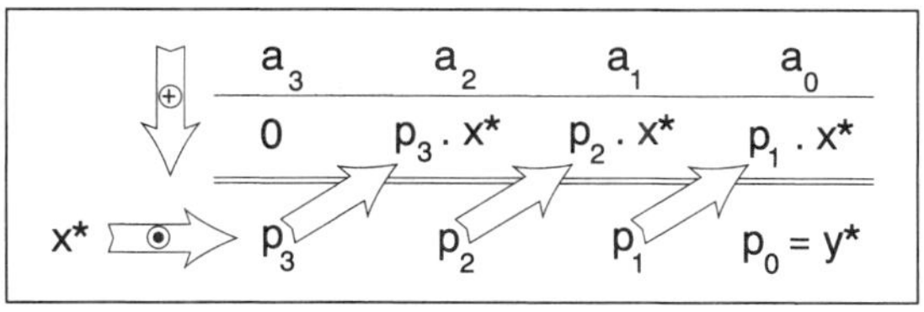

Bild 1: das Schema für den Taschenrechner

Dabei wird das gewünschte x* in der 3. Zeile mit dem nebenstehenden $a_3 = p_3$ multipliziert und das Produkt nach rechts oben verschoben, damit es unter a_2 steht; die Summe $p_3x^* + a_2$ wird nun als p_2 mit x* multipliziert, das Produkt $p_2 \cdot x^*$ unter a_1 notiert usw. Die letzte Summe $a_0 + p_1x^*$ ist dann $p_0 = y^*$.

Dazu ein Beispiel, das wir mit Hilfe des Taschenrechners lösen:

B **Beispiel 2:** dazu

$f\colon y = x^3 - 6x^2 + 9x - 5$

Die Stellen x = 0 und x = 1 können wir einsetzen und ihre Werte „im Kopf" berechnen: sie liefern f(0) = –5 und f(1) = –1, d. h., zwei Punkte A(0|–5) und B(1|–1) des Graphen sind schon bekannt. Für x = 2 nun im *Hornerschema* :

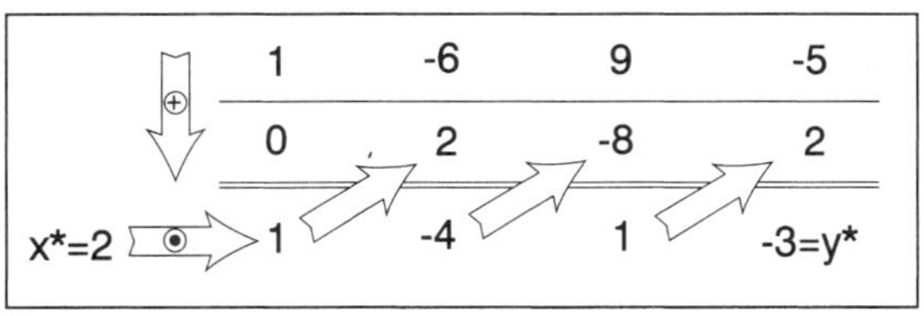

Bild 2: dazu

Erklärung: 2 · 1 = 2; unter –6 schreiben; –6 + 2 = –4; mal 2 = –8; unter 9; 9 + (–8) = 1; mal 2 = 2; unter –5; –5 + 2 = –3 = y*: Punkt C(2|–3)

Beispiel 2-Forts.: weitere Stellen

Nun schaffen Sie schon *zwei* Rechnungen in *einem* Schema: x* = 3 und (x* = 4)

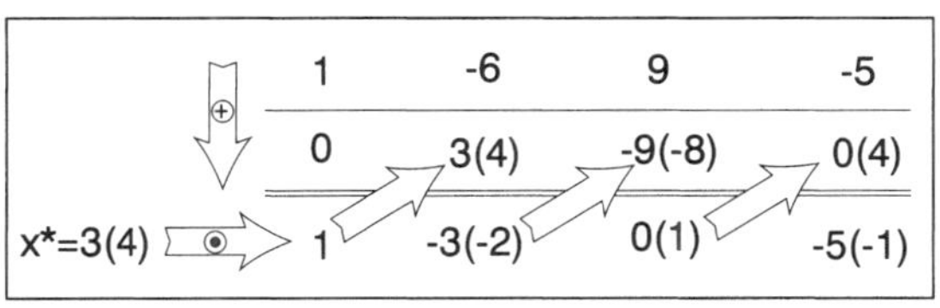

Bild 3: dazu

Punkte D(3|–5), E(4|–1)!

Punkte und …

Aus 5 Punkten läßt sich grob der in Bild 4 festgehaltene Verlauf skizzieren. Natürlich können wir nicht wissen, ob f genau bis B *monoton steigt* und etwa genau bis D *fällt*, ob also B „Gipfel" und D „Talsohle" ist. Damit befassen wir uns in 𝕂**33**!

Beispiel 3:
Nullstelle

Bild 4:
Graph der Funktion

B

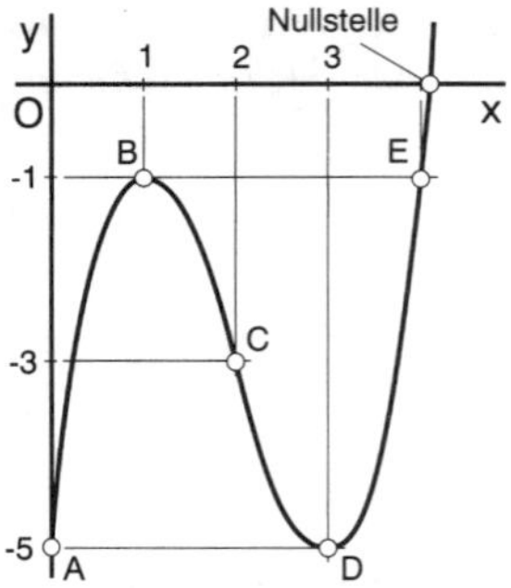

Hier soll die *Nullstelle* von f, also die Lösung der Gleichung 3. Grades f(x) = 0 gesucht werden! Der Graph zeigt, daß es etwas „rechts" von 4 eine solche geben sollte. Überprüfen Sie zur Übung (4) bitte (*Hornerschema*, Taschenrechner oder *Pascalprogramm* bzw. *Mathematica*)!

$f(4{,}1) = -0{,}039, \quad f(4{,}11) = +0{,}0639,$

$f(4{,}104) = +0{,}0020:$

Auf 2 Tausendstel genau ist also $x_N = 4{,}104$.
Für eine *praktische* Näherung wird dies ausreichen.

Beispiel 4:
mit Mathematica

geht es wieder schneller!

B

Rufen wir auch hier *Mathematica* zu Hilfe: Erst wird die Funktion definiert, dann folgt wieder der Table-Befehl:

```
f[x_] := 1 x^3 - 6 x^2 + 9 x - 5;
Table[{x, f[x]}, {x, 0, 4}] //N //TableForm
```

0	–5.
1.	–1.
2.	–3.
3.	–5.
4.	–1.

Diese Werte hatten wir auch – mühsamer! – nach dem *Horner-Schema* gefunden! Die Nullstelle bekommen wir wie oben bei p; Solve liefert wieder komplexe Lösungen, mit FindRoot wird nur die reelle ausgegeben:

Nullstellen der Funktion

```
FindRoot[f[x] == 0, {x, 4}]
{x -> 4.1038}
```

Theoretisch ist aber damit nicht bewiesen, daß es dort eine Stelle $x \in \mathbb{R}$ gibt, an der der Funktionswert y = f(x) = 0 tatsächlich angenommen wird! Dazu Näheres im nächsten Kapitel bei den *Intervallschachtelungen*!

Bilder 5/6:
die Graphen von p und f

Zum Abschluß die *Mathematica*-Graphen der beiden Funktionen p (links) und f (rechts):

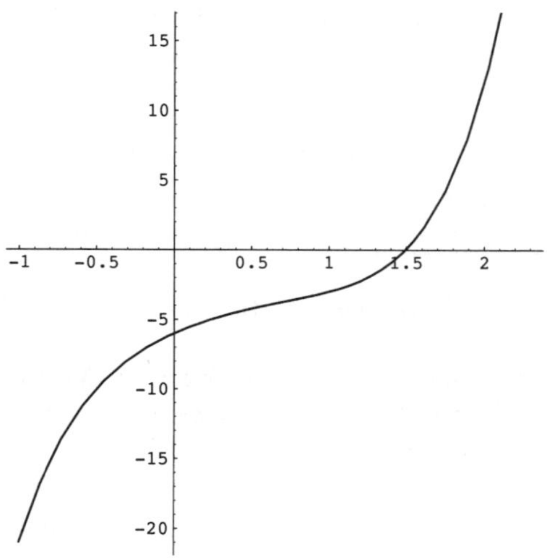

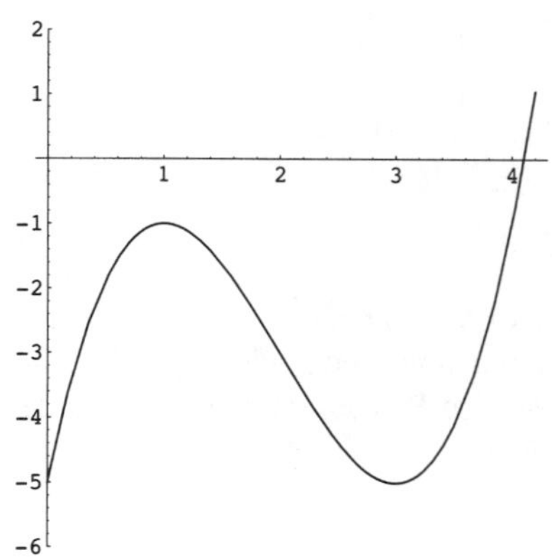

Nachdem wir nun wissen, wie wir die Funktionswerte berechnen können, speziell auch die x-Stellen, an denen die y-Werte gleich Null sind, wollen wir uns noch „am anderen Ende" der Skala umsehen: Was geschieht mit den Funktionswerten von p, wenn x unbeschränkt wächst, also beliebig groß wird, auch dem Betrag nach? Symbolisch kürzt man dies mit $x \to \infty$ bzw. $x \to -\infty$ (∞ ist das Zeichen für unendlich) ab und liest «x gegen unendlich».

wir wandern auf der x-Achse ...

Formen wir f um, indem wir x^3 herausheben (für $x \neq 0$):

$$f: y = x^3 (1 - 6/x + 9/x^2 - 5/x^3)$$

Mit $x \to \infty$ werden die Potenzen $1/x$, $1/x^2$, $1/x^3$, ... immer kleiner, mit ihnen auch $-6/x$, $9/x^2$, $-5/x^3$, d. h., sie unterscheiden sich immer weniger von 0.

Da aber x^3 mit x unbeschränkt wächst, tut dies auch das Produkt von x^3 mit einem Wert nahe 1. Das aber heißt $f(x) \to \infty$ für $x \to \infty$, und analog geht man für $x \to -\infty$ und andere Grade $n = 4, 5, ...$ vor, vgl. die Bilder 7:

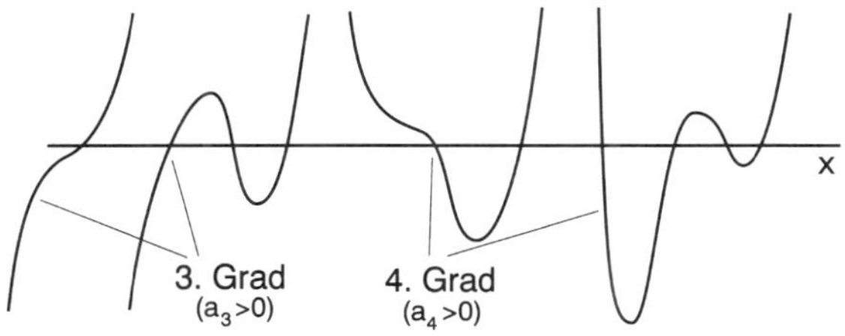

Bilder 7: Verhalten im Unendlichen

Zerlegung von Polynomen

Wieder zurück zu *endlichen* Stellen! Die Graphen scheinen zu zeigen, daß es beim Grad 3 *mindestens eine Nullstelle* geben muß, aber auch bis zu *drei* geben kann. Beim Grad 4 muß es *gar keine* geben ($y = x^4 + 1$), es könnten aber bis zu *vier* davon sein!

Fortsetzung der Trinomzerlegung

Angenommen, eine Polynomfunktion 3. Grades habe drei Nullstellen x_1, x_2, x_3 und sie sei wie eine quadratische Funktion in *Linearfaktoren* $(x - x_i)$ zerlegbar. Dann könnten wir ansetzen:

$$x^3 + a_2x^2 + a_1x + a_0 = (x - x_1) \cdot (x - x_2) \cdot (x - x_3) =$$
(Ausmultiplizieren und neu ordnen)

$$x^3 - (x_1 + x_2 + x_3) \cdot x^2 + (x_1x_2 + x_1x_3 + x_2x_3) \cdot x - x_1x_2x_3;$$

ein Koeffizientenvergleich ergibt:

$$x_1 + x_2 + x_3 = -a_2, \quad x_1x_2x_3 = -a_0 \quad \text{(früher +q!)}$$

und Sätze von Vieta

Für Summe und Produkt der Lösungen $x_{1,2,3}$ gibt es also wieder einfache Aussagen als Erweiterung der Vietaschen Sätze!

Daß es nun überhaupt eine Lösung gibt, wurde von C. F. Gauß 1799 in seiner Doktorarbeit bewiesen. Er stützt sich dabei auf Sätze der komplexen *Funktionentheorie*, die zur wissenschaftlichen Mathematik der Hochschule gehören. Wir müssen uns hier damit begnügen, – dies voraussetzend – die Zerlegbarkeit zu zeigen:

Satz 2: Zerlegung des Polynoms vom Grad 3

S

Ist x_1 Lösung von $p(x) = x^3 + a_2x^2 + a_1x + a_0 = 0$, so läßt sich im Funktionsterm der Linearfaktor $x - x_1$ abspalten, und es gilt

$$p(x) = x^3 + a_2x^2 + a_1x + a_0 = q(x) \cdot (x - x_1)$$

wobei q(x) vom 2. Grad ist.

Wir tun dies anhand eines konkreten Beispiels, aus dem die allgemeine Methode ersichtlich ist, und wählen konkret

Beispiel 5: typisch ALGEBRA: Zerlegung in Linearfaktoren

B

$$p(x) = x^3 - 6x^2 + 3x + 10;$$

Probieren führt rasch zur 1. Nullstelle $x_1 = -1$:

$$p(-1) = (-1)^3 - 6(-1)^2 + 3(-1) + 10 = 0!$$

Den Linearfaktor $x - x_1 = x + 1$ nennen wir kurz l(x). Er ist vom Grad 1, daher multiplizieren wir ihn mit x^2

$$x^2 \cdot l(x) = x^2 \cdot (x + 1) = x^3 + x^2,$$

was jetzt vom 3. Grad ist. Subtraktion dieses Terms von p(x) muß dann zu einem Term 2. Grads führen:

$$p(x) - x^2 \cdot l(x) = -7x^2 + 3x + 10 =: f(x).$$

Welches Vielfache von l(x) wird, von f(x) subtrahiert, eine lineare Differenz liefern? Offenbar $-7x \cdot l(x)$:

$$f(x) - (-7x \cdot l(x)) = f(x) + 7x \cdot l(x) = 10x + 10 =: g(x).$$

Jetzt fehlt nur noch $10 \cdot l(x)$ als Subtrahend:

$$g(x) - 10 \cdot l(x) = 0!$$

Beweis des Zerlegungssatzes ...

Von unten nach oben aufgerollt haben wir somit

$$0 = g(x) - 10 \cdot l(x) = f(x) + 7x \cdot l(x) - 10 \cdot l(x) = p(x) - x^2 \cdot l(x) + 7x \cdot l(x) - 10 \cdot l(x)$$

$$0 = p(x) - (x^2 - 7x + 10) \cdot l(x) = p(x) - q(x) \cdot l(x) \quad \Rightarrow \quad p(x) = q(x) \cdot l(x), \quad \text{w.z.z.w.}$$

Genauso kann man nun zeigen, daß q(x) zerlegbar ist; hier besagt schon Vieta 3:

$$x^2 - 7x + 10 = (x - 2) \cdot (x - 5),$$

womit gewonnen ist

... das Ziel ist nah!

$$p(x) = x^3 - 6x^2 + 3x + 10 = (x - 2) \cdot (x - 5) \cdot (x + 1).$$

Daraus aber läßt sich schließen, daß p(x) nur = 0 sein kann, wenn einer der 3 Linearfaktoren 0 ist; an jeder anderen Stelle x ist $p(x) \neq 0$. Es gibt also (höchstens) 3 Nullstellen. Allgemein schließt man ebenso:

Satz 3: Zerlegung des allg. Polynoms

S

Eine normierte Polynomfunktion n-ten Grades ($a_n = 1$) hat höchstens n Nullstellen x_i. Das Polynom läßt sich in ein Produkt von Linearfaktoren zerlegen:

$$p(x) = (x - x_1) \cdot (x - x_2) \cdot \ldots \cdot (x - x_n)$$

Dieses Ergebnis läßt eine weitere nützliche Schlußfolgerung zu: Es genügt, irgendwelche n + 1 Punkte $(x^*_i \mid y^*_i)$ vorzuschreiben, um damit eine Polynomfunktion vom Grad n eindeutig festzulegen, vgl. Bilder 8, nächste Seite.

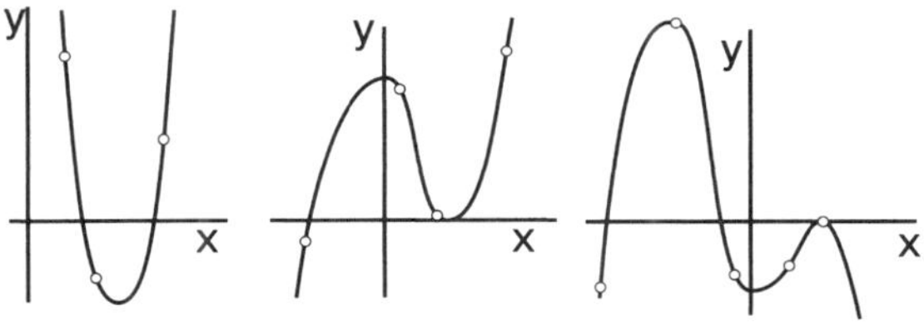

Bilder 8: dazu

Überlegen wir für n = 3: 3 + 1 = 4 Punkte sollen eine Funktion 3. Grades bestimmen. Angenommen, es gäbe neben p noch eine andere Funktion f 3. Grades, deren Graph ebenfalls durch die 4 Punkte läuft. Dann hätte doch die *Differenz*funktion p – f dort Nullstellen! Da sie aber selber höchstens vom 3. Grad ist, kann sie nach unserem Satz nicht 4 Nullstellen haben; sie muß die *Nullpolynomfunktion* n: $y = 0x^3 + 0x^2 + 0x + 0$ sein. Dann aber ist überall p(x) = f(x), und es gibt wirklich nur *eine* Funktion 3. Grades durch die 4 Punkte. So schließt man für jeden Grad n!

n+1 Punkte legen den Graph der Funktion n-ten Grads fest!

Für n = 1 wissen wir längst: durch 1 + 1 = 2 Punkte ist eine Funktion vom 1. Grad, eine *lineare* Funktion, bestimmt; es gibt nur *eine* Gerade durch 2 Punkte! Jetzt haben wir erkannt: Es gibt nur *eine* Parabel (2. Grades) durch 3 Punkte, *eine solche* 3. Grades durch 4 Punkte usw. Will man in der Praxis einen (unbekannten) Abhängigkeitsverlauf formelmäßig erfassen, kann man einige Meßwerte bestimmen, und durch diese, sagen wir 5, Punkte eine Polynomfunktion vom 4. Grad (p_4) legen – sie wird die unbekannte Funktion i. allg. gut *approximieren* (annähern). *Wie* man die Koeffizienten a_i von p_4 bestimmt, ist durch relativ komplizierte Formeln (von Newton und Lagrange) bekannt.

Näherung praktischer Meßkurven

Aber kennt sie nicht auch *Mathematica*? Geben wir einfach 3 beliebig gewählte Punkte vor: P(1|1), Q(2|–2) und R(4|3) und fragen wir, wie die zugehörige Parabel 2. Grades aussieht, d. h., wie die Koeffizienten des Polynoms lauten:

B — **Beispiel 6: Interpolation durch Mathematica**

```
paare = {{1,1}, {2,-2}, {4,3}};
p3[x_] = InterpolatingPolynomial[paare, x]

          11 (-2 + x)
1 + (-3 + -----------) (-1 + x)
               6
```

Ja, so schreibt *Mathematica*! Wir wollen noch das fertige Polynom 2. Grades:

```
% //Expand
                 2
23   17 x   11 x
-- - ---- + -----
3     2       6
```

deutlicher: $\frac{23}{3} - \frac{17\,x}{2} + \frac{11\,x^2}{6}$

3 bzw. 4 Punkte

Ein wenig bearbeitet, können wir den Term lesen; ein *Formelgenerator* (hier ist es ***Expressionist*** von *PreScience*) kann es allerdings besser, zum Vergleich rechts daneben seine Ausgabe.

Jetzt soll aber auch die **Parabelkurve** durch die 3 Punkte gezeichnet werden! Neue Befehle sind `ListPlot` und `Show`, mit dem man auch *zwei Graphen* abrufen kann:

Befehle, um Punkte und Parabel zeichnen zu lassen

```
punkte := ListPlot[paare, PlotStyle->PointSize[0.03]];
kurve := Plot[ p3[x], {x,0,5}];
Show[punkte, kurve]
```

Bild 9: die Interpolationsparabel 2. Grades

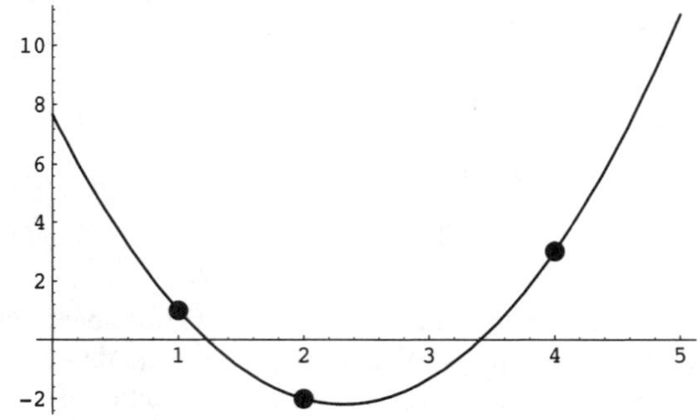

Beispiel 7: Vorgehen bei 4 Punkten

B Und ganz ebenso geht es mit 4 Punkten und der Parabel 3. Grades durch sie:

```
paare = {{1,1}, {2,-2}, {3,3}, {4,-4}};
p4[x_] = InterpolatingPolynomial[paare, x]
```

$1 + (-3 + (4 - \frac{10\,(-3 + x)}{3})\,(-2 + x))\,(-1 + x)$

```
% //Expand
```

$32 - \frac{155\,x}{3} + 24\,x^2 - \frac{10\,x^3}{3}$

Bild 10: dasselbe für den Grad 3

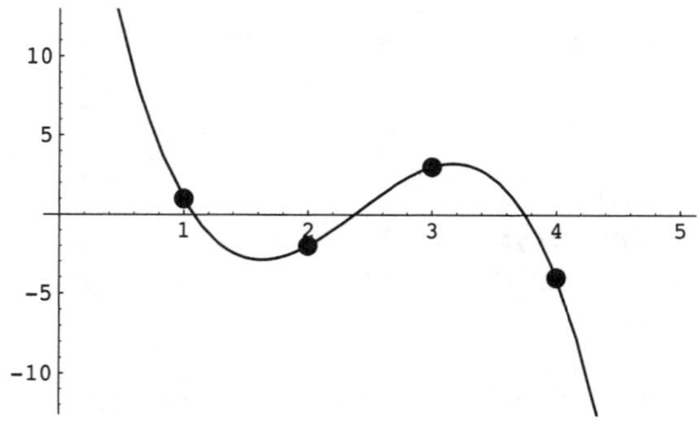

Mathematica kann auch zerlegen

Vielleicht wollten Sie noch eine **Zerlegung** von *Mathematica* ausführen lassen? Wir hatten auf Seite 144 das Beispiel

$p = p(x) = x^3 - 6x^2 + 3x + 10$

gerechnet, dort war

$p(x) = (x - 2) \cdot (x - 5) \cdot (x + 1)$

Beispiel 8: dazu

B Hier verwenden wir den Namen `g` und den Befehl `Factor`, um zu erhalten:

```
g[x_] := 1 x^3 - 6 x^2 + 3 x + 10;
Factor[g[x]]
```

$(-5 + x)\,(-2 + x)\,(1 + x)$ ✓ Wir sind zufrieden!

Gleichungen höheren Grades

Jetzt nochmals zurück zu den ***Nullstellen*** einer Polynomfunktion oder, was dasselbe aussagt, zu den *Lösungen* von *Gleichungen höheren Grades*! Wir begnügen uns wieder mit n = 3 und n = 4, wofür wir noch den Vietasatz (s. o.) über das Produkt der Lösungen heranziehen. Wesentlich ist nun die Annahme, die a_i seien $\in\mathbb{Z}$ und ebenso sei *eine* Lösung x_1 *ganz,* also $\in\mathbb{Z}$!

ganzzahlige Lösungen von Gleichungen 3. und 4. Grades

Für x_1 gilt dann

$$x_1^3 + a_2x_1^2 + a_1x_1 + a_0 = 0,$$

woraus folgt:

$$-a_0 = x_1(x_1^2 + a_2x_1 + a_1)$$

Da dann auch der Klammerterm mit x_1, a_1, a_2 sicher *ganzzahlig* ist, wird $-a_0$ ein Vielfaches von x_1: Nach Vieta 2 ist aber $x_1x_2x_3 = -a_0$, so daß sich auch $V = x_2x_3$ als ganzzahlig erweist; mit x_2 etwa ist dann auch schon $x_3 \in\mathbb{Z}$ und umgekehrt, weil *keine Brüche* als Lösungen auftreten können.

Das wieder erkennt man so: Sei x_i eine solche Wurzel mit $x_i = p/q$ (nicht mehr kürzbar). Dann ist

Beweis durch Widerspruch

$$x_i^3 + a_2x_i^2 + a_1x_i + a_0 = 0 \quad \Leftrightarrow \quad \frac{p^3}{q^3} + a_2\frac{p^2}{q^2} + a_1\frac{p}{q} + a_0 = 0 \;\; (\cdot\, q^2) \quad \Leftrightarrow$$

$$\frac{p^3}{q} + a_2p^2 + a_1pq + a_0q^2 = 0$$

Dies ist unmöglich, denn ein *Bruch* (hier p^3/q) kann nicht zu einer *ganzen* Zahl $(a_2p^2 + a_1pq + a_0q^2)$ addiert werden und dabei die Summe 0 ergeben!

Wir sehen also, daß die ganzzahligen Lösungen als Teiler des Absolutgliedes $(-)\,a_0$ auftreten. Ist etwa $a_0 = 4$, so kommen nur ±1, ±2 und ±4 als ganzzahlige Lösungen in Frage; erweist sich 2 als Lösung (Probieren!), so wird durch den Linearfaktor x – 2 dividiert und die entstehende quadratische Gleichung gelöst.

S — Satz 4: das Ergebnis

Die ganzzahligen Lösungen x_i einer normierten ($a_n = 1$) Gleichung

$$x^n + a_{n-1}x^{n-1} + ... + a_1x + a_0 = 0$$

mit ganzzahligen Koeffizienten a_i sind Teiler von a_0 ($\neq 0$).

Versuchen wir nun konkret, die Gleichung 3. Grades zu lösen:

B — Beispiel 9: Gleichung 3. Grades

$$x^3 + x^2 - 17x + 15 = 0$$

Ganzzahlige Lösungen müssen Teiler von 15 sein; schon $x_1 = 1$ erfüllt die Bedingung $1^3 + 1^2 - 17 \cdot 1 + 15 = 0$. Spalten wir also den Linearfaktor x – 1 ab; dabei können wir vorgehen wie oben oder einfach Polynome dividieren (A2):

Polynom-division

$$(x^3 + x^2 - 17x + 15) : (x - 1) = x^2 + 2x - 15$$

$$\begin{array}{l}
\underline{-(x^3 - x^2)} \\
\quad 2x^2 - 17x + 15 \\
\quad \underline{-(2x^2 - 2x)} \\
\qquad -15x + 15 \\
\qquad \underline{-(-15x + 15)} \\
\qquad\qquad 0
\end{array}$$

Hier lösen wir die quadratische Gleichung $x^2 + 2x - 15 = 0$ oder suchen weiter nach Teilern von 15; wir finden 3 und –5. Damit ist die Zerlegung komplett:

$$x^3 + x^2 - 17x + 15 = (x - 1)(x - 3)(x + 5),$$

und die Lösungen der Ausgangsgleichung sind $x_1 = 1, x_2 = 3, x_3 = -5$ (alle $\in \mathbb{Z}$).

Beispiel 10:
Erweiterung

B

Ist die Gleichung *nicht normiert*, erweitert man passend:

$$2x^3 + 3x^2 - 11x - 6 = 0 \qquad |\text{ mal } 4 = 2^2$$

$$8x^3 + 3 \cdot 4x^2 - 11 \cdot 4x - 24 = 0 \qquad |\text{ substituieren } u := 2x$$

$$(2x)^3 + 3 \cdot (2x)^2 - 22 \cdot 2x - 24 = 0 \quad \Rightarrow \quad u^3 + 3u^2 - 22u - 24 = 0.$$

Diese Gleichung lösen wir wie eben. Tun Sie dies bitte zur Übung (7), Sie erhalten $u_1 = -1$, $u_2 = 4$, $u_3 = -6$ ($\in \mathbb{Z}$) und daraus über $x = u/2$ schließlich $x_1 = -1/2$ ($\notin \mathbb{Z}$!), $x_2 = 2$, $x_3 = -3$.

Das Verfahren funktioniert so auch beim Grad 4, aber natürlich auch da nur, wenn es *ganzzahlige* Lösungen gibt (Übung 8). Vielleicht kontrollieren Sie mit *Mathematica*?

Näherungslösung im allgemeinen Fall

Meist sind Gleichungen exakt nicht lösbar, und selbst wenn sie es sind, will man den möglichen Weg über die komplexen Zahlen wegen der unhandlichen Formeln vermeiden; so wählt man eine ***Näherungsmethode*** wie z. B. das *Newtonsche Verfahren*, um Gleichungen 3., 4. oder höheren Grades zu lösen bzw. Nullstellen der zugehörigen ganzrationalen Funktionen zu finden. Wie das mit *Mathematica* geht, haben wir im **18**. Kapitel gesehen; nicht jeder hat es aber zur Verfügung und zieht es daher vor, sich ein *Pascalprogramm* dazu zu schreiben. Hier ein Vorschlag für die Gleichung

$$2x^3 + 5x^2 - 30 = 0$$

für die man durch Probieren eine Lösung in der Nähe von 2 vermutet. Zur Abwechslung wenden wir hier statt des genannten das Verfahren des ***binären Suchens*** an, also eine *Intervallschachtelung*, die sich durch Halbierungen immer enger um die gesuchte Lösung zusammenzieht. Rechnen Sie mit:

Beispiel 11:
Halbierungsmethode

mit Turbo Pascal

```
PROGRAM Halbierung;
USES crt;
VAR  a, b, m: Real;
     taste: Char;

Function f(x: Real): Real;
Begin  f := 2*x*x*x + 5*x*x - 30  End;

BEGIN
   Repeat
      Clrscr;
      Write('Linke Intervallgrenze? '); Readln(a);
      Write('Rechte Intervallgrenze? ');  Readln(b);
      IF f(a) * f(b) > 0 THEN
      Begin
         Writeln('Intervall muß keine Nullst.enthalten!');
         Writeln('Beliebige Taste drücken und
                  neue Schranken eingeben!');
         taste:=readkey;
      End
```

```
   Until f(a)*f(b) < 0;
   Writeln('Dieses Intervall enthält eine Nullstelle!');
   Writeln('Jeder Tastendruck verbessert die Näherung,');
   Writeln('doch Taste 'E' beendet das Programm.');
   Repeat
      Writeln(a:12:8, '< n < ', b:12:8);
      m := (a+b)/2;
      IF f(a)*f(m) > 0 THEN a:=m ELSE b:=m;
      taste := upcase(readkey);
   Until taste = 'E';
END.
```

einiges Tastendrücken genügt!

Nach einigem Tastendrücken erhalten Sie 1,8557, was schon eine sehr gute Näherung darstellt. Verändern Sie den Funktionsterm etwas, und Sie bekommen für jede solche Gleichung sehr schnell passende Näherungslösungen!

Rationale Funktionen

Wir werfen abschließend noch einen Blick auf eine Art von Funktionen, die die Polynomfunktionen ebenso als Sonderfall umfassen, wie $\mathbb{Q}$ dies mit $\mathbb{Z}$ tut. Man hat dazu nur Polynomfunktionen zu *dividieren*:

D **Definition 2: gebrochen-rationale Funktionen**

> Funktionen der Art $r: x \to z(x)/n(x)$ mit $z(x)$ und $n(x)$ als Polynome in x heißen ***gebrochenrational.*** Sie sind überall mit Ausnahme der Nullstellen der Nennerfunktion definiert.

Beispiele

So gehören etwa

$$r_a: x \to \frac{1}{x+1} \qquad r_b: x \to \frac{-2x^2-4x-1}{(x+1)^2} \qquad r_c: x \to \frac{-x^3-3x^2+1}{x^2}$$

u.a.m. zu diesem neuen Typ. Im Sonderfall $n(x) = 0x + a,\ a \neq 0,$ kurz $n = a$, sind alle r *ganzrational* oder *Polynomfunktionen.*

Im einfachsten Fall setzen wir $z(x) = 1$ an und $n(x) = x$ oder x^2 oder x^3. Dann entstehen $r_1: x \to y = 1/x$ bzw. $y = 1/x^2$ bzw. $y = 1/x^3$, Funktionen, die wir bereits in $\mathbb{C}$**8** als *Potenz*funktionen (x^{-1}, x^{-2}, x^{-3}) kennengelernt haben, Bilder 11. Schon dort ist ein Merkmal der *gebrochenrationalen* Funktionen deutlich geworden, ihr Verhalten an den *Null*stellen der *Nenner*funktion: Es gibt kein Halten mehr, die Kurve entschwindet ins *Unendliche!* Bei noch so kleinem Überschreiten dieser ***Polstelle*** kommt sie wieder in den endlichen Bereich. Es gibt hier also eine Gerade, der sich die beiden Äste des Graphen „anschmiegen“, ohne sie jemals zu treffen; solche „Tangenten im Fernpunkt“ nennt man ***Asymptoten***; für r_2 in Bild 12 ist $a_v: x = -1$ *vertikale* (senkrechte) Asymptote. Daneben gibt es auch eine *horizontale* (waagrechte) Asymptote $a_h: y = -2$, der sich der Graph für x gegen $\pm\infty$ nähert.

Asymptoten

Bei r_3 in Bild 13 kann man umformen zu $y = -x - 3 + 1/x^2$, das sich für $x \to \pm\infty$ immer weniger von $a_s: y = -x - 3$ unterscheidet: a_s ist daher *schiefe* Asymptote. Mehr dazu bei den *Kurvendiskussionen* in $\mathbb{K}$**33**.

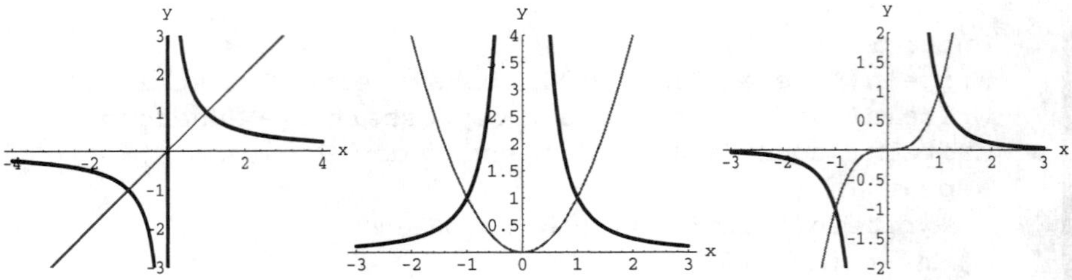

Bilder 11:
Graphen von r_1 mit -1, -2, -3 als Exponenten

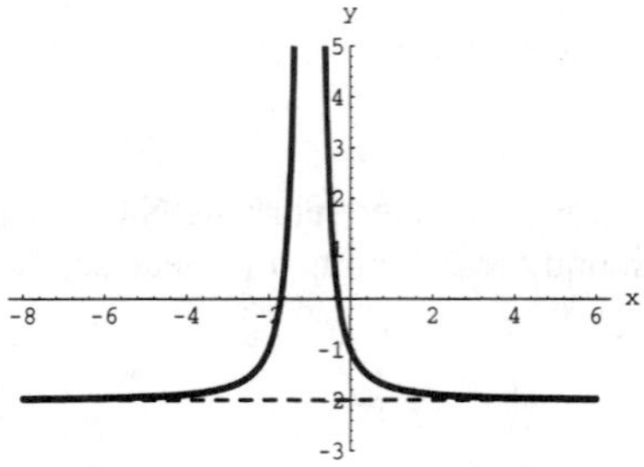
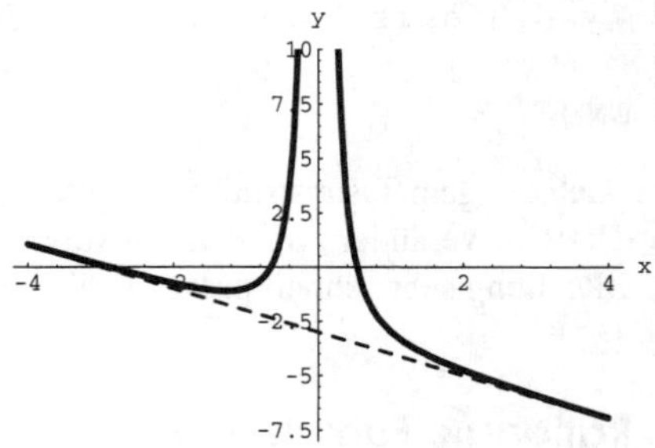

Bilder 12/13:
Graphen von r_2 und r_3

Es gibt aber noch weitere Funktionentypen, die diese gebrochenrationalen Funktionen als Sonderfälle enthalten und damit auch die ganzrationalen und sogar die Potenzfunktionen mit gebrochenem Exponenten! Ein berühmtes Beispiel aus der Mathematikgeschichte ist die **Zissoide** des Diokles

$$\text{zis: } x \rightarrow y \text{ mit } (a - x) \cdot y^2 - x^3 = 0.$$

Man kann die Gleichung zwar explizit nach y auflösen für positive Radikanden (die Terme in x rechts von $y^2 = ...$), doch entsteht *weder* der Term einer Potenz-/Wurzelfunktion *noch* der einer gebrochenrationalen Funktion! Wir sind ihr hier mit unserem Werkzeug *Mathematica* für a = 3 zu Leibe gerückt:

```
Needs["Graphics`ImplicitPlot`"];
zis := (3-x) y^2 - x^3 == 0;
ImplicitPlot[zis, {x,0,2.6},
  AspectRatio -> 2]
```

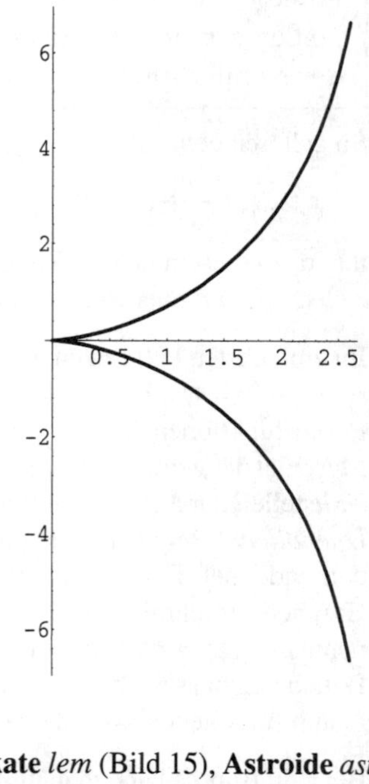

Bild 14:
die Zissoide (das Efeublatt)

zur Benutzerfreundlichkeit von Mathematica

Dazu ein persönliches Wort: «Wo viel Licht ist, ist viel Schatten» gilt für *Mathematica* ganz besonders: Solche Graphen zeichnet es manchmal sofort, es kann aber auch geschehen, daß es nur die Formel wiederholt oder unverständliche Fehlermeldungen ausgibt, ohne daß man eine Kurve erhält! Zeigen Sie hier Ihre Tugenden Geduld, Ausdauer und Interesse!

Andere Beispiele mit bekannten Namen sind **Lemniskate** *lem* (Bild 15), **Astroide** *ast* (Bild 16) oder **Zykloide** *zyk* (Bild 17), für die wir – wie schon auf Seite 108 –, die *Parameterdarstellung* notieren (alle drei Bilder auf der folgenden Seite!):

$$lem: x \rightarrow y,\ \ y^4 + (2x^2 + 2)\,y^2 + x^4 - 2x^2 = 0$$

ast: x → y, $x^{2/3} + y^{2/3} = r^{2/3}$ (hier ist der Radius r = 1 gewahlt)

zyk: φ → x, φ → y, x = φ – sin φ, y = 1 – cos φ (Parameter hier r = a = 1).

Bei der *Lemniskate* erkennen Sie den Bau der Terme: Es werden Polynome in y mit Koeffizienten gebildet, die Polynome in x sein dürfen. Man nennt sie ***algebraische*** Funktionen (besser: Relationen). Die *Astroiden*gleichung erinnert stark an die *Kreis*gleichung, aus der sozusagen einzeln die 3. Wurzel gezogen wird, während uns die *Zykloide* als technisch wichtige Kurve – sie tritt bei Abrollvorgängen auf – schon in den Bildern 31 von Kapitel **18** begegnet ist (hier daher ohne Zeichenbefehl).

Zeichenbefehle und ...

```
lem := y^4 + (2 x^2 + 2) y^2 + x^4 - 2 x^2 == 0
ImplicitPlot[ lem, {x,-1.42,1.42}, AspectRatio -> 0.5]
ast :=  ...... dies als Übung 15!
ImplicitPlot[ ast, {x,-1,1}]
```

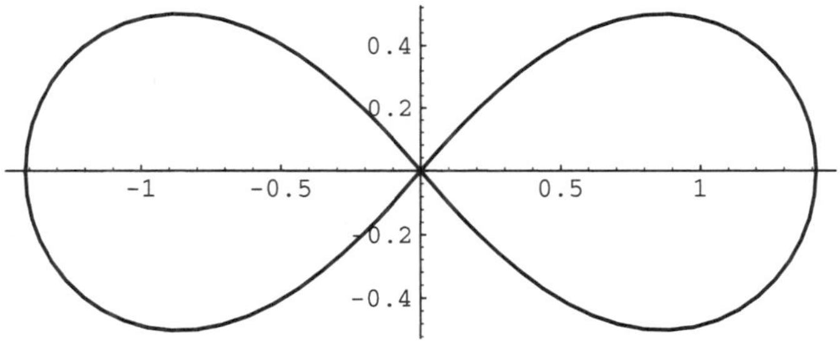

Bild 15: Lemniskate

Sollte Ihnen *Mathematica* diese Kurve nicht sofort zeichnen wollen, versuchen Sie, die Potenzen in der Gleichung der *Astroide* anders zu schreiben (Üb. 15)!

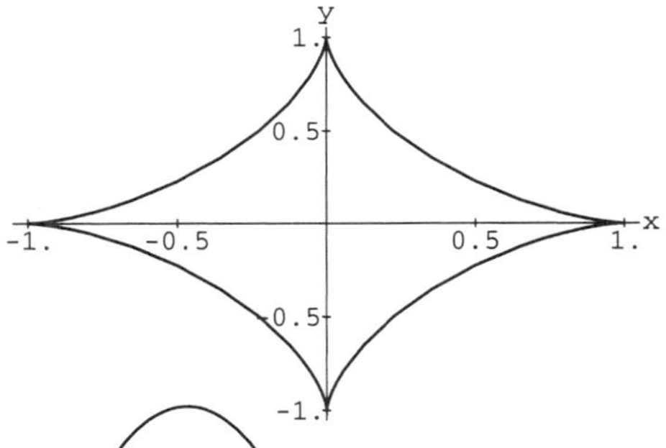

Bild 16: Astroide

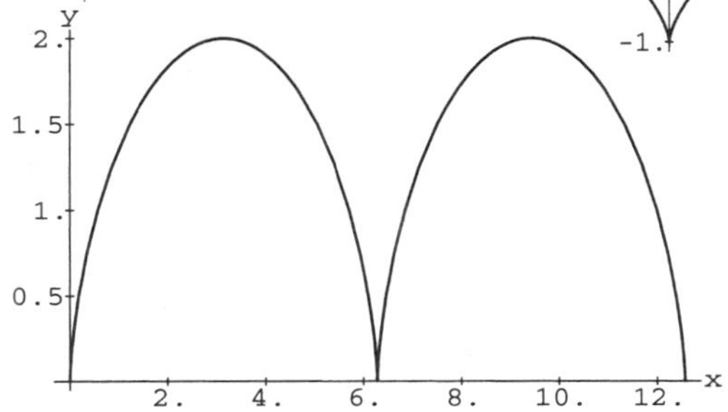

Bild 17: Zykloide

Ende des 20. Kapitels

Übungsaufgaben

1. Wählen Sie für ein Polynom 3. Grades (ebensogut: 4., 5., ... Grades) die Koeffizienten a_i nur aus {0, 1} und setzen Sie dann 2 für x ein. Wie läßt sich dieses Vorgehen deuten? Gehen Sie etwa von $a_3 = 1$, $a_2 = 0$, $a_1 = 0$, $a_0 = 1$ aus!

2. Schreiben Sie die Aufspaltung nach dem Hornerschema für ein Polynom 4. Grades $y = a_4x^4 + ...$ wie im Text schrittweise an [jeweils x herausheben ...].

3. Studieren Sie bitte das Programm zum Hornerschema für das darin angenommene Polynom $y = 1x^5 - 2x^4 + 3x^3 - 4x^2 + 5x - 6$ und überlegen Sie anhand der jeweiligen Funktionswerte y, weshalb nach 0 und 2 (willkürliche Stellen) dann 1; 1,5; 1,49... angenommen wurde. Wie hätten *Sie* gewählt?

4. Wenden Sie das Hornerschema an zur Bestimmung der Nullstelle von
   p: $y = x^3 - 6x^2 + 9x - 5$ (vgl. Beispiel 2 im Text und Bild 4)

5. Sie haben eine Funktion g: $y = -x^4 + 2x^2 - 3$, von der Sie das Übliche wissen wollen. Wie fragen Sie *Mathematica* nach den Antworten? Wertetabelle mit 0.5-Schrittweite!
   Tip: Geben Sie zuerst `Remove["Global*"]` ein, um Probleme mit früher definierten Variablen oder Funktionen zu vermeiden!

6. Wie verhalten sich die Funktionen im Unendlichen ($x \to \infty$, $x \to -\infty$)
   a) f: $y = -x^3 + x^2 - x + 1$ b) g: $y = 2x^4 - 10x^2 + 1$ c) h: $y = \frac{1}{8}x^5 + x^3 - \frac{1}{2}$

7. Notieren Sie die drei Vietaschen Sätze für eine normierte Gleichung (n =) 4. Grades, indem Sie sie von n = 2 und n = 3 aus *extrapolieren* (= logisch fortsetzen)!

8. Sie wollen die Funktion g von Übung 5 in Linearfaktoren zerlegen. Weisen Sie *Mathematica* dazu an!

9. Fügen Sie den vier Punkten von Beispiel 7 im Text einen 5. Punkt P(5|5) an. Die fünf Punkte legen zusammen eine Parabel 4. Grades eindeutig fest. Wie sieht ihr *Interpolationspolynom* aus, wie der Graph durch die Stützpunkte?
   Tip: `Needs ["Graphics`Master`"]` sicherheitshalber voranstellen, um *Mathematica* alle `Plot`-Befehle zur Verfügung zu stellen!

10. Lösen Sie die Gleichung 3. Grades (Text): $u^3 + 3u^2 - 22u - 24 = 0$.

11. Lösen Sie die Gleichung 4. Grades $x^4 + x^3 - 7x^2 - x + 6 = 0$ durch „Teiler-probieren“ und Abspalten des Linearfaktors!

12. Lösen Sie das Problem von Beispiel 11 im Text (Pascalprogramm) mit einem oder zwei *Mathematica*-Befehlen!

13. Welches sind die Polstellen von

a) $r_a: x \rightarrow y = \frac{1}{(x-1)^2}$ b) $r_b: x \rightarrow y = \frac{x}{1-2x}$

14. Wie lautet die Gleichung der waagrechten bzw. schiefen Asymptote von

a) $r_a: x \rightarrow y = \frac{(x+4)^2}{x\,(x-4)}$ b) $r_b: x \rightarrow y = \frac{(x+2)^2}{2\,x}$?

15. Formulieren Sie den Zeichenbefehl an *Mathematica* für die Astroide, Bild 16! (Vgl. auch Seite 109!)

16. Kennen Sie noch die Kreis- bzw. Hyperbelgleichung? Setzen Sie r = a = b = 1 und gehen Sie vor wie in 15, um die Graphen ausgeben zu lassen!
[Wir begnügen uns mit dem Graph der Hyperbel.]

Zu den Lösungen

↓ **Raum für Ihre Notizen** ↓

Lösungen

1. $a_3x^3 + a_2x^2 + a_1x + a_0 = [p(x)]$ wird $1x^3 + 0x^2 + 0x + 1$; mit $x = 2$ entsteht
   $p(2) = 1 \cdot 2^3 + 0 \cdot 2^2 + 0 \cdot 2 + 1 = 9$:
   p(x) stellt die Zahl 9 = p(2) im *Binär*system $(1001)_2$ dar!

2. $y = a_4x^4 + a_3x^3 + a_2x^2 + a_1x + a_0 = (a_4x^3 + a_3x^2 + a_2x + a_1) \cdot x + a_0 =$
   $= ((a_4x^2 + a_3x + a_2) \cdot x + a_1) \cdot x + a_0 = (((a_4x + a_3) \cdot x + a_2) \cdot x + a_1) \cdot x + a_0$;
   darin sind $p_4 = a_4$, $p_3 = p_4x + a_3$, ..., bis $p_0 = y$ einzusetzen!

3. Da p(0) = –6 und p(2) = 12 ist p(1) zwischen –6 und 12 zu vermuten; tatsächlich ist p(1) = –3; 1,5 wird gewählt, weil p(1,5) zwischen –3 und 12 liegen wird, es ergibt sich 0,09375, was schon nahe bei 0 ist! x = 1,49 < 1,5 wird noch näher hinführen, p(1,49) = –0,02026415 usw. Die Nullstelle $0 < x_0 < 2$ ist (*praktisch* genau genug!) gefunden.

4. Die Lösungen sind schon im Text notiert, bitte sie nur nachzuprüfen!

5.
```
Remove["Global*"]
g[x_] := - x^4 + 2 x^2 + 3;

Solve[g[x] == 0, x]
```
{{x -> -I}, {x -> I}, {x -> -Sqrt[3]}, {x -> Sqrt[3]}} oder:
```
FindRoot[g[x] == 0, {x,2}]
```
{x -> 1.73205} [Bei Eingabe {x, -2} wird x -> -1.73205 ausgegeben.]
```
Table[{x, g[x]}, {x,-2,2,.5}] //N //TableForm

Plot[ g[x], {x, -3, 3}, PlotRange -> {-10,4}]
```

-2.	-5.
-1.5	2.4375
-1.	4.
-0.5	3.4375
0.	3.
0.5	3.4375
1.	4.
1.5	2.4375
2.	-5.

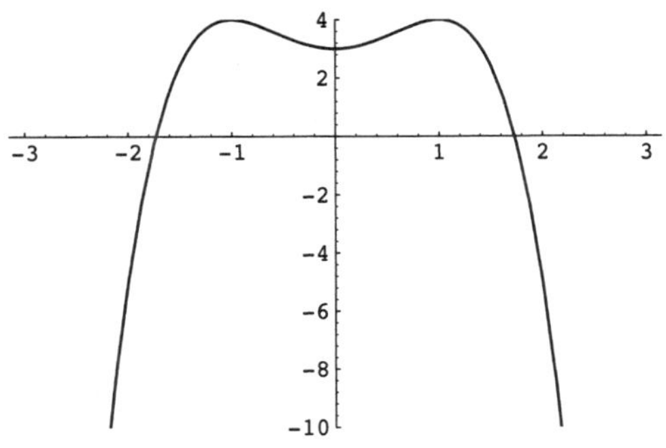

6. a) $x \to \infty$: $f(x) \to -\infty$ b) $g(x) \to \infty$ c) $h(x) \to \infty$
   $x \to -\infty$: $f(x) \to \infty$ $g(x) \to \infty$ $h(x) \to -\infty$
   Es kommt nur auf den Koeffizienten des *höchsten Gliedes* an.

7. 1. $x_1 + x_2 + x_3 + x_4 = -a_3$
   2. $x_1 x_2 x_3 x_4 = a_0$
   3. $(x - x_1)(x - x_2)(x - x_3)(x - x_4) = x^4 + a_3x^3 + a_2x^2 + a_1x + a_0 = f(x)$

   Ansatz 3 ist klar; Ausmultiplizieren führt u.a. zu $(-1)^4 x_1 x_2 x_3 x_4 = a_0 = x_1 x_2 x_3 x_4$ [Teilsatz2]; a_3x^3 entsteht viermal: $x \cdot x \cdot x$ hat jeweils $-x_i$ zum Partner, also ist $a_3 = -x_1 - x_2 - x_3 - x_4$ [= Teilsatz1]

8. g wie in 5. definieren und dann faktorisieren lassen:
```
g[x_] := - x^4 + 2 x^2 + 3;
Factor[g[x]]

          2         2
(3 - x ) (1 + x )
```
(Damit verstehen wir auch die Lösungen dort besser!)

9.
```
paare := {{1,1}, {2,-2}, {3,3}, {4,-4}, {5,5}};
p5[x_] = InterpolatingPolynomial[
        { {1,1}, {2,-2}, {3,3}, {4,-4}, {5,5} }, x] //Expand

                                 3
      455 x          2      70 x         4
80 - ----- + 94 x  - ----- + 2 x
        3                     3

Needs["Graphics`Master`"] oder << Graphics`Master`
punkte = ListPlot[ {{1,1}, {2,-2}, {3,3}, {4,-4}, {5,5}},
                          PlotStyle->PointSize[0.03]]
kurve = Plot[ p5[x], {x,0,6}]
Show[punkte, kurve]
```

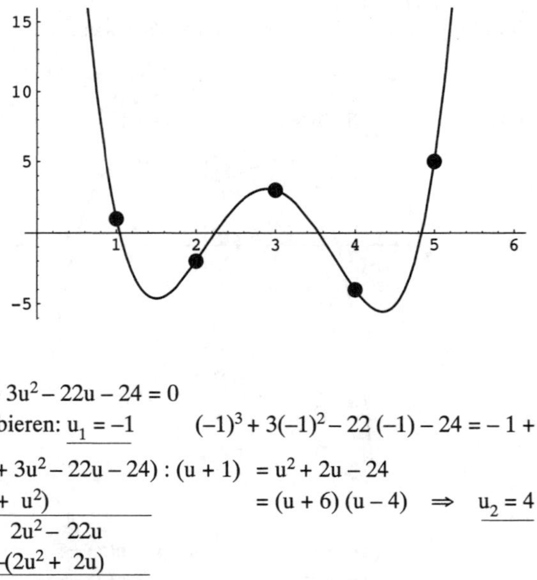

10. $u^3 + 3u^2 - 22u - 24 = 0$

    Probieren: $\underline{u_1 = -1}$ $\quad (-1)^3 + 3(-1)^2 - 22(-1) - 24 = -1 + 3 + 22 - 24 = 0$ ✓

$$
\begin{array}{l}
(u^3 + 3u^2 - 22u - 24) : (u + 1) = u^2 + 2u - 24 \\
\underline{-(u^3 + u^2)} \qquad\qquad\qquad = (u + 6)(u - 4) \Rightarrow \underline{u_2 = 4} \wedge \underline{u_3 = -6}. \\
\quad 2u^2 - 22u \\
\quad \underline{-(2u^2 + 2u)} \\
\qquad -24u - 24 \\
\qquad \underline{-24u - 24} \\
\qquad\qquad 0
\end{array}
$$

11. $x^4 + x^3 - 7x^2 - x + 6 = 0$ Probieren: 1 ✓
: $(x-1)$ liefert $x^3 + 2x^2 - 5x - 6$; $\sim = 0$; Probieren: –1 ✓
: $(x+1)$ liefert $x^2 + x - 6$; $\sim = 0$; Zerlegen:
$x^2 + x - 6 = (x-2)(x+3)$; restliche Lösungen also 2 und –3; insgesamt wird so
$x^4 + x^3 - 7x^2 - x + 6 = (x-1)(x+1)(x-2)(x+3)$ mit $\underline{x_i = 1, -1, 2, -3}$

12.
```
h[x_] := 2 x^3 + 5 x^2 - 30;
FindRoot[h[x] == 0, {x, 2}]
```
{x -> 1.85573} ✓ Die Arbeit des *Pascalprogramms* sieht man hier eben nicht!

13. a) $x - 1 = 0 \Rightarrow x = 1$ b) $1 - 2x = 0 \Rightarrow x = 1/2$

14. a) $y = \frac{x^2 + 8x + 16}{x^2 - 4x} = \frac{x^2\left(1 + \frac{8}{x} + \frac{16}{x^2}\right)}{x^2\left(1 - \frac{4}{x}\right)} = \frac{\left(1 + \frac{8}{x} + \frac{16}{x^2}\right)}{\left(1 - \frac{4}{x}\right)}$

für $x \to \infty$ ist $y \to 1$: waagrechte Asymptote a_W: $y = 1$

b) $y = \frac{x^2 + 4x + 4}{2x} = \frac{1}{2}x + 2 + \frac{2}{x}$

für $x \to \infty$ geht $2/x \to 0$, also unterscheidet sich y immer weniger von
$y = \frac{1}{2}x + 2$ $(:a_s)$; schiefe Asymptote.

15. `Needs["Graphics`ImplicitPlot`"]` *oder* `<< Graphics`ImplicitPlot``
```
ast := (x*x)^(1/3) + (y*y)^(1/3) == 1;
ImplicitPlot[ ast, {x,-1,1}]
```

16.
```
kr := (x*x) + (y*y) == 1;  hyp := (x*x) — (y*y) == 1;
ImplicitPlot[ kr, {x,-1,1}]
ImplicitPlot[ hyp, {x,-2,2}]
```

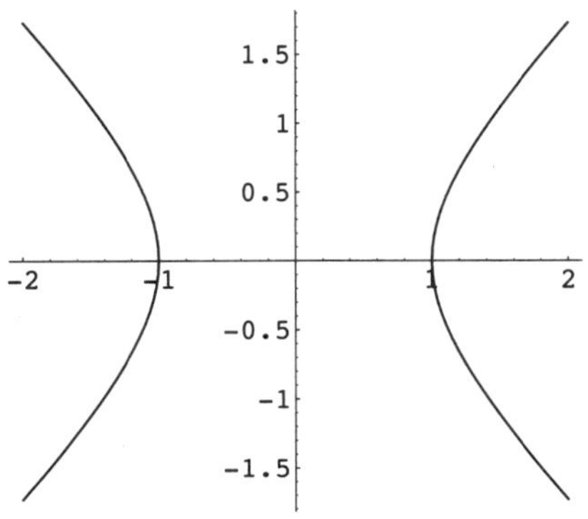

Zum nächsten Kapitel

Teil G

21. Kapitel

21

Exponential- und Logarithmus-funktionen

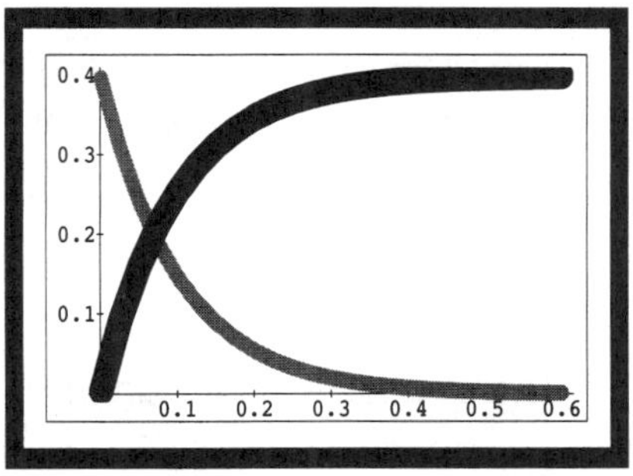

von Potenz-funktionen

Im **8**. Kapitel von Band **1** haben wir uns schon überlegt, daß es über die Potenzfunktionen x → $x^{p/q}$ hinaus eine neue Sorte von Funktionen mit den Werten y = $a^{p/q}$ geben muß, die allerdings vorläufig nur für *rationale* Stellen x = p/q ∈ℚ erklärt sind: x → a^x steht dann für eine ***Exponentialfunktion*** ℚ → ℝ, da x dort *Exponent* bei *fester Basis* a ist.

Graphen und Monotonie

Wählen wir a = 2 bzw. ½ und orientieren wir uns über den Verlauf der Graphen von f: x → 2^x bzw. f*: x → $(½)^x$, Bild 1, anhand einiger Punkte, etwa f(–1,5) = 0,35:

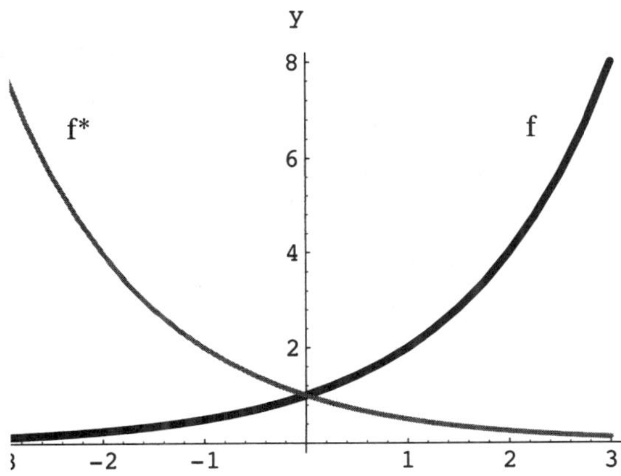

Bild 1: ... zu Exponential-funktionen

Taschenrechner (**TR**):
für x = –1,5:
2 [y^x] 1.5 [+/–] [=]
Anzeige 0.3535... ≈ 0,35

Beweis der Monotonie

Wegen $2^{-x} = (½)^x$ ist damit auch der Graph von f*: x → $(½)^x$ als Spiegelbild von f: x → 2^x an der y-Achse gefunden. In beiden Fällen entstehen offenbar ***monotone*** Funktionen ℚ → $ℝ^+$! Setzen wir statt 2 wieder a > 1, so ist zu beweisen:

Mit $x_1 < x_2$ gilt auch stets $a^{x_1} < a^{x_2}$.

In ℂ**8** wurde schon $0 < x_1 < x_2 \Rightarrow x_1^n < x_2^n$ für n∈ℕ* gezeigt. Für *rationale* Exponenten lasen wir diese Eigenschaften an den Graphen ab: Potenzfunktionen mit natürlichen Exponenten sind *monoton wachsend* auf $ℝ^+$.

Mit $x_1 = 1$, $x_2 = a$ und $1^n = 1$ gilt also schon $1 < a \Rightarrow 1 < a^n$, n∈ℕ*. Jetzt seien x_1 und x_2 zwei beliebige rationale Zahlen mit $x_2 = x_1 + n$, also $x_2 - x_1 = n > 0$, das statt n gesetzt, auf $1 < a^{x_2 - x_1}$ führt. Diese Ungleichung wird mit a^{x_1} multipliziert, das für jedes x_1 positiv ist und schon folgt $1 \cdot a^{x_1} < a^{x_2 - x_1} \cdot a^{x_1} = a^{x_2}$, w.z.z.w.

Für $0 < a < 1$ läßt sich analog *fallende* Monotonie nachweisen. Damit ist aber schon klar, daß die neuen Funktionen überall auf $\mathbb{Q}$ *injektiv* sein werden!

Intervallschachtelungen

Erweiterung auf nichtrationale Exponenten

Es stört dennoch, daß Potenzen für *nicht-rationale* Zahlen noch nicht definiert sind, will man doch jede Funktion möglichst – von einzelnen Ausnahmestellen abgesehen – auf der ganzen x-Achse *lückenlos* erklären.

In der *Praxis* ist dies ohne Belang, da statt mit Termen wie $2^{\sqrt{2}}$ ohnehin mit Näherungen der Art $2^{1,4} = 2^{7/5} = \sqrt[5]{2^7}$ oder $2^{1,41}$ usw. gerechnet würde. Wegen der *theoretischen* Bedeutung soll aber an dieser Stelle skizziert werden, wie man die Erweiterung von $\mathbb{Q} \rightarrow \mathbb{R}^+$ auf $\mathbb{R} \rightarrow \mathbb{R}^+$ vornehmen kann. Es geschieht üblicherweise mit Hilfe von **Intervallschachtelungen**.

Wurzel aus 2 und Kreiszahl Pi:

Schon bei der Darstellung von Bruchzahlen als *Dezimalzahlen* in $\mathbb{A}$**3** tauchte die Frage nach nicht abbrechenden und nichtperiodischen *Dezimalzahlen* auf. Wir deuteten für den Fall der „$\sqrt{2}$ “, wie wir die positive Lösung der Gleichung $x^2 = 2$ tauften, an, wie man beliebig gute Näherungswerte für sie finden konnte und nannten die durch „dezimales Probieren“ mit dem **TR** gefundene Folge von Intervallen, die sich immer enger um $\sqrt{2}$ zusammenzogen, eine *Intervallschachtelung*.

Intervallschachtelungen im Rückblick

Später, in $\mathbb{B}$**6**, auf dem Weg zur *Kreiszahl* π haben wir ähnlich argumentiert: Denken Sie an die Folge der n-Ecks-Umfänge! Stets lag der Wert u_n für die Sehnen- unter dem der Tangentenvielecke U_n; die Differenz $U_n - u_n$ war hier zwar nicht jeweils 1/10 der vorigen (wie bei $\sqrt{2}$), doch wurde auch sie mit $n \rightarrow \infty$ beliebig klein. Auch hier lag also eine *Intervallschachtelung* vor, die sich auf einen *innersten Punkt* zusammenzog, Bilder 2.

Bilder 2: dazu

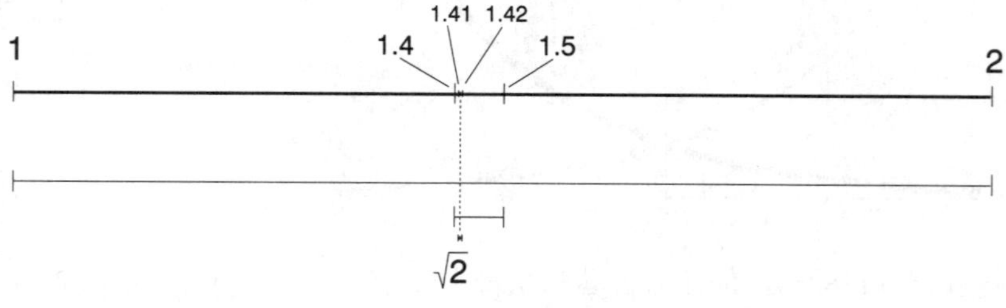

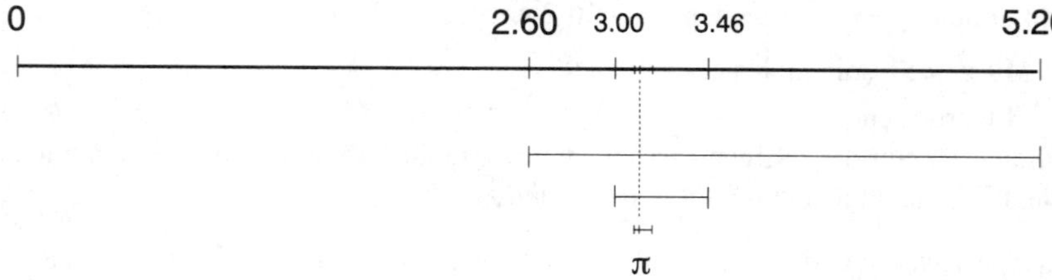

Es gibt zu jedem Punkt auf den Zahlengeraden, der einer *Bruchzahl* entspricht, beliebig viele Intervallschachtelungen: Sehen wir uns eine solche zu 1/9 an:

B **Beispiel 1:** **Intervall-Längen und Grenzwert 0**

1/9 = 0,11111...;	0,1	<	1/9	<	0,2
	0,11	<	1/9	<	0,12
	0,111	<	1/9	<	0,112
	...		...		...

IS: [0,1; 0,2], [0,11; 0,12], [0,111; 0,112], ...

die Längen der Intervalle sind $l_1 = 0{,}1$; $l_2 = 0{,}01$; $l_3 = 0{,}001$; ...; $l_n = 10^{-n}$ und werden mit $n \to \infty$ beliebig klein. Wir werden später sagen, sie haben den ***Grenzwert*** Null.

Da es aber auch Intervallschachtelungen gibt (wie bei $\sqrt{2}$ und π), die keine rationale Zahl festlegen, die zunächst „ins Leere" greifen, sagt man, daß sie dann eben eine *nichtrationale* – eine „irrationale" – Zahl definieren. Auf der Zahlengeraden gibt es dann keine Lücken mehr. Dieses ***Cantorsche Axiom*** ist an sich unbeweisbar; doch muß gezeigt werden, *wie* man mit solchen neuen „Zahlen" *rechnen* kann – und dies kann so geschehen, daß man erklärt, wie mit Intervallschachtelungen zu operieren ist: diese sind ja die einzige Darstellung für die neuen Objekte. Dabei lehnt man sich an die in $\mathbb{Q}$ üblichen Regeln an: alle Intervallränder sind ja Zahlen $a_n, b_n \in \mathbb{Q}$! Wir übergehen aber hier die Details, sie gehören zur wissenschaftlichen Mathematik.

irrationale Zahlen

Das Ergebnis ist jedenfalls: Man kann mit Intervallschachtelungen *rechnen* wie gewohnt – ob sie nun *rationale* oder *irrationale* Zahlen erfassen oder festlegen. Im letzteren Falle *sind* die Schachtelungen geradezu diese neuen Zahlen, man kürzt sie nur mit α, β oder auch a, b, usw. ab. Damit ist eine neue, $\mathbb{Q}$ umfassende Zahlenmenge $\mathbb{R}$ gewonnen, die Menge der „reellen" Zahlen. In ihr gelten alle bisher üblichen Eigenschaften der *Verknüpfungen* +, –, ·, :, ^ (hoch) und die der *Ordnungen* $\neq, <, \leq, \geq, >$.

reelle Zahlen

Irrationale Exponenten

Nun zurück zu unseren *Potenzen!* Wir wollten ja versuchen, Zeichen der Art $2^{\sqrt{2}}$ als sinnvoll anzusehen. Bevor wir dies tun können, halten wir fest:

S **Satz 1:** **Erklärung der q-ten Wurzel**

Zu jeder positiv-reellen Zahl $a \in \mathbb{R}^+$ gibt es die q-te Wurzel ($q \in \mathbb{N}^*$), und diese ist ebenfalls reell:

$$x^q = a \Rightarrow x = \sqrt[q]{a} = a^{1/q}$$

Gelingt das eben erwähnte Vorhaben, dann ist auch die Existenz jeder „gebrochenen" Potenz $y = a^{p/q}$ als $(a^{1/q})^p$ gesichert – und das alles jetzt für *reelle* Zahlen a (> 0) und y! Wir führen den Beweis anhand eines konkreten Beispiels:

B **Beispiel 2:** **von gebrochenen zu irrationalen Hochzahlen**

Es seien a = 10 und q = 3, d. h., mit $x^3 = 10$ suchen wir $x = \sqrt[3]{10} = 10^{1/3}$; wir probieren mit dem **TR** (y^x-Taste):

2^3	< 10 <	3^3
$2{,}1^3$	< 10 <	$2{,}2^3$
$2{,}15^3$	< 10 <	$2{,}16^3$
$2{,}154^3$	< 10 <	$2{,}155^3$
$2{,}1544^3$	< 10 <	$2{,}1545^3$

Arbeiten mit Intervallschachtelungen

Die jeweiligen Basen bilden dann schon die gesuchte Intervallschachtelung, da ihre 3. Potenz wieder eine solche ist. Somit ist

$\sqrt[3]{10} = [2; 3], \ [2{,}1; 2{,}2], \ [2{,}15; 2{,}16], \ ...,$

und so kann man immer vorgehen.

Jetzt setzen wir statt $\sqrt{2}$ in $2^{\sqrt{2}}$ die Intervallränder der $\sqrt{2}$ -Schachtelung an und erhalten für

$[2^1; 2^2], \ [2^{1,4}; 2^{1,5}], \ [2^{1,41}; 2^{1,42}], \ [2^{1,414}; 2^{1,415}], \ ...$

abermals eine Intervallschachtelung (Beweis als Übung 2); eben diese sehen wir als Darstellung der *reellen Zahl* $2^{\sqrt{2}}$ an. Damit ist unser Eingangsproblem aber gelöst: Exponentialfunktionen können lückenlos über $\mathbb{R}$ definiert und nach $\mathbb{R}^+$ als Wertebereich abgebildet werden!

Definition 1: Exponentialfunktionen

D

Funktionen der Art $^a\exp: \mathbb{R} \to \mathbb{R}^+$, definiert durch $x \to a^x$, $a \in \mathbb{R}^+$, sind ***Exponentialfunktionen*** zur Basis a.

Eigenschaften der Exponentialfunktionen

Monotonie und Umkehrbarkeit

Da sich alle Ergebnisse für $\mathbb{Q}$ jetzt auf $\mathbb{R}$ übertragen, sind unsere neuen Funktionen $^a\exp$ für $a > 1$ streng *monoton wachsend* und für $0 < a < 1$ streng *monoton abnehmend*; in jedem Fall sind sie durchwegs *injektiv*. Wenn Sie sich erinnern, bedeutete dies für eine Funktion, daß jeder beliebige Funktionswert y nur an *einer* Stelle x angenommen wird; sollte sich also einmal die Gleichheit $y_1 = y_2$ bzw. $f(x_1) = f(x_2)$ ergeben, so muß x_2 eine andere Darstellung von x_1 sein, d. h., $x_2 = x_1$:

$a^{x_1} = a^{x_2} \ \Rightarrow \ x_1 = x_2$ (Die Umkehrung $\Leftarrow$ gilt für *jede* Funktion!)

Diese Beziehung wird bei der *Umkehrung* der Exponentialfunktionen sowie bei den *Exponentialgleichungen* von Bedeutung sein!

Sind die neuen Funktionen auch surjektiv?

Wenn man sich die beiden Graphen für $a = 2$ und $a^* = 1/2$ ansieht, vermutet man wohl, daß jeder Wert $y^* \in \mathbb{R}^+$ auch erreicht bzw. an einer Stelle $x^* \in \mathbb{R}$ angenommen wird: wir vermuten, $^a\exp$ ist *surjektiv*! Natürlich schließen wir die Werte $a = 0$ oder $a = 1$ dabei aus, es würden ja nur 0 und 1 als Funktionswerte auftreten.

auf der Suche nach bestimmten y-Werten ...

Sei etwa $a = 10$ und fragen wir, ob $y^* = 3$ als Funktionswert auftritt! Gibt es also ein x^* mit $^{10}\exp: x^* \to 3$ bzw $10^{x^*} = 3$? Sicher ist dann dieses x^* *nicht ganz*:

$10^{-1} = 1/10, \ 10^0 = 1, \ 10^1 = 10, ...,$

3 wird übersprungen. x^* ist auch *nicht gebrochen*:

$10^{p/q} = 3$ würde bewirken: $10^p = 3^q$;

hier ist 10^p als 10er-Vielfaches *gerade*; 3^q ist aber stets *ungerade*, kann demnach nicht gleich 10^p sein.

x^* muß also *irrational* sein, wenn es überhaupt eine Lösung gibt von $10^{x^*} = 3$! Wir versuchen folglich, eine *Intervallschachtelung* für x^* zu finden!

B **Beispiel 3:**

Mit dem Taschenrechner bestimmen wir die Potenzen (stets die $\boxed{x^2}$ -Taste drücken:)

3^2, $3^4 = (3^2)^2$, $3^8 = (3^4)^2$, $3^{16} = (3^8)^2$ usw.

$3^2 = 9$, $3^4 = 8{,}1 \cdot 10^1$, $3^8 = 6{,}561 \cdot 10^3$, $3^{16} = 4{,}3... \cdot 10^7$,

$3^{32} = 1{,}85... \cdot 10^{15}$, $3^{64} = 3{,}43... \cdot 10^{30}$, $3^{128} = 1{,}17... \cdot 10^{61}$, [: 10^{50}!]

$3^{256} = 1{,}39... \cdot 10^{122}$, $3^{512} = 1{,}93... \cdot 10^{244}$, $3^{1024} = 3{,}73... \cdot 10^{488}$

auf dem Weg zur Bijektivität ...

Es ist daher jede 3er-Potenz zwischen zwei Zehnerpotenzen einschließbar:

$1 < 3^2 < 10$ oder $10^0 < 10^{2x^*} < 10^1 \Rightarrow 0 < 2x^* < 1 \Rightarrow 0 < x^* < 1/2$

$10 < 3^4 < 100$ $\quad 10^1 < 10^{4x^*} < 10^2 \Rightarrow 1 < 4x^* < 2 \Rightarrow 1/4 < x^* < 2/4$

$10^3 < 3^8 < 10^4$ $\quad 10^3 < 10^{8x^*} < 10^4 \Rightarrow 3 < 8x^* < 4 \Rightarrow 3/8 < x^* < 4/8$

....

Bitte setzen Sie selber als Übung 3 fort!

....

Es wird schließlich

$10^{488} < 3^{1024} < 10^{489} \Rightarrow 488 < 1024\,x^* < 489 \Rightarrow 488/1024 < x^* < 489/1024$

$\Rightarrow 0{,}4765.. < x^* < 0{,}4775..$

und damit zur ...

Tatsächlich ist $x^* = 0{,}47712..$, wie Sie sich bald leicht überzeugen können!

Die Intervallränder steigen links, fallen rechts, die Intervall-Längen l_i sind $1/2$, $1/4$, $1/8$, $1/16$, ..., $1/2^n$, werden also mit $n \to \infty$ beliebig klein, kurz $l_n \to 0$: Es liegt eine *Intervallschachtelung* vor, die damit die Existenz dieses x^* garantiert. Wir sehen, wie man für andere Werte von a statt 10 und y statt 3 vorgeht und sagen:

S **Satz 2:** Existenz von Umkehrfunktionen

Exponentialfunktionen ${}^a\exp$: $\mathbb{R} \to \mathbb{R}^+$, $x \to a^x$, sind auch *surjektiv* und damit *bijektiv* ($a \neq 1$, $a \in \mathbb{R}^+$).

Jetzt ist endlich gesichert, daß es *Umkehrfunktionen* zu ${}^a\exp$ von $\mathbb{R}^+$ in $\mathbb{R}$ gibt.

Folgen

Exponentialfunktionen und Folgen

Eine besondere Eigenschaft der (Graphen aller) Exponentialfunktionen soll hier noch hervorgehoben werden. Dazu beschäftigen wir uns mit sog. ***Folgen***, das sind zunächst ganz naiv *Mengen*, bei denen es aber auf die *Reihenfolge* der Elemente, hier *Glieder*, ankommt. Im einfachsten Fall sieht eine Folge so aus:

3 5 7 9 11 13 ...

Sie erkennen sofort, wie ein jedes Glied aus dem Vorgänger entsteht: Es wird immer 2 addiert:

$a_1 = 3$; $a_2 = 5 = 3+2$; $a_3 = 7 = 3+2+2 = 3+2 \cdot 2$; $a_4 = 9 = 3+2+2+2 = 3+3 \cdot 2$.

Ebenso ist dann

$a_{10} = 3 + 9 \cdot 2$; $a_{100} = 3 + 99 \cdot 2$; ... und allgemein $a_n = 3 + (n-1) \cdot 2$.

Wenn wir das Anfangsglied 3 allgemein a nennen und die Differenz 2 hier d, entsteht

$$\boxed{a_n = a + (n-1) \cdot d}$$

arithmetische und ...

Vermutlich haben Sie diese Folge im Unterricht schon früh als **arithmetische Folge** kennengelernt!

Der nächste „Schwierigkeitsgrad" ist wohl dieser:

3 6 12 24 48 96 …

Auch hier erkennen Sie leicht das *Bildungsgesetz*: Es wird immer mit 2 multipliziert:

$a_1 = 3$; $a_2 = 6 = 3 \cdot 2$; $a_3 = 12 = 3 \cdot 2 \cdot 2 = 3 \cdot 2^2$; $a_4 = 24 = 3 \cdot 2 \cdot 2 \cdot 2 = 3 \cdot 2^3$.

Ebenso ist dann

$a_{10} = 3 \cdot 2^9$; $a_{100} = 3 \cdot 2^{99}$; … und allgemein $a_n = 3 \cdot 2^{n-1}$.

Wieder schreiben wir a für das Anfangsglied 3 und q für den Faktor bzw. *Quotient* 2:

geometrische Folgen

$$a_n = a \cdot q^{n-1}$$

Auch diese Folge kennen Sie aus dem Unterricht als ***geometrische*** **Folge**. Den Namen verdanken beide Folgen der Eigenschaft, daß jedes Glied arithmetisches bzw. geometrisches Mittel der Nachbarglieder ist (Übung 4a). Als Schreibweise sind sowohl spitze Klammern < > als auch runde ( ) sowie geschweifte { } üblich; wir bleiben bei den auch im Mathematik-Duden verwendeten *spitzen*, notieren also

$\langle y_1, y_2, y_3, ..., y_n \rangle$ oder kurz $\langle y_n \rangle$ bzw. $\langle a_n \rangle$

wobei wir das Bildungsgesetz für y_n bzw. a_n als bekannt annehmen.

Bevor wir uns näher mit ihnen und ihren Anwendungen befassen, charakterisieren wir wie eingangs angekündigt, die Exponentialfunktionen:

Satz 3: Folgen und Exponentialfunktionen

S **Wird aus der Definitionsmenge $\mathbb{R}$ einer Exponentialfunktion $^a\exp$ eine *arithmetische* Stellenfolge x_i herausgegriffen, so entsteht offenbar eine *geometrische* Funktionswertefolge y_i.**

Bild 3: dazu

Beweis

Denn schreiben wir für die Basis q statt a, so ist

$^q\exp$: $x \rightarrow y = q^x$

und weiter für $x_i = 1, 2, 3, 4, \ldots$ schon

$y_i = q^1, q^2, q^3, q^4, \ldots,$

was wir uns gerade als geometrische Folge (mit a = 1) in Erinnerung gerufen haben! Daß der Satz ganz allgemein für *jede arithmetische* x_i-Folge gilt, zeigen Sie bitte als Übung 4b!

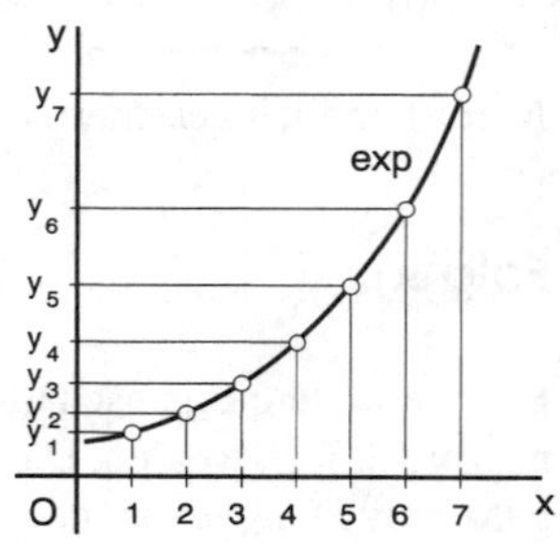

Nun zur Festigung kleine Übungen zu den beiden Folgenarten. Dabei wollen wir die *geometrische* durch die Wahl des Buchstabens b für die Folgenglieder gleich auf den ersten Blick von der *arithmetischen* unterscheiden, bei der wir das a beibehalten.

Beispiele 4: arithmetische Folgen

B So ist beispielsweise

- für a = 10, d = 2, n = 5: $a_5 = 10 + 4 \cdot 2 = 18$;
  für a = –15, d = 5, n = 10: $a_{10} = -15 + 9 \cdot 5 = 30$.
- Das wievielte Glied ist –33 in der Folge mit a = 6 und d = –3?

  $a_n = a + (n-1) \cdot d \Rightarrow n = \frac{a_n - a}{d} + 1 = \frac{-33 - 6}{-3} + 1 = 14$: das 14. Glied!

Ganz analog geben wir für eine geometrische Folge vor:

❖ Seien b = 1, $q = 1/2$, n = 4; dann ist $b_5 = b \cdot q^4 = 1 \cdot (1/2)^3 = 1/8 = 0{,}125$;

für b = 2, $q = 1/3$, n = 8 folgt $b_8 = b \cdot q^7 = 2 \cdot (1/3)^7 = \frac{2}{3^7} = \frac{2}{2187} = 0{,}0009145$

❖ Welcher Quotient q tritt in der Folge mit b = 5 und $b_6 = 1{,}6384$ auf?

$$b_n = b \cdot q^{n-1} \Rightarrow q = \sqrt[n-1]{\frac{b_n}{b}} = \sqrt[6-1]{\frac{1{,}6384}{5}} = \sqrt[5]{0{,}32768} = 0{,}8 = 4/5 : q = 4/5$$

Beispiele 5: geometrische Folgen

Man kann die beiden Typen von Folgen auch anders betrachten: Jedes Glied ergibt sich aus dem Vorgänger nach Addition mit d bzw. Multiplikation mit q:

$$a_{k+1} = a_k + d \quad \text{bzw.} \quad b_{k+1} = b_k \cdot q, \quad \text{für } k = 1, 2, 3, ..., n-1; \ d, q \text{ bekannt.}$$

Bei sukzessivem Einsetzen für k = 1, 2, 3, ... wird ja daraus

$$a_2 = a_1 + d = a + d \ \text{(a gegeben!)} \quad \text{bzw.} \quad b_2 = b_1 \cdot q = b \cdot q, \ \text{(b gegeben)}$$
$$a_3 = a_2 + d = a + d + d = a + 2d \quad \text{bzw.} \quad b_3 = b_2 \cdot q = (b \cdot q) \cdot q = b \cdot q^2$$

usw., was schließlich zu den bekannten Formeln von oben führt! Man spricht bei dieser Auffassung von ***rekursiver** Definition* einer Folge; sie eignet sich hervorragend für die Behandlung per Computer, da sie sich sofort als *Schleife* in die jeweilige Programmiersprache übersetzen und abarbeiten läßt!

rekursive Definition einer Folge

Man hat einen besonderen Namen für Bedingungen festgelegt, in denen eine Variable y_k mit dem Nachfolger y_{k+1} verbunden ist:

> Eine Gleichung der Form $y_{k+1} + c\,y_k = e$ heißt lineare *Differenzengleichung* 1. Ordnung mit konstanten Koeffizienten c und e.

Definition 2: Differenzengleichung

Unsere beiden Folgen lassen sich also bei rekursivem Ansatz als *Differenzengleichungen* formulieren, da das k-te Glied und sein rechter Nachbar gemeinsam auftreten. Eine Gleichung dieses Typs wird uns gleich noch in der *Finanzmathematik* begegnen. Auch in der *numerischen* Mathematik sind sie wichtig geworden, etwa für *Computersimulationen dynamischer Systeme*, deren *Differential*gleichungen man nicht exakt lösen kann, vgl. das letzte Kapitel L**39** in Band **3**.

und Computer

Zuvor soll aber auch dieser neue Begriff noch ein wenig gefestigt werden:

Die Differenzengleichungen für die arithmetische und geometrische Folge lauteten in der Schreibweise unserer Definition:

$$y_{k+1} - y_k = d \quad \text{bzw.} \quad y_{k+1} - q \cdot y_k = 0$$

Beispiele 6: dazu

❖ Setzen wir in der 2. Gleichung für q das Anfangsglied y, so wird

$$y_{k+1} - y \cdot y_k = 0 \quad \text{oder} \quad y_{k+1} = y \cdot y_k,$$

also für k = 1, 2, 3, …

$$y_2 = y \cdot y_1 = y \cdot y = y^2,$$
$$y_3 = y \cdot y_2 = y \cdot y^2 = y^3, \ \ldots\ldots, \quad \text{allg. } y_k = \ldots = y^k$$

womit wir eine Folge von **Potenzen** erzeugt haben!

Potenzfolgen!

sowie
...
Folgen von Fakultäten (Faktoriellen)!

B

❖ Wählen wir neu für q jetzt k+1, so entsteht

$y_{k+1} - (k+1) \cdot y_k = 0$ oder $y_{k+1} = (k+1) \cdot y_k$

Mit dem Anfangsglied y = a = 1 haben wir für k = 1

$y_2 = 2 \cdot y_1 = 2 \cdot 1$; für k = 2

$y_3 = 3 \cdot y_2 = 3 \cdot 2 \cdot 1$, $y_4 = 4 \cdot y_3 = 4 \cdot 3 \cdot 2 \cdot 1$, $y_5 = 5 \cdot y_4 = 5 \cdot 4 \cdot 3 \cdot 2 \cdot 1$, allg.

$y_n = \ldots = n \cdot (n-1) \cdot (n-2) \cdot \ldots \cdot 3 \cdot 2 \cdot 1 = n!$,

also die auf Seite 97 definierte **Fakultät** n!.

Endliche Reihen

Folgen und Reihen

Ist $\langle a_1, a_2, a_3, \ldots, a_n \rangle$ eine beliebige endliche Zahlenfolge, so heißt der Term

$a_1 + a_2 + a_3 + \ldots + a_n$

die zugehörige endliche ***Reihe*** und sein Wert für konkrete Zahlen die *Summe* der Reihe.

Wir wollen uns hier damit begnügen, die Summe der *endlichen* arithmetischen – und dann der geometrischen – Reihe zu berechnen. Dabei machen wir es Carl Friedrich Gauß (1777 bis 1855) nach, der als Volksschüler in Braunschweig vor über 200 Jahren die Zahlen von 1 bis 100 (vielleicht auch nur bis 60) so addierte:

$1 + 2 + 3 + \ldots + 98 + 99 + 100 = (1+100) + (2+99) + (3+98) + \ldots$

eine Idee von Carl F. Gauß

Da es 100 Zahlen sind, lassen sich 50 Paare zusammenstellen (bei 60 sind es 30), die jedesmal 101 (bzw. 61) als Summe haben und insgesamt 101 mal 50 = 5050 (bzw. 61 mal 30 = 1830) ergeben. Hier ließ der spätere «Fürst der Mathematiker» Gauß schon sehr früh sein außerordentliches Genie aufblitzen!

Allgemein gilt für die *doppelte* Reihe:

$a_1 + (a_1+d) + (a_1+2d) + \ldots + (a_n-2d) + (a_n-d) + a_n +$

$a_n + (a_n-d) + (a_n-2d) + \ldots + (a_1+2d) + (a_1+d) + a_1 = n \cdot (a_1+a_n)$

weil die darunter stehenden Glieder jeweils a_1+a_n ergeben; für die Reihe selbst folgt schon die Hälfte als Summe:

Satz 4:
Summenformel

S

Die Summe s_n einer endlichen arithmetischen Reihe mit dem Anfangsglied a_1 und dem Endglied a_n ist bei n Gliedern

$$s_n = \frac{n}{2}(a_1 + a_n)$$

Beispiele 7:
zu arithm. Reihen

B

So ist etwa noch die Summe der ersten 4000 Fünfervielfachen:

$$s = 5 + 10 + 15 + \ldots + (5 \cdot 4000 =)\ 20000 = \frac{4000}{2} \cdot (5 + 20000) = 40010000.$$

Das letzte Glied findet man auch nach der Formel so:

$$a_{4000} = a_1 + (4000 - 1) \cdot d = 5 + 3999 \cdot 5 = 4000 \cdot 5 = 20000.$$

Bei einer *geometrischen* Folge $\langle b_1, b_2, b_3, \ldots, b_n \rangle$ heißt der Term $b_1 + b_2 + \ldots + b_n$ endliche **geometrische Reihe**. Wir wollen auch hier diesen Wert, die *Summe* der Reihe, berechnen.

Auch dafür haben sich die Mathematiker etwas einfallen lassen: zur Reihe

$$b_1 + b_1q + b_1q^2 + b_1q^3 + ... + b_1q^{n-1}$$

addieren wir die (–q)-fache:

$$-b_1q - b_1q^2 - b_1q^3 - ... - b_1q^{n-1} - b_1q^n,$$

so daß sich die mittleren Glieder wegheben. Es ergibt sich

$$s_n - q \cdot s_n = b_1 - b_1q^n = b_1(1 - q^n)$$

was für $q \neq 1$ durch $(1 - q)$ dividiert werden darf

$$s_n = b_1 \frac{1 - q^n}{1 - q}$$

für $q = 1$ ist einfach $b_1 + b_1 + ... + b_1 = nb_1$.

geom. Reihe: Herleitung der ...

Die Summe einer endlichen geometrischen Reihe mit dem Anfangsglied b_1 ist für n Glieder und einem Quotienten $q \neq 1$:

$$s_n = b_1 \frac{1 - q^n}{1 - q} = b_1 \frac{q^n - 1}{q - 1}$$

S

Satz 5: Summenformel

Dabei wird die erste Form für $q < 1$, die zweite für $q > 1$ gewählt, um negative Zähler und Nenner zu vermeiden:

B

Beispiele 8: zur geom. Reihe

Beispielsweise ist

für $b_1 = 10$, $q = 1/2$, $n = 8$: $s_8 = 10 \cdot \frac{1 - (1/2)^8}{1 - 1/2} = 10 \cdot 2 \cdot [1 - (1/2)^8] = 19{,}92$

für $b_1 = 3$, $q = 3$, $n = 15$: $s_5 = 3 \cdot \frac{3^{15} - 1}{3 - 1} = \frac{3}{2} \cdot (3^{15} - 1) = 21523349$

womit schon die Summe der ersten 15 Dreierpotenzen $3+3^2+3^3+...+3^{15}$ bestimmt ist!

Vollständige Induktion

Nicht immer kennt man so genial-einfache Beweisideen wie eben, um zu allgemeinen Formeln zu gelangen. In einem solchen Fall kann man zur Methode der „vollständigen Induktion" Zuflucht nehmen, die bei dieser Gelegenheit vorgestellt werden soll.

ein Griff in die Trickkiste der Mathematiker: vollständige Induktion

Wir studieren sie am Beispiel der *arithmetischen Reihe*, weil sie hier recht einfach zu handhaben ist. Die Idee ist folgende: Durch Probieren ist man zu einer Formel für konkrete Zahlenwerte gekommen und Intuition (Gespür) lassen ihre Geltung für allgemeines n vermuten; dies ist aber direkt nicht (immer) nachweisbar. So versucht man zu zeigen, daß die Formel – wenn sie nur für ein bestimmtes n gilt – dann immer auch für den Nachfolger n + 1 richtig ist. Anschaulich: Fällt ein Dominostein, so trifft er den Nachbarstein, der dann sicher auch fällt. *Einer* muß den Anfang machen, meist der erste – er nimmt dann den zweiten mit, der wieder den dritten usw., bis *alle* fallen!

So zeigt man die Gültigkeit einer vermuteten Formel für n = 1 (*Basis = Verankerung* der Induktion) und beweist, daß sie mit n auch für n + 1 gilt; dann gilt sie *für alle n!*

Konkret sieht dies für die arithmetische Reihe so aus: Wir wollen beweisen, daß folgende Formel gilt:

vollständige Induktion ... und arithmetische Reihe

Vermutung: $1 + 2 + 3 + ... + n = \frac{n \cdot (n+1)}{2}$

Dazu weisen wir nach, daß die Formel richtig ist für

$n = 1$: $1 = \frac{1 \cdot 2}{2} = 1$, ✓.

Jetzt haben wir den Schluß von n auf n + 1 zu beweisen, kurz

$n \Rightarrow n+1$: $(1 + 2 + 3 + ... + n) + (n + 1) =$ (Vermutung) $\frac{n \cdot (n+1)}{2} + (n+1) =$

(herausheben!) $\frac{n \cdot (n+1)}{2} \cdot (n+2)$.

Dies ist aber genau die *Struktur*, die Gestalt, der vermuteten Formel! Sie haben dort nur n + 1 statt n zu setzen, um dies zu erkennen. Damit ist die Beweiskette geschlossen: Der 1. Stein fällt, n = 1, ✓; jeder nimmt den nächsten mit, $n \Rightarrow n+1$, ✓, und damit fallen sie *alle*, d. h., die vermutete Formel gilt *für alle n!*

Damit Sie Gelegenheit haben, diese Vorgangsweise zu üben, hier das Beispiel:

Beispiel 9: ... und die Summe der ersten n Quadratzahlen

B Es soll die Formel bewiesen werden:

$1^2 + 2^2 + 3^2 + ... + n^2 = \frac{n \cdot (n+1) \cdot (2n+1)}{6}$.

Wir starten wie oben mit der *Verankerung*

$n = 1$: $1^2 = \frac{1 \cdot 2 \cdot 3}{6} = 1$, ✓.

Jetzt wieder zum Schluß von n auf n + 1:

$n \Rightarrow n+1$: $(1^2 + 2^2 + 3^2 + ... + n^2) + (n+1)^2 =$ (V) $\frac{n \cdot (n+1) \cdot (2n+1)}{6} + (n+1)^2$

$= ... = \frac{n+1}{6} \cdot [n \cdot (2n+1) + 6\,(n+1)] = ... = \frac{n+1}{6} \cdot (n+2) \cdot (2n+3)$, ✓.

Zwei analoge Beispiele bearbeiten Sie dann bitte in den Übungen!

Hier folgt noch eine *Ungleichung* (von ***Bernoulli***), die in der ANALYSIS verwendet wird, um gewisse Beweise zu führen:

Beispiel 10: ... und die Ungleichung von Bernoulli

B $(1 + x)^n \geq 1 + nx$ (für $x \geq -1$ und $n = 1, 2, 3, ...$).

Für den Startwert n = 1 erkennt man sofort die Gleichheit; für n = 2 liegt die 1. binomische Formel vor:

$n = 2$: $(1 + x)^2 = 1 + 2x + x^2$; dies ist $> 1 + 2x$, da x^2 stets positiv ist, ✓.

Auch der Schluß von n auf n + 1 ist nicht schwierig:

$n \Rightarrow n+1$: $(1+x)^{n+1} = (1+x)^n \cdot (1+x) \geq$ (Vermutung) $(1 + nx) \cdot (1 + x) =$
$= ... = 1 + (n+1) \cdot x + nx^2 > 1 + (n+1) \cdot x$, da ja das positive nx^2 wegfällt, ✓.

Erinnert Sie dieses Vorgehen nicht an die *rekursive* Definition der Folgen? Das erste Glied steht fest und das (n + 1)-te wird auf das n-te aufgebaut!

Folgen und Anwendungen

Geometrische Folgen sind nicht nur dazu nützlich, den Dreierpotenzen beim Wachsen zuzusehen. *Wachstum* finden wir auch in der WIRTSCHAFT (weiter unten) und in der BIOLOGIE:

Anwendung in der Biologie

Vermehrt sich eine Bakterienkultur derart, daß in einer Zeitspanne T (Zeiteinheiten, etwa Min.) die doppelte Ausgangszahl erreicht ist, so gilt mit B als Anfangszahl

$B_2 = B \cdot 2$ (nach T min),
$B_3 = B \cdot 2^2$ (nach 2T min),
...
$B_{n+1} = B \cdot 2^n$ (nach nT min) ...

womit eine geometrische Folge $\langle B, B \cdot 2, B \cdot 2^2, ..., B \cdot 2^n \rangle$ entstanden ist! Dazu eine für Biologen interessante Frage:

Beispiel 11: Bakterienwachstum

B

Wie lange dauert es bei einer Anfangszahl B = 10 und der Verdopplungszeit T = 1 Stunde, bis die **Bakterienzahl** auf über 1 Milliarde angewachsen ist?

$B_{n+1} = 10^9 = 10 \cdot 2^n \Rightarrow 2^n = 10^8$ (**TR** probieren) $\Rightarrow n \approx 27$ Std!

Nach $t := nT$ min sind demnach wegen $n = t/T$

$B_t = B \cdot 2^{t/T}$

Bakterien vorhanden, wobei für t nun beliebige Zwischenwerte eingesetzt werden können. Sehen Sie, daß wir so bei einer *Exponentialfunktion* $t \rightarrow B \cdot 2^{t/T} =: k \cdot 2^{at}$ gelandet sind?

... und in der PHYSIK:

Bevor wir uns der GELDWIRTSCHAFT in einem längeren Abschnitt zuwenden, kurz zur PHYSIK: So läßt sich die Intensitätsabnahme von Licht beim Durchgang durch Wasser oder Glas ganz analog verstehen, vgl. Bild 4. Pro Schicht der Dicke h wird ein fester Prozentsatz, etwa p %, verschluckt. Anfangswerte werden oft als 0-tes Glied, also hier I_0, bezeichnet, wir tun das auch:

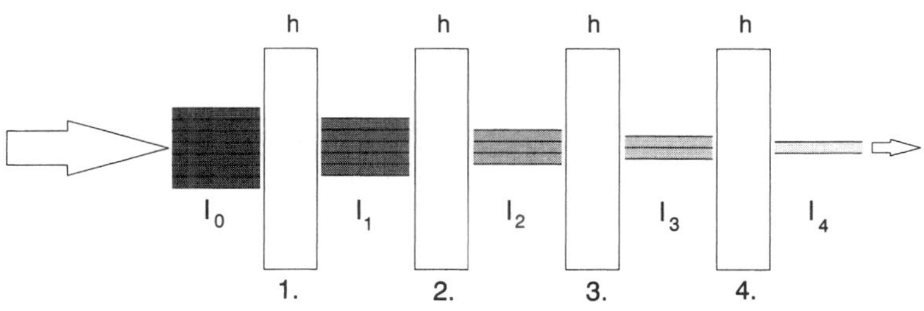

Bild 4: Intensitätsabnahme von Licht

Licht fällt mit I_0 ein; nach der 1. Schicht bleibt der um p % von I_0 verminderte Anteil:

$$I_1 = I_0 - \frac{p}{100} \cdot I_0 = I_0 \left(1 - \frac{p}{100}\right) =: I_0 \cdot v$$

ebenso ist

$$I_2 = ... = I_1 \left(1 - \frac{p}{100}\right) = I_1 \cdot v = \text{[von der 1. Zeile einsetzen]}\ I_0 \cdot v^2;$$

...

$$I_n = I_0 \cdot v^n$$

Auch diesmal eine konkrete Frage:

Beispiel 12: **Lichtschwächung in einem See**

B In einem See nimmt die **Intensität** von **Licht** pro h = 1 m Wassertiefe um p = 7 % ab; welche Intensität verbleibt in 10 m, in 20 m Tiefe? Wann ist noch 1 % von I_0 übrig?

Wir brauchen nur in die letzte Formel einzusetzen und an die Abkürzung für v zu denken:

$I_{10} = I_0 \cdot (1 - 7/100)^{10} = I_0 \cdot 0{,}93^{10} =$ **[TR]** $0{,}48\ I_0$: es sind noch 48 %,

$I_{20} = I_0 \cdot 0{,}93^{20} = 0{,}23\ I_0$: es sind noch 23 %;

Nun zur Frage nach 1 %:

$0{,}01 \cdot I_0 = I_0 \cdot 0{,}93^x \quad \Leftrightarrow \quad 0{,}93^x = 0{,}01;$

bis jetzt ist diese *Exponentialgleichung* nur durch Probieren am **TR** lösbar:

$63 < x < 64$; man muß tiefer als 63 m tauchen!

Wir werden am Ende des Kapitels bessere „Lösungsmittel" haben; auch der *Chemiker* wird dann am Wort sein!

Finanzmathematik:

Zum weiten Feld wirtschaftlicher Anwendungen zählt die *Zinsrechnung* oder auch die *Rentenrechnung*. Sie sind Teilgebiete der **Finanzmathematik** und können hier nur in einigen typischen Aufgabenstellungen skizziert werden.

von Zinsen und Zinseszinsen

Dabei wollen wir (fast) alle Fragen, die sich auf einen *einfachen Zins* beziehen, übergehen – sie gehören in die Arithmetik der Unterstufe – und gleich den Fall betrachten, daß ein Kapital K_0, das etwa zu Beginn eines Jahres eingelegt wird, *einige Jahre* nicht abgehoben wird. Dann wird nämlich zu Beginn des Folgejahres der nicht ausbezahlte Zins zum Kapital K_0 dazugeschlagen; vom neuen Kapital $K_1 = K_0 + K_0 \cdot p$ wird im 2. Jahr der Zins berechnet, und er führt zu einem höheren Kapital $K_2 = K_1 + K_1 \cdot p$ usw.

Da hier auch Zins von Zinsanteilen anfällt, spricht man von *Zinseszinsrechnung*, genauer von *dekursivem* Zinseszins, weil die Verzinsung jeweils am Ende der Zinsperiode (nachschüssig) erfolgt. Wir lösen gleich eine kleine Aufgabe:

Beispiel 13: **Sparbuch**

B Ein wohlmeinender Onkel schenkt mir ein (Anfangs) **Kapital** $K_0 = 20000$ GE; diesen Betrag lege ich auf ein Sparbuch und soll ihn erst nach 3 Jahren bei p = 6% = 0,06 Jahreszinssatz abheben. Auf welchen Wert K_3 ist K_0 dann angewachsen?

$K_1 = K_0 + K_0 \cdot p = 20000 + 20000 \cdot 0{,}06 = 21200$

$K_2 = K_1 + K_1 \cdot p = 21200 + 21200 \cdot 0{,}06 = 22472$

$K_3 = K_2 + K_2 \cdot p = 22472 + 22472 \cdot 0{,}06 = 23820{,}32$:

Nach 3 Jahren darf ich mich auf 23820,32 GE freuen!

Vorbereitung der allgemeinen Formel

Bei 8, 10 oder 15 Jahren wäre dieses schrittweise Berechnen mühsam. Wir suchen eine Formel, die uns diese Arbeit abnimmt; dazu brauchen wir nur so vorzugehen, wie in den Anwendungen zur geometrischen Folge:

$K_1 = K_0 + K_0 \cdot p = K_0 \cdot (1+p) =: K_0 \cdot q$ mit $q = 1+p$ (also etwa 1+0,06 = 1,06)

$K_2 = K_1 + K_1 \cdot p = K_1 \cdot (1+p) = K_1 \cdot q = (K_0 \cdot q) \cdot q = K_0 \cdot q^2$

$K_3 = K_2 + K_2 \cdot p = K_2 \cdot (1+p) = K_2 \cdot q = (K_0 \cdot q^2) \cdot q = K_0 \cdot q^3$

...

$K_n = K_{n-1} + K_{n-1} \cdot p = K_{n-1} \cdot (1+p) = K_{n-1} \cdot q = (K_0 \cdot q^{n-1}) \cdot q = K_0 \cdot q^n$

Wir sind schon am Ziel:

S

Bei dekursivem Zinseszins wächst ein Anfangskapital K_0 bei jährlicher Verzinsung und p (in %, also p = 0,05 bei 5 %) **Jahreszinssatz nach n Jahren auf ein Endkapital K_n an:**

$$K_n = K_0 \cdot (1 + p)^n = K_0 \cdot q^n \quad \text{mit} \quad q = 1 + p$$

Satz 6: Ergebnis

Daß die Kapitalien eine *geometrische Folge* $\langle K_n \rangle = \langle K_0 \cdot q^n \rangle$ bilden, ist aus der Formel unmittelbar abzulesen! q, aber auch q^n wird hier auch *Aufzinsungsfaktor* genannt.

Noch ein Beispiel mit veränderten Ausgangsdaten:

B

Beispiel 14: Anwendung

Auf welchen Betrag wächst ein **Kapital** von 10000 GE bei 7 % Zinssatz in 8 Jahren?

$K_{10} = K_0 \cdot (1 + 0{,}07)^8 = K_0 \cdot 1{,}07^8 = 10000 \cdot 1{,}07^8 = 18384{,}59$ [**TR**, y^x -Taste!]

Es wächst auf 18384,59 GE.

Sie wollen wie oben alle Zwischenwerte, also den jeweiligen Kapitalstand nach 1, 2, 3, ..., 8 Jahren wissen? Dann übergeben Sie doch diese Aufgabe dem *Computer!*

Es soll ein Pascal-Programm für die eben skizzierte Fragestellung im Anschluß an das Beispiel 9 formuliert werden; dabei ist eine Ausgabe in der Form gewünscht:

Jahre |Anfangskapital | Zinsen | Endkapital

Beispiel 15: ein Turbo Pascal-Programm für Zinseszinsen

```
PROGRAM Zinsen;
CONST  Startkapital = 10000.00;  Zinssatz = 0.07;
       Einlagejahr = 1995;       Dauer = 8;
VAR   t, Jahr: Integer;
      Zins, Kapital: Real;

BEGIN
  Writeln('Jahre':6, 'Anf.kapital':18, 'Zinsen':9,
                                  'Endkapital':15);
  Writeln;
  t := 0;  Jahr := Einlagejahr;
  Kapital := Startkapital;
  REPEAT
    Write(t:2, ' / ', Jahr:4, Kapital:12:2);
    Zins := Kapital * Zinssatz;
    Kapital := Kapital + Zins;
    Writeln(Zins:13:2, Kapital:12:2);
    t := t + 1;  Jahr := Jahr + 1;
  UNTIL  t > Dauer;
  Readln
END.
```

Und nun dürfen Sie sich daran erfreuen, wie schnell der Computer alles auflistet. (Bemerkung: Die Zeitachse beginnt – wie die Stoppuhr und auch die x-Achse – mit t = 0, «*jetzt* wird Geld eingelegt», damit startet sofort das 1. *Jahr*. Wen es stört, daß in dieser Zeile schon Zinsen anfallen (im „Jahr Null"!), der muß t mit 1 initialisieren.)

Ausgabe:

Jahre	Anf.kapital	Zinsen	Endkapital
0 / 1995	10000.00	700.00	10700.00
1 / 1996	10700.00	749.00	11449.00
2 / 1997	11449.00	801.43	12250.43
3 / 1998	12250.43	857.53	13107.96
4 / 1999	13107.96	917.56	14025.52
5 / 2000	14025.52	981.79	15007.30
6 / 2001	15007.30	1050.51	16057.81
7 / 2002	16057.81	1124.05	17181.86
8 / 2003	17181.86	1202.73	18384.59

und die Ergebnisse

Barwerte und

Nun läßt sich die Fragestellung umkehren: Wenn eine Schuld erst nach einigen Jahren fällig ist, könnte man sie jetzt schon begleichen; natürlich mit jenem **Barwert** K_0, der, n Jahre lang zu marktüblichem Zinssatz p angelegt, nach n Jahren auf den Schuldbetrag K_n anwachsen würde:

$$K_n = K_0 \cdot (1+p)^n \quad \Rightarrow \quad K_0 = \frac{K_n}{(1+p)^n} = \frac{K_n}{q^n} = K_n \cdot \frac{1}{q^n} =: K_n \cdot v^n;$$

v und v^n heißen *Abzinsungsfaktoren*.

Beispiel 16: Abzinsung

B Ist also eine Schuld von 60000 GE in 5 Jahren fällig und wird p = 7 % vereinbart, so kann man sie heute mit dem Barwert

$$K_0 = K_5 \cdot v^5 = \frac{K_5}{(1+0{,}07)^5} = K_5 \cdot \frac{1}{1{,}07^5} = 42779{,}22 \text{ GE ablösen.}$$

Wenden wir diese Überlegung praktisch an:

Beispiel 17: Vergleich von Angeboten

B Ein Haus wird verkauft und findet 3 Kaufwerber. A bietet 2 Mill. GE sofort, B will 1 Mill. anzahlen und in 4 Jahren 1,2 Mill. aufbringen, C schlägt in 3 Jahren 2,3 Mill. vor. Welches **Angebot** ist für den Verkäufer *am günstigsten*, wenn mit 5 % Verzinsung gerechnet wird?

Wir können nur vergleichen, wenn wir auf denselben Zeitpunkt beziehen; berechnen wir also die *Barwerte* der Angebote von B und C:

$$\text{B: } K_0 = K_4 \cdot v^4 = \frac{K_4}{(1+0{,}05)^4} = 1{,}2 \text{ Mill.} \cdot \frac{1}{1{,}05^4} = 987240$$

$$K_0 + 1 \text{ Mill.} = 1{,}987240 \text{ Mill.}$$

$$\text{C: } K_0 = K_3 \cdot v^3 = \frac{K_3}{(1+0{,}05)^3} = 2{,}3 \text{ Mill.} \cdot \frac{1}{1{,}05^3} = 1{,}986835 \text{ Mill.}$$

A: $K_0 = 2$ Mill. $\Rightarrow$ A bietet vergleichsweise am meisten.

Raten

Bisher haben wir jeweils *einen* bestimmten Betrag verzinst. In der Praxis etwa des Versicherungswesens tritt aber häufig die Frage auf: Über welches Kapital kann man nach 10, 15 oder 20 Jahren verfügen, wenn man jährlich einen bestimmten Betrag, die **Rate** einzahlt, dies eben 10, 15 oder 20 mal?

Orientieren wir uns am folgenden Fallbeispiel:

B Beispiel 18: und geometrische Reihen

Man zahlt 10 Jahre hindurch jeweils am Ende eines Jahres 1000,-- GE auf ein Konto; es werden p = 6,5 % als Zinssatz vereinbart. Über welchen Betrag verfügt man am Ende des 10. Jahres?

Hier hilft eine Zeitgerade, Bild 5: Das Endkapital setzt sich aus 10 Beträgen zusammen – jeder wächst exponentiell –, die eine geometrische Folge bilden; daher liegt eine *geometrische Reihe* vor, deren *Summe* wir schon kennen:

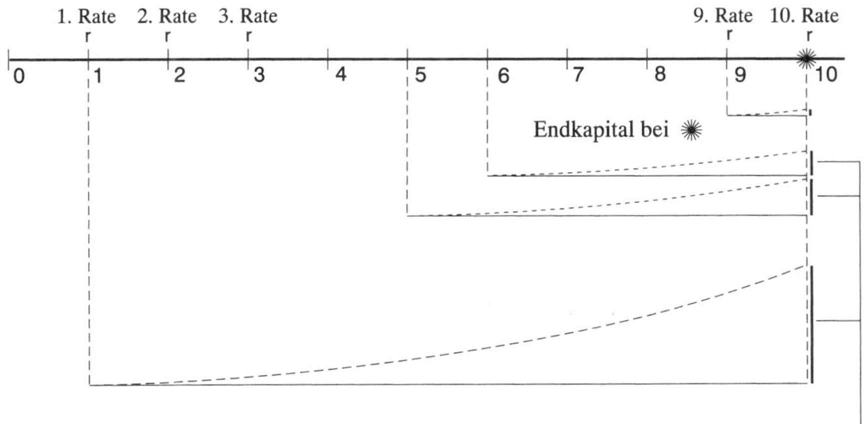

Bild 5: Zeitgerade

nachschüssige und ...

$$s = r + r \cdot q + r \cdot q^2 + \ldots + r \cdot q^9 = r \cdot \frac{q^{10} - 1}{q - 1} = 1000 \cdot \frac{1{,}065^{10} - 1}{1{,}065 - 1} = \ldots = 13494{,}46 \ .$$

Man kann nach 10 Einzahlungen 13494,46 GE abheben.

B Beispiel 19: vorschüssige Renten

Hätte man nicht „nachschüssig“, sondern „vorschüssig“, d.h. am Anfang eines jeden Jahres eingezahlt, würde die geometrische Reihe für s so aussehen, Bild 6:

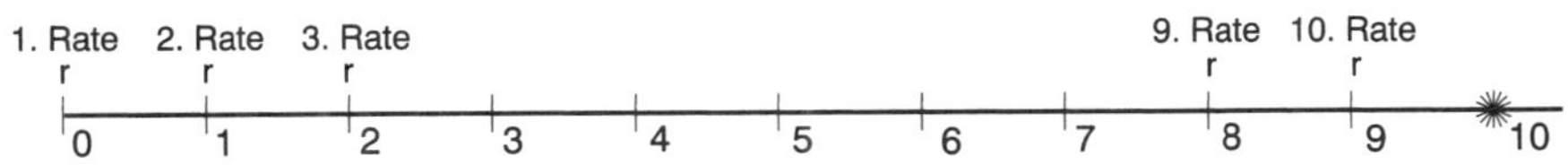

Bild 6: Skizze dazu

$$s_V = r \cdot q + r \cdot q^2 + r \cdot q^3 + \ldots + r \cdot q^{10} = r\,q \cdot \frac{q^{10} - 1}{q - 1} = s \cdot q = \ldots = 14371{,}60 \ .$$

Das Endkapital hätte den q-fachen Wert: 14371,60 GE erreicht.

Auch hier läßt sich nach dem *Barwert* einer solchen Rente fragen:

B Beispiel 20: Renten und Barwert

Man möchte 20 Jahre lang eine jeweils am Jahresende fällige **Rente** von r = 6000 GE beziehen. Welchen Betrag B muß man bei p = 6 % ein Jahr vor dem Bezug der ersten Rente, also heute, bezahlen?

So wie eben bei der Abzinsung hat jede Rente r *heute* einen geringeren Wert als zu dem Zeitpunkt, in dem sie ausbezahlt wird, Bild 7:

Bild 7:
dazu

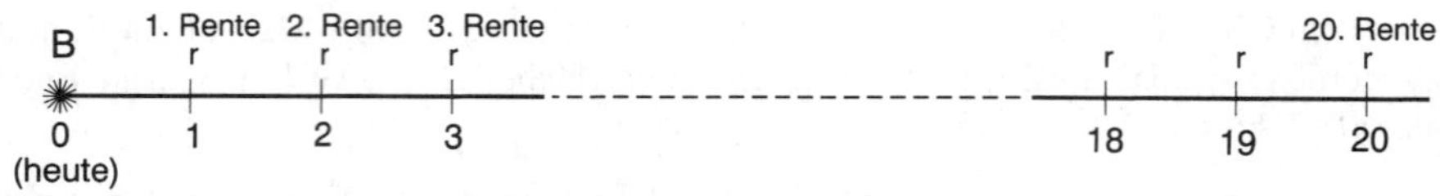

Die 1. Rente hat heute den Barwert $r \cdot v$, die 2. Rente $r \cdot v^2$, die 3. $r \cdot v^3$ usw. bis $r \cdot v^{20}$ bei der letzten, 20. Rente:

wieder treten geometrische Reihen auf

$$B = r\,v + r\,v^2 + r\,v^3 + \ldots + r\,v^{20};$$

dies ist eine *geometrische Reihe* mit dem Anfangsglied r v, dem Quotienten v und der Gliederzahl 20:

$$B = r\,v \cdot \frac{1-v^{20}}{1-v} \quad \text{mit} \quad v = \frac{1}{q} = \frac{1}{1+p} = \frac{1}{1+0{,}06} = \frac{1}{1{,}06};$$

$$B = 6000 \cdot \frac{1}{1{,}06} \cdot \frac{1-\left(\frac{1}{1{,}06}\right)^{20}}{1-\frac{1}{1{,}06}} = 5660{,}3774 \cdot \frac{0{,}688195}{0{,}0566038} = 68819{,}49\ .$$

Taschenrechner-Handling

Vorschlag zur Berechnung am **TR**:

1.06 [1/x] [STO] [+/-] [+] 1 [=] [1/x] [×] [(] 1 [−] [RCL] [y^x] 20 [)] [×] [RCL] [×] 6000 [=] …

Man muß heute 68819,50 GE einzahlen.

Nun kann man einige Jahre lang Raten ra *einzahlen*, damit man später Renten re, die natürlich höher sein werden, *ausbezahlt* bekommt:

Beispiel 21:
eine Raten-Renten-Umwandlung

B Ihre vorausschauende Tante zahlt 12 Jahre lang eine Rate ra von ra = 2000 GE bei p = 6,5% ein. 2 Jahre nach der letzten Einzahlung erhält sie dafür erstmals eine von 12 jährlichen, gleich hohen, Renten re; wie hoch sind diese Beträge?

Wieder lassen wir uns von einer Zeitplan-Skizze leiten:

Bild 8:
dazu

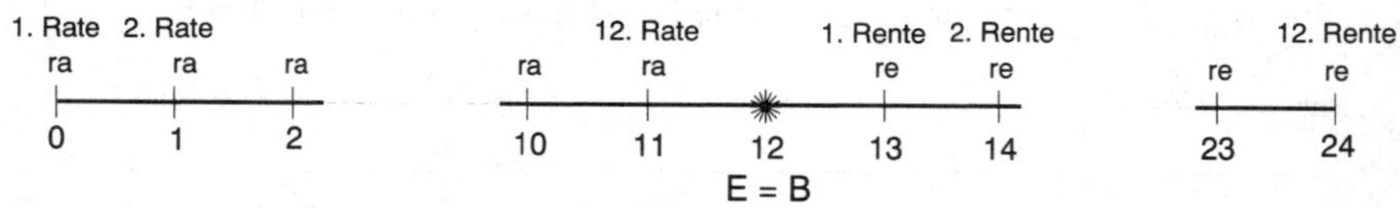

Als Ansatz dient uns die Überlegung, daß der Endwert der ra gleich sein muß dem Barwert der re. Mit p = 0,065 wird q = 1,065 und v = 1/1,065:

$$E = ra \cdot q^{12} + ra \cdot q^{11} + \ldots + ra \cdot q = B = re \cdot v + re \cdot v^2 + \ldots + re \cdot v^{12}$$

$$ra \cdot q \cdot \frac{q^{12}-1}{q-1} = re \cdot v \cdot \frac{1-v^{12}}{1-v} \quad \Rightarrow \quad re = \ldots = 4535\ \text{GE}\ .$$

Tilgungsplan

Jetzt stellen wir noch einen **Tilgungsplan** vor; einmal, weil wir gerade vorhin den *Computer* warm laufen ließen, und zum anderen, weil die Folge der *Tilgungsraten rekursiv* formulierbar ist, also als *Differenzengleichung* geschrieben werden kann!

Dabei gehen wir von einer Schuld, etwa 100000 GE, aus und nehmen an, daß sie in jährlich gleichbleibenden Teilen, sog. *Annuitäten*, eben Jahresraten, getilgt wird. In einer solchen Annuität steckt als wichtigster Anteil der *Zins*, der für das abgelaufene Jahr anfällt; der Rest dient zur Tilgung der Schuld und heißt daher *Tilgungsrate*.

Anfangs ist diese Rate meist sehr klein, und sie erhöht sich dann mit den Jahren, wie Sie an den *Business-Grafiken* der Bilder 14/15 im **18**. Kapitel gut erkennen konnten.

Nach einem Jahr ist für die *Restschuld* dann anzusetzen:

$$S_1 = S_{Anf} + Zins - Ann = S_{Anf} + S_{Anf} \cdot p - Ann = S_{Anf} \cdot (1+p) - Ann = S_{Anf} \cdot q - Ann$$

dies läßt sich auf ein beliebiges k-tes Jahr fortführen und abgekürzt schreiben:

$$y_{k+1} = y_k \cdot q - a \quad \text{bzw.} \quad y_{k+1} - q \cdot y_k = -a$$

was eine typische lineare *Differenzengleichung* 1. Ordnung darstellt! Man erhält sie aus der für die geometrische Folge, indem man die 0 rechts durch –a ersetzt; sie ist also *inhomogen* geworden.

noch eine Differenzengleichung

Es soll ein Programm zur Berechnung des eben erläuterten Tilgungsplans erstellt werden! Die Daten stehen gleich im Vereinbarungsteil:

Beispiel 22: ein Pascal-Programmvorschlag für einen Tilgungsplan

```
PROGRAM Tilgung;
CONST  Anfangsschuld = 100000.00;  Zinssatz = 0.12;
        Annuitaet = 15000.00; Startjahr = 1995;
VAR  t, Jahr: Integer;
      Zins, Schuld, Tilgungsrate, Ann_ende: Real;

BEGIN
  Writeln(´Jahre´:6, ´Schuld´:12, ´Zinsen´:14,
          ´Annuität´:14, ´Tilg.rate´:12);
  Writeln;
  t := 0;  Jahr := Startjahr;  Schuld:= Anfangsschuld;
  WHILE  Schuld > Annuitaet DO
    BEGIN
      Write(t:2, ´ / ´, Jahr:4, Schuld:12:2);
      Zins := Schuld * Zinssatz;
      Tilgungsrate := Annuitaet - Zins;
      Writeln(Zins:13:2, Annuitaet:12:2,
              Tilgungsrate:12:2);
      Schuld := Schuld - Tilgungsrate;
      t := t + 1;  Jahr := Jahr + 1;
    End;
  Zins := Schuld * Zinssatz;
  Ann_ende := Schuld + Zins;
  Tilgungsrate := Schuld;
  Writeln(t:2, ´ / ´, Jahr:4, Schuld:12:2, Zins:13:2,
          Ann_ende:12:2, Tilgungsrate:12:2);
  Readln
END.
```

(es geht natürlich auch anders)

Wieder ist es eine Freude, dem Computer bei der Ausgabe zuzusehen (aus Platzgründen hier nur ein Auszug):

Wie sieht *Ihre* Ausgabe aus?

Ausgabe:

Jahre	Schuld	Zinsen	Annuität	Tilg.rate
0 / 1995	100000.00	12000.00	15000.00	3000.00
1 / 1996	97000.00	11640.00	15000.00	3360.00
2 / 1997	93640.00	11236.80	15000.00	3763.20
...	...	...	...	...
...	...	...	...	...
12 / 2007	27600.60	3312.07	15000.00	11687.93
13 / 2008	15912.67	1909.52	15000.00	13090.48
14 / 2009	2822.19	338.66	3160.86	2822.19

Auf dem Weg zur Eulerschen Zahl

unterjährige Verzinsung ...

Studieren wir noch die „unterjährige" Verzinsung, weil sie uns zu den Exponentialfunktionen zurückführen wird! Tatsächlich wird nicht immer *ein Jahr* als Zinsperiode gewählt, oft ist es ein *halbes* Jahr oder auch ein Vierteljahr. Ist dann p Jahreszinssatz (in %), so ist $i_2 = p/2$ *relativer* Zinssatz für 1/2, $i_4 = p/4$ der für 1/4 Jahr.

Konkret für $K_0 = 1000$ GE und p = 8 % ist $i_2 = 4$ %; bei halbjähriger Verzinsung wird zunächst allgemein

$$K_{1/2} = K_0 + K_0 \cdot i_2 = K_0 \cdot (1 + i_2);$$
$$K_1 = K_{1/2} + K_{1/2} \cdot i_2 = K_{1/2} \cdot (1 + i_2) = K_0 \cdot (1 + i_2)^2;$$

speziell mit den angenommenen Zahlenwerten

$$K_1 = 1000 \cdot (1 + 0{,}04)^2 = 1000 \cdot 1{,}0816 = 1081{,}60 \text{ GE}.$$

Bei vierteljähriger Verzinsung ist ganz entsprechend

$$K_1 = K_0 \cdot (1 + i_4)^4 = 1000 \cdot (1 + 0{,}02)^4 = 1000 \cdot 1{,}08243 = 1082{,}43 \text{ GE};$$

der Unterschied zur ganzjährigen Verzinsung mit $K_1 = K_0 \cdot (1+p) = 1080$ GE ist gering.

ein wenig Rechenarbeit

als Vorbereitung zur ...

Teilen wir nun das Jahr weiter, so können wir monatliche, tägliche, stündliche, minütliche, ja sekündliche Verzinsung vornehmen, was zunächst *praktisch* sinnlos erscheint. *Theoretisch* ist bei m Zinsperioden und $i = p/m$

$$K_1 = K_0 \cdot (1 + i)^m = K_0 \cdot (1 + p/m)^m;$$

wir lassen also m immer größer werden, $m \to \infty$, und fragen, wie sich der Wert des Terms $(1 + p/m)^m$ dabei verhält. Zur Vereinfachung sei $p/m = i = 1/x \Rightarrow m = x \cdot p$, was zu

$$(1 + p/m)^m = (1 + 1/x)^{x \cdot p} = [(1 + 1/x)^x]^p$$

führt. Setzen wir hier für x, das ja mit m wächst, der Reihe nach ein, so wird der [ ]-term:

x = 2:	$(1 + 1/2)^2$	$= 1{,}5^2$	=	2,250
x = 3:	$(1 + 1/3)^3$	$= (4/3)^3$	=	2,37037
x = 5:	$(1 + 1/5)^5$	$= 1{,}2^5$	=	2,48832
x = 10:	$(1 + 1/10)^{10}$	$= 1{,}1^{10}$	=	2,59374
x = 100:	$(1 + 1/100)^{100}$	$= 1{,}01^{100}$	=	2,70481

$x = 1000$: $(1 + 1/1000)^{1000} = 1{,}001^{1000} = 2{,}71692$
$x = 10^6$: $(1 + 10^{-6})^{1\,\text{Mio}} = 1{,}000001^{1\,\text{Mio}} = 2{,}71828$
$\downarrow$ ... ...
$x \to \infty$ $(1 + 1/x)^x \to$ $2{,}718281828.... =: \mathbf{e}.$

Für Interessierte notieren wir **e** hier auf fast 50 Dezimalstellen genau:

e = 2.7182818284590452353602874713526624977572470937

... Eulerschen Zahl

Damit ist die berühmte ***Eulersche Zahl*** **e** gewonnen, mit der auch $K_1 = K_0 \cdot e^p$ gefunden ist; nach n Jahren wird daraus $K_n = K_0 \cdot e^{p \cdot n}$.

Läßt man für n alle reellen Zwischenwerte $x \in \mathbb{R}$ zu, wird daraus mit λ statt p

$y = k \cdot \mathbf{e}^{\lambda x}$

eine **Exponentialfunktion** mit der Basis **e**.

Exponentialfunktion und Naturvorgänge

Es zeigt sich, daß viele Vorgänge in der *Natur* so ablaufen, daß sie mit dieser „stetigen" bzw. kontinuierlichen Verzinsung sehr gut zu beschreiben sind: Dabei handelt es sich um Größen, deren Zu- oder Abnahme in einer kurzen Zeitspanne proportional ist zum gerade vorhandenen Wert: Bakterienzahlen verhalten sich so, Jungwaldbestände (ohne Wildfraß oder Luftverschmutzung) oder ungestörte Populationen von Tieren.

Dazu gleich ein kleines Beispiel:

B

Beispiel 23: Wachstum von Bakterien

Für das **Wachstum** einer bestimmten **Bakterien**kultur gelte $n = n_0 \cdot e^{\lambda t}$ mit $\lambda = 0{,}12$ (min^{-1}, t in Minuten) bei n_0 Bakterien zum Zeitpunkt $t = 0$.

Wir zeichnen den Graph der Wachstumsfunktion für $n_0 = 1$, d. h. $n = e^{0{,}12t}$ anhand einer Wertetabelle für t = 5, 10, 15, 20, 25 und 30 Minuten, Bild 9, und lesen noch aus der Tabelle ab (Zahl mal 1000), auf wie viele Bakterien sich $n_0 = 1000$ anfangs vorhandene Bakterien nach 30 Minuten vermehrt haben.

<u>*Wertetabelle:*</u>

t	0	5	10	15	20	25	30
n	1,00	1,82	3,32	6,05	11,02	20,09	36,60

Auf 36600 Bakterien!

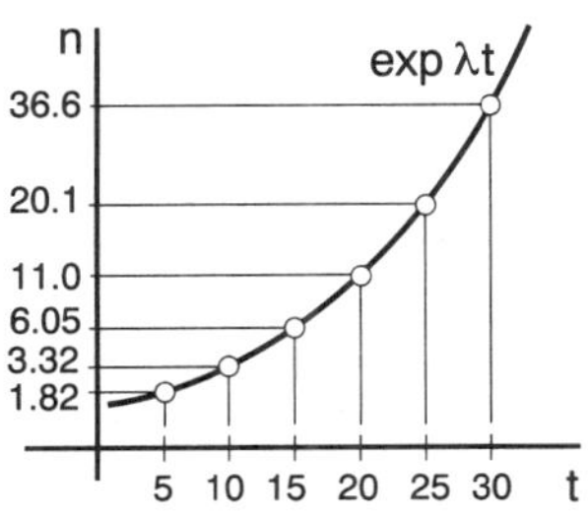

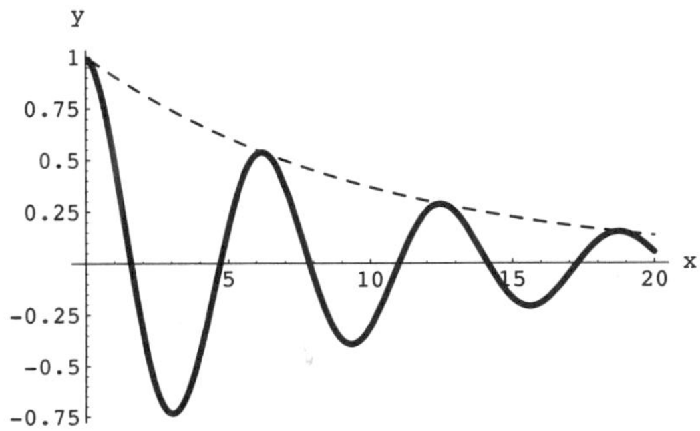

Bilder 9/10: Wachstum und Dämpfung

Ebenso wichtig wie die Wachstumsvorgänge sind *Abkling-* oder *Zerfalls*vorgänge wie die **Dämpfung** einer Schwingung, Bild 10, die etwa bei Rundfunkwellen aufgehoben werden muß, bei Fahrzeugen oder Meßgeräten aber notwendig ist.

radioaktiver Zerfall

Der **radioaktive Zerfall** gewisser schwerer Atomkerne, der die Diskussionen um die Kernenergie nicht verstummen läßt, gehört auch hieher. Hier hat man statt $x \rightarrow e^x$ oder $e^{\lambda x}$ eben $x \rightarrow e^{-\lambda x}$ mit λ als materialabhängiger *Zerfallskonstante*. Auch dazu ein kleines Beispiel:

Beispiel 24: dazu

B Für **Uran-238** ist $\lambda = 1{,}54 \cdot 10^{-10}$ (Jahre^{-1}). Diese Atome haben sich vor 4,5 Milliarden Jahren gebildet – welcher Bruchteil der Anfangszahl N_0 ist heute noch vorhanden?

Wir haben nur einzusetzen, um die Antwort ablesen zu können:

$$N = N_0 \cdot e^{-\lambda t} = N_0 \cdot \frac{1}{e^{1{,}54 \cdot 10^{-10} \cdot 4{,}5 \cdot 10^9}} = N_0 \cdot \frac{1}{e^{0{,}693}} = 0{,}500 \cdot N_0 = 50\% \text{ von } N_0!$$

Dabei erinnern wir uns an die Besonderheit einer jeden Exponentialfunktion, daß die Funktionswerte einer *geometrischen* Folge bilden, wenn die x-Stellen (bei Zeitfunktionen t) eine *arithmetische* durchlaufen:

Halbwertszeit

Bild 11: dazu

Ist etwa $t = T_H$ (Zeiteinheiten) jene Zeitspanne, nach der gerade noch die halbe Anfangszahl $\frac{1}{2} N_0$ von Teilchen vorhanden ist – T_H heißt dann ***Halbwertszeit***, Bild 11, so müssen nach $2T_H$ (Zeiteinheiten) wieder $\frac{1}{2} \cdot \frac{1}{2} N_0 = \frac{1}{4} \cdot N_0$, nach $3T_H$ ebenso $\frac{1}{2} \cdot \frac{1}{4} N_0 = 1/8\, N_0$, also jeweils die Hälfte der vor T_H existenten Teilchen vorhanden sein! Auf den Zusammenhang von T_H und λ kommen wir noch zurück!

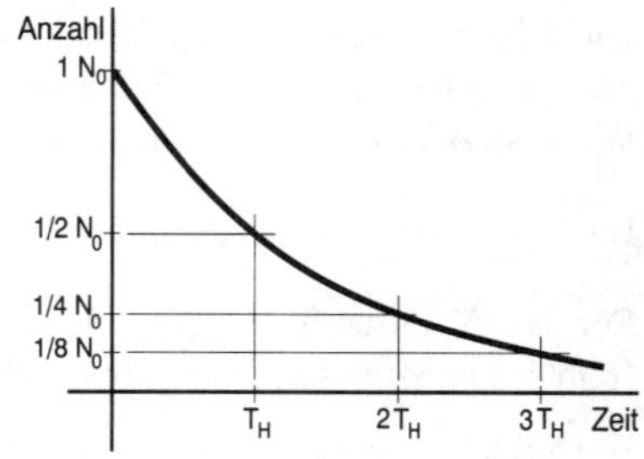

Ein weiteres Beispiel für einen exponentiell verlaufenden Prozeß ist der *Einschaltvorgang* bei einem Stromkreis:

Beispiel 25: Einschaltvorgang in einem Stromkreis:

B Ein **Stromkreis** möge aus einer Spannungsquelle von U = 4 Volt, einem Verbraucher mit ohmschem Widerstand R = 10 Ohm und einer Spule der Induktivität L = 1 Henry bestehen (linkes Bild 12). Nach einigen Sekundenbruchteilen fließt Gleichstrom $I = U/R = 4/10\,A = 0{,}4$ Ampere. Aber was geschieht *beim Einschalten*?

In der Physik zeigt man, daß dieser Stromwert von I *exponentiell* erreicht wird nach

$$i = I \cdot (1 - e^{-\lambda t}) \text{ mit } \lambda = \frac{R}{L};$$

es folgt $\lambda = \frac{10}{1} = 10$ (Sek.$^{-1}$), also

$$i = 0{,}4 \cdot (1 - e^{-10t}) \quad \text{(Ampere)}.$$

Eine kleine Wertetabelle zeigt den Stromverlauf; nach $\frac{1}{2}$ s ist der Wert 0,397 A, das ist mehr als 99 % von I, erreicht, vgl. dazu das rechte Bild 12!

Tabelle zum Stromverlauf

t (s)	0	0,05	0,1	0,2	0,3	0,4	0,5
i (A)	0	0,157	0,25	0,35	0,380	0,393	0,397

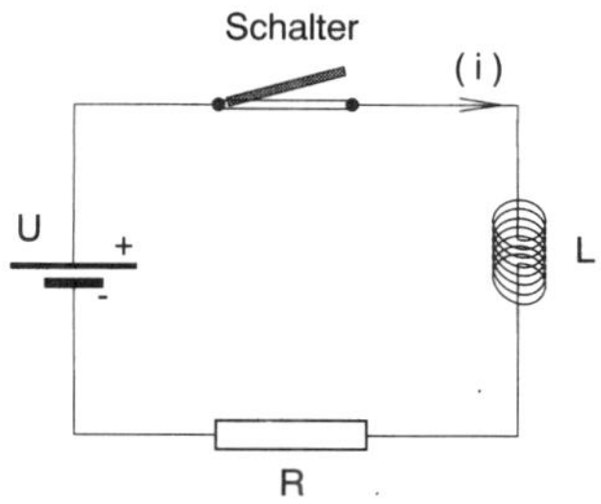

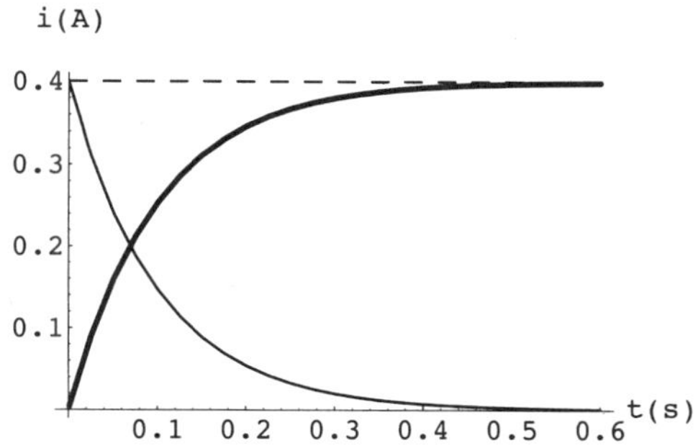

Bilder 12: dazu

Dichtefunktion nach Gauß

Eine andere verallgemeinerte Exponentialfunktion ist die *Gaußsche Dichtefunktion* einer Normalverteilung mit der **Glockenkurve** – Bild 13 – als Graph: $y = e^{-x^2}$.

Die Funktion ist wegen $x^2 = (-x)^2$ *gerade*. Der Funktionswert an x = 1 ist 36,8 %, der an x = 2 nur 1,83 % des Wertes an x = 0. Wir begegnen ihr in der WAHRSCHEINLICH-KEITSRECHNUNG, ▥**26**, wo wir ihre vielfältige Anwendbarkeit bestaunen werden!

Eine der vielfältigen technischen Anwendungen ist die **Kettenlinie** als Graph einer Funktion mit der Gleichung $y = \frac{1}{2}(e^x + e^{-x})$, Bild 14.

Bilder 13/14: Glockenkurve und Kettenlinie

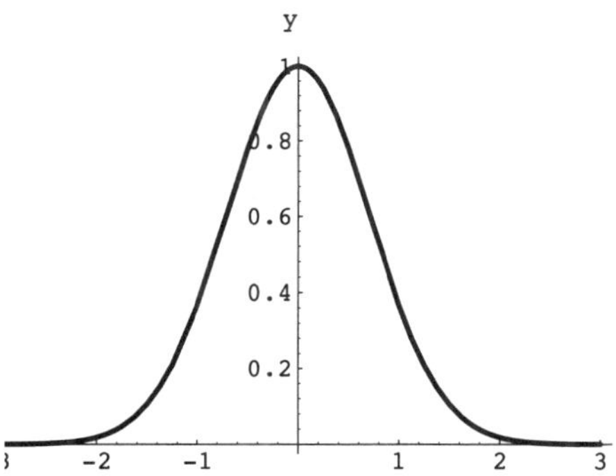

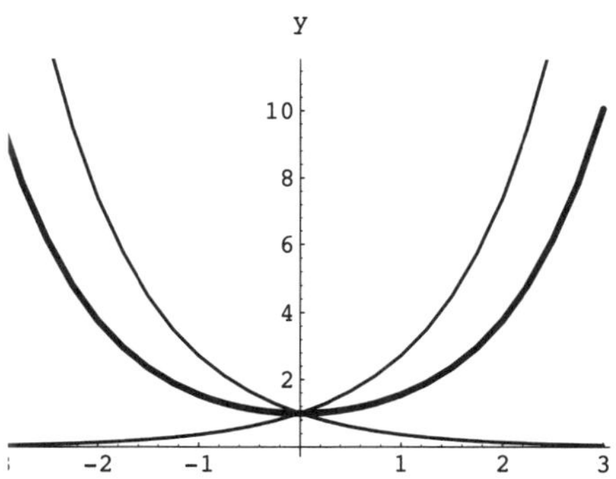

Themenwechsel

Exponential-
funktionen

und

Beispiel 26:
Exponential-
gleichungen

Vorgehen
bei
verschiedenen
Basen

Beispiel 27:
dazu

die
Frage
nach der
Umkehrung
...

und die
Antwort:

der
Logarithmus

Exponentialgleichungen

Wir knüpfen jetzt an die Eigenschaft einer jeden Exponentialfunktion an, *injektiv* zu sein, und verwenden die schon eingangs formulierte Beziehung

(I) $a^{x_1} = a^{x_2} \Rightarrow x_1 = x_2$

um einige einfache ***Exponentialgleichungen*** zu lösen, wie etwa

B

$4^x \cdot 2^{x+1} = \frac{64}{2^{x-1}}$.

Wir stellen als Potenz einer Basis dar, hier 2, und wenden die Potenzsätze an:

$(2^2)^x \cdot 2^{x+1} = 2^6 : 2^{x-1} \Rightarrow 2^{2x} \cdot 2^{x+1} = 2^{6-(x-1)} \Rightarrow 2^{2x+x+1} = 2^{6-x+1}$
$\Rightarrow 2^{3x+1} = 2^{7-x} \Rightarrow$ (I) $3x + 1 = 7 - x$,

und damit natürlich

$4x = 6 \Rightarrow x = 3/2 = 1{,}5$.

Meist tritt *nicht nur eine* Basis auf; sind dann wenigstens die Exponenten gleich, wie in $2^{x+1} = 3^{x+1}$, so läßt sich auf $x + 1 = 0$ schließen: Es gibt nur einen Punkt, nämlich E(0 | 1), durch den *alle* Exponentialkurven (mit verschiedenen Basen) laufen; *gleiche* Funktionswerte sind also nur für den Exponenten 0 möglich – und dort ist $a^0 = 1$:

$2^{x+1} = 3^{x+1} \Rightarrow x + 1 = 0 \Rightarrow x = -1$; Probe: $2^0 = 3^0 = 1$, ✔.

Versuchen wir unser Glück etwa mit dem Beispiel:

B

$2^{3x+1} - 11 \cdot 2^{3x-3}$	$= 5^{4-3x}$	| links die kleinere 2er-Potenz herausheben
$2^{3x-3} \cdot (2^4 - 11)$	$= 5^{4-3x}$	
$2^{3x-3} \cdot 5$	$= 5^{4-3x}$	| : 5, rechts auf reziproke Basis umschreiben
2^{3x-3}	$= 5^{3-3x} = (1/5)^{3x-3}$	

$3x - 3 = 0 \Rightarrow x = 1$.

Tritt auch dieser Sonderfall nicht ein wie bei $2^x = 5^{1-x}$, müssen wir vorläufig passen. Doch ist Hilfe nicht weit!

Logarithmusfunktionen

Da ${}^a\exp$ *bijektiv* ist für jedes positive $a \neq 1$ für $\mathbb{R} \to \mathbb{R}^+$, existiert jedesmal die *Umkehrfunktion* $({}^a\exp)^*: \mathbb{R}^+ \to \mathbb{R}$. Dabei wird dann die Gleichung $y = 2^x$ zu $x = 2^y$, und wir müssen daraus y explizit ausdrücken. Schon bei der Umkehrung der Quadratfunktion $y = x^2$ zu $x = y^2$ standen wir vor diesem Problem! Die Lösung war damals $y = \sqrt{x}$. Ebenso bei der Potenzfunktion $y = x^n$: Vertauschen ergibt $x = y^n$, explizit nach y auflösen $y = \sqrt[n]{x}$.

Diesmal ist aber $x = 2^y$ nach y aufzulösen. Man hätte irgendein neues Zeichen erfinden können – durchgesetzt hat sich $y = {}^2\log x$, der ***Logarithmus*** war geboren! Also:

${}^a\exp: x \to y$,	$y = a^x$	umkehren:
$({}^a\exp)^*: y \to x$,	$y = a^x$	umbenennen, vertauschen $x \leftrightarrow y$:
${}^a\log: x \to y$,	$x = a^y$	$\Rightarrow y = {}^a\log x$

gelesen «Logarithmus von x zur Basis a».

Seiner Entstehung aus $x = a^y$ her ist der Logarithmus einer Zahl x also jener *Exponent* y, mit dem man a potenzieren muß, um die Zahl x zu erhalten.

Kleine Beispiele sollen dies festigen:

B **Beispiele 28:** für Logarithmen

Wegen $8 = 2^{\underline{3}}$ ist $\underline{3} = {}^{2}\log 8$
$100 = 10^{\underline{2}}$ $\underline{2} = {}^{10}\log 100$
$81 = 3^{\underline{4}}$ $\underline{4} = {}^{3}\log 81$; ... ebenso:

wegen $1/1000 = 10^{-3}$ ist $-3 = {}^{10}\log 1/1000$
$1/32 = 2^{-5}$ $-5 = {}^{2}\log 1/32$; ... ebenso:

wegen $\sqrt{5} = 5^{1/2}$ ist $\frac{1}{2} = {}^{5}\log \sqrt{5}$
$\sqrt[3]{\frac{1}{100}} = 10^{-2/3}$ ist $-\frac{2}{3} = {}^{10}\log \sqrt[3]{\frac{1}{100}}$ ...usw. usw.

Von praktischer Bedeutung sind a = 10, e = 2,71828... und 2 als Basen; für ${}^{10}\log$ schreibt man daher kürzer log (**TR**) oder lg, für ${}^{e}\log$ hat sich ln (logarithmus naturalis, natürlicher Logarithmus) eingebürgert, ${}^{2}\log$ = ld (logarithmus dualis) wird in der INFORMATIK benutzt. Halten wir noch allgemein fest:

D **Definition 3:** Logarithmus-funktionen

Die Umkehrfunktionen der Exponentialfunktionen heißen *Logarithmus-funktionen,* in Zeichen:
$${}^{a}\log: x \rightarrow {}^{a}\log x, \quad a \in \mathbb{R}^{+}\setminus\{1\}$$

Damit können wir die bisherigen Ergebnisse so zusammenfassen;

S **Satz 7:** dazu

Die Logarithmusfunktionen ${}^{a}\log$: $\mathbb{R}^{+} \rightarrow \mathbb{R}$ sind ausnahmslos auf $\mathbb{R}^{+}$ definiert und bijektiv.

Bild 15 zeigt die Graphen der Logarithmusfunktionen für die Basen 2, **e** und 10. Dabei haben wir nur die Graphen von ${}^{2}\exp$, ${}^{e}\exp$ und ${}^{10}\exp$ an der 1. Winkelhalbierenden der x- und y-Achse zu spiegeln.

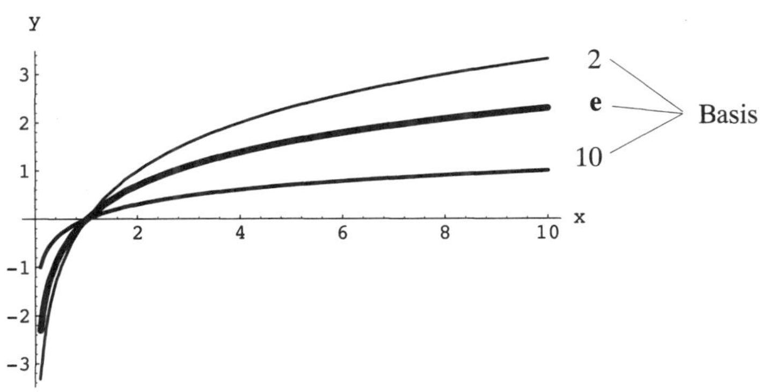

Bild 15: Graphen für die Basen 2, e und 10

Es fällt auf:

$${}^{10}\log 10 = {}^{e}\log e = {}^{2}\log 2 = 1$$

und dies gilt für alle zulässigen Basen: ${}^{a}\log a = 1$, weil $a = a^1$ ist.

Eine besondere Eigenschaft geht auch beim Spiegeln (Umkehren) nicht verloren:

Satz 8: Zusammenhang mit Folgen

S

Durchlaufen die Abszissen (x-Stellen) einer Logarithmusfunktion eine *geometrische* Folge, so bilden die zugehörigen Funktionswerte (y-Werte) eine *arithmetische* Folge.

Logarithmensätze

Strukturen als Lieferanten ...

Für Logarithmen gelten nun einige Rechengesetze, die sich für das praktische Rechnen als außerordentlich nützlich erwiesen haben. Um das erste und wichtigste zu begründen, erinnern wir uns an die bijektive Funktion $n \rightarrow a^n$ mit $n \in \mathbb{N}$, die sich in C8 als *Isomorphismus* erwiesen hat. Inzwischen haben wir *reelle* Exponenten zugelassen, dürfen also $x \rightarrow a^x$ schreiben und erkennen diese Exponentialfunktionen als Isomorphismus für die Strukturen $(\mathbb{R}, +)$ und $(\mathbb{R}^+, \cdot)$: für Potenzen gilt ja nach wie vor

$$a^{x_1} \cdot a^{x_2} = a^{x_1 + x_2}$$

Wenn wir umkehren und umbenennen, *bleibt* die Logarithmusfunktion natürlich ein *Isomorphismus* für $(\mathbb{R}^+, \cdot)$ und $(\mathbb{R}, +)$!

In Bild 16 ist $y_3 = {}^a\log x_3 = {}^a\log(x_1 \cdot x_2)$ als direktes Bild bei ${}^a\log x$ eingezeichnet; es muß sich auch als *Summe* der Bilder y_1 und y_2 ergeben, also als ${}^a\log x_1 + {}^a\log x_2$:

Satz 9: praktischer Rechenregeln!

S

Der Logarithmus eines Produkts ist gleich der Summe der Logarithmen der Faktoren:

$$^a\log(x_1 \cdot x_2) = {}^a\log x_1 + {}^a\log x_2, \quad x_{1,2} \in \mathbb{R}^+, a \in \mathbb{R}^+ \setminus \{1\}$$

Bild 16: dazu

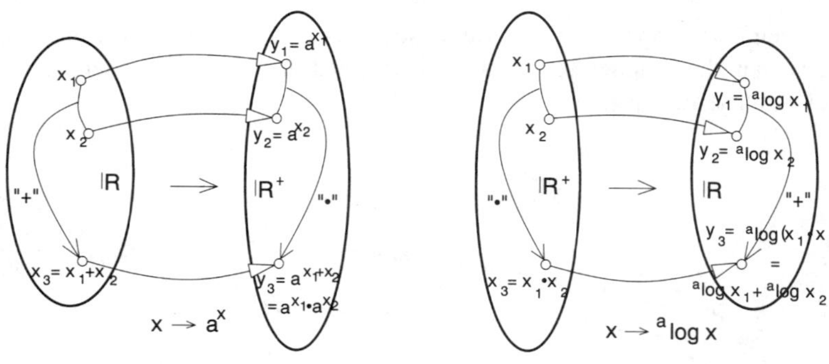

Folgerungen ...

Daraus läßt sich weiter folgern: Ist $x_2 = 1/x_1$, so wird einerseits direkt

${}^a\log(x_1 \cdot 1/x_1) = {}^a\log 1 = 0$ wegen $a^0 = 1$, andererseits nach dem Satz

${}^a\log(x_1 \cdot 1/x_1) = {}^a\log x_1 + {}^a\log 1/x_1$; dies = 0 gesetzt, liefert

${}^a\log 1/x_1 = -{}^a\log x_1$

Damit ist etwa auch ${}^a\log 1/x_2 = -{}^a\log x_2$; setzen wir im Satz statt x_2 jetzt $1/x_2$, so folgt

$$^a\log\left(x_1 \cdot \frac{1}{x_2}\right) = {}^a\log \frac{x_1}{x_2} = {}^a\log x_1 + {}^a\log \frac{1}{x_2} = {}^a\log x_1 - {}^a\log x_2$$

Ist schließlich $x_2 = x_1$, wird

$$^a\log (x_1 \cdot x_2) = {}^a\log (x_1^2) = {}^a\log x_1 + {}^a\log x_1 = 2 \cdot {}^a\log x_1,$$

und ebenso weiter

$$^a\log (x_1^3) = ... = 3 \cdot {}^a\log x_1,$$

allgemein für natürliches $n \in \mathbb{N}$

$$^a\log (x_1^n) = n \cdot {}^a\log x_1.$$

Dies wieder läßt sich erweitern auf beliebige Exponenten $r \in \mathbb{R}$, was Sie bitte als Übung 21 selbst überlegen! Hier noch ein letzter Schluß: Ist $r = 1/m$, so läßt sich die letzte Formel schreiben:

$$^a\log x_1^{1/m} = {}^a\log \sqrt[m]{x_1} = 1/m \cdot {}^a\log x_1,$$

womit der Logarithmus einer *Wurzel* gefunden ist! Fassen wir zusammen:

... aus dem 1. Satz

S — **Satz 10: Logarithmensätze**

Logarithmensätze

1. $^a\log (x_1 \cdot x_2) = {}^a\log x_1 + {}^a\log x_2$
2. $^a\log \frac{1}{x_1} = -{}^a\log x_1$ 2'. $^a\log \frac{x_1}{x_2} = {}^a\log x_1 - {}^a\log x_2$
3. $^a\log x_1^r = r \cdot {}^a\log x_1$ 3'. $^a\log \sqrt[m]{x_1} = 1/m \cdot {}^a\log x_1$

B — **Beispiele 29: dazu**

Danach ist etwa (die Basis a lassen wir weg)

$$\log 2x^3 = \log 2 + \log x^3 = \log 2 + 3 \log x$$
$$\log \sqrt{5a} = 1/2 \log 5a = 1/2 \log 5 + 1/2 \log a$$
$$\log \frac{m}{\sqrt{n}} = \log m - \log \sqrt{n} = \log m - 1/2 \log n \quad \text{usw.}$$

Manchmal lassen sich gewisse Terme einfacher schreiben:

$$\log b - 2 \log c = \log b - \log c^2 = \log \frac{b}{c^2}$$
$$4 \log p + 2 \log (1-q) - 1/2 \log r = \log p^4 + \log (1-q)^2 - \log \sqrt{r} = \log \frac{p^4 (1-q)^2}{\sqrt{r}}$$

Logarithmentafeln und Rechenstab

Anwendung auf Logarithmentafeln ...

Produkt- und Potenzsatz (Nr.1. und 3) ermöglichten es schon im 17. Jh., sogenannte ***Logarithmentafeln*** aufzustellen, aus denen die *Zehner*logarithmen aller (positiven) Zahlen zu ermitteln waren, wenngleich man nur die der Zahlen zwischen 1 und 10 ablesen konnte. Dazu schreibt man eine beliebige Zahl in *Gleitkommadarstellung*

$$3516 = 3{,}516 \cdot 10^3; \quad 23{,}05 = 2{,}305 \cdot 10^1; \quad 0{,}0825 = 8{,}25 \cdot 10^{-2} \quad \text{usw.}$$

Jedesmal liegt die Form $z \cdot 10^n$ vor mit $1{,}000 \le z \le 9{,}999$, und es ist

$$\log (z \cdot 10^n) = \log z + \log 10^n = \log z + n \cdot \underbrace{\log 10}_{=1} = \log z + n$$

Man sieht, daß $\log z$ genügt, um $\log (z \cdot 10^n)$ zu kennen (mit eingeschränkter Genauigkeit natürlich, je nach Tafel):

$$\begin{aligned}
\log 4950 &= \log(4{,}950\cdot 10^3) = \log 4{,}950 + 3 = 0{,}6946 + 3\\
\log 49{,}50 &= \log(4{,}950\cdot 10^1) = \log 4{,}950 + 1 = 0{,}6946 + 1\\
\log 0{,}4950 &= \log(4{,}950\cdot 10^{-1}) = \log 4{,}950 - 1 = 0{,}6946 - 1\\
\log 0{,}004950 &= \log(4{,}950\cdot 10^{-3}) = \log 4{,}950 - 3 = 0{,}6946 - 3\\
\ldots &\quad \ldots \quad \ldots \quad \ldots
\end{aligned}$$

Funktionsweise von Logarithmentafel

4950 heißt *Numerus*, 3,6946 *Logarithmus*; 3 ist darin die *Kennzahl* und 6946 die *Mantisse*; diese ist in allen Zahlen mit derselben Ziffernfolge dieselbe, sie wird der **Logarithmentafel** entnommen; die Kennzahl schreibt man selbst dazu!

und Rechenstab

Hatte man früher Zahlen zu *multiplizieren*, so *addierte* man ihre Logarithmen und suchte in der Tafel dann den entsprechenden Numerus; er war das gesuchte Produkt! Bis vor etwa 25 Jahren wurde überall so gerechnet! Daneben gab es den **Rechenstab** (-schieber), der so gebaut war, daß er auf der C- und der D-Skala von Stabkörper und Zunge die Logarithmen der natürlichen Zahlen von 1 bis 10 samt Zwischenwerten (mit wechselnder Genauigkeit) zeigte; sollte *multipliziert* werden, wurde die Zunge passend verschoben, und die *Summen*strecke entsprach dem Zahlen*produkt*! Analog versteht man das Vorgehen bei der *Division*.

Heutzutage aber hat der **Taschenrechner** bzw. der **PC** beide altehrwürdigen Rechenhilfen völlig verdrängt; es erübrigt sich daher, darauf einzugehen.

Exponentialgleichungen II

Logarithmensätze und Exponentialgleichungen

Jetzt sollen uns die Logarithmensätze noch helfen, einige **Exponentialgleichungen** zu lösen, die bisher nicht lösbar waren: solche, in denen zwei oder mehrere Basen mit verschiedenen Exponenten auftraten, wie $2^{x+1} = 3^x$ o.ä. Wir betrachten diese Potenzen als (gleiche!) Numeri, zu denen es natürlich nur *gleiche* Logarithmen (bei beliebig fester Basis) geben kann, ${}^a\log$ ist ja eine *Funktion* (mit *einem* Funktionswert an *einer* Stelle).

Beispiel 30: dazu

B

$$\begin{aligned}
2^{x+1} = 3^x \;\Rightarrow\; \log 2^{x+1} &= \log 3^x \;\Rightarrow\; \text{(Potenzsatz 10.3)}\\
(x+1)\cdot \log 2 &= x\cdot \log 3\\
x\cdot \log 2 + \log 2 &= x\cdot \log 3\\
x\cdot(\log 2 - \log 3) &= -\log 2\\
x &= \frac{-\log 2}{\log 2 - \log 3}.
\end{aligned}$$

Wir entscheiden uns konkret für die Basis 10, da dafür Tasten am **TR** zur Verfügung stehen und erhalten

TR-Handling

[2] [log] [−] [3] [log] [=] [1/x] [×] [2] [log] [+/−] [=] → Anzeige 1,7095..;
$x = 1{,}71$.

Beispiel 31: Hier müssen wir …

B

Tritt eine *Summe* auf, muß sie zuvor durch Faktorisieren (meist Ausklammern = Herausheben) in ein *Produkt* umgeformt werden:

$$4\cdot 2^{2x+1} + 2^{2x-1} = 7\cdot 3^x$$
$$2^{2x-1}(4\cdot 2^2 + 1) = 7\cdot 3^x \;\Rightarrow\; 2^{2x-1}\cdot 17 = 7\cdot 3^x \;\Rightarrow\; \text{(wie eben)}$$

$(2x-1)\log 2+\log 17=\log 7+x\log 3$
$2x\log 2-\log 2+\log 17=\log 7+x\log 3$
$2x\log 2-x\log 3=\log 7+\log 2-\log 17$
$x=\dfrac{\log 7+\log 2-\log 17}{2\log 2-\log 3}=-0{,}675.$

... schon einige Register ziehen!

Manchmal treten die Logarithmen **selbst** in Gleichungen auf (Basis 10):

Beispiel 32: ... und jetzt sogar das Alphabet rückwärts beherrschen!

$\log 30x-2\log(1-x)=1-\log(x+1)+\log 3$ $\quad$ | 1 = log 10, Log.sätze!

$\log\dfrac{30\,x}{(1-x)^2}=\log\dfrac{10\cdot 3}{x+1}.$

Die Funktion log ist *injektiv*, d. h., *gleiche Logarithmen* gibt es nur bei *gleichen Numeri*:

$\dfrac{30\,x}{(1-x)^2}=\dfrac{30}{x+1}$ $\quad$ $|:30,\ \cdot\,\text{kgV},\quad x\neq\pm 1$

$x(x+1)=(1-x)^2=1-2x+x^2$ $\quad$ $|-x^2$

$x=1-2x\ \Rightarrow\ x=1/3.$ $\quad$ Probe bitte als Übung 25!

Logarithmus und Anwendungen

Zum Schluß soll jetzt noch mit „logarithmischer Hilfe" der versprochene Zusammenhang zwischen der (Zerfalls-, Abkling-) Konstante λ in Exponentialfunktionen wie $n=n_0\cdot e^{-\lambda t}$ und der **Halbwertszeit** T hergestellt werden! Nach T (Zeiteinheiten) ist noch $n=1/2\,n_0$ der Anfangsmenge vorhanden:

Zerfalls-konstante und Halbwertszeit

$1/2\,n_0=n_0\cdot e^{-\lambda T}\ \Rightarrow\ 1/2=e^{-\lambda T}$

Jetzt wird logarithmiert, diesmal aber mit e als Basis, wobei ln e = 1 ist:

$\ln 1/2=\ln e^{-\lambda T}=-\lambda T\cdot\ln e=-\lambda T;$

mit $\ln 1/2=-\ln 2$ ist schon

$-\lambda T=-\ln 2\ \Rightarrow\ \lambda\cdot T=\ln 2\ \Rightarrow\ \boxed{\lambda=\dfrac{\ln 2}{T}\ \Rightarrow\ T=\dfrac{\ln 2}{\lambda}}$

Kennt man etwa die *Halbwertszeit* T (z.B. 24360 Jahre für das Plutoniumisotop P-239), so läßt sich die Abnahmekonstante λ berechnen, und damit ist dann das **Zerfallsgesetz** bekannt! Dies konkret im Beispiel:

Beispiel 33: ... von Plutonium das Zerfallsgesetz

Für das genannte Plutoniumisotop soll das Zerfallsgesetz ermittelt werden.

Es ist mit Hilfe der eben aufgestellten Formel

$\lambda=\dfrac{\ln 2}{24360}=2{,}85\cdot 10^{-5}\,(J)\ \Rightarrow\ n=n_0\cdot e^{-2{,}85\cdot 10^{-5}\,t}$

Will man jetzt wissen, nach welcher Zeit 90 % der Ausgangsmenge zerfallen sind (d. h., $n=10\,\%$ von n_0), setzt man

$0{,}10\,n_0=n_0\cdot e^{-2{,}85\cdot 10^{-5}\,t}\ \Rightarrow\ 0{,}10=e^{-2{,}85\cdot 10^{-5}\,t}$ $\quad$ | ln

Zeitabschätzung

$\ln 0{,}10 = -2{,}85 \cdot 10^{-5}\, t \cdot \ln e$

Wir erinnern uns an ln e = 1, weshalb schon t gewonnen ist:

$$t = \frac{\ln 0{,}10}{-2{,}85 \cdot 10^{-5}}\ (J) = 80792\ (\text{Jahre})\ .$$

Alters-bestimmung nach der ...

Sicherlich haben Sie von der **Radiokarbonmethode** („C-14-Methode") gehört. In der Atmosphäre entsteht aus Stickstoff laufend das radioaktive Kohlenstoffisotop C-14, das über den CO_2-Stoffwechsel neben dem normalen C-12-Atom von lebenden Organismen aufgenomen wird. Dies geschieht nur bis zu deren Tod; danach zerfällt es mit einer bekannten Halbwertszeit von 5370 ± 40 Jahren. Mißt man demnach aus einer Knochen- oder Pflanzenprobe den C-14-Gehalt, kann man durch Vergleich mit dem Normgehalt in der (damaligen!) Atmosphäre das Alter dieses Organismus auf einige Jahrzehnte genau errechnen.

Beispiel 34: C-14-Methode

B In den Tiroler Alpen wurde 1991 das im Eis konservierte Skelett eines vor langen Jahren verstorbenen Mannes (**Similaunmann**) gefunden. In Zürich und Oxford untersuchte Knochenproben ergaben einen C-14-Gehalt von ganz wenig über der Hälfte des Normalwerts. Wann verstarb demnach der Mann im Eis?

Hier können wir ohne weiteres die Antwort geben: halber Gehalt bedeutet nach Definition Halbwertszeit, also liegt der Mann etwa 5300 Jahre im Eis!

Wachstums-konstante und

Beim **Stetigen Wachstum** haben wir die Formel

$K_n = K_0 \cdot e^{p \cdot n}$

mit p als jährlicher Wachstumsrate gefunden; mit λ = p und t statt n hat sie schon die Form der letzten Funktionen:

Beispiel 35: Verdopplungs-zeit

B Wir fragen nach der **Verdopplungszeit** T. Entweder ist wie eben mit

$$\lambda = \frac{\ln 2}{T} \quad \Leftrightarrow \quad T = \frac{\ln 2}{\lambda} \text{ bzw. jetzt } \frac{\ln 2}{p}$$

konkret bei p = 5 % jährlicher Wachstumsrate eines **Jungwalds**

$$T = \frac{\ln 2}{0{,}05} = 13{,}86\ (\text{Jahre});$$

oder man setzt einfach in die Grundformel für $K = 2K_0$ ein und löst nach T auf:

$$K = K_0 \cdot e^{\lambda t} \quad \Rightarrow \quad 2K_0 = K_0 \cdot e^{\lambda T} \quad \Rightarrow \quad 2 = e^{\lambda T} \qquad |\ln$$

nochmals:

$$\ln 2 = \lambda T \quad \Rightarrow \quad T = \frac{\ln 2}{\lambda} \qquad \text{wie eben!}$$

So geht man auch vor, wenn der Bestand ein beliebiges Vielfaches werden soll:

Beispiel 36: Vermehrung von Bakterien

B Eine **Bakterienart** vermehrt sich exponentiell mit $\lambda = 2{,}763$ (Stunden^{-1}). Nach welcher Zeit hat sich der Stand n_0 vertausendfacht?

$$n = n_0 \cdot e^{2{,}763\, t} \quad \Rightarrow \quad 1000\, n_0 = n_0 \cdot e^{2{,}763\, t} \quad \Rightarrow \quad 1000 = e^{2{,}763\, t} \qquad |\ln$$

$$\ln 1000 = 2{,}763\, t \cdot \ln e = 2{,}763\, t \quad \Rightarrow \quad t = \frac{\ln 1000}{2{,}763} = 2{,}50\ (\text{Std.}).$$

und ...

Um die Konstante λ zu bestimmen, wenn man keine Halbwertszeiten kennt, mißt man die Bestände n und n_0 zu bestimmten Zeitpunkten (n_0 vor t [Zeiteinheiten], n jetzt) und erhält wie eben λ; daraus ist dann auch T sofort zu ermitteln:

B

Von einer radioaktiven Substanz sind nach 10 Jahren noch 75 % der heutigen Menge vorhanden. Wie groß sind Zerfallskonstante λ und Halbwertszeit T?

Beispiel 37: kleine Variation

Heute seien es n_0 Teilchen, nach 10 Jahren sind es $n = 0{,}75\ n_0$.

$$n = n_0 \cdot e^{-\lambda t} \quad \Rightarrow \quad 0{,}75 = e^{-\lambda \cdot 10} \quad \Rightarrow \quad -10\,\lambda = \ln 0{,}75 = -0{,}288 \quad \Rightarrow \quad \lambda = 0{,}0288;$$

$$T = \frac{\ln 2}{0{,}0288} = 24{,}07 \text{ (Jahre)}.$$

Und wie, wenn man die Halbwertshöhe H – wie beim *Luftdruck* – kennt, aber nur die Basis 2 zur Verfügung hat, wie sie sich bei der *geometrischen Folge* ergeben muß? Blättern Sie bitte einige Seiten zurück! Wir hatten gefunden

Abnahme des Luftdrucks der Atmosphäre mit der Höhe

$$b = b_1 \cdot (\tfrac{1}{2})^{h/H} \qquad h \text{ ... bel. Höhe, } b_1 \text{... Druck an der Erdoberfläche;}$$

jetzt setzen wir einfach mit unbekanntem λ und e als Basis an:

$$b = b_1 \cdot 2^{-h/H} = b_1 \cdot e^{-\lambda h} \qquad |:b_1$$

$$2^{-h/H} = e^{-\lambda h} \qquad |\ln$$

$$-h/H \cdot \ln 2 = -\lambda h \qquad |:(-h)$$

$$\frac{\ln 2}{H} = \lambda \qquad \text{dieses } \lambda \text{ haben wir nur mehr einzusetzen:}$$

$$b = b_1 \cdot e^{-\frac{\ln 2}{H} h}.$$

B

Ganz wie früher gilt somit in einer Höhe von H = 5,5 km über der Erdoberfläche für den **atmosphärischen Luftdruck**:

Beispiel 38: ... jetzt mit bel. Zwischenwerten

$$\lambda = \frac{\ln 2}{5{,}5} = 0{,}126 \text{ (1/km)} \quad \Rightarrow \quad b = b_1 \cdot e^{-0{,}126\,h} \text{ (h in km).}$$

Jetzt will man noch wissen, wie groß der Luftdruck in 20 (bzw. 30, 40, ...) km Höhe ist!

Man setzt den gewünschten Wert einfach ein – dies der Fortschritt zu früher, wo für h nur Vielfache von H sinnvoll waren!

$$b = b_1 \cdot e^{-0{,}126 \cdot 20} = 0{,}080 \cdot b_1,$$

d. h. 8 % von b_1, das sind bei b_1 = 1 bar ca. 80 mbar (Millibar oder Hektopascal).

Wir kommen auf unser Beispiel von der Lichtabschwächung beim Durchgang durch Seewasser zurück und erweitern es jetzt, da wir uns mit Exponentialfunktionen und Logarithmen schon beschäftigt haben, auf Flüssigkeiten, in denen absorbierende Stoffe gelöst sind.

Der **Chemiker** interessiert sich für die **Konzentration** c eines solchen Stoffs und sucht einen gesetzlichen Zusammenhang zwischen c und der Lichtintensität J beim Durchstrahlen einer Probe von bestimmter Schichtdicke; an die Stelle der Wassertiefe von oben kommt also hier die *Konzentration* des gelösten Stoffs.

etwas CHEMIE: Konzentration gelöster Stoffe

Experimente haben die Erwartung bestätigt: J fällt mit c exponentiell ab. In der CHEMIE sind die Begriffe

Transmission $T = J/J_0$ (J_0 Ausgangsintensität des Lichts) sowie

Extinktion $E = -\lg T$ (Basis 10)

Transmission, Extinktion

üblich. Über sie läßt sich (abgekürzt) sagen:

das Lambert-Beersche Gesetz

Lambert-Beersches Gesetz:

«Bei fester Schichtdicke ist die *Extinktion* der *Konzentration* proportional, d. h. $E = \varepsilon \cdot c$ (ε Extinktionskoeffizient).»

Wir machen uns den Zusammenhang klar im konkreten Beispiel:

Beispiel 39: Zusammenhänge

B Es soll gezeigt werden, daß bei halber Intensität $J = J_0/2$, also $T = 0{,}5$, die Extinktion ziemlich genau 0,3 beträgt und bei $T = 0{,}1$ die Extinktion $E = 1$ wird. Wie sehen die *Graphen* von T und E mit c aus?

Beginnen wir mit den Graphen: wenn E, wie experimentell gefunden, proportional zu c ist, dann ist der E-Graph eine *Gerade*; setzen wir die Definition ins Lambert-Beersche Gesetz ein:

$$E = -\lg T = \varepsilon \cdot c \quad \Rightarrow \quad T = 10^{-\varepsilon \cdot c},$$

so ergibt sich für T eine *exponentiell* mit c abfallende Kurve, w.z.z.w.; konkret ist

$$T = 0{,}5 \quad \Rightarrow \quad E = -\lg 0{,}5 = -\lg 2^{-1} = +\lg 2 = 0{,}30..$$
$$T = 0{,}1 \quad \Rightarrow \quad E = -\lg 0{,}1 = -\lg 10^{-1} = +\lg 10 = 1$$

Als Fleißaufgabe überlegen Sie noch bitte, für welchen T-Wert, damit auch: für welche Intensität J, $E = 0$ wird? Sie brauchen nur in $T = 10^{-E}$ einzusetzen, um 1 zu erhalten. Beide Graphen sind in Bild 17 gezeichnet.

Bild 17: die Graphen von Transmission und Extinktion

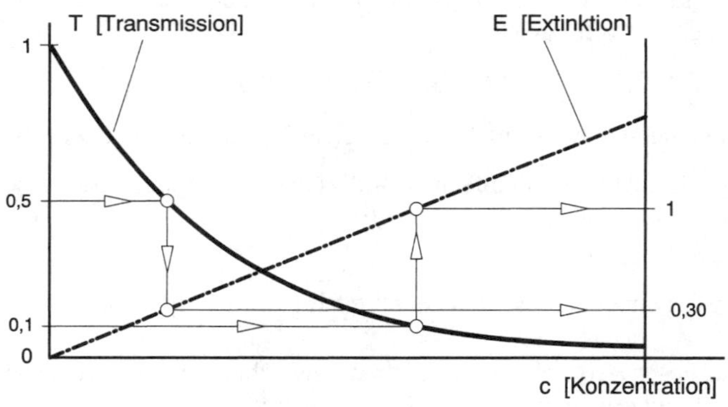

der pH-Wert

Da wir schon beim negativen dekadischen Logarithmus in der CHEMIE sind – dies war ja gerade in Worten die Definition der *Extinktion* – kommen wir natürlich an einer zweiten, ganz ähnlich erklärten Größe nicht vorbei: dem **pH-Wert**. Er ist bekanntlich ein Maß für die *Acidität* einer Lösung, einfacher gesagt, ob sie mehr oder weniger *sauer* (damit weniger oder mehr *basisch*) ist.

Nun ist *reines Wasser* ***neutral***, und doch kommt darin 1 sog. *Hydronium*-Ion H_3O^+ auf etwas über eine halbe Milliarde normaler Wassermoleküle H_2O! Da es etwas umständlich ist, mit absoluten Werten zu rechnen, definiert der Chemiker abkürzend:

seine Definition

Der ***pH-Wert*** einer Lösung ist der negative dekadische Logarithmus ihrer Hydroniumionen-Konzentration,

$$pH = -\lg c(H_3O^+)$$

Für reines Wasser ergibt sich ein Wert von 7, d. h., es ist $c(H_3O^+) = 10^{-7}$ (mol/l). Je saurer eine Lösung ist, desto größer wird c, also z.B. 10^{-4} oder 10^{-3}, was zu Werten pH = 4 bzw. 3 führt.

Nun kümmern wir uns konkret um den **sauren Regen** in unsrer Heimat:

Reines Regenwasser hat einen pH-Wert von 5,65 (die H_2O-Moleküle verbinden sich mit den CO_2-Molekülen der Atmosphäre zu Kohlensäure H_2CO_3, was den Wert gegenüber reinem Wasser erhöht). Nun regnet es, und die Messung einer Probe ergibt einen pH-Wert von 3,8. Um wieviel saurer ist der Regen diesmal?

Beispiel 40: und saurer Regen

Wir müssen die c-Werte dividieren, ihr *Verhältnis* v ist schon die Antwort; Division von 10er-Potenzen bedeutet aber *Subtraktion* der Exponenten, also der dekadischen Logarithmen, und das sind die *(negativen) pH-Werte*:

$$pH_2 - pH_1 =: \Delta(pH) = 5{,}65 - 3{,}8 = 1{,}85 \quad \Rightarrow \quad v = 10^{1{,}85} = 70{,}8:$$

Der Regen war etwa 70 mal saurer als reines Regenwasser!

Ende des 21. Kapitels

Übungsaufgaben

1. Im Text wurde die wachsende Monotonie der Exponentialfunktion $x \rightarrow a^x$ für $a > 1$ (mit einer kleinen Vereinfachung, nämlich $x_2 - x_1 = n$ statt $p/q > 0 \in \mathbb{Q}$) bewiesen. Wie kann man, statt bei $0 < a < 1$, etwa $a = 1/2$, analog vorzugehen, mit der Symmetrie an der y-Achse argumentieren, um die *abnehmende* Monotonie nachzuweisen?

2. Siehe Text: Weshalb entsteht eine Intervallschachtelung, wenn bei $2^{\sqrt{2}}$ im Exponenten die Ränder der $\sqrt{2}$ -Schachtelung statt $\sqrt{2}$ gesetzt werden?

3. Siehe Text: Anhand der Werte von $3^{16}, 3^{32}, ..., 3^{1024}$ soll die Ungleichungskette fortgesetzt werden!

4. a) Zeigen Sie für das allgemeine, i-te Glied: «In einer arithmetischen Folge ist jedes Glied *arithmetisches Mittel* seiner Nachbarn.»

   b) Beweisen Sie den Satz 3 von Seite 164 *allgemein*.

5. Berechnen Sie die Summe der ersten

   a) 1500 Fünfervielfachen: $s = 5 + 10 + 15 + 20 + ...$

   b) 15 Fünferpotenzen: $S = 5 + 5^2 + 5^3 + ...$

6. Es gibt auch Differenzengleichungen 2. Ordnung, in der eben zwei Nachbarn zu y_k auftreten: nehmen Sie $y_{k+2} - y_{k+1} - y_k = 0$ als Beispiel, und berechnen Sie die Glieder der Folge bis y_{10}, wenn die Anfangswerte $y_1 = 1$ und $y_2 = 2$ sind!

7. Beweisen Sie mittels vollständiger Induktion

   a) $1 + 3 + 5 + ... + (2n - 1) = n^2$

   b) $1^3 + 2^3 + 3^3 + ... + n^3 = \frac{1}{4} n^2 (n + 1)^2$

8. Der atmosphärische Luftdruck b nimmt nach jeweils $H = 5\frac{1}{2}$ km Höhe auf die Hälfte des vorigen Werts ab. Wie groß ist b in der Höhe $nH = h$? Setzen Sie konkret $n = 10$ und $b_1 = 1{,}024$ bar ein, gehen Sie also vor wie bei einer geometrischen Folge!

9. Bei einer Federschwingung nimmt die *Amplitude* (die maximale Schwingungsweite) durch Reibungsverlust um jeweils 4 % pro Schwingung ab. Wie groß ist sie nach 10 Schwingungen bzw. nach 100 Schwingungen beim Anfangswert $r_0 = 50$ mm?

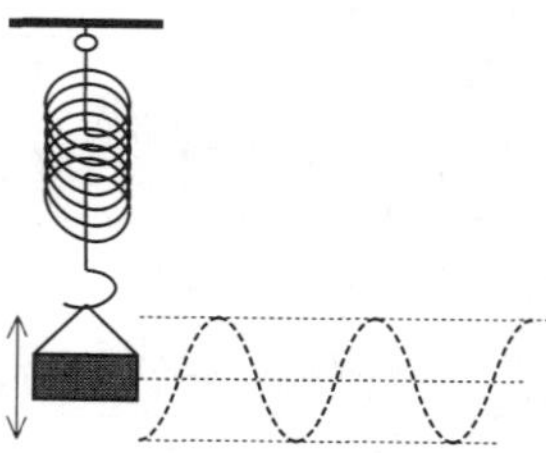

10. Ein Langläufer bereitet sich auf einen Wettbewerb vor. Er legt am 1. Tag 3,000 km zurück und an jedem folgenden Tag einen um ein Fünftel längeren Weg als am Vortag – er steigert sich sozusagen geometrisch!

a) Welchen Weg legt er am 8. Tag zurück? (Ansatz über Folgen!)

b) Welchen Weg legt er in den ersten 8 Tagen insgesamt zurück? (Ansatz über Reihen!)

11. An einen Halbkreis mit r = 4 cm Radius wird ein zweiter Halbkreis mit $3/5$ von r als Radius so angefügt, daß ihre Durchmesser auf derselben Geraden liegen. Daran kommt ein dritter mit $3/5$ des 2. Radius, ein vierter usw. Wie lang wird die „Halbkreisschlange" nach 20 einzelnen Halbkreisen, gemessen

a) an den Durchmessern

b) am Umfang!

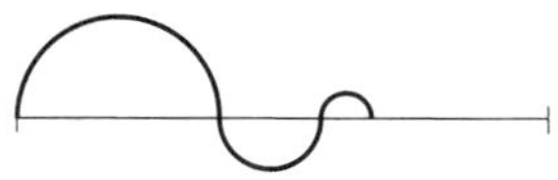

12. Auf welchen Wert wächst ein Kapital von $K_1 = 15000$ GE bei $p = 4\frac{1}{2}\,\%$ in

a) 5 Jahren b) 10 Jahren, wenn die Zinsen nie abgehoben werden?

13. a) Ein Kapital von 1 Pfennig/Groschen/Rappen sei mit p = 1 % etwa zu Christi Geburt, also vor rund 2000 Jahren, angelegt; auf welche Summe ist es heute (mit Zinseszinsen) angewachsen?

b) Ein Blatt Papier von 1/100 mm Dicke sei beliebig groß. Wie oft müßte es gefaltet werden, damit man einen Papierturm, der (knapp) bis zum Mond reicht, erhielte?

14. Eine Schuld von $K_{n+1} = 6000$ GE ist am 31. 12. 1994 fällig. Mit welchem Barwert K_1 könnte man sie am 31. 12. 1990 begleichen, wenn man für p

a) 5 % b) $3\frac{1}{2}$ % vereinbart?

15. Ein Vater zahlt für seinen Sohn jeweils am Anfang eines jeden Jahres 300 GE auf ein Sparbuch und vereinbart p = 7 %. Wieviel GE kann er nach 12 Jahren abheben?

16. Ein Gastwirt verkauft sein Hotel gegen eine nachschüssige Rente von 50000 GE über 15 Jahre. Gegen welche Summe könnte er diese Verpflichtung sofort ablösen, wenn mit 5,5 % gerechnet wird?

17. Blättern Sie zum Tilgungsplan (S. 175) zurück und variieren Sie die Daten:

a) Die Annuität sei nur 13000 GE, sonst bleibe alles gleich.

b) Der Zinssatz sei 14 %, sonst sei alles wie im Beispiel.

In beiden Fällen liegt demnach die 1. Tilgungsrate bei nur 1000 GE. Welche Auswirkung erwarten Sie für die Laufzeit? (Nur für Computerianer!)

18. Bei einer gedämpften Schwingung – etwa beim Anschlag einer Stimmgabel – möge die Amplitude r exponentiell mit $\lambda = 0{,}1\ s^{-1}$ abklingen. Auf welchen Bruchteil (in %) des Anfangswertes fällt r nach 1, 2, 3, 5, 10, 20 Sek.?

19. Stellen Sie sich einen Artikel, etwa das Waschmittel „Blitzweiß" vor, das ohne jede Reklame im Super markt steht und dort neben anderen angeboten wird. Dann läuft eine Werbekampagne an, deren Aufwand (theoretisch) immer größer wird. Welchen Verlauf wird die Verkaufskurve nehmen?

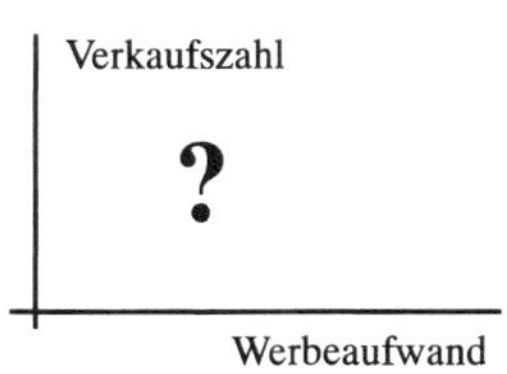

20. Lösen Sie die Exponentialgleichung (ohne zu logarithmieren!) $9^{2x} \cdot 3^{x-3} = \frac{81}{3^{x+1}}$

21. Siehe Seite 183: Suchen Sie die Umformung des Logarithmus einer Potenz auch für *reelle* Exponenten $r \in \mathbb{R}$ zu zeigen: «Der Logarithmus einer Potenz ist gleich dem Produkt aus Exponent und Logarithmus der Basis».

22. Formen Sie um:

    a) $\log 3a^4$ b) $\log \frac{1}{x\,y}$ c) $\log \frac{m^2}{n}$ d) $\log \sqrt{pq}$

    e) $\log \frac{u^2}{\sqrt[3]{v}}$ f) $\frac{1}{3} \log b + \frac{1}{4} \log c$ g) $2 \log a - \frac{1}{2} \log (1 + x) + \log (z - 1)$

23. Ist Ihnen aufgefallen, daß $\log (a \pm b)$ nicht weiter umgeformt wurde? Könnte es allgemein gleich $\log a \pm \log b$ sein? Begründung?

24. Sei ${}^a\log x$ bekannt; läßt sich dann ${}^b\log x$ mit beliebigem b aus ${}^a\log x$ berechnen? Kennt man sehr viele Werte zur Basis a, etwa a = 10, so könnte man dann daraus die Logarithmen zur Basis b ermitteln. Tatsächlich gilt: Logarithmen derselben Zahl zu verschiedenen Basen sind zueinander proportional:

    $${}^b\log x = \frac{1}{{}^a\log b} \cdot {}^a\log x, \quad a, b \in \mathbb{R}^+\backslash\{1\},\ x \in \mathbb{R}^+$$

    d. h., man hat nur mit $\frac{1}{{}^{10}\log b}$ zu multiplizieren (b könnte etwa die Eulersche Zahl e sein!) und ist am Ziel! Versuchen Sie den Beweis!

25. Siehe Beispiel 32, Seite 185: Machen Sie bitte die Probe zur Logarithmusgleichung!

26. Lösen Sie die Exponentialgleichung mit logarithmischer Hilfe:

    $2^x \cdot 7^{x-3} = 9^{x+2}$ (weitere folgen in Kapitel Ⓗ**24**!)

27. Eine radioaktive Substanz hat die Halbwertszeit T = 17 min; wann sind nur mehr 20 % der Anfangsmenge vorhanden?

28. Ein elektr. Kondensator entlädt sich exponentiell mit einer Ladungs-Halbwertszeit von T = 6,25 s. Wie groß ist die Abnahmekonstante λ? Um wieviel % nimmt die Ladung pro s ab?

29. Das Radonisotop Rn-220 zerfällt unter α-Strahlung in Polonium. Zum gegenwärtigen Zeitpunkt stellt man 0,500 mg Radon fest. Vor 10 Minuten betrug die Radonmenge noch 1,032 g. Geben Sie das Zerfallsgesetz an und berechnen Sie noch die Halbwertszeit.

30. Stellen Sie an einer Skala die Konzentration der H_3O^+-Ionen von 10^{-13} über 10^{-12}, 10^{-11}, ... bis 10^{-1} den zugehörigen pH-Werten gegenüber! Um welchen Faktor wird dabei die Lösung jeweils saurer?

31. Haushaltsessig hat einen pH-Wert von 2,4. Welche Hydroniumionen-Konzentration hat der Essig? Um wieviel saurer ist er als reines Wasser?

Zu den Lösungen

Lösungen

1. So wie $x \to (1/2)^x = 2^{-x}$ symmetrisch zu $x \to 2^x$ bez. der y-Achse liegt [siehe Text], ist auch $x \to a^x = (1/a)^{-x}$ symmetrisch zu $x \to (1/a)^x$ bez. der y-Achse. Da für $0 < a < 1$ eben $1/a > 1$ gilt $[a = 1/2 \Rightarrow 1/a = 2]$ und für diese Basen im Text *wachsende* Monotonie gezeigt wurde, kann die symmetrische Kurve nur *abnehmen*.

2. Da 1. die linken Ränder der $\sqrt{2}$ -Schachtelung monoton wachsen und wegen der Monotonie der Potenzfunktion auch 2 hoch (linke Ränder) dies tun!
   2. Ebenso ist es mit den fallenden rechten Rändern und 2 hoch (rechte Ränder)!
   3. Die Differenz sollte bei $n \to \infty$ beliebig klein werden:

   $b_n - a_n \to 0;\quad 2^{b_n} - 2^{a_n} = 2^{a_n} \cdot (2^{b_n - a_n} - 1) \to 0$, da ja $2^0 = 1$

   $1. \wedge 2. \wedge 3. \Rightarrow$ IS !

3. Es wird anfangs $10^7 < 3^{16} < 10^8$, also mit 10^{16x^*} statt 3^{16} $10^7 < 10^{16x^*} < 10^8$, also für die Exponenten $7 < 16x^* < 8$ bzw. $7/16 < x^* < 8/16$. So geht es weiter zu $15/32 < x^* < 16/32$, dann zu $30/64 < x^* < 31/64$ usw. bis $244/512 < x^* < 245/512$.

4. a) $a_i = a_1 + (i-1)\,k;\quad a_{i-1} = a_1 + (i-1-1)\,k,\quad a_{i+1} = a_1 + (i+1-1)\,k;$
   $a_i = 1/2\,(a_{i-1} + a_{i+1}) = 1/2\,[a_1 + (i-2)\,k + a_1 + ik] = 1/2\,[2a_1 + 2\,(i-1)\,k] = a_1 + (i-1)\,k$

   b) Statt einfach $\langle n \rangle$ soll allgemein $\langle a + (n-1)d \rangle$ gewählt werden und dann $\langle q^{a+(n-1)d} \rangle$ als geometrische Folge nachzuweisen sein. Setzen wir z.B. n = 10, so entstehen die Glieder $\langle \ldots, q^{a+9d}, q^{a+10d}, q^{a+11d}, \ldots \rangle$; das mittlere ist gleich $q^{a+9d+d} = q^{a+9d} \cdot q^d$, und genau so ist $q^{a+11d} = q^{a+10d} \cdot q^d$, womit q^d als *Quotient* dieser Folge erscheint, w.z.z.w.

5. a) $s = 5 + 10 + 15 + \ldots + (5 \cdot 1500 =)\,7500 = \frac{1500}{2}\,(5 + 7500) = 5628750$

   b) $S = 5 + 5^2 + 5^3 + \ldots + 5^{15} = 5 \cdot \frac{5^{15} - 1}{5 - 1} = \frac{5}{4}\,(5^{15} - 1) = 3{,}8147 \cdot 10^{10}$

6. $y_1 = 1,\ y_2 = 2;\quad y_3 = y_1 + y_2 = 1 + 2 = 3;\quad y_4 = y_2 + y_3 = 2 + 3 = 5;\quad \ldots\ \ldots\ y_{10} = 89.$
   Die entstehende Folge <1, 2, 3, 5, 8, 13, … … 89, …> heißt nach ihrem geistigen Vater Fibonacci-Folge (Leonardo von Pisa, um 1200); sie löst das sog. Kaninchenproblem.

7. a) $n = 1:\ 1 = 1^2$ ✓; $n \Rightarrow n+1:\ 1 + 3 + \ldots + (2n-1) + (2n+1) = n^2 + (2n+1) = (n+1)^2$ ✓

   b) $n = 1:\ 1^3 = 1/4 \cdot 1^2 \cdot 2^2 = 1$ ✓; $n \Rightarrow n+1:\ 1^3 + 3^3 + \ldots + n^3 + (n+1)^3 = 1/4 \cdot (n+1)^2 \cdot [n^2 + 4\,(n+1)] = 1/4 \cdot (n+1)^2 \cdot (n+2)^2$ ✓

8. $b_2 = b_1 \cdot 1/2$ (nach H km), $b_3 = b_1 \cdot (1/2)^2$ (nach 2H km), ..., $b_{n+1} = b_1 \cdot (1/2)^n$ (nach nH = h km); geometrische Folge $\langle b_1, b_1 \cdot 1/2, b_1 \cdot (1/2)^2, \ldots, b_1 \cdot (1/2)^n \rangle$

   $b_{n+1} = b_{11} = b_1 \cdot (1/2)^{10} = 1{,}024 \text{ bar} \cdot \frac{1}{2^{10}} = 1 \text{ mbar}$ in 10H = h = 55 km Höhe.

9. $r_1 = r_0 - r_0 \cdot \frac{p}{100} = r_0(1 - \frac{p}{100}) = r_0 \cdot v$ mit p = 4 und $v = 1 - \frac{4}{100} = \frac{96}{100} = 0{,}96$
$r_2 = r_0 \cdot v^2, \ldots, \quad r_n = r_0 \cdot v^n$
$r_{10} = r_0 \cdot 0{,}96^{10} = 50 \text{ mm} \cdot 0{,}665 = 33{,}2 \text{ mm}$
$r_{100} = r_0 \cdot 0{,}96^{100} = 50 \text{ mm} \cdot 0{,}0169 = 0{,}84 \text{ mm}$

10. a) geom. Folge $\langle 3; 3 \cdot \frac{6}{5}; 3 \cdot \left(\frac{6}{5}\right)^2; \ldots; 3 \cdot \left(\frac{6}{5}\right)^7 = 3{,}58\rangle$

b) geom. Reihe: $3 \cdot \dfrac{\left(\frac{6}{5}\right)^8 - 1}{\frac{6}{5} - 1} = \ldots = 49{,}50$ km

11. a) geom. Folge $\langle 2 \cdot 4; 2 \cdot 4 \cdot \frac{3}{5}; 2 \cdot 4 \cdot \left(\frac{3}{5}\right)^2; \ldots; 2 \cdot 4 \cdot \left(\frac{3}{5}\right)^{19}\rangle$

geom. Reihe: $s = 8 + 8 \cdot \frac{3}{5} + 8 \cdot \left(\frac{3}{5}\right)^2 + \ldots 8 \cdot \left(\frac{3}{5}\right)^{19} = 8 \cdot \dfrac{1 - \left(\frac{3}{5}\right)^{20}}{1 - \frac{3}{5}} = \ldots \approx 20$ cm

b) Statt 2 ist überall π zu setzen (Umfang statt Durchmesser) →
$S = 20 \cdot \pi/2 = 10\pi = 31{,}4$ cm

12. $K_5 = K_0 \cdot q^5 = 15000 \cdot 1{,}045^5 = 15000 \cdot 1{,}24618 = 18692{,}70$ GE
$K_{10} = K_0 \cdot q^{10} = 15000 \cdot 1{,}045^{10} = 15000 \cdot 1{,}55297 = 23294{,}55$ GE

13. a) $K_{2000+1} = K_1 \cdot (1 + \frac{1}{100})^{2000} = 1$ P/G/R $\cdot 1{,}01^{2000} = 1$ P/G/R $\cdot 4{,}3929 \cdot 10^8 \approx$
$4{,}4 \cdot 10^8$ P/G/R = 4,4 Millionen Mark/Schilling/Franken!!!

b) Natürlich entsteht durch Verdoppelung eine geometrische Folge mit q = 2, und es wird
$b_{n+1} = b_1 \cdot 2^n \leq 3{,}84 \cdot 10^5 \text{ km} \leq 3{,}84 \cdot 10^{11} \text{ mm} \Rightarrow 2^n \leq \dfrac{3{,}84 \cdot 10^{11}}{0{,}01} = 3{,}84 \cdot 10^{13}$
Probieren (**TR**): (nur) n = 45 mal!! Auch hier liegt eine Exponentialgleichung vor, die noch nicht exakt lösbar ist.

Zusatz: Wenn das Letztformat (nach 45maligem Falten) 1 m^2 Fläche hat, ist diese bei 44 noch 2 m^2, bei 43 noch $2^2 = 4$ m^2, ..., beim 1. Falten 2^{44} und bedeckt anfangs 2^{45} $m^2 \approx 3{,}51 \cdot 10^7$ $km^2 \approx 1/15$ Erdoberfläche, also vielleicht ganz Asien!

14. Da sie 4 Jahre vor Fälligkeit beglichen wird, ist $K_n = K_4 = K_0 \cdot q^4 \Rightarrow K_0 = K_4 \cdot v^4$
$= K_4 \cdot \dfrac{1}{1{,}05^4}$ bzw. $\cdot \dfrac{1}{1{,}035^4} = 6000$ GE $\cdot 0{,}8227025$ bzw. $\cdot 0{,}8714422 = 4936{,}20$
bzw. 5228,65 GE.

15. $S = rq + rq^2 + \ldots + rq^{11} + rq^{12} = rq \cdot \dfrac{q^{12} - 1}{q - 1} = 300 \cdot 1{,}075 \cdot \dfrac{1{,}075^{12} - 1}{0{,}075} = 5941{,}65$

16. $B = rv + rv^2 + \ldots + rv^{15} = rv \cdot \dfrac{1 - v^{15}}{1 - v} = 50000 \cdot \dfrac{1}{1{,}055} \cdot \dfrac{1 - \left(\frac{1}{1{,}055}\right)^{15}}{1 - \frac{1}{1{,}055}} = 501879$
[mit $v = \dfrac{1}{1 + p} = \dfrac{1}{1{,}055}$]

17. Die Laufzeiten sind nicht gleich!! Im ersten Fall lautet die letzte Zeile
22 / 2017 7497.42 899.69 8397.11 8397.11

im zweiten Fall sind wir um zwei Jahre früher fertig:

20 / 2015 8975.07 1256.51 10231.58 10231.58

18. $r = r_0 \cdot e^{-\lambda t} = r_0\, e^{-0,1\,t} \Rightarrow \frac{r}{r_0} = e^{-0,1\,t}$

$t = 1, 2, ..., 20$: $\frac{r}{r_0} = e^{-0,1} = 0,905 = 90,5\,\%$ bzw. $e^{-0,1 \cdot 2} = 0,819 = 82\,\%$;

es folgen so 74 %, 61 %, 37 % und 14 %.

19. Vermutlich einen exponentiellen Verlauf bis zur Sättigung (vgl. Einschaltstrom!); über einen maximalen Bedarf hinaus wird nicht gekauft.

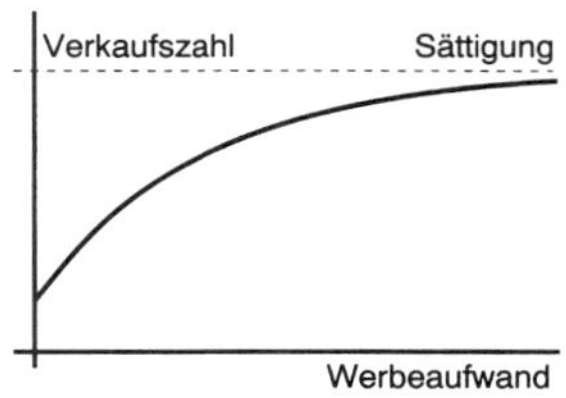

20. $9^{2x} \cdot 3^{x-3} = \frac{81}{3^{x+1}} \Rightarrow (3^2)^{2x} \cdot 3^{x-3} = \frac{3^4}{3^{x+1}} \Rightarrow 3^{4x+x-3} = 3^{4-x-1} \Rightarrow 3^{5x-3} = 3^{3-x}$

$\Rightarrow$ (Exp. gleich!) $5x - 3 = 3 - x \Rightarrow 6x = 6 \Rightarrow x = 1$

21. Für $r \in \mathbb{R}$ überlegen wir: Bei ${}^a\log$: $x \to {}^a\log x$ ist mit $y = {}^a\log x$ auch $x = a^y$; nun gibt es nur *eine* r-te Potenz einer Zahl: $x^r = (a^y)^r$, was weiter gleich $(a^y)^r = a^{yr} = a^{ry}$ ist. Statt $x^r = a^{ry}$ kann man wieder $ry = {}^a\log(x^r)$ schreiben und hat mit $y = {}^a\log x$ schließlich

${}^a\log (x^r) = r \cdot {}^a\log x$; es sind $x \in \mathbb{R}^+$, $a \in \mathbb{R}^+\backslash\{1\}$ und $r \in \mathbb{R}$.

22. a) $\log 3a^4 = \log 3 + \log a^4 = \log 3 + 4 \log a$

b) $\log \frac{1}{xy} = -\log xy = -(\log x + \log y) = -\log x - \log y$

c) $\log \frac{m^2}{n} = \log m^2 - \log n = 2 \log m - \log n$

d) $\log \sqrt{pq} = 1/2 \log pq = 1/2 (\log p + \log q) = 1/2 \log p + 1/2 \log q$

e) $\log \frac{u^2}{\sqrt[3]{v}} = \log u^2 - \log \sqrt[3]{v} = 2 \log u - 1/3 \log v$

f) $1/3 \log b + 1/4 \log c = \log \sqrt[3]{b} + \log \sqrt[4]{c} = \log \sqrt[3]{b} \cdot \sqrt[4]{c}$

g) $2 \log a - 1/2 \log (x+1) + \log (z-1) = \log a^2 - \log \sqrt{x+1} + \log (z-1) = \log \frac{a^2 \cdot (z-1)}{\sqrt{x+1}}$

23. Es ist $\log a + \log b = \log (a \cdot b)$ und $\log a - \log b = \log \frac{a}{b}$. Wäre nun $\log a \pm \log b$ andererseits $= \log (a \pm b)$, so folgte $\log (a \cdot b) = \log (a + b)$ und $\log \frac{a}{b} = \log (a - b)$, was auf $a \cdot b = a + b$ und $\frac{a}{b} = a - b$ führte, was nur ausnahmsweise zutrifft: $2 \cdot 2 = 2 + 2$, $\frac{4}{2} = 4 - 2$. Es kann also sicher nicht allgemein gelten!

24. Wir ersetzen das x in ${}^b\log x$ durch den gleichwertigen Term b^y wegen $y = {}^b\log x \Leftrightarrow x = b^y$. Damit wird ${}^a\log x = {}^a\log b^y$, was nach unserem Satz weiter gleich $y \cdot {}^a\log b$ ist. Daraus folgt schon $y = \frac{1}{{}^a\log b} \cdot {}^a\log x$, und genau dies war zu zeigen !

25. Probe: $\log 10 - 2 \log 2/3 = 1 - \log 4/3 + \log 3 - \log (2/3)^2 + \log 4/3 = \log 3$;

$\log (9/4 \cdot 4/3) = \log 3$ bzw. $\log 3 = \log 3$ ✔

26. $x \log 2 + (x - 3) \log 7 = (x + 2) \log 9$

$x \log 2 + x \log 7 - x \log 9 = 2 \log 9 + 3 \log 7$

$$x = \frac{2 \log 9 + 3 \log 7}{\log 2 + \log 7 - \log 9} = 23{,}16$$

27. 1) $n = n_0 \cdot e^{-\lambda t}$; $n_0/2 = n_0 \cdot e^{-\lambda t} \Rightarrow 1/2 = e^{-\lambda T}$ | ln

$\ln 1/2 = -\ln 2 = -\lambda T \Rightarrow \lambda = \frac{\ln 2}{T} = \frac{\ln 2}{17} = 0{,}04077\ (1/\text{min}) \Rightarrow n \approx n_0 \cdot e^{-0{,}04077\,t}$

2) $0{,}2\, n_0 = n_0 \cdot e^{-0{,}04077\,t} \Rightarrow 0{,}2 = e^{-0{,}04077\,t}$ | ln

$\ln 0{,}2 = -0{,}04077\, t \Rightarrow t = \frac{\ln 0{,}2}{-0{,}04077} = 39{,}48\ (\text{min})$

28. $Q = Q_0 \cdot e^{-\lambda t}$; $Q_0/2 = Q_0 \cdot e^{-\lambda \cdot 6{,}25} \Rightarrow \ln 1/2 = -6{,}25\lambda \Rightarrow \lambda = \frac{-\ln 0{,}2}{-6{,}25} = 0{,}111\ (1/\text{s})$

$\Rightarrow Q \approx Q_0 \cdot e^{-0{,}111t}$ $Q_1 \approx Q_0 \cdot e^{-0{,}111 \cdot 1} = 0{,}895\, Q_0$: um rund 10,5 %.

29. Ausgangsmenge $n_0 = 1{,}032$ g; jetzt, nach 10 Min., ist $n = 0{,}5$ mg

$n = n_0 \cdot e^{-\lambda t} \Rightarrow 0{,}50 = 1032 \cdot e^{-\lambda \cdot 10} \Rightarrow e^{-10\lambda} = \frac{0{,}5}{1032} \Rightarrow [\,|\ln\,]$

$-10\,\lambda = \frac{\ln 0{,}5}{1032} \Rightarrow \lambda = \ldots = 0{,}7632$

Damit treffen wir wieder 2 Fliegen auf einen Schlag:

1) $n = n_0 \cdot e^{-0{,}7632\,t}$ (t in min):

2) $T = \frac{\ln 2}{\lambda} = \frac{\ln 2}{0{,}7632} = 0{,}908 \text{ min} = 54{,}5 \text{ s}$

30.

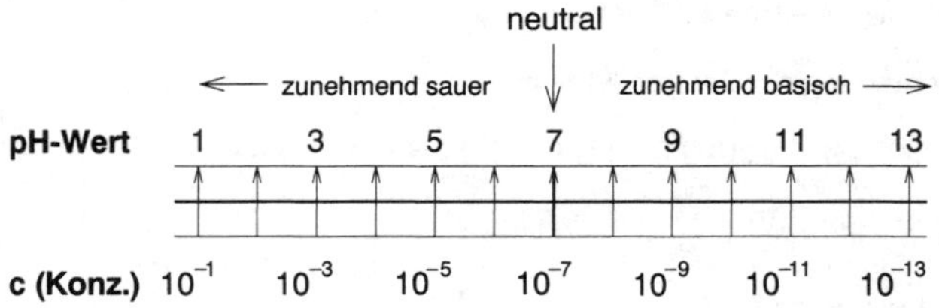

Jeder Schritt bedeutet eine Verzehnfachung des Säuregrads, da ja mit 10 multipliziert werden muß, um z.B. von 10^{-5} zu 10^{-4} zu gelangen!

31. Nach Definition des pH-Werts ist nur einzusetzen: $10^{-2{,}4} = 3{,}98 \cdot 10^{-3}$ (mol/l);
Das Verhältnis bilden wir wieder über die Differenz der pH-Werte:

$pH_2 - pH_1 =: \Delta(pH) = 7 - 2{,}4 = 4{,}6 \Rightarrow v = 10^{4{,}6} = 39811$:
Der Essig ist etwa 40000 mal saurer als reines Wasser!

Zum nächsten Kapitel

Teil G

22. Kapitel

22

Aussagenlogik und Schaltalgebra

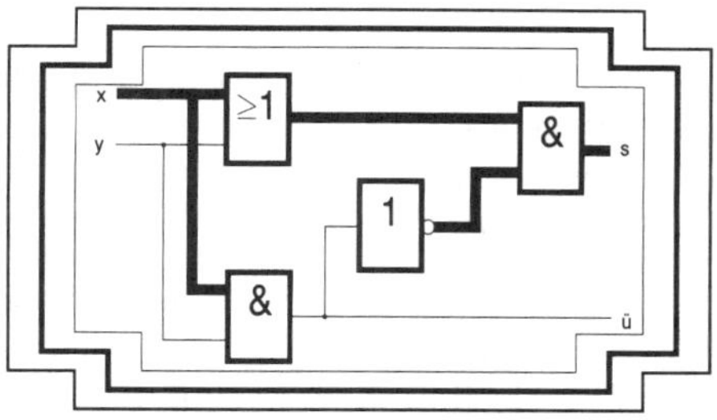

Nach Halbgruppe und Gruppe im **1**. Kapitel von Band **1** soll hier weiterführend eine *algebraische Struktur* vorgestellt werden, die, wie der Titel schon sagt, in der mathematischen Logik und der elektronischen Schalttechnik von Bedeutung, also auch praktisch anwendbar ist. In Band **3** folgen dann noch Modelle für den *Körper*.

eine neue Struktur

Verknüpfungen in Potenzmengen

Wir erinnern uns zunächst an die *Mengenverknüpfungen* ∪ und ∩ [Vereinigung und Durchschnitt] im 1. Kapitel A**1** und stellen ihre Eigenschaften nochmals zusammen:

S — **Satz 1: Mengenverknüpfungen**

Für beliebige Mengen A, B, C, ... gilt:

1. **„∪" und „∩" sind assoziativ:**
   a) $(A \cup B) \cup C = A \cup (B \cup C)$ b) $(A \cap B) \cap C = A \cap (B \cap C)$
2. **„∪" und „∩" sind kommutativ:**
   a) $A \cup B = B \cup A$ b) $A \cap B = B \cap A$
3. **„∪" und „∩" sind wechselseitig distributiv zueinander:**
   a) $A \cup (B \cap C) = (A \cup B) \cap (A \cup C)$
   b) $A \cap (B \cup C) = (A \cap B) \cup (A \cap C)$

All dies ist schon bewiesen worden. Zur Übung ergänzen wir noch

S — **Satz 2: und Ergänzungen dazu**

Für beliebige Mengen A, B, ... gilt:

4. **„Idempotenzgesetze"**
   a) $A \cup A = A$ b) $A \cap A = A$
5. **„Verschmelzungs- (= Absorptions-) gesetze"**
   a) $A \cup (A \cap B) = A$ b) $A \cap (A \cup B) = A$

Beides ist anschaulich klar, etwa 5a: Nimmt man zu A Elemente dazu (A∪...), die bereits in A enthalten sind (A∩B), so kommt man über A nicht hinaus (... = A)! Die Sätze 4 und 5 dienen vor allem dazu, längere Mengenterme zu vereinfachen:

Vereinfachung von Formeln:

B — **Beispiel 1:**

$A \cap (A \cup (A \cup B)) = ? = A \cap ((A \cup A) \cup B) = A \cap (A \cup B) = A$

Nun soll das *Komplement* dazugenommen werden, was aber eine Grundmenge M voraussetzt, die alle übrigen Mengen enthält. Dies geschieht am besten, indem man zu einer Menge M die *Potenzmenge* P(M) bildet und nur deren Elemente als Mengen A, B, C, ... zuläßt. Für M = {1, 2, 3} war in A**1**

Potenzmenge

$$P(M) = \{\varnothing, \{1\}, \{2\}, \{3\}, \{1, 2\}, \{1, 3\}, \{2, 3\}, M\}$$

Steht nun A für {1}, so ist A' = {2, 3} mit $A \cap A' = \varnothing$ und $A \cup A' = M$; ebenso ist bei B = {1, 3} nun B' = {2} mit $B \cap B' = \varnothing$ und $B \cup B' = M$ usw. Im Grenzfall $C = \varnothing$ wird C' = M, und für D = M gilt $D' = \varnothing$.

Während ganz allgemein stets $A \cup \varnothing = A$ gilt, kann man in P(M) noch $A \cap M = A$ behaupten, da ja A immer Teilmenge von M ist, $A \subseteq M$. Fassen wir zusammen:

Satz 3: **Strukturmerkmale darin**

S

In einer Potenzmenge P(M) mit $\varnothing, A, B, C, ... \subseteq M$ bzw. $\varnothing, A, B, C, ... \in P(M)$ gilt neben 1. bis 5.:

6. „Komplementbeziehungen"
a) $A \cup A' = M$ b) $A \cap A' = \varnothing$ c) $(A')' = A$

7. $\varnothing$ und M sind neutrale Elemente von „∪" bzw. „∩" mit den Eigenschaften:
a) $A \cup \varnothing = A$ b) $A \cap M = A$ c) $\varnothing \cap A = \varnothing$ d) $M \cup A = M$

8. Die neutralen Elemente sind zueinander komplementär:
a) $\varnothing' = M$ b) $M' = \varnothing$

Auch hier soll als Beweisübung noch ergänzt werden:

Satz 4: **von de Morgan**

S

„Gesetze von de Morgan" (Augustus de M., engl. Math., 1806 bis 1871)

9. a) $(A \cup B)' = A' \cap B'$ b) $(A \cap B)' = A' \cup B'$

Sie erinnern sich: Zwei Mengen(terme) sind gleich, wenn sich für ein beliebiges Element $a \in M$ – es kann dann $a \in A$ sein oder $a \notin A$ – dieselben Verteilungen von $\in$ und $\notin$ ergeben. Sehen wir uns die Sätze 3.6 an:

Tabelle 1: **Beweise mit ...**

	A	A'	(A')'	A∪A'	M	A∩A'	Ø
a ∈M	∉	∈	∉	∈	∈	∉	∉
"	∈	∉	∈	∈	∈	∉	∉

= = =

Bei *zwei* Mengen werden die Spalten *vier*elementig; zählen Sie mit:

Tabelle 2: **Zugehörigkeitstafeln**

	A	B	A'	B'	A∪B	(A∪B)'	A∩B	(A∩B)'	A'∩B'	A'∪B'
a ∈M	∉	∉	∈	∈	∉	∈	∉	∈	∈	∈
"	∉	∈	∈	∉	∈	∉	∉	∈	∉	∈
"	∈	∉	∉	∈	∈	∉	∉	∈	∉	∈
"	∈	∈	∉	∉	∈	∉	∈	∉	∉	∉

= =

Jetzt kann man schon kompliziertere Mengenterme vereinfachen, wobei wir davon Gebrauch machen – wie in der ARITHMETIK gezeigt –, daß man wegen 1 und 2 mehrgliedrige Terme wie $A' \cap B \cap C$ oder $A \cup B' \cup C'$ schreiben kann, für die dann das Distributivgesetz 3 gilt, aber je nach Bau auch andere. Denken Sie mit:

B — **Beispiel 2:** Formeln vereinfachen

$A \cap \{[B' \cap (A \cup C)] \cup (A \cup C')'\} = ?$ | distr. 3b, ass. 1a, de Morg 9a, Kompl. 6c
$A \cap \{B'\cap A) \cup (B'\cap C) \cup (A'\cap C)\} =$ | distr. 3b, angew. auf 3gliedr. Term in {}
$[A \cap (B'\cap A)] \cup [A \cap (B'\cap C)] \cup [A \cap (A'\cap C)] =$ | 3 mal ass. 1b, komm. 1b, Idemp. 4b, Kompl. 6b, 7a,c,
$(A\cap B') \cup [(A\cap B') \cap C] = D\cup (D\cap C) = D = A\cap B'$ | für $A\cap B'$ wird D gesetzt, Verschmelz. 5a

Sie werden schon vermuten, daß diese Gesetze nicht nur im konkreten Modell der Potenzmenge mit ∩, ∪ und ' gelten. Tatsächlich werden wir gleich zwei weitere Modelle kennenlernen – sie sind im Titel genannt! Allen gemeinsam ist die Art, mit den Gesetzen umzugehen, ihre Handhabung. Man erklärt daher als abstrakten Überbau eine *Struktur*, die durch solche Gesetze gekennzeichnet ist:

D — **Definition 1:** Verband und Boolesche Algebra

Eine allgemeine Struktur (V, ∨, ∧) mit den zweistelligen Verknüpfungen „∨" und „∧", für die die Gesetze 1, 2, 4 und 5 gelten, also Assoziativ-, Kommutativ-, Idempotenz- und Verschmelzungsgesetze, heißt ein ***Verband***.

Ein Verband (V, ∨, ∧, ') mit den neutralen Elementen (7) von ∨ und ∧, hier Nullelement 0 und Einselement 1 genannt, in dem die Komplemente (6, 8) erklärt sind und in dem die Distributivgesetze (3) gelten, heißt *BOOLEscher Verband* oder ***BOOLEsche ALGEBRA***.

Da wir alle diese Eigenschaften für die Struktur (P(M), ∪, ∩, ') nachgewiesen haben, können wir sagen:

S — **Satz 5:** ein erstes Modell

Der Potenzmengenverband (P(M), ∪, ∩, ') ist für jede Menge M eine Boolesche Algebra.

Wir wählen speziell M *ein*elementig, M = {a}, womit P(M) = {∅, M} *zwei*elementig wird und eine 2elementige *Boolesche Algebra* vorliegt. Weiterhin sollen A, B, C, ... als Variablen für Elemente von P(M), also für ∅ oder M verwendet werden. Dann lassen sich die Grundverknüpfungen so darstellen:

Tabelle 3: Verbandstafel

A	B	A∪B	A∩B	A'
Ø	Ø	Ø	Ø	M
Ø	M	M	Ø	M
M	Ø	M	Ø	Ø
M	M	M	M	Ø

oder auch als Verknüpfungstafeln für ∪, ∩ und ' mit ∅ und M als Objekten, die zu verknüpfen sind:

Tabellen 4: Verknüpfungstafeln

∪	Ø	M
Ø	Ø	M
M	M	M

∩	Ø	M
Ø	Ø	Ø
M	Ø	M

	'
Ø	M
M	Ø

Aussagen und Aussageformen

Aussagen

Aussageformen

Damit sind wir soweit, uns einem scheinbar völlig andersartigen Bereich zuwenden zu können und doch zu erkennen, daß er *dieselbe Struktur* hat wie (P(M), ∪, ∩, '): In 𝔸**3** haben wir von einer **Aussage** gesprochen, wenn es einen Sinn hatte, zu fragen, ob sie *wahr* (w) oder *falsch* (f) war, von einer **Aussageform**, wenn eine Variable x auftrat, für die erst eingesetzt werden mußte.

zusammengesetzte Aussagen

Wir wählen x, y, z, ... als Variablen für *Aussagen* (wie bisher A, B, C, ... für Mengen) und bilden *zusammengesetzte* Aussagen: zu *einer* Aussage x soll es die *Verneinung* gleich ***Negation*** ¬ x, zu zwei Aussagen x, y die *Und-Aussage* x ∧ y, die ***Konjunktion***, sowie die *Oder-Aussage* x ∨ y, die ***Disjunktion***, geben.

Meint x etwa «Ein Quadrat hat vier rechte Winkel», y ...«Ein Quadrat hat vier gleiche Seiten», so steht x ∧ y für «Ein Quadrat hat vier rechte Winkel *und auch* vier gleiche Seiten» usw. Dabei ist x ∧ y genau dann wahr, wenn beide wahr sind, x ∨ y ist genau dann falsch, wenn beide falsch sind.

Solange nicht konkret eingesetzt wird, sind x ∧ y, x ∨ y und andere Aussage*formen*. In einer **Wahrheitstabelle** sehen diese drei Grundverknüpfungen so aus:

Tabelle 5: Wahrheitstafel

x	y	x ∨ y	x ∧ y	¬ x
f	f	f	f	w
f	w	w	f	w
w	f	w	f	f
w	w	w	w	f

Oder als Verknüpfungstafeln für ∨, ∧ und ¬ sowie f und w als Objekten, die *verknüpft* werden:

Tabelle 6: Vkn.tafeln

∨	f	w
f	f	w
w	w	w

∧	f	w
f	f	f
w	f	w

	¬
f	w
w	f

isomorphe Verbände

Nun wird klar, daß mit der Abbildung σ: ∅ → f, M → w und der Zuordnung von ∪ nach ∨, von ∩ nach ∧ und von ' nach ¬ wegen der gleichartigen Verknüpfungstafeln auch gleichartige Strukturen vorliegen: σ ist ein *Isomorphismus*! Genau dasselbe gilt wegen des obigen Satzes auch für die 2elementige Boolesche Algebra: mit B = {0,1} und W = {f, w} sind (B, ∨, ∧, ') und (W, ∨, ∧, ¬) isomorphe Strukturen oder kürzer:

Satz 6: Boolesche Algebra

S **Der Wahrheitswerteverband (W, ∨, ∧, ¬) ist eine 2elementige Boolesche Algebra.**

Bild 1: Wahrheitsfunktion

Dies erlaubt es nun, mit den Gesetzen 1 bis 9 von oben zu operieren, um Aussageformen zu vereinfachen. Es entstehen jeweils *äquivalente* Aussageformen F(x,y), die in der Wahrheitstabelle durch gleiche Spalten ausgezeichnet sind. Man sagt, daß dann dieselbe *Wahrheitsfunktion* vorliegt: So wäre für die Konjunktion ∧: W × W → W, (x, y) → x ∧ y eine Schreibweise, die wir schon in 𝔸**1** für die Verknüpfungen eingeführt haben, Bild 1:

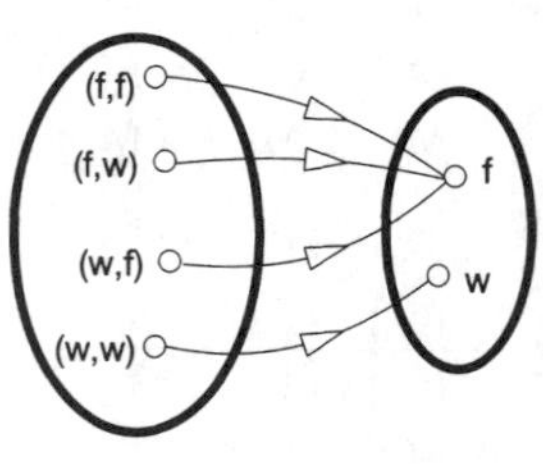

Ein Beispiel soll dies verdeutlichen:

Vereinfachen von Aussageformen:

B

Wir zeigen, daß die Aussageform x ∧ ¬ (¬ x ∧ y) einfach gleichbedeutend mit x ist! Studieren Sie die *Tabelle*:

Beispiel 3: mit einer Tabelle

x	y	¬ x	¬ x ∧ y	¬ (¬ x ∧ y)	x	x ∧ ¬ (¬ x ∧ y)
f	f	w	f	w	f	f
f	w	w	w	f	f	f
w	f	f	f	w	w	w
w	w	f	f	w	w	w

Wegen derselben Spaltenbelegung – d. h., denselben Werten f, f, w, w der Wahrheitsfunktion –, ist demnach die Aussageform x ∧ ¬ (¬ x ∧ y) äquivalent zu x!

Dies hätten wir auch ohne Tabelle finden können, verlangt aber Gespür für die Wahl der passenden Gesetze:

B

Beispiel 4: mit Gesetzen

x ∧ ¬ (¬ x ∧ y) = ? | de Morgan, 9b
x ∧ (¬ (¬ x) ∨ ¬ y) = | Komplement, 6c
x ∧ (x ∨ ¬ y) = | Verschmelzung 5b
x ✔

Verbalisierung

Steht x etwa für die Aussage ... «Wir brauchen höhere Einkommen!» und y für ... «Die Wirtschaft muß wachsen!», so bedeutet ¬ x ∧ y ... «Wir brauchen keine höheren Einkommen, doch die Wirtschaft muß wachsen!»

Die zusammengesetzte Aussage x ∧ ¬ (¬ x ∧ y) ... «Wir brauchen höhere Einkommen, aber es stimmt nicht, daß die Wirtschaft wachsen muß, während wir zugleich keine höheren Einkommen brauchen!» bedeutet also dasselbe wie die einfache Aussage x!

Logisches Gesetz und (in)direkter Beweis

Logisches Gesetz und Widerspruch

Bildet man Aussageformen mit ∨, ∧ und ¬, so kann es passieren, daß in der Wahrheitstafel lauter w auftreten oder auch lauter f. Eine solche Aussageform ist also unabhängig von konkreten Einsetzungen *immer wahr* bzw. *falsch*: man sagt dann, es liege ein **logisches Gesetz** (eine *Tautologie*) bzw. im anderen Fall ein **logischer Widerspruch** (eine *Kontradiktion*) vor.

Die einfachsten Beispiele sind x ∨ ¬ x für ein logisches *Gesetz* (Es gilt x oder es gilt Nicht-x, Satz vom ausgeschlossenen Dritten!) sowie x ∧ ¬ x für einen *Widerspruch* (x und Nicht-x können nicht zugleich gelten!).

Aber auch kompliziertere Aussageformen erweisen sich als logische Gesetze wie im Beispiel:

B

Beispiel 5: dazu

¬ (x ∧ y) ∨ (x ∨ y)

Prüfen Sie nach:

x	y	¬ x	x ∨ ¬ x	x ∧ ¬ x	x ∧ y	¬ (x ∧ y)	x ∨ y	¬ (x ∧ y) ∨ (x ∨ y)
f	f	w	w	f	f	w	f	w
f	w	w	w	f	f	w	w	w
w	f	f	w	f	f	w	w	w
w	w	f	w	f	w	f	w	w
			↑ Gesetz	↑ Widerspruch				↑ Gesetz

Subjunktion

In der Aussagenlogik sind noch «Wenn x, dann y»-Aussagen von Bedeutung: Man schreibt $x \to y$, nennt sie eine ***Subjunktion*** und erklärt sie als *äquivalent* zu $\neg x \vee y$. Dabei setzt man in der Umgangssprache stets x als wahr voraus, was die Wahrheitsfunktion (w, f) → f und (w, w) → w plausibel macht: Ist x wahr und y falsch, dann ist die Folgerung $x \to y$ falsch, sind beide wahr, ist auch $x \to y$ wahr. Logisch ist aber nicht zwingend x wahr, was dazu führt, daß bei *falschem* x die Subjunktion $x \to y$ *stets wahr* ist (Übung 5).

Wir können diesem Dilemma aber entkommen, indem wir die Figur (Aussageform) $x \wedge (x \to y) \to y$ bilden; leuchtet sie doch schon dem gesunden Hausverstand ein als *logisches Gesetz*: Ist x wahr und folgt y aus x, so ist dann auch y wahr!

direkter Beweis:

Tatsächlich bestätigt eine Wahrheitstabelle diese Überlegung (Übung 6), und man ist in der Mathematik sehr glücklich, wenn auf genau diese Weise ein **direkter Beweis** der Behauptung y aus der Voraussetzung x gelingt! «Mit x und $x \to y$ gilt dann y» heißt in der Literatur auch *Modus ponens*.

Auch dazu ein Beispiel:

Beispiel 6: Modus ponens

B

Voraussetzung: x ... «a ist eine ungerade Zahl»
Behauptung: y ... «a^2 ist eine ungerade Zahl»
Beweis: $x \to y$ muß nachgewiesen werden!

x bedeutet $a = 2n + 1$, $n = 0, 1, 2, \ldots$, d. h., $n \in \mathbb{N}_0$; dann ist
$a^2 = (2n + 1)^2 = 4n^2 + 4n + 1 = 2\,(2n^2 + 2n) + 1 =: 2m + 1$, $m \in \mathbb{N}_0$
d. h., a^2 ist ungerade, was $x \to y$ darstellt. Also gilt y, ✓

und indirekter Beweis:

Leider muß man oft **indirekt** (durch Widerspruch) **beweisen**: Folgt y aus x, gilt also $x \to y$, aber ist y falsch, so kann auch x nicht wahr sein.

Beispiel 7: Modus tollens

B

Die Figur $((x \to y) \wedge \neg y) \to \neg x$ ist als *logisches Gesetz* nachzuweisen. Wir überzeugen uns sofort davon und halten zuvor fest, daß damit der *Modus tollens* gewonnen ist: «Läßt sich $x \to y$ zeigen und auch $\neg y$, so gilt damit $\neg x$.»

Kontraposition

Wir wollen aber eigentlich y nachweisen, wenn x vorausgesetzt wird und scheiterten an $x \to y$, das, so nahmen wir an, *direkt* nicht zu zeigen war. Dazu formen wir noch etwas um und erhalten in $(x \to y) \to (\neg y \to \neg x)$ und auch in der Umkehrung $(\neg y \to \neg x) \to (x \to y)$ logische Gesetze, sogenannte ***Kontrapositionen***. Gelingt also der Nachweis von $\neg y \to \neg x$, so ist damit $x \to y$ bewiesen:

x	y	¬y	p = x→y	q = p∧¬y	¬x	q→¬x	r = ¬y→¬x	p→r	r→p
f	f	w	w	w	w	w	w	w	w
f	w	f	w	f	w	w	w	w	w
w	f	w	f	f	f	w	f	w	w
w	w	f	w	f	f	w	w	w	w
						↑Gesetz		↑ Gesetze	↑

Tabelle 9: zu Beispiel 7

Praktisch nimmt man also neben x das Gegenteil ¬ y dessen an, was zu beweisen ist, y, und versucht, mittels ¬ y → ¬ x auf ¬ x zu schließen; dies haben wir als gleichwertig mit x → y erkannt, wodurch schließlich wie oben y als bewiesen gelten kann. Ein schönes Beispiel haben Sie in 𝔹**4** bei der *Geradenspiegelung* kennengelernt.

Implikation und Äquivalenz

Statt «p → q ist ein logisches Gesetz» schreibt man p ⇒ q und sagt p ***impliziert*** q oder «Wenn p gilt, dann gilt q». Ebenso ist für (p → q) ∧ (q → p) bzw. «p ←→ q ist ein logisches Gesetz» kürzer p ⇔ q üblich; man sagt p ist ***äquivalent*** (zu) q oder «p gilt genau dann, wenn q gilt».

Dabei stehen p und q für zusammengesetzte Aussagen bzw. Aussageformen wie z. B. p = x → y und q = ¬ y → ¬ x (= r von oben!). Damit sind jetzt die Zeichen ⇒ und ⇔, die schon bisher ständig auftraten, nachträglich gerechtfertigt.

Rätsel GEHIRN: wie kann es logisch denken ???

Themenwechsel

Logische Schaltungen

Strukturen und Schaltungen

Nach diesem logischen Exkurs wenden wir uns einem Gebiet der *Digitalelektronik* zu, *logischen* **Schaltungen**. Wir werden dabei einerseits auf einen überraschenden Zusammenhang mit den bisher besprochenen mathematischen Strukturen stoßen und können andererseits unsere Einsichten von 𝔽**17** über **Computer** vertiefen, indem wir Fragen beantworten wie

Fragen an den Computer

- Wie läßt sich mit Hilfe einfacher logischer Schaltungen die *Addition* der Binärzahlen 0 und 1 nachvollziehen?
- Wie *merkt sich* ein Computer die Signale 0 und 1?
- Wie werden Zeichen im Hauptspeicher *verwaltet*, also auf bestimmte Adressen gelegt?

Dazu betrachten wir einfache **Serien-Parallel-Schaltungen**. Dabei verwenden wir *Schalter*, die Strom-Impulse als Signale durchlassen oder sie unterbrechen, Bilder 2:

Bilder 2: Schalter

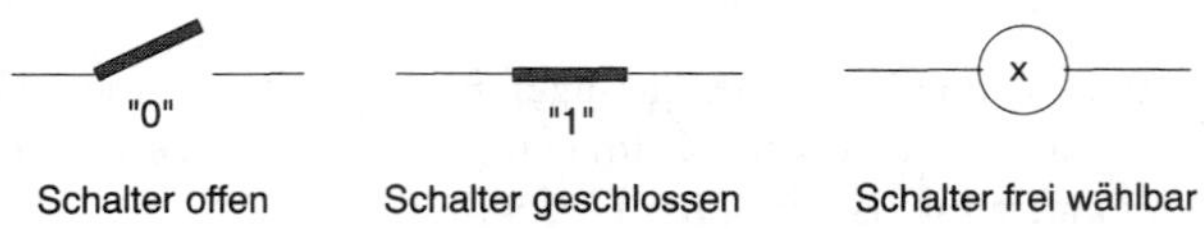

Schaltwerte

Unabhängig von der Art der elektronischen Realisierung sieht man leicht ein, daß mit einem solchen Schalter genau zwei Zustände dargestellt werden können: Ist er geöffnet, wird die Leitung unterbrochen, es kommt kein Stromimpuls durch (Zustand oder *Schaltwert* null – entsprechend der Binärzahl 0), schließt man ihn, kann ein Signal hier passieren (Zustand oder *Schaltwert* eins, was der Binärzahl 1 zugeordnet wird).

Zu einem Schalter soll es einen *Negationsschalter* geben, der sich jeweils im Gegenzustand befindet, der also den Wert 1 aufweist, wenn sein Partner 0 zeigt und umgekehrt. Allgemein soll zum Schaltwert x der Gegenwert $\bar{x}$, *x-quer*, gehören; für einen zweiten Schalter bzw. dessen Schaltwert steht dann die Variable y.

Weiter gibt es zwei Möglichkeiten, Schalter zu kombinieren, nämlich die *Serien-* und die *Parallelschaltung*, Bilder 3:

Bilder 3: Schaltungsarten

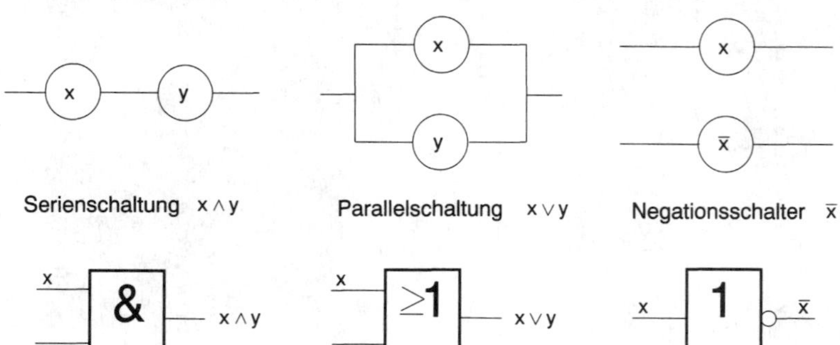

logische Gatter

Man spricht auch von *logischen Gattern*. Die genormten Symbole dieser AND-, OR- und NOT-Gatter sind gleich dazu gezeichnet.

Natürlich fließt nur dann Strom durch eine Serienschaltung (AND), deren Zustand durch x ∧ y symbolisiert werden soll, wenn beide Schalter geschlossen sind, also x *und auch* y den *Schaltwert* 1 haben; durch eine Parallelschaltung (OR), x ∨ y, kommt nur dann *kein* Strom (Wert 0), wenn *beide* Schalter offen sind, d. h., mit 0 als Schaltwert belegt sind. Die Werte für den Negationsschalter (NOT) sind sicherlich am einfachsten einzusetzen.

Erläuterung der Schaltwert-

Die **Schaltwerttabelle** muß also so aussehen:

Tabelle 10

x	y	x ∧ y	x ∨ y	$\bar{x}$
0	0	0	0	1
0	1	0	1	1
1	0	0	1	0
1	1	1	1	0

Damit können wir schon eine *zusammengesetzte* Schaltung verstehen, welche zur Addition zweier Binärziffern benötigt wird und die deshalb den Namen **Halbaddierer** trägt.

Halbaddierer

Wenn Sie im **1**. Band die Seite 41 aufschlagen, finden Sie dort das kleine *Einsundeins* sowie das *Einmaleins* im Binärsystem; diese Schaltung sollte die Ergebnisse

0 + 0 = 0,   0 + 1 = 1 + 0 = 1,   1 + 1 = 10

technisch nachvollziehen. Dazu benötigt man zwei *Eingänge* (x, y), die 0- oder 1-Impuls führen und zwei *Ausgänge* für die Summenziffer (s) und den Übertrag (ü). In einer Tabelle sieht die Belegung offenbar so aus:

Tabelle 11: Einsundeins im Binärsystem

x	y	s	ü
0	0	0	0
0	1	1	0
1	0	1	0
1	1	0	1

Wir müssen nur im letzten Fall einmal einen Übertrag 1 berücksichtigen; solange *ein* Summand 0 ist – in den ersten drei Zeilen –, gibt es keinen solchen, also ist dort ü = 0.

Studieren Sie nun das Bild 4, das eine Kombination von vier logischen Gattern zeigt, die miteinander schon das kleine Einsundeins nachspielen können!

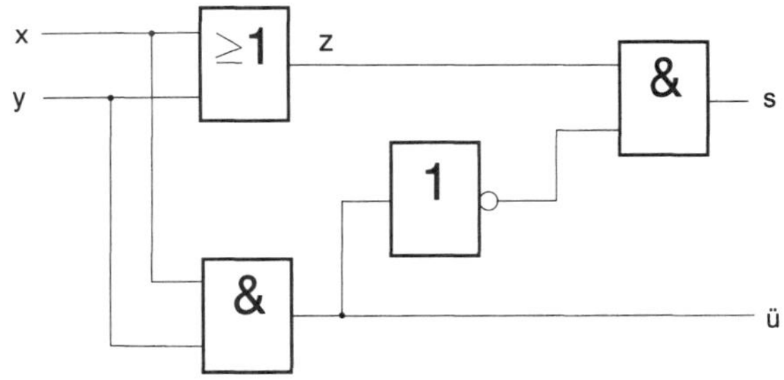

Bild 4: Halbaddiererschaltung

Beispiel 8: **Zusammenaiel der Gatter**

Konkret soll wie in der 3. Zeile der Tabelle am 1. Eingang x des OR-Gatters 1-Signal anliegen, am 2. Eingang y aber 0-Signal: für den OR-Ausgang ist dann z = 1; dies ist erstes Eingangssignal am rechten AND-Gatter. Das andere erhalten wir so: Die Belegungen 1 und 0 liegen auch am Eingang des unteren AND-Gatters, das dann am Ausgang 0 führen muß; dies ist schon die 0 bei ü, ✓.

Dieses 0-Signal liegt aber auch am NOT-Gatter und wird dort zu 1 invertiert. Damit ist das 2. Eingangssignal am rechten AND-Gatter gewonnen: zweimal 1 gibt aber am AND-Ausgang 1, was den s-Wert liefert, ✓!

Volladdierer

Analog kann man die anderen Zeilen in der Tabelle nachspielen und verstehen: Tatsächlich verhält sich diese Schaltung genau, wie wir es erhofften! Um nun mit einem Übertrag 1 weiter rechnen zu können, benötigt man zwei solcher Halbaddierer und noch ein OR-Gatter, einen sog. *Volladdierer* – und dies für jede Stelle zweier Summanden! Näheres dazu müssen wir aber den Elektronikprofis überlassen.

Wir gehen jetzt zur zweiten eingangs gestellten Frage über und betrachten dazu noch eine Kombinationsschaltung aus <u>N</u>OT und <u>OR</u>, kurz NOR: die Ausgangswerte von z in OR werden einfach invertiert (NOT), die Tabelle muß also so aussehen:

Tabelle 12: **NOR-Gatter**

x	y	$z = \overline{x \vee y}$
0	0	1
0	1	0
1	0	0
1	1	0

Flipflop …

Wir bauen nun aus zwei NOR-Gattern eine (*bistabile Multivibrator-*) Schaltung, die die Amerikaner mit Sinn für Humor ***Flipflop*** getauft haben, Bild 5: Sie behält auf ihrer Ausgangsleitung den Zustand 0 oder 1, je nach Belegung der Eingangsleitungen S und R (von <u>S</u>et und <u>R</u>eset, setzen und rücksetzen) mit diesen Signalen.

Beispiel 9: **und seine Funktionsweise**

Bild 5: **dazu**

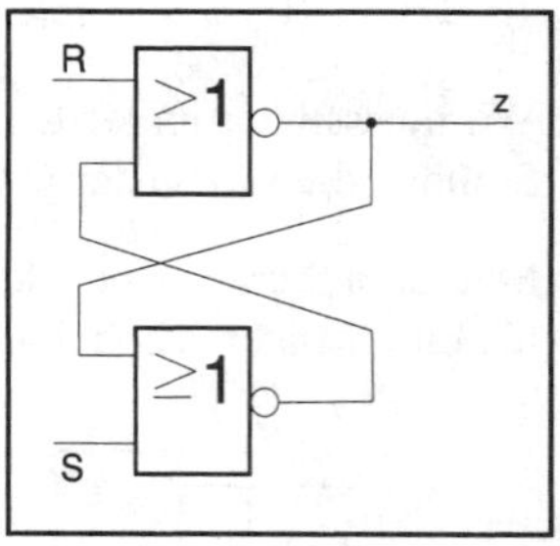

Dabei möge etwa im nächsten Sekundenbruchteil ein 1-Impuls (ein JA-Signal) bei S ankommen, S = 1, während bei R ein 0-Impuls liegt. Diese 1 schaltet den NOR-Ausgang von S auf 0, die praktisch sofort am 2., oberen Eingang anliegt und zusammen mit der R-0 diesen Ausgang z auf 1 schaltet (Tabelle, 1. Zeile!). Da diese 1 nun gleichzeitig auch am 2., unteren S-Eingang liegt, spielt sie die Rolle des Auslöse-1-Impulses von S und fixiert z = 1, auch wenn dieser wieder weg ist, S = 0! Analog verstehen Sie, daß ein 1-Impuls an R dann z auf den Wert 0 setzt und fixiert.

Erweiterung: **das Speicherflipflop**

Baut man um dieses Flipflop noch einige Gatter herum – am Ausgang ein AND, an den Eingängen zwei AND und ein NOT vor dem AND der R-Leitung –, so entsteht ein ***Speicherflipflop***; das tut genau, was man für die Speicherorganisation braucht: Nur dann, wenn man ein 1-Signal (JA!) auf einer *Schreibleitung* (ST) hin laufen läßt, wird dasjenige Signal übernommen und behalten, das auf der Eingangsleitung A liegt; es bleibt, auch wenn das JA-Signal wieder weg ist!

Abfragen am Ausgang Z, was nun gespeichert ist, ob 0 oder 1, kann man mit einem JA-Impuls auf der *Leseleitung* (LT). Wir notieren nur das Schaltsymbol, Bild 6, um damit im folgenden Bild 7 einen Speicherplatz des RAM abbilden zu können.

Die Kombination *acht* derartiger Speicherflipflops ergibt schon einen *Speicherplatz*, Bild 7, in dem jedes beliebige Zeichen – verschlüsselt im erweiterten ASCII – abgelegt werden kann: hier ist es die Zahl 2.

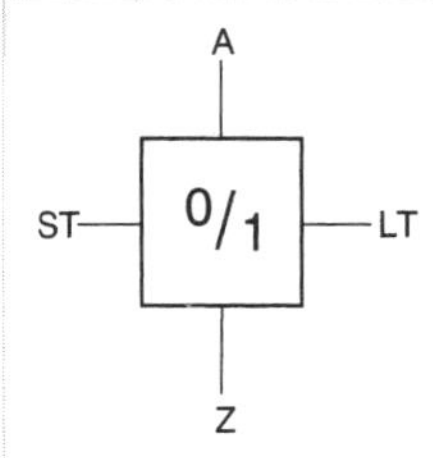

"Speicher-Flipflop"

Bild 6: Schaltsymbol

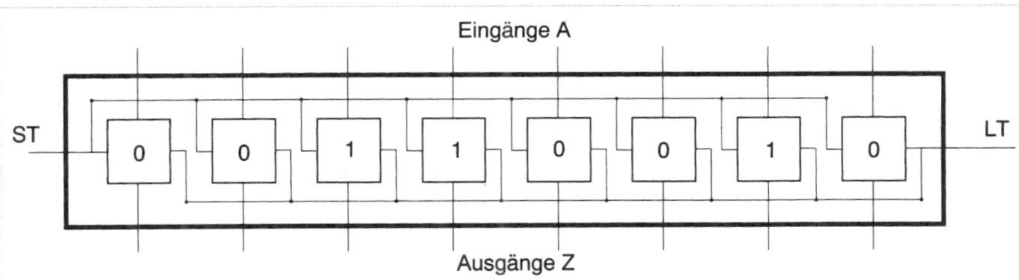

Ein Speicherplatz gleich 8 Speicherflipflops

Bild 7: ein Speicherplatz im Computer

Adreßdecodierer

Daß dies an der richtigen Adresse, im Bild 8 etwa dem Platz mit der Nummer 3 (binär 011), geschieht, wird durch einen *Adreßdecodierer*, der selbst aus AND- und NOT-Gattern aufgebaut ist, bewirkt: Mit drei Eingängen, also 3 bit, kann er $2^3 = 8$ Adressen ansprechen (000 bis 111), mit vier eben $2^4 = 16$, und für die 64 KB = 65536 = 2^{16} Adressen des Homecomputers der späten 70er Jahre genügt somit ein 16-bit-Adreß-decodierer!

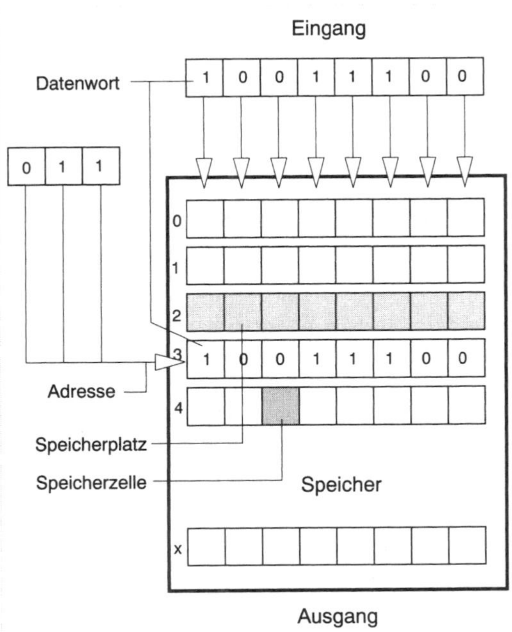

Bild 8: Arbeitsspeicher und Adressen

Beispiel 10:
Funktionsweise

Um sich dessen Funktion wenigstens im Ansatz klar machen zu können, diskutieren wir den denkbar einfachsten Fall eines 2-4-Decodierers, Bild 9 zeigt das Schaltsymbol, anhand der folgenden Tabelle:

Tabelle 13:
dazu

x	y	Ad1	Ad2	Ad3	Ad4
0	0	1	0	0	0
0	1	0	1	0	0
1	0	0	0	1	0
1	1	0	0	0	1

Bild 9:
Schaltsymbol

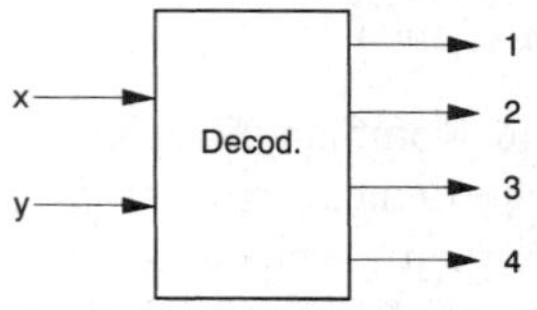

Nur wenn sowohl x als auch y 0-Signal tragen, schaltet *allein* das AND-Gatter vor der 1. Adresse (i. allg. die Nummer 0), Ad1, auf 1 durch, da beide 0-Signale invertiert werden. Bei x = 0 und y = 1 kann *nur* das Ad2-AND auf 1 durchstellen usw.

Versuchen Sie jetzt bitte, die der Tabelle nachgebaute logische Schaltung, Bild 10, für diese eben genannten und die anderen möglichen Signalbelegungen durchzuspielen!

Bild 10:
2-4-Adreß-decodierer

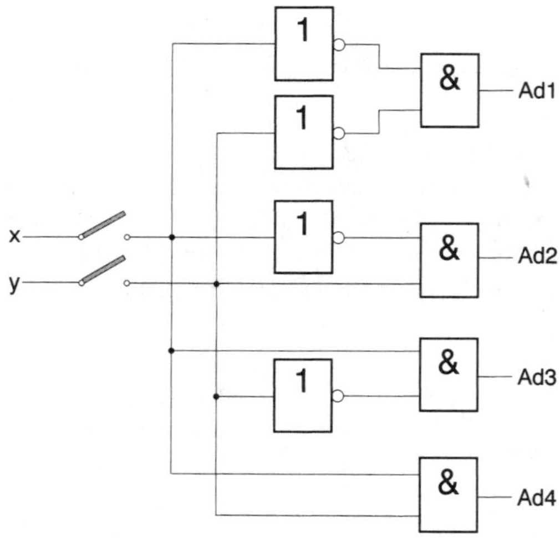

lesen und schreiben

Damit kann aber ein Zeichen in eine bestimmte Adresszeile *geschrieben* werden! Umgekehrt *liest* ein zweiter Adreßdecodierer analog Daten aus einem Speicherplatz mit einer bestimmten Adresse *aus*!

Wie allerdings die großen 16/65536-Adreßdecodierer für 64 KB oder gar die für heutige 4/8-MB-RAM-Computer nötigen Schaltungen gebaut sind, wollen wir lieber nicht zu ergründen suchen!

Dennoch sollten Sie durch diese kleine Exkursion in die *logischen Schaltungen* unser Werkzeug *Computer* in einigen Grundzügen verstehen, womit das in F**17** gegebene Versprechen eingelöst sein möge.

Wir kommen jetzt aber zum erstgenannten Punkt dieses Abschnitts zurück und betrachten dazu nochmals die *Schaltwerttabelle* 10 von Seite 207:

Die *Verknüpfungstafeln* für ∧, ∨ und ¯ zwischen den Objekten 0 und 1 ergeben sich daraus zu:

∨	0	1
0	0	1
1	1	1

∧	0	1
0	0	0
1	0	1

	¯
0	1
1	0

Tabellen 14

Die Bezeichnungen wurden so gewählt, daß diesmal die *Isomorphie* mit dem *Wahrheitswerteverband* gleich ins Auge springt: Man hat nur σ: f → 0, w → 1 zu wählen und dem Komplement ' die Negation ¯ zuzuordnen; die zweistelligen Verknüpfungen wurden schon gleich (mit ∧, ∨) bezeichnet.

noch ein isomorpher Verband:

Somit gilt mit S = {0, 1}

S

Satz 7: Schaltalgebra

Der Schaltwerteverband (S, ∨, ∧, ¯) ist eine (2elementige) Boolesche Algebra und heißt *Schaltalgebra*.

Alle Gesetze 1 bis 9 gelten demnach auch hier und erlauben es, *Schaltformen* wie die folgende zu vereinfachen, was in der Digitalelektronik eine durchaus praktisch wichtige Problemstellung ist:

B

Beispiel 11: Vereinfachung von Schaltformen

$(x \wedge (y \vee z)) \vee (x \wedge \bar{y})$

Wir versuchen es über *eine Tabelle:* Bei 3 Variablen sind die Spalten leider schon von der Länge $8 = 2^3$:

Tabelle 15: dazu

x	y	z	y ∨ z	p = x ∧ (y ∨ z)	ȳ	x	q = x ∧ ȳ	p ∨ q
0	0	0	0	0	1	0	0	0
0	0	1	1	0	1	0	0	0
0	1	0	1	0	0	0	0	0
0	1	1	1	0	0	0	0	0
1	0	0	0	0	1	1	1	1
1	0	1	1	1	1	1	1	1
1	1	0	1	1	0	1	0	1
1	1	1	1	1	0	1	0	1

(Spalten x und p ∨ q: =)

Wir entdecken dieselben Spalten, d. h., Werte der *Schaltfunktionen* bei unserer gesuchten Schaltform und bei x selbst, was natürlich i. allg. nicht so glatt geht!

Wie könnte ein schaltalgebraisches *Operating* aussehen, also das Vorgehen bei geschickter Anwendung der *Gesetze der Booleschen Algebra*?

B

Beispiel 12: Anwenden der Verbandsgesetze

Hier ein Vorschlag:

$(x \wedge (y \vee z)) \vee (x \wedge \bar{y})$	=	| y ∨ z durch w substituieren
$(x \wedge w) \vee (x \wedge \bar{y})$	=	| Distributivgesetz 3b verkehrt anwenden
$x \wedge (w \vee \bar{y})$	=	| w wieder rückersetzen
$x \wedge ((y \vee z) \vee \bar{y})$	=	| Assoz.- u. Komm.-ges. 1a, 2a, Assoz. 1a
$x \wedge ((y \vee \bar{y}) \vee z)$	=	| Komplem. 6a mit **1** statt M von früher

$x \wedge (\mathbf{1} \vee z)$	=	| neutr. Element 7d
$x \wedge \mathbf{1}$	=	| neutr. Element 7b

Es ist also die Schaltung praktisch durch den Schalter x ersetzbar, sie leistet nicht mehr als er, vgl. Bilder 11!

Bilder 11: Schaltungen dazu

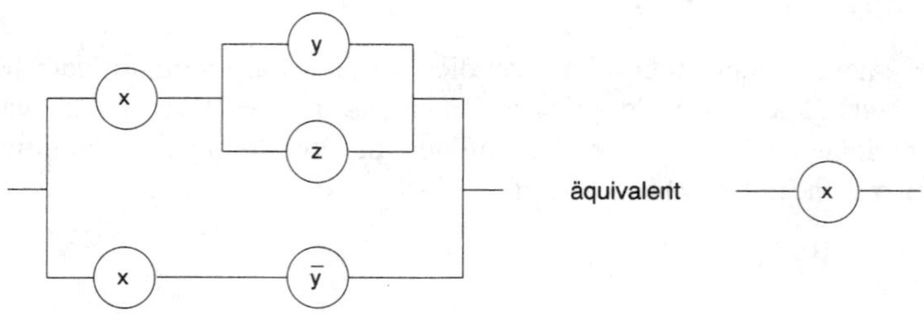

In Gattertechnik dargestellt, sieht sie so aus, Bilder 12:

Bilder 12: immer von links (Eingänge) nach rechts (Ausgänge) lesen!

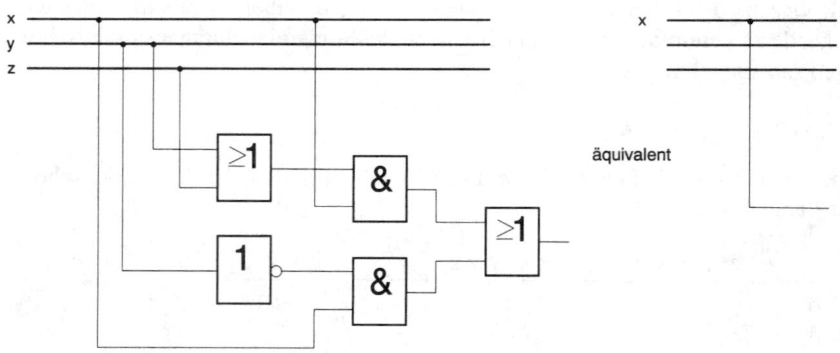

Bei praktischen Problemstellungen muß man erst eine passende Schaltform erstellen, bevor man sie vereinfachen und technisch realisieren kann. Studieren wir als

Beispiel 13: ein praktisches Problem: Kontrollämpchen

B An einer Maschine gibt es 3 Schalter (wir setzen x, y und z für sie und ihre Schaltwerte) und 3 Kontrollämpchen (l_x, l_y, l_z); man sucht eine Schaltung, die bewirkt, daß ein Lämpchen l_i genau dann brennt, wenn der zugehörige Schalter i *allein* ein- oder ausgeschaltet ist, also einen *anderen* Schaltzustand hat als die beiden anderen Schalter.

Dazu stellen wir eine Schaltwerttabelle auf; 1 für l_i heißt, das Lämpchen soll brennen:

Tabelle 16: Entwurf einer Schaltform

x	y	z	l_x	l_y	l_z	
0	0	0	0	0	0	
0	0	1	0	0	1	← nur l_z soll brennen!
0	1	0	0	1	0	← nur l_y soll brennen!
0	1	1	1	0	0	← nur l_x soll brennen!
1	0	0	1	0	0	...
1	0	1	0	1	0	
1	1	0	0	0	1	
1	1	1	0	0	0	

Jetzt gehen wir die l_i-Spalten durch und sehen, daß jeweils genau 2 mal 1 vorkommt; l_x wird 1 für die Schalterstellungen x = 0, y = 1, z = 1 (Schalter x allein *aus*geschaltet) *oder* für x = 1, y = 0, z = 0 (x allein *ein*geschaltet). Dann ist $\bar{x} = 1$, y = 1, z = 1 bzw. x = 1, $\bar{y} = 1$, $\bar{z} = 1$, wofür wir schreiben

$$l_x = (\bar{x} \wedge y \wedge z) \vee (x \wedge \bar{y} \wedge \bar{z});$$

alle übrigen Kombinationen führen zu $l_x = 0$, was wir nicht benötigen. In dieser Schaltform sind $\wedge$-Terme – die in den Klammern – verbunden durch $\vee$, weshalb man von ***disjunktiver Normalform*** spricht. Jede tabellarisch vorgegebene Verteilung läßt sich auf diese Weise sofort darstellen – und oft vereinfachen. Prüfen Sie nun anhand der Tabelle die disjunktiven Normalformen der anderen Lämpchen:

disjunktive Normalform

$$l_y = (\bar{x} \wedge y \wedge \bar{z}) \vee (x \wedge \bar{y} \wedge z)$$

$$l_z = (\bar{x} \wedge \bar{y} \wedge z) \vee (x \wedge y \wedge \bar{z})$$

Nachträglich sieht man leicht, daß man diese besonderen Schaltformen auch gleich hätte hinschreiben können: l_x brennt doch, wenn x *aus*-, y und z *ein*geschaltet sind $(\bar{x} \wedge y \wedge z)$ *oder* wenn x *ein*-, y und z aber *aus*geschaltet sind $(x \wedge \bar{y} \wedge \bar{z})$, und ebenso ist es bei l_y und l_z!

Da hier nichts zu vereinfachen ist, zeichnen wir die gesuchte Schaltung in Bild 13 gleich vollständig mit Spannungsquelle (Batterie, U) und Begrenzungswiderstand R:

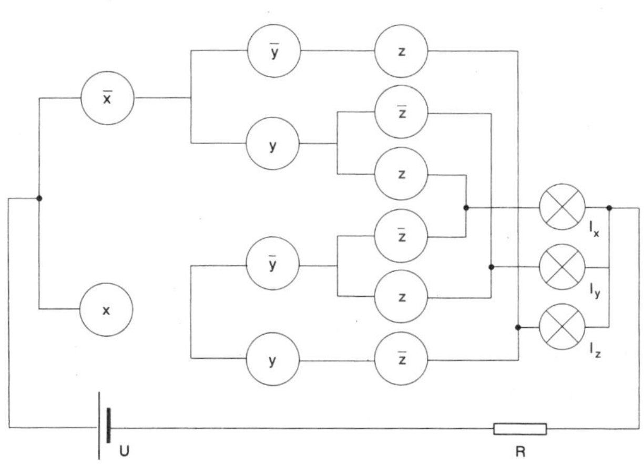

Bild 13: für Tüftler: Versuchen Sie, den Weg des Stroms durch die Lämpchen zu finden!

bzw. in Gattertechnik für l_x nach Bild 14:

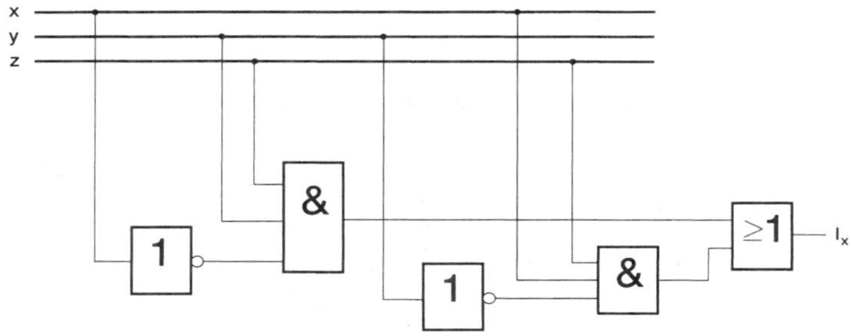

Bild 14: dasselbe für Digitalelektroniker

Beispiel 14:
nochmals:

Verbandsgesetze und Vereinfachung von Schaltformen

Zur Übung (12) zeichnen Sie bitte selbst die 1_y- Gatterschaltung!

Wie oben bemerkt, kann man längere disjunktive Normalformen meist durchaus *vereinfachen*. Betrachten wir die folgende, die sich aus einer Schalttabelle ganz wie im letzten Beispiel ablesen ließe:

B

$$(\bar{x} \wedge \bar{y} \wedge z) \vee (x \wedge \bar{y} \wedge \bar{z}) \vee (x \wedge \bar{y} \wedge z) \vee (\bar{x} \wedge \bar{y} \wedge \bar{z})$$

Da $\vee$ assoziativ und kommutativ ist, lassen wir den 4. Term mit dem 2. den Platz tauschen und substituieren gleich $w = \bar{x} \wedge \bar{y}$:

$(w \wedge z) \vee (w \wedge \bar{z}) \vee \ldots \vee \ldots;$	Distributivgesetz 3b verkehrt:
$w \wedge (z \vee \bar{z}) \quad \vee \ldots$	Komplement 6a und Einselement 7b:
$w \wedge \quad 1 \quad \vee \ldots$	
$w \quad \vee \ldots$	rückersetzen
$\bar{x} \wedge \bar{y} \quad \vee \ldots$	

Genauso gehen wir bei den übrigen 2 Termen vor: hier ist mit $u = x \wedge \bar{y}$

$\ldots \vee (u \wedge \bar{z}) \vee (u \wedge z)$	wie eben wird daraus
$\ldots \vee \quad u$	rückersetzen
$\ldots \vee \quad x \wedge \bar{y}$	

Damit ist schon vereinfacht zu

$(\bar{x} \wedge \bar{y}) \vee (x \wedge \bar{y});$	nochmals Distributivgesetz:
$(\bar{x} \vee x) \wedge \bar{y} \;=(!)\; \bar{y}$	was ganz wie bisher folgt!

Die ganze Schaltform ist demnach gleichwertig mit dem Schalter, was den theoretischen Aufwand wohl lohnt! Mit den so ersparten Kosten gönnen Sie sich jetzt einen schönen Urlaub!

Der Halbaddierer

Realisierung eines Halbaddierers

Wir schließen unseren Exkurs in die Schaltelektronik mit der *Realisierung* eines ***Halbaddierers***. Zwar haben wir vorhin seine Funktion schon besprochen; hier allerdings geht es darum, eine solche Schaltung erst zu entwickeln. Dazu schreiben wir hier nochmals die Tabelle 11 von Seite 207 an:

Tabelle 11:
jetzt neu interpretiert

x	y	s	ü
0	0	0	0
0	1	1	0
1	0	1	0
1	1	0	1

Wie eben finden wir die disjunktive Normalform aus den 1- Belegungen von s und ü:

$$s = (\bar{x} \wedge y) \vee (x \wedge \bar{y})$$

$$ü = x \wedge y$$

Da beides nicht zu vereinfachen ist, kann man wie bisher die Schaltungen für s und auch ü in Schalter- oder Gattertechnik zeichnen; es ergeben sich 2 NOT-, 3 AND- und 1 OR-Gatter, also 6 insgesamt. Wegen der vielfältigen Verwendung in Computern hat man sich aber eine Umformung ausgedacht, die es erlaubt, mit 4 Gattern auszukommen. Dies versuchen wir als Abschlußübung:

Welche vier Gatter sind *wie* zu verbinden?

B

Beispiel 15: Jetzt wird noch minimiert, was Herstellungskosten spart

Zum besseren Verständnis ersetzen wir – wie das übrigens meist geschieht – $\wedge$ durch $\cdot$ und $\vee$ durch + und sparen die Klammern um den Malpunkt „·" wegen der „Punkt-vor-Strich-Vereinbarung" in der Arithmetik. Damit wird

$s = \bar{x} \cdot y + x \cdot \bar{y}, \qquad ü = x \cdot y$

Nun wissen wir, daß $x \cdot \bar{x} = 0$ und $y \cdot \bar{y} = 0$ (Komplemente!) gilt, was, ohne etwas zu ändern, bei s addiert werden darf ($z + 0 = z$)

$s = x \cdot \bar{x} + x \cdot \bar{y} + y \cdot \bar{x} + y \cdot \bar{y}$

Dies läßt sich als Ergebnis einer Binommultiplikation betrachten: (folgt aus dem Distributivgesetz wie in $\mathbb{A}$**2**)

$s = (x + y) \cdot (\bar{x} + \bar{y});$

hier ist nun der 2. Faktor nach de Morgan als $\overline{x \cdot y}$ auffaßbar, also als $\overline{ü}$:

$s = (x + y) \cdot \overline{ü} \quad \text{mit } ü = x \cdot y$

das Resultat

Man erkennt, daß hier nur mehr 1 NOT-Gatter, 1 OR- und 2 AND-Gatter nötig sind, weil eben der ü- Ausgang für s mit verwendet wird (Bild 15):

Bilder 15: dazu

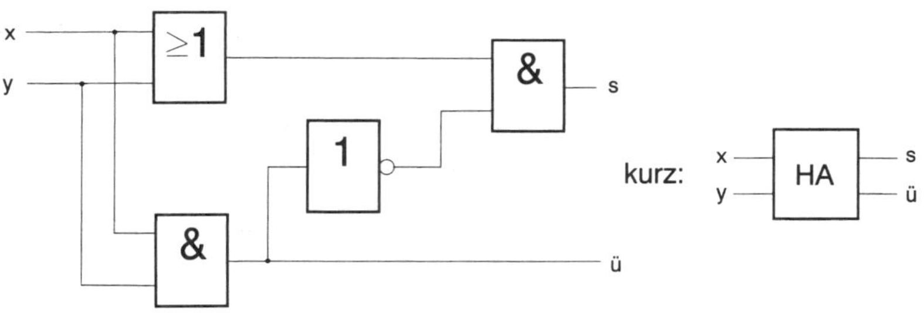

Wer Freude an dieser Art hat, Mathematik mit Praxisbezug zu treiben, mag hier weiter grübeln, wie ein solcher Übertrag sich bei den höherwertigen Ziffern einer Binärzahl auswirkt. Denken Sie an

$$\begin{array}{r} 11 \\ +\,101 \\ \hline =\,1000 \end{array}$$

Ausblick

wo der Übertrag jeder Einzeladdition an der nächsten Stelle (als z neben x und y) berücksichtigt werden muß. Man benötigt hier jeweils sog. ***Volladdierer***, die ganz wie eben aus den disjunktiven Normalformen der Schaltfunktionen von x, y, z für s und ü (dies als Übung 13) nach Vereinfachung und Umformung zu eruieren sind. Aber hier soll das Erreichte genügen.

Ende des 22. Kapitels

Übungsaufgaben

1. Beweisen Sie Satz 7a, b mit Zugehörigkeitstafeln!
   7a) $A \cup \varnothing = A$ 7b) $A \cap M = A$

2. Gehen Sie für 2 Mengen analog zum Beweis von 9ab vor, um Satz 5a zu beweisen:
   $A \cup (A \cap B) = A$

3. Führen Sie einen Diagrammbeweis wie in 𝔸**1** für Satz 9a:
   $(A \cup B)' = A' \cap B'$

4. Zeigen Sie, daß äquivalente Aussageformen vorliegen:
   a) Entweder – oder: $\neg (x \wedge y) = \neg x \vee \neg y$
   b) Weder – noch: $\neg (x \vee y) = \neg x \wedge \neg y$

5. Bestätigen Sie die Behauptung im Text über die Subjunktion!

6. Weisen Sie den Modus ponens als logisches Gesetz nach (Tabelle)!

7. Wir haben die Funktionsweise des Halbaddierers anhand von Bild 4 für die Belegung $x = 1$ und $y = 0$ diskutiert. Machen Sie es analog für $x = 0$ und $y = 1$ (2. Zeile der Tabelle!).

8. Durch welche Gatter kann man das im Text geschilderte Verhalten der Speicherflipflop-Schaltung erzwingen (… solange ST 0-Signal führt, passiert nichts …)?

9. Verfolgen Sie analog Beispiel 10 die beiden übrigen Fälle beim Adreßdecodierer.

10. Beweisen Sie
    a) durch Aufstellen der Schaltwerttabelle,
    b) durch Anwenden passender Gesetze der BOOLEschen Algebra, daß gilt:
    1. $y \wedge (x \vee \bar{x}) = y$ 2. $(y \vee x) \wedge (y \vee \bar{x}) = y$
    und zeichnen Sie eine Schaltskizze!

11. a) Ein **NAND**-Gatter ist definiert als NOT & **AND** = AND & NOT. Wie sieht demnach eine Gatterschaltung aus? Geben Sie die Schaltwerttabelle an!
    b) ebenso: **NOR** = NOT & **OR** = OR & NOT; Schaltwerttabelle?

12. Siehe Text: Zeichnen Sie bitte das l_y-Gatter [nur für Techniker]!

13. Siehe Text: Versuchen Sie, für den Volladdierer die Schaltfunktionen für ü aufzustellen und zu vereinfachen [wie Nr. 12!]

Zu den Lösungen

Lösungen

1.

A	∅	A ∪ ∅	M	A ∩ M
∉	∉	∉	∈	∉
∈	∉	∈	∈	∈

2.

A	B	A ∩ B	A ∪ (A ∩ B)
∉	∉	∉	∉
∉	∈	∉	∉
∈	∉	∉	∈
∈	∈	∈	∈

3. Bild →→ (A ∪ B)'

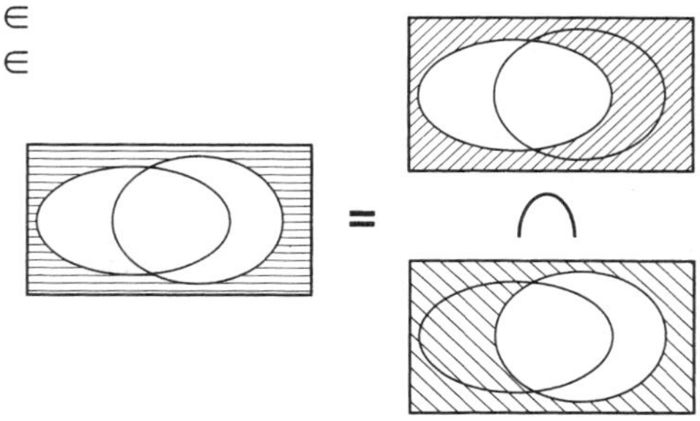

A'

B'

4.

x	y	¬x	¬y	¬x ∨ ¬y	x ∧ y	¬(x ∧ y)	¬x ∧ ¬y	x ∨ y	¬(x ∧ y)
f	f	w	w	w	f	w	w	f	w
f	w	w	f	w	f	w	f	w	f
w	f	f	w	w	f	w	f	w	f
w	w	f	f	f	w	f	f	w	f

5.

x	y	¬x	x → y = ¬x ∨ y
f	f	w	w(!)
f	w	w	w(!)
w	f	f	f
w	w	f	w

6.

x	y	¬x	p = x → y = ¬x ∨ y	q = x ∧ p	¬q	q → y = ¬q ∨ y
f	f	w	w	f	w	w
f	w	w	w	f	w	w
w	f	f	f	f	w	w
w	w	f	w	w	f	w

↑ Gesetz!

7. Für den OR-Ausgang ist wieder z = 1. Das untere AND-Gatter erhält mit 0 und 1 wieder 0 am Ausgang; also geht es weiter wie in Beispiel 8!

8. Man wird beide, Eingangsleitung E und Schreibtrigger ST, als Eingänge an ein AND-Gatter legen! Nur dann führt dieses trotz des E-1-Impulses am Ausgang 0-Signal, solange ST auf

0 steht; erst bei 1 auf ST kann die 1 von E über den AND-Ausgang an das Flipflop weitergeleitet werden.

9. x = 1 und y = 0: Ad3 bekommt direkt den x = 1-Impuls und über das vor ihm liegende NOT auch den invertierten y = 0-Impuls als 1, also schaltet es – aber eben *nur dieses* Gatter Ad3! – seinen Ausgang auf 1.

   x = 1 und y = 1: Nur Ad4 erhält (direkt) beide 1-Impulse auf die Eingänge, womit es auf 1 am Ausgang schaltet.

10. 1a)

x	y	$\bar{x}$	$x \vee \bar{x}$	$y \wedge (x \vee \bar{x})$
0	0	1	1	0
0	1	1	1	1
1	0	0	1	0
1	1	0	1	1

b) $x \vee \bar{x} = 1, \quad y \wedge 1 = y$ ✔

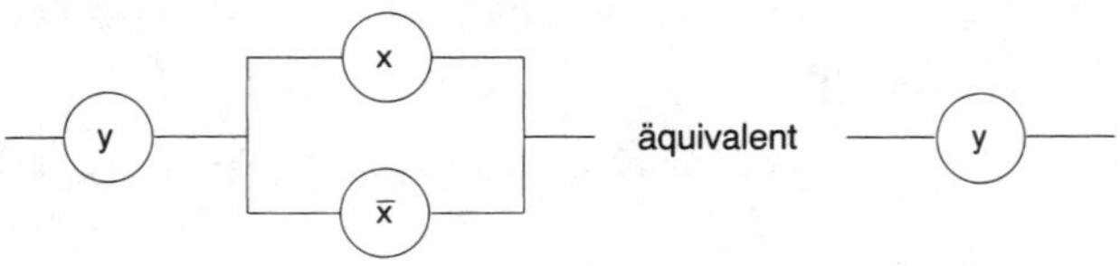

2a)

x	y	$\bar{x}$	$p = y \vee x$	$q = y \vee \bar{x}$	$p \wedge q$
0	0	1	0	1	0
0	1	1	1	1	1
1	0	0	1	0	0
1	1	0	1	1	1

2b) distr.: ... $= y \vee (x \wedge \bar{x})$; $x \wedge \bar{x} = 0$, $y \vee 0 = y$ ✓

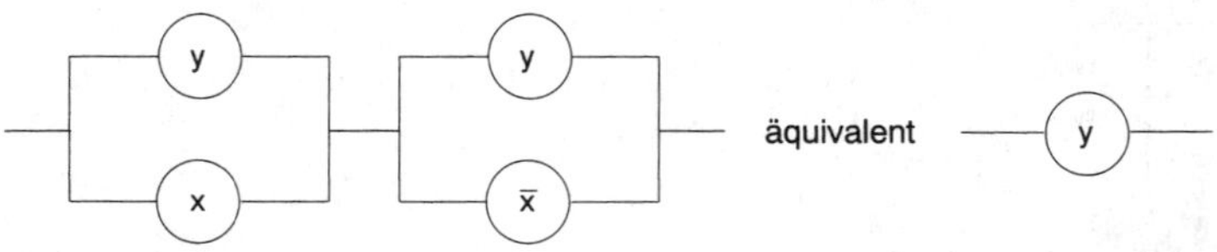

11.

x	y	$x \wedge y$	$\overline{x \wedge y}$	$x \vee y$	$\overline{x \vee y}$
0	0	0	1	0	1
0	1	0	1	1	0
1	0	0	1	1	0
1	1	1	0	1	0
			↑ NAND		↑ NOR

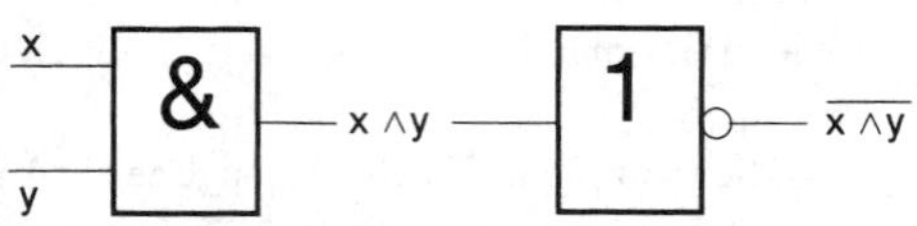

12.

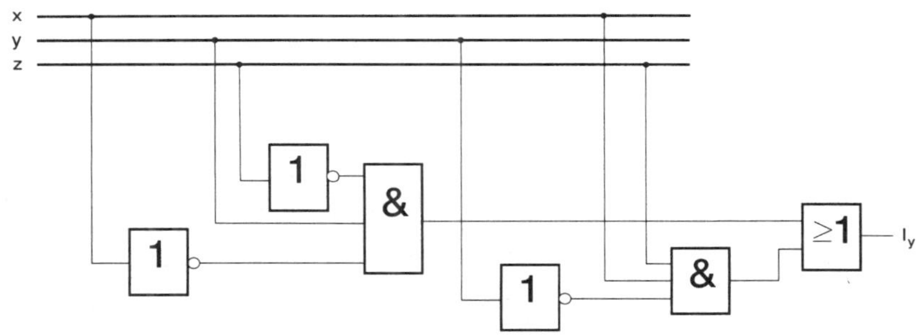

13.

x	y	z	s	ü
0	0	0	0	0
0	0	1	1	0
0	1	0	1	0
0	1	1	0	1
1	0	0	1	0
1	0	1	0	1
1	1	0	0	1
1	1	1	1	1

$$\ddot{u} = \bar{x}\,y\,z + x\,\bar{y}\,z + x\,y\,\bar{z} + x\,y\,z$$

$$s = \bar{x}\,\bar{y}\,z + \bar{x}\,y\,\bar{z} + x\,\bar{y}\,\bar{z} + x\,y\,z$$

$$\ddot{u} = \underbrace{(\bar{x}\,y + x\,\bar{y})}_{\uparrow s_1} \cdot z + \underbrace{x\,y}_{\uparrow \ddot{u}_1}\underbrace{(\bar{z} + z)}_{\uparrow 1} = s_1 \cdot z + \ddot{u}_1$$

Zum nächsten Kapitel

Teil Ⓖ

23. Kapitel

23

Graphen

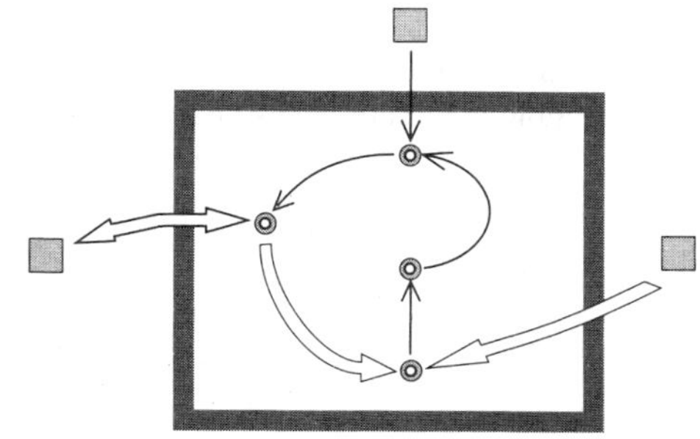

Um Beziehungen zwischen den Elementen von Mengen darzustellen, haben wir schon in A1 neben verbalen und formalen auch *graphische* Hilfsmittel eingesetzt. Diagramme und Graphen dieser Art haben sich in den letzten Jahren und Jahrzehnten selbständig gemacht: Betrachten wir dazu das Bild 10 von Seite 7 im **1**. Band, hier Bild 1 – es beschreibt die *Teilerrelation* in der Menge der Zahlen 2, 4, 6, 8, 10 –, und lassen wir darin die Schlaufen und auch die Mengenschleife weg, ergibt sich ein *gerichteter* **Graph**, der auch eine ganz andere Situation darstellen könnte: beispielsweise einige Verkehrsknotenpunkte 2 bis 10 einer Stadt, Bild 2, die durch (Einbahn-) Straßen, hier *Kanten* 2 → 4, 4 → 8 usw. verbunden sind. Er heißt *schlicht*, weil es nur *eine* Kante von einem *Knoten* zu einem anderen gibt.

erste Begegnung:

gerichtete Graphen

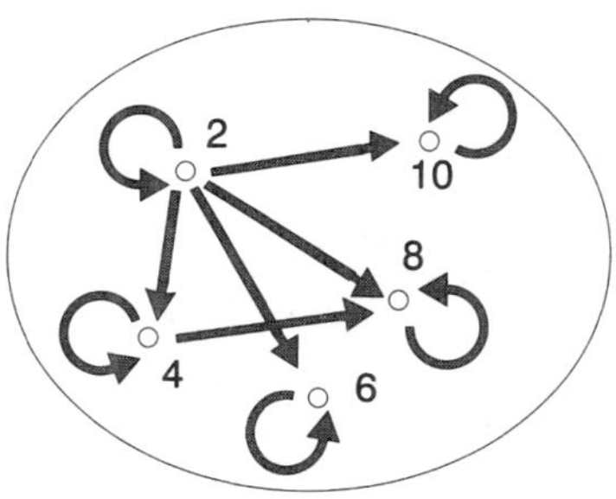

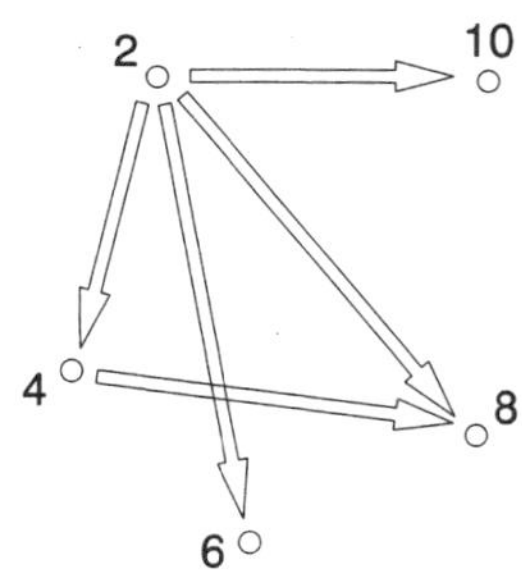

Bilder 1/2: **dazu**

In der WAHRSCHEINLICHKEITSLEHRE (nächstes Kapitel) werden wir sogenannte **Ereignisbäume** zeichnen, in denen *Wege* aus mehreren Kanten, *gerichtete Kantenzüge*, zu bestimmten Ereignissen führen (z. B. beim zweimaligen Ziehen von Kugeln aus einer Urne beidemal eine rote zu ziehen: o → r → r in Bild 3), von denen die Wahrscheinlichkeit ihres Auftretens interessiert.

Wahrscheinlichkeit und Graphen

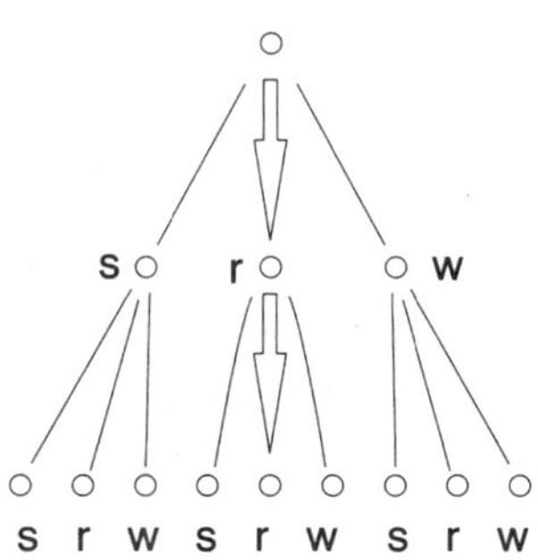

Bild 3: **Ereignisbaum**

Mit Wahrscheinlichkeit haben auch sog. **Irrfahrten** zu tun, das sind zufallsgesteuerte Bewegungen entlang eines Graphen, Bild 4.

Bild 4:
Irrfahrt

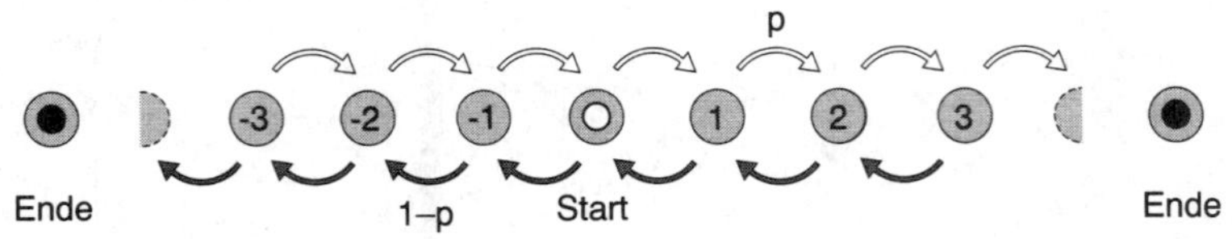

Die einzelnen Stationen sind Zustände, von denen aus die Nachbarn mit der Übergangswahrscheinlichkeit p nach rechts bzw. q = 1 – p nach links zu erreichen sind. Man fragt dann danach, mit welcher Wahrscheinlichkeit man von einem Platz = Zustand a aus nach n Zügen = Zeiteinheiten zu einem Platz b gelangt.

Hier spielt die *Richtung* eine Rolle; wo treffen wir noch auf gerichtete Graphen?

Ablaufplan und gerichtete Graphen

In der INFORMATIK (Teil F) sind *Programmablaufpläne* mit den Sprachen verbunden; wir haben in Turbo Pascal *Struktogramme* kennengelernt, in BASIC bevorzugt man *Flußdiagramme*; auch sie sind grafische Mittel zur Problemlösung, sehen Sie zu:

Beispiel 1:
eine Vermutung über Zahlen

B Die **Ulamsche Vermutung** besagt, daß man von jeder natürlichen Zahl x aus stets nach einigen Rechenschritten zu 1 gelangt, indem man entweder halbiert, falls x gerade ist oder sonst bei ungerader Zahl x durch 3x + 1 ersetzt, vgl. Bild 5.

Bild 5:
Flußdiagramm

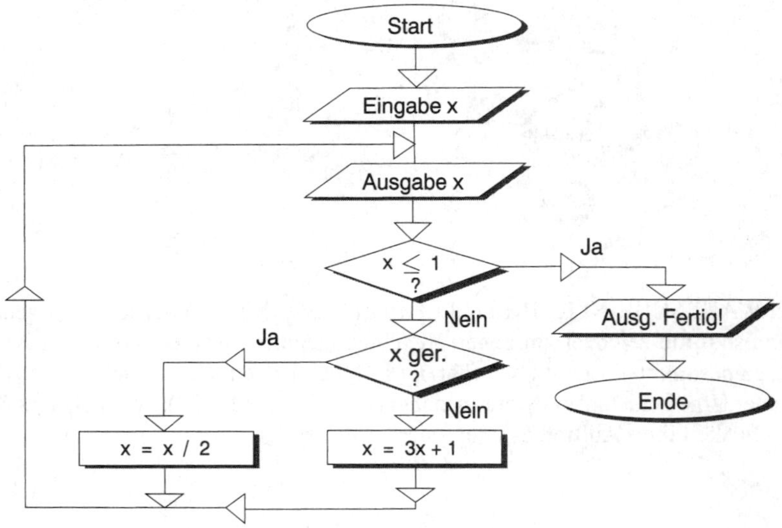

So ist bei x = 5:

5 → 16 → 8 → 4 → 2 → 1, wie gewünscht, bei x = 3:
3 → 10 → 5 → und weiter wie eben → 1, fertig!

Diese Rechenvorschrift ist ein schönes Beispiel für einen ***Algorithmus***, bei dem stets dieselben Anweisungen mit neuen Zahlen durchgeführt werden, bis nach einigen *Schleifen* oder *Iterationen* eine Bedingung, hier x = 1, erfüllt ist.

Während die **Ereignisgraphen** der WAHRSCHEINLICHKEITSRECHNUNG meist *offene Wege* enthalten, die nicht zum Anfangspunkt zurückführen, können in Ablaufplänen durchaus wie eben Schleifen auftreten, die allgemein *Kreise* oder *Zyklen* (falls eine Richtung vorliegt) heißen und i. allg. mehrfach durchlaufen werden.

Zyklen

Dafür gibt es bei den ersteren eine andere Besonderheit: Die Kanten tragen Zahlen, hier Wahrscheinlichkeiten wie 2/3, 1/5, ..., was eine *Bewertung* der Kanten darstellt.

bewertete Graphen

Dieses kann auch bei sogenannten **Produktionsgraphen** (Bild 6) sinnvoll sein, die darstellen, welche Rohstoffe r_1, r_2, r_3 in welcher Menge (als Gewicht oder in Stückzahlen) zu Halbfertigprodukten h_1, h_2 verarbeitet werden, aus welchen wieder weiter – auch zusammen mit einem der Rohstoffe, hier r_2, – Fertigprodukte f_1, f_2 produziert werden.

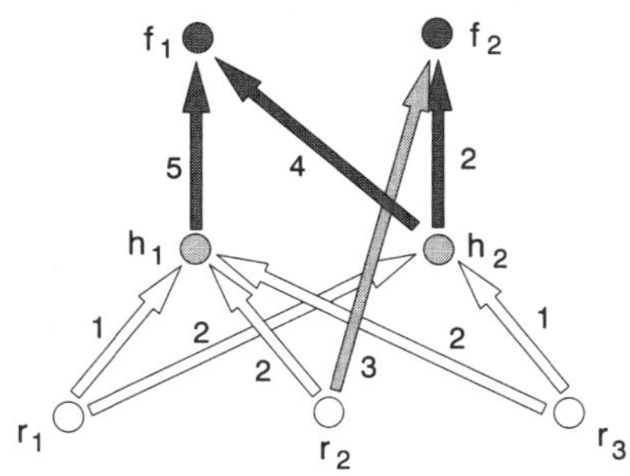

Bild 6: **Produktionsgraph**

Oder werfen wir einen Blick in die TEILCHENPHYSIK! In der *Quantenfeldtheorie* sind Teilchen Materialisierungen von Feldern: *Elektronen* im Coulombfeld sind ein erstes Beispiel, und die Kräfte zwischen ihnen entstehen durch Austausch von Botenteilchen, hier sind es *Photonen*, Lichtquanten. Vor 30 Jahren entwickelte R. Feynman (amer. Physiker am California Institute of Technology, gest. 1988) zur Beschreibung dieser und anderer Effekte die nach ihm benannten **Feynman-Diagramme**.

PHYSIK: Wechselwirkung von Teilchen

So zeigt Bild 7, links, die Elektron-Elektron-Streuung (Abstoßung): Während einer extrem kurzen Zeitspanne Δt schwankt die Energie des Feldes, gebiert ein *virtuelles Photon*, das sich im Raum ausbreitet und ein 2. Elektron abstößt.

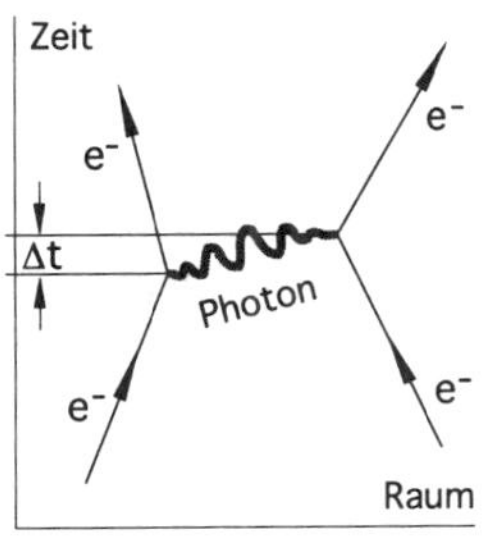

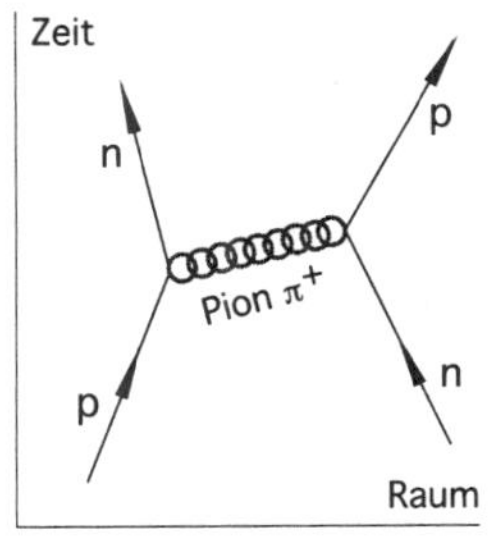

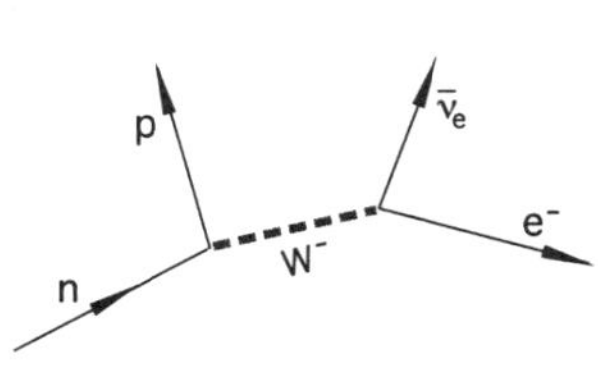

Bilder 7/8/9: **Feynman-Diagramme**

Bild 8, Mitte, stellt die Kraftwirkung zwischen Proton p und Neutron n durch die Vermittlung des 1947 entdeckten Pions (Pi-plus-Mesons) π^+ dar, während Bild 9, rechts, den Neutronenzerfall erklärt: n zerfällt in ein Proton und ein Vektorboson W^-, das für seine Vermittlung selbst mit dem Leben bezahlt und dabei ein Elektron e^- und ein Elektron-Antineutrino $\bar{\nu}_e$ erzeugt!

Die Rechnungen dazu sind wegen der Vielzahl der Parameter und Randbedingungen äußerst umfangreich; auch Fachleute verschaffen sich daher gern mit Feynmangraphen ein erstes grobes Bild von Ereignissen in der Teilchenwelt.

Graphen und vernetzte Systeme

Was sind Systeme?

Wenden wir uns den schon im Vorwort genannten *dynamischen*, etwas allgemeiner: *vernetzten, Systemen* zu! Dabei geht es stets darum, bestimmte interessante Vorgänge und Ereignisse der Wirklichkeit so zu beschreiben, daß deutlich wird, wie sie einander beeinflussen. Dies ist oft sehr schwierig, daher beschränkt man sich darauf, gewisse Größen herauszugreifen und sie von ihrer Umgebung oder *Umwelt* abzugrenzen. So wird leichter durchschaubar, wie sie als *Zustände* des Systems aufeinander wirken.

Wirkungsgraphen

Die zeitliche Veränderung des Systems, seine *Dynamik*, beschreiben kann man verbal in einem sog. *Prosamodell*, Beispiele folgen. Weiter kann man Systeme durch *Graphen* beschreiben; man spricht von *Kausaldiagrammen* bzw. *Wirkungsgraphen*, und das ist der Zweck dieses Abschnitts. Schließlich gelingt es in vorher zu vereinfachenden Fällen, Gleichungen aufzustellen, in denen die Beziehungen der *Zustände* zueinander und eventuell auch der von außen einwirkenden Faktoren erfaßt sind. Das System mathematisch beschreiben bedeutet daher, die Realität zu *simulieren* (Computer!); davon mehr im letzten Kapitel 𝕃**39** des **3**. Bandes.

Hier halten wir fest:

Definition 1: vernetztes System

D

Ein *vernetztes System* ist eine Menge von Größen oder Zuständen, die miteinander wechselwirken. Es kann grafisch durch einen gerichteten Graph, ein sog. *Kausaldiagramm* bzw. einen *Wirkungsgraph* beschrieben werden.

Betrachten wir etwa das Wechselspiel von *Bevölkerungs-* und *Geburtenzahl* in irgendeinem Land, Bilder 10, links, d. s. *zwei Zustände*, genauer zwei Koordinaten eines Zustandsvektors. Je größer erstere ist, desto mehr Kinder werden geboren, was umgekehrt wieder die Bevölkerungszahl vergrößert. Beides ist Ursache und Wirkung zugleich: In den Bildern 10 wird dies durch Pfeile mit der *Bewertung* + angegeben. Wächst die eine Zustandsgröße, schaukelt sich das ganze System auf, es *eskaliert*, was durch das **+** im inneren Kreispfeil angezeigt wird.

Ganz genauso ist es in der WIRTSCHAFT bei der **Lohn-Preis-Spirale**, Bild 10, Mitte, oder dem System aus *Produktion* und *Konsum*, Bild rechts: Erhöhung der einen Komponente heizt die andere an und umgekehrt. Diese verbale Beschreibung stellt schon ein *Prosamodell* der Realsituation dar.

Bilder 10: erste Wirkungsgraphen

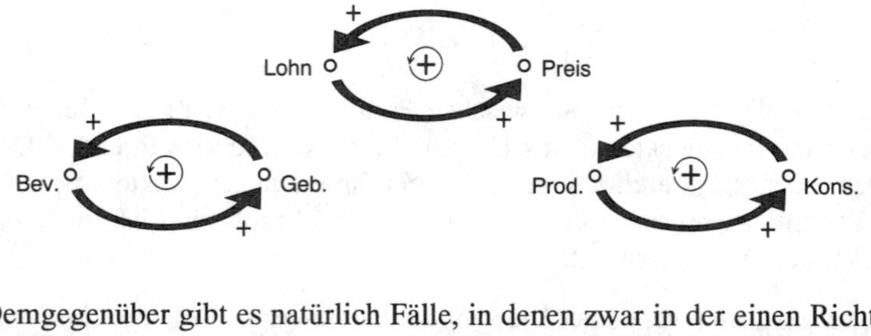

Demgegenüber gibt es natürlich Fälle, in denen zwar in der einen Richtung die eben beschriebene Wirkung «je mehr, desto mehr» eintritt, in der Gegenrichtung aber das Gegenteil «je mehr, desto weniger»!

Bleiben wir in der ÖKONOMIE und greifen das Teilsystem **Angebot** und **Preis** für ein bestimmtes Konsumgut heraus: Je mehr angeboten wird, desto weniger kann man i. allg. dafür verlangen (*Bewertung* – beim Pfeil). Je höher sich aber der Preis halten kann, desto mehr wird der Hersteller von dieser Ware anbieten (+ beim Pfeil). So wird sich beides auf einem bestimmten Niveau stabilisieren; ein – im inneren Kreispfeil zeigt dies an, Bild 11, links.

ökonomische und ökologische Systeme

Ein weiteres Beispiel für ein solches Verhalten ist etwa ein **Räuber-Beute**-System aus der BIOLOGIE bzw. ihrem Teilgebiet ÖKOLOGIE, der Lehre von den Beziehungen der Lebewesen zu ihrer Umwelt, wo in unserem Beispiel die Räuber, etwa Füchse, ihre Beute, hier Hasen, dezimieren (–), wogegen die Vermehrung der Beutetiere aber umgekehrt ein vermehrtes Nahrungsangebot für die Räuber darstellt, was deren Zahl anwachsen läßt (+ in Bild 11, Mitte).

und ein technisches Beispiel

Techniker erfreuen sich am **Fliehkraftregler** der Wattschen Dampfmaschine, der die *Drehzahl* der Maschine stabilisiert, Bild rechts, ein im Prinzip leicht durchschaubares Exempel für die Wechselwirkung zweier Zustandsgrößen in einem dynamischen System aus dem Bereich der TECHNIK.

Bilder 11: dazu

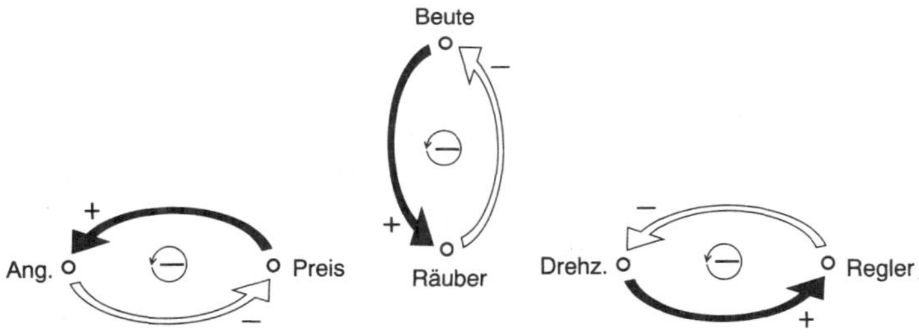

Der nächste Schritt zum besseren Verständnis solcher Vorgänge ist der, eine weitere wichtige Zustandsgröße in das System aufzunehmen. Im Bevölkerungsbeispiel kann das die Zahl der *Sterbefälle*, kurz *Tote*, in Bild 12, links, sein, die sicherlich einen dämpfenden Einfluß hat.

Bilder 12: Erweiterungen der Systeme

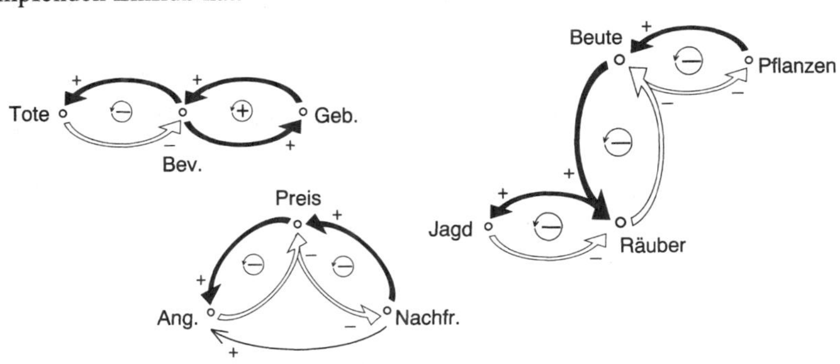

Zu Angebot und Preis wird man die *Nachfrage* ins System einbeziehen, wo mit zwei stabilen Rückkopplungskreisen nicht ohne weiteres entscheidbar ist, wie nun etwa die Nachfrage auf das Angebot wirkt (schwacher Pfeil in Bild 12, Mitte). Beim Räuber-Beute-Modell wird etwa die *Bejagung*, kurz *Jagd*, im Bild rechts, eine Rolle spielen, ebenso das *Pflanzenangebot*, das Weideland, für die Beute(hasen).

Übergang zur Systemdynamik

Erst wenn man aber für diese Abhängigkeiten konkrete Zahlenwerte annimmt – die nur durch langes Beobachten gewonnen werden können –, kann man Beziehungs*gleichungen* aufstellen und die **Systemdynamik** vom *Computer* simulieren lassen. Eben darin liegt natürlich das Problem. So ist man in vielen Fällen recht weit gekommen, in anderen, etwa bei *Weltmodellen* nach J. Forrester und D. Meadows, gibt es zu viele Zustände, die einander beeinflussen, als daß man mehr erwarten könnte als zeitlich stark begrenzte Vorhersagen in Teilbereichen.

Wir begnügen uns hier noch mit **Wirkungsgraphen**:

Beispiel 2: Lagerhaltung

B Für jede **Lagerverwaltung** ist der Lagerstand, also die jeweils im Lager vorhandene Warenmenge, abhängig von einem Mindeststand, einem angestrebten Lagersoll, weiter dem Kundenbedarf, das ist die Nachfrage, der Nachfüllung und dem Abgang durch Verkauf oder Auslieferung. Wie könnte ein Wirkungsgraph dieses Modells aussehen?

Bild 13 zeigt ein mögliches Wirkungsnetz. Versuchen Sie bitte selbst, sich die Zusammenhänge und Wirkungen als *Prosamodell* klarzumachen!

Bild 13: dazu

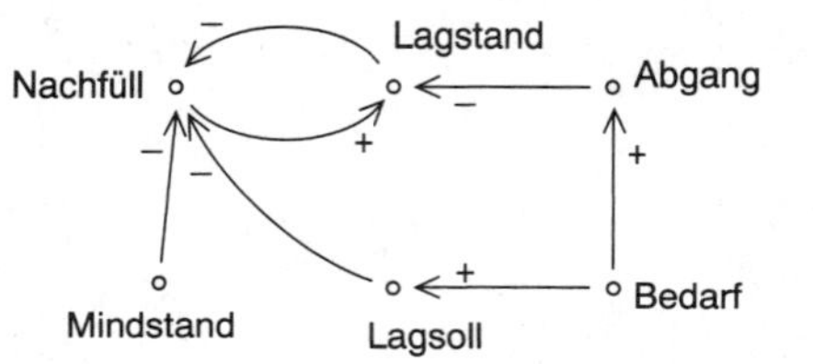

Die anfangs der Deutlichkeit halber getroffene Unterscheidung dunkler und heller Kanten für steigernde (+) und dämpfende (–) Wirkung ist nicht allgemein üblich und wird daher ab jetzt unterlassen.

Noch schwieriger ist dies für komplexe Systeme mit vielen Zustandsgrößen, etwa für die eben genannten **Weltmodelle**, wie sie im Auftrag des Club of Rome 1972 von Jay Forrester und 1973 von Dennis Meadows erstellt wurden:

Beispiel 3: Weltmodell

B Ein Teilsystem eines *Weltmodells* möge die Bevölkerungszahl, die Übervölkerung als Übergewicht von Geburten- über die Sterberate, die Umweltbelastung, die Ressourcen (Rohstoffe und Hilfsmittel) und den Konsum als Anzeiger für Verbrauch und Produktion einbeziehen.

Die einzelnen Wirkungsbeziehungen können dann so formuliert werden:

- Wenn die Bevölkerungszahl wächst, so wächst auch die Umweltbelastung, vgl. den Pfeil mit + in Bild 14.
- Wenn der Konsum steigt, was gute Versorgung voraussetzt, erhöht sich die Bevölkerungsszahl, also ist wieder ein Pfeil mit + zu zeichnen usw. usw.

Bild 14: Graph dazu

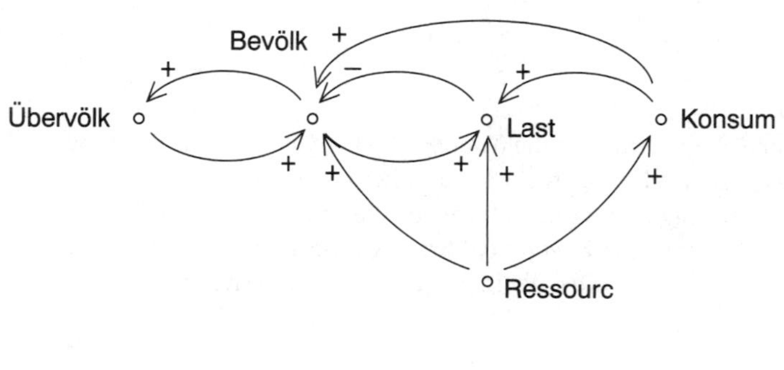

Erweiterungen:

Lebens-erwartung

Lebens-arbeitszeit

Sie können das Weltmodell anreichern und komplexer machen: Nehmen Sie die *Lebenserwartung* als Zustandsgröße mit herein: sie wird die Bevölkerungszahl positiv beeinflussen, damit dann sowohl den Konsum als auch die Umweltverschmutzung fördern.

- Es wird vermehrt *Konflikte* geben, d.h., die Verbrechensrate wird zunehmen, da alle immer enger in Berührung kommen (siehe die verstopften Züge in Japan).
- Aber auch die *Lebensarbeitszeit* wird zunehmen müssen, weil die Aktiven nicht immer mehr Senioren erhalten können.

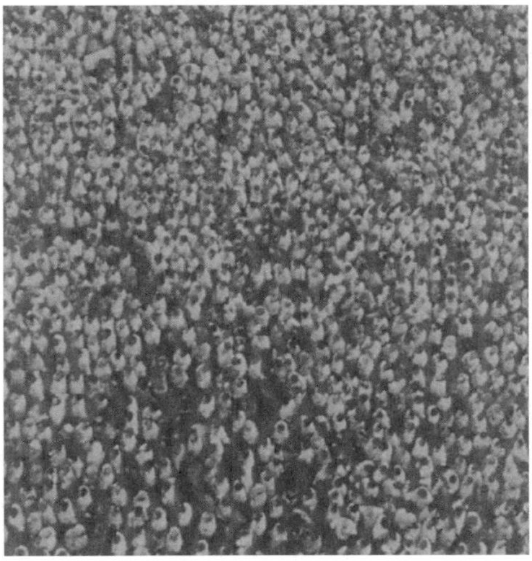

Bild 15: überfüllte Welt ...?

Sicherlich fallen Ihnen dazu weitere wichtige Komponenten ein; wer aber soll die immer feinere Vernetzung, also die Wirkung oder Rückwirkung auf zunächst unzusammenhängend erscheinende Größen durchschauen, die *Dynamik* des Gesamtsystems vorausberechnen?

Systemdynamik und Mathematik

Gute Weltmodelle benötigen daher das Wissen vieler Spezialisten, die ihre Daten und Kenntnisse einbringen: die MATHEMATIKER kümmern sich dann um die Systemgleichungen und ihre Aufbereitung für den Computer ...

Nach diesem Ausblick auf noch ungelöste Zukunftsaufgaben schließen wir diese Übung in systemischem Denken mit der grafischen Darstellung des für Techniker so wichtigen Regelkreises, in dem die *Bewertung* durch + oder – ersetzt wird durch die Unterscheidung von Informations- (dünne Kantenlinien in Bild 16) und Energiefluß (breite Pfeile). Der Graph zeigt das Zusammenspiel von Regel-, Meß- und Stellgrößen; je nach Spezialgebiet sind hier konkrete Bauelemente und Komponenten passend einzusetzen.

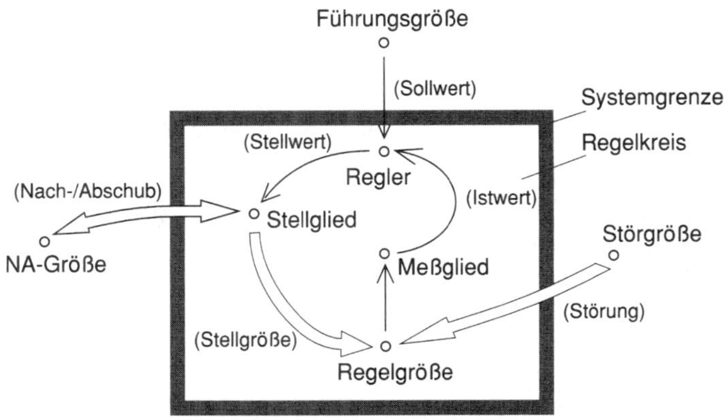

Bild 16: Regelkreis

Netzpläne

Straßennetz und kürzester Weg

Ein mit *Zahlen* bewerteter, gerichteter Graph wie in Bild 6 wird auch entstehen, wenn man in einem **Verkehrsnetz** die Fahrzeiten von gewissen Orten zu anderen einträgt. Dabei ist es in der Praxis immer von Interesse, den schnellsten bzw. *kostengünstigsten Weg* von einem Ort = Knoten A zu einem anderen, E, zu finden, da es unökonomisch wäre, irgendeinen Weg zu wählen – denken Sie an die LKW-Flotte eines Großverteilers, der Fahrtkosten minimieren muß.

Es sind auch für diese Probleme *Algorithmen* entwickelt worden, um bei umfangreichen Graphen alle Lösungen aufzufinden. Wir sehen uns nur ein einfaches Problem an:

Beispiel 4: günstigster Weg

B Die möglichen Wege von A nach E in Bild 17 sind mit Kostenangaben bewertet; welches ist der günstigste Weg? Wir schreiben einfach (fast) alle Wege an:

Bild 17: dazu

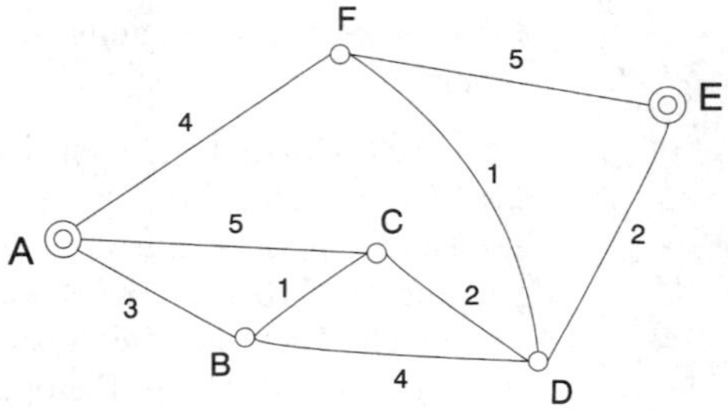

ABDE:	3, 4, 2: 9
ABCDE:	3, 1, 2, 2: 8
ACBDE:	5, 1, 4, 2: 12
ACDE:	5, 2, 2: 9
(.. DFE ist sicher länger!)	
AFE:	4, 5: 9
AFDE:	4, 1, 2: 7 (günstigst!)

Versorgung

Schwieriger ist es, das *Rundreiseproblem* zu lösen, bei dem *alle* Knoten eines bewerteten Graphen so zu passieren sind, daß der geschlossene Weg am kürzesten oder preisgünstigsten ist. Dieses Problem tritt auch bei der *Versorgung* mit Lebensmitteln (alle Läden einer bestimmten Kette sind anzufahren) auf oder der *Müllabfuhr* – und natürlich bei der Postzustellung.

Ein anderes, praktisch immer wichtiger werdendes Problem ist, Schaltungen von **Verkehrsampeln** so zu entwickeln, daß sie die Verkehrsströme bestmöglich regeln; dabei wählt man diese Ströme (Buslinien, Autos, Straßenbahnen, Radfahrer, Fußgänger, ...) *graphisch* als *Knoten* und verbindet solche durch Kanten miteinander, die sich gegenseitig bei einer bestimmten Ampelphase nicht behindern, Bild 19.

Beispiel 5: Ampelsteuerung

B Für die Kreuzung in Bild 18, links, mit ihren 7 Verkehrsströmen (1...7) vereinbaren wir, daß 4 und 6, wie allgemein üblich, gleichzeitig freigegeben werden können.

In einer Ampelphase dürfen natürlich nur solche Ströme auftreten, die paarweise miteinander verträglich sind, z.B. $\{1, 2, 7\}$, dann $\{1, 3, 7\}$, weiter $\{2, 6, 7\}$, $\{4, 5, 6\}$ oder $\{5, 6, 7\}$. Im Graphen rechts müssen nun die vollständigen Teilgraphen gesucht werden, d.s. diejenigen, die nicht so zu erweitern sind, daß je 2 Knoten verbunden werden können: z.B. kann man nicht $\{1, 2, 7\}$ zu $\{1, 2, 6, 7\}$ erweitern, weil 1 und 6 unverträglich, also auch nicht verbunden sind. Die genannten Phasen stellen schon die optimalen dar, da sie keinen Verkehrsstrom unnötig sperren, wie es etwa bei $\{6, 7\}$ wäre, das mit 2, aber auch mit 5 verträglich ist.

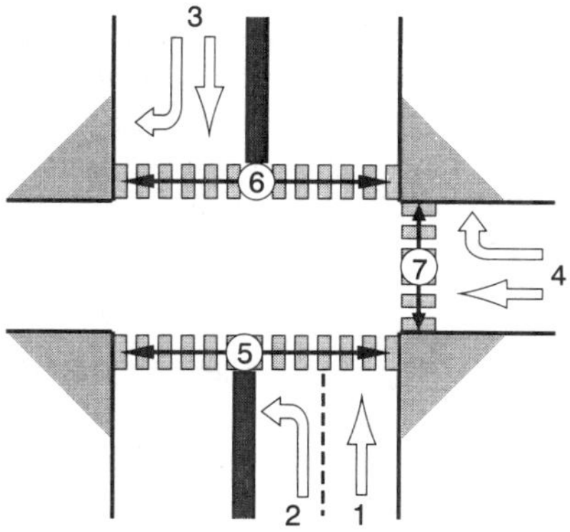

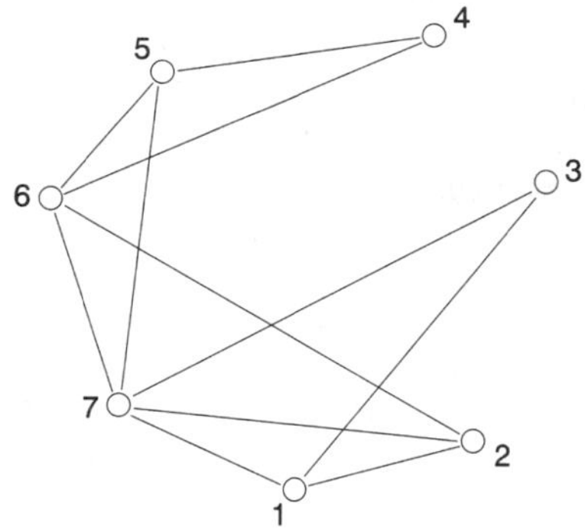

Bilder 18/19: dazu

Nun muß immer noch die beste Phasenfolge bestimmt werden, d. h., jeder Strom muß in einem Zyklus mindestens einmal frei fließen können (grün), soll aber auch nur einmal gesperrt sein (rot) u.a.m., was nicht immer leicht ist.

optimale Phasenfolge

Netzplan:

Bau und Terminplan

Die **Netzplantechnik** ist nicht nur für Techniker von Bedeutung: Hier wird z. B. bei der Bauplanung eines Hauses ein *Terminplan* zu erstellen sein, in dem festgelegt ist, bis zu welchem Zeitpunkt etwa der Rohbau fertiggestellt sein muß, damit danach die Dachkonstruktion begonnen werden kann, deren Abschluß wieder Voraussetzung für das Kommen der Dachdecker ist usw. Manches kann aber auch nebeneinander geschehen, so daß nicht einfach eine lineare *Kette* von Pfeilen (gerichteten Kanten) entsteht, die wir mit den Tätigkeiten identifizieren.

kritischer Weg

Hier interessiert meist der sogenannte *kritische Weg* (genauer Pfad, da eine Richtung vorliegt), das ist der *längste* Weg vom Baubeginn bis zur Fertigstellung. Er gibt die *Mindestdauer* des Projekts an: Bei jeder Verzögerung längs eines solchen Weges – denn er muß ja wie jeder Weg durchschritten werden! – kommt es nämlich insgesamt zu einer Verlängerung der Bauzeit. Dies zu vermeiden, ist der Sinn der Pfadfinderei!

Bei sehr einfachen Projekten kann man wie oben einfach *alle* Wege durchsuchen; dies tun wir im folgenden Beispiel: Im Teilgraphen von Bild 20 seien die Bewertungen die Tage der Bauzeit.

Bild 20: zu Beispiel 6

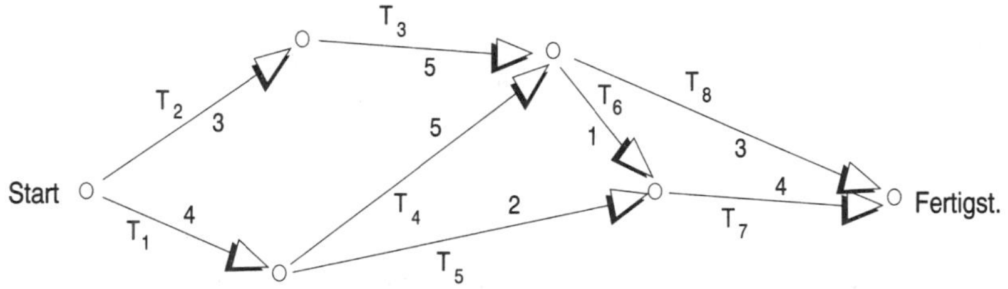

Beispiel 6:
Tätigkeiten beim Hausbau

B Die erste Tätigkeit nach dem Startschuß sei T_1 (etwa der Fundamentaushub), sie dauert 4 Tage. Gleichzeitig beginnt der Vorgang T_2 (etwa die Materialanlieferung für Keller und Rohbau) mit 3 Tagen Dauer. Bis zum Ende von T_3 sind es 3 + 5 = 8 Tage oder, im unteren Weg über T_1 und T_4, 4 + 5 = 9 Tage. 9 ist der größere Wert, wir merken ihn durch Unterstreichen an, $\underline{9}$. Mit T_6 sind es dann 9 + 1 = 10 (oder 4 + 2 = 6 mit T_5) Tage. Nun fehlt noch T_8, was in 9 + 3 = 12 Tagen zur Fertigstellung führt, und T_7; dies ist nach 10 + 4 = 14 Tagen vollbracht.

kritische Dauer und kritischer Pfad

Also ist 14 Tage die *kritische Dauer* und $T_1 \to T_4 \to T_6 \to T_7$ der *kritische Pfad.* Diese Tätigkeiten müssen ohne Pufferzeit sofort aufeinander folgen, bei anderen kann man sich Zeit lassen: für T_2 oder T_3 etwa einen Tag mehr, weil bis zum Ende von T_4 ohnehin 9 Tage vergehen.

für Profis:

CPM-Methode

Die in der Praxis vorkommenden Netzpläne sind viel umfangreicher und erfordern ein übersichtliches Vorgehen mit Anweisungen, die sich in gleicher Weise wiederholen. Ein solcher *Algorithmus* ist die **CPM-Methode**, engl. critical path method. Vorausgesetzt wird wie eben, daß die zu planenden Tätigkeiten graphisch einem Vorgangspfeilnetz zugeordnet werden und in einer Ende-Start-Beziehung stehen, d. h., bei T_2 und T_3 in Bild 20 kann T_3 frühestens beginnen, wenn T_2 beendet ist.

Im folgenden soll dies für eine immer noch sehr einfache Annahme durchgespielt werden; die Vorgänge sind darin kürzer mit A, B, ..., L bezeichnet.

Beispiel 7:
der Algorithmus

B Im folgenden **Netzwerk**, Bild 21, sind die kritischen Wege bzw. Pfade gesucht. Wir gehen nun konsequent so vor: Um den längsten Weg vom Startknoten 1 bis zu einem beliebigen Knoten j zu finden, betrachten wir alle seine Vorgängerknoten, einer davon ist in Bild 22 mit $i \in \text{Vorg}(j)$ bezeichnet, und addieren jeweils zum längsten Weg d_i dahin – den wir ja schon kennen, da wir von 1 über 2 usw. beginnen – die Dauer b_{ij} der Kante von i zu j; der größte Wert dieser Summen gibt dann das gesuchte d_j an!

Bild 21:
das Netzwerk dazu

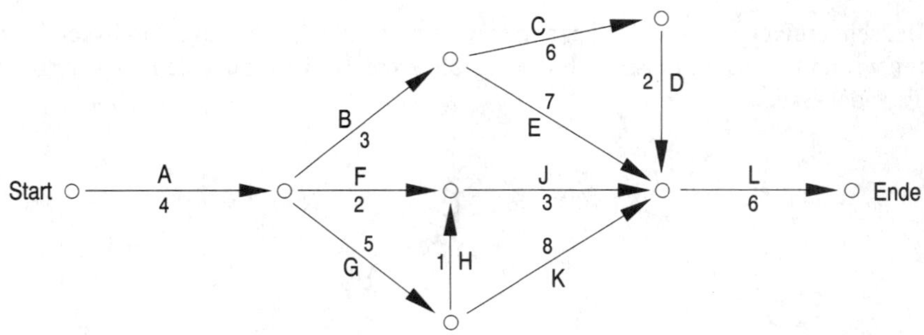

Wir notieren noch, über welchen Vorgängerknoten dieser längste Weg d_j führt. Fangen wir nun konkret an, indem wir die Bilder 22 und 23 studieren:

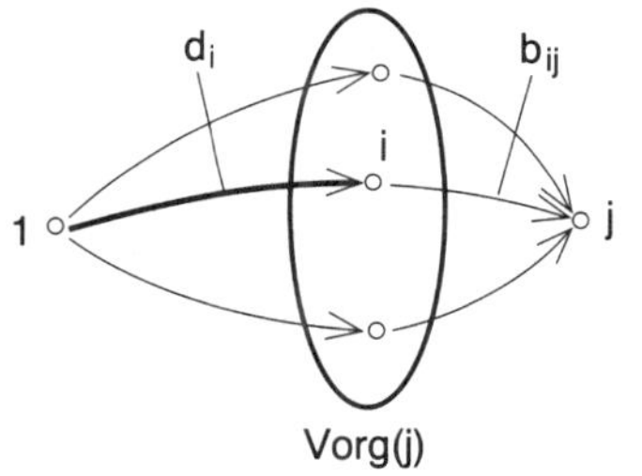

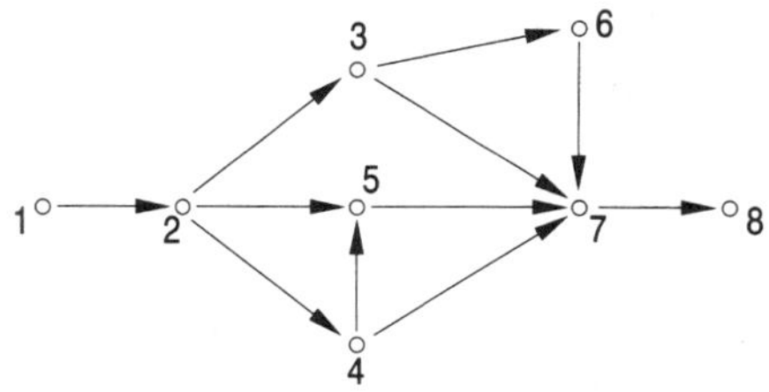

Bilder 22/23: dazu

$d_2 = b_{12} = 4;$ $\rightarrow$ Weg führt über Knoten 1 $\uparrow$
$d_3 = d_2 + b_{23} = 4 + 3 = 7$ $\rightarrow$ " 2 $\uparrow$
$d_4 = d_2 + b_{24} = 4 + 5 = 9$ $\rightarrow$ " 2
d_5: A + F $\rightarrow$ 4 + 2 = 6; A + G + H $\rightarrow$ 4 + 5 + 1 = 10; $\uparrow$
zwei Wege, der zweite ist länger, 10 > 6: $d_5 = 10$ $\rightarrow$ " 4
$d_6 = d_3 + b_{36} = 7 + 6 = 13$ $\rightarrow$ " 3
d_7: hier sind 4 Wege möglich:
über D: $d_6 + b_{67} = 13 + 2 = 15$
über E: $d_3 + b_{37} = 7 + 7 = 14$
über J: $d_5 + b_{57} = 10 + 3 = 13$
über K: $d_4 + b_{47} = 9 + 8 = 17$
} max(...) = $d_7 = 17$ $\rightarrow$ " 4 $\uparrow$
$d_8 = d_7 + b_{78} = 17 + 6 = 23$ $\rightarrow$ " 7

längster Weg bis zum Knoten i? über welchen Knoten führt er?

23 ist auch schon die kritische Dauer!

kritische Größen

Den kritischen Weg erhalten wir beim Rückwärtsspringen (oben rechts bei den Knoten durch $\uparrow$ angezeigt) von 7 über 4 zu 2 und zu 1: 1 $\rightarrow$ 2 $\rightarrow$ 4 $\rightarrow$ 7 $\rightarrow$ 8. Kritische Vorgänge sind daher diejenigen, die über diese Knoten führen: A, G, K und L: Bei ihnen darf es zu keiner Verzögerung kommen, da dann der ganze Terminplan nicht eingehalten werden könnte.

Ende des 23. Kapitels

Übungsaufgaben

1. Weil es als Auftakt so gut hierher paßt, lösen Sie bitte die Übungsaufgabe 12 von Band **1**, A**1**: Sie haben – angenommen – zwei Schwestern, einen Bruder, Cousin und Cousine (als Kinder der Tante), Vater, Onkel, Tante, deren Mutter als Ihre Großmutter u.a.m. Stellen Sie diesen kleinen Stammbaum als *Graph* dar.

2. Überprüfen Sie die Ulamsche Vermutung, Beispiel 1, für die Zahl 17.

3. Deuten Sie den Irrfahrt-Graphen als Spiel zwischen 2 Partnern. Die Zustände sind die Guthaben, die Übergänge geschehen je nach Augenzahl beim Würfeln: Der eine darf nach rechts weitergehen, wenn die Augenzahl 1, 2, 3 oder 4 ist – und kassiert 1 Jeton –, während bei 5 oder 6 der andere … Setzen Sie sinngemäß fort! Wie groß sind die Übergangswahrscheinlichkeiten p und q = 1–p? Wie sieht eine gerechte Regelung über die Gewinne aus?

4. Beim Comptoneffekt (1923, Arthur H. Compton, amer. Physiker) wird ein Röntgenlicht-Quant der Energie h mal f (f Lichtfrequenz, h Plancksches Wirkungsquantum) – damals als solches noch heftig umstritten – auf ein Elektron geschossen. Ist das Lichtquant = Photon als Teilchen zu verstehen, hat es einen Impuls und überträgt beim Stoß einen Teil seiner Energie auf das Elektron; es muß daraus energieärmer hervorgehen, die neue Energie h mal f' und damit f' muß kleiner sein als vorher. Die Rechnungen wurden durch das Experiment voll bestätigt! Wie könnte ein Feynman-Diagramm dazu aussehen?

5. Das Bild zeigt einen kleinen Ausschnitt aus einer möglichen Landkarte, in der fünf Länder aneinander grenzen. Zeichnen Sie einen Graphen, in dem Sie die Länder als Knoten darstellen; Länder mit gemeinsamer Grenze werden durch eine Kante verbunden. Zusatzfrage: Genügen 4 Farben, um die Länder so zu färben, daß man sie unterscheiden kann?
(Dies ist ein Sonderfall des 140 Jahre alten *Vierfarbenproblems.*)

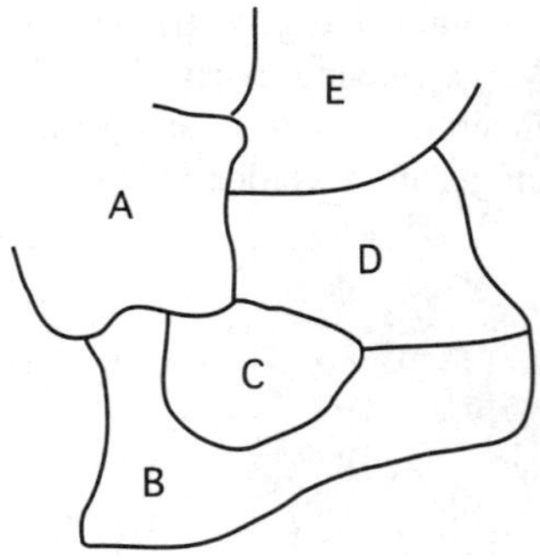

6. Sie kennen den Zusammenhang zwischen Kapital und Zinsen. Skizzieren Sie den Wirkungsgraph dazu. Erweitern Sie das System dann durch die Größe *Zinssatz* und bedenken Sie, daß Sie für höhere Spareinlagen i. allg. einen höheren Zinssatz erhalten.

7. Zeichnen Sie Kausaldiagramme zu den folgenden Systemen:
   a) Liquiditätsprobleme einer Bank – Geldabhebung durch Kunden;
   b) Organische Düngung der Felder – Futterertrag – Tierhaltung am Bauernhof;
   c) Autoanzahl – öffentlicher Verkehr in einer Stadt – Umweltbelastung;
   d) Fallgeschwindigkeit – Fallbeschleunigung – Luftwiderstand beim Fallschirmsprung.

8. Beschreiben Sie das System
   a) Zahl der Hasen — Hasengeburten – Zahl der Füchse verbal (Prosamodell) und graphisch (Kausaldiagramm = Wirkungsgraph).
   b) Erweitern Sie das System in a durch Hinzunahme der Komponente *Nahrungsangebot* für Hasen (= *Pflanzen*). Welche indirekte Wirkung hat diese 4. Zustandsgröße auf die Hasengeburten?

9. Stellen Sie ein Teil-Wirkungsnetz der Größen Konsum, Umweltbelastung, Krankheit, Produktionskosten, Rationalisierung, Arbeitslosigkeit, Soziallasten in einer Gesellschaft her, indem Sie einfach alle aufschaukelnden Wirkungen verfolgen. Was wirkt dämpfend worauf? Mögliche Erweiterungen? (Es gibt hier nicht nur eine richtige Darstellung!)

10. a) Was ändert sich am Graphen der Ampelphasen auf Seite 229, wenn die Ströme 4 und 6 als unvereinbar angesehen werden? Welche bisher optimale Phase entfällt?
    b) Läßt sich die Phase {1, 2, 7} zu {1, 2, 7, 3} erweitern?
    c) Wäre {1, 2, 7}, {2, 6, 7} und {4, 5, 6} eine optimale Phasenfolge?

11. Bestimmen Sie die kritische Dauer und den kritischen Weg (ohne Pufferzeiten) anhand des hier skizzierten kleinen Netzplans.

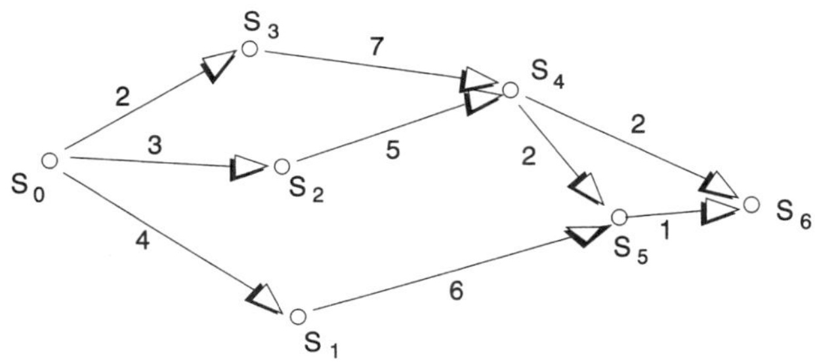

12. Rollen Sie in Beispiel 6/Graph 20 die Zeiten vom Ende her auf, um die *Pufferzeiten* zwischen zwei Tätigkeiten aufzufinden – dies sind die Differenzen zwischen spätestmöglichem Beginn der Folge- und frühestmöglicher Fertigstellung der Vorgängertätigkeit. (Hier gibt es nur *einen* Knoten, an dem eine solche Pufferzeit auftritt.)

13. Bestimmen Sie im folgend skizzierten Netzwerk die kritische Dauer, die kritischen Wege und Vorgänge:

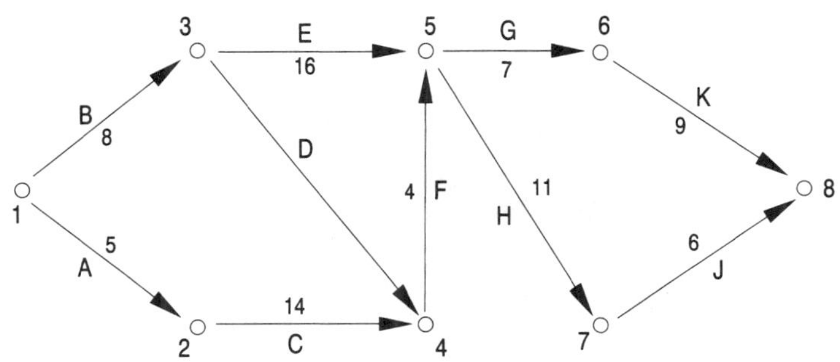

↓ Raum für Ihre Notizen ↓

Zu den Lösungen

Lösungen

1.

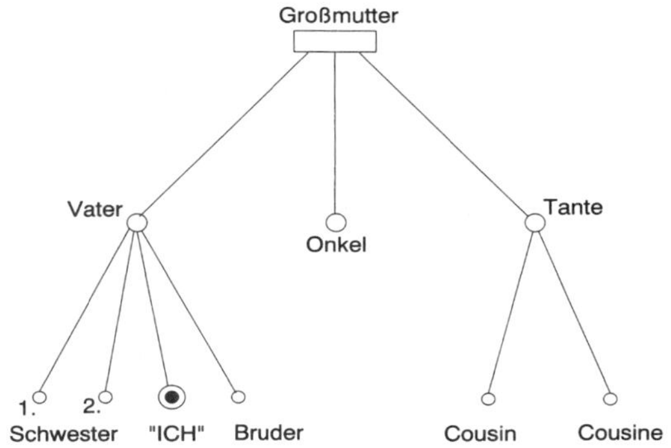

2. 17 → 52 → 26 → 13 → 40 → 20 → 10 → 5 → 16 → 8 → 4 → 2 → 1

3. … nach links rückt und 2 Jetons kassiert. So ist es gerecht, denn die Ausfälle 1…4 werden doppelt so oft auftreten wie 5 oder 6, im Mittel also gleich viel Geld bzw. Jetons einbringen, wie im Verlustfall auszuzahlen ist. Bei 4 von 6 Möglichkeiten ist $p = 4/6 = 2/3$; die übrigen 2 führen ebenso auf $q = 2/6 = 1/3 = 1 - p$. Wer zuerst ein Ende erreicht, siegt.

4. Es könnte so ähnlich aussehen wie dieser Graph rechts, →:

5. Es entsteht Bild 2 von Seite 221, nur ohne die dort auftretenden Pfeile, da ja die Beziehung „x grenzt an y" symmetrisch ist, also automatisch auch „y grenzt an x" bedeutet, falls sie für ein Länderpaar (x, y) zutrifft. Über Graphen und umfangreiche Computerläufe fand man kürzlich allg. die Antwort: JA.

6.

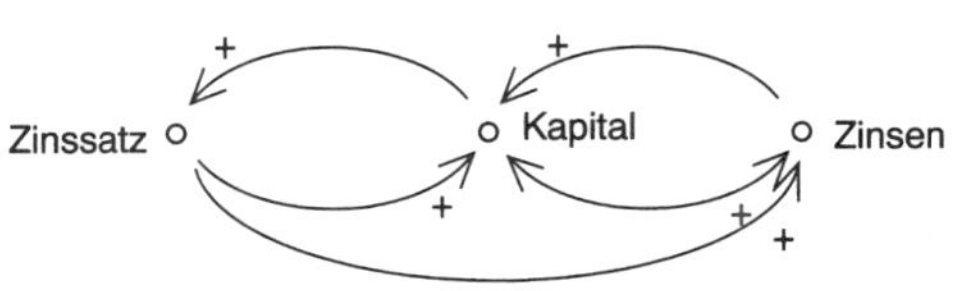

7.

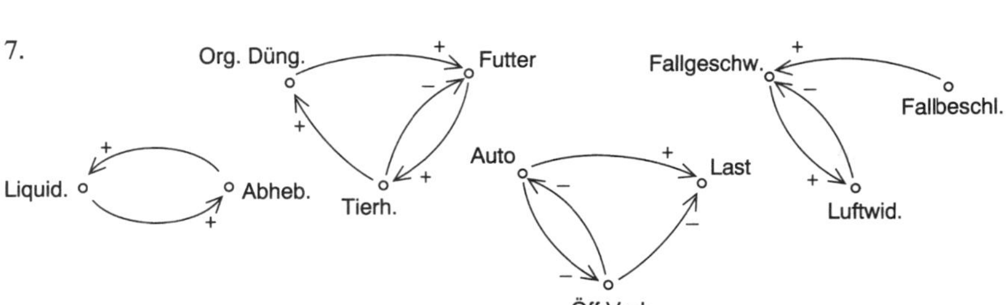

8. a) b) eine positive Wirkung!

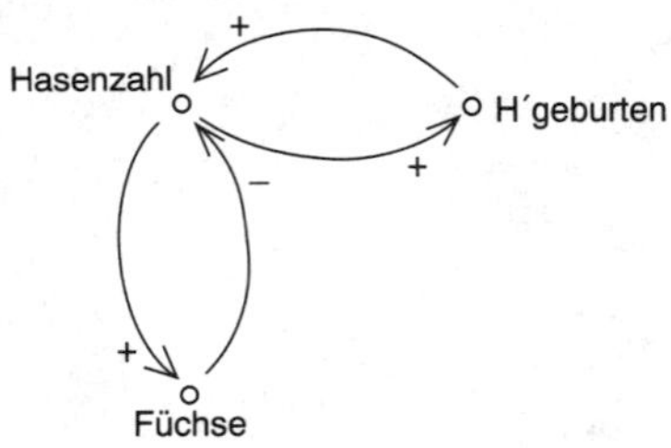

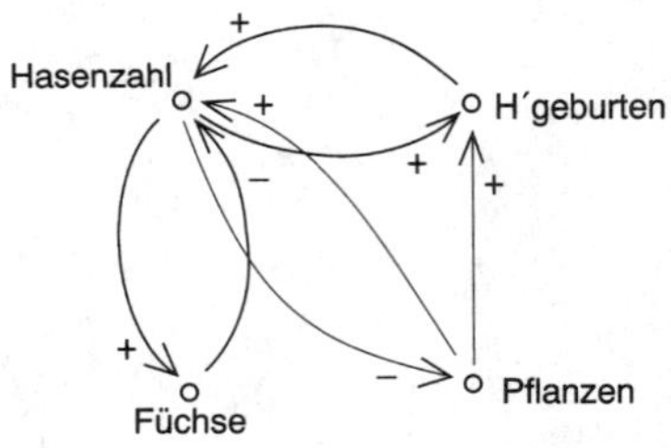

9.

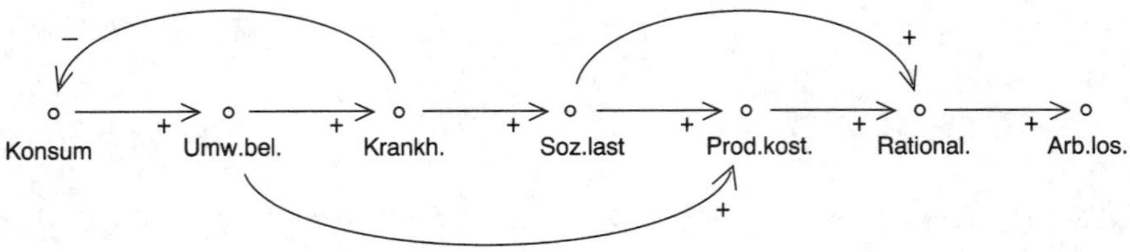

Mögliche Erweiterungen: Freizeit, Frustration, öffentliche Sicherheit (Konflikte), Unbewohnbarkeit (Waldsterben ...), Gewinn, u.v.a.

10. a) Es entfällt dann die Phase {4, 5, 6}
    b) Nein, weil 2 und 3 unverträglich sind!
    c) Nein, 3 wäre stets (in jedem Zyklus) gesperrt!

11. Bis S_4: 2 + 7 = <u>9</u> oder 3 + 5 = 8; bis S_5: 9 + 2 = <u>11</u> oder 4 + 6 = 10; bis S_6: 9 + 2 = 11 oder 11 + 1 = 12 ... 12 ist die kritische Dauer; kritischer Pfad: $S_0 \to S_3 \to S_4 \to S_5 \to S_6$.

12.

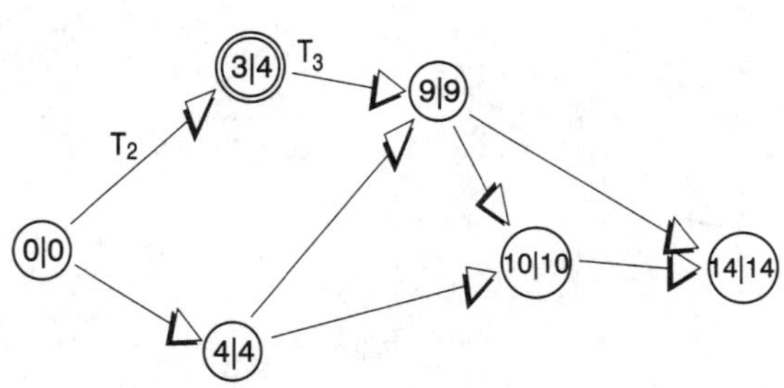

Unser kleiner Netzplan erlaubt also nur eine einzige Pufferzeit von 1 Tag zwischen den Tätigkeiten T_2 und T_3!

13. $d_2 = b_{12} = 5$; über Knoten $\underline{1}$;

$d_3 = b_{13} = 8$; " $\underline{1}$;

d_4: 2 Wege! $B + D = 8 + 13 = 21$, $A + C = 5 + 14 = 19$ } $\max = d_4 = 21$, Knoten $\underline{3}$;

d_5: 2 Wege: $B + E = 8 + 16 = 24$, $A + C + F = 19 + 4 = 23$ } $\max = d_5 = 24$, Knoten $\underline{3}$;

$d_6 = d_5 + b_{56} = 24 + 7 = 31$ " $\underline{5}$;

$d_7 = d_5 + b_{57} = 24 + 11 = 35$; " $\underline{5}$;

d_8: 2 Wege! über K: $d_6 + b_{68} = 31 + 9 = 40$, über J: $d_7 + b_{78} = 35 + 6 = 41$ } $\max = d_8 = 41$, Knoten $\underline{7}$;

kritische Dauer 41;

kritischer Weg: $1 \rightarrow 3 \rightarrow 5 \rightarrow 7 \rightarrow 8$;

kritische Vorgänge: B, E, H, J

Zum nächsten Kapitel

Teil H

24. Kapitel

24

H

Wahrscheinlichkeitsrechnung

Wahrscheinlichkeit und Sicherheit

In den bisher betrachteten Gebieten der Mathematik waren alle Aussagen *falsch* oder *wahr* bzw. sicher: entweder von vornherein als Axiome oder beweisbar als Sätze. Wir hätten sehr gestaunt über Behauptungen wie: „Die Zahl 3 hat *gute Chancen*, Lösung dieser Gleichung zu sein" oder „Die Schwerlinien im Dreieck schneiden sich *wahrscheinlich* in einem Punkt." Nun wissen wir alle von Ereignissen, deren Eintreten durchaus *wahrscheinlich* oder *unwahrscheinlich* sein kann:

- Es ist sehr wahrscheinlich, daß der Patient auf das Medikament A anspricht (aber nicht sicher!).
- Es ist eher wahrscheinlich, daß B bei seinem Trainingseifer die Rekordmarke von A erreicht (doch wir wissen es nicht).
- Es ist ganz unwahrscheinlich, mit 1 Tip im Zahlenlotto zu gewinnen (wenn auch nicht unmöglich).

Glücksspiele als Modelle für die Praxis

Solche Ereignisse eignen sich nun durchaus, mit mathematischen Methoden untersucht zu werden. Am einfachsten sind dabei *Glücksspiele* wie das Drehen von Glücksrädern, das Würfeln und das Werfen von Münzen; auch historisch stehen Glücksspiele am Beginn der WAHRSCHEINLICHKEITSRECHNUNG (ca. 1650). So belanglos sie ernsthaften Leuten im allgemeinen erscheinen mögen, eignen sie sich doch hervorragend als *Modelle* für praktisch wichtige Vorgänge wie Meinungsumfragen oder Produktionskontrollen, und es ist daher durchaus nützlich, sich damit zu befassen, dies in Kapitel H**24**.

Wahrscheinlichkeitsverteilungen

Zunächst wird als *bekannt* angenommen, *wie wahrscheinlich* das Eintreten eines bestimmten Ereignisses ist: Beim Würfeln hat jede Augenzahl dieselbe Chance, beim Münzwurf auch, ebenso ist es bei den Sektoren eines Glücksrades, wenn nur oft genug gedreht wird. Dann wird *berechnet*, wie wahrscheinlich zusammengesetzte Ereignisse sind: daß bei 20maligem Würfeln mindestens 3mal die Sechs erscheint, nach 10maligem Werfen einer Münze genau 4mal Zahl usw. Diese Wahrscheinlichkeitswerte werden für alle Ereignisse zusammengestellt, auf sie „verteilt" (H**26**). Als Vorbereitung beschäftigt sich Kapitel H**25** mit Abzähltechniken.

Zufallsversuche und Wahrscheinlichkeit

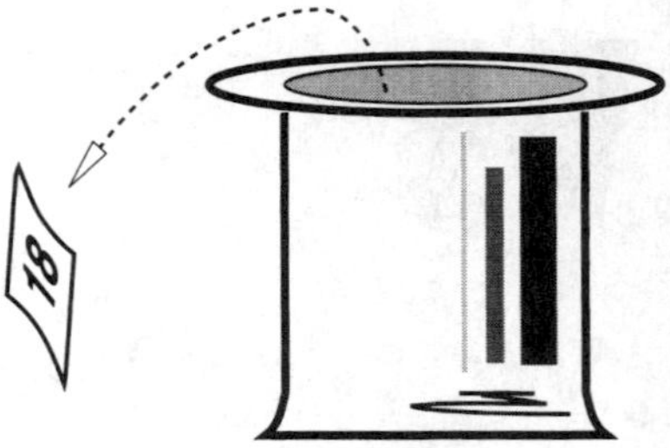

Ergebnisse und Ereignisse bei Zufallsversuchen

Wir gehen aus von *Zufallsversuchen* bzw. *-experimenten*, deren mögliche Ausfälle oder Ergebnisse bekannt sind und jeweils einzeln eintreten müssen: Beim Würfeln kann eine der Augenzahlen 1, 2, 3, 4, 5 oder 6 oben zu liegen kommen, und eine davon *muß* es sein. Der Zeiger eines gedrehten Glücksrades *muß* nach dem Stillstand auf einen der Sektoren zeigen. Alle diese Ergebnisse fassen wir als *Ergebnismenge* zusammen: Beim Würfeln ist sie $\{1, 2, 3, ..., 6\}$.

Nun kann als *Ereignis* das Auftreten der Sechs interessieren, aber auch das einer geraden Zahl; dieses tritt dann ein, wenn 2, 4 oder 6 erscheint. Die Menge $\{2, 4, 6\}$ ist genauso *Teilmenge* der Ergebnismenge, wie $\{6\}$ es ist.

Wir sagen:

Definition 1: Ergebnismenge

> Die Menge aller Ausfälle oder Ergebnisse $\omega_1, \omega_2, ..., \omega_n$ eines *Zufallsversuchs* heißt ihre ***Ergebnismenge*** $\Omega = \{\omega_1, \omega_2, ..., \omega_n\}$. Einelementige Teilmengen $\{\omega_i\}$ sind *Elementarereignisse*, jede beliebige Teilmenge $E \subset \Omega$ ist ein Ereignis.

Als Grenzfälle treten das *sichere Ereignis* $E_s = \Omega$ und das *unmögliche Ereignis* $E_u = \{\ \} = \varnothing$ auf. Es zeigt sich bald, daß es sinnvoll ist, auch diese beiden dazuzunehmen:

Bild 1: Gegenereignis

unvereinbare Ereignisse

Betrachten wir nämlich das *Gegenereignis* E' von E, etwa das Erscheinen einer *ungeraden* Zahl beim Würfeln, wenn E das einer *geraden* bedeutet, dann gilt neben $E' \cup E = \Omega$ doch $E' \cap E = \varnothing$: die beiden Ereignisse schließen einander aus, sie können nicht zugleich eintreten, sind *unvereinbar* (als Mengen sind sie *disjunkt*), vgl. Bild 1, rechts. Auf dieses E' werden wir noch oft zurückgreifen.

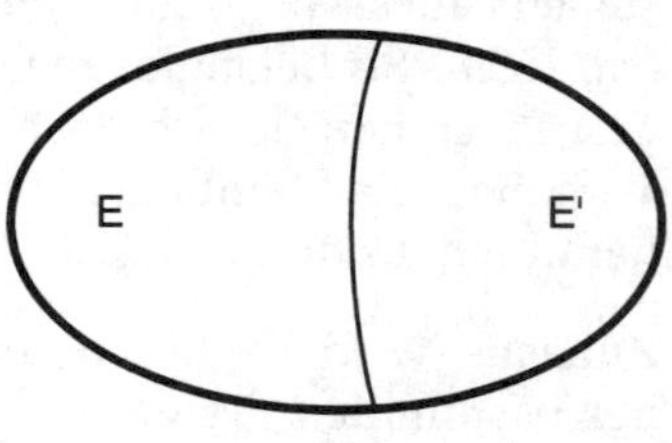

Wahrscheinlichkeit und Häufigkeit

Versuchsserien

Wie kann nun festgelegt werden, *wie wahrscheinlich* das Eintreten eines Ereignisses E ist? Führen wir dazu einen Versuch öfter durch (n mal), machen also eine *Versuchsserie*, und beobachten, wie oft E eintritt.

und Häufigkeiten

Münzwurf

Werfen wir etwa eine Münze 10mal, so könnte das Ereignis E = {Es erscheint eine Zahl}, kurz E = {Zahl}, davon 4mal eintreten: 4 ist die *absolute Häufigkeit* von E. Bei der nächsten Serie zählen wir vielleicht 6mal Zahl, bei der dritten womöglich gar 7mal! Worauf sollen wir uns da verlassen? Es gibt aber einen Ausweg: Noch öfter werfen, eine 20er, 50er, 100er, 200er-Serie usw. durchführen und abzählen. Natürlich kann man nur vergleichen, wenn man ***relative* Häufigkeiten** wählt:

4 von 10 führt auf h_{10} = 4/10 = 0,4;

47 von 100 sind h_{100}= 47/100 = 0,47 usw.

Diese h_n-Werte lassen sich im *Koordinatensystem* über n (wie y über x) auftragen: So sehr sie anfangs auch schwanken, mit wachsendem n sollte sich die Kurve glätten, der Geraden y = 1/2 nähern!

B

Beispiel 1: Würfeln:

Oder führen Sie eine Versuchsserie mit einem Würfel durch und achten auf das Ereignis E = {Augenzahl 6}. Es könnte sich ergeben

n (Zahl der Würfe)	6	12	60	120	300	600	1200	→ ∞
H_6 (absolut)	1	4	6	24	52	89	199	
h_6 (relativ)	0,1666	0,333	0,100	0,200	0,173	0,148	0,166	→ 1/6

Grafisch sieht das so aus, Bild 2:

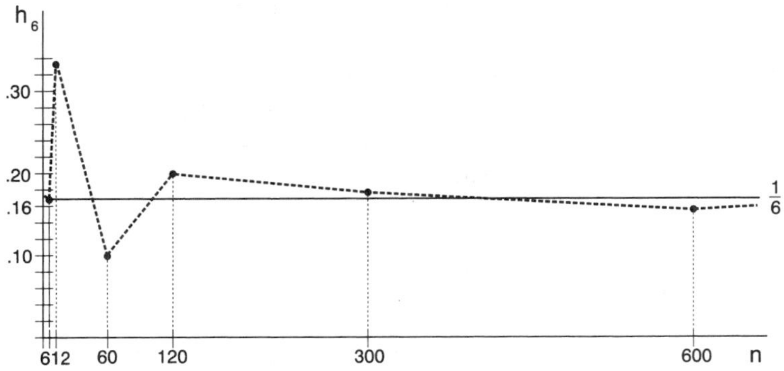

Bild 2: grafische Darstellung der Ergebnisse

Wahrscheinlichkeit!

Die relativen Häufigkeiten nähern sich nach Schwankungen für wachsendes n der Zahl 1/6 = 0,16666 .... Man wird demnach 1/6 als (statistische) **Wahrscheinlichkeit** für das (Elementar-)Ereignis E ansehen.

der Computer hilft dabei!

Wenn Sie sich auch für die übrigen Augenzahlen interessieren, lassen Sie doch den Computer z. B. 600mal für Sie würfeln und eine **Häufigkeitsverteilung** auflisten! Als neuen Befehl wenden wir im folgenden Pascalprogramm `INC(n,1)` an, der n um 1 erhöht (engl. *increase*, vermehren) und die gleiche Wirkung hat wie n := n+1.

Beispiel 1:
Fortsetzung mit einem

Turbo Pascal-Programm

```
PROGRAM Wuerfel;
USES Crt;
VAR  Augenzahl, i: 1..6;
     J, Zaehler: Integer;
     Haeufigkeit: ARRAY[1..6] of Integer;
BEGIN
     Clrscr;
     Writeln('Häufigkeitsverteilung beim Würfeln':60);
     Writeln('Einser':12, 'Zweier':12, 'Dreier':12,
             'Vierer':12, 'Fünfer':12, 'Sechser':12);
     FOR J := 1 TO 72 DO Write('-');
     Writeln;
     FOR i := 1 TO 6 DO Haeufigkeit[i] := 0;
     Randomize;
     FOR Zaehler := 1 TO 600 DO
       Begin
         Augenzahl := Random(6)+1
         CASE Augenzahl OF
           1..6: INC(Haeufigkeit[Augenzahl],1)
         END (* of CASE *)
       End;
     FOR i := 1 TO 6 DO
     Write(Haeufigkeit[i]:12);
   Readln
END.
```

Random(6)+1 liefert die Augenzahlen!

Ein Testlauf mit 600 simulierten Würfen ergab die Häufigkeiten

jede Serie liefert andere Ergebnisse!

```
     Häufigkeitsverteilung beim Würfeln
Einser  Zweier   Dreier  Vierer  Fünfer  Sechser
------------------------------------------------
 114      92      100     102      96       96
```

ein zweiter sah aber schon etwas anders aus:

```
  97      96      95      104      111       97
```

Im übernächsten Kapitel H**26** werden wir den Computer bzw. ein passendes Pascalprogramm ganz analog einsetzen, damit wir es uns ersparen, ein Nagelbrett zu basteln, Kugeln durchrollen zu lassen und sie am Ende der Reise in den Auffangboxen abzuzählen.

Statistischer Zugang zur Wahrscheinlichkeit

Versuchsserie und Stichprobe

In der STATISTIK zieht man lieber Kugeln aus Urnen; tut man dies 10 mal, hat man eine **Stichprobe** vom Umfang 10 gezogen und bei numerierten Kugeln damit auch eine *Auswahl* getroffen, z. B. welche Produkte zu kontrollieren sind, etwa die mit den Nummern 04, 09, 11, 22, 25, 27, 30, 39, 45 und 49 einer vorbereiteten Liste. Unsere Versuchsserie realisiert also eine *Stichprobe*, die Ergebnisse sind die *Werte* eines *Merkmals*, hier die Listennummern. Früher waren 1, 2, 3, 4, 5 und 6 die Werte des Merkmals *Augenzahl.*

relative Häufigkeit und ...

In anderen Stichproben mag das Merkmal Gewicht oder Körpergröße interessieren, und man zählt die **relative Häufigkeit** h_n einzelner Werte: Wie oft tritt der Wert 60 kg bei den n = 800 Schülern einer Schule auf, wie oft die Körperlänge 175 cm? Wird ein bestimmter Wert, 60 kg, gemessen, dann „tritt das Ereignis E = {60 kg} ein“. Ebenso tritt $E = \{58 < x \leq 60\}$ ein, wenn ein Merkmalswert zwischen 58 und 60 kg (inkl.) registriert wird. Dies denken wir uns für eine Schule, für alle Schulen der Stadt, der Region, des Landes durchgeführt! Dann mag es sein, daß wie beim Münzwurf und beim Würfeln die h_n immer weniger schwanken. Man sagt:

D — Definition 2: Wahrscheinlichkeit

> *Statistische Definition* **der Wahrscheinlichkeit**
>
> Nähern sich die relativen Häufigkeiten h_n eines Merkmalswerts oder eines Bereichs solcher Werte mit wachsendem Stichprobenumfang n einer (unbekannten!) Zahl P, so wird $P \approx h_n$ als **Wahrscheinlichkeit** für das Eintreten des damit verbundenen Ereignisses E angesehen: $P(E) = P = h_N$, N groß.

Beispiele

Beim Würfeln wird man P = 1/6 als Wahrscheinlichkeit für das Ereignis E = {Augenzahl 6} ansehen, beim Münzwurf ist P = 1/2 die Wahrscheinlichkeit für E = {Zahl}. Sind in N = 10000 Messungen von Schülern zwischen 14 und 19 Jahren etwa 850mal Werte zwischen 58 und 60 kg (inkl.) aufgetreten, dann ist die Wahrscheinlichkeit für das Ereignis $E = \{x \text{ kg} \mid 58 < x \leq 60\}$ für junge Leute dieser Altersgruppe mit P(E) = 850/10000 = 0,085 = 8,5 % anzusetzen.

Daß dieser Wert *nicht exakt* auf die *Gesamtheit* aller jungen Leute (von 14 bis 19 Jahren) des Landes übertragbar ist, unterscheidet diese Fragestellung vom Münzwurf und anderen (Glücks-)Spielen, wo P, einmal als 1/2 bzw. 1/6 ... gefunden, als *bekannt* in der Gesamtheit aller denkbaren Versuche angenommen wird! Wir werden diese Problematik in der *Beurteilenden Statistik* (⊞**28**, Vertrauensintervalle) diskutieren.

Wie kann nun mit Wahrscheinlichkeiten *gerechnet* werden? Wir orientieren uns natürlich an den relativen Häufigkeiten:

B — Beispiel 2: Rechnen mit Wahrscheinlichkeiten:

Beim Würfeln erhalten wir eine Versuchsserie mit den Ausfällen

1, 3, 3, 5, 2, 6, 1, 2, 5, 3.

Für die Ereignisse A = {Augenzahl 4}, B = {Augenzahl 3}, $C = \{\text{A.zahl } x \text{ mit } x \leq 2\}$, $\Omega = \{1, 2, ..., 6\}$, U = {Augenzahl 0} gilt dann:

h(A) = 0, h(B) = 3/10 > 0, denn 3 tritt dreimal auf,

h(C) = 4/10 > 0, da 1 oder 2 eben viermal vorkommen,

h(U) = 0, <u>U</u> steht daher für <u>u</u>nmöglich. Stets ist also

Eigenschaften der relativen Häufigkeiten

(1) $h \geq 0$;
natürlich ist
(2) $h(\Omega) = 10/10 = 1$;
jetzt kombinieren wir zwei Ereignisse:
$B \cup C = \{\text{Augenzahl 3 oder} \leq 2\} = \{3, 2, 1\} \Rightarrow h(B \cup C) = 7/10 = \ldots$
(abzählen, wie oft 1, 2 oder 3 ausfallen, es geschieht siebenmal!) …
$= 3/10 + 4/10 = h(B) + h(C)$;
also gilt
(3) bei $B \cap C = \varnothing$ ist $h(B \cup C) = h(B) + h(C)$.

Diese Eigenschaften wird man auch den *Wahrscheinlichkeiten* zuschreiben und legt fest:

Axiome 1: von Kolmogorow

A

Axiome von Kolmogorow (1933)

Für die Wahrscheinlichkeiten von Ereignissen $\varnothing$, Ω, E, A, B soll gelten:
I. $P(E) \geq 0$
II. $P(\Omega) = 1$
III. $A \cap B = \varnothing \Rightarrow P(A \cup B) = P(A) + P(B)$

Grundsätze und …

I besagt, daß Wahrscheinlichkeiten nie negativ sind, **II** legt die Wahrscheinlichkeit des sicheren Ereignisses Ω mit 1 fest und **III** verlangt für *unvereinbare* Ereignisse, die Wahrscheinlichkeiten des zusammengesetzten Ereignisses $A \cup B$, d. h., wenigstens eines tritt ein, A *oder* B, sei die Summe der Wahrscheinlichkeiten der Einzelereignisse. Dies läßt sich auf drei und mehr Mengen erweitern.

Aus diesen Axiomen lassen sich schon weitere Aussagen herleiten, etwa auch über das Gegenereignis E' von E:

Sätze 1: der WL-Rechnung …

S

Für die Wahrscheinlichkeiten von Ereignissen $\varnothing$, E und $E' = \Omega \setminus E$ gilt:
1. $P(E) \leq 1$
2. $P(\varnothing) = 0$
3. $P(E') = 1 - P(E)$

Beweisen wir Satz 1.3: Für E' gilt nach Definition $E' \cap E = \varnothing$, vgl. Bild 1; dies ist in Axiom III vorausgesetzt und verlangt dort $P(E' \cup E) = P(E') + P(E)$. Mit $\Omega = E' \cup E$ und $P(\Omega) = 1$ nach Axiom II ist weiter $P(E' \cup E) = 1$, was, eingesetzt, schon Satz 3 ausmacht, was zu zeigen war (abgekürzt wie immer: w.z.z.w.).

die wir auch beweisen!

Setzen wir für E nun Ω, wird $E' = \varnothing$, also
$P(E') = P(\varnothing) = 1 - P(E) = 1 - P(\Omega) = 1 - 1 = 0$,
und dies ist Satz 1.2, w.z.z.w.

Analog ist nach Axiom I $P(E') \geq 0$, woraus mit Satz 3 schon folgt:
$P(E') = 1 - P(E) \geq 0 \Rightarrow 1 \geq P(E)$,
also gerade Satz 1.1, w.z.z.w.

Gibt es nun in einer Ergebnismenge $\Omega = \{\omega_1, \omega_2, ..., \omega_m\}$ m gleich wahrscheinliche Elementarereignisse $\{\omega_i\}$, Bild 3 – z.B. ist jede Augenzahl $\omega_i = i$, i = 1, 2, ..., 6 = m, beim Würfeln mit P = 1/6 gleich wahrscheinlich –, von denen $g \leq m$ für ein bestimmtes Ereignis A *günstig* sind, also etwa die g = 3 geraden Augenzahlen 2, 4, 6 für A = {2, 4, 6}, so folgt aus der Unvereinbarkeit der Elementarereignisse $\{\omega_i\}$ nach dem erweiterten Axiom III und der Tatsache, daß alle $\{\omega_i\}$ zusammen gerade Ω ausmachen (Axiom II):

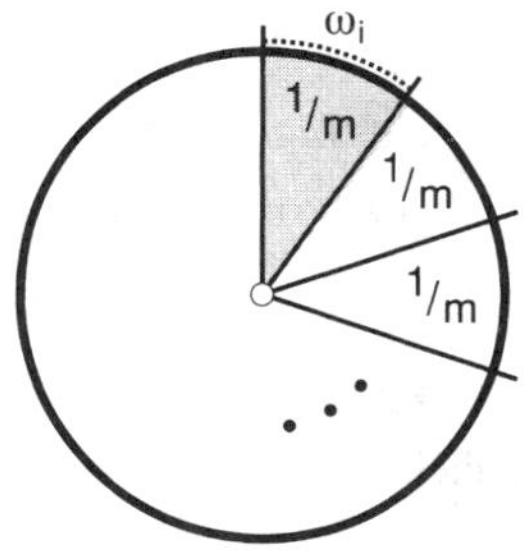

Bild 3: gleichwahrscheinliche Ereignisse:

$$P(\Omega) = P(\{\omega_1\} \cup \{\omega_2\} \cup ... \cup \{\omega_m\}) = P(\{\omega_1\}) + P(\{\omega_2\}) + ... + P(\{\omega_m\}) =$$

$$m \cdot P(\{\omega_1\}) = 1 \quad \Rightarrow \quad P(\{\omega_1\}) = \frac{1}{m}$$

A besteht aber aus g solchen Elementarereignissen, und nach Axiom III ist wieder

$$P(A) = g \cdot P(\{\omega_1\}) = \frac{g}{m}$$

Dieser (hier beweisbare!) Sachverhalt war die erste Formel für die Wahrscheinlichkeit, und man sagte (nach Pierre S. de **Laplace**, franz. Astronom und Mathematiker, 1749 bis 1827):

D

Definition 3: günstige und mögliche Ausfälle

Klassische Definition **der Wahrscheinlichkeit**

Für ein Ereignis A, das aus g gleichwahrscheinlichen Ausfällen besteht, ist:

$$P(A) = \frac{g}{m} = \frac{\text{Anzahl der für A günstigen}}{\text{Anzahl der in } \Omega \text{ möglichen}} \text{ Ausfälle}.$$

Anwendungen

Diese Formel wird sehr häufig angewandt, insbesondere bei Glücksspielen, wo von bekannten und gleichen Wahrscheinlichkeiten einzelner Ausfälle ausgegangen wird, aber auch beim Ziehen aus Urnen, was als Modell für praktisch übliche Verfahren wie der Entnahme von Stichproben bei der Qualitätskontrolle von *Prüflosen* (das sind Einheiten von 100 Glühbirnen, 1000 Schrauben ...) verwendbar ist.

Beginnen wir mit einem einfachen Beispiel:

B

Beispiele 3: Ziehen ...

Eine **Urne** enthält 6 weiße, 3 rote und 1 schwarze Kugel, Bild 4. Wir ziehen (blind!) eine Kugel. Mit welcher Wahrscheinlichkeit ist sie

a) weiß b) rot c) schwarz
d) rot oder schwarz e) *nicht* weiß?

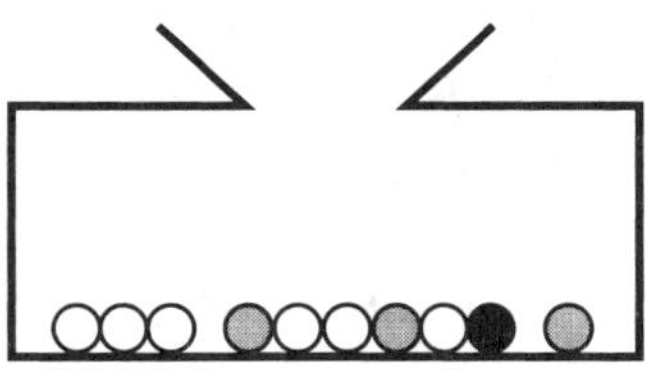

Bild 4: aus einer Urne

Für das Ereignis W = {weiße Kugeln} sind 6 Ergebnisse *günstig*, da eben 6 weiße Kugeln vorhanden sind und jede mit derselben Wahrscheinlichkeit gezogen werden kann; 10 sind *möglich*, also ist schon

P(W) = 6/10 = 0,6 = 60 %.

Ebenso wird

P(R) = 3/10 = 0,3 = 30 % und P(S) = 1/10 = 0,1 = 10 %.

In Aufgabe d tritt eine Vereinigungsmenge auf, hier ist g als *Summe* einzusetzen:

Gegen-WL

$$P(R \cup S) = \frac{3+1}{10} = \frac{4}{10} = 40\ \%.$$

Für die *Gegenwahrscheinlichkeit* gilt schließlich Satz 3:

$$P(W') = 1 - P(W) = 1 - 0{,}6 = 0{,}4 = 40\ \%.$$

Die letzten Ergebnisse sind nicht zufällig gleich, ist doch $W' = \Omega \setminus W = R \cup S$!

Beispiel 4: Glücksrad

B Ein **Glücksrad** sei in vier Sektoren A, B, C, D eingeteilt, deren Breiten durch die Flächenangaben 1/6, 1/12, 1/4, 1/2 (von der ganzen Scheibe) festgelegt sind, Bild 5.

Bild 5: dazu

geometrische WL

Nach Drehung (mit mehreren Umläufen) zeigt der Zeiger einen der Sektoren an, und zwar wird er in etwa der Hälfte der Fälle den Sektor D anzeigen: P(D) = 1/2, in ca. einem Viertel Sektor C: P(C) = 1/4, und ebenso sind P(B) = 1/12 sowie P(A) = 1/6 zu verstehen. Man spricht hier von *geometrischer* Wahrscheinlichkeit.

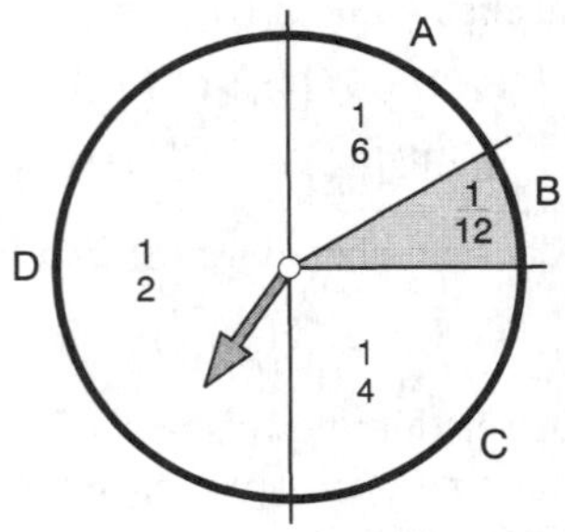

Dann ist weiter

$P(A \cup B) = 1/6 + 1/12 = 1/4$,

$P(B \cup C \cup D) = 1 - P(A) = 5/6$ usw.

Beispiele 5: Augensummen beim Würfeln

B Nun nochmals zum **Würfeln**, diesmal aber nehmen wir *zwei* zur Hand, die wir gleichzeitig werfen.

a) Mit welcher Wahrscheinlichkeit dürfen wir die *Augensummen* 2 bzw. 3 bzw. 4 erwarten?

günstige Fälle zählen!

Wir zählen die *günstigen* Fälle :
Im 1. Fall gibt es nur *einen*, nämlich {1, 1}, unter 36 möglichen. Daher ist
$P(\{\text{Summe gleich } 2\}) = 1/36$.
Für 3 finden wir *zwei* günstige Fälle: {1, 2} und {2, 1}, also ist
$P(\{\text{Summe gleich } 3\}) = 2/36 = 1/18$;
Im 3. Fall gibt es schon *drei* günstige Fälle: {1, 3}, {2, 2} und {3, 1},
$P(\{\text{Summe gleich } 4\}) = 3/36 = 1/12$.

b) Jemand wettet auf „Pasch" (2mal dieselbe Augenzahl 1 oder 2mal die 2 oder ... bis 2mal die 6). Mit welcher Wahrscheinlichkeit *verliert* er?

Gegenereignis

Er verliert beim Eintritt des *Gegenereignisses*. Da es 6 günstige Ausfälle gibt für Pasch, P({Pasch}) = 6/36 = 1/6, ist schon
$P(\{\text{nicht Pasch}\}) = 1 - P(\{\text{Pasch}\}) = 1 - 1/6 = 5/6$.

Vorgehen wie bei a

c) Will man die Augensumme 10 oder mehr als 10 erreichen (= Ereignis E), so zählt man die günstigen Fälle:
$E = \{(4, 6); (5, 5); (5, 6); (6, 4); (6, 5); (6, 6)\}$, also ist
$|E| = 6$ (Anzahl der Elemente),
$P(E) = g/m = 6/36 = 1/6 = 16{,}7\ \%$.

Natürlich spielt der Zufall auch in der Gesellschaft eine Rolle:

Aus einer größeren Menge werden 2 Personen zufällig ausgewählt und nach den **Wochentagen** ihrer **Geburt** befragt. Wie wahrscheinlich sind dazu die folgenden Ereignisse:

B

Beispiele 6: Wochentage der Geburt

a) Ereignis A: Beide sind an einem Montag geboren;
b) Ereignis B: Wenigstens einer ist an einem Montag geboren;
c) Ereignis C: Keiner der beiden ist an einem Montag geboren;
d) Ereignis D: Einer ist an einem Montag und einer an einem Dienstag geboren?

Wir stellen vorbereitend die *Ergebnismenge* auf:

$\Omega = \{$(Mo, Mo), (Mo, Di), (Mo, Mi), ..., (Mo, So);
(Di, Mo), (Di, Di), ..., (Di, So), ...; ... ...; ..., (So, So)$\}$;

ihre Elementezahl ist natürlich $|\Omega| = 7 \cdot 7 = 49$ = m(öglich). Jetzt lesen wir an den Mengen A bis D nach gewissenhafter Aufzählung ebenso deren Elementeanzahlen $|M|$ ab und denken an Monsieur Laplace:

überall sind nur die günstigen Ausfälle abzuzählen!

a) A = {(Mo, Mo)} mit $|A| = 1$ = g(ünstig) $\Rightarrow$ $P(A) = \frac{g}{m} = \frac{1}{49} \approx 2\ \%$;

b) B = {(Mo, Mo), (Mo, Di), (Mo, Mi), (Mo, Do), (Mo, Fr), (Mo, Sa), (Mo, So); (Di, Mo), (Mi, Mo), (Do, Mo), (Fr, Mo), (Sa, Mo), (So, Mo)} mit $|B| = 13$
$\Rightarrow$ $P(B) = \frac{13}{49} \approx 27\ \%$;

c) $C = B'$ $\Rightarrow$ $P(C) = 1 - P(B) = 1 - \frac{13}{49} = \frac{36}{49} \approx 73\ \%$;

d) D = {(Mo, Di), (Di, Mo)} $\Rightarrow$ $P(D) = \frac{2}{49} \approx 4\ \%$.

Zusammengesetzte Wahrscheinlichkeiten

In diesen Beipielen kommt schon die Frage vor: Wie wahrscheinlich ist das Eintreten des zusammengesetzten Ereignisses «A *und* B» (beide ...), wie wahrscheinlich das von «**A *oder* B**» (wenigstens eines ...), schließlich das von «weder A noch B» (keines der beiden ...). Für die Hauptfälle kann man einfache Formeln angeben. Eine davon ist uns als Axiom III von Kolmogorow bekannt, wegen seiner Wichtigkeit nennen wir es nochmals als

Ereignisse als Bausteine

S

Satz 2: unvereinbare Ereignisse

Additionssatz I für *un*vereinbare Ereignisse

Für Ereignisse A, B, die einander ausschließen, in Mengenschreibweise $A \cap B = \emptyset$, gilt

$$P(A \cup B) = P(A) + P(B)$$

Die Wahrscheinlichkeit dafür, daß A oder B eintritt, ist gleich der Summe der Einzelwahrscheinlichkeiten.

Dazu wieder ein sehr einsichtiges Exempel:

Beispiel 7: **vereinbare Ereignisse:** **Gemeinsames zählt doppelt!**

B a) Das Ereignis A = {gerade Zahl} beim Würfeln ist mit B = {Augenzahl 1} *unvereinbar*, so daß

$P(A \cup B) = P(\{2, 4, 6, 1\}) = \frac{4}{6} = \frac{3}{6} + \frac{1}{6} = P(A) + P(B)$ gilt.

b) Als Gegenbeispiel wählen wir zu A das Ereignis C = {Primzahl} = {2, 3, 5}, das mit A *vereinbar* ist: $A \cap C = \{2\} \neq \emptyset$. Hier gilt

$P(A) = \frac{3}{6}$, $P(C) = \frac{3}{6}$, $P(A \cup C) = P(\{2, 4, 6, 3, 5\}) = \frac{5}{6} \neq \frac{3}{6} + \frac{3}{6}$!

Man sieht aber sofort, was zu korrigieren ist: In A und C liegt jeweils 2 als gemeinsames Element, $A \cap C = \{2\}$, dessen Wahrscheinlichkeit doppelt gezählt wird (bei A *und* bei C), also einmal subtrahiert werden muß.

Bild 6: **Bestätigung**

Auch im obigen Beispiel mit den Geburtstagen wäre P(B) über die einzelnen Ereignisse B_1 und B_2 (Einer ist ...) zu erhalten, wenn die Wahrscheinlichkeit des Durchschnitts, eben $B_1 \cap B_2 = A = \{(Mo, Mo)\}$ mit P(A) = 1/49 subtrahiert wird, vgl. auch Bild 6:

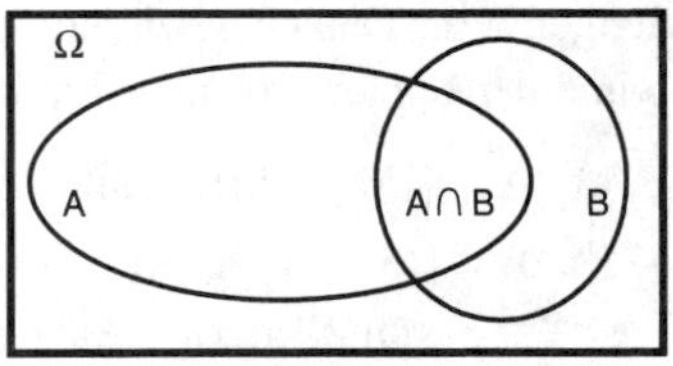

$$P(B) = P(B_1 \cup B_2) = P(B_1) + P(B_2) - P(A) = \frac{7}{49} + \frac{7}{49} - \frac{1}{49} = \frac{13}{49}$$

wie oben! Allgemein zeigt man genauso den

Satz 3: **Korrektur zum Satz I**

S **Additionssatz II für *vereinbare* Ereignisse**

Für Ereignisse A, B, die einander nicht ausschließen, gilt

$$P(A \cup B) = P(A) + P(B) - P(A \cap B)$$

Vielleicht sollten wir an dieser Stelle kurz wiederholend (A**1**, G**22**) üben, wie Zusammensetzungen mit ∪, ∩ und ' zu verstehen sind:

Beispiel 8: **zusammengesetzte Ereignisse**

B Bei einer Klassensprecherwahl sei M das Ereignis „Ein Mädchen wird gewählt“, R steht für „ein Raucher wird gewählt“. Nun tritt das Ereignis ein:

a) $M' \cap R$ b) $M \cup R$ c) $M \cap R$ d) $M \cup R'$ e) $M' \cup R'$

Wie ist es jeweils verbal zu beschreiben? Sind Gegenereignisse darunter, z.B. b und e?

R' ist ein Nichtraucher, während das Nicht-Mädchen M' natürlich ein Junge ist:

a) Es wurde ein rauchender Junge gewählt.

Ebenso kürzer:

b) … ein Mädchen oder ein rauchender Junge,
c) … ein rauchendes Mädchen,
d) … ein Mädchen oder ein nichtrauchender Junge,
e) … ein Junge oder ein nichtrauchendes Mädchen.

Gegenereignisse sind a und d, aber auch c und e, nicht aber b und e (de Morgan)!

Machen wir uns den Satz an einer Fallstudie mit **zwei Würfeln** klar:

Beispiel 9: **Der Satz und ein einfaches Würfelbeispiel**

B

Sei A = {Pasch} = {(1, 1), (2, 2), ..., (6, 6)},
B = {Augensumme 8} = {(2, 6), (3, 5), (4, 4), (5, 3), (6, 2)}.

Was ist $P(A \cup B)$, was $P(A' \cap B')$? Dabei bedeutet $A' \cap B'$ «weder A noch B», was als *Gegenereignis* von $A \cup B$ verstanden werden kann, wie wir in Beispiel 7 wiederholt haben.

$$P(A) = \frac{6}{36}; \; P(B) = \frac{5}{36}$$

$$P(A \cap B) = \frac{1}{36}, \text{ da } A \cap B = \{(4, 4)\} \neq \varnothing$$

Nach unserem Satz in der Form II ist jetzt

$$P(A \cup B) = P(A) + P(B) - P(A \cap B) = \frac{6+5-1}{36} = \frac{10}{36} = 0{,}278,$$

und nach der einleitenden Bemerkung folgt rasch

$$P(A' \cap B') = P((A \cup B)') = 1 - P(A \cup B) = 1 - \frac{10}{36} = \frac{26}{36} = 0{,}722.$$

Schon praxisnäher ist die folgende Fragestellung:

Beispiel 10: **Umfragen unter Zeitungslesern**

B

Unter 1000 befragten Leuten **lesen** 480 die **Zeitung** A, 420 die Zeitung B (und evtl. noch eine andere, die hier nicht interessiert); 280 lesen keine Zeitung, jedenfalls aber weder A noch B.

a) Wie viele Leute lesen *sowohl* die Zeitung A *als auch* die Zeitung B $(A \cap B)$?
b) Wie viele Leute lesen *nur* die Zeitung A (d. h., A, aber nicht B, $A \setminus B$)?
c) Wie viele Leute lesen *nur* die Zeitung B (ebenso: $B \setminus A$)?
d) Wie viele Leute lesen *mindestens eine* der Zeitungen A oder B $(A \cup B)$?

Und mit diesen Ergebnissen weiter:

e) Mit welcher Wahrscheinlichkeit liest jemand *nur* A, *nur* B?
f) Ist es wahrscheinlicher, daß jemand *nur* A oder daß er B liest?

Anzahlen und ...

Wir bezeichnen die Anzahl der Elemente von M wie bei den Geburtstagen weiter oben mit $|M|$ und haben:

$$|A| = 480, \; |B| = 420, \; |(A \cup B)'| = 280 \;\; \Rightarrow \; |A \cup B| = 1000 - 280 = 720,$$

was die Frage d beantwortet: 720 Personen tun dies.

Hier bestimmen wir mit Hilfe des Mengendiagramms in Bild 7, rechts, aus

$$|A \cup B| = |A| + |B| - |A \cap B|$$

die Anzahl der gemeinsamen Leser:

$$|A \cap B| = |A| + |B| - |A \cup B| =$$
$$480 + 420 - 720 = 180,$$

und dies ist Antwort a: es sind 180 Leute!

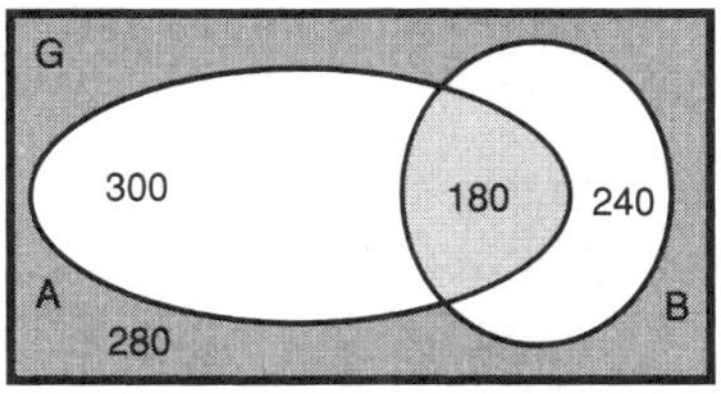

Bild 7: **gemeinsame Leser im Mengendurchschnitt**

Daraus kann man sofort die übrigen Zahlen ablesen:

b: $|A \setminus B| = 480 - 180 = 300;$ c: $|B \setminus A| = 420 - 180 = 240.$

hier die Antworten

Nun schließt man aus diesen *günstigen* Fällen auf die *Wahrscheinlichkeiten*:

e: $P(A \setminus B) = \frac{300}{1000} = 30\,\%$, $\quad P(B \setminus A) = \frac{240}{1000} = 24\,\%$;

f: $P(B) = \frac{420}{1000} > \frac{300}{1000} = P(A \setminus B)$,

also: B wird wahrscheinlicher gelesen als *nur* A.

Nicht immer ist die Wahrscheinlichkeit für den Durchschnitt $A \cap B$, der im Additionssatz II auftritt, so einfach *direkt* abzulesen. Dann suchen wir nach einer Formel für die Wahrscheinlichkeit des Ereignisses «**A tritt ein und auch B**», eben $P(A \cap B) = ?$

Ereignisse, die zusammen eintreten

Fragen wir beispielsweise nach der Wahrscheinlichkeit dafür, daß beide Kinder einer zufällig ausgesuchten Familie, Bernd und Elisabeth, *Sonntagskinder* sind! Die Menge aller möglichen Wochentags-Zusammenstellungen ist $\Omega = W \times W$ mit

$W = \{So, Mo, Di, ..., Sa\}$, also $\Omega = \{(So, So), (So, Mo), ...; ..., (Sa, Sa)\}$

mit 7 mal 7 gleich 49 Elementen wie weiter oben; unter all diesen *möglichen* Fällen ist nur *ein günstiger* (So, So); er hat daher die Wahrscheinlichkeit $\frac{1}{7 \cdot 7}$. Natürlich ist für jedes Kind einzeln $P(B) = P(E) = \frac{1}{7}$, und man sieht

$$P(B \cap E) = \frac{1}{7 \cdot 7} = \frac{1}{7} \cdot \frac{1}{7} = P(B) \cdot P(E).$$

Hier wie beim Würfeln und anderen Beispielen wird man in einem naiven Sinn von ***unabhängigen*** Ereignissen sprechen: *Wann* das erste Kind geboren ist, ist *ohne Einfluß* auf das zweite usw. In solchen Fällen gilt der

Satz 4: Multiplikationssatz I

S

Multiplikationssatz I für *un*abhängige Ereignisse

Für Ereignisse A, B deren Eintreten die Wahrscheinlichkeit des anderen nicht beeinflußt, gilt:

$$\mathbf{P(A \cap B) = P(A) \cdot P(B)}$$

Dieser Satz läßt sich wie der Additionssatz auf *mehrere* Ereignisse verallgemeinern.

Beispiel 11: nochmals; Augenzahlen und ...

B

Berechnen wir nach dem Multiplikationssatz I die Wahrscheinlichkeit dafür, daß bei *dreimaligem* **Würfeln** mit einem Würfel (ebenso gut: gleichzeitigem Würfeln mit drei Würfeln)

a) jedesmal b) niemals c) mindestens einmal

eine Augenzahl ≤ 2 geworfen wird!

Zunächst ist ganz einfach $P(\{Zahl \leq 2\}) = P(\{1, 2\}) = P(A) = \frac{2}{6} = \frac{1}{3}$;
Unser Satz, auf 3 Ereignisse ausgedehnt, behauptet dann schon

$$a:\ P_a = P(A) \cdot P(A) \cdot P(A) = \frac{1}{3} \cdot \frac{1}{3} \cdot \frac{1}{3} = \left(\frac{1}{3}\right)^3 = \frac{1}{27} = 0{,}037;$$

Gegenereignisse

Niemals übersetzen wir langsam als «nicht beim 1. *und* nicht beim 2. *und* nicht beim 3. Mal», benötigen also zuerst die einzelnen *Gegen*ereignisse:

$$P(A') = P(\{Zahl > 2\}) = 1 - P(\{Zahl \leq 2\}) = 1 - P(A) = 1 - \frac{1}{3} = \frac{2}{3};$$

damit ist jetzt wieder nach dem Satz:

$$b:\ P_b = P(A') \cdot P(A') \cdot P(A') = \frac{2}{3} \cdot \frac{2}{3} \cdot \frac{2}{3} = \left(\frac{2}{3}\right)^3 = \frac{8}{27} = 0{,}296 \approx 0{,}3,$$

während uns Fall c schon vertraut ist:

c: $P_c = 1 - P_b = 1 - \frac{8}{27} = \frac{19}{27} = 0{,}704 \approx 0{,}7.$

Mit derselben Überlegung kommen wir zum Ziel, auch wenn die Fragestellung zunächst anders klingt:

Beispiel 12: Fuchs und Jäger

B Drei **Jäger** J_i sehen einen Fuchs aus gleicher Entfernung und **schießen**. Jeder trifft im Mittel in einem von drei Schüssen, d. h., $P(J_i) = 1/3$. Mit welcher Wahrscheinlichkeit überlebt der Fuchs?

E sei das Ereignis: «Der Fuchs überlebt, wird *nicht* getroffen» mit $P(J_i') = 1 - \frac{1}{3} = \frac{2}{3}$:

$E = J_1' \cap J_2' \cap J_3'$ (weder vom 1., noch vom 2. oder 3. Jäger)

dann setzen wir wie eben an:

$P(E) = P(J_1') \cdot P(J_2') \cdot P(J_3') = \left(\frac{2}{3}\right)^3 = \frac{8}{27} \approx 0{,}3.$

Der Fuchs überlebt mit 30 %iger Wahrscheinlichkeit.

Kombinieren wir jetzt mit dem Additionssatz II:

Beispiel 13: Wir schießen nur auf Zielscheiben

B Die Wahrscheinlichkeit, eine **Zielscheibe** zu treffen, Bild 8, ist für zwei Schützen A und B einzeln 1/4 bzw. 2/5. Mit welcher Wahrscheinlichkeit wird die Scheibe getroffen, wenn beide schießen?

Bilder 8/9: dazu

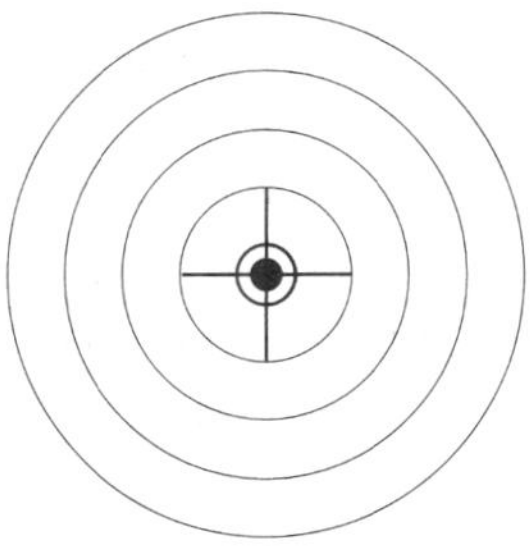

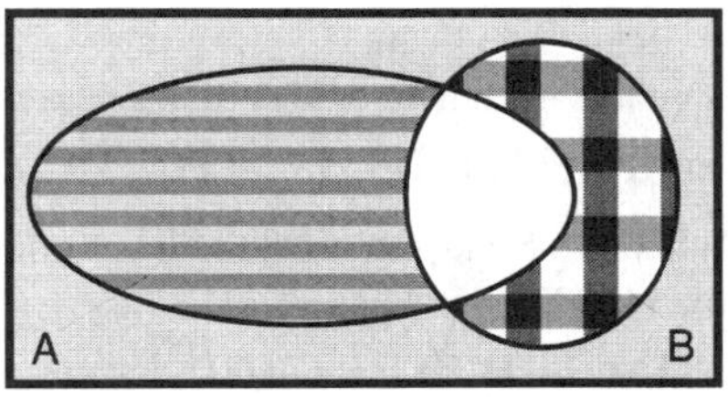

Da A und B – auch als Ereignisse verstanden, daß die Scheibe getroffen wird –, einander *nicht* ausschließen, setzen wir an

$P(A \cup B) = P(A) + P(B) - P(A \cap B)$

und berechnen nun $P(A \cap B)$ nach dem Multiplikationssatz zu $\frac{1}{4} \cdot \frac{2}{5} = \frac{2}{20}$;

jetzt ist schon

$P(A \cup B) = \frac{1}{4} + \frac{2}{5} - \frac{2}{20} = \frac{11}{20} = 55\ \%.$

rechnen aber zur Übung auf drei Arten!

Als Variante kann man nach Bild 9, oben rechts, die Vereinigungsmenge zusammensetzen aus den drei disjunkten Teilmengen $A \setminus B$, $A \cap B$ und $B \setminus A$, mit der Bedeutung, daß zunächst *nur* A trifft: A und nicht auch B: $P_1 = 1/4$ mal 3/5; dann beide, wie im 1. Weg, $P_2 = 1/4$ mal 2/5, und dann noch B, aber nicht A: $P_3 = 2/5$ mal 3/4:

$P(A \cup B) = \frac{1}{4} \cdot \frac{3}{5} + \frac{1}{4} \cdot \frac{2}{5} + \frac{2}{5} \cdot \frac{3}{4} = \ldots = \frac{11}{20}$ wie eben, ✔

hier
– wie schon im
2. Weg –

mit Gegen-
Ereignissen!

Man könnte als 2. Variante auch über die *Gegenwahrscheinlichkeiten* so vorgehen: $A \cup B$ meint «Die Scheibe wird getroffen»; daher bedeutet $(A \cup B)' = A' \cap B'$ «Weder A noch B trifft, die Scheibe wird nicht getroffen.» Nun ist wie immer

$$P(A') = 1 - P(A) = 1 - \frac{1}{4} = \frac{3}{4}; \qquad P(B') = 1 - P(B) = 1 - \frac{2}{5} = \frac{3}{5};$$

nach der letzten Mengenformel ist auch hier der *Multiplikationssatz* zuständig:

$$P(A' \cap B') = P(A') \cdot P(B') = \frac{3}{4} \cdot \frac{3}{5} = \frac{9}{20};$$

und schließlich ergibt sich für das gesuchte Gegenereignis

$$P(A \cup B) = 1 - P((A \cup B)') = 1 - P(A' \cap B') = 1 - \frac{9}{20} = \frac{11}{20}, \text{ wie oben!}$$

Mit unseren Mitteln sind auch schon Fragen wie die folgende lösbar:

Beispiel 14:
Wie oft muß man schießen, ...

B Die Wahrscheinlichkeit, eine Zielscheibe mindestens einmal zu treffen, soll wenigstens 99 % werden. Wie oft (x mal) muß ein **Schütze**, der im Mittel jedes 2. Mal trifft, schießen?

Wir zerlegen wieder in Teilschritte:

T_1... «Er trifft bei einem Schuß», $P(T_1) = 1/2$,

natürlich ist dann schon

T_1'... «Er trifft nicht», $P(T_1') = 1 - P(T_1) = 1 - 1/2 = 1/2$.

Im Gegenereignis T' des gesuchten T wird x mal geschossen und die Scheibe dabei *jedesmal* verfehlt:

$$T' = T_1' \cap T_2' \cap ... \cap T_x';$$

dazu gehört nach dem Multiplikationssatz

$$P(T') = P(T_1') \cdot P(T_2') \cdot ... \cdot P(T_x') = 1/2 \cdot 1/2 \cdot ... \cdot 1/2 = (1/2)^x.$$

Soll aber in x Schüssen die Scheibe mindestens einmal getroffen werden (Ereignis T), ist wie üblich

$$P(T) = 1 - P(T') = 1 - (1/2)^x;$$

um eine
bestimmte
Sicherheit
zu erreichen?

dies soll ≥ 99 % sein:

$$1 - (1/2)^x \geq 0{,}99 \quad \Rightarrow \quad -(1/2)^x \geq -0{,}01 \quad \Rightarrow \quad (1/2)^x \leq 0{,}01 \qquad | \log!$$

$$x \log 1/2 \leq \log 0{,}01 \quad \Rightarrow \quad x \geq \frac{\log 0{,}01}{\log 1/2} = 6{,}64... \quad \Rightarrow$$

x = 7 (oder 8 oder ...) Mal ist zu schießen!

Sie erkennen die verwandte Fragestellung:

Beispiel 15:
eine
ähnliche Frage
bei
Ölbohrungen

B Die Wahrscheinlichkeit, daß eine **Ölbohrung** fündig wird (Ereignis F), soll wenigstens 50 % werden. Wie viele Bohrungen (x), von denen im Mittel jede 10. erfolgreich ist, sind nötig?

Analog setzt man daher an:

F_1 ... «Eine Bohrung ist fündig», $P(F_1) = 1/10$,

für das Gegenereignis F_1' ist wie immer:

$$P(F_1') = 1 - 1/10 = 9/10;$$

In x Bohrungen wird man *nicht* fündig, F':

$$F' = F_1' \cap F_2' \cap ... \cap F_x'; \qquad P(F') = (9/10)^x \quad \Rightarrow$$

gesuchtes Ereignis F:

$P(F) = 1 - P(F') = 1 - (9/10)^x$; dies ≥ 50 %!

$1 - (9/10)^x \geq 0{,}50 \Rightarrow (9/10)^x \leq 0{,}50 \Rightarrow x \log 9/10 \leq \log 0{,}50 \Rightarrow$

$x \geq \frac{\log 0{,}50}{\log 0{,}9} = 6{,}57...$

x = 7 (oder 8 ...) Mal muß gebohrt werden!

Ereignisbaum als grafische Planskizze

Für *zwei-* oder *mehrstufige* Zufallsversuche gibt es ein anschauliches und sehr übersichtliches Hilfsmittel, den ***Ereignisbaum***.

B **Beispiel 16: Ziehen *mit* und *ohne* Zurücklegen**

Bild 10: dazu

Denken wir uns fünf Buchstabenplättchen in einer Urne, Bild 10, aus der wir jeweils eines

a) mit Zurücklegen
b) ohne Zurücklegen

ziehen.

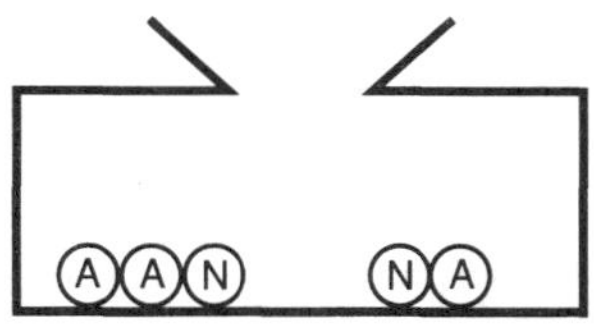

Insgesamt ziehen wir 2mal. Da 2 mal N und 3 mal A vorhanden sind, ist die Ergebnismenge jeweils

$\Omega = \{(A, A); (A, N); (N, A); (N, N)\}$.

Mit welcher Wahrscheinlichkeit ziehen wir „das Wort" AN?

Wenn zurückgelegt wird, ist nach dem 1. Zug – der *1. Stufe* – der Ausgangszustand wiederhergestellt, die Wahrscheinlichkeit für A ist in beiden Stufen 3/5,

$P_1(A) = P_2(A) = 3/5$,

für N ist sie 2/5.

Man schreibt diese Werte an die *Zweige*, die zu den Ereignissen führen. Dann sucht man den ***Pfad*** bzw. *Weg* durch den Baum, der zu AN gehört und liest dort 3/5 und 2/5 ab, Bild 11:

Bild 11: ein neues Hilfsmittel: der Ereignisbaum

Stufen und Pfade

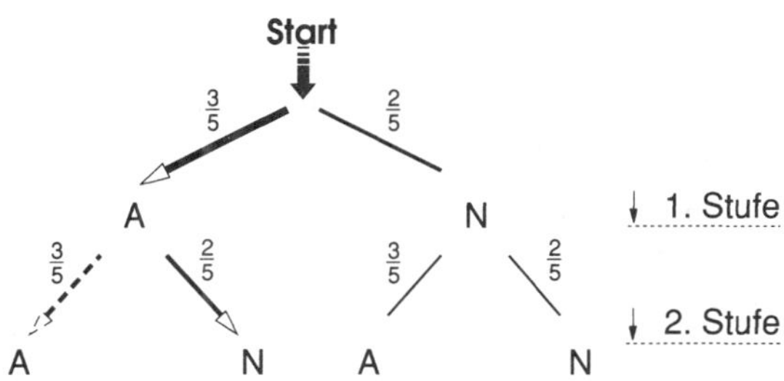

Da die Einzelereignisse unabhängig sind, ist nach dem *Multiplikationssatz I* nur zu multiplizieren:

$P(A, N) = P_1(A) \cdot P_2(N) = 3/5 \cdot 2/5 = 6/25 = 24$ %;

analog wäre etwa

$P(A, A) = P_1(A) \cdot P_2(A) = 3/5 \cdot 3/5 = 9/25 = 36$ % usw.

Will man die Wahrscheinlichkeit für das zusammengesetzte Ereignis E = „AN oder AA", so läuft man wie eben erst von oben nach unten durch den Baum, bestimmt die Wahrscheinlichkeiten für AN und für AA zu 24 % bzw. 36 % und wendet dann den *Additionssatz I* für die sicherlich *unvereinbaren* Ereignisse an:

$$P(E) = 24\,\% + 36\,\% = 60\,\%.$$

Obwohl hier nichts Neues geschieht, formuliert man gerne als

Satz 5: Pfadregeln

S

Pfadregeln:

1. **Entlang eines jeden Pfades werden die Einzelwahrscheinlichkeiten** ***multipliziert.***
2. **Von einem Pfadende zum anderen wird** ***addiert.***

abhängige Ereignisse

Ziehen wir *ohne* Zurücklegen, sind nach einem Zug nur noch 4 Plättchen in einer Urne; wird etwa A gezogen, sind für den 2. Zug nur mehr 2 von 3 A-Plättchen verfügbar, was $P_2(A) = 2/4$ bewirkt! Ebenso ist $P_2(N) = 1/4$, falls N im 1. Zug gezogen wird! Hier hängt also die Wahrscheinlichkeit für ein Ereignis in der 2. Stufe vom Ergebnis der 1. Stufe ab, es liegen *abhängige* Ereignisse vor.

bedingte WL

Man spricht hier in der 2. Stufe von ***bedingter*** Wahrscheinlichkeit und schreibt $P(N\,|\,A)$ oder $P_A(N)$ für $P_2(N)$, d. h., P für N unter der *Bedingung* oder Voraussetzung, daß A in der 1. Stufe eingetreten ist, gelesen etwa «P für N unter A».

Beispiel 17: wir legen wieder Wörter

Bild 12: dazu

B

Wir lesen ab, Bild 12:

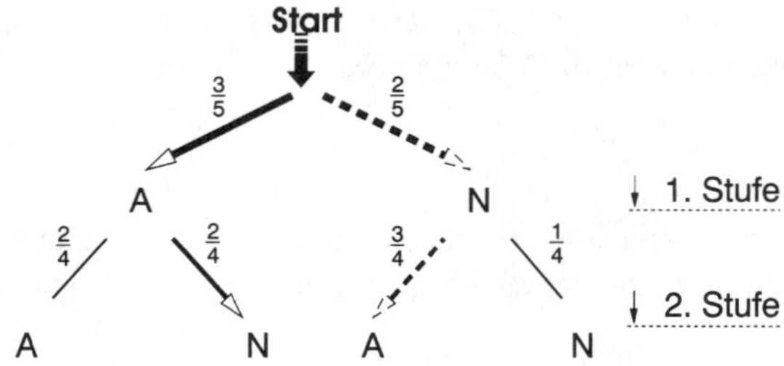

$$P(N\,|\,A) = 2/4, \quad P(N\,|\,N) = 1/4!$$

Setzen wir auch hier zusammen: F sei = „AN oder NA". Zunächst ist

$$P(A, N) = P_1(A) \cdot P(N\,|\,A) = 3/5 \cdot 2/4 = 6/20 = 30\,\%,$$

$$P(N, A) = P_1(N) \cdot P(A\,|\,N) = 2/5 \cdot 3/4 = 6/20 = 30\,\%;$$

Für das zusammengesetzte Ereignis F folgt so

$$P(F) = 30\,\% + 30\,\% = 60\,\%.$$

Im Fall a benötigt man keine *bedingte* Wahrscheinlichkeit, da dort nach dem ersten Zug der Ausgangszustand wiederhergestellt wird, also stets die Anfangswahrscheinlichkeiten gelten!

Ein „Grenzfall“ als Anwendung:

Beispiel 18: Anwendungen: beim Zoll,

Ein **Zollbeamter** wählt aus 9 Passierenden zufällig 2 zur Kontrolle aus. Im Mittel sind von 9 meist 7 Leute ehrlich. Mit welcher Wahrscheinlichkeit ertappt der Beamte gerade die beiden Schmuggler?

Wir zeichnen den Ereignisbaum neben das Urnenmodell, Bild 13, tragen die Einzelwahrscheinlichkeiten ein (Fall b, es wird niemand „zurückgelegt“, also nochmals geprüft) und erhalten

$$P(S, S) = P(S) \cdot P(S \mid S) = 2/9 \cdot 1/8 = 2/72 = 2{,}8\ \%.$$

Die Chancen stehen also nicht sehr gut; schafft es der Zöllner doch, ist er ein Kenner!

Bilder 13: dazu

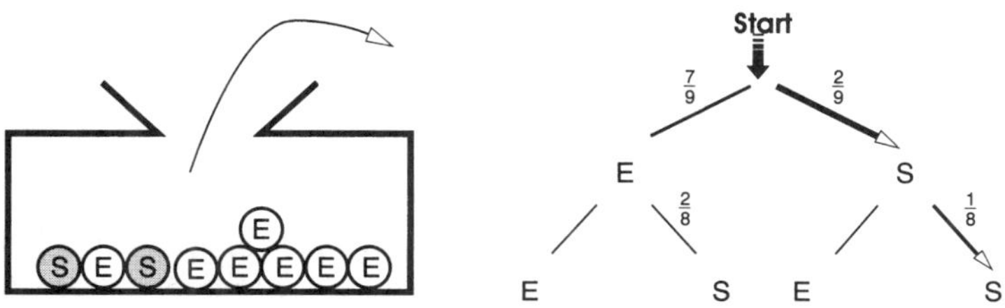

Beispiel 19: beim Glücksrad,

Das **Glücksrad** in Bild 14 wird zweimal gedreht. Wie groß ist die Wahrscheinlichkeit, daß beidemal dieselbe Zahl erscheint?

Bilder 14: dazu

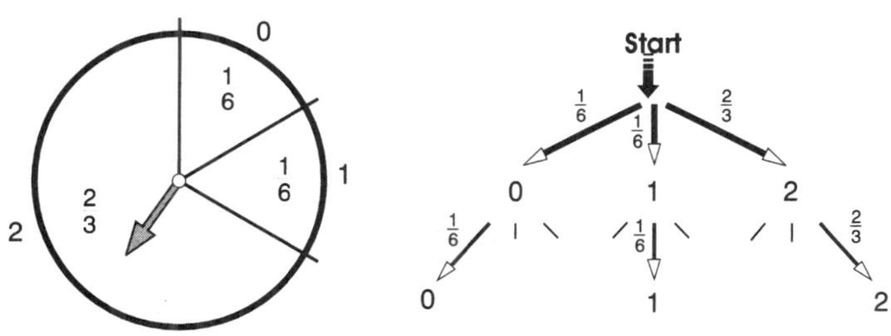

Die geometrische Wahrscheinlichkeit lesen wir aus dem Rad ab. Es handelt sich hier stets um unabhängige Versuche in allen Stufen, die Werte bleiben gleich! Wenden wir einfach die *Pfadregeln* an:

$$P(E) = \frac{1}{6} \cdot \frac{1}{6} + \frac{1}{6} \cdot \frac{1}{6} + \frac{2}{3} \cdot \frac{2}{3} = \frac{1}{2} = 0{,}5 = 50\ \%$$

Beispiel 20: Vereinsstatistik

In einem Verein sind 200 Mitglieder, die durch die Tabelle sortiert sind. Eine Person wird zufällig ausgewählt.

a) Wir suchen P(S), P(S | M), P(F), P(F | S). Was fällt auf?

b) Jetzt interessiert noch P(N), P(F | N), (N ∩ F). Was fällt hier auf?

Tabelle dazu

	Frauen F	Männer M	
Sportler S	51	63	
Nichtsp. N	38	48	
			200

Tabelle ergänzen

Zuerst ergänzen wir die Tabelle, indem wir die Zeilen- und Spaltenzahlen addieren:

	Frauen F	Männer M	
Sportler S	51	63	114
Nichtsp. N	38	48	86
	89	111	200

Damit sind die relativen Anteile bekannt, also die *günstigen Fälle* unter allen 200:

$$P(S) = \frac{114}{200} = 57\ \% \qquad P(F) = \frac{89}{200} = 44{,}5\ \%\,.$$

unabhängige Ereignisse

oder doch fast ...?

Zählt man aber die Sportler, wenn man schon weiß, daß es Männer sein sollen, sind es eben 63 von 111 (*bedingte* WL.)! Ganz ebenso ist es mit den weiblichen Sportlern:

$$P(S\,|\,M) = \frac{63}{111} = 56{,}8\ \% \qquad P(F\,|\,S) = \frac{51}{114} = 44{,}7\ \%\,.$$

Die Werte sind fast dieselben: Die Ereignisse S und M bzw. F und S sind zwar nicht ganz, aber eben *fast unabhängig* voneinander!

sportliche Frauen oder weibliche Sportler?

Beachten Sie noch folgende Feinheit: Zwar sind die „weiblichen Sportler" (F | S) im Verein *dieselbe Gruppe* wie die „sportlichen Frauen" (S | F), eben 51 an der Zahl, doch macht es einen Unterschied, ob man nach P(F | S) oder nach P(S | F) fragt, weil die *Grundmengen* verschieden sind: einmal sind es 114 S, das anderemal aber 89 F!

Die Fragen b beantworten wir rasch durch Aufsuchen der entsprechenden Zahlen:

$$P(N) = \frac{86}{200} = 43\ \% \qquad P(F\,|\,N) = \frac{38}{86} = 44{,}2\ \%$$

Multipl.satz

$$P(N \cap F) = \frac{38}{200} = 19\ \% = \text{(kürzen:)}\ \frac{86}{200}\cdot\frac{38}{86} = P(N)\cdot P(F|N)\,!$$

und erkennen nach zweimaligem Hinsehen, daß der Multiplikationssatz erfüllt ist!

Beachten Sie das fehlende Licht, es ist im folgenden Beispiel wesentlich:

B

Beispiel 21: die Sockenaufgabe

In einem dunklen Gang liegen in einer Kommode einzeln 4 schwarze, 6 graue und 2 rote **Socken**. Man zieht *in einem* bzw. *auf einen Griff* 2 Socken, Bild 15. Mit welcher Wahrscheinlichkeit sind sie von gleicher Farbe?

Wir führen einen 2stufigen Zufallsversuch ohne Zurücklegen durch, haben also ganz wie im letzten Beispiel anzusetzen (Bitte versuchen Sie übungshalber, ohne Taschenrechner auszukommen und die Bruchrechenregeln anzuwenden):

$$P(E) = \frac{4}{12}\cdot\frac{3}{11} + \frac{6}{12}\cdot\frac{5}{11} + \frac{2}{12}\cdot\frac{1}{11} = \ldots = \frac{44}{12\cdot 11} = \frac{1}{3} \approx 33\ \%$$

Bilder 15: dazu

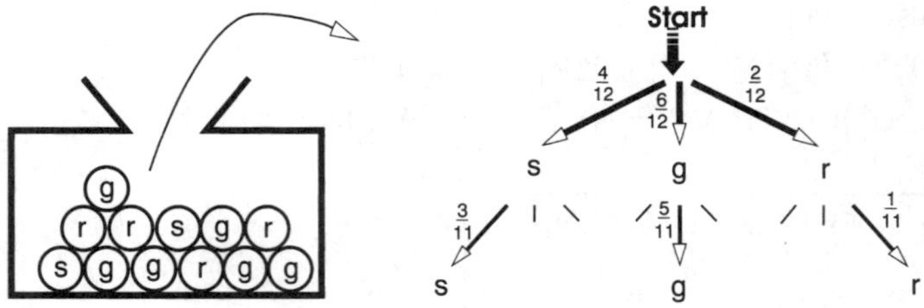

Nun betrachten wir einen Ereignisbaum für einen *drei*stufigen Zufallsversuch und wenden uns den Fußballern zu!

B

Beispiel 22: Nur *ein* Ball darf ins Tor!

Drei Stürmer S_i schießen im **Fußballtraining** aus 20 m Entfernung gleichzeitig aufs (leere) Tor; sie treffen im Mittel einzeln in 1 von 3 (S_1), 1 von 4 (S_2), 3 von 7 (S_3) Schüssen. Mit welcher Wahrscheinlichkeit liegt nach dem nächsten Probesturmlauf *genau ein* Ball im Tornetz?

Hier ist unser Graph schon eher ein „Baum"; die Wahrscheinlichkeitswerte tragen wir wie immer ein und können, nachdem die drei Pfade gefunden sind, vgl. Bild 16, schon setzen:

$$P(E) = \frac{1}{3} \cdot \frac{3}{4} \cdot \frac{4}{7} + \frac{2}{3} \cdot \frac{1}{4} \cdot \frac{4}{7} + \frac{2}{3} \cdot \frac{3}{4} \cdot \frac{3}{7} = \ldots = \frac{38}{84} = 45\,\%.$$

Bild 16: dazu

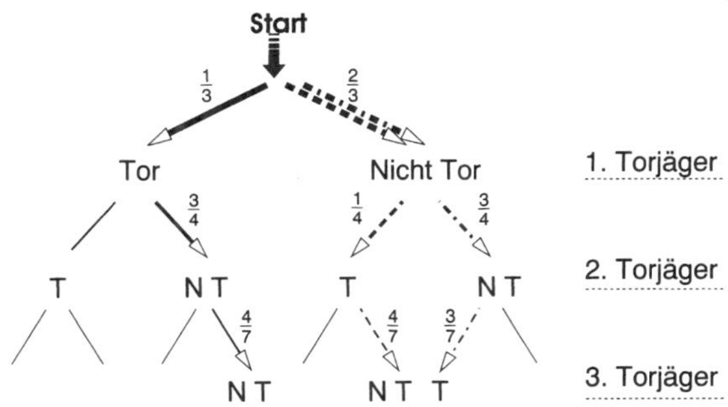

Konkrete Vorgänge wie die bisher besprochenen sind natürlich „farbiger", prägen sich besser ein. Für die *logische* Gliederung ist es aber günstiger, vom Inhalt abzusehen und sich auf die Form zu konzentrieren:

B

Beispiel 23: ein wenig Logik

A, B, C seien drei unabhängige Ereignisse mit p(A) = 3/4, p(B) = 2/3 und p(C) = 1/2. Wir versuchen, die folgenden Wahrscheinlichkeiten zu berechnen, vgl. Bild 17:

a) Kein Ereignis tritt ein.
b) Mindestens ein Ereignis tritt ein.
c) Alle drei Ereignisse treten ein.
d) Höchstens zwei Ereignisse treten ein.
e) Genau ein Ereignis tritt ein.

Bild 17: dazu

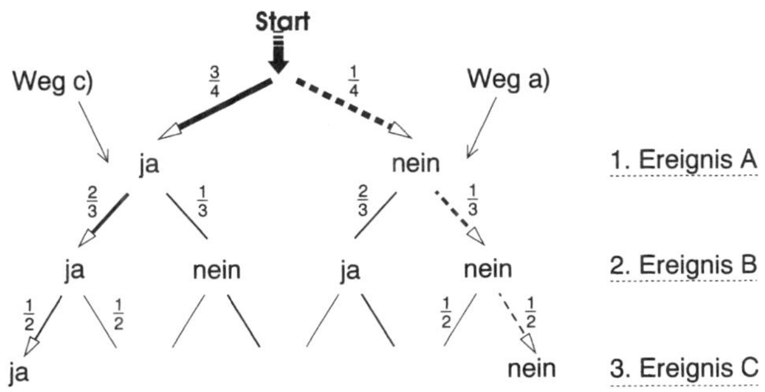

Welches ist das Gegenereignis?

Die ersten vier Fälle sind nicht schwierig: Am schnellsten hat man c, d ist schon das Gegenereignis; ähnlich kommt man zu a, b ist wieder das Gegenereignis.

Beginnen wir mit a, dort brauchen wir die Wahrscheinlichkeiten der Gegenereignisse A', B' und C' von A, B und C; sie sind natürlich wie immer in $1 - p_i$, also 1/4, 1/3 und 1/2 gefunden:

Immer brav den Pfadregeln folgen!

a) $P(A' \cap B' \cap C') = \frac{1}{4} \cdot \frac{1}{3} \cdot \frac{1}{2} = \frac{1}{24}$;

b) Gegenereignis: $P_b = 1 - \frac{1}{24} = \frac{23}{24}$;

c) $P(A \cap B \cap C) = \frac{3}{4} \cdot \frac{2}{3} \cdot \frac{1}{2} = \frac{1}{4}$;

d) Gegenereignis: $P_d = 1 - \frac{1}{4} = \frac{3}{4}$;

Der Fall e wurde von den Fußballern (s. o.) aufbereitet! Danach gilt:

e) $P_e = P((A, B', C')) + P((A', B, C')) + P((A', B', C)) =$

$$= \frac{3}{4} \cdot \frac{1}{3} \cdot \frac{1}{2} + \frac{1}{4} \cdot \frac{2}{3} \cdot \frac{1}{2} + \frac{1}{4} \cdot \frac{1}{3} \cdot \frac{1}{2} = \frac{3+2+1}{24} = \frac{1}{4}.$$

In vielen Beispielen waren zuletzt die Versuche der 2. Stufe *abhängig* vom Ausfall der 1. Stufe: je nachdem, was dort passiert war, ergaben sich verschiedene Wahrscheinlichkeitswerte! Wurde etwa der Buchstabe N schon beim 1. Mal gezogen – und dann nicht zurückgelegt – änderte dies natürlich die Wahrscheinlichkeit, ihn auch beim 2. Mal zu ziehen. Mit der Schreibweise $P(B \mid A)$ für diese durch das Eintreten des Ereignisses A im 1. Zug ***bedingte Wahrscheinlichkeit*** für B im 2. Zug können wir festhalten:

Satz 6: Erweiterung des Multiplikationssatzes I

S

Multiplikationssatz II für abhängige **Ereignisse**

Für Ereignisse A, B, deren Eintreten die Wahrscheinlichkeit des anderen beeinflußt, gilt:

$$\mathbf{P(A \cap B) = P(A) \cdot P(B \mid A)}$$

Wir wenden diese Schreibweise gleich an:

Beispiel 24: defekte Kurbelwellen

B

In einer **Fabrik** werden Kurbelwellen verarbeitet. Man bezieht sie von 3 Zulieferern im Verhältnis 40 : 35 : 25. Erfahrungsgemäß liefert der 1. Betrieb 2 % der Teile defekt, beim 2. Lieferanten sind es 3 %, und vom 3. Zulieferer muß man 5 % beanstanden. Mit welcher Wahrscheinlichkeit ist ein zufällig aus der Gesamtlieferung gezogenes Stück defekt?

totale WL

Man spricht von der ***totalen Wahrscheinlichkeit*** für ein defektes Teil. Das gesuchte Ereignis **D** (**d**efektes Teil) ist auf drei Pfaden erreichbar, Bild 18. Auf jedem können wir nach unserem Satz schreiben:

$$P(B_i \cap D) = P(B_i) \cdot P(D \mid B_i),$$

wobei B_i den i-ten Betrieb bezeichnet; die 2. Pfadregel sagt dann schon

$$P(D) = P(B_1 \cap D) + P(B_2 \cap D) + P(B_3 \cap D) =$$
$$P(B_1) \cdot P(D \mid B_1) + P(B_2) \cdot P(D \mid B_2) + P(B_3) \cdot P(D \mid B_3) = (\Sigma\, P(B_i) \cdot P(D \mid B_i)) =$$
$$0{,}40 \cdot 0{,}02 + 0{,}35 \cdot 0{,}03 + 0{,}25 \cdot 0{,}05 = 0{,}031 = 3{,}1\ \%.$$

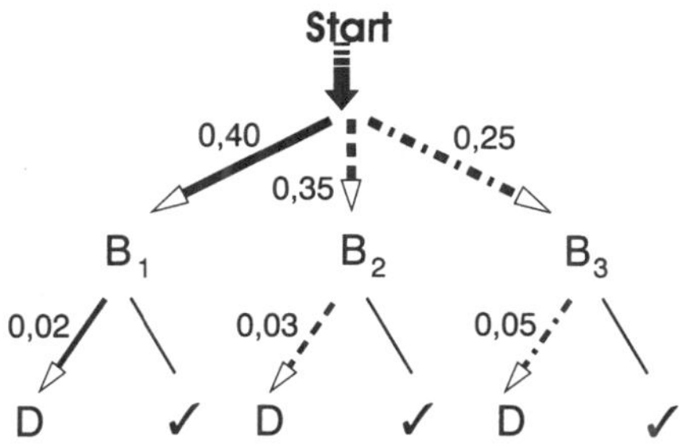

(✔ bedeutet: Teile sind in Ordnung)

Bild 18: dazu

Nun stellt man häufig eine Art „Umkehrfrage": *Wenn* ein solches Stück gezogen und als *defekt* erkannt wurde, mit welcher Wahrscheinlichkeit stammt es dann von dem Betrieb 1 (oder 2 bzw. 3)?

auf welchem Weg trat ein Ereignis ein?

Man kann so überlegen: Von den 3 Wegen zu D liegt der 1. Betrieb nur auf *einem* Weg, er ist der „günstige" (für unsere Frage). Also muß schon gelten:

günstiger Pfad und

$$P(B_1|D) = \frac{\text{WL. des günstigen Weges über } B_1}{\text{totale WL. für D}} =$$

$$\frac{P(B_1 \cap D)}{P(D)} = \frac{P(B_1) \cdot P(D|B_1)}{\sum_{i=1}^{n} P(B_i) \cdot P(D|B_i)}$$

In unserem Beispiel hatten wir

$$P(B_1|D) = \frac{0{,}40 \cdot 0{,}02}{0{,}031} = 0{,}258 \approx 26\ \%.$$

Diese Tatsache wird allgemein benannt als

S

Satz 7: von Bayes

Satz von Thomas BAYES

Ist ein Ereignis D auf zwei oder mehreren Wegen über Ereignisse B_i erreichbar und tritt es ein, so ist die Wahrscheinlichkeit, daß es über B_i eintritt

$$P(B_i | D) = \frac{P(B_i \cap D)}{P(D)} = \frac{P(B_i) \cdot P(D | B_i)}{\sum_{i=1}^{n} P(B_i) \cdot P(D | B_i)}$$

Es folgen typische **Bayes**-Anwendungen: Den Anfang soll eine Aufgabe bilden, die man Teilnehmern eines WL-Seminars am Morgen stellen kann; man findet sie in einigen Büchern über Wahrscheinlichkeit:

B

Beispiel 25: amerikanisches Frühstück

Eine internationale Tagung wird zu 40 % von Amerikanern beschickt. Von ihnen weiß man, daß jeder 8. zum Frühstück Tomatensaft trinkt, während nur jeder 80. Nicht-Amerikaner dies tut. Nun trifft man morgens an einem zufällig gewählten Tisch jemand, der Tomatensaft trinkt. Mit welcher Wahrscheinlichkeit ist er Amerikaner?

Die Daten werden zunächst in einen E-baum eingetragen, Bild 19:

Bild 19: dazu

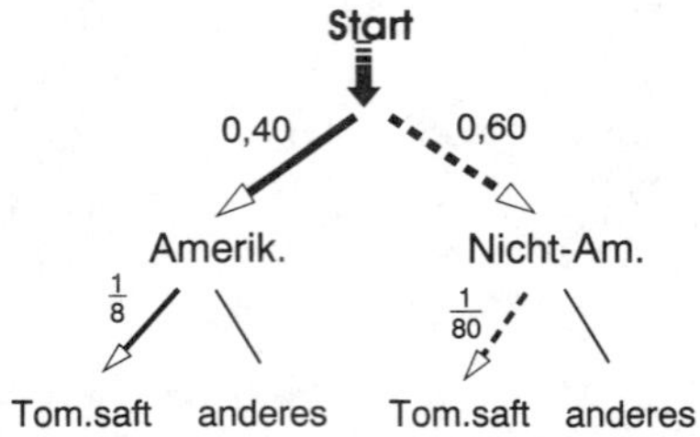

Dann berechnen wir die im Nenner der Bayes-Formel stehende totale WL.:

$$P(T) = P(A) \cdot P(T|A) + P(NA) \cdot P(T|NA) = 0{,}40 \cdot 1/8 + 0{,}60 \cdot 1/80 = 0{,}0575$$

$$P(A|T) = \frac{P(A) \cdot P(T|A)}{P(T)} = \frac{0{,}40 \cdot 1/8}{0{,}0575} = 87\,\%\,.$$

Beispiel 26: **Klassenarbeit-Statistik**

B In einer Schulklasse mit 10 Mädchen und 15 Jungen wird eine **Klassenarbeit** in Mathematik (Schularbeit, Prüfung) geschrieben.

a) Im Mittel erreichen 6 % der Mädchen und 8 % der Jungen die Bestnote. Mit welcher Wahrscheinlichkeit stammt eine vorliegende Arbeit mit Bestnote von einem Mädchen?

b) Von den Mädchen weiß man weiter, daß nur 4 % im Mittel die schlechteste Note erhalten, von den Jungen sind es 9 %. Mit welcher Wahrscheinlichkeit stammt eine Arbeit mit schlechtester Note von einem Jungen?

Wir legen einen verkürzten Ereignisbaum nach Bild 20 an, wobei als Abkürzungen vereinbart sei:

M ... Mädchenarbeit, J ... Jungenarbeit
S ... Arbeit mit Bestnote (Sehr gut)
N ... Arbeit mit schlechtester Note (Nicht genügend)

Bild 20: dazu

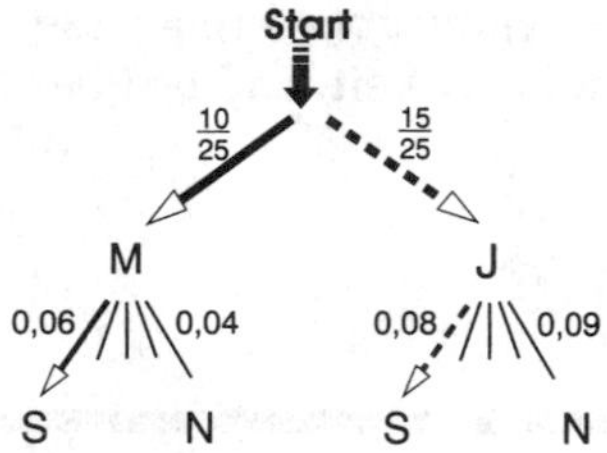

Vorgehen:
1. Nenner berechnen
2. Bayes-Formel ansetzen

Die totale Wahrscheinlichkeit ist nach den Pfadregeln 1 und 2:

a) $P(S) = ... = \frac{10}{25} \cdot 0{,}06 + \frac{15}{25} \cdot 0{,}08 = 0{,}072$

dies setzen wir in die Bayes-Formel ein:

$$P(M|S) = \frac{P(M) \cdot P(S|M)}{P(S)} = \frac{10/25 \cdot 0{,}06}{0{,}072} = 0{,}333 = 33{,}3\,\%;$$

b) $P(N) = ... = \frac{10}{25} \cdot 0{,}04 + \frac{15}{25} \cdot 0{,}09 = 0{,}07 = 0{,}07$ und wie in a:

$$P(J|N) = \frac{P(J) \cdot P(N|J)}{P(N)} = \frac{15/25 \cdot 0{,}09}{0{,}07} = 0{,}771 = 77{,}1\,\%.$$

Wir mischen uns unter die Förster:

In einem **Mischwald** mit einer Gesamtstammzahl von 5000 gehören 1150 der Holzart A, 3420 der Holzart B, der Rest der Holzart C an. 35 % der Stämme der Holzart A, 30 % der Holzart B und 40 % der von C weisen Stammfäuleschäden auf.

B **Beispiel 27:** **Stammfäule-Statistik**

a) Wie groß ist die Wahrscheinlichkeit für Stammfäule (Ereignis F)?

b) Wie groß ist die Wahrscheinlichkeit, daß ein zufällig gewählter, als faul erkannter Stamm der Holzart A angehört?

In Bild 21 tragen wir die Daten der Angabe ein und finden:

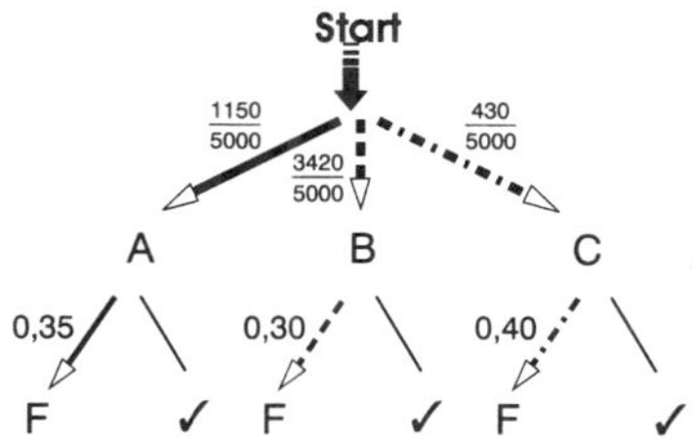

Bild 21: **dazu**

a) $P(F) = ... = \frac{1150}{5000} \cdot 0{,}35 + \frac{3420}{5000} \cdot 0{,}30 + \frac{430}{5000} \cdot 0{,}40 \approx 0{,}32 = 32\ \%;$

b) $P(A\,|\,F) = \frac{P(A) \cdot P(F\,|\,A)}{P(F)} = \frac{1150/5000 \cdot 0{,}35}{0{,}32} \approx 0{,}25 = 25\ \%.$

Auch in der *Qualitätskontrolle* geht man analog vor:

Bei der **Schlußkontrolle** von **CD-Playern** werden 94 % der sich später als mangelhaft erweisenden Geräte als defekt erkannt, aber auch 4 % der einwandfreien Geräte werden beanstandet. Mit welcher Wahrscheinlichkeit ist ein als defekt eingestuftes Gerät in der Praxis dann wirklich mangelhaft, wenn im Mittel 8 % aller Einheiten dieser Sorte irgendeinen Mangel aufweisen?

B **Beispiel 28:** **Qualitäts-kontrolle**

G (gut) ... einwandfreie Geräte; es ist $P(G) = 1 - 0{,}08 = 0{,}92$

S (schlecht) ... mangelhafte Geräte; $P(S) = 0{,}08$

M (mangelhaft) ... Test zeigt Mangel an

Wieder tragen wir die Werte in einen Baum nach Bild 22 ein:

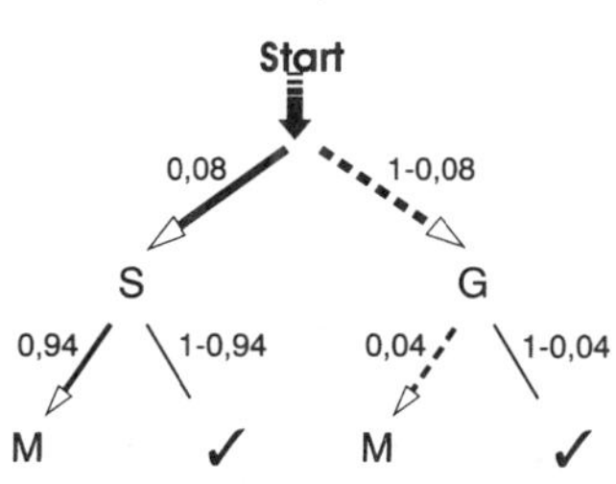

Bild 22: **dazu**

Totale WL., diesmal wieder ausführlich:

$P(M) = P(S) \cdot P(M\,|\,S) + P(G) \cdot P(M\,|\,G) = 0{,}08 \cdot 0{,}94 + 0{,}92 \cdot 0{,}04 = 0{,}112.$

Bayes-Formel:

$$P(S|M) = \frac{P(S) \cdot P(M|S)}{P(M)} = \frac{0{,}08 \cdot 0{,}94}{0{,}112} = 0{,}671 = 67\ \%$$

Wir könnten konkret für 5000 Geräte so überlegen:

die Überraschung ist perfekt!

Die 8 % mangelhaften Geräte sind 400 Stück; davon werden 94 % entdeckt, d. s. 376. Von den guten werden 4 % verdächtigt, also 184 Stück. Somit sind 376 + 184 = 560 insgesamt möglicherweise defekt, die gesuchte Wahrscheinlichkeit beläuft sich daher auf 376/560 = 0,671, wie gefunden! ✓

Hätten Sie gedacht, daß es auch im MEDIZINISCHEN Bereich Anwendungen gibt?

Beispiel 29: Krebstest

B

Wir nehmen an, es gäbe einen **Krebstest** mit P(Pos|K) = P(Neg|G) = 0,95, wobei K das Ereignis sei, daß eine getestete Person tatsächlich Krebs hat und G für gesund steht; Pos bezeichnet das Ereignis, der Test verdächtigt die Person als krebskrank (Test positiv), Neg meint das Gegenteil. Weiter sei im Mittel nur jede 200. Person krebskrank, P(K) = 0,005. Wie groß ist die Wahrscheinlichkeit P(K|Pos), daß eine durch den Test als krebskrank ausgewiesene Person tatsächlich Krebs hat?

Bild 23 trägt wieder die genannten Werte, die Ereignisnamen sind schon erklärt, somit gewinnen wir rasch als Resultat:

Bild 23: dazu

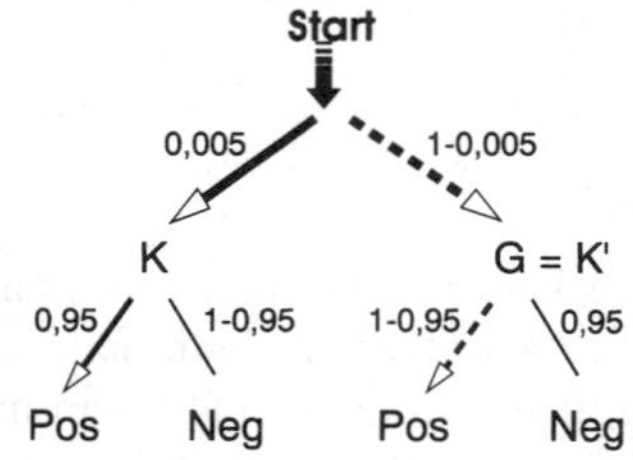

Totale WL:

$$P(Pos) = P(K) \cdot P(Pos|K) + P(G) \cdot P(Pos|G) = 0{,}005 \cdot 0{,}95 + 0{,}995 \cdot 0{,}05 = 0{,}0545;$$

Bayes:

$$P(K|Pos) = \frac{P(K) \cdot P(Pos|K)}{P(Pos)} = \frac{0{,}005 \cdot 0{,}95}{0{,}0545} = 0{,}087 \approx 8{,}7\ \%.$$

Interpretation

Interpretation der Lösung:

Erklärung des scheinbar paradoxen Ergebnisses

Es sind also nur 8,7 % der Personen, bei denen der Krebstest positiv ausfällt, tatsächlich krebskrank! Andererseits ist der Test zuverlässig, da er 95 % der Krebskranken als solche bezeichnet. Diese scheinbare Diskrepanz ergibt sich aus der Tatsache, daß „nur" $\frac{1}{2}$ % der getesteten Personen tatsächlich Krebs hat. Eine konkrete Überlegung wie eben bei den CD-Playern würde zeigen, daß die vielen *Gesunden* an diesem überraschenden Ergebnis „schuld" sind!

Krankheit und Symptom

Statt konkrete Tests anzuwenden, wie eben diskutiert, wird in der medizinischen Praxis häufig aus bestimmten **Symptomen** auf eine **Krankheit** geschlossen. Ist S ein solches Symptom, dann muß man viele Fälle gesammelt und aus ihnen die Wahrscheinlichkeit $P(S \mid K_i)$ geschätzt haben, d. h., daß bei einer bestimmten Krankheit K_i auch tatsächlich S auftritt. Kennt man für einige Krankheiten diese Werte, so liefert

$$P(S) = P(K_1) \cdot P(S \mid K_1) + P(K_2) \cdot P(S \mid K_2) + \ldots$$

die totale Wahrscheinlichkeit für S, und der *Satz von Bayes* erlaubt, daraus auf die Wahrscheinlichkeit zu schließen, mit der bei Auftreten von S tatsächlich die Krankheit K_i vorliegt:

$$P(K_i \mid S) = \frac{P(K_i) \cdot P(S \mid K_i)}{P(S)},$$

was von (theoretisch arbeitenden) Ärzten auch in dieser Form geschätzt wird!

Ende des 24. Kapitels

Übungsaufgaben

1. Wie groß ist die Wahrscheinlichkeit, mit 2 Würfeln auf einen Wurf
   a) zwei Fünfer, b) mindestens einen Fünfer,
   c) keinen Fünfer, d) höchstens einen Fünfer,
   e) die Augensumme 3, f) nicht das Augenprodukt 6 zu bekommen?

2. Es wird mit 2 Würfeln gewürfelt und auf die Augensumme gewettet. Bei welcher Zahl hat man die größte Chance, zu gewinnen?

3. Wie groß ist die Wahrscheinlichkeit, mit 3 Würfeln in einem Wurf eine Augensumme von höchstens 5 Punkten zu erzielen?

4. Sie kennen vermutlich das *Roulette-Spiel:* Eine umlaufende Kugel bleibt in einem von 37 Feldern 0, 1, 2, ..., 36 einer Drehscheibe stehen, und dies mit gleicher Wahrscheinlichkeit 1/37 (Modell: Glücksrad mit 37 gleich breiten Sektoren).
   So gibt es u.a. folgende Zahlengruppierungen:
   a) Pleine (auf eine bestimmte Zahl wird gesetzt, z.B. 19)
   b) Carré (vier benachbarte Zahlen im Quadrat, z.B. 28, 29, 31, 32)
   c) Premier (erstes Dutzend: 1 bis 12)
   d) Manque (erste 18 Zahlen 1, 2, ..., 18)
   e) Pair (alle 18 geraden Zahlen 2, 4, ..., 36)
   Welche Gewinnwahrscheinlichkeit besteht jeweils?

5. Bei einer Prüfung sind 25 % der Kandidaten in Physik, 15 % in Chemie und 10 % in Physik und Chemie durchgefallen. Einer der Kandidaten wird zufällig ausgewählt und befragt. Wie groß ist die Wahrscheinlichkeit, daß er in Physik oder Chemie durchfiel?

6. Wie wahrscheinlich ist es,
   a) in 4 Würfen mit 1 Würfel (bzw. einmaligem Werfen von 4 Würfeln) mind. einmal die Sechs zu erreichen? (Das war lange Zeit eine beliebte Glücksspielregel; trat die Sechs auf, hatte der Spieler verloren.)
   b) in 24 Würfen mit 2 Würfeln mind. einmal die Doppelsechs zu erzielen?

7. Drei Schützen A, B, C treffen unabhängig voneinander eine fliegende Tontaube mit den Wahrscheinlichkeiten 1/2, 2/3, 3/4. Eine Taube fliegt vorbei, und die Schützen schießen gleichzeitig. Wie groß ist die Wahrscheinlichkeit, daß die Taube getroffen wird?

8. Wie viele Kinder müssen in einer Familie sein, damit die Wahrscheinlichkeit dafür, mindestens ein Sonntagskind zu haben, größer als 1/2 wird? [Denken Sie an die Ölbohrungen von Bsp. 15. Seien Sie vorsichtig beim Multiplizieren einer Ungleichung!]

9. Im Roulette beträgt die Gewinnwahrscheinlichkeit für eine bestimmte Zahl [z.B. 19] 1/37. Wie oft muß man mindestens spielen – und dabei auf diese Zahl [19] setzen –, damit die Wahrscheinlichkeit, wenigstens einmal zu gewinnen, größer als 95 (bzw. 90) % wird?

10. Lösen Sie Beispiel 12 – auf die 4. mögliche Art – mit Hilfe eines Ereignisbaums!

11. Drei Urnen enthalten jeweils 10 Kugeln, davon sind der Reihe nach 3, 4, 5 weiß, die übrigen sind rot. Eine Urne wird zufallsartig gewählt, dann
   a) wird daraus *eine* Kugel gezogen. Mit welcher Wahrscheinlichkeit ist sie weiß?
   b) werden daraus *zwei* Kugeln in einem gezogen. Mit welcher Wahrscheinlichkeit sind beide rot? (Ereignisbaum!)

12. Eine Urne enthält 5 rote, 4 blaue, 3 schwarze Kugeln. Mit welcher Wahrscheinlichkeit zieht man in einem Griff (d. h. ohne Zurücklegen) *drei* gleichfarbige Kugeln?

13. Aus einer Urne mit 6 weißen und 4 roten Bällen zieht man, ohne zurückzulegen. Mit welcher Wahrscheinlichkeit erscheint der erste rote Ball beim i-ten Zug (i = 1, 2, 3, 4)? Geben Sie die Antworten anhand eines Ereignisbaums.

14. Wie viele Rosinen muß man in einen Teig für 10 Brötchen (Weckerl) geben, damit jedes mit über 95 %iger Wahrscheinlichkeit mindestens 1 Rosine enthält? Natürlich müssen wir gutes Mischen voraussetzen, um die zufällige Verteilung zu gewährleisten.

   Als *Modell* dafür eignet sich die Vorstellung, Rosinen würden einzeln – zufällig! – auf ein Backblech geworfen, auf dem 10 Teigportionen schön säuberlich aufgereiht sind, (Bild), so daß die Wahrscheinlichkeit, unsere Rosine auf ein bestimmtes Zielbrötchen zu schießen, gerade $P(R_1) = 1/10$ ausmacht.

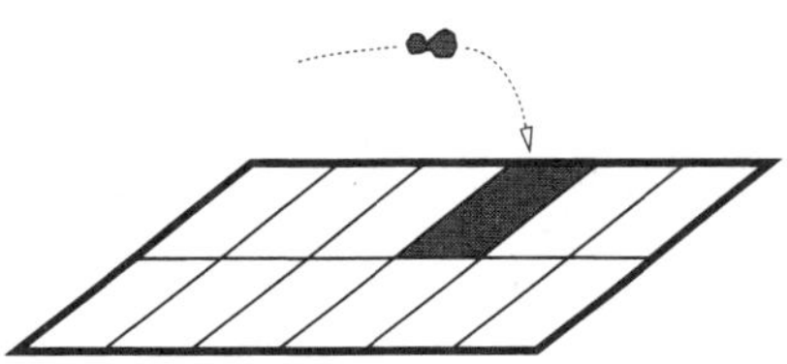

15. Zeigen Sie: Ist ein Ereignis A unabhängig von B, P(A | B) = P(A), so ist auch umgekehrt B unabhängig von A, d. h., P(B | A) = P(B)!

16. Eine Fahrradfabrik bezieht 70 % der benötigten Ketten von einer Zulieferfirma A, die zu 98 % tadellose Ware liefert und 30 % von einer anderen B, bei der im Mittel 4 % zu beanstanden sind (aber sie ist billiger). Nun ist eine zufällig aus dem Lager genommene Kette
   a) tadellos; mit welcher Wahrscheinlichkeit stammt sie von Firma A?
   b) mangelhaft; mit welcher Wahrscheinlichkeit stammt sie von Firma B?

17. Ein Warenhaus bezieht Jeans von drei verschiedenen Betrieben. Von 2000 Stück stammen 800 vom Betrieb B_1, 700 vom Betrieb B_2 und der Rest vom Betrieb B_3. Statistische Untersuchungen haben ergeben, daß Erzeugnisse vom 1. Betrieb mit einer Wahrscheinlichkeit von 2 %, vom 2. mit 3 % und vom 3. Betrieb mit 5 % fehlerhaft sind.
   a) Wieviel Stück der gelieferten Jeans sind fehlerhaft?
   b) Mit welcher Wahrscheinlichkeit stammt ein fehlerhaftes Stück vom 2. Betrieb?

18. Für einen Tuberkulose (Tbc-) Test gelte P(Pos|K) = 90 %, P(Neg|G) = 99 % mit denselben Bezeichnungen wie im Text beim Krebstest. Mit welcher Wahrscheinlichkeit hat eine durch den Test als krank bezeichnete Person tatsächlich Tbc, wenn im Mittel nur jede 1000. Person Tbc hat?

Zu den Lösungen

↓ Raum für Ihre Notizen ↓

Lösungen

1. a) $P = 1/6 \cdot 1/6 = 1/36$
   b) $P' = P_c = 5/6 \cdot 5/6 = 25/36 \Rightarrow P = 1 - 25/36 = 11/36$
   c) $P = 25/36$
   d) $P' = P_a = 1/36 \Rightarrow P = 1 - 1/36 = 35/36$
   e) $E = \{(1, 2); (2, 1)\} \Rightarrow P = 1/6 \cdot 1/6 + 1/6 \cdot 1/6 = 2/36 = 1/18$
   f) $E' = \{(1, 6); (2, 3); (3, 2); (6, 1)\} \Rightarrow P' = 4 \cdot 1/36 = 1/9 \Rightarrow P = 1 - 1/9 = 8/9$

2. Bei 7. Denn hier gibt es 6 günstige Fälle, {1, 6}, {2, 5}, ..., {6, 1}, mit P({Augensumme 7}) = 6/36 = 1/6. Für andere Zahlen gibt es nur $m < 6$ günstige Fälle.

3. Die Minimalsumme ist 3, und es gibt nur einen dafür günstigen Ausfall, nämlich {1,1,1}. Zur Augensumme 4 gibt es 3 günstige Fälle {2,1,1}, {1,2,1}, {1,1,2}, und zu 5 gehören 6 derartige Ausfälle {3,1,1}, ..., {1,1,3}. Damit ergibt sich für die Zahl der insgesamt günstigen Fälle $g = 1+3+6 = 10$; wegen $m = 6 \cdot 6 \cdot 6 = 216$ ist dann $P = 10/216 = 0{,}0463$.

4. Wir verwenden die Laplace-Formel:
   Bei a ist nur 1 Ereignis *günstig*, 37 sind *möglich*: daher ist $P_a = 1/37$.
   Bei b gibt es 4 günstige Fälle: $P_b = 4/37$.
   Entsprechend sind $P_c = 12/37$, $P_d = P_e = 18/37$.
   Der Gewinn? Bei $P = g/37$ wird 36/g-facher Einsatz ausbezahlt: Die Bank muß auch leben!

5. $P(Ph \cup Ch) = P(Ph) + P(Ch) - P(Ph \cap Ch) = 25\,\% + 15\,\% - 10\,\% = 30\,\%$
   Oder einzeln nach Skizze 15 % + 10 % + 5 % = 30 %, wobei die Quoten 15 % für *nur* in Ph, 5 % für *nur* in Ch direkt ablesbar sind.

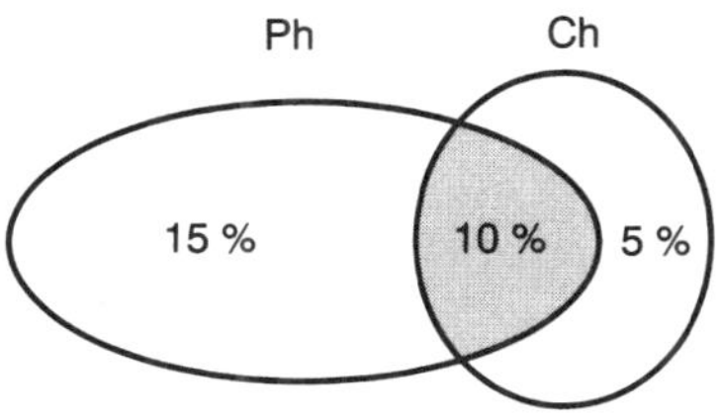

6. a) Gegenereignis zu {mindestens eine Sechs} ist E = {niemals eine Sechs}, also
   $E = S_1' \cap S_2' \cap S_3' \cap S_4'$ (weder beim 1., noch 2. bis 4. Mal).
   Nun ist $P(S) = 1/6$, $P(S') = 1 - P(S) = 1 - 1/6 = 5/6$; es folgt
   $P(E) = P(S_1') \cdot P(S_2') \cdot P(S_3') \cdot P(S_4') = (5/6)^4 = 625/1296 = 0{,}482$;
   von E nehmen wir das Gegenereignis E' und sind am Ziel:
   $P(E') = P(\{\text{mindestens eine Sechs}\}) = 1 - P(E) = 1 - (5/6)^4 = 0{,}518$.
   Im Mittel wird der Spieler also öfter *verlieren*; was hatten Sie erwartet?

   b) Auf den ersten Blick ist wohl Gleichheit zu vermuten: Man hat in 24 von 36 Fällen die Möglichkeit für {6, 6}, im Textbeispiel in 4 von 6 – beidemal mit Verhältnis 2 : 3. Doch vergewissern wir uns: DS stehe für Doppelsechs;

P(DS) = 1/6 · 1/6 = 1/36; P(keine DS) = 1 – 1/36 = 35/36;
P(24 mal keine DS) = $(35/36)^{24}$ = 0,509; P(mindestens eine DS) = 1 – 0,509 = 0,491.

(Hier gewinnt der Spieler im Mittel! Dies bereitete den Bankinhabern natürlich Kopfschmerzen und sie wandten sich an die Mathematiker; Pascal fand die Lösung.)

7. Keiner trifft: $E' = A' \cap B' \cap C'$ (A nicht und B nicht und C nicht)
$P(E') = P(A' \cap B' \cap C') = P(A') \cdot P(B') \cdot P(C') = 1/2 \cdot 1/3 \cdot 1/4 = 1/24$
P(E) = 1 – P(E') = 1 – 1/24 = 23/24.

8. S_1 ... «Ein Kind ist ein Sonntagskind», $P(S_1) = 1/7$, Gegenereignis S_1' ... $P(S_1')$ = 1 – 1/7 = 6/7; S' ... «Unter x Kindern ist kein Sonntagskind »: $S' = S_1' \cap S_2' \cap ... \cap S_x'$;
$P(S') = (6/7)^x$; gesuchtes Ereignis S ... «Es gibt mindestens ein Sonntagskind»:
$P(S) = 1 - P(S') = 1 - (6/7)^x$; dieser Wert soll ≥ 0,50 sein!
$1 - (6/7)^x \geq 0{,}50 \Rightarrow (6/7)^x \leq 0{,}50 \Rightarrow x \log (6/7) \leq \log 0{,}50 \Rightarrow$ (Vorsicht, divid. durch neg. Zahl!) $x \geq \dfrac{\log 0{,}50}{\log 6 - \log 7} = 4{,}50...$ ⇒ x = 5 (oder 6 ...) Kinder sind nötig.

9. E ... «Die Zahl [19] gewinnt», P(E) = 1/37, Gegenereignis E' ... P(E') = 1 – 1/37 = 36/37;
N' ... «[19] gewinnt nie in x Spielen», $N' = E' \cap E' \cap ... \cap E'$; $P(N') = (36/37)^x$;
gesuchtes Ereignis N... «[19] gewinnt mind. 1 mal»: $P(N) = 1 - P(N') = 1 - (36/37)^x$;
dies soll > 0,95 sein:
$1 - (36/37)^x > 0{,}95 \Rightarrow (36/37)^x < 0{,}05 \Rightarrow x \log (36/37) < \log 0{,}05 \Rightarrow$
$x \geq \dfrac{\log 0{,}50}{\log 36 - \log 37} = 109{,}3...$ ⇒ ab x = 110 Spielen!

10. Wir lesen vom Ereignisbaum nach den Pfadregeln ab, Bild links darunter:
P = 1/4 · 2/5 + 1/4 · 3/5 + 3/4 · 2/5 = … = 11/20 wie im Text

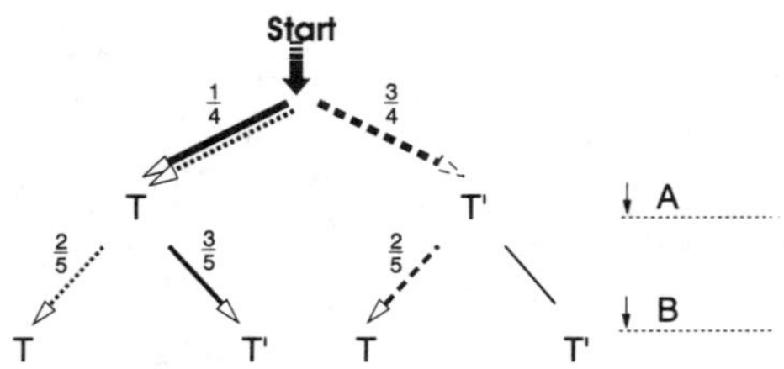

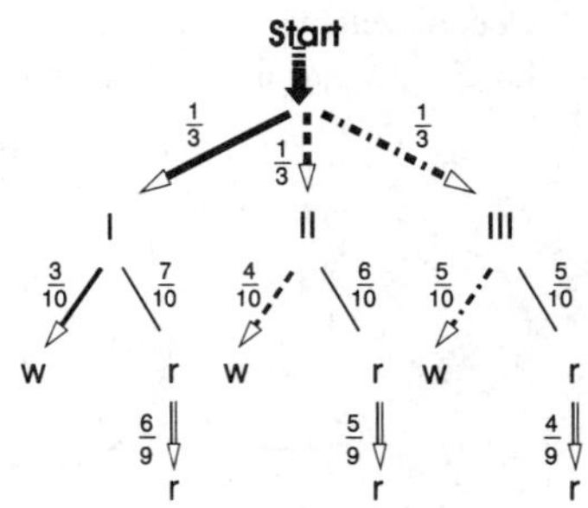

11. a) P = 1/3 · 3/10 + 1/3 · 4/10 + 1/3 · 5/10 = 1/30 · (3+4+5) = 12/30 = 2/5 = 0,4

b) Bild rechts darüber! P = 1/3 · 7/10 · 6/9 + 1/3 · 6/10 · 5/9 + 1/3 · 5/10 · 4/9 = 1/270 · (42+30+20) = 92/270 = 0,341.

12. $P(\{(R, R, R) \cup (B, B, B) \cup (S, S, S)\})$ = (kürzer:) P(3R) + P(3B) + P(3S) =
5/12 · 4/11 · 3/10 + 4/12 · 3/11 · 2/10 + 3/12 · 2/11 · 1/10 = 0,068 = 6,8 %.

13. Bild siehe nächste Seite (E-baum)!
1. roter Ball beim 1. Zug: Weg nach R mit P_1 = 4/10 = 0,40;
1. roter Ball beim 2. Zug: Weg über W nach R: P_2 = 6/10 · 4/9 = 0,267;

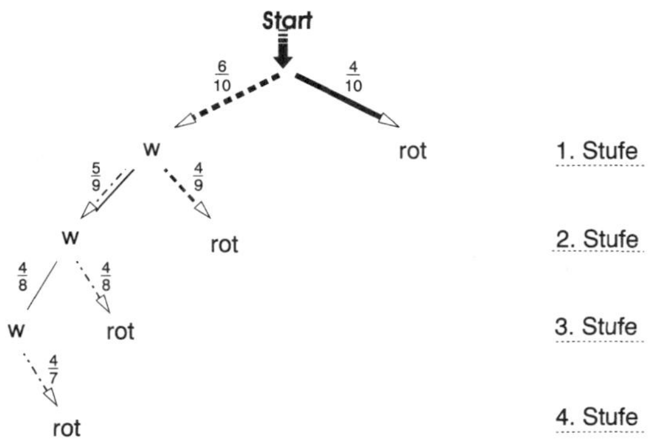

1. roter Ball beim 3. Zug: Weg WWR: $P_3 = 6/10 \cdot 5/9 \cdot 4/8 = 1/6 = 0{,}167$;
1. roter Ball beim 4. Zug: Weg WWWR: $P_4 = 6/10 \cdot 5/9 \cdot 4/8 \cdot 4/7 = 0{,}0952$.

14. $P(R_1') = 1 - 1/10 = 9/10$ steht für R_1' ... «Das Zielweckerl erhält keine Rosine».
In x Versuchen ist das Ziel *nicht* erreicht, R':
$R' = R_1' \cap R_2' \cap \ldots \cap R_x'$; $P(R') = (9/10)^x$ $\Rightarrow$ (gesuchtes Ereignis R:)
$P(R) = 1 - P(R') = 1 - (9/10)^x$; dies $\geq 95\,\%$!
$1 - (9/10)^x \geq 0{,}95 \quad \Rightarrow \quad (9/10)^x \leq 0{,}05 \quad \Rightarrow \quad x \log 9/10 \leq \log 0{,}05 \quad \Rightarrow$
$x \geq \dfrac{\log 0{,}05}{\log 0{,}9} = 28{,}43\ldots$ x = 29 (oder mehr) Rosinen sind zu verwenden!

15. $P(A \cap B) = P(A) \cdot P(B\,|\,A) = P(B \cap A) = P(B) \cdot P(A\,|\,B)$
$=$ (Voraussetzung) $P(B) \cdot P(A) \quad \Rightarrow \quad$ (kürzen:) $P(B\,|\,A) = P(B)$, w.z.z.w.

16. A, B,... Lieferfirmen, M ... Mangelhafte Kette,
T ... Tadellose Kette; Ereignisbaum rechts →:

a) total: $P(T) = 0{,}70 \cdot 0{,}98 + 0{,}30 \cdot 0{,}96 \approx 0{,}974$,

Bayes: $P(A|T) = \dfrac{0{,}70 \cdot 0{,}98}{0{,}974} = 0{,}704\cdots \approx 70\,\%$;

b) total: $P(M) = 0{,}70 \cdot 0{,}02 + 0{,}30 \cdot 0{,}04 \approx 0{,}026$,

Bayes: $P(B|M) = \dfrac{0{,}30 \cdot 0{,}04}{0{,}026} = 0{,}461.. \approx 46\,\%$.

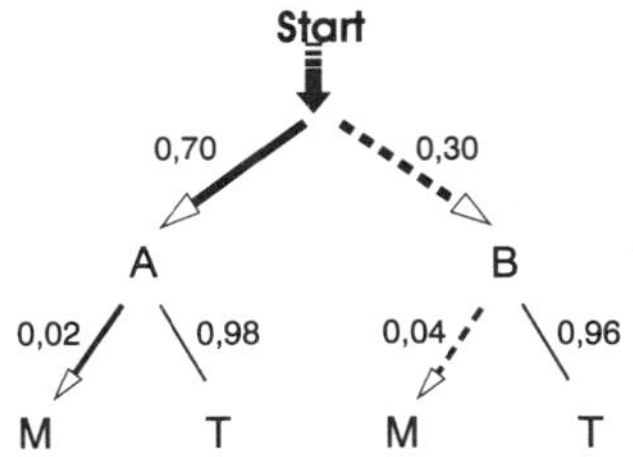

17. Bild nächste Seite! B_i ... Jean aus Betrieb B_i, F ... Jean ist fehlerhaft;
$P(B_1) = 800/2000 = 0{,}4$; $P(B_2) = 700/2000 = 0{,}35$; $P(B_3) = 500/2000 = 0{,}25$;
$P(F\,|\,B_1) = 0{,}02$; $P(F\,|\,B_2) = 0{,}03$; $P(F\,|\,B_3) = 0{,}05$

a) $P(F) = P(B_1) \cdot P(F\,|\,B_1) + P(B_2) \cdot P(F\,|\,B_2) + P(B_3) \cdot P(F\,|\,B_3) =$
$0{,}4 \cdot 0{,}02 + 0{,}35 \cdot 0{,}03 + 0{,}25 \cdot 0{,}05 = 0{,}031 = 3{,}1\,\%$
3,1 % der gelieferten Jeans, das sind 62 Stück, sind fehlerhaft!

b) $P(B_2\,|\,F) = \dfrac{P(B_2) \cdot P(F|B_2)}{P(F)} = \dfrac{0{,}35 \cdot 0{,}03}{0{,}031} = 0{,}339 = 33{,}9\,\%$:
Ein fehlerhaftes Stück stammt mit einer Wahrscheinlichkeit von 33,9 % vom 2. Betrieb!

18. Bild rechts darunter!
Totale Wahrscheinlichkeit:
$P(Pos) = P(K) \cdot P(Pos \mid K) + P(G) \cdot P(Pos \mid G) = 0{,}001 \cdot 0{,}90 + 0{,}999 \cdot 0{,}01 = 0{,}01089$
Wahrscheinlichkeit des günstigen Pfades:
$P(K \cap Pos) = P(K) \cdot P(Pos \mid K) = 0{,}001 \cdot 0{,}90 = 0{,}0009;$
Bayes-Formel:
$$P(K|Pos) = \frac{P(K) \cdot P(Pos|K)}{P(Pos)} = \frac{0{,}0009}{0{,}01089} = 0{,}0826 \approx 8{,}3\ \%.$$

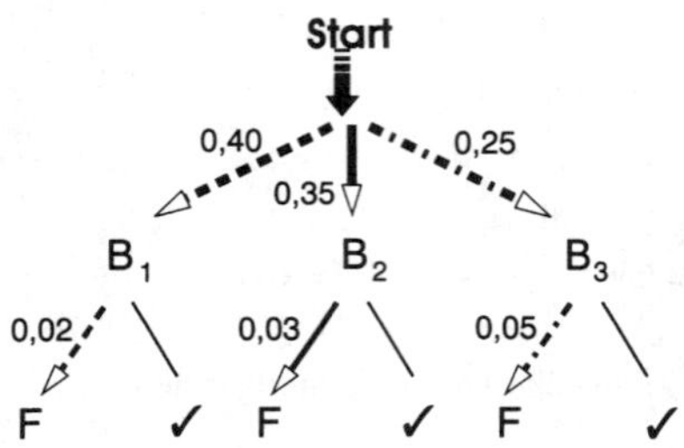

Bild L17

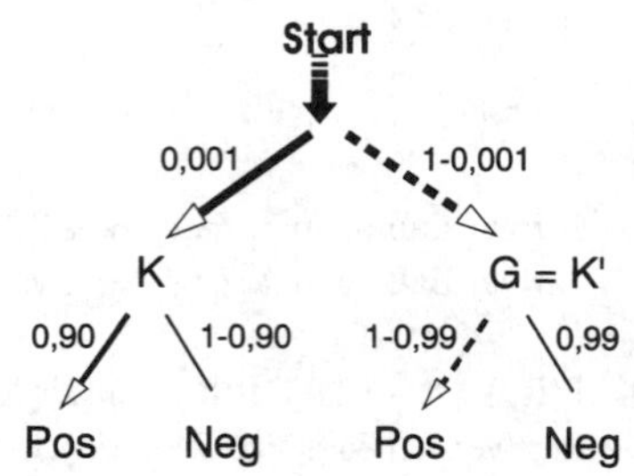

Bild L18

Teil H

25. Kapitel

25

Abzählmethoden und Bernoulliketten

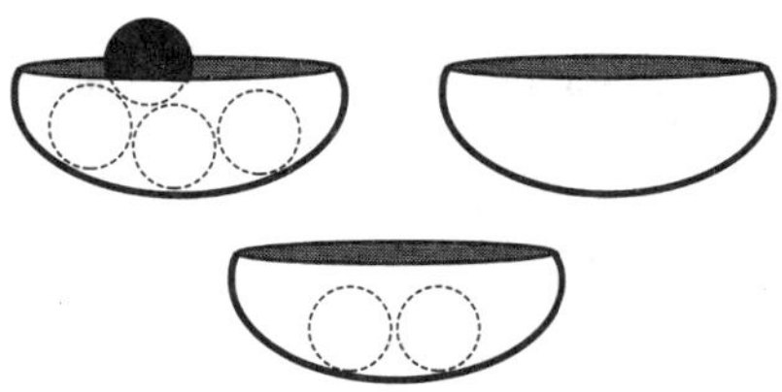

Bisher haben wir Aufgaben vermieden, in denen der Ereignisbaum zu stark verästelt erscheint – er sollte als anschauliches Hilfsmittel nicht mißbraucht werden. Für Probleme solcher Art, in denen im allgemeinen mehr als 3 Züge zu *vielstufigen* Versuchen führen, entwickeln wir neue Methoden:

Permutationen

B

Beispiel 1: Ziehen aus einer Urne

Eine Urne enthält drei mit Buchstaben beschriftete Plättchen; wir ziehen eines heraus, notieren das Ergebnis und legen das Plättchen nicht mehr in die Urne zurück. Künftig sprechen wir dabei kurz vom «*Ziehen ohne Zurücklegen*»; wie groß ist die Wahrscheinlichkeit, dabei das **Wort** „ORT“ zu legen, Bild 1?

Bild 1: dazu

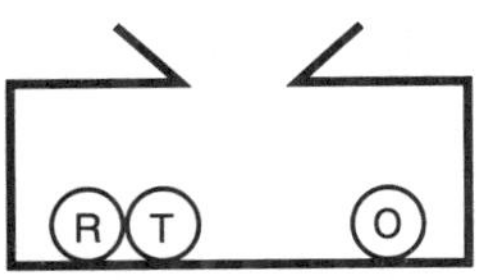

Start $\xrightarrow[1.]{\frac{1}{3}}$ O $\xrightarrow[2.]{\frac{1}{2}}$ R $\xrightarrow[3.]{\frac{1}{1}}$ T

(Plättchen mit versch. Buchstaben)

Pfadanzahl und Wahrscheinlichkeit

Wir suchen uns, um an Vertrautes anzuschließen, hier noch den richtigen Pfad aus dem (gedachten) Baum heraus und sehen schon

$P = 1/3 \cdot 1/2 \cdot 1 = 1/6$

Dieselben Pfad-Wahrscheinlichkeiten hat aber auch *jedes andere Wort*, also gibt es

$z = 1/P = \frac{1}{1/6} = 6$

verschiedene Wörter. Wir können sie auch leicht direkt finden

ORT, OTR; ROT, RTO; TOR, TRO, also z = 6,

und daraus die Wahrscheinlichkeit für *ein bestimmtes* Wort ablesen: P = 1/z = 1/6.

Genauso überlegen wir im Beispiel:

B

Beispiel 2: dasselbe für

Auf wie viele verschiedene Arten könnte eine 6köpfige Gänsefamilie in Reihe marschieren, Bild 2?

Bild 2: Anordnungen

Wir sind eine 6köpfige Gänsefamilie!

Unserem Wort ORT in Beispiel 1 entspricht hier die Anordnung der Größe nach. Die Wahrscheinlichkeit, als erste die *größte* Gans „zu ziehen", ist 1/6; dann ist für die *zweitgrößte* 1/5 anzusetzen usw.:

$$P = 1/6 \cdot 1/5 \cdot 1/4 \cdot 1/3 \cdot 1/2 \cdot 1 = 1/720$$

Alle z Anordnungen sind aber wieder gleich wahrscheinlich, also gibt es

$$z = 1/P = \frac{1}{1/720} = 720 = 6 \cdot 5 \cdot 4 \cdot 3 \cdot 2 \cdot 1$$

Fakultät und Permutation

davon, was kurz 6! geschrieben und «*6-Fakultät*» oder auch «*6-Faktorielle*» gelesen wird, vgl. Seite 98. Alle anzuschreiben und abzuzählen ist uns schon zuviel Arbeit, aber auch nicht mehr nötig! Jede solche Anordnung heißt ***Permutation***; bei n Dingen ist **n!** ihre Anzahl.

Verallgemeinern wir noch auf mehrfach vorkommende Elemente, indem wir wieder **Buchstaben** wählen:

Beispiele 3: **Wir gehen auf Wörtersuche**

B

a) In unserer **Urne** sind nun 3 Plättchen mit S und 2 mit I, vgl. Bilder 3, links; wir ziehen eines nach dem anderen und möchten das *Wort* „SISSI" legen. Wie oft wird es uns im Mittel gelingen?

Auch hier ist noch der richtige Pfad analog Bild 1 hilfreich, an den wir ohne Mühe die den einzelnen Stufen entsprechenden Wahrscheinlichkeitswerte anschreiben:

$$P = 3/5 \cdot 2/4 \cdot 2/3 \cdot 1/2 \cdot 1 = \frac{3 \cdot 2 \cdot 1 \cdot 2 \cdot 1}{5 \cdot 4 \cdot 3 \cdot 2 \cdot 1} = \frac{3!\,2!}{5!} = \frac{1}{10};$$

Es gelingt also im Mittel jedes 10. Mal (ca. 10mal in 100 Versuchen)

Bilder 3: **dazu**

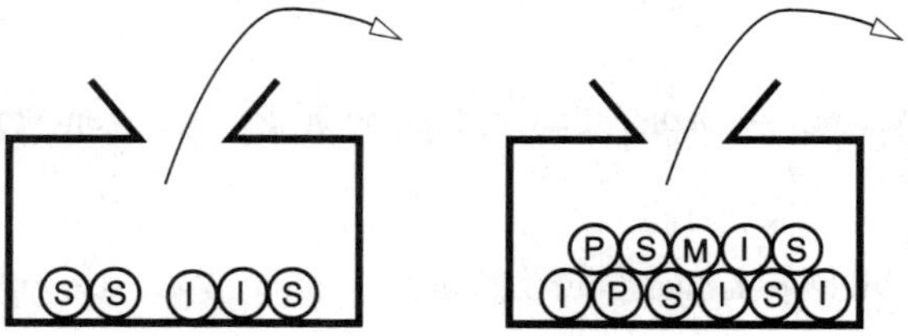

b) Vermehren wir auf 4 S, 4 I, 2P und 1 M, so finden wir ganz wie eben für das *Wort* „MISSISSIPPI", vgl. Bilder 3, rechts:

$$P = 1/11 \cdot 4/10 \cdot 4/9 \cdot 3/8 \cdot 3/7 \cdot 2/6 \cdot 1/5 \cdot 2/4 \cdot 2/3 \cdot 1/2 \cdot 1 = ... = \frac{4!\,4!\,2!\,1!}{11!} = \frac{1}{34650}$$

Schlußfolgerung: Es gibt hier

$z = 1/P = 34650$ *Wörter* dieser Art, oben gibt es nur 10.

zwei oder mehrere Buchstaben, die sich wiederholen

Da uns im folgenden nur *zwei* Sorten von Dingen interessieren, verdoppeln wir den Buchstabenvorrat von S, I, S, S, I auf 6 „S" und 4 „I". Bitte überzeugen Sie sich, daß für jedes beliebige *Wort*, etwa „SIIISSSSSI",

$$P = ... = \frac{6!\,4!}{10!} = \frac{1}{210}$$

gilt, womit wie eben

$z = 1/P = 210$ *Wörter* mit diesem Vorrat möglich sind.

Für größere Zahlen n in n! ist es sicher nützlich, den **Computer** zu bemühen. Sollten Sie ***Mathematica*** benutzen, sehen Sie auf Seite 98, wie rasch Sie Ergebnisse erhalten. Hier stellen wir ein ***Turbo Pascal-Programm*** dazu vor und verwenden die *Function* als Unterprogrammtyp; sie wird dem Bau der Fakultät analog *rekursiv* definiert:

Fakultäten im Computer

Beispiel 4: Programmbeispiel für die Fakultät

```
PROGRAM Fakultaet;
USES Crt;
VAR  i, Zahl: Integer;
     fak: Real;

FUNCTION zahlfak(n: Integer): Real;
Begin
    IF n=0 THEN zahlfak:=1 ELSE
    zahlfak:=n*zahlfak(n-1)
End;

BEGIN  (* des Hauptprogramms  *)
    Clrscr;
    Write('Natürliche Zahl … '); Readln(Zahl);
    For i:=1 to Zahl do
    Begin
        fak:=zahlfak(i);
        Writeln(i:2, '! = ', fak:35:0)
    End;
    Readln
END.
```

mit rekursiver Function

```
Ausgabe:
Natürliche Zahl … 10
 1! =                 1
 2! =                 2
 3! =                 6
 4! =                24
 5! =               120
 6! =               720
 7! =              5040
 8! =             40320
 9! =            362880
10! =           3628800
```

da läßt man gerne für sich arbeiten!

Turbo Pascal rechnet selbstverständlich auch mit größeren Zahlen als 10, doch ist die Rechengenauigkeit bei normalen Real-Zahlen auf etwa 11 Ziffern eingeschränkt. Lassen wir daher *Mathematica* von 11 an weiterrechnen:

Beispiel 4/Forts.: mit Mathematica

```
Table[{n, n!}, {n, 11, 25}] //TableForm

11   39916800
12   479001600
13   6227020800
14   87178291200
15   1307674368000
```

(*Mathematica* gibt auch Zahlen linksbündig aus!)

Fakultäten aus der Mathematica-Zauberküche

16	20922789888000
17	355687428096000
18	6402373705728000
19	121645100408832000
20	2432902008176640000
21	51090942171709440000
22	1124000727777607680000
23	25852016738884976640000
24	620448401733239439360000
25	15511210043330985984000000

Daß es hier praktisch keine Grenzen für n gibt, haben Sie schon auf Seite 89 erfahren.

Kombinationen

Verallgemeinerung der Fragestellung:

Für *zwei* Sorten von Elementen können wir auch allgemein die Frage beantworten: Man hat n Dinge, von denen je k (1. Sorte) und je m (2. Sorte) gleich sind ($n = k+m$; denken Sie an die $n = 5$ Buchstaben S, I, S, S, I mit $k = 2$ „I" als 1. Sorte und $m = 3$ „S" als 2. Sorte). Wie oft lassen sich diese n Elemente auf verschiedene Weise anordnen?

Anzahl von Belegungen

Anders gesagt: Wir haben n Plätze zu belegen mit 2 Sorten von Elementen, von denen es k bzw. m an der Zahl gibt. Wie oft kann man das in jeweils neuer Art tun?

Oder: Wie oft kann man k Plätze aus n herausgreifen und mit den k Dingen der 1. Sorte belegen (und die restlichen Dinge der 2. Sorte auf die $m = n-k$ freien Stellen setzen)? Etwa die $k = 2$ „I" auf 2 von $n = 5$ Plätzen, um *Wörter* wie SISSI und andere zu bilden, vgl. Bild 4?

Bild 4: dazu

(S)	I	(S)	(S)	I
1.	2.	3.	4.	5.

k Dinge aus n herausgreifen

Betrachten wir dazu die letzten Ergebnisse: für $n = 5$, $m = 3$, $k = 2$ („SISSI") haben wir gefunden:

$$z = 10 = \frac{5!}{3!\,2!},$$

bei $n = 10$, $m = 6$, $k = 4$ („SIIISSSSSI") war analog:

$$z = 210 = \frac{10!}{6!\,4!};$$

allgemein wird man daher wohl vermuten:

Ein neues Symbol:

$$z = \frac{n!}{m!\,k!} = \frac{n!}{(n-k)!\,k!}.$$

Dafür führt man abkürzend ein neues Symbol ein:

Definition 1: „k aus n"

D

Unter $\binom{n}{k}$, «n über k» oder besser «k aus n», soll verstanden werden:

$$\binom{n}{k} = \frac{n!}{(n-k)!\,k!} = \frac{n\cdot(n-1)\cdot(n-2)\cdot\ldots\cdot(n-k+1)}{k\cdot(k-1)\cdot(k-2)\cdot\ldots\cdot 1}$$

Auch ohne allgemeinen Beweis halten wir fest:

S **Satz 1: ... und seine Bedeutung**

Die eben erklärte Zahl «k aus n» gibt an, wie oft man k Elemente, die nicht zu unterscheiden sind oder deren Anordnung keine Rolle spielt, aus n Elementen herausgreifen kann.

So sind die beiden „I" in SISSI nicht zu unterscheiden. In anderen Fällen kann man unterscheiden, sieht aber jede Anordnung der k Elemente als gleich an:

Beispiel 5: Dreiecksecken

In der Ebene sind 5 Punkte A, B, C, D, E gegeben (also verschiedene Dinge!). Wie viele verschiedene **Dreiecke** lassen sich aus ihnen bilden, vgl. Bild 5?

So viele, wie sich aus 5 Punkten 3 herausgreifen lassen, wobei aber zwischen ABD, ADB, BAD, BDA, DAB und DBA nicht unterschieden wird, da sie zum selben Dreieck führen! Somit gibt es z verschiedene solche Dreiecke mit

$$z = \binom{5}{3} = \frac{5!}{2!\,3!} = 10 .$$

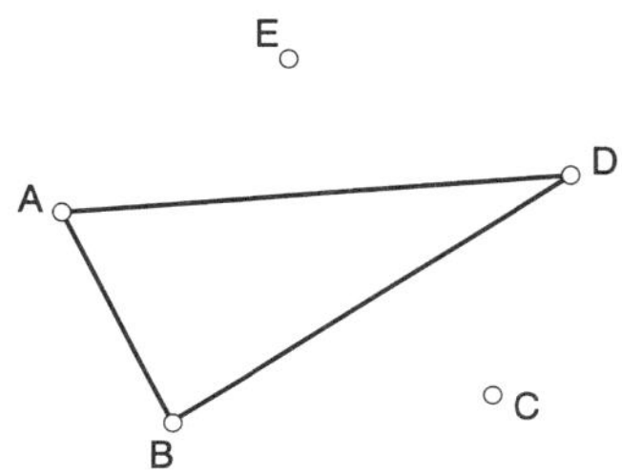

Bild 5: dazu

Für die tatsächliche Berechnung sollten wir noch etwas üben, falls wir nicht gerade mit *Mathematica* arbeiten, denn dort brauchen wir nur

```
Binomial[n, k]
```

einzugeben, also konkret Binomial[5, 3] oder Binomial[10, 7] usw.:

B **Beispiele 6: Übungen mit dem neuen Symbol**

$$\binom{5}{3} = \frac{5!}{2!\,3!} = \frac{5!}{3!\,2!} = \binom{5}{2} = \frac{5 \cdot 4}{2 \cdot 1} = 10 ,$$

$$\binom{5}{4} = \frac{5!}{1!\,4!} = \frac{5!}{4!\,1!} = \binom{5}{1} = \frac{5}{1} = 5 ,$$

$$\binom{10}{7} = \frac{10!}{3!\,7!} = \frac{10!}{7!\,3!} = \binom{10}{3} = \frac{10 \cdot 9 \cdot 8}{3 \cdot 2 \cdot 1} = 120 \quad \text{usw.}$$

Man ersetzt also ein k stets durch n – k, falls dieses kleiner ist, und hat dann ebenso viele Faktoren in Zähler und Nenner, beginnend mit den Zahlen in ( ): $\binom{10}{3}$ beginnt mit $\frac{10\cdot}{3\cdot}$ und endet, wenn $\cdot 1$ (mal 1) im Nenner erreicht ist.

So ist ebenso, nun kürzer notiert,

B **Beispiele 7: dasselbe in Kurzform**

$$\binom{20}{15} = \binom{20}{5} = \frac{20 \cdot 19 \cdot 18 \cdot 17 \cdot 16}{5 \cdot 4 \cdot 3 \cdot 2 \cdot 1} = 3876 ,$$

$$\binom{49}{43} = \binom{49}{6} = \frac{49 \cdot 48 \cdot 47 \cdot 46 \cdot 45 \cdot 44}{6 \cdot 5 \cdot 4 \cdot 3 \cdot 2 \cdot 1} = 13{,}983.816 \quad \text{usw.}$$

So viele, also knapp 14 Millionen, Möglichkeiten gibt es übrigens, im deutschen Zahlenlotto „6 aus 49" verschiedene Tips zusammenzustellen; die Wahrscheinlichkeit, daß ein bestimmter Tip gerade der Haupttreffer sein wird, ist daher nur ca 1 : 14 Millionen, also sehr klein.

Man kann die obige Umformung auch so sehen:

$$\binom{20}{15} = \binom{20}{5} = \frac{20 \cdot 19 \cdot 18 \cdot 17 \cdot 16}{5 \cdot 4 \cdot 3 \cdot 2 \cdot 1} = \frac{20}{5} \cdot \frac{19 \cdot 18 \cdot 17 \cdot 16}{4 \cdot 3 \cdot 2 \cdot 1} = \frac{20}{5} \cdot \binom{19}{4},$$

allgemein:

eine rekursive Beziehung

$$\binom{n}{k} = \frac{n}{k} \cdot \binom{n-1}{k-1},$$

womit ein Glied *rekursiv* auf das vorhergehende zurückgeführt ist; dies wird wiederholt, bis für k die Null erreicht ist – davon gleich noch mehr!

Pascalsches Dreieck und binomischer Lehrsatz

Anwendung auf Mengen, ...

Wir wissen, daß man bei **Mengen** nicht auf die Reihenfolge der Elemente achtet: alle 3! = 6 möglichen Anordnungen etwa in {a, b, d} = {a, d, b} = ... werden als gleich betrachtet, es gibt *eine* Menge {a, b, d}. Damit können wir die Anzahl der 3elementigen Teilmengen einer 5elementigen Menge sofort angeben: $z = \binom{5}{3} = 10$ w.o.!

Oder denken wir an die *Potenzen* eines *Binoms*:

$(a + b)^2 = a^2 + 2ab + b^2$

$(a + b)^3 = a^3 + 3a^2b + 3ab^2 + b^3$ usw.

Wie kann man die entstehenden ***Binomialkoeffizienten*** 1, 2, 1; 1, 3, 3, 1 usw. erhalten, ohne mühsam auszumultiplizieren?

Sehen wir uns dazu etwa das Glied $3ab^2$ an: Es zeigt an, wie oft Terme der Art $ab^2 = a \cdot b \cdot b$ auftreten: 3mal, eben als abb, als bab und als bba. Wie oft kann man 2 b auf 3 Plätze verteilen? $\binom{3}{2} = \frac{3!}{1!\,2!} = 3$ mal! Dies geschieht aber, wenn bei

$(a + b)^3 = (a + b) \cdot (a + b) \cdot (a + b) = ... + abb + ... + bab + ... + bba + ...$

aus jedem Binom ein Summand mit je einem der anderen Binome multipliziert wird!

Binome und ihre Potenzen

So ist auch in

$(a + b)^4 = 1a^4 + 4a^3b + 6a^2b^2 + 4ab^3 + 1b^4$

etwa der Koeffizient 4 in ab^3 zu verstehen: Es gibt $\binom{4}{3} = 4$ Anordnungen abbb, babb, bbab, bbba, und so schließt man allgemein!

Was ist aber $\binom{5}{5}$ oder $\binom{6}{6}$, allgemein $\binom{n}{n}$? Nach Herleitung die Zahl der Möglichkeiten, n aus n Dingen herauszugreifen; das geht aber nur $\binom{n}{n}$ = 1mal. Wegen $\binom{n}{k} = \binom{n}{n-k}$ wäre $\binom{n}{n}$ als gleich $\binom{n}{0}$ anzusehen, was für sich zunächst sinnlos ist, der Symmetrie zuliebe aber als gleich $\binom{n}{n}$, also = 1, festgesetzt wird! Damit verstehen wir schon das ***Pascalsche Dreieck*** für die *Binomialkoeffizienten* $\binom{n}{k}$ für k = 0, 1, ..., n (nach Blaise Pascal, franz. Mathematiker, 1623 bis 1662):

Binomialkoeffizienten und Pascalsches Dreieck

$(a + b)^0 = 1$					1				
$(a + b)^1 = 1a + 1b$				1		1			
$(a + b)^2 = 1a^2 + 2ab + 1b^2$			1		2		1		
$(a + b)^3 = 1a^3 + 3a^2b + 3ab^2 + 1b^3$		1		3		3		1	
$(a + b)^4 = 1a^4 + 4a^3b + 6a^2b^2 + 4ab^3 + 1b^4$	1		4		6		4		1
... ...									

An diesem Zahlenschema läßt sich ablesen, daß das k-te Element der n-ten Zeile die Summe aus den beiden darüberliegenden Zeilen, also dem (k – 1)-ten Element der (n – 1)-ten Zeile und dem k-ten eben dieser Zeile ist. Z.B. ist 3 = 1 + 2 oder 4 = 1 + 3 bzw. 6 = 3 + 3 usw., allgemein also

$$\binom{n}{k} = \binom{n-1}{k-1} + \binom{n-1}{k}$$

Hier liegt eine *doppelte* ***Rekursion*** vor: von n auf n – 1 und von k auf k – 1. Sie endet, wenn für k die Null erreicht ist mit $\binom{n}{0} = 1$. Ebenso ist am rechten Zeilenende des Dreiecks mit k = n schon $\binom{n}{n} = 1$; dazwischen „greift" die Rekursionsformel.

doppelte Rekursion als Vorbereitung und ...

Ein Turbo Pascal-**Programm** zur Berechnung der *Binomialkoeffizienten* könnte daher so aussehen:

Beispiel 8: als Auftrag für den Computer

erkennen Sie hier die Rekursionsformel?

```
Program Binkoeff;
Uses Crt;
Var  i, n, k, zeilen: Integer;
     bin: Real;

Function koeff(a, b: Integer): Integer;
Begin
     If (b=0) or (b=a) then koeff := 1 Else
     koeff := koeff(a-1, b-1) + koeff(a-1, b)
End;

BEGIN
     Clrscr;
     Write('Wie viele Zeilen?'); Readln(zeilen);
     For n := 0 to zeilen do
     Begin
         Write(' ':34 - 3*n);
         For k := 0 to n do
         Begin
             bin := koeff(n, k);
             Write(bin:6:0)
         End;
         Writeln
     End;
     Readln
END.
```

Hilfestellungen

Hier ist es sicherlich nicht leicht, die Wirkung der *Rekursionen* in der *Function* gleich zu verstehen; am besten Sie setzen konkret kleine Zahlen für die Variable `zeilen` ein – etwa 4, und dann z. B. für n = 3, es läuft ja bis `zeilen` = 4, schließlich für k = 2, es kann nur bis n = 3 reichen – und rechnen konkret mit, was beim Aufruf der Function durch das Hauptprogramm in der Zeile

```
bin := koeff(n, k);
```

geschieht: `koeff(3, 2)` führt gleich in den `ELSE`-Zweig, in dem die Summe aus `koeff(2, 1)` und `koeff(2, 2)` zu bilden ist; der 2. Summand ist schon 1 wegen b = a, hier 2 = 2, den ersten müssen Sie *noch einmal rekursiv* berechnen!

Beim Ablauf des Programms entstehen zunächst die schon angeschriebenen Zahlen des *Pascalschen Dreiecks*; nach Wahl von 6 würde zuletzt die Zeile

1 6 15 20 15 6 1

erzeugt, bei 10 entsteht

1 10 45 120 210 252 210 120 45 10 1.

hier der Lohn unsrer Mühe!

Probieren Sie es aus!

Die Binome oben lassen auch allgemein vermuten:

Satz 2: binomischer Lehrsatz

S

Binomischer Lehrsatz

Jede Binompotenz läßt sich mit den Binomialkoeffizienten schreiben:

$$(a+b)^n = 1 \cdot a^n + n \cdot a^{n-1} \cdot b + \ldots + n \cdot a \cdot b^{n-1} + 1 \cdot b^n =$$
$$\binom{n}{0} \cdot a^n + \binom{n}{1} \cdot a^{n-1} \cdot b + \ldots + \binom{n}{k} a^{n-k} \cdot b^k + \ldots + \binom{n}{n} \cdot b^n =$$
$$\sum_{k=0}^{n} \binom{n}{k} a^{n-k} \cdot b^k$$

Beweisidee

Zum Beweis schreiben wir die oben gewonnene rekursive n, k-Formel ein wenig um, indem wir die Summanden rechts vertauschen und dann n + 1 statt n notieren:

$$\binom{n+1}{k} = \binom{n}{k} + \binom{n}{k-1}$$

Multipliziert man nämlich die Formel im Satz 2 einmal mit a, dann mit b und addiert, so entsteht links $(a + b)^{n+1}$; rechts ist so zu ordnen, daß gleichnamige Glieder untereinander stehen. Die Vorzahlen beim allgemeinen Glied $a^{(n-k)+1} \cdot b^k$ sind dann gerade die in der eben genannten Formel *rechts* stehenden, so daß der Term *links* als Summe auftritt. Nach der Idee der **vollständigen Induktion** sollte er auch in der (n + 1)-ten Potenz auftreten, womit der Satz bewiesen ist!

Zusammenhang mit der Wahrscheinlichkeit

Es gibt einen wichtigen Sonderfall, der uns zur WAHRSCHEINLICHKEITS-RECHNUNG zurückbringt: Nehmen wir b = p an, eine feste Wahrscheinlichkeit für ein Ereignis in einer Versuchsserie und a als *Gegen*wahrscheinlichkeit 1 − p, so ist natürlich $a + b = 1 - p + p = 1$, also auch $(a + b)^n = 1$.

Der binomische Lehrsatz besagt dann: Die n + 1 Glieder in dieser Summe können als *Wahrscheinlichkeiten aller* bei einer bestimmten Versuchsserie möglichen Elementarereignisse gedeutet werden! Ihre Summe ist ja P(Ω) = 1, wie stets für Ω verlangt wird. Wir werden dieser Versuchsserie bald begegnen, sie ist von außerordentlicher praktischer Bedeutung!

Ungeordnete Stichproben

Zuvor sehen wir uns gleichartige Fragestellungen in verschiedenen Anwendungssituationen an, die sich alle bequem mit den eben gewonnenen Termen «k aus n» bearbeiten lassen. Halten wir für unsere Zwecke fest, daß die eingangs besprochenen Zusammenstellungen von je k Elementen in nicht zu unterscheidenden Anordnungen **ungeordnete Stichproben** vom Umfang k sind, die wir *auf einen Griff* bzw. einzeln ohne Zurücklegen aus einer Urne mit n Elementen ziehen. Es gibt «k aus n» solche k-Stichproben aus einer n-Gesamtheit.

ein Blick in die Kombinatorik

In der KOMBINATORIK, der Lehre von den Abzähltechniken, nennt man sie ***Kombinationen*** ohne Wiederholung; dort werden auch *Variationen* (*geordnete* Stichproben) untersucht und die schon bekannten *Permutationen.* Wir begnügen uns mit dem bisher Erreichten und wenden uns einigen Anwendungen in der WAHRSCHEINLICHKEITSRECHNUNG zu.

B

Beispiel 9: Praxis: Qualitätskontrolle

Eine aus 100 **Zündkerzen** bestehende Serie soll mittels **Stichprobe** getestet werden. Die Serie wird als unbrauchbar bezeichnet, wenn unter fünf ausgewählten Kerzen mindestens eine Ausschuß ist. Wie groß ist die Wahrscheinlichkeit, daß eine Serie, die 5 defekte Kerzen enthält, zurückgewiesen wird?

Es gibt 2 Sorten von Dingen: gute Kerzen, hier 95, und schlechte, 5. Wie groß ist die Wahrscheinlichkeit, eine 5er-Stichprobe zu ziehen, die nur aus guten Kerzen besteht? (Gegen-Wahrscheinlichkeit!) *Günstig* ist die Zahl aller solchen Stichproben, das sind $\binom{95}{5}$. Aus 100 kann man insgesamt $\binom{100}{5}$ Proben ziehen, dies sind alle *möglichen* Fälle. Also ist

$$P(\{gut\}) = \frac{\binom{95}{5}}{\binom{100}{5}} = \frac{\frac{95\cdot 94\cdot 93\cdot 92\cdot 91}{5\cdot 4\cdot 3\cdot 2\cdot 1}}{\frac{100\cdot 99\cdot 98\cdot 97\cdot 96}{5\cdot 4\cdot 3\cdot 2\cdot 1}} = \frac{95\cdot 94\cdot 93\cdot 92\cdot 91}{100\cdot 99\cdot 98\cdot 97\cdot 96} = 0{,}77 \quad \Rightarrow$$

$$P(\{schlecht\}) = 1 - P(\{gut\}) = 1 - 0{,}77 = 0{,}23 = 23\ \%.$$

Hier erkennt man auch gut den direkten Weg am Ereignisbaum (*ein Pfad* genügt):

$$P = \frac{95}{100}\ (1.\ \text{Kerze gut}) \cdot \frac{94}{99}\ (2.\ \text{K. gut}) \cdot \ldots \cdot \frac{91}{96}\ (5.\ \text{K. gut}) = 0{,}77, \text{ wie oben!}$$

B

Beispiel 10: Denksport:

Bild 6: wie viele kürzeste Wege gibt es?

Lassen wir uns in eine utopische **Reißbrettstadt** in Amerika entführen, in der es nur parallele Nord-Süd-und Ost-West-Straßen gibt. Von einem Startpunkt S aus kann man auf vielen Wegen, auch Umwegen, zum Zielpunkt Z gelangen. Alle Wege, die jeden Rückschritt – in die Gegenrichtung – vermeiden, sind die **kürzesten Wege**; 2 solche sind eingezeichnet; man kann sie im Modell durch Münzwürfe auswählen. Wie wahrscheinlich ist es, daß die nächste Fahrt per Münzwurf auf dem Weg 1 erfolgt?

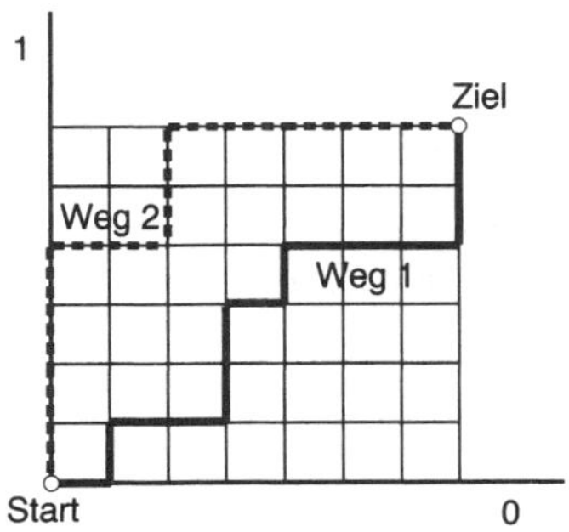

Bild 6 zeigt einen Ausschnitt aus dem Straßensystem. Durch die Zuordnung:

ein Schritt nach rechts → 0 (Münze: Kopf)
ein Schritt nach oben → 1 (Münze: Zahl)

Hätten Sie so viele Wege geschätzt?

läßt sich jeder solche Weg durch eine Folge aus 7 Nullen und 6 Einsen beschreiben. Der eingezeichnete Weg (1) z.B. wird durch 0 1 00 11 0 1 000 11 festgelegt. Hier sehen Sie deutlich die 2 Sorten von Dingen, die auf 7 + 6 = 13 Plätze zu verteilen sind. Es gibt daher

$$z = \binom{13}{6} = \frac{13 \cdot 12 \cdot 11 \cdot 10 \cdot 9 \cdot 8}{6 \cdot 5 \cdot 4 \cdot 3 \cdot 2 \cdot 1} = 1716$$

kürzeste Wege von (0; 0) nach (7; 6).

Daß nun der bestimmte Weg 1 zufällig ausgewählt wird, ist eben *eine* dieser z Möglichkeiten:

$$P(1) = \frac{1}{z} = \frac{1}{1716} \approx 0{,}058\ \%.$$

Die gesuchte Wahrscheinlichkeit beträgt etwa ein halbes Promille!

Wenden wir uns einem weiteren *Glücksspiel* zu:

Beispiel 11:
Lotto: «6 aus 49»

B Im deutschen **Zahlenlotto** werden wöchentlich 6 Kugeln aus 49 (Österreich 45, Schweiz 40) Kugeln mit den Nummern 1 bis 49 in einem Zufallsapparat gezogen; die Nummern, die diese 6 Kugeln tragen, seien als „Richtige" bezeichnet. Jeder Spieler kann beliebig viele Tips abgeben, wobei jeder einzelne Tip aus irgendwelchen 6 Zahlen zwischen 1 und 49 (inklusive) besteht.

a) Mit welcher Wahrscheinlichkeit enthält ein abgegebener Tip
α) alle 6 Richtigen, β) 5 Richtige, γ) 4 Richtige, δ) 3 Richtige?

b) Herr Adam gibt jede Woche 6 Tips ab. Nach wie vielen Wochen bzw. Jahren wird er im Mittel mit dem Gewinn rechnen können, der mit dem Erraten von 3 bzw. 4 bzw. 5 bzw. 6 Richtigen verbunden ist?

günstige und mögliche Fälle

über die

Binomialkoeffizienten

Es wird stets die Laplace-Formel P = g / m (= günstige / mögliche Fälle) verwendet.

a) m (= mögliche Fälle):
Es gibt so viele Zusammenstellungen von 6 Elementen aus 49, wie die Kombinationsformel angibt, also hier $\binom{49}{6}$:

$$m = \binom{49}{6} = \frac{49!}{43!\,6!} = \frac{49 \cdot 48 \cdot 47 \cdot 46 \cdot 45 \cdot 44}{6 \cdot 5 \cdot 4 \cdot 3 \cdot 2 \cdot 1} = 13{,}983.816\ .$$

g (= günstige Fälle):
Man sieht die gezogenen Zahlen als *Treffer* (Richtige), die nicht gezogenen als *Nieten* an; es gibt daher stets 49 – 6 = 43 Nieten!

α) $g_6 = 1\ [= \binom{6}{6}]$: man kann aus 6 Treffern nur *einmal* alle 6 herausgreifen – auf die Reihenfolge soll es ja nicht ankommen.

$$\Rightarrow\ P_6 = \frac{g_6}{m} = \frac{1}{13{,}983.816} = 7{,}15 \cdot 10^{-8}\ ;$$

β) $g_5 = \binom{6}{5} \cdot \binom{43}{1} = \binom{6}{1} \cdot \binom{43}{1} = 6 \cdot 43 = 258$,

denn man kann 5 Richtige aus 6 eben $\binom{6}{5}$-mal, dazu aber 1 Niete aus 43 noch jeweils $\binom{43}{1}$-mal zusammenstellen!

$$\Rightarrow P_5 = \frac{g_5}{m} = \frac{258}{13{,}983.816} = 1{,}84 \cdot 10^{-5}\ (\approx 2 \cdot 10^{-3}\ \%);$$

γ) $g_4 = \binom{6}{4} \cdot \binom{43}{2} = \binom{6}{2} \cdot \binom{43}{2} = \ldots = 13545$ (Erklärung wie eben)

$\Rightarrow \quad P_4 = \frac{g_4}{m} = \frac{13545}{13{,}983.816} = 9{,}69 \cdot 10^{-4} \quad (\approx 0{,}1\ \%)$;

δ) $g_3 = \binom{6}{3} \cdot \binom{43}{3} = \ldots = 246820$ (Erklärung wie eben)

$\Rightarrow \quad P_3 = \frac{g_3}{m} = \frac{246820}{13{,}983.816} = 0{,}01765 \quad (\approx 1{,}77\ \%)$.

b) Bei 1 Tip pro Woche wäre $n_i = 1/p_i$, bei 6 Tips hat man nur $1/6$ dieser Zeit zu warten:
δ) $n_3 = 1/6 \cdot 1/P_3 = 1/6P_3 = \ldots = 9{,}44$ (Wochen);
γ) $n_4 = 1/6P_4 = \ldots = 172$ (Wochen) = 3,3 Jahre;
β) $n_5 = 1/6P_5 = \ldots = 9058$ (Wochen) = 174 Jahre!
α) $n_6 = 1/6P_6 = \ldots = 2{,}33$ Mio (Wochen) = 44.827 Jahre!!

Kommentar überflüssig! Wer dennoch spielt, muß – wie der Autor – einen guten Schuß Aberglauben mitbringen!

Wer sich für die Verhältnisse in Österreich und der Schweiz interessiert, setzt statt der $49-6=43$ Nieten $45-6=39$ Nieten (A), $40-6=34$ (CH); die entsprechenden Rechnungen ergeben

δ) $n_3 = 1/6P_3 = \ldots =$ 7,43 Wochen für (A) bzw. 5,34 für (CH);
γ) $n_4 = 1/6P_4 = \ldots =$ 183 Wo. ≈ 3 1/2 Jahre für (A) bzw.76 W. ≈ 1 1/2 J. (CH);
β) $n_5 = 1/6P_5 = \ldots =$ 8711 Wo. ≈ 168 J. für (A) bzw. 3139 Wo. ≈ 60 J. (CH);
α) $n_6 = 1/6P_6$ = 2083333 Wo. ≈ 40.064 J. für (A)
bzw. 638570 Wo. ≈ 12.280 J. für (CH)!

zu den Richtigen kommen immer auch die „günstigen" Nieten!

beim Warten auf die Millionen werden Sie alt!

Ganz anders klingt zunächst diese Problemstellung:

B

Beispiel 12: Sie lernen nicht alles: wie wahrscheinlich bestehen Sie die Prüfung?

Ein Lehrer gibt dem Schüler vor einer Prüfung 50 Fragen, aus denen er ihm dann

a) 5 Fragen zur **Prüfung** vorlegt. Der Schüler ist bequem und wählt aus den 50 Fragen genau 20 aus, die er lernt. Uns interessiert die Wahrscheinlichkeit, daß er alle 5 Fragen bzw. nur 1 Frage beantworten kann;

b) 2 Fragen vorlegt. Wie viele (k = ?) der 50 Fragen müßte er vorher lernen, damit die Wahrscheinlichkeit, die Prüfung zu bestehen (wenn er wenigstens eine der zwei Fragen beantworten kann), mindestens 90 % ist?

a) Allgemein ist auch hier wie beim Lotto mit 20 als Treffer-, 30 als Nietenvorrat:

$$P(\{k \text{ richtig}\}) = \frac{\binom{20}{k} \cdot \binom{30}{5-k}}{\binom{50}{k}}$$

wir haben nur für k konkret 5 bzw. 1 einzusetzen:

$$k=5: \quad P(\{\text{alle } 5\}) = \frac{\binom{20}{5} \cdot \binom{30}{0}}{\binom{50}{5}} = \frac{20 \cdot 19 \cdot 18 \cdot 17 \cdot 16}{50 \cdot 49 \cdot 48 \cdot 47 \cdot 46} = 0{,}7\ \%$$

$$k=1: \quad P(\{1 \text{ richtig}\}) = \frac{\binom{20}{1} \cdot \binom{30}{4}}{\binom{50}{5}} = \frac{20 \cdot 30 \cdot 29 \cdot 28 \cdot 27 \cdot 5}{50 \cdot 49 \cdot 48 \cdot 47 \cdot 46} = 26\ \%$$

Sie wollen mit 90 % Sicherheit bestehen:

Wie viele Fragen müssen Sie lernen?

b) «Mindestens eine ...» verlangt wieder die Gegenwahrscheinlichkeit, also die für das Ereignis «keine richtig», wobei hier „günstig“ diejenigen Fälle sind, in denen 2 aus den 50 – k nicht gelernten Fragen gezogen werden!

$$P(\{\text{keine richtig}\}) = \frac{\binom{50-k}{2}}{\binom{50}{2}} \Rightarrow P(\{\text{mind. 1 richtig}\}) = 1 - \frac{\binom{50-k}{2}}{\binom{50}{2}} \geq 0{,}9$$

$$1 - \frac{(50-k)\cdot(49-k)}{50\cdot 49} \geq 0{,}9 \Rightarrow 50\cdot 49\cdot 0{,}1 \geq (50-k)\cdot(49-k) \Rightarrow$$

$$245 \geq 2450 - 99k + k^2 \Rightarrow k^2 - 99k + 2205 \leq 0 \quad \dots \quad k = 33{,}8;$$

also ist k = 34: so viele Fragen sind zu lernen!

Ein Fall für ungeordnete Stichproben mit Zurücklegen wäre das folgende Verteilungsproblem:

Beispiel 13: für Tüftler: ein Verteilungsproblem

B 7 ununterscheidbare Bälle sollen irgendwie auf 4 Körbe A, B, C, D verteilt werden. Wie viele Möglichkeiten gibt es? Wie wahrscheinlich ist demnach eine bestimmte?

Bild 7 zeigt zwei mögliche Verteilungen; es können durchaus auch Körbe leer sein. Vier Körbe stoßen an drei Stellen aneinander, die man sich als Trennwände vorstellen kann; weiter lassen sich nun die Bälle als Nullen und die Trennwände als Einsen deuten.

Bild 7: dazu

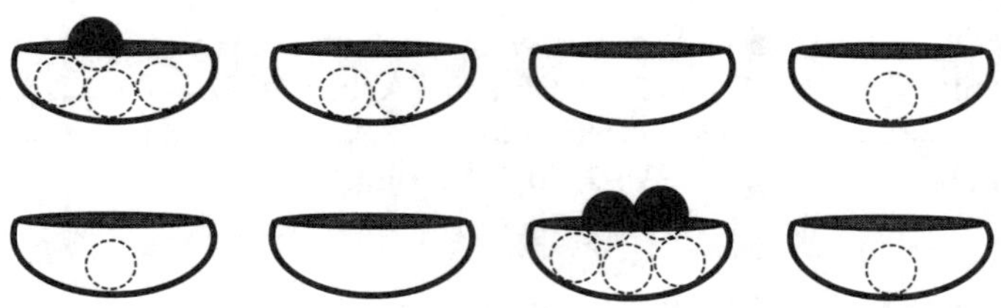

geschickte Modellbildung!

Die Anzahl der Verteilungen ist dann gleich der Anzahl der *Permutationen* von 3 Einsen und 7 Nullen; wie oft lassen sich 3 Einsen auf 3 + 7 = 10 Plätze verteilen? Erraten, es geht $\binom{10}{3} = 120$ mal !

Allgemein können wir so N Bälle auf n Körbe verteilen. Das ergibt im Bild n – 1 Trennwände und insgesamt N + n – 1 Elemente, die irgendwie anzuordnen sind. Die n – 1 „Einsen“ lassen sich wie eben auf die N + n – 1 Plätze z mal verteilen:

$$z = \frac{(N+n-1)!}{N!\,(n-1)!} = \binom{N+n-1}{n-1}, \quad \text{speziell ergibt sich} \quad \binom{7+4-1}{4-1} = \binom{10}{3} = 120\,.$$

Bei chemischen Vorgängen geht es oft um Umgruppierungen von Teilchen, also Atomen oder Molekülen; hier eine einfache Modellstudie:

Beispiel 14: und noch eines:

B Vier ununterscheidbare Teilchen befinden sich in einer Zelle, die man sich halbiert denkt. Welche Verteilungen sind möglich und wie wahrscheinlich ist jede?

Nach der Vorstellung von Beispiel 13 wird die Trennwand mit Eins identifiziert, die 4 Teilchen sind die Nullen. Verteilungen dieser 5 Dinge 1, 0, 0, 0, 0 sind ihre möglichen Permutationen; ihre Anzahl ist

$$\binom{5}{1} = \frac{5!}{4!\,1!} = 5\,.$$

Hier lassen sich die 5 Fälle auch leicht skizzieren, Bilder 8:

Bilder 8: dazu

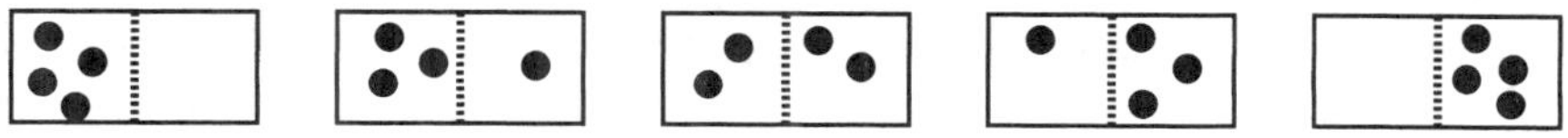

Fall a Fall b Fall c Fall d Fall e

Verteilung von Teilchen auf Zellen

Die 2. Frage war die nach der Wahrscheinlichkeit (WL) einer jeden Verteilung. Am einfachsten ist Fall a bzw. Fall e zu entscheiden: jedes Teilchen kann links (WL. 1/2) oder rechts in der Zelle (WL. 1/2) liegen, dies viermal, also ist schon

$P_a = P_e = (1/2)^4 = 1/16.$

In den Fällen b = d überlegt man, wie oft es möglich ist, 1 aus 4 Dingen auszuwählen (und in die andere Hälfte zu setzen); wir wissen, es geht 4mal:

$P_b = P_d = 4 \cdot 1/16 = 1/4.$

Im letzten Fall c kann man 2 aus 4 Dingen eben 6mal herausgreifen:

$P_c = 6 \cdot 1/16 = 3/8.$

Die Summe aller fünf P-Werte ist – dies als Kontrolle – gleich 1, ✔

Wahrscheinlichkeit und Entropie

Nun haben die Chemiker und Physiker mit der Wahrscheinlichkeit für einen Zustand eines Teilchensystems eine eigene Größe verbunden, die ***Entropie*** S. Sie ist zu ln P proportional mit der Boltzmann-Konstante k (nach Ludwig Boltzmann, österr. theoret. Physiker, 1844 bis 1906) als Proportionalitätsfaktor:

$S = k \cdot \ln P \qquad (k = 1{,}38 \cdot 10^{-23}\ \mathrm{J/K}),$

und reicht also von minus unendlich für P = 0, dem *unmöglichen* Zustand, bis null bei P = 1, dem *sicher* eintretenden. Da Reaktionen immer so ablaufen, daß der neue Zustand *wahrscheinlicher* ist als der alte, wächst mit P auch S.

Beispiel 14/ Forts:

Wie groß ist nun der *Entropiezuwachs* für den Übergang von der Verteilung a zur wahrscheinlicheren b?

konkreter Wert

Da wir die Wahrscheinlichkeitswerte schon berechnet haben, müssen wir nur einsetzen:

$\Delta S = S_b - S_a = k \cdot (\ln P_b - \ln P_a) = \ldots = 2\,k \ln 2 \ (> 0)$

Serien unabhängiger Versuche

Wir kehren nach diesen Übungen zum Verteilungsproblem der k Dinge auf n Plätze zu den unabhängigen Ereignissen zurück und beschäftigen uns noch mit einer für die Praxis sehr wichtigen Fragestellung, deren Lösung nun hinreichend vorbereitet ist; die Wahrscheinlichkeit für das Eintreten eines Ereignisses A sei stets p.

Bernoulliketten

> **«Mit welcher Wahrscheinlichkeit P tritt A in einer Serie von n Versuchen, einer sog. *Bernoullikette*, genau k mal ein?»**

Wählen wir dazu gleich ein konkretes Beispiel:

Beispiel 15:
...
am Beispiel des Urlaubswetters

Im Monat August sei die Wahrscheinlichkeit, an einem beliebigen Tag in Lugano schönes Wetter vorzufinden, gleichbleibend p = 80 %. Sie fahren in diesem Monat 14 Tage dorthin auf Urlaub (als Schweizer fahren Sie in die Ferien). Wie groß ist die Wahrscheinlichkeit, daß Sie *genau 10 Tage* **schönes Wetter** (und damit auch 4 Tage schlechtes Wetter) haben?

Lösung in zwei Schritten

Die Lösung dieses Problems gelingt mit Hilfe des Additions- und Multiplikationssatzes sowie der bekannten Anzahl möglicher k-Stichproben aus einer n-Gesamtheit:

Tritt A genau k-mal in n Tagen auf, dann muß in den übrigen n – k Tagen das Gegenereignis A' eintreten; für die Annahme, A trete *in den ersten k* Tagen ein, ist dann

$$P(A \cap A \cap \ldots \cap A \cap A' \cap A' \cap \ldots \cap A') =$$

$$P(A) \cdot P(A) \cdot \ldots \cdot P(A) \cdot P(A') \cdot P(A') \cdot \ldots \cdot P(A') = p^k \cdot (1-p)^{n-k},$$

für jeden Einzelversuch sollte ja P(A) = p konstant sein – unabhängig vom Ergebnis der anderen Versuche.
Nun muß es nicht die ersten k Tage schön sein, diese Tage dürfen beliebig auf alle n verteilt sein. Da es aber $\binom{n}{k}$-mal möglich ist, eine k-Stichprobe (A, A, ... , A) aus einer n-Menge zu ziehen, wird die gesuchte Wahrscheinlichkeit schon (Additionssatz, $\binom{n}{k}$ Summanden!)

$$P = \binom{n}{k} \cdot p^k \cdot (1-p)^{n-k}.$$

Man nennt dieses Ergebnis nach dem Basler Mathematiker Jacob Bernoulli (1654 bis 1705) den

Satz 3:
das allgemeine Ergebnis

Satz von Bernoulli

Ein Ereignis A trete jedesmal mit der festen Wahrscheinlichkeit p auf. Die Wahrscheinlichkeit, A in n voneinander unabhängigen Versuchen genau k mal zu erhalten, ist gegeben durch

$$\mathbf{P(k) = \binom{n}{k} \cdot p^k \cdot (1-p)^{n-k}}$$

... und das praktische

Unsere Urlaubsaussichten sind demnach nicht besonders rosig:

$$P(10) = \binom{14}{10} \cdot 0{,}8^{10} \cdot 0{,}2^4 = \ldots = 0{,}172 \approx 17\,\% \qquad \text{(10 aus 14 wie immer, \textbf{TR})}.$$

Beispiel 15/ Forts.:
Arbeiten mit Mathematica

Ob man diese Terme auch mit *Mathematica* finden kann? Zunächst wissen wir schon, Seite 277, wie die Binomialkoeffizienten anzufordern sind:

```
Binomial [14,10]
1001
```

Damit können wir P(10) als Produkt schreiben:

```
Binomial[14,10] * 0.8^10 * 0.2^4
0.17197
```

also genau das Ergebnis von oben, das uns mit dem *Taschenrechner* doch etwas mehr Mühe gemacht hat! Für eine einzelne Aufgabe wird es so genügen; hat man eine Serie von k-Werten zu berechnen, ist es besser, die für n (= 14) und p (= 0,8) vorgefertigte Formel zu verwenden und danach einzeln für k (hier 10) einzusetzen:

```
<<Statistics`DiscreteDistributions`
bernoulli = BinomialDistribution[14, 0.8]
PDF[bernoulli, 10]
```

0.17197

Vorschau aufs nächste Kapitel

Die letzte Zeile wäre dann statt 10 mit anderen Werten zu wiederholen, um sofort die Ergebnisse zu erhalten. Im nächsten Kapitel werden die hier neu auftretenden Namen erklärt!

Anwendung: in der Mathematik

Blättern Sie jetzt bitte zurück zum *binomischen Lehrsatz*! Dort hatten wir erkannt, daß die Summe aller im Satz von Bernoulli auftretenden Terme in p, n, k gleich 1 sein muß! Jetzt verstehen wir dies in neuer Sicht: In einer n-Versuchsserie kann eben das Ereignis A genau 0mal (= nie), 1mal, 2mal, ... oder (höchstens) n-mal (= immer) eintreten, womit gerade die Ergebnismenge Ω erschöpft ist; für sie aber ist $P(\Omega) = 1$!

Betrachten wir den *Sonderfall* $p = 1/2 = 1 - p$. Dies vereinfacht die Formel im Satz von Bernoulli, da sich die beiden Faktoren nach dem Binomialkoeffizienten zu $\left(\frac{1}{2}\right)^n$ vereinigen! Setzen wir n = 4 und k = 0, 1, 2, 3, 4!

$$P_0 = 1 \cdot 1/16\,,\ P_1 = 4 \cdot 1/16\,,\ P_2 = 6 \cdot 1/16\,,\ P_3 = 4 \cdot 1/16\,,\ P_4 = 1 \cdot 1/16\,.$$

bei den Binomen,

Was fällt auf, wenn wir ans **Pascalsche Dreieck** und dort etwa an die 4. Zeile denken? Die 1. Faktoren sind die Zahlen dieses Dreiecks (die *Binomialkoeffizienten*), der Nenner des 2., hier jedesmal 16, die *Summe* der Zahlen dieser (4.) Zeile: $2^4 = 16$!

Dies erhält man ganz allgemein für jedes n statt 4 sofort, wenn man im *binomischen Lehrsatz* a = b = 1 setzt:

$$(a + b)^n = 2^n = \sum_{k=1}^{n} \binom{n}{k} \cdot 1^{n-k} \cdot 1^k = \sum_{k=1}^{n} \binom{n}{k} = 2^n\,.$$

Oder man schließt nach dem *Satz von Bernoulli*: Die Summe aller Einzelwahrscheinlichkeiten muß, so haben wir gerade erkannt, 1 sein, also

$$\sum_{k=1}^{n} \frac{\binom{n}{k}}{2^n} = 1 \quad \Rightarrow \quad \sum_{k=1}^{n} \binom{n}{k} = 2^n\,, \text{ wie eben!}$$

Nun zu einigen Anwendungen:

B Beispiel 16: in der Familienstatistik,

Wie wahrscheinlich ist es, daß in einer **Familie** mit 6 Kindern genau die Hälfte Mädchen sind? (Nehmen Sie vereinfacht p = 1/2 an; genauer wäre erfahrungsgemäß der Wert von p etwas niedriger.)

$$P = \binom{6}{3} \cdot \left(\frac{1}{2}\right)^3 \cdot \left(\frac{1}{2}\right)^3 = \frac{\binom{6}{3}}{2^6} = \ldots = 0{,}3125$$

(und nicht 1/2 = 0,5, wie Sie vermutlich geschätzt haben!).

B Beispiel 17: für Wartungsintervalle,

Erfahrungsgemäß müssen von 6 **Flugzeugen** einer „Draken"-Staffel nach je 100 Flugstunden 5 nicht besonders gewartet werden; wie wahrscheinlich ist es, daß genau 4 von 5 Maschinen dieses Typs nach entsprechendem Einsatz zum Service müssen?

Das Ereignis E = {... muß zur Wartung} mit P(E) = 1 – 5/6 = 1/6 soll 4mal eintreten:

$$P = \binom{5}{4} \cdot \left(\tfrac{1}{6}\right)^4 \cdot \left(\tfrac{5}{6}\right)^1 = \ldots = 0{,}003215$$

E ist also recht unwahrscheinlich.

Beispiel 18: in der Produktion

B Ein **Speicherchip** sei mit der Wahrscheinlichkeit p = 10 % defekt (sie ist heute immer noch deutlich höher!). Wie hoch ist die Wahrscheinlichkeit, daß von 8 Chips

a) genau 1 b) genau 2 c) genau 3 d) höchstens 1

defekt sind? (Zu d: Das Ereignis ist eine Vereinigung von zwei unvereinbaren Teilereignissen mit k = 0 und k = 1!)

a) $P = \binom{8}{1} \cdot 0{,}1^1 \cdot 0{,}9^7 = 0{,}3826$; b) $P = \binom{8}{2} \cdot 0{,}1^2 \cdot 0{,}9^6 = 0{,}1488$;

c) $P = \binom{8}{3} \cdot 0{,}1^3 \cdot 0{,}9^5 = 0{,}0331$; d) $P = 0{,}9^8 + 0{,}3826 = 0{,}8131$.

Beispiel 19: beim Schießtraining

B Ein Soldat, der normalerweise mit p = 0,4 einen Treffer erzielt, feuert im Training 5 **Schüsse** ab. Mit welcher Wahrscheinlichkeit trifft er

a) genau 3mal? b) nie? c) höchstens 1mal? d) mindestens 2mal?

Lösung:

a) $P = \binom{5}{3} \cdot 0{,}4^3 \cdot 0{,}6^2 = 0{,}2304 \approx 23\ \%$;

b) $P = \binom{5}{0} \cdot 0{,}4^0 \cdot 0{,}6^5 = 0{,}6^5 = 7{,}8\ \%$;

(Grenzfall: Hier ist nur 1 Weg durch einen Ereignisbaum möglich; schon früher war daher die Lösung mit dem Multiplikationssatz möglich!)

c) $P_{\leq 1} = P_0 + P_1 = \binom{5}{0} \cdot 0{,}4^0 \cdot 0{,}6^5 + \binom{5}{1} \cdot 0{,}4^1 \cdot 0{,}6^4 = \ldots \approx 34\ \%$;

d) $P_{\geq 2} = 1 - P_{\leq 1} \approx 1 - 34\ \% \approx 66\ \%$.

Beispiel 20: und beim Bäcker!

B Ein Bäcker verkauft **Rosinenbrötchen (-weckerl)**; in den Teig für 100 Brötchen gibt er 200 Rosinen und knetet (mischt) gründlich. Dann wird der Teig in 100 gleiche Teile zerschnitten. Wie viele Brötchen enthalten 0, 1, 2, 3, 4 oder mehr als 4 Rosinen?

Wir blättern zu unserer ersten Rosinenaufgabe in den Übungsteil des vorigen Kapitels zurück und machen uns eine ähnliche Skizze: Bild 9. Die Wahrscheinlichkeit, daß eine zufällig geworfene Rosine auf ein bestimmtes Zielbrötchen fällt, ist hier 1/100! Allerdings wird jetzt 200mal „geworfen"; damit ist ein klares Bernoulli-Modell erstellt, und wir haben nur in die Formel der Reihe nach die Werte für k zu setzen:

Bild 9: dazu

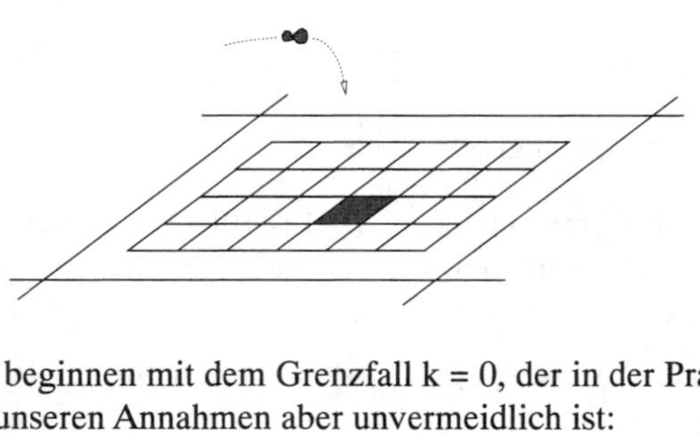

Wir beginnen mit dem Grenzfall k = 0, der in der Praxis hoffentlich nicht vorkommt, bei unseren Annahmen aber unvermeidlich ist:

$P_0 = \binom{200}{0} \cdot 0{,}01^0 \cdot 0{,}99^{200} = 0{,}99^{200} \approx 0{,}134$;

$P_1 = \binom{200}{1} \cdot 0{,}01^1 \cdot 0{,}99^{199} = \ldots \approx 0{,}271$;

P_2 = ... (bitte selber rechnen!!) $\approx 0{,}272$;

P_3 = ... – " – $\approx 0{,}181$;

P_4 = ... – " – $\approx 0{,}090$;

$P_{>4} = 1 - (P_0 + P_1 + P_2 + P_3 + P_4) = 0{,}052$.

vor dem Genuß kommt der Schweiß ...

Übersichtlich zeigt eine **Tabelle** die Ergebnisse:

Rosinen je Brötchen	0	1	2	3	4	> 4
WL. für ein Brötchen	0,134	0,271	0,272	0,181	0,090	0,05
WL. mal 100 (Brötchen)	13	27	27	18	9	5

Somit werden je 27 Brötchen genau 1 bzw. 2 Rosinen enthalten, in 9 Brötchen finden sich 4 Rosinen usw. Fanden Sie es langwierig, P_2 bis P_4 zu berechnen, vor allem, da es auch keine Tabellen dafür gibt? Sie kennen die Antwort: *Mathematica* fragen:

es geht aber auch ohne !

```
bernoulli = BinomialDistribution[200, 0.01]
Table[PDF[bernoulli, k], {k,0,4}]
```

```
{0.13398, 0.270666, 0.272033, 0.181355, 0.0902197}
```

Ende des 25. Kapitels!

Übungsaufgaben

1. In Ihrem Keller liegen 9 Flaschen Weißwein und 4 Flaschen Rotwein. Mit welcher Wahrscheinlichkeit werden Sie bei zufallsartiger Auswahl (Im Dunkeln ziehen, natürlich ohne Zurücklegen!)
   a) 3 Flaschen Weißwein b) 3 Flaschen Rotwein
   c) 2 Weißweine, 1 Rotwein d) 1 Weißwein, 2 Rotweine ergreifen?

2. Bei einer Supermarkt-Eröffnung im Januar werden aus 24 Februar-Werktagen 4 geheim gezogen; wer von den Kunden richtig rät, darf dann zum halben Preis einkaufen. Wie groß ist die Wahrscheinlichkeit für günstigen Einkauf an
   a) allen 4 Tagen b) 3 Tagen c) 2 Tagen d) mindestens 1 Tag?

3. In einem Kartenspiel werden 36 Karten auf 4 Spieler verteilt. Mit welcher Wahrscheinlichkeit erhält ein Spieler bei zufälliger Verteilung
   a) 4 Asse b) 1 As c) mindestens 1 As

4. In einem Mischbestand gehören 46 % der Bäume der Holzart Kiefer an. Wie groß ist die Wahrscheinlichkeit, daß in einer Stichprobe von 13 Bäumen 7 Kiefern sind?

5. In einer Schachtel liegen 6 weiße und 4 rote Bälle. Man zieht fünfmal hintereinander einen Ball heraus,
   a) ohne zurückzulegen. Wie groß ist die Wahrscheinlichkeit, dabei 3 weiße und 2 rote Bälle in beliebiger Reihenfolge zu ziehen?
   b) legt aber jetzt jedesmal zurück. Wie groß ist nun die Wahrscheinlichkeit, 3 weiße und 2 rote Bälle in beliebiger Reihenfolge zu ziehen?

6. Wie groß ist die WL., daß in einer Familie mit 5 Kindern (bei $p = 1/2$ für M. oder J.)
   a) kein Mädchen (M), b) genau 1 Mädchen c) genau 2 Jungen (J) sind?

7. Eine Münze wird 5mal geworfen: Wir fragen nach der Wahrscheinlichkeit
   a) nie Zahl b) genau 1mal Zahl c) genau 2 mal Kopf (Adler/Wappen) zu werfen.

8. Ein Glücksrad wird 10mal gedreht, wobei der Zeiger jedesmal mit $p = 2/5$ das Feld A anzeigen kann (es macht also 40 % der Radfläche aus). Mit welcher WL. geschieht dies
   a) genau 4mal b) höchstens 1mal?

9. Bei der Massenproduktion von Präzisionsschrauben einer bestimmten Sorte sei die Wahr scheinlichkeit, daß eine Röhre fehlerhaft ist, erfahrungsgemäß 0,1 %. Wie groß ist damit die Wahrscheinlichkeit, in einer Lieferung von 1000 Stück
   a) keine Schraube b) mindestens eine Schraube
   c) höchstens eine Schraube d) mindestens 2 Schrauben unbrauchbar zu finden?

10. In der Bevölkerung einer Stadt treten 15 % der Männer und 20 % der Frauen für die Aufstellung eines Kunstwerkes ein. Mit welcher WL sind
    a) unter 25 Männern mindestens 3 dafür;
    b) unter 25 Frauen höchstens 2 dafür?

Zu den Lösungen

Lösungen

1. Wie oft können wir 3 Flaschen aus 13 auswählen? $m = \binom{13}{3} = \frac{13 \cdot 12 \cdot 11}{3 \cdot 2 \cdot 1} = 286$ mal.
   Aus 9 Weißweinflaschen kann man $g_W = \binom{9}{3} = \frac{9 \cdot 8 \cdot 7}{3 \cdot 2 \cdot 1} = 84$ mal je 3 in einem Griff herausziehen, analog ist es bei 4 Rotweinflaschen mit $g_R = \binom{4}{3} = \binom{4}{1} = 4$ für Rotwein: nach Laplace ist
   a) $P(\{3\text{mal weiß}\}) = 84 / 286 = 0{,}294 \approx 29\ \%$;
   b) $P(\{3\text{mal rot}\}) = 4/286 = 0{,}0140 = 1{,}4\ \%$;
   c) $P(\{2\text{mal weiß, 1 rot}\}) = \frac{g}{m} = \frac{\binom{9}{2} \cdot 4}{\binom{13}{3}} = \frac{144}{286} = 0{,}503 \approx 50\ \%$, denn es gibt 4 Mögl., eine rote zu ziehen und $\binom{9}{2}$ Mögl., dazu aus 9 Flaschen 2 weiße.
   d) $P(\{1\text{mal weiß, 2 rote}\}) = \frac{g}{m} = \frac{9 \cdot \binom{4}{2}}{286} = \frac{54}{286} = 0{,}189 \approx 19\ \%$.
   Als Kontrolle bilden wir die Summe, die zu unserer Erleichterung = 1 ist! ✓

2. a) möglich: $m = \binom{24}{4} = \frac{24 \cdot 23 \cdot 22 \cdot 21}{4 \cdot 3 \cdot 2 \cdot 1} = 10626$; günstig ist nur g=1 Fall, eben die 4 Richtigen zu haben $\Rightarrow$ $P = g/m = 1/10626 = 0{,}0000941$;
   b) 3 Richtige aus 4 kann man auf $\binom{4}{3} = \binom{4}{1}$ Arten zusammenstellen; dazu kommt jedesmal 1 aus den 20 nicht ausgelosten, d.s. 20, also ist
   $\binom{4}{3} \cdot 20 = 4 \cdot 20 = 80 \quad \Rightarrow \quad P = g/m = 80/10626 = 0{,}00753 \approx 1\ \%$;
   c) analog zu b: $g = \binom{4}{2} \cdot \binom{20}{2} = \frac{4 \cdot 3 \cdot 20 \cdot 19}{2 \cdot 1 \cdot 2 \cdot 1} = 1140 \quad \Rightarrow \quad P = 1140/10626 \approx 11\ \%$;
   d) Gegenereignis zu «kein Tag»; dafür ist $g = \binom{20}{4} = \ldots = 4845$; also folgt
   $P = 1 - 4845/10626 = 0{,}544 \approx 54\ \%$.

3. a) möglich: $m = \binom{36}{9}$; günstig: $g = \binom{4}{4} \cdot \binom{32}{5} = 1 \cdot \binom{32}{5}$;
   $P = g/m = \ldots$(kürzen!) $= 0{,}00214 \approx 0{,}2\ \%$;
   b) m wie in a, $g = \binom{4}{1} \cdot \binom{32}{8}$; $P = g/m =$ (wie a!) $= 0{,}447 \approx 45\ \%$;
   c) E ... «kein As», dafür $g = \binom{32}{9}$; $P(E) = g/m = \ldots = 0{,}298$;
   E' ... «mind. 1 As», $P(E') = 1 - P(E) = 1 - 0{,}298 = 0{,}702 \approx 70\ \%$.

4. Bernoullikette! $P = \binom{13}{7} \cdot 0{,}46^7 \cdot 0{,}54^6 = \frac{13!}{6!\,7!} \cdot 0{,}46^7 \cdot 0{,}54^6 = 0{,}185 = 18{,}5\ \%$.

5. a) 3 weiße aus 6 w. und 2 rote aus 4 r. kann man auf $g = \binom{6}{3} \cdot \binom{4}{2} = 120$ Arten ziehen;
   5 Bälle aus 10 lassen sich $m = \binom{10}{5} = 252$ mal herausgreifen:
   $P = g/m = \ldots = 0{,}467 \approx 47\ \%$;

b) Bernoulli! $p_w = 3/5$, $p_r = 1 - p_w = 2/5$; 3 weiße (und 2 rote) in einer Serie von 5 Zügen:

$$P = \binom{5}{3} \cdot \left(\frac{3}{5}\right)^3 \cdot \left(\frac{2}{5}\right)^2 = \ldots = 10 \cdot \frac{3^3 \cdot 2^2}{5^3 \cdot 5^2} = 0{,}3456 \approx 35\ \% .$$

6. a) $P = \left(\frac{1}{2}\right)^5 = \frac{1}{32}$; b) $P = \binom{5}{1} \cdot \left(\frac{1}{2}\right)^1 \left(1 - \frac{1}{2}\right)^4 = \frac{5}{32}$;

   c) $P = \binom{5}{2} \cdot \left(\frac{1}{2}\right)^2 \left(1 - \frac{1}{2}\right)^3 = \frac{10}{32}$.

7. Es handelt sich um eine zunächst andere Problematik, die auf genau dasselbe mathemat. Modell wie in Aufgabe 6 führt! Die Antworten stehen daher schon dort!

8. a) $P(n; p; k) = P(10; 0{,}4; 4) = \binom{10}{4} \cdot 0{,}4^4 \cdot (1 - 0{,}4)^6 = 210 \cdot 0{,}4^4 \cdot 0{,}6^6 = 0{,}251 \approx 25\ \%$;

   b) $P = P_0 + P_1 = (1 - p)^{10} + 10 \cdot p \cdot (1 - p)^9 = 0{,}6^{10} + 10 \cdot 0{,}43 \cdot 0{,}6^9 = \ldots = 4{,}6\ \%$.

9. a) $P_0 = \binom{1000}{0} \cdot \left(\frac{1}{1000}\right)^0 \cdot \left(1 - \frac{1}{1000}\right)^{1000} = e^{-1} = 0{,}368$;

   b) $P_b = 1 - P_0 = 1 - 0{,}368 = 0{,}632$;

   c) $P_c = P_0 + P_1 = P_0 + \binom{1000}{1} \cdot \left(\frac{1}{1000}\right)^1 \cdot \left(1 - \frac{1}{1000}\right)^{999} = 2e^{-1} = 0{,}736$;

   d) $P_d = 1 - P_c = 0{,}264$.

10. a) $p = 0{,}15$; $q = 1 - p = 0{,}85$

    $P(H \geq 3) = 1 - P(H \leq 2) = 1 - [P(H = 0) + P(H = 1) + P(H = 2)] =$

    $1 - \left[\binom{25}{0} \cdot 0{,}15^0 \cdot 0{,}85^{25} + \binom{25}{1} \cdot 0{,}15^1 \cdot 0{,}85^{24} + \binom{25}{2} \cdot 0{,}15^2 \cdot 0{,}85^{23}\right] =$

    $1 - [0{,}0172 + 0{,}0759 + 0{,}1607] = 0{,}746 = 74{,}6\ \%$;

    b) $p = 0{,}20$; $q = 1 - p = 0{,}80$

    $P(F \leq 2) = P(F = 0) + P(F = 1) + P(F = 2) =$

    $\binom{25}{0} \cdot 0{,}20^0 \cdot 0{,}80^{25} + \binom{25}{1} \cdot 0{,}20^1 \cdot 0{,}80^{24} + \binom{25}{2} \cdot 0{,}20^2 \cdot 0{,}80^{23} =$

    $0{,}00378 + 0{,}02361 + 0{,}07084 = 9{,}8\ \%$.

Zum nächsten Kapitel

Teil H

26. Kapitel

26

Zufallsvariablen und Verteilungen

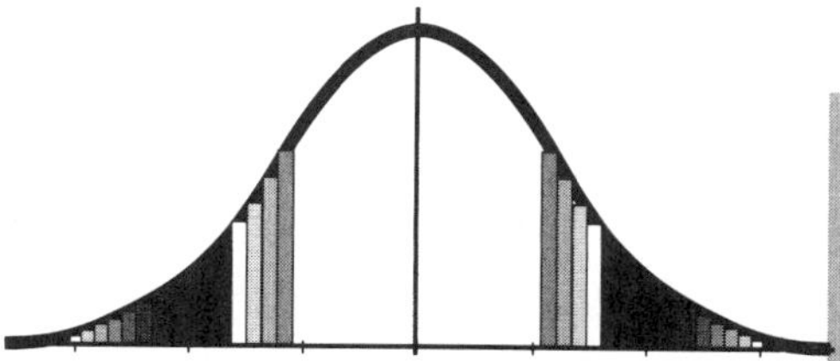

Die Ergebnisse von Zufallsversuchen sind nicht immer *Zahlen*, wie wir gesehen haben. Da Zahlen aber zur weiteren Auswertung sehr geeignet sind, sucht man überall dort, wo sie nicht schon vorliegen, eine passende Vorschrift, die den Ergebnissen ω_i in naheliegender Weise *Zahlen* zuordnet. Etwa:

B — **Beispiele 1: Zahlen statt beliebiger Ergebnisse von Zufallsversuchen**

Münzwurf: ω_1 = Zahl — Zuordnung: $\omega_1 \to 1$
ω_2 = Kopf/Wappen — $\omega_2 \to 0$ (oder umgekehrt)

Urne: ω_1 = schwarze Kugel — Zuordnung: $\omega_1 \to 1$
ω_2 = weiße Kugel — $\omega_2 \to 0$ (oder umg.)

Stichprobe aus Prüflos mit
ω_1 = gutes Stück — Zuordnung: $\omega_1 \to 1$
ω_2 = defektes Stück — $\omega_2 \to 0$ (oder umg.)

Glücksrad: ω_1 = Sektor A — Zuordnung: $\omega_1 \to 1$
ω_2 = Sektor B — $\omega_2 \to 2$
ω_3 = Sektor C — $\omega_3 \to 3$

❖ Schwieriger ist es schon beim
Würfeln mit 2 Würfeln: $\omega_1 = (1,1)$ — Zuordnung: $\omega_1 \to 1 + 1 = 2$
$\omega_2 = (1,2)$ — $\omega_2 \to 1 + 2 = 3$
...
$\omega_{36} = (6,6)$ — $\omega_{36} \to 6 + 6 = 12$

Ergebnisse und Zufallsvariablen

Sind die ersten Zuordungen fast zwingend, wird man später zunehmend frei: Beim Würfeln hätte man auch das Produkt, die Differenz oder etwas anderes wählen können. Vereinbaren wir folgende Sprechweise, wenn Ω Ergebnismenge eines Zufallsversuchs ist:

D — **Definition 1: Zufallsvariable**

> Unter einer ***Zufallsvariablen*** X verstehen wir eine Funktion
> $$X: \Omega \to \mathbb{R}, \quad \omega_i \to x_i$$
> die jedem Ergebnis $\omega_i \in \Omega$ eine reelle Zahl $x_i = X(\omega_i)$ zuordnet.

Die Wertemenge $W = \{x_1, x_2, ...\}$ ist häufig endlich, ja sogar Teilmenge von $\mathbb{N}$; auch für $W = \mathbb{N}$ mit *abzählbar unendlich* vielen *Realisierungen* x_i heißt X noch *diskrete* Zufallsvariable. Diese Bezeichnung ist schon älter und deutet an, daß eigentlich nur die Funktions*werte* x_i interessieren – so ist es auch bei den *Folgen*!

Zusammenhang mit Wahrscheinlichkeiten

Jedem ω_i kommt eine Wahrscheinlichkeit des Eintretens zu; führt mehr als ein ω_k zu einem x_i, Bild 1, so erhält dieses x_i eben die Summe der entsprechenden p_k, eben p_i, als Wahrscheinlichkeit seines Eintretens zugeordnet.

Bild 1: zu Definition 2

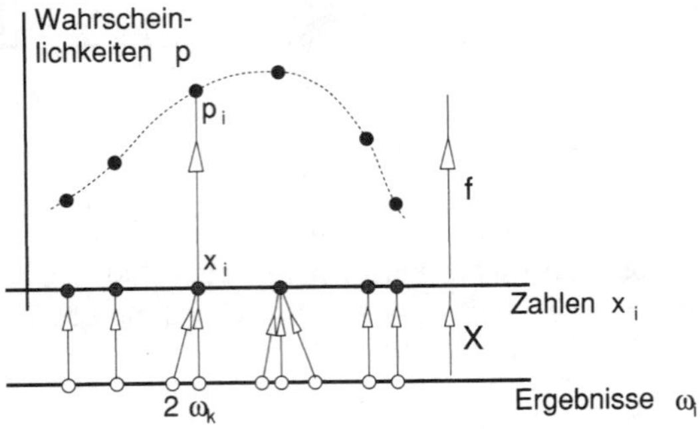

Auch dafür sagen wir:

Definition 2: Wahrscheinlichkeitsfunktion

D Unter der ***Wahrscheinlichkeitsfunktion*** f der Zufallsvariablen X verstehen wir die Funktion:

$f: \mathbb{R} \to [0, 1], \quad x_i \to p_i$

die den Funktionswerten $x_i \in \mathbb{R}$ von X die Wahrscheinlichkeit p_i ihres Eintretens zuordnet.

und WL.-verteilung

Die Menge der Paare $\{(x_i, p_i)\}$ heißt auch ***Wahrscheinlichkeitsverteilung*** von X. Sie wird gerne der Übersicht halber in einer *Wahrscheinlichkeitstabelle* angeschrieben, wie sie in Beispiel 2 folgt.

Der Vollständigkeit halber müssen wir noch allen $x \neq x_i$ den Wert $p = 0$ zuordnen, um eine *überall definierte* Funktion zu erhalten. Dies ist auch zwingend, da im Versuch nur die Werte x_i auftreten, andere *nicht*: Sie sind daher als *unmögliche* Ereignisse anzusehen mit $p = 0$.

Machen wir uns diese neuen Begriffe an einigen Fallstudien klar:

Beispiel 2: Anwendung beim Würfeln,

B Wir würfeln mit einem **Würfel** und identifizieren wie üblich Augenzahl mit Zahl, also • = 1, ⁚ = 2, usw. bis 6; damit ist $\Omega = \{\omega_1, \omega_2, ..., \omega_6\} = \{1, 2, ..., 6\}$. Hier liegen schon Zahlen vor, die *Zufallsvariable* X ... „Augenzahl" übernimmt sie einfach: $x_i = \omega_i$.

Oder wir deuten die Identifizierung als Zuordnung • → 1, ⁚ → 2, ... der *Zufallsvariablen* X, Bild 2, nächste Seite.

Da jedes ω_i mit *derselben* Wahrscheinlichkeit $p = 1/6$ auftritt, ist die *Wahrscheinlichkeitsfunktion* einfach $f: x_i \to 1/6$

WL.-Tabelle:

x_i	1	2	3	4	5	6
p_i	1/6	1/6	1/6	1/6	1/6	1/6

$\to \Sigma$ der $p_i = 1$ ✓

Es liegt eine (diskrete) *Gleichverteilung* vor.

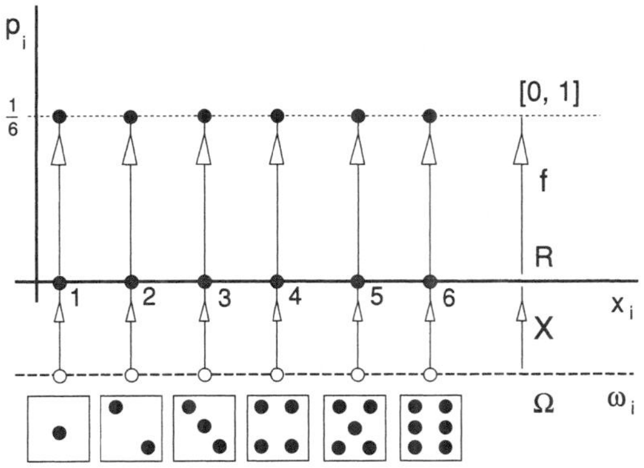

Bild 2: zu Beispiel 2

Ganz ähnlich ist vorzugehen, wenn etwa

Beispiel 3: ... beim Glücksrad

ein **Glücksrad** mit gleich großen Sektoren gedreht wird und die Sektoren gleich mit Randzahlen, etwa 1, 2, 3, ... beschrieben werden. Sind die Sektoren *verschieden* breit, so haben die Randzahlen verschiedene Wahrscheinlichkeiten, wie beispielsweise beim Glücksrad vom vorigen Kapitel, für das die *Wahrscheinlichkeitstabelle* nur vom Rad abzuschreiben ist, Bild 3, links.

Bilder 3/4: dazu

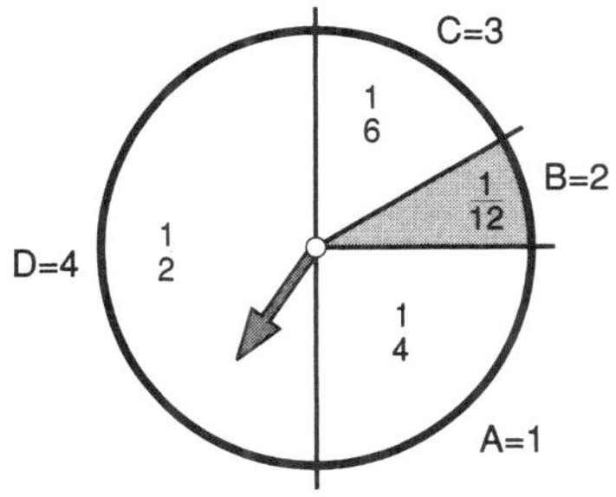

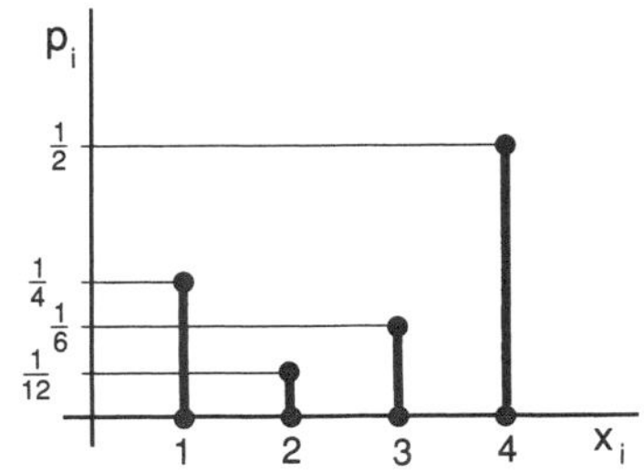

WL.-Tabelle:

x_i	1	2	3	4
p_i	1/4	1/12	1/6	1/2

$\rightarrow$ Σ der $p_i = 1$ ✓

während der **Graph** der *Wahrscheinlichkeitsfunktion* in Bild 4, oben rechts, als *Stabdiagramm* dargestellt ist.

Abkürzungen

Bei dieser Gelegenheit üben wir, wie man Wahrscheinlichkeiten für verschiedene Ereignisse verkürzt anschreibt:

- $P(X = 2)$ ist die WL. dafür, daß die *Zufallsvariable* X den Wert $x_i = 2$ annimmt, also $p_i = 1/12$.
- $P(X \leq 2)$ bedeutet analog, daß die x_i Werte bis höchstens 2 annehmen, also im Beispiel 3: $p_i = 1/4 + 1/12 = 1/3$. Was ist dann
- $P(1 < X < 4)$? Hier wird $x_i = 2$ oder $x_i = 3$ verlangt, also $p_i = 1/12 + 1/6 = 1/4$.

So einfach wird es nicht immer bleiben:

Beispiel 4: nun wird´s schwieriger:

B Wir können unser **Glücksrad** *zweimal* **drehen** und eine Zufallsvariable X durch die *Summe* der beiden angezeigten Sektorenzahlen erklären und ihre *Verteilung* studieren.

Dabei wird man die Tabelle erst ausfüllen können, wenn man überlegt, wie viele ω_k zu einem bestimmten x_i führen. Schreiben wir alles ausführlich an:

Ergebnismenge $\Omega = \{(1, 1); (1, 2); (1, 3); (1, 4); (2, 1); ...; (3, 1); ...; (4, 4)\}$,
$|\Omega| = 4 \cdot 4 = 16$

Zufallsvariable $X: \Omega \to \mathbb{R}$, $\omega \to x_k$,
(1, 1) $\to$ 1 + 1 = 2
(1, 2) $\to$ 1 + 2 = 3
(2, 1) $\to$ 2 + 1 = 3
... ...
(4, 4) $\to$ 4 + 4 = 8, d. h., $x_i = 2, 3, ..., 8$:

Dafür jetzt einzeln die Wahrscheinlichkeiten:

Summe von Feldern als Zufallsvariable

P (X = 2) (beidemal 1 mit je p = 1/4) = 1/4 · 1/4 = 1/16
P (X = 3) (1 und 2 oder 2 und 1 führen zu 3) = 1/4 · 1/12 + 1/12 · 1/4 = 1/24
P (X = 4) = 1/4 · 1/6 + 1/12 · 1/12 + 1/6 · 1/4 = 13/144
P (X = 5) = 1/4 · 1/2 + 1/12 · 1/6 + 1/6 · 1/12 + 1/2 · 1/4 = 5/18
P (X = 6) = 1/12 · 1/2 + 1/6 · 1/6 + 1/2 · 1/12 = 1/9
P (X = 7) = 1/6 · 1/2 + 1/2 · 1/6 = 1/6
P (X = 8) = 1/2 · 1/2 = 1/4

Die Wahrscheinlichkeitsverteilung ist in der Tabelle zusammengestellt und in Bild 5a veranschaulicht:

Bild 5a: dazu

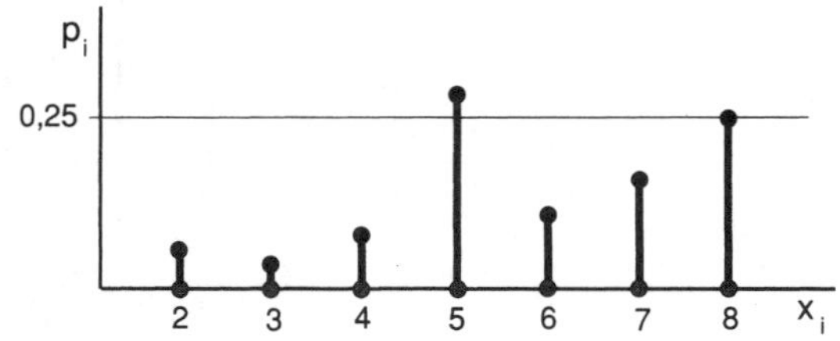

WL.-Tabelle:

oder:

x_i	2	3	4	5	6	7	8	
p_i	1/16	1/24	13/144	5/18	1/9	1/6	1/4	
	0,063	0,042	0,090	0,278	0,111	0,167	0,25	$\to \Sigma p_i = 1$ ✓

Beispiel 5: Zahl der Versuche als Zuf.variable

B Als **Variante** werde der Zeiger jetzt so lange gedreht, bis zum *erstenmal* das Feld 1 angezeigt wird (Ereignis E). Die dazu erforderliche Anzahl der Versuche lege jetzt die Werte x_i einer Zufallsvariablen X fest; wie sieht die Verteilung bis $x_i = 6$ aus?

Das Ereignis E kann beim
1. Mal eintreten: $p_1 = P(X = 1) = 1/4$
2. Mal eintreten: $p_2 = P(X = 2) = 3/4 \cdot 1/4$ (beim 1. Mal *nicht*!)
3. Mal eintreten: $p_3 = P(X = 3) = 3/4 \cdot 3/4 \cdot 1/4$ (beim 1. und 2. Mal *nicht*)
... ...

Wahrscheinlichkeitsverteilung, Graph in Bild 5b:

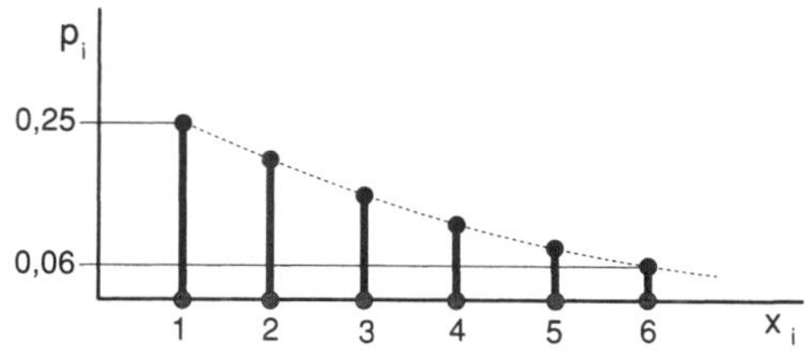

Bild 5b: zur Variante

WL.-Tabelle:

x_i	1	2	3	4	5	6	
p_i	1/4	$3/4 \cdot 1/4$	$(3/4)^2 \cdot 1/4$	...	...	$(3/4)^5 \cdot 1/4$	
	0,25	0,1875	0,1406	0,1055	0,0791	0,0593	**

$\rightarrow \Sigma ** = ?$

geometrische Reihe

** Es liegt hier eine *unendliche geometrische Reihe* vor, vgl. auch G**21**, deren Summe wir in Band **3**, Kapitel K**35**, als gleich 1 nachrechnen werden!

Studieren Sie die folgende Vorgangsweise: Kommt Ihnen die Problemstellung der Berechnung der p_i nicht sehr bekannt vor?

B

Beispiel 6: Zufallsvariable und Bernoullikette

Beim **Münzwurf** könnte man sich für das Ereignis A ... „Es erscheint Zahl" interessieren. Es wird sechsmal geworfen. Die Wertemenge der Zufallsvariablen X sei die Anzahl der Versuche, in denen A eintritt. Stellen wir die Wahrscheinlichkeitstabelle auf und lesen noch ab, mit welcher Wahrscheinlichkeit A höchstens 4mal eintritt!

Ja, es handelt sich um eine *Bernoullikette* mit $x_i = k = 0, 1, 2, ..., 6$!

$p(A) = 1/2, \ 1 - p = 1/2;$

$p_i = P(k) = \binom{n}{k} \cdot p^k \cdot (1-p)^{n-k} = \binom{n}{k} \cdot p^n$ (wegen $p = 1/2$)

$n = 6$: $p_0 = (1/2)^6 = 1/64$; $p_1 = 6 \cdot (1/2)^6 = 6/64$; ...

WL.-Tabelle:

x_i	0	1	2	3	4	5	6
p_i	1/64	6/64	15/64	20/64	15/64	6/64	1/64

Bild 6 zeigt die Verteilung grafisch:

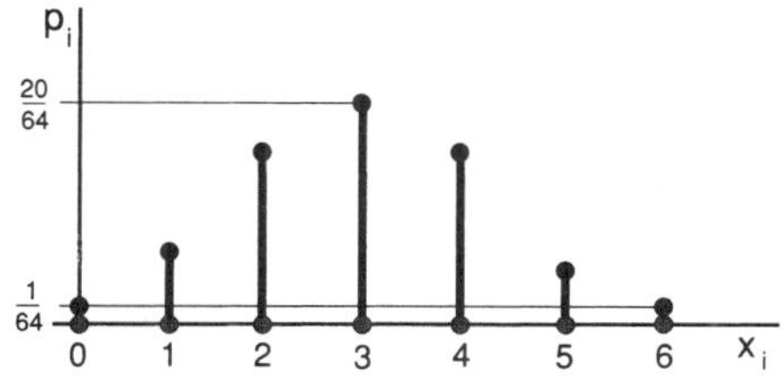

Bild 6: dazu

Zur Zusatzfrage:

$P(X \leq 4) = p_0 + p_1 + ... + p_4 = 1/64 \cdot (1 + 6 + 15 + 20 + 15) = 57/64 = 89\ \%$

Mit der zugehörigen ***Binomial-Verteilung*** müssen wir uns bald näher beschäftigen!

Binomial-Verteilung

Zuvor schließen wir an die letzte Frage an, die auch in praktischen Problemen öfters in ähnlicher Form auftritt:

Beispiel 7: **Anwendung auf Produktion und Ausschuß**

B In einem **Produktionsprozeß** von Nägeln wird mit einer Wahrscheinlichkeit von 5 % Ausschuß produziert. Wie groß ist die Wahrscheinlichkeit, daß von 10 produzierten Nägeln höchstens 2 Ausschußstücke sind?

Auch hier ist

$P(X \le 2) = P(X = 0) + P(X = 1) + P(X = 2)$ anzusetzen!

Da die Bernoulli-Formel anwendbar ist, können wir weiter rechnen (*Taschenrechner* oder *Mathematica*):

$$P(X \le 2) = \binom{10}{0} \cdot 0{,}05^0 \cdot 0{,}95^{10} + \binom{10}{1} \cdot 0{,}05^1 \cdot 0{,}95^9 + \binom{10}{2} \cdot 0{,}05^2 \cdot 0{,}95^8 =$$
$$= 0{,}599 + 0{,}315 + 0{,}075 = 0{,}989.$$

Verteilungsfunktion

In den letzten Beispielen wurde schon nach der *Summe* von Wahrscheinlichkeiten gefragt; man kann ganz allgemein bis zu einer bestimmten Realisierung $x_k \le x$ aufsummieren:

$$P(X \le x) = P(X = x_1) + P(X = x_2) + \ldots + P(X = x_k) = \sum_{x_k < x} P(X = x_k),$$

wofür man sagt:

Definition 3: **Verteilungsfunktion**

D Die Funktion F: $x \rightarrow P(X \le x)$ heißt ***Verteilungsfunktion*** der Zufallsvariablen X.

Sehen wir uns die Verteilungsfunktion F von X für die *Gleichverteilung* von oben an:

Beispiel 8: **Gleichverteilung und F**

B Wegen $P(x_i) = p_i = 1/6$ für $x_i = 1, 2, \ldots, 6$ ist einfach

F: $1 \rightarrow P(X \le 1) = p_1 = 1/6$; $\quad 2 \rightarrow P(X \le 2) = p_1 + p_2 = 1/6 + 1/6 = 1/3$;

... ...

$6 \rightarrow P(X \le 6) = p_1 + p_2 + \ldots + p_6 = 6/6 = 1.$

Für Werte n = 7, 8, ... von X wird natürlich $n_{>6} \rightarrow 1$ usw.; vor 1 ist umgekehrt der Funktionswert natürlich 0, $n_{<1} \rightarrow 0$, Bild 7:

Bild 7: **Graph von F**

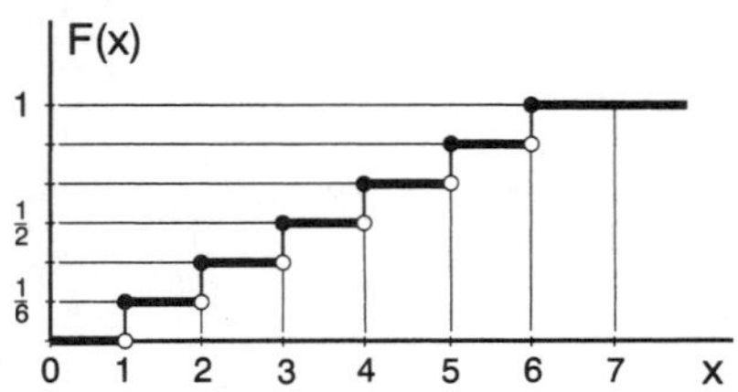

An den Werten x_i von X liegen jeweils Sprungstellen, wobei stets der Funktionswert $P(X = x_i)$ dazukommt. Liegen zwei Werte a, b von X weiter auseinander und interessiert man sich für $P(a < X \le b)$, so ist allgemein für jede *Verteilungsfunktion* F:

$\{X \leq b\} = \{X \leq a\} \cup \{a < X \leq b\}$ und damit
$P(X \leq b) = P(X \leq a) + P(a < X \leq b)$,
$\uparrow = F(b) \quad \uparrow = F(a)$
d. h., $P(a < X \leq b) = F(b) - F(a)$, vgl. Bild 8:

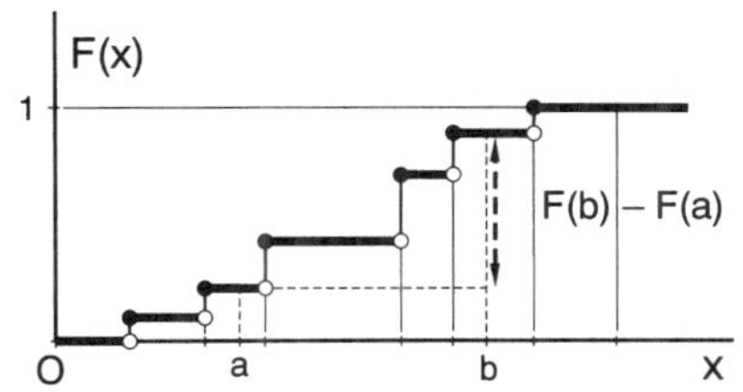

Bild 8: Bedeutung der Differenz F(b) – F(a)

Hätte man also F tabelliert, so wäre die Wahrscheinlichkeit dafür, daß X Werte zwischen a und b annimmt, durch die *Differenz* F(b) – F(a) gegeben.

Im Beispiel der Nägel könnte man fragen, wie hoch die Wahrscheinlichkeit dafür ist, daß von 100 Nägeln zwischen 5 (exkl.) und 15 (inkl.) Stück unbrauchbar sind; die Antwort wäre schon F(15) – F(5). In der Praxis wird man solche Tabellen für seine Spezialzwecke notfalls einmal selbst zusammenstellen und dann ständig verwenden.

in der Praxis sind Spannen wichtig

Kennzahlen einer Verteilung

Um eine **Verteilung** zu charakterisieren – sei sie durch die *Wahrscheinlichkeits*funktion oder die *Verteilungs*funktion dargestellt –, hat man noch gewisse *Kennzahlen* (oder *Parameter*) definiert. Die erste wollen wir vorbereiten, indem wir mit einem netten Onkel folgendes Spiel vereinbaren:

B

Wir werfen mit 2 Würfeln zugleich, setzen pro Wurf 1 Jeton (Wert 1 S / 10 Pf. / ...) ein und gewinnen 2, 4, 8 oder gar 18 Jetons, die unser guter Onkel spendiert, wenn wir die Augensumme 9, 10, 11 oder gar 12 erzielen. Welchen mittleren **Gewinn** pro Wurf werden wir bei längerem Spiel erwarten?

Beispiel 9: mittlerer Gewinn

in einem Spiel für Fortgeschrittene

Als Übungsaufgabe dürfen Sie bitte die Wahrscheinlichkeiten für die genannten Augensummen berechnen und finden

$p_9 = 4/36, \quad p_{10} = 3/36, \quad p_{11} = 2/36, \quad p_{12} = 1/36.$

Werfen wir sehr oft, sagen wir n = 360mal, so erwarten wir relative Häufigkeiten in der Nähe dieser Wahrscheinlichkeitswerte, $h_g \approx p_g$ usw., vgl. H**24**, also absolut (mal 360) etwa

$H_9 \approx 40, \quad H_{10} \approx 30, \quad H_{11} \approx 20, \quad H_{12} \approx 10.$

Unsere *Gewinnerwartung* ist dann

$E = (40 \cdot 2 + 30 \cdot 4 + 20 \cdot 8 + 10 \cdot 18)$

Jetons abzüglich 360 Jetons (Einsatz), also 540 – 360 = 180 Jetons, das ist im Mittel pro Spiel 180/360 = 1/2 Jeton.

Wenn wir es gleich *pro Spiel* angeben:

$e = (4/36 \cdot 2 + 3/36 \cdot 4 + 2/36 \cdot 8 + 1/36 \cdot 18) - 1 = 1/2,$

das Summenzeichen Σ

erkennen wir die Formel darin: Es wird für jedes der n x_i einer **Zufallsvariablen** X das Produkt von x_i mit seiner Wahrscheinlichkeit p_i gebildet und aufsummiert:

$$p_1 x_1 + p_2 x_2 + ... + p_n x_n = \Sigma\, p_i x_i.$$

Dabei steht das griech. Sigma, Σ, für «Summe aller genannten n Terme». Wer ganz genau sein will, muß unterhalb von Σ den Summationsindex sowie den Startwert angeben, darüber steht dann der Endwert; hier wäre dies $\sum_{i=1}^{n} p_i x_i$. Wir tun es aber nur dort, wo sonst Unklarheiten auftreten.

So erklärt man allgemein:

Definition 4: Erwartungswert

D

Ist X eine diskrete Zufallsvariable mit den Werten x_i, die mit den Wahrscheinlichkeiten p_i angenommen werden, so heißt

$$E(X) = \mu = \Sigma\, p_i x_i$$

Erwartungswert von X.

und

Es gibt noch eine andere Möglichkeit, sich diese Formel zu veranschaulichen: Der *Erwartungswert* entspricht in der MECHANIK dem **Schwerpunkt** einer analogen Massenverteilung: Würden die auf der leichten *Stange* x über x_i angebrachten Stäbe der Länge p_i im Punkt $\mu = E(X)$ unterstützt, Bild 9, wäre sie im *Gleichgewicht*.

Bild 9: Schwerpunkt

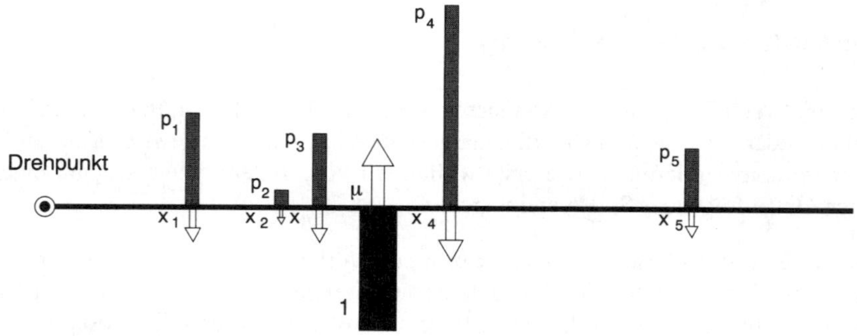

Oder: Bei beliebigem Drehpunkt hätte die Gesamtmasse **1** am Ort μ dasselbe *Drehmoment* wie die Einzelmassen:

$$p_1 x_1 + p_2 x_2 + ... + p_5 x_5 = \mathbf{1} \cdot \mu = (p_1 + p_2 + ... + p_5) \cdot \mu.$$

weitere Kennwerte:

Der Erwartungswert ist ein wesentlicher Kennwert einer Verteilung, kann aber nicht angeben, ob sich die Werte x_i nahe um μ scharen oder ob es weit entfernte Realisierungen gibt, die sich die Waage halten. Zu diesem Zweck hat man eine zweite Größe erdacht, welche die Entfernung der x_i vom Erwartungswert enthält und angibt. Man sagt:

Definition 5: Varianz und Standardabweichung

D

Ist X eine Zufallsvariable mit den Werten x_i und dem Erwartungswert $E(X) = \mu$, so heißt

$$V(X) = \sigma^2 = E\,[(X - E(X))^2] = \Sigma\, p_i (x_i - \mu)^2$$

Varianz von X; *Standardabweichung* von X ist $\sigma = \sqrt{V(X)}$.

Die weiter entfernten Werte bringen eine große Differenz $x_i - \mu$ in die Summe ein, und ihr Quadrat erhöht ihr „Gewicht" noch beträchtlich. Man denkt sich also zu X eine neue Zufallsvariable Y = X – E(X) und dann noch eine, $Z = Y^2$, deren Werte die Quadrate der Werte von Y sind; der *Erwartungswert* E(Z) von Z, also letztlich der von $(X - E(X))^2$, ist dann die *Varianz* V(X) von X.

Wenn Sie PHYSIK mögen, hilft Ihnen als Bild vielleicht der entsprechende Begriff des **Trägheitsmoments**

$$I = m_1 r_1^2 + m_2 r_2^2 + ... = \Sigma\, m_i r_i^2.$$

Die *Massen* m_i ersetzen wir wieder durch die p_i, Bild 9, vorige Seite, die Abstände r_i vom Schwerpunkt sind die $x_i - \mu$. Dann stellt I gerade die *Varianz* V(X) dar!

und Trägheitsmoment

Wir werden diese Begiffe gleich an Beispielen verdeutlichen und einüben; zuvor noch zwei Bemerkungen: Da die Varianz *Quadrate* enthält, hat sie etwa bei physikalischen Meßwerten, die ja Einheiten tragen wie Meter (m), Sekunden (s), ..., auch die Benennung m^2, s^2, ...; daher zieht man die *Wurzel*, um in der *Standardabweichung* s wieder vergleichbare Einheiten zu haben.

Varianz: weshalb Quadrate?

Und weiter: Zur *praktischen Berechnung* zieht man eine Formel vor, die wir hier nicht beweisen wollen, da die Begriffe an sich schon etwas schwierig sind; im folgenden Kapitel **27** von Band **3**, das sich der BESCHREIBENDEN STATISTIK widmet, tun wir uns leichter, dort holen wir den Beweis an der analog definierten Größe s^2 nach!

Wir schreiben hier nur an:

S

Für die Varianz gilt die Beziehung:

$$V(X) = \Sigma\, p_i (x_i - \mu)^2 = \Sigma\, p_i \cdot x_i^2 - \mu^2 = E(X^2) - [E(X)]^2;$$

kurz: **«Varianz gleich Erwartungswert der Quadrate minus Quadrat des Erwartungswerts.»**

Satz 1: zur einfacheren Berechnung

Nun aber zur praktischen Übung:

B

Als erstes würfeln wir mit 1 **Würfel**, wobei die Wahrscheinlichkeitsverteilung anhand der Tabelle schon bekannt ist; wir ergänzen sie durch drei Zeilen für $p_i x_i$, x_i^2 und $p_i x_i^2$, deren Summe wir rechts am Rand bilden können: Wie groß sind nun hier Erwartungswert, Varianz und Standardabweichung?

Beispiel 10: Würfeln

WL.-Tabelle:

x_i	1	2	3	4	5	6	
p_i	1/6	1/6	1/6	1/6	1/6	1/6	→ Σ = 1 ✓
$p_i x_i$	1/6	2/6	3/6	4/6	5/6	6/6	→ Σ = 21/6*
x_i^2	1	4	9	16	25	36	
$p_i x_i^2$	1/6	4/6	9/6	16/6	25/6	36/6	→ Σ = 91/6**

diese Tabelle hilft uns, μ und σ zu finden!

$\mu = \Sigma\, p_i x_i = {}^*21/6 = 3{,}5;$

$\sigma^2 = \Sigma\, p_i x_i^2 - \mu^2 = {}^{**}91/6 - 3{,}5^2 = 2{,}92; \quad \sigma = \sqrt{\sigma^2} \;\Rightarrow\; \sigma = 1{,}71.$

Beispiel 11: Glücksrad drehen,

B Vor einigen Seiten haben wir ein **Glücksrad** zweimal gedreht; die Ergebnisse zur Verteilung der Zufallsvariablen X ergänzen wir jetzt durch μ, V(X) und σ:

Erwartungswert:

$$E(X) = \Sigma\, p_i x_i = 1/16 \cdot 2 + 1/24 \cdot 3 + \ldots + 1/4 \cdot 8 = 5{,}83 = \mu;$$

Varianz:

$$V(X) = \Sigma\, p_i (x_i - \mu)^2 = E(X^2) - [E(X)]^2 = 1/16 \cdot 4 + 1/24 \cdot 9 + \ldots - 5{,}83^2 = 3{,}153;$$

Standardabweichung:

$$\sigma = \sqrt{V(x)} = 1{,}776\ .$$

Es gibt nun Vorgänge, die sich als Glücksraddrehungen *deuten* und so besser einordnen lassen:

Beispiel 12: Zielscheibe treffen

B Eine **Zielscheibe** habe 3 Felder (Bild 10). Für einen Schuß ins Zentrum Z erhalten Sie 10 Punkte, für den Mittelring M noch 5, der Außenring A bringt 3 Punkte. Sie treffen im Mittel die Scheibe in jedem 2. Schuß, dort sind die Treffer zufällig verteilt. Welche Punktzahl pro Schuß ist zu erwarten?

Bild 10: dazu

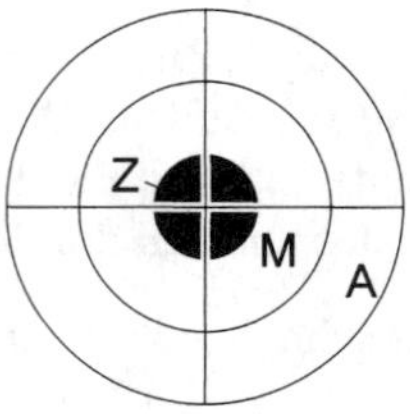

Radien 1 : 3 : 5

Wir berechnen die (geometrische!) Wahrscheinlichkeit für die Bereiche Z, M und A

Z: $p_1 \sim \pi \cdot 1^2 = \pi$

M: $p_2 \sim \pi\,(3^2 - 1^2) = 8\pi$

A: $p_3 \sim \pi\,(5^2 - 3^2) = 16\pi$

Daraus lesen wir das Verhältnis ab

$$p_1 : p_2 : p_3 = 1 : 8 : 16;$$

mit $\Sigma\, p_i = 1$ ist dann $p_1 = 1/25$, $p_2 = 8/25$ und $p_3 = 16/25$.

... was auf ein Glücksrad führt

Dies deuten wir als Wahrscheinlichkeit dafür, daß entsprechende Sektoren Z, M und A in einem Glücksrad angezeigt werden, Bild 11. Denken wir noch an p = 1/2 für einen Treffer, so wird

x_i	10	5	3
p_i	1/2 · 1/25	1/2 · 8/25	1/2 · 16/25

Bild 11: dazu

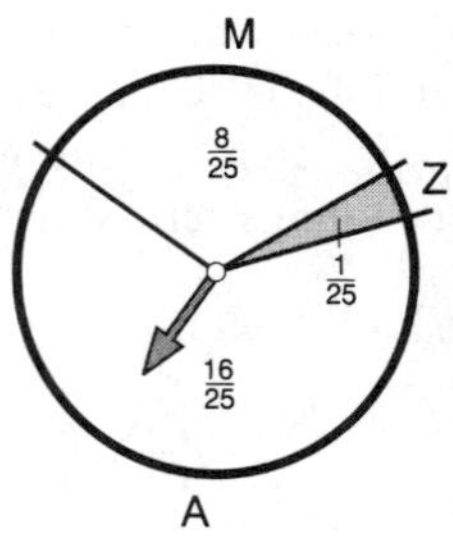

Jetzt können wir in die Formel für den *Erwartungswert* einsetzen:

$$\mu = \Sigma\, p_i x_i = 1/50 \cdot 10 + 8/50 \cdot 5 + 16/50 \cdot 3 = 1{,}96 \approx 2.$$

Pro Schuß dürfen Sie im Mittel auf etwa 2 Punkte hoffen! Sind Sie enttäuscht? Das Zentrum ist eben sehr klein, die Trefferwahrscheinlichkeit daher gering; außerdem treffen Sie nur jedes 2. Mal die Scheibe.

Auch in den beiden folgenden Aufgaben ist das Kernproblem die Bestimmung der Wahrscheinlichkeiten p_i zu x_i; dazu muß man feststellen, welche Ergebnisse ω_k auftreten und abzählen, wie viele davon zu den einzelnen x_i führen. Dies läßt sich gut an einem – eventuell verkürzten – **Ereignisbaum** ablesen. Im Beispiel auf der folgenden Seite wird das Kugelpaar (1, 2) in Bild 12, rechts, nur einmal gezeichnet, da (2, 1) zur selben Summe führt; dies für alle Paare:

B **Beispiel 13:** Urne und ...

Aus einer **Urne** mit vier numerierten Kugeln 1, 2, 3, 4 wie in Bild 12, links, wird **zweimal** ohne Zurücklegen gezogen und eine Zufallsvariable X über die Summe der beiden Nummern definiert. Wir suchen *Erwartungswert* und *Standardabweichung*.

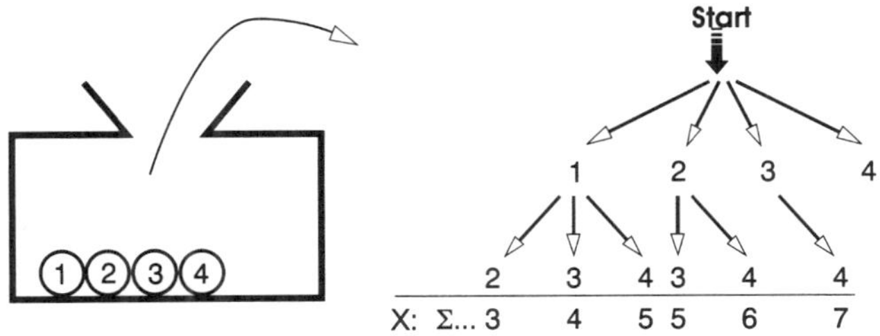

Bilder 12: Ereignisbaum als bewährte Hilfsmittel

Es fällt sicherlich nicht schwer, als mögliche Realisierungen für x_i die Zahlenwerte von 3 (=1 + 2 = 2 + 1) bis 7 (= 3 + 4 = 4 + 3) zu erkennen. Damit ist nur zu überlegen, wie oft diese Zahlen auftreten. Nur 5 tritt *viermal* auf: (1 + 4 = 4 + 1 = 2 + 3 = 3 + 2), sonst gibt es je *zwei* günstige Fälle:

WL.-Tabelle:

x_i	3	4	5	6	7	
p_i	2/12	2/12	4/12	2/12	2/12	→ Σ = 1 ✓
$p_i x_i$	6/12	8/12	20/12	12/12	14/12	→ Σ = 60/12
x_i^2	9	16	25	36	49	
$p_i x_i^2$	18/16	32/16	100/16	72/16	98/16	→ Σ = 320/12

die Tabelle ist Ihnen schon vertrauter?

$\mu = \Sigma\, p_i x_i = 60/12 = 5;$

$\sigma^2 = \Sigma\, p_i x_i^2 - \mu^2 = 320/12 - 5^2 = 1\tfrac{2}{3} = V(x);\quad \sigma = \sqrt{V(x)} \quad \Rightarrow \quad \sigma = 1{,}29.$

Auch im nächsten Beispiel führt ein Ereignisbaum zum Ziel; man erkennt daran, daß man auch mit *kombinatorischen* Mitteln, hier mit $\binom{n}{k} = \binom{3}{k}$, k = 0, 1, 2, 3, vgl. H**25**, zum Ziel kommen kann:

B **Beispiel 14:** Werfen von Münzen

Eine **Münze** wird **dreimal** geworfen, die Zufallsvariable X sei erklärt über die Differenz: Anzahl der Ergebnisse «Zahl» *minus* Anzahl der «Wappen». Wir fragen wieder nach *Erwartungswert* und *Standardabweichung*.

Bild 13, nächste Seite, hilft beim Zählen der Ergebnisse, die zu den vier Zahlenwerten ±1 und ±3 für x_i führen – hier ist dennoch etwas Kopfarbeit nötig! Dafür sparen wir uns die ausführliche Tabelle, weil nur vier Summanden auftreten:

WL.-Tabelle:

x_i	–3	–1	+1	+3	
p_i	1/8	3/8	3/8	1/8	→ Σ = 1, ✓

$\mu = \Sigma\, p_i x_i = 1/8 \cdot (-3) + 3/8 \cdot (-1) + 3/8 \cdot (+1) + 1/8 \cdot (+3) = 0\ (!);$

$\sigma^2 = \Sigma\, p_i x_i^2 - \mu^2 = 1/8 \cdot 9 + 3/8 \cdot 1 + 3/8 \cdot 1 + 1/8 \cdot 9 - 0^2 = 3 \Rightarrow \sigma = \sqrt{3} = 1{,}73.$

mit schönem μ-Wert

Bild 13: die Zeile unter dem Baum ist wesentlich!

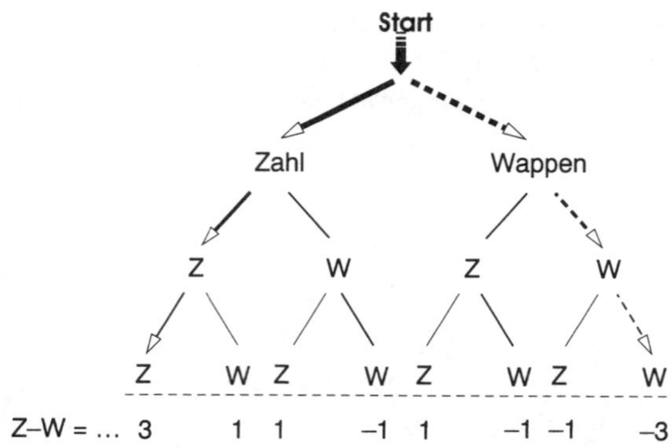

Binomialverteilung

Die letzte Fragestellung enthält wieder, wie schon Beispiel 6 – dort war sie etwas einfacher und daher offenkundig – die Idee der *Bernoullikette*.

Halten wir nun fürs Folgende wegen der außerordentlichen praktischen Bedeutung die dafür übliche Bezeichnung und Sprechweise fest:

Definition 6: Binomialverteilung ...

D

Eine Zufallsvariable X, deren Werte x_i die absoluten Häufigkeiten k des Auftretens eines Ereignisses mit der festen Einzelwahrscheinlichkeit p in einer Bernoullikette vom Umfang n sind, heißt *binomialverteilt*, die zugehörige Verteilung ist die ***Binomialverteilung***. Es gilt

$$P(X = k) = \binom{n}{k} \cdot p^k \cdot (1-p)^{n-k}, \qquad k = 0, 1, 2, ..., n$$

Da wir aus guten Gründen die *Bernoulliketten* schon vorgeübt haben, kommt an dieser Stelle nur die Erweiterung auf den Begriff der *Zufallsvariablen* dazu und stillschweigend die Berechnung *aller* Werte von P, damit eben die *Verteilung* bekannt ist.

Wir üben dies noch an einigen Anwendungen:

Beispiel 15: am Beispiel einer 10er-Serie von Münzwürfen

B

Eine **Münze** soll n = **10mal** (wie immer unregelmäßig = zufällig) geworfen werden; dabei wird auf das Ereignis {Zahl erscheint} geachtet. In der Serie kann es sein, daß E *nie* eintritt: k = 0, es kann E einmal, zweimal, ..., maximal k = n = zehnmal eintreten. Diese k sind die Werte einer *Zufallsvariablen* X; uns interessiert ihre (Binomial-) Verteilung!

Wir kennen die Formel und haben für k einzusetzen; da hier p(E) = 1/2 ist, vereinfacht sich die Rechnung (vgl. Seite 287!):

$$P(X = k) = \binom{n}{k} \cdot \left(\frac{1}{2}\right)^k \cdot \left(1 - \frac{1}{2}\right)^{n-k} = \binom{n}{k} \cdot \left(\frac{1}{2}\right)^n = \frac{\binom{n}{k}}{2^n}.$$

Nun ist n = 10, $2^n = 2^{10} = 1024$, und wir müssen noch die *Binomialkoeffizienten* «k aus 10» bis k = 5 berechnen; die restlichen kennen wir dann wegen der Symmetrie $\binom{n}{k} = \binom{n}{n-k}$:

$$\binom{10}{0} = 1, \binom{10}{1} = 10, \binom{10}{2} = \frac{10 \cdot 9}{2 \cdot 1} = 45, \ldots, \binom{10}{5} = \ldots = 252, \ldots$$

Mit der Division durch $2^{10} = 1024$ ist alles für die *Binomialverteilung* vorbereitet:

WL.-Tabelle:

$k = x_i$	0	1	2	3	4	5	6	7	8	9	10
p_i	0,001	0,01	0,044	0,117	0,205	0,246	0,205	0,117	0,044	0,01	0,001

→ $\Sigma = 1$, ✓

Wahrscheinlichkeitsfunktion f und Verteilungsfunktion F sehen im Diagramm so aus, wie es Bild 14 zeigt (vgl. den Münzwurf mit n = 6 in Beispiel 6):

Verteilungsfunktion

Zur Erinnerung: Um F(x) zu gewinnen, hat man einfach an jeder Stelle, etwa x = 4, den Wert $f(4) = p_4 = 0{,}205$ zum vorhandenen zu addieren!

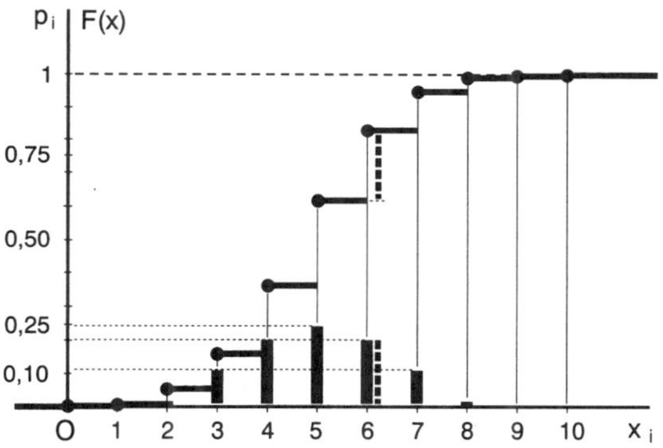

Bild 14: dazu

Sollten Sie handwerklich begabt sein, können Sie ein kleines *Experiment* durchführen, das in wenigen Sekunden diese Verteilung anschaulich herstellt! Dazu basteln Sie ein (*Galtonsches*) **Nagelbrett** mit n = 10 Reihen von gleichmäßig versetzten Nägeln, unterhalb 11 Auffangboxen und besorgen sich viele Kugeln, die Sie über einen Trichter auf die 1. Reihe fallen lassen. Jede Kugel muß sich „entscheiden", ob sie an einem Nagel nach *rechts* (Ereignis E mit p = 1/2) oder *links* (Gegen-Ereignis mit Wahrscheinlichkeit 1 – p = 1 – 1/2 = 1/2) abprallt und dies n = 10mal!

das Galtonsche Nagelbrett und die Binomialverteilung

Sie läuft z. B., wenn *rechts* mit `1` und *links* mit `0` abgekürzt – und mit `Random(2)` erzeugt – wird, den Weg

```
1  0  1  1  0  1  0  0  1  0
```

dabei tritt das Ereignis k = 5 mal ein, und die Kugel fällt in die Box Nr. 5, vgl. Bild 15 auf der nächsten Seite. Dies wiederholt sich für jede der $2^{10} = 1024$ Kugeln, deren Lage in den Boxen gerade das *Stabdiagramm* der Binomialverteilung darstellt!

Wenn Sie nicht so gerne basteln, schreiben Sie ein Programm, das den *Computer* veranlaßt, Kugeln rollen zu lassen und ihre Anzahl in den Zielboxen zu zählen; hier ein Vorschlag für mehrere Durchgänge, die Sie mit der Wahl 1 für die Anzahl der Kugeln abbrechen:

Computersimulation

Beispiel 16:
Turbo Pascal und das Nagelbrett

```
PROGRAM Galton;
USES Crt;
CONST reihe = 10;
VAR   Bahn: Byte;
   kugeln, j: Integer;
   i, k: 0..reihe;
   Box: Array[0..10] of Integer;
BEGIN
   Clrscr;
   Repeat
      Write(´Wie viele Kugeln?´);  Readln(kugeln);
      For i:=0 to reihe do Box[i]:=0;
      Randomize;
      For j:=1 to kugeln do
      Begin
         Bahn:=0
         For k:=0 to reihe do
            Bahn:=Bahn+Random(2);
         Box[Bahn]:=Box[Bahn]+1
      End;
      Write(´k =´);
      For i:=0 to reihe do Write(i:5);
      Writeln; Write(´H =´);
      For i:=0 to reihe do Write(Box[i]:5);
      Writeln; Writeln
   Until kugeln=1;
   Readln
END.
```

Nach den ersten 100 Kugeln könnte sich folgendes Bild ergeben:

Bild 15:
erste Ergebnisse

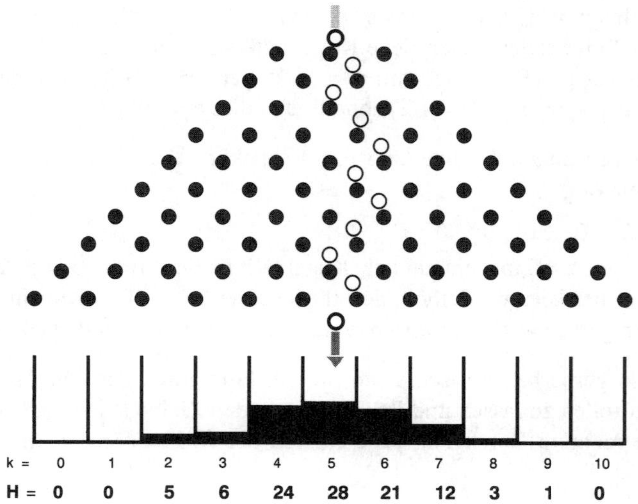

Hier das „schönste" Ergebnis einer durchgespielten Serie für $2^{10} = 1024$ Kugeln:

Box-Nr. (k =)	0	1	2	3	4	5	6	7	8	9	10
Theoretisch	1	10	45	120	210	252	210	120	45	10	1
Comp.-Simul.(H =)	0	10	49	116	197	253	209	125	51	10	4

Beide Summen sind, wie erwartet: $\Sigma = 1024$, ✓

Wenn Sie keinen Computer zur Verfügung haben, können Sie ebensogut eine Urne mit sehr vielen weißen und *ebenso vielen* schwarzen Kugeln hernehmen und daraus jeweils Stichproben vom Umfang n = 10 ziehen. Steht 1 für weiß und 0 für schwarz, so könnte der „Kugelweg" von oben, 1 0 1 1 0 1 0 0 1 0, wie eben angeben, daß hier k = 5 weiße Kugeln aufscheinen: Strich in Box Nr. 5! Tun Sie dies mit Freunden – bitte zurücklegen und mischen/schütteln – 1024 mal, so könnten Sie zu denselben Zahlen wie in der Tabelle kommen! Wieder haben Sie ein Modell einer *Binomialverteilung* mit den *Parametern* p = 1/2 und n = 10 realisiert!

Nun rührt die schöne Symmetrie in diesen Beispielen von der Tatsache p = 1 – p = 1/2. Hat p einen anderen Wert, so verschiebt sich „der Gipfel" nach links für kleine, nach rechts für große p. Sehen wir uns die folgende Fragestellung an:

B

Beispiel 17: Aufnahmetest: anderes Problem, gleiches Modell

Für einen **Aufnahmetest** werden 10 Fragen mit je 4 Auswahlantworten vorbereitet, von denen genau 1 richtig ist. Der Aufnahmewerber hat jeweils eine anzukreuzen, tut dies aber *zufällig* (weil er die Antwort nicht kennt). Die Zufallsvariable X sei durch die Zahl der richtigen Antworten bestimmt. Ihre Verteilung soll berechnet und als Stabdiagramm dargestellt werden.

Es dürfte nicht schwer sein, sie als *Binomialverteilung* zu erkennen: n = 10mal wird angekreuzt, die richtige Antwort unter vieren zu finden ist ein Ereignis E mit p = 1/4. Es gibt k = 0, 1, 2, ..., 10 Möglichkeiten, insgesamt richtig zu antworten. Wir verwenden die *Binomialkoeffizienten* «k aus 10» von oben, um die P(X = k) zu berechnen:

$$k = 0:\ P(X = 0) = \binom{10}{0} \cdot \left(\tfrac{1}{4}\right)^0 \cdot \left(1 - \tfrac{1}{4}\right)^{10} = \ldots = 0{,}056;$$

$$k = 1:\ P(X = 1) = \binom{10}{1} \cdot \left(\tfrac{1}{4}\right)^1 \cdot \left(1 - \tfrac{1}{4}\right)^9 = \ldots = 0{,}188;\ \ldots\ \ldots;\ \text{usw. bis } k = 10.$$

Natürlich können Sie wie auf Seite 289 diese Daten als Werte der `PDF` (Probability density function, WL.-Dichtefunktion) von *Mathematica* ausgeben lassen, ja sogar die *Verteilungsfunktion* F ist als `CDF` (Cumulative distribution function) gespeichert:

Ergebnistabelle über Mathematica

```
<<Statistics`DiscreteDistributions`
verteil = BinomialDistribution[10, 0.25]
Table[PDF[verteil, k], {k,0,9}]
```

```
{0.0563135, 0.187712, 0.281568, 0.250282, 0.145998,
 0.0583992, 0.016222, 0.0030899, 0.000386238, 0.0000286102}
```

```
Table[CDF[verteil, k], {k,0,9}]
```

```
{0.0563135, 0.244025, 0.525593, 0.775875, 0.921873,
 0.980272, 0.996494, 0.999584, 0.99997, 0.999999}
```

Beide Ergebnisse fassen wir gerundet und übersichtlich zusammen:

WL.-tabelle:

$X: k = x_i$	0	1	2	3	4	5	6	7	8	9	10
f: P(X=k)	0,056	0,188	0,282	0,250	0,146	0,058	0,016	0,003	jeweils < 0,001		
F: P(X≤k)	0,056	0,244	0,526	0,776	0,922	0,98	0,996	0,999	jeweils → 1		

Der Gipfel liegt bei 2, Bild 16, er ist etwas nach 3 verschoben (Tabelle: die beiden größten f-Werte); dies sind die beiden wahrscheinlichsten Trefferzahlen!

Bild 16:
zur Tabelle

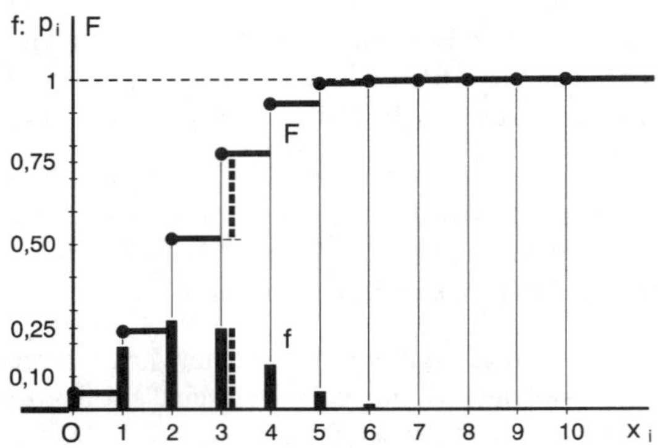

Lesen wir daraus ab, mit welcher Wahrscheinlichkeit der Test bestanden wurde (5 od. mehr richtige Antworten), wenn man unvorbereitet antritt, also „zufällig" antwortet:

$$P(X \geq 5) = 1 - P(X \leq 4) = 1 - 0{,}922 = 0{,}078 = 7{,}8\ \%.$$

Von 100 solchen Bewerbern werden also knapp 8 den Test bestehen!

Wir verzichten auf die Diagramme und lösen noch rein rechnerisch:

Beispiel 18:
Hotelreservierungen und Binomialverteilung

B Ein Hotelmanager weiß aus Erfahrung, daß **Zimmerreservierungen** mit etwa 10 % Wahrscheinlichkeit storniert werden. Er nimmt daher 40 Bestellungen an, obwohl sein Haus nur 36 Betten hat. Mit welcher Wahrscheinlichkeit riskiert er, Notbetten aufstellen zu müssen?

Ob ein Gast storniert oder nicht, ist jedesmal unabhängig von anderen; es ist p =10% = 0,1; dies wird für n = 40 Gäste registriert. Spannend wird, ob weniger als k = 4 Gäste dies tun: mit dieser Wahrscheinlichkeit $P(X < 4)$ kommt das Hotel in Verlegenheit!

Somit setzen wir an:

$$P(X < 4) = P(X \leq 3) = F(3) = P(X = 0) + P(X = 1) + P(X = 2) + P(X = 3) =$$

$$= \binom{40}{0} \cdot 0{,}1^0 \cdot 0{,}9^{40} + \binom{40}{1} \cdot 0{,}1^1 \cdot 0{,}9^{39} + \binom{40}{2} \cdot 0{,}1^2 \cdot 0{,}9^{38} + \binom{40}{3} \cdot 0{,}1^3 \cdot 0{,}9^{37} =$$

$$= 0{,}0148 + 0{,}0657 + 0{,}1423 + 0{,}2003 = 0{,}423 \approx 42\ \%.$$

Das ist relativ hoch! Wir sehen, daß sie etwa 8 % wäre, hätte der Geschäftsführer 38 Betten, da er dann nur Probleme bekäme, würde *kein* Gast oder nur *einer* absagen.

Erwartungswert und Standardabweichung

Solche und weitere Fragestellungen werden uns gleich noch begegnen; zuvor sollten wir unsere Einsichten weiter vertiefen, um umfangreiche Rechnungen zu vermeiden. Bevor wir dies – im nächsten Abschnitt – angehen, sollen jetzt noch die Parameter *Erwartungswert* μ und *Standardabweichung* σ für die *Binomialverteilung* bestimmt werden!

Hotelreservierungen und Binomialverteilung

Was hätten wir als Hoteliers *erwartet*? Bei 40 Gästen mit je 10 % = 0,1 Absagewahrscheinlichkeit doch vermutlich 40 mal 0,1 gleich 4 Gäste; daher auch die Annahme von 36 + 4 = 40 Bestellungen! Daß wir dabei mit über 42 % Wahrscheinlichkeit „überbuchen", kommt von der *Streuung* auf viele andere mögliche Absagezahlen, die eben auch ins Gewicht fallen!

Oder zurück zum **Auswahltest**! Kreuzt man zufällig 10 mal an und hat dabei jedesmal 25 % = 0,25 Treffwahrscheinlichkeit, so *erwarten* wir doch 10 mal 0,25 gleich 2,5, also 2 bis 3 *richtige* Antworten (im Mittel über viele Kandidaten)! Dies wird im Diagramm recht gut wiedergegeben; hier *streuen* die Werte nur in enger Nachbarschaft auf k = 0, 1 sowie 4, 5, außerhalb treten sie kaum auf!

Noch klarer: Wer ein **Glücksrad** dreht, dessen Sektor „**1**" mit der Wahrscheinlichkeit p, etwa 0,4, angezeigt wird, Bild 17, kann in, sagen wir, n = 100 Drehungen *erwarten*, daß „**1**" ca. 100 mal 0,4 gleich 40 mal erscheint. Wir vermuten daher auch allgemein die Formel:

$$E(X) = \mu = n \cdot p$$

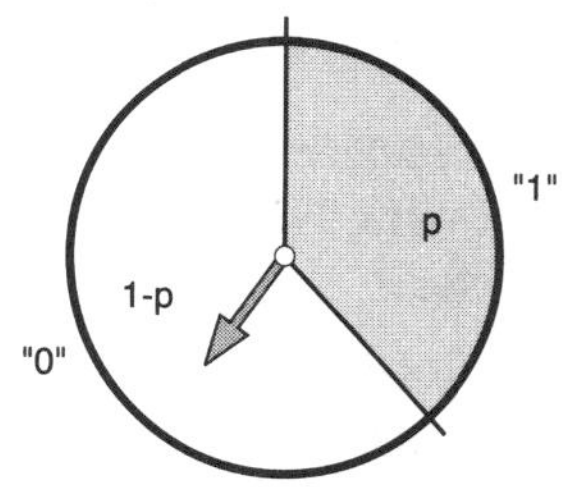

Bild 17: das Glücksrad als Geburtshelfer

Tatsächlich läßt sich dies nachrechnen! Da es nicht ganz einfach ist, tun wir es erst später zur Kontrolle und überlegen uns einen leichteren Zugang, dessen Schlußkette aber nicht lückenlos bewiesen wird:

ein Weg zur μ- Formel

Betrachten wir eine **n-p-Bernoullikette**! Unser eben gezeichnetes *Glücksrad* würde das Ereignis „**1**" mit p anzeigen. Daneben kann noch „0" kommen mit der Gegenwahrscheinlichkeit 1 – p. Eine Zufallsvariable X_1 für die 1. Drehung hätte die Werte (= *Realisierungen*) **1** oder 0.

Genauso ist es bei der 2. Drehung: X_2 nimmt seine Werte **1** und 0 mit p und 1 – p an, X_3 bei der 3. Drehung ebenfalls, und dies geht so fort bis X_n nach der n-ten Drehung. Insgesamt ist so eine *Bernoullikette* entstanden, z.B.

$$X_1 = 0;\ X_2 = 0;\ X_3 = \mathbf{1};\ X_4 = 0;\ X_5 = 0;\ X_6 = \mathbf{1};\ \ldots\ldots;\ X_n = 0$$

$$\mathbf{X} = X_1 \circ X_2 \circ \ldots \circ X_n:\quad 0\quad 0\quad \mathbf{1}\quad 0\quad 0\quad \mathbf{1}\quad \ldots\ldots\quad 0$$

Für jede einzelne Zufallsvariable X_i mit ihren *zwei* Werten **1** und 0 ist nach Definition

$$\mu_i = \Sigma\, p_i x_i = p_1 x_1 + p_2 x_2 = p \cdot \mathbf{1} + (1 - p) \cdot 0 = p;$$

da in der *zusammengesetzten* Zufallsvariablen **X** n solcher Werte μ_i aneinandergereiht sind, hat man für E(**X**) = μ einfach diese μ_i n-mal als Summanden zu nehmen, und schon ist

$$\mu = n \cdot \mu_i = n \cdot p,$$

was wir zeigen wollten, w.z.z.w.

analog gehen wir vor für σ^2

Mutig geworden, fragen wir gleich nach *Varianz* und *Standardabweichung*! Wieder ist einzeln für X_i nach Definition

$$\sigma_i^2 = \Sigma\, p_i (x_i - \mu)^2 = p_1 (x_1 - \mu)^2 + p_2 (x_2 - \mu)^2 = p\,(\mathbf{1} - p)^2 + (1 - p)\,(0 - p)^2 = (1 - p)\,[p\,(1 - p) + p^2] = p\,(1 - p)\,[1 - p + p] = p\,(1 - p).$$

Da auch die *Varianz* von **X** als *Erwartungswert* (einer *anderen* Zufallsvariablen Z!) definiert ist, haben wir für **X** insgesamt n-mal aufzusummieren, was zu

$$\sigma^2 = n \cdot \sigma_i^2 = n \cdot p\,(1 - p)$$

führt. Halten wir fest:

Satz 2: Ergebnisse

S

Für eine binomialverteilte Zufallsvariable X gilt:

$$\mathbf{E(X) = \mu = n \cdot p \qquad V(X) = \sigma^2 = n \cdot p \cdot (1 - p)}$$

Sehen wir uns daraufhin die Beispiele vom *Aufnahmetest* und den *Hotelreservierungen* nochmals an! Der Erwartungswert wurde schon besprochen.

Beispiel 19: Anwendung bei Test und Hotel

B

Für die Varianz haben wir jetzt

Test: $\sigma^2 = 10 \cdot 1/4 \cdot 3/4 = 1{,}875 \;\Rightarrow\; \sigma = \sqrt{1{,}875} = 1{,}37$.

Hotel: $\sigma^2 = 40 \cdot 1/10 \cdot 9/10 = 3{,}6 \;\Rightarrow\; \sigma = \sqrt{3{,}6} = 1{,}90$.

Es bestätigt sich die Feststellung, daß die Hotelwerte stärker streuen.

Bedeutung des σ für die Werte am Rand

Es zeigt sich aber noch etwas Interessantes, wenn wir untersuchen, wie wahrscheinlich Werte auftreten, die weiter als 2σ von μ entfernt sind; diese Randwerte sind

Test: $\mu - 2\sigma = 2{,}50 - 2 \cdot 1{,}37 = -0{,}24$; $\mu + 2\sigma = 2{,}50 + 2 \cdot 1{,}37 = 5{,}24$.

Hotel: $\mu - 2\sigma = 4 - 2 \cdot 1{,}9 = 0{,}2$; $\mu + 2\sigma = 4 + 2 \cdot 1{,}9 = 7{,}8$.

Im Testbeispiel liegt links gar kein Wert, rechts die Werte 6, 7, ..., 10; die Summe ihrer Wahrscheinlichkeiten lesen wir aus der Wahrscheinlichkeitstabelle ab:

$$P = 0{,}016 + 0{,}003 + \ldots \approx 0{,}02 = 2\ \%.$$

Fürs Hotel liegt links noch der Wert 0, rechts alle von 8 an bis 40:

$$P = 0{,}0148 + \binom{40}{8} \cdot 0{,}1^8 \cdot 0{,}9^{32} + \binom{40}{9} \cdot 0{,}1^9 \cdot 0{,}9^{31} + \ldots =$$

(immer kleiner, wir brauchen daher nicht alle!!)

$$= 0{,}0148 + 0{,}0264 + 0{,}0104 + \ldots > 0{,}05 \approx 6\ \%.$$

In diesen Beispielen treten also nur mit 2 bis 6 % Wahrscheinlichkeit Werte von X auf, die weiter vom *Erwartungswert* entfernt liegen, als die *doppelte Standardabweichung* angibt!

Wir haben weiter oben eine vollständige Tabelle fürs *Galtonbrett* geschrieben:

Beispiel 20: Anwendung beim Galtonbrett

B

Sehen wir jetzt nach, welche Wahrscheinlichkeit sich hier für die genannten Werte ergibt:

$$\mu = n \cdot p = 10 \cdot 1/2 = 5;$$

$$\sigma^2 = n \cdot p \cdot (1 - p) = 10 \cdot 1/2 \cdot 1/2 = 2{,}5 \;\Rightarrow\; \sigma = \sqrt{2{,}5} = 1{,}58\ ;$$

$$\mu - 2\sigma = 5 - 2 \cdot 1{,}58 = 1{,}84; \qquad \mu + 2\sigma = 5 + 2 \cdot 1{,}58 = 8{,}16;$$

außerhalb von [1,84; 8,16] liegen 0, 1, 9 und 10, so daß sich ergibt:

$$P = 1/1024 \cdot (1 + 10 + 10 + 1) = 22/1024 = 0{,}02148 \approx 2{,}1\ \%.$$

Man wird die Vermutung bestätigt finden, daß die genannte Wahrscheinlichkeit einige wenige Prozent beträgt. Tatsächlich würde man bei großem n (hier hatten wir nur 10 bzw. 40) und Werten von p, die zu $\sigma > 3$ führen, etwa 5 % erhalten – und dies für *alle derartigen Binomialverteilungen*! Hier war diese Bedingung nicht erfüllt [stets blieb $\sigma < 2$], so daß wir gröber 2 bis 6 % erhielten.

Weitere Zufallsverteilungen

Nun gibt es in der Praxis nicht nur die *Bernoulli*-Versuchsserie, die zur *Binomial*-Verteilung führt – noch weniger in der Theorie, wo man größere Freiheit hat.

Stichproben ziehen und Art der Verteilung

Betrachten wir das wiederholt geübte Kontrollieren von *Prüflosen*, wo z. B. von insgesamt 1000 Glühbirnen 50 entnommen und getestet werden. Dabei wird natürlich *nicht* zurückgelegt und neu gemischt! Nach jeder Entnahme ist aber die Wahrscheinlichkeit, ein weiteres defektes Stück zu ziehen, *nicht* mehr dieselbe wie vorher! Dasselbe gilt etwa bei Meinungsumfragen, wo niemand zweimal oder öfter *gezogen*, soll heißen *befragt* wird. Hier liegt also genaugenommen keine *Binomial*verteilung vor, die ja *unabhängige* Versuche voraussetzt, in denen ein Ereignis stets die Wahrscheinlichkeit p hat. Auch sie hat aber einen Namen:

D — **Definition 7: hypergeometr. Verteilung**

> Beim Ziehen ohne Zurücklegen mit bedingten, sich stets ändernden, Wahrscheinlichkeiten für das Eintreten eines Prüfereignisses entsteht eine *hypergeometrische* Verteilung.

Die zu ihr gehörende Wahrscheinlichkeitsformel ist uns aber schon bekannt; denken Sie etwa ans **Lotto**, wo dieselbe Situation vorliegt: Aus N = 49 (in Deutschland, 45 in Österreich, 40 in der Schweiz) Zahlen wird eine Stichprobe von n = 6 durch einen Zufallsautomaten gezogen.

Lotto als nächste Anwendung

Diese 6 Zahlen seien die *Treffer* T, dann bleiben noch N – T = 49 – 6 = 43 *Nieten.* Kreuzt man nun (vorher!) 6 Zahlen an, dann können sich darunter k = 0, 1, 2, ..., 6 Treffer befinden, gleichzeitig sind noch n – k = 6 – k = 6, 5, 4, ..., 0 Nieten dabei. Die Frage nach der Wahrscheinlichkeit für genau k Treffer hatte als Antwort (ℍ**25**):

$$P(k) = \frac{\binom{6}{k} \cdot \binom{43}{6-k}}{\binom{49}{6}} .$$

Denn man kann aus 6 Treffern $\binom{6}{k}$ mal je k herausgreifen und dazu jedesmal noch aus den 43 Nieten eben $\binom{43}{6-k}$, was alle *günstigen* Fälle ausmacht. *Mögliche* 6er-Stichproben aus 49 gibt es natürlich $\binom{49}{6}$. Allgemein erhalten wir so:

S — **Satz 3: die zugehörige Formel**

> **Eine *hypergeometrisch* verteilte Zufallsvariable X hat die Wahrscheinlichkeitsfunktion**
>
> $$f: k \rightarrow P(X{=}k) = \frac{\binom{T}{k} \cdot \binom{N-T}{n-k}}{\binom{N}{n}} \qquad \text{für } k = 0, 1, 2, ..., n; \text{ sonst } 0;$$
>
> **n ist die Länge der Serie, T und N, T < N, sind Parameter der Verteilung.**

Zusammenhang mit der Binomialverteilung

Diese Terme werden noch unhandlicher und ohne Computerprogramm kaum noch zu berechnen, denken Sie etwa an «40 aus 100» und andere! Es gibt aber Erfreuliches zu berichten: Für große T und N mit einem Anteil $T/N = p < 1$ und $n/N \le 0{,}1$ ist die Wahrscheinlichkeitstabelle kaum von der einer *Binomial*-Verteilung mit den Parametern p und n zu unterscheiden! Daher verwendet man gern von vornherein die Binomial-Verteilung, auch wenn *ohne Zurücklegen* gezogen wird!

Ohne Beweis hier noch die Formeln für E(X) und V(X):

$$E(X_{hyp}) = n \cdot \frac{T}{N} \approx n \cdot p$$

$$V(X_{hyp}) = n \cdot \frac{T}{N} \cdot \left(1 - \frac{T}{N}\right) \cdot \left(1 - \frac{n-1}{N-1}\right) \approx n \cdot p \cdot (1-p) \qquad \text{(mal Korrekturglied)}$$

Ein starker Trost ist es aber dennoch nicht, da die Binomialverteilung immerhin noch *einen* Faktor $\binom{n}{k}$ enthält, der für große Zahlen, etwa $\binom{100}{40}$, Mühe macht.

seltene Ereignisse und ...

In besonderen Fällen können wir wesentlich schneller am Ziel sein, dann nämlich, wenn *seltene* Ereignisse mit kleinem $p < 0{,}1$ auftreten und viele Versuche gemacht werden, d. h., n groß ist, mindestens $n \ge 30$. Bleibt bei $n \to \infty$ und $p \to 0$ das Produkt $n \cdot p$ endlich mit $n \cdot p \to \lambda > 0$, so läßt sich theoretisch zeigen, daß statt der Terme

$$\binom{n}{k} \cdot p^k \cdot (1-p)^{n-k} \quad \text{einfacher} \quad \to \quad \frac{\lambda^k}{k!} \cdot e^{-\lambda}$$

verwendet werden kann. Mit der Bezeichnung

Definition 8: die Poisson-Verteilung

D

> Eine diskrete Zufallsvariable X heißt ***poissonverteilt,*** wenn für ihre Wahrscheinlichkeitsfunktion gilt:
>
> $$f\colon k \to P(X{=}k) = \frac{\lambda^k}{k!} \cdot e^{-\lambda} \qquad \text{mit } \lambda \text{ fest } > 0 \text{ als Parameter}$$

haben wir also festgestellt, daß im genannten Sonderfall die **Binomial**-Verteilung durch die **Poisson**-Verteilung recht gut angenähert wird. So zeigen *Tabellen* oder Ergebnisse von *Mathematica*, das diese Verteilungen natürlich ebensogut beherrscht, daß etwa für $n = 100$, $p = 1/100$, also $\lambda = n \cdot p = 1$, die Werte $P(X = k)$ sich höchstens um 2 Tausendstel unterscheiden!

Beispiel 21: Gegenüberstellung mit der Binomialverteilung

B

Versuchen wir es bei der **Hotelbelegung** mit $n = 40 > 30$, $p = 1/10$ (gerade an der Grenze!), $\lambda = 40 \cdot 1/10 = 4$:

$$P(X=0) = \frac{4^0}{0!} \cdot e^{-4} = e^{-4} = 0{,}0183 \qquad \text{gegenüber } 0{,}0148 \text{ binomial;}$$

$$P(X=1) = \frac{4^1}{1!} \cdot e^{-4} = 4\,e^{-4} = 0{,}0733 \qquad \text{gegenüber } 0{,}0657,$$

$$P(X=2) = \frac{4^2}{2!} \cdot e^{-4} = 8\,e^{-4} = 0{,}1465 \qquad \text{gegenüber } 0{,}1423 \text{ (nahe!),}$$

$$P(X=3) = \frac{4^3}{3!} \cdot e^{-4} = 10{,}67\,e^{-4} = 0{,}1954 \qquad \text{gegenüber } 0{,}2003 \text{ (nahe!).}$$

Für den **Erwartungswert** ist E(X) als $\approx n \cdot p = \lambda$ zu vermuten; tatsächlich ist sogar $E(X) = \mu = \lambda = \sigma^2$.

Bei Straßenbauten sind *Verkehrszählungen* wichtig:

Beispiel 22: Verkehrszählung als typische Anwendung

Fahren nicht zu viele Autos auf einem bestimmten Stück (*seltenes* Ereignis, p soll kleiner als 0,1 sein) und beobachtet man lange genug (n soll groß sein, zumindest gleich 30), so kann man die **Zahl der Autos**, die in einem bestimmten Zeitintervall, etwa eine Minute, den Kontrollpunkt passieren, als *poissonverteilte* Zufallsvariable annehmen – so behaupten wir.

Eine in Altaussee, Steiermark, 1985 durchgeführte Zählung von 135 Autos in 30 Minuten ergab folgende Tabelle:

k = Zahl der Autos/Min	0	1	2	3	4	5	6	>6
Zahl der Min., in denen k Autos passieren	0	2	3	5	6	5	4	5

→ Σ 30 ✓

Es gab demnach *keine* Minute, in der *kein* Auto gekommen wäre (0; 0), während *zweier* Zeitintervalle von je 1 Minute Dauer kam *genau ein* Auto (1; 2), dreimal wurden je 2 Autos gezählt (3; 2), usw.

und ideale Übereinstimmung von Theorie und Praxis

Bei 135 Autos in 30 Minuten sind es im Mittel x = 135/30 = 4,5, was wir als Erwartungswert λ annehmen: λ = 4,5 (bzw. n · p = 135 · 1/30 = λ). Dann ergibt sich nach der Formel theoretisch (jedesmal wie eben mit 4,5 statt 4):

k	0	1	2	3	4	5	6	> 6...
P(X=k)	0,01111	0,04999	0,11248	0,16872	0,18981	0,17083	0,12812	0,1689
P mal 30	0,3	1,5	3,4	5,1	5,7	5,1	3,8	5,1

was in jedem einzelnen Fall mit den gemessenen Werten übereinstimmt!

radioaktiver Zerfall

Sehr gut läßt sich auch der **radioaktive Zerfall** mit der *Poissonverteilung* beschreiben, wenn die Zerfallsrate pro Zeiteinheit klein ist (p < 0,1); die übergroße Zahl n von Atomkernen paßt uns sehr gut, vgl. auch 𝕃**39** in Band **3**! Lösen Sie bitte ein solches Beispiel als Übung selbst (Näheres folgt).

Wir sehen uns noch eine Fragestellung an, die wie im Autobeispiel gedeutet und gelöst werden kann:

Beispiel 23: Erkrankung durch Viren

In einer Flüssigkeit, die in 100 Impfportionen aufgeteilt wird, befinden sich 300 Viren (zufällig verteilt). Jedes **Virus** führt sicher zur **Erkrankung**. Wie viele Versuchstiere bleiben gesund?

Es geht hier offenbar darum, daß es einige Portionen geben kann, die *kein* Virus enthalten. Bei den Autos: Es gab Zeitintervalle, in denen kein Auto vorbei kam! Wie wahrscheinlich ist das? Nun, wir erwarten im Mittel 300/100 = 3 Viren je Probe, setzen also λ = 3. Dann ist schon

$$P(X = 0) = e^{-\lambda} = e^{-3} \approx 0,05 = 5\ \%,$$

das sind bei 100 Tieren 5, die *nicht* erkranken.

Oft kennt man die Virenzahl nicht und möchte sie aus der Anzahl der nicht erkrankten Tiere *schätzen*:

Beispiel 24:
Zahl der Viren

B Wie groß ist die Zahl n der Viren in einer **Impfprobe** wirklich, wenn bei einer Versuchsserie mit 100 Portionen jedes 15. Tier gesund bleibt?

Dann ist eben

$$P(X = 0) = e^{-\lambda} = 1/15 \quad \Rightarrow \quad \lambda = -\ln 1/15 \approx 2{,}71.$$

Dies wird wie oben gleich $n \cdot p$ mit $p = 1/100$ (Wahrscheinlichkeit, daß 1 Virus in eine bestimmte Impfprobe fällt) gesetzt, woraus $n = 100 \cdot 2{,}71 = 271$ folgt: Etwa 270 Viren werden vorhanden sein!

Oder analog beim Postamt:

Beispiel 25:
Streß in der Telefonzentrale

B Man weiß aus Erfahrung, daß in einer **Telefonzentrale** je 100 Zeiteinheiten 140 Anrufe pro Station zu vermitteln sind. Wie viele Zeiteinheiten wird das Fräulein für eine Kaffeepause nützen können?

Wegen $n = 140 > 30$ und $p = 1/100 < 0{,}1$ für 1 Anruf in 1 bestimmten Zeiteinheit, also

$$\lambda = n \cdot p = 140 \cdot 1/100 = 1{,}4,$$

fragen wir nach *Poisson* nach der Zahl der Einheiten, in denen *kein* Anruf kommt:

$$P(X = 0) = e^{-\lambda} = e^{-1{,}4} \approx 0{,}247;$$

von 100 werden also etwa $0{,}247 \cdot 100 \approx 25$ Einheiten ruhig bleiben.

Wir wollen aber nicht vergessen, daß diese Grenzfälle nur der Festigung unseres Verständnisses dienen. Für X = 0 ist ja auch die *Binomial*-Verteilung ganz problemlos zu handhaben! So ist doch fürs „Fräulein vom Amt“ mit n = 140 und p = 1/100

$$P(X = 0) = \binom{140}{0} \cdot 0{,}01^0 \cdot 0{,}99^{140} = 0{,}99^{140} \approx 0{,}245 \quad \textbf{(TR)},$$

also ebenso rasch errechnet!

Erst wenn man nach der Zahl der Einheiten fragt, in denen *mindestens* 5 oder *zwischen* 3 und 10 Anrufe kommen usw., wird die *Poisson-Verteilung* rechnerisch viel einfacher. Doch sogar diese Mühe kann man sich oft sparen; wir kommen bald darauf zurück! Dies und was zu tun ist, wenn p nicht klein, aber wenigstens n groß ist, um die Formel der Binomialverteilung zu vermeiden, ist Thema des folgenden Abschnitts.

das Problem:

Bereichswahrscheinlichkeiten

Wir haben schon des öfteren gesehen, daß die praktische Berechnung von Wahrscheinlichkeiten bei der Binomialverteilung auch mit dem *Taschenrechner* sehr mühsam und damit fehleranfällig werden kann. Dies geschieht immer dann, wenn bei großem n nach einer *Bereichs*-Wahrscheinlichkeit gefragt wird, also etwa nach

$$P_n(X \le 20) = F_n(20) \quad \text{oder} \quad P_n(30 < X \le 50) = F_n(50) - F_n(30).$$

Die hier ins Spiel kommenden *Verteilungsfunktionen* F_n sind ja auch in Tabellenwerken kaum für n > 30 berechnet. Wer *Mathematica* oder andere Programme dieser Art einsetzen kann, hat hier natürlich große Vorteile.

Normalverteilung

Nun verdankt man den Forschungen von Abraham de Moivre, Carl Friedrich Gauß, Pierre Simon de Laplace und anderen, daß derartige Probleme mit guter Näherung wesentlich einfacher lösbar wurden und sind – wenn man keine EDV-Hilfsmittel zur Verfügung hat!

Gauß war bei der Entwicklung der *Fehlerrechnung* auf eine Funktion gestoßen, deren Graph allgemein als **Gaußsche Glockenkurve**, Bild 18, bekannt ist und in ihrer einfachsten Form folgende Gleichung hat:

$$\varphi: x \rightarrow \frac{1}{\sqrt{2\pi}} \cdot e^{-\frac{x^2}{2}} .$$

Wir werden diese Kurve in der ANALYSIS in Band **3** näher diskutieren und dort finden, daß an den Stellen ±1 sogenannte *Wendepunkte* vorliegen, an denen die Gipfelkrümmung in die Auslaufkrümmung der Glocke übergeht.

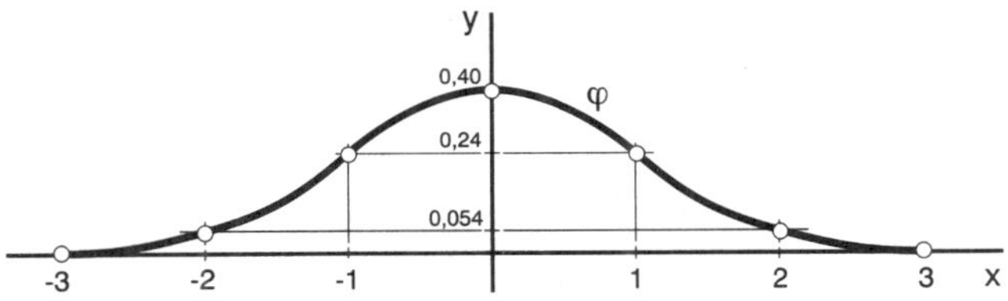

Bild 18:
die Gaußsche Glockenkurve

Vielleicht ahnen Sie einen Zusammenhang mit der *Wahrscheinlichkeitsfunktion* f einer *Binomial*-Verteilung? Dort lagen die Spitzen der Stäbe in den Stabdiagrammen doch auch auf einer ähnlichen Kurve! Der prinzipielle Unterschied ist aber, daß dort f nur für diskrete Werte $x_i = -2, -1, 0, 1, 2, \ldots$ positiv und gleich $P(X=x_i)$ war, dazwischen aber null, wogegen hier φ für *jeden reellen Zwischenwert* erklärt und > 0 ist!

Übergang von der Binomial- zu einer neuen Verteilung

Wir betrachten als „Vermittler" zwischen diesen Auffassungen die *Verteilungsfunktion* F einer diskreten Zufallsvariablen X, etwa einer *binomialverteilten*: Sie war eine Treppenfunktion mit Sprungstellen an den x_i, aber *monoton steigend* von 0 bis 1, da nur *positive* Werte von p_i dazu kamen.

Wir deuten ihren Funktionswert F(x) jetzt anschaulich als Summe mehrerer Flächeninhalte, indem wir die Stäbe von f zu *Rechtecken* mit der Breite 1 dehnen, die nebeneinander über den Stellen x_i stehen und dieselbe Höhe p_i haben, Bilder 19.

Man nennt sie ein *Histogramm = Staffelbild*, vgl. H**24**. Ihr Inhalt ist einzeln $p_i \cdot 1 = p_i$, stellt also die *Wahrscheinlichkeit* dar, mit der der Wert x_i auftritt. Alle Rechtecksinhalte bis zu einem bestimmten x, etwa z, summiert, müssen dann F(z) darstellen.

glätten und Flächenfunktion suchen

Macht man nun diese Rechtecke immer schmäler und schiebt die Gipfelstelle nach 0, dann ist anschaulich klar, daß es zur ebenfalls immer feiner werdenden Treppenkurve von F eine „glatte" Nachbarkurve Φ «groß Phi» geben wird, ebenso wie die einzelnen f-Punkte nahe φ «Phi» liegen. Gelingt es weiter, eine solche Funktion Φ aufzustellen (ihre Werte für alle x zu berechnen), die dasselbe für φ bedeutet wie F für f, nämlich den *Flächeninhalt* unter φ von „weit links" bis zu einer bestimmten Stelle z anzugeben, dann ist unser Problem doch gelöst!

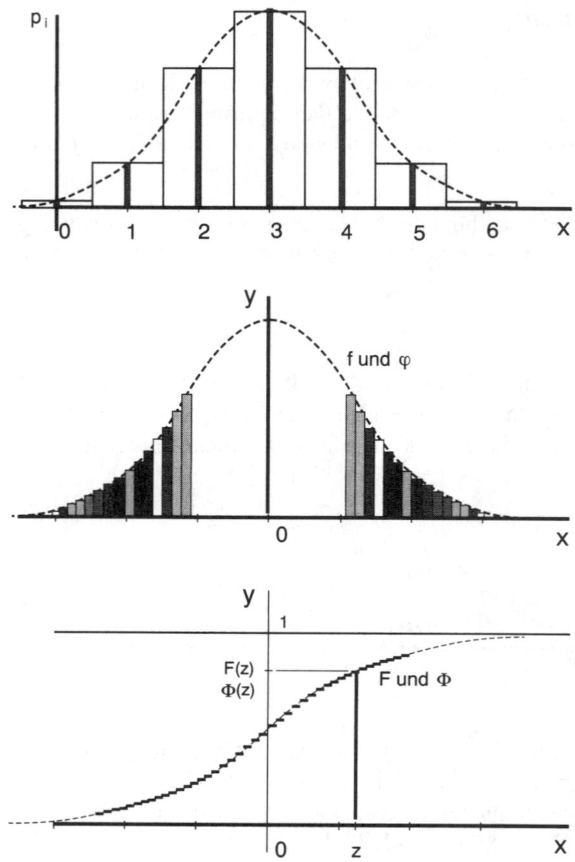

Bilder 19: zum Übergang und zur Vermittlerrolle der Verteilungsfunktion F

Tatsächlich ist das möglich, und jedes Tabellenwerk enthält die Werte von Φ(z) für z = 0 in kleinen Schritten, etwa Hundertstel, was praktisch völlig ausreicht.

Bevor wir uns einen kleinen Ausschnitt ansehen und die oben genannten Annäherungen begründen, nehmen wir die üblichen Bezeichnungen zur Kenntnis:

Definition 9: die neue Zufallsvariable

D

> Ist Φ die Verteilungsfunktion einer – nicht mehr diskreten, man sagt hier: stetigen –, Zufallsvariablen X, die an jeder Stelle z mit Φ(z) den Flächeninhalt unter der Gaußschen Funktion φ von –∞ bis z angibt, so heißt X *(standard-)**normalverteilt***.

Normalverteilung

Die mit wachsendem n immer bessere Annäherung einer *Binomial*-Verteilung an die *Normal*-Verteilung erkennt man anschaulich am schon skizzierten Prozeß des „Zusammenschiebens" der Rechtecke im Histogramm. Überlegen wir uns etwas genauer, was hier geschieht:

Werfen wir eine Münze 6 mal und berechnen die P(X=k) bis k = 6 für «Zahl» mit p = 1/2, erhalten wir das Histogramm links in Bild 20. Eine Serie von 12 Versuchen führt zur mittleren, eine von 24 Versuchen zur rechten Verteilung. Dabei wird klar, daß die Gipfelwerte (= Erwartungswerte) nach rechts wandern: erst 3, dann 6, dann 12 usw., und die Rechtecke werden immer weniger hoch, da ja der Gesamtinhalt stets 1 sein muß, er sich aber mit wachsendem n auf immer mehr Rechtecke verteilt!

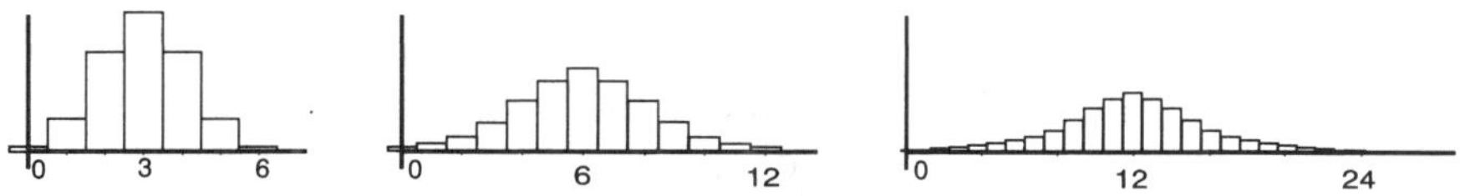

Bilder 20: Übergang von der Binomialverteilung

Jetzt ist es einfach, die Erwartungswerte $\mu = n \cdot p = n \cdot 1/2$ jeweils in den Nullpunkt der x-Achse zu bekommen: Man hat nur eine Schiebungstransformation

t_1: $x' = x - n/2 \quad (\wedge \; y' = y = p)$

vorzunehmen.

Raffinierter schon ist der 2. Schritt: Wir erinnern uns, daß bei allen Binomialverteilungen mit genügend großem n nur etwa 5 % der Werte von X außerhalb eines Intervalls der halben Breite 2σ um μ als Mitte liegen. Wählen wir daher noch unsere Rechtecke um den Faktor $\sigma = \sqrt{n \cdot \frac{1}{2} \cdot \frac{1}{2}} = \frac{1}{2} \cdot \sqrt{n}$ schmäler (dafür um σ höher, der Inhalt muß ja gleich p_i bleiben!), d. h., transformieren wir noch mit

t_2: $x'' = \dfrac{x'}{\frac{1}{2} \cdot \sqrt{n}} \quad \wedge \; y'' = y' \cdot \dfrac{1}{2} \cdot \sqrt{n}$,

so sind in allen Fällen Histogramme zu erwarten, die, ineinander geschachtelt, sich immer besser unter eine Kurve schmiegen, die wir eingangs als Gaußsche Glockenkurve φ vorgestellt haben und die man hier ***Dichtefunktion*** nennt: Stets liegen ja die Stellen $\mu \pm \sigma$, $\mu \pm 2\sigma$, ... übereinander, vgl. Bild 21:

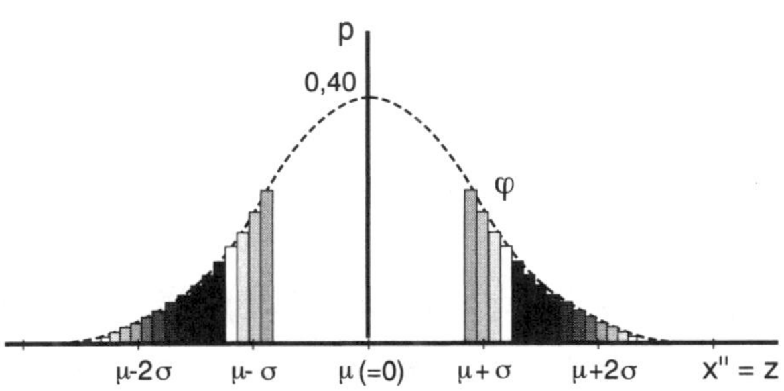

Bild 21: Dichtefunktion

Die Zufallsvariable X wurde durch die beiden t_i *standardisiert.*

standardisieren: neue Zufallsvariable

So viel zum anschaulichen Teil; ein exakter Beweis wurde zuerst von A. de Moivre (1667 bis 1754, franz.-engl. Mathematiker) für p = 1/2 gegeben, für beliebige Werte von p dann 1812 von P. S. de Laplace (1749 bis 1827, franz. Mathematiker und Astronom).

Er führt zum

Satz 4:
Grenzwertsatz

S

Grenzwertsatz von Moivre-Laplace

Ist X binomialverteilte Zufallsvariable mit $\mu = n\,p$ und $\sigma = \sqrt{n\,p\,(1-p)}$, weiter $Z = \frac{X-\mu}{\sigma}$ die zugehörige standardisierte Zufallsvariable, so nähert sich die Verteilungsfunktion F von Z mit wachsendem n immer stärker der Verteilungsfunktion Φ der standardisierten Normalverteilung:

$F(z) = P(Z \le z) \approx \Phi(z)$, n groß

Da wir schon früher für einen Bereich [a, b] gefunden hatten:

$P(a < X \le b) = F(b) - F(a)$,

und seine vorteilhafte Anwendung

wird hier analog für die (standardisierten!) Werte:

$P(z_1 < Z \le z_2) = \Phi(z_2) - \Phi(z_1)$, (vgl. den 2. Hauptsatz der Integral-Re. in L**36**!)

wobei es jetzt gleichgültig ist, ob vor z_2 < oder ≤ geschrieben wird.

Damit aber ist der Kreis geschlossen! Denn genau dies war unser eingangs gestelltes Problem: An die Stelle der *Summe vieler* einzelner, oft schwer zu berechnender Summanden in der Binomialverteilung tritt jetzt die *Differenz zweier* Werte!

In praktisch interessierenden Fragestellungen genügt sogar meist *ein einziger* Funktionswert; den mußte man bis vor kurzem in einer entsprechenden *Tabelle* der (standardisierten) **Normalverteilungsfunktion** Φ(z) aufsuchen. Wir rufen jetzt aber *Mathematica* auf:

Berechnung der Werte von Z mit Mathematica

```
Needs["Statistics`ContinuousDistributions`"]
normvert = NormalDistribution[0, 1];
PDF[normvert, 0]
0.398942          (der Gipfelpunkt (0 | 0,40))

PDF[normvert, 1]
0.241971          (der Wendepunkt (1 | 0,24))

CDF[normvert, 0]
0.5        (eigentlich steht hier 1/2, der exakte Wert der Verteil.-fkt. F, Bild 19)

N[Table[CDF[normvert, z], {z, 0, 1, 0.2}], 6]
{0.5, 0.57926, 0.655422, 0.725747, 0.788145, 0.841345}
```

Damit sehen Sie, wie der folgende Ausschnitt zustande kommt:

und Ergebnisse als Tabelle

z	0,0	0,2	0,4	0,6	0,8	1,0	1,25	1,5	1,64	1,96	2,33	2,58	3,00
Φ(z)	**0,500**	0,579	0,655	0,726	0,788	**0,841**	0,894	0,933	**0,950**	**0,975**	0,990	**0,995**	0,9986

Bedeutung der Normalverteilungsfunktion

Die große Bedeutung der Normalverteilung liegt aber nicht nur darin! Es läßt sich zeigen, daß für die Summe $X = X_1 + X_2 + \ldots + X_n$ unabhängiger Zufallsvariablen mit gleichem μ_i und σ_i die zugehörige Zufallsvariable

$$Z = \frac{X - n\,\mu}{\sigma\sqrt{n}}$$

bei großem n annähernd *normalverteilt* ist: ***zentraler Grenzwertsatz.***

Dies gilt schon für nicht zu sehr verschiedene Varianzen der X_i, so daß viele zufällige Einflüsse, die sich überlagern, etwa bei *Meßprozessen*, oft zu *normalverteilten* Meßwerten führen!

Beispiel 26: würfeln Sie ideal?

B

Sie können dies mit viel Geduld (oder der Hilfe einiger Freunde) am Beispiel des **Werfens dreier Würfel** $[X_1 + X_2 + X_3!]$ und der Augensumme nachprüfen.

Als Hilfestellung hier die Tabelle mit den möglichen Anzahlen g_k von Wurfergebnissen, die zur selben Augensumme x_i führen:

x_i	3	4	5	6	7	8	9	10	11	12	13	14	15	16	17	18
g_k	1	3	6	10	15	21	25	27	27	25	21	15	10	6	3	1

$\rightarrow \Sigma\, 216 = m$

Nun würfeln Sie $6^3 = 216$ mal (je 3 Würfel) und vergleichen Sie! Zeichnen Sie eine Verbindungskurve φ durch die Spitzen des Stabdiagramms mit dem Wert 10,5 als Gipfelstelle! Ist sie schön glockenförmig?

praktisches Rechnen

Nun aber ist es Zeit, den **praktischen Umgang** mit der **Normalverteilung** zu üben. Dazu gleich einige sehr häufig aufretende Fragen: Die Tabelle zeigt nur positive z-Werte; wo sind die negativen, was ist $\Phi(-z)$ bei $z > 0$?

zwei Grundformeln für F

Bild 22 zeigt unmittelbar, daß aus Symmetriegründen gilt

$$\Phi(-z) = 1 - \Phi(z).$$

Häufig interessiert ein symmetrisches Intervall um μ mit $z\sigma$ als halber Intervallbreite:

$$P(\mu - z\sigma < X < \mu + z\sigma) = ?$$

Dem Bild entnehmen wir $\Phi(z) - \Phi(-z)$ als Antwort und haben nur die 1. Formel einzusetzen:

$$P(\mu - z\sigma < X < \mu + z\sigma) = \Phi(z) - (1 - \Phi(z)) = 2\Phi(z) - 1;$$

beidemal ist also *nur ein* Wert $\Phi(z)$ in einer Tabelle nachzuschlagen!

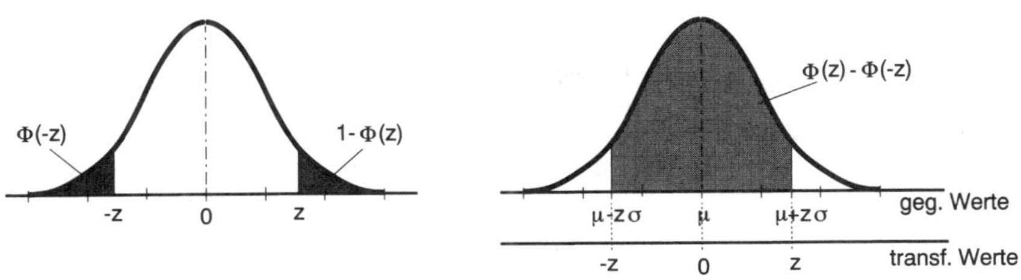

Bilder 22: häufige Werte von $2\Phi(z) - 1$

Bedeutung der 2σ- bzw. 3σ-Grenzen

Zur Orientierung hier einige konkrete Werte für z (Sehen Sie im obigen Ausschnitt nach, besonders die fett gedruckten Zahlen!):

$z = 1$: $P(\mu - 1\sigma < X < \mu + 1\sigma) = 2\Phi(1) - 1 = 2 \cdot 0{,}841 - 1 = 0{,}68 = 68\,\%$

$z = 1{,}64$: ~ $= 2\Phi(1{,}64) - 1 =$ ~ $= 90\,\%$

$z = 1{,}96$: ~ $= 2\Phi(1{,}96) - 1 =$ ~ $= 95\,\%$

$z = 2{,}58$: ~ $= 2\Phi(2{,}58) - 1 =$ ~ $= 99\,\%$

$z = 3{,}0$: $P(\mu - 3\sigma < X < \mu + 3\sigma) = 2\Phi(3) - 1 = 2 \cdot 0{,}9986 - 1 = 0{,}997 = 99{,}7\,\%$

Damit bestätigen wir endlich, was schon mehrfach verwendet wurde:

Innerhalb der Entfernung von knapp $2 \cdot \sigma$ von μ liegen 95 % aller Werte, 5 % liegen daher *außerhalb*! 1 % aller Werte liegen weiter als $2{,}58 \cdot \sigma$ entfernt, während nur mehr 0,3 % = 3 Promille außerhalb von $3 \cdot \sigma$-Grenzen zu finden sind. Diese Aussagen zeigen noch, warum die *Standardabweichung* σ eine so bedeutende Größe ist!

Anwendungen:

Nun zu einigen *praktischen Anwendungen* der Normalverteilung:

Beispiel 27: Intelligenztests

B **Intelligenztests** werden gerne so formuliert, daß der Intelligenzquotient IQ als normalverteilte Zufallsvariable mit $\mu = 100$ und $\sigma = 15$ verstanden werden kann. Wie viele von 30 Testpersonen werden einen IQ zwischen 85 und 115 haben?

Wir versuchen die gefragten Randwerte 85 und 115 durch μ und σ auszudrücken; hier ist sofort

$$85 = 100 - 1 \cdot 15 = \mu - 1 \cdot \sigma \quad \text{und}$$

$$115 = 100 + 1 \cdot 15 = \mu + 1 \cdot \sigma$$

zu sehen, vgl. Bild 23.

Bild 23: dazu

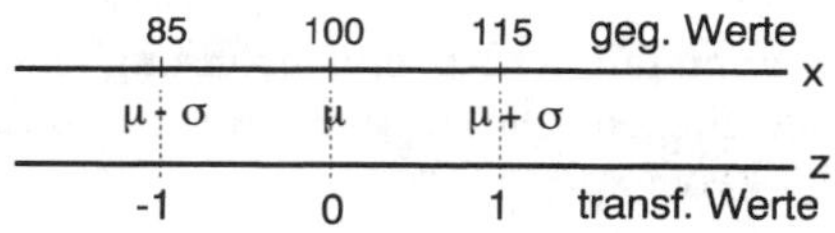

Unsere Frage läßt sich damit so übersetzen: Wie groß ist $P(\mu - 1 \cdot \sigma < IQ < \mu + 1 \cdot \sigma)$ bzw. $P(-1 < Z < 1)$? Dies hatten wir eben mit 68 % beantwortet, bei 30 Personen sind es also 0,68 mal 30: Somit werden 20 bis 21 Personen im gesuchten Bereich liegen.

Beschäftigen wir uns ein wenig mit einem Problem der *Marktkontrolle*:

Beispiel 28: Marktkontrolle:

B Aus Erfahrung weiß man, daß ein bestimmter **Bäckereibetrieb** Brote vom Normwert 1 kg so erzeugt, daß die Massen (Gewichte) normalverteilt sind mit $\mu = 1{,}00$ kg und $\sigma = 0{,}015$ kg. Der Betrieb wird inspiziert: Liegt der Wert eines zufällig gezogenen Weckens bei 0,97 kg oder darunter, wird Anzeige erstattet – so wollen wir annehmen; in Wirklichkeit ist man wohl nicht so streng. Mit welcher Wahrscheinlichkeit α erfolgt die Anzeige zu unrecht, falls der Prozeß noch in Ordnung ist?

Wiegt der 1-kg-Wecken stets 1000 g?

Übersetzung: Der Bäcker erzeugt Brote mit 1 kg *Erwartungswert*; die natürliche Streuung macht es zwar wenig wahrscheinlich, daß kleine Werte < 0,97 kg auftreten, aber nicht unmöglich! So kann angezeigt werden, wenn die Prüfer trotz einwandfreier Produktion (die wegen mehrerer unkontrollierbarer Einflüsse eben *normalverteilt* ist!) zufällig auch ein Brot „ziehen", das unterhalb des Mindestwerts liegt. Wie wahrscheinlich ist das, vgl. Bild 24?

Bild 24: dazu

Wegen $0{,}97 = 1 - 2 \cdot 0{,}015 = \mu - 2\sigma$ ist schon

$$P(Z \leq -2) = \Phi(-2) = 1 - \Phi(2) = 1 - 0{,}975 \approx 2{,}5\ \%.$$

Es könnte in 2 bis 3 von 100 Kontrollen vorkommen.

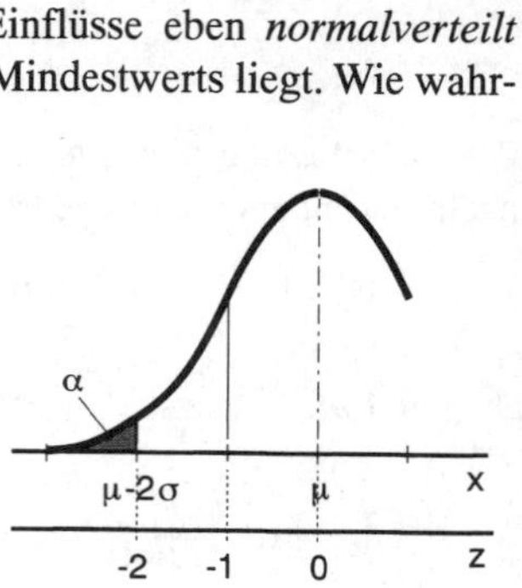

Dem folgenden Problem liegt eine *Binomialverteilung* zugrunde, die aber wegen des sehr großen Umfangs n sehr gut durch die *Normalverteilung* zu ersetzen ist:

Beispiel 29: **Produktionskontrolle von Chips**

B Die Produktion von Computer-**Chips** auf einer bestimmten Anlage erfolgt so, daß bei der Schlußprüfung im Mittel jeder 4. Chip als defekt ausgeschieden wird. Nun werden die nächsten 1000 Chips getestet. Wie wahrscheinlich ist es, darin

a) weniger als 210 b) mehr als 270

defekte Chips zu finden?

Wir müssen μ und σ bestimmen, was mit

$\mu = n \cdot p = 1000 \cdot 1/4 = 250,$

$\sigma^2 = n \cdot p\,(1 - p) = 1000 \cdot 1/4 \cdot 3/4 = 187{,}5 \quad \Rightarrow \quad \sigma = \sqrt{187{,}5} = 13{,}7$

einfach erledigt ist, vgl. Bild 25.

Bild 25: **dazu**

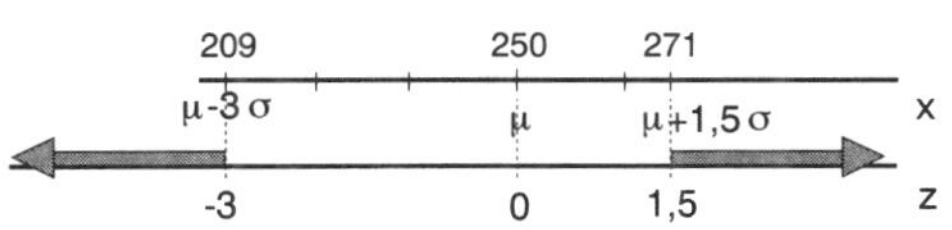

Übrigens gilt die Faustregel, daß $\sigma > 3$ genügt, um eine gute Approximation (= Näherung) der *Binomial*-Verteilung durch die *Normal*-Verteilung zu gewährleisten; dies ist hier der Fall.

In Frage a ist x = 209 und weniger vorgegeben; dies ist gerade $250 - 3 \cdot 13{,}7 = \mu - 3\sigma$:

$P(X \leq \mu - 3\sigma) = P(Z \leq -3) = \Phi(-3) = 1 - \Phi(3) = 1 - 0{,}9986 = 0{,}14\ \%;$

für Aufgabe b wird $271 \approx 250 + 1{,}5 \cdot 13{,}7 = \mu + 1{,}5\ \sigma$:

$P(X > \mu + 1{,}5\ \sigma) = P(Z > 1{,}5) = 1 - P(Z \leq 1{,}5) = 1 - \Phi(1{,}5) = 1 - 0{,}933 = 6{,}7\%.$

Eine kleine Übung, sich mit der Tabelle vertraut zu machen, ist die Frage:

Beispiel 30: **Klassen von Hühnereiern**

B Die Masse eines **Hühnereies** beträgt durchschnittlich 60 g, mit einer Standardabweichung von 15 g. Eier, die weniger als 45 g haben, werden als „klein" bezeichnet. Die übrigen werden in „Standard" und „groß" unterteilt, und zwar so, daß das obere Drittel „groß" ist. Bei welcher Masse liegt die Grenze zwischen ihnen?

Wegen des einfachen Zusammenhangs der Randwerte wie eben:

$45 = 60 - 1 \cdot 15 = \mu - 1 \cdot \sigma,$

überlegen wir so, vgl. Bild 26.

Bild 26: **dazu**

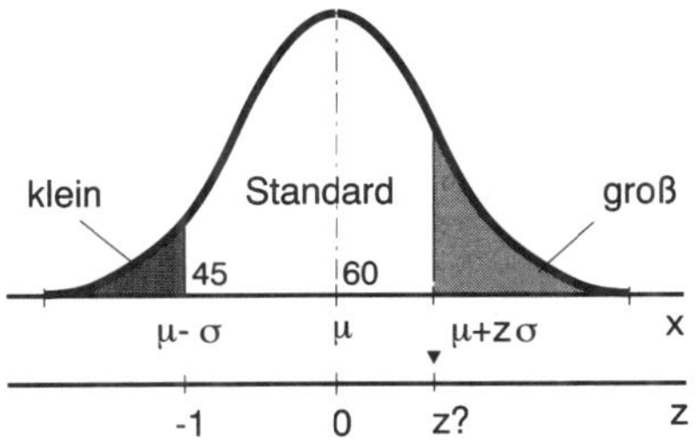

Innerhalb von $\mu \pm 1\,\sigma$, d. h., von ± 1 um 0, liegen 68 % aller Werte, außerhalb daher 32 %. Die Hälfte links, die andere rechts: → 16 % sind **klein**! Es bleiben 84 % für die übrigen, also 56 % Standardeier, weil es noch halb so viele, eben 28 %, große Eier geben soll; damit ist die Grenze z bei

$$16 + 56 = 72\,\% = \Phi(z),$$

woraus wir aus der Tabelle z = 0,6 = 3/5 ablesen. Jetzt ist schießlich

$$\mu + z\,\sigma = 60 + 3/5 \cdot 15 = 69\ (\text{g}),$$

womit der *Trennwert* gefunden ist: Ab 69 Gramm sind die Eier „groß".

Probleme des Küchenchefs:

Sie dachten eben ans Essen, doch sollte es mehr sein als eine Eierspeise? Bitte sehr! Geben wir dabei die Wahrscheinlichkeit vor, mit der ein bestimmtes Ereignis eintreten soll; damit ist dann der Bereich festgelegt, also das Intervall um μ oder vor μ usw. Konkret soll das heißen:

Beispiel 31: wie viele Portionen vorbereiten?

B Eine **Werkskantine** kann bis zu 500 Beschäftigte verpflegen. Man weiß aus Erfahrung, daß 10 % der Leute in der Regel nicht erscheinen. Wie viele Portionen muß man vorbereiten, wenn man höchstens 5 % Risiko eingehen will, jemanden abweisen zu müssen?

Es sind $\mu = n \cdot p = 500 \cdot 0{,}90 = 450$ Leute zum Essen zu erwarten. Bei welcher Zahl $x = \mu + z\sigma$ fällt das Risiko unter $\alpha = 5\,\%$? Mit

$$\sigma^2 = n \cdot p \cdot (1 - p) = 500 \cdot 0{,}90 \cdot 0{,}10 = 45 \quad \Rightarrow \quad \sigma = 6{,}71$$

ist nach z gefragt, für das gilt:

$$P(X > \mu + z\sigma) = P(Z > z) = 5\,\% = \alpha;$$

Bild 27: dazu

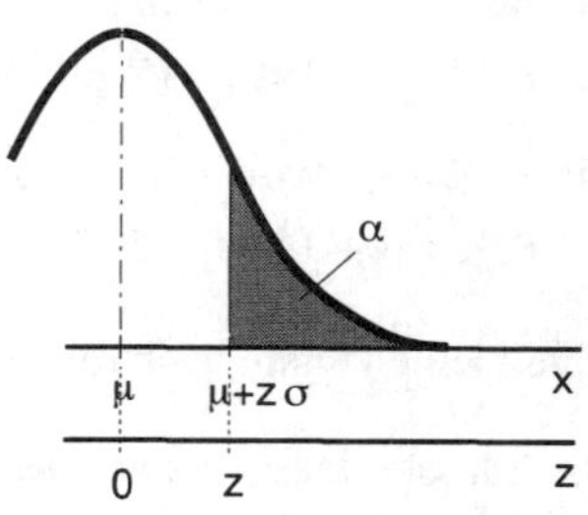

nun ist

$$P(Z > z) = 1 - P(Z \le z) = \alpha \quad \Rightarrow$$
$$P(Z \le z) = \Phi(z) = 1 - \alpha = 95\,\% = 0{,}95$$
$$\Rightarrow \quad \text{(Tabelle)}\ z = 1{,}64;$$

daraus wird schon

$$x = \mu + z\sigma = 450 + 1{,}64 \cdot 6{,}71 \approx 461.$$

Würde man also nach Hausverstand nur 500 minus 10 % gleich 450 Portionen vorbereiten, käme man sicherlich mit mehr als 5 % in Verlegenheit! Ja, es sind sogar genau 50 %, wie Bild 27 zeigt (z = 0)! Nachträglich sieht man auch das ein: Erwarte ich 450 Leute, so können es ebenso gut 449 wie 451, 448 wie 452 usw. sein; darüber und darunter besteht gleiche Wahrscheinlichkeit.

variiert:

Variieren wir noch die Fragestellung:

Beispiel 32: wie viele Besucher ...?

B Die Küche unseres Musterbetriebs bereitet nun 500 Portionen vor, da **Besucher** erwartet werden („Tag der offenen Tür"). Wieder geht man von insgesamt 10 % „Verweigerern" aus. Bei wie vielen Besuchern bleibt das Risiko, damit nicht auszukommen, unter 5 %?

Insgesamt seien n Leute da – nur ist n unbekannt! Wieder setzen wir

$$P(X > \mu + z\sigma) = 5\,\%$$

an, wobei nun $\mu + z\sigma = 500$ bekannt ist und z wie eben als 1,64 folgt; damit ist hier

$$n \cdot p + 1{,}64 \cdot \sqrt{n \cdot p \cdot (1-p)} = 500$$

bzw. konkret:

$$0{,}9\,n + 1{,}64 \cdot \sqrt{0{,}09\,n} = 500\,.$$

Aus 0,09 läßt sich die Wurzel ziehen, sie ist 0,3; statt n setzen wir $(\sqrt{n})^2$:

$$(\sqrt{n})^2 + \frac{1{,}64}{0{,}9} \cdot 0{,}3\,\sqrt{n} - \frac{500}{0{,}9} = 0\,,$$

woraus nach Substitution von Wurzel aus n durch y eine *quadratische* Gleichung wird:

$$y^2 + 0{,}547y - 555{,}6 = 0,$$

die zu lösen schon Routine für Sie sein dürfte! Die positive Lösung ist

$$y \approx 23{,}3 = \sqrt{n} \quad \Rightarrow \quad n \approx 543;$$

somit bleibt das Risiko bei 43 oder weniger Besuchern noch unter 5 %!

diesmal besteht die Rechnung aus einigen Teilschritten!

DANKE für Ihre Mitarbeit!

Übungsaufgaben

1. Sie haben neben Ihrem Schreibtisch 3 Fächer angebracht und mit D (Deutsch), E (Englisch) und M (Mathematik) beschriftet. Ihre Bücher legen Sie oft zufällig hinein, ohne auf die Beschriftung zu achten. Das gibt Ihnen Gelegenheit, nachzuprüfen und die Anzahlen x der richtig eingeordneten Bücher als Werte einer Zufallsvariablen X zu betrachten! Erstellen Sie gleich eine Tabelle der Verteilung und ein Stabdiagramm.

2. Ein Zufallsexperiment, z.B. „Mensch ärgere dich nicht“, wird so lange wiederholt, bis das Ereignis A (Würfeln bis „6“) zum 1. Mal eintritt. In jedem Versuch ist P(A) = p fest; konkret wäre hier p = 1/6. Die Zufallsvariable X sei die Anzahl der bis zum Eintreten von A benötigten Versuche. Gesucht sind Tabelle und Stabdiagramm der Verteilung, wobei die p_i erst allgemein zu bestimmen sind.

3. Aus einer Urne, welche die Zahlen 1, 2, 3, 4 auf Kugeln enthält, Bild links, werden zwei mit Zurücklegen gezogen, die Zahlen notiert. Zufallsvariable X sei die Summe dieser Zahlen. Wie sieht die Tabelle der Verteilung aus, wie groß sind Erwartungswert und Standardabweichung?

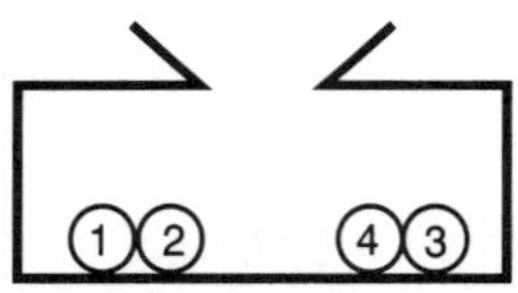

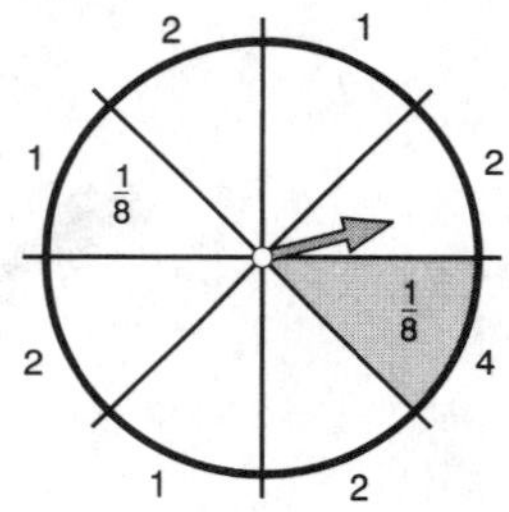

4. Das rechts skizzierte Glücksrad wird zweimal gedreht, die jeweils nach Stillstand durch den fixen Pfeil angezeigte Zahl notiert. Die Zufallsvariable X ordne jedem Zahlenpaar das Produkt der Zahlen zu. Stellen Sie die Tabelle der Wahrscheinlichkeitsverteilung auf und berechnen Sie Erwartungswert und Varianz.

5. Ein Würfel wird zweimal geworfen, die Augenzahl notiert. Die Zufallsvariable X ordne jedem Augenpaar die Summe der Zahlen zu. Stellen Sie die Tabelle der Verteilung auf und zeichnen Sie ein Stabdiagramm!

6. Eine Münze soll 4mal geworfen werden, der Ausfall (Zahl oder Wappen) wird jeweils notiert; als Zufallsvariable X möge das Produkt der Anzahlen z · w gewählt werden: Bei ZWWZ z.B. ist z = 2, w = 2 $\Rightarrow$ x = z · w = 4. Stellen Sie die Tabelle der Wahrscheinlichkeitsverteilung auf und berechnen Sie Erwartungswert und Varianz.

7. In einer Urne seien fünf Kugeln mit den Nummern 1, 3, 4, 6 und 8. Es werden nacheinander zwei Kugeln ohne Zurücklegen gezogen, deren Nummern notiert. Die Zufallsvariable X ordne diesen Nummern ihr kgV zu. Natürlich interessieren Sie sich wieder für die Tabelle der Wahrscheinlichkeitsverteilung sowie für Erwartungswert und Varianz!

8. Wie groß ist im Durchschnitt einer 20 Bäume umfassenden Stichprobe die Anzahl auftretender Kiefern (Beispiel voriges Kapitel), und wie groß ist die Standardabweichung der anzutreffenden Kiefernzahl?

9. Aus einer Urne mit 2 weißen Kugeln und 1 schwarzen wird 6mal mit Zurücklegen gezogen. Dabei kann k = 0, 1, 2, ..., 6 mal eine weiße Kugel auftreten. Wie wahrscheinlich ist dies jeweils? (Binomialverteilung!)

10. Mit welcher Wahrscheinlichkeit wird das Feld 1 des Glücksrades mindestens 3mal bei 5maligem Drehen angezeigt? (Binomialverteilung!)

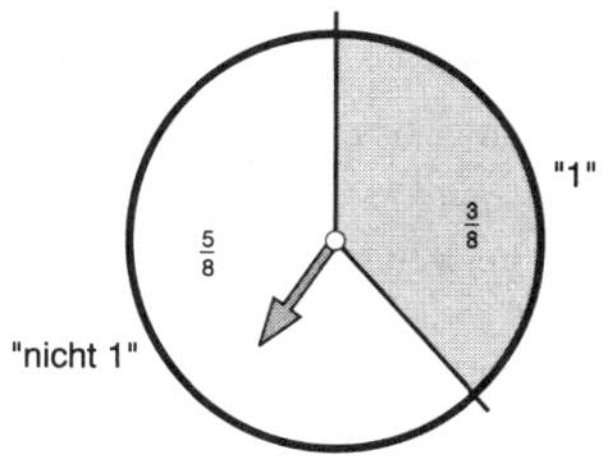

11. Ein Buch mit 500 Seiten enthalte insgesamt etwa 300 Druckfehler. (Hoffentlich ist das vorliegende eine Ausnahme und hat weniger!) Wie groß ist die Wahrscheinlichkeit, auf einer zufällig aufgeschlagenen Seite 2 oder mehr Druckfehler zu finden? (Binomial-Verteilung und Poisson-Verteilung vergleichen!)

12. Die Anzahl der zerfallenen Atomkerne pro Zeitspanne ist eine annähernd poissonverteilte Zufallsvariable. Die Wahrscheinlichkeit, daß ein Rn-222-Kern innerhalb einer Stunde zerfällt, beträgt p = 0,76 %. Berechnen Sie aus diesen Angaben die Wahrscheinlichkeit, daß von n = 500 Kernen innerhalb einer Stunde zwischen 5 und 8 (inkl.) Kerne zerfallen.

13. Eine Maschine füllt Halbkilo(Pfund-)packungen Zucker so, daß die Menge normalverteilt ist mit $\mu = 515$ g und $\sigma = 10$ g.
   a) Wieviel Prozent aller Packungen dieser Serie wiegen weniger als 500 g?
   b) Wieviel Prozent aller Packungen dieser Serie wiegen mehr als 525 g?

14. Ein System besteht aus 200 gleichartigen Elementen, von denen jedes mit der Zuverlässigkeit von 90 % arbeitet.
   a) Es funktioniert, wenn mindestens 170 Elemente in Ordnung sind. Wie groß ist die Zuverlässigkeit des Systems?
   b) Die Zuverlässigkeit des Systems soll 95 % sein. Wie viele Teile müssen dann funktionieren?

15. Bei der Produktion von Weingläsern wird nach dem Blasen der Rand abgeschliffen. Die Wahrscheinlichkeit, daß ein Glas dabei zerbricht, beträgt 0,05. Wie groß ist die Wahrscheinlichkeit, daß in einer Produktion von 1000 Gläsern nicht mehr als 40 Gläser beim Schleifen zerbrechen?

16. Eine Firma bringt einen neuen Autoreifen auf den Markt, dessen Lebensdauer im Mittel 58200 km beträgt, mit einer Standardabweichung von 5000 km. Welche Garantie (in km) kann die Firma geben, wenn sie nur 5 % Risiko eingehen will, daß sie in Anspruch genommen wird?

17. Ein Fußballstadion faßt 60000 Plätze. Erfahrungsgemäß werden 10 % der Vorbestellungen storniert. Wie viele Vorbestellungen darf der Veranstalter bestätigen, um mit 99 % Wahrscheinlichkeit nicht in Verlegenheit zu kommen?

18. In 20 Zeiteinheiten in einer Telefonvermittlung (wir denken sie uns lang genug gewählt) sind 200 Anrufe zu erwarten. Mit welcher Wahrscheinlichkeit werden pro Einheit höchstens 7 Gespräche zu vermitteln sein?

    Wegen n = 200 (> 30) *unabhängigen Versuchen* und p = 1/20 (< 0,1) für einen Anruf in einer bestimmten Einheit sowie $\sigma = \sqrt{n\,p\,(1-p)} = \sqrt{200 \cdot \frac{1}{20} \cdot \frac{19}{20}} = 3{,}08 > 3$ dürfen wir sowohl Poisson- als Normalverteilung als Näherungen für die Binomialverteilung verwenden. Tun Sie dies bitte, um den Rechenaufwand zu *vergleichen*!

Zu den Lösungen

Lösungen

1. Wir halten in einer kleinen Tabelle alle möglichen Belegungen fest und zählen die richtig angeordneten:

E	D	M	X
E	D	M	3
E	M	D	1
D	E	M	1
D	M	E	0
M	D	E	1
M	E	D	0

x_i	0	1	2	3
p_i	$2/6$	$3/6$	0	$1/6$

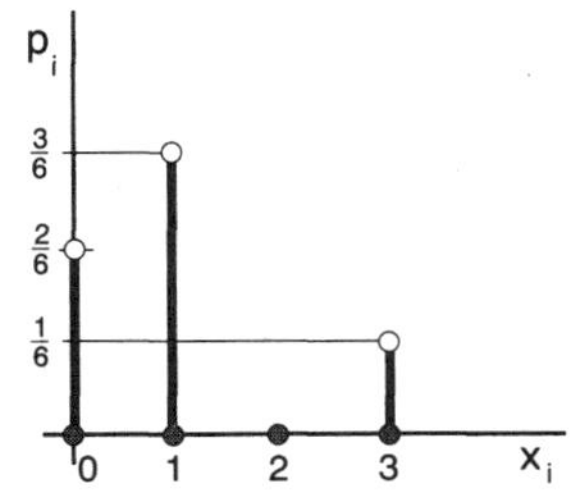

Die 0 tritt zweimal auf → $p_0 = 2/6$,
Die 1 tritt dreimal auf → $p_1 = 3/6$ usw.

2. Tabelle:

x_i	1	2	3	4	5	k	...	
p_i	p	qp	q^2p	...	...	$q^{k-1}p$		
	1/6	$5/6 \cdot 1/6$	$(5/6)^2 \cdot 1/6$	...	...	$(5/6)^{k-1} \cdot 1/6$		→ $\Sigma = 1$
	0,167	0,139	0,116	...	...			

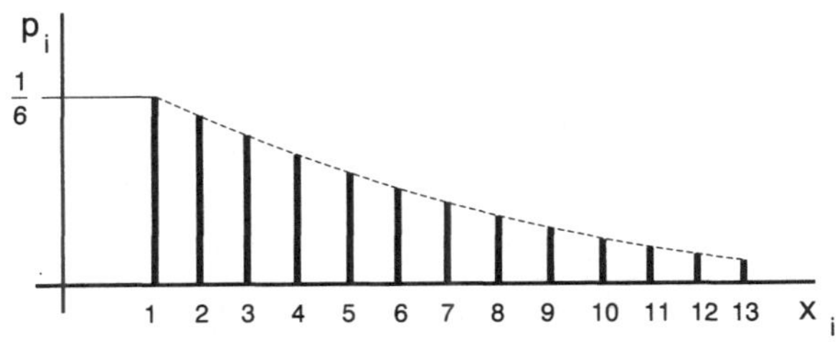

3. Tabelle:

x_i	2	3	4	5	6	7	8	
p_i	1/16	2/16	3/16	4/16	3/16	2/16	1/16	→ $\Sigma = 1$ ✓
$p_i x_i$	2/16	6/16	12/16	20/16	18/16	14/16	8/16	→ $\Sigma = 80/16$
x_i^2	4	9	16	25	36	49	64	
$p_i x_i^2$	4/16	18/16	48/16	100/16	108/16	98/16	64/16	→ $\Sigma = 440/16$

$\mu = \Sigma\, p_i x_i = 80/16 = 5$,

$\sigma^2 = \Sigma\, p_i x_i^2 - \mu^2 = 440/16 - 5^2 = 2{,}5 \Rightarrow \sigma = \sqrt{\sigma^2} = \sqrt{2{,}5} = 1{,}58$.

4. Tabelle:

x_i	1	2	4	8	16	
p_i	$(3/8)^2$	3/8	11/32	1/8	$(1/8)^2$	→ $\Sigma = 1$ ✓

$p_1 = 3/8,\ p_2 = 1/2,\ p_4 = 1/8;$
$P(X{=}2) = 3/8 \cdot 1/2 \cdot 2 = 3/8,$

$P(X=4) = 3/8 \cdot 1/8 \cdot 2 + 1/2 \cdot 1/2 = 11/32$
$P(X=8) = 1/2 \cdot 1/8 \cdot 2 = 1/8$
$\mu = \Sigma\, p_i x_i = 1/64 \cdot (1 \cdot 9 + 2 \cdot 24 + 4 \cdot 22 + 8 \cdot 8 + 16 \cdot 1) = 3{,}5$
$\sigma^2 = \Sigma\, p_i x_i^2 - \mu^2 = 1/64 \cdot (1 \cdot 9 + 4 \cdot 24 + 16 \cdot 22 + 64 \cdot 8 + 256 \cdot 1) - 3{,}5^2 = 6{,}78 \Rightarrow$
$\sigma = \sqrt{\sigma^2} = \sqrt{6{,}78} = 2{,}60$

5.

x_i	2	3	4	5	6	7	8	9	10	11	12
p_i	1/36	2/36	3/36	4/36	5/36	6/36	5/36	4/36	3/36	2/36	1/36

$\rightarrow \Sigma = 1$ ✓

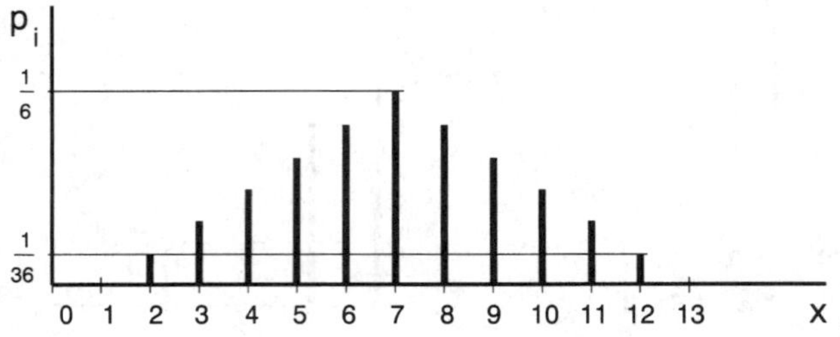

6. ZZZZ ... 1mal; ZZZW, ..., WZZZ ... 4mal; ZZWW, ... 6mal; ZWWW, ... 4mal; WWWW ... 1mal; insgesamt 16, daher p_i je Wurf 1/16; da nur Z 1mal auftritt, dazu dann z = 4, aber w = 0 gilt, ist das Produkt z · w = 0; ebenso ist es mit nur W 1mal ...: $p_i(0) = 2/16$ ...

Tabelle:

x_i	0	3	4
p_i	2/16	8/16	6/16

$\rightarrow \Sigma = 1$ ✓

$\mu = \Sigma\, p_i x_i = 8/16 \cdot 3 + 6/16 \cdot 4 = 3,$
$\sigma^2 = \Sigma\, p_i x_i^2 - \mu^2 = 1/2 \cdot 9 + 3/8 \cdot 16 - 3^2 = 1{,}5 \Rightarrow \sigma = ... = 1{,}22.$

7. Tabelle:

x_i	3	4	6	8	12	24
p_i	1/10	1/10	2/10	2/10	2/10	2/10

$\rightarrow \Sigma = 1$ ✓

$\mu = \Sigma\, p_i x_i = 1/10 \cdot (3 + 4 + 6 \cdot 2 + 8 \cdot 2 + 12 \cdot 2 + 24 \cdot 2) = 107/10 = 10{,}7;$

$\sigma^2 = \Sigma\, p_i x_i^2 - \mu^2 = 1/10 \cdot (3^2 + 4^2 + ... + 256 \cdot 1) - 10{,}7^2 = 52$
$\Rightarrow \sigma = ... = 7{,}2.$

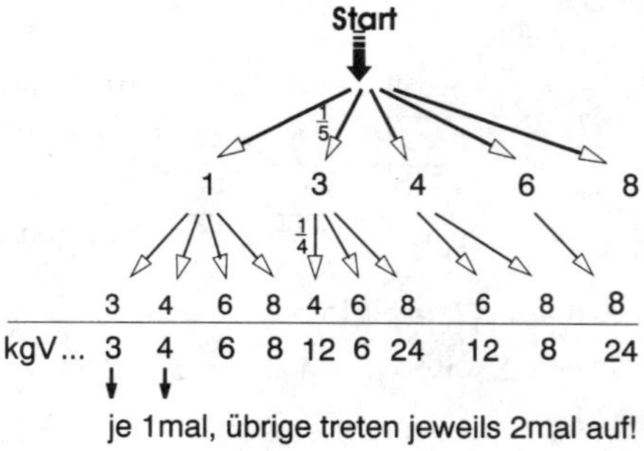

8. $\mu = n \cdot p = 20 \cdot 0{,}46 = 9{,}2 \approx 9$ Kiefern
$\sigma^2 = n \cdot p \cdot (1 - p) \Rightarrow \sigma = ... = 2{,}23.$

9. $P_0 = \binom{6}{0} \cdot \left(\frac{2}{3}\right)^0 \cdot \left(\frac{1}{3}\right)^6 = ... = 0{,}14\,\%$; $P_1 = \binom{6}{1} \cdot \left(\frac{2}{3}\right)^1 \cdot \left(\frac{1}{3}\right)^5 = ... = 1{,}6\,\%$;
analog weiter 8 %; 22 %; 33%; 27 % bis zuletzt $P_6 = 9\,\%$.

10. Binomialverteilung mit $n = 5$, $p = 3/8$; $k = 3$ oder 4 oder 5:
Es treten daher 3 Summanden auf mit «3 aus 5», «4 aus 5» und «5 aus 5»:
$P = \binom{5}{3} \cdot \left(\frac{3}{8}\right)^3 \cdot \left(1 - \frac{3}{8}\right)^2 + \ldots + \binom{5}{5} \cdot \left(\frac{3}{8}\right)^5 \cdot \left(1 - \frac{3}{8}\right)^0 = \ldots$
$= 0{,}206 + 0{,}0618 + 0{,}0074 = 0{,}275 \approx 28\ \%$

11. a) Binomialverteilung mit $n = 300$, $p = 1/500$; $k = 0$ oder 1;
$P'(X{=}0 \text{ oder } 1) = \binom{300}{0} \cdot \left(\frac{1}{500}\right)^0 \cdot \left(1 - \frac{1}{500}\right)^{300} + \ldots + \binom{300}{1} \cdot \left(\frac{1}{500}\right)^1 \cdot \left(\frac{499}{500}\right)^{299} =$
$= 0{,}998^{300} + 300/500 \cdot 0{,}998^{299} = 0{,}5485 + 0{,}3297 = 0{,}878 \Rightarrow P = 0{,}122 \approx 12\ \%$

b) Poissonverteilung $\lambda = n \cdot p = 3/5 = 0{,}6$
$P' = e^{-\lambda} + \lambda \cdot e^{-\lambda} = e^{-0{,}6} + 0{,}6 \cdot e^{-0{,}6} = 1{,}6 \cdot e^{-0{,}6} = 0{,}878$; wie a, $P \approx 12\ \%$

12. $n \cdot p = 500 \cdot 0{,}0076 = 3{,}8 = \lambda$
$P(5 \le X \le 8) = P(X{=}5) + P(X{=}6) + P(X{=}7) + P(X{=}8) = \sum_{k=5}^{8} \frac{\lambda^k}{k!} \cdot e^{-\lambda}$
$= \frac{3{,}8^5}{5!} \cdot e^{-3{,}8} + \frac{3{,}8^6}{6!} \cdot e^{-3{,}8} + \frac{3{,}8^7}{7!} \cdot e^{-3{,}8} + \frac{3{,}8^8}{8!} \cdot e^{-3{,}8} =$
$= 0{,}1477 + 0{,}0936 + 0{,}0508 + 0{,}02412 = 0{,}316 \approx 32\ \%$

13. a) $\mu + z_1\sigma = 500 \Rightarrow 515 + z_1 \cdot 10 = 500 \Rightarrow z_1 = -1{,}5$
$P(X < 500) = P(X < \mu - 1{,}5\sigma) = P(Z < -1{,}5) = \Phi(-1{,}5) = 1 - \Phi(1{,}5) = \ldots = 6{,}7\ \%$

b) $\mu + z_2\sigma = 525 \Rightarrow 515 + z_2 \cdot 10 = 525 \Rightarrow z_2 = 1$
$P(X > 525) = P(Z > 1) = 1 - P(Z < 1) = 1 - \Phi(1) = 1 - 0{,}841 = 0{,}16 = 16\ \%$

14. a) Näherung Normalverteilung, N Nieten
$n = 200$, $P_N = 1 - P_T = 0{,}1$; $\mu = n \cdot p = 20$, $\sigma = \sqrt{n\,p\,q} = \sqrt{20 \cdot 0{,}9} = 4{,}24$
$P(T \ge 170) = P(N \le 30)$; $30 = 20 + z \cdot 4{,}24 \Rightarrow z = 2{,}36 \approx 2{,}33$
$P(N \le \mu + z\sigma) = P(Z \le z) = \Phi(z) \approx \Phi(2{,}33) = 0{,}99 \approx 99\ \%$

b) Zeichnung wie Bild 27 mit 5 statt α!
Wie viele Teile müssen funktionieren, wie viele dürfen N(ieten) sein?
Bei 5 % ist $z = 1{,}64$: $x = \mu + 1{,}64 \cdot \sigma = 20 + 1{,}64 \cdot 4{,}24 \approx 27$; es müssen 173 Teile sein!

15. $n = 1000$, $p = 0{,}05$, $\mu = n \cdot p = 50$,
$\sigma^2 = n \cdot p \cdot (1 - p) = 50 \cdot 0{,}95 \Rightarrow \sigma = 6{,}89$
$x = \mu - z \cdot \sigma = 50 - z \cdot 6{,}89 = 40 \Rightarrow$
$z = 10/6{,}89 = 1{,}45$

$P(X \le 40) = P(X \le \mu - 1{,}45\sigma) =$
$P(X \le -1{,}45) = \Phi(-1{,}45) = 1 - \Phi(1{,}45)$
$= 1 - 0{,}926 = 0{,}074 = 7{,}4\ \%$

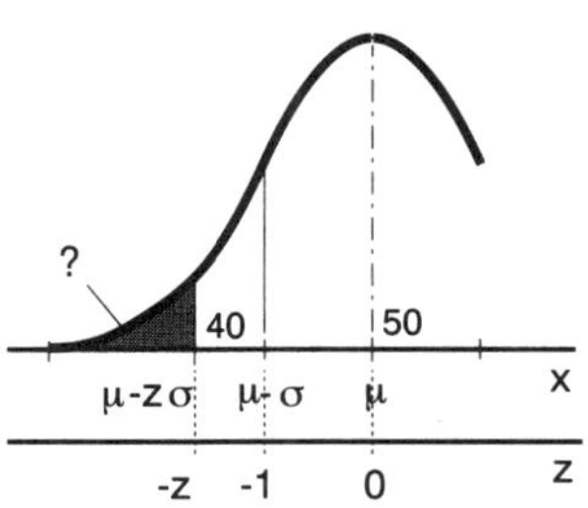

16. Skizze im Prinzip wie eben in Lösung 15:
$\mu = 58200$, $\sigma = 5000$, zu $\alpha = 5\ \% =$
$P(Z \le z) = \Phi(z)$ gehört $z = -1{,}64$
(bei 95 % in der Φ-Tabelle ablesen); also ist $x = 58200 - 1{,}64 \cdot 5000 = 50000$ (km)

17. $P(B \le 60000) = 0{,}99 \qquad n = ?,\ p = 0{,}9;\ q = 0{,}1$

$P(B \le \mu + z \cdot \sigma) = \Phi(z) = 0{,}99 \quad \Rightarrow \quad z = 2{,}33$

$\mu + z \cdot \sigma = 60000 \ \wedge \ \mu = n \cdot 0{,}9 \ \wedge \ \sigma = \sqrt{n \cdot 0{,}9 \cdot 0{,}1} \quad \Rightarrow$

$0{,}9\,n + 2{,}33 \cdot 0{,}3 \cdot \sqrt{n} = 60000 \quad \Rightarrow$ (Substitution wie im Text:)

$y^2 + \frac{0{,}699}{0{,}9}\,y - \frac{60000}{0{,}9} = 0$ quadrat. Gleichung lösen, rücksubstituieren:

quadrieren $\rightarrow$ $n = 66.467$

18. Binomial-V.: $P(X \le 7) = F(7) = \sum_{k=0}^{7} \binom{n}{k} \cdot p^k \cdot (1-p)^{n-k}$

mit $n = 200,\ p = 0{,}05,\ 1 - p = 0{,}95$ wird

$\binom{200}{0} \cdot 0{,}05^0 \cdot 0{,}95^{200} + \binom{200}{1} \cdot 0{,}05^1 \cdot 0{,}95^{199} + \ldots + \binom{200}{7} \cdot 0{,}05^7 \cdot 0{,}95^{193} =$

$= 0{,}000035 + 0{,}000369 + 0{,}001932 + 0{,}006712 + 0{,}017398 + 0{,}035896 + 0{,}061401 +$
$+ 0{,}089562 = 0{,}213 \approx 21\ \%$

Poisson-V.: $P(X \le 7) = F(7) = \sum_{k=0}^{7} \frac{\lambda^k}{k!} \cdot e^{-\lambda}$

mit $\lambda = n \cdot p = 200 \cdot 1/20 = 10$

$\frac{10^0}{0!} \cdot e^{-10} + \frac{10^1}{1!} \cdot e^{-10} + \frac{10^2}{2!} \cdot e^{-10} + \ldots + \frac{10^7}{7!} \cdot e^{-10} =$

$= 0{,}000045 + 0{,}000454 + 0{,}002270 + 0{,}007567 + 0{,}018917 + 0{,}037833 + 0{,}063055 +$
$+ 0{,}090079 = 0{,}220 = 22\ \%$

Normal-V.: Eine Skizze würde ähnlich wie in Lösung 15 aussehen!

$\mu = n \cdot p = 10,\ \sigma = 3{,}08;$ wir suchen z mit $\mu - z \cdot \sigma = 10 - z \cdot 3{,}08 = 7 \ \Rightarrow \ z = 0{,}97 \ \Rightarrow$

$P(X \le 7) = P(X \le \mu - 0{,}97\sigma) = P(Z \le -0{,}97) = \Phi(-0{,}97) = 1 - \Phi(0{,}97) =$

(genauere Tabelle oder Mathematica:) $1 - 0{,}834 = 0{,}166 \approx 17\ \%$

Zum nächsten Kapitel (siehe Band 3!)

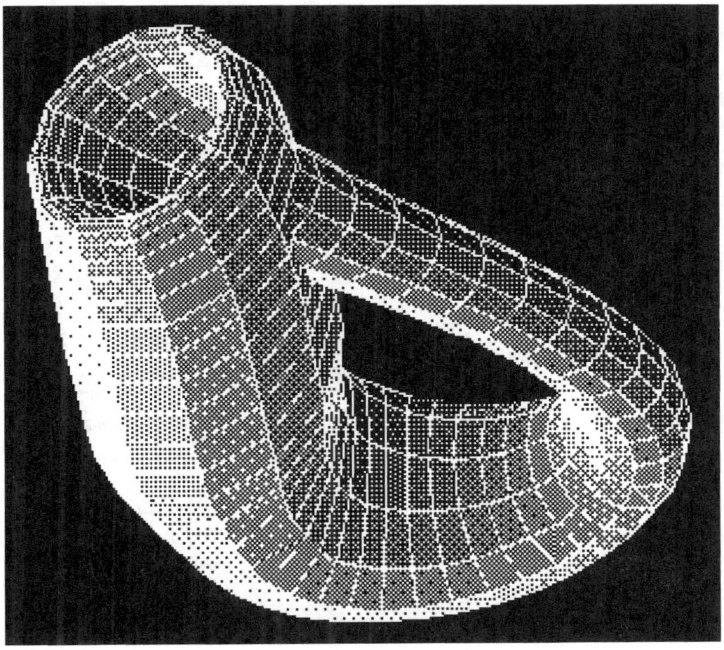

Teil

27. Kapitel

27

Statistik

Erinnerungen:

In der WAHRSCHEINLICHKEITSRECHNUNG im Teil H des **2**. Bandes haben wir *zufällige Ereignisse* E untersucht, die mit bekannter *Wahrscheinlichkeit* P(E) eintreten: Denken Sie

- an das Würfeln mit E ... «Augenzahl 6» und P(E) = 1/6,
- an den Münzwurf mit E ... «Zahl» und P(E) = 1/2,
- an das Ziehen von Kugeln aus einer Urne, deren Inhalt *bekannt* ist oder
- das Drehen eines Glücksrades mit *vorgegebener* Sektoreneinteilung.

Aufgaben der Statistik:

In anderen Fällen, etwa der Verteilung von Anrufen beim Telefonamt oder der Verkehrsfrequenz auf einem bestimmten Straßenstück gingen wir von Erfahrungswerten bzw. Verkehrszählungen aus.

Daten sammeln, ordnen, darstellen

Genau dies ist nun erste Aufgabe der **BESCHREIBENDEN STATISTIK** in Kapitel **27**: Daten sammeln, ordnen, in Tabellen und Diagrammen darstellen. Diese Daten sind Ergebnisse von Zählungen, Befragungen, Messungen, Versuchen und sollen übersichtlich aufbereitet werden. Dazu erstellt man *Häufigkeitsverteilungen*, die durch ***Kennzahlen*** wie Mittelwert, Standardabweichung und andere charakterisiert werden.

und daraus auf die Grundgesamtheit schließen

Dann wird von den erhobenen und entsprechend aufbereiteten Daten einer Stichprobe bzw. ihren Kennzahlen in der **BEURTEILENDEN STATISTIK** in Kapitel **28** auf die unbekannten Werte μ und σ einer Gesamtheit geschlossen, die untersucht werden soll, also etwa von heutigen Meinungsumfragewerten auf den Wahlausgang am nächsten Sonntag. Dazu benötigt man dann die in der Wahrscheinlichkeitsrechnung bereitgestellten Methoden und Ergebnisse.

Daten und statistische Kennzahlen

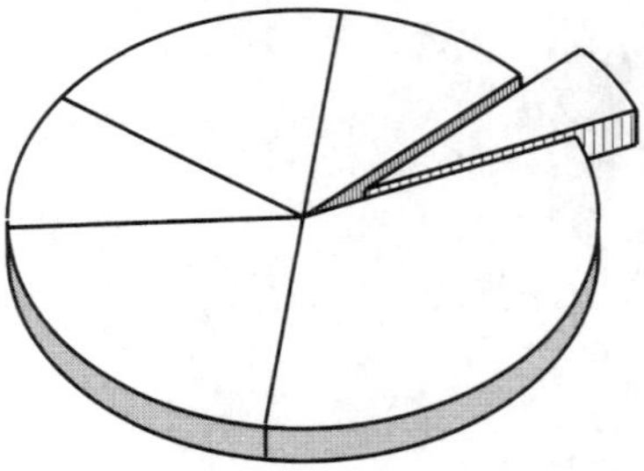

Wir interessieren uns für bestimmte Eigenschaften einer Grundgesamtheit von meist vielen Dingen. Um sie zu studieren, wählen wir aus dieser Grundmenge einige Elemente aus und untersuchen sie auf eines ihrer *Merkmale*.

mögliche Merkmale einer Grundgesamtheit

• So könnte sich der Pächter eines Fischteichs für das Gewicht und die Größe von Fischen in seinem Teich interessieren – es setzt sich ja beim Abfischen in klingende Münze um! Er fängt etwa n = 50 Fische, wägt sie und weiß dann schon mehr über das Gewicht der Grundgesamtheit aller Fische im Teich als vorher.

• Eine Autofirma will etwa wissen, ob Autos einer bestimmten Marke, die sie zu übernehmen gedenkt, in ihrem Gebiet gut ankommen. Sie könnte die vor einem Fußballplatz geparkten n Autos daraufhin abzählen, wie groß der *relative Anteil* h = A/n an Autos der betreffenden Marke A ist.

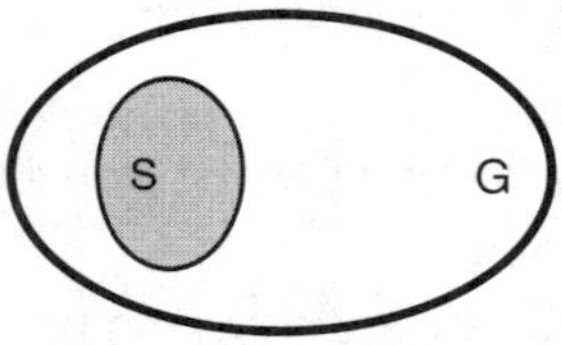

Bild 1: Stichprobe

Die Menge der ausgewählten n Elemente bezeichnen wir als ***Stichprobe*** S mit dem *Umfang* n, Bild 1. Das Ziehen einer Stichprobe ist nötig, wenn es aus Zeit- und/oder Kostengründen ausgeschlossen ist, *alle* N Elemente der Grundgesamtheit G zu überprüfen, etwa

Merkmale festlegen und überprüfen

- die Meinung *aller* Autofahrer zur Höchstgeschwindigkeit auf Autobahnen, oder
- die Messung der Milchleistung *jeder* bayerischen Kuh;

oder wenn es bei Qualitätsprüfungen zur Zerstörung der gesamten Produktion käme wie bei der Messung

- der Brenndauer von Leuchtdioden, oder
- der Reißfestigkeit von Drähten u.a.m.

Nehmen wir als einfaches Beispiel die **Leistung** der Sechzehnjährigen eines Landes in Mathematik:

Beispiel 1: Schulnoten

B Als Stichprobe wählen wir eine bestimmte Schulklasse mit n = 25 Schülern, genauer ihre 2. **Klassenarbeit** (Schularbeit, Prüfung) in Mathematik. Als *Merkmal* X ist die Note jeder Arbeit anzusehen, die in verschiedenen *Ausprägungen* oder Werten x_i auftritt; im Gegensatz zur BRD gibt es z.B. in Österreich die *Werte* 1 = Sehr gut, 2, 3, 4 und 5 (absteigend), in der Schweiz kennt man u. a. (Kanton Luzern) 6 = Sehr gut, 5–6, 5, ..., 1–2, 1 (absteigend), und natürlich sind noch andere Werte denkbar und üblich, etwa nur vierelementige Skalen u.a.m.

Zählt man die n = 25 Ergebnisse und findet, daß die Noten „1“ etwa 2mal, „2“ 1mal, „3“ schon 9mal usw. auftreten, so nennt man 2, 1, 9, ... ***absolute*** **Häufigkeiten** H_i des betreffenden *Merkmalswerts* x_i. Bezieht man diese auf den Umfang n, so entstehen ***relative*** Häufigkeiten $h_i = \frac{H_i}{n}$, hier $\frac{2}{25} = 0{,}08 = 8\ \%$ von „1“, $\frac{1}{25} = 4\ \%$ von „2“ usw.

Eine Tabelle gibt dann die *Verteilung* der Häufigkeiten, mit denen die Meßwerte auftreten, übersichtlich für die österreichische Klasse so an:

Merkmalswert x_i	1	2	3	4	5	Σ
absolute Häuf. H_i	2	1	9	7	6	25 = n
relative Häuf. h_i	0,08	0,04	0,36	0,28	0,24	1 = 25/25

Optisch ansprechender ist ein *Diagramm*: Dazu wird die relative Häufigkeit h_i als Länge einer Strecke über dem jeweiligen Merkmalswert x_i aufgetragen, es entsteht ein ***Stabdiagramm***, Bild 2; ebensogut kann man Rechtecke derselben Höhe über den x_i als Mitten auftragen, was zu einem ***Histogramm*** = *Staffelbild* führt, wie es auch in Bild 2 eingezeichnet ist.

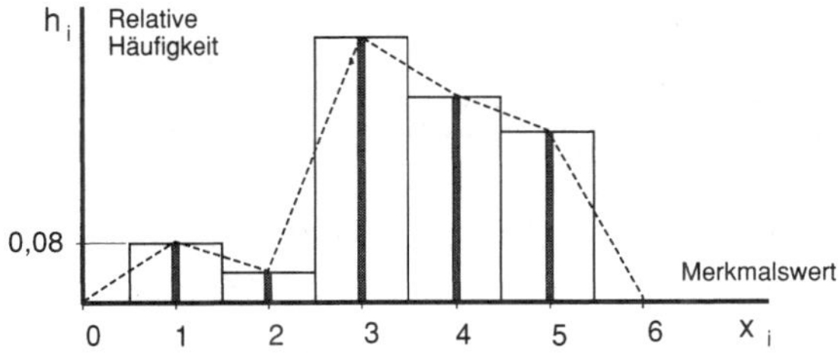

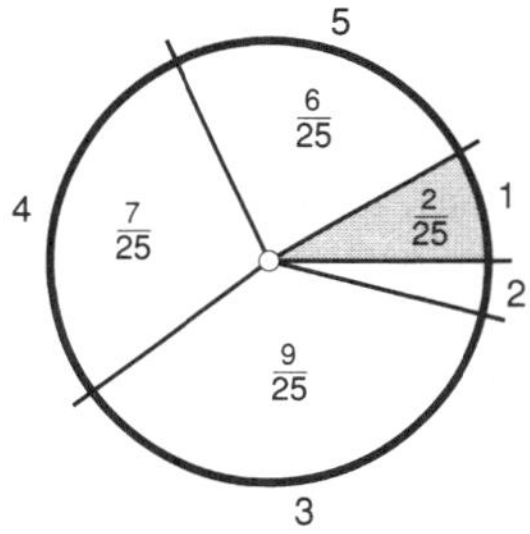

Verbindet man nur die oberen Endpunkte, entsteht ein ***Häufigkeitspolygon***, in Bild 2 gestrichelt, wie es gerne für Verkaufszahlen und Gewinne verwendet wird – wenn es nach oben weist!

Schließlich sind noch Vollkreise mit Feldern verbreitet, *Kreisdiagramme*, deren Öffnungswinkel der relativen Häufigkeit entsprechen, Bild 3, oben rechts: Anteile von Sprachgruppen eines Landes oder der Noten in unserer Mathematikarbeit sind Beispiele. Solche Diagramme sind z.B. auch wertvoll, wenn man eine Übersicht über die Schadensfälle im Straßenverkehr gewinnen will, die man nach Ländern oder auch nach Fahrzeugarten oder anderen Gesichtspunkten aufgliedern will, siehe dazu auch das Kapitel F**18** über die *Tabellenkalkulation* in Band **2**!

Hier erkennt man schon, daß zur weiteren Verarbeitung die Einführung einer *Zufallsvariablen* X zweckmäßig sein wird, vgl. das vorige Kapitel H**26** in Band **2**, damit die Achse der Merkmalswerte eine *Zahlenachse* (x) wird! Die Noten sind schon solche Werte, Monaten einer Verkaufs- oder Energiestatistik könnte man Zahlen 1, 2, ..., 12 zuordnen usw.

Dazu gleich ein Beispiel, das dies verdeutlicht und zugleich zeigt, wie verwandt solche *Häufigkeits-Verteilungen* den altvertrauten *Funktionen* sind:

absolute und relative Häufigkeiten der Merkmalswerte

ihre Verteilung

Bilder 2/3: Stabdiagramm und Staffelbild sowie Kreisdiagramm

weitere Beispiele

Zufallsvariable

Verwandtschaft zur Funktion

Beispiel 2:
Praxis: Strommenge

B Jedem Monat wird im folgenden die erzeugte **Strommenge** eines der größten Photovoltaik-Kraftwerke der Alpen am Loser in Altaussee, Steiermark, zugeordnet und das Ergebnis als Staffelbild dargestellt, vgl. Bild 4.

Bild 4:
Staffelbild dazu:

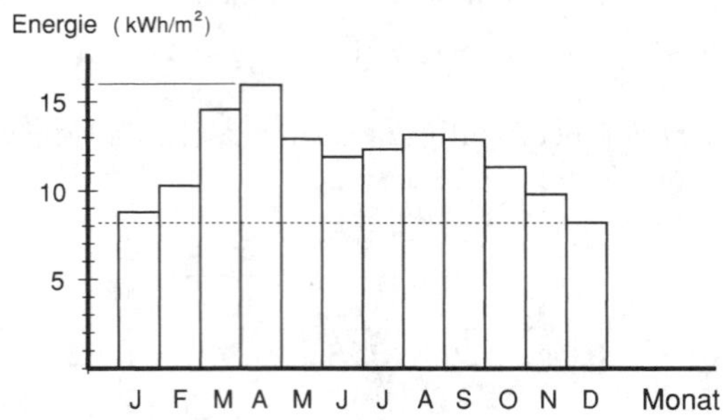

Die Energiemenge in kWh / m^2 steht hier statt der relativen Häufigkeit eines Merkmalswertes als *Funktions*wert. Man könnte die Gesamtenergiemenge berechnen und sie auf die einzelnen Monate aufteilen: zwanglos erhält man so ***relative Anteile***.

Dies wollen wir konkret durchführen:

Beispiel 3:
relativer Anteil

B Wie eben die Strommenge auf die Monate kann man z.B. den **Handelsverkehr** der (alten) BRD mit Österreich nach Bundesländern aufteilen und die *relativen Anteile* als Stäbe bestimmter Länge über dem jeweiligen Land auftragen, um lange Zahlenreihen optisch eingängiger zu präsentieren. Wir begnügen uns hier mit der Tabelle (Import-Zahlen in Mio. DM für das Jahr 1989) und der Berechnung der *relativen Anteile*;

Baden-W.	Bayern	Berlin	Brem.	Hambg.	Hessen	Nieds.	Nordr.-W.	Rhl.-Pf.	Saarld.	Schlesw.-H.
3.619	8.574	196	210	420	1.412	918	4.063	822	101	145

Wenn Sie hierin die Summe bilden, ergeben sich insgesamt 20 480 Mio. DM, die als 1 = 100 % angesetzt werden; dann werden wie bei der rel. Häufigkeit die absoluten Werte durch diese 20 480 dividiert, was schon die *relativen Anteile* liefert. Vergeben wir weiter für die Bundesländernamen der Reihe nach die Zahlen 1 bis 11 im Sinn der *Zufallsvariablen*, so sieht die ergänzte Tabelle so aus (rel. Anteile mal 100 in %):

Nr.	1	2	3	4	5	6	7	8	9	10	11
rel.A.	17,7	41,9	0,957	1,03	2,05	6,89	4,48	19,8	4,01	0,493	0,708

Vielleicht zeichnen Sie selber ein *Stabdiagramm* oder *Histogramm* dazu?

Um wieder zu den relativen Häufigkeiten zu kommen, sehen wir uns im Ernährungssektor um:

Beispiel 4:
Kaliumgehalt von Obst

B Um sich einen Überblick über den **Kaliumgehalt** in Obst zu verschaffen, suchen wir aus einer Tabelle n = 22 Obstsorten heraus und notieren die angegebenen K-werte pro 100 g Obst. Da diese Tabelle schon etwas zu lang ist und auch Diagramme etwas mühsam bzw. wenig aussagekräftig, verkürzen wir durch Zusammenfassen in Klassen: Für alle Werte zwischen 100 (mg) und 199 wählen wir kurz 1, zwischen 200 und 299 ebenso 2 usw. So steht noch 4 für 460 und 7 für 700. Dann zählen wir ab, wie oft diese Merkmalswerte auftreten, gewinnen also die *absoluten Häufigkeiten* H_i. Daraus folgen dann die *relativen* Häufigkeiten wie gewohnt mittels Division der H_i durch n = 22. Es ergibt sich folgende Übersicht:

Übergang zu Klassen

M.-werte x_i	0	1	2	3	4	5	6	7	Σ
abs.Häuf. H_i	1	11	4	2	2	0	0	2	22 = n
rel. Häuf. h_i	4,5	50	18,2	9,1	9,1	0	0	9,1	100 %

Eine grafische Darstellung zeigt Bild 5:

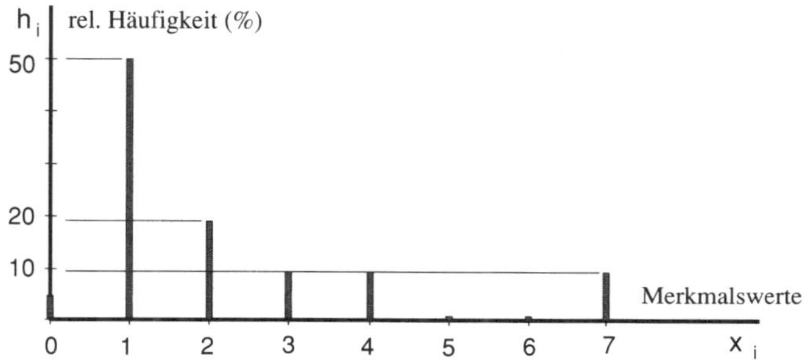

Bild 5: Ergebnisse

Sollten Sie sich für den *mittleren* Kaliumgehalt in Obst interessieren, blättern Sie bitte einige Seiten weiter!

Wir haben schon bemerkt, daß bei umfangreicheren Stichproben mit *vielen* verschiedenen Meßdaten solche Tabellen und auch Diagramme leicht unübersichtlich werden. Ein Ausweg wurde eben angedeutet, er soll jetzt ausführlicher besprochen werden:

B

Beispiel 5: ein "klassisches" Beispiel für Klassen

Will man sich über die **Körperlänge** der Sechzehnjährigen in einem Land informieren, so kann man an einer Schule eine Anzahl, etwa n = 60 oder mehr junge Leute herausgreifen und an diesen die Werte des Merkmals Körperlänge L feststellen. In einer sogenannten *Urliste* wird man alle vorkommenden Längen (z.B. auf cm gerundet) notieren:

L = 171, 166, 172, 170, 177, 176, 159, ..., 194,
...., 149, 170, 184 cm.

Aus der *Urliste* wird man dann eine geordnete *Strichliste* machen und daraus am besten eine *Klasseneinteilung* bilden. Man wählt eine bestimmte Klassenbreite, z.B. 5 cm, und stellt fest, wie viele Elemente der Stichprobe sich in jeder Klasse befinden. Es könnte sich eine Tabelle der Art ergeben:

Von der Urliste ...

Nr. der Klasse	Wertbereich	Anzahl	abs. Häuf.	rel. Häuf (%)
1	$148 \le L \le 152$	II	2	3,3
2	$153 \le L \le 157$	IIII	4	6,7
3	$158 \le L \le 162$	~~IIII~~	5	8,3
...	...			
10	$193 \le L \le 197$	I	1	1,7

Aus Platzgründen haben wir nur einen Ausschnitt angeschrieben; ist die Folge der absoluten Häufigkeiten komplett etwa

zur Verteilung der relativen Häufigkeit

2 4 5 7 10 9 12 6 4 1,

so muß ihre Summe (zur Kontrolle!) gleich 60 sein.

Ebenso wird für die relativen Häufigkeiten in diesem Fall

3,3 6,7 8,3 11,7 16,7 15 20 10 6,7 1,7,

wobei die Summe, 100,1, wegen der Näherungen in der Dezimale natürlich meist nicht exakt gleich 100 % sein wird.

Klassenmitten

Allgemein wählt man die Klassenbreite meist so, daß etwa 10 bis 20 Klassen entstehen und die *Klassenmitten* (150, 155, ..., 195 in unserem Beispiel) einfache Zahlen sind. Jetzt kann man diese Mitten als Merkmalswerte nehmen und darüber wie gewohnt die relative Klassenhäufigkeit auftragen.

Sehen Sie die Analogie zum *Kalium-Beispiel*? Dort wurde statt der Mitten gröber der (verkürzte) Anfangswert gewählt.

Über Staffelbilder hinaus

In der letzten Zeit sind auch andere Darstellungsformen üblich geworden, etwa das ***Stengel-Blatt-Diagramm***, aus dem ebenso gut die Verteilung der Datenwerte ablesbar ist. Es wird gerne bei vielen verschiedenen Werten, die auch weit auseinanderliegen können, verwendet – dies der zweite Ausweg! Für Beispiel 5 würde es so aussehen:

Bild 6: Tabelle und Stengel-Blatt Diagramm

14	9
15	0,1,7,6,2,3,8
16	....
17	....
18	9,7,2,4,5
19	4,0

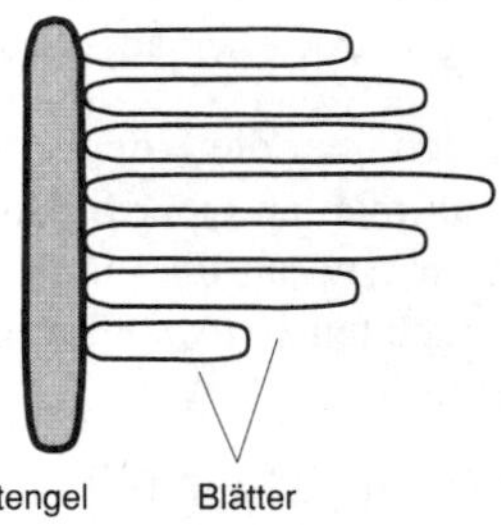

neue Kennzahlen:

Dabei steht die 2. Zeile abkürzend für die Meßwerte 150, 151, 157, ..., 158. Es sind alle Daten unverändert vorhanden, Zwerge und Riesen (beides Ausreißer) sind am Anfang und Ende erkennbar, und auch die Werte, die häufig auftreten, erscheinen auf den ersten Blick, vgl. Bild 6, oben. Aus der Strichliste läßt sich auch rasch die Mitte des „Blätterhaufens" finden, der sog. ***Zentralwert***. Er gibt die „beliebtesten" Werte an, zeigt, wohin sie tendieren und läßt die Ausreißer, die oft stören, außer Betracht. Damit ist eine erste Kennzahl gefunden, um eine Datenmenge grob zu beschreiben.

Zentralwert,

Quartile

Oft werden die halbierten Haufen nochmals halbiert, womit die (oberen und unteren) ***Quartile*** (Viertel) als deren Zentralwerte bestimmt sind.

Beispiel 6: und ...

B

So könnte in unserem Beispiel 5 mit n = 60 Werten der Zentralwert 175 sein; kommt er zweimal vor, so sind 29 Werte darunter und 29 darüber. Zerlegt nun 164 die untere

Spannweite

Hälfte in 2 gleich große Haufen und 181 die obere, so ist in 181 – 164 = 17 der *Quartilsabstand* oder die *Halbweite* gefunden. Die gesamte ***Spannweite*** ist dagegen 194 – 149 = 45, es ist dies die Differenz der maximalen und minimalen Werte.

Diese wenigen Kennzahlen lassen sich noch in einem ***Kastenschaubild*** weiter zusammenfassend veranschaulichen, vgl. Bild 7, unten links.

Merkmale können korrelieren

Erhebt man nun etwa zu den Körpergrößen noch die *Gewichte* der ausgewählten 60 Schüler, so kann man ganz analog vorgehen und die beiden Kastenschaubilder vergleichen; daraus geht dann schon grob hervor, wie weit diese beiden Merkmale voneinander abhängen oder ***korrelieren***. Hier ist wohl zu erwarten, daß größere Schüler i. allg. auch schwerer sind.

Eine andere beliebte Vorgangsweise ist es, die Paare (Größe, Gewicht) für jeden Schüler – allgemein für jedes Element der Stichprobe – als Punkte in einem Koordinatensystem einzutragen und die Form der entstandenen **Punktwolke** zu untersuchen, Bild 8, rechts.

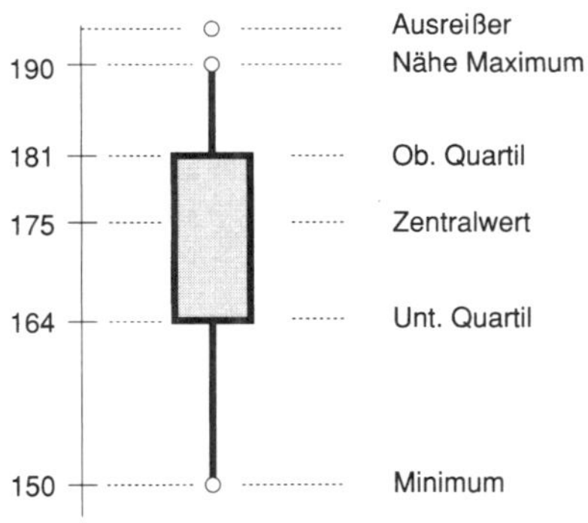

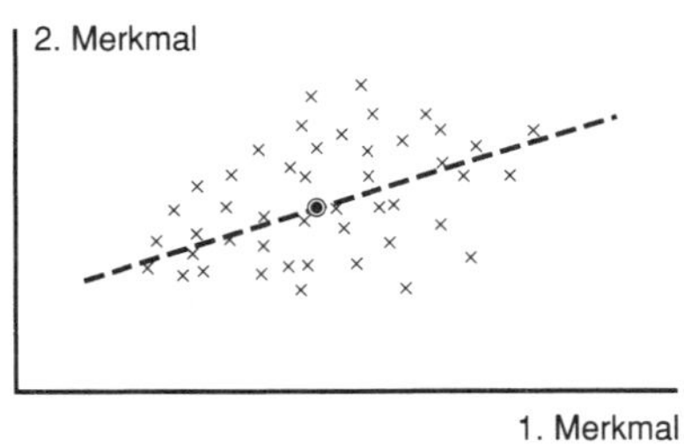

Bild 7: Kastenschaubild

Bild 8: Punktwolke und Korrelation

Im einfachsten Fall läßt sich eine *Gerade* so durch die Wolke legen, daß die Punkte sich ihrem Verlauf relativ gut anschmiegen. Diese sogenannte ***Regressionsgerade*** zeigt dann den Grad der Abhängigkeit bzw. Korrelation der Merkmale an. Wir werden am Ende dieses Kapitels kurz auf ihre Berechnung zurückkommen.

Kennzahlen einer Verteilung

Im folgenden begnügen wir uns aber mit *einem* Merkmal und wollen noch weitere wichtige Kennzahlen der Häufigkeitsverteilung kennenlernen.

der wichtigste Kennwert

Eine solche ist der ***Mittelwert*** $\bar{x}$ der Merkmalswerte x_i in einer Stichprobe, der allgemein als *Durchschnitt* oder kurz *Mittel* bekannt ist. Kauft man Hemden um je 400, 500, 600 und 540 GE, so gibt man „im Mittel"

$$\bar{x} = \frac{1}{4}(400 + 500 + 600 + 540) = 510 \text{ GE}$$

pro Hemd aus.

Hat man in Mathematik die Prüfungsergebnisse 3, 2, 1, 2, 4, 1 erzielt, so ist das Notenmittel

$$\bar{x} = \frac{1}{6}(3+2+1+2+4+1) = \frac{1}{6}(2\cdot 1+2\cdot 2+1\cdot 3+1\cdot 4) = 2{,}17\,,$$

und Sie erwarten die Zeugnisnote 2.

Allgemein gibt man bei n Werten $x_1, x_2, \ldots, x_n$, die nicht alle verschieden sein müssen, die Definition:

Definition 1: Mittelwert

D Unter dem ***Mittelwert*** $\bar{x}$ von n Merkmalswerten x_i versteht man

$$\bar{x} = \frac{x_1 + x_2 + x_3 + \ldots + x_n}{n} = \frac{1}{n}\sum_{i=1}^{n} x_i\,.$$

Daraus folgt sofort der Satz:

Satz 1: seine Berechnung …

S **Kommen die k < n verschiedenen Werte x_i mit den absoluten Häufigkeiten H_i vor, so ist kürzer**

$$\bar{x} = \frac{H_1x_1 + H_2x_2 + \ldots + H_kx_k}{n} = \frac{1}{n}\sum_{i=1}^{k} H_i x_i\,.$$

in sortierter Form

Hier wird ja nur nach den *verschiedenen* Werten *sortiert*; tritt x_2 etwa $H_2 = 4$ mal auf, so steht $H_2 x_2 = 4x_2$ kürzer für $x_2 + x_2 + x_2 + x_2$ in der Definitionsformel für $\bar{x}$.

So wird für den mittleren Kaliumgehalt im Eingangsbeispiel

$$\bar{x} = \frac{1}{22}\sum_{i=1}^{5} H_i x_i = \frac{1}{22}(11\cdot 1 + 4\cdot 2 + 2\cdot 3 + 2\cdot 4 + 2\cdot 7) = 2{,}14\,,$$

was so zu verstehen ist, daß im Mittel in 100 g Obst etwa 200 bis 300 mg K enthalten sind.

Erwartungswert

Es wird Ihnen vielleicht auffallen, daß der *Erwartungswert* ganz ähnlich definiert worden war. Fachleute sagen, der Mittelwert $\bar{x}$ sei eine sogenannte *erwartungstreue Schätzfunktion* für den Erwartungswert μ, d. h., der Erwartungswert der Mittelwerte $\bar{x}$ der Stichproben vom Umfang n ist der Erwartungswert von X, dies ohne nähere Erklärung!

Beispiel 7: ein Meßprotokoll

B Nehmen wir beispielsweise an, die 20 Vierjährigen eines Kindergartens würden der Größe nach aufgestellt, so könnte ein **Meßprotokoll** (*geordnet*) so aussehen (in cm):

101, 101
102, 102, 102
103, 103, 103, 103, 103, 103, 103
104, 104, 104, 104, 104, 104
105, 105

Kürzer in einer

Tabelle:

x_i	101	102	103	104	105	Σ
H_i	2	3	7	6	2	20

Für den *Mittelwert* ergibt sich also

$$\bar{x} = \frac{1}{20}(2 \cdot 101 + 3 \cdot 102 + 7 \cdot 103 + 6 \cdot 104 + 2 \cdot 105) = 103{,}15.$$

Hier könnte man auf die Idee kommen, nur die *Spitzen* x_i^* über 100 cm zu nehmen und deren Mittelwert $\bar{x}^*$ zu 100 zu addieren:

ein besserer Weg zum Mittelwert:

$$\bar{x}^* = \frac{1}{20}(2 \cdot 1 + 3 \cdot 2 + 7 \cdot 3 + 6 \cdot 4 + 2 \cdot 5) = \frac{63}{20} = 3{,}15;$$

$$\bar{x} = 100 + \bar{x}^* = 103{,}15,$$

wie eben!

Anschaulich bedeutet dies, die auf der x-Achse weit draußen (101, ...) liegenden Werte x_i um 100 hereinzuschieben, von diesen *transformierten* Werten x_i^* das Mittel zu bilden und danach alles wieder um 100 hinauszuschieben. Natürlich ist es auch nicht sehr schwierig, einen rechnerischen Beweis für die Zulässigkeit dieses Vorgehens zu geben; statt 100 schreiben wir allgemein m und nennen m den *vorläufigen* Mittelwert.

Dann sollte gelten:

S

Satz 2: vorläufiger Mittelwert

Man findet den Mittelwert $\bar{x}$ von Merkmalswerten x_i, indem man zu einem beliebigen vorläufigen Mittelwert m den Mittelwert $\bar{x}^*$ der mit m transformierten Werte x_i^* addiert:

$$x_i^* = x_i - m \quad \wedge \quad \bar{x}^* = \frac{1}{n}\sum x_i^* \quad \Rightarrow \quad \bar{x} = m + \bar{x}^*$$

Beweis des Satzes

Zum Beweis schreiben wir x_i als

$$x_i = m + (x_i - m) = m + x_i^*$$

und setzen in die Definitionsformel ein:

$$\bar{x} = \frac{1}{n}\sum x_i = \frac{1}{n}\sum (m + x_i^*);$$

diese Summe enthält aber zwei Teilsummen, wobei in der ersten m gerade n mal vorkommt:

$$\bar{x} = \frac{1}{n}\sum m + \frac{1}{n}\sum x_i^* = \frac{1}{n} \cdot nm + \bar{x}^* = m + \bar{x}^*,$$

womit schon alles bewiesen ist (w.z.z.w. oder einfach ✔). Man sieht auch, daß m ganz frei wählbar ist.

Wir erinnern uns, welch bedeutende Rolle im letzten Abschnitt neben dem *Erwartungswert* μ die **Standardabweichung** σ spielte: Bei allen ungefähr *normalverteilten* Zufallsvariablen X lagen doch stets etwa 95 % aller Werte von X nicht weiter als 2σ von μ entfernt. Von dieser Tatsache wird auch in den folgenden Überlegungen noch oft Gebrauch gemacht. Es liegt daher nahe, auch bei empirisch untersuchten Stichproben eine entsprechende Größe als Kennzahl einer Verteilung zu erklären:

2. Kennzahl:

D

Definition 2: Standardabweichung (Wurzel aus der Varianz)

Unter der *(Stichproben-)Varianz* s^2 versteht man

$$s^2 = \frac{1}{n-1}\sum_{i=1}^{n}(x_i - \bar{x})^2; \qquad s = \sqrt{s^2}$$

heißt (empirische) *Standardabweichung*.

für Kenner: 2 Formen

Wir haben hier die korrekte Formel notiert, die von Fachleuten so gewählt wurde, weil nur mit $n-1$ statt n im Nenner das s^2 eine *erwartungstreue Schätzfunktion* für σ^2 ist; wählt man n, so unterschätzt man etwas. Für uns als Anfänger in der STATISTIK erscheint aber dieser Aspekt nicht so wichtig (er ist auch ohne weitere Diskussion nicht voll verständlich), und wir verwenden daher im folgenden genau wie bei σ^2 einfacher das n im Nenner, um Verwechslungen zu vermeiden; für große n ist der Unterschied ohnehin gering. Gute wiss. *Taschenrechner* bieten beides!

Was sagen diese Kennzahlen aus?

Diese neuen Kennzahlen s^2 und s sind wieder ein Maß für die Homogenität von Merkmalswerten, für die Güte von Meßreihen oder Maschinen: Ist s klein, so *streuen* die Werte nicht weit vom *Mittelwert*, so ist die Maschine präzise und gut eingestellt, füllt also etwa gleichmäßig 1000 g Zucker mit geringen Abweichungen in einen Sack. Wer möchte schon 920 g erhalten und für 1000 g bezahlen? (Umgekehrt wäre man über 1080 g nicht böse!)

Große Abweichungen bedeuten große Differenzen $x_i - \bar{x}$ und damit noch größere Beiträge $(x_i - \bar{x})^2$ in der Summe, was eben zu großen s^2-Werten führt. Diese Kennzahl geht als ***mittlere quadratische Abweichung*** auf C. F. Gauß zurück.

Fehlerrechnung I

Merkmale als Meßwerte

Man kann die Merkmalswerte x_i einer Stichprobe auch unter einem spezielleren Blickwinkel sehen, wie dies schon C. F. Gauß um 1790 tat. In der Praxis geht es oft darum, durch wiederholte Messungen x_i einer Größe – etwa des Durchmessers einer bestimmten Schraube, die in großer Zahl produziert wird – ihren *wahren Wert* x_0 zu ermitteln.

Dann sind die x_i Meßwerte dieser Meßreihe vom Umfang n, aus denen auf x_0 geschlossen werden soll. Dies kann exakt nicht gelingen, und so führt man den in Definition 1 erklärten *Mittelwert* $\bar{x}$ als den bestmöglichen bzw. wahrscheinlichsten Wert für x_0 ein. Eine Begründung folgt in 𝕂**34**!

wahrer, scheinbarer und mittlerer Fehler

Die Abweichungen der einzelnen Meßwerte x_i von x_0 sind die (mit x_0 unbekannten!) ***wahren Fehler*** $\varepsilon_i = x_i - x_0$, zu denen sich die (mit $\bar{x}$ bekannten!) *scheinbaren Fehler* $v_i = x_i - \bar{x}$ gesellen. Deren Summe über die n-Meßreihe ist dann gleich Null:

$$\sum_i v_i = \sum_i (x_i - \bar{x}) = \sum_i x_i - n \cdot \bar{x} = \sum_i x_i - n \cdot \frac{1}{n} \sum_i x_i = 0 \quad ✔$$

Eine Meßreihe wird besser oder genauer als eine andere sein, wenn die scheinbaren Fehler v_i in ihr kleiner sind, was auch die Quadrate v_i^2 klein macht. Die oben eingeführte neue Kennzahl *Standardabweichung* $s^2 = \frac{1}{n-1} \sum_i v_i^2$ bringt das gerade zum Ausdruck: In unserem Zusammenhang heißt s daher auch ***mittlerer Fehler*** m dieser Meßreihe.

zur praktischen Berechnung

In der *praktischen Berechnung* ist die Definitionsformel wenig beliebt, weil jedesmal die Differenz zum Mittelwert, der ja keine einfache Zahl sein muß, zu bilden ist, bevor quadriert und summiert wird. Durch Umformen gelangt man aber zu einer einfacheren, brauchbaren Formel (nochmals: in s^2 verwenden wir 1/n):

Man findet die Varianz s^2 von Merkmalswerten x_i, indem man vom Mittelwert ihrer Quadrate das Quadrat des Mittelwerts subtrahiert:

$$s^2 = \frac{1}{n} \sum_i x_i^2 - \bar{x}^2$$

S — **Satz 3:** Ergebnis

Da wir einen analogen Satz für σ^2 und μ formuliert, aber nicht bewiesen haben, soll dies hier nachgeholt werden: Wir haben nur die Binome in der Definitionsformel auszuquadrieren, die 3 Teilsummen zu trennen und uns an die Definition des Mittelwerts als $\bar{x} = \frac{1}{n} \Sigma x_i$ zu erinnern (2. Summand):

$$s^2 = \frac{1}{n} \sum_i (x_i - \bar{x})^2 = \frac{1}{n} \sum_i (x_i^2 - 2\bar{x}x_i + \bar{x}^2) = \frac{1}{n} \sum_i x_i^2 - 2\bar{x} \frac{1}{n} \sum_i x_i + \frac{1}{n} \sum_i \bar{x}^2 .$$

Wieder ist in der letzten Summe $\bar{x}^2$ konstant und tritt n mal auf, d. h., es ist

$$\sum_i \bar{x}^2 = n \cdot \bar{x}^2 ;$$

dies eingesetzt, führt schon zu

$$s^2 = \frac{1}{n} \sum_i x_i^2 - 2\bar{x}^2 + \frac{1}{n} n \bar{x}^2 = \frac{1}{n} \sum_i x_i^2 - \bar{x}^2, \qquad \text{w.z.z.w.}$$

und Beweis!

Sehen Sie die Analogie zu $\sigma^2 = E(X^2) - \mu^2$? Damit betrachten wir auch diesen Satz als nachträglich bewiesen.

Natürlich bedarf es keines eigenen Nachweises für die Formel

$$s^2 = \frac{1}{n} \sum_{i=1}^{k} H_i (x_i - \bar{x})^2 = \frac{1}{n} \sum_{i=1}^{k} H_i x_i^2 - \bar{x}^2,$$

die man verwendet, wenn Merkmalswerte x_i mehrfach, eben H_i-fach, auftreten; sie ist ja nur eine Abkürzung bei teilweise gleichen Summanden.

Sollten diese Werte x_i relativ groß sein, so kann man wieder zu den *transformierten* Werten x_i^* übergehen.

B — **Beispiel 8:** transformieren,

Nehmen wir etwa unsere Kindergartenzwerglein mit den Körperlängen 101 bis 105 cm von oben an; der Mittelwert war 103,15 cm. Für s^2 sind die Differenzen

101 – 103,15; dann 102 – 103,15 usw.

zu bilden. Genauso kann man aber nach Transformieren

1 – 3,15; dann 2 – 3,15 usw.

bilden und erhält *dieselben* Werte!

Allgemein ist

$$x_i - \bar{x} = (x_i - m) - (\bar{x} - m) = x_i^* - \bar{x}^* ,$$

also auch

$$(x_i - \bar{x})^2 = (x_i^* - \bar{x}^*)^2 \quad \text{und damit} \quad s^2 = (s^2)^*,$$

womit schon bewiesen ist:

besonders bei der Varianz!

Die Varianz $(s^2)^*$ der transformierten Werte ist *gleich* der Varianz s^2 der gegebenen Werte.

S — **Satz 4:** einfachere Berechnung

Man wird also am besten von vornherein transformieren und mit diesen Werten x_i^* den Satz von den Mittelwerten anwenden, um zur Varianz zu kommen!

Beispiel 9: Kindergarten

Tun wir dies gleich zur Übung am Beispiel des *Kindergartens!* Dazu erweitern wir die obige Tabelle um eine Zeile der x_i^* (wobei m = 100 gewählt wird), der Produkte $H_i x_i^*$ für den Mittelwert und zwei weitere Zeilen x_i^{*2} sowie $H_i x_i^{*2}$ für die Varianz; dann wird:

Tabelle erweitern

x_i	101	102	103	104	105	Σ
x_i^* (100)	1	2	3	4	5	
H_i	2	3	7	6	2	20 = n ✔
$H_i x_i^*$	2	6	21	24	10	63
x_i^{*2}	1	4	9	16	25	
$H_i x_i^{*2}$	2	12	63	96	50	223

Sehen Sie selbst:

$$\bar{x}^* = \frac{1}{n}\sum_{i=1}^{k} H_i x_i^* = \frac{1}{20}\cdot 63 = 3{,}15\,,$$

$$\bar{x} = m + \bar{x}^* = 100 + 3{,}15 = 103{,}15\,,$$

$$(s^2)^* = \frac{1}{n}\sum_{i=1}^{k} H_i x_i^{*2} - \bar{x}^{*2} = \frac{1}{20}\cdot 223 - 3{,}15^2 = 1{,}2275 = s^2 \Rightarrow s = \sqrt{s^2} = 1{,}11.$$

Tatsächlich enthält das 95 %-Intervall

$$[\bar{x} - 2s;\ \bar{x} + 2s] = [100{,}9;\ 105{,}4]$$

alle 20 auftretenden Werte, *einer* (entsprechend den 5 % von 20) hätte herausfallen sollen, was aber bei dieser kleinen Stichprobe nicht viel aussagt.

Ganz genauso gehen wir bei anderen Datensätzen vor, für die uns neben der Häufigkeitsverteilung und ihren Diagrammen besonders *Mittelwert* und *Standardabweichung* interessieren. Den *Zentralwert* und die *Quartile* müssen wir hier außer Betracht lassen, da es dafür keine Formeln gibt!

Beispiel 10: Stimmt die Masse von Bonbons?

Die Massen (in mg) der n = 20 **Bonbons** in einer Packung seien (gerundet):

650 650 640 650 650 620 630 610 650 640
650 680 660 670 620 610 620 680 680 620

Wir erstellen eine Häufigkeitstabelle und berechnen Mittelwert $\bar{x}$ und empirische Standardabweichung s über die transformierten Werte mit m = 650:

x_i	610	620	630	640	650	660	670	680	Σ
x_i^* (650)	–40	–30	–20	–10	0	10	20	30	
H_i	2	4	1	2	6	1	1	3	20
$H_i x_i^*$	–80	–120	–20	–20	0	10	20	90	–120
x_i^{*2}	1600	900	400	100	0	100	400	900	
$H_i x_i^{*2}$	3200	3600	400	200	0	100	400	2700	10600

Streuung der Massenwerte

$$\bar{x}^* = \frac{1}{n}\sum_{i=1}^{k} H_i x_i^* = \frac{1}{20}\cdot(-120) = -6,$$

$$\bar{x} = m + \bar{x}^* = 650 - 6 = 644,$$

$$(s^2)^* = \frac{1}{n}\sum_{i=1}^{k} H_i x_i^{*2} - \bar{x}^{*2} = \frac{1}{20}\cdot 10600 - (-6)^2 = 494 = s^2 \Rightarrow s = \ldots = 22{,}2.$$

An dieser Stelle ist es wohl angebracht, zu fragen, wie weit man sich all diese Mühe sparen kann, wenn man *Mathematiksoftware* einsetzt.

Sehen wir uns hier zur Kontrolle an, wie man *Mathematica* die Ergebnisse des letzten Beispiels entlocken kann: Zuerst ist das passende *Statistik-Package* zu laden, dann müssen natürlich die Daten in Form einer Liste übergeben werden (**data =** {...}) und schließlich wird mit **Mean[data]** der *Mittelwert*, mit **Median[data]** der *Zentralwert* (siehe Seite 6) abgerufen. Ebenso rasch erhält man die Kennzahlen V und σ, für die wir gerade eine Tabelle ausfüllten, wobei der Zusatz **MLE** die 1/n-Gewichtung verwendet; ohne ihn würde mit 1/(n–1) gerechnet:

B

Beispiel 11: Fortsetzung des Beispiels 10 mit Mathematica

Syntax (Abfragesprache) und Ergebnisse

```
Needs["Statistics`Master`"]
data = {650, 650, 640, 650, 650, 620, 630, 610, 650, 640,
        650, 680, 660, 670, 620, 610, 620, 680, 680, 620} //N;
Mean[data]
644.              (* der Mittelwert *)
Median[data]
650.              (* der Zentralwert *)
VarianceMLE[data]
494.              (* die Varianz *)
StandardDeviationMLE[data]
22.2261           (* die Standardabweichung *)
```

Sie erinnern sich ans letzte Kapitel, konkret an die **Normalverteilung**? Hier bietet sich eine gute Gelegenheit, eine passende Zusatzfrage zu stellen:

Nun nehmen wir weiter an, die Massen seien Werte einer *normalverteilten* Zufallsvariablen X mit μ = x und σ = s (gerundet auf ganze Zahlen): Wieviel Prozent der Bonbons dieser Produktionsserie werden weniger als 600 mg wiegen, vgl. Bild 9?

B

Beispiel 12: wie viele Bonbons sind untergewichtig?

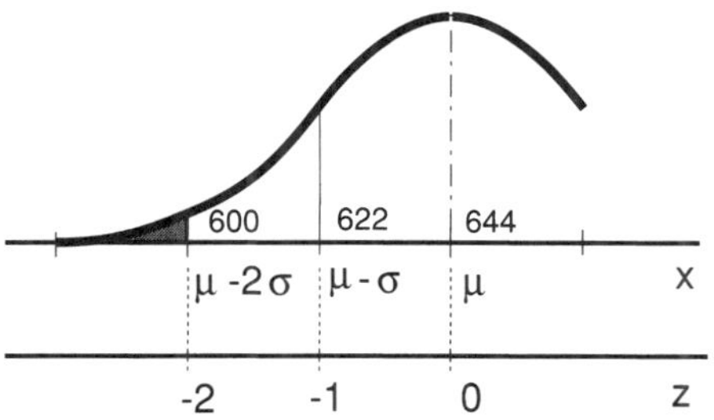

Bild 9: als Skizze dazu

Mit $\mu = 644$ und $\sigma \approx 22$ wird $600 = 644 - 2 \cdot 22 = \mu - 2\sigma$;
der Ansatz

$$P(X < 600) = P(X < \mu - 2\sigma) = P(Z < -2) = \Phi(-2) = 1 - \Phi(2) = 1 - 0{,}977 = 0{,}023,$$

den wir im vorigen Kapitel geübt haben, bringt schon die Antwort: Von je 1000 Stück werden etwa 23 weniger wiegen als 600 mg. Sie finden übrigens eine Φ-Tabelle in jeder *Formelsammlung*, falls Sie den **2.** Band nicht zur Hand haben.

Φ-Tabelle

Hier haben wir erstmals von einer *Stichprobe* bzw. ihren *Kennzahlen* $\bar{x}$ und s auf die Parameter μ und σ der *Grundgesamtheit* geschlossen. Daß dies in dieser Weise erlaubt ist, werden wir uns im folgenden Kapitel näher überlegen. Einsichtig dürfte es sein: die Formeln sind gleichartig gebaut, und wie sonst sollte man auf Werte für μ und σ einer empirischen *Häufigkeits*-Verteilung kommen, wenn nicht gerade von bekannten *Wahrscheinlichkeits*-Verteilungen (Würfeln ...) ausgegangen wird?

Beispiel 13: Streuungswerte beim Brot

B Auch den Wert von $\sigma = 0{,}015$ für die Standardabweichung einer Serie von 1,00 kg-**Broten**, über den Sie vielleicht den Kopf geschüttelt haben (vgl. **25**) erhält man so.

Man zieht z.B. eine Stichprobe von 10 Broten und mißt (in kg):

0,98 0,99 0,97 0,96 0,97 1,00 0,99 0,96 0,98 1,00

Ganz wie eben berechnet man $\bar{x} = 0{,}98$ (kg) und

$s^2 = 0{,}0002 \Rightarrow s = 0{,}014$ (kg) (Bitte rechnen Sie nach!)

Dann nimmt man σ gleich oder etwas größer, hier eben als 0,015, an, während $\bar{x}$ als μ übernommen wird. Wir begründen das, wie gesagt, etwas später.

Korrelation

Hängen zwei Merkmale zusammen?

Kehren wir abschließend zum Zusammenhang der Werte *zweier Merkmale* zurück, die wir als Punktwolke dargestellt und durch eine ***Regressionsgerade*** angenähert denken. Die Werte nennen wir x_i von X, der Zufallsvariablen, die das erste Merkmal beschreibt, und y_i von Y für das zweite Merkmal. Dann kann man zeigen, daß für die *Regressionsgerade* gilt:

1. Sie läuft durch den „Schwerpunkt" $S(\bar{x}\,|\,\bar{y})$ der Punktwolke, wobei $\bar{x}$ und $\bar{y}$ die Mittelwerte sind.
2. Ihre Steigung k ist gegeben durch $k = \frac{s_{xy}}{s_x^2}$, wobei s_{xy} analog zu $s_x{}^2$ definiert ist

Covarianz

und ***Covarianz*** heißt: $s_{xy} = \frac{1}{n}\sum_i (x_i - \bar{x}) \cdot (y_i - \bar{y})$.

Sie können sich wie oben davon überzeugen, daß für die praktische Berechnung einfacher gilt:

$$s_{xy} = \frac{1}{n}\sum_i x_i\,y_i - \bar{x}\,\bar{y};$$

ersetzen Sie dazu einfach in der Formel

$$s_x^2 = \frac{1}{n}\sum_i x_i^2 - \bar{x}^2$$

jeweils ein x durch ein y! Damit haben wir

Regression

$$k = \frac{s_{xy}}{s_x^2} = \frac{\frac{1}{n}\sum_i x_i\,y_i - \bar{x}\,\bar{y}}{\frac{1}{n}\sum_i x_i^2 - \bar{x}^2}$$

k ***Regressionskoeffizient***

Ob die Merkmale sachlich zusammenhängen, zeigt die ähnlich erklärte Kennzahl

und Korrelation

$$r = \frac{s_{xy}}{s_x \cdot s_y} = \frac{\frac{1}{n}\sum_i x_i\,y_i - \bar{x}\,\bar{y}}{\sqrt{\frac{1}{n}\sum_i x_i^2 - \bar{x}^2} \cdot \sqrt{\frac{1}{n}\sum_i y_i^2 - \bar{y}^2}}$$

r ***Korrelationskoeffizient***

Für r = 1 liegen die Werte auf der Regressionsgeraden mit positiver Steigung, die Merkmale korrelieren maximal gleichsinnig, für r = –1 fällt die Regressionsgerade, es liegt gegensinnige Korrelation vor, r = 0 zeigt keinerlei sachlichen Zusammenhang.

Sehen wir uns in einer Schule um:

Beispiel 14: Körperlänge und -gewicht

B

Wir vergleichen n = 8 Körper*längen* (x_i von X) mit den zugehörigen Körper*gewichten* (y_i von Y) und fragen nach einem inneren Zusammenhang: **korrelieren** X und Y?

Eine Tabelle ist wieder sehr hilfreich; der besseren Übersicht wegen schreiben wir gleich transformierte Werte, notieren also statt 172 cm nur 22 (m_x = 150 cm), statt 58 kg nur 8 (m_y = 50 kg); sowohl k als auch r sind gegen solche Verschiebungen des Koordinatensystems ***invariant***, da sie nur *Varianzen* enthalten, für die wir diese schöne Eigenschaft nachgewiesen haben!

Tabelle als Vorbereitung für die Definitionsformeln

									Σ
x_i	18	19	22	24	28	30	31	34	206
y_i	4	7	9	8	15	14	12	18	87
$x_i \cdot y_i$	72	133	198	192	420	420	372	612	2419
x_i^2	324	361	484	576	784	900	961	1156	5546
y_i^2	16	49	81	64	225	196	144	324	1099

$$\bar{x} = \frac{1}{8} \cdot 206 = 25{,}75 \quad \wedge \quad \bar{y} = \frac{1}{8} \cdot 87 = 10{,}875 \quad \Rightarrow \quad S(\bar{x} \mid \bar{y}) = (25{,}8 \mid 10{,}9)$$

$$s_x^2 = \frac{1}{8} \cdot 5546 - 25{,}75^2 = 30{,}19 \quad \Rightarrow \quad s_x = 5{,}49$$

$$s_y^2 = \frac{1}{8} \cdot 1099 - 10{,}875^2 = 19{,}11 \quad \Rightarrow \quad s_y = 4{,}37$$

$$s_{xy} = \frac{1}{8} \cdot 2419 - 25{,}75 \cdot 10{,}875 = 22{,}34;$$

$$k = \frac{s_{xy}}{s_x^2} = \frac{22{,}34}{30{,}19} = 0{,}74 \qquad r = \frac{s_{xy}}{s_x \cdot s_y} = \frac{22{,}34}{5{,}49 \cdot 4{,}37} = 0{,}93.$$

Die erwartete sehr gute Korrelation wird durch r nahe 1 bestätigt, die Regressions*gerade* g in Bild 10 schart unser Punktwölkchen dicht um sich:

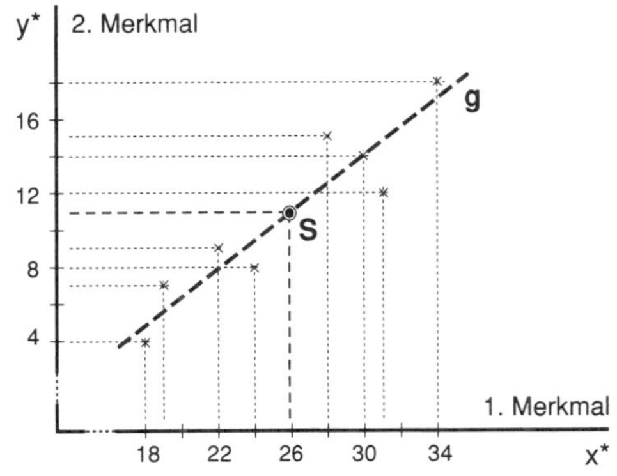

Bild 10: die grafische Antwort

Oft schmiegt sich die Punktwolke aber besser an oder um eine *Kurve* der Art $y = x^2$, allgemein $y = a + bx + cx^2$, auch $y = \sin x$ oder ganz andere!

Beispiele 15:
zufällige Punktwolken und...

Um einen solchen Fall ohne allzugroße Mühe zu studieren, lassen wir *Mathematica* 40 Punkte so wählen, daß sie – genauer ihre Argumente – zufällig in einem x-Intervall von [0, 100] liegen, während die Ordinaten in ein y-Intervall von [0, 50] fallen sollen. Dann weisen wir *Mathematica* an, mittels **Fit** und Optionen die beste Regressionskurve zu berechnen. Schließlich soll alles **grafisch** ausgegeben werden:

```
Needs["Statistics`Master`"]
list1 = Table[Random[Real, 100], {40}];
                (* 40 x-Stellen bis 100 zufällig erzeugen! *)
list2 = Table[Random[Real, 50], {40}];
                (* 40 y-Werte bis 50 zufällig erzeugen! *)
data = Transpose[{list1, list2}];
                (* Kombination zu 40 Punkten (x|y)! *)
f[x_] = Fit[data, {1, x}, x]
```

lineare

```
31.5776 - 0.0861469 x
```

oder auch

Während hier eine *lineare* Funktion gewünscht (**{1, x}**) und zurückgegeben wurde, schreiben wir jetzt für eine neue Punktwolke eine *quadratische* Funktion vor:

quadratische

```
f[x_] = Fit[data, {1, x, x^2}, x]
```

Regressionskurven

$$33.0355 - 0.561122\,x + 0.00542977\,x^2$$

Die nächsten drei Zeilen liefern jeweils (für beide Näherungen) nach wenigen Sekunden die zugehörigen **Graphen**:

```
graph1 = ListPlot[data, PlotStyle -> PointSize[0.01]];
graph2 = Plot[f[x], {x, 0, 100}];
Show[graph1, graph2]
```

Bild 11: lineare R.

linear →

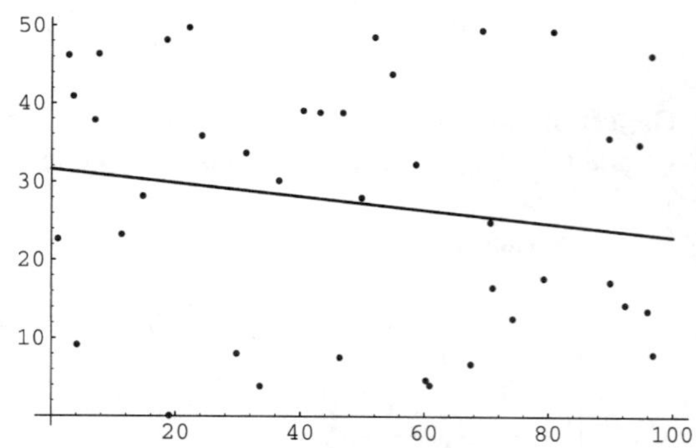

quadratisch ↓

Bild 12: quadratische R.

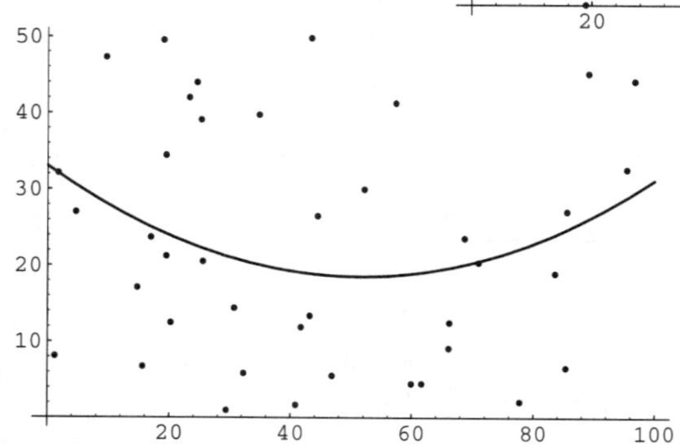

Zufrieden?

Ende des 27. Kapitels

Übungsaufgaben

1. Im Außenhandel der BRD mit Österreich 1989 entnehmen wir einer SITC-Warenstatistik folgende Tabelle, die den Export in 1000 DM aus der Gruppe Ernährung angibt:

00 Lebende Tiere	01 Fleischw.	02 Molkereierz.	03 Fische	04 Getreide
6249	10957	50232	56738	123263

05 Gemüse/Fr.	06 Zuckerw./Hon.	07 Kaffee, Gewürze	08 Tierfut.	09 And. Nahr.-m.
43593	51281	111420	213410	111627

Berechnen Sie die relativen Anteile in % und listen Sie sie in einer kleinen Tabelle auf, die die genannten *Zufallsvariablenwerte* 00 bis 09 als Warenabkürzungen enthält.

2. Die Ergebnisse einer Deutsch-Prüfungsarbeit seien folgende Noten (Urliste, n = 25):
   2 5 3 2 1 5 4 3 2 1 4 3 5 3 3 3 4 5 2 5 4 1 4 3 3
   a) Bestimmen Sie anhand einer Strichliste die absoluten und relativen Häufigkeiten, und stellen Sie diese durch ein Stabdiagramm dar.
   b) Berechnen Sie mit m = 3 den Mittelwert $\bar{x}$ = ? (Transformieren!)

3. In einer Baumschule wurden junge Fichten gemessen (n = 40 in cm):
   41 44 49 48 43 42 45 40 39 44 47 46 48 44 41 41 51 50 40 46
   42 44 43 45 49 42 48 50 38 47 46 46 45 41 40 43 45 40 44 48
   Ermitteln Sie anhand einer geordneten Liste Spannweite, Zentralwert, Quartile, Halbweite, und zeichnen Sie ein Kastenschaubild.

4. Welche Schulklasse würden Sie als ausgeglichener ansehen, wenn die Häufigkeit der Noten 1 bis 6 bei zwei Klassenarbeiten (Prüfungen) beträgt?
   bei A: 1, 1, 3, 6, 6, 1; bei B: 0, 5, 2, 3, 4, 4.

5. Man mißt die Brenndauer von n = 24 Glühbirnen und erhält in Stunden:
   1150 1150 1550 1550 1300 1150 1150 2000 1900 1550 1700 1300
   1300 1550 1700 1900 1700 1550 1150 1900 1700 1800 1700 1800
   Berechnen Sie Mittelwert und Standardabweichung (Transformieren: m = 1500). Wie in 3 sei angenommen, es läge eine Normalverteilung mit $\mu = \bar{x}$ und $\sigma = 300$ (das ist etwa 10 % mehr als s) vor: Wie viele Glühbirnen dieser Serie werden weniger als 1100 Stunden lang brennen?

6. Nach der Reaktorkatastrophe von Tschernobyl wurde die Radioaktivität in verschiedenen Lebensmitteln (in Nanocurie / kg bzw. ~ / Liter) gemessen; dabei sind x_i die Werte von ^{131}Iod und y_i diejenigen von ^{134}Caesium (und ^{137}Caesium im Verhältnis 1 : 2):

Lebensm.	Kuhmilch	Milchprod.	Schafkäse	Eier	Salat	Spinat	Honig	Pilze	Erdb.
x_i	1,7	2,0	11,6	2,8	0,5	3,6	4,5	0,5	0,4
y_i	4,0	3,1	4,8	0,6	1,1	2,2	4,9	3,8	1,7

Berechnen Sie die Regressions- und Korrelationskoeffizienten k und r, und zeichnen Sie die Punktwolke sowie die Regressionsgerade.

Zu den Lösungen

Lösungen

1. Man hat einzeln durch die Summe, 778770, zu dividieren und für die %-Angabe mit 100 zu multiplizieren:

ZV	00	01	02	03	04	05	06	07	08	09
Ant.	0,8	1,4	6,5	7,3	15,8	5,6	6,6	14,3	27,4	14,3

2.

x_i	1	2	3	4	5	Σ
H_i	3	4	8	5	5	25 = n ✓
h_i (%)	12	16	32	20	20	
x_i^* (3)	–2	–1	0	1	2	
$H_i x_i^*$	–6	–4	0	5	10	5

$\bar{x}^* = \frac{1}{n} \sum_i H_i x_i^* = \frac{1}{25} \cdot 5 = 0{,}2 \quad \Rightarrow \quad \bar{x} = m + \bar{x}^* = 3 + 0{,}2 = 3{,}2$.

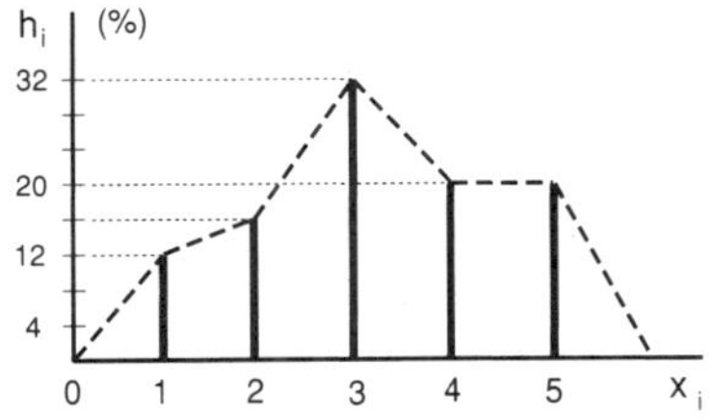

Bild L2

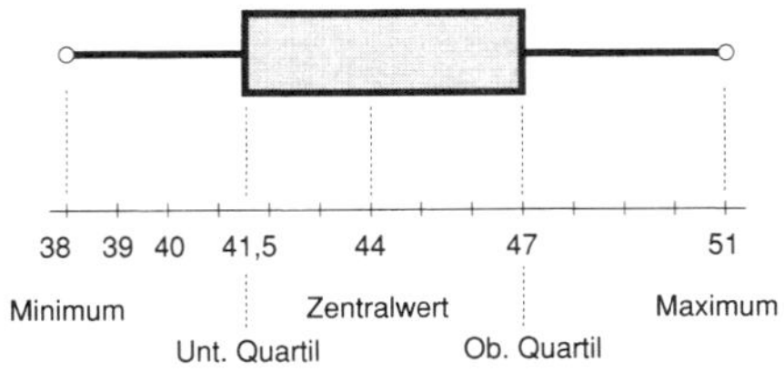

Bild L3

3. Geordnete Liste:

38 39 40 40 40 40 41 41 41 41 | 42 42 42 43 43 43 44 44 44 44 ||
44 45 45 45 45 46 46 46 46 47 | 47 48 48 48 48 49 49 50 50 51

Kleinstes Element: $x_{Min} = 38$, größtes Element: $x_{Max} = 51 \quad \Rightarrow \quad$ Spannweite $51 - 38 = 13$
Zentralwert: $z = 44$ (zwischen 20. und 21. Element),
Quartile: $q_1 = 41\,{}^1/_2$; $q_2 = 47 \quad \Rightarrow \quad$ Halbweite $q_2 - q_1 = 5\,{}^1/_2$.

4. Mittelwerte $\bar{x}$:

Klasse A: $\bar{x} = \frac{1}{18}(1 + 1 \cdot 2 + 3 \cdot 3 + 6 \cdot 4 + 6 \cdot 5 + 1 \cdot 6) = 4$,

Klasse B: $\bar{x} = \frac{1}{18}(0 + 5 \cdot 2 + 2 \cdot 3 + 3 \cdot 4 + 4 \cdot 5 + 4 \cdot 6) = 4$, also gleich wie A.

Wegen dieser „glatten" Zahlen rechnen wir die Varianzen direkt:

Klasse A: $s_A^2 = \frac{1}{18}(1 \cdot (-3)^2 + 1 \cdot (-2)^2 + 3 \cdot (-1)^2 + 0 + 6 \cdot 1^2 + 1 \cdot 2^2) = \frac{26}{18}$,

Klasse B: $s_B^2 = \frac{1}{18}(0 + 5 \cdot (-2)^2 + 2 \cdot (-1)^2 + 0 + 4 \cdot 1^2 + 4 \cdot 2^2) = \frac{42}{18}$;

$s_B^2 > s_A^2 \quad \Rightarrow \quad$ Klasse A ist ausgeglichener!

5.

x_i	1150	1300	1550	1700	1800	1900	2000	Σ
x_i^* (1550)	–350	–200	50	200	300	400	500	
H_i	5	3	5	5	2	3	1	24
$H_i\,x_i^*$	–1750	–600	250	1000	600	1200	500	1200
x_i^{*2}	122500	40000	2500	40000	90000	160000	250000	
$H_i\,x_i^{*2}$	612500	120000	12500	200000	180000	480000	250000	1855000

$$\bar{x}^* = \frac{1}{n}\sum_i H_i\,x_i^* = \frac{1}{24}\cdot(1200) = 50 \quad\Rightarrow\quad \bar{x} = m + \bar{x}^* = 1500 + 50 = 1550 = \mu,$$

$$(s^2)^* = \frac{1}{n}\sum_i H_i\,x_i^{*2} - \bar{x}^{*2} = \frac{1}{24}\cdot 1855000 - (50)^2 = 273{,}5^2 = s^2 \quad\Rightarrow\quad s = 273{,}5.$$

$$\Rightarrow\quad \sigma = 300$$

$P(X < 1100) = P(X < 1550 - 1{,}5\cdot 300) = P(Z < -1{,}5) = \Phi(-1{,}5) = 1 - \Phi(1{,}5) =$
$1 - 0{,}933 = 0{,}067 = 6{,}7\,\%$:

67 von 1000 Birnen werden weniger lang brennen!

6.

										Σ
x_i	1,7	2,0	11,6	2,8	0,5	3,6	4,5	0,5	0,4	27,6
y_i	4,0	3,1	4,8	0,6	1,1	1,2	4,9	3,8	1,7	26,2
$x_i\,y_i$	6,8	6,2	55,68	1,68	0,55	7,92	22,05	1,9	0,68	103,46
x_i^2	2,89	4	134,6	7,84	0,25	12,96	20,25	0,25	0,1	183,2
y_i^2	16	9,61	23,04	0,36	1,21	4,84	24,01	14,44	2,89	96,4

$$\bar{x} = \frac{1}{9}\cdot 27{,}6 = 3{,}067 \quad\wedge\quad \bar{y} = \frac{1}{9}\cdot 26{,}2 = 2{,}911 \quad\Rightarrow\quad S(\bar{x}\,|\,\bar{y}) = (3{,}067|2{,}911)$$

$$s_x^2 = \frac{1}{9}\cdot 183{,}2 - 30{,}067^2 = 10{,}95 \quad\Rightarrow\quad s_x = 3{,}31$$

$$s_y^2 = \frac{1}{9}\cdot 96{,}4 - 2{,}911^2 = 2{,}237 \quad\Rightarrow\quad s_y = 1{,}496$$

$$s_{xy} = \frac{1}{9}\cdot 103{,}46 - 30{,}067\cdot 2{,}911 = 2{,}57;$$

$$k = \frac{s_{xy}}{s_x^2} = \frac{2{,}57}{10{,}95} = 0{,}235 \qquad r = \frac{s_{xy}}{s_x\cdot s_y} = \frac{2{,}57}{3{,}31\cdot 1{,}496} = 0{,}519.$$

Der r-Wert von mehr als 0,5 zeigt an, daß die Merkmale doch korrelieren.

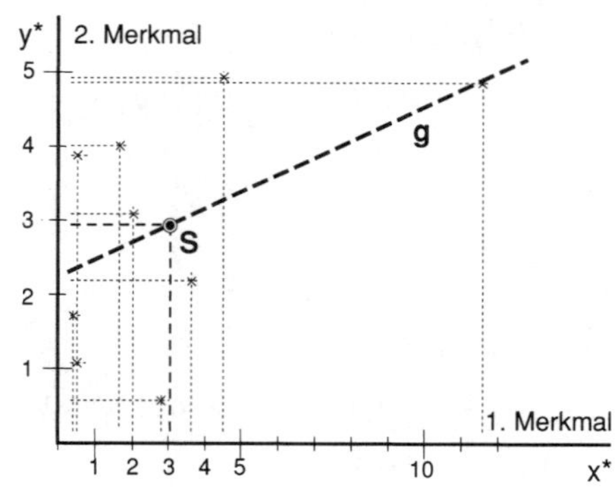

Zum nächsten Kapitel

Teil

28. Kapitel

28

Schätzen und Testen

Gesamtheit und Stichprobe

Schon im letzten Kapitel wurden *Stichproben* gezogen. Hier soll deutlich werden, wie man von der bekannten Grundgesamtheit auf die Werte $\bar{x}$ und s^2 einer Stichprobe, einer praktischen Realisierung, schließt und – wie schon in der Einleitung auf Seite 1 gesagt – wie man von den erhobenen Stichprobenwerten die gesuchten Werte μ und σ einer unbekannten Grundgesamtheit abschätzt.

Prognosen

Dabei benötigt man einen Zusammenhang zwischen den Kennzahlen der Gesamtheit und der Stichprobe, den nachzuweisen mit unseren Mitteln noch nicht möglich ist. Für Unerschrockene und Leute, die mit ihrer Freizeit nichts anzufangen wissen, soll aber ein möglicher experimenteller Weg aufgezeigt werden, der über *Zufallszahlen* führt.

Zufallszahlen

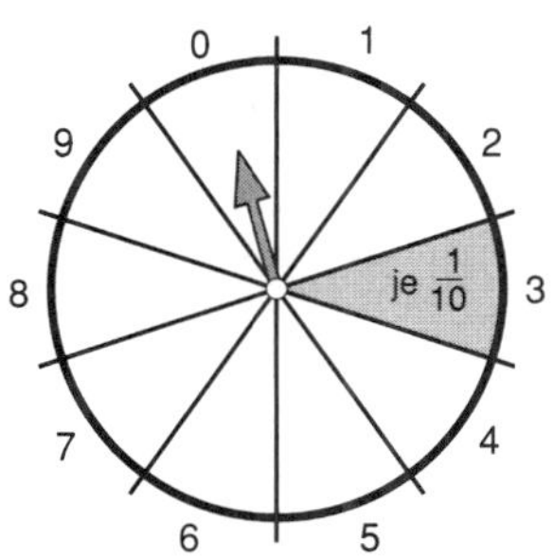

Hier ein Ausschnitt aus einer solchen Zufallszahlentabelle, der 200 Zahlen in 5er-Blöcken angeordnet enthält:

Erzeugung mittels Glücksrad

34072	76850	36697	36170	65813	39885	11199	29170
45571	82406	35303	42614	86799	07439	23403	09732
02051	65692	68665	74818	73053	85247	18623	88579
05325	47048	90553	57548	28468	28709	83491	25642
03529	64778	35808	34282	60935	20344	35273	88435

Stellen Sie sich zu ihrer Erzeugung ein 10-Sektoren-**Glücksrad** vor, Bild 1, das von Heinzelmännchen unermüdlich gedreht wird, wobei die angezeigten Zahlen eine nach der anderen notiert sind. Sie beginnen nun an einer beliebigen Stelle der Tabelle und lesen 3, 4, 0, 7, 2; ... Was aber damit anfangen?

B

Beispiel 1: Anwendung beim zufälligen Mischen

Denken Sie beispielsweise an die *Rosinenaufgabe* in Kapitel **26**: Sie können sich jede Rechnung mit den Bernoulli-Formeln ersparen, wenn Sie die Verteilung der Rosinen über Paare solcher Zufallszahlen *simulieren*: 34 läßt die 1. Rosine in das Brötchen/Weckerl mit den *Koordinaten* (3|4) fallen, 07 analog die 2. ins Kästchen (0|7) usw., Bild 2, nächste Seite. Danach müssen Sie nur noch *abzählen*: Wie viele Kästchen sind leer geblieben (Anzahl der Brötchen *ohne* Rosinen), wie viele enthalten *eine* Rosine, wie viele *zwei* usw.!

Monte-Carlo-Methoden

An dieser Stelle soll erwähnt werden, daß *Simulationen* mit *Zufallszahlen* als ***Monte-Carlo-Methoden*** sehr beliebt und verbreitet sind.

Bild 2: zur Monte Carlo-Methode

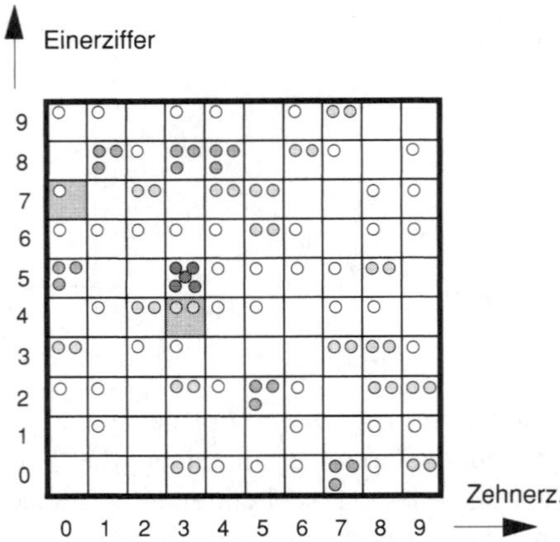

Stichproben: Wie viele gibt es? Wie zieht man sie?

Als nächstes überlegen wir, wie viele Stichproben man aus einer Grundgesamtheit ziehen kann. Sei dazu N der Umfang einer Grundgesamtheit und n < N der einer Stichprobe daraus; insgesamt gibt es $\binom{N}{n}$ Möglichkeiten, solche zu ziehen. Bei N = 10 und n = 4 etwa ist $\binom{10}{4} = 210$, was schon sehr viel für den Hobbystatistiker ist! Für N = 100 und n = 5 wäre $\binom{100}{5}$ mehr als 75 Millionen!

Bleiben wir bei N = 10 und stellen wir uns eine bekannte Grundgesamtheit vor, etwa

Beispiel 2: Friseurkosten

B

10 Friseurgeschäfte mit den Preisen x_i für einen Herrenhaarschnitt laut Tabelle:

Nr.	1	2	3	4	5	6	7	8	9	0
Friseur	A	B	C	D	E	F	G	H	I	J
Preis x (DM)	25	27	30	26	24	28	32	26	25	29

Für die Zufallsvariable X (Preis) können Erwartungswert μ und Varianz σ^2 berechnet werden. Anstatt nun für n = 4 alle 210 möglichen Kombinationen von Geschäften als Stichproben herauszugreifen und jeweils den Mittelwert $\bar{x}$ zu berechnen, greifen Sie zu einer *Zufallszahlen-Tabelle*, wählen etwa 50 4er-Stichproben nach Diktat der Tabelle und berechnen zu den 50 Mittelwerten $\bar{x}_i$ – die jetzt als Werte einer *Zufallsvariablen* $\bar{X}_4$ aufgefaßt werden – den Erwartungswert $\mu_{\bar{X}_4}$ und über die Varianz σ^2 noch die Standardabweichung $\sigma_{\bar{X}_4}$!

Mittelwerte von Stichproben

Sie wählen also die Friseure mit diesen Nummern, bei 3, 4, 0, 7 also C, D, J, G, und die 1. Stichprobe ist gewonnen. Wiederholt sich eine Ziffer in einem 4er-Block, übergehen Sie sie; jetzt berechnen Sie den ***Mittelwert***

$$\bar{x}_1 = \frac{1}{4}(30 + 26 + 29 + 32) = 29{,}25\ ,$$

und so fahren Sie fort bis $\bar{x}_{50}$! Dann ist noch $\mu_{\bar{X}_4}$ zu berechnen: Dies müßte ungefähr gleich dem $\mu = \bar{x}$ der gegebenen N = 10 Werte sein; analog wäre zu verfahren, um die *Standardabweichungen* $\sigma_{\bar{X}_i}$ zu ermitteln.

Und dieses Programm wäre natürlich *auf alle* Stichproben des Umfangs n = 1, 2, 3, 5, ..., 10 auszudehnen!

Sie würden, was einsichtig ist, jedesmal ***Erwartungswerte*** ganz in der Nähe von μ erhalten, während die ***Varianzen*** etwa mit $1/n$ abnehmen: Mit wachsendem n streuen die Mittelwerte $\bar{x}_i$ nämlich immer weniger!

S

Satz 1: Kennwerte von Stichproben

Zieht man aus einer Grundgesamtheit vom Umfang N Stichproben von festem Umfang n, so gilt für die Verteilung $\bar{X}_n$ ihrer Mittelwerte:

$$\mu_{\bar{X}_n} = \mu \quad \wedge \quad \sigma_{\bar{X}_n} = \frac{\sigma}{\sqrt{n}} \qquad \left[\text{genauer: } \frac{\sigma}{\sqrt{n}} \sqrt{1 - \frac{n-1}{N-1}} \right]$$

Wozu aber all diese Müh´ und Plag´? Was sich zaghaft für N = 10 andeutet, wird zunehmend für größere N erkennbar: da sich immer mehr Werte $\bar{x}_i$ in immer engere Intervalle um $\bar{x}_i = \mu$ scharen und dabei gegen die Mitte zu mehrfach auftreten, werden die Werte von $\bar{X}$ immer besser ***normalverteilt***, je größer N und n sind, siehe Bilder 3!

Voraussage über den Mittelwert

Damit aber haben wir schlagartig die Fähigkeit gewonnen, *Voraussagen* über einzelne $\bar{x}$ zu machen, etwa welche Werte mit 95 % Sicherheit aufreten werden: diejenigen, die nicht weiter als $2 \cdot \sigma_{\bar{X}}$ von μ entfernt sind!

Bilder 3: dazu

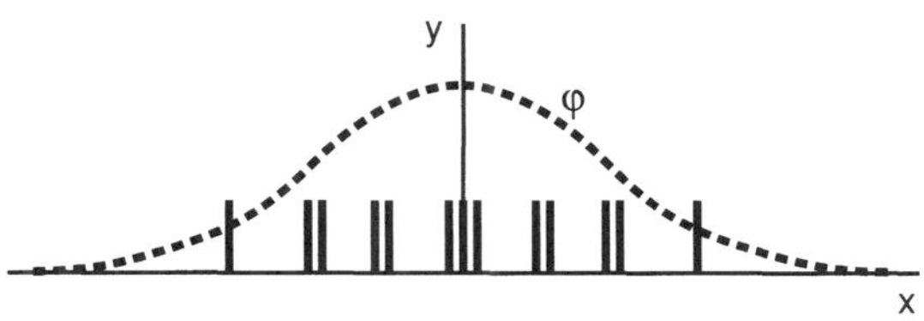

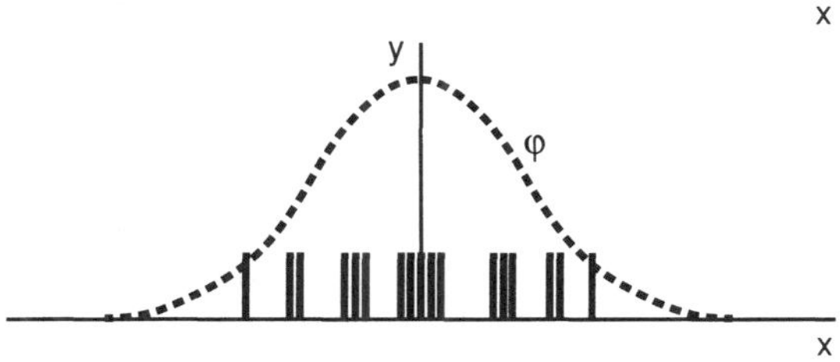

Blickwinkel Fehler

mittlerer Fehler und Standardfehler des Mittels

Auch diese Ergebnisse können in der Sprache der *Fehlertheorie* formuliert werden: Schon früher haben wir die Standardabweichung s auch den *mittleren Fehler* dieser Meßreihe genannt. Hier entspricht nun jeder n-Stichprobe eine solche Meßreihe, und man kann nach dem mittleren Fehler $m_{\bar{X}}$ der Mittelwerte $\bar{x}_i$ aller Meßreihen fragen! Er entspricht gerade der eben im Satz genannten Größe $\sigma_{\bar{X}_n}$ und heißt hier *Standardfehler des Mittels.*

Schätzfunktion

Und ebenso, wie der Mittelwert bzw. das Mittel $\bar{x}_i$ jeweils als beste *Schätzung* für den (unbekannten) Mittelwert aller denkbaren Meßwerte einer Größe gilt und die empirische Standardabweichung s bzw. der *mittlere Fehler* m für die (unbekannte) Standardabweichung σ der Grundgesamtheit, „schätzt" das Quadrat des *Standardfehlers*, $m_{\bar{X}}^{\,2}$, gerade die *Varianz* $\frac{\sigma^2}{n}$ der Verteilung $\bar{X}_n$ der Mittelwerte, stellt eine *erwartungstreue Schätzfunktion* für sie dar (ohne Beweis).

Wir formulieren die zuletzt entwickelten Gedanken nun etwas genauer: Eine Grundgesamtheit sei bekannt, d. h., sie ist auf ein Merkmal hin untersucht, und die N Werte der zugehörigen Zufallsvariablen X erlauben die Berechnung von μ und σ. Nun soll eine **Zufallsstichprobe** vom Umfang $n < N$ gezogen und ihr Mittelwert $\bar{x}$ bestimmt werden: Was läßt sich von $\bar{x}$ von vornherein aussagen?

Streubereich

gleich

...

Da dieses $\bar{x}$ einer der Werte der Zufallsvariablen $\overline{X}_n$: «Stichprobenmittelwerte für ein festes n» ist und $\overline{X}_n$ als *normalverteilt* erkannt wurde, wobei deren Parameter mit μ und σ von X so zusammenhängen, wie es im obigen Satz festgehalten ist, können wir mit beliebiger Sicherheit *voraussagen*, in welchem Bereich dieses $\bar{x}$ liegen wird. Wählen wir, wie weithin üblich, die *Sicherheit* 95 %, so wissen wir von der Normalverteilung, daß die halbe Intervallbreite um $\mu_{\overline{X}_n}$ über $z = 1{,}96 \approx 2$ durch $2 \cdot \sigma_{\overline{X}_n}$ gegeben ist. Man spricht vom ***Streubereich*** oder ***Prognose-Intervall*** für 95 %. Unser Mittelwert $\bar{x}$ der zu ziehenden Stichprobe fällt also mit 95 % Sicherheit in das Intervall $[\mu - 2\sigma_{\overline{X}_n}\,;\ \mu + 2\sigma_{\overline{X}_n}]$; anders gesagt, das Risiko, $\bar{x}$ außerhalb dieses Intervalls zu finden, ist 5 %: in 5 von 100 Fällen wird dies zu erwarten sein. Halten wir fest:

Satz 2:
Prognose-intervall

S

Der Mittelwert $\bar{x}$ einer Zufallsstichprobe vom Umfang n aus einer Grundgesamtheit von N Elementen mit μ und σ liegt mit 95 % Sicherheit im Prognoseintervall

$$\text{P.I.} = \left[\mu - 2\frac{\sigma}{\sqrt{n}};\ \mu + 2\frac{\sigma}{\sqrt{n}}\right]$$

Für kleine N gibt es fürs Ziehen *ohne* Zurücklegen Korrekturfaktoren.

Wir hatten zuvor als Modell für das Ziehen einer Stichprobe das *Glücksrad* erwähnt:

Beispiel 3:
Mittelwert von Feldnummern

B

Wählen wir ein **Glücksrad** von 5 gleichen Sektoren mit den Feldnamen 1, 2, 3, 4, 5 nach Bild 4 und drehen n mal, sagen wir: 8mal, so erhalten wir eine *Stichprobe* vom Umfang 8. Welche *Prognose* läßt sich über ihren *Mittelwert* stellen?

Bild 4:
... beim Glücksrad

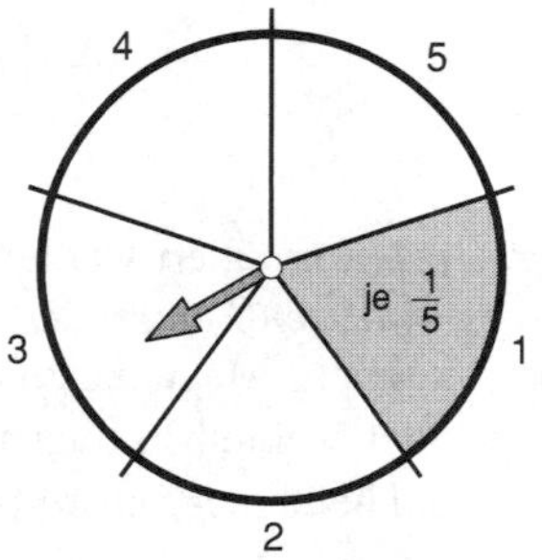

Gesamtheit:

$$\mu = \Sigma\, p_i x_i = p_i \Sigma\, x_i = \frac{1}{5}(1 + 2 + 3 + 4 + 5) = 3 = \bar{x}\,,$$

$$\sigma^2 = \Sigma\, p_i x_i^2 - \mu^2 = \frac{1}{5}(1 + 4 + 9 + 16 + 25) - 3^2 = 2$$

$$\Rightarrow \sigma = \sqrt{2}\,;$$

Stichprobe, n = 8:

$$\text{P.I. mit } 95\,\% = \left[3 \pm 2 \cdot \tfrac{\sqrt{2}}{\sqrt{8}}\right] = [3 \pm 1] = [2;\ 4]\,.$$

Für Versuchsserien zu je 8 Drehungen bedeutet dies: nur in 5 % der Fälle sollte der Mittelwert außerhalb [2; 4] liegen!

Da hier *mit* Zurücklegen gezogen wird (Binomialverteilung), *entfällt* der Korrekturfaktor (der hypergeometrischen Verteilung)!

Jetzt sollte die Praxis wieder zu Wort kommen:

Beispiel 4: Abfüllen von Flaschen

Bei einem **Abfüllprozeß** ist eine Maschine so eingestellt, daß μ = 1,000 Liter (ℓ) Wein in eine Flasche gefüllt wird, wobei σ dadurch festgelegt ist, daß Werte unterhalb 0,990 ℓ oder oberhalb von 1,010 ℓ höchstens in 5 % aller Fälle auftreten sollen. Nun wird eine Stichprobe von 16 Flaschen gezogen und ihre mittlere Füllmenge zu 0,997 ℓ bestimmt. Ist der Abfüllprozeß noch in Ordnung?

Wir stellen eine **Prognose**:

Für den Mittelwert $\bar{x}$ einer Stichprobe vom Umfang 16 gilt das

$$\text{P.I.} = \left[\mu - 2\frac{\sigma}{\sqrt{16}};\ \mu + 2\frac{\sigma}{\sqrt{16}}\right];$$

mit 95 % Sicherheit sollte $\bar{x}$ hineinfallen; nun ist $\sigma = 0{,}005$, weil

$2\sigma = 1{,}01 - 1{,}00 = 0{,}01$ sein muß, vgl. Bilder 5.

Bilder 5: dazu

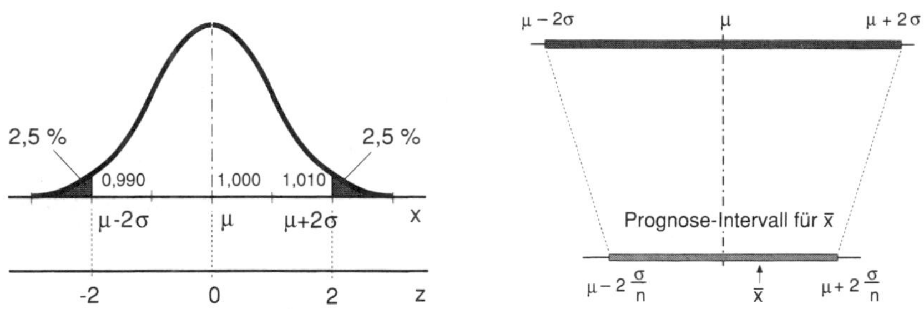

Somit folgt

$$\text{P. I.} = [1{,}000 - \frac{2}{4}\cdot 0{,}005;\ 1{,}000 + \frac{2}{4}\cdot 0{,}005] = [0{,}9975;\ \ 1{,}0025];$$

$\bar{x}$ = 0,997 ist *nicht* im Intervall, die Einstellung der Maschine sollte überprüft werden!

unbekannte Gesamtheit:

Was aber tun, wenn μ und σ nicht unmittelbar gegeben sind, weil z. B. die Grundgesamtheit nicht von vornherein als *normal*verteilt bekannt ist? Nun, wir beschränken uns auf *binomial*verteilte Gesamtheiten, die man für große n annähernd als normalverteilt ansehen kann. Für sie werden wir den Vorgang des Bestimmens von Stichprobenmittelwerten gleich passend interpretieren. Aber selbst ohne Kenntnis dieser Eigenschaft, also ohne Verwendung der dort hergeleiteten Formeln für μ und σ, können wir ein *Prognoseintervall* bestimmen!

Betrachten wir dazu etwa eine **Meinungsumfrage**:

Beispiel 5: Meinungsumfrage und Modell Glücksrad

Wird eine bestimmte Partei, etwa „Grün" gewählt, so betrachten wir dies als Ereignis „1", alles andere erhält die Marke „0". Wie immer bis hieher nehmen wir die Grundgesamtheit als bekannt an, d. h,. wir kennen den Wahlausgang:

Sei der Stimmanteil von „Grün" 24 %, so ist eben p = 0,24, und im Modell Glücksrad ist für das Feld „1" ein entsprechend großer Sektor zu reservieren, vgl. Bild 6, nächste Seite.

Was bedeutet p noch? Offenbar stellt es die Summe aller Grünwähler-Stimmen, bezogen auf N, dar, also

Bild 6: dazu

$$p = \frac{\text{Anzahl aller "1"}}{N} \quad \text{[rel. Häufigkeit von "1"]}$$

$$= \frac{\text{Summe aller "1"}}{N} = \textit{Mittelwert}: \; p = \mu!$$

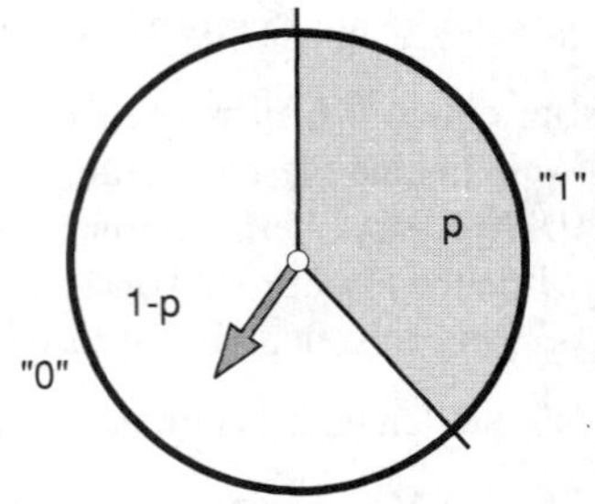

Das Rad n = 10 mal drehen heißt dann, eine *Stichprobe* vom Umfang 10 ziehen; was läßt sich von ihrem *Mittelwert* $\bar{x}_{10}$ prognostizieren?

Bernoulli-Serie als Vermittler

Sei eine konkrete Stichprobe

1 0 0 0 1 0 1 0 0 0;

dann ist das Ereignis "1" in 10 Versuchen genau 3mal eingetreten – erkennen Sie die *Bernoullikette*?! – bzw. haben 3 von 10 zufällig ausgesuchten Wählern „Grün" angegeben. Der Stichprobenmittelwert ist hier

$$\bar{x} = \frac{1}{10}(1 + 1 + 1 + 0 + ...) = \frac{1}{10} \cdot 3 = 0{,}3.$$

Allgemein wäre er für n wieder

$$\bar{x} = \frac{\text{Summe der "1"}}{n} = \frac{\text{Anzahl der "1"}}{n} = \text{rel. Häufigkeit von "1"} = h.$$

Man schreibt auch gern $\hat{p}$ (*gesprochen* «p Dach») dafür.

Prognose-intervall

und seine direkte Berechnung

über die rel. Häufigkeit

Für dieses $\hat{p} = \bar{x} = h$ suchen wir ein 95 *%-Prognoseintervall*! Da es als Stichprobenmittelwert in einer 2σ-Umgebung von μ = p liegt, fehlt uns noch das σ. Dieses zu berechnen ist mit der allgemeinen Definition und bekanntem p nicht schwer: Da es nur die Werte 1 und 0 gibt, brauchen wir bloß deren Anzahl!

So wie konkret in der 10er-Stichprobe aus

$$\hat{p} = \bar{x} = \frac{\text{Anzahl der "1"}}{10} = \frac{3}{10}$$

folgt: $3 = 10 \cdot \hat{p}$, gilt allgemein für die N-Gesamtheit: Anzahl der "1" = N · p! Für die Anzahl der "0" bleibt dann N – N · p = N (1 – p). Dies setzen wir in die σ-Definition ein (x_i = 1 oder 0):

$$\sigma^2 = \frac{1}{N}\Sigma(x_i - p)^2 = \frac{1}{N}\left(N \cdot p(1-p)^2 + N(1-p)(0-p)^2\right) =$$

$$= \frac{1}{N}\left(Np(1-p)^2 + Np^2(1-p)\right) = \frac{1}{N}\left(Np(1-p)[(1-p)+p]\right) =$$

$$= \frac{1}{N}\left(Np(1-p) \cdot 1\right) = p(1-p); \quad \Rightarrow \quad \sigma = \sqrt{p(1-p)}\,.$$

Damit ist aber das im Satz genannte *Prognoseintervall* für $\bar{x} = \hat{p}$ vollkommen bestimmt:

$$\text{P.I.} = \left[\mu - 2\frac{\sigma}{\sqrt{n}};\; \mu + 2\frac{\sigma}{\sqrt{n}}\right] = \left[p - 2\frac{\sqrt{p(1-p)}}{\sqrt{n}};\; p + 2\frac{\sqrt{p(1-p)}}{\sqrt{n}}\right].$$

Mittelwert als relative Häufigkeit

Freilich: *Kennt* man die Parameter μ und σ der *Binomialverteilung* als Ergebnis einer Bernoulliserie, so kann man mit Hilfe der eben gegebenen Neuinterpretation der Mittelwerte als *relative Häufigkeiten* eines bestimmten Ereignisses auch schneller zum P.I. kommen! Die «Anzahl der "1"» von oben ist ja nichts anderes als die *absolute* Häufigkeit H; für sie galt

$$P(\mu - z\sigma < H < \mu + z\sigma) = 2\,\Phi(z) - 1,$$

oder mit $z = 1{,}96 \approx 2$

$$P(\mu - 2\sigma < H < \mu + 2\sigma) \approx 95\,\%;$$

für die *relative* Häufigkeit $h = \hat{p} = \frac{H}{n}$ ist also (Division durch n)

$$P\left(\frac{\mu}{n} - 2\,\frac{\sigma}{n} < \hat{p} < \frac{\mu}{n} + 2\,\frac{\sigma}{n}\right) \approx 95\,\%\ .$$

Jetzt setzen wir $\mu = n \cdot p$ und $\sigma = \sqrt{n\,p\,(1-p)}$ ein und erhalten

$$P\left(p - 2\,\frac{\sqrt{n\,p\,(1-p)}}{n} < \hat{p} < p + 2\,\frac{\sqrt{n\,p\,(1-p)}}{n}\right) \approx 95\,\%\ ,$$

eine Aussage, die mit der von oben absolut gleichwertig ist!

Wir halten fest:

Satz 3: Prognose-intervall für binomial-verteilte Gesamtheit

S

Für binomialverteilte Grundgesamtheiten mit der Ereigniswahrscheinlichkeit p ist das 95 %-Prognoseintervall für eine Realisierung $\hat{p}$ durch eine Stichprobe vom Umfang n gegeben durch:

$$\mathbf{P.I.} = \left[\,p - 2\,\frac{\sqrt{p\,(1-p)}}{\sqrt{n}}\,;\ p + 2\,\frac{\sqrt{p\,(1-p)}}{\sqrt{n}}\,\right]$$

In unserem einleitenden Beispiel mit p = 0,24 und n = 10 erhalten wir für $\hat{p}$:

$$\text{P.I.} = \left[\,0{,}24 - 2\sqrt{\frac{0{,}24 \cdot 0{,}76}{10}}\,;\ 0{,}24 + 2\sqrt{\frac{0{,}24 \cdot 0{,}76}{10}}\,\right] =$$

$$= [\,0{,}24 - 2 \cdot 0{,}135;\ 0{,}24 + 2 \cdot 0{,}135\,] = [-0{,}03;\ 0{,}51]\ ,$$

d. h., auch eine Stichprobe mit $\hat{p} = \frac{1}{2}$, etwa bei 5 mal "1" wäre noch durchaus wahrscheinlich! Allerdings ist bei n = 100 schon die halbe Intervallbreite 0,08, so daß [0,15; 0,33], also ein engeres Intervall entsteht.

Jetzt sind wir in der Lage, Aufgaben der folgenden Art zu lösen:

Beispiel 6: wie viele Befragungen sind nötig?

B

Die Geschäftsleitung glaubt, daß in ihrem Betrieb etwa 40 % der Arbeitnehmer für die Einführung der **gleitenden Arbeitszeit** sind. Da nicht alle befragt werden sollen, wählt man eine Stichprobe von 100 Beschäftigten. Wie viele müssen sich dafür aussprechen, um die Annahme mit 95 % Sicherheit zu bestätigen?

Wir suchen dazu das P.I.; seine *halbe Intervallbreite*, nennen wir sie abkürzend ε, ist

$$\varepsilon = 2\sqrt{\frac{0{,}4 \cdot 0{,}6}{100}} = 2 \cdot 0{,}049 \approx 2 \cdot 0{,}05 = 0{,}1;$$

damit ist weiter

$$\text{P.I.} = [p - \varepsilon;\ p + \varepsilon] = [0{,}4 - 0{,}1;\ 0{,}4 + 0{,}1] = [0{,}3;\ 0{,}5] \quad \Rightarrow \quad 30\,\% < \hat{p} < 50\,\%.$$

Bei n = 100 Leuten sollten sich demnach **zwischen 30 und 50** dafür aussprechen; dies würde die Annahme mit 95 % Sicherheit bestätigen.

Vielleicht wollen Sie im Moment nicht sozialen Problemen nachspüren, sondern einfach unbeschwert *würfeln*?

Beispiel 7:
Würfeln:
Wie oft erwarten Sie die Sechs?

B Als Testereignis wählen wir beim **Würfeln** das Erscheinen der Augenzahl 6, wofür $p = 1/6 = 16{,}6\ \%$ bekannt ist. Nun würfeln Sie n = 180mal; wie oft darf die „6" erscheinen, um unseren Glauben an die Güte des Würfels mit 95 % Sicherheit zu bestärken?

Wie eben berechnen wir die halbe Intervallbreite ε

$$\varepsilon = 2\sqrt{\frac{1/6 \cdot 5/6}{180}} = 2\sqrt{\frac{1}{36^2}} = 2\,\frac{1}{36} = 0{,}0\dot{5}\ ;$$

wie eben ist damit

$$\text{P.I.} = [p - \varepsilon;\ p + \varepsilon] = [1/6 - 1/18;\ 1/6 + 1/18] = [1/9;\ 2/9] \quad \Rightarrow \quad 11\ \% < \hat{p} < 22\ \%.$$

Bei n = 180 wird damit $0{,}11 \cdot 180 \approx 20$ und rechts das Doppelte: Wir erwarten demnach *zwischen 20- und 40mal* die Sechs!

Nun können wir die Fragestellung zur Abwechslung etwas variieren:

Beispiel 8:
Wann wird eine gewünschte Sicherheit erreicht?

B Wir wollen jetzt 99 % Sicherheit statt nur 95 % und verlangen zudem, daß $\hat{p}$ sich in einem bestimmten Intervall, etwa dem eben erhaltenen $[1/9;\ 2/9]$, befindet, d. h., wir schreiben die Intervallbreite $2\varepsilon = 1/9$ vor! Dann ist gefragt, **wie oft** man würfeln muß (n = ?), um dies mit der gewünschten Sicherheit 99 % prognostizieren zu können!
Es ist

$$\varepsilon = z\sqrt{\frac{p \cdot (1-p)}{n}} \quad \text{mit } \varepsilon = 1/18,\ p = 1/6;$$

z ist wegen

$$2\,\Phi(z) - 1 = 0{,}99 \quad \Rightarrow \quad \Phi(z) = 0{,}995$$

aus der Tabelle der Normalverteilungsfunktion als 2,58 abzulesen.
So finden wir schon n:

$$\varepsilon^2 = z^2\,\frac{p \cdot (1-p)}{n} \quad \Rightarrow \quad n = \frac{z^2}{\varepsilon^2} \cdot p \cdot (1-p) = \frac{2{,}58^2}{(1/18)^2} \cdot \frac{1}{6} \cdot \frac{5}{6} \approx 300:$$

Wir müssen 300mal würfeln, wenn wir mit 99 % Sicherheit voraussagen wollen, daß die Augenzahl „6" mit der relativen Häufigkeit $\hat{p}$ zwischen $1/9$ und $2/9$ auftritt! Absolut entspricht dies $300 \cdot 1/9 < H < 300 \cdot 2/9 \ \Rightarrow\ 33{,}3 < H < 66{,}6$, also H = 34- bis 66mal! *Erwarten* würden wir spontan 300/6 = 50. Doch nicht diese Anzahl ist mit 99 % zu prognostizieren, sondern eine, die von 50 um bis zu 16 abweicht, eben 34 oder 35 oder ... 66!! Daß *genau* 50 auftritt, ist eine von 33 Möglichkeiten im P.I., also sogar *sehr un*wahrscheinlich!

Fragen wir direkt danach:

Beispiel 9:
alte Zweifel, neue Einsichten!

B Mit welcher Wahrscheinlichkeit γ weicht die absolute Häuigkeit von 6 bei n = 300 Würfen um höchstens 1 vom Erwartungswert 50 ab?

Mit $50 - 1 \le H \le 50 + 1 \ \Rightarrow\ 1/6 - 1/300 \le \hat{p} \le 1/6 + 1/300$ ist $\varepsilon = 1/300$:

$$\varepsilon = z\sqrt{\frac{p \cdot (1-p)}{n}} \quad \Rightarrow \quad z = \varepsilon\sqrt{\frac{n}{p \cdot (1-p)}} = \frac{1}{300}\sqrt{\frac{300}{1/6 \cdot 5/6}} = \frac{1}{\sqrt{300}}\,\frac{6}{\sqrt{5}} = 0{,}155:$$

$$P(\hat{p} \in \text{P.I.}) = 2\Phi(z) - 1 = 2\Phi(0{,}155) - 1 = 2 \cdot 0{,}56 - 1 = 0{,}12.$$

Daß also 49, 50 oder 51mal die 6 erscheint, ist relativ unwahrscheinlich: $\gamma = 12\%$. Doch Sie wollen es ganz genau wissen? Genau 50 mal und nichts anderes? Dafür hatten wir längst gefunden:

$$P(H = 50) = \binom{300}{50} \cdot \left(\frac{1}{6}\right)^{50} \cdot \left(\frac{5}{6}\right)^{250} \quad \text{[Bernoulli]}$$

und eben *solche* abschreckenden Terme wollten wir gerade *nicht* bearbeiten müssen! Das war *ein* Grund für die Approximation durch die Normalverteilung, in der aber stets *Intervalle* auftreten! Sie können sich natürlich in unserem Turbo-Pascal-Kapitel und den Anwendungsbeispielen Anregungen holen, wie sich ein *Programm* für Terme dieser Art schreiben ließe! Wenn Sie etwas mehr Geld investieren, übergeben Sie mit noch weniger Mühe derartige Formeln an *Mathematica* (vgl. die letzten Kapitel) oder an eine andere Mathe-Software!

Hier denkt man wieder an Mathematica!

Schätzung

Jetzt ist es Zeit für einen Wechsel des Standpunkts! War bisher die Grundgesamtheit bekannt und sollte eine **Prognose** gestellt werden, *wie* Stichproben ausfallen müßten, so gehen wir im folgenden von *bekannten Stichproben* aus, um aus ihren Daten auf die Grundgesamtheit zu schließen, vgl. Bild 7. Dabei beschränken wir uns auf den Mittelwert, besser, den *Erwartungswert* μ, den es zu **schätzen** gilt. Sie werden nicht erwarten, daß μ *genau* angegeben werden kann, er wird – wie $\bar{x} = \hat{p}$ bisher – in einem Intervall um den Stichprobenmittelwert liegen; man nennt es (nach J. Neyman, 1935) *Schätzbereich* oder *Vertrauens-* bzw. ***Konfidenzintervall***, K.I.

Von der Prognose zur Schätzung

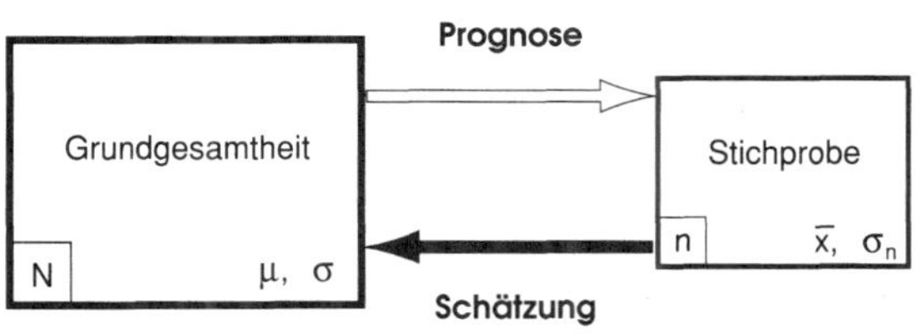

Bild 7: Konfidenz- oder Vertrauens-intervall

In der Sprache der *Modelle* kann man sagen: Wir wissen nicht, was in einer *Urne* ist, doch durch n-maliges Ziehen sind begründete Schlüsse auf ihren Inhalt möglich! Wir kennen eine Maschine (μ, σ), sie wurde aber neu eingestellt (μ_{neu}= ?, σ bleibt fast gleich); über eine Stichprobe erfahren wir mehr über μ_{neu}.

Wir wissen, daß $\bar{x}$ in einem Prognoseintervall

$$\text{P.I.} = \left[\mu - 2\frac{\sigma}{\sqrt{n}};\ \mu + 2\frac{\sigma}{\sqrt{n}}\right]$$

für 95 % Sicherheit liegt; dies bedeutet, anders gesagt, daß $\bar{x}$ und μ höchstens den Abstand $2\frac{\sigma}{\sqrt{n}}$ haben:

$$|\bar{x} - \mu| \le 2\frac{\sigma}{\sqrt{n}} \Rightarrow \bar{x} - 2\frac{\sigma}{\sqrt{n}} \le \mu \le \bar{x} + 2\frac{\sigma}{\sqrt{n}} \Rightarrow \text{K.I.} = \left[\bar{x} \pm 2\frac{\sigma}{\sqrt{n}}\right].$$

Herleitung einer passenden Formel fürs Konfidenz-intervall

Auch μ kann von $\bar{x}$ nicht weiter als $2\frac{\sigma}{\sqrt{n}}$ entfernt sein, liegt also im (Konfidenz-) Intervall mit $2\frac{\sigma}{\sqrt{n}}$ als halber Intervallbreite um $\bar{x}$! Das Problem ist nur, daß jetzt σ nicht immer bekannt ist!

Wir machen aber keinen gravierenden Fehler, wenn wir dafür einfach das s aus der Stichprobe nehmen: $\sigma \approx s$, das Intervall wird nur etwas schmäler (ohne Beweis).

Beispiel 10: **Brotgewicht**

Nehmen wir beispielsweise an, die Masse (das Gewicht) einer bestimmten **Brotsorte** wurde an n = 9 Broten gemessen; es ergab sich (in kg)

1,01 1,00 0,97 0,96 0,98 0,95 0,99 1,00 0,96

Wir interessieren uns für das mittlere Gewicht in dieser Produktionsserie, welches Konfidenzintervall ergibt sich mit 95 % Sicherheit? Der Sollwert ist μ = 1,00 kg. Genügt die Serie dieser Anforderung?

Wie üblich berechnen wir den Stichprobenmittelwert $\bar{x}$ = 0,98 und die Standardabweichung, die wir, wie eben gesagt, gleich σ setzen: s = 0,02 ≈ σ. Damit wird

$$\text{K.I.} = \left[0{,}98 - 2\,\frac{0{,}02}{\sqrt{9}};\ 0{,}98 + 2\,\frac{0{,}02}{\sqrt{9}}\right] \approx [0{,}967;\ 0{,}993]\,.$$

Berechnung von Konfidenzintervallen mit Mathematica

Sie können auch *Mathematica* fragen, das spart wie gewohnt einige Rechenarbeit:

```
Needs["Statistics`Master`"]
data = {1.01, 1.00, 0.97, 0.96, 0.98, 0.95, 0.99, 1.00, 0.96};
Mean[data] //N
StandardDeviation[data] //N
MeanCI[data] //N
```

```
0.98                        (* Mittelwert *)
0.0212132                   (* Standardabweichung *)
{0.963694, 0.996306}        (* Konfidenzintervall *)
```

Hier entsteht – wie in Zeile 2 angemerkt – ein breiteres Intervall als oben, *Mathematica* berechnet ein von s etwas abweichendes σ! Sie können statt der üblichen 95 %- auch eine andere, etwa eine 90 %-Sicherheit als Option vorschreiben:

Vorgabe der Sicherheit

```
MeanCI[data, ConfidenceLevel -> 0.90] //N
```

```
{0.966851, 0.993149}
```

Der Mittelwert (Erwartungswert) μ in einer Serie (von vielleicht 1000 Broten) wird mit 90 bis 95 % Sicherheit zwischen 0,967 und 0,993 kg liegen. Da 1,00 nicht ∈ K.I. ist, erfüllt die Serie die Anforderung *nicht*!

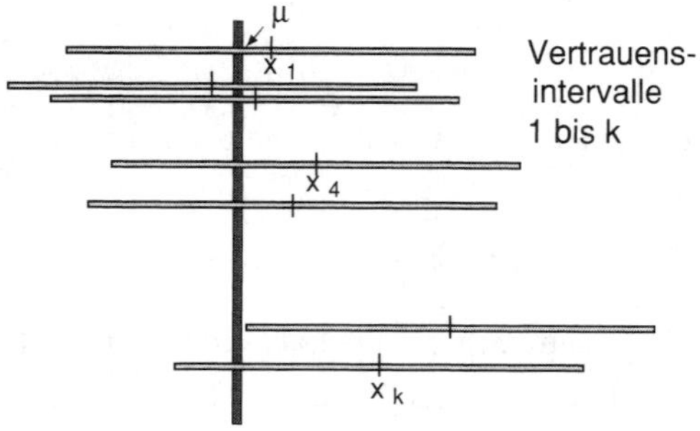

Bild 8: **verschobene Intervalle**

Nun haben verschiedene Stichproben verschiedene Mittelwerte $\bar{x}_i$, und jeder erzeugt ein gegenüber den anderen etwas verschobenes Vertrauensintervall um $\bar{x}_i$, Bild 8. Wir dürfen annehmen, daß 95 % dieser Intervalle den unbekannten Erwartungswert μ enthalten, nur 5 % werden dies nicht tun!

Für die meisten Anwendungen ist es erlaubt, *binomialverteilte* Grundgesamtheiten (n, p) vorauszusetzen; für sie haben wir schon gesehen, daß die Mittelwerte als *relative Häufigkeiten* gedeutet werden können: $\bar{x} = \hat{p}$, $\mu = p$. Weiter nehmen wir wieder an, daß die Approximation durch eine *Normalverteilung* erlaubt ist, was bei großem n nur für sehr kleine p nicht der Fall ist (Poisson!). Dann dürfen wir für 95 % wieder $z \approx 2$ setzen und für das unbekannte p – wie eben für σ – das aus der Stichprobe erhaltene $\hat{p}$:

$$s \approx \sigma = \sqrt{p\,(1-p)} \approx \sqrt{\hat{p}\,(1-\hat{p})};$$

die halbe Intervallbreite $2\,\frac{\sigma}{\sqrt{n}}$ ist damit $2\sqrt{\frac{\hat{p}\,(1-\hat{p})}{n}}$, und wir können sagen:

Auf dem Weg zum ...

S — Satz 4: Konfidenzintervall für den Schätzwert p

Der unbekannte Schätzwert p einer Binomialverteilung liegt mit 95 %-Sicherheit im *Konfidenzintervall (Vertrauens-I.)*

$$\text{K.I.} = \left[\hat{p} - 2\sqrt{\frac{\hat{p}\,(1-\hat{p})}{n}}\,;\ \hat{p} + 2\sqrt{\frac{\hat{p}\,(1-\hat{p})}{n}}\right],$$

wobei $\hat{p}$ eine Realisierung von p in einer Stichprobe vom Umfang n ist.

Natürlich kann man eine andere *Konfidenzzahl* γ, etwa 90 % oder 99 %, vorgeben, vgl. die Option *ConfidenceLevel* in *Mathematica*. Dann ist das zugehörige z statt $2 \approx 1{,}96$ aus einer *Tabelle* (Band **2** oder Formelsammlung oder Mathematiksoftware) nach $\gamma = 2\,\Phi(z) - 1$ zu entnehmen: Für 90 % wird $z = 1{,}65$, für 99 % gilt $z = 2{,}58$.

die Rolle der Intervallbreite

Man erkennt an der Intervallbreite, die $1/\sqrt{n}$ enthält, daß die Intervalle mit wachsendem n enger werden, die Schätzung also *genauer* wird, und zwar braucht man für eine *doppelt* so gute Schätzung eine *viermal* so große Stichprobe: $1/\sqrt{4n} = \frac{1}{2} \cdot 1/\sqrt{n}$. Da dies mit hohen Kosten verbunden ist, geht man meist – auch bei großen Erhebungen – über n = 3000 nicht hinaus. Dennoch sind die Schätzungen etwa von Wahlausgängen oft sehr gut und zuverlässig.

Nun zur praktischen Anwendung dieser Formel:

B — Beispiel 11: Meinungsumfrage

Bei einer **Umfrage** in einem größeren Betrieb mit 600 Arbeitnehmern sind von (n =) 100 Personen (H =) 40 für die Einführung der 35-Stunden-Woche. Wie viele sind insgesamt (mit 95 % Sicherheit) dafür?

Hier ist $\hat{p} = 40/100 = 0{,}40$ neben $n = 100$; damit ergibt sich

$$\text{K.I.} = \left[0{,}40 - 2\sqrt{\frac{0{,}40 \cdot 0{,}60}{100}}\,;\ 0{,}40 + 2\sqrt{\frac{0{,}40 \cdot 0{,}60}{100}}\right] \approx$$

$$\approx [0{,}40 - 0{,}098;\ 0{,}40 + 0{,}098] = [0{,}302;\ 0{,}498].$$

Auf N = 600 bezogen (Intervallränder mal 600), können wir die Befürworter mit mindestens 181 und höchstens 299 angeben.

Variation der ...

Wollen wir größere Sicherheit, etwa 99 %, so ist die Intervallbreite über $z = 2{,}58$ statt 2 zu finden:

$$\text{K.I. } (99\ \%) = [0{,}40 - 2{,}58 \cdot \sqrt{\sim};\ 0{,}40 + 2{,}58 \cdot \sqrt{\sim}] = [0{,}40 - 0{,}126;\ 0{,}40 + 0{,}126] \approx$$

$$\approx [0{,}274;\ 0{,}526].$$

Hier läßt sich die gesuchte Zahl nur mehr mit 164 und 315 eingrenzen.

... Sicherheit

Ist uns dies zu vage, müssen wir uns mit 90 %-Sicherheit oder weniger begnügen:

$$\text{K.I. } (90\ \%) = [0{,}40 - 1{,}65 \cdot \sqrt{\sim};\ 0{,}40 + 1{,}65 \cdot \sqrt{\sim}] = [0{,}40 - 0{,}081;\ 0{,}40 + 0{,}081] \approx$$
$$\approx [0{,}319;\ 0{,}481].$$

Jetzt sind es immerhin zwischen 191 und 288, was auch noch fast 100 Personen „Spielraum" ausmacht!

Nochmals, hier gleich nur mit 90 %, das Vorgehen in einem ähnlichen Fall:

Beispiel 12: zufriedene Urlaubsgäste

B Ein Urlaubsort mit ca. (N =) 4000 Gästebetten möchte **zufriedene Gäste**. Es werden zufällig (n =) 150 ausgewählt und befragt; darunter waren 27 überwiegend nicht zufrieden. Wie viele sind es insgesamt?

Wir stellen $\hat{p}$ als 27/150 = 0,18 fest, z = 1,65 für 90 % Sicherheit, und n ist 150:

$$\text{K.I.} = \left[\, 0{,}18 \pm 1{,}65 \sqrt{\frac{0{,}18 \cdot 0{,}82}{150}} \,\right] \approx [\, 0{,}128;\ 0{,}232 \,].$$

Es werden zwischen (4000 · 0,128 =) 512 und (4000 · 0,232 =) 928 Gäste unzufrieden sein!

Um diejenigen unter Ihnen, verehrte Leser, die keine Mathematiksoftware einsetzen können, nicht zu ärgern, verzichten wir darauf, jedesmal eine Kontrollrechnung mit *Mathematica* durchzuführen.

Nicht ganz so einfach verläuft die Abschätzung der Zahl der *Fische in einem See:*

Beispiel 13: Wie viele Fische schwimmen im See?

B Es werden aus einem **See** zufällig 60 **Fische** gefangen, markiert und wieder zurückgeworfen. Am nächsten Tag fängt man (n =) 200 Fische und zählt darunter 30 markierte. Wie viele Fische sind mit 95 % Sicherheit im See?

Punktschätzwert und Schätzintervall

Bisher wurde N direkt angegeben; hier muß man diese Zahl erst erschließen: Wenn 30 von 200 markiert sind, also $\hat{p}$ = 15 %, so ist es naheliegend, daß die 60 markierten Fische auch etwa 15 % von N ausmachen! Damit ist N als 400 geschätzt: 60 ist 15 % von 400. Eine genaue Rechnung nach dem *Prinzip der größten Mutmaßlichkeit* (engl. *Maximum Likelihood*) garantiert diese einsichtige Übertragung des Prozentsatzes (ohne Beweis). Dieser *Punktschätzwert* genügt uns aber nicht, wir suchen Vertrauensgrenzen:

$$\text{K.I.} = \left[\, 0{,}15 \pm 2 \sqrt{\frac{0{,}15 \cdot 0{,}85}{200}} \,\right] = [\, 0{,}15 \pm 0{,}05 \,] = [\, 0{,}10;\ 0{,}20 \,].$$

Der Anteil p der markierten Fische schwankt also zwischen 10 % und 20 % des gesuchten N. Sind die 60 markierten 10 % von N, so gibt es N = 600 Fische im See, sind es 20 %, gibt es N = 300: Somit dürften sich zwischen 300 und 600 Fische im See tummeln!

vorgegebene Schätzgenauigkeit

Nun strebt man oft eine bestimmte **Genauigkeit** der Schätzung, also ein bestimmtes Intervall, an, ohne die Sicherheit zurücknehmen zu müssen. Um dies zu erreichen, muß einfach die Stichprobe *umfangreich* genug sein; die Frage ist hier also, wie groß n sein muß. Wir nennen die halbe Intervallbreite wieder ε und haben

$$\varepsilon = z \cdot \sqrt{\frac{\hat{p} \cdot (1-\hat{p})}{n}} \;\Rightarrow\; \varepsilon^2 = z^2 \cdot \frac{1}{n} \cdot \hat{p} \cdot (1-\hat{p}) \;\Rightarrow\; n = \frac{z^2}{\varepsilon^2} \cdot \hat{p} \cdot (1-\hat{p})\ .$$

Kennt man $\hat{p}$ aus Voruntersuchungen, so hat man nur einzusetzen; kennt man es nicht, so kann man überlegen, wie groß $\hat{p} \cdot (1 - \hat{p})$ werden kann. Für $\hat{p} = x$ ist

$$y = x(1-x) = x - x^2 = -(x^2 - x) = -\left(x - \frac{1}{2}\right)^2 + \frac{1}{4},$$

woraus (vgl. Band **1**) der Scheitel dieser Parabel bei $S\left(\frac{1}{2} \,\middle|\, \frac{1}{4}\right)$ abzulesen ist, Bild 9.

Wie umfangreich muß die Stichprobe sein?

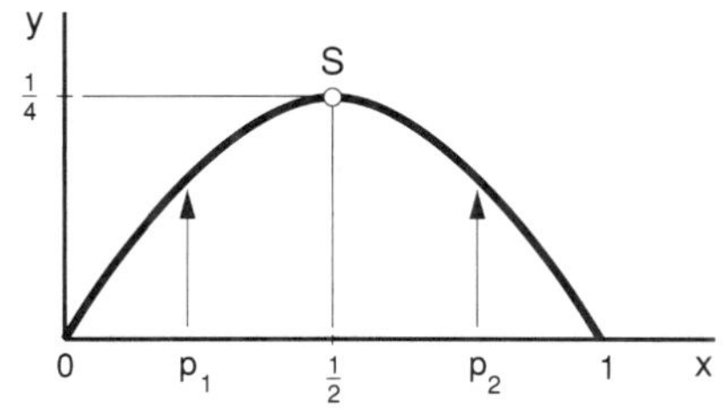

Bild 9: zur Näherung

y wird also höchstens 1/4, und nur für Werte von $\hat{p}$ nahe 0 oder 1 ist y deutlich kleiner. Damit haben wir für n

$$n = \frac{z^2}{\varepsilon^2} \cdot \hat{p} \cdot (1 - \hat{p}) < \frac{z^2}{\varepsilon^2} \cdot \frac{1}{4} = \frac{z^2}{4\varepsilon^2}.$$

Hier gleich ein Beispiel zu dieser Überlegung:

B **Beispiel 14:** nochmals eine Umfrage: an wie vielen Personen?

Bei einer **Umfrage** haben sich 22 % der befragten Personen für die Partei „Grün“ ausgesprochen. *Wie viele* Personen muß man erneut befragen, um mit 95 % Sicherheit annehmen zu können, daß „Grün“ bei der Wahl nicht weniger als 20 % der Stimmen erhalten wird (falls sich an den 22 % nichts ändert)?

Es ist $\varepsilon = 22\,\% - 20\,\% = 2\,\% = 0{,}02$, und ohne Verwendung von $\hat{p} = 0{,}22$ wird grob

$$n < \frac{z^2}{4\varepsilon^2} = \frac{2^2}{4 \cdot 0{,}02^2} = 2500.$$

Verwenden wir den Wert der Voruntersuchung, so ersparen wir uns Kosten:

$$n = \frac{z^2}{\varepsilon^2} \cdot \hat{p} \cdot (1 - \hat{p}) = \frac{2^2}{0{,}02^2} \cdot 0{,}22 \cdot 0{,}78 = 1716 \qquad \text{(z-Korrektur: 1650).}$$

Man kann sich also mit ca. 1650 bis 1700 Befragungen begnügen.

Weitere Anwendungen folgen als Übungen 14 und 15.

Variation:

Mit welcher Sicherheit ...?

Schließlich kann man den Umfang n der Stichprobe vorgeben, eine bestimmte Genauigkeit ε um das ermittelte $\hat{p}$ festlegen und nach der **Sicherheit** γ fragen, mit der dies zu erreichen ist.

Hier wird deutlich, daß γ aus der *Normalverteilung* – die wir auch bisher immer stillschweigend als näherungsweise vorliegend angenommen haben! – zu übernehmen ist: $\gamma = 2\Phi(z) - 1$. Wir müssen also z aus n, $\hat{p}$ und ε bestimmen:

$$\varepsilon = z\sqrt{\frac{\hat{p} \cdot (1 - \hat{p})}{n}} \Rightarrow z = \varepsilon\sqrt{\frac{n}{\hat{p} \cdot (1 - \hat{p})}} \rightarrow \gamma.$$

Auch dazu ein konkretes Beispiel:

Beispiel 15: Sicherheit einer Urlaubsumfrage

B Die Befragung von n = 150 **Urlaubsgästen** ergab einen Anteil von $\hat{p} = 18\ \%$ Unzufriedenen (s. o.). Dieser Wert soll von dem der Gesamtheit aller Gäste, p, um höchstens $\varepsilon = 5\ \%$ abweichen. Mit welcher Sicherheit γ läßt sich diese Aussage treffen?

Wir verwenden die letzte Formel:

$$z = 0{,}05 \cdot \sqrt{\frac{150}{0{,}18 \cdot 0{,}82}} = 1{,}59$$

und sehen in der Tabelle von $\Phi(z)$ nach:

$$\gamma = 2\,\Phi(1{,}59) - 1 = 2 \cdot 0{,}944 - 1 = 0{,}888 \approx 89\ \%.$$

Den Anteil von $18 \pm 5\ \%$, also zwischen 13 % und 23 %, dürfen wir mit 89 % Sicherheit ansetzen.

Auch hierzu folgen noch einige verwandte Fragestellungen nach diesem Schema in den Übungsaufgaben.

unbekannte Gesamtheit: Schlag nach bei Tschebyschew!

Wenn die *Art* der Verteilung *nicht* bekannt ist bzw. man keinen Grund zur Annahme hat, die Normalverteilung sei wenigstens annähernd gegeben, kann man immerhin ansetzen, wenn für die Sicherheit $\gamma = 1 - \alpha \;\Rightarrow\; \alpha = 1 - \gamma$ (*Risiko*) eingeführt wird:

$$\text{K.I.} = [\hat{p} - \varepsilon;\ \hat{p} + \varepsilon] \;\Leftrightarrow\; \varepsilon^2 \geq \frac{\hat{p} \cdot (1 - \hat{p})}{n \cdot \alpha}$$ ***(Ungleichung von Tschebyschew)***

Die halbe Intervallbreite ε wird so aus $\alpha = 1 - \gamma$ geschätzt.

Beispiel 16: Anwendung und Vergleich

B Für unsere *Umfrage im Betrieb* mit n = 100, $\hat{p} = 0{,}40$, $\gamma = 95\ \% \;\Rightarrow\; \alpha = 5\ \%$ erhalten wir

$$\varepsilon^2 \geq \frac{0{,}40 \cdot 0{,}60}{100 \cdot 0{,}05} \;\Rightarrow\; \varepsilon \geq 0{,}22 \;\Rightarrow$$

$$\text{K.I.}\ (95\ \%) = [0{,}40 - 0{,}22;\ 0{,}40 + 0{,}22] = [0{,}18;\ 0{,}62].$$

Man muß in Kauf nehmen, daß die Genauigkeit der Intervallschätzung sehr gering ist; sie muß ja *ohne Vorkenntnisse* über die Art der Verteilung auskommen! Vergleicht man mit der Normalverteilung und der obigen Formel für $\varepsilon = \varepsilon_N$, so wird bei $\varepsilon_N = \varepsilon_T$

$$\varepsilon_T \geq \sqrt{\frac{\hat{p} \cdot (1 - \hat{p})}{n}} \cdot \frac{1}{\sqrt{\alpha}} = \frac{\varepsilon_N}{z} \;\Rightarrow\; z \geq \frac{1}{\sqrt{\alpha}},$$

d. h., bei z = 2 mit $\gamma = 95\ \%$ ist *normal* $\alpha = 5\ \%$, hier nach *Tschebyschew*

$$\alpha \geq \frac{1}{2^2} = 25\ \% \;\Rightarrow\; \gamma \leq 75\ \%:$$

Außerhalb von $[\mu - 2\sigma,\ \mu + 2\sigma]$ können i. allg. eben viel mehr Werte liegen als bei normalverteilten Zufallsvariablen.

Themenwechsel

Testen

Man muß nicht unbedingt *Vertrauensintervalle* bilden, um von einer Stichprobe aus Rückschlüsse auf die Grundgesamtheit ziehen zu können; man kann auch eine Vermutung als ***Nullhypothese*** formulieren und anhand einer Entscheidungsvorschrift, eines *Stichprobenplans*, entscheiden, ob das Ergebnis die Vermutung bestätigt oder es nahe legt, sie zu verwerfen.

Nullhypothese, Stichprobenplan

Studieren wir eine einfache Situation:

Beispiel 17: Entscheidungsvorschrift

In einer **Urne** mögen sich sehr viele rote und weiße Kugeln befinden; wir haben aus Vorversuchen Grund zur Annahme, es gäbe *weniger weiße*, d. h., die Wahrscheinlichkeit des Auftretens einer *roten* Kugel sei $p \geq 1/2$. Wie können wir diese *(Null-) Hypothese* prüfen?

Auch ohne nähere Berechnung scheint uns als **Entscheidungsvorschrift** plausibel:

> «Ziehe (zufallsartig eine Stichprobe von) 10 Kugeln mit Zurücklegen. Verwirf die Hypothese genau dann, wenn nur 0 oder 1 rote Kugel darunter ist.»

Grafisch kann man das Prüfereignis «0 oder 1 rote Kugel» in ein ***kritisches Gebiet*** legen, das den Bereich der Ablehnung der Hypothese darstellt, Bild 10.

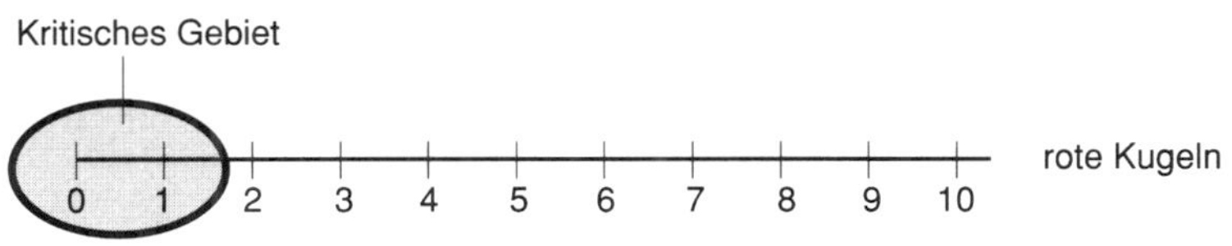

Bild 10: kritisches Gebiet

Um diesen *Stichprobenplan* zu überprüfen, berechnen wir die Wahrscheinlichkeit für das Prüfereignis

$$P(X \leq 1) = P(0) + P(1) = F(1)$$

für verschiedene Werte von p für eine rote Kugel. Es wird mit der Formel der *Bernoullikette* bzw. der *Binomialverteilung*:

Binomialverteilung

$$P(k) = \binom{n}{k} \cdot p^k \cdot (1-p)^{n-k}$$

einfach durch Einsetzen von 0; 0,1; ...; 0,7 für p der Reihe nach

Tabelle der Verteilungsfunktion

p	0	0,1	0,2	0,3	0,4	0,5	0,6	0,7
F(1)	1	0,736	0,367	0,149	0,046	0,011	0,002	0,00014..

was Sie – wie von früher gewohnt – so überprüfen:

$$p = 0{,}2: \quad P(0) + P(1) = \binom{10}{0} \cdot 0{,}2^0 \cdot 0{,}8^{10} + \binom{10}{1} \cdot 0{,}2^1 \cdot 0{,}8^9 = \ldots = 0{,}367$$

... ...

... ...

$$p = 0{,}7: \quad P(0) + P(1) = \binom{10}{0} \cdot 0{,}7^0 \cdot 0{,}3^{10} + \binom{10}{1} \cdot 0{,}7^1 \cdot 0{,}3^9 = \ldots = 0{,}00014..$$

Signifikanzniveau

Fehler 1. und 2. Art

Die Tabelle bestätigt und präzisiert unsere Vermutung: Bei p = 0,5 (also richtiger Hypothese) ist nur mit F(1) = 0,011, das sind 1,1 %, mit dem Eintreten des Prüfereignisses zu rechnen. Wir werden die Hypothese demnach nur in 1,1 % aller Fälle *verwerfen*, obwohl sie *richtig* ist. Man sagt, die *Irrtumswahrscheinlichkeit* für einen ***Fehler 1. Art*** sei 1,1 %, bzw. man habe auf *Signifikanzniveau* 1,1 % getestet.

Ist angenommen p = 0,2, so ist die Hypothese falsch. Da das Prüfereignis dann mit 1 – F(1) = 1 – 0,367 = 0,633, das sind 63,3 %, *nicht* eintritt, werden wir die Hypothese in 63,3% aller Prüfungen *nicht* verwerfen, obwohl sie *falsch* ist! Die Irrtumswahrscheinlichkeit für einen solchen ***Fehler 2. Art*** ist also relativ hoch.

In der Praxis richtet man den *Stichprobenplan* so ein, daß die Fehler 1. Art mit höchstens 0,1 % bis 5 % Wahrscheinlichkeit begangen werden, und die Fehler 2. Art dabei möglichst selten (das kann immer noch über 50 % sein!) vorkommen. Wir kommen darauf zurück, wenn wir die Annahme oder Rückweisung von Prüflosen besprechen (*Qualitätskontrolle*).

Sie werden nicht erstaunt sein, daß für große Zahlen gern und mit guter Näherung (falls p nicht allzu klein ist) statt der Binomialverteilung die *Normalverteilung* angewandt wird.

Sehen wir uns in einer Schule um!

Beispiel 18: Wie krank sind unsere Schüler wirklich?

B **Schüler** behaupten gerne, sie *fehlen* nur, wenn sie **krank** sind. Da dies bei vielen, sagen wir 300 Schülern, zufällig auf die Woche verteilt auftreten müßte, wäre für jeden Schultag *derselbe* Anteil von Kranken, also je 1/6 = 16⅔ % für Montag bis Samstag (Sonnabend), zu erwarten – dies die *Nullhypothese*!

Es wird vereinbart, diese Hypothese *anzunehmen*, wenn die Irrtumswahrscheinlichkeit unter 5 % liegt. Für einen Montag werden nun $\hat{p}_1$ = 20 %, für einen Samstag $\hat{p}_2$ = 21 ⅔ % der Krankmeldungen dieser Woche gezählt. Kann man den Schülern glauben?

Wir betrachten die p-Werte als *normalverteilt* und fragen, ob die Werte $\hat{p}_1$ bzw. $\hat{p}_2$ noch in einen 95 %-Bereich um p = 1/6 (Prognoseintervall) fallen, vgl. Bild 11; dann kann die Schülerbehauptung noch als glaubhaft angesehen werden – mit Irrtumswahrscheinlichkeit 5 % natürlich!

Bild 11: auch Kranke sind normal (-verteilt!)

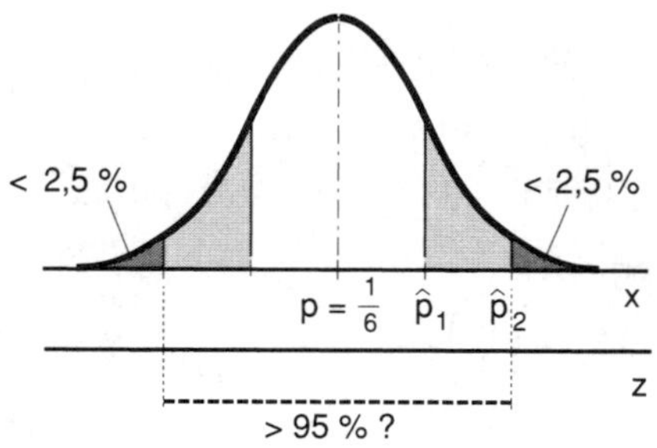

Mit der halben Intervallbreite ε folgt wieder

$\varepsilon_1 = \hat{p}_1 - p = 3{,}33\ \%;\quad \varepsilon_2 = \hat{p}_2 - p = 5\ \%;$

jetzt setzen wir beides in die schon vorbereitete Formel ein:

$$z = \varepsilon\sqrt{\frac{n}{p\cdot(1-p)}} = \begin{Bmatrix}0{,}0333\\0{,}05\end{Bmatrix}\cdot\sqrt{\frac{300}{1/6\cdot 5/6}} = \begin{Bmatrix}1{,}55\\2{,}32\end{Bmatrix}$$

$$\gamma = 2\,\Phi(z) - 1 = \begin{Bmatrix}2\cdot 0{,}939 - 1 = 0{,}878\\2\cdot 0{,}989 - 1 = 0{,}978\end{Bmatrix} = 1-\alpha \;\Rightarrow\; \alpha = \begin{Bmatrix}0{,}122 = 12{,}2\,\%\\0{,}022 = 2{,}2\,\%\end{Bmatrix}$$

Im einen Fall (Montag) müssen wir die Hypothese annehmen, im anderen (Samstag) aber verwerfen. Wundert sich hier jemand?

Aus der Verhaltensforschung stammt die folgende Fragestellung (wir werden hier wieder die Binomialverteilung ansetzen):

B

Beispiel 19: können Ratten lernen?

Man möchte wissen, ob **Ratten lernen** können. Dazu schickt man sie durch einen Gang, der sich verzweigt; die dunkle Seite führt zu einem Futterplatz, die helle in den Käfig zurück. Nach einiger Zeit läßt man 15 Ratten los und zählt 12, die zum Futterplatz finden. Haben sie also gelernt (mit 5 % Irrtumswahrscheinlichkeit)?

Nehmen wir an, Sie haben nicht gelernt, werden also durch einen Zufallsmechanismus gesteuert: dann ist $p = 1/2$ (*Nullhypothese*). Wie wahrscheinlich ist unter dieser Annahme, daß 12 (oder mehr) von 15 Ratten die Futterseite wählen?

Ist $P < 5\,\%$, so werden wir diese Hypothese *verwerfen* und sagen, die Ratten hätten gelernt. Als Prüfereignis wählen wir wie eben vereinbart: Die Zahl der Ratten, die zum Käfig laufen, sei 0, 1, 2 oder 3 (die übrigen 15, 14, 13 oder 12 sind dann am Futterplatz):

$$P(X \le 3) = F(3) = P(0) + P(1) + P(2) + P(3) =$$

$$\binom{15}{0}\cdot\left(\frac{1}{2}\right)^{0}\cdot\left(\frac{1}{2}\right)^{15} + \binom{15}{1}\cdot\left(\frac{1}{2}\right)^{1}\cdot\left(\frac{1}{2}\right)^{14} + \ldots = \ldots = 0{,}0176;$$

Da diese Wahrscheinlichkeit für das Prüfereignis < 2 % < 5 % ist, werden wir mit 1,76 % Irrtumswahrscheinlichkeit sagen, die Ratten hätten gelernt.

B

Beispiel 20: Klassischer Vorzeichentest: Mädchen oder Junge?

Man möchte prüfen, ob **Knaben**- und **Mädchengeburten** gleichwahrscheinlich sind. Dazu kann man etwa für die 12 Monate eines Jahres die Differenz feststellen, also den *Überschuß* von Knaben bzw. von Mädchen. Dem einen Fall ordnet man „K" zu, dem anderen „M"; dieses Vorgehen ist als ***Klassischer Vorzeichentest*** mit „1" und „0" bekannt. Beides scheint zunächst gleich wahrscheinlich: $p(M) = p(K) = 1/2$.

Nun stellen wir fest

K K K M K K K K K M K K (10 mal K, 2 mal M).

Unter unserer Annahme gleicher Wahrscheinlichkeit für K und M ist nun zu beurteilen, wie wahrscheinlich dieser Ausfall ist! Für genau 2 mal M unter 12 unabhängigen „Versuchen" gilt nach Bernoulli

$$P(X=2) = \binom{12}{2}\cdot\left(\frac{1}{2}\right)^{2}\cdot\left(\frac{1}{2}\right)^{10} = \binom{12}{2}\cdot\left(\frac{1}{2}\right)^{12} = 0{,}016.$$

Nehmen wir noch $P(X = 0)$ und $P(X = 1)$ hinzu, wird $P(X < 2) = 0{,}0192$, also immer noch < 2 %. Der beobachtete Ausfall ist sehr unwahrscheinlich: Man wird annehmen müssen, daß *Knaben*geburten *häufiger* sind!

Beispiel 21:
Dasselbe mit absoluten Zahlen

B Studieren wir zur Kontrolle *absolute Zahlen* und berechnen wir die Irrtumswahrscheinlichkeit für die Nullhypothese p(M) = p(K) = 1/2.

Von den ersten 5000 Lebendgeburten einer Stadt waren 2580 Knaben und 2420 Mädchen. Die großen Zahlen und $p \approx 1/2$ erlauben die Approximation durch eine *Normalverteilung*:

$$P(K \geq 2580) = P(K \geq \mu + z\sigma) \quad \text{mit}$$

$$2580 = 2500 + z\sqrt{5000 \cdot \frac{1}{2} \cdot \frac{1}{2}} \quad \Rightarrow \quad 80 = z \cdot \frac{\sqrt{50} \cdot 10}{2} \quad \Rightarrow \quad z = \frac{16}{\sqrt{50}} = 2{,}26\,,$$

$$\gamma = \Phi(z) = \Phi(2{,}26) = 0{,}988; \quad 1 - \gamma = 0{,}012 = 1{,}2\,\%.$$

Der Knabenüberschuß von 80 Knaben über das Mittel 2500 ist mit 1,2 % sehr unwahrscheinlich, wenn man von p(K) = p(M) = 1/2 ausgeht. Man wird p(K) > 1/2 mit Irrtumswahrscheinlichkeit 1,2 % schließen müssen!

Betrachten wir nun das Vorgehen bei der *Qualitätskontrolle* von Prüflosen: Ganz konkret kann man an eine Kiste von Glühbirnen denken, von denen üblicherweise nicht alle einwandfrei sein können:

Beispiel 22:
Qualitätskontrolle

B Bei einer Abnahme von N = 600 Stück **Glühbirnen** in einer Kiste (= Prüflos) wird vereinbart, daß sich bei der Prüfung bis zu 15, das sind $p_{\text{Grenz}} = 2{,}5\,\% = 1/40$, als **defekt** erweisen dürfen. Nun können nicht alle geprüft werden, daher legt man als *Stichprobenanweisung* fest: Es werden n = 40 gezogen (in der Praxis immer ohne Zurücklegen), und das Los wird angenommen, wenn höchstens c = 1 Birne (*Annahmezahl)* kaputt ist.

wie viele Artikel dürfen defekt sein?

Es ist jetzt zu berechnen, wie groß die *Annahmewahrscheinlichkeit* $L = P(X \leq 1) = F(1)$ ist! Sie hängt natürlich von der (unbekannten) *Qualitätslage* p des Prüfloses ab, also vom Anteil p defekter Birnen. Da n < N/10, verwenden wir näherungsweise statt der *hypergeometrischen* die *Binomialverteilung*, für sehr kleine p kann man durch die *Poissonverteilung* noch weiter vereinfachen, was wir hier aber nicht tun.

$$p = 0{,}5\,\%\text{:}\quad L = \binom{40}{0} \cdot 0{,}005^0 \cdot 0{,}995^{40} + \binom{40}{1} \cdot 0{,}005^1 \cdot 0{,}995^{39} = \ldots = 98{,}3\,\%\,,$$

$$p = 1{,}0\,\%\text{:}\quad L = \binom{40}{0} \cdot 0{,}01^0 \cdot 0{,}99^{40} + \binom{40}{1} \cdot 0{,}01^1 \cdot 0{,}99^{39} = \ldots = 93{,}9\,\%\,,$$

... ...
... ...

immer wieder Bernoulli

$$p = 12\,\%\text{:}\quad L = \binom{40}{0} \cdot 0{,}12^0 \cdot 0{,}88^{40} + \binom{40}{1} \cdot 0{,}12^1 \cdot 0{,}88^{39} = \ldots = 3{,}9\,\%\,.$$

Fassen wir diese Werte übersichtlich zusammen, wobei wir durch die Rückweise-Wahrscheinlichkeit 1 – L ergänzen:

p im Prüflos	0,5	1,0	1,5	2,0	2,5	3,0	4,0	7,0	12,0
L = F(1) in %	98,3	93,9	87,9	81,0	73,6	66,2	52,1	22,0	3,9
1 – L in %	1,7	6,1	12,1	19,0	26,4	33,8	47,9	78,0	96,1

gute Prüflose ——> <—— schlechte Prüflose

Lieferantenrisiko

Ist etwa p = 1,5 %, d. h., das Prüflos ist *gut*, so wird man mit 12,1 % Wahrscheinlichkeit rückweisen, also einen *Fehler 1. Art* machen. Der maximale Fehler $\alpha = 26{,}4\,\%$ stellt das *Lieferantenrisiko* dar.

Ist p = 4,0 %, d. h., das Prüflos ist *schlecht*, so wird man mit 52,1 % Wahrscheinlichkeit *annehmen*, also einen *Fehler 2. Art* begehen; maximal wird er als *Abnehmerrisiko* über β = 66,2 % liegen! Die komplette ***Annahmekennlinie*** zeigt Bild 12:

Abnehmerrisiko

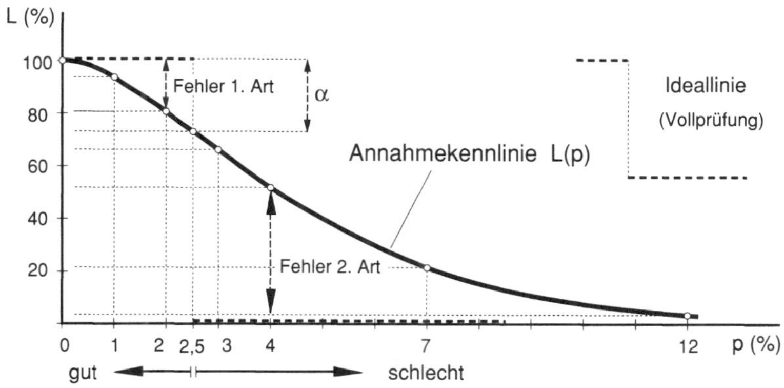

Bild 12: Annahmekennlinie

Da der Lieferant seine Ware gerne überwiegend angenommen haben möchte, etwa mit 88 %, so muß er trachten, die Qualitätsgrenze bei etwa p ≤ 1,5 % zu halten (Tabelle). Kann er das, so ist die vereinbarte Stichprobenanweisung gut gewählt. Sonst muß man andere Werte, etwa n = 50 und c = 2 oder andere wählen und wie eben prüfen.

In der Praxis begnügt man sich nicht immer mit *Einfach*stichproben; für Grenz- bzw. Zweifelsfälle werden auch *Doppel*stichprobenpläne konzipiert.

Fertigungsprozesse

Sehr oft laufen **Fertigungsprozesse** so ab, daß sich im Lauf der Zeit die Einstellung einer Maschine etwas ändert, wodurch der Ausschußanteil p verändert wird. Um dies zu bemerken und abzustellen, werden ständig, etwa alle 2 Stunden, Stichproben gezogen und nach ähnlichen Gesichtspunkten wie eben an der Anzahl x defekter Einheiten festgestellt, ob die *Warngrenze* oder gar die *Kontroll-* bzw. *Eingriffsgrenze* erreicht wird, an der gehandelt werden muß. Diese Grenzen werden in eine ***Qualitätsregelkarte*** eingetragen, die den Prozeß begleitet, vgl. Bild 13:

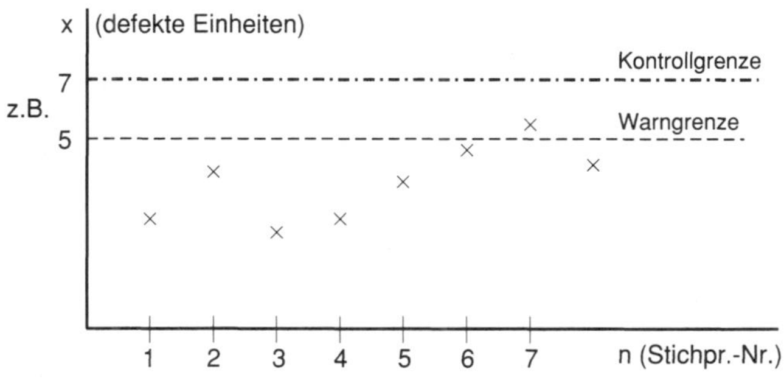

Bild 13: Qualitätsregelkarte

Ende des 28. Kapitels

Übungsaufgaben

1. Ein idealer Würfel wird n = 1200mal geworfen. Mit welcher Wahrscheinlichkeit γ weicht die Häufigkeit H einer beliebigen Augenzahl um höchstens 12 von der Idealzahl 200 ab? (Anleitung: Prognoseintervall P.I. = $[1/6 - 0,01;\ 1/6 + 0,01]$)

2. Für einen idealen Würfel sei h die relative Häufigkeit der Augenzahl „1“.
   a) Man wirft 1800mal. Geben Sie eine Umgebung von p = 1/6 an, in der h mit 95 %iger Wahrscheinlichkeit liegt. Wie oft erscheint die „1“ mindestens, wie oft höchstens?
   b) Wie oft muß man würfeln, damit h mit 99 %iger Wahrscheinlichkeit im Intervall von Aufgabe a liegt?

3. Eine bestimmte Sorte Schnur hat erfahrungsgemäß eine mittlere Bruchfestigkeit von 9,72 N mit einer Standardabweichung von 1,4 N. Eine neue Stichprobe von 36 Stück zeigt eine mittlere Bruchfestigkeit von 8,93 N. Kann man mit 99 % Sicherheit, d. h., bei einer Irrtumswahrscheinlichkeit von 1 %, schließen, daß die Schnur schlechter geworden ist?

4. Metallplatten werden mit dem Erwartungswert 7,5 mm Dicke und der Standardabweichung 0,27 mm hergestellt: Um die Maschineneinstellung zu überprüfen, werden der Produktion 100 Metallplatten entnommen und aus diesen eine Durchschnittsdicke von 7,59 mm ermittelt. Kann man daraus bei einer Irrtumswahrscheinlichkeit von 5 % (bzw. 95 % Sicherheit) schließen, daß sich die Maschineneinstellung geändert hat?

5. Beim Fernsehen wurde die Beliebtheit eines regelmäßigen Unterhaltungsprogramms untersucht: 64 % erklärten, daß sie die Sendung regelmäßig einschalten. Es soll nun getestet werden, ob die Beliebtheit unverändert geblieben ist: Eine Stichprobe ergibt bei 1000 Befragten 700 Ja-Stimmen: Überprüfen Sie – wie in Aufgabe 4 – mit 95 %-Sicherheit.

6. Ein Hersteller pharmazeutischer Produkte gibt für ein Medikament an, daß es in mindestens 90 % aller Fälle eine Allergie innerhalb von 8 Stunden abklingen läßt. In einer Stichprobe von 200 mit dem Medikament behandelten Patienten zeigt sich diese Wirkung bei 170. Sind die Angaben des Herstellers mit 99 % Sicherheit richtig?

7. Gregor Mendel hatte die geniale Idee, die Vererbung als Zufallsmechanismus zu begreifen: Es ist Sache des Zufalls, welches von den beiden Genen des Vaters und denen der Mutter ein Genpaar des Kindes bilden. Im Modell: Wirft man 2 Münzen, so gibt es den Ausfall ZZ (neben ZW, WZ und WW) mit der Wahrscheinlichkeit 1/4.
   a) Ist diese Nullhypothese bei 5 % Irrtumswahrscheinlichkeit verträglich mit der Beobachtung, daß von 1000 Pflanzen 240 weiße Blüten und weiße Samenschalen brachten? (Die übrigen 760 hatten violette Blüten und graubraune Samenschalen.)
   b) Wie groß ist die Wahrscheinlichkeit, daß die Ergebnisse der Kreuzung um höchstens ± 10 von 250 (bei n = 1000) abweichen?

8. Ein Glücksrad dreht sich in einer Verkleidung, die nur in einem Ausschnitt anzeigt, ob der Gewinnsektor „G“ erscheint oder nicht. Um die Größe von „G“ und damit die Wahrscheinlichkeit p(G) seines Erscheinens abschätzen zu können, dreht man n = 100mal und zählt H = 30mal „G“. In welchem (Vertrauens)Intervall liegt p mit 95 % Sicherheit?

9. In einer großen Stadt werden 1040 Knaben unter den ersten 2000 Lebendgeburten gezählt, d. h., p = 0,52. Welches 95 %-Vertrauensintervall für p ergibt sich? Wie viele Knaben werden bei 20000 Geburten zu erwarten sein?

10. In Serie von Schüssen (n = 200) wird t = 32mal ins Schwarze getroffen, $\hat{p} = {}^{32}/_{200} = 0{,}16$. Was folgt für p_{Serie}? Wie viele Treffer sind bei 10000 Schüssen zu erwarten?

11. Von 400 Befragten sind in einem Bezirk 88 für die Partei „Grün“, $\hat{p} = {}^{88}/_{400} = 0{,}22$. Was folgt für p bei 95 bzw. 99 % Sicherheit? Am Wahlsonntag werden 25000 Stimmen abgegeben. Wie viele werden es für Grün sein?

12. Die Umfrage eines Automobilklubs bei n = 84 Fahrern von Autos einer bestimmten Kategorie wurden monatliche Kosten mit mittleren $\bar{x} = 260$ DM mit s = 32 DM Standardabweichung erhoben. In welchem Vertrauensintervall liegen die Kosten für ein beliebiges Auto dieser Kategorie?

13. An einem Ostseestrandabschnitt wurden 48 Robben gefangen, markiert und wieder freigelassen. Später wurden von 100 zufällig beobachteten Robben 8 als markiert gezählt. Wie viele Robben sind mit 95 % Sicherheit an diesem Strand?

14. Drehen wir unser Glücksrad von Aufgabe 8, um den Anteil p unseres Gewinnsektors „G“ zu bestimmen! Diesmal soll p mit 95 % Sicherheit auf die Genauigkeit ε = 3 % eingegrenzt werden (etwa um $\hat{p} = 0{,}30$ von oben als Mitte). Wie oft ist zu drehen?

15. Wie oft muß man im Anschluß an Aufgabe 10 schießen, um ε = 4 % (d.h.: $0{,}12 < p < 0{,}20$) sicherzustellen?

16. Ein Feinkostladen möchte die Behauptung eines Kunden prüfen, er könne Lachs und Lachsersatz sicher unterscheiden. Man bereitet nun je 5 Probebissen zu und verteilt sie zufallsartig auf dem Tablett. Nur wenn er alle richtig bezeichnet, will man dem Kunden diese Fähigkeiten zuerkennen.

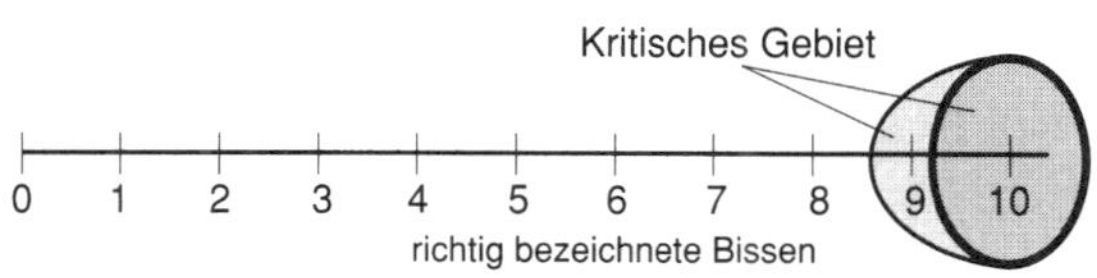

a) Wie groß ist die Irrtumswahrscheinlichkeit für einen Fehler 1. Art?

b) Erscheint Ihnen diese Forderung zu streng? Berechnen Sie P für den Fall, daß dem Kunden 1 Fehler zugestanden wird!
(Hypergeometrische Verteilung, $P(X \leq 1 \text{ falsch}) = P(X = 0 \text{ f.}) + P(X = 1 \text{ f.})$)

17. Eine Klasse behauptet: „Unser Lehrer prüft strenger!“ Sie führt an, es wären 6 von 20 Schülern negativ beurteilt worden; in den Parallelklassen waren es nur im Schnitt 3 von 20. Ist diese Behauptung mit 5 % Irrtumswahrscheinlichkeit gerechtfertigt?

18. Es mag Skeptiker geben, die die Schlußfähigkeit bzw. Überzeugungskraft statistischer Methoden bezweifeln. Man könnte folgendes Experiment planen, um sie zu bekehren:

    Eine Urne soll zu 1/3 mit weißen und zu 2/3 mit schwarzen Kugeln oder umgekehrt gefüllt werden (Variante I oder II). Der Statistiker zieht mit Zurücklegen n = 41mal und schließt je nach der Mehrheit auf eine der beiden Varianten. Mit welcher Irrtumswahrscheinlichkeit kann er dies tun?

    Zunächst prüfen Sie bitte, ob Sie die Binomialverteilung durch die Normalverteilung approximieren dürfen!

19. Prüfen Sie unser Textbeispiel von den Glühbirnen die Stichprobenanweisung n = 45, c = 2 anhand einer Tabelle (p; L; 1 – L mit p = 1; 2; 2,5; 3; 5; 10; 12 %) und lesen Sie α für p_G = 2,5 % ab. Von welchem Wert von p ab werden die Lose überwiegend (hier ca. 84 %) zurückgewiesen?

Zu den Lösungen

Lösungen

1. Prognoseintervall P.I. = [1/6 – 0,01; 1/6 + 0,01] = $\left[p - z\sqrt{\frac{p(1-p)}{n}};\ p + z\sqrt{\frac{p(1-p)}{n}} \right]$

   Vergleich ergibt $z\sqrt{\frac{p(1-p)}{n}} = 0{,}01 \quad \Rightarrow \quad z = \frac{0{,}01}{\sqrt{\frac{1/6 \cdot 5/6}{1200}}} = 0{,}9295$

   $P(h \in [\ ...\ ] = 2\Phi(z) - 1 = 2\Phi(0{,}93) - 1 = 0{,}6476 \approx 65\ \% = \gamma$

2. a) $\text{P.I.} = \left[p - z\sqrt{\frac{p(1-p)}{n}};\ p + z\sqrt{\frac{p(1-p)}{n}} \right] = 2\Phi(z) - 1 = 0{,}95 \Rightarrow$ (Tab.) $z = 1{,}96$

   $\varepsilon = 1{,}96 \cdot \sqrt{\frac{1/6 \cdot 5/6}{1800}} = 0{,}0172$ [mal 1800 $\Rightarrow$ $\varepsilon' = 31$; 269- bis 331mal!]

   $h \in [1/6 - 0{,}0172;\ 1/6 + 0{,}0172] = [0{,}15;\ 0{,}18]$

   b) $2\Phi(z) - 1 = 0{,}99 \Rightarrow$ (Tabelle:) $z = 2{,}58$;

   $n = \frac{p(1-p)\,z^2}{\varepsilon^2} = \frac{1/6 \cdot 5/6 \cdot 2{,}58^2}{0{,}0172^2} = 3125$ (mal)

3. $\mu = 9{,}72,\ \sigma = 1{,}4;\quad \bar{x} = 8{,}93,\ n = 36;\quad \gamma = 99\ \% \Rightarrow z = -2{,}33$

   $\text{P.I.} = \left[9{,}72 - 2{,}33 \cdot \frac{1{,}4}{\sqrt{36}};\ ...\right] = [9{,}176;\ ...] \Rightarrow 8 \notin [...] \Rightarrow$ ja!

4. $\mu = 7{,}5,\ \sigma = 0{,}27;\quad \bar{x} = 7{,}59,\ n = 100;\quad \gamma = 5\ \% \Rightarrow z = 1{,}64$

   $\text{P.I.} = \left[...;\ 7{,}5 + 1{,}64 \cdot \frac{0{,}27}{\sqrt{100}}\right] = [...;\ 7{,}54] \Rightarrow 7{,}59 \notin [...] \Rightarrow$ Änderung!

5. $p = \mu = 0{,}64,\ n = 1000,\ \hat{p} = 0{,}70$

   $\text{P.I.} = \left[...;\ 0{,}64 + 1{,}96 \cdot \sqrt{\frac{0{,}64 \cdot 0{,}36}{1000}}\right] = [...;\ 0{,}67] \Rightarrow 0{,}70 \notin [...] \Rightarrow$ nein!

6. $\text{P.I.} = \left[0{,}9 - 2{,}33 \cdot \sqrt{\frac{0{,}9 \cdot 0{,}1}{200}};\ ...\right] = [0{,}85057;\ ...] \Rightarrow 0{,}85 \notin [...] \Rightarrow$ nein!

7. a) $\text{P.I.} = \left[0{,}25 \pm 2 \cdot \sqrt{\frac{1/4 \cdot 3/4}{1000}}\right] = [0{,}25 \pm 0{,}0274] = [0{,}2226;\ 0{,}2774] \Rightarrow [223;\ 277]$

   $\Rightarrow 240 \in [...]$ ✓ oder:

   $\text{K.I.} = \left[0{,}24 \pm 2 \cdot \sqrt{\frac{1/4 \cdot 3/4}{1000}}\right] = [0{,}24 \pm 0{,}0274] = [0{,}2126;\ 0{,}2674] \Rightarrow [213;\ 267]$

   $\Rightarrow 250 \in [...]$ ✓

   b) WL für Ergebnisse ± 10 % um 250:

   $-0{,}010 = z \cdot \sqrt{\frac{1/4 \cdot 3/4}{1000}} \Rightarrow z = \frac{-0{,}010}{0{,}0137} = -0{,}73 \Rightarrow$

   $\Phi(-0{,}73) = 1 - \Phi(0{,}73) = 1 - 0{,}767 = 0{,}233 \Rightarrow$

   $P(\text{außen}) = 0{,}466 \Rightarrow P(\text{innen/Mitte}) = 0{,}534 \approx 53\ \%$

8. Es ist natürlich $\hat{p} = \frac{H}{n} = h_n = 30/100 = 0{,}30$, und wir setzen in die Formel des Satzes ein:

$$\text{K.I.} = \left[0{,}30 \pm 2 \cdot \sqrt{\frac{0{,}30 \cdot 0{,}70}{100}}\,\right] = [0{,}30 \pm 0{,}092] = [0{,}21;\ 0{,}39]$$

Von der Realisierung $\hat{p} = 30\ \%$ ausgehend kann man somit den Schätzwert p als zwischen 21 und 39 % liegend ansetzen.

9. $\text{K.I.} = \left[0{,}52 \pm 2 \cdot \sqrt{\frac{0{,}52 \cdot 0{,}48}{2000}}\,\right] = [0{,}52 \pm 0{,}022] = [0{,}498;\ 0{,}542]$; mal 20000 $\Rightarrow$ zwischen 9960 und 10840 Knaben.

10. $\text{K.I.} = \left[0{,}16 \pm 2 \cdot \sqrt{\frac{0{,}16 \cdot 0{,}84}{200}}\,\right] = [0{,}16 \pm 0{,}052] = [0{,}108;\ 0{,}212]$; mal 10000 $\Rightarrow$ zwischen 1080 und 2120 Schüsse ins Schwarze.

11. $\text{K.I.} = \left[0{,}22 \pm 2 \cdot \sqrt{\frac{0{,}22 \cdot 0{,}78}{400}}\,\right] = [0{,}22 \pm 0{,}041] = [0{,}179;\ 0{,}261]$; mal 25000 $\Rightarrow$ zwischen 4475 und 6536;

99 %: $\text{K.I.} = [0{,}22 \pm 2{,}58 \cdot \sim] = [0{,}22 \pm 0{,}053] = [0{,}167;\ 0{,}273]$; mal 25000 $\Rightarrow$ zwischen 4175 und 6825, was wegen der größeren Sicherheit ungenauer ist.

12. $\text{K.I.} = \left[260 \pm 2 \cdot \frac{32}{\sqrt{84}}\right] \approx [260 \pm 7] = [253;\ 267]$

13. 48 sind 8 % von 600 = N (Punktschätzwert)

$$\text{K.I.} = \left[0{,}08 \pm 2 \cdot \sqrt{\frac{0{,}08 \cdot 0{,}92}{100}}\,\right] = [0{,}08 \pm 0{,}054] = [0{,}0257;\ 0{,}1343] =$$
$$= [2{,}57\ \%;\ 13{,}43\ \%] \Rightarrow$$

48 sind 2,57 % von 1868 und 13,43 % von 357; daher $357 \le N \le 1868$.

14. $n < \frac{z^2}{4\,\varepsilon^2} = \frac{2^2}{4 \cdot 0{,}03^2} = 1110$ (für $z = 1{,}96$ wird $n \approx 1070$)

Etwa 1100 Drehungen genügen also für jedes $\hat{p}$.

Setzt man aber statt 1/4 genauer $\hat{p}\,(1 - \hat{p}) = 0{,}3 \cdot 0{,}7 = 0{,}21$, so genügen 933, mit z-Korrektur sogar knapp 900 Drehungen.

15. $n = \frac{2^2}{4 \cdot 0{,}04^2} = 625$

(Genauer genügt 600, ja sogar 323 (!), wenn man von $\hat{p}$ ausgeht, da

$\hat{p}\,(1 - \hat{p}) = 0{,}16 \cdot 0{,}84 = 0{,}1344$ ist, also fast die Hälfte von 0,25.

Vorsicht also bei kleinen $\hat{p}$ -Werten!)

16. a) Man kann $m = \binom{10}{5}$-mal 5 Bissen aus 10 auswählen und als „Lachs“ erklären, die übrigen 5 sind dann automatisch „Lachsersatz“. Günstig ist nur eine Wahl, g = 1:

$$P = \frac{g}{m} = \frac{1}{\binom{10}{5}} = \frac{1}{252} = 0{,}4\ \%\ \ldots \text{ Irrtums-WL.}$$

b) $P(X \leq 1 \text{ falsch}) = P(0 \text{ falsch}) + P(1 \text{ falsch}) =$

$$= \frac{1}{\binom{10}{5}} + \frac{\binom{5}{1}\cdot\binom{5}{4}}{\binom{10}{5}} = \frac{1+5\cdot 5}{252} = 0{,}103, \text{ also etwa } 10\,\%:$$

Dies erscheint als zu hoch, daher die strengere Forderung von a!

17. Nullhypothese sei «Er ist nicht strenger»; WL. für Prüfereignis E ... „6 oder mehr aus 20 negativ“ unter $p = 3/20 = 0{,}15\,\%$?

Falls Sie über eine Tabelle verfügen, lesen Sie dort ab; sonst rechnen Sie mit Bernoulli:

$P(X \geq 6) = 0{,}045$ (Tab. 6!) $+ 0{,}016$ (7) $+ 0{,}005 + 0{,}001 = 0{,}067 = 6{,}7\,\%$.

Dies ist > 5 %, die Hypothese wird verworfen: Der Lehrer ist dort also doch strenger.

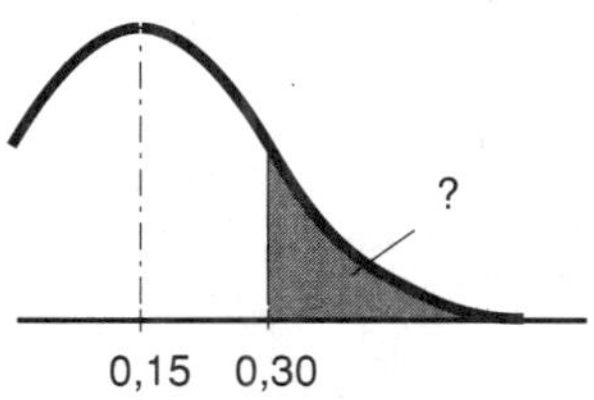

Bild L17

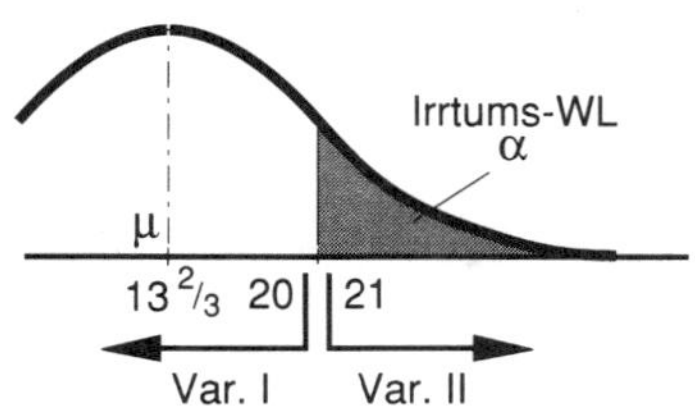

Bild L18

18. $\sigma = \sqrt{n\,p\,(1-p)} = \sqrt{41 \cdot 1/3 \cdot 2/3} = \sqrt{82/9} > \sqrt{9} = 3$: Es ist gerade schon zulässig; für kleinere n wäre es problematisch!

Die Erwartung bei Variante I wird bei $\mu = n \cdot p = 41 \cdot 1/3 = 13\ 2/3$ liegen; sind daher 20 oder weniger weiße Kugeln gezogen, wird man Variante I mit Irrtumswahrscheinlichkeit α annehmen.

$\alpha = P(X > 20{,}5) = P(X > 13\ 2/3 + z \cdot \sqrt{41 \cdot 1/3 \cdot 2/3}\,) = 1 - \Phi(z) \Rightarrow$

$20{,}5 = 13\ 2/3 + z \cdot \sqrt{41 \cdot 1/3 \cdot 2/3} \quad \Rightarrow \quad z = 2{,}26;$

$\alpha = 1 - \Phi(2{,}26) = 1 - 0{,}988 = 0{,}012 = 1{,}2\,\%.$

Der Schluß auf eine der Varianten von der Mehrheit ist mit 1,2 % Irrtumswahrscheinlichkeit möglich, wird also in etwa 1 von 83 Demonstrationen falsch sein!

19. Tabelle

p	1	2	2,5	3	5	10	12
L	99	94	90	85	61	16	8
1 – L	1					84	

↑ gute Anweisung!

$p = 2{,}5\,\% \Rightarrow L = 90\,\%; \qquad 1 - L = 84\,\% \Rightarrow p = 10\,\%.$

Zum nächsten Kapitel

Teil J

29. Kapitel

29

J

Algebra III

In den Bänden **1** und **2** gab es je einen **Algebra-Teil**, der von linearen zu Exponentialfunktionen führte, wobei die in den Anwendungen benötigten Techniken entwickelt wurden.

Rückblicke

Auch der für die Algebra typische Begriff der **Struktur** wurde schon im **1.** Kapitel eingeführt und nach und nach ausgebaut: Denken Sie etwa an die AUSSAGENLOGIK in Band **2**, wo, von *Potenzmengen* ausgehend, weitere Verknüpfungseigenschaften betrachtet wurden, die zum **Verband** führten. Die Anwendungen in Logik und Digitalelektronik zeigten die Nützlichkeit dieser zunächst rein theoretischen Konstruktion.

Mengen und Strukturen

Hier folgen zwei Kapitel, die diese Gedanken abrunden und krönen sollen, die auch tiefer in strukturelles Schließen vordringen, als dies in Band **2** ratsam schien: Zunächst gehen wir in Kapitel **29** über die *reellen Zahlen* hinaus und entwickeln gleichzeitig mit dem **Zahlenkörper** die **komplexen Zahlen**, die nun endlich die Lösbarkeit aller quadratischen Gleichungen sicherstellen. In den letzten 20 Jahren haben sie überdies eine besondere Bedeutung in der CHAOSTHEORIE erlangt, worauf die Titelgrafik hinweisen soll.

komplexe Zahlen und das Chaos

Dann fassen wir in Kapitel **30** alle bisher in der VEKTORRECHNUNG teilweise schon verwendeten, aber nicht ausdrücklich genannten Rechenregeln zusammen und streichen Gemeinsamkeiten heraus, was zum Begriff des **Vektorraums** führen wird. Er erweist sich zusammen mit geeigneten Verknüpfungen der Vektoren mit *Zahlen* und **Matrizen** als Schlüssel zum tieferen Verständnis der Lösung linearer *Gleichungssysteme*, auf deren Wichtigkeit für die Praxis nicht mehr extra hingewiesen werden muß.

Vektorraum

Matrizen und Gleichungssysteme

Komplexe Zahlen

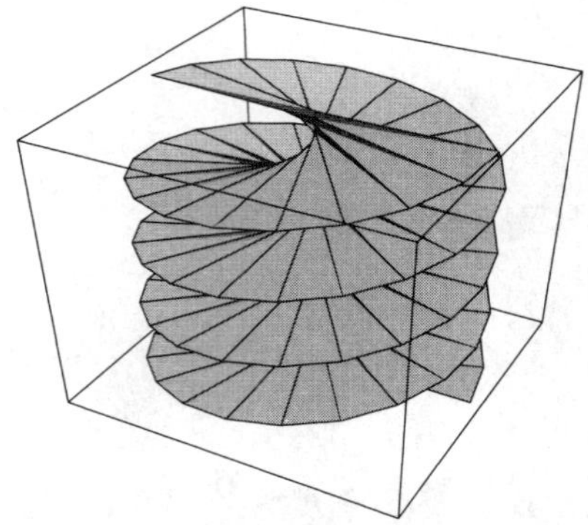

Im Teil 𝔸, ARITHMETIK, haben wir **Strukturen** besprochen und einige davon als **Gruppen** erkannt; so war (ℤ, +) eine (abelsche) Gruppe und ebenso (ℚ\{0}, ·). Vielleicht blättern Sie die entsprechenden Abschnitte durch, bevor Sie weiterlesen! Nach der Erweiterung zum Bereich der reellen Zahlen ℝ gilt jetzt auch:

Satz 1: **Struktureigenschaften reeller Zahlen**

S

Für die in der Menge ℝ der reellen Zahlen erklärten Verknüpfungen „+" und „·" gilt genau wie für ℚ:

K1 (ℝ, +) ist eine abelsche Gruppe,
K2 (ℝ \ {0}, ·) ist eine abelsche Gruppe,
K3 „·" ist distributiv zu „+".

Weiter gilt nach wie vor:

G Zwei reelle Zahlen lassen sich immer durch =, < oder > vergleichen, und es gelten die Monotoniegesetze.

Die *Null* wird in **K2** aus ℝ ausgeschlossen, weil sie bei „·" kein inverses Element hat, G steht hier für *geordnet*, während K aus der folgenden Definition verständlich wird:

Definition 1: **Körper**

D

Eine Struktur mit doppelter Verknüpfung (M, +, ·) mit den Eigenschaften K1 bis K3 des Satzes heißt ein ***Körper***.

Wir werden gleich ein weiteres Modell besprechen, halten aber zuvor fest:

Satz 2: **Zahlenkörper**

S

Die Strukturen (ℚ, +, ·) und (ℝ, +, ·) sind geordnete Körper.

Beispiel 1: **ganze Zahlen als Körper?**

B

Ist auch (ℤ, +, ·) ein geordneter Körper?

K1 wäre erfüllt, auch **K3** und ebenso **G**; aber **K2** ist nicht erfüllt, und auch dies nur, weil die Inversen zu „·" *nicht* ∈ ℤ sind: $2 \cdot \frac{1}{2} = 1$, $(-8) \cdot \frac{1}{-8} = 1$, ... mit $\frac{1}{2} \notin \mathbb{Z}$, $\frac{1}{-8} \notin \mathbb{Z}$.

ein weiteres Modell eines Körpers

Wir besprechen jetzt ein weiteres *Modell* eines Körpers, das uns für das Rechnen mit den Zielobjekten dieses Kapitels, den *komplexen Zahlen*, sehr nützlich werden wird. Es mag anfangs etwas praxisfern erscheinen, eignet sich aber sehr gut, um algebraisch-strukturelle Gesichtspunkte deutlich zu machen, ist also *innermathematisch* wertvoll – was gleichrangig neben *Anwendungen* steht! Dabei gehört die heute so stark beachtete CHAOSTHEORIE zu beiden Bereichen.

Diese neuen Elemente seien **Binome** a + b x, wobei x für eine „Zahl" $\notin \mathbb{R}$ steht, jedoch a, b $\in \mathbb{R}$ sein sollen. Als eine solche eignet sich die Lösung von $x^2 = -1$, die ja sicher *nicht reell* sein kann: Das Quadrat einer reellen Zahl ist ja stets *positiv*, also nie –1! Bezeichnen wir diese „Lösung" mit **i**, so ist also $\mathbf{i}^2 = -1$ und $\mathbf{i} \notin \mathbb{R}$. So entsteht die Menge $\mathbb{C}$ der Binome a + b**i**, in der die Addition „+" und die Multiplikation „·" passend erklärt werden. Wir untersuchen die Struktur $(\mathbb{C}, +, \cdot)$ mit $\mathbb{C} = \{a + b\mathbf{i} \mid a, b \in \mathbb{R} \wedge \mathbf{i}^2 = -1\}$ auf die drei Körperaxiome **K1**, **K2** und **K3**!

Binome mit einem *nicht-reellen* Partner!

Aus der Tatsache, daß **i** *nicht* zu den reellen Zahlen gehört, $\mathbf{i} \notin \mathbb{R}$, folgt die *Eindeutigkeit* der neuen Objekte (eigentlich als Satz, doch soll logisches Schließen als typisch mathematisches Vorgehen hier in Beispielform vorgestellt werden):

B

Beispiel 2: erste Folgerung aus $\mathbf{i} \notin \mathbb{R}$

Zwei Binome a + b **i** und c + d **i** sind nur *gleich*, wenn die reellen Summanden a und c gleich sind und auch die Vorzahlen b und d der nichtrellen Summanden:

Dabei schließen wir indirekt: Wäre bei $a + b\,\mathbf{i} = c + d\,\mathbf{i}$ *nicht* b = d, so bilden wir $a - c = d\,\mathbf{i} - b\,\mathbf{i} = (d - b)\,\mathbf{i}$, woraus nach Division mit (d – b)

$$\mathbf{i} = \frac{a-c}{d-b}$$

folgte, was *unmöglich* ist: **i** ist nicht durch Division in $\mathbb{R}$ zu erhalten, sonst wäre es $\in \mathbb{R}$!

Prüfungen zur abelschen Gruppe

Was verlangt **K1**? $(\mathbb{C}, +)$ muß *abelsche Gruppe* sein, was „+" als innere Verknüpfung voraussetzt; wir erklären die **Addition** so (:= steht für «... ist definiert als ...»):

$$(a + b\mathbf{i}) + (c + d\mathbf{i}) := (a + c) + (b + d)\,\mathbf{i} =: g + h\,\mathbf{i} \in \mathbb{C},$$

womit diese erste Forderung schon erfüllt ist.

Assoziativität und Kommutativität lassen sich von $\mathbb{R}$ auf die Binome, also auf $\mathbb{C}$, übertragen; hier der Beweis, daß unsere neue Binomverknüpfung „+" *kommutativ* ist: (Daß sie auch assoziativ ist, zeigen Sie als Übung 1?)

$(a + b\mathbf{i}) + (c + d\mathbf{i})$ = [Def.] $(a + c) + (b + d)\,\mathbf{i}$ = [„+" ist komm. in $\mathbb{R}$ →]
$(c + a) + (d + b)\,\mathbf{i}$ = [Def. „von rechts"] $(c + d\mathbf{i}) + (a + b\mathbf{i})$, w.z.z.w.

Multiplikation der neuen Objekte

Wie könnte eine sinnvolle Definition der **Multiplikation** „·" aussehen (dies für **K2**)?

$$(a + b\mathbf{i}) \cdot (c + d\mathbf{i}) := ac + (ad + bc)\,\mathbf{i} + bd\,\mathbf{i}^2 = \text{(Sie erinnern sich an } \mathbf{i}^2 = -1\text{?)}$$
$$= (ac - bd) + (ad + bc)\,\mathbf{i} =: e + f\,\mathbf{i} \in \mathbb{C},$$

was auch „·" schon einmal als *innere Verknüpfung* auf $\mathbb{C}$ bestätigt. Analoge Beweise für Assoziativität und Kommutativität lassen sich wie eben führen.

neutrale Elemente

Wie sehen die *neutralen* Elemente für „+" und „·" aus?

„+": $(a + b\mathbf{i}) + (m + n\mathbf{i})$ = (!, das meint wie immer: «muß sein») $a + b\mathbf{i}$
$(a + m) + (b + n)\,\mathbf{i}$ = (!) $a + b\mathbf{i}$ ⇒ [Bsp. 2] $a + m = a \wedge b + n = b$
⇒ $m = 0 \wedge n = 0$.

„·": $(a + b\mathbf{i}) \cdot (m + n\mathbf{i})$ = (!) $a + b\mathbf{i}$
$(am - bn) + (an + bm)\,\mathbf{i} = a + b\mathbf{i}$ ⇒ $am - bn = a \wedge an + bm = b$.

In Übung 2 errechnen Sie daraus bitte $m = 1 \wedge n = 0$!

Die *Neutralen* lauten somit $0 + 0\mathbf{i} = 0$ für „+" und $1 + 0\mathbf{i} = 1$ bezüglich „·", wie wir es gewohnt sind, d. h., 0**i** sehen wir als = 0 an, so, als wäre **i** reell!

Und die *inversen* Elemente? Für „+" führen wir die Rechnung hier durch, während Sie es für „·" als Übung 3 selbst versuchen:

Beispiel 3: inverses Binom

B Was also ist inverses Element zu $a + b\,\mathbf{i}$ bei „+"?

Es muß jenes Binom sein – wir nennen es $a^* + b^*\,\mathbf{i}$ –, für das gilt:

$$(a + b\,\mathbf{i}) + (a^* + b^*\,\mathbf{i}) = (a^* + b^*\,\mathbf{i}) + (a + b\,\mathbf{i}) = (a + a^*) + (b + b^*)\,\mathbf{i} \overset{(!)}{=} 0 + 0\,\mathbf{i};$$

daraus folgt wieder

$$a + a^* = 0 \;\wedge\; b + b^* = 0 \quad\Rightarrow\quad a^* = -a \;\wedge\; b^* = -b:$$

Zu $a + b\,\mathbf{i}$ ist demnach, wie zu erwarten war, $-a + (-b)\,\mathbf{i} =: -a - b\,\mathbf{i}$ invers.

Das Ergebnis einer analogen Rechnung für „·" verraten wir hier, weil es für die folgenden Beispiele gebraucht wird; Sie überzeugen sich in Übung 3 davon:

$$\frac{a}{a^2 + b^2} - \frac{b}{a^2 + b^2}\,\mathbf{i} \quad \text{ist invers zu } a + b\mathbf{i} \text{ bezüglich „·"}$$

In Sonderfällen müssen sich damit bekannte Resultate ergeben:

Beispiele 4: Kontrolle für einfache a/b-Werte

B

- So darf zu 1 sicher nur 1 invers sein! Tatsächlich wird bei $a = 1 \wedge b = 0$ das Binom $a + b\mathbf{i} = 1 + 0\mathbf{i} = 1$, und wegen $a^2 + b^2 = 1$ wird das inverse Element bezüglich „·"

  $$\frac{1}{1} - \frac{0}{1}\,\mathbf{i} = 1 - 0\,\mathbf{i} = 1,$$

  wie erwartet.

- Setzen wir $a = 0 \wedge b = 1$, so entsteht aus $a + b\mathbf{i}$ konkret $0 + 1\,\mathbf{i} = \mathbf{i}$. Was ist – auch hier bezüglich „·" – invers zu $\mathbf{i}$?

  Wieder ist der Nenner $a^2 + b^2 = 0^2 + 1^2 = 1$, also

  $$a^* + b^*\,\mathbf{i} = \frac{0}{1} - \frac{1}{1}\,\mathbf{i} = 0 - 1\,\mathbf{i} = -\mathbf{i}.$$

  Tatsächlich ist, dies zur Probe, das Binomprodukt

  $$\mathbf{i} \cdot (-\mathbf{i}) = -\mathbf{i}^2 = -(-1) = 1,$$

  also das neutrale Element bezüglich „·", wie es die Definition verlangt!

Auf den etwas langwierigen Nachweis der *Distributivität* verzichten wir **[K3]**; unerschrockene Gemüter bestätigen uns das Gelingen! Stellen wir fest:

Satz 3: Ergebnis

S **Die Struktur $(\mathbb{C}, +, \cdot)$ mit $\mathbb{C} = \{a + b\,\mathbf{i} \mid a, b \in \mathbb{R}\}$ ist ein KÖRPER.**

Jetzt kommt das Erstaunliche: $\mathbb{C}$ enthält sogar *alle* y mit $y^2 = -2, -3$ usw. neben -1! Wir überzeugen uns für $y^2 = -2$, daß es möglich ist, zwei reelle Zahlen a, b zu finden mit $y = a + b\mathbf{i}$!

Beispiel 5: Wie mächtig $\mathbb{C}$ wirklich ist

B Dazu quadrieren wir das für y angesetzte Binom und setzen es gleich -2:

$$y^2 = (a + b\,\mathrm{i})^2 = (a^2 - b^2) + 2ab\,\mathrm{i} = -2 = -2 + 0\,\mathrm{i} \quad\Rightarrow$$

$$a^2 - b^2 = -2 \quad ...(I) \quad\wedge\quad 2ab = 0 \quad ...(II).$$

Aus Gleichung (II) folgt $a = 0 \vee b = 0$: Bei $b = 0$ ist in (I) $a^2 = -2$ *unlösbar* für $a \in \mathbb{R}$; bei $a = 0$ aber ist nach (I) $b^2 = 2$ sehr wohl als $b = \pm\sqrt{2} \in \mathbb{R}$ lösbar! Es ergibt sich $a = 0 \wedge b_1 = \sqrt{2}$ sowie $b_2 = -\sqrt{2} \in \mathbb{R}$.

Für eine Zahl x mit $x^2 = 2$ schreibt man $x = \sqrt{2}$; verwenden wir analog für y wegen $y^2 = -2$ das (in $\mathbb{R}$ natürlich sinnlose!) Zeichen $\sqrt{-2}$, so wird

$$0 + \sqrt{2}\,\mathbf{i} = \sqrt{-2} \qquad \text{und auch} \qquad 0 - \sqrt{2}\,\mathbf{i} = \sqrt{-2}.$$

oder gemeinsam $\sqrt{-2} = \pm\sqrt{2}\,\mathbf{i}$. Das ist leicht zu merken, ist doch

$$\sqrt{8} = \sqrt{4 \cdot 2} = 2\sqrt{2},$$

hier formal analog mit

$$\sqrt{-1} = \sqrt{1 \cdot (-1)} = 1 \cdot \sqrt{-1} = 1 \cdot (\pm\mathbf{i}) = \pm\mathbf{i} \quad \text{oder auch}$$

$$\sqrt{-2} = \sqrt{2 \cdot (-1)} = \sqrt{2} \cdot \sqrt{-1} = \sqrt{2} \cdot (\pm\mathbf{i}) = \pm\sqrt{2}\,\mathbf{i}.$$

Was bisher in $\mathbb{R}$ frivoles Spiel mit Verbotenem war, ist jetzt in $\mathbb{C}$ als Abkürzung für durchaus Begründetes natürlich erlaubt! An dieser Stelle sei endlich verraten, daß wir mit $\mathbb{C}$ die Menge der ***komplexen Zahlen*** eingeführt und in **i** die ***imaginäre Einheit*** mit $\mathbf{i}^2 = -1$ oder eben $\pm\mathbf{i} = \sqrt{-1}$ definiert haben!

$\mathbb{C}$ **als Menge der komplexen Zahlen**

Damit kennen wir auch die Lösungen aller *Gleichungen* der Art

$$x^2 = -1,\; x^2 = -2,\; ...,\; x^2 = -a,\; a \in \mathbb{R}^+, \text{ nämlich}$$

$$x_{1,2} = \pm\mathbf{i},\; \pm\sqrt{2}\,\mathbf{i},\; ...,\; \pm\sqrt{a}\,\mathbf{i},$$

die Gleichung $x^2 = -1$ lösen

was für Mathematiker Grund zur Freude ist. Und für Sie? In unserer Beweisführung gibt es allerdings noch zwei dunkle Punkte ($\pm\mathbf{i} = \sqrt{-1}$ und Rechnen mit **i** „wie bisher gewohnt"), die an der Universität aufgehellt werden! Von nun an schreiben wir außerdem wie üblich einfach i statt **i**. Techniker verwenden meist j, weil sie das i für die momentane Stromstärke des Wechselstroms reserviert haben.

Rechenoperationen in $\mathbb{C}$

Mit diesen neuen Zahlen wollen wir ein wenig *rechnen*, damit sie uns vertraut werden. Addition und Multiplikation sind schon erklärt, schließlich haben wir $(\mathbb{C}, +, \cdot)$ als *Körper* nachgewiesen, und so fehlen nur noch einige konkrete Beispiele samt Umkehrungen, also speziell zur *Division*. Dann lösen wir noch *quadratische Gleichungen* – jetzt aber ausnahmslos! –, *potenzieren* und *ziehen Wurzeln* aus komplexen Zahlen; dabei werden wir unsere Kenntnisse aus der GONIOMETRIE in Band **1** mit Vorteil anwenden können.

Rechnen mit komplexen Zahlen:

Erinnern wir uns an die **Multiplikation**, es war

$$(a + bi) \cdot (c + di) = (ac - bd) + (ad + bc)\,i.$$

multiplizieren ...

Konkret ist also

$$(2 + 3i) \cdot (1 - i) = (2 \cdot 1 - 3 \cdot (-1)) + (2 \cdot (-1) + 3 \cdot 1)\,i = 5 + i.$$

Sie müssen sich die Endform aber nicht merken, rechnen Sie einfach Binom × Binom:

B **Beispiele 6:** **dazu**

- $(2 + 3i) \cdot (1 - i) = 2 \cdot 1 - 2 \cdot i + 3i \cdot 1 - 3i \cdot i = 2 - 2i + 3i + 3 = 5 + i;$
- $(3 - 2i) \cdot (3 + 2i) = 3 \cdot 3 + 3 \cdot 2i - 2i \cdot 3 - 2i \cdot 2i = 9 + 6i - 6i + 4 = 13 \quad (\in \mathbb{R}!);$
- Allgemein ist für Binome der letzten Art
  $(a + bi) \cdot (a - bi) = a^2 - abi + abi - b^2 i^2 = a^2 + b^2 \quad (\in \mathbb{R}!).$

Solche Zahlen mit entgegengesetztem Imaginärteil heißen „konjugiert (-komplex)".

konjugierte Zahl

Die **Division** war immer als *Umkehrung* der Multiplikation erklärt: $z : n$ steht für $z \cdot \frac{1}{n}$:

«Dividieren heißt, mit dem Kehrwert (reziproken Wert) multiplizieren.»

und dividieren

Dieser Kehrwert ist uns aber als *inverses Element* schon bekannt! Es war (bitte zurückblättern!)

$$n = a + b\,i \;\Rightarrow\; n^* = \frac{1}{n} = a^* + b^*\,i = \frac{a}{a^2+b^2} - \frac{b}{a^2+b^2}\,i$$

Kehrwert

Konkret ist so etwa

$$n_1 = 3 + 4\,i \;\Rightarrow\; n_1{}^* = \frac{1}{n_1} = \frac{3}{25} - \frac{4}{25}\,i,$$

$$n_2 = 2 - \sqrt{3}\,i \;\Rightarrow\; n_2{}^* = \frac{1}{n_2} = \frac{2}{7} + \frac{\sqrt{3}}{7}\,i;$$

Rechnen mit den konjugiert-komplexen Binomen

Kontrolle: Das Produkt muß $n_2 \cdot 1/n_2 = 1$ sein:

$$(2 - \sqrt{3}\,i)\cdot\left(\frac{2}{7} + \frac{\sqrt{3}}{7}\,i\right) = \frac{4}{7} + \frac{2\sqrt{3}}{7}\,i - \frac{2\sqrt{3}}{7}\,i - \frac{3}{7}\,i^2 = \frac{4}{7} + \frac{3}{7} = 1 \quad ✔$$

Nun müssen Sie sich auch diese Formel nicht merken; schauen Sie zu:

$$\frac{1}{n} = \frac{1}{a+b\,i} = \frac{1\cdot(a-b\,i)}{(a+b\,i)\cdot(a-b\,i)} = \frac{a-b\,i}{a^2+b^2} = \frac{a}{a^2+b^2} - \frac{b}{a^2+b^2}\,i = n^*\,.$$

Bei einer Division $z : n = \frac{z}{n} = z \cdot \frac{1}{n}$ setzt man dann einfach z im Zähler als Faktor zu dem so angesetzten $\frac{1}{n}$ dazu:

Beispiele 7: dazu

B

- ❖ $(2 - 5i) : (1 + 2i) = (2 - 5i)\cdot\frac{1}{1+2i} = \frac{2-5i}{1+2i} = \frac{(2-5i)\cdot(1-2i)}{(1+2i)\cdot(1-2i)} = \ldots =$
  $= \frac{-8-9i}{5} = -\frac{8}{5} - \frac{9}{5}\,i\,;$
- ❖ $\frac{(1+4i)(1-i)}{3-2i} = \frac{1-i+4i+4}{3-2i} = \frac{(5+3i)\cdot(3+2i)}{(3-2i)\cdot(3+2i)} = \ldots = \frac{9}{13} + \frac{19}{13}\,i;$
- ❖ $1 - 2i + \frac{i}{(1-2i)^2} = 1 - 2i + \frac{i}{1-4i-4} = 1 - 2i + \frac{i\cdot(-3+4i)}{(-3-4i)\cdot(-3+4i)} = \ldots =$
  $= 1 - 2i + \frac{-3i-4}{25} = \frac{21}{25} - \frac{53}{25}\,i\,.$

Ein Binom **potenzieren** heißt, es mehrfach mit sich selbst zu multiplizieren:

$$z^3 = (-1 + 3\,i)^3 = (-1 + 3\,i)^2\,(-1 + 3\,i) = (1 - 6\,i - 9)\,(-1 + 3\,i) = \ldots = 26 - 18\,i.$$

Ebenso:

Beispiel 8: potenzieren

B

$$z^4 = (-1 + 3\,i)^4 = (-1 + 3\,i)^3\,(-1 + 3\,i) = \ldots = (26 - 18\,i)\,(-1 + 3\,i) = \ldots = 28 + 96\,i.$$

Wie aber können wir **radizieren** (= Wurzel ziehen)? Für die *Quadratwurzel* haben wir schon früher eine Methode gefunden, sehen Sie bei $y^2 = -2$ nach! Jetzt setzen wir allgemein statt –2 eine komplexe Zahl und haben nach z mit $z^2 = c \Leftrightarrow z = \sqrt{c}$ zu suchen:

Beispiel 9: radizieren

B

Gibt es Zahlen $a, b \in \mathbb{R}$ mit $z = a + b\,i$ für $z^2 = c = -16 - 30\,i$?

Wieder quadrieren wir und setzen gleich:

$$(a + b\,i)^2 = a^2 - b^2 + 2ab\,i = (?,\text{ d.h.: Ist es möglich?})\ -16 - 30\,i$$

Wie früher müssen die Real- und Imaginärteile übereinstimmen:

$$a^2 - b^2 = -16 \;\wedge\; 2ab = -30 \;\Rightarrow\; b = -\frac{15}{a},$$

$$a^2 - \left(-\frac{15}{a}\right)^2 = -16 \;\Rightarrow\; a^2 - \frac{225}{a^2} = -16;$$

substituieren $u := a^2$, was schon $u > 0$ bedeutet:

$$u - \frac{225}{u} + 16 = 0 \quad \Rightarrow \quad u^2 + 16u - 225 = 0,$$

$$u_{1,2} = -8 \pm \sqrt{64+225} = -8 \pm 17 = \begin{cases} 9 \\ (-25) \end{cases} \quad \Rightarrow \quad a = \pm\sqrt{u} = \pm 3 \quad \Rightarrow \quad b = \mp 5\ .$$

Damit ist aber ein solches $z = a + b\,i = 3 - 5\,i$ (nebst Gegenzahl $-z = -3 + 5\,i$) gefunden!

Schon bei 3. und höheren Wurzeln können wir die entstandene Gleichung i. allg. nicht mehr lösen, so daß wir auf eine andere Methode angewiesen sind.

Wir benötigen die alte Lösungsformel für reelle quadratische Gleichungen!

Quadratische Gleichungen in $\mathbb{C}$

Als Vorübung fragen wir, ob in $\mathbb{C}$ *jede* quadratische Gleichung mit $p, q \in \mathbb{R}$, auch eine mit *negativer Diskriminante*, Lösungen hat. Wählen wir konkret

B **Beispiel 10:** Wie man bisher unlösbare quadratische Gleichungen in $\mathbb{C}$ löst

$$x^2 + 2x + 2 = 0 \quad \text{(reell nicht lösbar!)}$$

und setzen komplex an $x = z = a + b\,i$:

$$(a + b\,i)^2 + 2\,(a + b\,i) + 2 = 0 \quad \Rightarrow \quad a^2 - b^2 + 2ab\,i + 2a + 2b\,i + 2 = 0 \quad \Rightarrow$$

$$a^2 - b^2 + 2a + 2 + (2ab + 2b)\,i = 0 =: A + B\,i = 0;$$

das bedeutet $A = 0 \wedge B = 0$, also für B:

$$2b\,(a + 1) = 0 \quad \Rightarrow \quad b = 0 \ \vee \ (a + 1) = 0;$$

$b = 0$ führt, in A eingesetzt, auf $a^2 + 2a + 2 = 0$, also die Ausgangsgleichung, die für $a \in \mathbb{R}$ nicht lösbar ist. Dagegen wird mit $a + 1 = 0 \Rightarrow a = -1$ schon $1 - b^2 = 0$, d. h., $b = \pm 1$:

$$z_1 = x_1 = -1 + 1\,i = -1 + i, \quad z_2 = x_2 = -1 - 1\,i = -1 - i,$$

die Lösungen sind gefunden!

Allgemein ist in $x^2 + px + q = 0$ mit $p, q \in \mathbb{R}$ genau so vorzugehen: Aus

So geht man auch allgemein vor

$$(a + b\,i)^2 + p\,(a + b\,i) + q = 0$$

wird wie oben

$$a^2 - b^2 + pa + q = 0 \ \wedge \ 2ab + pb = 0 \quad \Rightarrow \quad b\,(2a + p) = 0;$$

$b = 0$ führt zur Ausgangsgleichung, die, falls sie reell lösbar ist, eben a_1 $(+\,0\,i)$ und a_2 $(+\,0\,i)$ als Lösungen hat; ist sie unlösbar über $\mathbb{R}$, führt wieder $2a + p = 0 \Rightarrow a = -p/2$ auf $b^2 = -p^2/4 + q = -D$ mit D als $p^2/4 - q$, das jetzt *negativ* sein muß; also ist $-D$ *positiv* und $b_{1,2} = \pm\sqrt{-D}$ ist gefunden. Halten wir fest:

S **Satz 4:** komplexe Lösungen einer quadratischen Gleichung

Jede quadratische Gleichung $x^2 + px + q = 0$, $p, q \in \mathbb{R}$, ist über $\mathbb{C}$ lösbar. Für eine negative Diskriminante $D = p^2/4 - q < 0$ sind die Lösungen

$$x_1 = z_1 = -\frac{p}{2} + \sqrt{-D}\,i \quad \text{und} \quad x_2 = z_2 = -\frac{p}{2} - \sqrt{-D}\,i.$$

Der *allgemeine* Fall $ax^2 + bx + c = 0$ läßt sich sofort auf den besprochenen zurückführen, indem man durch a dividiert:

$$x^2 + \frac{b}{a}x + \frac{c}{a} =: x^2 + px + q = 0\,.$$

komplexe Vorzahlen in der Gleichung

Nun haben wir schon gesehen, daß (und wie!) auch aus einer komplexen Zahl die Quadratwurzel gezogen werden kann. Weiter sind alle übrigen Rechenschritte genau wie in $\mathbb{R}$ erlaubt, da $(\mathbb{C}, +, \cdot)$ als *Körper* nachgewiesen wurde. Also dürfen in quadratischen Gleichungen sogar *komplexe* Koeffizienten p, q auftreten, und es gilt dieselbe Lösungsformel! Wir begnügen uns dazu mit folgender Kostprobe:

Beispiel 11: dazu

B

$x^2 + (-1 + i)\,x + (4 + 7i) = 0$ (hier wird die Wurzel 1/2 aus 1/4 herausgehoben:)

$$x_{1,2} = z_{1,2} = \tfrac{1}{2}\left(-(-1+i) \pm \sqrt{(-1+i)^2 - 4\,(4+7i)}\right) = \tfrac{1}{2}\left(1 - i \pm \sqrt{-16-30i}\right).$$

Diese Wurzel haben wir aber in Beispiel 9 vorbereitet, so daß sich schon ergibt:

$$x_{1,2} = z_{1,2} = \tfrac{1}{2}\left(1 - i \pm (3 - 5i)\right); \quad z_1 = 2 - 3i; \quad z_2 = -1 + 2i.$$

die Sätze von Vieta im Komplexen

Wir überzeugen uns noch, daß alle drei **Vietaschen Sätze** gelten:

v1: $x_1 + x_2 = z_1 + z_2 = 1 - i = -p$ ✓

v2: $x_1 \cdot x_2 = z_1 \cdot z_2 = 4 + 7i = q$ ✓

v3: $(x - x_1)\cdot(x - x_2) = (x - 2 + 3i)\,(x + 1 - 2i) = x^2 + (-1 + i)\,x + (4 + 7i)$ ✓

Ist eine solche Gleichung allgemein in der Form $ax^2 + bx + c = 0$ mit $a, b, c \in \mathbb{C}$ gegeben, kann man durch Division (: a) auf die behandelte Form zurückführen, oder man übernimmt einfach die aus $\mathbb{R}$ bekannte „große" Formel. Bevor wir uns davon überzeugen, soll jetzt die schon angekündigte neue Methode des Wurzelziehens vorgestellt werden!

Die Gaußsche Zahlenebene

graphische Darstellung komplexer Zahlen:

Dazu schieben wir eine *geometrische Veranschaulichung* der komplexen Zahlen ein. Wir konnten bisher allen „neuen" Zahlen (nach den *natürlichen*, den *ganzen*, dann den *rationalen* und zuletzt den *irrational-reellen* Zahlen) einen eigenen Punkt auf der Zahlengeraden reservieren; mit den reellen Zahlen der Art $\sqrt{2}$, $\sqrt{3}$, … und anderen wie der Kreiszahl π und der Eulerschen Zahl e wurde aber *jede Lücke* besetzt!

Um komplexe Zahlen grafisch zu veranschaulichen, muß man in die *Ebene* ausweichen, wobei allerdings zu einer reellen Achse Re (statt bisher x) nun eine *imaginäre Achse* Im (statt y) mit i als *imaginärer Einheit* kommt. Der Zahl $z = 3 + 2i$ wird dann gerade jener *Zeiger* $\overline{OP}$ zugeordnet, der als „Schatten" des Ortsvektors $\vec{r}$ einer Koordinatenebene auftritt, wenn man sie passend darüberlegt, Bild 1, nächste Seite.

die Gaußsche Zahlenebene

In dieser ***Gaußschen Zahlenebene***, kurz **z**-Ebene, kann man den Zeigern auch *Polarkoordinaten* zuordnen, das sind *Betrag* r als Länge von z im üblichen Sinn und Polarwinkel = *Argument* φ zwischen Re und $z = \overline{OP}$:

$z = (r;\ \varphi)$ (***Polarform***)

Wir lesen ab:

$a = r \cos\varphi \ \wedge\ b = r \sin\varphi$

goniometrische Form komplexer Zahlen

bzw. umgekehrt

$r = \sqrt{a^2 + b^2} \ \wedge\ \tan\varphi = \frac{b}{a}$ (daraus φ); es folgt

$a + b\,i = r\cos\varphi + (r\sin\varphi)\,i = r\,(\cos\varphi + i\sin\varphi)$ (***goniometrische Form***)

Da r schon die Länge darstellt, muß $\cos\varphi + i\sin\varphi$ die Länge 1 haben; tatsächlich ist $\cos^2\varphi + \sin^2\varphi = 1$: Dieser Term stellt einen *Einheitszeiger* dar.

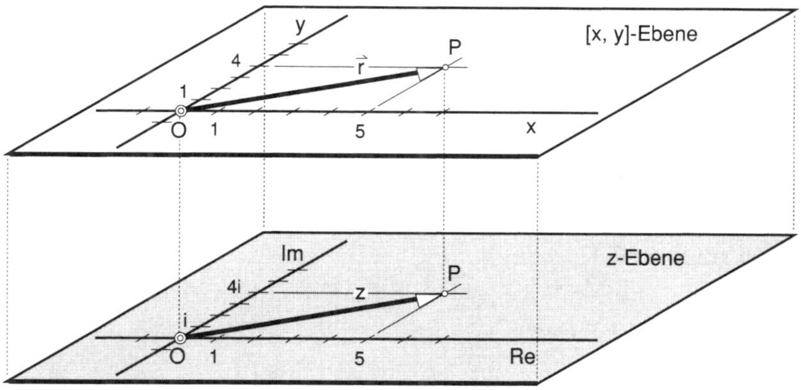

Bild 1: reelle (x,y)-Ebene und komplexe z-Ebene

So hätten wir beispielsweise für einige z_i in den 3 Darstellungsformen:

Übersicht der ...

Darstellungsformen

	kartesische F.	Polarform	goniometrische Form	wegen
$z_1 =$	$2 + 2i$	$(\sqrt{8}\,;\,45°)$	$\sqrt{8}\,(\cos 45° + i\sin 45°)$	$r = \sqrt{2^2+2^2} = \sqrt{8}$ $\tan\varphi = 2/2 = 1 \Rightarrow$ $\varphi = 45°$
$z_2 =$	$5 + 0i = 5$	$(5;\,0°)$	$5\,(\cos 0° + i\sin 0°)$	
$z_3 =$	$-1 + 0i = -1$	$(1;\,180°)$	$1\,(\cos 180° + i\sin 180°)$	
$z_4 =$	$0 + 1i = i$	$(1;\,90°)$	$1\,(\cos 90° + i\sin 90°)$	
$z_5 =$	$-3 - 4i$	$(5;\,233°)$	$5\,(\cos 233° + i\sin 233°)$	φ im 3. Quadranten: $\tan\varphi = -4/-3 \Rightarrow \varphi_I = 53°$ $\varphi_{III} = \varphi_I + 180°$
$z_6 =$	$1 - \sqrt{3}\,i$	$(2;\,300°)$	$2\,(\cos 300° + i\sin 300°)$	$r = \sqrt{1+3} = 2$, $\tan\varphi = -\sqrt{3}/1 \Rightarrow$ $\varphi = -60° = 300°$

Multiplikation in goniometrischer Form

Wir können jetzt untersuchen, wie sich das Produkt komplexer Zahlen bzw. eine Potenz einer komplexen Zahl in Polarform bzw. goniometrischer Form schreiben läßt. Am einfachsten ist es vielleicht, i zu quadrieren und zu potenzieren:

$$i^2 = -1, \quad i^3 = i\cdot i^2 = i\cdot(-1) = -i, \quad i^4 = i\cdot i^3 = i\cdot(-i) = -i^2 = -(-1) = 1 \text{ usw.}$$

In Polar- bzw. goniometrischer Form sieht es so aus (Bild 2, nächste Seite):

$i = (1;\,90°) = 1\,(\cos 90° + i\sin 90°) = 1\,(0 + i\cdot 1) = i$ ✓

$i^2 = (1;\,180°) = 1\,(\cos 180° + i\sin 180°) = 1\,(-1 + i\cdot 0) = -1$ ✓

$i^3 = (1;\,270°) = 1\,(\cos 270° + i\sin 270°) = 1\,(0 + i\cdot(-1)) = -i$ ✓

$i^4 = (1;\,360°) = 1\,(\cos 360° + i\sin 360°) = 1\,(1 + i\cdot 0) = 1$ ✓

Wie man komplexe Zahlen ...

Es sieht so aus, als hätte die *Multiplikation* mit i = (1; 90°) nur eine *Addition* von 90° zur Folge: i^2 = (1; 180°) = i · i = (1; 90°) · (1; 90°) = (1 · 1, 90° + 90°) usw., während die Beträge hier wegen 1 · 1 = 1 unverändert bleiben.

Wir glauben es noch nicht ganz und wählen zwei verschiedene Zahlen:

Beispiel 12: einfach multipliziert ...

B

$z_1 = 2 + i, \quad z_2 = 1 + i$

und bilden das Produkt

$z_3 = z_1 \cdot z_2 = (2 + i) \cdot (1 + i) = 2 - 1 + 2i + i = 1 + 3i;$

die Polarformen sind über $\tan \varphi = \frac{b}{a}$ rasch eruiert:

$z_1 = (\sqrt{5}\,;\, 26{,}6°); \quad z_2 = (\sqrt{2}\,;\, 45°); \quad z_3 = (\sqrt{10}\,;\, 71{,}6°);$

auch hier gilt in der Tat

$r_3 = r_1 \cdot r_2: \quad \sqrt{10} = \sqrt{5} \cdot \sqrt{2}$ und $\varphi_3 = \varphi_1 + \varphi_2: \; 71{,}6° = 26{,}6° + 45°$ ✓

Das zeigt auch Bild 3, rechts.

Bilder 2/3: i-Potenzen und Zeigermultiplikation

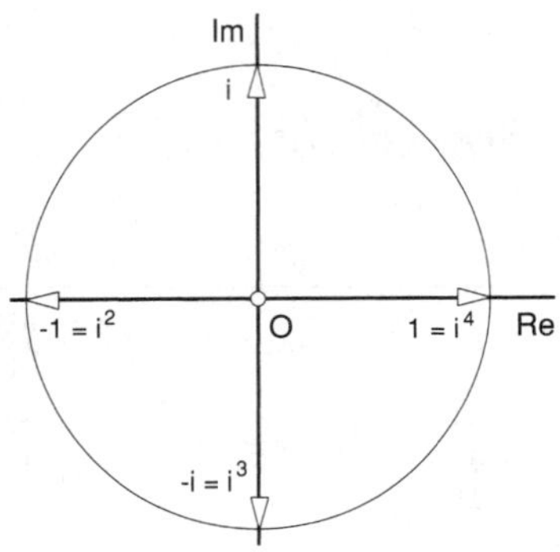

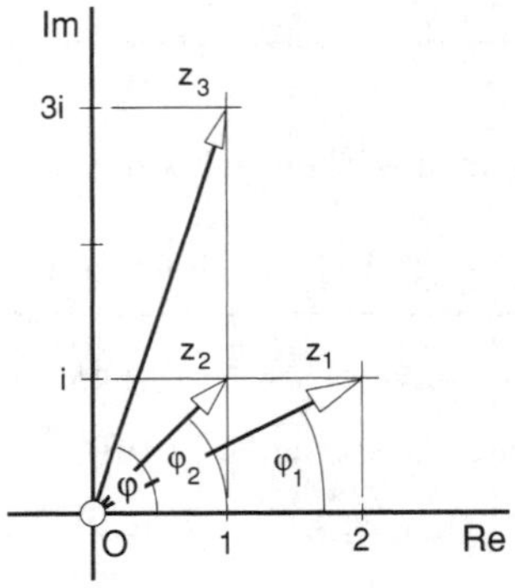

etwas Goniometrie

Zum allgemeinen Beweis benötigt man den ***1. Summensatz*** der GONIOMETRIE, den wir hier wieder anwenden können: Wir bezeichnen in goniometrischer Form

$z_1 = r_1\,(\cos\alpha + i\sin\alpha), \quad z_2 = r_2\,(\cos\beta + i\sin\beta),$

multiplizieren aus:

$z_1 \cdot z_2 = r_1 \cdot r_2 \cdot (\cos\alpha\cos\beta - \sin\alpha\sin\beta) + (\cos\alpha\sin\beta + \sin\alpha\cos\beta)\, i$

und erinnern uns an den *Summensatz*; dort war

$\sin(\alpha + \beta) = \sin\alpha \cdot \cos\beta + \cos\alpha \cdot \sin\beta,$

$\cos(\alpha + \beta) = \cos\alpha \cdot \cos\beta - \sin\alpha \cdot \sin\beta.$

Genau diese Terme stehen aber in unserem Produkt! Einfacher ist daher

$z_1 \cdot z_2 = r_1 \cdot r_2 \cdot (\cos(\alpha + \beta) + i\sin(\alpha + \beta)),$

was in Polarform so aussieht (mit φ_1 und φ_2 statt α und β):

Satz 5: Produkt und Potenz komplexer Zahlen

S

Zwei komplexe Zahlen in Polarform werden multipliziert, indem man die Beträge multipliziert und die Argumente addiert:

$z_1 \cdot z_2 = (r_1;\ \varphi_1) \cdot (r_2;\ \varphi_2) = (r_1 \cdot r_2;\ \varphi_1 + \varphi_2) = (r_3;\ \varphi_3)$

Entsprechend gilt für die n-te Potenz einer komplexen Zahl:

$z^n = (r;\ \varphi)^n = (r^n;\ n\varphi), \qquad n = 2, 3, \ldots$

Im Sonderfall r = 1, wie z. B. bei z = i von oben, wird es noch einfacher:

„Moivresche Formel"

Für die n-te Potenz einer komplexen Zahl mit dem Betrag 1 gilt:
$$\mathbf{z = (1;\ \varphi) \quad\Rightarrow\quad z^n = (1;\ \varphi)^n = (1;\ n\varphi)}$$

S — Satz 6: Moivresche Formel

Dies trifft neben den **i**-Potenzen (Bild 2) auch zu im Beispiel:

B — Beispiel 13: eine grafische Besonderheit für Beträge = 1:

$$z = \left(\frac{1}{2} + \frac{\sqrt{3}}{2}\,i\right) \quad \text{und} \quad n = 6:$$

$$z = (r;\ \varphi) = (1;\ 60°) \quad\Rightarrow\quad z^6 = (1;\ 60°)^6 = (1;\ 6 \cdot 60°) = (1;\ 360°) = 1,$$

denn es ist doch

$$r = \sqrt{\left(\frac{1}{2}\right)^2 + \left(\frac{\sqrt{3}}{2}\right)^2} = \sqrt{\frac{1}{4} + \frac{3}{4}} = 1 \quad \text{und}$$

$$\tan\varphi = \frac{\sqrt{3}}{2} : \frac{1}{2} = \sqrt{3} \quad\Rightarrow\quad \varphi = 60°\ .$$

Die fortlaufenden Potenzen $z^1, z^2, \ldots, z^6$ liegen so, daß die Zeiger um 60° verdreht sind und die Pfeilspitzen auf dem Einheitskreis enden, vgl. Bild 5, nächste Seite!

der Einheitskreis

Binomische Gleichungen

Unsere Hilfsmittel genügen nun, um die angekündigte Aufgabe des **Wurzelziehens** in Angriff zu nehmen: Sei also eine beliebige komplexe Zahl vorgegeben, die wir allgemein als $a = (\rho;\ \alpha)$ in Polarform annehmen (oder aus der kartesischen Form wie bisher übersetzen). Wie läßt sich dann die n-te Wurzel, $\sqrt[n]{a}$, finden?

Die Umkehraufgabe: das Wurzelziehen

Nennen wir sie $z = (r;\ \varphi)$, so soll sein

$$z = \sqrt[n]{a} \quad \text{oder} \quad z^n = a, \quad \text{bzw.} \quad (r;\ \varphi)^n = (\rho;\ \alpha)\,.$$

Der zweite Teil von Satz 5 zeigt, wie diese n-te Potenz aussieht:

$$(r^n;\ n\varphi) = (\rho;\ \alpha)\,.$$

Sollen diese beiden Formen dieselbe Zahl $z^n = a$ darstellen, müssen die *Beträge* und auch die *Argumente* gleich sein:

$$r^n = \rho \;\Rightarrow\; r = \sqrt[n]{\rho} \quad\wedge\quad n\varphi = \alpha \;\Rightarrow\; \varphi = \frac{\alpha}{n}\,.$$

Dies ist schon *eine* Lösung, aber *nicht* die *einzige*! Denn setzen wir statt α das um Vielfache von 360° vermehrte α, so bleibt a gleich, es entsteht aber n-mal ein neues φ und damit ein neues z_k:

... ist vieldeutig lösbar!

$$\alpha_1 = \alpha \;\Rightarrow\; \varphi_1 = \frac{\alpha}{n},$$

$$\alpha_2 = \alpha + 1 \cdot 360° \;\Rightarrow\; \varphi_2 = \frac{\alpha + 1 \cdot 360°}{n} = \frac{\alpha}{n} + 1 \cdot \frac{360°}{n},$$

$$\ldots \qquad \ldots$$

$$\alpha_n = \alpha + (n-1) \cdot 360° \;\Rightarrow\; \varphi_n = \frac{\alpha + (n-1) \cdot 360°}{n} = \frac{\alpha}{n} + (n-1) \cdot \frac{360°}{n}\,.$$

Alle zugehörigen z_k haben dieselbe n-te Potenz a, sind also als n-te Wurzel von a anzusehen! Das läßt sich auch so formulieren:

Satz 7:
Lösungen einer binomischen Gleichung

S **Jede binomische Gleichung $z^n = a$ hat genau n Lösungen z_k in $\mathbb{C}$:**

$$a = (\rho;\ \alpha) \quad \Rightarrow \quad z_k = \left(\sqrt[n]{\rho};\ \frac{\alpha}{k} + k \cdot \frac{360°}{n}\right), \qquad k = 0, 1, 2, \ldots, n-1$$

Das muß natürlich geübt werden:

Beispiel 14:
...
3. Grades

B $z^3 = -8\,i$

Zunächst suchen wir die Polarform von –8i, es ist –8i = (8; 270°); für r und φ von z = (r; φ) ist nunmehr (hier ist n = 3):

1. $r^3 = \rho = 8 \ \Rightarrow\ r = \sqrt[3]{\rho} = \sqrt[3]{8} = 2$.
2. $3\varphi = \alpha + k \cdot 360°,\ k = 0, 1, 2 \ \Rightarrow\ \varphi = \frac{\alpha}{3} + k \cdot 120°,\ k = 0, 1, 2;$

$k = 0$: $\varphi_1 = \frac{\alpha}{3} = \frac{270°}{3} = 90°$: $\quad z_1 = (2;\ 90°)$;

$k = 1$: $\varphi_2 = \frac{\alpha}{3} + 1 \cdot 120° = 210°$: $\quad z_2 = (2;\ 210°)$;

$k = 2$: $\varphi_3 = \frac{\alpha}{3} + 2 \cdot 120° = 330°$: $\quad z_3 = (2;\ 330°)$.

Die Zeiger in Bild 4 bestätigen diese rein algebraische Lösung: z *potenzieren* heißt ja r *potenzieren* und φ_i *verdreifachen*: jedesmal entsteht ρ = 8 bzw. α = 270°!

Bilder 4/5:
Zeigergraphen zum Potenzieren

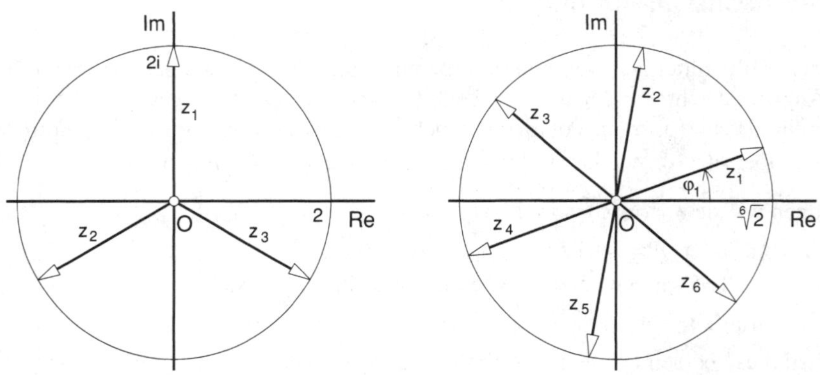

Ebenso verläuft die Rechnung für den Grad 6:

Beispiel 15:
... und
6. Grades

B $z^6 = -1 + \sqrt{3}\,i = (2;\ 120°)$

1. $r^6 = \rho = 2 \ \Rightarrow\ r = \sqrt[6]{\rho} = \sqrt[6]{2}$.
2. $6\varphi = \alpha + k \cdot 360°,\ k = 0, 1, \ldots, 5 \ \Rightarrow\ \varphi = \frac{\alpha}{6} + k \cdot 60°,\ k = 0, 1, \ldots, 5;$

$k = 0$: $\varphi_1 = \frac{\alpha}{6} = 20°$: $\quad z_1 = (\sqrt[6]{2}\,;\ 20°)$;

$k = 1$: $\varphi_2 = \frac{\alpha}{6} + 1 \cdot 60° = 80°$: $\quad z_2 = (\sqrt[6]{2}\,;\ 80°)$;

... ...

$k = 5$: $\varphi_6 = \frac{\alpha}{6} + 5 \cdot 60° = 320°$: $\quad z_6 = (\sqrt[6]{2}\,;\ 320°)$.

Bild 5, oben rechts, zeigt die symmetrische Anordnung der zugehörigen Zeiger.

In komplizierteren Fällen hat man mehrere Teilschritte zu kombinieren. Im folgenden Beispiel nehmen wir einen davon als Übung vor und verwenden hier das Ergebnis:

B **Beispiel 16:** Vorbereitungen

$(4-3i)^2 \cdot z^3 = (3+4i)^5;$

Daraus befreien wir z^3 durch Division und finden den Quotienten in Übung 11:

$$z^3 = \frac{(3+4i)^5}{(4-3i)^2} = \ldots = (125;\ 339{,}39°) = 117 - 44i$$

1. $r^3 = \rho = 125 \Rightarrow r = \sqrt[3]{\rho} = \sqrt[3]{125} = 5$.
2. $3\varphi = \alpha + k \cdot 360°,\ k = 0, 1, 2 \quad \Rightarrow \quad \varphi = \frac{\alpha}{3} + k \cdot 120°,\ k = 0, 1, 2;$

$$k = 0:\ \varphi_1 = \frac{\alpha}{3} = 113{,}13°: \qquad z_1 = (5;\ 113{,}13°);$$
$$k = 1:\ \varphi_2 = \frac{\alpha}{3} + 1 \cdot 120° = 233{,}13°: \qquad z_2 = (5;\ 233{,}13°);$$
$$k = 2:\ \varphi_3 = \frac{\alpha}{3} + 2 \cdot 120° = 353{,}13°: \qquad z_3 = (5;\ 353{,}13°).$$

Hier gibt z_2 eine „schöne" kartesische Form:

$$z_2 = 5 \cdot (\cos 233{,}13° + i \sin 233{,}13°) = -3 - 4i.$$

... zu unserem Meisterstück:

Wir schließen den Kreis und lösen eine **komplexe quadratische Gleichung** mit der „großen" Formel, wobei die auftretende *Wurzel* über die *Polarform* gezogen wird:

B **Beispiel 17:** quadratische Gleichungen mit komplexen Koeffizienten

$$(7-i)\,z^2 + (2-11i)\,z - (4+3i) = 0$$
$$z_{1,2} = \frac{1}{2(7-i)}\left(-(2-11i) \pm \sqrt{(2-11i)^2 + 4(7-i)(4+3i)}\right).$$

Eine kleine Nebenrechnung (bitte nachprüfen!) führt zum Radikanden $7 + 24i$, so daß wir zunächst diese Wurzel zu ziehen haben:

$$w^2 = 7 + 24i, \text{ d. h. } w = \sqrt{7+24i}\,;$$

dies bestätigen Sie bitte als Übung 12b und finden $w_{1,2} = \pm(4+3i)$. Wir setzen ein und erhalten

$$z_{1,2} = \frac{1}{2(7-i)}\left(-(2-11i) \pm (4+3i)\right);$$

$$z_1 = \frac{-2+11i+4+3i}{2(7-i)} = \frac{2+14i}{2(7-i)} = \frac{1+7i}{7-i} = \frac{(1+7i)(7+i)}{(7-i)(7+i)} = \frac{50i}{50} = i,$$

$$z_2 = \frac{-2+11i-4-3i}{2(7-i)} = \frac{-6+8i}{2(7-i)} = \frac{-3+4i}{7-i} = \frac{(-3+4i)(7+i)}{(7-i)(7+i)} = \frac{-25+25i}{50} =$$
$$= -\frac{1}{2} + \frac{1}{2}i.$$

... sind in $\mathbb{C}$ stets lösbar!

Damit sollte deutlich geworden sein, wofür komplexe Zahlen gut sind und wie man mit ihnen umgeht. Daß auch *Praktiker* den Umgang mit ihnen – etwa in der komplexen Wechselstromrechnung – pflegen, soll hier nur mitgeteilt werden.

Ausblick

Wir schließen mit dem Hinweis, daß sich auch die *wissenschaftliche Mathematik* seit kurzem wieder intensiv mit den komplexen Zahlen befaßt, angeregt einerseits durch die Entdeckungen JULIAS (um 1920) und MANDELBROTS (um 1980), was das Verhalten bestimmter *Polynome* betrifft, andererseits durch die Möglichkeit, dafür **Computer** einsetzen zu können, was zu erstaunlichen Einsichten geführt hat:

Beispiel 18:
ein quadratischer Funktionsterm,

der zu einer Julia-Menge führt

B Denken Sie sich in

$$p(z) = z^2 + c \quad \text{mit} \quad c = -1 + 0{,}02\,i$$

(c ist frei in der komplexen *z-Ebene* gewählt) für eine beliebige Stelle z den Wert p(z) berechnet; diese komplexe Zahl wird wieder statt z eingesetzt und neuerdings das zugehörige p(z) bestimmt usf. Dann kann es sein, daß „letztlich" – d. h., nach 100 oder mehr Rechenschritten – p(z) endlich (klein) bleibt oder daß es gegen unendlich wächst. Die Grenzlinie aller z, für die der Polynomwert – immer bei festgehaltenem c, etwa dem obigen Wert – bei diesem *rekursiven* Prozeß endlich bleibt, heißt die zu c gehörige ***Julia-Menge***; sie kann nahezu symmetrisch sein wie die kleinere in Bild 6, für andere c-Werte entstehen Figuren, die man mit Phantasienamen versehen hat: hier ein Julia-Drache!

Bilder 6:
für 2 c-Werte

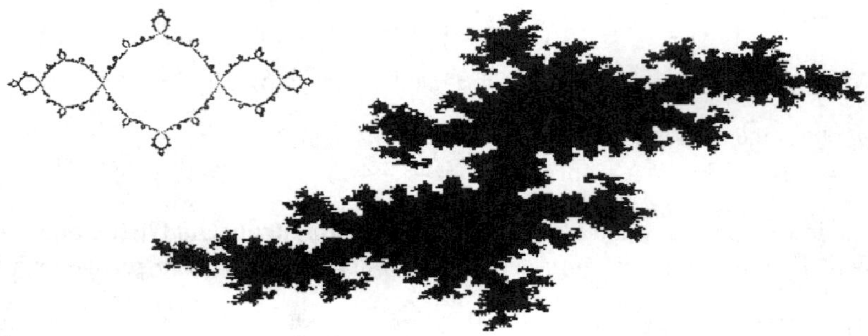

Mandelbrot-Menge

Es muß sich jedoch keine *geschlossene Figur* ergeben! Die Menge aller c, für die sie es aber ist, heißt ***Mandelbrot-Menge*** oder ***Apfelmännchen***. Erst Großcomputer haben die Komplexität und den faszinierenden Formenreichtum dieser Figur gezeigt, Bilder 7.

Es geht hier und bei verwandten Fragestellungen um *fraktale Geometrie* mit Erkenntnissen, die auch in die ultramoderne *Chaostheorie* hinüberreichen. Diesen Gedanken ist vor allem das Schlußkapitel L39 gewidmet, da die *dynamischen Systeme* – verbale Modelle davon haben wir im Kapitel über Graphen studiert – neben stationären und periodischen eben auch *chaotische* Zustände annehmen können!

Bilder 7:
... = Apfelmännchen

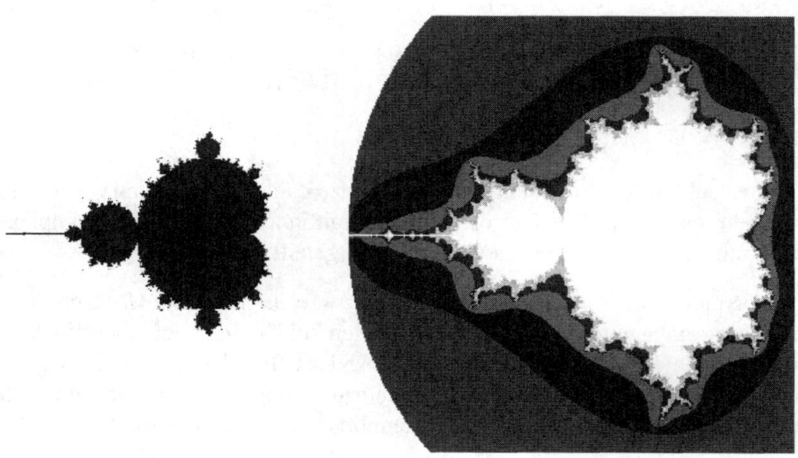

Beispiel 18/ Fortsetzung:

Hier nun konkret ein Vorschlag, wie man mit einem Turbo Pascal-Programm den genannten Julia-Drachen erzeugen kann. Wir begnügen uns mit 40 statt 100 Schleifen pro Punkt. Ist p (z) dann dem Betrag nach immer noch kleiner als 2 (bzw. dem Betragsquadrat nach < 4), so gehört der Punkt *zur Julia-Menge* – wie sich theoretisch beweisen läßt – und wird als pixel gezeichnet. Im folgenden Vorschlag sind für c = a + bi die reellen Zahlen a = –0,03 und b = 0,65 beliebig gewählt:

rechnerishe Aufbereitung des ...

Die entscheidenden Formeln in der folgenden Repeat-Until-Schleife

$$x_{neu} = x^2 - y^2 + a \quad \text{und} \quad y_{neu} = 2x \cdot y + b$$

erhalten Sie nach Quadrieren von $z = x + y \cdot i$ und Trennen von Real- und Imaginärteil in

$$p(z) = z^2 + c = x^2 - y^2 + 2x \cdot y \cdot i + a + b \cdot i$$

Turbo Pascal-Programms

Hier die Aufrasterung der z-Ebene

hier die Iterationen

```
PROGRAM Julia;
USES crt, graph, dos;
CONST xrand=-2; yrand=-1.25; seite=2.5;
      a=-0.03; b=0.65; Pfad='c:\tp\bgi';
VAR Treiber,Modus: Integer;
    x,y,x2,y2: Real;
    i,j,zaehler: Integer;

BEGIN
     Treiber:=Detect;
     Initgraph (Treiber,Modus,Pfad);
     For i:=0 to 520 do
        Begin
          For j:= 1 to 200 do
             Begin
                  x:=xrand + (seite/400*i);
                  y:=yrand + (seite/200*j);
                  zaehler:=0;
                  x2:=Sqr(x); y2:=Sqr(y);
                  Repeat
                     y:=2*x*y+b; x:=x2-y2+a;
                     zaehler:=zaehler+1;
                     x2:=Sqr(x); y2:=Sqr(y);
                  Until ((x2+y2)>4) Or (zaehler=40);
                  If zaehler=40 Then
                  Putpixel(i,j+70, magenta)
             End
        End;
     Repeat until keypressed;
     Closegraph
END.
```

Ende des 29. Kapitels

Übungsaufgaben

1. Zeigen Sie, daß „+" assoziativ ist in $(\mathbb{C}, +)$.

2. Lösen Sie das Gleichungssystem $a\,m - b\,n = a \wedge a\,n + b\,m = b$, indem Sie m aus beiden Gleichungen ausdrücken und gleichsetzen. (Beachten Sie, daß $0 = 0 + 0\,i$ in **K2** bei der Suche nach Inversen ausgeschlossen wird!)

3. Setzen Sie wie gewohnt $(a + b\,i) \cdot (a^* + b^*\,i) = 1 + 0\,i$ an, um das zu $a + b\,i$ inverse Element bezüglich „·" zu eruieren!

4. Berechnen Sie $z_1 \cdot z_2$ und $z_1 : z_2$ für
   a) $z_1 = 3 - i,\ \ z_2 = -5 + 12\,i$ b) $z_1 = -1 + \sqrt{3}\,i,\ \ z_2 = 1 + i$

5. Führen Sie die angezeigten Rechenoperationen aus, d. h., vereinfachen Sie:
   a) $i\,(1 + i) + \dfrac{1}{1 + i}$ b) $\dfrac{1}{i} + \dfrac{(1 + 4\,i)\,(3 + i)}{2\,(2 - i)}$

6. Ziehen Sie die Wurzel aus $15 - 8\,i$, indem Sie $z = a + b\,i$ ansetzen mit $z^2 = 15 - 8\,i$.

7. Siehe Text: Geben Sie die Lösungen der quadratischen Gleichung für $\mathbb{G} = \mathbb{C}$ an:
   a) $x^2 + x + 1 = 0$ b) $2x^2 - x + 13/4 = 0$

8. Bilden Sie das Produkt von $z_1 = 2 + i$ und $z_2 = 1 + 3\,i$, und prüfen Sie, ob der Satz über die Polarformen gilt!

9. Führen Sie die Rechnungen von Übung 4b jetzt mit Polarformen durch (wobei bei der Division statt + und · natürlich – und ÷ gesetzt wird).

10. Im Text haben wir z^3 mit $z = -1 + 3\,i$ mittels Binommultiplikation ermittelt. Prüfen Sie jetzt mit der Polarform!

11. Rechnen Sie nur mit Polarformen, und kombinieren Sie das Vorgehen von Übung 9 und 10:
    $z^3 = \dfrac{(3 + 4\,i)^5}{(4 - 3\,i)^2} = ?$ (Ansatz $z = \dfrac{w^5}{v^2} = \ldots$)

12. Ziehen Sie die Quadratwurzel aus –9 bzw. aus $7 + 24\,i$, d. h., berechnen Sie
    a) $\sqrt{-9} = \sqrt{-9 + 0\,i}$ b) $\sqrt{7 + 24\,i}$

13. Geben Sie alle (drei!) komplexen Lösungen an von $z^3 = 1 + 0\,i = 1$ und zeichnen Sie die Zeiger in der Gaußschen **z**-Ebene ein!

14. Lösen Sie $z^4 = -8 + 8\sqrt{3}\,i$ (d. h., berechnen Sie $\sqrt[4]{-8 + 8\sqrt{3}\,i}$)

15. Diesmal brauchen Sie nicht umzuformen:
    Was ist z bei $z^5 = (32;\ 120°)$?

Zu den Lösungen

Lösungen

1. $[(a + b\,i) + (c + d\,i)] + (e + f\,i)$ = [Def.] $[(a + c) + (b + d)\,i] + (e + f\,i)$ = [Def.]
   $[(a + c) + e] + [(b + d) + f]\,i$ = [„+" ist assoziativ in $\mathbb{R}$]
   $[a + (c + e)] + [b + (d + f)]\,i$ = [Def.] $(a + b\,i) + [(c + e) + (d + f)\,i]$ = [Def.]
   $(a + b\,i) + [(c + d\,i) + (e + f\,i)]$ w.z.z.w.

2. $m = \frac{a + bn}{a} = \frac{b - an}{b} \Rightarrow b\,(a + bn) = a\,(b - an) \Rightarrow ab + b^2n = ab - a^2n \Rightarrow$
   $(a^2 + b^2)\,n = 0 \Rightarrow n = 0$ (denn für $a \neq 0$ und $b \neq 0$ ist $a^2 + b^2 \neq 0$).
   Einsetzen liefert $m = 1$.

3. $aa^* - bb^* + (ab^* + ba^*)\,i = 1 + 0\,i \Rightarrow aa^* - bb^* = 1 \wedge ba^* + ab^* = 0$;
   daraus a^* zu
   $a^* = \frac{1 + b\,b^*}{a} = \frac{-a\,b^*}{b}$ ...(II) $\Rightarrow b\,(1 + b\,b^*) = -a^2 b^* \Rightarrow b + b^2 b^* = -a^2 b^* \Rightarrow$
   $(a^2 + b^2)\,b^* = -b \Rightarrow b^* = \frac{-b}{a^2 + b^2}$; einsetzen in (II) $\rightarrow a^* = \frac{-a}{b} \cdot \frac{-b}{a^2 + b^2} = \frac{a}{a^2 + b^2}$
   $\Rightarrow a^* + b^*\,i = \frac{a}{a^2 + b^2} - \frac{b}{a^2 + b^2}\,i$.

4. a) $z_1 \cdot z_2 = (3 - i) \cdot (-5 + 12i) = -15 + 12 + (5 + 36)\,i = -3 + 41\,i$;
   $z_1 : z_2 = \frac{3 - i}{-5 + 12i} = \frac{(3 - i)(-5 - 12i)}{(-5 + 12i)(-5 - 12i)} = \ldots = \frac{-27 - 31i}{25 + 144} = -\frac{27}{169} - \frac{31}{169}\,i$.

   b) $z_1 \cdot z_2 = (-1 + \sqrt{3}\,i)(1 + i) = -1 - \sqrt{3} + (\sqrt{3} - 1)\,i$ $(= -2{,}732 + 0{,}732\,i)$.
   $z_1 : z_2 = \frac{-1 + \sqrt{3}\,i}{1 + i} = \frac{(-1 + \sqrt{3}\,i)(1 - i)}{(1 + i)(1 - i)} = \ldots = \frac{-1 + \sqrt{3}}{2} + \frac{1 + \sqrt{3}}{2}\,i$
   $(= 0{,}366 + 1{,}366\,i)$.

5. a) $i(1 + i) + \frac{1}{1 + i} = i - 1 + \frac{1 - i}{(1 + i)(1 - i)} = i - 1 + \frac{1 - i}{2} = -\frac{1}{2} + \frac{1}{2}\,i$.

   b) $\frac{1}{i} + \frac{(1 + 4i)(3 + i)}{2(2 - i)} = \frac{1 \cdot (-i)}{i \cdot (-i)} + \frac{-1 + 13i}{4 - 2i} = \ldots = \frac{-i}{1} + \frac{-30 + 50i}{16 + 4} = -\frac{3}{2} + \frac{3}{2}\,i$.

6. $z^2 = (a + b\,i)^2 = 15 - 8\,i = a^2 - b^2 + 2ab\,i \Rightarrow a^2 - b^2 = 15 \wedge 2ab = -8$;
   $b = \frac{-8}{2a} = \frac{-4}{a}$; einsetzen: $a^2 - \left(\frac{-4}{a}\right)^2 = 15 \Rightarrow a^2 - \frac{16}{a^2} = 15$; substit. $u := a^2 > 0 \rightarrow$
   $u - \frac{16}{u} = 15 \Rightarrow u^2 - 15u - 16 = 0 \Rightarrow (u + 1) \cdot (u - 16) = 0$; $[u_2 = -1]$,
   $u_1 = 16 \Rightarrow a = \pm\sqrt{u} = \pm 4 \Rightarrow b = \frac{-4}{a} = \pm 1$: $z_1 = 4 - i$; $z_2 = -z_1 = -4 + i$.

7. a) $x^2 + x + 1 = 0$
   $x_{1,2} = -\frac{1}{2} \pm \sqrt{\frac{1}{4} - 1} = -\frac{1}{2} \pm \sqrt{\frac{-3}{4}}$;
   $x_1 = -\frac{1}{2} + \frac{1}{2}\sqrt{3}\,i, \quad x_2 = -\frac{1}{2} - \frac{1}{2}\sqrt{3}\,i$.

7. b) $2x^2 - x + \frac{13}{4} = 0 \quad \Rightarrow \quad x^2 - \frac{1}{2}x + \frac{13}{8} = 0$

$x_{1,2} = \frac{1}{4} \pm \sqrt{\frac{1}{16} - \frac{13}{8}} = \frac{1}{4} \pm \frac{1}{4}\sqrt{-25}$;

$x_1 = \frac{1}{4} + \frac{5}{4}i, \quad x_2 = \frac{1}{4} - \frac{5}{4}i.$

8. $(2 + i)(1 + 3i) = 2 - 3 + 6i + i = -1 + 7i$

$2 + i = (\sqrt{5}\ ;\ 26{,}565°)$, $1 + 3i = (\sqrt{10}\ ;\ 71{,}565°)$, $\quad -1 + 7i = (\sqrt{50}\ ;\ 98{,}13°)$.

Tatsächlich ist $r_1 \cdot r_2 = r_3$ wegen $\sqrt{5} \cdot \sqrt{10} = \sqrt{50}$ und

$\varphi_1 + \varphi_2 = \varphi_3$ wegen $26{,}565° + 71{,}565° = 98{,}13°$ ✓

9. $z_1 = (2;\ 120°)$, $\quad z_2 = (\sqrt{2}\ ;\ 45°)$

$z_1 \cdot z_2 = (2 \cdot \sqrt{2}\ ;\ 120° + 45°) = (2\sqrt{2}\ ;\ 165°) = 2\sqrt{2}\ (\cos 165° + i \sin 65°) =$

$2\sqrt{2}\ (-0{,}966 \quad + i \cdot 0{,}259) = -2{,}732 + i \cdot 0{,}732$ w.o. ✓

$z_1 : z_2 = (\frac{2}{\sqrt{2}}\ ;\ 120° - 45°) = (\sqrt{2}\ ;\ 75°) = \sqrt{2}\ (\cos 75° + i \sin 75°) =$

$\sqrt{2}\ (0{,}259 + i \cdot 0{,}966) = 0{,}366 + i \cdot 1{,}366$ w.o. ✓

10. $r = \sqrt{10}$ und $\varphi = 108{,}4°$, also $(r;\ \varphi)^3 = (r^3;\ 3\varphi) = (10\sqrt{10}\ ;\ 325{,}3°) =$

$10\sqrt{10}\ (\cos\ 325{,}3° + i \sin 325{,}3°) = 31{,}6 \cdot (0{,}822 + i\,(-0{,}569)) = 26 - 18i$.

11. $w = (5;\ 53{,}13°) \quad \Rightarrow \quad w^5 = (5^5;\ 5 \cdot 53{,}13°)$,

$y = (5;\ 323{,}13°) \quad \Rightarrow \quad v^2 = (5^2;\ 2 \cdot 323{,}13°)$;

$z = \frac{w^5}{v^2} = (5^{5-2};\ 5 \cdot 53{,}13° - 2 \cdot 323{,}13°) = (125;\ 339{,}39°)$

$= 125 \cdot (\cos 339{,}39° + i \sin 339{,}39°) = 125 \cdot (0{,}936 + i\,(-0{,}352)) = 117 - 44i$.

12. a) $-9 = (9;\ 180°)$; $\qquad \sqrt{-9} = ?$

$r = \sqrt{9} = 3$; $\qquad 2\varphi = 180° + k \cdot 360°,\ \ k = 0, 1 \quad \Rightarrow \quad \varphi = 90° + k \cdot 180°$;

$k = 0$: $\varphi = 90°$: $\quad z_1 = (3;\ 90°) = 3\,(\cos 90° + i \sin 90°) = 3\,(0 + i \cdot 1) = 3i$,

$k = 1$: $\varphi = 90° + 1 \cdot 180° = 270°$:

$z_2 = (3;\ 270°) = 3\,(\cos 270° + i \sin 270°) = 3\,(0 + i \cdot (-1)) = -3i$,

also wie im Text bei der Einführung von i: $\sqrt{-9} = \pm\sqrt{9} \cdot i = \pm 3i$!

b) $\sqrt{7 + 24i} = ?$

$\rho = \sqrt{7^2 + 24^2} = 25$; $\qquad \tan \alpha = \frac{24}{7} \quad \Rightarrow \quad \alpha = 73{,}74°$: $a = (25;\ 73{,}74°)$;

$z = (r;\ \varphi)$; $\quad r^2 = \rho = 25 \quad \Rightarrow \quad r = \sqrt{\rho} = \sqrt{25} = 5$;

$2\varphi = \alpha + k \cdot 360°,\ \ k = 0, 1 \quad \Rightarrow \quad \varphi = \frac{\alpha}{2} + k \cdot 180°$;

$k = 0$: $\varphi_1 = \frac{\alpha}{2} = 36{,}87°$: $\quad z_1 = (5;\ 36{,}87°) = 5\,(\cos 36{,}87° + i \sin 36{,}87°) =$

$5 \cdot (0{,}8 + i \cdot 0{,}6) = 4 + 3i$,

$k = 1$: $\varphi_2 = \frac{\alpha}{2} + 180° = 216{,}87°$:

$z_2 = (5;\ 216{,}87°) = 5\,(\cos 216{,}87° + i \sin 216{,}87°) =$

$5 \cdot (-0{,}8 + i \cdot (-0{,}6)) = -4 - 3i = -(4 + 3i)$.

13. $\sqrt[3]{1} = \sqrt[3]{1 + 0\,i} = \ ?$ $\quad a = 1 + 0\,i = (1;\ 0°);$

$z = (r;\ \varphi);$ $\quad r^3 = 1 \ \Rightarrow\ r = 1;$

$3\varphi = \alpha + k \cdot 360°,\ \ k = 0, 1, 2 \ \Rightarrow\ \varphi = \frac{\alpha}{3} + k \cdot 120°;$

$k = 0:\ \varphi_1 = \frac{\alpha}{3} = 0°:$ $\quad z_1 = (1;\ 0°) = 1$ (wie schon in $\mathbb{R}$ klar ist: $\sqrt[3]{1} = 1$!),

$k = 1:\ \varphi_2 = \frac{\alpha}{3} + 120° = 120°:$ $\quad z_2 = (1;\ 120°) = \cos 120° + i \sin 120° = -\frac{1}{2} + \frac{\sqrt{3}}{2}\,i,$

$k = 2:\ \varphi_3 = \frac{\alpha}{3} + 2 \cdot 120° = 240°:$ $\quad z_3 = (1;\ 240°) = \cos 240° + i \sin 240° = -\frac{1}{2} - \frac{\sqrt{3}}{2}\,i.$

Ein Zeigerdiagramm dazu wird so aussehen:

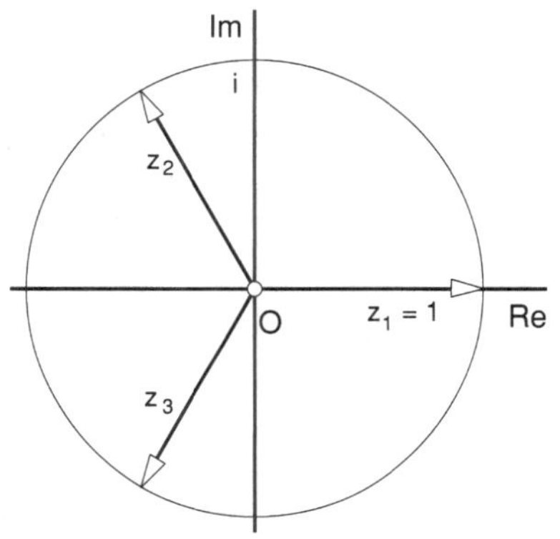

14. $a = -8 + 8\sqrt{3}\,i = (16;\ 120°) = (\rho;\ \alpha);$

$z = (r;\ \varphi);$ $\quad r^4 = \rho = 16 \ \Rightarrow\ r = \sqrt[4]{\rho} = \sqrt[4]{16} = 2;$

$4\varphi = \alpha + k \cdot 360°,\ \ k = 0, 1, 2, 3 \ \Rightarrow\ \varphi = \frac{\alpha}{4} + k \cdot 90°;$

$k = 0:\ \varphi_1 = 120°/4 = 30°:$ $\quad z_1 = (2;\ 30°),$

$k = 1:\ \varphi_2 = 30° + 90° = 120°:$ $\quad z_2 = (2;\ 120°),$

$k = 2:\ \varphi_3 = 30° + 2 \cdot 90° = 210°:$ $\quad z_3 = (2;\ 210°),$

$k = 3:\ \varphi_4 = 30° + 3 \cdot 90° = 300°:$ $\quad z_4 = (2;\ 300°).$

15. $a = (32;\ 120°) = (\rho;\ \alpha);$

$z = (r;\ \varphi);$ $\quad r^5 = \rho = 32 \ \Rightarrow\ r = 2;$

$5\varphi = \alpha + k \cdot 360°,\ \ k = 0, 1, 2, 3, 4 \ \Rightarrow\ \varphi = \frac{\alpha}{5} + k \cdot 90°;$

$k = 0:\ \varphi_1 = 120°/5 = 24°:$ $\quad z_1 = (2;\ 24°),$

$k = 1:\ \varphi_2 = 24° + 90° = 96°:$ $\quad z_2 = (2;\ 96°),$

$k = 2:\ \varphi_3 = 24° + 2 \cdot 90° = 168°:$ $\quad z_3 = (2;\ 168°),$

$k = 3:\ \varphi_4 = 24° + 3 \cdot 90° = 240°:$ $\quad z_4 = (2;\ 240°),$

$k = 4:\ \varphi_5 = 24° + 4 \cdot 90° = 312°:$ $\quad z_5 = (2;\ 312°).$

Zum nächsten Kapitel

Teil J

30. Kapitel

30

Vektoren, Matrizen und Gleichungssysteme

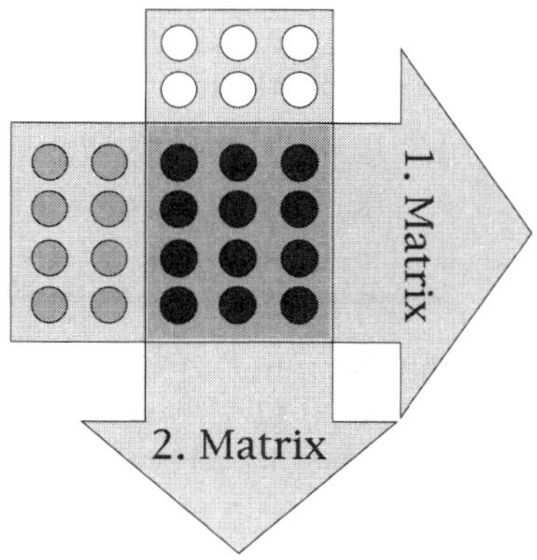

Multiplikation eines Vektors mit einer Zahl

In Kapitel **12** von Band **1** haben wir die **skalare Multiplikation** erklärt, indem wir zu einer Zahl $k \in \mathbb{R}$ – einem *Skalar* –, und einem Vektor $\vec{a} = (a_x, a_y, a_z)$ einen neuen Vektor $k \cdot \vec{a} = (ka_x, ka_y, ka_z)$, kurz $k\vec{a}$, als deren Produkt gebildet haben. In der Sprechweise des **1.** Kapitels liegt so eine *äußere Verknüpfung* vor, $\cdot : \mathbb{R} \times \mathbb{V} \rightarrow \mathbb{V}$.

... als äußere Verknüpfung

Mengen mit den darin erklärten Verknüpfungen haben wir **Strukturen** genannt; die reellen Zahlen mit *mal* bilden $(\mathbb{R}, \cdot)$, die Vektoren mit *plus* $(\mathbb{V}, +)$. Jetzt legen wir quasi beide zusammen und studieren die Eigenschaften der erweiterten *Struktur* $(\mathbb{R}, \cdot, \mathbb{V}, +)$!

Ist sie assoziativ?

So kann von einer *Assoziativität* von „·“ nicht die Rede sein, da etwa $(k \cdot \vec{a}) \cdot \vec{b}$ gar nicht erklärt ist: $k \cdot \vec{a}$ ist ein Vektor $\vec{c}$, und $\vec{c} \cdot \vec{b}$ ist mit der oben gemeinten Verknüpfung „·“ ein sinnloses Zeichen!!

Doch es gilt eine „schwache“ Form der Art

$$(k_1 \cdot k_2) \cdot \vec{a} = k_1 \cdot (k_2 \cdot \vec{a}) = k_1 k_2 \cdot \vec{a},$$

wobei „·“ in $k_1 \cdot k_2$ die gewöhnliche Multiplikation in $\mathbb{R}$ ist; dies folgt sofort aus der Definition über die Koordinaten, da beidemal der mit $k_1 k_2$ vervielfachte Vektor von $\vec{a}$, eben

$$k_1 k_2 \cdot \vec{a} = (k_1 k_2 a_x,\ k_1 k_2 a_y,\ k_1 k_2 a_z),$$

entsteht.

oder distributiv ...

Auch ist „·“ in zweifacher Art *distributiv* zu „+“! Erstens:

$$(k_1 + k_2) \cdot \vec{a} = k_1 \cdot \vec{a} + k_2 \cdot \vec{a}$$

erkennt man ebenso aus der algebraischen Definition oder für $k_1 = 2$, $k_2 = 3$ etwa aus der geometrischen Deutung: $(2 + 3) \cdot \vec{a} = 5 \cdot \vec{a} = 2 \cdot \vec{a} + 3 \cdot \vec{a}$ muß einfach erfüllt sein, so wie wir die Addition von $2\vec{a}$ und $3\vec{a}$ erklärt haben! Dabei ist „+“ einmal die *Zahlen-*, einmal die *Vektor*addition!

zu beiden Additionen?

Die 2. Form ist

$$k \cdot (\vec{a}_1 + \vec{a}_2) = k \cdot \vec{a}_1 + k \cdot \vec{a}_2,$$

was wir anschaulich für $k = 2$ in $\mathbb{D}$**12** überlegten; rein algebraisch führten Sie den Beweis als Übung 5.

Fassen wir zusammen:

Satz 1:
Strukturgesetze

S

In der Struktur ($\mathbb{R}$, ·, $\mathbb{V}$, +) gelten die Gesetze

1.	$(k_1 \cdot k_2) \cdot \vec{a} = k_1 \cdot (k_2 \cdot \vec{a})$	„·" ist *schwach* **assoziativ**
2.	$(k_1 + k_2) \cdot \vec{a} = k_1 \cdot \vec{a} + k_2 \cdot \vec{a}$	„·" ist **rechtsdistributiv zu** *beiden* „+"
3.	$k \cdot (\vec{a}_1 + \vec{a}_2) = k \cdot \vec{a}_1 + k \cdot \vec{a}_2$	„·" ist **linksdistributiv zu „+"**

Struktur-eigenschaften der 2. Verknüpfung

Gehen wir zum 1. Produkt zweier Vektoren über, dem **skalaren Produkt**, siehe Def. 7 in Kapitel $\mathbb{D}$**12**. Es wurde als *Zahl* erklärt, und damit liegt eine *äußere* Verknüpfung 2. Art neben der soeben besprochenen *skalaren Multiplikation* vor, $\bullet: \mathbb{V} \times \mathbb{V} \to \mathbb{R}$.

Jetzt interessieren wieder die üblichen Eigenschaften dieser neuen Verknüpfung „•"! Auch hier kann man nicht von *Assoziativität* sprechen – wie bei unserer 1. äußeren Verknüpfung „·" –, denn $(\vec{a} \bullet \vec{b}) \bullet \vec{c}$ wäre zunächst $p \bullet \vec{c}$, und das ist nicht erklärt, also sinnlos! Wieder sind wir mit einer „schwachen" Form zufrieden, in der auch die skalare Multiplikation „·" auftritt:

schwach assoziativ

$$(k \cdot \vec{a}) \bullet \vec{b} = k \cdot (\vec{a} \bullet \vec{b}) .$$

Denn $k \cdot \vec{a}$ hat die k-fache Länge von $\vec{a}$, was den *Flächeninhalt* p von $\vec{a} \bullet \vec{b}$ ebenfalls ver-k-facht; rechts geschieht dies *direkt* mit $k \cdot p$. Natürlich können auch zwei oder mehrere Skalare m, n, ... auftreten:

$$m \cdot \vec{a} \bullet n \cdot \vec{b} = mn \cdot (\vec{a} \bullet \vec{b}) ,$$

was man wie eben versteht.

kommutativ

und distributiv

Zum Trost ist jetzt dafür „•" *kommutativ* und sogar echt *distributiv* zu „+", was wir mit Hilfe der Deutung als Flächeninhalt für spitze Winkel φ in $\mathbb{D}$**12** zeigten.

Fassen wir wieder zusammen:

Satz 2:
Analogie zu Satz1

S

In der Struktur ($\mathbb{R}$, ·, $\mathbb{V}$, +, •) gelten die Gesetze

1.	$(k \cdot \vec{a}) \bullet \vec{b} = k \cdot (\vec{a} \bullet \vec{b})$	„•" ist *schwach* **assoziativ mit „·"**
2.	$\vec{a} \bullet \vec{b} = \vec{b} \bullet \vec{a}$	„•" **ist kommutativ**
3.	$\vec{a} \bullet (\vec{b} + \vec{c}) = \vec{a} \bullet \vec{b} + \vec{a} \bullet \vec{c}$	„•" **ist distributiv zu „+"**

Beispiel 1:
Vektorbinome multiplizieren

B

Dies reicht aus, um *Binome* wie gewohnt multiplizieren zu können:

$$(\vec{a} + \vec{b}) \bullet (\vec{c} + \vec{d}) = \vec{a} \bullet \vec{c} + \vec{a} \bullet \vec{d} + \vec{b} \bullet \vec{c} + \vec{b} \bullet \vec{d} ,$$

oder mit 1.

$$(a_x \vec{i} + a_y \vec{j}) \bullet (b_x \vec{i} + b_y \vec{j}) = a_x b_x \vec{i} \bullet \vec{i} + a_x b_y \vec{i} \bullet \vec{j} + a_y b_x \vec{j} \bullet \vec{i} + a_y b_y \vec{j} \bullet \vec{j} \text{ , u.a.m.}$$

und weiter wie in $\mathbb{D}$**12**!

Die 3. Verknüpfung ergab sich nach dem skalaren als **vektorielles Produkt** zweier Vektoren, wobei diesmal ein *Vektor* als Verknüpfungsergebnis erklärt wurde, vgl. die Def. 8 in $\mathbb{D}$**12**.

Wir müssen die Rechengesetze von „×“ kennen – uns also um die üblichen Strukturfragen kümmern –, um mit dem vektoriellen Produkt umgehen und es anwenden zu können. Lassen wir alle Vektoren des $\mathbb{R}^3$ zu, ist „×“ eine *innere Verknüpfung*, die Vektoren $\vec{a}, \vec{b}$ und $\vec{c} = \vec{a} \times \vec{b}$ bleiben sozusagen bei dieser Zuordnung unter sich!

Struktureigenschaften des vektoriellen Produkts

Wir haben schon an der Definition erkannt, daß „×“ *antikommutativ* ist:

$$\vec{a} \times \vec{b} = -(\vec{b} \times \vec{a})$$

nicht kommutativ

Sie erinnern sich, daß $\vec{c}$ in Richtung einer Rechtsschraube zeigt, wenn $\vec{a}$ auf kürzerem Weg nach $\vec{b}$ gedreht wird: $\vec{b}$ Kreuz $\vec{a}$ muß daher der *Gegenvektor* $-\vec{c}$ sein.

Außergewöhnlich ist, daß der *Nullvektor* als Produkt von Vektoren entstehen kann, die selbst $\neq \vec{0}$ sind, ist doch $\vec{a} \times \lambda\vec{a} = \vec{0}$! Denn einmal ist der Zwischenwinkel 0°, damit sin 0° = 0, zum anderen hat ein Parallelogramm mit *kollinearen* Vektoren als Seiten natürlich auch den *Inhalt* null – und genau so war der Betrag von $\vec{c}$ erklärt!

Eine weitere Besonderheit liegt darin, daß *verschiedene* erste Faktoren mit demselben zweiten Faktor dasselbe Produkt ergeben können:

$$\vec{i} \times \vec{j} = \vec{k} \quad \text{und auch} \quad (\vec{i} + \vec{j}) \times \vec{j} = \vec{k}\,.$$

Die Multiplikation „×“ ist demnach *nicht umkehrbar*, es kann keine *Division* dieser Art geben: $\vec{k}$ „dividiert durch“ $\vec{j}$ hätte ja verschiedene Ergebnisse!

es gibt keine Division!

Ein wesentlicher Punkt ist immer die *Assoziativität* einer neuen Verknüpfung. Schon beim skalaren Produkt $\vec{a} \cdot \vec{b}$ war sie nicht gegeben, auch hier müssen wir uns mit einer schwachen Form begnügen:

$$(\lambda \cdot \vec{a}) \times \vec{b} = \lambda \cdot (\vec{a} \times \vec{b}) \quad [= \vec{a} \times (\lambda \cdot \vec{b})], \quad \lambda \in \mathbb{R}\,.$$

nur schwach assoziativ

Wie bei „·“ ist dafür auch hier bei „×“ die *Distributivität* zur Addition „+“ gegeben. Wir führen den Beweis allerdings nur in einem Sonderfall, wobei der 1. Schritt hier vorgerechnet wird und der 2. für Sie als Übung gedacht ist:

doch distributiv zu „+“

Zuvor stellen wir auch hier zusammen:

S

In der Struktur ($\mathbb{R}$, ·, $\mathbb{V}$, +, ×) gelten die Gesetze

1. **$(k \cdot \vec{a}) \times \vec{b} = k \cdot (\vec{a} \times \vec{b})$** **„×“ ist** *schwach* **assoziativ mit „·“**
2. **$\vec{a} \times \vec{b} = -(\vec{b} \times \vec{a})$** **„×“ ist antikommutativ**
3. **$\vec{a} \times (\vec{b} + \vec{c}) = \vec{a} \times \vec{b} + \vec{a} \times \vec{c}$** **„×“ ist distributiv zu „+“**

Satz 3: Ergebnisse

B

Nehmen wir also konkret $\vec{a} = 3\vec{i}$, $\vec{b} = 2\vec{j}$ und $\vec{c} = \vec{k}$ an, und berechnen wir die linke Seite der Gleichung 3 im Satz 3:

Beispiel 2: zur Distributivität

$$\vec{a} \times (\vec{b} + \vec{c}) = 3\vec{i} \times (2\vec{j} + \vec{k}) = \begin{pmatrix} 3 \\ 0 \\ 0 \end{pmatrix} \times \begin{pmatrix} 0 \\ 2 \\ 1 \end{pmatrix} = \begin{vmatrix} \vec{i} & 3 & 0 \\ \vec{j} & 0 & 2 \\ \vec{k} & 0 & 1 \end{vmatrix} = \vec{i} \cdot 0 - \vec{j} \cdot 3 + \vec{k} \cdot 6 = \begin{pmatrix} 0 \\ -3 \\ 6 \end{pmatrix}.$$

Sollten Sie in Lösung 4 denselben Vektor für den Term der rechten Seite erhalten, werden Sie den Satz schon recht plausibel finden; eine Skizze wäre sehr lehrreich!

Zusammenhang der Vektorprodukte über die Beträge

Den schönen Zusammenhang

$$(\vec{a} \cdot \vec{b})^2 + (\vec{a} \times \vec{b})^2 = a^2 \cdot b^2$$

haben wir schon im ersten Durchgang in Band **1** kennengelernt.

Bei dieser Gelegenheit lassen wir wieder *Mathematica* zeigen, wie es mit Vektoren umgeht:

Beispiele 3:
Vektorrechnung mit Mathematica

B Gegeben sind zwei Vektoren, $\vec{a} = \{1, -2, 3\}$ und $\vec{b} = \{-4, 5, -6\}$. Gesucht sind die Linearkombination $\vec{d} = 3\vec{a} + 2\vec{b}$, die Längen bzw. Beträge a und b von $\vec{a}$ und $\vec{b}$, das skalare Produkt $p = \vec{a} \cdot \vec{b}$ und das vektorielle Produkt $\vec{c} = \vec{a} \times \vec{b}$. Schließlich soll die oben angeschriebene Formel überprüft werden!

Vektoren werden als *Listen* definiert, d. h., wie Zeilenvektoren angeschrieben:

```
a = {1, -2, 3};      b = {-4, 5, -6};
d = 3 a + 2 b
{-5, 4, -3}
p = a . b            (* Dezimalpunkt . für „•" *)
-32
abetrag = Sqrt[a . a] //N
3.74166
bbetrag = Sqrt[b . b] //N
8.77496
```

nur einmal ist zuvor ein Package zu laden

Für das Kreuzprodukt benötigt Mathematica ein eigenes Package:

```
<<LinearAlgebra`CrossProduct`
c = Cross[a, b]
{-3, -6, -3}
cbetrag = Sqrt[c . c] //N
7.34847
```

Jetzt zur Kontrolle der Gleichung! Direkt über die beiden Terme:

```
p^2 + cbetrag^2
1078.
abetrag^2 bbetrag^2    (* Leerzeichen für Multiplik.! *)
1078.                  (* gleich, wir sind zufrieden! *)
```

logische Abfrage

Oder durch die Abfrage, ob die Gleichung wahr ist:

```
p^2 + cbetrag^2 == abetrag^2 bbetrag^2
True                   (* True bestätigt das Ergebnis *)
```

Vektorraum

Die auf den letzten Seiten zusammengestellten Eigenschaften benötigt man beim praktischen Rechnen mit Vektoren. Da sie aber auch anderen Objekten zukommen, hat man einen eigenen Namen eingeführt:

> Eine Struktur $(\mathbb{R}, \cdot, \mathbb{V}, +)$ heißt ***Vektorraum*** oder *Linearer Raum*, wenn $(\mathbb{V}, +)$ abelsche Gruppe ist und zu jedem Element k eines Körpers $\mathbb{R}$ und zu $\vec{a} \in \mathbb{V}$ ein Element $k \cdot \vec{a} \in \mathbb{V}$ erklärt ist, wobei neben $1 \cdot \vec{a} = \vec{a}$ die Gesetze 1, 2, 3 des Satzes 1 gelten.

D — **Definition 1: Vektorraum oder Linearer Raum**

Ein erstes *Modell* eines Vektorraums kennen wir schon, es ist die in Satz 1 genannte Struktur! Weitere erhalten wir so:

B — **Beispiele 4: Vektorraum-modelle: Ortsvektoren, Punkte im Raum, Zahlenpaare und -tripel**

Wenn Sie an die Definition des **Ortsvektors** denken und an die Möglichkeit der *Addition* von Vektoren, die natürlich genauso mit *Ortsvektoren* ausgeführt werden kann, sowie an die *skalare Multiplikation* von Zahlen mit ihnen, liegt auch hier ein Modell eines Vektorraums vor!

Betrachten wir statt der Ortsvektoren ihre Spitzen, also die *Endpunkte*, und führen formal die Operationen aus wie eben, entsteht der gewöhnliche **Punktraum** unserer Anschauung als Vektorraum.

Schließlich kann man auch die den Ortsvektoren zugeordneten **Koordinaten** betrachten und mit ihnen formal genau so rechnen wie mit den Vektoren: Es sind nun *Zahlenpaare* in der Ebene bzw. *Zahlentripel* im Raum, mit denen anstelle von Ortsvektoren gerechnet wird! Natürlich liegen mit den Mengen $\mathbb{R}^2$ bzw. $\mathbb{R}^3$ dieser Elemente statt $\mathbb{V}$ im Satz schon wieder *Vektorräume* – genauer *Modelle* dieser abstrakten Struktur – vor!

Vielleicht erinnert Sie das alles an den Begriff der *Isomorphie* von $\mathbb{G}$**21** in Band **2**? Sie dürfen sich zu Ihrem mathematischen Gespür gratulieren.

Hier ein weiteres, erstaunliches Modell:

B — **Beispiel 5: ein Modell aus dem algebraischen Bereich: Funktionen bis zum Grad 2**

Sie kennen schon viele **Funktionen**, unter anderem die ***quadratischen***, solche also der Form $q\colon x \to y = ax^2 + bx + c,\ a \neq 0$.

Mit ihnen kann man natürlich rechnen, z.B. kann man zwei solche y-Terme *addieren*, was wieder einen *quadratischen* Term ergibt. Aber auch die *Ordinatenmultiplikation* führt nicht aus diesem Bereich hinaus!

Sie überzeugen sich ohne Mühe, daß alle Gesetze der Definition erfüllt sind, falls nur $a = 0$ zugelassen wird, also auch lineare und konstante Funktionen zu den im engeren Sinn quadratischen mit einbezogen werden! Für die abelsche *Gruppe* ist nämlich ein *neutrales Element* vonnöten, und dies kann nur $o\colon x \to y = 0x^2 + 0x + 0 = 0$ sein.

Folgerung: Die Menge der Funktionen $\mathbb{F}^2$ höchstens 2. Grades bildet mit den genannten Verknüpfungen und $\mathbb{R}$ ein – in diesem Gebiet ganz unerwartetes? – Modell eines *Vektorraums*!

Unter-vektorraum

Noch eine theoretische Überlegung sollte hier als Vorbereitung für den nächsten Abschnitt angestellt werden, nämlich, daß der *Durchschnitt* zweier Untervektorräume, die man von Vektoren eines gegebenen Vektorraums aus erzeugen oder „aufspannen“ kann, selbst wieder ein Vektorraum ist. Plagen Sie sich ein wenig in den Übungen?

linear (un-) abhängige Vektoren

Wir hatten Vektoren des Raums *linear abhängig* oder *komplanar* genannt, wenn es in

$$x\vec{a} + y\vec{b} + z\vec{c} = \vec{0}$$

Koeffizienten (x, y, z) $\neq$ (0 ,0, 0) gibt. Erhalten wir nur die triviale Lösung x = y (= z) = 0 – die gibt es immer für ein solches *homogenes* System, in dem rechts 0 steht –, so waren die Vektoren linear *un*abhängig.

Beispiel 6: komplanare Vektoren

B Sind beispielsweise die Vektoren $\vec{a} = 3\vec{i} - \vec{j}$, $\vec{b} = -\vec{i} + 2\vec{k}$ und $\vec{c} = 4\vec{i} - \vec{j} - 2\vec{k}$ komplanar?

Offenbar ist einfach $\vec{c} = \vec{a} - \vec{b}$, also JA!

Vektorräume lassen sich nun von linear abhängigen Vektoren erzeugen, *aufspannen*, aber auch von linear unabhängigen! Läßt man so viele Vektoren weg, bis die verbleibenden linear unabhängig sind, so erhält man sein *minimales* Erzeugendensystem. Es erhält folgende Bezeichnung:

Definition 2: Basis eines Vektorraums

D Erzeugen die linear *un*abhängigen Vektoren $\{\vec{a}, \vec{b}, \dots\}$ einen Vektorraum $\mathbb{V}$, so nennt man $\{\vec{a}, \vec{b}, \dots\}$ ***Basis*** von $\mathbb{V}$. Ihre Anzahl ist die *Dimension* von $\mathbb{V}$.

So sind die in den Beispielen 4 besprochenen Vektorräume $\mathbb{R}^2$ und $\mathbb{R}^3$ solche, die sich von den Standardbasisvektoren $\vec{i}$ und $\vec{j}$ (und $\vec{k}$) erzeugen lassen und sie haben die Dimension 2 (Ebene) oder 3 (Raum). Da es nicht mehr linear *unabhängige* Vektoren darin geben kann – dies würde ja die Dimension erhöhen –, sind mehr als 2 bzw. 3 Vektoren in unseren Räumen $\mathbb{R}^2$ bzw. $\mathbb{R}^3$ sicher linear *abhängig*.

Beispiel 7: Standardbasis

B Wählen wir konkret die Standardbasis $\{\vec{i} = (1, 0), \vec{j} = (0, 1)\}$ in der Ebene bzw. $\{\vec{i} = (1, 0, 0), \vec{j} = (0, 1, 0), \vec{k} = (0, 0, 1)\}$ im Raum, so läßt sich jeder Vektor $\vec{p}$ über den Ortsvektor $\overline{OP}$ als Linearkombination von $\vec{i}, \vec{j}$ (und $\vec{k}$) darstellen. Wie hätte man $\vec{a} = (4, 2)$ oder $\vec{b} = (1, 4, 2)$ zu schreiben?

Natürlich ist $\vec{a} = 4\vec{i} + 2\vec{j}$, im Raum ebenso $\vec{b} = 1\vec{i} + 4\vec{j} + 2\vec{k}$.

beliebige Basis - eindeutige Darstellung

Würde man im Beispiel $\vec{b} = (1, 4, 2)$ statt der Standardbasis die linear unabhängigen Vektoren $\vec{e}_1 = \vec{i}$, $\vec{e}_2 = 4\vec{j}$ und $\vec{e}_3 = 2\vec{k}$ wählen, so wäre $\vec{b} = \vec{e}_1 + \vec{e}_2 + \vec{e}_3$, die Koordinaten seines Endpunkts B für $\vec{b} = \overline{OB}$ lauteten demnach (1 | 1 | 1)! Es gibt also durchaus verschiedene Erzeugendensysteme eines Vektorraums, doch ist nach Wahl einer bestimmten Basis die Darstellung dann *eindeutig*.

Vektorraum und Gleichungssysteme

Wir überlegen jetzt, wie wir die verschiedenen Arten von Lösungen bei **linearen Gleichungssystemen** mit Hilfe des Vektorraumbegriffs besser als bisher beschreiben können. Dazu denken wir uns zunächst eine einzige Gleichung vorgelegt, und sie soll *homogen* sein, d. h., rechts steht kein *Störglied*, sondern einfach 0:

eine lineare Gleichung ...

$$k_x\,x + k_y\,y + k_z\,z = 0 \quad \Rightarrow \quad \vec{k} \cdot \vec{r} = 0\,.$$

Ist $\vec{a} = (a_x, a_y, a_z)$ ein Lösungsvektor, dessen Koordinaten also statt x, y, z eingesetzt werden können, so gilt eben

und ein Lösungsvektor

$$\vec{k} \cdot \vec{a} = 0\,.$$

Nun überlegen wir mit Hilfe der schon bekannten Rechengesetze, daß mit einem solchen Vektor immer auch jedes Vielfache $\lambda \cdot \vec{a} = 0$ Lösung der Gleichung ist, gilt doch (*schwache Assoziativität*)

$$\vec{k} \cdot (\lambda \cdot \vec{a}) = \lambda \cdot (\vec{k} \cdot \vec{a})\,.$$

Ebenso rasch sieht man, daß mit zwei Lösungsvektoren $\vec{a}$ und $\vec{b}$ auch ihre *Summe* Lösung ist (*Distributivität*):

$$\vec{k} \cdot (\vec{a} + \vec{b}) = \vec{k} \cdot \vec{a} + \vec{k} \cdot \vec{b} = 0 + 0 = 0\,.$$

Zwei oder auch mehrere solcher Vektoren spannen aber einen *Vektorraum* über $\mathbb{R}$ auf:

S **Satz 4: Vektorraum und Gleichung**

Die Lösungsmenge $\{\vec{a}, \vec{b}, \dots\}$ einer linearen homogenen Gleichung ist Erzeugendensystem eines Vektorraums.

Nun gehen wir zu einem *System* solcher linearen Gleichungen über, was zu einem *Durchschnitt* mehrerer Vektorräume führt. Dazu haben wir schon überlegt, daß dieser wieder ein *Vektorraum* ist! Allerdings müssen dazu die Spaltenvektoren des Systems *linear abhängig* sein, sonst gibt es nur die triviale Lösung x = y = ... = 0!

Erweiterung auf Systeme

Weiter stellt sich da sofort die Frage, von welcher ***Dimension*** dieser Vektorraum ist. Wir orientieren uns anhand von konkreten 2-2-Systemen:

Dimension

B **Beispiel 8: Parameter und Lösungsvektor**

$3x - 5y = 0 \ \wedge\ -6x + 10y = 0$, übersichtlicher:

$$\begin{array}{r} 3x - 5y = 0 \\ -6x + 10y = 0 \end{array}$$

Multiplikation der 1. Gleichung mit –2 führt auf die 2. Gleichung, was diese *überzählig* macht und das System nichttrivial lösbar! Auch sind die Spaltenvektoren wirklich linear abhängig, ist doch (–5, 10) das –5/3fache von (3, –6), wie oben verlangt. Anders gesagt, ist der *Vektorraum* $\mathbb{S}$ der *Spaltenvektoren* eindimensional, dim $\mathbb{S}$ = 1.

Setzen wir mit einem **Parameter** λ z. B. y = 3λ, so wird

$$3x = 5y = 15\lambda \quad \text{bzw.} \quad x = 5\lambda.$$

Wir erhalten für jede Belegung von λ mit einer Zahl aus $\mathbb{G} = \mathbb{R}$ ein Lösungspaar unserer Gleichung bzw. unseres Systems. Somit schreiben wir als Lösungsmenge

$$\mathbb{L} = \{\vec{a} \mid \vec{a} = (5\lambda, 3\lambda),\ \lambda \in \mathbb{R}\}.$$

Dieser Lösungsvektor (5, 3) mit all seinen Vielfachen erzeugt natürlich einen Vektorraum $\mathbb{L}$ der Dimension 1.

Da wir auch 1 als Dimension des Raums $\mathbb{S}$ gefunden hatten, könnte

$$\dim \mathbb{L} + \dim \mathbb{S} = 1 + 1 = 2$$

die Antwort auf die Eingangsfrage sein!

Sehen wir uns noch bei einem *in*homogenen System um!

Beispiel 9: Zusammenhang mit dem inhomogenen System

B $3x - 5y = 2 \;\wedge\; -6x + 10y = 3$ oder wieder $\begin{array}{r|} 3x - 5y = 2 \\ -6x + 10y = 3 \end{array}$

Hier ist ein *Konstantenvektor* (2, 3) dazugekommen, der jetzt die Dimension von $\mathbb{S}$ von 1 um 1 auf 2 erhöht, ist er doch *nicht* Vielfaches von (3, –6). Versuchen wir, das System wie oben zu lösen, indem wir die 1. Gleichung mit –2 multiplizieren, entsteht

$$-6x + 10y = -4,$$

was einen *Widerspruch* zur 2. Gleichung darstellt und das System insgesamt *unlösbar* macht! Die Dimensionserhöhung bei der Hinzunahme des *Konstanten-* oder *Störvektors* könnte als Ursache des Übels angesehen werden.

die Rolle des Störvektors

Es drängt sich daher die Frage auf, was geschieht, wenn dieser Vektor schon im Vektorraum $\mathbb{S}$ liegt, also die Dimension gleich läßt:

Beispiel 10: verschiedene Arten von Lösungen ...

B $3x - 5y = -2 \;\wedge\; -6x + 10y = 4$ bzw. $\begin{array}{r|} 3x - 5y = -2 \\ -6x + 10y = 4 \end{array}$

Fällt Ihnen auf, daß hier (–2, 4) die *Summe* der beiden Spaltenvektoren (–5, 10) und (3, –6) ist, also die einfachste Linearkombination, was die eben gestellte Forderung erfüllt? Vorgehen wie oben führt jetzt zur 2. Gleichung, was diese überzählig und das Gesamtsystem wieder mit einem Parameter lösbar macht!

Wann wird wohl ein solches inhomogenes System *eindeutig*, also ohne Parameter, lösbar sein? Offenbar muß dazu die Dimension des Spaltenvektorraums schon gleich der Variablenanzahl, hier 2, sein, dann bleibt für die Dimension von $\mathbb{L}$ nur 0 übrig:

Beispiel 11: bei 2-2-Systemen

B $2x - 3y = 1 \;\wedge\; -x + 4y = 7$ oder eben $\begin{array}{r|} 2x - 3y = 1 \\ -x + 4y = 7 \end{array}$

Die 2fache 2. Gleichung zur 1. addiert, ergibt

$$5y = 15 \;\Rightarrow\; y = 3 \;\Rightarrow\; x = 4y - 7 = 5.$$

Wir haben ein einziges Lösungspaar (5, 3), das zugehörige *homogene* System wäre nur trivial lösbar mit (0, 0).

So könnte man auch für 3-3-Systeme und allgemein n-n-Systeme argumentieren.

Gleichungssysteme und Matrizen

Wir gehen jetzt tatsächlich zu linearen 3-3-Systemen über und versuchen zugleich, eine übersichtliche Schreibweise bzw. Darstellung zu gewinnen, was durch einen neuen Begriff ermöglicht wird.

Das kleinste „System", das 1-1-System, lautet

$a \cdot x = m.$

Wäre es nicht fein, hätten wir auch für 2-2- und 3-3-Systeme die Möglichkeit, kurz

$$A \circ \begin{pmatrix} x \\ y \end{pmatrix} = \begin{pmatrix} m_x \\ m_y \end{pmatrix} \quad \text{bzw.} \quad A \circ \begin{pmatrix} x \\ y \\ z \end{pmatrix} = \begin{pmatrix} m_x \\ m_y \\ m_z \end{pmatrix}, \quad \text{d.h.} \quad A \circ \vec{x} = \vec{m}$$

zu schreiben? Immerhin können wir schon mit Vektoren abkürzen und

$x\vec{a} + y\vec{b} = \vec{m}$ bzw. $x\vec{a} + y\vec{b} + z\vec{c} = \vec{m}$

statt ausführlich

$$x\begin{pmatrix} a_x \\ a_y \end{pmatrix} + y\begin{pmatrix} b_x \\ b_y \end{pmatrix} = \begin{pmatrix} m_x \\ m_y \end{pmatrix} \quad \Rightarrow \quad \begin{array}{l|} a_x \cdot x + b_x \cdot y = m_x \\ a_y \cdot x + b_y \cdot y = m_y \end{array} \quad \text{bzw.}$$

$$x\begin{pmatrix} a_x \\ a_y \\ a_z \end{pmatrix} + y\begin{pmatrix} b_x \\ b_y \\ b_z \end{pmatrix} + z\begin{pmatrix} c_x \\ c_y \\ c_z \end{pmatrix} = \begin{pmatrix} m_x \\ m_y \\ m_z \end{pmatrix} \quad \Rightarrow \quad \begin{array}{l|} a_x \cdot x + b_x \cdot y + c_x \cdot z = m_x \\ a_y \cdot x + b_y \cdot y + c_y \cdot z = m_y \\ a_z \cdot x + b_z \cdot y + c_z \cdot z = m_z \end{array}$$

zu schreiben. Dieses gesuchte A müßte offenbar für alle Vektorkoordinaten stehen, also

$$A \circ \begin{pmatrix} x \\ y \end{pmatrix} = \begin{pmatrix} a_x & b_x \\ a_y & b_y \end{pmatrix} \circ \begin{pmatrix} x \\ y \end{pmatrix} = \begin{pmatrix} m_x \\ m_y \end{pmatrix}$$

für ebene Vektoren mit einer noch unbekannten Verknüpfung „$\circ$" von A und $\vec{x}$ als Lösungsvektor (x, y) bzw. für den räumlichen Fall (x, y, z):

$$A \circ \begin{pmatrix} x \\ y \\ z \end{pmatrix} = \begin{pmatrix} a_x & b_x & c_x \\ a_y & b_y & c_y \\ a_z & b_z & c_z \end{pmatrix} \circ \begin{pmatrix} x \\ y \\ z \end{pmatrix} = \begin{pmatrix} m_x \\ m_y \\ m_z \end{pmatrix}$$

Aber vergleichen wir doch zeilenweise! Um zur 1. Zeile im System zu gelangen, muß man nur den 1. Zeilenvektor von A mit dem Spaltenvektor $\vec{x}$ *skalar multiplizieren,* und dasselbe gilt für die 2. (und 3.) Gleichung:

$$(a_x, b_x) \bullet \begin{pmatrix} x \\ y \end{pmatrix} = a_x \cdot x + b_x \cdot y$$

$$(a_x, b_x, c_x) \bullet \begin{pmatrix} x \\ y \\ z \end{pmatrix} = a_x \cdot x + b_x \cdot y + c_x \cdot z \qquad \text{usw.}$$

Das erscheint uns sinnvoll; nennen wir ein Zahlenschema

$$A = \begin{pmatrix} a_x & b_x \\ a_y & b_y \end{pmatrix} \quad \text{bzw.} \quad A = \begin{pmatrix} a_x & b_x & c_x \\ a_y & b_y & c_y \\ a_z & b_z & c_z \end{pmatrix}$$

wie allgemein üblich eine ***Matrix*** („Mutter" [von Determinanten, 19. Jh.], Plural *Matrizen*), so können wir sagen:

Gleichungssysteme in neuer Darstellung

mit Linearkombinationen von Spaltenvektoren

was zu einer neuen Verknüpfung führt

skalares Produkt von Vektoren ...

und Matrizen

Definition 3: ... ihrer Verknüpfung

D Man verknüpft eine Matrix A mit einem Vektor $\vec{x}$, indem man die skalaren Produkte der „Zeilenvektoren" von A mit $\vec{x}$ bildet; das Ergebnis ist der Vektor $\vec{m}$ mit diesen Skalaren als Koordinaten: $A \circ \vec{x} = \vec{m}$

Das Lösungsverfahren: Gaußscher Algorithmus

Nun zur Anwendung des neuen Begriffs! Da doch bei jedem Übergang zu einer Linearkombination von Gleichungen immer die x, y, z, die + und = mitgeschrieben werden müssen, erspart man sich bei Verwendung von *Matrizen* dieses „Gerüst", da in A nur die jeweils interessanten Koeffizienten stehen! Diese ***Koeffizientenmatrix*** A erweitern wir dabei zu $(A|\vec{m})$:

Beispiel 12: Gleichungssysteme und Matrizenumformungen

B

$$\begin{aligned} x + y + z &= -4 \\ -2x - 6y + 3z &= 18 \\ x + 2y - 2z &= -3 \end{aligned}$$

Im Vergleich die *erweiterte* Matrix:

$$\left(\begin{array}{ccc|c} 1 & 1 & 1 & -4 \\ -2 & -6 & 3 & 18 \\ 1 & 2 & -2 & -3 \end{array}\right)$$

Wir addieren nun die 2-fache Gleichung I zu II, wodurch dort das x-Glied verschwindet und dann das (-1)-fache von I zu III, was dort dasselbe bewirkt:

$$\begin{aligned} x + y + z &= -4 \\ -4y + 5z &= 10 \\ y - 3z &= 1 \end{aligned} \qquad \begin{aligned} &I \to I \\ &II \to II + 2I \\ &III \to III - I \end{aligned} \qquad \left(\begin{array}{ccc|c} 1 & 1 & 1 & -4 \\ 0 & -4 & 5 & 10 \\ 0 & 1 & -3 & 1 \end{array}\right)$$

Nun sollte auch die 2. Spalte der Matrix auf die Form (1 1 0) gebracht werden; wieder notieren wir kurz in der Mitte, wie das erreicht wird:

$$\begin{aligned} x + y + z &= -4 \\ y - \tfrac{5}{4}z &= -\tfrac{5}{2} \\ -\tfrac{7}{4}z &= \tfrac{7}{2} \end{aligned} \qquad \begin{aligned} &I \to I \\ &II \to -\tfrac{1}{4}II \\ &III \to III + \tfrac{1}{4}II \end{aligned} \qquad \left(\begin{array}{ccc|c} 1 & 1 & 1 & -4 \\ 0 & 1 & -5/4 & -5/2 \\ 0 & 0 & -7/4 & 7/2 \end{array}\right)$$

Jetzt fehlt noch die Eins in der 3. Spalte an 3. Stelle, alles übrige kann man so lassen:

$$\begin{aligned} x + y + z &= -4 \\ y - \tfrac{5}{4}z &= -\tfrac{5}{2} \\ z &= -2 \end{aligned} \qquad \begin{aligned} &I \to I \\ &II \to II \\ &III \to -\tfrac{7}{4}III \end{aligned} \qquad \left(\begin{array}{ccc|c} 1 & 1 & 1 & -4 \\ 0 & 1 & -5/4 & -5/2 \\ 0 & 0 & 1 & -2 \end{array}\right)$$

Hier läßt sich die Lösung für z ablesen: z = –2; setzt man in II ein, ergibt sich y = –5; beides in I eingesetzt, liefert x = 3, womit die Lösung vorliegt: $\mathbb{L} = \{(3, -5, -2)\}$. Wegen der Stufenform des Letztsystems und dem „stufenartigen" Wiederaufstieg von z/III zu den Gleichungen II und I für y und x spricht man auch vom **Stufenverfahren**.

Stufenverfahren

Man kann allerdings die erzeugte *Dreiecksmatrix*, in der unterhalb der von Einsen besetzten *Hauptdiagonale* lauter Nullen stehen, noch weiter umformen, bis auch oberhalb nur Nullen auftreten:

Beispiel 13: Ziel:

B

$$\begin{aligned} x + y &= -2 \\ y &= -5 \\ z &= -2 \end{aligned} \qquad \begin{aligned} &I \to I - III \\ &II \to II + \tfrac{5}{4}III \\ &III \to III \end{aligned} \qquad \left(\begin{array}{ccc|c} 1 & 1 & 0 & -2 \\ 0 & 1 & 0 & -5 \\ 0 & 0 & 1 & -2 \end{array}\right)$$

Jetzt noch ein Schritt mit Hilfe von II

Gleichungen	Umformung	Matrix
$x = 3$	$I \to I - II$	$\left(\begin{array}{ccc\|c} 1 & 0 & 0 & 3 \\ 0 & 1 & 0 & -5 \\ 0 & 0 & 1 & -2 \end{array}\right)$
$y = -5$	$II \to II$	
$z = -2$	$III \to III$	

nur „1" in der Hauptdiagonale

Diese Endform der Koeffizientenmatrix ist nicht mehr zu vereinfachen, sie heißt allg. ***Diagonalmatrix*** bzw. hier mit lauter Einsen *Einheitsmatrix*; ist sie erreicht, steht der Lösungsvektor $\vec{x}$ in der 4. Spalte! Dieser sog. **Gaußsche Algorithmus** funktioniert immer; allerdings kann es passieren, daß man zwei Spalten vertauschen (und die Variablen umbenennen) muß, um 0 in der Hauptdiagonale zu vermeiden.

Einheitsmatrix

Gaußscher Algorithmus

Diskutieren wir gleich die möglichen Lösungen! Entsteht die volle Einheitsmatrix, gibt es *genau eine* Lösung, besser: *einen Lösungsvektor* $\vec{x} = (x, y, z)$; dies ist der *Hauptfall* H. Es wird also auch *Sonderfälle* geben:

Wie sieht die Lösung in Sonderfällen aus?

Dabei kann es sein, daß Matrizen der Art auftreten:

$$\textbf{S1} \left(\begin{array}{ccc|c} 1 & 0 & u & m \\ 0 & 1 & v & n \\ 0 & 0 & 0 & 0 \end{array}\right) \quad \text{oder} \quad \textbf{S2} \left(\begin{array}{ccc|c} 1 & 0 & u & m \\ 0 & 1 & v & n \\ 0 & 0 & 0 & p \neq 0 \end{array}\right)$$

Im Fall **S1** mit lauter Nullen in der 3. Zeile „entfällt" die 3. Bedingung; man kann dann für z *jede* Zahl $\lambda \in \mathbb{R}$ einsetzen, denn $0 \cdot \lambda = 0$ gilt für jeden *Parameter* λ. Da die dritte Eins fehlt, lassen sich auch u und v darüber nicht zum Verschwinden bringen. Mit $z = \lambda$ entsteht hier also:

$$x = m - u\lambda, \quad y = n - v\lambda: \qquad \vec{x} = (x, y, z) = (m - u\lambda, n - v\lambda, \lambda), \quad \lambda \in \mathbb{R}.$$

unendlich viele Lösungen

Da jede Einsetzung für λ zu einem Lösungsvektor $\vec{x}$ führt, gibt es *unendlich viele* Lösungen.

B

Beispiel 14: dazu

Nehmen wir konkret an, die erweiterte Systemmatrix sei

$$\left(\begin{array}{ccc|c} 1 & 0 & 2 & 5 \\ 0 & 1 & -3 & 7 \\ 0 & 0 & 0 & 0 \end{array}\right);$$

wie sieht der allgemeine Lösungsvektor aus?

Mit $z = \lambda$ wie eben ist sofort

$$\vec{x} = (x, y, z) = (5 - 2\lambda, 7 + 3\lambda, \lambda), \quad \lambda \in \mathbb{R}.$$

Setzen wir $\lambda = 0$, entsteht der Störvektor des Gleichungssystems, (5, 7, 0); für $\lambda = 1$ ergibt sich (3, 10, 1), und so führt jede Belegung von λ mit einer Zahl zu einem Lösungstripel des Systems.

Sie erinnern sich an die Überlegungen zur *Dimension* der Vektorräume der Spalten- und der Lösungsvektoren bei 2-2-Sytemen? Hier haben wir *zwei* linear unabhängige Spaltenvektoren, was zu $\dim \mathbb{S} = 2$ und mit $n = 3$ Variablen eben zu $\dim \mathbb{L} = 1$ führt, was gerade *einen* Parameter bedingt!

unlösbare Systeme

Im Fall **S2** ist rascher gelöst: die 3. Zeile verlangt $0 \cdot x + 0 \cdot y + 0 \cdot z = p \neq 0$, was unmöglich ist. Da der Mathematiker keinen *Widerspruch* dulden muß, erklärt er das System für *unlösbar*!

Schließlich sind noch Matrizen der Form denkbar:

$$\mathbf{S3}\ \left(\begin{array}{ccc|c} 1 & u & v & m \\ 0 & 0 & 0 & 0 \\ 0 & 0 & 0 & 0 \end{array}\right) \quad \text{oder} \quad \mathbf{S4}\ \left(\begin{array}{ccc|c} 1 & u & v & m \\ 0 & 0 & 0 & n \\ 0 & 0 & 0 & p \end{array}\right),\ n \neq 0 \ \vee\ p \neq 0.$$

Fall **S4** ist wie Fall **S2** sehr einfach, nämlich wegen Widerspruchs *unlösbar*, im Fall **S3** entfallen zwei Bedingungen, was erlaubt, für *y und auch* z Parameter zu setzen!

Mit y = λ und z = μ wird

$$x = m - u\lambda - v\mu,\ y = \lambda,\ z = \mu, \qquad \vec{x} = (x, y, z) = (m - u\lambda - v\mu,\ \lambda,\ \mu),\ \lambda, \mu \in \mathbb{R}.$$

zweifach-unendlich viele Lösungen

Hier spricht man von „zweifach-unendlich“ vielen Lösungen. Anders gedeutet: Es gibt nur *einen* linear unabhängigen Spaltenvektor mit dim $\mathbb{S}$ = 1 und damit dim $\mathbb{L}$ = 2, was eben zu *zwei* Parametern führt!

Wie könnte man diesen Vektor als Summe *dreier* Vektoren erhalten? Etwa so:

$$e\colon \vec{x} = \begin{pmatrix} x \\ y \\ z \end{pmatrix} = \begin{pmatrix} m \\ 0 \\ 0 \end{pmatrix} + \lambda \begin{pmatrix} -u \\ 1 \\ 0 \end{pmatrix} + \mu \begin{pmatrix} -v \\ 0 \\ 1 \end{pmatrix}.$$

Hierin erkennen Sie aber die Parameterform einer *Ebenengleichung*, vgl. Band **2**!

Auch dazu ein kleines Zahlenbeispiel:

Beispiel 15: dazu

B Sei die Gleichungsmatrix

$$\left(\begin{array}{ccc|c} 1 & -2 & 3 & 5 \\ 0 & 0 & 0 & 0 \\ 0 & 0 & 0 & 0 \end{array}\right);$$

wie sieht der Lösungsvektor aus?

Ganz wie oben setzen wir y = λ und z = μ und lösen nach x auf:

$$\vec{x} = (x, y, z) = (5 + 2\lambda - 3\mu,\ \lambda,\ \mu),\ \lambda, \mu \in \mathbb{R}.$$

Wird λ = 1 und μ = 1 gesetzt, so entsteht daraus = (4, 1, 1); für λ = 0 sowie μ = 2 ergibt sich entsprechend (–1, 0, 2) usw. Diesmal breiten sich diese Punkte aber in einer *Ebene*, eben *zweifach-unendlich weit*, aus!

Um diese Fälle, die auch allgemein bei m-n-Systemen analog diskutiert werden, systematisch klassifizieren zu können, führen wir jetzt einen Begriff ein, der genau der *Dimension* des Spaltenvektorraums entspricht:

Definition 4: Rang einer Matrix

D Der ***Rang*** einer Matrix A ist die maximale Anzahl linear unabhängiger Zeilen- oder Spaltenvektoren von A.

Sehen wir uns daraufhin unsere Fälle **H** sowie **S1** bis **S4** an!

Klassifikation der Lösungen

An der Einheitsmatrix A von **H** lesen wir sofort den *Rang* 3 ab, da wir die 3 Spaltenvektoren als $\vec{i}, \vec{j}, \vec{k}$ identifizieren und schon als linear *un*abhängig erkannt haben. Auch die *erweiterte* Matrix kann nur 3 als Rang haben, da sie nur 3 Zeilen enthält; anders gesagt: Der 4. Spaltenvektor $\vec{x}$ ist als Linearkombination der drei übrigen (als $\vec{r} = 3\vec{i} - 5\vec{j} - 2\vec{k}$) darstellbar, demnach sind *alle vier* linear *ab*hängig; der Rang kann also nur 3 sein!

Bei Fall **S1** hat A den Rang 2 und $(A \mid \vec{m})$ ebenfalls, während an **S3** beidemal der Rang 1 abzulesen ist. Beide Fälle sind wieder lösbar, wenn auch nicht eindeutig!

Diskussion der Fälle :

Fall **S2** dagegen zeigt Rang 2 für A, aber Rang 3 für $(A \mid \vec{m})$! Wegen $p \neq 0$ läßt sich ja der 4. Spaltenvektor *nicht* als Linearkombination von zwei anderen darstellen: der 1., 2. und 4. Spaltenvektor sind demnach linear *un*abhängig (ebenso 1., 3. und 4.), was für die erweiterte Matrix den Rang 3 bedeutet. *Rangerhöhung* $2 \rightarrow 3$ beschreibt hier den Widerspruch und damit die *Unlösbarkeit* des Systems.

Analog ist es im Fall **S4**, wo wir rang A = 1 und rang $(A \mid \vec{m}) = 2$ ablesen! Fassen wir zusammen:

S — **Satz 5: Übersicht**

Ein lineares 3-3-System ist für	
rang A = rang $(A \mid \vec{m}) = 3$	**eindeutig lösbar**
= 2 oder 1	**unendlich-vieldeutig lösbar**
rang A < rang $(A \mid \vec{m})$	**unlösbar.**

Damit sollten Sie erkennen, was noch für die Einführung der *Matrizen* spricht: Das Ziel einer klaren Übersicht über alle möglichen Lösungsfälle eines Systems!

Determinante und eindeutige Lösung

Bevor wir noch etwas praktisch üben, mit Matrizen umzugehen, an dieser Stelle ein kleiner Ausblick: Sollte es nicht möglich sein, über das Erreichte hinaus eine *fertige Lösungsformel* für Systeme anzugeben? Tatsächlich gibt es so etwas, aber sie ist nur für 2-2-Systeme auch handlich genug, schon bei 3 Variablen wird es umständlich, und bei $n > 3$ ist sie praktisch zu langwierig. Wir verzichten daher darauf, diese sog. *Cramersche Regel* samt den dazu nötigen *Determinanten* hier zu behandeln.

Soviel immerhin: Bei Rang 1 oder 2 entstehen *Nullzeilen*; wenn Sie in Band **1** beim Vektorprodukt nachsehen, wie Determinanten berechnet werden, erkennen Sie, daß diese dann immer = 0 werden. Hier gibt es also sicher *keine eindeutige* Lösung.

Wir üben hier noch ein wenig den *Umgang mit Matrizen*: Beginnen wir mit einem 2-2-System; Grundmenge ist stets $\mathbb{R} \times \mathbb{R}$:

B — **Beispiel 16: Hauptfall**

$$\begin{array}{l} x - y = 7 \\ x + 2y = 4 \end{array} \qquad \text{Matrix} \quad \left(\begin{array}{cc|c} 1 & -1 & 7 \\ 1 & 2 & 4 \end{array}\right) \quad II \rightarrow II - I \quad \left(\begin{array}{cc|c} 1 & -1 & 7 \\ 0 & 3 & -3 \end{array}\right)$$

$$II \rightarrow \tfrac{1}{3}\, II \quad \left(\begin{array}{cc|c} 1 & -1 & 7 \\ 0 & 1 & -1 \end{array}\right) \quad I \rightarrow I + II \quad \left(\begin{array}{cc|c} 1 & 0 & 6 \\ 0 & 1 & -1 \end{array}\right)$$

$$\begin{array}{l} x = 6 \\ y = -1 \end{array} \qquad \rightarrow \mathbb{L} = \{(6, -1)\} \quad \text{oder} \quad \vec{x} = (x, y) = (6, -1) \quad \text{(Hauptfall)}$$

Ein anderes 2-2-System soll *unendlich vieldeutig* lösbar sein:

B — **Beispiel 17: Sonderfall**

$$\begin{array}{l} 3x - 5y = 8 \\ -6x + 10y = -16 \end{array} \qquad \text{Matrix} \quad \left(\begin{array}{cc|c} 3 & -5 & 8 \\ -6 & 10 & -16 \end{array}\right) \quad II \rightarrow II + 2I \quad \left(\begin{array}{cc|c} 3 & -5 & 8 \\ 0 & 0 & 0 \end{array}\right)$$

Sonderfall! Keine Rangerhöhung, also lösbar.

Mit y als Parameter λ ist

$$3x = 8 + 5\lambda \quad \Rightarrow \quad x = \tfrac{8}{3} + \tfrac{5}{3}\lambda \quad \Rightarrow \quad \vec{x} = (x, y) = (\tfrac{8}{3} + \tfrac{5}{3}\lambda, \lambda), \ \lambda \in \mathbb{R}.$$

Es fehlt noch ein *widersprüchliches* System:

Beispiel 18: hier ein Widerspruch

B

$$\begin{array}{l} x - 2y = 9 \\ 2x - 4y = 10 \end{array} \qquad \text{Matrix: } \left(\begin{array}{cc|c} 1 & -2 & 9 \\ 2 & -4 & 10 \end{array}\right) \quad \text{II} \rightarrow \text{II} - 2\text{I} \quad \left(\begin{array}{cc|c} 1 & -2 & 9 \\ 0 & 0 & -8 \end{array}\right)$$

Sonderfall! Wegen Rangerhöhung 1 → 2 ist das System *unlösbar*: $\mathbb{L} = \emptyset$.

Jetzt ein „normales" 3-3-System:

Beispiel 19: Hauptfall im 3-3-System

B

$$\begin{array}{r} 3x + 5y - 2z = -9 \\ -2x + 3y + 6z = 23 \\ -4x + y + 3z = 6 \end{array} \qquad \text{Matrix: } \left(\begin{array}{ccc|c} 3 & 5 & -2 & -9 \\ -2 & 3 & 6 & 23 \\ -4 & 1 & 3 & 6 \end{array}\right) \quad \text{I} \rightarrow \tfrac{1}{3}\text{I} \quad \left(\begin{array}{ccc|c} 1 & \frac{5}{3} & \frac{-2}{3} & -3 \\ -2 & 3 & 6 & 23 \\ -4 & 1 & 3 & -6 \end{array}\right)$$

$$\begin{array}{l} \text{II} \rightarrow \text{II}+2\text{I} \\ \text{III} \rightarrow \text{III}+4\text{I} \end{array} \left(\begin{array}{cccc} 1 & 5/3 & -2/3 & -3 \\ 0 & 19/3 & 14/3 & 17 \\ 0 & 23/3 & 1/3 & -6 \end{array}\right) \quad \text{II} \rightarrow \tfrac{3}{19}\text{II} \left(\begin{array}{cccc} 1 & \frac{5}{3} & \frac{-2}{3} & -3 \\ 0 & 1 & \frac{14}{19} & \frac{51}{19} \\ 0 & \frac{23}{3} & \frac{1}{3} & -6 \end{array}\right) \quad \text{III} \rightarrow \text{III} - \tfrac{23}{3}\text{II} \left(\begin{array}{ccc|c} 1 & \frac{5}{3} & \frac{-2}{3} & -3 \\ 0 & 1 & \frac{14}{19} & \frac{51}{19} \\ 0 & 0 & \frac{-101}{19} & \frac{-505}{19} \end{array}\right)$$

$$\text{III} \rightarrow -\tfrac{19}{101}\text{III} \left(\begin{array}{ccc|c} 1 & \frac{5}{3} & \frac{-2}{3} & -3 \\ 0 & 1 & \frac{14}{9} & \frac{51}{9} \\ 0 & 0 & 1 & 5 \end{array}\right) \quad \begin{array}{l} \text{II} \rightarrow \text{II} - \tfrac{14}{19}\text{III} \\ \text{I} \rightarrow \text{I} + \tfrac{2}{3}\text{III} \end{array} \left(\begin{array}{ccc|c} 1 & \frac{5}{3} & 0 & \frac{1}{3} \\ 0 & 1 & 0 & -1 \\ 0 & 0 & 1 & 5 \end{array}\right) \quad \text{I} \rightarrow \text{I} - \tfrac{5}{3}\text{II} \left(\begin{array}{ccc|c} 1 & 0 & 0 & 2 \\ 0 & 1 & 0 & -1 \\ 0 & 0 & 1 & 5 \end{array}\right)$$

Hauptfall! Lösungsvektor $\vec{x} = (x, y, z) = (2, -1, 5)$.

Lösung von 3-3-Systemen mit Matrizen

Kommentar: Schönheit (hier: Matrixmethode) muß leiden! Empfehlung daher: solche Systeme „gewöhnlich" (Additions- oder Stufenverfahren) lösen!

Für Unerschütterliche noch ein (lösbarer) Sonderfall:

Beispiel 20: Wie zeigt die Matrix einen Sonderfall?

B

$$\begin{array}{r} +x - 2y + 5z = -10 \\ 3x - y + 2z = -6 \\ 2x + y - 3z = 4 \end{array} \qquad \text{Matrix: } \left(\begin{array}{ccc|c} 1 & -2 & 5 & -10 \\ 3 & -1 & 2 & -6 \\ 2 & 1 & -3 & 4 \end{array}\right) \quad \begin{array}{l} \text{II} \rightarrow \text{II}-3\text{I} \\ \text{III} \rightarrow \text{III}-2\text{I} \end{array} \left(\begin{array}{ccc|c} 1 & -2 & 5 & -10 \\ 0 & 5 & -13 & 24 \\ 0 & 5 & -13 & 24 \end{array}\right)$$

$$\text{III} \rightarrow \text{III}-\text{II} \left(\begin{array}{ccc|c} 1 & -2 & 5 & -10 \\ 0 & 5 & -13 & 24 \\ 0 & 0 & 0 & 0 \end{array}\right) \quad \text{II} \rightarrow \tfrac{1}{5}\text{II} \left(\begin{array}{ccc|c} 1 & -2 & 5 & -10 \\ 0 & 1 & \frac{-13}{5} & \frac{24}{5} \\ 0 & 0 & 0 & 0 \end{array}\right) \quad \text{I} \rightarrow \text{I}+2\text{II} \left(\begin{array}{ccc|c} 1 & 0 & \frac{-1}{5} & \frac{-2}{5} \\ 0 & 1 & \frac{-13}{5} & \frac{24}{5} \\ 0 & 0 & 0 & 0 \end{array}\right)$$

Sonderfall **S1**, Rang 2 → 2, Parameter λ für z:

$$x = -\tfrac{2}{5} + \tfrac{1}{5}\lambda, \; y = \tfrac{24}{5} + \tfrac{13}{5}\lambda, \; z = \lambda: \quad \vec{x} = (x, y, z) = \left(-\tfrac{2}{5} + \tfrac{1}{5}\lambda, \; \tfrac{24}{5} + \tfrac{13}{5}\lambda, \; \lambda\right), \; \lambda \in \mathbb{R}.$$

Wenn Sie in der 3. Gleichung statt 4 eine andere beliebige Zahl wählen, kommen Sie zum Fall **S2**, da dann ein $p \neq 0$ entsteht; Lösung wäre $\mathbb{L} = \emptyset$!

Gleichungssysteme mit mehr als 3 Variablen

Nun gibt es natürlich auch Gleichungssysteme mit ***mehr als 3** Variablen* bzw. Unbestimmten oder Unbekannten: Schon in Band **1** haben wir das *Iterationsverfahren* von K.G. Jacobi vorgestellt. Anstatt hier weitere Methoden und Systeme zu studieren, wenden wir uns lieber an *Mathematica,* um zu sehen, ob es uns die Plagerei mit den Matrizenumformungen ersparen kann!

Bevor wir uns an Beispiel 19 versuchen, wollen wir sehen, wie man gemäß Seite 77 Matrizen mit einem Spaltenvektor verknüpfen kann. Die *Matrix* muß man als Liste von Listen = Zeilenvektoren eingeben, den *Vektor* wie gewohnt (Beispiel 3); dann wird das *Produkt* der beiden wie beim skalaren Produkt von Vektoren mit einem Dezimalpunkt geschrieben:

Beispiel 21: Matrizen und Gleichungssysteme mit Mathematica

```
Matrix = {{1, 2, 3}, {-4, -5, -6}, {7, 8, 9}};
Vektor = {x, y, z};
Matrix . Vektor //MatrixForm
```

```
x + 2 y + 3 z

-4 x - 5 y - 6 z

7 x + 8 y + 9 z
```

Wenn Sie die Reihenfolge vertauschen, kommt etwas ganz anderes heraus!

```
Vektor . Matrix //MatrixForm
```

```
x - 4 y + 7 z

2 x - 5 y + 8 z

3 x - 6 y + 9 z
```

Der jetzt links stehende Vektor wird nämlich als *Zeilenvektor* aufgefaßt. Nun zum Beispiel 19: Die Matrix geben wir ein wie eben, den Störvektor $\vec{m}$ ebenso; die Verbindung zu einem Gleichungssystem besorgt der Befehl `LinearSolve`:

```
matrix = {{3, 5, -2}, {-2, 3, 6}, {-4, 1, 3}};
m = {-9, 23, 6};
LinearSolve[matrix, m]
```

```
{2, -1, 5}
```

Ja, so einfach ist das! Allerdings nur im Hauptfall. Liegt ein Sonderfall wie im Beispiel 20 vor, erkennt *Mathematica* dies an der *Determinante*, die dann null ist:

Erkennen von Sonderfällen

```
matrix2 = {{1, -2, 5}, {3, -1, 2}, {2, 1, -3}};
Det[matrix2]
```

```
0
```

Hier sind wir dennoch nicht ganz verloren! Betrachten Sie Beispiel 20, von wo diese Determinante stammt und setzen Sie den Störvektor $\vec{m}$ gleich Null, was das System *homogen* macht. Ein Lösungsvektor wäre doch dann $\left(\frac{1}{5}, \frac{13}{5}, 1\right)$, wir haben dort mit dem Parameter λ vervielfacht. Sollte ihn *Mathematica* nicht auch finden? Tatsächlich ist das der Fall, er wird sogar bruchfrei angegeben, also verfünffacht:

auch hier gibt es Hilfe

```
matrix2 = {{1, -2, 5}, {3, -1, 2}, {2, 1, -3}};
NullSpace[matrix2]        (* engl. Name des Vektorraums 𝕃 *)
```

```
{{1, 13, 5}}
```

Diesen Vektor müssen wir jetzt mit einem bel. Konstantenvektor kombinieren, z. B. dem in Beispiel 20 gefundenen $\left(-\frac{2}{5}, \frac{24}{5}, 0\right)$, vgl. dazu auch das in Übung 13 Gesagte!

Verknüpfung von Matrizen

Matrizen als Rechenobjekte

Wir lösen jetzt die eben besprochenen **Matrizen** von den Gleichungssystemen ab und wollen sie noch als eigenständige Objekte wie Zahlen, Vektoren, Funktionen untereinander ***verknüpfen***. Dazu betrachten wir für die **Addition** Koeffizientenmatrizen ohne Erweiterung, lassen also nur „quadratische" 2-2- oder 3-3-Matrizen zu. (Genauso kann man 4-4-, 5-5-, n-n-Matrizen wählen.) Zu zwei solchen Matrizen A und B bilden wir eine Matrix $C = A \oplus B$, indem wir überall die *Summe* der Koordinaten von A und B einsetzen.

So ist z.B. für zwei 3-3-Matrizen A und B:

Beispiel 22: Addition von Matrizen

$$C = A \oplus B = \begin{pmatrix} 1 & 2 & -1 \\ 0 & 3 & 4 \\ 5 & -2 & -3 \end{pmatrix} \oplus \begin{pmatrix} 0 & 3 & 9 \\ 8 & -2 & -5 \\ 7 & 1 & 3 \end{pmatrix} = \begin{pmatrix} 1 & 5 & 8 \\ 8 & 1 & -1 \\ 12 & -1 & 0 \end{pmatrix}$$

wegen 1 + 0 = 1 an 1. Stelle, 2 + 3 = 5 in der 1. Zeile und 2. Spalte usw. Diese Operation beherrscht natürlich auch *Mathematica*, man braucht nur ein + zwischen die Namen zweier Matrizen zu setzen:

```
mat1 = {{1, 2, -1}, {0, 3, 4}, {5, -2, -3}};
mat2 = {{0, 3, 9}, {8, -2, -5}, {7, 1, 3}};
mat1 + mat2
```

```
{{1, 5, 8}, {8, 1, -1}, {12, -1, 0}}
```

Es ist ganz einfach, zu zeigen (Beweis als Übung):

Satz 6: Gruppe

Die Struktur $(\mathbb{M}, \oplus)$ mit $\mathbb{M}$ als Menge aller quadratischen n-n-Matrizen und „$\oplus$" als Addition ist eine abelsche **Gruppe.**

Multiplikation

Für eine **Multiplikation** „$\otimes$" von Matrizen lassen wir uns von der Definition von $A \circ \bar{x}$ leiten; $\bar{x}$ läßt sich ja als „1spaltige" Matrix auffassen, und $A \otimes B$ sollte diesen Sonderfall einschließen! Es liegt – so gesehen – nahe, *skalare Produkte* der Zeilenvektoren von A mit den Spaltenvektoren von B zu bilden!

Daß dies auch von der Anwendung her sinnvoll ist, soll wieder ein (vereinfachtes) Beispiel aus der Praxis zeigen:

Beispiel 23: Praxis: die Bedarfsmatrix in der Produktion

Aus 2 **Rohstoffen** R_1, R_2 werden 2 Halbfertigprodukte H_1, H_2 hergestellt, wobei die dazu benötigten Mengen in einer „Bedarfsmatrix" zusammengestellt sind. Weiter entstehen aus H_1, H_2 in einem 2. Arbeitsgang 2 Fertigprodukte F_1, F_2 nach einer 2. Bedarfsmatrix, Bild 1, nächste Seite:

Nun stellt man x_1 bzw. x_2 Einheiten von F_1 bzw. F_2 her; wie viele Einheiten y_1, y_2 von H_1, H_2 braucht man, wie viele Einheiten z_1, z_2 schließlich von R_1, R_2?

Beginnen wir am Ende des Prozesses (2. Schritt): 1 Einheit von F_1 verlangt 2 Einheiten von H_1 und 1 Einheit von H_2; x_1 Einheiten benötigen daher x_1-mal soviel, also $x_1 \cdot \binom{2}{1}$. Ebenso ist es mit F_2, von dem x_2 Einheiten $x_2 \cdot \binom{1}{3}$ Einheiten von H_1 und H_2 erfordern. Insgesamt ist so

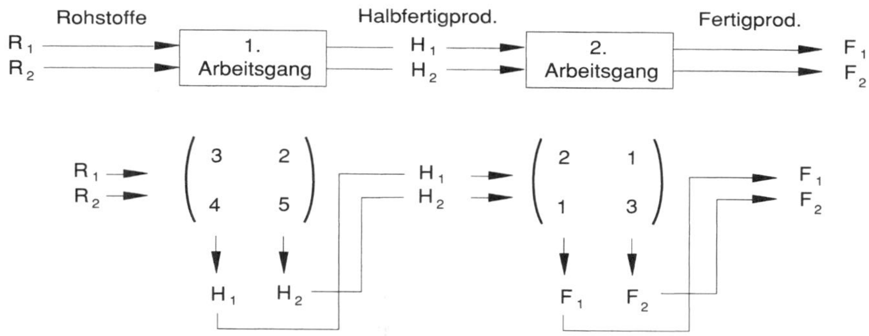

Bild 1: Arbeitsgänge schematisch

$$\begin{pmatrix} y_1 \\ y_2 \end{pmatrix} = x_1 \begin{pmatrix} 2 \\ 1 \end{pmatrix} + x_2 \begin{pmatrix} 1 \\ 3 \end{pmatrix} \text{ bzw. } \begin{pmatrix} y_1 \\ y_2 \end{pmatrix} = \begin{pmatrix} 2 & 1 \\ 1 & 3 \end{pmatrix} \otimes \begin{pmatrix} x_1 \\ x_2 \end{pmatrix} \Rightarrow$$

$$\begin{aligned} y_1 &= 2x_1 + 1x_2 \\ y_2 &= 1x_1 + 3x_2 \end{aligned}$$

Ganz analog kommt man im 1. Schritt zu

$$\begin{pmatrix} z_1 \\ z_2 \end{pmatrix} = y_1 \begin{pmatrix} 3 \\ 4 \end{pmatrix} + y_2 \begin{pmatrix} 2 \\ 5 \end{pmatrix} \text{ bzw. } \begin{pmatrix} z_1 \\ z_2 \end{pmatrix} = \begin{pmatrix} 3 & 2 \\ 4 & 5 \end{pmatrix} \otimes \begin{pmatrix} y_1 \\ y_2 \end{pmatrix} \Rightarrow$$

$$\begin{aligned} z_1 &= 3y_1 + 2y_2 \\ z_2 &= 4y_1 + 5y_2 \end{aligned}$$

und ihre rechnerische Übersetzung

Mit Matrizen haben wir also kurz

$$\begin{pmatrix} z_1 \\ z_2 \end{pmatrix} = A \circ \begin{pmatrix} y_1 \\ y_2 \end{pmatrix} \wedge \begin{pmatrix} y_1 \\ y_2 \end{pmatrix} = B \circ \begin{pmatrix} x_1 \\ x_2 \end{pmatrix}$$

Es wäre wünschenswert, hier einfach einsetzen zu können:

$$\begin{pmatrix} z_1 \\ z_2 \end{pmatrix} = A \circ \left[B \circ \begin{pmatrix} x_1 \\ x_2 \end{pmatrix} \right] = [A \otimes B] \circ \begin{pmatrix} x_1 \\ x_2 \end{pmatrix} = C \circ \begin{pmatrix} x_1 \\ x_2 \end{pmatrix}$$

das heißt aber, C müßte aus A und B durch eine Art **Matrizenprodukt** hervorgehen!

bis zum Produkt von Matrizen

Nun, gehen wir traditionell vor, indem wir in die z-Terme die y-Terme einsetzen:

$$z_1 = 3\,(2x_1 + 1x_2) + 2\,(1x_1 + 3x_2) = (3 \cdot 2 + 2 \cdot 1)\,x_1 + (3 \cdot 1 + 2 \cdot 3)\,x_2 = 8x_1 + 9x_2$$

$$z_2 = 4\,(2x_1 + 1x_2) + 5\,(1x_1 + 3x_2) = (4 \cdot 2 + 5 \cdot 1)\,x_1 + (4 \cdot 1 + 5 \cdot 3)\,x_2 = 13x_1 + 19x_2$$

Dies schreiben wir *„auf Matrizenart"*

$$\begin{pmatrix} z_1 \\ z_2 \end{pmatrix} = \begin{pmatrix} 8 & 9 \\ 13 & 19 \end{pmatrix} \circ \begin{pmatrix} x_1 \\ x_2 \end{pmatrix} = \begin{pmatrix} 3 \cdot 2 + 2 \cdot 1 & 3 \cdot 1 + 2 \cdot 3 \\ 4 \cdot 2 + 5 \cdot 1 & 4 \cdot 1 + 5 \cdot 3 \end{pmatrix} \circ \begin{pmatrix} x_1 \\ x_2 \end{pmatrix} = C \circ \begin{pmatrix} x_1 \\ x_2 \end{pmatrix}$$

Stellen wir dem gegenüber:

$$A \otimes B = \begin{pmatrix} 3 & 2 \\ 4 & 5 \end{pmatrix} \otimes \begin{pmatrix} 2 & 1 \\ 1 & 3 \end{pmatrix} = C,$$

so erkennen wir, daß tatsächlich die Zeilenvektoren von A mit den Spaltenvektoren von B *skalar* zu *multiplizieren* sind, um die C-Koordinaten zu erhalten!

Bild 2a: Falk-Schema

Dies läßt sich übersichtlich im ***Falk-Schema*** notieren:

			2	1	B
			1	3	
A	3	2	8	9	A ⊗ B
	4	5	13	19	

$8 = 3 \cdot 2 + 2 \cdot 1$, $\boxed{9 = 3 \cdot 1 + 2 \cdot 3}$

$13 = 4 \cdot 2 + 5 \cdot 1$, $19 = 4 \cdot 1 + 5 \cdot 3$

Es ist also sinnvoll, *Matrizen* auf diese Weise zu *multiplizieren*. Da in der Praxis nicht nur jeweils 2 Elemente auftreten, erklärt man allgemein auch „rechteckige" Matrizen, etwa 2-3-Matrizen oder 3-2-, allg. m-n-Matrizen mit m Zeilen- und n Spaltenvektoren. Man kann sie ganz genau so multiplizieren, falls nur A ebensoviele Spalten hat wie B Zeilen.

Beispiel 24: dazu

B Im folgenden Beispiel ergibt eine 4-2-Matrix A mit einer 2-3-Matrix B eine 4-3-Matrix A ⊗ B:

Bild 2b: Falk-Schema für Rechteckmatrizen

			−1	−2	5	B
			3	1	4	
A	5	2	1	−8	33	A ⊗ B
	−3	1	6	7	−11	
	0	3	9	3	12	
	1	−4	−13	−6	−11	

Wir kontrollieren gleich mit *Mathematica*:

```
A = { {5, 2}, {-3, 1}, {0, 3}, {1, -4} };
B = { {-1, -2, 5}, {3, 1, 4} };
A . B //MatrixForm

1      -8     33

6      7      -11

9      3      12                (* Richtig gerechnet, doch *)

-13    -6     -11         (* leider linksbündig dargestellt! *)
```

Anwendung

Die Anwendungen aus der WIRTSCHAFT liegen auf der Hand (4 Rohstoffe → 2 Halbfertigprodukte → 3 Fertigprodukte). In der ANALYTISCHEN GEOMETRIE beschreibt man damit *Abbildungen*, vor allem *affine*; in der STOCHASTIK dienen Matrizen zur Darstellung von Übergangswahrscheinlichkeiten, etwa bei Markoffketten. Auch in der Wissenschaft von den *vernetzten Systemen* kommen sie zum Einsatz. Weiter verwendet man Matrizen (seit Werner Heisenberg, deutscher theor. Physiker, 1925) in der QUANTENMECHANIK.

noch einige Strukturfragen

Die **Struktureigenschaften** für ($\mathbb{M}$, ⊗) sind nicht mehr so einfach zu erkennen wie bei ($\mathbb{M}$, ⊕). Sicherlich liegt eine *innere* Verknüpfung vor, falls nur alle quadratischen n-n-Matrizen in $\mathbb{M}$ liegen, da das Produkt dann eine ebensolche ist.

Wir beweisen nicht, daß „⊗"*assoziativ* ist – es ist etwas langwierig –, können aber dafür das *neutrale* Element angeben: Es ist die vertraute *Einheitsmatrix* mit lauter Einsen in der Hauptdiagonale! Ist doch z.B.

$$A \otimes E = \begin{pmatrix} a_{11} & a_{12} & a_{13} \\ a_{21} & a_{22} & a_{23} \\ a_{31} & a_{32} & a_{33} \end{pmatrix} \otimes \begin{pmatrix} 1 & 0 & 0 \\ 0 & 1 & 0 \\ 0 & 0 & 1 \end{pmatrix} = A$$

Damit ist immerhin erkannt:

Satz 7: Halbgruppe

Die Struktur ($\mathbb{M}$, ⊗) mit $\mathbb{M}$ als Menge aller quadratischen n-n-Matrizen und „⊗" als Multiplikation ist eine Halbgruppe mit neutralem Element.

reguläre und inverse Matrizen

Bei der Frage nach den *inversen* Elementen A^{-1} passen wir, weil der Rechenaufwand zu hoch wird. Außerdem gibt es nur dann eine inverse Matrix zu einer n-n-Matrix A, wenn diese den Rang n hat, „regulär" ist, wie man sagt, also eine Determinante ≠ 0 hat. Daß „⊗" *nicht kommutativ* sein dürfte, vermuten Sie schon seit Beispiel 21 (bitte prüfen!). Wer *Mathematica* einsetzen kann, hat es auch hier leicht, vgl. Beispiel 22:

Beispiel 25: inverse Matrizen

```
A = { {1, 2, -1}, {0, 3, 4}, {5, -2, -3} };
B = Inverse[A];  B //MatrixForm
  1        4        11
-(--)      --       --
  54       27       54

10         1          2         (* Die Darstellung läßt leider
--         --       -(--)          zu wünschen übrig; genau so
27         27         27           liefert Mathematica sie! *)

  5        2        1
-(--)      -        --
  18       9        18

Det[A]

54

Det[B]

1
--
54                 (* Das Determinantenprodukt ist also 1! *)

A . B //MatrixForm

1    0    0

0    1    0          (* Hier die Einheitsmatrix zur Probe, *)

0    0    1          (* sie muß ja neutrales Element sein! *)
```

Determinanten

Einheitsmatrix

Ausblick: Strukturen

Man kann auch eine Verbindung zwischen „⊕" und „⊗" herstellen, was bei Zahlen und Vektoren durch das *Distributivgesetz* geschieht; es läßt sich zeigen

$$A \otimes (B \oplus C) = (A \otimes B) \oplus (A \otimes C).$$

Damit ist in ($\mathbb{M}$, ⊕, ⊗) eine Struktur mit doppelter Verknüpfung gewonnen, ein weiteres **Körpermodell**!

Und wo bleibt der **Vektorraum**? Dazu Übung 18!

Ende des 30. Kapitels

Übungsaufgaben

1. Worin liegen die Unterschiede zwischen innerer Verknüpfung und äußerer Verknüpfung 1. und 2. Art? Schreiben Sie Mengenabbildungen dazu an und geben Sie Beispiele.

2. Weshalb ist die Verknüpfung „$\cdot$“ im skalaren Produkt kommutativ?

3. Stellen Sie die Eigenschaften assoziativ – kommutativ – distributiv der beiden Vektorverknüpfungen „$\cdot$“ und „ $\times$ “ einander gegenüber.

4. Berechnen Sie nach Beispiel 2 den Term $\vec{a} \times \vec{b} + \vec{a} \times \vec{c}$ für $\vec{a} = 3\vec{i}$, $\vec{b} = 2\vec{j}$ und $\vec{c} = \vec{k}$ und vergleichen Sie mit dem Ergebnis dort. Welche Lage hat der Ergebnisvektor im Koordinatensystem?

5. Vektoren hatten mit Schiebungen zu tun. Wie ist es mit dem Vektor*raum*?

6. In Beispiel 4 diskutierten wir die Vektorraum-Modelle der Ortsvektoren bzw. Koordinaten im $\mathbb{R}^2$ und $\mathbb{R}^3$. Wie könnte eine Erweiterung auf 4, 5, ... oder allgemein n Koordinaten aussehen?

7. Warum ist der Durchschnitt zweier Vektorräume wieder ein solcher?

8. Sie wissen, daß quadratische Funktionen (im weiteren Sinn) einen Vektorraum bilden können, Beispiel 5. Drei spezielle Funktionen daraus seien $f_1(x) = x^2$, $f_2(x) = 2x^2 - 1$ und $f_3(x) = 5$. Zeigen Sie, daß diese f_i linear abhängig sind.

9. Ein Vektorraum werde durch $\vec{a}$ und $\vec{b}$ erzeugt. Ist dann der durch $\vec{a}$, $\vec{b}$ und $\vec{c} = \vec{a} + 2\vec{b}$ aufgespannte Vektorraum von höherer Dimension?

10. Entscheiden Sie analog Beispiel 6, ob die Vektoren $\vec{a} = \vec{i} + \vec{k}$, $\vec{b} = \vec{j}$ und $\vec{c} = 2\vec{i} - 3\vec{j} + 2\vec{k}$ komplanar und damit linear abhängig sind.

11. Stellen Sie den Vektor $\vec{a} = (2, -1, 3)$ in der Standardbasis $\vec{i}$, $\vec{j}$, $\vec{k}$ dar und dann in der Basis $\vec{e}_1 = \vec{i}$, $\vec{e}_2 = -\vec{j}$, $\vec{e}_3 = \vec{i} + 3\vec{k}$. Welche Koordinaten hat er dort?

12. Schreiben Sie den Lösungsvektor $\vec{x}$ des 1. Sonderfalls **S1** von Seite 79 als Summe zweier Vektoren so, daß in ihm die Gleichung der Schnittgeraden zweier Ebenen erkennbar wird!

13. Es gilt folgender Zusammenhang zwischen den Lösungen eines inhomogenen und des zugehörigen homogenen Gleichungssystems: Kennt man *einen speziellen* Lösungsvektor des inhomogenen Systems und *alle* Vektoren des homogenen, so hat man in der Summe *alle* Lösungsvektoren des inhomogenen Systems. Dazu ist zu zeigen:
   a) Löst $\vec{v}$ das inhomogene und $\vec{h}$ das homogene System, so löst der Summenvektor $\vec{v} + \vec{h}$ das inhomogene System.

b) Lösen $\vec{u}$ und $\vec{v}$ das inhomogene, so löst der Differenzvektor $\vec{u} - \vec{v}$ das homogene System.

14. Lösen Sie das 2-2-System $2x - y = 6 \wedge -x - y = 3$ nach der Matrixmethode (Gauß-Algorithmus)!

15. Lösen Sie das 3-3-System $3x + 4z = -11 \wedge 9x + 4y = 3 \wedge 2y - z = 8$ nach der Matrixmethode.

16. Was ist invers zu einer beliebigen 3-3-Matrix in $(\mathbb{M}_3, \oplus)$, was ist neutrales Element?

17. Geben Sie das Produkt der Matrizen A und B im Falk-Schema an:

$$A = \begin{pmatrix} 1 & -2 \\ 0 & 3 \\ -5 & 4 \end{pmatrix}, \quad B = \begin{pmatrix} 3 & -4 & 0 \\ -1 & 2 & 5 \end{pmatrix}; \quad C = A \otimes B = ?$$

18. In 2 Geschäften werden 3 Artikel einer Firma verkauft. Die Umsätze $u_{1,2}$ sind von den Artikelpreisen gemäß $A = \begin{pmatrix} 1 & 4 & 2 \\ 2 & 3 & 1 \end{pmatrix}$ abhängig. Diese wieder werden von 2 Rohstoffpreisen nach $B = \begin{pmatrix} 4 & 3 \\ 1 & 2 \\ 5 & 1 \end{pmatrix}$ diktiert. Wie ergeben sich die Umsätze *direkt* aus den Rohstoffpreisen?

19. Versuchen Sie, eines der beiden Distributivgesetze in $(\mathbb{M}, \circ, \mathbb{V}, +)$ nachzuweisen:

a) $(A \oplus B) \circ \vec{x} = A \circ \vec{x} + B \circ \vec{x}$

b) $A \circ (\vec{u} + \vec{v}) = A \circ \vec{u} + A \circ \vec{v}$

wobei Sie A und B als 2-2-Matrizen und $\vec{x}, \vec{u}, \vec{v}$ als ebene Vektoren annehmen!

20. Wir haben die Ortsvektoren als Modell eines Vektorraums kennengelernt. Dabei war eine Verknüpfung zwischen $k \in \mathbb{R}$ und $\vec{a} \in \mathbb{V}$ mittels $k \cdot \vec{a}$ nötig. Aber wir kennen auch eine Verknüpfung zwischen den regulären quadratischen Matrizen $A \in \mathbb{M}$ und den Spaltenvektoren $\vec{x} \in \mathbb{V}$ mittels $A \circ \vec{x}$! Sollte hier nicht auch ...?

Zu den Lösungen

↓ Raum für Ihre Notizen ↓

Lösungen

1. Bei der inneren Verknüpfung wird zwei Elementen einer Menge M ein drittes Element aus M zugeordnet, $M \times M \to M$. Beispiele: Zahlenmultiplikation in $M = \mathbb{R}$, vektorielles Produkt in $\mathbb{V}$, Matrizenaddition in $\mathbb{M}$. Bei der äußeren Verknüpfung 1. Art wird zwei Elementen verschiedener Mengen R und M ein Element aus M ($R \times M \to M$, Beispiel: skalare Multiplikation einer Zahl mit einem Vektor), bei der 2. Art einem Paar aus M ein Element aus R zugeordnet: $M \times M \to R$, Beispiel: skalares Produkt zweier Vektoren.

2. Für das skalare Produkt galt die Beziehung $\vec{a} \cdot \vec{b} = \begin{pmatrix} a_x \\ a_y \end{pmatrix} \cdot \begin{pmatrix} b_x \\ b_y \end{pmatrix} = a_x\, b_x + a_y\, b_y$. Danach muß bei Vertauschung der Faktoren zu $\vec{b} \cdot \vec{a}$ rechts $b_x\, a_x + b_y\, a_y$ stehen, was wegen der kommutativen Zahlenmultiplikation tatsächlich dasselbe ist.

3.

	„•“	„×“
assoziativ	nein, doch schwach ass. mit „·“	nein, doch schwach ass. mit „·“
kommutativ	ja	nein, doch antikommutativ
distributiv	ja, zu „+“	ja, zu „+“

4. Beide Ergebnisvektoren liegen offenbar in der [y, z]-Koordinatenebene!

$$\vec{a} \times \vec{b} = 3\,\vec{i} \times 2\,\vec{j} = \begin{pmatrix} 3 \\ 0 \\ 0 \end{pmatrix} \times \begin{pmatrix} 0 \\ 2 \\ 0 \end{pmatrix} = \begin{vmatrix} \vec{i} & 3 & 0 \\ \vec{j} & 0 & 2 \\ \vec{k} & 0 & 0 \end{vmatrix} = \vec{i} \cdot 0 - \vec{j} \cdot 0 + \vec{k} \cdot 6 = \begin{pmatrix} 0 \\ 0 \\ 6 \end{pmatrix}$$

$$\vec{a} \times \vec{c} = 3\,\vec{i} \times \vec{k} = \begin{pmatrix} 3 \\ 0 \\ 0 \end{pmatrix} \times \begin{pmatrix} 0 \\ 0 \\ 1 \end{pmatrix} = \begin{vmatrix} \vec{i} & 3 & 0 \\ \vec{j} & 0 & 0 \\ \vec{k} & 0 & 1 \end{vmatrix} = \vec{i} \cdot 0 - \vec{j} \cdot 3 + \vec{k} \cdot 0 = \begin{pmatrix} 0 \\ -3 \\ 0 \end{pmatrix}$$

der Summenvektor ist gleich Bsp. 2, ✓

5. Da man jedem Vektor genau eine Schiebung zuordnen kann und die Vektoraddition genau der Verkettung von Schiebungen nachgebildet ist, die skalare Multiplikation einer Zahl mit einem Vektor weiter zu einem anderen Vektor führt, der wieder eine Schiebung repräsentiert, kann man auch hier von einem Vektorraum sprechen.

6. Man hat statt Zahlenpaaren und Zahlentripeln nun „4-Tupel“, „5-Tupel“, allgemein eben „n-tupel“ $(x_1, x_2, x_3, \ldots, x_n)$ als Koordinaten eines gedachten *n-dimensionalen* Raums, mit denen dieselben Verknüpfungen „+“ und „·“ mit Zahlen $k \in \mathbb{R}$ erklärt werden können wie für $n = 2$ und $n = 3$. Auch dieser „n-dimensionale Raum“ $\mathbb{R}^n$ bildet daher mit $\mathbb{R}$ und diesen Verknüpfungen einen Vektorraum.

7. Wesentlich ist, daß die beiden Verknüpfungen nicht aus der jeweiligen Menge hinaus führen. Sind etwa $\vec{a}$ und $\vec{b}$ zwei Vektoren, die in jedem Untervektorraum, also auch in ihrem Durchschnitt D enthalten sind, so gilt dasselbe für ihre Vielfachen und Summen, also für alle Linearkombinationen $\lambda\vec{a} + \mu\vec{b}$, womit D schon als Vektorraum erkannt ist! Man nennt dies auch das UVR-Kriterium (Untervektorraum-Kriterium). So kann man allgemein argumentieren, auch wenn mehr oder weniger Vektoren in D liegen.

8. Ist $\lambda f_1(x) + \mu f_2(x) + \nu f_3(x) = o(x) = 0$ möglich mit $(\lambda, \mu, \nu) \neq (0, 0, 0)$?
$\lambda x^2 + \mu (2x^2 - 1) + \nu \cdot 5 = 0 \Rightarrow (\lambda + 2\mu) x^2 + (-\mu + 5 \cdot \nu) = 0 \Rightarrow$
$\lambda = -2\mu$ und $\mu = 5\nu$; für $\nu = 1$ wird $\mu = 5$ und $\lambda = -10$: JA, sie sind linear abhängig.

9. Nein, auch $\{\vec{a}, \vec{b}, \vec{c}\}$ mit $\vec{c} = \lambda\vec{a} + \mu\vec{b}$ stellt ein Erzeugendensystem für den durch $\vec{a}$ und $\vec{b}$ aufgespannten Vektorraum $\mathbb{V}$ dar, und zwar läßt sich jeder Vektor $\vec{v} \in \mathbb{V}$ auch durch alle 3 Vektoren als Linearkombination ausdrücken. So ist z.B. für $\vec{v} = 2\vec{a} - 5\vec{b}$ und $\vec{c} = \vec{a} + 2\vec{b}$ weiter $\vec{v} = \vec{a} - 7\vec{b} + \vec{c}$, aber auch $\vec{v} = -9\vec{b} + 2\vec{c}$ u.a.m.

10. Zweimal hinsehen, und es stellt sich $\vec{c} = 2\vec{a} - 3\vec{b}$ heraus, also JA!

11. Es ist $\vec{a} = \vec{e}_1 + \vec{e}_2 + \vec{e}_3$, also $\vec{a} = (1, 1, 1)$.

12. $x = m - u\lambda,\ y = n - v\lambda,\ z = \lambda \Rightarrow \vec{x} = \begin{pmatrix} x \\ y \\ z \end{pmatrix} = \begin{pmatrix} m - u\lambda \\ n - v\lambda \\ 0 + 1\lambda \end{pmatrix} = \begin{pmatrix} m \\ n \\ 0 \end{pmatrix} + \lambda \begin{pmatrix} -u \\ -v \\ 1 \end{pmatrix}$

13. a) Mit v_x und v_y statt x und y fürs inhomogene System und h_x und h_y fürs homogene sowie $\vec{a}, \vec{b}$ als Spaltenvektoren gilt
$v_x \cdot \vec{a} + v_y \cdot \vec{b} = \vec{m} \wedge h_x \cdot \vec{a} + h_y \cdot \vec{b} = \vec{0}$.
Addieren wir und beachten das Distributivgesetz, so wird
$(v_x + h_x) \cdot \vec{a} + (v_y + h_y) \cdot \vec{b} = \vec{m}$,
was den Summenvektor $\vec{v} + \vec{h}$ als Lösung des inhomogenen Systems ausweist.
Da $\vec{h}$ völlig beliebig ist, löst mit $\vec{v}$ demnach $\vec{v} + \vec{h}$ stets auch das inhom. System.

b) Hier läuft der Beweis fast völlig gleich, wenn man die *Differenz* bildet. Damit ist klar, daß man so alle „inhomogenen" Lösungen erhält, da ja jede beliebige Differenz das zugehörige System ebenfalls löst, w.z.z.w.

14. $\begin{array}{rl} 2x - y &= 6 \\ -x - y &= 3 \end{array}$ Matrix: $\begin{pmatrix} 2 & -1 & 6 \\ -1 & -1 & 3 \end{pmatrix}$ $I \to \frac{1}{2} I$ $\begin{pmatrix} 1 & -\frac{1}{2} & 3 \\ -1 & -1 & 3 \end{pmatrix}$ $II \to II + I \to$

$\begin{pmatrix} 1 & -\frac{1}{2} & 3 \\ 0 & -\frac{3}{2} & 6 \end{pmatrix}$ $II \to -\frac{2}{3} II$ $\begin{pmatrix} 1 & -\frac{1}{2} & 3 \\ 0 & 1 & -4 \end{pmatrix}$ $I \to I + \frac{1}{2} II$ $\begin{pmatrix} 1 & 0 & 1 \\ 0 & 1 & -4 \end{pmatrix}$

Hauptfall:
$x = 1, y = -4$
$\mathbb{L} = \{(1, -4)\}$.

15. $\begin{array}{rl} 3x \quad\quad + 4z &= -11 \\ 9x + 4y \quad\quad &= 3 \\ 2y - z &= 8 \end{array}$ Matrix: $\begin{pmatrix} 3 & 0 & 4 & -11 \\ 9 & 4 & 0 & 3 \\ 0 & 2 & -1 & 8 \end{pmatrix}$ $I \to \frac{1}{3} I$ $\begin{pmatrix} 1 & 0 & \frac{4}{3} & -\frac{11}{3} \\ 9 & 4 & 0 & 3 \\ 0 & 2 & -1 & 8 \end{pmatrix}$

$II \to II - 9I \begin{pmatrix} 1 & 0 & \frac{4}{3} & -\frac{11}{3} \\ 0 & 4 & -12 & 36 \\ 0 & 2 & -1 & 8 \end{pmatrix}$ $II \to \frac{1}{4} II \begin{pmatrix} 1 & 0 & \frac{4}{3} & -\frac{11}{3} \\ 0 & 1 & -3 & 9 \\ 0 & 2 & -1 & 8 \end{pmatrix}$ $III \to III - 2II \begin{pmatrix} 1 & 0 & \frac{4}{3} & -\frac{11}{3} \\ 0 & 1 & -3 & 9 \\ 0 & 0 & 5 & -10 \end{pmatrix}$

$III \to \frac{1}{5} III \begin{pmatrix} 1 & 0 & \frac{4}{3} & -\frac{11}{3} \\ 0 & 1 & -3 & 9 \\ 0 & 0 & 1 & -2 \end{pmatrix}$ $\begin{array}{l} I \to I - \frac{4}{3} III \\ II \to II + 3III \end{array}$ $\begin{pmatrix} 1 & 0 & 0 & -1 \\ 0 & 1 & 0 & 3 \\ 0 & 0 & 1 & -2 \end{pmatrix}$

Hauptfall:
$x = -1, y = 3, z = -2$
$\mathbb{L} = \{(1, 3, -2)\}$.

16. Diejenige 3-3-Matrix, deren Elemente gerade die Gegenzahlen der Elemente der gegebenen Matrix sind; also $-a_{ik}$ zu a_{ik} (i, k = 1, 2, 3): Deren Summe ist stets 0, und die 3-3-Matrix mit 9 Nullen ist natürlich neutrales Element bezüglich „⊕".

17.

			3	–4	0	B
			–1	2	5	
	1	–2	5	–8	–10	
A	0	3	–3	6	15	A ⊗ B = C
	–5	4	–19	28	20	

18. $$\begin{pmatrix} p_1 \\ p_2 \\ p_3 \end{pmatrix} = B \circ \begin{pmatrix} r_1 \\ r_2 \end{pmatrix} = \begin{pmatrix} 4 & 3 \\ 1 & 2 \\ 5 & 1 \end{pmatrix} \circ \begin{pmatrix} r_1 \\ r_2 \end{pmatrix} \wedge \begin{pmatrix} u_1 \\ u_2 \end{pmatrix} = A \circ \begin{pmatrix} p_1 \\ p_2 \\ p_3 \end{pmatrix} = \begin{pmatrix} 1 & 4 & 2 \\ 2 & 3 & 1 \end{pmatrix} \circ \begin{pmatrix} p_1 \\ p_2 \\ p_3 \end{pmatrix}$$

$$\begin{pmatrix} u_1 \\ u_2 \end{pmatrix} = A \circ \begin{pmatrix} p_1 \\ p_2 \\ p_3 \end{pmatrix} = A \circ \left[B \circ \begin{pmatrix} r_1 \\ r_2 \end{pmatrix} \right] = [A \otimes B] \circ \begin{pmatrix} r_1 \\ r_2 \end{pmatrix} = C \circ \begin{pmatrix} r_1 \\ r_2 \end{pmatrix}$$

mit $A \otimes B = C = \begin{pmatrix} 18 & 13 \\ 16 & 13 \end{pmatrix}$ z. B. im Falk-Schema!

19. a) $$(A \oplus B) \circ \vec{x} \quad \begin{pmatrix} a+e & b+f \\ c+g & d+h \end{pmatrix} \circ \begin{pmatrix} x \\ y \end{pmatrix} = \begin{pmatrix} (a+e)\,x & (b+f)\,y \\ (c+g)\,x & (d+h)\,y \end{pmatrix} = \begin{pmatrix} ax+by & +ex+fy \\ cx+dy & +gx+hy \end{pmatrix} =$$

$$= \begin{pmatrix} ax+by \\ cx+dy \end{pmatrix} + \begin{pmatrix} ex+fy \\ gx+hy \end{pmatrix} = A \circ \vec{x} + B \circ \vec{x}\,.$$

Analog geht es bei b).

20. Ja, Sie vermuten richtig: Die Struktur $(\mathbb{M}, \circ, \mathbb{V}, +)$ ist ein Vektorraum.
Ein Beweis hätte natürlich noch neben der doppelten Distributivität (Übung 19) die Gültigkeit der schwachen Assoziativität zu überprüfen.

Zum nächsten Kapitel

Teil K

31. Kapitel

31

K

Differential-rechnung

Funktionen

Auch in der ANALYSIS geht es um **Funktionen**. Wir haben schon in der ALGEBRA verschiedene Typen von Funktionen studiert, dabei aber nur ihre *Nullstellen* betrachtet, d. h., die Lösungen der entsprechenden Gleichungen gesucht. In einfachen Fällen war es auch möglich, Aussagen über *Symmetrie* des Funktionsgraphen und über *Monotonie* zu machen und damit den Gesamtverlauf zu beschreiben.

kritische Stellen

Ableitung

Bei kritischen Stellen allerdings mußten wir passen: etwa bei der Frage nach den *Extremstellen* als den Übergangsstellen von Wachstum zu Abnahme oder umgekehrt. Oft ist auch von Interesse, wie schnell eine Funktion ihre Werte ändert, wie rasch sie also an bestimmten Stellen wächst oder abnimmt. In diesem 1. Teil $\mathbb{K}$ der ANALYSIS, der DIFFERENTIALRECHNUNG, wird mit dem Begriff der ***Ableitung*** ($\mathbb{K}$**32**) das passende Werkzeug geschmiedet, um diese Fragen zu beantworten.

praktische Anwendung

Kurven-diskussion

Damit ist man in der Lage, das Änderungsverhalten von Funktionen zu erkennen, was immens praxisrelevant ist: In der PHYSIK etwa werden so aus der Weg-Zeit-Funktion *Geschwindigkeit* und *Beschleunigung* ermittelt. In der BIOLOGIE kann man die Entwicklung von Populationen studieren. In der WIRTSCHAFT gewinnt man Aussagen über Stück- und Grenzkosten für die Produktion. Zuvor muß allerdings die Abhängigkeit praktischer Größen in einer Funktionsgleichung beschrieben werden können! Die **Diskussion** der grundlegenden Funktionsfamilien anhand ihrer **Kurven** ist Thema von $\mathbb{K}$**33**.

Extremwerte

In $\mathbb{K}$**34** werden dann typische *Extremwertfragen* vorgestellt, in $\mathbb{K}$**35** die Darstellung und Berechnung von Funktionen durch *unendliche Reihen* studiert.

Stetigkeit

Grenzwert

Als Vorbereitung werden wir in $\mathbb{K}$**31** den Begriff der ***Stetigkeit*** einer Funktion entwickeln. Dabei begegnen uns allerlei seltsame Kurven, und wir müssen etwas tiefer schürfen als bisher in der ALGEBRA, vor allem ist der Begriff des ***Grenzwerts*** nun exakt zu erklären!

Grenzwert und Stetigkeit von Funktionen

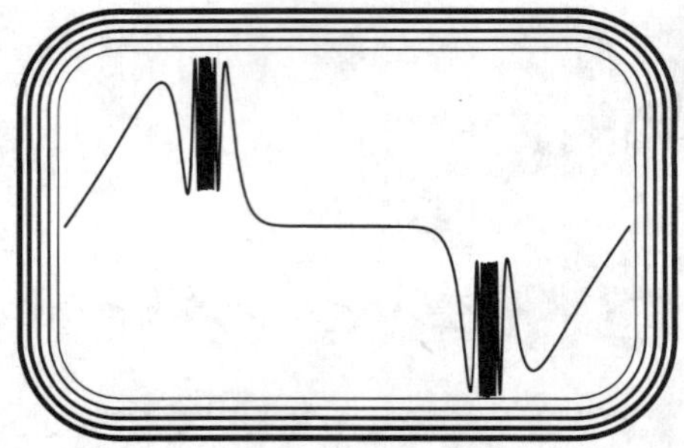

Grenzwert

Wir beginnen mit den **Folgen** (𝔾**21**, Band **2**) als den einfachsten Funktionen und wollen jetzt den Begriff des ***Grenzwerts*** präziser fassen. Schon in 𝔹**6**, Band **1**, bei der Suche nach dem *Kreisumfang* haben wir die Annäherung der Vielecksumfänge $<U_n>$ und $<u_n>$ mit $n \to \infty$ an die Zahl π als ihren gemeinsamen *Grenzwert* anschaulich mitverfolgt. Dabei gewannen wir die Einsicht, daß sich bei großer Eckenzahl n die Werte U_n bzw. u_n immer weniger voneinander (und von π) unterscheiden.

irrationale Zahlen

Auch bei den *Intervallschachtelungen*, die wir zur Einordnung der Wurzeln $\sqrt{2}$, $\sqrt{3}$, $\sqrt[3]{10}$ usw. als *irrationale* Zahlen diskutiert haben, ging es darum, Folgen von Intervallen zu finden, deren Länge für $n \to \infty$ beliebig klein wurde, also den *Grenzwert* 0 hatte, womit sich die Schachtelung eben auf einen *innersten Punkt* zusammenzog, den es *grundsätzlich* immer geben sollte (dies das Cantorsche Axiom). Damit waren die *reellen* Zahlen geschaffen. Sie erfüllen die Zahlengerade *lückenlos*.

Grenzwert einer Folge

Jetzt wählen wir eine einfach gebaute Zahlenfolge $<a_n>$, der wir leicht ansehen, welchem Wert sie sich bei unbeschränkt wachsendem n, also bei $n \to \infty$, beliebig nähert und versuchen, eine exakte Formulierung für den *Grenzwert* zu finden, die allgemeingültig sein soll. Sei also

Beispiel 1: **eine erste Zahlenfolge**

B $\langle a_n \rangle = \left\langle 0, \frac{1}{2}, \frac{2}{3}, \frac{3}{4}, \frac{4}{5}, \ldots, \frac{n-1}{n}, \ldots \right\rangle$, kurz $\left\langle 1 - \frac{1}{n} \right\rangle$.

Wird n immer größer, so wird 1/n immer kleiner, und es ist immer weniger von 1 zu subtrahieren: a_n wird sich 1 immer enger annähern; bei $n \to \infty$ ist $1/n \to 0$, also erwarten wir a_n $(= 1 - 1/n) \to 1$, Bild 1.

Bild 1: **dazu und zum Grenzwert**

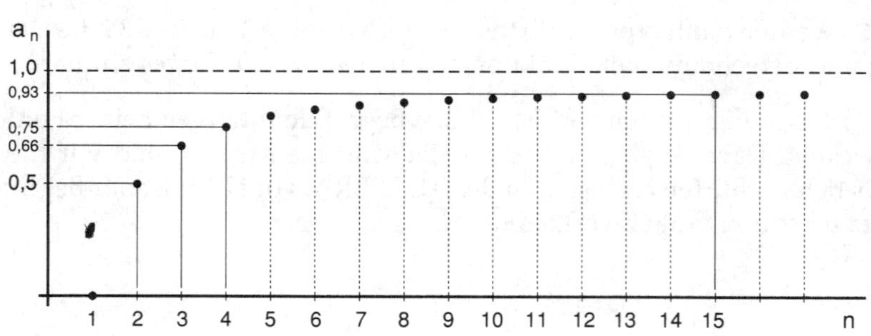

Diese *dynamische* Beschreibung ist anschaulich, doch die Mathematiker waren nicht zufrieden, sie verlangten mehr: 1 durfte nur als *Grenzwert* bezeichnet werden,wenn folgender Wettstreit immer vom „1. Spieler N" – er kämpft auf der n-Achse – gegen den „2. Spieler A" (von der a-Achse) zu gewinnen war:

das Grenzwertspiel

A gibt eine kleine positive Zahl ε vor, etwa 1/10 oder 1/100 oder 1/10000 usw., und N muß dazu eine natürliche Zahl n_0 nennen können mit der Eigenschaft, daß *alle* auf a_{n_0} folgenden Glieder von $\langle a_n \rangle$ näher bei 1 liegen als 1–ε, hier also größer sind: $a_n > 1-\varepsilon$ für $n > n_0$, vgl. Bild 2.

kleines ε, großes n_0

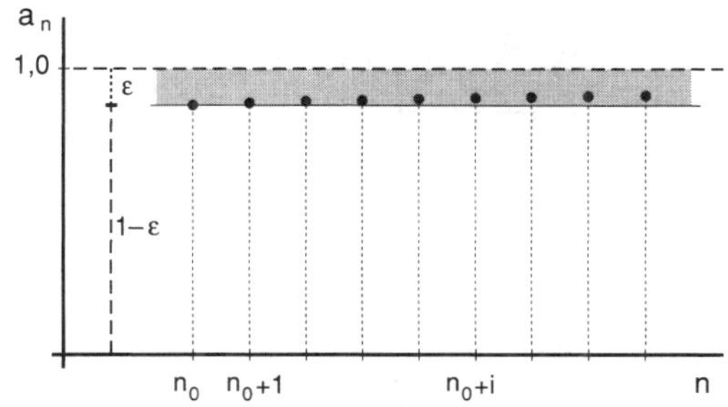

Bild 2: dazu

In unserem Fall ist es einfach: A nennt ε = 1/10, N antwortet mit $n_0 = 10$; dann ist $a_{11} = 1 - 1/11 = 10/11 = 0{,}9090$ näher an 1 gelegen als $1 - \varepsilon = 1 - 1/10 = 9/10 = 0{,}9$. Gibt A enger ε = 1/1000 vor, braucht N nur $n_0 = 1000$ zu nennen:

Fortsetzung des ersten ...

$$a_{1001} = 1 - \frac{1}{1001} = 0{,}999... > 0{,}999 = 1 - \frac{1}{1000} = 1 - \varepsilon$$

Alle folgenden Glieder a_{1002}, a_{1003}, ... sind hier noch größer, da die Folge *monoton* wächst. Sie sehen, wie es weiter geht: Zu jedem ε > 0 von A nennt N einfach $n_0 = 1/\varepsilon$ und gewinnt, ist doch

$$a_n = 1 - \tfrac{1}{n} > 1 - \varepsilon \;\Leftrightarrow\; -\tfrac{1}{n} > -\varepsilon \;\Leftrightarrow\; \tfrac{1}{n} < \varepsilon \;\Leftrightarrow\; n > \tfrac{1}{\varepsilon} =: n_0$$

Also darf jetzt 1 der *Grenzwert* von $\langle 1 - \frac{1}{n} \rangle$ genannt werden!

Ganz ähnlich „spielen" wir im Beispiel:

B **Beispiel 2: und ein zweites konkretes Spiel**

$$\langle a_n \rangle = \left\langle 2\tfrac{1}{2}, 2\tfrac{1}{4}, 2\tfrac{1}{6}, 2\tfrac{1}{8}, 2\tfrac{1}{10} \right\rangle, \text{ kurz } \left\langle 2 + \tfrac{1}{2n} \right\rangle.$$

Anschaulich ist klar: $n \to \infty$ bewirkt über $1/n \to 0$ schon $a_n \to 2$: Es kommt doch immer weniger zu 2 dazu, schließlich bei sehr großem n „fast nichts" mehr. Nun aber zum *Spiel*: A nennt ε = 1/100, N erwidert mit $n_0 = 50$. Jetzt *fällt* die Folge monoton, «näher bei 2 liegen» bedeutet hier $a_n < 2 + \varepsilon$:

$$a_{51} = 2 + \frac{1}{2 \cdot 51} = 2{,}0098... < 2{,}01 = 2 + \frac{1}{100} = 2 + \varepsilon$$

Wir überprüfen gleich allgemein:

$$a_n = 2 + \frac{1}{2n} < 2 + \varepsilon \;\Leftrightarrow\; \frac{1}{2n} < \varepsilon \;\Leftrightarrow\; 2n > \frac{1}{\varepsilon} \;\Leftrightarrow\; n > \frac{1}{2\varepsilon} =: n_0$$

Mit diesem n_0 gewinnt N stets, 2 ist *Grenzwert*.

Beispiele 3: für nicht monotone Folgen

Es gibt Folgen, die *nicht monoton* sind, sich aber dennoch einer Zahl a als *Grenzwert* nähern:

B $\langle a_n \rangle = \left\langle 1+\frac{1}{1}, 1-\frac{1}{2}, 1+\frac{1}{3}, 1-\frac{1}{4}, \ldots \right\rangle$, kurz $\left\langle 1-\frac{1}{n}(-1)^n \right\rangle$

ist *ein* Vertreter, hier mit a = 1, $\langle a_n \rangle = \langle a + \frac{2}{n}(-1)^n \rangle$ ein *anderer*. Im 1. Fall springen die Glieder um 1, einmal liegen sie *über* 1 ($1+\frac{1}{3}$, $1+\frac{1}{5}$, ...), einmal *unter* 1 ($1-\frac{1}{4}$, $1-\frac{1}{6}$, ...), vgl. Bild 3; im 2. Fall tun sie es mit a statt 1.

Bild 3: dazu

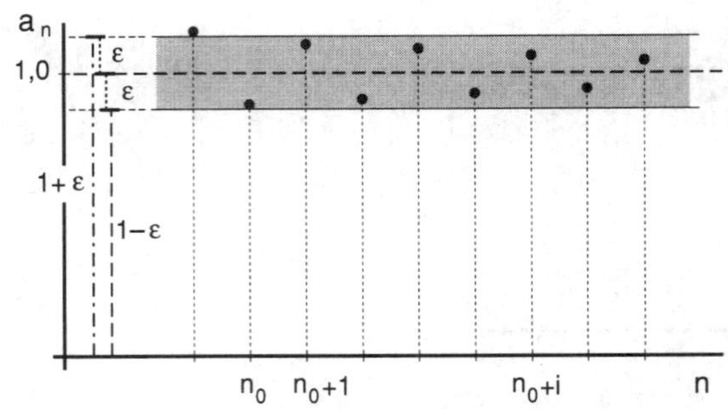

«Näher bei 1 liegen als 1 – ε bzw. 1 + ε» heißt dann, von 1 eine Entfernung haben, die dem Betrag nach unter ε liegt:

$$|a_n - 1| < \varepsilon$$

bzw. allgemein bei a als Grenzwert:

$$|a_n - a| < \varepsilon$$

Wir halten fest:

Definition 1: Erklärung des Grenzwerts

D Eine Folge $\langle a_n \rangle$ hat den ***Grenzwert*** a, wenn es zu jedem (noch so kleinen) $\varepsilon > 0$ ein $n_0 \in \mathbb{N}$ gibt, so daß für alle $n > n_0$ gilt:

$$|a_n - a| < \varepsilon.$$

Man schreibt auch

$$a = \lim_{n \to \infty} a_n$$

und sagt, $\langle a_n \rangle$ ***konvergiert*** gegen a.

das Vorgehen bei einer Bruchfolge

Nicht immer ist der vermutliche Grenzwert so leicht zu erkennen wie bisher. Wie würden Sie bei

$$\langle a_n \rangle = \left\langle \frac{4-2n}{3n-2} \right\rangle$$

vorgehen, um a festzustellen? Sicherlich ist es nützlich, n = 1, 2, 3, 4, 5 konkret einzusetzen, also die ersten Glieder zu berechnen:

$$\left\langle \frac{4-2n}{3n-2} \right\rangle = \langle \ldots \rangle = \langle 2;\ 0;\ -0{,}285;\ -0{,}4;\ -0{,}461;\ \ldots \rangle$$

So erkennt man aber hier keinen *Grenzwert!* Dagegen scheint die Folge $\langle a_n \rangle$ *monoton fallend* zu sein, was natürlich auch erst zu beweisen wäre! Aber setzen wir doch große Zahlen für n ein! Dann fallen die Summanden 4 und –2 immer weniger ins Gewicht, und a_n nähert sich –2n/3n = –2/3, was wir als *Grenzwert* a vermuten dürfen!

Beispiel 4: Können Sie noch mit Bruchungleichungen umgehen?

Lassen wir den 2. Spieler A von oben für ε den Wert 1/1000 vorgeben und suchen wir für „N" ein n_0!

$$|a_n - a| < \frac{1}{1000}, \text{ also } \left|\frac{4-2n}{3n-2} - \frac{-2}{3}\right| < \frac{1}{1000} \Rightarrow \left|\frac{4-2n}{3n-2} + \frac{2}{3}\right| =$$

$$= \left|\frac{12-6n+6n-4}{3(3n-2)}\right| = \left|\frac{8}{3(3n-2)}\right| = \text{(alles positiv!)} \ \frac{8}{3(3n-2)} < \frac{1}{1000}$$

Diese Ungleichung lösen wir nach n auf:

$$8000 < 9n - 6 \Rightarrow 8006 < 9n \Rightarrow 889{,}5 < n, \text{ d.h. } n_0 = 889.$$

Von $n = n_0 + 1 = 890$ an liegen dann alle a_n in der ε-Umgebung von $a = -2/3$, womit $-2/3$ als Grenzwert nach der 1. Runde bestätigt ist! Allgemein geht es analog:

$$|a_n - a| = \ldots = \frac{8}{3(3n-2)} < \varepsilon \Rightarrow 8 < 3(3n-2)\cdot\varepsilon \Rightarrow \frac{8}{9\varepsilon} + \frac{2}{3} < n$$

Was immer für ε vorgegeben wird: n_0 ist gleich $\frac{8}{9\varepsilon} + \frac{2}{3}$, falls dieser Term ganzzahlig ist, sonst die nächstkleinere ganze Zahl. Damit ist der gesuchte Grenzindex gefunden, also ist $a = -2/3$ *Grenzwert!*

Kontrolle mit Mathematica

Und was sagt *Mathematica* dazu?

```
Limit[(4-2n)/(3n-2), n->Infinity]
```

```
   2
- (-)
   3
```

Unsere Überlegung wird bestätigt!

Beispiel 5: wahre Aussage und ...

Zeigen wir noch rasch die **Monotonie** von $\langle a_n \rangle$! Die Vermutung von oben bedeutet $a_n > a_{n+1}$, d. h., jedes Glied a_{n+1} ist kleiner als sein Vorgänger a_n für beliebiges n:

$$\frac{4-2n}{3n-2} > \frac{4-2(n+1)}{3(n+1)-2} = \frac{2-2n}{3n+1}$$

$$(4-2n)(3n+1) > (2-2n)(3n-2)$$

$$-6n^2 + 10n + 4 > -6n^2 + 10n - 4$$

$$4 > -4.$$

Eine *wahre* Aussage beweist eine *allgemeingültige* Aussageform zu Beginn, was zu zeigen war (wie immer kurz: w.z.z.w.).

Zur Übung nehmen wir uns noch eine ähnlich gebaute Folge vor und prüfen, ob sie monoton ist und welchen Grenzwert sie hat:

Beispiel 6: Monotonie

$$\langle a_n \rangle = \left\langle \frac{10n-3}{3n+5} \right\rangle = \left\langle \frac{7}{8}, \frac{17}{11}, \frac{27}{14}, \frac{37}{17}, \ldots \right\rangle$$

Vermutung: die Folge ist wachsend (oder steigend), d.h.

$$a_n < a_{n+1} \Leftrightarrow \frac{10n-3}{3n+5} < \frac{10(n+1)-3}{3(n+1)+5} = \frac{10n+7}{3n+8}$$

$$(10n-3)(3n+8) < (10n+7)(3n+5)$$

$$30n^2 + 71n - 24 < 30n^2 + 71n + 35$$

$-24 < 35$: wahre Aussage (w.A.), also Vermutung bestätigt, ✓

Der *Grenzwert* könnte a = 10/3 sein (ein anderer Weg dazu folgt sogleich):

$|a_n - a| < \varepsilon$

$$\left|\frac{10n-3}{3n+5} - \frac{10}{3}\right| < \varepsilon \;\Rightarrow\; \frac{59}{3(3n+5)} < \varepsilon \;\Rightarrow\; n > \frac{59}{9\varepsilon} - \frac{5}{3};$$

für $\varepsilon = 10^{-3}$ ergibt sich konkret $n_0 = 6553$!

Natürlich gibt es auch etwas komplizierter gebaute Folgen. Betrachten wir

Beispiel 7: **Folgen mit quadratischen Gliedern**

B

$$\langle a_n \rangle = \left\langle \frac{n^2+4}{3n^2} \right\rangle = \left\langle \frac{5}{3}, \frac{8}{12}, \frac{13}{27}, \frac{20}{48}, \ldots \right\rangle$$

Sie scheint monoton zu fallen, d.h. $a_n > a_{n+1}$, was Sie ganz wie immer nachweisen. Als Grenzwert vermuten wir (4 vernachlässigen!) 1/3:

$|a_n - a| < \varepsilon$

$$\left|\frac{n^2+4}{3n^2} - \frac{1}{3}\right| = \frac{4}{3n^2} < \varepsilon \;\Rightarrow\; n^2 > \frac{4}{3\varepsilon} \;\Rightarrow\; n > \frac{2}{\sqrt{3\varepsilon}} := n_0 \text{, falls ganz.}$$

Ist etwa konkret $\varepsilon = 1/3 \cdot 10^{-6}$ verlangt, so wird

$$n_0 = \frac{2}{\sqrt{3 \cdot 1/3 \cdot 10^{-6}}} = \ldots = \frac{2}{10^{-3}} = 2 \cdot 10^3 = 2000,$$

womit schon alles bewiesen wäre (w.z.z.w.)!

Haben Sie *Mathematica* zur Hand? Dann brauchen Sie auch die einzelnen Glieder nicht selbst zu berechnen, um sich ein Bild zu machen:

etwas rascher gehts mit Mathematica

```
f[n_]=(n^2+4)/(3n^2);
Table[f[n], {n,5}]

 5   2   13   5   29
{-,  -,  --,  --, --}
 3   3   27   12  75

Limit[f[n], n->Infinity]

1
-
3
```

Von praktischer Bedeutung sind die **geometrischen Folgen**; in G**21** konnten Sie sich davon überzeugen. Einfache Beispiele dafür waren

geometrische Folgen ...

$\langle 2, 4, 8, 16, \ldots 2^n, \ldots \rangle$, kurz $\langle 2^n \rangle$ oder

$\left\langle \frac{2}{3}, \frac{4}{9}, \frac{8}{27}, \frac{16}{81}, \ldots \left(\frac{2}{3}\right)^n, \ldots \right\rangle$, kurz $\left\langle \left(\frac{2}{3}\right)^n \right\rangle$.

Die erste wächst offenbar unbeschränkt „über alle Grenzen", wofür man auch

$\langle 2^n \rangle \to \infty$

schreibt; die andere scheint gegen 0 zu konvergieren, eine *Nullfolge* zu sein.

Wir zeigen gleich allgemein:

Satz 1: **und ihre Konvergenz**

S

Eine geometrische Folge $\langle b_1 q^{n-1} \rangle$ wächst bei $q > 1$ über alle Grenzen; bei $0 < q < 1$ konvergiert sie gegen Null.

Da es beim Verhalten im Unendlichen auf einen Faktor b_1 und q nicht ankommt, wählen wir kürzer $\langle q^n \rangle$. Ist $q > 1$, so ist $q = 1 + a$ mit $a > 0$. Dann gibt es zu jeder noch so großen positiven Zahl G ein n_0, von dem an alle Glieder der Folge noch darüber liegen – also „näher bei ∞" sind als G; denn:

Beweis 1. Teil

$$q^n = (1+a)^n > G \qquad | \log$$

$$\log(1+a)^n > \log G$$

$$n \cdot \log(1+a) > \log G \quad \Rightarrow \quad n > \frac{\log G}{\log(1+a)} =: n_0$$

Beispiel 8: dazu (B)

So ist bei $q = 2 = 1 + 1$ und $G = 1$ Million wegen

$$n_0 = \frac{\log 10^6}{\log 2} = \frac{6}{\log 2} = 19{,}93$$

schon das 20. Glied größer als 1 Million!

und 2. Teilschritt

Ist aber $0 < q < 1$, so ist $1/q > 1$; mit diesem $1/q = 1 + a$ verfahren wir wie eben und finden, daß $(1/q)^n = 1/q^n$ „gegen ∞ strebt". Der Kehrwert q^n muß dann gegen 0 konvergieren! (So wie $1/n \to 0$ strebt mit $n \to \infty$.) Vielleicht wollen Sie das aber direkt über ε beweisen (Übung 5)?

Dieser Satz führt nun sofort zu den *geometrischen Reihen*. Dafür benötigen wir noch einen Hilfssatz, der auch später bei allgemeinen Funktionen $x \to f(x)$ von Nutzen ist; seinen Beweis wollen wir übergehen, da er plausibel ist:

Satz 2: Grenzwertsätze für konvergente Folgen (S)

Sind a, b die Grenzwerte zweier konvergenter Folgen $\langle a_n \rangle$ und $\langle b_n \rangle$, so sind $a \pm b$, $a \cdot b$ und $\frac{a}{b}$ die Grenzwerte der entsprechenden Summen-, Differenz-, Produkt- und Quotientenfolge:

$$\lim (a_n \pm b_n) = \lim a_n \pm \lim b_n = a \pm b$$

$$\lim (a_n \cdot b_n) = \lim a_n \cdot \lim b_n = a \cdot b \qquad (\lim \text{ steht für } \lim_{n \to \infty})$$

$$\lim \frac{a_n}{b_n} = \frac{\lim a_n}{\lim b_n} = \frac{a}{b} \qquad (\text{falls } b_n \neq 0,\ b \neq 0)$$

Beispiele 9: dazu (B)

Ist etwa

$$\left\langle 2 + \tfrac{1}{n} \right\rangle \to 2 \quad \text{und} \quad \left\langle 3 - \tfrac{1}{2n} \right\rangle \to 3, \quad \text{so gilt auch}$$

$$\left\langle \left(2 + \tfrac{1}{n}\right) + \left(3 - \tfrac{1}{2n}\right) \right\rangle = \left\langle 5 + \tfrac{1}{2n} \right\rangle \to 5 = 2 + 3 \quad \text{und weiter}$$

$$\left\langle \left(2 + \tfrac{1}{n}\right) \cdot \left(3 - \tfrac{1}{2n}\right) \right\rangle = \left\langle 6 + \tfrac{2}{n} - \tfrac{1}{2n^2} \right\rangle \to 6 = 2 \cdot 3 \quad \text{usw.}$$

Damit kann man übrigens leichter als bisher Grenzwerte bestätigen (überall wird der besseren Übersicht wegen das $n \to \infty$ unterhalb von **lim** weggelassen):

Beispiele 10: Rechnen mit ... (B)

$$\lim \frac{10n - 3}{3n + 5} = \lim \frac{n \cdot \left(10 - \frac{3}{n}\right)}{n \cdot \left(3 + \frac{5}{n}\right)} = \frac{\lim \left(10 - \frac{3}{n}\right)}{\lim \left(3 + \frac{5}{n}\right)} = \frac{\lim 10 - \lim \frac{3}{n}}{\lim 3 + \lim \frac{5}{n}} = \frac{10 - 0}{3 + 0} = \frac{10}{3}$$

... Grenzwerten

$$\lim \frac{n^2 - n}{(n+2)^2} = \lim \frac{n^2 \cdot \left(1 - \frac{1}{n}\right)}{n^2 \cdot \left(1 + \frac{4}{n} + \frac{4}{n^2}\right)} = \frac{\lim \left(1 - \frac{1}{n}\right)}{\lim \left(1 + \frac{4}{n} + \frac{4}{n^2}\right)} = \ldots = \frac{1-0}{1+0+0} = 1$$

$$\lim \frac{n}{\sqrt{1+n^2}} = \lim \sqrt{\frac{n^2}{1+n^2}} = \lim \sqrt{\frac{1}{\frac{1}{n^2}+1}} = \frac{\lim 1}{\lim \sqrt{\frac{1}{n^2}+1}} = \frac{1}{1} = 1$$

Jetzt aber zu den **geometrischen Reihen**, wobei natürlich nur $0 < q < 1$ sinnvoll ist, da schon die *Folgen* bei $q > 1$ keinen Grenzwert haben – sie *divergieren bestimmt* gegen ∞. Wir hatten in 𝔾**21** gefunden:

$$s_n = 1 + q + q^2 + \ldots + q^{n-1} = \frac{1-q^n}{1-q}.$$

unendliche geometrische Reihe

Lassen wir hier $n \to \infty$ gehen, d. h., wächst die Gliederzahl n einer geom. Reihe über alle Grenzen, so entsteht eine *unendliche Reihe*, und es wird wegen $\langle q^n \rangle \to 0$

$$\lim s_n = \lim \frac{1-q^n}{1-q} = \lim \frac{1}{1-q} - \lim \frac{q^n}{1-q} = \frac{1}{1-q} - 0 = \frac{1}{1-q} = s\,.$$

So hat etwa die *unendliche geometrische Reihe*

B

Beispiel 11: dazu

$$1 + \frac{1}{2} + \frac{1}{4} + \frac{1}{8} + \frac{1}{16} + \ldots$$

durchaus eine *endliche* Summe, nämlich

$$s = \lim s_n = \frac{1}{1 - \frac{1}{2}} = 2\,,$$

wie eine Skizze auch leicht bestätigt, Bild 4.

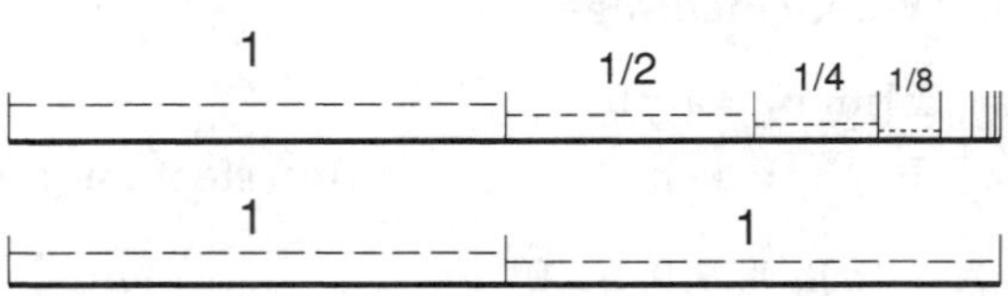

Bild 4: dazu

Auch die *periodischen Dezimalbrüche* können wir hier als gemeine Brüche entlarven:

B

Beispiel 12: periodische Dezimalbrüche

$$0{,}09090909.. = \frac{9}{100} + \frac{9}{10000} + \frac{9}{1000000} + \ldots = \frac{9}{100}\left(1 + \frac{1}{100} + \frac{1}{10000} + \ldots\right) =$$

$$\frac{9}{100} \cdot \frac{1}{1 - \frac{1}{100}} = \frac{9}{100} \cdot \frac{1}{\frac{99}{100}} = \frac{9}{100} \cdot \frac{100}{99} = \frac{1}{11}$$

$$0{,}148148148... = \frac{148}{10^3} + \frac{148}{10^6} + \frac{148}{10^9} + \ldots = \frac{148}{10^3} \cdot \left(1 + \frac{1}{10^3} + \frac{1}{10^6} + \ldots\right) =$$

$$\frac{148}{10^3} \cdot \frac{1}{1 - \frac{1}{10^3}} = \frac{148}{10^3} \cdot \frac{10^3}{999} = \frac{148}{999} = \frac{4}{27}$$

Nun besteht auch Hoffnung, ein berühmtes Paradoxon der alten Griechen aufzulösen: Um die Problematik des Unendlichen zu diskutieren, erfand Zenon von Elea um 450 v. Chr. das folgende Rätsel:

B **Beispiel 13: und ...**

Achilles (A) läuft einer **Schildkröte** (S) nach, der er fairerweise einen Vorsprung einräumt, etwa 10 m. Er läuft 100mal schneller als sie. Ist er am Startort der Schildkröte angelangt, ist diese 1/100 · 10 m = 10 cm weiter gekrochen. Ist A dort, hat S weitere 1/100 · 10 cm = 1mm zurückgelegt usw., vgl. Bild 5. Schlußfolgerung daher:

A kann S *nie* einholen!?

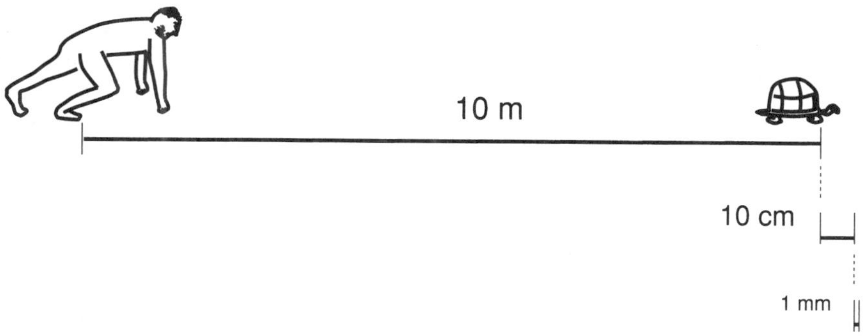

Bild 5: Achilles und die Schildkröte

Welchen Weg (in cm) hat A aus heutiger Sicht zu bewältigen, um S zu erreichen?

$$s = 1010{,}1010.. = 1000 + 10 + \frac{1}{10} + \frac{1}{1000} + \ldots = 1000 \cdot \left(1 + \frac{1}{100} + \frac{1}{10000} + \ldots\right)$$

$$= 1000 \cdot \frac{1}{1 - \frac{1}{100}} = 1000 \cdot \frac{100}{99} = \frac{100000}{99}\ (\text{cm}) = \frac{1000}{99}\ (\text{m}),$$

und dies ist ein bestimmter Wert, der in einer endlichen Zeit t (= s/v) zurückzulegen ist! In Band **2**, Kapitel 𝔽**19**, Programm 17, haben wir das Problem an *Turbo Pascal* übergeben und uns eine kleine Vorsprungsliste des A berechnen lassen!

und was Turbo Pascal daraus macht

Allgemeine Folgen

Folgen mit allg. Bildungsgesetz

Viel komplizierter ist es schon, die Folge

$$\left\langle \left(1 + \frac{1}{n}\right)^n \right\rangle$$

zu untersuchen, da ja kein festes q vorliegt: q = 1 + 1/n fällt mit n gegen 1, und dieser Wert ist jeweils mit n zu potenzieren, so daß einige Hoffnung auf Konvergenz besteht. Man kann zeigen, daß die Folge monoton wächst, aber dennoch stets $a_n < 3$ als *obere Schranke* bleibt und somit gegen eine Zahl ≤ 3 konvergieren muß. Wir kennen diese Zahl mit dem Symbol e (nach Euler) als e = 2,7182818 ... aus 𝔾**21** als Basis der *natürlichen Logarithmen*!

Statt dies im einzelnen nachzuprüfen, vergewissern wir uns lieber, daß der eben genannte Sachverhalt allgemein gilt:

Satz 3: Konvergenz beschränkter und monotoner Folgen und ...

S **Jede unendliche, beschränkte und monotone Zahlenfolge ist konvergent.**

Dabei meint *beschränkt*, daß es *Schranken* gibt, Zahlen also, die die Glieder a_n nach unten oder oben begrenzen; s als untere Schranke verlangt $s \leq a_n$, S als obere entsprechend $a_n \leq S$.

Sei also unsere Folge monoton, etwa wachsend, und seien s und S zwei Schranken, die *alle* (unendlich (∞) vielen) Glieder a_n einschließen.

Dann halbieren wir das Intervall I_1 = [s; S] und wählen jene Hälfte I_2, in der noch ∞ viele Glieder liegen – in Bild 6 die untere. Wir halbieren I_2 nochmals und halten wieder dasjenige Teilintervall I_3 fest, in dem ∞ viele Glieder liegen – in der Skizze die obere Hälfte.

Bild 6: der Beweis ihrer Konvergenz

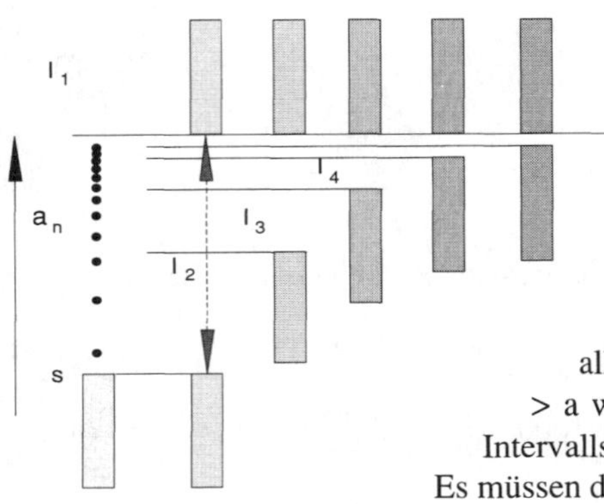

Verfährt man so weiter, entsteht eine **Intervallschachtelung**, die einen *innersten* Punkt erfaßt. Er muß der *Grenzwert* a von $\langle a_n \rangle$ sein! Wegen der *Monotonie* kann *kein einziges* $a_{n0} > a$ sein, da ja dann alle folgenden a_n mit $n = n_0 + i$ ebenfalls $> a$ wären, im Widerspruch damit, daß die Intervallschachtelung sich auf a zusammenzieht. Es müssen demnach *alle* $a_n < a$ sein, w.z.z.w.

Häufungspunkte

Im allgemeinen kann es mehrere solcher Schachtelungen geben, die sogenannte *Häufungspunkte* erfassen; die (wachsende) Monotonie wählt den größten dann als Grenzwert aus – das *Supremum* (der kleinste wäre das *Infimum*).

Grenzwert einer Funktion

Von den Folgen zu den Funktionen

Nun ist es an der Zeit, von den *Folgen* zu den **Funktionen** überzugehen, die nicht nur auf ℕ, sondern auf ℝ definiert sind und zu fragen, ob auch dort der *Grenzwert*begriff sinnvoll bzw. nützlich ist. Diese Frage scheint bei den üblichen Funktionen – den linearen, quadratischen, den Potenz- und Wurzelfunktionen, den Polynom- bzw. ganzrationalen und den Exponential- sowie den Winkelfunktionen (Bände **1** und **2**) – fast überflüssig zu sein, gibt es doch stets völlig glatte Kurvenverläufe ohne problematische Stellen. Bei den gebrochen-rationalen Funktionen wären immerhin die Polstellen *kritisch*, da die Funktionswerte dort ins Unendliche flüchten.

Aber es gibt Funktionen – auch in der *Praxis* –, die endliche Sprungstellen aufweisen. Will man etwa eine positive von einer ausgeglichenen und einer negativen Bilanz unterscheiden, kann man die *Signumfunktion* heranziehen (vgl. Bild 7): Sie ordnet allen positiven Werten x über das Vorzeichen (+) den Wert +1, allen negativen x analog –1 und der Null eben 0 zu. Sie „springt" also bei x = 0 von –1 über 0 zu +1. Es ist

sgn (12) = sgn (0.5) = ... = +1, sgn (–3) = sgn (–1/8) = ... = –1, sgn 0 = 0.

Funktionen mit Sprungstellen

In der INFORMATIK verwendet man die *Integerfunktion* (Bild 8, beim Euklidischen Algorithmus etwa, vgl. Band **2**), die jeder positiven Zahl die nächstkleinere ganze Zahl zuordnet (in Turbo Pascal ist es genauer die *Truncatefunktion*):

int (0,5) = 0, int (1) = 1, int (1,99) = 1,
int (2,001) = 2, int ($\sqrt{15}$) = 3, int ($4\,^1/_3$) = 4, usw.

Hier sind die natürlichen Zahlen *Sprungstellen*. Man kann *int* auch über $\mathbb{Z}$ definieren.

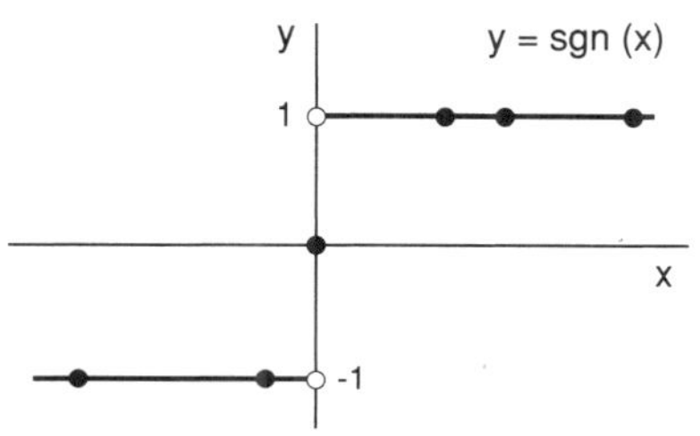

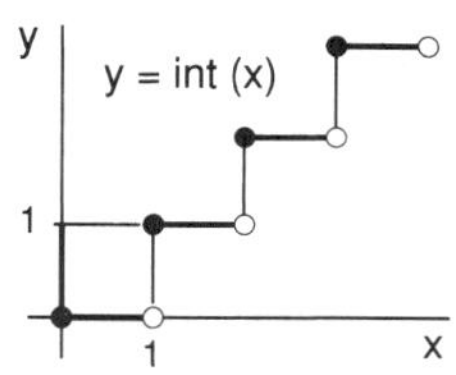

Bilder 7/8: Signum- und Integerfunktionen

Solche Funktionen sind – etwas unregelmäßig meist – auch in anderen Bereichen üblich: Bei der *Post* bezahlt man ab bestimmten Gewichten (Massen) und Formaten „sprunghaft" mehr, und die *Finanzämter* kassieren auch ab bestimmten Einkommensbeträgen „schlagartig" höhere Prozentsätze.

B **Beispiel 14: Steuersprünge**

So wäre folgende Regelung für die **Steuersätze** denkbar, vgl. Bild 9:

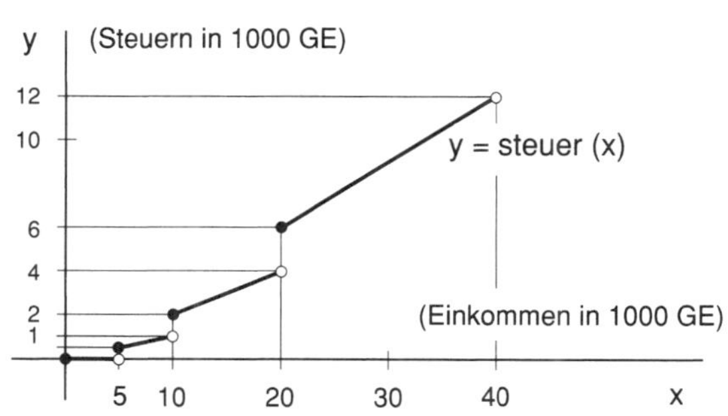

Bild 9: dazu

Bis zu 5000 GE Jahresgehalt (kurz 5', exkl.) bezahle man keine Steuern; von 5' (inkl.) bis 10' (exkl.) betrage der Steuersatz 10 % vom vollen Betrag, von 10' bis 20' dann 20 %, von 20' bis 40' schon 30 %, darüber 40 %. Innerhalb dieser Intervalle liegen stückweise lineare Funktionen vor, an den Randstellen würde gesprungen!

... idealisiert und praktisch

In der Praxis gelten Regelungen, die solche Sprünge – nicht jedoch die Knicke (weiter unten) – vermeiden: Bei 21' Einkommen zahlt man nicht 30 % von 21' = gleich 6,3', sondern z.B.

0 % von 5' + 10 % von 5' + 20 % von 10' + 30 % von den restlichen 1' (alle GE) = 0' + 0,5' + 2' + 0,3' = 2,8' GE = 2800 GE.

Die Graphen (Kurven) kann man bei *sgn*, *int* und *steuer* nicht durchzeichnen, ohne den Stift ab- und an anderer Stelle neu anzusetzen, sie sind *nicht fadenförmig*. Dagegen ist die Betragsfunktion *betr*: y = | x | harmlos, sie läßt sich *in einem* zeichnen, da sie nur einen *Knick* an der Stelle 0 hat, vgl. Bild 10.

Bild 10: **Betragsfunktion**

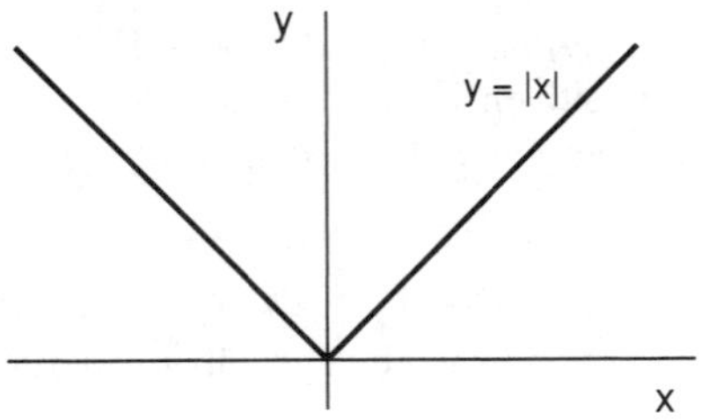

Durch Zusammensetzen von *sgn* mit *betr* und anderen entstehen weitere (Spaßvögel sagen: pathologische) Funktionen; wir begnügen uns mit | sgn (x) | in Übung 9.

Solche Knicke treten praktisch etwa in der BAUTECHNIK auf:

Beispiel 15: **Knick statt Sprung**

B Die **Außenwand** eines Hauses besteht oft aus der tragenden Ziegelmauer, an der außen eine Vollwärmeschutzschicht und innen eine Vorsatzschale (Styropor-/Gipskartonplatte) anliegen.

Der Temperaturverlauf von innen (20 °C) nach außen (z.B. 2 °C) durch diese dreischichtige Wand könnte dann so aussehen wie in Bild 11:

Bild 11: **Temperaturverlauf an/in einer Hauswand**

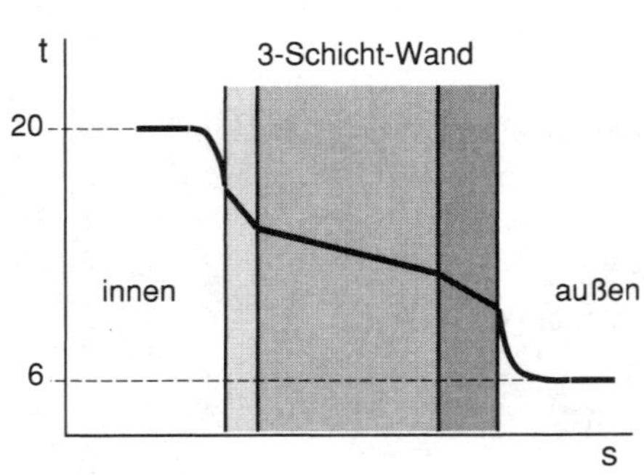

Dabei treten an den 4 Grenzschichten Knicke auf, die von den jeweiligen Wärmedurchgangszahlen (k-Werten) der Schichten und den Wärmeübergangszahlen (α) nach innen und außen abhängen.

Praxis: Schallpegel

Ähnliche Gestalt hat die Sollkurve des Trittschallpegels (L, in Dezibel, dB) in einem Raum in Abhängigkeit von der Frequenz (f, in Hertz, Hz), die aus linearen Teilstücken mit Knickstellen besteht.

Spannungsverlauf

Auch Sägezahnkurven des Spannungsverlaufs in der Elektronik, Querkraftlinien bei belasteten Trägern in der Bautechnik zeigen solche Knicke zwischen fast linearen Teilstücken.

Funktionswert und Grenzwert

An solchen kritischen Stellen (x_0) wollen wir den *Funktionswert* $f(x_0)$, falls es ihn gibt (was an *Polstellen* oder *Lücken* nicht der Fall ist), einem *Grenzwert* gegenüberstellen, $g = \lim f(x)$ für $x \to x_0$, der jetzt noch näher zu erklären ist!

Sei etwa x_0 eine Sprungstelle der Steuerfunktion f von oben. Dann denken wir uns eine Folge $\langle x_n \rangle$, die gegen x_0 konvergiert in dem Sinn, wie eine Folge $\langle a_n \rangle$ gegen a konvergiert für $n \to \infty$. Die Bilder 12 sollen dies veranschaulichen.

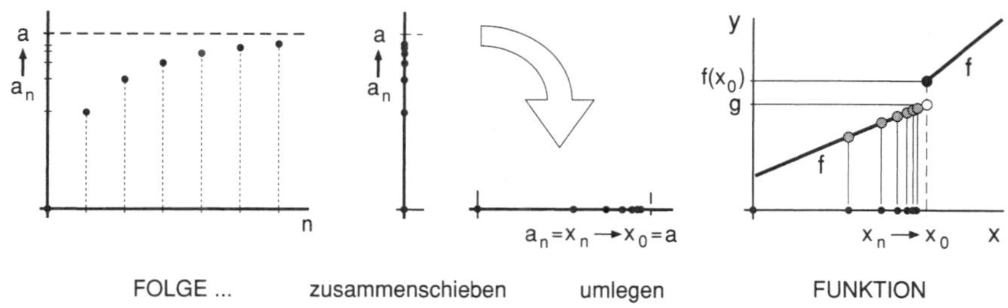

Bilder 12: Folgen und Funktionen

Zu den x_n gibt es aber hier zugehörige Funktionswerte $y_n = f(x_n)$, die ebenfalls eine *Folge* bilden; diese hat i. allg. einen *Grenzwert* g im üblichen Sinn. Leider genügt diese *eine* Folge aber hier nicht (etwas Geduld, bitte!), wir müssen mehr verlangen:

Definition 2: Grenzwert einer Funktion

> Die Funktion f hat an der Stelle x_0 den ***Grenzwert***
>
> $$g = \lim_{x \to x_0} f(x) = \lim_{x_0} f$$
>
> falls alle denkbaren Folgen $\langle x_n \rangle \to x_0$ genau denselben Grenzwert g der zugehörigen Funktionswertefolgen $\langle f(x_n) \rangle$ bewirken.

In unserem Beispiel ist nun g *nicht gleich* dem Funktionswert $f(x_0)$, weil wir x_0 als *kritische* Stelle gewählt haben. An jeder „normalen" Stelle x_0 dagegen wäre sicherlich $g = f(x_0)$. Solche Stellen zeichnet man aus:

Definition 3: stetige Funktionen

> Eine Funktion f heißt ***stetig*** an der Stelle x_0, wenn dort ihr Grenzwert gleich dem Funktionswert ist:
>
> $$g = \lim_{x_0} f = f(x_0)$$

An den bisher betrachteten Sprungstellen war f demnach *unstetig*: Gibt es solche in einem Intervall I = [a, b] nicht, so heißt f *stetig im Intervall I.*

fadenförmiger Graph

Anschaulich gesagt: Sollten sich die *Werte* y einer Funktion nur sehr wenig ändern, wenn sich die *Stellen* = *Argumente* x nur wenig ändern, dann ist f stetig. Man kann f dann als *fadenförmig* ansehen und mit einem Bleistift *in einem Zug* ohne abzusetzen zeichnen.

Wie aber – um auf diesen „dunklen Punkt" zurückzukommen – soll man *alle* Teilfolgen $\langle x_n \rangle \to x_0$ bilden und $\langle f(x_n) \rangle \to g$ prüfen? Wieder hilft eine Variation des ε-n_0-Spiels von früher, das „ε-δ-Spiel"!

das „ε-δ-Spiel“

Ist g Grenzwert von $\langle f(x_n) \rangle$, so müssen doch die $f(x_n)$ einmal in eine ε-Umgebung $U_\varepsilon(g)$ fallen, d. h., näher an g liegen als $g - \varepsilon$ oder $g + \varepsilon$ es tun. Kann man nun zu einer ε-Vorgabe (des 2. Spielers Y auf der y-Achse) jedesmal ein δ (als Antwort des 1. Spielers X auf der x-Achse) nennen, so daß $f(x_n) \in U_\varepsilon(g)$ garantiert wird für alle $x \neq x_0$, die schon in die δ-Umgebung von x_0 fallen, so gilt dies sicherlich für *jede Art* der Annäherung:

Satz 4: und der Grenzwert einer Funktion

S

g ist Grenzwert einer Funktion f an der Stelle x_0, $g = \lim_{x_0} f$, wenn es zu jedem ε > 0 ein δ > 0 gibt, so daß

$$(x_0 \neq)\ x \in U_\delta(x_0) \Rightarrow f(x) \in U_\varepsilon(g)$$

Viel Aufwand „für nichts“?

Beispiel 16: Wo es nicht funktioniert:

B

Betrachten wir die Funktion $f: x \to y = \sin \frac{1}{x}$ für $x \neq 0$ mit der Festsetzung $f(0) = 0$ und insbesondere $x_0 = 0$; Die unendlich vielen Schwingungen von sin x für $x \to \infty$ werden hier in die δ-Umgebung von 0 komprimiert: f *oszilliert*, Bild 13.

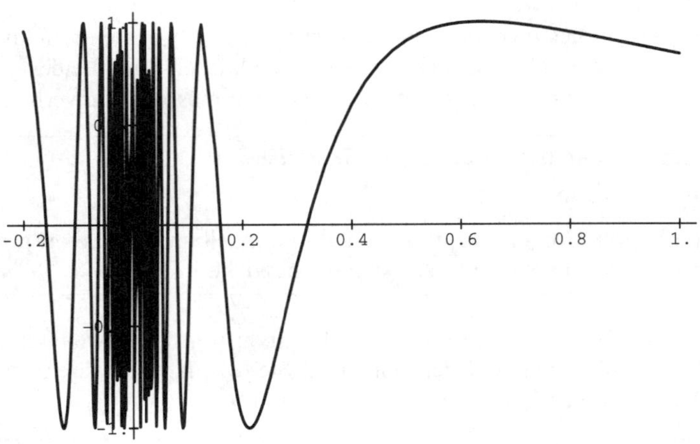

Bild 13: Gegenbeispiel Oszillation

Offenbar kann man nun zu *jedem* Wert g zwischen –1 und 1 eine x_n-Folge bauen, die gegen g konvergiert! Was also wäre *der Grenzwert*?

die Ausnahmestelle

Da es zu jeder Folge ihren eigenen „Grenzwert“ gibt, ist *kein gemeinsamer* vorhanden! Unser Satz zeigt, daß es hier auch gar keinen geben kann, da $x \in U_\delta(0)$ nur $f(x) \in U_2(g)$, $-1 \leq g \leq 1$, bewirkt! f ist in 0 **unstetig**: ε dürfte hier nicht < 2 vorgegeben werden!

andere unstetige Funktionen

Doch auch weniger schlagende Beispiele genügen! Unsere *stückweise stetige* Steuerfunktion etwa hat bei Annäherung von links einen anderen „Grenzwert“ als von rechts, d. h., eben auch *keinen gemeinsamen Grenzwert* an den Sprungstellen; daher ist sie dort unstetig!

Zu Kurven ganz anderer Art, die zwar oft zu überall stetigen Funktionen gehören, denen man aber an keiner Stelle eine Richtung bzw. Tangente zuordnen kann, kommt man über bestimmte *affine Abbildungen*; in den letzten Jahren haben sie ungeahnte Aktualität erhalten: So ist es gelungen, durch bestimmte Abbildungsvorschriften Pflanzen oder Kristalle im *Computer* „wachsen" zu lassen. Mit passenden Transformationsregeln lassen sich nach *Michael Barnsley* Blätter von Ahorn und Farn beschreiben, Bilder 14, ist nach *Benoit Mandelbrot* überhaupt die geometrische Sprache gefunden, die den Küstenlinien, Wolkenformen, Baumverzweigungen und Kristallstrukturen adäquat ist: eben die ***fraktale Geometrie*** *(1975)*.

affine Abbildungen und fraktale Geometrie

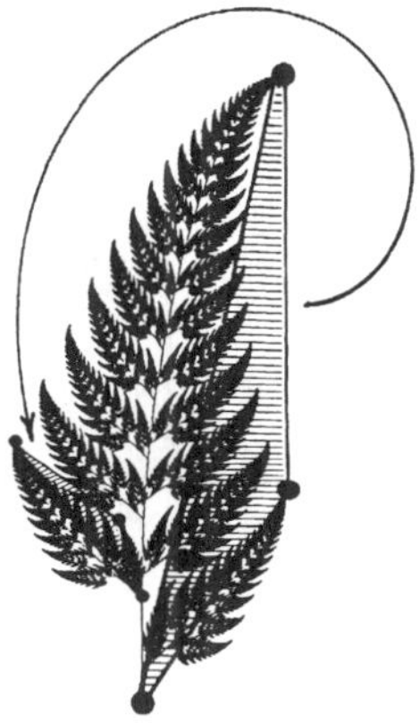

Bilder 14: dazu: Farn und Ahorn

Um wenigstens anzudeuten, wie Muster und Gestalten solcher Art – fraktale Kurven – entstehen, greifen wir auf unsere – in Band **2** erworbenen – *Turbo Pascal*-Kenntnisse zurück und wenden sie auf die dort integrierte *Turtlegrafik* an. Sie steckt seit Jahren in der *Unit Graph3* und ist für *rekursive* Formeln geradezu geschaffen; leider ist nur der alte CGA-Standard mit 320 mal 200 pixel als Auflösung verfügbar.

Im folgenden Beispiel ist *pfeil* der Name der Procedure, in dem die Parameter l und t stehen; das Hauptprogramm ruft dann *pfeil* mit laenge und tiefe auf, übergibt also deren Werte an l und t. Das Besondere ist hier der *rekursive* Aufruf der Procedure durch sie selbst. Bis zu einer Abbruchbedingung wird sie mit immer kleineren Werten gestartet und erst dann in der nächsten Ebene abgearbeitet. Trösten Sie sich, wenn Sie den Ablauf nicht ganz durchschauen, es ist nicht gerade einfach! Die übrigen Anweisungen wie Graphmode, forwd, turnleft, pendown u.a. sind verständliche Befehle dieser *Turtlegrafik*, in der sich eine *turtle* (Schildkröte mit Bleistift) in einer Ebene bewegt.

Turbo Pascal und die Turtlegrafik

B

Es soll nun eine *Strecke* als *Initiator* durch ein *Trapez* ohne Grundlinie als *Generator* mit kleinerer Seitenlänge einmal als Links-, dann als Rechtskurve ersetzt werden, und dies wiederholt für jede Seite der Trapeze. Hier das Programm:

Beispiel 17: Was alles aus einer Strecke werden kann

```
PROGRAM Sierpin;
USES crt, Graph3, dos;
VAR  laenge: Real;
     vorz, tiefe: Integer;

Procedure pfeil(l: Real; vorz,t: Integer);
```

Hier wird die procedure dreimal rekursiv aufgerufen

```
Var i: Integer;
Begin
    If t=0 Then forwd(round(l)) Else
        Begin
          turnleft(vorz*60); pfeil(0.5*l,-vorz,t-1);
          turnright(vorz*60); pfeil(0.5*l,vorz,t-1);
          turnright(vorz*60); pfeil(0.5*l,-vorz,t-1);
          turnleft(vorz*60);
        End
End;

BEGIN   (*  des Hauptprogramms  *)
      Write('Anfangslänge'); Readln(laenge);
      Write('Schachtelungstiefe'); Readln(tiefe);
      clrscr;
      Graphmode;
      setpencolor(3);
      setposition(-150,-90); setheading(90);
      pendown; vorz:=1;
      pfeil(laenge, vorz, tiefe);
      Repeat until keypressed;
END.
```

Und wie arbeitet es? Geben Sie eine beliebige Zahl für *laenge* und 1, dann 2 bzw. 3 für *tiefe* ein und betrachten Sie die Spuren der Schildkröte in den Bildern 15:

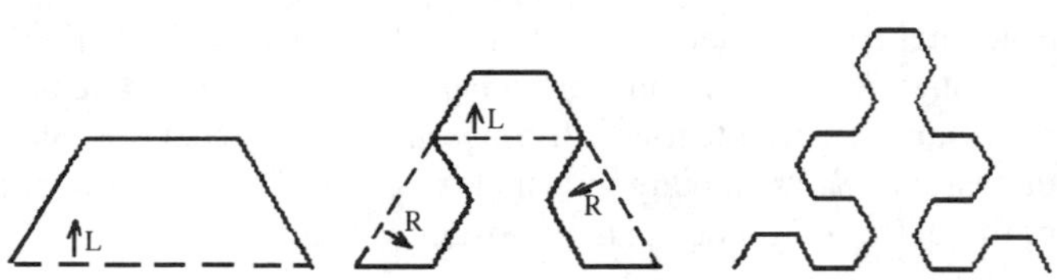

Bilder 15: erste Figuren

Das Programm ist unter dem Namen des Mathematikers *Sierpinsky* gespeichert, der zusammen mit Hilbert, von Koch, Peano und anderen schon um die Jahrhundertwende *Monster*-Kurven dieser Art untersuchte, die nirgendwo Tangenten haben, bei unendlicher Länge nur eine endliche Fläche ausfüllen und anderes mehr. Die Bilder 16 zeigen zwei weitere Grafiken mit größeren Werten für *tiefe*; es sind Folgen von immer kleineren Geradenstücken, *Kurven*, die einen bestimmten Teil einer Dreiecksfläche überdecken.

Bilder 16: Fortsetzung des Spiels

Man schreibt ihnen daher eine ***Dimension*** zwischen 1 (Gerade) und 2 (Ebene) zu, hier die gebrochene (*fraktale*) Zahl

log 3 / log 2 = 1,58...,

da eine Strecke jeweils durch 3 Strecken von halber Länge (1/2) ersetzt wird.

Versuchen wir ein völlig anderes Spiel:

Aus einem *gleichseitigen Dreieck* schneiden wir das *Mittendreieck* aus; drei Teildreiecke mit der halben Seitenlänge des Ausgangsdreiecks bleiben stehen, Bilder 17:

Tun wir dasselbe mit jedem der drei Teildreiecke und wiederholen den Vorgang, so sehen die nächsten Figuren so aus, wie sie in den Bildern 18 zu sehen sind. Der Vergleich zum *linearen Dreieck-Trapez-Spiel* von oben müßte Sie eigentlich verblüffen!?

Ein weiteres, historisch berühmtes Beispiel dieser Art ist die ***Schneeflockenkurve von Kochs***:

Eine Strecke als Initiator wird durch vier Teilstrecken als Generator ersetzt, von denen jede ein Drittel der Länge der Ausgangsstrecke hat, Bilder 19:

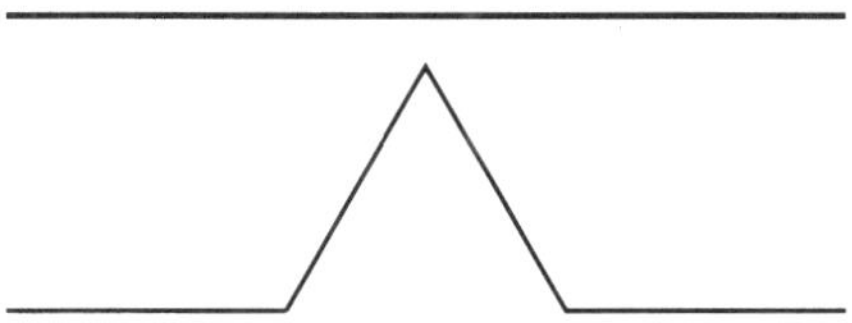

Dimension

Beispiel 18: Dreiecke

Bilder 17: dazu

Bilder 18: Fortsetzung

Beispiel 19: von Koch-Kurve

Bilder 19: Startfiguren

Führen wir diesen Prozeß wieder für jede Teilstrecke aus, so entstehen die Bilder 20: Die *Dimension* dieses Gebildes ist $d = \frac{\log 4}{\log 3} = 1{,}26...$

Bilder 20: das Wachsen der (linearen) Schneeflocke

Wir wissen von der Diskussion der elementaren Funktionen, daß sie überall stetig sind, wenn wir von den *Polstellen* der gebrochen-rationalen Funktionen absehen. Puristen vermissen hier noch die sogenannten *hebbaren* Unstetigkeitsstellen: In

Beispiel 20: Lücken

B

$$f: x \to y = \frac{x^2 - x - 2}{x - 2} = \frac{(x+1)(x-2)}{x-2}$$

treten sie auf: Für $x = 2$ ist f nicht definiert, für alle anderen $x \neq 2$ ist $f(x) = x + 1$, also eine lineare, überall stetige Funktion; die Stelle 2 ist eine *Lücke*, die durch die Definition $f(2) = 2 + 1 = 3$ sofort zu schließen ist: Damit wird f *durchgehend stetig*.

Für stetige Funktionen gelten wie für konvergente Folgen die naheliegenden Sätze, die wir nicht beweisen:

Satz 5: über stetige Funktionen

S

Sind f und g in einem Intervall stetig, so sind mit jeder Zahl $c \in \mathbb{R}$ auch die Funktionen cf, $f \pm g$, $f \cdot g$ und, falls definiert, f/g sowie die Zusammensetzung $f \circ g$ dort stetig.

lineare Funktion

Damit kann man sofort jede *lineare* Funktion $l: y = kx + d$ als stetig erkennen, weil die homogene Grundfunktion $f: y = x$ stetig ist, ebenso die *konstante* Funktion $g: y = d$ und nach dem Satz eben auch die *Linearkombination*

$$kf + g: y = kx + d$$

Mit f ist aber auch

$f \cdot f: \; y = x \cdot x = x^2$

stetig und damit jede *Potenzfunktion*

$f^n = p: \; y = x^n$,

aber auch jede rationale Funktion, die durch $c f$, $f \pm g$, $f \cdot g$ und f / g (im jeweiligen Definitionsbereich) gebildet werden kann. Auf schwierigere Funktionen und die *Verkettung* $f \circ g$ kommen wir im nächsten Kapitel zu sprechen!

und wichtige Folgerungen

Hier soll noch vorbereitend ein grundlegender Satz über stetige Funktionen bewiesen werden:

S

Satz „vom Maximum und Minimum"

Eine Funktion f, die in [a, b] stetig ist, nimmt dort ihren größten und kleinsten Wert tatsächlich an.

Satz 6: vom Maximum

Dabei ist die Stetigkeit von f im *abgeschlossenen* Intervall wichtig, also auch an den Randstellen a und b. In unserem Bild 21 liegt der kleinste Wert von f in [a, b], y_{min}, offenbar bei a, und es ist $x_{min} = a$. Dagegen ist die Stelle x_{max} mit $f(x_{max}) = y_{max}$ im Inneren des Intervalls gezeichnet.

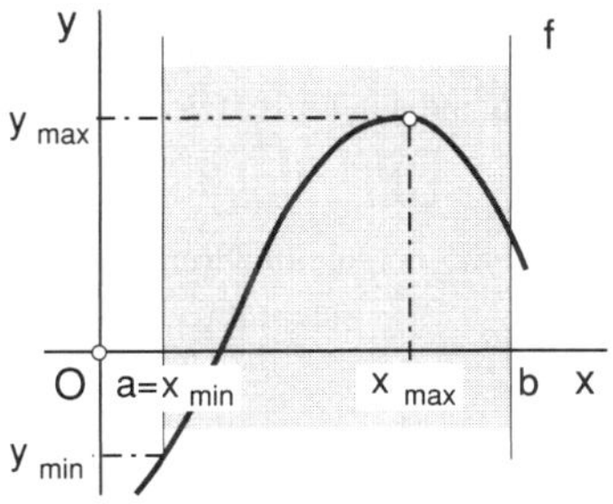

Bild 21: dazu

Die *Beweisidee* stützt sich zunächst auf den oben bewiesenen Satz, daß eine beschränkte Zahlenfolge $\langle a_n \rangle$ *konvergiert*: Wächst sie monoton, ist der Grenzwert $a \geq a_n$, fällt sie, muß er eben $a \leq a_n$ sein.

Nun ist die Menge der Funktionswerte von f sicher beschränkt, wenn f *stetig* ist. In einer genügend kleinen ε-Umgebung um y_{max} greifen wir eine (der unendlich vielen denkbaren) gegen $y_{max} = a$ konvergenten Folgen $\langle f(x_n) \rangle$ heraus; die zugehörige Folge der Argumente $\langle x_n \rangle$ strebt gegen x_{max}. Weil nun f dort *stetig* sein soll, ist auch der *Funktionswert* $f(x_{max})$ gleich dem *Grenzwert* y_{max}: Dies aber besagt gerade, y_{max} würde an einer Stelle $x_{max} \in [a, b]$ tatsächlich angenommen. Analog schließen wir i. allg. für y_{min} und x_{min}, w.z.z.w.

und sein Beweis

Im nächsten Kapitel stützen wir uns dann auf dieses Ergebnis, um einen für die Diskussion von Funktionen wichtigen Satz zu beweisen.

Ende des 31. Kapitels

Übungsaufgaben

1. Spielen Sie das im Text erklärte „Grenzwertspiel“ für die Folge $\langle a_n \rangle = \left\langle \frac{2-3n}{5n-2} \right\rangle$ mit dem vermutlichen Grenzwert $a = -\frac{3}{5}$ und den ε-Werten $\frac{1}{10}, \frac{1}{1000}$ sowie ε ohne konkreten Zahlenwert; geben Sie also jeweils n_0 an.

2. Stellen Sie anhand der ersten fünf Glieder der Folge von Übung 1 eine Vermutung über ihr Monotonieverhalten auf und beweisen Sie diese.

3. Zeigen Sie, daß die Folge $\left\langle 1 - \frac{2n}{3n+10} \right\rangle$
   a) monoton ist und
   b) 1/3 als Grenzwert hat (ε-Beweis).
   c) Ist 2/5 untere Schranke?
   d) Von welchem Glied an liegen die a_n innerhalb der $\varepsilon = 10^{-3}$-Umgebung von 1/3?

4. Setzen Sie einige Zahlen für n ein in $\langle a_n \rangle = \left\langle \frac{2n^2-1}{n^2} \right\rangle$, um zu einer Vermutung über den Grenzwert zu gelangen. Beweisen Sie dann allgemein (ε), daß 2 Grenzwert ist. Was läßt sich über das Monotonieverhalten sagen. Beweis?

5. Für eine geometrische Folge $\langle q^n \rangle$ sei $0 < q < 1$; dann konvergiert die Folge gegen Null! Beweisen Sie dies über ε, indem Sie $q = 1 - a$ annehmen und wie im Text vorgehen. Setzen Sie dann konkret $q = 1/2$ und $\varepsilon = 10^{-6}$ ein: $n_0 = ?$

6. Ermitteln Sie nach den Grenzwertsätzen über konvergente Folgen die Grenzwerte: (überall ist $n \to \infty$)
   a) $\lim \left[\left(1 + \frac{1}{n^2}\right)\left(2 - \frac{1}{n}\right) \right]$ b) $\lim \left[\frac{1}{n} \sqrt{5 + n^2} \right]$
   c) $\lim \frac{3n^2 - n + 4}{1 - n^2}$ d) $\lim \frac{(2-n)^2}{-1 + n^2}$ e) $\lim \frac{2^{n+1}}{2^n + 1}$

7. Welcher gemeine Bruch versteckt sich hinter der periodischen Dezimalzahl
   a) 0,4166666.... b) 0,009900990099....

8. Gehen Sie von der stückweise linearen Steuerfunktion im Text aus, und berechnen Sie Ihre Steuer (mit den im Text angenommenen Sätzen) bei einem Einkommen von 50' GE
   a) in „Fiskalien“, wo der jeweilige Prozentsatz vom vollen Einkommen berechnet wird,
   b) in Ihrem Land, das nur die innerhalb der Intervalle liegenden Anteile versteuert.

9. Zeichnen Sie den Graphen der Funktion $y = |\operatorname{sgn}(x)|$; gilt $|\operatorname{sgn}(x)| = \operatorname{sgn}|x|$?

10. Beurteilen Sie anhand der Graphen a bis c, ob f stetig ist an $x_0 = 0$; Grund?

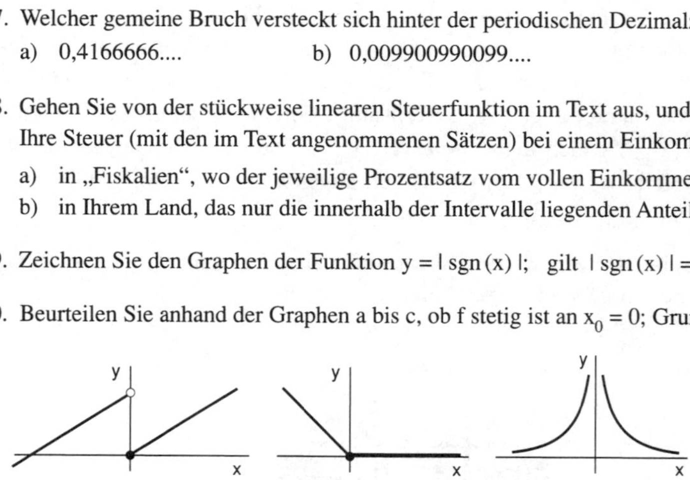

Wie könnte der Graph aussehen von (d): $y = x \cdot \sin 1/x \;\wedge\; y = 0$ für $x = 0$?

Lösungen

1. Ansatz $|a_n - a| < \frac{1}{10}$, also $\left|\frac{2-3n}{5n-2}+\frac{3}{5}\right| < \frac{1}{10} \Rightarrow \dots \left|\frac{4}{5(5n-2)}\right| < \frac{1}{10}$
Da für n > 0 der Term im Betrag stets positiv ist, sind die Betragszeichen entbehrlich:
$\frac{4}{5(5n-2)} < \frac{1}{10} \Rightarrow 40 < 5(5n-2) \Rightarrow \dots\ 2 < n$: $n_0 = 2$;
analog mit $\frac{1}{1000}$ statt $\frac{1}{10}$:
$\frac{4}{5(5n-2)} < \frac{1}{1000} \Rightarrow \dots\ 802 < 5n \Rightarrow 160{,}4 < n$: $n_0 = 160$.
Schließlich ist allgemein
$\frac{4}{5(5n-2)} < \varepsilon \Rightarrow 4 < 5\varepsilon(5n-2) \Rightarrow \dots\ \frac{4}{25\varepsilon}+\frac{2}{5} < n$;
falls *ganz*zahlig, ist dies n_0, sonst die abgerundete *natürliche* Zahl!

2. Folge $\left\langle -\frac{1}{3}, -\frac{4}{8}, -\frac{7}{13}, -\frac{10}{18}, -\frac{13}{23}, \dots \right\rangle$, Vermutung: monoton fallend, $a_n > a_{n+1}$
$\frac{2-3n}{5n-2} \geq \frac{2-3(n+1)}{5(n+1)-2} = \frac{-3n-1}{5n+3} \Rightarrow (2-3n)(5n+3) > (5n-2)(-3n-1) \Rightarrow$
$-15n^2 + n + 6 > -15n^2 + n + 2 \Rightarrow 6 > 2$ ✔

3. $a_n = 1 - \frac{2n}{3n+10} = \frac{n+10}{3n+10}$; $\langle a_n \rangle = \left\langle \frac{11}{13}, \frac{12}{16}, \frac{13}{19}, \frac{14}{22}, \frac{15}{25}, \dots \right\rangle$
   a) Vermutung: mon. fallend, $a_n > a_{n+1}$
   $\frac{n+10}{3n+10} > \frac{n+11}{3n+13} \Rightarrow (n+10)(3n+13) > (n+11)(3n+10) \Rightarrow \dots\ 20 > 0$ ✔
   b) $|a_n - a| < \varepsilon \Rightarrow \left|\frac{n+10}{3n+10} - \frac{1}{3}\right| < \varepsilon \Rightarrow \dots\ \frac{20}{9\varepsilon} - \frac{10}{3} < \varepsilon$: Der Term links ist $\geq n_0$.
   c) Ist $a_n \geq \frac{2}{5}$? $\frac{n+10}{3n+10} \geq \frac{2}{5} \Rightarrow \dots\ 30 \geq n$: gilt nur bis 30, aber nicht allgemein!
   d) konkret $\varepsilon = 10^{-3}$; in b einsetzen: $n_0 \leq \frac{20}{9 \cdot 10^{-3}} - \frac{10}{3} = 2218{,}8\dots$; $n_0 = 2218$.

4. a) $|a_n - a| < \varepsilon \Rightarrow \left|\frac{2n^2-1}{n^2} - 2\right| < \varepsilon \Rightarrow \left|\frac{-1}{n^2}\right| < \varepsilon \Rightarrow \frac{1}{n^2} < \varepsilon \Rightarrow \frac{1}{\sqrt{\varepsilon}} < n$
   b) $\langle a_n \rangle = \left\langle 1, \frac{7}{4}, \frac{17}{9}, \frac{31}{16}, \frac{49}{25}, \dots \right\rangle$; vermutlich monoton wachsend, $a_n < a_{n+1}$
   $\frac{2n^2-1}{n^2} < \frac{2(n+1)^2-1}{(n+1)^2} \Rightarrow (2n^2-1)(n+1)^2 < n^2[2(n+1)^2-1] \Rightarrow \dots -\frac{1}{2} < n$ ✔

5. $q^n = (1-a)^n < \varepsilon \Rightarrow n \log(1-a) < \log \varepsilon$; wegen $\log(1-a) < 0$ ist weiter
$n > \frac{\log \varepsilon}{\log(1-a)} =: n_0$ w.z.z.w.; konkrete Werte ergeben ... $\frac{-6}{-\log 2} = \frac{6}{\log 2} = 19{,}9$;
d.h. $n_0 = 19$: Schon das 20. Glied ist kleiner als 1 Millionstel!

6. a) $\lim\left[\left(1+\frac{1}{n^2}\right)\left(2-\frac{1}{n}\right)\right] = \lim\left(1+\frac{1}{n^2}\right)\cdot\lim\left(2-\frac{1}{n}\right) = 1\cdot 2 = 2$

b) $\lim\left[\frac{1}{n}\sqrt{5+n^2}\right] = \lim\left[\frac{1}{n}\cdot n\cdot\sqrt{\frac{5}{n^2}+1}\right] = \lim\sqrt{\frac{5}{n^2}+1} = 1$

c) $\lim\frac{3n^2-n+4}{1-n^2} = \lim\frac{n^2\left(3-\frac{1}{n}+\frac{4}{n^2}\right)}{n^2\left(\frac{1}{n^2}-1\right)} = \ldots = \frac{\lim\left(3-\frac{1}{n}+\frac{4}{n^2}\right)}{\lim\left(\frac{1}{n^2}-1\right)} = \frac{3}{-1} = -3$

d) Quadrieren, dann wie c: mit n^2 kürzen, 1/n-Glieder fallen weg, es bleibt lim ... = 1

e) $\lim\frac{2^{n+1}}{2^n+1} = \lim\frac{2^n\cdot 2^1}{2^n(1+1/2^n)} = \lim\frac{2}{1+1/2^n} = \frac{\lim 2}{\lim(1+1/2^n)} = \frac{2}{1} = 2$

7. a) $0{,}416666\ldots = \frac{41}{100}+\frac{6}{1000}+\frac{6}{10000}+\ldots = \frac{41}{100}+\frac{6}{1000}\left(1+\frac{1}{10}+\frac{1}{100}+\ldots\right) =$

$= \frac{41}{100}+\frac{6}{1000}\,\frac{1}{1-\frac{1}{10}} == \frac{41}{100}+\frac{6\cdot 10}{1000\cdot 9} = \frac{41}{100}+\frac{2}{300} = \frac{123+2}{300} = \frac{5}{12}$

b) $0{,}009900990099\ldots = \frac{99}{10^4}+\frac{99}{10^8}+\frac{99}{10^{12}}+\ldots = \frac{99}{10^4}\cdot\left(1+\frac{1}{10^4}+\frac{1}{10^8}+\ldots\right) =$

$= \frac{99}{10^4}\cdot\frac{1}{1-\frac{1}{10^4}} = \frac{99}{10^4}\cdot\frac{10^4}{9999} = \frac{99}{9999} = \frac{1}{101}$

8. a) 50' liegt im 40 %-Intervall, also STEUER = 40 % von 50' = 20' GE = 20 000 GE.

b) 50' wird aufgeteilt auf 0 % von den ersten 5' gleich 0 GE, dann 10 % von den nächsten 5' gleich 0,5' GE plus 20 % von 10' gleich 2' GE plus 30 % von den folgenden 20' gleich 6' GE und noch 40 % von den restlichen 10' gleich 4' GE, in der Summe sind das:
steuer = 0,5' + 2' + 6' + 4' = 12,5' GE =12 500 GE < STEUER!

9. Ja, auch sgn $|x|$ hat denselben Kurvenverlauf, Graph →:

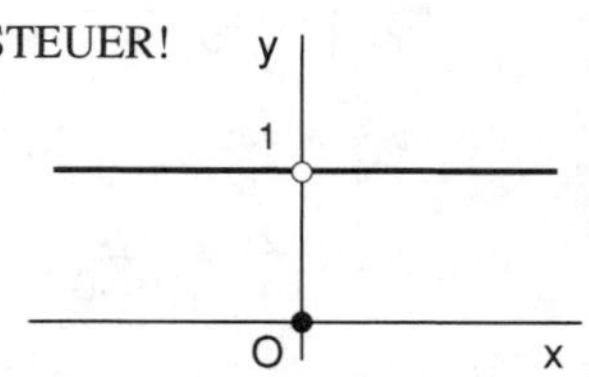

10. a) Nein, f springt.

b) Ja, Knicke stören nicht, man müßte den Stift nicht absetzen.

c) Nein, f ist an $x_0 = 0$ gar nicht definiert, es ist $y \to \infty$ für $x \to 0$!

d) Ja, trotz der Oszillationen, da der Faktor x alle Grenzwerte von x-Teilfolgen auf null drückt, Graph →!

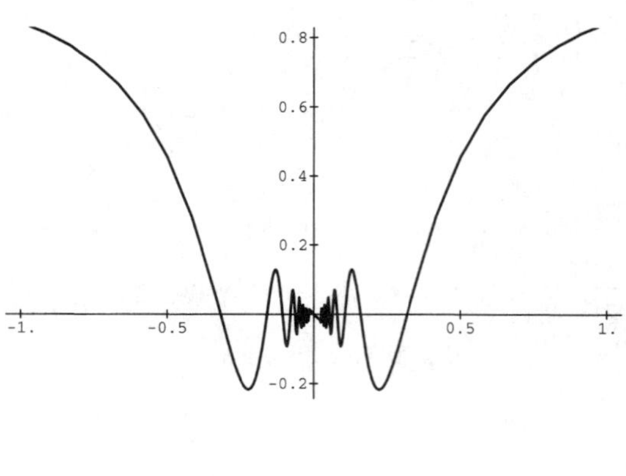

Weil hier noch Platz ist, knüpfen wir an das letzte Turtlegrafik-Programm zur Erzeugung einfacher fraktaler Kurven an und modifizieren nur die Procedure, alles übrige bleibt fast unverändert. Schauen Sie, oder spielen Sie es am Computer nach, welch hübsches Initial oder, je nach Neigung, Teppichmuster, entsteht, wenn man für die *Tiefe* Zahlen einsetzt. Hier ist der Wert 8 für t gewählt (und, ein kleiner Trick, auch das Spiegelbild dazugezeichnet):

```
... ... ...

Procedure teppich(l: Real; t: Integer);
Begin
   If t=0 Then forwd(round(l)) Else
       Begin
           turnleft(45);  teppich(1/sqrt(2)*l, t-1);
           turnright(90); teppich(1/sqrt(2)*l, t-1);
           turnleft(45)
       End
End;

... ... ...
```

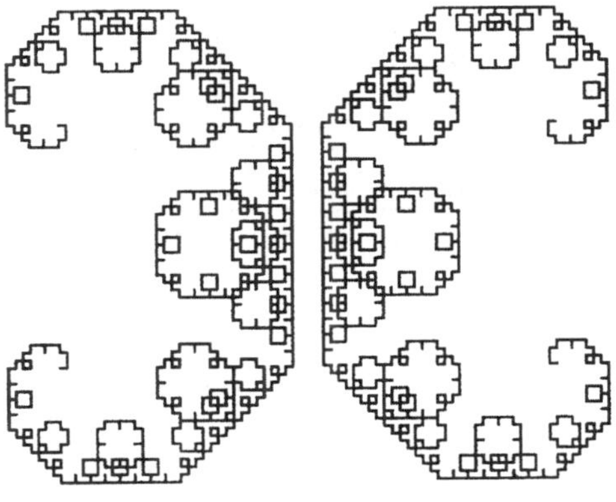

Zum nächsten Kapitel

Teil K

32. Kapitel

32

Ableitung von Funktionen

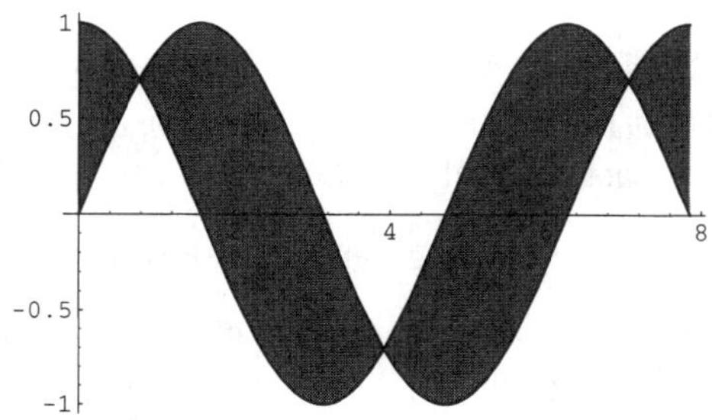

Unser Ziel

Nachdem mit den Begriffen *Grenzwert* und *Stetigkeit* im letzten Kapitel schon klar geworden sein sollte, auf welche Weise man kritischen Stellen einer Funktion zu Leibe rücken kann, soll hier dieser Weg weiter beschritten und die angekündigte Wunderwaffe ***Ableitung*** konstruiert werden!

Änderungsraten

Versuchen wir einen rasanten Start:

Beispiel 1: eine Rakete ...

B

Der Weg s (in km) einer **Rakete** hänge nach $s = t^2 + t$ von der Zeit t (in min) ab; dies gelte in guter Näherung etwa während der ersten 8 Minuten. Was läßt sich daraus für die mittleren Geschwindigkeiten in Intervallen [4; t] schließen? Was ist zu erwarten, wenn $t \to 4$ strebt?

und ihre mittlere Geschwindigkeit

Wir wissen, daß die mittlere Geschwindigkeit $\bar{v}$ definiert ist als Quotient aus zurückgelegtem Weg Δs während einer Zeitspanne Δt:

$$\bar{v} = \frac{\Delta s}{\Delta t} = \frac{s_1 - s_0}{t_1 - t_0};$$

Halten wir den Startpunkt t_0 der Zeitmessung fest und denken wir uns den Endpunkt t_1 variabel, so schreiben wir t statt t_1, ebenso s statt s_1, und bilden

$$\bar{v}(t_0, t) = \frac{s - s_0}{t - t_0} = \frac{(t^2 + t) - (t_0^2 + t_0)}{t - t_0}.$$

Hier könnten wir für t_0 konkret 4 einsetzen und für t 8, dann 6 oder 5 usw. und jeweils $\bar{v}$ berechnen. Wir wollen aber lieber vorher vereinfachen, indem wir umformen:

$$\bar{v}(t_0, t) = \frac{t^2 - t_0^2 + t - t_0}{t - t_0} = \frac{(t + t_0)(t - t_0) + (t - t_0)}{t - t_0} = \frac{(t - t_0) \cdot [t + t_0 + 1]}{t - t_0} = t + t_0 + 1.$$

Dieser Term für die mittlere Geschwindigkeit ist einfacher, und wir erhalten sofort mit $t_0 = 4$

$$\bar{v}\,(4, 8) = 8+4+1 = 13; \quad \bar{v}\,(4, 6) = 6+4+1 = 11; \quad ...; \quad \bar{v}\,(4; 4{,}1) = 4{,}1+4+1 = 9{,}1; \ ...$$

und ihr Grenzwert ...

Theoretisch kann man nun $t \to t_0$ (= 4) fallen lassen und nach dem Grenzwert der zugehörigen $\bar{v}$ -Werte fragen:

$$\lim_{t_0} \bar{v} = \lim_{t_0} (t + t_0 + 1) = \lim_{t_0} t + t_0 + 1 = t_0 + t_0 + 1 = 2t_0 + 1.$$

Momentangeschwindigkeit

Für $t_0 = 4$ ist demnach schon $\lim\limits_{4} \bar{v} = 2 \cdot 4 + 1 = 9$, was wir auch an der $\bar{v}$-Folge sofort ablesen. Damit ist aber die *Momentan*geschwindigkeit v zum Zeitpunkt $t_0 = 4$ gewonnen, da v als $\lim \bar{v}$ definiert ist!

Ganz analog gehen wir beim Wasserbehälter mit Ausflußöffnung vor:

Beispiel 2: **Abfluß:** **mittlere Volumenabnahme**

B Das Volumen einer aus einem Behälter ausfließenden **Wassermenge** V (in Litern) hänge nach $V(t) = 150 - 2t^2$ von der Zeit t (in min) ab. Was läßt sich für die obigen Zeitintervalle über die Stärke bzw. *Geschwindigkeit* der Volumenabnahme sagen?

Wir beziehen die Volumenänderung wie eben beim Weg auf ein Zeitintervall:

$$\bar{v}(t_0, t) = \frac{V - V_0}{t - t_0} = \frac{(150 - 2t^2) - (150 - 2t_0^2)}{t - t_0} = \frac{-2t^2 + 2t_0^2}{t - t_0} = \ldots = -2(t + t_0).$$

Hier setzen wir einige konkrete Zahlen ein, was die folgende Tabelle ergibt:

Intervall I	mittlere Abnahme
[4; 8]	–2 (8+4) = –24
[4; 6]	–20
[4; 5]	–18
[4; 4,5]	–17
[4; 4,1]	–16,2
↓	↓
4	–16 (vermutlich)

und ihr Grenzwert

Soll t wieder $\to t_0$ streben, so wird

$$\lim_{t_0} \bar{v} = \lim_{t_0} -2(t + t_0) = \lim_{t_0} (-2t) - 2t_0 = -2t_0 - 2t_0 = -4t_0.$$

Für $t_0 = 4$ ist damit $\lim\limits_{4} \bar{v} = -4 \cdot 4 = -16$, wie vermutet! ✓

Bild 1: **Deutung am Graphen von f**

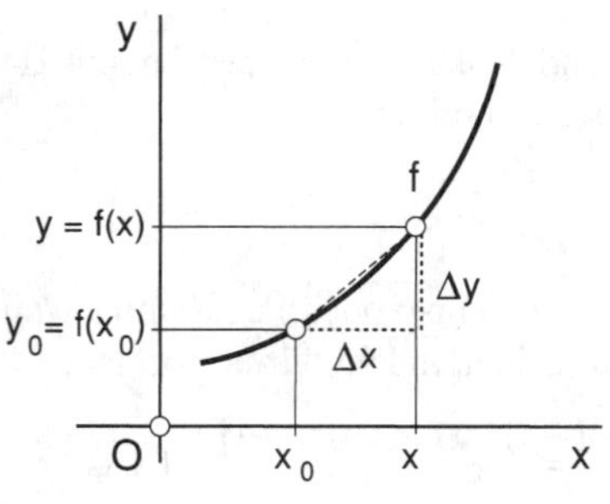

Abstrahieren wir vom Inhalt, so ist rein mathematisch folgendes geschehen: Eine Funktion $f: I \to \mathbb{R},\ x \to y = f(x)$ ist auf einem Intervall $I \subseteq \mathbb{R}$ definiert. Für zwei Stellen $x_0,\ x \in I$ interessiert die auf die Argumentänderung $\Delta x = x - x_0$ bezogene Werteänderung $\Delta y = y - y_0$, also $\Delta y / \Delta x$, Bild 1.

Dieser Quotient war die mittlere Geschwindigkeit bzw. die mittlere Volumenabnahme im betreffenden Intervall I.

Jetzt sagen wir allgemein:

Definition 1: **mittlere Änderungsrate** **oder Differenzenquotient**

D Der Quotient

$$\Delta f(x_0, x) := \frac{f(x) - f(x_0)}{x - x_0} = \frac{y - y_0}{x - x_0} = \frac{\Delta y}{\Delta x}$$

heißt ***mittlere Änderungsrate*** oder ***Differenzenquotient*** von f in $[x_0, x]$.

Neben den schon genannten **Anwendungen** gibt es noch eine Fülle weiterer:

Bei Verbrennungsprozessen interessiert u.a. der Temperaturverlauf, d. h. die mittlere Änderungsrate von T in heiklen Zeitintervallen, beim Hochfahren eines Kernreaktors die mittlere Änderungsrate der Emission radioaktiver Teilchen. Die Wachstumsrate der Inflation in einer Volkswirtschaft ist ebenso bedeutsam wie die gewisser schädlicher Insekten für die Landwirtschaft u.v.m.

und der Grenzwert:

Zieht man nun die Intervalle der unabhängigen oder *steuernden* Variablen x immer enger zusammen, so hat die zugehörige Folge der Δf sehr oft einen *Grenzwert*:

D

Definition 2: lokale Änderungsrate oder Differentialquotient

Haben alle Folgen $\langle \Delta f \rangle$ der mittleren Änderungsraten für $x \to x_0$ einen Grenzwert bei jeder Annäherung, so heißt

$$f'(x_0) = \lim_{x_0} \Delta f(x_0, x) = \lim_{x_0} \frac{f(x) - f(x_0)}{x - x_0} = \lim_{x_0} \frac{\Delta y}{\Delta x} =: \frac{dy}{dx}$$

lokale Änderungsrate oder ***Differentialquotient*** von f an der Stelle x_0.
Man liest $f'(x_0)$ als «f Strich von (oder: an der Stelle) x null».

Dieser Begriff präzisiert die praktisch oft verwendeten Änderungsraten *in hinreichend kleinen* Intervallen; er läßt sich nicht mit Stoppuhr oder Maßband messen, er ist ein rein theoretischer Begriff.

Bild 2: Tangente als Grenzlage einer Sekantenfolge

Deutet man $\Delta f = \Delta y / \Delta x$ als Steigungen $k_i = \tan \varphi_i$ der Sekanten, die von $P_0(x_0 \mid y_0)$ aus zu $P_i(x_i \mid y_i)$ gezogen werden, Bild 2, so ist

$$f'(x_0) = \tan \varphi = k_t$$

die Steigung der *Tangente* t in P_0 an f als Grenzlage der Sekantenfolge, die zu $x_n \to x_0$ gehört.

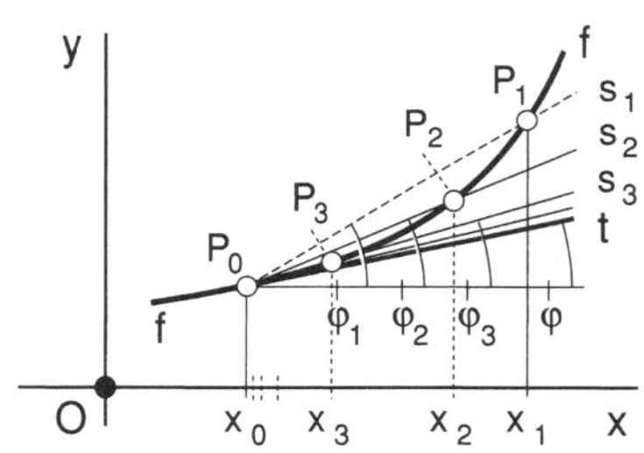

Existenz von $f'(x_0)$ ist so gesehen gleichbedeutend mit Existenz einer Tangente im Punkt $P_0(x_0 | y_0)$ an die Kurve f. Denken wir an die kritischen Stellen x_0 vom vorigen Kapitel, in denen f *unstetig* war, so ist klar, daß es dort auch keine Tangente, somit keine lokale Ängerungsrate $f'(x_0)$, geben kann, vgl. Bild 3.

Aber auch die *Betragsfunktion* f_i: $x \to |x|$, die in $x_0 = 0$ immerhin *stetig* war, hat in O (0|0) keine Tangente, da Sekanten von rechts und links zu *zwei* verschiedenen „Tangenten" führen würden, Bild 4. Dort gibt es auch kein $f'(0)$!

Bilder 3/4: Wo es keine Tangente gibt

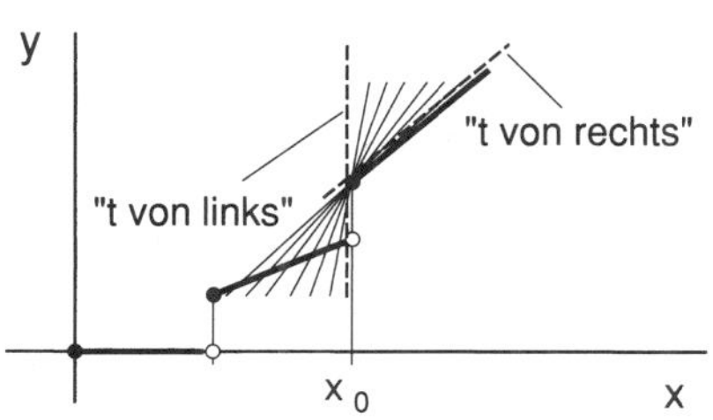

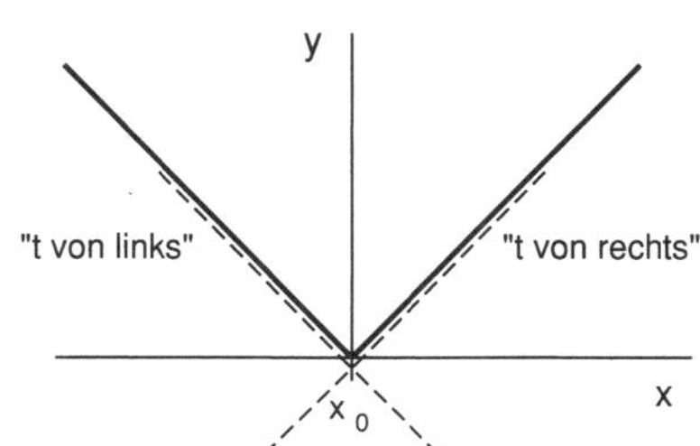

Es scheint also die Forderung an eine Funktion nach $f'(x_0)$ strenger zu sein als die, an x_0 *stetig* zu sein. Tatsächlich kann man sogar beweisen:

Satz 1: Stetigkeit als Folgerung

S **Eine Funktion f, die an der Stelle x_0 eine lokale Änderungsrate $f'(x_0)$ hat, ist in x_0 auch stetig.**

Beweis

Denn es ist für $x \neq x_0$:

$$f(x) - f(x_0) = \frac{f(x) - f(x_0)}{x - x_0}(x - x_0) \Rightarrow f(x) = f(x_0) + \frac{f(x) - f(x_0)}{x - x_0}(x - x_0)$$

und damit

$$\lim_{x_0} f(x) = \lim_{x_0} f(x_0) + \lim_{x_0} \frac{f(x) - f(x_0)}{x - x_0} \cdot \lim_{x_0} x - x_0 = f(x_0) + f'(x_0) \cdot 0 = f(x_0),$$

was aber gerade die Definition der *Stetigkeit* darstellt, w.z.z.w!

Können wir also von bestimmten Funktionstypen zeigen, daß überall $f'(x_0)$ existiert, dann ist auch ihre Stetigkeit gesichert. Davon werden wir noch Gebrauch machen.

lineares Approximieren

Aus der obigen Umformung geht noch hervor, daß $f(x)$ durch $f(x_0)$ und $f'(x_0)$ annähernd gewonnen werden kann: In einer hinreichend kleinen Umgebung von x_0 kann sich $f'(x_0)$ ja von $\Delta f(x, x_0)$ nur sehr wenig unterscheiden:

$$f(x) = f(x_0) + \Delta f \cdot (x - x_0) \approx f(x_0) + f'(x_0) \cdot (x - x_0).$$

Man sagt, $f(x)$ werde in der Umgebung von x_0 durch den rechts stehenden Term ***linear approximiert***. Der Fehler ε ist um so geringer, je weniger f sich bei x_0 *krümmt*, also von einer linearen Funktion unterscheidet; jedenfalls ist er aber „klein gegen" $x - x_0$, da $\frac{\varepsilon}{x - x_0}$ für $x \rightarrow x_0$ gegen 0 strebt! Versuchen Sie, dies selbst (als Übung 3) zu beweisen?

Bild 5: Differential

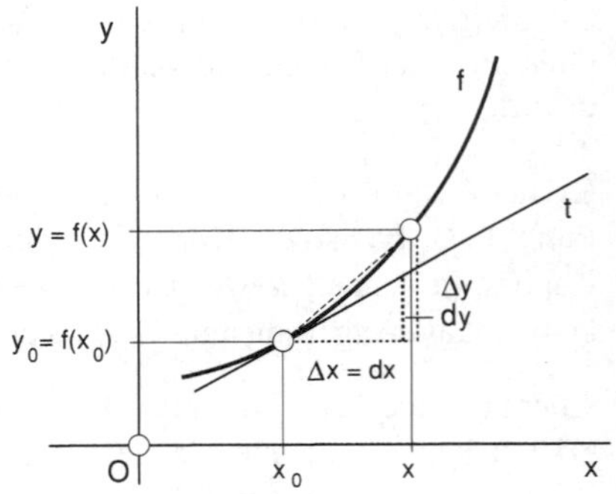

In der Δ-Schreibweise ist also kurz

$$\Delta f = \frac{\Delta y}{\Delta x} \quad \text{bzw.}$$

$$\Delta y = \Delta f \cdot \Delta x \approx f'(x_0) \cdot \Delta x.$$

Führt man neben der f-Änderung Δy längs Δx die t-Änderung dy für die Tangente als ***Differential*** dy ein, Bild 5, und nennt Δx jetzt dx, so ist *genau*

$$dy = f'(x_0) \cdot dx.$$

Beispiel 3: Wirtschaft: Grenzkosten

B Deuten wir x als Menge oder Stückzahl eines Gutes und $f(x)$ als zugehörige Produktionskosten, so nennt man die Kosten einer zusätzlichen Mengeneinheit (von x_0 auf $x_0 + 1$) die ***Grenzkosten*** bei x_0, sie sind gerade Δy; nach $\Delta y \approx f'(x_0)$ für $\Delta x = 1$ ist dies nahezu gleich $f'(x_0)$!

Sollte etwa $f(x)$ durch die oben untersuchte Gleichung

$$f(x) = x^2 + x$$

gegeben sein (x z.B. in Kilogramm), so ist

$$f'(x_0) = 2x_0 + 1;$$

bei $x_0 = 1$ sind demnach die Grenzkosten

$$\Delta f \approx f'(1) = 2 \cdot 1 + 1 = 3 \text{ (GE)}.$$

und Konsumquote

Ganz entsprechend gibt die *marginale* ***Konsumquote*** die Konsumänderung bei Einkommenserhöhung $x \to x + 1$ an; sie wird ebenso über $f'(x_0)$ berechnet, wenn die Konsumfunktion f vorliegt.

1. Ableitung

Wir erweitern unsere Begriffe, indem wir x_0 ein *ganzes Intervall* I durchlaufen lassen:

D — Definition 3: 1. Ableitung, differenzierbare Funktion

> Existiert die lokale Änderungsrate $f'(x)$ einer Funktion $f: x \to y = f(x)$ an jeder Stelle x eines Intervalls I, so heißt f ***auf I differenzierbar*** und $f': x \to y' = f'(x)$ die ***1. Ableitung*** von f.

Da wir $f'(x)$ schon als Tangentensteigung an der Stelle x interpretiert haben, was sofort als Maß für Wachstum oder Abnahme zu verstehen ist – steile Tangente und $k > 0$ bedeutet starkes Wachsen, flache Tangente mit $k < 0$ sanfte Abnahme usw. –, dürfte klar sein, wie wichtig es ist, zu einer beliebigen Funktion ohne viel Mühe die 1. Ableitung herstellen zu können.

Anwendungen in Physik und Technik

Hier die wichtigsten *physikalisch-/technischen* **Anwendungen**:

- Weg s, abh. von Zeit t: $s = f(t)$; $f'(t) = \lim \frac{\Delta s}{\Delta t} = \lim \bar{v} = v$: Geschwindigkeit !
- Geschwindigkeit v, abh. von Zeit t: $v = \varphi(t)$; $\varphi'(t) = \lim \frac{\Delta v}{\Delta t} = \lim \bar{a} = a = f''(t)$: Beschleunigung !
- Arbeit W, abh. von t: $W = b(t)$; $b'(t) = \lim \frac{\Delta W}{\Delta t} = \lim \bar{P} = P$: Leistung!
- Energie, abhängig von v, und
- Impuls, abhängig von t;

Dazu noch Näheres in den Übungen 5!

Maximum und Minimum

Bevor wir das oben skizzierte Programm im Detail in Angriff nehmen, sollten wir uns allgemein überlegen, was wir mit der 1. Ableitung dann konkret anfangen wollen – über die eben genannten Anwendungen und die Tangentensteigung an x_0 hinaus. *Ein* Ziel war ja die **Monotonie**, also das Wachsen bzw. Abnehmen in einem ganzen *Intervall*; die Übergangsstellen (im Bild 6 auf der nächsten Seite $a = \bar{x}_0$ bzw. $b = \underline{x}_0$) dieser Bereiche müssen dann wohl die (lokalen) *Extremstellen* sein, an denen f ein (lokales oder relatives) Maximum bzw. Minimum hat: a heißt *lokale Maximumstelle*, b *lokale Minimumstelle* von f oder allgemein:

D — Definition 4: Extremstellen

> Ist in einer genügend kleinen Umgebung von x_0 stets $f(x_0) > f(x)$ oder $f(x_0) < f(x)$, so heißt x_0 ***lokale Extremstelle*** von f.

Begnügen wir uns zunächst mit $f'(x_0) > 0$ an einer bestimmten Stelle x_0. Dann würden wir anschaulich sagen: Da die Tangentensteigung positiv ist, verläuft die Tangente „nach oben“, die Funktion muß ebenso wachsen, d. h., f ist in x_0 monoton wachsend, Bild 7, oben rechts.

Bilder 6/7: zur Monotonie

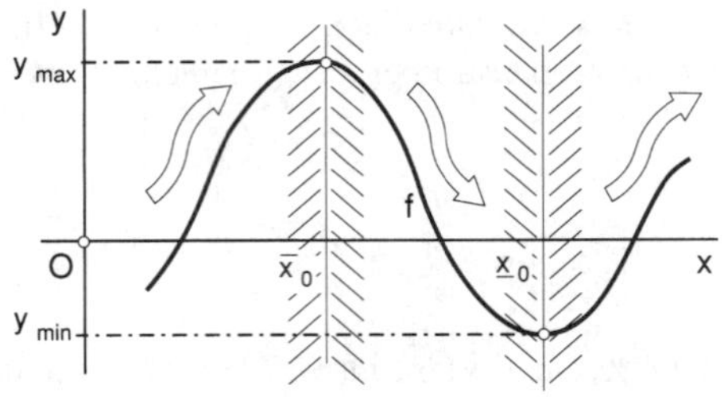

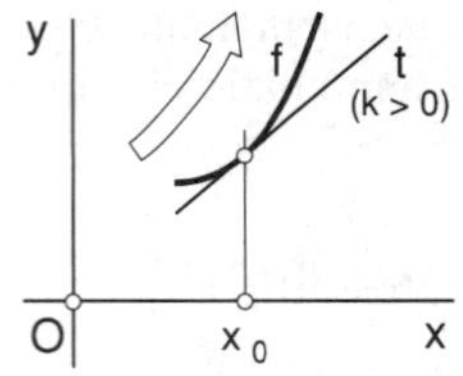

Monotonie und Verhalten der 1. Ableitung

Tatsächlich folgt auch formal aus

$$f(x) \approx f(x_0) + f'(x_0) \cdot (x - x_0)$$

wegen $f'(x_0) > 0$, daß bei $x > x_0$, also $x - x_0 > 0$, das Produkt rechts positiv und damit $f(x) > f(x_0)$ wird; dagegen ist bei $x < x_0$ mit $x - x_0 < 0$ auch das Produkt negativ, was $f(x) < f(x_0)$ bewirkt: „links" von x_0 ist demnach f(x) *kleiner*, „rechts" von x_0 *größer* als $f(x_0)$: Das aber ist gerade *streng monotones Wachsen*! Analog schließt man bei $f'(x_0) < 0$ auf streng monotone *Abnahme*. Natürlich gilt auch die Umkehrung.

Ist nun $f'(x) > 0$ in einem ganzen *Intervall* I, so scheint klar, daß dann eben f dort überall streng monoton wachsend sein muß. Dies trifft zu, verlangt aber zu seinem Beweis allen Scharfsinn, den wir aufbringen können. Wir tun dies später und wenden uns den **Übergangsstellen** zu:

Übergangsstellen

Sei etwa $f'(x) < 0$ in einem Intervall $[b; x_0[$ und $f'(x) > 0$ in $]x_0; a]$, so fällt f nach dem eben Gesagten streng monoton bis x_0, dann steigt es ab x_0. In x_0 selbst muß f ein lokales *Minimum* haben, das ja durch den Übergang von Abnahme zu Wachstum charakterisiert ist. Außerdem ist dort $f'(x_0) = 0$, da man anders nicht von negativen zu positiven Werten übergehen kann. Die Tangente im *Tiefpunkt* muß wohl waagrecht sein, also die Steigung $k_t = f'(x_0) = 0$ haben, linkes Bild 8. Ein strenger Beweis wäre eine schöne Übung 6?!

1. Ableitung und Extremstellen

Ganz ebenso folgt ein *Maximum*, wenn f'(x) von > 0 zu < 0 wechselt! Anschaulich: die Tangenten steigen links von x_0 an ($f'(x) > 0$), fallen aber rechts wieder; dazwischen muß der Gipfel = *Hochpunkt* liegen, rechtes Bild 8.

Bilder 8: dazu

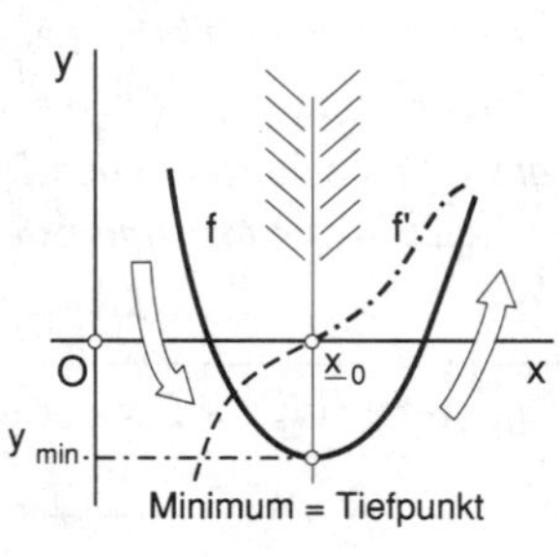

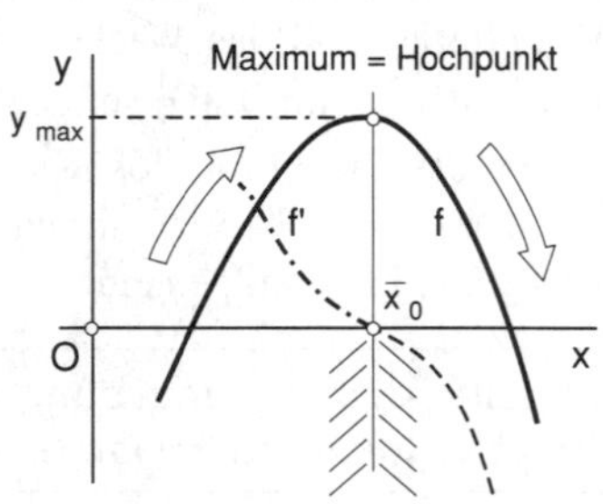

Vorzeichenwechsel von f'(x)

Während also an einer Extremstelle x_0 sicher $f'(x_0) = 0$ sein muß, genügt diese Bedingung allein nicht, um eine solche zu erzwingen! Im Bild 9, nächste Seite, ist zwar $f'(x_0) = 0$, aber für $x \neq x_0$ ist stets $f'(x) > 0$: f selbst wächst überall monoton und hat in x_0 keine Extremstelle! Der *Vorzeichenwechsel* von f'(x) ist also absolut nötig!

2. Ableitung

2. Ableitung und Art der Extremstellen

Manchmal ist es einfacher, statt dessen eine andere Bedingung zu überprüfen: Im Bild 10, rechts, ist f ' als monoton wachsend um x_0 mit $f'(x_0) = 0$ gezeichnet, was ja den *Tiefpunkt* bei x_0 garantiert (Vorzeichenwechsel!). Dazu ist noch die 1. Ableitung von f ' gezeichnet, f '', die ***2. Ableitung*** von f, *gesprochen* «f zwei Strich», die um x_0 herum *positiv* sein muß – sie spielt ja für f ' dieselbe Rolle wie f ' für f: positive Tangentensteigungen von f ' bedeuten $f''(x) > 0$!

Bilder 9/10: dazu

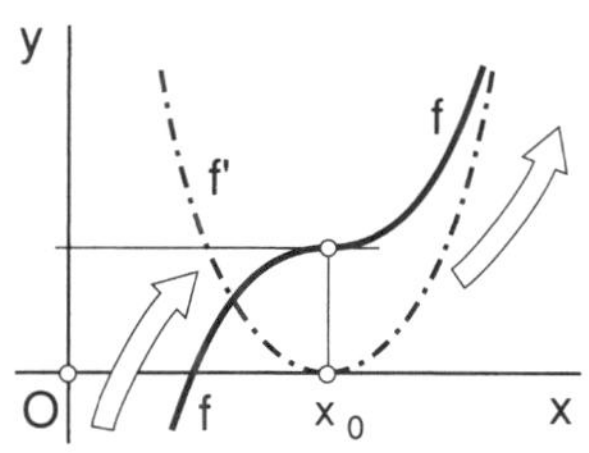

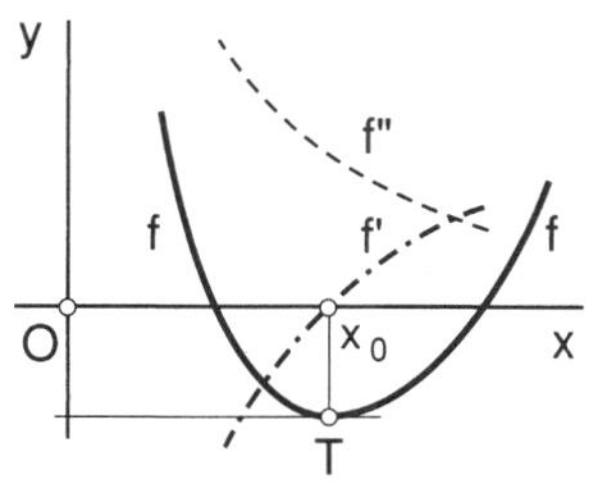

Kann man also neben f ' auch f '' leicht rechnerisch ermitteln, ist es doch einfacher, $f''(x_0) > 0$ zu prüfen als $f'(x_1) < 0 \wedge f'(x_2) > 0$ mit $x_1 < x_0 < x_2$, um das *Minimum* zu entlarven! Analog gehört zu einem *Maximum* $f''(x_0) < 0$.

Fassen wir zusammen:

S

Satz 2: Hauptsätze über Monotonie und Extremstellen

Sei f eine mindestens zweimal in I differenzierbare Funktion, zu der es also die 1. und die 2. Ableitung f ' und f '' in I gibt. Dann gilt für $x_0 \in I$:

1. **Ist $f'(x_0) > 0$, dann ist f in x_0 streng monoton wachsend (abnehmend bei < 0).**
2. **Ist $f'(x) > 0$ im ganzen Intervall I, so ist f wachsend auf I (abnehmend bei < 0).**
3. **Wechselt $f'(x)$ das Vorzeichen in x_0 bei $f'(x_0) = 0$, so ist x_0 lokale Extremstelle:**
   x_0 ist Maximumstelle beim Wechsel von > 0 zu < 0,
   x_0 ist Minimumstelle beim Wechsel von < 0 zu > 0.
4. **Ist $f'(x_0) = 0$ und $f''(x_0) < 0$, so ist x_0 Maximumstelle;**
   ist $f'(x_0) = 0$ und $f''(x_0) > 0$, so ist x_0 Minimumstelle.

Wie kann man nun praktisch vorgehen?

Am einfachsten ist es, all dies bei **Polynomfunktionen** 3. oder 4. Grades – die auch praktisch häufig vorkommen – anzuwenden. In ihrer Funktionsgleichung, etwa

$$y = x^3 + 3x^2 - x - 3$$

tritt aber neben x^2 und x^3 ein *Produkt* $3x^2$ auf und auch y selbst ist noch eine *Summe*. Wie ist aber x^3 abzuleiten, wie kann man bei Produkt ($3x^2$) und Summe ($x^3 + 3x^2 - ...$) vorgehen?

Der folgende Satz gibt die Antwort über zwei Behauptungen:

Satz 3: erste Sätze über Ableitungen

S **Für $k \in \mathbb{R}$ und zwei differenzierbare Funktionen f und g gilt:**

1. $(k \cdot f)' = k \cdot f'$ **(„Ein konstanter Faktor bleibt als solcher erhalten")**
2. $(f + g)' = f' + g'$ **(„Ableitung einer Summe gleich Summe der Ableitungen")**

Die Beweise sind sehr einfach – bitte versuchen Sie Nr. 1 als Übung 8!

... und Ableitung der Potenzfunktionen

Nun aber zur Ableitung der **Potenzfunktionen**! Von $f(x) = x^2$ wissen wir schon f'(x):

$$f'(x_0) = \lim_{x_0} \frac{f(x) - f(x_0)}{x - x_0} = \lim_{x_0} \frac{x^2 - x_0^2}{x - x_0} = \lim_{x_0} (x + x_0) = 2x_0$$

Analog ist es mit der 3. Potenz:

$$f'(x_0) = \lim_{x_0} \frac{f(x) - f(x_0)}{x - x_0} = \lim_{x_0} \frac{x^3 - x_0^3}{x - x_0} = \lim_{x_0} (x^2 + x \cdot x_0 + x_0^2) = 3x_0^2$$

und auch bei der 4., 5., ..., allgemein n-ten Potenz läßt die Polynomdivision keinen Rest. Bitte rechnen Sie zur Übung (9) nach:

Satz 4: die Formel

S **Die Potenzfunktion $f: x \to y = x^n$, $n \in \mathbb{N}$, hat die 1. Ableitung $f': x \to y' = n \cdot x^{n-1}$**

Damit ist also neben $x' = 1$ und $k' = 0$, was aus der Definition Δf und $f'(x_0)$ unmittelbar hervorgeht, auch

Beispiele 4: Anwendung bei Potenz-

B

- $y = x^2 \Rightarrow y' = 2x$; $y = x^3 \Rightarrow y' = 3x^2$; $y = x^4 \Rightarrow y' = 4x^3$ usw.

Im Verein mit den Ergebnissen weiter oben ist nun endlich

- $y = x^3 + 3x^2 - x - 3 \Rightarrow y' = 3x^2 + 3 \cdot 2x - 1 - 0 = 3x^2 + 6x - 1$,
  denn die einzelnen Ableitungen der Potenzen sind einfach zu addieren, wobei noch $(3x^2)' = 3(x^2)' = 3 \cdot 2x$ nach Satz 3.1 berücksichtigt wurde.

Ganz ebenso wäre etwa

Beispiele 5: ... und bei Polynomfunktionen

B

- $y = x^4 - 9x^3 + 5x^2 - 1 \Rightarrow y' = 4x^3 - 9 \cdot 3x^2 + 5 \cdot 2x = 4x^3 - 27x^2 + 10x$
  $\Rightarrow y'' = (y')' = 4 \cdot 3x^2 - 27 \cdot 2x + 10 = 12x^2 - 54x + 10$
- $y = \frac{1}{16}(x^4 + 2x^2) \Rightarrow y' = \frac{1}{16}(4x^3 + 2 \cdot 2x) = \frac{1}{4}(x^3 + x)$
  $\Rightarrow y'' = \frac{1}{4}(3x^2 + 1)$
- $y = \frac{1}{3}x^5 - \frac{2}{3}x^3 + \frac{1}{6}x - 2 \Rightarrow y' = \ldots = \frac{5}{3}x^4 - 2x^2 + \frac{1}{6}$
  $\Rightarrow y'' = \frac{5}{3} \cdot 4x^3 - 2 \cdot 2x = \frac{20}{3}x^3 - 4x$.

Kontrolle mit Mathematica

Um den Umgang mit *Mathematica* nicht zu verlernen, hier das letzte Beispiel:

```
D[1/3 x^5 - 2/3 x^3 + 1/6 x - 2, x]
```

```
1        2     5 x^4
- - 2 x   +  ----
6              3

D[%, x]        (* Dieser Befehl liefert die 2. Ableitung! *)

              3
         20 x
-4 x +  -----
           3
```

B **Beispiel 6: Kostenfunktion**

Neben vielen schon genannten Anwendungssituationen könnte eine Polynomfunktion 3. Grades eine **Kostenfunktion** darstellen, vgl. Bild 10. Ihre Gleichung sei gegeben durch

$$f: x \to y = \frac{1}{30}x^3 - x^2 + 11x + 5.$$

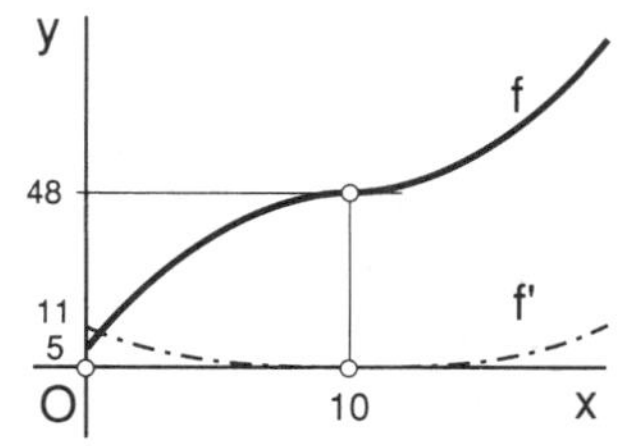

Bild 10: dazu

Grenzkosten

Dann werden die *Grenzkosten* über

$$f': x \to y' = \frac{1}{10}x^2 - 2x + 11$$

gefunden. Für $x_0 = 5$ Mengeneinheiten ist

$$f'(5) = \frac{1}{10} \cdot 5^2 - 2 \cdot 5 + 11 = 3{,}5.$$

Das heißt: Produziert man statt 5 nun 6 Einheiten, hat man mit Mehrkosten von 3,5 GE zu rechnen. Überlegen Sie bitte, wo die Grenzkosten *minimal* sind (Übung 12)!

Sehr oft sind Funktionen in der *Praxis* erst zu ermitteln. Wir sehen uns ein einfaches Beispiel an, das nur eine *quadratische* Funktion verlangt:

B **Beispiel 7: Seil und maximaler Durchhang**

Ein **Seil** soll so durch zwei Punkte A(0|0) und B(50|5) gespannt werden, daß es in B mit $\tan\varphi = 3/5 \Rightarrow \varphi = 31°$ ansteigt (und durch eine quadratische Gleichung gut genug beschrieben wird, Bild 11). Wie lautet die Kurvengleichung, f(x) =? Wo liegt der tiefste Punkt T, und wie groß ist der maximale Durchhang d_{max} des Seils?

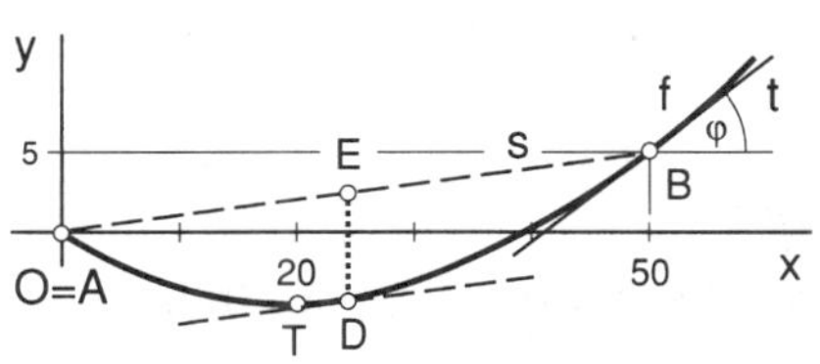

Bild 11: dazu

Wir setzen $f(x) = y = ax^2 + bx + c$ an und verwenden $A(0|0) \in f$ und $B(50|5) \in f$

$$A \in f:\ 0 = a \cdot 0^2 + b \cdot 0 + c \quad \Rightarrow \quad c = 0$$

$$B \in f:\ 5 = a \cdot 50^2 + b \cdot 50 \quad \Rightarrow \quad 2500a + 50b = 5 \quad \Rightarrow \quad 500a + 10b = 1 \qquad \text{... I.}$$

Dann ist noch $k_{tB} = 3/5$, was $f'(x_B) = f'(50) = 3/5$ bedeutet:

$$y' = 2ax + b; \quad f'(50) = 2a \cdot 50 + b = 3/5 \quad (\cdot 5) \quad \Rightarrow \quad 500a + 5b = 3 \qquad \text{... II.}$$

wieder einmal ein lineares 2-2-System!

Subtraktion I – II liefert 5b = –2 bzw. b = –2/5, woraus a = 1/100 folgt und damit auch

$$f(x) = y = \frac{1}{100}x^2 - \frac{2}{5}x.$$

Jetzt können wir *ableiten*:

$$f'(x) = y' = \frac{1}{50}x - \frac{2}{5}$$

und y' null setzen:

$$y' = 0 \;\Rightarrow\; \frac{1}{50}x - \frac{2}{5} = 0 \;\Rightarrow\; x = 20;\ \text{mit } y'' = \frac{1}{50} > 0 \text{ für alle x folgt } T(20 \mid -4).$$

Schaffen Sie den letzten Teil als Übung 13 selbst?

etwas Theorie:

Monotonie im Intervall

Wir haben inzwischen – genauer seit wir

$$(cf)' = cf' \quad \text{und} \quad (f+g)' = f' + g'$$

kennen! – auch die Mittel, den **Satz von der Intervallmonotonie** zu *beweisen*, was die Praktiker verzeihen mögen. Doch die viele Mühe mit Intervallschachtelungen und der Vollständigkeit der reellen Zahlen, den stetigen Funktionen, konkret auch mit dem Satz vom Maximum und Minimum stetiger Funktionen, macht sich der Mathematiker ja nicht ohne Grund. Hier soll einmal durchblitzen, wie er schließt!

Zunächst haben wir schon im vorigen Kapitel gesehen, daß eine *stetige* Funktion f ihr Maximum und ihr Minimum in einem abgeschlossenen Intervall I wirklich als Funktionswerte in $\bar{x}_0$ und $\underline{x}_0 \in I$ annimmt, linkes Bild 12. Jetzt wissen wir weiter, daß an diesen Stellen die 1. Ableitung $f'(x_0) = 0$ sein muß, dies war notwendige Bedingung für eine lokale Extremstelle.

Bilder 12: dazu

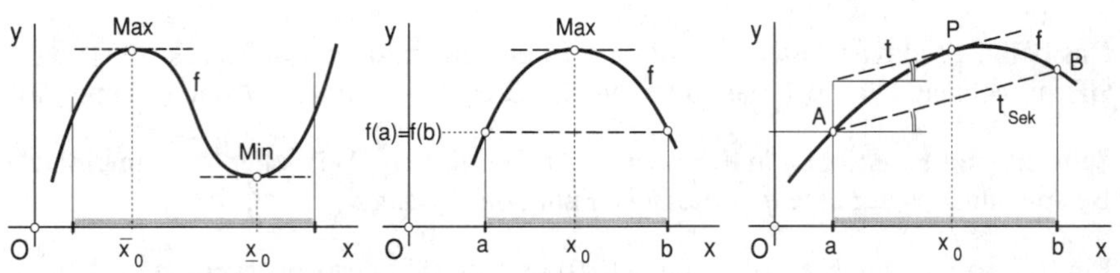

Eine genügend kleine Umgebung der *Maximumstelle* x_0, $U(x_0) = [a;\ b]$, läßt sich dann so wählen, daß $f(a) = f(b)$ gilt. Für die verschobene Kurve φ mit $\varphi(x) := f(x) - f(a)$ ist dann $\varphi(a) = \varphi(b) = 0$. Im Intervall liegt die Stelle x_0, für die $\varphi'(x_0) = f'(x_0) = 0$ gilt (mittleres Bild 12). Dies ist der **Satz von Rolle** (*Michel Rolle,* französ. Mathematiker, um 1700), der sich so verallgemeinern läßt:

Satz von Rolle und ...

Satz 5: Mittelwertsatz

S

> **Mittelwertsatz** der Differentialrechnung:
>
> **Ist f stetig in [a; b] und differenzierbar in]a; b[, so gibt es (mindestens) ein $x_0 \in$]a; b[mit**
>
> $$f'(x_0) = \Delta f(a;\ b) = \frac{f(b) - f(a)}{b - a}$$

Das besagt anschaulich, die *mittlere* Änderungsrate im Intervall wird an (mindestens) einer Stelle x_0 im Inneren als *lokale* Änderungsrate angenommen; die Tangente in $P(x_0 \mid y_0)$ ist parallel zur Sekante AB, $A(a \mid \sim)$, $B(b \mid \sim)$, rechtes Bild 12, oben! Beweis bitte als Übung 14!

Daraus folgt nun rasch der *Satz von der Intervallmonotonie*, der ja behauptet:

Satz 6: von der Intervall-monotonie

S

> **Ist $f'(x) > 0$ im Intervall I, also für alle $x_0 \in$ I, so ist f auf I monoton wachsend.**

Nun ist mit b > a schon b – a > 0. Gilt, wie vorausgesetzt, stets $f'(x_0) > 0$ in I, so wird der Bruch rechts bei positiven Nenner nur positiv, falls auch der Zähler f(b) – f(a) positiv ist. Dies aber, f(b) > f(a), ist gerade die Behauptung, f sei monoton wachsend auf I, w.z.z.w!

Vorzeichenwechselsatz

Ganz ähnlich kann man argumentieren, um jetzt den **Vorzeichenwechselsatz** von f'(x) für alle Extremstellen x_0 nicht nur anschaulich zu begründen: Sei dazu x_0 etwa lokale Maximumstelle, so ist einerseits für $x \in I$ stets $f(b) - f(x_0)$ negativ, auch wenn b durch x_0 nach a wandert, andererseits, Bild 13,

Bild 13: dazu

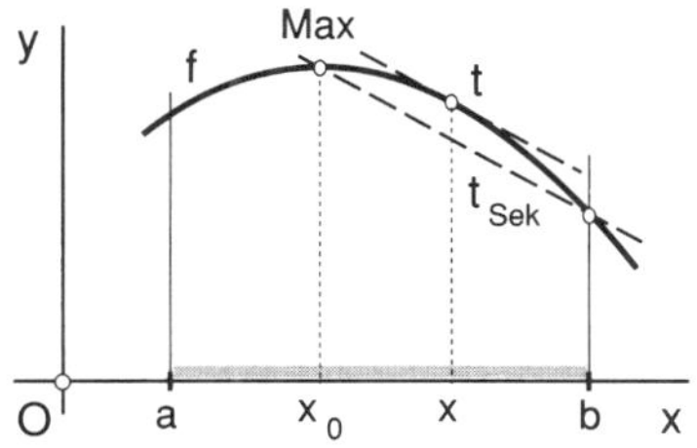

$$f'(x) = \frac{f(b) - f(x_0)}{b - x_0}$$

(Mittelwertsatz).

$b - x_0$ wechselt dabei aber das Vorzeichen (von + zu –), also muß dies auch f'(x) beim Durchgang von x mit b durch x_0 tun, soll das Zählervorzeichen gleich bleiben: Gerade dies war zu zeigen, w.z.z.w!

Ableitungsregeln

Wir wenden uns jetzt den elementaren Funktionen zu und fragen, ob es Ableitungen gibt – und wie man sie erhält – von

elementare Funktionen

$y = -\frac{1}{x}, \frac{1}{x^2}, \ldots;$ $y = \sqrt{x}, \sqrt[3]{x}, \ldots;$ $y = e^x, \ln x;$ $y = \sin x, \cos x, \ldots$

Dazu kommen noch Funktionen, die damit zusammengesetzt sind, wie

$y = \frac{1}{a + bx + cx^2}$ $y = a(x+b)^c$ $y = \sqrt{a^2 + 2ax} - a$

$y = c \cdot e^{-x^2}$ $y = a \sin(bx + c)$ $y = e^{-\lambda x} \cdot \cos \omega x$

und andere, die alle in WIRTSCHAFT, STATISTIK und TECHNIK als Nachfragefunktionen, Normalverteilungsdichte, Schwingungsgleichungen usw. eine Rolle spielen. Dabei sollen aber jetzt die Beweise oft nur angedeutet werden oder auch entfallen dürfen, falls sie zu hohe Ansprüche stellen – siehe Vorwort!

Wir beginnen mit der Überlegung, wie *Produkt* und *Quotient* zweier Funktionen abzuleiten sind. Leider ist es nicht so einfach wie bei der Summe, es gilt nämlich:

S

Satz 7: Produkt- und Quotienten-regel

Sind u, v zwei in I differenzierbare Funktionen, so ist

1. $f = u \cdot v \Rightarrow f' = (u \cdot v)' = u' \cdot v + u \cdot v'$ *(Produktregel)*

2. $g = \frac{u}{v}$ (mit $v(x) \neq 0$) $\Rightarrow g' = \left(\frac{u}{v}\right)' = \frac{u'v - uv'}{v^2}$ *(Quotientenregel)*

Die Beweise sind über kunstvolle bzw. einfallsreiche Umformungen der Definition von Δf zu führen – gewußt wie! –; wir verzichten ausnahmsweise darauf.

Danach ist so zu rechnen:

Beispiele 8: zur Produktregel

B ❖ $y = (x-1)^2 = (x-1)\cdot(x-1) = u\cdot v \;\Rightarrow\; y' = 1\cdot(x-1) + (x-1)\cdot 1 = 2\cdot(x-1)$,
was man auch direkt durch Quadrieren und Ableiten erhalten könnte.

Oder:

❖ $y = (1+x^2)\cdot(1-x) = u\cdot v \;\Rightarrow\; y' = 2x\cdot(1-x) + (1+x^2)\cdot(-1) =$
$= 2x - 2x^2 - 1 - x^2 = 2x - 3x^2 - 1.$

Auch hier könnte man einfach ausmultiplizieren und direkt ableiten:

❖ $y = 1 + x^2 - x - x^3 \;\Rightarrow\; y' = 2x - 1 - 3x^2$ (Kontrolle, ✓)

was i. allg. nicht möglich wäre, z. B. bei $x\cdot e^x$; dort ist die Produktregel *nötig*!

Gehen wir zu *Brüchen* über:

Beispiele 9: zur Quotientenregel

B ❖ $y = \frac{1-x}{1+x^2}\ \left(=\frac{u}{v}\right) \;\Rightarrow\; y' = \frac{(-1)(1+x^2) - (1-x)\cdot 2x}{(1+x^2)^2} = \frac{-1-2x+x^2}{(1+x^2)^2}$

❖ $y = \frac{x^3}{(x-1)^2} \;\Rightarrow\; y' = \frac{3x^2(x-1)^2 - x^3\cdot 2(x-1)}{(x-1)^4} = \ldots = \frac{x^3-3x^2}{(x-1)^3}$

(Sie müssen x – 1 ausklammern und dann ↑ kürzen!)

Prüfung mit Mathematica

Lassen wir zur Kontrolle *Mathematica* rechnen:

```
D[x^3 / (x-1)^2, x]                    Together[%]

    2            3                       2    3
 3 x          2 x                    -3 x  + x
---------  -  ---------              ----------
        2             3                      3
(-1 + x)      (-1 + x)               (-1 + x)
```

❖ $y = \frac{1}{x} \;\Rightarrow\; y' = \frac{0\cdot 1 - 1\cdot 1}{x^2} = \frac{-1}{x^2};\qquad y = \frac{1}{x^2} \;\Rightarrow\; y' = \frac{0\cdot x^2 - 1\cdot 2x}{x^4} = \frac{-2}{x^3};\ \ldots$

Vergleichen wir mit der Potenzschreibweise:

Erweiterung der Potenzregel

$y = \frac{1}{x} = x^{-1} \;\Rightarrow\; y' = -\frac{1}{x^2} = (-1)\,x^{-2};$

$y = \frac{1}{x^2} = x^{-2} \;\Rightarrow\; y' = \frac{-2}{x^3} = (-2)\,x^{-3};\ \ldots;$ allg.: $y = \frac{1}{x^n} = x^{-n} \;\Rightarrow\; y' = -n\cdot x^{-n-1}.$

So erkennen wir, daß auch bei *negativen* Hochzahlen die übliche Potenzregel gilt! Wir erwarten dann schon, daß auch die *gebrochenen* Hochzahlen sich hier einfügen, was auch der Fall ist! So gilt tatsächlich:

Beispiel 10: Wurzel ableiten

B $y = x^{1/2}\ (=\sqrt{x}) \;\Rightarrow\; y' = \frac{1}{2}\,x^{1/2-1} = \frac{1}{2}\,x^{-1/2} = \frac{1}{2\cdot x^{1/2}}\ \left(=\frac{1}{2\sqrt{x}}\right),$

was wir in Kürze beweisen werden!

Damit wird es auch möglich, **gebrochen-rationale Funktionen** zu diskutieren, d. h., sich über Gesamtverlauf und kritische Stellen genauer zu orientieren. Wir studieren das Vorgehen im nächsten Kapitel!

Die Exponentialfunktion

Jetzt zur *Exponentialfunktion* f: $y = e^x$, Bild 14, und ihrer **Ableitung** f'! Es ist in jedem Fall sehr mühsam, f' exakt herzuleiten, und so sollen hier zwei Möglichkeiten gezeigt werden, sich das Ergebnis plausibel zu machen.

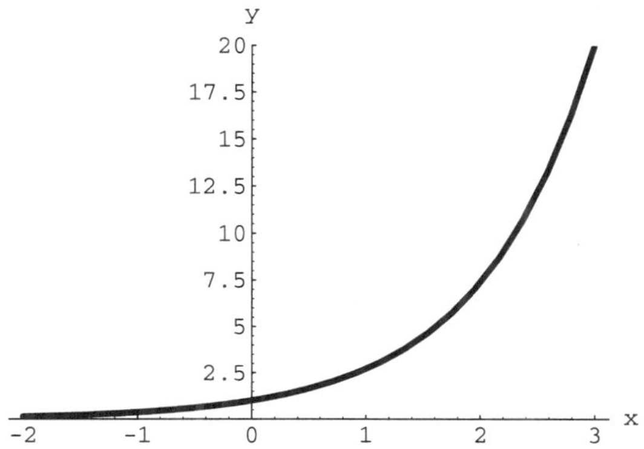

Bild 14: die Exponentialfunktion

Wir setzen die Definition von f'(x) an für die Stelle $x_0 = 1$ und dann für $x_0 = 2$:

$$f'(1) = \lim_{1} \Delta f(1;\, x) \approx \Delta f(1;\, 1{,}001) = \frac{e^{1{,}001} - e^1}{1{,}001 - 1} = (\mathbf{TR})\ \frac{0{,}00272}{0{,}001} = 2{,}72 \approx e = f(1);$$

$$f'(2) = \lim_{2} \Delta f(2;\, x) \approx \Delta f(2;\, 2{,}001) = \frac{e^{2{,}001} - e^2}{2{,}001 - 2} = (\mathbf{TR})\ \frac{0{,}00739}{0{,}001} = 7{,}39 \approx e^2 = f(2);$$

Mit hoher Genauigkeit scheint also f'(1) = f(1), f'(2) = f(2), ... zu sein, so daß man die Übereinstimmung f'(x) = f(x) für alle x vermuten wird. Tatsächlich gilt

Satz 8: und ihre 1. Ableitung

S

Die Ableitung f' der Exponentialfunktion f: $y = e^x$ stimmt auf $\mathbb{R}$ mit f überein:
$y = e^x \;\Rightarrow\; y' = e^x$

hier noch Begründungen mit Mathematica

Zur Bestärkung wenden wir uns an *Mathematica* und lassen uns e selbst als Grenzwert ausgeben:

```
Limit[(1 + 1/x)^x, x -> Infinity]
E        (* So schreibt Mathematica die Eulersche Zahl! *)
N[%, 10]      (* den Zahlenwert auf 10 Stellen ausgeben *)
2.718281828
D[E^x, x]     (* oder ebensogut → *)        D[Exp[x], x]
 x                                            x
E             (* die Ableitung *)            E
```

Diese können wir auch über die allg. Definition der *Änderungsrate* überprüfen:

```
Limit[(Exp[x+dx] - Exp[x]) / dx, dx -> 0]
 x
E             (* Jetzt sind wir überzeugt?! *)
```

Die Winkelfunktionen

Nun wenden wir auch bei der *Sinusfunktion*, Bild 15, die erste Methode von oben an, um zu zeigen:

Satz 9: Ableitung der Winkelfunktionen

S

Die Ableitung f' der Sinusfunktion f: y = sin x ist auf ℝ die Cosinusfunktion:

y = sin x ⇒ y' = cos x; weiter ist:

y = cos x ⇒ y' = –sin x.

Bild 15: Sinus-/Cosinusfunktionsgraphen

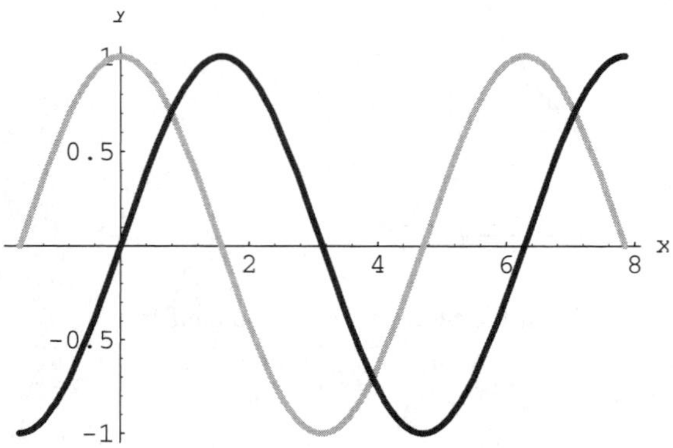

Wer es einfach haben will, fragt *Mathematica*:

```
D[Sin[x], x]
Cos[x]
D[Cos[x], x]
-Sin[x]
```

Ableitung der Sinusfunktion: ein plausibler ...

Dies ist zwar überraschend, doch recht plausibel: f = **sin** hat doch *Extremstellen* bei

..., –π/2, π/2, 3π/2, 5π/2, ...;

dort muß die Ableitung *Nullstellen* haben, $f'(x_0) = 0$, was für **cos** zutrifft! Wo die Ableitung aber Extremstellen hat, muß die 2. Ableitung Nullstellen, die Funktion selbst also *Wendestellen* haben, $f''(x_0) = 0$ (falls dort noch f''(x) das Vorzeichen wechselt): **sin** hat solche offenbar in den Nullstellen

..., –π, 0, π, 2π, ...

Dort hat **cos** aber tatsächlich seine Extremstellen! Was fehlt, ist also fast nur mehr die „Höhe" der Ableitung von **sin**, es könnte ja 2 · cos oder 3/4 · cos ... entstehen, nicht ausgerechnet 1 · cos = **cos**! Dazu gehen wir wie bei e^x vor, was auf $\sin'(0) \approx 1 = \cos 0$ usw. führt (Übung 17). Dies genügt eigentlich schon; analog geht es bei cos' = sin!

und ein exakter Beweis

Klassisch exakt geht es mit dem *2. Summensatz* (GONIOMETRIE) für **sin**:

$$\sin\alpha - \sin\beta = 2\cos\frac{\alpha+\beta}{2}\sin\frac{\alpha-\beta}{2}$$

Setzen wir in die Definition von $f'(x_0)$ nun sin x statt f (x) ein, so wird damit

$$f'(x_0) = \lim_{x_0}\frac{\sin x - \sin x_0}{x - x_0} = \lim_{x_0}\frac{2\cos\frac{x+x_0}{2}\sin\frac{x-x_0}{2}}{x - x_0} = \lim_{x_0}\cos\frac{x+x_0}{2}\cdot\lim_{x_0}\frac{\sin\frac{x-x_0}{2}}{\frac{x-x_0}{2}}$$

Der 2. Faktor läßt sich auffassen als $\lim_{0}\frac{\sin x}{x}$, was wir später als = 1 nachweisen werden; der 1. Faktor ist einfach $\cos x_0$. Damit ist Satz 9 bewiesen!

Kettenregel

Als letztes Hilfsmittel benötigen wir noch eine Möglichkeit, *verschachtelte* oder ***zusammengesetzte* Funktionen** zu bilden und abzuleiten. Denken Sie etwa an

$f\colon x \rightarrow y = (x^3 - x^2 + 1)^4, \quad f' = ?$

Sicherlich haben Sie wenig Lust, die 4. Potenz auszurechnen oder auf die Quadrate die Produktregel anzuwenden – was hier zur Not noch möglich wäre. Was aber tun bei

$y = \sqrt{x^3 + x} \quad \text{oder} \quad y = e^{-x^2} \quad \text{oder} \quad y = \sin(3x + 1), \quad ...?$

Verkettung von Funktionen

Hier hilft folgende Überlegung, vgl. Bild 16, unten links: Wir zerlegen f in 2 Teilfunktionen g und h, denken uns also zuerst x (mit g) auf $z = x^3 - x^2 + 1$ abgebildet und dann z (mit h) weiter auf $y = z^4$. Damit wird dann eine *innere* Funktion g: x ⟶ z mit einer *äußeren* Funktion h: z ⟶ y *zusammengesetzt* bzw. zu f ***verkettet***, was f den Namen ***Kettenfunktion*** und die Schreibweise $f = h \circ g$, *gelesen* «h nach g», einträgt.

Beim Differenzieren soll nun y nach x abgeleitet werden (f'), was jetzt ebenfalls auf dem Umweg über z geschieht, Bild 17, rechts: erst y nach z (h'), dann z nach x (g').

Bilder 16/17: dazu

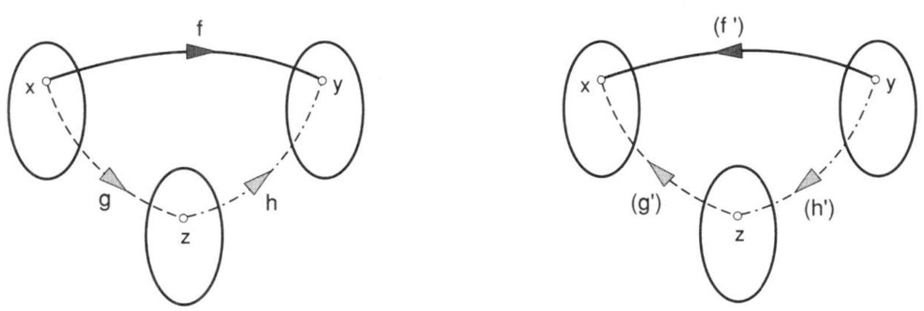

Für die mittleren Änderungsraten gilt ja (unter einigen Voraussetzungen wie $\Delta z \neq 0$):

$$\frac{\Delta y}{\Delta x} = \frac{\Delta y}{\Delta z} \cdot \frac{\Delta z}{\Delta x} \qquad \text{(d. h. } \Delta f = \Delta h \cdot \Delta g\text{),}$$

und ihre Ableitung

und im Grenzwert für $\Delta x \rightarrow 0$ wird daraus

$f'(x) = h'(z) \cdot g'(x).$

Hier ist noch für z der x-Term g (x) einzusetzen, was ergibt:

S — **Satz 10: Kettenregel**

> **Kettenregel**
>
> **Für $f = h \circ g$ gilt in geeigneten Definitionsbereichen**
>
> $$f'(x) = (h \circ g)'(x) = h'(g(x)) \cdot g'(x);$$
>
> kurz: **«äußere mal innere Ableitung».**

Im Fall der eingangs notierten Funktion können wir jetzt ausführlich schreiben:

B — **Beispiel 11: dazu**

$y = f(x) = (x^3 - x^2 + 1)^4;$

$z = g(x) = x^3 - x^2 + 1 \;\Rightarrow\; z' = g'(x) = 3x^2 - 2x$

$y = h(z) = z^4 \;\Rightarrow\; y' = h'(z) = 4z^3 = 4(x^3 - x^2 + 1)^3 = h'(g(x))$

$y' = f'(x) = h'(g(x)) \cdot g'(x) = 4(x^3 - x^2 + 1)^3 \cdot (3x^2 - 2x)$

↑ äußere mal ↑ innere Ableitung

Mit etwas Übung verzichtet man auf Nebenrechnungen; man erwirbt nämlich rasch den Blick dafür, was als äußere bzw. innere Funktion anzusetzen ist.

Hier erhalten Sie noch zweimal eine kleine Hilfestellung:

Beispiel 12: Übungen mit der Wurzel- ...

B

$$y = f(x) = \sqrt{x^3 + x}$$

$$z = g(x) = x^3 + x \Rightarrow z' = g'(x) = 3x^2 + 1$$

$$y = h(z) = \sqrt{z} \Rightarrow y' = h'(z) = \frac{1}{2\sqrt{z}} = \frac{1}{2\sqrt{x^3 + x}} = h'(g(x))$$

$$y' = f'(x) = h'(g(x)) \cdot g'(x) = \frac{1}{2\sqrt{x^3 + x}} \cdot (3x^2 + 1)$$

Was sagt Mathematica?

Mit *Mathematica* sind diese Feinheiten überflüssig:

```
f[x_] := Sqrt[x^3 + x]
f1[x_] = D[f[x], x]

          2
  1 + 3 x
-------------
            3
2 Sqrt[x + x ]
```

Oder der Kern der berühmten **Dichtefunktion** von Gauß:

Beispiel 13: und der Exponential-funktion

B

$$y = f(x) = e^{-x^2}$$

$$z = g(x) = -x^2 \Rightarrow z' = g'(x) = -2x$$

$$y = h(z) = e^z \Rightarrow y' = h'(z) = e^z = e^{-x^2} = h'(g(x))$$

$$y' = f'(x) = h'(g(x)) \cdot g'(x) = e^{-x^2} \cdot (-2x).$$

Und auch hier die Probe mit *Mathematica*:

```
f[x_] := Exp[-x^2]
f1[x_] = D[f[x], x]

-2 x
----
  2
 x
E
```

Beispiel 14: ... variiert

B Nun versuchen wir es kürzer mit einer ähnlichen Funktion:

$$y = e^{-x} + x \Rightarrow y' = e^{-x} \cdot (-1) + 1 = -e^{-x} + 1.$$

↑ äußere mal ↑ innere Abl. des 1. Summanden

Damit kann man z. B. die Frage beantworten:

Beispiel 15: vorgeschriebener Anstieg

B An welcher Stelle x_0 wächst die Funktion

f: $y = e^{-x} + x$

mit einem gewünschten oder vorgeschriebenen Wert $f'(x_0) = 1/2$? (Wo sind die Grenzkosten 1/2?, könnte eine Anwendungsfrage lauten, vgl. Übung 18):

$$f'(x_0) = -e^{-x_0} + 1 = \frac{1}{2} \Rightarrow e^{-x_0} = \frac{1}{2} \Rightarrow e^{x_0} = 2 \Rightarrow x_0 = \ln 2 = 0{,}69.$$

Oder ganz kurz und nur zur Übung – hier geht's nicht ohne Drill:

B

Beispiele 16: Natürlich sind auch Winkelfunktionen zugelassen!

- $y = \cos\frac{1}{x} \Rightarrow y' = -\sin\frac{1}{x} \cdot \left(-\frac{1}{x^2}\right)$
- $y = \cos^3\frac{1}{x}$, d. h. $(\cos\frac{1}{x})^3 \Rightarrow y' = 3\cos^2\frac{1}{x} \cdot (-\sin\frac{1}{x}) \cdot \left(-\frac{1}{x^2}\right)$,
  wobei hier 3 Teilfunktionen auftreten, was analog behandelt wird: «äußere mal mittlere mal innere Ableitung».
- $y = \sin 3x^2 \Rightarrow y' = \cos 3x^2 \cdot 3 \cdot 2x = 6x \cdot \cos 3x^2$
- $y = e^{\sin 2x} \Rightarrow y' = e^{\sin 2x} \cdot \cos 2x \cdot 2$ (wieder mit *mittlerer* Ableitung)
- $y = 3x^2 \cdot \cos\frac{x}{2} \Rightarrow y' = 6x \cdot \cos\frac{x}{2} + 3x^2 \cdot (-\sin\frac{x}{2}) \cdot \frac{1}{2}$ (Produktregel dazu!)
- $y = \frac{e^{-x}}{x} \Rightarrow y' = \frac{-e^{-x} \cdot x - e^{-x} \cdot 1}{x^2} = \frac{-e^{-x}(x+1)}{x^2}$ (Quotientenregel dazu!)
- $y = \frac{1+\sin x}{1-\cos x} \Rightarrow y' = \frac{(1-\cos x)\cdot\cos x - (1+\sin x)\cdot\sin x}{(1-\cos x)^2} = \ldots = \frac{\cos x - \sin x - 1}{(1-\cos x)^2}$

Mit Mathematica geht´s – wie gewohnt – leichter (hier die letzten zwei Beispiele):

Wenn Sie ohne Ketten- und andere Regeln auskommen möchten ...

```
D[Exp[-x] / x, x]
      1         1
-(-----) - ----
   x  2      x
  E  x      E  x
Together[%]
-1 - x
------
 x  2
E  x
D[(1+Sin[x]) / (1-Cos[x]), x]

  Cos[x]        Sin[x] (1 + Sin[x])
---------- - --------------------
1 - Cos[x]                     2
                 (1 - Cos[x])
Together[%]
                    2                    2
Cos[x] - Cos[x]  - Sin[x] - Sin[x]
------------------------------------
                          2
           (-1 + Cos[x])
```

Probleme mit Mathematica

Interessanterweise ist *Mathematica* nicht in der Lage, den einfachen Zusammenhang $\cos^2 x + \sin^2 x = 1$, den *trigonometrischen Pythagoras*, anzuwenden, um den Zählerterm zu reduzieren. Will man solches erzwingen, erscheint ein *Cosecans-Term* (den wir nicht mehr definiert haben, er ist = 1 / sin x) und Ausdrücke mit halben Winkeln x/2, die das Ergebnis sicherlich verkomplizieren!

Umkehrfunktionen – und wie man sie ableitet

Ableitung von Umkehrfunktionen

Die Kettenregel kann sehr elegant dazu benutzt werden, um *Umkehrfunktionen* abzuleiten. Die entscheidende Idee dabei ist, daß f mit $f^{-1} =: \varphi$ zusammengesetzt die *identische Funktion* $x \to x$ ergibt, deren Ableitung natürlich gleich 1 ist:

$$f: x \to y,\ y = f(x) \quad \wedge \quad \varphi: y \to x,\ x = \varphi(y) \quad \Rightarrow$$

$$F := \varphi \circ f: x \to y \to x; \text{ also ist } x = F(x) = x \text{ und damit } F'(x) = 1.$$

Andererseits wissen wir von der Kettenregel

$$F'(x) = (\varphi \circ f)'(x) = \varphi'(y) \cdot f'(x);$$

der Vergleich beider Ergebnisse liefert schon $\varphi'(x) = \frac{1}{f'(x)}$, falls der Nenner stets $\neq 0$ ist, was wir festhalten im Satz:

Satz 11: Ergebnisformel

S

Die Ableitung der Umkehrfunktion φ einer in I differenzierbaren und dort streng monotonen Funktion f (dies garantiert $f'(x) \neq 0$ in I) ist gegeben durch

$$\varphi'(y) = \frac{1}{f'(x)} = \frac{1}{f'(\varphi(y))}$$

Wenden wir dies an, um die **Wurzelfunktion** abzuleiten, Bild 18, rechts:

Beispiel 17: die Quadratwurzelfunktion

B

$$f: x \to y,\ y = f(x) = x^2 \quad (x, y \geq 0 \text{ mit } f'(x) = 2x) \quad \wedge$$

$$\varphi: y \to x,\ x = \varphi(y) = \sqrt{y} \quad \Rightarrow \quad \varphi'(y) = \frac{1}{f'(x)} = \frac{1}{2x} = \frac{1}{2\sqrt{y}}$$

Bild 18: dazu

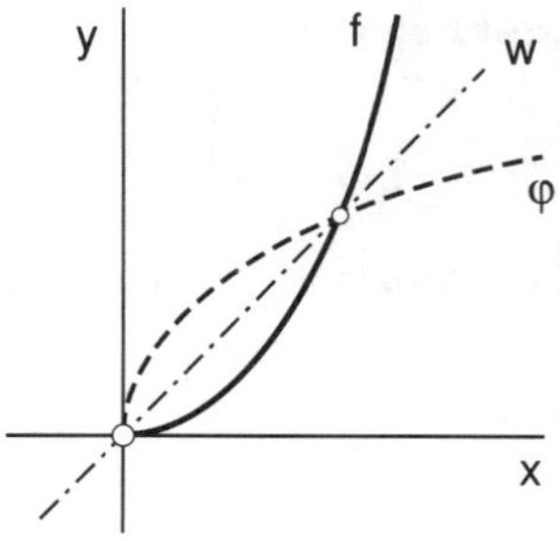

Am Ende dieser Prozedur steht üblicherweise ein Variablenwechsel $x \leftrightarrow y$, weil man ja einer Funktion ihre Herkunft als Umkehrfunktion nicht anzumerken braucht:

$$y = \varphi(x) = \sqrt{x} \quad \Rightarrow \quad y' = \varphi'(x) = \frac{1}{2\sqrt{x}},$$

wie früher behauptet: $\boxed{(\sqrt{x})' = \frac{1}{2\sqrt{x}}}$

Versuchen Sie es ebenso mit $\sqrt[3]{x}$ als Übung 19?

Kennen Sie noch die Umkehrung der **Exponentialfunktion**?

Beispiel 18: und der natürliche Logarithmus

B

$$f: x \to y,\ y = f(x) = e^x \quad \Rightarrow \quad y' = f'(x) = e^x$$

$\varphi: y \to x,\ x = \varphi(y) = \ln y$ (*natürlicher* **Logarithmus**!)

$$\varphi'(y) = \frac{1}{f'(x)} = \frac{1}{e^x} = \frac{1}{y}$$

Variablenwechsel $x \leftrightarrow y$:

$$y = \varphi(x) = \ln x \quad \Rightarrow \quad y' = \varphi'(x) = \frac{1}{x}: \qquad \boxed{(\ln x)' = \frac{1}{x}}$$

Jetzt können wir auch dieses Ergebnis in einer *Kettenregel* verwenden:

Beispiel 19: Kettenregel

- $y = \sin(\ln x) \Rightarrow y' = (\cos(\ln x)) \cdot \frac{1}{x}$
- $y = \ln(\sin^2 x) \Rightarrow y' = \frac{1}{\sin^2 x} \cdot 2 \sin x \cdot \cos x = \frac{2}{\sin x} \cdot \cos x = 2 \cot x = \frac{2}{\tan x}$

Vergewissern wir uns mit *Mathematica*:

```
D[Sin[Log[x]], x]
Cos[Log[x]]
-----------
     x
D[Log[(Sin[x])^2], x]
2 Cot[x]
```

Allgemein ist bei

$$y = \ln f(x) \quad \text{immer} \quad y' = \frac{f'(x)}{f(x)},$$

was als *logarithmische Ableitung* bekannt und in bestimmten Fällen von Nutzen ist.

logarithmische Ableitung

In G21 sind wir u.a. zwei exponentiell zu beschreibenden Vorgängen begegnet, dem *Einschaltvorgang* bei einem Stromkreis und der *Normalverteilungskurve*. Beides war im wesentlichen auch dort schon zu beschreiben; es genügt, dazu hier noch Fragen des lokalen Wachsens zu stellen (Übung 20).

Fehlerrechnung

Fehler gesteuerter Größen ...

In der STATISTIK haben wir die Abweichung Δx des Meßergebnisses eines Merkmals vom wahren Wert bzw. vom Mittelwert den *wahren* bzw. *scheinbaren* ***Fehler*** genannt; hier nennen wir ihn *absoluten Fehler* und schreiben $\Delta x = dx$ wie bei der Einführung des *Differentials*. Natürlich ist dann $\Delta x / x$ der *relative* und $\Delta x / x \cdot 100\,\%$ der *prozentuale* Fehler einer Meßgröße x.

Von ihr hängt nun oft eine 2. Größe y in einer bekannten Gleichung $y = f(x)$ ab: Auch sie wird mit ungenauen x-Werten schwanken, *fehlerbehaftet* sein. Wir wissen:

$$\Delta y \approx dy = f'(x)\,dx$$

Division durch y liefert den relativen Fehler r von y

$$r = \frac{\Delta y}{y} \approx \frac{dy}{y} = \frac{f'(x)}{f(x)}\,dx$$

und damit auch den prozentualen Fehler $p = r \cdot 100\,\%$.

und die logarithmische Ableitung

Im Anschluß an Beispiel 19 haben wir erkannt

$$z = \ln f(x) \Rightarrow z' = \frac{f'(x)}{f(x)},$$

womit wir für r nun kürzer schreiben können

$$r = \frac{dy}{y} = z' \cdot dx.$$

Beispiel 20: Masse von Stahlkugeln

Wenden wir dieses Ergebnis praktisch an:

B Man kennt die **Masse** einer Stahlkugel, wenn man ihren Radius kennt. Der sei nun bei einer bestimmten Sorte x = 20 mm mit einer Meßungenauigkeit von ±0,1 mm. Mit welchem prozentualen Fehler ist dadurch die Masse behaftet?

Wir gehen aus vom bekannten Kugelvolumen und wissen

$$m = \rho \cdot V = \rho \cdot \frac{4\pi}{3} \cdot x^3 = f(x).$$

Davon bilden wir den natürlichen Logarithmus

$$z = \ln f(x) = \ln\left(\rho \cdot \frac{4\pi}{3} \cdot x^3\right) = \ln \rho\frac{4\pi}{3} + \ln x^3 = \text{const} + 3 \ln x,$$

den wir ableiten:

$$z' = \frac{f'(x)}{f(x)} = \frac{3}{x}.$$

Dies, in die vorbereitete Endformel von oben eingesetzt, liefert

$$\frac{dy}{y} = z' \cdot dx = \frac{3}{x} \cdot dx = \frac{3}{20} \cdot (\pm 0{,}1) = \pm 0{,}015\ ,$$

womit auch schon p bekannt ist als p = ±1,5 %.

Hyperbelfunktionen

Hyperbelcosinus und Hyperbelsinus

Skizzieren Sie die Funktionen $y_1 = e^x$ und $y_2 = e^{-x}$ und bilden Sie jeweils das arithmetische Mittel aus Summe und Differenz, $\frac{1}{2}(y_1 \pm y_2)$, so entstehen

$$\cosh x := \frac{1}{2}(e^x + e^{-x}) \quad \text{und} \quad \sinh x := \frac{1}{2}(e^x - e^{-x})$$

die sog. ***Hyperbelfunktionen*** *Cosinus hyperbolicus*, kurz cosh, und *Sinus hyperbolicus*, kurz sinh; ihre Graphen sehen Sie in Bild 19. Die cosh-Kurve heißt übrigens *Kettenlinie*, da ein biegsames Seil, das in 2 Punkten aufgehängt wird, so durchhängt.

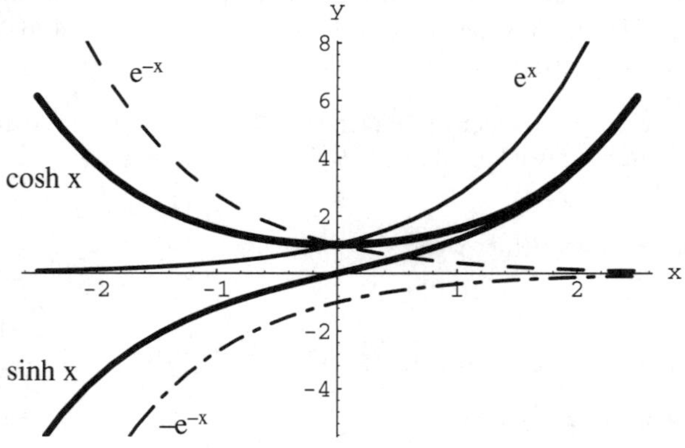

Bild 19: dazu und die Kettenlinie

woher kommt der Name?

Den 2. Teil des Namens erhalten diese Funktionen wegen folgender Eigenschaft: Quadrieren der Funktionswerte und Subtrahieren ergibt

$$\cosh^2 x - \sinh^2 x = \frac{1}{4}\left[(e^{2x} + 2 \cdot 1 + e^{-2x}) - (e^{2x} - 2 \cdot 1 + e^{-2x})\right] = 1.$$

Setzen wir abkürzend u := cosh x, v := sinh x, so erhalten wir

$$u^2 - v^2 = 1,$$

also die Gleichung einer gleichseitigen (abgekürzt *gls.*) *Hyperbel.*

Ganz analog zu u := cos x und v := sin x, womit am Einheitskreis

$$u^2 + v^2 = 1$$

gilt, durchläuft also ein Punkt mit den Koordinaten P(u | v) dort einen *Kreis*, hier eine *gls. Hyperbel.* In beiden Fällen ist auch noch x/2 der Inhalt der *Sektorfläche* (ohne Beweis), vgl. die Bilder 20.

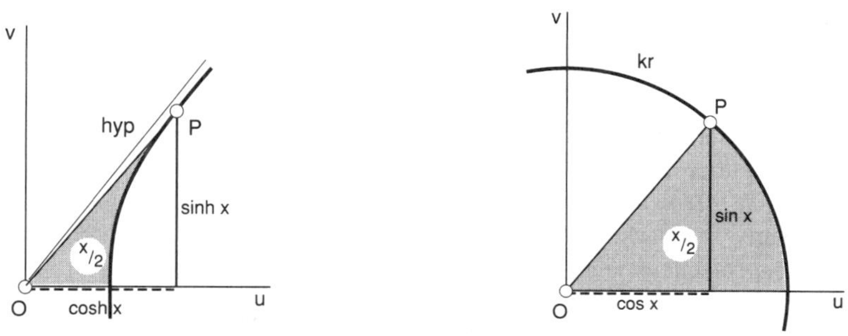

Bilder 20: Verwandtschaft zu den Funktionen am Kreis

Ableitungsfunktionen

Die Ableitungsfunktionen finden wir über $(e^x)' = e^x$ sehr einfach:

$$(\cosh x)' = \frac{1}{2}(e^x - e^{-x}) = \sinh x$$

$$(\sinh x)' = \frac{1}{2}(e^x + e^{-x}) = \cosh x,$$

also bis auf das fehlende „–" in der 1. Gleichung völlig analog dem Verhalten von cos und sin! Dies erklärt den 1. Teil des Namens.

Eigenschaften

Könnte man nicht aus den Graphen schon alle Eigenschaften ablesen (Monotonie, Symmetrie, Nullstellen, Extremstellen, Wendestellen), man würde sie aus den Ableitungen rasch herausfiltern.

Beispiel 21: Wendestelle

Zum Beispiel: Wo hat **sinh** Wendestellen?

Dort, wo die 2. Ableitung null ist:

$$(\sinh x)'' = (\cosh x)' = \sinh x = 0 \;\Rightarrow\; e^x = e^{-x} \;\Rightarrow\; x = -x \;\Rightarrow\; x = 0;$$

$$(\sinh x)''' = \dots = \cosh x; \quad \cosh 0 = 1 \neq 0\text{: } 0 \text{ ist Wendestelle!}$$

Auch *Mathematica* kann mit Hyperbelfunktionen umgehen:

```
D[Sinh[x], x]
Cosh[x]
D[Cosh[x], x]                Cosh[0]
Sinh[x]       ------------>  1
```

Umkehrfunktionen

Wir haben bisher zu vielen Funktionen die ***Umkehrung*** studiert, hier wollen wir aber darauf verzichten. Wer sich über diese sog. *Areafunktionen* informieren will, findet Näheres z. B. in den Büchern des Autors: Malle, *Mathematik für Techniker*, Verlag Harri Deutsch.

Verhalten im Unendlichen

Damit ist ein Überblick über die *elementaren* Funktionen gewonnen, der jetzt noch ergänzt werden soll durch folgende Fragestellung: Viele Funktionen streben dem Wert nach gegen Null für $x \to 0$ oder etwa auch über alle Grenzen für $x \to \infty$. Tut dies die eine „stärker" als die andere?

Wie stark streben Funktionen gegen Null bzw. gegen Unendlich?

- Geht z.B. $f(x) = x$ stärker als $g(x) = \sin x$ gegen Null für $x \to 0$?
- Wie ist es bei $f(x) = x$ und $h(x) = \ln(1+x)$, das auch mit $x \to 0$ gegen Null geht?
- Wer gewinnt die Oberhand für $x \to \infty$: e^x oder x, x^2, x^3 usw.? Oft ist die Entscheidung anhand des Taschenrechners leicht, etwa bei e^x; doch sind seine Grenzen rasch erreicht, und was geschieht jenseits von $9{,}99... \cdot 10^{99}$?

Um Fragen dieser Art zu beantworten, mußte man bisher eine Beziehung anwenden, die seit 300 Jahren bekannt und aus dem *Mittelwertsatz* begründbar ist. Sie stammt von G.F.A. *de l'Hospital* (1661 bis 1704). Da sowohl Herleitung als auch Handhabung relativ schwierig sind, nutzen wir die neuen Möglichkeiten der Computersoftware und fragen – wie schon so oft – einfach *Mathematica*!

Beispiele 22: Vergleiche mit Mathematica

Wir wählen einfach die soeben gestellten Fragen, formulieren aber die zweite ein wenig anders:

```
Limit[(Sin[x]) / x, x -> 0]
1
```

Kommentar: Wenn der Quotient zweier Funktionsterme gegen 1 geht, streben sie einzeln gleich stark gegen 0, was unsere Frage schon beantwortet! Weiter:

```
Limit[(Log[x]) / (x-1), x->1]
1
```

Kommentar: Wie eben! Schließlich:

```
Limit[x^3 / Exp[x], x->Infinity]
0
```

Nicht immer gibt es eine klare Antwort ...

Hier gibt *Mathematica* dieselbe Antwort für $f(x) = x, x^2, x^3$, nämlich 0, für höhere Exponenten wird gestreikt. Man weiß aber nach *de l'Hospital* – und kann vermutlich auch *Mathematica* durch andere Formulierungen des Problems zu dieser Antwort bewegen –, daß die *Exponentialfunktion* jede noch so hohe Potenzfunktion letztlich, also für hinreichend große x-Werte, überholt: e^x strebt stärker nach Unendlich als jedes x^n, wie groß auch der Exponent n gewählt werden mag!

Jetzt können Sie nach eigenem Interesse Fragen stellen und sie gleich weiterleiten. Meist kommen die Antworten sehr rasch. Noch eine Kostprobe gefällig? Sie wissen, daß ln x bei Annäherung an Null gegen minus Unendlich geht; ganz ebenso verhält sich $-1/x$. Welche Funktion tut es stärker?

```
Limit[(Log[x]) / (-1/x), x->0]
0
```

aber meistens!

Die Antwort demnach: $-1/x$ ist stärker!

Näherungsverfahren zur Lösung von Gleichungen

Wir machen uns im letzten Abschnitt noch eine Anwendung der *Ableitung* klar, die uns das häufig auftretende Problem lösen hilft, eine **Gleichung** 3. Grades, f (x) = 0, **näherungsweise** zu **lösen**, die nicht nur *ganzzahlige* Lösungen hat wie meist bisher.

Durch Probieren mit dem **TR** kann man eine Stelle x_1 finden, die von der gesuchten **Nullstelle** x_0 der Funktion f – anders gesagt: der *Lösung der Gleichung* f (x) = 0 – nicht zu weit entfernt ist: dort ist $f(x_1)$ relativ klein. Die Tangente in $P_1(x_1 \mid f(x_1))$ trifft dann die x-Achse in x_2, das schon näher bei x_0 liegt, vgl. Bild 22; die Tangente in P_2 führt zu x_3 usw. Nach einigen Schritten ist meist $f(x_n)$ fast gleich 0, etwa < 0,01.

Im Idealfall führte $\langle x_n \rangle \to x_0$ zu $\langle f(x_n) \rangle \to 0$, und da f als *differenzierbare* Funktion **stetig** ist, muß sie diesen *Grenzwert* 0 als *Funktionswert* annehmen: $f(x_0) = 0$.

die Ableitung als Hilfsmittel zur Lösung von Gleichungen

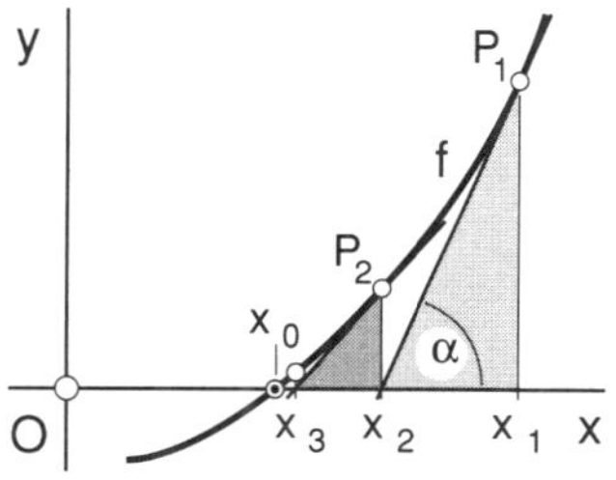

Bild 22: zum Verfahren

Wir lesen aus der Skizze (rechtwinkliges Dreieck) ab:

$$\tan\alpha = f'(x_1) = \frac{f(x_1)}{x_1 - x_2} \Rightarrow x_1 - x_2 = \frac{f(x_1)}{f'(x_1)} \Rightarrow x_2 = x_1 - \frac{f(x_1)}{f'(x_1)}$$

Genau dasselbe gilt im nächsten rechtwinkl. Dreieck mit $f'(x_2)$ und führt analog zu

$$x_3 = x_2 - \frac{f(x_2)}{f'(x_2)} \quad \text{usw.}$$

d. h., wir können allgemein feststellen:

die Definition der Steigung mehrmals anwenden ...

S

Newtonsches Näherungsverfahren

Ist f eine differenzierbare Funktion auf I, die u.a. die Nullstelle $x_0 \in I$ annimmt, so gilt für Stellen x_i in der Nähe von x_0 mit $\langle x_i \rangle \to x_0$

$$x_{i+1} = x_i - \frac{f(x_i)}{f'(x_i)} \qquad i = 1, 2, 3, \ldots$$

Satz 12: die Ergebnisformel

Wählen wir als konkretes Beispiel:

$f(x) = 2x^3 + 5x^2 - 30$, so ist

$f'(x) = 6x^2 + 10x$,

und wir erhalten mit dem Startwert $x_1 = +5$ (frei gewählt) die folgende *Turbo-Pascal*-Tabelle. Bei $|f(x)| < 0,01$ wollen wir abbrechen, dies ist uns nahe genug bei 0.

B

Beispiel 23: eine Polynomfunktion

Vielleicht fragen Sie sich nach den letzten Beispielen, ob man diese Fragen nicht auch einfach über *Mathematica* lösen kann. Tatsächlich ist das kein Problem:

Mathematica löst auch exakt nicht lösbare Gleichungen näherungsweise

```
f[x_] := 2 x^3 + 5 x^2 - 30
FindRoot[f[x] == 0, {x,1}]
```

```
{x -> 1.85573}
```

Hätten Sie hier das üblich Kommando `Solve` versucht, würde Ihnen *Mathematica* alle 3 Lösungen zurückgeben, von denen aber 2 *komplex*, also im Moment unbrauchbar sind.

Nun hat es aber nicht jedermann/jedefrau zur Verfügung, und da diese *Rekursionsformel* ohnehin geradezu prädestiniert ist für die Übersetzung des Algorithmus in ein Programm, hier gleich ein *Turbo Pascal-Vorschlag* und die Ergebnisse:

Beispiel 23/ Fortsetzung: die Rekursionsformel als Algorithmus, übersetzt in ein Turbo Pascal-Programm

```
PROGRAM Newtonreell;
USES   crt;
CONST  start=5; epsilon=0.01;
VAR    i: Integer;
       x, y, ystrich: Real;

Function f(x:Real):Real;
Begin  f:=2*x*x*x + 5*x*x - 30  End;

Function abl(x:Real):Real;
Begin  abl:=6*x*x + 10*x  End;

BEGIN
    Clrscr;
    Writeln('xalt':8, 'y':12, 'y''':12, 'xneu':12);
    For i:=1 to 44 do Write('-'); Writeln;
    x:=start;
    Repeat
        Write(x:8:5);
        y:=f(x); ystrich:=abl(x);
        Write(y:12:5, ystrich:12:5);
        x:=x - y/ystrich;
        Writeln(x:12:5)
    Until Abs(y)<epsilon;
    Readln
END.
```

hier die Ergebnistabellen:

xalt	y	y'	xneu
5.00000	345.00000	200.00000	3.27500
3.27500	93.88097	97.10375	2.30819
2.30819	21.23353	55.04831	1.92246
1.92246	2.68967	41.39984	1.85750
1.85750	0.06924	39.27669	1.85573
1.85573	0.00005	39.21979	1.85573

und die Nullstelle

Die Nullstelle liegt sehr nahe bei 1,85573. Wie gut das Verfahren wirklich ist, zeigt sich, wenn man von einem völlig anderen Startwert ausgeht: Selbst beim Spiegelwert –5 von 5 als Startwert braucht man nur 2 weitere Zeilen bis zum selben Ergebnis!

Hier noch eine Kostprobe für ein *physikalisch-geometrisches* Problem, das nach der Newtonformel verlangt:

Beispiel 24: Archimedes und schwimmende Körper

Wie tief **sinkt** eine **Holzkugel** mit dem Radius r = 12,00 cm und der Dichte $\rho = 0{,}800$ kg/dm^3 in **Wasser** ($\rho_W = 1$ kg/dm^3) ein?

Dabei möge eine Näherung von $|f(x)| < 0{,}5$ genügen, wenn *von Hand* gerechnet wird, sonst läßt man den Kollegen Computer Muskeln zeigen. Doch zuerst ist ein physikalischer Ansatz vonnöten; hier hilft das ***Archimedische Prinzip***, nach dem das Kugelgewicht gleich dem Gewicht des verdrängten Wasservolumens (Kugelsegment!) ist:

$$G_{Ku} = G_{WSeg}$$

Nun sind uns aus PHYSIK und GEOMETRIE bekannt:

Kugelgeometrie, PHYSIK

$G = m \cdot g$, $m = \rho \cdot V$ und $V_{WSeg} = \frac{\pi}{3} h^2 (3r - h)$, wobei hier h = x gewählt wurde; also folgt nach Kürzen mit g

$$\rho_{Ku} \cdot V_{Ku} = \rho_W \cdot V_{WSeg} \quad \Rightarrow \quad 0{,}800 \cdot 4\frac{\pi}{3} \cdot r^3 = 1 \cdot \frac{\pi}{3} \cdot x^2 \cdot (3r - x) \quad \Rightarrow \quad ...$$

$$f(x) = y = x^3 - 36x^2 + 5529{,}6 = 0 \quad \Rightarrow \quad f'(x) = y' = 3x^2 - 72x.$$

Eine kleine Tabelle wie oben führt schon in der 2. Zeile zum Ergebnis. Aus Bild 23 schätzen wir zuvor einen Startwert von 17:

und unsere Rekursionsformel

xalt	y	y'	xneu
17	38.6	-357	17.108
17.108	0.218	< 0.5 : stop!	

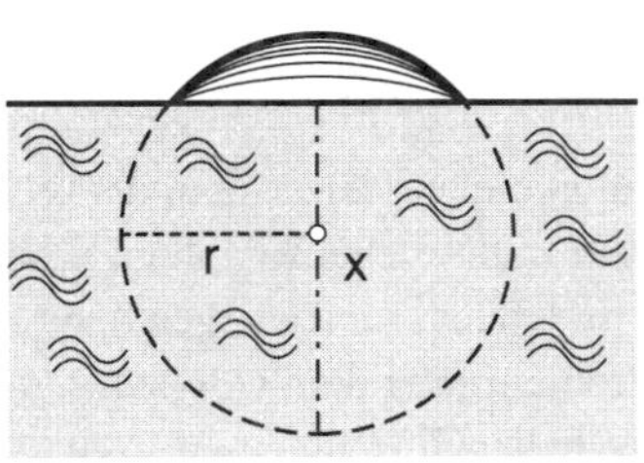

Bild 23: zum Startwert

Die Kugel sinkt ca. 17,11 cm ein.

Schnell die Probe mit *Mathematica*:

```
g[x_]:= x^3 - 36 x^2 + 5529.6
FindRoot[g[x] == 0, {x, 15}]
```

```
{x -> 17.1086}
```

Wer hat etwas anderes erwartet?

Versuchen Sie nun selbst als Übung 26, die Minimumstelle der **Stückkostenfunktion** zu eruieren, die zu Beispiel 5 gehört?

Erweiterung auf komplexe Zahlen

Darf man die Startwerte ganz frei wählen?

Falls eine Funktion f *mehrere Nullstellen* x_i hat, ist es theoretisch interessant zu fragen, in welchen Intervallen die Startwerte liegen müssen, um zu *einer bestimmten*, etwa zu x_1, hinzuführen. Man wird wohl die Existenz irgendwelcher Randstellen vermuten, die zwischen den x_i liegen und die *Einzugsbereiche* trennen bzw. markieren: Dort könnte die Folge der Näherungen schlagartig kippen und eine andere Nullstelle ansteuern. So sollte in Bild 24, nächste Seite, von Startwerten im Intervall I stets x_1 erreicht werden, von II aus x_2, und Werte in III müßten wohl immer zu x_3 führen.

Bild 24:
Start-Intervalle

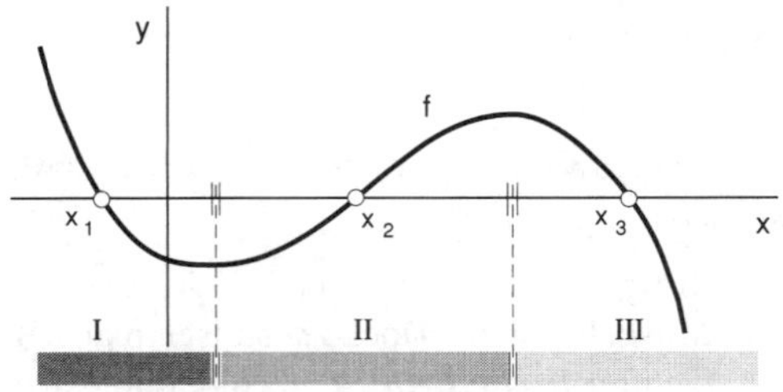

Nähere Untersuchungen haben hier zu erstaunlichen, ja völlig überraschenden Ergebnissen geführt. Wieder einmal hat das Werkzeug *Computer* hier die „Hand im Spiel", und weil er so unermüdlich rechnet und zeichnet, können wir ihm diese Frage gleich für die *komplexe* Zahlenebene vorlegen.

Beispiel 25:
eine einfache Funktion 3. Grades

B Denken wir an die Funktion 3. Grades $f(x) = x^3 - 1$, so gibt es im Reellen $\mathbb{R}$ nur *die eine* Nullstelle $x_1 = +1$; im Komplexen ist

Bild 25:
Einzugsbereiche

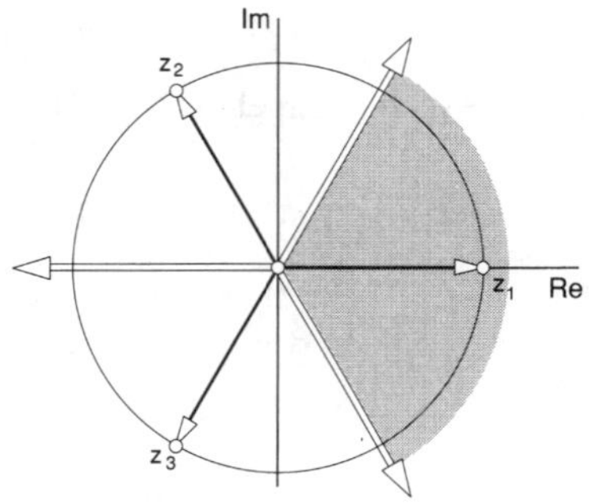

$$f(z) = z^3 - 1 = 0 \quad \Rightarrow \quad z^3 = 1 \quad \Rightarrow$$
$$z = \sqrt[3]{1 + 0 \cdot i}$$

mit den drei Lösungen, vgl. Bild 25:

$$z_1 = 1 \quad \text{(wie in } \mathbb{R}\text{)}$$
$$z_2 = -\frac{1}{2} + i \cdot \frac{\sqrt{3}}{2} = -0{,}5 + 0{,}866\,i$$
$$z_3 = -\frac{1}{2} - i \cdot \frac{\sqrt{3}}{2} = -0{,}5 - 0{,}866\,i$$

Es scheint also „gerecht", die Ebene in drei Sektoren einzuteilen, wobei der rechts in Bild 25 schraffierte der *Einzugsbereich* für z_1 sein müßte; ebenso sollten wohl alle Startwerte im linken oberen Drittel zu z_2 führen, im letzten *Bassin* liegen dann die zu z_3 führenden Startwerte. Wir übergeben dieses Problem jetzt dem *Computer*, der die z-Ebene mit einem feinen Raster überzieht und für jeden Gitterpunkt das *Newtonsche Näherungsverfahren* durchführt, das auch im Komplexen funktioniert!

komplexe Vorbereitungen für ein Computerprogramm

mit grafischem Ergebnis

Führt man die darin vorgeschriebenen Teilrechnungen aus und trennt am Ende Real- und Imaginärteil, gelangt man zu den Rekursionsformeln (für x_{alt} und y_{alt} stehen kürzer x bzw. y):

$$x_{neu} = \frac{2}{3}x + \frac{1}{3}\,\frac{x^2 - y^2}{(x^2 + y^2)^2} \qquad y_{neu} = \frac{2}{3}y\left(1 - \frac{x}{(x^2 + y^2)^2}\right)$$

Können Sie sich vorstellen, für jeden der z.B. 600 × 440 Punkte eines z-Ebenen-Ausschnitts diese Berechnungen wiederholt, etwa 20mal, *rekursiv* auszuführen, um zu entscheiden, welche der drei Nullstellen dabei angepeilt wird – welche als *Attraktor* wirkt – oder ob eventuell gerade ein Randpunkt vorliegt, von dem aus es zu keiner der drei Nullstellen geht?

Sie haben jetzt auch Verständnis dafür, wenn sogar Ihr schneller PC ein Weilchen beschäftigt ist! Im folgenden *Pascal-Programm* finden Sie die oben angeschriebenen

Formeln mit einigen Abkürzungen wieder; Bild 26 zeigt das Ergebnis dieser Sisyphusarbeit, den Einzugsbereich für z_1:

Beispiel 25/ Fortsetzung mit Turbo Pascal-Mitteln!

```
PROGRAM Newtonkomplex;
USES  crt, graph, dos;
CONST xrand=-2; yrand=1.5;
      Pfad='c:\tp\bgi';
VAR   Treiber, Modus: Integer;
      x, y, x2, y2, s: Real;
      i, j, zaehler: Integer;

BEGIN
     Treiber:=Detect;
     Initgraph(Treiber, Modus, Pfad);
     For i:=1 to 600 do
     Begin
         For j:=1 to 440 do
         Begin
              x:=xrand+0.011*i;
              y:=yrand-0.011*j;
              zaehler:=0;
              x2:=Sqr(x); y2:=Sqr(y);
              s:=Sqr(x2+y2);
              Repeat
                   y:=0.66667*y*(1-x/s);
                   x:=0.66667*x + 0.33333*(x2-y2)/s;
                   x2:=Sqr(x); y2:=Sqr(y); s:=Sqr(x2+y2);
                   zaehler:=zaehler+1
              Until (Sqr(x-1)+ y2 < 0.0009) or (zaehler=20);
              If zaehler < 20 Then Putpixel(i,j,red);
         End
    End;
    Repeat until keypressed;
    Closegraph
END.
```

Hier die Aufrasterung der z-Ebene

und hier werden die komplexen Formeln abgearbeitet

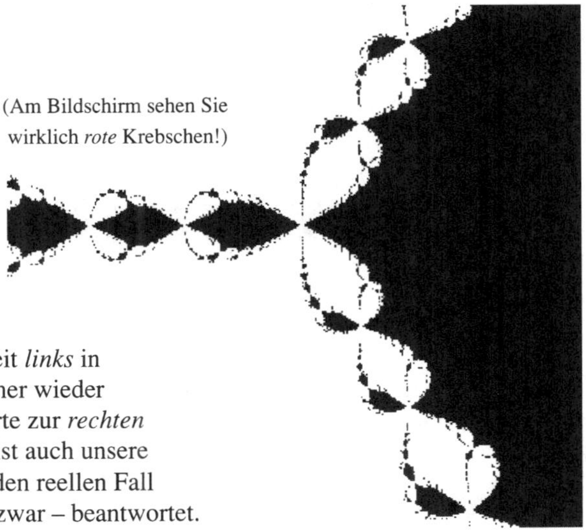

(Am Bildschirm sehen Sie wirklich *rote* Krebschen!)

Bild 26: Gefällt Ihnen das Ergebnis?

Sie erkennen, daß es auch weit *links* in der negativ-reellen Zone immer wieder Bereiche gibt, deren Startwerte zur *rechten* Nullstelle +1 führen! Damit ist auch unsere eingangs gestellte Frage für den reellen Fall – ohne Konvergenzkriterien zwar – beantwortet.

Übungsaufgaben

1. Ein Tennisball wird mit $v_0 = 35$ m/s Geschwindigkeit senkrecht nach oben geschlagen. Seine Höhe nach t Sekunden betrage $s(t) = v_0 t - 5t^2$.
   a) Bestimmen Sie allgemein die mittlere Geschwindigkeit $\bar{v}$ im Intervall [t; z] und dann konkret $\bar{v}$ für [2; 3], [2; 2,5], [2; 2,1] und [2; 2,01].
   b) Berechnen Sie nach a die Momentangeschwindigkeit v(t) zum Zeitpunkt t und dann konkret v(2). Vergleichen Sie durch direktes Ableiten!

2. Der Inhalt A einer variablen Fläche ändert sich mit dem Radius r des darin vorkommenden Kreises nach der Formel $A(r) = \pi r^2 - 2r - 10$. Bestimmen Sie allgemein die mittlere Änderungsrate $m[r_0, r]$ und dann durch Grenzübergang $r \to r_0$ die Änderungsrate A'(r). Lesen Sie noch daraus ab, an welcher Stelle A weder fällt noch wächst (r = ?).

3. Zeigen Sie, daß der *Fehler* $\varepsilon := f(x) - [f(x_0) + f'(x_0) \cdot (x - x_0)]$ bei der linearen Approximation klein ist gegen $x - x_0$, d. h., daß $\frac{\varepsilon}{x - x_0}$ für $x \to x_0$ den Grenzwert Null hat.

4. Im Text haben wir die „marginale Konsumquote" als Konsumänderung bei einer Einkommenserhöhung von x auf x + 1 (GE) erklärt. Wie hoch ist sie für die Konsumfunktion $K(x) = 4x^3 - 27x^2 + 10x$ mit $K'(x) = 12x^2 - 54x + 10$ bei x = 5 GE ?

5. Versuchen Sie, den Ableitungen der Energie (nach v) und des Impulses (nach t) einen physikalischen Sinn zu geben! (Es ist $E = \frac{1}{2} m v^2$ und $p = m v = m a t$.)

6. Ergänzen Sie den anschaulichen Beweis im Text für die Behauptung, an einer lokalen *Minimum*stelle x_0 müsse f' eine Nullstelle haben, $f'(x_0) = 0$, formal.
   (Ganz analog verläuft die Überlegung für eine *Maximum*stelle.)

7. Zeigen Sie graphisch analog Bild 9, daß zu einer lokalen Maximumstelle eine negative 2. Ableitung, $f''(x_0) < 0$, gehört!

8. Beweisen Sie den Satz $(kf)' = kf'$ mit $k \in \mathbb{R}$ und einer beliebigen Funktion f.

9. Verifizieren Sie die Behauptung über die Ableitung der Potenzfunktion
   $f: y = x^n \;\Rightarrow\; f': y' = n x^{n-1}$
   Tip: Statt x hier $x_0 + h$ setzen; $x \to x_0$ bewirkt dann $h \to 0$! Sie benötigen noch den binomischen Lehrsatz.

10. Wir haben in Beispiel 5 eine Polynomkurve 3. Grades gezeichnet. Skizzieren Sie nun zu $f: y = -\frac{1}{4}(x^3 - 6x^2 + 9x - 4)$ den Verlauf der Graphen von f' und f'' (anhand der Tangentensteigungen). Der Punkt, in dem die *Krümmung* der Kurve von links nach rechts oder umgekehrt wechselt, heißt *Wendepunkt*; wie folgt aus den Skizzen $f''(x_w) = 0$?

11. An welchen Stellen verläuft die Tangente an den Graphen von f:
    $y = \frac{1}{3}x^3 - \frac{7}{2}x^2 + 6x + \frac{1}{2}$

a) parallel zur x-Achse b) mit einer Steigung $k = 6$?

12. In Beispiel 6 haben wir eine Kostenfunktion besprochen. Für welches Argument (= an welcher Stelle) sind die Grenzkosten minimal?

13. Bestimmen Sie den maximalen Durchhang des Seils in Beispiel 7! (Wo hat ein Seilpunkt von der Sekante AB den größten vertikalen Abstand?)

14. Versuchen Sie, den *Mittelwertsatz* zu beweisen, indem Sie mit der gegebenen Funktion f die neue Funktion φ bilden:
$$\varphi(x) = f(x) - f(a) - k(x - a), \quad k = \frac{f(b) - f(a)}{b - a}$$
und an den Satz von *Rolle* für φ denken!

15. Setzen Sie $b = a + h$ und formen Sie den Mittelwertsatz um auf $f(b) = \ldots$
Was läßt sich schließen, wenn man $f(a)$ kennt und weiß, daß die Ableitung $f'(x)$ im Intervall $[a;\ a+h]$ *beschränkt*, also z.B. < 2 ist?

16. Leiten Sie ab, indem Sie die Potenz-, Produkt- und Quotientenregeln anwenden
a) $y = \frac{1}{x^3}$ b) $y = \frac{4}{x^2} - \frac{3}{x} + x + 9x^2$ c) $y = (2x + 5)\ (3x^3 - 1)$
d) $y = \frac{4x}{2x - 1}$ e) $y = \frac{-6x^2}{x^2 + 1}$

17. Zeigen Sie mit Hilfe des Taschenrechners wie bei e^x, daß für $f = \sin$ gilt: $f'(0) = 1 = \cos 0$ und $f'\left(\frac{\pi}{2}\right) \approx 0 = \cos\frac{\pi}{2}$; dann noch für $f = \cos$: $f'\left(\frac{\pi}{4}\right) = \frac{-\sqrt{2}}{2} = -\sin\frac{\pi}{4}$.

18. An welcher Stelle hat der Graph von $f\colon y = e^{-x} + x$ eine Tangente parallel zur Winkel halbierenden $w\colon y = -x$ des 2. und 4. Quadranten?

19. Weisen Sie mit Hilfe des Satzes von der Ableitung der Umkehrfunktion φ von f die Behauptung $\left(\sqrt[3]{x}\right)' = \frac{1}{3\sqrt[3]{x^2}}$ nach!

20. Leiten Sie nach den üblichen Regeln ab:
a) $y = x^3\sqrt{4x - 1}$ b) $y = -2x^3 \sin x$ c) $y = \frac{x}{e^{-x}}$
d) $y = \ln\cos^2 x$ e) $y = \ln^4(1 - 2x)$ f) $y = e^{\cos 3x}$

21. Eine Anwendung der Kettenregel ist das *implizite Differenzieren*. Nehmen Sie als Beispiel die Gleichung der oberen Ellipsenhälfte, $y = +\sqrt{\ldots}$ aus *ell*: $4x^2 + 25y^2 = 100$. Darin ist y eine Funktion von x, $y = \varphi(x)$. Setzen Sie dies in *ell* ein und leiten Sie nach der Kettenregel ab, um y' zu bestimmen. Vergleichen Sie dann mit der Tangentenformel aus Band **2**!

22. Wie rasch wächst (fällt) die Funktion an den genannten Stellen:
a) $f\colon y = 0{,}4\,(1 - e^{-10t})$ $t_1 = 0;\ t_2 = 0{,}1$ (Einschaltstrom)
b) $f\colon y = e^{-x^2}$ $x_1 = -1;\ x_2 = 2$ (Dichte der Normalverteilung)

23. Zeigen Sie: Die normierte Dichtefunktion $\varphi\colon x \to y = \frac{1}{\sqrt{2\pi}}\, e^{-\frac{x^2}{2}}$ hat ihre Wendepunkte in den Stellen der Standardabweichung $\sigma = \pm 1$!

24. In einem Gleichstromkreis fällt die Spannung U an einem Widerstand R = 100 Ω ab, die Stromstärke I wird mit (0,2 ± 0,01) Ampere gemessen. Mit welchem prozentuellen *Fehler* ist U behaftet? Wie groß ist der Fehler der *Leistung* $P\,(= R\,I^2)$?

25. Falls Sie die Regel von de l'Hospital kennen (dann müssen Sie *zweimal* differenzieren!) oder *Mathematica* verwenden können:

$$\lim_{x \to 0} \frac{1 - \cos x}{x^2} = \frac{0}{0} = ?$$

26. Lösen Sie näherungsweise nach dem Newtonschen Verfahren (näher als 0,5 bei 0 genügt):
   a) $x^3 - 15x^2 - 75 = 0$ (deutbar als Stückkostenfunktion), Startwert $x_1 = 15$;
   b) $x^4 + 5x^2 - 25 = 0$, Startwert $x_1 = 3$;
   c) die Schnittpunktbestimmung der Graphen von $f(x) = \ln x$ und $g(x) = 2x - 6$, wobei Sie den Startwert grafisch als $x_0 \approx 3{,}6$ ermitteln.

27. In unserem Turbo Pascal-Programm zum Newtonverfahren, das uns die Bassins bzw. Einzugsbereiche der einzelnen Nullstellen zeigen sollte, bewirkt eine kleine Variation in der Bedingung der Repeat-Until-Schleife den Einzugsbereich für die 2. Nullstelle: Nehmen Sie eine solche Änderung vor!

Zu den Lösungen

Lösungen

1. $\bar{v}(t,z) = \dfrac{s(z)-s(t)}{z-t} = \dfrac{v_0 z - 5z^2 - (v_0 t - 5t^2)}{z-t} = \dfrac{v_0(z-t) - 5(z^2-t^2)}{z-t} = \dots \quad = v_0 - 5(z+t)$

Intervall	mittl. Geschwd.
[2; 3]	$35 - 5(3+2) = 10$
[2; 2,5]	-"- $= 12{,}5$
[2; 2,1]	-"- $= 14{,}5$
[2; 2,01]	-"- $= 14{,}95 \to 15$

$v(t) = \lim\limits_{z\to t} \bar{v}(t,z) = \lim\limits_{z\to t} [v_0 - 5(z+t)] = v_0 - 5(z+t) = v_0 - 10t;$

$v(2) = 35 - 10 \cdot 2 = 15$ (m/s).

Direkte Ableitung: $s'(t) = v(t) = v_0 - 10t = \dots$ wie eben!

2. $m[r,z] = \dfrac{A(z)-A(r)}{z-r} = \dfrac{\pi z^2 - 2z - 10 - (\pi r^2 - 2r - 10)}{z-r} = \dots = \pi(z+r) - 2;$

$A'(r) = \lim\limits_{z\to r} \pi(z+r) - 2 = \pi \cdot 2r - 2 = 2\pi r - 2;\quad A'(r) = 0 \;\Rightarrow\; 2\pi r - 2 = 0 \;\Rightarrow\; r = \frac{1}{\pi}.$

3. $\varepsilon = [f(x_0) + \Delta f(x-x_0)] - [f(x_0) + f'(x_0)\cdot(x-x_0)] = (x-x_0)\cdot[\Delta f - f'(x_0)] \;\Rightarrow$

$\dfrac{\varepsilon}{x-x_0} = \Delta f - f'(x_0);\quad \lim \sim\; = \lim\,[\Delta f - f'(x_0)] = \lim \Delta f - \lim f'(x_0) = 0 - 0 = 0$ ✓

4. $\Delta K = K'(x_0) = K'(10) = 12 \cdot 5^2 - 54 \cdot 5 + 10 = 40$ (GE).

5. Energie: $E = f(v) = \frac{1}{2} mv^2;\; f'(v) = \lim \Delta E/\Delta v = mv = p$ (= Impuls!)
Impuls: $p = f(t) = mv = m\,a\,t;\; f'(t) = \lim \Delta p/\Delta t = \lim m \cdot \Delta v/\Delta t = m \cdot a = F$ (= Kraft!)

6. Minimumstelle: $f(x_0) < f(x)$ in Umgebung von $x_0 \;\Rightarrow\; f(x) - f(x_0) > 0 \;\Rightarrow$

$\Delta f = \dfrac{f(x)-f(x_0)}{x-x_0} > 0$ für $x - x_0 > 0$ bzw. $x > x_0$, „rechts" von x_0

< 0 für $x - x_0 < 0$ bzw. $x < x_0$, „links" von x_0

Grenzwert von Δf ist $f'(x_0)$: Er muß = 0 sein, da von rechts $f'(x) \geq 0$, von links ≤ 0!

7. f' muß in der x_0-Umgebung monoton fallen, der Vorzeichenwechsel garantiert den Hochpunkt H. Die Tangenten an f' haben daher negative Steigung, d. h., f'' ist negativ in der Nähe von x_0, $f''(x) < 0$!

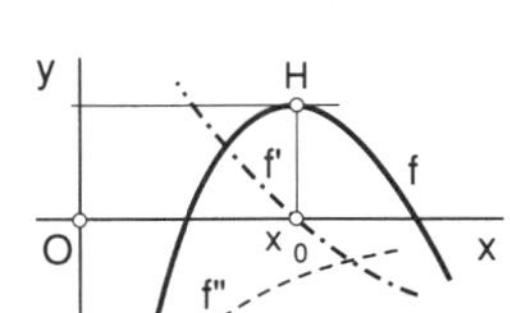

8. $(k \cdot f)' = \lim\limits_{x\to x_0} \dfrac{\Delta y}{\Delta x} = \lim\limits_{x_0} \dfrac{k\,f(x) - k\,f(x_0)}{x-x_0} = \lim\limits_{x_0} k \cdot \dfrac{f(x)-f(x_0)}{x-x_0} = k \cdot \lim\limits_{x_0} \dfrac{f(x)-f(x_0)}{x-x_0} = k \cdot f'$

9. $\Delta f = \frac{f(x_0 + h) - f(x_0)}{h} = \frac{(x_0 + h)^n - x_0^n}{h} = \frac{x_0^n + \binom{n}{1} x_0^{n-1} h + \ldots + h^n - x_0^n}{h} = \binom{n}{1} x_0^{n-1} + h(\ldots)$

$f'(x_0) = \lim\limits_{0} \Delta f = \ldots = n \cdot x_0^{n-1}$ (fur alle x_0!)

10. Bei T und H hat f ' jeweils eine Nullstelle, wie schon bekannt. Dazwischen (bei x_W) liegt ein Hochpunkt H ' von f '; dort wechselt f " das Vorzeichen, also muß $f''(x_W) = 0$ sein für W, w.z.z.w.

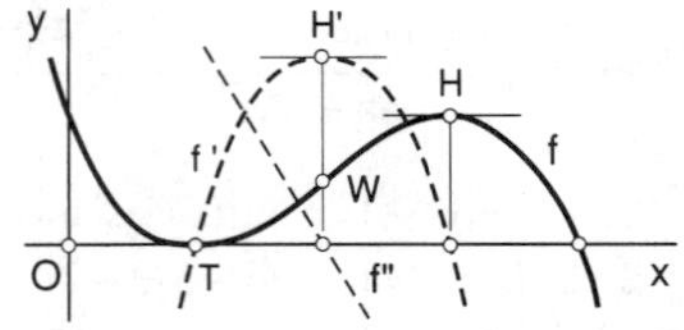

11. a) $y' = x^2 - 7x + 6 = (x-1)(x-6) = 0 \;\Rightarrow\; x_1 = 1,\; x_2 = 6$: an den Stellen 1 und 6.

b) $y' = x^2 - 7x + 6 = 6 \;\Rightarrow\; x(x-7) = 0 \;\Rightarrow\; x_3 = 0,\; x_4 = 7$: an den Stellen 0 und 7.

12. Da die Grenzkosten durch die Ableitung f ' der Kostenfunktion f beschrieben werden, ist nur die Minimumstelle von f ' zu suchen; sie liegt dort, wo ihre Ableitung, eben f ", null ist! f " (0) gilt für den Wendepunkt W von f:

$y' = \frac{1}{10} x^2 - 2x + 11, \quad y'' = \frac{1}{5} x - 2 = 0 \;\Rightarrow\; x = 10.$

13. Im Punkt D ist der Durchhang maximal, wenn die Tangente dort ∥ zur Sekante ist: $k_t = k_s = 5/50 = 1/10$; wo ist nun $f'(x) = 1/10$?

$\frac{1}{50} x - \frac{2}{5} = \frac{1}{10} \;\Rightarrow\; x - 20 = 5 \;\Rightarrow\; x = 25$: in D(25 | –3,75)

Darüber liegt E(25 | ?) auf der Sekante AB mit $y = kx = \frac{1}{10} x$, also ist $y_E = \frac{1}{10} \cdot 25 = 2{,}5$:
Damit ist aber $d = y_E - y_D = 2{,}5 + 3{,}75 = 6{,}25 = d_{max}$.

14. Es ist $\varphi(a) = f(a) - f(a) - k \cdot (a - a) = 0$, $\varphi(b) = f(b) - f(a) - \frac{f(b) - f(a)}{b - a}(b - a) = 0$; weiter ist mit f auch φ differenzierbar: $\varphi'(x) = f'(x) - k$. Nun behauptet der Satz von Rolle die Existenz eines $x_0 \in I$ mit $\varphi'(x_0) = 0$, d.h.

$f'(x_0) - k = 0 \;\Rightarrow\; f'(x_0) = k = \frac{f(b) - f(a)}{b - a}$, w.z.z.w.

15. $b - a = h$; $f'(x_0) = \frac{f(a+h) - f(a)}{h} \;\Rightarrow\; f(a+h) = f(a) + h' \cdot f'(x_0)$.

Ist f ' beschränkt, z.B. < 2, dann kann auch der Funktionswert f(a + h) höchstens bis f(a) + 2h im Intervall wachsen!

16. a) $y = x^{-3}$, $y' = -3x^{-4} = \frac{-3}{x^4}$ oder Quotientenregel: $y' = \frac{0 - 1 \cdot 3x^2}{(x^3)^2} = \frac{-3x^2}{x^6} = \frac{-3}{x^4}$

b) $y' = 4(-2)x^{-3} - 3(-1)x^{-2} + 1 + 18x = \frac{-8}{x^3} + \frac{3}{x^2} + 1 + 18x$

c) $y' = 2(3x^3 - 1) + (2x + 5) \cdot 9x^2 = 24x^3 + 45x^2 - 2$

d) $y' = \frac{(2x-1) \cdot 4 - 4x \cdot 2}{(2x-1)^2} = \frac{-4}{(2x-1)^2}$ e) $y' = \frac{(x^2+1) \cdot (-12x) - (-6x^2) \cdot 2x}{(x^2+1)^2} = \frac{-12x}{(x^2+1)^2}$

17. f = sin:

$$f'(0) = \lim_{0} \Delta f(0, x) \approx \Delta f(0; 0{,}001) = \frac{\sin 0{,}001 - \sin 0}{0{,}001 - 0} = \text{(TR rad!)}\ \frac{0{,}001 - 0}{0{,}001} = 1 = \cos 0$$

$$f'(\tfrac{\pi}{2}) = \lim_{\pi/2} \Delta f(\tfrac{\pi}{2}, x) \approx \Delta f(\tfrac{\pi}{2}; \tfrac{\pi}{2}+0{,}001) = \frac{\sin(\frac{\pi}{2}+0{,}001) - \sin\frac{\pi}{2}}{0{,}001} = \ldots = -0{,}0005 \approx 0 = \cos\frac{\pi}{2}$$

f = cos:

$$f'(\tfrac{\pi}{4}) = \lim_{\pi/4} \Delta f(\tfrac{\pi}{4}, x) \approx \Delta f(\tfrac{\pi}{4}; \tfrac{\pi}{4}+0{,}001) = \frac{\cos(\frac{\pi}{4}+0{,}001) - \cos\frac{\pi}{4}}{0{,}001} = \ldots = -0{,}7075 \approx -\frac{\sqrt{2}}{2} = -\sin\frac{\pi}{4}$$

18. f': $y' = e^{-x} \cdot (-1) + 1 = -e^{-x} + 1 = (!)\ -1 \Rightarrow e^{-x} = 2 \Rightarrow e^{x} = 1/2 \Rightarrow$
$x = \ln 1/2 = -\ln 2 = -0{,}693$

19. $f: x \to y,\ y = f(x) = x^3\ \ (x, y \geq 0) \Rightarrow y' = f'(x) = 3x^2$
$\varphi: y \to x,\ x = \varphi(y) = \sqrt[3]{y}$
$$\varphi'(y) = \frac{1}{f'(x)} = \frac{1}{3x^2} = \frac{1}{3(\sqrt[3]{y})^2} = \frac{1}{3\sqrt[3]{y^2}}$$
Variablenwechsel $x \leftrightarrow y$:
$$y = \varphi(x) = \sqrt[3]{x} \Rightarrow y' = \varphi'(x) = \frac{1}{3\sqrt[3]{x^2}},\ \text{w.z.z.w.}$$

20. a) $y' = 3x^2\sqrt{4x-1} + x^3 \dfrac{4}{2\sqrt{4x-1}}$ b) $y' = -6x^2 \sin x - 2x^3 \cos x$

c) $y' = \dfrac{1 \cdot e^{-x} - x\,e^{-x} \cdot (-1)}{(e^{-x})^2} = \dfrac{e^{-x}(1+x)}{(e^{-x})^2} = \dfrac{1+x}{e^{-x}}$ d) $y' = \dfrac{1}{\cos^2 x} \cdot 2\cos x \cdot (-\sin x) = -2\tan x$

e) $y' = 4\ln^3(1-2x)\,\dfrac{1}{1-2x} \cdot (-2) = \dfrac{-8\ln^3(1-2x)}{1-2x}$ f) $y' = e^{\cos 3x} \cdot (-\sin 3x) \cdot 3$

21. $4x^2 + 25y^2 = 100,\quad 8x + 50y \cdot y' = 0,\quad y' = -\dfrac{8x}{50y} = -\dfrac{4x}{25y}\ \left(= -\dfrac{b^2x}{a^2y}\right)$ ✔

22. a) $y' = 0{,}4 \cdot (-e^{-10t}) \cdot (-10) = 4 \cdot e^{-10t}$
$f'(0) = 4 \cdot e^0 = 4$: rascher Anstieg;
$f'(0{,}1) = 4 \cdot e^{-1} = \frac{4}{e} = 1{,}47$: schon nicht mehr so starker Anstieg!

b) $y' = e^{-x^2} \cdot (-2x)$
$f'(-1) = e^1 \cdot (+2) = 2e = 5{,}44$: relativ starker Anstieg;
$f'(2) = e^{-4} \cdot (-2 \cdot 2) = -\frac{4}{e^4} = -0{,}073$: sehr schwache Abnahme.

23. $$y = \frac{1}{\sqrt{2\pi}} e^{-\frac{x^2}{2}} \Rightarrow y' = \frac{1}{\sqrt{2\pi}} e^{-\frac{x^2}{2}}(-x) \Rightarrow y'' = \frac{1}{\sqrt{2\pi}}\left[e^{-\frac{x^2}{2}}(-x)(-x) + e^{-\frac{x^2}{2}}(-1)\right]$$
$$= \frac{1}{\sqrt{2\pi}}\left[e^{-\frac{x^2}{2}}(x^2-1)\right] = 0 \Rightarrow x^2 = 1 \Rightarrow x = \pm 1,\ \text{w.z.z.w.}$$

23. Hier ein Test mit *Mathematica*, in dem die 2. Ableitung verlangt und in einem gleich Null gesetzt wird:

```
Solve[D[Exp[-x^2/2] / Sqrt[2Pi], {x,2}] == 0, x]
{{x -> -1}, {x -> 1}}    (* wie ausführlich vorgerechnet! *)
```

24. $U = f(I) = R \cdot I$ (Ohm mal Ampère gleich Volt)

$z = \ln f(I) = \ln(R \cdot I) = \ln R + \ln I$

$$z' = \frac{f'(I)}{f(I)} = \frac{1}{I} \quad \Rightarrow \quad \frac{dU}{U} = z' \cdot dI = \frac{1}{I} \cdot dI = \frac{1}{0{,}2}(\pm 0{,}01) = \pm 0{,}05$$

$p = \pm 5\,\%$;

$P = f(I) = R \cdot I^2$

$z = \ln f(I) = \ln(R \cdot I^2) = \ln R + 2 \ln I$

$$z' = \frac{f'(I)}{f(I)} = \frac{2}{I} \quad \Rightarrow \quad \frac{dP}{P} = z' \cdot dI = \frac{2}{I} \cdot dI = \frac{2}{0{,}2}(\pm 0{,}01) = \pm 0{,}1$$

$p = \pm 10\,\%$.

25. $\lim\limits_{x \to 0} \frac{1 - \cos x}{x^2} = ?$

```
Limit[(1-Cos[x]) / x^2, x->0]
1
-        (* dies die knappe Mathematica-Antwort! *)
2
```

26. a) $y = x^3 - 15x^2 - 75 \quad \Rightarrow \quad y' = 3x^2 - 30x$

```
   xalt          y            y '          xneu
---------------------------------------------
  15     -75            225           15.33
  15.33    2.5565       245.13        15.32
  15.32 ←  0.104    (genügt)
```

b) $y = x^4 + 5x^2 - 25 \quad \Rightarrow \quad y' = 4x^3 + 10x$

```
   xalt          y            y '          xneu
---------------------------------------------
3           101          138           2.26812
2.26812    27.1861       69.3531       1.87612
1.87612     4.98834      45.1757       1.7657
1.7657  ←  0.30851    (genügt)
```

c) Differenzfunktion $d(x) = \ln x - (2x - 6)$,

$y = \ln x - 2x + 6 \quad \Rightarrow \quad y' = \frac{1}{x} - 2$

xalt	y	y '	xneu
3.6	0.081	-1.72	3.647
3.647	←0.000095	(genügt!)	

Die verlangte Skizze
könnte so aussehen →→

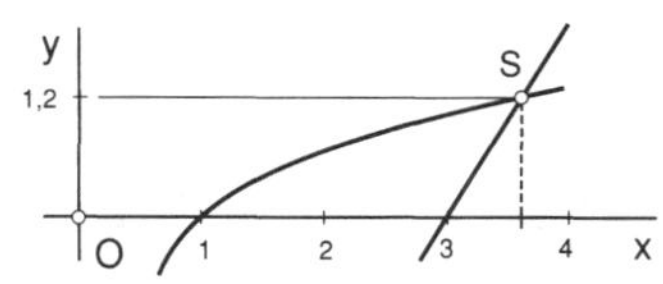

27. Es wäre etwa zu schreiben:

```
Until (Sqr(x+0.5)+Sqr(y-0.866) < 0.0016) or (zaehler=20);
If zaehler < 20 Then Putpixel(i,j,blue);
```

Und dies zeichnet der Computer als Antwort::

Zum nächsten Kapitel

Teil K

33. Kapitel

33

Kurvendiskussionen

Im vorigen Kapitel haben wir das Handwerkzeug geschmiedet, um zu elementaren Funktionen und einfachen Zusammensetzungen (= Verkettungen) f die Ableitungsfunktionen f' zu bilden. Oft ist es sinnvoll, auch noch f'' oder sogar f''' zu bestimmen.

Suche nach Extrem- und Wendestellen

Satz 32.2 eröffnete die Möglichkeit, mit Hilfe von f' Aussagen über die Steigung der Tangente an f in bestimmten Punkten zu machen, aber auch die Monotonie festzustellen. Am wichtigsten sind aber wohl die ***Extremstellen***, an denen die Funktionswerte *minimal* oder *maximal* (in ihrer jeweiligen Umgebung) sind. Dazu nehmen wir noch die ***Wendestellen*** bzw. -punkte, an denen die Steigung der Tangente maximal, minimal oder in Sonderfällen null ist.

Programm einer Kurvendiskussion

Gehen wir nun die bisher genannten Punkte durch, um die Funktion

B

Beispiel 1: erste Kurvendiskussion einer ganzrationalen Funktion 3. Grades

$$f: x \rightarrow y = -\frac{1}{4}x^3 + \frac{3}{2}x^2 - \frac{9}{4}x + 1$$

zu *diskutieren*, also die *Definitions- und Monotoniebereiche* sowie die *Extremstellen* zu ermitteln! Als erstes führen wir eine *Nullstellen*bestimmung durch und zeichnen als Krönung einen schönen *Graphen* von f. Punkt 1 von Satz 32.2 entfällt dafür i.allg., weil er sich auf einzelne Stellen bezieht, die von Fall zu Fall gesondert interessieren; er kann aber helfen, über die *Tangente* den Graphen genauer zu zeichnen, falls man noch nicht über Grafiktaschenrechner oder Mathematiksoftware verfügt.

1. **Definitionsbereich**: $\mathbb{D} = \mathbb{R}$, denn ganzrationale Funktionen sind *überall* definiert!

2. **Nullstellen**: $y = 0 \Rightarrow$

Nullstellen

$$y = -\frac{1}{4}(x^3 - 6x^2 + 9x - 4) = 0 \Rightarrow x^3 - 6x^2 + 9x - 4 = 0.$$

Ganzzahlige Nullstellen müssen Teiler von –4 sein: ±1, ±2, ±4; probieren: 1 löst! Polynomdivision durch den Wurzelfaktor (x – 1) nach Vieta:

$$(x^3 - 6x^2 + 9x - 4) : (x - 1) = x^2 - 5x + 4$$
$$-(x^3 - x^2)$$
... Rest 0!

$x^2 - 5x + 4 = (x - 1)(x - 4)$ (nach Vieta 3 / Trinomzerlegung direkt!)

$\Rightarrow y = -\frac{1}{4}(x - 1)(x - 1)(x - 4) = 0$, wenn einer der 3 Faktoren 0 ist:

$x_1 = x_2 = 1$: $N_{1,2}(1 \mid 0)$, $x_3 = 4$: $N_3(4 \mid 0)$.

3. **Ableitungen:**

$y' = -\frac{1}{4} \cdot 3x^2 + \frac{3}{2} \cdot 2x - \frac{9}{4} = -\frac{3}{4}(x^2 - 4x + 3) = -\frac{3}{4}(x-1)(x-3)$

$y'' = -\frac{3}{4}(2x - 4) = -\frac{3}{2}(x - 2)$

In welchen Intervallen wächst f, wo nimmt f ab?

4. **Monotoniebereiche**:

a) $y' > 0 \Rightarrow$ f streng monoton wachsend (↗, Satz von der Intervallmonotonie, Punkt 2)

b) $y' < 0 \Rightarrow$ f streng monoton abnehmend (↘, ebenso!)

zu a) $y' > 0 \Rightarrow -\frac{3}{4}(x-1)(x-3) > 0 \Rightarrow (x-1)(x-3) < 0$ (Zeichenwechsel!)

Ein Produkt ist negativ, wenn genau ein Faktor negativ ist, vgl. Bild 1:

$(x - 1 > 0 \wedge x - 3 < 0) \quad \vee \quad (x - 1 < 0 \wedge x - 3 > 0)$

Bild 1: zu den Monotonieintervallen

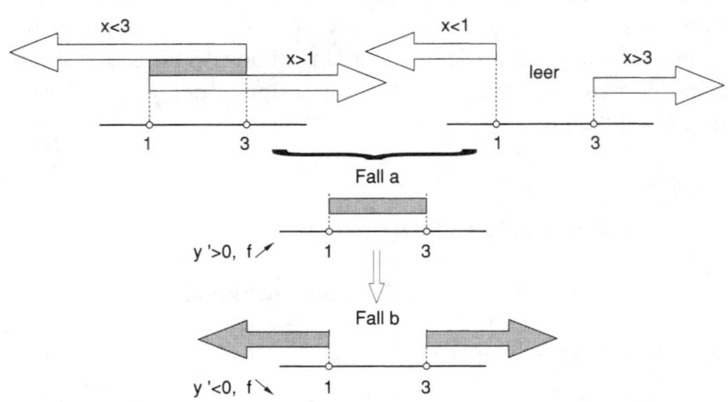

Damit ist der Bereich steigender Monotonie ↗ mit]1; 3[gefunden; außerhalb *muß* daher f monoton abnehmend ↘ sein (Rechnung nicht nötig!):

f ↗ in]1; 3[, f ↘ in]–∞; 1[und]3; ∞[

c) $y' = 0$ an den Rändern: $(x-1)(x-3) = 0 \Rightarrow x_1 = 1,\ x_2 = 3.$

Hoch- und Tiefpunkte

5. **Extremstellen**:

a) In 4 ergab sich der Vorzeichenwechsel von y' an den Übergangsstellen der Monotoniebereiche (nach Punkt 3 des Satzes 32.2):

$x_1 = 1$: y' wechselt von < 0 zu > 0 (f von ↘ zu ↗) $\Rightarrow$
1 ist *lokale* Minimumstelle; **Tiefpunkt** daher: $T(1 \mid 0) = N_{1,2}$;
$x_2 = 3$: y' wechselt von > 0 zu < 0 (f von ↗ zu ↘) $\Rightarrow$
3 ist *lokale* Maximumstelle; **Hochpunkt** daher: $H(3 \mid \ldots)$;
um die Ordinate von H zu finden, sucht man $f(3) = \ldots = 1 \Rightarrow H(3 \mid 1)$.

b) Dasselbe mit f'' (nach Punkt 4 des Satzes 32.2):
$f''(1) > 0 \Rightarrow$ **T**$(1 \mid \ldots)$; $f''(3) < 0 \Rightarrow$ **H**$(3 \mid \ldots)$.

6. **Wendestellen**:

   $y'' = 0 \Rightarrow y'' = -\frac{3}{2}(x-2) = 0 \Rightarrow x = 2$

   Punkt W(2 | 1/2) ist hier der ***Wendepunkt***, der die *Trendumkehr* markiert, den Punkt stärksten Wachstums, das danach abflacht.

   Beachten Sie jedoch: y'' = 0 genügt alleine nicht: Da dies eine *Extremalforderung* für f' ist, muß nach dem genannten Satz dort auch ein *Vorzeichenwechsel* von y'' beim Durchgang durch $x_W = 2$ stattfinden (was auch mit $f'''(x_W) \neq 0$ prüfbar ist): $f''(1) > 0,\ f''(3) < 0$, ✓

Wendepunkt

7. **Graph / Wertetabelle**:

x	0	1	2	3	4	5	...
y	1	0	0,5	1	0	–4	...

Wertetabelle

8. Noch einige Tangentensteigungen:

   $f'(0) = -9/4 = -2{,}25 = k_{t0}$
   $f'(2) = -3/4\ (-1) = 3/4 = 0{,}75 = k_{t2}$
   $f'(4) = -3/4 \cdot 3 \cdot 1 = -9/4 = -2{,}25 = k_{t4}$

Tangenten und

Nach all dem läßt sich der Graph gut zeichnen, Bild 2:

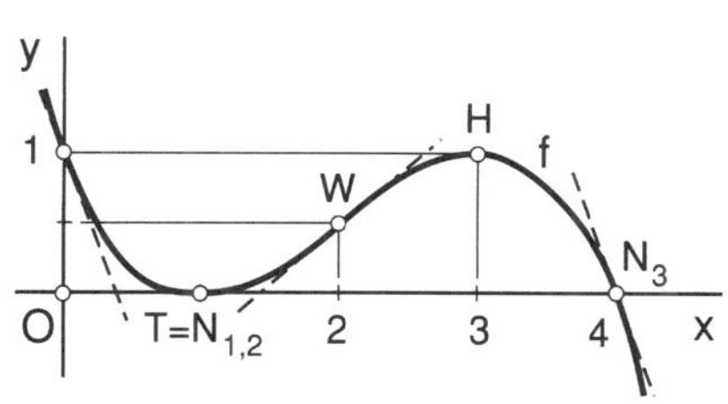

Bild 2: Graph

Nun etwas kürzer – wir verzichten auf die *Monotonieintervalle*, sie liegen zwischen den Extremstellen – zur Diskussion einer **Polynomfunktion 4. Grades**:

B

Beispiel 2: Diskussion einer Funktion 4. Grades

$$f\colon y = \frac{1}{5}x^4 - \frac{7}{5}x^3 + 2x^2$$

Als Minimalprogramm bleiben Null-, Extremstellen und Graph erhalten:

1. **Nullstellen**: $y = 0$

   $y = \frac{1}{5}(x^4 - 7x^3 + 10x^2) = \frac{1}{5}x^2(x^2 - 7x + 10) = \frac{1}{5}x^2(x-2)(x-5) = 0$

   Ein Produkt ist null, wenn *wenigstens einer* der Faktoren null ist:

   $x_1 = x_2 = 0$: $N_{1,2}(0 | 0)$, $x_3 = 2$: $N_3(2 | 0)$, $x_4 = 5$: $N_4(5 | 0)$.

   Vorbereitend wird man im allgemeinen wie oben ermitteln die

2. **Ableitungen**:

   $y' = \frac{1}{5} \cdot 4x^3 - \frac{7}{5} \cdot 3x^2 + 2 \cdot 2x = \frac{4}{5}x^3 - \frac{21}{5}x^2 + 4x = \frac{1}{5}x(4x^2 - 21x + 20)$

   $y'' = \frac{4}{5} \cdot 3x^2 - \frac{21}{5} \cdot 2x + 4 = \frac{12}{5}x^2 - \frac{42}{5}x + 4 = \frac{1}{5}(12x^2 - 42x + 20)$

Sie erinnern sich an die quadratische Gleichung?!

Extremstellen über die 2. Ableitung

3. **Extremstellen**:
   $y' = 0 \wedge y'' \neq 0$
   $y' = 0 \Rightarrow x \cdot (4x^2 - 21x + 20) = 0 \Rightarrow x_1 = 0 \vee 4x^2 - 21x + 20 = 0.$
   Diese quadratische Gleichung lösen wir wie gewohnt: $x_{2,3} = 4$ bzw. $5/4 = 1{,}25$;
   $f''(0) > 0 \Rightarrow 0$ lokale Minimumstelle: $T_1 = N_{1,2}(0 \mid 0)$;
   $f''(5/4) < 0 \Rightarrow 5/4$ lokale Maximumstelle: $H(5/4 \mid ...)$;
   diese Stelle 5/4 in $y = f(x)$ einsetzen, ergibt den Funktionswert: $H(1{,}25 \mid 0{,}88)$.
   $f''(4) > 0 \Rightarrow 4$ lokale Minimumstelle: $T_2(4 \mid ...)$;
   Argument 4 wieder in $y = f(x)$ einsetzen: $T_2(4 \mid -6{,}4)$.

4. **Graph** / Wertetabelle (Bild 3, nächste Seite)

x	–1	0,5	3	4,5
y	3,6	0,34	–3,6	–5,1

Für die **Wendepunkte** wäre noch eine quadratische Gleichung y'' = 0 zu lösen, was auf 2 Stellen führt; tun Sie´s übungshalber (Lösungen siehe letzte Zeile)?

Nun haben wir schon des öfteren *Mathematica* eingesetzt, und es müßte Sie zu Recht wundern, wenn dies an dieser Stelle verabsäumt würde. Kontrollieren wir also die bisher „von Hand" ermittelten Resultate und lassen wir uns gleich einen schönen Graphen zeichnen!

Beispiel 2/ Fortsetzung

mit Mathematica:

die vollständige Kurvendiskussion

```
f[x_] := 1/5 x^4 - 7/5 x^3  + 2 x^2
Solve[ f[x]==0, x]

{{x -> 0}, {x -> 0}, {x -> 2}, {x -> 5}}    (* Nullst. *)

f1[x_] = D[f[x], x]

            2      3
        21 x    4 x
4 x  -  -----  + ----          (* 1. Ableitung *)
          5       5

f2[x_] = D[f1[x], x]

                    2
     42 x    12 x
4 -  ----  + -----             (* 2. Ableitung *)
      5        5

Solve[f1[x]==0, x]

                  5
{{x -> 0}, {x -> -}, {x -> 4}}      (* Extremstellen *)
                  4

f2[0]             f2[4]             f2[5/4]

4   (>0)          44                  11
                  --  (>0)          -(--)  (<0)      (* Art der
                  5                   4               Extremstellen *)

f[5/4] //N

0.878906          (* Ordinate des Hochpunkts *)

Solve[f2[x]==0, x] //N

{{x -> 0.568546}, {x -> 2.93145}}       (* Wendestellen *)
```

```
Plot[f[x], {x,-0.6,5.1}, PlotStyle -> {Thickness[0.007]}]
```

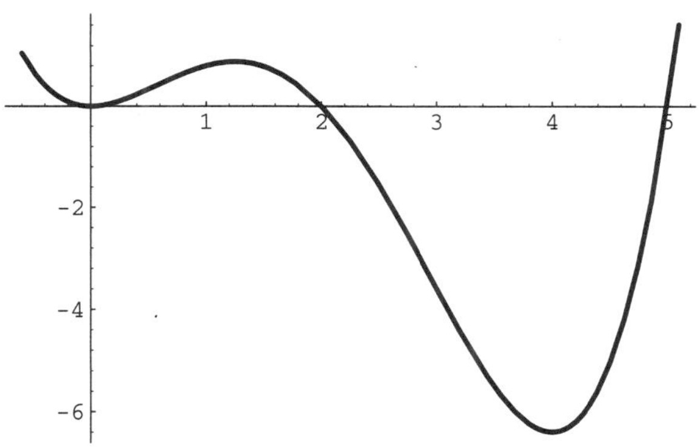

Bild 3: alle Ergebnisse auf einen Blick!

Scharen von Funktionen

Parameter und Funktionenscharen

Wir wissen, daß eine ganzrationale Funktion etwa 4. Grades durch eine Gleichung der Gestalt festgelegt wird

$f: x \rightarrow y = ax^4 + bx^3 + cx^2 + dx + e$

Erst für konkrete Belegungen für a bis e entsteht eine Funktion, die man diskutieren, deren Graph man zeichnen kann. Beläßt man eine der Konstanten als *Parameter*, so entsteht eine **Funktionenschar**, die dann eine Menge oder Klasse von Funktionen mit gemeinsamen Eigenschaften festlegt. Dazu das Beispiel:

B

Beispiel 3: konkrete Vorgaben für eine Polynomfunktion 4. Grades

In der genannten Funktion f soll(en)

a) a Parameter $\neq 0$ bleiben, b bis e werden beliebig, z.B. mit 1, belegt
b) e Parameter $\neq 0$ bleiben, a bis d werden beliebig, z.B. mit 1, belegt
c) b und d Parameter $\neq 0$ bleiben, a, c und e seien mit 0 belegt.

Welche Aussagen lassen sich für die jeweiligen Funktionenscharen treffen?

Setzen wir konkret ein

a) $f(x) = ax^4 + x^3 + x^2 + x + 1$

Es gibt bis zu vier Nullstellen. Für $a > 0$ ist $\lim\limits_{x \to \pm\infty} f(x) = +\infty$, die Kurve ist „w-förmig", während sie für $a < 0$ an der x-Achse gespiegelt, also „m-förmig" ist.

b) $f(x) = x^4 + x^3 + x^2 + x + e$

Alle Graphen der Schar gehen durch Verschieben längs der y-Achse auseinander hervor, haben also dieselben Extrem- und Wendestellen. Schnittpunkt mit der y-Achse ist $P(0 \mid e)$.

c) $f(x) = bx^3 + dx$

Wegen $f(-x) = b(-x)^3 + d(-x) = -bx^3 - dx = -(bx^3 + dx) = -f(x)$

ist die Funktion jeweils *ungerade*, d. h., jede Kurve dieser 2parametrigen Schar ist punktsymmetrisch.

Stellt man einer Funktion, etwa wieder einer ganzrationalen 4. Grades, gewisse Bedingungen, wie z.B., daß sie *gerade* sein soll – der Graph liegt dann *symmetrisch* zur y-Achse – oder daß sie durch einen bestimmten Punkt laufen und in einem anderen eine Tangente mit bestimmter *Steigung* oder auch einen *Hochpunkt* oder anderes haben soll, so legt man damit die Koeffizienten bzw. Parameter erst fest.

Aber Vorsicht! Nicht immer sind diese Vorschriften erfüllbar, manchmal verlangt man Unmögliches, dann wieder gibt es *mehrere* mögliche Lösungsgraphen.

Hier eine Kostprobe solcher ***Parameteraufgaben***:

Beispiel 4: eine typische Parameteraufgabe

B

Eine ganzrationale Funktion 4. Grades soll

a) gerade sein (siehe oben) ... (I)
eine Nullstelle soll $x_N = -\sqrt{3}$ ... (II)
und außerdem relative = lokale Minimumstelle sein ... (III)

b) zusätzlich sei der Wendepunkt W(1 | 4) vorgeschrieben ... (IV)

Setzen wir die Funktionsgleichung an:

$$y = ax^4 + bx^3 + cx^2 + dx + e$$

Nach Bedingung (I) fallen die ungeraden Potenzen weg, b = d = 0:

$$y = ax^4 + cx^2 + e$$

Bedingung (II) verlangt:

$$f(-\sqrt{3}) = 0 = a(-\sqrt{3})^4 + c(-\sqrt{3})^2 + e \quad \Rightarrow \quad 9a + 3c + e = 0 \ .$$

Bereiten wir für die 3. (und 4.) Forderung vor:

$$y' = 4ax^3 + 2cx \qquad y'' = 12ax^2 + 2c$$

Es treten Systeme linearer Gleichungen auf!

Jetzt „übersetzen" wir Bedingung (III):

$$f'(-\sqrt{3}) = 0 = 4a(-\sqrt{3})^3 + 2c(-\sqrt{3}) \quad \Rightarrow \quad -12\sqrt{3}\,a - 2\sqrt{3}\,c = 0 \quad \Rightarrow \quad 6a + c = 0 .$$

Zwei Gleichungen mit *drei* Variablen sind nicht eindeutig lösbar, eine bleibt als Parameter übrig:

c = – 6a aus der 2. Gleichung setzen wir in die 1., unterstrichene, ein:

$$9a + 3(-6a) + e = 0 \quad \Rightarrow \quad a = \frac{1}{9}e; \ \text{damit } c = -6 \cdot \frac{1}{9}e = -\frac{2}{3}e$$

und als Ergebnis von Teil a:

$$y = \frac{1}{9}ex^4 - \frac{2}{3}ex^2 + e \ .$$

Nun zur Teilaufgabe b mit der Bedingung (IV):

$$f''(1) = 0 = 12a \cdot 12 + 2c \quad \Rightarrow \quad 6a + c = 0.$$

Man kann auch zuviel verlangen!

Gottseidank entspricht dies der 2. Gleichung von a! Eine Forderung wie W(2 | ...) wäre also im Widerspruch und unerfüllbar. Erst $f(1) = 4$ bringt eine neue Gleichung

$$4 = \frac{1}{9}e - \frac{2}{3}e + e \quad \Rightarrow \quad e = 9,$$

was hier zur Funktionsgleichung führt:

$$y = x^4 - 6x^2 + 9 \ .$$

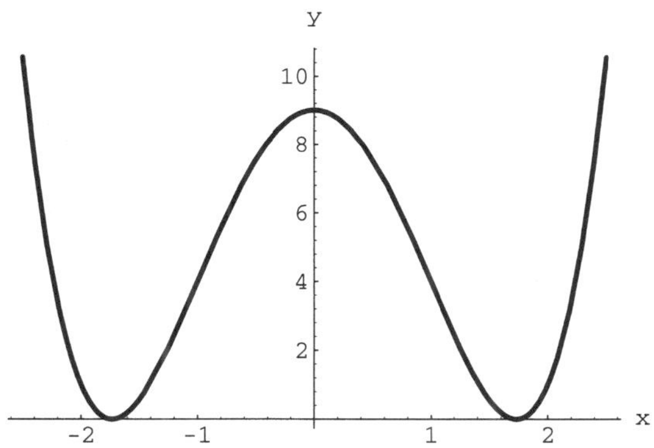

Bild 4: Graph von b

Vielleicht ist es nützlich, sich eine Übersicht anzulegen:

ein nützliches Schema

Vorschrift an f	formale Übersetzung	Folgerung / Gleichung
I. gerade Fkt.	$f(x) = f(-x)$	$b = 0,\ d = 0$
II. Nullstelle $-\sqrt{3}$	$f(-\sqrt{3}) = 0$	$9a + 3c + e = 0$
III. Min.stelle $-\sqrt{3}$	$f'(-\sqrt{3}) = 0$	$6a + c = 0$
IV. Wendepkt. (1 | 4)	$f''(1) = 0$ und $f(1) = 4$	$12a + 2c = 0$ und $4 = e\left(\frac{1}{9} - \frac{2}{3} + 1\right)$

Diskussion gebrochen-rationaler Funktionen

Auf die *ganz*-rationalen Funktionen folgen in der Schwierigkeitsskala die im Zwischentitel genannten *gebrochen*-rationalen, deren Ableitung im vorigen Kapitel mit Hilfe der Quotientenregel gelang. Auch hier gilt das eben entwickelte Instrumentarium für Kurvendiskussionen, allerdings kommen zwei Punkte dazu:

Was bei gebrochen-rationalen Funktionen dazukommt

Meist sind kritische Stellen, die *Polstellen*, als Nullstellen der Nennerfunktion aus dem Definitionsbereich zu entfernen, und auch das Verhalten *im Unendlichen* ist hier interessant, da es oft *Asymptoten* als Tangenten im Fernpunkt gibt, die über die Limessätze von $\mathbb{K}$**31** gefunden werden.

Zum Ausgleich lassen wir hier die Monotoniebereiche außer acht.

B

Beispiel 5: Neu sind hier die Polstellen und die vertikalen Asymptoten

$$y = \frac{x^2 - 4x}{(x+2)^2}$$

1. **Definitionsbereich / Polstellen**

   Nenner = 0: $(x + 2)^2 = 0 \Rightarrow x + 2 = 0 \Rightarrow x = -2$ ist Polstelle;
   dort gibt es auch eine **vertikale Asymptote** a_v: $x = -2$:
   Definitionsbereich daher $\mathbb{D} = \mathbb{R} \setminus \{-2\}$.

2. **Nullstellen**:

   $y = 0$: Zähler = 0: $x^2 - 4x = 0 \Rightarrow x(x - 4) = 0 \Rightarrow x_1 = 0,\ x_2 = 4$:
   Nullstellen $N_1(0 \mid 0)$, $N_2(4 \mid 0)$.

Die Rechnungen sind etwas mühsamer,

daher lassen wir Mathematica für uns arbeiten

3. **Ableitungen**:

```
f1[x_] = D[f[x], x] //Together

8 (-1 + x)
----------
        3
 (2 + x)

f2[x_] = D[f1[x], x] //Together

8 (5 - 2 x)
-----------
        4
 (2 + x)
```

4. **Extremstellen**: y ' = 0:

```
Solve[f1[x]==0, x]

{{x -> 1}}

f[1]          f2[1]

   1          8
-(-)          --        (* >0, also Tiefpunkt: T(1|-0,333) *)
   3          27
```

natürlich vergessen wir nicht, auch die hinreichenden Kriterien überprüfen zu lassen!

5. **Wendestellen**: y " = 0:

```
Solve[f2[x]==0, x] //N

{{x -> 2.5}}

f[2.5] //N

-0.185185

f2[2] //N          f2[3] //N

0.03125            -0.0128    (* Vorzeichenwechsel, also
                                 Wendepunkt: W(2,5|-0,185) *)
```

6. **Verhalten im Unendlichen**:

```
Limit[(x^2-4x) / (x+2)^2, x->Infinity]

1
```

d. h., es gibt eine **horizontale Asymptote** a_h: y = 1, der sich der Graph von f bei x → ±∞ nähert!

horizontale Asymptote

7. **Graph**

Eine Wertetabelle ist natürlich nicht nötig, wenn man sich den Graphen über Computersoftware zeichnen lassen kann!

Der linke Ast ist hier nicht eingezeichnet, die Punkte liegen zu hoch!

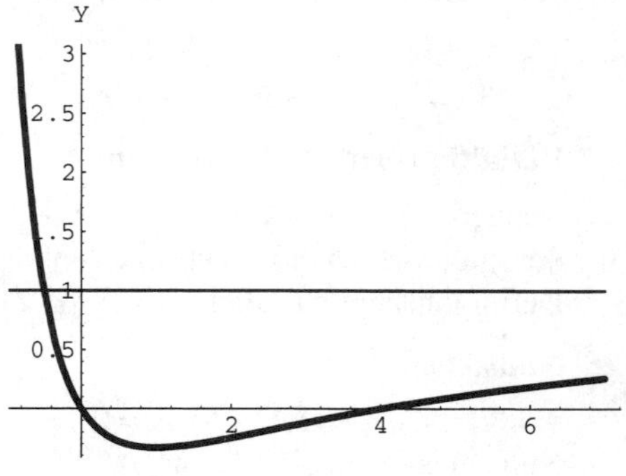

Bild 5: hier der rechte Ast der Kurve

Ganz ebenso gehen wir im folgenden Beispiel vor. Zur Übung rechnen wir wieder mit den bekannten Regeln, ohne die Hilfe von Mathesoftware in Anspruch zu nehmen:

$$y = \frac{x^3 + 4}{2x^2}$$

B

ein verwandtes **Beispiel 6:**

1. **Definitionsbereich / Polstellen**

   Nenner = 0: $2x^2 = 0 \Rightarrow x^2 = 0 \Rightarrow x = 0$ ist Polstelle;
   dies ist auch schon die Gleichung der *vertikalen Asymptote* a_v: $x = 0$
   Definitionsbereich natürlich $\mathbb{D} = \mathbb{R} \setminus \{0\}$.

2. **Nullstellen**:

   $y = 0$: Zähler = 0: $x^3 + 4 = 0 \Rightarrow x^3 = -4 \Rightarrow x = -\sqrt[3]{4} = -1{,}59$: N(−1,59 | 0).

3. **Ableitungen**:

   Hier ist es günstig, den Funktionsterm etwas umzuformen, indem man in eine Summe aufspaltet: danach ist es einfacher, abzuleiten (Potenzregeln!):

   $$y = \frac{x}{2} + \frac{2}{x^2} = \frac{x}{2} + 2x^{-2} \Rightarrow y' = \frac{1}{2} - 4x^{-3} = \frac{1}{2} - \frac{4}{x^3}$$

   $$y' = \frac{1}{2} - 4x^{-3} \Rightarrow y'' = +12x^{-4} = \frac{12}{x^4}$$

Quotienten- und Potenzregeln

4. **Extremstellen**:

   $$y' = 0: \frac{1}{2} - \frac{4}{x^3} \Rightarrow \frac{x^3}{4} = 2 \Rightarrow x = 2;$$

   $f'(1) < 0$, $f'(3) > 0 \Rightarrow$ Tiefpunkt T(2 | ...); einsetzen in y-Term: T(2 | 1,5).

5. **Wendestellen**:

   $y'' = 0$ ist unmöglich wegen $12 \neq 0$, daher keine Wendepunkte!

6. **Verhalten im Unendlichen:**

   Der in Punkt 3 gewonnene y-Term erlaubt, sofort das Verhalten für $x \to \pm\infty$ abzulesen: der 2. Summand geht gegen 0, also bleibt $\lim y = \frac{1}{2}x$:
   Es gibt eine *schiefe Asymptote* mit der Gleichung a_s: $y = \frac{1}{2}x$.

schiefe Asymptote

7. **Graph / Wertetabelle** (Bild 6):

x	−4	−1	−0,6
y	−1,88	1,5	5,26

↓

0,6	1	3	5
5,9	2,5	1,72	2,58

Die Wertetabelle ist wie immer nur nötig, falls man den Graphen von Hand skizzieren möchte.

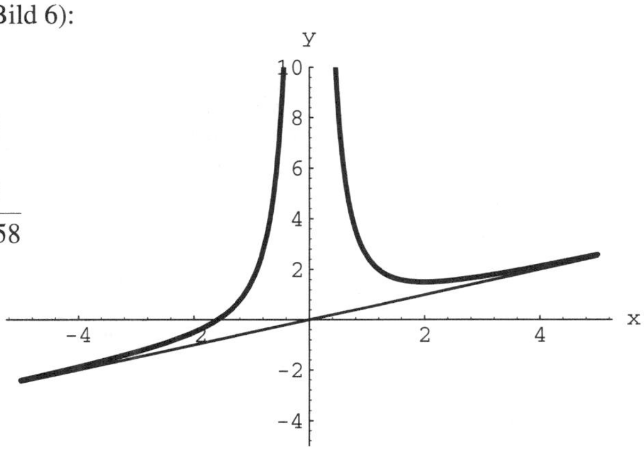

Bild 6: der Graph wurde von Mathematica gezeichnet!

Beispiel 7: Stückkostenfunktion

B Wir hatten in 𝕂**32** eine *Kostenfunktion* betrachtet und uns dort für die Grenzkosten interessiert. Jetzt studieren wir die zugehörige **Stückkostenfunktion**, die einfach durch Kosten pro Stückzahl, also s(x) = f(x) / x definiert ist. Zu

$$f(x) = \frac{1}{30}x^3 - x^2 + 11x + 5$$

ergibt sich so:

$$s(x) = \frac{1}{30}x^2 - x + 11 + \frac{5}{x}.$$

Die **Diskussion** darf nun schon etwas knapper ausfallen:

1. **Definitionsbereich**: $\mathbb{D} = \mathbb{R} \setminus \{0\}$: leicht einzusehen, bei 0 Stück gibt es auch keine Stückkosten!
2. **Nullstellen** gibt es nicht, vgl. Bild 7: ebenfalls klar, jede Produktion kostet Geld!
3. **Ableitung**: $s'(x) = \frac{1}{15}x - 1 - \frac{5}{x^2} = \frac{x^3 - 15x^2 - 75}{15x^2}$
4. **Extremstellen**: $s'(x) = 0 \Rightarrow x^3 - 15x^2 - 75 = 0$

   mit nicht exakt lösbarer Gleichung

   Diese Gleichung 3. Grades können wir nicht exakt lösen; Probieren mit dem **TR** führt auf etwa $x_0 = 15{,}3$. Das *Newton-Verfahren* kann es natürlich besser, siehe das vorige Kapitel! Noch einfacher geht´s – wie gewohnt – so:

```
s[x_] := x^3 - 15x^2 - 75
FindRoot[s[x]==0, {x, 15}]
```

```
{x -> 15.3196}
```

   Demnach wird recht genau T(15,3 | 3,83).

5. **Graph / Wertetabelle** (Bild 7):

x	1	5	10	15,3	20
y	15	7,83	4,83	3,83	4,58

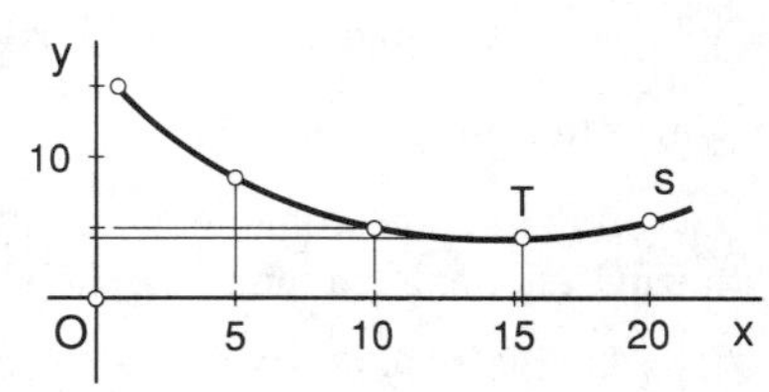

Bild 7: Verlauf ihres Graphen

Bei etwa 15 Stück sind die Stückkosten minimal!

In der ELEKTRIK spielen **Spannungsteiler** eine Rolle:

Beispiel 8: belastetes Potentiometer

B Wird an einem Widerstand R, an dem die Spannung U liegt, über einen Schleifkontakt eine Teilspannung u abgenommen, wächst u mit dem Schleifweg linear bis U, solange keine Last gespeist wird. Belastet man aber dieses ***Potentiometer*** mit R_1, gilt $u = y \cdot U$ mit

$$y = \frac{x}{1 + \frac{R}{R_1}(x - x^2)}$$

wobei x für den Schleifweg in % der Länge des Widerstands R steht, also von 0 bis 1 variiert.

Für einige Werte von R/R_1 interessiert der Verlauf des Faktors y vor U. Dazu erstellen wir hier eine Tabelle für den Parameter 3 und setzen für x einige Werte:

x	0,2	0,4	0,6	0,7	0,77	0,8	0,9
y	0,135	0,233	0,340	0,429	0,503	0,541	0,709

Man muß also über drei Viertel der Schleifstrecke gehen, um die halbe Eingangsspannung abzugreifen!

Die übrigen Kurven in Bild 8 erhält man analog.

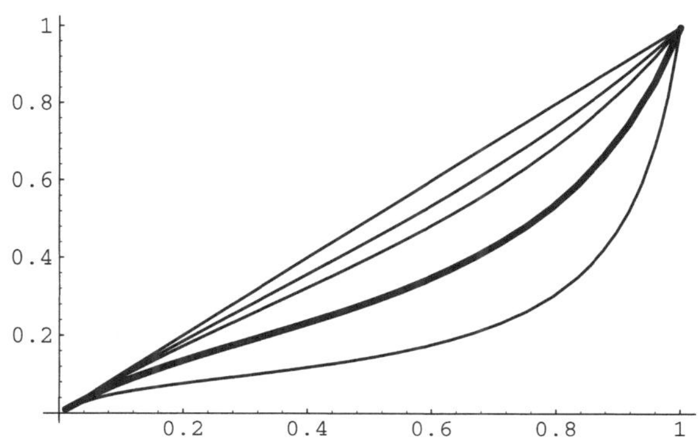

Bild 8: Potentiometer: Teilspannungen in Abhängigkeit von der Schleifstrecke

Auch in dieser Funktionenklasse der gebrochen-rationalen Funktionen kann man *Parameter* durch Forderungen festlegen:

Beispiel 9: Parameter und Scharen gebrochen-rationaler Funktionen

Wie müssen die Parameter gewählt werden, damit die Funktion f:

$$y = \frac{ax^3 + 2b}{x}$$

eine Nullstelle an $x_N = \sqrt[3]{2}$ hat ... (I) und einen Hochpunkt an $x_H = -1$ ... (II)?

Bilden wir die 1. und 2. Ableitung:

$$y = ax^2 + \frac{2b}{x} \Rightarrow y' = 2ax - \frac{2b}{x^2} \Rightarrow y'' = 2a + \frac{4b}{x^3}$$

Nun verlangt I

$$f(\sqrt[3]{2}) = 0, \text{ d.h. } a(\sqrt[3]{2})^3 + 2b = 0 \Rightarrow 2a + 2b = 0 \Rightarrow a + b = 0$$

II bedingt $f'(-1) = 0$, d. h.

$$2a(-1) - \frac{2b}{(-1)^2} = 0 \Rightarrow -2a - 2b = 0 \Rightarrow a + b = 0$$

Beides verlangt dasselbe, es muß $b = -a$ sein; das Ergebnis ist eine Funktionenschar

$$y = \frac{ax^3 - 2a}{x}.$$

In Bild 9 ist $a = -1$ gesetzt.

Wir verlangen daher, daß der Hochpunkt $H(-1 \mid -3)$ sein soll ...(III). Dies fordert

$$f(-1) = \frac{a(-1)^3 - 2a}{-1} = -3 \Rightarrow -a - 2a = 3 \Rightarrow a = -1,$$

also ist *die eine* Lösung nunmehr

notwendige und hinreichende Bedingung

$$y = \frac{-x^3 + 2}{x}$$

Prüfen wir, ob tatsächlich ein *Hoch-* und nicht etwa ein Tiefpunkt vorliegt. Bisher wurde ja nur die *notwendige* Bedingung $f'(x) = 0$ verwendet, nicht aber die *hinreichende* $f''(x) \neq 0$ oder der Vorzeichenwechsel von f'! Es ist

$$y'' = -2 + \frac{4}{x^3}, \quad \text{also } f''(-1) = -2 + \frac{4}{-1} < 0 \;\Rightarrow\; H, ✓$$

Für a = +1 hätten wir einen *Tiefpunkt*, der Graph wäre zur x-Achse spiegelverkehrt.

Bild 9: konkreter Parameterwert und zugehörige Kurve

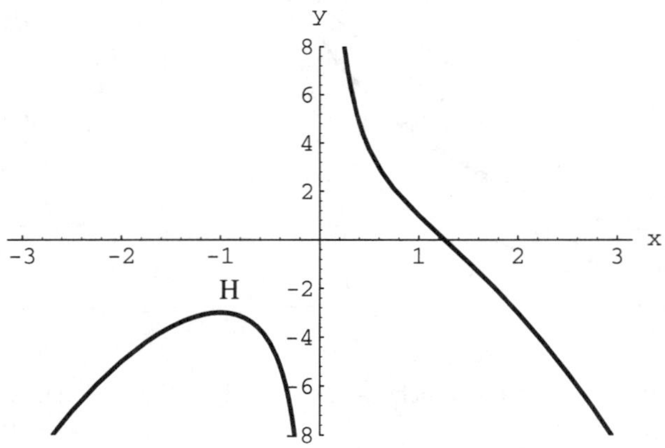

Diskussion von Wurzelfunktionen

Als weitere Kostprobe hier eine **Wurzelfunktion**; ihre Besonderheit ist das abrupte Ende des Definitionsbereichs, da Quadratwurzeln aus *negativen* Zahlen nicht erklärt sind! Studieren wir das Verhalten am Beispiel:

Beispiel 10: Besonderheiten einer Wurzelfunktion: der beschränkte Definitionsbereich

B

$$f(x) = (2 - x)\sqrt{x + 3}$$

1. **Definitionsbereich**:

   $x + 3 \geq 0 \;\Rightarrow\; x \geq -3$; ein halboffenes Intervall, d.h. $\mathbb{D}_f = [-3;\ \infty[$.

2. **Nullstellen**:

   y = 0: Ein Produkt ist 0, wenn ein Faktor 0 ist: $x_1 = 2$, $x_2 = -3$: $N_1(-3 \mid 0)$, $N_2(2 \mid 0)$.

3. **Ableitung**:

$$y' = -\sqrt{x+3} + (2 - x)\frac{1}{2\sqrt{x+3}} = \frac{-3x - 4}{2\sqrt{x+3}}$$

Kontrolle mit Mathematica

Hier überprüfen wir mit *Mathematica*:

```
f[x_] := (2-x) Sqrt[x+3]
D[f[x], x] //Simplify

  -4 - 3 x
-------------
2 Sqrt[3 + x]
```

Es darf x nicht –3 sein, d. h., der Def.-bereich von f' ist $\mathbb{D}_f \setminus \{-3\} =]-3; \infty[$!

4. **Extremstelle**:

   $y' = 0$: Zähler = 0 $\Rightarrow$ $-3x - 4 = 0$ $\Rightarrow$ $x = -\frac{4}{3} = -1{,}33$; $f(-\frac{4}{3}) = 4{,}30$;
   $f'(-2) > 0$, $f'(-1) < 0$: Hochpunkt H(–1,33 | 4,30).

5. **Verhalten im Unendlichen**:

   Mit $x \to +\infty$ geht auch $y \to -\infty$, aber nicht *linear*: Es gibt also keine *schiefe Asymptote*. Wie sagt uns das *Mathematica*?

```
Limit[f[x], x -> Infinity]
-Infinity        (* also minus unendlich! *)
```

Und wie sieht es am linken Rand des Definitionsbereichs aus? Fragen wir, was die Tangente dort macht:

```
Limit[f1, x -> -3, Direction -> -1]
Infinity         (* Hier müssen wir von rechts kommen! *)
```

Unendliche Steigung bedeutet natürlich zur x-Achse senkrechte Tangente an f!

6. **Graph** (Bild 10):

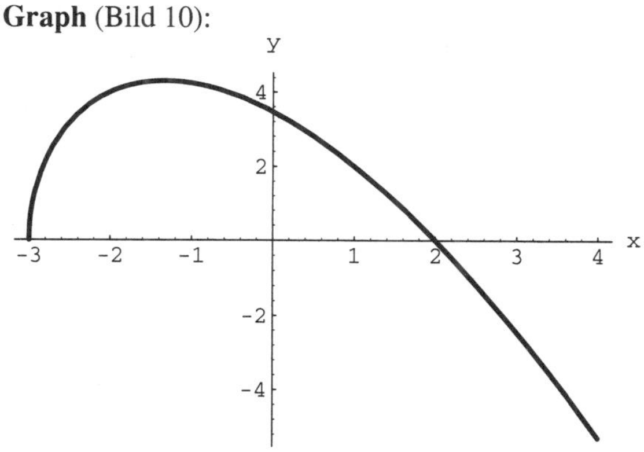

(Die Wertetabelle darf wieder entfallen!)

sowie das Verhalten an der Grenze und im Unendlichen

Bild 10: ein Bild sagt mehr als 1000 Worte!

Auch in solchen Funktionenklassen gibt es die Möglichkeit, einen *Parameter* einzuführen und das Verhalten der entstehenden Kurvenschar zu studieren: Setzen wir in Beispiel 10 statt 3 allgemein $a \geq 0$ unter die Wurzel!

B

Beispiel 11: Parameter und Scharen von Wurzelfunktionen

$$f(x) = (2-x)\cdot\sqrt{x+a}$$

1. **Definitionsbereich**:

   $x + a \geq 0 \Rightarrow x \geq -a$, d. h. $\mathbb{D}_f = [-a; \infty[$

2. **Nullstellen**:

   $y = 0$: $2-x = 0$ oder $x+a = 0$ $\Rightarrow$ $x_1 = 2$ (fix) oder $x_2 = -a$: $N_1(2\,|\,0)$, $N_2(-a\,|\,0)$

3. **Ableitung**:

$$y' = -\sqrt{x+a} + \frac{2-x}{2\sqrt{x+a}} = \ldots = \frac{-3x+2-2a}{\sqrt{x+a}}$$

Computer-kontrolle

wandernde Hochpunkte

der Zeichenbefehl

Hier darf x nicht –a sein, d. h., der Def.-bereich von f' ist $\mathbb{D}_f \setminus \{-a\} =]-a;\ \infty[$.
Vergewissern wir uns, ob wir richtig gerechnet haben:

```
f[x_] := (2-x) Sqrt[x+a]
Solve[ f[x]==0, x]

{{x -> 2}, {x -> -a}}

f1[x_] = D[f[x], x] //Together

2 - 2 a - 3 x
-------------
2 Sqrt[a + x]
```

4. **Extremstelle**:

$y' = 0$: Zähler = 0 $\Rightarrow$ $-3x + 2 - 2a = 0$ (und $x \neq -a$) $\Rightarrow$ $x = \frac{2}{3}(1 - a)$
Mit verschiedenen Einsetzungen für a wandert also nicht nur die eine Nullstelle, sondern auch der Hochpunkt:

a	0	1	2	3	4
x_H	2/3	0	–2/3	–4/3	–2

Für einige dieser a-Werte sind die Kurven der Schar in Bild 11 gezeichnet.

```
Plot[{(2-x) Sqrt[x], (2-x) Sqrt[x+1], (2-x) Sqrt[x+2],
      (2-x) Sqrt[x+3], (2-x) Sqrt[x+4],
      1/Sqrt[2] (2-x)^1.5}, {x, -4, 2},
      AxesLabel -> {„x", „y"},
      PlotStyle -> { , , , , ,{ Dashing[{.03}],
                                Thickness[0.01]}}]
```

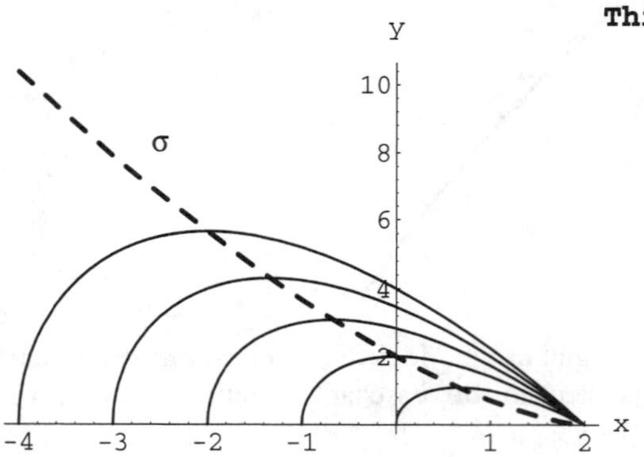

Bild 11: Kurvenschar und Ortskurve der Hochpunkte

Man kann fragen, längs welcher Kurve σ dabei der Hochpunkt wandert. Setzen wir zunächst in f(x) ein, so wird

Herleitung: Können Sie noch mit Wurzeln umgehen?

$$y_H = f(x_H) = f[\tfrac{2}{3}(1-a)] = \dots = \frac{2}{3\sqrt{3}}(2+a)\sqrt{2+a}$$

Der Zusammenhang zwischen y_H und x_H über a folgt so:

$$x_H = \frac{2}{3}(1-a) \Rightarrow a = 1 - \frac{3}{2}x_H$$

dies in y_H eingesetzt, ergibt nach kurzer Umformung und Kürzen

$$y_H = \dots = \frac{1}{\sqrt{2}}(2-x)\sqrt{2-x} = \sigma(x)$$

womit man die ***Ortskurve*** der Hochpunkte, Bild 11 oben, gewonnen hat!

Diskussion von Exponentialfunktionen

Im Prinzip sind uns Funktionen dieses Typs bekannt, auch ihre Anwendung ist uns schon aus Band **2** bekannt; hier können wir aber mit den Mitteln der *Ableitung* die speziellen Kurvenpunkte H, T und W exakt bestimmen. Betrachten wir einen zunächst stark wachsenden, dann aber gegen 0 abnehmenden Vorgang:

$f: x \to y = x \cdot e^{1-\frac{x}{4}}$

B

Beispiel 12: Exponentialfunktionen

1. Die Funktion ist **überall definiert**, $\mathbb{D} = \mathbb{R}$, da stets ein (positiver) Wert entsteht, wenn e mit einem beliebigen Term potenziert wird.
2. Wegen $e^{\text{alles}} > 0$ kann nur bei x = 0 eine **Nullstelle** liegen: N(0 | 0) = O.
3. **Ableitungen**:

   In einigen Jahren wird man die *Kettenregel* vielleicht gar nicht mehr anwenden, da die *Mathe-Software* viel bequemer zu den Lösungen führt; rechnen Sie nach?

```
f[x_] := x Exp[1-x/4]
f1[x_] = D[f[x], x] //Simplify
f2[x] = D[f1[x], x] //Simplify

 1 - x/4
E        (4 - x)
----------------          (* 1. Ableitung *)
       4

 1 - x/4
E        (-8 + x)
-----------------         (* 2. Ableitung *)
       16
```

wegen relativ einfacher Konstruktion der Ableitungen ...

   $k_0 = f'(0) = e = 2{,}72$: So stark steigt die Tangente in der Nullstelle N = O an!

4. **Extremstellen**:
   $y' = 0 \wedge y'' \neq 0$: $4 - x = 0 \Rightarrow x = 4$; $f''(4) < 0 \Rightarrow$ Hochpunkt H(4 | 4).

besonders gerne verwendet!

5. **Monotonie**:

   $y' > 0 \Rightarrow f\nearrow$: $4 - x > 0 \Rightarrow x < 4$: Dort ist f streng monoton wachsend.
   $y' < 0 \Rightarrow f\searrow$: $4 - x < 0 \Rightarrow x > 4$: Dort ist f streng monoton abnehmend.
6. **Wendestelle**:

   $y'' = 0 \wedge$ Vorzeichenwechsel: $-8 + x = 0 \Rightarrow x = 8$; weiter ist auch $f''(7) < 0$ und $f''(9) > 0$, was für den Wendepunkt hinreicht: W(8 | 2,94); $f'(8) = -1/e = -0{,}37$: dies ist wieder die Steigung der Wendetangente in W.
7. **Verhalten im Unendlichen**:

   Da die Exponentialfunktion stärker als jede Potenz steigt ($\mathbb{K}$**32**), ist lim y = 0 für $x \to \infty$: Die x-Achse mit der Gleichung y = 0 ist *horizontale Asymptote*.
8. **Graph** (Bild 12, nächste Seite):

Bild 12: die Krönung unserer Arbeit

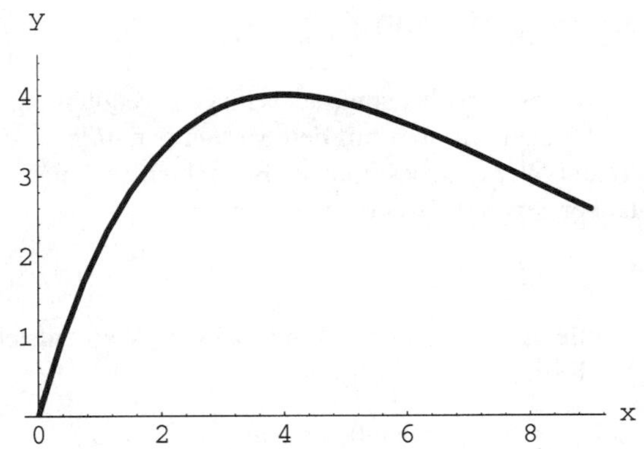

Die Funktion f: $x \to y = e^{-x^2}$ kennen wir schon aus der STATISTIK, in den Übungen folgt dann eine analog gebaute.

Beispiel 13: Konsumenten und die Engelfunktion

B Nun diskutieren wir eine Funktion, die den **Konsum** eines Haushalts in Abhängigkeit von seinem Einkommen beschreibt, und zwar für ein bestimmtes Gut, etwa Obst (oder Butter, Brot, Süßwaren, ...); man nennt sie auch ***Engelfunktion***.

$$f: x \to y = y = \frac{6}{1+e^{4-x}}$$

1. Sie ist **überall definiert**, wenn auch nur für $x \geq 0$ interessant.
2. **Nullstellen** kann sie nicht haben, da der Zähler 6 positiv ist unabhängig von x.
3. **Ableitungen**: (auch die *zweite* wegen der Trend-Wendestelle!)

Ableitungen per Software

```
f[x_] := 6 / (1+Exp[4-x])
f1[x_] = D[f[x], x] //Simplify
f2[x] = D[f1[x], x] //Simplify
```

```
    4 + x
 6 E
----------                    (* 1. Ableitung *)
  4    x 2
(E  + E )

    4 + x   4    x
6 E       (E  - E )
------------------            (* 2. Ableitung *)
      4    x 3
    (E  + E )
```

4. **Extremstellen**:

   $y' = 0 \wedge y'' \neq 0$: $6 \cdot e^{4+x} = 0$ unmöglich, da beide Faktoren stets positiv sind!

5. **Monotonie**:

   $y' > 0 \Rightarrow f \nearrow$: y' ist nun *überall* positiv, also *wächst* f in $\mathbb{R}$ streng *monoton*!

Bedeutung der Wendestelle:

6. **Wendestelle**:

   $y'' = 0 \wedge$ Vorzeichenwechsel:

```
Solve[f2[x] == 0, x]
{{x -> 4}, {x -> -Infinity}};
```

Weiter ist f''(3) < 0 und f''(5) > 0, was einen Wendepunkt garantiert: W(4 | 3).
f'(4) = 6/4 = 1,5: Dies ist die Steigung der Wendetangente in W.

7. **Verhalten im Unendlichen**:

Es gibt an sich zwei *horizontale Asymptoten*, interessant ist die obere:

```
Limit[f[x], x -> Infinity]
```

6 $\Rightarrow$ a_W: y = 6.

8. **Graph** (Bild 13):

```
f[x_] := 6 / (1+Exp[4-x])
Plot [{6, f[x]}, {x, 0, 9}, PlotRange -> {0,7},
AxesLabel -> {"x", "  y"},
PlotStyle -> { , Thickness[0.008]}]
```

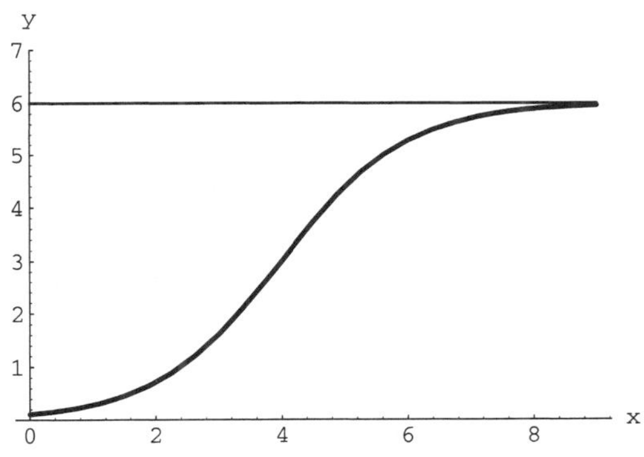

Man erkennt sehr gut, daß bei hohem Einkommen (hier bei y = 6 Einheiten) eine *Sättigung* eintritt; schon viel früher flacht die Zunahme ab: *Trendwende* bei W!

... sie markiert die Trendwende

Bild 13: Sättigung nach Trendwende

Winkelfunktionen

Ein weit verbreiteter Typus von Funktionen ist uns in den Grundformen sehr gut bekannt: Sinus- und Cosinusfunktion. Beide sind uns schon oft begegnet, doch sind wir erst jetzt in der Lage, *Extremstellen* genau zu bestimmen.

B

Studieren wir eine zusammengesetzte Funktion, wie sie etwa beim **Wechselstrom** auftreten kann, wo zwei *phasenverschobene* Teilspannungen interferieren:

f : $y = 4 \sin x + 2 \sin (x - \pi/2)$

Beispiel 14: Winkelfunktionen ... verlangen das Lösen goniometrischer Gleichungen!

1. **Definiert** ist f natürlich überall auf $\mathbb{R}$ (x im Bogenmaß!)

2. **Nullstellen**:

$y = 0$: $2 (2 \sin x + \sin (x - \pi/2)) = 0 \Rightarrow 2 \sin x - \sin (\pi/2 - x)) = 0 \Rightarrow$
$2 \sin x - \cos x = 0 \Rightarrow 2 \frac{\sin x}{\cos x} - 1 = 0 \Rightarrow \tan x = \frac{1}{2}$: $x_N = 0{,}464$ (rad; $+ k\pi$)

3. **Ableitungen**:

$y' = 4 \cos x + 2 \cos (x - \pi/2)$
$y'' = -4 \sin x - 2 \sin (x - \pi/2) = -y$

4. **Extremstellen**:

$y' = 0$: $2 \cos x + \cos(x - \pi/2) \Rightarrow 2 \cos x + \sin x = 0 \Rightarrow$

$2 + \frac{\sin x}{\cos x} = 0 \Rightarrow \tan x = -2$: $x_1 = -1{,}107$ bzw. $2{,}034$ (rad; $+k\pi$); $x_2 = 5{,}176$;

$f''(2{,}034) = -4{,}47 \Rightarrow$ H; wegen $f(2{,}03) = 4{,}47$ ist $H_1(2{,}03 \mid 4{,}47)$;

$f''(5{,}176) = +4{,}47 \Rightarrow$ T; Werte spiegelbildlich!

Fällt Ihnen auf, warum es hier nicht nötig ist, die **Wendestellen** besonders zu berechnen? Wegen $y'' = -y$ fallen sie einfach mit den *Nullstellen* zusammen, vgl. den **Graph** in Bild 14!

Damit Sie den Plotbefehl à la Mathematica nicht vergessen

```
Plot[{4 Sin[x], 2 Sin[x - Pi/2],
      4 Sin[x] + 2 Sin[x - Pi/2]}, {x, -Pi, 4 Pi},
      AxesLabel -> {"x", "y"},
      PlotStyle ->
         {{Dashing[{.02}]}, {Dashing[{.01}]},
         {Thickness[0.01]}}
     ]
```

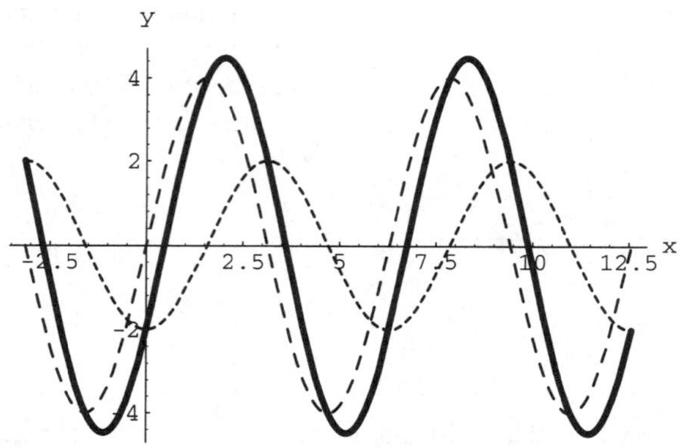

Bild 14: Schwingungen: phasenverschoben, aber gleichfrequent

Die Diskussion solcher Funktionen ist nur mit goniometrischen Hilfsmitteln möglich, die zugehörigen Gleichungen oft nur mit viel Fantasie für Umformungen lösbar. Daher lassen wir hier von *Mathematica* zwei Graphen allgemeiner Schwingungen zeichnen, Bilder 15 und 16, nächste Seite, hier die Befehle:

Beispiele von Schwingungen mit verschiedenen Frequenzen

```
Plot[{Sin[x], 1/2 Sin[2x-Pi/2], Sin[x] + 1/2 Sin[2x-Pi/2]},
     {x, -Pi, 3Pi},
     PlotStyle -> {{Dashing[{0.01}]}, {},
     {Thickness[0.008]}}]
```

Als 2. Beispiel hier drei Schwingungen, die zusammengesetzt werden:

```
Plot[{2 Sin[x], Sin[2x+Pi/4], Sin[3x],
     2 Sin[x] + Sin[2x+Pi/4] + Sin[3x]},
     {x, -Pi, 3Pi},
     PlotStyle -> {{Dashing[{0.01}]}, {Dashing[{0.02}]},
     {}, {Thickness[0.008]}}]
```

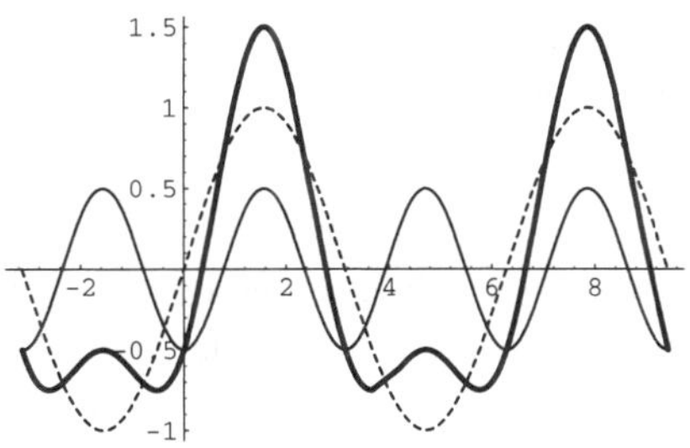

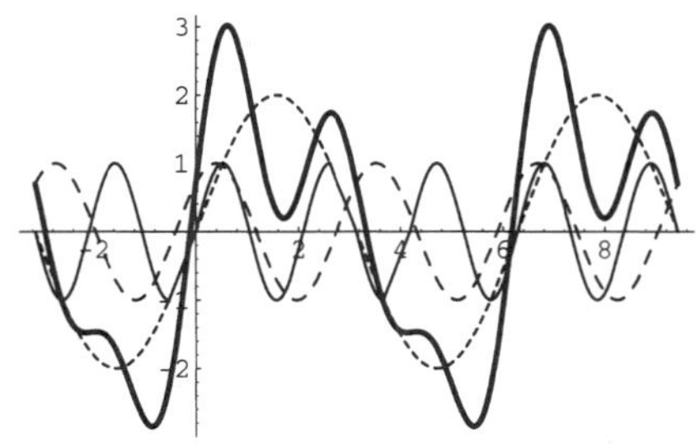

Bilder 15/16: allgemeine Schwingungen

In der TECHNIK treten oft *gedämpfte Schwingungen* auf: In cos ωt stellt ω die *Kreisfrequenz* 2πf dar, wir wählen f = 2 (Hz, Hertz, gleich 1/s). Die Dämpfungszahl steht vor t im e-Exponenten, sie sei 0,2:

B

Beispiel 15: gedämpfte Schwingung

$$y = 3e^{-0{,}2t}\cos 4\pi t$$

1. **Nullstellen**:

   y = 0: cos 4πt = 0 (da e˜ stets ≠ 0) ⇒ $4\pi t = \frac{\pi}{2},\ 3\frac{\pi}{2},\ \ldots \Rightarrow t = \frac{1}{8},\ \frac{3}{8},\ \ldots$ (s)

2. **Ableitung**:

   $$y' = 3[(-0{,}2)e^{-0{,}2t}\cos 4\pi t + e^{-0{,}2t}\,4\pi\,(-\sin 4\pi t)]$$
   $$= 3e^{-0{,}2t}[-0{,}2\cos 4\pi t - 4\pi\sin 4\pi t]$$

3. **Extremstellen**:

   $y' = 0$: $4\pi\sin 4\pi t = -0{,}2\cos 4\pi t \Rightarrow \tan 4\pi t = -0{,}0159$

   $4\pi t \approx -0{,}0159 + k\pi \Rightarrow t = \frac{1}{4\pi}(-0{,}0159 + k\pi) = \begin{Bmatrix} t_1 = -0{,}00127\,(s) \\ t_2 = 0{,}249\,(s) \\ t_3 = 0{,}499\,(s) \\ \ldots \end{Bmatrix}$

   Die Extremstellen sind also nur ganz wenig verschoben gegenüber der *ungedämpften* Schwingung, eben um 0,004 nach links; dort wäre ja nach sin 4πt = 0 ⇒ $t_1 = 0$; $t_2 = 1/4 = 0{,}250$; ..., vgl. Bild 17!

Damit Sie die Ketten- und die übrigen Regeln nicht ganz vergessen ...

4. **Graph**:

   Plotbefehle kennen Sie nun schon zur Genüge; hier das Ergebnis:

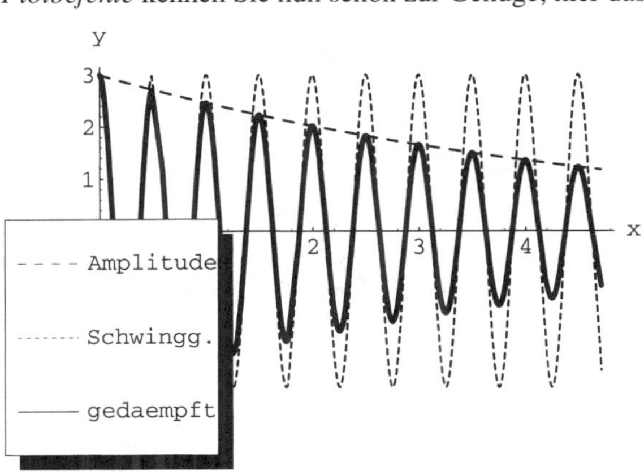

Bild 17: gedämpft heißt exponentiell abklingend

Nun gibt es noch viele weitere Funktionen und Verkettungen, die wir hier nicht besprechen können. Den Abschluß soll das folgende Beispiel bilden:

Beispiel 16: die Limesfunktion für die Eulersche Zahl

$$f: x \to y = \left(1 + \frac{1}{x}\right)^x \quad \text{in } [0{,}1;\ \infty[$$

Wenn Sie im Kapitel über die *Exponentialfunktionen* nachsehen, entdecken Sie dort eine kleine Tabelle dieser Funktionswerte, wenn für x Werte zwischen 1 und 1 Million gesetzt werden: y = f(x) nähert sich der *Eulerschen Zahl* **e** = 2,71828...; somit genügt es, sich den **Graphen** von *Mathematica* ausgeben zu lassen. Er zeigt schön, wie die Annäherung an **e** erst rasch, dann immer gemächlicher erfolgt, Bild 18.

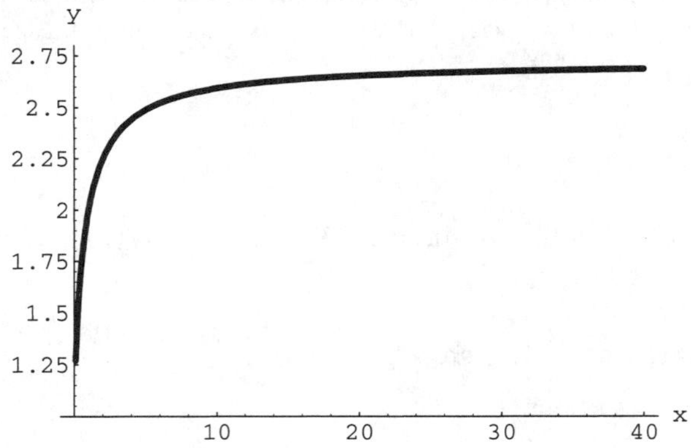

Bild 18: dazu

Krümmung einer Kurve

Bogenelement ...

Im letzen Abschnitt wollen wir uns die Frage vorlegen, wie man zu einem Maß für die *Krümmung* einer Kurve kommen kann: Dazu müssen wir uns einmal die *Kettenregel* in Erinnerung rufen, zum anderen benötigen wir den Begriff des ***Bogenelements*** einer Kurve, der anhand von Bild 19 eingeführt werden soll:

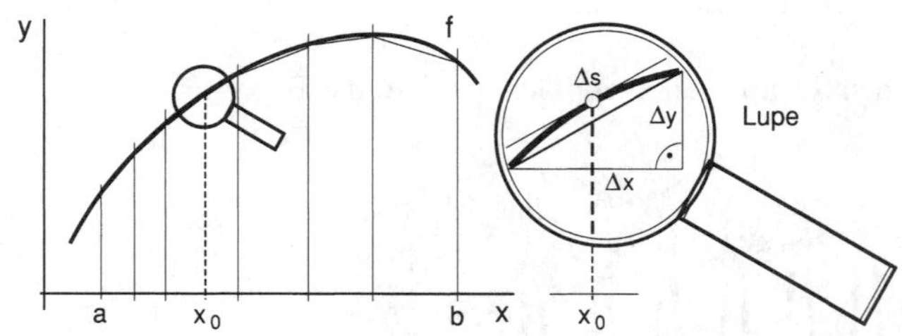

Bild 19: dazu

Wir zerlegen dazu das Intervall [a; b] in n Teile und sehen uns ein solches Teilintervall „mit der Lupe" an. Das Bogenstück ersetzen wir durch die Sehne Δs, die nach Pythagoras aus Δx und Δy folgt:

$$\Delta s^2 = \Delta x^2 + \Delta y^2$$

und der Mittelwertsatz

je enger das Intervall, desto kleiner der Fehler. Nun ist weiter für eine Stelle x_0 des Intervalls nach dem Mittelwertsatz:

$$\tan\alpha = f'(x_0) = \frac{\Delta y}{\Delta x} \Rightarrow \Delta y = f'(x_0)\cdot\Delta x, \quad \text{kurz} \quad \Delta y = y'\cdot\Delta x$$

Dies, oben eingesetzt, ergibt nach Übergang zu den Differentialen

$$ds^2 = dx^2 + dy^2 = dx^2 + y'^2\,dx^2;$$

hier heben wir dx^2 heraus:

$$ds^2 = (1 + y'^2)\,dx^2,$$

ziehen noch die Wurzel und halten fest:

S **Satz 1: Bogenelement-Formel**

Das Bogenelement einer Kurve $y = f(x)$ ist gegeben durch

$$ds = \sqrt{1 + y'^2}\,dx$$

Durch Aufsummieren in einem Intervall, durch *Integrieren*, kann man damit die *Länge* eines Kurvenbogens errechnen, vgl. L37.

die Krümmung einer Straße

Hier interessiert uns aber die ***Krümmung***. Denken wir ans Autofahren: Bei kleinem Lenkeinschlag in einer weiten Kurve werden wir die Straße als wenig gekrümmt mit großem Kurvenradius bezeichnen, während wir ihr in einer engen Kurve bei kräftigem Drehen des Lenkrads starke Krümmung und kleinen Kurvenradius zuschreiben.

Verlegen wir unsere Straße in ein kartesisches Koordinatensystem, Bild 20, so möge sie an einer bestimmten Stelle A gegen die x-Achse unter dem Winkel α geneigt sein; dies ist auch die Steigung ihrer Tangente in A. Wir fahren ein kleines Stück Δs weiter bis B, wo die Tangente um $\Delta\alpha$ steiler sei als vorhin in A.

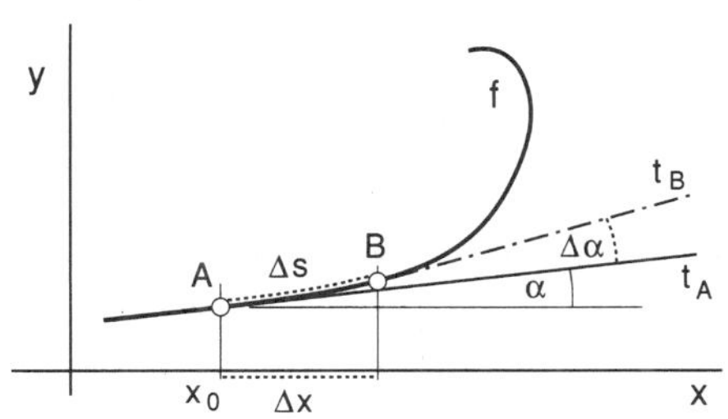

Bild 20: dazu

Ist $\Delta\alpha$ klein, werden wir von *schwacher* Krümmung sprechen, bei großem $\Delta\alpha$ eben von *starker* Krümmung. Daher erklärt man

D **Definition 1: Definition der Krümmung**

Eine Kurve hat in einem Intervall Δx die *mittlere Krümmung*

$$\bar{\kappa} = \frac{\Delta\alpha}{\Delta s} \qquad \text{(\textit{gelesen} «Kappa quer»)}$$

bzw. an einer Stelle x_0 die ***Krümmung***

$$\kappa = \lim_{\Delta s \to 0} \frac{\Delta\alpha}{\Delta s} = \frac{d\alpha}{ds}.$$

Der Kehrwert heißt *Krümmungsradius* ρ an dieser Stelle: $\rho = \frac{1}{|\kappa|}$.

Nun sind in kartesischen Koordinaten sowohl α über $y' = \tan\alpha$ als auch s nach Satz 1 Funktionen von x, kurz $\alpha = \alpha(x)$, $s = s(x)$; wir können schreiben:

die Kettenregel

$$\kappa = \frac{d\alpha}{ds} = \frac{d\alpha}{dx} \cdot \frac{dx}{ds} = \frac{\frac{d\alpha}{dx}}{\frac{ds}{dx}} \qquad \text{[Kettenregel!]}$$

und müssen noch den im Zähler stehenden Differentialquotienten bilden; für den Nenner haben wir ja nach Satz 1:

$$\frac{ds}{dx} = \sqrt{1 + y'^2} = (1 + y'^2)^{\frac{1}{2}}$$

vorbereitet! Nun ist wegen $\tan\alpha = y' \Rightarrow \alpha = \arctan y'$ und $y' = y'(x)$ eben auch $\alpha = \alpha(x)$, als zusammengesetzte Funktion, wieder muß die Kettenregel herhalten:

$$\frac{d\alpha}{dx} = \frac{d\alpha}{dy'} \cdot \frac{dy'}{dx} = \frac{1}{1 + y'^2} \cdot y''$$

Beides in den κ-Term eingesetzt, führt schon zum Satz:

Satz 2: **Formel für die Krümmung**

S **Für Krümmung und Krümmungsradius einer in kartesischer Form gegebenen Kurve $y = f(x)$ gilt**

$$\frac{1}{\rho} = \kappa = \frac{y''}{(1 + y'^2)^{3/2}}$$

Da der Nenner stets positiv ≥ 1 ist, kann κ nur gleich Null werden, wenn der Zähler dies tut. Dort steht die 2. Ableitung y'', die für einen Wendepunkt notwendig ist:

Satz 3: **Wendepunkt**

S **In einem Wendepunkt ist die Krümmung einer Kurve gleich Null.**

Links-/Rechtskurven

Wir sehen auch, daß bei *Linkskurven* α wächst, also $d\alpha$ und damit κ positiv sind, bei *Rechtskurven* ist analog κ negativ.

Wenden wir nun unsere Formel an, um die *Krümmung* bekannter Kurven an interessanten Stellen zu berechnen:

Beispiel 17: **Scheitelkrümmungskreis der Grundparabel**

B Welchen Krümmungsradius ρ hat die **Grundparabel** $p\colon\ y = x^2$ im Ursprung O?

Mit $y = x^2$ wird sofort $y' = 2x$ und $y'' = 2$; weiter ist $1 + y'^2 = 1 + 4x^2$, also insgesamt

$$\frac{1}{\rho} = \kappa = \frac{2}{(1 + 4x^2)^{3/2}}$$

Bild 21: **dazu**

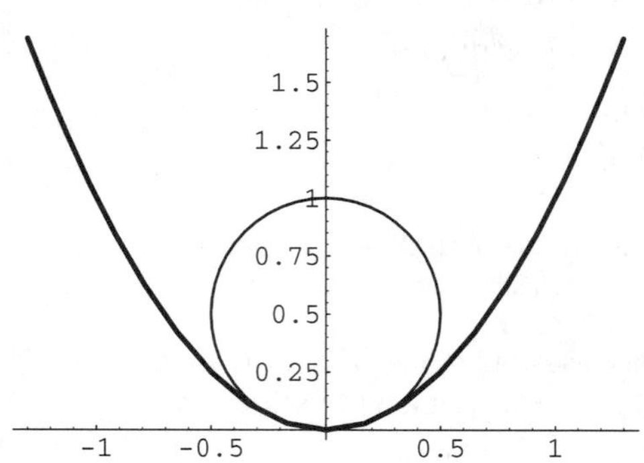

Hier interessiert die Stelle $x_0 = 0$: Im Nenner bleibt 1, es wird $\kappa = 2$ (Linkskurve) und $\rho = 1/2$. Ein Kreis kr mit diesem Radius, der p in O berührt, ersetzt dort in einem kleinen Intervall den Parabelbogen; wir nennen kr den *Krümmungskreis* von p in O, vgl. Bild 21.

Ebenso rasch sind wir hier am Ziel:

Wie stark ist die **Sinuskurve** in ihren Scheitelpunkten gekrümmt?

Beispiel 18: ... und der Sinuskurve

Mit y = sin x wird y' = cos x und y'' = – sin x; der Nennerterm ist dann mit $1 + y'^2 = 1 + \cos^2 x$ bekannt:

$$\frac{1}{\rho} = \kappa = \frac{-\sin x}{(1 + \cos^2 x)^{3/2}}$$

Für x = π/2 ist sin π/2 = 1, cos π/2 = 0, was den Nenner wieder zu 1 macht: κ = –1 (Rechtskurve), ρ = |–1| = 1, Bild 22.

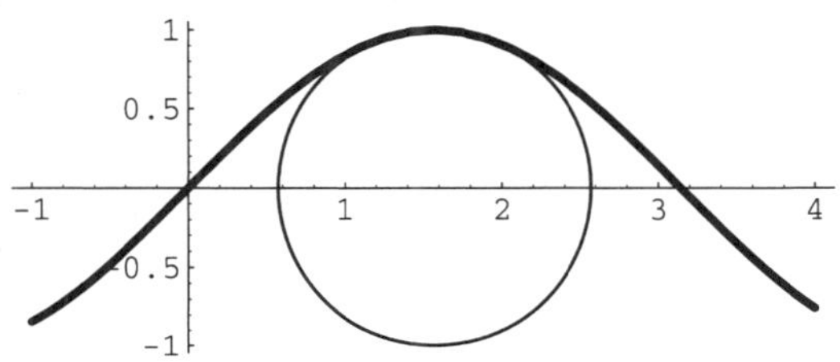

Bild 22: dazu

Ende des 33. Kapitels

Übungsaufgaben

1. Führen Sie eine (verkürzte) Kurvendiskussion durch für f: $y = 1/8\,(x^3 - 6x^2 + 32)$, wobei Sie auf die Monotoniebereiche verzichten.

2. Wie 1, nur untersuchen Sie hier statt der Nullstellen die Monotoniebereiche:
   f: $y = 1/9\,(-x^3 + 3x^2 + 24x - 80)$

3. Wie 1, wobei Sie diesmal bei den Extremstellen die quadratische Gleichung allgemein lösen müssen, es geht hier nicht so glatt wie bisher! f: $y = x^3 + 3x^2 - x - 3$.

4. Geben Sie eine vollständige Kurvendiskussion für f: $y = -1/64\,(x^4 - 8x^3)$.

5. Eine ganzrationale Funktion 3. Grades soll ungerade sein – ihr Graph punktsymmetrisch zu O –, sie soll in N(2 | 0) eine Nullstelle haben und dort eine Tangente mit der Steigung 4! Ermitteln Sie die Funktionsgleichung, die Extremstellen und den Graphen!

6. Führen Sie jeweils knappe Kurvendiskussionen (ohne Monotonie und Wendestellen):
   a) f: $y = \frac{x^3 - 4}{x^2} = x - \frac{4}{x^2}$ b) f: $y = \frac{(x+1)^2}{9 - x^2}$

7. Wird zu einem Widerstand R = 100 Ohm ein zweiter mit dem Wert x Ohm parallel geschaltet, gilt für den Gesamtwiderstand $y = \frac{100\,x}{100 + x}$ Ohm. Orientieren Sie sich über den Verlauf des Graphen an einer Wertetabelle. Was ist lim y für $x \to \infty$?

8. Diskutieren Sie die folgende Funktionenschar (a > 0): f: $y = \frac{1 - a x^2}{1 + x^2}$; bestimmen Sie a so, daß der Graph in der linken Nullstelle mit k = 1 ansteigt!

9. Beschreiben Sie den Verlauf des Graphen von f: $y = \frac{1}{x} \sin x$, wobei Sie sich mit der 1. Ableitung begnügen. (Die Extremstellen versuchen Sie, mit dem TR zu ermitteln.)

10. Verwenden Sie den in K**31** gezeichneten Graphen von $y = \sin \frac{1}{x}$, um die Funktion
    a) f: $y = x \cdot \sin \frac{1}{x}$ b) f: $y = \sqrt{x} \cdot \sin \frac{1}{x}$
    zu skizzieren! Versuchen Sie, den Grenzwert für $x \to \infty$ abzuschätzen (Mathematica?).

11. Beachten Sie besonders den Definitionsbereich: f: $y = x \cdot \sqrt{x^2 - 1}$; (1. Ableitung genügt.)

12. Diskutieren Sie die zusammengesetzten Exponentialfunktionen
    a) f: $y = (x - 1)^2\, e^x$
    b) f: $y = 6x^2\, e^{-0{,}1\,x^2}$, $x \geq 0$ (*Maxwellverteilung*)

13. Berechnen Sie die Krümmung in den Scheitelpunkten für
    a) f: $y = x^4$ b) f: $y = \cos \pi x$

Zu den Lösungen

Lösungen

1. Nullstellen: $y = 0 \;\Rightarrow\; x^3 - 6x^2 + 32 = 0$ ... probieren $x_1 = -2$ ✓
   Division durch $(x + 2)$ ergibt $x^2 - 8x + 16 = (x - 4)^2$ mit den Lösungen $x_2 = x_3 = 4$:
   Nullstellen $N_1(-2 \mid 0)$, $N_{2,3}(4 \mid 0)$

   Ableitungen: $y' = 1/8\,(3x^2 - 12x) = 3/8\,(x^2 - 4x) \;\Rightarrow\; y'' = 3/8\,(2x - 4) = 3/4\,(x - 2)$
   Extremstellen: $y' = 0$: $x\,(x - 4) = 0 \;\Rightarrow\; x_1 = 0,\; x_2 = 4$
   $f''(0) < 0 \;\Rightarrow\; H(0 \mid 4)$, $f''(4) > 0 \;\Rightarrow\; T(4 \mid 0) = N_{2,3}$ Graph s.u.

   Wendestelle: $y'' = 0$: $x - 2 = 0 \;\Rightarrow\; x = 2$; $f''(1) < 0$, $f''(3) > 0 \;\Rightarrow\; W(2 \mid 2)$

2. f: $y = 1/9\,(-x^3 + 3x^2 + 24x - 80) \Rightarrow y' = ... = -1/3\,(x + 2)\,(x - 4) \;\Rightarrow\; y'' = ...-2/3\,(x - 1)$
   Extremstellen: $y' = 0$: $x_1 = -2$, $x_2 = 4$; $f''(-2) > 0 \;\Rightarrow\; T(-2 \mid 12)$, $f''(4) < 0 \;\Rightarrow\; H(4 \mid 0)$

   Wendestelle: $y'' = 0$: $x = 1$; $f''(0) > 0$, $f''(2) < 0 \;\Rightarrow\; W(1 \mid -6)$

   Monotoniebereiche:
   a) $y' > 0 \;\Rightarrow\;$ f ↗ b) $y' < 0 \;\Rightarrow\;$ f ↘
   zu a) $y' > 0 \;\Rightarrow\; -1/3\,(x + 2)\,(x - 4) > 0 \;\Rightarrow\; (x + 2)\,(x - 4) < (!)\; 0$
   $(x + 2 > 0 \wedge x - 4 < 0) \;\vee\; (x + 2 < 0 \wedge x - 4 > 0) \;\Rightarrow\; -2 < x < 4$
   f ↗ in $]-2;\, 4[$ $\;\Rightarrow\;$ f ↘ in $]-\infty;\, -2[$ und $]4;\, \infty[$

   Graph: noch bel. Punkte berechnen, etwa $P(-4 \mid -7\,1/9)$, $Q(6 \mid -4\,8/9)$ oder $R(-5 \mid 0)$.

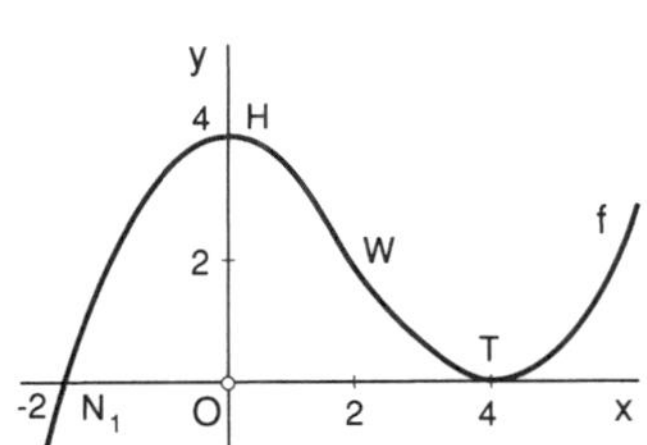

Bild L1

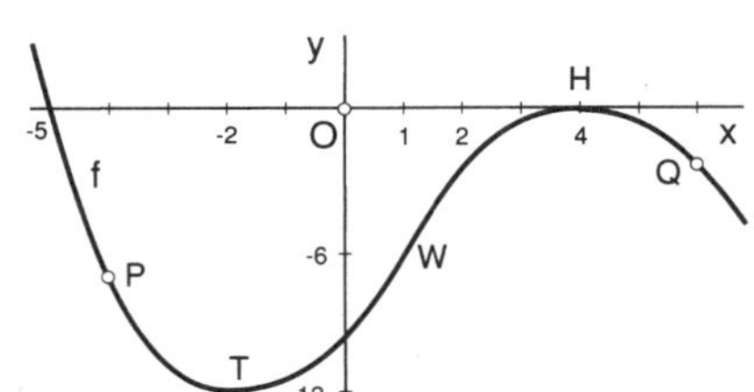

Bild L2

3. Nullstellen: $y = 0$: probieren $x_1 = 1$ ✓
   Division durch $(x-1)$ ergibt $x^2 + 4x + 3 = (x+1)\,(x+3)$ mit den Lösungen $x_2 = -1$, $x_3 = -3$:
   Nullstellen $N_1(1 \mid 0)$, $N_2(-1 \mid 0)$, $N_3(-3 \mid 0)$

   Ableitungen: $y' = 3x^2 + 6x - 1 \;\Rightarrow\; y'' = 6x + 6 = 6\,(x + 1)$
   Extremstellen: $y' = 0$: $3x^2 + 6x - 1 = 0$, quadrat. Gleichung, ..., $x_1 = 0{,}15$, $x_2 = -2{,}15$
   $f''(0{,}15) > 0 \;\Rightarrow\; T(0{,}15 \mid -3{,}08)$, $f''(-2{,}15) < 0 \;\Rightarrow\; H(-2{,}15 \mid 3{,}08)$

   Wendestelle: $y'' = 0$: $x = -1$; $f''(-2) < 0$, $f''(0) > 0 \Rightarrow W(-1 \mid 0)$; Graph nächste Seite!

4. Nullstellen: $y = 0$: $x^4 - 8x^3 = 0 \Rightarrow x^3\,(x - 8) = 0$: $x_{1,2,3} = 0$, $x_4 = 8$: $N_{1,2,3}(0 \mid 0)$, $N_4(8 \mid 0)$

   Ableitungen: $y' = ... = -1/16\,x^2\,(x - 6) \;\Rightarrow\; y'' = ... = -3/16\,x\,(x - 4)$
   Extremstellen: $y' = 0$: $x^2(x - 6) = 0$, $x_{1,2} = 0$, $x_3 = 6$

   $f''(0) = 0 \;\Rightarrow\;$ keine Extrem-, sondern Wendestelle, $W(0 \mid 0) = N_{1,2,3}$
   $f''(6) < 0 \;\Rightarrow\; H(6 \mid 6\,3/4)$

   Wendestellen: $y'' = 0$: $x\,(x - 4) = 0$, $x_1 = 0$, $W_1(0 \mid 0)$; $x_2 = 4$, $W_2(4 \mid 4)$

Monotoniebereich: Ansatz wie in Lösung 2;

zu a) $y' > 0 \Rightarrow -1/16\,x^2(x-6) > 0 \Rightarrow x^2(x-6) <$ (!) $0 \Rightarrow x - 6 < 0 \Rightarrow x < 6$

f ↗ in $]-\infty;\ 6[$ $\Rightarrow$ (Rechnung unnötig!) f ↘ in $]6;\ \infty[$, vgl. Bild L4!

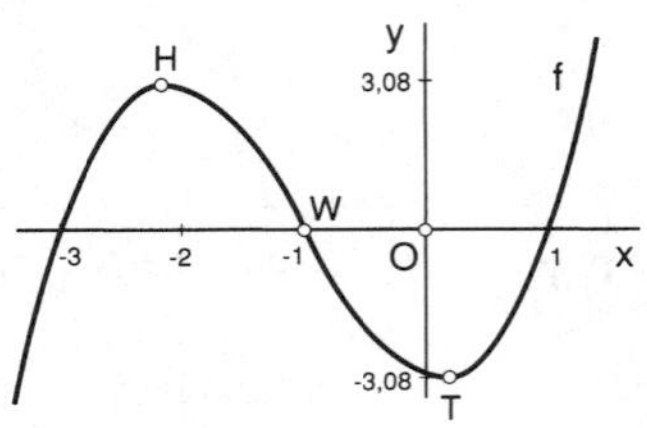

Bild L3

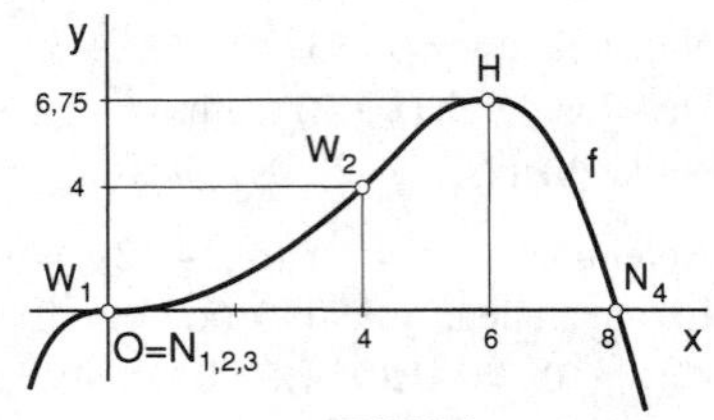

Bild L4

5. $y = a\,x^3 + c\,x,\quad y' = 3a\,x^2 + c,\quad y'' = 6a\,x$

II... $f(2) = 0$ ... $0 = a \cdot 2^3 + c \cdot 2 \Rightarrow 8a + 2c = 0$ bzw. $4a + c = 0$

III... $f'(2) = 4$ ... $4 = 3a \cdot 2^2 + c \Rightarrow$ $12a + c = 4$ (Subtraktion)

$8a = 4$ bzw. $a = \frac{1}{2};\quad c = -4a = -2;$

$y = \frac{1}{2}x^3 - 2x,\quad y' = \frac{3}{2}x^2 - 2,\quad y'' = 3x$; $y' = 0$: $x^2 = \frac{4}{3},\quad x = \pm\frac{2}{\sqrt{3}} = \pm 1{,}155;$

$f''(+1{,}155) > 0 \Rightarrow T(1{,}155 \mid -1{,}54)$, $\qquad f''(-1{,}155) < 0 \Rightarrow H(-1{,}155 \mid 1{,}54)$.

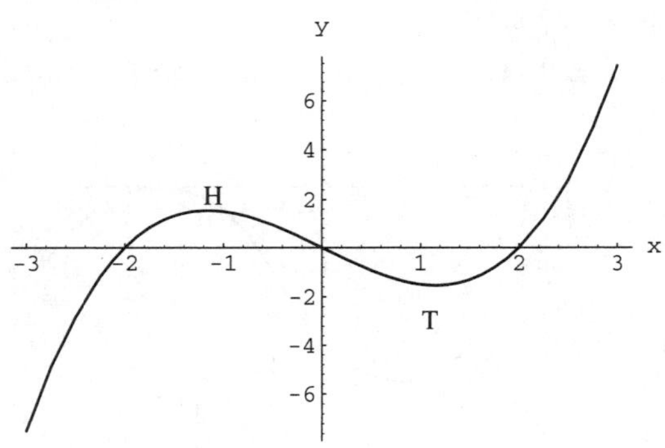

6. a) $y = \frac{x^3 - 4}{x^2} = x - \frac{4}{x^2}$

Definitionsbereich/Polstellen:

Nenner = 0: $x^2 = 0 \Rightarrow x = 0$ ist Polstelle; vertikale Asymptote a_v: $x = 0$.

Definitionsbereich ebenso $\mathbb{D} = \mathbb{R} \setminus \{0\}$.

Nullstellen:

$y = 0$: Zähler = 0: $x^3 - 4 = 0 \Rightarrow x^3 = 4 \Rightarrow x = \sqrt[3]{4} = 1{,}59$: Nullstelle $N(1{,}59 \mid 0)$.

Ableitung:

$y = x - 4x^{-2} \Rightarrow y' = 1 + \frac{8}{x^3}$

Extremstellen:

$y' = 0$: $1 + 8/x^3 = 0 \Rightarrow x^3 = -8 \Rightarrow x = -2;$

$f'(-3) > 0,\ f'(-1) < 0 \Rightarrow$ Hochpunkt $H(-2 \mid -3);$

Verhalten im Unendlichen:
Für $x \to \pm\infty$ geht der 2. Summand in $y = x - 4/x^2$ gegen 0, also bleibt $\lim y = x$: schiefe Asymptote: a_s: $y = x$.

Auf die Wertetabelle verzichten wir hier: Mathematica zeichnet uns den Graphen!

6. b) $y = \dfrac{(x+1)^2}{9-x^2}$

Definitionsbereich / Polstellen:
Nenner = 0: $x^2 = 9 \;\Rightarrow\; x = \pm 3$ sind Polstellen und vertikale Asymptoten.
Definitionsbereich ist demnach $\mathbb{D} = \mathbb{R} \setminus \{\pm 3\}$.

Nullstellen:
$y = 0$: Zähler = 0: $x + 1 = 0 \;\Rightarrow\; x = -1$: Nullstelle $N(-1 \mid 0)$.

Ableitung:

$$y' = \frac{(9-x^2)\,2\,(x+1) - (x+1)^2\,(-2x)}{(9-x^2)^2} = \ldots = \frac{2\,(x+1)\,(x+9)}{(9-x^2)^2}$$

Extremstellen:
$y' = 0$: $(x+1)(x+9) = 0 \;\Rightarrow\; x_1 = -9,\; x_2 = -1$;
$f'(-10) > 0,\; f'(-8) < 0 \;\Rightarrow\; H(-9 \mid -8/9)$; $\quad f'(-2) < 0,\; f'(0) > 0 \;\Rightarrow\; T(-1 \mid 0) = N$.

Verhalten im Unendlichen:

$$\lim_{x\to\pm\infty} y = \lim_{\pm\infty} \frac{x^2\,(1 + 2/x + 1/x^2)}{x^2\,(9/x^2 - 1)} = \frac{\lim\,(1 + 2/x + 1/x^2)}{\lim\,(9/x^2 - 1)} = \frac{1}{-1} = -1 \;\Rightarrow\; \text{horizontale}$$

Asymptote a_h: $y = -1$. Wertetabelle wie a!

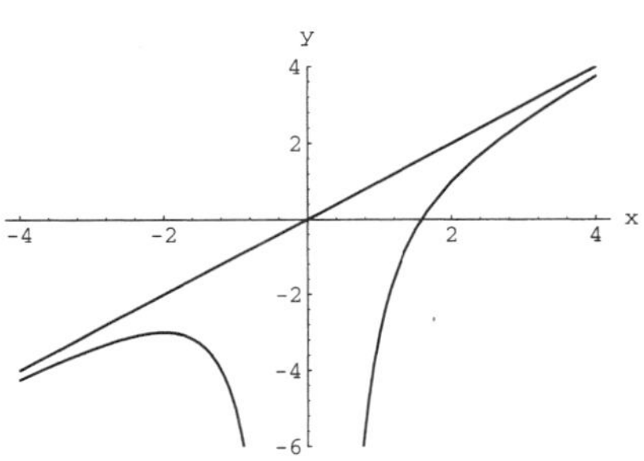

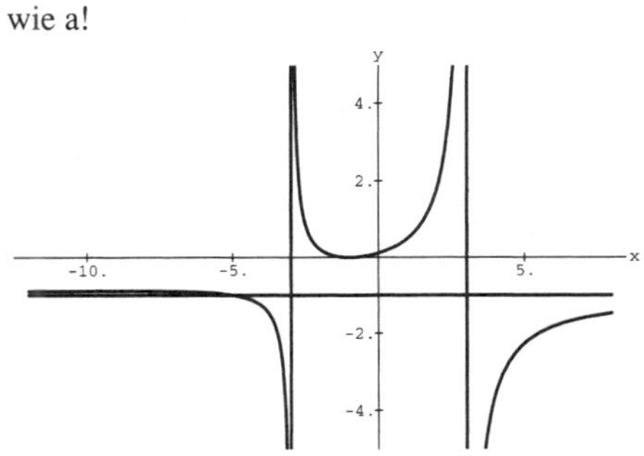

7.

x	0	20	50	100	200	$\to \infty$
y	0	16,7	33,3	50	66,6	$\to 100$

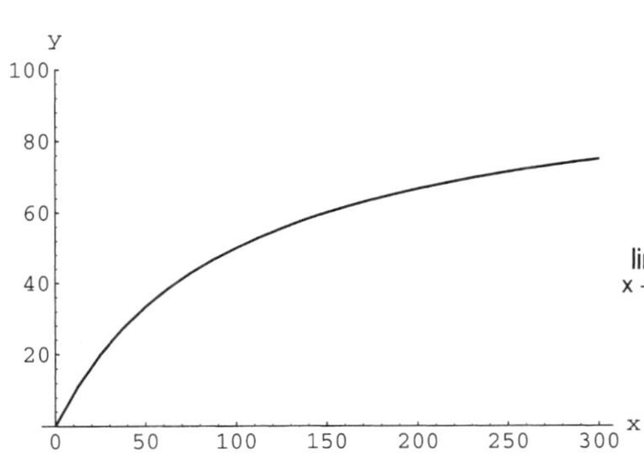

$$\lim_{x\to\infty} \frac{100\,x}{100 + x} = \lim_{x\to\infty} \frac{100}{\frac{100}{x} + 1} = 100$$

8. Nenner hat keine Nullstellen, $\mathbb{D} = \mathbb{R}$; keine Polstellen, keine vertikalen Asymptoten.
Nullstellen:

$$y = 0:\ 1 - a x^2 = 0 \ \Rightarrow\ x^2 = \frac{1}{a} \ \Rightarrow\ x_1 = -\frac{1}{\sqrt{a}},\ x_2 = \frac{1}{\sqrt{a}}:\ N_1(-\frac{1}{\sqrt{a}} \mid 0),\ N_2(\frac{1}{\sqrt{a}} \mid 0).$$

Ableitung:

$$y' = \frac{(1+x^2)(-2a\,x) - (1-a\,x^2)\,2x}{(1+x^2)^2} = \ldots = \frac{-2\,(1+a)\,x}{(1+x^2)^2}$$

Extremstellen:

$$y' = 0:\ -4x = 0 \ \Rightarrow\ x = 0;\ \ f'(-1) > 0,\ f'(1) < 0 \ \Rightarrow\ \text{Hochpunkt } H(0 \mid 1).$$

Verhalten im Unendlichen:

$$\lim_{\infty} y = \lim_{\infty} \frac{x^2\,(\frac{1}{x^2} - a)}{x^2\,(\frac{1}{x^2} + 1)} = \frac{\lim_{\infty}(\frac{1}{x^2} - a)}{\lim_{\infty}(\frac{1}{x^2} + 1)} = \frac{-a}{1} = -a$$

Besonderheit: da nur x^2 im Funktionsterm auftritt, ist $f(-x) = f(x)$: f ist stets eine gerade Funktion, ihre Graphen sind für alle a symmetrisch zur y-Achse!

Nun fordern wir $f'(-\frac{1}{\sqrt{a}}) = 1 \ \Rightarrow\ \dfrac{+2\,(1+a)\,\frac{1}{\sqrt{a}}}{(1+\frac{1}{a})^2} = 1 \ \Rightarrow\ \ldots\ a = 1$

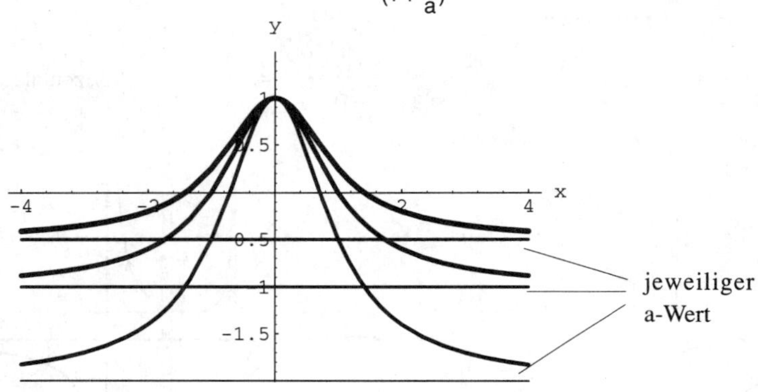

9. $y = \frac{1}{x}\sin x$, wir kennen schon $\lim\limits_{x \to 0} \frac{1}{x}\sin x = 1$. Doch bleibt $\mathbb{D} = \mathbb{R} \setminus \{0\}$!
Nullstellen bei den Nullstellen von $y = \sin x$, also bei $0, \pm\pi, \pm 2\pi, \ldots$

Ableitung:

$$y' = \frac{x\cos x - \sin x \cdot 1}{x^2}$$

Extremstellen: $y' = 0$:
$\sin x = x \cos x \ \Rightarrow$
$\tan x = x$; $(x_1 = 0)$;
x_2 ist nicht exakt zu finden!

TR-Probieren kurz vor $3\pi/2$
führt zu $x_2 = 4{,}4934$;
$f'(4{,}4) < 0,\ f'(4{,}5) > 0$
$\Rightarrow\ T(4{,}49\ldots \mid -0{,}217)$.

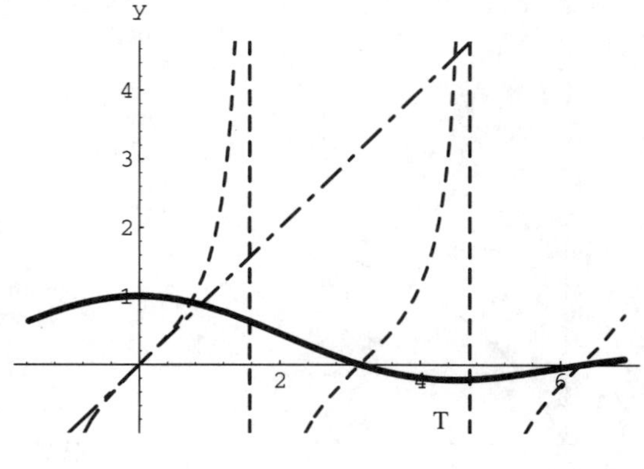

10. a) $\lim\limits_{\infty} x \cdot \sin\frac{1}{x} = \lim\limits_{\infty} \dfrac{\sin\frac{1}{x}}{\frac{1}{x}} = \lim\limits_{0} \dfrac{\sin u}{u} = 1$ (u → 0 heißt x → ∞)

(Dies für diejenigen, die von de l'Hospital gehört haben, sonst Mathematica fragen!)

b) $\lim\limits_{\infty} \sqrt{x} \cdot \sin\frac{1}{x} = \lim\limits_{\infty} \dfrac{\sin\frac{1}{x}}{(\frac{1}{x})^{1/2}} = \lim\limits_{0} \dfrac{\sin u}{u^{1/2}} = \lim\limits_{0} \dfrac{\cos u}{1/2\, u^{-1/2}} = \lim\limits_{0} 2\cos u \sqrt{u} = 0$

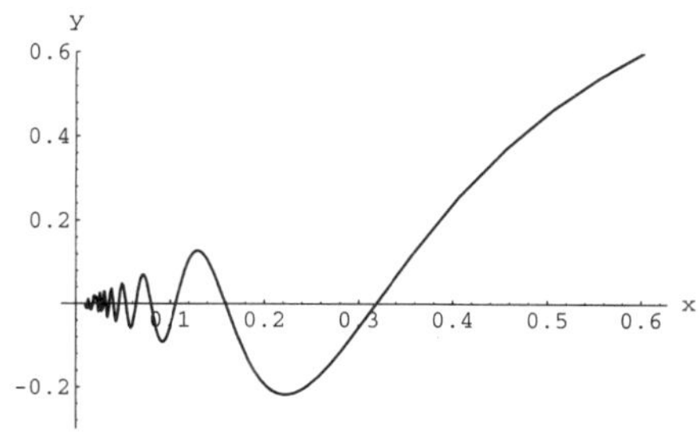

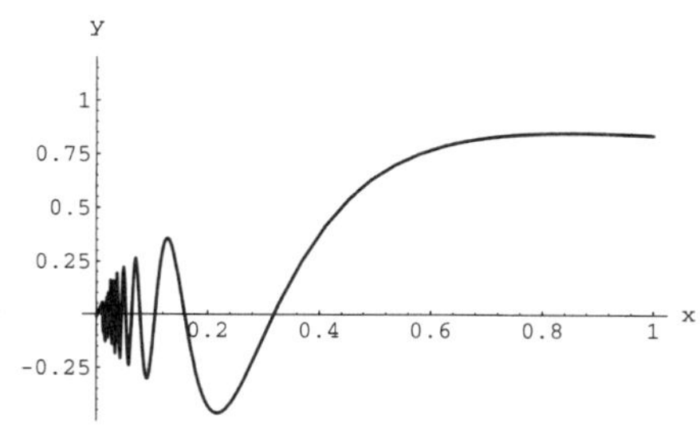

11. $y = x\sqrt{1-x^2}$;

Def.bereich: $1 - x^2 \geq 0 \;\Rightarrow\; x^2 \leq 1 \;\Rightarrow\; |x| \leq 1$, d. h. $-1 \leq x \leq 1$, $\mathbb{D}_f = [-1;\ 1]$.

Nullstellen: y = 0: x = 0 od. $1 - x^2 = 0 \;\Rightarrow\; x = \pm 1$: $N_1(-1\,|\,0)$, $N_2(0\,|\,0)$, $N_3(1\,|\,0)$.

Ableitung: $y' = 1 \cdot \sqrt{1-x^2} + x \cdot \dfrac{-2x}{2\sqrt{1-x^2}} = \dfrac{1-x^2-x^2}{\sqrt{1-x^2}} = \dfrac{1-2x^2}{\sqrt{1-x^2}}$ $\mathbb{D}_{f'} = [-1;\ 1]$;

Extremstellen: y' = 0: $1 - 2x^2 = 0 \;\Rightarrow\; x^2 = 1/2 \;\Rightarrow\; x_{1,2} = \pm\, 0{,}707$;

f'(–0,8) < 0, f'(–0,6) > 0 ⇒

T(–0,707 | –0,5),

f'(0,6) > 0, f'(0,8) < 0 ⇒

H(0,707 | 0,5).

Beim Quadrieren entsteht eine *algebraische* Funktion:

$y^2 = x^2(1-x^2) = x^2 - x^4$;

daraus könnte man auch die *negative* Wurzel ziehen, $y_2 = -x\sqrt{1-x^2}$;

dieser Graph ist hier als Spiegelbild strichliert dazugezeichnet.

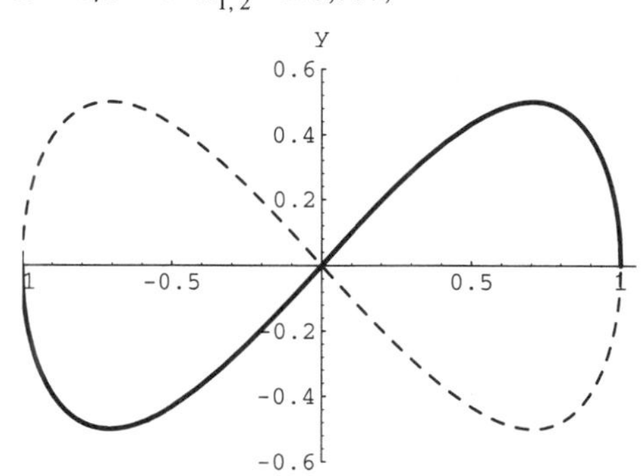

12. a) f: $y = (x-1)^2 e^x$; $\mathbb{D} = \mathbb{R}$;

Nullstellen: y = 0: $(x-1)^2 = 0 \;\Rightarrow\; x - 1 = 0 \;\Rightarrow\; x = 1$: N(1 | 0).

Ableitungen: $y' = \ldots = (x^2 - 1)\, e^x \;\Rightarrow\; y'' = \ldots = (x^2 + 2x - 1)\, e^x$;

Extremstellen: $y' = 0 \wedge y'' \neq 0$: $x^2 - 1 = 0 \;\Rightarrow\; x = \pm 1$;

f''(–1) < 0 ⇒ H(–1 | 1,47); f''(1) > 0 ⇒ T(1 | 0) = N.

Wendestellen: y'' = 0 und Vorzeichenwechsel:

$x^2 + 2x - 1 = 0 \;\Rightarrow\; \ldots\; x_{1,2} = -1 \pm \sqrt{2} \;\Rightarrow\; W_1(-2{,}41\,|\,1{,}04),\ W_2(0{,}41\,|\,0{,}52)$.

Monotoniebereiche: a) $y' > 0 \Rightarrow f \nearrow$ b) $y' < 0 \Rightarrow f \searrow$

zu a) $y' > 0 \Rightarrow x^2 - 1 > 0 \Rightarrow |x| > 1$; zu b) $|x| < 1$ bzw. $-1 < x < 1$;

$f \nearrow$ in $]-\infty;\ -1[\ \vee\ ]1;\ \infty[\ \Rightarrow\ f \searrow$ in $]-1;\ 1[$

Graph links:

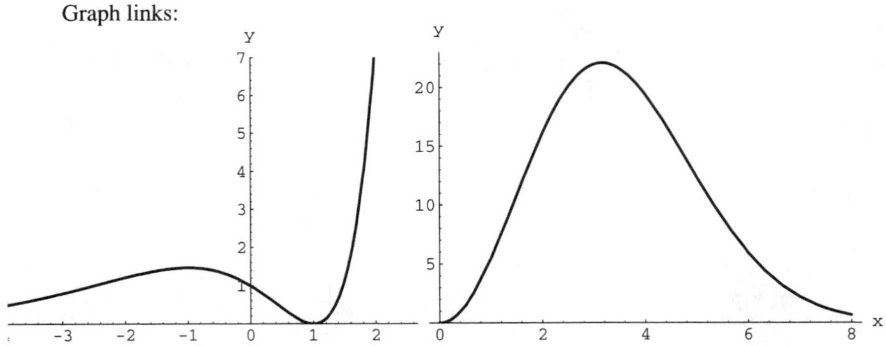

b) f: $y = 6x^2 \cdot e^{-0{,}1\,x^2}$, $x \geq 0$; daher hier $\mathbb{D} = \mathbb{R}^+$; Graph rechts darüber.

Nullstellen: $y = 0$: $x^2 = 0 \Rightarrow x = 0$: $N(0\,|\,0)$

Ableitungen: $y' = 12x\, e^{-0{,}1\,x^2} + 6x^2 e^{-0{,}1\,x^2} \cdot (-0{,}2x) = 1{,}2\, x\, e^{-0{,}1\,x^2} (10 - x^2)$

$y'' = (12 - 3{,}6x^2)\, e^{-0{,}1\,x^2} + (12x - 1{,}2x^3) \cdot e^{-0{,}1\,x^2} (-0{,}2x) =$

$= (0{,}24x^4 - 6x^2 + 12)\, e^{-0{,}1\,x^2}$

Extremstellen:

$y' = 0 \wedge y'' \neq 0$: $x\,(10 - x^2) = 0 \Rightarrow x_1 = 0$; $x_2 = \sqrt{10}$ (> 0);

$f''(0) > 0 \Rightarrow T(0\,|\,0) = N$; $f''(\sqrt{10}\,) < 0 \Rightarrow H(3{,}16\,|\,22)$.

Wendestelle:

$y'' = 0$ und Vorzeichenwechsel: $(x^2 = u)$: $0{,}24u^2 - 6u + 12 = 0 \Rightarrow \ldots$

$u_1 = 2{,}19$, $u_2 = 22{,}8 \Rightarrow x_1 = 1{,}48$, $x_2 = 4{,}78$: $W_1(1{,}48\,|\,10{,}6)$, $W_2(4{,}78\,|\,14)$.

13. a) $y = x^4$, $y' = 4x^3$, $y'' = 12x^2$; $1 + y'^2 = 1 + 16x^6$;

$$\kappa = \frac{12\,x^2}{(1 + 16\,x^6)^{3/2}},\quad \kappa(0) = 0:$$ der „Krümmungskreis" ist die x-Achse

b) $y = \cos \pi x$, $y' = -\pi \sin \pi x$, $y'' = -\pi^2 \cos \pi x$

$$\kappa = \frac{-\pi^2 \cos \pi x}{(1 + \pi^2 \sin^2 \pi x)^{3/2}},\quad \kappa(0) = \frac{-\pi^2 \cdot 1}{1} = -\pi^2,\quad \rho = \frac{1}{\pi^2} \approx 0{,}1$$

Weil hier noch etwas Platz ist, folgt noch der Mathematica-Plotbefehl für die sogenannte **Zykloide**, eine in der Technik häufig verwendete *Rollkurve*: Sowohl x als auch y sind einfache Funktionen des Wälzwinkels t beim Abrollen eines Kreises auf einer Geraden:

$x = r\,t - a \sin t, \quad y = r - a \cos t, \quad t$ beliebig

Je nachdem, wie groß nun der Abstand a eines Punktes der Kreisfläche vom Mittelpunkt im Vergleich zum Radius r = 1 ist, entstehen verschiedene Zykloiden. Zwei Formen zeigt der folgende Graph.

```
ParametricPlot[{ {t - 0.8 Sin[t], 1 - 0.8 Cos[t]},
                {t - 1.2 Sin[t], 1 - 1.2 Cos[t]} },
             {t, 0, 3 Pi}, PlotPoints -> 30,
             PlotStyle -> {{Thickness[0.01]},
                           {Thickness[0.006]}
                           }
              ]
```

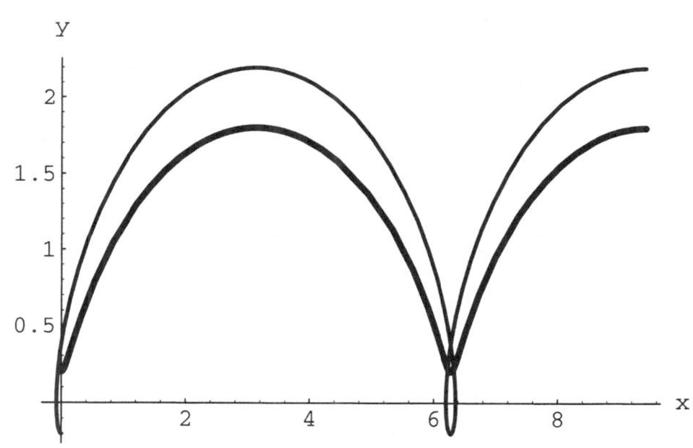

Zum nächsten Kapitel

Teil K

34. Kapitel

34

Extremwert-probleme

Des öfteren haben wir bisher Fragen nach maximalen bzw. minimalen Werten einer Funktion gestellt: Schon in ℂ**9** interessierten wir uns für den maximalen Gewinn bei gegebenen Kosten- und Umsatzfunktionen, und im vorigen Kapitel waren die Extremwerte von Funktionen wichtige Diskussionspunkte.

Zielstellung

Hier sollen nun einige typische Situationen aus vielen Gebieten zusammengestellt werden, die mit diesem Mittel adäquat zu bearbeiten sind.

Wir beginnen mit der WIRTSCHAFT, genauer mit dem *Gewinn*:

B

Beispiel 1: Kostenfunktion und ...

Während im Beispiel von ℂ**9** die Gewinnfunktion *quadratisch* wurde, weil dort die Preisabhängigkeit der Nachfrage zu einer quadratischen Erlös- (= Umsatz-) funktion bei linearen Kosten geführt hat, nehmen wir jetzt den Erlös **e** linear an (1 Stück kostet 100 GE, x Stück dann 100 · x GE), die **Kosten k** aber *quadratisch* – eine Begründung folgt sogleich! Dann ist der **Gewinn g** natürlich auch quadratisch, **g = e – k**:

e: $y = 100x$

k: $y = \frac{1}{40}x^2 + 50x + 15000 \quad \Rightarrow \quad (\mathbf{g} = \mathbf{e} - \mathbf{k}:)$

g: $y = -\frac{1}{40}x^2 + 50x - 15000 \qquad (= -\frac{1}{40}(x - 1000)^2 + 10000)$

maximaler Gewinn

Bei welcher *Produktionszahl* (= Verkaufszahl) x_C ist der *Gewinn* **maximal**? Früher mußten wir die Mitte zwischen den Nullstellen bestimmen; jetzt aber setzen wir die *Ableitung* gleich Null, y ' = 0:

g' : $y' = -\frac{1}{20}x + 50 = 0 \quad \Rightarrow \quad 50 = \frac{1}{20}x \quad \Rightarrow \quad x_C = 1000$

Dies ist der *Cournot-Punkt* (nach einem franz. Ökonomen des 19. Jh.); der maximale Gewinn ist damit, vgl. Bild 1,

g$(x_C) = \ldots = 10000$ GE

Bild 1: dazu

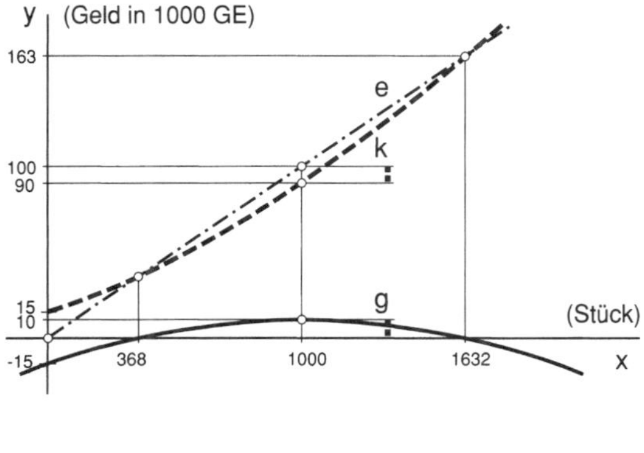

Lagerkosten

Weshalb könnte **k** *quadratisch* sein? Nun, bei Fixkosten von 15000 GE und Produktionskosten von 50 GE pro Stück ist zunächst bei x erzeugten Stück 15000 + 50x noch linear. Nehmen wir noch *Lagerkosten* von λ GE pro Stück und Tag an und eine Nachfrage, d. h. einen Verkauf, von n Stück pro Tag: Welche Lagerkosten ergeben sich damit zusätzlich für x Stück?

Wenn 1 Stück im Tag verkauft wird (n = 1), liegt es im Mittel $\frac{1}{2}$ Tag auf Lager, bei n verkauften Stück nur mehr $\frac{1}{2n}$ Tage; x Stück liegen dann $\frac{1}{2n} \cdot x$ Tage dort. Da die Lagerung von 1 Stück pro Tag λ GE kostet, sind es bei x Stück λx GE; sie liegen aber $\frac{1}{2n} \cdot x$ Tage und verursachen dadurch $\lambda x \cdot \frac{1}{2n} \cdot x = \frac{\lambda}{2n} \cdot x^2$ GE Lagerkosten. Für λ = 1 und n = 20 sind dies $\frac{1}{40}x^2$, was die Gesamtkosten zu $15000 + 50x + \frac{1}{40}x^2$ auflaufen läßt. Vergleichen Sie mit **k** von oben: alles klar?

minimale Stückkosten

Was daraus für die **minimalen** *Stückkosten* folgt, zeigen Sie bitte als Übung 1 selbst!

Wir bleiben noch bei der WIRTSCHAFT:

Beispiel 2: maximaler Erlös

B Eine Kreuzfahrt auf der „Re d'Italia" ist heuer mit 360 Plätzen à 11 200 GE ausgebucht. Nächstes Jahr soll der Gewinn erhöht werden; man rechnet, daß je 200 GE Preiserhöhung um 5 Plätze weniger gebucht werden. Bei welchem Preis pro Platz wird der **Erlös maximal**? Wie hoch ist er?

Wir setzen x für die Anzahl der 200 GE-Erhöhungsschritte (also x = 5 für 1000 GE), und haben damit 5 · x Plätze „verloren". Es sind dann noch 360 – 5x Plätze zum Stückpreis von 11.200 + 200x GE belegt. Somit ist

$$e = (360 - 5x) \cdot (11\,200 + 200x)$$

der Erlös, den wir maximieren sollen. Ausmultiplizieren und vereinfachen ergibt die Bedingung

$$e_v = x^2 - 16x - 36 \cdot 112 \quad \dots \text{ maximal!}$$

Wir bilden die 1. Ableitung und setzen sie gleich Null:

$$e_v' = 2x - 16 = 0 \quad \Rightarrow \quad x = 8.$$

Also werden $360 - 5 \cdot 8 = 320$ Plätze zum Preis von $11\,200 + 200 \cdot 8 = 12\,800$ GE verkauft, was den *maximalen Erlös*

$$e_{v\,max} = 320 \cdot 12\,800 = 4\,096\,000 \text{ GE}$$

ergibt. Heuer war er zum Vergleich $e = 360 \cdot 11\,200 = 4\,032\,000 \text{ GE} < e_{v\,max}$.

Komplizierter wird es, wenn wir veränderliche **Betriebskosten** ansetzen müssen:

Beispiel 3: Betriebskosten ...

B Ein Betrieb kauft eine Maschine um 100 000 GE; sie bringt ihm zwar jährlich 32 000 GE Einnahmen, verursacht aber Betriebskosten, die im 1. Jahr 6 000 GE ausmachen und danach jeweils um 20 % höher sind. Die Amortisationsrate wird mit 5 % angesetzt. Nach wie vielen Jahren beginnt die Gewinnkurve zu sinken, d. h., wann ist der *maximale* Gewinn erreicht? Wie hoch ist er nach Verkauf?

in arithmetischer Reihe

Der gesuchte Gewinn setzt sich zusammen aus den jährlichen Einnahmen, in x Jahren also 32 000 x GE, und dem Verkaufserlös, das sind (100 000 – 5 000 x) GE, auf der Haben-Seite und den Kosten auf der Soll-Seite: Ankaufspreis und Betriebskosten. Diese bilden eine *arithmetische Reihe*, betragen also

$BK = 6000 + (6000 + 1200) + (6000 + 2 \cdot 1200) + \ldots + (6000 + (x-1) \cdot 1200) =$

$\frac{x}{2}(a_1 + a_x) = \frac{x}{2}[a_1 + a_1 + (x-1)d] = \frac{x}{2}[2a_1 + (x-1)d] = \frac{x}{2}[12000 + (x-1) \cdot 1200]$

Unsere Bilanz sieht jetzt so aus:

$g{:}\ y = 32000\,x + (100000 - 5000\,x) - \{100000 + \frac{x}{2}[12000 + (x-1) \cdot 1200]\} =$

$27000\,x - 6000\,x - 600\,x\,(x-1) = -600\,x^2 + 21600\,x.$

Die *Ableitung* ist einfach zu bilden und gleich Null zu setzen:

$g'{:}\ y' = -1200\,x + 21600 = 0 \quad \Rightarrow \quad x = 18$ (Jahre).

Dies ist also der ideale Verkaufszeitpunkt, an dem $g(18) = 194400$ GE als *maximaler Gewinn* angelaufen sein werden.

1. Ableitung Null setzen!

Nun aber zur PHYSIK, genauer zu **Wurfbewegungen**:

B

Beispiel 4: **Bei welchem Winkel fliegt die Kugel am weitesten?**

Man weiß, daß eine Kugel *am weitesten* fliegt, wenn man sie unter 45° zur Horizontalen abschießt. Wie kommt das?

Fliegt die Kugel mit der Geschwindigkeit v unter α weg, so ist

$v_x = v \cos \alpha, \quad v_y = v \sin \alpha.$

Der höchste Punkt ist erreicht, wenn $v_y = 0$ wird, vgl. Bild 2; dies trifft ein, wenn die im *Freien Fall* wachsende Geschwindigkeit $v_F = g \cdot t$ gerade den Anfangswert von v_y aufzehrt

$v_y - gt = 0 \quad \Rightarrow \quad t = \frac{v_y}{g};$

und nochmal so lang dauert es, bis die Kugel wieder am Boden ist: $t_{Flug} = 2 \cdot \frac{v_y}{g}$.

Während dieser Zeit fliegt sie mit v_x in horizontaler Richtung und legt den Weg

$w = v_x \cdot t_{Flug} = (v \cos \alpha) \cdot \frac{2}{g} \cdot (v \sin \alpha) = v^2 \cdot \frac{2}{g} \cdot \sin \alpha \cdot \cos \alpha$

zurück. Für welchen *Abschußwinkel* α ist dieser **Weg** w **maximal**?

Formeln des Freien Falls

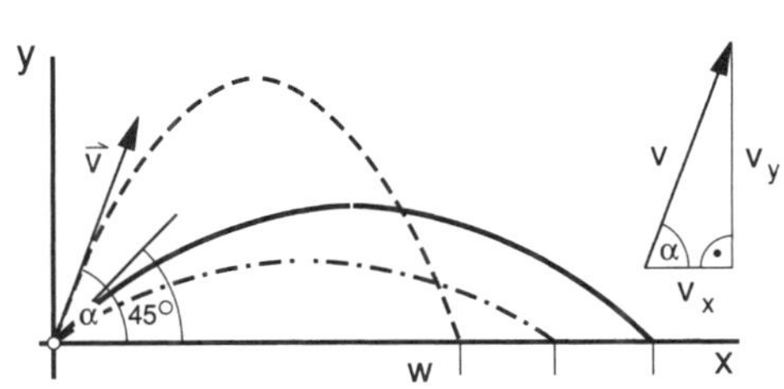

Bild 2: **dazu**

Leiten wir ab! Dabei bedenken wir, daß ein konstanter Faktor, hier $\frac{2}{g} v^2$, beim Nullsetzen der Ableitung ohne Bedeutung ist und lassen ihn daher weg:

$f(\alpha) = \sin \alpha \cdot \cos \alpha \quad \Rightarrow \quad f'(\alpha) = \cos \alpha \cdot \cos \alpha + \sin \alpha \cdot (-\sin \alpha) =$

$= \cos^2 \alpha - \sin^2 \alpha = (1 - \sin^2 \alpha) - \sin^2 \alpha = 1 - 2\sin^2 \alpha;$

$f'(\alpha) = 0 \quad \Rightarrow \quad 2\sin^2 \alpha = 1 \quad \Rightarrow \quad \sin \alpha = \frac{\sqrt{2}}{2} \quad \Rightarrow \quad \alpha = 45°,$ ✔

goniometrische Umformungen sind wieder gefragt

Hier mußten wir über Vorkenntnisse verfügen, um die Funktionsgleichung aufstellen zu können – wie eigentlich auch bei den Beispielen aus der WIRTSCHAFT. Dann aber waren nur mehr die *Ableitung* und deren *Nullstelle* zu suchen.

Sie mögen GONIOMETRIE nicht so sehr? Fragen Sie *Mathematica*! Dort ist die Abfrage `FindMinimum` implementiert; für ein *Maximum* setzen wir –f statt f:

```
FindMinimum[-Sin[a] Cos[a], {a, 1}]
{-0.5, {a -> 0.785398}}        (* gleich 45° = Pi/4, ✓ *)
```

Manchmal ist es in der GEOMETRIE einfacher, wie hier:

Beispiel 5: minimale Differenz von Funktionswerten

B An welcher Stelle ($x_0 > 0$) unterscheiden sich die *Funktionswerte* von f: $y = x^3 + 1$ und g: $y = x^2$ *am wenigsten*?

Bilden wir einfach die Differenz f – g:

Bild 3: dazu

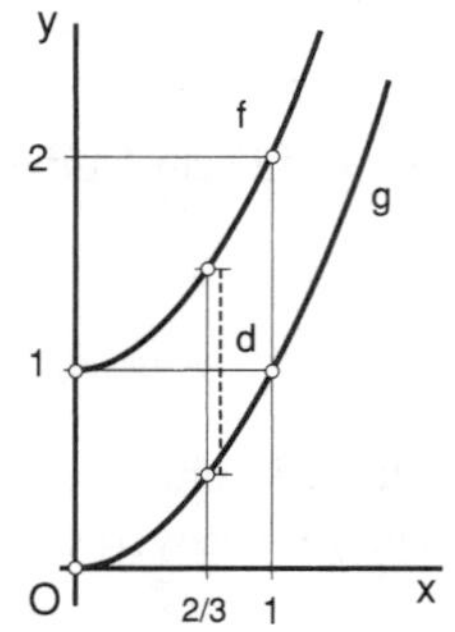

$d = x^3 + 1 - x^2$ (stets > 0 für x > 0),

$d' = 3x^2 - 2x = x \cdot (3x - 2) = 0$: $(x_1 = 0)$, $x_2 = 2/3$;

$d'(1/3) < 0 \wedge d'(1) > 0 \Rightarrow$

2/3 ist Minimumstelle!

Dort ist der Abstand

$d_{min} = (2/3)^3 + 1 - (2/3)^2 = 0{,}852$,

während bei 1 schon d = 1 + 1 – 1 = 1 ist und danach stets wächst bis ∞! Am Intervallrand x = 0 ist auch d = 1 > 0,852, vgl. Bild 3.

Ebenso einfach ist die Frage zu beantworten:

Beispiel 6: Welche Schachtel hat maximales Volumen?

B Aus einem quadratischen Karton von 24 cm Seitenlänge sollen quadratische Ecken so ausgeschnitten werden, daß nach Umbiegen der Randrechtecke (um 90°) eine oben offene **Schachtel** von **maximalem** *Volumen* entsteht, vgl. Bild 4!

Bild 4: dazu

Sind x cm auszuschneiden, bleibt ein Quader mit (24 – 2x) cm Grundkante und x cm Höhe. Somit ist

$V = G \cdot h = (24 - 2x)^2 \cdot x = 2^2 \cdot x \cdot (12 - x)^2$;

$f(x) = x \cdot (12 - x)^2 \Rightarrow$

$f'(x) = 1 \cdot (12 - x)^2 + x \cdot 2 \cdot (12 - x) \cdot (-1) =$

$\ldots = (12 - x) \cdot (12 - 3x)$

$f'(x) = 0 \Rightarrow (x = 12),\ x = 4$;

$f'(3) > 0,\ f'(5) < 0 \Rightarrow$ *Maximumstelle* ✓:

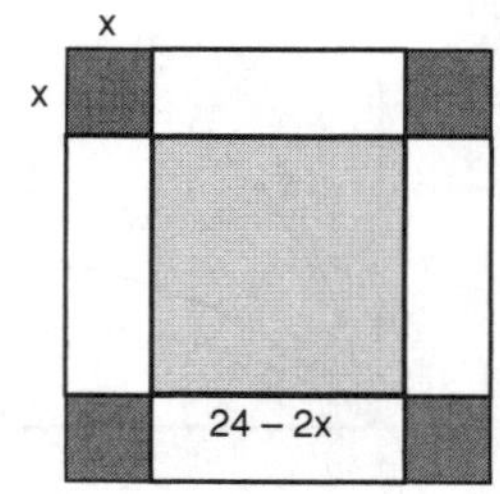

Es sind 4 cm-Ecken auszuschneiden!

Mittelwert als bestmöglicher Meßwert

Als theoretischen Einschub beantworten wir jetzt die Frage, weshalb gerade der früher als

$$\bar{x} = \frac{1}{n} \sum_i x_i$$

definierte **Mittelwert** als bestmöglicher Wert für den unbekannten Meßwert x_0 einer Größe gewählt wurde. Dazu benutzen wir das *Ausgleichsprinzip* nach A. M. *Legendre*, nach dem die Summe der Quadrate aller Fehler, also der Abweichungen vom Bestwert x, möglichst klein, eben *minimal*, sein soll:

$$S = \sum_i (x_i - \bar{x})^2 = f(x)$$

$$f'(x) = \sum_i 2(x_i - x) \cdot (-1) = -2 \sum_i (x_i - x)$$

$$f'(x) = 0 \Rightarrow \sum_i (x_i - x) = 0 \Rightarrow \sum_i x_i - nx = 0 \Rightarrow x = \frac{1}{n} \sum_i x_i = \bar{x} \quad ✓$$

1. Ableitung in der STATISTIK

Nun ist es bei den meisten Fragestellungen so, daß erst dann eine *Funktion* in einer Variablen vorliegt, wenn man eine (*Rand-* oder) ***Nebenbedingung*** (**NB**) verwendet:

B **Beispiel 7: minimaler Papierverbrauch**

Eine Einladung zu einer Feier soll aus einem rechteckigen **Blatt** bestehen, wobei für Text und Grafik eine bedruckte Fläche von 192 cm^2 Inhalt benötigt wird. Man will zusätzlich je 3 cm Rand an den Seiten und je 4 cm an Kopf und Fuß frei lassen. Welches *Format* erlaubt *geringsten* Papieraufwand, vgl. Bild 5?

Bild 5: dazu

Es soll der *Flächeninhalt* **minimal** werden: die zugehörige Forderung, als Gleichung formuliert, nennen wir (*Extremal-*) oder ***Haupt*bedingung** (**HB**):

Haupt- und Nebenbedingung

HB: $A = (x + 2 \cdot 3) \cdot (y + 2 \cdot 4) = (x + 6) \cdot (y + 8)$ ... minimal!

Hier sind noch zwei Variablen x, y vorhanden, die durch die *Nebenbedingung* zusammenhängen:

NB: $F = 192 = x \cdot y$

Daraus drücken wir eine aus, etwa y als $y = 192/x$, und setzen in die *Hauptbedingung* ein:

HB*: $(x + 6) \cdot (\frac{192}{x} + 8) = 192 + 8x + 6 \cdot \frac{192}{x} + 48 = 240 + 8x + 6 \cdot \frac{192}{x}$ ... min.!

Darin heben wir 8 heraus und lassen diesen konstanten Faktor weg; es entsteht die ***Extremalfunktion*** (**EF**), deren Extremalstelle wir suchen; gerade dort wird ja unser Flächeninhalt seinen kleinsten Wert annehmen! Dazu leiten wir wie gewohnt ab und setzen diese 1. Ableitung der **EF** gleich Null:

Extremalfunktion

EF: $f(x) = 30 + x + \frac{144}{x} \Rightarrow f'(x) = 1 - \frac{144}{x^2} = (!)\, 0 \Rightarrow x^2 = 144 \Rightarrow x = 12;$

dies in die Nebenbedingung eingesetzt, ergibt $y = 192/12 = 16$. Wegen $f'(11) < 0$ und $f'(13) > 0$ ist tatsächlich ein *Minimum* gefunden: Man hat das Format $(12 + 6) \times (16 + 8)$, also 18×24, zu wählen!

Natürlich könnten Sie auch hier *Mathematica* zu Rate ziehen:

```
FindMinimum[240 + 8x + 6 192/x, {x, 10}]
{432., {x -> 12.}}
```

10 wurde nur als Startwert gewählt, 12 wird bestätigt.

Solch eine Nebenbedingung ist oft wie eben eine geometrische Formel. Auch in der folgenden Problemstellung muß man neben dem Rechteck nur den *Kreis* kennen:

Beispiel 8: minimaler Materialverbrauch

B Ein **Kanal** mit Querschnittsfläche A = 10,0 m^2 soll die Form eines Rechtecks mit darauf gesetztem Halbkreis (Durchmesser gleich Rechteckseite, Bild 6) haben. Wie ist er auszubilden, damit der *Umfang* und damit der *Materialverbrauch* **mimimal** wird?

Bild 6: dazu

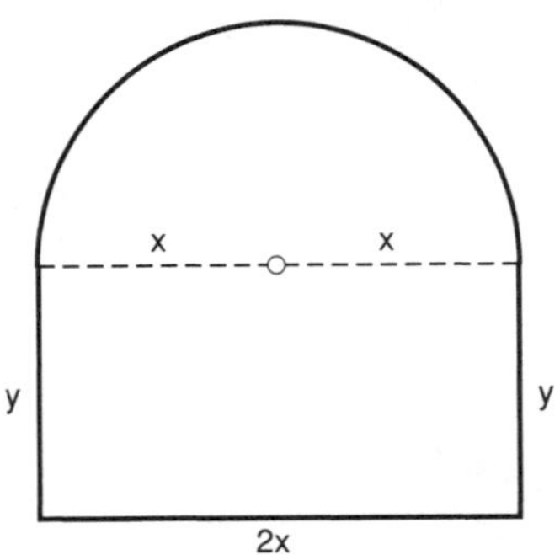

Der Skizze entnehmen wir den Umfang des Kanals, notfalls blättern wir in einer Formelsammlung, um den Umfang eines Halbkreises zu Radius mal Pi zu finden:

HB: $U = \pi x + 2x + 2y$ ... minimal!

geometrische Formel als Nebenbedingung

Wie oben drücken wir eine der Variablen über die Flächenforderung durch die andere aus:

NB: $A = 2xy + \frac{\pi}{2}x^2 = 10{,}0 \quad \Rightarrow \quad \ldots \quad y = \frac{5}{x} - \frac{\pi}{4}x$

und setzen diesen Term in die Hauptbedingung ein:

HB*: $U = \pi x + 2x + 2\left(\frac{5}{x} - \frac{\pi}{4}x\right) = \ldots = \frac{\pi}{2}x + 2x + \frac{10}{x}$

Hier gibt es keinen gemeinsamen konstanten Faktor, wir übernehmen unverändert als Extremalfunktion und leiten ab, …, besser, lassen *Mathematica* für uns arbeiten:

```
FindMinimum[Pi/2 x + 2x + 10/x, {x, 2}]
{11.9512, {x -> 1.67347}}
```

Es zeigt sich, daß y ebensogroß wird wie x (in die **NB** einsetzen); den minimalen Umfang brauchen wir hier nicht mehr extra zu berechnen, wir können ihn schon ablesen: U_{min} = 11,95 (m).

Manchmal ist eine physikalische Formel(sammlung) nötig:

Eine **Sammellinse** (SL) bildet einen Gegenstand G in der Entfernung g von der Linse bei g > f in ein reelles Bild B ab, das von SL den Abstand b hat; dabei stehen g, b und f für Gegenstands-, Bild- und Brennweite, Bild 7. Bei welcher *Entfernung* g ist der *Abstand* GB = d = g + b **minimal**?

B

Beispiel 9: Optik: minimaler Abstand Gegenstand – Bild

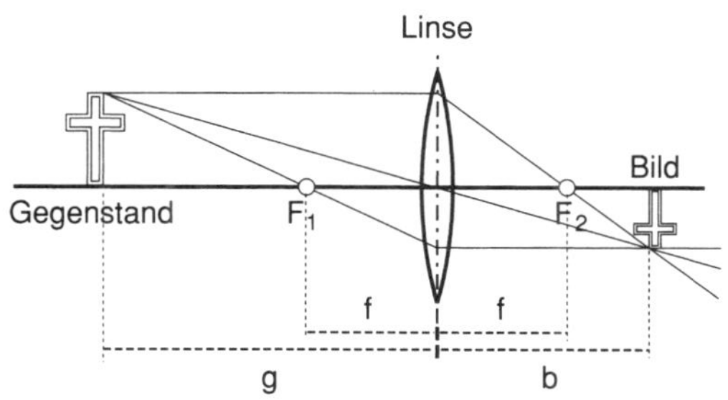

Bild 7: dazu

Die Extremalbedingung ist schon vorgegeben:

HB: d = g + b ... minimal!

g und b werden durch die *Linsengleichung* als Nebenbedingung verbunden:

die Linsengleichung als Nebenbedingung

$$\textbf{NB}:\ \frac{1}{g}+\frac{1}{b}=\frac{1}{f}\ \Rightarrow\ g=\frac{fb}{b-f}$$

Damit sieht die neue Hauptbedingung so aus:

$$\textbf{HB*}:\ d=\frac{fb}{b-f}+b=\frac{fb+b^2-fb}{b-f}=\frac{b^2}{b-f}$$

Wieder gibt es keinen Faktor, der ausgeklammert werden könnte. Wir verzichten hier aber auf Software-Hilfe, um die Ableitungsregeln nicht ganz zu verlernen:

Quotientenregel

$$\textbf{EF}:\ d=f(b)=\frac{b^2}{b-f}\ \Rightarrow\ f'(b)=\frac{2b(b-f)-b^2}{(b-f)^2}=\frac{b^2-2bf}{(b-f)^2}=0\ \Rightarrow$$

$$b(b-2f)=0\ \Rightarrow\ [b=0]\ \vee\ b=2f\ \Rightarrow\ g=\frac{f\cdot 2f}{2f-f}=2f=b$$

Der Physiker weiß: Dies *muß* ein *Minimum* ergeben, da sowohl g → ∞ (bei b → f) geht als auch b → ∞ (bei g → f). Sonst hilft der übliche Vorzeichenwechsel von f'(b) zur Bestätigung!

Eine Reihe von Aufgaben verlangt, daß ein Punkt auf einer Kurve f liegen soll, d. h., als Nebenbedingung muß diese Kurvengleichung von der Punktkoordinaten erfüllt werden, bei $P(u \mid v) \in f$ und $y = f(x)$ muß auch $v = f(u)$ gelten:

B

Beispiel 10: die Kurvengleichung als Nebenbedingung

Welcher *Punkt* des Graphen von $f: x \rightarrow y = 2\sqrt{x}$ hat vom Punkt $Q(4 \mid 0)$ **minimalen** *Abstand* a? Wie groß ist a?

Hier setzt man als Hauptbedingung an, daß die Länge a des Vektors $\overrightarrow{QP} = \vec{a}$ in Bild 9 minimal sein soll; man erhält sie über das Skalarprodukt. Nun ist a > 0 extremal,wenn a^2 dies ist, vgl. die Bilder 8 auf der Folgeseite:

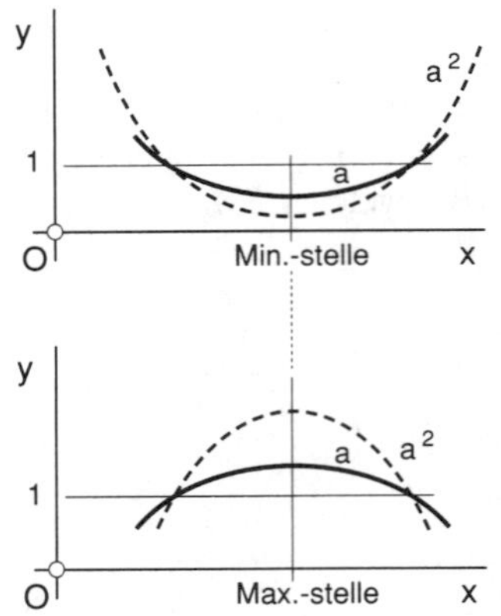

Bilder 8/9: minimaler Abstand zur Kurve

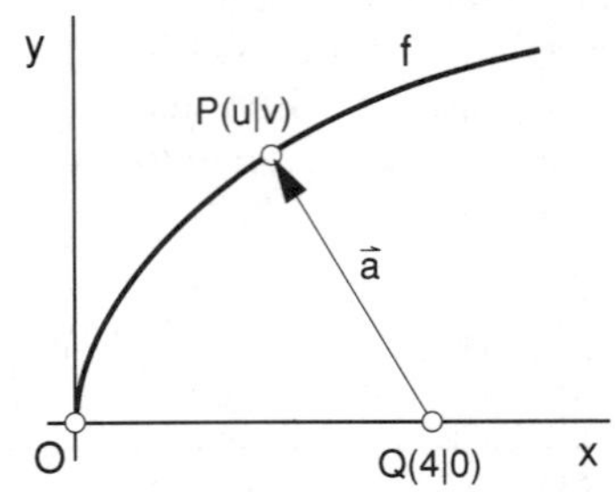

$\vec{a} = \vec{r}_P - \vec{r}_Q = \begin{pmatrix} u-4 \\ v \end{pmatrix} \Rightarrow a^2 = \vec{a}^2 = (u-4)^2 + v^2$

a ist mit a^2 extremal!

HB: a minimal! $\Rightarrow$ **HB'**: $a^2 = (u-4)^2 + v^2$ ... minimal!

Als Nebenbedingung dient die schon eingangs genannte Kurvengleichung:

NB: $P \in f$: $v = f(u) = 2\sqrt{u} \Rightarrow v^2 = 4u$.

Jetzt steht in der neuen Hauptbedingung eine quadratische Funktion von u:

HB*: $a^2 = (u-4)^2 + 4u = u^2 - 4u + 16$,

Können Sie noch mit Vektoren umgehen?

was auch schon die Extremalfunktion darstellt:

EF: $f(u) = u^2 - 4u + 16 \Rightarrow f'(u) = 2u - 4 = 0 \Rightarrow u = 2,\ v = 2\sqrt{2} : P(2 \mid 2\sqrt{2})$.

Der gesuchte minimale Abstand a ist gefunden:

$$\vec{a}^2 = \begin{pmatrix} -2 \\ 2\sqrt{2} \end{pmatrix}^2 = 4 + 8 = 12 \Rightarrow a = \sqrt{\vec{a}^2} = \sqrt{12} = 2\sqrt{3}.$$

Hier ein ähnlich gelagertes Beispiel, bei der neben dem Umgang mit Vektoren noch an die guten alten *Kegelschnitte* erinnert wird:

Beispiel 11: maximale Sehnenlänge in einer Ellipse

B Vom Nebenscheitel $N(0 \mid b)$ der Ellipse ell: $x^2 + 3y^2 = 3$ soll jene *Sehne* gezogen werden, die **maximale** *Länge* hat. Welches ist der andere Endpunkt $P(u > 0 \mid v) \in$ ell, und wie lang ist diese Sehne?

Mit den Bezeichnungen von Bild 10 ist wie in der letzten Aufgabe:

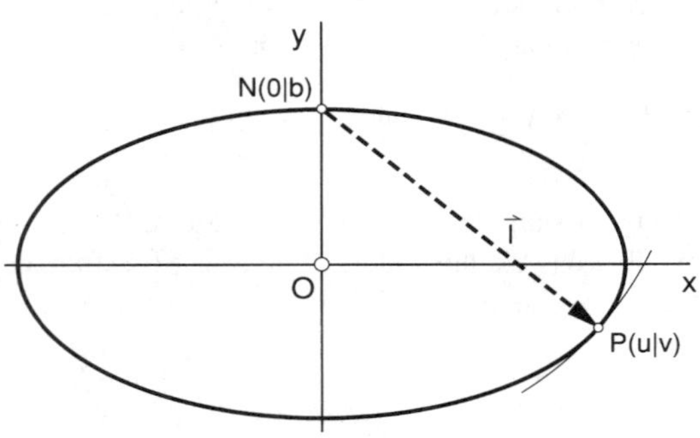

Bild 10: dazu

$\vec{l} = \overrightarrow{NP} = \begin{pmatrix} u \\ v \end{pmatrix} - \begin{pmatrix} 0 \\ 1 \end{pmatrix} = \begin{pmatrix} u \\ v-1 \end{pmatrix} \Rightarrow \vec{l}^2 = u^2 + (v-1)^2$

HB: l maximal! $\Rightarrow$ **HB'**: $l^2 = u^2 + (v-1)^2$ ... maximal!

NB: $P \in$ ell: $u^2 + 3v^2 = 3 \Rightarrow u^2 = 3(1 - v^2)$;

HB*: $l^2 = 3(1 - v^2) + (v-1)^2 = -2(v^2 + v - 2)$;

EF: $f(v) = v^2 + v - 2 \Rightarrow f'(v) = 2v + 1 = 0 \Rightarrow v = -\frac{1}{2},\ u = \frac{3}{2}$: $P(\frac{3}{2} \mid \frac{1}{2})$.

Schließlich wird noch in den l-Term eingesetzt, um die maximale Länge zu finden:

$l^2 = \frac{9}{4} + \left(\frac{3}{2}\right)^2 = \frac{9}{2} \Rightarrow l = \frac{3}{\sqrt{2}}$.

Beliebt ist im Zusammenhang mit Extremwerten das *Ein-* oder *Umschreiben* ebener Figuren oder räumlicher Körper mit passenden anderen:

B

Beispiel 12: ein-beschriebenes Rechteck mit maximalem Inhalt

Welches von allen *Rechtecken*, die man der Ellipse ell: $9x^2 + 25y^2 = 9 \cdot 25$ einschreiben kann, Bild 11, hat **maximalen** *Flächeninhalt*?

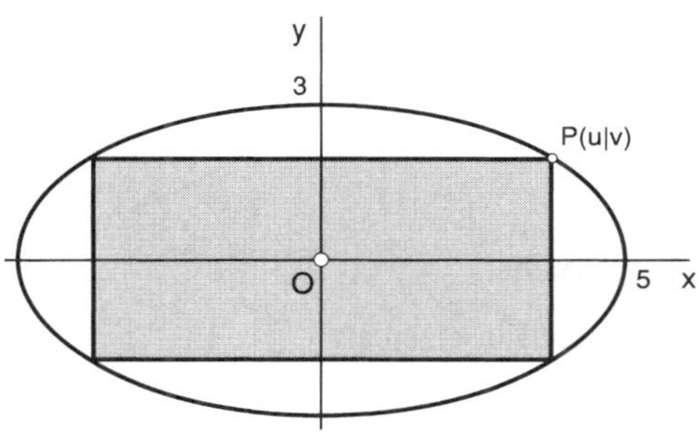

Bild 11: dazu

Die als extremal verlangte Größe ist sehr einfach anzugeben:

HB: $A = 4uv$ ... maximal!

Wieder liegt ein Eckpunkt auf der Kurve ell:

NB: $P \in$ ell: $9u^2 + 25v^2 = 9 \cdot 25 \Rightarrow \ldots\ u = \frac{5}{3}\sqrt{9 - v^2}$

Wir wissen schon, daß statt einer unhandlichen Größe ($\sqrt{9\ldots}$) auch ihr Quadrat behandelt werden darf:

HB: A maximal! $\Rightarrow$ **HB'**: $A^2 = 16u^2v^2 = 16 \cdot \frac{25}{9} \cdot (9 - v^2) \cdot v^2$ ... maximal!

EF: $f(v) = (9 - v^2) \cdot v^2 = 9v^2 - v^4 \Rightarrow f'(v) = 18v - 4v^3 = 0 \Rightarrow 2v \cdot (9 - 2v^2) = 0$

$v = \frac{3}{\sqrt{2}};\ u = \frac{5}{\sqrt{2}} \Rightarrow A_{max} = 4 \cdot \frac{5}{\sqrt{2}} \cdot \frac{3}{\sqrt{2}} = 30$ (Einheiten²).

Es muß, wie gesagt, nicht immer die *Ebene* sein; manchmal soll erst nach Rotation, also Flucht in den *Raum*, ein **Körper** eine extremale Eigenschaft bekommen. Im letzten Beispiel könnte also der durch Drehung des Rechtecks entstehende Zylinder im Ellipsoid maximales Volumen oder minimale Oberfläche haben. Studieren wir das Vorgehen hier für eine Parabel:

Beispiel 13:
Drehkörper:
Paraboloid und ein-beschriebener Zylinder mit maximalem Volumen

B Dem Segment der Parabel par: $y^2 = 2px$, das durch g: $x = 4p$ begrenzt wird, ist ein Rechteck so einzuschreiben, daß nach Rotation um die x-Achse ein *Zylinder* mit **maximalem** *Volumen* entsteht, vgl. Bild 12.

Da wir die Zylinderhöhe aus der Skizze als $4p - u$ ablesen – Radius ist natürlich die Ordinate v von P – und das Zylindervolumen kennen, setzen wir an:

HB: $V = \pi \cdot v^2 \cdot (4p - u)$ ... maximal!

Die Nebenbedingung wird schon fast langweilig:

NB: $P \in$ par: $v^2 = 2pu$;

dieser Term, v^2, kommt direkt in der **HB** vor, er wird dort ersetzt:

HB*: $V = \pi \cdot 2pu \cdot (4p - u) = 2\pi p \cdot (4pu - u^2)$

Sie ahnen schon, was als konstanter gemeinsamer Faktor ignoriert wird?

Bild 12: dazu

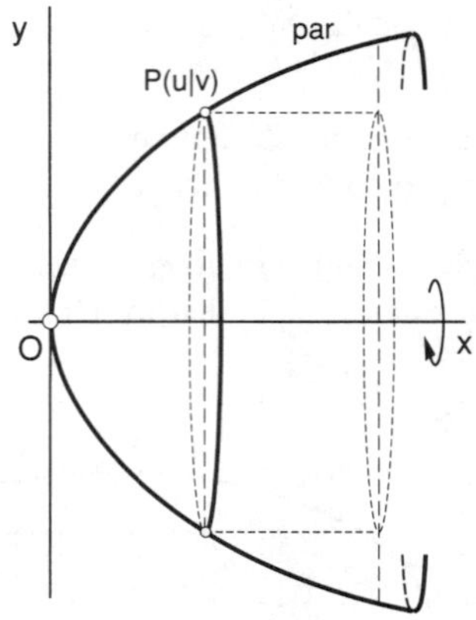

EF: $f(u) = 4pu - u^2 \Rightarrow f'(u) = 4p - 2u$.

(Vorsicht, das 4p vor u ist konstant, aber eben nicht in *beiden* V-Summanden enthalten, er darf daher nicht wegfallen!)

$f'(u) = 4p - 2u = 0 \Rightarrow u = 2p$;

wegen $f''(u) = -2 < 0$ ist $u = 2p$ *Maximum*stelle!

Radius v und Höhe $4p - u$ ergeben sich nach Einsetzen als

$$v = \sqrt{2pu} = \sqrt{2p \cdot 2p} = 2p,\ 4p - u = 2p = v\ (!) \Rightarrow V_{max} = ... = 8\pi p^3.$$

Eine Reihe von – durchaus nicht nur geometrischen – Fragestellungen verlangt den **Satz von Pythagoras** als bzw. für die Nebenbedingung:

Beispiel 14:
minimale Entfernung zweier Schiffe

B Von der Hafenstadt S aus fährt ein **Segelboot** mit 20 Knoten (1 kn = 1 sm/h, das ist 1 Seemeile pro h, weiter = 1,85 km/h) nach dem 130 km entfernten Hafen H. Dort läuft gleichzeitig ein anderes Segelboot aus, das mit 12 kn einen Kurs steuert, der senkrecht zu SH liegt, vgl. Bild 13. Nach welcher *Zeit* sind die Schiffe einander *am nächsten*? Wie groß ist dieser **minimale** *Abstand*?

auch Pythagoras eilt zu Hilfe!

Sicherlich ist nach Pythagoras

$d = \sqrt{a^2 + b^2}$.

Schon mehrfach setzten wir statt der unbequemen Größe $\sqrt{a\ ...}$ ihr Quadrat:

HB: d minimal! $\Rightarrow$

HB': $d^2 = a^2 + b^2$ ... minimal!

Bild 13: dazu

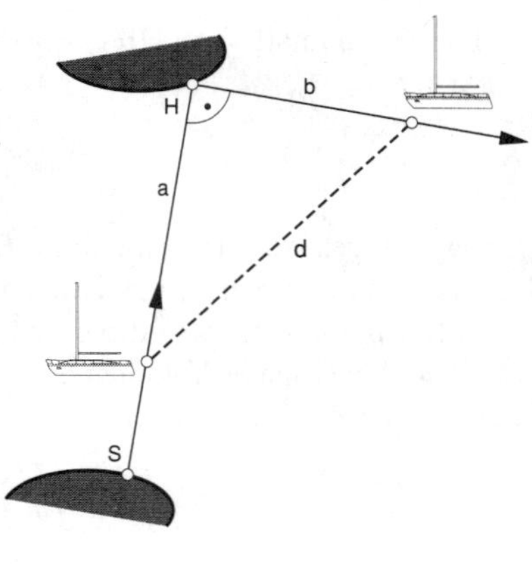

Für a und b ergibt sich aus der Definition der Geschwindigkeit und den Angaben:

NB: $a = 130 - 20 \cdot 1{,}85 \cdot t$;

$b = 12 \cdot 1{,}85 \cdot t$,

was wie immer in die Hauptbedingung eingesetzt wird:

HB*: $d^2 = (130 - 37t)^2 + (22{,}2t)^2$ ... minimal!

Leider gibt es nichts zu vereinfachen; die Extremalfunktion lautet $f(t) = d^2$, es wird

EF: $f'(t) = 2 \cdot (130 - 37t) \cdot (-37) + 22{,}2^2 \cdot 2t = ... = 3724\,t - 9620 = (!)\,0 \Rightarrow$

$t = 2{,}58$ Stunden $\approx$ 2 h 35 min; ($f''(t) = 3724 > 0 \Rightarrow$ *Minimumstelle* ✔)

Für die kleinste Entfernung wird damit

$d_{min} = ... = 66{,}9$ (km).

Einen durchaus praktischen Aspekt wird man auch der folgenden Überlegung zuerkennen:

B

Beispiel 15: **Wie baut man ein Zelt von maximalem Inhalt?**

Aus vier gleich langen Stäben der Länge s soll ein **Zeltgerüst** von der Form einer geraden quadratischen Pyramide erstellt werden, vgl. Bild 14. Für welche Höhe wird ihr *Volumen* **maximal**? Wie groß ist dieses Volumen?

Sie kennen doch die Volumsformel für die Pyramide:

HB: $V = \frac{1}{3} a^2 \cdot h$ ... maximal!

Das in der Skizze schraffierte *rechtwinklige* Dreieck mit $b = \frac{1}{2} a\sqrt{2}$ als Kathete neben h und der Stablänge = Kante s als Hypotenuse lädt natürlich ein, mit *Pythagoras* anzusetzen:

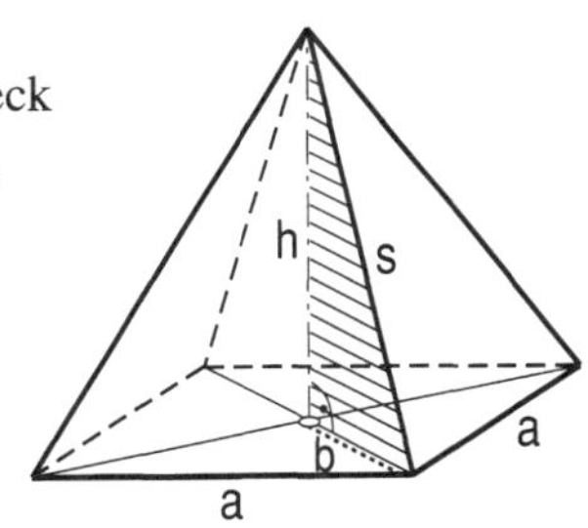

Bild 14: dazu

NB: $b^2 + h^2 = s^2 \Rightarrow ... a^2 = 2\,(s^2 - h^2)$

dieser Term macht aus der **HB** nun die neue

HB*: $V = \frac{1}{3} \cdot 2(s^2 - h^2) \cdot h$.

Hier dürfen wir wenigstens den Faktor 2/3 weglassen:

EF: $f(h) = (s^2 - h^2)\,h = s^2h - h^3 \Rightarrow f'(h) = s^2 - 3h^2 = 0 \Rightarrow h = \frac{s}{\sqrt{3}} = 0{,}577\,s$.

Wieder ist nur mehr in die V-Formel einzusetzen:

$$V_{max} = \frac{2}{3}\left(s^2 - \frac{1}{3}s^2\right)\frac{s}{\sqrt{3}} = \frac{4\sqrt{3}}{27}s^3 = 0{,}257\,s^3$$

Ist s = 2 m, so wird die Pyramide 1,15 m hoch und hat 2,05 m^3 Volumen.

Man kann auch aus ganz anderer Perspektive auf die **Pyramide** stoßen:

B

Beispiel 16: **Aus einem Karton eine möglichst große Pyramide schneiden**

Aus einem quadratischen **Karton** der Seite s sollen vier gleiche gleichschenklige Dreiecke so herausgeschnitten werden, daß der Rest zu einer Pyramide aufgebogen werden kann, Bilder 15/16, nächste Seite. Wie (tief) muß man schneiden, damit deren *Volumen* **maximal** wird? Wie groß wird dieses Volumen?

Die am Innenquadrat als Bodenfläche anliegenden Dreiecke enthalten die Seitenhöhe y, die mit der Körperhöhe h nach Pythagoras zusammenhängt! Weiter ist die Quadratdiagonale gleich y + x + y:

HB: $V = \frac{1}{3} x^2 \cdot h$ ... maximal!

Wegen Quadratdiagonale gleich Seite mal Wurzel aus 2 haben wir zunächst

NB1: $s\sqrt{2} = x + 2y \Rightarrow y = \frac{1}{2} \cdot (s\sqrt{2} - x)$;

den „eigentlichen" Pythagoras sind wir schon gewohnt:

Bilder 15/16:
Skizzen dazu

NB2: $h^2 + \left(\frac{x}{2}\right)^2 = y^2 \Rightarrow h^2 = y^2 - \frac{1}{4}x^2 = (NB1) \ldots = \frac{1}{4}(2s^2 - 2\sqrt{2}\,sx)$.

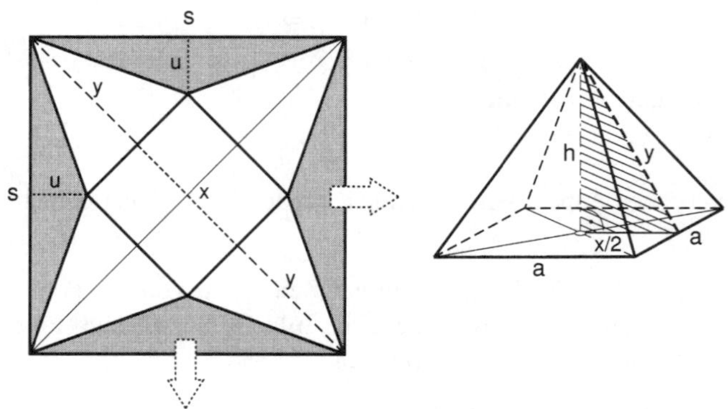

Haben Sie noch Übung im Wurzelrechnen?

Damit gewinnt die Extremalbedingung nun folgende Gestalt:

HB*: $V = \frac{1}{3}x^2 \cdot \frac{1}{2}\sqrt{2s^2 - 2\sqrt{2}\,s\,x}$ ... maximal!

Wir werden die Wurzel wieder gewaltlos eliminieren, sprich quadrieren:

HB': $V^2 = \frac{1}{36}x^4(2s^2 - 2\sqrt{2}\,s\,x) = \frac{1}{18}s\,x^4(s - \sqrt{2}\,x)$

Auch das s vor der Klammer ist ein konstanter Faktor, er darf ignoriert werden:

EF: $f(x) = x^4(s - \sqrt{2}\,x) = sx^4 - \sqrt{2}\,x^5 \Rightarrow f'(x) = 4sx^3 - 5\sqrt{2}\,x^4 = 0 \Rightarrow \ldots$

$x = \frac{4}{5\sqrt{2}}s = 0{,}566\,s$

Einsetzen und brav mit $\sqrt{2}$ rechnen führt nach einiger Mühe zu $V_{max} = 0{,}0337\ s^3$, für die *Einschnittiefe* u wird wegen

$2u + x\sqrt{2} = s \Rightarrow u = \frac{1}{2}(s - x\sqrt{2}) = \frac{1}{2}(s - \frac{4}{5}s) = \frac{1}{10}s$:

Ist s = 20 cm vorgegeben, hat man u = 2 cm tief einzuschneiden und erhält ein max. Volumen von 270 cm^3.

Da wir uns hier so schön an den Umgang mit Wurzeln (wieder)gewöhnt haben, soll diese Fertigkeit gleich weiter angewandt werden (nur für Freiwillige!):

Beispiel 17:
Welcher Zylinder mit maximaler Oberfläche ...

B Einer Halbkugel mit Radius r ist ein *Zylinder* mit konzentrischem Basiskreis so einzuschreiben, Bild 17, daß sein *Oberflächeninhalt* **maximal** wird! Welches Volumenverhältnis ergibt sich für die beiden Körper?

Bild 17:
paßt in eine Halbkugel?

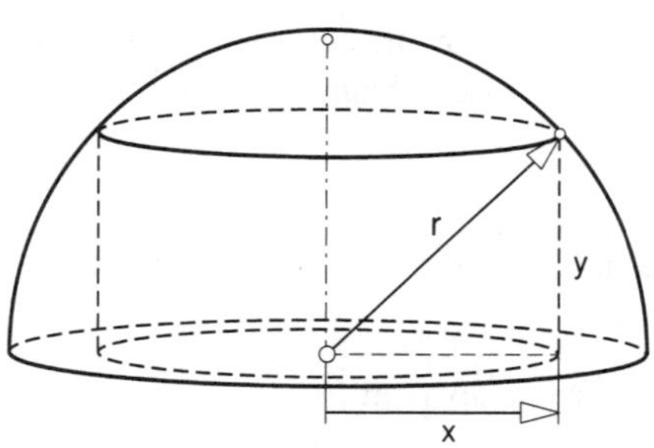

Vorausgesetzt, wir scheitern nicht an der Oberflächenformel (zwei Kreisflächen und rechteckförmiger Mantel), sind sowohl Haupt- als auch Nebenbedingung (Pythagoras) zunächst problemlos anzuschreiben:

HB: $A = 2 \cdot \pi x^2 + 2\pi x \cdot y$ ... maximal!

NB: $x^2 + y^2 = r^2 \Rightarrow y = +\sqrt{r^2 - x^2}$

Einsetzen läßt aber schon Schlimmes erahnen:

HB*: $2 \cdot \pi x^2 + 2\pi x \cdot \sqrt{r^2 - x^2}$ ... maximal!

Hier tritt die Wurzel nämlich als Teil eines *Summanden* auf, man kann *nicht* quadrieren! Da die nötige Rechnung nur geübten Algebraikern unter Ihnen zumutbar ist, setzen wir hier *Mathematica* ein:

ein Wurzelterm als Summand

```
A[x_] := 2 Pi (x^2 + x Sqrt[r^2-x^2])
fstrich = D[A[x], x]
NSolve[ fstrich == 0, x]
```

Mathematica leitet ab und setzt gleich Null

```
                      2
                     x                  2    2
2 Pi (2 x - ------------- + Sqrt[r  - x ])
                     2    2
            Sqrt[r  - x ]

{{x -> -0.92388 r}, {x -> -0.382683 r}, {x -> 0.382683 r},
 {x -> 0.92388 r}}
```

Da zwei positive x-Werte zurückgegeben werden, müssen wir vergleichen; dazu setzen wir r = 1 und suchen die Funktionswerte von A an diesen Stellen:

Hier ist ein Vergleich zweier Ergebnisse nötig

```
r = 1;
A[0.382683 r]
A[0.92388 r]

0.999999 Pi        (* also etwa 1 Pi *)
2.41421 Pi         (* also etwa (1 + √2) Pi *)
```

Somit führt der 2. Wert zu *maximalem* A. Übrigens ist der 1. x-Wert gleich dem y; dieser schmalere Zylinder hat aber kleineren Oberflächeninhalt!

Jetzt ist zu guter Letzt in die Volumenformeln einzusetzen, was nach Kürzen mit π und r^3 (bzw. r = 1 setzen) auf das gewünschte Verhältnis führt:

Verhältnis der Volumina

$V_{HK} : V_{Zyl} = \ldots = 2/3 : x^2 y = ?$

Diese Antwort könnte auch der **TR** geben, doch ist unser *Computer* schon warmgelaufen:

```
(2/3) / ((0.92388)^2 * 0.382683)

2.04098
```

Sollten Sie sich tapfer mit Wurzeltermen und biquadratischen Gleichungen bis zum Ende durchgekämpft haben: Respekt! Sie haben sich eine Pause verdient.

Mach mal Pause!

Es gibt noch eine wichtige Formel der Anfangsgeometrie, die bei vielen Aufgabentypen hilfreich ist, es ist der **2. Strahlensatz**. Hier Beispiele zur Illustration:

Beispiel 18: Rohrleitungen minimaler Länge

B Von zwei Orten A und B sollen zwei geradlinige **Rohrleitungen** zu einer Verteilerstelle X einer Hauptleitung gelegt werden. Wo muß X liegen, wenn die *Gesamtlänge* der beiden Leitungen **minimal** sein soll? Die Lage von A und B zur Hauptleitung ist der Skizze zu entnehmen, Bild 18.

Bild 18: dazu

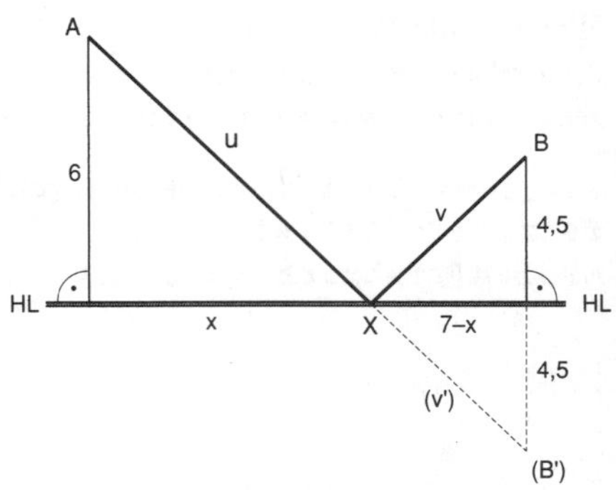

Wird die Länge jeweils mit u und v bezeichnet, so muß u + v minimal sein; beides läßt sich aus je einem rechtwinkligen Dreieck durch x ausdrücken. Gehen Sie diesen Weg als Übung 14?

Man kann hier aber viel Rechenarbeit sparen, wenn man die Skizze genauer betrachtet, sich an die *Dreiecksungleichung* von 𝔹**5** im **1**. Band erinnert und „sieht", daß man X auf der Verbindung AB' mit B' als Spiegelpunkt von B an der Hauptleitung finden muß!

neues Hilfsmittel: Strahlensatz

Dann aber hilft schon der 2. *Strahlensatz*:

$$6 : 4{,}5 = x : (7-x) \Rightarrow 4{,}5\,x = 6\,(7-x) = 42 - 6x \Rightarrow 10{,}5\,x = 42 \Rightarrow x = 4 \text{ (km)}.$$

Während die Anwendung des Strahlensatzes darin fast als Kunstgriff aus der Trickkiste der Mathematiker erscheint, drängt er sich im folgenden förmlich auf:

Beispiel 19: Welches Dreieck hat minimalen Flächeninhalt ... und ist einem Rechteck umbeschrieben?

B Einem Rechteck mit gegebenen Seiten a, b soll ein gleichschenkliges Dreieck so umbeschrieben werden, daß sein *Flächeninhalt* **minimal** wird, Bild 19. Wie sind Grundlinie und Höhe des Dreiecks zu wählen?

HB: $A = \frac{1}{2} \cdot 2x \cdot y = xy$ ... minimal!

Den 2. Strahlensatz kann man auf verschiedene Weise anschreiben; hier gehen wir vom Verhältnis „klein zu groß" auf einem Schenkel aus, woraus schon das entsprechende Verhältnis auf den Parallelen folgt:

Bild 19: dazu

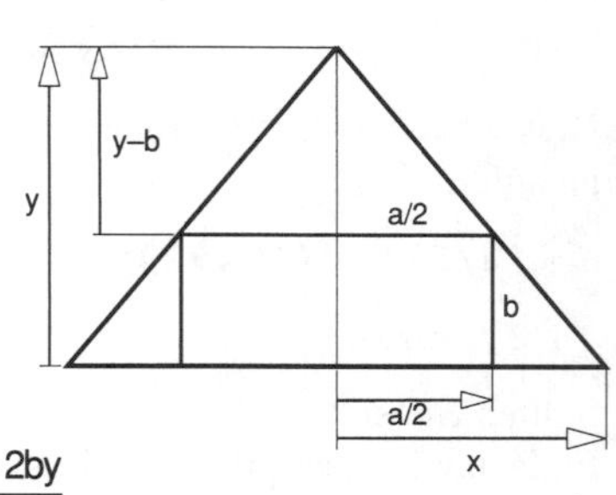

NB: $(y - b) : y = \frac{a}{2} : x \Rightarrow$ (Produktsatz)

$$x \cdot (y - b) = \frac{a}{2} \cdot y \Rightarrow x = \frac{ay}{2\,(y - b)}$$

HB*: $A = \frac{a}{2}\,\frac{y^2}{y - b}$ ... minimal!

Für die Extremalfunktion darf a/2 als konstanter Faktor entfallen:

EF: $f(y) = \frac{y^2}{y-b} \Rightarrow f'(y) = \frac{(y-b)\,2y - y^2}{(y-b)^2} = \frac{y^2 - 2by}{(y-b)^2}$

$$f'(y) = 0 \Rightarrow y^2 - 2by = 0 \Rightarrow y \cdot (y - 2b) = 0 \Rightarrow y = 2b \quad (y = 0 \text{ ist sinnlos})$$

$$x = \frac{a \cdot 2b}{2\,(2b - b)} = a \Rightarrow \text{Grundlinie } 2a,\ \text{Höhe } 2b;\quad A_{min} = x \cdot y = 2ab.$$

Ganz analog ist bei *räumlichen* Situationen vorzugehen, bei denen oft der ebene Achsenschnitt als Verständnisskizze genügt:

B **Beispiel 20:** größtmöglicher Kegel in einem gegebenen Kegel

Einem geraden Kegel (Radius r, Höhe h gegeben) soll ein zweiter gerader Kegel (x, y) so eingeschrieben werden, daß die Grundflächen parallel liegen und die Spitze im Mittelpunkt des ersten Kegelgrundkreises liegt, vgl. Bild 20. Berechnen wir Radius x und Höhe y des kleineren *Kegels*, wenn er **maximales** *Volumen* haben soll!

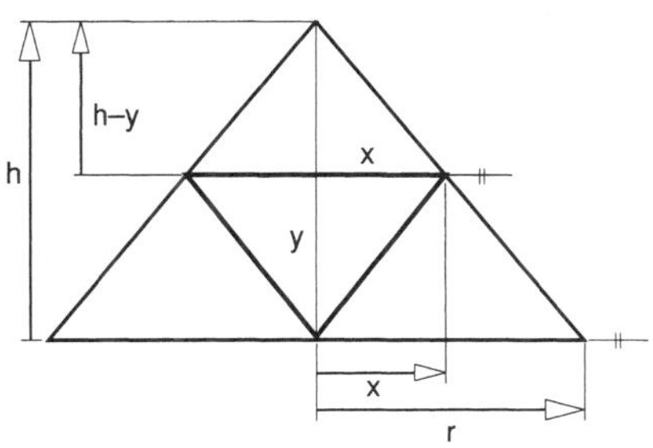

Bild 20: dazu

HB: $V = \frac{1}{3} \cdot \pi x^2 \cdot y$ ... maximal!

NB: $(h-y) : h = x : r \Rightarrow$ (Produktsatz) $(h-y) \cdot r = h \cdot x \Rightarrow y = h - \frac{hx}{r} = h(1-\frac{x}{r})$

HB*: $V = \frac{1}{3} \cdot \pi x^2 \cdot h\,(1-\frac{x}{r}) = \frac{h\pi}{3} x^2 (1-\frac{x}{r})$

EF: $f(x) = x^2(1-\frac{x}{r}) = x^2 - \frac{1}{r}x^3 \Rightarrow f'(x) = 2x - \frac{3}{r}x^2 = x(2-\frac{3}{r}x) = 0 \Rightarrow$

$x = \frac{2}{3} r;\; y = ... = \frac{1}{3} h \Rightarrow V_{max} = ... = \frac{4}{81} \pi r^2 h$

Das ist 4/27 des Volumens des großen Kegels; mehr „liegt hier nicht drin"!

Damit Sie nun nicht übermütig ob Ihrer raschen Erfolge werden, hier ein Problem, das zwar niedlich klingt, ja geradezu süß, es aber rechentechnisch in sich hat:

B **Beispiel 21:** kleinstmöglicher Kegel über einer Kugel

Man will Schulanfängern landesweit **Schokoladekugeln** (Radius r) schenken, die unter einem kegelförmigen *Zauberhut*, der erst noch passend herzustellen ist, versteckt sind, Bild 21. Wie ist er zu dimensionieren (Radius x, Höhe y gesucht), damit der *Materialbedarf* dafür **minimal** wird?

Der Hut ist ein offener Kegel, dessen *Mantel* wir möglichst klein haben wollen:

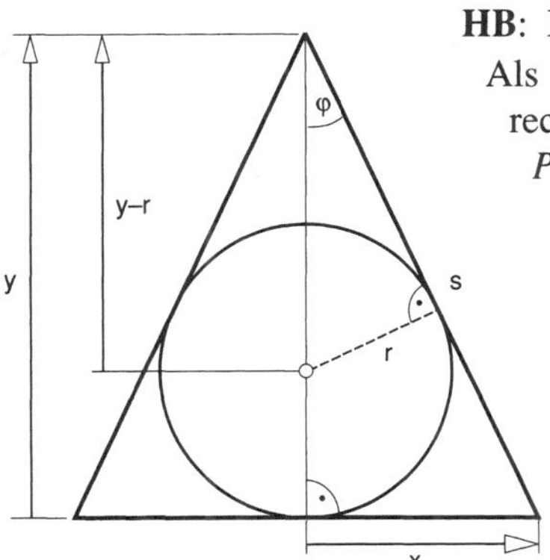

Bild 21: dazu

HB: $M = \pi \cdot x \cdot s$ ... minimal!

Als Nebenbedingungen haben wir einmal *ähnliche* rechtwinklige Dreiecke, zum anderen den Satz von *Pythagoras* im großen rechtwinkligen Dreieck:

NB1: $(\sin \varphi =)\; x : s = r : (y-r) \Rightarrow$

$x \cdot (y-r) = r \cdot s$

NB2: $s^2 = x^2 + y^2 \Rightarrow s = \sqrt{x^2+y^2}$;

dies in die NB1 eingesetzt, führt zu

NB: $x \cdot (y-r) = r \cdot \sqrt{x^2+y^2} \Rightarrow$

(quadrieren!) $x^2 (y-r)^2 = r^2 (x^2+y^2)$.

Hier ist sicheres Termumformen unerläßlich!

Beim Ausführen der Rechenoperationen hebt sich ein Term weg und es bleibt

$$x^2 = \frac{r^2 y^2}{y\,(y-2r)} = \frac{r^2 y}{y-2r},$$

woraus für s^2 folgt

$$s^2 = x^2 + y^2 = \ldots = \frac{y\,(y-r)^2}{y-2r}$$

Würden Sie jetzt nicht auch die Formel in der **HB** quadrieren?

$$\textbf{HB}':\ M^2 = \pi^2 \cdot x^2 \cdot s^2 = \ldots = \pi^2 r^2 \frac{y^2\,(y-r)^2}{(y-2r)^2}$$

Glücklicherweise läßt sich daraus problemlos die Wurzel ziehen, es wird einfacher

$$M = \pi r \frac{y\,(y-r)}{y-2r}$$

Hier beauftragen wir wieder *Mathematica* mit dem Nullsetzen der 1. Ableitung:

oder wir setzen bewußt auf die Computer-algebra!

```
M[y_] := Pi r y (y - r) / (y - 2 r)
fstrich = D[M[y], y]
NSolve[fstrich == 0, y]

 Pi r y      Pi r y (-r + y)      Pi r (-r + y)
-------- - ---------------- + -------------
-2 r + y                  2      -2 r + y
             (-2 r + y)

{{y -> 0.585786 r}, {y -> 3.41421 r}}
```

Da y nicht kleiner sein kann als r, ist nur die 2. Lösung sinnvoll. Wir entscheiden uns jetzt für ein konkretes r, sagen wir 3 cm, und lassen uns x und M ausgeben:

```
r = 3; y = 3.41421 r;
x = Sqrt[(r^2 y) / (y - 2r)]
M[3.41421 r] //N

4.66133
164.795
```

Wer spendet nun 165 cm^2 Buntpapier für die lieben Kleinen?

Hilfsmittel Winkelfunktionen

Wir schließen mit einer Serie von Aufgaben, die alle von **Winkelfunktionen** (definiert in rechtwinkligen Dreiecken) Gebrauch machen:

Beispiel 22: Beleuchtungsfragen

B Wie hoch muß eine **Lichtquelle** über einer waagrechten Ebene angebracht werden, damit ein bestimmter Punkt P in festgelegter seitlicher Entfernung a von der Quelle **möglichst gut** *ausgeleuchtet* wird, vgl. Bild 22?

Bild 22: dazu

Dazu muß man wissen, daß die Beleuchtungsstärke E mit dem Abstand r quadratisch abnimmt und seitlich noch mit cos α. Ist J die Intensität, so ist demnach

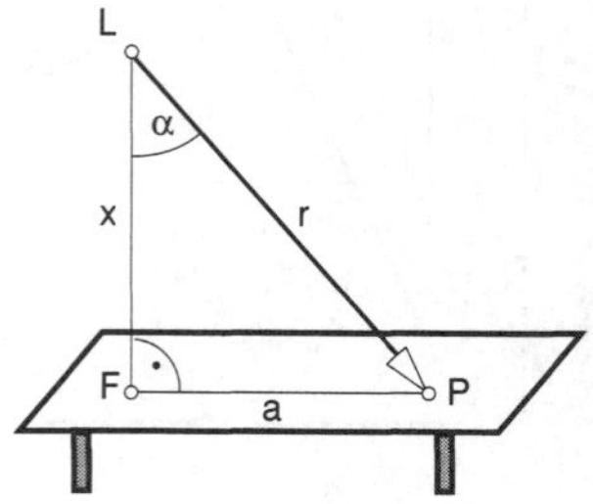

$$\textbf{HB}:\ E = \frac{J}{r^2} \cos\alpha \quad \ldots \text{ maximal!}$$

Um a ins Spiel zu bringen, drücken wir es mittels sin α durch r aus:

NB: $\sin\alpha = \frac{a}{r} \Rightarrow r = \frac{a}{\sin\alpha}$

HB*: $E = \frac{J}{a^2}\cos\alpha \cdot \sin^2\alpha$ ... maximal!

Wir dürfen J und $1/a^2$ als konstant ansehen und weglassen:

EF: $f(\alpha) = \sin^2\alpha \cdot \cos\alpha = (1-\cos^2\alpha)\cdot\cos\alpha = \cos\alpha - \cos^3\alpha \Rightarrow$

$f'(\alpha) = -\sin\alpha + 3\cos^2\alpha \cdot \sin\alpha = 0 \Rightarrow 3\cos^2\alpha = 1 \Rightarrow \cos\alpha = \sqrt{1/3}: \ \alpha = 54{,}7°$

(Übrigens: *Mathematica* ist nicht in der Lage, diese Gleichung zu lösen! Man muß selbst goniometrische Hilfsformeln kennen und angeben, um zum Ziel zu kommen, worauf wir hier natürlich verzichten.)

Die Höhe x hängt mit a über tan α zusammen:

$\tan\alpha = \frac{a}{x} \Rightarrow x = \frac{a}{\tan\alpha} = \frac{a}{\sqrt{2}} = 0{,}707\,a.$

optimale Position einer Lampe

Wir wechseln nur die Sparte, um ein praktisches Problem der BAUPHYSIK zu betrachten:

B

Beispiel 3: günstigste Neigung eines Dachs

Die Giebelbreite eines **Satteldachs** beträgt b Meter, die Sparrenlänge sei s. Wie groß muß der Neigungswinkel α gewählt werden, damit Regenwasser so rasch wie möglich abrinnt?

Aus Bild 23 lesen wir den Zusammenhang der Ablaufbeschleunigung a mit der Fallbeschleunigung g ab, es ist $\sin\alpha = a/g$; dies stellt die 1., *physikalische*, Nebenbedingung dar; die 2., *geometrische*, führt s und b zusammen, es gilt $\cos\alpha = b/2s$. Was aber ist die *Extremalbedingung*? So rasch wie möglich heißt, die Zeit muß *minimal* werden:

HB: t … minimal!

t steckt in der Weg-Zeit-Beziehung

$s = \frac{1}{2}at^2 \Rightarrow t^2 = \frac{2s}{a}$

Wir werden also die **HB** in quadrierter Form ansetzen:

HB´: t^2 … minimal!

nach Einsetzen der a- und s-Terme von

NB1: $\sin\alpha = \frac{a}{g} \Rightarrow a = g\cdot\sin\alpha$ und

NB2: $\cos\alpha = \frac{b/2}{s} \Rightarrow s = \frac{b}{2\cos\alpha}$

ergibt sich daraus

HB*: $t^2 = \frac{b}{g\sin\alpha\cos\alpha}$ ... minimal!

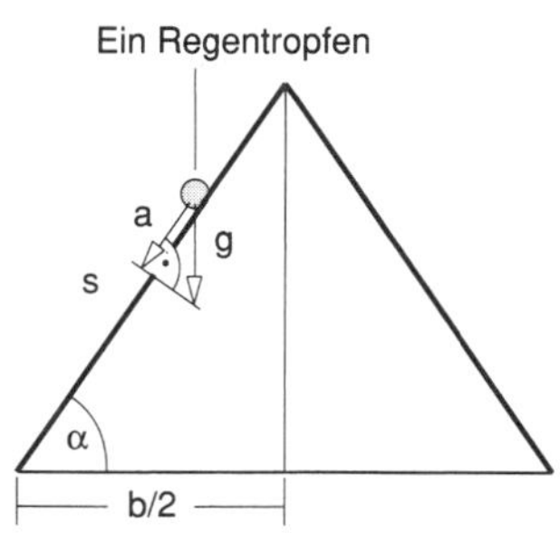

Bild 23: dazu

Nun sind einmal b, g konstant, zum anderen ist mit 1/x ... *minimal* natürlich x ... *maximal*, so daß wir den Kehrwert von t^2 wählen und die Quotientenregel sparen:

EF: $f(\alpha) = \sin\alpha\cdot\cos\alpha \Rightarrow f'(\alpha) = \cos\alpha\cdot\cos\alpha + \sin\alpha\cdot(-\sin\alpha) =$
$\cos^2\alpha - \sin^2\alpha = 0 \Rightarrow \sin\alpha = +\cos\alpha$ (1. Quadrant, $\alpha < 90°$, +) $\Rightarrow$
$\tan\alpha = 1 \Rightarrow \alpha = 45°.$

Erleichterung: Kehrwert ableiten!

Wir verlassen nun diesen Problembereich endgültig (abgesehen von Übungen dazu!) mit einer ebenfalls etwas langwierigen Forderung an die TIEFBAUER.

Beispiel 24:
Erdkanal ...

B Ein trapezfömiger **Kanal** von vorgeschriebener Tiefe h und bestimmtem Querschnitt A soll so ausgeschachtet werden, daß der *Umfang* (= Boden + Seitenwände) **minimal** wird – und damit der *Materialverbrauch* der Verkleidung. Welcher Böschungswinkel ist zu wählen?

Der Skizze in Bild 24 entnehmen wir

Bild 24:
mit sparsamster Wand-verkleidung

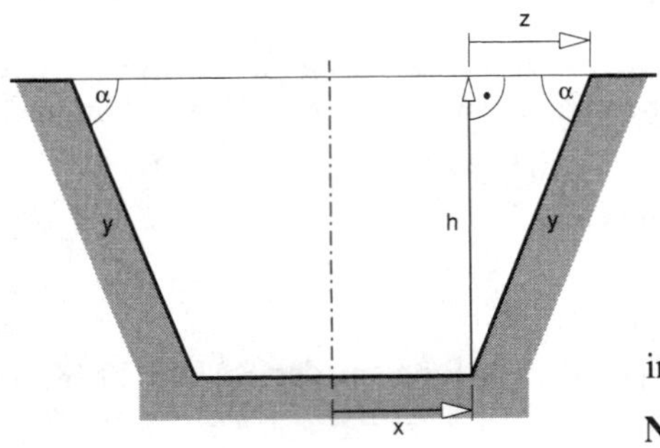

HB: $U = 2x + 2y$ ... minimal!

Die Flächeninhaltsformel fürs Trapez kennen wir:

NB1: $A = \frac{1}{2} \cdot (2z+2x+2x) \cdot h = (2x+z) \cdot h$

Auch z und y müssen wir über α mit h in Verbindung bringen:

NB2: $\tan\alpha = \frac{h}{z} \Rightarrow z = \frac{h}{\tan\alpha}$

NB3: $\sin\alpha = \frac{h}{y} \Rightarrow y = \frac{h}{\sin\alpha}$

Nun wird x aus der **NB**1 ausgedrückt, in seinen Term dann z aus der **NB**2 eingefügt (rechnen Sie das allein?) und zusammen mit y aus der **NB**3 in die **HB** eingesetzt:

Ohne TRIGO geht´s hier nicht!

$$\textbf{HB*}:\ U = 2\left(\frac{A}{2h} - \frac{h}{2\tan\alpha}\right) + 2\frac{h}{\sin\alpha} = \ldots = h\left(\frac{A}{h^2} - \frac{\cos\alpha - 2}{\sin\alpha}\right).$$

Darin ist zunächst h ein konstanter Faktor; aber auch A/h^2 als konstanter Summand spielt beim Nullsetzen der 1. Ableitung keine Rolle, es fällt ja weg:

$$\textbf{EF}:\ f(\alpha) = -\frac{\cos\alpha - 2}{\sin\alpha} \Rightarrow$$

$$f'(\alpha) = \frac{\sin\alpha \cdot \sin\alpha - (2-\cos\alpha)\cos\alpha}{\sin^2\alpha} = \ldots = \frac{1-2\cos\alpha}{\sin^2\alpha} = 0 \Rightarrow$$

$$2\cos\alpha = 1 \Rightarrow \cos\alpha = \frac{1}{2} \Rightarrow \alpha = 60°.$$

Nachträglich verstehen Sie, weshalb auf konkrete Zahlenwerte für A und h verzichtet werden konnte – für *beliebige* Werte ergibt sich der Böschungswinkel 60°!

konkrete Zahlen

Will man konkrete Werte für x, y und z, muß man natürlich A und h vorgeben: So ist für $h = 2{,}00$ m und $A = 5{,}00$ m^2

$y = h/\sin\alpha = 2/\sin 60° = 2{,}31$ m (Seitenwände),

$z = h/\tan\alpha = 2/\tan 60° = 1{,}15$ m,

$x = \frac{A}{2h} - \frac{z}{2} = \frac{5}{2 \cdot 2{,}00} - \frac{1{,}15}{2} = 0{,}675$ m,

woraus für die Bodenlänge $2x = 1{,}35$ m und für die lichte Weite $2(x + z) = 3{,}65$ m folgt.

Ende des 34. Kapitels

↓ Raum für Ihre Notizen ↓

Übungsaufgaben

1. Im Text wurde die Gewinnfunktion g: $y = -\frac{1}{40}(x^2 - 2000x + 600000)$ diskutiert, insbesondere interessierte ihre Maximumstelle, der Cournotpunkt x_C: Bestimmen Sie ihn zur Übung hier elementar als Mitte zwischen den Nullstellen von g!

2. Welche Stückkosten $s = k/x$ folgen für die Kostenfunktion $k = \frac{\lambda}{2n} x^2 + bx + a$? Wo ist s minimal ($x_0$ = ?) Was ergibt sich für die speziellen Werte der im Text besprochenen Funktion: n = 20, a = 15000, $\lambda = 1$? Übrigens kann man graphisch x_0 bestimmen, indem man von O aus dieTangente an die k-Kurve legt. Warum?

3. An welcher Stelle hat die Differenz der Funktionswerte von f: $y = \sqrt{x}$ und g: $y = \ln x$ ein Minimum?

4. Mit 160 m Zaundraht soll eine rechteckige Fläche mit maximalem Inhalt umzäunt werden. Welche Länge und Breite wird man wählen? Versuchen Sie, auch ohne 2. Ableitung von vornherein klarzustellen, daß auf diese Weise nur ein Maximum und nie ein Minimum entstehen kann (extreme Lagen?!)

5. Ein Fenster soll die Form eines Rechtecks mit aufgesetztem Halbkreis haben (wie der Kanal, Bild 6), wobei aber diesmal der Umfang mit u = 6 m fixiert wird. Wie ist das Fenster zu gestalten, damit der Lichteinfall (d. h. der Flächeninhalt) maximal ist?

6. Eine Konservenfabrik will zylindrische 1-Liter-Dosen mit minimalem Blechverbrauch (minimale Oberfläche!) herstellen. Wie sind sie zu dimensionieren, d. h., wie groß sind Basiskreisradius (x) und Höhe (y) der Zylinder anzusetzen?

7. Welcher Punkt des Graphen von f: $x \to y = x^2$ in $[0, \infty[$ hat von P(0 | 2) minimalen Abstand?

8. Welcher Punkt der gleichseitigen Hyperbel hyp: a = b = 4 hat vom Nebenscheitel B(0 | b) minimalen Abstand?

9. Der Parabel f: $x \to y = -\frac{1}{4} x^2 + 12$ ist ein Rechteck so einzuschreiben, daß zwei Ecken auf der Parabel und zwei auf der x-Achse liegen. Wie groß sind die Rechteckseiten, wenn
   a) der Flächeninhalt
   b) der Umfang
   des Rechtecks maximal sein soll?

10. Dem Graphen der Funktion f: $x \to y = e^{-x^2}$ ist ein Rechteck größten Inhalts so einzuschreiben, daß eine Seite auf der x-Achse liegt. Berechnen Sie seinen Flächeninhalt.

11. Die Gerade g: x = 8 schneidet von der Hyperbel hyp: $x^2 - 9y^2 = 9$ ein Segment ab. In dieses Segment soll ein Rechteck RSTV mit maximalem Umfang so eingeschrieben werden, daß R, S $\in$ hyp, T, V $\in$ g gilt. Berechnen Sie die Koordinaten von R und geben Sie U_{max} an.

12. Einer Kugel mit dem Radius r ist ein Kegel mit maximalem Volumen einzuschreiben. Berechnen Sie den Radius x und die Höhe y+r dieses Kegels (zu y vgl. evtl. die Skizze im Lösungsteil), und geben Sie noch das Volumenverhältnis zur Kugel an.

13. Einer geraden quadratischen Pyramide mit der Grundkante a und der Körperhöhe h soll ein Zylinder so einbeschrieben werden, daß die Mantelfläche maximalen Inhalt hat. Geben Sie dann das Volumenverhältnis der beiden Körper an. Begründen Sie zuerst, weshalb es ein solches Maximum geben muß!

14. Einem Zylinder (h = 2r) ist ein Drehkegel mit konzentrischem Basiskreis so umzuschreiben, daß sein Volumen minimal wird.

15. Rechnen Sie bitte das Beispiel 18 über die Rohrleitungen exakt durch! (Es tritt eine Wurzelgleichung und danach eine etwas lästige quadratische Gleichung auf!)

16. Vom Punkt A im Medium I aus soll ein Lichtstrahl zum Punkt B im Medium II in kürzestmöglicher Zeit gelangen. Welchen Weg nimmt er, vgl. Bild Ü16, links?

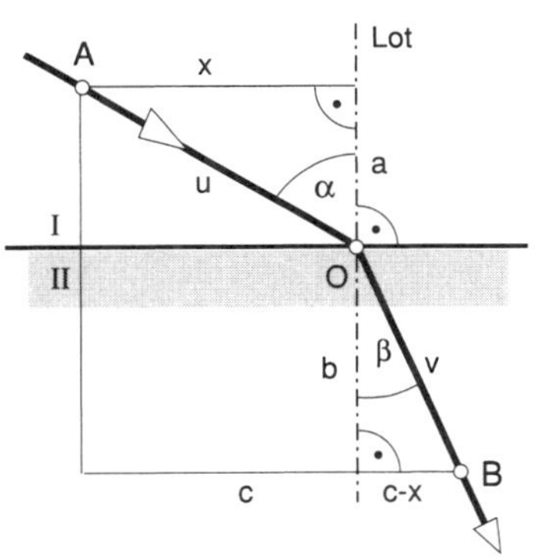

Bild Ü16

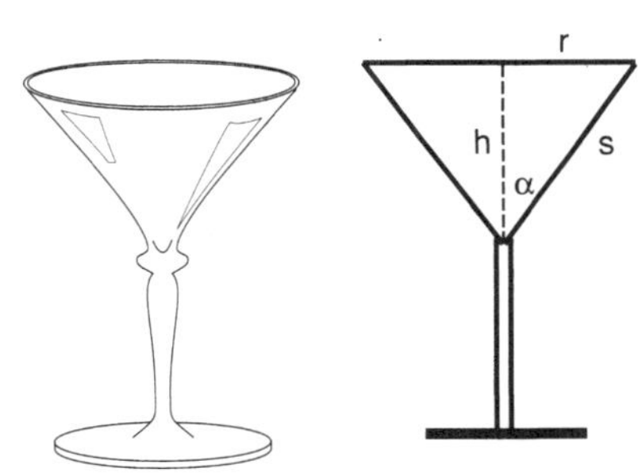

Bilder Ü18

17. Einem Halbkreis (Radius r) ist das Rechteck mit maximalem Umfang einzuschreiben. Wie verhalten sich Länge und Breite zueinander? Wählen Sie als Länge 2x, als Breite y und
   a) gehen Sie den konventionellen Weg über Pythagoras und Wurzeln,
   b) führen Sie einen Hilfswinkel φ (zwischen x-Achse und dem Ortsvektor zum Rechteckpunkt im 1. Quadranten) ein!

18. Bei welchem halben Öffnungswinkel α hat das Sektglas mit gegebener Mantellinie s (also ein Kegel) das größte Volumen, Bilder Ü18 oben rechts?

19. Wie lang darf eine Holzleiter sein, damit man sie in waagrechter Lage um eine Gangecke transportieren kann? (Gangbreiten a = 4,00 m, b = 2,36 m, Hilfswinkel α.)

20. Für eine Bewässerungsanlage soll ein Kanal mit trapezförmigem Querschnitt aus drei gleich großen Betonfertigplatten gebaut werden. Die Platten sind so anzuordnen, daß möglichst viel Wasser transportiert werden kann. Wie groß ist der günstigste Böschungswinkel?

↓ Raum für Ihre Notizen ↓

Zu den Lösungen

Lösungen

1. $y = 0$: $x^2 - 2000x + 600000 = 0 \Rightarrow x_{1,2} = \ldots = 368$ bzw. 1632;
   $x_{max} = x_C = 1/2\,(x_1 + x_2) = 1000$ $(= 1/2\,(-p)$ nach Vieta, ✔)

2. $s = \frac{k}{x} = \frac{\lambda}{2n}x + b + \frac{a}{x} \Rightarrow s'(x) = \frac{\lambda}{2n} - \frac{a}{x^2}$; $s'(x) = 0 \Rightarrow$
   $\frac{a}{x^2} = \frac{\lambda}{2n} \Rightarrow x^2 = \frac{2an}{\lambda} \Rightarrow x = \sqrt{\frac{2an}{\lambda}}$; speziell: $x_0 = \sqrt{\frac{2.20.15000}{1}} = 775$
   Zur Tangente: in einem rw. Dreieck mit $\overline{OP}$ als Hypotenuse ist $\tan\varphi = y/x = k/x = s$ für ein beliebiges x; s ist also minimal, wenn $\tan\varphi$ bzw. φ minimal sind, was doch gerade für die Tangente von O aus zutrifft!

3. $d = f - g = \sqrt{x} - \ln x \Rightarrow d' = \frac{1}{2\sqrt{x}} - \frac{1}{x} = (!)\ 0 \Rightarrow (x \neq 0)$
   $x - 2\sqrt{x} = 0 \Rightarrow \sqrt{x}(\sqrt{x} - 2) = 0 \Rightarrow \sqrt{x} = 2 \Rightarrow x = 4$;
   $d'(3) < 0$, $d'(5) > 0 \Rightarrow$ Minimum ✔ Graph links darunter.

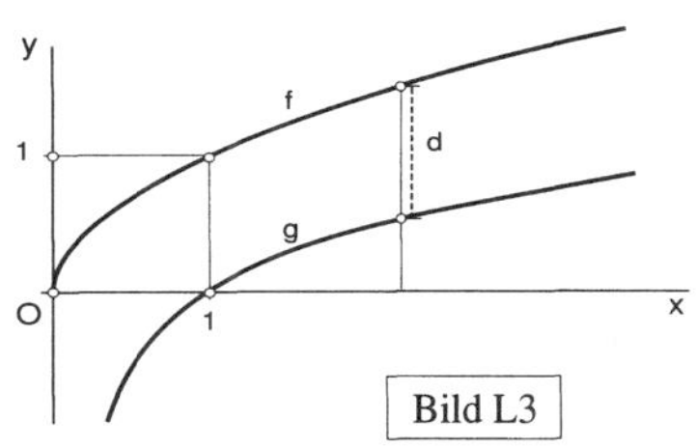

Bild L3

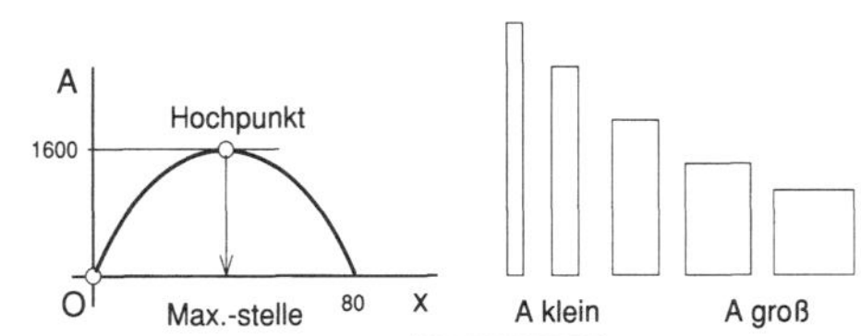

Bilder L4

4. HB: $A = x \cdot y$ ... maximal! Graph rechts darüber.
   NB: $U = 160 = 2\,(x + y)$ bzw. $80 = x + y \Rightarrow y = 80 - x$
   HB*: $A = x \cdot (80 - x) = 80x - x^2$ ... maximal!
   EF: $f(x) = 80x - x^2 \Rightarrow f'(x) = 80 - 2x = 0 \Rightarrow x = 40$; $y = 40 = x$
   $f''(x) = -2 < 0 \Rightarrow$ x ist Maximumstelle ✔ $\Rightarrow A_{max} = 40^2 = 1600\ (m^2)$

5. Skizze wie Bild 6 mit x statt 2x!
   HB: $A = xy + (x/2)^2\,\pi/2$ ... maximal!
   NB: $U = x + 2y + x/2\,\pi \Rightarrow \ldots\ y = 1/2\,(U - x - \pi/2\,x)$
   HB*: $A = x \cdot 1/2\,(U - x - \pi/2\,x) + (x/2)^2\,\pi/2 = \ldots = U/2\,x - (1/2 + \pi/8) \cdot x^2$
   EF: $f(x) = U/2\,x - (1/2 + \pi/8) \cdot x^2 \Rightarrow f'(x) = U/2 - (1 + \pi/4) \cdot x = 0 \Rightarrow$
   $x = \ldots = \frac{2U}{4 + \pi} = 1{,}68\ (m)$; $y = \ldots = \frac{x}{2} = 0{,}84\ m$; $A_{max} = \ldots = \frac{x^2}{8} \cdot (4 + \pi) = 2{,}52\ (m^2)$.

6. HB: $O = 2\pi x^2 + 2\pi xy$ ... minimal!
   NB: $V = \pi x^2 y = 1 \Rightarrow y = 1/(\pi x^2)$
   HB*: $O = 2\pi\,(x^2 + x \cdot 1/\pi x^2) = 2\pi\,(x^2 + 1/\pi x)$
   EF: $f(x) = x^2 + 1/\pi x \Rightarrow f'(x) = 2x - 1/\pi x^2 = 0 \Rightarrow 2x^3 = 1/\pi \Rightarrow$

$x = \sqrt[3]{\frac{1}{2\pi}} = 0{,}542 \Rightarrow y = \ldots \sqrt[3]{\frac{4}{\pi}} = \ldots 2x = 1{,}084$ (Basisdurchmesser = Höhe!)

$O_{min} = \ldots = 2\pi \cdot 3\sqrt[3]{\frac{1}{4\pi^2}} = \ldots = 6\sqrt[3]{\frac{\pi}{4}} = 5{,}536\ (dm^2)$; Graph links unten.

7. $\vec{a} = \begin{pmatrix} u \\ v \end{pmatrix} - \begin{pmatrix} 0 \\ 2 \end{pmatrix} = \begin{pmatrix} u \\ v-2 \end{pmatrix} \Rightarrow a^2 = u^2 + (v-2)^2$
HB: a minimal! $\Rightarrow$ HB': $a^2 = u^2 + (v-2)^2$ ... min.!
NB: $Q \in f$: $v = u^2$,
HB*: $a^2 = u^2 + (u^2 - 2)^2 = u^2 + u^4 - 4u^2 + 4 = u^4 - 3u^2 + 4$
EF: $f(u) = u^4 - 3u^2 + 4 \Rightarrow f'(u) = 4u^3 - 6u = 2u(2u^2 - 3) = 0 \Rightarrow u = \sqrt{3/2}$:
$(f''(\sqrt{3/2}) > 0 \Rightarrow$ Minimum ✔) $\Rightarrow v = 3/2$; $Q(\sqrt{3/2} \mid 3/2)$. Graph unterhalb Mitte.

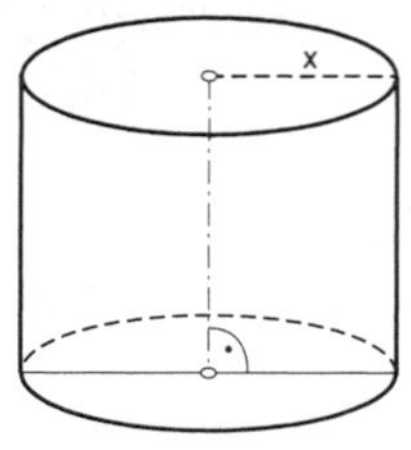

Bild L6

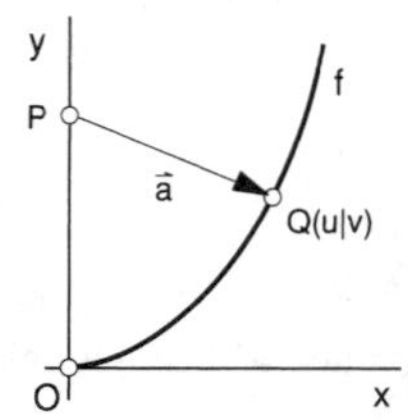

Bild L7

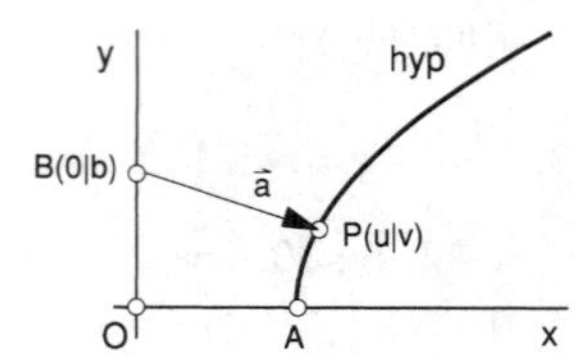

Bild L8

8. $\vec{a} = \begin{pmatrix} u \\ v \end{pmatrix} - \begin{pmatrix} 0 \\ b \end{pmatrix} = \begin{pmatrix} u \\ v-b \end{pmatrix} \Rightarrow a^2 = u^2 + (v-b)^2$
HB: a minimal! $\Rightarrow$ HB': $a^2 = u^2 + (v-b)^2$ ... min.!
NB: $P \in$ hyp: $b^2u^2 - b^2v^2 = b^2b^2$,
konkret $16u^2 - 16v^2 = 16 \cdot 16 \Rightarrow u^2 - v^2 = 16 \Rightarrow u^2 = v^2 + 16$
HB*: $a^2 = v^2 + 16 + (v-b)^2$, konkret $v^2 + 16 + (v-4)^2 = 2v^2 - 8v + 32$
EF: $f(v) = v^2 - 4v + 16 \Rightarrow f'(v) = 2v - 4 = 0 \Rightarrow v = 2,\ u = 2\sqrt{5}$:
$P(2\sqrt{5} \mid 2)$; $a_{min} = \ldots = 2\sqrt{6}$; Graph rechts darüber.

9. Die Planskizze ist der in Lösung 10 ganz ähnlich (f ist aber eine Parabel), der rechte obere Rechteckpunkt habe wie in Bild 11 die Koordinaten (u | v)!
a) HB: $A = 2u \cdot v$ ... maximal!
NB: $C \in f$: $v = -1/4\, u^2 + 12$
HB*: $A = 2u \cdot (-1/4\, u^2 + 12) = -1/2\, (u^3 - 48u)$
EF: $f(u) = u^3 - 48u \Rightarrow f'(u) = 3u^2 - 48 = 0 \Rightarrow u = 4;\ v = 8$: Re = Quadrat!
b) HB: $U = 4u + 2v$ ... maximal! NB wie a;
HB*: $U = 4u + 2(-1/4\, u^2 + 12) \ldots = -1/2\, u^2 + 4u + 24$
EF: $f(u) = -1/2\, u^2 + 4u + 24 \Rightarrow f'(u) = -u + 4 = 0 \Rightarrow u = 4;\ v = 8$: Re = Quadrat!

10. HB: $A = 2u \cdot v$ ... maximal!
NB: $P \in f$: $v = e^{-u^2}$
HB*: $A = 2u \cdot e^{-u^2}$ ... maximal!

EF: $f(u) = u \cdot e^{-u^2} \Rightarrow f'(u) = e^{-u^2} + u \cdot e^{-u^2}(-2u) = e^{-u^2}(1 - 2u^2) = 0$

$u^2 = \frac{1}{2} \Rightarrow u_1 = \frac{1}{\sqrt{2}};\ v_1 = e^{-1/2} = \frac{1}{\sqrt{e}};\ A_{max} = \ldots = \sqrt{\frac{2}{e}}$.

11. HB: $U = 4v + 2(8 - u)$ ... maximal!
    NB: $R \in$ hyp: $u^2 - 9v^2 = 9 \Rightarrow u = 3\sqrt{1 + v^2}$
    HB*: $U = 4v + 2(8 - 3\sqrt{1 + v^2})$ ... maximal!
    EF: $f(v) = 2v + 8 - 3\sqrt{1 + v^2} \Rightarrow f'(v) = 2 - 3\frac{2v}{2\sqrt{1 + v^2}} = 0 \Rightarrow \ldots$
    $v = \frac{2}{\sqrt{5}};\ u = \frac{9}{\sqrt{5}};\ R\left(\frac{9}{\sqrt{5}} \mid \frac{2}{\sqrt{5}}\right);\ U_{max} = \ldots = 16 - 2\sqrt{5} \approx 11{,}5.$

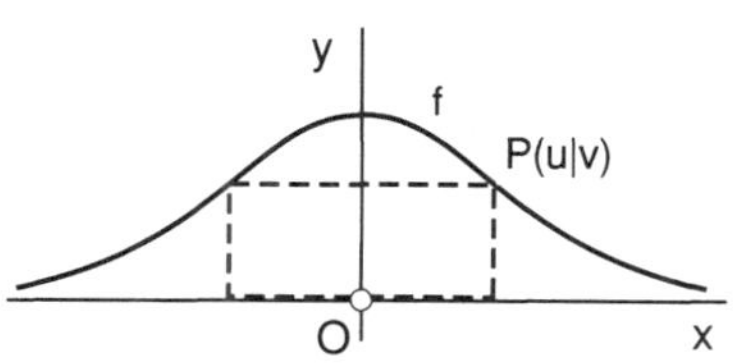

Bild L10

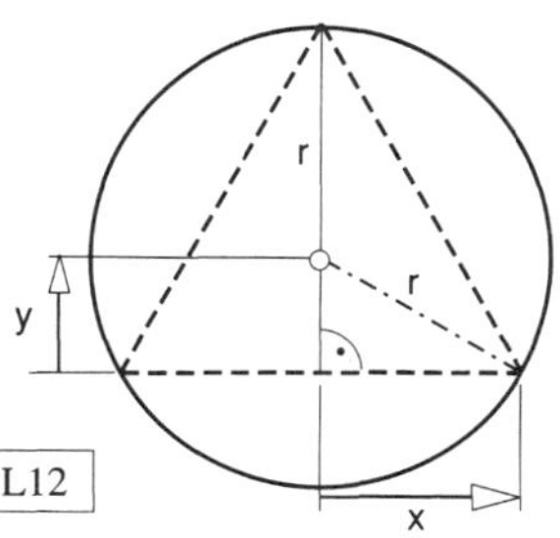

Bild L12

12. HB: $V = \frac{\pi}{3} x^2 (y + r)$ ... maximal!
    NB: $x^2 + y^2 = r^2 \Rightarrow x^2 = r^2 - y^2$
    HB*: $V = \frac{\pi}{3}(r^2 - y^2) \cdot (y + r) = \frac{\pi}{3}(-y^3 - ry^2 + r^2y + r^3)$
    EF: $f(y) = -y^3 - ry^2 + r^2y + r^3 \Rightarrow f'(y) = -3y^2 - 2ry + r^2 = 0$
    $\Rightarrow y = \ldots = \frac{r}{3};\ x = \ldots = \frac{2}{3}r\sqrt{2};\ V = \ldots = \frac{32\pi}{81}r^3.$
    $V_{Ku} : V_{Ke} = \frac{4\pi}{3}r^3 : \frac{32\pi}{81}r^3 = 27 : 8\ \ (= 1{,}5^3)$.

13. Skizze wie Bild 19, aber mit anderen Bezeichnungen!
    HB: $M = 2\pi x \cdot y$ ... maximal!
    NB: $(h - y) : h = x : \frac{a}{2} \Rightarrow x = \frac{a}{2h}(h-y)$
    HB*: $M = 2\pi \cdot \frac{a}{2h}(h-y) \cdot y$ ... maximal!
    EF: $f(y) = (h - y) \cdot y = hy - y^2 \Rightarrow f'(y) = h - 2y = 0 \Rightarrow y = \frac{h}{2};\ x = \ldots = \frac{a}{4}$.
    $M_{max} = 2\pi \cdot \frac{a}{4} \cdot \frac{h}{2} = \frac{\pi}{4}ah;\quad V_{Pyr} : V_{Zyl} = \frac{1}{3}a^2h : \pi x^2 y = \ldots = 32 : 3\pi.$

14. Skizze wie eben nach Bild 19, Bezeichnungen beachten!
    HB: $V = \frac{1}{3}\pi \cdot x^2 y$ ... minimal!
    NB: $(y - h) : y = r : x \Rightarrow x = \frac{ry}{y-h} = \frac{ry}{y-2r}$
    HB*: $V = \frac{\pi}{3} r^2 \frac{y^3}{(y-2r)^2}$ ... minimal!
    EF: $f(y) = \frac{y^3}{(y-2r)^2} \Rightarrow f'(y) = \frac{(y-2r)^2 \cdot 3y^2 - y^3 \cdot 2(y-2r)}{(y-2r)^4} = \ldots = \frac{y^3 - 6ry^2}{(y-2r)^3} = 0 \Rightarrow$

$y^2 (y - 6r) = 0 \;\Rightarrow\; y = 6r;\; x = ... = \frac{3}{2} r \;\Rightarrow\; V_{max} = ... = \frac{9}{2} \pi r^3.$

15. HB: $u + v$ ... minimal!

NB: $u^2 = 6^2 + x^2 \;\Rightarrow\; u = \sqrt{36 + x^2};\quad v^2 = 4{,}5^2 + (7 - x)^2 \;\Rightarrow\; v = \sqrt{69{,}25 - 14x + x^2};$

HB*: $u + v = \sqrt{36 + x^2} + \sqrt{69{,}25 - 14x + x^2}$ ... minimal!

EF: $f(x)$ = Term wie eben! $\Rightarrow\; f'(y) = \frac{2x}{2\sqrt{36 + x^2}} + \frac{-14 + 2x}{\sqrt{69{,}25 - 14x + x^2}} = 0 \;\Rightarrow\; ...$

$69{,}25\, x^2 - 14x^3 + x^4 = 49 \cdot 36 + 85x^2 - 14 \cdot 36x - 14x^3 + x^4 \;\Rightarrow\; ...$

$x^2 - 32x + 112 = 0 \;\Rightarrow\; ...\; x = 4$ (2. Lösung 28 sinnlos!), wie Text ✔

16. HB: $t = t_1 + t_2$ ... minimal!

$t_i = \frac{s_i}{v_i} \qquad t_1 = \frac{\overline{AO}}{c_1} = \frac{u}{c_1} = \frac{\sqrt{x^2 + a^2}}{c_1} \qquad t_2 = \frac{\overline{OB}}{c_2} = \frac{v}{c_2} = \frac{\sqrt{(c-x)^2 + b^2}}{c_2}$

einsetzen in $t = t_1 + t_2$ und ableiten:

$t' = \frac{1}{c_1} \frac{2x}{2\sqrt{x^2 + a^2}} + \frac{1}{c_2} \frac{-2(c-x)}{2\sqrt{(c-x)^2 + b^2}} = \frac{1}{c_1} \sin\alpha - \frac{1}{c_2} \sin\beta = 0 \;\Rightarrow$

$\boxed{\frac{\sin\alpha}{\sin\beta} = \frac{c_1}{c_2}}$ ... Brechungsgesetz!

17. Skizze ähnlich wie Bild 17!

a) HB: $U = 2(2x + y) = 4x + 2y$ ... maximal!

NB: $x^2 + y^2 = r^2 \;\Rightarrow\; y = \sqrt{r^2 - x^2}$

HB*: $U = 2(2x + \sqrt{r^2 - x^2})$ ... maximal!

EF: $f(x) = 2x + \sqrt{r^2 - x^2} \;\Rightarrow\; f'(x) = 2 + \frac{-2x}{2\sqrt{r^2 - x^2}} = 0$

... (Wurzel isolieren, quadrieren, reduzieren) $x = \frac{2}{\sqrt{5}} r = 0{,}894\, r;$

$y = \frac{1}{\sqrt{5}} r = 0{,}447\, r;\; U_{max} = ... = \frac{10}{\sqrt{5}} r = 4{,}47\, r$

b) NB1: $\sin\varphi = \frac{y}{r} \;\Rightarrow\; y = r \sin\varphi;$ NB2: $\cos\varphi = \frac{x}{r} \;\Rightarrow\; x = r\cos\varphi$

HB*: $U = 2(2r\cos\varphi + r\sin\varphi)$ ... maximal!

EF: $f(\varphi) = 2\cos\varphi + \sin\varphi \;\Rightarrow\; f'(\varphi) = -2\sin\varphi + \cos\varphi = 0 \;\Rightarrow$

$2\sin\varphi = \cos\varphi \;\Rightarrow\; \tan\varphi = 1/2 \;\Rightarrow\; \varphi = 26{,}6° \;\Rightarrow\; x = r\cos 26{,}6°$ w.o. ✔

18. HB: $V = \frac{\pi}{3} r^2 h$ ... maximal!

NB: $r = s\sin\alpha \;\wedge\; h = s\cos\alpha$

HB*: $V = \frac{\pi}{3} s^3 \sin^2\alpha \cdot \cos\alpha$ ... maximal!

EF: $f(\alpha) = \sin^2\alpha \cdot \cos\alpha = \cos\alpha - \cos^3\alpha \;\Rightarrow$

$f'(\alpha) = -\sin\alpha + 3\cos^2\alpha \cdot \sin\alpha = 0 \;\Rightarrow\; \sin\alpha\,(3\cos^2\alpha - 1) = 0 \;\Rightarrow$

$\cos\alpha = \sqrt{\frac{1}{3}} \;\Rightarrow\; \alpha = 54{,}7°$

19. HB: $x = u + v$ ... minimal!

NB1: $\sin\alpha = \frac{b}{u} \Rightarrow u = \frac{b}{\sin\alpha}$ NB2: $\cos\alpha = \frac{a}{v} \Rightarrow v = \frac{a}{\cos\alpha}$

HB*: $x = \frac{b}{\sin\alpha} + \frac{a}{\cos\alpha}$ ... maximal!

EF: $f(\alpha) = \frac{b}{\sin\alpha} + \frac{a}{\cos\alpha} \Rightarrow f'(\alpha) = \frac{-b\cos\alpha}{\sin^2\alpha} + \frac{+a\sin\alpha}{\cos^2\alpha} = 0 \Rightarrow$

$\frac{\sin^3\alpha}{\cos^3\alpha} = \frac{b}{a} \Rightarrow \tan\alpha = \sqrt[3]{\frac{b}{a}} \Rightarrow \alpha = 40° \Rightarrow x = ... = \underline{8{,}89}$ (m)

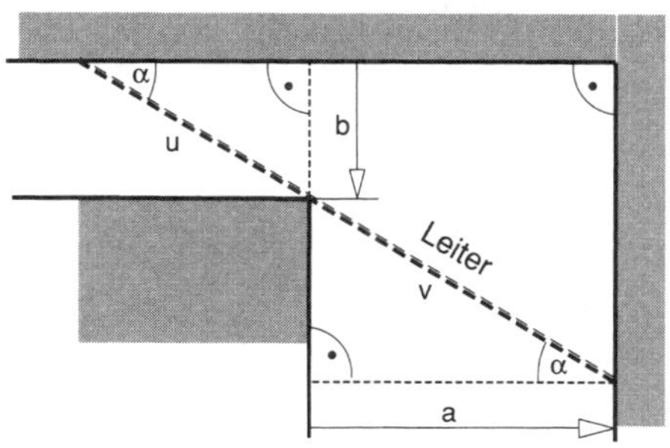

20. Skizze wie Bild 24 mit a statt y und 2x und $\frac{c-a}{2}$ statt z!

HB: $A = \frac{a+c}{2} \cdot h$ ... maximal!

NB1: $\sin\alpha = \frac{h}{a} \Rightarrow h = a\sin\alpha$

NB2: $\cos\alpha = \frac{(c-a)/2}{a} \Rightarrow c - a = 2a\cos\alpha \Rightarrow c = a \cdot (1 + 2\cos\alpha)$

HB*: $A = \frac{1}{2} \cdot (a + a(1 + 2\cos\alpha)) \cdot a\sin\alpha = a^2 \sin\alpha\ (1 + \cos\alpha)$

EF: $f(\alpha) = \sin\alpha\ (1 + \cos\alpha) \Rightarrow f'(\alpha) = \cos\alpha\ (1 + \cos\alpha) + \sin\alpha\ (-\sin\alpha) = 0$

$\Rightarrow \cos\alpha + \cos^2\alpha - (1 - \cos^2\alpha) = 0 \Rightarrow \cos\alpha =: u \Rightarrow$

$u^2 + \frac{u}{2} - \frac{1}{2} = 0 \Rightarrow u_1 = ... = \frac{1}{2} \Rightarrow \cos\alpha = \frac{1}{2} \Rightarrow \alpha = 60°$ ✔

($u_2 = -1 \Rightarrow \cos\alpha = -1 \Rightarrow \alpha = 180°$ sinnlos!)

Zum nächsten Kapitel

Teil K

35. Kapitel

35

Unendliche Reihen

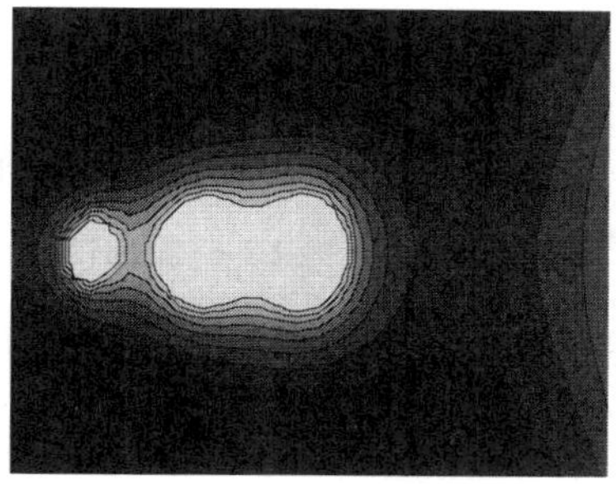

Ziele

In diesem Kapitel soll zunächst an die schon seit Band **2**, Kapitel 𝔾**21**, bekannte *geometrische Reihe* erinnert werden. Dann besprechen wir weitere Typen unendlicher Reihen und interessieren uns dafür, ob sie eine *Summe* haben und wie man dies feststellen kann. Schließlich lernen wir, einige wichtige Funktionen in eine Reihe zu *entwickeln*, was auch in Kapitel 𝕃**37** gute Dienste leisten wird.

Geometrische Reihen

B **Beispiel 1:** geometrische Folge

Zur Erinnerung: Eine typische *geometrische Folge* war

$$\left\langle 1, \frac{1}{2}, \frac{1}{4}, \frac{1}{8}, \frac{1}{16}, \ldots, \frac{1}{2^{n-1}} \right\rangle,$$

in der das Anfangsglied $b_1 = 1$ und der Quotient $q = \frac{1}{2}$ gewählt wurden. Setzen wir „+“-Zeichen dazwischen, entsteht die geometrische ***Reihe***

und Reihe

$$1 + \frac{1}{2} + \frac{1}{4} + \frac{1}{8} + \frac{1}{16} + \ldots + \frac{1}{2^{n-1}}$$

Solange n *endlich* bleibt, kennen wir ihre *Summe* als

von endlich

$$s_n = 1 \cdot \frac{1 - (\frac{1}{2})^n}{1 - \frac{1}{2}}$$

aus Satz 5 von 𝔾**21** in Band **2**. Lassen wir n „über alle Grenzen“ wachsen, also gegen unendlich, kurz $n \to \infty$, so erhalten wir nach 𝕂**31**

zu unendlich vielen Gliedern

$$s = \lim_{n\to\infty} s_n = \lim_{n\to\infty} \frac{1 - (\frac{1}{2})^n}{1 - \frac{1}{2}} = \frac{1}{1 - \frac{1}{2}} - \lim_{n\to\infty} \frac{(\frac{1}{2})^n}{\frac{1}{2}} = \frac{1}{1 - \frac{1}{2}} - 0 = 2$$

Allgemein ist für q statt $\frac{1}{2}$ ebenso

$$\lim_{n\to\infty} q^n = 0,$$

solange $|q| < 1$ bleibt, und wir dürfen festhalten:

S **Satz 1:** Summe einer unendlichen Reihe

Eine unendliche geometrische Reihe $1 + q + q^2 + q^3 + \ldots + q^{n-1} + \ldots =: \sum_{n=1}^{\infty} q^{n-1}$ **hat für** $|q| < 1$ **die** ***Summe*** $s = \frac{1}{1-q}$.

Beispiele 2: dazu

Ist ein *Anfangsglied* $b_1 \neq 1$ vorhanden, so ergibt sich natürlich die b_1-fache Summe.

Wir können die Summen derartiger Reihen, solange sie endlich bleiben, auch von *Mathematica* ausgeben lassen! Hier das Eingangsbeispiel:

```
reihe = Table[Sum[1/2^(i-1), {i,1,n-1}], {n,2,10}]

      3   7   15   31   63   127   255   511
{1, -, -, --, --, --, ---, ---, ---}
      2   4   8    16   32   64    128   256
```

Die unendliche geometrische Reihe

❖ $3 + 3 \cdot \frac{1}{10} + 3 \cdot \frac{1}{10^2} + \ldots + 3 \cdot \frac{1}{10^{n-1}} + \ldots = 3 + \frac{3}{10} + \frac{3}{100} + \ldots = 3{,}333\ldots = 3{,}\dot{3}$

hat die Summe (vgl. G27)

$$s = 3 \cdot \frac{1}{1 - \frac{1}{10}} = 3 \cdot \frac{10}{9} = \frac{10}{3} = 3\frac{1}{3}$$

Weiter ist

❖ $1 + \frac{9}{10} + (\frac{9}{10})^2 + (\frac{9}{10})^3 + \ldots = \frac{1}{1 - \frac{9}{10}} = \frac{1}{\frac{1}{10}} = 10$

Auch für negatives q mit $|q| < 1$ gilt der Satz:

❖ $1 + (-\frac{1}{100}) + (-\frac{1}{100})^2 + (-\frac{1}{100})^3 + \ldots = 1 - \frac{1}{100} + \frac{1}{10000} - + \ldots = \frac{1}{1 + \frac{1}{100}} = \frac{100}{101}$

Allgemeine Reihen

Beispiel 3: die Reihe von Huygens und Leibniz

Natürlich sind auch andere als geometrische Folgen als Ausgangsobjekte denkbar. Studieren wir die Reihe von *Huygens* und *Leibniz:*

$$\frac{1}{2} + \frac{1}{6} + \frac{1}{12} + \frac{1}{20} + \ldots$$

und eine geschickte Umformung

Man kann sie schreiben als

$$\frac{1}{1 \cdot 2} + \frac{1}{2 \cdot 3} + \frac{1}{3 \cdot 4} + \frac{1}{4 \cdot 5} + \ldots = (1 - \frac{1}{2}) + (\frac{1}{2} - \frac{1}{3}) + (\frac{1}{3} - \frac{1}{4}) + (\frac{1}{4} - \frac{1}{5}) + \ldots$$

Löst man die Klammern auf, heben sich alle mittleren Glieder weg, das „letzte" aber, $\frac{1}{n+1}$, unterscheidet sich mit wachsendem n immer weniger von 0, so daß nur das erste Glied, 1, übrig bleibt:

$$\frac{1}{2} + \frac{1}{6} + \frac{1}{12} + \frac{1}{20} + \ldots = 1$$

Genauer bildet man auch hier wie bei der geometrischen Reihe eine endliche *Teilsumme* bis zum n-ten Glied, eben

$$s_n = \frac{1}{1 \cdot 2} + \frac{1}{2 \cdot 3} + \ldots + \frac{1}{n(n+1)} = (1 - \frac{1}{2}) + (\frac{1}{2} - \frac{1}{3}) + \ldots + (\frac{1}{n} - \frac{1}{n+1}) = 1 - \frac{1}{n+1},$$

und erst der *Grenzübergang* $n \to \infty$ liefert

$$s = \lim_{n \to \infty} s_n = \lim_{n \to \infty} (1 - \frac{1}{n+1}) = 1 - \lim_{n \to \infty} \frac{1}{n+1} = 1 - 0 = 1$$

Dieses Verfahren ist allgemein üblich:

Zu einer unendlichen Zahlenfolge $<a_1, a_2, a_3, ...>$ bildet man die Folge der *Teilsummen*

$$<s_n> = <s_1, s_2, s_3, ...> = <a_1, a_1+a_2, a_1+a_2+a_3, ...>.$$

Konvergiert sie, so heißt ihr Grenzwert $\mathbf{s = \lim_{n\to\infty} s_n}$ die **Summe** der unendlichen Reihe, die dann auch selbst *konvergiert:*

$$s = a_1 + a_2 + a_3 + \ldots = \sum_{n=1}^{\infty} a_n .$$

D **Definition 1:** Teilsummenfolge

Versuchen wir unser Glück an einer ähnlich gebauten Reihe:

B **Beispiel 4:** eine analoge Reihe

$$\frac{1}{3} + \frac{1}{15} + \frac{1}{35} + \frac{1}{63} + \ldots = \frac{1}{1\cdot 3} + \frac{1}{3\cdot 5} + \frac{1}{5\cdot 7} + \frac{1}{7\cdot 9} + \ldots$$

Wir setzen wieder als Differenzen an, z.B.

$$\frac{1}{3\cdot 5} = \frac{1}{2}\left(\frac{1}{3} - \frac{1}{5}\right), \quad \frac{1}{5\cdot 7} = \frac{1}{2}\left(\frac{1}{5} - \frac{1}{7}\right), \quad \text{usw.}$$

und erhalten so die n-te Teilsumme

$$s_n = \frac{1}{2}\left[\left(1 - \frac{1}{3}\right) + \left(\frac{1}{3} - \frac{1}{5}\right) + \left(\frac{1}{5} - \frac{1}{7}\right) + \ldots + \left(\frac{1}{2n-1} - \frac{1}{2n+1}\right)\right] = \frac{1}{2}\left[1 - \frac{1}{2n+1}\right]$$

Damit ist aber schon

$$s = \lim_{n\to\infty} s_n = \ldots = \frac{1}{2}\cdot 1 = \frac{1}{2}$$

Natürlich sind dies sehr speziell gebaute Reihen; in anderen Fällen wird man schon zufrieden sein, überhaupt entscheiden zu können, ob eine Reihe konvergiert oder nicht. Mathematiker haben dazu einige sogenannte **Konvergenzkriterien** erarbeitet, mit deren Hilfe man eine vorgelegte Reihe untersuchen kann.

Konvergenzkriterien:

Die grundlegende Idee dabei ist, eine andere, zunächst oft eine *geometrische*, Reihe $b_1 + b_2 + b_3 + \ldots$ zu finden, die man schon als konvergent kennt, die aber von einem bestimmten Index N an gliedweise größer als die vorgelegte $a_1 + a_2 + a_3 + \ldots$ ist. Jede endliche Teilsumme S_m von N bis N + m ist dann auch größer als s_m, was dann auch für die *Grenzwerte* gilt: $s \le S$. Damit ist $a_1 + a_2 + a_3 + \ldots$ natürlich auch konvergent mit der Summe s. Dieses sog. ***Majorantenkriterium*** führte schon Augustin L. Cauchy (franz. Mathematiker, 1789 bis 1857) auf zwei hinreichende Sätze:

Eine Reihe konvergiert, wenn es eine Zahl q mit $|q| < 1$ gibt mit

$\lim_{n\to\infty} \sqrt[n]{a_n} \le q$: **„Wurzelkriterium"** oder auch

$\lim_{n\to\infty} \frac{a_{n+1}}{a_n} \le q$: **„Quotientenkriterium"**

S **Satz 2:** Wurzelkriterium Quotientenkriterium

Zum Beweis des 1. Teils vergleichen wir die gegebene Reihe mit der passenden geometrischen: Bleibt der Grenzwert von $\sqrt[n]{a_n}$ kleiner als q, so muß dies von einem Index N an gelten:

$$\sqrt[N+1]{a_{N+1}} < q \Rightarrow a_{N+1} < q^{N+1}$$

Die geometrische Reihe $q^{N+1} + q^{N+2} + q^{N+3} + \ldots$ ist wegen $q < 1$ konvergent und eine Majorante von $a_{N+1} + a_{N+2} + a_{N+3} + \ldots$: Also konvergiert auch Σa_n, da ja die endliche

die geometrische Reihe als Majorante

Teilsumme der ersten N Glieder daran nichts ändert.

Beispiel 5: Übungsbeispiele ...

Es ist festzustellen, ob die folgende Reihe konvergiert:

B

$$1 + \frac{4}{9} + \frac{27}{125} + \frac{256}{2401} + \ldots = \sum_{n=1}^{\infty} \left(\frac{n}{2n-1}\right)^n$$

Wir ziehen das *Wurzelkriterium* heran, bilden also die n-te Wurzel und untersuchen den Limes für n → ∞ davon:

$$\lim_{n\to\infty} \sqrt[n]{a_n} = \lim_{n\to\infty} \frac{n}{2n-1} = \lim_{n\to\infty} \frac{n \cdot 1}{n \cdot (2-\frac{1}{n})} = \lim_{n\to\infty} \frac{1}{2-\frac{1}{n}} = \frac{1}{2}$$

Tatsächlich ist damit eine Zahl $q < 1$ gefunden: $q = 1/2$ oder $3/4$ oder ...: Die Reihe muß nach dem ersten Kriterium konvergieren.

Beispiel 6: für beide Kriterien

Das *Quotientenkriterium* soll im nächsten Fall gute Dienste leisten:

B

$$a + \frac{a^2}{2} + \frac{a^3}{6} + \frac{a^4}{24} + \ldots = a + \frac{a^2}{1\cdot 2} + \frac{a^3}{1\cdot 2\cdot 3} + \ldots = \sum_{n=1}^{\infty} \frac{a^n}{n!} = ?$$

Für die Glieder mit den Indizes n+1 und n gilt

$$a_{n+1} = \frac{a^{n+1}}{(n+1)!} \quad \text{und} \quad a_n = \frac{a^n}{n!},$$

also lautet der Quotient nach kräftigem Kürzen

$$\frac{a_{n+1}}{a_n} = \frac{a^{n+1} \cdot n!}{(n+1)! \cdot a^n} = \frac{a \cdot n!}{(n+1)! \cdot n!} = \frac{a}{n+1}$$

Der Grenzwert dieses Terms ist für jedes a natürlich gleich Null, also ist die Konvergenz gesichert.

Manchmal kann man beide Kriterien anwenden, manchmal nur eines. Es gibt auch Fälle, in denen beide versagen:

Beispiel 7: manchmal versagen sie beide!

Hat die folgende Reihe eine (endliche) Summe?

B

$$1 + \frac{1}{4} + \frac{1}{9} + \frac{1}{16} + \ldots = \sum_{n=1}^{\infty} \frac{1}{n^2}$$

Das *Wurzel*kriterium führt auf

$$\sqrt[n]{a_n} = \sqrt[n]{\frac{1}{n^2}}, \quad \text{also} \quad \lim_{n\to\infty} \sqrt[n]{a_n} = \lim_{n\to\infty} \frac{1}{\sqrt[n]{n^2}} = \lim_{n\to\infty} \frac{1}{(\sqrt[n]{n})^2} = \frac{1}{1^2} = 1$$

das *Quotienten*kriterium besagt

$$\frac{a_{n+1}}{a_n} = \frac{1 \cdot n^2}{(n+1)^2 \cdot 1} = \frac{n^2}{n^2 + 2n + 1} \quad \text{mit} \quad \lim_{n\to\infty} \frac{a_{n+1}}{a_n} = \ldots = 1$$

Jedesmal ist wegen des Grenzwerts 1 keine Zahl $q < 1$ angebbar, also kann über die Konvergenz *so* nichts ausgesagt werden.

doch Fantasie macht´s möglich!

Aber Sie wissen schon: Mathematiker haben viel Fantasie, sie suchen eine Majorante, was wegen

$$\frac{1}{2^2} = \frac{1}{2\cdot 2} < \frac{1}{1\cdot 2}, \quad \frac{1}{3^2} = \frac{1}{3\cdot 3} < \frac{1}{2\cdot 3}, \quad \ldots, \quad \frac{1}{n^2} < \frac{1}{(n-1)\cdot n}$$

gelingt mit der schon besprochenen *Huygens-Leibniz-Reihe*

$$1+\frac{1}{2^2}+\frac{1}{3^2}+\ldots<1+\frac{1}{1\cdot 2}+\frac{1}{2\cdot 3}+\ldots,$$

wodurch die Konvergenz nach dem *allgemeinen Majoranten*kriterium bewiesen ist!

Noch schlimmer ist es bei der *harmonischen* Reihe in

B — **Beispiel 8:** ein merkwürdiger Fall: die harmonische Reihe

$$1+\frac{1}{2}+\frac{1}{3}+\frac{1}{4}+\ldots=\sum_{n=1}^{\infty}\frac{1}{n}$$

Daß auch hier beide Kriterien versagen, überlegen Sie bitte als Übung 4 selbst. Die *erfolgreiche* Suche nach einer konvergenten Majorante würde Sie mit einem Schlag weltberühmt machen! Leider muß sie aber *erfolglos* bleiben: Es gibt nämlich eine *Minorante*, die nicht konvergiert – man sagt, sie *divergiere* – und die damit unsere größere Vergleichsreihe als Majorante ebenso mit ins Unendliche hinaushebt:

$$1+\frac{1}{2}+(\frac{1}{3}+\frac{1}{4})+(\frac{1}{5}+\frac{1}{6}+\frac{1}{7}+\frac{1}{8})+\ldots>$$

$$1+\frac{1}{2}+(\frac{1}{4}+\frac{1}{4})+(\frac{1}{8}+\frac{1}{8}+\frac{1}{8}+\frac{1}{8})+\ldots=1+\frac{1}{2}+\frac{1}{2}+\frac{1}{2}+\ldots$$

Da dieses 1/2 unendlich oft addiert wird, wächst die „Summe“ natürlich über alle Grenzen! Nun würde es zu weit gehen zu zeigen (die Beweise sind langwierig), daß es genügt, eine noch so kleine Potenz $p > 1$, etwa $p = 1{,}01$, anzusetzen, um die *allgemeine* harmonische Reihe

$$1+\frac{1}{2^p}+\frac{1}{3^p}+\frac{1}{4^p}+\ldots=\sum_{n=1}^{\infty}\frac{1}{n^p}$$

konvergent zu machen. Für $p = 2$ haben wir es eben gesehen.

alternierende Reihen und

Bisher haben wir fast ausschließlich Reihen mit positiven Gliedern betrachtet und ergänzen noch durch solche, in denen *positives* mit *negativem* Vorzeichen abwechselt:

$$a_1-a_2+a_3-a_4+-\ldots=\sum_{n=1}^{\infty}(-1)^{n+1}a_n \quad (a_n>0)$$

heißt eine *alternierende* Reihe. Hier gibt es ein sehr einfaches Konvergenzkriterium:

S — **Satz 3:** Leibniz-Kriterium

„Leibnizsches Kriterium“

Eine alternierende Reihe konvergiert, wenn $\langle a_n \rangle$ eine monoton fallende Nullfolge ist.

Wir machen uns die Beweisidee an der alternierenden harmonischen Reihe

B — **Beispiel 9:** harmonische Reihe

$$1-\frac{1}{2}+\frac{1}{3}-\frac{1}{4}+\frac{1}{5}-+\ldots$$

und an Bild 1 klar.

Bild 1: dazu

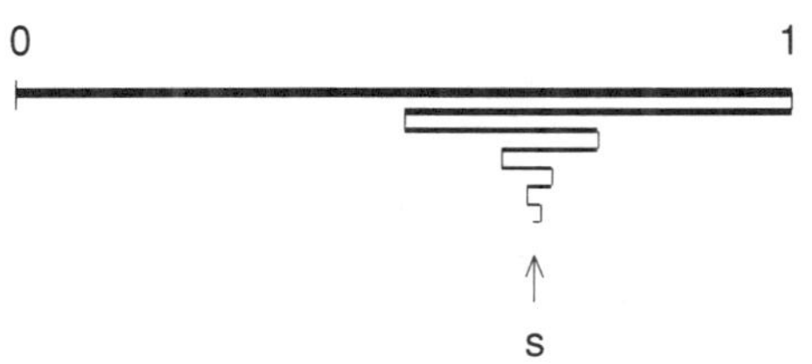

Beweisidee

Wegen der Monotonie ist zunächst

$$1-\frac{1}{2}>0,\quad \frac{1}{3}-\frac{1}{4}>0,\quad \frac{1}{5}-\frac{1}{6}>0 \text{ usw.}$$

so daß die Teilsummen s_{2n} *wachsen*. Aus demselben Grund *fallen* die ungeraden Teilsummen s_{2n-1}, da jedes weitere Paar

$$-\frac{1}{2}+\frac{1}{3}<0,\quad -\frac{1}{4}+\frac{1}{5}<0 \quad \text{usw.}$$

die folgende Teilsumme verkleinert. Dennoch bleibt die wachsende stets kleiner als die fallende Folge! Nun geht aber das allgemeine Glied 1/n gegen 0 mit $n \to \infty$, d.h., beide Teilsummenfolgen haben *denselben Grenzwert*.

Die Intervallschachtelung in Bild 1 zeigt die Summe s der Reihe als innersten Punkt.

Was bei einer Reihe mit positiven Gliedern *notwendig* für Konvergenz ist, nämlich $\langle a_n \rangle \to 0$ (Übung 5), ist hier schon *hinreichend*. In den meisten Fällen weiß man aber über den Wert der Summe nicht Bescheid und muß dann die ersten 10, 20 oder auch 100 Glieder addieren, um s näherungsweise zu erhalten.

spezielle Summenwerte

Im letzten Beispiel werden wir später etwas mehr Glück haben und erkennen

$$1-\frac{1}{2}+\frac{1}{3}-\frac{1}{4}+\frac{1}{5}-+\ldots = 0{,}693\ldots = \ln 2$$

So gibt es auch Reihen, in deren Summe π vorkommt:

$$1-\frac{1}{3}+\frac{1}{5}-\frac{1}{7}+\frac{1}{9}-+\ldots = 0{,}785\ldots = \frac{\pi}{4}$$

Dieses Ergebnis können wir sogleich bestätigen, wenn wir etwa unsere *Turbo Pascal*-Kenntnisse noch nicht verrosten ließen! Und zwar beginnen wir mit der Summe der ersten beiden Glieder und addieren dann in einer `Repeat ... Until`-Schleife so lange ein weiteres Glied, bis dieses < als 0.0001 (*Pascal*-Notation!) wird:

Beispiel 10: ein Turbo Pascal-Programm für die Leibniz-Reihe

```
PROGRAM Leibniz;
USES crt;
VAR  n: Integer;
   x, y, s: Real;

BEGIN
   clrscr;
   y:=1; n:=3; x:=-1/n;
   Repeat
      y:=y+x; s:=4*y;
      Writeln(s:11:10);
      x:=-x*n/(n+2);
      n:=n+2
   Until Abs(x) < 0.0001;
   Readln
END.
```

Sie sind sicherlich erstaunt, mit welcher Ausdauer Ihr Rechner lange Zahlenkolonnen auf den Bildschirm zaubert, bis nach einiger Zeit dort 3,14139... steht und sich darüber mit 3,14179... abwechselt. Nun kennen Sie schon eine Zahl 3,14159..., nämlich π, und wissen daher den Grenzwert der ***Leibniz-Reihe***: es ist $\pi/4$. Er wird allerdings extrem langsam angenähert; selbst auf einem schnellen Computer können Sie lange auf ein Resultat warten, falls Sie die Schranke kleiner machen, also etwa 0.00001 oder 0.000001! Wie da wohl *Gottfried W. Leibniz* (1646 bis 1716, deutscher Philosoph und Mathematiker) draufgekommen ist?!

Potenzreihen

Bisher sind meist *Zahlen*folgen bzw. Zahlenreihen aufgetreten. Eine sehr nützliche Erweiterung stellen *Variablen*folgen bzw. -reihen dar, deren Summe dann natürlich eine Funktion dieser Variablen ist.

Entwicklung einer Funktion in eine Potenzreihe

Schon die geometrische Reihe und ihre Summe läßt sich so deuten, wenn für den konstanten Quotienten q die Variable x gesetzt wird

$$1 + x + x^2 + x^3 + \ldots = \sum_{n=1}^{\infty} x^n = \frac{1}{1-x} = f(x) \quad \text{für } |x| < 1$$

Man sagt umgekehrt, die Funktion mit der Gleichung $f(x) = \frac{1}{1-x}$ sei für $|x| < 1$ „in eine Reihe entwickelt", genauer in eine *Potenzreihe*, da lauter Potenzen von x auftreten. Hier ist der Funktionsterm als Summe der Reihe selbst sehr einfach zu berechnen, also hat die Darstellung nur theoretischen Wert. In anderen Fällen dient sie aber der praktischen Berechnung wichtiger Funktionen wie e^x, sin x, $\sqrt{1+x}$ usw. und hat auch für den Anwender Bedeutung.

Schlüsselwerkzeug für die Entwicklung einer Funktion f in eine Reihe ist der *Mittelwertsatz*. Wir haben ihn in K**32**, Übung 15, formuliert in der Form

$$f(a+h) = f(a) + h \cdot f'(x_0), \qquad x_0 \in\,]a;\ a+h[.$$

x_0 war eine nicht näher bestimmte – nur eben als existent behauptete – Stelle im Intervall von a bis a + h. Dafür schreibt man gerne

$$x_0 = a + \delta h \qquad \text{mit} \quad 0 < \delta < 1$$

Eine Kaskade von Mittelwertsätzen ...

Ist nun f im Intervall n-mal differenzierbar, sind also alle Ableitungen f ', f '', f ''', ..., $f^{(n)}$ vorhanden, so kann man den Mittelwertsatz auch auf f ', f '' usw. anwenden, wobei der Funktionswert jeweils an der vorangehenden Stelle $a + \delta_i h$ gebildet wird:

$$\begin{aligned}
f(a+h) &= f(a) + h \cdot f'(a + \delta_1 h),\\
f'(a+\delta_1 h) &= f'(a) + \delta_1 h \cdot f''(a + \delta_2 h),\\
f''(a+\delta_2 h) &= f''(a) + \delta_2 h \cdot f'''(a + \delta_3 h),\\
f'''(a+\delta_3 h) &= f'''(a) + \delta_3 h \cdot f^{IV}(a + \delta_4 h), \quad \ldots, \quad f^{(n)}(\ldots) = \ldots
\end{aligned}$$

Dies setzt man schrittweise ein:

$$\begin{aligned}
f(a+h) &= f(a) + h \cdot [f'(a) + \delta_1 h \cdot [f''(a) + \delta_2 h \cdot [f'''(a) + \delta_3 h \cdot [f^{IV}(a) + \ldots =\\
&= f(a) + h \cdot f'(a) + \delta_1 h^2 \cdot f''(a) + \delta_1\delta_2 h^3 \cdot f'''(a) + \delta_1\delta_2\delta_3 h^4 \cdot f^{IV}(a) + \ldots
\end{aligned}$$

führt zum ...

Es ist nun hochinteressant, daß die nicht näher bekannten δ_i der Reihe nach durch 1/2, 1/3, 1/4, ... ersetzt werden dürfen, wenn nur an der letzten Stelle ein unbestimmtes $x_0 = a + \delta h$ akzeptiert wird (ohne Beweis). Dies führt auf

$$f(a+h) = f(a) + f'(a) \cdot h + \frac{f''(a)}{2} \cdot h^2 + \frac{f'''(a)}{2 \cdot 3} \cdot h^3 + \ldots + \frac{f^{(n)}(a + \vartheta h)}{n!} \cdot h^n,$$

womit die Funktion *an der Stelle a* nach Potenzen des variablen h entwickelt ist! Die Koeffizienten der h-Potenzen sind von der Art $\frac{f^{(k)}(a)}{k!}$. Halten wir fest:

Satz 4: von Taylor

S

„Satz von Taylor" (engl. Mathematiker, 1685 bis 1731)

Eine im Intervall [a; a+h] n-mal differenzierbare Funktion f(x) läßt sich an der Stelle a in eine (endliche) Potenzreihe entwickeln:

$$f(a+h) = f(a) + f'(a)\cdot h + \frac{f''(a)}{2}\cdot h^2 + \frac{f'''(a)}{2\cdot 3}\cdot h^3 + \ldots + \frac{f^{(n)}(a+\vartheta h)}{n!}\cdot h^n$$

die Rolle des Restglieds

In praktisch interessierenden Fällen ist f beliebig oft ableitbar und das letzte *Restglied* bei hinreichend großem n vernachlässigbar klein, d.h. $\lim_{n\to\infty} R_n = 0$. Dann liegt eine *unendliche* Reihe vor:

$$f(a+h) = f(a) + f'(a)\cdot h + \frac{f''(a)}{2}\cdot h^2 + \ldots = f(a) + \sum_{n=1}^{\infty} \frac{f^{(n)}(a)}{n!}\, h^n$$

Man kann auch mit n = 0 zu zählen beginnen, wenn man $f^{(0)} = f$ und 0! = 1 vereinbart.

die MacLaurinsche Form

Gerne wird die Stelle a = 0 gewählt; statt h wird dann das vertraute x geschrieben:

$$f(x) = f(0) + f'(0)\cdot x + \frac{f''(0)}{2!}\cdot x^2 + \frac{f'''(0)}{3!}\cdot x^3 + \ldots = \sum_{n=0}^{\infty} \frac{f^{(n)}(0)}{n!}\, x^n$$

Dies ist die *MacLaurinsche Form* der Taylorschen Reihe. Wir betrachten dazu die wichtigsten Funktionen.

Beispiel 11: die Exponentialreihe in der MacLaurinschen Form

Zur Berechnung der Exponentialfunktion soll $f(x) = e^x$ in eine Potenzreihe in der MacLaurinschen Form entwickelt werden.

B

Wir suchen dazu die Ableitungen und ihren Wert an der Stelle x = 0:

$f(x) = e^x$, $f(0) = e^0 = 1$,
$f'(x) = e^x$, $f'(0) = e^0 = 1$,
$f''(x) = e^x$, $f''(0) = e^0 = 1$, usw.

so erhalten wir schon

$$e^x = 1 + x + \frac{x^2}{2!} + \frac{x^3}{3!} + \ldots = \sum_{n=0}^{\infty} \frac{x^n}{n!}$$

Diese Reihe haben wir in Beispiel 6 als überall konvergent (a statt x beliebig) erkannt; sie stellt daher für alle x die Funktion e^x dar. Konkret ist für x = 1:

$$e^1 = e = 1 + 1 + \frac{1}{2} + \frac{1}{3!} + \frac{1}{4!} + \ldots$$

und der Nutzen für den Taschenrechner

Bricht man nach n = 10 ab (also nach 11 Gliedern), so wird

$$e = 1 + 1 + \frac{1}{2} + \frac{1}{6} + \frac{1}{24} + \ldots + \frac{1}{3628800} = 2{,}7182818\,,$$

also auf alle 8 Stellen der üblichen Taschenrechneranzeige genau! Drückt man die TR-Tasten e^x oder INV ln x, so läuft ein kleines Programm ab, das eine solche Reihe bis zu einem bestimmten Glied aufsummiert.

Was hat *Mathematica* dazu zu sagen? Zuerst lassen wir uns e^x in eine Reihe entwickeln, dann rechnen wir die Behauptung über $e^1 = e$ nach. Dabei sehen wir uns genauer an, wie e für 3, 4, …, dann 10 und 11 Summanden angenähert wird.

Beispiel 11/ Fortsetzung mit Mathematica

```
Series[Exp[x], {x, 0, 5}]
```

$$1 + x + \frac{x^2}{2} + \frac{x^3}{6} + \frac{x^4}{24} + \frac{x^5}{120} + O[x]^6$$

```
e = Table[Sum[1/i!, {i, 0, n}], {n, 2, 10}]
```

$$\{\frac{5}{2}, \frac{8}{3}, \frac{65}{24}, \frac{163}{60}, \frac{1957}{720}, \frac{685}{252}, \frac{109601}{40320}, \frac{98641}{36288}, \frac{9864101}{3628800}\}$$

```
N[%, 9]
```

```
{2.5, 2.66666667, 2.70833333, 2.71666667, 2.71805556,
 2.71825397, 2.71827877, 2.71828153, 2.7182818}
```

Beispiel 12: Entwicklung der Sinusfunktion in eine Potenzreihe

Und woher weiß der Taschenrechner, was sin 1 ist oder $\sqrt{2}$? Entwickeln wir dazu die Winkelfunktion f (x) = sin x in eine Reihe.

f (x) = sin x,	f (0) = sin 0 = 0,
f ' (x) = cos x,	f ' (0) = cos 0 = 1,
f '' (x) = –sin x,	f '' (0) = –sin 0 = 0,
f ''' (x) = –cos x,	f ''' (0) = –cos 0 = –1,
f^{IV} (x) = sin x,	f^{IV} (0) = sin 0 = 0, usw.

Von hier an wiederholt sich die Koeffizientenabfolge 0, 1, 0, –1; es wird schon

$$\sin x = 0 + x + \frac{0}{2}x^2 + \frac{-1}{3!}x^3 + \frac{0}{4!}x^4 + \frac{1}{5!}x^5 + \frac{0}{6!}x^6 + \frac{-1}{7!}x^7 + \ldots$$

$$\sin x = x - \frac{x^3}{3!} + \frac{x^5}{5!} - \frac{x^7}{7!} + - \ldots$$

Mathematica und die Sinusreihe

Holen wir uns auch hier die Bestätigung:

```
Series[Sin[x], {x, 0, 7}]
```

$$x - \frac{x^3}{6} + \frac{x^5}{120} - \frac{x^7}{5040} + O[x]^8$$

Diese Reihe konvergiert sogar *absolut*, also mit lauter „+“ für jedes x; um so eher aber nach *Leibniz* als alternierende Reihe. Setzen wir x = 1 (rad):

$$\sin 1 = 1 - \frac{1}{3!} + \frac{1}{5!} - \frac{1}{7!} + \frac{1}{9!} - + \ldots = 0{,}841471$$

was tatsächlich mit dieser **TR**-Genauigkeit nach 9!, also dem 5. Glied, erreicht wird.

```
Sum[(-1)^(n+1) 1/(2n-1)!, {n,1,5}] //N
```

```
0.841471
```

Beispiel 13: dasselbe für die Wurzelfunktion

Für die **Binompotenz** $f(x) = (1 + x)^m$ ist eine Reihenentwicklung gesucht.

Dabei braucht m nicht ganzzahlig zu sein: für m = 1/2 etwa wäre $f(x) = \sqrt{1 + x}$, was in vielen technischen Formeln (vereinfacht) so auftritt.

$f(x) = (1 + x)^m$,	f (0) = 1
$f'(x) = m(1 + x)^{m-1}$,	f ' (0) = m

$$f''(x) = m(m-1)(1+x)^{m-2}, \qquad f''(0) = m(m-1)$$
$$f'''(x) = m(m-1)(m-2)(1+x)^{m-3}, \qquad f'''(0) = m(m-1)(m-2)$$
... ...

$$(1+x)^m = 1 + mx + \frac{m(m-1)}{2!}x^2 + \frac{m(m-1)(m-2)}{3!}x^3 + \ldots + \binom{m}{n}x^n + \ldots$$

binomischer Lehrsatz

Ist hier m ganzzahlig, so wird in der (m+1)-ten Ableitung der Faktor (m–m) gleich Null, und die Reihe bricht dort ab: dies ist der *binomische Lehrsatz*. Ist $m \notin \mathbb{Z}$, entsteht eine *unendliche* Reihe, die wir erst auf *Konvergenz* prüfen müssen!

Nach dem Quotientenkriterium ist

$$\frac{a_{n+1}}{a_n} = \frac{\binom{m}{n+1}x^{n+1}}{\binom{m}{n}x^n} = \frac{m(m-1)(m-2)\ldots(m-n)\,n!}{(n+1)\,n!\,m(m-1)(m-2)\ldots(m-n+1)}\,x = \frac{m-n}{n+1}\,x$$

$$\lim_{n\to\infty}\frac{a_{n+1}}{a_n} = \lim_{n\to\infty}\frac{m-n}{n+1}\,x = (-1)\,x = -x$$

Da dies „ein q“ mit $|q| < 1$ sein muß, haben wir eben $|x| < 1$ als Konvergenzbereich gefunden. Dies gilt für jedes $m \in \mathbb{R}$; konkret ist für m = 1/2

und das Ergebnis ...

$$\sqrt{1+x} = 1 + \frac{1}{2}x + \frac{\frac{1}{2}(\frac{1}{2}-1)}{2}x^2 + \frac{\frac{1}{2}(\frac{1}{2}-1)(\frac{1}{2}-2)}{3!}x^3 + \ldots =$$

$$1 + \frac{1}{2}x - \frac{1}{2\cdot 4}x^2 + \frac{1\cdot 3}{2\cdot 4\cdot 6}x^3 - \ldots$$

Bestätigung erwünscht? Bitte sehr:

durch Mathematica bestätigt!

```
wurzel = Series[Sqrt[1+x], {x, 0, 4}]

              2    3      4
     x       x    x    5 x          5
1 + - - -- + -- - ---- + O[x]
     2       8   16    128
```

Für kleine x nahe 0 kann man hier abbrechen und erhält so

$$\sqrt{1{,}05} = \sqrt{1+0{,}05} \approx 1 + \frac{1}{2}0{,}05 - \frac{1}{8}0{,}05^2 + \frac{1}{16}0{,}05^3 = 1{,}0246953$$

was vom **TR**-Wert erst an der letzten Stelle (1 statt 3) abweicht!

Beispiel 14: Näherungspolynome für die Exponential- und die Sinusreihe

B Vielleicht interessiert Sie, wie gut die Polynomfunktionen bis zur 1., 2., 3., ..., n-ten Potenz die durch die Reihen der letzten Beispiele definierten Funktionen e^x, sin x oder $(1 + x)^m$ annähern? Betrachten wir dazu die ersten beiden:

$$f: e^x = 1 + x + \frac{x^2}{2!} + \frac{x^3}{3!} + \frac{x^4}{4!} + \ldots \quad \text{und} \quad p_1 = 1 + x, \quad p_2 = 1 + x + \frac{x^2}{2!},$$

$$p_3 = 1 + x + \frac{x^2}{2!} + \frac{x^3}{3!}, \quad p_4 = 1 + x + \frac{x^2}{2!} + \frac{x^3}{3!} + \frac{x^4}{4!}$$

Vielleicht haben Sie einen graphischen **TR** oder einen Computer mit passender Mathe-Software – oder Sie schreiben ein Turbo Pascal-Programm? –, dann können Sie alle fünf Kurven in einem System ausgeben lassen; diese sollten etwa so aussehen wie in Bild 2 auf der nächsten Seite.

Man erkennt, daß f immer besser approximiert wird und daß man durch Abbruch der

Reihe wenigstens für kleine x keine großen Fehler macht.

Bei sin x ist es schon mühsamer, hier betrachten Sie einfach die Näherungspolynome bis x^{15}, Bild 3. Und doch: Mit genügend „spätem Abbruch" wird f jeweils für alle x dargestellt!

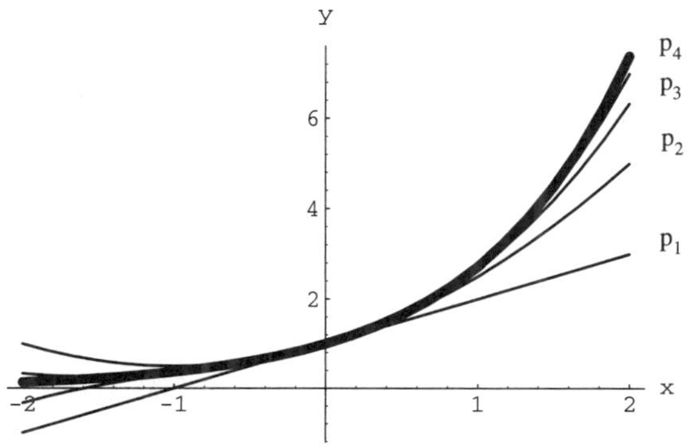

Bild 2: zur Exponentialapproximation

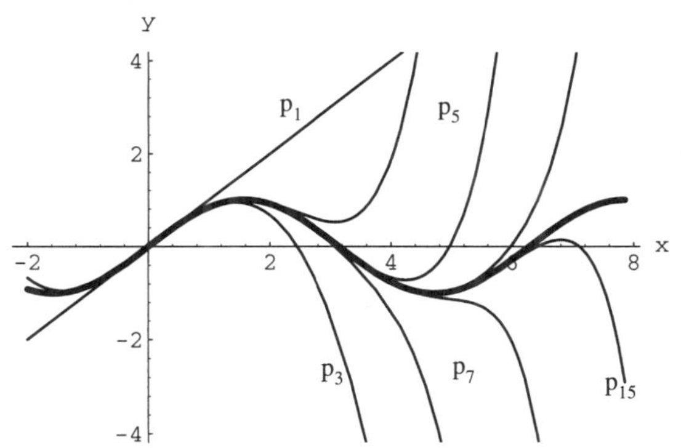

Bild 3: zur Sinusapproximation

B

Beispiel 15: die Binomialreihe

Ganz anders ist es im Fall der Binomialreihe des Beispiels 13, den wir für m = 1/2 untersuchen, Bild 4, unten:

$$f: \sqrt{1+x} = 1 + \frac{1}{2}x - \frac{1}{8}x^2 + \frac{1}{16}x^3 - \frac{5}{128}x^4 + - \ldots$$

$$p_1 = 1 + \frac{1}{2}x, \quad p_2 = p_1 - \frac{1}{8}x^2, \quad p_3 = p_2 + \frac{1}{16}x^3, \quad p_4 = p_3 - \frac{5}{128}x^4$$

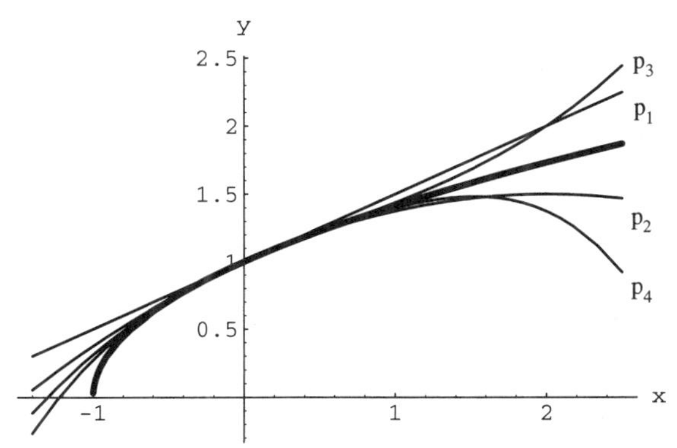

Bild 4: die Rolle des Konvergenzbereichs

Hier erkennt man sehr schön das oben allgemein bestimmte Konvergenzintervall: Außerhalb von [–1; 1] wird auch bei noch so großem n das p_n andere Wege gehen als f! Nur bei kleinem x innerhalb von [–1; 1] wird man wie oben abbrechen dürfen und f trotzdem gut annähern.

Bedeutung der Reihen für praktische Berechnungen

Sie merken aber schon: Für den Konstrukteur eines **Taschenrechners** und für alle, die vor 25 Jahren keinen **TR** kannten, waren diese Reihen von großer Bedeutung. Heute genügt eben in vielen Fällen der Druck auf einige **TR**-Tasten, um zum gewünschten Resultat zu gelangen. Dennoch bleiben genügend Probleme, die man erst durch dieses Verfahren in den Griff bekommt; z. B., wenn *Integrale* nicht *geschlossen* bzw. exakt lösbar sind (L **37**).

Eulersche Identität

Auch dieses Kapitel soll mit einem Ausblick auf höhere Gipfel enden, die Sie vielleicht später erklimmen. Wir sind schon den komplexen Zahlen begegnet und haben mit ihnen gerechnet wie mit reellen Zahlen auch. Wie wäre es, wenn wir in die Funktionenreihen der Beispiele 11 und 12 sowie Übung 6a statt x jetzt i · x mit der imaginären Einheit $i = \sqrt{-1}$ einsetzen? Sollten dadurch nicht neue, *komplexwertige*, Funktionen entstehen, ja geradezu *definiert* werden? Dies ist tatsächlich der Fall, und wir erkennen sogar bisher unbekannte Zusammenhänge:

Beispiel 15: die imaginäre Einheit in der Exponentialreihe

B

$$e^x = 1 + x + \frac{x^2}{2} + \frac{x^3}{3!} + \frac{x^4}{4!} + \ldots$$

$$e^{ix} = 1 + ix + \frac{(ix)^2}{2} + \frac{(ix)^3}{3!} + \frac{(ix)^4}{4!} + \ldots = 1 + ix - \frac{x^2}{2} - i\frac{x^3}{3!} + \frac{x^4}{4!} + i\frac{x^5}{5!} \ldots$$

Jetzt heben wir kühn i aus jedem 2. Glied heraus und stellen die Reihe neu zusammen, was bei konvergenten Potenzreihen erlaubt ist (ohne Beweis):

$$e^{ix} = [1 - \frac{x^2}{2} + \frac{x^4}{4!} - + \ldots] + i[x - \frac{x^3}{3!} + \frac{x^5}{5!} - + \ldots]$$

Natürlich kennen Sie die [...]-Terme aus den vorangehenden Beispielen:

und die Eulersche Identität

$$\boxed{e^{ix} = \cos x + i \sin x}$$ ***Eulersche Identität***

Mutig geworden, setzen wir $i \cdot x$ statt x auch in die Reihe für cos x und für sin x ein und sind (hoffentlich) neugierig, ob es auch hier schöne Formeln gibt. Das herauszufinden, sei Ihnen als Übung 9 ans Herz gelegt; dort wird Ihnen auch die *Eulersche Gleichung* $e^{i\pi} + 1 = 0$ begegnen!

↓ Raum für Ihre Notizen ↓

Übungsaufgaben

1. Geben Sie die Summe der jeweiligen geometrischen Reihe an:

   a) $1+\frac{99}{100}+\left(\frac{99}{100}\right)^2+\left(\frac{99}{100}\right)^3+\ldots$

   b) $1-\frac{4}{50}+\left(\frac{4}{50}\right)^2-\left(\frac{4}{50}\right)^3+-\ldots$ c) $1+\frac{2}{3}+\frac{4}{9}+\frac{8}{27}+\ldots$

2. Gehen Sie vor wie Leibniz in Beispiel 2, um die Summe festzustellen:

   a) $\frac{1}{8}+\frac{1}{24}+\frac{1}{48}+\frac{1}{80}+\ldots=\frac{1}{2\cdot4}+\frac{1}{4\cdot6}+\frac{1}{6\cdot8}+\frac{1}{8\cdot10}+\ldots$

   b) $\frac{1}{6}+\frac{1}{24}+\frac{1}{60}+\frac{1}{120}+\ldots=\frac{1}{1\cdot2\cdot3}+\frac{1}{2\cdot3\cdot4}+\frac{1}{3\cdot4\cdot5}+\frac{1}{4\cdot5\cdot6}+\ldots$

3. Prüfen Sie mit den Konvergenzkriterien von Satz 2
   (a mit Wurzel-, b mit Quotienten-Kriterium, c beide!):

   a) $\frac{2}{4}+\frac{16}{49}+\frac{216}{1000}+\frac{4096}{28561}+\ldots=\sum_{n=1}^{\infty}\left(\frac{2n}{3n+1}\right)^n$

   b) $1+2+\frac{3}{2}+\frac{2}{3}+\frac{5}{24}+\ldots=1+\frac{2^2}{2!}+\frac{3^2}{3!}+\frac{4^2}{4!}+\ldots=\sum_{n=1}^{\infty}\frac{n^2}{n!}$

   c) $a+\frac{a^2}{2}+\frac{a^3}{3}+\frac{a^4}{4}+\ldots=\sum_{n=1}^{\infty}\frac{a^n}{n}$

4. Zeigen Sie, daß aus der Konvergenz einer Reihe $\lim_{n\to\infty} a_n = 0$ folgt! Dabei gehen Sie vom allgemeinen Folgenkriterium von Cauchy aus, das in der Definition des Grenzwerts a dieses a durch das Folgenglied a_{n+m}, m beliebig $\in \mathbb{N}^*$, ersetzt!

5. Ist die Reihe $1+\frac{1}{\sqrt{2}}+\frac{1}{\sqrt{3}}+\frac{1}{\sqrt{4}}+\ldots+\frac{1}{\sqrt{n}}+\ldots$ konvergent? Ist die zugehörige alternierende Reihe $1-\frac{1}{\sqrt{2}}+\frac{1}{\sqrt{3}}-\frac{1}{\sqrt{4}}+\frac{1}{\sqrt{5}}-+\ldots$ konvergent?

6. Entwickeln Sie in eine Potenzreihe

   a) $f(x) = \cos x$

   b) $f(x) = \ln(1+x)$; weiter: Setzen Sie dann $x = 1$, d. h., suchen Sie $\ln 2 = ?$

7. Verwenden Sie die Binomialreihe, um eine Entwicklung anzugeben für

   a) $\sqrt{a+x}$ b) $\frac{1}{\sqrt{1+x}}$

8. Prüfen Sie die Annäherung von $\ln(1+x)$ durch die Polynome der Reihe von Übung 6b!

9. a) Bilden Sie neben der e^x-Reihe die für e^{-x} und dann die halbe Summe bzw. Differenz: Es entstehen Reihen für cosh x und sinh x!

   b) Setzen Sie $i \cdot x$ in die cos und sin-Reihen ein und vergleichen Sie mit a. Was folgt?

   c) Was wird aus der Euler-Identität für $x = \pi$?

Zu den Lösungen

Lösungen

1. a) $s = \frac{1}{1-\frac{99}{100}} = \frac{1}{\frac{1}{100}} = 100$ b) $s = \frac{1}{1-(-\frac{4}{50})} = \frac{1}{\frac{54}{50}} = \frac{50}{54} = \frac{25}{27}$

c) $q = \frac{2}{3} \Rightarrow s = \frac{1}{1-\frac{2}{3}} = \frac{1}{\frac{1}{3}} = 3$

2. a) $\frac{1}{2\cdot 4} = \frac{1}{2}(\frac{1}{2}-\frac{1}{4}),\quad \frac{1}{4\cdot 6} = \frac{1}{2}(\frac{1}{4}-\frac{1}{6}),\ \ldots,\quad \frac{1}{2n\cdot(2n+2)} = \frac{1}{2}(\frac{1}{2n}-\frac{1}{2n+2})$

$s_n = \frac{1}{2}[(\frac{1}{2}-\frac{1}{4})+(\frac{1}{4}-\frac{1}{6})+(\frac{1}{6}-\frac{1}{8})+\ldots+(\frac{1}{2n}-\frac{1}{2n+2})] = \frac{1}{2}[\frac{1}{2}-\frac{1}{2n+2}]$

$s = \lim_{n\to\infty} s_n = \ldots = \frac{1}{2}\cdot\frac{1}{2} = \frac{1}{4}$

b) $\frac{1}{1\cdot 2\cdot 3} = \frac{1}{2}(\frac{1}{1\cdot 2}-\frac{1}{2\cdot 3}),\quad \frac{1}{2\cdot 3\cdot 4} = \frac{1}{2}(\frac{1}{2\cdot 3}-\frac{1}{3\cdot 4}),\ \ldots$

$\frac{1}{n(n+1)(n+2)} = \frac{1}{2}(\frac{1}{n(n+1)}-\frac{1}{(n+1)(n+2)})$

$s_n = \frac{1}{2}[(\frac{1}{1\cdot 2}-\frac{1}{2\cdot 3})+(\frac{1}{2\cdot 3}-+\ldots-\frac{1}{(n+1)(n+2)})] = \frac{1}{2}[\frac{1}{1\cdot 2}-\frac{1}{(n+1)(n+2)}]$

$s = \lim_{n\to\infty} s_n = \ldots = \frac{1}{2}\cdot\frac{1}{2} = \frac{1}{4}$

3. a) Wurzelkriterium: $\sqrt[n]{a_n} = \frac{2n}{3n+1};\quad \lim_{n\to\infty}\sqrt[n]{a_n} = \frac{2}{3} < 1$: konvergent!

b) Quotientenkrit.: $\frac{a_{n+1}}{a_n} = \frac{(n+1)^2\cdot n!}{(n+1)!\cdot n^2} = \frac{(n+1)\cdot(n+1)\cdot n!}{(n+1)\cdot n!\cdot n^2} = \frac{n+1}{n^2}$

$\lim_{n\to\infty}\frac{a_{n+1}}{a_n} = \lim_{n\to\infty}\frac{n^2(\frac{1}{n}+\frac{1}{n\cdot n})}{n^2\cdot 1} = \lim_{n\to\infty}\frac{1}{n} + \lim_{n\to\infty}\frac{1}{n^2} = 0 < 1$: konvergent!

c) Wurzelkriterium: $\sqrt[n]{a_n} = \frac{a}{\sqrt{n}};\quad \lim_{n\to\infty}\frac{a}{\sqrt{n}} = 0$ (für jedes a!) < 1 : konvergent!

Quotientenkrit.: $\frac{a_{n+1}}{a_n} = \frac{a^{n+1}\cdot n}{(n+1)\cdot a^n} = a\cdot\frac{n}{n+1}$; dies ist $< a$ für alle n; mit $a < 1$ daher konvergent!

4. Cauchy: $\langle a_n\rangle$ konvergiert genau dann, wenn es zu $\varepsilon > 0$ stets ein N gibt, für das $|a_n - a_{n+m}| < \varepsilon$ bleibt für $n > N$ und $m \in \mathbb{N}^*$. Angewandt auf die Teilsummenfolge $\langle s_n\rangle$ der Reihe Σa_n ist $|s_n - s_{n+m}| = |s_{n+m} - s_n| = |a_{n+1} + a_{n+2} + \ldots + a_{n+m}| < \varepsilon$ für $n > N$ und belieb. $m \in \mathbb{N}^*$. Für $m = 1$ ist also $|a_{n+1}| < \varepsilon$, was gerade $\lim a_n = 0$ für $n \to \infty$ besagt, w.z.z.w.

5. Es ist $\sqrt{2}<2$, $\sqrt{3}<3$, ..., $\sqrt{n}<n$, also $\frac{1}{\sqrt{2}}>\frac{1}{2}$, $\frac{1}{\sqrt{3}}>\frac{1}{3}$, ... , d. h., die Reihe $\Sigma\frac{1}{\sqrt{n}}$ ist Majorante zur divergenten harmonischen Reihe $\Sigma\frac{1}{n}$, sie muß also selbst divergieren!

Da aber $<\frac{1}{\sqrt{n}}>$ monoton gegen Null fällt, konvergiert die alternierende Reihe!

6. a) Ganz wie bei sin x wird $\cos x = 1 - \frac{x^2}{2!} + \frac{x^4}{4!} - \frac{x^6}{6!} +- ...$

b) $f(x) = \ln(1+x)$, $\qquad f(0) = \ln 1 = 0$

$f'(x) = \frac{1}{1+x}$ $\qquad f'(0) = 1$

$f''(x) = ((1+x)^{-1})' = (-1)(1+x)^{-2} = -\frac{1}{(1+x)^2}$ $\qquad f''(0) = -1$

$f'''(x) = ... = 2\,\frac{1}{(1+x)^3}$ $\qquad f'''(0) = 2 = 2!$

$f^{IV}(x) = ... = -2\cdot 3\,\frac{1}{(1+x)^4}$ $\qquad f^{IV}(0) = -2\cdot 3 = -3!$

...

$$\ln(1+x) = 0 + 1\cdot x + \frac{-1}{2}x^2 + \frac{2!}{3!}x^3 + \frac{-3!}{4!}x^4 + ... = x - \frac{x^2}{2} + \frac{x^3}{3} - \frac{x^4}{4} +- ...$$

$x = 1$: $\ln 2 = 1 - \frac{1}{2} + \frac{1}{3} - \frac{1}{4} +- ...$

7. a) $\sqrt{a+x} = \sqrt{a(1+\frac{x}{a})} = \sqrt{a}\cdot\sqrt{1+\frac{x}{a}}$

$$\sqrt{a+x} = \sqrt{a}\cdot\left(1 + \frac{1}{2}\cdot\frac{x}{a} - \frac{1}{2\cdot 4}\left(\frac{x}{a}\right)^2 + \frac{1\cdot 3}{2\cdot 4\cdot 6}\left(\frac{x}{a}\right)^3 -+ ...\right)$$

b) $\frac{1}{\sqrt{1+x}} = (1+x)^{-\frac{1}{2}}$, d.h. $m = -\frac{1}{2}$:

$$\frac{1}{\sqrt{1+x}} = 1 + \left(-\frac{1}{2}\right)x + \frac{\left(-\frac{1}{2}\right)\left(-\frac{1}{2}-1\right)}{2!}x^2 + \frac{\left(-\frac{1}{2}\right)\left(-\frac{1}{2}-1\right)\left(-\frac{1}{2}-2\right)}{3!}x^3 + ... =$$

$$1 - \frac{1}{2}x + \frac{3}{8}x^2 - \frac{5}{16}x^3 +- ...$$

8. 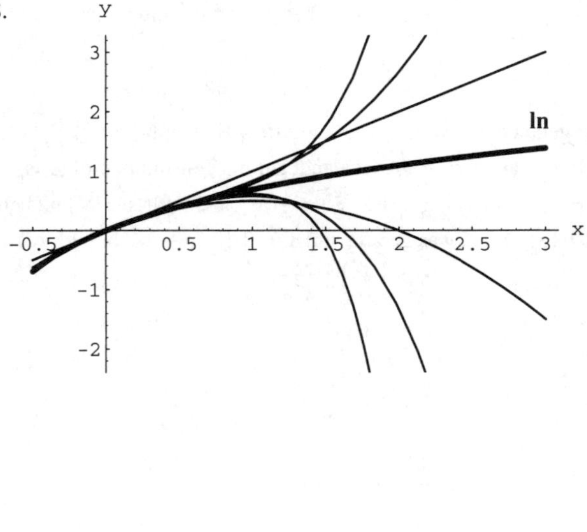

Je höher der Parabelgrad, desto näher liegt ihr Graph an der ln-Kurve!

9. $e^x = 1 + x + \frac{x^2}{2!} + \frac{x^3}{3!} + \frac{x^4}{4!} + \dots;\quad e^{-x} = 1 - x + \frac{x^2}{2!} - \frac{x^3}{3!} + \frac{x^4}{4!} - + \dots$

a) $\cosh x = \frac{1}{2}\,(e^x + e^{-x}) = 1 + \frac{x^2}{2!} + \frac{x^4}{4!} + \dots$

$\sinh x = \frac{1}{2}\,(e^x - e^{-x}) = x + \frac{x^3}{3!} + \frac{x^5}{5!} + \dots$

b) $\cos i{\cdot}x = 1 + \frac{x^2}{2!} + \frac{x^4}{4!} + \dots = \cosh x$ ✔

$\frac{1}{i}\sin i{\cdot}x = x + \frac{x^3}{3!} + \frac{x^5}{5!} + \dots = \sinh x$ ✔

c) Links entsteht $e^{i\pi}$, rechts -1, also $e^{i\pi} = -1 \;\Leftrightarrow\; e^{i\pi} + 1 = 0$; dies ist die *Eulersche Gleichung*.

Wir prüfen mit *Mathematica*:

```
Exp[I Pi] + 1 == 0
True
```

Zum nächsten Kapitel

Teil

36. Kapitel

36

L

Integral-rechnung

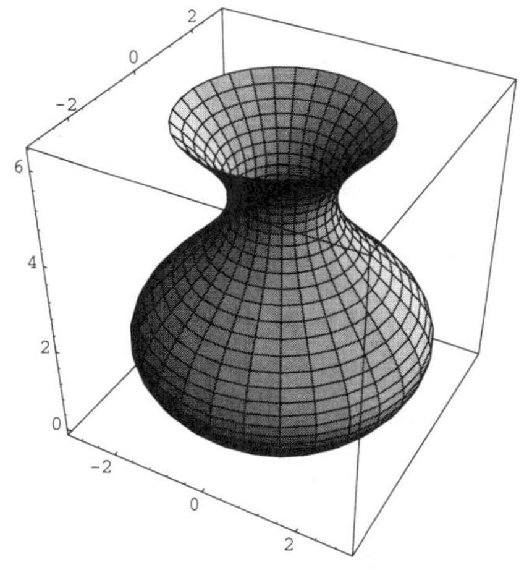

Während die **Ableitung** vor allem zu *kritischen Stellen* einer Funktion führt, ist die **Integration** die Antwort auf die Frage, wie der *Inhalt* einer krummlinig begrenzten *Fläche* zu berechnen ist. Dies wird in diesem Kapitel 𝕃**36** für stetige Funktionen geklärt und für einfache elementare Funktionen praktisch durchgeführt.

Wozu integrieren?

Der *Hauptsatz* gibt dann die Richtung an, in der weiterzugehen ist, wenn die Funktionen etwas allgemeiner werden: Der zweite Abschnitt von 𝕃**36** ist den grundlegenden *Methoden der Integration* solcher Funktionen gewidmet. Dabei machen wir zunehmend von den Möglichkeiten, die **Mathematiksoftware** bietet, Gebrauch, konkret: wir wenden *Mathematica* an.

In Kapitel 𝕃**37** wird die Flächenberechnung auf die Fragen der *Volumenberechnung*, die Schwerpunktbestimmung bei Drehkörpern und Ermittlung der Bogenlänge von Kurven ausgedehnt. Daß wir dann auch Anwenderfragen beantworten können, wird nach den bisherigen Transfererfahrungen – d. h. der erprobten Übertragbarkeit mathematischer Modelle auf praktische Probleme in PHYSIK und WIRTSCHAFT – nicht überraschen.

Volumenberechnung

physikalisch-wirtschaftliche Anwendungen

Im vorletzten Kapitel dieses **3**. Bandes, 𝕃**38,** wird die Integralrechnung zur Lösung einfachster **Differentialgleichungen** verwendet.

Dort, wo wir uns nicht mehr um geschlossene Lösungen bemühen, setzen wir den *Computer* ein, um die Entwicklung einfacher **dynamischer** bzw. *vernetzter* **Systeme** besser zu verstehen, dies vor allem in 𝕃**39**.

Computer und dynamische Systeme

Bestimmtes Integral und Integrationsmethoden

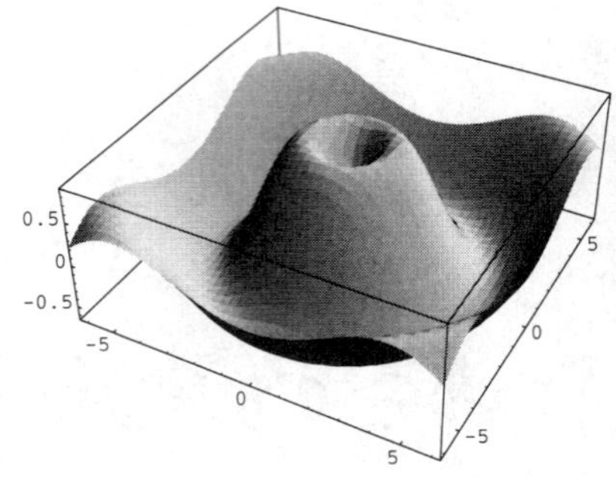

Stammfunktionen

Wir beginnen mit der Frage, ob sich zu einer vorgelegten Funktion f eine Funktion F finden läßt, deren *Ableitung* F' gleich f ist. Bei einfachen Funktionsgleichungen ist die Antwort klar: Zu

$f\colon x \rightarrow y = 2x$

etwa ist offenbar

Umkehrung der Ableitung:

$F\colon x \rightarrow y = x^2$

eine der gesuchten Funktionen wegen

$F'(x) = (x^2)' = 2x = f(x)$

– neben $x^2 + 1$, $x^2 - 2$, allg. $x^2 + \text{const}$, die ja alle dieselbe Ableitung 2x haben! –, zu

$f\colon x \rightarrow y = \cos x$

können wir ebenso rasch angeben:

$F\colon x \rightarrow y = \sin x\ (+\ \text{const})$

die Stammfunktion

usw. Eine solche sogenannte ***Stammfunktion*** F ist aber nicht immer so leicht zu erkennen: Wie ist es bei $f\colon x \rightarrow y = x \cdot \ln x$, wie bei $f\colon x \rightarrow y = x^2 \cdot e^{-x}$ ...?

Wir werden sehr bald Methoden entwickeln, die geforderten Funktionen F zu ermitteln, doch läßt sich zeigen, daß es zu gewissen durchaus elementaren Funktionen f keine Stammfunktion F in der üblichen *analytischen* oder *geschlossenen* Form geben kann! Dies gilt etwa für

Oft gibt es aber keine!

$$f(x) = \frac{1}{\sqrt{1+x^4}},\quad \frac{1}{x}\sin x,\quad \frac{1}{\ln x},\quad \frac{e^x}{x} \quad \text{oder} \quad e^{-x^2}.$$

In anderen Fällen wieder ist F(x) zwar vorhanden, aber nicht so einfach zu berechnen wie die Ableitung, z. B. bei $f(x) = (1 - x^2)^{-1}$ oder $\sin^3 x$. Manchmal ziehen wir deshalb eine Näherungsmethode der exakten vor.

Inhaltsfunktionen

Flächeninhalt

Zuvor soll uns aber das Problem beschäftigen, welche Funktionen f überhaupt eine Stammfunktion haben. Dazu begnügen wir uns zunächst mit einer in I = [a; b] *stetigen* Funktion f und greifen die eingangs gestellte Frage nach dem **Inhalt der Fläche** auf, die zwischen a und $x \leq b$ unter dem Graphen von f liegt, Bild 1, nächste Seite oben, wobei wir ganz naiv annehmen, wir könnten dieses A (a, x) irgendwie berechnen, wie es für Rechteck oder Trapez (bei linearem f) möglich ist.

Beim Kreis (B6) haben wir schon gesehen, daß man sich mit ein- und umbeschriebenen Vielecken behelfen muß. So ähnlich wird es gleich auch hier geschehen!

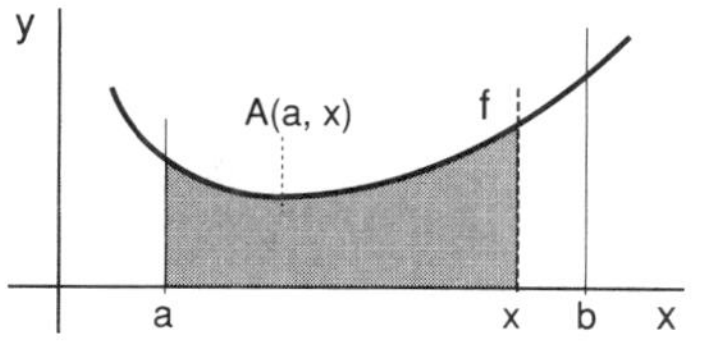

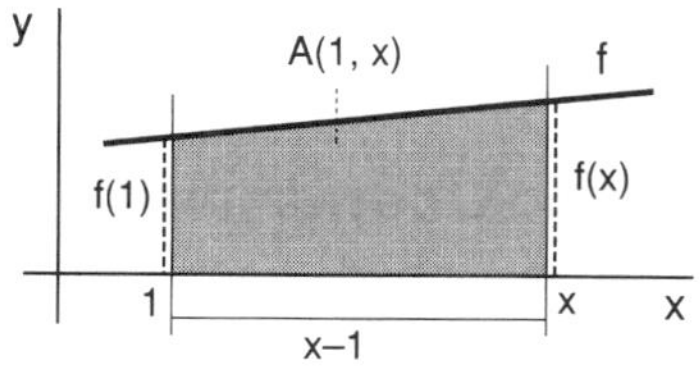

Bilder 1/2: zur Inhaltsfunktion und ...

Für eine *lineare* Funktion wie etwa $f : x \rightarrow y = \frac{1}{4}x + 2$ geht es noch elementar:

B **Beispiel 1: Stammfunktion**

Sei a = 1; es entsteht ein *Trapez,* Bild 2, rechts darüber, mit

$$A(1, x) = \frac{1}{2} \cdot (a + c) \cdot h = \frac{1}{2} \cdot [f(1) + f(x)] \cdot (x - 1) = \ldots = \frac{1}{8}x^2 + 2x - \frac{17}{8}.$$

Betrachten wir A (1, x) als F(x), so ist $F'(x) = \frac{1}{4}x + 2 = f(x)$.

Das weist aber $F: x \rightarrow A(1, x)$ als *Stammfunktion* von f aus!

Tatsächlich gilt allgemein der Satz:

S **Satz 1: Stetigkeit als Garant: Jede Inhaltsfunktion ist ... eine Stammfunktion!**

Die zu einer in [a; b] stetigen Funktion f mit $f(x) \geq 0$ gehörige Inhaltsfunktion $\mathbf{I}: x \rightarrow A(a, x)$ ist eine Stammfunktion von $f: \mathbf{I}' = f$.

Zum Beweis ist zu zeigen, daß die lokale Änderungsrate von **I** an jeder Stelle $x_0 \in [a;b]$ gerade $f(x_0)$ ist:

$$\lim_{x \to x_0} \frac{\mathbf{I}(x) - \mathbf{I}(x_0)}{x - x_0} = \lim_{x_0} \Delta\mathbf{I}(x_0, x) = f(x_0).$$

Dies ist der Fall, wenn es zu jedem $\varepsilon > 0$, das beliebig klein sein darf, ein $\delta > 0$ gibt, das Folgendes garantiert: Liegt $x \neq x_0$ in der δ-Umgebung von x_0, so liegt schon $\Delta\mathbf{I}(x_0, x)$ in der ε-Umgebung von $f(x_0)$. Nun muß doch wegen der **Stetigkeit** von f (K31) sicherlich f(x) in der ε-Umgebung von $f(x_0)$ liegen für die genannten Stellen x, d. h., der Graph von f liegt ganz im schraffierten Rechteck, Bild 3; dann ist dort weiter abzulesen:

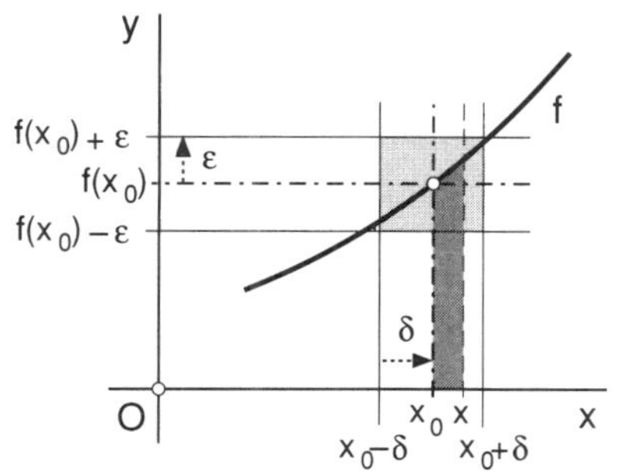

Bild 3: zum Beweis

$$A(x_0, x) = A(a, x) - A(a, x_0) =$$
$$= \mathbf{I}(x) - \mathbf{I}(x_0)$$

ist zwar größer als der Inhalt der kleinen Rechtecksfläche über $x - x_0$ bis $f(x_0) - \varepsilon$, aber kleiner als das große Rechteck bis $f(x_0) + \varepsilon$:

$$(x - x_0) \cdot [f(x_0) - \varepsilon] \leq \mathbf{I}(x) - \mathbf{I}(x_0) \leq$$
$$\leq (x - x_0) \cdot [f(x_0) + \varepsilon] \quad \Rightarrow$$
$$f(x_0) - \varepsilon \leq \frac{\mathbf{I}(x) - \mathbf{I}(x_0)}{x - x_0} \leq f(x_0) + \varepsilon.$$

Dies aber besagt gerade $\Delta\mathbf{I}(x_0, x)$ liege in der ε-Umgebung von $f(x_0)$, w.z.z.w.

Mit einer kennt man alle!

Kennt man nun **I**, so hat man auch schon *alle* Stammfunktionen in F = **I** + c mit c ∈ ℝ gefunden. Denn sicherlich ist F' = (**I** + c)' = **I**' = f; ist umgekehrt G eine beliebige Stammfunktion mit G' = f, so ist (G – **I**)' = G' – **I**' = f' – f' = 0, also G – **I** = c oder G = **I** + c = F.

Unter- und Obersummen

Berechnung einer Stammfunktion

Leider wissen wir immer noch nicht, wie dieses **I**(x) = A(a, x) zu f *berechnet* werden kann. Doch erinnern wir uns an das Vorgehen beim Kreis (𝔹**6**) und wandeln es etwas ab: Wir zerlegen das Intervall [a; b] in n Teilintervalle durch

$$a = x_0 < x_1 < x_2 < ... < x_n = b,$$

Bild 4, links unten, und suchen jeweils die Stelle mit kleinstem Funktionswert $\underline{f}(x_i)$ bzw. größtem $\bar{f}(x_i)$. Das Rechteck mit $\underline{f}(x_1)$ über $[x_0; x_1]$ liegt dann sicher ganz unterhalb von f, dasjenige mit $\bar{f}(x_1)$ analog oberhalb, und es gilt

als Näherungswert:

$$\underline{f}(x_1) \cdot (x_1 - x_0) \le A(x_0, x_1) \le \bar{f}(x_1) \cdot (x_1 - x_0).$$

Dies denken wir uns für jedes Intervall ausgeführt; durch Addition aller n Doppelungleichungen entsteht

Unter- und Obersumme ...

$$\sum_i \underline{f}(x_i) \cdot (x_i - x_{i-1}) \le A(x_0, x_n) \le \sum_i \bar{f}(x_i) \cdot (x_i - x_{i-1})$$

oder etwas kürzer mit U_n für die *Unter-*, O_n für die *Obersumme*

$$U_n := \sum_i \underline{f}(x_i)\, \Delta x_i \le A(a, b) \le \sum_i \bar{f}(x_i)\, \Delta x_i =: O_n$$

Bilder 4/5: dazu und zu einem konkreten ...

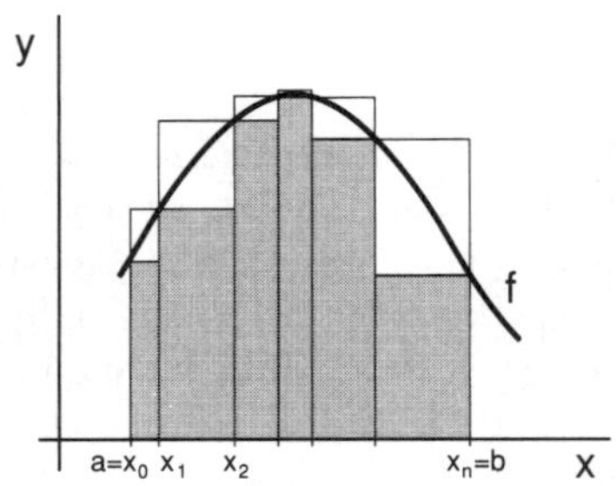

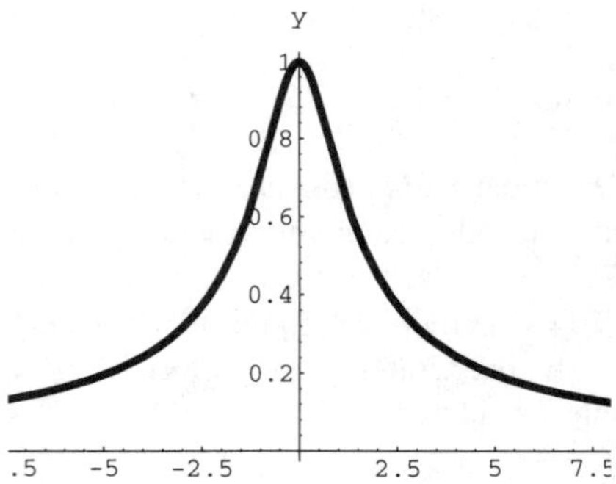

Beispiel 2: Turbo Pascal-Programm zur Berechnung von U und O

Für die Berechnung solcher Summen bietet sich heutzutage der **Computer** an, und das folgende *Turbo Pascal-Programm* soll für die konkrete Funktion

$$f(x) = \frac{1}{\sqrt{1 + x^2}}$$

die Unter- und Obersummen bei beliebig wählbaren Rändern ausgeben; für a = –5 und b = 5, vgl. Bild 5, rechts darüber, ergibt sich der Wert 4,62...

```
PROGRAM Flaecheninhalt;
USES crt;
VAR a, b, d, Au, Ao, fu, fo: Real;
    i, k: Integer;
    taste: Char;
```

```
Function f(x: Real): Real;
    Begin  f: = 1/Sqrt(1+x*x)  end;
BEGIN
   Clrscr;
   Write('Linke Intervallgrenze?'); Readln(a);
   Write('Rechte Intervallgrenze?'); Readln(b);
   i:=1;
   Repeat
       Au:=0; Ao:=0; d:=(b-a)/20/i;
       For k:=1 to 20*i Do
          Begin
             IF f(a+(k-1)*d) > f(a+k*d) THEN
             Begin fo:=f(a+(k-1)*d); fu:= f(a+k*d)  end
             ELSE
             Begin fu:=f(a+(k-1)*d); fo:= f(a+k*d)  end;
             Au:=Au + fu * d;
             Ao:=Ao + fo * d;
          End;
      Writeln('Untersumme:', Au:15:6);
      Writeln('Obersumme:', Ao:15:6);
      Writeln('Differenz:', Ao-Au:15:6);
      Writeln('Weiter mit bel. Taste, 'E' beendet!');
      i:=i+1;
      taste:=readkey;
   Until (taste = 'e') or (taste = 'E');
END.
```

Hier müssen wir etwas umständlich den kleinsten und größten Funktionswert bestimmen

Bitte des öfteren eine Taste drücken!

Da die bequemen Routinen *Min* oder *Max* der Kalkulations- oder auch Datenbankprogramme in *Pascal* nicht vorhanden sind, mußten wir uns etwas mühsam für jedes Intervall den kleineren Funktionswert `fu` (f_unten) und den größeren `fo` (f_oben) berechnen lassen, um eben die *Unter*summe `Au` von der *Ober*summe `Ao` sicher zu trennen. Trotz der rasch enger werdenden Intervalle erhalten wir daher relativ langsam den oben angegebenen Wert.

Bestimmtes Integral

Jetzt aber zum Grenzwert: das bestimmte Integral

Mit immer feineren Zerlegungen, d. h. $n \to \infty$ und auch $\Delta x_i \to 0$ für jedes i werden auch die Differenzen $\bar{f}(x_i) - \underline{f}(x_i)$ immer kleiner, da ja f *stetig* sein sollte, und es wird A(a, b) der gemeinsame Grenzwert von $\langle U_n \rangle$ und $\langle O_n \rangle$; man schreibt ein stilisiertes s, $\int$, statt $\lim\limits_{n\to\infty} \sum$ und hat

$$\int_a^b f(x)\,dx := \lim_{n\to\infty} \sum_{i=1}^{n} f(x_i)\,\Delta x_i = A(a, b), \quad \text{kurz auch } \int_a^b f,$$

das ***bestimmte Integral*** von f zwischen a und b. Jetzt kann A (a, b) *theoretisch* beliebig genau approximiert werden: Man hat nur ein genügend großes n zu wählen und U_n oder O_n zu berechnen.

f (x) muß nicht überall positiv sein!

Sollte f (x) *nicht überall positiv* sein in [a; b], so kann man die x-Achse so weit verschieben, bis der kleinste Wert von f, min f (x), in [a; b] erreicht oder unterschritten wird. Im Bild 6 ist x_{neu} bei y = –c gezeichnet. Im System (x_{neu}, y) ist f_{neu} (x) stets *positiv*, und das bestimmte Integral $\int_a^b f_{neu}$ existiert als reelle Zahl A_{neu} (a, b) ∈ $\mathbb{R}^+$; subtrahiert man den Rechtecksinhalt (b – a) · c, so erhält auch jetzt

$$\int_a^b f \quad \text{als} \quad \int_a^b f_{neu} - (b-a) \cdot c$$

seinen Sinn als Differenz von Flächeninhalten. Schließlich muß f nicht unbedingt stetig sein.

Bild 6: dazu

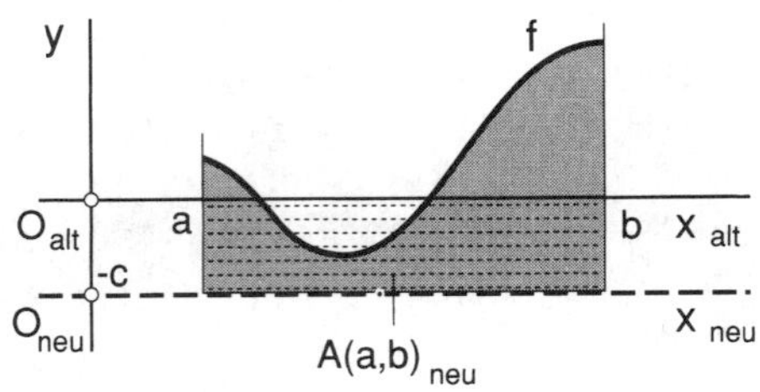

Auch dann sagt man

Definition 1: integrierbare Funktionen

D

> Haben für eine beliebige Funktion f: [a; b] → $\mathbb{R}$ alle Folgen $\langle U_n \rangle$ und $\langle O_n \rangle$ bei n → ∞ und $\Delta x_i \to 0$ einen gemeinsamen Grenzwert, so bezeichnet man ihn mit
> $$\int_a^b f(x)\,dx = \int_a^b f$$
> und nennt f ***integrierbar*** über [a; b].

Beachten wir, daß bei variabler oberer Grenze x statt b schon früher **I**: x → A(a, x) als Stammfunktion einer stetigen Funktion f mit f (x) ≥ 0 erkannt wurde, wofür jetzt auch

$$\mathbf{I}: x \to \int_a^x f \quad \text{oder} \quad x \to \int_a^x f(t)\,dt$$

geschrieben werden kann – man schreibt t oder u oder z... als *Integrationsvariable*, wenn x als obere Grenze auftritt – und denken wir an das letzte Ergebnis für das eben genannte Integral, falls f (x) nicht überall positiv ist, so haben wir für beliebige *stetige* Funktionen gefunden:

Satz 2: erster Hauptsatz

S

> **„Erster Hauptsatz der Differential- und Integralrechnung"**
> **Eine in [a; b] stetige Funktion f ist integrierbar, und es ist weiter**
> **I: x → $\int_a^x f$ eine Stammfunktion von f: I' = f.**

Zusammenhang zwischen Differenzieren und Integrieren

Der Satz ist deshalb so bedeutsam, weil er eine Verbindung von *Differenzieren* (I') und *Integrieren* $\left(\int_a^x f\right)$ herstellt: $\left(\int_a^x f\right)' = f$, wobei die Berechnung von Flächeninhalten – das **Integrieren** – doch etwas völlig anderes ist als das Berechnen von Tangentensteigungen, das **Differenzieren**!

Nun fehlt noch ein kleiner Schritt, und auch das *bestimmte Integral* ist mit Hilfe einer Stammfunktion berechenbar. Denn mit $\mathbf{I}(x) = \int_a^x f$ ist auch $F(x) = \mathbf{I}(x) + c$ Wert einer Stammfunktion F von f, wie wir oben gefunden hatten.

bestimmtes Integral und Stammfunktion

Dann ist

$$F(a) = \mathbf{I}(a) + c = \int_a^a f + c = 0 + c = c \qquad (\text{also } c = F(a)) \Rightarrow$$
$$F(b) = \mathbf{I}(b) + c = \int_a^b f + c = \int_a^b f + F(a) \quad \Rightarrow \quad \int_a^b f = F(b) - F(a).$$

Man findet also das bestimmte Integral von f zwischen den Grenzen a und b, indem man eine beliebige Stammfunktion F von f sucht und die Differenz der Funktonswerte an den Grenzen bildet:

S

„Zweiter Hauptsatz der Differential- und Integralrechnung"
Für eine beliebige Stammfunktion F von f in [a; b] ist

$$\int_a^b f = \int_a^b f(x)\,dx = F(b) - F(a) =: \left[F(x)\right]_a^b$$

Satz 3: zweiter Hauptsatz

Damit können wir jetzt zu

$f: x \to 3x^2$ sofort $F: x \to x^3$

als Stammfunktion angeben ($F'(x) = 3x^2 = f(x)$), also folgt

$$\int_1^5 3x^2\,dx = \left[x^3\right]_1^5 = 5^3 - 1^3 = 124,$$

und da f(x) in [1; 5] positiv ist, stellt 124 auch den Inhalt des Flächenstücks unter f zwischen 1 und 5 dar, Bild 7!

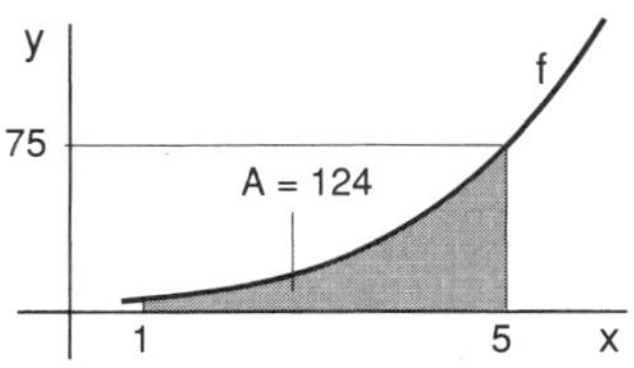

B

Beispiel 3: und Bild 7: Berechnung des bestimmten Integrals über Stammfunktionen

Natürlich kann auch *Mathematica* Stammfunktionen ermitteln und integrieren:

```
Integrate[3x^2, x]
```

x^3

```
Integrate[3x^2, {x, 1, 5}]
```

124

Jetzt erst wird klar, welche Bedeutung die Suche nach den Stammfunktionen hat, die wir gleich eingangs definiert hatten; auch die Bezeichnung ***unbestimmtes*** *Integral* für $\mathbf{I}(x)$ und auch $F(x) = \mathbf{I}(x) + c$ mit der Schreibweise $\int f$ oder $\int f(x)\,dx$ bzw. $\int f(u)\,du$ usw. (mit + c oder auch ohne c) wird verständlich. Stammfunktionen aufsuchen heißt dann *unbestimmt integrieren*: Man kennt ja die additive Konstante c nicht. Diese Unbestimmtheit verschwindet erst beim Einsetzen von Grenzen – siehe oben! –, was zu einer bestimmten Zahl führt:

unbestimmt integrieren

$A(a, b) = F(b) - F(a)$, dem *bestimmten* Integral $\int_a^b f$.

Bevor nun weitere Flächeninhalte berechnet werden können, benötigen wir zwei einfache Sätze:

Satz 4: Integral einer Summe ...

S

Für unbestimmte Integrale gilt:

1. $\int c \cdot f = c \cdot \int f, \quad c \in \mathbb{R}$ **„Ein konstanter Faktor kann vor das $\int$ gestellt werden."**

2. $\int (f+g) = \int f + \int g$ **„Integral einer Summe gleich Summe der Integrale."**

Denn ist

$F = \int f$ bzw. $F' = f$, so ist $(c\,F)' = c\,F' = c\,f$,

also auch

$\int c\,f = \int (c\,F)' = c\,F = c \int f,$

analog folgt Satz 4.2 (Übung 1).

Beispiele 4: und von Polynomen

B Damit kann man **Polynome** integrieren, falls man dies mit den *Potenzen* schafft, was problemlos ist:

- $\int x\,dx = \frac{x^2}{2}, \quad \int x^2\,dx = \frac{x^3}{3}, \quad \int x^3\,dx = \frac{x^4}{4}, \ldots;$
- $\int \frac{1}{x^2}\,dx = \int x^{-2}\,dx = -x^{-1} = -\frac{1}{x}$ (+ const, Probe!);
- → **Vorsicht**: Wegen $(\ln x)' = \frac{1}{x}$ ist $\int \frac{1}{x}\,dx = \ln x$.

Setzen wir noch Konstanten davor und bilden wir Summen:

Wir benötigen auch Satz 4!

- $\int 5x\,dx = 5\int x\,dx = 5\,\frac{x^2}{2}$, aber ebenso $5\,\frac{x^2}{2} + 3$ oder $5\,\frac{x^2}{2} - 4$ usw.;
- $\int \frac{c}{x^2}\,dx = c\int \frac{1}{x^2}\,dx = c\left(-\frac{1}{x}\right) = -\frac{c}{x};$
- $\int (x + x^2)\,dx = \int x\,dx + \int x^2\,dx = \frac{x^2}{2} + \frac{x^3}{3};$
- $\int \left(\frac{1}{5}x^3 - x^2 + 4\right)dx = \frac{1}{5}\int x^3\,dx - \int x^2\,dx + 4\int dx = \frac{1}{5}\,\frac{x^4}{4} - \frac{x^3}{3} + 4x;$

Ganz ohne Regeln geht es mit Mathematica

(aber nur in einfachen Fällen)

Sicherlich wollen Sie da und dort die Probe mit *Mathematica* machen, nehmen wir die letzten zwei Beispiele:

```
Integrate[x + x^2, x]

 2    3
x    x
-- + --
2    3

Integrate[1/5 x^3 - x^2 + 4, x]

         3    4
        x    x
4 x  -  -- + --
        3    20
```

Dies reicht schon als Handwerkzeug für so manche praktische Anwendung, wie im nächsten Kapitel 𝕃**37** gezeigt werden wird!

Flächeninhalte

Zu den *geometrischen Grundaufgaben* gehört die *Flächenberechnung*. Solange es sich bei der Begrenzungslinie um den Graphen einer Polynomfunktion $y = a + bx + cx^2 + ... + x^n$ handelt oder um einfache Potenzen mit negativen ganzen Hochzahlen, $y = x^{-n}$, $n \in \mathbb{N}^*$, sind wir jetzt schon in der Lage, diese zu berechnen:

Beispiel 5: Flächeninhalte unter Graphen ...

So könnte etwa der Inhalt des Flächenstücks unter dem Graphen von

$$f: x \rightarrow y = x^2 \cdot (x^2 - 7x + 10)$$

zwischen der linken und der mittleren Nullstelle gesucht sein. Dabei wollen wir zur besseren Darstellung des Graphen noch den zugehörigen Hochpunkt bestimmen!

Hier sind auch die *Nullstellen* leicht zu ermitteln, da schon eine Zerlegung von y als $x^2 \cdot (\,)$ vorliegt, was zunächst $x_{1,2} = 0 \Rightarrow N_{1,2}(0 \mid 0)$ bedeutet.

Weiter führt

$$y = 0 \Rightarrow x^2 - 7x + 10 = 0 \Rightarrow (x-2)(x-5) = 0$$

auf $N_3(2 \mid 0)$ und $N_4(5 \mid 0)$, vgl. Bild 8, →.

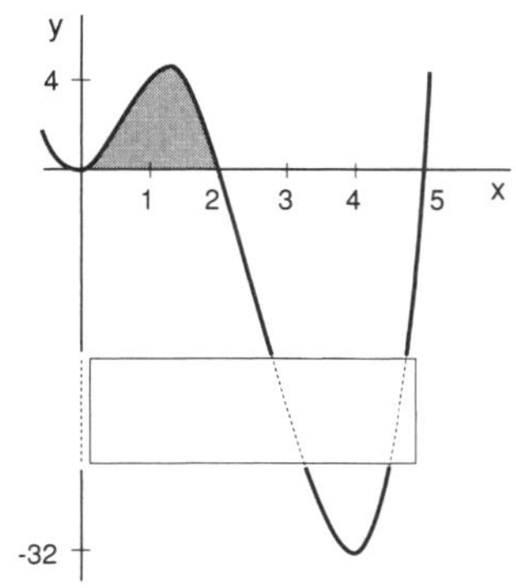

Bild 8: von Polynomfunktionen

Extremstelle(n):

$$y = x^2 \cdot (x^2 - 7x + 10) = x^4 - 7x^3 + 10x^2$$

$$y' = 4x^3 - 21x^2 + 20x = x\,(4x^2 - 21x + 20) = 0$$

→ quadratische Gleichung lösen:

$$x_1 = 0,\ x_2 = 1{,}25 \Rightarrow ...\ H(1{,}25 \mid 4{,}39); \quad (x_3 = 4 \Rightarrow T(4 \mid -32)).$$

Sie müssen nur Potenzen integrieren können

Da f(x) im Intervall [0; 2] positiv ist, wird schon

$$A(0, 2) = \int_0^2 (x^4 - 7x^3 + 10x^2)\,dx = \left[\frac{x^5}{5} - \frac{7x^4}{4} + \frac{10x^3}{3}\right]_0^2 = \ldots = 5{,}07.$$

Hier treten nur Polynome auf, deren Stammfunktionen sofort anzuschreiben sind; daher verzichten wir darauf, diese Integration mit *Mathematica* auszuführen. Dagegen werden wir später langwierige Rechnungen mit Softwarehilfe vermeiden!

Natürlich kann eine Fläche auch von *zwei* Kurven eingeschlossen sein, die sich in zwei Punkten $S_{1,2}$ mit den Abszissen a und b schneiden. Man braucht dann nur die Differenzfunktion $h = f - g$ zu bilden, falls $h(x) \geq 0$ überall in [a; b] gilt, und hat in $\int_a^b h$ den gesuchten Flächeninhalt.

Beispiel 6: Flächen zwischen zwei Kurvenstücken

Die Graphen von f und g schließen ein Flächenstück ein. Welchen Inhalt es es?

$$f: x \rightarrow y = -\frac{1}{9}(x-3)^2 + 2\,; \qquad g: x \rightarrow y = \frac{1}{3}x - 1$$

Die Schnittpunkte erhalten wir aus $f(x) = g(x)$, was nach Multiplikation mit –9 und Reduktion auf $x^2 - 3x - 18 = 0 \Leftrightarrow (x+3)(x-6) = 0$ führt; daraus lesen wir $x_1 = -3 = a$ und $x_2 = 6 = b$ ab und weiter $S_1(-3 \mid -2)$, $S_2(6 \mid 1)$, Bild 9.

Bild 9: dazu

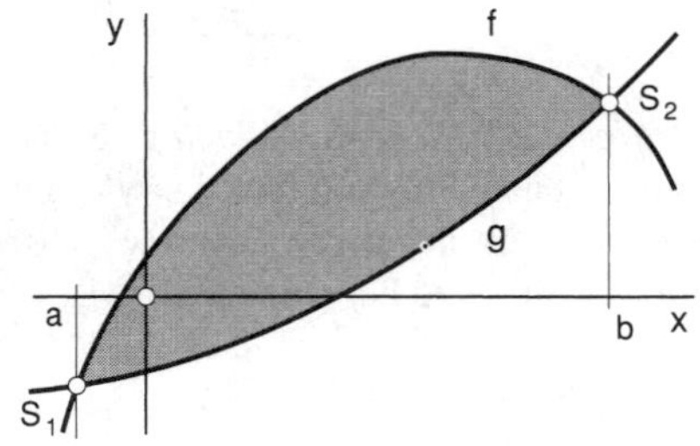

f(0) = 1 > –1 = g(0) garantiert hier h(x) ≥ 0 in [–3; 6] bei h = f – g, und wir haben

$$A(-3,6)=\int_{-3}^{6} h(x)\,dx=\int_{-3}^{6}[f(x)-g(x)]\,dx$$

Wir formen den *Integranden* f(x) – g(x) um

$$h(x)=-\frac{1}{9}(x-3)^2+2-\frac{1}{3}x+1=\ldots=-\frac{1}{9}x^2+\frac{1}{3}x+2$$

Stammfunktionen und 2. Hauptsatz

und suchen dazu eine ***Stammfunktion***, d. h. ein *unbestimmtes Integral* H:

$$\int\left(-\frac{1}{9}x^2+\frac{1}{3}x+2\right)dx=-\frac{1}{9}\int x^2\,dx+\frac{1}{3}\int x\,dx+2\int dx=$$

$$=-\frac{1}{9}\frac{x^3}{3}+\frac{1}{3}\frac{x^2}{2}+2x=-\frac{x^3}{27}+\frac{x^2}{6}+2x=H(x),$$

was nach dem 2. Hauptsatz schon zu A führt:

$$A(-3,6)=\int_{-3}^{6}h(x)\,dx=\left[H(x)\right]_{-3}^{6}=H(6)-H(-3)=$$

$$=\left[-\frac{6^3}{27}+\frac{6^2}{6}+2\cdot 6\right]-\left[-\frac{(-3)^3}{27}+\frac{(-3)^2}{6}+2\cdot(-3)\right]=\ldots=10-(-3{,}5)=13{,}5.$$

Kurvenscharen

Stellt man die Bedingung, der Flächeninhalt müsse größtmöglich sein, so wird dadurch die Gleichung *einer bestimmten Kurve* aus einer **Schar** erst festgelegt, was eine *Extremwertbedingung* darstellt:

Beispiel 7: **Flächeninhalt als extremale Größe**

B Für welchen Wert des Parameters a hat das Flächenstück zwischen den Koordinatenachsen, der Kurve f mit der Gleichung

$$f(x)=\frac{a}{3}x^3-\frac{1}{4}x^2-\frac{a^3}{2}x+3$$

und der Geraden g : x = 3 *maximalen* Inhalt? Gesucht ist f(x) und A_{max} für a > 0. Den Graphen von f sollten wir dann auch noch einzeichnen.

Wir setzen A(0, 3) wie gewohnt als $\int_0^3 f(x)\,dx$ an, integrieren gleich unbestimmt und nützen den 2. Hauptsatz:

$$A(0,3)=\int_0^3\left(\frac{a}{3}x^3-\frac{1}{4}x^2-\frac{a^3}{2}x+3\right)dx=\left[\frac{a}{3}\frac{x^4}{4}-\frac{1}{4}\frac{x^3}{3}-\frac{a^3}{2}\frac{x^2}{2}+3x\right]_0^3=\ldots=-\frac{9}{4}(a^3-3a-3)$$

Vorgehen wie bei Extremwertaufgaben

Sie wissen noch, daß die *Extremalfunktion* einfacher so aussieht:

$\varphi(a)=a^3-3a-3$ ... minimal!

$\varphi'(a)=3a^2-3=0 \Rightarrow 3(a^2-1)=0 \Rightarrow a^2=1 \Rightarrow \underline{a=1}$

$\varphi''(a)=6a;\ \varphi''(1)=6>0 \Rightarrow$ 1 ist relative Minimumstelle … T(1 | 2,58);

$$A_{max}=-\frac{9}{4}(1^3-3\cdot1-3)=11\frac{1}{4};$$

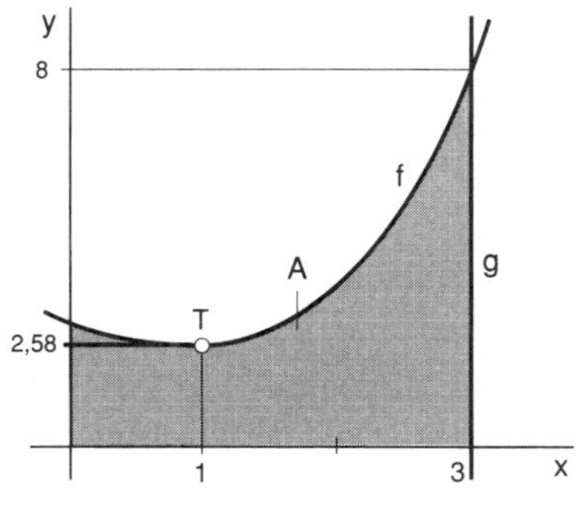

$$f(x) = \frac{1}{3}x^3 - \frac{1}{4}x^2 - \frac{1}{2}x + 3$$

Bild 10: Ergebnisgraph

Grundintegrale

Nun fällt auf, daß bisher weder *Wurzelfunktionen*, noch *Sinus-/Cosinusfunktionen*, noch *Exponential-/Logarithmusfunktionen* auftraten und schon gar nicht zusammengesetzte Funktionen wie

$$f(x) = \sqrt{1 - x^2} \quad \text{oder} \quad e^{1-x^2} \quad \text{oder} \quad \frac{1}{\cos^2 x} \quad \text{oder} \quad x \ln x$$

und andere mehr. Bevor wir Methoden erarbeiten, die es ermöglichen, auch davon Stammfunktionen bzw. unbestimmte Integrale zu finden, soll eine *Tabelle* mit den wichtigsten *Integralen* zusammengestellt werden.

auf dem Weg zu zusammengesetzten Funktionen ...

Tabelle von Grundintegralen:

Zur Funktion f		ist (u. a.) Stammfunktion F	
$x \to c$	$c \in \mathbb{R}$	$x \to cx$	
$x \to x^n$	$n \in \mathbb{Z} \setminus \{-1\}$	$x \to \frac{1}{n+1} x^{n+1}$	
$x \to x^{-1} = \frac{1}{x}$	$x > 0$	$x \to \ln x$	$\ln\lvert x\rvert$
	$x < 0$	$x \to \ln(-x)$	$\ln\lvert x\rvert$
$x \to \sqrt{x} = x^{1/2}$		$x \to \frac{2}{3} x^{3/2} = \frac{2}{3} x \sqrt{x}$	
$x \to x^{p/q}$	$p/q \in \mathbb{Q} \setminus \{-1\}$	$x \to \frac{1}{p/q + 1} x^{p/q + 1}$	
$x \to e^x$		$x \to e^x$	
$x \to \sin x$		$x \to -\cos x$	
$x \to \cos x$		$x \to \sin x$	
$x \to \frac{1}{\cos^2 x}$		$x \to \tan x$	
$x \to \frac{1}{\sqrt{1 - x^2}}$		$x \to \arcsin x$	$\lvert x\rvert < 1$
$x \to \frac{1}{1 + x^2}$		$x \to \arctan x$	

hier eine Tabelle von Grundintegralen (=Stammfunktionen)

Man hat nur F abzuleiten, um F' = f zu bestätigen. Überall können bei F beliebige konstante Summanden dazukommen.

Beispiel 8: Bestätigung

Wählen wir als Beispiel einer Potenz mit rationalem Exponenten etwa

$$f(x) = \frac{1}{\sqrt{x}} = x^{-1/2}, \quad \text{so ist}$$

$$F(x) = \frac{1}{-1/2 + 1} \cdot x^{-1/2+1} = 2x^{1/2} = 2\sqrt{x},$$

wie man wieder direkt bestätigt: $\left(2\sqrt{x}\right)' = 2 \cdot \frac{1}{2\sqrt{x}} = \frac{1}{\sqrt{x}}$.

Damit beantworten wir etwa die Frage:

Beispiel 9: eine geometrische Anwendung

Wie muß die obere Intervallgrenze c gewählt werden, damit der Flächeninhalt unter der Kurve von $f: x \to y = \frac{1}{\sqrt{x}}$ zwischen 1 und c von der Geraden g: x = 9 halbiert wird, vgl. Bild 11?

Bild 11: dazu

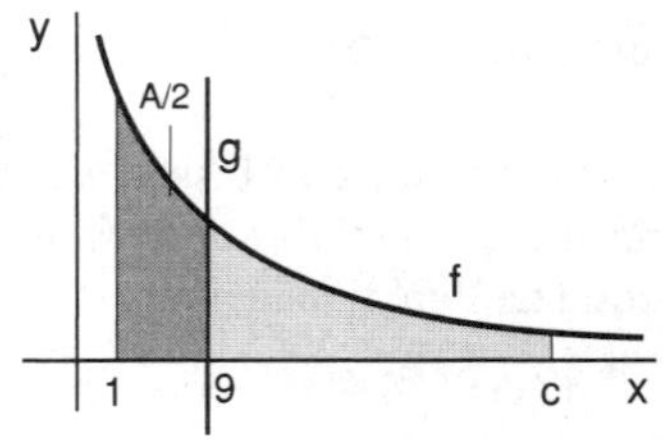

Mit dem Ergebnis von oben gehen wir gleich auf die bestimmten Integrale los:

Aus A(1, 9) = A(9, c) folgt wegen

$$\int \frac{1}{\sqrt{x}}\,dx = \int x^{-1/2}\,dx = 2\sqrt{x}$$

nach dem 2. Hauptsatz wie immer:

$$\left[2\sqrt{x}\right]_1^9 = \left[2\sqrt{x}\right]_9^c \Rightarrow 2\sqrt{9} - 2\sqrt{1} = 2\sqrt{c} - 2\sqrt{9} \Rightarrow \sqrt{c} = 5 \Rightarrow c = 25$$

Ebenso darf nun eine einfache **Sinus-/Cosinusfunktion** auftreten:

Beispiel 10: Nun dürfen auch Winkelfunktionen auftreten,

Die Kurve von $g^*: x \to y = \cos x$ soll in der y-Richtung so weit verschoben werden, bis ihr Bild g die Kurve $f: x \to y = \sin x$ über dem x-Intervall $[0; \pi]$ *berührt*, Bild 12. Gesucht ist dann der Inhalt der Fläche, die von der y-Achse und den beiden zu diesem Berührungspunkt B reichenden Kurvenstücken begrenzt wird.

Bild 12: ...die einander berühren sollen!

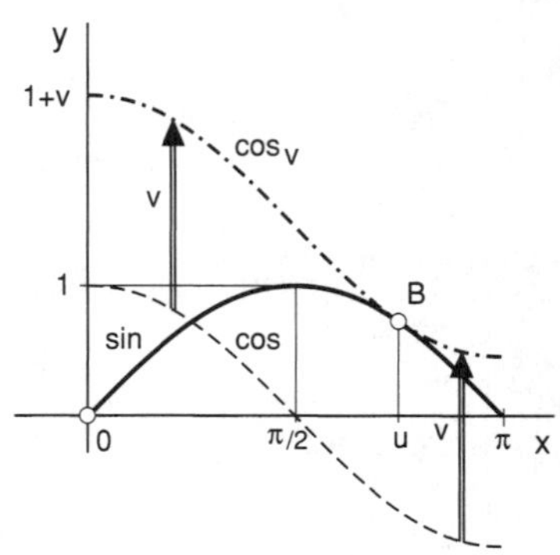

Um B zu bekommen, setzen wir die Steigungen der Tangenten in B gleich:

$$f: y = \sin x \Rightarrow f': y' = \cos x$$

$$g: y = \cos x + v \Rightarrow g': y' = -\sin x \Rightarrow$$

$$\cos x = -\sin x \Rightarrow 1 = -\tan x \Rightarrow$$

$$x = 135° = 3/4\,\pi\ (\text{rad}) = u \quad (\text{B-Abszisse})$$

Die Ordinate von B erhalten wir natürlich durch Einsetzen:

$$f(3/4\,\pi) = \sin 3/4\,\pi = \sin \pi/4 = \frac{\sqrt{2}}{2}$$

$$g(3/4\,\pi) = \cos 3/4\,\pi + v = -\frac{\sqrt{2}}{2} + v \Rightarrow$$

$$v = \sqrt{2} \Rightarrow g: y = \cos x + \sqrt{2}$$

Der Flächeninhalt folgt wie üblich:

$$A(0,u) = \int_0^u (g-f) = \int_0^u (\cos x + \sqrt{2} - \sin x)\,dx = \left[\sin x + \sqrt{2}\,x + \cos x\right]_0^u =$$

$$\sin u + \sqrt{2}\,u + \cos u - \cos 0 = \ldots (u = \frac{3}{4}\pi) \quad \frac{\sqrt{2}}{2} + \frac{3\sqrt{2}}{4}\pi - \frac{\sqrt{2}}{2} - 1 = 2{,}33$$

Bei der *Exponential*funktion ist es so lange einfach, wie sie in der Grundform auftritt, $f(x) = e^x$. Die Fläche unter f zwischen 0 und 2 ist dann, vgl. Bild 13,

$$A(0, 2) = \int_0^2 e^x dx = [e^x]_0^2 = e^2 - e^0 = e^2 - 1 = 6{,}39$$

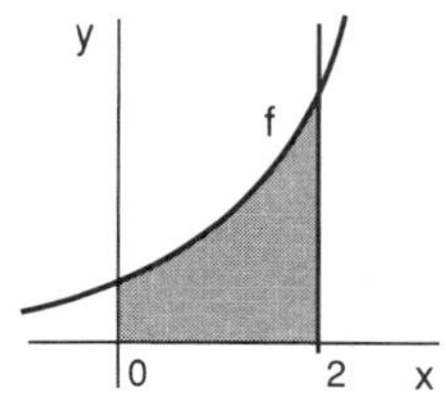

Bei manchen Funktionen gibt es kritische Stellen:

Welchen Inhalt hat die Fläche unter $f: y = \frac{1}{x} = x^{-1}$ zwischen 0 und 2, vgl. Bild 14?

An der Stelle $x = 0$ ist f nicht definiert, 0 ist Polstelle der Funktion. Der gesuchte Inhalt kann also nur aufgefaßt werden als Grenzwert von

$$A(\varepsilon, 2) = \int_\varepsilon^2 \frac{1}{x} dx = [\ln x]_\varepsilon^2 = \ln 2 - \ln \varepsilon \quad \text{für } \varepsilon \to 0.$$

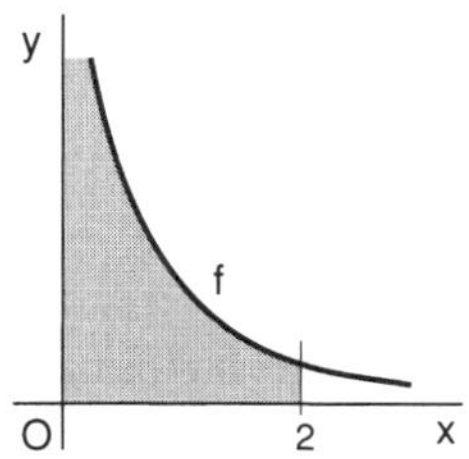

Noch für sehr kleine ε ist A(ε, 2) durchaus „normal":

$$A(0{,}01; 2) = \ln 2 - \ln 0{,}01 = 5{,}3;$$

auch bei $\varepsilon = 0{,}0001$ finden wir $A(0{,}0001; 2) = \ln 2 - \ln 0{,}0001 = 9{,}9$.

Da aber $\ln \varepsilon$ gegen $-\infty$ geht, ist

$$A(0, 2) = \lim_{\varepsilon \to 0} A(\varepsilon, 2) = \ln 2 - (-\infty) = \infty.$$

Solches passiert aber nicht immer:

In Beispiel 12 soll x durch $x^{3/4}$ ersetzt werden, d.h. $y = \frac{1}{x^{3/4}} = x^{-3/4}$:

$$A(\varepsilon, 2) = \int_\varepsilon^2 x^{-3/4} dx = \left[\frac{1}{-3/4+1} x^{-3/4+1}\right]_\varepsilon^2 = \left[4x^{1/4}\right]_\varepsilon^2 = 4(\sqrt[4]{2} - \sqrt[4]{\varepsilon})$$

Setzen wir hier nochmals $\varepsilon = 0{,}01$ bzw. $0{,}0001$:

$$A(0{,}01; 2) = 4(\sqrt[4]{2} - \sqrt[4]{0{,}01}) \approx 3{,}5 \qquad A(0{,}0001; 2) = 4(\sqrt[4]{2} - \sqrt[4]{0{,}0001}) \approx 4{,}36$$

Diese Kurve wandert offenbar doch rascher gegen die y-Achse. Im Limes ist der 2. Term auch 0 wegen $\lim_{\varepsilon \to \infty} \sqrt[4]{\varepsilon} = 0$; hier bleibt A *endlich*:

$$A(0, 2) = \lim_{\varepsilon \to 0} A(\varepsilon, 2) = 4 \cdot \sqrt[4]{2} = 4{,}76$$

Integrale dieser Art heißen ***uneigentlich*** von „der 1. Art". Wir bilden hier noch eines „der 2. Art", bei der zwar f überall *endlich* ist, die Grenzen des Intervalls jedoch unendlich (∞) werden:

Der Flächeninhalt unter $f: y = \frac{1}{1+x^2}$ zwischen $-\infty$ und ∞ ist gesucht.

Bild 15, nächste Seite, zeigt, daß für $x \to \pm\infty$ f sich immer mehr an die x-Achse schmiegt, so daß Hoffnung auf endlichen Inhalt besteht; schließlich ist auch $\lim_{x \to \pm\infty} y = 0$.

Der Liste unserer Grundintegrale entnehmen wir

$$A(-G, G) = \int_{-G}^{G} \frac{1}{1+x^2} dx = 2\int_0^G \frac{1}{1+x^2} dx = 2\,[\arctan x]_0^G = 2 \arctan G - 0$$

B **Beispiel 11:** Exponentialfunktionen

Bild 13: dazu

B **Beispiel 12:** Dasselbe mit kritischen Stellen

Bild 14: dazu

B **Beispiel 13:** es bleibt kritisch …

und dennoch ist A berechenbar!

B **Beispiel 14:** Uneigentliche Integrale 1. und 2. Art

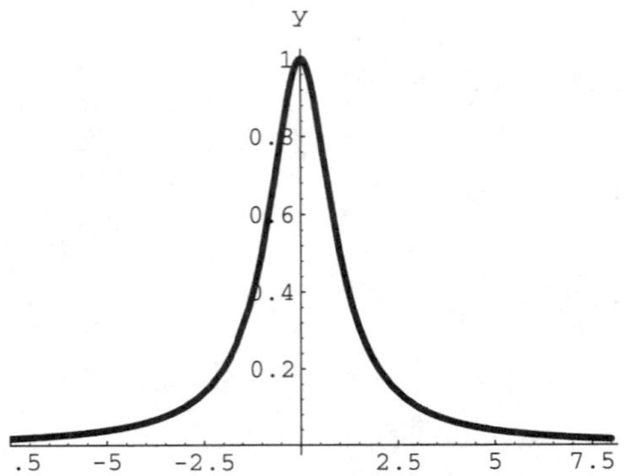

Bild 15: dazu

Der Bogen, dessen tan-Wert $G \to \infty$ geht, ist aber (beim 1. Mal) $90° = \pi/2$, d. h.

$$A(-\infty, \infty) = \lim_{G \to \infty} 2 \arctan G = 2 \cdot \pi/2 = \pi$$

Tatsächlich bleibt der Wert dieses uneigentlichen Integrals 2. Art *endlich*, eben π. Überzeugen wir uns mit *Mathematica*:

Kontrollrechnungen mit Mathematica

```
Integrate[1/(1+x^2), {x, -G, G}]
2 ArcTan[G]
Limit[%, G -> Infinity]
Pi
```

Die **Quadratwurzel** aus dieser Funktion würde übrigens auf $A = \infty$ führen:

```
Integrate[1/Sqrt[1+x^2], {x, -G, G}]
2 ArcSinh[G]
Limit[%, G -> Infinity]
Infinity
```

Dabei wird die Umkehrung der Sinus hyperbolicus-Funktion benutzt (für Kenner: die *Area-Funktion*, hier anders als bei uns üblich, Arc… statt ar… geschrieben), die wir nicht weiter besprochen haben.

Prüfen wir gleich das Ergebnis von Beispiel 13:

die auch bei uneigentlichen Integralen funktionieren!

```
Integrate[1/x^(3/4), {x, e, 2}]
   1/4      1/4
4 2    - 4 e
Limit[%, e -> 0] //N
4.75683
```

Statt dessen können wir gleich auch die Grenze 0 eingeben:

```
Integrate[1/x^(3/4), {x, 0, 2}] //N
4.75683
```

Die bisher auftretenden Integranden waren vom Typ derjenigen Funktionen, denen in der Tabelle der Grundintegrale eine Stammfunktion zugeordnet werden konnte. Für Funktionen komplizierterer Art wie

$$\ln(1-x),\quad x\,e^{x},\quad \sin^2 x,\quad \sqrt{1-\cos x}$$

u.a. müssen wir jetzt Methoden entwickeln, die wie natürlich von den Differentiationsregeln her begründen.

Umgang mit Differentialen

Differentiale wie dx, dy, ds kennen wir seit 𝕂**32**. Zur Erinnerung: Es ist nicht etwa $dx = \lim \Delta x$, da dieser Grenzwert gleich Null ist! Nein, dx ist *gleich* Δx, also ein sehr klein angenommener Wert $\neq 0$, dy ist die Änderung des Funktionswerts der *Tangente* im Intervall $[\,x_0;\ x_0+\Delta x\,]$, so wie Δy die Änderung des Funktionswerts der *Kurve* selbst angibt. Im kleinen Intervall wird die Kurve *linearisiert*, also durch die Tangente ersetzt: Deren Änderungen sind die *Differentiale*, und es ist $dy = y'\cdot dx$. Analog ist es beim *Bogenelement* ds.

Lineare Funktionen

lineare Funktion als Integrand

Tritt nun in einem Integranden, was oft vorkommt, eine lineare Funktion in x auf, so führen wir wie bei der *Kettenfunktion* (𝕂**32**) eine Vermittlervariable u ein und bilden – wie eben erklärt – ihr *Differential* du:

B — **Beispiel 15:** dazu

$$\int \sqrt{3x-1}\,dx = ? \qquad u := 3x-1 = g(x) \;\Rightarrow\; du = g'(x)\,dx = 3\,dx \;\Rightarrow\; dx = \tfrac{1}{3}\,du$$

Damit wird das Integral so umgeformt, daß wir die Stammfunktion angeben können:

$$\int \sqrt{3x-1}\,dx = \int \sqrt{u}\cdot\tfrac{1}{3}\,du = \tfrac{1}{3}\int \sqrt{u}\,du = \tfrac{1}{3}\cdot\tfrac{2}{3}u\sqrt{u} = \tfrac{2}{9}(3x-1)\sqrt{3x-1}\quad (+\,c)\ .$$

Ganz allgemein ist bei $g(x) = u = ax+b$ eben $g'(x) = a$ und $dx = \frac{1}{g'(x)}\,du = \frac{1}{a}\,du$

S — **Satz 5:** 1. Methode der unbestimmten Integration

> **„Substitution I"**
>
> **Für eine lineare Funktion g(x) = ax + b wird u substituiert, und es gilt:**
>
> $$\int f(ax+b)\,dx = \frac{1}{a}\int f(u)\,du$$

B — **Beispiele 16:** zur Substitution I

Nach diesem Schema gehen wir auch bei den folgenden vier Aufgaben vor:

- $\int \sin\left(2x+\frac{\pi}{2}\right)dx = \frac{1}{2}\int \sin u\,du = \frac{1}{2}(-\cos u) = -\frac{1}{2}\cos\left(2x+\frac{\pi}{2}\right);$
- $\int e^{1-0{,}1x}\,dx = \frac{1}{-0{,}1}\int e^{u}\,du = \frac{1}{-0{,}1}\,e^{u} = -10\cdot e^{1-0{,}1x};$
- $\int \frac{1}{(5-2x)^2}\,dx = \frac{1}{-2}\int\frac{1}{u^2}\,du = \frac{1}{-2}\cdot\frac{u^{-1}}{-1} = \frac{1}{2u} = \frac{1}{2(5-2x)};$
- $\int \frac{1}{1+4x^2}\,dx = \int\frac{1}{1+(2x)^2}\,dx = \frac{1}{2}\int\frac{1}{1+u^2}\,du = \frac{1}{2}\arctan u = \frac{1}{2}\arctan 2x\ ;$

Zusammengesetzte Funktionen

Sehr oft sind Funktionen komplizierter gebaut. Im Sonderfall einer *inneren* Funktion, g (x), neben der noch als Faktor deren Ableitung g ' (x) auftritt, kann man analog verfahren wir eben:

Beispiel 17: 2. Methode

B

$$\int e^{x^2} \cdot 2x \, dx = ? \qquad u = x^2 \ (= g(x))$$

$\uparrow g(x) \quad \uparrow g'(x)$ $\qquad du = g'(x)\,dx = 2x \cdot dx$

$$\int e^u du = e^u = e^{x^2} \quad (+\text{ const})$$

Allgemein kann man formulieren:

Satz 6: Substitution II

S

„Substitution II"

Für eine innere Funktion g (x) kann u substituiert werden, falls noch g ' (x) auftritt, und es gilt:

$$\int f(g(x)) \cdot g'(x)\, dx = \int f(u)\, du$$

Damit lassen sich viele Integrale angeben:

Beispiel 18: dazu

B

$$\int \frac{2x}{4+x^2} dx = ? \qquad \rightarrow \text{Subst.:} \quad u = 4 + x^2$$

$$\leftarrow \qquad du = 2x\,dx$$

$$\int \frac{du}{u} = \ln |u| = \ln (4+x^2)$$

Beispiel 19: dazu

B

$$\int \frac{x}{(4+x^2)^2} dx = ? \qquad \rightarrow \text{Subst.:} \quad u = 4 + x^2$$

$$du = 2x\,dx$$

$$\frac{1}{2}\int \frac{1}{u^2} du = \frac{1}{2} \cdot \frac{u^{-1}}{-1} = \frac{-1}{2u} = \frac{-1}{2(4+x^2)} \qquad \leftarrow \quad \tfrac{1}{2}\, du = x\,dx$$

Kontrolle mit Mathematica

Hier wäre wohl ein Kontrollblick zu *Mathematica* am Platz (letzte zwei Beispiele):

```
Integrate[2x/(4+x^2), x]

           2
Log[4 + x ]

Integrate[x/(4+x^2)^2, x]

    -1
----------
         2
2 (4 + x )
```

Beispiel 20: dasselbe Vorgehen

B

$$\int x \cdot e^{1-x^2} dx = ? \qquad \rightarrow \text{Subst.:} \quad u = 1 - x^2$$

$$du = -2x\,dx$$

$$-\frac{1}{2}\int e^u du = -\frac{1}{2} \cdot e^u = -\frac{1}{2} \cdot e^{1-x^2} \qquad \leftarrow \quad -\tfrac{1}{2}\, du = x\,dx$$

Beispiel 21: ... wie eben

B

$$\int \sin^2 x \cdot \cos x\, dx = ? \qquad \rightarrow \text{Subst.:} \quad u = \sin x$$

$$\int u^2 du = \frac{1}{3} u^3 = \frac{1}{3} \sin^3 x \qquad \leftarrow \quad du = \cos x\, dx$$

$\int \sin^3 x\,dx = \int \sin x \cdot \sin^2 x\,dx = \int \sin x \cdot (1 - \cos^2 x)\,dx =$

$\int \sin x - \int \sin x \cdot \cos^2 x\,dx =$ $\rightarrow$ Subst.: $u = \cos x$

$\leftarrow$ $du = -\sin x\,dx$

$-\cos x + \int u^2\,du = -\cos x + \frac{1}{3}u^3 = -\cos x + \frac{1}{3}\cos^3 x$

B **Beispiel 22:** auch Grundwissen ...

$\int \frac{dx}{x \cdot \ln x} = ? = \int \frac{1}{\ln x} \cdot \frac{1}{x}\,dx =$ $\rightarrow$ Subst.: $u = \ln x$

$\leftarrow$ $du = \frac{1}{x}\,dx$

$\int \frac{1}{u}\,du = \ln|u| = \ln|\ln x|$

B **Beispiel 23:** und Fantasie sind nötig!

Hier wird man in einigen Jahren vielleicht nur mehr mit **Mathe-Software** arbeiten? Sehen wir uns das letzte und vorvorletzte Beispiel an (beim vorletzten gibt *Mathematica* einen cos 3x-Term zurück und ist nicht bereit, ihn aufzulösen!):

Mathe-Software is running

```
Integrate[Sin[x]^2 Cos[x], x]

      3
Sin[x]
-------              (* So schreibt Mathematica sin3 x *)
   3

Integrate[1/(x Log[x]), x]

Log[Log[x]]
```

Produkte von Funktionen

In vielen Fällen führt eine andere Methode zum Ziel. Wir denken an die Produktregel der Ableitung:

$(u \cdot v)' = u' \cdot v + u \cdot v'$

und setzen jetzt F für u mit F' = f und g für v:

3. Methode:

$(F \cdot g)' = F' \cdot g + F \cdot g' = f \cdot g + F \cdot g' \Rightarrow$

$F \cdot g = \int (F \cdot g)' = \int f \cdot g + \int F \cdot g' \Rightarrow \int f \cdot g = F \cdot g - \int F \cdot g'$

Obwohl dies nicht nach Vereinfachung aussieht, ist es dennoch oft zielführend:

„Partielle Integration“ (Integration *nach Teilen, Produkt*-I.)

Besteht der Integrand aus f · g und kann man f integrieren (F' = f), so gilt

$$\int f \cdot g = F \cdot g - \int F \cdot g'$$

S **Satz 7:** partielle Integration

Hier wieder einige typische Integranden:

$\int x \sin x\,dx = ?$ Wir wählen $f(x) = \sin x \Rightarrow F(x) = -\cos x$

sowie $g(x) = x \Rightarrow g'(x) = 1$

und setzen dies in die Formel ein:

$\int x \sin x\,dx = -\cos x \cdot x - \int -\cos x \cdot 1\,dx = -x\cos x + \int \cos x\,dx = -x \cos x + \sin x$

B **Beispiel 24:** nur Übung ...

$\int x\,e^x\,dx = ? = *$ $\rightarrow$ $f(x) = e^x \Rightarrow F(x) = e^x$

$\leftarrow$ $g(x) = x \Rightarrow g'(x) = 1$

$* = e^x \cdot x - \int e^x \cdot 1\,dx = x\,e^x - e^x$

B **Beispiel 25:** macht den Meister

Beispiel 26: ein kleiner Kunstgriff?

B

$$\int \ln x\,dx = ? = \int 1 \cdot \ln x\,dx = * \qquad \rightarrow \quad f(x) = 1 \;\Rightarrow\; F(x) = x$$

$$\leftarrow \quad g(x) = \ln x \;\Rightarrow\; g'(x) = \frac{1}{x}$$

$$* = x \cdot \ln x - \int x \cdot \frac{1}{x}\,dx = x \ln x - \int 1\,dx = x \ln x - x$$

Natürlich braucht man manchmal etwas mehr Ausdauer: Tritt x im *Quadrat* auf, sind *zwei* solcher Schritte nötig, bei x^3 schon *drei* usw.:

Beispiel 27: zweimal dasselbe Vorgehen

B

$$\int x^2 \cos x\,dx = ? = * \qquad \rightarrow \quad f(x) = \cos x \;\Rightarrow\; F(x) = \sin x$$

$$\leftarrow \quad g(x) = x^2 \;\Rightarrow\; g'(x) = 2x$$

$$* = \sin x \cdot x^2 - \int \sin x \cdot 2x\,dx = x^2 \sin x - 2\int x \cdot \sin x\,dx = \text{(Ergebnis von oben)}$$

$$= x^2 \sin x - 2(-x \cos x + \sin x) = x^2 \sin x + 2x \cos x - 2 \sin x$$

Hier ist es angebracht, *Mathematica* zu befragen:

```
Integrate[x^2 Cos[x], x]

                            2
2 x Cos[x] - 2 Sin[x] + x  Sin[x]
```

Mit diesen Mitteln kann man schon schwierigere **Flächeninhalte** berechnen:

Beispiel 28: geometrische Anwendung: Berechnung von Flächeninhalten

B Sei $f: x \rightarrow x^2 \cdot \ln x$ und $f(x) \geq 0$ für $x \geq 1$. Welchen *Inhalt* hat das Flächenstück unter f zwischen 1 und e, Bild 16?

Bild 16: dazu

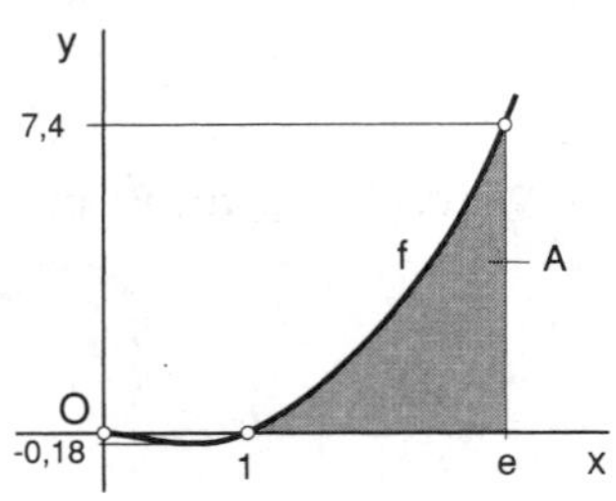

$$A(1, e) = \int_1^e f = \int_1^e x^2 \ln x\,dx$$

Wieder versuchen wir, mittels *partieller Integration* zum unbestimmten Integral zu kommen:

geschickter Ansatz ist nötig!

$$\int x^2 \ln x\,dx = * \qquad \rightarrow \quad f(x) = x^2 \;\Rightarrow\; F(x) = \frac{x^3}{3}$$

$$\leftarrow \quad g(x) = \ln x \;\Rightarrow\; g'(x) = \frac{1}{x}$$

$$* = \frac{x^3}{3}\ln x - \int \frac{x^3}{3} \cdot \frac{1}{x}\,dx = \frac{x^3}{3}\ln x - \frac{1}{3}\int x^2\,dx = \frac{x^3}{3}\ln x - \frac{x^3}{9}$$

$$A(1, e) = \left[\frac{x^3}{9}(3\ln x - 1)\right]_1^e = \frac{e^3}{9}(3\ln e - 1) - \frac{1}{9}(3\ln 1 - 1) = \ldots = 4{,}57$$

Mathematica direkt?

Es geht heutzutage auch ohne jede Anstrengung!

```
Integrate[x^2 Log[x], {x, 1, E}] //N
4.57456
```

Ohne alle Integrationstechniken erhält man hier also das Resultat; ihre Kenntnis wird daher auch in dem Moment entbehrlich werden, wo die Software sie beherrscht und allgemein verfügbar ist – wie heute der *Taschenrechner*, der die Tafeln verdrängt hat!

Im Bild 10 in K33 haben wir eine **Wurzelfunktion** dargestellt. Denken Sie sich dort die **Gerade** g: y = –2x dazu; sie schneidet f in den Punkten P(–2 | 4) und Q(6 | –12). Nun können wir den *Flächeninhalt* zwischen f und g berechnen, Bilder 17, wobei wir nur die *Substitution I* benötigen:

Beispiel 29: Flächen zwischen zwei Kurven

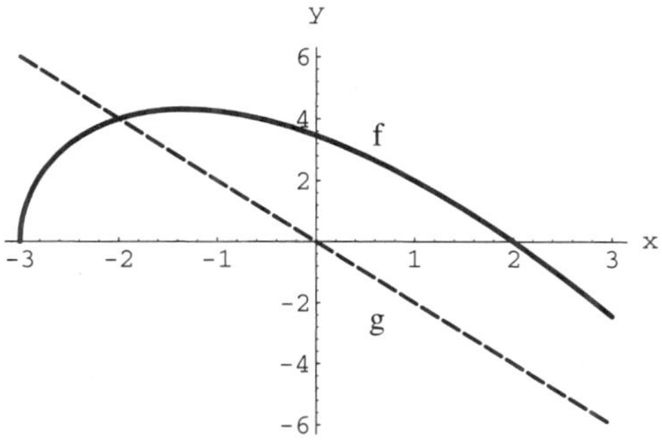

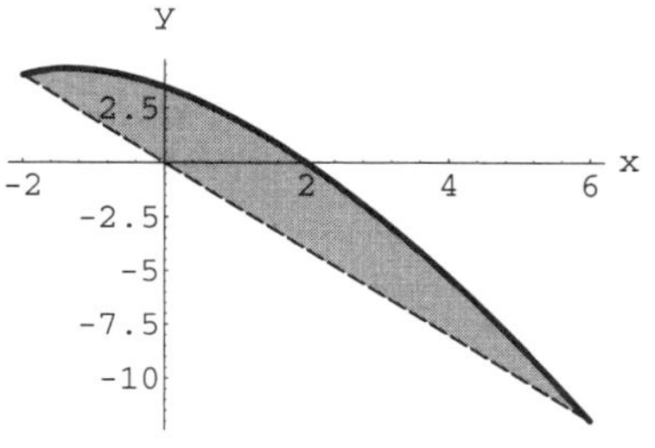

Bilder 17: dazu

$$A(-2, 6) = \int_{-2}^{6} f-g = \int_{-2}^{6} \left[(2-x)\sqrt{x+3} + 2x\right] dx = ?$$

Subst.: u = x + 3
(x = u – 3, du = dx) →

$$\int \left[(5-u)\sqrt{u} + 2(u-3)\right] du = \int [5u^{1/2} - u^{3/2} + 2u - 6]\, du = 5 \cdot \frac{2}{3} u^{3/2} - \frac{2}{5} u^{5/2} + u^2 - 6u$$

Hier können wir rücksubstituieren oder neue, mitsubstituierte u-Grenzen, 1 und 9, in den 2. Hauptsatz für das bestimmte Integral einsetzen; es resultiert 21,9 (Einheiten).

Hier sollten Sie konzentriert rechnen können

Falls Sie sich leicht verrechnen, hier der einfachere Weg:

```
Integrate[(2-x) Sqrt[x+3] +2x, {x, -2, 6}] //N
21.8667
```

Anfrage an Mathematica

Zusammengesetzte Winkelfunktionen

Wir kehren zu den Winkelfunktionen zurück, um als Vorbereitung für kommende Anwendungen hier noch einige wichtige Integrale zusammenzustellen:

Beispiel 30: Sinus-Quadrat-Funktion als Vorbereitung für ...

$\int \sin^2 x\, dx = *$ → $f(x) = \sin x \Rightarrow F(x) = -\cos x$
← $g(x) = \sin x \Rightarrow g'(x) = \cos x$

$* = -\cos x \cdot \sin x - \int -\cos x \cdot \cos x\, dx = -\cos x \cdot \sin x - \int -(1 - \sin^2 x)\, dx =$
$-\sin x \cdot \cos x + \int 1\, dx - \int \sin^2 x\, dx \Rightarrow 2\int \sin^2 x\, dx = -\sin x \cos x + x \Rightarrow$
$\int \sin^2 x\, dx = \frac{1}{2}(x - \sin x \cos x);$

In Übung 6d werden Sie für $\int \cos^2 x\, dx$ fast denselben Term finden: das „–" wird dort zu „+". Setzen wir jetzt Grenzen:

Beispiel 31: interessante Flächenstücke

Die Flächeninhalte unter $\sin^2 x$ und $\cos^2 x$ zwischen 0 und 2π sind gesucht.

Da die Kurven phasenverschoben sind, muß das Ergebnis jeweils dasselbe sein! Betrachtet man den Graphen von $y = \sin^2 x$ genauer, Bild 18a, so erkennt man die Symmetrie bezüglich a: y = 1/2.

Bilder 18: dazu

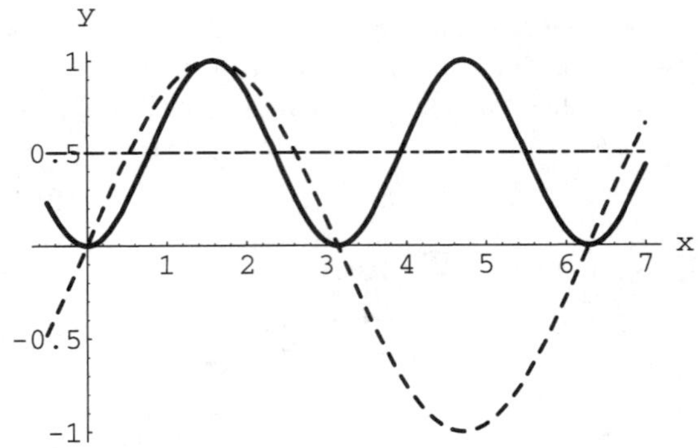

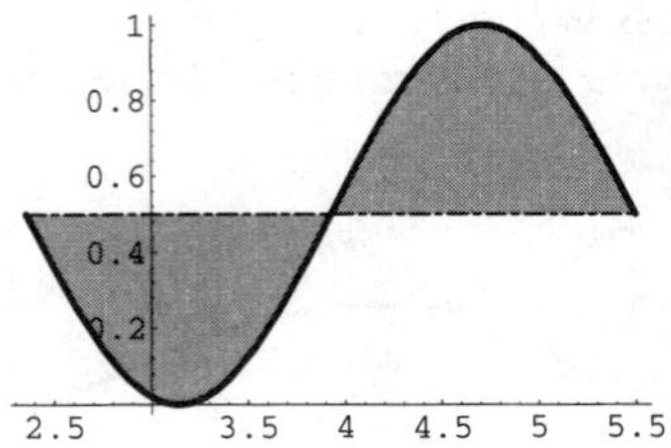

Daraus wird man aber für den Inhalt der Fläche bis 2π schon $2\pi \cdot 1/2 = \pi$ entnehmen! Tatsächlich ist

$$A(0, 2\pi) = \int_0^{2\pi} \sin^2 x \, dx = \frac{1}{2} \left[x - \sin x \cos x \right]_0^{2\pi} = \frac{1}{2} (2\pi - 0 - 0 + 0) = \pi \checkmark$$

Für $\cos^2 x$ ergibt sich dasselbe, weil auch das $+\sin x \cos x$ -Glied nur 0 beisteuert:

$$A(0, 2\pi) = \int_0^{2\pi} \cos^2 x \, dx = \ldots = \pi$$

Effektivwert der (Wechsel-) Stromstärke

Ein *Rechteck* mit Höhe 1/2 und dieser Länge 2π hätte denselben Inhalt π. Physiker wissen, daß damit schon der ***Effektivwert*** I_{eff} des *Wechselstroms* $i = I \sin \alpha$, $\alpha = \omega t$, bestimmt ist:

$$I_{eff}^2 = \frac{1}{2} I^2 \Rightarrow I_{eff} = \frac{1}{\sqrt{2}} I = 0{,}707\ I,$$

da in einer Periode T (α von 0 bis 2π) dieselbe *Stromarbeit* erbracht wird: $W = R\, I_{eff}^2\, T$.

Wenn wir im Ergebnis für die *3. Potenz* in Beispiel 22 Grenzen einsetzen, ergibt sich *null* wegen $\cos 0 = \cos 2\pi$, deren Beiträge sich wegheben!

Beispiel 32: 4. Potenz von cos x

B Nicht mehr ganz so einfach ist es in der *4. Potenz*: $\int \cos^4 x \, dx = ?$

Skizze des Vorgehens

Klassisch hat man einen Faktor cos x abzuspalten und partiell zu integrieren, was über $\int \cos^2 x \cdot \sin^2 x \, dx$ und den trigonometrischen Pythagoras zum Ausgangsintegral zurückführt; Reduzieren und Einsetzen des Ergebnisses für $\int \cos^2 x \, dx$ macht daraus

$$\int \cos^4 x \, dx = \ldots = \frac{1 \cdot 3}{2 \cdot 4} x + \frac{3}{8} \sin x \cos x + \frac{1}{4} \sin x \cos^3 x.$$

und Ergebnis

Über die volle Periode von 0 bis 2π liefern wieder die sin-/cos-Terme den Beitrag 0:

$$\int_0^{2\pi} \cos^4 x \, dx = \frac{1 \cdot 3}{2 \cdot 4} 2\pi = \int_0^{2\pi} \sin^4 x \, dx = \frac{3}{4}\pi,$$

was *Mathematica* auch direkt liefert! Stellen wir zusammen:

Zusammenstellung für die Grenzen 0 und 2π

$$\int_0^{2\pi} \sin x \, dx = \int_0^{2\pi} \sin^3 x \, dx = \int_0^{2\pi} \sin^5 x \, dx = \ldots = \int_0^{2\pi} \cos x \, dx = \int_0^{2\pi} \cos^3 x \, dx = \ldots = 0$$

$$\int_0^{2\pi} \sin^2 x \, dx = \int_0^{2\pi} \cos^2 x \, dx = \pi, \qquad \int_0^{2\pi} \sin^4 x \, dx = \int_0^{2\pi} \cos^4 x \, dx = \frac{3}{4}\pi.$$

Theoretisch ebenso wichtig ist es, sich über Integranden der Art

$$\sin mx \cdot \sin nx, \quad \sin mx \cdot \cos nx \quad \text{und} \quad \cos mx \cdot \cos nx$$

Klarheit zu verschaffen. Diese Terme treten nämlich beim Problem auf, eine gegebene – oft technisch wichtige – periodische Funktionen f durch goniometrische Reihen bestmöglich zu approximieren, die nur Winkelfunktionen sin mx und cos nx enthalten. Wir werden im nächsten Kapitel derartige *Fourierreihen* ohne allgemeine Beweise vorstellen.

goniometrische Reihen

Allerdings wird man sich die Mühe bald sparen können, da die benötigten Kenntnisse inklusive vieler Reihenentwicklungen in die *Computersoftware* eingebaut sind!

Gebrochen-rationale Funktionen

Nun treten neben den eingangs genannten ganzrationalen Funktionen solche Polynome auch im Nenner auf. Es entstehen, wie wir schon aus der ALGEBRA wissen, sogenannte *gebrochen-rationale* Funktionen wie

$$\frac{1}{1-x^2} = \frac{1}{(1-x)(1+x)}, \quad \frac{x+1}{x^2-4x+3} = \frac{x+1}{(x-1)(x-3)}, \quad \frac{4x^2}{x^3+6x^2+12x+8} = \frac{4x^2}{(x+2)^3}$$

und andere mehr. Dabei wurden eben nur Beispiele solcher Funktionen angeschrieben, deren Nenner sich leicht in *Linearfaktoren* zerlegen lassen. Auch davon greifen wir nur ein Beispiel heraus, um exemplarisch zu zeigen, wie man bei der Integration vorgeht. Auch hier gilt natürlich der Hinweis auf Mathesoftware!

Bruchterme, deren Nenner sich in Linearfaktoren zerlegen lassen

B

Beispiel 33: dazu

$$\int \frac{x+1}{x^2-4x+3}\, dx = ?$$

Wir machen von der oben angeführten Zerlegung des Nenners Gebrauch und versuchen, den gegebenen Bruchterm als Summe zweier Brüche darzustellen, die nur die einzelnen Faktoren als Nenner haben. Natürlich kennen wir deren Zähler nicht und setzen für sie vorläufig A und B an:

Hier der Ansatz:

$$\frac{x+1}{x^2-4x+3} = \frac{x+1}{(x-1)(x-3)} = \frac{A}{x-1} + \frac{B}{x-3}$$

Wir multiplizieren mit dem Hauptnenner:

$$x + 1 = A(x-3) + B(x-1) = (A+B)\,x + (-3A-B)$$

Diese Gleichung soll *allgemeingültig* sein, also müssen die Koeffizienten von x und die absoluten (konstanten) Glieder übereinstimmen:

$$A + B = 1 \quad \text{sowie} \quad -3A - B = 1$$

Das lineare 2-2-Gleichungssystem hat die Lösung $A = -1$ und $B = 2$; wir haben diese Teilaufgabe gelöst:

$$\frac{x+1}{x^2-4x+3} = \frac{-1}{x-1} + \frac{2}{x-3}$$

Damit bietet das Integral keine Probleme mehr:

und die Anwendung auf das Integral

$$\int \frac{x+1}{x^2-4x+3}\, dx = \int \frac{-1}{x-1}\, dx + \int \frac{2}{x-3}\, dx = (-1)\ln|x-1| + 2\ln|x-3|$$

Satz 8:
von der Partialbruchzerlegung (1. Art)

So geht es in allen analog gebauten Fällen:

S

„Partialbruchzerlegung"

Ist der Integrand eine gebrochen-rationale Funktion f, deren Nenner in Linearfaktoren zerlegbar ist, so stellt man f als Summe von Teilbrüchen des Typs $\frac{A_i}{x - x_i}$ dar und integriert einzeln.

Auf andere Fälle wollen wir aus den genannten Gründen verzichten. Die Syntax des *Mathematica*-Befehls dazu sieht übrigens so aus:

```
Apart[(x+1)/(x^2-4x+3)]
    2        1
------ - ------
-3 + x   -1 + x
Integrate[%, x]
-Log[1 - x] + 2 Log[3 - x]
```

Näherungen und Reihenentwicklung

Neben einer Fülle von Integralen der bisher besprochenen Art, wo wir mit verschiedenen Kunstgriffen jedesmal die Stammfunktionen explizit angeben konnten, den – wie man sagt – *geschlossen integrierbaren* Funktionen, gibt es leider auch solche, von denen man beweisen kann, daß sie zwar existieren, aber nicht in der gewohnten Form analytisch angeschrieben werden können, wie etwa $\frac{\sin x}{x}$ oder e^{-x^2}. Für sie war man bis vor kurzem auf *Näherungsmethoden* angewiesen: die Regeln von Kepler oder Simpson etwa, an denen man nicht vorbei konnte.

Heute setzt man – wie gewohnt – z.B. *Mathematica* auf diese Fragen an. Hier dazu zwei Beispiele; das erste sollte Ihnen bekannt vorkommen:

Beispiel 34:
eine besondere Exponentialfunktion

und ihre näherungsweise Integration

mittels Mathematica

$$\int_{-\infty}^{z} \frac{1}{\sqrt{2\pi}}\, e^{-\frac{1}{2}x^2}\, dx = ? \qquad z = 0;\ 1;\ 2;\ \ldots \text{ oder Zwischenwerte.}$$

Sie kennen die Abfragesprache schon:

```
NIntegrate[1/Sqrt[2Pi] Exp[-1/2 x^2], {x,-Infinity,0}]
0.5
NIntegrate[1/Sqrt[2Pi] Exp[-1/2 x^2], {x,-Infinity,1}]
0.841345
NIntegrate[1/Sqrt[2Pi] Exp[-1/2 x^2], {x,-Infinity,2}]
0.97725
```

Sollten Sie allerdings das letzte Kapitel von Band **2** noch in Erinnerung haben, stand dort auf Seite 320 zu lesen:

```
Needs["Statistics`ContinuousDistributions`"]
normvert = NormalDistribution[0, 1];
CDF[normvert, 0]
0.5
N[Table[CDF[normvert, z], {z, 0, 1, 0.2}], 6]
{0.5, 0.57926, 0.655422, 0.725747, 0.788145, 0.841345}
```

Erkennen Sie den Zusammenhang mit der *Verteilungsfunktion* $\Phi(z)$?!

Erinnerungen an die Verteilungsfunktion

Reihenentwicklung

Es gibt noch eine sehr weitreichende Näherungsmethode, die in der numerischen ANALYSIS vielfach angewandt wird. Wir haben gesehen, wie man mit Hilfe des Satzes von Taylor – oft in Form der MacLaurinschen Schreibweise – Funktionen in eine **Potenzreihe** entwickeln kann. Tut man dies für den Integranden f (x), so kann man die Reihe gliedweise integrieren und erhält eine im Konvergenzbereich von f ebenfalls konvergente Reihe (ohne Beweis), die das gesuchte Integral dort darstellt.

eine viel gebrauchte Näherungsmethode:

Studieren wir dazu das (auch elementar zu behandelnde) Beispiel:

B

Beispiel 35: Entwicklung in eine Potenzreihe

$$\int \sin x \, dx = ? \qquad \text{(exakt bekannt als} = -\cos x + \text{const)}$$

Wir kennen die Sinusreihe:

$$\sin x = x - \frac{x^3}{3!} + \frac{x^5}{5!} - \frac{x^7}{7!} +- \ldots$$

und integrieren sie gliedweise, so als würden wir nach 20, 30 Gliedern abbrechen und die endliche Reihe als ausreichende Näherung betrachten:

$$\int \sin x \, dx = \int [x - \frac{x^3}{3!} + \frac{x^5}{5!} - \frac{x^7}{7!} +- \ldots] \, dx = \frac{x^2}{2} - \frac{x^4}{4!} + \frac{x^6}{6!} -+ \ldots + \text{const}$$

(hier soll nur die Methode gezeigt werden)

Vergleichen wir mit der Cosinusreihe:

$$-\cos x = -[1 - \frac{x^2}{2} + \frac{x^4}{4!} - \frac{x^6}{6!} +- \ldots] = \frac{x^2}{2} - \frac{x^4}{4!} + \frac{x^6}{6!} -+ \ldots + (-1),$$

so sieht man die perfekte Übereinstimmung bis auf die stets unbestimmte Integrationskonstante!

So gehen wir jetzt auch vor, wenn es keine geschlossene Lösung gibt:

B

Beispiel 36: Anwendung bei einer nicht geschlossen integrierbaren Funktion

$$\int \frac{\sin x}{x} \, dx = ?$$

Die Reihe für sin x dividieren wir (natürlich gliedweise) durch x:

$$\frac{\sin x}{x} = 1 - \frac{x^2}{3!} + \frac{x^4}{5!} - \frac{x^6}{7!} +- \ldots$$

und integrieren die so entstandene, auch überall konvergente, Reihe wie eine endliche Summe Glied für Glied:

$$\int \frac{\sin x}{x} \, dx = x - \frac{x^3}{3 \cdot 3!} + \frac{x^5}{5 \cdot 5!} - \frac{x^7}{7 \cdot 7!} +- \ldots + \text{const}$$

$$= x\left[1 - \frac{x^2}{3\cdot 3!} + \frac{x^4}{5\cdot 5!} - \frac{x^6}{7\cdot 7!} +- \ldots\right] + \text{const}$$

Hier erkennt man auch sehr gut, daß jedes Glied (von 1 abgesehen) kleiner ist als das entsprechende der Integrandenreihe, die damit als Majorante feststeht.

einfach gliedweise integrieren

und die Grenzen einsetzen!

Bei bestimmter Integration fällt die unbestimmte Konstante weg. Interessiert uns der Inhalt der Fläche unter der Kurve von f (x) zwischen 0 und π, bilden wir

$$\int_0^{\pi} \frac{\sin x}{x}\, dx = \left[x\left(1 - \frac{x^2}{3\cdot 3!} + \frac{x^4}{5\cdot 5!} - \frac{x^6}{7\cdot 7!} +- \ldots\right) + \text{const}\right]_0^{\pi} =$$

$$= \pi\left(1 - \frac{\pi^2}{3\cdot 3!} + \frac{\pi^4}{5\cdot 5!} - \frac{\pi^6}{7\cdot 7!} + \frac{\pi^8}{9\cdot 9!} -+ \ldots\right) = \ldots \approx \pi\cdot 0{,}5896 = 1{,}852$$

Hier tritt 0,5896 ≈ 0,59 als *Mittel* von f(x) zwischen 0 und π auf!

Und so geht es heutzutage mit Hilfe der Mathesoftware am Computer

Soweit das übliche, klassische, Vorgehen. Jetzt lassen wir uns mit Softwarehilfe die Reihenentwicklung ausgeben, integrieren diese Reihe und holen uns das numerische Ergebnis der Integration direkt mit `NIntegrate`:

```
Series[Sin[x]/x, {x, 0, 7}]
```

```
         2     4      6
        x     x      x          8
1  -  -- + --- - ---- + O[x]
        6    120   5040
```

```
Integrate[%, x]
```

```
         3     5      7
        x     x      x           9
x  -  -- + --- - ----- + O[x]
        18   600   35280
```

```
NIntegrate[Sin[x]/x, {x,0,Pi}]
```

```
1.85194
```

Damit dürfte klar geworden sein, daß derzeit vieles im Umbruch ist und so manche altvertraute und unter Fachleuten als elegant anerkannte Methode von den neuen Computerfähigkeiten verdrängt werden wird.

Ende des 36. Kapitels

Übungsaufgaben

1. Führen Sie bitte den Beweis des Satzes 4.2 von Seite 240.

2. Der Inhalt des Flächenstücks zwischen der x-Achse und dem Graphen von
   a) $f: x \to y = x^2 (x^2 + 7x + 10)$
   zwischen der mittleren und der rechten Nullstelle;
   b) $f: x \to y = x^3 - 13x^2 + 47x - 35$
   zwischen der linken ($x_1 = 1$) und der mittleren Nullstelle ist zu berechnen.
   (Kennen Sie noch das Näherungsverfahren von K**32**? Bei b ergibt sich $x_H \approx 2{,}57$!)

3. Die Graphen der Funktionen
   a) $f: y = x + 5$ und $g: y = x^2 - 1$
   b) $f: y = \frac{1}{3} x - 1$ und $g: y = -\frac{1}{9} (x - 3)^2 + 2$
   begrenzen ein Flächenstück. Welchen Inhalt hat es?

4. Welchen Inhalt umschließt die Sinuskurve zwischen 0 und π?

5. Berechnen Sie folgende Flächeninhalte (als uneigentliche Integrale 1. Art) unter
   a) $f: y = \frac{1}{x^{3/2}} = x^{-2/3}$ zwischen 0 und 3
   b) $f: y = (1 - x^2)^{-1/2}$ zwischen 0 und 1 (1 ist kritische Stelle wegen $\frac{1}{\sqrt{0}} = \infty$!)

6. Hier ein uneigentliches Integral 2. Art:
   $f: y = e^{-x} = \frac{1}{e^x}$ (Inhalt zwischen 0 und ∞)
   (Anleitung: für $F = e^{-x}$ ist $F' = -e^{-x}$, also ist für $F = -e^{-x}$ die Ableitung $F' = +e^{-x} = f$!)

7. Welchen Inhalt hat das Flächenstück, das von $f: x \cdot y = 3 \Rightarrow x = ...$, der y-Achse und den Abszissen in der Höhe 1 und 3 begrenzt wird? (Sie verwenden $A = \int_1^3 x\,dy$.)

8. Berechnen Sie mittels Substitution I
   a) $\int \frac{1}{3x-2}\,dx$ b) $\int \sqrt[3]{(2-4x)^2}\,dx$ c) $\int e^{1+\frac{x}{3}}\,dx$
   d) $\int \frac{1}{\cos^2 \frac{x}{2}}\,dx$ e) $\int \frac{1}{\sqrt{16-x^2}}\,dx$

9. Berechnen Sie mit den Methoden der Substitution II:
   a) $\int \frac{x}{(5-x^2)^2}\,dx$ b) $\int \sin x \cdot \cos x\,dx$ c) $\int \frac{\ln x}{x}\,dx$
   Wählen Sie dann in 9b die Grenzen 0 und 2π; welchen Wert hat das so entstandene bestimmte Integral?

10. Bestimmen Sie mit den Methoden von Übung 1 die folgenden Flächeninhalte:
    a) zwischen den Graphen von $f: y = \sqrt{6x}$ und $g: y = x$ (und den Schnittpunkten)
    b) zwischen den Graphen von $f: y = \sin 2x$ und $g: y = \tan x$ in $[0;\ \pi/2]$.

11. Vergleichen Sie Lösung 8e, um den Flächeninhalt unter $\frac{1}{\sqrt{16-x^2}}$ zwischen 0 und 4 (kritische Stelle!) als uneigentliches Integral 1. Art zu ermitteln; vgl. die Skizze.

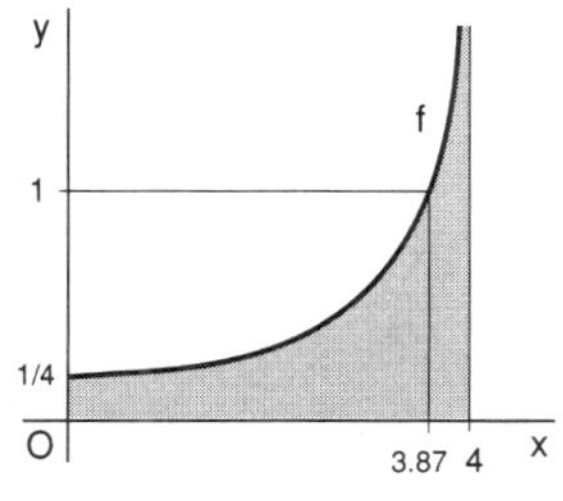

12. Die Funktion $k(t) = a + b(1 - e^{-ct})$ stellt in guter Näherung Grenzbetriebskosten zum Zeitpunkt t dar; die Betriebskosten betragen K mit $K' = k$. Berechnen Sie die durchschnittlichen Betriebskosten

$$\bar{K} = \frac{K(T) - K(0)}{T} = \frac{1}{T}\int_0^T k(t)\,dt$$

und bilden Sie $\bar{K}_\infty = \lim_{\infty} \bar{K}(T)$. (Uneigentliches Integral 2. Art!)

13. Berechnen Sie mittels partieller Integration
    a) $\int x \cos x\,dx$ b) $\int x \ln x\,dx$ c) $\int x^2 e^x\,dx$ d) $\int \cos^2 x\,dx$

14. Bestimmen Sie mit den Methoden von Übung 13 jeweils den Flächeninhalt unter dem Graphen von
    a) $f: y = \frac{1}{3}\ln 2x$ von der Nullstelle bis zu $x = e$,
    b) $f: y = (x-1)^2 \cdot e^x$ in $[-1;\ 1]$.

15. Lösen Sie mit Hilfe der Partialbruchzerlegung: $\int \frac{1}{1-x^2}\,dx = ?$

Setzen Sie $\frac{1}{1-x^2} = \frac{1}{(1+x)(1-x)}$ an als $\frac{A}{1+x} + \frac{B}{1-x}$; Sie finden $A = B = \frac{1}{2}$,

also $\frac{1}{1-x^2} = \frac{1}{2}\cdot\frac{1}{1+x} + \frac{1}{2}\cdot\frac{1}{1-x}$; setzen Sie bitte ein und rechnen Sie weiter!

16. Gehen Sie wie in Beispiel 36 vor, um $\psi(z) = \frac{1}{\sqrt{2\pi}}\int_0^z e^{-\frac{x^2}{2}}\,dx$ durch Reihenentwicklung zu berechnen. Setzen Sie dann $z = 0{,}2;\ 0{,}4;\ \ldots$ und 1, um $\phi(z) = 0{,}500 + \psi(z)$ zu erhalten! Vergleichen Sie mit der Tabelle in H**26**!

↓ Raum für Ihre Notizen ↓

Zu den Lösungen

Lösungen

1. $F = \int f,\ G = \int g \Rightarrow F' = f,\ G' = g,\quad (F+G)' = F' + G' = f + g$, also
$\int (f+g) = \int (F+G)' = F + G = \int f + \int g$.

2. a) Nullst. $x_1 = 0,\ x_2 = -2,\ x_3 = -5,\ N_1(0\,|\,0),\ N_2(-2\,|\,0),\ N_3(-5\,|\,0)$,
Extremst.: $y' = 4x^3 + 21x^2 + 20x = x\,(4x^2 + 21x + 20) = 0,\ x_1 = 0,\ x_2 = -1{,}25$,
$(x_3 = -4)$, $H(-1{,}25\,|\,4{,}39)$; Graph links darunter!

$$A = \int_{-2}^{0} (x^4 + 7x^3 + 10x^2)\,dx = \left[\frac{x^5}{5} + 7\frac{x^4}{4} + 10\frac{x^3}{3}\right]_{-2}^{0} = \ldots = 5{,}07$$

b) Probieren $x_1 = 1$; Polynomdivision, quadrat. Gleichung, Lösungen $x_2 = 5,\ x_3 = 7$
Extremst.: $y' = 3x^2 - 26x + 47 = 0$; Näherungslösung $x_H \approx 2{,}57$, $H(2{,}57\,|\,16{,}9)$;
Graph rechts darunter!

$$A = \int_{1}^{5} (x^3 - 13x^2 + 47x - 35)\,dx = \left[\frac{x^4}{4} - 13\frac{x^3}{3} + 47\frac{x^2}{2} - 35x\right]_{1}^{5} = \ldots = 42{,}67$$

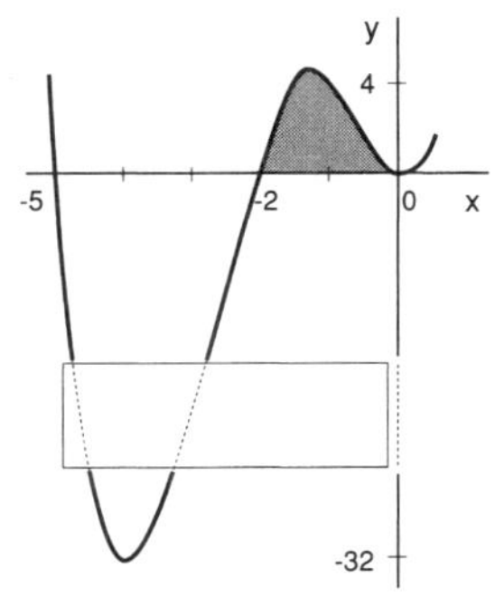

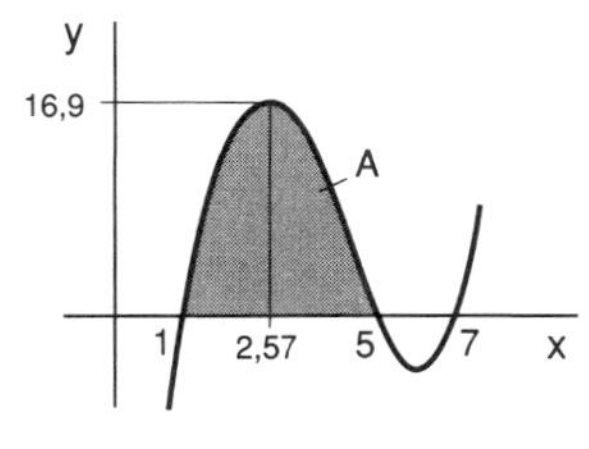

3. a) Grenzen: $y_f = y_g$ bzw. $f(x) = g(x)$: $x + 5 = x^2 - 1 \Rightarrow x^2 - x - 6 = 0, \ldots$
$a = x_1 = -2,\ b = x_2 = 3$: Graph links unten!

$$A(-2, 3) = \int_{-2}^{3} f - g = \int_{-2}^{3} [(x+5) - (x^2 - 1)]\,dx = \int_{-2}^{3} (-x^2 + x + 6)\,dx = \left[-\frac{x^3}{3} + \frac{x^2}{2} + 6x\right]_{-2}^{3} = \ldots = 20\frac{5}{6}$$

b) Grenzen: $y_f = y_g$: $\frac{1}{3}x - 1 = -\frac{1}{9}(x-3)^2 + 2 \Rightarrow x^2 - 3x - 18 = 0, \ldots$
$a = x_1 = -3,\ b = x_2 = 6$: Graph rechts unterhalb!

$$A(-3, 6) = \int_{-3}^{6} g - f = \int_{-3}^{6} \left(-\frac{1}{9}(x-3)^2 + 2 - \frac{1}{3}x + 1\right) dx = \ldots \int_{-3}^{6} \left(-\frac{1}{9}x^2 + \frac{1}{3}x + 2\right) dx = \ldots = 13{,}5$$

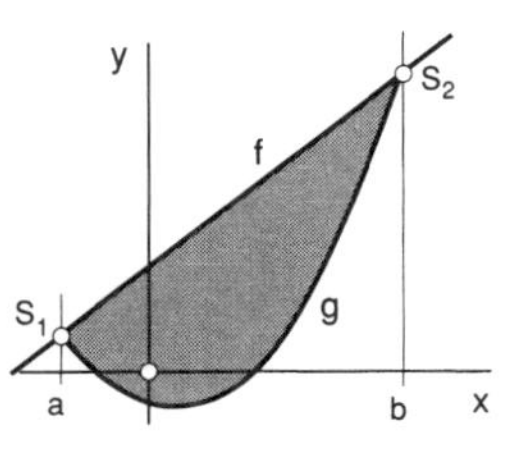

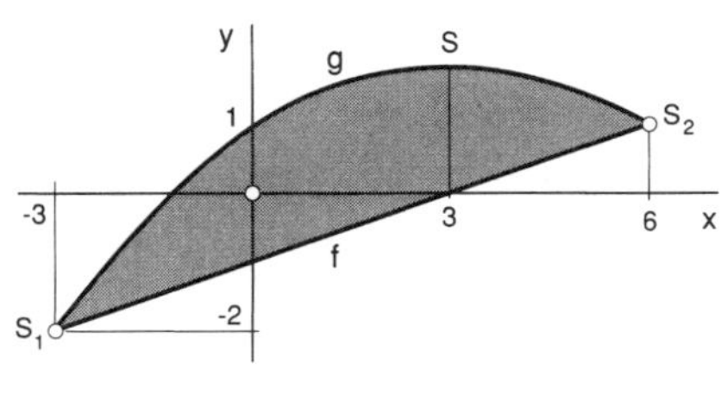

4. $A(0, \pi) = \int\limits_0^{\pi} \sin x \, dx = [-\cos x]_0^{\pi} = -\cos \pi + \cos 0 = +1 + 1 = 2$

5. a) $A(0, 3) = \int\limits_0^{3} x^{-2/3} \, dx = ... = [3x^{1/3}]_0^3 = 3\sqrt[3]{3} - 3\sqrt[3]{0} = 4{,}33$

b) $A(0, 1) = \lim\limits_{\varepsilon \to \infty} A(0, 1-\varepsilon)$;

$A(0, 1-\varepsilon) = \int\limits_0^{1-\varepsilon} \frac{1}{\sqrt{1-x^2}} \, dx = [\arcsin x]_0^{1-\varepsilon} = \arcsin(1-\varepsilon)$: $A(0, 1) = \arcsin(1) = \frac{\pi}{2}$

6. $A(0, \infty) = \lim\limits_{G \to \infty} A(0, G)$

$A(0, G) = \int\limits_0^{G} \frac{1}{e^x} \, dx = [-\frac{1}{e^x}]_0^G = -\frac{1}{e^G} + \frac{1}{e^0} = 1 - \frac{1}{e^G}$

$A(0, \infty) = \lim\limits_{G \to \infty} (1 - \frac{1}{e^G}) = 1 - 0 = 1$

7. $A(1, 3) = \int\limits_1^{3} x \, dy = \int\limits_1^{3} \frac{3}{y} \, dy = 3 \int\limits_1^{3} \frac{1}{y} \, dy = 3[\ln y]_1^3 = ... = 3 \ln 3 = 3{,}3$

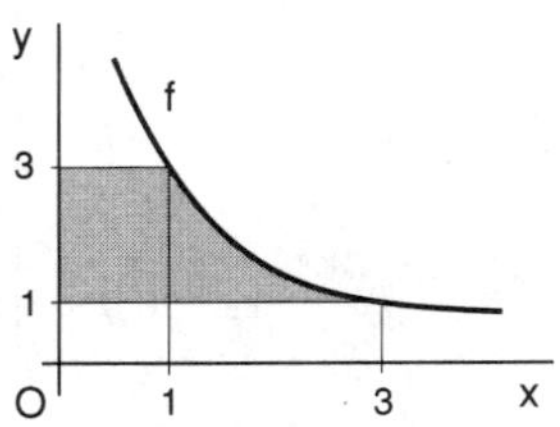

Bild L7

8. a) $u = 3x - 2, \ du = 3\,dx \quad \Rightarrow \quad dx = \frac{1}{3} du$;

$\int \frac{1}{3x-2} dx = \int \frac{1}{u} \cdot \frac{1}{3} du = \frac{1}{3} \int \frac{1}{u} du = \frac{1}{3} \ln|u| = \frac{1}{3} \ln|3x-2| \quad (+c)$

b) $u = 2 - 4x, \ du = -4\,dx \quad \Rightarrow \quad dx = -\frac{1}{4} du$;

$\int \sqrt[3]{(2-4x)^2} \, dx = \int \sqrt[3]{u^2} \cdot \left(-\frac{1}{4} du\right) = -\frac{1}{4} \int u^{2/3} du = -\frac{1}{4} \cdot \frac{3}{5} u^{5/3} = -\frac{3}{20} \sqrt[3]{(2-4x)^5}$

c) $u = 1 + \frac{1}{3}x, \ du = \frac{1}{3} dx \quad \Rightarrow \quad dx = 3\,du$;

$\int e^{1+\frac{x}{3}} dx = \int e^u \cdot 3\,du = 3 \int e^u du = 3e^u = 3e^{1+\frac{x}{3}}$

d) $u = \frac{1}{2}x, \ du = \frac{1}{2} dx \quad \Rightarrow \quad dx = 2\,du$;

$\int \frac{1}{\cos^2 \frac{x}{2}} dx = \int \frac{1}{\cos^2 u} 2\,du = 2 \tan u = 2 \tan \frac{x}{2}$

e) $u = 1/4\,x,\ du = 1/4\,dx \quad\Rightarrow\quad dx = 4\,du;$

$$\frac{1}{4}\int \frac{1}{\sqrt{1-(x/4)^2}}\,dx = \frac{1}{4}\int \frac{1}{\sqrt{1-u^2}}\,4\,du = \arcsin u = \arcsin\frac{x}{4}$$

9. a) $u = 5 - x^2,\ du = -2x\,dx \quad\Rightarrow\quad x\,dx = -1/2\,du;$

$$\int \frac{x}{(5-x^2)^2}\,dx = -\frac{1}{2}\int \frac{1}{u^2}\,du = \frac{1}{2u} = \frac{1}{2(5-x^2)}$$

b) $u = \sin x,\ du = \cos x\,dx;$

$$\int \sin x \cos x\,dx = \int u\,du = \frac{u^2}{2} = \frac{1}{2}\sin^2 x$$

$$\int_0^{2\pi} \sin x \cos x\,dx = \frac{1}{2}\left[\sin^2 x\right]_0^{2\pi} = \ldots = 0$$

c) $u = \ln x,\ du = \frac{1}{x}\,dx$

$$\int \ln x \cdot \frac{1}{x}\,dx = \int u\,du = \frac{1}{2}u^2 = \frac{1}{2}\ln^2 x$$

10. a) $f\colon y = \sqrt{6x}\,,\ g\colon y = x;\ f \cap g\colon \sqrt{6x} = x \ \Rightarrow\ 6x = x^2\colon x_1 = 0,\ x_2 = 6\colon S_1(0\,|\,0),\ S_2(6\,|\,6)$

$$A = \int_0^6 f - g = \int_0^6 (\sqrt{6x} - x)\,dx = \int_0^6 \sqrt{6x}\,dx - \int_0^6 x\,dx;$$

1. Integral: *unbestimmt* integrieren, Substitution I:

$u = 6x,\ du = 6\,dx \quad\Rightarrow\quad dx = \frac{1}{6}\,du$

$$\int \sqrt{6x}\,dx = \frac{1}{6}\int \sqrt{u}\,du = \frac{1}{6}\cdot\frac{2}{3}\,u\sqrt{u} = \frac{1}{9}\cdot 6x\,\sqrt{6x}.$$

2. Integral klar; 2. Hauptsatz $\ \rightarrow\ A(0,6) = \left[\frac{2}{3}x\sqrt{6x} - \frac{1}{2}x^2\right]_0^6 = \ldots = 6\,.$

b) $\int \sin 2x\,dx$ ist fast ein Grundintegral, es fehlt nur der Faktor $1/2$, der sich nach Substitution I ergibt: $\int \sin 2x\,dx = -1/2 \cos 2x;$

$\tan x$ ist gleich $\sin x / \cos x$; hier setzen wir die Substitution II an, vgl. 10b:

damit wird $\int \tan x\,dx = -\int \frac{1}{u}\,du = -\ln|u| = -\ln|\cos x|$, und weiter ist

$$A(0, \tfrac{\pi}{4}) = \left[-\frac{1}{2}\cos 2x + \ln|\cos x|\right]_0^{\frac{\pi}{4}} = -0 + \ln\left|\frac{\sqrt{2}}{2}\right| - \left(-\frac{1}{2}\right) - 0 = 0{,}15.$$

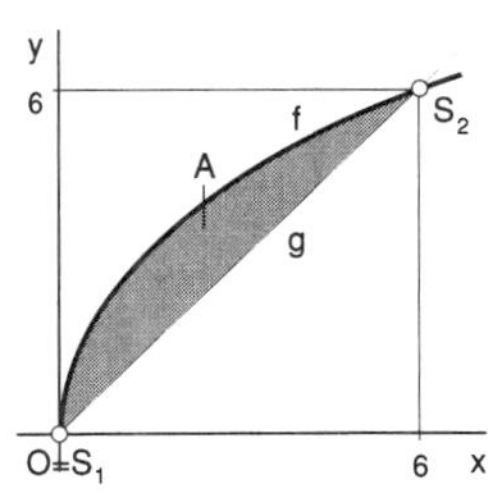

Bild L10a

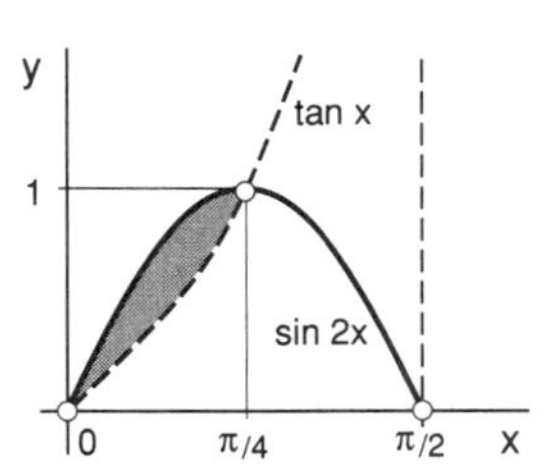

Bild L10b

11. $A(0;\,4-\varepsilon) = \int_0^{4-\varepsilon} \frac{1}{\sqrt{16-x^2}}\,dx = \left[\arcsin\frac{x}{4}\right]_0^{4-\varepsilon} = \arcsin\frac{4-\varepsilon}{4}$

$A(0;\,4) = \lim_{\varepsilon\to 0} A(0;\,4-\varepsilon) = \lim_{\varepsilon\to 0} \arcsin\frac{4-\varepsilon}{4} = \arcsin 1 = \frac{\pi}{2}$

12. $\int k(t)\,dt = \int\left(a + b\,(1-e^{-ct})\right)dt = at + bt - b\int e^{-ct}dt = at + bt + \frac{b}{c}e^{-ct}$

$\bar{K} = \frac{1}{T}\left[at + bt + \frac{b}{c}e^{-ct}\right]_0^T = \ldots = a + b + \frac{b}{cT}e^{-cT} - \frac{1}{T};\quad \lim\sim:\ \bar{K}_\infty = a + b = k_\infty$

13. a) $\int x\cos x\,dx = ? = *$ → $f(x) = \cos x \Rightarrow F(x) = \sin x$
← $g(x) = x \Rightarrow g'(x) = 1$

$* = \sin x \cdot x - \int \sin x \cdot 1\,dx = x\sin x + \cos x$

b) $\int x\ln x\,dx = ? = *$ → $f(x) = x \Rightarrow F(x) = x^2/2$
← $g(x) = \ln x \Rightarrow g'(x) = 1/x$

$* = \frac{x^2}{2}\ln x - \int\frac{x^2}{2}\cdot\frac{1}{x}\,dx = \frac{x^2}{2}\ln x - \frac{x^2}{4}$

c) $\int x^2 e^x\,dx = ? = *$ → $f(x) = e^x \Rightarrow F(x) = e^x$
← $g(x) = x^2 \Rightarrow g'(x) = 2x$

$* = e^x \cdot x^2 - 2\int x e^x\,dx$ = (Ergebnis des $\int$ s. Text!) $= x^2 e^x - 2\,(x e^x - e^x) =$
$= e^x\,(x^2 - 2x + 2)$

d) $\int\cos^2 x\,dx = ? = *$ → $f(x) = \cos x \Rightarrow F(x) = \sin x$
← $g(x) = \cos x \Rightarrow g'(x) = -\sin x$

$* = \sin x \cdot \cos x - \int \sin x \cdot (-\sin x)\,dx = \sin x\cos x + \int (1 - \cos^2 x)\,dx =$
$= \sin x\cos x + x - \int\cos^2 x\,dx \Rightarrow \int\cos^2 x\,dx = \tfrac{1}{2}\,(x + \sin x\cos x)$

14. a) Nullstelle ist ½ wegen $\ln(2\cdot\tfrac{1}{2}) = \ln 1 = 0$;

$A(\tfrac{1}{2}, e) = \int_{1/2}^{e}\frac{1}{3}\ln 2x\,dx = \frac{1}{3}\int_{1/2}^{e}\ln 2x\,dx$ Unbestimmt integrieren:

$\int \ln 2x\,dx = ?$ Substit. I: $u = 2x$, $du = 2\,dx \Rightarrow dx = \tfrac{1}{2}du$;
$\tfrac{1}{2}\int \ln u\,du = *$ (s. Text!) → $f(u) = 1 \Rightarrow F(u) = u$
← $g(u) = \ln u \Rightarrow g'(u) = 1/u$

$* = \tfrac{1}{2}\,(u\ln u - u) = \tfrac{1}{2}\,(2x\ln 2x - 2x) = x\ln 2x - x$

$A = \frac{1}{3}\left[x\ln 2x - x\right]_{1/2}^{e} = \ldots = \frac{1}{3}(e\ln 2 + e - e + 1/2) = \frac{1}{3}e\ln 2 + \frac{1}{6} = 0{,}795$

b) $A(-1, 1) = \int_{-1}^{1}(x-1)^2 e^x dx$; unbestimmt: $\int\sim = \int x^2 e^x dx - 2\int x e^x dx + \int e^x dx$

(nach den Teilergebnissen im Text und von Lösung 13c)
$= e^x\,(x^2 - 2x + 2) - 2\,e^x\,(x-1) + e^x = e^x\cdot(x^2 - 4x + 5)$

$$A(-1,1) = \left[e^x(x^2-4x+5)\right]_{-1}^{1} = e\,(1-4+5) - \tfrac{1}{e}\,(1+4+5) = 2e - \tfrac{10}{e} = 1{,}76$$

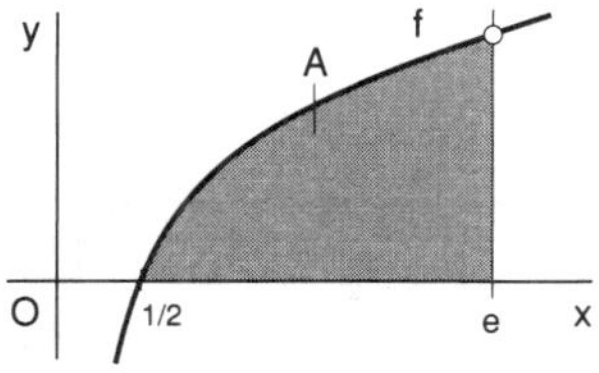

Bild L14a

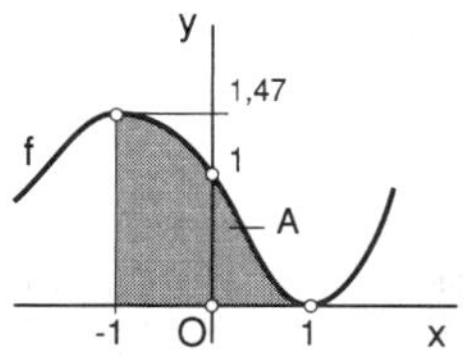

Bild L14b

15. $\int \frac{1}{1-x^2}\,dx = \frac{1}{2}\int \frac{1}{1+x}\,dx + \frac{1}{2}\int \frac{1}{1-x}\,dx = \frac{1}{2}① + \frac{1}{2}② = *$

① $u = 1+x,\ du = 1\,dx \quad \Rightarrow \quad ①\ \int \frac{1}{u}\,du = \ln|u| = \ln|1+x|$

② $u = 1-x,\ du = -1\,dx \quad \Rightarrow \quad ②\ \int -\frac{1}{u}\,du = -\ln|u| = -\ln|1-x|$

$* = \frac{1}{2}\ln|1+x| - \frac{1}{2}\ln|1-x| = \frac{1}{2}\ln\left|\frac{1+x}{1-x}\right|$ (ohne | | mit $|x| < 1$);

16. $e^x = 1 + x + \frac{x^2}{2!} + \frac{x^3}{3!} + \frac{x^4}{4!} + \ldots$ (Substituieren $-\frac{x^2}{2}$ statt x oder direkt nach Taylor!)

$e^{-\frac{x^2}{2}} = 1 - \frac{x^2}{2} + \frac{x^4}{4\cdot 2!} - \frac{x^6}{8\cdot 3!} + \frac{x^8}{16\cdot 4!} - + \ldots$ absolut konvergent!

$\int e^{-\frac{x^2}{2}}\,dx = x - \frac{x^3}{3\cdot 2} + \frac{x^5}{5\cdot 4\cdot 2!} - \frac{x^7}{7\cdot 8\cdot 3!} + \frac{x^9}{9\cdot 16\cdot 4!} - + \ldots + \text{const}$

$\psi(z) = \frac{1}{\sqrt{2\pi}}\int_0^z e^{-\frac{x^2}{2}}\,dx = \frac{1}{\sqrt{2\pi}}\left[z - \frac{z^3}{6} + \frac{z^5}{40} - \frac{z^7}{336} + \frac{z^9}{3456} - \ldots\right]$

z = 0,2: $\phi(0{,}2) = 0{,}500 + 0{,}399\,(0{,}2 - 0{,}0013 + 0{,}0000..) = 0{,}500 + 0{,}079 = 0{,}579$

z = 0,4: $\phi(0{,}4) = 0{,}500 + 0{,}399\,(0{,}4 - 0{,}0107 + 0{,}0003) = \ldots = 0{,}655$

... ...

z = 1: $\phi(1) = 0{,}500 + 0{,}399\left(1 - \frac{1}{6} + \frac{1}{40} - \frac{1}{336} + \frac{1}{3456}\right) = 0{,}841$

Zum nächsten Kapitel

Teil L

37. Kapitel

37

Anwendungen des bestimmten Integrals

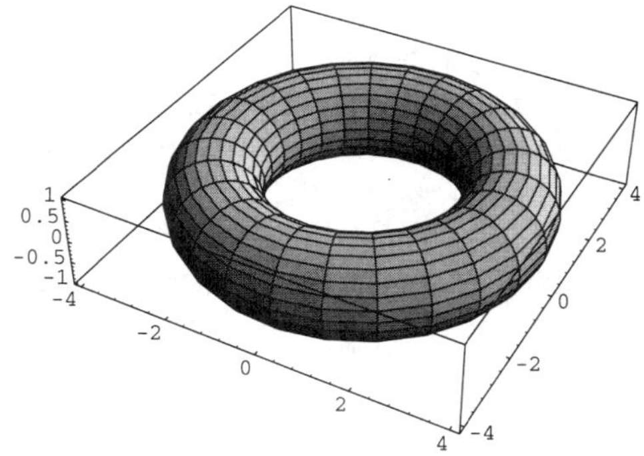

Ziele

Zunächst knüpfen wir an die Integration einfacher Potenzfunktionen an, um ohne Mühe zu Anwendungen aus PHYSIK und WIRTSCHAFT zu kommen, gehen dann zur *Volumenberechnung* von Drehkörpern über und zur *Bogenlänge* von Kurven. Dann soll als Ausblick für Praktiker die Berechnung von *Schwerpunkten* und *Trägheitsmomenten* in einfachen Fällen gezeigt werden. Den Schluß bilden *Fourier-Reihen* zur Approximation technisch wichtiger Signale bzw. *Schwingungen*.

Ganz allgemein rechnen wir noch fast alles klassisch nach den Methoden des letzten Kapitels und holen nur in wenigen Fällen *Mathematica* zu Hilfe.

Integrale in Physik und Technik

Geschwindigkeit und Beschleunigung

In Kapitel K**32** haben wir die **Geschwindigkeit** v als 1. *Ableitung* des Weges nach der Zeit erkannt, wir schreiben jetzt etwas ungenau, doch intuitiv $s' = v$; weiter war die **Beschleunigung** a die 1. Ableitung von v nach t, $v' = a$. Dies ist gleichbedeutend mit $s = \int v\,dt$ und $v = \int a\,dt$. Geben wir a fest vor, so wird

$$v = \int a\,dt = a\int dt = at + v_0$$

mit v_0 als konstanter Anfangsgeschwindigkeit bei $t = 0$,

$$s = \int v\,dt = \int (at + v_0)\,dt = a\int t\,dt + v_0\int dt = a\cdot\frac{t^2}{2} + c_1 + v_0\cdot t + c_2 = a\,\frac{t^2}{2} + v_0 t + s_0,$$

$s_0 = c_1 + c_2$ ist der Weg zu Beginn der Zeitmessung $t = 0$.

Natürlich muß v nicht so einfach von t abhängen:

B **Beispiel 1: Bremsweg**

Ein **Auto** wird bis zum Stillstand so gebremst, daß für die Geschwindigkeit stets gilt: $v(t) = 20 - 0{,}2\,t^2$ (m/s). Wie lang ist der **Bremsweg** von Beginn des Bremsvorgangs ($t = 0$ Sekunden, kurz: 0 s) an?

Berechnen wir zunächst die Bremsdauer T bis zum Stillstand ($v(T) = 0$):

$$0 = v(T) = 20 - 0{,}2\,T^2 \;\Rightarrow\; T = 10 \text{ (s)}$$

$$v(t) = 20 - 0{,}2\,t^2 \;\Rightarrow\; s(t) = \int v(t)\,dt = \int (20 - 0{,}2\,t^2)\,dt = 20\int dt - 0{,}2\int t^2\,dt =$$

$$= 20t - 0{,}2\frac{t^3}{3} + c \quad \text{(zu c = const vgl. S. 234 und 239!)}$$

Randbedingung: $s(0) = c = 0$ einsetzen:

$$s(T) = 20T - \frac{0{,}2}{3}T^3 + 0 = 20\cdot 10 - \frac{0{,}2}{3}\cdot 10^3 = \frac{400}{3} = 133{,}3 \text{ (m)}$$

mechanische Arbeit

❖ Auch die **Arbeit** ist nicht immer Kraft mal Weg, W = F · s. Nimmt die Kraft, etwa im **Gravitationsfeld** der Erde, mit der Entfernung vom Erdmittelpunkt quadratisch ab, wie es das Gravitationsgesetz verlangt,

Gravitation

$$F = G \cdot \frac{M \cdot m}{r^2},$$

gilt F immer nur für ein kleines Wegelement Δr. Dort ist $\Delta W = F \cdot \Delta r$ aufzubringen, um einen Körper der Masse m um Δs zu verschieben, im *Feld* zu *heben*, Bild 1.

und Integral

Insgesamt ist

$$W(r_0, r) = \Sigma\, \Delta W = \Sigma\, F(r)\, \Delta r$$

über alle n Wegelemente. Mit $n \to \infty$ wird

$$W(r_0, r) = \int_{r_0}^{r} F(r)\,dr = \int_{r_0}^{r} G \cdot \frac{M \cdot m}{r^2}\,dr = GMm \int_{r_0}^{r} \frac{1}{r^2}\,dr = GMm\left(-\frac{1}{r}\right)\Bigg|_{r_0}^{r} = GMm\left(\frac{1}{r_C} - \frac{1}{r}\right)$$

Bilder 1/2: das Erdfeld (links) und Ausdehnung heißer Gase:

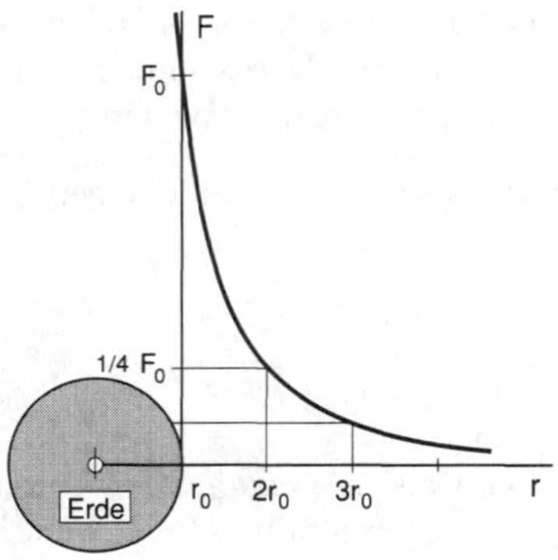

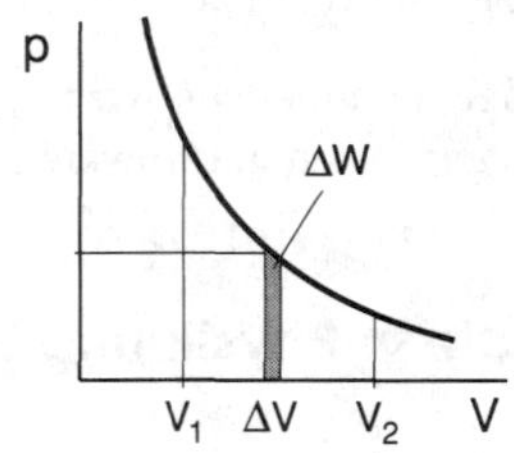

❖ Ganz analog ist auch im **Kugelkondensator** mit seinen radialen Feldlinien die Feldstärke (= Kraft pro Ladungseinheit)

Spannung im Kondensatorfeld

$$E = \frac{Q}{4\pi\varepsilon} \cdot \frac{1}{r^2},$$

also gilt für die Potentialdifferenz = **Spannung** (das ist die Arbeit pro Ladungseinheit) zwischen r_0 (innere Kugel) und r (äußere Hohlkugel)

$$U(r_0, r) = \int_{r_0}^{r} E(r)\,dr = \frac{Q}{4\pi\varepsilon} \int_{r_0}^{r} \frac{1}{r^2}\,dr = \ldots = \frac{Q}{4\pi\varepsilon}\left(\frac{1}{r_0} - \frac{1}{r}\right).$$

Gesetz von Boyle-Mariotte

❖ Heiße Gase dehnen sich aus und leisten Arbeit (Motoren). So gilt für **ideale Gase** die allgemeine Zustandsgleichung, die sich für isotherme Ausdehnung (T = const.) vereinfacht zum

Boyle-Mariotteschen Gesetz $p \cdot V = c(\text{onst.})$,

was im p-V-Diagramm zu einer Hyperbel (p = c/V) führt. Man kann zeigen, daß die Arbeit für die Ausdehnung um das Volumenstück ΔV etwa $\Delta W = p \cdot \Delta V$ beträgt, vgl. Bild 2, oben rechts; wie eben folgt daraus:

$$W(V_1, V_2) = \int_{V_1}^{V_2} p(V)\,dV\,.$$

Bleiben wir noch im **Schwerefeld der Erde**:

B

Beispiel 2: Hubarbeit im Gravitationsfeld

Soll ein **Satellit** der Masse 5000 kg von der Erdoberfläche aus (r_0) bis zur Höhe $r = 4r_0$ gehoben werden, so ist mit einem Erdradius $r_0 = 6370$ km, der Gravitationskonstante $G = 6{,}67 \cdot 10^{-11}\ Nm^2/kg^2$ und $M = 5{,}98 \cdot 10^{24}$ kg als Erdmasse schon die Hubarbeit

$$W(r_0, 4r_0) = GMm\left(\frac{1}{r_0} - \frac{1}{4r_0}\right) = GMm \cdot \frac{3}{4r_0} = (6{,}67 \cdot 10^{-11} \cdot 5{,}98 \cdot 10^{24} \cdot 5 \cdot 10^3) \cdot$$

$$\frac{3}{4 \cdot 6{,}37 \cdot 10^6} = 2{,}35 \cdot 10^{11}\ J = 235 \cdot 10^9\ J = 235 \text{ Milliarden Joule.}$$

B

Beispiel 3: Ladearbeit und Entladungsenergie ...

Ein **Kondensator** mit der Kapazität C wird auf die Spannung U_0 aufgeladen (Stellung 1 des Schalters in Bild 3) und entlädt sich dann (Stellung 2) über einen Widerstand R. Welche Entladungsenergie gibt er dabei ab?

Natürlich genau soviel, wie an Ladearbeit in ihm gespeichert ist! Da sich hier der Strom (genauer: die Stromstärke) i zu jedem Zeitpunkt t ändert – wie auch die Spannung u am Verbraucher –, ist für eine kleine Zeitspanne dt mit P als elektrischer Leistung $P = u \cdot i$

$$dW = P \cdot dt = u \cdot i \cdot dt,$$

Nun ist

$$i = \frac{dq}{dt}, \text{ also weiter } dW = u \cdot dq = \frac{q}{C} \cdot dq.$$

Damit haben wir

$$W_{ges} = \Sigma\, dW = \frac{1}{C}\int_0^Q q\, dq = \frac{1}{C}\left[\frac{q^2}{2}\right]_0^Q = \frac{Q^2}{2C};$$

setzen wir hier noch $Q = C \cdot U_0$, ergibt sich

$$W_{ges} = \frac{(C \cdot U_0)^2}{2C} = \frac{C \cdot U_0^2}{2}.$$

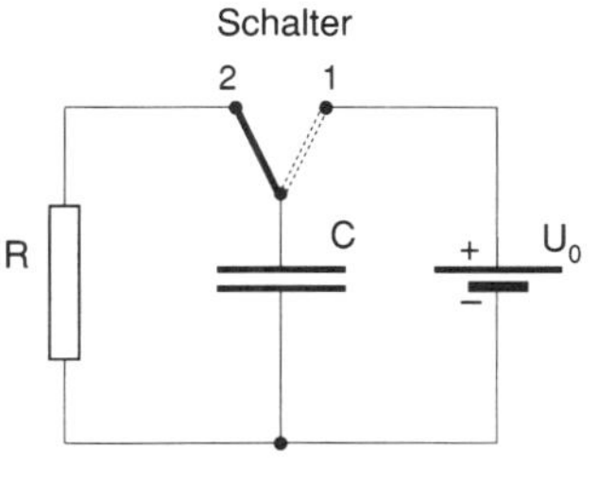

Bild 3: beim Kondensator

Wozu haben wir uns mit Integralen von *Winkelfunktionen* beschäftigt?

B

Beispiel 4: Wechselstromkreis

Im Wechselstromkreis ist die (sinusförmige) Spannung $u = U \cdot \sin \varphi,\ \varphi = \omega \cdot t$, im allgemeinen gegenüber der Stromstärke $i = I \cdot \sin(\varphi - \alpha)$ mit α phasenverschoben. Gesucht ist die **Leistung** des Wechselstroms.

Wir hatten uns eben an die *Leistung* in der Zeitspanne dt als $P = u \cdot i$ erinnert, was für die *Arbeit* $dW = P \cdot dt = u \cdot i \cdot dt$ ergab; daher ist nun für 1 Periode T

$$P = \frac{1}{T} \cdot W = \frac{1}{T}\int_0^T u \cdot i\, dt.$$

Berücksichtigen wir den Zusammenhang

$$\varphi = \omega \cdot t \Rightarrow d\varphi = \omega\, dt = \frac{2\pi}{T}\, dt \Rightarrow \frac{1}{T}\, dt = \frac{1}{2\pi}\, d\varphi,$$

so läßt sich das Integral transformieren zu

$$P = \frac{1}{2\pi}\int_0^{2\pi} U \sin\varphi \cdot I \sin(\varphi - \alpha)\, d\varphi = \frac{U \cdot I}{2\pi}\int_0^{2\pi} \sin\varphi \cdot \sin(\varphi - \alpha)\, d\varphi.$$

Summensatz

oder Mathematica

und ...

Hier wird man klassisch die *1. Summensätze* ansetzen und frühere Teilergebnisse verwenden; wir setzen *Mathematica* ein:

```
Integrate[Sin[phi] Sin[phi-alpha], {phi,0,2Pi}] //Together
Pi Cos[alpha]
```

Somit ist weiter und kürzer

$$P = \frac{U \cdot I}{2\pi}(\pi \cos \alpha) = \frac{U \cdot I}{2} \cos \alpha$$

Setzen wir hier die *Effektivwerte* ein, die jeweils einen Faktor $\sqrt{2}$ absorbieren, bleibt

die Leistung:

$$\boxed{P = U_{eff} \cdot I_{eff} \cdot \cos \alpha}$$

womit eine der wichtigsten Formeln der WECHSELSTROMTECHNIK gewonnen ist.

Integrale in der Wirtschaft

Eine **Preis-Absatz-Funktion** möge in einem Intervall bis x_0 ungefähr *linear* sein (damit wir bequem integrieren können, i. allg. wird sie treppenförmig sein!): Kauft man mehr (x größer), bezahlt man pro Stück weniger (p kleiner). Beim Kauf von x_0 bezahlt man pro Einheit $p(x_0)$, insgesamt also $p(x_0) \cdot x_0$ (Rechteckfläche).

Hätte man einzeln gekauft, wäre man bereit gewesen, den Betrag auszugeben, der der Fläche unter der p-Kurve entspricht, Bild 4; man spart also die Summe, die der Fläche oberhalb des Rechtecks zukommt, die sogenannte ***Konsumentenrente***:

$$KR = \int_0^{x_0} p(x)\,dx - p(x_0) \cdot x_0$$

Beispiel 5: Konsumentenrente und Integral

Wir nehmen konkret $p(x) = -20x + 220$ und $x_0 = 6$ an. Dies könnte der Preis sein, der für die Belichtung von x Seiten im Foto-Service-Shop zu bezahlen ist: Die 1. Seite (x = 1) kostet dann p(1) = 200 GE, bei 2 Seiten sind es noch p(2) = 180 GE pro Stück usw. (bis $x_0 = 6$).

Bild 4: dazu

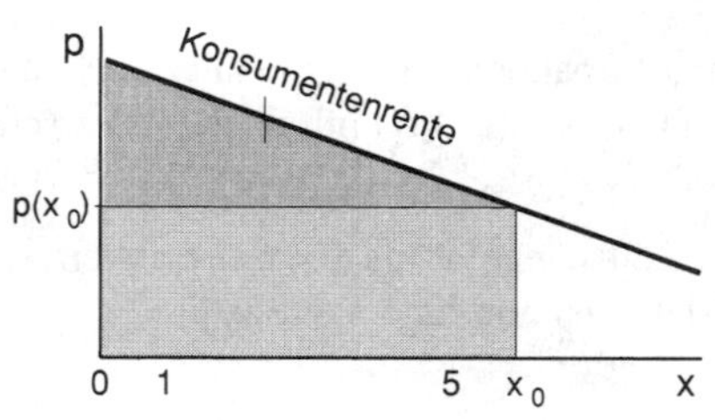

Dann ist

$$KR = \int_0^6 (-20\,x + 220)\,dx - p(6) \cdot 6 = -20 \int_0^6 x\,dx + 220 \int_0^6 dx - 100 \cdot 6 =$$

$$= \left[-20 \cdot \frac{x^2}{2}\right]_0^6 + [220 \cdot x]_0^6 - 600 = -10 \cdot 6^2 - 0 + 220 \cdot 6 - 0 - 600 =$$

$$= -360 + 1320 - 600 = 360 \qquad (= 37{,}5\ \%\ \text{vom Wert } 960\ \text{GE}).$$

Ersparnis bei großen Stückzahlen

Natürlich ist das Integral erst bei *nichtlinearen* Funktionen richtig von Nutzen, hier genügte die Dreiecksformel.

Ein etwas komplizierteres Integral tritt in der GELDWIRTSCHAFT beim Vergleich von Kapitalien auf, die zu verschiedenen Zeitpunkten anfallen, also nur durch Bezug auf einen festen Termin als **Barwerte** gegenübergestellt werden können.

Barwert eines Einkommensstroms

Gibt es laufende Einnahmen, spricht man von einem ***Einkommensstrom***. Während einer Zeitspanne Δt fallen etwa $K(t)\,\Delta t$ Geldeinheiten an – z.B. von heute (t = 0) an in t = 2 Jahren während Δt = 1 Woche täglich 1000 GE, d.s. $K(t) = 1000 \cdot 7$ GE wöchentlich – die nun aber auf t = 0 bezogen werden müssen! Dafür setzt man die **stetige Verzinsung** an, hat also statt K(t) den Barwert $B_0 = K(0) = K(t) \cdot e^{-pt}$ zu nehmen, wobei für p ein marktüblicher Zinssatz gewählt wird.
Damit ist

$$\Delta B = K(t) \cdot e^{-pt}\Delta t, \qquad B \approx \Sigma\,\Delta B \quad \Rightarrow \quad B = \int_{t_1}^{t_2} K(t) \cdot e^{-pt}\,dt$$

B

Beispiel 6: Summe von Barwerten und ihr Grenzwert:

Wir begnügen uns hier mit einem gleichbleibenden Einkommen von K(t) = 50000 GE pro Jahr, die 10 Jahre hindurch anfallen.

das Integral

Diese insgesamt 10 mal 50000 GE = 500000 GE sind heute bei p = 5 % = 0,05 natürlich weniger wert ($t_1 = 0$, $t_2 = 10$), vgl. Bild 5.

$$\int_0^{10} 50\,000 \cdot e^{-0{,}05\,t}\,dt = 50\,000 \int_0^{10} e^{-0{,}05\,t}\,dt \qquad \text{Subst. I: } u = -0{,}05t,\; du = -0{,}05\,dt$$

$$-20\,du = dt$$

$$\int e^{-0{,}05\,t}\,dt = \int e^{u}\,(-20\,du) = -20\int e^{u}\,du = -20\,e^{u} = -20\,e^{-0{,}05\,t},$$

$$B = 50\,000\left[-20\,e^{-0{,}05\,t}\right]_0^{10} = -1\text{ Mio}\left[e^{-0{,}5} - e^{0}\right] = 1\text{ Mio}\left[1 - e^{-0{,}5}\right] = 393\,469\ (\text{GE}).$$

ewig Geld!

Eine erstaunliche Tatsache ergibt sich, wenn wir einen **ewigen Geldstrom** annehmen, der ohne Ende ($t_2 \to \infty$) fließt:

$$B(\infty) = \lim_{t_2 \to \infty} B(t_2) = \lim_{t_2 \to \infty} 1\text{ Mio}\left(1 - e^{-0{,}05\,t_2}\right) = 1\text{ Million (GE)!}$$

durch Mathematica bestätigt

Beides läßt sich mittels *Mathematica* nachprüfen:

```
Integrate[50000 Exp[-.05 t], {t,0,10}]
393469.
Integrate[50000 Exp[-.05 t], {t,0,Infinity}]
        6
1. 10
```

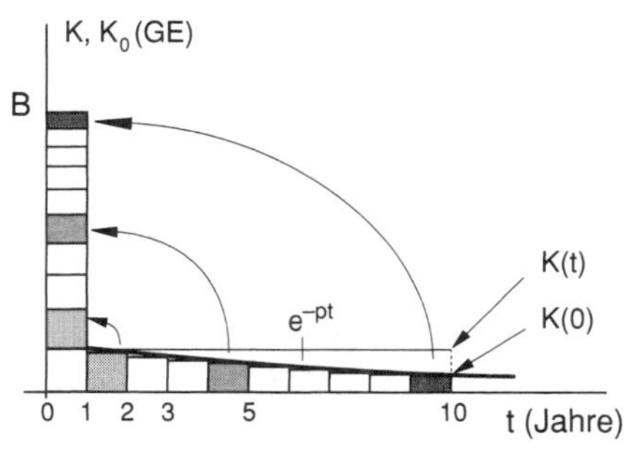

Bild 5: dazu

Volumina von Drehkörpern

Herleitung der ...

Wir kehren wieder zu geometrischen Fragen zurück! Nach Flächeninhalten interessieren uns natürlich Rauminhalte bzw. *Volumina*. Wir betrachten einfache Fälle, in denen Körper durch Rotation von Kurven entstehen.

Man zerlegt einen solchen Drehkörper in Gedanken in kleine zylindrische Scheibchen mit Δx als Höhe und dem jeweiligen y als Radius, Bild 6, und hat $\Delta V = \pi\, y^2$ mal Δx als Teilvolumen. In der Summe wird

$$V = \Sigma\, \Delta V = \Sigma\, \pi\, y^2 \Delta x$$

für n Scheibchen; im Grenzfall $n \to \infty$ wird wie bisher ein Integral daraus:

Satz 1: Volumenformel für Drehkörper

S

Rotiert ein Kurvenstück f zwischen a und b um die x-Achse, so hat der entstehende Drehkörper das Volumen

$$\mathbf{V(a,\, b)} = \int_a^b \pi\, y^2\, dx$$

Bilder 6/7: dazu

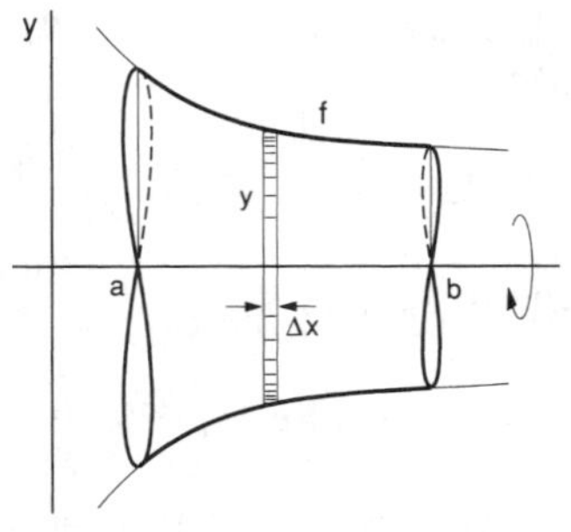

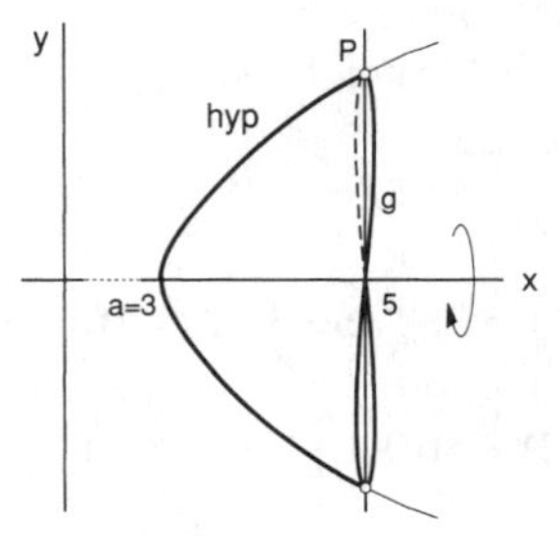

Beispiel 7: Dreh-hyperboloid I

B

Ist etwa $f\colon x \to y = 1/x$, so ist $y^2 = 1/x^2$ und wir haben in

$$V(1, 5) = \int_1^5 \pi \cdot \frac{1}{x^2}\, dx = \pi \cdot \left[-\frac{1}{x}\right]_1^5 = \pi\left(-\frac{1}{5} + \frac{1}{1}\right) = \frac{4\pi}{5} = 2{,}51$$

(etwa cm^3, je nach Einheit) schon das **Volumen** zwischen 1 und 5 gefunden, das zum *Drehkörper* von f gehört!

Sehr einfach gestaltet sich die Rechnung auch für rotierende **Kegelschnitte**, weil dort schon y^2 auftritt:

Beispiel 8: Hyperboloid II

B

So könnte die **Hyperbel** mit $a = b = 3$ von der Geraden $g\colon x = 5$ begrenzt sein und um die x-Achse rotieren. Es entsteht die rechte Schale des Hyperboloids, Bild 7, oben rechts, dessen Inhalt wir suchen.

$$\text{hyp: } b^2x^2 - a^2y^2 = a^2b^2 \;\Rightarrow\; 9x^2 - 9y^2 = 81 \;\Rightarrow\; x^2 - y^2 = 9 \;\Rightarrow\; y^2 = x^2 - 9$$

$$x = 5\colon\; y^2 = 25 - 9 = 16 \;\Rightarrow\; y = 4\colon\; P(5 \mid 4).$$

Der obere Öffnungsdurchmesser der Schale ist $2 \cdot 4 = 8$, die Tiefe $5 - 3 = 2$.

$$V(3, 5) = \int_3^5 \pi\, y^2\, dx = \pi \int_3^5 (x^2 - 9)\, dx = \pi\left[\frac{x^3}{3} - 9x\right]_3^5 = \ldots = \frac{44}{3}\pi\,.$$

Beispiel 9: Volumen einer Sinus-Drehspindel

B

Der Graph von $f: x \rightarrow \sin x$ rotiert in $[0;\ \pi]$ um die x-Achse. Welches Volumen hat der entstehende **spindelförmige Drehkörper**, Bild 8, links unterhalb?

$$\int_0^\pi \pi y^2\,dx = \pi \int_0^\pi \sin^2 x\,dx$$

Wir integrieren zunächst unbestimmt nach Beispiel 30 von L36; dann setzen wir nach dem 2. Hauptsatz wie immer

$$V = \pi \int_0^\pi \sin^2 x\,dx = \pi \cdot \left[\frac{1}{2}(x - \sin x \cos x)\right]_0^\pi = \ldots = \pi \cdot \frac{\pi}{2} = \frac{\pi^2}{2} = 4{,}93$$

Bilder 8/9: dazu

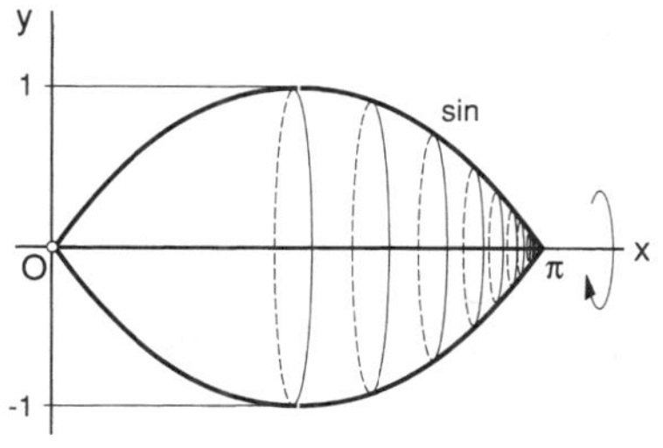

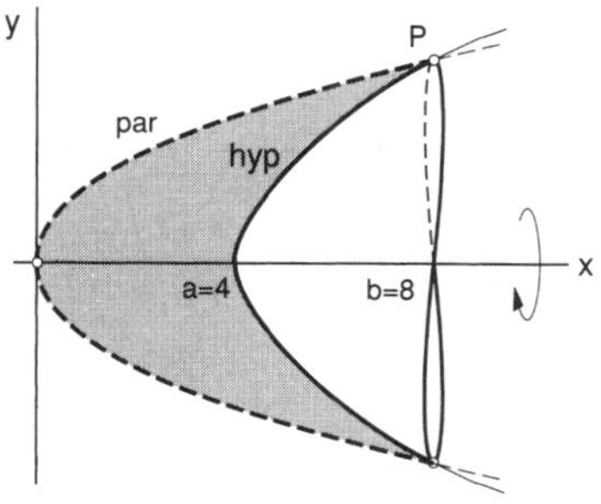

Manchmal wird aus einem *Drehkörper* ein anderer *herausgeschält*, etwa aus einem Paraboloid ein Hyperboloid der eben behandelten Art. Das Volumen des **Restkörpers** ist dann einfach die Differenz der Einzelvolumina:

Beispiel 10: Paraboloid, aus dem ein Hyperboloid ausgefräst wurde

B

Für par: $y^2 = 6x$ und hyp: $x^2 - y^2 = 16$ bestimmen wir den Schnittpunkt P im 1. Quadranten über $y^2 = 6x = x^2 - 16$ zu $x^2 - 6x - 16 = (x-8)\cdot(x+2) = 0$ als $P(8 \mid 4\sqrt{3})$, Bild 9, rechts oberhalb. Aus der Gleichung von hyp lesen wir a = 4 ab; somit ist

$$V_{Par} = \pi \int_0^8 y^2_{par}\,dx = \pi \int_0^8 6x\,dx = 6\pi \left[\frac{x^2}{2}\right]_0^8 = 3\pi \cdot 8^2 = 192\,\pi$$

$$V_{Hyp} = \pi \int_4^8 y^2_{hyp}\,dx = \pi \int_4^8 (x^2 - 16)\,dx = \pi \left[\frac{x^3}{3} - 16x\right]_4^8 = \ldots = \frac{256}{3}\pi$$

$$V_{Restkp} = V_{Par} - V_{Hyp} = \ldots = \frac{320}{3}\pi \approx 335.$$

Nun kann man ebensogut ein Kurven- bzw. ein Flächenstück um die y-Achse rotieren lassen, was ganz analog zum Volumen für das Intervall $[c;\ d]$ auf der y-Achse führt:

2. Formel für Drehkörper

$$V(c;\ d) = \int_c^d \pi\,x^2\,dy \qquad \text{(Rotation um die y-Achse)}$$

Erfreuen wir uns dazu an folgender Überlegung:

Beispiel 11: Wieviel Wein ...

B

Ein **Weinglas** hat die Form eines Drehparaboloids mit 5,0 cm Höhe und 9,0 cm oberem Durchmesser, linkes Bild 10, nächste Seite. In welcher Höhe ist die 1/8 Liter-Marke anzubringen?

geht ins Glas?

Aus den Daten von Höhe und halbem Durchmesser gewinnen wir die Gleichung von par:

$$\text{par: } y = ax^2,\ P \in \text{par: } 5 = a \cdot \left(\frac{9}{2}\right)^2 \Rightarrow a = \frac{20}{81};\quad y = \frac{20}{81}x^2;$$

$$V(c, d) = V(0, d) = \int_0^d \pi x^2\,dy = \pi\int_0^d \frac{81}{20}y\,dy = \frac{81}{20}\pi\left[\frac{y^2}{2}\right]_0^d = \frac{81}{40}\pi d^2 = (!)$$

$$\frac{1}{8}\cdot 1000\ (\text{cm}^3) \Rightarrow d^2 = \frac{1000\cdot 40}{8\cdot 81\,\pi} \Rightarrow d = \frac{200}{9}\sqrt{\frac{1}{8\pi}} = 4{,}43\ (\text{cm}).$$

Man hat die Marke in 4,43 cm Höhe anzubringen.

Bilder 10/11: dazu

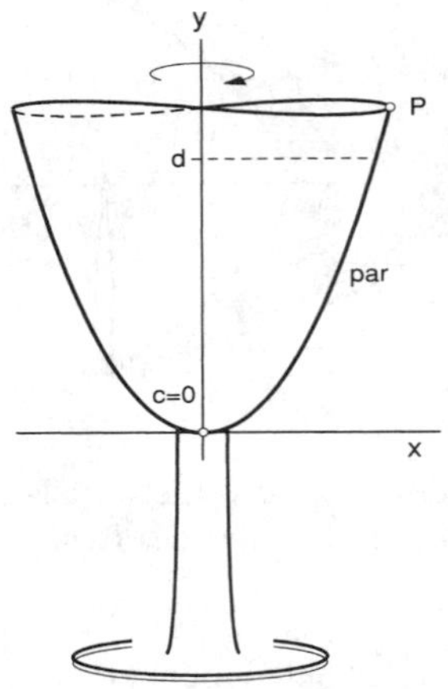

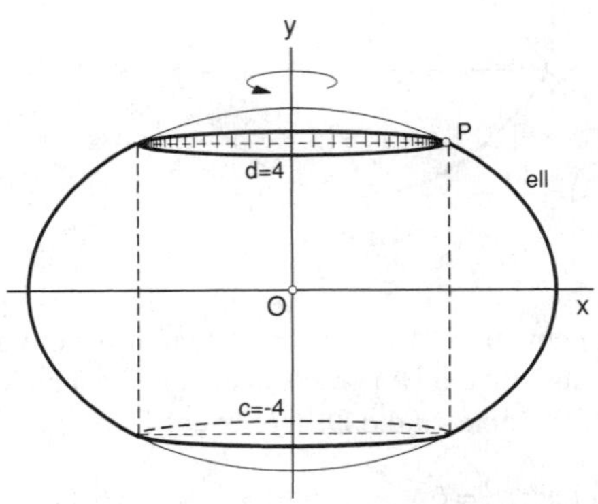

Kombinieren wir noch mit der Idee, einen Drehkörper auszubohren:

Beispiel 12: Ellipsoid ohne den koaxialen Zylinder

B Die Ellipse ell (a = 10, b = 5) rotiert um die y-Achse; vom entstehenden **Ellipsoid** werden Kappen in Höhe ±4 waagrecht abgeschnitten und aus der *Ellipsoidschicht* wird ein koaxialer **Zylinder** durch die Schnittkreise der Kappen *ausgebohrt*, Bild 11, rechts oberhalb. Wie groß ist das Volumen des Restkörpers?

$$\text{ell}: 25x^2 + 100y^2 = 2500 \quad\Rightarrow\quad x^2 = 100 - 4y^2 \quad\Rightarrow\quad P? \ldots x_P = \pm 6;$$

$$V_{Rest} = V_{Ell} - V_{Kapp} - Y_{Zyl} = V_{Schicht} - Y_{Zyl} = V_{Schicht} - \pi\cdot 6^2\cdot 8;$$

$$V_{Schicht} = \pi\int_{-4}^{4} x^2\,dy = \pi\int_{-4}^{4}(100-4y^2)\,dy = \pi\left[100y - \frac{4y^3}{3}\right]_{-4}^{4} = \ldots = \frac{2}{3}\pi\cdot 944;$$

$$V_{Rest} = \frac{2}{3}\pi\cdot 944 - 288\,\pi = \frac{1024}{3}\pi.$$

Beim Einsetzen der Grenzen werden Sie natürlich beachten, daß der Körper infolge seiner Symmetrie gleiche Volumenanteile oberhalb und unterhalb der x-Achse aufweist: Es genügt daher, zwischen 0 und 4 zu integrieren und das Ergebnis zu verdoppeln, was die Rechnung vereinfacht!

Hier gibt es natürlich viele weitere Möglichkeiten; so werden häufig *Kegel* ausgebohrt oder **Halbkugeln** berechnet – auf beide Körper kommen wir noch zu sprechen.

Zwei Kurven – auch *Geraden* sind darunter! – können zwei Drehkörper erzeugen, zu denen es einen Restkörper mit der Differenz der Einzelvolumina gibt; dabei ist genau auf die *Höhe* der jeweiligen Drehkörper zu achten!

Zur Übung wählen wir ein Flächenstück, das um beide Achsen rotieren soll:

B

Beispiel 13: Kegelstumpf und ausgeschältes Paraboloid

Im Punkt P (x > 0 | 5) des Graphen von f: x → $y = x^2 + 1$ wird die **Tangente** t gelegt. Das Flächenstück zwischen f, t und den positiven Koordinatenachsen rotiert einmal um die y-Achse, einmal um die x-Achse. Es entstehen zwei *Drehkörper*, deren Volumina wir berechnen wollen, vgl. Bild 12!

Bild 12: dazu

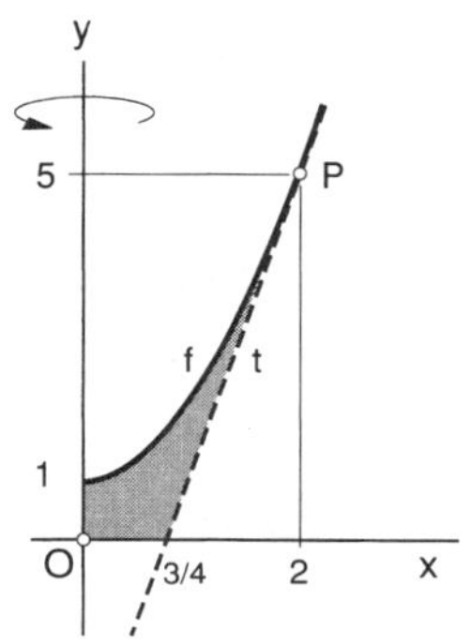

Als Vorbereitung ist zunächst die Gleichung von t aufzustellen; dazu wieder suchen wir die fehlende P-Abszisse über den Ansatz:

$$P \in f: \; 5 = x^2 + 1 \;\Rightarrow\; x = 2.$$

Nun eruieren wir noch die Steigung k von t in P über die 1. Ableitung:

$$f: \; y = x^2 + 1 \;\Rightarrow\; y' = 2x;$$

$$f'(2) = 2 \cdot 2 = 4 = k_t,$$

t selber setzen wir etwa in der expliziten Form an

$$t: \; y = kx + d = 4x + d;$$

Mit P ∈ t ist schließlich

$$5 = 4 \cdot 2 + d \;\Rightarrow\; d = -3 \;\Rightarrow\; t: \; y = 4x - 3.$$

Jetzt können wir das Volumen bei Rotation um die y-Achse ermitteln; die Grenzen sind dabei 0 und 5 für den **Kegelstumpf**, der von t erzeugt wird und 1 bis 5 für das herauszuschälende **Paraboloid** von f:

$$V_y = \pi\int_0^5 x_t^2\,dy - \pi\int_1^5 x_f^2\,dy = \pi\int_0^5 \left(\frac{y+3}{4}\right)^2 dy - \pi\int_1^5 (y-1)\,dy =$$

$$= \pi\left\{\frac{1}{16}\left[\frac{y^3}{3} + 3y^2 + 9y\right]_0^5 - \left[\frac{y^2}{2} - y\right]_1^5\right\} = \ldots = \frac{101}{48}\pi.$$

Achtung: die Grenzen sind beim 2. Drehkörper verschieden!

Bei Drehung um die x-Achse sind die Grenzen zwar 0 bis 2 vom f-Körper, aber nur 3/4 und 2 beim t-Kegel: Für y = 0 ergibt sich aus der t-Gleichung x = 3/4 als Nullstelle;

$$V_x = \pi\int_0^2 y_f^2\,dx - \pi\int_{3/4}^2 y_t^2\,dx = \pi\int_0^2 (x^2+1)^2\,dx - \pi\int_{3/4}^2 (4x-3)^2\,dx =$$

$$\pi\int_0^2 (x^4 + 2x^2 + 1)\,dx - \pi\int_{3/4}^2 (16x^2 - 24x + 9)\,dx =$$

$$\pi\left\{\left[\frac{x^5}{5} + \frac{2x^3}{3} + x\right]_0^2 - \left[16\frac{x^3}{3} - 12x^2 + 9x\right]_{3/4}^2\right\} = \ldots = \frac{199}{60}\pi.$$

Die *Kegelschnitte* sind aber noch nicht ausgereizt und geben auch zu diesem Thema hervorragende Übungsobjekte ab, wie das nächste Beispiel zeigt:

Beispiel 14: ein rotierender Kreisbogen erzeugt ...?

B Ein **Kreis** mit dem Mittelpunkt M(0 | a) geht durch die Hauptscheitel einer gleichseitigen **Hyperbel** hyp : $x^2 - y^2 = a^2$. Die von beiden Kurven eingeschlossenen gemeinsamen Flächenstücke, Bild 13, erzeugen bei der Drehung um die y-Achse einen ringförmigen Körper. Welches Volumen hat er?

Als erstes müssen wir die *Integrationsgrenzen* bestimmen:

kr: $(x-0)^2 + (y-a)^2 = (a\sqrt{2})^2 \Rightarrow x^2 + (y-a)^2 = 2a^2$

hyp: $x^2 - y^2 = a^2$

$\cap$: $x^2 = a^2 + y^2$ aus II in I einsetzen:

$a^2 + y^2 + y^2 - 2ay + a^2 = 2a^2 \Rightarrow 2y(y-a) = 0 \Rightarrow c = y_1 = 0 \quad \vee \quad y_2 = a = d$

(c, d Integrationsgrenzen);

$x_1 = a,\ x_2 = a\sqrt{2}$: A(a | 0), S($a\sqrt{2}$ | a).

eine Kugelschicht; daraus wird ein Hyperboloid entfernt!

Nunmehr setzen wir wie gewohnt an:

$$\text{Volumen}_{\text{Drehkp}} = \text{Volumen}_{\text{Kugelschicht}} - \text{Volumen}_{\text{Hyperboloid}}$$

Dazu fehlt jetzt noch der explizite x^2-Term aus kr, der von hyp steht oben:

kr: $x^2 = 2a^2 - (y-a)^2 = 2a^2 - y^2 + 2ay - a^2 = -y^2 + 2ay + a^2$;

$$V_{\text{Drehkp}} = \pi\int_0^a x_{kr}^2\,dy - \pi\int_0^a x_{hyp}^2\,dy = \pi\int_0^a (x_{kr}^2 - x_{hyp}^2)\,dy = \ldots = \pi\int_0^a (-2y^2 + 2ay)\,dy =$$

$$\pi\left[-2\frac{y^3}{3} + 2a\frac{y^2}{2}\right]_0^a = \ldots = \frac{\pi}{3}a^3$$

Das Volumen des Drehkörpers beträgt $V = \frac{\pi}{3}a^3$.

Bilder 13/14: dazu

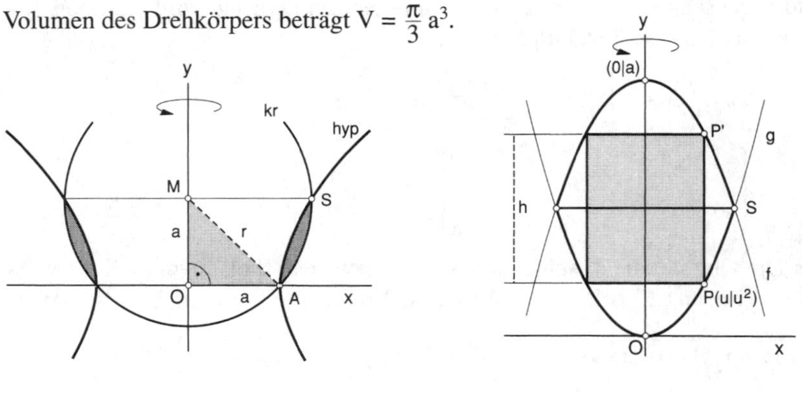

Von dieser Art ist auch das folgende Beispiel, bei dem aber auch noch vorbereitend der Flächeninhalt auftritt:

Beispiel 15: Drehkörper mit ...

B Der Parameter a > 0 soll so bestimmt werden, daß die von den Graphen der Funktionen f: $x \rightarrow y = a - x^2$ und g: $x \rightarrow y = x^2$ eingeschlossene **Fläche** den Inhalt 9 hat. Dieses Flächenstück *rotiert* um die y-Achse. Dem entstehenden **Drehkörper** soll ein koaxialer Drehzylinder so eingeschrieben werden, daß sein *Volumen* **maximal** wird. Dann interessiert uns noch das *Verhältnis* der Volumina der beiden Drehkörper! Um den Schnittpunkt von f und g zu erhalten, setzen wir gleich, vgl. Bild 14, oben rechts:

$y_1 = y_2$: $a - x^2 = x^2 \Rightarrow x^2 = \frac{a}{2} \Rightarrow (S \in g:)\ y = \frac{a}{2}$: $S\left(\sqrt{\frac{a}{2}} \mid \frac{a}{2}\right)$.

Für den Inhalt des Flächenstücks gilt wegen der y-Achsensymmetrie (mit b für $\sqrt{\frac{a}{2}}$):

$$A = 2\int_0^b [f(x) - g(x)]\,dx = 2\int_0^b (a - 2x^2)\,dx = 2\left[ax - \frac{2}{3}x^3\right]_0^b = \ldots = \frac{4}{3}a\sqrt{\frac{a}{2}}.$$

Verlangt ist

$$A = 9 \Rightarrow \frac{4}{3}a\sqrt{\frac{a}{2}} = 9 \Rightarrow a = \frac{9}{2} \Rightarrow f: x \to y = \frac{9}{2} - x^2$$

Nun haben wir plötzlich eine **Extremwertaufgabe** vor uns! Für das Volumen des Drehzylinders notieren wir die Extremal- oder *Hauptbedingung*:

HB: $V_{Zyl} = \pi\, u^2 h$ ... maximal!

Als *Nebenbedingung* verwenden wie die Tatsache, daß eine Zylindermantellinie auf f und g endet:

$$P \in g \wedge P^* \in f:\ h = f(u) - g(u) = \frac{9}{2} - u^2 - u^2 = \frac{9}{2} - 2u^2.$$

Damit wird die Hauptbedingung neu:

HB*: $V_{Zyl} = \pi\, u^2 \left(\frac{9}{2} - 2u^2\right) = \pi \left(\frac{9}{2}u^2 - 2u^4\right)$.

In der Extremalfunktion dürfen wir π weglassen:

EF: $f(u) = \frac{9}{2}u^2 - 2u^4 \Rightarrow f'(u) = 9u - 8u^3 = 0 \Rightarrow u = 0 \vee 9 - 8u^2 = 0 \Leftrightarrow$

$$u^2 = \frac{9}{8};\quad h = \frac{9}{2} - 2 \cdot \frac{9}{8} = \frac{9}{4}.$$

Beides wird in die Volumenformel eingesetzt:

$$V_{Zyl} = \pi \cdot \frac{9}{8} \cdot \frac{9}{4} = \frac{81}{32}\pi.$$

Erst für den zweiten Teil, das *Volumen* des *Doppelparaboloids*, benötigen wir die Integralrechnung: $\frac{a}{2}$ als gemeinsame Grenze ist nach obigem $\frac{9}{4}$;

$$V_{Par} = V_g + V_f = \pi\int_0^{9/4} x_g^2\,dy + \pi\int_{9/4}^{9/2} x_f^2\,dy = \pi\int_0^{9/4} y\,dy + \pi\int_{9/4}^{9/2}\left(\frac{9}{2} - y\right)dy =$$

$$= \pi\left[\frac{y^2}{2}\right]_0^{9/4} + \pi\left[\frac{9}{2}y - \frac{y^2}{2}\right]_{9/4}^{9/2} = \ldots = 2 \cdot \frac{81}{32}\pi.$$

Schließlich sind wir beim Verhältnis angelangt:

$$V_{Par} : V_{Zyl} = 2 \cdot \frac{81}{32}\pi : \frac{81}{32}\pi = 2 : 1.$$

Sensible Gemüter beginnen hier zu philosophieren: weshalb dieses einfache Zahlenverhältnis?! Sollte hinter der angeblich so trockenen Mathematik vielleicht doch noch Tieferes verborgen sein? Schon die alten Griechen sahen Harmonien als wesentlich an und versuchten, ihre Welt von dort her zu erklären. Sogar Kepler griff nach 1600 (!) bei der Erklärung des Sonnensystems zunächst auf die platonischen Körper zurück und ordnete sie so an, daß die „Sphären der Wandelsterne" als umbeschriebene Kugeln erschienen …

... einbeschriebenem Zylinder maximalen Volumens

Erinnern Sie sich an Extremwertaufgaben?

auch hier sind die Grenzen der Körper verschieden

Kegel- und Kugelvolumen

Man kann mit Hilfe des Integrals auch Volumenformeln herleiten, die bisher unbegründet verwendet wurden. So etwa das *Kegelvolumen*:

Beispiel 16: **Herleitung von Volumenformeln:** **Kegel**

B Soll ein **Kegel** den Basiskreisradius r und die Höhe h haben, so legen wir seine Spitze in den Ursprung O und lassen die Strecke $\overline{OP}$ von O bis P(h | r) um die x-Achse rotieren, Bild 15; dazu brauchen wir die Gleichung f(x) der Trägergeraden OP:

$$f: y = k \cdot x; \qquad P \in f: r = k \cdot h \;\Rightarrow\; k = \frac{r}{h}; \qquad f(x) = y = \frac{r}{h}x;$$

Dieser Term wird in die Volumenformel eingesetzt:

$$V_{Kegel} = \int_0^h \pi y^2\,dx = \pi \int_0^h \frac{r^2}{h^2}x^2\,dx = \pi \frac{r^2}{h^2} \cdot \left[\frac{x^3}{3}\right]_0^h = \frac{\pi r^2 h}{3}.$$

Bilder 15/16: **dazu**

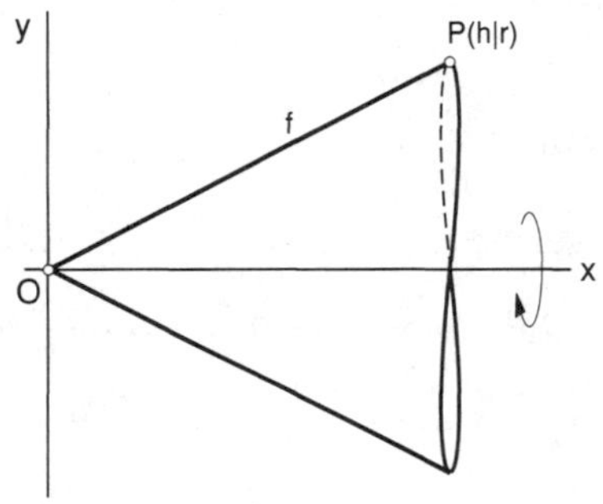

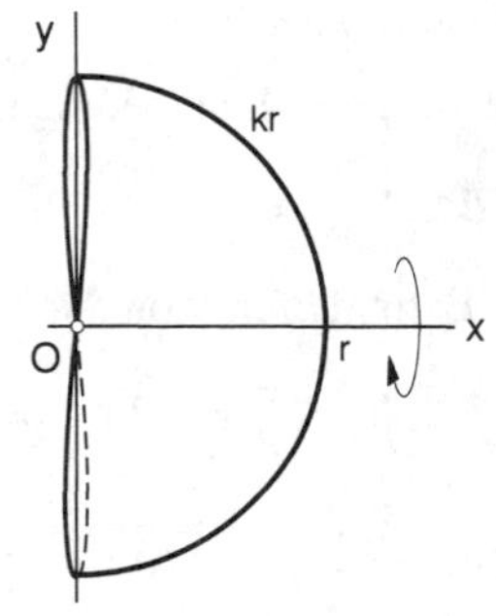

Beispiel 17: **und Kugel**

B Fast noch einfacher ist es, das *Kugelvolumen* zu eruieren. Dazu lassen wir einen Viertelkreis um die x-Achse rotieren, was eine **Halbkugel** ergibt, Bild 16, rechts ↑:

$$kr: x^2 + y^2 = r^2 \;\Rightarrow\; y^2 = r^2 - x^2$$

Wie eben beim Kegel wird dieser Term eingesetzt:

$$V_{Halbkugel} = \int_0^r \pi y^2\,dx = \pi \int_0^r (r^2 - x^2)\,dx = \pi \left[r^2 x - \frac{x^3}{3}\right]_0^r = \pi \left[r^3 - \frac{r^3}{3}\right] = \frac{2\pi}{3}r^3$$

Für die *Vollkugel* ist noch zu verdoppeln:

$$V_{Kugel} = 2 \cdot V_{Halbkugel} = \frac{4\pi}{3}r^3.$$

Analog, allerdings viel mühsamer, kommt man zum Kugel*segment*, zum *-sektor* und etwa zu Hyperboloidschalen, worauf wir aber hier verzichten.

Themenwechsel

Bogenlänge

Bogenelement und ...

In K33 haben wir das *Bogenelement* ds einer Kurve eingeführt und gefunden, Satz 1:

$$ds = \sqrt{1 + y'^2}\,dx\,.$$

Summiert über die ganze Kurve im Intervall [a; b] mit immer feinerer Aufteilung wird

$$s = \Sigma\,\Delta s \;\rightarrow\; (n \rightarrow \infty)\; \int_a^b ds,$$

so daß wir schon als Ergebnis formulieren können:

Satz 2: Bogenlänge

S

Ist die Funktion f differenzierbar in [a; b], so hat ihr Graph über [a; b] die Bogenlänge

$$\mathbf{s = \int_a^b \sqrt{1 + y'^2}\,dx\,.}$$

Beispiel 18: Länge eines Stücks der Neilschen Parabel

B

Wählen wir etwa als Beispiel die ***Neilsche Parabel*** $f(x) = \sqrt{x^3} = x\sqrt{x} = x^{3/2}$ und [0; 4] als Intervall, Bild 17, links darunter, so haben wir

$$f'(x) = \frac{3}{2}x^{1/2} \;\Rightarrow\; [f'(x)]^2 = \frac{9}{4}x; \quad \text{es folgt } \sqrt{1 + [f'(x)]^2} = \sqrt{1 + \frac{9}{4}x}\,,$$

und damit wird $s = \int_0^4 \sqrt{1 + \frac{9}{4}x}\,dx.$

Dieses Integral läßt sich exakt lösen, wir aber fragen *Mathematica*:

```
Integrate[Sqrt[1 + 9/4 x], {x, 0, 4}] //N
9.07342
```

Bilder 17/18: dazu

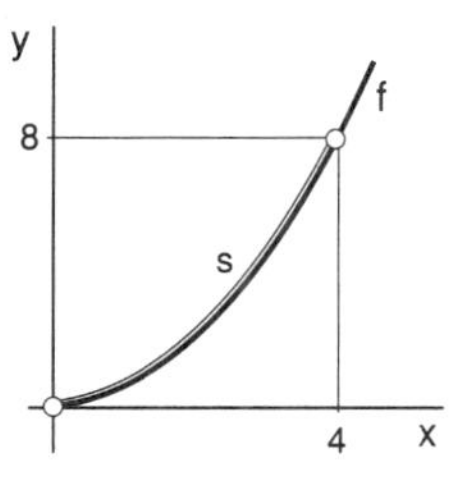

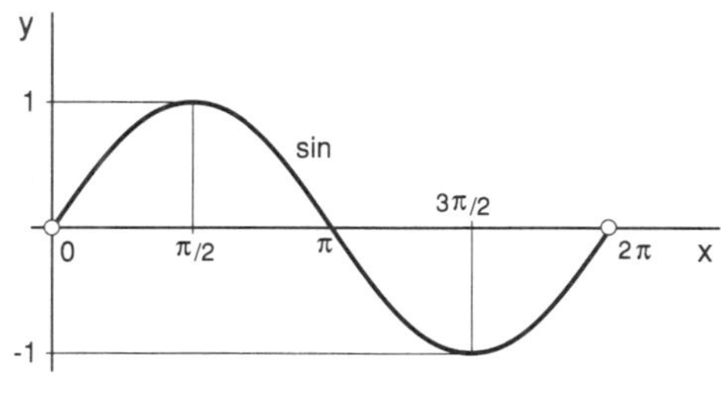

Beispiel 19: Länge der Sinuskurve

B

Vielleicht wollten Sie immer schon die Länge der **Sinuskurve,** Bild ↑, wissen? Das Integral ist exakt nicht lösbar, doch wir haben schon *Mathematica* gestartet:

$$f(x) = \sin x \;\Rightarrow\; f'(x) = \cos x \;\Rightarrow\; [f'(x)]^2 = \cos^2 x \;\Rightarrow$$

$$\sqrt{1 + [f'(x)]^2} = \sqrt{1 + \cos^2 x}; \quad \text{daher wie eben: } s = 4\int_0^{\pi/2} ds = 4\int_0^{\pi/2} \sqrt{1 + \cos^2 x}\,dx = ?$$

```
NIntegrate[4 Sqrt[1+Cos[x]^2], {x,0,Pi/2}]
7.6404
```

Statisches Moment und Schwerpunkt

Drehmoment und Statisches Moment

In PHYSIK und TECHNIK spielt der Begriff des ***Drehmoments*** eine große Rolle. Er ist aus dem Hebelgesetz hervorgegangen und steht für das Produkt aus *Kraft* F und *Kraftarm* r, dem Normalabstand des Kraftvektors zur Drehachse. Auch ohne äußere Kraft hat jedes Masseelement Δm_i ein Gewicht $\Delta m_i \cdot g$ mit g als Fallbeschleunigung und trägt in der Entfernung r_i zum Gesamtdrehmoment mit $\Delta m_i \cdot g \cdot r_i$ bei. Heben wir g in allen Summanden heraus, bleibt $M = \Sigma\, \Delta m_i\, r_i$ als ***Statisches Moment***.

Bei kontinuierlicher Verteilung längs einer Kurve oder in einer Fläche bzw. einem Körper wird aus der *Summe* wie üblich ein *Integral*

$$M = \Sigma\, r_i\, \Delta m_i \;\rightarrow\; \int_m r\, dm$$

Nun denken wir uns die Dichte ρ überall konstant gleich 1; aus der Masse m wird dann einfach wegen

$$\rho = \frac{m}{s} \quad \text{bzw.} \quad \rho = \frac{m}{A} \quad \text{bzw.} \quad \rho = \frac{m}{V}$$

die Länge s des Kurvenstücks bzw. der Inhalt A des Flächenstücks bzw. das Volumen V des Körpers, m → s bzw. A bzw. V. Damit haben wir

$$M = \int_s r\, ds \quad \text{bzw.} \quad M = \int_A r\, dA \quad \text{bzw.} \quad M = \int_V r\, dV$$

Schwerpunkt

Mit M hängt nun der ***Schwerpunkt*** = *Massenmittelpunkt* S eng zusammen. Er ist so definiert, daß die Gesamtmasse m in diesem einen Punkt dasselbe statische Moment hätte. Mit r_S als Abstand von S zur Achse ist also $M = m \cdot r_S$ oder wegen m → s bzw. A bzw. V weiter $M = s \cdot r_S$ bzw. $A \cdot r_S$ bzw. $V \cdot r_S$, woraus folgt

$$r_S = \frac{M}{s} = \frac{\int_s r\, ds}{s} \quad \text{bzw.} \quad r_S = \frac{M}{A} = \frac{\int_A r\, dA}{A} \quad \text{bzw.} \quad r_S = \frac{M}{V} = \frac{\int_V r\, dV}{V}$$

und Flächenmoment

In unseren Betrachtungen legten wir fast immer ein kartesisches Koordinatensystem zugrunde. Daher ist es naheliegend, als Bezugsachse die x-Achse bzw. die y-Achse zu wählen. Auf die Anwendung der 1. Formel verzichten wir, sie ist eher für Techniker von Interesse; wenden wir uns der 2. Formel im Satz zu! Da im allgemeinen sog. *Doppelintegrale* auftreten, beschränken wir uns auf den Sonderfall, daß das Flächenstück A unter f mit expliziter kartesischer Darstellung y = f(x) liegt. Dann erhalten wir A über

$$A = \int_a^b y\, dx$$

Bild 19: dazu

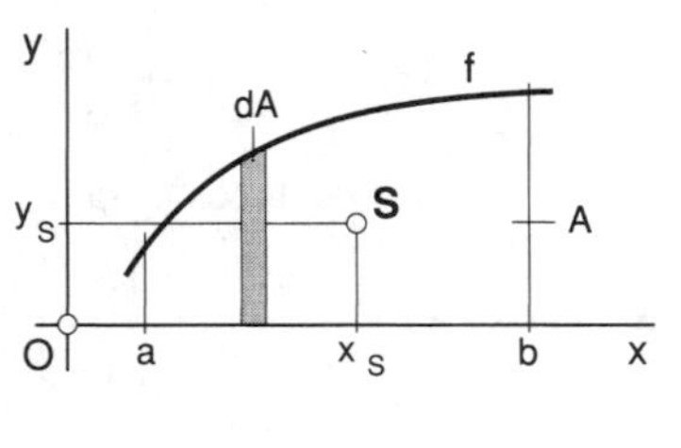

Für die statischen Momente denken wir uns schmale Streifen dA mit der Breite dx und der Höhe y, Bild 19, links, deren Schwerpunkt jeweils in halber Höhe, 1/2 y, liegt; von der y-Achse hat jeder Punkt des Streifens die Entfernung x.

Es wird daher nach dem Übergang $\Sigma \to \int$

$$M_y = \int_a^b x\,dA = \int_a^b xy\,dx, \quad M_x = \int_a^b \frac{1}{2} y\,dA = \frac{1}{2}\int_a^b yy\,dx$$

Damit sind die benötigten Formeln gewonnen:

S

Satz 3: Koordinaten des Schwerpunkts

Für die Koordinaten des Schwerpunkts $S(x_S \mid y_S)$ einer Fläche des Inhalts A gilt

$$x_S = \frac{M_y}{A} = \frac{\int_a^b xy\,dx}{\int_a^b y\,dx} \quad \text{und} \quad y_S = \frac{M_x}{A} = \frac{\frac{1}{2}\int_a^b y^2\,dx}{\int_a^b y\,dx}$$

Hier gleich wieder eine konkrete Anwendung:

B

Beispiel 20: ... einer Halbellipse

Wo liegt der Schwerpunkt einer **Halbellipsenfläche**, die von der Hauptachse begrenzt wird, Bild 20?

Aus Symmetriegründen ist hier klarerweise $x_S = 0$.

Für A kann man über Parameterformen finden: $A_{ell} = ab\pi$, womit der Nenner bekannt ist. Für den Zähler benötigen wir y^2, was wir aus der Ellipsengleichung isolieren:

$$b^2x^2 + a^2y^2 = a^2b^2 \quad \Rightarrow \quad y^2 = \frac{b^2}{a^2}(a^2 - x^2)$$

somit wird

$$y_S = \frac{\frac{1}{2}\frac{b^2}{a^2}\int_{-a}^{a}(a^2-x^2)\,dx}{\frac{1}{2}ab\pi} = \frac{b}{a^3\pi}\int_{-a}^{a}(a^2-x^2)\,dx = \frac{2b}{a^3\pi}\left[a^2x-\frac{x^3}{3}\right]_0^a = \ldots = \frac{4}{3\pi}b$$

Bilder 20/21: dazu

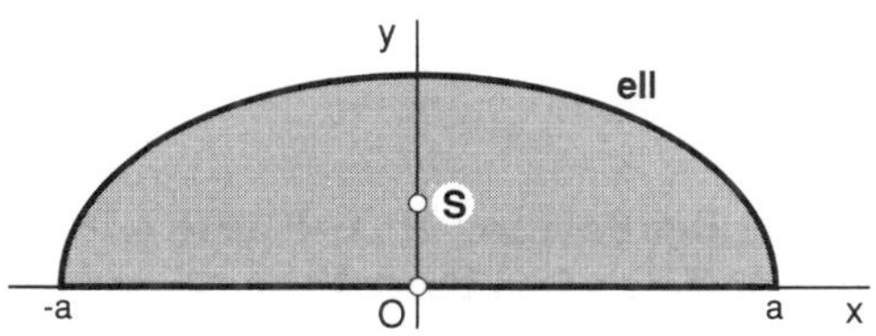

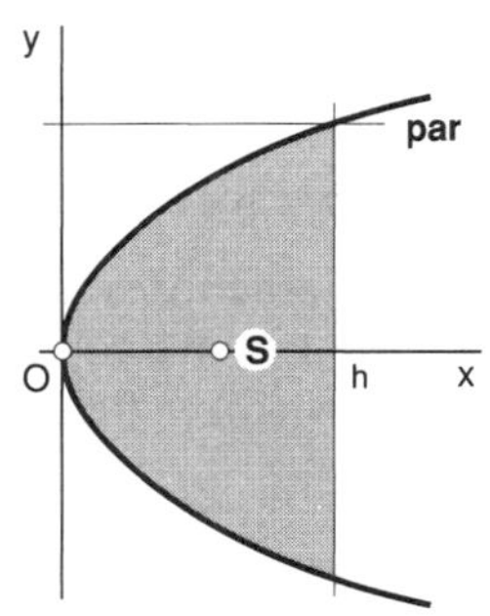

B

Beispiel 21: und eines Parabelsegments

Wir suchen den Schwerpunkt eines **Parabelsegments** der Höhe h, par: $y^2 = 2px$, Bild 21, rechts. Hier ist wegen der Symmetrie natürlich $y_S = 0$. Für x_S gilt

$$x_S = \frac{\int_0^h xy\,dx}{\int_0^h y\,dx}$$

Flächeninhalt und statisches Moment sind additiv

Da die untere Segmenthälfte sowohl zum Flächeninhalt als auch zum statischen Moment genau gleich viel beiträgt wie die obere, kann man sie weglassen: Zähler *und* Nenner würden verdoppelt, wenn man sie berücksichtigt.

Also wird mit $y = +\sqrt{2px}$ (obere Hälfte)

$$x_S = \frac{\int_0^h x \cdot \sqrt{2px}\,dx}{\int_0^h \sqrt{2px}\,dx} = \frac{\sqrt{2p}\int_0^h x^{\frac{3}{2}}\,dx}{\sqrt{2p}\int_0^h x^{\frac{1}{2}}\,dx} = \frac{\left[\frac{2}{5}x^{\frac{5}{2}}\right]_0^h}{\left[\frac{2}{3}x^{\frac{3}{2}}\right]_0^h} = \ldots = \frac{3}{5}h\,.$$

Es wird hier deutlich, daß statisches Moment und Flächeninhalt *additiv* sind, d. h., besteht eine Fläche aus Teilflächen, kann man M und A einzeln berechnen und addieren.

Die 1. Guldinsche Regel

ein Zusammenhang zwischen Fläche, Volumen des Drehkörpers und Schwerpunktweg:

Wir haben in Satz 1 für das Volumen eines Drehkörpers, der durch Rotation eines um die x-Achse rotierenden Flächenstücks entsteht, gefunden:

$$V = \pi \int_a^b y^2\,dx$$

Seit kurzem kennen wir das statische Moment eines solchen Flächenstücks mit A als Inhalt bezüglich der x-Achse als

$$M_x = \frac{1}{2}\int_a^b y^2\,dx \quad \text{und} \quad y_S = \frac{M_x}{A}$$

Da springt doch der Zusammenhang ins Auge:

$$A \cdot y_S \cdot 2\pi = M_x \cdot 2\pi = V.$$

Darin kann der Faktor bei A, nämlich $y_S \cdot 2\pi$, als Weg des Schwerpunkts bei Rotation um die x-Achse gedeutet werden! Man erhält eine seit Pappos von Alexandria (um 320 n. Chr.) bekannte und nach dem Schweizer Mathematiker P. Guldin (1577 bis 1643) benannte Formel:

Satz 4: die 1. Guldinsche Regel

S

„1. Guldinsche Regel"

Das Volumen des Drehkörpers, der bei Rotation einer Fläche mit dem Inhalt A um die x-Achse entsteht, ist gleich dem Produkt aus A und dem Weg $2\pi y_S$ ihres Schwerpunkts:

$$V = A \cdot 2\pi y_S$$

und

Damit kann man bei bekanntem A und V die Schwerpunkthöhe y_S bestimmen!

Beispiel 22: der Schwerpunkt einer Halbkreisfläche

B

Rotiert eine **Halbkreisfläche** um den Durchmesser, hier die x-Achse in Bild 22, nächste Seite, entsteht eine Kugel. Nach Guldin läßt sich der **Schwerpunkt** dieser Fläche jetzt sehr einfach eruieren:

Es ist doch

$$A = \frac{1}{2}\pi\rho^2, \quad V = \frac{4}{3}\pi\rho^3, \quad \text{also}$$

$$\frac{4}{3}\pi\rho^3 = \frac{1}{2}\pi\rho^2 \cdot 2\pi y_S \quad\Rightarrow\quad y_S = \frac{4}{3\pi}\rho$$

Vergleichen Sie mit Beispiel 20, in dem wir für die *Halbellipse* doch um einiges mehr arbeiten mußten!

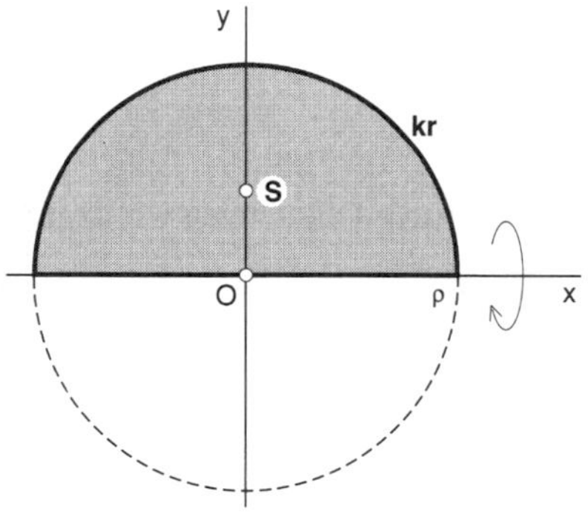

Bild 22: dazu

Aber man kann auch V rasch finden, wenn A und y_S klar sind wie im Beispiel:

B

Beispiel 23: Guldin und das Volumen des Torus

Ein Kreis mit Radius ρ, dessen Mittelpunkt in der Höhe a über der x-Achse liegt, rotiert um sie, Bild 23a, unten links. Welches Volumen hat der entstehende Drehkörper, der sog. ***Torus***, Bild 23b, rechts?

Wir brauchen nur in die Guldin-Formel einzusetzen:

$$V = \pi\rho^2 \cdot 2\pi a = 2\pi^2 a \rho^2$$

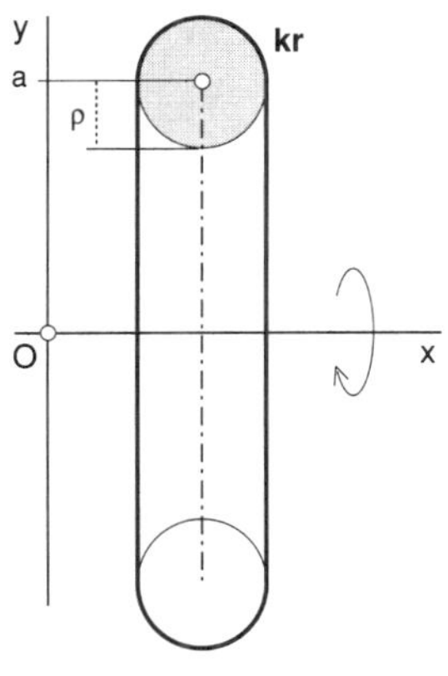

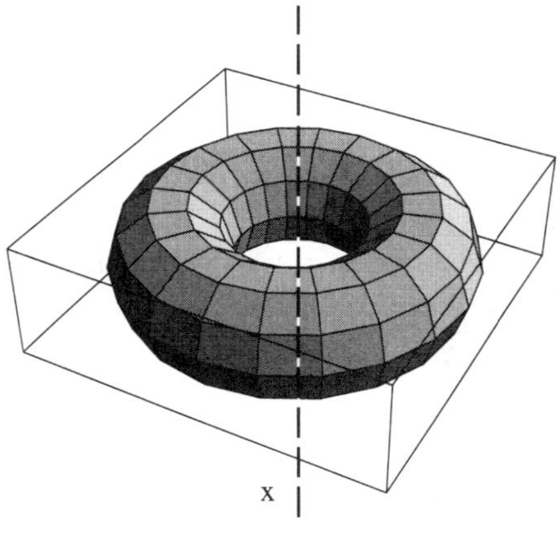

Bilder 23: dazu

Trägheitsmoment

Masse und Trägheitsmoment

Neben dem *statischen Moment* bietet sich eine zweite wichtige physikalisch-technische Größe zur „integralen Behandlung" an: Bekanntlich ist die kinetische Energie eines Massenelements bei *Translation* $W_{kin} = \frac{1}{2}m v^2$, während sie bei *Rotation* wegen $v = r\omega$ übergeht in $W_{rot} = \frac{1}{2} m r^2 \omega^2$. Kürzt man ab

$$I = m r^2 \quad\to\quad W_{rot} = \frac{1}{2} I \omega^2,$$

so erhält man für W_{rot} eine analog zu W_{kin} gebaute Formel: Die *Winkelgeschwindigkeit* ω ersetzt v, und das ***Trägheitsmoment*** (die *Drehmasse*, I, *lat.* inertia) steht für m.

Teilen wir wie früher die Gesamtmasse in Elemente dm, so wird aus der Summe über die $dm \cdot r^2$ ein *Integral*

$$I = \int_m r^2 dm.$$

Im einfachsten Fall können wir damit schon arbeiten:

Beispiel 24: Trägheitsmoment eines ...

B Ein dünner Stab mit der Masse m und der Länge a rotiert um eine senkrecht durch seine Mitte gelegte Achse, Bild 24. Welches Trägheitsmoment hat er?

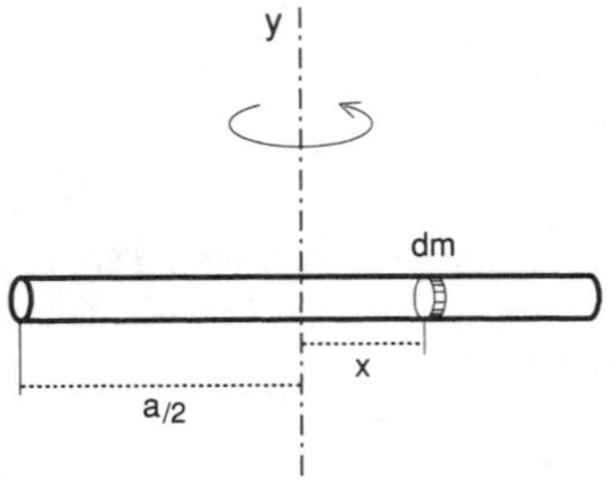

Bild 24: rotierenden Stabs

Wir setzen ein Massenelement dm im Abstand x von der Achse an. Mit $m = \rho \cdot V$ wird $dm = \rho \cdot dV = \rho \cdot A\,dx$; dies, oben eingesetzt, ergibt

$$I = \int_m x^2 dm = \int_{-a/2}^{a/2} x^2 \rho A dx = 2 \cdot \rho A \int_0^{a/2} x^2 dx = 2\rho A \left[\frac{x^3}{3}\right]_0^{a/2} = \rho A \frac{a^3}{12}.$$

Da $V = A \cdot a$, also $m = \rho A a$ ist, wird einfacher

$$I = m \frac{a^2}{12}.$$

flächige Körper bzw. Querschnitte

Im folgenden betrachten wir flächige Körper bzw. Querschnitte mit dem Flächeninhalt A und lassen aber der Einfachheit halber wie früher die Dichte als $\rho = 1$ weg, womit $m \rightarrow A$ wird und

$$I = \int_A r^2 dA.$$

Wieder spezialisieren wir auf die Koordinatenachsen, für die der Abstand r einfach Ordinate y bzw. Abszisse x wird, und sagen:

Satz 5: äquatoriale Flächenträgheitsmomente

S **Für die sog. *äquatorialen* Flächenträgheitsmomente einer Fläche mit dem Inhalt A bezüglich der x- und y-Achse gilt:**

$$I_x = \int_A y^2 dA, \qquad I_y = \int_A x^2 dA$$

und polare ~

Praktisch spielt neben diesen beiden noch das *polare* Flächenträgheitsmoment eine Rolle, bei dem die Drehachse der z-Achse entspricht. Hier ist, vgl. Bild 25 auf der Folgeseite, nach Pythagoras $r^2 = x^2 + y^2$, also wird einfach

$$I_z = \int_A r^2 dA = \int_A (x^2 + y^2)\, dA = I_x + I_y,$$

womit also I_z schon als Summe von I_x und I_y erscheint und mit ihnen bekannt ist.

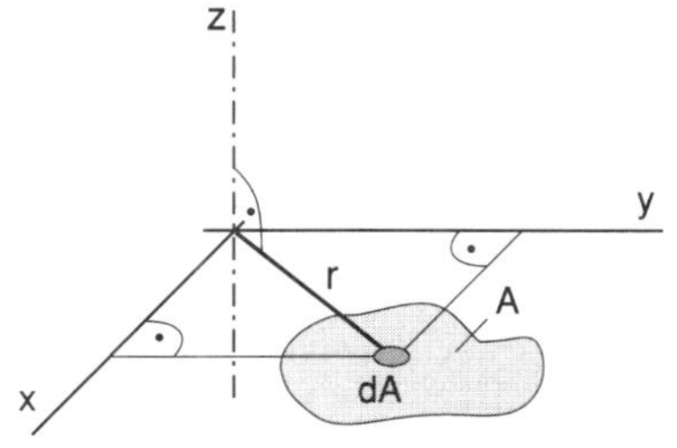

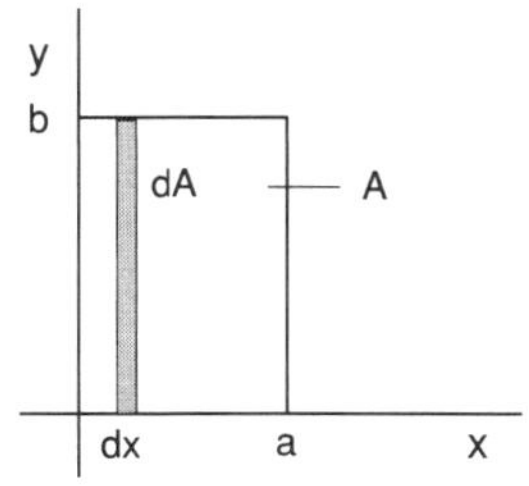

Bilder 25/26: dazu

Nun zur einfachsten aller Flächen:

B **Beispiel 25:** Momente einer Rechteckscheibe

Für das Rechteck (a, b) sollen die Trägheitsmomente I_x und I_y berechnet werden.

Wir zerlegen in schmale Streifen dA = b dx, Bild 26, rechts oberhalb, deren Punkte von der y-Achse alle denselben Abstand r = x haben:

$$I_y = \int_A x^2 dA = \int_0^a x^2 b\,dx = b\left[\frac{x^3}{3}\right]_0^a = \frac{1}{3} b a^3$$

Analog führt eine Zerlegung in Querstreifen zu

$$I_x = \frac{1}{3} a b^3$$

Da jede Teilfläche einer zusammengesetzten einfach ihren additiven Beitrag zum Gesamtmoment bringt, kann man auch hier aus einer größeren eine kleinere Fläche „ausnehmen“ und so Trägheitsmomente technischer *Profile* bezüglich der jeweiligen Symmetrieachse berechnen; dies nur als Hinweis.

B **Beispiel 26:** sowie eines Parabelsegments

Für das in Bild 21 gezeichnete **Parabelsegment** mit $p: y^2 = 2px$ sollen die drei Flächenträgheitsmomente errechnet werden.

Wir setzen die eben entwickelten Formeln für die obere Hälfte an:

$$I_x = 2 \cdot \frac{1}{3} \int_0^h y^3 dx = \frac{2}{3} \int_0^h (2p)^{3/2} x^{3/2} dx = \frac{2}{3} (2p)^{3/2} \left[\frac{2}{5} p^{5/2}\right]_0^h = \frac{2}{3} \cdot \frac{2}{5} (2p)^{3/2} h^{5/2}$$

Man kann das Ergebnis vereinfachen, wenn man die halbe Segmentbreite b, für die $b^2 = 2ph$ gilt, einsetzt

$$I_x = \frac{4}{15} (2ph)^{3/2} h = \frac{4}{15} b^3 h$$

$$I_y = 2 \int_0^h x^2 \cdot (2p)^{1/2} x^{1/2} dx = \text{(analog rechnen wie eben ...)} = \frac{4}{7} b h^3$$

Jetzt ist auch das *polare* Moment leicht zu erhalten:

$$I_z = I_x + I_y = \frac{4}{105} b h (7b^2 + 15h^2)$$

Drehkörper

Nun sind natürlich Trägheitsmomente gerade bei (Dreh-)körpern wichtig. Wir beschränken uns aber auf den Drehzylinder: Kennen wir dessen I-Wert, lassen sich damit auch andere Körper behandeln, indem man sie sich in zylinderförmige Scheibchen aufgeschnitten vorstellt und dann integriert.

Beispiel 27: Drehzylinder als Element eines beliebigen Drehkörpers

Den Zylinder von Bild 27 denken wir uns zerlegt in dünne Schalen von Hohlzylindern mit den Volumselementen

$$dV = \pi h[(x+dx)^2 - x^2] = \dots \approx \pi h \cdot 2x\,dx$$

Damit wird $dm = \rho\, dV = 2\pi\, \rho h\, x\, dx$, also auch

$$I_y = 2\pi\rho h \int_0^r x^2 \cdot x\, dx = 2\pi\rho h \left[\frac{x^4}{4}\right]_0^r = \frac{1}{2}\pi\rho h\, r^4$$

Da die Masse m des Vollzylinders $m = \rho \cdot V = \rho \cdot \pi r^2 h$ ist, wird einfacher

$$I_y = \frac{1}{2} m r^2$$

Nehmen wir den Zylinder als Elementarscheibchen eines Drehkörpers der Höhe H, so müssen wir nur statt r jetzt x und statt h neu dy schreiben:

$$dI_y = \frac{1}{2}\pi\rho\, dy\, x^4 \quad \Rightarrow \quad I_y = \frac{1}{2}\pi\rho \int_0^H x^4\, dy$$

Bild 27: dazu

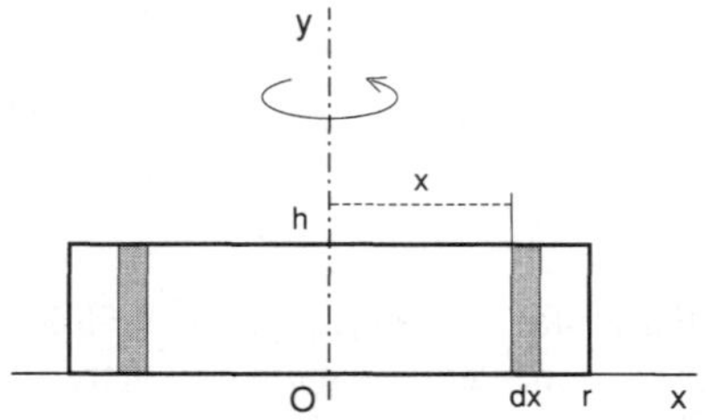

Fourier-Reihen

periodische Vorgänge – Impulse/Signale – in der Technik

In PHYSIK und TECHNIK inklusive Elektronik gibt es viele periodische Vorgänge wie Rotationen, Schwingungen, regelmäßige Impulse und Sägezahnkurven. Sind sie nicht von vornherein *harmonisch*, also durch sin- oder cos-Terme beschrieben, will man sie gern durch solche Terme approximieren, also näherungsweise darstellen. Zu den Grundschwingungen $a_1 \cos x$ und $b_1 \sin x$ müssen dazu im allgemeinen Oberschwingungen der Art $a_n \cos nx$ und $b_n \sin nx$ kommen.

Nehmen wir also eine mit 2π *periodische*, überall (abteilungsweise) *stetige* Funktion f an, dann läßt sich zeigen, daß der Ansatz für g

$$g(x) = \frac{1}{2}a_0 + (a_1 \cos x + b_1 \sin x) + (a_2 \cos 2x + b_2 \sin 2x) + \dots + (a_n \cos nx + b_n \sin nx)$$

und ihre bestmögliche Approximation

die bestmögliche Näherung von f(x) in dem Sinn darstellt, daß die Summe der *mittleren Fehlerquadrate* im Intervall

$$F = \int_{-\pi}^{\pi} [f(x) - g(x)]^2\, dx$$

mit Hilfe von Integralen

minimal wird. Dazu muß man die Koeffizienten a_n, b_n in g so ansetzen:

$$a_n = \frac{1}{\pi}\int_{-\pi}^{\pi} f(x) \cdot \cos nx\, dx \qquad (n = 0, 1, 2, \dots)$$

$$b_n = \frac{1}{\pi}\int_{-\pi}^{\pi} f(x) \cdot \sin nx\, dx \qquad (n = 1, 2, 3, \dots)$$

Unerschrockene Rechner setzen diese Terme in F ein und verwenden die Summensätze der GONIOMETRIE und Substitutionsmethoden, um zu

$$\int_{-\pi}^{\pi} \sin nx \cdot \cos nx\, dx = 0, \quad \int_{-\pi}^{\pi} \sin^2 nx\, dx = \int_{-\pi}^{\pi} \cos^2 nx\, dx = \pi$$

zu gelangen und sich zu überzeugen, daß F so kleinstmöglich wird; wir wissen, daß wir es neuerdings mit *Mathematica* etwas leichter haben!

Theoretiker lassen in g das n gegen unendlich laufen, $n \to \infty$, und zeigen, daß die entstehenden *unendlichen Reihen*, die nach dem französischen Mathematiker Jean B. Fourier (1768 bis 1830) auch ***Fourier-Reihen*** genannt werden, dann f selbst darstellen:

und das Ergebnis:

Darstellung durch Fourier-Reihen

$$f(x) = \frac{1}{2}a_0 + \sum_{n=1}^{\infty} (a_n \cos nx + b_n \sin nx)$$

Wir wählen zur Übung ein rechentechnisch sehr einfaches Beispiel:

B

Beispiel 28: Rechteckimpulse

Die in Bild 28 skizzierte **Rechteckimpulsfolge** soll durch eine Fourier-Reihe dargestellt werden.

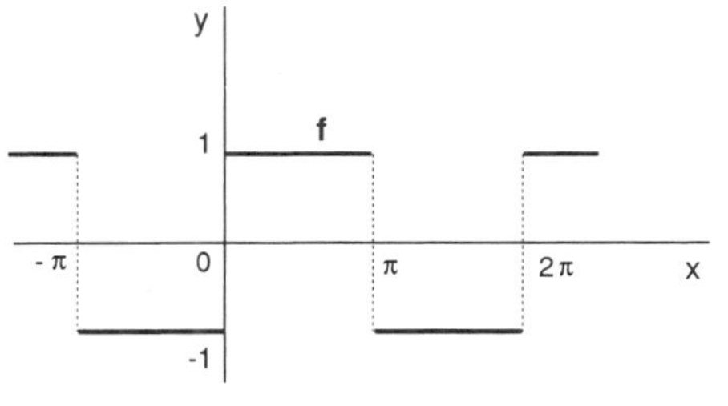

Bild 28: dazu

Zunächst ist $f(x) = 1$ in $[0; \pi]$, $[2\pi; 3\pi]$, ... und -1 dazwischen, also sicher *periodisch* mit 2π. Weiter ist f eine *ungerade* Funktion, d.h. $f(-x) = -f(x)$. Da cos nx *gerade* ist, $\cos(-nx) = \cos(nx)$, ist das Produkt $f(x) \cdot \cos nx$ wieder *ungerade*, d. h., es werden alle a_n gleich Null, da sich ja im Integral zwischen $-\pi$ und π über diesem Term alle Beiträge links und rechts von 0 aufheben!

Wir benötigen hier also nur die b_n; dort sind die Integranden (ungerade mal ungerade gleich) *gerade*: Statt $1/\pi$ mal dem Integral zwischen den Grenzen $-\pi$ und π können wir daher auch 2mal das Integral zwischen 0 und π berechnen! Dort ist $f(x) = 1$ und

konkrete Fourier-Entwicklung dafür

$$b_n = 2 \cdot \frac{1}{\pi} \int_0^{\pi} 1 \cdot \sin nx\, dx = \frac{2}{\pi} \cdot \left(-\frac{1}{n}\right) [\cos nx]_0^{\pi} = -\frac{2}{n\pi} (\cos n\pi - \cos 0)$$

Für *gerade* $n = 2, 4, 6, \ldots$ ist $\cos n\pi = +1$, für *ungerade* $n = 1, 3, 5, \ldots$ ist $\cos n\pi = -1$, woraus für die b-Koeffizienten folgt:

$$b_{2n} = 0, \quad b_n = -\frac{2}{n\pi}(-2) = \frac{4}{n\pi}, \quad \text{besser } b_{2n-1} = \frac{4}{\pi(2n-1)}$$

mit den oben angegebenen Koeffizienten

konkret der Reihe nach

$$b_1 = \frac{4}{\pi}, \quad b_2 = 0, \quad b_3 = \frac{4}{3\pi}, \quad b_4 = 0, \quad b_5 = \frac{4}{5\pi}, \quad b_6 = 0, \quad b_7 = \frac{4}{7\pi}, \ldots$$

die in die Schlußformel einzusetzen sind!

Die **Fourier-Entwicklung** von f sieht damit so aus:

$$f(x) = \frac{4}{\pi}\left(\sin x + \frac{1}{3}\sin 3x + \frac{1}{5}\sin 5x + \frac{1}{7}\sin 7x + \ldots\right)$$

Wir haben schon in Band **1**, Kapitel ℂ**10**, Bild 15, eine Approximation gezeichnet, in Bild 29 ist sie – unseren neuen Erkenntnissen folgend – noch um ein Glied verbessert!

Vielleicht würden Sie gerne wieder einmal einen möglichen Plotbefehl sehen, mit dem *Mathematica* den zugehörigen Graphen kreiert? Bitte sehr:

Hier der Plotbefehl von Mathematica

```
Plot[{4/Pi Sin[x], 4/3/Pi Sin[3x], 4/5/Pi Sin[5x],
      4/7/Pi Sin[7x], 4/Pi Sin[x] + 4/3/Pi Sin[3x] +
      4/5/Pi Sin[5x] + 4/7/Pi Sin[7x]},
      {x, -Pi, 3 Pi},
     AxesLabel -> {"x", "  y"},
     PlotStyle -> {{Thickness[0.005], Dashing[{0.02}]},
                   {Thickness[0.004], GrayLevel[0.3]},
                   {Thickness[0.004], GrayLevel[0.5]},
                   {Thickness[0.004], GrayLevel[0.7]},
                   {Thickness[0.008]}
                  }
     ]
```

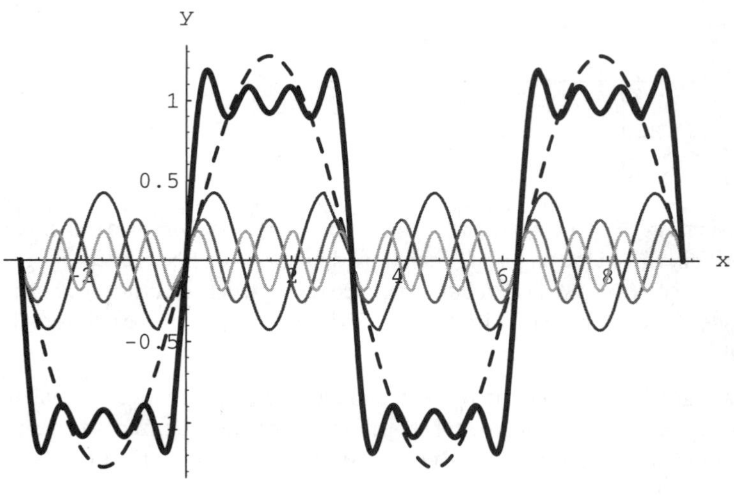

Bild 29: der Graph bei Approximation durch die ersten vier Reihenglieder

Ende des 37. Kapitels

Übungsaufgaben

1. Im Text wurde die Arbeit im Gravitationsfeld besprochen. Gehen Sie analog vor, um die Arbeit zu berechnen, die nötig ist, um

   a) ein Elektron mit der (negativen) Ladung $q = 1{,}6 \cdot 10^{-19}$ C aus dem Normalabstand $r = 5{,}3 \cdot 10^{-11}$ m vom Kernproton mit der Ladung $Q = |q|$ auf die doppelte Entfernung „wegzuschieben".
   (Coulombsches Gesetz $F = c \cdot \frac{Q \cdot q}{r^2}$, $c = 9 \cdot 10^9\,\mathrm{Nm^2C^{-2}}$)

   b) das Ende einer elastischen Schraubenfeder, für die das Hookesche Gesetz $F = k \cdot r$ mit der Federkonstante $k = 20$ N/m gilt, um $x = 40$ cm zu verschieben (d. h., die Feder um x zu dehnen, vgl. Bild Ü-1b, unten links).

2. In einem zylindrischen Behälter von 12 m Durchmesser und 3 m Höhe steht das Wasser 1 m hoch. Welche Arbeit wird benötigt, um es über den Rand des Gefäßes zu pumpen, Bild Ü-2, unten rechts?
   (Nehmen Sie eine dünne Schicht der „Dicke" $\Delta x = x_i - x_{i-1}$ an mit dem Gewicht $G_i = V_i \rho g$, $\rho = 1000\ \mathrm{kg/m^3}$, $g = 9{,}81\ \mathrm{m/s^2}$, und setzen Sie den Arbeitsanteil ΔW zum Heben dieser Schicht mit $\Delta W = G_i \cdot h_i$ an, wobei h_i zwischen $3 - x_i$ und $3 - x_{i-1}$ liegt.)

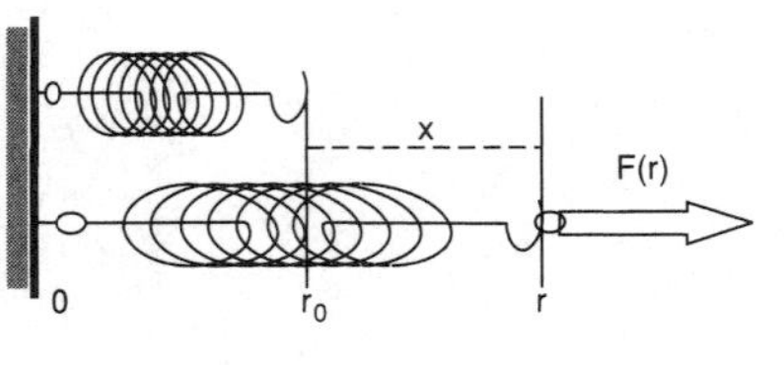

Bild Ü-1b

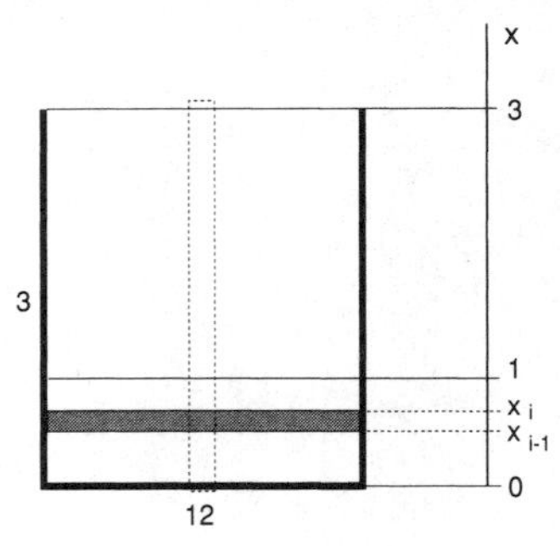

Bild Ü-2 →

3. Für eine Stromspule gilt $u = L \cdot \frac{di}{dt}$. Nun beginnt Strom zu fließen, und seine Stärke wächst von $i = 0$ bis $i = I$. Welche Energie enthält die Spule?
   (Anleitung: Im stationären Fall ist $W = U \cdot I \cdot t$, also ist für dt ...)

4. Die Gerade $g: x = 5$ schneidet vom rechten Ast der gleichseitigen Hyperbel ($a = b = 3$) ein endliches Bogenstück ab. Es rotiert
   a) um die x-Achse und
   b) um die y-Achse.
   Wie verhalten sich die Volumina der entstehenden (jeweils offenen) Drehkörper?

5. Das von der Geraden $g: 3x + 4y = 12$ aus der Ellipse $ell: 9x^2 + 16y^2 = 144$ abgeschnittene Flächenstück rotiert um die x-Achse. Welches Volumen hat der entstehende Drehkörper?

6. Das von der Ellipse ell: $x^2 + 3y^2 = 144$ und der Parabel par: $y^2 = 6x$ eingeschlossene (größere, sichelförmige) Flächenstück rotiert um die x-Achse. Welches Volumen hat der Drehkörper?

7. Die Parabel par: $y = ax^2 + c$ hat den Scheitel $S(0 \mid -6)$ und geht durch den Punkt $A(4\sqrt{3} \mid 2)$. Das unterhalb der x-Achse liegende Parabelsegment rotiert um die y-Achse. Dem so entstehenden Paraboloid ist ein Drehzylinder mit maximalem Volumen koaxial einzuschreiben. Gesucht ist das Verhältnis der Volumina der beiden Körper.

8. Die gleichseitige Hyperbel mit $a = b = 1$ teilt die Ellipse ell: $3x^2 + 4y^2 = 24$ in 3 Teilflächen. Das mittlere Flächenstück, durch das die y-Achse läuft, rotiert um die y-Achse. Welches Volumen hat der entstehende Drehkörper?

9. Eine Blumenvase hat die Form eines halben einschaligen Hyperboloids mit Basisdurchmesser 8 cm, oberem Durchmesser $13\,^1\!/_3$ cm und Höhe 8 cm. Die Vase ist mit Wasser gefüllt, das in ein zweites Gefäß umgegossen wird; es ist ein Paraboloid mit $8 \cdot \sqrt{6}$ cm Öffnungsdurchmesser und 24 cm Höhe. Wie hoch steht nun darin das Wasser?

10. Bestimmen Sie das Volumen des Drehkörpers, der durch Rotation von f: $y = \ln x$ in $[1; 5]$ um die x-Achse entsteht.

11. Bestimmen Sie – nur falls Sie *Mathematica* oder ähnliche Software zur Verfügung haben – die Bogenlänge
   a) der Parabel f mit $y = 2x^2$ zwischen 0 und 2;
   b) der Tangenskurve t mit $y = \tan x$ in $[0; \pi/4]$.

12. Berechnen Sie exakt die Kreisbogenlänge, wobei wir die Gleichung leider nur kartesisch explizit besprochen haben. (In Parameterform wäre die Rechnung viel kürzer, doch muß man hin und wieder den Mut zur Stoffbeschränkung aufbringen …)

13. Ein rechtwinkliges Dreieck PQR (Skizze) rotiert um die x-Achse und erzeugt so einen Drehkegel (dessen Volumenformel wir kennen). Prüfen Sie die elementargeometrische Schwerpunktformel im Dreieck ($^1\!/_3$ der Schwerlinie …), indem Sie die Guldinsche Regel wie in Beispiel 22 anwenden!

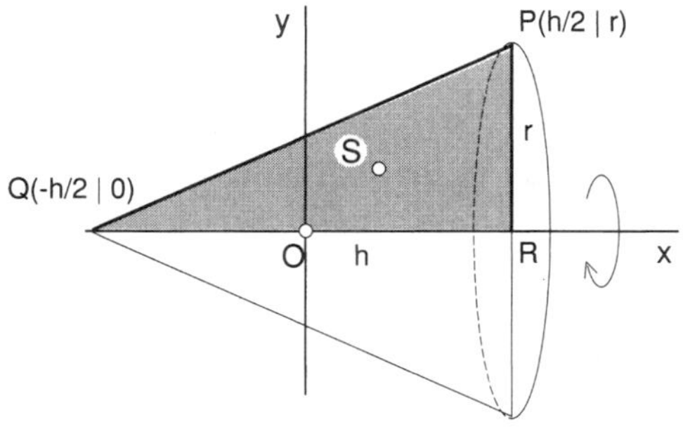

14. Berechnen Sie die Höhe y_S des Schwerpunkts der Sinus-Restfläche der folgenden Skizze:

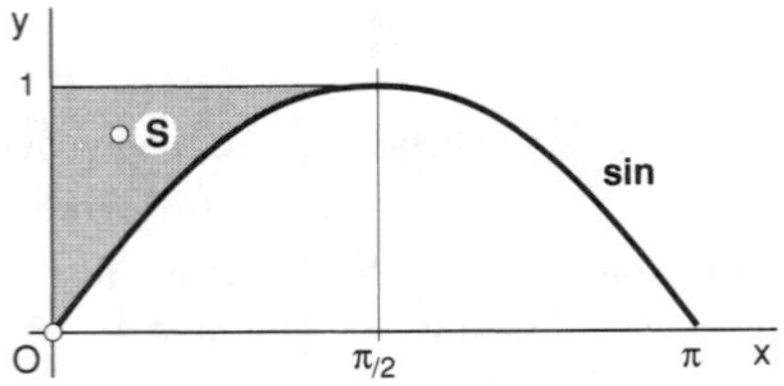

15. Berechnen Sie nach Guldin den Schwerpunkt der Fläche unter der Sinuskurve von 0 bis π. (Verwenden Sie Ergebnisse von Beispiel 9 und frühere!)

16. Das Rechteck von Beispiel 25 soll um seine Mittelachsen rotieren. Wie groß sind dann die äquatorialen Trägheitsmomente?

17. Berechnen Sie das äquatoriale Flächenträgheitsmoment I_x für die Sinusfläche von 0 bis π. (Falls Sie das Integral von $\sin^3 x$ berechnen können, notfalls mit Mathematica ...)

18. Ein (Schwung)Rad nach Bild Ü-18 unten links mit der Dicke d rotiere um seine Achse. In grober Näherung vernachlässigen wir den Einfluß der Nabe und der Speichen und suchen sein Trägheitsmoment als das Moment des Radkranzes. (Denken Sie an die Formel für die Zylinderscheibe!)

19. Der Drehkegel mit r = 2,5 und h = 5 (Einheiten) sowie der Dichte ρ = 1 habe die y-Achse als Symmetrieachse, Bild rechts. Welches Trägheitsmoment hat der Kegel bezüglich dieser Achse?

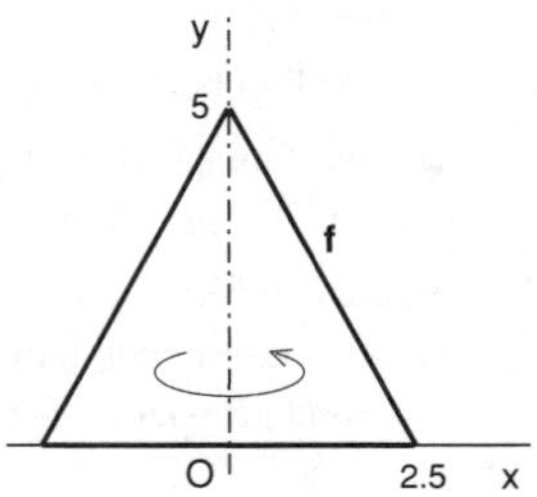

20. Die in Bild Ü-20 dargestellte regelmäßige Sägezahn-Impulsfolge ist in eine Fourier-Reihe zu entwickeln! Es ist f: y = x in [0; π [und y = −x in [−π; 0], sonst gilt f(x) = f(x + 2kπ), was die Periodizität beschreibt.

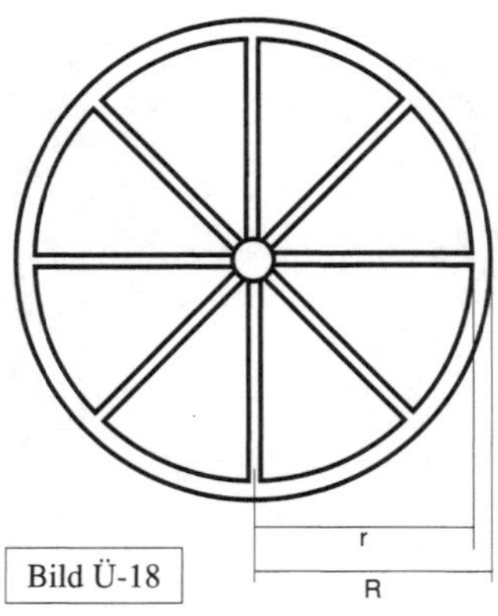

Bild Ü-18

Bild Ü-20

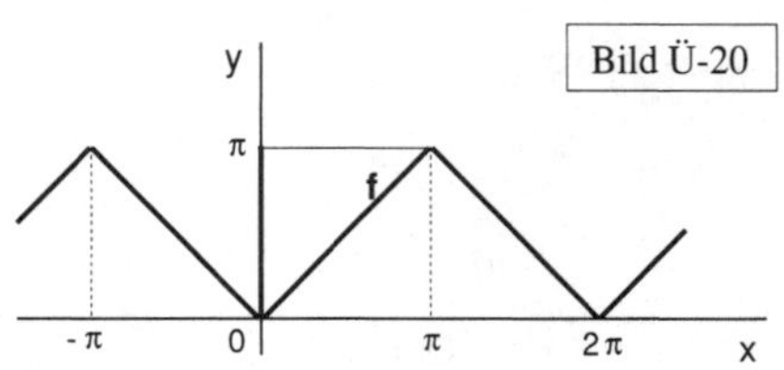

Zu den Lösungen

Lösungen

1. a) $W(r_0, r) = \int_{r_0}^{r} F(r)\,dr = \int_{r_0}^{r} c \cdot \frac{Q \cdot q}{r^2}\,dr = c\,Q\,q \int_{r_0}^{r} \frac{1}{r^2}\,dr = c\,Q\,q\left[-\frac{1}{r}\right]_{r_0}^{r} = c\,Q\,q\left(\frac{1}{r_0} - \frac{1}{r}\right)$;
   mit den konkreten Zahlenwerten und $r = 2r_0$ wird

   $$W(r_0, 2r_0) = c\,Q\,q \cdot \frac{1}{2r_0} = 9 \cdot 10^9 \cdot \left(1{,}6 \cdot 10^{-19}\right)^2 \cdot \frac{1}{2 \cdot 5{,}3 \cdot 10^{-11}}\ \text{Joule} = 2{,}17 \cdot 10^{-18}\ \text{J}.$$

   b) $W(r_0, r) = \int_{r_0}^{r} F(r)\,dr = \int_{r_0}^{r} k \cdot r\,dr = k \cdot \left[\frac{r^2}{2}\right]_{r_0}^{r} = \ldots = 20 \cdot \frac{0{,}40^2}{2} = 1{,}6\ \text{(Nm)}.$

2. Volumen der dünnen Wasserschicht: $V_i = 6^2\,\pi\,\Delta x$; mit $G_i = V_i\,\rho g = 36\,\pi\,\rho g\,\Delta x$ und $G_i\,(3 - x_i) \le \Delta W \le G_i\,(3 - x_{i-1})$ wird in der Grenze für $n \to \infty$ viele sehr dünne Schichten

   $$W = \int dW = \int_0^1 G\,(3 - x) = \int_0^1 36\pi\rho g\,(3 - x)\,dx = 36\pi\rho g \int_0^1 (3 - x)\,dx =$$

   $$= 36\pi\rho g \left[3x - \frac{x^2}{2}\right]_0^1 = 36\pi\rho g\left(3 - \frac{1}{2}\right) = 90\pi\rho g$$

   konkret: $W = 90\pi \cdot 1000 \cdot 9{,}81\ \text{J} = 2{,}77 \cdot 10^6\ \text{J} = 2{,}77\ \text{MJ}$ (Megajoule).

3. Mit $u = L \cdot \frac{di}{dt}$ und $dW = u \cdot i \cdot dt$ wird $dW = L \cdot \frac{di}{dt} \cdot i \cdot dt = L \cdot i \cdot di$,

   also $W = \int dW = \int_0^I L \cdot i \cdot di = L\left[\frac{i^2}{2}\right]_0^I = \frac{L\,I^2}{2}.$

4. hyp: $9x^2 - 9y^2 = 81 \Rightarrow x^2 - y^2 = 9 \wedge x = 5 \Rightarrow y^2 = 5^2 - 9 = 4^2$, $y = 4$: $P(5 \mid 4)$

   a) $V_x = \pi \int_3^5 y^2\,dx = \pi \int_3^5 (x^2 - 9)\,dx = \pi\left[\frac{x^3}{3} - 9x\right]_3^5 = \ldots = \frac{44}{3}\pi$

   b) $V_y = \pi \int_{-4}^{4} x^2\,dy = \pi \int_{-4}^{4} (y^2 + 9)\,dy = \pi\left[\frac{y^3}{3} + 9y\right]_{-4}^{4} = 2\pi\,[\text{wie eben}]_0^4 = \ldots = \frac{344}{3}\pi$

   $V_x : V_y = \frac{44}{3}\pi : \frac{344}{3}\pi = 44 : 344 = 11 : 86.$

   Graph dazu rechts →!

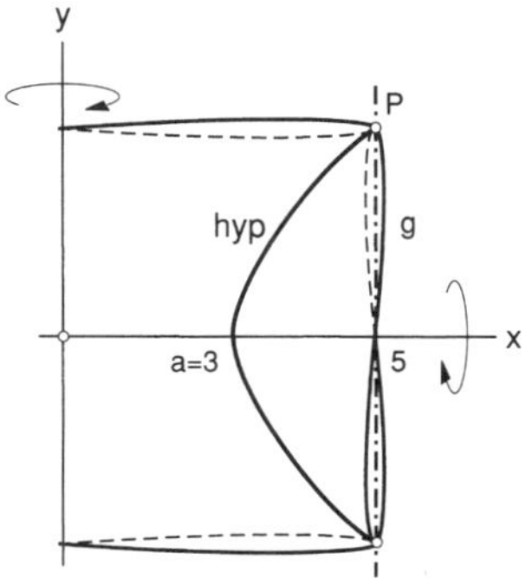

5. ell: $9x^2 + 16y^2 = 144 \;\Rightarrow\; a = 4,\ b = 3;\ \ y^2 = 9 - \frac{9}{16}x^2$,

g: $3x + 4y = 12;\ \ y = 3 - \frac{3}{4}x$;

$$V = V_{Ell} - V_{Keg} = \pi\int_0^4 y_{ell}^2\,dx - \pi\int_0^4 y_g^2\,dx =$$

$$= \pi\int_0^4\left[9 - \frac{9}{16}x^2 - \left(3 - \frac{3}{4}x\right)^2\right]dx =$$

$$= \pi\int_0^4\left(-\frac{9}{8}x^2 + \frac{9}{2}x\right)dx = \frac{9\pi}{8}\int_0^4(4x - x^2)\,dx =$$

$$= \frac{9\pi}{8}\left[2x^2 - \frac{x^3}{3}\right]_0^4 = \ldots = 12\pi = 37{,}7$$

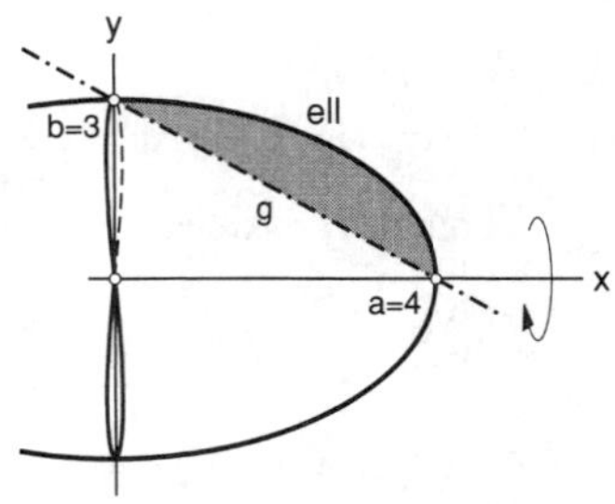

6. ell: $x^2 + 3y^2 = 144 \;\Rightarrow\; a = 12$, par: $y^2 = 6x$; $\cap$: $x^2 + 3\cdot 6x = 144$,

$x^2 + 18x - 144 = 0 \;\Rightarrow\; x = 6,\ y = 6$: P(6|6);

$$V = \pi\int_{-12}^{6}\frac{1}{3}(144 - x^2)\,dx - \pi\int_0^6 6x\,dx = \frac{\pi}{3}\left[144x - \frac{x^3}{3}\right]_{-12}^{6} - 6\pi\left[\frac{x^2}{2}\right]_0^6 = \ldots = 540\pi$$

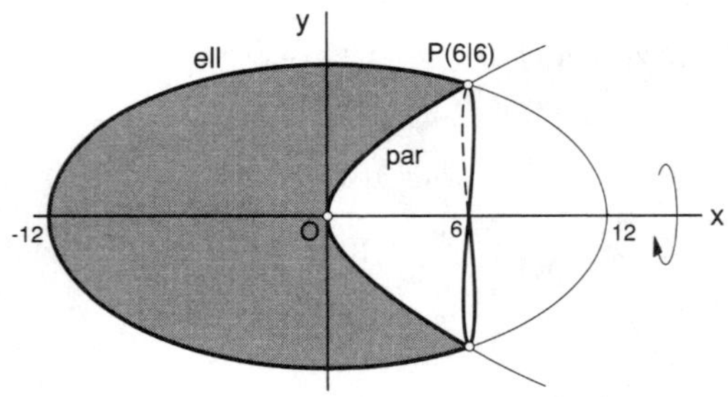

7. par: $y = ax^2 + c$; $S \in$ par: $-6 = c$; $A \in$ par: $2 = a \cdot 48 - 6 \;\Rightarrow\; a = \frac{1}{6}$

par: $y = \frac{1}{6}x^2 - 6 \quad (\Rightarrow\ x^2 = 6(y + 6))$

$$V_{Par} = \pi\int_{-6}^{0} x^2\,dy = \pi\int_{-6}^{0} 6(y+6)\,dy = 6\pi\left[\frac{y^2}{2} + 6y\right]_{-6}^{0} = \ldots = 108\pi$$

HB: $V_{Zyl} = \pi u^2 \cdot (-v)$ ... maximal! (–, da $v < 0$)

NB: $P \in$ par: $v = \frac{1}{6}u^2 - 6 \;\Rightarrow\; u^2 = 6(v + 6)$

HB*: $V_{Zyl} = \pi \cdot 6(v + 6)\cdot(-v)$ ... maximal!

Extr.fkt: $f(v) = (v + 6)\cdot(-v) = -v^2 - 6v \;\Rightarrow$

$f'(v) = -2v - 6 = 0 \;\Rightarrow\; v = -3,\ u = 3\sqrt{2}$;

$V_{Zyl,\,max} = \pi \cdot 18 \cdot 3 = 54\pi$;

$V_{Par} : V_{Zyl,\,max} = 108\pi : 54\pi = 2 : 1.$

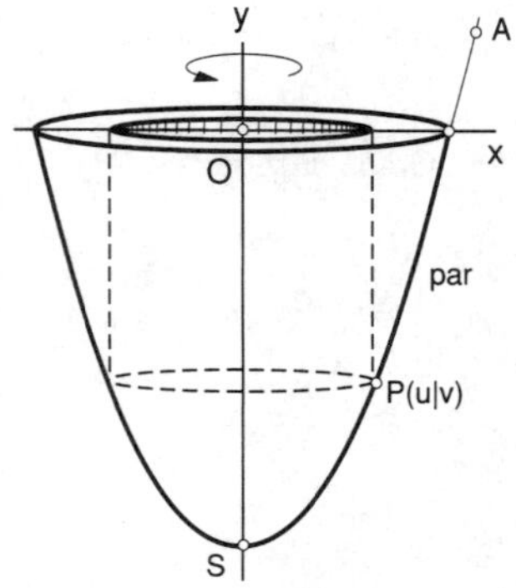

8. hyp: $1^2x^2 - 1^2y^2 = 1^2 1^2$, $x^2 - y^2 = 1$ $\quad (\Rightarrow x^2 = 1 + y^2)$;
ell: $3x^2 + 4y^2 = 24$; $x = 0 \Rightarrow 4y^2 = 24 \Rightarrow y^2 = 6$, $y = \sqrt{6} = b$
Basishöhe des Ellipsoidsegments: ell $\cap$ hyp: $3(1 + y^2) + 4y^2 = 24 \Rightarrow$
$7y^2 = 21 \Rightarrow y^2 = 3$, $x^2 = 1 + 3 = 4$: Schnittpunkt $S(2 \mid \sqrt{3})$;
Von $y = \sqrt{3} = h$ an ist der Drehkörper bis $b = \sqrt{6}$ ein Ellipsoid-Segment; ebenso ist es im negativen y-Bereich.

Volumina: $V_{Hyp} = \pi \int\limits_{-h}^{h} x_{hyp}^2 \, dy = 2\pi \int\limits_{0}^{h} x_{hyp}^2 \, dy = 2\pi \int\limits_{0}^{h} (1+y^2) \, dy = 2\pi \left[y + \frac{y^3}{3} \right]_0^h \wedge h = \sqrt{3} \Rightarrow$

$$V_{Hyp} = 2\pi \left[\sqrt{3} + \frac{3\sqrt{3}}{3} \right] = 4\sqrt{3}\,\pi = 21{,}77$$

$$V_{Ell} = 2\pi \int\limits_{h}^{b} x_{ell}^2 \, dy = 2\pi \int\limits_{h}^{b} \left(8 - \frac{4}{3}y^2\right) dy = 2\pi \left[8y - \frac{4}{3}\frac{y^3}{3} \right]_h^b \wedge h = \sqrt{3} \wedge b = \sqrt{6}$$

$$V_{Ell} = 2\pi \left[\left(8\sqrt{6} - \frac{4}{9} 6\sqrt{6}\right) - \left(8\sqrt{3} - \frac{4}{9} 3\sqrt{3}\right) \right] = \ldots = 9{,}53$$

Gesamtvolumen: $V = V_{Hyp} + V_{Ell} = 21{,}77 + 9{,}53 = 31{,}3 \ (e^3)$

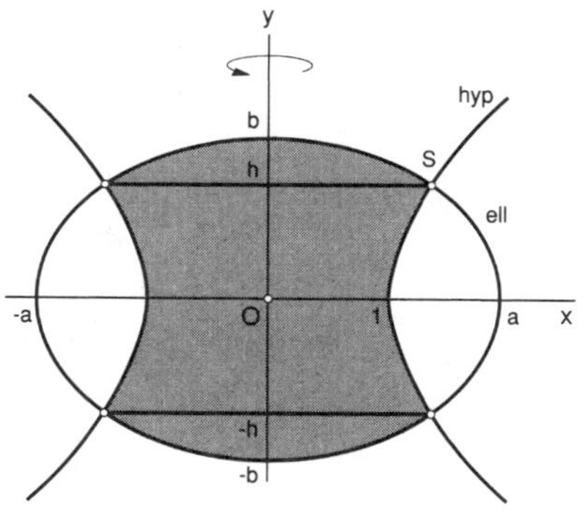

9. Gleichung der Hyperbel: hyp: $b^2x^2 - a^2y^2 = a^2b^2$
Bed. I: $a = 4$;
Bed. II: $P(20/3 \mid 8) \in$ hyp $\Rightarrow b^2x^2 - 16y^2 = 16b^2 \Rightarrow \frac{400}{9} b^2 - 16 \cdot 64 = 16b^2 \Rightarrow b = 6$
hyp: $36x^2 - 16y^2 = 16 \cdot 36 \Rightarrow 9x^2 - 4y^2 = 144 \quad (\Rightarrow x^2 = 16 + \frac{4}{9} y^2)$
Gleichung der Parabel: par: $y = ax^2$
Bed. I: $R(4\sqrt{6} \mid 24) \in$ par $\Rightarrow 24 = a \cdot (4\sqrt{6})^2 = 96a \Rightarrow a = \frac{1}{4}$
par: $y = \frac{1}{4} x^2 \quad (\Rightarrow x^2 = 4y)$

Wasservolumen im Hyperboloid: (Graph nächste Seite oben!)

$$V_H = \pi \int\limits_{0}^{8} x_{hyp}^2 \, dy = \pi \int\limits_{0}^{8} \left(16 + \frac{4}{9}y^2\right) dy = \pi \left[16y + \frac{4}{9}\frac{1}{3}y^3 \right]_0^8 = \ldots = \pi \frac{5504}{27} \ (cm^3)$$

Wasservolumen im Paraboloid: (Graph nächste Seite oben!)

$$V_P = \pi \int\limits_{0}^{h} x_{par}^2 \, dy = \pi \int\limits_{0}^{h} 4y \, dy = \pi \left[4\frac{1}{2}y^2 \right]_0^h = \pi (2h^2 - 0) = 2\pi h^2$$

Sie sollen gleich sein: $\frac{5504}{27}\pi = 2\pi h^2 \Rightarrow h^2 = \frac{2752}{27} \Rightarrow h = \sqrt{101{,}9..} \approx 10{,}1 \ (cm)$

Bilder L-9

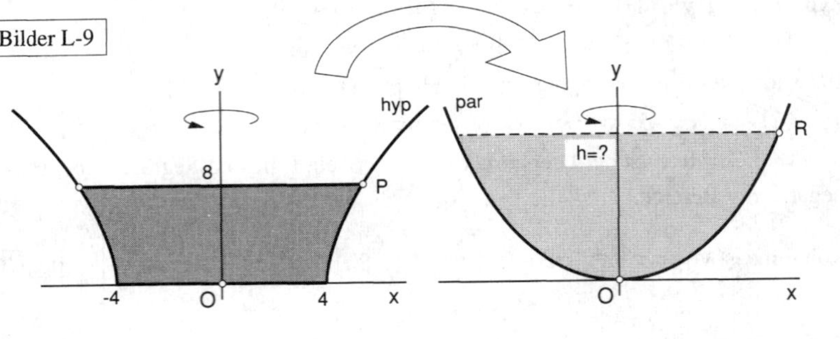

10. $V = \int_1^5 \ln^2 x \, dx$ wieder erst unbestimmt integrieren:

$\int \ln^2 x \, dx = ? = *$ $\rightarrow$ $f(x) = 1 \Rightarrow F(x) = x$

$\leftarrow$ $g(x) = \ln^2 x \Rightarrow g'(x) = 2 \ln x \cdot \frac{1}{x}$

$* = x \cdot \ln^2 x - \int x \cdot 2 \ln x \cdot \frac{1}{x} \, dx = x \cdot \ln^2 x - 2 \int \ln x \, dx =$ (Text!) $=$

$= x \cdot \ln^2 x - 2 (x \ln x - x) = x (\ln^2 x - 2 \ln x + 2)$

$V = \pi \left[x (\ln^2 x - 2 \ln x + 2) \right]_1^5 = \pi \left\{ 5 [\ln^2 5 - 2 \ln 5 + 2] - 1 [\ln^2 1 - 2 \cdot 0 + 2] \right\} \approx 15{,}26$

11. $f'(x) = \frac{1}{\cos^2 x} \Rightarrow \sqrt{1 + [f'(x)]^2} = \sqrt{1 + \frac{1}{\cos^4 x}} = \frac{\sqrt{\cos^4 x + 1}}{\cos^2 x}$

$s = \int_0^{\pi/4} \frac{\sqrt{\cos^4 x + 1}}{\cos^2 x} \, dx = ?$ Wir bemühen *Mathematica*:

```
NIntegrate[Sqrt[1+Cos[x]^4]/Cos[x]^2, {x,0,Pi/4}]
1.27798
```

12. $x^2 + y^2 = \rho^2 \Rightarrow y = \sqrt{\rho^2 - x^2}$,

oberer Halbkreis = doppelter erster Viertelkreis mit

$y' = \frac{1 \cdot (-2x)}{2 \cdot \sqrt{\rho^2 - x^2}} = \frac{-x}{\sqrt{\rho^2 - x^2}}, \quad y'^2 = \frac{x^2}{\rho^2 - x^2}$

$s = \int_0^\rho \sqrt{1 + y'^2} \, dx = \int_0^\rho \sqrt{1 + \frac{x^2}{\rho^2 - x^2}} \, dx = \int_0^\rho \sqrt{\frac{\rho^2}{\rho^2 - x^2}} \, dx = \rho \cdot \int_0^\rho \frac{1}{\sqrt{\rho^2 - x^2}} \, dx$

Dafür haben wir in $\mathbb{L}$**36**, Lösung 8e, gefunden:

$s = \rho \cdot \left[\arcsin \frac{x}{\rho} \right]_0^\rho = \rho \cdot \arcsin 1 = \rho \cdot \frac{\pi}{2}$: Der volle Kreis hat die 4fache Länge, $\rho \cdot 2\pi$ ✔

13. $A = \frac{1}{2} h r; \quad V = \frac{1}{3} \pi r^2 h \Rightarrow V = A \cdot 2\pi y_S \Rightarrow \frac{1}{3} \pi r^2 h = \frac{1}{2} h r \cdot 2\pi y_S \Rightarrow y_S = \frac{1}{3} r$

Genau dies ist nach den Ergebnissen der Vektorrechnung ($\mathbb{D}$**12**, Bsp. 10) zu erwarten, ✔

14. $y_S = \frac{M_x}{A} = \frac{\frac{1}{2}\int\limits_0^{\pi/2} (y_1^2 - y_2^2)\,dx}{A}$

Mit A (vom Textbeispiel) als $\frac{\pi}{2} - 1$ und dem Ergebnis von L**36**, Beispiel 30:

$$M_x = \frac{1}{2}\int\limits_0^{\pi/2} (1 - \sin^2 x)\,dx = \frac{1}{2}\left[x - \frac{1}{2}(x - \sin x \cos x)\right]_0^{\pi/2} = \ldots = \frac{\pi}{8}$$

$$y_S = \frac{\frac{\pi}{8}}{\frac{\pi}{2} - 1} = 0{,}688$$

15. Die Fläche hat den Inhalt 2, der Drehkörper das Volumen $\frac{\pi^2}{2}$. Somit ist

$$V = A \cdot 2\pi y_S \quad \Rightarrow \quad \frac{\pi^2}{2} = 2 \cdot 2\pi y_S \quad \Rightarrow \quad y_S = \frac{\pi}{8} = 0{,}393$$

16. Statt a bzw. b werden die oberen Integralgrenzen a/2 bzw. b/2; dafür bringt die untere Hälfte denselben Wert dazu:

$$I_y = 2\int\limits_0^{a/2} b\,x^2\,dx = 2b\left[\frac{x^3}{3}\right]_0^{a/2} = \frac{1}{12}\,b\,a^3, \quad I_x = \ldots = \frac{1}{12}\,a\,b^3$$

17. $I_x = \frac{1}{3}\int\limits_0^{\pi} \sin^3 x\,dx = \frac{1}{3}\left[-\cos x + \frac{1}{3}\cos^3 x\right]_0^{\pi}$ (…, falls Sie es klassisch rechnen wollen)

$$= \frac{1}{3}\left[-\cos\pi + \frac{1}{3}\cos^3\pi + \cos 0 - \frac{1}{3}\cos^3 0\right] = \ldots = \frac{4}{9}$$

Mathematica liefert etwas umgeformt:

```
Integrate[Sin[x]^3, x]
-9 Cos[x] + Cos[3 x]
--------------------
         12
```

Oder gleich mit Grenzen angesetzt:

```
Integrate[1/3 Sin[x]^3, {x,0,Pi}]
4
-
9
```

18. Aus dem großen *Vollzylinder* mit R als Radius und d als Höhe wird ein koaxialer mit r und d ausgeschnitten! Es ergibt sich daher

$$I_{Rad} = \frac{\pi\rho d}{2}R^4 - \frac{\pi\rho d}{2}r^4 = \frac{\pi\rho d}{2}(R^4 - r^4).$$

19. Die Gleichung der Mantellinie f ist

$$f: y = 5 - 2x \quad \Rightarrow \quad x = \frac{1}{2}(5 - y),$$

woraus wir x ausdrücken und in die eben erarbeitete Formel einsetzen:

$$I_y = \frac{1}{2}\pi\rho\int\limits_0^5 \frac{1}{2^4}(5 - y)^4\,dy$$

Natürlich substituieren wir hier u = 5 – y, also du = – dy, und erhalten wie üblich

$$I_y = \frac{\pi}{2^5}\left[-\frac{u^5}{5}\right]_{\sim}^{\sim} = \frac{\pi}{5 \cdot 2^5}\left[(y-5)^5\right]_0^5 = \ldots = \frac{5^4\pi}{2^5} = 61{,}36 \text{ (Einheiten)}$$

Die vorläufigen Zwischengrenzen nach Substitution haben wir nicht verwendet und mit ~ bezeichnet; nach Rückeinsetzen der früheren Variablen y konnten wir ja die gegebenen Werte 0 und 5 verwenden.

20. Hier ist f eine gerade Funktion, folglich werden alle $b_n = 0$, weil darin ungerade Integranden stehen, die das Integral zu Null machen! Es bleiben die a_n:

$$a_0 = \frac{2}{\pi}\int_0^{\pi} x\,dx = \frac{2}{\pi}\left[\frac{x^2}{2}\right]_0^{\pi} = \frac{2}{\pi}\cdot\frac{\pi^2}{2} = \pi$$

$a_n = \frac{2}{\pi}\int_0^{\pi} x \cos nx\,dx$; das Integral lösen wir partiell:

Ansatz: $f(x) = \cos nx \Rightarrow F(x) = \frac{1}{n}\sin nx, \quad g(x) = x \Rightarrow g'(x) = 1$

$$\int x \cos nx\,dx = \frac{1}{n}x \sin nx - \int \frac{1}{n}\sin nx\,dx = \frac{1}{n}x\sin nx + \frac{1}{n}\cdot\frac{1}{n}\cos nx$$

Einsetzen der Grenzen führt für *gerade* n auf 0, für *ungerade* n auf $\frac{1}{n^2}(-2)$; jetzt müssen wir nur noch den Faktor vor dem Integral dazufügen:

$$a_n = \frac{2}{\pi}\left(-\frac{2}{n^2}\right) = -\frac{4}{\pi n^2}$$

Die Fourier-Entwicklung von f sieht damit so aus:

$$f(x) = \frac{\pi}{2} - \frac{4}{\pi}\left(\cos x + \frac{1}{3^2}\cos 3x + \frac{1}{5^2}\cos 5x + \frac{1}{7^2}\cos 7x + \ldots\right)$$

Der *Mathematica*-Plotbefehl könnte für diese vier Glieder so aussehen:

```
Plot[Pi/2 - 4/Pi (Cos[x] + 1/9 Cos[3x] +
     1/25 Cos[5x] + 1/49 Cos[7x]), {x, -1.5 Pi, 8},
     AxesLabel -> {"x", "  y"},
     PlotStyle -> {Thickness[0.007]},
     AspectRatio -> 0.25
     ]
```

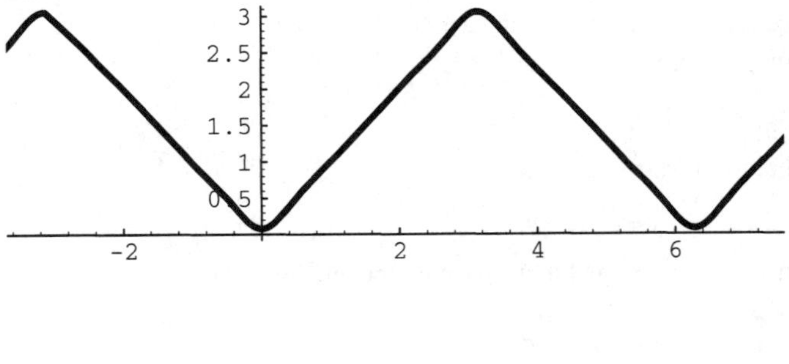

Zum nächsten Kapitel

38

Differential-gleichungen

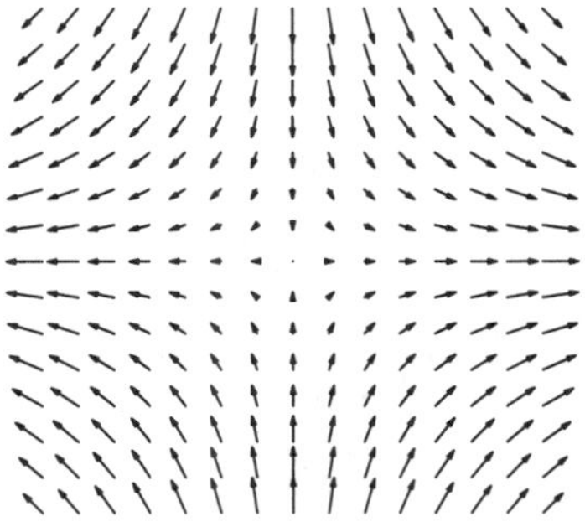

Dieses Kapitel soll die Integralrechnung anwenden und anhand von bekannten und auch neuen Situationen deutlich machen, wie diese sich durch sogenannte ***Differentialgleichungen*** beschreiben und gemeinsam lösen lassen. Wichtig ist auch zu sehen, welche Hilfe der *Computer* geben kann, um – hier mittels *Turbo Pascal* – etwa Bewegungsgleichungen grafisch zu lösen. Dabei müssen wir uns auf einige sehr einfache Modelle beschränken. Näheres an der Hochschule!

Fortführung der Integralrechnung

Gleichungen mit Differentialen

Wir kennen längst die *Beschleunigung* a als *Änderungsrate* oder *Differentialquotient* der Geschwindigkeit v nach der Zeit t:

$$a = v'(t) = \frac{dv}{dt}$$

Im letzten Kapitel haben wir als gleichwertige Schreibweise

$$v(t) = \int a\,dt = a\,t + \text{const} = a\,t + v_0$$

eingeführt und von der *Stammfunktion* oder dem **unbestimmten Integral** v von v' gesprochen.

Man kann aber auch die **Differentiale** einzeln verwenden und von der *Gleichung*

$$a = v'(t) = \frac{dv}{dt} \quad \text{zu} \quad dv = v'(t)\,dt = a\,dt$$

und weiter durch Integration jeder Seite zu

$$\int dv = \int a\,dt \quad \Rightarrow \quad v = a\,t + \text{const}$$

übergehen; die Methode heißt „Trennung der Variablen“, wir werden ihr noch begegnen. Daher stammt auch der Name dieser Gleichungen:

Differentiale am Beispiel Geschwindigkeit-Zeit

> In einer ***Differentialgleichung*** tritt immer mindestens die 1. Ableitung y' einer Funktion auf, oft auch y'', ... sowie meist y selbst und noch beliebige Parameter und Funktionen von x.

D

Definition 1: Differentialgleichung

Im übrigen folgen wir hier der von Praktikern gerne vereinfachend, wenn auch etwas unpräzise, verwendeten Schreibweise y = y (x) statt y = f (x); für die *Geschwindigkeit* hat man dann v = v (t), für den *Weg* s = s (t), für die Stromstärke I = I (t), für das Kapital K = K (t), und das Einkommen ist auch E = E (t), falls es zeitabhängig ist. Man spart so ein neues Funktionssymbol f, φ, oder andere:

$f: t \rightarrow s = f(t), \quad \varphi: t \rightarrow v = \varphi(t)$

usw., das ja auch nicht verrät, zu welcher Größe (Weg, Preis, ...) es gerade gehört. Nun aber zurück zum genannten Weg-Zeit-Zusammenhang!

Bevor wir solche und andere *Bewegungsgleichungen* grafisch lösen können, benötigen wir die wichtigsten **Grafikbefehle** von *Turbo Pascal*. Es verfügt über viele Routinen, mit denen nicht nur Farben für die Figuren – `SetColor(n)` – einstellbar sind, sondern eben auch Befehle wie

Erinnerung an den Computer und Turbo Pascal

```
Putpixel(x, y, f),
Line(x1, y1, x2, y2),
Circle(x, y, r),
Ellipse(x, y, w1, w2, a, b)
```
und weiter,

die Punkte = pixel, Strecken, Kreise, Ellipsen und anderes mehr auf den Bildschirm zaubern. Einiges davon verwenden wir gleich hier, weitere Grafikprogramme folgen im nächsten Kapitel bei den *dynamischen Systemen*.

Damit *Pascal* allerdings von der Text- auf die Grafikebene schalten kann, werden vier Aktionen von Ihnen erwartet:

- Die Grafikbefehle stehen in der *Unit Graph*, die mit `USES Graph` eingebunden werden muß;

- das Programm benötigt die Variablen `Treiber` und `Modus` vom Typ Integer, wobei man meist `Treiber := Detect` setzt, d. h., Pascal selbst die eingebaute Grafikkarte suchen läßt, während `Modus` nicht erklärt werden muß: Dann wird einfach die beste vorhandene Auflösung je nach Grafikkarte gewählt;

Voraussetzungen für grafische Ausgaben

- der *Pfad* zu den BGI-Treibern (Borland Graphics Interface) auf der Festplatte muß festgelegt werden – meist ist dies `´C:\TP\BGI´` – und

- mit `Initgraph(Treiber, Modus, Pfad)` wird schließlich der Startschuß abgefeuert; mit `Closegraph` übrigens kommt man nach seinen künstlerischen Seitensprüngen auf die Textebene zurück.

Wenn Sie erste Fingerübungen mit *Linienscharen* machen wollen, geben Sie doch einfach das Folgende ein:

Beispiel 1: Linienscharen und Fingerprints

```
PROGRAM Graftest;
USES Crt, Graph;
VAR i, j, k, Treiber, Modus: Integer;
BEGIN
   clrscr;
   Treiber := Detect;
   Initgraph(Treiber, Modus, ´C:\TP\BGI´);
   SetColor(lightblue);
   For i:=0 to 213 do
      Line(0,0,3*i,479);
   SetColor(yellow);
   For j:=0 to 239 do
      Line(0,0,639,478-2*j);
   ... ... (* Ende siehe nächste Seite *)
```

und eventuell, nachdem Sie sich an den unerwarteten *Fingerprints* erfreut haben, dazu

```
   For k:=1 to 31 do
      Begin
         Setcolor(k);
         Circle(320,240,4*k);
      End;
   Repeat until keypressed;      (* auch Readln genügt *)
   Closegraph;
END.
```

Fortsetzung: bunte Kreisschar

Sie erhalten eine bunte Schar konzentrischer Kreise, die aus dem Schirmmittelpunkt herauswachsen. An den gewählten Koordinaten erkennen Sie auch, daß von der heute überall als Mindeststandard vorhandenen *VGA-Karte* (vgl. 17. Kapitel) mit 640 mal 480 pixel ausgegangen wird.

Doch solche fertigen Elemente und Figuren sollen uns nicht weiter beschäftigen; vielmehr fragen wir hier nach den *Graphen* bestimmter ***Bewegungen***!

Für den Weg s, den ein Körper bei der *gleichmäßig-beschleunigten Bewegung* zurücklegt, soll eine Beziehung zu Zeit t und Beschleunigung a hergeleitet werden.

B

Beispiel 2: die gleichmäßig-beschleunigte Bewegung

Es ist doch ergänzend auch $v = s'(t) = \frac{ds}{dt}$ und damit

$$ds = s'(t)\,dt = v\,dt \quad \Rightarrow \quad \int ds = \int v\,dt \quad \Rightarrow \quad s = \int v\,dt\,.$$

Setzen wir für v = v (t) den über a erhaltenen Term ein, wird

$$s = \int (at + v_0)\,dt = \frac{1}{2}\,a t^2 + v_0 t + \text{const},$$

und mit der *Randbedingung* $s(0) = s_0$ (Weg s_0 zu Beginn der Zeitmessung, wie schon oben v_0 bei t = 0) wird $s = 0 + 0 + \text{const} = s_0$, womit eine vertraute Formel aus der KINEMATIK entstanden ist:

Vorarbeiten: die Formeln und ...

$$s = s(t) = \frac{1}{2}\,a t^2 + v_0 t + s_0.$$

Direkt hätten wir ansetzen können: $a = v'(t) = s''(t)$, kurz $s'' = a$, was schon eine Differentialgleichung *2. Ordnung* darstellt, weil die 2. Ableitung auftritt; einzeln hatten wir nur solche *1. Ordnung*.

Für eine *konstante* Beschleunigung a schlagen wir das folgende *Pascal-Programm* vor, wobei für jeden Zeitpunkt Geschwindigkeit und Weg ***gezeichnet*** sind. Dabei wird nicht mit der fertigen Formel gearbeitet, sondern im *Halbschrittverfahren*, bei dem der neue Weg aus der Geschwindigkeit nach dem halben Zeitschritt berechnet wird; die wiederum folgt aus der Beschleunigung:

das Halbschrittverfahren

$$v_{neu} = v_{alt} + \frac{1}{2}\,a \cdot dt; \qquad s_{neu} = s_{alt} + v \cdot dt.$$

Im *Hauptprogramm* werden die gewünschten Zahlenwerte eingegeben, hier a = 0.2, (statt Δt:) dt = 0.05 und die Startwerte v0 = 0.5 und s0 = 1, mit denen dann in der *Procedure* `Berechne` jeweils die neuen Werte berechnet und mit Hilfe der *Procedure* `SetzePunkt` gezeichnet werden.

Beispiel 2/
Fortsetzung

mit
Turbo Pascal

```
PROGRAM Bewegung;
USES Crt, Dos, Graph;
CONST  Pfad='c:\tp\bgi'; xnull=100;
        ynull=400; xeinh=48; yeinh=35;
VAR    a, dt, v0, s0: Real;
       Treiber, Modus: Integer;

Procedure SetzePunkt(xW,yW:Real;farbe:Byte);
Var    xS, yS: Integer;
Begin
     xS:=xnull+round(xW*xeinh);
     yS:=ynull-round(yW*yeinh);
     Setcolor(farbe);
     Circle(xS,yS,1)
End;

Procedure Berechne;
Var  t, v, s: Real;
Begin
     t:=0; v:=v0; s:=s0;
     Repeat
        SetzePunkt(t, v, red);
        SetzePunkt(t, s, blue);
        Delay(10);  {Warte 10 Mikrosek.}
        v:=v+a*dt/2; s:=s+v*dt;
        v:=v+a*dt/2; t:=t+dt
     Until t>8;
     Moveto(xnull,ynull);
     Setcolor(green);
     Lineto(xnull+440, ynull);
     Moveto(xnull,ynull);
     Lineto(xnull,ynull-320);
End;

BEGIN (*Hauptprogramm *)
      Clrscr;
      Write('Beschleunigung: '); Readln(a);
      Write('Zeitschritt: '); Readln(dt);
      Write('Anf.geschwind.: '); Readln(v0);
      Write('Anfangsweg: '); Readln(s0);
      Treiber:=Detect;
      Initgraph(Treiber, Modus, Pfad);
      Berechne;
      Repeat until keypressed;
      Closegraph
END.
```

Hier das Halbschrittverfahren

für v und s

Hier der Aufruf der Berechne-Procedure

Die im Programm definierten Farben erscheinen leider nur auf dem Bildschirm; doch der Verlauf von v und s mit t wird klar:

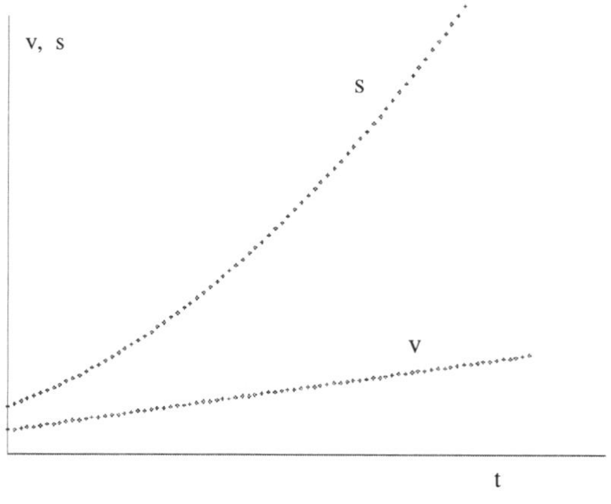

Bild 1: die s-t und v-t-Diagramme

Beispiel 3: lotrechter Wurf aufwärts

Ist $a = -g$ mit g als *Fallbeschleunigung* auf der Erdoberfläche, $g = 9{,}81\ m/s^2$, so stellt die Gleichung $s = -\frac{1}{2} gt^2 + v_0 t$ die **Wurfhöhe** s dar, die ein lotrecht in die Höhe geworfener Körper, etwa ein Tennisball, bei Abschuß mit v_0 aus der Höhe $s_0 = 0$ zum Zeitpunkt t gerade erreicht.

Ist konkret $v_0 = 20$ m/s, so wird bei $g \approx 10\ m/s^2$ der Weg

$$s = -5t^2 + 20t \quad \Rightarrow \quad s' = v = -10t + 20 \quad \text{(ableiten!)}$$

Wenn $v = 0$ ist, wird der Umkehrpunkt, die *maximale Wurfhöhe* s_{max} erreicht:

$$-10t + 20 = 0 \Rightarrow t = 2\,(s)\ \text{(Wurfdauer)} \Rightarrow s(2) = -5 \cdot 2^2 + 20 \cdot 2 = 20\ m = s_{max}$$

Freier Fall mit Luftwiderstand

Nun bewegen sich Körper ja nicht im luftleeren Raum. Beim ***Freien Fall***, etwa beim Absprung aus einem Flugzeug, tritt eine Bremskraft F auf, die mit der Geschwindigkeit v wächst; die Bremsbeschleunigung F/m vermindert dann g, und es wird

$$a = \frac{dv}{dt} = g - c \cdot v \qquad \text{(Differentialgleichung für den \textbf{\textit{Fall mit Luftwiderstand}})}$$

Beispiel 4: ... und Fallschirm

Öffnet der Springer auch noch den *Fallschirm*, erhöht sich der Widerstand auf $-c \cdot v^2$, was die Differentialgleichung schon fast unlösbar macht!

Allerdings nicht für den *Computer*, der v sowie die Fallhöhe s wie eben (Zeit-)Schritt für Schritt berechnet und zeichnet! Das folgende *Programm* kommt Ihnen nun schon vertrauter vor: Als Anfangswerte im Hauptprogramm wurden hier dt = 0.02, v0 = 0 und s0 = 8 eingegeben, die *Procedure* `Springe` enthält neben den bekannten Formeln noch die eben notierte für die diesmal nicht konstante, sondern sich proportional $(-c\ \cdot)$ zu v^2 ändernde Beschleunigung a!

Jetzt lassen Sie wieder die elektronischen Heinzelmännchen für sich arbeiten und freuen sich auf das Resultat in Bild 2; die am Bildschirm wunderschönen kleinen farbigen Kreise erscheinen hier leider etwas unscharf.

Beispiel 4/ Fortsetzung:

analog Beispiel 2

```
PROGRAM Fallschirm;
USES   Crt, dos, Graph;
CONST  Pfad='c:\tp\bgi';  xnull=100;
       ynull=400; xeinh=48; yeinh=35;
VAR   dt, v0, s0: Real;
      Treiber, Modus: Integer;

Procedure SetzePunkt(xW,yW:Real;farbe:Byte);
Var   xS, yS: Integer;
Begin
      xS:=xnull+round(xW*xeinh);
      yS:=ynull-round(yW*yeinh);
      SetColor(farbe);
      Circle(xS,yS,2)
End;

Procedure Springe;
Var  t, v, s, c, g, a: Real;
Begin
     t:=0; v:=v0; s:=s0; c:=0.3; g:=9.81;
     Repeat
        SetzePunkt(5*t, v, 9);
        SetzePunkt(5*t, s, 4); Delay(10);
        a:=g-c*Sqr(v);
        v:=v+a*dt/2; s:=s-v*dt;
        v:=v+a*dt/2; t:=t+dt
     Until s<=0;
     Moveto(xnull,ynull);
     Lineto(xnull+440, ynull);
     Moveto(xnull,ynull);
     Lineto(xnull,ynull-320);
End;

BEGIN (*Hauptprogramm *)
      Clrscr;
      Write('Zeitschritt: '); Readln(dt);
      Write('Anf.geschwind.: '); Readln(v0);
      Write('Anfangshöhe: '); Readln(s0);
      Treiber:=Detect;
      Initgraph(Treiber, Modus, Pfad);
      Springe;
      Setcolor(4); Outtextxy(110,100,'s,');
      Setcolor(9); Outtextxy(130,100,'v');
      Setcolor(15); Outtextxy(500,410,'t');
      Repeat until keypressed;
      Closegraph
END.
```

Hier die veränderliche Beschleunigung a für den Fallschirm-widerstand

Hier der Aufruf der Springe-Procedure

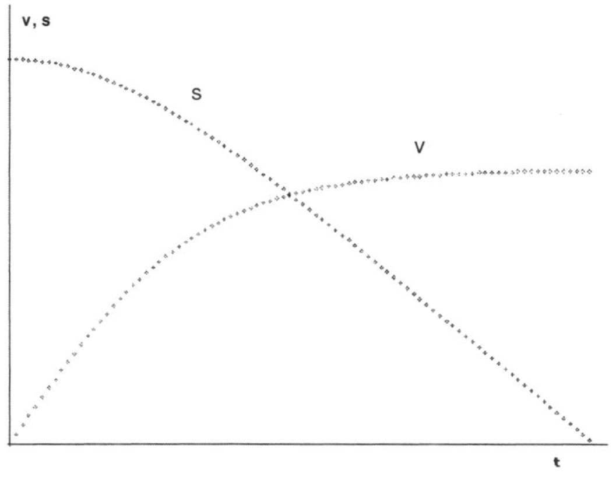

Bild 2: Wie v steigt und s fällt

Beispiel 5: Einkommen und Haushalt

Für das **Volkseinkommen** E (t) und die **Staatsverschuldung** S (t) kann man den naheliegenden Zusammenhang $S'(t) = \alpha \cdot E(t)$ mit $\alpha > 0$ annehmen: Wächst das Einkommen, darf der Staat mehr Schulden machen, die Änderungsrate S ' (t) wird proportional zu E (t) sein.

Das Einkommen kann auf verschiedene Art wachsen oder abnehmen. Bei *linearem* Wachstum $E(t) = a + bt$ wird

$$S'(t) = \alpha \cdot E(t) = \alpha \cdot (a + bt) = \alpha \cdot a + \alpha \cdot bt \quad \Rightarrow$$

$$S(t) = \int (\alpha \cdot a + \alpha \cdot bt)\, dt = \alpha \cdot at + \frac{1}{2}\alpha \cdot bt^2 + S_0,$$

die Schulden S selber wachsen dann stärker (mit t^2) als das Einkommen (mit t), und der Staatshaushalt wird das auf Dauer nicht aushalten!

Wächst aber E selber mit einer konstanten Rate, also *exponentiell,* nach $E(t) = E_0 \cdot e^{ct}$, so wird

$$S'(t) = \alpha \cdot E(t) = \alpha \cdot E_0 \cdot e^{ct} \quad \Rightarrow$$

$$S(t) = \int \alpha \cdot E_0 \cdot e^{ct}\, dt = \frac{1}{c}\alpha \cdot E_0 \cdot e^{ct} + S_0$$

hier wachsen E und S „gleich stark" (beide mit e^{ct}), so daß sich ein festes Verhältnis einstellt und der Haushalt stabil bleibt.

Sie haben bemerkt, daß es Differentialgleichungen gibt, die sich einfach durch (unbestimmtes) Integrieren lösen lassen. Von dieser Art ist auch das folgende Problem aus der BAUSTATIK:

Beispiel 6: Biegung einer belasteten Brücke

Ein Balken/Träger liegt auf zwei Lagern an seinen Enden auf und wird belastet. (Modell für eine **Brücke**, auf der einige LKW und Busse stehen.) Seine gerade Mittelachse in x-Achsenrichtung wird dadurch zu einer ***Biegelinie*** f(x) verformt, Bild 3, die der Baufachmann kennen muß.

Jede Last hat ein *Moment* M (x) zur Folge, das vom Ort der Belastung x abhängt. Es gilt nun näherungsweise mit B für die konstante Biegesteifigkeit des Balkens (ohne Beweis):

$$y'' = -\frac{M}{B} \quad \text{oder} \quad f''(x) = -\frac{1}{B} M(x)\,.$$

Bild 3: dazu

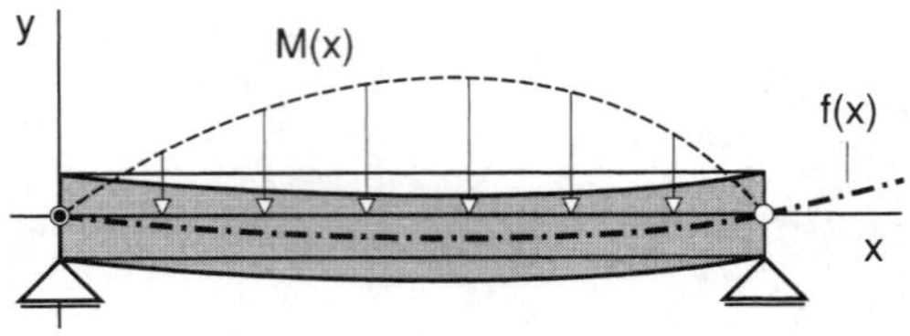

Dies ist wieder eine *Differentialgleichung*, diesmal *2. Ordnung,* weil ein y" auftritt, allerdings kommt rechts ein Term in x vor, während oben bei $s''(t) = a$ rechts a als Konstante angenommen wurde. Wir brauchen auch hier nur zweimal unbestimmt zu integrieren, um die gesuchte Biegelinie f(x) zu erhalten. Sei dazu konkret ein Träger von 10 m Länge und $B = 40000\ \mathrm{kN/m^2}$ angenommen, an dem die Last(en) einen Momentverlauf $M(x) = -x^2 + 10x$ (kNm, Bild oben) bewirken: es ist $M(0) = M(10) = 0$ und $M(5) = -5^2 + 10 \cdot 5 = 25$ kNm in der Mitte.

einfach unbestimmt integrieren

Wir setzen nun M(x) in die Differentialgleichung von f ein und erhalten:

$$y'' = -\frac{1}{B}(-x^2 + 10x) = \frac{1}{B}(x^2 - 10x)$$

$$y' = \int y''\,dx = \frac{1}{B}\int (x^2 - 10x)\,dx = \frac{1}{B}\left(\frac{x^3}{3} - 5x^2\right) + C_1$$

$$y = \int y'\,dx = \frac{1}{B}\int \left(\frac{x^3}{3} - 5x^2\right)dx + C_1 x + C_2 = \frac{1}{B}\left(\frac{x^4}{12} - \frac{5x^3}{3}\right) + C_1 x + C_2.$$

Die beiden Integrationskonstanten C_i folgen aus den Randbedingungen $f(0) = 0$ und $f(10) = 0$ als $C_2 = 0$ und $C_1 = \frac{10^3}{12B}$ (bitte nachrechnen!). Somit ist

$$y = f(x) = \frac{1}{12B}(x^4 - 20x^3) + \frac{1000}{12B}x = \frac{1}{12B}(x^4 - 20x^3 + 1000x)$$

bzw. mit dem konkreten Wert für B

$$y = f(x) = \frac{1}{480000}(x^4 - 20x^3 + 1000x) \quad \text{(Meter, m).}$$

Damit ist die Durchbiegung an jeder Stelle x bekannt; in der Mitte ist z.B.

$$f(5) = \frac{1}{480000}(5^4 - 20 \cdot 5^3 + 1000 \cdot 5) = 0{,}0065\ \mathrm{m} = 6{,}5\ \mathrm{mm}.$$

Lineare Differentialgleichungen

Wir bleiben in der PHYSIK, wechseln aber die Sparte:

Beispiel 7: radioaktiver Zerfall

B

Zum Zeitpunkt t_0 gibt es N_0 Teilchen einer Atomsorte, die strahlenaussendend – *radioaktiv* – zerfallen; zum Zeitpunkt t sind noch $N = N(t)$ Teilchen vorhanden, also nicht zerfallen. Es fragt sich, wie viele Teilchen in der folgenden kleinen Zeitspanne $[t,\ t + \Delta t]$ zerfallen werden.

Wieder erscheint es plausibel, dafür den Ansatz zu machen

$$N(t) - N(t + \Delta t) = \lambda \cdot N(t) \cdot \Delta t;$$

d.h., die gesuchte Anzahl ΔN wird der Zahl der jeweils noch vorhandenen Teilchen N(t) und der Länge des Zeitintervalls Δt proportional sein. Formen wir um:

$$\frac{N(t+\Delta t) - N(t)}{\Delta t} = -\lambda \cdot N(t)$$

so erkennt man an der Bauart des linken Terms, daß die *mittlere Zerfallsrate (Änderungsrate)* vorliegt, die bei $\Delta t \to 0$ in die **lokale Änderungsrate** übergeht:

$$N'(t) = \frac{dN}{dt} = -\lambda \cdot N(t) \qquad (\text{bzw. } N' + \lambda \cdot N = 0)$$

Wir halten hier die übliche Sprechweise fest:

Festlegung der Bezeichnungen

D

Definition 1: lineare Diff.-gleichung

Eine Differentialgleichung der Art $y' + \lambda \cdot y = 0$ heißt ***linear***, weil keine Potenzen von y' oder y vorkommen, sie ist *homogen* wegen $\ldots = 0$ und *von 1. Ordnung*, weil es kein y'' oder y''' usw. gibt.

Man löst sie gerne durch „Trennung der Variablen", nämlich N und t (allg. y und x), indem die Gleichung durch N dividiert und mit dt multipliziert wird:

$$\frac{dN}{dt} = -\lambda N \quad \Rightarrow \quad \frac{dN}{N} = -\lambda dt \quad \Rightarrow \quad \int \frac{dN}{N} = \int -\lambda \, dt \quad \Rightarrow$$

$$\ln|N| = -\lambda t + \bar{c} \quad \Rightarrow \quad |N| = e^{-\lambda t + c} = e^{c} \cdot e^{-\lambda t} \ (>0) \quad \Rightarrow \quad N = c \cdot e^{-\lambda t}.$$

Randbedingung: Für $t = 0$ ist $N(0) = N_0$: $N_0 = c \cdot 1$, also $c = N_0$:

$$N = N(t) = N_0 \cdot e^{-\lambda t}.$$

Dies ist die schon früher verwendete Formel für die Teilchenzahl beim **radioaktiven Zerfall** mit λ als Zerfallskonstante, die für jedes Element typisch ist.

und...

Da die Rechnung allgemein ganz genauso verläuft, halten wir als bewiesen fest:

S

Satz 1: allgemeine Lösung

Die lineare homogene Differentialgleichung 1. Ordnung $y' + \lambda y = 0$ **hat die Lösung** $y = y_0 \cdot e^{-\lambda x}$.

Hinweis auf Mathematica

Um *Mathematica* diese Lösung zu entlocken, müßte man verlangen:

```
DSolve[y'[x] + lambda y[x] == 0, y[x], x]
```

```
          C[1]
{{y[x] -> ---------}}
           lambda x
          E
```

Die oben erhaltene Integrationskonstante c, für die wir N_0 oder dann y_0 geschrieben haben, wird mit `C[1]` – im Sinn von *erste Konstante* – notiert. Allerdings ist es eine Wissenschaft für sich (d. h., es ist ohne umständliche Syntaxarbeit meist unmöglich), schon bei einfachen Differentialgleichungen mit *Mathematica* in der derzeitigen Version 2.2 zu verständlichen Lösungen zu gelangen; daher müssen wir im folgenden (und leider auch in Beispiel 13) darauf verzichten!

... und auf organisches Wachstum

Ganz genau so verlaufen Überlegung und Rechnung beim *organischen Wachstum* und *stetiger Verzinsung* (Übung 3).

Kondensatorentladung

Vielleicht möchten Sie zur Übung selbst ein physikalisches Problem lösen, das ebenfalls auf eine homogene Differentialgleichung des besprochenen Typs führt und damit die im letzten Kapitel verwendete Formel von der **Kondensatorentladung**

$$U(t) = U_0 \cdot e^{-\lambda t} \quad \text{mit} \quad \lambda = -\frac{1}{RC}$$

rechtfertigt (Übung 5)?

Beispiel 8: **Abnahme des Luftdrucks mit der Höhe**

B

Wegen der etwas umständlichen Terme soll dagegen an dieser Stelle eine Formel für den **atmosphärischen Luftdruck** entwickelt werden:

Dazu greifen wir eine Luftsäule beliebigen Querschnitts Q über dem Meeresniveau (h = 0) heraus, Bild 4, und setzen den (gesuchten!) Druck in der Höhe h, p(h), an als Druck in der Höhe h + Δh, eben p(h + Δh) – als Folge des Gewichts der Luftsäule, die darüber lagert –, und dem im Δh-Säulenstück bewirkten, das gleich ist

$$\Delta p = \frac{\Delta G}{Q} = \frac{\gamma \, \Delta V}{Q} = \frac{\rho g \cdot Q \Delta h}{Q} = \rho g \, \Delta h;$$

dies eingesetzt, führt zu

$$p(h) = p(h + \Delta h) + \rho g \, \Delta h.$$

Bild 4: dazu

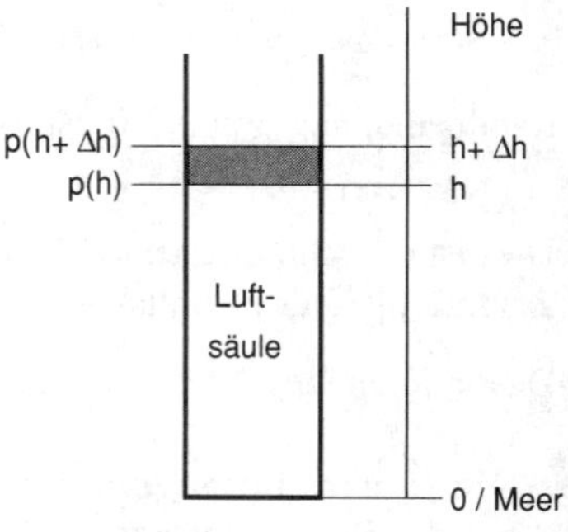

Boyle-Mariottesches Gesetz

Bevor wir weiterrechnen können, müssen wir die Luftdichte ρ in der Höhe h durch die (bekannten) Werte auf Meeresniveau ausdrücken. Dies gelingt näherungsweise mit dem Boyle-Mariotteschen Gesetz (das ja streng nur für konstante Temperatur gilt, was hier nicht zutrifft!):

$$pV = p_0 V_0 = \text{const}$$

Mit $\rho = m/V \Rightarrow V = m/\rho$ wird daraus

$$p \cdot \frac{m}{\rho} = p_0 \cdot \frac{m}{\rho_0} \Rightarrow \frac{p}{\rho} = \frac{p_0}{\rho_0} \Rightarrow \rho = \rho_0 \cdot \frac{p}{p_0}.$$

Dies in die p(h)-Formel eingesetzt, führt zu

$$p(h) - p(h + \Delta h) = \frac{\rho_0}{p_0} gp \, \Delta h \Rightarrow \frac{p(h + \Delta h) - p(h)}{\Delta h} = -\frac{\rho_0}{p_0} gp$$

und nach Grenzübergang $\Delta h \to 0$ wie oben

$$\frac{dp}{dh} = p'(h) = -\frac{\rho_0 g}{p_0} p \quad \text{bzw.} \quad p' + k \cdot p = 0 \qquad \left(\text{mit } k = \frac{\rho_0 g}{p_0}\right)$$

Die Lösung kennen wir der Gestalt nach schon:

barometrische Höhenformel

$$\boxed{p = p(h) = p_0 \cdot e^{-kh} \quad (k \text{ wie eben})}$$ ***Barometrische Höhenformel***

Inhomogene Differentialgleichungen

Wir untersuchen jetzt noch eine kleine Erweiterung, die *inhomogene* Differentialgleichung 1. Ordnung, wobei rechts ein konstantes Glied anstelle von 0 auftritt. Schon beim **freien Fall** *mit Berücksichtigung des Luftwiderstandes* war

$$\frac{dv}{dt} = v'(t) = g - c \cdot v \quad \text{bzw.} \quad v' + c \cdot v = g \quad \text{(mit g als konstantem Glied)}$$

Auf eine solche Gleichung führt z.B. auch das Problem des **radioaktiven Zerfalls**, wenn während dieses Prozesses noch andere radioaktive Isotope entstehen, was etwa beim Neutronenfluß durch eine Goldfolie in einem Reaktorcore bewirkt wird. Sei a die Erzeugungsrate solcher Isotope, so gilt

$$\frac{dN}{dt} = N'(t) = a - \lambda \cdot N \quad \text{bzw.} \quad N' + \lambda \cdot N = a \quad \text{(mit a als konstantem Glied)}$$

Oder wir schließen einen Schalter in einem **Stromkreis** mit folgenden Daten:

B Er enthält eine Batterie mit der Spannung $U_{Batt} = 10$ V, die einen Strom der Stärke $I = I(t)$ durch einen ohmschen Widerstand $R = 100\ \Omega$ (Ohm) und eine Spule mit der Induktivität $L = 1$ H (Henry) schicken kann, Bild 5.

Wir benötigen dazu die Kirchhoffsche Maschenregel

$$\Sigma U_i = 0 \quad \text{bzw.} \quad U_L + U_R + (-U_{Batt}) = 0$$

und die Spulenformel

$$U_L = L \cdot \frac{dI}{dt} = L \cdot I'(t);$$

dies eingesetzt führt zu

$$L \cdot I' + R \cdot I = U_B \quad \Rightarrow \quad I' + \frac{R}{L} \cdot I = \frac{U_B}{L},$$

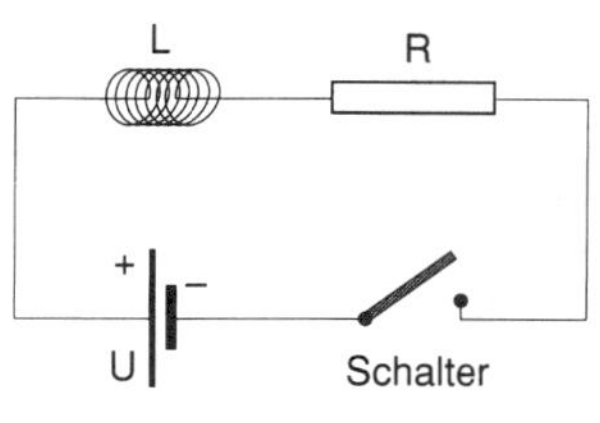

was wiederum vom selben Typ ist, U_B/L ist *konstant*.

Ersetzt man den Schalter durch einen geladenen *Kondensator* C und entfernt die Batterie, so entsteht ein ***Schwingkreis***. Davon mehr im nächsten Kapitel!

Schließlich, um BIOLOGIE und WIRTSCHAFT nicht zu mißachten – beide befassen sich auch mit **Wachstum** (von Populationen oder Geld u.a.) – betrachten wir noch den Fall beschränkten Wachstums mit einer festen Grenze G: So kann ja auch bei noch so üppiger Zufuhr von Dünger der Ertrag nicht über eine bestimmte Menge G (pro ha ...) hinausgehen, es wird Sättigung eintreten. Der einsichtige Ansatz wird lauten: Das Wachstum E'(t) wird bei Annäherung an die Grenze immer geringer, es wird der jeweiligen Entfernung von der Grenze *proportional* sein:

$$\frac{dE}{dD} = E'(D) = k \cdot (G - E) \quad \text{bzw.} \quad E' + kE = kG$$

Jetzt, nach einigen ganz verschiedenen Situationen, die sich alle mit demselben Typ einer Differentialgleichung beschreiben lassen, sind Sie hoffentlich neugierig genug geworden, wie denn nun hier die Lösung aussieht?

Verallgemeinerungen:

Freier Fall und ... radioaktiver Zerfall

Beispiel 9: Stromstärke

Bild 5: dazu

beschränktes Wachstum: Sättigung

Beispiel 10: Wie der Ertrag vom Dünger abhängt

B Wir bleiben beim Fall des **Ertrags** und lösen ihn stellvertretend für die übrigen.

Wie schon früher notieren wir dabei die Differentiale einzeln und trennen die Variablen (hier Ertrag E und Dünger D, allgemein y und x)

$$\frac{dE}{dD} = kG - kE = -k(E - G) \quad \Rightarrow \quad \frac{dE}{E - G} = -k\,dD \quad \Rightarrow$$

$$\int \frac{dE}{E-G} = \int -k\,dD = -kD + \bar{c} = \qquad \text{(Substitution I: } u = E - G,\ du = dE \quad \rightarrow)$$

Können Sie noch integrieren?

$$\int \frac{du}{u} = \ln|u| = \ln|E - G| = \text{(Zeile daruber)} \ -kD + \bar{c} \quad \Rightarrow$$

$$|E - G| = e^{-kD + \bar{c}} = e^{\bar{c}} \cdot e^{-kD} = C \cdot e^{-kD}.$$

Nun ist E – G stets < 0, also $|E - G| = -(E - G)$, womit weiter wird

$$E - G = -C \cdot e^{-kD} \quad \Rightarrow \quad E = G - C \cdot e^{-kD}.$$

Um die Integrationskonstante C zu bestimmen, setzen wir die Anfangsbedingung $E(0) = 0$ – das muß nicht immer so sein! – ein, was zu $0 = G - C \cdot 1 \Rightarrow C = G$ führt:

$$E = G - G \cdot e^{-kD} \quad \Rightarrow \quad E = E(t) = G\,(1 - e^{-kD}).$$

Übertragung des Ergebnisses

Nun können Sie die übrigen Gleichungen ganz analog lösen oder bei entsprechend umgeformter Gestalt diese Lösung einfach übernehmen. So wird beim **Stromkreis**

$$I' + \frac{R}{L} I = \frac{U_B}{L} = \frac{R}{L} \cdot \frac{U_B}{R} \quad \Rightarrow \quad I = I(t) = \frac{U_B}{R}\left(1 - e^{-\frac{R}{L}t}\right)$$

Zur Übung sollten Sie dies aber im einzelnen (mit konkreten Zahlenwerten) durchführen (Übung 5).

Allgemein kann man mit $y = y(x)$ ebenso verfahren und findet:

Satz 2: allgemeine Lösung

S **Die Lösung einer sog. linearen *inhomogenen* Differentialgleichung 1. Ordnung,** $y'(x) + \lambda\, y(x) = c$, **lautet**

$$y(x) = C_1 - C_2 e^{-\lambda x} \qquad \left(C_1 = \frac{c}{\lambda},\ C_2 = C_1 - y_0\right)$$

Gleichgewichtspreis

Bleiben wir noch bei der WIRTSCHAFT und studieren wir ein etwas langwieriges Problem, in dem der **Gleichgewichtspreis** $\bar{P}$ im Spiel von *Angebot* und *Nachfrage* erreicht werden soll. Auch dabei wird sich genau der Typ einer schon bekannten Differentialgleichung einstellen, wodurch die Lösung übernommen werden kann.

Beispiel 11: Angebot und Nachfrage

B Sei P (t) der Preis eines Artikels, A (t) bezeichne das **Angebot** zum Zeitpunkt t, N (t) die **Nachfrage** nach diesem Artikel, während $\bar{P}$ für den gesuchten Gleichgewichtspreis stehe. Wir treffen nun die vereinfachte Annahme, N und A würden mit P nach einer *linearen* Gleichung zusammenhängen, wir *linearisieren*, was nur in bestimmten Intervallen zutrifft, vgl. die Bilder 6 auf der Folgeseite:

$$N(t) = d_N + k_N P(t) \quad \wedge \quad A(t) = d_A + k_A P(t)$$

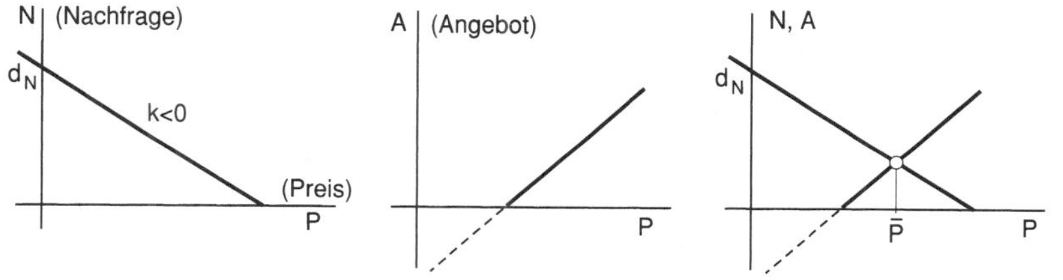

Bilder 6: dazu

Gleichgewicht herrscht bei N = A, also

$$d_N + k_N\bar{P} = d_A + k_A\bar{P} \quad\Rightarrow\quad \bar{P} = \frac{d_N - d_A}{k_A - k_N}.$$

Konkret hieße das für $N = 120 - \frac{1}{4}P$ und $A = -15 + \frac{1}{2}P$:

$$\bar{P} = \frac{-15-120}{-\frac{1}{4}-\frac{1}{2}} = \frac{-135}{-\frac{3}{4}} = 180.$$

Überschuß

Zum zweiten Schritt: Die Differenz A – N = Ü stellt den *Überschuß* dar, in dem der betreffende Artikel vorhanden ist. Wir treffen die plausible Annahme, seine *Änderung* sei seinem momentanen Wert proportional (wie beim radioaktiven Zerfall!)

$$Ü'(t) = -\lambda\, Ü(t) \qquad \text{bzw.} \quad (A-N)' = -\lambda\,(A-N)$$

$$(d_A + k_A P(t) - d_N - k_N P(t))' = -\lambda\,(d_A + k_A P(t) - d_N - k_N P(t))$$

Bei der Ableitung nach t fallen die konstanten Summanden weg:

$$(k_A - k_N)P' = -\lambda\,(k_A - k_N)P + \lambda\,(d_N - d_A)$$

$$P' = -\lambda P + \lambda\,\frac{d_N - d_A}{k_A - k_N};$$

den Bruchterm kennen wir schon, er steht für $\bar{P}$:

Ergebnis: inhomogene lineare Differentialgleichung 1. Ordnung

$$P'(t) = -\lambda\,P(t) + \lambda\bar{P} \qquad \text{bzw.} \qquad \boxed{P' + \lambda P = \lambda\bar{P}}$$

Erkennen Sie die inhomogene lineare *Differentialgleichung* 1. Ordnung von früher? Die Lösung übernehmen wir:

$$P(t) = C\cdot e^{-\lambda t} + \bar{P}$$

Randbedingung:

$$P(0) = P_0 = C + \bar{P} \quad\Rightarrow\quad C = P_0 - \bar{P} \quad\Rightarrow\quad P(t) = (P_0 - \bar{P})\,e^{-\lambda t} + \bar{P}.$$

Für das genannte konkrete Beispiel mit $\bar{P} = 180$ sei $P_0 = 100$, für λ nehmen wir 0,2 = 1/5 an. Dann ist

$$P_0 - \bar{P} = -80,$$

also wird

$$P(t) = 180 - 80\,e^{-0{,}2\,t}.$$

einige Werte für ...

Ein paar Daten ergeben eine kleine *Wertetabelle*

t	0	1	3	6	10
p	100	115	136	156	169

was es ermöglicht, den *Graphen* der Funktion zu zeichnen, Bild 7.

Bild 7: Preisverhalten, grafisch gesehen

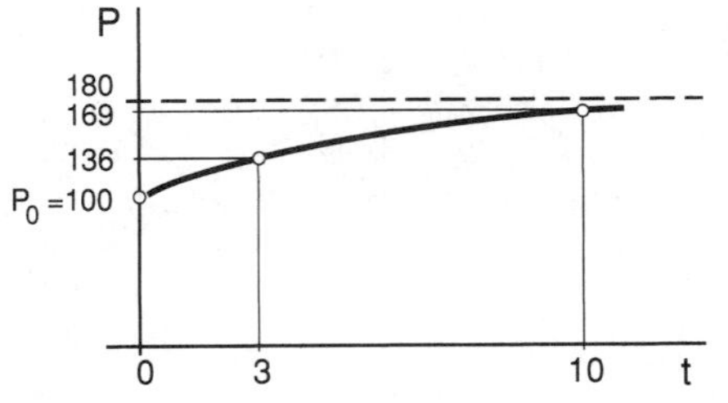

An dieser Stelle sei noch erwähnt, daß in einer Differentialgleichung 1. Ordnung statt der konstanten Parameter auch beliebige Funktionen von x auftreten können.

Diff.-gleichung 2. Ordnung

Wir haben dieses Kapitel begonnen mit einer Weg-Zeit-Funktion, die aus der Differentialgleichung **2. Ordnung**, a = s" = const. entstanden ist. Jetzt runden wir mit einer anderen Differentialgleichung 2. Ordnung ab, die ein wenig komplizierter ist, weil sie auch noch die Funktion selbst enthält.

Beispiel 12: Federpendel als harmonische Schwingung

B

Es handelt sich um

$$a = y'' = -\omega^2 y,$$

eine Gleichung, auf die man bei der Suche nach der Kraft-Auslenkungs-Beziehung bei der *harmonischen Schwingung,* konkret etwa eines **Federpendels**, stößt. Diese ist erklärt als Projektion oder Schirmbild einer gleichmäßigen Kreisbewegung auf einen Durchmesser bzw. einen dazu parallelen Schirm dahinter, vgl. Bild 8.

Bilder 8/9: dazu

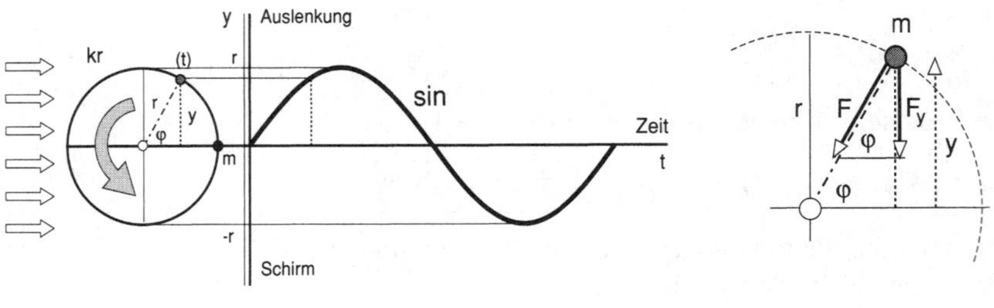

Wir erkennen die Beziehung

$$\sin\varphi = \frac{y}{r} \quad \Rightarrow \quad y = r \sin\varphi$$

bzw. mit der Winkelgeschwindigkeit $\omega = \frac{\varphi}{t} \quad \Rightarrow \quad \varphi = \omega t$

$$y = y(t) = r \sin \omega t,$$

aus der wir hier die Differentialgleichung herleiten: Da als verursachende Kraft nur die lotrechte Komponente F_y der Zentripetalkraft F in Frage kommt, ist, vgl. Bild 9, oben rechts:

Bewegungsgleichung

$$\sin\varphi = \frac{-F_y}{F} = \frac{y}{r} \quad \Rightarrow \quad F_y = F \cdot \left(-\frac{y}{r}\right) = m\omega^2 r \cdot \left(-\frac{y}{r}\right) = -m\omega^2 y$$

und Diff.gleichung 2. Ordnung

Die Beschleunigung $a = \frac{F}{m}$ ist daher $a = -\omega^2 y$; a ist aber immer *gleich* y", so daß wir tatsächlich $a = y'' = -\omega^2 y$ erhalten, w.z.z.w. Den umgekehrten Weg von der Differentialgleichung zur Lösungsfunktion gehen Sie in Übung 9.

In der PHYSIK bespricht man nach dem Federpendel das **Fadenpendel** oder *mathematische* Pendel, Bild 10, das aus einer dünnen, masselosen Schnur der Länge l und einer kleinen Kugel der Masse m am Ende gedacht werden kann. Es schwingt bis zu einem kleinen maximalen Winkel α um die Ruhelage aus. Allerdings ist die vollständige Lösung für uns zu schwierig: Das Beispiel steht hier als Ausblick auf die Probleme, die man an der Hochschule in diesem Bereich zu bearbeiten hat.

B **Beispiel 13: Fadenpendel**

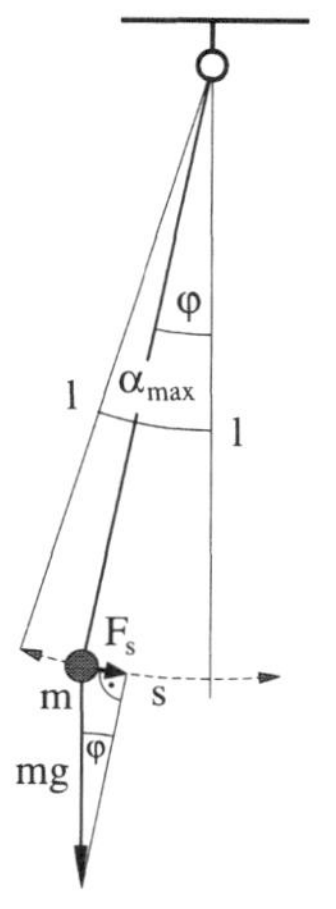

Bild 10: dazu

Bewegt es sich bei einer Momentaufnahme gerade nach links mit der Auslenkung φ, so ist die rücktreibende Kraft

$$F_s = -mg \sin \varphi,$$

wie man am kleinen rechtwinkligen Dreieck abliest; sie ist nach rechts gerichtet, während s von der Mittellage aus nach links weist, daher das – davor. Wie immer ist

$$s'' = a = \frac{F}{m} = -\frac{mg \sin \varphi}{m} = -g \sin \varphi;$$

sowohl s als φ sind Funktionen der Zeit t, s = s (t), φ = φ (t), und φ ist im Bogenmaß gleich s / l. Dies leiten wir ab:

$$\varphi' = \frac{1}{l} s', \quad \varphi'' = \frac{1}{l} s'' = \frac{1}{l} \cdot (-g \sin \varphi) = -\frac{g}{l} \sin \varphi.$$

Jetzt verwenden wir die Beziehung (Übung 10a):

$$y'y'' = \frac{1}{2} \frac{d(y'^2)}{dx}$$

und gewinnen nach einigen Schritten (Übung 10b) die *Differentialgleichung*:

$$\frac{d\varphi}{dt} = \varphi' = \sqrt{\frac{2g}{l}} \cdot \sqrt{\cos \varphi - \cos \alpha}.$$

Hier arbeiten Sie mit der Kettenregel und ...

Vor ihr kapituliert auch *Mathematica* (im Sinn des nach Satz 1 Gesagten)! Trennung der Variablen führt auf

der Trennung der Variablen

$$dt = \sqrt{\frac{l}{2g}} \cdot \frac{1}{\sqrt{\cos \varphi - \cos \alpha}} \, d\varphi,$$

und Integration zwischen 0 und α liefert die Zeit für eine Viertelschwingung, T/4:

$$\frac{T}{4} = \sqrt{\frac{l}{2g}} \cdot \int_0^{\alpha} \frac{1}{\sqrt{\cos \varphi - \cos \alpha}} \, d\varphi.$$

Wir übernehmen das Integral aus der Literatur der Hochschulmathematik, wo es näherungsweise mittels Substitution und Reihenentwicklung gewonnen wird – *Mathematica* schafft es wiederum nicht – als $\pi / \sqrt{2}$ und erhalten so die bekannte Formel für die **Schwingungsdauer**:

Dennoch müssen wir kapitulieren!

$$T = 4 \cdot \sqrt{\frac{l}{2g}} \cdot \frac{\pi}{\sqrt{2}} = 2\pi \sqrt{\frac{l}{g}}.$$

Sie verstehen, weshalb wir dieses Kapitel so rasch abschließen?!

Ende des 38. Kapitels

Übungsaufgaben

1. Nur für „Programmierer“: Verändern Sie das Programm in Beispiel 2 ein wenig, indem Sie für a jetzt $-\frac{c}{(r+h)^2}$ mit $c = G \cdot M = 3{,}98 \cdot 10^{14}$ setzen. Sie erhalten die Bewegung einer Rakete im Erdschwerefeld, die mit v0 aus der Höhe h0 ohne eigenen Antrieb senkrecht abgeschossen wird. Setzen Sie dt = 15 (s), h0 = 0 (m) und v0 = 6000 (m/s).

2. Sei E (t) eine Einkommensfunktion, I (t) beschreibe Investitionen, die einerseits ein fester Bruchteil von E (t) seien, andererseits proportional mit dem Einkommenswachstum verlaufen. Von welchem Typ muß E (t) sein?

3. Sei N_0 die Zahl der Individuen einer Population zum Zeitpunkt 0, N hänge von t ab, N = N (t), und α sei statt λ *Wachstumskonstante* oder *Geburtsintensität*. Ansatz: $N'(t) = \alpha \cdot N(t)$ wie im Text. Leiten Sie bitte die Formel $N = N_0 \cdot e^{\alpha t}$ her!

4. Studieren Sie nochmals die Kondensatorentladung über einen Widerstand R, Skizze wie Bild 3. Es ist nach Definition die Stromstärke I gleich Q/t, allgemein $I(t) = dQ/dt$, weiter gilt beim Kondensator $Q = C \cdot U_C \Rightarrow U_C = Q/C$, genauer $U_C(t) = 1/C \cdot Q(t)$; am Widerstand ist wie immer $U_R = R \cdot I(t)$. Nun setzen Sie bitte nach Kirchhoff $U_C + U_R = 0$ an ...!

5. Berechnen Sie den zeitlich Verlauf des Einschaltstroms über R und L bei $U_{Batt} = 10$ Volt, R = 100 Ohm und L = 1 Henry mit dem Anfangswert I = 0 für t = 0, wobei Sie wie im Text, aber eben mit konkreten Zahlen, ansetzen!

6. Neben dem organischen (= exponentiellen) und dem beschränkten Wachstum gibt es noch ein *hyperbolisches* Wachstum, das durch die Annahme $N' = \alpha \cdot N^2$ charakterisiert ist. Versuchen Sie die Lösung durch unbestimmte Integration mit der Anfangsbedingung $N(0) = N_0$; kann $N \to \infty$ gehen?

7. Setzen Sie im Angebot-Nachfrage-Beispiel 11 die A (t)- und N (t)-Terme ein, und zeichnen Sie die entsprechenden Kurven!

8. Siehe Übung 1! Die Erde läuft bekanntlich auf einer kreisähnlichen Bahn um die Sonne. Setzen Sie ihre Bahngeschwindigkeit mit 29,5 km/s an und beginnen Sie am entferntesten Punkt $x = 1{,}52 \cdot 10^{?}$ m. Sie müssen im Erdsatelliten-Programm noch c ändern (wegen der Sonnenmasse, $c = ? \cdot 10^{?}$ Einheiten), um den Computer die Erdbahn zeichnen zu lassen! Zeitschritt 21600 (s) gleich ¼ Tag. (Die drei ? finden Sie doch mühelos?)

9. Weisen Sie die Lösung $y = r \sin \omega t$ in Beispiel 12 direkt durch Ableiten / Einsetzen nach!

10. a) Leiten Sie (y'^2) ab, um die in Beispiel 13 genannte Zwischenformel zu ermitteln.

    b) In Beispiel 13 ist Ihr Übungsauftrag schon formuliert, bitte sehen Sie nach!

Zu den Lösungen

Lösungen

1. Hier ohne Kommentar ein Vorschlag zur Procedure Fliege, es ändert sich nicht viel gegenüber dem Bezugsbeispiel 2; für die Grafik müssen Sie ein wenig mit den Zahlenwerten in der dort angegebenen Setze-Punkt-Procedure experimentieren!

```
Program Rakete;
Uses Crt, Graph,
...  ...  ...
Procedure Fliege;
Var  t, v, h, c, r, a: Real;
Begin
  t:=0; v:=v0; h:=h0; c:=3.98E14;
  r:=6.37E6;
  Repeat
      SetzePunkt(t/200, v/1000, 5);
      SetzePunkt(t/200, h/1000000, 6);
      delay(20);
      a:=-c/Sqr(r+h);
      v:=v+a*dt/2; h:=h+v*dt;
      v:=v+a*dt/2; t:=t+dt
  Until h<-100;
...  ...  ...
```

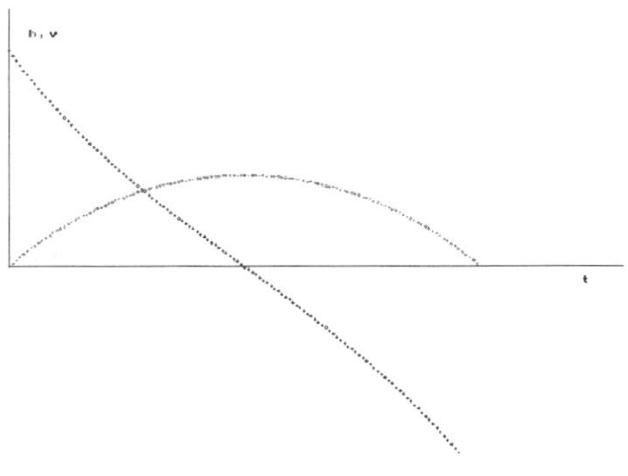

2. Annahme 1: $I(t) = b \cdot E(t)$ mit b als Bruchteil, Annahme 2: $E'(t) = a \cdot I(t)$ mit a als Prop.-konstante; mit 1 folgt $E'(t) = a \cdot b \cdot E(t) \Rightarrow E(t) = E_0\, e^{abt}$: Exponentialfunktion!

3. $\frac{dN}{dt} = \alpha \cdot N \Rightarrow \frac{dN}{N} = \alpha \cdot dt \Rightarrow \int \frac{dN}{N} = \int \alpha\, dt \Rightarrow \ln|N| = \alpha t + \bar{c} \Rightarrow$
$N = e^{\alpha t + c} = e^c \cdot e^{\alpha t} = c \cdot e^{\alpha t} = N_0\, e^{\alpha t}$.

4. $\frac{1}{C} Q(t) + R \cdot I(t) = 0$; mit Definition von I als Änderungsrate der Ladung Q wird daraus:
$\frac{1}{C} Q + R \cdot \frac{dQ}{dt} = 0 \Rightarrow \frac{dQ}{dt} = -\frac{1}{RC} Q$ bzw. $Q' + \frac{1}{RC} Q = 0$;
Lösung ist wie immer $Q = Q(t) = Q_0 \cdot e^{-\frac{1}{RC}t}$ bzw. $U = \frac{Q(t)}{C} = U_0 \cdot e^{-\frac{1}{RC}t}$.

5. $I'(t) = \frac{dI}{dt} = -100\,I + 10 = -100\left(I - \frac{1}{10}\right) \Rightarrow \frac{dI}{I - \frac{1}{10}} = -100\,dt \Rightarrow$

$\int_?^? \frac{dI}{I - 1/10} = \int -100\,dt = -100\,t + \bar{c} = \ln|I - 1/10| \Rightarrow |I - 1/10| = \ldots = C \cdot e^{-100\,t}$

$-(I - 0{,}1) = \sim \Rightarrow I = 0{,}1 - C \cdot e^{-100\,t}$; Anfangsbed. $I(0) = 0 = 0{,}1 - C \cdot 1 \Rightarrow$

$C = 0{,}1 \Rightarrow I = 0{,}1 - 0{,}1 \cdot e^{-100\,t} = 0{,}1\,(1 - e^{-100\,t})$ ✔

$t = 0{,}001$ s: $I = 0{,}095\,I_E = 9{,}5\,\%$ von I_E; $t = 0{,}01$ s: ... $I = 63\,\%$ von I_E.

6. $\frac{dN}{dt} = \alpha N^2 \Rightarrow \frac{dN}{N^2} = \alpha\,dt \Rightarrow \int \frac{dN}{N^2} = \int \alpha\,dt = \alpha\,t + \bar{c} = -\frac{1}{N} \Rightarrow$

$N = -\frac{1}{\bar{c} + \alpha\,t}$; Anf.bed. $N(0) = N_0 = -\frac{1}{\bar{c}} \Rightarrow \bar{c} = -\frac{1}{N_0}$; $N = -\frac{1}{-1/N_0 + \alpha\,t} = \frac{N_0}{1 - N_0\,\alpha\,t}$;

für $1 - N_0\,\alpha\,t = 0 \Rightarrow t = 1/N_0\alpha$ wird N *unendlich*! Graph unten links.

7. $N(t) = 120 - \frac{1}{4}P = 75 + 20\,e^{-0{,}2\,t}$ $\quad A(t) = -15 + \frac{1}{2}P = 75 - 40\,e^{-0{,}2\,t}$;

ein Punkt auf den Graphen, t = 5: $N = 75 + \frac{20}{e} = 82{,}4$; $A = 75 - \frac{40}{e} = 60{,}3$.

Graph rechts darunter.

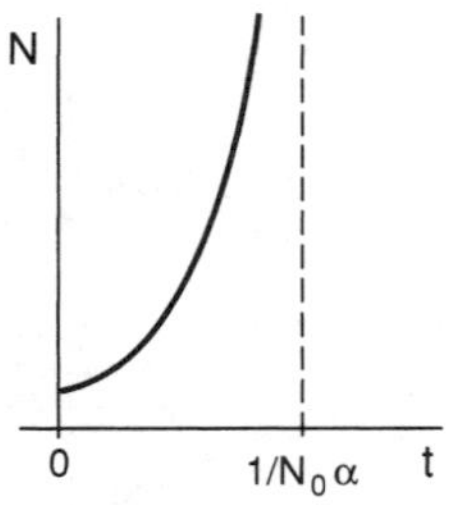

Bild L6

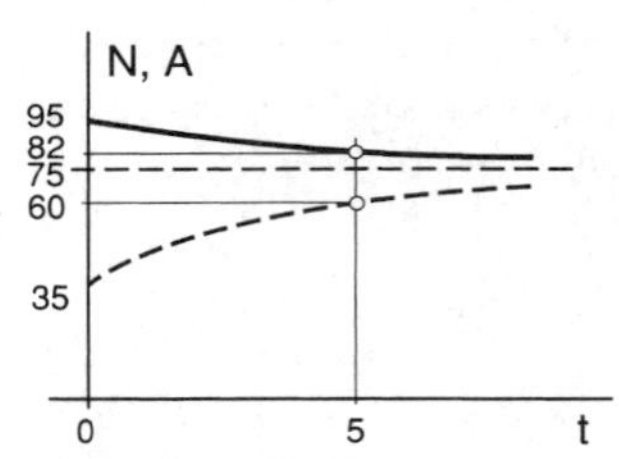

Bild L7

8. Der Programmausschnitt steht hier wieder als kleine Variation des Bezugsvorschlags im Text. Sie werden sicherlich eine gleichwertige Lösung finden.

```
Program Erdbahn;
Uses Crt, Graph,
...  ...  ...

Procedure ZeichneBahn;
Var  t, vx, vy, x, y, ax, ay, c, r, b: Real;
Begin
     t:=0; vx:=0; vy:=29500; y:=0;
     c:=1.32E20; x:=1.52E11; b:=4E10; r:=x;
     Repeat
         SetzePunkt(0.75*x/b, y/b, 2);
         r:=Sqrt(Sqr(x)+Sqr(y));
         ax:=-c*x/(r*r*r); ay:=-c*y/(r*r*r);
...  ...  ...
```

```
...  ...  ...
          Until t>50000000;
...  ...  ...
          ZeichneBahn;
...  ...  ...
```

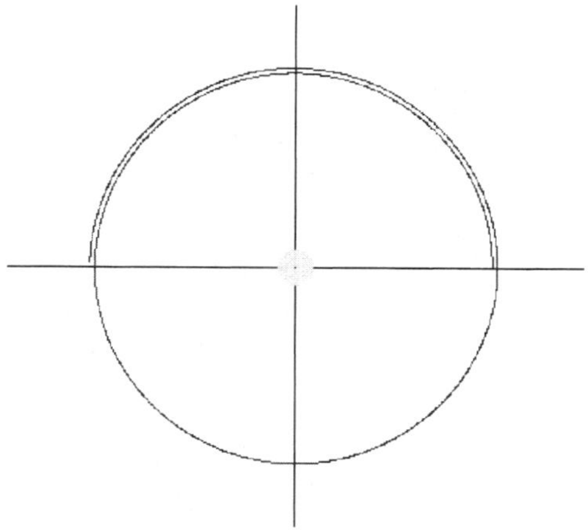

Präzise wird eine Beinahe-Kreisbahn gezeichnet (wegen t bis 50000000 noch etwa eine halbe Umrundung mehr). Variieren Sie die Werte, insbesondere die Zeitschritte!

9. $y' = r \cdot \omega \cdot \cos \omega t, \quad y'' = r\omega \cdot \omega \cdot (-\sin \omega t) = -r\omega^2 \sin \omega t = -\omega^2 y,$ ✔

10. a) $\left(y'^2\right)' = 2y' \cdot y'' \quad \Rightarrow \quad y' \cdot y'' = \frac{1}{2}\left(y'^2\right)' = \frac{1}{2}\,\frac{d\left(y'^2\right)}{dx}$

b) Mit $\varphi'' = -\frac{g}{l} \sin \varphi$ und $\varphi' \cdot \varphi'' = \frac{1}{2}\,\frac{d\left(\varphi'^2\right)}{dt} = -\frac{g}{l} \sin \varphi \,\frac{d\varphi}{dt}$ ist weiter

$d\left(\varphi'^2\right) = -\frac{2g}{l} \sin \varphi \cdot d\varphi;$ nach unbest. Integration auf beiden Seiten :

$\varphi'^2 = -\frac{2g}{l} \int \sin \varphi \cdot d\varphi = \frac{2g}{l} \cos \varphi + C.$

Als Randbedingung ist $\varphi' = \omega = 0$ bei max. Ausschlag, also bei $\varphi = \alpha$:

$0 = \frac{2g}{l} \cos \alpha + C \quad \Rightarrow \quad C = -\frac{2g}{l} \cos \alpha;$ eingesetzt, wird so:

$\varphi'^2 = \frac{2g}{l} \cos \varphi - \frac{2g}{l} \cos \alpha = \frac{2g}{l} (\cos \varphi - \cos \alpha)$;

daraus ziehen wir noch die Wurzel:

$\frac{d\varphi}{dt} = \varphi' = \sqrt{\frac{2g}{l}}\,\sqrt{\cos \varphi - \cos \alpha}.$ Dies war die Formel im Text, ✓

Zum nächsten Kapitel

Teil L

39. Kapitel

39

Dynamische Systeme

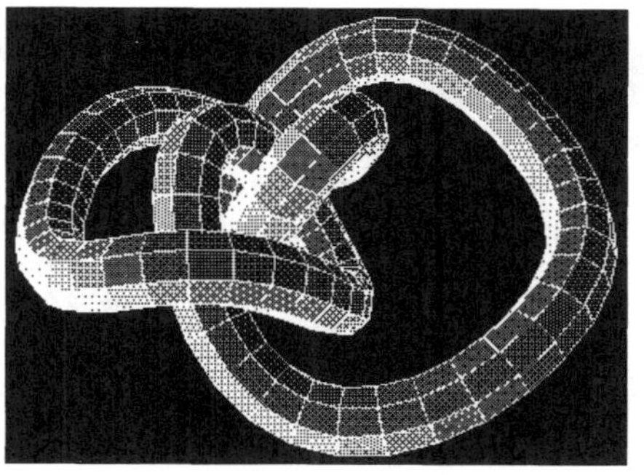

Von Prosamodell und Wirkungsgraph zur Systemgleichung

Als Fortsetzung sowohl des Kapitels G**23** in Band **2** als auch des vorigen Kapitels L**38** versteht sich dieses Abschlußkapitel. Zunächst knüpfen wir an die Prosamodelle und Wirkungsgraphen dynamischer Systeme an und wollen hier zum dritten und wichtigsten Punkt überleiten: Erst wenn man nämlich für die dort beschriebenen Abhängigkeiten konkrete Zahlenwerte annimmt – die nur durch Beobachten gewonnen werden können –, kann man *Beziehungsgleichungen* aufstellen und die ***Systemdynamik*** vom *Computer* simulieren lassen.

Eben darin liegt natürlich das Problem. So ist man in vielen Fällen recht weit gekommen, in anderen, etwa bei *Weltmodellen* nach J. Forrester und D. u. D. Meadows seit 1972/73, gibt es zu viele Zustände, die einander beeinflussen, als daß man mehr erwarten könnte als zeitlich stark begrenzte Vorhersagen in Teilbereichen.

Differential- und Differenzengleichung

Andererseits haben wir eben gesehen, wie kompliziert es schon in einfachen Fällen werden kann, die Differentialgleichungen, die das System beschreiben, mit unseren Mitteln zu lösen. Also greifen wir hier zu **Differenzengleichungen** und *Turbo Pascal*, die beide zur Lösung wie geschaffen sind.

Auch das in Band **2** vorgestellte Kalkulationsprogramm *Excel* wird hier nochmals eingesetzt. Aber sehen Sie selbst!

Beispiel 1: das Kapital-Zinsen-System

B Eines kennen Sie längst, haben es aber vermutlich nie als solches angesehen: das ***Kapital-Zinsen**-System* bei mehrjähriger Verzinsung, wenn nicht abgehoben wird, also der Zinsgewinn jedesmal dem Kapital zugeschlagen wird! Das jeweils am Anfang eines Jahres vorhandene Kapital erhöht ja einmal den Zins, da dieser dem Kapital proportional ist; aber auch ein größerer Zins erhöht umgekehrt das Kapital, mit dem in die folgende Periode gestartet wird! Soweit das *Prosamodell*; als Verfeinerung kann man die Rolle des Zinssatzes zusätzlich betrachen. Die *Wirkungsgraphen* würden etwa wie die Bilder 1 aussehen.

Bilder 1: Wirkungsgraphen dazu

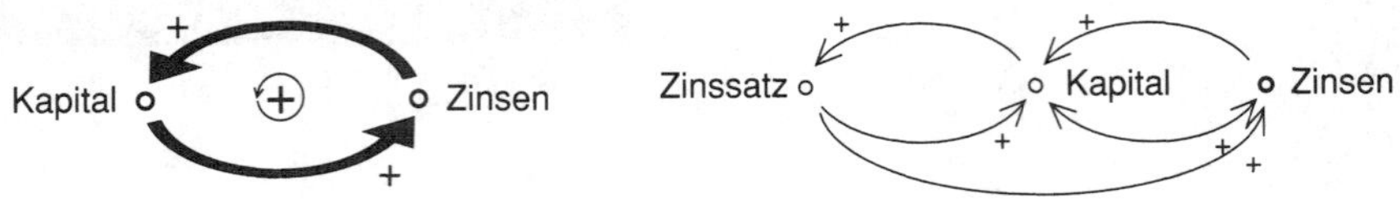

Beziehungsgleichungen auf Pascal-Art

Hier kennen wir natürlich die *Beziehungsgleichungen*, können also das *System* mathematisch *à la Pascal* beschreiben:

```
Zins := Kapital_alt * Zinssatz / 100    (* Flußgleichung *)
Kapital_neu := Kapital_alt + Zins  (* Bestandsgleichung *)
```

Da wir schon in 𝔾**21** *Zinseszinstabellen* aufgestellt haben, müssen wir dies hier nicht wiederholen: Sie erkennen darin die Entwicklung des Systems, die damit vorausberechnet ist, was den Idealfall einer Systembeschreibung darstellt!

Beispiel 2: Federpendel

B Schon um einiges komplizierter ist ein bekanntes Modell der PHYSIK, unser vorletztes Beispiel (12) in 𝕃**38**, der *harmonische Oszillator*, realisiert etwa durch ein **Federpendel**, Bild 2:

Ein Massenpunkt (m) hängt an einer *Schraubenfeder* mit k als Federkonstante, wird um das Stück s ausgelenkt und losgelassen. Da nach *Robert Hooke*, einem Zeitgenossen *Newtons*, die rücktreibende Kraft $F = -k \cdot s$ ist, wird die Beschleunigung a proportional zur Auslenkung s:

$$a = \frac{F}{m} = -\frac{k}{m} \cdot s\,.$$

Bild 2: dazu

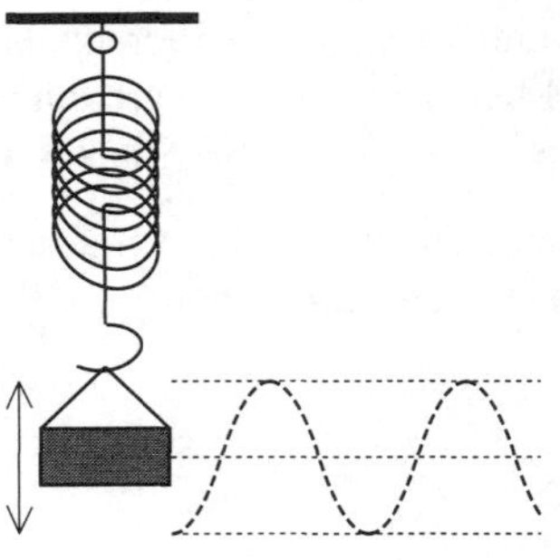

Wir wollen aber auch die *Geschwindigkeit* als $v = v(t)$ im Zusammenspiel mit $s = s(t)$ studieren.

zwei Differentialgleichungen ...

Wegen $a = \frac{dv}{dt}$ haben wir in

$$\frac{dv}{dt} = -\frac{k}{m} \cdot s \quad \text{und} \quad \frac{ds}{dt} = v$$

zwei Differentialgleichungen vorliegen, in denen die Änderung der *einen* durch die *andere* Größe bestimmt wird!

und ein dynamisches System

Im folgenden erhält der *Computer* den Auftrag, beide wechselwirkenden Vorgänge, die damit schon ein einfaches ***dynamisches System*** mit einem Zustandsvektor aus zwei Koordinaten, s (t), v (t), bilden, in kleinen Zeitschritten Δt, wofür man meist dt (*hier:* difference of time) schreibt, zu berechnen und grafisch auszugeben.

Als Anfangswerte geben wir $v_0 = v(0) = 0$ vor, $s_0 = s(0)$ sowie dt soll der Benutzer bei der Ausführung des Programms über die Tastatur wählen können; hier setzen wir für dt den Wert 0.02 und für s_0 die Zahl 3 ein.

Da nur das oben angegebene *Hookesche Gesetz* auftritt, ist das folgende Programm jetzt leicht verständlich, wenn Sie das vorige Kapitel gelesen haben!

```
PROGRAM Federpendel;
USES Crt, Graph, Dos;
CONST xnull=20; ynull=240; xeinh=48;
      yeinh=35; Pfad = 'c:\tp\bgi';
VAR   dt, s0: Real;
      Treiber, Modus: Integer;

Procedure SetzePunkt(xW,yW:Real; farbe:Byte);
Var  xS, yS: Integer;
Begin
     xS:=xnull+round(xW*xeinh);
     yS:=ynull-round(yW*yeinh);
     Setcolor(farbe);
     Circle(xS,yS,1)
End;

Procedure Schwinge;
Var  t, v, s, k, m, a: Real;
Begin
     t:=0; v:=0; s:=s0; k:=3; m:=2;
     Repeat
           SetzePunkt(0.7*t, v, 13);
           SetzePunkt(0.7*t, s, 4);
           a:=-k*s/m;
           v:=v+a*dt/2; s:=s+v*dt;
           v:=v+a*dt/2; t:=t+dt
     Until t>18;
     Moveto(xnull,ynull);
     Setcolor(white);
     Lineto(xnull+600, ynull);
     Moveto(xnull,ynull-240);
     Lineto(xnull,ynull+240);
End;

BEGIN (* Hauptprogramm *)
      Clrscr;
      Write('Zeitschritt: '); Readln(dt);
      Write('Auslenkung: '); Readln(s0);
      Treiber:=Detect;
      Initgraph(Treiber, Modus, Pfad);
      Setbkcolor(black);
      Schwinge;
```

Beispiel 2/ Fortsetzung:

Turbo Pascal und die grafische Lösung der System-gleichungen

die wegen $v_{neu} := v_{alt} + \ldots$ Differenzen-gleichungen sind!

Aufruf der Schwinge-Procedure

Sie können auch in der Grafik Texte ausgeben!

```
        Setcolor(4);  Outtextxy(30,30,'s,');
        Setcolor(13); Outtextxy(50,30,'v');
        Setcolor(15); Outtextxy(600,250,'t');
        Repeat until keypressed;
        Closegraph
END.
```

Die entstehende Grafik, Bild 3, links, zeigt deutlich, wie s und v einander regelmäßig nachschwingen, so daß die beiden Größen als miteinander gekoppelt, ***vernetzt***, erscheinen, was die Betrachtung als *dynamisches System* rechtfertigt.

Bilder 3: die Ergebnisse

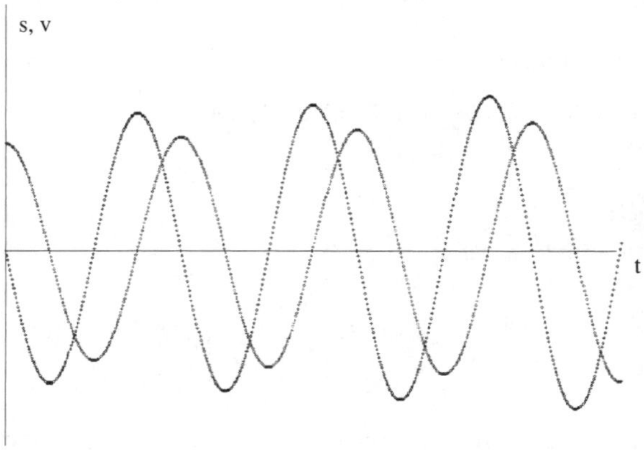

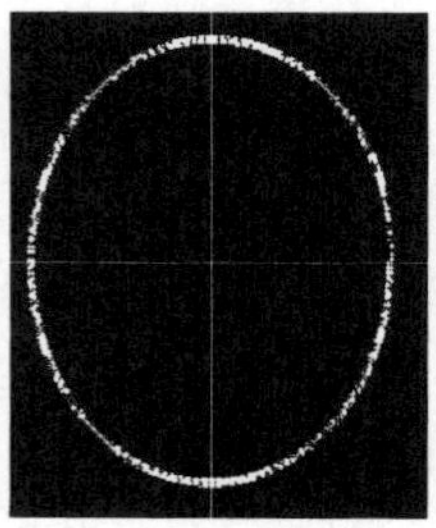

Zeit- und Phasendiagramm

Das entstehende ***Zeitdiagramm*** macht darüber hinaus die Phasenbeziehung sehr klar: v als negative Sinusschwingung eilt s als Cosinusschwingung um $t = \pi/2$ voraus. Zeichnet man daher beide, etwa v über s, in ein sog. ***Phasendiagramm***, ergibt sich im ungedämpften Fall eine *Ellipse*, Bild 3, rechts darüber, s_{max} gehört zu $v = 0$; geht s in der 1. Viertelschwingung auf 0 zurück, erreicht v den negativen Maximalwert $-v_{max}$.

Man hat dazu nur eine kleine Änderung im Programm vorzunehmen:

```
SetzePunkt(s, v, 15); delay(10);
```

dabei können Sie zuschauen, wie die Ellipse am Bildschirm gezeichnet wird.

Beispiel 3: das Räuber-Beute-Modell

B

Auf Seite 225 in Band **2** haben wir das ***Räuber-Beute****-System* genannt, es wurde von Lotka und Volterra (um 1920) entwickelt, und es ist noch etwas komplizierter, wie die Modellbeziehungen zeigen:

und die Systemgleichungen

Beutetiere ernähren sich von Pflanzen, Raubtiere von Beutetieren. Wenn B und R die Anzahl der beiden darstellen, f für die Fortpflanzung der B, g für die der R steht, weiter re den Reißfaktor sowie d den Todesfaktor der R bezeichnen, sehen die Modellgleichungen nach plausiblen Ansätzen so aus:

$$\frac{dB}{dt} = f \cdot B - re \cdot B \cdot R \quad \wedge \quad \frac{dR}{dt} = g \cdot B \cdot R - d \cdot R$$

Da hier Produkte auftreten, ist das System dieser Differentialgleichungen *nicht mehr linear*, aber noch von 1. Ordnung. Wenn man es dem *Computerprogramm* mit passenden Anfangs- und Zahlenwerten eingibt – wir entnehmen der Literatur die Vorschläge $B_0 = 20$, $R_0 = 7$, $f = 0.5$, $re = 0.05$, $g = 0.01$ und $d = 0.25$, kommt man zu ganz ähnlichen Zeit- und Phasendiagrammen wie eben beim *Oszillator*. Da sich nicht allzuviel ändert, sind hier nur die neuen Programmzeilen abgedruckt; das recht anschauliche Ergebnis sehen Sie als Bild 4.

Turbo Pascal setzt fort

```
...   xeinh=10; yeinh=5;

Procedure Schwinge;
Const f=0.5; re=0.05; g=0.01; d=0.25;
Var  t, R, B: Real;

Begin
      t:=0; R:=7; B:=20;
      Repeat
          SetzePunkt(t, R, 13);
          SetzePunkt(t, B, 15); delay(10);
          R:=R+(g*B*R-d*R)*dt/2;
          B:=B+(f*B-re*B*R)*dt;
          R:=R+(g*B*R-d*R)*dt/2;
          t:=t+dt
      Until t>100;
...
      Write('Zeitschritt:'); Readln(dt); {0.03}
```

Erkennen Sie hier die System-gleichungen?

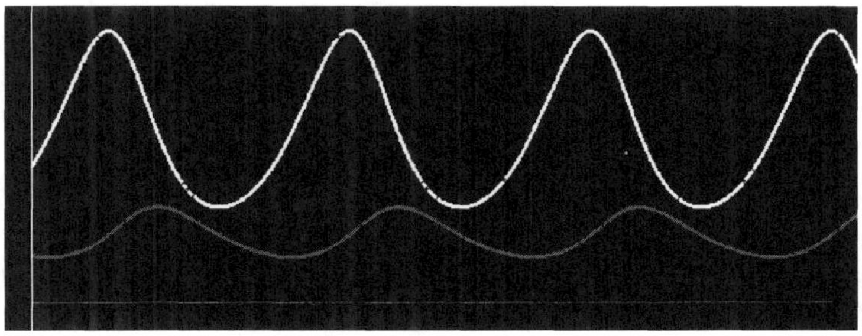

Bild 4: als Resultat

Nimmt man zusätzlich eine *begrenzte Weidefläche* an, zeichnet der Computer ein Einschwingen auf bestimmte Niveauwerte, das *Phasendiagramm* ist dann eine auf einen Punkt zulaufende Spirale; *Pascal* weigerte sich allerdings beharrlich, seine Punkte zu zeichnen!

B

Beispiel 4: begrenzte Weidefläche

Es ist plausibel – und wir werden das noch beim *logistischen* Wachstum sehen –, statt f · B genauer anzusetzen:

$$\frac{dB}{dt} = f \cdot B \cdot m \cdot (K - B)$$

worin K für die *Umweltkapazität* steht, hier mit 200 bewertet wird, und m angibt, daß das B-Wachstum auch noch zur jeweiligen Entfernung des B-Wertes zu K, das ist K – B, proportional ist: Je näher er schon an der Grenze ist, desto weniger kann er noch zunehmen; wir setzen für m hier 0.01 ein.

Umwelt-kapazität

Vergleichen Sie nun Bild 5 auf der nächsten Seite mit Ihren Erwartungen:

die Programmänderungen und ...

```
        ...
        B:=B+(f*B*m*(K-B)-re*B*R)*dt;
        R:=R+(g*B*R-d*R)*dt/2; ...
    Until t>70;
```

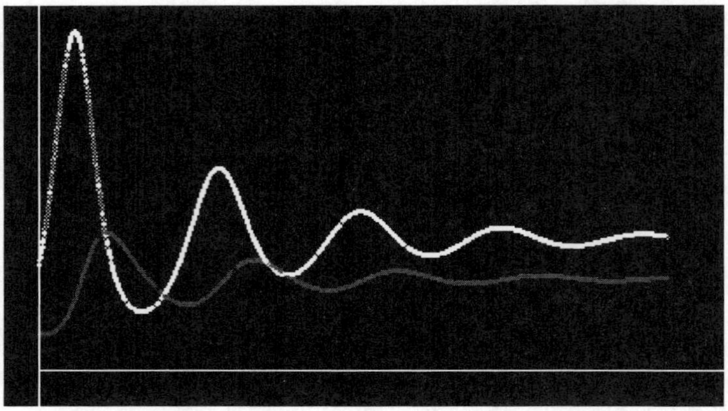

Bild 5: zeigt das Einschwingen sehr schön

Beispiel 5: elektrischer Schwingkreis

Wir gehen zurück zu einem physikalischen System, in dem alle nötigen Beziehungen der beteiligten Zustände bekannt sind und studieren einen *elektrischen* ***Schwingkreis***, Bild 6.

Dabei sind der elektrische Widerstand R, die Kapazität C des Kondensators, die Induktivität L der Spule, alle Teilspannungen V_R, V_C und V_L sowie Stromstärke I und Ladung Q vernetzt.

Davon greifen wir die ***Ladung*** Q als einzige Koordinate des *Zustandsvektors* des *dynamischen Systems* heraus und interessieren uns für ihren zeitlichen Verlauf $\{Q_0; Q_1, Q_2, Q_3, ..., Q_n\}$ mit kleinsten dt-Schritten, den wir uns wie gewohnt vom *Computer* ausgeben lassen, Bild 7, nächste Seite.

Bild 6: dazu

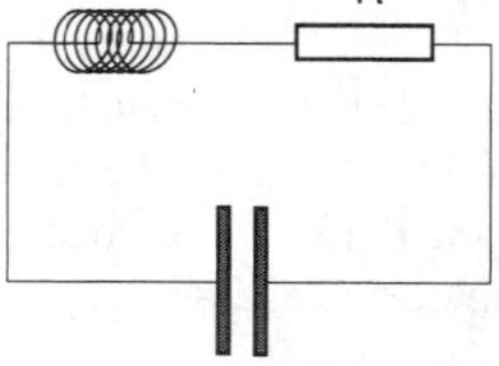

Die Procedure *Schwinge* unseres Pascal-Programms enthält alle nötigen physikalischen Formeln, die Startwerte waren der Reihe nach 0,001 bzw. 1 bzw. 0.0002 bzw. 1 und noch 10:

Turbo Pascal übernimmt

```
PROGRAM Schwingkreis;
USES Crt, Graph, Dos;
CONST xnull=20; ynull=250; xeinh=48;
      yeinh=35; Pfad='c:\tp\bgi';
VAR   dt,R,C,L,VC0: Real;
      Treiber, Modus: Integer;

Procedure SetzePunkt(xW,yW:Real; farbe:Byte);
Var  xS, yS: Integer;
Begin
     xS:=xnull+round(xW*xeinh);
     yS:=ynull-round(yW*yeinh);
```

```
      Setcolor(farbe);
      Circle(xS,yS,1)
End;

Procedure Schwinge;
Var  t,I,dI,Q0,Q,dQ,VC,VR,VL: Real;
Begin
      t:=0; I:=0; Q0:=C*VC0; Q:=Q0;
      Repeat
             SetzePunkt(10*t, 4*Q/Q0, 3);
             VC:=Q/C; VR:=I*R; VL:=-VC-VR;
             dI:=1/L*VL*dt; I:=I+dI;
             dQ:=I*dt; Q:=Q+dQ; t:=t+dt
      Until t>1.2;
      Moveto(xnull,ynull);
      Setcolor(15);
      Lineto(xnull+620, ynull);
      Moveto(xnull,ynull+200);
      Lineto(xnull,ynull-200);
End;

BEGIN (*Hauptprogramm *)
       Clrscr;
       Write('Zeitschritt: ');    Readln(dt);
       Write('Widerstand: ');     Readln(R);
       Write('Kapazität: ');      Readln(C);
       Write('Induktivität: ');   Readln(L);
       Write('Anf.spannung/C:');  Readln(VC0);
       Treiber:=Detect;
       Initgraph(Treiber, Modus, Pfad);
       Schwinge;
       Setcolor(11); Outtextxy(30,60,'Q');
       Setcolor(15); Outtextxy(620,260,'t');
       Repeat until keypressed;
Closegraph
END.
```

Hier die Ladung und ihre Vernetzung mit den übrigen Größen

Sicherlich geben Sie auch andere als die vorgeschlagenen Werte ein?

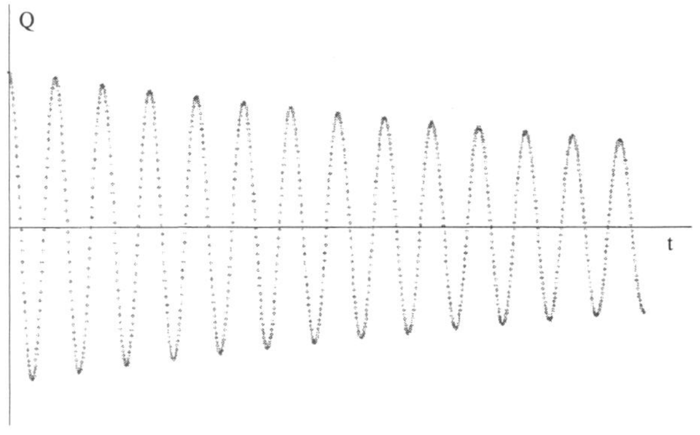

Bild 7: die versprochene Schwingung der Ladung!

Ein System nichtlinearer Differentialgleichungen 2. *Ordnung* entsteht, wenn man das folgende *astronomische* Problem studiert:

Beispiel 6: Satellitenbahnen

Ein ***Satellit*** wird einige 100 km von der Erde hochgeschossen und schwenkt auf eine Umlaufbahn ein. Je nach Geschwindigkeit wird sich eine andere Bahnform einstellen. Man kann diese ebene Bahn in ein kartesisches Koordinatensystem legen, wo sich die Koordinaten des Satelliten, x und y, wechselwirkend beeinflussen, also die beiden *Zustände* des *dynamischen Systems* bilden. Für den Abstand zum Erdmittelpunkt = Ursprung O hat man zunächst

die Koordinaten als Systemzustände

$$r = \sqrt{x^2 + y^2}$$

und über die Komponenten

$$F_x = -F \cdot \frac{x}{r} \text{ und } F_y = -F \cdot \frac{y}{r} \text{ der Gravitationskraft } F = G \cdot \frac{M \cdot m}{r^2}$$

wieder die Komponenten der Beschleunigung a:

$$a_x = -c \cdot \frac{x}{r^3}, \quad a_y = -c \cdot \frac{y}{r^3} \quad \text{mit} \quad c = G \cdot M = 3{,}98 \cdot 10^{14}$$

Da a die 2. *Ableitung* von x bzw. y nach der Zeit t ist und rechts Terme in x und y (über r) stehen, wenden wir uns bei der Suche nach einer Näherungslösung dem *Computer* und *Turbo Pascal* zu!

Daten für den Start in den „Weltraum"

Wie gewohnt wird die zur Anfangsgeschwindigkeit gehörende **Bahn** in (für astronomische Verhältnisse) *kleinen* Zeitschritten, hier 10 Sekunden (s), gezeichnet. Wir geben für den Startpunkt die Koordinaten $x_0 = 7000000$ bzw. $y_0 = 0$ (Einheiten Meter, m) ein und für die Komponenten der Geschwindigkeit $vx_0 = 0$ (m/s) und für vy_0 erst 7600 (m/s), dann wachsend um je 210 bis 10750 (m/s) ein; nach Ablauf des folgenden Turbo Pascal-Programms dürfen wir die ***Satellitenbahnen*** von Bild 8 bestaunen:

Fortsetzung des Beispiels

bzw. grafische Lösung der Gleichungen durch den Computer

```
PROGRAM Erdsatellit;
USES Crt, Graph, Dos;
CONST xnull=500; ynull=300; xeinh=48;
      yeinh=35; Pfad='c:\tp\bgi';
VAR   dt, vx0, vy0, x0, y0: Real;
      i,j, Treiber, Modus: Integer;

Procedure SetzePunkt(xW, yW: Real;
                     farbe: Integer);
Var  xS, yS: Integer;
Begin
     xS:=xnull+round(xW*xeinh);
     yS:=ynull-round(yW*yeinh);
     Setcolor(farbe);
     Circle(xS,yS,1)
End;

Procedure ZeichneBahn;
Var  t, vx, vy, x, y, ax, ay, c, r: Real;
Begin
     c:=3.98E14; r:=6.37E6;
     For j:=1 to 15 do
```

```
    Begin
      t:=0; vx:=vx0; x:=x0; y:=y0;
      vy:=7600+j*210;
      Repeat
        SetzePunkt(x/8000000, y/6000000, j);
        r:=Sqrt(Sqr(x)+Sqr(y));
        ax:=-c*x/(r*r*r); ay:=-c*y/(r*r*r);
        vx:=vx+ax*dt/2; vy:=vy+ay*dt/2;
        x:=x+vx*dt; y:=y+vy*dt;
        vx:=vx+ax*dt/2; vy:=vy+ay*dt/2;
        t:=t+dt
      Until t > 50000
    End;
    Moveto(xnull+100,ynull);
    Setcolor(15); Lineto(xnull-480,ynull);
    Setcolor(1);
    For i:=1 to 20 do Circle(xnull,ynull,i);
End;
BEGIN (*Hauptprogramm *)
     Clrscr;
     Write('Zeitschritt: ');      Readln(dt);
     Write('Anfangspos.von x:'); Readln(x0);
     Write('Anfangspos.von y:'); Readln(y0);
     Write('Anf.geschwind.vx:'); Readln(vx0);
     Treiber:=Detect;
     Initgraph(Treiber, Modus, Pfad);
     ZeichneBahn;
     Setcolor(7);  Outtextxy(60,330,'Bahnachse');
     Setcolor(9);  Outtextxy(485,330,'Erde');
     Setcolor(13); Outtextxy(560,330,'Satellit');
     Repeat until keypressed;
     Closegraph
END.
```

Jetzt dürfte Ihnen die Übersetzung der Gleichungen schon geläufig sein?

Eingabe der Daten (Experimentieren!)

Beschriftung des Graphen

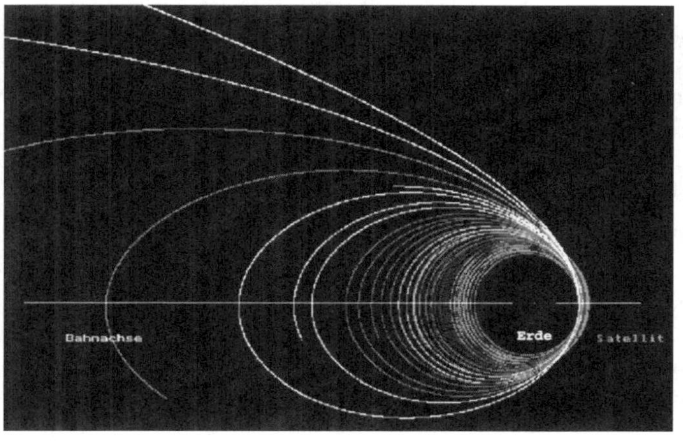

Bild 8:
Variation der Parameter führt zu verschiedenen Bahnformen!

Natürlich haben Sie gewußt, was uns hier erwartet: Bitte verraten Sie es in Übung 4!

Beispiel 7: Wie laufen Sterne ums galaktische Zentrum?

B Bleiben wir gleich noch im Weltall! Der französische Astronom *Michel Hénon* untersuchte 1962 Umlaufbahnen von Sternen um das galaktische Zentrum, welches im Gegensatz zur Sonne – dem Zentrum unseres Planetensystems – nicht mehr als punktförmig, sondern näherungsweise als flache Gravitationsscheibe angesehen werden kann. Daher waren auch keine einfachen Umlaufbahnen zu erwarten.

Während sich bei niedrigen Energien immerhin noch stabile Kurven ergaben, kam es bei höheren Energien zu chaotischen Punktmustern in den zugehörigen *Poincaré-Schnitten* mit einer gedachten Normalebene zu den Sternenbahnen, die damals unerklärlich blieben. Erst als Hénon vom *Lorenzattraktor* (siehe Seite 332!) hörte, sah er eine Möglichkeit, durch analog vereinfachte, *rekursive Differenzengleichungen* 1. Ordnung sein Problem zu lösen; sie lauteten

$x_{n+1} = 1 - 1{,}4\, x_n^2 + y_n$ und
$y_{n+1} = 0{,}3\, x_n$.

In eine *Pascal-Procedure* verpackt, führen sie zu folgendem, trotz seiner Einfachheit *seltsamen*, ***Hénonattraktor***, Bild 9:

Bild 9: der Hénonattraktor

Um vieles schwieriger noch ist jedes ***meteorologische*** *System*:

Beispiel 8: Ein historisches Wettermodell

B Der amerikanische Klimaexperte und Mathematiker *Edward Lorenz* vom berühmten MIT (Massachusetts Institute of Technology) hat 1963 ein sehr stark vereinfachtes Differentialgleichungssystem dreier *Wetter-Zustandsgrößen* entworfen, in dem die Konvektionsströmung x, die Temperaturdifferenz y mit z als Temperaturabweichung von der Linearität und festen Parametern wie Dichte, Viskosität und Temperaturleitfähigkeit so zusammenhängen:

und seine Systemgleichungen

$$\frac{dx}{dt} = -\sigma x + \sigma y, \quad \frac{dy}{dt} = r x - y - x z, \quad \frac{dz}{dt} = x y - b z$$

Auch dieses System ist *nicht linear*, wie man an den Produkten erkennt; seine Lösungs-*Zeitdiagramme* zeigten ein ganz unerwartetes Verhalten: Änderte Lorenz die Anfangswerte (durch Runden von 6 auf 3 Stellen) ganz geringfügig, blieben die Kurven zunächst gleich, bis sie plötzlich einen völlig anderen Verlauf nahmen. Das

System erwies sich als sehr *empfindlich* gegenüber den *Anfangsbedingungen* und machte die Unmöglichkeit einer längerfristigen Vorhersage des Ablaufs klar.

Im folgenden Programm sind die Werte σ = si = 10, r = 28 und b = 8/3 (sowie dt = 0.004 nach Readln) eingesetzt:

```
PROGRAM Lorenz_x_z_t;
USES Crt, Graph, Dos;
CONST    xnull=20; ynull=240; xeinh=0.06; yeinh=5;
         Pfad='c:\tp\bgi';
VAR    dt: Real;
       Treiber, Modus: Integer;

Procedure SetzePunkt(xW, yW: Real; farbe: Byte);
Var    xS, yS: Integer;
Begin
     xS:=xnull+round(xW*xeinh);
     yS:=ynull-round(yW*yeinh);
     Putpixel(xS, yS, farbe)
End;

Procedure Schwinge;
Const    si=10; r=28; b=8/3;
Var  t, x, y, z: Real;
Begin
     t:=0; x:=5; y:=4; z:=6;
     Repeat
          SetzePunkt(t, x, 15);
          SetzePunkt(t, z, 13);
          x:=x+(si*(y-x))*dt;
          y:=y+(r*x-y-x*z)*dt;
          z:=z+(x*y-b*z)*dt;
          t:=t+1
     Until t>10000;
     Moveto(xnull,ynull);  Setcolor(white);
     Lineto(xnull+600, ynull);
     Moveto(xnull,ynull-240);
     Lineto(xnull,ynull+240);
End;

BEGIN (* Hauptprogramm *)
      Clrscr;
      Write('Zeitschritt: '); Readln(dt);
      Treiber:=Detect;
      Initgraph(Treiber, Modus, Pfad);
      Setbkcolor(black);
      Schwinge;
      Repeat until keypressed;
      Closegraph
END.
```

die Rolle der Anfangsbedingungen

<u>Beispiel 8/</u> Fortsetzung

wie gewohnt mit Turbo Pascal

hier wieder die Systemgleichungen

Im Hauptprogramm wird im wesentlichen nur die Procedure Schwinge aufgerufen!

Ergebnisse sind die *x-t-* sowie *z-t-Zeitdiagramme* in Bild 10, unten. Das *Phasendiagramm* zweier Wetter-Zustandsgrößen – wir wählten wieder x und z mittels

```
t:=0; x:=5; y:=4; z:=6; ...; SetzePunkt(x,z,4);
```

Sensibilität des Systems gegenüber Anfangsbedingungen

zeigt eine schöne Schmetterlingsfigur in Bild 11, darunter, die als ***Lorenz-Attraktor*** inzwischen berühmt geworden ist; ebenso wie das Bild vom *Schmetterling*, dessen (unberechenbarer) Flügelschlag in Brasilien Monate später einen Tornado in Texas (mit)verursachen kann – dies eine Metapher für die schon genannte *Sensibilität* des Systems gegenüber kleinsten Änderungen oder Störungen.

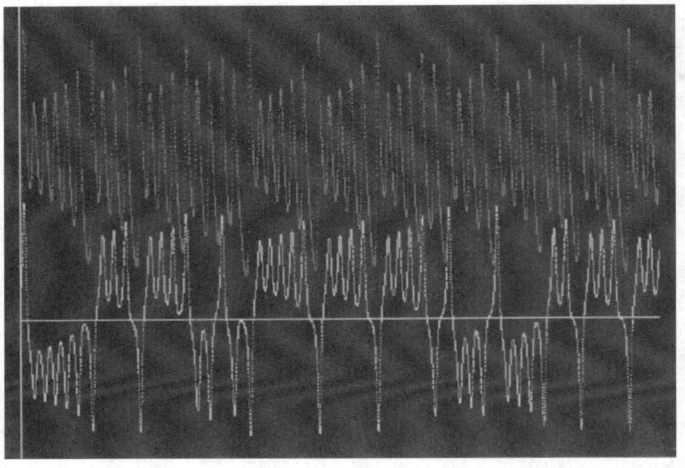

Bild 10: Zeitdiagramme für x und z

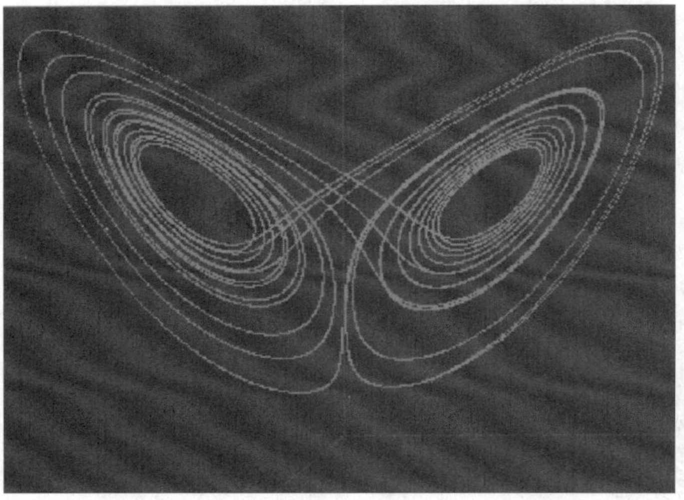

Bild 11: x-z-Phasendiagramm: die Schmetterlingsfigur als Lorenz-Attraktor

Zufall und Unberechenbarkeit

Man kann sich den Attraktor als Weg kleinster Teilchen in einer Knet- oder Mischmaschine vorstellen: Ein Teilchen gerät in den linken, das Nachbarteilchen in den rechten Strudel, weil es eine Spur weiter rechts lag. *Zufall* als Variation der Anfangsbedingung, *Unberechenbarkeit* des nichtlinearen *dynamischen Systems*!

Ähnliches gilt für viele Systeme dieser Bauart:

B

❖ Hängt man ein ***Pendel*** über einer Platte mit zwei oder mehreren Magneten auf, wird es unmöglich, vorauszuberechnen, an welchem Magneten die Schwingung aufhört, das Pendel schließlich „festklebt". Jede noch so kleine, unmeßbare Änderung der Anfangslage kann das Pendel zu einem anderen Magneten hinziehen! ***Chaos*** trotz strengster Determinierung durch physikalische Gesetze, Unvorhersagbarkeit in wohlgeordneter Umgebung!

Beispiele 9: Magnetpendel

Erkennen Sie die Analogie zu den *Newtonkrebschen*? Ein geringfügig anderer Startwert ließ das Verfahren kippen und führte zu einer anderen *Nullstelle*; sie spielte die Rolle des *Magneten*, zog das am Start liegende „unsichtbare Pendel" förmlich an!

Newtonkrebschen

❖ Basteln Sie ein ***Doppelpendel*** als lehrreich-anregendes „Spielzeug". Jeder nicht zu schwache Anstoß wird einen anderen Ablauf des Systems bewirken: Es kann Überschläge des kleineren Pendels geben; Vorhersagen, was etwa in der Nähe des oberen Umkehrpunktes passieren wird, sind unmöglich! Eine Glühlampe am Ende dieses Pendels würde im Dunkeln seine regellose Bahn mit einer gewissen Verwandtschaft zum Lorenz-Schmetterling nachzeichnen.

Doppelpendel

❖ Auf Seiten 307/308 in Band **2** haben Sie das ***Galtonbrett*** kennengelernt. Jede Kugel landet in einem der unteren Kästchen, doch in welchem, weiß niemand. *Vermutlich auch nicht der liebe Gott, falls er nur die Spielregeln vorgibt und die Systeme sich dann selbst überläßt, damit sie sich nach diesen Vorgaben frei entwickeln!* Auch Lorenz und Popper sagten: «Nichts ist schon dagewesen!»

Galtonbrett

Immerhin lassen sich für die Gesamtheit vieler Kugeln doch *stochastische* Schlüsse ziehen, wie die Verteilungskurven und ihre gute Näherung beweisen.

Es gibt auch **rein mathematische** Zugänge zu **Attraktoren**, die von ihren Funktionstermen her interessant sind:

B

Martin und *Dewdney* haben 1982 bzw. 1986 folgende rekursive Gleichungen – hier gleich in Pascalschreibweise – vorgeschlagen, die bei Wahl verschiedener Parameterwerte a, b, c (z.B. 1, –1 und 0, ...) nach 100.000 Punkten sehr reizvolle Figuren erzeugen, vgl. die Bilder 12, nächste Seite:

Beispiel 10: rekursive Gleichungen mit Betrag, Wurzel und der Signumfunktion

```
x := y_a - signum(x_a) * sqrt(abs(b * x_a) - c);
y := a - x_a;
```

Da Pascal die *Signumfunktion* nicht kennt, muß man zuvor eine eigene Function schreiben:

```
Function signum(a: Real): Real;
Begin
    If a>0 Then signum := +1 Else
    If a<0 Then signum := -1 Else signum := 0
End;
```

Nun ist die beste Gelegenheit, durch eigenes Experimentieren originelle Attraktoren zu kreieren, denen Sie dann Ihren eigenen Namen anhängen dürfen: Damit sind die *Martin-Müller-Attraktoren* oder ähnliche geboren!

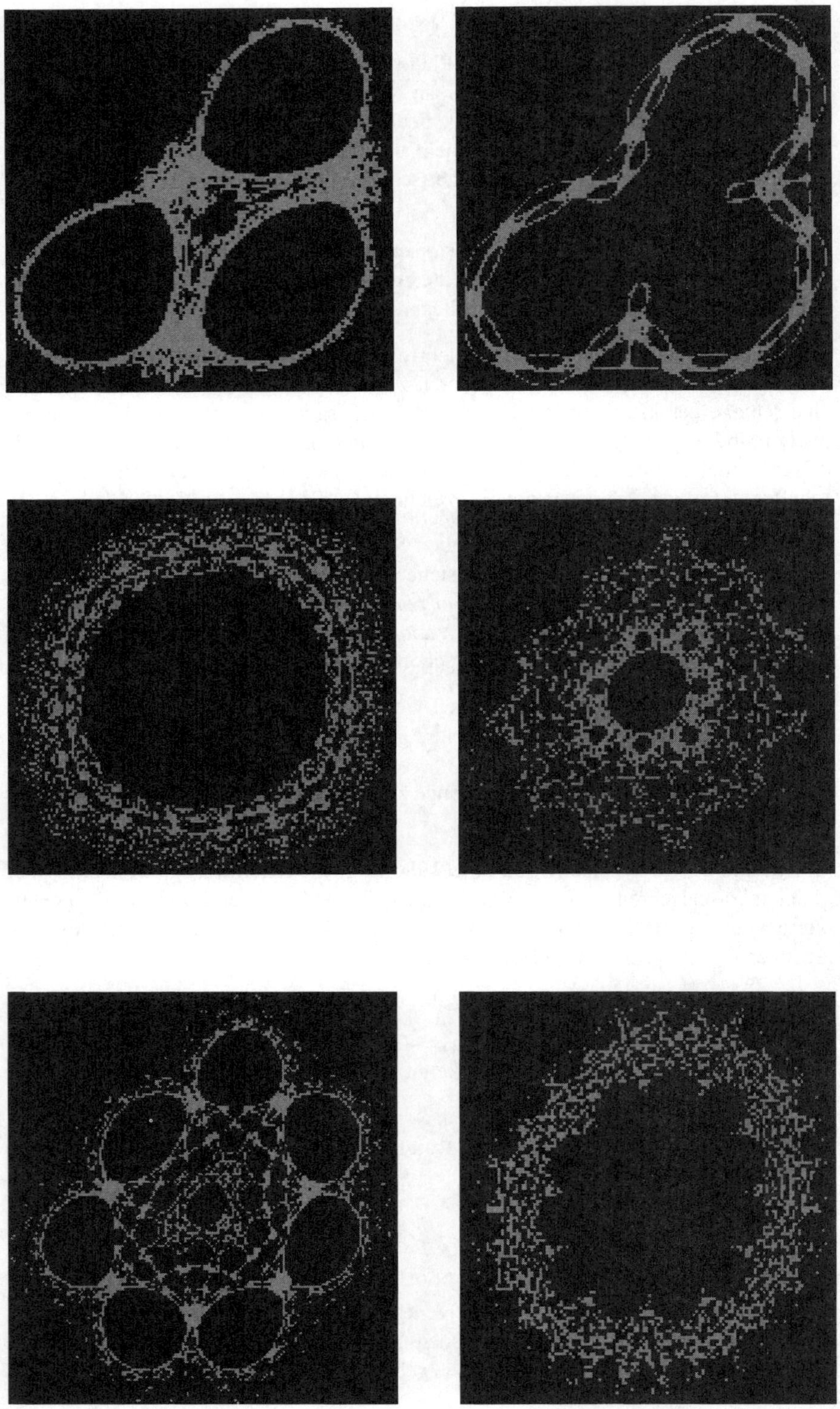

Bilder 12:
Beispiele für Martin-Dewdney-Attraktoren

bei Wahl verschiedener Parameter

exponentielles Wachstum und ... rekursive Darstellung

Als Vorbereitung auf das *logistische Wachstum*, an dem wir u.a. den Weg ins *Chaos* studieren wollen, wählen wir jetzt zusätzlich zur Termdarstellung einer Funktion die *rekursive*, die manchmal besser geeignet ist, Entwicklungstendenzen zu verfolgen. Sehen wir uns dazu das bekannte **exponentielle Wachstum** an; seine *Differentialgleichung* erhält man aus der Idee, daß die Bestandsänderung dx in der Zeiteinheit dt proportional dem Bestand x ist, woraus sich durch *Integration* die Exponentialfunktion ergibt:

$$x' = \alpha \cdot x \quad \Rightarrow \quad x = x_0 \cdot e^{\alpha t}$$

Wie würde dabei die *iterative* bzw. *rekursive* Darstellung aussehen, d. h., wie hängen x_{n+1} und x_n zusammen? Ist $x = x_n$ zum Zeitpunkt t, so ist $x = x_{n+1}$ für $t + \Delta t$:

$$x_{n+1} = x_0 \cdot e^{\alpha(t+\Delta t)} = x_0 \cdot e^{\alpha t} \cdot e^{\alpha \Delta t} = x_n \cdot k$$

Das aber stellt doch die rekursive Beschreibung einer *geometrischen Folge* dar mit

$$q = k = e^{\alpha \cdot 1}$$

bei $\Delta t = 1$ als Quotient. Sie hat gegenüber der üblichen Termdarstellung den Vorteil, daß man, von einem Startwert x_0 ausgehend, im Graphen Schritt für Schritt die Entwicklung der Population $x_1, x_2, x_3, \ldots$ als **Wachstumsfilter** verfolgen kann.

Beispiel 11: grafische Iteration

Man hat nur in einem (x_{n+1}, x_n)-Diagramm $x_{n+1} = f(x_n)$ zu zeichnen – in Bild 13 ist es eine *Gerade* gemäß $y = k \cdot x$ –, von x_0 aus bis $x_1 = f(x_0)$ hin der Ordinate entlang zu gehen und vom Kurvenpunkt mit dem Bleistift waagrecht zur Winkelsymmetrale $(y = x)$ zu laufen. Damit erhält man gerade das neue x_1, von dem aus wieder bis zur Kurve, also bis zu $x_2 = f(x_1)$, gefahren wird usw.

Diese grafische Iteration zeigt, wie die Population ausstirbt für $k < 1$ und nach ∞ anwächst für $k > 1$.

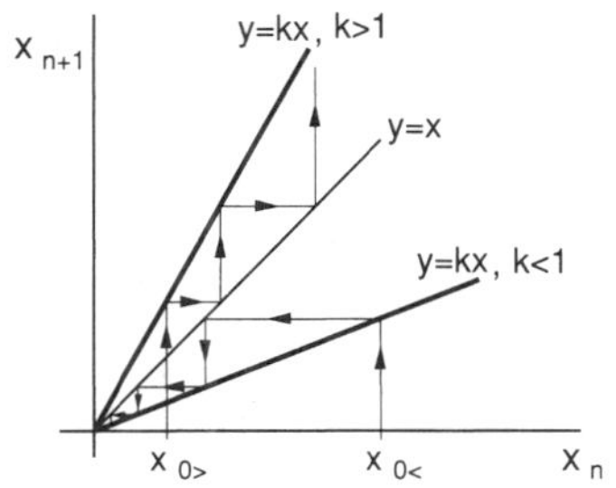

Bild 13: Wachstumsfilter

Beispiel 12: Schweinezyklus

Ein schönes Praxisbeispiel ist das als **Schweinezyklus** bekannte Marktmodell, in dem Angebot A und Nachfrage N miteinander über den Marktpreis P (verzögert) wechselwirken.

Beide werden als lineare Funktionen des Preises angesetzt; unter der Annahme, N und A seien im Gleichgewicht, wird nach der Entwicklung von P bis zum (erhofften) Gleichgewichtspreis $\bar{P}$ gefragt. Für die *rekursive* Darstellung von P haben wir nach etwas mühsamer Rechnung gefunden (voriges Kapitel, Beispiel 11):

$$P_{n+1} = (1 - \lambda) \cdot P_n + \lambda \cdot \bar{P} .$$

Setzen wir darin für den Parameter λ etwa 1,7, dann sieht der *Wachstumsfilter* für die Preise so aus, linkes Bild 14:

Bilder 14: Spinnweb-Diagramme dazu

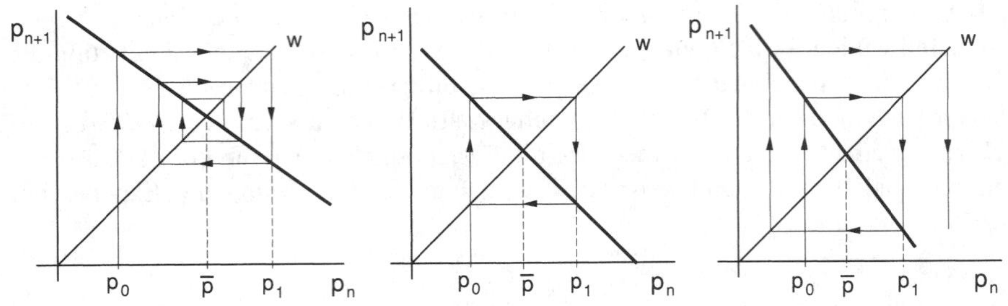

Preise pendeln sich auf P-quer-Wert ein! — *Preis schwankt periodisch zwischen zwei Werten* — *Preise schaukeln sich immer weiter weg von P-quer*

Setzt man für λ aber 2.0 und dann noch 2.3, käme man zum mittleren und rechten Bild 14; man versteht den Namen *Spinnweb-Diagramme*.

Die Wachstumsfunktion nach Verhulst

Jetzt sind wir ausreichend vorbereitet für das schon genannte Kapitelziel, eine besondere Wachstumsfunktion, die schon 1845 der belgische Wirtschaftswissenschafter *Verhulst* aufgestellt hat: Eine Population p wachse gemäß

$$p_{n+1} = p_n + k \cdot p_n \cdot (1 - p_n)$$

Erklärung des Ansatzes

Darin stellt p_n die Anzahl der Individuen nach n Zeiteinheiten dar, wobei am Anfang p_0 gegeben sei, k ist ein Wachstumsfaktor (*Boomfaktor*), bei Masern etwa der Ansteckungsparameter. Dahinter steht die Idee, daß die Zunahme $p_{n+1} - p_n$ in einem Zeitintervall $\Delta t = 1$ (Tag oder Woche oder Monat ...) proportional nicht nur zu p_n und Δt ist (wie beim *exponentiellen* Wachstum), sondern auch davon abhängt, wie nahe p_n schon der Grenze 1 gekommen ist. Bei begrenzten Ressourcen kann ein Fischbestand nicht beliebig groß werden, im Kindergarten ist die Zahl der Kranken maximal, wenn *alle* mit Grippe angesteckt sind; auch diese Idee ist uns nicht neu, erinnern Sie sich an das *Räuber-Beute-System* mit begrenzter Weidefläche, Seite 325? Wegen

Differenzen- und Differentialgleichung

$$\frac{p_{n+1} - p_n}{\Delta t} = k \cdot p_n \cdot (1 - p_n) \quad \text{mit} \quad \Delta t = 1$$

haben wir es mit einer nichtlinearen *Differenzengleichung* 1. Ordnung zu tun. Im kontinuierlichen Fall wäre $p' = \frac{dp}{dt} = k \cdot p \cdot (1 - p)$ die entsprechende *Differentialgleichung*. Stünde hier nur $k \cdot p$ ohne das begrenzende Korrekturglied $-k \cdot p^2$, so hätten wir das bekannte *exponentielle* Wachstum!

Beispiel 13: Logistisches Wachstum

B Schon im 18. Kapitel haben wir den Wert eines *Tabellenkalkulationsprogramms* erkannt. Wir setzen es nun auch ein, um das soeben erklärte **logistische Wachstum** mit der oben angeschriebenen *rekursiven* Beziehung zu modellieren.

Dabei ist für den Anfangswert der Population $p_0 = 0{,}3$ gesetzt, und für den Boomfaktor k werden die Parameterwerte 1,0; 2,0; 2,5 und 2,9 das zeitliche Verhalten des Zustands p_i

$$\{ p_0;\ p_1(t),\ p_2(t),\ p_3(t),\ \ldots,\ p_n(t) \}$$

mit Excel als Software

im *dynamischen System* festlegen. Wie bekannt, kann sie *Excel* dann auch nach Eingabe einiger Wünsche des Benutzers grafisch umsetzen; wir wählen dreidimensionale *Liniendiagramme*.

Erinnerung: das Formel-Handling in Excel

Zur Erinnerung: In den Spalten A und B werden in der ersten echten Eingabezeile, z. B. der Zeile mit der Nummer 9, die Werte 0,3 (A) bzw. 1,0, dann 2,0 usw. (B) eingetragen; in die Spalte C kommt dann die *Formel* =1–A9, in Spalte D wird =A9*B9*C9 geschrieben, während Spalte E, natürlich immer noch in Zeile 9, den Formelterm =A9+D9 erhält. Zelle A10 wird mit dem Eintrag =E9 versehen, da ja der alte Wert am Ende der vorangehenden Zeile am Anfang in der neuen Zeile übernommen wird.

Dann wird alles in die Folgereihen *kopiert,* und gleich darauf füllen sich alle Zellen wie von Zauberhand beschrieben mit Zahlen! Hoffentlich mit denselben, wie sie auf den folgenden Seiten zu sehen sind! Bild 15 zeigt die erste Tabelle, Bild 16 das dazugehörige Diagramm; mit den Bildern 17/18 geht es weiter:

1	Logistisches Wachstum				
2					
3	Anfangspopulation p0 ..		0,3		
4	Wachstumsfaktor k .. von 0,5 bis 3,1				
5	Formel	p_n+1 = p_n + k*p_n*(1 - p_n)			
6					
7	p_n	k	1 - p_n	k*p_n*(1 - p_n)	p_n+1
8					
9	0,3000	1,0000	0,7000	0,2100	0,5100
10	0,5100	1,0000	0,4900	0,2499	0,7599
11	0,7599	1,0000	0,2401	0,1825	0,9424
12	0,9424	1,0000	0,0576	0,0543	0,9967
13	0,9967	1,0000	0,0033	0,0033	1,0000
14	1,0000	1,0000	0,0000	0,0000	1,0000
15	1,0000	1,0000	0,0000	0,0000	1,0000
16	1,0000	1,0000	0,0000	0,0000	1,0000
17	1,0000	1,0000	0,0000	0,0000	1,0000
18	1,0000	1,0000	0,0000	0,0000	1,0000
19	1,0000	1,0000	0,0000	0,0000	1,0000
20	1,0000	1,0000	0,0000	0,0000	1,0000

Bild 15: 1. Tabelle für k = 1,0

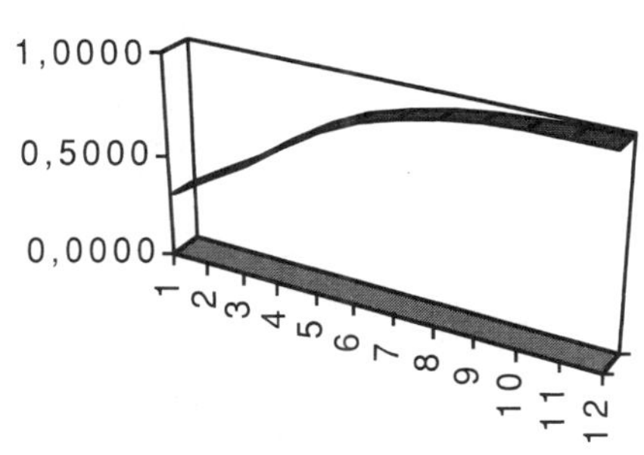

Bild 16: und das zugehörige Diagramm

Nun zum nächsten Wert 2,0 von k:

Bild 17:
2. Tabelle für k = 2,0

7	p_n	k	1 - p_n	k*p_n*(1 - p_n)	p_n+1
8					
9	0,3000	2,0000	0,7000	0,4200	0,7200
10	0,7200	2,0000	0,2800	0,4032	1,1232
11	1,1232	2,0000	-0,1232	-0,2768	0,8464
12	0,8464	2,0000	0,1536	0,2600	1,1064
13	1,1064	2,0000	-0,1064	-0,2354	0,8710
14	0,8710	2,0000	0,1290	0,2248	1,0957
15	1,0957	2,0000	-0,0957	-0,2098	0,8859
16	0,8859	2,0000	0,1141	0,2021	1,0880
17	1,0880	2,0000	-0,0880	-0,1916	0,8965
18	0,8965	2,0000	0,1035	0,1857	1,0821
19	1,0821	2,0000	-0,0821	-0,1777	0,9044
20	0,9044	2,0000	0,0956	0,1729	1,0773

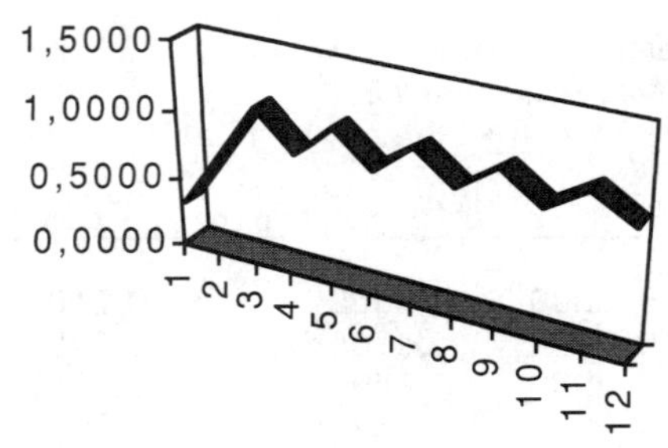

Bild 18:
mit zugehörigem Diagramm

Jetzt folgt der Wert 2,5, er bringt die *periodische Schwankung*:

Bild 19:
3. Tabelle für k = 2,5

7	p_n	k	1 - p_n	k*p_n*(1 - p_n)	p_n+1
8					
9	0,3000	2,5000	0,7000	0,5250	0,8250
10	0,8250	2,5000	0,1750	0,3609	1,1859
11	1,1859	2,5000	-0,1859	-0,5513	0,6347
12	0,6347	2,5000	0,3653	0,5797	1,2143
13	1,2143	2,5000	-0,2143	-0,6507	0,5637
14	0,5637	2,5000	0,4363	0,6149	1,1785
15	1,1785	2,5000	-0,1785	-0,5260	0,6525
16	0,6525	2,5000	0,3475	0,5669	1,2194
17	1,2194	2,5000	-0,2194	-0,6687	0,5507
18	0,5507	2,5000	0,4493	0,6186	1,1692
19	1,1692	2,5000	-0,1692	-0,4947	0,6745
20	0,6745	2,5000	0,3255	0,5488	1,2234

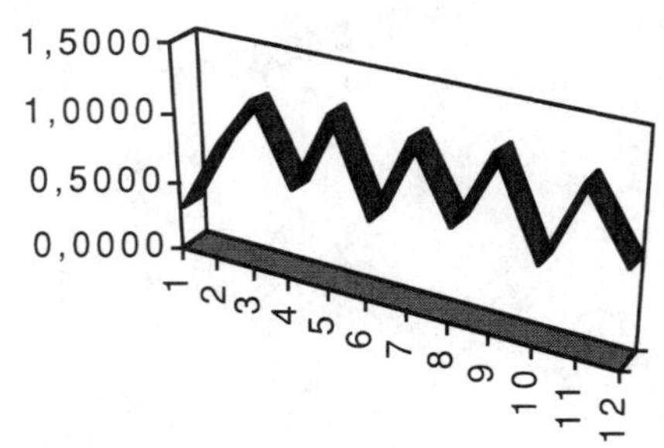

Bild 20:
und wieder das zugehörige Diagramm

Bei 2,9 für k sieht man schon, wie unregelmäßig die Population wächst und abnimmt: Allerdings wird es erst so richtig deutlich, wenn man die Tabelle etwas länger macht, weil erst so mehrere Schwankungen darstellbar sind, Bild 21. Das Bild 22 dazu sagt wesentlich mehr aus, und das auf einen Blick:

7	p_n	k	1 - p_n	k*p_n*(1 - p_n)	p_n+1
8					
9	0,3000	2,9000	0,7000	0,6090	0,9090
10	0,9090	2,9000	0,0910	0,2399	1,1489
11	1,1489	2,9000	-0,1489	-0,4961	0,6528
12	0,6528	2,9000	0,3472	0,6573	1,3101
13	1,3101	2,9000	-0,3101	-1,1781	0,1320
14	0,1320	2,9000	0,8680	0,3322	0,4641
15	0,4641	2,9000	0,5359	0,7213	1,1854
16	1,1854	2,9000	-0,1854	-0,6374	0,5480
17	0,5480	2,9000	0,4520	0,7183	1,2663
18	1,2663	2,9000	-0,2663	-0,9781	0,2882
19	0,2882	2,9000	0,7118	0,5949	0,8832
20	0,8832	2,9000	0,1168	0,2992	1,1824
21	1,1824	2,9000	-0,1824	-0,6254	0,5570
22	0,5570	2,9000	0,4430	0,7156	1,2726
23	1,2726	2,9000	-0,2726	-1,0060	0,2666
24	0,2666	2,9000	0,7334	0,5670	0,8336
25	0,8336	2,9000	0,1664	0,4023	1,2359
26	1,2359	2,9000	-0,2359	-0,8453	0,3905
27	0,3905	2,9000	0,6095	0,6902	1,0808
28	1,0808	2,9000	-0,0808	-0,2531	0,8276
29	0,8276	2,9000	0,1724	0,4137	1,2413
30	1,2413	2,9000	-0,2413	-0,8688	0,3726
31	0,3726	2,9000	0,6274	0,6779	1,0505
32	1,0505	2,9000	-0,0505	-0,1538	0,8967
33	0,8967	2,9000	0,1033	0,2686	1,1653
34	1,1653	2,9000	-0,1653	-0,5586	0,6067
35	0,6067	2,9000	0,3933	0,6920	1,2987
36	1,2987	2,9000	-0,2987	-1,1248	0,1738
37	0,1738	2,9000	0,8262	0,4165	0,5903

Bild 21: Ist es nicht schön, hier auf Software und den Computer zurückgreifen zu können?

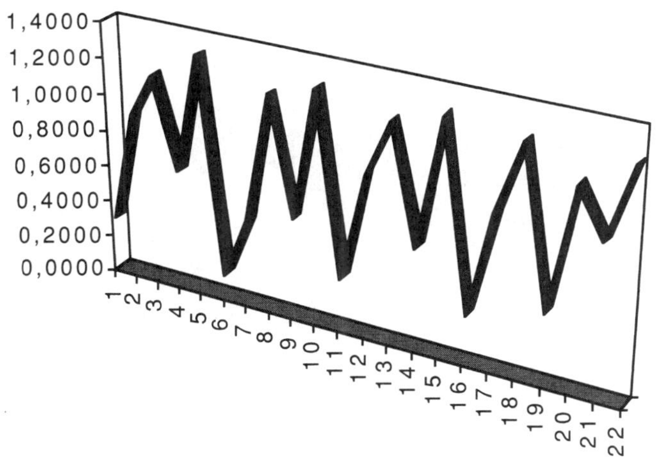

Bild 22: Hier ist nichts mehr vorhersehbar!

Beispiel 14:
Grafische Iteration: der Weg ins Chaos

Jetzt fehlt noch die *graphische Iteration* des logistischen Wachstums, die der Computer mit dem Entwurf des ***Wachstumsfilters*** durchführt. Er löst seine Aufgabe nach entsprechender, nicht ganz müheloser Vorbereitung – das Programmlisting zeigt es – wieder perfekt, vgl. die danach folgenden Grafiken, Bilder 23!

Vom stetigen Ansteigen (k = 1,0) über das langsame Einschwingen (k = 2,0) auf den Endwert der Population bis zu periodischen Schwankungen (k = 2,5) zwischen zwei, vier oder mehreren Werten p_i und schließlich zu beliebig vielen (k = 2,9) ist alles auf einen Blick ablesbar! Am Ende herrscht **Chaos** trotz präziser Formeln, unberechenbares Verhalten in *determinierter* Umgebung!

Fortsetzung mit Turbo Pascal

Vorbereitung der Strecken im Wachstumsfilter

Hier werden die Achsen, der Graph von f und die Winkelhalbierende gezeichnet!

```
PROGRAM GrafIteration;
USES Crt, Graph, Dos;
CONST xnull=60; ynull=450; xeinh=400; yeinh=240;
      Pfad='c:\tp\bgi';
VAR   pop, wachs: Real;
      i, Treiber, Modus: Integer;

Function f(p, k: Real): Real;
Begin  f:=p+k*p*(1-p)  End;

Procedure ZieheLiniebis(xW, yW: Real);
Var  xS, yS: Integer;
Begin
     xS:=xnull+round(xW*xeinh);
     yS:=ynull-round(yW*yeinh); delay(20);
     Lineto(xS,yS)
End;

Procedure ParWinkelhalb;
Var  xW, yW: Real;
Begin
     Moveto(xnull,ynull);
     Lineto(xnull+600,ynull);
     Moveto(xnull,ynull);
     Lineto(xnull,ynull-400);
     xW:=0.0;
     Repeat
           yW:=f(xW, wachs);
           ZieheLiniebis(xW,yW);
           xW:=xW+1/100
     Until yW<0;
     Moveto(xnull,ynull);
     ZieheLiniebis(xW,xW);
End;

Procedure Iteriere;
Var  xW, yW: Real;
Begin
     Moveto(xnull,ynull);
```

```
    xW:=pop;
    ZieheLiniebis(xW,0);
    For i:=1 to 150 do Begin
        yW:=f(xW, wachs);
        ZieheLiniebis(xW,yW);
        ZieheLiniebis(yW,yW);
        xW:=yW
    End
End;

BEGIN (*Hauptprogramm *)
     Clrscr;
     Write('Wachstumsfaktor: '); Readln(wachs);
     Write('Anfangspopulation: '); Readln(pop);
     Treiber:=Detect;
     Initgraph(Treiber, Modus, Pfad);
     Setcolor(5);
     ParWinkelhalb;
     Iteriere;
     Repeat until keypressed;
     Closegraph
END.
```

und hier die Strecken zur Kurve und von ihr weg

die Macht des Wortes Iteriere!

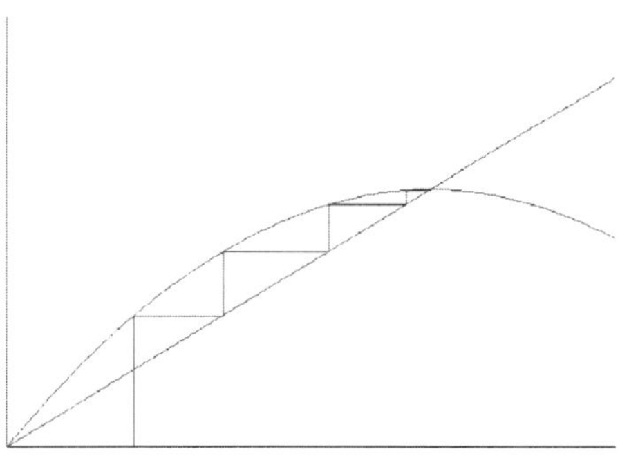

Bild 23a: Vom Gleichgewicht

(das sofort …

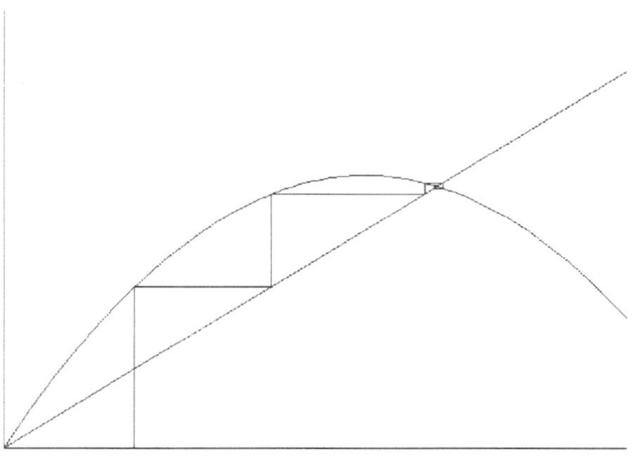

Bild 23b: oder nach einigen Einschwingperioden erreicht wird)

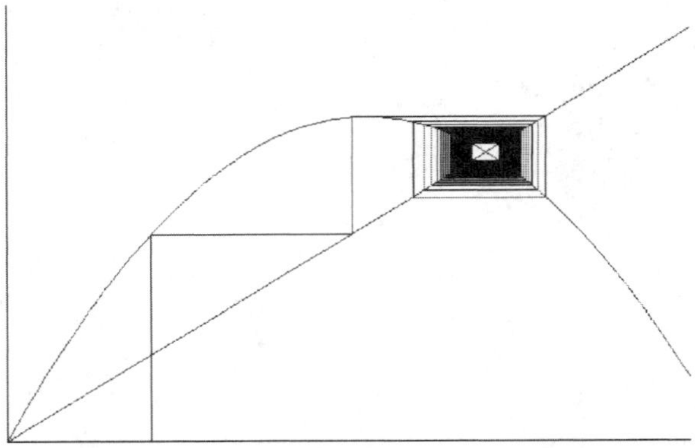

Bild 23c:
Hier führt es gerade noch zum Gleichgewicht

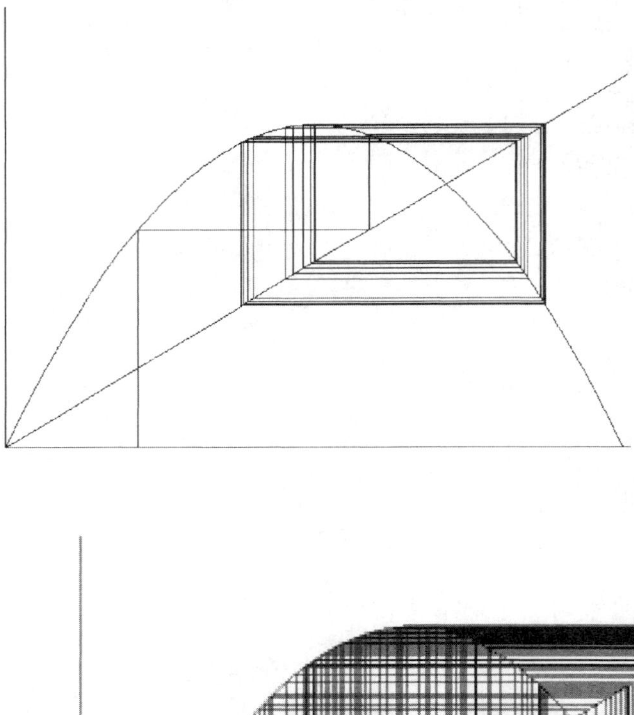

Bild 23d:
mehrere Perioden, zwischen denen f schwankt

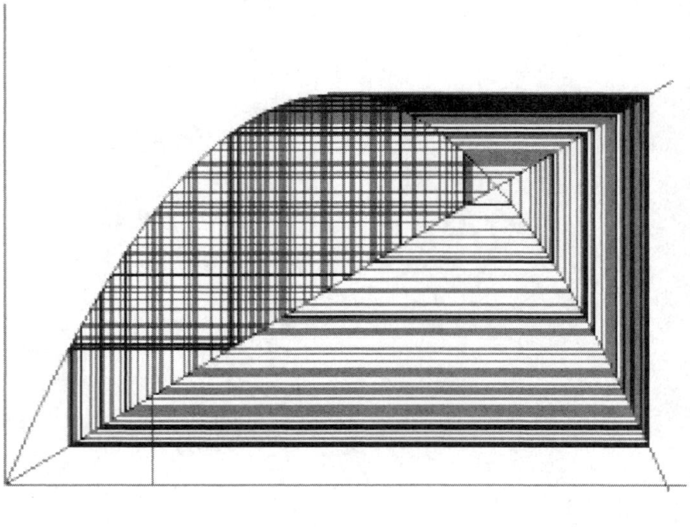

Bild 23e:
Kann man das CHAOS deutlicher erkennen?

Läßt man die Einschwingvorgänge weg, müßte sich zu jedem k-Wert sofort der Endwert – bzw. bei den Schwankungen die Endwerte – von p ergeben. Gehen wir in 1/100-Schritten für k vor, sollte sich auch deutlich zeigen, *wann* die Aufspaltung in die Perioden eintritt. Ja, man erkennt noch mehr: die Folge mehrerer Gabelungen, die sog. ***Bifurkationskaskade*** (nach Großmann und Thomae, 1977), die rasch ins ***Chaos*** führt.

B

Beispiel 15: Der k-Wert und der zugehörige Endzustand

Der amerikanische Physiker Mitchell *Feigenbaum* hat gezeigt, daß dasselbe Verhalten auch bei ganz anderen Funktionen auftritt, daß die Folge der Periodenverdopplungen somit *universell* ist; der durch das folgende *Turbo Pascal*-Programm entstehende Graph, Bild 24, ist daher nach ihm benannt.

Fortsetzung mit Turbo Pascal

```
PROGRAM Feigenbaum;
USES crt, graph, dos;
CONST  einschwing=50; grenze=50;
       Pfad='c:\tp\bgi';
VAR   Treiber, Modus: Integer;
      pop, wachs: Real;
      i, j, wert: Integer;

Function f(p,k: Real): Real;
      Begin  f := p + k*p*(1-p)  End;

BEGIN  (* Hauptprogramm *)
      Treiber:=Detect;
      Initgraph(Treiber, Modus, Pfad);
      For i:=1 to 300 do
      Begin
         wachs:=i/100; pop:=0.36;
         For j:= 0 to einschwing do
           Begin
              pop:=f(pop, wachs)
           End;
           For j:=0 to grenze do
             Begin
               pop:=f(pop, wachs);
               wert:=trunc(400-200*pop);
               Putpixel(i+120, wert, red)
             End;
      End;
      Repeat until keypressed;
      Closegraph
END.
```

Erst die Einschwingvorgänge berechnen, dann das Endverhalten zeichnen

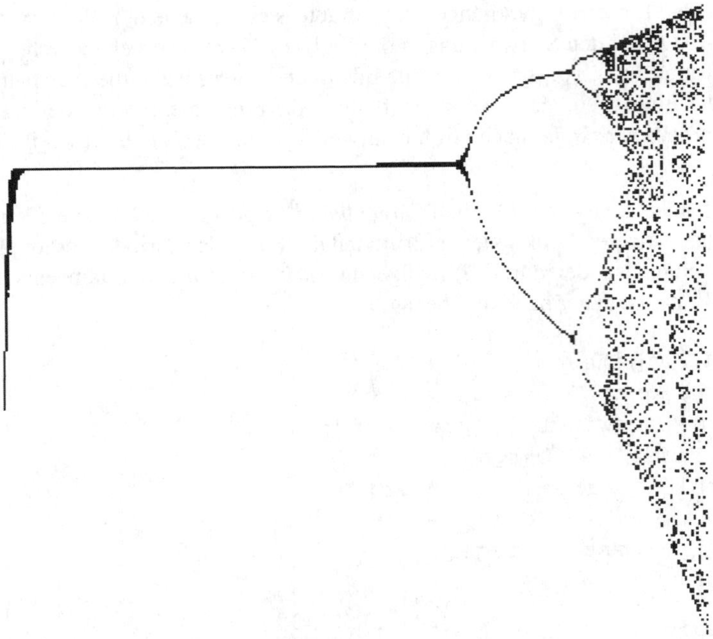

Bild 24: der „Feigenbaum“ sagt alles in einem Bild!

Unser Ziel ist erreicht!

Damit ist unser Kapitelziel, einen Einblick in die Beschreibung und das Verhalten dynamischer Systeme bis hin zum Eintritt ins Chaos zu geben, erreicht. Gleichzeitig sind Sie auch am Z i e l, das sich dieses Buch gesetzt hat, angelangt. Danke für die Mühe Ihrer Mitarbeit und Gratulation zu Ihrer Ausdauer!

DANKE für Ihre Mitarbeit!

Übungsaufgaben

1. Im vorigen Kapitel haben wir in Beispiel 12 die harmonische Schwingung studiert: Sie hatte die Differentialgleichung (a =) $y'' = -\omega^2 y$ mit der Lösungsfunktion $y = y(t) = r \sin \omega t$. Hier fanden wir in Beispiel 2 für die elastische Schwingung des Federpendels die Diff.gleichung (a =) $s'' = -\frac{k}{m} s$. Wie muß daher die Lösungsfunktion $s = s(t)$ bei s_0 als max. Auslenkung aussehen?

2. In der zentralen Procedure `Schwinge` in Beispiel 2 stehen die Formeln … `a:=...;` `v:=...;` `s:=...;` `v:=...;` … Beschreiben Sie kurz den Zweck bzw. was sie bewirken. Weshalb wird insbesondere `v` wiederholt?

3. Betrachten Sie das Phasendiagramm in den Bildern 3 zusammen mit dem Zeitdiagramm. Wie wird es wohl beim Räuber-Beute-System aussehen?

4. Was bewirkt die `For ... do...`-Schleife im Satellitenprogramm von Beispiel 6? Deuten Sie bitte Bild 8!

5. Testen Sie Ihr Verständnis der grafischen Iteration am einfachsten Beispiel des linearen Wachstums mit der Termdarstellung $x_n = x_0 + n\,\alpha\,\Delta t$, $(\Delta t = 1)$, indem Sie die iterative Differenzengleichung aufstellen und einen Wachstumsfilter zeichnen.

6. Für das hyperbolische oder explosive Wachstum gibt es nach Lösung 6 im vorigen Kapitel die Termdarstellung $N = \frac{N_0}{1 - N_0 \alpha t}$. Wie sieht die iterative Form, also die Differenzengleichung, aus? Wie ein Wachstumsfilter? (Wählen Sie für $\alpha\,\Delta t$ im Ergebnis c = 1/2.)

7. Für den Zusammenhang von Brotkonsum B und Einkommen E kann man auch zu einer logistischen Wachstumsgleichung $B'(E) = k_1 B - k_2 B^2$ mit der Lösung $B = B(E) = \frac{k}{1 + \bar{k}\, e^{-k_1 E}}$ kommen. Versuchen Sie, sich den Verlauf des Graphen klarzumachen.

8. Wie könnten Sie sich mit Ihren neuen Erkentnissen über dynamische Systeme eine Klimakatastrophe erklären?

9. Ein Autofahrer will vom Norden her zum Südende einer Stadt gelangen und muß dazu u. a. 20 Ampeln passieren. Bei „Grün" fährt er, bei „Rot" bleibt er stehen. Er benötigt insgesamt meist ca. 20 Minuten. Kommt er auch heute pünktlich an?

10. Man weiß seit langem, daß das *Dreikörperproblem* exakt nicht lösbar ist: Es gibt keine geschlossene Funktionsgleichung für die Bahn eines Planeten Terra II, der um eine Doppelsonne kreisen müßte. Womit rechnen Sie folglich als Bewohner dieses Planeten?

Zu den Lösungen

Lösungen

1. Für ω^2 in der harmonischen steht $\frac{k}{m}$ in der elastischen Schwingung, beides sind Konstanten. Also ist nur einzusetzen: $s = s(t) = r \sin \omega t = s_0 \sin\left(\sqrt{\frac{k}{m}}\, t\right)$.

2. Nach Anfangsvorgabe der Werte k, m, $s = s_0$ wird die Beschleunigung a zu Beginn des Vorgangs berechnet. Aus ihr folgt die Geschwindigkeit v nach dem halben Zeitschritt dt/2, welche den neuen Weg (= die neue Auslenkung) s festlegt; dann wird v für die 2. Hälfte des Zeitintervalls bestimmt. In der Schleife wird mit dem neuen a-Wert von diesem v aus die neue Auslenkung s bestimmt usw., vgl. das Halbschrittverfahren im vorigen Kapitel.

3. 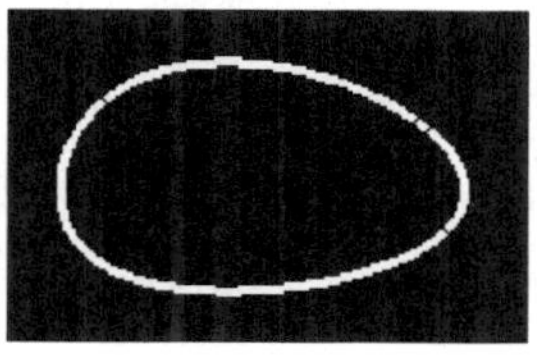

Daß das *Phasendiagramm* ein wenig deformiert erscheint, war zu erwarten, nachdem die Sinusschwingungen nicht mehr perfekt ausfielen.

4. Sie soll das Verhalten eines Satelliten simulieren, der erst relativ langsam, dann immer schneller in die Umlaufbahn startet. Sollte er schnell genug sein, um nicht zur Erde zurückzustürzen, läuft er auf einer Kreisbahn, sonst eben auf Ellipsenbahnen um, dann bei wachsender Anfangsgeschwindigkeit auf einer Parabelbahn, und schließlich verläßt er uns auf einer Hyperbel. Adieu!

5. Sie haben nur die Differenz Δx zu bilden:

$$\Delta x = x_{n+1} - x_n = (x_0 + (n+1)\alpha\Delta t) - (x_0 + n\alpha\Delta t) = \alpha\Delta t;$$

d. h., für $\Delta t = 1$ ist $x_{n+1} = x_n + \alpha$; was am konstanten Summanden α als arithmetische Folge erkennbar ist. Der Graph müßte wohl so aussehen wie im folgenden Bild. Im kontinuierlichen Fall entsteht nach analogem Ansatz und Integration die *lineare* Funktion:

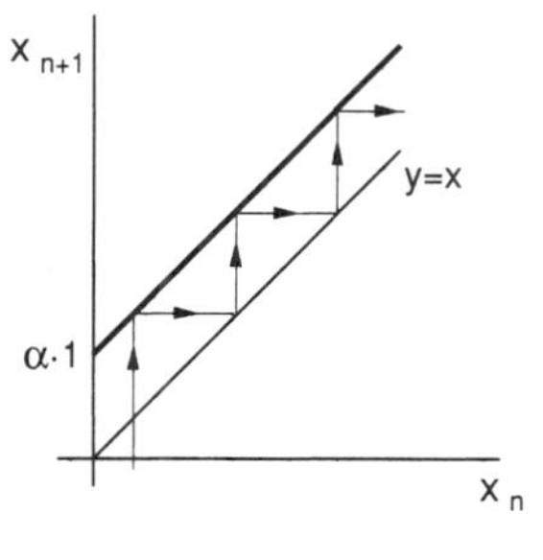

$$\frac{dx}{dt} = \dot{x} = \alpha \Rightarrow x = \alpha t + x_C$$

6. $N_n = N(n\,\Delta t) = \frac{N_0}{1 - N_0\,\alpha(n\,\Delta t)}$; die weitere Rechnung ist relativ umständlich:

$$N_{n+1} = \frac{N_0}{1 - N_0\,\alpha(n+1)\Delta t} = \frac{N_0}{1 - N_0\,\alpha n\Delta t - N_0\,\alpha\Delta t} \overset{*)}{=} \dots = \frac{N_n}{1 - \alpha\Delta t\, N_n};$$

(*) Erweitern mit $1 - \alpha \Delta t\, N_n$ und als Ergebnis eines Doppelbruchs auffassen!)
Der Term ist von der Form $y = \frac{x}{1 - c\,x}$, siehe den Graph links unterhalb.

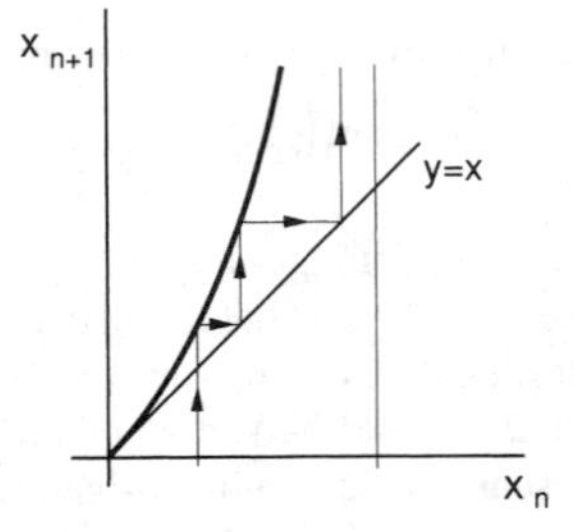

Bild L6

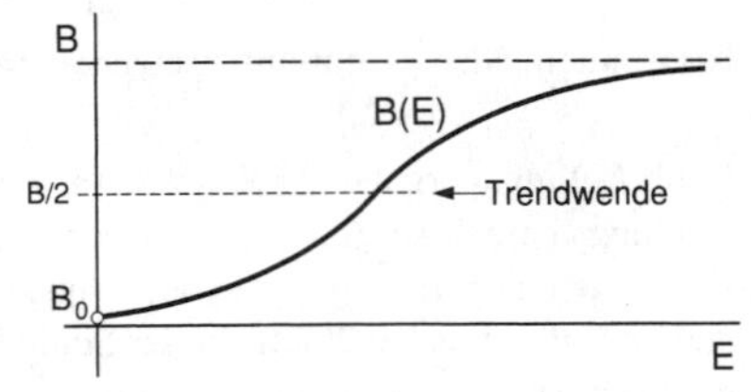

Bild L7

7. Eine Überlegung wie in Band 2 bei den Exponentialfunktionen oder eine kleine Wertetabelle würde zum Graphen in Bild L7 führen, rechts oberhalb.

8. Das Wetter ist sehr sensitiv gegenüber kleinsten Schwankungen. Nun wird die Atmosphäre durch Vulkane und Industriegase zum Teil erwärmt, zum Teil abgekühlt (Ruß läßt Sonnenstrahlen nicht durch), Ähnliches geschieht durch den motorisierten Verkehr, die vielen Flugzeuge und durch Waldbrände; auch die Ozonschicht wird zerstört (Ozonloch). All das und vieles andere wie der Raubbau an den Waldbeständen der Erde oder die Vergiftung der Meere durch Öl und Industrieabfälle ist nicht genau erfaßbar und kann das System – siehe *Schmetterlingseffekt* – kippen lassen bzw. zu einem anderen *Attraktor*, einem anderen *Klima*, führen, was uns chaotisch erscheinen und für unser Leben bedrohend wirken könnte.

9. Da auch viele andere durch die Stadt fahren wollen und jeder Fahrer in jeder Querstraße und alle Fußgänger und Radfahrer sich unvorhersehbar bewegen, ist das System Verkehr notwendigerweise chaotisch, der Verkehr bricht oft genug zusammen. Keine Vorhersage möglich!

10. Es wäre nicht auf hunderttausende Jahre (wie bei unserem Sonnensystem, in dem die Sonne der Masse nach dominiert) genau voraussagbar, an welchem Ort diese andere Erde sich befinden würde. Computer würden Bahnen nach Differenzengleichungen konstruieren, wobei diese Wege bei der geringsten Änderung der Anfangslage – und die kennt man eben nicht genau – bald völlig verschieden aussähen!

Da noch Platz ist, hier das Bild des
großen roten Jupiterflecks, eines gigantischen Magnetsturms,
der seit 300 Jahren bekannt ist
und heute als chaotisches System gesehen wird.

A

A

B

B - C

C

D

D - E

E

F

F - G

G

H

H - I

I

J

K

K

L

L - M

M

N

N - P

O

P

Q

Q - R

S

S

S

T

U

V

V - W

W

Z

Z